		現在
		3000 — 鉄器
		6000 — ウマの家畜化
		8000 — ウシの家畜化
万年前	10万年前	
	— オオカミとイヌの分岐	1万2000 — 初期の農耕
	12万 — ホモ属言語の使用の可能性	1万4000〜1万 — イヌの家畜化／北米での大型動物の絶滅
160万 — アジアのホモ・エレクタス	25万〜16万 — ホモ・サピエンス	
180万 — アフリカから出たホモ・ハビリス	— 解剖学的現代人	
万年前	20万年前	2万年前
250万 — 道具の使用		
		3万 — ヒトがアジアから北アメリカへ移住
360万 — パナマ地峡の隆起／ルーシー化石／アウストラロピテクス・アファレンシスの足跡	35万5000 — ホモ・ハイデルベルゲンシスの足跡	
万年前	40万年前	4万年前
		4万5000 — オーストラリアでの大型動物の絶滅
万〜400万 — 現在のガラパゴス諸島の形成／チンパンジーとヒトの直近の共通祖先	50万 — ホモ・エレクタスの火の使用	5万 — ヒトがアジアからオーストラリアへ移住
— ヒト・チンパンジー・ゴリラの共通祖先	— ヒトとネアンデルタールの分岐	6万年前
万年前	60万年前	
万〜700万 — サヘラントロプス		7万9000〜1万5000 — 最終氷河期
0万年前	80万年前	8万年前
100万年前	100万年前	10万年前

進化
分子・個体・生態系

EVOLUTION

著
NICHOLAS H. BARTON
University of Edinburgh

DEREK E.G. BRIGGS
Yale University

JONATHAN A. EISEN
University of California, Davis

DAVID B. GOLDSTEIN
Duke University

NIPAM H. PATEL
University of California, Berkeley

監訳
宮田　隆
京都大学名誉教授

星山大介
東京大学総括プロジェクト機構特任助教

メディカル・サイエンス・インターナショナル

■訳者一覧(翻訳章順)

二河成男(放送大学教養学部准教授)(この本のねらい,1章)
小柳光正(大阪市立大学大学院理学研究科講師)(2章)
疋田　努(京都大学大学院理学研究科教授)(3章)
藤　博幸(九州大学生体防御医学研究所教授)(4章)
加藤和貴(九州大学デジタルメディシンイニシアティブ准教授)(5章)
岩部直之(京都大学大学院理学研究科助教)(6章)
隈　啓一(国立情報学研究所戦略研究プロジェクト創成センター教授)(7章)
橋本哲男(筑波大学大学院生命環境科学研究科教授)(8章)
工樂樹洋(コンスタンツ大学生物学科助教)(9章)
前田晴良(京都大学大学院理学研究科准教授)・西村智弘(むかわ町立穂別博物館普及員)(10章)
星山大介(東京大学総括プロジェクト機構特任助教)(11, 24章)
小柳香奈子(北海道大学大学院情報科学研究科准教授)(12章)
菊野玲子(かずさDNA研究所ヒトゲノム研究部主任研究員)(13章)
高野敏行(国立遺伝学研究所集団遺伝研究系准教授)(14章)
原田　光(愛媛大学農学部森林資源学専門教育コース教授)(15章)
吉丸博志(森林総合研究所森林遺伝研究領域長)(16章)
猪股伸幸(九州大学大学院理学研究院助教)(17章)
舘田英典(九州大学大学院理学研究院教授)(18章)
松尾義則(徳島大学大学院ソシオ・アンド・アーツ・サイエンス研究部教授)(19章)
高須夫悟(奈良女子大学理学部教授)(20章)
蘇　智慧(JT生命誌研究館主任研究員,大阪大学大学院理学研究科招へい教授)(21章)
村上哲明(首都大学東京大学院理工学研究科教授)(22章)
谷内茂雄(京都大学生態学研究センター准教授)(23章)
中務真人(京都大学大学院理学研究科教授)(25章)
植田信太郎(東京大学大学院理学系研究科教授)・金森雄輝(東京大学大学院理学系研究科)(26章)

■編集・制作／有限会社サイト編集室
■表紙装丁／株式会社デザインコンビビア

Originally published in English as
"Evolution" by Nicholas H. Barton, Derek E. G. Briggs, Jonathan A. Eisen,
David B. Goldstein and Nipam H. Patel

Copyright © 2007 Cold Spring Harbor Laboratory Press, Cold Spring Harbor, New York, USA
All rights reserved

Published in Japan by arrangement with the permission of
Cold Spring Harbor Laboratory Press
© First Japanese Edition 2009 by Medical Sciences International, Ltd., Tokyo

Printed and Bound in Japan

目次

監訳者の序 —— ix
著者について —— xi
序 —— xiii
この本のねらい —— 1

PART 1
進化生物学の概略　　7

1　進化生物学の歴史：進化学と遺伝学 —— 9

1.1　現代の遺伝学と進化学の簡潔なまとめ —— 9
1.2　Darwin 以前の進化観 —— 11
1.3　Charles Darwin —— 17
1.4　自然選択説の失墜 —— 19
1.5　進化の総合説 —— 31

2　分子生物学の起源 —— 41

2.1　分子生物学の始まり —— 42
2.2　進化生物学と分子生物学：新しい総合説となるか？ —— 64

3　進化の証拠 —— 73

3.1　進化の証拠 —— 74
3.2　進化論への反論 —— 84
3.3　科学と社会 —— 89

PART 2
生命の起源と多様性　　93

4　生命の起源 —— 95

4.1　いつ生命は生じたのか？ —— 95

4.2 生命はどのように地球上に生じたか？ —— 100

5 全生物の共通祖先と全生物の系統樹 —— 119
5.1 初期進化の歴史をたどる —— 119
5.2 普遍的相同性，LUCA，全生物の系統樹 —— 125

6 真正細菌と古細菌の多様性 I：系統と生物学的特性 —— 149
6.1 真正細菌と古細菌の紹介 —— 149
6.2 真正細菌と古細菌の系統的多様性 —— 154
6.3 真正細菌および古細菌の生物学的多様性 —— 163

7 真正細菌と古細菌の多様性 II：遺伝学とゲノミクス —— 185
7.1 真正細菌と古細菌のゲノムの性質 —— 185
7.2 DNA の水平伝達 —— 200

8 真核生物の起源と多様化 —— 213
8.1 真核生物とは —— 213
8.2 細胞内共生が真核生物の進化に重要な役割を果たしてきた —— 221
8.3 核ゲノムの構造と進化 —— 234
8.4 真核生物の多様化 —— 242

9 多細胞性と発生 —— 247
9.1 どのようにして多細胞化は起きたか —— 247
9.2 細胞分化による役割分担 —— 252
9.3 ボディプランの多様性 —— 261
9.4 ボディプラン構築の遺伝学的背景 —— 267

10 植物と動物の多様性 —— 275
10.1 化石化と地質時代 —— 275
10.2 生物の進化の流れ —— 276
10.3 次の 5 億年間 —— カンブリア紀以降の生命 —— 295
10.4 進化のパターン —— 304

11 発生プログラムの進化 —— 313
11.1 前後軸のパターン形成：Hox 遺伝子による発生制御 —— 314
11.2 Hox 遺伝子の進化的変化への関与 —— 321

11.3 トゲウオの骨格の進化 —— 335
11.4 テオシントからトウモロコシへの進化 —— 340
11.5 発生機構における普遍性 —— 346

PART 3

進化の仕組み

351

12 突然変異と組換えによる多様性の創出 —— 353

12.1 突然変異とその生成機構 —— 354
12.2 DNA 損傷と複製の誤りによって引き起こされる突然変異の数は，保護，防止，修正の機構によって制限されている —— 363
12.3 突然変異率と突然変異のパターン —— 373
12.4 混合による多様性の創出：性と遺伝子の水平伝達 —— 379

13 DNA とタンパク質の変異 —— 385

13.1 遺伝的な変異 —— 385
13.2 遺伝的な変異の種類 —— 398

14 複雑な形質の変異 —— 413

14.1 量的形質概論 —— 413
14.2 量的変異の解析 —— 417
14.3 量的変異の遺伝基盤 —— 432
14.4 量的変異の生成 —— 442

15 機会的遺伝的浮動 —— 447

15.1 進化は多くの場合機会的な過程である —— 448
15.2 対立遺伝子頻度の機会的な浮動 —— 449
15.3 コアレッセンス —— 455
15.4 中立説 —— 459
15.5 組換えと遺伝的浮動 —— 462

16 集団構造 —— 475

16.1 遺伝子流動 —— 475
16.2 遺伝子流動は他の進化的な力と相互作用する —— 480
16.3 構造をもつ集団における遺伝子系図 —— 486

17 変異に対する選択 —— 493

- 17.1 選択とは何か —— 494
- 17.2 量的形質に対する選択 —— 513
- 17.3 複数の遺伝子に対する選択 —— 522

18 自然選択とその他の因子の間の相互作用 —— 527

- 18.1 自然選択と遺伝的浮動 —— 527
- 18.2 自然選択と遺伝子流動 —— 535
- 18.3 平衡選択 —— 544
- 18.4 突然変異と自然選択 —— 551

19 選択の測定 —— 561

- 19.1 選択の直接測定 —— 562
- 19.2 間接測定 —— 571
- 19.3 連鎖した遺伝子座に働く選択 —— 577
- 19.4 非コードDNAへの選択 —— 584
- 19.5 選択の大きさ —— 590

20 表現型の進化 —— 599

- 20.1 進化における最適化 —— 601
- 20.2 加齢 —— 606
- 20.3 進化ゲーム —— 612
- 20.4 性選択 —— 619

21 競争と協力 —— 633

- 21.1 社会性の進化 —— 634
- 21.2 遺伝子間の競争 —— 635
- 21.3 血縁者の相互作用 —— 649
- 21.4 協力の進化 —— 661

22 種と種分化 —— 669

- 22.1 種を定義する —— 670
- 22.2 種分化の遺伝学 —— 682
- 22.3 種分化の機構 —— 695
- 22.4 種分化の地理学 —— 700

23 遺伝システムの進化 —— 715

23.1 遺伝システムの進化を研究する —— 715
23.2 突然変異率の進化 —— 717
23.3 性と組換えの進化 —— 723
23.4 性の進化がもたらしたもの —— 745
23.5 進化可能性の進化 —— 751

24 新しい形質の進化 —— 757

24.1 新奇性の基本的な特徴 —— 758
24.2 遺伝子産物の活性の変化 —— 763
24.3 遺伝子調節とネットワーク内での相互作用の変化：移行，分化，発生 —— 767
24.4 冗長性 —— 771
24.5 頑健性，モジュール性，区画化 —— 775
24.6 他種から新しい機能を得る：遺伝子の水平伝達と共生 —— 782
24.7 長期間の自然選択によって新奇性が生まれる —— 784

PART 4

人類の進化

791

25 ヒトの進化史 —— 793

25.1 系統樹における人類の位置 —— 793
25.2 ヒト族の進化 —— 797
25.3 遺伝学と人類進化 —— 808
25.4 ゲノム科学と人間らしさ —— 817

26 人類進化の現在の問題 —— 825

26.1 疾患の遺伝学的基礎 —— 825
26.2 人間の本質を理解する —— 841

用語集 —— 855
図版の出典 —— 878
索引 —— 889

オンラインチャプター　http://www.evolution-textbook.org　http://www.medsi.co.jp
　27　Phylogenetic Reconstruction（系統樹の推定）
　28　Models of Evolution（進化のモデル）

監訳者の序

　本書は，5人の共同執筆による"EVOLUTION"（Cold Spring Harbor Laboratory Press 2007）の翻訳である．分子から生態系までの広範囲な分野でみられる進化的諸問題を，できるだけ分子を利用しながら解説し，理解を深めようとする総合的な進化生物学の教科書である．進化のことを詳細に知りたいと考えている分子生物学の研究者や学部・大学院生にはまさに打ってつけの本である．あるいは形態レベルで生物を研究しているさまざまな分野の研究者が，自分自身の研究とのかかわりで進化を分子レベルから理解しようとする場合や分子を利用して進化に関するデータを得ようとする場合には，本書はそれらに十分答えてくれるに違いない．最近の話題が豊富に含まれているので，進化の研究者に対しても総説としての役割を十分に果たし得るであろう．

　分子生物学の分野では，すでにいくつもの総合的な教科書が出版されている．本書は，こうした分子生物学の総合的な教科書の"Why"版と位置づけることができる．生物は歴史的な存在なので，生物がなぜそういう形態をとっているのか，なぜそういう行動をとるのか，といった"なぜ"に答えるためには，進化の視点に立った考察が不可欠である．例えば，キリンの首はなぜ長いのか，という問いに答えるには，キリンの祖先は長い首をもっていたのか，現存のキリンの首の機能は祖先の機能と同じか，など進化的な情報が必要になる．本書の7ページにも引用されている，「進化の観点がなければ，生物学の知識は意味をなさない」とは，テオドシウス・ドブジャンスキーの有名な言葉であるが，分子生物学の総合的な教科書と本書を合わせて学ぶことで，生物の真の理解に繋がるものと確信する．

　ダーウィンはメンデル遺伝学を知らずに進化の体系を打ち立てたが，20世紀に入って，ロナルド・フィッシャー，J・B・Sホールデン，セオール・ライトらが中心となって，ダーウィン進化論は遺伝学や生物学の諸分野を取り込んだネオダーウィニズムあるいは進化の総合説へと発展する．一方，遺伝学は，1953年のワトソンとクリックによるDNA二重らせん構造の発見によって大きく様変わりし，生命現象を分子レベルから理解しようとする分子生物学が誕生する．分子生物学は1970年代にミニレボルーションを経験する．すなわち，従来の細菌中心の生物学から，多細胞動物の分子生物学へと急速に進展する．その成果を盛り込んだ記念碑的な教科書がいくつも出版されている．

　分子生物学に刺激されて，進化を分子レベルから理解しようとする気運が高まり，1960年代に分子進化学が誕生した．その集大成として，分子進化の中立説が木村資生によって提唱され，分子レベルでの主要な進化理論として定着していくことになる．1970年代後半以降の進化生物学の発展はめざましい．分子進化学の概念と方法が，新たに開発された遺伝子クローニングの技術とバイオインフォマティクスのコンピュータ技術の発展とが相まって，分子から生態系に至る広範囲の進化的諸問題の解明に向けて応用されていった．この間，不幸なことに，進化生物学の総合的な教科書が出版されることがなかった．本書の出版が長く待たれたのにはそうした背景があった．今，書棚に本書がつけ加わったことで，ドブジャンス

キーの言葉に初めて応えることができるようになったのではないだろうか．

　訳出作業には，さまざまな分野で進化生物学の研究に取り組んでおられる 27 人の方々にお願いし，忙しい研究の中で多大な時間を割いていただいた．また，メディカル・サイエンス・インターナショナル社の方々，特に藤川良子氏と，編集の労を執って下さったサイト編集室の斉藤英裕氏にはたいへんお世話になった．この場を借りて感謝申し上げる．

2009 年 11 月

宮田隆，星山大介

著者について

NICHOLAS H. BARTON 初期には，多くの集団を分断する狭い交雑帯について，バッタやチョウ，カエルなどのさまざまな種で研究した．最近は，より理論的な研究に移り，複雑な形質に対する選択の影響，種分化のモデル，性と組換えの進化，コアレッセンス過程といった問題を扱っている．エジンバラ大学進化生物学研究所進化遺伝学教授．

DEREK E.G. BRIGGS カンブリア紀のバージェス頁岩（カナダ，ブリティッシュコロンビア）をはじめ，例外的によく保存されている化石について，その保存および進化的重要性について研究．最近は，生物の体が化石に変換される過程の化学的変化に特に注目している．エール大学地質・地球物理学 Frederick William Beinecke 教授およびエール大学生物圏研究所所長．

JONATHAN A. EISEN ゲノム配列決定法と進化的復元法を組み合わせた手法により，微生物において新奇形質の起源について研究．以前には，このゲノム系統解析手法を用いて極限環境由来の微生物の培養物を解析．最近は，自然環境に生息するもの（宿主細胞内に共生する微生物や，海洋浮遊性微生物など）を解析．カリフォルニア大学デービス校臨床微生物・免疫学部および進化・生態学部の教授．

DAVID B. GOLDSTEIN ヒトの遺伝的多様性，神経疾患の遺伝学，集団ゲノミクス，薬理遺伝学におもに興味がある．現在は，ヒトの遺伝的変異が一般的な神経疾患や心疾患の薬物治療に及ぼす影響を調べている．デューク大学医学センターの集団遺伝学と薬理遺伝学部長．

NIPAM H. PATEL ウシ，ニワトリ，バッタ，ショウジョウバエといったモデル生物や非モデル生物の研究にもともと従事していた．彼の研究グループは分節化，神経発生，付属肢のパターン形成，遺伝子調節の進化に着目し，進化発生学を研究している．カリフォルニア大学バークレー校の分子細胞生物学科および統合生物学科の教授，およびハワードヒューズ医学研究所研究員．

序

　進化生物学は，現代科学の土台となる学問の1つである。Charles Darwin（チャールズ・ダーウィン）が1859年に出版した『種の起源』は，この小さな惑星上の生物に対する人々の見方を永遠に変えるものであった。それから150年が過ぎ，進化の研究そのものが"進化"をしている。分子生物学との出会いによって，この20年間に大きな飛躍を遂げたのである。分子マーカーやゲノム配列，遺伝子操作を使用することで可能になった方法により，進化の仕組みに対してとてつもなく大きな洞察がもたらされた。また，自然史の新たな領域が開かれ，驚くほど多様な分子レベルの適応が明らかになった。その一方で，生物界における驚くほど保存された共通の分子機構の存在がさまざまに示された。しかし，こうした目を見張る発展が進化生物学の授業で教えられることはめったになく，分子進化や進化発生学の最新のトピックなどは，他の分野の教科書の片隅に散見されるといった具合であった。我々が本書を書いた最大の目的は，そこにある。最近のさまざまな研究のブレイクスルーを進化の観点からまとめ，進化というテーマのもとに1冊の本を作り上げることだった。

　基本的な原理については，あらゆるレベル（分子レベルから個体レベルまで），かつ多様な生物（微生物からヒトまで）について，繰り返し取り上げた。自然選択の基礎的な説明では，RNA分子のin vitro選択実験とガラパゴスフィンチを用いた（第17章）。選択をどう測定するかでは，実験室の酵母集団と自然界でのシカの集団を用いた（第19章）。進化の最適化では，フンバエの配偶行動と大腸菌の代謝を，進化ゲームでは，細菌の作り出す毒とトカゲの配偶行動を用いた（第20章）。進化における競争では，転位因子と宿主ゲノム間の競争と，ハチ間の競争を用いた（第21章）。

　このような学際的アプローチは，個体全体を扱う領域の学生（現在，進化の授業を受けているかなりの学生たちがこれに相当するだろう）にとってはきわめて意義深いであろう。進化生物学の視野を広げ，最新の研究で大いに重要となっている新しい方法を知ることができるからである。また分子生物学と進化生物学の統合は，分子生物学が興味の中心である学生や，現代の進化生物学を推進している分子生物学分野の研究者にとっても魅力的な本に違いない。

本の構成

　本書は4部に分かれている。第1部では，進化生物学と分子生物学の歴史をまとめ，自然選択による進化の証拠を示した。歴史をふりかえることにより，現代の我々の知識（理解）を整理することができるので，本書を読み進めるうえでのガイドとなるだろう。第2部は，生命の起源と多様化を示し，生化学的過程と形態の両方の多様性を示し，真正細菌，古細菌，真核生物の多様性について偏らずにそれぞれ十分に扱った。これらの章では，近年の生物学

における最も興味深い発見，例えば植物および動物の発生における遺伝子や遺伝的経路の発見と解析などを紹介している．第3部では，進化の基本的な仕組みについて説明する．すなわち，突然変異，遺伝的浮動，組換え，遺伝子流動，そして最も重要な自然選択についてである．こうした進化の仕組みを理解したうえで，次なる質問を提示する．生物はなぜ年をとるのか．生物間の競争はどう解決できるのか．新しい種はどのように生まれるのか．有性生殖はなぜこのように広まったのか．新奇な性質はどのように創造されるのか．最後の2章（第4部）では，我々自身であるヒトという種を対象に説明し，現代の人類にとって進化の意味を論じる．

　本書は，進化生物学の講義の教科書の基礎を提供するだろう．すなわち，進化生物学と分子生物学の歴史から，生命の起源とその多様化の説明，そして進化の仕組みとそれらの相互作用の説明，そして最後に人類の進化についての議論である．短期間の講義には，本を部分的に使えるだろう．

- 第1～3章は進化生物学の簡潔な概説になっている．
- 第2部は，生命の多様性の起源について，授業の素材を提供している．特に，第5～8章は微生物の進化についての授業の基礎となる．
- 第3部は進化の標準的な教科書に含まれるであろう内容を，分子的視点を強調してまとめた．理想的には，第2部をもとにした授業のあとに，この第3部を進めるとよい．
- 第14, 17, 19, 26章は，進展めざましい量的遺伝学を扱う．このレベルの教科書としては，他書にみられないきわめて新しい内容を含めた．

ウェブサイト情報

　本書（原書）にはインターネットのウェブサイト（英文）が用意されている（http://www.evolution-textbook.org）．教師やさらに学習したい学生には特に便利であろう．

- 図や表の多くが含まれており，授業で用いることができる．
- 本の巻末にある"用語集"をインターネットからも使用できる．用語集の用語は，各章の初出時に太字になっている．また，用語集には検索機能もついている．
- 各章には，ディスカッションのためのトピックがある．学生はその章の内容を整理したり，さらに詳しく調べたいときに便利である．
- 第3部の各章には，問題が掲載されている．計算などの問題を学習するのに便利である．いくつかの問題は難易度が高いもので，オンラインチャプター（次項で説明）に含まれる知識が必要になる．
- 本書では量的遺伝学と集団遺伝学の基本的内容を紹介しているが，ウェブサイトにはそれを補足する2つの章が掲載してあり，量的処理する問題の基本から，詳しく知りたい人のための解説まで含めた．第27章は系統関係の推定法について，第28章は進化の過程のモデル作成法を扱う（これらの2章は索引に含まれていないが，検索することは可能である．また，後述のウェブノートも含まれる）．

文献探索

　読者の方々は，進化生物学の文献探索をする際の窓口として本書を利用できるだろう．科学においては，発表された内容の証拠や議論をたどれることが決定的に重要であるが，文献リストによって本書が分断される不便を考え，本には限られたもののみ含め，各章の内容を概観できる最も基本的な文献を章末に紹介した．ウェブサイトでは，その分野での有用な雑誌を紹介するコーナーがあり，文献検索でISI Web of KnowledgeやGoogle Scholarなどをどの

ように使うか説明している。ウェブサイトの各章にはウェブノートがあり，本文で扱った基本的な情報を別な角度からも展開している。

進化生物学は活発に発展している領域である。確立された内容も多いが，議論が展開中の問題も多く，本文で紹介するように，新たな発見があるとさらなる疑問が提出される。我々は，わかっていることが何かを示し，そしてその証拠やそれについての議論をも示したうえで，新たな疑問にどう答えていくかを示した。近年の研究を反映させ，分子生物学を進化生物学と統合した点が本書独自の特徴である。

謝辞

まず，分子生物学と進化生物学を組み合わせるというアイデアを思いついた Jim Watson に感謝する。Cold Spring Harbor Laboratory Press には，この本が誕生するまでの長い時間の間中この上なく大きなサポートをいただいた。特に，John Inglis と Alex Gann はそれぞれ，ときに迷惑をかけることもある著者たちを本書の完成にまで導いてくれた卓越した手腕に感謝する。この本を作っていく過程では，Michael Zierler, Judy Cuddihy, Hans Neuhart が文章と図をきれいに整理してくれた。Jan Argentine, Elizabeth Powers, Maryliz Dickerson, Carol Brown, Mary Cozza, Maria Fairchild, Nora McInerny, Denise Weiss, Susan Schaefer, Kathleen Bubbeo にも，本を作る過程でたいへんお世話になった。また，Cold Spring Harbor Laboratory の資料室長である Mila Pollock とスタッフの Clare Clark, Gail Sherman, Claudia Zago, Rhonda Veros に感謝する。

原稿に対して貴重なコメントを下さり，間違いを指摘くれたり文章をよくしてくれた以下の研究者たちにも大いに感謝する。Peter Andolfatto, Maria-Iné Benito, Brian および Deborah Charlesworth, Satoshi Chiba, Nick Colegrave, Jerry Coyne, Angus Davison, Laura Eisen, Michael Eisen, Andy Gardner, Paul Glenn, Ilkka Hanski, Amber Hartman, Bill Hill, Holly Huse, Saul Jacobson, Chris Jiggins, Mark Kirkpatrick, John Logsdon, Hanna Miedema, Erling Norrby, Josephine Pemberton, Mihai Pop, Rosie Redfield, Jay Rehm, Jeffrey Robinson, Denis Roze, Michael Turelli, Craig Venter, Peter Visscher, Naomi Ward, Stu West, Merry Youle の方たちである。また，University of Edinburgh の Darwin Library および New College Library の司書の方たちにも，助けてくださったことに感謝する。初期の段階の原稿に目を通して詳細なコメントを下さった Tiffany M. Doan, David H.A. Fitch, Joerg Graf, Rick Grosberg, Thomas Hansen, Kevin Higgins, Trenton W.Holliday, Robert A. Krebs, David C. Lahti, Richard E. Lenski, Michael P. Lombardo, James Mallet, Jennifer B.H.Martiny, Rachel J. Waugh O'Neill, Kevin J. Peterson, Michael Petraglia, Ray Pierotti, Richard Preziosi, David Raubenheimer, Mark D. Rausher, Gary D. Schnell, Eric P. Scully, David SmithmSteve Tilley, Martin Tracey, John R.Wakeley, Susan Wessler に感謝する。最後になるが，我々の友人と家族には，執筆に没頭しており，いつも不在にしていたにもかかわらず強い支えてなってくれたことにこのうえなく感謝する。

Nicholas H. Barton

Derek E.G. Briggs

Jonathan A. Eisen

David B. Goldstein

Nipam H. Patel

この本のねらい

進化の観点がなければ，生物学の知識は意味をなさない。

Theodosius Dobzhansky（テオドシウス・ドブジャンスキー）

進化生物学は生命の歴史を記述し，生物がどのようにして今ある状態に至ったかを説明する

　この世界は，生き物の並はずれた多様性に満ちあふれている（図1）。太陽の光は，細菌，藻類，植物によって集められ，そして，気体水素から一酸化炭素まで，すべての利用可能な化学エネルギーは微生物によって利用されている。南極にある岩石から地球地殻のはるか深部の割れ目にある海底熱水噴出孔まで，あらゆる極限環境の中で生命は生きている。また，生物は自身の周囲の環境のわずかな違いにも敏感である。細菌は地球の磁場を感じとり，自身の移動すべき方向を発見する。ガはわずか数個のにおい分子を頼りに配偶者を見つける。フクロウは，月明かりのない夜でも遠方から獲物を視認できる。えさを取り出すために，それ用の道具を使う鳥もある。ミツバチは，群れ全体で一体となって活動する。人間社会は，言語と科学技術を利用して自身の生物学的な限界を乗り越えている。

　これらの多様な機能のすべては，同一の基本的な生化学システムによって成し遂げられている。遺伝情報はDNAの塩基の並びに保持されており，RNAへと**転写**（transcription）され，そして生物の構築，維持に働くアミノ酸の配列へと**翻訳**（translation）される。そのような生物のシステムから生み出される結果と同様に，それをなしとげる個々の化学反応も注目に値する。DNA配列は10億塩基に1つ以下しか誤らずに複製される。タンパク質が常温で触媒する化学反応でも，タンパク質なしでは，化学者は特別な状態で特異性の低い形でしか達成できない。DNAとタンパク質の間の相互作用は，複雑な組織，例えば最も印象的なところでは，精密な行動を生み出し調節する人間の脳などを確実に構築できるよう，遺伝子発現のパターンを正確に調整する。これらすべてはきわめて少量の情報によって決定されている。例えばヒトのDNA配列の情報量は，パソコンに保存できるほどのわずかな量である。

　少なくとも大筋において，どのようにしてDNA配列がタンパク質に翻訳されるのか，どのようにしてタンパク質が代謝に影響を与え，遺伝子発現を調整するのか，どのようにして多細胞生物がたった1つの細胞から正確に発生してくるのかはわかっている。すべての生物は（我々を含む），30億年以上前に生きていた1つあるいはごく少数の"共通祖先"に由来する。その祖先あるいは祖先らは，現在のDNAとタンパク質の両方の役割をRNAが担うさらに単純な生物に由来する。したがって，我々の周囲にある，生化学反応，形態，行動の多様性すべては，わずかな原初遺伝子に由来する。

　今日の生物にみられるある特定のきわめて優れた機能は，現在の目的のために注意深く設

図1 • 適応の多様性。(上段) 極限環境に生きる生命。生物は，南極の乾燥した谷間というきわめて寒冷な環境や(左)，深海の熱水噴出孔(チューブワーム[ハオリムシ]群落；右)でも，生きることができる。(中段) 形態的適応の多様性。ガの触角のきめ細かい構造(左)はわずか数個のフェロモン分子を検出可能とする。コノハズク(*Otus guatemalae*；右)の大きな眼は夜に獲物を見つけることを可能とする。(下段) 行動適応。ニューカレドニアカラス(*Corvus moneduloides*；左)は，特定の目的のための道具を作り，ここでは木の枝の穴から昆虫を取り出すために使っている。ミツバチ(*Apis mellifera*；右)は巣を維持するために割り当てられた特別な役割をもち，組織化された"社会"の中で生活し働いている。

計されたようにみえる。この"設計されたようにみえる"ことが，長年にわたって知的創造者の存在の証拠とされてきた。我々は現在，自然選択によって生物の機能が構築され，維持されていることを知っている。生物学的機能は，変異が徐々に(漸次的に)蓄積した結果であり，その変異は偶然に生じ，それを保持する個体の生存と繁殖を助けるがゆえに維持される。これら進化の理論は，ダーウィン流自然選択とメンデル遺伝学の融合したものである。この考え方によって，生命が進化してきた過程だけではなく，今ある姿となれた理由，例えば，ど

うして生物は1つの細胞から発生するのか，どうして遺伝暗号は現在の形になっているのか，どうして有性生殖が存在するのかといったことを問うことができる。

進化生物学は道具としても有効である

　生命の歴史と生命の進化の仕組みを理解することは，文学から医療まで人間社会のほとんどすべての局面に影響を与えてきた。しかし，進化生物学は単純な歴史科学ではない。進化の情報と，進化の研究から学び取った原理の活用もまた，地球科学，コンピュータ科学，疫学と同様に多様な分野において，数多く実用的に利用されている。ここでは3つの例を示す。

　近縁な生物は類似の特徴をもつ傾向があるため，進化的な系統分類を基に，ある生物をその近縁種と比較しその生物としての成り立ちを予想できる。これは，微生物の研究において最もよく利用されている。伝統的に，微生物は培養によって単離した株を用いて研究されている。ところが，現時点ではおおかたの微生物は，実験室内で培養できない。分子生物学と進化生物学の手法を組み合わせると，培養がむずかしい微生物のもつ遺伝子のクローニングと解析が可能となり，それらを生命の系統樹に配置するための情報が得られる。こうして，代謝過程や他の生物との相互作用の詳細といった，培養不可能な微生物の多くの事象について科学者が推測できるようになる。

　このような研究方法は，マラリアや関連する病気に対処するための新しい薬剤の開発へとつながってきた。マラリアは，*Plasmodium falciparum*（マラリア原虫）という感染性寄生生物によって引き起こされる。マラリア原虫を駆除する伝統的なマラリアに対する薬剤は，人間にとっても多くの場合，相当の毒となる。なぜなら，それらの薬は真核生物の細胞内で一般的な化学反応経路を攻撃するためである。1970年代，科学者はマラリア原虫に自らのDNAを保持する独特の細胞小器官を発見した。彼らを大いに驚かせたのは，この細胞小器官が保持するDNA上にコードされる遺伝子を基に進化系統樹を推定したところ，この細胞小器官（**アピコプラスト**[apicoplast]）が植物の**葉緑体**[chloroplast]と近縁な関係にあることが示された点にある（図2）。植物の葉緑体は，植物の祖先と現代の**シアノバクテリア**（ラン藻，cyanobacteria）の祖先との間の**細胞内共生**[endosymbiosis]を起源とする（p.222参照）。進化学的解析は，マラリア原虫の系統が葉緑体をもつ他の真核生物（おそらく藻類）との共生によって，この色素体を獲得したことを示した。この藻類様の共生体が元来もっていた特徴の多くはすでに失われてしまったが，色素体は細胞小器官として維持され，アピコプラストとなった。マラリア原虫は光合成を行わないが，アピコプラストの代謝機能はその生存に必須である。アピコプラストがもつ代謝経路が哺乳類にはないということは，それが抗寄生虫薬の新しい標的となることを示唆している。アピコプラストを標的とするさまざまな抗生物質，酵素阻害剤，除草剤が，マラリア原虫およびその近縁種でトキソプラズマ症やクリプトコッカス症の原因となる生物種の駆除においてその有効性を示している。

　進化生物学はまた，高分子構造の理解においてもとても有効であった。このことは，おそらくリボソームRNAの研究において最も顕著である。すべての生物で，**リボソームRNA**（ribosomal RNA，rRNA）はメッセンジャーRNAからタンパク質への翻訳に関与している。rRNA分子は複雑な構造をしており，DNA二重らせんを形作る塩基対のように，同一分子内での塩基対形成がその構造形成に一部関与している。rRNA分子の生化学的解析では，rRNAの立体構造形成の問題を解決できなかった。その理由の1つは単純で，調べるべき塩基対の組み合わせが多すぎた点にある。立体構造解析も，最近になってようやく成功したところである。なぜなら，rRNA分子ではX線解析によって構造を解明するために必要とされ

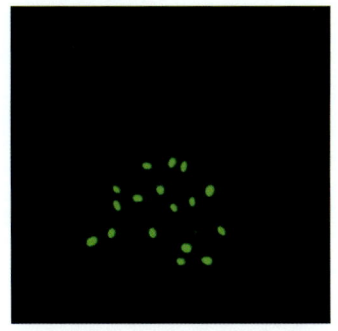
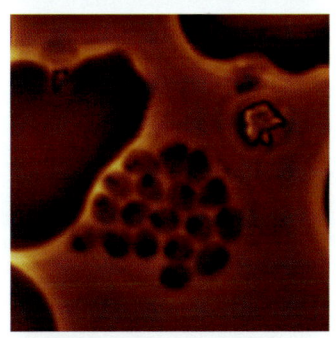
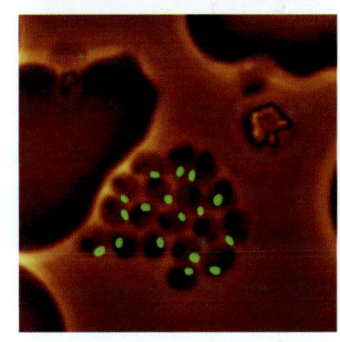

図2 ● 緑色蛍光タンパク質を使って可視化したアピコプラスト（上）。中央の丸い球状物がマラリア原虫（中）。マラリア原虫の中に緑のアピコプラストが見える（下）

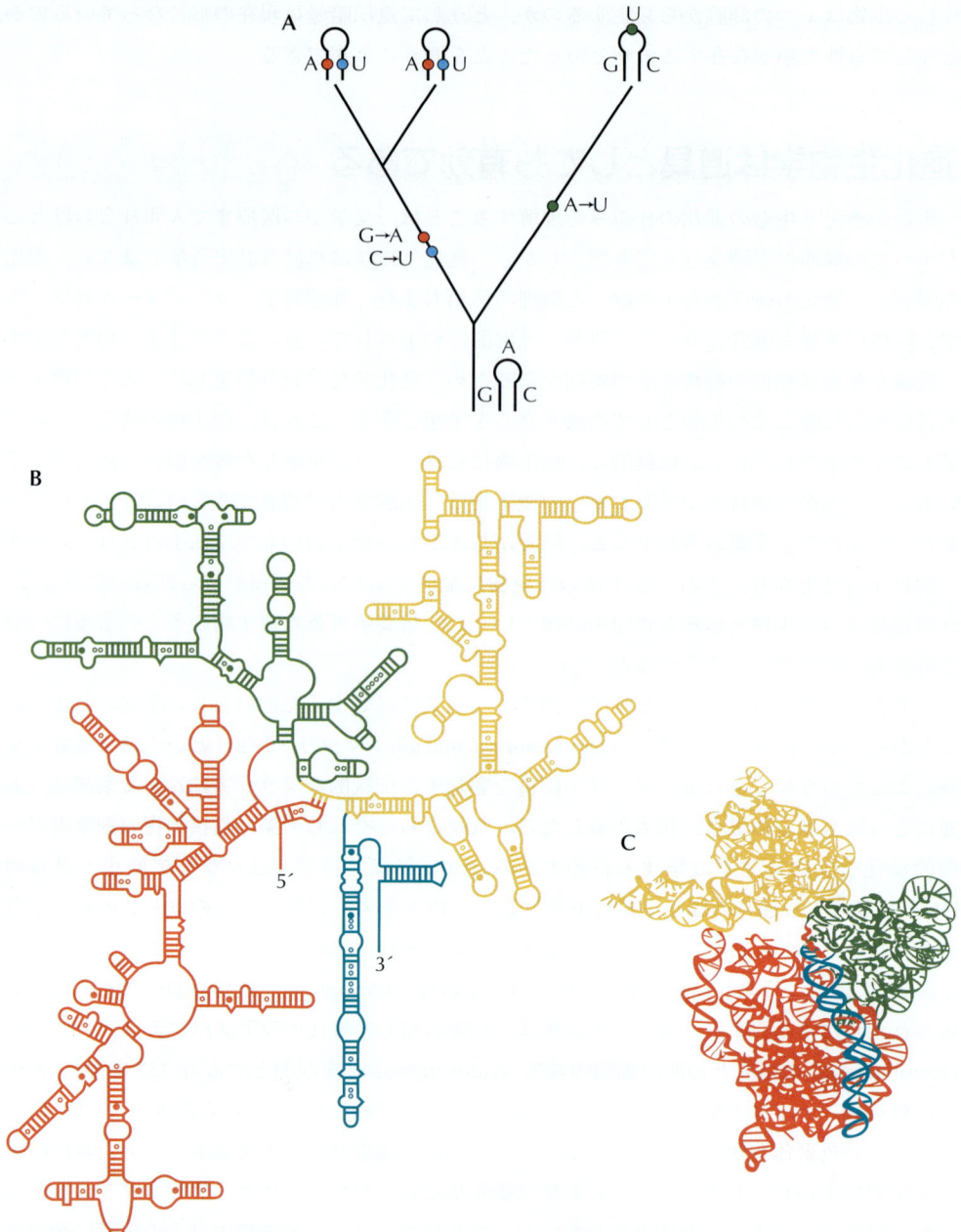

図3 • RNA 分子の進化的な変化のパターンは，その構造決定に利用できる。(A) RNA 分子で塩基対を作る部位では，一方の塩基の変化は，塩基対を維持するために，他方の塩基の変化を伴う必要がある（例，G → A［赤色］と C → U［青色］）。このような変化は，塩基間の対合を維持する。対照的に，塩基対を形成しない領域の変化は独立に起こりうる（例，単独の変化 A → U［緑色］）。(B) 16S リボソーム RNA 分子の二次構造は，異なる細菌に由来する 7000 にも及ぶ配列間の比較に基づいて，この方法を用いて推定された。はしご状の部分は対を形成しているらせん構造を示す。(C) 完全な三次元結晶構造が 2000 年に直接決定され，比較法による推定を裏づけた。予測された対の 97% 以上が結晶構造でもみつかった。B, C において，色の違いは，異なるドメインに相当する。

る結晶の作製が困難だったためである。しかし，ヌクレオチドの変化について進化的歴史をたどり，rRNA 分子上の異なる 2 か所で同時に変化が起こった事例を同定することにより，rRNA 分子内の塩基対を決定することに成功した。このように相関した変化を数多く同定す

図4・分子進化によって，特定の複雑な問題を解決する。野生型緑色蛍光タンパク質（A）のシグナルを増強するために，試験管内選抜法を利用し，合成緑色蛍光タンパク質（B）を作出した例。

ることによって，研究者はどのヌクレオチドとどのヌクレオチドが塩基対を形成するかを決定することができた。

　人類が成し遂げてきた事柄において，進化の仕組みを理解することから受けてきた利益は非常に大きい。動物や植物の交配選別方法は，集団遺伝学の原理を利用してたえず改善されている。バイオテクノロジーの分野でも，いわゆる分子選別法という，同様の手法が用いられている。一例を挙げると，価値を高めた新奇のタンパク質の設計がある。蛍光タンパク質は生物学的研究においてとても有用な道具である。これは，適切な条件下に置いたときにタンパク質から発せられる光を利用して，蛍光顕微鏡などの機器により検出することができる。効果的に蛍光タンパク質を使用するには，異なる色の光を発する異なる種類の蛍光タンパク質を利用できることが望ましい。緑色を発する蛍光タンパク質は，元々，*Aequorea victoria*（オワンクラゲ）というクラゲから単離された。試験管内での分子選別法を用いて，科学者はその緑色蛍光タンパク質を改変し，異なる波長の蛍光を放つ新型のタンパク質を作り出した。この分子選別法によって人工高分子の作出を可能とするには，進化の機構の理解が大切である。実際は，タンパク質の新奇機能の進化は，対応する遺伝子が突然変異の必要な組み合わせをもっているかどうかによって限定されるかもしれない。**組換え**（recombination）（分子選別では意識的に使われている）は異なる突然変異を一緒にまとめ，試験管内選択の効率を大幅に上げる。

分子生物学と進化生物学の研究分野は重なっている

　分子生物学と進化生物学はどちらも成長している分野である。ただし，この半世紀以上の間，それらは互いに独立に大きく発展してきた。もちろん，進化生物学は多くの分子の技術を使い，形態や行動と同様に分子の変異も調べている。逆に，分子生物学は（少なくとも暗黙のうちに）生物間と遺伝子間の関係を構築し，そして機能的な配列を分別するために，進化的手法を使っている。にもかかわらず，この2つの研究分野は一般に異なる領域として存在し，異なる課題を扱っている。本書の目的は，分子生物学者にも理解でき，そして，興味がもてるように進化生物学を説明することと，どのような形で進化学的手法が最近の分子生物学の発見に寄与しているかを示すことである。

　第1部は，鍵となる発見や概念を解説しながら，この2つの研究分野の歴史的な議論を示す。自然選択が進化の中心的な仕組みであることを支持する論拠を含め，進化を証明する圧倒的な証拠を提示する。第2部は，生命の多様性の全体像を示す。35億年以上前の生命の

誕生に始まり，生命の3つのドメインである，細菌（真正細菌），古細菌，真核生物が分岐した道筋を提示する。化石資料と，発生プログラムの最近の理解を通してみられる多細胞生物の進化を解説する。第2部は第3部の基礎となっている。第3部では，遺伝的多様性の本質，進化の仕組み，それらの結果を解説する。ほとんどすべての生物集団には豊かな変異が含まれており，それは突然変異と組換えによって作り出される。この変異は，DNAやタンパク質といった分子と生物個体全体としての形態や行動（これらは，たくさんの遺伝子の相互作用に依存する形質である）の両者にみられる。自然選択はこの変異に対して働き，生命の世界で目にするすばらしい適応の作出に貢献している。さまざまな進化機構が互いに相互作用し合うことによって，これらの適応を作り出し，多様な生物種を生み出し，そして遺伝システムそれ自身を形作っているか，その仕組みを示す。第4部では我々自身の生物種としての進化と，進化と進化生物学が人間の挑戦において今現在果たしている役割を議論し，本書のまとめとする。

　本書には補助的なウェブサイト（www.evolution-textbook.org インターネットの英文）があり，これは指導者や学生にとって有用であろう。本書にある図や表の大部分，そして用語集も利用できる。考察問題は，概念の復習とその話題についてより深く考える際に学生の助けとなるように意図されており，すべての章末に用意されている。課題（とその答え）は，第12～24章に用意されている。ウェブサイトには章ごとにノートも用意されていて，そこにはすべての参考文献が記されており，本文のさらに深い解説や，他の有用なウェブサイトへのリンクなどが掲載されている。本書の各章末の文献リストとともに，これらは，学生を進化生物学の膨大な文献へと導き，指導者には有用な資料となるであろう。また，ウェブサイトには，本書には含まれていない2章（オンラインチャプター）が掲載されている。進化を研究するために使われる量的な方法の解説で，第27章では，系統樹の推定方法と，それらが進化的な関係を明らかにするために使われるやり方を詳細に解説している。第28章では，進化モデルを詳細に紹介している。

　我々は生物進化の明確な説明だけでなく，分子生物学と進化生物学をより緊密なものとすることに本書が役立つことを期待している。前世紀は，この両方の生物学の分野において革新的な発展があった。今後も，さらに活性化することを約束する。

■ 文献

Meagher T.R. and Futuyma D. 2001. Evolution, science, and society. *Am. Nat.* **158:** 1–46.
　進化生物学が多様な方法で利用されうることを例示。http://evonet.sdsc.edu.evoscisociety/ でも閲覧できる。

Working Group on Teaching Evolution, National Academy of Sciences. 1998. *Teaching about evolution and the nature of science.* National Academies Press, Washington, D.C.

ウェブサイト

http://evonet.org 進化生物学の概略を提供するサイト。
AAAS Press Room — Evolution on the Front Line: http://www.aaas.org/new/press_room/evolution/
National Center for Science Education: http://www.natcenscied.org/
Understanding Evolution: http://evolution.berkeley.edu/

PART 1

進化生物学の概略

　進化生物学は，生命の起源と多様性を説明しようとする。この分野は正式には，Charles Darwin（チャールズ・ダーウィン）がすべての生物は共通の祖先を共有し，進化の鍵となる仕組みが自然選択であることを示したことに端を発している。その現代的な形は，Mendel（メンデル）の研究の再発見により，進化的な作用を量的に解析する道具を提供する古典遺伝学が確立された後に現れた。第1章はこの歴史をたどり，実験，理論的アプローチ，そしてゲノムと遺伝子の解析を組み合わせることによって，これらの鍵となる疑問にどうやって答えるのかを概説する。

　第2章では，分子生物学誕生の概略を示す。遺伝学と進化の分子的基盤は，主として1953年のDNA立体構造の発見に続く10年で築かれた。分子生物学的技術が進化の研究を変えた。分子生物学と進化生物学は，ほぼ100年前のダーウィン流進化とメンデル遺伝の総合化を思い出させるように，密接に絡み合っている。

　第3章は，自然選択による進化の証拠を要約する。ここで示される議論はDarwinにさかのぼり，その当時，圧倒的に説得力のあるものであった。本書を通して，この章でまとめられている要点を補強する数多くの例を目にするであろう。

　本書を読み進みつつ，いたるところに提示される詳細な議論がここ第1部で示された基本的な枠組みにどのように適合するかを理解し，進化生物学の鍵となる問題への答えに至るまでにどれだけ開きがあるかを知るという意味で，第1部を読み返すことは効果的であろう。

　進化生物学にとって，興奮すべき時代である。系統関係，新しく発見された生物種，遺伝的多様性の本質，そして発生の根本的な仕組みといった新規な情報の洪水に，我々はもまれている。しかし，現代の論争はすべて進化生物学の起源にさかのぼる。したがって，歴史的視点は今日でも進化を理解するためにとても有益である。

CHAPTER

1

進化生物学の歴史：進化学と遺伝学

　すべての生物は，35億年程前に生きていた現在よりもずっと少ない数の生物に由来する。そして，どの生命体のもつ遺伝子もすべて，祖先から受け継いできたわずかな遺伝子に由来する。このような生命の世界に対する現代的な理解が確立したのは，つい最近である。1859年にCharles Darwin（チャールズ・ダーウィン）が著した『種の起源（種の起原）：自然選択の方法による』は，"変化を伴う継承（進化）"と，その進化の鍵となる仕組みが**自然選択**（natural selection）であることの根拠を示した。1865年にGregor Mendel（グレゴール・メンデル）は遺伝の仕組みを明らかにした。1900年まで彼の研究は見過ごされていたが，その再発見は古典遺伝学の発展の引きがねとなった。1953年，James Watson（ジェームス・ワトソン）とFrancis Crick（フランシス・クリック）によるDNA立体構造の決定は，遺伝学の物理的な基礎を確立した。

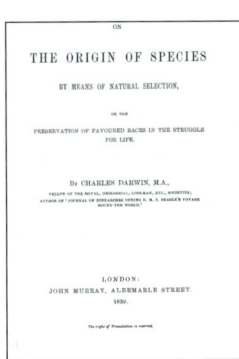 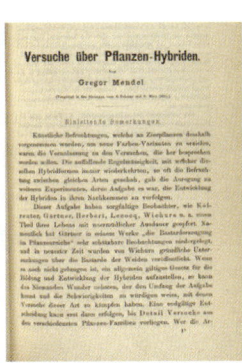 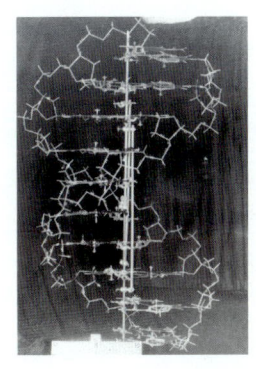

　このような近年の発展に至る以前の，遺伝と生物種の起源に対する人々の考え方は，現在とはまったく異なるものであった。実際，とても異なっているため，過去の考え方を理解することは現在の我々にとって困難である。今でさえも，遺伝学と進化学に関する多くの誤解や，現在の進化生物学の論争の種には，それらの古い考え方が尾を引いているのである。したがって，現在の論争を理解し，我々の生命観がどれほど変化したかを正しく理解するために，進化生物学の歴史について簡潔に知っておく必要がある。遺伝と進化の考え方は非常に密接に絡み合っているので，ここでは両者を同時に示す。

1.1　現代の遺伝学と進化学の簡潔なまとめ

　進化生物学の歴史をひもとく前に，最新の遺伝学と進化学の理解にとって鍵となる特徴を示すことが役立つであろう。
- DNAは，表現型を決めるために，細胞および環境と相互作用する。DNA配列ただそれ

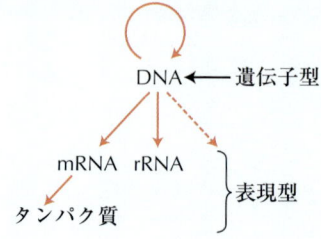

図 1.1 ● セントラルドグマ：DNA が RNA に写しとられ，RNA がタンパク質に変換される。

だけでは役に立たない。それは，**メッセンジャー RNA**（messenger RNA, mRNA），**リボソーム RNA**（ribosomal RNA, rRNA）や他の機能をもつ RNA 配列に**転写**（transcription）されなければならない。そして mRNA は，リボソームによってタンパク質に**翻訳**（translation）される。これらのタンパク質は，細胞内の遺伝子発現のタイミング，外部世界への応答，形態と行動の発生を決定するために，お互いどうし，さまざまな RNA 分子，あるいは DNA と相互作用する必要がある（図 1.1，p.59 参照）。このような一連の相互作用が，我々が目にする生物のもつ特徴，いわゆる**表現型**（phenotype）のすべてを決定する。

- 進化するのは集団である。種は，1 つの遺伝的に均質な集団ではない。それは多様な個体の集合体である。種の進化とは，集団に含まれる異なる種類の個体の占める割合の変化であり，突発的なあるいは継続性のない変化ではない。
- 進化は枝分かれする木に似ている。集団は変化し，異なる種に分かれ，しばしば絶滅する。未来へとたどっていくと，大部分の個体は子孫を残さず，そして大部分の種は絶滅する。過去へとさかのぼれば，近縁な生物種は直近の共通祖先に集約され，より遠縁な生物種も，長い時間さかのぼれば祖先を共有している（図 1.2）。
- 進化は，到達点に向かって進まない。集団は偶然の変異と変化する環境に応答して進化する。これらはある特定の到着点に向かって進むよりは，むしろ予測不能な変化と多様化を引き起こす。
- すべての適応は自然選択の結果である。進化的な変化をもたらす多くの要素があるなかで，自然選択が唯一，適応（すなわち，多様な環境での生存と繁殖を生物に可能とする，複雑かつ鋭敏に調整された構造）を可能とする。生物は現在の生活様式に合わせて設計されたわけではなく，むしろ，祖先が繁殖に適した変異を蓄積した結果である。

これらの主題については，後ほど本書の中で詳しく示す。しばらくの間，これらの現代的な考え方を念頭に置いて，古い時代に考えられていたきわめて異なる考え方とそれらを比較しよう。

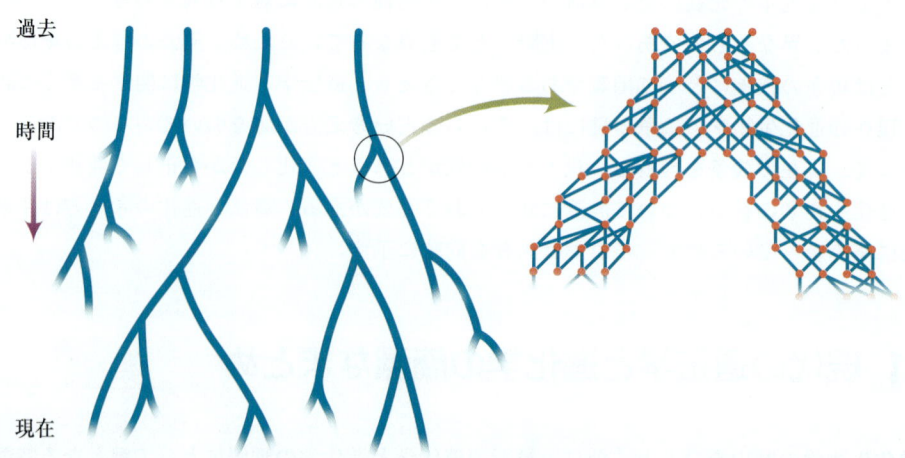

図 1.2 ● 時間経過に伴う生物種の進化。（左）それぞれの線が個体の集合体（生物集団）を表す。（右）集団を構成する有性生殖個体（赤点）。

1.2 Darwin以前の進化観

過去の遺伝と種の起源の考え方は，現在のものとは根本的に異なっている

　昔から人類は，遺伝と自然にみられる変異への実用的および宗教的興味をもっていた。狩猟採集生活を営む人々は，彼らが利用している植物や動物の詳細な分類を行っている。そして，その分類は通常，現代生物学の分類とよく似ている（第23章参照）。農業は，農作物の栽培と家畜の飼育に始まった。そしてそれは，（意識的かどうかにかかわらず）改良された個体の選択と，形質の遺伝を理解したうえに成り立っている。そしてその実用性はともかく，すべての社会は自分たちの祖先の起源について，多かれ少なかれ苦心して作り上げた信条や神話をもっている。

　自然を説明するための体系的な探索を初めて記録したのは，古代ギリシアの哲学者である。Platōn（プラトン）は，我々が知覚している世界は，変わることのない，そして我々の目では見ることができない真の世界の影であると教えた。この見方は，西洋思想に多大な影響を及ぼした。しかし，それはある種から別の種へと漸次的に変化するという考え方とはまったく矛盾する。Aristotelēs（アリストテレス）はPlatōnに学んだが，異なる考え方を発展させた。彼は，抽象的な推論のかわりに直接観察の重要性を強調し，生物学的問題に注意を払った。Aristotelēsは，繁殖と発生に関しても2つの説についてその可能性を比較した。それは，複雑な胚は単一の物質が分化することによって形成されるとする説（**後成説**[epigenesis]）と，構造は初めから存在し，発生は単にそれを展開するという説（**前成説**[preformation]）である。この2つの相反する説は，発生生物学の歴史において常に存在している。現在では，発生を遺伝的プログラムによって導かれる分化の作用としてとらえており，両者の要素を含んでいる。Aristotelēsは，単純なものから複雑なものへの直線的な並びとして生物を順序づけた（『自然の階段』，図1.3）。しかしながらPlatōnと同様に，Aristotelēsは種はその本質を固定されており，この世界は永遠であり変化しない（どのような種類の進化も排除する見方）と考えていた。

　Aristotelēsは，中世のキリスト教徒の思想に強い影響を与えた。事実，彼の書物に付与された権威は疑問をはさむことを許さなかった。Aristotelēsが強調した生物のすばらしい適応は，Thomas Aquinas（聖トーマス・アクィナス）を，**目的論的証明**（argument from design，神の存在証明の1つ）に導いた。この考えでは，生物世界の秩序は，知的で慈悲深い設計者により創造されたことを証明するものであるとする。Darwinの時代まで，そのような**自然神学**（natural theology）は，神の創造の秘密を解き明かす試みとして生物学の研究を促した。キリスト教によって新たに導入された1つの根本的な相違点は，神による創造が最近であるとする考え方である。しかし，この世界は創造の後に発展したとは考えない。したがってこのキリスト教の考え方は，変わることのない永遠の世界というAristotelēsの確信と同様に，進化という考え方と矛盾する。

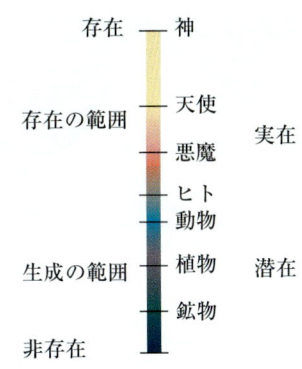

図1.3 ● Aristotelēsの考え方を基礎とした中世版の"存在の偉大な連鎖"。

この世の中を機械論的に説明することは進化の理解へとは結びつかなかった

　15世紀後半のルネサンス期に近代科学の萌芽がみられた。それは，神聖な書物の注意深い検証や解釈ではなく，観察と実験によって世界を研究することである。新進の天文学者であったNicolaus Copernicus（ニコラス・コペルニクス）とGalileo Galilei（ガリレオ・ガリレイ）

図 1.4 ■ John Ray は植物の最初の体系的な記述の 1 つを著した。

は，人間（あるいは地球）を世界の中心から移動させて，これまでの想像以上に世界はずっと大きく，変化に富んでいることを明らかにした。Isaac Newton（アイザック・ニュートン）が著した『プリンキピア』（1687）には，基礎的な物理法則の発見がまとめられ，1 つの普遍的な法則が，天体の動き，干潮，そして，それらの根底にある重力そのものを説明した。これらの発見は完全な物質的説明の探求を促し，その姿勢は René Descartes（ルネ・デカルト）の機械論的哲学によって，最も影響を及ぼす形で提示された。複雑な現象の単純な仕組みへの還元は，現代的な表現をすると分子生物学となり，それは，物理学と化学の範囲の言葉で生命のすべての様相を説明しようと試みるものである。

　物質的世界に対するこの新しい見方は，科学的探求の可能性を生命界にまで広げた。しかし，それは期待したほどその当時の生物学にとって効果的でなかった。神が不変な自然の法則を設計し，その法則が神の干渉なしに（哲学用語での**理神論**［deism］）機械的に宇宙を生み出したと考えられていた。よって，生物の環境への適応や生物相互関係への研究を通じて神の計画を理解することが重要視された。自然神学者らは，神の創造を洞察していると信じ，個々の生物の環境への適応について詳細な研究を続けた（それは John Ray［ジョン・レイ］が著わした本の題『創造における神の英知』からも明白である［図 1.4］）。しかし，生物種はなお不変のものであり，今では"存在の偉大な連鎖"として知られる Aristotelēs による自然の階段の一部と考えられていた。新たな観察は単純な直線的な発達という考え方とは相容れなかったが，それでもなお，不変の計画を表すものとみなされた。したがって，現在では絶滅してしまった生物の化石を，神の創造による"偉大な連鎖"の一部が時を超えて現れたものとみなすよう強制した。しかし依然として，天使の下に人間が存在する偉大な連鎖は不変な基礎をなす構造とみられた。Carolus Linnaeus（カルロス・リンネ）が著わした『自然の体系』は，生物種を属や目にまとめる生物学的分類の現代的な階層構造を確立した。しかしながら，現在では祖先を示すと考えられるこの階層構造を Linnaeus は，独立に創造された生物集団を関連づける創造主の設定した秩序の表出と考えた。

地質学という新しい科学が，年老いた変化する地球像を示した

　キリスト教神学者は，地球はごく最近創造されたと考えた。1650 年，James Ussher 大司教は聖書にある年表を過去へと積算することにより，神によるこの世界の創造は紀元前 4004 年であるとした。ルネサンス期から続く科学的な発見は，我々の惑星の起源の物質的な説明を支援した。1644 年，Descartes は地球は冷めて灰になった恒星から形成されたと主張した。

　18 世紀までには，多くの堆積岩は古代の海底に堆積したものであることが明らかとなった。化石は昔の生物の本物の遺物であり，多くの堆積岩にある海産物の化石の存在によってそれら堆積岩の起源が明確に示された（図 1.5）。このような堆積層の厚さを説明するには，劇的な天変地異か，聖書の内容を超える非常に長い時間を必要とした。この二者択一の考え方は，"**天変地異説**"と"**斉一説**"（uniformitarianism）という相反する主張として定義され，19 世紀半ばまで議論が続けられた。事実，化石記録が**断続平衡説**（punctuated equilibrium theory）を示唆するかどうか，あるいは大量絶滅が隕石の衝突によるものかどうかといった現在の議論のなかで，それらの論争の名残りを耳にする（第 10 章参照）。

　乾燥した陸上に堆積岩が存在することは，地質学という新たな科学にとって鍵となる問題であった。海洋が退いた（"水成説"）か，火山活動が海底から堆積層を押し上げた（"火成説"）か，のどちらかがその原因である。18 世紀の半ばに，中央フランスにある円錐型の山が死火山であるとわかったことが火成説を後押しした（図 1.6）。1788 年，James Hutton は，浸食さ

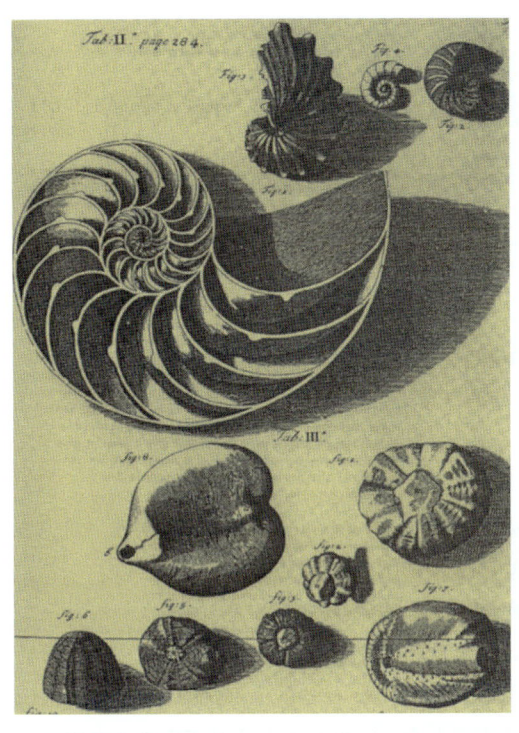

図1.5・博識家の Robert Hooke（ロバート・フック）は，生きている生物と化石の間の関係を明らかにした。この印刷物はワイト島の化石を，現生種と比較しながら示している。

図1.6・火成説と水成説という地質学的な考え方は18世紀に発展した。（上）中央フランスにある火山と同定された円錐状の山々。（下）化石を収集する James Hutton。堆積と火成説を組み合わせた理論を提案した。

れた岩が継続して海に洗われ堆積物として層をなしていること，そしてそれと釣り合いをとる作用として地球の内部の熱により引き起こされた地震によって新しい陸地がもち上げられていると主張した。この説は，Hutton による花崗岩と玄武岩は火成岩であることの発見と，溶けた岩石をゆっくり冷却すると鉱物が結晶化することを示す実験によって支持された。Hutton は浸食と隆起の間に安定した平衡があり，"始まりの痕跡はなく，終わりの見込みもない" と考えた。

化石は地質学の発展に重大な役割を果たした

パリに新しく設立された自然史博物館の脊椎動物の収集の任を負っていた Georges Cuvier（キュヴィエ）（図1.7）は，異なる現存生物種の解剖学的な比較を注意深く行い，その知識を化石の形態を復元するために用いた最初の人物である。彼はこの手法によって，長い毛のマンモスやマストドンのような多くの化石が現在では絶滅してしまったことを示し，また化石を利用していろいろな時代の地層の順序を決定した。Cuvier は地層の間の急速な変化は天変地異を反映したものであると解釈したが，これらの天変地異は，通常局所的に起こるものだと考えた。Cuvier は比較解剖学を用いて，異なる身体部位間にある複雑な関連性を実証し，それを重視したことにより生物種の不変性を強く確信し，進化的な変化という考え方に反対する立場に至った。

Cuvier らによって開発された岩石層の年代を定める方法は，どのように生命が時間とともに変化してきたかを明らかにした。1824年，William Buckland が，自身で *Megalosaurus* と名づけた巨大な肉食動物（初めて世に知られることとなった恐竜）を発見した（図1.8）。翌年，Adam Sedgwick と Roderick Murchison は，ウェールズの太古の岩石の年代学を確立し，カンブリア紀にまで遡る地質年代の順序の概略を示した（図10.1 参照）。新しい地質学は，生命の歴史を初めて垣間みせるものであり，時の経過とともに，まず魚類，次に爬虫類，そ

図1.7・Georges Cuvier は，現生の生物種と化石の両方を階層的に分類することにより Linnaeus の分類学を拡張した。彼は，機能が生物種の分類の根拠であり，天変地異による絶滅の後に新たに生物種が創造されると信じていた。

図 1.8 ■ Buckland の発見した *Megalosaurus* のあご（1824）。恐竜に関して最初に発表された記述。

して哺乳類と異なる集団が連続的に出現したことを示した。その最も有力な解釈は，別個の時代を区別する一連の天変地異が起こったというものであった。

1830 年，Charles Lyell（ライエル）が『地質学原理』を発表し，これまでとはかなり異なった考え方である斉一説を述べた。Lyell は Hutton の定常的世界観を復活させ，浸食や火山活動のような観察可能な作用が，多かれ少なかれ現在と同じ頻度で起こり，十分に長い時間継続されれば，大きな変化の原因となりうることを力説した。Lyell は，シチリアのエトナ山が長期間にわたる一連の噴火（多くが有史以前に起きたもの）によって構築されたこと，しかし，その火山岩は地質学的には新しいものであり，今なお地中海でみられる生物の化石を含む堆積岩層の上にあることを示し，自身の主張を補強した。Lyell の斉一説および『地質学原理』（図1.9）は，Darwin に強い影響を及ぼした。Darwin はさらに，現在起こっている作用の蓄積的な効果によって生物進化を説明しようと試みた。しかし，Lyell の定常的世界観は，化石記録から明らかにされ始めていた長期的な変化，つまり，進化と矛盾した。

Darwin 以前の進化に関する種々の考え

"啓蒙時代"として知られている 18 世紀は，生物学に興味がもたれていた。Newton の物理学での成功によって科学的に事象を説明することは新たな信頼を得た。同時に，農業の体系的な改良が北ヨーロッパで始まり，そして海洋探検によりヨーロッパ人は生命のあふれるほどの多様性と接することとなった。新たな作物と新たな販路が発見され，新しい生物学は経済的にきわめて重要なものとなった。政府は，James Cook（ジェームズ・クック）が行ったような海洋探検を支援した。海洋探検には，新しく発見された動植物相（図 1.10 および 1.11）の体系的な収集という任務を担う博物学者が参加していた。

社会や経済の進歩に対する新たな信条は，生物学の変化の可能性を暗示した。Pierre de Maupertuis（図 1.12A）は，熱帯地方の人々が，濃い皮膚の色になったのは，偶然に変化した皮膚の色が遺伝したか，もしくは遺伝性の粒子に対する太陽の直接的な影響による可能性があることを主張した。Georges Louis Leclerc de Buffon は，近縁な生物種が単一の共通祖先を共有した可能性を示唆した。しかしながら，それぞれの科に属する生物種では，同一の"内的鋳型"を共有すると考えた。Linnaeus もまた，新たな生物を生成する際の交雑の重要性を強調し，同属内では生物種の進化的な変化を認めていた。Erasmus Darwin（Charles Darwin の祖父）は詩と散文の中でいくつかの進化的な思索を記した。

Jean-Baptiste de Lamarck（ジャン・バプティスト・ド・ラマルク）は，初めて明確な進化

図 1.9 ■ Charles Lyell の『地質学原理』（1830 年）の口絵には，ナポリの近くにあるセラピスのローマ時代の神殿が描かれている。地面の高さが歴史的な時間の中で変化した証拠として Lyell はその神殿を用いた。2000 年前の建造の後に，神殿は部分的に海に沈み，その後隆起した。その沈没の証拠は各円柱の表面のざらざらした部分に現れている。これは海産の岩石穿孔性二枚貝の活動によるものであり，ざらざらした部分より下の円柱表面は堆積物によって保護されていたため滑らかである。

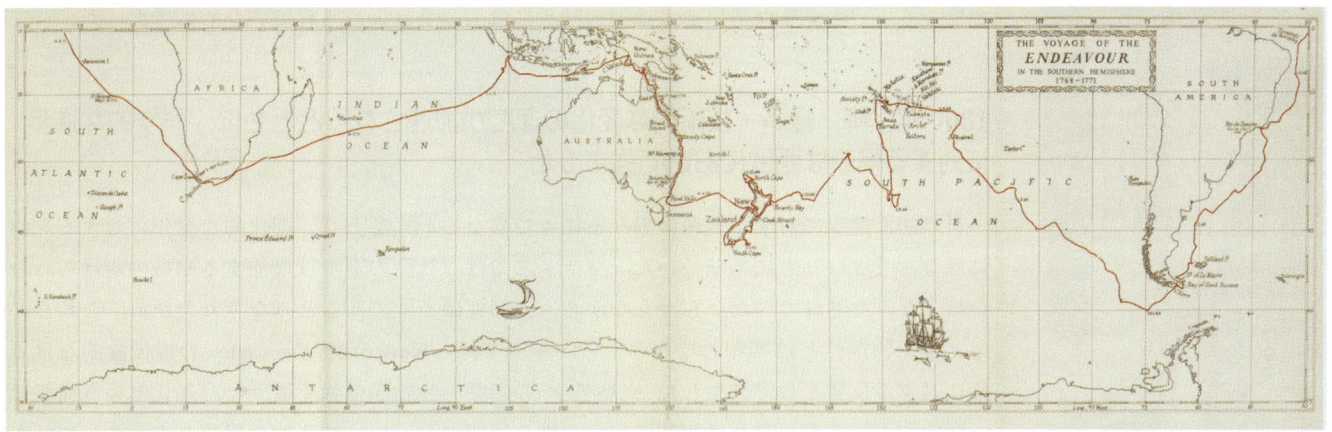

図 1.10 ▪ 1768 年から 1771 年にかけてエンデバー号で世界を巡った Cook の航海の地図。

の理論を述べた（図 1.12B）。彼はパリの自然史博物館で無脊椎動物の責任者となり，1800 年には早くも生物種の不変性に疑問を投げかけた。彼が軟体動物の化石に見出した連続的で漸次的な差異が，彼に影響を及ぼした。それは当時そして現在においても進化の最も完全な記録の 1 つである。しかし，Lamarck の理論は Darwin の理論とはまったく異なっていた。彼は，原始的な生物は自然に発生し，そしてそれらが直線状の"存在の連鎖"に沿って進歩的に変化する，と考えた。そして，単純な生物が定期的に新たに自然発生し，より複雑さを増す方向へと進化していくため，おのおの独立に進化し，さまざまな進化段階にある一連の生物種を，現在では目にすることになると考えた。『動物哲学』（1809）に記された Lamarck の理論は，当時ほとんど影響を与えなかった。それは Cuvier によって退けられ，フランス革命に対する保守反動と調和しなかった。19 世紀後半に影響力をもっていた"新ラマルク理論"学派は，進化において獲得形質の遺伝を強調した。しかしながら，その考えは Lamarck 独自のもの

図 1.11 ▪ Joseph Banks はエンデバー号に乗り組んだ博物学者であった。彼は仲間達とともに，ヨーロッパで知られていなかった 2400 種以上の動植物を同定した。

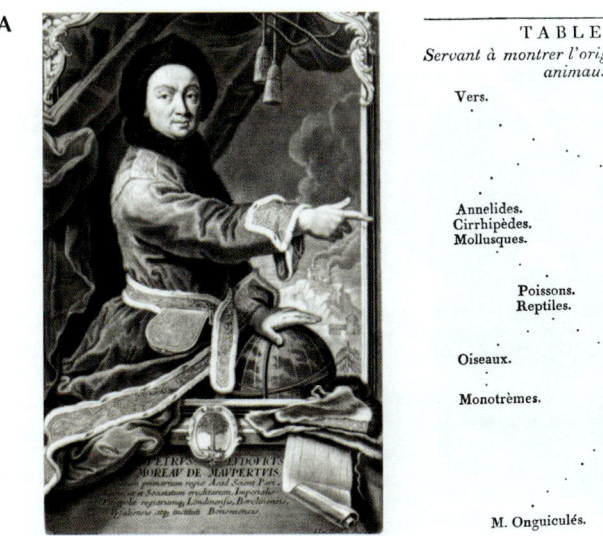

図 1.12 ▪ （A）Pierre de Maupertuis は，遺伝には遺伝性の粒子がかかわっているとする説と，生命の自然発生説を提案した。（B）Jean-Baptiste de Lamarck は，進化を別々に自然発生した祖先に由来する系統的な進歩とみなした。動物界の連鎖は彼の『動物哲学』（1809）の中で発表された。

図 1.13 ▪ スコットランドの経済学者 Adam Smith の経済学に関する理論は Darwin に影響を及ぼした。

ではなく，そのような遺伝形式は彼の時代には広く受け入れられていたものであった。

1800 年以降，経済・技術的な変化の速度が加速されるとともに，科学的な進歩に対する信頼は西欧において強まった

　科学的な進歩に対する信頼は異なる国々で異なる形式をとり，進化的な発想に対する非常に異なる受け取り方に結びついた。フランスでは，社会の進歩は増加する知識の避けられない結末とみなされていた。しかしながら，人間性は不変であるとみなされたため，これらの考えは生物進化とは調和しなかった。ドイツでは，Newton と Descartes の機械論的な世界観に対する反発として発生した"自然哲学"の影響を生物学は強く受けた。進化という発想は一般的であったが，それは個体発生における展開のように，神秘的な用語とみなされていた。英国では，Adam Smith（アダム・スミス）（図 1.13）の著わした『諸国民の富の本質と原因の研究（国富論）』に強く影響を受けて，実用的で功利的な哲学が出現した。個人的な競争は，全体の利益のために機能する効率的な経済を導くものとみなされていた。このことは確かに Darwin に影響を与えた。しかし，Smith の思い描いた市場の"見えざる手"は，Darwin の強調した"生存のための競争"よりも楽観的で慈悲深い印象を与えた。

　1844 年，『創造の自然史の痕跡』が匿名で出版された（図 1.14）。この本の中では，生物は自然発生的に誕生し，そしてより複雑なものへと進歩的に変化するという Lamarck の説と類似した進化論を述べている。同書は一般大衆に対する成功を納めた一方で，猛烈な批判を受けた。その理由はおもに，著者の Chambers（チェンバーズ）が進化的な連鎖の中に人を含めたためであり，これはキリスト教の教義と対立するものであった。この著作の重要性はその科学的な内容ではなく，むしろ一般大衆の進化への強い関心とそのことに対する強い反発を明らかにしたことにある。

図 1.14 ▪（A）Robert Chambers は，自然の法則が物質世界を説明できると信じた。（B）『創造の自然史の痕跡』（匿名で公表された）は，宇宙の起源から，生命および人間性の起源に至る，万物の理論について記されていた。

1.3 Charles Darwin

ビーグル号での航海で，Darwinは進化理論の発想に至る自然観察を行った

Charles Darwinは1809年に，裕福で知的に活発な家庭に生まれた。彼はErasmus Darwinと，陶磁器業に産業革命をもたらしたJosiah Wedgwoodの孫であった。Darwinは，学業は平凡で古典教育を嫌悪したが，若いころから博物学に傾倒していた（図1.15）。エディンバラの医学校に入学したが，Darwinは解剖台の恐怖から尻込みし，そのかわりにLamarckの進化的な発想の有名な支持者であったRobert Grantのもとで海産無脊椎動物の研究に専念した。2年後に，Darwinは医学を諦め，ケンブリッジで神学の修養を始めた。彼は，宗教的熱情よりも地方の牧師として自然史を追求することを望んでいた。ケンブリッジでは，William Paley（ウィリアム・ペイリー）の『自然神学』（1802）を修めることが必要であった。それは，生物の超自然的な設計の証拠として生物の精巧な適応を取り上げるものであった。そのようなことよりも，エディンバラで暮らしていたころのように，非公式の研究活動が彼にはるかに重要な修養を与えた。Darwinは甲虫（図1.16）の収集に熱中し，John Stevens Henslowの植物学の講義および科学的な社交集会に参加し，1831年にはAdam Sedgwickに伴われて北ウェールズでの地質調査に参加した。ケンブリッジの科学界との交流および博物学者としての評判によって，その年の終わりに，彼は"H.M.S. ビーグル号"での南アメリカでの5年間の調査航海へ招待されることになった。

航海当初，ひどい船酔いにもかかわらず，Darwinは出版されたばかりのLyellの『地質学原理』を読んだ。これは，Sedgwickから受けた直近の指導とともに，地質学的な問題に彼の注意を集中させた。カーボベルデ諸島で彼は，火山活動によって海洋底から押し上げられ，周囲の土地の沈降とともに徐々に曲がってしまった堆積岩層を見た。1835年に地震直後のチリに赴き，Darwinは地盤が数フィート隆起したことを目撃した。Darwinの地質学への最初の主たる貢献は，サンゴ礁の形成機構を以下のように説明した点である。つまり，サンゴが生え始めた浅い海底が海面下深くへゆっくり沈んでいくとき，これに合わせてサンゴが徐々に成長することによって，サンゴ礁ができたというものである（図1.17）。これらすべてによってDarwinはLyellの斉一説的世界観，つまり，現在起こっている作用の継続的な活

図1.15 ▪ 1840年の若いころのCharles Darwin。

図1.16 ▪ "それ行け，チャーリー！"。Darwinのケンブリッジの級友によって描かれた漫画。ケンブリッジ時代のDarwinは，甲虫の採集に夢中になっていた。彼が『自叙伝』に記述したように，"ケンブリッジ時代に，甲虫の採集と比するほどに熱中しそして楽しんだことは何もなかった。それは単なる採集への情熱であり，それらを解剖しなかったし，外見的特徴を発表されている記述と比較することもほとんど行わなかった。とにかく名前はつけていた"。

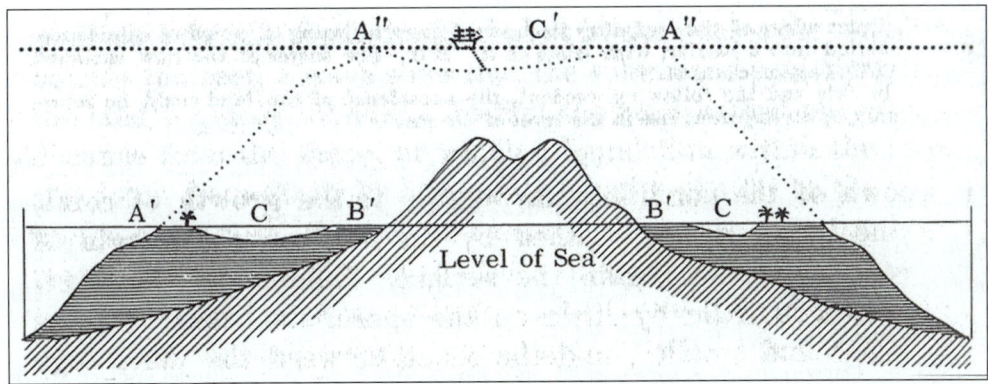

図1.17 ▪ 『ビーグル号航海記』に示された，Darwinによるサンゴ礁の説明。彼は，"新しい環状の堡礁"がゆっくり沈むとともに，サンゴが上向きに成長し続けると説明した。環礁（点状の曲線）だけが残るまで，海は島を浸食する。

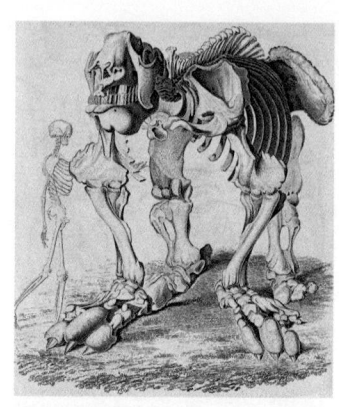

図 1.18 • ビーグル号での航海の間に Darwin が発見した化石の中には、この *Megatherium* の骨格が含まれていた。(ウエルカム図書館，ロンドン)

動が、地球の地質学的な形成を説明することを信じるようになった。

Darwin にとって、多様でよく適応した生物種の起源は何かという"謎の中の謎"を、現在の作用で説明できるかどうかを問うことは自然であった。彼は南アメリカで、現在も生きているアルマジロ、ナマケモノ、およびラマに似た化石哺乳類を発見した。それは遺伝的な継承の連続性を示唆した(図 1.18)。しかしながら、より重大なことは生物の地理的分布についての観察であった。アルゼンチンの平原において Darwin は、同一の縄張りを占めるために競争関係にあると思われるレア(飛べない鳥)のわずかに異なる 2 つの種を見つけた(そして食べた)。ガラパゴス諸島においては、Darwin はそれぞれの島に異なる種のマネシツグミがいること、それらの種はすべて、本土の種と類縁関係にあるようにみえることを発見した。

『種の起源』の中で，自然選択による進化の論拠を述べた

Darwin は 1836 年に英国へ帰国し、種が変化することを確信した。"人生で最も多忙な 2 年間"に、彼はこの進化的な過程を説明する自然の仕組みを探索し始めた。彼は、進化は個々のわずかな変異の漸次的な蓄積に基づかなければならないと確信した。1838 年 9 月、彼は、Thomas Robert Malthus (トーマス・ロバート・マルサス)の『人口論』を読み、自然選択というアイデアに到達した。この本では、資源は有限だが繁殖は潜在的に指数関数的であるため、個体間では生存競争が避けられないことを主張した。Darwin は、個体間にはこの競争に打ち勝つ能力に差異があり、そのような変異が遺伝すれば、変異は"自然に選択される"だろうと理解した。つまり，

> 人間がどんな目的に利用するにせよ、何千もの生物が多様であるのをみたとき、どうして変異が野生動物にときどき生じることを疑うことができようか。容貌と特性の類似性を思い起こすならば……、どうしてそのような変異に遺伝する傾向があることを疑うことができるだろうか。平均的な食物量が決まっていて、そして繁殖能力が指数関数的に働くことを考慮するとき、選択がしっかりと機能することをだれが疑うだろうか。もし、すべての地質学者が認めているように、これまでにそして現在も外部的条件が変わることを我々が認めれば、そして、対立する自然の法則が何もなければ、親集団とわずかに異なる集団が、ときどき形成されるに違いない。

図 1.19 • Alfred Russel Wallace は、Darwin とほぼ同一の理論を書き記した原稿を Darwin に送った。

1842 年に述べられたこれらの言葉は、彼がもし亡くなった場合に公表されることになっていた、Darwin の進化に関する草稿に記されていた。しかし Darwin は、彼の理論が論争の的になることに十分気づいており、また、Chambers の著書『創造の自然史の痕跡』に対して起こった敵意によってその意識はさらに強まった。したがって、Darwin は自説を支持する証拠の蓄積に 20 年を費やし、自身の考えをわずか数人の親しい友人だけに伝えていた。彼は、人為選択の調査と遺伝の実験を始めた。また、どのように進化の法則を分類に適用することができるか示すものとして、フジツボに関する研究に多くの労力を費やした。彼はまた、理論をさらに発展させた。特に、Adam Smith によって詳細に説明されている経済学での労働分業との類似性から、種の多様性について説明した。ちょうど個々の労働者が新しい商売に専門化することにより経済的な優位性を得るように、個々の生物は異なる方法で環境を利用することによって、競争者に対して優位に立つというものである。

1858 年、Darwin がこの大規模な研究に取り組んでいたとき、Alfred Russel Wallace (アルフレッド・ラッセル・ウォーレス)(図 1.19)から本質的に同じ説を述べている論文を受け取った。Wallace はプロの収集家であり、当時 2 回目の本格的な遠征航海で東インド諸島に滞在していた。Darwin と同様に、Wallace は動植物の地理的分布から進化を確信しており、

Malthus を読んだ後に自然選択に行き着いた。Wallace の論文は，ロンドンのリンネ学会の会合で Darwin の研究からの抜粋とともに発表された。これらの論文は発表直後にはほとんど反響がなかった。事実，リンネ学会の会長は 1858 年を "科学部門に関しては大改革を引き起こす目覚ましい発見がみられなかった" 1 年と評した。翌年，Darwin は，彼の計画的な仕事の要約として『種の起源：自然選択の方法による』を公表した。1250 部すべてが 1 日で売り切れた。

『種の起源』の出版から 15 年経ると，多くの教育を受けた人々は進化を事実として認めた

生命観のこの急速な変化は，大部分は Darwin の証拠の蓄積および反論に先んじる技量によるものであった。彼が記したように，『種の起源』は "1 つの長い主張" であり，とても説得力のあるものであった。彼の成功はまた，進化的な変化の原因となる明確な仕組みを同定したことによった。後ほど述べるが，進化とは異なり自然選択については，続く半世紀の間に，それが適応と多様化の主たる要因であるという Darwin の主張に賛同した人は，ほとんどいなかった。しかし，実験可能で首尾一貫した仕組みを提示したことによって，Darwin は進化を単なる推測ではなく真の科学の対象へと変えた。

Darwin の主張の強みは，どのようにして進化が地理的分布，化石記録，形態的な関連，および比較発生学といった多くの異なる事実を説明することができるかを示した点にあった。進化を認めることは，"壮大で，ほとんど人跡未踏の研究領域" を切り開き，従来研究対象とすることが困難であった問題に生物学者が取り組めるようにした。古生物学と比較解剖学は特に強い刺激を受けた。また，進化的な関連性の探索は 19 世紀後半の生物学の主たる対象となった。しかし，Darwin が示した進化の仕組みに対する洞察のさらなる発展はほとんどみられなかった。

1.4 自然選択説の失墜

自然選択は，進化の仕組みとしてあまり認められなかった

『種の起源』は，進化が自然選択によって起こると主張した。すなわち，自然選択がある個体より別の個体の繁殖を相対的に増加させることによって，おのおのの変異は定着し，特に小さな変異がこの作用により蓄積することによって進化が起こると述べた。しかしながら，Darwin の進化に対する主張は広く受け入れられたが，自然選択がその主要因であるとはほとんどの人が認めなかった。彼の最も強力な支持者たちでさえ，個体間のわずかな差異に対する選択の役割を過小評価した。Wallace はおそらく自然選択の最も強い主張者であったが，自然選択は個体間ではなく，変種間あるいは生物種間に働くとみなす傾向があった。Darwin を公然と擁護したことで有名な Thomas Henry Huxley（トーマス・ヘンリー・ハックスリー）（図 1.20）は，比較解剖学での Huxley 自身の研究において自然選択の考え方を使わず，進化は大きな効果をもたらす変異（跳躍進化あるいは "大きな変異"）に基づくと考えた。ドイツでは，Ernst Haeckel（エルンスト・ヘッケル）は "ダーウィニズム" の強い支持者であったが，彼もまた，自然選択をその主たる仕組みとはみなさなかった。Haeckel は，選択は方向性のある作用によって作られた変異体のふるい分けとみなし，ヒトのようなより高等な生物への進

図 1.20 ● 雑誌 Vanity Fair に掲載された Wilberforce 司教（左），Thomas Henry Huxley（中間）および Charles Darwin（右）の風刺画。Wilberforce 司教は，1860 年の英国学術振興協会の会合で Darwin の説を攻撃した。そして，"Darwin のブルドッグ"と自称する Huxley はこの討論で Darwin を擁護した。

図 1.21 ● Henry Walter Bates は Alfred Russel Wallace の友人で，進化に関する彼の考えを支持した。Bates は，チョウにおいて色模様の**ベイツ型擬態**について明らかにしたことで特に有名である。

歩として進化を理解した。

　Darwin の進化論は，広範囲に及ぶ自然にある変異および生存競争を高く評価する博物学者たちに最も強く支持された。Henry Walter Bates（ヘンリー・ウォルター・ベイツ）（図 1.21）および Fritz Müller（フリッツ・ミューラー）の擬態（mimicry）に関する研究は，今なお自然選択の最良の実証の 1 つとされている。それはまずい味がする生物と類似した個体はトリによって捕食される確率が下がるため，異なる種のチョウがきわめて類似した外観をもつように進化する（図 1.22, p475, p506）というものであった。しかし，この研究の後に続く自然環境中の選択に関する体系的な研究は現れなかった。『種の起源』の出版から 50 年経過しても，自然選択に関する研究はわずか 2 つであった。1899 年，Herman Bumpus（ハーマン・バンパス）が，ニューイングランドでの嵐の中，生き残ったスズメと命を失ったスズメの間に形態に差異があることを実証した。また，ほぼ同時期に，W.F.R. Weldon（W.F.R. ウェルドン）は，プリマス海峡（英国）のカニの形態が選択のために変化したことを発見した（図 1.23）。

図 1.22 ● ベイツ型擬態。同一種である無毒のチョウ（下段）は，自身の生存の可能性を改善するために異なる種であるドクチョウ（上段）の警告色を模倣する。

自然選択説は真の障害に直面し，それは20世紀になってようやく解決された

進化の移行途中の生物はめったに見つからなかったので，進化および進化の仕組みの両方を立証する証拠は，必然的に間接的なものとなった。Darwinは，人為選択との類似性を強調した。それは，例えばハトの愛好家によって品種改良された種々の羽毛や行動であった(図1.24)。しかしながら，新しい生物種はこのような方法で作られておらず，選択はある範囲内の変化しか生み出さないと，しばしば反論された。さらに強い反対意見は，脊椎動物の眼のような複雑な器官となる以前の原始的な状態には，いかなる有利さも見出せないため，自然選択の作用では，このような器官は進化しないというものであった。それに対するDarwinの反論は以下であった。

- 限られた機能であっても，有利さがあるだろう(例，はっきりと焦点のあった像でなくとも光を感じる能力)。
- 中間的な機能をもつものが実際に同定され得る(例，複雑さの程度が異なる眼)。
- 器官の機能が，ある機能から別のものに切り換わったかもしれない。

第3章と第24章では，これらの問題点を，より詳細に議論する。

反論がさらに厄介だった問題は，物理学者William Thomson(後のKelvin［ケルビン］卿)によってなされた地球の年齢の計算値であった。Thomsonは，熱が宇宙空間へ放射されて地球が溶融状態から冷えたこと，そしてこれがわずか約2500万年間で起こったことを主張した。徐々に起こった地質学的な変化と自然選択による漸次的な進化に必要であるとDarwinが考えた時間よりもはるかに短い推測値であった。Thomsonによる計算に誤りがあることが明らかになるのは，地球の冷却を相殺するために放射性崩壊が十分な熱を提供することが発見される20世紀になってからであった，現在，放射性同位体の測定値から地球の年齢は約45億年とされ，それは地質学的な作用の速度に基づいたDarwinの推定値とおおよそ一致する。

Darwinに最も大きな困難をもたらした問題は遺伝に関連するものであった。1867年に出版された『種の起源』の書評において，技師のFleeming Jenkinは，以下の議論を展開した。

図 1.23 ▪ W.F.R. Weldonは，カニ *Carcinus maenas* を用いて自然選択を研究した。

図 1.24 ▪ 特定の形質への人為選択によって得られた多様なハト。Darwinは，人為選択に由来するハトのコレクションを保持していた。

彼は微少な変異と"大きな変異"を区別し，前者は選択に応答するが，限定された小さな進化しか生じないと主張した．対照的に，もし単一の明白な"大きな変異"が自然選択によって選ばれれば，それは後に元の集団と交配する必要がある．したがって，その子孫は集団内で混じり合って元の状態へと戻される．すなわち混合遺伝は遺伝した変異を除去し，自然選択の効果を失わせると述べた．Darwin の従弟である Francis Galton もまた，"大きな変異"の重要性を別な理由から強調した．彼は，連続的な変異が遺伝する量を計る方法として**回帰**（regression，第 28 章［オンラインチャプター］参照）という統計的手法を考案した．Galton は，子孫は元の集団の平均値に回帰する，したがって変化できない，と誤って信じていた．（図1.25)．

　Jenkin と Galton の主張は遺伝のしくみに対する知識不足によるものであった．後で説明するように，メンデル遺伝が最終的にこれらの問題を解決したが，この混乱が解決されるまでに Mendel の法則の再発見から 20 年かかった．

進化を説明する別の仕組みは人気があった

　自然選択の受け入れを拒む文化的先入観は，科学的な反対よりも重要なものであった．ダーウィン的進化は，聖書の文字どおりの解釈と明らかに矛盾した．しかし，そのような見方はどんな場合でも 19 世紀半ばまでにはすでに力を失っていた．自然選択に対する宗教的かつ道徳的反対はもっと微妙なものであった．進化に対する Darwin の考えは，生命には"より高い"生物へと進歩するという全般的な傾向はなく，また，ヒトは自然界で特別な地位をもたない，というものであった．ダーウィン的進化は，神は奇跡によってではなく一般的な法則の調節を通して働きかけるという理神論（p.90 参照）と一致する．しかしながら，偶発的な死および絶滅に基づく自然選択は，承諾しがたい仕組みであると広く感じられていたのである．

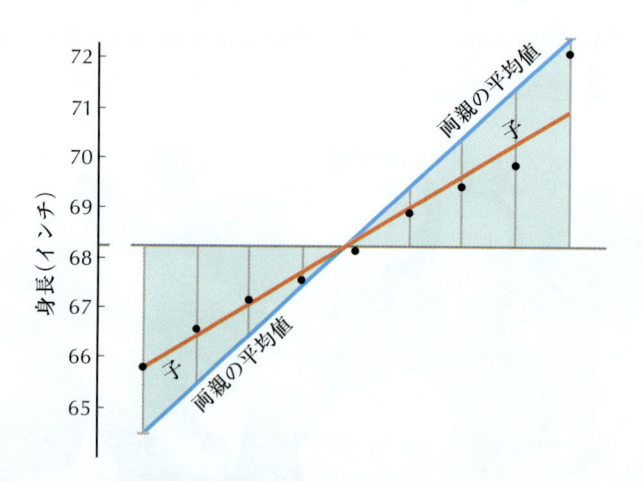

図 1.25・子の身長（y軸）とその両親の平均身長（x軸）の関係を示す Galton 独自のデータ．Galton は，集団の平均からの逸脱の度合いは，両親より子のほうが小さいことを理解し，これを"平均への回帰"と呼んだ．彼は，選ばれたグループの親の子孫は，固定された平均値へと回帰するから，これは選択に起因する変化を制限すると信じた．実際，回帰は"現在の"集団の平均へと向かうのだが，この平均は時間とともに変化していく可能性がある（第 4 章と第 28 章［オンラインチャプター］参照）．（訳注：両親の平均値を横軸に，子の値を縦軸にプロットし，その回帰直線が赤色であり，青色は両親の平均値を縦軸にとった場合の回帰直線つまり $y = x$ である．中央の横線は伸長の平均を示している．女性の身長は男性の身長に合わせるために 1.08 倍してある）

進化を説明する別の仕組みはより妥当性があるように思われた。**ラマルキズム**(Lamarckism)として知られる器官の用不用の直接的な効果，および獲得形質の遺伝は，より速い進化を可能とし，進歩する傾向を導入すると思われた。先に手短に述べた反論に直面してDarwinは，『種の起源』の後の版の中では，自然選択以外の仕組みをより大きく扱った。しかし彼は決して，それらを自然選択ほど重要であるとは思っていなかった。August Weismann (アウグスト・ワイスマン)は，少なくとも動物では，**生殖細胞系列**(germ line，生殖系列ともいう)は**体細胞系列**(soma)から分離しており，したがって，その遺伝する形質は，環境から直接影響を受けることができないことを強く(かつ正確に)主張した。彼は，自然選択の作用によって進化が生じると主張した唯一の有力者であった。"新ラマルク"遺伝は，20世紀に入っても重要な進化の原動力としばしばみなされた。

やや異なる種類の理論として，ある種の**定向進化**(orthogenesis)がある。それは，生物の系統はある方向へと変化する生まれつきの傾向をもつという説である。Ernst Haeckel と Herbert Spencer (ハーバート・スペンサー)のような"ダーウィニズム"の著名な支持者は，そのような仕組みを信じ，自然選択を，他の力によって生成された変異を単により分けるものだと述べた。"大きな変異"の役割を強調したHuxleyやGaltonらも，同じ見方で理解することができる。これらの理論は，複雑な適応が選択によって徐々に組み立てられ洗練されるのではなく，直接作られることを必要とするため，Darwin流の自然選択と根本的に矛盾した。

英国では，進化が連続的な変異か，あるいは，"大きな変異"に基づくかどうかの激しい論戦は最大の山場を迎えた。Weldon (図1.26)が，連続的な変異(例えば図1.23)への選択に対して精力的な研究計画を開始し，数学者Karl Pearsonに必要な統計的手法の開発を促した。WeldonとPearsonは，彼らの**生物統計学**(biometric)の研究を支持するための英国学士院の委員会を立ち上げる際に，Galtonの支援を受けた。一方，1894年に，William Bateson (ウィリアム・ベーツソン)が，非連続的な進化(**跳躍進化**[saltation])の重要性を主張する大量の目録である『変異研究資料』を発表した。Batesonは活発にWeldonとPearsonの生物統計学を批判し，1896年には進化学委員会に加えられた。4年後には，議論を多数重ねた後，生物統計学者らが辞職したため，委員会はBatesonと彼の支持者の独占的な情報発信地となった。Weldonが1906年に死んだとき，その論争は未決着のままであった。

Mendelの遺伝法則の再発見は，漸次主義者と跳躍主義者の間の溝を深めた

進化の仕組みに関する19世紀末の論争は，遺伝の仕組みがわからないために生じたもの

図 1.26 ▪ W.F.R. Weldon (左)，Karl Pearson (中)およびFrancis Galton (右)。

が大半であった。皮肉にも遺伝についての現代的な理解の本質は，モラヴィアの修道士であった Gregor Mendel（グレゴール・メンデル，図 1.27）によって 1866 年に確立された。もし，Mendel の成果がそのときに適切に理解されていれば，半世紀にわたる混乱が回避されたかもしれない。しかしなお，1900 年のその再発見時においても，Mendel によって研究されたものと類似する不連続的な変異の重要性を強調する Bateson らのような跳躍主義者と，Darwin と同様に連続的な変異に重きをおく漸次主義者の間の溝を深くする逆説的な効果があった。この当時の歴史を理解することは重要である。なぜなら，それが次世紀までにわたる生物学の発展を形作り，そして進化に関する多くの現代的な問題点が，漸次主義者と跳躍主義者の間の古い議論にまでさかのぼるからである。

図 1.27 ▪ Gregor Mendel。

Mendel は 25 歳のときに聖職者として任ぜられ，ウィーン大学において理科の教師としての修練を受けた。Mendel がブルン（今のブルノ）の僧院へ戻ったとき，彼はエンドウおよび他の生物種の遺伝に関する体系的な実験を開始し，それは 15 年間にわたった。彼の研究の鍵となる重要な革新は，明瞭な違いのある特定の特徴（例えば丸型あるいはしわ型の種子，茎上の花の位置など）に焦点を絞り，これらの特徴が現れた子孫の数を注意深く数えることであった。エンドウの 22 の多様な**純系品種**（true-breeding）を用いた研究において，Mendel は 3 万を超える植物個体の観察を行った。彼は，2 つの異なる純系品種間の交配による子（F_1 とする）が一様な特徴を示すことを発見した。つまり，交配によってできた子（F_1）はおのおのの両親が示す 2 つの異なる特徴のうちの片方のみを示した。この植物体（F_1）から自家受粉によって F_2 集団を作り出した場合，その植物体の 4 分の 3 は F_1 でみられた**優性**（dominant）の特徴を示した。しかし，4 分の 1 の植物体において**劣性**（recessive）の特徴が再び現れた。Mendel はさらに，これらの植物体について自家受粉を行い，F_2 で優性の特徴を示した 4 分の 3 の植物体のうち，3 分の 1 は純系であったが，残り 3 分の 2 は F_1 の場合と同様に 3 : 1 の割合で異なる特徴を生じることを発見した（図 1.28）。いくつかの特徴に違いがある異なる 2 つの品種間で交配した場合，それぞれの特徴は後の世代において独立に分離した。

	丸型	しわ型
1.	45	12
2.	27	8
3.	24	7
4.	19	16
5.	32	11
6.	26	6
7.	88	24
8.	22	10
9.	28	6
10.	25	7
計	**336**	**107**

図 1.28 ▪ Mendel のエンドウの F_1 世代の 10 の植物体にできた丸型の種子としわ型の種子の数の比は，全体で 3 : 1 になる。（種子は F_2）

Mendelは，実験に用いた形質それぞれが1対の"要素(element)"によって決定され，その対となる要素の1つは母親に由来し，もう1つは父親に由来すると説明した。2つの異なる要素を受け取った植物体は，それらのうちのどちらか1つの要素に基づく特徴を示したが，それにもかかわらずこの植物体は，どちらかの要素を1つずつもつ2種類の卵細胞と，2種類の花粉をそれぞれ等しい比率で生産した。交配によりこれらの要素が任意に結合するため，後の世代で現れる形質の割合が単純な比率となった。メンデル遺伝の本質的な特徴は，遺伝の"粒子性"にある。つまり，要素(我々が現在では**遺伝子**[gene]と呼ぶもの)は無傷のままである。したがって，変異は"混じる"ことによって消失しない。また，環境からの直接の影響はない(Weismannが主張したように遺伝は"硬い")。さらには，著しい多様性は，異なる要素の任意の組み合わせによって生成することができる。DarwinやWeismannらによって提唱される以前の遺伝の理論もまた粒子を仮定していた。しかしながらそれらの理論は，各形質にかかわる粒子が多数存在することを仮定していた。したがって，メンデルが示した単純な比率は予想されなかった。

　なぜMendelの研究はこれほど長く見過ごされたのだろうか。その理由として，彼は多作な著者ではなかった点が挙げられる。エンドウに関する彼の8年間の実験は，1つの論文『植物交雑の実験(Versuche über Pflansen-Hybriden)』にまとめられ，1865年の春にブルン自然史博物学会で発表され，翌年に同学会の学会誌に掲載された。学会誌は評判もよく，ヨーロッパの100を超える図書館に配布された。Mendelの研究が認められなかったより本質的な理由は，当時はまだそのような理論を受け入れる準備が整っていなかった点にあった。19世紀半ばでは，遺伝それ自身の研究に興味がほとんど向けられていなかった。遺伝は，生物種の起源および個体発生の関連要素と見られており，Mendelの研究はこれらのより大きな問題と明白な関係がなかったためであった。

1880年代の初期までに，顕微鏡の進歩によって細胞の生物学的な基礎が明らかになった

　Mendelの研究の再発見およびその詳細を解明するための基礎は，その多くが**細胞学**(cytology)の発展によって築かれた。細胞学は，生物が細胞から構成されており，その細胞の内部構造が広範囲の生物の間で著しく類似していることを示した。そして，細胞核が細胞の型を決定することが示された。それを最も的確に示したのはTheodor Boveri(テオドール・ボヴェリ)であり，彼はある種類のウニの核を別の種の卵に移植したとき，その幼生は親の核に由来する特徴をすべてもっていたことを示した。核物質は長く紐のような染色体からなっており，規則正しく分配された。ある生物種の親細胞はすべて，同数の染色体をもっていたが，配偶子はその数の半分であった(図1.29)。新しい個体は，父親と母親が等しく貢献する性の結合によって形成された。今では当然のことと受け入れられているこれらの発見はすべて，わずか10年弱で立証された。これらのことは，Hugo de Vries(ユーゴ・ド・フリース)の『細胞内のパンゲン論』(1889)およびWeismannの『生殖質』(1892)などの本の中でまとめられ，遺伝への新たな関心に拍車をかけた。de Vriesは交配実験を開始し，オオマツヨイグサ(*Oenothera lamarckiana*)において，著しく新しい変異体がときどき生まれることを発見した。多くの研究者に影響を与えた彼の著作『突然変異説』(1900)では，新しい生物種は単なるそのような不連続的な変異に起源すると主張した。

　世紀の変わり目までには，交配実験により多くの植物種において3:1の分離比が示された。これを基に，Carl Correns(カール・コレンス)，de Vries，Erich Tschermak von Seysenegg(エ

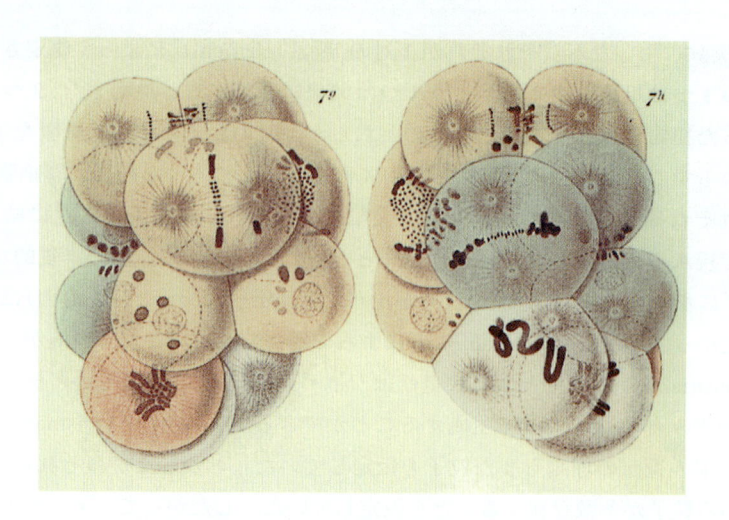

図 1.29 ■ Theodor Boveri のアスカリス回虫卵（線虫）の染色体の研究は，生殖細胞と体細胞の染色体の数やふるまいにかかわる多くの疑問に答えた。

リック・チェルマック・ボン・セイゼネグ）が独立に，粒子遺伝に関する正確な理論にたどりついた．彼らは自らの研究結果を書きあげる際に，Mendel が 35 年前にすでに彼らを先んじていたことを知った．これらの独立した再発見は直ちに主要な発展とみなされ，次の 10 年間で古典的遺伝学の本質的な部分が証明された．メンデル遺伝は，動植物両方の種々の形質にあてはまることがわかり，**連鎖**（linkage），**不完全優性**（incomplete dominance），および**複対立遺伝子**（multiple allele）が発見された．特に Bateson は "遺伝学" という用語を作り，熱心に新しい Mendel の法則の理論を取り上げた．彼は，進化での不連続的な変異の重要性を立証する証拠としてこれを提示した．生物統計学派は，彼らが進化の原動力とみなしていた連続的変異には Mendel の法則があてはまらないことを主張し，反論した．

Morgan は遺伝学研究のモデル生物としてショウジョウバエ（*Drosophila melanogaster*）を取り入れた

　Mendel は，最も単純な遺伝パターンを示す変種および特徴を注意深く選んだ．彼の研究が再発見された後 10 年間で，その研究は本質的にはほぼ現在の形へと拡張された．現在の用語を用いれば，以下のようなことが明らかになった．おのおのの遺伝子がそれぞれ多くの異なる形すなわち**対立遺伝子**（allele）をもつこと，これらは必ずしも単純な優性劣性関係を示さず，その結果**ヘテロ接合体**（異形接合体，heterozygote）を識別することができる場合もあること，複数の遺伝子が 1 つの形質に影響を与える場合もあれば，複数の形質が 1 つの遺伝子によって影響を受ける場合もあること，遺伝子は必ずしも独立して分離するとは限らず，**連鎖する**（link）場合もあることである．1909 年，コロンビア大学の "ハエ部屋"（図 1.30）で研究を行っていた Thomas Hunt Morgan（トーマス・ハント・モルガン）の研究グループは突然変異の大規模な探索を開始し，遺伝子が直線的に順序よく配置されていることを示すために遺伝子の連鎖の関係を用いた．

　翌年の主たる研究成果はこれらの連鎖群が染色体に相当するということの実証であった．Walter Sutton（ウォルター・サットン）は，1902 年にはすでに染色体が同類の対からなること，その対となっている染色体の 1 本 1 本が別々の親に由来すること，および各対がそれぞれ別個の情報を保持していることを提案していた．そして，これらは "Mendel の遺伝の法則の物

図 1.30 • コロンビア大学のハエ部屋にいる T.H. Morgan。Morgan および Calvin B. Bridges, Alfred Sturtevant, Theodosius Dobzhansky, Hermann Muller ら，Morgan の同僚は，突然変異，連鎖群および遺伝子について発展性のある発見をし，メンデル遺伝の法則の物理的な基礎は染色体対であることを証明した。

理的な基礎を構成する"と主張した。Morgan のグループは，染色体の種類の違いと彼らが決定した遺伝の形式との間の密接な相関を示すことによって，この仮説を確認した。最も重要なことは伴性遺伝子の発見であった。つまり，X 染色体を 1 つしかもたないオスのショウジョウバエからは，各伴性遺伝子は 1 コピーしか見つからない。一方，2 つの X 染色体を保持するメスには，各伴性遺伝子が 2 コピー存在する。このことは，伴性遺伝子が性染色体上に保持されていることを強く示唆する。しかし染色体説に対しては驚くほど強い抵抗があり，事実，Bateson は決して染色体説を受け入れなかった。また染色体説が確立された後でさえ，遺伝の物質的な基礎についてはまったくわかっておらず，次章で述べるように，その理解にはあと半世紀の時間を要した。

　初期のメンデル学派は，進化的な変化の第 1 義の原因として不連続的な変異に対する選択の効果を疑っており，そのかわりに突然変異を強調した。デンマークの植物学者 Wilhelm Johannsen は特に影響力があった。彼は初めて**遺伝子型**（genotype）と**表現型**（phenotype）を厳密に区別し，選択は単一の遺伝子型だけからなる"純系"では効果がないことをとても正確に主張した。褐色豆に関する彼の選択実験は，この見解を確認するようにみえた。すなわち，選択はおそらく純系と思われる複数の系統の混合物からなる集団を変えることはできたが，おのおのを自家受精によって繁殖させると，選択はどの系統に対しても効果がほとんどないようにみえた。その後，Johannsen は，選択はただ混じり合った集団中にある遺伝子型の選別にかかわるかもしれないが，新しいものを何も作り出すことができない，と主張した。現在では，この議論がまったくの誤解であることがわかっている。なぜなら，親は通常多くの遺伝子において異なっているため，F_2 の子孫には非常に多くの可能な遺伝子の組み合わせが存在するが，実際に実現しているのはごく一部分だけである（図 1.31）。たとえ突然変異が新しい変異を作り出さなくとも，選択は何世代にもわたり有効に機能する。しかしながら当時，Johannsen の"純系説"は，Mendel の遺伝の法則とダーウィン学派の自然選択は矛盾することの証明として広く受け入れられていた。

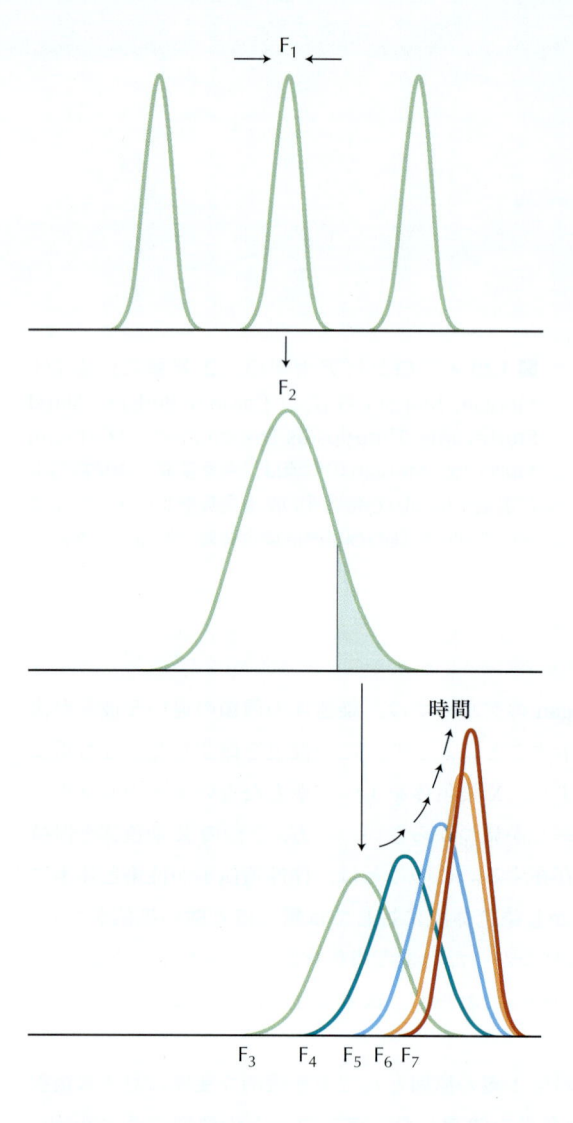

図 1.31 ▶ 選択の蓄積的な効果が元の集団では決してみられない表現型をどのように作り出すことができるかを示す例。2 つの純系品種系統において，ある形質が十分に異なっている。この例では，20 標準偏差分の差異がある。この差異は，10 の連鎖していない，効果が等しく，そして相加的に働く遺伝子による。2 系統の間の交配の F_1 世代は両親の中間値をとる（上）。F_2 世代を産み出すために F_1 個体が互いどうしで交配したならば，組み合わせの変更が遺伝的変異を作り出す（中）。原則として，あらゆる可能な遺伝子型はこの集団 (F_2) の中にある。しかしながら，親の遺伝子型のうちの 1 つに戻る確率は非常に低く，2^{-20}，すなわち（2 の -20 乗は 104 万 8576 分の 1 なので）100 万分の 1 未満である。したがって，F_1 世代の分布は明らかにどちらの親の表現型とも重なり合うことはない。しかしながら，何世代かけて選択すると，一方の親の遺伝子型へと再構成できる。下図は，集団中での最も大きい上位 10% を毎世代ごとに選択した場合，元の親の分布がわずか 5 回の選択により回復されることを示している。

複数の微小な効果をもつ個別の遺伝子が Mendel の法則に従うと，連続的な変異を説明できる

　1910 年までに，メンデル遺伝学は発展する研究分野として確立された。しかしながら，それはほとんどすべてにおいて，微小な変異の選択に依存するダーウィン的な進化における選択と矛盾するものとみなされた。次の 10 年間に，実験と理論の双方からこの分断に橋渡しがなされた。連続的な変異が複数のメンデル因子（遺伝子）から成り立っていることが示され，そのような変異への選択が著しく有効なことが明らかになった。この橋渡しは，20 世紀半ばへと続く，より広い範囲での総合説の基礎を築いた。

　現在では，メンデル遺伝する複数の因子が，注目している特徴に対してそれぞれわずかずつ寄与し，ランダムな環境効果も加わって，見たところ連続的な変異をもたらすことがわかっている。赤色あるいは白色の花をもつマメの間の交配における F_2 世代の花の色の推移を説明するために，Mendel 自身がこの説明を示唆していた。この考え方は Bateson や Pearson らによっても知られており，1902 年の George Udny Yule による論文の中でその詳細が示された。しかしながら，当初，それは Morgan 学派と生物統計学派の間の激しい論争の影に隠れて無視された。1908 年，スウェーデンの植物学者 Herman Nilsson-Ehle は，エンバクとコ

ムギの研究を報告した。穀物の色の微少な変異の注意深い分析から，それらが基本的なメンデル比を示すことを明らかにした。例えば，秋まきコムギにおいてもみがらが褐色の系統と白色の系統の間で交配した F_2 世代では，1つの白色の粒に対して15の褐色の粒があること，そして，褐色の中に連続的な変異があることを発見した。この現象を，彼はメンデル遺伝する2つの因子によって説明した。二重劣性ホモ接合体（同型接合体）は白色となり，その頻度は16分の1となる。他の対立遺伝子の組み合わせによりさまざまな褐色の色合いが生じた。図1.32は，3つの因子の変異が，Nilsson-Ehleの研究したような実質的に連続的な変異をもたらすことを示している。

第14章でみるように，今日でさえ連続的な形質の正確な遺伝的な基礎，すなわち，どの遺伝子がどのようにして形質に寄与しているかを実証するのは困難である。しかしながら，Nilsson-Ehleの研究は，Morganの微小な効果を示す突然変異のショウジョウバエでの発見とともに，本質的にはすべての種類の表現型の差異はメンデル遺伝学によって説明可能なことを遺伝学者に速やかに確信させた。これらの研究はまた，多くの遺伝子に違いがある個体間の有性生殖によって莫大な多様性が生成できることを強調した。性によって生成される多様性の重要性の全体像は，ようやく現在になって理解されるようになってきている（第23章）。

Johannsenによる"純系"の実験以降，選択では F_2 集団でみられる範囲を越える極端な集団を得られないと広く考えられていた。というのも，本質的には F_2 においてすべての遺伝子の組み合わせが生成されるからである。しかし選択実験によって，この主張に誤りがあることがすぐに明らかになった。例えば，1889年からトウモロコシの系統で，油の含有量の高いものと低いものへの選択が行われており，1910年の時点で選択系統は元々の保存されている系統でみられたあらゆる含有量を上回る（あるいは下回る）値を示している（この実験はまだ継続しており，今なお含有量の差は広がり続けている［図17.31B参照］）。William E. Castleのネズミを用いた実験は大きな影響を与えた。彼は，背中に黒い縞模様をもたらす劣性対立遺伝子のホモ接合体であった"フード模様"というラットの系統を，背中と側部が完全な黒色の"アイルランド"という系統と交配した（図1.33）。劣性のホモ接合体を再び得るため，親の"フード模様"系統に戻し交雑を行ったとき，その縞はより大きくなった。そして，Castleはより大きい縞，あるいはより小さな縞へと選択を行い，4年後に極端な形質に分離していくことを発見した。Castleは，"フード模様"遺伝子の異なる対立遺伝子を選別していると初めは考えた。だが，1919年までにはさらに交配を繰り返し，劇的な多様化は多くの遺伝子の違いに起因することを示した。複数の微小な変異の蓄積，これこそが集団の形質を元の集団でみられた分布よりはるかに広い範囲まで変化させている（図1.31）。

メンデル遺伝の変異が集団内にどのように分布しているかという点について，当初は相当な混乱があった。任意交配では，F_2 集団が後の世代と同様に1:2:1比率をもたらすことは明らかであった。しかしながら，任意の比率で構成される集団への一般化は1908年までなされていなかった。熟達した数学者G.H. Hardyは，サイエンス誌に短い手紙を発表した。その一方でドイツの内科医Wilhelm Weinbergは，独立してメンデル遺伝の数学的な結果についての詳細な（かつ長期間無視されていた）一連の論文を発表した。こんにち，Hardy-Weinbergの法則として知られるその法則は，2つの対立遺伝子 P および Q の初期の比率がそれぞれ p と q である場合，任意交配を行った1世代後には，3つの遺伝子型の比 $PP:PQ:QQ$ は $p^2:2pq:q^2$ となるというものである。その最も重要な結論は，メンデル遺伝は変異の頻度には無関係であるということだ。したがって，選択のような他の作用は，自由に集団内の変異の構成を徐々に変えることができる（Box 1.1）。

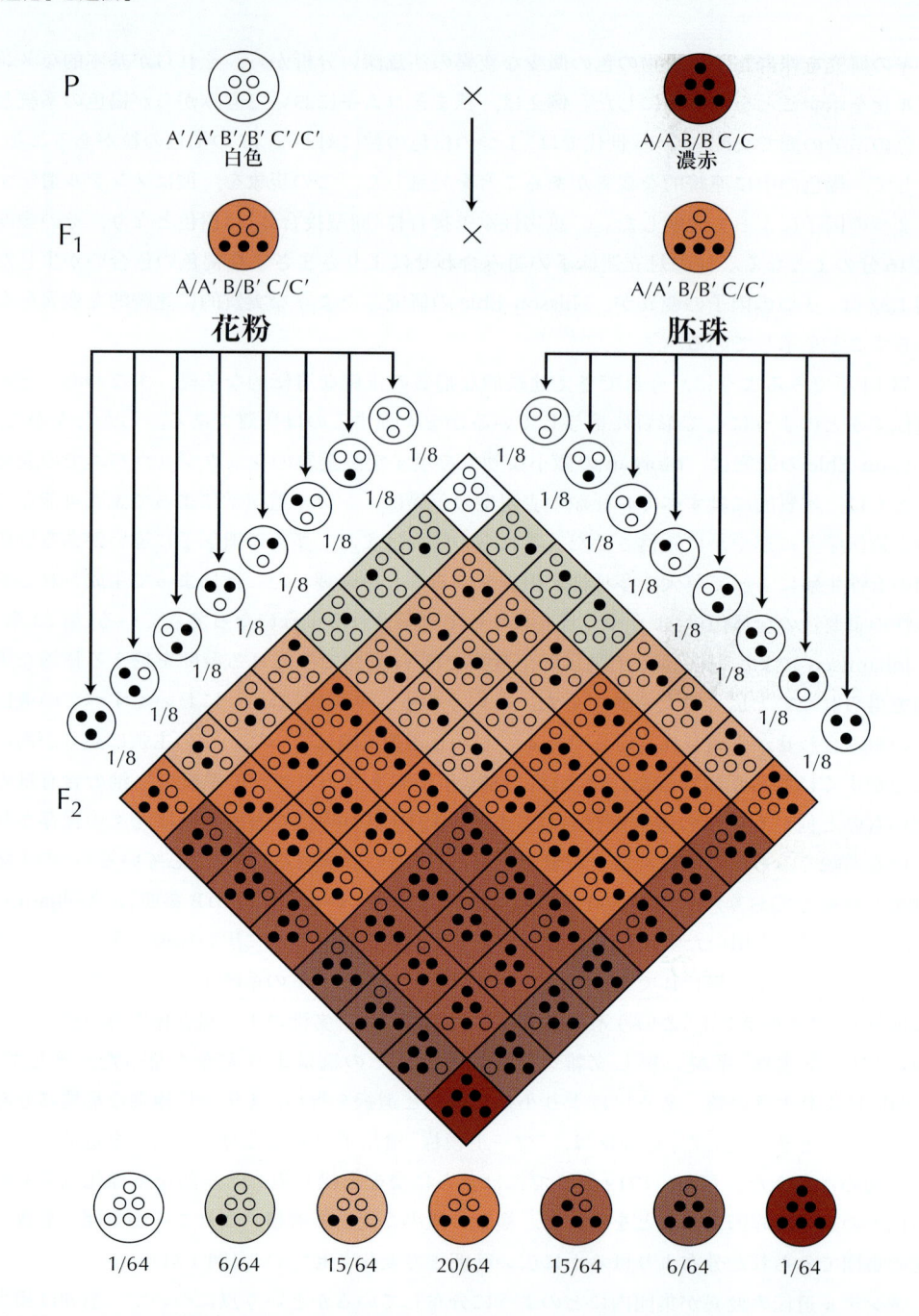

図 1.32 ▪ Mendel の法則に従う 3 つの遺伝子に違いがある 2 つの親系統間の交配は，ほぼ連続的な変異を産み出す．一方の親は対立遺伝子 A, B, C のホモ接合体であり，種子は濃赤色である．もう一方は，対立遺伝子 A', B', C' のホモ接合体であり，種子は白色である．F_1 は中間色の種子となる．また，F_2 では，幅広い変異を示す．図のように，種子の色がどちらかの親から由来する対立遺伝子と相加的な関係にある場合，その交配の可能な組み合わせは 64 通りあり（遺伝子型は 27 通り），7 つの異なる標準的な表現型を示す．実際には，これは事実上連続的に見えるであろう．第 14 章において，この種の変異を詳細に議論する．

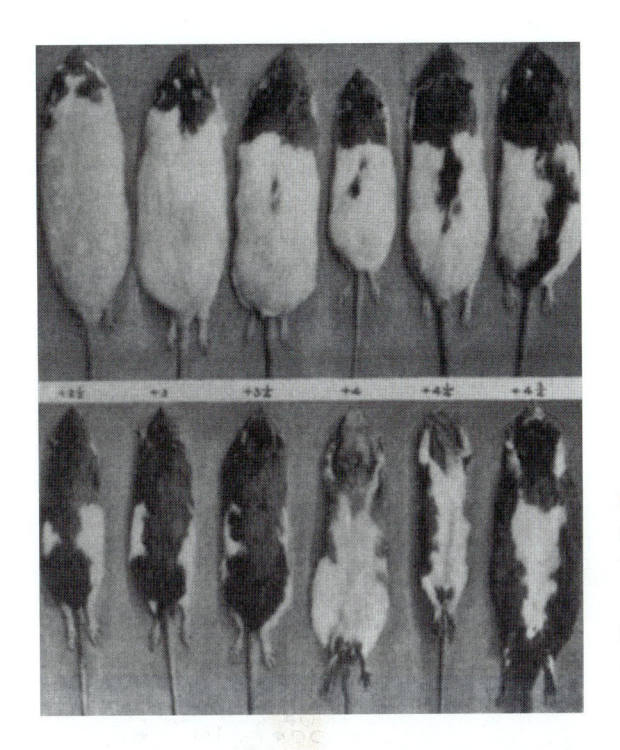

図 1.33 • William E. Castle は，フード模様のネズミに関する実験によって毛色に対する選択の影響を示した。3：1 比率のかわりに，それらは，"フード模様遺伝子"の発現の変異に起因する，段階的に異なる一連の表現型を示した。(上)白い毛色への選択。(下)暗い毛色への選択。

1.5 進化の総合説

Mendel と Darwin の考えは古典的集団遺伝学によって橋渡しされた

　Mendel 遺伝学，生物統計学および自然選択説の間の十分な理論的橋渡しは，主として R.A. Fisher (フィッシャー)，Sewall Wright, J.B.S. Haldane (ホールデン，図 1.34)の研究によってなされた。最初でかつ最も重要な貢献は，1918 年の Fisher による *The correlation between relatives on the supposition of Mendelian inheritance* (メンデル遺伝の仮定における血縁者間の相関性)という論文であった。この論文では，Galton, Pearson および他の生体統計学者らによって測定された血縁者間での相関が，複数の Mendel 遺伝因子およびランダムな非遺伝的影響によって説明可能なことが示された。しかしながら，Fisher はこのこと以外にも多くのことを明らかにした。彼は**分散**(variance)を定義し，遺伝的および非遺伝的な要因からなる構成要素の合計としてそれを表現できることを示した。そうすることによって遺伝的要因それ自体を，相加効果，優性，および異なる遺伝子間の相互作用という構成要素へ分離することができた。Fisher は 1918 年の論文において，量的遺伝学に関する現在の理論の大部分と，**分散分析**(analysis of variance)という重要な統計的手法を確立した(第 14 章参照)。

　Sewall Wright は Castle のもとで大学院学生として研究活動を始め，"フード模様"のネズミへの選択に対する応答が多数の修飾因子によることを示す交配手法を考案した。彼は，モルモットを用いて毛色のような形質を決定するために，遺伝子がどのように相互作用するかを研究した。彼はおもに**近親交配**(inbreeding)と，それに密接に関わるランダムな**遺伝的浮動**(genetic drift)作用に対する理解に理論面から貢献した。Mendel は，分離された自家交配系統の集団では，ヘテロ接合体の割合が世代ごとに 2 分の 1 ずつ低下することを示していた。確かに近親交配の実用面での重要性はわかるが，他の交配様式が集団の遺伝的な構成をどの

図 1.34 • Fisher (上)，Wright (中)および Haldane (下)。彼らの研究はメンデル遺伝学，生物統計学および自然選択説を橋渡しした。

Box 1.1　Hardy–Weinbergの法則

メンデル遺伝において，各遺伝子型の全体に占める割合が，世代を経るなかでどのように変化するか。これは集団遺伝学で最も基礎的な質問であり，それはHardy–Weinbergの法則によって答えが出された。ここでは2つの形あるいは対立遺伝子からなる単一の遺伝子の最も単純な場合について，この法則を説明しよう。これらの異なる対立遺伝子をそれぞれPおよびQとする。（遺伝用語はBox 13.1参照）

雄性および雌性の配偶子を形成し，次世代となる二倍体の接合子を形成するためにそれら配偶子が任意に接合する二倍体の集団（多くの海産無脊椎動物が，このたぐいの生活環をもつ）について考えてみよう。配偶子の全体において，対立遺伝子PとQの割合がそれぞれpとqであると仮定する。選ばれるのは2つの対立遺伝子のどちらかだけなので，$p + q = 1$が成り立たなければならない。単純化のために，対立遺伝子の頻度は雄性および雌性の配偶子の間で同一であると仮定する。

さて，新しい二倍体個体が遺伝子型PPをもつ確率は，ちょうど，その個体が雄親由来のPの対立遺伝子をもち，さらに雌親由来のPの対立遺伝子をもつという確率になるため，$p \times p = p^2$となる。異型接合である遺伝子型PQをもつ確率は，雄性配偶子からPおよび雌性配偶子からQを得るか，または雄性配偶子からQおよび雌性配偶子からPを得る場合であり，$(p \times q) + (q \times p) = 2pq$となる。最後に，遺伝子型$QQ$である確率はちょうど$q^2$である。したがって，配偶子の任意の接合によって，遺伝子頻度は，$p^2 : 2pq : q^2$となる。念のために計算しておくと，これらの和は1となる。なぜなら，$p^2 + 2pq + q^2 = (p + q)^2 = 1$となるためである。

これは図1.35Aに図式化されている。垂直方向に沿った長さは雌性配偶子の対立遺伝子頻度を，水平の軸に沿った長さは雄性配偶子の対立遺伝子頻度を表す。4つの長方形の面積は，配偶子の任意の結合によって形成された異なる二倍体遺伝子型の頻度を表しており，QQはq^2（左上），PQは$2pq$（右上と左下）そしてPPはp^2（右下）の頻度となる。

二倍体の成熟個体が任意交配すれば，どうなるであろうか。その場合，図1.35Bの9つの四角形によって図示されるように，9種類の交配の組み合わせがある。遺伝子型QQの雄およびQQ雌の間の交配では次世代の遺伝子型はすべてQQ（左上）となる。PQ雄とQQ雌間の交配では，次世代の半分はQQとなり，残りの半分はPQとなる（中央上部）。PQ雄およびPQ雌間の交配では次世代の各遺伝子型$QQ : PQ : PP$の比率は1 : 2 : 1（中央）となる。遺伝子型QQとなる次世代は，図からQQの頻度とPQの頻度の半分を加えた分に相当する長さの辺をもつ正方形（赤色部，左上）を占めることがわかる。この1辺の長さは，ちょうど成熟個体である二倍体集団のQ対立遺伝子の頻度であるqとなる。したがって，QQの次世代の割合はちょうどq^2となる。また，同じ議論によって，PQとPPの頻度はそれぞれ$2pq$とp^2となる。

また，二倍体集団の遺伝子型頻度がHardy–Weinberg頻度とならない場合も，一世代の任意交配によって，接合子の新しい世代ではHardy–Weinberg頻度に戻ることがわかる。これは，（図1.35Aで仮定した）配偶子を環境中に放出する生物において理解することは簡単である。なぜなら，遺伝子型頻度を決める要因はこれら配偶子中の対立遺伝子頻度だけにあるからである。図1.35Bからわかるように，二倍体個体が体内受精によって交配し，次世代を産む場合も同様である。

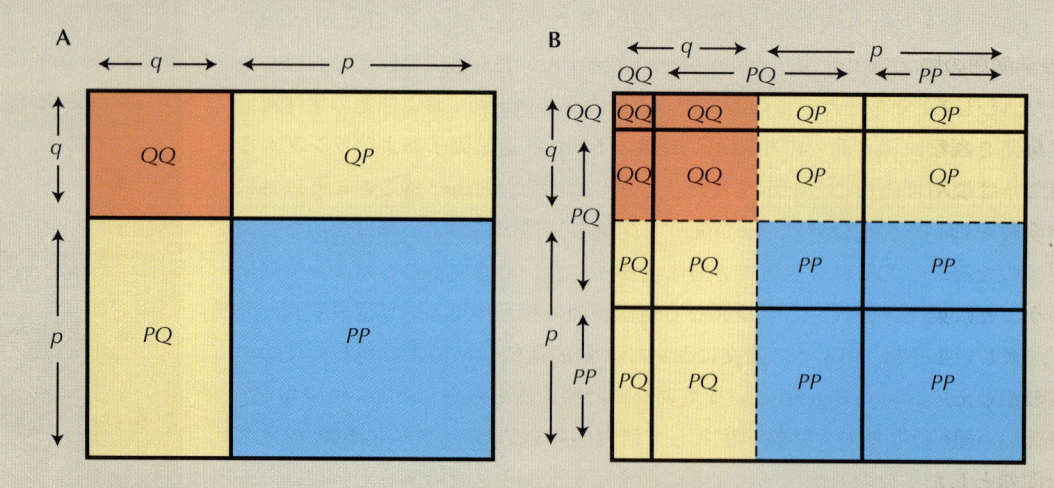

図1.35 • Hardy–Weinbergの式は，一倍体配偶子の任意の結合によって（A），あるいは二倍体間の任意の交配によって（B），形成される二倍体遺伝子型の頻度を与える。（A）四角形の面積は，一倍体配偶子の任意の結合によって形成される二倍体遺伝子型の頻度に比例する。側面の距離は，対立遺伝子の頻度，pおよびqを表す。（B）二倍体遺伝子型の頻度は側面に示されている。また，9つの（実線によって区切られた）四角形の面積は，9つの交配の組み合わせの頻度を示す。同じ遺伝子型が占める面積をそれぞれ合計してみると，遺伝子型の比率はやはりHardy–Weinbergの式によって与えられることがわかる（色のついた四角形を（A）の同色の四角形と比較せよ）。

ように変更するかはわかっていなかった。1921年に発表された一連の論文において，Wrightは近親交配の一般的な分析を述べて，小集団においては避けられない血縁者間の交配がどのように対立遺伝子頻度のランダムな変動を引き起こすかを示した。彼はこの作用に遺伝的浮動と名づけ，それがどのように選択，突然変異および移住と相互作用するかを示した（第15章，第18章参照）。

選択がメンデル遺伝する変異にどのように作用するかについての理論的な理解は，1924年にHaldaneが，*Mathematical Theory of Natural and Artificial Selection*（自然選択および人為選択に関する数学的理論）と題する一連の論文の第1報を発表するまでは，真剣に取り組まれていなかった。これは，1つあるいは2つのメンデル遺伝子による生存および繁殖の差異が，集団を変える方法を包括的に扱うものであった。

これらの理論的な進歩は，集団遺伝学の本質的な構成要素を確立し，3つの鍵となる研究にまとめられている。それは，Fisherの『自然選択の遺伝学的理論』(1930)，Haldaneによる『進化の要因』(1932)，そしてWrightの『Mendel集団の進化』(1931)であった。Fisher, Haldane, Wrightは，進化に対する見方において著しく意見を異にしていた。Fisherは，多くの微小な変異に選択がかかることによって起こる単一の大きな集団の漸次的な変化を強調した。Haldaneは，単一の遺伝子への強い選択をより重視した。さらに彼は，生化学者として教育を受けていたため，遺伝学の物理的な基礎にも関心があった。例えば，1923年には，彼は生物出現以前の化学物質から生命がどのように誕生したかという問題について最初の提案の1つとされる論文を発表した（第4章）。Wrightは，生物種が多くの小さな部分集団へ細分化されるときに適応はとても有効であり，その結果，異なる進化の作用(p.658)の間に**推移する平衡**(shifting balance)があるに違いないと主張した。このような違いがあるにもかかわらず，集団遺伝学の3人の創始者は，彼らの主たる成果をMendelとDarwinの理論の橋渡しにあるとみなした。そして，それは生物学の種々の分野のより広い総合化を可能とした。

"進化の総合説"は多様な分野をまとめた

20世紀前半の学派間の隔たりは，単純にメンデル遺伝学派と生物統計学派の間にあったわけではなかった。むしろ隔たりは，研究室内でモデル生物を使って研究を行う実験生物学者と野外の自然集団を観察する野外博物学者の間にも生じた（第2章の終わりで目にするように，同様の隔たりはこんにちにおいても存在し，分子の変異について研究を行う進化生物学者と生物個体全体を調べる進化生物学者の展望の相違にも現れている）。実験生物学者に人気があった進化の理論は，de Vriesの突然変異説のように，形態的な変異がどのように生成されたかということに集約される。彼らは，生物がどのようにして環境に適応してきたかの説明を示さず，新しい生物種が瞬間的に現れると仮定した。対照的に，博物学者は変異を常に存在するものと考え，生物種を繁殖集団とみなした。そして彼らは，どのようにしてこのような集団が新しい種へと分岐するのか，また，それらがどのように変化しつつある状況に順応したかを問題とした。したがって，現代の進化生物学の出現には，1920年代の初めまでに完成したメンデル主義とダーウィン主義の間の橋渡し以上のものが要求された。新しい遺伝学的ダーウィン主義は生物全般にあてはまることを示す必要があり，そして，生物学の諸分野が一貫した枠組みへと集約されなければならなかった。1940年ごろに起こったこの統合は**進化の総合説**(Evolutionary Synthesis)として知られている。

遺伝学を研究室から野外へ広げることにロシアの研究者が重要な役割を果たした。交配実

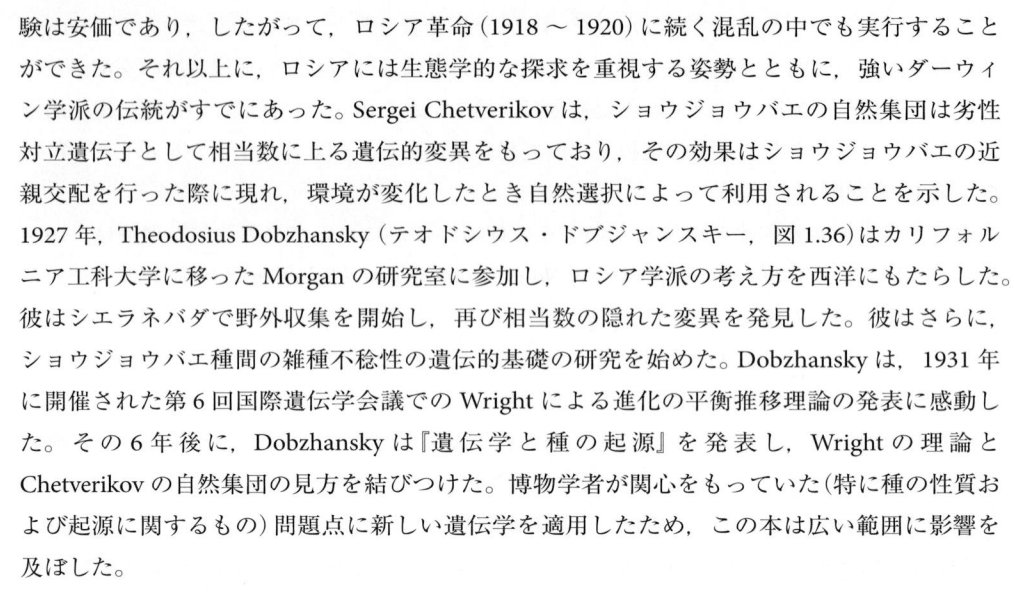

験は安価であり，したがって，ロシア革命（1918～1920）に続く混乱の中でも実行することができた。それ以上に，ロシアには生態学的な探求を重視する姿勢とともに，強いダーウィン学派の伝統がすでにあった。Sergei Chetverikovは，ショウジョウバエの自然集団は劣性対立遺伝子として相当数に上る遺伝的変異をもっており，その効果はショウジョウバエの近親交配を行った際に現れ，環境が変化したとき自然選択によって利用されることを示した。1927年，Theodosius Dobzhansky（テオドシウス・ドブジャンスキー，図1.36）はカリフォルニア工科大学に移ったMorganの研究室に参加し，ロシア学派の考え方を西洋にもたらした。彼はシエラネバダで野外収集を開始し，再び相当数の隠れた変異を発見した。彼はさらに，ショウジョウバエ種間の雑種不稔性の遺伝的基礎の研究を始めた。Dobzhanskyは，1931年に開催された第6回国際遺伝学会議でのWrightによる進化の平衡推移理論の発表に感動した。その6年後に，Dobzhanskyは『遺伝学と種の起源』を発表し，Wrightの理論とChetverikovの自然集団の見方を結びつけた。博物学者が関心をもっていた（特に種の性質および起源に関するもの）問題点に新しい遺伝学を適用したため，この本は広い範囲に影響を及ぼした。

　並行的な発展がイギリスで起こっていた。E.B. Ford（図1.37）は，ガとチョウの目に見える遺伝的多型に対する選択を研究するためにFisherの考え方を応用した。1924年，Haldaneは，ガ（*Biston betularia*）の暗色型の分布の拡大を説明するには，公害発生地域において暗色型が黒ずんだ背景（図1.38）に対していっそうよく隠蔽色となり，その結果，暗色型のガが非暗色型のガより5割増しの生存の機会があれば十分であることを示した。Fordは，そのような強い淘汰圧が一般的であることを確認し，FisherとともにWrightの提唱するランダムな遺伝的浮動は何ら重要な役割を果たしていないと反論した。彼の学生は，カタツムリの殻の横縞模様あるいはガラパゴス諸島フィンチの嘴の形状ような明らかに微小な変異にさえ自然選択が強く作用することを実証した。同様に，Dobzhanskyは自然選択をより強調する立場に移った。彼は，*Drosophila pseudoobscura*において染色体の**逆位**（inversion）の集団中の頻度が季節によって規則的に変動すること，そして，それは浮動ではなく選択の働きによることを発見した（図1.39）。1950年代は全体として，種内および種間の違いが，偶然ではなく適応的な自然選択によるものであるという見方が主流となった。

　1920年代のFisher，HaldaneおよびWrightによって提示された理論的枠組みおよび1937年のDobzhanskyの本に記された自然環境の生物へのその適用に続いて，他の分野も進化の総合説へ組み入れられた。Ernst Mayrの『分類学および種の起源』（1942）は，種の性質，それらの起源および地理的分布について論じた。George Gaylord Simpsonの『進化の速度と様式』（1944）では，化石記録でみられる変化の過程が集団遺伝学と一致していることを示した（図1.40）。そしてかなり後になってではあるが，G. Ledyard Stebbinsの『植物の変異と進化』（1950）は植物学を総合説に組み入れた。進化生物学は，講義科目，研究費支援，そして1946年には学術雑誌*Evolution*の発刊により，専門的な科学分野として認められるようになってきた。

適応はメンデル遺伝する変異への自然選択の結果である

　混乱と論争の1世紀を経て，Darwinの自然選択による進化論はメンデル遺伝学と統合されて進化の総合説が生まれ，生物学の非常に異なる側面が理解可能となった。その過程で，2つの主要な問題点に関して合意があった。
- メンデル遺伝は自然選択の助けになる。

図1.36 ▪ Theodosius Dobzhanskyは，彼が著わした『遺伝学および種の起源』（1937）の中で，進化論と遺伝学の融合をもたらした。

図1.37 ▪ Edmund Brisco（"Henry"）Fordは，Fisherの考えを用いてガやチョウの目に見える多型の選択を研究した。

- 遺伝する性質をもつ変異は，"融合遺伝"によって消散するのではなく，ある世代から次の世代へ保持される。
- 変異は，環境から直接の影響を受けない。いいかえると，"ラマルク的な"遺伝様式は存在しない。
- 突然変異は適応に対してランダムである。よく適応する変異を生み出す方向への偏りは存在しない。

▪ 適応はもっぱら自然選択による。
- 多くの作用が進化に影響する（例えば，ランダムな浮動，移住および突然変異）が，これらのどれにも，より優れた生存力および繁殖力を備えた生物を生み出す傾向はない。
- 微小な違いさえ選択によって影響を受ける。また，弱い選択さえ有効になりうる。

我々は，第12～24章の中でこれらの基本的教義を立証する証拠を述べる。これらは進化生物学者には受け入れられたが，20世紀初期になされた議論が蒸し返されて，いまだにときどき異議を唱えられる。本書では第3章においてこれらの異議を要約する。

進化の総合説の創立者の間では，ついに開け放たれた広い視野と，過去の混乱に対しての勝利の感覚がわき起こった。しかしながら，多くの事柄が未知のまま残っており，新しい"進化の総合説"の本質的な重要性はほとんどの生物学者によって評価されなかった。例えば，1955年の米国学術研究会議の会合に出席したMayr，SimpsonおよびWrightは，そこで他の生物学者のだれひとりとして自然選択を生物学の基本原理の1つとして指定しなかったことに失望した。次項では，未解決として残されているおもな問題点を概説する。

図 1.38 ▪ オオシモフリエダシャク（*Biston betularia*）の標準（淡色）型（上）と暗色型（下）。Haldaneは，汚染地域の黒ずんだ樹幹において暗色型が隠蔽色として勝るので，暗色型がより高い生存の確率を有すると理論づけた。

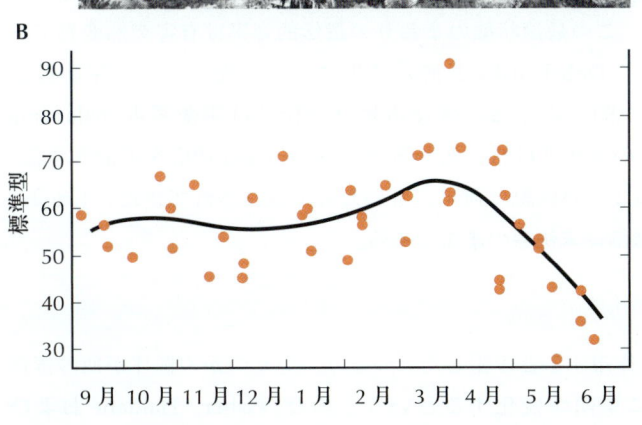

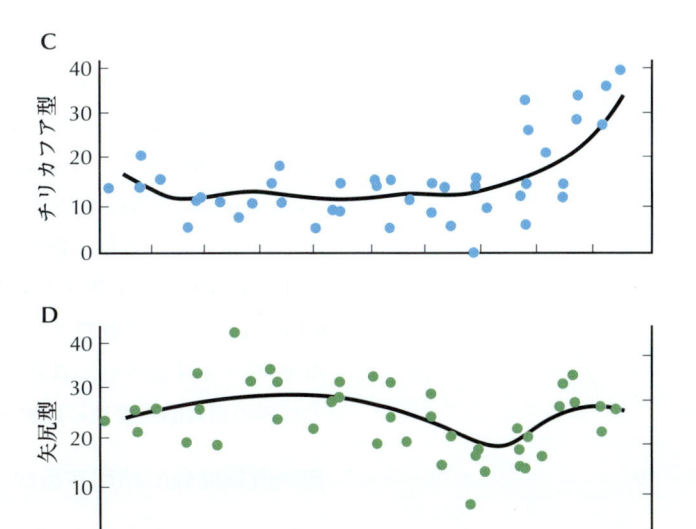

図 1.39 ▪ Dobzhanskyによって研究された月別の染色体逆位の頻度。(A)シエラネバダ（カリフォルニア）の研究を行った場所。(B-D)ある1年を通じて体系的に変化した3つの染色体型の頻度。これらの結果は，遺伝的浮動ではなく選択が働いていることを示した。

"進化の総合説"が残したおもな未解決問題

　総合説が出された当時は遺伝的変異を直接観察することができず，遺伝子の物質的な基礎は本質的に未知であった。遺伝的変異が広範囲に及ぶこと，および現代の集団でみられる作用によって長期的な進化について完全に説明できることには合意があった。しかしながら，多様な分類群，過去そして現在にわたる遺伝的変異についてのより詳細な理解は，分子生物学の進歩を待たなければならなかった。

　今になってみれば，総合された当時にまったく未解決であったいくつかの主たる問題が，今なおその状態であることがわかっている。これらの問題点の有望な答えを，少なくとも一部の研究者は理解していた。しかし，直接それらを調べる方法はほとんどなかった。この本の残りの部分からもわかるように，こんにちでさえ，しばしば決定的な答えはない。

遺伝的変異の本質は何か

　Darwin が主張し，また，遺伝学の初期の時代に確認されたように，生物のほとんどすべての部分において豊富な変異がある。しかしながら今なお，生物全体に影響を及ぼすために遺伝子どうしがどのようにして連携しているのか，あるいは，何がこれらの遺伝子上の変異を維持するのかさえわかっていない。どれだけの数の遺伝子が，ショウジョウバエの翅の形や小麦の収穫量，あるいは人間の知性のような形質に影響を与えるのであろうか。どれだけの数の対立遺伝子が各遺伝子に発見されるのであろうか。遺伝子の効果は単に相加的に合算されるのか，それともより複雑な方法で組み合わされるのか。どんな種類の遺伝子が含まれているか。人類遺伝学の現在の活動はこのたぐいの問題点に集約している。我々の健康は，自身の遺伝子，そして自身に対する病原体の遺伝子，環境条件との複雑な相互作用によって影響を受ける。本書では，第14章と第26章でこれらの問題点に立ち戻って考察する。

図 1.40 ▪ (上) Ernst Mayr (写真右側) は，生物種の性質，起源および地理的分布に取り組んだ。(下) George Gaylord Simpson は，化石記録でみられた変化の様式が集団遺伝学と一致することを示した。

何が遺伝的変異を維持するか

　ある意味では，これらは遺伝子型と表現型の関係に関する純粋な遺伝学の質問である。しかし，その答えはどのように遺伝的変異が進化してきたか，そして現在，維持されているかに依存する。総合の当時には，この問題に関する2つの異なる考えがあった（古典仮説と平衡仮説）。Morgan と彼の学生であった Hermann Muller にさかのぼる**古典仮説**（classical view）は単純である。それは，通常はある特定の環境で最も大きな適応度をもつ**野生型**（wild-type）対立遺伝子が存在し，この最適状態のまわりの遺伝的変異は有害突然変異であるという主張である。対照的に，Dobzhansky と彼の学生によって提示された**平衡仮説**（balance view）は変異をより肯定的に捉える。異なる対立遺伝子は**平衡選択**（balancing selection）によって維持され，この変異性は常に変わる条件への迅速な適応を可能とする。第19章で示すように，これらの2つの仮説は何年にもわたって改良されてきた。しかし，それらの相対的重要度に関する議論は未決着のままである。

自然選択は何に作用するか

　Darwin は，自然選択が個体に作用すると主張した。つまり，いくつかの個体が他の個体より多くの次世代を残すために集団が変化するというものだ。Fisher, Haldane および Wright はみな，集団，あるいは種全体の生存能の差異は無視できるほどの程度であると考える Darwin に従った。集団自体が自己の再生産を行うことはあまりないので，集団に対する選択の割合は個体のそれよりはるかに弱いに違いない。さらに，特定の集団あるいは種だ

けに有利な適応は，集団を犠牲にして個体の利益を獲得する裏切り者による攻撃にさらされやすい。しかしながら，進化の総合説において，ランダムな浮動や突然変異よりも適応に大きな重点が置かれ，この主張はしばしば忘れられた。自然集団を研究対象とする場合しばしば，適応が"種の利益のため"か"個体の利益のため"かの区別に欠けていた。例えば V.C. Wynne-Edwards は，生物種の利益において，資源を過剰利用しないために，個々の繁殖を縮小するように動物が進化した可能性を主張した。このことは，George C. Williams の『適応および自然選択』(1966)，および W.D. Hamilton の血縁者間の社会的相互関係を考慮に入れた個体に基づく選択の拡張などの，個体の間の選択の重要性に賛同する激しい議論を巻き起こした。ここでの重要な点は，適応は通常，個体間の自然選択によって説明しなければならないとする一般的な理解が，1960 年代までなかったということだ。選択が作用する階層は，生命の起源から社会的行動（第 21 章）にまで及ぶそのような問題を巻き込んで，いまだ論争の的になっている問題である。

おもな進化的な変遷がどのように生じたか

我々がこんにち目にするきわめて異なった生物は，どのように共通祖先から進化したのだろうか。また，生命はそれ自身どのように原始地球上で進化したのだろうか。Darwin は，私的に"暖かい小さな池"での生命の起源について推測した。また，1923 年には，Haldane が，単純なウイルス状の生命体が生命誕生以前の化学物質から出現したと仮定した。Alexander Oparin（アレグサンダー・オパーリン）の『生命の起源』(1936)はさらに進んで，小さな有機分子が濃縮した水滴どうしの間で自然選択が関与する化学進化の段階があったことを示唆した。原始地球の無酸素の条件のもとで単純な有機分子を自発的に生成できるという Haldane や Oparin のアイデアは，1953 年に，Stanley Miller（スタンリー・ミラー）が行ったような模擬的な稲妻によるアミノ酸合成実験の成功によって確認された。しかしながら，遺伝情報がどのように核酸にコードされているかわからなかったので，それ以上の進展はなかった（第 4 章参照）。同様に，細胞小器官を完璧に備えた真核細胞の進化や，脊椎動物の身体形態の進化のような大きな変化は，全生物によって共有される共通の遺伝機構や，この機構が複雑な形態の発生を導く方法を知ることなしには理解できなかった（第 9 章，第 24 章）。

分子生物学は，進化生物学における研究をまったく変えた

詳細な分子の知識がなくとも，もっぱら古典的遺伝学の助けによって，これらの問題への理解にいくらかの進歩はあったかもしれない。確かに，過去 50 年にわたって得られた進歩の多くは，進化生物学の創立者が慣れ親しんだ古典的方法に基づいている。例えば，Pearson と Fisher によって開発された生物統計学的手法は，**量的形質遺伝子座**（quantitative trait locus, **QTL**），つまりは植物や動物の改良や複雑な人間の疾病に関係する遺伝子を同定する現代の取り組みの基礎となっている。しかしながら分子生物学の発展は，根本的に進化生物学における研究を変えてしまった。

- 分子生物学は強力な新しい技術を提供する。多くの**遺伝子マーカー**（遺伝標識，genetic marker）が利用可能となり，すべての種類の生物の進化的な関係がより正確に推定できるようになった。
- 分子生物学は，しばしば予期しない方法で昔からあった疑問に回答を与える。一例を挙げると，現在は，遺伝的変異の度合いの客観的測定手段があり，それをすべての生物へ同様に適用することができる（第 13 章）。他の例として（第 9 章），現在我々は，器官が相同で

あるとはどういうことかを明瞭に理解している。つまり，昆虫の眼と脊椎動物の眼は，同じ機能を満たすために独立して進化したのではなく，共通の祖先から受け継ぐ相同なものであるとするのは，どういう観点からなのか，というようなことが説明できるのである（p.120）。

- 分子生物学はまったく新しい問題を提起する。分子の世界の発見は，博物学にまったく新しい領域を開く。例えば現在では，独立して複製し，よって異なる進化的な利害をもつものがどのようにして共存できるのかを問うことができる（第21章）。具体的にいうと，真核生物の核ゲノムは，ミトコンドリアや"利己的な"**転位因子**(transposable element)との利害対立にもかかわらず，どのように生き残ることができるのであろうか。これらの問題は，選択は個体の利己的な利益に対して働くのに，どうして小集団そして種がうまく適応するのかという問題と類似する。さらに，基本的な遺伝機構（第4章，第23章）についてまったく新しい疑問も研究対象となる。なぜ遺伝暗号は今の形になったのか，なぜ遺伝子は今あるような形で調節されるのか，なぜ多細胞生物は今のような方法で発生するのか。分子レベルの事実が解明されてくると，それぞれがまた，関連した進化の問題を提起することになる。

次章では，分子生物学が20世紀後半にどのようにして出現したのか，この時代の進化生物学との関係，分子生物学が合流して新たな総合説へと向かう道筋をたどる。

■ 要約

さまざまな観察事実によって現在の進化とその仕組みについての理解へと至った。18世紀の地質学の発展は，地球が年老いていること，浸食や火山活動などの作用によって長期的な地層の変化を説明できることを示した。化石は絶滅した生物種の残骸であり，現在の生物集団は時間に沿って連続的に現れることが理解された。Darwinの進化に対する主張は，特に"ビーグル号"の航海の間に彼がみた地理的な分布様式，例えば遠隔の大洋島で発見した明確に異なっているが関連性のある生物種などに基づいていた。『種の起源』は，大部分の教養のある人々に進化を納得させた。だがその主要な仕組みである"自然選択"は20世紀になっても議論が絶えなかった。おもな障害のうちの1つは遺伝の仕組みがわからなかったことであった。Mendelの研究は1900年に再発見され，そこから古典的遺伝学が迅速に設立されたにもかかわらず，微少な変異に働く自然選択に対立するものとして，大きな効果をもつ突然変異の重要性を強調した人々との間に長く続く論争があった。明らかに連続的な変異が，メンデル遺伝に基づく遺伝様式を拡張することによってもたらされる場合があること，そして，選択がそのような変異にどのように有効に作用することができるかを集団遺伝学が示したことによって，この論争は1920年代までに解決された。この進化の総合説は次の数十年間で生物学のすべての様相を含むように広がった。しかし多くの未解決の問題が残っている。特に遺伝的変異の本質および要因は曖昧であり，また，種または小集団に対する選択に妥当性がないことはなかなか受け入れられなかった。現在，進化生物学は，分子生物学の技術とデータを受け入れて変革中であり，分子生物学の助けで古い疑問が解決し，また以前には考えられなかった新たな現象が研究対象となった。

■ 文献

Bowler P.J. 1984. *Evolution: The history of an idea*. University of California Press, Berkeley（ピーターJ・ボウラー著，鈴木善次ほか訳『進化思想の歴史』上・下，朝日選書，1987）；Ruse M. 1996. *Monad to man: The concept of progress in evolutionary biology*. Harvard University Press, Cambridge, Massachusetts.
現在に至る進化的な思考の優れた2つの歴史書。
Browne E.J. 1996, 2002, 2 volumes. *Charles Darwin: A biography*.

Princeton University Press, Princeton, New Jersey; Desmond A. and Moore J.R. 1991, 2 volumes. *Darwin*. Michael Joseph, London; Viking Penguin, New York.
Darwin に関する最近の優れた伝記。

Provine W.B. 2001. *The origins of theoretical population genetics*, 2nd ed. University of Chicago Press, Chicago.
20 世紀前半の遺伝学と進化学の苦い論争と"進化の総合説"によるその和解についての魅力的な記述。

古典的研究

Darwin C. 1839. *Journal of researches into the geology and natural history of the various countries visited by H.M.S. Beagle, under the command of Captain FitzRoy, R.N., from 1832 to 1836*. Henry Colburn, London.(『ビーグル号航海記』岩波文庫)
優れた旅行記であると同時に,自然選択による進化の理論へと Darwin を導いた観察および思考の記録の書でもある。

Darwin C. 1859. *On the origin of species by means of natural selection*. John Murray, London.(『種の起原』上・下,岩波文庫)
この重要な研究には多くの版がある。第 1 版の復刻版を読むことを推奨する。

Dobzhansky T. 1937. *Genetics and the origin of species*. Columbia University Press, New York.
自然集団に関する研究に集団遺伝学を適用した教科書。"総合説"の確立において重要である。

Fisher R.A. 1930. *The genetical theory of natural selection*. Clarendon Press, Oxford.
集団遺伝学の要約,Fisher の**優生学**(eugenics)に関する見解を含む

Haldane J.B.S. 1932. *The causes of evolution*. Longmans, Green, New York.
基礎的な集団遺伝学とその進化との関連性についての明瞭で読みやすい要約。

CHAPTER

2

分子生物学の起源

　遺伝学と進化学が融合し**進化の総合説**(Evolutionary Synthesis)が生まれるまで，遺伝子の実体や遺伝子が生物の機能や発生を導く仕組みに関する知識は事実上皆無であった。低分子についての基礎生化学は20世紀前半に確立されていたが，タンパク質や核酸の性質や役割については多くの混乱があった。1940年から1965年の間に，生物学を理解するうえでの劇的な革命が起きた。遺伝の仕組みや遺伝子の制御，そして酵素機能についての物理的基盤が発見され，生命の驚くべき単純さが明らかにされたのである。

　分子生物学の誕生によって，生物を完全に機械論的に説明することができるようになった。この新しい学問分野は，エネルギーよりも情報の流れに，有機化学よりも高分子の三次元構造に注目した。そしてその後，特に1972年から1980年の間に起きた実質的な技術的進歩によって，DNA配列決定や遺伝子操作が短時間で簡単にできるようになった。しかし，古典分子生物学の基礎が確立されたのは，あくまでも20世紀半ばの短期間の間であった。

　この章では，分子生物学の発展を概観し，第1章の進化生物学の歴史を補うとともに，2つの分野の関係を理解する手助けをする。また，分子生物学によって発見された重要な原理についても簡単にふれる。これらは，後で議論する詳細例を理解するのに役立つだろう。そして第3章以降では，どのようにして，そしてなぜ，生物は古典分子生物学によって明らかにされた共通の基本構造をもつように進化したのかについて説明を試みる。

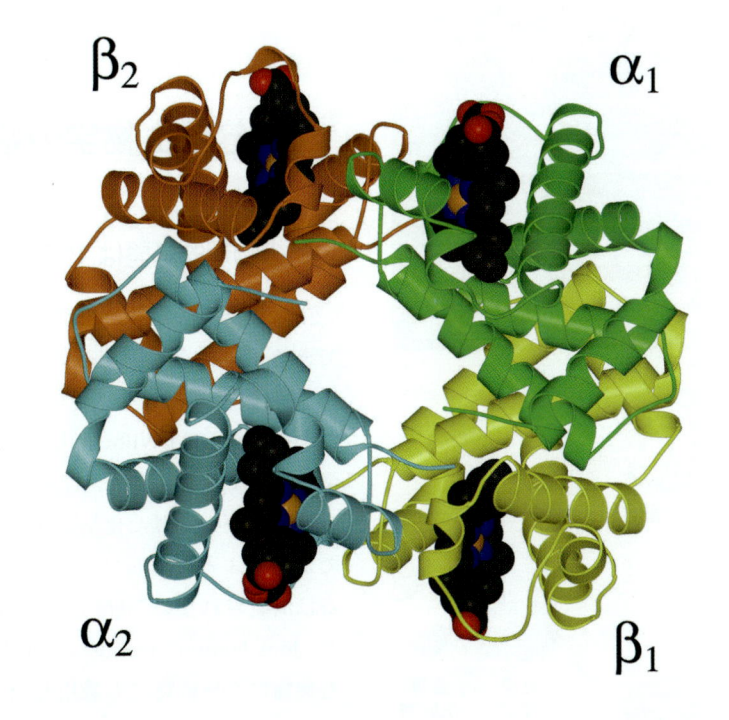

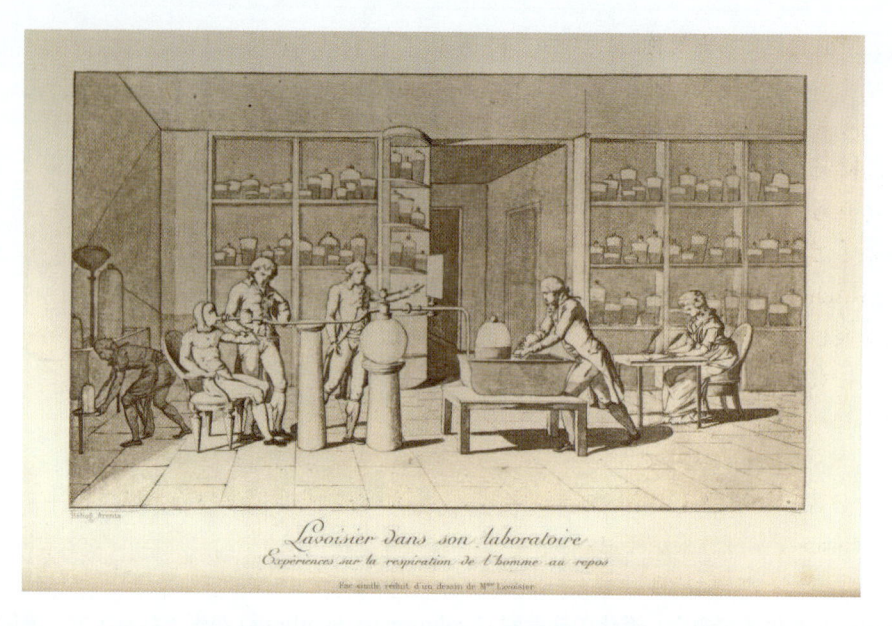

図 2.1 ・ ヒトの呼吸に関する実験を行う Antoine-Laurent Lavoisier。Lavoisier は，代謝によって消費された酸素と生成した二酸化炭素を定量し，呼吸が非常にゆっくりとした燃焼過程であることを発見した。この絵は，Lavoisier の妻，Marie-Anne Paulze（図中右）によって描かれた。

2.1 分子生物学の始まり

生命の物理的基盤は 1950 年代までわかっていなかった

　生命を物理や化学の言葉で説明しようという試みが始まったのは，完全に物質的な説明ができるようになる，あるいは少なくともその説明が妥当と思えるようになるはるか以前の 18 世紀後半であった。その試みは，地球や天体の動きをニュートン力学よって説明できたことや Gottfried Wilhelm Leibniz（ライプニッツ）と René Descartes（デカルト）の合理的な哲学によって刺激された。1770 年ごろ，Antoine-Laurent Lavoisier（ラボアジェ，図 2.1）は，呼吸と燃焼がよく似た化学変化を引き起こすこと，生体物質と非生体物質が構成要素のレベルでは同じように解析できることを発見した。1830 年代初頭には，化学反応を促進するが自身は消費されない"発酵素（ferment）"（酵素と同意）が麦芽，アーモンド，胃液から発見された。Jöns Jakob Berzelius（ベルセーリウス，図 2.2）はこの現象を**触媒作用**（catalysis）と呼び，有機物にも無機物にも適用した。

　この酵素作用がよく理解されるまでには，19 世紀末を待たなければならなかった。当時，発酵は生きた細胞を必要とするのか，それとも単純な化学反応なのかについてかなりの論争があった。Louis Pasteur（パスツール，図 2.3）は 1861 年ごろに行った種々の実験によって，発酵は生きた細胞の存在下においてのみ起こることを示した（例えば，体内から無菌的に採取した血液や尿は 3 年以上も酸化しなかったが，微生物を感染させるとすぐに酸化が始まった）。しかし 1897 年，Eduard Buchner（ビュヒナー，図 2.4）と Hans Buchner は，酵母の無細胞抽出物が発酵を触媒することを示した。そして 19 世紀の終わりまでには，酵素は細胞の中でも外でも反応を触媒でき，そしてそれはどのような"生命力"も必要としないことが理解されるようになった。

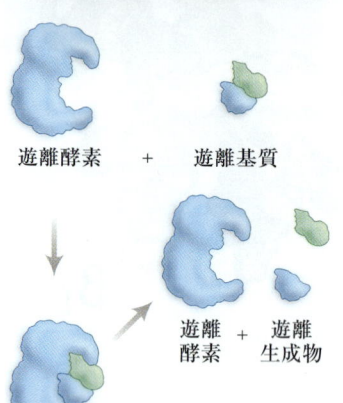

図 2.2 ・ Jöns Jakob Berzelius（上）は，いくつかの化学元素の発見と現在の化学記号の提案に加え，酵素作用機構（下）の理解に必要不可欠な過程を発見し，それを触媒作用と名づけた。

また，光に対する非対称的な効果も，有機物に特有の性質だと思われていた。例えば偏光は，植物由来の酒石酸溶液を透過すると右にねじれるが，化学的には同一だが人工合成物であるパラ酒石酸では，そのような効果は起きない。1848 年に Pasteur は，パラ酒石酸は互いに鏡像関係にある 2 種類の結晶を作ることをみいだした。Pasteur はこれらを手作業で分離し，それらが偏光を正反対の方向に回転させること，また，他の有機物との反応性がまったく異なることを明らかにした。1874 年，Jacobus Hendricus van't Hoff（ファント・ホフ）と Joseph-Achille Le Bel（ベル）はこの現象について，生命力をまったく必要としない説明を独立に発表した。それは，酒石酸の光学的な非対称性は，酒石酸中のある 1 つの炭素原子が非対称性をもち，右旋性と左旋性の立体配置を取りうることを反映しているというものであった（図 2.5A）。このような違いのある分子は，現在，**立体異性体**（stereoisomer）として知られている。1890 年代に入って Emil Fischer（フィッシャー）は，グルコースの 4 つの不斉炭素原子の立体配置の違いによる全 16 通りの立体異性体を合成し，彼らの仮説を検証した（図 2.5B）。Fischer は，酵素が特定の立体異性体に対して強い特異性を示すことを発見し，この現象を，酵素と基質が "鍵と鍵穴" のように合ったときのみ効果的な触媒作用が起こるという考えで説明した。そして三次元構造のおもな重要性は，分子生物学の登場によって，半世紀後にようやく完全に認識された。

酵素がおもにタンパク質からなることは Berzelius の時代から知られていたが，タンパク質の構造や触媒活性部位は不明なままであった。1902 年，Fischer と Franz Hofmeister（ホフマイスター）は独立に，タンパク質はアミノ酸の両端がペプチド結合によってつながれてできるという説を提唱した。しかし当時，タンパク質は短いペプチドがある種の**コロイド**（colloid）の中で結合しているもので，そのコロイド状態が生理活性を生み出すのであるという考えが広く支持されていた。コロイドは，明確な結晶を作らずに無定形固体を作る物質として定義されていた。後にコロイドは，2 つの異なる相の混合物としてより正確に定義された（例，油と水の乳濁液）。生命，特に酵素の触媒機能といった "動的" な性質がコロイド状組織によるものであるという考えは魅力的であった。なぜなら，コロイドには相と相の境界面が大量に存在するために，多くのコロイドは実際に多少の触媒活性をもつからである。

このコロイド説は，1920 年代に示された 3 つの証拠によって打ち砕かれた。まず，セルロース繊維や絹からはっきりとした X 線回折像が得られ，それは規則的な分子構造を示唆するものであった（Box 2.1 参照）。次に，Theodor Svedberg（スベドベリ）は**超遠心機**（ultracentrifuge）を用いて，ほとんどのタンパク質はそれぞれ特有の大きな分子量をもつことを示した（図 2.6）。例えば，Svedberg はヘモグロビンの 4 つの各サブユニットの分子量が 16,700 であることを明らかにした（章冒頭 p.41 の図参照）。そして最後に，Hermann Staudinger（シュタウディンガー）は，天然のポリマーと合成ポリマーの研究から，ポリマーはコロイド説で仮定される弱い結合によって結合したものではなく，ありふれた共有結合によって結合したサブユニットの長い鎖であるという説得力のある化学的根拠を提示したのである。Staudinger はこの長い鎖を高分子と名づけた。

コロイド説を否定する最も明確な証拠は，James Sumner（サムナー）がタチナタ豆の酵素ウレアーゼ（図 2.7）の結晶化に成功した 1926 年に出た。3 年後，John Northrop（ノースロップ）はペプシンの高純度結晶を作り，それが酵素活性をもつことを証明した。

1940 年代までに，生化学者は基本的な代謝と合成経路，細胞内のエネルギーの流れについてよく理解するようになっていた。また，核酸（DNA と RNA）とタンパク質が，それぞれヌクレオチドとアミノ酸の長い鎖によりなる高分子であることも知られていた。しかし，これらの高分子の構造や機能についてはほとんどわかっていなかった。当時，高分子の配列は

図 2.3 ▪ Louis Pasteur の実験は，発酵は生きた細胞の中でのみ起こる生理的反応であることを示した。Pasteur の業績は広範囲にわたり，立体化学の確立（図 2.5 参照），感染症における微生物の役割の解明，狂犬病のワクチンの発見などが挙げられる。

図 2.4 ▪ Eduard Buchner は，触媒作用と発酵とを結びつけた無細胞的発酵に関する研究で，1907 年にノーベル化学賞を受賞した。彼は酵母を用いた無細胞的発酵によって細胞の活動を分離し，その中身，特に彼が植物細胞や動物細胞で "監督" として働くと表現した酵素についての研究を行った。

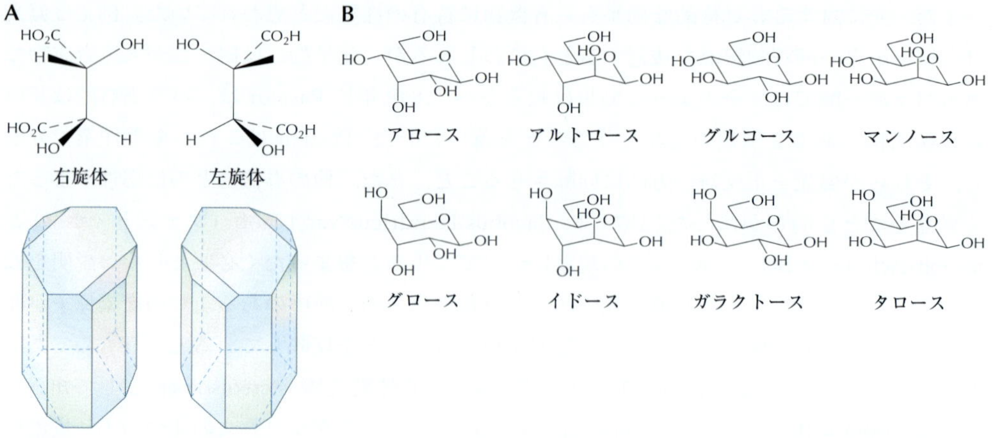

図 2.5 ▪ (A) パラ酒石酸の分子は互いに鏡像となる 2 つの型（立体異性体）をとることができる。それぞれの型の結晶は，同様の鏡像非対称を示す。(B) グルコースは 4 つの不斉炭素原子を含み，そのため $2^4 = 16$ 種類の立体異性体ができる。"D" 型の 8 種類のみをここに示している。その他 8 種類の "L" 型はこれらの鏡像である。

ある種の規則性をもつと考えられていた。特に "4 ヌクレオチド仮説" では，核酸は，DNA の場合，アデニン，チミン，グアニン，シトシンの 4 種類の塩基の規則的な繰り返しからなると想定されていた（例，ATGCATGCATGC…）。また，核酸やタンパク質が固有の形をもつのかどうかも不明であった。実際，有力な実験から，アミノ酸はタンパク質の間でどんどん交換されていることが示唆されていた。つまり，生体内の個々の高分子は固有の高次構造はとっておらず，むしろある種の動的な平衡状態にあると広く考えられていた。例えば，Linus Pauling（ポーリング）は 1940 年に，抗体は特定の抗原を認識するためにまず抗原を包み込み，それによって相補的な形になり，その結果，同種の抗原分子を認識できるようになるという仮説を提唱した（図 2.8，2.9）。当時は，個々の分子は特定の生物学的機能を伴う固有の高次

Box 2.1　技術的進歩は分子生物学の出現に重要であった

分離　吸着性の個体に液体を流して試料中の物質を分離する，さまざまな種類のクロマトグラフィーが考案された。例えば，Frederick Sanger はペーパークロマトグラフィーを使ってタンパク質の断片を分離し，それによってアミノ酸配列を決定した。Svedberg は 1920 年代半ばに **超遠心機**（ultracentrifuge）を考案し，次の 10 年の間に，彼の学生であった Arne Tiselius が，分子を電場の中で電荷と移動性に応じて分離する **電気泳動**（electrophoresis）を発明した。

検出　同位体は，原子量は異なるが他のすべての化学的性質は同じである。1931 年に水素の重同位体である重水素が発見され，次いで重窒素（^{15}N）も発見された。重同位体は初期の研究で盛んに使われたが，わずかな密度の違いとしてしか，あるいは質量分析法でしか検出できなかった。第二次世界大戦後，放射性同位体が簡単に使えるようになり，ごく少量の標識分子を検出できるようになった。

構造　20 世紀の前半，X 線結晶解析は単純な構造の決定において劇的な成功を収めていた。高分子の像を再構成するには，X 線を分子に当てることで写真に写る何千もの点の解析が必要である。さらに，非常に困難だが，散乱した X 線の位相（波の山と谷のタイミング）を知る必要がある。単純な構造の場合，ある程度もっともらしいモデルで回折像を計算し，観察データと比較する "試行法" によって解析できる。DNA の構造はこのような手法で解かれたが，基本的に不規則なタンパク質ではうまくいかなかった。さらに，回折点の数とそれらを解釈するために必要な計算量は，分子内の原子の数に伴って急激に増加する。1940 年代後半に開発された電子計算機は最初のタンパク質の構造の解明に必要不可欠であった。

最初，これらの新しい技術を使うのは困難で骨の折れる作業で，危険ですらあった（最初の超遠心機では，半数以上のローターが破裂した）。1940 年代の間に，これらすべての技術は非常に広く使われるようになり，その結果，多くの研究室がこの分野に参入した。

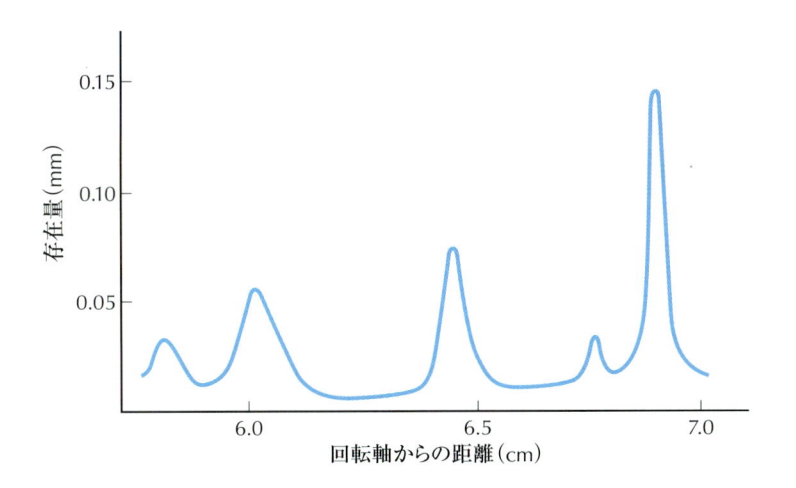

図2.6 ● Theodor Svedbergは，彼が開発した超遠心機を用いて，強い重力場の中で沈降する速度から，タンパク質分子の大きさを正確に測定した。このカブトガニのヘモシアニンの沈降図は，4つの主要成分と少量の5つ目の成分の存在を示している。

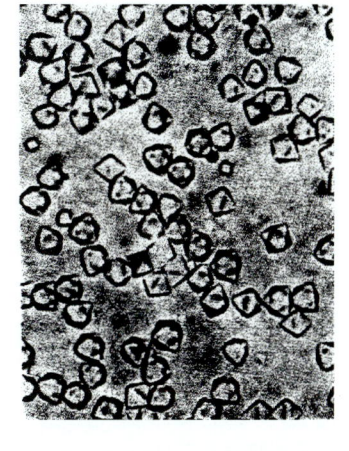

図2.7 ● ウレアーゼ結晶の単離によって，このタンパク質が規則的な三次元構造をもつことが示され，タンパク質構造のコロイド説に異議が唱えられた。

構造をとるという，"特異性"の近代概念が欠けていた。そのうえ，すべての生化学の知識は，古典遺伝学の形式的な枠組みから完全に分離していた。Jacques Monod（モノー）の言葉を借りれば，"遺伝子の実体は人々の心の中にある何かであり……銀河の構成物質と同様に近づきがたいものである"という時代であった。

分子生物学はいくつかの学問分野や技術に端を発している

20世紀中ごろになると，生物を説明するための基盤は，低分子の凝集体の動的性質から固有の形をもつ高分子の特異的な構造へとシフトした。この考え方の根本的な変化は，ただ1つの原因によるものではなかった。むしろそれは，技術的進歩（Box 2.1）といくつかの分野での概念的発展が合わさってできたのである。

物理化学

1930年代半ばまでに，Paulingは量子力学の原理によって化学結合の性質を正確かつ定量的に記述できることを示した。例えば，1つの電子を共有してできる単結合は回転できるが，2つの電子を共有する二重結合は固定される，などである。さらに彼は，結合力の強い共有結合と弱い水素結合を区別した。後者は，タンパク質や核酸の三次元構造の安定化と分子間相互作用の**特異性**（specificity）をもたらすうえで非常に重要なものである。

X線結晶解析

X線は原子間距離程度の波長をもつため，分子構造の解明に使うことができる。1912年，William Lawrence Bragg（ブラッグ，図2.9）は，まだケンブリッジ大学の学生だったが，X線の回折角と結晶中の原子間距離に単純な関係があることに気づいた。彼は，単純な分子の構造を決定し続け，それがX線結晶解析学の始まりとなった（Box 2.1）。BraggもPaulingも，最終的に生体高分子の解析に取り組んだが，これは40年後に初めて日の目をみる途方もない挑戦であった。

図2.8 ● Linus Paulingの『The Nature of the Chemical Bond（化学結合の性質）』（1939）は，20世紀の最も影響力のある科学書の1つとみなされた。

図2.9 ● 1953年の核酸の構造モデルを吟味するLinus PaulingとSir Lawrence Bragg。Braggは，分子構造決定の重要な手段である，結晶中の原子のX線結晶解析法を開発した。

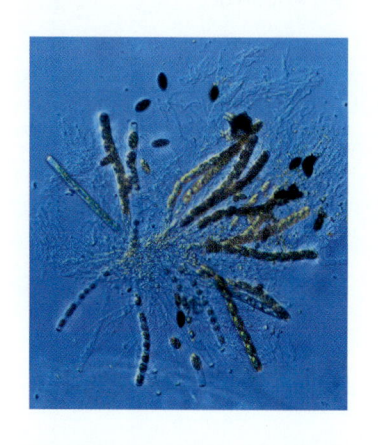

図2.10 ● George BeadleとEdward Tatumは，アカパンカビを使った実験によって，一遺伝子一酵素（あるいはポリペプチド）仮説という遺伝子とタンパク質の関係性を確立した。

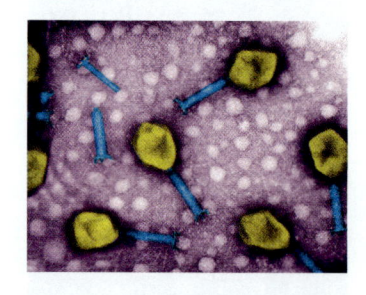

図2.11 ● 細菌に感染するウイルスであるバクテリオファージの研究によって，まれな突然変異や組換えの検出から，突然変異の遺伝子上の位置を示す地図の作製まで，分子生物学は大きく進歩した。

細菌学

一般に，細菌は，環境からの直接的な影響によって適応し変化するという点で，植物や動物とはまったく異なる生物であると考えられていた（Salvador Luria［ルリア］は，細菌学を"ラマルキズム［Lamarckism］の最後の砦"と呼んでいた）。この考えは，細菌の基本的な仕組みがより複雑で大きな生物と共通であることが明らかとなったことで，1930年代に変わり始めた。1923年，Oswald Avery（アベリー）は肺炎連鎖球菌が多糖類莢膜の違いによって複数の系統に分類できることを発見した。また，パリのパスツール研究所で働いていたAndré Lwoff（ルヴォフ）は，細菌が動物と共通のビタミンの多くを必要としていて，これらのビタミンがタンパク質の触媒作用を助ける補酵素として働くことを明らかにした。この初期の研究が，1943年のLuriaとMax Delbrück（デルブリュック），その1年後のMonodとAlice Audureauらによって独立になされた，細菌におけるランダム突然変異の発見へとつながった。そして1946年，Joshua Lederbergによって細菌における遺伝的**組換え**（recombination）が発見され，古典遺伝学の応用研究の幕開けとなった。

遺伝学

古典遺伝学の理論的手法によって，遺伝子の染色体上の位置や遺伝子の表現型決定へのかかわり方は明らかにされた。しかし古典遺伝学の手法自身は，遺伝子の物質としての構造を明らかにする方法論を与えるものではなかったし，また，ショウジョウバエ，トウモロコシ，マウスなどを用いるため，研究は生物の世代時間の長さと生理機能の複雑さによって制限された。そのようななか，2つの面で進歩があった。第1に，遺伝子と酵素の密接な対応関係が次第に明らかとなったのである。1908年，Archibald Garrod（ギャロッド）は，ヒトの遺伝性疾患は，特定の代謝過程の不全を伴う"先天性代謝異常"によるものであるという説を提唱した。1920年代，J.B.S. Haldane（ホールデン）とRose Scott-Moncrieff（スコットモンクリーフ）は，サクラソウ科の植物で色素合成の特定の段階を制御する遺伝子を同定した。このような研究から，George Beadle（ビードル）とEdward Tatum（テータム）のアカパンカビ（*Neurospora crassa*）を使った生化学的遺伝学が発展し，生化学経路の遺伝学的解析の一般的な手法が生まれた。そして1945年，Beadleは，1つの遺伝子が1つの酵素に対応するという説を提唱した（図2.10）。

進歩の2つ目の鍵は，新しいモデル生物が開発されたことである。生化学反応の欠陥として突然変異体を同定することができる細菌や菌類の遺伝学に加え，**バクテリオファージ**（bacteriophage）の遺伝学という新しい研究プログラム始まった（図2.11）。パサデナのDelbrückとパリのLwoffを中心とするグループは，この細菌のウイルスを研究するための効果的な手法を開発した。その結果，きわめてまれな突然変異や組換えを検出することが可能となった。これらの手法によって1950年代初頭までにSeymour Benzer（ベンザー）は，突然変異がどの遺伝子に位置するのか，そして最終的にはどのヌクレオチドの変異なのかまで突き止めた最初の地図を作製した。

生化学

これからみていくように，DNAの構造はX線結晶解析と物理化学の組み合わせによって解き明かされた。しかしその次の，DNA配列がアミノ酸配列，したがってタンパク質の構造を決める規則，すなわち遺伝暗号の発見は，古典生化学が進歩し，タンパク質を合成するための既知物質からなる無細胞系の構築ができてようやく実現した。これは，19世紀末に

Buchner 兄弟が行った酵母の抽出物による発酵実験に始まった研究の発展とみることができる。

　他の2つの生化学の貢献も際だっている。1951年，Sanger（サンガー，図 2.12）は，インスリン B 鎖の全 30 アミノ酸配列を決定し公開した。また，Erwin Chargaff（シャルガフ，図 2.13）は，DNA に含まれる 4 つの塩基の比率を正確に測定した。1950年までに彼は，生物によって塩基の組成はさまざまであるが，アデニンとチミンの含有率，グアニンとシトシンの含有率はそれぞれ常に等しいことを発見していた。Sanger のタンパク質に関する成果と Chargaff の DNA に関する成果は，タンパク質と DNA がそれぞれアミノ酸とヌクレオチドの規則的な繰り返し配列によりできているという従来の考えに異を唱えるものであった。

　概念的，技術的進歩が合わさって，分子生物学という新しい学問分野が誕生し，それは他の生物学分野にも影響を与えた。20世紀半ばに起きたこの急速な発展は，1つの突破口が開かれたことによるものではなく，もちろん完全な偶然によるものでもない。石油王 John D. Rockefeller によって 1913 年に設立されたロックフェラー財団は，分子生物学（この用語は財団の自然科学部の責任者であった Warren Weaver が 1938 年に創出した）の振興に対して周到な政策をとった。ロックフェラー財団は，Lwoff，Thomas Hunt Morgan（モルガン），Pauling，Svedberg など，多くの研究者による研究に資金援助を行った。

図 2.12 ▪ Frederick Sanger は，タンパク質（特にインスリン）のアミノ酸配列決定と核酸の塩基配列決定に対する貢献によって二度のノーベル賞に輝いた（1958, 1980）。

DNA の構造は遺伝の物理的基盤を明らかにした

　1940 年代より以前，遺伝子はタンパク質か，ことによるとある種の核酸とタンパク質の複合体からなるのではないかと考えられていた。タンパク質が機能的に並はずれて多才であることが知られていたのに対して，DNA 自体は4種類の塩基が単調に繰り返す"芸のない分子"とみられていたからである。DNA が遺伝物質であると考えられるようになったのは，おもに肺炎連鎖球菌（*Streptococcus pneumoniae*）の形質転換の研究によってである。この細菌には，毒性をもついろいろな種類の S 型菌と感染能力をもたない R 型菌が存在する（型の名前は，それぞれのコロニーの見た目が"滑らか"［smooth］か，"粗い"［rough］かに由来する）。Frederick Griffith（グリフィス）は 1928 年に，R 型菌が S 型菌の死骸によって永久的に有毒型に形質転換することを発見した。さらに，この新しくできた有毒型菌は，死骸と同じ種類の S 型菌であった。Avery（図 2.14）の研究室はさまざまな骨の折れる試験を行い，形質転換因子が DNA であることを示した（図 2.15）。例えば，形質転換因子は DNA 分解酵素の影響は受けるが，タンパク質分解酵素の影響は受けなかったのである。

　しかしながら，1944 年に Avery，Colin McLeod（マクラウド），Maclyn McCarty（マッカーティ）によって非常に明確に示されたこの証拠は，それだけで DNA が一般的な遺伝物質であることの証拠とはならない。なぜなら，DNA が単に細菌がとりうる 2 つの型を切り換えているだけかもしれなかったからである。しかし，ほかにも証拠が集まってきた。ペニシリン耐性も同様に形質転換によって獲得されることが証明された。精子や卵子の DNA 含量は他の細胞の DNA 含量の半分であった。DNA の代謝回転がタンパク質よりも非常に遅いことがわかり，遺伝情報の安定な担い手としての役割が示唆された。そして 1940 年代の終わりには，DNA が遺伝子の実体であることは広く受け入れられるようになった。この考えは，放射性標識されたバクテリオファージの実験によってさらに支持された。ファージが細菌に感染するとき，細菌の中に入るのは DNA だけで，ファージのタンパク質外被は細菌の外に残されたままになることが示されたのである。

　1951 年 10 月，Luria の下でファージの遺伝学に関する学位論文を完成させたばかりの

図 2.13 ▪ Erwin Chargaff が発見した DNA の 4 種類の塩基の含有率（アデニン＝チミン，シトシン＝グアニン）は，DNA の構造決定に重要であった。

図 2.14 ● Oswald Avery が 1940 年代に Maclyn McCarty と Colin MacLeod と行った化学実験によって，タンパク質ではなく DNA が肺炎連鎖球菌における"形質転換因子"すなわち遺伝物質であることが示された。Avery は，"核酸は単に構造的に重要な物質ではなく，細胞の生化学的活動と特徴を決定するうえで機能的に活性をもつ物質である。すなわち，既知の化学物質を用いて，細胞に予測可能で遺伝性の変化を引き起こすことができる"と書いている。

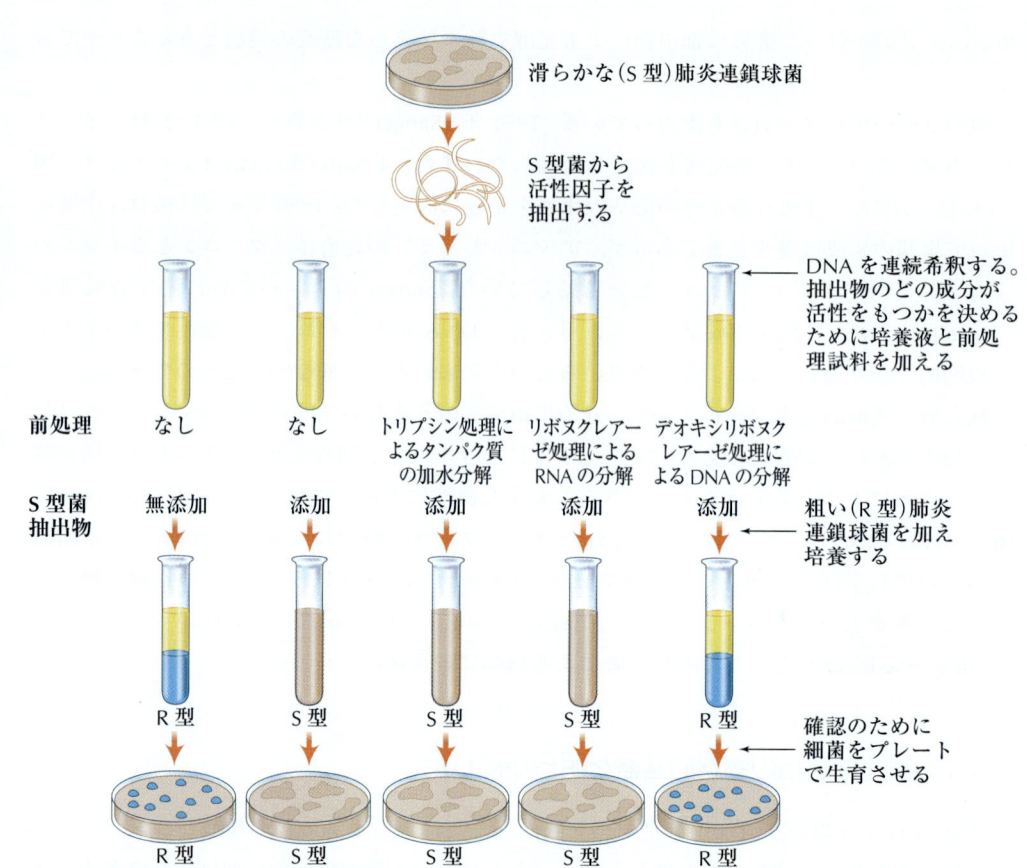

図 2.15 ● Oswald Avery と彼の同僚は，肺炎連鎖球菌のコロニーの滑らかな形質と粗い形質の間の形質転換系と，多糖類，脂質，DNA，タンパク質，そして RNA の分解酵素を使って，形質転換因子の性質を決定した。形質転換活性は，DNA を破壊することがわかっているイヌの腸粘膜の抽出物処理によって失われた。したがって，DNA が遺伝物質であることが示されたが，この結果は，当時は多くの分野の研究者から懐疑的にみられていた。これらの実験以前，ほとんどの科学者が遺伝子はタンパク質からなると信じていたからである。

　James Watson（ワトソン）は，ケンブリッジ大学の Bragg の X 線結晶解析チームに加わった。そこで彼は，自分よりも 12 歳年上だが，まだタンパク質構造に関する学位論文に取り組んでいた Francis Crick（クリック）に出会った。このイギリスの構造生物学の流派と米国のファージ遺伝学との出会いは，Watson と Crick が Pauling により導入されたモデル構築法を使って，DNA の構造を解明する契機となった（図 2.16）。

　その前年，ロンドンのキングズ・カレッジの Maurice Wilkins（ウィルキンス）は，DNA の X 線回折の研究を開始し，Rosalind Franklin（フランクリン，図 2.17）を雇ってその問題に取り組ませた。1951 年秋までに Franklin は，DNA 繊維が水の含有量によって 2 つの型（A 型と B 型）をとりうることをみいだし，また DNA 繊維の密度から，DNA 繊維は 1 分子あたり 2 つ，もしかすると 3 つの鎖を含むという示唆を得た。彼女はその結果を 1951 年 11 月のあるセミナーで発表した。そのセミナーに出席していた Watson の多少不正確な記憶と，Crick が最近導いたらせん状分子から予想される回折像の理論的解析結果に基づいて，彼らはリボース-リン酸の主鎖 3 本を内側にもち，そこから塩基が突き出した DNA モデルを提案した。数日後，キングズ・カレッジのグループはそのモデルを見て，すぐにそれが間違っていることに気づいた。主鎖が，既知の含水量を維持するにはあまりにもきつく束ねられているよう

図 2.16 ● これまでのすべての研究の上に立って，James D. Watson（左）と Francis H.C. Crick（右）は，1953 年，DNA の構造を解明した。その年の Nature 誌に掲載された彼らの 2 編の論文は，DNA 分子の二重らせん構造を確立し，また，どのようにして分子内の塩基対合が複製を支えるのか（遺伝の分子基盤）を記述した。写真は，Watson と Crick と彼らのオリジナルの二重らせんモデルである。

であったし，また，いずれにせよ，強いらせん状の回折像ができるためには，主鎖中の重いリン原子が外側に位置している必要があったからである。この大失敗の後，Bragg は Watson と Crick が DNA 構造の研究をさらに続けるのを禁じたのである。

次の春，Franklin は B 型 DNA の自身最高の写真を撮った。これが最終的な解決に重要なことは明白であった（図 2.18）。その回折像から DNA 分子の構造は，ヌクレオチド単位間の距離が 3.4 Å，10 単位ごとの繰り返し構造をもち，直径はおよそ 20 Å であることがわかった。しかし，Franklin は B 型 DNA のさらなる研究は行わず，A 型 DNA の回折像を直接解釈することを目指して面倒な計算に着手した。

同じころ，Crick は数学者の John Griffith に，類似した塩基が類似した塩基を引きつける

図 2.17 ● Rosalind Franklin（左）と Maurice Wilkins（右）は，DNA 分子の構造に関する重要な物理学的証拠を提供した。

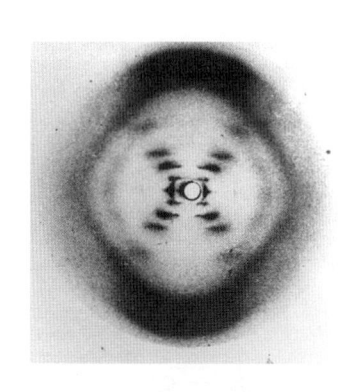

図 2.18 ● Rosalind Franklin と Ray Gosling により撮られた重要な B 型 DNA の X 線回折像（写真 51）。この像の X 状のパターンは，DNA 分子がらせんであることを意味しており，Watson と Crick のモデル構築に決定的な情報となった。

可能性について尋ねた。Griffith は，試験的な量子力学的計算を行い，アデニンがチミンを，グアニンがシトシンを引きつけることは十分にありうると考えた。その後じきに Chargaff がケンブリッジを訪れ，アデニンとチミンの含有率，グアニンとシトシンの含有率はそれぞれ常に等しい（A = T, G = C）ということを Crick に指摘した。Crick は，これが Griffith の計算と合い，そのうえ相補的複製機構を示唆していることに気づいた。しかしこの時点では，この考えがどのように構造と合うのかはわからなかった。

　Watson と Crick は，Pauling と Robert Corey が自分たちの最初の試みとよく似たモデル（それも同様の理由で失敗に終わるのだが）を提唱する論文の草稿を目にして，1953 年 1 月に本気で DNA の研究を再開した。翌月，Watson はキングズ・カレッジを訪れ，Franklin の B 型 DNA の回折像（図 2.18）を見た。後に Wilkins に語ったところによると，彼は初めて A 型と B 型の違いとそれらの正確な寸法を知った。これらは，キングズのグループが前年の秋からの結果をまとめた短報によって確かめられた。Crick は，回折像の対称性は，DNA には 180° 回転させれば構造が変わらないような逆向きに走る 2 つの鎖が存在することを示唆しているとわかった。

　パズルの最後のピースは，Watson が自分と Crick が仮定していた塩基の化学構造が間違っていたことに気づいたときに見つかった。塩基を正しい構造に置き換えて，彼はすぐにアデニンがチミンと，グアニンがシトシンとがそれぞれ水素結合により結合し，自然に対になることを発見した（図 2.19）。これによって直ちに Chargaff の比率は説明でき，そのうえ，大きいプリン（A, G）が小さいピリミジンとぴったり合って，それぞれの塩基対は二重らせんの中にきちんと収まるのである。Watson は DNA の最初のおおまかなモデルを 1953 年 2 月下旬に完成させた。その構造は，Watson と Crick により，キングズのグループの実験証拠の報告とともに，4 月の終わりに Nature 誌に発表された。

DNA 配列は遺伝暗号を通して表現される

　Watson と Crick は，"ここで仮定した塩基の特異的な組み合わせが，直ちに，遺伝物質の有力な複製機構の 1 つを示唆していることに，我々は気づいている" という言葉で論文を締めくくっている。すなわち，二重らせんの 2 つの鎖がほどけて，新しい塩基が相補的な塩基

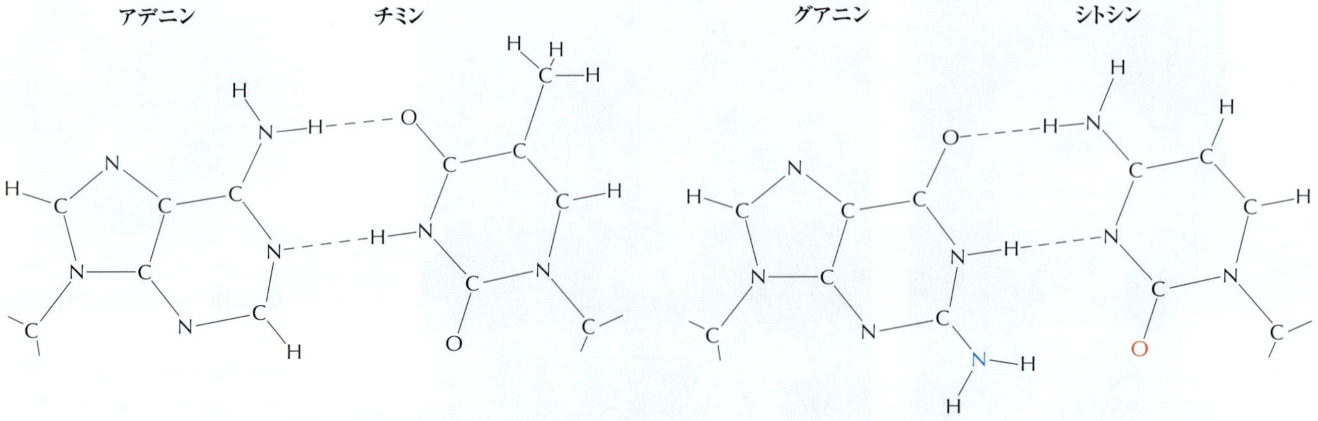

図 2.19 ▪ Watson と Crick の 1953 年の論文で示された構造に基づく DNA 二重らせん中の塩基対合。水素結合は点線で示されている。後に Pauling は，グアニンとシトシンは窒素（青）と酸素（赤）の間に 3 つ目の水素結合を作ることを明らかにした。

対合によって正しい配列で集合するのである。

1958年までに，Matthew Meselson（メセルソン）とFranklin Stahl（スタール）は，重窒素で標識したDNAを使って，DNA複製が**半保存的**（semiconservative）であること，すなわち第1世代の子孫DNA分子は，標識された親DNAから受け継いだ1本の重い鎖と，新たに合成された軽い鎖をもつことを示していた（図2.20）。同じころまでに，Arthur Kornberg（コーンバーグ）は，大腸菌からDNAポリメラーゼを精製することに成功していた。そして彼は，試験管内でのDNA合成を行い，新しく合成された鎖でもアデニンとチミンの含有率とグアニンとシトシンの含有率がそれぞれ等しいことと，新しいDNA分子の塩基組成は元のDNA分子をそっくり反映したものであることを示した。

DNAの構造が4種類の異なる塩基の線状配列であることが定着するとすぐに，どのようにしてこの配列は暗号化され，そしてどのようにしてその遺伝情報を表現するのだろうという疑問が生じた。DNAの複製機構は急速に解明されたが，遺伝暗号が翻訳される仕組みが完全に理解されるまでには何年もかかった。

このときまでに，遺伝的変異とタンパク質の変異を結びつける証拠（すなわち遺伝子型と表現型を結びつける証拠。第14章参照）は存在していた。例えば1949年，PaulingとHarvey Itanoによって，鎌状赤血球貧血が異常ヘモグロビンによるものであることが示され，また同年，それが単純なメンデルの法則に従う劣性形質として遺伝することが示された。1955年には，Vernon Ingramが，ペプチド断片のペーパークロマトグラフィーを使って，鎌状赤血球ヘモグロビンは正常ヘモグロビンとただ1つのアミノ酸が異なっていることを明らかにした（図2.21）。これは，1つの遺伝的変異が，タンパク質の1つの特異的な変化として表された初めての証拠であった。

DNAがなんらかの方法でタンパク質合成を指示していることは明白であった。Crickが1957年に書いているように，"タンパク質の重要かつ独特な役割を認めるなら，遺伝子がすべきことはほかには考えられない"。しかし，タンパク質の性質とその合成については広く誤解されていた。当時，タンパク質は固有の形をもたず，互いに絶え間なくアミノ酸を交換

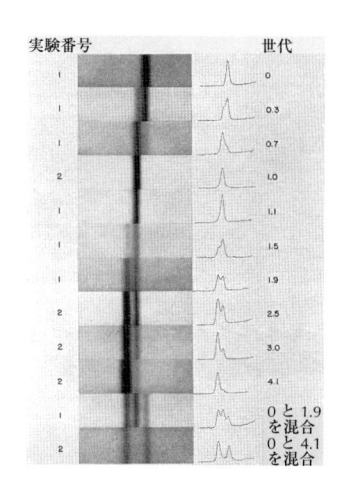

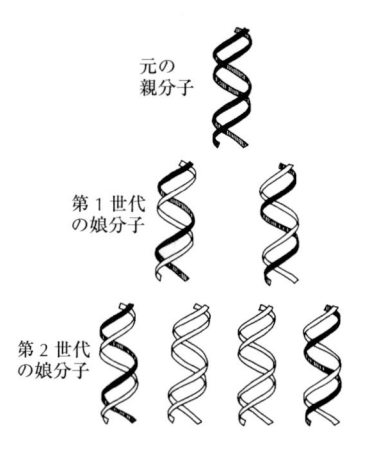

図2.20 ▪ Matthew MeselsonとFranklin StahlによるDNAの複製が半保存的（第1世代のDNAは1本の親鎖DNAと1本の新生鎖DNAをもつ）であることの証明。（上）このみごとな実験では，まず，ある細菌集団を重窒素同位体（^{15}N）を含む培地で同調的に繁殖させる。次に細菌を標識されていない培地に移し，超遠心機でDNA分子の密度を測定する。この写真は結果のDNAバンドを表している。DNAが同じ密度であれば，バンドはこれらの写真で縦にそろった位置を占める。右隣の図は，DNAバンドからの透過光を微量濃度計で測定して得たグラフ。（下）0世代目ではすべてのDNAが標識されている。第1世代では，すべてのDNAは1本の標識鎖と1本の非標識鎖によりなる。第2世代では，半分のDNAが標識鎖と非標識鎖のハイブリッドで，残りの半分は非標識鎖である。

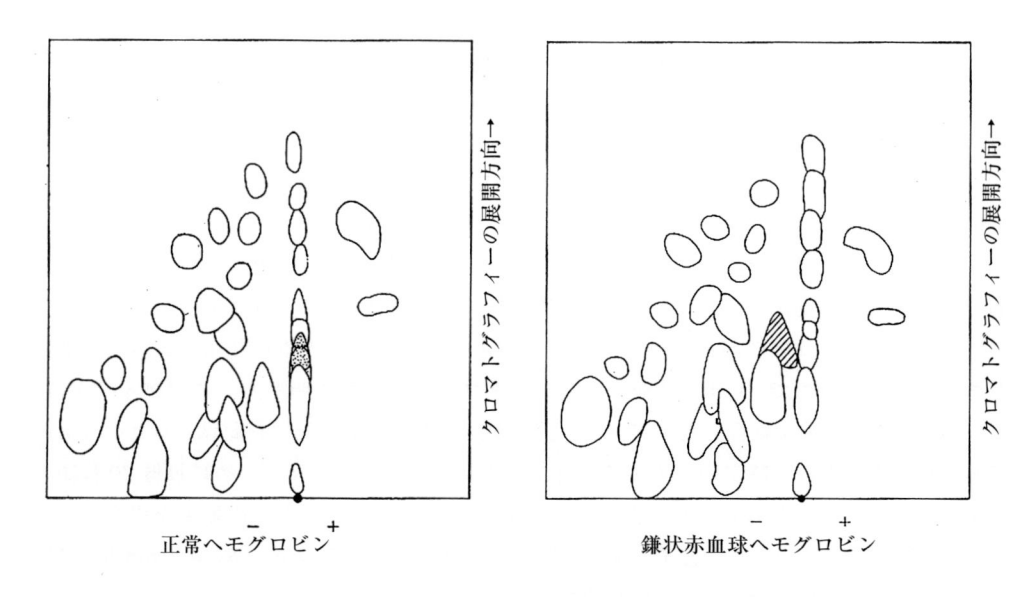

図2.21 ▪ Vernon Ingramは，正常ヘモグロビン（HbA）と鎌状赤血球ヘモグロビン（HbS）の違いが，β-グロビン鎖の6番目の位置であることを明らかにした。（左）正常，（右）鎌状赤血球ヘモグロビンの電気泳動によるフィンガープリント。

していると考えられていた。また，酵素は前駆体分子から作られると信じられており，タンパク質の合成は，すでによくわかっていたタンパク質の分解経路の逆経路を含むと考えられていた。このタンパク質合成の真の仕組み，すなわち遺伝子発現の主要機構の解明は，3つのルートからなされた。遺伝暗号の理論的解析，形式遺伝学，そして，古典生化学である。符号化問題の解析とファージなどのモデル生物を使った遺伝学的解析によって，いくつかの見事な主張や証拠が得られたが，決め手となったのは精密な生化学であった。

符号化問題

DNA の構造が発表されたすぐ後に，1946 年に宇宙の起源としてビッグバン理論を打ち立てた物理学者，George Gamow（ガモフ）は Crick に単純な案を伝えた。彼は，二重らせん中の塩基の配置は，それぞれ 4 つの塩基で囲まれる連続したポケットを作ることに気づいていた。彼は，特定のアミノ酸が特定の穴に直接収まる可能性を示唆した（図 2.22）。さらに Gamow は，標準アミノ酸数に相当する 20 種類の穴が存在すると指摘した。

Gamow のモデルは生化学的には間違っていたが，問題を明確にした。そしてそれによって，論理的な原則から暗号を推定する試みが始まった。最初に出た効果は，タンパク質の翻訳後修飾により生じる特別なアミノ酸（例えば，サンゴに存在する臭化チロシンや，甲状腺に存在するヨウ化チロシン）を除く，20 種類のアミノ酸の正しいリストを作成しようという Crick と Watson の試みを加速したことである。特筆すべきことに，彼らが作った最初の 20 種類の標準アミノ酸リストは，完璧に正しかった。

Gamow の暗号は，あるアミノ酸を指定する 4 つの塩基が，同時に隣のアミノ酸の指定にもかかわるため，部分的に重なった暗号であった（図 2.22）。これは，DNA の暗号を基にタンパク質中に出現するアミノ酸配列に制限をかけるものである。例えば，ヒツジとウシのインスリン B 鎖では，たった 1 か所のアミノ酸が前者ではグリシン後者ではセリンと異なっている。Gamow のような重なりのある暗号だと 1 塩基の変化が 1 つ以上のアミノ酸を変えるだろうし，複数の塩基が変化するとさらに複雑なことが起きてしまう。1956 年までに，Sydney Brenner（ブレンナー）は，配列がわかっている十分量のタンパク質を解析し，20 × 20 = 400 組の可能な隣接アミノ酸ペアのほとんどを見つけた。したがって，これらすべてを指定するには，重なりのある 3 塩基による暗号では無理である。

すぐに Crick は，Gamow が提案したような核酸の鋳型とタンパク質鎖の直接相互作用はありそうにないことに気づいた。いくつかのアミノ酸は化学的によく似ているものの（例えば，フェニルアラニンとチロシンは 1 つのヒドロキシル基しか違わない），側鎖の大きさや電荷が大きく異なるアミノ酸も存在する（図 2.23）。したがって，"いかなる"直接作用の図式もうまくいくとは思えなかった。DNA の化学的な均一さはタンパク質の不均一さとは対照的で，それは情報の安定な担い手とその情報を基に遺伝的プログラムを実行する多才な化学物質というそれぞれの役割を反映している。DNA とタンパク質の直接作用による暗号解読がありそうにないので，Crick は別の仮説，アダプター仮説を提唱した。このアイデアは，一方の端にアミノ酸を結合したアダプター分子が，別の端で塩基配列を認識するというものであった。この場合，特定のアミノ酸と特定の塩基配列を対応させるために最低 20 種類のアダプター分子が必要であると予想された。Crick が理論的根拠からこの仮説を提唱したのとほぼ同時期に，そのような分子が発見された。現在，**トランスファー RNA**（transfer RNA, tRNA）として知られる分子である（図 2.24）。

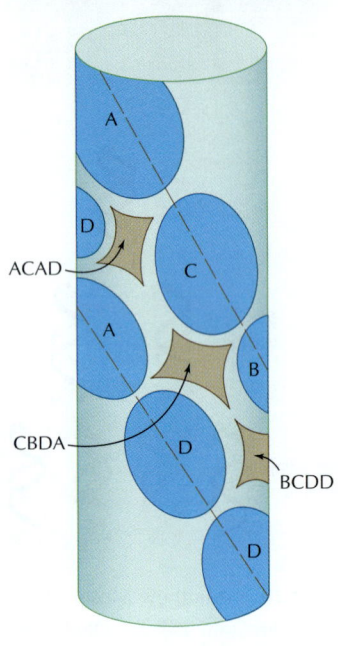

図 2.22 ▪ George Gamow は遺伝暗号の物理的基盤を提案した。二重らせんは，4 つの塩基（青，A，B，C，D と表記）に囲まれたポケット（茶）をもつ。Gamow は，これらのポケットに 20 通りの塩基の組み合わせが考えられることから，20 種類のアミノ酸をコードできると考えた。

疎水性側鎖をもつアミノ酸

バリン (Val, V) ロイシン (Leu, L) イソロイシン (Ile, I) メチオニン (Met, M) フェニルアラニン (Phe, F)

親水性側鎖をもつアミノ酸

アスパラギン (Asn, N) グルタミン酸 (Glu, E) グルタミン (Gln, Q) ヒスチジン (His, H) リシン (Lys, K) アルギニン (Arg, R)

アスパラギン酸 (Asp, D)

中間的な性質のアミノ酸

グリシン (Gly, G) アラニン (Ala, A) セリン (Ser, S) トレオニン (Thr, T) チロシン (Tyr, Y) トリプトファン (Trp, W)

システイン (Cys, C) プロリン (Pro, P)

図2.23 ▪ 20種類の標準アミノ酸は，非常に多様な側鎖をもつ。アミノ酸の名前の下に3文字略語と1文字略語を記している。

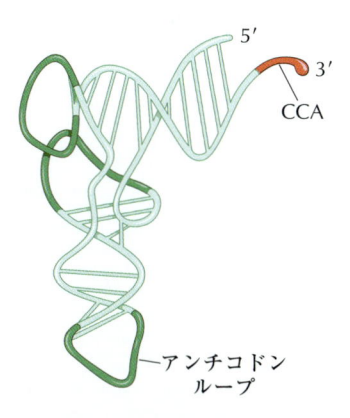

図2.24 ▪ トランスファーRNA (tRNA) は，翻訳過程のアダプター分子として働く。一方の端でアンチコドンがトリプレットのコドンに結合し，もう一方の端でCCA末端が対応するアミノ酸を結合する。遺伝暗号は，tRNAとこれらにアミノ酸を結合する特異的な酵素によって解読される。

遺伝暗号はおもに骨の折れる生化学実験によって解読された

いったん遺伝暗号が重なりをもつ塩基によるものでなくアダプター分子によって読まれるものであることがわかると，論理的な原則からだけでは遺伝暗号を推定できないことが明白となった。遺伝学的な論証や実験は遺伝子暗号の理解に役には立ったが，その貢献は確固たるものではなかった。そのため遺伝暗号の解読は，各アミノ酸を指定する暗号を1つずつ確

図 2.25 • Marshall Nirenberg（上）は，1962年の論文で，遺伝暗号の概要（下）を発表した。

定していく骨の折れる生化学実験によって達成されたのである。

1940年代初頭に，RNAがタンパク質合成にかかわるという証拠が出てきた。ストックホルムのTorbjörn Casperssonとブリュッセルの Jean Brachetは，高いRNAレベルと早い成長との間に相関があること，DNAは染色体に含まれていて細胞質にはおもにRNAが存在していること，そして，この細胞質のRNAの大部分は小さなタンパク質粒と結合し，現在リボソーム（ribosome）として知られる構造をとっていることを発見した。そして1946年，Brachetはこれらの粒子がタンパク質合成の場であることを初めて提唱した。

1955年までに，ボストンのPaul Zamecnik と Mahlon Hoaglandは，タンパク質合成の最初の段階は，リボソームから離れた可溶性画分の中で起こることを示した。まず，各アミノ酸は共有結合でアデノシン一リン酸（AMP）を結合する。この共有結合は，後にアミノ酸がペプチド結合を作る際に必要なエネルギーの供給源となる。そして，アミノ酸とAMPは小さなRNA分子に結合し，この複合体全体でリボソームへと移動する。1956年夏，Zamecnikと Hoaglandは，放射性標識したロイシンを特異的に結合したRNA分子を単離した。そして，このRNA分子をリボソームが含まれる細胞抽出液に加えるとロイシンがタンパク質に組み入れられた。このようにして，Crickが仮定したアダプター分子（tRNA）は，彼が理論的根拠に基づき提唱してすぐに同定されたのである。

それまで，試験管内で特定の核酸を使って特定のタンパク質を合成することはできていなかった。遺伝暗号の謎は最終的に，メリーランド州ベセズダにある国立衛生研究所（NIH）のMarshall Nirenberg（ニーレンバーグ，図2.25 上）とJohann Matthaei（マッタイ）によって解かれた。彼らは，細菌の無細胞系をRNA分解酵素で処理するとタンパク質合成が直ちに停止し，逆にRNAを加えるとタンパク質合成が再開することを発見した。1961年の初め，NirenbergとMatthaeiは，タバコモザイクウイルスのRNAを使って，タンパク質を大量に生成することに成功した。しかし残念なことに，このタンパク質のアミノ酸配列を調べることは困難であった。突破口は1961年5月に開かれた。Matthaeiが合成したポリウラシルをタンパク質合成系に加えると，ポリフェニルアラニンが作られたのである。遺伝暗号が3塩基が組になったトリプレットの暗号だと仮定すると，UUUはフェニルアラニンをコードしているに違いなかった（図2.25 下）。

この最初の暗号解読は，1961年8月にモスクワで開かれた国際遺伝学会議で発表された。激しい競争にもかかわらず，遺伝暗号が完全に解読されるまでにその後6年を要した。そして完全な遺伝暗号は，クリックによって現在なじみのある様式に整えられたのである（図2.26参照）。図2.27にタンパク質合成の重要な反応過程を図解している。

最初の遺伝子調節機構はJacobとMonodによって発見された

遺伝子がタンパク質をコードする仕組みだけではたりない。遺伝子の"発現"調節の仕組みについても理解しなければならない。すべての生物にとって重要なことは，タンパク質合成の時期と場所である。すなわち，もしすべての遺伝子が常に発現していたら，生物は無秩序なタンパク質の集合体になるだろう。遺伝子は，細胞周期や条件の変化（例えば，DNAの損傷や栄養源の変化）に応じた適切な時期に発現しなければならない。

遺伝子発現機構の最初の発見は，パリのパスツール研究所の屋根裏で開発された2つのモデル実験系から出てきた。1つ目はJacques Monod（モノー）が行った，大腸菌がどのようにしてラクトースをエネルギー源と炭素源として利用するのかについての研究で，2つ目はAndré Lwoff（ルウォルフ），Elie Wollman，François Jacob（ヤコブ）（図2.28）が解き明かした，

1st ↓ \ 2nd →	U	C	A	G	3rd ↓
U	Phe Phe Leu Leu	Ser Ser Ser Ser	Tyr Tyr 終止 終止	Cys Cys 終止 Trp	U C A G
C	Leu Leu Leu Leu	Pro Pro Pro Pro	His His Gln Gln	Arg Arg Arg Arg	U C A G
A	Ile Ile Ile Met	Thr Thr Thr Thr	Asn Asn Lys Lys	Ser Ser Arg Arg	U C A G
G	Val Val Val Val	Ala Ala Ala Ala	Asp Asp Glu Glu	Gly Gly Gly Gly	U C A G

図 2.26 ・ Crick の提唱した標準様式で表された実際の遺伝暗号。

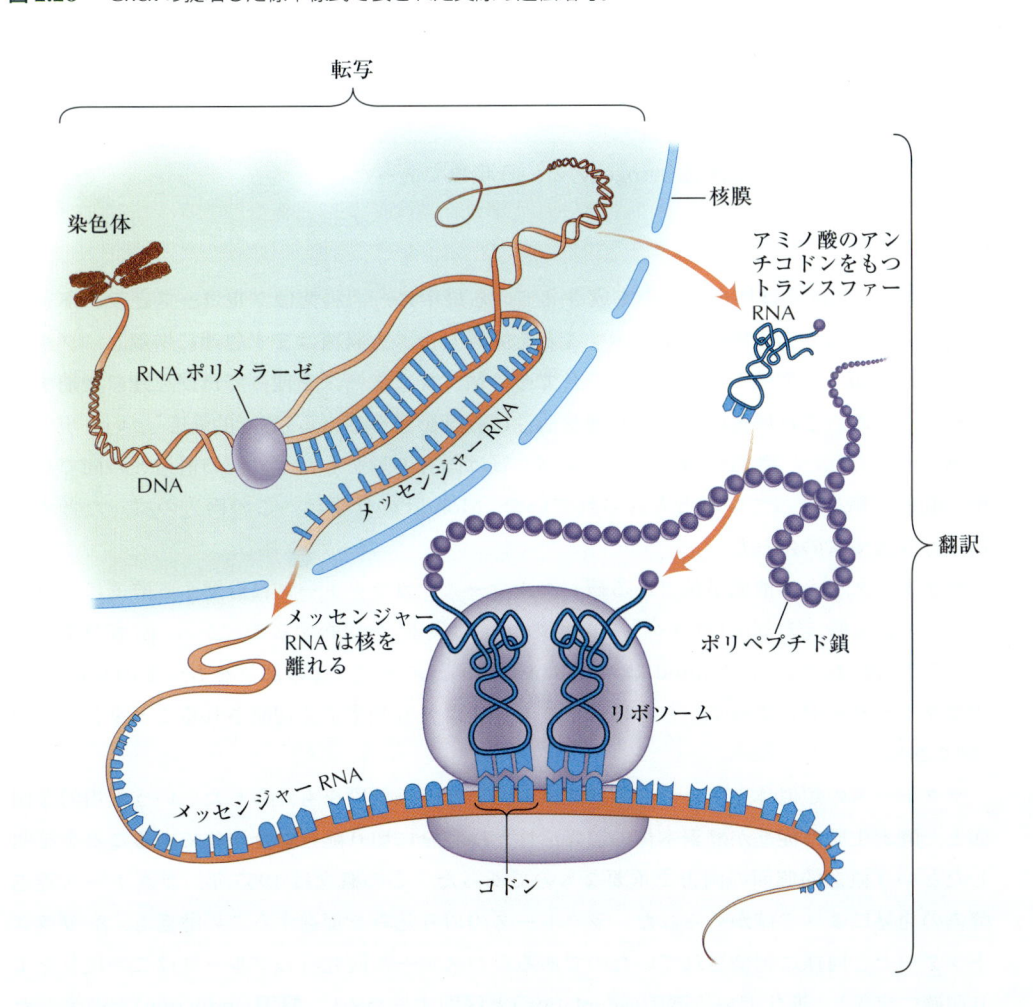

図 2.27 ・ 真核生物におけるタンパク質合成の一般的な仕組み。細胞核内での DNA 配列のメッセンジャー RNA への転写，遺伝子の DNA コドンのアミノ酸への翻訳，および細胞質でのポリペプチドへの集合などの主要ステップと，重要な仲介役であるトランスファー RNA，スプライシング要素，リボソームが示されている。

図 2.28 ■（左から右へ）François Jacob, Jacques Monod, André Lwoff は，大腸菌とバクテリオファージを使った遺伝子発現調節の本質の決定によってノーベル賞を受賞した。

バクテリオファージの**溶原性**(lysogeny)という現象であった。

lac システム

1940 年，Monod は博士論文を完成させている最中に，大腸菌はグルコースとラクトースを混ぜて与えると二段階の増殖を示すことを発見した。大腸菌はまず急速に増殖し，グルコースを使い切ると増殖が停滞した。そしてその後，ラクトースを使って再び急速に増殖するようになった。これは当時，基質が酵素活性に直接影響を与える"酵素的適応"という現象の一例と考えられた。さらに当時は，タンパク質は固有の形をもたず，別の構造との間である種の動的平衡になっていると考えられていた。Monod の仕事は，この両方の誤った考えをひっくり返すものだった。

ラクトースをその構成単位である糖，グルコース，ガラクトースに分解する酵素は，ラクトースのある特定の部位（ガラクトース環の β 位の炭素）を切断することから，β−ガラクトシダーゼと呼ばれている。Monod は，Melvin Cohn と共同で，この部位をもつ他の基質も β−ガラクトシダーゼによって，ときにはラクトースよりも効率よく切断されることを発見した（図 2.29）。

ラクトースの類似体を用いたこの研究は，強力な実験手段をもたらしたという実用的な側面と，酵素生成の促進が酵素本体の触媒活性とは完全に切り離された現象であることを証明したという概念的側面の両方で重要なものであった。この概念は 1955 年，ラクトース透過酵素の発見によって確かめられた。ラクトースの取り込みを促進するこの酵素も，β−ガラクトシダーゼと同様に制御されていたのである。パスツール研究所のグループはこの現象をより明確に定義し，進化でいう**適応**(adaptation)と区別するために，**誘導**(induction)と改名した。

λ システム

バクテリオファージは，通常，溶菌によって増殖する。すなわち，ファージは感染すると，

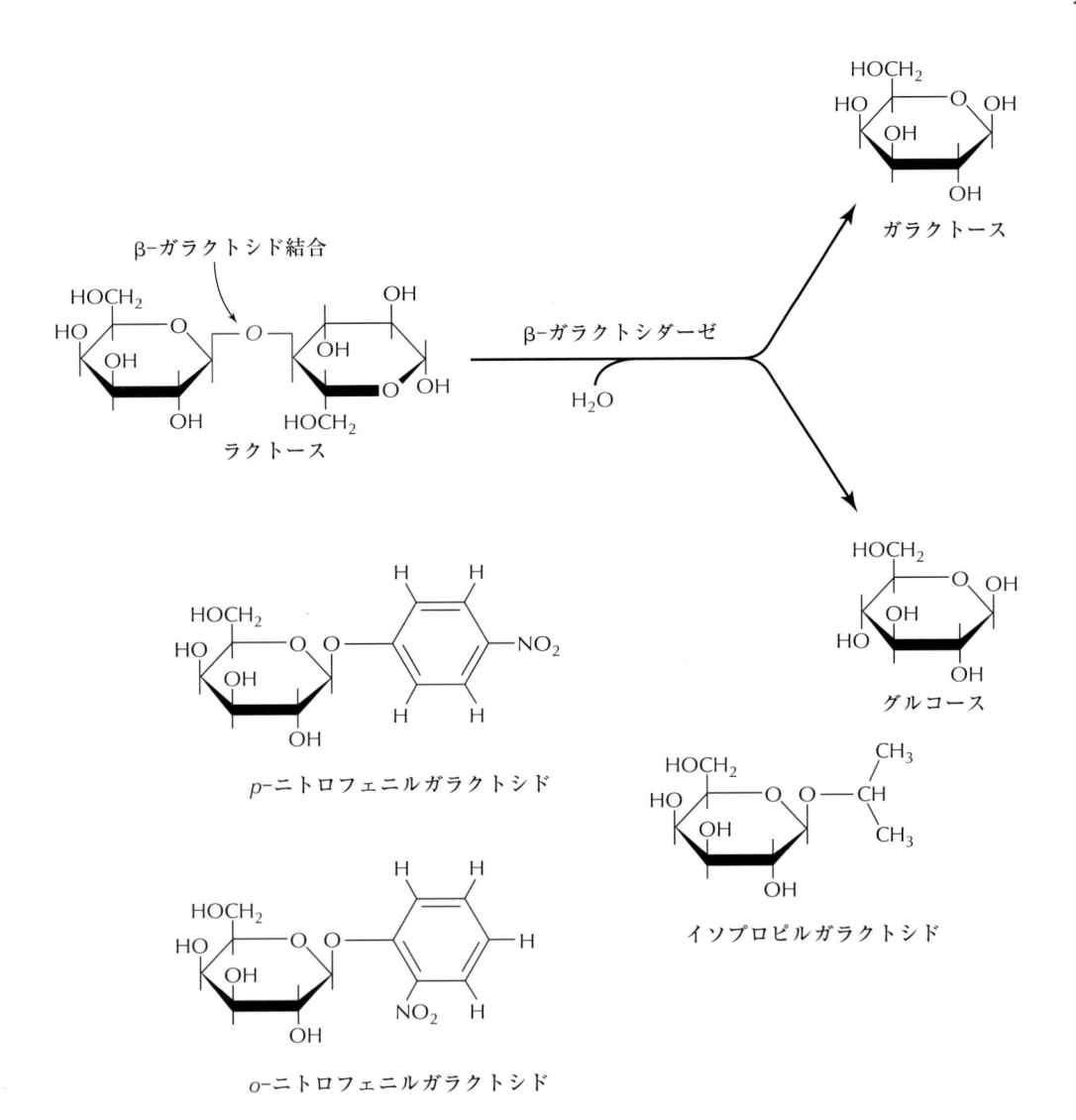

図 2.29 ▪ β-ガラクトシダーゼの遺伝子発現調節は，化学類似体を用いることによって，触媒機能から切り離して研究することができた。この酵素は，特定の部位（赤で示した）で基質を切断する。p-およびo-ニトロフェニルガラクトシドは，ラクトースよりもはるかに効率良く切断されるが，酵素の生成は引き起こさない。逆に，イソプロピルガラクトシドは酵素生成の非常に強力な誘導物質であるが，その酵素によって切断されない。

新しいファージを産生して細胞を溶かすのである。しかし，ファージのなかには，宿主内で休眠状態になり，宿主とともに複製されるものもある。このような休眠状態のファージをもつ細菌は，**溶原性**(lysogenic)細菌と呼ばれる。それらはときおり新しいファージを産生するので，溶原菌の培養液には常に少量のファージが存在している。この現象は，1920年代から知られており，まったく不可解であった。Lwoffは，*Bacillus megaterium* の単一培養系を用いて，遊離ファージは普段偶然に起こる少数の細胞の溶解によって産生されていることを発見した。驚くべきことに，残っている溶原菌はバクテリオファージの痕跡を一切含んでいなかった。1949年に彼は，ファージの遺伝子は宿主のゲノムに組み込まれ，自身の遺伝子の発現と新たに感染したファージの遺伝子の発現を抑えているという仮説を提唱した。

1951年にEsther Lederbergは，彼女が命名したλファージに感染した大腸菌K12株が溶原性を示すことをみいだした。2年後，大腸菌"Hfr株"という，他の菌体に接合などによっ

て高い頻度で遺伝子を移す株が発見された。1954年，Wollmanは，ミキサーで任意の時刻に瞬時に接合を中断できる実験系を使って，Hfr株の染色体が決まった開始位置から一定の速度で他の菌に移されること，そしてそのおかげで，遺伝子が移った時刻からその遺伝子の染色体上の位置を知ることができることを発見した。この技術によって，ファージ感染の基礎遺伝学が可能になった。例えばJacobとWollmanは，溶原菌が自身の遺伝子を非溶原菌に移すと，遺伝子を受けとった菌はすぐに溶解し何百ものバクテリオファージを放出することをみいだした。これは，溶原菌の細胞質中に存在する何かが，ファージ遺伝子の発現を抑えていたことを意味している。現在では，溶原性とβ-ガラクトシダーゼの研究は，同じK12株と同じ技術を使って行われており，両方の現象は誘導という同じ用語で呼ばれるようになった。しかし当時は，この2つの現象が非常に類似したものだとは，まだ十分に認識されていなかった。

調節機構を明らかにした突然変異

1958年，β-ガラクトシダーゼの調節機構を明らかにし，遺伝子調節の一般的な法則を導いた重要な実験が，Arthur Pardee, Jacob, Monodによってなされた(この実験は彼らのイニシャルから，PaJaMo実験として知られている。図2.30)。当時，誘導因子がなくてもβ-ガラクトシダーゼとラクトース透過酵素の両方を発現しているという**構成的**(constitutive)な突然変異が見つかっていた。彼らの実験は，JacobとWollmanのλファージの実験のように，β-ガラクトシダーゼの機能を欠いた構成的な菌に野生型の菌から遺伝子を移すというものであった。したがって接合前は，供与菌も受容菌も，誘導因子がないときにはβ-ガラクトシダーゼを発現していない。接合すると3分後，受容菌でβ-ガラクトシダーゼの合成が始まり，その酵素の産生はおよそ90分後に減退した。この結果は，λファージを用いた類似実験とまったく同様，まず，誘導因子がない状況では供与菌では細胞質に存在するリプレッサー分子が遺伝子の発現を抑制していることを意味している。そして，正常なβ-ガラクトシダーゼ遺伝子がリプレッサーを欠いた受容菌細胞質に移動すると，すぐに遺伝子の発現が

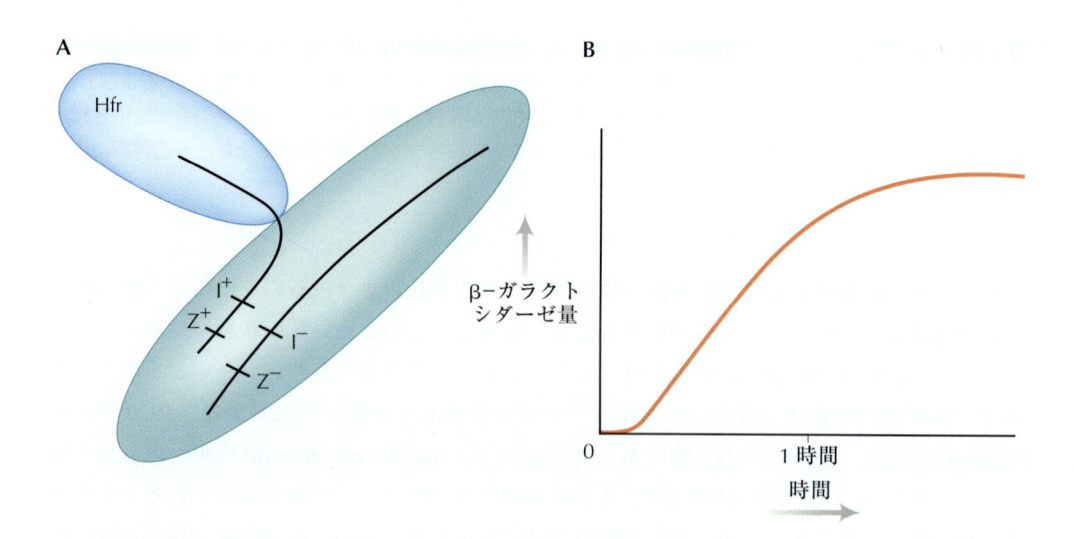

図 2.30 ・ PaJaMo (Pardee, Jacob, Monod)実験。(A)野生型の大腸菌(I^+, Z^+)と，正常なβ-ガラクトシダーゼを欠き(Z^-)，ラクトース非存在下でも*lac*オペロンの発現を引き起こす構成的突然変異(ラクトースにより誘導されないためI^-と名づけられている)をもつ細菌を混ぜた。野生型はHfr株由来なので，雄として働き遺伝子を二重変異株に送り込んだ。(B)接合の数分後，ラクトース非存在であっても，β-ガラクトシダーゼの急速な産生が始まった。しかしその後，酵素の産生は減退した。

始まるが，正常なリプレッサー遺伝子も移動してきたために最終的にβ-ガラクトシダーゼ遺伝子の発現がオフになったのである．

　Jacobは1958年夏に，この2つのシステムが，リプレッサーが複数の遺伝子の発現を制御しているという点で非常によく似ていることに気づいた．その後，このJacobが提唱したモデルが両方の実験系で徹底的に検証される過程で多くの発見があった．例えば，リプレッサー分子を欠く構成的な突然変異（PaJaMo実験に用いられた）に加え，リプレッサーが結合する部位を欠く構成的変異もあるに違いないという予測が立てられ，実際そのような突然変異が見つかった．

セントラルドグマ：DNAがRNAを作り，RNAがタンパク質を作る

　1958年，Crickは分子生物学の**セントラルドグマ**（Central Dogma）（図2.31）を発表した．それは，"いったん'情報'がタンパク質に伝わると，それは二度と戻らない．ここでの情報とは，核酸の塩基配列，あるいはタンパク質のアミノ酸配列を正確に規定するものをさす"．Crickが後に語ったように，これは"合理的な証拠がないアイデア"であり，むしろ，論理的にあり得るという主張にすぎなかった．しかしそれは，2つの論理によって正当化できる．第1に，現在では遺伝暗号が縮重していることがわかっている（当時も推測されていた）．すなわち，いくつかのトリプレットが1種類のアミノ酸をコードしているため，タンパク質の配列からDNA配列を正確に復元することは不可能である．しかし，より強い論拠として，タンパク質から核酸への逆向きの翻訳には，少なくともトランスファーRNA，アミノアシル転移酵素，リボソームなどからなる翻訳システムと同程度に複雑な機構が必要だろうというものがあった．すなわち，"そのような機構が存在する痕跡が一切ないので，逆向きの翻訳の存在を信じることはできない"というわけである．

　"DNAがRNAを作り，RNAがタンパク質を作る"というスローガンは1947年に提唱されたが，DNAからタンパク質に情報を運ぶRNAの真の役割は，その後13年の間明らかにされなかった．当時，リボソームに存在するRNA分子（現在では**リボソームRNA**［ribosomal RNA］あるいはrRNAとして知られている）は，ある特定のタンパク質を暗号化したDNAの転写産物であるという考えが，広く受け入れられていた．したがって，異なるそれぞれのタンパク質に対応した異なるセットのリボソームが存在するだろうと考えられていた．ただこの考えは，1960年までは深刻に思われていた2つの難題を生じるものであった．第1に，どうやって，PaJaMo実験でみられるような素早い遺伝子のオンとオフの切り換えが可能なのか．第2に，リボソームRNAにはたった2つの長さしか知られていないのに，どうやって大きさが非常に異なるタンパク質をコードできるのか．Worse, Andrei Belozerskii, Alexander Spirinは1958年，細菌のDNA組成は種ごとに大きく異なるにもかかわらず，RNAの組成にはそのような違いは存在しないことを見いだした．

　これらの謎は1960年の聖金曜日，パリとケンブリッジのグループがPaJaMo実験の結果について議論するため集まった場で解かれた．不安定な**メッセンジャーRNA**（messenger RNA，mRNA）がDNAからの情報を運ぶのであり，リボソームは単にどんなメッセージでも翻訳する"読み取りヘッド"にすぎないことがわかったのである．これによって，細菌のRNAの代謝的な安定さと組成の均一さが直ちに説明できた．すなわち，おもに高度に保存されているリボソームRNAをみていたのである．同時に，遺伝子のオンとオフが切り換わる速さも説明できた．リプレッサー分子は遺伝子に直接結合することができ，メッセンジャーRNAの**転写**（transcription）を阻害するのである．数か月のうちにメッセンジャーRNAが

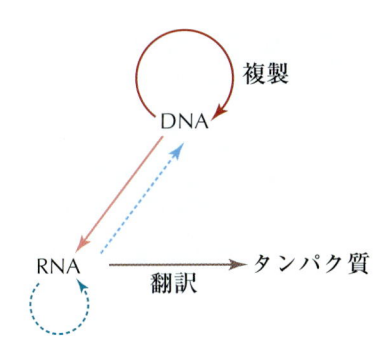

図2.31・分子生物学のセントラルドグマとは，情報の流れはDNAからRNAを経てタンパク質へ，というものである．実線矢印は，DNA複製，DNAのmRNAへの転写およびmRNAのタンパク質への翻訳による，すべての細胞で起こる情報の流れを示している．点線矢印は，逆転写やRNAの複製によってたまにみられる流れを示している．重要な点は，情報はタンパク質から核酸へと逆流することはできないことである．

図 2.32 ■ Max Perutz（右）は，ヘモグロビン分子の構造と機能の研究に研究人生の多くを費やした。John Kendrew（左）はミオグロビンの構造を決定した。

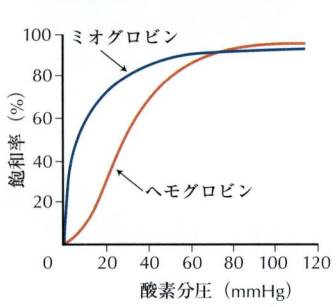

図 2.33 ■（上）Perutz により発表されたヘモグロビン分子の構造。別の方法で描いたヘモグロビン分子の構造を章冒頭の図に示してある（p.41）。（下）ヘモグロビンの 4 つのサブユニット間の相互作用によって，酸素の運搬がより効率的になる。ヘモグロビンによく似たタンパク質であるが 1 つのサブユニットからなるミオグロビンの場合，結合した酸素量と酸素分圧の間には通常の双曲線の関係がみられる。それに対してヘモグロビンの場合，S字形曲線の関係がみられ，そのためヘモグロビンは，より高い酸素分圧の組織でも酸素を放出することができる。

単離され，この仮説は立証された。

　Jacob と Monod は 1961 年に，メッセンジャーの概念と遺伝子群（オペロン[operon]）の制御という概念を発表した。この段階で，すべての分子生物学の基本原理が確立された。しかしながら，タンパク質が化学反応を触媒する実際の仕組みやその制御機構は不明なままであった。

タンパク質機能は形状の変化による：アロステリック効果

　DNA の構造が解明されたことによって，DNA 配列がタンパク質の配列，したがっておそらくその三次元構造を決定するということはすぐに理解されるようになった。しかし，タンパク質の構造は 1 つとして明らかになっておらず，また，タンパク質がどうやって触媒機能や調節機能を発揮するのかもわかっていなかった。その答えは，おもに Max Perutz（ペルッツ，図 2.32）の 40 年にわたるヘモグロビンの研究から出てきた。

　Perutz は 1936 年，結晶化したタンパク質の初めての明瞭な X 線回折像を撮ったばかりの Bernal と共同研究するためにケンブリッジを訪れた。Perutz は，ヘモグロビンが対称性をもつよい結晶を作るので比較的 X 線解析がしやすいという理由で研究対象に選んだ。このとき Perutz はこの選択の価値を正しく認識していなかったのだが，ヘモグロビンはその生物学的機能が最もよくわかっているタンパク質であった。ヘモグロビンは，酸素をさまざまな組織に運ぶ"分子の肺"として働く。ヘモグロビンから 1 つの酸素がはずれると，ヘモグロビンの残りの酸素への親和性が下がり，それによって酸素はほぼ完全にヘモグロビンからはずれる。酸素分圧と飽和度の S 字形曲線の関係（図 2.33 下）で表されるこのふるまいは，それぞれ 1 つのヘム基をもつ 4 つのヘモグロビンサブユニット間の相互作用によるものである（図 2.33 上）。つまり，いったん 1 つの酸素分子が 1 つのヘム基からはずれると，残りの 3 つの酸素分子のヘムへの結合が弱くなるのである。このような生化学的な巧妙さはすべて 1920 年代までに知られていた。しかし，それらがヘモグロビン分子の構造から説明されるまでには半世紀もの歳月がかかった。

　Perutz が当初もっていた解決への期待は，タンパク質はいくつかの定型的な配列をもち，そのため単純で一般的なモデルで回折像が説明できるという仮定にあった。この考えは，1949 年の Pauling による α ヘリックスの発見によって後押しされた。α ヘリックスはペプチド鎖の定型的な構造で，偶然にもヘモグロビンに非常に豊富だったからである。しかしこれらの期待は，あるセミナー（題名は"狂気の沙汰の追究"）で Crick が，もしヘモグロビンの構造に繰り返し成分が含まれていたら，実際に観察された以上の強い回折像が生じると考えられるので，ヘモグロビンは基本的に不規則な構造であるに違いないと説明したことによって打ち砕かれた。

　しかし，このヘモグロビンの散乱の弱さは，問題解決に大きく貢献した。"同形置換"という方法で分子の中に組み込まれた重い原子の効果を使って，X 線の位相と，それによって全体の構造を推定することができる。Perutz はタンパク質のような大きな分子の中の 1 つの原子を変えても，無視できるほどわずかな効果しか出ないと信じていた。しかし実際には，タンパク質の中の不規則に配置された原子からの反射がほとんど相殺されるため，1 つの重い原子が回折像に大きな影響を及ぼしたのである。

　この手法は 1953 年に初めて応用され，タンパク質の X 線解析に緩やかだが堅実な進歩をもたらした。また，回折点の強度を自動的に測定する方法と，それらを解釈するためのコンピュータプログラムも必要であった。1957 年までに Perutz の同僚である John Kendrew（ケ

ンドリュー）は，筋肉で見つかったミオグロビン（ヘモグロビンと相同性があり1つのサブユニットからなるタンパク質）のおおまかな構造を得た。2年後，Perutzはヘモグロビンのおおまかな構造を初めて手にした。そして1968年までに，ヘモグロビン分子の構造について細部に至るまで解き明かした。そのころまでには，いくつかの酵素の構造も得られていた。

　ところが，構造の解明は機能の理解のためにそれほど多くの手がかりを与えなかった。実際，最初の結果は困惑するものであった。すなわち，ヘモグロビンのヘム基どうしは遠く離れていたので，それらがどのようにして酸素結合に重要な相互作用を生み出すのか理解しにくかった。ヘモグロビンの酸素を結合した状態と酸素を結合していない状態の構造の比較によって，酸素がはずれたときにβ鎖が離れていくことで相互作用が引き起こされることが明らかとなった。しかしPerutzがその仕組みを理解するのは，1970年になってからであった。酸素がはずれるとヘム基の中心にある鉄原子が0.6Å押し出される。すると鉄原子を結合したヒスチジンの位置が移動し，この分子のてこの動きが分子の半分どうしをつなぐイオン結合を切断するのである（図2.34）。

　1962年，Jacob, Monod, Jean-Pierre Changeuxはヘモグロビンの研究から生まれたこのアイデアと，自分たちが行った*lac*遺伝子群とλファージにおける遺伝子調節の研究とを結びつけた。つまりこれらの例すべてで，まったく異なる形状の分子が同じタンパク質に結合し，高次構造の機械的変化を介して相互作用していると考えたのである（ヘモグロビンではヘム基どうしの相互作用に加え，ヘム基での酸素の結合とまた別の部位での水素イオンの結合との相互作用があり，*lac*リプレッサーではラクトースの結合が別の部位でのDNAへの結合をゆるめる）。彼らは，この現象を**アロステリック効果**（allostery）と名づけ，その本質的な重要性を強調した。すなわちこの概念によって，任意の分子構造が代謝や遺伝子調節の仕組みを実行するための分子回路に結びつけられるようになった。Monodは，この原理は"自然選択（自然淘汰）が最大限に利用しなければならなかったほど，生物にとって価値あるものである"と記している。

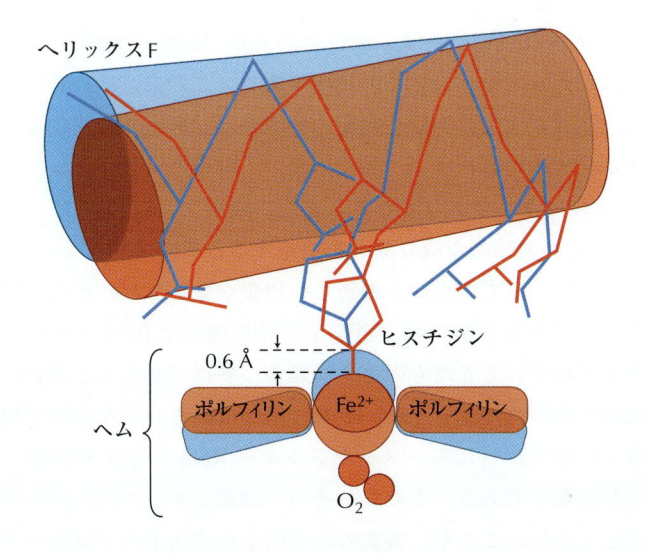

図2.34 ▪ ヘモグロビンサブユニット間のアロステリック相互作用によって，酸素の積み降ろしが効率的に行われる。中心にある鉄原子に酸素が結合しているときは，ヘム基は平らである（赤）。酸素がはずれるとヘム基は押し上げられるので，結合しているヒスチジンの位置も上に移動する（矢印）。これによってタンパク質鎖（上側の円筒形）が動かされ，分子の半分どうしをつなぐイオン結合を切断する。今度はこれが他のヘム基をゆがませ，簡単に酸素がはずれるようにする。

DNAの直接観察によっていくつかの(しかし驚くべきほどわずかな)新しい現象が発見された

　分子生物学誕生に続く10年の間，基礎的な発見はより強固なものとなったが，本質的に新しい発見はまったくなかった。分子生物学の創始者たちの多くは，発生の仕組み，神経系の研究，真核生物の細胞生物学など，他の問題に向かった。したがって，急速な変革の次の期間は，生命の本質についての新しい発見によってではなく，むしろ，技術的改良によって進んでいった。

　1970年代には，いくつかの重要な技術が登場し，広く使われるようになった。

- 構造解析。X線結晶解析による分子構造推定のさらに優れた方法が次第に登場してきた。改良された単色X線源，X線照射による試料の分解を遅らせるための凍結結晶法，そしてより速いコンピュータである。また，構造解析への核磁気共鳴の応用によって，X線解析を補う新しい方法が登場した。そして，20世紀の終わりまでには，リボソーム全体の構造が解明された(図2.35)。

- 配列決定。タンパク質の配列を最初に決めたSangerは，1970年代にDNA配列を決定する迅速な方法を開発した。同じ時期にAllan Maxam(マクサム)とWalter Gilbert(ギルバート)も，別のDNA配列決定法を発明した。当初，配列決定は電気泳動によって長さの異なるDNA分子を分離する手のかかる作業に頼っていたが，その後，サンガー法の自動化によって大規模シークエンシングが可能となった。

- 遺伝子操作。1972年，スタンフォードのPaul Berg(バーグ)は，自己のDNAを操作するように進化した酵素を使って，異なる種由来のDNAを人工的に組み換える方法を開発した。細菌の制限酵素はDNAを特異的な配列で切断し，新しい組み合わせで再結合できる一本鎖の末端を残すので，非常に便利であった。この新しい技術の潜在的リスクについて吟味された期間，研究は少し中断したが，その後，新しい組換えDNA技術は急速に適用範囲を広げ，これまで遺伝学が可能だったモデル実験系を超えて幅広い生物種の遺伝子操作が可能となった。

- PCR。最近の最も大きな技術革新は，1983年のKary Mullis(マリス)の**ポリメラーゼ連鎖反応**(polymerase chain reaction，PCR)の発明である。この方法は，変性と再アニーリングのサイクルを繰り返すことで，1分子程度のわずかな試料から特異的なDNA配列を増幅することができる。PCRのおかげで，多くの場合，細菌の培養によって遺伝子を**クローニング**(cloning)して増やす必要がなくなり，また，微量な細胞(例えば，培養不可能な微生物やヒトの胎児など)の遺伝的な成り立ちを決定することが可能となった。

　これらの新しい技術によっていくつかの新しい現象が発見され，また，過去の発見の詳細が明らかにされた。特に真核生物では，遺伝子の発現調節はβ-ガラクトシダーゼとλファージの単純なモデルで示されてきたものより複雑かつ多様であることが判明した。遺伝子発現は抑制されるだけでなく活性化もされ，そして調節はいろいろな段階で起こる。すなわち，遺伝子への調節分子の結合以外にも，メッセンジャーRNAの加工や分解，翻訳の調節，タンパク質の局在や修飾などである。また，おそらく調節シグナルはタンパク質の相互作用のつながりによって伝えられることや，複数の転写因子が遺伝子のプロモーター上で相互作用することもわかってきた。後で考えれば，このような複雑さはそれほど驚くことではない。なぜなら自然選択は表現型を生み出すために，遺伝子の発現様式を変えるどんな有用な機構も利用しうるからである。

　DNA配列の最初の直接的な研究から出てきた最も衝撃的な発見は，真核生物では一般に，

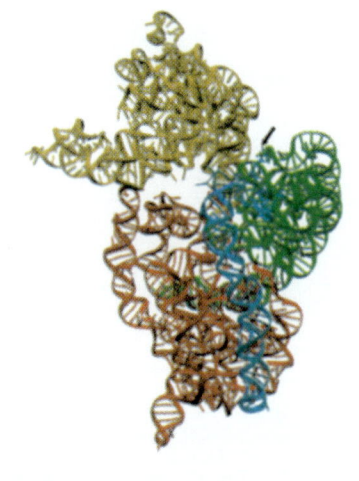

図2.35 ■ 3Åの解像度で示された高度好熱菌(*Thermus thermophilus*)の30Sリボソームサブユニット。mRNAに暗号化されている遺伝情報をタンパク質に翻訳する場であるリボソームは，細菌では30Sと50Sサブユニットからなる大きな核タンパク質複合体である。

コード配列が**イントロン**（intron）によって分断されており，イントロンは翻訳前にメッセンジャーRNAから切り出されることであった。真核生物のDNAのほとんどの部分はタンパク質をコードしておらず，実際のところ生物にとって利益になるような機能をもたないかもしれない。例えば，ゲノムの大部分が宿主の適応度を犠牲にして複製する転位因子からなる（pp.237，645参照）。また，遺伝子操作の結果，酵母，ショウジョウバエ，あるいはマウスのような生物では，1つの遺伝子を除去しても多くの場合，極端に有害な効果は出ないことが明らかとなった。そのような一見余分に見える遺伝子は，古典遺伝学の手法では見つけることは容易ではなかった。

DNAがRNAを作り，RNAがタンパク質を作るという分子生物学の核心への挑戦もあった。**プリオン**（prion）という，安定に受け継がれる異なる高次構造の間を切り替えできるタンパク質が酵母や哺乳類で発見されたのである。また，DNAをメチル化する酵素が発見され，それによって，DNAのメチル化が安定に受け継がれることがわかった。これらは，まれで限られてはいるが，遺伝が核酸の塩基対合によらないという例である。また，1970年には，**逆転写酵素**（reverse transcriptase）が発見された。転位因子やRNAウイルスは，この酵素を使ってDNAを合成し，宿主のゲノムに入り込むことができる。細胞が自己の遺伝子を操作する例も見つかった。出芽酵母（*Saccharomyces cerevisiae*）の接合型の転換や，脊椎動物の免疫系の細胞がその例である。

これらの例のなかに，セントラルドグマに反するものは1つとしてない。すなわち，タンパク質配列から核酸へと逆向きに翻訳されることはないのである。なんらかの局所的な利益のために基本的な遺伝機構が覆されたとしても，それは例外としてみるのが最善であろう。実際，原則的には，複製，転写，翻訳，そして1962年に見つかったアロステリック調節という，単純な原理のみに基づいて生物を作ることは可能のように思える。

1982年のThomas Cech（チェック）とSidney Altman（アルトマン）による触媒RNAの発見は，分子生物学の確立以降に成し遂げられた本質的に新しい発見といってほぼ間違いないだろう（図2.36）。多くのタンパク質が低分子RNAと結合していることは古くから知られていた（最も明白なのは，リボソームRNAである）が，これらのRNAは消極的に構造上の役割を担っていると考えられていた。しかし，それらの多くが基本的な触媒反応，例えばrRNAによるペプチド結合の合成などを実行できること，そしてそれが，RNAが遺伝子と酵素の両方の役割を果たしていた生命進化の初期の名残りであることは現在では明白である（pp.110〜113）。

分子生物学の過去40年の中で進化的な観点から最も目覚ましい発見といえるのは，基本的な生物の仕組みが非常によく保存されていたことである。おそらく，遺伝暗号や複製，転写，そして翻訳の基本機構が全生物にわたってよく似ていることは，それほど驚くことではない。それよりも注目に値するのは，発生，細胞周期，細胞運動，病原体への防御など，さまざまな過程で使われる分子が，広い分類群にわたって配列と機能の類似性が保たれていることである（図2.37）。例としては，輸送タンパク質，タンパク質の折りたたみを介助するシャペロニン，チューブリンなどの細胞骨格の成分，タンパク質活性の調節を助ける（ほかにもいろいろな役割がある）プロテアーゼ，細胞内プロセスを調節するキナーゼとホスファターゼなどがあげられる。この分子レベルの保存のおかげで，生物学は非常に単純になった。同じ説明や同じ技術が多くの生物に通用するからである。しかし，生命の最も根本的な特徴を説明することはさらにとても困難になった。なぜなら，進化は我々に，仕組みの共通しているたった1つの例しか残さなかったからである。

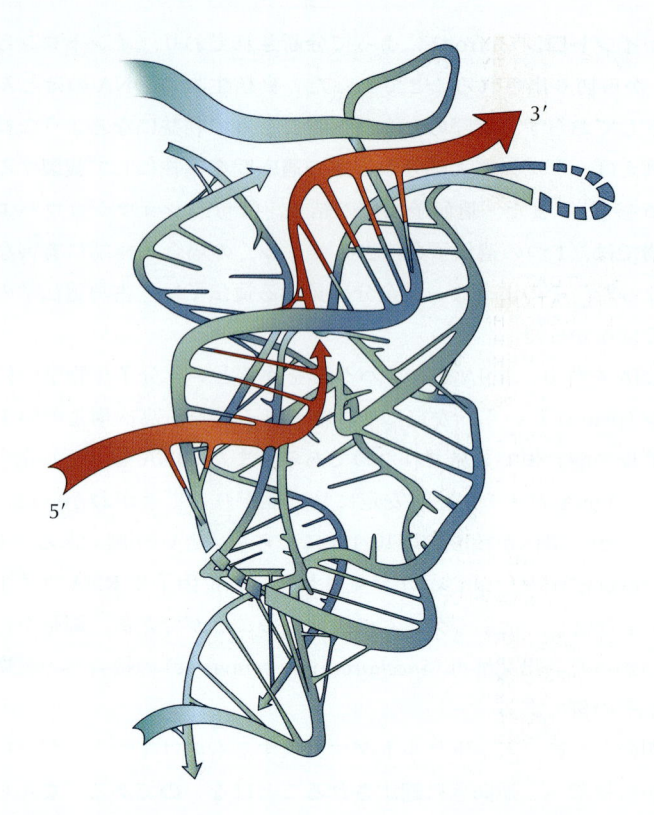

図 2.36 ▪ 触媒 RNA あるいはリボザイムの例：テトラヒメナ（*Tetrahymena*）のグループ I イントロンの活性中心（青）。基質 RNA（赤）は，2 つのらせん状ドメインの交差点にある活性部位（中心の赤い矢印）によって切断される。この RNA 分子は自己切断を触媒し，mRNA 前駆体から自身を切り出し，翻訳される成熟 mRNA を生み出すのである。

2.2 進化生物学と分子生物学：新しい総合説となるか？

　近代進化生物学と近代分子生物学はほぼ同時期に誕生し，以降，両者とも大きく発展した。しかし両分野は，それぞれ生物学の異なる側面に対して異なる問いかけをしていたので，互いに驚くほど独立していた。この節では，2 つの分野の関係，違い，そして最も実りの多いかかわり合い方について概説する。

分子生物学は生物の進化の仕組みについての研究の扉を開いた

　分子レベルの構造が非常によく保存されていることは，全生物が共通の起源をもつことを強く示している。その実用的な効果として，進化生物学者はさまざまな生物のさまざまな遺伝子を研究できるようになり，また，そのような研究を実験動物だけでなく，野生生物についても行うことができるようになった。進化遺伝学の初期の研究（例えば Theodosius Dobzhansky と E.B. Ford によるもの，p.34 参照）は，ヒトの血液型，チョウの翅やカタツムリの殻の模様，ショウジョウバエにおける染色体逆位など，検出できる変化を引き起こす遺伝子に限定されていた。また，遺伝学を行うには交配が必要不可欠なため，研究は人工的に繁殖できる生物種に限られた。現在ではどのような遺伝子を研究することも可能であり，ま

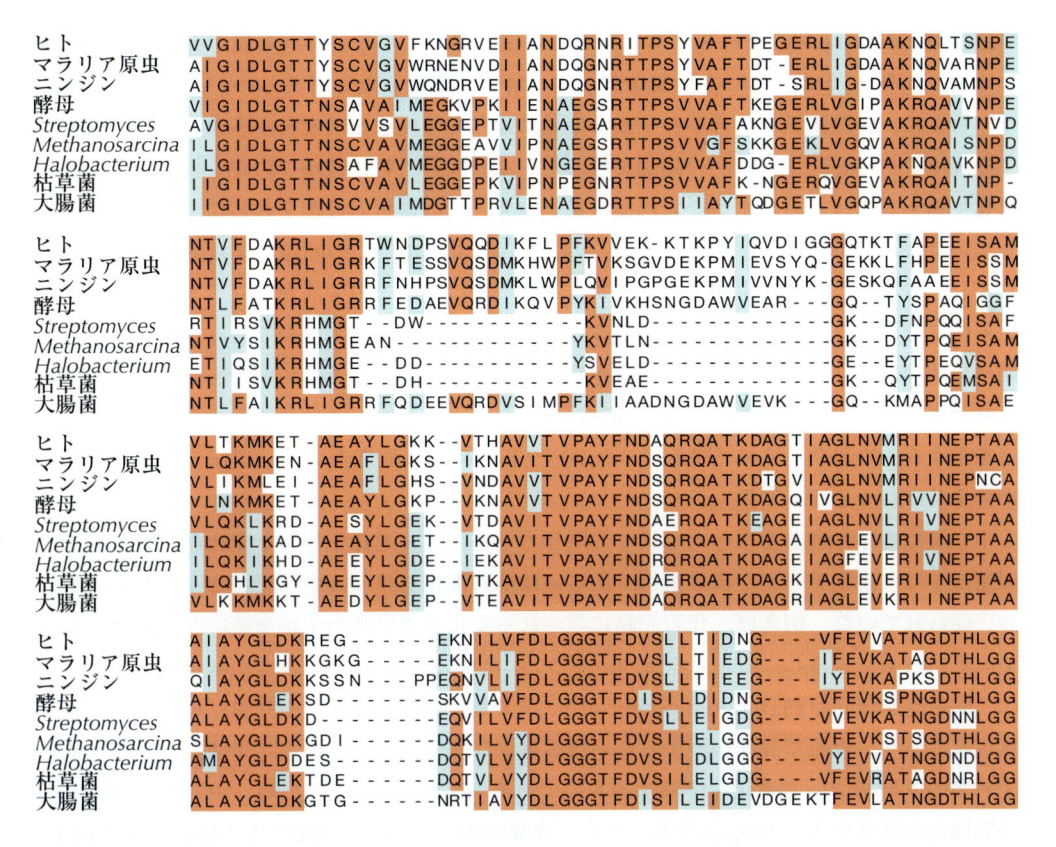

```
ヒト              VVGIDLGTTYSCVGVFKNGRVEIIANDQRNRITPSYVAFTPEGERLIGDAAKNQLTSNPE
マラリア原虫       AIGIDLGTTYSCVGVWRNENVDIIANDQGNRTTPSYVAFTDT-ERLIGDAAKNQVARNPA
ニンジン           AIGIDLGTTYSCVGVWQNDRVEIIANDQGNRTTPSYFAFTDT-SRLIG-DAKNQVAMNPS
酵母              VIGIDLGTTNSAVAIMEGKVPKILENAEGSRTTPSVVAFTKEGERLLVGIPAKRQAVVNPE
Streptomyces     AVGIDLGTTNSVVSVLEGGEPTVITNAEGARTTPSVVAFAKNGEVLVGEVAKRQAVTNVD
Methanosarcina   ILGIDLGTTNSCVAVMEGGEAVIPNAEGSRTTPSVVGFSKKGEKLVGQVAKRQAISNPD
Halobacterium    IIGIDLGTTNSAFAVMEGGDPEIIPNEGERTTPSVVAFDDG-ERLVGKPAKNQAKVNPD
枯草菌            IIGIDLGTTNSCVAVLEGGEPKVIPNPEGNRTTPSVVAFK-NGERQVGEVAKRQAITNP-
大腸菌            IIGIDLGTTNSCVAIMDGTTPRVLENAEGDRTTPSIIAYTQDGETLVGQPAKRQAVTNPQ

ヒト              NTVFDAKRLIGRTWNDPSVQQDIKFLPFKVVEK-KTKPYIQVDIGGGQTKTFAPEEISAM
マラリア原虫       NTVFDAKRLIGRKFTESSVQSDMKHWPFTVKSGVDEKPMIEVSYQ-GEKKLFHPEEISSM
ニンジン           NTVFDAKRLIGRRFNHPSVQSDMKLWPLQVIPGPGEKPMIVVNYK-GESKQFAAEEISSM
酵母              NTLFATKRLIGRFEDAEVQRDIKQVPYKIVKHSNGDAWVEAR---GQ--TYSPAQIGSF
Streptomyces     RTIRSVKRHMGT--DW---------------KVNLD---------GK--DFNPQQISAF
Methanosarcina   NTVYSIKRHMGEAN--------------YKVTLN---------GK--DYTPQEISAM
Halobacterium    ETIQSIKRHMGE--DD--------------YSVELD---------GE--EYTPEQVSAM
枯草菌            NTIISVKRHMGT--DH--------------KVEAE---------GK--QYTPQEMSAI
大腸菌            NTLFAIKRLIGRRFQDEEVQRDVSIMPFKIIAADNGDAWVEVK---GQ--KMAPPQISAE

ヒト              VLTKMKET-AEAYLGKK--VTHAVVTVPAYFNDAQRQATKDAGTIAGLNVMRIINEPTA
マラリア原虫       VLQKMKEN-AEAFLGKS--IKNAVITVPAYFNDSQRQATKDAGTIAGLNVMRIINEPTAA
ニンジン           VLIKMLEI-AEAFLGHS--VNDAVITVPAYFNDSQRQATKDTGVIAGLNVMRIINEPNCA
酵母              VLNKMKET-AEAYLGKP--VKNAVITVPAYFNDAERQATKEAGEIAGLNVLRIVNEPTAA
Streptomyces     VLQKLKRD-AEAYLGEK--VTDAVITVPAYFNDAERQATKEAGEIAGLNVLRIVNEPTAA
Methanosarcina   ILQKLKAD-AEAYLGET--IKQAVITVPAYFNDSQRQATKDAGAIAGLEVLRIINEPTAA
Halobacterium    ILQKIKHD-AEEYLGDE--IEKAVITVPAYFNDRQRQATKDAGEIAGFEVERIVNEPTAA
枯草菌            ILQHLKGY-AEEYLGEP--VTEAVITVPAYFNDAEROATKDAGRIAGLEVERIINEPTAA
大腸菌            VLKKMKKT-AEDYLGEP--VTEAVITVPAYFNDAQRQATKDAGRIAGLEVKRIINEPTAA

ヒト              AIAYGLDKREG-----EKNILVFDLGGGTFDVSLLTIDG----VFEVVATNGDTHLGG
マラリア原虫       AIAYGLHKKGKG----EKNILIFDLGGGTFDVSLLTIEDG---IFEVKATAGDTHLGG
ニンジン           QIAYGLDKKSSN---PPEQNVLIFDLGGGTFDVSLLTIEEG---IYEVKAPKSDTHLGG
酵母              ALAYGLEKSD-----SKVVAVFDLGGGTFDISILDIDNG---VFEVKSPNGDTHLGG
Streptomyces     ALAYGLDKD------EQVLVFDLGGGTFDVSLLEIGDG---VVEVKATNGDNNLGG
Methanosarcina   SLAYGLDKGDI---DQKILVYDLGGGTFDVSILELGGG---VFEVKSTSGDTHLGG
Halobacterium    AMAYGLDDES----DQTVLVYDLGGGTFDVSILDLGGG---VYEVVATNGDNDLGG
枯草菌            ALAYGLEKTDE---DQTVLVYDLGGGTFDVSILELGDG---VFEVRATAGDNRLGG
大腸菌            ALAYGLDKGTG---NRTIAVYDLGGGTFDISILEIDEVDGEKTFEVLATNGDTHLGG
```

図 2.37 ● 高度に保存された熱ショックタンパク質のアラインメント。HSP70 ファミリーはすべての生物に存在する。保存されているアミノ酸残基を色つきで示している（赤は一致を，水色は類似を意味する）。アミノ酸は標準的な一文字略号で示してある（図 2.23 参照）。

たPCRのような技術を使って，自然個体群，野生の霊長類の糞，ネアンデルタール人の化石，あるいは実験室で培養できない微生物などから，試料を取ることもできる。

1960年代中期に始まったタンパク質の電気泳動法とより最近のDNAの直接解析によって，種内の遺伝的変異が予想以上に多いことが明らかになった。同様に，サンガーの最初の研究によって生物種間のアミノ酸配列の違いがみいだされ，同じタンパク質を広い分類群にわたって比較できるようになった。さらに，非常に異なる生物でもタンパク質配列が変化する速度は類似していることがすぐに発見された。いいかえれば，**分子時計**（molecular clock）が存在するということである（図 2.38, pp.404, 572 参照）。

この豊富な遺伝的変異性のおかげで，種内変異を作る進化過程の研究や，異なる生物種を共通祖先でつなぐ系統関係の復元が可能となった。進化生物学者が抱いていた疑問は，さまざまな新しい遺伝子や生物にも向けられた。共通の技術を使って比較可能なデータを得られるようになったことで，問題はきわめて単純化，単一化した。進化学者は，常に生命の普遍的な説明を試みてきたが，分子生物学によってもたらされた分子機構の単一化なしには，その実現は困難であった。

分子の変異パターンは，その大部分が適応度に影響しないことを示唆している："中立説"

分子の変異や多様性の最初の観察から，木村資生（Motoo Kimura, 図 2.39）は，1968年に

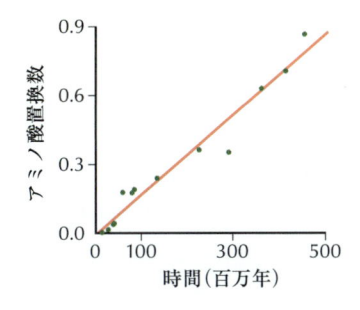

図 2.38 ● 分子時計は，どのタンパク質においても一定の速さで針を進める。グラフはヒトのα-グロビンの配列を基準としたときのさまざまな動物のα-グロビンのアミノ酸置換数（座位あたり）を示している。これは分岐してからの時間に比例して増加し，変化率は非常に遠い系統間でもおおむね一定である。配列は（右から左へ），サメ，コイ，イモリ，ニワトリ，ハリモグラ，カンガルー，イヌ，および数種類の霊長類のα-グロビンである。

図 2.39 ■ 木村資生は分子進化の中立説のために闘った。

中立説(neutral theory)を提唱するに至った。彼は第1に，分子時計の説明として，適応度に重要な影響を及ぼさない突然変異が一定の割合で蓄積したと考えるのが一番だと主張した。第2に，自然選択を受けるわずかな変異に比べて種内遺伝的変異が多すぎると主張した。中立説は，当時(そして現在も)議論を呼んだ。なぜなら，特に彼がこの説を提唱したころは，進化生物学者はほんのわずかな表現型の違いでも，自然選択の役割を非常に重要視して説明していたからである(第1章参照)。第19章でみるように，この問題はまだ解決していない。ただし，少なくとも真核生物では，非コード領域のほとんどの変異が中立であることは，ゲノム中にそのようなDNAが大量にあるという単純な理由から明らかである。しかし，個体間や種間のアミノ酸の違いのどれだけが自然選択によって維持されているものなのか不明であり，また逆に，いくらかの**同義置換**(synonymous substitution)に自然選択が働いていることを示す有力な証拠もある(例えば，タンパク質の配列は変えないが，遺伝子の発現様式に影響を及ぼしうる塩基置換)。

　中立説は既存の理論をまったく異なるやり方で応用し，進化生物学を変えた。もともと集団遺伝学は，観察データが自然選択，あるいは他の進化プロセスの作用と合うことを示すために使われていた。例えば，化石記録にみられる変化の割合はわずかな適応度の違いによって簡単に説明できるし，ヒトとショウジョウバエで有害突然変異の頻度がばらばらであるのは，**機会的遺伝的浮動**(random genetic drift)によって説明できる。中立説は単純で明確な帰無仮説であり，複雑で詳細がわからない自然選択に基づくのではなく，集団の大きさと突然変異率のみに基づいて進化を予測するものである(第15章)。そのため，中立性を評価する統計検定を開発することや，(少なくとも，変異が中立であると仮定できる場合は)遺伝子配列のデータから集団の大きさと突然変異率を計算することが可能であった。さらに中立説は，分子進化の単純モデルを正当化する説でもあり，系統関係を推定しそれを検定する厳密な方法を導いた。それらの方法は，利用できるDNA配列データの増加とともに非常に強力になった。

生命の物理的基盤の発見は，それだけで進化生物学の疑問に答えるものではなかった

　メンデル遺伝学の再発見は進化生物学を変えた。すなわち，Darwinの自然選択説と組み合わされ，今なお進化学の中心を担う進化の総合説が確立した。対照的に，遺伝子の実体や機構の発見は，この分野の基本構造にはまったくといっていいほど影響しなかった。分子生物学の手法は進化生物学の実用的な側面を大きく変えたのであって，進化の中心的問題に直ちに答えを出すものではなく，それよりも，問いかけのしかたを変えたといったほうが正しい。既存の問題の解決に，新しい遺伝子マーカー(遺伝標識)がおもに用いられるようになった。現在では，例えばトリの個体間の類縁関係を明らかにすることができるようになり，彼らの社会的行動について非常に詳しく研究することができるし，外側の形態よりもむしろ配列の違いを使って生物の系統関係を解き明かすことができるようになった。かつて我々が，容易に観察できる生物の特徴について調べたのと同様に，分子についても調べられるようになった。例えば，鰓や肺の機能を理解しようとしたのと同様に，ヘモグロビン分子の生化学的性質が生存や繁殖に対してどのように役に立つのかを調べることができる。中立説についての議論は，遺伝的変異に対する**古典仮説**(classical view)と**平衡仮説**(balance view)との間の古い論争の焼き直しとしてみることができる(p.36参照)。すなわち，遺伝的変異のどのくらいが有害あるいは中立的かではなく，どのくらいが自然選択によって維持されたのか，と

いう問題である。したがって，問題の基本構造は，分子生物学という革命によって大きく影響を受けたわけではなく，また，進化生物学の近年の発展に対し分子生物学は現在に至るまでわずかしか貢献していないのである。

分子生物学は"どのように"と問い，進化生物学は"なぜ"と問う

　これらの研究分野は，それぞれ異なる問いかけをするせいである程度独立していた。我々は生物のいかなる特徴についても，それが"どのように"働くのかを問うだろう。例えば，ヘモグロビンはどのように酸素を結合するのか，という具合に。また，生物は進化によって誕生したと考えると，現状に至る歴史的な順序を問うだろう。例えば，どのような生物のどのような遺伝子にヘモグロビンは由来したのかと。そして最終的に，"なぜ"それはそのような特徴なのか，と問うだろう。例えば，なぜヘモグロビンは1つではなく4つのサブユニットからなるのかと。ときどき，そのような問いへの答えが進化の過程を考えなくても得られることがある。すなわち原則的には，あるグロビン遺伝子上の置換を"なぜ"その置換が起きたのかを知らなくても追跡することができる。また，現在の機構を，工学的に効率的であることを示すことで説明することもできる（ヘモグロビンは，異なるサブユニット間の相互作用の結果として，効率よく酸素を外すことを思い出してもらいたい）。しかし，このような非進化的説明は，しばしば誤っていたり，不完全，不適当であったりする。後ほど，この種の問題につきまとう潜在的な落とし穴とそれをどのようにして回避できるかについて説明する（第20章）。

　インフルエンザウイルスを例にして，異なる種類の問いかけについて具体的に示していこう（図2.40）。分子生物学的研究の場合，どのようにしてインフルエンザウイルスのRNAが宿主細胞に入り込むのか，どのようにしてそれは複製するのか，そして，どのようにしてウイルスがコードするRNAポリメラーゼが宿主のRNAではなくウイルスゲノムを複製するのか，といった問いかけをするだろう。進化生物学的研究では，ウイルスの進化の歴史について問うだろう。すなわち，異なるウイルス株はいつ，どこに存在した共通祖先から分岐したのか，その祖先がいたのは，ブタの中か，アヒルの中か，それともヒトの中か，そして最終的に，なぜウイルスは今のような性質をもっているのか，と問うだろう。例えば，なぜインフルエンザウイルスのゲノムは8つの別々のRNA分子に分割されているのか，なぜそれは通常，急激な死ではなく，穏やかな病気を引き起こすのか，といった問いである。このような問いかけは，いかなる最適な論証を用いたとしても問題なく答えられるものではない。この例では，ウイルスにとって最善なことと，その宿主にとって最善なこととの間に対立がある。第20章，21章，23章で検証する，生活史と遺伝的システムの進化に関するこの種の問いに答えるためには，個々の遺伝子の運命について進化の過程を通して追跡する必要がある。

進化の問いは答えるのが困難である

　過去の歴史や，なぜそのような歴史になったかについての問いは，現存する機構についての問いよりも必然的に答えるのがむずかしい。実際，その類の問いの多くは答えるのが不可能かもしれない。正しい進化的関係を知るためには，過去に存在した祖先について推定することが重要である。ここでは化石記録はほとんど助けにならない。なぜなら化石記録は，生物やその組織の小さなかけらのみが保存されているにすぎず，またその生物が現存生物に向

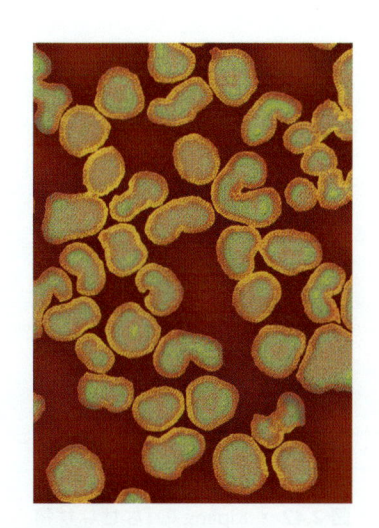

図2.40 ● ヒトのA型インフルエンザウイルス（オリジナルの倍率は191,700倍）。

図 2.41 ● アカジカの角の進化は，さまざまな方向から研究できる。

かう直接の祖先だったとは考えにくいからである。したがって，祖先の推定にあたっては，現存生物の比較に頼ることになる。もし，あまりにわずかな種しか生き残っていなかったら，あるいは，あまりにも生き残った種間の違いが大きかったら，過去についての情報は取り返しがつかないほど失われているかもしれない。

　なぜ生命がいまある姿なのかを説明するのは，依然としてむずかしい。それには可能な限りの選択肢を想像し，進化の過程がこれらの選択肢のなかからどれを選ぶのかを理解しなければならない。Voltaire Dr. Pangloss がしたように，我々は"考えられるなかで最良の世界"に生きていると思い込んではいけない。むしろ選択肢を絞る制約を探さなければならない。そして最良の選択という単純な考えを捨て，かわりにどのようにして進化の過程がある選択肢を選ぶのかについての知識をもたなければならない。例えばインフルエンザウイルスの場合，どの程度の病原性，どのようなゲノム配置が"最良"なのか，また，そもそも"最適"な解が実際に進化してくるのかどうかもまったくわからない。

　進化の問題には，さまざまな方法を使って取り組むことができる。1つの例として，雄のアカジカの立派な角が進化した理由を説明したいとしよう(図 2.41)。雌ジカが大きな角をもつ雄ジカを好むとか，雄鹿どうしの争いに有利であるという理由で，大きな角はあきらかに不利益であるにもかかわらず選択されたのであろうと理論的に議論をすることができる。そして，自然の個体群を観察して，角の大きさと交尾成功率との統計的な相関関係を探すことができる。また，角に実験的な処置を施すことによって，そのような相関関係が，角の大きさそのものに起因するのか，それとも，栄養状態などの何か隠された要因を反映しているのかを明らかにすることができるかもしれない。さらに，異なる種のシカと比較することによって，角の大きさと仲間どうしの争いの頻度とに相関があるのかどうかを知ることができる。原則的には，人為選択を使って，さまざまな種類の選択が実際に角の大きさに変化を与えるのかどうか明らかにすることができるだろう。ゆえに，集団遺伝学理論，野外観察，実験的操作，種間比較，そして，人為選択といった手法の組み合わせがしばしば必要とされる。

　ただし推定は間接的であるし，予測は多くの場合，直感と相容れないものなので，かなり慎重になる必要がある。実際，進化の総合説が誕生した初期の熱狂の後，進化生物学のなかには，あいまいな理由づけや楽天的な説明に対する強い反発があった。もっともらしいが検証できない説明が，なぜそのような形質が進化したのかを説明するために頻繁に使われた(現在でも使われている)。そのような説明は Rudyard Kipling (キプリング) が，ヒョウがどのようにして斑点をもつようになったのか，ゾウはどのようにしてあの長い鼻をもつようになったのかなどを(非進化的に)説明した物語のタイトルにちなんで，"なぜなぜ物語"と評されている(図 2.42)。

　仮説は，形質が複数の遺伝子の集合によるという観点からの筋の通った説明と，観察結果に対するなんらかの検証手段によって，はっきりと組み立てられるべきである。具体的には，いくつかの特徴が"種の利益のため"に進化したことを示すだけでは不十分である。分子生物学から2つを例にとると，イントロンが進化したのは，イントロンがあると異なる機能ドメインがシャフリング(混成)して新しいタンパク質が進化できるので，長期的にみると遺伝子を分割することは進化的に有利であるためと主張されてきた。また，より最近では，同じ時期に発現する遺伝子のグループは，新しい発現制御パターンが容易に進化できるように，ゲノム中で塊をなしているという仮説が提唱されている。しかし，たとえもし新しいタンパク質がほんとうにエキソンシャフリングによって進化したとしても，あるいは，もし新しい発現制御パターンが遺伝子の発現がまとまって切り替わることによって進化したとしても，これらの特徴がそういう理由で進化したことを示すものではない。必要なのは，個々の遺伝子

図 2.42 ● Kipling の『なぜなぜ物語』の1つは，ゾウはどのようにして長い鼻をもつようになったのかを説明している。

の複製がどのようにしてこれらの結果を導くのかを示す，矛盾のないモデルである。さらに，そのような適応についての説明を他の説明（例えば，分断された遺伝子はイントロンのランダムな挿入によって生じる，また，協調的な遺伝子発現の進化は単に，あるセットの遺伝子がある時期に発現すると個体の適応度が最大になるためであるなど）と区別するためのなんらかの方法が必要である。

分子生物学と進化生物学は，いくつかの分野で非常に実りある相互作用をしている

　ここまで，分子生物学と進化生物学が別々に発展し，2つの分野では問いかけが異なっているということを強調してきたが，両者が多くの分野で実に実りある相互作用をしているのも確かである。これらの相互作用は，単なる技術の共有を超え，大きく異なる分野にまたがる問題に取り組むものである。ここでは，後でより詳しく議論する3つの例について概説する。

- 発生の進化（第9章，24章，参照）。『種の起源』の発表の後，発生と進化の研究は密接に組み合わされた。すなわち，比較発生学は進化的関係の鍵となると考えられ，進化の過程は"形の規則"によって導かれるものだと考えられた。しかしそれらの分野は，20世紀の間も分離していた。メンデル遺伝学は，進化に対してより直接的な洞察を与えるように思えたが，発生学の問題には一切明確な答えを与えなかった。分子生物学が，同じ種類の遺伝子と発現機構から大きく異なる形態が発生する仕組みを明らかにした現在，新しい発生遺伝学を進化の問題に適用することが可能になった。特に，形態の主要な移行がどのようにして一段ずつの遺伝的な置換によって起こりえたのか，そして個々の遺伝子の変異が集団中の形態の変異をどのように説明できるのかについて問うことができる。
- ゲノムの比較。DNAの直接観察によって，生物やその生息地の驚異的な多様性が明らか

図 2.43 ・熱帯雨林は，進化によって生まれた並はずれた生物多様性の例証といえる。

となった(図2.43)。このことは，分子機構(生物はどのような仕組みで100℃を超える温度で機能できるのか)，生態学(海水はどうやってこれほど多種にわたる細菌やウイルスを維持できるのか)，そして進化(極限環境で生活するための新しい代謝機能はどのようにして進化するのか，また，そのような適応の限界はどれほどか)の疑問を同時にもたらした。広い領域(最大でゲノム全体)の配列比較(アラインメント)によって，単一遺伝子から細胞小器官全体にわたる大量の遺伝子の移動が見つかった(pp.141〜144, 200〜210)。このことは，我々のもつ種の概念に対する挑戦である(第22章)。極端だが，大量の遺伝子交換が可能だとすると，なぜ生物を，一時的な連合体の中に一緒に居合わせた遺伝子の集まり(John Maynard Smithによる別のいい方では，進化の"フットボールチーム"モデル)ではなく種としてみるのか，という疑問が生じる。

- なぜ生命は現在の姿なのか。生命の樹を再現する我々の能力，少なくともその試みは，最も新しい共通祖先の複雑さを浮き彫りにする。共通祖先は，精巧な代謝系に加え，遺伝暗号や転写翻訳の連合機構をもっていたに違いない。生命の始まりはおよそ35億年前であるため，祖先がどのように進化したのかを知るのはむずかしいが，目覚ましい進歩を遂げることができたのはわかっている。特に，触媒RNAの発見は，全生物の祖先が存在する前に，おそらくRNAが酵素と遺伝物質の両方として働く世界が存在していたことを示している。失われた世界の研究は，どのようなものが進化できたのかという進化的議論とRNAの性質に関する分子レベルの研究との緊密な組み合わせの賜物である。進化生物学は，なぜRNA分子は現在のように働くのか(例えば，何がゲノムサイズを制限するのか，有性生殖は効率的な進化に必要か，など)を知るための方法論を開発した。しかし，これらは実際のRNA分子の性質を完全に理解することで補う必要がある。RNA分子を試験管内で選択することによって，実験的にRNAワールドの性質がわかると同時に，役に立つ新しい性質をもつ分子を進化させることができる。

■ 要約

生命の物理的基盤についての理解は，18世紀後半の有機化学の誕生から1930年代までに現れた近代生化学によって，徐々に発展した。しかし，高分子(特にタンパク質と核酸)の化学的組成はわかっており，また，基本的な代謝作用もよく理解されていたが，必要不可欠な概念が欠けていた。すなわち，高分子の三次元構造と配列特異性の重要性とは何か，エネルギーや物質の流れに加え，生命システムにおける情報の流れの役割とは何か，である。これらの問いが分子生物学という分野になった。解決の鍵となる発見は，1953年に現れた。CrickとWatsonは，DNAの構造は4種類の異なる塩基(A, T, G, C)が特定の相手と塩基対をなす相補的な配列による二重らせんであることを示した。そして次の10年間にわたって，分子生物学の基礎は築かれた。骨の折れる努力によって，DNA配列が遺伝暗号を介してタンパク質配列を規定する仕組みが解明され，また，JacobとMonodによって，遺伝子の発現がどのようにして制御されるのかが明らかとなった。さらにメッセンジャーRNAの中間的な役割も理解された。30年の努力の末，PerutzはX線結晶解析によってヘモグロビンの三次元構造を決定した。こうして，タンパク質の形状のアロステリックな変化が，異なる活性部位どうしの連絡による柔軟な制御を可能にすることが明らかとなった。分子生物学のその後の発展によって，DNAをPCRによって増幅したり，酵素で操作したり，配列を決定するといった強力な技術が登場した。これらの急速な進歩があったにもかかわらず，初期に確立された分子生物学の基本的な発見はそのままの形で残った。ほぼ間違いなく，その後に成し遂げられた本質的に新しい発見の1つは，RNAがいくつかの重要な生物学的経路において酵素として働くということであった。

進化生物学と分子生物学は，現在密接に組み合わされている。生物の分子レベルの機構が非常によく保存されていたので，すべての生物を同じ技術で研究することが可能となった。また，配列がおおまかに一定の速度で進化しているという観

察結果と，多くの生物のゲノムサイズが大きいことは，DNA配列の種内変異，種間変異の大部分が適応度に及ぼす影響を無視できることを示唆している。後の章で，この中立説が，どのようにして配列変異の洗練された解析を可能とする強力な帰無仮説モデルをもたらしたのかをみていく。さらに，発生の進化を理解する過程で，生物間の系統関係を構築する過程で，そして，なぜ生物が現在のような姿かを理解する過程で，進化的研究と分子的研究がどのように組み合わされるのかをみていく。

■ 文献

Crick F. 1970. Centra dogma of molecular biology. *Nature* **227**: 561–563.
　セントラルドグマの著者自身による更新と，批判者たちに対する反論。

Hunter G.K. 2000. *Vital forces: The discovery of the molecular basis of life*. Academic Press, New York.
　萌芽期からの生化学の歴史。

Judson H.F. 1995. *The eighth day of creation*. Penguin, London.
　重要人物へのインタビューに基づいた古典分子生物学の起源の非常に詳しい解説。影響力の大きい論文の詳細な記述も含む。

Monod J. 1971. *Chance and necessity: An essay on the natural philosophy of modern biology*. Alfred A. Knopf, New York.
　遺伝子調節機構の共同発見者による生命の本質の素晴らしい論考。

Morange M. 1998. *A history of molecular biology*. Harvard University Press, Cambridge, Massachusetts.
　分子生物学の最近の進歩の歴史の要約。

CHAPTER

3

進化の証拠

　進化生物学は自然と我々自身に対する見方を大きく変えた。本書の初めに，農業やバイオテクノロジーや薬学への進化生物学の実際的な応用について紹介した。しかし，進化論はもっと広くすべての生物学に知識の基礎を与えるものであり，生物がどのようにこうなったのか（その歴史を記述し，その過程を明らかにする），なぜ，生物がこうなのか（なぜ生物が雌雄で繁殖するのか，なぜ年をとるのかなど）について説明する。さらに進化論は，我々自身と世界における我々の位置についての見方に，最も重要な影響を与えてきた。進化生物学の根本を受け入れがたいと思う人々も多く，多くの誤解や反論も生んだ。この章では進化の証拠を要約し，よくみられる誤解をいくつか取り上げ，自然選択による進化のより広い意味について議論する。

　1859年の『種の起源』（種の起原）』の出版のすぐ後に，生物進化は広く受け入れられた（p.19）。Charles Darwin（チャールズ・ダーウィン）は，1つまたは少数の共通祖先から生じすべての現生の生物へとつながる"変化を伴う由来"について"1つの長い議論"を提示した。彼は生物分類や化石記録，生物の地理的分布，人為選択との類推から，その証拠を集め整理した。第1章でみてきたように，進化を引き起こす詳しい過程については，20世紀初めに遺伝の法則が確立されるまで，あいまいなままだった。20世紀中ごろに**進化の総合説**（Evolutionary Synthesis）が登場するころには，進化過程への理解が進み，そして，決定的なこととして，適応が**自然選択**（自然淘汰，natural selection）によることが確認されたのであった（p.35）。今，進化は事実として受け入れられ，活発な研究によってその原因となる過程についての解明が行われている。

　このような科学分野での意見の一致にもかかわらず，生物が単に自然選択によって進化したことを受け入れない人々も多い。このような懐疑主義にはいくつかの原因がある。ある人々にとっては，それが宗教上の信仰と対立するためである。また他の人々にとっては，地球上の驚くべき多様性が単一の共通祖先に由来するとか，特に人の精神のような複雑な適応が突然変異へ自然選択が働くことによって作り出されたという考えに対する疑いによる。宗教上の信仰との対立は，聖なる書物を文字通り信じる人々に最も顕著である。そのような信仰をもつ人々は，生物学と同様に，物理学や天文学，地学のような多くの科学

を拒否せざるを得ない。実際の所，科学の方法論さえも拒否してしまう。

　生命の起源については，創世記の創造神話を文字通り信じるものから，本書のようにまったく物質的な説明によるものまで，幅広い。ある人々は，聖書の説明する6日間がそれぞれ何百万年にもあたると信じている。そして，地球の誕生が古いことを認めるが，種（少なくとも上位分類群）は別々に創造されたと考えている。一方，進化は認めるが，複雑な適応を説明するために"知的設計者（インテリジェント・デザイナー）"という超自然的な存在を引き合いに出す人々もいる。主要なキリスト教会によくみられるのは，**有神論的進化論**（theistic evolution）である。この考えでは，神は自然の法則を通じて干渉し，直接のかかわりはほとんどないとする。カトリック教会は自然選択や他の進化過程による形質的な進化を認めるが，人間の精神は超自然的な力により呼び出されたと主張する。進化生物学と宗教の間の衝突の大部分は，人々が単一の神聖な創造主を信じるからである。そのような神を仮定しない宗教，例えば，仏教やヒンズー教は，世界はたえまなく変化するものと信じており，ほとんどが進化論と彼らの信仰とは矛盾しないと考えている。

　後の章で，進化史について詳しく述べ（第4～11章），次に，自然選択やその他の進化過程について説明し（第12～17章），さらに，適応や種分化，新しい形質の出現の機構について説明する。また，人類の進化についてもかなり議論をつくした（第25, 26章）。この章では，自然選択によって新しい体制の生物が出現したという証拠についてまとめる。そして，科学的な方法と自然選択による進化への反対意見をかきたてる宗教的，倫理的な信念との関係について議論する。進化的思考の性質に関して指摘される多くの問題点については，後の章でもっと詳しく考察される。本章では，論争の核心を簡潔に要約する。

3.1 進化の証拠

系統関係のパターンが最も強力な進化の証拠となる

　生物の直接観察と化石記録はいずれも進化が起きたことを強力に支持しているが，説得力のある進化の証拠は，現生生物の間にみられる類似性のパターンである。それは，すべての生物に共通する特徴である。すなわち，生物群が入れ子状にまとめられること，多くの異なる特徴をもつものにも共通点があること，生物学的な関係と地史と地理的な分布が一致していることである。

普遍的に共有される特徴

　Darwinの時代でさえも，すべての生物にみられる類似性は明瞭であり，彼はすべての生命が1つかあるいはごく少数の祖先に由来したのだとみなすことができた（図3.1）。しかし，その類似性の全容が示されたのは，20世紀の中ごろに分子生物学の普遍的な原理が発見されてからである。ほとんどすべての生物がその遺伝的な情報をコード化するのにDNAを用いており，それはRNAに転写され，ただ1つの普遍遺伝暗号によってアミノ酸配列に翻訳される（いくつかのウイルスはDNAではなくRNAからできており，また，遺伝暗号には若干の変異があるが[表5.3]，これらは少数の例外といえる）。多くの分子の機能は，異なる分類群に広く保存されている。例えば，細胞周期を制御する遺伝子を欠く酵母は，同じ機能をもつヒトの遺伝子を導入することによって正常化できる。実際，複製と転写と翻訳の基本的機構は，すべての生物で保存されている。分子生物学の成功はその機構の本質的な一般性にあ

図 3.1 ・ Charles Darwin（チャールズ・ダーウィン）。「造物主によって，そのいくつかの力とともに，始めに少数のあるいはただひとつのものに命を吹き込まれたという生命についての見方には壮大なものがある」（『種の起源』の結論から）

る（第2章）。

　この共有されている生化学的特徴は任意に選ばれたものである。これらの普遍的な特徴は，物理学や化学によって規制されている方法で制限されているのではない。例えば，タンパク質は常にL型鏡像異性体のアミノ酸からできており，たとえ左右の鏡像異性体が同じように機能するとしても，決して立体異性体のもう1つのD型鏡像異性体からは構成されていない（図2.5）。この普遍的なL型のみの選択は，単一の共通祖先の存在によって容易に説明できる。遺伝暗号は"凍結された偶然"のようなもので，偶然そのように固定された。どの遺伝暗号も，3塩基からなるトリプレッドコドンの64通りの組み合わせを20のアミノ酸に対応させる。この対応を簡単に実現するのは，一群のトランスファーRNA（tRNA）である。それは，ときどき起きる遺伝暗号の自然変異（図3.2）や，実験室での突然変異によって示されている（後で遺伝暗号の規則性，それが完全にランダムではないことについて議論する）。最後の例は，第2章でみてきたRNA分子が，鍵となる触媒作用を行うことである。最も有名なのはアミノ酸をペプチド結合によってつないでタンパク質を作ることである。これは実は **RNAワールド**（RNA world）の名残だと説明されている。RNAワールドでは，RNA分子が遺伝情報を運ぶと同時に，タンパク質のかわりに細胞の化学的な仕事を行っていたとされる（pp.110〜113）。

階層分類

　生物をグループに細分化していく自然な階層分類は，種，属，科に分けるリンネ式の分類体系に反映されており，"変化を伴う由来"によって容易に説明される。すなわち，祖先の共有を直接反映する分類である。さらに，分類に役立つ形質は，それぞれの種の生活様式を反

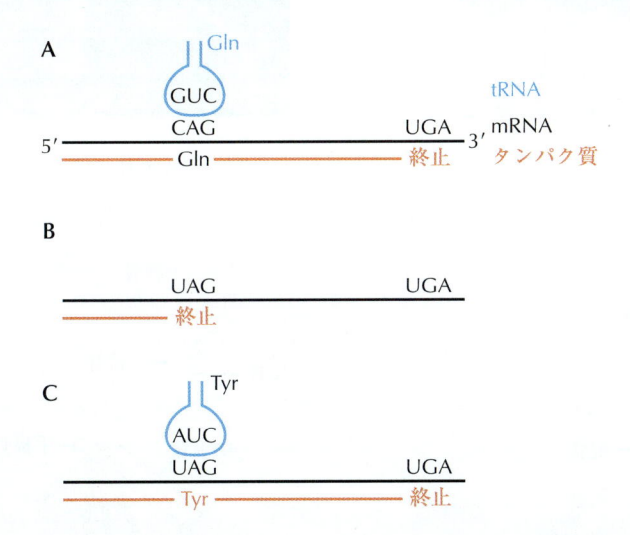

図3.2 ● サプレッサー突然変異は，普遍遺伝暗号が必ずしもそのまま厳密に翻訳されるのではないことを示している。終止コドンを作るナンセンス突然変異によって，タンパク質への翻訳は途中で停止する。それらは，tRNAの突然変異によって回復されることがある。この変異によってtRNAは終止コドンをアミノ酸として翻訳し，タンパク質へ翻訳を完成させることができる。(A)野生型の配列の翻訳は，UGAという終止コドンで止まる。(B) CAG（グルタミン[Glu]のコード）に突然変異が生じてUAGという終止コドンになると，配列の翻訳は途中で止まる。(C)トランスファーRNAの1つに突然変異が生じ，チロシン(Tyr)をコードするアンチコドンがAUCに代わると，ナンセンス突然変異のUAGをチロシンと認識し，グルタミンをチロシンに置換した全長のタンパク質が作られる。(RNAにおけるU[ウラシル]は，DNAのT[チミン]に対応する)

映した形質ではなく，むしろそのグループの中でも祖先的な状態を維持しているものである。これは**相似**（analogy）と**相同**（homology）の違いとして Darwin 以前から認められていた（図 3.3）。例えば，魚類と鯨類の流線型の体は**相似的な**（analogous）形質である。いいかえれば，それは収斂の結果である。これとは逆に，四肢はコウモリやヒトやイルカでまったく異なる目的に使われていても，哺乳類の四肢の構造はそのまま保持されている。そのような**相同な**（homologous）構造は，共通の由来によるものとして容易に説明できる。成体の形態が非常に異なる種間でも，胚のある発生段階は似る傾向にある（図 3.4）。自然選択は成体の形態の多様化を促したが，胚では潜在的に破壊的な変化を防ぐように働いたと Darwin は指摘し，このようなパターンを説明した。このグループの中にさらにグループが存在するパターンは，独特の形質を共有することで定義されるグループが入れ子状を示す分類を導き出す。例えば，脊椎動物（脊椎動物亜門 Vertebrata）は，背骨と 5 本指の四肢を備える。脊椎動物の中に，哺乳を行い，体が毛でおおわれた哺乳類（哺乳綱 Mammalia）がいる。反芻類（カモシカ，ヒツジ，ウシなど，哺乳綱の亜目）は 2 つに分かれた蹄をもち，特殊化した消化器官をもつ。このように生物を，入れ子状に次々に分けていって個々の種，例えば，家畜のウシ（*Bos taurus*）まで分類する（図 3.5）。

　明らかに分子的形質も同じ分類を支持する。例えば，脊椎動物は *Hox* 遺伝子の特定の配置を共有する。多くの DNA やタンパク質のアミノ酸配列データから，同じ入れ子パターン

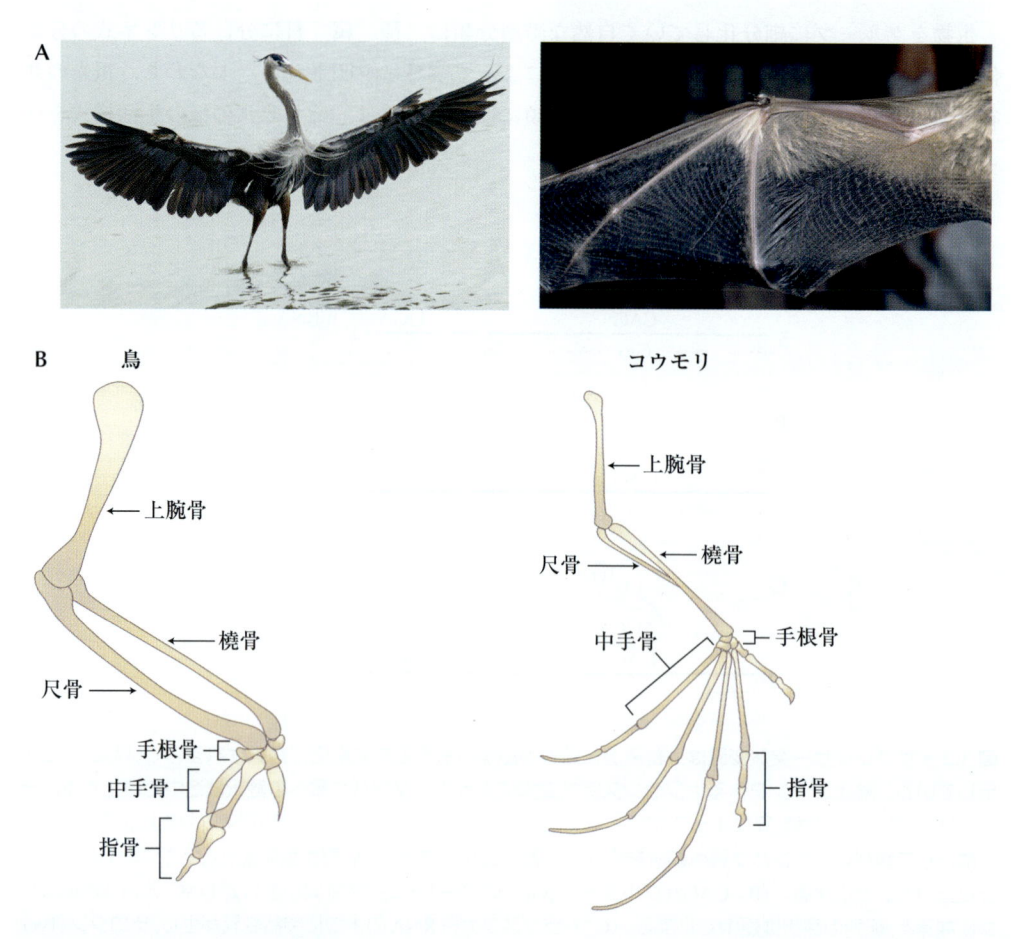

図 3.3 ▪ （A）鳥とコウモリの翼は相似である。なぜなら，それらは同じ機能を果たすが，共通の祖先に由来するものではないからである（左：オオアオサギ，右：アカコウモリ）。（B）鳥とコウモリの前肢骨は，共通祖先の同じ構造に由来するので相同である。

図 3.4 ■ 発生初期の胚の類似性。(A)バッタ(昆虫),(B)クモ(鋏角類),(C)ムカデ(多足類)の胚とその成虫を並べた。これら 3 つの節足動物の成虫は異なっているが,この段階の胚は驚くほど似ている(胚は体節が目立つように遺伝子産物で染色されている)。

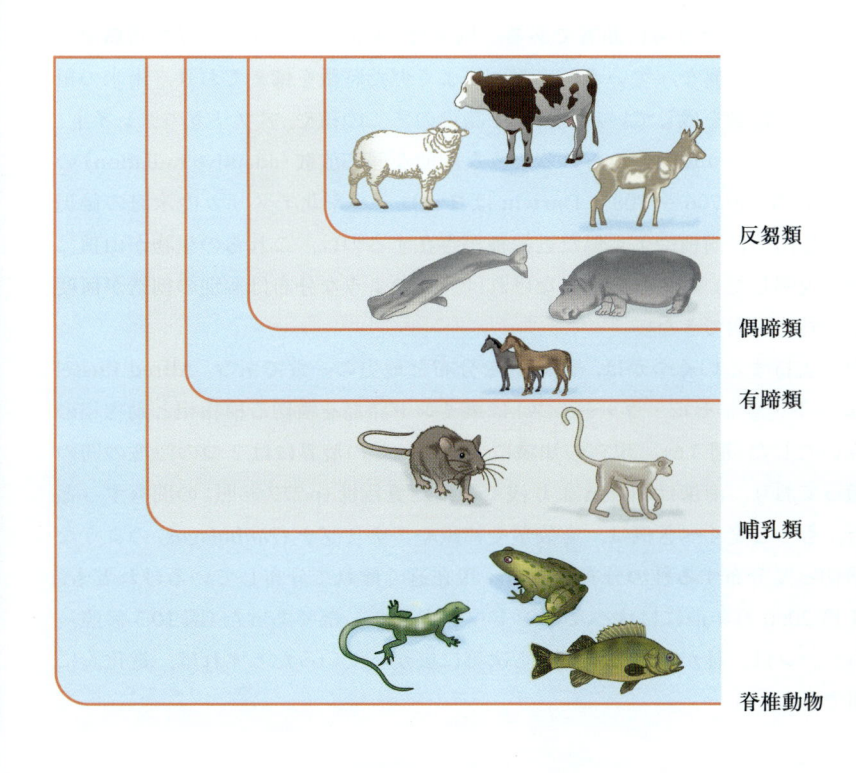

図 3.5 ■ 脊椎動物は入れ子状のグループで分類され,それぞれは特有の形質を共有する。このパターンは,それぞれの種を結びつける系統によって説明される(図 9.18)。偶蹄類はここで示した反芻動物だけでなく,クジラのような非常に変化したグループも含んでいる。

が得られる．この階層的分類と，異なる形質にみられる一致は，共通祖先からの由来による樹形図を反映したものと説明される．これは，設計された物とは異なるのである．例えば同じブランドの乗用車は一見似ている特徴をもつが，用途に従って異なる特徴を備えている．

第27章（オンラインチャプター参照）で説明したように，ある形質のセットで推定された系統樹は確実に決定されたものではない．それは実際の関係の統計的な推定値のようなものであり，完全に正確ということはありえない．にもかかわらず，まったく関係のない形質，分子と形態データの両方で結果が一致したならば，それは共通の祖先に由来する強力な証拠になる．

種か単なる変種かを決めるのに困難なことが多いが，それはDarwinによって"変化を伴う由来"を支持するものだと考えられていた．変種は発端種であり，どちらかをはっきりと決めることなど期待できない（pp.670〜672を参照）．『種の起源』の中で，Darwinは次のように記している．

> 分類学者は現在と同様に自分の仕事を進めていくことができるが，ただ，あれこれの種類が本質において種であるかという，はっきりしない疑問にたえず悩まされることがなくなるであろう．私が確かに感じるところでは，また自分の経験についていえば，これは決して小さくない救いである．（八杉龍一訳『種の起原』岩波文庫版より）

地理的分布

Darwinがみいだした最も強力な進化の証拠は，彼がビーグル号での航海で見た無数の植物や動物の地理的な分布である（p.17参照）．彼は多くの場所を訪れ，異なる生息地に近縁な生物が分布していることを発見した．オーストラリアの有袋類と南アメリカの貧歯類は多くの例の中の2つにすぎない．それらをみたDarwinは次のように記している．

> …例えば，北から南へ旅行している博物学者は，見た目は異なるけれども明らかに近縁な生物群が次々に交代していくのに，驚かずにはいられないだろう．彼は近縁だけれど明らかに異なる鳥の声を聞き，そっくりな巣によく似た模様と色の卵をみるだろう．（八杉龍一訳『種の起原』岩波文庫版より）

このパターンは，大洋島ではさらに顕著である．例えば，Darwinがガラパゴス諸島で発見したマネシツグミは島間で異なっているが，互いによく似た特徴を備えており，南米の祖先種ともわずかだが似た特徴を残している．ハワイ諸島の多くの種や，アフリカのグレイト・レイク地域のシクリッドという魚類にみられるような劇的な**適応放散**（adaptive radiation）の例も今では知られている（pp.706〜708）．Darwinはヨーロッパや北アメリカの氷河の後退によってできた異なる山頂に同種やよく似た近縁種が存在するのは，これらの生物が山頂に取り残されたのだと説明した．進化を想定しなければ，このような分布は個別の創造が何度も起こったとする以外，説明できない．

進化を最も強力に支持するいくつかは，地理的な分布と地史の一致である．Alfred Russel Wallace（アルフレッド・ラッセル・ウォーレス）は東インド諸島を横切る植物相と動物相の明瞭な境界線をみいだした（図3.6）．現在の知識によると，その境界には2つの陸塊の間の古代の深い海が通っており，海深は100 mより浅くなった更新世（p.277参照）の間もずっと離れたままだった．もっと驚くべき例は，有袋類や肺魚やミナミブナ（*Nothofagus*）のような南半球の大陸を横切って分布する種の分布である．現在遠く離れて分布しているけれども，これらの大陸は1億2000万年前にはすべてゴンドワナ大陸の一部であった（図10.5参照）．このような分布パターンは，種が起源の地点から次第に広がっていったとすれば，進化論によって簡単に説明できる．

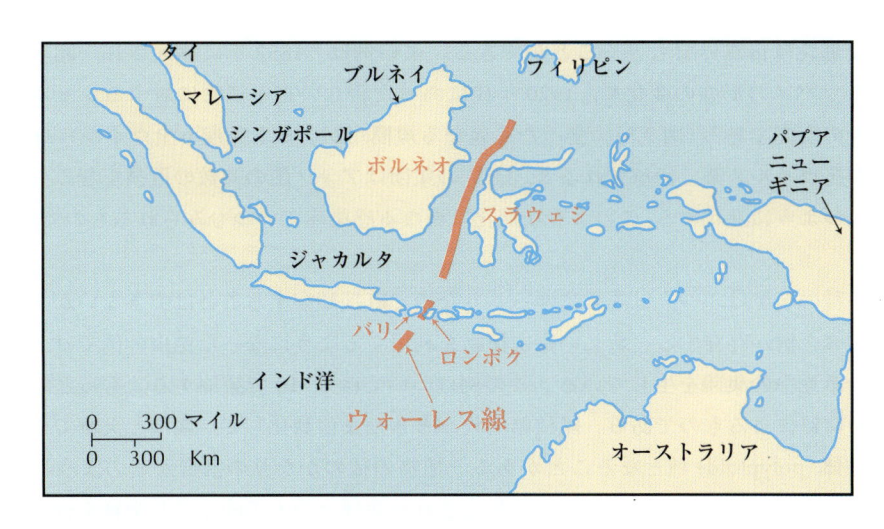

図 3.6 ■ ウォーレス線（赤い太線）は，2 つの陸の動物相を明瞭に分ける。

直接観察できる進化過程

　人為選択の驚くべき成功は，進化に関する Darwin の着想を作り上げるのに大きな役割を果たした（p.21）。農業は非常に多様な家畜と植物に依存している。これらは望ましい形質をもつ個体を長い間選択することによって作られた。1 つの種が極端に異なる変種を生み出すことはよくある。異なるイヌの品種の形態や行動の違いは，典型的な哺乳類の別種の違いよりもずっと大きい。同様にアブラナ属（*Brassica*）の一種は，人為選択の結果，多くの外見がまったく異なる野菜を生み出した（図 3.7）。

図 3.7 ■ アブラナ属ヤセイカンラン（*Brassica oleracea*）の多様な変種。（A）キャベツ，（B）ブロッコリー，（C）カリフラワー，（D）芽キャベツ，（E）ハボタン。

急速な進化は自然界でもみることができる。よい例は，1852年に移入され，北米で分布を広げたツバメの形態の変化や，1920年代にあった新しい寄主植物に対するシャボンノキカメムシの反応である（図3.8）。まったく異なる規模だが，ヒト免疫不全ウイルス（HIV）の感染者が抗ウイルス薬で治療されると，HIVの集団はアミノ酸の複数の置換を起こして薬剤耐性をもつように進化する。このような進化は異なる感染症でいつもみられるものである（図3.9）。

新しい種の起源はふつうは非常にゆっくりなので直接観察することはできないが，いくつかの驚くべき例が存在する。新しい寄主植物を利用するようになった昆虫の例では，完全な別種になる途中の集団を生じている。この例についてはp.710で議論する。もっと急速な新種形成は交雑によるものである。雑種第1代がときたま倍数化して，親種と交雑できない新たな**倍数体**（polyploid）種となることがある。植物の種のかなりの割合がこのようにして形成された。多くの場合，その雑種起源は想定された親種との人工的な戻し交雑を行い，新たに雑種起源の新種が生じることによって確認された（pp.683〜685，図3.10）。実際，特に蘭で，新しい園芸品種を造るのにこの方法がふつうに用いられている（図3.11）。

本書の後の方をみていけばわかるが，実験室でも野外でもいろいろな進化がどのように起きているかについて多くの詳細な観察が現在行われているのである。

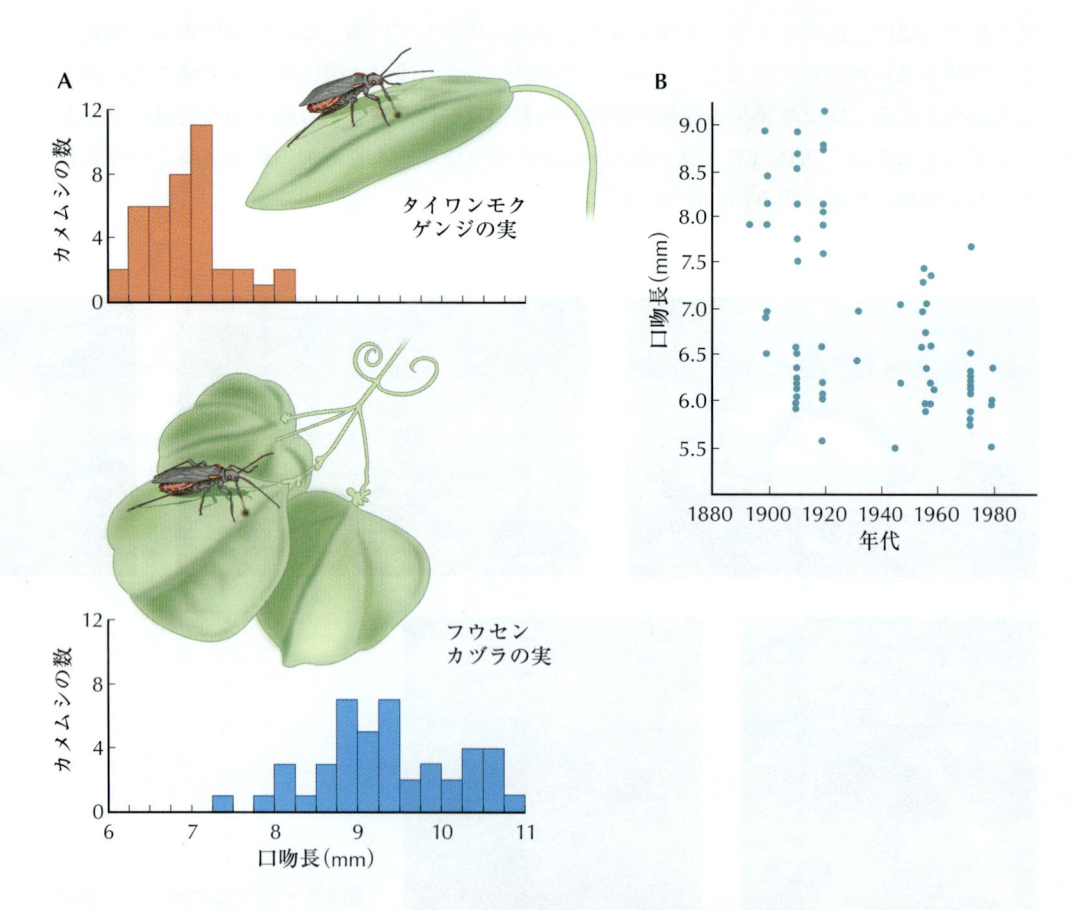

図3.8 ● フロリダのシャボンノキカメムシは鋭い口吻を刺して，野生のフウセンカヅラの実（A 下）を食べていた。1920年代にタイワンモクゲンジ（A 上）がアジア移入された。この皮が薄い実を食べるようになると，口吻が短くなるように進化した。(B)散布図の点は博物館標本から得られたカメムシの口吻の長さを示す。

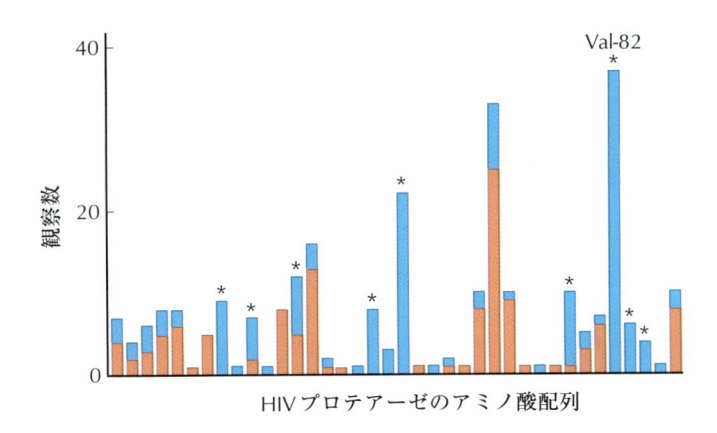

図3.9 ・ HIVは，薬の攻撃対象であるHIVプロテアーゼの塩基配列を複数置換することによって，抗ウイルス薬リトナビルへの耐性を進化させる。この酵素の進化は42人の患者について追跡された。棒グラフの青い部分は抗ウイルス薬投与後に出現した変異で，そのほとんどが複数の部位にある。＊のついた9つの変異が耐性に寄与している。しかし，有意な耐性を示すにはいくつかの置換が必要である。例えば，82の位置でのバリンへの変化が，最初にほとんどの患者に現れるが，それだけでは耐性は獲得されない。

図3.10 ・ サクラソウの1種 *Primula kewensis*（左）は *Primula verticillata*（中央），*Primula floribunda*（右）の交雑により人為的に作られた。染色体数が2倍となり，どちらの親種とも交配しない。

図3.11 ・ 交雑と倍数化によって作られた蘭。（上）レディスリッパの雑種，（下）倍数化した蘭のイオノシジュームポップコーン

化石記録はいくつかの系列の進化の証拠を提供する

　化石記録についての知識はDarwinの時代よりもずっと多くなっているが，予想通りまだ大きな開きがある。ある個体が化石として保存され，発見される確率は極端に少ないし，軟体部だけからなる種や限られた地域にしか住んでいない種は，完全に失われてしまうかもしれない。さらに，世界は非常に広いので，特定の1種が発見されることはまず起こりそうにない。化石が発見されても，それが現生種の直系の先祖であるというのはありそうにない（図3.12）。そうだとしても，系統関係の再構成は非常にむずかしい。ごく少数の種のごく一部の個体だけが，今生きている生物の実際の先祖になるのである。現在，多少とも連続的な進化的変化をたどることのできる例がたくさんあるが，それらは例外的なものである（例えば図3.13）。化石は進化の強力な証拠を提供するが，たいていは進化的変化の直接観察ではない。

　第1章でみてきたように，19世紀には地球年齢ははたった数百万年にすぎないという主張が，進化への最も強力な反論の1つだったように思われる（p.21）。放射性同位体の発見によって，化石や地質学的な標本の年代を正確に測定を可能になり，この論争が解決された。現在は，別々の証拠から，我々の住んでいる惑星が46億5000万年前にできたこと，生命

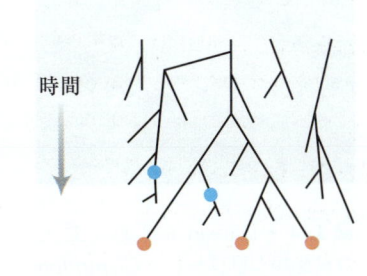

図3.12 ・ 化石（青丸）は現生の種（赤丸）に直接つながる系列上にはめったに現れない。

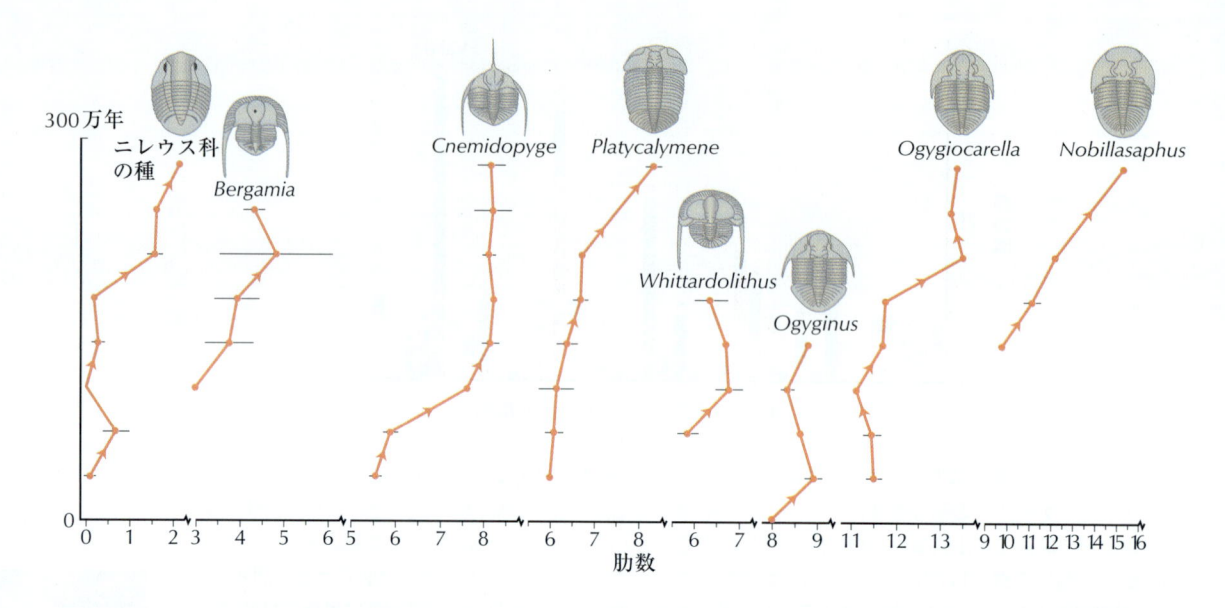

図 3.13 ▪ オルドビス紀の三葉虫の4つの系列は，断続的ではなく漸進的な変化を示す。点は尾板上の肋数の平均値を，横線は標準誤差を示す。

に適した環境になったのは比較的早い時期であることがわかっている（p.98）。進化が起きるのに十分な時間があったのだから，形態と分子の変化（直接の観察や化石記録から得られ，現生種の比較によって推定された）はどちらも速いといえる。

より新しく分化したグループは化石記録では遅く現れると予測されるだろう。実際そのように観察されている。例えば，最初の脊索動物と魚類は約5億2500万年前に，最初の両生類は約2億4700万年前に，最初の哺乳類は約2億2500万年前に現れた。この推定が現生種の比較によってなされたことを理解する必要がある。現生種を用いて系統関係が推定され，化石記録の出現の順序が予想されている。J.B.S Haldane（ホールデン）は，この点を簡潔に指摘している。彼はどんな観察によって進化が誤りだといえるかと尋ねられたときに，"それは'先カンブリア代のウサギ'を発見することだよ"と答えた。

もう1つの進化を支持するパターンは，Darwinが"遷移の法則（Law of Succession）"と呼んだ現象である。すなわち，ある地域の化石はその地域に現在生息している生物と似ているというものだ（例えば，図3.14）。大陸の位置や気候は時間によって変化するので，このパターンは比較的最近の化石についてのみいえる。長い時間がたてば，地質的な変化についても考慮する必要がある。例えば，南半球の大陸を横切る分布から推測されたとおりに，有袋類の化石は南極で発見されている（図3.15，図10.5も参照）。

自然選択が外見の変化を引き起こす

微小な変異を累積的に選択することは，複雑な適応を生み出す驚くべき力になる。例えば，HIVはワクチンが標的とするタンパク質に多くの変異を起こすことによってワクチンへの耐性を進化させ（図3.8），細菌は多くの耐性遺伝子を運ぶプラスミドから抗生物質への耐性を獲得する。また我々は，試験管内で人為選択を行うことによって有効な機能をもつ分子を作り出しているが，最初に方針を立てて設計しているのではない（巻頭「この本のねらい」図3参照）。もっとはっきりしているのは，過去数千年の間にわたって，我々は栽培植物や家

図 3.14 ▪ Darwinは絶滅した巨大な貧歯類グリプトドン *Glyptodon*（上）の化石を採集し，南米の同じ地域に分布するアルマジロ（下）と似ていると認めていた。

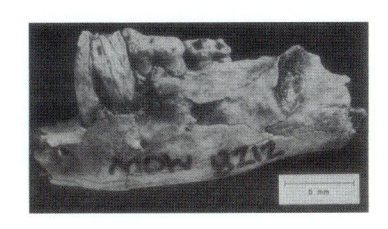

図 3.15 ▪ 南極の有袋類の化石。南極半島のセイモア島から発見された始新世後期ポリドロプス科の下顎の化石標本。右は体長 20 cm の有袋類の復元図。

畜を選択し，作り出してきた（例えば図 3.7）。コンピュータでは，進化するプログラムによってたびたび困難な問題に対する新しい解決法が生み出された。これから本書で，このような選択の例を調べていこう（特に第 17, 18 章）。

　もちろん，高度に知的な設計者が存在したなら，直接の解決法を発見することができるだろう。しかし，そのように適応する理想的な仕組みであれば，自然選択につきものの**遺伝的荷重**（genetic load）を回避するだろう。もしある型の遺伝子を置き換えなければならないなら，そのために非常に多くの個体が死んだり，多くの世代にわたる繁殖に失敗せざるを得ない。19 章では，自然選択の限界について議論する。ここでは，ただ自然選択が不完全な仕組みだということだけ述べておこう。このように，生物の世界の設計が自然選択の結果という証拠は，適応に対する特徴的な不完全性にみることができる。

　ヘビやクジラの痕跡的な骨盤や，子ウシの上顎の歯肉に埋もれた歯や，盲目の洞窟性の魚類の退化した眼のような痕跡的構造（図 3.16 や下記の図 3.18 参照）は，生き物が合理的に設計されたとか，ある普遍的な法則によって作製されたとしたら，非常に不思議なことである。それらが祖先において機能的だった構造の名残だとすれば，よく理解できる。分子レベルではランダムな突然変異によって余分の遺伝子のコピーが作られている。このような**偽遺伝子**（pseudogene）は発現しておらず，ときどき新しい機能の遺伝子の進化を引き起こす過程で生じる副産物である（p.239 参照）。

　自然選択は存在する変異に対して働く。そこで，他の目的のために進化した構造を使って適応が生じる。例えば，脊椎動物は多様な目的で 5 本指の四肢を用いている（図 3.3）。Darwin は『種の起源』の中で，この例について以下のように議論している。

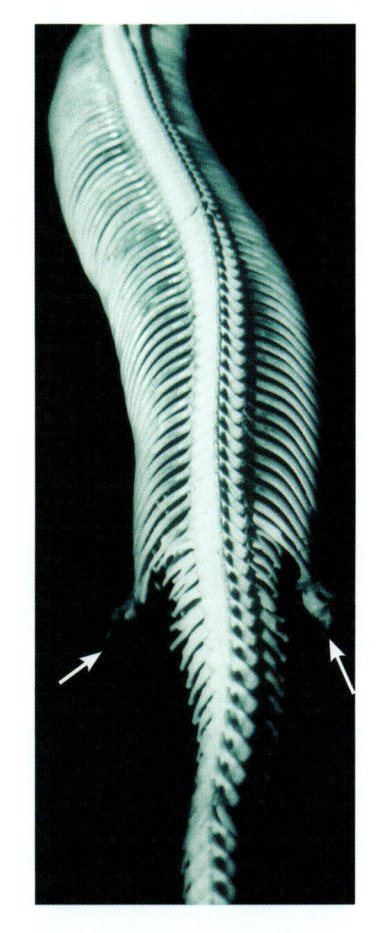

図 3.16 ▪ ニシキヘビの骨格。矢印は痕跡的な骨盤と後肢。

　　これらの事実は，通常の創造説では，なんと説明しがたいものになることか。なぜ脳は，かくも多数の，かくも異常な形をした骨片でつくられた箱におさめられていなければならないのか。……まったくちがった目的のために使われるコウモリの翼と脚の構成で，なぜ同似の骨が創造されなければならなかったのか。多数の部分から成り立つ極度に複雑な口器をもった甲殻類では，なぜそのために肢の数が少なくなってしまうのか。他方，肢の数が多いものでは口器が単純であるのはなぜか。個々の花の萼，花弁，雄しべ，雌しべは，いちじるしくちがった目的に適合したものであるのに，なぜ，すべて同一の基本図によって構成されなければならないのか。（八杉龍一訳『種の起原』岩波文庫版より）

　分子の例としては，脊椎動物の眼のレンズを作る透明な物質として代謝酵素の一種である乳酸脱水素酵素が利用されること（p.771）や，*Hox* 遺伝子の基本的なセットがすべての動物の初期発生を制御していること（pp.314 〜 335）があげられる。これらは，Jacques Monod（ジャック・モノー）の述べた忘れ難い名言"修繕による進化"の例である。

自然選択は個体間の競争を通じて作用する。第21章でみていくことになるが，このような戦いが進化を促進する。最も目立つ例には，雄が雌を受精させるために互いに競争する**性選択**(sexual selection)が含まれる。例えば，多くの昆虫の雄は他の雄による交尾を防ぐために"交尾栓"を作る(p.622参照)。急速な分子進化のよく知られた例には，性選択や利己的な遺伝子の拡散や寄主と寄生者の闘争が含まれている。適応がある最適な方法で設計されたのでなければ，このような現象にみられる進化的な闘争は自然選択から導き出される。

3.2 進化論への反論

進化の事実への反論

　本節と次節では，自然選択による進化論への反論の主張をいくつか挙げ，それに対する反駁を手短かに要約する。ただし，自然科学によって直接にまたはすぐに反駁されたものはこれに含めない。例えば，地球の年齢はたった数千年にすぎないという主張は，ここに入れていない。これは自然科学によってまったく否定されているからである。また，人類の進化を信じることが，社会的に有害な影響を与えるという推定に基づく反論については，ここでは考慮しない。それについては，この章の終わりに議論をする。この説では，進化論の事実に反対する主張について反駁を加える。次の節では進化の仕組みとしての自然選択に反対する主張に対して反駁する。

主張：進化は観察できないし証明もできない。
反駁：他の科学の分野と同様に，進化生物学は直接の観察にあまり頼っていない。物理学では地球と月の間の引力を直接観察しないが(どうやって観察するのだろうか)，そのかわりに，実験室と天体の現象から，単純で満足できる説明を作り上げた。同様に地質学では，浸食や大陸移動のようなゆっくりとした動きを直接観察できるが，それから，大規模な変化を矛盾なく生み出すように外挿しなければならない。まったく同様に進化生物学者は，基礎となる過程を徹底的に理解するために直接観察を行うが，多くの種類の間接的な証拠によって，大規模な進化について説明するのである。

　どのような仮説も絶対完全に"証明"されることはない。確かに，生産的な仮説は多くの研究を示唆し，それらの研究によって，その改良や修正がなされる。例えば，ニュートンの力学の法則は，天体の動きについて多くの正確な予測を行うが，アインシュタインの相対性理論の予測とわずかなずれがある。しかし，このより正確な理論によって，空間と時間をより深く理解できるようになったのである。メンデルの遺伝の法則は，1900年代に再発見された後，連鎖の現象を含むように改良された。さらに半世紀後に，遺伝の物質的基盤がDNAにあることが発見され，遺伝子についての理解がさらに進んだ。進化生物学は自然科学の他の分野と同様に発達してきたのである。それは変化し，豊かになり，さらに幅広い現象を理解できるようになったのである。

主張：進化論は検証できない。
反駁：科学的な仮説は，仮説に基づいた多くの予測が行われ，その予測が検証されるもので，仮説が生き残ったならばそれは成功である。このテストには，必ずしも実験室で行われる実験を含む必要はない。進化生物学の検証には現生種間にみられるパターンや，化石記録，あ

るいはゲノムの構造についての予測が含まれる。ここまでですでに進化に対する鍵となる検証について述べてきた。異なる形質で推定した系統樹が一致すること，分類群が化石記録に出現する順序，地理的分布パターンなどである。本書の他の部分でさらに多くの証拠をみることになるだろう。

主張：移行的な種類が存在しない。
反駁：連続的な移行は非常に都合のよい場合でしかみることができない（例えば，図3.13）。ただし，中間型については多くの印象的な例がある。それは再構成された系統樹から予測された祖先的な形質の組み合わせをもつものである。最も印象的な例は，羽毛の生えた恐竜で，これは1996年に中国で発見された（図3.17）。そして，クジラとカバをつなぐ一連の中間的な動物は，哺乳類が海の生活へどのように適応していったかを示してくれる（図3.18）。ある形質が一度だけ現れて，直線的に漸進的に変化が蓄積されるよりもむしろ，独立に進化することを化石は明らかに示してくれる。例えば，ヒト科の化石がそのモザイク進化を示すことを第25章でみることになる。脳の増大，性的二型，歯の変化，直立歩行は，その変化がいずれもある程度独立に生じた。

図3.17 ▪ 羽毛の生えた恐竜。このような恐竜から鳥類が進化してきた。白亜紀初期のティラノサウルス上科恐竜の化石化した椎骨には，繊維状の構造（岩石の上部）がみられる。これは原始的な羽毛だと考えられる。

進化の原因としての自然選択への反論

Darwinが自然選択の過程を発見するまで，複雑で機能的な構造は知的設計者の存在を暗示するものであった。第1章でみてきたように，神の存在証明としての哲学的な**デザイン論証**（argument from design）は，19世紀の**自然神学**（natural theology）では長い間影響力をもっていた（p.11）。自然選択はデザインに代わるもう1つの説明を提案した。それは自然の原因のみに由来する説明である。本項では，自然選択の妥当性に反対するいくつかの主張に反駁を加える。

主張：偶然は複雑なものを作り出すことはできない。
反駁：19世紀の著明な天体学者John Herschel（ジョン・ハーシェル）は自然選択における偶然の要素について反対し，それを"めちゃめちゃの法則"と呼んだ。ランダムな突然変異が秩序だった複雑さを導き出すはずはないと，後にたびたび同じように反対された。自然選択によって組み立てられた構造は，実際ありそうにないように見える。100個のヌクレオチドの可能な配列は4の100乗，つまり10の60乗より多い。ところが，第17，24章で詳しく説明するように，自然選択を積み重ねることによってまったくありそうもない構造を正確に作り上げることができるのである（図3.19）。個々の個体の繁殖がランダムで，新しい突然変異もランダムでも，そのような事象が非常に多く起きるときには，その結果は本質的に決定論的にならざるを得ない。ちょうど個々の分子のランダムな動きが全体としては正確に熱力学の法則に従うのと似ている。

この反論は最初の繁殖する系の起源についてはある程度意味がある。それは自然選択は働き始める前だからである。最初の生物がどのようにして生じたかについては，ほとんど何もわかっていない。しかし，第4章で詳しくみることになるが，いくつかの本当らしい仮説がある。実際，最初の自己複製する分子が正確に100塩基必要というわけではない。多くの異なった，そしておそらくもっと短い配列で十分であっただろう。実際，最初の**自己複製子**（replicator）は現在の核酸よりも単純だったかもしれない。

Diacodexis

Pakicetus

Ambulocetus

Dorudon — 骨盤と後肢

Balaena — 骨盤と後肢

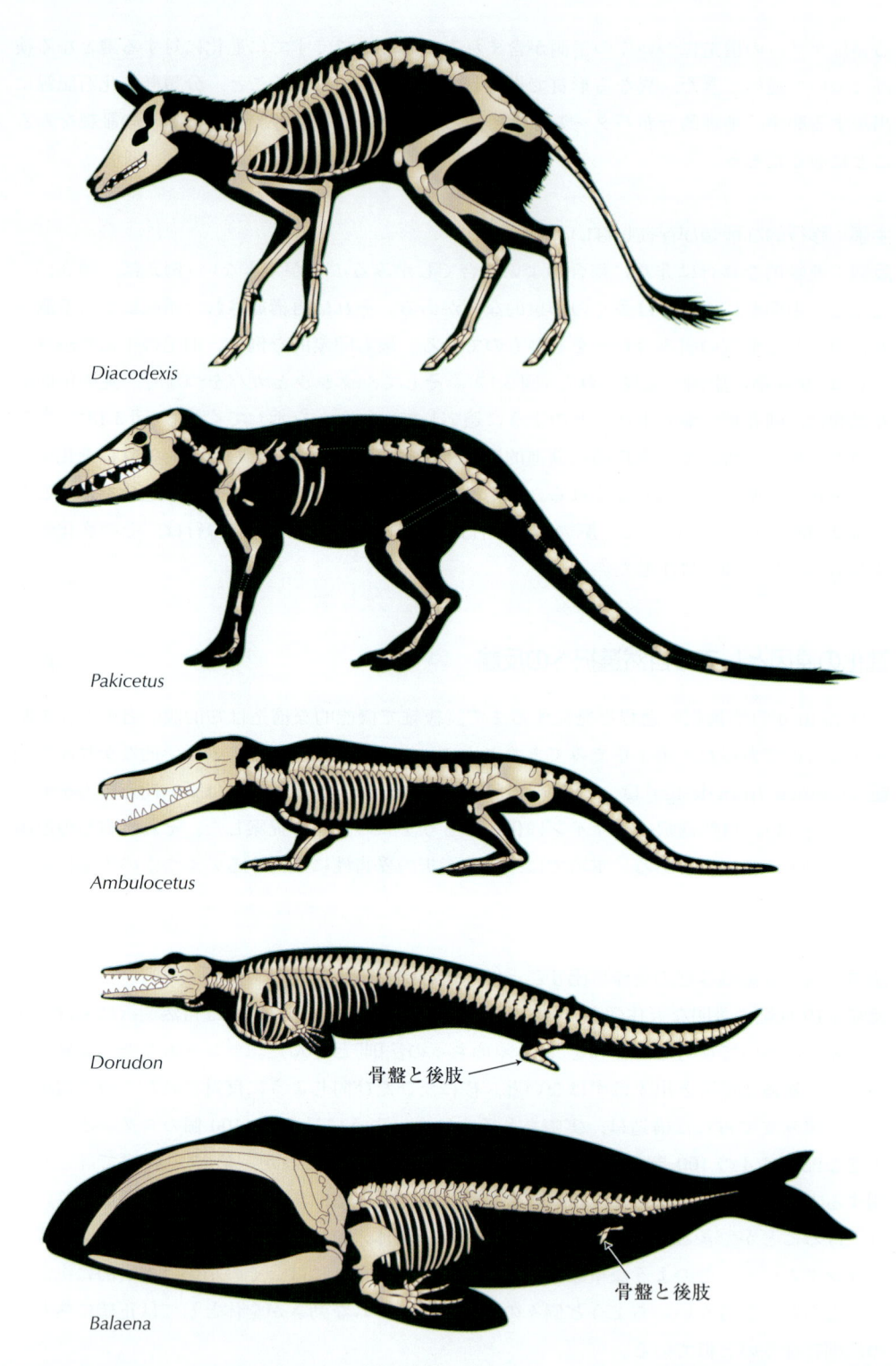

図 3.18 ▪ 始新世（5000 万年前）のカバに似た偶蹄類（*Diacodexis*，一番上）の化石から現在のクジラ（例えば，ヒゲクジラ類のホッキョククジラ属 *Balaena*，一番下）の骨格までの一連の化石は，どのようにして哺乳類が海での生活に適応したかを示してくれる。最も重要な変化には，骨盤と後肢の退化，遊泳のための尾の伸長，プランクトン食のための顎の変形が含まれる。

主張：複雑な適応への第1歩は有利に働かなかっただろう。
反駁：Darwin はこれを自然選択による進化論に対する最強の反論の1つだと感じており，『種の起源』の1節で，これに反駁した。例えば，彼は脊椎動物の眼を取り上げた。近年では，**還元不能な複雑性**（irreducibly complex）として，もしその要素が1つでも失われたならば，機能しなくなるシステムをさすのに用いられている。細菌の鞭毛がその例として挙げられている。これについては第24章で詳しく議論するので，ここでは3つの一般的な論点だけ指摘しておこう。第1は，最初の段階ではほんのわずかでも有利であればよいのである。著名な近視の進化学者 John Maynard Smith（ジョン・メイナード・スミス）は，不完全な視覚でも完全に見えないよりはずっとましだと述べた。第2に，最初の段階は，最終段階の構造とはまったく違った目的のために進化したかもしれない（第24章）。最後に，たいていの場合，その構造の大部分が変化するために現在の機能は完全に失われてしまうが，現在の構造よりもより適応度の高いものへの一筋の道が存在するかもしれない（図3.20）。この点については pp.697〜698 で詳しく論じる。

図 3.19 ▪ R.A. フィッシャー。"自然選択は非常に高い頻度でありそうにないことを生み出す機構である"

主張：自然選択は新しい物を何も生み出さない。
反駁：実際，1回の選択では，存在する変異の中からただ取り出すにすぎない。しかし，繰り返し選択すると好ましい変異をもつものの割合が増加する。そこで元の集団ではほとんどない珍しい新しい組み合わせが，非常に速くみられるようになる（図1.31）。第17章で説明するように，この批判はもはや有効ではない。この主張は，存在する文字を並べ替えても，新しいものは作れないといってるにすぎない（p.501）。

主張：自然選択は熱力学の第2法則に違反する。
反駁：閉鎖系では，無秩序の度合いは必ず増大する。もっと正確にいえば，どんな閉鎖系の**エントロピー**（entropy，無秩序の量的測度）も，ほとんど確実に増大する。ただし，生きた系は開放系であり，栄養と自由エネルギー（究極的には太陽光や化学エネルギーの元となる物質）を取り込んで，排泄物と熱を放出する。全体としては，開放系においてもエントロピーは増大する。生物は成長し，規則的に繁殖するが，熱と化学的廃棄物を生産し排出することによって相殺している。

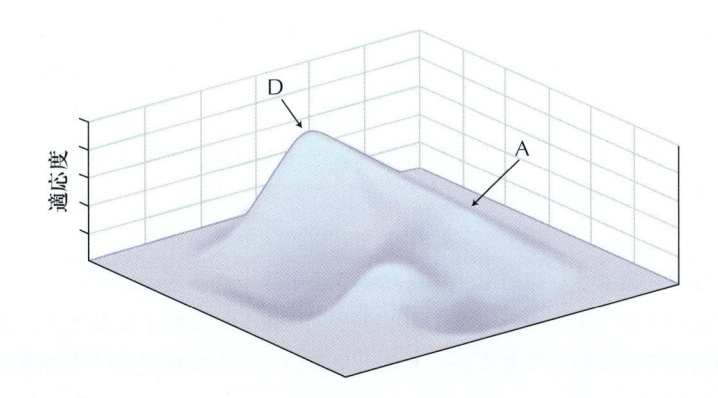

図 3.20 ▪ 複雑な構造は，たとえすべての変化がその適応度を減少させても，進化することができる。必要なものは，祖先（A）から子孫（D）への適応度が上がる道筋が少なくとも1つあればよい。図に示した**適応度地形**（adaptive landscape）（p.510 参照）は，集団の状態（形態や対立遺伝子頻度）に対する平均適応度を示したものである。実際には適応度地形は変動し，進化的変化を生み出す道筋を作る。さらに，進化はここで示した2軸だけでなく，多くの軸に沿って進んでいく。

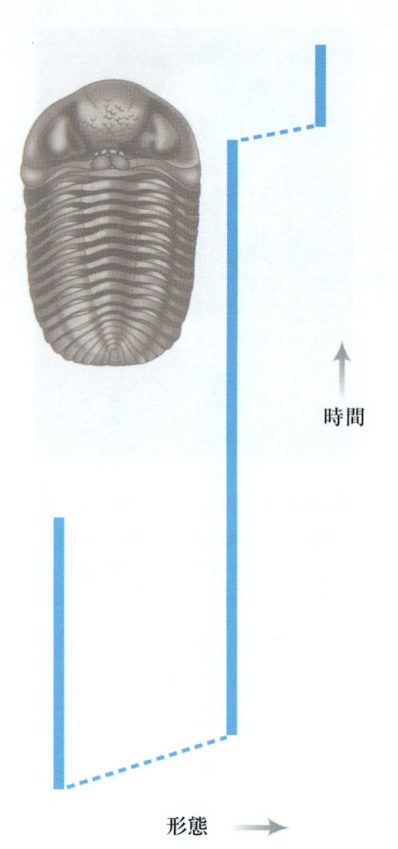

図 3.21 ▪ 断続平衡説の例。模式的に示されたデボン紀の三葉虫 *Phacops rana*（この理論を発展させるために用いられた生物の1つ）の進化。時間を縦軸に実線で、横軸は点線で形態を示した。3つの種について、時間幅を示した（3本の垂直な線）。点線で示した比較的短い期間に生じた化石記録にみられる形態の急激な変化を、断続平衡説の証拠とした。

主張：人類の知性は自然選択によって進化したはずはない。

反駁：すでに、自然選択が明らかに選択的価値のあるヒトの言語のような複雑な適応を作り出すことができるという主張について考察した（第 25 章で、複雑な言語への詳細な段階について考察する）。はっきりした反論は、音楽や数学的能力や宗教的感情などの人の能力の多くは生存上の価値がなく、選択されないのではないかというものである（Darwin と独立に自然選択を発見した Wallace［図 1.19］はこの考えに執着しており、ヒトの性質が自然選択によるという説明を頑として受け入れなかった）。この主張には 2 つの返答がある。第 1 は、例えば、社会的地位や配偶者選択（第 20 章）に影響を与えることによって、まったく役に立たない形質が適応度を上げることがある。第 2 に、適応度には何も影響を与えない形質が、他の形質への直接の自然選択の副作用で進化することもある（p.517）。数学的能力は、一般的な推理能力や知的好奇心の選択の副作用として進化したのかもしれない。

　記号的な言語によって促進された抽象的な推理力は、明らかに個々のヒトに、直接的にも（狩りや道具の作製などが上手になる）、間接的にも（社会的能力や魅力を増す）大いに役立つ。すでに述べたように、また、詳しくは第 17 章でふれるが、外界についての好奇心と "わかりにくい" パターンを説明することへの興味は、適応度への直接の効果はないが、おそらく知的な能力を増大させるだろう。

主張：断続平衡説は種内の自然選択が有効でないことを意味する。

反駁：1972 年に古生物学者の Niles Eldredge（ナイルズ・エルドリッジ）と Stephen Jay Gould（スティーブン・ジェイ・グールド）は、**断続平衡説**（punctuated equilibrium）と呼ばれている理論を提案した。彼らは、種は時に数万年にわたって変化することなく過ごすが、突然新しい形に移行することを強調した（図 3.21）。もしこの突然の移行が、新種形成と対応しているならば、絶滅と種分化、実際には種間の選択になり、それは**大進化**（macroevolution）の際には種内の進化よりももっと効果的になるだろう。

　Eldredge と Gould は種内の自然選択が適応を生み出すという考えを受け入れていた。彼らはむしろ大規模な大進化の傾向、例えば体の増大に関心をもっていた。ところが、彼らの理論は他の人々に、自然選択による進化の批判だと誤って解釈された。実際、断続平衡のパターンは、自然選択による変化となんら矛盾しない。それは、自然選択が長い期間同じ表現型を維持してきたが、変化が生じたときにはそれは非常に速く起きるということをただ示しているにすぎない。"断続" は進化的時間スケールでは速いが、数千年はかかっており、自然選択で容易に説明できることだ（図 3.21）。逆に、第 21 章で示すように、種間の選択は非常にゆっくりしている。それは単に、種が生まれて絶滅するには、個体が生まれて死ぬよりも時間がかかるからであろう。このように種選択は大進化を引き起こすかもしれないが、複雑な適応を作り上げることはできない。

主張：ヒトゲノムはこのような複雑な生物を説明するには単純すぎる。

反駁：ヒトゲノムのドラフトシーケンス（概要解析）が 2001 年に終了したとき、多くの科学者は約 3 万個の遺伝子しか同定できなかったことに驚いた。この推定値はその後さら約 2 万 5000 個のタンパク質をコードする遺伝子にまで減少した。以前には、信頼できるデータはなかったが、ヒトのゲノムには 8 万以上の遺伝子があるだろうと推定されていた。これほど複雑な生物がこれほど少ない遺伝情報でコード化されている。意外に少ない遺伝子の数に驚かされた。実際 20 Mb 以下の情報で、ヒトの発生を制御し、特に 1000 億のニューロンの間を複雑に結合した我々の脳の構造を決定することができるというのは驚くべきことだ。しか

し，配列決定されたデータによって驚くほど少ない遺伝子数が推定される以前から，この難題は明らかになっていた。第 21，24 章で議論するが，遺伝子数は複雑さのよい目安ではない。1 つには，RNA 転写産物の選択的スプライシング (Box 13.1) によって，遺伝子よりも多くのタンパク質が作られる。どんな場合でも，多くの生物学的な違いには，タンパク質をコードしない配列によって決定される遺伝子制御の違いが含まれている。

第 14 章でみるように，遺伝子型と表現型の関係は単純ではない。ある遺伝子は多くの形質に影響を与え，ある形質は多くの遺伝子に影響される。DNA の塩基配列は表現型をコードしているのではない。むしろ，多くの遺伝子が相互作用しながら，細胞機構とともに生物を発生させている。脳のニューロンの配置は，正確に決まっているのではない。ニューロンは周りの環境と相互作用しながら発達していくのである (pp.779 〜 782)。DNA の塩基配列はそれだけでは無意味で，細胞の中にあって意味をもつのである。生物を作り上げる情報の大部分は，ゲノム自身よりも細胞機構に含まれている。

もっとはっきりとした比較をするのであれば，ヒトとチンパンジーの間の違いはゲノムの違いによって説明できるかと問うてみるべきである。そこには約 4 万のアミノ酸の違いがあり，多分，その 3 分の 1 は自然選択によって生じたもので，それと同じぐらいの数のやはり自然選択によって維持され，おそらく機能的な非コード領域の違いがある (pp.576，584 〜 589)。後で述べるように，これらの多くの違いは 600 万年前の分岐以来の自然選択によって容易に作り上げることができるだろう。我々と我々に最も近縁なものの間の違いがこれらのゲノムの違いによるとしても，信じがたくはないように思われる。

3.3 科学と社会

進化の事実は進化論によって説明される

進化とその仕組みについての通俗的な議論では，科学的な用語である"事実"と"理論"についての混同が特徴的である。ときどき，それが根拠のない単なる推論であるかのように，進化は"単なる理論"であるといわれる。しかし，自然科学では**理論** (theory) は互いに連結された仮説の複合体で，その仮説から立てた予測は，観察したこととよく一致し，さらに新しい予測を行うことで，次の研究を刺激する。理論とは多くの異なるテストを生き延びたもので，我々が"事実"として扱うのに十分なほど支持されている。これは引力やプレート・テクトニクスや量子力学や進化の理論にも適用できる。すべてが完全に確立された事実として扱われている。

進化の事実は，進化がどのようにして起きるかを示す進化論の洗練された主要部によって説明される。多くはきちんと確立されている。我々はすべての進化の過程がどのように働いているかを理解している。非常に多くの例で，どのようにして進化により適応や分化が生じるかについても理解している。また，我々は古生物学や系統学によって生命の歴史について多くの知識を得ている。この本を通して強調しているように，多くの問題は未解決である。変異のどの部分が選択されるのか，どのようにして選択されるのか。複雑な表現型の遺伝的な基盤は何か。真正細菌と古細菌の分岐の際に，異なる進化系列の間での遺伝子の交換はどんな役割を果たしたのか。なぜ多くの真核生物は有性生殖するのか。もともと自由生活をしている生物がどのようにして集合し協力し合って，真核生物や多細胞の生物，さらに社会的なコロニーを作るようになるのか。進化生物学はこのような質問に答えるために急激な進歩

を遂げてきたが，新しい謎が生まれてくるのは疑いようがない。進化論の強力さとそれが急速に受け入れられた理由は，いくつかの単純な原理で，幅広い現象を説明するからである。それは野外や実験室でテストされるアイデアの豊かな源泉となり続けている。

　もちろん，我々がみているすべてのものは特殊創造説と矛盾しないかのように見える。種が進化したかのように，その形質をもった種が創造されるかもしれないし，化石はまるで進化したかのような順番に，地層の中に埋められたのかもしれない。だが，そのような強引な代替の仮説は何も説明しない。それぞれの種にはそれぞれにやり方があるというのでは，上で述べたようなパターンを何も説明できないだろう。特殊創造はどんな観察にも合うような恣意的な仮定を置くことによって生物学の事実を説明するだけなのだ。特殊創造説はテストできない，だから科学的とは考えられない。

　多くの人々が進化論を受け入れ，種内やたぶんもっと高次の分類群についての進化を自然選択で説明できると認めている。しかし，彼らは知的設計者と呼ばれる超自然的存在による干渉がときどきあり，それがいくつかの特別複雑な適応を作り上げた思っている。もう一度いうが，もしこのような干渉が恣意的に行われれば，この仮説はテストできない。どんなことでも起きてしまうだろう。いいかえれば，もしデザイナーがある特徴（例えば，最適なデザインやヒトに好まれるデザインを常に作ってくれる）を備えていると考えられているのだとすれば，その仮説は反駁できない。前の節でみてきたように，自然界での適応がある不完全さを示すならば，それは自然選択によるものであり，全能のデザイナーによるものではないと予想できるだろう。どんな場合でも"すき間の神"を呼び出すのは（科学で説明できないことを神のせいにする），神学的な観点からも不十分である。なぜなら，科学が進歩すれば，より多くのことが説明できるようになり，そのために説明できないすき間もますます限られたものになっていくからである。

自然と人間性の理解

　自然選択による進化論への反論は，進化論が宗教的信念と衝突すると考える人々や，もっと広い意味では，物質主義的な世界観に反対する人々によって提出されてきた。また，問題のある倫理的な立場を進化論が正当化するのではないかと心配する人々や，進化論を信じることが道徳を危うくするかもしれないと気がかりな人々からも反論されている（1981年にルイジアナ州議会の公聴会で，ある女性は"もしあなたが子供たちに猿から進化してきたと教えたら，子供たちは猿のようにふるまうようになると思う"と述べた）。

　簡単にいえば，進化論は，聖書やその他の聖なる書物を文字通りに読めば相容れないものだ。しかし，文字通りの解釈は，進化論だけでなく自然科学全体と矛盾する。どの場合でも，聖書の創世記には2つの異なる解釈がある。主要な宗教の多くでは，その信仰と進化の科学的な説明との間に不一致はない。例えば，現在カトリック教会はヒトの自然科学的な進化を含めた自然選択による進化を受け入れている。神の力は自然選択やその他の進化過程を含む自然の法則を通じて働くというのが，それらに共通の立場である。個人の立場では，多くの進化生物学者たちが，さまざまな宗教への信仰と科学的な信念を調和させるのに何の困難も感じていない。科学と宗教は別の領域であり，前者は自然界を説明し，後者は人生の意味を説明するものだという Gould の雄弁な説明は，多くの人の見解である。

　進化と自然選択の考えはときには間違った政策を正当化するのに用いられた。人種差別は生得的な違いだとする考えによって正当化された。すなわち，**優生学**（positive eugenics）（例えば精神的な障害者に対する強制的な不妊手術）が，自然選択を助けるものとして正当化さ

れた。さらに，**社会ダーヴィニズム**（社会進化論，Social Darwinism）は経済と社会政策における"適者生存"を称揚した。しかし，現在はそのような政策を科学的に正当化する根拠はないものとみなされている。実際，進化に関する我々の知識は，進化に合致する多くの政策を適切に支持している。Hermann Muller（ハーマン・ミュラー）は，放射線による突然変異が未来の世代に深刻な影響を与えるとして，地上で行われる大気中での核兵器の実験を止めるように運動を行った。また，ヒトの集団は遺伝的に非常に類似しており，明瞭な人種が存在しないので，すべての人類は平等に扱われるべきだとした（p.841を参照）。さらに，闘争を強調する素朴な見解（テニスンの言葉にある"自然の歯と爪は血で染まっている"）に対して，進化における協力の重要性を強調した。

最も根本的なことは，進化も進化の仕組みも，どんな特定の倫理的な立場をも正当化しないことだ。哲学者はこれを**自然主義的誤謬**（naturalistic fallacy）と名づけた。すなわち，"…である"が"…すべき"を規定することを主張する。もちろん，同じことを，世界がどのようであるか，世界がどのように始まったかについての宗教的な信念に対しても適用できる。つまり，神の存在は我々がどうふるまうべきかを告げはしないのだ。にもかかわらず，科学的信念と宗教的な信念は我々の世界の見方を変え，我々が選ぶ価値に間接的に影響を与えるかもしれない。例えば，我々が生物の世界と連続しているという意識をもつことは，他の種が我々にとって役に立つものかどうかという目でみるだけでなく，その存在を尊重するようになるかもしれない。同じように，進化には変異が重要であるということに気づけば，種の多様性と種内の多様性を評価するようになるだろう。我々は，1842年にDarwinが書いた進化論の私的なスケッチの最後に記した次の意見に同感するものである。

> 生命は成長と同化と繁殖の力とともに，最初わずかのものあるいはただ一個のもののなかにある物質に，吹き込まれたとするこの見方，そして，この惑星が確固たる法則に従って回転し，陸と水は変化の周期に従って互いに入れ替わるあいだに，微小な変化を漸進的に選択することによって，かくも単純な発端からきわめて美しくきわめて驚嘆すべき無限の形態が進化してきたというこの見方の中には単純で壮大なものがある。（八杉龍一訳『種の起原』岩波文庫版より）

■ 要約

進化は生物学者の間では生物の多様化を説明するものと考えられており，自然選択は適応の唯一の原因として認められている。しかし，生物学の外の多く分野はこの科学的合意を受け入れていない。

進化の証拠には，さまざまな分子や形態的特徴の一致によって群内群の入れ子式の分類や，実験室や牧場での直接の観察，化石記録がある。自然選択の証拠には，人為選択からの類推，自然適応の特徴的な不完全性（例えば，痕跡器官），祖先的な構造の新たな目的への利用がある。ここで手短に，進化に関するさまざまな誤解や反対意見への反論をまとめ，この本の後でさらに議論をする（特に第17，24章）。

進化の事実は進化論によって説明される。進化論は，量子力学やプレートテクトニクス，分子遺伝学のような他の科学的な理論と同じぐらい確立されたものである。この理論は，主要な神学や進化生物学者がもつさまざまな宗教的な信念と矛盾しない。進化論は特定のどんな道徳も正当化しない（そして，どんな道徳の欠乏にも責任がない）が，進化論は自然における人間性の位置についてある過激な新しい展望を提供する。Darwinが『種の起源』の最後に記したように，"この生命についての見方には壮大なものがある"。

■ 文献

Eldredge N. 2005. *Darwin: Discovering the tree of life*. W.W. Norton, New York.
　2005〜2006年に行われたアメリカ自然史博物館（www.amnh.org）でのダーウィン展へのパンフレットに書かれたもので，ダーウィンの考えの発展と，生物学と社会における現在の位置を結びつけている。

Futuyma D.J. 1995. *Science on trial: The case for evolution*. Sinauer Associates, Sunderland, Massachussetts.
　創造説への反撃。しかし，"インテリジェント・デザイン"についての主張が現れる前に書かれている。この議論についてもっと新しい簡潔なまとめは以下をみよ。Futuyma D.J. 2005. *Evolution*. Sinauer Associates, Sunderland, Massachussetts.

Pennock R. 1999. *The tower of Babel: Evidence against the new creationism*. MIT Press, Cambridge, Massachussetts; Young M. and Edis T. (eds.). 2004. *Why intelligent design fails*. Rutgers University Press, Piscataway, New Jersey.
　"インテリジェント・デザイン"の主張を反駁する最近の出版された数冊のうちの2冊。

Pope John Paul II. 1996. *Message to the Pontifical Academy of Sciences.* Reprinted in *Q. Rev. Biol.* **72:** 381–406.
　科学と宗教の関係について，もっと丁寧に議論している4つの解説を含む。

ウェブサイト

www.NationalAcademies.org/evolution/
　全米科学アカデミーの進化についての情報と声明。

www.amnh.org/exhibitions/darwin/
　ダーウィン生誕200年の展示ガイド（Eldredge 2005 参照）。

www.pbs.org/wgbh/evolution/
　公共放送サービス（PBS）のテレビシリーズ『進化』に関連する多くの資料。

www.talkorigins.org
　生物学と物理学の起源に関する議論のためのニュースグループ。

www.pamd.uscourts.gov/kitzmiller/kitzmiller_342.pdf
　ペンシルバニア州のドーバー市教育委員会を訴えた2005年の訴訟に対する判決文：科学の性質と"インテリジェント・デザイン"に反対する科学的議論を要約している。

PART 2

生命の起源と多様性

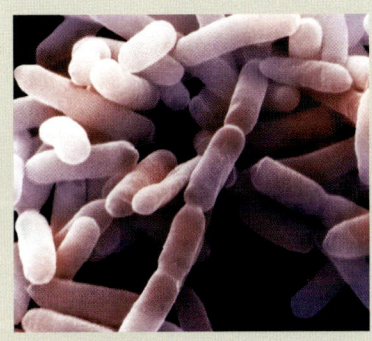

　第2部では生命の歴史を振り返り，何十億年も前の生命の始まりのときから，現代の豊かな多様性の現れまでをみてみよう。近年，生命の始まりに関する大きな発見があり，原始の生命においては，現在のDNAやタンパク質が果たしている役割をRNAが行っていたらしいことがわかった（第4章）。第5章では，全生物の関係を示す系統樹を紹介し，その（そして我々の）共通祖先を推定する問題について議論する。

　第6～8章では，生物の3つのドメイン，真正細菌，古細菌，真核生物を扱う。単細胞生物は常に優占する生物であり，生物圏を作り上げてきた。分子レベルの技術により，微生物の系統関係がわかり，その生化学的多様性の大きさも明らかになった。

　第2部の後半は，多細胞生物がどのように進化し，多様化していったかを扱う。第9章では，細胞が相互作用しながら複雑な個体を作り上げているようすをみるとともに，生物の体の多様性とその背後にある遺伝的な仕組みの共通性を知る。第10章では，化石記録から明らかになる植物と動物の歴史を学ぶ。化石は，進化の過程における時間（時代）を正確に示してくれるものであり，また，いかに多くの生物種が子孫を残さずに絶滅したかも教えてくれる。地質学的な証拠がなかったら，恐竜や三葉虫がかつてこの地球に生きていたことや，大量絶滅が繰り返し起こったことも知ることはできないだろう。第11章では，植物と動物の発生における変化がどのようにさまざまなレベルでの形態の変化をもたらすかをみる。これらの全部の章が，第3部での進化の仕組みのより詳細な検証につながっていく。

　第2部は，本書の後半で取り扱う問題を提起する章でもある。1つの種がどのように2つに分かれるのか。大半の真核生物はなぜ有性生殖を行うのか。多細胞生物の細胞どうし，あるいは昆虫や人間社会の構成員どうしは，どのように協力し合うのか。新しい生化学的，形態的，行動学的な適応はどのように進化するのか。第2部で生命の歴史を知り，さらに読み進める際に，これらの重要な問題点を覚えていてほしい。

CHAPTER

4

生命の起源

　地球上のすべての生物が共通の祖先をもっているという考えは，驚くべきものである。生命が生まれた数十億年前の地球はどのようであったのだろうか。どのようにして生命は生まれたのだろうか。そして，どこで生まれたのだろうか。

　生命の起源を研究するためには，生命システムと非生命システムを隔てる鍵となる特徴を理解する必要がある。ここでの目的のため，次の定義を使おう。生命は生殖し，自然選択（自然淘汰）を受けるような組織化された物質から構成されている。この定義により，生命を無生物システムから区別でき，どんな生命システムの中にも見つけ出せるだろういくつかの機能を同定できる。生殖のためには，生物はバイオマスを蓄積し，それを首尾一貫した遺伝可能な生物学的構造に組織化しなければならない。これらの過程には，エネルギー，化学反応のネットワーク（すなわち代謝），そしてパターンについてのある種の記憶が必要となる。さらに，自然選択が1つのシステムに作用するためには，その仕組みは遺伝可能な変化を生成できなければならない (p.18参照)。

　本章では，地球上における生命の起源とごく初期における進化について議論する。2つの主要な問題に焦点を絞ろう。"いつ生命は生じたか"と，"どのようにして生命は生じたか"である。

4.1 いつ生命は生じたのか？

　地球上でいつ生命が生じたかを決定することは重要である。なぜなら，地球の歴史の中に，生命の起源に関する特定の出来事を位置づけできるようになるからである。この情報は，どのように生命が生じたかを理解するうえでも重要である。そのような情報は，それら特有の出来事が生じるのにどの程度の時間を費やすことができたか，また各期間において地球がどのような状態であったかを教えてくれるからである。

　いつ生命が地球上に生まれてきたかを決定するための一般的なアプローチとして，この起

源に上限と下限を置く方法がある。下限(そこに生命が存在しえた最初の時点)は，地球自体の起源と形成の地質学的な研究によって決定される。上限(生命が確実に存在していた時点)は，化石記録と地球化学的な記録の研究によって決定される。両方のアプローチについて以下で議論する。

地球の年齢の推定値は生命が生じた時点の下限となる

地球の年齢の決定には2つのアプローチがある。天文学的，惑星学的研究からは，太陽系の年代が計算されてきた。地質学的な研究は，地球上でわかっているもののなかで最古の岩石や鉱物の年代を推定するために用いられてきた。

地質学的アプローチ

さまざまな方法が過去の岩石の年代を同定するために用いられている。最も一般的に使わ

Box 4.1　放射性同位体を使った年代測定

元素はその原子番号によって定義される。原子番号は，原子核の中にある陽子の数に等しい。大部分の元素にはさまざまな同位体がある。**同位体**(isotope)では，核内の中性子の数が異なっている。同位体には不安定なものがあり，時間の経過とともに粒子を放出し，その性質を変化させる。このため，これらは放射性同位体と呼ばれる。すべての放射性同位体は，それぞれ特有の，また非常に一様な崩壊のパターンをもっており，そのパターンは半減期，すなわち原子核の集団の半分が崩壊するのに必要な時間によって記述される(図4.1)。この規則的な崩壊のパターンが，物体の絶対年代を決定する方法である**放射年代測定**の基礎である。

放射年代測定の理解には，仮想的な例から説明を始めるとわかりやすい。密閉された箱があるとしよう。その箱の中には，1モルの放射性同位体(X)が，今から時間 t 前におかれたとする。時間 t は未知である。Xは，10億年の半減期で，娘同位体Yに変換することがわかっているとすると，どのようにしたら t を計算できるだろうか。現在の箱の中のXの量を計測し，それから半減期を利用して t を計算するのが1つの方法である。例えば，1/8モルのXが存在していたとしよう。最初は1モルだったのだから，これは3半減期が経過したこと($1/2 \times 1/2 \times 1/2$)，すなわち30億年を意味する。この計算を確認するために，Yの量を計測すると，これは崩壊したXの量に等しいはずなので，7/8モルのはずである。問題とする放射性同位体の半減期と最初の物質の量が既知であれば，このような計算によ

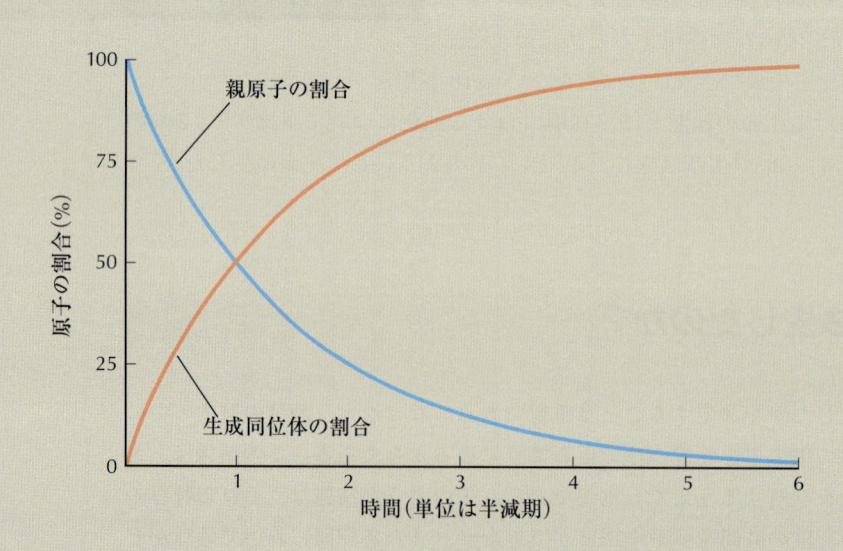

図4.1 ・ 放射年代測定。グラフは，放射性同位体の原子数の減少(青の曲線)と生成同位体の原子数の増加(赤の曲線)を示す。

って，標本の年代を推定することができる。

しかし実際には，最初のX（前段落と同じ名前を用いている）の量は通常は未知である。そのような場合，XとYの比率を評価することで，標本の年代を計算するという方法がある。1半減期経過したときには，XとYの比率は1:1となり，2半減期経過したときには1:3（すなわち，最初のXの1/4だけが残っている）となり，3半減期経過したときには1:7となっているであろう。

通常は，XとYの絶対量や，いろいろな時間でのXとYの比率を解析することで，現実の世界での標本の年代推定が行われる。しかし，そのような解析が密閉された箱の例における解析よりも複雑であることが多い。例えば，上で述べた2つの方法は，Yが最初の標本中には存在しないことを仮定しているが，この仮定は正しくないことが多い。また，標本への物質の出入りがないと仮定されている。さらに，標本は，問題としている事柄の年代の時間のスケールに類似した半減期をもつ放射性同位体を含んでいなければならない。これらの問題がどのように取り扱われるかをより詳しく理解するために，放射年代測定の例を2つ考えよう。

例1：最近の生物学的標本の年代推定への炭素14の使用
この章は，数十億年前に起こった出来事である生命の起源に焦点を絞っているが，生物学的標本の年代測定に使用されている炭素14（^{14}C）の崩壊に基づく共通の方法を考えることは有用である。炭素には3つの主要な同位体，^{14}C，^{13}C，および^{12}Cがある。^{14}Cは放射性同位体で，その半減期は5730年であるので，約6万年前までの標本の年代測定に役に立つ。^{14}Cが崩壊すると，窒素14とβ粒子が生じる。本来の標本中のY（すなわち^{14}N）の量を計測する信頼にたる方法がないので，X:Yの比率を使う方法はこの場合残念ながら利用できない。^{14}Cによる年代測定の成功は，最初の標本中のX（すなわち^{14}C）の量を正確に推定できるかどうかに依存する。現在の生物の炭素における3種類の炭素の同位体の比率は比較的一様（約98.89% ^{12}C, 1.11% ^{13}C, 0.0000000001% ^{14}C）であるので，そのような推定は十分正確に行える。この比率は，近い過去の生物ではほぼ同じであったと仮定される。重要なことは，^{12}Cと^{13}Cは安定な同位体だということである。このため，生物学的な標本の最初の^{14}Cの量は，現在の^{12}Cと^{13}Cの量から推定できる。そこで，標本の年代は，標本中の現在の^{14}Cの量と^{14}Cの半減期を用いて計算できる。

例2：ジルコン結晶による放射年代測定を用いた地球の年齢推定
半減期が5730年であることから，^{14}Cによる年代測定は地球の年齢推定には役に立たない。そのような目的のためには，^{14}Cのかわりに非常に長い半減期をもつ同位体が使用される（表4.1参照）。もちろん，^{14}Cを用いた例で示したように，正確な半減期の情報だけでは年代測定に十分ではない。物質や環境の組み合わせについての正確な情報もまた，地球の年齢を正確に推定するには必要である。例えば，ある岩が火山活動によって溶解すると，最初の物質に含まれていた同位体の多くは，その環境中のものと再び平衡状態となる。このため，この岩は，最初の物質の年代の推定には使用できなくなる。ここでは，ジルコン（zircon）結晶の解析が，地球の年齢推定という難題にどのように用いられているかを述べよう。

ジルコンは，化学式$ZrSiO_4$で表される無機物である。ジルコンの結晶は，溶解した火成岩が冷却するときに形成される。ジルコン結晶は形成後に熱せられても，それが最初に結晶化したときの特徴を保持している。ジルコン結晶内には，ウランの放射性同位体が捕捉されていることが多い。そのような同位体の1つにはウラン238（^{238}U）があり，これは半減期45億1000万年で崩壊し，鉛206（^{206}Pb）を生じる。放射年代測定を行うには幸いなことに，鉛は最初の結晶には存在しないことが多い。もし鉛が存在していた場合，ちょうど^{12}Cが^{14}Cの量の推定に使用されたように，標本に最初に含まれていた^{206}Pbの総量は標本中の現在の^{204}Pb（鉛の安定な同位体）の量から推測することができる。このように，ジルコン結晶の年代は^{238}Uの^{206}Pbに対する比率から推測することができる。やはりジルコン結晶に含まれている^{235}Uのような他の放射性同位体も，結晶の年代測定に用いることができる。^{235}Uは崩壊して^{207}Pbとなり，その半減期は7億400万年である。年代測定に複数の同位体を用いることで，年代推定を複数の方法で比較検討できる。

表4.1 ■ 同位体が長い半減期をもつ元素

親同位体	安定な生成同位体	半減期
ウラン238	鉛206	45億年
ウラン235	鉛207	7億400万年
トリウム232	鉛208	140億年
ルビジウム87	ストロンチウム87	488億年
カリウム40	アルゴン40	12億5000万年
サマリウム147	ネオジム143	1060億年

出典：http://interactive2.usgs.gov/learningweb/teachers/geoage.htm

れている方法は，**放射年代測定**(radioisotope dating)である．この方法では，岩石標本中のいろいろな同位体の含有量が解析される(Box 4.1)．岩石が形成された時点でその岩石中に存在していた放射性同位体(元素)は，時間経過に伴い崩壊する．この崩壊によって放射性同位体は減少し，それに付随して安定な産物が増加する．同位体の放射性崩壊(radioactive decay)は一定の速度で進行するので，標本の年代推定に利用できる(図4.1参照)．したがって，地球上で最も古い岩石を探索するには，古いと思われる物質(例えば，すでに古いことが知られている岩石を含む地層の底あるいはその近傍にある物質)を探し，それらの年代を放射性同位体を用いて推定することになる．

現在知られている最古の岩石は，約40億年の古さであると推定されているが，カナダのグレートスレーブ湖(Great Slave Lake)で見つかった片麻岩(gneiss)である．他にも多くの岩石が，約38億年の古さをもつことがみいだされてきている．これらの岩石に加えて，鉱物の中にはさらに古いものがみいだされてきている．例えば，オーストラリアから発見されたジルコン(zircon)の結晶は，約43億年の古さをもつ．これらの結晶は，それらよりずっと後世になって形成された岩石の中に埋め込まれた形で発見されており，結晶が本来どこで形成されたかは不明である．もし，地球上で形成されたものであれば，それらの結晶の年代から，地球は少なくとも43億年の歴史をもつことが示唆される．

惑星科学的アプローチ

地球は，隕石(meteorite)と初期の太陽系に存在していたその他の物質との集積によって形成されたと考えられる．このため，地球とほぼ同時期に形成されたが集積には関与しなかった物質を発見し，その年代を測定すれば，地球の年齢の下限も推定できる．月の岩石，流星，隕石など，そのような物質の出所は複数ある．地球の誕生の直前に形成された隕石の放射線計測による年代測定により，そのような隕石は45億年の古さをもつことが示唆された．これらのことから，集積とそれによる地球の誕生は，45億年前から43億年前の間である可能性が高い．

多くの研究から，初期の地球は，いかなる形態の生命にとっても生存に適してはいなかったことが示唆されている．地球が形成されつつあったときは，流星や他の巨大な物体が地表に降り注いでおり，それらの中には惑星と同程度の大きさのものもあった(例えば，月が形成されたときが，そのような時代である)．これらの衝突は莫大な熱量を生み出し，地表の水をすべて蒸発させ，地球を不毛の土地としたであろう．例え，その時代に生命が進化してきていたとしても，それらは死滅したであろう．このときの重要な疑問は，いつそのような大規模な衝突は終わったのかである．その時代を推定するのはむずかしいが，大部分の研究は，そのような大規模な地球の不毛化は約40億年前には終わったことを示唆している．

化石の証拠および現代の生物の比較は，地球が生存に適した状態になった直後に，生命が進化してきたことを示唆する

生命が存在していた最も早い時期の証拠を発見するために，化石(生物あるいはその活動の保存された痕跡)に戻ろう．化石の研究については第10章で詳しく議論する．ここでは，発見できる生命の最も古い痕跡は何かという，特別な事柄に焦点を絞る．

初期の生命の痕跡の探索による研究では，化石化した細胞と古代の細胞の残滓(化学的痕跡か古代の細胞の地球化学的な効果)というおもに2つのタイプの痕跡を対象としている．古代の化石かもしれないものの例の1つに，ストロマトライト(stromatolite)に類似した古

図 4.2 ▪ ストロマトライトは，シアノバクテリアあるいは他の光合成細菌の厚い層によって形成される岩石状の堆積物である。

い岩石がある。ストロマトライトは，光合成細菌の一種である**シアノバクテリア**（ラン藻，cyanobacteria）のコロニーによって形成される（図 4.2）。古代のストロマトライト様構造は，約 35 億年の歴史をもつことがみいだされている。それらが現代のストロマトライトに類似することから，それらは古代の生命の残滓であると提案されている。また電子顕微鏡による研究から，古代のストロマトライトには，現代のシアノバクテリア細胞に類似した構造をもつものがあることが明らかになった（図 4.3）。しかし，それらは確かに非常に古い化石化したストロマトライトであるが，それらが 35 億年前の生物の残滓であるか否かは明らかではない。なぜなら，そのような堆積構造や細胞様の微小構造は，純粋に非生物的な過程によっても形成されうるからである。もしそれらがほんとうの化石化した細胞であるならば，それらの見かけの複雑さや多様性から考えて，生命は 35 億年よりもさらに前から進化してきており，生命の起源はさらに遠い過去にさかのぼることになるだろう。

　生命が 30 億年よりも前から存在していた確たる証拠がある。この証拠は，**化学化石**（chemical fossil）の研究から得られた。化学化石とは，生命に特有の処理から生じる化学的残留物のことである。化学化石の 1 つに**ケロジェン**（kerogen）があるが，これは生物の腐敗や変換によって生成された有機物である。グリーンランドの堆積岩からみいだされたケロジェンは，38 億 5000 万年前の古さをもつ。グリーランドの岩石中のケロジェンが生物に由来することを確認するため，ケロジェン中の ^{12}C の ^{13}C に対する比率と，同じ岩石中の非生物的な炭素化合物中のその比率が比較された。Box 4.1 で議論しているように，^{12}C も ^{13}C も（^{14}C とは異なり）安定な炭素の同位体であり，いったん物質が形成されると，^{12}C の ^{13}C に対する比率は変化しない。しかしこの比率は，すべての炭素を含有する物質で均一であるわけではない。特に，生物による炭素の固定（例えば，CO_2 の糖への変換）においては，より軽い炭素（すなわち ^{12}C）の方が優先的に取り込まれやすい。グリーンランドの岩石においては，ケロジェン中の ^{12}C の ^{13}C に対する比率は，生物に由来する炭素について期待される値と一致していた。しかし，同位体の比率はそれらの岩石の変形の過程でリセットされたかもしれず，より信頼できる痕跡からは，約 35 億年前まで遡るといえる。

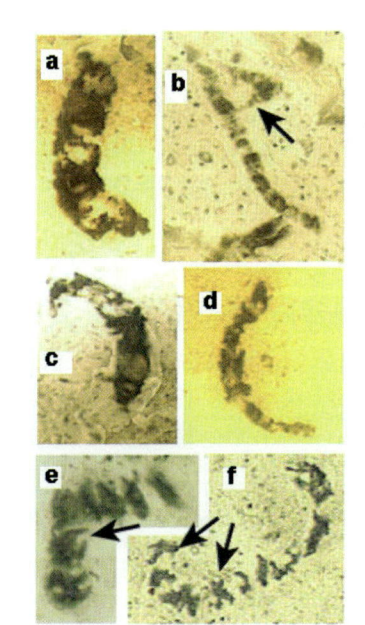

図 4.3 ▪ 古代のシアノバクテリア？　西オーストラリアのワラウーナ層群（Warrawoona group）の約 34 億 6500 万年前のものであるアペックス・チャート（Apex cherts）から見つかった構造体は，当初は有機微小化石（organic microfossil）と思われたが，その解釈は今も論争の種となっている。これら生物であるかもしれないものには以下のように名づけられている。(a) *Primaevifilum laticellulosum*。(b) *Primaevifilum delicatulum* これは側枝をもつ。(c) *Primaevifilum conicoterminatum*。(d) 細い繊維状構造。(e,f) 糸状体（trichome）（やや伸び出してきている）には，二分岐（矢印）が示されているが，これは微小な石英が散らばって存在している結果である。

要約

　ここまでで述べてきた情報を総合的に判断すると，生命は，最後の大規模な集積衝突（約 40 億年前）と既知の最初の化学化石の形成（約 38 億年前）の間の 2 億年の間に生まれてきたのであろう。これは，地球の年齢と比べても生命の歴史と比べても，比較的短い期間の出来事である（図 4.4）。

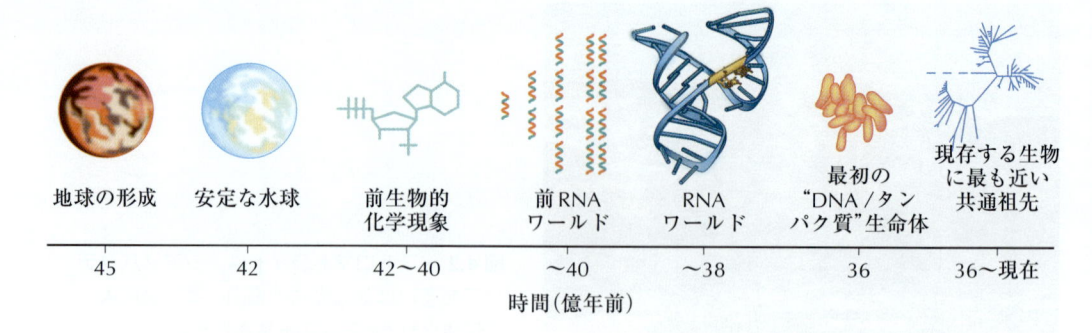

地球の形成	安定な水球	前生物的化学現象	前RNAワールド	RNAワールド	最初の"DNA/タンパク質"生命体	現存する生物に最も近い共通祖先
45	42	42〜40	〜40	〜38	36	36〜現在

時間(億年前)

図 4.4 ● 生命の起源の段階

4.2 生命はどのように地球上に生じたか？

　生命が生まれてきた年代を決定するよりも重要なことは，どのように生命が生まれてきたかをつきとめることである。生命システムは，非生命システムからどのように生じてきたのだろうか。どのような鍵となる段階や革新的なことが必要だったのか。現代の生物では，DNAがタンパク質をコードし，タンパク質はDNAを複製する。そうすると，どのように一方は他方なしに進化したのだろうか。一般的に，研究者たちは2つの戦略を採用して，どのように生命は誕生し，またどのように我々が現在のすべての生物の中に認める特徴を進化させたのかという問題に取り組んできた。一方のアプローチでは，地球が生命が進化するのに適した時点から研究を出発する。どのように生命の特徴が出現しえたかを見つけることに焦点が絞られ，実験によるシミュレーションと理論的なシミュレーションの両方を用いて，初期の地球上における，あるいは初期の原初生命システム (protoliving system) 中の条件が研究される。

　もう一方の戦略では，どのシステムが古く，どのシステムが新しいかを解明するために，現代の生物を比較する。可能な限り遠い過去に遡り，最も初期の生物がどのようなものだったかをつきとめることが，目標となる。初期の生物の遺伝システムはどのようなものであったのか，あるいは，どのような代謝過程をもっていたのか，といったことを追究する。

　この2つのアプローチは互いに独立ではない。それぞれのアプローチによって得られる情報は，他方のアプローチを改善する。これらの方法を協調して用いることにより，研究者は生命がどのように誕生したかについてよりよく理解を深めている。そのような研究から，生命の起源に必要であると思われる多くの重要な段階が同定されてきた。それらの段階が生じたであろう可能な道筋もまた同定されてきている。この章の残りでは，それらの段階のうち，7つについて議論する。

1. 無機分子から単純な有機分子の生成。
2. より複雑な有機分子や原始的な代謝ネットワークを生み出した化学"進化"。
3. 自己複製の起源と遺伝子型の形成。
4. 区画化と細胞の形成。
5. **遺伝子型**(genotype)と**表現型**(phenotype)の対応づけ。
6. 遺伝暗号の起源。
7. 初期の複製系からDNAを含む複製系によって取って代わられること。

各段階は，生命が誕生するのに欠くべからざるものであったが，段階の順番は確定していない。いくつかの過程は同時に生じたのかもしれない。以下の各項では，これら7つの段階を，生命の起源における別々の要素とみなす。

生命に必要な分子の多くは，化学的あるいは物理的方法によって生成する

> 生命が最初に生まれてきたときの条件はすべて現在も存在し，それはずっと存在し続けてきたであろうとしばしばいわれています。しかし，もし（おお，何と大きな仮定でしょうか！）いろいろなアンモニアやリンの塩，光，熱，電気などが存在する暖かい小さな池の中で，タンパク質化合物がさらに複雑な変化を受けることができる状態で化学的に形成されたとしても，現在ではそういった物質はあっというまに食べつくされるか，吸収されてしまうでしょうが，そういったことは生命が誕生する前には起きなかったでしょう。
>
> <植物学者 Joseph Hooker への Darwin の手紙より>

多くの研究の対象となってきた疑問は，生命が生まれるのに必要な分子はどこから来たのかということである。有機化学の実験（19世紀に遡る）は，複雑な有機分子が，単純な無機化合物から合成できることを証明した。これらの実験の最初のもの（1828年に行われた）では，有機化合物である尿素（$CO(NH_2)_2$）が，2種類の無機塩，塩化アンモニウムとシアン酸銀を加熱することで合成できた（図 4.5）。塩化アンモニウムとシアン酸銀から，不安定な中間体であるシアン酸アンモニウムができ，それから尿素ができる。この実験は，生命システムの化学は根源的に非生体系の化学とは異なっていると主張する生気論に対し，反証の一助となった（p.42 参照）。1850 年代には，ホルムアミドと水に対する UV 照射と放電によって，アミノ酸であるアラニンが生成された。その後まもなく，ホルムアルデヒドと水酸化ナトリウムを混合すると糖が生成することが示された。このため，『種の起源』が出版された時代には，無機化合物から比較的単純な化学反応によって有機分子が生成されることはすでに知られていた。

1920 年代と 1930 年代には，A.I. Oparin（オパーリン）と J.B.S. Haldane（ホールデン）が独立に，地球の初期の状態は，生命の前駆体となりえたであろう有機分子の蓄積を促しただろうと示唆した。しかしこれらの，また他の理論的な示唆は，単に化学的な研究の成果を使って，それらを生命の起源にむすびつけようとしただけの試みであった。彼らは，初期の地球上でどのような物質が生成されたかを個別には取り扱おうとしなかった。

20世紀の中ごろになって，研究者たちは，実験室で初期の地球上にありえたであろう条件のシミュレーションに取り組むようになった。Stanley L. Miller（スタンリー・L・ミラー）によって行われた革新的な実験は，ほとんどの研究者のこれらの**前生物的合成**（prebiotic synthesis）実験への見方を変えた。Miller は，Harold C. Urey（ハロルド・C・ユーリー）の研究室の学生であったが，大気と海洋の界面を模したものを作り出した。その界面では，メタン，アンモニア，水素ガスを沸騰した水と混合し，放電（稲妻を模したもの）の中を通過させ循環させた（図 4.6）。この条件の下でほんの数日たった反応産物には多くのアミノ酸産物が含まれており，そのなかには現在のタンパク質にみいだされるものも多数あった（表 4.2）。これに続いて行われた同様の条件下での実験では，アデニン，グアニン，シアノアセチレン（ウラシルとシトシンの前駆体となりうるもの）やさまざまな糖を含む多様な有機分子が生成された。その一例はリボースであり，これは核酸の重要な要素となる糖であるが，前生物的条件のもとではホルモース反応（formose reaction）の一種によって生成される（図 4.7）。（確

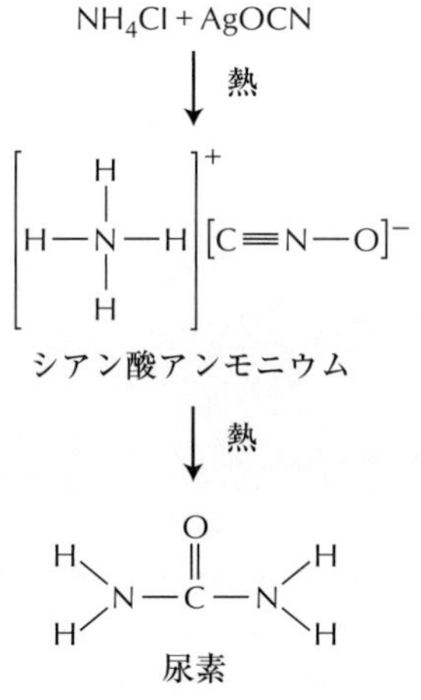

図 4.5 ・Wöhler 反応による無機塩からの尿素の合成。

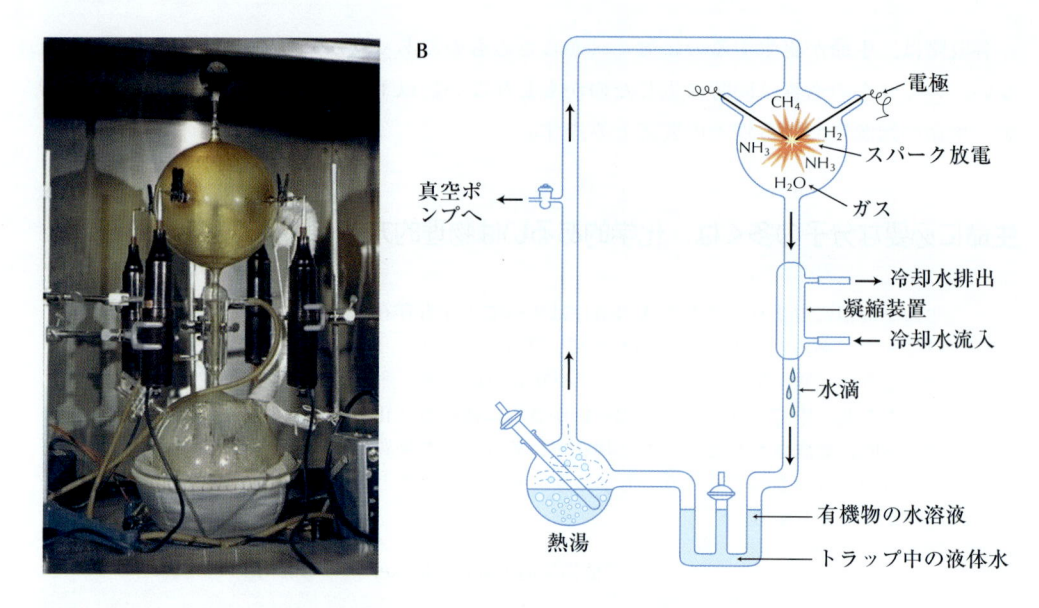

図 4.6 • Miller–Urey の実験に使用された装置。(A)オリジナルの装置を再現したもの。(B)装置の図解。

表 4.2 • Miller-Urey の実験によって生成されたアミノ酸

アミノ酸	生成量 実験1	実験2	実験3	アミノ酸	生成量 実験1	実験2	実験3
タンパク質を構成するアミノ酸				β-アラニン	4.3	—	—
グリシン	100	100	100	α-アミノ-n-酪酸	61	—	—
アラニン	180	2.4	0.87	α-アミノイソ酪酸	7	—	—
バリン	4.4	0.005	<0.001	β-アミノ-n-酪酸	0.1	—	—
ロイシン	2.6	—	—	β-アミノイソ酪酸	0.1	—	—
イソロイシン	1.1	—	—	γ-アミノ酪酸	0.5	—	—
プロリン	0.3	—	—	N-メチル-β-アラニン	1.0	—	—
アスパラギン酸	7.7	0.09	0.14	N-エチル-β-アラニン	0.5	—	—
グルタミン酸	1.7	0.01	<0.001	ピペコリン酸	0.01	—	—
セリン	1.1	0.15	0.23	α-ヒドロキシ-γ-アミノ酪酸	17	—	—
トレオニン	0.2	—	—				
非タンパク質性のアミノ酸				α,β-ジアミノ酪酸	7.6	—	—
サルコシン	12.5	—	—	α,β-ジアミノピペコリン酸	1.5	—	—
N-エチルグリシン	6.8	—	—	イソセリン	1.2	—	—
N-プロピルグリシン	0.5	—	—	ノルバリン	14	—	—
N-イソプロピルグリシン	0.5	—	—	イソバリン	1	—	—
N-メチルアラニン	3.4	—	—	ノルロイシン	1.4	—	—
N-エチルアラニン	"微量"	—	—	アロトレオニン	0.2	—	—

Maynard-Smith J. and Szathmáry E. 1995. The major transitions in evolution. Oxford University Press, Oxford の表 3.1 と 3.2 を改変。部分的には，Miller S.L. 1987. Cold Spring Harbor Symp. Quant. Biol. **52:** 16–27 も参考にした。
モル比は，グリシンの量を 100 として正規化した。
実験 1 は，$CH_4/N_2/NH_4Cl$ を，1:1:0.05 のモル比で含んでいる。実験 2 は，$CO/N_2/H_2$ を 1:1:3 のモル比で含んでいる。実験 3 は，$CO_2/N_2/H_2$ を 1:1:3 のモル比で含んでいる。

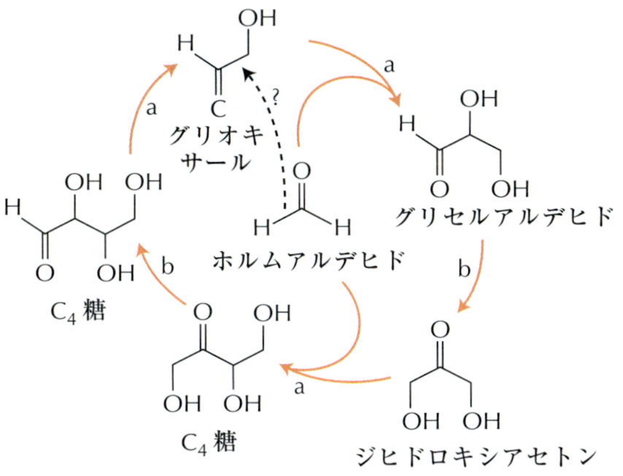

図 4.7 ● ホルモース反応を構成する化学的な経路。この反応では，ホルムアルデヒドが重合して，長い糖分子を生成する。反応産物（例えば C_4 糖）は，容易にリボースに変換できる。b と示した矢印は，ケトン-アルコールの異性化反応を表す。a と示した矢印はアルドール／レトロアルドール反応を表す。

実に前生物的地球上で生じていた）乾燥や蒸発を繰り返すことなどを付加的条件として加えると，生成される有機物の種類が大きく増大した（図 4.8）。

Miller–Urey の実験やそれに続く多くの研究は，還元条件の下で行われた。還元条件とは，本質的に O_2 がなく，また存在する物質中には酸素原子は少なく，水素が多いことを意味している（例えば，CO_2 ではなく，CH_4 が，また NO_2 ではなく NH_3 であること）。Miller は，高度に還元的な条件を用いた。それは，その当時の多くの研究者は，初期の大気が高度に還元的であると信じていたからである。最近の研究からは，そうではなかったかもしれないことが示唆されている。むしろ地球の表面近くの条件は，還元性が弱い CO_2, N_2, 水とその他の物質が混合したものにより類似していたように思われる。このような条件の下では，生成される有機分子の種類がずっと少ない。このため，研究者は単純な還元条件をもつであろう別の場所に目を向けるようになってきた。

そのような場所の 1 つが，宇宙である。宇宙は，一般に高度に還元的な環境である。大気を欠いている宇宙にある物体は例えば彗星や隕石などだが，適当な条件では，Miller–Urey 型の反応が生じる場合の基質を提供しうる。数十億年前にそれらの物体が地球に衝突したときに，有機反応生成物がもたらされたのかもしれない。このシナリオは，1969 年にオーストラリアのマーチソン（Murchison）に落ちた隕石のような，隕石や彗星の解析から支持されている。Murchison 隕石は 46 億年前のものであるが，Miller–Urey 型の実験によって生成される多くの産物を含んでおり，そのなかには多くの種類のアミノ酸も含まれていた。

宇宙は生命の起源を探索する唯一の場所ではない。初期地球の大気が還元的な環境になか

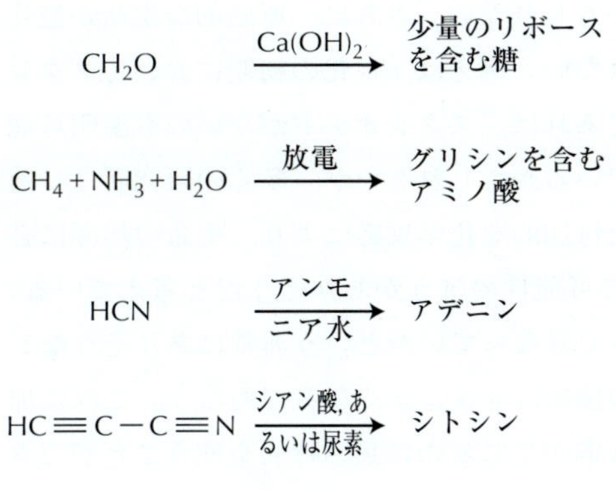

図 4.8 ● 生命の起源の鍵となるいくつかの分子の合成経路の概略図。ホルムアルデヒド（CH_2O）は重合してさまざまな糖を生み出す（例えば，ホルモース反応。図 4.7）。この重合化反応は，$Ca(OH)_2$ のような反応基によって促進される。メタン（CH_4），アンモニア（NH_3），水（H_2O）を放電下で混合すれば（Miller–Urey 様の設定），アミノ酸（またその他の化合物）が生成される。シアン化水素（HCN）は，アンモニア水の存在下で，アデニンを生成しうる。最後に，シトシンは尿素の存在下で，シアノアセチレンから生成される。

図 4.9 ■ 熱水噴出孔オアシスの生命。写真は，噴出孔における動物の共同体。

ったとしても，地球上にはほぼ確実に還元的であった場所がある。多分，最良の例は，深海にみいだされる熱水噴出孔 (hydrothermal vent) である (図 4.9)。これらの噴出孔は，海洋下の地殻プレートの移動のために海底が広がり離れている場所にあり，そこからは非常に高温で高度に還元的な化合物が大量に湧き出している。40 億年前に，生命の起源に必要な分子は，これらの深海の場所で合成されたのかもしれない。重要なことは，この噴出孔からの流出物がそのまわりにある深海の冷たい水にぶつかるときに，高温で生成される不安定な有機分子が，より低温の水によって"固定"されることである。加えて，もし生命が熱水噴出孔で生まれてきたのだとすると，それらの分子や初期の有機物は，地球の表面上にあった障害をもたらす放射線の大部分から保護されたであろう。

生命が深海で生まれてきたという説は，かつてはこじつけとみなされていたが，1977 年の，海面下数千メートルにある熱水噴出孔における生命の豊富なオアシスの発見によって，この見解は変わった。これらのオアシスは，この惑星上で最も多様かつまれな生態系が営まれている場所である (図 4.9)。この噴出孔のオアシスにおける食物連鎖の基本は化学合成 (chemosynthesis)，すなわち化学的エネルギーを用いた炭素の固定である。このため，この生態系は太陽からのエネルギーには依存していない。

化学反応は"進化"して，複雑な分子や原始的な代謝を生み出すことがある

たとえ数十億年前に適切な還元的環境が存在していたとしても，前生物的合成実験の結果は，生命の起源の説明として十分なものではない。第 1 に，用いられた条件によらず，いかなる前生物的合成実験においてもまったく生成されていない重要な化合物がいくつかある。そのような化合物のなかで最も注目すべきものはヌクレオチド (nucleotide)，すなわち核酸の構成要素である。第 2 に，多くの反応産物は，生命の起源としてはおそらく不十分なほどの微量が合成されるにすぎない。第 3 に，生命にとって重要な複合体の多くは非常に不安定であり，特に水溶液中では不安定である。そのような物質は時間がたつにつれて蓄積されることはなく，むしろ壊れていくであろう。例えば，リボースのような糖は半減期が短く，特に高温では短い。原始的な生命は，これら不安定な化合物を非常に速く使用するか，それらをより安定な化合物に変換しなければならない。長い重合体の生産が限られていることや化合物の右手型や左手型の生産のような前生物的合成実験の別の問題点については，以下の各項で議論する。

前生物的合成実験に限界がある理由は，いくつかの方法で説明できる。おそらく，正しい実験条件がまだ試みられていないのだろう。たぶん，温度か圧力をもっと高くする必要があるのかもしれないし，開始する単純な化学物質の混合物の構成を変えなければならないのかもしれない。また，特定のエネルギー源を加える必要があるのかもしれない。あるいは，必要なのは，分子が蓄積するのに必要な時間だけかもしれない。さらに，原始的な生命が進化するには生成される分子で十分だったのかもしれない。例えば，進化の初期においてヌクレオチドを遺伝物質として利用していなかったのであれば，ヌクレオチドがないのも説明可能であろう。これらの説明は幾分かの真実を含んでいるかもしれないが，多くの研究者は，前生物的合成実験によって生成された分子を用いた付加的な化学反応により，生命の起源に必要とされる分子の一揃いが合成されたという別の可能性のほうがありそうだと考えている。初期の地球上の環境は，時間の経過や場所によって異なっていたという非常にありそうなシナリオを受入れるならば，生成されうる化合物の種類は非常に多くなるであろう。これに加えて，またおそらく最も重要なことであるが，反応が生じるのに長い時間を使うことができ

た。このため研究者は，前生物的合成実験によって生成される分子をより長い期間にわたって反応させたとき，どのようなタイプの化学物質が合成されるかを予測する方法を探索した。このより長い期間にわたっての反応は**化学進化**（chemical evolution）と呼ばれている。

化学進化の一例は，よくみいだされる金属硫化物によって駆動される反応における生物学的に重要な化合物の生成である。硫化鉄や硫化水素のような化合物は，光あるいは熱のような外的なエネルギー源を必要とせずに反応を駆動するのに十分な量の自由エネルギーを与えることができる。このような化学的エネルギーを用いて，炭素1個を含む化合物（例えば，CO_2 あるいは CO）を，興味深い有機化合物に変換したり，複雑な重合体を生成することができる。岩石や粘土は金属硫化物に富んでおり，反応中心として，また高濃度で化合物を蓄積する場所として役立ち（図4.10），有機物なしに原始的な代謝を形成するための適切な条件を与えてくれたのかもしれない。金属硫化物は，先に議論したように生命の起源に必要な有機分子が合成されたであろう場所の1つである熱水噴出孔の中に多くみいだされている。

化学進化の学説では，化学反応のいくつかは閉じた回路を形成していることを仮定している場合が多い。現在の代謝回路（例えば，クレブス回路［クエン酸回路］）のように，閉じた回路の構成要素はその系から消えることはない。これらの閉じた回路の維持には，ある種の化合物の取り込みと取り出しに加えて，エネルギーの継続的な取り込みが必要とされる。そのようなシステムは，**自己触媒ネットワーク**（autocatalytic network）と呼ばれている（図4.11）。もし自己触媒ネットワークが初期の地球上で形成されたならば，それらは生命の起源へと導く中心的な化学的原動力として働いたかもしれない。

おそらく最も重要なことであるが，化学進化は複雑な重合体の形成に寄与できただろう。アミノ酸の重合体やヌクレオチドの重合体は現在の生物に必須なので，それらの生成は特に興味深い。先に議論したように，アミノ酸の重合体は，化学進化を必要とせず，前生物的合

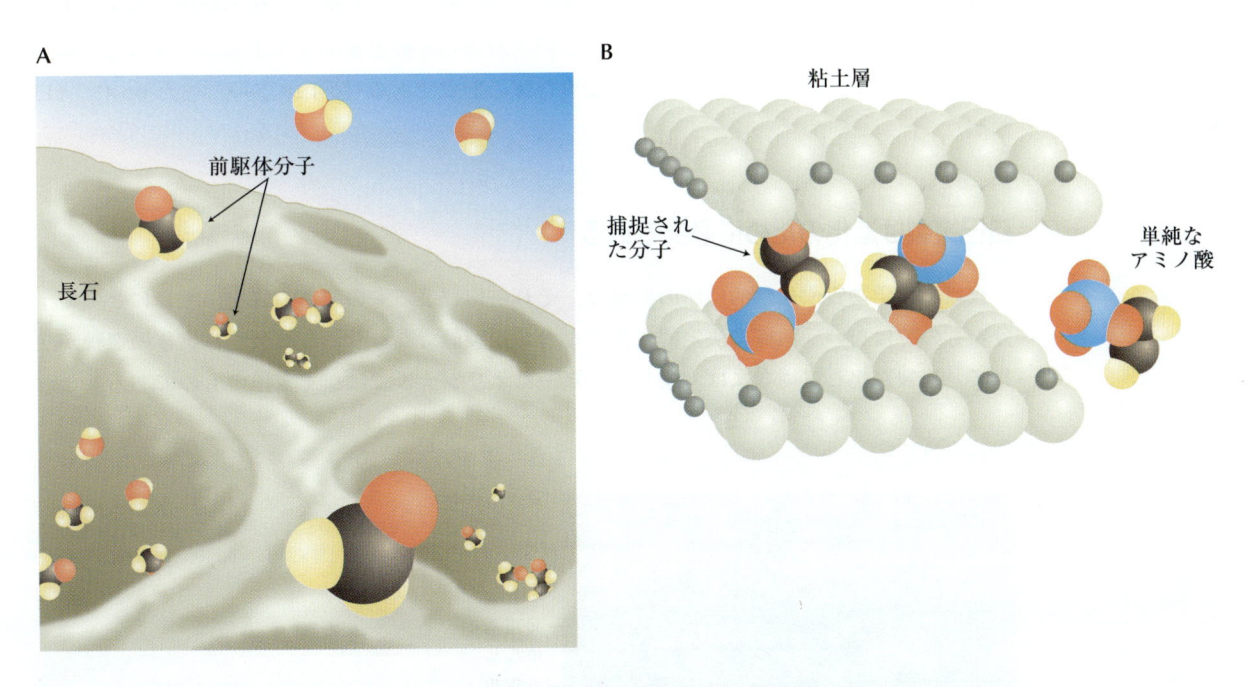

図4.10 ▪ 鉱物は化学進化の助けとなったかもしれない。（A）ここで示している長石のような多くの鉱物の表面には，不規則性がみられる。小さな穴は，分子を環境（たとえば紫外線照射）から保護してくれたであろうし，集積ポケットとして働いたであろう。（B）粘土内の層は，化合物をそこに捕らえるのに役立ち，分子を小さな空間に押し込めることによって分子間での反応の確率を増している。粘土自体も反応性に富むことが多く，それは化学反応のさらなる助けとなるだろう。

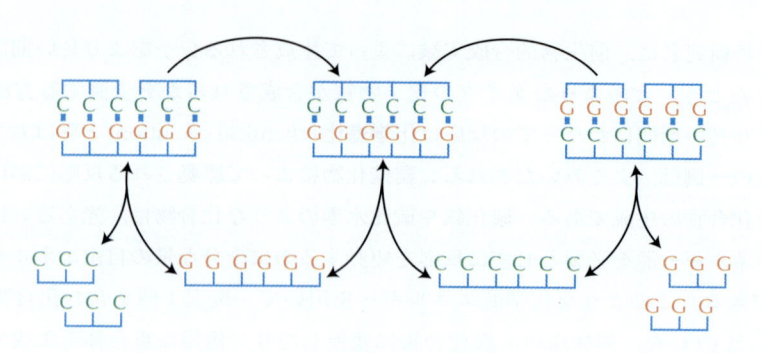

図 4.11 • DNA 複製を含む自己触媒ネットワークの例。DNA ポリメラーゼが生成される以前においても，試料中にあるオリゴヌクレオチドの混合物の中で相補的な分子が集積するための土台として DNA 分子は働いただろう。ここでは，6 個の G よりなる分子が，CCC という 2 つの分子を集めるための鋳型として働いている。もし，その 2 分子が連結されるならば，今度はそれらが，当初の GGGGGG 分子を集積するための鋳型として働くようになる。

成実験によって形成できる。より多様な重合体も化学進化を介して形成できる。しかし，ヌクレオチドの重合体は，最も高い進化能をもつであろうから，最も重要な重合体である（以下の議論参照）。しかし，どのようにしてヌクレオチドの重合体が形成されてきたかは，まだ不明である。一方，最初の反応物質 (initial reactant) の中にヌクレオチドを含む実験においては，多様な化学進化の反応によってヌクレオチドは重合体に伸長する。図 4.11 に示す自己触媒ネットワークはその一例である。他の例として，UV 照射によるヌクレオチドと短いヌクレオチドのオリゴマーの連結反応による長鎖の形成がある（図 4.12）。一方，ヌクレオチドを開始反応物質に含まない実験において，有用なヌクレオチドの重合体が形成されることは疑わしい。これまでの前生物的合成実験では一般的に，核酸重合体の形成に使えるようなどのようなヌクレオチドも生成していない。おそらく最も重要な出来事は，すべての部分ユニットが同じ立体異性体であるような重合体の形成である（図 4.18 参照。また pp.43，113 参照）。

自己複製は進化のために必要である

複雑な化学物質や化学的回路の形成は，それが何によるものであっても，生命にとって十分なものではない。同様に決定的に重要なのが複製能であり，ある複製する実体の変種が生じて，複製が起こる場合には，生じるコピーはオリジナルではなく変種のものである。これ

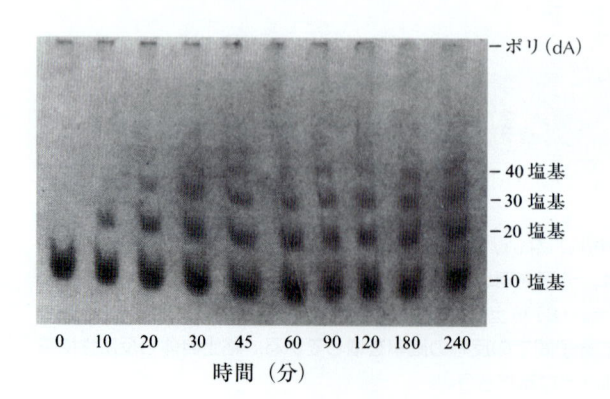

図 4.12 • UV 架橋結合によるオリゴヌクレオチドの重合。DNA オリゴマー (10 塩基の長さ) の溶液が，いろいろな時間 UV 照射を受けた。照射時間が長いほど，より長い重合体が生成された。

こそが，ある**遺伝子型**の**自己複製**（self-replication）の性質である．この項では，どのように自己複製系が進化してきたかを考える．

複製の起源に関連するいくつかの問題を理解するためには，単純な複製系を考えるのが有用である．おそらく，最も簡単なものとして**重合核形成**（nucleation）がある．複合体の会合において，あるいは単量体からの重合体形成において，会合における最初の段階はそれに続く成長段階よりもエネルギー的に起こりにくい．最初の段階が生じるためには，その反応は，複合体あるいは重合体の小部分が**種**（seed）となって始まらなければならない．重合体あるいは複合体の性質が，その種の性質によって決定される場合，重合核形成は自己複製の一形態といえる．種に駆動された重合核形成の例を図 4.13A に示す．そのようなシステムでは，種を形成する単量体の会合の仕方が異なると，それに基づいて異なるタイプの重合体が生成されうる（図 4.13B）．**プリオン**（prion）は，ウシ海綿状脳症（bovine spongiform encephalopathy, BSE）の原因となる感染性のタンパク質分子であるが，重合核形成によって複製するのだろう．

重合核形成に基づくシステムは自己複製に必要な条件のいくつかを満たしてはいるけれども，多くの点で限定されてもいる．例えば，それらは種に駆動され，多数の種よりなる繰り返し構造をもった重合体を生成するので，重合核形成は多様な重合体の生成には結びつかない．加えて，もし重合体に変化が導入されたとしても，重合体の形成を駆動するのは種なのでその変化は遺伝しないだろう．このように，重合核形成システムは，初期の生命の形態を導くのに必要とされるのに十分な変化を受け入れられない．

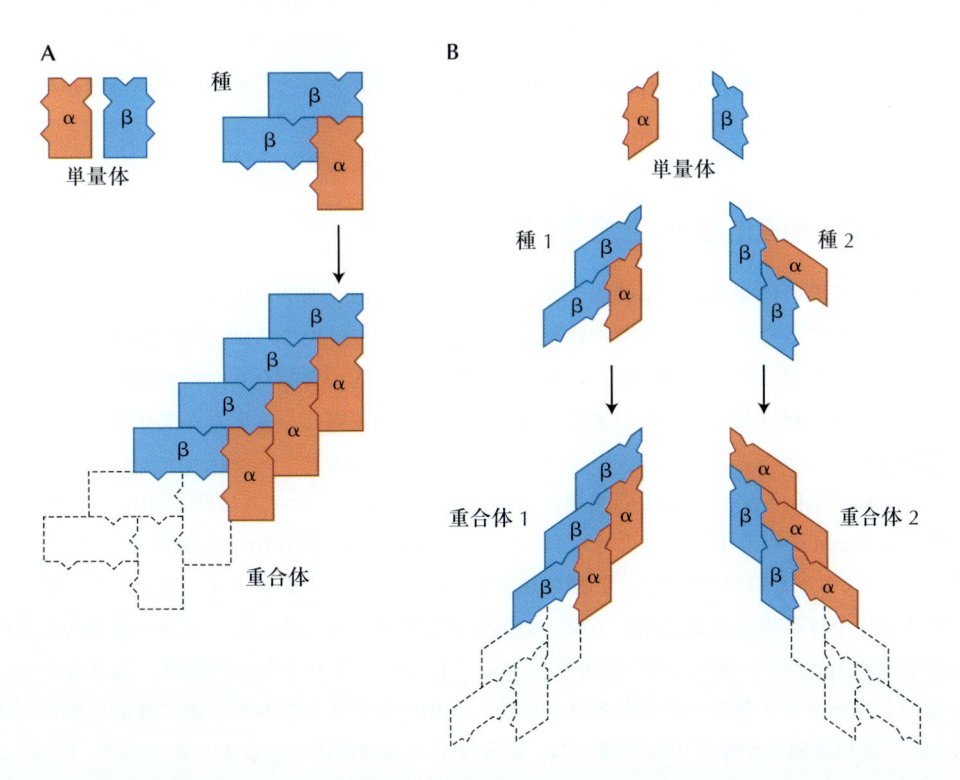

図 4.13 ▪ 単量体の重合核形成．(A) 単量体は重合核形成の過程によって重合体を形成できる．単量体 α と β は，2 つの異なるが類似の化学物質である．単量体は，互いに三角形の刻み目（内側に向かうものと外に向かうもの）を介して結合する．単量体が 2 つの他の単量体と結合するときにのみ結合が可能であるならば，種分子が重合過程の"重合核形成"を行うだろう．(B) もし最初の種が異なっているならば，重合核形成は異なる重合体を導くだろう．(A) の図の α 1 個と β 2 個を用いると，どのように三角形の切れ込みが組み合わされるかによって，2 種類の異なる種が形成される．これらの種は重合を触媒できるが，生成される重合体は異なっている．

別の自己複製系においては，最初の"複製子(replicator)"が，誘導型重合(guided polymerization)を介して働いたかもしれない．誘導型重合では，化学的あるいは物理的環境が1本の鎖に集積される単量体の順番に影響を及ぼす．単量体が"自己組織化"して重合体になりうる興味深い方法の1つは，粘土のような鉱物基質との相互作用を介する方法である．このことは，ヌクレオチドの単量体を用いて実験的に示されており，ヌクレオチドの単量体は"活性化"，すなわち他の単量体あるいはオリゴマーと反応して短い鎖を形成できる状態となる．

任意の単量体よりなるオリゴマーを生成する自己組織化システムは，"進化"することができる．オリゴマーの集団は，圧倒的に，最も安定な分子，あるいは最も速く形成される分子になるだろうが，この"安定性や速度"による選択は自然選択による進化ではない．なぜなら，ここでの選択は，変種の生成と変種の生存力の違いを欠いているからである(第5, 17章参照)．

生命にとって鍵となるのは，自然選択によって進化が起きる能力である．この能力のためには，重合体には，自己複製機構と遺伝可能な変種を生成する機構が要求される．後者の機構とは，複製子がミスを生じ(すなわち変種を生成し)，その新しい変種が自己複製できるということである．さまざまな化学物質が重合核形成あるいは自己組織化できるかもしれないが，核酸は，鋳型に基づく重合を可能にする塩基対形成ができることから，初期の複製子の候補として多くの注目を集めてきた．ヌクレオチドの単量体が複製機構として塩基対形成を利用できるために必要なのは，重合体と塩基対を形成した単量体を結合する機構だけである．その機構がどのようなものであれ，自己複製を行う実体は**複製酵素**(replicase)と呼ばれる．どのように複製酵素が進化してきたかを想像することは容易であるが，複製の正確さや，以下で議論される区画化(compartmentalization)などを考えると，むずかしい問題が生じてくる．

区画化が自己組織化と進化を加速する

複製系の起源の研究者は，単純なシステムがより複雑なシステムになる能力の障害となる部分を同定してきた．もし，初期の複製系が区画化されていたならば，それら障害の多くは乗り越えられただろう．本項では，これらの問題のうち3つを紹介し，区画化がどのようにそれらの問題を避けたかを示し，またどのように初期の区画化システムが進化したかについて議論する．

初期の複製系についての第1の問題は，突然変異率とゲノムサイズに関するものである(この問題はEigenのパラドックスと呼ばれるもので，1971年にManfred Eigen [マンフレッド・アイゲン]によって提唱された)．初期の複製系に関与する酵素が不正確であったために，その突然変異率は確実に非常に高かった．突然変異率を下げるためには，エラー修復のための複雑な機構(pp.363〜366参照)が要求される．しかし，このような機構は，大きなゲノムでないとコードできなかったであろう．しかし，小さなゲノムのみが正確に複製されただろうから，突然変異率が小さくなるまでは，大きなゲノムは進化できなかっただろう．Eigenは，エラー修復酵素がなければ，複製される分子は100塩基対より大きくなることはできず，それはあまりに小さすぎて複製エラーを修復する酵素をコードすることができなかっただろうと述べている．

第2の困難な問題は，初期の複製系は容易に寄生されたということである．複数のシステムが例えば，原始海洋において互いに相互作用していたならば，1つのシステムの産物は，別のシステムに組み入れられただろう．もし，自己複製系が他の(非複製)分子もコードする

ことができたならば，第3の問題が生じる。頻繁に混合が生じる環境（例えば原始海洋）において，コードされている情報と生成される産物の間の結びつきを維持することは困難になる。なぜなら，混合によって進行中の反応や分子間相互作用が中断されただろうからである。

　これらの問題すべてを避ける1つの方法は，複製系をその環境から部分的に隔離することである。複製系の区画化は，分子の流れを制限し，エネルギーを隔離できるので，寄生を減少させる。加えて，代謝産物の局所的濃度が非常に高くなるので，反応の駆動も助けることができる。おそらく最も重要なことは，いろいろな実体（例えば，異なる区画の中で生じている反応）が協同できるような枠組みが，区画化によって構築されることである。区画化は，Eigen のパラドックスに対する解を示唆してもいる。区画化された各複製系は，壊滅的な突然変異率を最小化できるほどに十分小さいが，分離したシステムは別のレベルで協同し，より複雑な構造や過程を生成できる。第21章では，複数のレベルの選択について議論する。

　最初の区画化されたシステムは何であっただろうか。可能性の1つとして，現在の細胞の区画を構築しているものと同じタイプの分子，すなわち脂質に基づくシステムがあげられる。脂質は，その**両親媒性**（amphipathic）構造のため，自発的に区画を形成する。分子の一方の端には頭部極性基があり，水と相互作用する（**親水的**［hydrophilic］）。他方には，長い疎水性の尾部があり，水との相互作用を避けている（**疎水性**［hydrophobic］）（図 4.14A）。脂質は自発的に二重膜構造（bilayer）を形成することができる。この構造では，2つの脂質膜は互いに会合しており，内部に向いている疎水部分と，水に面している親水部分をもつ（図 4.14B）。研究者は，やや激しく混合すると水溶液中で脂質二重膜の形成が誘導され，細胞様の構造をとることをみいだした。その構造中では，二重膜は閉じて球状構造を形成しており，構造内部に水を取り込むと同時に，構造自身は溶液中に浮かんでいる。この構造は**リポソーム**（liposome）と呼ばれている（図 4.14C）。

　それでは，リポソームが最初の区画であったのだろうか。おそらく違うだろう。脂質も，炭化水素の尾部を形成している長鎖脂肪酸も，前生物的合成実験の通常の産物ではない。"化学進化"に類似した過程によってそのような化合物が生成したかもしれないが，そうではなくて，前生物的システムや初期の生命が使用していた異なるタイプの区画化システムがあっ

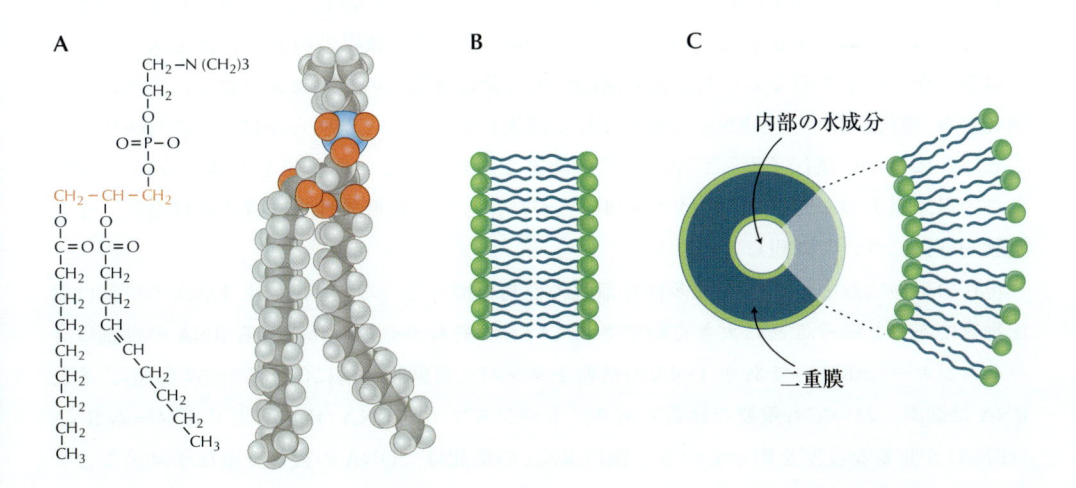

図 4.14 ・脂質。(A) リン脂質の一般的構造。リン脂質は，脂肪酸，グリセロール，リン酸基よりなる。リン脂質は両親媒性であり，一方の端が疎水性で，他方の端が親水性である。(B) リン脂質が自発的に水中で凝集するときに，二重膜が形成される。層の中心部で，疎水性の末端部は互いに付着し，親水性の末端部は水に接している。(C) 脂質二重膜が閉じるとリポソームが形成される。

て，それが後に脂質に置き換わったのかもしれない。可能性の1つとして，タンパク質のマイクロスフェア（protein microsphere）がある。これは，前生物的実験の通常の産物である両親媒性ペプチドから容易に生成される。

区画化についての話を始めたときに，複製系は，そのまわりから"部分的に"隔離されなければならないことに注意をうながした。区画の内外で分子はある程度移動できなければならない。現在は，細胞膜上のタンパク質がこの輸送に携わっている。輸送タンパク質がない状態で，原始的な区画において，どのようにしてこのような移動ができたかについては，それを説明するいくつかの説が提案されてきている。例えば，区画は不連続で，鉱物表面や巨大分子のような物体によって形成された裂け目があったのかもしれない（図4.10参照）。これらの裂け目は，洞窟の入り口のような役割を果たし，物体はその穴を通じて内外を移動できたが，全体的には内部は外部から比較的隔離した状態を保てたであろう。

区画の分子的基盤が何であったとしても，その重要な利点は，原始的な自己複製系の実体がその代謝過程で得られる産物の大部分を自身から離れないようにできたことであり，その複製機構を寄生者から防御したことである。これにより自然選択による進化が始まり，またついにはより急速に進化できるようになった。

ニワトリと卵の問題の解答：RNAは，情報の担い手と触媒の2つの役割をはたすことができる

現在，すべての細胞性生物は，遺伝のための分子としてDNAを用い，またタンパク質とRNAを用いてDNAによる指示を実行している。現在の細胞の構成から過去に遡って，どのように生命が始まったかを考えたときに，ニワトリと卵の問題にぶつかる。DNAはタンパク質の情報をコードしている。タンパク質は自己複製できないが，DNAの複製を触媒するために必要である。このようなシステム全体が，最初から同時に進化したとは考えにくい。タンパク質は，かつては自己複製できたのであろうか。これはありそうにない。比較的不活性な化学物質であるDNAが，かつては触媒活性を担っていたというのもまた，ありそうには思えない。

1960年代に，Francis Crick（フランシス・クリック）は，この謎に対する可能な解を示唆した。それは，生命が生まれたとき，RNAが情報の担い手と触媒の両方の役割を果たしたのではないかというものであった。彼の議論の大部分は理論上のものであったが，実験による研究から，現代においてもRNAは触媒として機能していることが明らかにされた（p.63参照）ことは，RNAが"遺伝子型"と"表現型"の両方でありえたという着想を大きく後押しした。ここでは，過去の一時代に"RNAワールド"が存在していた可能性を支持する理論的，また実験的証拠について概観しよう。

現在の生物において，RNAは多様な細胞の役割を担っている（表4.3）が，DNAの役割は遺伝物質であるということに大きく限定されている。最もよく知られているRNAの役割はメッセンジャー（mRNA）であり，DNAの情報をタンパク質翻訳機構に伝える（p.59参照）。また，RNAは翻訳においても重要な物質であり，トランスファーRNA（tRNA）とリボソームRNA（rRNA）が重要な役割を担っている。他のRNAの機能は，DNAの複製や遺伝子調節などである。このRNAの多機能性は，RNAが過去においては現在よりも中心的な役割を果たしていたかもしれないことの証拠である。

次に，RNAやリボヌクレオチドが関与している現在の分子や反応過程を考えてみよう。それらの大部分は普遍的なもので，多くは古くから存在している。このような理由から，そ

表 4.3 ・現在の RNA の役割

機能	RNA の種類	RNA の役割
翻訳	mRNA	DNA の転写産物
	tRNA	遺伝暗号の翻訳に関与
	rRNA	リボソームのサブユニットの一部として働く
DNA 複製	RNA プライマー	DNA のラギング鎖の複製は RNA プライマーを用いて開始される
	テロメラーゼ RNA	線状染色体の末端において必要
スプライシングと RNA プロセシング	核内低分子 RNA (snRNA)	スプライシングに関与
	核小体低分子 RNA (snoRNA)	転写後の RNA のプロセシングに必要
	リボヌクレアーゼ P	tRNA のプロセシングに必須
翻訳の品質管理	tmRNA	真正細菌において異常なタンパク質産物を分解するために標的化
タンパク質の輸送	シグナル認識粒子 RNA (srpRNA)	シグナル認識粒子の要素
RNA 干渉 (RNAi)	多くの種類がある	真核生物において RNA の安定性と翻訳の制御に関与
転写制御	6S	細菌の RNA ポリメラーゼの機能の制御

れらの分子や反応過程は，分子化石 (molecular fossil) と呼ばれている。例えば，すべての生物で使用されている多くの必須補酵素 (NAD^+ や FAD) は，リボヌクレオチドからの誘導体である。デオキシリボヌクレオチドは，リボヌクレオチドから合成される (図 4.15)。DNA の複製には RNA プライマーが使用される。生物全体のエネルギーの運び手である ATP は，リボヌクレオチドである。これらの RNA の古くからの役割は，生命の進化の初期において RNA が重要な役割を担っていたことを示唆する。

　RNA は，現在の細胞活動の多くから触媒因子として同定されている (表 4.4)。これら触媒機能は，ある種の RNA 転写産物の**スプライシング** (splicing)，DNA 末端の複製，タンパク質の翻訳，tRNA 前駆体の切断などである。まだ見つかっていない触媒機能をもった RNA 分子がほかにもあるものと思われる。さらに，試験管内での進化の実験から，多様な反応を触媒し**アロステリック効果** (allostery) を示すような酵素活性をもつ RNA 分子が合成されることが示された (第 2, 17 章)。

　RNA の触媒活性の大部分は 2 つの性質に基づいている。第 1 は，分子が多様な三次構造に折りたたまれる (fold) ことである。この折りたたみでは，塩基対を利用して，二次構造 (ステムとループ) と呼ばれる構造が形成され，それがさらに折りたたまれ複雑な三次構造が生み出される (図 4.16)。1 本鎖 DNA も多様な構造に折りたたまれるが，触媒反応を可能にするほどの反応性はない。

　RNA 触媒の第 2 の重要な要素は，その反応性である。2′ 炭素の位置にあるヒドロキシル基の存在により，RNA は DNA よりも化学的に反応性に富んでいる。この余剰な反応性が，RNA が触媒能に富んでいることの一因である (逆に，DNA の反応性は低いことから，DNA はよりすぐれた情報蓄積分子となっている)。

　これらの証拠のすべてを考慮すると，初期の生命は，RNA が遺伝子型と表現型の両方として働いていた RNA ワールドであったという一般に受入れられている結論が導かれる。

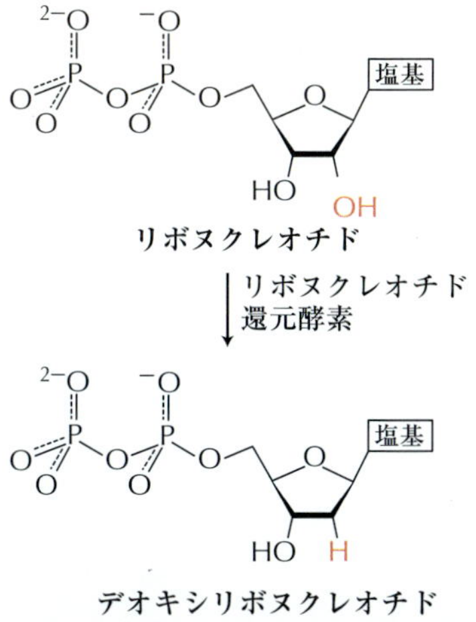

図 4.15 ・リボヌクレオチド還元酵素。現在の生物においては，デオキシリボヌクレオチドは，リボヌクレオチドから，リボヌクレオチド還元酵素を使って合成される。このことは，デオキシリボヌクレオチドの合成が，リボヌクレオチドの合成よりも最近になって生み出されたことと整合する。

表 4.4・リボザイム

リボザイム	説明
自己スプライシングイントロン	イントロンには，自身を自己触媒過程によってスプライスするものがある。さらに，GU-AG イントロンのスプライシング経路には，snRNA によって触媒されるいくつかの段階が含まれることを支持する証拠が増えている。
リボヌクレアーゼ P	この酵素は細菌の tRNA の 5' 末端を形成する。この酵素は，RNA サブユニットとタンパク質サブユニットからなり，触媒活性は RNA サブユニットがもつ。
リボソーム RNA	タンパク質合成におけるペプチド結合の形成に必要なペプチジルトランスフェラーゼ活性は，リボソームの大サブユニットの 23S rRNA に関連している。
ウイルスゲノム	いくつかのウイルスの RNA ゲノムの複製では，直列して連結された形で新しく合成されたゲノムが自己触媒的に切断される。植物のウイロイドやウイロソイド，また動物のデルタ型肝炎ウイルスでこのようなことが行われる。これらのウイルスは，自己切断活性をもった多様なグループを形成しており，その自己切断活性は，さまざまな塩基対構造によって担われている。そのような構造には，よく研究されているハンマーヘッド構造に類似したものも含まれている。
テロメア	いくつかの種では，DNA 末端の複製が，テロメラーゼの RNA サブユニットによって触媒される。

Brown T.A. 2002. *Genomes,* 2nd ed., Table 10.4, BIOS Scientific Publishers Ltd., Oxford より転載。
snRNA は核内低分子 RNA を，tRNA はトランスファー RNA を表す。

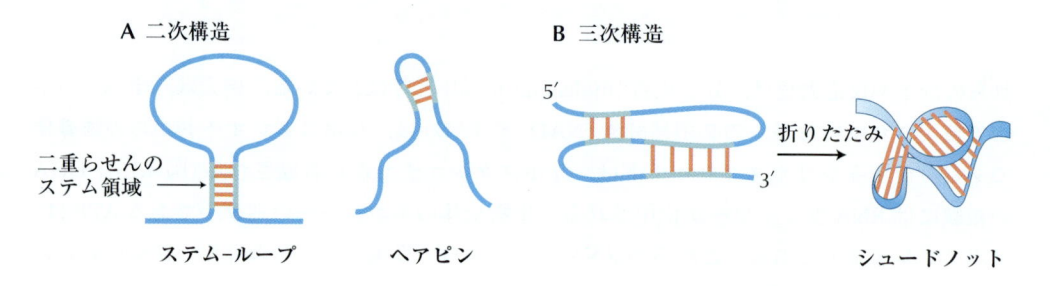

A 二次構造　　　　　　　　　　**B 三次構造**

二重らせんのステム領域　　ステム–ループ　　ヘアピン　　　　　　折りたたみ　　シュードノット

図 4.16・RNA の構造。折りたたまれた RNA 分子によって形成される構造モチーフ。(A) ステム–ループ，ヘアピン，またその他の二次構造は，RNA 分子中の離れた相補的領域の間で塩基対を形成する。ステム–ループにおいては，塩基対を形成したらせん構造をとるステム（赤色）の間にある一本鎖のループ（青色）は，数百塩基から数千塩基の長さになる。一方，ヘアピンでは，短いターン構造は，最小 6 〜 8 塩基より構成される。(B) 可動性のあるループの間に相互作用があると，さらに折りたたまれて，シュードノット (pseudoknot) のような三次構造が形成されることもある。この三次構造は 8 の字結びに似ているが，自由な末端はループの中をくぐり抜けていないので，実際には結び目は形成されていない。

ニワトリと卵，その 2：どのようにして RNA 複製系は進化するこができたか？

　RNA 複製系はどのようにして生じたのだろうか。おそらく，活性化された RNA 単量体どうしが単純に反応して，鎖状構造を形成したのだろう。このような反応は，さまざまな RNA 鎖が形成されるのには十分であっただろう。もし，それらの RNA 鎖の 1 つが RNA リガーゼ活性を獲得したならば，それによって多くの長い鎖が形成できるようになっただろう。そのようなリガーゼの形成は，試験管内での進化実験によって支持されている。この実験では，ランダム配列から出発して，数回の突然変異と選択によって，RNA リガーゼが生じた。試験管内での進化実験については pp.494 〜 496 で述べる。

　塩基対形成を用いると，このリガーゼ活性は複製の原始的形態として働いたと考えられる。RNA リガーゼから RNA ポリメラーゼへの移行は，生化学的には大きな変化ではない。いったんそのようなポリメラーゼが出現したならば，それは自身をコピーできただろう（図

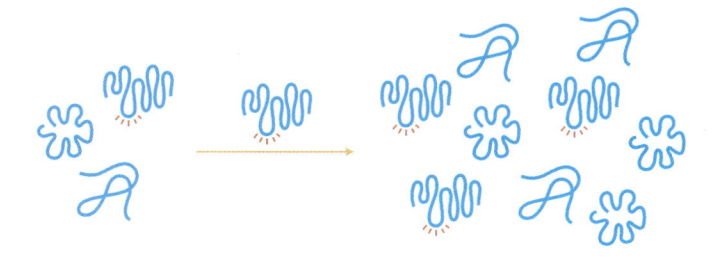

図 4.17 ▪ RNA 複製。(左) 複製酵素。自身の複製を触媒できる仮想的な RNA 分子。この仮想的な過程は，相補的な塩基配列をもつ 2 つ目の RNA 鎖と，この 2 つ目の RNA 鎖を鋳型として用いて最初の配列をもつ多くの RNA 分子の合成の両方を必要とするであろう。小さな赤い線は，この仮想的な RNA 酵素の活性部位を表している。(右) 不正な複製。複製酵素を含む RNA の仮想的な混合物。複製酵素は，他の RNA が隔離されない限り，それらを複製する。

4.17)。しかし，その複製酵素は，他の RNA 分子もまたコピーできたであろうし，おそらく寄生性 RNA によって，RNA ポリメラーゼは圧倒されたことだろう (図 4.17)。先にみたように，区画化によってこの問題は解決され，協同性の進化が促され，寄生の進化は抑制されうる (pp.665 〜 667 も参照)。

　RNA 複製子の進化の問題点の 1 つは，核酸の単量体が，分子内の特定の結合の向きに関して D 体と L 体の 2 つの異性体をとりうることである (図 4.18 参照)。複製系が塩基対に基づいていたのであれば，ヌクレオチドの L 体と D 体が混じった状態では，核酸の重合体の複製は阻害されたであろう。このため研究者は，2 つの異性体の一方のみ (L 体か D 体) を生み出すための，あるいは自己複製の機構が 2 つの異性体の一方のみを優先的に使用するような条件を同定するための実験的な方法を探索している。

RNA ワールドからの離脱には，翻訳システムと遺伝暗号の進化が必要であった

　この章の冒頭で，どのように生命が生まれたかを決定するために研究者がとる 2 つの独立

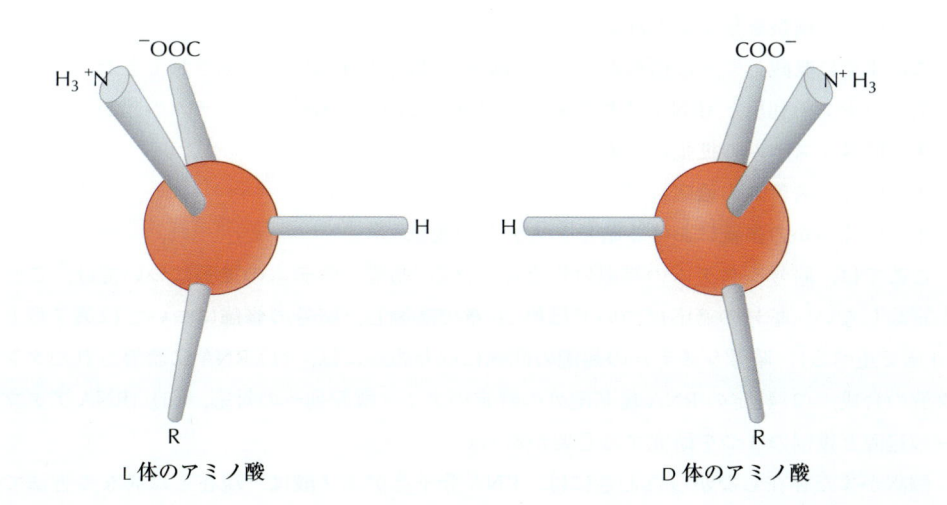

図 4.18 ▪ L 体と D 体のアミノ酸。L 体と D 体は立体異性体である (すなわち，化学的組成は同じであるが，結合の位置に関して鏡像の関係にある)。(アミノ酸あるいは核酸の) 重合体の構築においては，通常は全重合体について同じ異性体のみを使用しなければならない。

したアプローチ，すなわちトップダウンとボトムアップを区別した。RNAワールドはかつて存在していた可能性が高いが，もしそうだとすると，どのようにRNAワールドから，RNA，DNA，タンパク質からなる世界に移行したのかという疑問が生じる。より明確に述べると，普遍遺伝暗号やそれに関連した翻訳機構はどのように生まれてきたのだろうか。

翻訳系の起源に関する説を理解するためには，現在のタンパク質の翻訳のいくつかの特徴を復習しておくとよいだろう。トランスファーRNA分子 (tRNA) とアミノ酸は，アミノアシル化すなわち付加 (charging) という過程において結合される。tRNA には，それぞれ固有のアミノ酸が付加される。できたアミノアシルtRNAは，そのアンチコドンの配列との塩基対形成によってタンパク質をコードしている領域の最初のコドンと並置される。2つ目のアミノアシルtRNAは次のコドンと並置し，最初のtRNAに付加されているアミノ酸は，ペプチド結合によって2番目のtRNAに付加されているアミノ酸と結合する。さらに，アミノアシルtRNAが以降のコドンに結合し，翻訳停止のシグナルを受け取るまでペプチドは伸長する。RNAは現在の翻訳システムにおいて触媒として働く要素であることを思い出しておこう (表4.4)。このため，なんらかの翻訳システムが進化してくるまでは，タンパク質は存在しないわけである。

遺伝暗号は冗長なものの，その冗長性はランダムではないと認識しておくことは，その起源を考えるうえで重要である (図2.25, 2.26 参照)。例えば，複数の三つ組み暗号 (triplet) にコードされているアミノ酸においては，その三つ組み暗号 (**コドン** [codon]) は3番目の位置でのみ異なっていることが多い (これには3つの例外がある。セリン，アルギニン，ロイシンは，それぞれ6つのコドンにコードされている)。遺伝暗号のもう1つの重要な側面は，化学的に類似したアミノ酸が，類似したコドンにコードされている場合があるということである。例えば，GAU と GAC はアスパラギン酸をコードしているが，別の酸性アミノ酸であるグルタミン酸は GAG と GAA によってコードされている。3番目の重要な特徴は，遺伝暗号は "**普遍遺伝暗号** (universal genetic code)" と呼ばれているが，実際には普遍的なものではないということである。そのかわりに，**標準遺伝暗号** (standard code あるいは canonical code) と呼ばれるような多くの生物種で用いられている暗号と，さまざまな生物や細胞小器官にみいだされる標準暗号に対する例外がある (表5.3 参照)。現在の遺伝暗号中のパターンは，RNAワールドがどのようなものであったか，またどのように翻訳システムが進化したかについての洞察を与えてくれる。

ここまでに概観してきた情報から，遺伝暗号の起源の4段階が区別されてきた。

1. コドンの利用とtRNAアダプターの利用などからなる暗号システムの起源。
2. 暗号システムの拡張によるアミノ酸の追加。
3. 暗号システムの適応。
4. いくつかの系統における暗号システムの変更。

ここでは，暗号システムの起源に焦点をしぼる (暗号システムの拡張については，これ以上議論しない。暗号の適応については第20章で議論し，暗号の修飾については第7章と第10章で述べる)。暗号システムの起源の問題に取り組むには，(1) RNA に誘導されたタンパク質の合成，(2) 特定のRNA塩基配列の特定のアミノ酸配列への対応，(3) tRNA アダプターの起源と役割の3つを研究する必要がある。

翻訳がまだ存在しなかったときには，RNA分子とアミノ酸は，現在とは異なる方法で相互作用していたであろう。現在，多くのタンパク質がRNAの安定化に働いているように，アミノ酸はRNAの安定化に寄与していたのかもしれない。アミノ酸は，酵素の補助因子として使用され，RNA分子の触媒活性を増進したり，新しい機能の発達を促進したりしたの

かもしれない．そしてついに RNA は，翻訳システムの土台となる機能を進化させたのであろう．すなわち，アミノ酸の合成や安定化の代謝経路，特定のアミノ酸を獲得し補足する機構，今日の非リボソームペプチド合成で行われているようなアミノ酸よりなる短い鎖を生成する能力，こんにちのアミノアシル tRNA 合成酵素が行っているような RNA にアミノ酸を結合する能力，などを発達させたのであろう．

　1 個のアミノ酸と 1 個の tRNA 分子の 1 対 1 の対応が，現在のタンパク質の翻訳システムの特異性の大部分を決定している．このような対応がどのように形成されたかが，生命の起源に対する鍵となる問いである．これに対しては 2 つの有力な説がある（図 4.19）．第 1 の説では，この対応が，短いペプチドの形成において使用された tRNA アダプター分子の発達によるものであったことを提案している．ある種の RNA 分子が，他の RNA にアミノ酸を"付加"する能力を進化させた可能性はあるだろう．この可能性は，試験管内選択実験においてそのようなシステムが進化したことによって支持される．もし，選択によって，各アミノ酸に対して（あるいは，多くても数個のアミノ酸に対して），1 つの RNA が好まれるように働くならば，時がたつにつれて，そのようなシステムはより正確な対応関係を進化させうると考えられる．現在のタンパク質翻訳システムでは，tRNA はリボソームにおいて mRNA に結合する．もし，付加された RNA の配位を誘導する mRNA の類似分子と，アミノ酸をペプチドに結合する機構が存在したならば，原始的な翻訳システムも現在のシステムと同様の処理を実現できただろう．広い範囲にわたる微調整によって，三つ組みのコドンに基づき誘導されるシステムが形成されたかもしれない．この説が正しければ，コドンの特定のアミノ酸の対応関係は本質的にランダムだっただろう．この説は，"凍結された偶然（frozen accident）"仮説として知られている．

　もう 1 つのモデルは，立体化学的な制約によって，アミノ酸の本来の相互作用が誘導役の RNA 配列に結びつけられているというものである（立体化学説［stereochemistry theory］と呼ばれている）．Carl Woese（カール・ウース）は，単純にコドンとアミノ酸の構造的な適合性の探索に基づいてこの説を提案した．この説は，RNA 分子が，特定のアミノ酸への結合のしやすさに基づいて選択されることを示す実験によって強く支持された．多くの場合，選択された RNA はそのアミノ酸の標準暗号に一致するコドンを含んでいた．さらに，それらのコドンはそのアミノ酸の結合部位となりそうに思われた．これまでのところ，実験の結果か

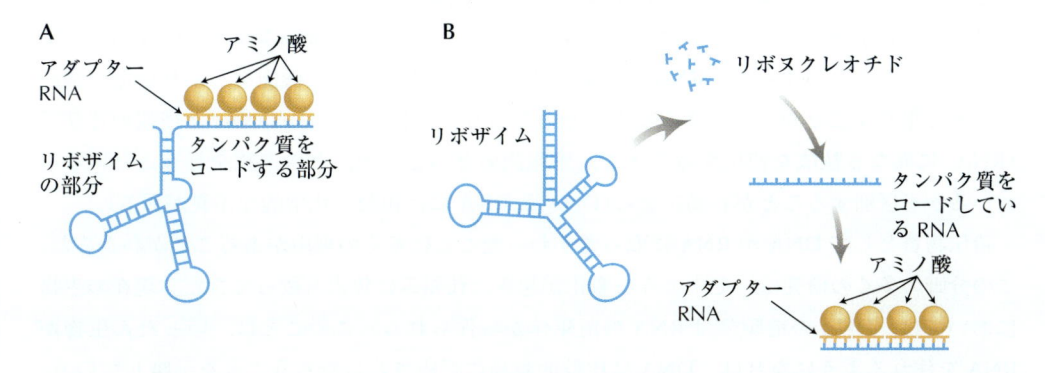

図 4.19 ▪ アミノ酸に対する RNA．最初のタンパク質をコードする RNA の進化に対する 2 つの可能なシナリオ．(A) リボザイムは進化して，触媒としての機能と，タンパク質をコードする機能の二重の機能をもった．あるいは，(B) リボザイムは，タンパク質をコードする分子を合成することができた．どちらの場合においても，アミノ酸は，現在の tRNA の仮想的な祖先である小さなアダプター RNA を介して，タンパク質をコードしている分子に結合することが示されている．

ら，現在のタンパク質に使用されている20種類のアミノ酸の約半分は，他の可能なRNAの三つ組みよりも，それらに対応する三つ組みコドンの1つに結合しやすいということが示唆されている。このように，配列特異的なRNA-アミノ酸相互作用が拡張され，遺伝暗号の起源となったのかもしれない。特定のRNA配列が特定のアミノ酸と相互作用できるという明らかな能力は，RNA-アミノ酸の相互作用の初期の進化にも寄与したかもしれない。この説は，例えば初期の地球上に存在していたはずのある種のアミノ酸がなぜ遺伝暗号に組み込まれなかったかを説明できるだろう。そのようなアミノ酸は，RNA配列と非常に特異的に相互作用する能力を欠いていた可能性もある。立体化学説ではさらに，誘導役のRNAとの直接の相互作用のかわりに，アダプター分子を用いる方法の説明が求められる。おそらく，アミノ酸と特定RNAとの本来の相互作用はtRNA様分子を介したもので，凍結された偶然仮説と同様に，誘導役のRNAは後につけ加わったものであろう。

DNAがRNAに置き換わる

　RNAワールドにおいて，RNAは遺伝子型でもあり，表現型でもあった。RNAワールドは，生命の起源の重要な段階であった。しかし，いったん翻訳システムが進化してくると，タンパク質が急速に触媒機構の大部分をRNAから乗っ取っていき，現在に至るまでタンパク質がその触媒としての役割を保持している。RNAのかわりにタンパク質を酵素としてもつことには多くの利点がある。タンパク質は，より複雑な"アルファベット"をもっており，そのためより多様な重合体を形成できる。このため，タンパク質は，RNAよりもずっと多様な触媒活性をもつことができる。例えば，RNAには，酸化還元反応や炭素間の結合の開裂を触媒できるものはみつかっていない。RNAが表現型を示す唯一のものではなくなったのに伴い，進化的な力の働きにより，新たな遺伝情報を担う分子が選択されてきたのであろう。その結果，DNAが（少なくとも細胞性の生物においては），その位置をRNAから乗っ取った。

　なぜ，情報のセンターとしてDNAがRNAにとってかわったのかについては多くの可能な理由がある。DNAの反応性の低さは，DNAを遺伝物質のより安定な担い手とした。RNAの反応性の高さは，RNAがよい触媒であることの理由の一部である。しかし，この反応性の高さから，RNAは遺伝情報に障害を与えるような化学反応を受けやすい（第12章参照）。DNAによる乗っ取りは，RNAとDNAで役割を分割するという利点があったのだろう。さまざまな化学反応や代謝過程を実行するRNAは，複製には使用しづらかっただろうし，障害性のある化学物質の影響も受けやすかっただろう。このため，遺伝物質をDNAの中に隔離してしまうことによって，RNAはその触媒的な機能や構造的な機能を，より少ない制約のもとで果たすことができるようになったのだろう。情報センター（DNA）と情報の運び手（RNA）に異なる核酸を使用することで，細胞内のどの分子が，どの過程を行うことになっているかを区別することが容易になる（DNAとRNAには複数の化学的な差異がある）。

　遺伝物質としてDNAがRNAに取ってかわったことに多くの理由があることがわかると，この分野の多くの研究は，そのような変化が起きた仕組みに焦点を絞ってきた。現在の生物においては，DNAの前駆体はRNAの前駆体から作られる。このことは，いったん生物がRNAを作れるようになれば，DNAは比較的容易に形成されただろうことを示唆している。さらに，RNA中の情報をDNAに変換する方法が必要となる。現在は，逆転写酵素がそのような変換を行っている。逆転写酵素は，多くのウイルスやトランスポゾンにあるが，おそらくRNAワールドがDNAワールドに変換された時代の名残と思われる。おそらく，RNAからDNAへの変換は，（逆転写酵素のような）タンパク質が合成された後にのみ生じたであろ

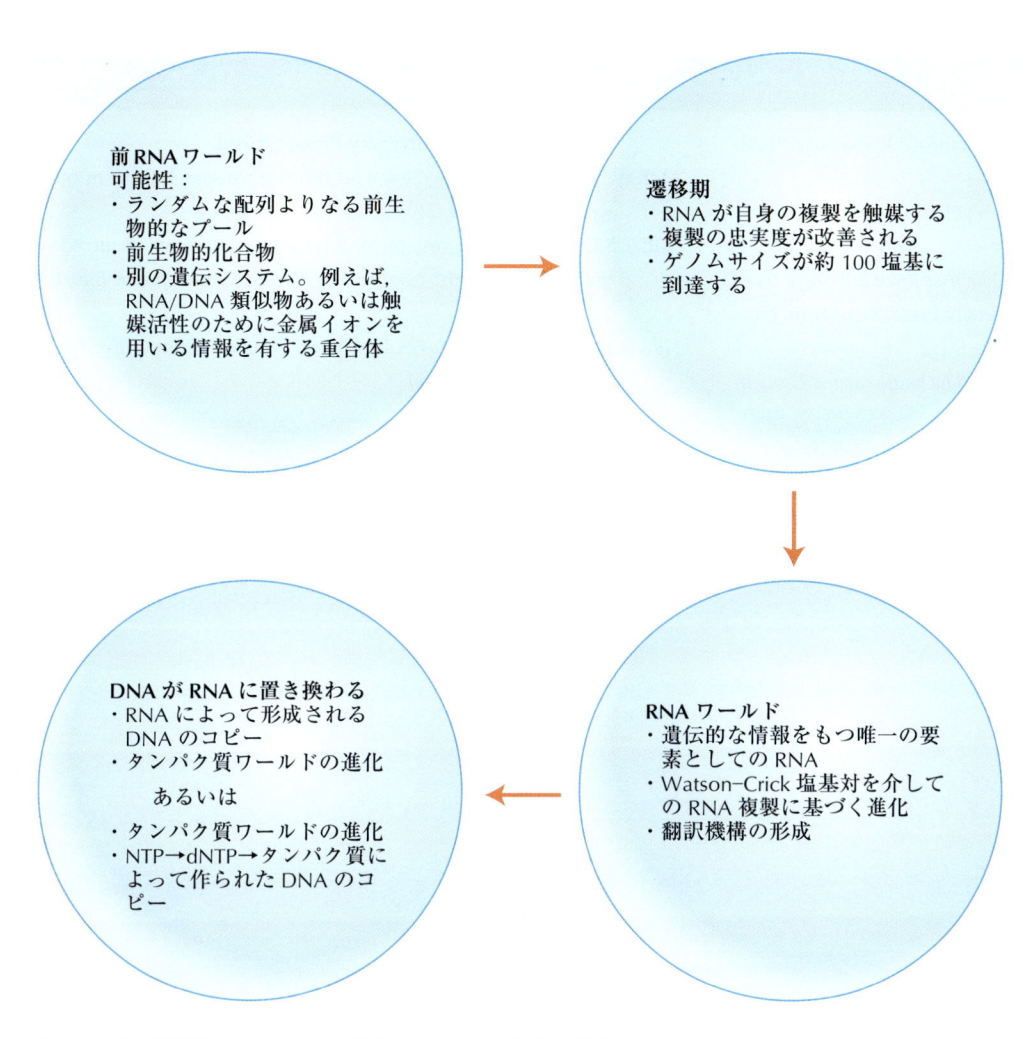

前RNAワールド
可能性：
・ランダムな配列よりなる前生物的なプール
・前生物的化合物
・別の遺伝システム。例えば，RNA/DNA類似物あるいは触媒活性のために金属イオンを用いる情報を有する重合体

遷移期
・RNAが自身の複製を触媒する
・複製の忠実度が改善される
・ゲノムサイズが約100塩基に到達する

RNAワールド
・遺伝的な情報をもつ唯一の要素としてのRNA
・Watson–Crick塩基対を介してのRNA複製に基づく進化
・翻訳機構の形成

DNAがRNAに置き換わる
・RNAによって形成されるDNAのコピー
・タンパク質ワールドの進化
  あるいは
・タンパク質ワールドの進化
・NTP→dNTP→タンパク質によって作られたDNAのコピー

図4.20 ▪ 遺伝子型としてのRNAがDNAに置き換わるモデル。

う（図4.20）。あるいは，単純なRNA複製酵素が進化して原始的な逆転写酵素となり，RNA分子をDNAに変換できるようになったのかもしれない。

▪ 要約

　この章では，原始的な生命の形式が非生物的システムから生成され，ついには生物に進化するに至ったいくつかの可能な道筋について議論した。自然選択による進化が起こり始めるとすぐに，変化のペースが大きく加速されたことを認識しておくことは重要である。さらに，本書の以降の章で議論されるのと同じ進化の原理が，これら初期の原初生命システム（protoliving system）にも適用されるべきである。組換えは，適応度地形の探索を加速するに違いない。協同や競争も生じたであろう。遺伝システム自体も進化してきたであろう。基本的に重要なことは，単純な化学物質から生命に要求される複雑な化学物質に至る比較的明瞭な経路や，そのような化学物質から進化するシステムに至るある程度単純な経路が存在しているということである。

■ 文献

Dalrymple G.B. 1991. *The age of the earth*. Stanford University Press, California.

Fenchel T. 2002. *The origin and early evolution of life*. Oxford University Press, Oxford.

Knoll A.H. 2003. *Life on a young planet: The first three billion years of evolution on earth*. Princeton University Press, Princeton, New Jersey.

Maynard-Smith J. and Szathmáry E. 1998. *The major transitions in evolution*. Oxford University Press, Oxford.

McKay C.P. 2004. What is life—And how do we search for it in other worlds? *PLoS Biol.* 2(9): e302. Epub 2004 Sep.

Miller S.L. 1987. Which organic compounds could have occurred on the prebiotic earth? *Cold Spring Harbor Symp. Quant. Biol.* **87**: 17–27.

Newman W.L. 1997–2001. *Geologic time,* Online Edition. http://pubs.usgs.gov/gip/geotime/.

CHAPTER

5

全生物の共通祖先と全生物の系統樹

　第4章では，初期地球の生命系が非生命系から進化した道筋を議論した。この章では，生命の初期進化に焦点を当て，関連する2つの問題，すなわち現在のすべての生命体の共通祖先の存在の可能性と，全生命の進化の歴史を表す全生物の系統樹（Tree of Life）を特に検討する。**現存する全生物に最も近い共通祖先**（last universal common ancestor，**LUCA**）がどのようなものであったかを検討しながら，進化生物学の重要な概念である，**垂直継承**（vertical descent），**相同性**（homology），**分岐**（divergence），**系統樹**（phylogenetic tree）などを紹介する。これらの概念を使って，LUCAのような絶滅した生物の性質がどのように推定できるかを説明する。すべての生命体の関係を示す系統樹がそのような復元のためになぜ重要なのかについてもこの章で議論する。生命が，進化の初期において，細胞性生物の3つの主要な系統つまり，**真正細菌**（いわゆる**細菌**）（bacteria），**古細菌**（archaea），**真核生物**（eukaryotes）に分岐したことを明らかにしたのはそのような系統樹の解析であった。この章の終わりでは，生命進化に関する重要な前提の1つ，垂直継承が常に成り立つわけではないのはなぜか，また，生命の起源に関する我々の理解に遺伝子の交換がどのような影響を与えたかについて議論する。

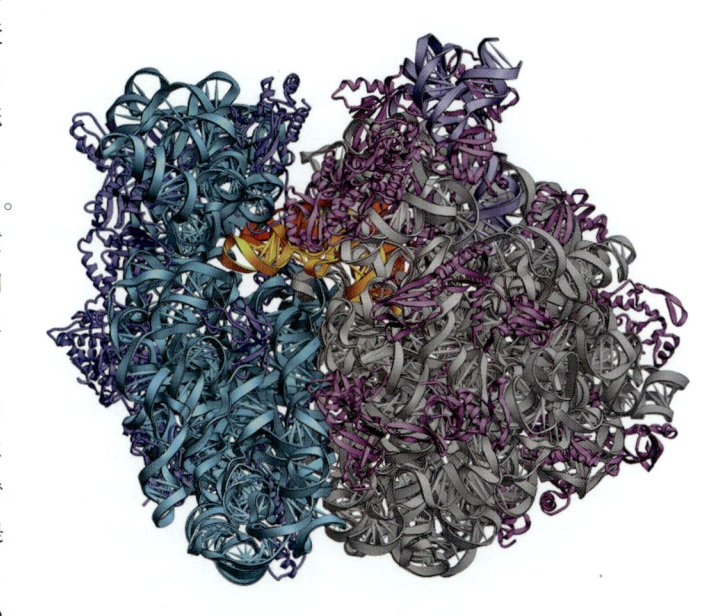

5.1 初期進化の歴史をたどる

進化を分枝過程で表すことができる

　生物に対するCharles Darwin（ダーウィン）の重要な洞察の1つは，時間の経過に伴う生物種の進化を，分枝過程として表現できるということである。その過程では，個々の生物種は，"分岐"して2つかそれ以上の"子孫"生物種を生み出す（pp.18，75）。これらの子孫生物種の一方または両方が再び分岐するまで，それらは独立した単位として進化する。この過程

現生生物種

a, fに最も近い共通祖先

a, f, mに最も近い共通祖先

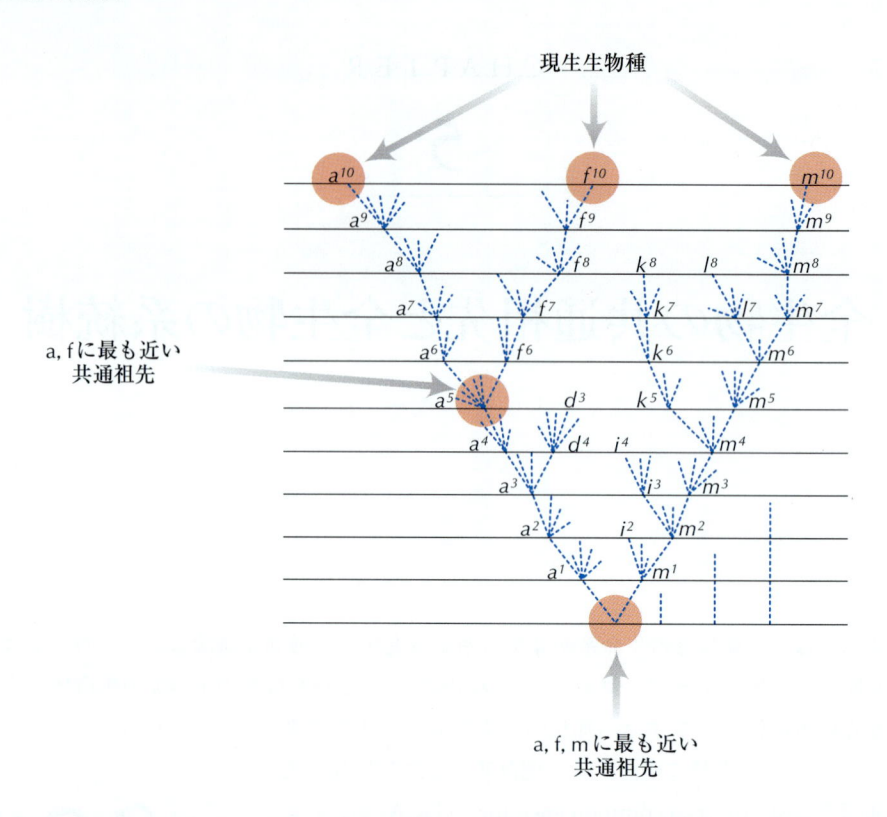

図 5.1 ▪ 『種の起源』に掲載された唯一の図に示されている垂直継承。系統樹が枝分かれし単一の生物種から 2 つ以上の子孫生物種が生まれることによって，時間の経過とともに起こる生物種の進化が示されている。子孫生物種は，"垂直"継承の形で親生物種の形質を継承する。現存の生物種は，a^{10}, f^{10}, m^{10} で示され，それ以外のすべての系統はすでに絶滅している。a^{10} と f^{10} の共通祖先をたどると a^5 に至る。次に，a^{10} と f^{10} をまとめて m^{10} との共通祖先をたどると，図の一番下の生物種に到達する。

が続くことによって，枝が次々と生み出される。

　Darwin は遺伝の正確な機構を知らなかったが，親と子の間の形質の伝達について当時知られていたことを生物種の進化に拡張できた。実際，Darwin はこの**垂直継承** (vertical inheritance) という概念を非常に重要なものとみなしており，『種の起源（種の起原）』には唯一，この枝分かれ過程の図が収められた（図 5.1）。**系統樹** (phylogenetic tree) あるいは進化系統樹と呼ばれるこのような図については，Box 5.1 でより詳しく述べる。

変化を伴う由来という概念は進化的関係の推定に使える

　ちょうど子供が親に，そして子供どうしが似ているように，生物種の進化においては，系統の分岐後のある程度の期間，2 つの子孫生物種は互いに似ているだろう。子供が親に似る，あるいは新しい生物種がそれを生み出した祖先生物種に似るという事実は，もちろん遺伝物質の継承に起因する。この，共通の系統を通して形質を共有することを**相同性** (homology) といい，共有される性質は**相同** (homologous) であるという。相同性は，遺伝子，形態，行動など多くの面で表れ得る（表 5.1 参照）。例えば，ヒトの腕の骨と四足歩行する哺乳類の前肢の骨は相同であるとみなされ，また，ヒトの血液中のいろいろなタイプのグロビンタンパク質もそうである。しかし，**分岐** (divergence) あるいは**変化を伴う由来** (descent with modification) と呼ばれる過程を経ることによって，子孫系統の間の類似性は時間とともに低

Box 5.1　進化系統樹

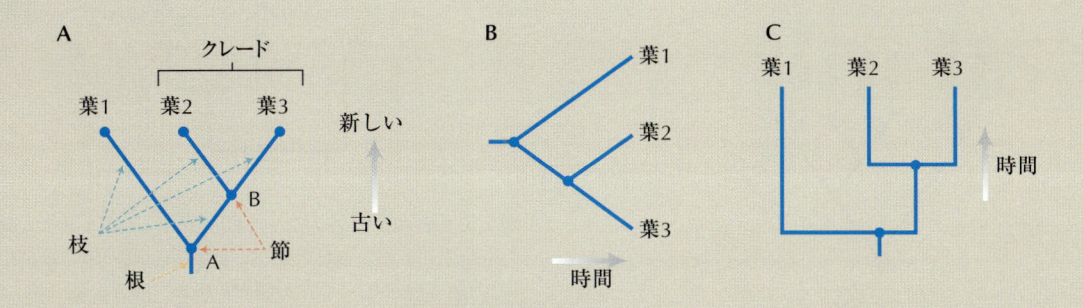

図5.2 ● 葉，節，枝を示す模式的な系統樹。(A) 系統樹の重要な要素すべて。この系統樹は3つの操作的分類単位(OTU)の進化の歴史を示している。OTUは，生物種，個体，ゲノム，遺伝子その他の進化の歴史をもつ実体を表すことができる。(太い青線)枝は，時間の経過とともにOTUに起こった進化を表す。この系統樹では，進化的時間は下から上へ流れるようになっていて，そのためこのような系統樹は垂直系統樹と呼ばれる。進化的時間を過去から現在へ向かって考えると，(青丸)は1つの系統が2つに分かれた点を表している。進化的時間を現在から過去へ向かって考えてみると，節は，この系統樹上それより上にある生物の共通祖先を表している。この場合，葉2と葉3は節Bにおいて祖先を共有する。葉2と葉3を含む節Bのすべての子孫は，クレードすなわち単系統群と考えることができる(クレードに関するさらなる詳細については図5.3参照)。分類群の間の水平方向の距離と枝の角度は，実際には意味をもたない。見やすいようにしてあるだけである。(B) 90°回転させたAの系統樹。このような水平系統樹は垂直系統樹と同じ情報をもつ。この場合，進化的時間は左から右に向かって進み，縦方向の距離には意味がない。(C) T字形系統樹。これもAやBの系統樹と同じ情報をもつが，V字形でなくT字形の節とともに枝が描かれる。これらどの系統樹においても，過去の方から系統樹上のすべての分類群の共通祖先へ至る枝が，系統樹の"根"である。

　系統樹は，3つのおもな要素からなる。すなわち，**枝**(branch)，節，葉である(図5.2)。枝(系統樹の個々の独立した直線)は，時間の経過に伴う進化を表す。**節**(node)は，複数の枝が結合する点であり，1つの系統が複数の系統に分かれることを表す。**葉**(tip)(**操作的分類単位**[operational taxonomic unit, OTU]，外部節とも呼ばれる)は，個々の枝の末端である。これは現存の分類単位，例えば現存種を表したり，絶滅した分類単位を表したりする。節は，その分岐点の子孫である枝上のいろいろな種の共通祖先も表している。樹のような図は元来，生物種の進化を表すのに使われていたが，そのほかに遺伝子や集団中の個体などを表すのにも使われている。系統樹のような図の正確な構造は，表すものによって異なる。図5.2で，系統樹の重要な性質についてさらに詳しく説明する。

　ある系統樹においてグループが互いにどのように関係しているかに注目すると便利であることが多い(図5.3と5.4)。最も簡単な関係は，**単系統**(monophyletic)群あるいは**クレード**(clade)というものである。これは，単一の祖先とその子孫すべてからなる。ある共通祖先をもつ生物種が1つのグループとしてまとめられても，その共通祖先の子孫の一部がそのグループから除外されることがときどきある。このようなグループを**側系統**(paraphyletic)群という。1つの例は爬虫類である(図5.4参照)。すべての爬虫類は祖先を共有するが，鳥類が爬虫類の内部から進化してきたので，爬虫類の共通祖先の子孫すべてが爬虫類であるわけではない。場合によっては，祖

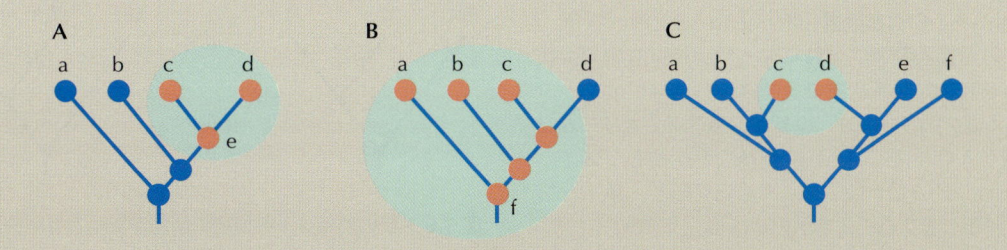

図5.3 ● いろいろなタイプの系統群。(A)～(C)それぞれにおいて，系統群を緑色の円で示す。(A) 単系統群。グループ内のすべての生物種(cとd)は，祖先(e)を共有し，eは，cとd以外の生物の祖先ではない。(B) 側系統群。グループ内の生物種は祖先fを共有するが，祖先を共有する他の生物種(d)はそのグループから排除されている。(C) 多系統群。複数の系統からなるグループであり，グループ内の各系統についてより近縁な生物がそのグループの外に存在する。

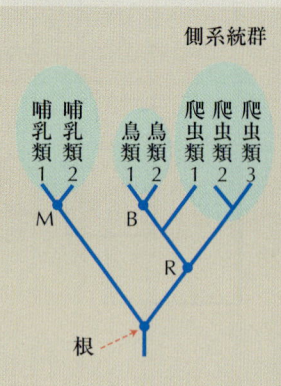

図5.4 ● 脊椎動物の進化における単系統群と側系統群の例。2種類の哺乳類，2種類の鳥類，3種類の爬虫類の間の系統関係を示す。哺乳類は，鳥類と爬虫類を排除して（節Mで）祖先を共有するので単系統群である。鳥類も（節Bで祖先を共有するので）単系統群である。爬虫類は祖先を（節Rで）共有するけれども，この共通祖先の子孫すべてが爬虫類であるわけではなく，一部は鳥類である。爬虫類は単系統群ではなく，側系統群である。

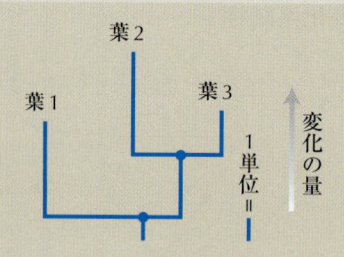

図5.5 ● 系統図（上図）は，分岐の順番に加えて進化の量も表示した系統樹である。進化の量は，時間軸方向の枝の長さで表される（この例では縦軸）。この系統樹では，葉2と葉3は，葉1を排除して祖先を共有している。しかし，共通祖先から分岐して以降，葉2の方がより多くの変化を経験している。もし葉2と葉3が現存の生物種であれば，このことは，葉2に至る系統の進化速度が葉3に至る系統に比べて大きかったことを意味する。進化速度の違いはよくみられることで，突然変異率の違い，集団の大きさの違い，選択圧の違いなど多くの要因によって起こり得る。その原因が何であれ，そのような違いを進化系統樹に取り入れることは非常に有用であることが多い。系統図においては，縮尺を示す直線が，変化の量と単位長さの対応を示す。

先を共有していないけれども生物学的特徴を共有しているような生物種をグループとして扱うこともある。生物種のこのような集まりを**多系統**（polyphyletic）群という（多くの［poly］祖先に由来する，の意；図5.3）。多系統群の例は，滑空する哺乳類（キツネに近縁な種やリスに近縁な種からなる）やグラム陰性真正細菌（図6.2参照），藻類（p.216参照）などである。

これまでにみてきた系統樹は，葉と節の間の分岐パターンに関する情報だけを含むものだった。このような系統樹は**分岐図**（cladogram）と呼ばれる。多くの場合，いろいろな枝で起こった進化的変化の量を表示すると便利である。これは，**枝長**（branch length）を変化の量に比例させることで実現される。すべての枝の長さが変化できるとき，その系統樹は**相加的**（additive）系統樹あるいは**系統図**（phylogram）と呼ばれる（図5.5）。このような系統樹では，時間軸にそった距離は変化の量に対応し，縮尺が表示できる。また，系統樹の根からすべての葉までの距離がすべて等しいような制限を加えると便利なことがときどきある（例えば，共通祖先から分岐してからの進化的時間を表すための系統樹など）。このような系統樹は**樹状図**（dendrogram）あるいは**超計量**（ultrametric）樹と呼ばれる。

系統樹の意味のある要素は分岐パターンと枝長なので，枝の相対的位置を変えても系統樹の意味は変わらないのがふつうである。例えば，図5.6では，系統樹の意味を変えずに葉2と葉3の位置を入れかえている。変更後の系統樹も，葉2と葉3が出会う節においてそれらは共通祖先をもち，葉1を排除してクレードを形成することを示している。

大部分の系統樹は単一の節から2つの枝が現れる（つまり，2つの系統が共通祖先から分岐する）ように描かれるが，1つの節がもっと多くの枝を連結することもあり得る。これを**多分岐**（polytomy）という（図5.7）。多分岐は，単一の共通祖先から3つ以上の系統が同時に分岐したかもしれないような進化的出来事を表現するのに使われる。また，系統推定の不確実さを表すこともある。この場合，それらの系統の分岐の順番を確実には推定できないことを意味する。

これまでみてきた系統樹は，根の部分に枝のある有根系統樹であった。系統樹上に表されているすべての生物や遺伝子は，根と系統樹の他の部分を結ぶ節で表される祖先を共有する。しかし，系統樹の根を常に特定できるとは限らない。根のない系統樹を無根系統樹という。1つの無根系統樹上に現れる生物は祖先を共有していると仮定されていて，したがってその系統樹は根をもつ。問題は，根の位置がわからずどの点にもつき得ることである。図5.8に3つの葉をもつ無根系統樹の例を示す。無根系統樹の解釈はむずかしく，根の位置はその系統樹から引き出せる結論に重大な意味をもつ。系統樹に根をつけることに関連する問題については，pp.134～139と

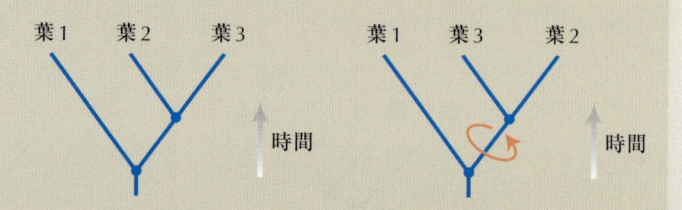

図5.6 ● 枝の回転は，系統樹の情報を変化させない。これら2つの系統樹は，葉2と葉3の祖先の根元の部分が回転していて，右の系統樹では，葉3が左，葉2が右になっている点を除いて同じである。右と左の系統樹は，同じ系統樹の描き方を変えたものにすぎない。枝は自由に回転できるが枝のパターンは変わらない，モビールのような系統樹を想像するとわかりやすい。

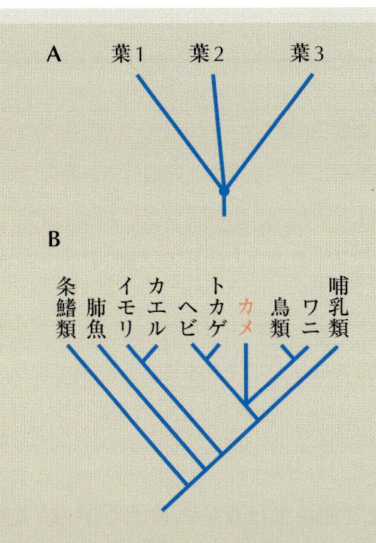

図 5.7 ■ 多分岐になっており，1つの節から3つの枝が出現する系統樹。(A) 一般的な多分岐。系統樹における多分岐にはたくさんの使い方がある。単一の共通祖先からきわめて短い期間に(つまりほぼ同時に)多くの系統が進化したような，星形のパターンを表すのに使われる場合がある。(B) 多分岐は，モデルが曖昧であることを示すために使われることもある。この系統樹では，カメ，ヘビ/トカゲ，鳥類/ワニの3グループの間の分岐の順番が決定できていないことを示すために使われている。

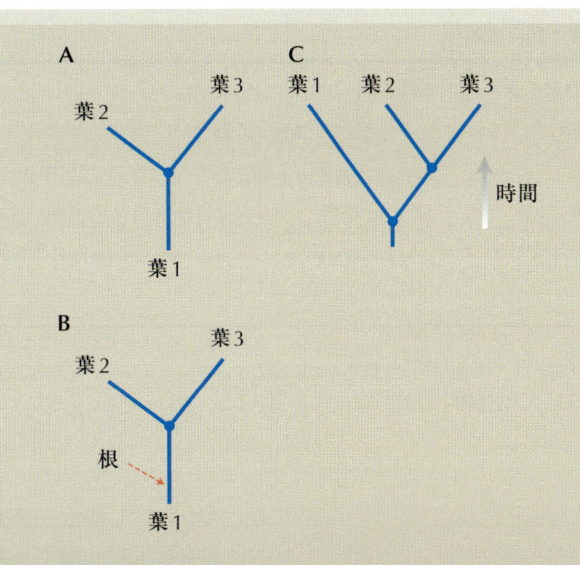

図 5.8 ■ 系統樹の根の決定。(A) 無根系統樹。(B) 系統樹の根の位置の決定。(C) Bの系統樹に根をつけて描き直したもの。この場合，葉1に至る枝に根がつけられ，葉1に対して，葉2と葉3は互いに近い関係にある。他の位置に根がつくと，葉の間の関係について違う結論が導かれるだろう。

第27章(オンラインチャプター参照)でより詳しく議論する。

多分岐が系統樹の不確実性を表すことがあるが，ここから系統樹で進化を表現するうえで重要な問題が生じる。系統樹とはほとんどの場合，観察というより推定に基づいている。1つの系統樹は進化のモデルであり，確実な証拠に基づいている部分とそうでない部分がある。系統樹の特定の部分が支持される度合いに関する多くの尺度が存在する。広く使われている尺度の1つは**ブートストラップ**(bootstrap)値である。ブートストラップとは，その系統樹の中の特定のクレードが，その系統樹の構築に使われた"すべての"データによってどの程度支持されているかを見積もるための統計的手法である。例えば，多くのタイプの骨のデータから構築された系統樹において，いくつかのクラスタはすべての骨によって支持される一方，他のクラスタは少数の骨による支持しかないかもしれない。ブートストラップ値は以下のように計算される。まず，元と同じ大きさの新しいデータセットを(元のデータセットから形質を抽出することによって)複数作る。この際，形質の中に複数回選ばれるものと1回も選ばれないものが出てくるようにする。次に，新しいデータセットそれぞれから1つずつ新しい系統樹を推定する。最後に，すべてのデータセット(つまり系統樹)を解析して，あるクレードについて新しい系統樹の何割が元と同じであるかを求める。その割合がブートストラップ値であり，これが大きいとき，そのデータはそのクレードをより強く支持する。ブートストラップ値を求める方法については，第27章(オンラインチャプター参照)でさらに議論する。系統樹では，節の近くに対応する値を置いてブートストラップ値を示すことが多い。

下するだろう(p.75)。

変化を伴う由来と，種の進化の分枝パターンという概念を使って，現在の生物を比較しそれらの間の進化的関係を**推定**(infer)することが可能である。このような推定が重要なのは，ほとんどの場合進化の歴史は直接観察されないからである。生物種(または遺伝子などの特徴)を比較し，類似性の度合いを定量化して，似ているものがまとまっている系統樹に変換することによって，そのような推定ができそうに思えるかもしれない。系統樹の中のすべての枝は，それらの類似性の尺度に基づいて計算できるかもしれない。原理的には，時間をさかのぼって生物種がその系統樹の枝のどこで出会うべきかを，類似性を用いて決定できるか

表 5.1 • 相同と相似

形質のタイプ	相同の例	相似の例
形態学	ヒトの手とコウモリの翼	鳥類の翼と昆虫の羽
生理学	ATP 結合カセット輸送体タンパク質によるイオン輸送	高塩濃度環境における藻類と好塩性古細菌の生育
生化学	シアノバクテリアと葉緑体における葉緑素による光捕捉	葉緑素による光捕捉とロドプシンによる光受容
DNA 組成	ヒトとチンパンジーのミトコンドリアゲノムの AT 含量が高いこと	マイコプラズマゲノムとミトコンドリアゲノムの AT 含量が高いこと

相同な形質とは，共通に継承されてきた形質のことをいう。一方，相似な形質とは，共通の形態や機能をもつけれども別々にできたものをいう。相同と相似は，あらゆるタイプの生物学的形質においてみられるが，少数の例をこの表にあげた。

もしれない。しかし，進化の推定は，それほど簡単ではない。残念ながら，類似性の定量化からスタートし時間をさかのぼって関係を推定することが常にうまくいくとは限らない。

　この方法に対する 1 つの障害は，系統によって異なる進化速度である。このような違いは，突然変異率，集団の大きさ，世代時間，選択の強さなどいろいろな性質のばらつきによって引き起こされる (第 12, 15, 19 章でこれらの過程をより詳しく検討する)。進化速度の違いがあると，全体的な類似性の度合いは進化の歴史と必ずしも直接関係しないだろう。例えば，図 5.9 の系統樹は，3 つの生物種の進化の歴史を示しているが，1 つの生物種 (生物種 3) の進化速度は，他の 2 つよりも大きい。このような系統樹において，任意の 2 つの生物種の間の類似性は，それらをつなぐ枝をたどって枝の長さを合計することで近似できる。図 5.9 において，生物種 2 から生物種 1 への長さは，生物種 3 から生物種 2 への長さよりも短い。このことは，生物種 3 よりも生物種 1 に，生物種 2 は似ていることを意味している。しかし生物種 3 と生物種 2 は祖先を共有し，生物種 1 が排除される。このように，類似性の度合いは，この場合進化的関係を反映しない。

　いくつかの形質が互いに似ていたとしても，それらは独立な起源をもつかもしれず，その場合相同性を反映しない。このタイプの関係は**相似** (analogy) と呼ばれ，類似性の定量化から関係を推定しようとするとき第 2 の面倒な問題となる。相似する特徴は，おもに 2 つの過程によってもたらされる。すなわち**収斂** (convergence) と**平行進化** (parallel evolution) である。収斂では，類似した環境や生存戦略に適応した結果，別々の系統の異なる (非相同な) 特徴から類似性が生じる。例えば，高度な飛行能力へ至る選択は，鳥類，コウモリ，一部の昆虫において翼と飛行の仕組みの収斂進化につながった。これらの遠縁な生物の飛行に関与する構造は，表面上似ているが相同ではない。一方，平行進化では，同じ特徴に対して，異なる系統で独立に変化が生じることを通して類似性が生じる。例えば滑空の起源は，多くの哺乳類，すなわちキツネザル，キツネ，リス，有袋類それぞれの一部で独立である。滑空を可能にする仕組みの 1 つに前肢の非常によく似た変形があるが，これは別々のグループでそれぞれ独立に生じた。平行進化のもう 1 つの例を図 5.10 に示す。この例では，節足動物のいろいろな系統が，おそらくは同じ発生の経路の簡単な変化によって，独立にカニ様の外観を進化させた。相同な形質と相似な形質の例を表 5.1 と図 3.3 にさらに示す。

　類似性の度合いと進化的関係のパターンのつながりが完全でないことは，いくら強調してもしすぎとはならない。これは，生物の進化の歴史の研究において必ず理解すべき重要な概念の 1 つである。例えば，生物の進化の歴史を推定するためには，収斂しにくく，また系統樹上のいろいろな枝で比較的一定の速度をもつ形質を選ばなければならない。第 27 章 (イン

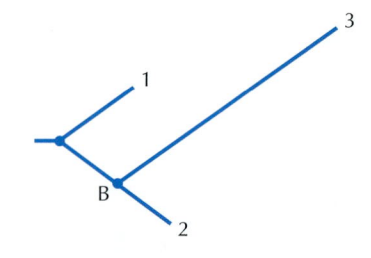

図 5.9 • 不均一な進化速度。3 生物種の間の関係を示す仮想的な系統樹。生物種 3 に至る枝の進化速度は，生物種 2 に至る枝に比べて大きく，それは共通祖先 (節 B) から生物種 3 に至る長い枝で表されている。

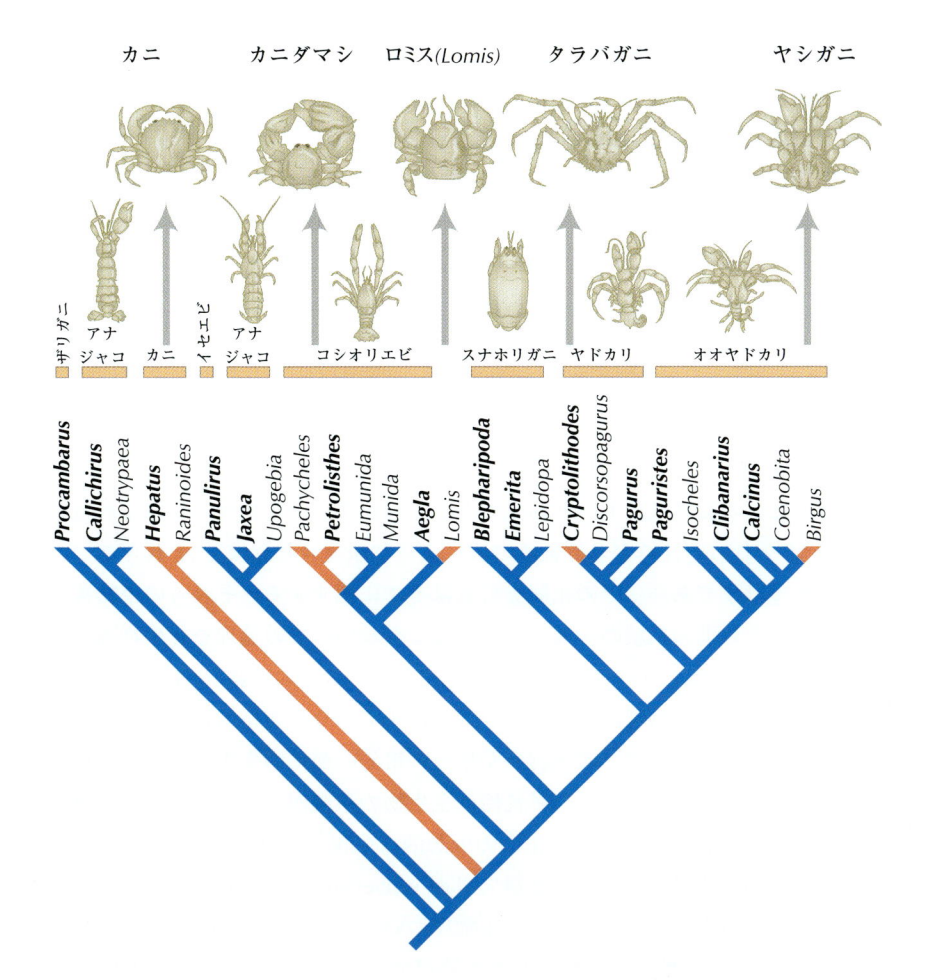

図 5.10 ▪ 節足動物におけるカニ様形態の平行進化。この系統樹は，カニ様形態をとるいろいろな節足動物のグループについて推定された系統関係を示している。それぞれのグループの大まかな外観を，分類群の名前の上に示す。カニ様形態を図の上方に示す。矢印は，どの属がカニ様形態をもつかを示す。赤い枝はカニ様の構造の複数の起源を示す。多起源であることは，おそらく，共通の発生経路に同じまたは非常に似た変化が起こった結果である（第11章参照）。したがって，これは平行進化の一例と考えられる。

ターネットの英文参照）で，進化の復元の方法，および，進化速度の違い，収斂その他の現象によって生じる問題をより詳しく議論する。

5.2 普遍的相同性，LUCA，全生物の系統樹

普遍的相同性が存在することは，生命の起源が単一であることとLUCAの存在を示唆する

生命の起源と初期進化を検討するとき，2つの基本的な疑問が生じる。すなわち，何回，非生命系から生命が進化したのか。また，現存のすべての生命体は単一の祖先を共有しているのか。現存のすべての生命の共通祖先が存在したことは広く信じられているが，そうでない可能性もある。では共通祖先の証拠は何だろうか。その証拠とは，第2章と第3章で紹介した**普遍的相同性**（universal homology）である。普遍的相同性の例は，

1. 遺伝物質として DNA を使用
2. 鋳型と塩基対合の仕組みを用いた DNA の複製
3. 相同な触媒機構による，RNA ポリメラーゼを用いた DNA から RNA への転写
4. 3 文字遺伝暗号を用いた RNA からタンパク質への翻訳
5. 翻訳における，リボソーム RNA，トランスファー RNA（tRNA），リボソームタンパク質の複合体の使用
6. 細胞のエネルギーの貯蔵，および DNA と RNA の構成要素としての ATP 使用
7. 栄養分と老廃物を通す原形質膜に包まれた細胞

などである（表 5.2）。

　形質が垂直継承のみによって伝達されることを仮定すると，普遍的相同性の存在に対する唯一の説明は，現在のすべての生物の系統が単一の共通祖先に行き着くというものである。この議論の背後にある論理は以下のとおりである。もし 2 つの生物種が相同な形質を共有していれば（そしてそれらの性質が垂直継承のみによって伝達されれば），それら 2 つの生物種は共通祖先をもつはずであり，その相同な形質はそこに由来する。それらの生物種は，生命の別の起源に相当する別の系統の一部であってはならない。この論理を 2 生物種からすべての生物種に拡張すると，もしすべての生物種が相同ないくつかの形質（つまり，普遍的相同性）を共有すれば，すべての生物種は共通祖先をもつはずであり，普遍的相同性はそこに由来することになる。このとき，すべての生物種が単一の祖先の節に由来するような進化の歴史を表す系統樹を描くことができる。この系統樹は全生物の系統樹（Tree of Life）と呼ばれる。その祖先節に対応する生物が，すべての生命の仮想的な先祖であり，LUCA である（図 5.11）。LUCA は，現存する生物に最も近い共通祖先（last universal common ancestor）あるいは現存する生物に最も近い祖先細胞であり，この生物について Darwin は『種の起源』の中で次のように書いた。"かつてこの地球上に生存した生物はすべて，おそらく，生命が最初に吹き込まれたある一個の原始形態から由来したものであろう（八杉龍一訳，岩波書店より）"（訳注：

表 5.2 • 生命の普遍的相同性

特徴	形質
細胞の核心的な性質	
遺伝物質	DNA
DNA で使われる塩基	A, C, T, G
RNA で使われる塩基	A, C, U, G
遺伝暗号	3 文字
細胞膜	リポタンパク質膜
タンパク質の構成	基本的に 20 アミノ酸
すべての生物の細胞にみられる複合体(例)	
翻訳	小サブユニット rRNA
	大サブユニット rRNA
	複数のリボソームタンパク質
	アミノアシル tRNA 合成酵素
	tRNA
転写	RNA ポリメラーゼ
膜輸送系	ABC 輸送体

rRNA ＝リボソーム RNA（ribosomal RNA），tRNA ＝トランスファー RNA（transfer RNA），ABC ＝ ATP 結合カセット（ATP-binding cassette）。

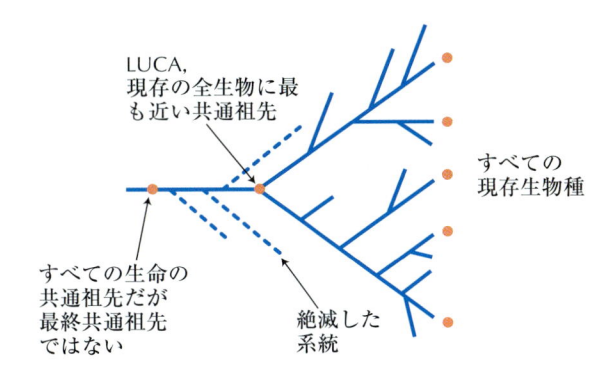

図 5.11 ▪ 現存の全生物に最も近い共通祖先（LUCA，最後の共通祖先ともいう）を示す進化系統樹。この系統樹は，LUCA の存在以前に分岐した後絶滅した系統（破線），および，生命の共通祖先であるけれども最も新しくはないものも示している。

LUCA は，次の段落で詳しく述べるように，現存の全生物の共通祖先の中で最も現在に近い時点におけるものをさす。それに対して，Darwin のこの文は絶滅種を含む全生物の共通祖先と最初の生命について述べており，図 5.11 左端の赤丸より左に相当する。したがって，これらは厳密には一致しないことに注意）。この章の後の方で，**遺伝子の水平伝達（水平移動）**(lateral gene transfer) が，垂直継承の原則を乱し LUCA の概念に問題を生じさせることにふれる。

LUCA がすべての生命の共通祖先であるだけでなく，最も現在に近い時点のものであることを理解することは重要である。つまり，より古い時期から LUCA に至る枝は，LUCA より過去に生存していた他の共通祖先を含んでいる。このように，LUCA は決して最初の生物ではない。LUCA は現存のすべての生物種の共通祖先であり，3 つのドメインすなわち真核生物，真正細菌，古細菌の祖先である。このことに加えて，LUCA はその時期の唯一の生命体ではないことを認識することも重要である。LUCA は，いろいろな生命体のなかの 1 つの生物種または集団にすぎなかった。しかし，他の生命体の系統は絶滅してしまったため現在に子孫を残さなかったのに対して，LUCA の系統はすべての現存の生命体を生み出したのである（図 5.11）。

LUCA の特徴は普遍的形質状態や進化的復元によって推定できる

LUCA はどのようなものだったか。どのようなタイプの細胞構造をもっていたか。どのような代謝系をもっていたか。ゲノムの構造はどうだったか。これらの疑問に答えるためには，第 27 章（オンラインチャプター参照）でより詳しく述べる，**進化的形質状態復元**(evolutionary character state reconstruction) 法を使う必要がある。これらの方法では，まず初めに，興味ある生物グループを取り出して，それらの生物の進化系統樹上にそれらの形質を重ねる（図 5.12）。次に，その系統樹を使って，各節に対応する過去の生物のとり得た形質を推定する。時間を深く過去にさかのぼるにつれて，次第に深い節においてとり得た形質が推定でき，最後に問題にしている生物の共通祖先に至る。特徴となる形質は，生物の特定の"部位"である。例えば，構造（水かきのある足），器官（心臓など），遺伝子（リボソーム RNA 遺伝子など）などである。形質のとる特定の"形態"を，形質状態という（例えば，三室心臓対四室心臓）。生物を比べると，特徴形質の起源（例えば心臓の起源）や，特定の形質の形質状態の変化（三室心臓から四室心臓への進化）を探ることができる。最も簡単な形質状態復元法では，形質状態や形質を祖先節へ割り当てるために**オッカムのかみそり** (Occam's razor) すなわち**節約原理** (parsimony) を使う。つまり，他のすべてが同じなら最も単純な説明を選択する。この論

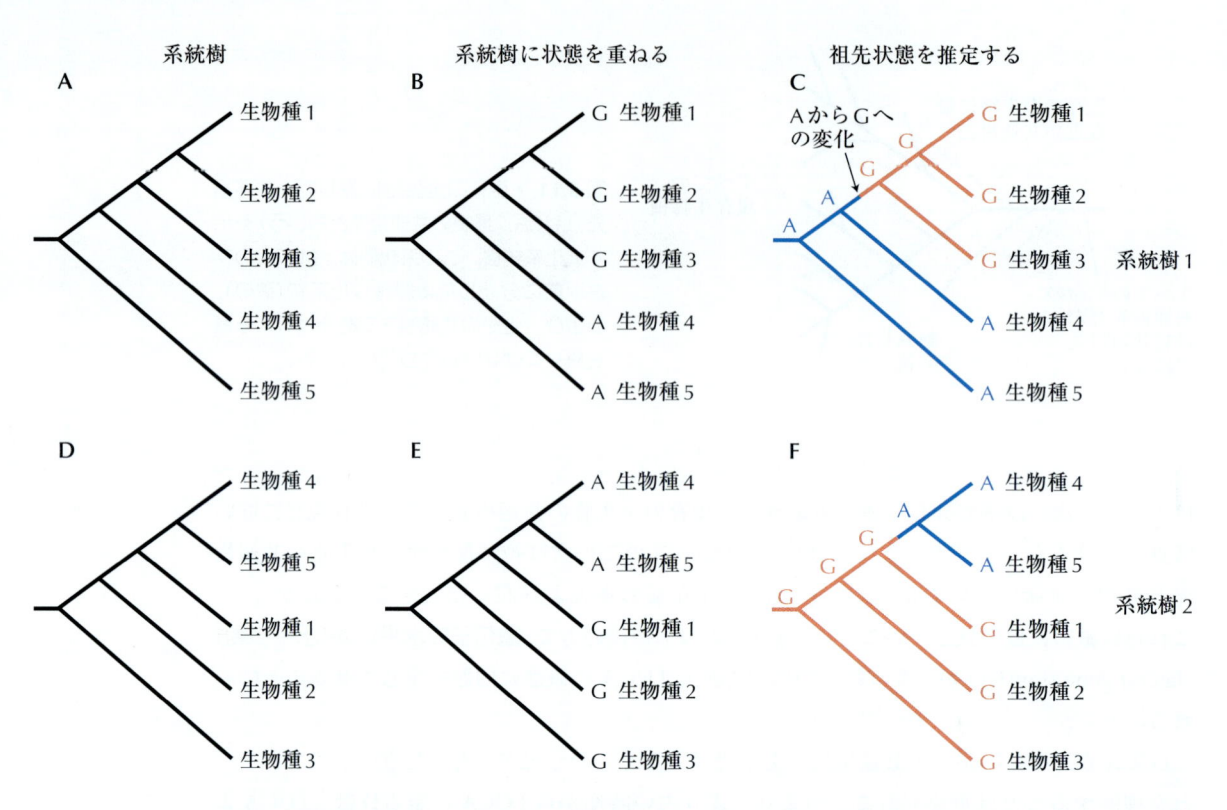

図 5.12 ▪ 進化的形質状態復元。これらの系統樹は 5 生物種の進化的関係を示している。それらの生物種の間で，相同な形質のデータ 1 つが利用可能である。この形質（例えば，遺伝子の保存的な部位の塩基）は 2 通りの状態，A と G をとり得る。生物種 1，2，3 は状態 G をとり，生物種 4，5 は状態 A をとる。形質状態復元法によって，どちらの形質状態が祖先的でどちらが派生的かを推定することができる。(A, D) 5 生物種に関する 2 つの異なる系統樹。(B, E) 形質状態をこれらの系統樹に重ねる。(C, F) 形質状態復元法を使って，祖先節においてとり得た状態を推定する。(C) では祖先状態は A であり，(F) では G である。このように，これら 2 つの異なる系統樹から，どの状態が祖先的かに関して異なる推定が導かれる。

理を使うと，選択されるべき歴史は，観察されるパターンを形質の最小の変化で生み出すようなものとなる。

　LUCA の形質状態復元について最も単純な状況は，ある形質が全生物にみられ，すべての生物で同じ状態をとっているというものである。この形質を系統樹に重ねて時間をさかのぼると，最も単純な可能性は，過去および現在のすべての個体はその形質をもっているということになる。したがって，前に述べた（表 5.2 参照）普遍的相同性のすべてを LUCA がもっていたと推定されるだろう。例えば，相同な小サブユニット rRNA はすべての生物種に存在するので，LUCA は小サブユニット rRNA をもっていたと推定できる。

　形質は普遍的でも違う状態をとるとき，状況はより複雑になる。LUCA はその形質をもっていたと推定できるが，どの状態をとっていたかも知りたくなる。1 つのよい例は遺伝暗号である。大部分の生物種は，**標準遺伝暗号**（standard genetic code）（図 2.26 参照）と呼ばれるものを使っている。しかし，かなりの数の生物種はこの 3 文字暗号の変形版を使っている（表 5.3）。例えば，マイコプラズマ（表 6.2 参照）では，UGA コドンはトリプトファンをコードするが，標準暗号では UGA は終止コドンすなわち翻訳の終了の合図である。UGA は**ミトコンドリア**（mitochondria）の多くにおいてもトリプトファンをコードしている（ミトコンドリアはエネルギー産生のための真核生物の細胞小器官であるが，自由生活性真正細菌から進化

表 5.3 ▪ 標準以外の遺伝暗号

コドン	標準暗号	核ゲノムと原核生物のゲノム				ミトコンドリアの暗号		
		マイコプラズマ	繊毛虫類	ユープロテス類	多くの生物種	酵母	原生動物	哺乳類
UGA	終止	トリプトファン	s	システイン	セレノシステイン	トリプトファン	トリプトファン	トリプトファン
UAA/UAG	終止	s	グルタミン	s	s	s	s	s
AUA	イソロイシン	s	s	s	s	メチオニン	メチオニン	メチオニン
CUA	ロイシン	s	s	s	s	トレオニン	s	s
AGA/AGG	アルギニン	s	s	s	s	s	s	終止

データの一部は，Madigan M.T., Martinko J., and Parker J. 1997. *Brock biology of microorganisms*, 8th ed. Prentice Hall, New York, Table 6.7, p. 222 より。
s＝標準暗号と同じ。

したものであり［pp.177，221～229，図 7.5 参照］，いまだ自身のゲノムをもち複製，転写，翻訳といった機能を残している）。標準遺伝暗号では，UAA と UAG もまた終止コドンであるが，繊毛虫類の多く（*Tetrahymena thermophila* など）では，これらはグルタミンをコードする。20 種より多いアミノ酸に拡張された遺伝暗号をもつ生物種さえいくつか存在する。例えば，系統樹上さまざまな位置にある複数の生物種（ヒトと大腸菌など）が，変形 tRNA を使って"21 番目の"アミノ酸，セレノシステインをタンパク質に挿入する。

　さまざまな遺伝暗号が使われていることを前提として，どの遺伝暗号が LUCA で使われていて（したがって**祖先形質状態**［ancestral character state］と呼ぶことができて），どれがより後の時点での変更である（**派生形質状態**［derived character state］といわれる）かを知るにはどうしたらよいだろう（図 5.13）。ほかに情報がない以上，標準暗号が祖先的で例外が派生的であると考えるのがもっともらしいようにみえる。しかし，例外の 1 つが祖先的であり，それ以外の例外と標準暗号が派生してきた可能性もまたあり得る。このような推定を行うためには，重要な 1 つのデータ，全生命体の関係を示す有根系統樹が不可欠である。これが，この章の初めの方で紹介した全生物の系統樹（Tree of Life）である（Box 5.2 も参照）。

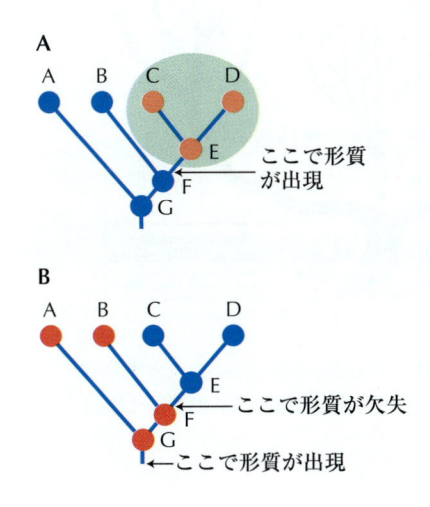

図 5.13 ▪ 祖先形質と派生形質。(A) 派生形質。生物種 ABCD からなるクレードにおいて，生物種 C と D がある形質をもっているが生物種 A と B はもっていないとしよう。もし，C と D の共通祖先（E で示す）でこの形質が進化したとすると，ABCD からなるグループの共通祖先はその形質をもたなかったので，この 4 生物種のグループにおいてこの形質は派生的である。(B) 祖先形質。生物種 ABCD からなるクレードにおいて，生物種 A と B がある形質をもっているが生物種 C と D はもっていないとしよう。もし，A と B の共通祖先（G で示す）でこの形質が進化したとすると，ABCD からなるグループの共通祖先はその形質をもっていたのでこの 4 生物種のグループにおいてこの形質は祖先的である（この形質が出現した後に系統 ECD において偶然失われた）。

Box 5.2　全生物の系統樹：小史

分類と全生物の系統樹は密接に関係する　変化を伴う由来によって生物が互いに関係するという考え方が受け入れられる前から，多くの分類体系が存在した。それらの多くは非常にややこしく，生物の小さなグループ（例えば鳥類）や，狭い範囲に生息する生物の分類に特化していた。異なった場所にいる同じタイプの生物や同じ場所にいる異なるタイプの生物に対してまったく異なる分類体系が使われていた。特に，生物種の命名はほとんどまとまっておらず，同一の生物種が数十の異なる名前をもつこともあった。これらの分類体系は，スウェーデンの植物学者 Carolus Linnaeus（リンネ）による体系によってほぼ完全に置きかえられた。リンネの分類体系は2つの主要な要素からなる。第1に，すべての生物種には2つの部分からなる名前が与えられる。その名前の最初の部分は属の名前であり，二番目の部分は生物種に固有の名前である。この，**二名法**（binomial nomenclature）は急速に受け入れられ，今日まで使われている。Linnaeus はまた，すべての生物種がいろいろなレベルの一連のグループに組織化されるようなシステムを定式化した。この**階層分類**（hierarchical classification）システムも今日まで使われている。長い間，界（kingdom），門（phylum），綱（class），目（order），科（family），属（genus），種（species）という分類レベルが使われてきた（これらを簡単に覚えるために多くの語呂合わせが作られた。一例として，"kings play chess on fine grained sand."）。最近，界より上位のレベルとして，ドメイン（domain）が追加された（下記参照）。

リンネの分類体系は革命的であったが，分類階層そのものを決定する方法については，広い合意を得られなかった。この点は，微生物が初めて顕微鏡で観察されたときの微生物の分類に関して顕著だった。Antoni van Leeuwenhoek（レーウェンフック）は，彼が発見した微生物を，"wee animalcules（非常に小さな動物）"と呼んだが，それが動物に属することを示唆していたことは明らかである。微生物が植物と同じグループに含まれると信じた人々もいた。この論争は，もちろん間違った前提に基づいていた。実際には，大部分の微生物は植物でも動物でもない。生物種の進化がより広く受け入れられるようになった後，分類階層は，観察者が重要と信じる形態的特徴より進化系統樹の分岐パターンに基づくようになった。いいかえると，微生物を分類するために問題になることは，"この微生物は，進化系統樹の中で動物に近縁か植物に近縁か"であるべきである。これを明らかにするためには，全生物の系統樹が必要である。

全生物の系統樹の概念は多くの変更を経てきた　全生物の系統樹を描くための最初のよく知られた試みは Ernst Haeckel（ヘッケル）が行った（図5.14）。この系統樹は3つのおもな系統，動物，植物，原生生物に分かれている。細菌（bacteria）は，原生生物の中のモネラ（Monera）という系統に入れられていて系統樹の根もモネラとラベルされている。このことは，細菌が他の生物種に対して祖先的であることを示唆している。この系統樹に対する大きな見直しは，Edouard Chatton によってなされた。彼は1937年に，生命を2つの主要なグループ，**原核生物**（prokaryote）と**真核生物**（eukaryote）に分割した。これは，生物が核をもっているかどうかに基づいている。核とは，真核細胞において DNA の大部分を含んでいる細胞小器官である。もう1つの見直しは，1959年に，Robert Whittaker による五生物界からなる系統樹（図5.15）によってなされた。この系統樹においても原核生物と真核生物の区別はまだ存在し，原核生物は系統樹の根の方に位置している。そして，真核生物の新しいグループ，菌類が加わった。

一般に，全生物の系統樹の新しい描像が発展するにつれて，真核生物内部の枝，特に多細胞生物についてはどんどん精密になってきた。しかし，一般に微生物，特に原核生物の間の関係はそれほど精密にはならなかった。したがってこれらの全生物の系統樹は本質的に不完全であった。それらは多くの微生物を含んでいたわけではなく，他の生物種に対する微生

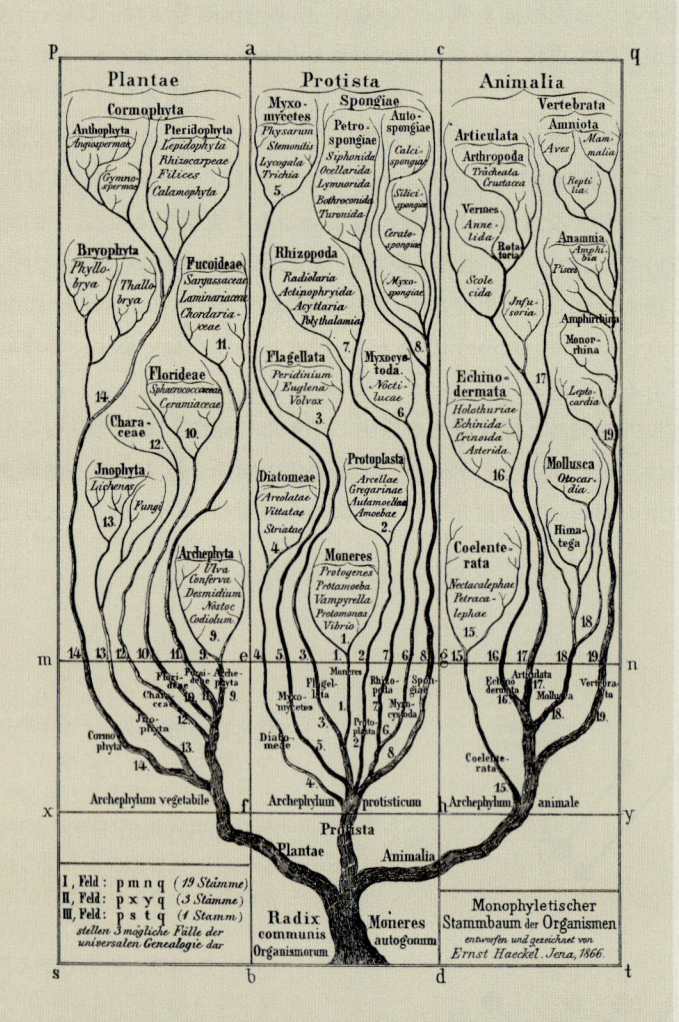

図5.14 ● Ernst Haeckel によって1866年に描かれた全生物の系統樹。これは，既知の生命体すべてを含む進化系統樹を描く最初の試みの1つである。

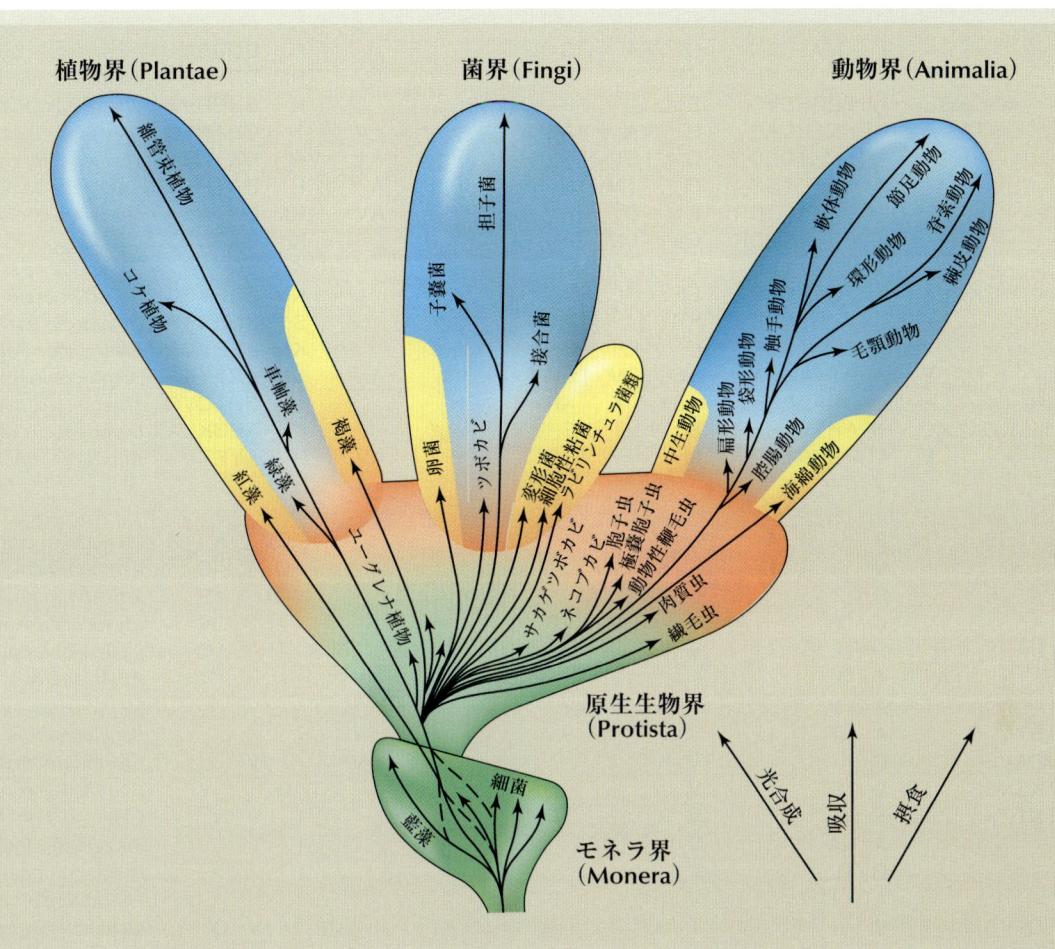

図5.15 ・ Whittakerの五生物界の系統樹。この体系には，3段階の組織化のレベルに基づく5つの生物界がある。原核（モネラ界），真核単細胞（原生生物界），真核多細胞および真核多核細胞（菌界，動物界，植物界）である。この図の上の方の3つの界は，おもに栄養要求性によって区別される（挿入図参照）。

物の位置はきわめて疑わしかった。2つの理由により，全生物の系統樹に微生物を含めるのはむずかしかった。第1に，多くの微生物で観察できる形質が不足していた。これに対して，多くの真核生物は骨，器官，葉といった形質をもち，これらは簡単に計測・比較できた。さらに，微生物と他の生物種を結びつけるために使える形質はほとんどなかった。歴史を推定したい分類群の間の相同な（進化の歴史を共有する）形質の比較が，進化系統樹を構築するためには必要である（さらなる詳細については第27章［オンラインチャプター］参照）ので，この点は重要である。例えば，脊椎動物の歴史を推定するために，骨の構造とパターンを比較することができるだろう。しかし，無脊椎動物は骨をもっていないので，脊椎動物の無脊椎動物に対する関係を推定するためには他の形質が必要である。一般に，枝が深くなるにつれて形質は，より広い範囲で保存されている必要がある。そして，全生物の系統樹の最初の分岐を探るためには，普遍的相同性が必要である。

分子生物学的解析が全生物の系統樹に関する我々の見方に革命をもたらし，現在の"3つのドメインの系統樹"につながった　分子生物学の時代より前には，普遍的相同性はほとんどあるいはまったく同定されていなかった。そのため全生物の系統樹上の最初の方の分岐点は，実際のデータの解析というよりは直感に基づいて決定されていた。分子生物学の出現はこの状況を変化させ，表5.2に示すような新しい多くの普遍的相同性の発見につながった。全生物の系統樹を探るうえでのもう1つの重要な段階は，進化の歴史を探るために配列データを用いる技術の発達であった。このアプローチは，現在分子系統学と呼ばれる。分子系統学によって，DNAとタンパク質の配列の豊富な情報を系統的歴史の推定に使える。配列に基づく分子系統学は，いろいろな生物の遺伝子，または1つの生物種内部のいろいろな形の遺伝子を，多重配列アラインメントという形で並べることによって機能する。遺伝子のアラインメントの各座位を独立の形質とみなし，個々の残基を異なる形質状態として使うことができる（図5.16）。

全生物の系統樹の研究における分子系統学の全盛期は，Woeseらによる仕事がなされた1970年代にやってきた。彼らは，rRNA分子の配列の解析に焦点をあてた。rRNAはリボ

```
----------     ---MAIDENK  Q ALAAALGQ  I EKQFGKGS I  MRLGEDRSM-   Escherichia coli
----------     ----MDENK   KR ALSAALSQ I EKQFGKGSV   MRMGDRYI E-  Xanthomonas campestris
----MSQNSL     RLYEDKSVDK  S KALEAALSQ I ERSFGKGSI   MKLGSNENV I  Rhizobium phaseoli
----------     ----MSKLAEK L KAVAAAVAS I EKQFGKGSV   MTLGGEAREQ   Myxococcus xanthus
----------     ----MAIDEDK Q KAISLAIKQ I DKVFGKCAL   VRLGDKVQE-   Helicobacter pylori
----------     MAINTDTSGK  Q KALTMVLNQ I ERSFGKAI    MRLGDATRM-   Anabaena variabilis
----------     ----MAGTDR  E KALDAALAQ I ERQFGKCAV   MRMGDRTNE-   Streptomyces lividans
----------     ------MSDR  QA ALDMALKQ I EKQFGKGSI   MKLGEKTDT-   Bacillus subtilis
----------     --MANIDKD   L KAIEMAMGQ I EKQFGKGSV   MKLGEQGAP-   Clostridium perfringens
MSKLKEKREK     AVVGIERASK  EE AIELARVQ I EKAFGKGSL   IKMGESPVGQ   Borrelia burgdorferi
----------     ----MSVPDR  KR ALEAAIAV I EKQFGAGSI   MSLGKHSSAH   Chlamydia trachomatis
----------     ----MASSEK  L KALQAAMDK I EKSFGKGSI   MKMGE-EVVE   Bacteroides fragilis
------MAEE     KI PTVQDEKK L QALRMATEK I EKTFGKGAI   MNMGANTYE    Porphyromonas gingivalis
----------     ----MPEEKQ  KSYLEKALKR I EENFGKGSI    MI LGDETQVQ  Thermotoga maritima
--MSKDATKE     ISAPTDAKER  S KAIETAMSQ I EKAFGKGSI   MKLGAESKL-   Deinococcus radiodurans
---------M     ARVSENLSEK  M KALEYALSS I EKRFGKCAV   MPLKAYETV    Aquifex pyrophilus

DVETISTGSL  SLDIALGAGG  LPMGRIVEIV  GPESSGKTTL  TLQVIAACR  Escherichia coli
AVEVIPTGSL  MLDIALGIGG  LPKGRVVEIV  GPESSGKTTL  TLQAIAECQK Xanthomonas campestris
EIETISTGSL  GLDIALGVGG  LPKGRIIEIV  GPESSGKTTL  ALQTIAESQK Rhizobium phaseoli
KVAVIPSGSV  GVDRALGVGG  VPRGRVVEVF  GNESSGKTTL  TLHAIAQVQA Myxococcus xanthus
KIDAISTGSL  GLDLALGIGG  VPKGRIIEIV  GPESSGKTTL  SLHIIAECQK Helicobacter pylori
RVETISTGAL  TLDLALG-GG  LPRGRVIEIV  GPESSGKTTV  ALHAIAEVQK Anabaena variabilis
PIEVIPTGST  ALDVALGVGG  IPRGRVVEVV  GPESSGKTTV  TLHAVANAQK Steptomyces lividans
RISTVPSGSL  ALDTALGIGG  VPRGRIIEVV  GPESSGKTTV  ALHVIAAAQQ Bacillus subtilis
QMDAVSTGCL  DLDIALGIGG  VPKGRIIEIV  GPESSGKTTV  ALHVVAAAQK Clostridium perfringens
GIKSMSSGSI  VLDEALGIGG  VPRGRIIEIV  GPESSGKTTV  TLQAIAEVQK Borrelia burgdorferi
EISTIKTGAL  SLDLALGIGG  VPKGRIVEIF  GPESSGKTTV  ATHIVANAQK Chlamydia trachomatis
QVEVIPTGSI  ALNAALGVGG  VPRGRIIEIV  GPESSGKTTV  AIHAIAEAQK Bacteroides fragilis
DVSIPSGSI   GLDLALGVGG  VPRGRIIEIV  GPESSGKTTV  AIHAIAEAQK Porphyromonas gingivalis
PVEVIPTGSL  AIDIATGVGG  VPRGRIVEIF  GQESSGKTTL  ALHAIAEAQK Thermotoga maritima
DVQVVSTGSL  SLDIALGVGG  IPGGRITEIV  GPESGGKTTL  ALAIVAQAQK Deinococcus radiodurans
EVETIPTGSI  SLDIATGVGG  IPKGRITEIF  GVESSGKTTL  ALHVIAEAQK Aquifex pyrophilus

EGKTCAFIDA  EHALDPIYAR  KLGVDIDNLL  CSQPDTGEQA  LEICDALARS Escherichia coli
LGGTAAFIDA  EHALDPIYAA  KLGVNVDDLL  LSQPDTGEQA  LEIADMLVRS Xanthomonas campestris
KGGICAFVDA  EHALDPVYAR  KLGVDLQNLL  ISQPDTGEQA  LEITDTLVRS Rhizobium phaseoli
AGGVAAFIDA  EHALDVSYAR  KLGVRVEELL  VSQPDTGEQA  LEITEHLVRS Myxococcus xanthus
NGGVCAFIDA  EHALDVHYAK  RLGVDTQNLL  VSQPDTGEQA  LEILETITRS Helicobacter pylori
EGGIAAFVDA  EQALDPTYAS  RLGVDIQNLL  VSQPDTGESA  LEIVDQLV-S Anabaena variabilis
AGGQVAFVDA  EHALDPEYAK  KLGVDIDNLI  LSQPDNGEQA  LEIVDMLVRS Steptomyces lividans
Q-RTSAFIDA  EHALDPVYAQ  KLGVNIEELL  LSQPDTGEQA  LEIAEALVRS Bacillus subtilis
LGGAAAVIDA  EHALDPEYAK  RLGVNIDDLV  LSQPDTGEQA  LEITEALVRS Clostridium perfringens
EGGIAAFIDA  EHALDPNYAA  ALGVNVAELW  RSQPDTGEQA  LEIAEALIRS Borrelia burgdorferi
MGGVAMIDA   EHALDPNYAA  LIGANINDLM  ISQPDCGEDA  LSIAEALARS Chlamydia trachomatis
AGGIAAFIDA  EHAFDRFYAA  KLGVDVDNLF  ISQPDNGEQA  LEIAEQIIRS Bacteroides fragilis
AGGLAAIIDA  EHAFDRTYAE  KLGVNVDNLW  ISQPDNGEQA  LEIAEQIIRS Porphyromonas gingivalis
MGGVAFIDA   EHALDPVYAK  NLGVDLKSLL  IAQPDHGEQA  LEIVDELVRS Thermotoga maritima
AGGTCAFIDA  EHALDPVYAR  ALGVNADELL  VSQPDNGEQA  LEIMELLVRS Deinococcus radiodurans
RGGVAVFIDA  EHALDPKYAK  KLGVDVDNLV  ISQPDVGEQA  LEIAESLINS Aquifex pyrophilus
```

図5.16 ■ 多重配列アラインメントの例。いろいろな真正細菌のRecAタンパク質の一部のアラインメントを示す。ほとんどあるいはすべての生物種で保存されているアミノ酸を赤で示す。アルファベットは，アミノ酸の1文字記号である（図2.26参照）。

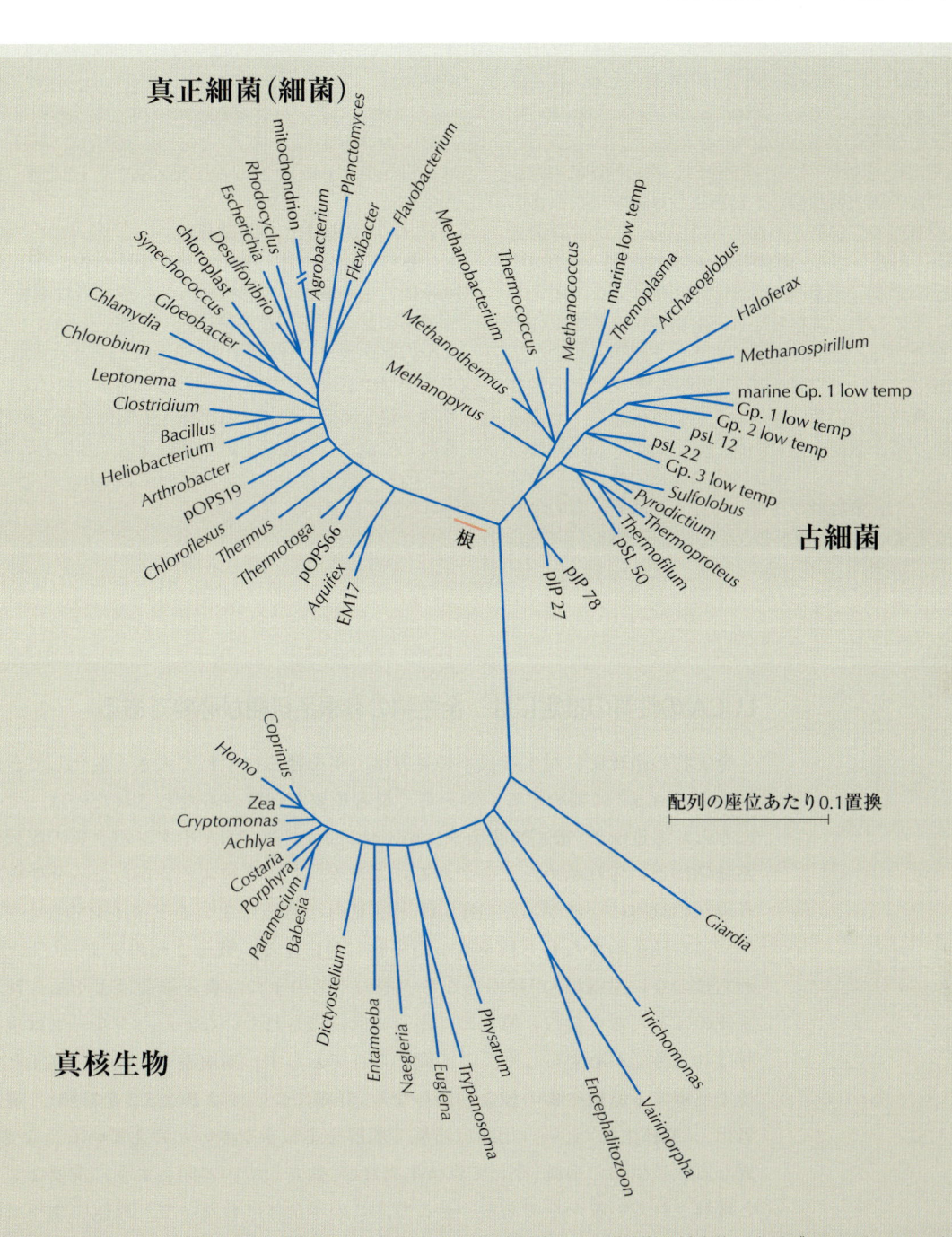

図 5.17・生命の 3 つのドメインそれぞれの代表的な生物種からなる系統樹。この系統樹は基本的に小サブユニット rRNA 分子の配列の解析に基づく。いくつかの生物については，正しい系統的位置がこの系統樹に正確には反映されていないと信じられている（例えば，真核生物の進化に関するより詳細な議論については Box 8.1，より新しい系統樹については裏見返し参照）。とはいえ，生命を 3 つのドメインに分割することは，他の多くの形質の解析によって支持されている。

ソーム（すべての生物種におけるタンパク質合成機構）の構成要素である。

　Woese による rRNA データの進化解析は，めざましい発見をもたらした。全生物の系統樹は 3 つの主要な系統に分かれ，そのうち 1 つはそれまで認識されていなかった（図 5.17）。3 つの系統のうち，1 つのグループは細胞が核をもつ生物に対応する（真核生物）。2 つ目のグループは，すべての既知の病原菌（例えば大腸菌［*E. coli*］，コレラ菌［*Vibrio cholerae*］，結核菌［*Mycobacterium tuberculosis*］，インフルエンザ菌［*Haemophilus influenzae*］や多くの自由生活性生物（例えば，シアノバクテリア［ラン藻］）など，よく知られた細菌のほとんどを含む。第 3 のグループに含まれるのは，多くがめずらしく，

よく調べられておらず，極限環境を好む生物種である。例えば，高塩濃度，高温，高圧で生育するものなどである。Woeseは，このグループを古細菌（archaebacteria）と名づけた。ここで，"archae"（"古い，原始的"といった意）は，原始地球に存在したとかなりの数の研究者が信じているような条件にこれらの生物種のニッチが似ていることからきている。この発見の最もめざましいことの1つは，原核生物（核をもたない生物）が，2つの異なる系統（真正細菌と古細菌）に分かれたということである。このようにして，核をもたない生物種すべてを1つのグループにまとめることは間違いであることが明らかになった（訳注：厳密にいうと，この段階では間違いであると断定できなかった。真核生物の枝に根がつく可能性もあり，その場合"原核生物"が単系統群を形成するからである）。この発見のめざましい点のもう1つは，全生物の系統樹のそれまで認識されていなかった主要な枝が存在したことである。他の分子の配列データを使った後の解析もこの生命の三分岐を支持し，1990年に，この3つのグループは新しい分類学的地位（ドメイン）を与えられ，archaebacteriaは，その独自性を強調するために**archaea**（アーキア）と命名し直された（訳注：日本語ではarchaebacteriaとarchaeaを区別せず"古細菌"と呼ぶことが多い）。

ドメインの間の正確な関係についてはいまだに議論が続いているが，Woeseの仕事は，微生物の世界について伝統的形態学的方法に基づくのとはまったく異なる描像を，分子系統学的技術が与えることを示した。この，生物の3つ目のドメインの発見は，現代の分子進化生物学の大きな功績であり，分子系統学におけるrRNAの使用は今日まで続いている。現在では，他の遺伝子やゲノム全体までも微生物の系統を推定するために使用されるが，分子系統学は，全生物の系統樹にすべての生物種を含めるための信頼できる唯一の方法であるとみなされている。

LUCAの性質の推定には，全生物の有根系統樹が必要である

　全生物の系統樹に対する我々の見方は，年を経るにつれて大きく変化してきた。そのいくつかをBox 5.2に要約する。おそらく最も重要な理解がもたらされたのは，すべての生物種にみられる遺伝子（**普遍的遺伝子**[universal gene]）のDNAやタンパク質の配列データが分子系統学に用いられ始めたときである。これが，3つのドメインからなる全生物の系統樹という現在の見方につながった（図5.17と裏見返し参照）。3つのドメインのなかで，1つのグループは真核生物すなわち核をもった生物に対応する。残る2つのグループは原核生物（すなわち核のない生物種）だけからなる。そのうちの1つ，真正細菌はよく知られた原核生物の系統のほとんどを含む。第3の，かつては認識されていなかったグループは現在は古細菌と呼ばれ，多くがめずらしく，よく調べられておらず，高塩濃度，高温，高圧といった極限環境で生育する原核生物の種などからなる（詳細についてはBox 5.2を参照）。現在多くの科学者は，"原核生物"という用語は古風で誤解をまねきやすいと考えている。なぜなら，2つの異なる原核生物の系統（そして真核生物）は，独立していて同じように重要なグループであると理解されているからである。そこで，この本全体にわたって，原核生物や原核生物的という単語は控えめに使用することにする。

　3つのドメインからなるrRNAの系統樹は生物の多様性全体に関する我々の理解に大きな変革をもたらしたが，それをLUCAの形質の推定に使うのはむずかしい。なぜなら，それは無根系統樹であり（図5.8参照），祖先節の位置を示していないからである。この場合（つまり全生物の系統樹の場合），祖先節はLUCAそのものである（図5.11）。無根系統樹のさらなる詳細，それに根を与えることが何を意味するか，そしてそれが全生物の系統樹にどのようにかかわるかについては図5.18に示す。ここで最も重要な点は，LUCAの性質の多くを推定するためには"有根"の全生物の系統樹が必要であるということである。

　有根の全生物の系統樹の重要性は，3つのドメインそれぞれの内部では保存されているけれどもドメインの間では保存されていないような形質においてよくわかり，そのような形質はたくさんある（表5.4）。これらの事例については，LUCAがどのようなものであったかつ

表 5.4 • 真正細菌，古細菌，真核生物の間で異なるおもな形質

形質	真正細菌	古細菌	真核生物の核/細胞質
染色体の構造	通常は環状	通常は環状	通常は線状
オペロン	あり	あり	なし
mRNA のイントロン	なし	なし	あり
膜に囲まれた核	なし*	なし	あり
膜脂質	エステル結合，直鎖炭化水素	エーテル結合，分枝炭化水素	エステル結合，直鎖炭化水素
開始 tRNA	ホルミルメチオニン	メチオニン	メチオニン
プラスミド	よくみられる	ときどきみられる	まれ
tRNA のイントロン	まれ	あり	あり
沈降係数に基づくリボソームの大きさ	70S	70S	80S
mRNA のキャップ構造と 3' 末端の poly（A）	なし	なし	あり
メタン産生	なし	あり	なし
窒素（N_2）固定	あり	あり	なし
元素状イオウの H_2S への還元	あり	あり	なし
クロラムフェニコール，ストレプトマイシン，カナマイシンへの感受性	あり	なし	あり
葉緑素による光合成	あり	なし	あり（細胞小器官）
RNA ポリメラーゼのタイプ	I	II	I, II, III

Zillig W. 1991. *Curr. Opin. Genet. Dev.* **1**: 544–551 に一部基づく。
* 真正細菌の 1 グループで，核様構造が発見されている。
mRNA ＝ メッセンジャー RNA (messenger RNA)，tRNA ＝ トランスファー RNA (transfer RNA)。

きとめるためには，どの形質状態が祖先的であるかをつきとめる必要がある。この解析を説明するために，核膜，もっと厳密にいうと"DNA と DNA の機能を細胞の他の部分から隔てる膜"と同定される形質の起源を考えよう。この形質について，真核生物は"有"という形質状態をもち，原核生物は"無"という形質状態をもつ。問題は，LUCA は核膜をもっていた（つまり"有"という状態が祖先的である）のか，それとも核膜は後で進化した（つまり核膜は派生的である）のか，ということである。これらのシナリオを検証するためには有根の全生物の系統樹が必要である。

理論的には，3 つのドメインからなる系統樹の根は，いろいろな場所につき得る（図 5.18）。この図には，全生物の系統樹の 3 通りの根のつけ方が示されていて，それぞれについて，核膜の存在を祖先的と仮定した場合と派生的と仮定した場合に何回の進化的出来事が必要とされるかが比較されている。2 通りの根のつき方（図 5.18D の中段と下段）については，最も単純な（そして節約原理を使ったときに支持される）説明は，核膜は派生形質であるというものである。この説明は，ただ 1 回の進化的出来事（真核生物に至る枝での核膜の出現）だけを必要とするので，最も単純な説明である。核膜が祖先的であるというもう一方の説では，3 回の進化的出来事，すなわち LUCA の存在に先立って核膜が出現したことと，そして古細菌と真正細菌の系統で別々に核膜が消失したことが必要である。このような平行進化は起こり得るし，他の証拠がない限り否定できないが，一般的には，節約原理に基づいてより単純なシナリオがより正しそうであると結論する。

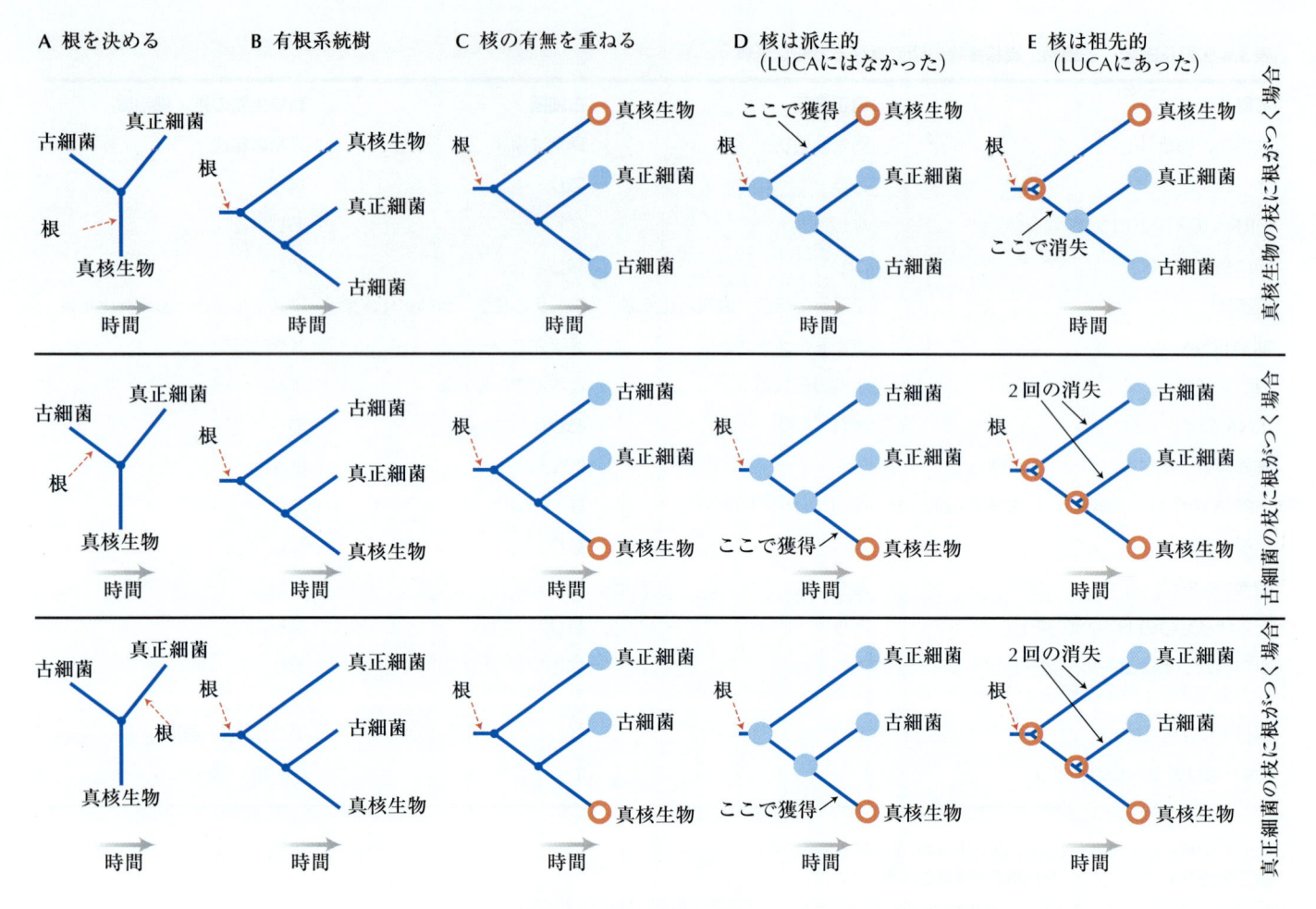

図5.18 ■ 3つのドメインからなる全生物の系統樹の異なる位置に根をつけることによる，LUCAの性質の推定に対する影響。(A)全生物の系統樹の3通りの根。(B)それらを有根系統樹の形で描いたもの。(C)有根系統樹に，核膜の有（赤い円）無（青丸）を重ねたもの。(D, E)進化的形質状態復元を使って，核膜の起源に関するいろいろな説を検証できる。(D)核膜が派生的であると仮定したときの，核膜の進化的獲得／消失の復元。(E)核膜が祖先的であると仮定したときの核膜の進化的獲得／消失の復元。それぞれの根のつけ方について，DとEを比べることによってどちらがより節約的であるかがわかる。根が真正細菌か古細菌どちらかの系統にあるとき，核膜が派生的であるというシナリオが必要とする進化的出来事の数の方がより少ないので，より節約的である。根が真核生物の系統にあるときも，核膜が派生的であるというシナリオがやはり節約的であるが，その差はわずかである。なぜなら，核膜が祖先的であるというシナリオが必要とするのは真正細菌と古細菌の共通祖先での核膜の消失だけだからである。

　もし全生物の系統樹の根が真核生物の方にあったら（つまり真正細菌と古細菌が真核生物を排除して祖先を共有していたら；図5.18の上段），核が祖先的であるためには核膜の消失はただ1回起こればよい（図5.18上段）。したがって，核膜が派生的であるというシナリオはまだ支持されるが，他の位置に根がついたときほど強く支持されるわけではない。

全生物の系統樹に根をつける最初の試みは，古細菌と真核生物が姉妹群であることを示唆した

　ではどのようにして全生物の系統樹の根の位置を推定できるだろうか。系統樹の根は，ふつう**アウトグループ（外群）**（outgroup）を使って推定される。アウトグループとは，問題に

しているグループのすべての分類群の共通祖先が存在するより前に枝分かれした系統のことをいう(図5.19)。例えば，霊長類の進化の研究においては，齧歯類の生物種ならどれでもアウトグループとして使える(系統樹に根をつけるためのアウトグループの使い方の詳細については第27章[オンラインチャプター]参照)。あいにく，全生物の系統樹全体に対するアウトグループは存在しない。なぜなら，知られているすべての生物種はその系統樹の内部にあり，すべての現存生物の共通祖先に先だって枝分かれしたのは，その後絶滅した系統だけだからである(図5.11)。

1980年代に，1つの巧みな方法が全生物の系統樹に根をつけることに成功した。この方法は，古い時代の遺伝子重複に基づいている。この解析を理解するために，まず，遺伝子重複の背景を簡単に述べる。遺伝子重複は，特定の遺伝子のコピーが個体のゲノムに挿入されたときに起こる。重複した遺伝子は互いに相同であり(祖先を共有しているので)，パラログ(paralog)という名前が特に与えられている。それらはその生物種の内部で平行(parallel)に進化するからである。種分岐の結果分岐した相同な遺伝子は，パラログと区別して，オーソログ(ortholog；ortho- は"同じ"の意)と呼ばれる。オーソログは，1つの遺伝子が異なる生物種において同じ形をとっているものである。図5.20にオーソログとパラログの進化系統樹を示す(一方の系統樹には生物種の系統樹の内部に遺伝子の進化の絵が描かれていて，もう1つの系統樹は単に遺伝子そのものの系統樹を表している)。

ヘモグロビンを構成する一群のタンパク質は，オーソログとパラログのよい例である。ヘモグロビンは，異なるグロビンタンパク質のサブユニット4つからなり，異なる種類のヘモグロビン(例えば，母親型と胎児型は，異なる組み合わせのサブユニットからなる。ヒトでは，例えばα-グロビンやβ-グロビンなど少なくとも6種類のグロビンタンパク質があり，それらが異なるヘモグロビンを構成する。グロビンタンパク質は互いに相同であり，1つの大きなグロビンタンパク質ファミリーのメンバーである。異なるグロビンをコードする遺伝子は，一連の遺伝子重複によって，おそらくは祖先的ミオグロビン様タンパク質をコードする遺伝子から生まれたことが進化研究から明らかにされている。したがって異なるグロビンタンパク質は互いのパラログである。2種類のグロビンタンパク質だけについて進化の歴史をたどるのが，ここでの説明には便利である。脊椎動物の進化のある時点において，α-グロビンとβ-グロビンが重複の結果生じた。この時点で，それらの遺伝子が分岐した。別々のα-グロビンとβ-グロビンをもつその生物の子孫の生物種は，以後α-グロビンとβ-グロビンの両方を継承した。両方の遺伝子を継承したどの生物種においても，α-グロビンは他の生物種のα-グロビンのオーソログであり，β-グロビンは他の生物種のβ-グロビンのオーソログ

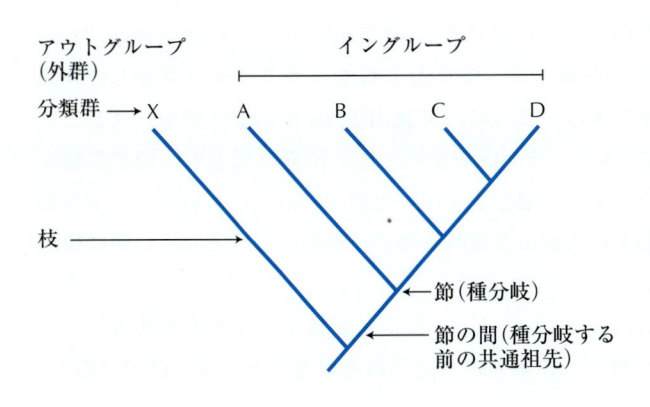

図5.19 ▪ アウトグループ(外群)による系統樹の根の決定。系統樹の根を決定するための1つの方法は，アウトグループを使用することである。アウトグループとは，イングループとして扱っている分類群すべての共通祖先が存在する以前に分岐した分類単位のことである。例えば，サケは，ヒト，チンパンジー，ゴリラ，キツネザルに対するアウトグループである。この系統樹は，1つのアウトグループと，4つの分類群からなるイングループを示している。

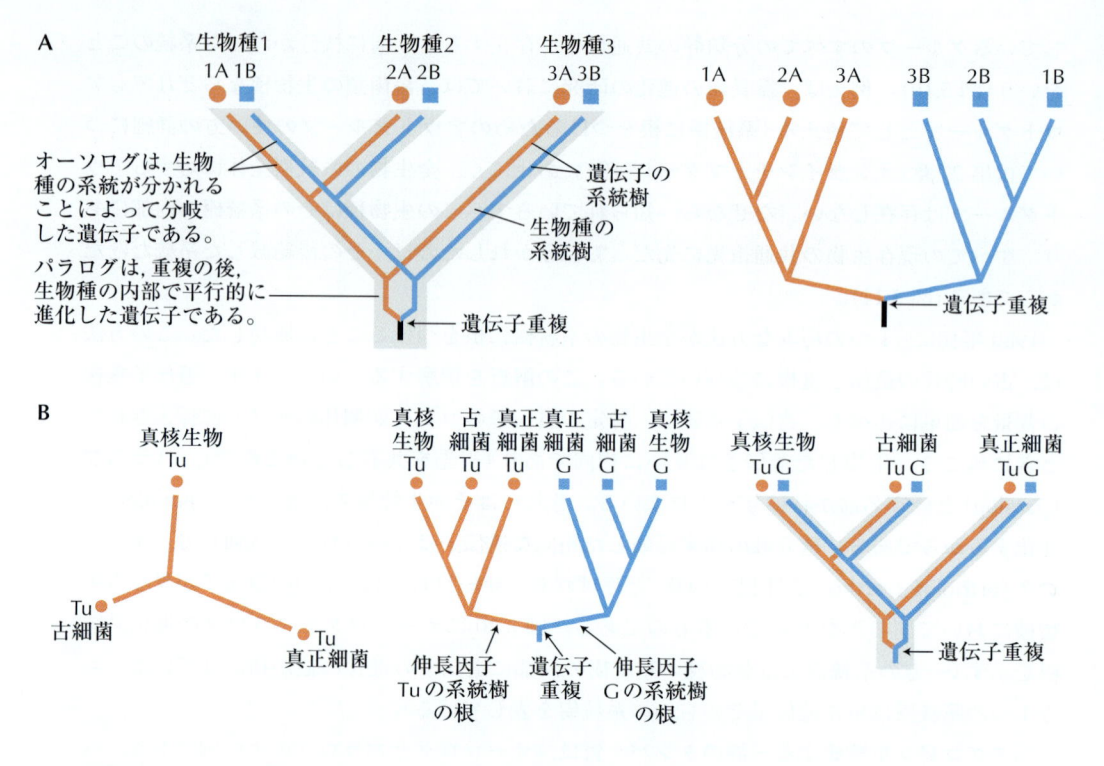

図 5.20 ● オーソログ，パラログ，全生物の系統樹の根。（A）遺伝子重複を表した，生物種と遺伝子の進化系統樹。（左）この系統樹は，生物種の系統樹（灰色の太線）と遺伝子の系統樹（青と赤の線）の両方を含んでいる。遺伝子重複が示されているが，これによる青と赤のパラログが，生物種の系統樹の根の部分で共存している。生物種の系統樹の 2 回の相次ぐ分岐を経て，3 つの生物種が生み出されたが，それぞれの生物種は青と赤のパラログを継承している。（右）遺伝子の系統樹を生物種の系統樹から取り出してばらばらに表示したもの。赤い方の遺伝子は互いにオーソロガスであり，青い方の遺伝子のどれよりも互いに近縁である。同じことが青い方の遺伝子についてもいえる。2 つのグループ（赤と青）のオーソログどうしで，種間関係は，同じであることに注意しよう。（B）A と同じタイプの系統樹であるが，生命の 3 つのドメインにわたる伸長因子 Tu と伸長因子 G の進化を表している。右端の系統樹の赤と青の枝それぞれが全生物の系統樹に対応し，それぞれパラロガスな伸長因子によって根がつけられている。

である。α-グロビンはどれも，β-グロビンのどれに対してもパラログである。

　LUCA の存在より前の時期にいくつかの遺伝子が重複したことの発見によって，全生物の系統樹に根をつける特別な方法が可能になった。このような古い時期に重複した遺伝子の一例として，翻訳の伸長段階に使われるタンパク質に関与する遺伝子がある。伸長因子 Tu（elongation factor Tu，EF-Tu）と伸長因子 G（EF-G）は，どちらもタンパク質翻訳にかかわっていて，古い時期の重複によって互いにパラログである（図 5.20）。すべての生物種が伸長因子 Tu と伸長因子 G をもっている。したがって，伸長因子 G をアウトグループとして伸長因子 Tu の系統樹を構築することができる。さらに，伸長因子 Tu をアウトグループとして伸長因子 G の系統樹を作ることもできる。その両方から，同じ位置に根をもつ同じ系統樹が得られた。古い時期に重複したこのような遺伝子を用いた最初の研究においては，全生物の系統樹の一方に真正細菌の枝，他方に古細菌と真核生物の枝が位置し，それらの間に根が位置することがみいだされた（図 5.20）。

　図 5.20 の有根系統樹が意味するところの 1 つは，古細菌と真核生物が祖先を共有し，真正細菌が排除されることである。つまり，古細菌は真正細菌とは違うというだけではなく，

実は真核生物とより近縁であるということである．いいかえると，古細菌と真正細菌は表現型上の類似性（例えば，核がないこと）を共有していても，これら2つのグループは3つのドメインの間で最も近い進化的な関連をもっているわけではない（類似性は進化的関連性の直接の尺度とはならないことを思い出そう［図5.9］）．このように，原核生物は，多系統群（訳注：側系統群とみることもできる［図5.3B参照］）である．基本的な分子について古細菌と真核生物の間に多くの類似性を発見しつつあった古細菌の分子生物学の研究者の多くは，この有根系統樹をすんなり受け入れた．図5.20（伸長因子による）の有根系統樹の重要な使い道の1つは，rRNAによる全生物の系統樹など他の系統樹に根をつけることである（図5.21）．数十万のrRNA配列が利用可能でありrRNAの系統樹はずっと多くの生物種を含んでいるため，このことは重要である．

　LUCAを探るうえでおそらく最も重要な点は，全生物の系統樹に根をつけることによって，分類群によって異なる形質のどれが祖先的でどれが派生的であるかが推定しやすくなったことである．例えば，もう一度核膜の進化の歴史を考えると（図5.18を思い出そう），全生物の系統樹に図5.21のように根をつけると，核膜はおそらく派生的であり，真核生物においてLUCAより後の時期に進化したことが支持される．対立するシナリオは，より多くの"獲得"と"消失"を必要とするからである．さらに，有根系統樹があると，普遍的形質についてどの状態が祖先的であるか推定できる．例えば，標準遺伝暗号が祖先的状態であり，マイコプラズマのような生物種やミトコンドリアでみられるそれ以外の暗号は派生的であると推定することができる．このような結論になるのは，他のシナリオ（例えば，マイコプラズマの遺伝暗号が祖先的であるというシナリオ）は，進化的変化をもっと多く必要とするからである．遺伝暗号の進化については，第20章でより詳しく議論する（p.605）．

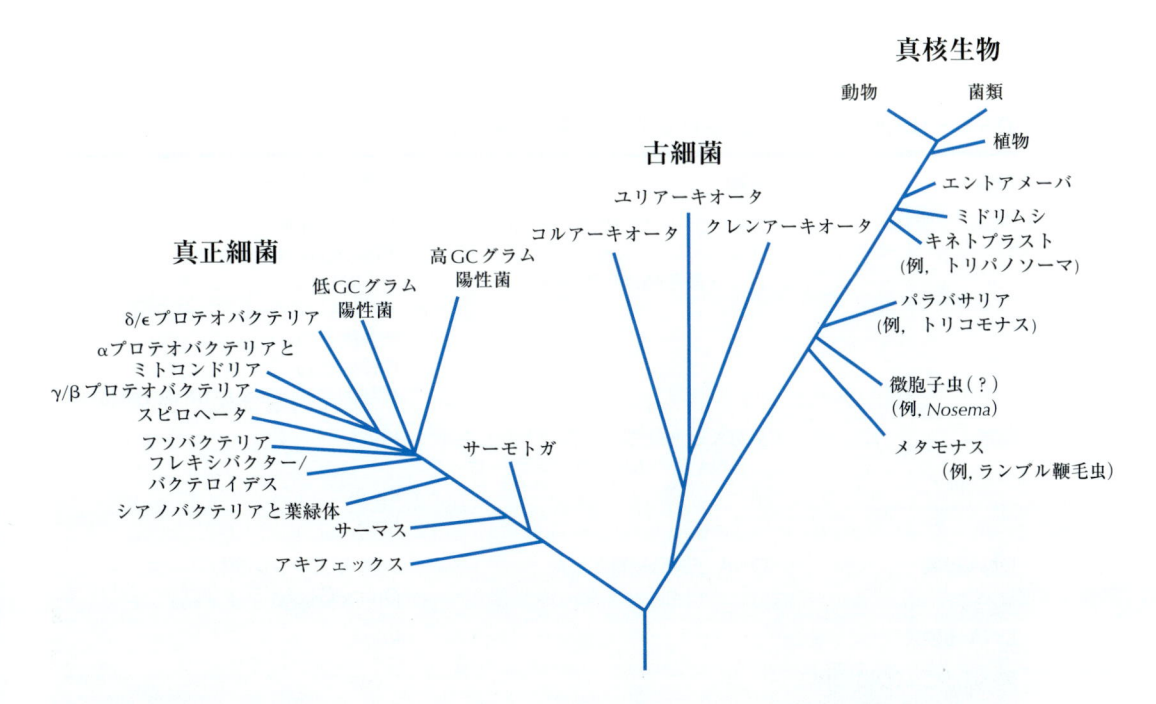

図5.21 ● 全生物の有根系統樹．この系統樹は，古い時期に重複した遺伝子の研究の結果に基づいて，rRNAの系統樹（例えば図5.17参照）に根をつけることによって構築された．この系統樹は，それぞれのドメイン内部の多くの個々の生物の位置については，不正確であると現在では考えられていることに注意しよう（第6〜8章参照）．

LUCAと現在の細胞はタンパク質翻訳の機構を共有する

　形質状態復元法と普遍的相同性の解析によって，LUCAがどのようなものであったかがわかり始めてきた。LUCAは，多くの点で現在の単細胞生物に似ていて，膜ともしかすると細胞壁に囲まれていた。DNAのゲノム，RNAへの転写，タンパク質と非コードRNAからなるリボソームによるRNAからタンパク質への翻訳といった基本的な分子機構は存在した。DNAはDNAポリメラーゼによって複製され，多くのDNA修復酵素が存在してDNA損傷を取り除き突然変異を抑えていた。LUCAの特徴としてほかに考えられることを表5.5に要約して示す。

　LUCAにおける翻訳は，現在の生物の翻訳とたぶんそっくりであった。rRNA，tRNA，伸長因子，リボソームタンパク質，アミノアシルtRNA合成酵素など，今日使われている構造や遺伝子の多くが存在した。現在のタンパク質翻訳のいくつかの要素（例えば，いくつかの付加的なリボソームタンパク質）はLUCAにはなかったが，全体的な過程はだいたい変わっていない。

　現在の生物のタンパク質翻訳がLUCAの翻訳に非常に似ているのに対して，DNA複製と転写の仕組みはLUCAの時期から多くの変化を経たようである。LUCAが高度な複製と転写のシステムをもっていてその後進化の過程で変更されたのか，それとも，LUCAが非常に単純な形の複製と転写のシステムをもっていて異なるドメインで別々に精密化したのかは，明らかではない。例えば，LUCAの転写は，すべての現在のRNAポリメラーゼで使われているRpoA，RpoB，RpoCに相同なタンパク質からなる酵素によって行われたと推定することはできる。しかし，転写の開始，調節，伸長，終結の分子機構の細部のほとんどは，3つのドメインで別々に進化したようにみえる。

　LUCAの翻訳が，DNA複製や転写に比べて複雑であったらしいのはなぜだろう。比較的

表5.5・LUCAにあったと推定される分子生物学的過程と遺伝子族

特徴	詳細	関連する遺伝子族
タンパク質翻訳	RNAとタンパク質からなるリボソーム アミノ酸を結合したtRNA	16S/18S rRNA 23S/28S rRNA 5S rRNA 多くのリボソームタンパク質 伸長因子 Tu 伸長因子 G 複数のアミノアシルtRNA合成酵素
転写	少なくとも3サブユニットからなるDNA依存RNAポリメラーゼ	RpoA RpoB RpoC
DNA複製	DNAが遺伝物質だった	Pol1型エキソヌクレアーゼ DnaN（スライディングクランプ）
DNA組換え		RecA
膜へのタンパク質の挿入		SecY FtsY

Harris J.K. et al. 2003. *Genome Res.* **13**: 407–412 に一部基づく。
rRNA＝リボソームRNA (ribosomal RNA)，tRNA＝トランスファーRNA (transfer RNA)。

簡単な説明があるようにみえる。翻訳の発明は，RNAワールドからタンパク質ワールドへの転換（p.115参照）に必要だったので，遺伝物質としてDNAがRNAと置きかわる前に起こったらしい。そのため，3つのドメインの系統が分化し始める時点までに，複製や転写に比べて，翻訳システムには進化するためのずっと多くの時間があった。このように，LUCAは多くの点で原始的な細胞であり得た。このような可能性は，**プロジェノート仮説**（progenote hypothesis）と名づけられたWoeseによる説の中で最初に提案された。

全生物の系統樹の真正細菌の枝に根をつけることに対する異論

進化に関する研究は一般に，過去に起こった出来事を推定しようと，時間をさかのぼればさかのぼるほど，むずかしくなる。このことは全生物の系統樹に根をつけようとするときによくあてはまる。この枝分かれは，非常に遠い昔起こったからである。公表されている研究のほとんどが全生物の系統樹の真正細菌の枝に根をつけることを支持しているが，このように根をつけることに異論を唱えている研究もかなりの数存在する。ここでこの問題を議論することは重要だろう。おもな批判は，**長枝誘引**（long-branch attraction，LBA，長い枝同士が引き合うこと）と呼ばれる，系統学的研究の多くに存在する方法論上の問題が結果を偏らせているというものである。LBAというこの現象は，進化的に長い枝をもつ生物種が，実際に最も近縁であるかどうかにかかわらず系統樹上まとまりやすいことをいう（図5.22）。長い枝がまとまりやすい理由については，第27章（オンラインチャプター参照）でより詳細に議論する。ここで重要なことは，LBAによって，系統樹上の真正細菌が間違ってアウトグループの方に引っ張られてしまっているかもしれないことと，そのために真正細菌が最も深い枝に見えてしまうことである（図5.22D）。この問題の影響を解消または低減するように試みると，真正細菌の枝に根がつくことはそれほど強く支持されない。

全生物の系統樹に根をつけることについてはもう1つやっかいな問題があり，それはLBAよりずっと重要である。すなわち，垂直継承の仮定が成り立たないかもしれないという問題である。

遺伝子が生物種の間で移動することは，異なる遺伝子がそれぞれ独自のLUCAをもつかもしれないことを意味する

現在の生物の性質からLUCAの性質を推定しようとするときの重要な仮定は，生物種は垂直継承によって進化するというものである。しかし，垂直継承以外にも継承のやり方はある。近縁な生物種は雑種を作ることができ，繁殖可能な子供が生まれることがある。ときには，遠縁の生物種も雑種を作るだろう。おそらく最も劇的な例として，1つの進化的系統から別の系統にDNAが渡されることがある。この過程は遺伝子の水平伝達と呼ばれ（図5.23A），これについてはpp.200～210でより詳細に述べる。水平伝達は性の1つの形態であり，性と遺伝子の移動の重要性については第23章でさらに議論する。ここで重要な点は，遺伝子水平伝達がキメラ生物，つまり部位によって異なる歴史をもっているような生物を作り出すことである。例えば，真核生物の歴史において，ミトコンドリアと葉緑体が，かつては真正細菌が細胞内共生していたものであったことは明らかである（p.177参照）。これらの細胞小器官の細胞構造，機能，DNAの中には，その進化的過去の名残がある。細胞小器官のゲノムにかつてコードされていた遺伝子の多くは，その後宿主の核ゲノムに移動した（pp.221～226）。遺伝子の水平伝達の例はほかにも多く知られている。真正細菌の間の抗生

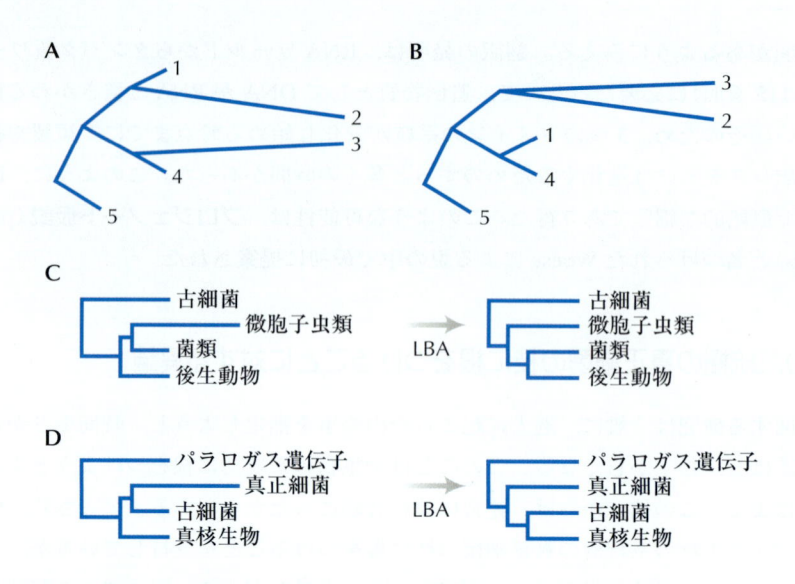

図 5.22 ▪ 長枝誘引(LBA)とは方法論上の問題であり，系統樹が進化の歴史を不正確に描き出してしまう原因となる。この現象が系統樹復元においてエラーを引き起こすのは，"真の"系統樹において，2つ(またはそれ以上の)遺伝子または生物種が長い枝をもち，実際には姉妹群ではないときである。(A) 5生物種からなるこの仮想的な"真の"系統樹において，生物種2と3 (ここに示されているようにこれらは姉妹群ではない)は，他の3生物種に比べて速度の大きい進化を経験してきたため，長い枝の末端に位置する。生物種の進化を推定するための系統樹復元法の多くは，(Bに示すように)長い枝が互いに近縁であるような結果を与える。(C) 微胞子虫類 (microsporidia；左の系統樹のように，実際には菌類に近縁)の進化の研究において，右の系統樹のように，LBAによって彼らが真核生物の中で深い位置で枝分かれしたと間違って認識されていたと考えられている(微胞子虫類の進化についてはより詳しく p.216 で議論する)。(D) 古い時期に重複した遺伝子の系統樹において，根をつけるために使ったパラログの方に，真正細菌がLBAによって引っ張られていたかもしれない。なぜなら，パラログは長い枝の末端についているからである(右の系統樹)。もし，(左の系統樹が示唆しているように)真正細菌が，古細菌や真核生物に比べて速度の大きい進化をしていたらこのようになるかもしれない。

物質耐性遺伝子の(特に病院における)移動などである。ここから導かれることは，単一の全生物の系統樹は存在し得ないということである。つまり，単一の系統樹で生命の進化を正確に表すことはできない。枝が互いに連結していて網目構造で生物種の進化を表した方がよいかもしれない(例えば図 5.23B)。

　この水平伝達の可能性は，上に述べたプロジェノート仮説でふれている。もし，遠い過去の原始的な細胞が自由に遺伝情報を交換していたら，生命の3つのドメインは樹のような進化のパターンからできてきたのではないかもしれない。そうではなくて，当時利用可能であった遺伝情報のプールから別々に抽出されたのかもしれない。それらの起源が単一のLUCAまでさかのぼるというよりは，全生物の系統樹の根元には複数の節があるかもしれない(図 5.23 参照)。

　水平伝達によって，LUCAの性質を推定するために普遍的相同性や形質状態復元法を自動的に使うことが困難になる。例えば，rRNAの使用が全生物の系統樹の真正細菌の枝で進化した後，それが古細菌と真核生物の枝に水平伝達し，偶然すべての生物に広まったとしよう。仮にもしこのような出来事が起こっていたとしたら，リボソームRNAがすべての生物に存在することは，それがLUCAにあったという間違った印象を与えることになるだろう。理論的には，どんな性質もキメラ的歴史をもち得る。したがって，LUCAの性質を推定するた

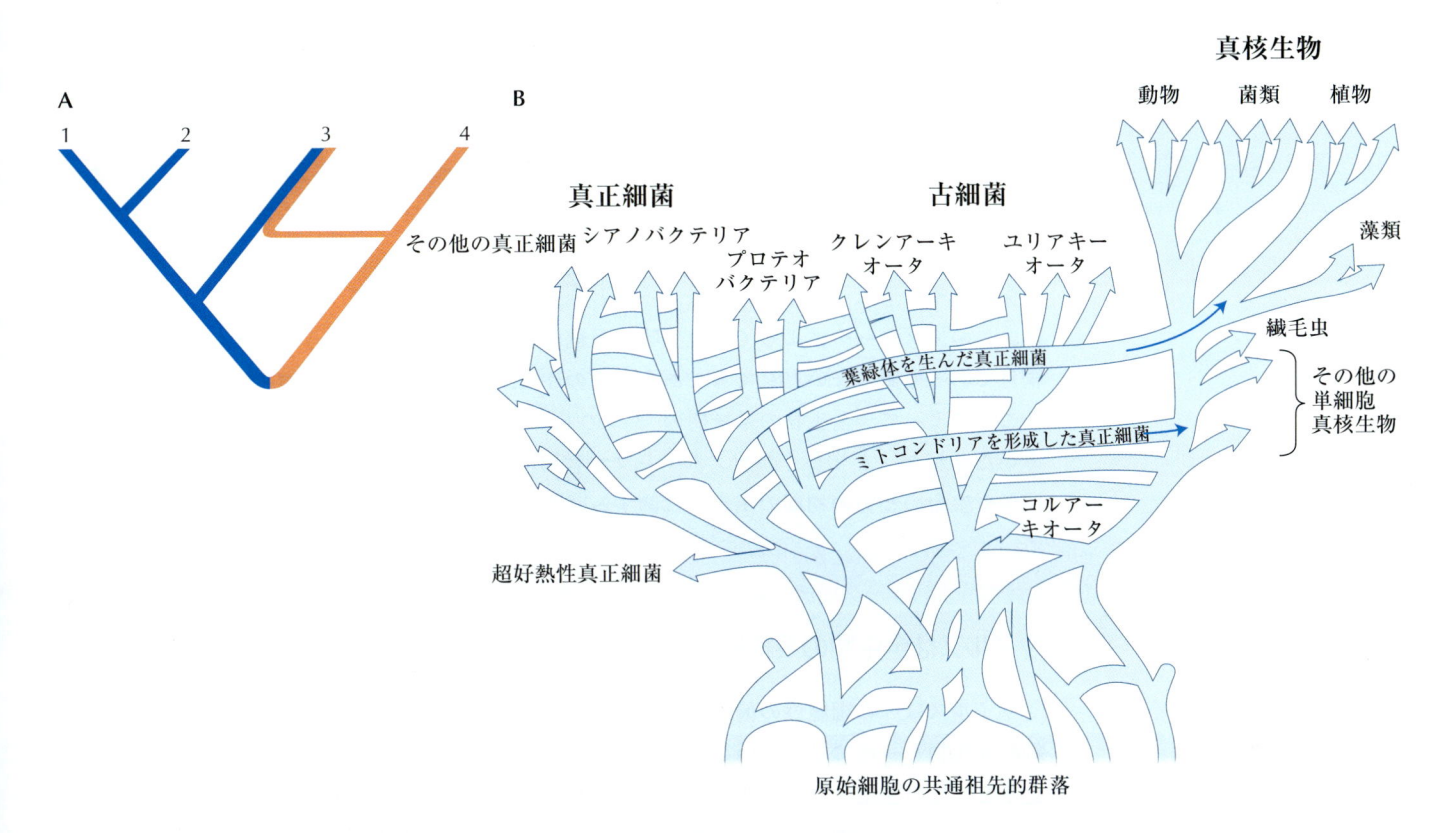

5.2 普遍的相同性，LUCA，全生物の系統樹

図 5.23 ■ 遺伝子の水平伝達と全生物の系統樹。(A) 4 生物種の仮想的な系統樹の上に示した遺伝子の移動。水平の赤線が，生物種 4 の系統から生物種 3 の系統への遺伝子の移動を示す。移動した遺伝子は，その後生物種 3 の系統の遺伝子セットの内部に取り込まれ，"青い"祖先をもつ遺伝子と"赤い"祖先をもつ遺伝子を含むキメラができる。(B) 全生物の系統樹における遺伝子の移動。この図は，網目状態を示しているが，真正細菌が最初に分かれたドメインであるという図 5.21 の全生物の有根系統樹と同じ大まかな枠組みに従っている。しかし，枝が交差するような多くの出来事（例えば，細胞小器官から真核生物の核ゲノムへの遺伝子の移動）によって，樹ではなく網目になっている。ここには単一の LUCA は示されていないことに注意しよう。つまり，現存する生物すべての単一の共通祖先は存在しない。なぜなら，遺伝子の移動によって，生物種の系統樹を単一の生物にまでさかのぼることができなくなっているからである。しかし，個々の遺伝子の系統樹には依然として LUCA があるだろう。

めには，その性質に水平伝達が起こったかどうかを確定することが必要である。

LUCA の性質を復元することや初期進化の歴史を探ることがどのくらいむずかしいかは，1 つには，どのくらい水平伝達が起こっていて，どの遺伝子が移動したかによる。ゲノム配列の解析からこの問題への回答が得られ始めている。今わかってきている大まかな描像は，生物，特に微生物は，外来のあらゆる DNA をたやすく取り込むらしいというものである。しかし，受け取った生物の集団にこの DNA が広まることはまれである（たぶんその DNA が有利な突然変異をほとんどもたらさないため）。さらに，受け取った生物の集団に外来の遺伝子が広がることができる場合でも，それらがある生物種の系統に進化の長い期間にわたってとどまり続けることはまれである。その理由はたぶん，新しく獲得した DNA は特殊な環境条件（例えば，抗生物質の存在）に適応するためによく使われ，その環境が変わるとすぐその DNA も消えるからだろう。

かといって，水平伝達が起こらないわけではない。ただ，水平伝達はややまれな出来事であり，外来 DNA が維持されるには選択に対する強い利点が必要である。その結果，ゲノム

の"中心的"部分は遺伝子水平伝達を受けないという傾向があり（例えば，リボソームタンパク質のようなハウスキーピング遺伝子），一方，ゲノムの周辺的な部分はより多くの水平伝達を受ける．したがって，生物種の進化の歴史を探るために，"中心的"遺伝子を使って生物種の"平均的"歴史の描像が得られる．これに関する1つの例を図5.24の右側に示す．この図は，いろいろな真正細菌の中心的遺伝子のセットのアラインメントを結合して1つの巨大なアラインメントにしたものに基づくゲノムの系統樹を示している．この"中心的"系統樹は，祖先形質や，遺伝子の移動，欠失，重複という出来事の発生に関する疑問を問うために使える．このアプローチによって，全生物の系統樹を研究することができる．それが部分的には網目であって樹でないとしてもである．そのうえ，これらのゲノムレベルのアプローチを使うことによって，全生物の系統樹の"3つのドメイン"という見方が有効であるらしいことがみいだされた．より多くのゲノムデータが利用可能になるにつれて，3つのドメインの間の関係や生命の歴史の初期の出来事に関する疑問をより正確に検討できるようになるはずである．

ウイルスは全生物の系統樹のどこに位置するか？

　ウイルスは，非細胞性の偏性寄生体であり，そのため，全生物の系統樹を議論するときに細胞性生物と一緒にはしないことが多い．しかし，ウイルスが自身のゲノムをもつことを考えると，この態度はたぶん間違いである．かつて自由生活性の真正細菌であって現在は完全に宿主に依存する細胞小器官であるミトコンドリアと葉緑体は，全生物の系統樹の研究において活発なトピックである．マラリアの病原体である *Plasmodium* など細胞性の偏性寄生体も，全生物の系統樹の研究における地位は十分に認められている．そのうえ，ウイルスには，ほとんどすべてを宿主に依存しているものもあるが，かなり複雑で，以前は細胞性生物でしか見つからなかったような機能の多くをコードしているようなものも存在する．例えば，最

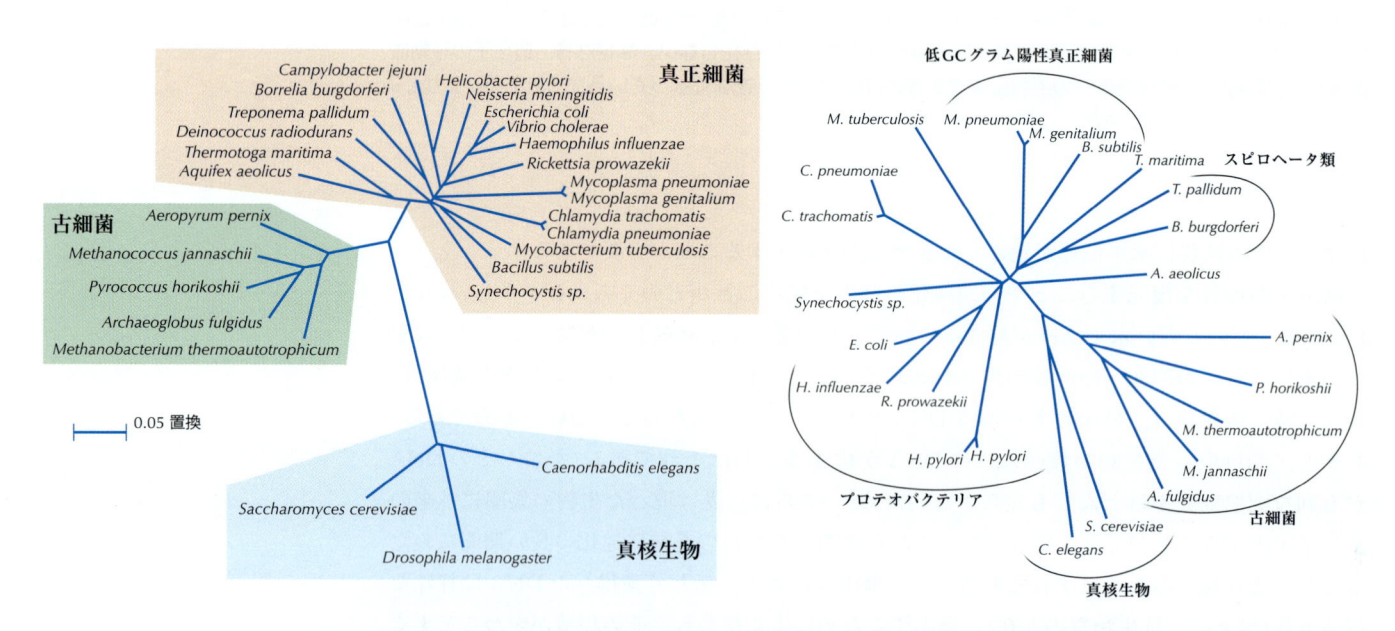

図5.24 ● 多くのゲノムの配列データが利用可能になり，rRNAの系統樹（左）を全ゲノムの比較に基づく系統樹（右）と比較できるようになった．これら2つの系統樹の大まかなトポロジーは非常に似ていて，もし水平伝達が起こっていたとしても，それは生物種の系統に関する中心的なシグナルを消し去ることはなかったことを示している．

最近発見されたミミウイルスは，900以上のタンパク質をコードする1.2 Mbのゲノムをもつ。

ウイルスは，ある程度独立した実体として進化していて，系統学上，細胞性生物とほぼ同じように扱うことができる。例えば，HIV（human immunodeficiency virus：ヒト免疫不全ウイルス）やインフルエンザを起こすウイルスの進化の研究は，これらのウイルスゲノムにコードされる遺伝子の系統解析に基づいている。しかし，このことがあてはまるのはウイルスの最近の進化についてだけであり，もっと時間をさかのぼると，ウイルスの進化はよくわからなくなってくる。この項では，ウイルスの初期進化に関する2つの問題を扱う。第1に，ウイルスは互いにどのように関係しているか。第2に，ウイルスはどのように出現したか。いいかえると，ウイルスの系統樹を構築することは可能か，また，それを全生物の系統樹と結びつけることは可能か，という問題である。

最初にウイルスの多様性を紹介するのが便利である。ウイルスは，形状と大きさ，宿主との相互作用のタイプ，ゲノムの構成，生活環，そして進化のパターンに関して多様である。ふつう，ウイルスは，複製の大まかな仕組みとゲノムの構造に基づいて分類される。これらの基準を用いて，6つのクラスが同定されている（表5.6）。科へのさらなる分類は，ウイルスのいろいろな性質に基づいてなされている。60以上の主要な科が今日知られている。

ウイルスの最近の進化に関する研究は比較的簡単である。なぜなら，1つの科の内部ではいろいろなウイルスはほどほどに近縁で，そのためアラインメントに基づく系統樹（第27章［オンラインチャプター］参照）など標準的な手法で比較できる。しかし，ウイルスの進化のより古い出来事を研究するときには，おもに3つの難問がある。第1に，ウイルスは細胞性生物に比べると一般により高速に進化している。そのため，異なるタイプのウイルスの間で相同な遺伝子がもしあったとしても，それを同定するのはむずかしい。第2に，ウイルスは，遺伝子の水平伝達を特に受けやすいようにみえる。このことは，1つのウイルスゲノム内部のいろいろな遺伝子が，異なる歴史をもっていることがよくあることを意味する。第3に，これは最も重要な点であるが，すべてのウイルスが共有している遺伝子は存在せず，そのため単一の系統樹の中にウイルスを簡単に位置づけることができない。細胞性生物の初期進化

表5.6・ウイルスのタイプ

ウイルスのクラス	既知の科の数	ウイルスの例
二本鎖DNA	20	SV40, T4ファージ，ヘルペスウイルス，天然痘ウイルス
一本鎖DNA	5	φX174ファージ，M13ファージ
DNA–RNA逆転写ウイルス	5	HIV, B型肝炎ウイルス
二本鎖RNAウイルス	6	イネ萎縮ウイルス
(−)鎖一本鎖RNAウイルス	7	エボラ出血熱ウイルス，流行性耳下腺炎ウイルス，狂犬病ウイルス，インフルエンザウイルス
(+)鎖一本鎖RNAウイルス	19	ポリオウイルス，SARS，デングウイルス，C型肝炎ウイルス

Assembling the Tree of Life (ed. J. Cracraft and M.J. Donoghue), Oxford University Press, New Yorkに収載の，Mindell D.P., Rest J.S., and Vallareal L.P. 2004. Viruses and the tree of life, pp. 107–118の表8.1に基づく。より詳しくは，http://phene.cpmc.columbia.edu/index.htm にあるInternational Committee on the Taxonomy of Viruses (ICTV)のウェブサイト参照。

HIV＝ヒト免疫不全ウイルス（human immunodeficiency virus），SARS＝重症急性呼吸器症候群（severe acute respiratory syndrome）。

の出来事を探るために使われる"普遍的"遺伝子は，どのウイルスにも存在しないか，わずかな数のウイルスの科に存在するだけである。

　これらの困難な点はあるが，多くのウイルスの全ゲノム配列が最近利用可能になってきたことによって，以前は不可能であったような新しいタイプの系統解析が可能になり，ウイルスの進化に関する我々の理解は大いに進んでいる。その1つの例は，図5.25に示す"ファージのプロテオームの系統樹である。この系統樹は，多くのファージ（真正細菌や古細菌に感染するウイルス）の全ゲノムを対象とする全体的な類似性の解析に基づいている。この系統樹は非常に多くの情報を含んでいる。例えば，単一の系統樹上でいろいろなクラスのウイルス（一本鎖DNA［ssDNA］，一本鎖RNA［ssRNA］，二本鎖DNA［dsRNA］ファージ）が結びつけられることを示している。これらすべてのウイルスに共有される遺伝子がないにもかかわらずである。このファージのプロテオームの系統樹は，従来のウイルスの分類が進化の歴史と合わないことも明らかにした。したがって，ウイルスの分類はたぶん，（rRNAの系統樹が微生物の分類を激変させたのと同じくらい）変更しなければならない。ゲノムレベルの

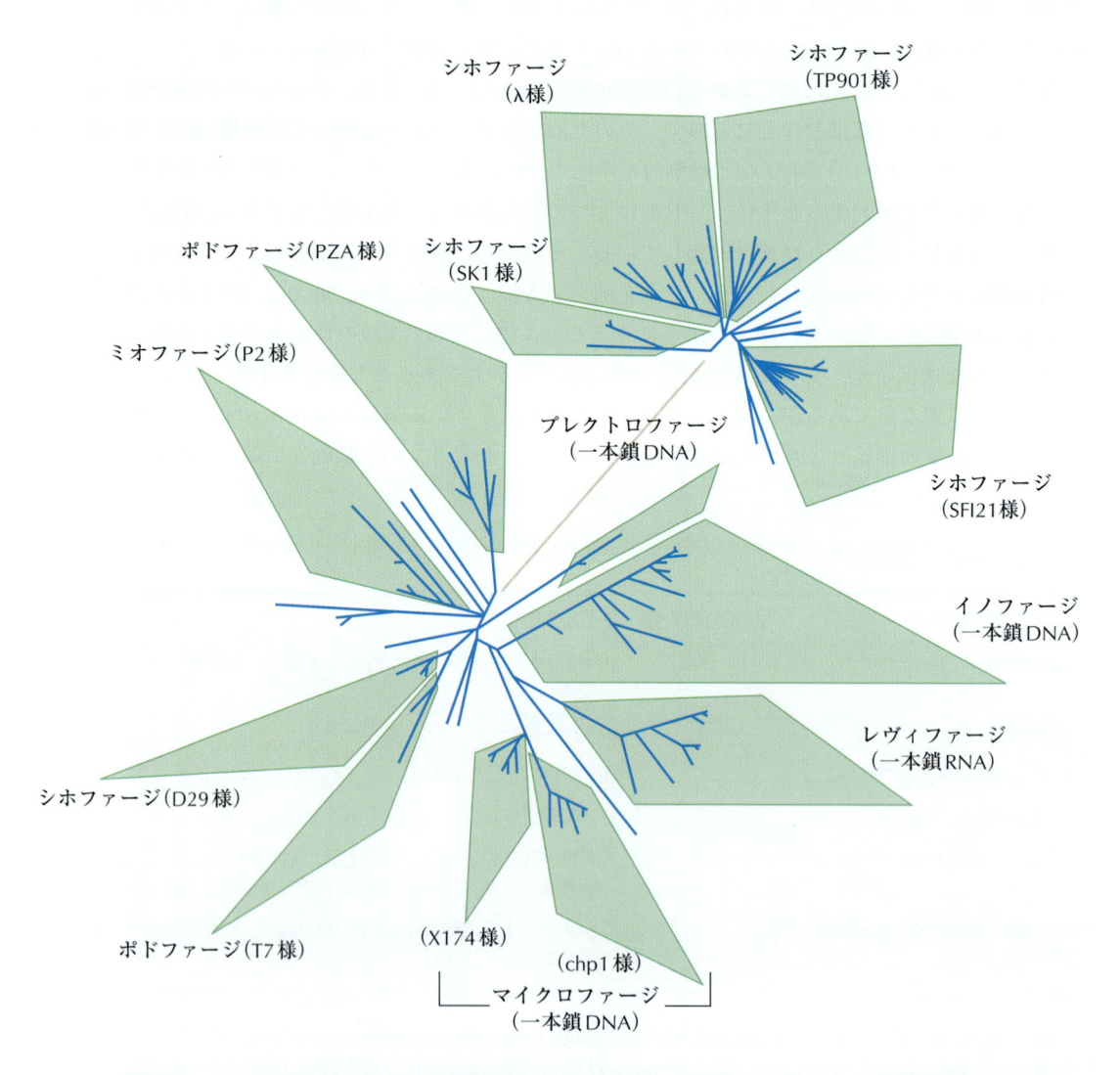

図5.25 ● ファージのプロテオームの系統樹。この系統樹は，配列の決定された105のファージのゲノムから構築された。図を読み取りやすくするために，手作業によってシホファージ（サイフォファージともいう）のグループを他のグループから引き離した。ベージュ色の線は，全体の中のシホファージの位置を示す。緑色のまとまりは，それぞれ別のグループを示す。

解析の助けによって，多くのウイルスの系統が組換えと遺伝子の水平伝達を非常に高い頻度で受けていることも明らかになった。このことは，ウイルスの進化を，おそらく多くの細胞性生物の場合に増して，単一の系統樹ではなく網目構造としてとらえるべきであることを示唆している。

ファージのプロテオームの系統樹のようなゲノム全体の解析と系統樹は，ウイルスを分類する我々の能力を高めはしたが，"ウイルスは最初にどこから来たか?"という質問に答えるのにはほとんど役立たない。この項の残りで，ウイルスの究極的な起源に関する3つの説を示す。ウイルスの多様性から考えると，異なるウイルスは別の起源をもつ可能性もあることを心にとめておこう。

最初の可能性は，ウイルスが先細胞世界の遺物であるというものである。ウイルスは生命の起源の初期から存在していてそれ以来ずっとさまよっているのかもしれない。この可能性を支持しているのは，古いと考えられているいくつかの過程や遺伝子が多くのウイルスに存在することである。例えば，多くのウイルスは独自の形のリボヌクレオチド還元酵素をコードしている。この遺伝子はリボヌクレオチドをデオキシリボヌクレオチドに変換する。ほかにも，ウイルスにみられる一般的で古い酵素として，DNA修復酵素，逆転写酵素，DNAポリメラーゼなどがある。さらに，これらのウイルスの遺伝子の多くは，細胞性生物の対応する遺伝子と"遠縁"な関係にあるようにみえ，このことはこれらの遺伝子を最近宿主生物から獲得したわけではないことを示唆する。この説の難点は，現在ウイルスが細胞性生物に依存していることである。細胞性生物の出現以前にどのようにしてウイルスが存在できたか。先細胞世界において，進化のための鍵の1つは複製の能力である。多くのウイルスは自身の複製機構をコードしている。このように，RNAが触媒機能をもち，ウイルスがRNA複製機構として存在したということはあり得るだろう (p.110参照)。細胞性生物の進化に伴って，原始的なRNAのいくらかがこれらの細胞性生物の寄生体になったのかもしれず，これを今日ウイルスと呼んでいるのかもしれない。

第2の説は，ウイルスは細胞性生物の一部分が"逸出"したものだというものである。多くのウイルスが**転位因子**(transposable element)に似ていることはこのことと辻褄が合う。この説は"逸出転写産物"モデルと呼ばれ，ウイルスはかつて細胞の普通の構成要素であったと主張する。この説は，やはり細胞の普通の構成要素からできたらしい転位因子の起源に関するモデルと，多くの点で似ている。この説によると，細胞の特定の構成要素がウイルスになるには，タンパク質の外被となんらかの方法で自身の複製を調節する手段を獲得しなければならなかった。このことは，レトロウイルスについて想像するのが最も簡単だろう。レトロウイルスは，細胞性RNAとしてスタートし，その後逆転写酵素と結合したのかもしれない。また，**トランスポゾン**(transposon)や**プラスミド**(plasmid)のような可動性DNA因子としてスタートしたウイルスもあるかもしれない。可動性であるプラスミドをウイルスに変換するために必要なものはタンパク質外被の追加くらいである。転位因子の進化については第21章 (pp.647〜649) で議論する。

最後の可能性は，ウイルスはかつて自由生活をしていた生物の残存物であるかもしれないというものである。最近までこれは突飛な考えとみられていた。しかしそうでもないことが2つの証拠によって示唆されている。第1に，細胞小器官と細胞内生物のゲノム解析から，ゲノムの簡素化が極端に進むことがあることがわかってきた。ミトコンドリアゲノムのいくつかは，少数の自身の遺伝子だけをコードしている。ゲノムの構成に関しては，細胞内病原体と共生体には，細胞小器官になる寸前であるようにみえるものもある。さらに，多くのウイルスのゲノム配列が決定されるにつれて，非常に大きなゲノムや信じられないほど多様な

活性をもつウイルスがみいだされつつある。上に述べたミミウイルスが今のところ最良の例である。このウイルスのもつ遺伝子の数は，どんな細胞小器官より多く，多くの真正細菌や古細菌をも上回る。大きなウイルスのゲノムは，長い期間にわたる遺伝子獲得の結果である可能性もあるが，このようなウイルスの存在は，ウイルスが細胞性の祖先からできてきた可能性とも矛盾しない。

■ 要約

　この章では，生命の初期進化について議論した。垂直継承という概念，および，遺伝子の水平伝達が引き起こすやっかいな問題を説明した。普遍的相同性の存在を，垂直進化の考え方と結びつけて使うことによって，LUCAと呼ばれる単一の共通祖先をすべての生命がもっているはずであることを示した。また，進化系統樹に根をつけること，特に全生物の系統樹に根をつけることの重要性を議論した。全生物の系統樹に関する考え方は時間とともに変化してきたが，現時点の見方では，全生物の系統樹は3つのドメイン，すなわち真正細菌（細菌），古細菌，真核生物に分かれる。真正細菌に比べて，真核生物と古細菌が互いに近縁であることについては，科学者の間である程度の合意が得られている。さらに，進化系統樹を使って，どのように祖先形質状態の推定を補助できるかをみてきた。祖先形質状態とは，例えばLUCAがもち得た形質などである。

　数十億年前に起こった進化的出来事の推定は，きわめて挑戦的で困難な問題であり，完全に正確に行うことが常にできるわけではない。続くいくつかの章では，比較的新しい進化的出来事を議論するので，推定の精度ははるかに向上する。例えば3つのドメインそれぞれの内部の関係（第6〜8章参照）については，進化の最初期の出来事に比べてずっとよくわかっている。しかし，ゲノム配列データがどんどん蓄積するにつれて，生命の進化の初期の出来事についても我々の推定能力は向上するだろう。

■ 文献

全生物の系統樹に根をつける

Brown J.R. and Doolittle W.F. 1997. Archaea and the prokaryote-to-eukaryote transition. *Mol. Microbiol. Biol. Rev.* **61:** 456–502.

Doolittle W.F. 2000. Uprooting the tree of life. *Sci. Am.* **282 (2):** 90–95.

Forterre P. and Philippe H. 1999. Where is the root of the universal tree of life? *BioEssays* **21:** 871–879.

Philippe H. and Forterre P. 1999. The rooting of the universal tree of life is not reliable. *J. Mol. Evol.* **49:** 509–523.

普遍的相同性とLUCAの特徴

Doolittle W.F. 2000. The nature of the universal ancestor and the evolution of the proteome. *Curr. Opin. Struct. Biol.* **10:** 355–358.

Kyrpides N., Overbeek R., and Ouzounis C. 1999. Universal protein families and the functional content of the last universal common ancestor. *J. Mol. Evol.* **49:** 413–423.

Penny D. and Poole A. 1999. The nature of the last universal common ancestor. *Curr. Opin. Genet. Dev.* **9:** 672–677.

Woese C.R. 1998. The universal ancestor. *Proc. Natl. Acad. Sci.* **95:** 6854–6859.

ウイルスと全生物の系統樹

Mindell D.P., Rest J.S., and Villareal L.P. 2004. Viruses and the Tree of Life. In *Assembling the Tree of Life* (ed. J. Cracraft and M.J. Donoghue), pp. 107–118. Oxford University Press, New York.

Rohwer F. and Edwards R. 2002. The Phage Proteomic Tree: A genome-based taxonomy for phage. *J. Bacteriol.* **184:** 4529–4535.

全生物の系統樹の歴史と3つのドメインの系統樹

Pace N.R. 1997. A molecular view of microbial diversity and the biosphere. *Science* **776:** 734–740.

Woese C.R. and Fox G.E. 1977. Phylogenetic structure of the prokaryotic domain: The primary kingdoms. *Proc. Natl. Acad. Sci.* **74:** 5088–5090.

Woese C.R., Kandler O., and Wheelis M.L. 1990. Towards a natural system of organisms: Proposal for the domains Archaea, Bacteria, and Eukarya. *Proc. Natl. Acad. Sci.* **87:** 4576–4579.

CHAPTER

6

真正細菌と古細菌の多様性
I：系統と生物学的特性

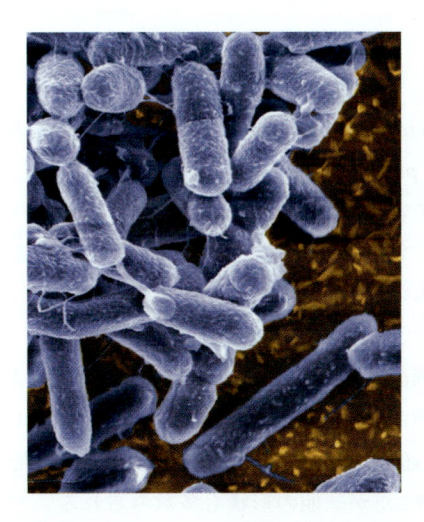

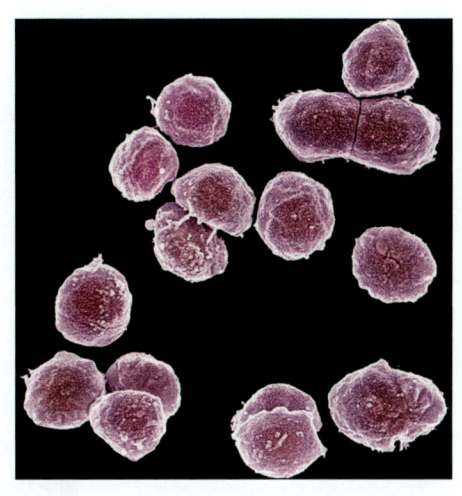

　第5章で考察したとおり，核をもたない生物は2つの異なる進化的な系統，すなわち真正細菌（bacteria，細菌）と古細菌（archaea）からなり，両者はそれぞれ独自の特徴をもつ。異なる進化をとげてきたにもかかわらず，古細菌と真正細菌は多くの生物学的特徴を共有している（表6.1）。実際，長年にわたって両者を"原核生物"として1つにまとめていたのは，その類似性による。最も重要なことだが，単相性，（細胞の）二分裂，著しい**遺伝子の水平伝達（遺伝子の水平移動，lateral gene transfer）**，転写と翻訳の共役などの生物学的ないくつかの側面が，真核生物と比較すると古細菌と真正細菌が類似した多様化と進化のパターンや仕組みをもつ原因となっている。本章では，（古細菌と真正細菌という）これら2つの（生命の）ドメインに焦点を合わせて，その類似点と相違点を明らかにしていく。最初に，真正細菌と古細菌を紹介し，それらの系統的なグループについて概説する。次に，両者の生物学的な進化のいくつかの例，すなわち，極限状態で増殖する能力，環境中からエネルギーと炭素を獲得するための一連の仕組み，および他の生物との相互作用（有益なものも有害なものもある）について紹介する。次の第7章では，この多様性のゲノム基盤について考察する。

6.1 真正細菌と古細菌の紹介

真正細菌は多くの重要な特徴を共有する

　真正細菌ドメインはさまざまな系統からなり，生物学的な多様性も莫大である。このグループには，遺伝学的研究に用いられるモデル生物（例：大腸菌 *Escherichia coli* と枯草菌 *Bacillus subtilis*），多くの疾病の原因病原体（例：コレラ菌 *Vibrio cholerae*［コレラ］，結核菌

表 6.1 • 真正細菌と古細菌には，真核生物と異なる多くの共通の特徴がある

特徴	真正細菌および古細菌	真核生物
核膜	なし	あり
ゲノム	通常は1本の環状染色体；しばしば1つ以上の小さな環状DNA（プラスミド）	複数の直鎖状染色体
有糸分裂	なし	あり
イントロン	まれ	一般的
微小管からなる細胞骨格	なし	あり
内膜系	単純かつまれ	複雑かつ一般的
遺伝子組換えのおもな様式	遺伝子の水平伝達	有性生殖
大きさ	小さい，1〜5 μm	より大きい，20〜100 μm
細胞小器官	なし	あり
倍数性	一倍体	二倍体あるいはそれ以上

Madigan M.T., Martinko J., and Parker J. 1997. *Brock biology of microorganisms*, 8th ed. Prentice Hall, New York, Table 3.5 に基づく。
これらグループの大半にあてはまる特徴を一覧表にした。

Mycobacterium tuberculosis［結核］，炭疽菌 *Bacillus anthracis*［炭疽病］，およびペスト菌 *Yersinia pestis*［ペスト］)，農業あるいは工業的に重要な生物（例：チーズ生産に用いられるラクチス乳酸菌 *Lactococcus lactis*）や PCR 用の熱安定な DNA 合成酵素（DNA ポリメラーゼ）が最初に精製された *Thermus aquaticus*，地球規模の栄養循環における主要な役回りの一部を担うもの（例えばマメ科植物の窒素固定を行う共生細菌など），さらには真核生物のミトコンドリアと葉緑体まで含まれる（図 6.1）。

　真正細菌は際だって多様ではあるが，ほとんどの種に備わる特徴がたくさんある。典型的な真正細菌は，ほとんどの真核生物の細胞よりもかなり小さな細胞からなる単細胞性の生物である（通常，最も狭い径で 0.8〜2 μm）。細胞の形は棒状（桿菌という）か，あるいは球状（球菌という）だが，他の形状も多数みられる。どのような形であれ，細胞は1枚のリン脂質膜に囲まれており，さらにそれはタンパク質と糖からなる細胞壁に包まれている。ある種では，細胞壁は厚く頑丈である。一方，他の種では細胞壁は薄くて，多孔性の外膜におおわれている。この細胞壁の組成の違いは，**グラム染色**（Gram stain）による染色特異性の基盤となっている（図 6.2）。

　多くの真正細菌の外壁あるいは外膜には，鞭毛という鞭状の付属物がある（図 6.3）。鞭毛は細胞が液体中で運動する際に使用される。この運動は鞭毛の回転を通じて生じており，基部に埋め込まれた分子モーターにより鞭毛は回転する。鞭毛をもつ真正細菌のほとんどの種では，鞭毛運動が，化学物質の濃度勾配（走化性）あるいは光（走光性）などの環境中の信号に対する応答を可能にするシステムと連動している。

　典型的な真正細菌では，ゲノムの大部分は大きな環状の染色体として維持されている。真核生物の核のような DNA 用の分離した区画は存在しないが，真正細菌の染色体は核様体と呼ばれるコイル状の束に凝縮されているときもある。付加的な DNA が小さめの環状体としてしばしばみられ，これはプラスミドと呼ばれる（図 6.4）（p.185 参照）。真正細菌の多くの種は，細胞が二分裂して増殖し，一倍体生物として生息している（図 6.5）。真核生物とは異

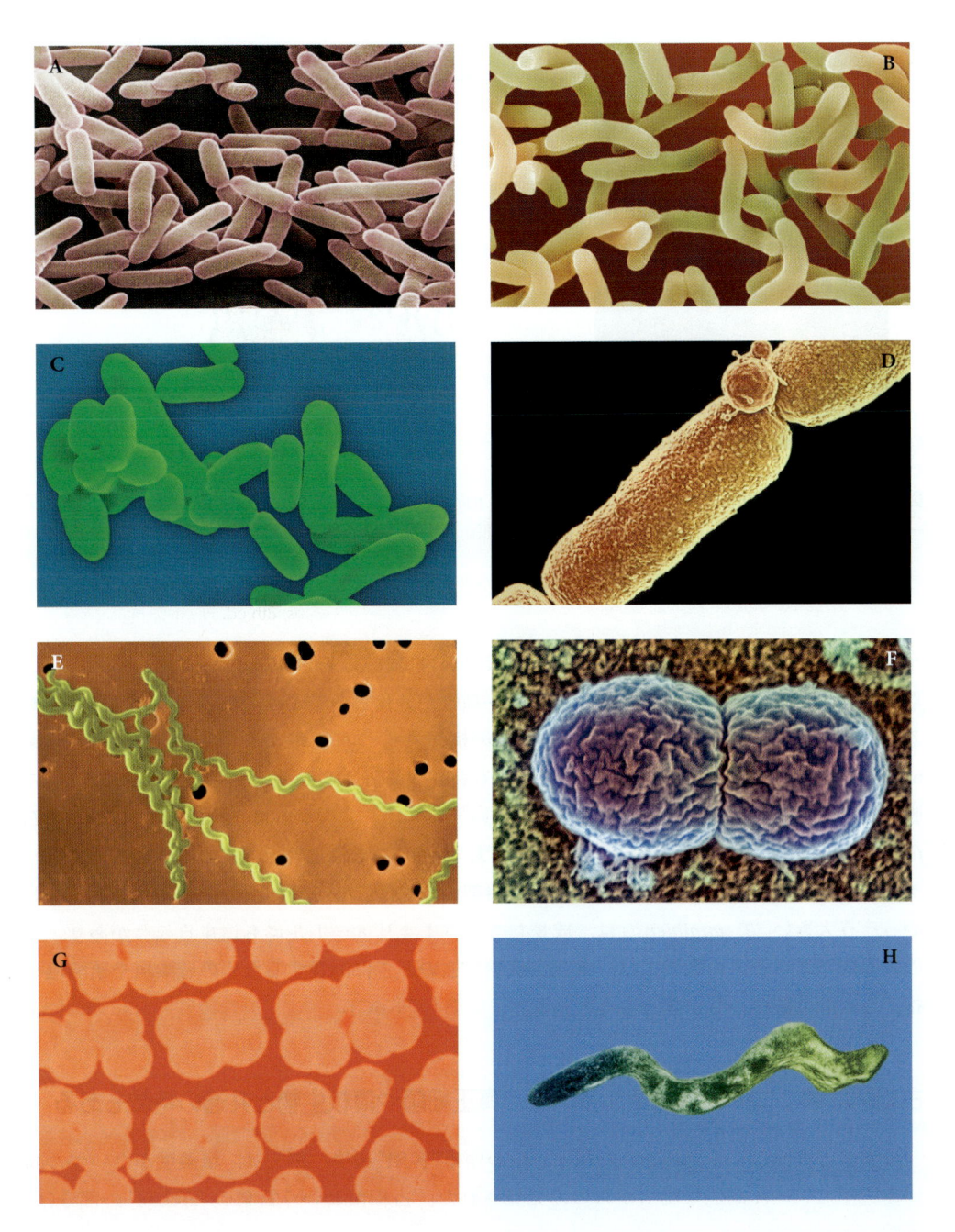

図 6.1 ▪ 真正細菌の例。(A) 枯草菌 *Bacillus subtilis*, (B) コレラ菌 *Vibrio cholerae*, (C) 結核菌 *Mycobacterium tuberculosis*, (D) 炭疽菌 *Bacillus anthracis*, (E) レプトスピラ症病原体 *Leptospira interrogans*, (F) ラクチス乳酸菌 *Lactococcus lactis*, (G) 放射線耐性菌 *Deinococcus radiodurans*, (H) ライム病菌 *Borrelia burgdorferi*。

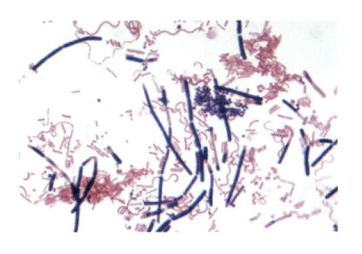

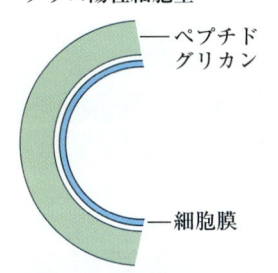

グラム陽性細胞壁
— ペプチドグリカン
— 細胞膜

細胞壁：厚さ 20～80 nm
1 層の細胞壁
ペプチドグリカン含有量：＞50%
テイコ酸あり
脂質とリポタンパク質の含有量：0～3%
タンパク質含有量：0%
リポ多糖類含有量：0%

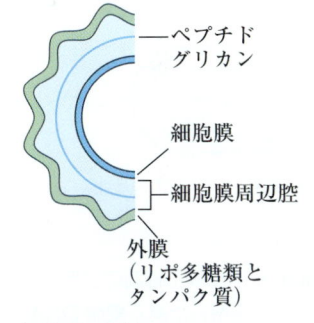

グラム陰性細胞壁
— ペプチドグリカン
— 細胞膜
— 細胞膜周辺腔
— 外膜（リポ多糖類とタンパク質）

細胞壁：厚さ 10 nm
2 層の細胞壁
ペプチドグリカン含有量：10～20%
テイコ酸なし
脂質とリポタンパク質の含有量：58%
タンパク質含有量：9%
リポ多糖類含有量：13%

図 6.2 ▪ (上) 混合した真正細菌のグラム染色。濃い紫色はグラム陽性菌を示し、ピンク色はグラム陰性菌を示す。(下) グラム陽性およびグラム陰性細胞の細胞壁と細胞膜の概略図と特徴。

なり、タンパク質をコードする遺伝子の転写は翻訳と共役している。遺伝子が RNA に転写されるにつれて、その RNA にタンパク質合成装置が付着し、タンパク質合成を開始する。多くの場合、直列に並んだ複数の遺伝子が、1 本の RNA に転写される。そのような配列は**オペロン**（operon）と呼ばれる（pp.60, 188 ～ 191 参照）。

ほぼすべての生物学的特性と同様に、以上のような真正細菌の一般的性質には興味深い例外が存在する。ほとんどの運動性の真正細菌は鞭毛を用いるが、ほかの運動機構として滑走、

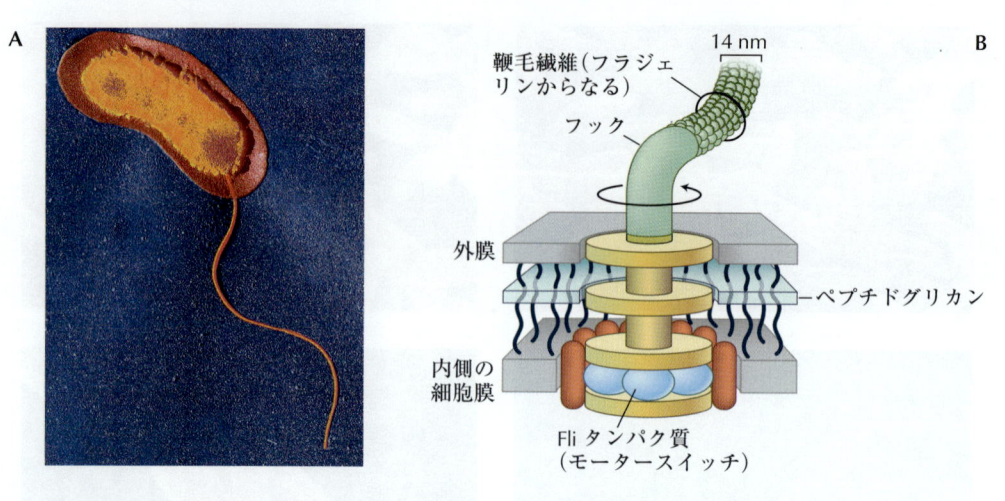

図6.3 ■ (A) γプロテオバクテリアの一種 *Proteus mirabilis* とその鞭毛 (訳注：*Proteus mirabilis* はウレアーゼ活性をもつ病原性腸内細菌の一種)。(B) 真正細菌の鞭毛 (グラム陰性菌のもの) の概略図。

小刻みな振動，あるいはガス小胞の膨張/収縮が含まれる。*Chondromyces crocatus* (図6.6A) などの子実体を形成するような真正細菌は，細胞が分化し分業がみられる真の多細胞性である。*Gemmata obscuriglobus* のように，核様の構造をもつ真正細菌もいくらか存在する (図6.6B)。とても大きな細胞からなる真正細菌も存在する。クロハギ (訳注：スズキ目の魚) の腸内に寄生する *Epulopiscium fishelsoni* という種は，長さが500 μm以上にもなる。*E. fishelsoni* が最初に発見された折には，その大きさから原生生物として誤分類されていた。ナミビア海岸の海洋底で発見された硫黄代謝細菌である *Thiomargarita namibiensis* は，なおいっそう大きい。*T. namibiensis* は，成長して長さ1ミリメートルにも達することがあり，その細胞内のスペースの大半には，細胞が飢餓状態のときに消費するための硫酸塩や硝酸塩を抱えた大量の貯蔵小胞がぎっしりと詰まっている (図6.6C)。

古細菌にはユニークな特徴が多いが，真正細菌や真核生物と共通の特徴もある

最初に古細菌として認識された種は，いわゆる"極限"環境，例えば，塩濃度がたいへん高い場所やたいへん高温な場所からのみ発見された。古細菌という言葉の"archae"の部分は，

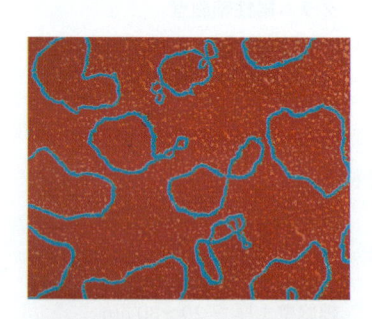

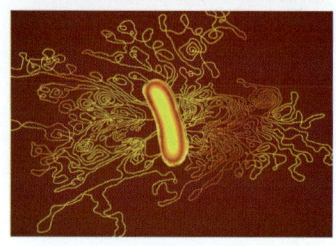

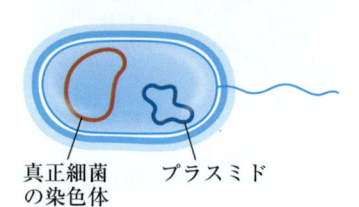

図6.4 ■ (上) 真正細菌のプラスミド。(中) 溶解した真正細菌 DNA。(下) 環状の染色体と環状のプラスミドをもつ真正細菌の細胞の模式図 (DNAは縮尺どおりには描かれていない)。

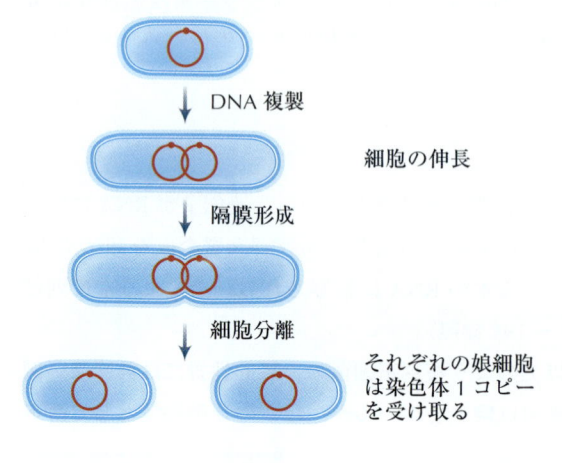

図6.5 ■ 真正細菌の二分裂

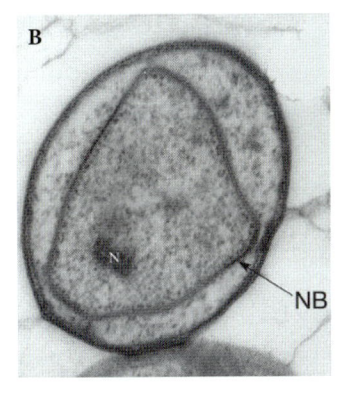

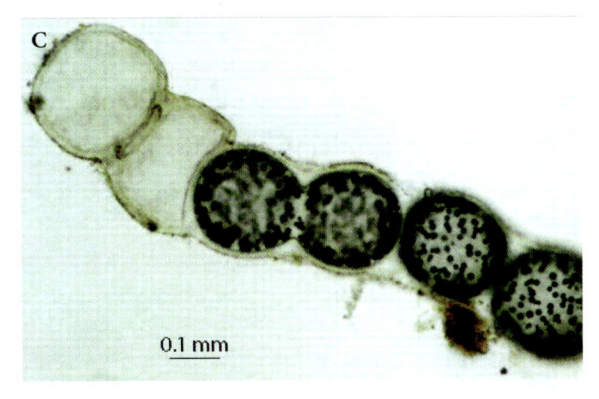

図6.6 • 真正細菌の多様な形態。(A) *Chondromyces crocatus*。(B) *Gemmata obscuriglobus* は，核様の構造をもつ。この断面では，二層の膜で包まれた核のような構造体は NB，核様体は N と示してある。(C) *Thiomargarita namibiensis* の巨大細胞。

"太古の"という意味をもつのだが，これは，これら古細菌がこのような厳しい状況が支配していたであろう太古の地球の遺物かもしれないという考え方を示すために用いられたのである。その後，古細菌に分類された多くの種は極限環境で生息していることが明らかになってきたが，この "archae" という言葉は幾分誤解を招く恐れがある。なぜなら，古細菌は普通の土壌，外洋，あるいは動物の消化管などの，よりありふれた生息環境からも発見されているからである。古細菌の例としては，100℃が至適生育温度である好気性種 *Pyrobaculum aerophilum*，ほぼ飽和状態の食塩水（NaCl 溶液）で生育する *Haloferax volcanii*，あるいは pH がおおよそ 0 の環境で生息する *Thermoplasma acidophilum* などがある。

　表現型としては，平均的な古細菌は典型的な真正細菌と似ている（図 6.7）。古細菌は通常，単細胞性で小さく，$0.3〜1 \times 0.3〜6\ \mu m$ の範囲内の大きさである。ほとんどの古細菌の細胞は 1 層の細胞膜と 1 層の細胞壁で取り囲まれている。真正細菌と同様に，ほとんどの古細菌は二分裂により細胞分裂し，一倍体生物である。古細菌はしばしば細胞運動に鞭毛を用いる。古細菌ゲノムの構造と構成は，真正細菌のものと外見上は似ている。ほとんどの種は，1 か所の複製開始点から両方向へと複製される 1 本の環状の染色体をもつ。多くの種は，プラスミドのような染色体外の遺伝因子も有している。遺伝子はしばしばオペロンの構造をとり，単一の RNA 合成酵素によって転写される。真正細菌と同様に，翻訳は転写と共役する。

　以上のような真正細菌との類似性にもかかわらず，古細菌の複製，転写および翻訳の分子レベルでの基本的な構成は，真核生物の一連の処理過程のものと酷似している。例えば一部の古細菌の種では，DNA はコイル状の凝縮した構造をとり，真正細菌の核様体よりも真核生物のクロマチンに似ている。この凝縮には，真核生物のヒストンタンパク質のホモログがかかわっている（図 6.8）。そのうえ，古細菌の遺伝子は真正細菌と同様にオペロン構造を取りうるのだが，一般に，転写機構は真正細菌よりも真核生物のものと類似している。古細菌は，真核生物の TATA（ボックス）結合タンパク質のホモログにより調節される TATA ボックス（プロモーター）をもつ。古細菌の RNA 合成酵素は 1 種類で，真核生物の RNA ポリメラーゼ II と最もよく似ている。

　古細菌には真正細菌と共通の特徴もあれば真核生物と共通の特徴もあるのだが，多くの独自の特徴ももっている。例えば，古細菌の細胞膜では，グリセロールと炭化水素鎖の結合はエーテル結合であるが，真核生物と真正細菌の細胞膜ではエステル結合である（図 6.9）。古細菌の細胞膜の炭化水素鎖は，真正細菌および真核生物の細胞膜のようなおもに直鎖状の脂

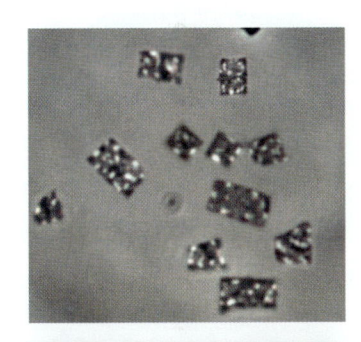

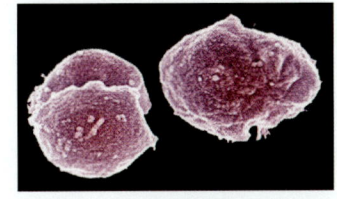

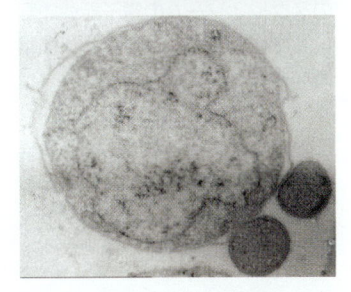

図6.7 • 多様な古細菌の形態。(上) 四角い高度好塩古細菌。(中) *Methanococcus jannaschii*（章冒頭 p.149 の右図参照）。(下) *Nanoarchaeum equitans*（右下の小さい細胞）と宿主の *Ignicoccus* 属の共生。両者とも古細菌。

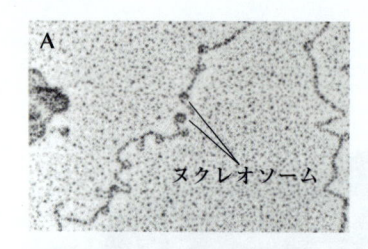

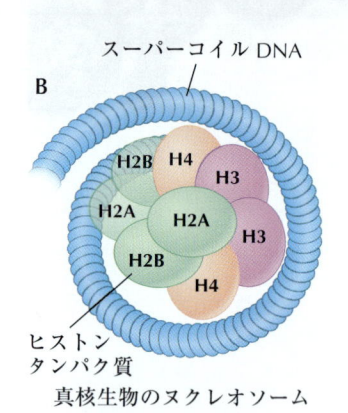

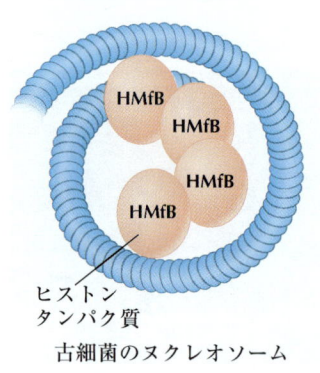

図 6.8 ● 古細菌の一部の種は，真核生物のヌクレオソームと類似した構造に染色体 DNA を折りたたむ。(A) メタン細菌 *Methanobacterium thermoautotrophicum* のヌクレオソームの電子顕微鏡写真。(B) 真核生物のヒストンと相同なタンパク質が，これらヌクレオソームの中心部分で使われる。このことは，これらの構造が真核生物のヌクレオソームと相同であることを意味する。

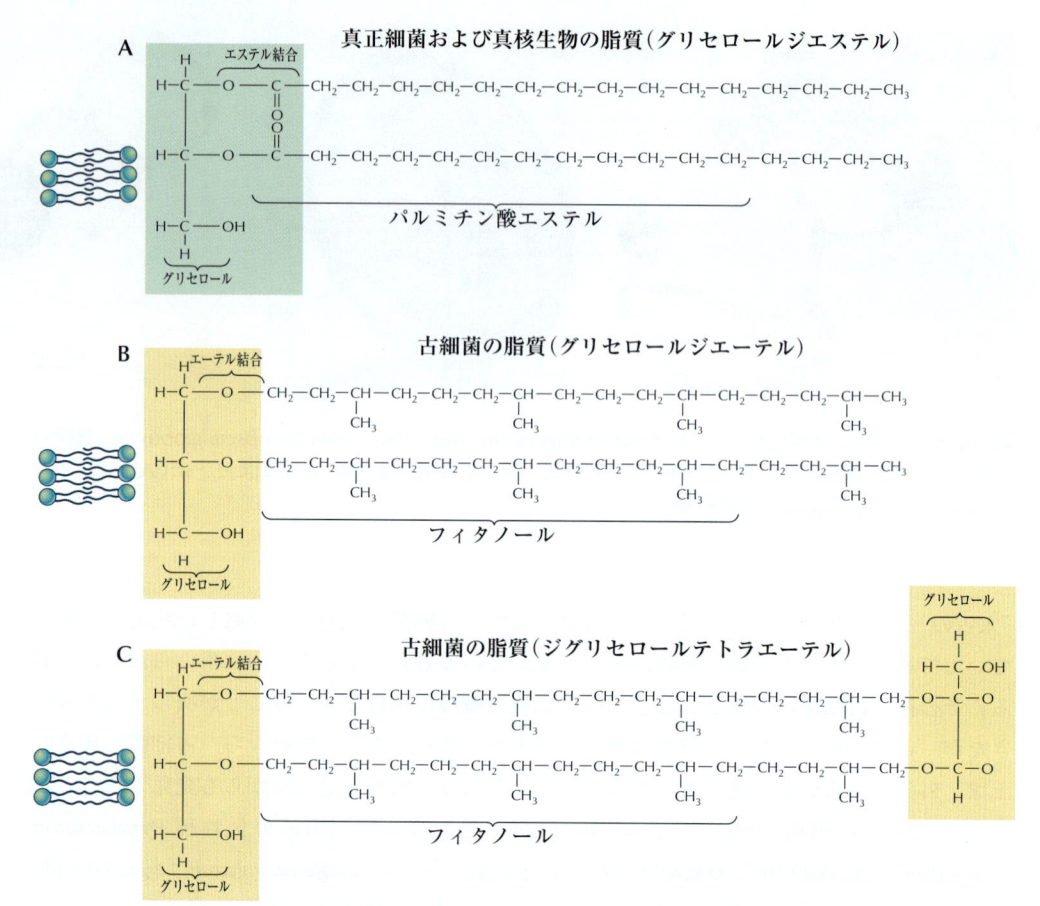

図 6.9 ● 細胞膜の脂質の比較。(A) 真正細菌と真核生物では，膜脂質は，一方の端がグリセロール，もう一方の端が直鎖状の脂肪酸からなるエステル結合を含む。(B, C) 古細菌では，脂質は，グリセロールと分枝炭化水素鎖の間のエーテル結合を含む。グリセロールが一方の端にのみある場合 (B) もあれば，グリセロールが両端にあり，結果的に単分子層膜となる場合 (C) もある。

肪酸鎖ではなく，メチル基が高度に枝分かれしたイソプレニル鎖である。一部の種では，2分子のグリセロールから出た側鎖が端と端で結合しており，脂質2分子層ではなく脂質単分子層を形成する（図6.9C）。このような（脂質）単分子層は，2分子層の場合のように2つの膜面が離れることができないので，古細菌の，極度の高温下での繁栄を可能にするうえで重要である。このように独特な細胞膜の存在により，微生物の試料中から古細菌の種を迅速に特定することができる。また，このような独特な細胞膜の特性を利用して，古代の堆積岩中の古細菌の痕跡の証拠を提供するバイオマーカーである"化学化石"として用いることができる。

6.2 真正細菌と古細菌の系統的多様性

真正細菌と古細菌の系統関係を推定する唯一の信頼性の高い方法は，分子系統分類学によるものである

　古細菌と真正細菌の現在の系統（発生）学的研究は，ほぼ完全に分子的解析に頼っている。DNA–DNA ハイブリッド形成法，制限酵素断片長多型（制限断片長多型，restriction fragment length polymorphism），遺伝子およびゲノム配列データ，あるいは遺伝子の有無などの，さまざまな分子データがこのような研究に用いられてきた。その一方，多くの真核生物，特に多細胞性の真核生物の系統学的研究は，形態学的あるいは分子的な研究方法や両者の組み合わせによって確実に行うことができる。真正細菌と古細菌の系統学的研究が分子的な研究方法にこれほど大きく頼っている理由は簡単である。以前用いられていたような形態，生理機能，化学組成，あるいは病原性などの表現型の特徴は，真正細菌や古細菌のなかでの関係性を推定するうえでは信頼できないのである。これらの特徴は一般的に系統推定に用いるための十分な情報を欠いているか，あるいは，信頼性の高い系統的指標としてはあまりにも急速に進化し，あまりにも**収斂**（convergence）しがちな傾向がある（第 27 章［オンラインチャプター］参照）。

　真正細菌と古細菌の系統学的な研究における分子的研究方法の重要性は，決して誇張ではない。このような研究によりもたらされた最初の発見は，古細菌が独立したグループであるという認識であった。さらに，分子系統分類学を適用することによって，真正細菌および古細菌の確立していた分類のきわめて多くに見直しが加えられたのである。同じ属に分類されていた生物が，現在は異なる門に含まれているという例もある。また，表現型が違うため，種間の近縁性が完全に見逃されていることが判明した例もある。このような分子系統分類学を用いた再分類には熟練の必要な作業が伴わないため，生物学，医学，そして農学に重大な影響をもたらした。分子系統分類学は，微生物の系統関係に関する正確な情報をもたらすことによって，微生物の検出方法や研究方法を変えてきたのである。以下では，2 つの例について考察する。

　最初の例は，*Micrococcus radiodurans* という真正細菌である。この種は最初，殺菌消毒が行えるはずの電離放射線量を照射された缶詰めの肉から単離された。この結果，外見および他の一部の *Micrococcus*（ミクロコッカス）属の種が放射線耐性であるという知識に基づいて，この微生物は *Micrococcus* 属に分類された。これまで知られた生物のなかで最も放射線耐性が高いことが判明し，*M. radiodurans* は実験研究の対象として広範囲に用いられるようになった。しかしながら，結果的に *M. radiodurans* と他の *Micrococcus* 属の種との類似性が限定的であることがわかり，研究者は，*Micrococcus* 属の種に関する知見を *M. radiodurans* 研究を導く指針とすることをやめた。分子分類学的研究によって，*M. radiodurans* は *Micrococcus* 属の種とは近縁ではないことが明らかになった。*M. radiodurans* は *Micrococcus* 属から除外され，*Deinococcus radiodurans* と改名された。*D. radiodurans* は，*Micrococcus* 属と同じ門のメンバーですらない。*D. radiodurans* は，PCR 法で用いられる DNA 合成酵素の最大の供給源である *Thermus aquaticus* と同類なのである（図 6.10）。多くの好熱性細菌は放射線にも高い耐性があり，このことが *D. radiodurans* の放射線耐性機構の理解を助けてくれる。

　歴史的に重要な誤分類の 2 つ目の例は，細胞内の病原性細菌に関する研究である。多くの場合，このような生物は実験室で単離して生育させるのは困難あるいは不可能である。そのために，これら真正細菌の分類は，膜構造，細胞の形，あるいは染色のパターンなどのおもに形態的な特徴に基づいて行われていた。このような生物が真正細菌の種であるかでさえ，しばしばよくわからなかった。真正細菌であることが確かな場合（例えば，リボソームの検出により）でも，詳細な系統学的分類はしばしば困難だった。例えば，Q 熱の病原体である発疹チフスリケッチア *Rickettsia prowazekii* および性感染するクラミジア感染症の病原体であるトラコーマ病原体 *Chlamydia trachomatis* は，表現型の類似性から同じグループに分類されていた時期もあった。しかしながら，分子系統分類学的研究によって，*R. prowazekii* は，プロテオバクテリア門の α 綱に含まれ，*Ehrlichia*（エーリキア）属，*Wolbachia*

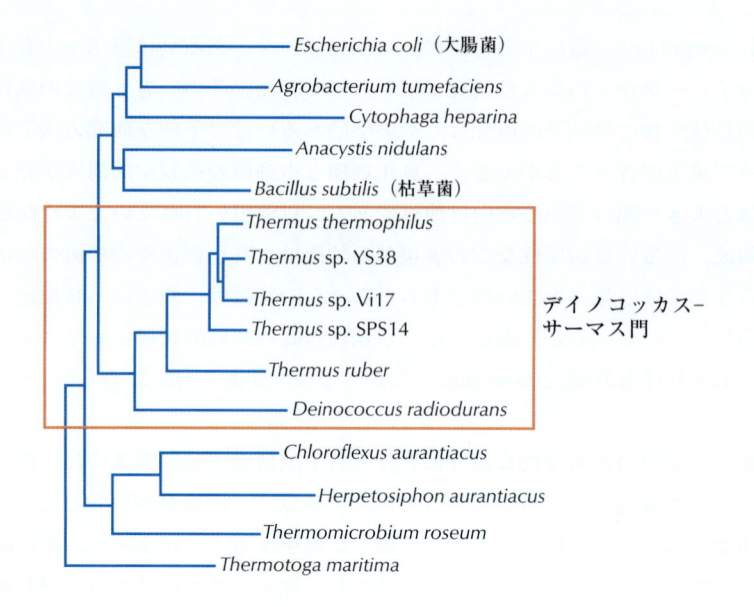

```
                    ┌── Escherichia coli（大腸菌）
                  ┌─┤
                  │ └── Agrobacterium tumefaciens
                ┌─┤
                │ └──── Cytophaga heparina
              ┌─┤
              │ └────── Anacystis nidulans
            ┌─┤
            │ └──────── Bacillus subtilis（枯草菌）
            │       ┌── Thermus thermophilus
            │     ┌─┤
          ┌─┤     │ └── Thermus sp. YS38
          │ │   ┌─┤
          │ │   │ └──── Thermus sp. Vi17       デイノコッカス-
          │ │ ┌─┤                              サーマス門
          │ │ │ └────── Thermus sp. SPS14
          │ └─┤
          │   └──────── Thermus ruber
        ┌─┤
        │ └──────────── Deinococcus radiodurans
        │   ┌────────── Chloroflexus aurantiacus
        │ ┌─┤
        └─┤ └────────── Herpetosiphon aurantiacus
          │
          └──────────── Thermomicrobium roseum
        ──────────────── Thermotoga maritima
```

図 6.10 ▪ *Deinococcus*（デイノコッカス）属と *Thermus*（サーマス）属の関係を示す系統樹。この系統樹は rRNA 配列の解析に基づく。

（ウォルバキア）属，*Rhizobium*（リゾビウム）属，あるいは *Caulobacter*（カウロバクター）属と近縁であることが明らかになってきた。*C. trachomatis* はそれ自体で門をなし，どのプロテオバクテリアともきわめて遠縁である。多くの *Rickettsia*（リケッチア）属の種は実験室では生育できないが，他の α プロテオバクテリアは実験に用いることができ，それらの研究を *Rickettsia* 属の種の生物学的特性の合理的な予測に利用できるのである。

　分子系統に基づく真正細菌および古細菌の分類の見直しの例はほかにもたくさんある。分子系統分類学的研究方法は，真核生物，特に微生物である真核生物の系統学的研究にもたいへん重要である。これについては，pp.216 〜 220 でさらに詳細に考察する。

真正細菌と古細菌は，それぞれ多くの独特なグループに分類される

　分子系統分類学的研究方法を用いることにより，科学者は真正細菌ドメインを 40 以上の主要な系統群に分類してきた。リボソーム RNA（rRNA）の配列に基づく系統樹を図 6.11A に示す。真正細菌の門としては，スピロヘータやシアノバクテリア（ラン藻）などの，微生物学者以外にもよく知られている多くの分類群が含まれる。また，有名な種を含んでいるのだが，その群の名前そのものはあまり知られてはいないものも多い。例えば，大腸菌 *E. coli* はプロテオバクテリア門に含まれ，炭疽病の病原体である *B. anthracis* はファーミキューテス門（別名，低 GC グラム陽性菌）に含まれる。これら門の重要な特徴のいくらかを表 6.2 に記載する（これら微生物の代謝および他の特性に関する詳細については，この章の後半で考察する）。

　分子的な研究方法は，古細菌ドメインをさらに細かく分類することも可能にしている。主要な系統は，3 つの界として認識されている。すなわち，ユリアーキオータ，クレンアーキオータ，およびコルアーキオータであり，それぞれが独特の門を含んでいる。rRNA の配列に基いた主要な古細菌の分類群を系統樹として図 6.11B に示す。各分類群のより詳細な特徴

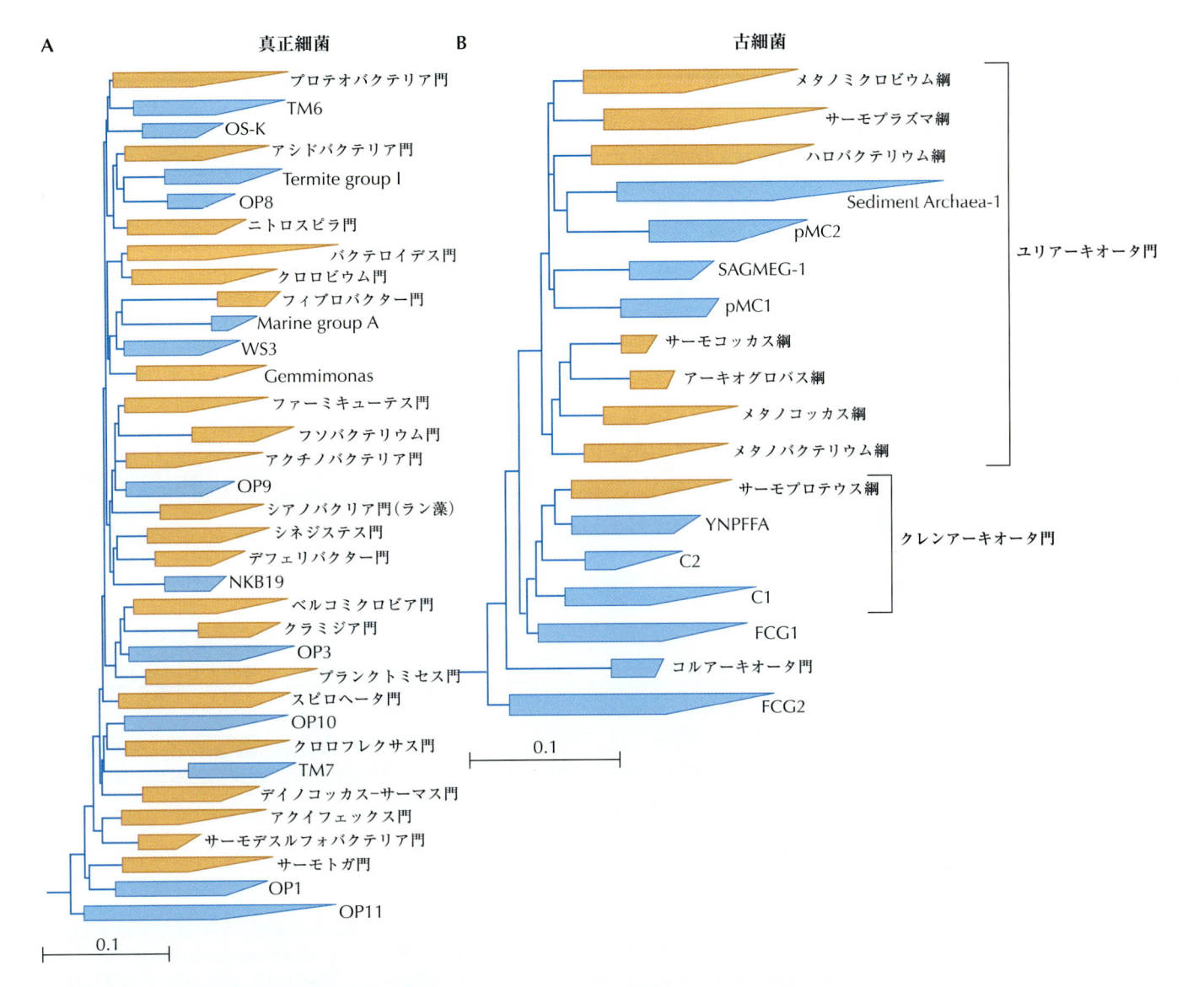

図6.11 ■ 真正細菌（A）および古細菌（B）の系統樹。主要な系統（門あるいは綱）は"くさび状"に示し，水平方向の長さは，その系統内の既知の多様性の程度を示す。代表的な種が培養されている門あるいは綱は，オレンジ色で示す。環境試料由来の配列からのみ知られている門あるいは綱は青で示す。通常これらは，グループ内で最初に見つかったクローンにちなんで命名されている。スケールバーは，1塩基あたり0.1の置換を表す。

については，表6.3に示す。古細菌の系統は真正細菌のものよりも単純だが，これは，より膨大な量の研究が真正細菌でなされていることと，古細菌が真正細菌と異なるという発見が比較的最近なされたことによる，人為的な結果であろう。

真正細菌と古細菌の系統樹は，さまざまに利用可能である。前節で考察したように，系統樹は，これら2つの生物ドメインに入る種の分類を改善するために利用することができる。系統樹は真正細菌と古細菌の多様化の傾向を理解するためにも必須である。例えば，真正細菌の系統樹のいたるところで，病原性の種が非病原性の種と混在しているという発見は，病原性が比較的変化しやすい，あるいは可塑的な特性であることを意味している。その一方で，グラム陽性という特性は真正細菌の進化で一度だけ，アクチノバクテリア門とファーミキュ

表 6.2 ● 培養分離株が存在する真正細菌の主要な門

門	生物学的特性，生理機能，および進化	種および属
アクイフェックス門	ほとんどの種は，至適生育温度が 85℃ 以内の超好熱菌である。ほとんどの種は，炭素を還元型 TCA 回路によって固定する好気性の化学合成無機独立栄養生物である。膜は，リン脂質のかわりに，ジエーテルで構成されている。ただし，このジエーテルは古細菌のものとは異なる。ある研究では，このグループは真正細菌のなかで最も古くに分岐したことを示唆している。	この門は，*Hydrogenobacter* 属と *Aquifex* 属の 2 つの主要な属からなる。
サーモトガ門	ほとんどの種は，至適生育温度が 80℃ を超える超好熱菌である。ほとんどの種は，棒状体細胞の一方の端を包む独特な"トーガ様の"構造をもつ。膜は，アクイフェックス門の膜と同様に，ジエーテルで構成されている。（訳注：トーガ"toga"は，古代ローマの男性用の外衣，儀式用のガウン）	この門で最も特徴的なメンバーは，イタリア近海の海底火山から最初に単離された *Thermotoga maritima* である。
デイノコッカス-サーマス門	ほとんどの種は，好気性の従属栄養生物。この門の中でデイノコッカスのグループに含まれるすべての種は放射線耐性である。サーマスのグループは，最初に発見され最もよく特性が明らかになった好熱性種を含む。	*Deinococcus radiodurans* は，既知の種のなかでは最も放射線耐性が高い。*Thermus aquaticus* は，PCR で用いられる熱安定な"Taq" DNA 合成酵素の供給源である。
クロロフレクサス門／緑色非硫黄細菌	多くの種は光合成を行い，糸状であり，そして特殊な滑走機構を用いて自ら運動する。光合成を行う種は，ヒドロキシプロピオン酸経路によって二酸化炭素の固定を行う。これらは，有機化合物由来の電子を用いることによって最もよく増殖し，緑色硫黄細菌と対比させるために非硫黄細菌と呼ばれる。	*Chloroflexus aurantiacus* という非光合成の種は，このグループの中で最もよく研究されている。
クロロビウム門／緑色硫黄細菌	このグループのすべての種は，好気性の光栄養生物である。緑色非硫黄細菌とは対照的に，これらの種は電子の供給源として硫黄化合物の利用を好む。逆 TCA 回路によって炭素を固定する。	*Chlorobium tepidum* とその近縁種は，このグループのモデル系である。
CFB／バクテロイデス門（訳注：CFB = Cytophaga-Flavobacterium-Bacteroidetes）	この門は，3 つの主要な系統，すなわち，サイトファーガ（訳注：Cytophaga はサイトファーガ属）とフラボバクテリア（訳注：Flavobacteria はフラボバクテリウム綱）（両者は互いにいくらか近縁である），そして多岐にわたるバクテロイデスのグループからなる。それぞれの主要な 3 つの系統には，非病原性の系統のなかに病原性の種が散在して含まれている。このように，これらの種の病原性は独立に進化してきたようにみえる。この門は，緑色硫黄細菌と近縁性がある。	*Porphyromonas gingivalis* は，世界中の多くの歯肉炎の原因である。
シアノバクテリア門	光合成を行う種でよく知られ，表現型的にも生理学的にも不均一なグループ。すべての種が酸素発生型光合成生物である。多くの種は窒素を固定する。ラン藻ともいう。葉緑体はシアノバクテリアの系統の真正細菌に由来する。	*Spirulina* 属の種は日常的な食物源である。*Prochlorococcus* 属の種は，世界の海洋における多くの一次生産に関与する。
クラミジア門	すべての種は，真正細菌としても小さく，大きさは直径 0.2～0.7 μm である。ほとんどの種は偏性細胞内病原体であり，エネルギー寄生生物である。すなわち，これらは，自分自身で ATP 合成をするのではなく，宿主から盗み取る。小型であることと他の表現型特性のため，多くの種は最初はウイルスとして誤分類されていた。	*Chlamydia trachomatis* は世界中の失明の主要な原因であり，主要な性感染症の原因病原体でもある。
プロテオバクテリア門	(既知の種の数という観点で)最大かつ生理学的に最も多様な真正細菌の門。5 つの主要な綱，すなわち α，β，γ，δ と ε からなる。光栄養生物，従属栄養生物，および化学合成無機栄養生物(chemilithotrophs)がこれら綱に散在する。多くの種は共生性であり，病原体と共生体が含まれる。ミトコンドリアは α プロテオバクテリアの系統の真正細菌に由来する。	病原体には，コレラ(コレラ菌 *Vibrio cholerae*，γ プロテオバクテリアの一種)，髄膜炎(髄膜炎菌 *Neisseria meningitidis*，β プロテオバクテリアの一種，および *Heamophilus influenzae*，γ プロテオバクテリアの一種)，胃潰瘍(ピロリ菌 *Helicobacter pylori*，ε プロテオバクテリアの一種)の原因病原体が含まれる。モデル生物の大腸菌 *Escherichia coli* はこのグループに含まれる。

(次ページに続く)

表 6.2 ・（続き）

門	生物学的特性，生理機能，および進化	種および属
スピロヘータ門	大部分の種は，他の多くの真正細菌と比較すると相対的に長く，わずかにらせん形をしている。このグループは，代謝的にたいへん多様であり，自由生活性の多様な種および動物とヒトの多くの重要な病原体を含む。ライム病ボレリア Borrelia burgdorferi は数十の遺伝因子をもち，これらのほとんどは直鎖状である。	病原性種には，梅毒（梅毒トレポネマ Treponema pallidum およびライム病（ライム病ボレリア Borrelia burgdorferi）の原因病原体が含まれる。
アクチノバクテリア門（放射菌門）	グラム陽性菌の 2 つの門のうちの 1 つ。ほとんどの種はゲノムの含量が高 GC であり，（そのために）高 GC グラム陽性菌としても知られる。非病原性の系統のなかに病原体が散在しており，このことはこのグループの真正細菌では病原性が複数回進化してきたことを示唆している。	このグループには，ライ菌 Mycobacterium leprae （ハンセン病）および結核菌 Mycobacterium tuberculosis （結核）を含む多くの有名な病原体が含まれる。Streptomyces 属のような多くの土壌微生物も含む。
ファーミキューテス門	この門は，グラム陽性菌のもう 1 つの主要な門である。ほとんどの種は低 GC 含量のため，このグループは低 GC グラム陽性菌としても知られる。このグループは，Heliobacterium 属という光合成の系統を含む。非病原性の系統のなかに病原体が散在しており，このことはこのグループの真正細菌では病原性が複数回進化してきたことを示唆している。マイコプラズマは細胞壁をもたず，多くは改変された遺伝暗号を用いる。	このグループには，炭疽菌 Bacillus anthracis （炭疽病），黄色ブドウ球菌 Staphylococcus aureus，およびウェルシュ菌 Clostridium perfringens （訳注：嫌気性の食中毒菌）を含む多くの有名な病原体が含まれる。
プランクトミセス門	このグループのメンバーは，出芽によって分裂し，複数細胞からなる茎状の構造がしばしばみられる。これらは，水生生育地で浮遊した状態でしばしばみられる。すべての種はペプチドグリカンを欠いている。一部の種は，核様構造に詰め込まれた DNA をもつ。	Gemmata obscuriglobus は核様構造をもつ。

TCA ＝トリカルボン酸，PCR ＝ポリメラーゼ連鎖反応法，ATP ＝アデノシン三リン酸

表 6.3 ・古細菌の 3 つの主要な門および培養分離株が存在する綱

門／綱	生物学的特性，生理機能，および進化	種および属
ユリアーキオータ門／ハロバクテリウム綱	これらの種は，好塩性の真正細菌および真核生物とは多くの点で異なる。すなわち，これらの種は唯一の高度好塩菌（4 M 以上の塩類溶液中で増殖することができる）であり，低い塩濃度では増殖できず，耐塩性の仕組みは真正細菌および真核生物のものとは大きく異なっている。これらの種は光エネルギーを用いてプロトンポンプを特殊な形の光合成栄養のために稼働する。高度好塩菌は，遺伝学的研究手段が利用可能になった最初の古細菌である。	このグループのモデル生物のなかには，Haloferax volcanii と Halobacterium cutirubrum が含まれる。
ユリアーキオータ門／メタノバクテリウム綱 メタノコッカス綱 アーキオグロバス綱 サーモコッカス綱 メタノミクロビウム綱 サーモプラズマ綱	ユリアーキオータ門のほとんどの種は，メタン生成菌（代謝の副産物としてメタンを産生する種）か好熱菌，あるいはその両方である。メタン生成菌は，CO_2 の還元かあるいはメタノール（CH_3OH）のようなメチル化された基質のどちらかを用いてメタンを産生する。これら系統のすべてにおいて好熱性の種が多数派を占めており，サーモプラズマ綱を除くすべての系統にはメタン生成菌が含まれる。これら系統に含まれる多くの種は，高度好熱菌ではない。これらの系統は，単系統性の 1 つのグループには対応していない。そうではなくて，ユリアーキアの系統樹の基部から独立に分岐する複数のメタン生成菌と好熱菌の系統が存在する。	最初にゲノム配列が決定された Methanococcus jannaschii は，深海の熱水噴出孔から単離された。
クレンアーキオータ門／サーモプロテウス綱	一般に，このグループは，超好熱菌（85℃以上が至適生育温度の生物）および好熱好酸菌（低 pH 環境で増殖する好熱菌）からなる。	Sulfolobus solfataricus は，イエローストーン国立公園の酸性温泉から単離された。
コルアーキオータ門	コルアーキオータ門は，ほとんど解明されていないグループであり，未培養種からの rRNA の配列によってのみ示される。これらの種は，環境試料から単離された DNA のみに基づいて特徴づけられたグループである。	

rRNA ＝リボソーム RNA

ーテス門の共通祖先において出現したらしい。これは，3つの研究成果に基づいている。すなわち，グラム陽性の種はこれら2つの門にのみ限定されること，これらの門は互いに近縁であること（要するに，"姉妹"門であるらしい），そしてこれらの門のほぼすべてのメンバーが陽性に染色される（マイコプラズマのような，ゲノムが極端に縮小された生物を一部の例外として）。本章と次章の各所で，信頼性の高い真正細菌および古細菌の系統樹が，両者の生物学的特性と多様性に関する理解をいかに向上させてきたのかについて，その例を示す。図6.11に示す系統樹は，これら生物の推定された進化の道筋を示すものである。これら系統樹はまず間違いなく不完全であり，そのため，別の系統樹が提唱されてきたし，また他の系統樹が今後も提唱され続けることだろう。そういうわけで，図6.11の系統樹が不正確と思われる場合には，系統樹のどの部分がどのようにかわりうるのかについて考察する。

分子的研究方法により，環境中で微生物を研究することが可能となる

　自然の中での真正細菌および古細菌の研究は，重要だが容易ではない。これら生物の大部分は顕微鏡でしか見えないほど小さく，物質的特徴と生態だけに基づいて正しく同定するのはむずかしいところがあるからである。もう1つの研究方法は実験室での培養であり，他のいかなる生物も混入していない状態で対象とする各生物種を"純粋培養"により**培養する**（culture）ことが目標となる。ある生物を純粋培養により増やすことができれば，その生理学，生化学，分子生物学，および遺伝学的性質をきわめて詳細に研究することができる。

　しかしながら，多くの微生物は実験室で純粋培養として増やすことができない。このことは，**平板培養計数値の大きなずれ** great plate count anomaly として知られる現象により裏づけられている。池の水の試料を希釈して固形培地の皿（このような皿は一般に平板培地［プレート］と呼ぶ）の上に薄く塗り広げ，生物を目に見える大きさのコロニーが出現するまで増殖させると，それぞれのプレート上で育ったコロニーの数を数えることができる。各コロニーは，サンプル由来の1個の最初の細胞に相当する細胞の集合体である。その数から，池の試料に存在するコロニー形成単位（CFU）の数が推定できる。あるサンプルのCFU数と顕微鏡を通して観察される同じ試料の細胞数とを比較すると，著しい違いがある。つまり，コロニーで観察できるであろう数よりも，顕微鏡下でははるかに多く（通常は，数桁多く）の細胞が観察される。この plate count anomaly（図6.12）は，ほとんどの微生物が純粋培養では増殖していなかったことの証拠である。このような生物は**未培養微生物**（uncultured microbe）と呼ばれる。

　大半の未培養微生物についての現在の理解がいかに少ないかを正しく認識するために，次のような思考実験を検討してみよう。熱帯雨林の炭素循環の研究で，大量の炭素固定が生じていることは理解できている。しかし，光合成の主体である樹木を調べるべきということには気づいておらず，どの生物を考慮するべきかがわからない。また，この熱帯雨林を，1000 km 離れたところから，リスと樹木が区別できないような低解像度画像によってしか調べることができないとする。研究は，研究室にもち帰り生かしておくことのできたいくつかの森林の試料で行うしかない。やがて，炭素循環についていくらかは理解が進むだろう。しかし，その進展の速度は遅く，仕事は困難かつ経費もかかるものとなるだろうし，全体像は不完全なままかもしれない。環境微生物学は長い間こうした境遇にあった。なぜならば，（先に言及したように）実験室では詳細に研究できる微生物はほとんどおらず，現地調査からだけでは限られた情報しか得られないからである。

　1980年代初頭，rRNAに基づく分子系統分類学的研究（Box 5.2に既述）が生態研究に応用

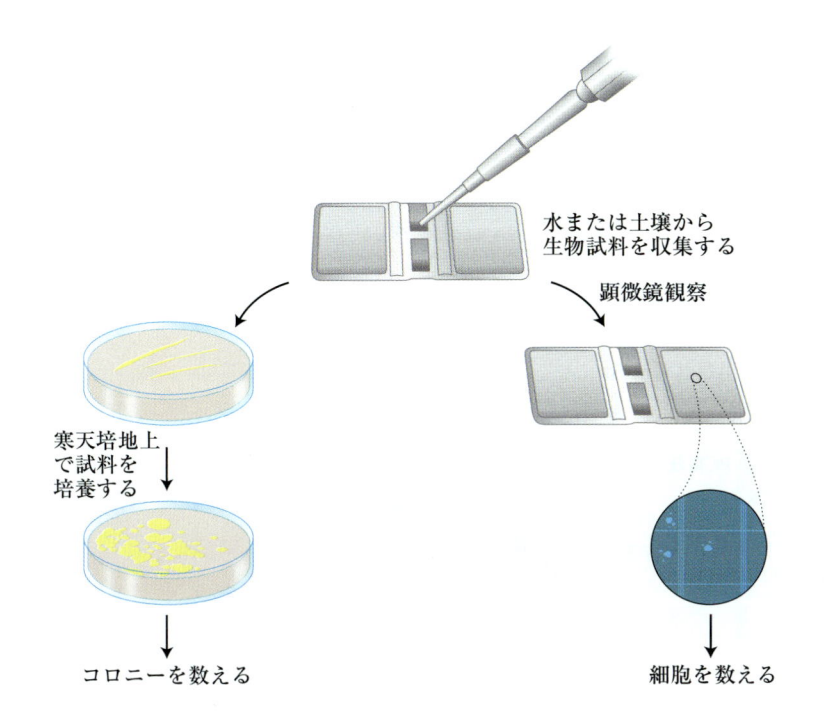

図 6.12 ■ 平板培養計数値の大きなずれ。培養によって得られた平板培地（プレート）の細胞数は，顕微鏡下で直接数えた細胞数よりもはるかに少なく，数桁少ないこともある。その理由としては，(1)生物の異なる栄養要求性，(2)生物が培養不可能な休止状態になる可能性があること，あるいは(3)ある生物が他の生物に依存している可能性があり，分離して培養できないこと，が考えられる。

され始めると，環境微生物学には大変革が起きた。DNAおよびRNAの配列決定法（特にPCR法）の進歩を用いることによって，未培養微生物の16S rRNA遺伝子の配列を決定できることが明らかになった（図6.13）。rRNAの配列データから，ある環境試料中に存在する微生物を同定することができるのである。例えば，配列を用いた系統解析により，どのような**ファイロタイプ**（系統型，phylotype）の生物が存在するのか決定できるだろう。検出されたクローンの数を分析することにより，特定のファイロタイプの存在量および存在するタイプの総数を推定できる。さらに，対象とするrRNAのみとハイブリッド形成するプローブを用いて染色を行えば，環境試料中から生物を特定するための種特異的な"タグ"としてrRNAを用いることができるだろう。特定のプローブによって微生物の形態を照らし出させば，顕微鏡を用いて観察することができる。そして，これによって，研究者が特定の微生物の形態とrRNAのタイプとを関連づけて，生物種の多様度を推定することが可能になる（図6.14）。

　このような研究は目覚ましい成果をもたらしてきた。例えば，現在認められている40以上の真正細菌の門のうち，半分以上は分子系統分類学的解析を通してのみ確認されてきた（図6.11で青に網かけした群）。また別の研究により，古細菌は多くの"非極限"環境で見つかることが明らかになり，海洋のいたるところに豊富に存在するrRNAファイロタイプ（すなわち，種）も同定されてきたが，これらも直接研究されたわけではない。非常に重要な発見は，多くの未培養微生物が，純粋培養で増殖可能な微生物よりも豊富に存在し，また生態学的により重要であるということだ。培養微生物の研究は，特定の環境を理解するための研究としては，当初信じられていたほどには重要ではないのかもしれない。

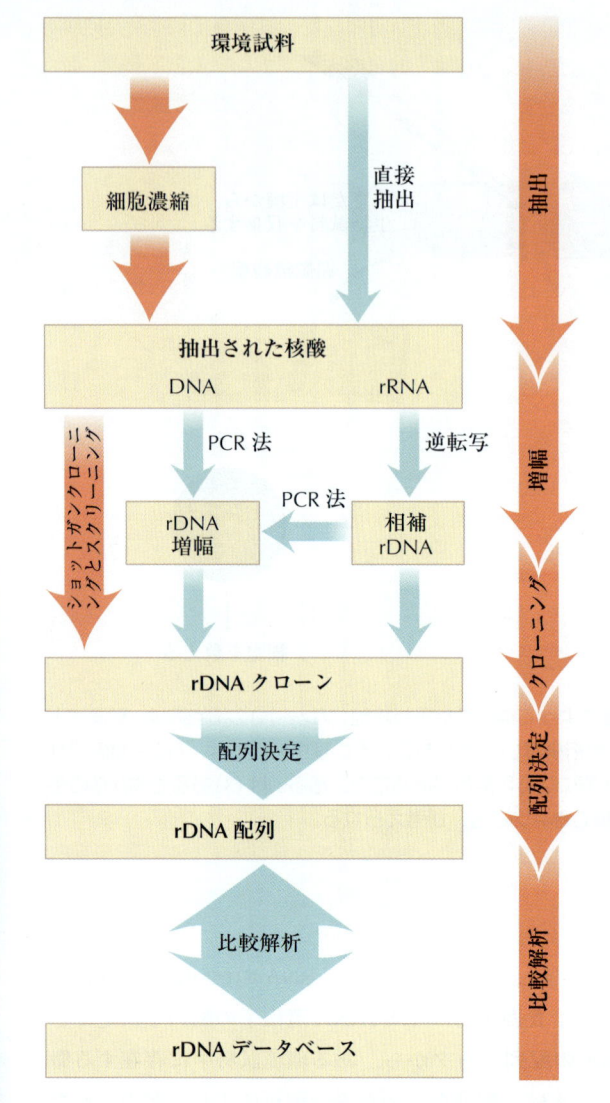

図 6.13 ▪ rRNA 配列解析を用いて，環境試料の特徴づけを可能にする方法を示す流れ図。

図 6.14 ▪ 混合試料中の特定生物の標識に in situ ハイブリッド形成（法）を用いることができる。共生細菌を抱え込んでいるゾウリムシ属の一種（繊毛虫類に含まれる真核生物の一種；Box 8.1 参照）を示す。(A)位相差顕微鏡写真。(B)すべての真正細菌を検出する rRNA プローブを用いた蛍光顕微鏡写真。ゾウリムシが真正細菌を食べているため，プローブは複数か所で光っている。(C)大核のみで検出される *Halospora obtuse* という共生生物に特異的なプローブを用いた蛍光顕微鏡写真。

ゲノム配列決定により，未培養微生物の生物学的特性の予測が可能となる

　未培養種の rRNA 遺伝子の解析はたいへん有効ではあるが，一定の限界がある。第 1 に，rRNA 遺伝子のコピー数は種によって異なっている。このことは，rRNA 遺伝子の解析を異なる種の存在量の計測に用いることの妨げになる。第 2 に，rRNA 遺伝子の変化する速度は遅いので，近縁な種の比較には rRNA による解析はあまり有効ではないことを意味している。第 3 に，そしてたぶんこれが最も重要なのだが，rRNA に基づく環境中の微生物の分類は，これら生物が何を行っているのかについては何も教えてくれない。これは，微生物の生理学的特徴，生化学的特徴，そして他の一連の作用がとても速く変化するために，とても近縁な微生物でもそれらの生物学的特性が大きく異なる可能性があるからである。微生物内の本来の位置（in situ）で観察することにより炭素固定，硫黄代謝，あるいは他の代謝過程を計測することはできるが，これらの観測結果と個々の微生物のタイプとを，rRNA の解析によって結びつけるのはたいへん困難なのである。

　この問題の 1 つの解決策は，**環境ゲノミクス**（environmental genomics）あるいは**メタゲノム解析**（metagenomics）という研究方法として知られる未培養微生物のゲノム配列決定法の

応用である。この研究方法では，DNAを直接環境から単離し，次に断片の配列を決定する。さらに，配列データを解析することによって，試料中の生物の特性を原理上は予測することができる。実際には，1つ重大な問題がある。すなわち，どのDNA断片が試料中のどの生物に由来するかを決定することが問題なのである。これを決定する最も簡単な方法は，rRNA遺伝子を含む断片を単離し配列決定することである。おのおののrRNA遺伝子は，ゲノム断片の**系統解析アンカー配列**(phylogenetic anchor)としての機能を果たしており(図6.16A)，特定のゲノム断片を特定のタイプの微生物と関連づけることを可能にする。ある微生物特異的なゲノム断片上にみられる(rRNA以外の)他の遺伝子を同定することが次に可能となり，環境中でその生物が果たす役割を判定する目安が得られる。原理的には，どの遺伝子もアンカー配列として利用可能である。しかし，異なる生物由来の約20万のrRNAのデータベースが利用できるので，rRNA遺伝子が最も実用的である。

系統解析アンカー配列に基づく研究方法は，環境中の微生物を理解するうえでの基本的な手がかりを与えてくれた。例えば，PCR法による探査によって，ほんの少しのタイプの(rRNA配列により確定した)プロテオバクテリアが，全世界の大半の海洋生態系の海面水すべてにおいて豊富に存在することが明らかになった。その一方で，これらのどれも培養できていないために，光合成は当然としても，海水中でこれら生物が果たす役割については，だれも究明できていない。しかしながら，これらのうちのある生物種の16S rRNA遺伝子を含むゲノム断片の配列決定にメタゲノム解析法を用いてみると，以前は古細菌と単細胞性の真核生物のみで知られていたロドプシンのホモログをこれら生物のゲノムがコードしていることが判明した。これら"プロテオロドプシン"は，光介在性のプロトンポンプとして機能する。すなわちこれは，既知の光合成過程の研究の陰で見過ごされていた，真正細菌の重要なエネルギー生産機構なのである。

系統解析アンカー配列法は多くの重要な成果をもたらしたが，それは大きなDNA断片のもち主である細胞のスナップショットを提供しているにすぎない(図6.15A)。他の研究方法では(図6.15B)，環境試料からのDNAの配列決定に，ゲノムの配列決定で用いられる**ランダムショットガンシークエンシング法**(ショットガン配列決定法，shotgun sequencing)を適用している。この研究方法には大きな可能性がある。なぜならば，ある環境中に存在するすべての生物を無作為に抽出することができるからである。環境ショットガンシークエンシング法によって生成されたデータの解析は，とても実りが多い。例えば，PCR法では検出されない生物がこの方法で同定されてきた。そのうえ，この方法は未培養種の集団遺伝学研究のための豊富なデータを提供する。

6.3 真正細菌および古細菌の生物学的多様性

真正細菌および古細菌の並外れた多様性は，異なる種が行う幅広い生命活動によって裏づけられている。この節では，この生物学的多様性の3つの側面，すなわち，極限環境で生息し増殖する能力，環境からのエネルギーと炭素の獲得，および他の種との相互作用について考察する。

多くの真正細菌および古細菌は極限環境で増殖する

多くの生物にとっては耐えがたい過酷なニッチ(生態的地位)であっても，そこを占有する

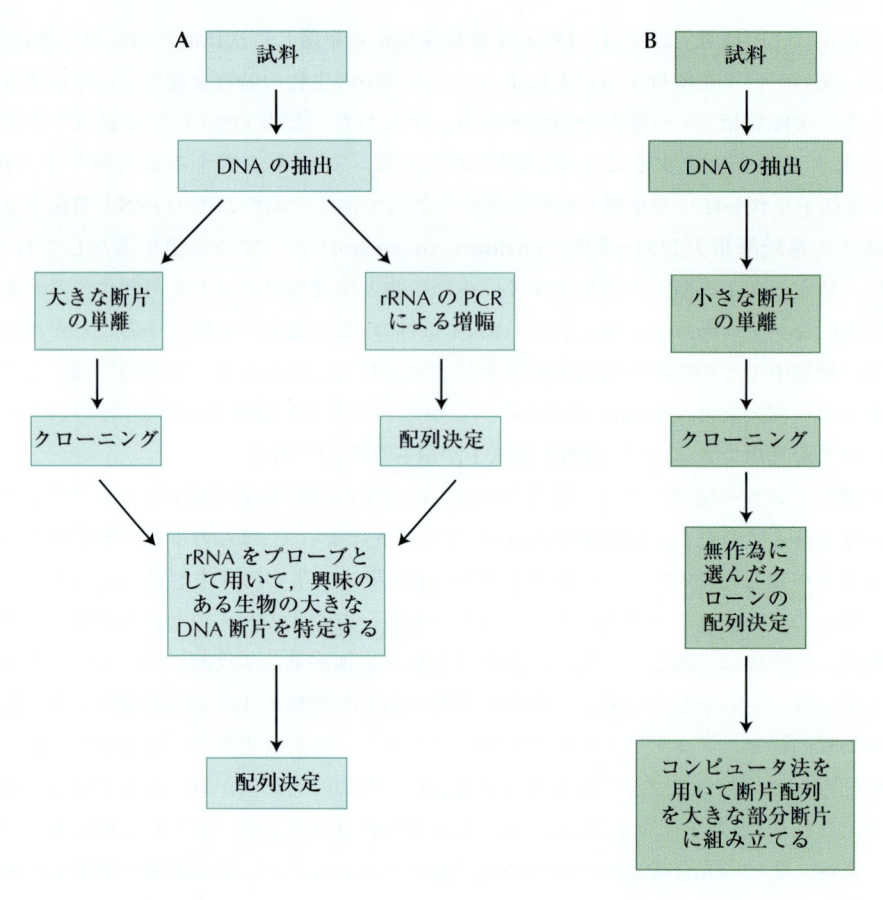

図 6.15 ・メタゲノム解析で用いられる方法。(A)系統解析アンカー配列法。(B)環境ショットガンシークエンシング法。

ように進化してきた生物が少なからずある。例えば，多くの古細菌および真正細菌は50℃以上の温度で生息し，そのうちの数種は100℃以上の温度で増殖する。酸性あるいは塩基性条件は多くの生物を死に至らしめるだろうが，pH 0付近で増殖する種もあれば，pH 14付近で増殖する種もある。特定の環境条件が極端な場所（温度，pH，圧力，放射線，水ポテンシャル［水分保持力を示す数値］，および塩分など）に生息する生物は，**好極限性生物**（extremophile）として知られる（表6.4）。

　好極限性生物の研究は，非常に多くの実用的，科学的な利益をもたらしてきた。好極限性生物の生成物は，多くの産業で利用される。例えば，好熱性細菌で見つかったDNA合成酵素はバイオテクノロジー産業で用いられており，タンパク質分解酵素（プロテアーゼ）は合成洗剤に用いられている。異なる温度で増殖する生物の研究は，タンパク質の折りたたまれ方に関する知見をもたらしてきた。高塩濃度で増殖する生物（好塩菌）の研究は，浸透圧に対処する新たな仕組みの発見につながった。放射線耐性生物の生物学調査は，損傷を受けたDNAの修復の新たな機構を明らかにしてきた。おそらく，この本の目的にとって最も重要なことは，好極限性生物は進化の仕組みを研究するうえでの素晴らしいモデルであるということだ。なぜならば，極限条件下には強い選択圧が働くからである。

極端な温度における生命

　極端な温度の下でも生物がとにかく生存できるということは，驚くべきことと思われるか

表 6.4 • 生命体の耐性

環境の種類	環境の例	生き残りの手段	実用的な用途
高温(好熱菌)	熱水噴出孔, 温泉, 噴火口	アミノ酸置換, 水素結合の増加, 金属補因子	熱安定酵素
低温(好冷菌)	南極海, 氷河の表面	不凍タンパク質, 溶質	作物の寒冷耐性の強化
高静水圧(好圧菌)	深海	溶質交換	
高塩濃度(好塩菌)	蒸発中の池あるいは海, 塩田	溶質交換, イオン輸送, タンパク質アミノ酸の適応	工業用酵素；醤油製造
高pH(好アルカリ菌)	ソーダ湖	トランスポーター	界面活性剤
低pH(好酸菌)	鉱山尾鉱(訳注：尾鉱とは選鉱の結果得られる低品位の鉱産物のこと)	トランスポーター	バイオレメディエーション(訳注：生物による環境修復技術, 微生物を利用して環境を修復・改善・浄化する技術)
乾燥(耐乾性菌)	蒸発中の池, 砂漠	胞子形成, 溶質交換, 飢餓耐性, DNA修復, フリーラジカルの除去	凍結乾燥の添加物
高放射線(放射線耐性菌)	原子炉あるいは核廃棄物処理場, 高高度の露出面	放射線の吸収, DNA修復の強化, フリーラジカルの除去	バイオレメディエーション

もしれない。低温は"標準的な"生物にとって，凍結の危険性の上昇，タンパク質の柔軟性の減少，化学反応速度の減少，大半の化合物の溶解度の降下，膜の粘性の増大のため，有害である。高温は，タンパク質の変性を促進し，過度な膜流動性の原因となり，DNAおよびRNAの塩基対形成の安定性を低下させ，そしてDNA損傷率を高くする。これらの理由によって，生命は0〜60℃の間の比較的狭い温度範囲でのみ生存できるのだと長い間考えられていた。現在，至適生育温度が−12℃という低い生物や113℃という高い生物が知られている。このような極端な温度は，大半の生物をたちまちのうちに殺してしまうものだろう。

生存可能な温度と至適生育温度を区別することは重要である。多くの生物は，限られた期間は極限の状態で生き延びることができる。しかしながら，我々は極端な温度で最もよく増殖するこれらの種に関心がある。どの生物の至適生育温度も，温度に対して増殖率をプロットすることによって決定される(図6.16)。15℃よりも至適生育温度が低い生物は**好冷菌**(低温菌，psychrophile))と呼ばれ，50℃以上で最もよく増殖する生物は**好熱菌**(高温菌，thermophile)と呼ばれる。この中間が至適生育温度の生物が，**中温菌**(常温菌，mesophile)である。80℃以上の温度で増殖・繁栄する生物はめったにおらず，**超好熱菌**(hyperthermophile)と呼ばれる特別な分類上の区分に入れられている。

真正細菌および古細菌のなかには，多くの好熱菌がいる。一方，好熱性の真核生物はごくわずかしか知られておらず，しかもこれらは50℃を少し上回る程度の至適生育温度の生物ばかりである(表6.5)。高温環境では，真正細菌と古細菌が多数派を占めており，最も高温では，古細菌がほとんど独占的に環境を占めている。

超好熱菌のうち既知の真正細菌は，すべての種がサーモトガ門かあるいはアクイフェックス門に含まれる。これら2つの門がrRNAによる生物の系統樹(図6.17)上で最も深い(古い)

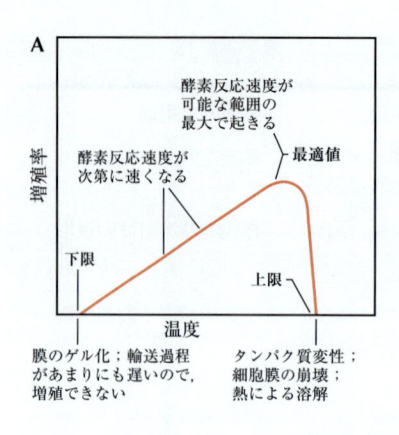

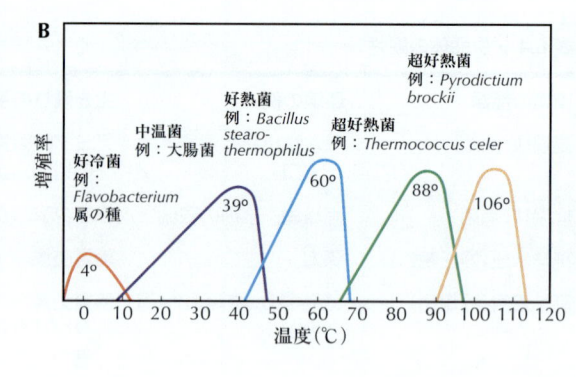

図 6.16 ● 至適生育温度。(A) 温度に対する増殖率の仮想曲線。至適生育温度は曲線の頂点。(B) 異なるタイプの生物の至適生育温度。

位置から枝分かれした真正細菌の系統であるという事実は，真正細菌および古細菌の共通祖先（大半の学説では，全生物の共通祖先［LUCA：the last universal common ancestor］であろう）は超好熱性だったという説をもたらしてきた。しかしながら，p.141 で考察したとおり，rRNA による生物の系統樹上の深い位置での分岐については，完全に解決されたこととはみなされていない。他の系統樹では，サーモトガとアクイフェックスは，必ずしも最も古くに分岐した真正細菌の系統ではない。もしそうだとしても，これら門の超好熱性は，古細菌の超好熱性とはたぶん独立に進化している。もしかすると古細菌ゲノムの一部分がこれら真正

表 6.5 ● 現在知られている生物の生育の上限温度

グループ	上限温度(℃)
動物	
魚類および他の水棲脊椎動物	38
昆虫	45〜50
カイムシ類（甲殻類）	49〜50
植物	
維管束植物	45
蘚類	50
真核性微生物	
原生生物	56
緑藻類	55〜60
菌類	60〜62
原核生物	
真正細菌	
シアノバクテリア	70〜74
酸素非発生型光合成細菌	70〜73
有機栄養細菌	90
古細菌	
超好熱性メタン生成菌	110
硫黄依存性超好熱菌	113

Madigan M.T., Martinko J., and Parker J. 1997. *Brock biology of microorganisms*, 8th ed. Prentice Hall, New Yorkより転載。

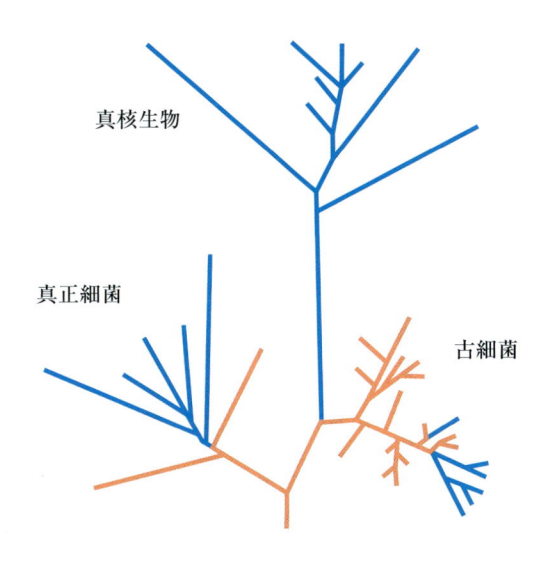

図 6.17 ▪ rRNA に基づく全生物の有根系統樹に超好熱性の系統（赤色）の分布を示す。

細菌へ水平移動することによって，これら超好熱菌はこの性質を獲得したのかもしれない（pp.200 ～ 205 参照）。

極端な温度下での生育を可能にする適応は比較解析を通して同定できる

　大半の生命を死滅させるような極端な温度下で生物の生存を可能にする適応とは，どのようなものなのだろうか。たぶん，温度の速度効果がもたらす細胞の反応および構造に関する適応の研究が，最も進んでいる。もし他の条件が一定に保たれる場合，温度が上昇するに従って，膜はより流動的になり，タンパク質はより柔軟になって，化学反応はより迅速に進む。これら速度効果に生物が応答する方法を理解するために，さまざまな生物の至適生育温度と生物学的特徴を比較する研究が行われてきた。このデータは，至適生育温度と相関関係をもつ何らかの特徴があるかどうかを究明するために詳しく検討された。初期の結果により，生物が温度の速度効果を補償することが判明した。例えば，同じ温度で増殖する中温菌と比較した場合，好熱菌は低めの膜流動性，硬めのタンパク質とノンコーディング RNA（非コード RNA），および遅めの反応速度をもつ。好冷菌では逆で，その膜はより流動的で，タンパク質とノンコーディング RNA はより柔軟であり，化学反応は高速になった。

　重要ではあるのだが，上記の観察結果はこのような進化的変化が引き起こされた機構を解き明かしてはくれない。その解明には，好極限性生物の膜，タンパク質，RNA をより綿密に調べる必要がある。やはり，比較研究はこの点においてもたいへん役に立ってきた。例えば，タンパク質のアミノ酸組成の比較によって，高温では，荷電残基（アスパラギン酸，グルタミン酸，リシン，アルギニン）の方が無電荷極性残基（セリン，トレオニン，アスパラギン，グルタミン）よりもよく用いられることが明らかになっている。さらに，疎水性残基は親水性残基よりも適している。これらの観察結果は，これらアミノ酸の違いが塩橋と疎水性相互作用の数の増加をもたらし，次にはそれらがこれらタンパク質を高温でより安定にすることを示す研究につながった（図 6.18）。これらの発見によって，中温菌由来のタンパク質を巧みに設計して高温に耐えさせることが可能になった。

　比較研究は，DNA と RNA の耐熱性に関するたいへん重要な発見ももたらした。DNA と RNA の塩基対合に関する知見に基づけば，低温で増殖する生物に比べて，高温で増殖する生物はそのゲノム中により多くの G と C を含んでいるという推測は理にかなっている。な

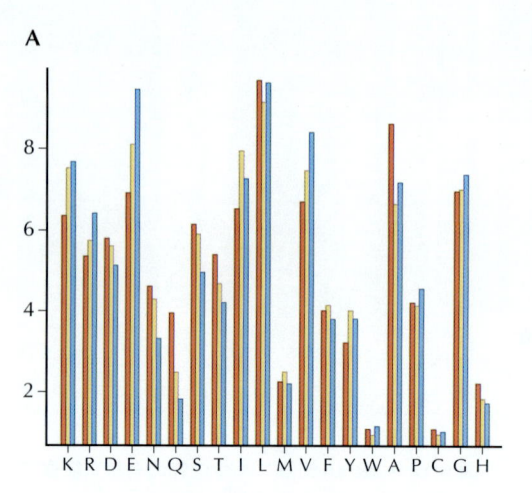

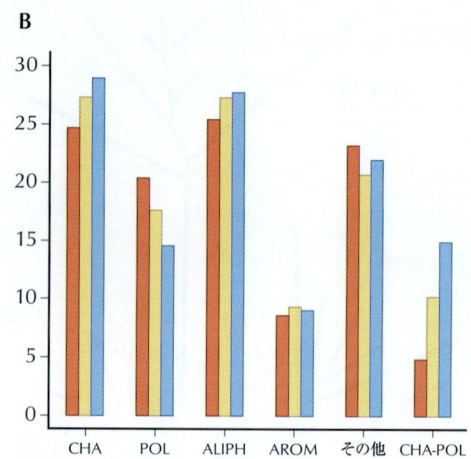

図6.18 ・ 至適生育温度に対するアミノ酸含量。(A)中温菌(赤色)，好熱菌(黄色)，超好熱菌(青色)におけるさまざまなアミノ酸の割合。(B)さまざまなアミノ酸種の割合。色分けは(A)と同様。CHA＝荷電アミノ酸，POL＝極性アミノ酸，ALIPH＝脂肪族アミノ酸，AROM＝芳香族アミノ酸。

ぜならば，G：C塩基対はA：T塩基対よりも水素結合が1つ多いからである。余分の水素結合は，好熱菌のゲノムの安定化に役立つと考えられる。ところが驚いたことには，そうとばかりは限らないということが判明している。ゲノムのGC含量は，至適生育温度とは相関せず，このことは，他の要因が好熱菌の中でDNAがほどけないように保っていることを示唆している。例えば，細胞内の高塩濃度の利用などのDNA安定化の要因が判明してきた。興味深いことに，生育温度とrRNA遺伝子のGC含量の間に強い相関がある。高い至適生育温度をもつ生物は，GとCがより多い。これはおそらく，rRNAの折りたたみ(そして，rRNAの機能)は，DNAと比較すると塩基対への依存が高いからだろう。

生育温度とrRNAのGC含量との間に相関があるということには，多くの意味合いがある。第1に，遠縁の好熱菌においてrRNAの収斂進化が存在することを意味している。例えば，*Thermus*属の種の最初の分子系統分類学的研究では，これらの種を*Thermotoga maritima*や*Aquifex pyrophilus*のような他の好熱性の真正細菌と間違えてグループ化していた。上述したように，*Thermus*属の種は*D. radiodurans*という放射線耐性の生物と近縁である。この*Thermus*属の誤分類は，16S rRNAが用いられたことと，好熱菌のなかでGC含量の収斂が生じたことが原因で起きた。GC含量の違いを考慮した系統樹法を用いれば，*Thermus*属と*Deinococcus*属の関係は明らかになる(図6.10；この補正に関する考察については，27章[オンラインチャプター]も参照)。

比較解析には限界がある

上述の比較解析は高い実用性をもつが，研究対象となっている生物の間の系統的な近さについては配慮していない。すなわち，生物が遠縁であろうと近縁であろうと，すべての組み合わせの比較が同等に考慮されている。相関研究では，生物の系統的な近さを考慮するために，さまざまな方法が開発されてきた。これらについては，27章(オンラインチャプター参照)でさらに詳細に考察する。

上述したような比較解析には，もう1つの限界がある。すなわち，比較解析は，幅広い分類群の全域にわたる進化の終着点(この場合，温度適応の現在の状態)を調べている。広範囲

にわたって多様な生物を比較する場合，温度とは無関係な多くの相違点（例えば，病原性，あるいは異なる代謝過程）が存在する．従来の方法に変わる他のアプローチ法は，生育温度を主たる違いとする近縁種を比較するものである．比較される生物は近縁なので，温度適応の違いは比較的最近進化したに違いない．さらに，近い関係性は，おそらく，実態をわかりにくくするような他の進化的適応による"雑音"はより少ないだろうことを意味する．さらに，**進化的形質状態復元**（evolutionary character state reconstruction）法（p.127 参照）を用いることによって，生育温度が変化するにつれて起きた実際の進化的変化を推定することができる．例えば，生育温度の変化に伴うタンパク質のアミノ酸組成の変化を調べたある研究（表 6.6）によって，中温性から好熱性への変化には，イソロイシン，アルギニン，リシン，グルタミン酸の増加とセリン，トレオニン，アスパラギン，グルタミン，メチオニンの減少が特に付随して起こったことが明らかになった．これは，上述した相関解析の結果と似ている．しかしながら，この進化解析によって，好熱性への転換につれてすべての疎水性アミノ酸が増えるとは限らないこともみいだすことができた（メチオニンは増加せず，バリンとロイシンはおおよそ同じ程度に保たれる）．このように，進化解析は，相関研究に対して，付加的あるいは補足的な結果をもたらすことが可能である．

表 6.6 ・中温性タンパク質と好熱性タンパク質のアミノ酸組成の違い

アミノ酸	増加	減少	P^*	増減（%）
イソロイシン	842	658	2.2×10^{-6}	9.5
グルタミン酸	739	562	1.0×10^{-6}	9.1
アルギニン	383	214	4.5×10^{-12}	16.5
リシン	789	620	7.4×10^{-6}	8.3
プロリン	167	96	0.000014	7.0
チロシン	224	177	0.021	5.8
アラニン	504	458	0.15	2.8
トリプトファン	23	11	0.058	8.3
ロイシン	560	548	0.74	0.6
システイン	72	69	0.87	0.9
フェニルアラニン	200	202	0.96	−0.3
アスパラギン酸	429	432	0.95	−0.2
バリン	666	670	0.93	−0.2
ヒスチジン	80	92	0.40	−2.8
グリシン	201	264	0.0040	−3.4
メチオニン	174	248	0.00037	−11.3
グルタミン	158	234	0.00015	−13.1
トレオニン	336	431	0.00068	−8.4
アスパラギン	313	481	2.7×10^{-9}	−15.9
セリン	271	664	9.5×10^{-39}	−31.7

Haney P.J. et al. 1999. *Proc. Natl. Acad. Sci.* **96**: 3578–3583 より転載．
* 観察値以上の増減の偏りが偶然生じる確率（両側二項分布を用いて計算され，統計的有意性を示す）．

ある種の好極限性が複数回進化してきたという事実は，相関解析から得られる結果にも同様に制約を加える。全生物の系統樹に，なんらかの好極限性をもつ生物をつけ加えてみると，多くの場合，これらは好極限性ではない種の間に散在する。これは，好極限性には複数の起源があったことを示唆している。このことは，特定の極限状況で増殖するという問題に対して，複数の解決策がある可能性をもたらす。そうだとしたら，比較解析で異なる答えが得られた生物を加えると，適応に対する誤った解釈をもたらすかもしれない。系統樹に基づく進化の再構築ができるようになったおかげで，好極限性のそれぞれの起源を個別に扱えるようになった。

複数条件に対する好極限性を示す生物に内在する適応機構を究明することはむずかしい

一部の生物は，複数のタイプの極限状態で増殖する。例えば，好塩性の古細菌は，放射線と乾燥にも耐性がある。D. radiodurans とその近縁種は，放射線と乾燥に耐性があるのだが，高塩濃度では増殖できない。この項では，3つのタイプの好極限性生物，すなわち好塩性生物，好乾性生物，および放射線耐性生物の進化における複雑な相互作用について考察する。

最初に，**好塩性生物**（好塩菌，halophile）が用いている適応機構について考察してみよう（図6.19）。高塩濃度での増殖は，細胞に大きな浸透圧がかかるため，困難が伴う。浸透圧は，細胞外の高塩濃度溶液と平衡をとるように，細胞内の水を細胞膜を透過させる拡散を引き起こす。

すべての好塩性生物は，内部のモル浸透圧濃度を上昇させる仕組みをもっており，したがって，細胞から逃げだそうとする水の力を減少させる。真正細菌と真核生物の好塩性生物は，一般的に細胞内の有機溶質（タンパク質，炭水化物，あるいはアミノ酸など）の濃度を上昇させることによりこれを行う。例えば，*Staphylococcus*（スタフィロコッカス）属の好塩性種はプロリンを用いる一方，多くの酵母はグリセロールを用いる。好塩性の古細菌は，まわりの環境の高塩濃度と平衡させるために無機塩を用いる。このように，細胞から塩を排除するというよりは，高塩濃度で機能するように細胞の機構が適応してきたのである。好塩性の古細菌は，唯一の高度好塩生物である。すなわち，4 M 以上（海水の塩濃度の約 10 倍）の塩濃度で増殖できる唯一の種である。実のところは，これらの種は絶対好塩性生物であり，普通の塩濃度では増殖できない。

多くの場合，好塩性生物は乾燥とも闘わなくてはならない。なぜならば，これら生物が生息する高塩濃度環境は多くは水の蒸発によって生じるからである。乾燥の間，細胞内の水分

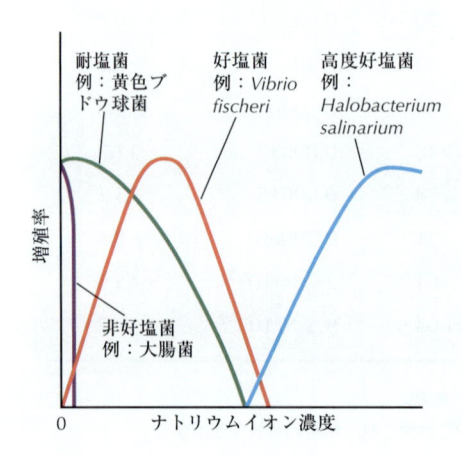

図6.19 ● ナトリウムイオン濃度と増殖率の関係。非好塩菌，耐塩菌，好塩菌，および高度好塩菌を比較している。

の損失によって，細胞内の溶質濃度が上昇する。実際には，これによって好塩性生物は細胞外の高塩濃度を相殺している。細胞内部の高い溶質濃度のもとで細胞内反応を機能できるように好塩性生物が進化させてきた仕組みは，乾燥の初期段階への対応にも優れている。しかし，すべての乾燥耐性の生物（**好乾性生物**［耐乾性菌，xerophile］）が好塩性とは限らない。好乾性は，普通の塩濃度だが干上がるような傾向のある環境でも生じてきた。多くの微生物は，渇水に応答して胞子を形成するが，胞子形成は高塩濃度に対して必ずしも効果はない。

多くの好塩性生物と好乾性生物は，紫外線とγ線照射による損傷にも耐性がある。放射線障害に対する耐性（放射線耐性）は，好塩性や好乾性とは独立に進化してきたと長年信じられていた。しかしながら，*Deinococcus radiodurans* の遺伝学的研究は，この考えに異議を唱えた。*D. radiodurans* は，γ線照射に対して大腸菌よりも約1000倍以上耐性があり，最も放射線耐性が高い種である（図6.20）。*D. radiodurans* は乾燥にも耐性がある。放射線耐性に関与する遺伝子を特定するために *D. radiodurans* の突然変異体をスクリーニングした際，研究者は，*D. radiodurans* を放射線感受性にする遺伝子は乾燥感受性も高めることを発見した。例えば，DNA修復過程に従事する遺伝子（これについては，pp.363〜365で考察する）は，放射線および乾燥が引き起こす損傷から細胞を保護する。したがって，少なくともこの微生物では，好乾性と放射線耐性の間には，機構的な関連がある。これら研究にある程度基づいて，現在，一部の細胞については，乾燥と再水和による細胞障害は放射線による障害とよく似ていることがみいだされている。

真正細菌および古細菌は生化学反応に大きな多様性を生み出してきた

真正細菌および古細菌でみられる生化学過程は，多様性が膨大である。細胞活動を稼働するためのエネルギーの捕捉であれ，あるいは原料物質の細胞構造への変換であれ，真正細菌と古細菌は地球上の利用可能なあらゆる化学物質とあらゆるエネルギーを実質的に利用する方法をみいだしてきた。炭素1個の無機化合物から複雑な有機分子まで，これら物質を利用し，巧みに扱い，バイオマスへと加工する真正細菌と古細菌が存在する。分解のむずかしい窒素ガスから純粋な硝酸まで，ほぼすべての状態の窒素について，窒素を利用可能な状態に変換して代謝ネットワークに供給することができる真正細菌あるいは古細菌が存在する。硫黄，リン，マンガン，マグネシウム，他の多くの元素についても同じである。

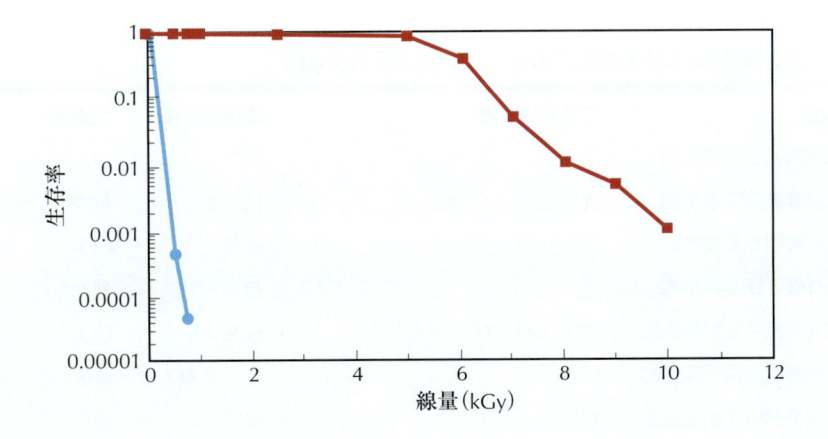

図 6.20 ▪ *Deinococcus radiodurans* の放射線耐性。異なる線量（kGy ＝キログレイ）のγ線に曝露した際の *D. radiodurans* （赤色）と大腸菌（青色）の典型的な生存曲線を示す。

この多様性を正しく理解するためには，どのようにエネルギーと炭素の代謝を分類しているのかを理解することが役に立つ。3つの大きな分類区分がある。第1の区分は，エネルギーのみなもとと関連する。化学反応から直接エネルギーを獲得する処理過程は化学栄養(chemotrophic)であり，光エネルギーを用いる処理過程は光栄養(phototrophic)である(-trophyは"食物を与える"という意味のギリシャ語由来の言葉)。第2の分類区分は，一次エネルギーを細胞が利用することのできるエネルギーの形に変換するのに使われる電子源を重視する。無機化合物を用いる処理過程は無機栄養(lithotrophic)であり，有機化合物を用いる処理過程は有機栄養(organotrophic)である。第3の分類区分は，細胞の増殖のための炭素源を重視する。無機の一炭素化合物(例えば，二酸化炭素CO_2)を用いてこれらをより大きな分子にする処理過程は，独立栄養(autotrophic)である。有機物質(例，糖類)を用いる処理過程は，従属栄養(heterotrophic)である(表6.7)。真正細菌と古細菌のなかには，これら異なる処理過程の可能なすべての組み合わせを利用する種が存在する。そのうえ，それぞれの分類区分の範囲内においては，処理過程の詳細な部分(関連する化合物と機構の両方に関して)もまたたいへんに多様である。真正細菌と古細菌における生化学的な多様性を例証するために，以下の2つの項では，これら生物が用いている炭素固定経路と光合成の機構について考察する。

真正細菌および古細菌は炭素固定にほとんどすべての可能な方法を用いている

真正細菌および古細菌は，メタン(CH_4)，メタノール(CH_3OH)，メチルアミン(CH_3NH_2)，ギ酸($HCOO^-$)，ホルムアミド($HCONH_2$)，一酸化炭素(CO)，二酸化炭素(CO_2)などの炭素1個の化合物であればなんでも固定することができる。炭素"固定"は，無機の一炭素化合物を合成して炭素鎖にする処理過程である。もちろん，二酸化炭素の固定は，緑色植物とその近縁な生物が，自由生活をするシアノバクテリア由来の葉緑体(p.222参照)を用いることによって行っている。

炭素固定経路の多様性は，本書で考察するにはとにかく膨大すぎる。そこで，ここでは二酸化炭素の固定に焦点を合わせる(図6.21)。たぶん最も簡単な経路は，2分子のCO_2をグリオキシル酸(CHO-COOH)に変換するヒドロキシプロピオン酸経路である。rRNAに基づく全生物の系統樹で深い位置から分岐するクロロフレクスス門の種でのこの経路の発見は，地球上で進化した最初の炭素固定経路だったかもしれないことを示唆している。ヒドロキシプ

表6.7・真正細菌および古細菌のエネルギー代謝と炭素代謝の例

代謝の型	エネルギー源	電子供与体	炭素源
光合成無機独立栄養生物	光	種々	CO_2
光合成無機従属栄養生物	光	硫化物	酢酸, フマル酸
光合成有機独立栄養生物	光	乳酸	CO_2
光合成有機従属栄養生物	光	種々	種々
化学合成無機独立栄養生物	H_2S, CH_4, H_2, NH_4^+, NO_2^-	H_2S, H_2	CO_2
化学合成無機従属栄養生物	H_2	H_2, 酢酸	酢酸
化学合成有機独立栄養生物	糖類	種々	種々
化学合成有機従属栄養生物	糖類	糖類	糖類

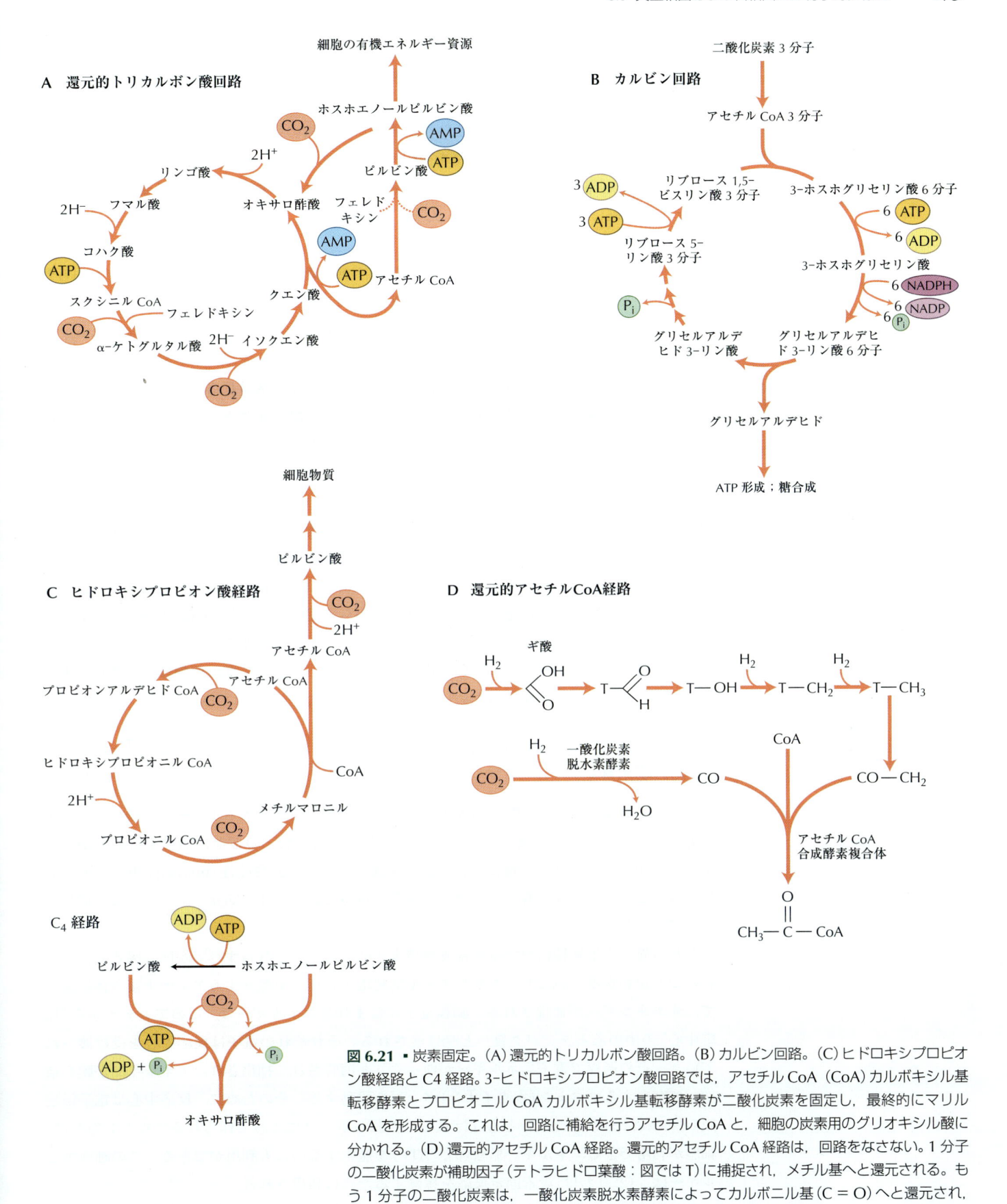

6.3 真正細菌および古細菌の生物学的多様性 • **173**

A 還元的トリカルボン酸回路

B カルビン回路

C ヒドロキシプロピオン酸経路

D 還元的アセチルCoA経路

C_4 経路

図 6.21 • 炭素固定。(A) 還元的トリカルボン酸回路。(B) カルビン回路。(C) ヒドロキシプロピオン酸経路と C4 経路。3-ヒドロキシプロピオン酸回路では，アセチル CoA（CoA）カルボキシル基転移酵素とプロピオニル CoA カルボキシル基転移酵素が二酸化炭素を固定し，最終的にマリル CoA を形成する。これは，回路に補給を行うアセチル CoA と，細胞の炭素用のグリオキシル酸に分かれる。(D) 還元的アセチル CoA 経路。還元的アセチル CoA 経路は，回路をなさない。1 分子の二酸化炭素が補助因子（テトラヒドロ葉酸：図では T）に捕捉され，メチル基へと還元される。もう 1 分子の二酸化炭素は，一酸化炭素脱水素酵素によってカルボニル基（C = O）へと還元され，アセチル CoA 合成酵素複合体と呼ばれる酵素の一群によって，この酵素結合カルボニル基はメチル基と結合してアセチル CoA が合成される。

ロピオン酸経路に代わるもう1つの経路は，還元的トリカルボン酸（rTCA）回路である。この経路は，ヒトや多くの他の種で解糖系の最終産物からエネルギーを産生するのに用いられる有名な酸化的TCA回路の逆経路である。rTCA回路は，当初クロロビウム門の種で発見されたのだが，その後，アキフェクス門，多くの古細菌の系統，および多様な単細胞性真核生物から見つかっている。この経路を表現するために"逆（reverse）"という言葉を用いてはいるが，酸化的経路が最初に進化したことを意味してはいない点を注意する必要がある。実際に，rTCA回路は，古い時期に分岐した多くの種に存在するので，"順方向（forward）"型の回路より以前に進化した可能性が高い。

おそらく，最もよく研究されたCO_2固定反応は，還元型ペントース経路としても知られるカルビン回路である。この反応の最初の段階では，CO_2と五炭素化合物（リブロースビスリン酸）が結合し，生じた六炭素化合物が2分子の3-ホスホグリセリン酸に分割される。この最初の段階は，ルビスコ（rubisco）として知られるリブロースビスリン酸脱炭酸酵素によって触媒作用を受ける。一連の反応段階を用い，複数のルビスコ反応の産物を結合させることによって，炭素化合物が作られてリブロースビスリン酸が産生される。これらの段階では，光合成あるいは化学合成で生じた**アデノシン三リン酸**（adenosine triphosphate, **ATP**）とNADPHが利用される。カルビン回路は，多くの光合成独立栄養生物（光合成を行うシアノバクテリア，植物，藻類，およびαプロテオバクテリア）や多くの化学合成独立栄養生物で見つかる。一部の植物は，この過程をほんの少し改良した，CO_2が四炭素化合物の形で"貯蔵される"経路（C_4経路）を用いている。

古細菌の1つのグループ，すなわちメタン生成菌では，特殊な炭素同化経路が見つかっている。これらの種は，（H_2を含む多様な供給源からの電子を用いた）CO_2の還元か，あるいはメタノールのようなメチル化された基質から，メタンを産生する。ある生物種が経路の構成要素のほんの一部のみをもつという場合も多々ある。例えば一部の生物は，二酸化炭素のかわりに一酸化炭素を固定するためにメタン生成経路の一部を用いている。

真正細菌および古細菌は光エネルギーを細胞エネルギーに変換する多くの方法をもつ（光合成栄養）

光栄養生物は，可視光（線）から入手できるエネルギーを細胞エネルギーに変換する。大半の光栄養生物は，光から獲得したエネルギーを炭素固定反応の推進に活用することができる。したがって，これらの種は光合成独立栄養性であり，**光合成性**（photosynthetic）とも呼ばれる。これらの一部は有機化合物から炭素を得ることも可能であり，そのために，従属栄養性でもある。

これら異なる生物種における光合成機構を比較すると，これらすべてが同じ図式に従っていることがわかる（図6.22）。エネルギーを励起電子の産生を媒介するアンテナ複合体によって，光エネルギーが捕捉される。励起電子に含まれるエネルギーは，このアンテナから"反応中心"の中のあるタンパク質へと受け渡される。それぞれの電子は反応中心を受け渡されていき，その過程で電子エネルギーがゆっくりと消費され，抽出されたエネルギーが膜を横切って存在するプロトン（水素イオン）ポンプを駆動する。そのために，反応中心は電子伝達鎖（electron transfer chain）とも呼ばれる。これらポンプによって作られるプロトン勾配は，細胞が利用できるエネルギー形態（例，ATP）を産生するのにも利用ができる。この細胞エネルギーは，（とりわけ）炭素固定反応を稼働するために利用される。

異なる光合成独立栄養生物のエネルギー変換の機構を詳細に比較すると，多種多様な光合成反応がみいだされる。光吸収段階では，異なるタイプのクロロフィル，フィコビリン，フ

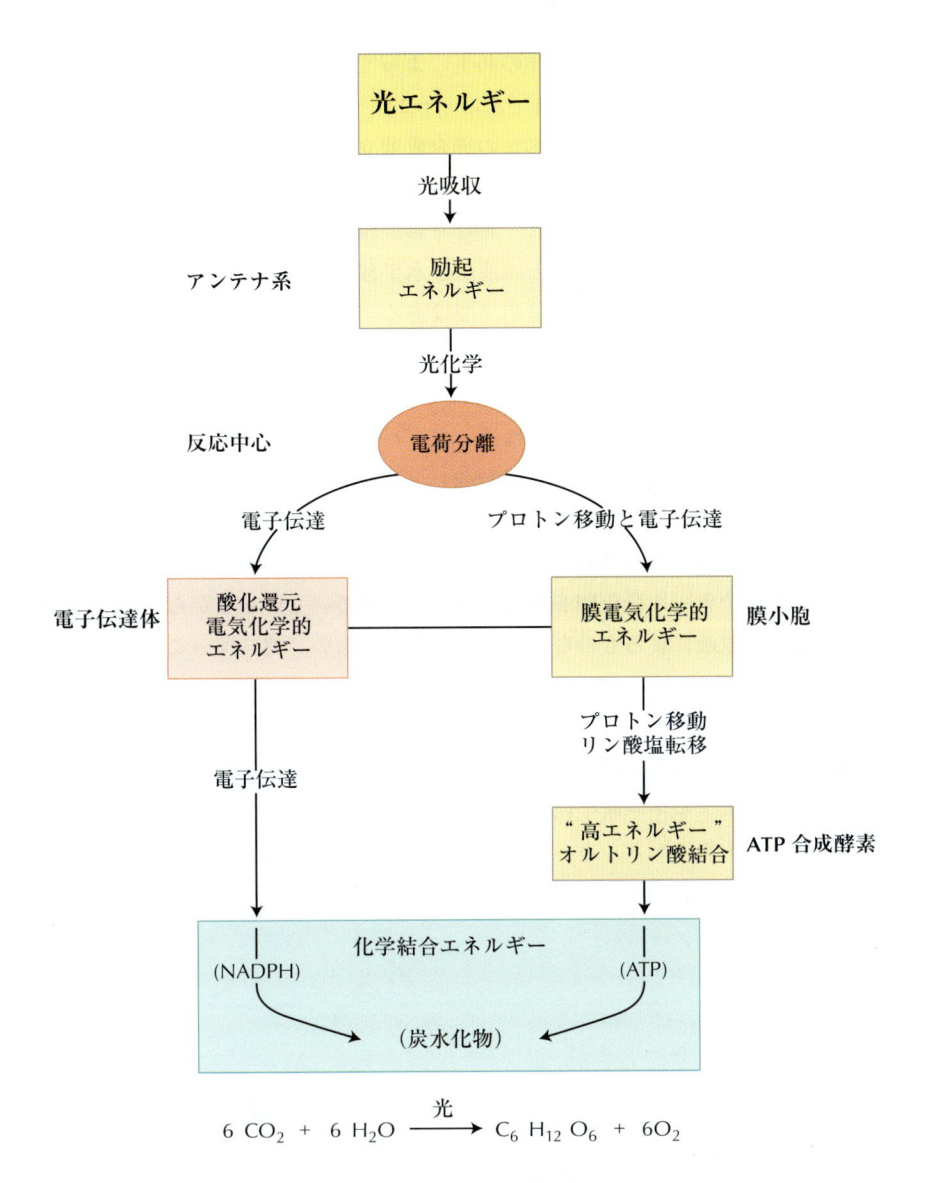

6.3 真正細菌および古細菌の生物学的多様性 175

図6.22・ここでは光合成を，エネルギーをある形から別の形へ変換する一連の反応として示す。エネルギーの異なる形は四角形の中に，エネルギー変換の方向は矢印によって，エネルギー変換反応は矢印を横切る文字（例：電子伝達）によって，エネルギーが貯蔵される場所は四角形の外に太字で示す。主要な光化学反応である電荷分離は，楕円形の中に示す。

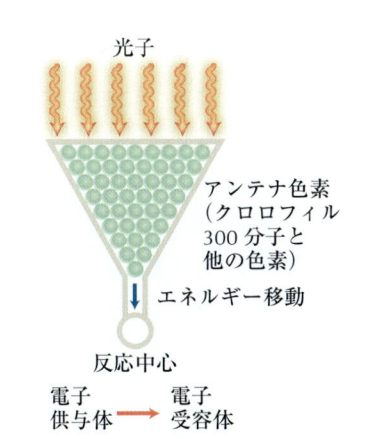

$$6\ CO_2 + 6\ H_2O \xrightarrow{\text{光}} C_6H_{12}O_6 + 6O_2$$

図6.23・集光性の色素。アンテナ色素での光吸収およびそれに続く反応中心への励起エネルギー移動を簡略化した図で示す。アンテナと反応中心のクロロフィル（葉緑素）分子は，物理的に異なるタンパク質中に位置している。初発光化学反応（初期電子供与体から初期電子受容体への電子伝達）は，反応中心で起きる。

ィコシアニン，フィコエリトリン，あるいはカロテノイド（図6.23）などの"アンテナ"分子の独自の構成を，おのおのの種は用いている。電子励起反応の最初の段階として，すべての生物種はある型のクロロフィルを用いており，4つの主要な型が知られている。反応中心もまた多様性に富んでおり，光化学系Iと光化学系IIと呼ばれる2つの主要な型がある。反応中心は，電子伝達に用いられる分子のタイプによって異なり，また電子伝達の過程において酸化する分子によっても異なる。最後になるが，以上で考察したように，炭素固定の機構は多種多様である。

　光合成は全生物の系統樹の中に散発的に分布している。光合成は真正細菌の5つのグループ，すなわちシアノバクテリア，クロロビウム門，クロロフレクスス門，ヘリオバクテリア（heliobacteria）（グラム陽性の系統のメンバー），およびαプロテオバクテリアに存在する。

知られている他の光合成生物は，葉緑体の共生によって光合成を獲得した真核生物(例：植物，藻類，およびミドリムシ[ユーグレナ])である(pp.221～229参照)。色素体はシアノバクテリアに由来するので，知られているすべての光合成独立栄養性は，真正細菌のなかで進化したということになる。別の形の光合成独立栄養性が古細菌または真核生物でなぜ進化しなかったのかは不明である。系統学的研究は，異なる真正細菌のグループの光合成反応過程は独立にゼロから進化したのではなく，若干の遺伝子水平移動が関係していることを示している。

　光合成"独立"栄養性は，真正細菌の発明品ではあるが，他の形の光合成栄養性が真正細菌以外で進化した。一例は，好塩性古細菌で最初に記載されたシステムである。このシステムは，光エネルギーを用いてプロトンを細胞外にくみ出し，できたプロトン勾配をATP合成に利用する。光合成の複雑なシステムとは違って，バクテリオロドプシンという1種類のタンパク質のみがこの反応には必要となる(図6.24)(バクテリオロドプシンは，古細菌が独立のドメインとして認識される以前に命名された)。バクテリオロドプシンは，ヒトの眼で機能するロドプシンといろいろな意味で類似している。例えば，バクテリオロドプシンの膜貫通領域に結合したレチナール発色団を用いて光を吸収する。しかしながら，この類似性が相同によるものなのか収斂によるものなのかははっきりしない。興味深いことに，高度好塩菌は，バクテリオロドプシンのホモログを用いて，細胞内カリウムイオン濃度を高く保つように細胞内に塩素イオンをくみ上げる。このバクテリオロドプシンのホモログは，未培養の海洋性真正細菌でも見つかっている(pp.162～164参照)。どうやらこれら真正細菌は，食物源が限られた場合のエネルギー産生に，このロドプシンを利用するらしい。この形の光合成栄養性は，全海洋微生物のエネルギー収支の最大20%を占めている可能性がある。

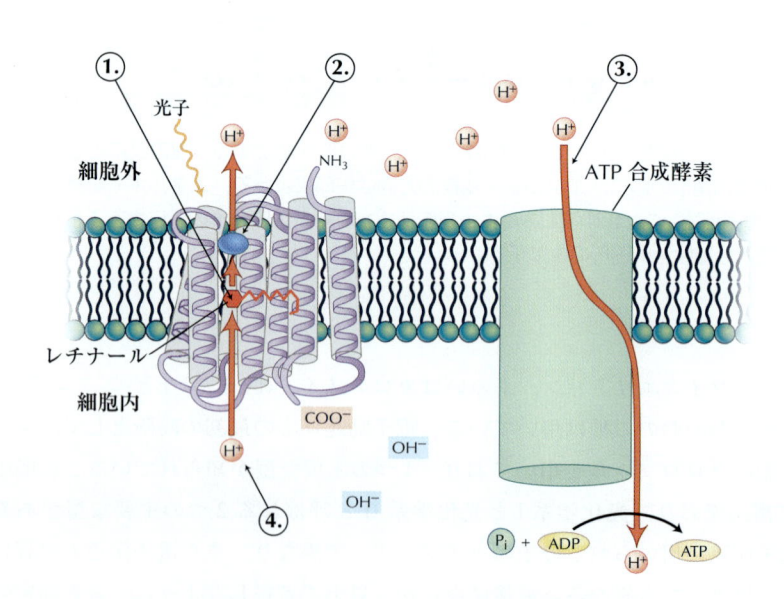

図 6.24 ▪ バクテリオロドプシンの機能。(1)このタンパク質が光子を吸収し，レチナールがプロトン化する。(2)プロトンは一連の中間体を通して受け渡され，細胞膜の外に放出される。(3)細胞外のプロトンはATP合成酵素を経由して(細胞内に)再び入り込み，この際にATPが作り出される。このように，太陽光は直ちにエネルギーに変換される。(4)脱プロトン化したレチナールが細胞質からプロトンを取り込むと，この回路は再開する。

真正細菌および古細菌は他の生物種と多様な様式の相互作用を行う：共生，寄生，社会性

　真正細菌と古細菌の社会的相互作用あるいは共生相互作用は，ほとんどすべての生態系で重大な役割を果たしている。最も広い意味では，共生には，相手の生涯のかなりの部分にわたり持続する2種またはそれ以上の生物種間の相互作用であれば何でも含まれる。このような相互作用には，寄生（例：病原体と宿主）から相利共生（関係する両者が利益を得る場合）までの幅がある。古細菌と真正細菌ではそれらの共生に顕著な違いがある。例えば，古細菌の病原体は知られていない。この項では，真正細菌と古細菌の多様性を典型的に示すような種間および種内相互作用のいくつかについて考察する。

真正細菌および古細菌の代謝の多様性は，相利共生を通して真核生物に利用されてきた

　真正細菌および古細菌における代謝過程の多様性は，真核生物よりもはるかに高い。しかしながら，真核生物は，真正細菌および古細菌との相利共生を通して，この多様性を十分に利用することができた。相利共生の最も意味深い例は，かつて自由生活性の真正細菌であった真核生物のミトコンドリアと葉緑体である。葉緑体の祖先は，真核性の宿主細胞に取り込まれた自由生活性のシアノバクテリアだった。この共生は，結果としてすべての光合成真核生物の発達と多様性をもたらした。ミトコンドリアの祖先は自由生活性のαプロテオバクテリアであり，真核生物の初期進化においてその代謝機能が活用されていた（これら細胞小器官の進化と機能については，pp.221～229で考察する）。ミトコンドリアと葉緑体は，宿主との同化があまりにも進んだために現在は細胞小器官として分類されるようになった高度に派生的な系（体制）である。真正細菌あるいは古細菌と真核生物との間には，進化のさまざまな段階の何百もの他のタイプの相利共生がある（表6.8）。次にその一部について説明する。

　光合成独立栄養性共生　葉緑体は光合成独立栄養性共生の1つの例である。他の例としては，地衣類を生じたシアノバクテリアと菌類の間の共生がある。また，最大級に独特なのは，原始的な海産性の脊索動物のホヤの外套部分の内部で生息するシアノバクテリアの一種，*Prochloron*（プロクロロン）の例である（図6.25）。光合成に加えて，*Prochloron*は，病原体からホヤを防御する二次代謝物を産生することによって，原始的な免疫系として宿主のために機能している可能性がある。

　化学独立栄養性共生　熱水噴出孔の群落に生息する深海生物の研究から，まったく新しいタイプの独立栄養性の共生が1980年代に発見された。化学独立栄養性の真正細菌がジャイアントチューブワームなどの多様な無脊椎動物の内部に生息しており，固定炭素を宿主に提供している。光合成独立栄養性共生生物とは違って，チューブワーム内部の真正細菌は炭素固定の駆動力に化学エネルギー（例：H_2Sの酸化）を利用する。いろいろな意味で，宿主動物は植物と似ている。例えば，チューブワームは成虫では動けず（巻頭「この本のねらい」図1参照），消化器系をもたず，化学物質とCO_2を共生生物に供給することに高度に適応している。高度に還元した化学物質が大量に存在する場所であれば通常どこでもなのだが，広く自然界，特に海洋では，他の化学独立栄養性共生が見つかっている。これらのタイプの共生については，少なくとも5つの無脊椎動物の200以上の種と繊毛虫類の一種について記載があり，複数種類の真正細菌が関与している。

　マメ科植物の窒素固定　マメ科の植物（エンドウ，インゲンマメ，クローバーなど）は，利用可能な形の窒素への接触機会を増やすために，土壌細菌を利用することができる。これ

表 6.8 • 共生

共生の種類	宿主種	共生種	解説
独立栄養性	ジャイアントチューブワーム, Riftia pachyptila	γプロテオバクテリア	色素体が植物に行うように，化学合成独立栄養菌が宿主に糖類を供給する。
	尾索類	Prochloron（プロクロロン）属	光合成細菌が宿主動物に糖類を供給する。
	菌類	藻類またはシアノバクテリア	地衣類は光合成が可能。
栄養性	アブラムシ	Buchnera（ブフネラ）属	アミノ酸の乏しい樹液を常食とする昆虫種のために，共生体がアミノ酸を合成する。
	ヒト	大腸菌，バクテロイデス属の菌種	腸内細菌が消化やビタミンと補助因子の産生を助ける。
窒素固定	マメ科植物	根粒菌	根粒菌がマメ科植物の根の根粒に感染し，宿主のために窒素固定を行う。
	アカウキクサ（水生シダ）	シアノバクテリア	シアノバクテリアが宿主のために窒素固定を行う。
消化性	シロアリ	真正細菌，古細菌	共生体がセルロースの消化を助ける。
	牛	繊毛虫類，真正細菌，古細菌	共生体がセルロースの消化を助ける。
発光	発光魚	Photobacterium（フォトバクテリウム）属	特殊化した魚の器官の中で，真正細菌が発光する。

図 6.25 • *Prochloron didemni* のホヤ類 *Lissoclinum patella* との共生。（上）*L. patella* の群体（約3 cm）。（下）*L. patella* の断面。*Prochloron*（緑色）の位置を示している。

ら植物の根は，*Rhizobium* 属または *Bradyrhizobium* 属の種に細菌感染されており，これら真正細菌は独特の根粒の中でコロニーを形成する。窒素固定，すなわち気体窒素のアンモニアへの還元（図 6.26）にふさわしい環境条件は，宿主がこれら真正細菌に提供する。この共生関係を窒素が枯渇した土壌に利用すると，農業上の重要性が非常に大きい。クローバーやアルファルファなどのマメ科の"被覆作物"は，植えつけられた後に土壌に鋤き込まれて，土壌の窒素含有量を大いに豊かにするのである。窒素に乏しい土壌での他の植物よりもいっそう効率的に生長することが可能になるため，この共生は，明らかに宿主のマメ科植物に選択的優位性を与えることもできる。

栄養共生　栄養共生のもう1つの形は，樹液を摂取する多くの昆虫でみられる。これら昆虫は，栄養物の大半または全部を植物の循環系内部の液体から得ている。多くの植物種では，樹液に昆虫にとって必須なアミノ酸などの栄養素がごく低濃度でしか含まれていない。アブラムシのような樹液を摂取する多くの昆虫は，宿主のために必須アミノ酸を合成する内部共生菌を腸の中で育む。これら昆虫の系統の多くは，何百万年もの間，樹液を摂取してきたので，何百万年もの間にわたって共生生物が世代間を引き継がれてきたことが発見されても驚くにはあたらない。このような共進化する共生が存在することは，真正細菌の進化の研究にとってたいへん重要である。なぜならば，この共生の進化史の年代を決定するために，宿主の化石記録を用いることができるからである。また，これら共生によって，細胞小器官

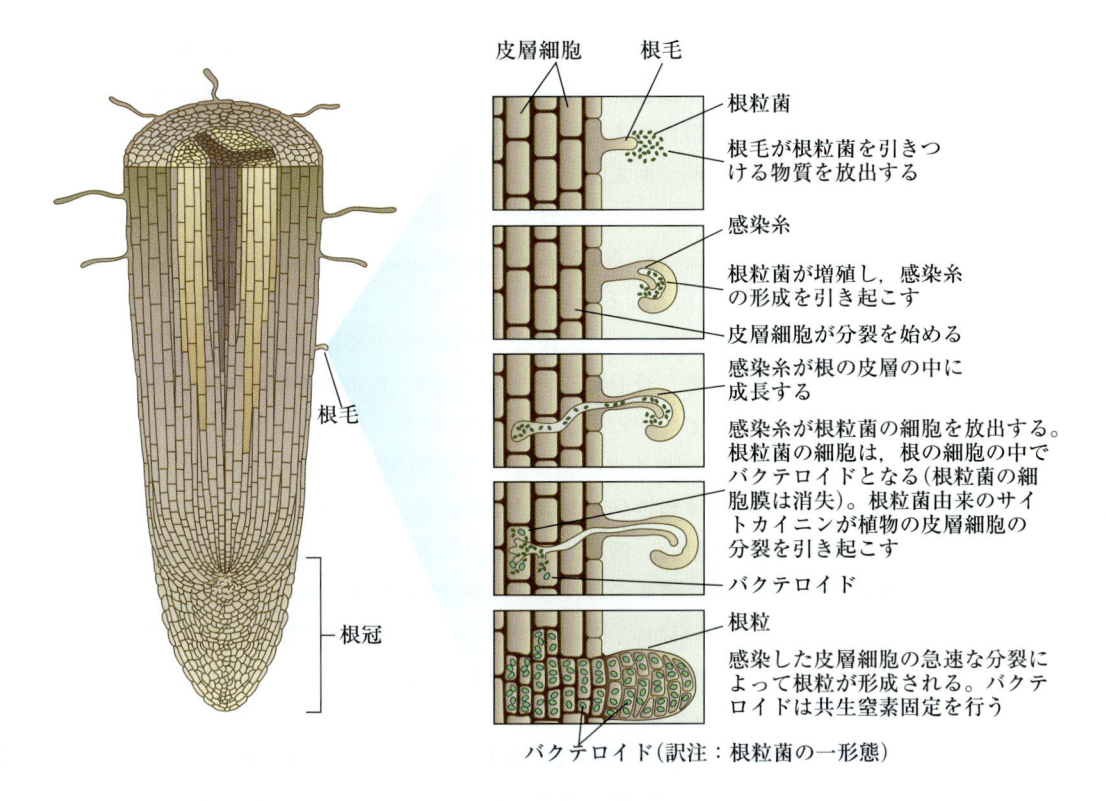

図 6.26 ▪ *Rhizobium* 属細菌（根粒菌）のマメ科植物との共生。

の中のゲノムと同様に，これら真正細菌がゲノムを高度に縮小してきた理由が説明できるかもしれない（pp.190〜191）。

消化器系および他の消化管への共生　ヒトを含む多くの哺乳類は，自分自身では消化できない食物を常食としている。これら哺乳類は，胃腸系に生息する共生微生物を，消化に必要な段階の多くを行わせるために利用する。最も特徴的な例には，多くの植物の繊維質を構成する複雑な炭化水素であるセルロースの消化に役立つ微生物が含まれる。反芻動物は，セルロースが豊富な草をほぼ完全に常食としている。セルロースを消化するのに必須の酵素を欠いているので，そのかわりに反芻動物は，消化管内の大量の微生物に頼ってセルロースをゆっくりと消化し，血流に吸収できる糖類に変換する。シロアリやフナクイムシなどのセルロースを消化する他の動物もまた，共生微生物に頼ってセルロースを消化している。

反芻動物の消化の重要な要素は，メタン生成古細菌によるメタン形成である。これらの種は独立栄養で，CO_2 を固定し，電子受容体として H_2 を用いる。セルロース分解性微生物の多くは，CO_2 と H_2 を代謝の副産物として産生し，メタン生成古細菌によるこれら化合物の利用は，セルロース分解反応の促進を助ける。このように，間接的ではあるが，古細菌はこの過程で決定的に重要な役割を果たしている。そのうえ，消化作用の間に反芻動物によって放出されるメタンは，温室効果ガスとスモッグの成分の両方である大気中のメタンの主要な供給源である。

多くの真正細菌は病原性だが，古細菌で病原性のものは知られていない

いうまでもなく，すべての共生が相利共生とは限らない。実際，微生物は真核生物宿主と

の有害な関連性で最もよく知られている。このような微生物は，一般的に病原体として知られている。病原性の真正細菌は多数存在するが，興味深いことに，古細菌の病原体は知られていない。これは古細菌が病原性になることができないためなのか，あるいは古細菌性の病原体が未確認なだけなのかは不明である。

最もよく研究された真正細菌の病原体は，コレラ(Vibrio cholerae)，ペスト(Yersinia pestis)，ライム病(Borrelia burgdorferi)，梅毒(Treponema pallidum)，および炭疽病(Bacillus anthracis)などのヒトの病気の原因となる病原体である(図6.1 参照)。細菌性病原体は，植物，菌類，他の動物，原生生物にも感染する。細菌性病原体については，それらの進化の検討から多くのことを学ぶことができる。最も特筆すべきことは，真正細菌の系統樹上で病原体と非病原体が混ざり合っていることである。このことは，病気を引き起こす能力(病原性)が複数回進化してきたか，あるいは病原性に必要な遺伝子が種間で移動したかである。これは，病原性および病原性の程度を示す**毒性**(virulence)の機構が病原体間で大きく異なるという発見によって，さらにまた支持された。例えば，多くの細菌性病原体は，病気を引き起こす能力を高める毒性因子を産生する。既知の毒性因子の多様性は信じられないほど多い。あるものは，コラーゲン，血栓，あるいはヒアルロン酸などの細胞構造を破壊することによって機能する。またあるものは，細胞膜に穴を開けることによって宿主細胞を溶解する(例：溶血素(ヘモリシン))。さらにまたあるものは，(動物における)神経伝達物質あるいは(植物と動物における)ホルモンへの結合・分解によって，細胞間のシグナル伝達を変更する。

免疫系をもつ宿主の中では，伝染性病原体は，免疫応答を回避するかまたは遅らせる方法をたびたび進化させてきた。宿主細胞の中に"隠れること"によってこれを行っているものもあれば，組換えと置換変異によって表面タンパク質を急速に変化させ(p.722)，そのために効果的な免疫応答を搭載する宿主の能力を遅滞させるものもある。

毒性と病原性に必要となる遺伝子は，病原性種のゲノムの中でクラスターを形成することが多い。これらクラスターは，GC 含量，コドン使用頻度，および他のシグナルに関して，ゲノムの他の領域とは多くの場合有意に異なっており，そのため**病原性アイランド**(pathogenicity island)として知られるようになってきた(p.205 参照)。これらアイランドは，比較的容易に菌株間あるいは種間を移動可能なことを多くの研究が示している。このことは，それ以外は無害な一群の生物のなかに，病原性の"突発的な"出現があることを説明しているのかもしれない。

病原性の進化の起源を考えるにあたって，病原体と相利共生体がそれぞれの宿主と相互作用する方法の共通点を調べると役に立つだろう。例えば，多くの相利共生体は，そのゲノム中に相利共生的協調関係に必須の遺伝子をコードする"共生"アイランドをもっている。そのうえ，宿主細胞に感染する相利共生体(例：マメ科植物の *Rhizobium* 属による根粒)にとって，(遺伝的にコード化された)感染機構は病原体が用いる感染機構と似ている。病原体から毒素を搬出するのに利用される分泌系(状況に応じたやり方で機能する一組のタンパク質)は，相利共生体において共生因子の搬出に使用される系と同じである。たぶん，病原体から相利共生体，あるいはその逆への移行は，大して複雑ではない。一部の病原体は，宿主に迷惑をかける毒素をレパートリーに加えて"暴走した"相利共生体なのかもしれない。一部の相利共生体は，毒性因子を失う一方宿主にいくらかの利益をもたらす"飼いならされた"病原体なのかもしれない。実際に，生活環の局面によって相利共生体と病原体の両方として存在するようにみえる生物が多数いる。例えば，リケッチア科(Rickettsiaceae)の病原性細菌は，動物宿主の間の感染を無脊椎媒介動物に依存している。これら真正細菌はさまざまな動物に重篤な病気を引き起こすのだが(例：ロッキー山紅斑熱，チフス，エーリキア症)，宿主間を伝染させ

る媒介動物（例：マダニ類）にとっては，これらの多くは有益な共生体のように思われる。

真正細菌および古細菌は，同じ種の他のメンバーと相互作用するさまざまな方法を進化させてきた

常識に反して，真正細菌と古細菌は，同じ種の他のメンバーと複雑な社会的相互作用を行う可能性がある。このような社会的相互作用は，これら生物が，多細胞生物のようにさまざまに機能することを可能にする。ここでは，この社会性の主要な側面，すなわち，個体群密度の変化に応じて生物学的過程を調節する能力について説明する。これは，**クオラムセンシング**（quorum sensing）として知られる。

クオラムセンシングは，真正細菌の多くの種で起きる。そして，古細菌にも存在すると示唆されてきたのだが，決定的証拠は得られていない。クオラムセンシングが起きると，個々の細胞は環境中に化学シグナルを継続的に分泌する。個体群密度が高くなるにつれて，化学シグナルの濃度は上昇する。個々の細胞は環境中のシグナル濃度を監視し，その濃度が閾値に達すると，調節カスケードが誘導される。これは**オートインダクション**（autoinduction）といい，化学シグナルは**オートインデューサー**（autoinducer）である。クオラムセンシングは，真正細菌による一群の細胞の挙動の調整を可能にし，多細胞生物のようにさまざまに機能することを可能にする（図 6.27）。

多くの相利共生体において，宿主によって使用されている特定の過程をその真正細菌がい

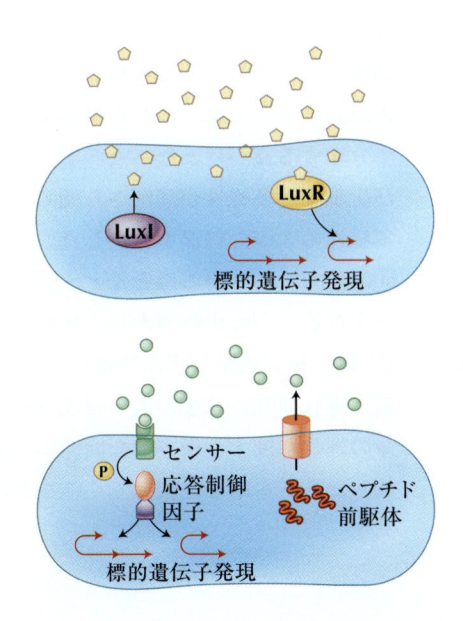

図 6.27・クオラムセンシングには，2 つの主要な異なる形式がある。多くのグラム陰性（菌）の種では，オートインデューサーはアシルホモセリンラクトン（acyl homoserine lactone）（五角形）である。グラム陽性菌の種では，オートインデューサーは AIP（autoinducing peptide）と呼ばれるペプチドである。真正細菌の特定の株は，独自の形のオートインデューサー分子を作り出す。そして，この分子は環境中および他の細胞の中に自由に拡散する。それぞれの株は，自分自身のオートインデューサーを認識する受容体タンパク質ももっている。オートインデューサーの濃度が特定の閾値を超えると，受容体は転写活性化因子となり，プロモーターの一部として活性化因子の結合部位をもつ一続きの遺伝子（群）の誘導を引き起こす。オートインデューサーを基盤とするクオラムセンシングの進化の重要な側面は，既知のすべてのオートインデューサーを基盤とする過程は同一起源であり，オートインデューサーの産出にはある遺伝子族（LuxI）のメンバーを用い，受容体のエンコードには別のある遺伝子族（LuxR）のメンバーを用いているという点である。

つ活性化すべきか決定するために，クオラムセンシングは用いられる．例えば，*Vibrio harveyi* という真正細菌は，多くの宿主動物の発光器官で光を発生する．この真正細菌は，閉鎖空間内に存在しているのかどうかをクオラムセンシングを用いて検出する（そのオートインデューサーは高い閾値を超えることができる）．このことは，宿主の発光器官は（*V. harveyi* に）侵入され，調節カスケードが作動し，それによって最終的には光の発生が誘発されるということを示している．多くの病原性細菌において，クオラムセンシングは，毒性因子の活性化に使われる．おそらくこれは，病原体が十分な数存在しない場合には，効果がなさそうだからであろう．肺炎連鎖球菌 *Streptococcus pneumoniae* およびその近縁種の多くでは，クオラムセンシングは，細胞が（まわりの）環境から DNA を取り上げるのを可能にすること，すなわちコンピテンス（DNA 受容能）として知られる処理過程のために利用される．他の種では，クオラムセンシングは，バイオフィルム形成，子実体の発達，胞子生産の調節に使われる．クオラムセンシングのように，社会性の進化を引き起こす過程については，第 21 章で考察する．

■ 要約

　真正細菌および古細菌は，地球上のあらゆる主要な生態系および生物地球化学反応に基礎的な役割を果たしている．病原体として，また発酵のような産業プロセスにおいて，真正細菌や古細菌の重要性は過去 100 年にわたって高く評価されてきた．それにもかかわらず，その重要性を十分に評価し，多様性を理解し始めたのは，近年の分子調査法の発展があってからだった．このことの一番よい例は，1970 年代に，真正細菌と古細菌が異なる生物のドメインであることが理解されたことである．また，分子的方法は，これらドメイン内の多様性に関する完全な理解を可能にした．例えば，rRNA 遺伝子の PCR 法を用いた調査によって，真正細菌および古細菌それぞれに数十の門が同定され，多くの門が実験室では決して増殖しない種によってのみ構成されていることが明らかになってきた．

　ゲノム配列決定法と実験的研究と相まって，このような rRNA の調査によって，これら重要な微生物の生活における詳細が解明され始めた．例えば，真正細菌では普遍的だが古細菌では欠落している特徴およびその逆の場合が確認されてきた．このことは，これら生物を異なる生命のドメインとして分類する裏づけとなった．また，これら種の形態学的および生理学的多様性が理解され始めている．この章では，この多様性の 3 つの側面を強調した．すなわち，極限環境で増殖する能力，あり得るほとんどすべての生化学反応を行う能力，およびこれらの生物種が他の生物種と相互作用する多様な方法（例：相利共生と病原性相互作用）である．真正細菌と古細菌は進化研究ではまだ若干軽視されているが，これらは，生命の進化に関する根本的な問題に本気で取り組むためには卓越したモデル系を提供してくれると我々は信じている．

文献

系統学的多様性

Hugenholtz P. and Pace N.R. 1996. Identifying microbial diversity in the natural environment: A molecular phylogenetic approach. *Trends Biotechnol.* **14:** 190–197.

Pace N.R., Olsen G.J., and Woese C.R. 1986. Ribosomal RNA phylogeny and the primary lines of evolutionary descent. *Cell* **45:** 325–326.

Woese C.R. 1987. Bacterial evolution. *Microbiol. Rev.* **51:** 221–271.

生物学的多様性

好極限性生物

Horikoshi K. and Grand W.D., eds. 1998. *Extremophiles: Microbial life in extreme environments.* Wiley-Liss, New York.

Rothschild L.J. and Mancinelli R. 2001. Life in extreme environments. *Nature* **409:** 1092–1101.

代謝

Shively J.M., van Keulen G., and Meijer W.G. 1998. Something from almost nothing: Carbon dioxide fixation in chemoautotrophs. *Annu. Rev. Microbiol.* **52:** 191–230

Xiong J. and Bauer C. 2002. Complex evolution of photosynthesis. *Annu. Rev. Plant. Biol.* **53:** 503–521.

種内および種間相互作用

Bassler B.L. 2002. Tiny conspiracies. *Nat. Hist.* **110:** 16–21.

Losick R. and Kaiser D. 1997. Why and how bacteria communicate. *Sci. Am.* **276:** 68–73.

Ochman H. and Moran N.A. 2001. Genes lost and found: Evolution of bacterial pathogenesis and symbiosis. *Science* **292:** 1096–1099.

CHAPTER
7

真正細菌と古細菌の多様性 II：遺伝学とゲノミクス

　核のない生物が2つの異なる系統上のグループ，真正細菌と古細菌で構成されるという認識は，分子分類学がもたらした最も重要な成果の1つである。驚くべきことに，これらの2つのグループは系統上分離しているにもかかわらず，ゲノム構造と遺伝的な過程の多くの点に類似がみられる。環状染色体，遺伝子が密に詰めこまれたゲノム，イントロンの限定的な使用，および多くのオペロンの存在などの点である。真正細菌と古細菌においては，転写と翻訳が共役されており，さまざまなファージとプラスミドをもち，遠い進化距離を越える大規模な量のDNA水平伝達を示す。また一方では，真正細菌と古細菌の遺伝的な過程には，DNA複製と転写の機構などを含む，いくつかの重要な違いもある。本章では，これらの類似性と相異がどのように真正細菌と古細菌の多様性を形成してきたかについて議論する。

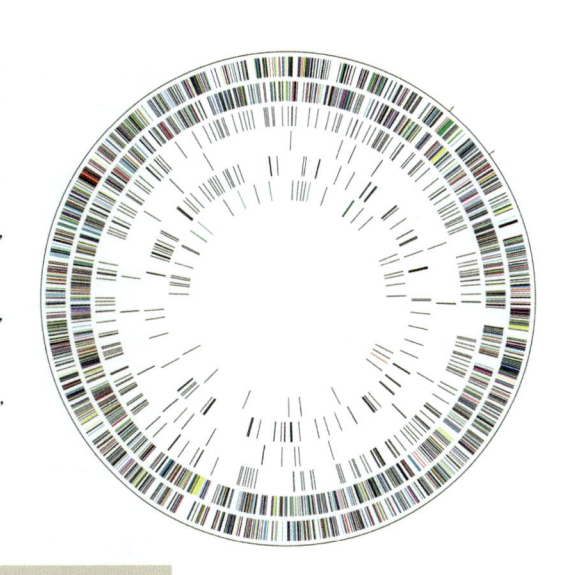

7.1 真正細菌と古細菌のゲノムの性質

真正細菌と古細菌では，各種遺伝的要素のサイズと型がきわめて多様である

　真正細菌と古細菌は，それらが含む遺伝的要素のサイズと型にはなはだしい多様性を示す。多くの場合，全ゲノムは単一の環状DNAに含まれている。例えば，ゲノムが完全に解読された最初の生物であるインフルエンザ菌 *Haemophilus influenzae* は，1830キロ塩基対（kbと表す。1 kb = 1000塩基対，1000 kb = 1 Mb）のただ1つの環状DNAをもつ。現在，完全なゲノム配列情報が利用可能である真正細菌と古細菌の半数以上では，それらのもつDNAのすべてが単一の環状染色体にのっている。

　それらの染色体に加えて，多くの真正細菌と古細菌は，プラスミドと呼ばれる小さなDNA環を含んでいる。その例には，病原性真正細菌 *Escherichia coli* O157:H7 株（5.5 Mbの1つの染色体，および92 kbと3 kbのプラスミドをもつ），細胞内共生細菌 *Buchnera aphidicola* APS株（640 kbの1つの染色体，および14 kbと7 kbのプラスミドをもつ）などがある。以降では，その生物種の株間においてゲノムの内容あるいはゲノム構造に有意な差があることが知られているときには，章のすべてにわたって，このように株の表示（O157:H7

や APS)を入れることにする。

多くの生物において，染色体とプラスミドの間でサイズには明らかな差がある。しかし，より多くの完全なゲノム配列が決定されるに従い，サイズはもはや遺伝的要素の型の違いを識別するための絶対確実な評価基準ではなくなった。例えば，好塩性古細菌 *Haloferax volcanii* には，2.92 Mb，690 kb，442 kb，86 kb，および 6.4 kb の 5 つの環状 DNA が含まれる（その他の例を表 7.1 に示す）。サイズのみで評価するとすると，例えば，*H. volcanii* の 690 kb の環状 DNA は *B. aphidicola* APS の染色体より大きいので，これを第 2 染色体とみなしてしまうかもしれない。しかし，サイズは単に染色体とプラスミドを区別するのを助ける特性にすぎない。より重要なことは，プラスミドと染色体の間には，生物学的特性に著しい違いがあることだ。以下の各項で，これらの違いのいくつかについて議論する。

プラスミドは，染色体と異なって一般に"補助的な"要素であり，ある条件下でだけ必要となる遺伝子をもっている（表 7.2）。例えば，*B. aphidicola* APS のプラスミドは，この真正細菌

表 7.1 ▪ 複数の遺伝要素がある真正細菌の例

生物種	型	サイズ(kb[1000塩基])	形状
放線菌 *Streptomyces coelicolor*	染色体	8667	直鎖状
	プラスミド	356	直鎖状
	プラスミド	31	環状
根頭癌腫細菌 *Agrobacterium tumefaciens*	染色体	2842	環状
	染色体	2057	直鎖状
	プラスミド	543	環状
	プラスミド	214	環状
ライム病菌 *Borrelia burgdorferi*	染色体	911	直鎖状
	プラスミド($n = 11$)	9 − 54	環状／直鎖状
ヤギ流産菌 *Brucella melitensis*	染色体	2117	環状
	染色体	1178	環状
アセトン・ブタノール発酵菌 *Clostridium acetobutylicum*	染色体	3941	環状
	プラスミド	192	環状
放射線耐性菌 *Deinococcus radiodurans*	染色体	2649	環状
	プラスミド	412	環状
	プラスミド	177	環状
	プラスミド	46	環状
青枯れ病菌 *Ralstonia solanacearum*	染色体	3716	環状
	染色体？	2095	環状
サルモネラ菌 *Salmonella typhi*	染色体	4809	環状
	プラスミド	218	環状
	プラスミド	107	環状
アルファルファ根粒菌 *Sinorhizobium meliloti*	染色体	3654	環状
	プラスミド	1683	環状
	プラスミド	1354	環状
コレラ菌 *Vibrio cholerae*	染色体	2941	環状
	染色体	1072	環状
ペスト菌 *Yersinia pestis*	染色体	4654	環状
	プラスミド($n = 3$)	10 − 96	環状

Bentley S.D. and Parkhill J. *Annu. Rev. Genet.* **38**: 771–792 に基づいた。また Ohmachi M. 2002. *Curr. Biol.* **12**: R427–428 から引用した。

表7.2・プラスミドの機能

プラスミドの遺伝的機能	遺伝子の機能	例
耐性	抗生物質耐性	大腸菌 Escherichia coli および他の細菌のRbk プラスミド
繁殖力	接合とDNA伝達	大腸菌のFプラスミド
傷害性	他の細菌を殺す毒素の合成	コリシン産生のための大腸菌のCol プラスミド
分解性	異常な分子を代謝するための酵素	トルエン代謝のための Pseudomonas putida のTOLプラスミド
毒性	病原性	クラウンゴール病を双子葉植物に引き起こす能力を与える Agrobacterium tumefaciens のTiプラスミド

が宿主に供給するアミノ酸のうちの2つ、トリプトファンとロイシンを合成するために必要な遺伝子をコードしている。一方、B. aphidicola APS の染色体は、DNA複製や転写、翻訳、細胞膜と細胞壁形成のために必要なすべての情報、さらに、細胞の中心となるような装置を組み立てるために必要なすべての遺伝子をコードしている。E. coli O157:H7 株において 92 kb のプラスミドは、この真正細菌によって引き起こされる病気に関与する多くの病原因子をコードするのに対し、染色体はハウスキーピング的な機能のすべてをコードしている。一般的にプラスミドには補助的な機能しかないので、プラスミドが必要とされるような特殊化した条件にさらされない限り、生物は通常それがなくても生存できる。いいかえると、このことは、プラスミドは特定の真正細菌と古細菌の株において、しばしば失われていることを意味する。

　ほとんどの生物種では、細胞あたり1コピーの（あるいは、多くとも2〜3コピーの）染色体だけが存在している。ただし、プラスミドはしばしば、はるかに多いコピー数存在しており、時には細胞あたり何百ものコピーが存在する。（染色体のコピー数が制御されているのに対し）プラスミドのコピー数が実質的に増加を許されていることは、プラスミド上のすべての遺伝子が多くの遺伝子重複を受けていることと同じである。例えば、B. aphidicola APS では、トリプトファンとロイシン合成関連遺伝子がコードされたプラスミドの数と染色体の数の比率は 10:1 よりも大きい。コピー数におけるこの差は、プラスミドと染色体の複製が同期しないために生じる。また両者はしばしば、完全に別個の複製機構を使用する。さらに、プラスミドと染色体はそれぞれ異なる複製系を使用するので、異なる突然変異率と突然変異パターンをもつことが多い。

　進化の観点からは、プラスミドと染色体の最も重要な相違は、プラスミドが株間そして生物種間でさえも容易に移動できることである。プラスミドの可動性は、**遺伝子の水平伝達**（遺伝子の水平移動、lateral gene transfer）において重要な役割を果たす（以下参照）。プラスミドの水平伝達は、1つの生物種の異なる株、あるいは異なる生物種を比べたときに、散発的なプラスミドの分布パターンをもたらす。

　ほとんどすべての生物種には染色体が1つしかなく、他のすべての遺伝的要素はプラスミドである。ところが、いくつかの細菌は例外的で、複数の染色体をもつ。コレラ病原体 Vibrio cholerae には、2つの大きな遺伝的要素が含まれる（2.9 Mb および 1.1 Mb、表7.1 参照）。両方が複数のハウスキーピング遺伝子をコードしており、この生物種の近縁生物すべてでこ

うしたことがみられるので（つまり，一様な分布パターンを示す），両方の要素を染色体とみなすことができる。

　クラウンゴール腫瘍（根頭癌種）を植物に引き起こす *Agrobacterium tumefaciens* には，珍しい染色体ペアがある。（細菌に典型的なように）1つは環状であるが，他方は直鎖状である。かつては直鎖状の遺伝的要素は，真核生物に限定的だと考えられていたが，現在では，細菌のいくつかの生物種でも見つかっている。

　直鎖状染色体は独自の問題に直面している。DNAポリメラーゼ類は，ラギング鎖末端のRNAプライマーを置き替えることができないので，染色体の末端部を複製できない（Box 12.1 参照）。末端部（すなわち，**テロメア**［telomere］）を複製するための別の仕組みがなければ，直鎖状染色体は複製ごとに次第に短くなっていくだろう。真核生物は反復しているDNAモチーフをテロメアにつけ加えるための専門の酵素，**テロメラーゼ**（telomerase）を使用する（図 8.17 参照）。*A. tumefaciens* のような真正細菌は，それらの直鎖状染色体の末端部を保存するために同様の仕組みを使用するらしい。さらに，これらの複製系は細菌と真核生物において独自に生じたらしく，それゆえに収斂進化の興味深い例といえる。

真正細菌と古細菌のゲノムは真核生物ゲノムよりも小さくてコンパクトである

　真正細菌と古細菌のゲノムは，ほとんどの真核生物ゲノムよりも小さい（図 7.1）。真正細菌においては，ゲノムサイズは 160 kb（絶対共生生物，*Carsonella ruddii*）から 13 Mb 以上（δプロテオバクテリア *Sorangium cellulosum*）の範囲である。古細菌ゲノムは 490 kb（*Nanoarchaeum equitans*，共生的な生物種［図 6.7］）から 5.7 Mb（メタン生成古細菌，*Methanosarcina acetivorans*）の範囲である。真正細菌と古細菌の両方ともゲノムサイズの中央値は約 2 Mb である。

　真正細菌と古細菌を真核生物と比べたとき，ゲノムサイズにおける差は，遺伝子数における差よりもはるかに大きい。これは遺伝子の密度が，真正細菌と古細菌のゲノムにおいて非常に高いからである（図 7.2）。例えば，ヒトゲノムは *E. coli* K12 ゲノムより約 1000 倍大き

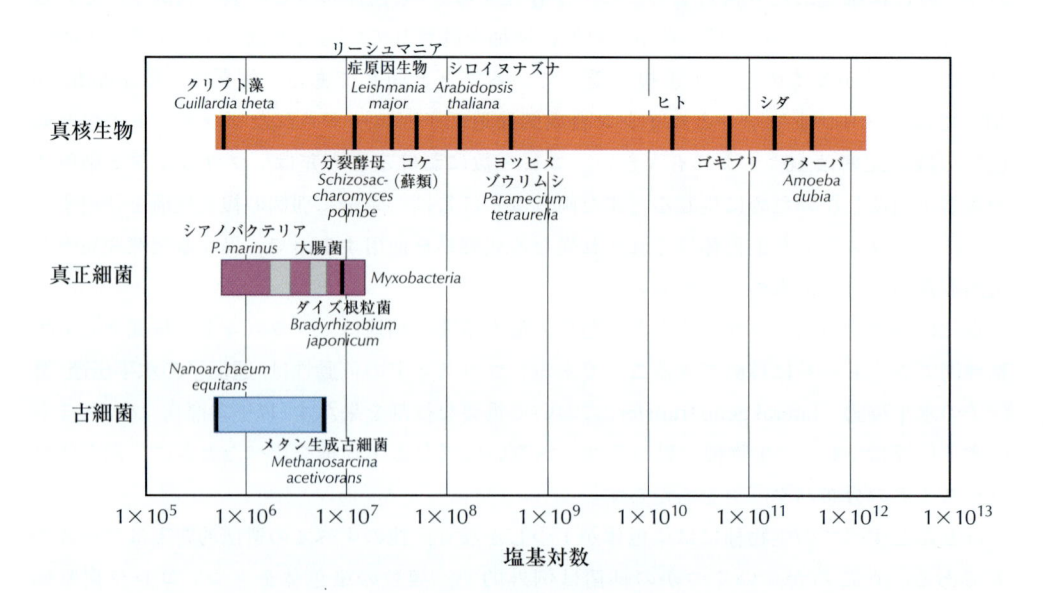

図 7.1 ・生物の3つのドメインにおけるゲノムサイズ。代表的な生物のゲノムサイズと，特定の生物グループのゲノムサイズの範囲が示されている。

A ヒト

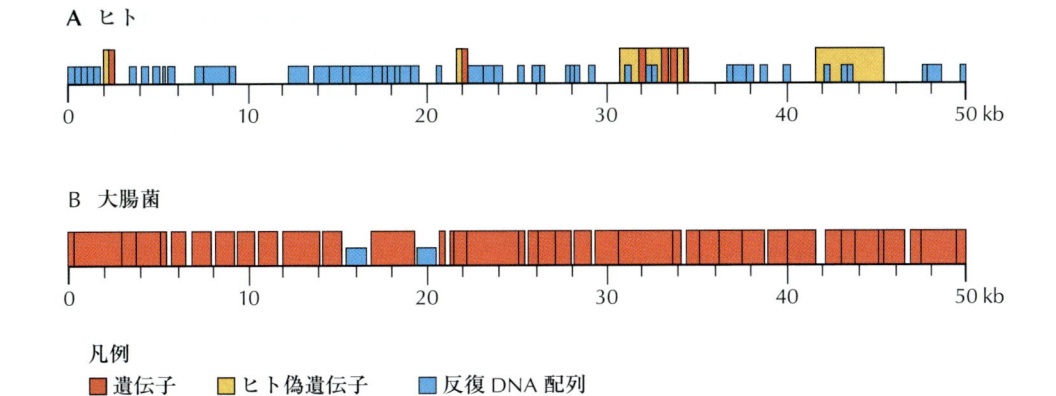

B 大腸菌

凡例
■ 遺伝子　■ ヒト偽遺伝子　■ 反復DNA配列

図7.2 ● ゲノム密度。ヒトと大腸菌（*Escherichia coli*）のゲノム密度と内容の比較。それぞれの断片は50 kb（50,000塩基）であり，(A)ヒトT細胞受容体β鎖遺伝子座の一部，(B) *E. coli* K12ゲノムのある領域を表す。ヒトと比べて，大腸菌の遺伝子（赤色の箱）ははるかに多い割合で存在する。

いが，ヒトには，約10倍のタンパク質をコードする遺伝子が存在するだけである（図7.3）。それどころか，いくつかの真核生物よりも多くのタンパク質をコードする遺伝子をもつ真正細菌や古細菌も多数存在する。粘液細菌（子実体形成型δプロテオバクテリアの1つのサブグループであり，13 Mbのゲノムをもつ *S. cellulosum* を含んでいる）のほとんどすべての生物種は，8000以上のタンパク質をコードする遺伝子をもち，その数はモデル生物である酵母種，出芽酵母 *Saccharomyces cerevisiae* と分裂酵母 *Schizosaccharomyces pombe* よりも多い。

真正細菌と古細菌のゲノムにおける高い遺伝子密度は，真核生物ゲノムと比べてタンパク質をコードしないDNAが少ないことに起因する。真正細菌と古細菌において，**イントロン**（intron）と遺伝子間領域（すなわち，遺伝子間に位置するDNA）はまれであり，かつ一般的

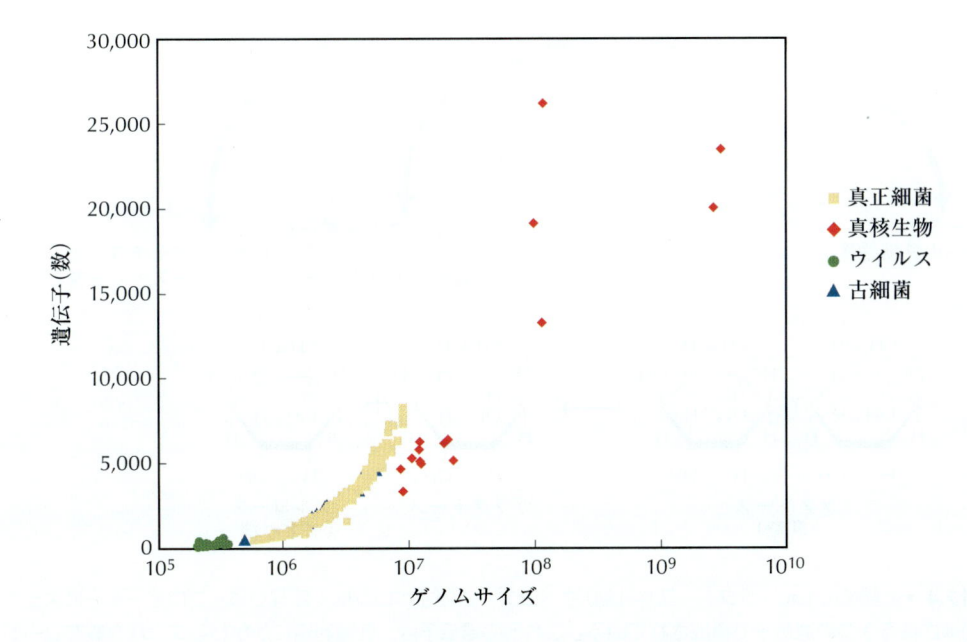

図7.3 ● ゲノムサイズとタンパク質コード遺伝子の数の比較。真正細菌，古細菌，およびウイルスにおいて遺伝子の数はゲノムサイズと強く相関しているが，真核生物ではあまり相関しない。多くの古細菌の印（青色の三角形）が真正細菌の印（黄色の四角形）の下に隠れている。

に小さい。かわりに，第6章でふれたように，多くの真正細菌と古細菌の遺伝子は**オペロン**（operon），すなわち，遺伝子群全体に対し単一のプロモーターを使用し，共転写される遺伝子クラスターとして組織化される。この組織化により，コンパクトなゲノムが作り出される。通常，単一のオペロン内にみいだされる遺伝子は類似した機能に関係する（例えば，同じ代謝経路に存在したり，複合体タンパク質の各サブユニットを形成したりする）（図7.4）。オペロンは真正細菌と古細菌のゲノムの重要な特徴である。例えば，*E. coli* K12はゲノム中に約700のオペロンをもつと推定されている。

多数の反復DNA配列を含んでいるので，真核生物ゲノムは部分的に肥大している（図7.2）。真核生物に一般的な反復DNA配列は，単純反復配列（例えば，**マイクロサテライト**[microsatellite]や**ミニサテライト**[minisatellite]），遺伝子重複（連続した並びのものと**偽遺伝子**[pseudogene]の両方），および**転位因子**（transposable element）を含んでいる。真正細菌と古細菌のゲノムも反復DNA配列を含むが，その総量は比較的わずかである。例えば，何十万コピーもの転位因子が多くの真核生物ゲノムに存在しているが，真正細菌と古細菌では，100コピーもっているものさえまれである。

ゲノムを簡素化する圧力は，自然選択で積極的に維持されなかった遺伝子を真正細菌と古細菌から失わせる

真正細菌と古細菌のゲノムの進化を理解するためには，ほとんどの真核生物ゲノムにタンパク質をコードしないDNAがこれほど多く存在する理由を問うことが役に立つ。明らかに，

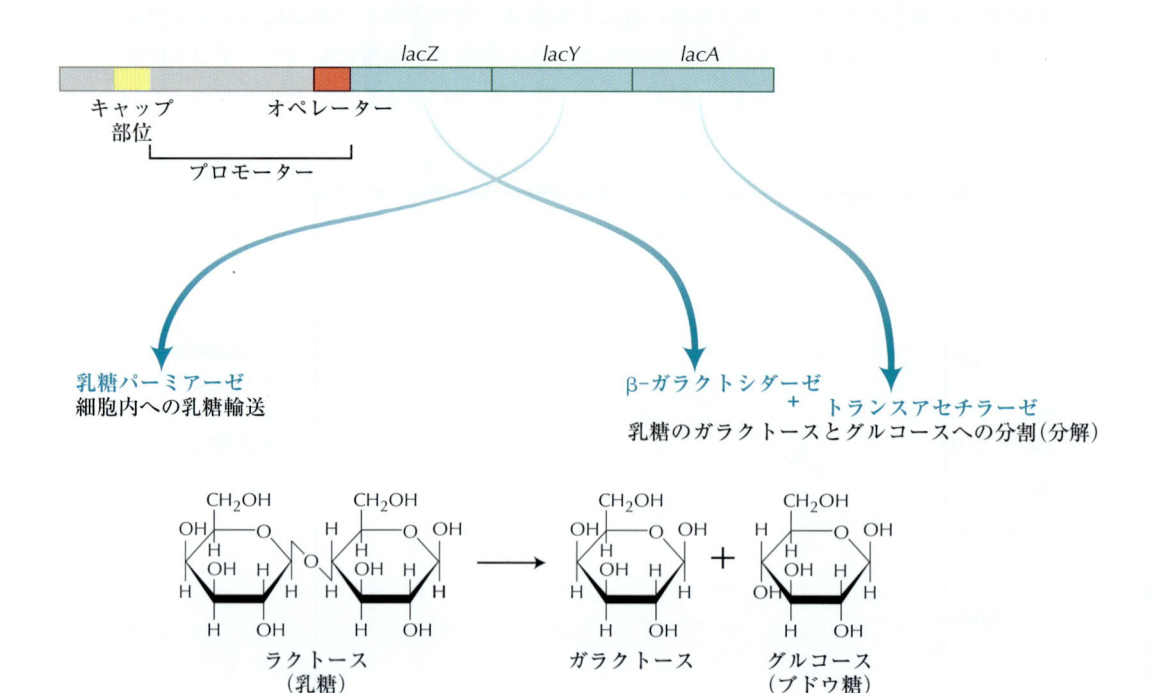

図7.4 ▪ 大腸菌のLac（ラクトース＝乳糖）オペロン。このオペロンは，転写が単一プロモーターによって制御される3つの遺伝子で構成されている。これらの遺伝子は，乳糖利用にかかわるタンパク質をコードしており，外部から細胞に乳糖を運び込むパーミアーゼ（*lacY*と記号化されている）と，乳糖をグルコース（ブドウ糖）とガラクトースに分割（分解）する2つの酵素（*lacZ*および*lacA*と記号化されている）が含まれる（pp.56〜58参照）。

真核生物の付加的な DNA のいくらかは，例えば遺伝子調節などの重要な機能をもっている。ところが，真核生物ゲノム中のタンパク質をコードしない DNA の多くが**ジャンク DNA**（がらくた DNA，junk DNA）か**利己的な DNA**（selfish DNA）のどちらかとして分類されてきた。ジャンク DNA は，わずかな利益を与えるだけか，あるいはどのような機能も生物に提供しないようにみえる（いくつかの場合は，この呼称は情報不足から生じている誤称である。"ジャンク DNA"と呼ばれている領域でも，遺伝子制御やクロマチンの組織化，動原体の運動性，その他の機能にかかわることがわかってきた場合もある）。利己的な DNA は，たとえそれが宿主に有害であったとしても，それら自身の複製を容易にする可動性 DNA 因子で構成されている。

　真正細菌と古細菌では，なぜジャンク DNA と利己的な DNA があまり豊富でないのかを説明するために提案された多くの理論のすべてが，総ゲノムサイズを小さく保つなんらかの大域的な圧力の存在で意見の一致をみている。この大域的な圧力はおそらく選択であり，それはまた，DNA を欠失させる方向へ偏向させているかもしれない。実際，真正細菌と古細菌におけるそのような仕組みは，イントロンを小さく，かつまれに保ち，転位因子を抑制し，オペロンを維持し，ジャンク DNA を除去することの原因となっているかもしれない。この大域的な圧力とゲノムサイズの進化についての他の理論については，より詳細に第 21 章で議論する。ここでは，真正細菌と古細菌におけるゲノム進化の一般的なパターンにおけるその圧力の影響について検討する。

　真正細菌と古細菌におけるイントロンの限定的な存在には，多くの重要な結果が伴う。例えば，真核生物は**選択的スプライシング**（alternative splicing）で，単一遺伝子から何千種類ものタンパク質産物を作ることができるが，これは真正細菌と古細菌ではみられない。さらに，タンパク質ドメインの混成と連結は，おそらくそのような事象がおもにイントロン内での**組換え**（recombination）によって引き起こされるので，真核生物ほどには真正細菌と古細菌では一般的でない。

　オペロンの大規模な使用にもまた，重大な結果が伴う。いくつかの点でオペロンは重要な制約条件であり，オペロンを壊すような変異（例えば，オペロンの中央部分での再配列に起因するようなもの）は，かなり有害であるかもしれない。また，オペロンは反応経路などが丸ごと株または生物種の間で伝達されることを許すので（本章後半部における水平伝達の議論参照），真正細菌と古細菌における新機能の急速な獲得を促進する。一方，多くの真核生物では，同じ反応経路にかかわる遺伝子がゲノム上に散在し，すべての遺伝子が一度に別の株か生物種に伝達されることはありそうもない。

　真正細菌と古細菌では，ゲノムを簡素化する圧力は（小さなゲノムにするための突然変異バイアス，あるいは選択，あるいはその両方で引き起こされるかどうかに関係なく），利点をまったく与えない遺伝子が急速に失われていくことを意味する（Box 18.2 参照）。したがって痕跡的な遺伝子は，真核生物には長期にわたって残存するかもしれないが，真正細菌と古細菌には長くは存在しない。例えば，大腸菌と祖先を（最後に）共有して以降，*B. aphidicola* APS はゲノムの大規模な削減を受けている（図 7.5）。この共生生物はアブラムシ細胞の内部で生活しており，そこでは自由生活様式である大腸菌では要求される多くの遺伝子が必要とされない。

真正細菌と古細菌では，遺伝子構成は絶えず流動的である

　何百もの完全なゲノム配列を利用できるので，遺伝子構成がどのように進化するかについ

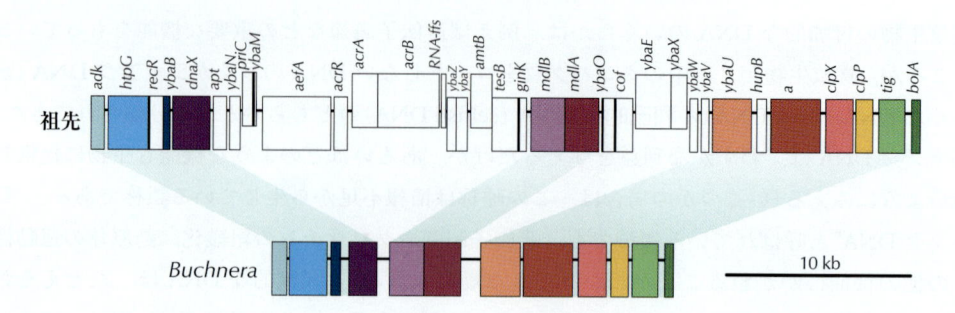

図7.5・アブラムシの内部共生者，*Buchnera*におけるゲノムの縮小。2つのゲノム断片を示した。(上の列)*Buchnera*属におけるすべてのアブラムシ内部共生者の仮想的な祖先。(下の列)現在の共生者のゲノム。大量の遺伝子欠失は，祖先ゲノム中に白で示されており，それらは，下の現在のゲノムからは失われている。2つのゲノム間のオーソロガス遺伝子は同じ色で示されている。遺伝子欠失にもかかわらず，2つのゲノム間で遺伝子配置は保存されている。遺伝子の転写方向は，遺伝子を表す箱を黒い線の上側，または下側にずらして示されている。

て科学者が検証できるようになった。初めてこのような解析が行われたのは，最初に配列決定された2つのゲノム，*Mycoplasma genitalium*と*H. influenzae*に対してである。両方の生物種は非常に小さなゲノムをもつという事実にもかかわらず，何百もの相同遺伝子(オーソロガス遺伝子)が同定された。これらの共有された遺伝子は，細菌の"最小遺伝子セット"であると提案された。すなわち，それらは細菌を作り上げるために必須な遺伝子群を表すのかもしれない(図7.6A)。

ところが，異なる系統からのより多くのゲノムが配列決定されたとき，"核となる"相同(オーソロガス)遺伝子の数は減少した(図7.6B)。この理由は，同じ生物種の異なる株のゲノムを比べることにより明らかになった。大腸菌の病原株(O157:H7株)と大腸菌K12実験室株で初めて調べられたのだが，これらの株は約4000の非常に保存された遺伝子を共有するが，O157:H7株には，K12では見つからなかった1000以上の遺伝子が存在する。そして，K12

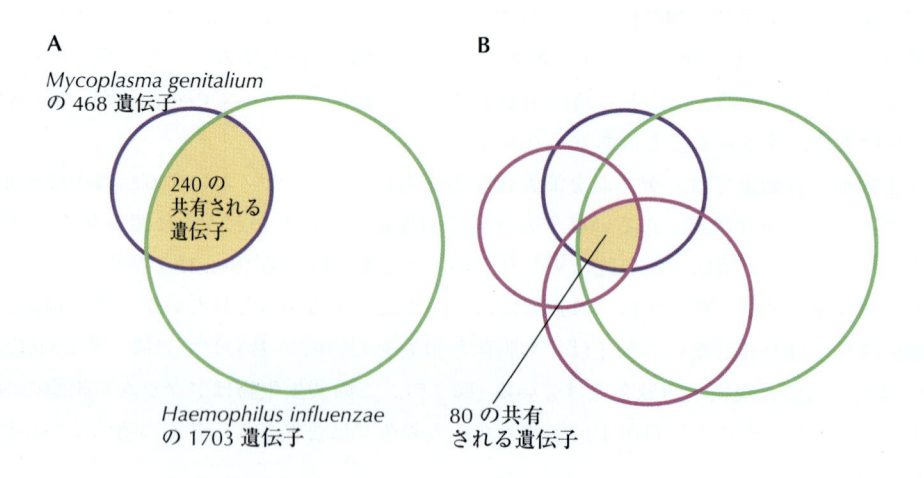

図7.6・(A)完全に決定された最初の2つのゲノム，*Haemophilus influenzae*と*Mycoplasma genitalium*のタンパク質をコードしていると予測された遺伝子の比較。約240の遺伝子が2つの生物種の間で共有されている。(B)最初(に決定された)25の真正細菌ゲノムのタンパク質をコードしていると予測された遺伝子(25の円すべてが示されてはいない)。これらの生物種のすべてで共有される遺伝子は，約80しか同定されない。

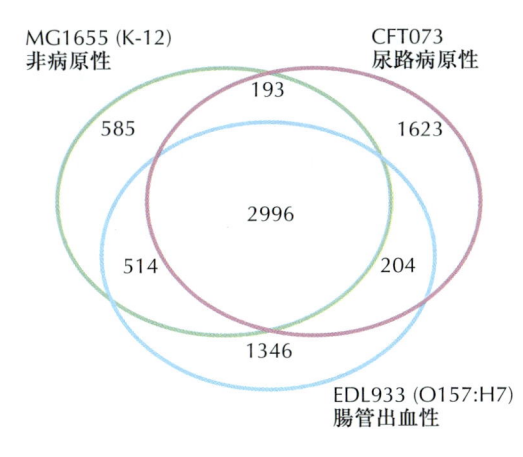

図 7.7 ▪ 大腸菌の株間で共有されるタンパク質の数。他株にはなく，1つの株だけにみいだされる遺伝子の数が多い（各円の他の円と交わらない部分の数字）。

には O157:H7 では欠けている約 500 の遺伝子が存在するのである（図 7.7）。同じ生物種の株間において遺伝子構成が大きく変動することは，真正細菌と古細菌の他の系統でも報告された。したがって，"核となる"**オーソロガス遺伝子**（orthologous genes）の数の減少は，近縁生物の間で起こるなんらかの出来事を反映している。

近縁生物間で遺伝子構成にこのような大きな違いが生じるのはどうしてなのだろう。最も重要な手がかりの1つは，近縁生物種のゲノム構造を比較することから得られる（Box 7.1 で，環状ゲノムのアラインメントを作成するための図式解法を紹介する。また，図 7.9, 7.10 参照）。大腸菌 K12 株と O157:H7 株の比較において，2つの株間で共有される遺伝子は配列レベルで高度に保存されるだけではなく，それらは両方の株において事実上同じ並びで現れる（図 7.8）。それぞれの株に特異的な遺伝子は，共通する遺伝子の並びの中に点在する"アイランド（島）"の中に一団となって存在している。保存されたゲノム基本骨格の中に存在する DNA アイランドというパターンは，他の近縁な真正細菌間，あるいは近縁な古細菌間でも見つけられた。

これらのアイランドはどのように生じるのか。これには2つの可能性がある。アイランドをもつ株へのアイランド DNA 挿入か，あるいはアイランドをもたない株での（アイランド）DNA の欠失である。遺伝子欠失は非常に一般的であって，真正細菌と古細菌ではしばしば

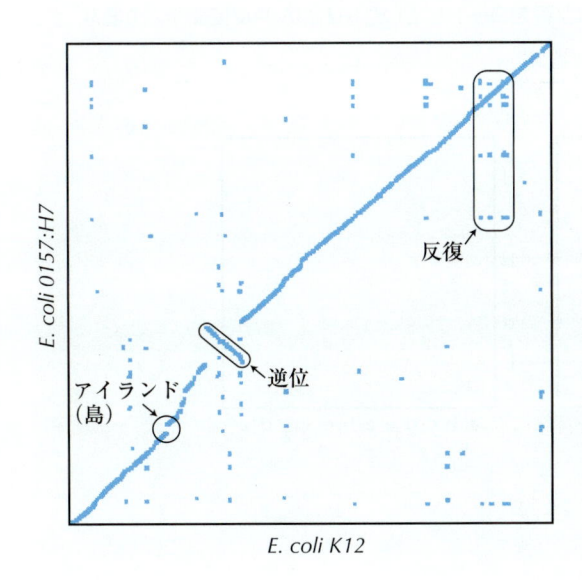

図 7.8 ▪ 大腸菌 K12 と O157:H7 株のゲノムの基本骨格における保存された遺伝子配置。2つのゲノムを対置し，一致している領域がプロットされた。2つの大腸菌株の基本骨格における保存された遺伝子配置は，対角線で示されている。3つの重要なゲノム領域が丸で囲まれている。2つの株の1つに存在するアイランド（島）によって，主要な対角線の位置にわずかなずれが生じている。

非常に急激に起こる(例えば,図7.5)。しかし,さらに多くの生物種が比較されるようになると,遺伝子欠失のみでゲノムアイランドを説明することは難しくなってきた。例えば,大腸菌の第3の株のゲノムが決定されたとき,K12とO157:H7株の両方で欠けている新たなアイランドが多数見つかったのである(図7.7)。さまざまな大腸菌株におけるすべてのアイランドを遺伝子欠失によって説明するためには,それらの共通祖先が巨大なゲノムをもっていて,さまざまな領域がいろいろな系統で失われたということになる。このような仕組みが正しいとすると,時間を遡るにつれて共通祖先はどんどん大きいゲノムでなくてはならなくなる。したがって,遺伝子欠失のかわりに遺伝子の獲得でなければならない。遺伝子の獲得は,真正細菌と古細菌における進化の特質の1つであり,pp.200〜210で議論する。

Box 7.1　環状ゲノム比較のためのドットプロットを使用するグラフィカルアラインメント

　ゲノムの配置を比較することは,それらがどのように進化するかを理解するための重要な手段である。これによって,科学者がゲノムの再編成(例えば,逆位や転座)を同定したり,特徴づけたり,またある事象がどのように,そしてなぜ起こるかについて説明できるようなパターンや関連性を探せるようになる。例えば,生物種間の遺伝子配置における差異は,しばしば反復DNAの見つかる場所に存在し,そのことは,反復DNAが存在する場所での組換えが配列再編成を導いたかもしれないことを示唆する。役に立つ方法の1つに,x-y座標上で2つのゲノムを比較する手法があり,この手順は通常ドットプロットと呼ばれる。

　ドットプロットでは,類似性を同定するために視覚に基づくパターン認識を利用する。ドットプロットは,その威力の大きさと簡単さにより,生物学を超えて電気工学やコンピュータ科学などの分野でも解析手段として使用されている。いくつかの,文字列を基にした例を使ってその方法を説明しよう。図7.9Aではよく知られた成句をそれ自体に対してプロットしている。中央の対角線は同一性を表す中心線である。中心から離れた点は,繰り返されている文字列を表す。一目見ただけで,それ全体が反復しているのか(図7.9B),それともあるユニークな要素を伴って反復しているのか(図7.9C),パターンを識別することができる。

　ほとんどの真正細菌と古細菌の染色体は環状なので,それらをxあるいはy軸に配置する前に,染色体をまず"開裂"させなければならない。任意の点で環を直線化することができるが,おのおのの染色体について,その複製開始点で開裂することが望ましい(図.7.10A)。次に直線化された染色体の1つを,その複製開始点が図形上の開始点に位置するようにx軸に沿って並べる。他方の染色体はy軸に沿って同様に配置する。2つの染色体は,類似性あるいは保存性のなんらかの指定されたパターンを探すことによって比較される。例えば,相同あるいはオーソログ遺伝子を同定することができれば,それらの遺伝子対を表すものとして点(ドット)が使われる。(この例において)ドットプロットは,2つの染色体間の保存された遺伝子配置を表している。

　2つのDNA塩基配列を比較するためにスライディングウインドウ法を使う方法もある。おのおのの遺伝子は,(1塩基1塩基ではなく)特定の数の塩基対のセグメント(区分,部分)に分割される。そして,配列類似性があるセグメントのペアは,点によって表される。これらのドットプロットを解析すると,遺伝子配置と特徴の保存以上のパターン,例えば保存されているタンパク質をコードしていないDNAや反復配列の位置な

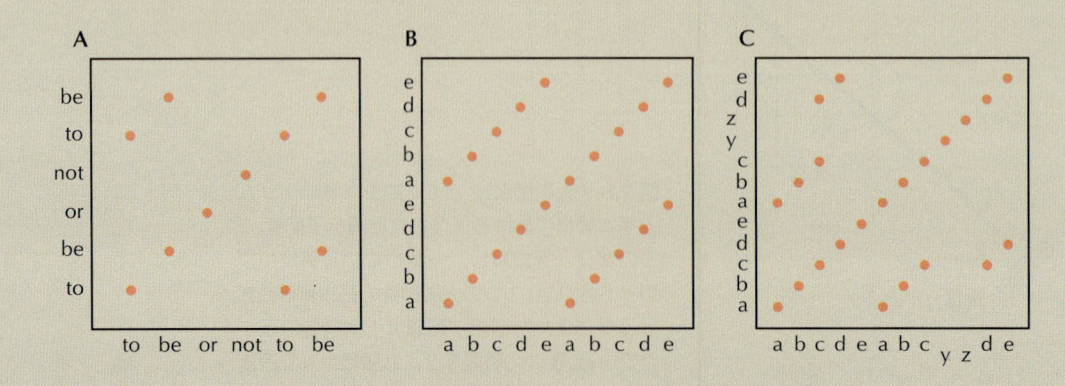

図7.9・反復する文字列のドットプロット。

7.1 真正細菌と古細菌のゲノムの性質 ■ **195**

どが明らかになる。
　図7.10は，ゲノムのドットプロットがどのように使われるかについて，いくつかの例を示したものである。図7.10B-Dは染色体をそれ自体と比較することによって，単一ゲノムの内部構造を調べるためにどのようにドットプロットが使えるかを示したものである。図7.10Bは，反復していないゲノムをそれ自体に対してプロットしたものである。すべての点はただ1つの対角線に沿っており，そのことは，プロットされた領域がそれ自体とだけ類似していることを示している。反復する遺伝子やDNA配列は，主要な対角線から外れた点の列として現れる（図7.10C）。反復数が多いほど，複雑なパターンが作り出される（図7.10D）。2つの異なるゲノムを比べると，ドットプロットはゲノムがどのように多様化したかを教えてくれる。例えば，図7.10Eは逆位によって異なった2つのゲノムのドットプロットを示しており，図7.10Fは挿入あるいは欠失によって異なったゲノムのドットプロットを示している。

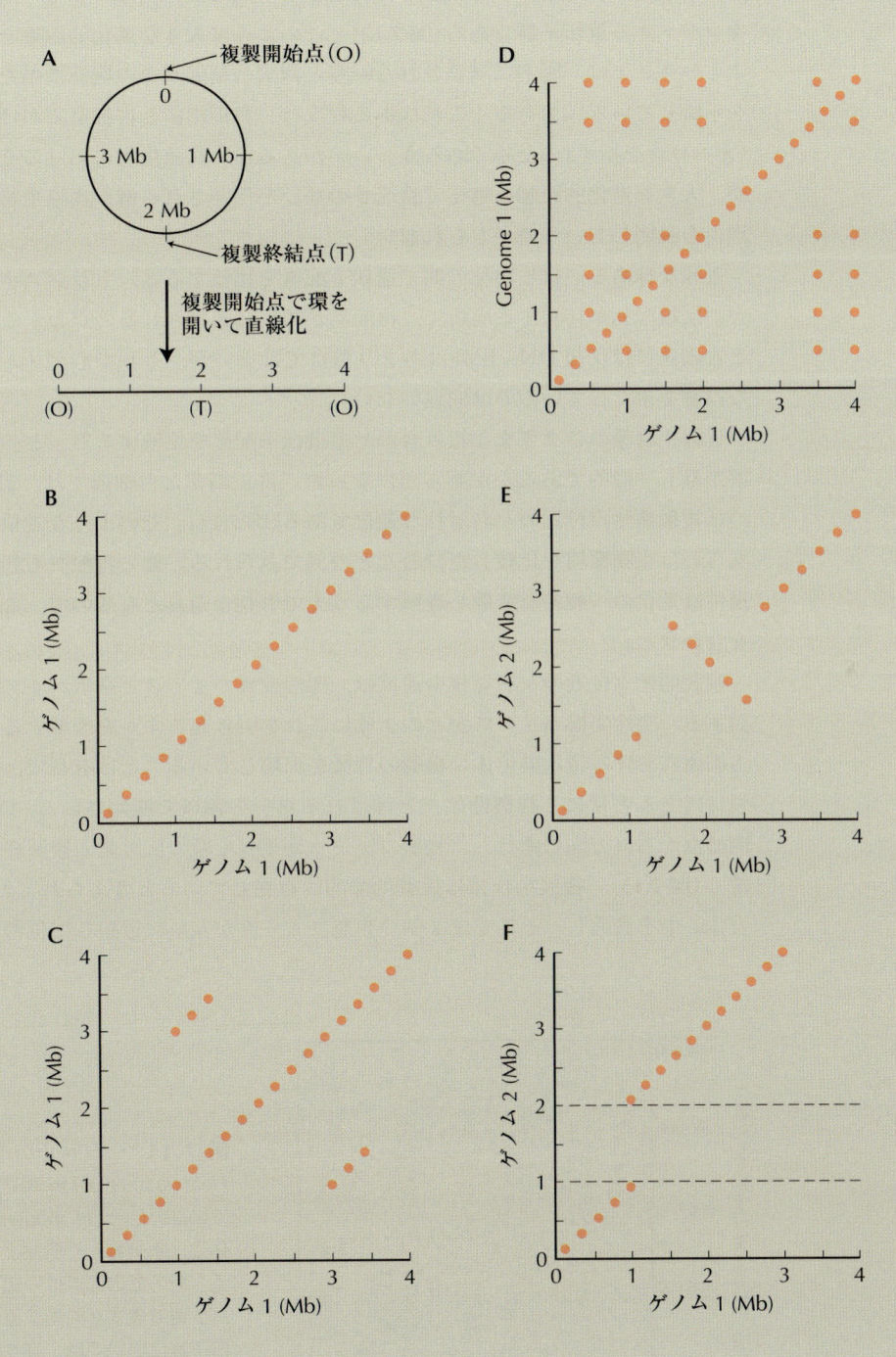

図7.10 ■ ドットプロットを用いた環状ゲノムの比較。説明はBoxの本文参照。

遺伝子の配置は急速に変化するが，強い制約を伴う

　1つの生物でのみ見つけられる遺伝子の位置を研究するだけでなく，2種で保存された遺伝子の並び順とその他のゲノムの特徴を比較することは有益である。これらを比較することにより，ゲノムがどのように進化するか，そして何が遺伝子の相対的位置を決定する制約条件であるかが明らかになるからである。

　遺伝子構成と同様に，遠縁な生物種の間では遺伝子の配置はあまり保存されない（図7.11）。ただし，ある種の遺伝子群は強く保存される。最もよい例は，多くのリボソームタンパク質をコードする遺伝子群である（図7.12）。このように大きな進化的距離を越えて保存されているということは，緊密に調整された転写と翻訳の制御がその機能性のために必要だったことを示唆している。おそらくこれはある程度は，真正細菌と古細菌における転写と翻訳の共役（オペロンを指す）のためであろう。いいかえると，真核生物におけるそのような共役の欠如が，大きな進化的距離を越えて遺伝子の並びが保存される例が真核生物にはわずかしかない理由を説明しているのかもしれない。

　近縁な株あるいは生物種の間で遺伝子配置を比較すると，トランスポゾンや重複遺伝子などの反復配列が存在する場所で，再配置が頻繁に観察されるのがわかる（図7.13）。真正細菌と古細菌には反復DNA配列はあまり豊富ではないが，それでもゲノムの進化において重要な役割を果たしているのは間違いない。

　近縁生物種のさまざまな組み合わせで遺伝子配置を比較すると，どのようなタイプの再配置が最も一般的であるかが明らかになった。真正細菌と古細菌では，最も一般的なものの1つは複製開始点付近の左右対称な逆位である（図7.14）。そのような逆位は，適度に近縁な株あるいは生物種間を比較したほとんどの例でみられる。他の再配置も起きるが，左右対称な逆位は進化の一般的な特徴を理解するうえで有益な道具となるので，ここではそれらに焦点を合わせる。

　複製開始点付近の左右対称の逆位は，突然変異バイアスと選択バイアスの組み合わせに起因する。突然変異バイアスがどのようにこれを引き起こすかを理解するために，真正細菌と古細菌における環状染色体の複製の特徴を理解していることは有益である。環状染色体の複製はほとんど常に，複製開始点と呼ばれる単一の領域で開始される。DNA複製はこの複製開始点から双方向に進行し，複製フォークがDNA環の反対側の複製終結点で衝突するまで続く（図7.15）。複製複合体は比較的静的に存在していると考えられており，DNAはこの複合体の中を貫通し，そこでは2個の複製フォークが互いに近接して位置しているらしい。こ

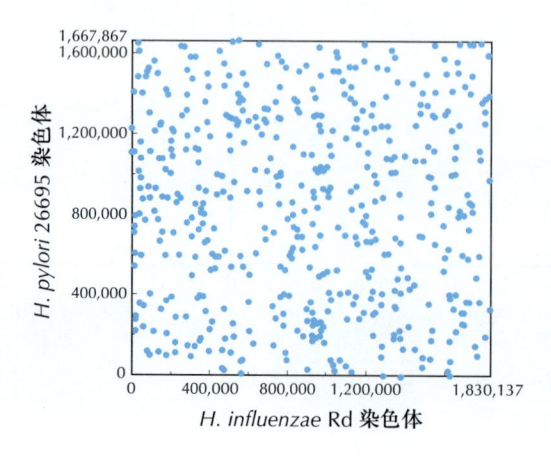

図 7.11 • *Haemophilus influenzae* と *Helicobacter pylori* 間で遺伝子配置が保存されていないこと。*H. influenzae* と *H. pylori* の染色体は，水平軸と垂直軸上にそれぞれ置かれている。おのおのの点は一組のオーソロガスなタンパク質を表す。対応するオペロンの中にある遺伝子群については，存在してはいるのだが，互いに接近しているのでここで使用している倍率では分離した点とならない。

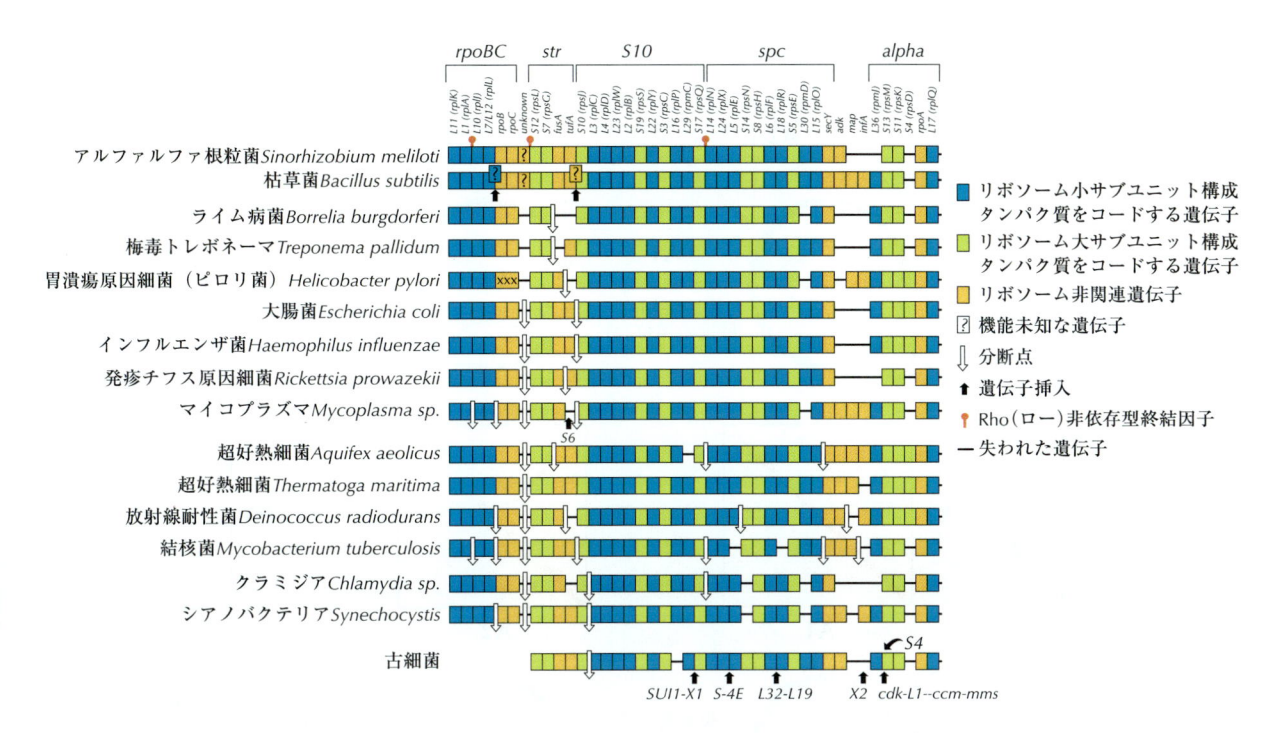

7.1 真正細菌と古細菌のゲノムの性質 ● **197**

図7.12 ● 真正細菌および古細菌の，リボソームタンパク質オペロンの遺伝子配置にみられる生物種を越えた保存。（訳注：図の一番上はオペロン名，それ以外の英数字は遺伝子名の略号である）

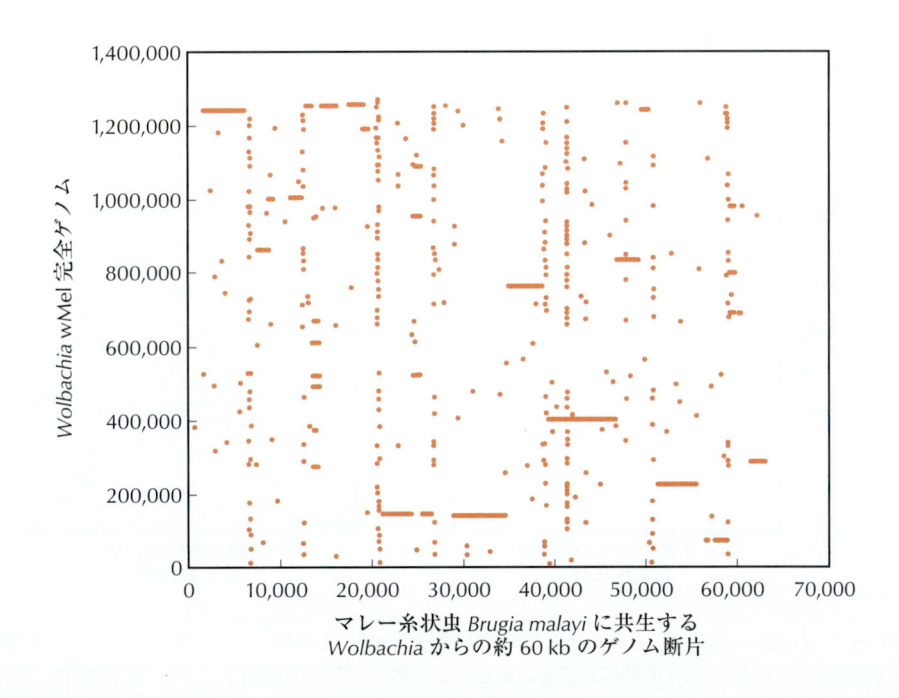

図7.13 ● 近縁生物間における遺伝子配置保存の崩れは，反復 DNA がある場所でしばしば起こる。図はある Wolbachia（細胞内共生する α プロテオバクテリア）のゲノム断片と，別のものの完全長ゲノムとのドットプロットを示している。縦横で倍率が異なるため，保存された遺伝子配置の領域がほぼ水平な線として現れることに注意すること。保存された配置の領域は不連続であり，そのことは 2 つのゲノムいずれかにおける再配列を示している。遺伝子配置の崩れは，垂直方向の点の列と関連しており，それは反復 DNA 因子の存在を示している。

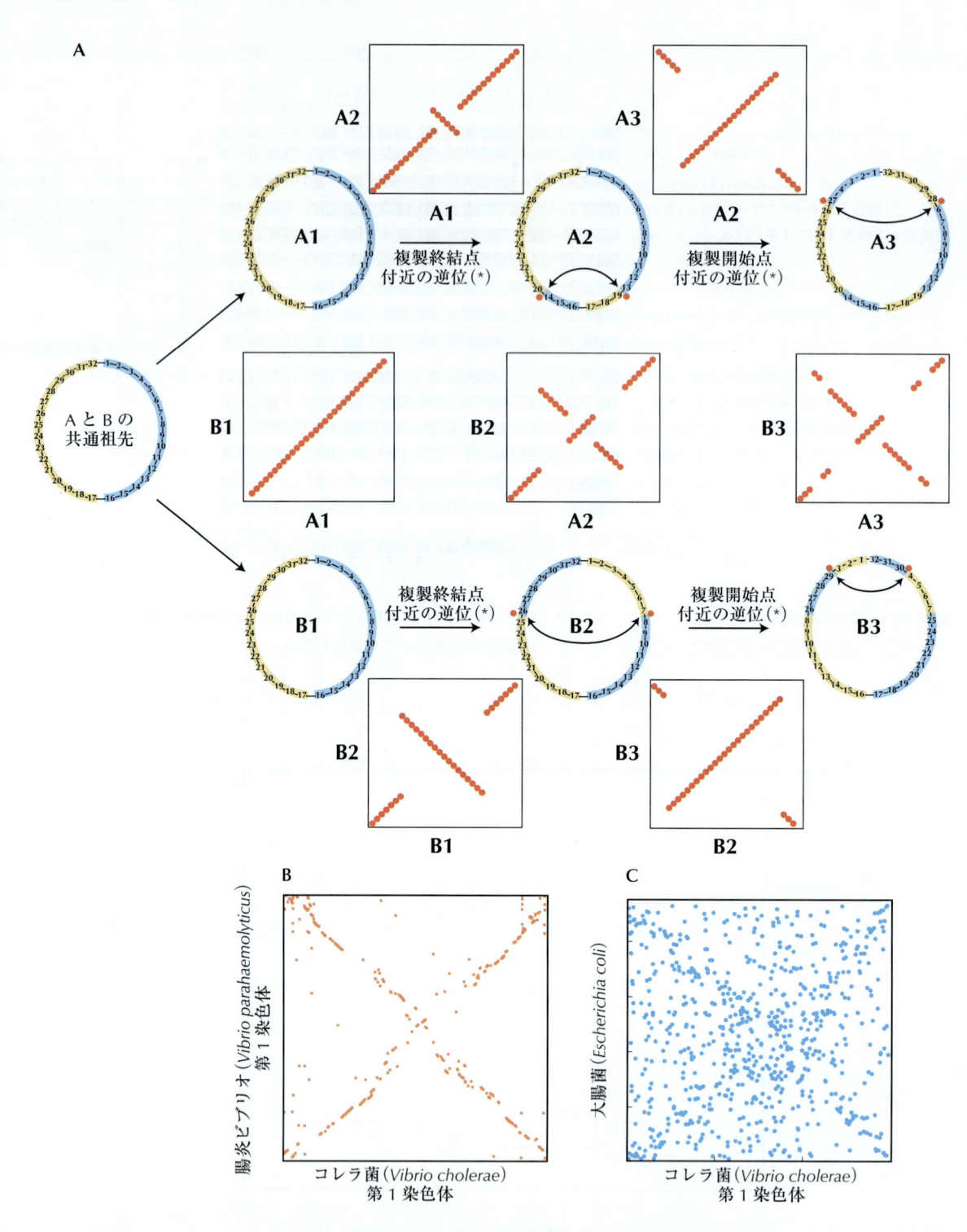

図 7.14 ▪ X 型のアラインメント。(A)左右対称なゲノム逆位の模式図。このモデルは最初の種分岐事象に引き続いて，一連の逆位が異なる系統（A と B）にそれぞれ起こったことを示している。逆位はアスタリスク（*）の間に起こる。染色体上の数は仮想的な遺伝子 1 から 32 に対応している。時間ポイント 1 では，まだ 2 種のゲノムは対応する部分が対角線上に並んでいる（A1 対 B1）。時間ポイント 1 と時間ポイント 2 の間で，それぞれの生物種（A と B）は，複製終結点付近で大きな逆位を受ける（A1 対 A2, B1 対 B2）。これによって，生物種間のドットプロットは，入れ子になった逆位を 2 つもつかのような見かけになる（A2 対 B2）。時間ポイント 2 と時間ポイント 3 の間では，各生物種はさらなる逆位を受ける（B2 対 B3, A2 対 A3）。このことにより，この生物種のドットプロットが X 型のアラインメントに近づいてくる。(B)ドットプロット中で X のような型の配置構造を示す，コレラ菌 Vibrio cholerae（X 軸）と腸炎ビブリオ Vibrio parahaemolyticus（Y 軸）の主要な染色体。(C)より遠縁な生物種，この場合では V. cholerae と大腸菌を比較しても，弱い X のような型のパターンは存在している。この X のような型のパターンは，複製開始点から遺伝子までの距離は保存されているが，複製開始点のどちら側にそれが位置しているかについては保存されないことを示す。

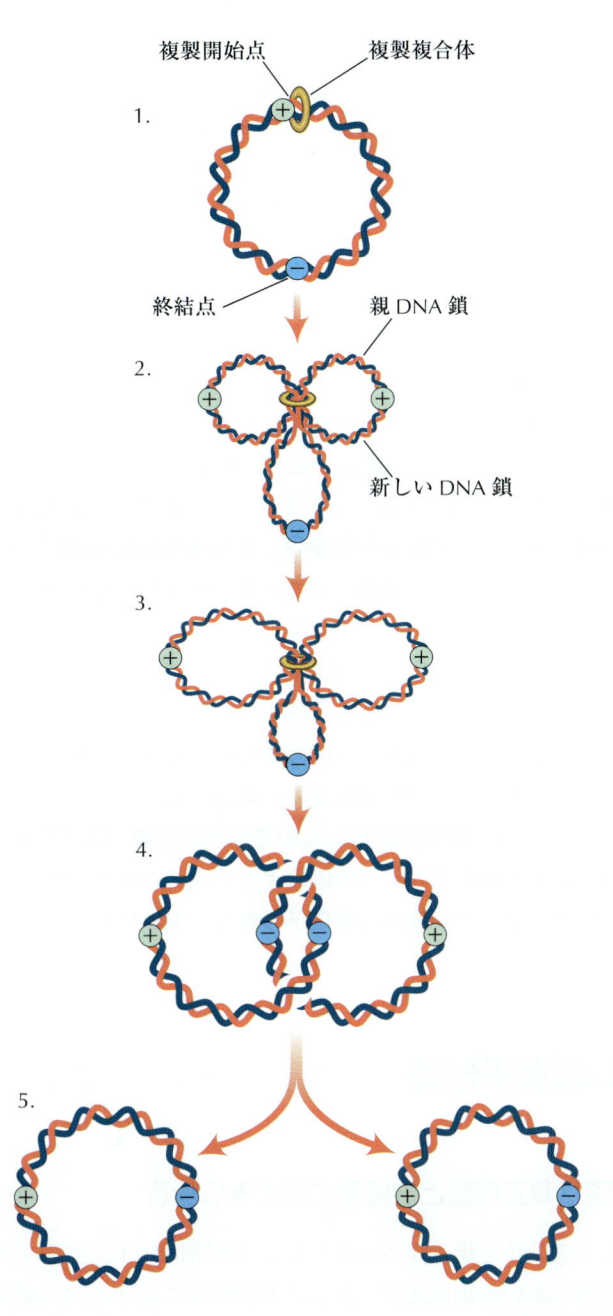

図 7.15 ● 双方向複製。環状の真正細菌ゲノムが複製する過程の図解。(1)複製の開始点（＋）と終結点（－）が示されている。複製装置は DNA を通すリングとして示されている。(2)複製は複製開始点から双方向に進行する。(3)複製が継続する。(4)複製は完了し，2 つの環状 DNA が酵素で切断されて移動することにより分かれ，それぞれが 1 つの環として連結される。(5) 2 つの娘分子。

の貫通した状態は，左右対称の逆位を導くことができる。もし，DNA 複製複合体が滑り，DNA 鎖を外したとすれば，それは複製開始点の反対側からの鋳型を使って複製のすんだ DNA を延長するように複製を再開始するかもしれず，それによって逆位が引き起こされるのである。2 個の複製フォークは，ほぼ同じスピードで進行するはずなので，このことは左右対称な逆位を導くことになる。

　この突然変異バイアスに加えて，左右対称でない（非対称な）逆位に明確に対抗する選択バ

イアスもある。特に，高度に発現される遺伝子については，DNA複製方向と反対方向への遺伝子転写に対抗するような選択がありうる。この2つの過程がそれぞれ反対の方向に起こるならば，おそらくRNAポリメラーゼとDNAポリメラーゼとが衝突してしまうだろう。非対称の逆位では，逆位内部の遺伝子の転写と複製の相対的方向が変わってしまうが，左右対称の逆位においてはどんな遺伝子でもそれは変わらない。ファーミキューテス（firmicutes）門の真正細菌には異常なゲノムパターンがみられるが，これにはDNAポリメラーゼとRNAポリメラーゼの衝突に対する選択がある程度関係していると考えられる。これらの生物種では，遺伝子の90%以上で転写と複製が同じ方向に起こるように向いている。

　非対称の逆位に対抗する2番目の選択圧は，複製開始点からの遺伝子の距離に関係する。左右対称の逆位ではこの距離は変わらず，単にその遺伝子が複製開始点のどちら側にあるかを変えるだけである。複製開始点からの距離が異なる遺伝子は，それに応じて細胞あたりの有効なコピー数が異なるので（これは**遺伝子量**[gene dosage]とも呼ばれる），このことは重要である。複製開始点により近い遺伝子は，とりわけ細胞が活発に増殖しているときには，複製終結点近くの遺伝子よりも有効な量が多い。これは活発に増殖している細胞は通常，ゲノムの連続的なコピーを作るからである。すなわち，1つの双方向複製反応が始まった直後，複製した2つの開始点からそれぞれ複製が始まる。移動している活動中の双方向複製フォークがたくさんあると，複製開始点近くの遺伝子は複製終結点近くの遺伝子よりも1細胞あたりより多くのコピーが存在することになる。

　遺伝子量に対する選択，複製と転写の方向の変化に対抗する選択，および左右対称の逆位に対する突然変異バイアスの組み合わせは強力である。結果として，遺伝子配置についての保護が何も存在しなくても，複製開始点からの遺伝子の距離が強く保存される（図7.14C）。遺伝子の突然変異率は複製開始点からの距離によっていくらか影響を受けるので，結果として，大きな進化的距離を越えて，異なる遺伝子の異なる突然変異率が真正細菌と古細菌で保存される。

7.2 DNAの水平伝達

DNAの水平伝達は真正細菌と古細菌に広くみられる

　組換えは，異なる変異体を組み合わせることで，集団における変異のパターンを大いに増大させる。真核生物において組換えは，おもに生物種内において，2つの親系統からのDNAが混ぜ合わされ新たな組み合わせが作られるという，有性生殖を通して起こる。真核生物でみられる形式の有性的組換えが真正細菌と古細菌には生じなかったので，長い年月にわたって**遺伝的組換え**（genetic recombination）がこれらの生物にはほぼ欠けていると信じられていた。我々は現在，これが真実ではないことを知っている。真正細菌と古細菌においては，生物種内と生物種間，および非常に遠縁の生物間でさえも組換えが起こる。この組換えには多くの形式があり，一般には遺伝子の水平伝達（遺伝子の水平移動，lateral gene transfer）と呼ばれる。

　p.141で議論したように，"水平"という言葉は，この形式のDNA伝達が，親から子へのDNAの通常の"垂直"伝達とは対照的なことを意味している。遺伝子水平伝達は，その結果のいくつかは似ていても，さまざまな意味で有性的組換えと異なっている。遺伝子水平伝達では，その交換は通常一方向性であり，2つの個体からのDNAが混ざるのではなく，1つの

生物から別の生物へ DNA が行く。さらに、水平伝達に関与する 2 個体間の進化的距離は大きい場合があり、異なるドメインに属する生物種間でさえも起きることがある（例えば、真正細菌と古細菌間）。

　真正細菌と古細菌における遺伝子水平伝達の重要性は、それを引き起こす多種多様な能動的過程と受動的過程両方に反映されている。このことは、遺伝子水平伝達が真核生物にはないといっているわけではない。確かにそれは起こる。ただし、立証された例の大部分は細胞小器官ゲノムから核への遺伝子伝達にかかわっているので、その範囲ははるかに限定的であるようにみえる（p.177 参照）。DNA 水平伝達は、真正細菌と古細菌の多様化が真核生物のものと異なっているおもな理由なのかもしれない。以下の各項では、遺伝子水平伝達に関する具体例と、複数の異なる仕組みを紹介する。

形質転換

　形質転換では、むき出しの DNA が環境から直接に、**コンピテンス**（DNA 受容, competence）とも呼ばれる過程によって取り込まれる（図 7.16）。科学者は、通常それが起こらない生物種においてコンピテンスを引き起こすための実験方法を開発したが、天然に DNA 受容能をもつものはある生物種だけに限られている。天然に DNA 受容能をもつ生物種には、放射線に耐性がある真正細菌 *Deinococcus radiodurans*、病原菌 *H. influenzae* および *Streptococcus pneumoniae* がある。天然に DNA 受容能をもつ生物種ほど、遺伝子水平伝達を経験しやすいと考えられている。形質転換は、DNA が遺伝物質であることを示した Avery（アベリー）の実験（図 2.15 参照）において、DNA を取り込む原因となったコンピテンスの一形式である。

接合

　微生物間の遺伝子伝達は、**接合**（conjugation）と呼ばれる交配の一形式でも起こる（図 7.17）。接合の間、物理的連結が細胞間に形成されており、DNA がある細胞から別の細胞へ移動する。接合は、接合プラスミドという自己複製をしている遺伝的要素によって調節されることが多く、それは真正細菌と古細菌全体でよくみつかる。これらのプラスミドは接合を行うために必要なすべてのタンパク質をコードしている。コンピテンスによって取り込まれた場合と同様に、その DNA は自己複製する因子として維持されるか、または受容細胞のゲノム中に組み込まれる。

　接合は大きな進化的距離を越えて真核生物との間にさえも起きることがある。例えば、*A. tumefaciens* の 543 kb の因子（表 7.1、7.2 参照）は、植物細胞内へのプラスミド DNA の注入を仲介するタンパク質をコードする（図 7.18）。ひとたび植物細胞内に入るとこの DNA は植物の核ゲノム中に組み込まれ、他のプラスミド遺伝子の発現を誘発し、植物におけるクラウンゴール腫瘍の生成を引き起こす。転移した遺伝子群が植物に栄養物と他の代謝物を分泌するように仕向けるので、この腫瘍は、この真正細菌に摂食のための貯留庫を与えるように働く。この遺伝子伝達過程は、植物の分子生物学研究において非常に価値のあるものである。*A. tumefaciens* プラスミドは、さまざまな遺伝子を植物に移すためのベクター（媒介物）として実験室で使用されており、その遺伝的機能の理解に貢献している。

　接合は、病原細菌に抗生物質耐性をもたせる際に重要な役割を果たす。多くの種類の生物（微生物、動物、植物、原生生物）は、微生物を殺すか、害を及ぼすか、または増殖を抑制する抗菌物質や抗生物質を作り出す。このことは、これらの抗生物質の有害で毒性をもつ効果を制限するために、微生物がさまざまな戦略を進化させることにつながった。多くの場合、

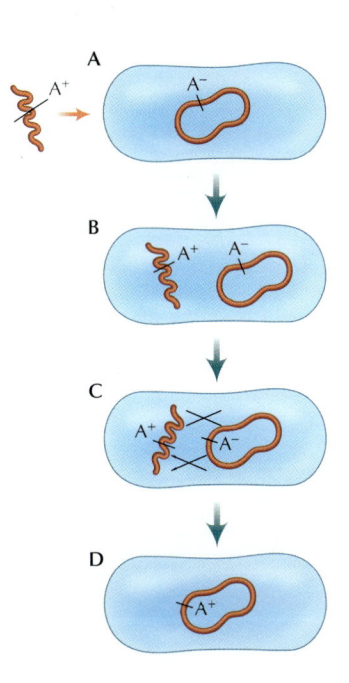

図7.16 ■ コンピテンス（DNA 受容能）。(A) 天然に DNA 受容能をもつ細胞が環境中の DNA にさらされる。(B) その細胞は DNA を取り込む。(C) DNA と染色体との組換え。(D) 新しい DNA のある部分が相同な部分を置き換える（この場合、結果として A^- 対立遺伝子が A^+ 対立遺伝子で置き換えられている）。

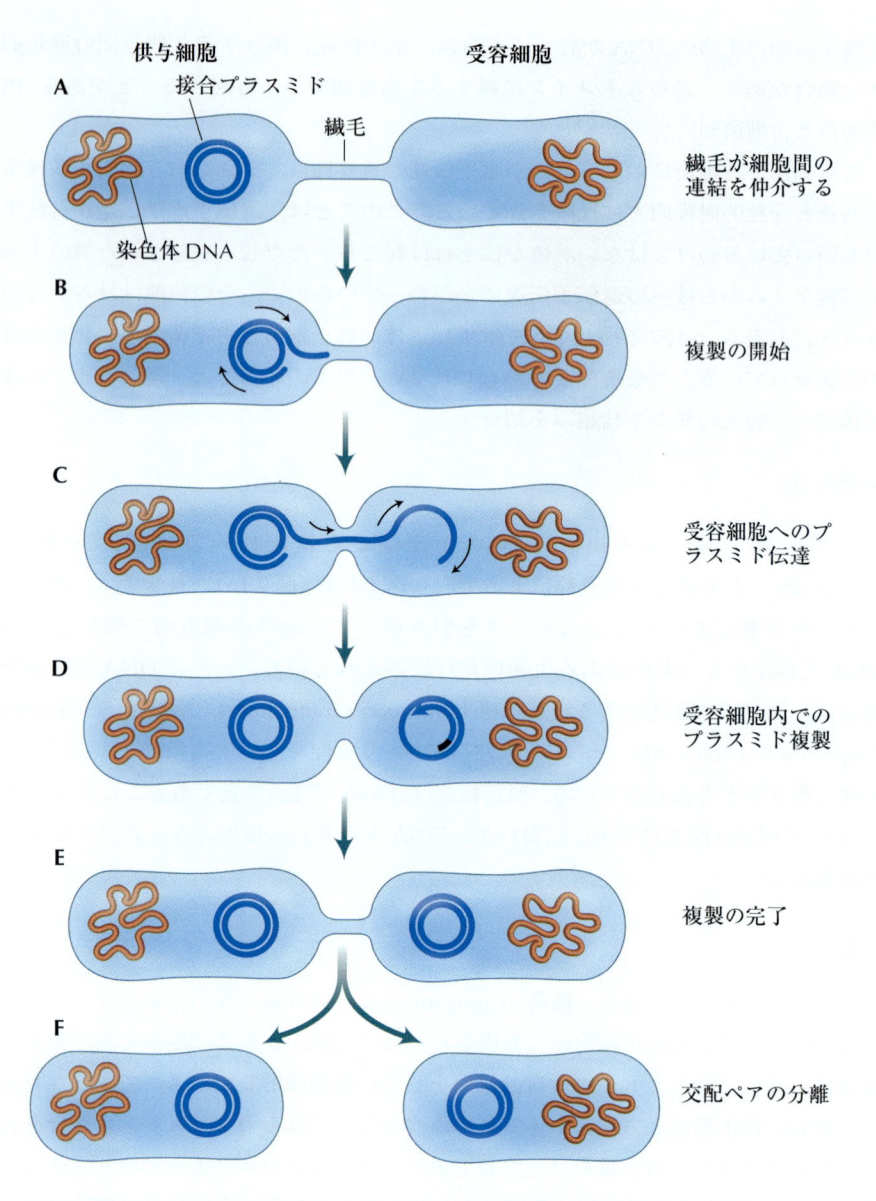

図7.17 ● 接合。(A)接合プラスミドを含んでいる供与細菌(細胞)は，隣接している細胞と連結(繊毛)を形成する。(B)プラスミドゲノムの一本鎖のコピーが作られる。(C)繊毛を通して一本鎖のコピーが受容細胞に送られる。(D)プラスミドDNAの相補鎖が作られる。(E)DNA複製が完了する。(F)繊毛が分解される。

耐性の原因となる遺伝子は，他の株か生物種に容易に転移する接合プラスミド上にみいだされる。このため，接合によって抗生物質耐性を広範囲に広げることができる(図7.19)。

形質導入

ウイルス(真正細菌あるいは古細菌に感染するものは一般に**ファージ**[phage]と呼ばれる)はDNA水平伝達のための非常に重要なベクターである。ファージ媒介遺伝子伝達は**形質導入**[transduction]によって起こり，それには2つの主要なタイプがある(図7.20)。一般的な形質導入においては，ファージは最初に細胞に感染し，次にそれらのゲノムのコピーとファージ**キャプシド**(capsid)を同時に産生する。ファージのDNAはキャプシドの中に包み込まれる。ファージ粒子が組み立てられる際に，いくつかのファージ粒子の中に，時おり宿主ゲ

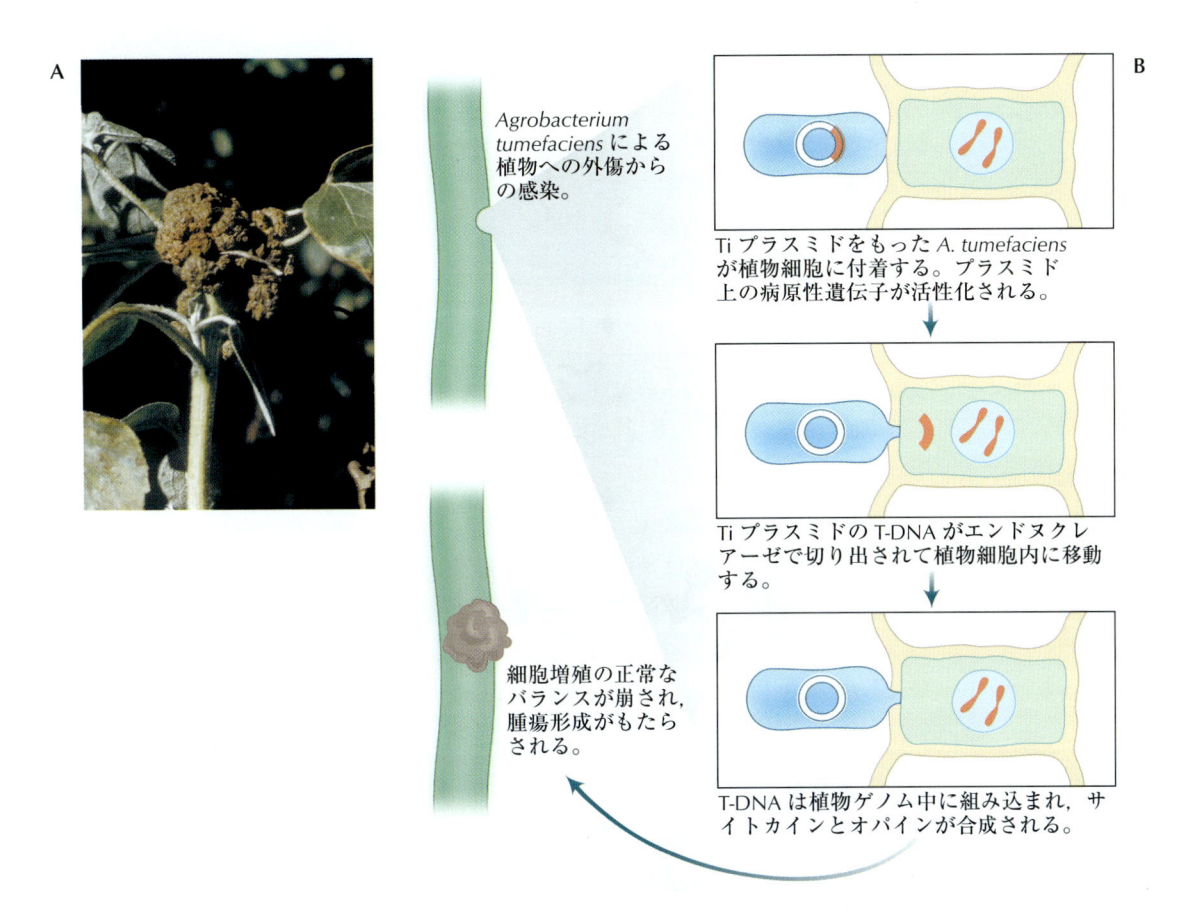

図7.18 ・ *Agrobacterium tumefaciens* における接合。(A) *A. tumefaciens* によって形成されたクラウンゴール腫瘍。(B) 接合の仕組み。

Agrobacterium tumefaciens による植物への外傷からの感染。

Tiプラスミドをもった *A. tumefaciens* が植物細胞に付着する。プラスミド上の病原性遺伝子が活性化される。

TiプラスミドのT-DNAがエンドヌクレアーゼで切り出されて植物細胞内に移動する。

T-DNAは植物ゲノム中に組み込まれ、サイトカインとオパインが合成される。

細胞増殖の正常なバランスが崩され、腫瘍形成がもたらされる。

抗生物質耐性の細菌　　抗生物質感受性の細菌

1.

染色体　抗生物質耐性遺伝子群をもつプラスミド

2.

接合

プラスミドのコピーが伝達される

3.

両方の細菌は抗生物質耐性である

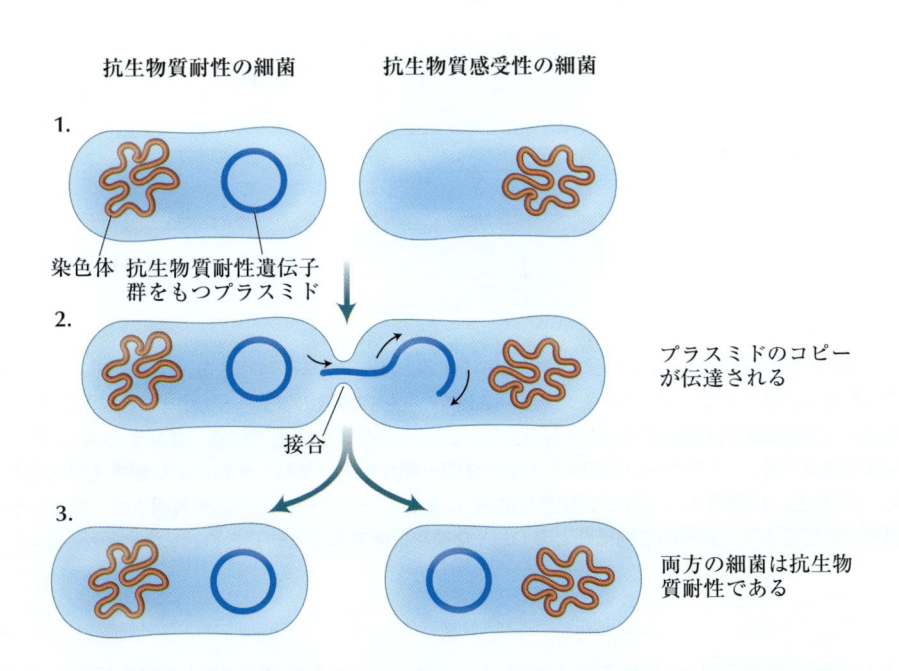

図7.19 ・ プラスミドを通した抗生物質耐性の水平伝達。(1) 抗生物質耐性細菌と抗生物質感受性細菌が示されている。(2) 細菌は接合により"交配"し、その間に抗生物質耐性遺伝子群をもっているプラスミドのコピーが伝達される。(3) 両方の細菌は今や抗生物質耐性である。

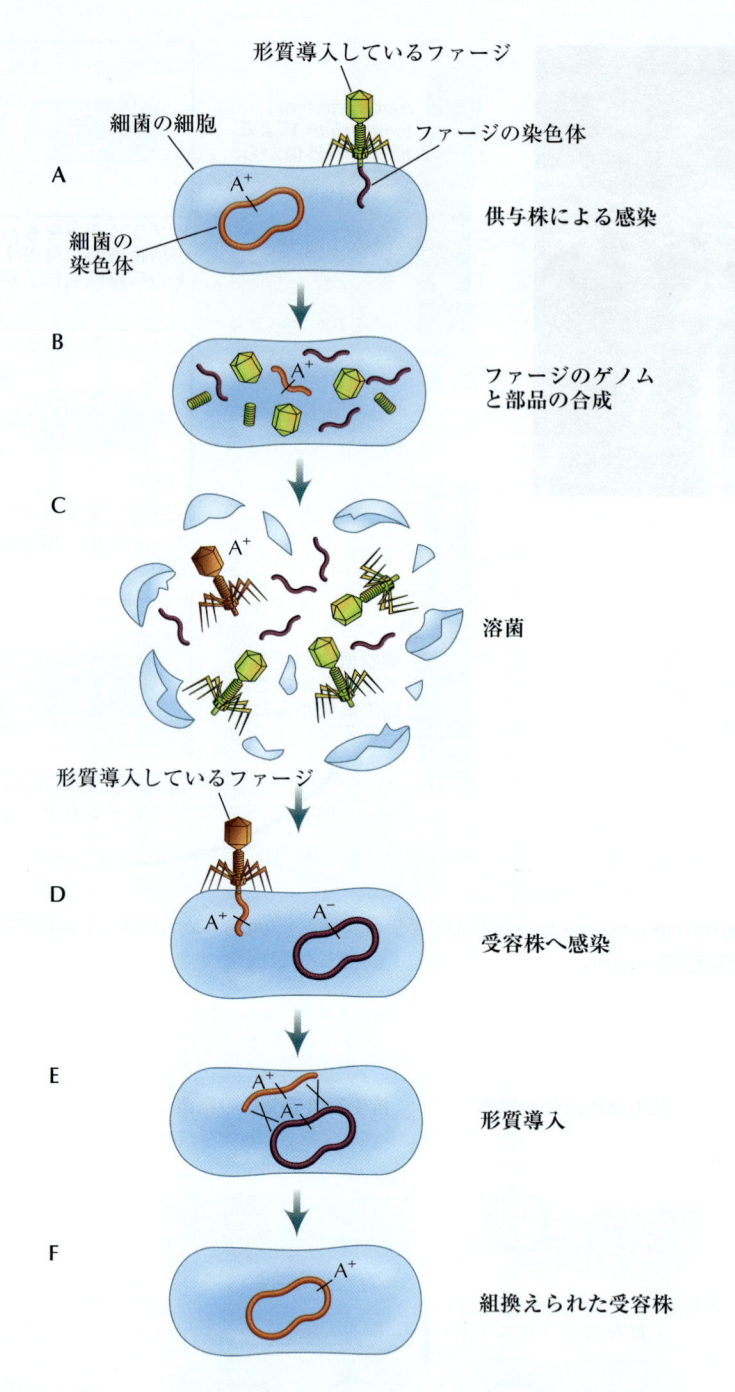

図7.20 ・ 形質導入。(A)ファージが細菌に感染する。(B)ファージは宿主細菌に複数のファージゲノムと構造部品を合成させる。(C)ファージ頭部中にDNAをもつ複数のファージが作られる。1つのファージ(赤色)は、抗生物質耐性遺伝子A^+を含む宿主ゲノムの一部を取り込んでいる。(D)そのA^+ファージがA^-細菌に感染する。(E)ファージのDNAと染色体の一部が相同であり、それにより組換えが起こることがある(すなわち、形質導入)。(F)この受容株はA^+に変わる。ファージによる形質導入は、ほとんどの場合生物種内で起こるが、遠縁の生物種間でのDNA交換を促進することもできる。

ノムの断片が組み入れられることがある。もし、これらの粒子が別の宿主細胞に感染するならば、元の宿主からのDNAは新しい宿主に放出されることになる。そのようなDNAのその後は、形質転換で起こるものと同様である。それは、新しい細胞の中で維持されるか、ま

たは分解されて長期間影響をもつには至らないか，である。特殊な形質導入においては，ファージは最初に宿主ゲノム中にそれらのゲノムを統合する。キャプシド産生に続いて，統合されたDNAは切り出されてキャプシドの中に包み込まれる。宿主ゲノムから切り出されたDNAは時おり，隣接していた宿主DNAの一部をも含むかもしれない。これらのファージが新しい宿主に感染して，このDNAが新しいゲノムに統合されたとき，その結果は，ファージをベクターとして使用した，真正細菌あるいは古細菌における，1つの微生物から別の微生物までのDNAの伝達になる。

多くのファージが複数の生物種に感染できるので，ファージによる形質導入は大きな進化的距離を越えてDNAを移動させることがある。これが，病原性や毒性にかかわる遺伝子の種間移動に関係しているのかもしれない。病原性や毒性遺伝子はしばしば病原細菌ゲノムのひとつながりの領域に集まっており，**病原性アイランド**（病原性の島，pathogenicity island）と呼ばれる（図7.21）。多くの場合，1つの株にみられる複数のアイランドは，GC含量，コドン使用頻度，および系統的な歴史において一様でなく，それらが異なる生物種から移動してきたものであるかもしれないことを示唆している。これらの遺伝子群は染色体の単一領域中にあるので，それらが容易に株あるいは生物種の間で伝達されることを許す。正確な伝達機構はよくわかっていないが，おそらく形質導入によって仲介されていると考えられる。

自然集団において遺伝子伝達の発生を制限する障壁の存在

DNA水平伝達の機構があるにもかかわらず，DNAは真正細菌と古細菌の内部および間を自由には移動しない。生物種が経験する遺伝子水平伝達の量を大いに制限するような，能動的あるいは受動的な，遺伝子移動に対する障壁が存在する。

生物種間のDNAの移動を妨げる1つの障壁は，外来DNAを認識して特異的に分解する酵素群である。これらの**制限酵素**（restriction enzyme）は真正細菌と古細菌の多くの生物種でみつかっている（制限酵素は現代の生物学研究において必須な道具であり，組換えDNA技術と遺伝子工学をもたらした。p.62参照）。制限酵素は，特異的塩基配列（しばしば制限部位と呼ばれる）を含むDNA分子を切断するように働く。生物は，自身のゲノムからすべての制限部位を除去するか，あるいはより一般的には自身のDNAをメチル化することにより，自身の酵素群から身を守っている。生物種のなかにはいかなる制限酵素ももたないものがあり，それらでは外来DNAの伝達が起こりやすいかもしれない。一方，さまざまな制限酵素

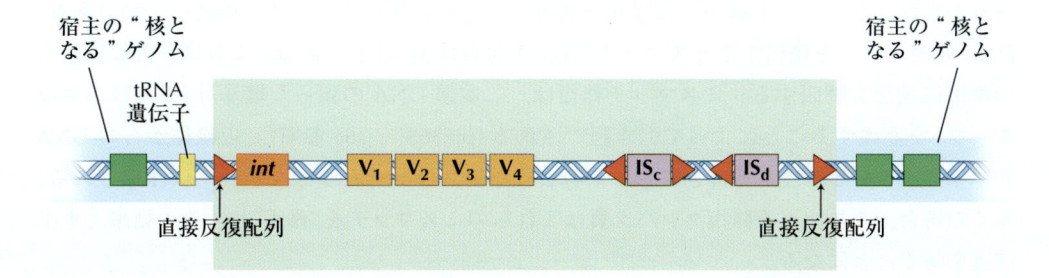

図7.21・病原性アイランド（大きな緑色背景の領域内）の略図。アイランドの両側にあるものは，宿主の"核となる"遺伝子（小さな青色背景の領域）である。アイランドのすぐ左に接しているのはtRNA遺伝子である。多くのアイランドがtRNA遺伝子群の近く，あるいはその内部で見つけられる。アイランドの両末端に直接反復配列（赤色の三角形）がある。アイランドの内部には，病原性遺伝子群（オレンジ色の長方形）といくつかの挿入配列（紫色の長方形）がある。

をもつ生物種では，それらがさまざまな制限部位でDNAを切断するため，その生物が獲得できるDNAのタイプが制限されやすいかもしれない。

　外来DNAが宿主の制限酵素系を逃れたとしても，確実に親から子に伝えられるためには，DNAポリメラーゼとDNA分離装置によって認識されるための制御因子を含まなければならない。伝達を安定して行う1つの方法は，DNAの断片が自身の複製と分離を指示することである。つまり，プラスミドがDNA水平伝達のための重要なベクターである理由はこのためで，プラスミドは自己複製する遺伝的要素なのである。

　増殖を確実にするためのもう1つの方法は，外来DNAが2つの可能な道筋の1つを使用して宿主ゲノムに統合されることである。1つの道筋では**相同組換え**（homologous recombination）を使用する。外来DNAが，宿主DNAと非常に類似したDNA配列部分を含んでいるならば，宿主の遺伝的要素の横に並んで，配列の類似した箇所で組換えを起こすことができる。これは真核生物の減数分裂の間に起きる組換えと類似している。相同組換えについては，第12章で詳細に議論する。

　また，組換えは部位特異的な様式で起きることがあり，その際には外来DNAが相同性の必要性なしに受容者ゲノムの中へ挿入される。例えば多くのファージが，それらの挿入を誘導するために，トランスファーRNA（tRNA）遺伝子の非常に保存された配列と構造を利用することにより，tRNA遺伝子の部位で宿主ゲノムの中に自身のDNAを挿入する。配列類似性要求が不要なので，ファージは遠縁な生物種の間でもDNAを移動させることができる。

　外来DNAが新しい宿主の中で増殖する手段を獲得したとしても，なんらかの選択的な有利さを宿主生物に提供しないと失われてしまうかもしれないし，有利さを提供しても不十分であるかもしれない。生物種の間には，遺伝子がどのように機能するかの細部に関して大きな多様性がある。例えば，生物種によってコドン使用に偏りがあり，特定のアミノ酸に使用されやすいコドンが異なる（p.585参照）。好まれないコドンが使用されていると，この**コドン使用頻度の偏り**（codon usage bias）により，翻訳が非効率的になったり不正確になったりする。コドン使用の偏りが外来DNAと宿主において異なるならば，外来DNAによってコードされたタンパク質では，翻訳の効率が悪くなるかもしれない。同様に，GC含量，プロモーター配列，標的シグナルやその他の特徴における相違により，外来DNAの効率が制限されるかもしれない。

　DNA水平伝達が近縁の株や生物種の間に起こるならば，上で述べた障壁のすべてがだいたいは回避される。そのようなDNAには通常，同じ制限部位が存在し，相同組換えを起こせるほどの類似性があり，どの遺伝子も適切に機能するようなゲノムの特徴をもっているだろうからだ。しかし，生物が突然変異を制限するために使用する主要な機構の1つである，DNA複製エラーを修復するミスマッチ修復（不対合修復）は別である。これは，近縁種からの水平伝達をも制限する。ミスマッチ修復は，二本鎖DNAの誤った塩基対（または小さなループ）を認識することによって引き起こされる（pp.365〜366参照）。近縁種からのDNAが本来のDNAと組換えるときにも，そのようなミスマッチと小さなループは作成される。多くの場合，ミスマッチ修復タンパク質はこれらのミスマッチを"修正"し，その結果，水平伝達を防ぐことになる。

　遠縁な生物からのDNA水平伝達の場合，障壁に打ち勝つには2つの方法がある。利己的なDNA因子は，簡素化への圧力，つまり痕跡的で機能していないDNAを欠失させる圧力を振り切って複製することができる。このことは，転位因子が生物種間を急速に移動することができる理由である。別の方法は，ゲノムが小さい状況でも，選択上の利益を宿主に提供することである。新しいDNAの獲得を支持する強い選択圧があれば，これは起こりうる。

例えば，真正細菌あるいは古細菌集団のあるメンバーが，ペニシリン耐性をもたらす遺伝子群をコードするプラスミドを取り込んだとすると，耐性遺伝子の転写や翻訳が不十分だったとしても，プラスミドは，ペニシリンにさらされた生物に選択上の有利さを提供する。

ひとたび遺伝子水平伝達に対する障壁のいくつかに打ち勝ち，外来のDNAが新しい集団の中に入ることができれば，興味深い過程が起こる。その遺伝子（群）およびDNAの他の部分が，宿主の微妙な特徴を獲得し，この新しい環境でよりよく機能できるようになる。"改善（amelioration）"と呼ばれるこの過程は，機能を制限していたかもしれない元の遺伝子の特徴を徐々に失わせる（図7.22）。これは，外来DNAにとって"よい"ことであるが，生物種間で遺伝子水平伝達が起きた証拠を隠すことになる。

水平伝達は一般的であるが，ほとんどの生物種には，主として垂直進化で進化する遺伝子の"核"があるようだ

真正細菌と古細菌内の遺伝子水平伝達の広がりを考えると，ゲノムのどれほどがそのように獲得されたもので，どれほどが従来の垂直進化によるものなのか知りたくなるのは当然である。真正細菌と古細菌のいろいろな種でゲノム配列の解読が進み，外来DNAの相対量についてゲノム全体にわたる数量化ができ，これらの質問に答えることに役立った。

そのような数量化の1つの戦略は，ゲノム内での塩基組成の変動を調べることである。他の出所から最近挿入されたゲノムの領域は，組成（例えば，コドン使用頻度あるいはGC含量）におそらく違いがみられるだろう。水平伝達以外の過程，例えば選択でも，ゲノム領域に組成の差が導かれるが，多くの生物種に関して，ゲノムのかなりの割合が最近獲得されたものであることが明らかである（図7.23）。

DNA組成を調べると，1つのゲノムについてのスナップ写真を簡単に撮ることができる。しかし，なんらかの外来DNAをもっている株だったとしても，そのような外来DNAが（この調査法で）その後も発見できるかというと，そうではない。獲得したDNAの長期間の足どりを究明する最もよい方法は，生物種の進化系統樹上でDNAの獲得と欠失を追跡するこ

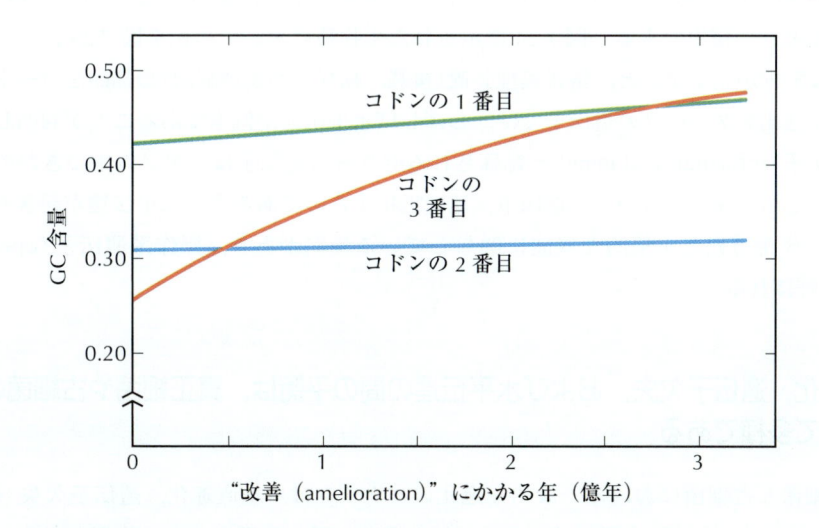

図7.22 ● タンパク質コード領域での"改善（amelioration）"。このプロットは，*Shigella flexneri*由来遺伝子の塩基組成が，*Salmonella enterica*の組成に徐々に似てくるという遺伝子改善のシミュレーションの結果を示している。両方の生物種とも，γプロテオバクテリアである。異なる線は，コドンの1番目，2番目，3番目の位置に対応している。遺伝暗号は冗長であるので，3番目の位置では変化がより急速である。

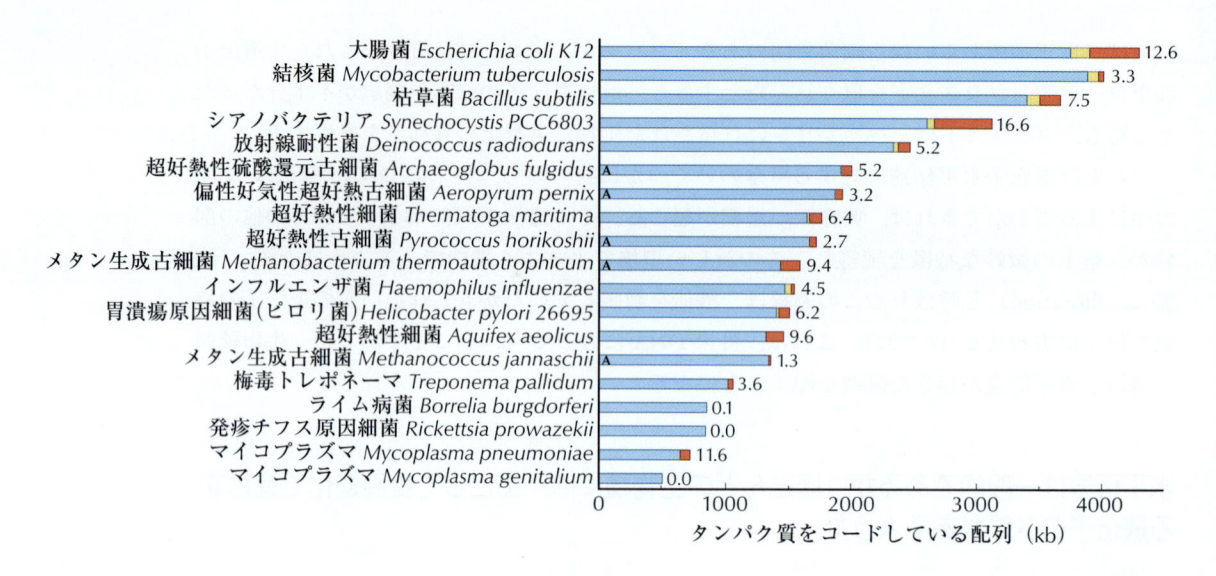

生物種	タンパク質をコードしている配列 (kb)
大腸菌 *Escherichia coli* K12	12.6
結核菌 *Mycobacterium tuberculosis*	3.3
枯草菌 *Bacillus subtilis*	7.5
シアノバクテリア *Synechocystis* PCC6803	16.6
放射線耐性菌 *Deinococcus radiodurans*	5.2
超好熱性硫酸還元古細菌 *Archaeoglobus fulgidus* A	5.2
偏性好気性超好熱古細菌 *Aeropyrum pernix* A	3.2
超好熱性細菌 *Thermatoga maritima*	6.4
超好熱性古細菌 *Pyrococcus horikoshii* A	2.7
メタン生成古細菌 *Methanobacterium thermoautotrophicum* A	9.4
インフルエンザ菌 *Haemophilus influenzae*	4.5
胃潰瘍原因細菌（ピロリ菌）*Helicobacter pylori* 26695	6.2
超好熱性細菌 *Aquifex aeolicus*	9.6
メタン生成古細菌 *Methanococcus jannaschii* A	1.3
梅毒トレポネーマ *Treponema pallidum*	3.6
ライム病菌 *Borrelia burgdorferi*	0.1
発疹チフス原因細菌 *Rickettsia prowazekii*	0.0
マイコプラズマ *Mycoplasma pneumoniae*	11.6
マイコプラズマ *Mycoplasma genitalium*	0.0

図7.23 ▪ 真正細菌と古細菌の異なる生物種において，水平伝達によって最近獲得されたゲノムの割合の推定値。青色は"本来の"DNA（伝達で獲得されたものではない），黄色は既知のDNA転位因子，赤色は外来のDNA，Aは古細菌に属する生物種。

とである。

　しかしながら，**種の系統樹**（species tree）上で遺伝子の歴史を追跡する試みに関しては，1つの大きな問題がある。ゲノム中の異なる遺伝子に異なる歴史があるならば，そもそも種の系統樹はどのように決定すべきなのだろうか。それどころか，もっと悲観的にいえば，もし種の系統樹など存在しなかったらどうするのだろうか。幸い，ほとんどのゲノム中には遺伝子のセット（"核となる"遺伝子群）があるように見受けられ，それは遺伝子伝達に抵抗性をもつ。これらの核となる遺伝子群は，すべてを1つのものとして扱え，またこの"連結された"単位で進化系統樹を構築することにより，種の系統樹に近いものを作成することができる（図7.24）。連結された遺伝子に基づいた系統樹はその後，水平伝達の研究における種の系統樹の代用品として使用できる。図7.24に示された生物種についての例を図7.25に示した。このような解析が完了すると，情報処理装置（複製，転写，および翻訳）の部品をコードするさまざまな進化的グループの遺伝子では，しばしば水平伝達が低率であることが判明した。**情報系遺伝子**（informational gene）と総称されるそれらの遺伝子は，ゲノム中できわめて多くの遺伝子と相互作用するので，遺伝子伝達に抵抗するのであろう。水平伝達が起きやすい遺伝子は，代謝過程と末梢的な機能に関与している傾向があり，**操作系遺伝子**（operational gene）と呼ばれる。

垂直進化，遺伝子欠失，および水平伝達の間の平衡は，真正細菌や古細菌の種類によって多様である

　真正細菌と古細菌における一般的な進化のパターンは，垂直進化，遺伝子欠失（例えば，簡素化による），遺伝子水平伝達によるDNA獲得の間の平衡でおもに決定される。おのおのの力は，分類群（図7.23，7.25参照）の間で異なり，いいかえると，そのことは，分類群によって進化のパターンが大きく異なるということである。例えば，ある細胞内共生種の例外的に小さなゲノムは，簡素化による遺伝子欠失を補うための遺伝子の獲得が行えないことが

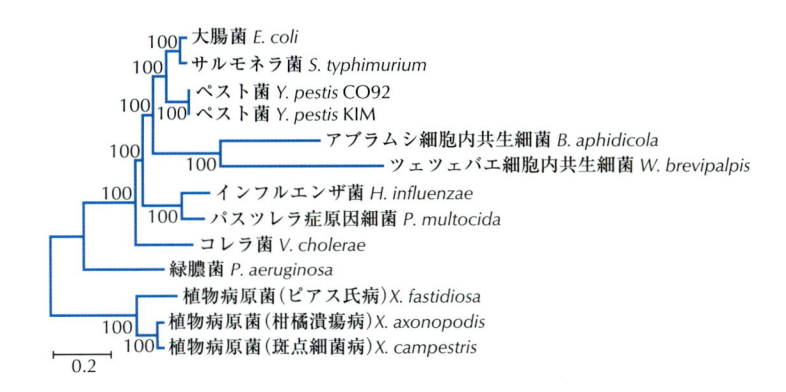

図 7.24 ▪ γプロテオバクテリアゲノムからの 205 個の"核となる"タンパク質で推定された系統樹．示された樹形は，ほとんどすべての個々の遺伝子アライメントからのものと一致する．遺伝子水平伝達の証拠を示しているような 2 個の遺伝子を取り除いた後にも同じ系統樹が得られた．"根（ルート）"の位置は，リボソーム RNA SSU（小サブユニット）を使用することで再三にわたり得られているものと一致する．

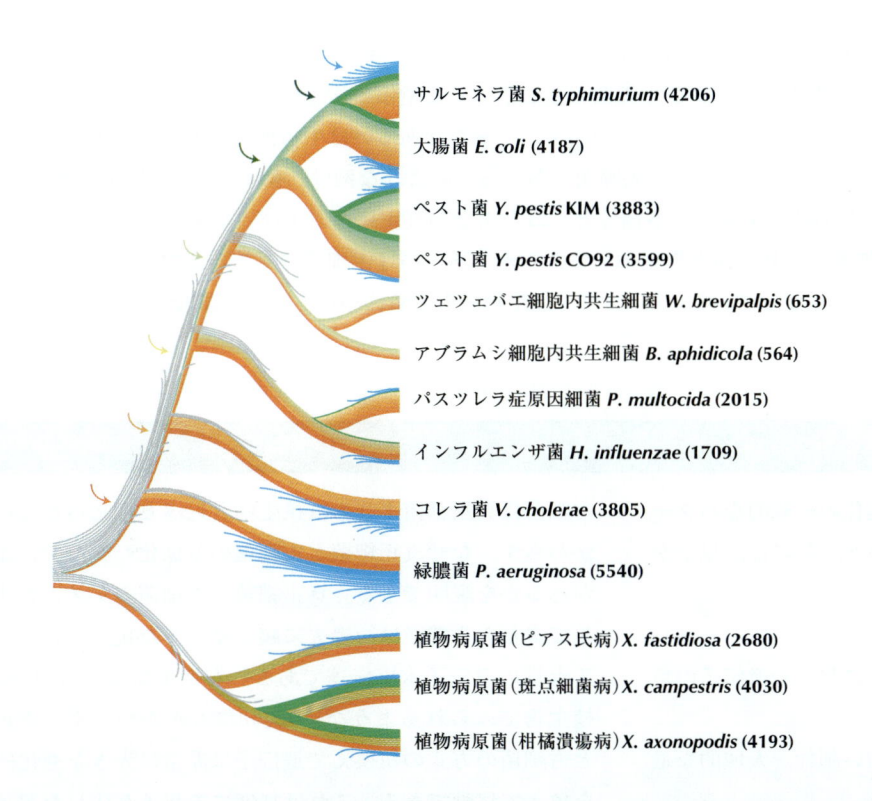

図 7.25 ▪ γプロテオバクテリアにおける遺伝子水平伝達とゲノム進化．わずかな割合の遺伝子だけが，γプロテオバクテリアの共通祖先以来保有されている（オレンジ色）．祖先型と現存種のゲノムサイズが似ているという仮定下において，この祖先ゲノム（灰色）に存在したほとんどの遺伝子は，相同性のない遺伝子で置き換えられている（黄色から緑色）．これは通常，このクレード（分岐群）の外側からの水平伝達によるものである．ひとたび新しい遺伝子が獲得されると，その伝達は垂直的な遺伝に従う．ある生物種に特有な遺伝子（青色）が多いことは，これらの真正細菌（細胞内共生者である W. brevipalpis と B. aphidicola を除いて）が，たえず新しい遺伝子を獲得しており，そのほとんどは長期的には系統内に存続しないことを示している．（各ゲノムについて，既知の挿入配列因子やファージに対応するものを除いたタンパク質遺伝子の数を括弧内に示す）

ゲノムが小さい原因の1つであるかもしれない。

　　水平伝達の重要性は過小評価するべきでない．遺伝子水平伝達の結果，急速に生じうる遺伝的可能性の拡大は圧倒的だ．遺伝子を交換する際の既製品のベクターとなるファージとプラスミドについて遺伝的多様性を考えてみよう．大腸菌という生物種内のプラスミドとファージ中に存在する異なる遺伝子の数は，どの大腸菌1個体のゲノムの遺伝子数よりも大きい．地球上のファージとプラスミドのすべてに含まれる遺伝子の数は信じがたいほど莫大である．この巨大な共有されたゲノム資源は，現存するすべての真核生物よりも多くの遺伝子を含んでいるかもしれない．我々は第24章において，新奇性の進化に関するこの重要性について議論する．

　　真正細菌と古細菌における大規模な遺伝子欠失と遺伝子伝達が原因となって，ひと揃いの反応経路は生物種全体にわたって散在的な分布パターンを示す可能性がある．光合成に類似した機構が，遠縁の限られた細菌系統にのみ存在することは，これにより説明できる（pp.174〜176参照）．ひと揃いの反応経路の獲得と欠失は，真正細菌と古細菌ゲノムを研究する際に役に立つ手段を提供する．生物種全体にわたる分布パターン（存否）で遺伝子群を分類でき，そのことが，同じような分布パターンをもっている遺伝子の同定と，遺伝子機能を予測することの両方について役に立つ．例えば未同定の遺伝子が，胞子形成にかかわる遺伝子群のセットと常に一貫してみいだされるならば，その未同定の遺伝子もまた胞子形成にかかわると仮定することは妥当である（図7.26）．

　　また，真正細菌および古細菌の遺伝子欠失と遺伝子伝達の組み合わせは，ゲノムの基本骨格を共有するようないくつかの非常に近縁な株あるいは生物種間にさえも，大きな遺伝子構成の差をもたらしており，大腸菌におけるそのような例は，本章の初めに提示されている（図7.6）．この遺伝子構成の多様性と，ほとんどの真正細菌および古細菌ゲノムのキメラ（混成）的な性質により，何が真正細菌であるか，あるいは古細菌であるかを定義することは非常にむずかしくなっている．第22章では生物種の本質についてさらに議論する．

■要約

　本章で，真正細菌と古細菌のゲノム進化の一般的なパターンについての概要を示した．一般的なパターンには，以下が含まれる．

- ゲノムを簡素化し続ける圧力．
- 積極的な正の選択圧下が働かないときに起こる遺伝子の急速な欠失．
- オペロン内での遺伝子配置に関する強い制約，大域的な遺伝子配置に関する弱い制約．
- 近縁な生物間にみられる遺伝子構成の大きな変動．
- 生物種間での大量の遺伝子伝達．

　これらをはじめとするゲノムレベルでの過程を総合すると，古細菌は真正細菌よりも真核生物と近縁と考えられるにもかかわらず，なぜ真正細菌と古細菌の多様化パターンに類似性があるかを説明できる．真正細菌と古細菌のゲノム進化に関して鍵となる特徴は，過去に起こり，また現在も起こっている大量の遺伝子水平伝達である．有性生殖による組換え（真核生物でみられるような）の欠如にもかかわらず，真正細菌と古細菌の方式の組換えで遺伝子は非常に大きな進化的距離を越えて移動できる．これは高度にモザイク化したゲノムをもたらした．そのことは真正細菌と古細菌が，蓄積した遺伝子プールから遺伝子を抽出できるようにし，新しい過程の進化を可能にしている．

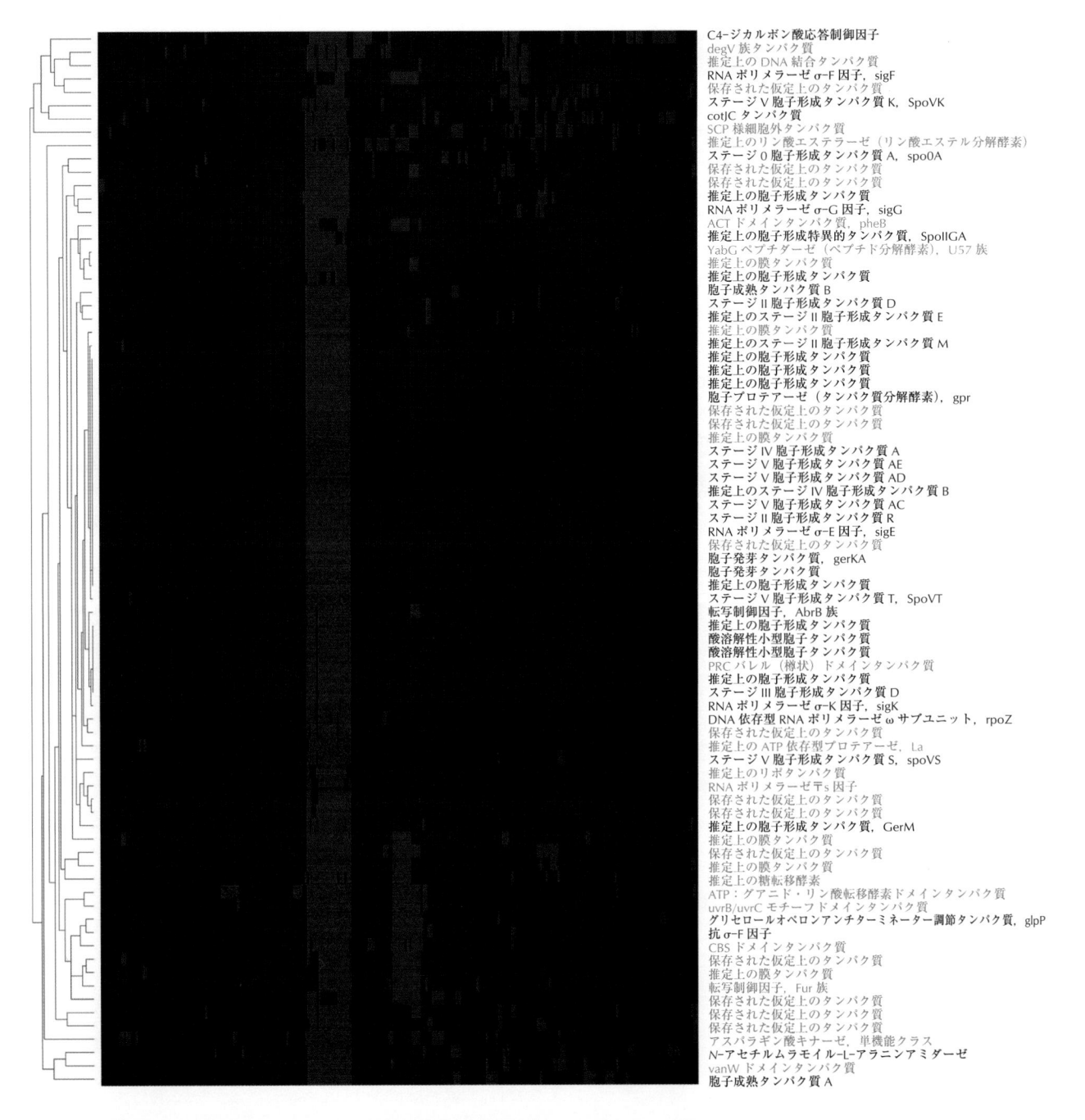

図7.26 ■ 系統プロフィール解析（遺伝子を生物種全体にわたる分布パターンによって分類する）は，遺伝子機能予測の助けとなる。この方法では，同様な生物種セットにおいてみいだされる遺伝子群を同定するために完全長のゲノム配列を解析する。初めに，完全長のゲノムについて，ある特定の（参照）ゲノム中にみいだされるある1つの遺伝子が存在するかどうかを探索する。2番目に，生物種にわたってのこの遺伝子の存否から，2値で構成されるプロフィールが作成される。この2段階が，参照ゲノム中のすべての遺伝子について繰り返される。3番目に，類似のプロフィールをもつ（そして，このゆえに生物種にわたって類似の分布パターンを示す）遺伝子群を同定するためにクラスタリング法を使用する。この図は，真正細菌 *Carboxydothermus hydrogenoformans* のゲノムを参照ゲノムとして使用した解析に基づく1個の主要なクラスターを示している。この生物種からの，ある遺伝子サブセット（部分集合）のプロフィールが図の中央に示されている。行には遺伝子が，列には生物種が示されており，赤色の矩形は遺伝子がその生物種で存在していることを意味し，黒色の矩形は遺伝子を欠くことを意味している。遺伝子名は右に示されており，種名は示されていない。左の樹は，これらの遺伝子のプロフィールについての類似性を示しているクラスター図を表す。図の中心部分の赤い列は，それらの生物種が，示された遺伝子のすべて，あるいはほぼすべてを保有していることを示す。胞子を形成する生物種は基本的に同じ遺伝子セットを使用し，胞子形成しないものはこれらの遺伝子を欠くので（中央の図の大部分が黒点であることに示される），この図にリストされ，その機能が既知である遺伝子のほとんどは，胞子形成になんらかの役割をもつ（右の遺伝子の説明文参照）。いいかえると，このクラスター内にみいだされるがその機能が未知な遺伝子は，胞子形成過程についてのおそらくまだ知られていないなんらかの役割をもっていると推定できる。

■ 文献

ゲノム縮小

Mira A., Klasson L., and Andersson S.G. 2002. Microbial genome evolution: Sources of variability. *Curr. Opin. Microbiol.* **5:** 506–512.

Moran N.A. 2002. Microbial minimalism: Genome reduction in bacte-rial pathogens. *Cell* **108:** 583–586.

遺伝子配置

Eisen J.A., Heidelberg J.F., White O., and Salzberg S.L. 2000. Evidence for symmetric chromosomal inversions around the replication origin in bacteria. *Genome Biol.* **1:** RESEARCH0011.

Lathe W.C., 3rd, Snel B., and Bork P. 2000. Gene context conservation of a higher order than operons. *Trends Biochem. Sci.* **25:** 474–479.

Rocha E.P. 2004. The replication-related organization of bacterial genomes. *Microbiology* **150:** 1609–1627.

ゲノム構造

Bentley S.D. and Parkhill J. 2004. Comparative genomic structure of prokaryotes. *Annu. Rev. Genet.* **38:** 771–792.

Casjens S. 1998. The diverse and dynamic structure of bacterial genomes. *Annu. Rev. Genet.* **32:** 339–377.

遺伝子水平伝達

Bushman F. 2002. *Lateral DNA transfer: Mechanisms and consequences.* Cold Spring Harbor Laboratory Press, Cold Spring Harbor, New York.

Doolittle W.F. 1999. Phylogenetic classification and the universal tree. *Science* **284:** 2124–2129.

Ochman H., Lawrence J.G., and Groisman E.A. 2000. Lateral gene transfer and the nature of bacterial innovation. *Nature* **405:** 299–304.

Syvanen M. and Kado C. 2002. *Horizontal gene transfer*, 2nd ed. Academic Press, New York.

CHAPTER

8

真核生物の起源と多様化

　第6章と第7章において，生命の樹の3つの主要な枝のうち2つ，すなわち**真正細菌**（bacteria）と**古細菌**（archaea）について論じた。これらの生物群は多くの形質によってまとめることができるが，最も大きな点はいずれも**核**（nucleus）をもたないという点である。一方，**真核生物**（eukaryote），すなわち生命の樹の3番目の枝は細胞核を有するということで定義される。真核生物はDNA複製のような分子的過程から有性生殖，細胞体制，多くの多細胞体の存在に至るまで，他の多くの点において真正細菌や古細菌とは異なっている。

　本章では，こうした細胞体制の劇的な変化をもたらした初期進化上の出来事について論じる。すなわち，真核生物の起源とその多様化についてである。真正細菌や古細菌の多様化の章と同様に，1つの章で真核生物の初期多様化に関する興味深い話題すべてを網羅的に論じるのは不可能である。そこで以下，(1) 真核生物の分類，(2) 真核生物の細胞小器官と核の起源，(3) 核ゲノムの構造と進化の3つのトピックに絞って論ずる。

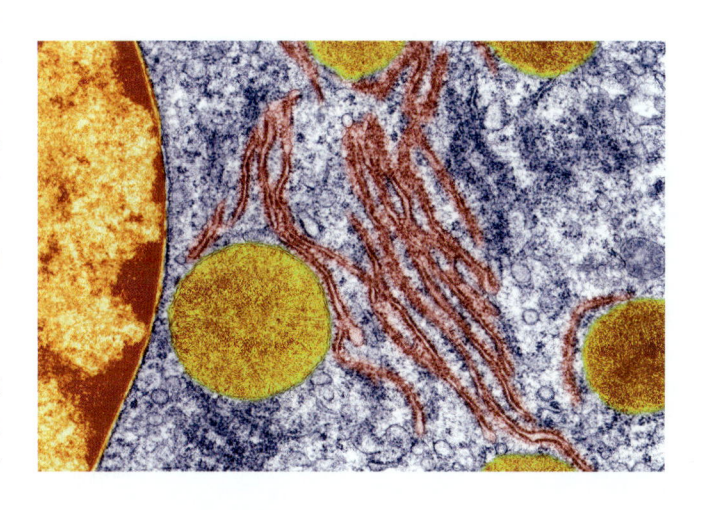

8.1 真核生物とは

真核生物は非常に多様であるが，多くの特異的な分子細胞生物学的特徴を共有している

　真核生物ドメインは，形態および機能において途方もない多様性をもつ生物の集合体である。真核生物のなかには，食虫植物，藻類の共生により**光合成**（photosynthesis）能を獲得した動物，何平方キロメートルにもわたって成育する菌類，偏性寄生性の細胞内寄生虫，複雑な細胞壁をシリコンから作る珪藻，細胞をどんな形にでも急速に変形できる**アメーバ**（amoeba）などが存在する。こうした多様性があるのにもかかわらず，真正細菌や古細菌とは異なる多くの細胞的分子的特徴を共有している（図8.1）。これらの特徴のなかで最も重要なのはおそらく，細胞のゲノムの大部分を膜で囲まれた核の中に保持しているということで

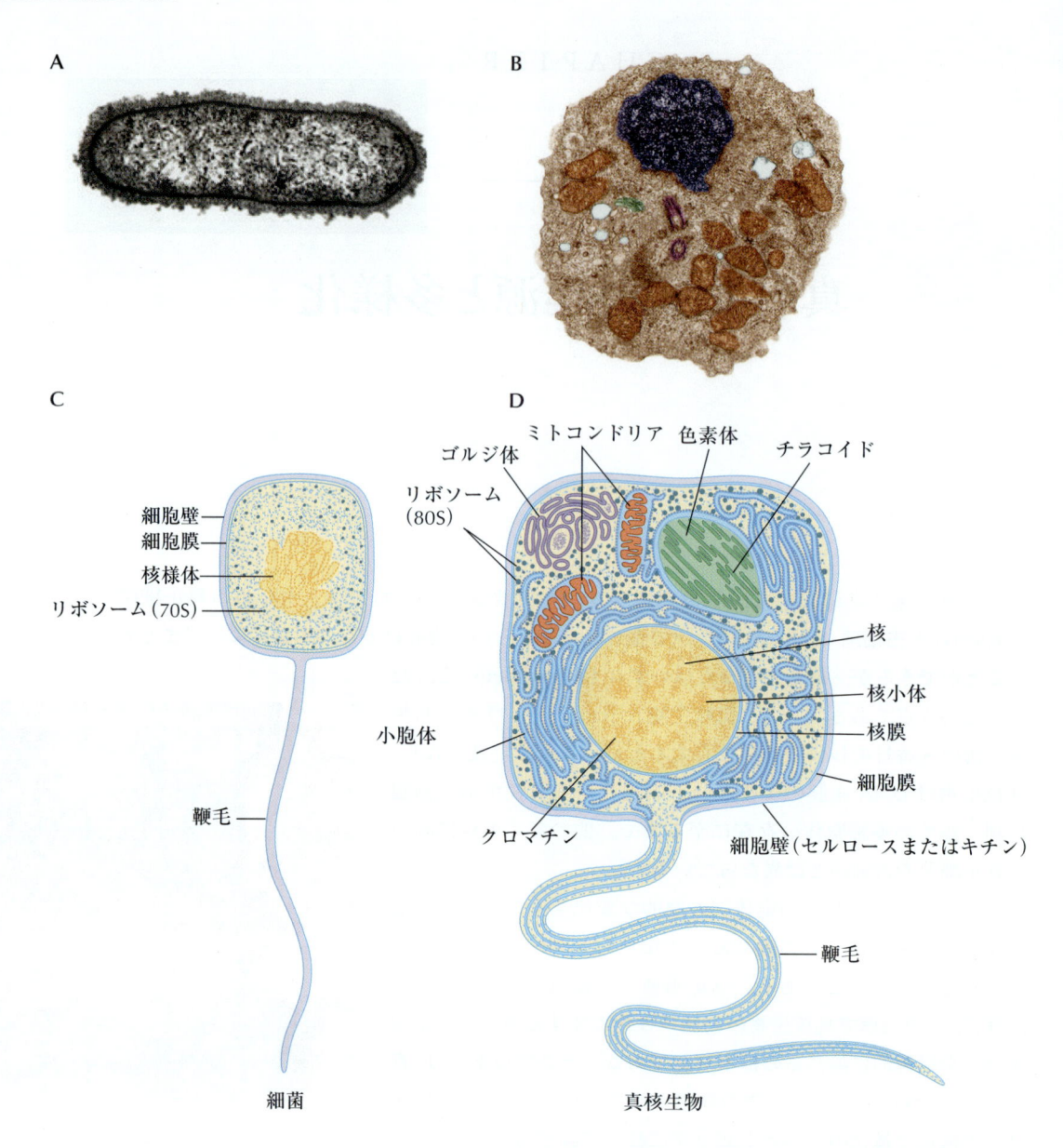

図 8.1 ● 細菌の細胞と真核生物の細胞（縮尺は非表示）。(A)細菌の細胞の写真。(B)真核生物の細胞の写真。(C)細菌の細胞の模式図。(D)真核生物の細胞のおもな特徴の模式図。両模式図はともに混成のものである。すべての細菌もしくは真核生物がこれらの特徴のすべてを有しているわけではない。

あろう。核 DNA は転写や複製をしてないときは，DNA とタンパク質からなるコイル状の構造である**クロマチン**（chromatin）として固く巻きついている。これらのタンパク質の作用により DNA は**高次コイル**（supercoiling）となり，細胞周期のある段階において染色体という目に見える構造をとる（図 8.2）。

真核生物では，RNA は核において DNA から転写され，その後細胞質に運ばれて翻訳とタンパク質合成が行われる（図 8.3）。転写因子のように核で機能するタンパク質は，核膜を通して核へと逆輸送されなくてはならない。一方，核分画をもたない真正細菌や古細菌においては，転写と翻訳が共役して行われる（pp.150 〜 152 を参照）。メッセンジャー RNA（mRNA）が DNA から転写されるので，生成されつつある mRNA にリボソームが結合してその情報を直ちにタンパク質へと翻訳する。

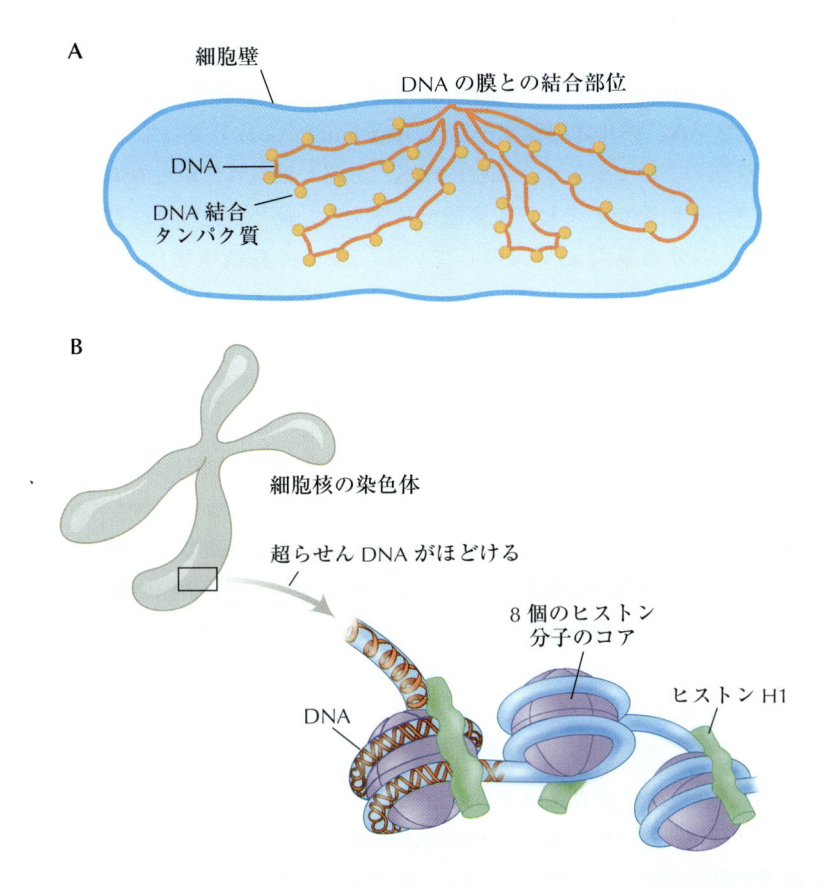

図 8.2 ● 細菌および真核細胞の DNA 構造のモデル。(A) 細菌の細胞では，DNA は細胞壁に接着しているタンパク質のコアから出ているループの中に納められている。染色体は通常環状であり核膜はない。(B) 真核細胞は DNA をヒストンタンパク質のコアのまわりに巻きつけてヌクレオソームを形成する。この DNA は超らせんを形成し長い束となる。真核細胞は核膜をもつ。

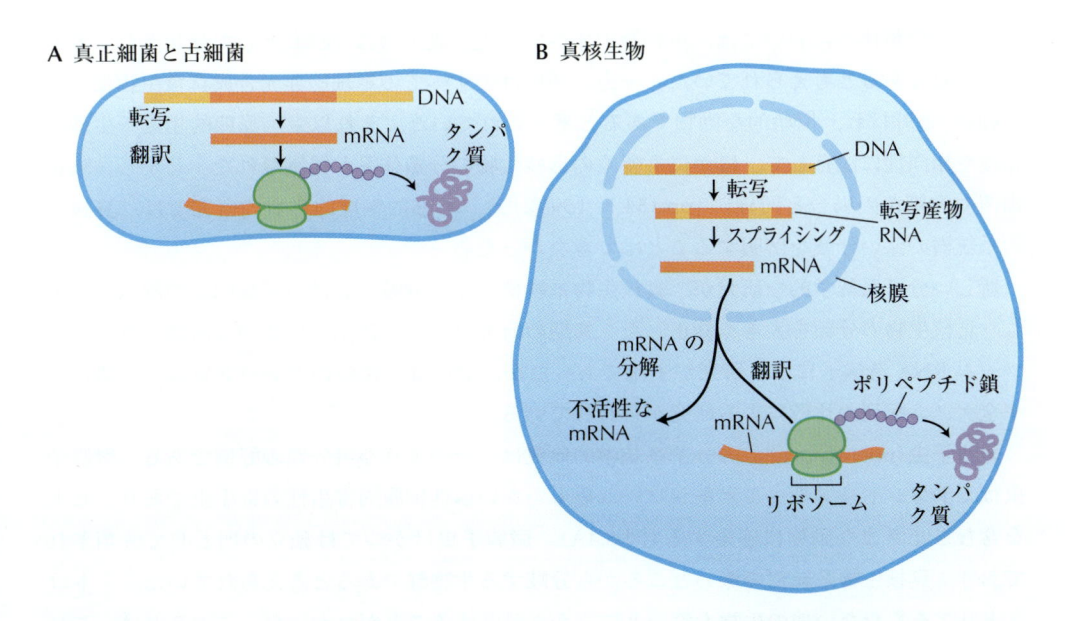

図 8.3 ● 真核生物と，真正細菌や古細菌の転写・翻訳機構の対比。(A) 真正細菌や古細菌では，転写と翻訳は細胞内の同じ場所で起こり，それらはしばしば連動している。すなわち，RNA が合成されている間にも翻訳が起こっている。(B) 真核生物では，転写とスプライシングが核内で起こり，RNA は核から細胞質に移動してそこで翻訳される。コード領域は赤で示されている。

核に加えて，すべての真核生物は内膜や小胞からなる動的で複雑なシステムを有している。それは**内膜系**(endomembrane system)と呼ばれ，ゴルジ装置，**小胞体**(endoplasmic reticulum)，リソソーム，**ペルオキシソーム**(peroxisome)から成り立っている（図8.1参照）。内膜系はタンパク質のプロセシング，細胞内輸送，分泌，細胞外部からの栄養成分の獲得と分解，細胞間シグナル伝達などにおいて機能を発揮する。膜と小胞のそれぞれが出芽，融合しながら，内膜系の分画はたえず流動している。多くの真核生物は，**ミトコンドリア**(mitochondria)，**ヒドロゲノソーム**(hydrogenosome)，**葉緑体**(chloroplast)のような，膜に囲まれた特殊な分画をもっており，これらはエネルギー変換のために使われている。

真核細胞には**細胞骨格**(cytoskeleton)もあり，それは細胞内での物質の輸送を管理し，細胞の構造を保持し，**細胞小器官**(organelle)の動きを統制し，細胞分裂と染色体の分離を司っている。細胞骨格は，複雑なタンパク質要素のセットからできており，**微小管**(microtubule)，**マイクロフィラメント**(微小線維，microfilament)，分子モーターなどを含んでいる。真核生物の鞭毛は細胞骨格の一部と考えられるが，真正細菌や古細菌の鞭毛（図6.3参照）とは構造的に異なっている。真正細菌や古細菌においても，ある種の細胞骨格様の構造やチューブリンホモログのFtsZのようなタンパク質が見つかっているが，真核生物にみいだされる複雑な細胞骨格機構のようなものをもつ真正細菌や古細菌は存在しない。

pp.136〜141で議論したように，真核生物の中心的な分子機能は真正細菌よりも古細菌のものに類似している。例えば，古細菌のRNAポリメラーゼは，真核生物のmRNAを合成するRNAポリメラーゼに最も近縁である。さらに，真核生物において転写，複製，修復を行う大きなタンパク質複合体の多くの要素は，古細菌における同様の複合体の中で機能するが，真正細菌の複合体の中では機能しない（pp.152〜154参照）。ただしおのおのの場合において，真核生物の機構は古細菌における同様の機構に比べてより複雑である。

真核生物は8つの主要な系統（生物界）に分類できる

初期の分類体系においては，単細胞のすべての光合成生物は"藻類"として分類され，原始的な植物であると考えられていた。一方，運動性のすべての単細胞非光合成真核生物は，"原生動物"と呼ばれ，原始的な動物であると考えられていた。それ以来，形態的相違や生理的相違や相同性に注目して，ほかにも多くの真核生物の分類体系が提案された。しかし，真正細菌や古細菌の場合と同様に（pp.154〜159参照），形態的生理的形質の研究では，真核生物系統樹の深い分岐を解明することはできなかった。

新しい分子系統学的な研究が，真核生物系統樹の深い分岐における系統関係の解釈を変革し，真核生物の分類を大きく修正した。初期の研究は単一の遺伝子に基づく研究，特にリボソームRNA遺伝子による研究が主流であったが，最近は，複数のタンパク質コード遺伝子や全ゲノム配列の比較による研究が行われている。

微胞子虫(microsporidia)の分子系統学的研究は，そのような再分類の好例である。微胞子虫はミトコンドリアやペルオキシソームをもたない偏性細胞内寄生性の寄生虫であり，ヒトを含むさまざまな動物に感染する（図8.4A）。微胞子虫はかつては独立の門として分類されており，真核生物系統樹の深いところから分岐する生物群であると考えられていた。ミトコンドリアをもたない他の生物も深いところから分岐することがわかった。このことは，これらのミトコンドリアをもたない系統すべての共通祖先が，ミトコンドリアとなった共生体の細胞内共生が起こる以前の真核生物の進化の早い時期に，他の真核生物に至る系統から分岐したとする証拠と考えられた。主としてrRNAの配列解析によって，これらの分類群は系

8.1 真核生物とは 217

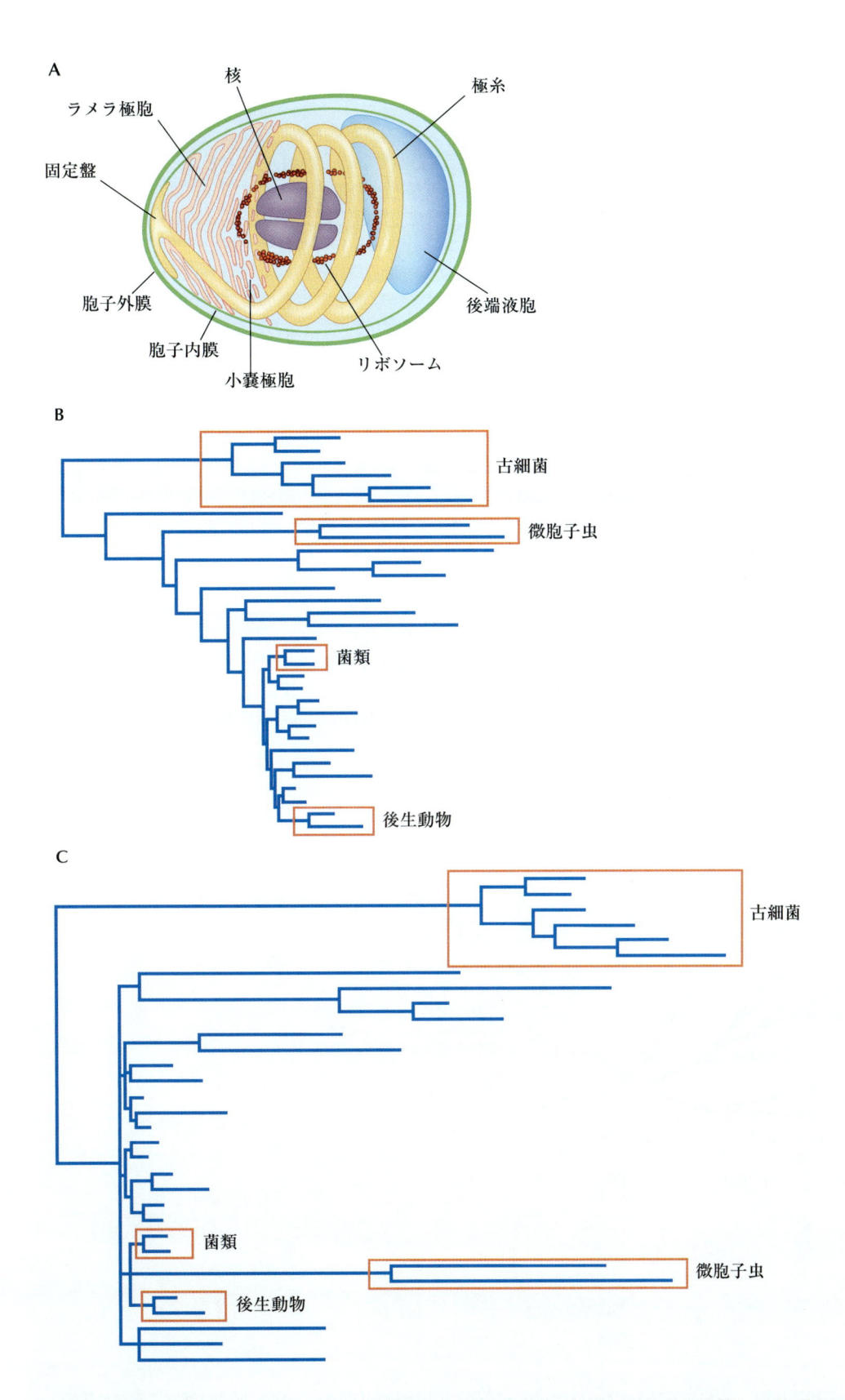

A
- ラメラ極胞
- 固定盤
- 胞子外膜
- 胞子内膜
- 小嚢極胞
- 核
- 極糸
- 後端液胞
- リボソーム

B
- 古細菌
- 微胞子虫
- 菌類
- 後生動物

C
- 古細菌
- 菌類
- 微胞子虫
- 後生動物

図8.4 ・ 微胞子虫は菌類に近い関係にある。(A)微胞子虫の胞子と細胞。(B)多くの真核生物グループからなる系統樹（4グループが明示されている）。この系統樹はrRNAの配列に基づくものである。微胞子虫が深い分岐を示していることに注目せよ。(C)複数のタンパク質コード遺伝子に基づく系統樹。Bの系統樹よりも正確であると信じられている。微胞子虫が後生動物や菌類とグループを形成していることに注目せよ。種名および他の真核生物のグループ名は省略してある。

Box 8.1　真核生物の主要な進化系統

ほとんどの**エクスカベート**は従属栄養性で鞭毛をもつ。この生物界内部には4つの主要なサブグループが存在する（図8.5）。最もよく研究されているメンバーには，ヒトの寄生虫である *Giardia lamblia*（ディプロモナス）と *Trichomonas vaginalis*（パラバサリア）が含まれる。興味深いことに，エクスカベートのメンバーはいずれもミトコンドリアをもたない。しかし，ある種のメンバーはヒドロゲノソームのようなミトコンドリアに類似した別の細胞小器官をもっている（図8.6A）。

ディスキクリスタータは単細胞生物からなる4つの主要な系統を含んでいる。それらのうち最もよく研究されているのは，キネトプラスト類とユーグレナ類（図8.6B）である。この生物界の大部分の生物は円盤状の内部構造からなる独自の形態をもつミトコンドリアを有している。キネトプラスト類はリューシュマニアとトリパノソーマを含む。それらのほとんどは，シャーガス病，アフリカ睡眠病，リーシュマニア症のようなヒトの病気の病原体を含む寄生生物である。これらの生物は通常，**キネトプラスト**（kinetoplast）と呼ばれる独自の細胞小器官に関連した単一の大きなミトコンドリアをもつ。ユーグレナ類には多くの光合成生物が含まれる。*Euglena* 属のメンバーのようないくつかの生物種は，真核生物の光合成研究のモデル系として利用されている。それらの光合成は色素体様の細胞小器官によって営まれている。いくつかの研究成果により，ディスキクリスタータとエクスカベートは姉妹群であることが示唆されている（すなわちこれら2つのグループが，これらのいずれかと他の真核生物のグループよりも互いに近縁である）。（訳注：最近ではディスキクリスタータと本書の意味でのエクスカベートを合わせた大グループをエクスカベートというのが一般的である。）

ヘテロコントは多様な単細胞生物の集まりであり，少なくとも6つのサブグループを含む（図8.5 参照）。この生物界の多くのメンバーは中空の麦わら様の鞭毛とチューブ状のミトコンドリア**クリステ**（cristae）をもつ。分子分類学が発展する以前には，これらサブグループのほとんどは系統的に関連がないと考えられていた。多くは，生活史の類似性と，現在では収斂進化による類似性と考えられている形質とによって菌類に位置づけられていた。例えば，卵菌類は柔らかいカビあるいはミズカビとして知られており，19世紀中ごろのアイルランドにおける飢饉を引き起こしたジャガイモを枯らす病気の原因となる *Phytophthora infestans* を含んでいる。海の粘菌（slime mold）とも呼ばれる**ラビリンチュラ類**（labyrinthulids, 図8.6C）はほとんどが寄生性であり，アマモ荒廃病の病原体である *Labyrinthula zosterae* を含む。

アルベオラータはときどきヘテロコントとともに超生物界にまとめられるが，3つの主要な系統を含んでいる。知られて

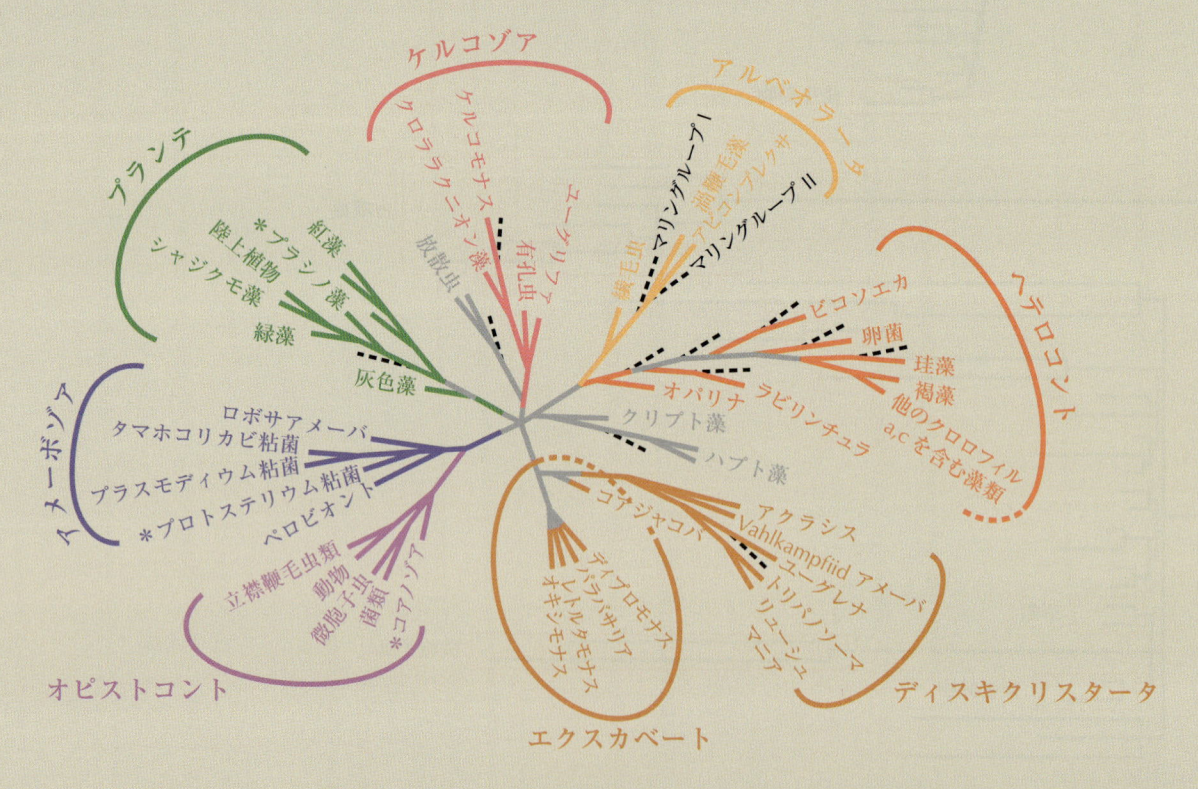

図8.5 ▪ 真核生物の主要なグループの系統樹。提案されているスーパーグループごとに色分けがなされている。灰色は非常に曖昧な部分を示している。点線は環境DNA調査のみから知られているおもな非培養の系統を示す。＊を付したグループはおそらく多系統である。グループ間の関係とスーパーグループの種類についてはいまだ論争中である。

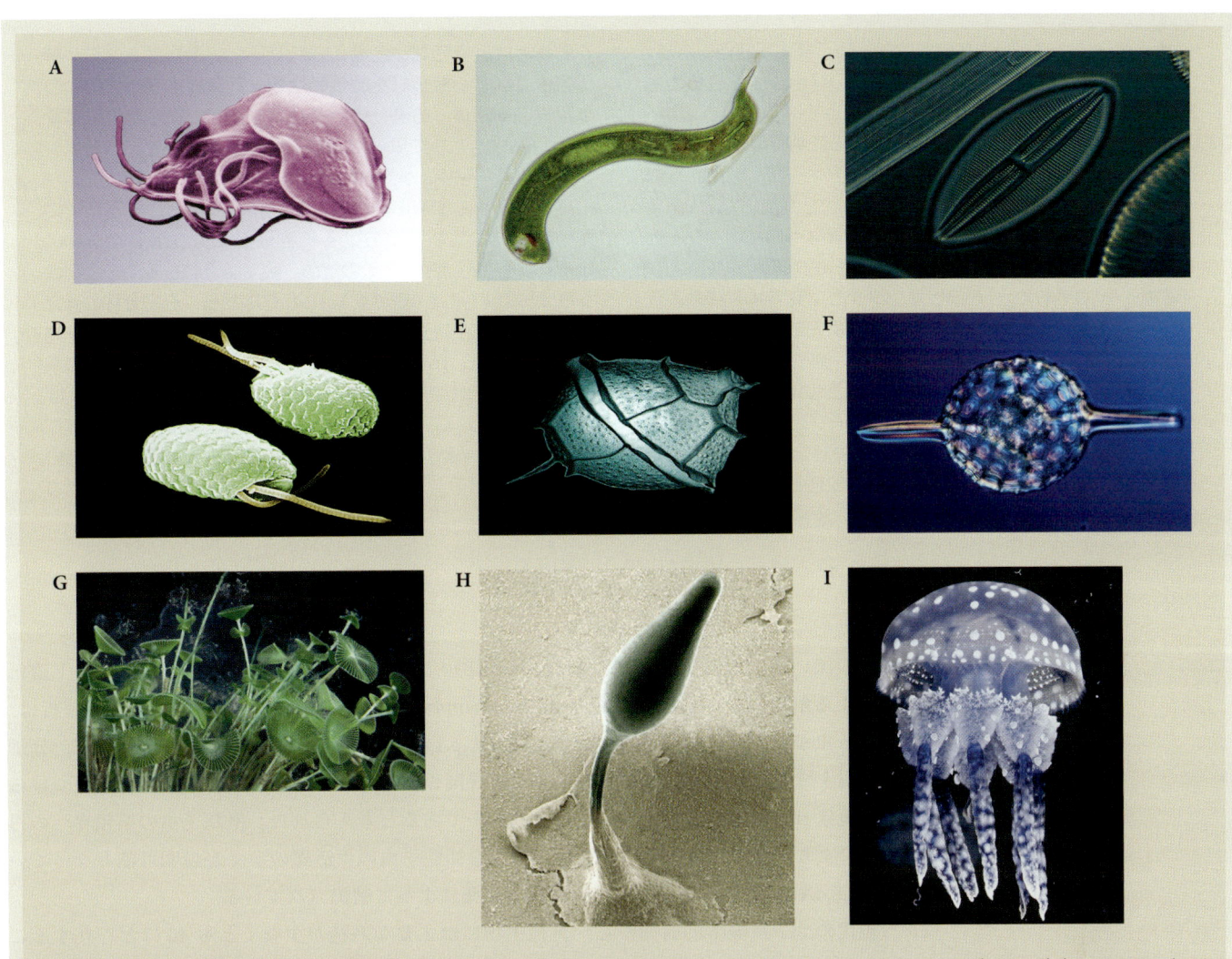

図 8.6 • 真核生物の多様性。(A)エクスカベート：*Giardia*（ランブル鞭毛虫）。(B)デスキクリスタータ：ユーグレナ。(C)ヘテロコント：珪藻。(D)クリプト藻：*Cryptomonas*。(E)アルベオラータ：渦鞭毛藻。(F)リザリア：放散虫。(G)プランテ：*Acetabularia*（カサノリ）。(H)アメーボゾア：粘菌。(I)オピストコント：クラゲ。

いるすべての**アピコンプレクサ類**（apicomplexans）はマラリア（*Plasmodium* spp.）やトキソプラズマ（*Toxoplasma* spp.）の病原体を含む動物の寄生虫である。これらは鞭毛をもち，その多くが光合成を行い，水圏にふつうにみられるグループである**渦鞭毛藻類**（dinoflagellates）と姉妹群の関係にある（図 8.6E）。渦鞭毛藻類は"赤潮"の原因となる。大量発生により細胞数が莫大なものとなるため水の色が変わるのである。多くの渦鞭毛藻は生物発光する。**繊毛虫類**（ciliates）は，寄生性のものと自由生活性のものを含むが，繊毛を運動と給餌のために用いる。最もよく研究されている例は *Paramecium* 属と *Tetrahymena* 属である。すべての繊毛虫は単一の細胞の中に 2 つの異なる核をもつ。大核は遺伝子発現の場であり，小核は動物における生殖細胞と同等の役割を果たす。

リザリア（しばしばケルコゾアと呼ばれる）は，5 つの主要な系統を含む（図 8.5）。この生物界の中で最も古く分岐したメンバーである**放散虫類**（radiolarians）は，放射状に相称で，多くがプランクトン性の生物であり，確実な化石記録をもつ。海産の有孔虫類もまたその無機質の殻のために有意義な化石記録をもつ。光合成を行うクロララクニオン藻類は葉緑体をもつ。興味深いことに，他の多くのリザリアのメンバーが藻類の共生体をもつため，クロララクニオン藻類の色素体は，過去の藻類の共生体の痕跡であると考えられている。クロララクニオン藻類は，共生藻類が残した核の痕跡であると考えられる**核様体**（nucleomorph）を含んでおり，核様体は自身のゲノムをもっている。

プランテの系統は少なくとも 6 つの主要なサブグループを含む。紅藻類，緑色藻類の 2 つのグループ（**緑藻類**[Chlorophytes]とプラシノ藻類），灰色藻類，シャジクモ藻類，および陸上植物である（図 8.6G）。これらの生物の多くは自由生活性で葉緑体をもち，このグループの多くの種が多細胞性である。紅藻

の葉緑体はフィコビリン色素を含むため，藻体が紅色になる。シャジクモ藻類，緑色藻類，陸上植物の緑色は，それらの主要な葉緑体色素であるクロロフィルによっている。

アメーボゾアはその大部分が偽足を用いて動く従属栄養性の生物であり，3つの主要な系統（ロボサアメーバ，粘菌，ペロビオンタ）とより小さい多くのグループから構成される（例えば，*Entamoeba*属）（訳注：*Entamoeba*属はペロビオンタと近縁であるため，これら2つをまとめてアーケアメーバ類とするのが一般的である）。ペロビオンタやエントアメーバのようなアメーボゾアのいくつかのメンバーは，ミトコンドリアをもたない。粘菌類は，集合・分化して，胞子を含む立ち上がった子実体を形成することにより，多細胞の体制を示す。

オピストコントは3つの主要なグループを含む。**立襟鞭毛虫類**（choanoflagellates），菌類（微胞子虫類を含む），**後生動物**（metazoa）である。立襟鞭毛虫類は単細胞生物であり，分子系統学的研究が行われる以前において，多くの研究者によって動物とは近縁でないと考えられていた。菌類はキノコや酵母のようなよく知られた菌性の生物，アスペルギルスのような菌性の病原体，および微胞子虫類を含む。後生動物には動物（図8.6I）とともに単細胞で胞子を作る寄生虫であるミクソゾア（粘液胞子虫類）が含まれる。

真正細菌や古細菌と同様に，自然界にみいだされる多くの真核微生物は実験室における純粋培養により増殖できない（pp.160～163参照）。そのため，我々はそれら多くの生物のうちほんの少ししか知らない。しかしながら，この分野の研究者は，真正細菌や古細菌の研究に用いられたのと同様の分子的方法（pp.160～163参照）を用いることにより，真核生物の系統的多様性の実態を解明できるようになってきている。例えば，rRNAによる調査の結果，海洋の試料からまったく新しいアルベオラータの系統が見つかっている（図8.5の海産の生物群IおよびIIを参照）。より多くの研究がなされれば，真核生物の新しい門，ひいては界でさえも見つかる可能性がある。

統樹の深いところに位置づけられた（図8.4B）。ところが，その後のタンパク質コード遺伝子による解析（図8.4C）や*Encephalitozoon cuniculi*のような微胞子虫の全ゲノムの解析は，微胞子虫が菌類に近縁であることを示した。p.141で議論したように，この誤分類は，分子系統樹上で枝の長い生物種どうしが本来近縁関係にないのにもかかわらず誤って結びつけられる現象（long-branch attraction）によるものであると考えられた。微胞子虫の菌類界への再分類により，胞子の段階での感染性のような微胞子虫の生活環の多くが説明可能となっている（図8.4A）。現在，微胞子虫感染は抗菌類薬によって制御されている。

現代の分子系統学的研究から，真核生物には主要な系統が少なくとも40ほど存在することが示されている。これらのグループ間の正確な系統関係についてはいまだ論争中であるが，これらを8つのスーパーグループ，すなわち界のいずれかに位置づけられるという研究もある。8つのスーパーグループとは，**エクスカベート**（excavates），**ディスキクリスタータ**（discicristates），**ヘテロコント**（heterokonts），**アルベオラータ**（alveolates），**リザリア**（rhizaria），**プランテ**（Plantae），**アメーボゾア**（Amoebozoa），**オピストコント**（opisthokonts）の8つである。これらの生物界それぞれが単系統であるかどうかは今なお論争中である。これら8つの真核生物の界の特徴をBox 8.1にまとめてある。これらの研究成果は不完全なものであるため，現状の分類体系や系統関係はさらに多くの情報が得られると変更となるかもしれない。これらグループ間の系統関係を示す系統樹は図8.5に示してある。明らかにこの系統樹は，かつての研究においてみいだされた主要群，すなわち"クラウン"グループ（訳注：リボソームRNAの系統樹で，動物，菌類，緑色植物など最後のほうに分岐したグループのそれぞれが放射状［王冠状］に広がっているようにみえるため，クラウングループとよばれている）を欠いている。"クラウン"グループには菌類，動物，植物が一緒に1つの単一のグループとして位置づけられていたのである。一方，図8.5の系統樹では，早い時期に多くの系統への分岐が起こったことが示されている。この系統樹から，真核生物の形質の多くを系統学的観点から捉えることができる。例えば，多細胞化が異なる系統において多数回進化したことが示唆される（p.248参照）。

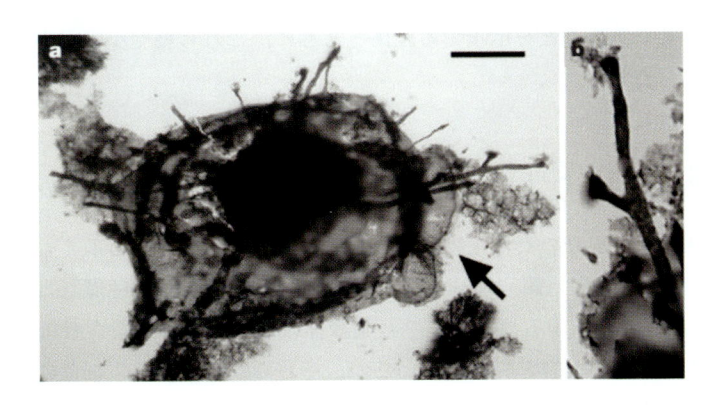

図 8.7 ▪ 初期の真核生物の化石（アクリターク）。(a) *Tappania plana* の化石。(b) 二分岐している部分の拡大図。詳細は第 9 章を参照。縮尺バー：a は 35 μm, b は 10 μm。

初期の真核生物の化石は限られているが，真核生物が真正細菌や古細菌の出現から長い時間を経て生じたことを示唆している

　化石の記録によれば，真核生物は細菌や古細菌の細胞の出現以降，長い期間にわたって出現していない。真核生物の確実な細胞化石のうちで最も早い時期のものは，**原生代前期**（Paleoproterozoic）後期の岩石から見つかる**アクリターク**（acritarch）の化石である（約 19 億〜17 億年前）（図 8.7）。アクリタークという術語はさまざまな微化石の集合体に対して用いられる言葉である。それらの多くは原始的な単細胞光合成真核生物のシストのようなものである（例えば，渦鞭毛藻の祖先）。必ずしもそれらの分類学的位置を決定できるとは限らないが，それらのすべては，硬くて腐敗しない有機質の壁をもっており，そのため潜在的に高い保存性を示すのである。

　真核生物が約 20 億年前に存在したとする別の証拠は"分子化石"から得られる。分子化石とは，真核生物の膜には存在するが現存の真正細菌や古細菌の膜には存在しない化合物に由来する分子マーカーのことである。このような分子マーカーの例として，**ステロール**（sterol）から誘導される**ステラン**（sterane）がある。この分子は真核生物には普遍的に存在するが，細菌や古細菌ではまれにしか存在しない。特に，アクリターク化石の関連でこのような分子化石が発見されることから，アクリタークが真核生物起源であることが強調される。この時点までで，真核生物の進化がどの程度進んでいたのかを推定するのは困難である。アクリタークは現存の真核生物のどのグループにも位置づけることができないからである。

　真核生物の形態の爆発的な多様化は，**原生代後期**（Neoproterozoic）のころからの化石にみいだすことができる（pp.280〜281 参照）。プランテ（緑藻と紅藻），アルベオラータ（渦鞭毛藻），ヘテロコント（褐藻）に関する信頼性の高い化石があることから，13 億〜10 億年前までの間に，多くの系統が存在していたことがわかる。

8.2 細胞内共生が真核生物の進化に重要な役割を果たしてきた

　第 6 章では，相利共生を通して真核生物がどのようにして真正細菌や古細菌の生化学的代謝的多様性を広範囲に利用してきたかについて論じた。相利共生は，ミトコンドリアや**色素体**（plastid）の進化においてさらなる役割を果たした。この節では，核や真核細胞の起源が共

生イベントの結果であることを示唆する証拠とともに，これら細胞小器官の起源と進化に関する理論について論ずる。

多くの証拠がミトコンドリアや葉緑体が細菌由来であることを示している

ミトコンドリアは大部分の真核生物に存在し，葉緑体は陸上植物と多くの単細胞真核生物の系統（紅藻，緑藻，渦鞭毛藻，ユーグレナ，クリプトモナス，**灰色藻**［glaucocystophytes］を含む）にみいだされる。ミトコンドリアと葉緑体は現在，それらを含む細胞に完全に統合されているため，細胞小器官と呼ばれているが，それらが細胞内共生細菌に由来したとする圧倒的な証拠がある。

これらの細胞小器官がかつては自由生活性の微生物であったことは，顕微鏡観察によって初めて示された。各細胞小器官は細胞の細胞質基質内部に存在し，複数の膜（2〜5枚）でおおわれており，これは，細胞質基質内部で生活する細菌細胞に見かけ上似ている（図8.11を図6.2と比較せよ）。

ほかにも多くの類似点が，ミトコンドリアと色素体を細菌と関連づけている。両細胞小器官は単一の環状ゲノムを有する。いずれもそれらの分画内で，細菌様の酵素や構成要素を用いて転写と翻訳を行う。両方とも細菌の2分裂のような様式で分裂によって複製し，それは核に制御されている宿主の分裂とは独立に起こる。ミトコンドリアの電子伝達系は自由生活性の細菌のものに類似している。葉緑体は光合成能をもつ**シアノバクテリア**（ラン藻，cyanobacteria）に類似している。両方ともに，光エネルギーをATPと**NADPH**（およびO_2）に変換し，それらを用いて二酸化炭素を固定する。これらの反応を行うために色素体で使われているタンパク質，色素，反応経路はある種のシアノバクテリアのものに非常によく似ている。ところが第5章および第6章で述べたように，形態は類似してない。ミトコンドリアと葉緑体が細菌に由来するという決定的な証明は，それらのゲノムにコードされている遺伝子の系統解析から得られている。

多様な細胞内共生の存在は，細胞小器官がエンドサイトーシスによって生じるとする説を支持している

真核生物は細胞内細菌との多種多様の相利共生を起こしてきた（pp.177〜179参照）。こうした関係はほぼすべての主要な真核生物のグループにおいてみいだされる。それらはさまざまな様相を呈しており，共生体がその生活環の一部だけを宿主とともにするという関係から，高度に相互依存的な細胞小器官システムの状態まである。

細胞内共生が真核生物全体に広がっているという事実は，共生によって双方が容易に進化できることを反映している。逆にこのことは，おそらくは真核生物における以下の2点の特徴に帰せられるのであろう。(1) 細胞内部の構造が複雑であるために，細胞内の生物が高度に特異的なニッチを占有することができる。(2) 真核生物は，対象物を包み膜で囲まれた小囊内に取り込むことができる，すなわち**エンドサイトーシス**（endocytosis）能をもっている。エンドサイトーシスは，栄養摂取，細胞間情報伝達，病原体の殺傷など真核生物の多くの機能に利用される。親から子孫へと伝わるのではない多くの相利共生体は，エンドサイトーシスにより宿主細胞内に"侵入"する。ある種のものは内部に入った後に小囊内で生存することもできる。こうした経路は多くの病原性の生物種においても用いられている。したがって，多様な互恵関係の形成を促進し細胞小器官の創造に貢献してきたエンドサイトーシスのおか

げで，真核生物は細胞内病原体に対して無防備な状態に陥っているのである。

ほとんどの遺伝子が宿主の核ゲノムに移動したため，細胞小器官のゲノムは強度に縮小している

第7章で我々は，**細胞内共生体**（endosymbiont）の遺伝子含有量が共生体のもととなった自由生活性近縁生物の遺伝子含有量よりもはるかに少ないことをみた。この縮小傾向はミトコンドリアと色素体では特に顕著であり，これらのゲノムはすべての細菌に共通に存在する多くの遺伝子を欠いている。細胞小器官ゲノムにみいだされるタンパク質コード遺伝子の数の最大値はほぼ100である。この数は，共生細菌を含めこれまで知られているいかなる細菌の遺伝子数よりも少ない。一般の多くの細胞小器官ゲノムは，100よりもさらにもっと少ない数の遺伝子しかコードしていない（例えば図8.8参照）。

細胞小器官ゲノムが縮小していることは，細胞小器官が存在している宿主内の環境が安定であることを示しており，他の細菌にとっては必須である多くの遺伝子を核ゲノムに与えたのである。こうしたゲノムの縮小化は，細胞小器官が全般的に単純化する過程に伴って生じた。多くの細胞小器官は細胞壁を欠き，単純な膜構造をもち，タンパク質合成機構も縮退している。コドン3番目の位置に**ウォブル対合**（ゆらぎ対合，wobble pairing）を用いることで多くの**トランスファーRNA**（transfer RNA，tRNA）が複数のコドンを認識できるようになり，tRNAのセットは非常に縮退したものとなっている。細胞小器官が別の遺伝暗号を用いてる場合もある（表8.1）。

ゲノム含有量の縮小化にもかかわらず，細胞小器官の生物学的な複雑度は高度なままである。なぜなら細胞小器官は，代謝産物，非コードRNA，タンパク質など多くの物質を取り

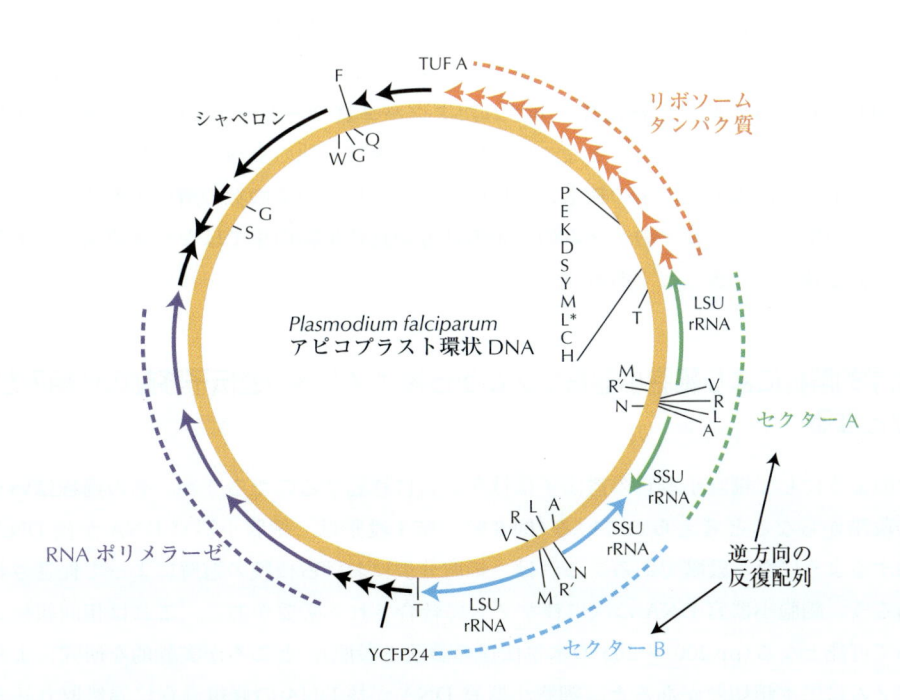

図8.8 ▪ *Plasmodium falciparum*のアピコプラストゲノム。巻頭の「この本のねらい」のところで，アピコプラストは葉緑体に関連していることを述べた。遺伝子は転写の方向を表す矢印によって示されている。破線は機能領域を表している。リボソームRNAの遺伝子はLSU（大サブユニット）とSSU（小サブユニット）によって示されている。tRNAのそれぞれは対応するアミノ酸の1文字表記で示されている。

表8.1・ミトコンドリアの遺伝暗号

コドン	標準暗号	ミトコンドリア		
	核コードタンパク質	哺乳類	ショウジョウバエ	アカパンカビ
UGA	終止	Trp	Trp	Trp
AGA, AGG	Arg	終止	Ser	Arg
AUA	Ile	Met	Met	Ile
AUU	Ile	Met	Met	Met
CUU, CUC, CUA, CUG	Leu	Leu	Leu	Leu

Lodish H. et al. 2000. Molecular cell biology, 4th ed., Table 9-4, p. 335. W.H. Freeman, New York より改変。

込む必要があるからである。例えば，細胞小器官のタンパク質合成に必要なリボソームタンパク質の多くは核ゲノムにコードされていて，細胞質で合成され，ペプチドとして細胞小器官内に輸送される。驚くべきことに，これらのリボソームタンパク質や細胞小器官内に輸送される他のタンパク質の多くは，現在は核ゲノムにコードされているが，それら遺伝子はもともと細胞小器官のものであり，長い時間をかけて核ゲノムに移動したものなのである。

遺伝子やゲノムの配列解析により，圧倒的な数の核遺伝子が細胞小器官由来であることが明らかになってきた。そのような遺伝子がどのようにして核ゲノム内に同定されるかを考えてみることは有益である。例えば，植物の核ゲノム中のどれぐらいの数の遺伝子が葉緑体由来であるかを知りたいとしよう。核由来のタンパク質コード遺伝子のすべてについて，進化系統樹を構築することによってそれらの系統進化の歴史を辿ることができる。葉緑体由来の遺伝子は，葉緑体遺伝子そのものやシアノバクテリアの遺伝子に最も近縁であることが期待される。このような解析が，モデル植物であるシロイヌナズナ（*Arabidopsis thaliana*）のゲノムに関して行われた結果，核にコードされたタンパク質コード遺伝子のほぼ18%が葉緑体由来のものであることが明らかとなった。同様の解析は，他の真核生物の核ゲノムにおけるミトコンドリア由来の遺伝子の検索にも用いられ，同様に多くの数の遺伝子がミトコンドリア由来と同定された。我々のゲノムの一定の部分が真核生物由来ではなく細菌由来であるという事実を特筆すべきことである。

進化学的解析により細胞小器官ゲノムから核ゲノムへの遺伝子移動の仕組みが明らかとなる

どのようにして細胞小器官の遺伝子は核ゲノムに移動するのだろうか。その過程はいくつもの段階からなると考えられている（図8.9）。第1段階は，細胞小器官DNAが核DNAと接触するようになる段階である。これは，細胞分裂における核膜の溶解によって促進されるであろう。細胞小器官DNAは次に核ゲノムに統合される必要がある。これは相同組換えによって可能となる（pp.200～205の水平伝達の議論を参照）。ところが実験的な研究によると，核ゲノムに二本鎖切断があると，細胞小器官DNAが核DNAの修復過程に偶然取り込まれることにより，核ゲノムへの統合は最も頻繁に起こることが示唆されている。通常は細胞小器官DNAの小さな断片が取り込まれるだけであるが，ときには完全な細胞小器官ゲノムが核ゲノムに統合されることもある。

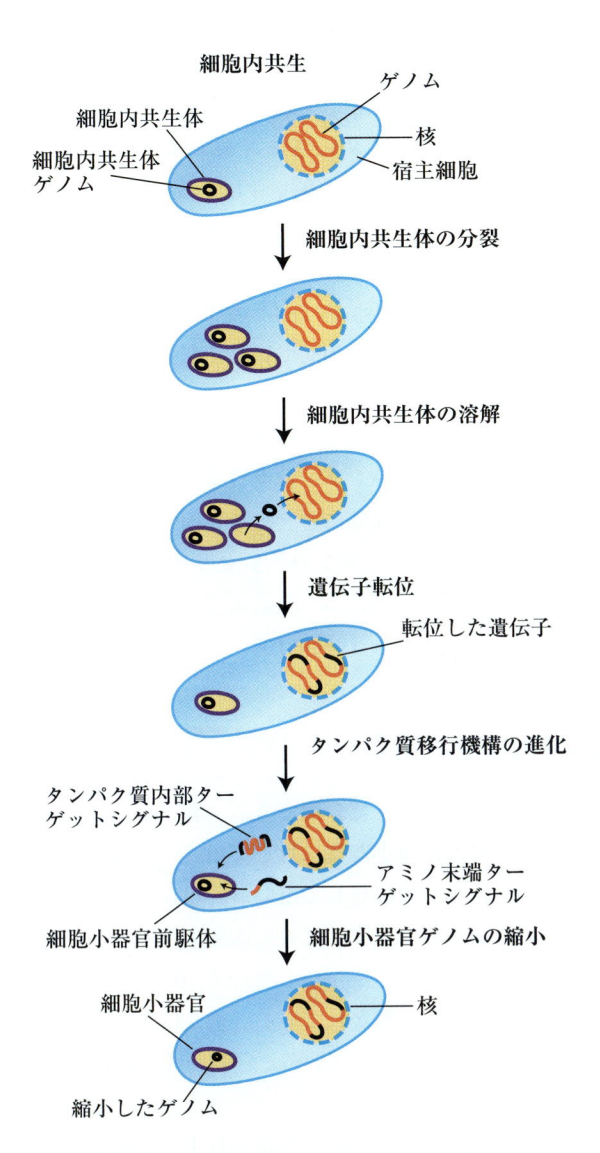

図 8.9 ● 細胞小器官から核への遺伝子の移行。細胞小器官ゲノムの DNA が核ゲノムへ移行するための複数の段階を示す。最初に細胞内共生体が形成される。続いて共生体が自己複製する。共生体のなかには溶解するものがあり，そのDNAが核へ移動し核ゲノムへ統合される。統合された遺伝子は，遺伝子産物が共生体に運ばれるために必要なターゲティングと移行のためのシグナルを獲得する。これにより共生体の対応遺伝子は機能的重要性を失うため削除される。この時点で共生体が細胞小器官化すると考えられている。

進化学的な観点からみると，細胞小器官から核への DNA 移動の頻度は高く，極端な場合においてはその頻度は点突然変異の頻度と同程度である。しかしながらほとんどの場合，統合された DNA は機能をもたない。非常にまれに細胞小器官 DNA は，正しい転写と制御のシグナルが真核生物の核において働くように統合され，機能をもつ転写産物を産生することができる。それでもなお，その遺伝子が細胞小器官で機能する産物をコードしていることにはならない。産物には細胞質から適切な細胞小器官へと移送されるために必要なシグナルが付与されなくてはならないのである。

遺伝子が細胞小器官のゲノムから核ゲノムに移動し，その産物が細胞小器官に行き着くために必要なすべてのシグナルを獲得したとき，細胞小器官内にある当該遺伝子のコピーに対する選択圧は弱まる。そのため，細胞小器官にある遺伝子は失われたり退化したりするのだろう。事実上核から細胞小器官への遺伝子の流れはないため，いったん細胞小器官から遺伝子が失われると，それが核遺伝子のコピーによって置き換えられる可能性はほとんどない。したがって，遺伝子の動きは選択的には中立的な過程なのかもしれない。遺伝子にとっても生物にとっても有利でも不利でもないからである。

しかしながら，遺伝子の移動は中立的ではないことが示唆されている。生物にとっては，

遺伝子を細胞小器官ゲノムにコードしているよりも核ゲノムにコードしていたほうが有利かもしれない。例えば，核ゲノムは通常，生殖の際に組換えを起こすため，有害な突然変異の蓄積に対して効果を及ぼしたり，その蓄積を避けたりするためのさまざまな自然選択（自然淘汰）が生じる機会を与えるのである。この問題については第23章で詳しく論じる。

　それでは，なぜ細胞小器官のゲノムに残される遺伝子があるのだろう。ある種のタンパク質は細胞質から細胞小器官へ容易に移送されないことが考えられる。つまり，遺伝子を細胞小器官にとどめている圧力も存在しているのである。細胞小器官DNAのなかには，細胞小器官の複製に必要なものもあるだろう。異なるコドン暗号を使用している遺伝子は，核ゲノムに統合されにくいかもしれない。なぜなら細胞質の翻訳機構は異なるコドンを認識できないからである。重要なのは，いくつかの遺伝子が迅速に協調的に制御されることが細胞小器官機能が適切に働くためには必須だという点である。核コードタンパク質を細胞小器官に移送するために生じる遅れが，こうした遺伝子を細胞小器官内部にとどめる要因となる選択圧なのかもしれない。おそらくこのために，多くのリボソームタンパク質とリボソームRNAの遺伝子が細胞小器官に残存しており，しかもリボソームタンパク質遺伝子の配置が細胞小器官と自由生活性の細菌とで高度に保存されているのであろう（図8.10）。

分子系統解析は色素体と宿主の複雑な進化史を物語る

　色素体はその進化史に従って，一次色素体と二次色素体とに分類できる。我々は一般的に色素体という言葉を一次色素体を起源とするすべての細胞小器官に対して用い，葉緑体という言葉をこれらの細胞小器官の中で特に光合成を行うものに対して用いる。現存の色素体ゲノムと色素体由来の核コード遺伝子による分子系統解析は，すべての一次色素体の起源がシアノバクテリアと真核生物との1回の共生にまで遡れることを示唆している（図8.11A）。シアノバクテリアの特徴的な構造のいくつかは色素体に受け継がれている。例えばシアノバクテリア様の細胞壁が灰色藻の色素体の内膜および外膜をおおっている。一次色素体は陸上植物・緑藻，紅色植物，および灰色藻にみられる。

　二次色素体は，色素体を有する真核生物が他の真核生物の系統の細胞内共生体になるという二次共生によって生じたものと考えられている（図8.11B）。多くの証拠がこの説を支持している。まず第1に，これら二次色素体の一部は2枚の膜ではなく3〜4枚の膜に囲まれている。第2に，二次色素体をもつ多くの真核生物が核様体も有しているからである。核様

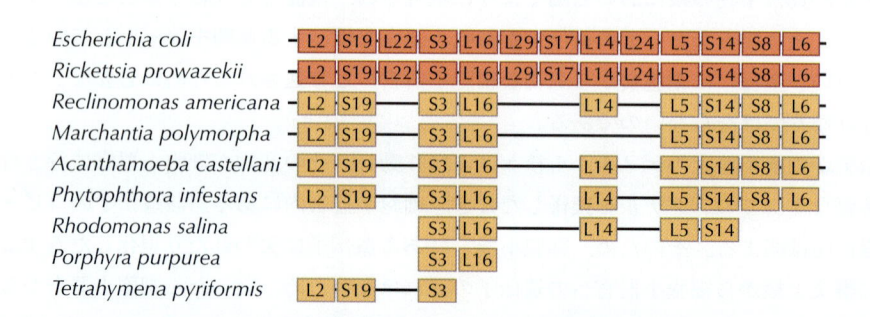

Escherichia coli	L2	S19	L22	S3	L16	L29	S17	L14	L24	L5	S14	S8	L6
Rickettsia prowazekii	L2	S19	L22	S3	L16	L29	S17	L14	L24	L5	S14	S8	L6
Reclinomonas americana	L2	S19		S3	L16			L14		L5	S14	S8	L6
Marchantia polymorpha	L2	S19		S3	L16					L5	S14	S8	L6
Acanthamoeba castellani	L2	S19		S3	L16			L14		L5	S14	S8	L6
Phytophthora infestans	L2	S19		S3	L16			L14		L5	S14	S8	L6
Rhodomonas salina				S3	L16			L14		L5	S14		
Porphyra purpurea				S3	L16								
Tetrahymena pyriformis	L2	S19		S3									

図8.10・リボソームタンパク質遺伝子の配置順が，ミトコンドリアと細菌とで類似している。リボソームタンパク質をコードしているいくつかの遺伝子の順序が，2つの細菌種（赤色）および複数のミトコンドリアゲノム（オレンジ色）について示されている。ミトコンドリアではいくつかの遺伝子が失われているが（しかもこれら生物種の核ゲノムに移行していると考えられるが），他の遺伝子の順序は保存されている。

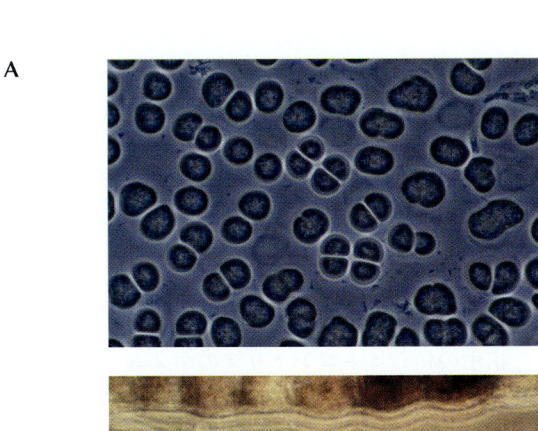

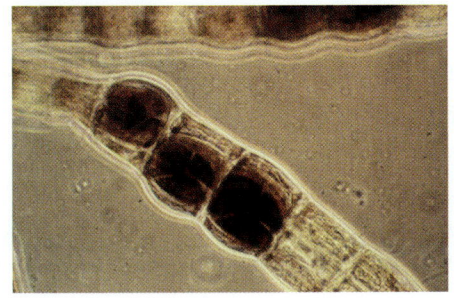

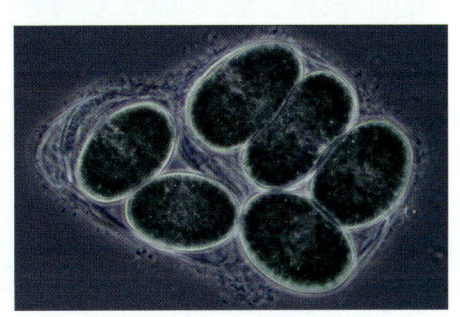

8.2 細胞内共生が真核生物の進化に重要な役割を果たしてきた • **227**

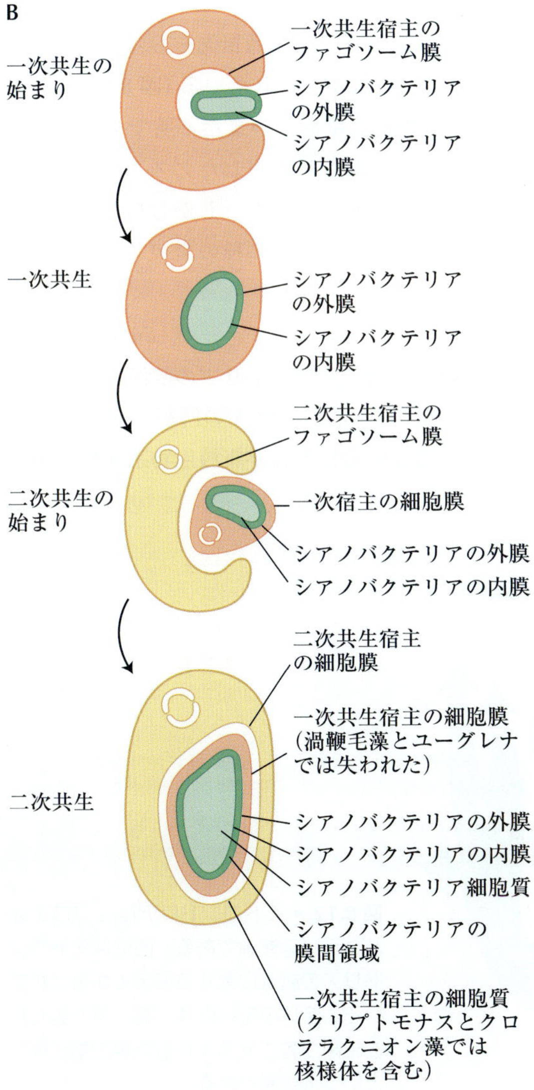

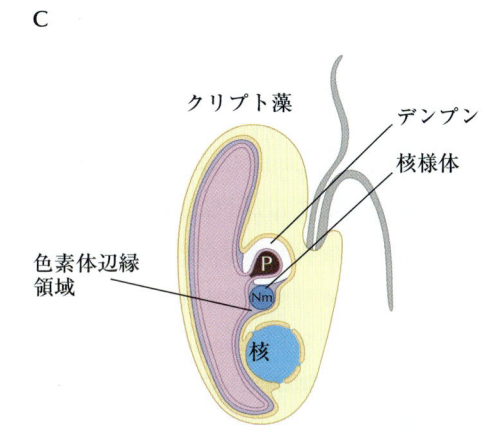

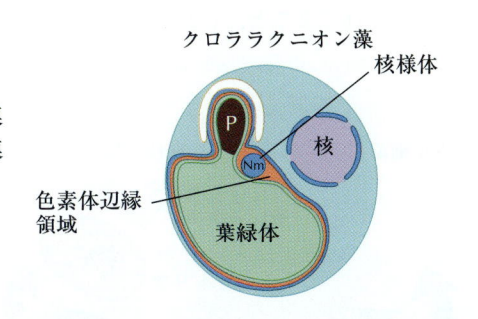

図 8.11 • 一次および二次色素体。(A) さまざまな真核生物の色素体。シアノバクテリア (上段左；*Eucapsis* sp.) がおそらく 12 億年以上前に起こったたった 1 回の共生を通して，緑藻 (上段右；*Ulothrix* fimbriata の糸状体)，紅藻 (下段左；*Porphyridium* sp.)，および灰色藻 (下段右；*Glaucocystis* sp.) の色素体になった。(B) 一次共生および二次共生のモデル。(C) 二次共生による色素体をもつ 2 つの真核生物の例。

体は二次共生体由来の核で縮退したゲノムをもちそれは，宿主の機能的な"主たる"核のゲノムとは類縁関係にない。第3に，核様体のゲノムが一次色素体をもつ真核生物の核ゲノムに近縁であるのに対し，"主たる"核のゲノムはそれとは別の真核生物の系統のものであるということが分子系統解析により示されている。例えばクリプト藻においては，核様体と色素体のゲノムは紅藻のゲノムに近縁であり，核ゲノムはそれとは異なる系統，おそらくはハプト藻に近縁な系統に由来するものである（図8.5）。現在ではさまざまな種類の二次共生が発見されている。そのなかには，二次共生が起こったときの共生体に存在したすべてのゲノムを保持しているような生物もある。すなわち，宿主の核とミトコンドリアのゲノム，共生体の核，ミトコンドリア，および色素体のゲノムをすべて有しているのである。一方，アピコンプレクサの寄生虫（例えば，マラリア原虫 [*Plasmodium*] や *Toxoplasma*）のように，共生体の核ゲノムとミトコンドリアゲノムは失われて色素体ゲノムだけが残っているような場合もある（「この本のねらい」の項参照）。

すべてのミトコンドリアは，おそらく真核生物の起源に近いころに起こったたった1回の共生に由来している

　色素体と同様に，現存のミトコンドリアゲノムの祖先は系統学的な研究によって辿ることができる。こうした系統復元により，すべてのミトコンドリアが共通祖先をもち，プロテオバクテリア門のαサブクラスに属する細菌に由来したことが示されている（図8.12）。ミトコンドリアのαプロテオバクテリア内部での正確な系統的位置はいまだ不明である。初期の研究はミトコンドリアが，αプロテオバクテリアに属し強度に縮退したゲノムをもち細胞内寄生性であるリケッチア類（*Rickettsia*）に近縁であることを示唆した。しかしながら，このように推測された系統的位置は，αプロテオバクテリアのいくつかの種の全ゲノムを用いた解析からは支持されなかった。

　トリコモナス（*Trichomonas*），ランブル鞭毛虫（*Giardia*），エントアメーバ（*Entamoeba*）のような真核生物はミトコンドリアをもたない。このことはミトコンドリアの起源に関して何かを物語るのだろうか。初期の分子分類学的な研究は基本的にrRNAの解析に基づいていたが，それによると，これらのミトコンドリアをもたない真核生物が真核生物系統樹の根も

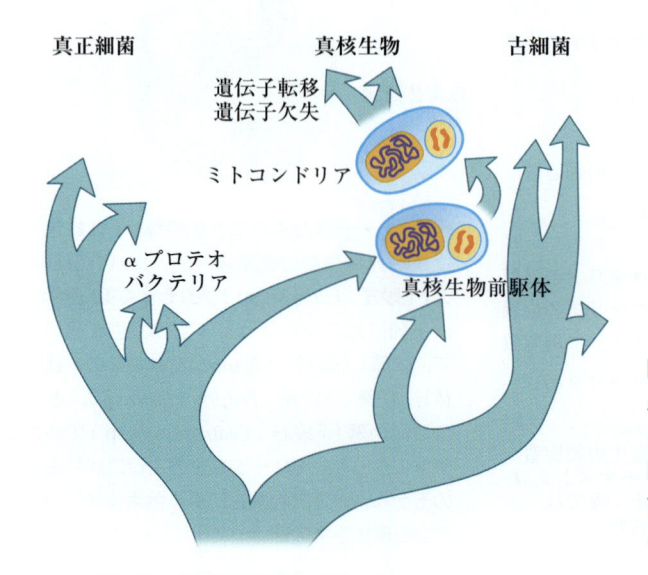

図8.12・ミトコンドリアはαプロテオバクテリア起源である。図にはミトコンドリアの起源に関するモデルが示されている。全体の系統樹は，第5章で論じた，古細菌が真正細菌よりも真核生物に近いという系統樹である。

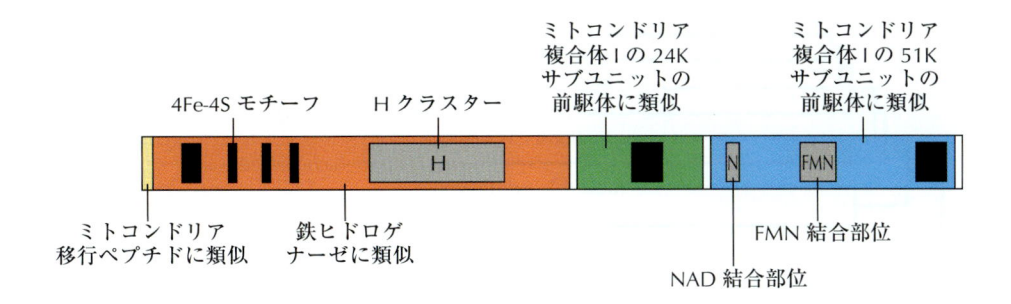

図 8.13 ● ヒドロゲノソームはミトコンドリアの痕跡なのか。核コードのヒドロゲノソームターゲットタンパク質のオープンリーディングフレーム（ORF）を示す。この ORF は鉄ヒドロゲナーゼをコードしていると推定され，既存のミトコンドリア由来のタンパク質の多くに類似している。

と近くから分岐したことを示唆した（第 5 章参照）。したがって，ミトコンドリアの前駆体を祖先型真核生物にもたらした共生は，これらのミトコンドリアをもたない系統が分岐した後に生じたとの仮説が立てられた。これらミトコンドリアをもたない系統が嫌気的な環境に生育しているという事実は，ミトコンドリアの共生により他の生物が好気的環境をよりよく活用できるようになったのだろうという推測をもたらした。しかしながら，Box 8.1 に示した真核生物全体の系統樹の最新の知見は，このモデルには適合していない。この系統樹では，ミトコンドリアをもたない 3 つの系統は単系統群を形成しておらず，ミトコンドリアが"すべての"真核生物の分岐よりも古い時点で存在したと考えるのが妥当である。

　これらミトコンドリアをもたない系統においてミトコンドリアはどのような運命を辿ったのだろうか。多くの場合，ミトコンドリアは失われたのではなく，他の細胞小器官に改造されたのである。例えばトリコモナスにおけるヒドロゲノソームやランブル鞭毛虫やエントアメーバにおけるマイトソームは，自身のゲノムを欠いているが，ミトコンドリアに由来する細胞小器官であると考えられる。これらの細胞小器官がミトコンドリア起源であるという仮説は，それらの形状と生化学的特性によって支持される。しかも，これら生物の核ゲノムの中には，ミトコンドリア由来の遺伝子に進化的に関連をもつ遺伝子が存在するのである（図 8.13，8.14）。これらの遺伝子が **α プロテオバクテリア**（α-proteobacteria）から水平伝達によって獲得されたという可能性もあるが，こうした知見は，これらの生物がかつてはゲノムのあるミトコンドリアをもっており，細胞小器官が失われる前に一部のミトコンドリア遺伝子が宿主の核ゲノムに移行したという可能性と首尾一貫している。

核の起源は不明なままである

　真核生物を真正細菌や古細菌から区別する主要な特徴は，細胞核である。核は 200 年以上にわたって徹底的に研究されてきたにもかかわらず，その起源については謎に包まれたままである。核と核ゲノムの起源に関する理論を集めて表 8.2 に示した。これらの理論は 2 つのカテゴリーに分けられる。核・内生説（karyogenic/autogenous model）では，核は単一の進化学的系統において，細胞のゲノムが膜の中に囲み込まれることによって進化したと仮定する。この構造が今日みられる核に進化したのである。核・外生説（endokaryotic model）では，異なる系統に由来する細胞間の共生あるいは融合が起こったと主張する。そして，共生体が核になったというのである。すべてのモデルは，核の 2 つの主要な特徴と首尾一貫性を示すように作られている。1 つは現存生物の核膜の構造である。もう 1 つは，核ゲノムの中には

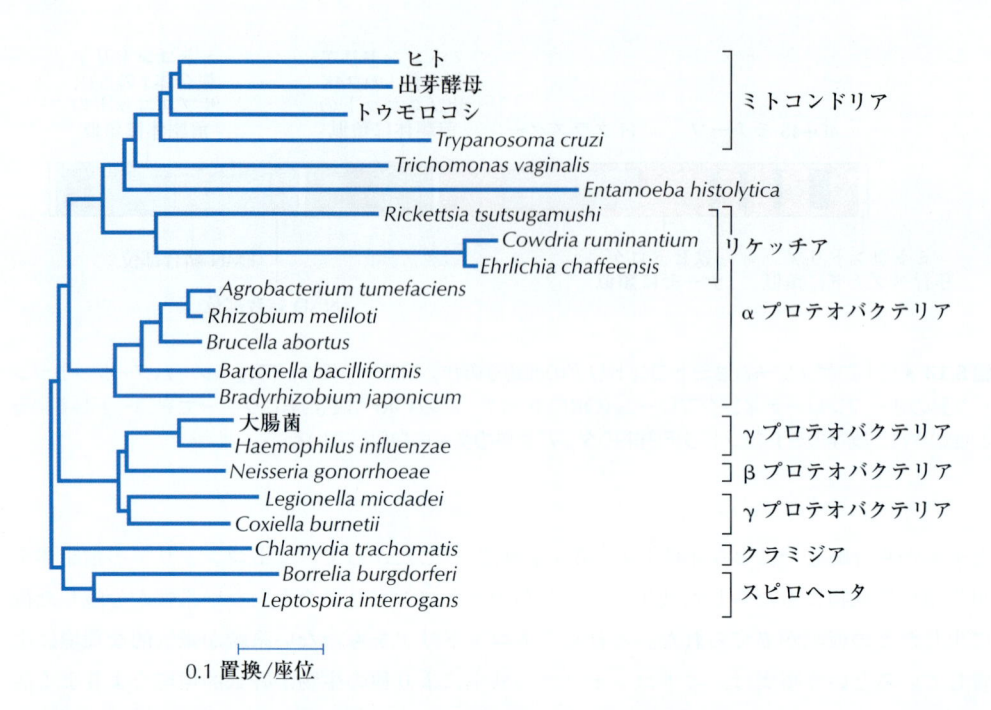

図 8.14 ● ミトコンドリア由来の遺伝子がミトコンドリアをもたない生物種でみいだされる。細菌および真核生物の核コードの cpn60 の系統樹は，ミトコンドリアをもたない真核生物種である *Trichomonas* と *Entamoeba* が他の真核生物のミトコンドリア由来の遺伝子とグループを形成することを示している。

古細菌の遺伝子に近縁な遺伝子が存在する一方で，真正細菌の遺伝子に近縁なものも存在するという事実である。

核・内生説

核・内生説の多くは，ある種の細胞膜陥入を含む。それによって作られた分画が最終的に核となる。陥入は現存の真核生物にみられるファゴサイトーシスに類似している。真核生物の祖先はある時点で真正細菌や古細菌の祖先から分岐して，全生物の系統樹における第 3 番目の主要な枝を形成したと考えられる。そのような祖先は現存の細菌や古細菌と同様に細胞壁をもっていたであろう。したがって，ファゴサイトーシスのように細胞膜の陥入が起こるためには，その細胞壁は失われなくてはならなかったであろう。重要なことに，この説は核膜の構造を説明する助けとなる（図 8.1 参照）。核・内生説では，核の自生が起こった系統は真正細菌よりも古細菌に近い系統であると仮定している。真正細菌の遺伝子はミトコンドリアの祖先をもたらした共生に由来するのであろう（図 8.12 参照）。この共生は核の成立の前にでも後にでもに起こりえたであろうが，細胞壁が失われ，ある種の内膜系が発達した後に起こったに違いない。

核・内生説の難点の 1 つは，核が進化しなければならなかった選択圧は何であったかという点である。1 つの可能性として，DNA を取り囲んだ膜が，酸素のような代謝の老廃物や毒素などからゲノムを保護したという点が考えられる。細胞内には酸素から形成される活性酸素があり，それが DNA と反応して鎖の切断や DNA 塩基への損傷を引き起こす。それらは変異原性や細胞毒性をもちうるのである（例えば，図 12.12 参照）。核はまた，ウイルスや転位因子のような遺伝子の寄生体から遺伝物質を保護する役割も果たすであろう。DNA とそ

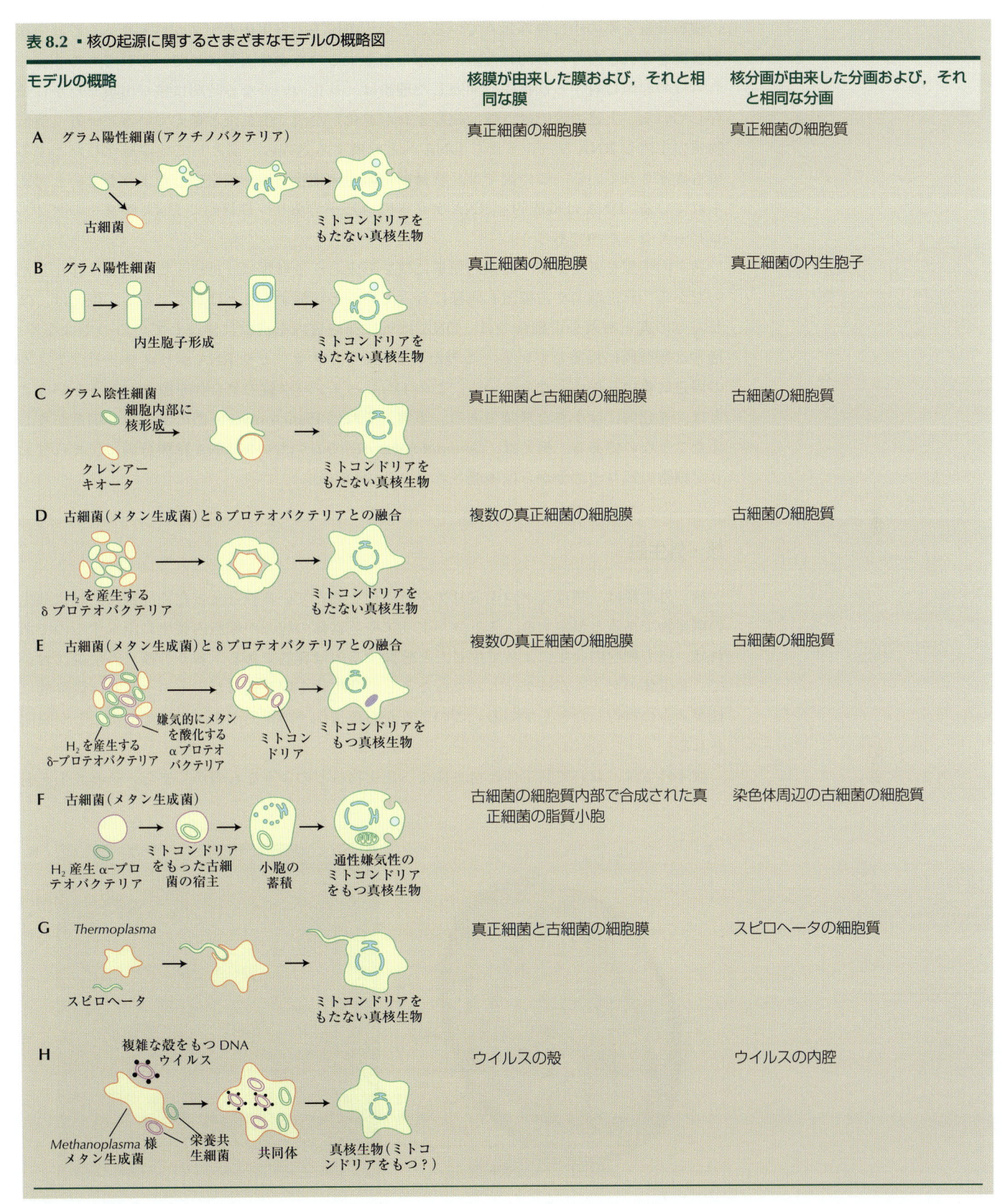

表8.2 ・ 核の起源に関するさまざまなモデルの概略図

モデルの概略	核膜が由来した膜および，それと相同な膜	核分画が由来した分画および，それと相同な分画
A　グラム陽性細菌（アクチノバクテリア）／古細菌　→　ミトコンドリアをもたない真核生物	真正細菌の細胞膜	真正細菌の細胞質
B　グラム陽性細菌　→　内生胞子形成　→　ミトコンドリアをもたない真核生物	真正細菌の細胞膜	真正細菌の内生胞子
C　グラム陰性細菌／クレンアーキオータ　細胞内部に核形成　→　ミトコンドリアをもたない真核生物	真正細菌と古細菌の細胞膜	古細菌の細胞質
D　古細菌（メタン生成菌）とδプロテオバクテリアとの融合　H_2を産生するδプロテオバクテリア　→　→　ミトコンドリアをもたない真核生物	複数の真正細菌の細胞膜	古細菌の細胞質
E　古細菌（メタン生成菌）とδプロテオバクテリアとの融合　H_2を産生するδ-プロテオバクテリア　嫌気的にメタンを酸化するαプロテオバクテリア　→　ミトコンドリア　→　ミトコンドリアをもつ真核生物	複数の真正細菌の細胞膜	古細菌の細胞質
F　古細菌（メタン生成菌）　H_2産生α-プロテオバクテリア　→　ミトコンドリアをもった古細菌の宿主　→　小胞の蓄積　→　通性嫌気性のミトコンドリアをもつ真核生物	古細菌の細胞質内部で合成された真正細菌の脂質小胞	染色体周辺の古細菌の細胞質
G　Thermoplasma／スピロヘータ　→　→　ミトコンドリアをもたない真核生物	真正細菌と古細菌の細胞膜	スピロヘータの細胞質
H　複雑な殻をもつDNAウイルス／Methanoplasma様メタン生成菌　栄養共生細菌　→　共同体　→　真核生物（ミトコンドリアをもつ？）	ウイルスの殻	ウイルスの内腔

Martin W. 2005. *Curr. Opin. Microbiol.* **8**: 630–637（Table 1, p. 632）（© Elsevier）より転載。

の複製装置を膜の中に包み込んでいることで，遺伝子の寄生体がゲノムに入り込んだり，複製装置をそれら自身の目的のために利用したりするのをより困難にしているのであろう。これら核の起源に対する選択圧に関連した理論は，進化のいかなる時期に核が出現したかに依存している。上述の説では，核は細胞生命が進化した後で生じたと考えている。一方，遺伝物質の主流が RNA ワールドから DNA へと転換する過程の一部として核が進化したとする説も提案されている。この説では，核は動物の生殖細胞を単一細胞にしたようなものと考えられている。DNA は機能的な RNA ゲノムのコピーであり，最終的に DNA が唯一のゲノムコピーとなったのであろう。

　核・内生説を考える際，比較的簡単に核を形成しうる形質は，真核生物の祖先に存在したのだから，真正細菌や古細菌も同様にもっていると理解することは重要である。例えば，ほとんどの真正細菌や古細菌では，DNA は単に細胞質内を自由に浮遊しているのではなく，通常は細胞膜に接着している。このため DNA ポリメラーゼや RNA ポリメラーゼはゲノムの周辺に集中しやすくなっている。この DNA とタンパク質の集合体を膜でおおうということは，進化的には小さな飛躍である。事実，それは Planctomycete 門のある種の細菌がなしえたことなのである。例えば，*Gemmata obscuriglobus* において DNA は膜分画に包まれており，細胞の残りの部分からは隔離されている（図 8.15）。

核・外生説

　核・外生説は，核はミトコンドリアや色素体を囲んでいる膜とまったく同様に，単に共生の副産物であると仮定する。ミトコンドリアや色素体の起源が細胞内共生に由来するのであれば，核も細胞内共生によって生じたと想像するのは容易である。多くの核・外生説において，共生体のゲノムが核ゲノムになったとし，共生体を取り込んだ宿主のゲノムは最終的に核ゲノムに移行したとしている。このことから核遺伝子の祖先がキメラ的であることが説明される。

　核・外生説において共生体と宿主になった生物はどのようなものか，また，その共生を引

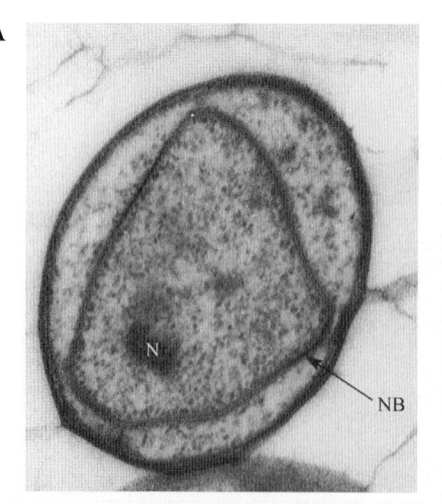

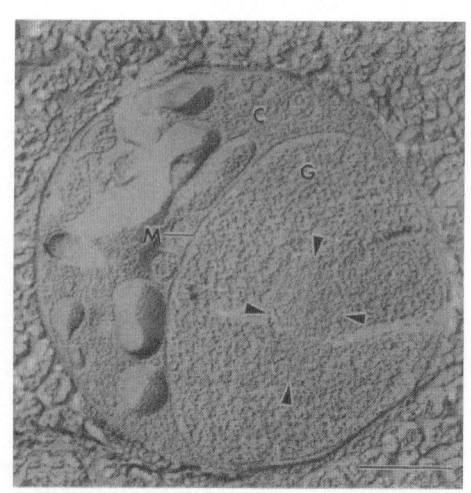

図 8.15 ● 細菌における DNA を包む膜。（A）*Gemmata* 様細胞の横断切片。二重膜で囲まれた核様体は NB，DNA 核様物質は N で示されている。（B）*Gemmata obscuriglobus* の横断面の電子顕微鏡像。膜で囲まれた核様体は M で示されている。核様体外部の細胞質（C）は，核様体内部の細胞質（G）とは質感が異なっている。縮尺棒＝ 0.5 μm。

き起こした駆動力は何なのか。核・内生説と同様，核・外生説においても宿主の細胞壁は共生に先立って失われなくてはならない。そのためいくつかの説では，宿主になった系統は現存種が細胞壁を欠くようなものであるとしている（例えば，*Thermoplasma*）。しかしながら多くの説は，核になった共生体は古細菌であり宿主はなんらかの真正細菌であるとしている。このことにより，なぜ真核生物の核関連機能を司る多くの遺伝子（例えば，複製や転写）が真正細菌の遺伝子よりも古細菌の遺伝子の方に近縁なのか，また，なぜ細胞質での機能にかかわる多くの遺伝子（例えば，代謝）が真正細菌の遺伝子に近縁なのかという点が説明される。すでに議論したように，ミトコンドリアの進化に関する一般的な理論においては，ミトコンドリアは真核生物進化の最初もしくはそれに近い時期に生じたとしているため，多くの核・外生説は，ミトコンドリアになったのと同じαプロテオバクテリアが共生体の宿主となったとしている（図 8.16）。そうでなければ別の宿主が存在しなくてはならず，その場合，ミトコンドリアの共生はまた別の出来事ということになり，最初の（核ができたときの）宿主のゲノムの一部が核ゲノムに移行し残りは失われたということになる。共生を引き起こした駆動力は何かという問題は，核・外生説のより興味深い問題の1つである。多くの説は，その駆動力としてある種の代謝相互依存性を挙げている。それは現在の多くの共生においても同様に認められるものである（p.177 を参照）。

異なるゲノムは別々に進化しうる

　進化の過程において，いくつかの遺伝子が細胞小器官のゲノムに存在するようになった。核・ミトコンドリア・色素体のゲノムはそれぞれ別々の選択圧の下にあり，そのため，頻繁に異なる様式で進化を遂げる。例えば，有性生殖を行う真核生物では，細胞小器官のゲノムは有性的な組換えを被らず，主として母系の系統を通して伝達される。このため，集団において母系の系統を追跡するマーカーとして有用である。これは，Y 染色体がヒト集団において父系の系統のマーカーとして用いられるのと同様である（pp.813 〜 816 参照）。しかし，細胞小器官のゲノムは組換えを起こさないため選択が有効に働かず，最終的には縮退していく運命なのかもしれない。

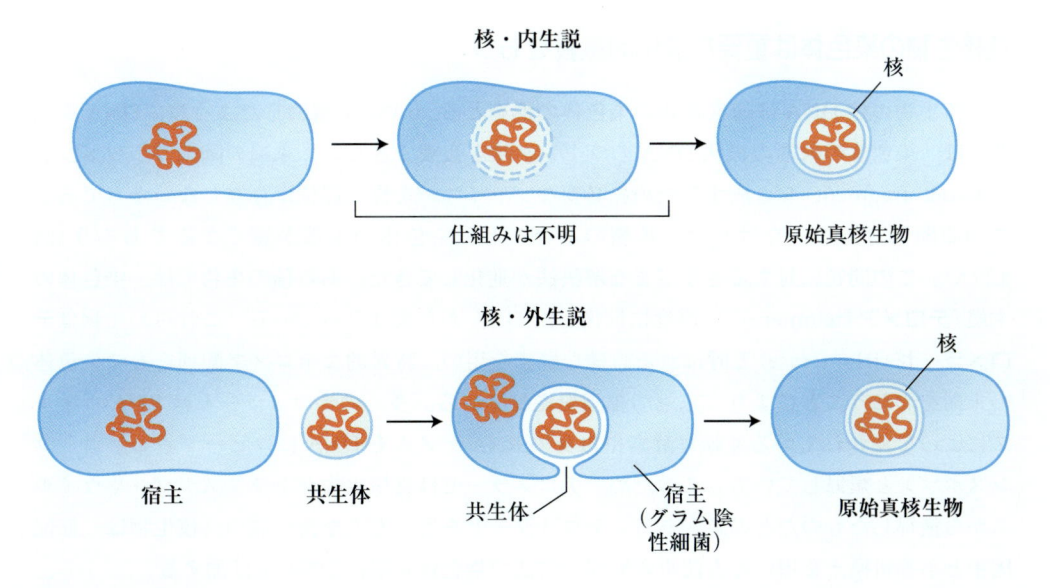

図 8.16 ■ 核の起源。

核ゲノムと核以外のゲノムとでは進化速度が異なる。例えば動物では，ミトコンドリアゲノムの遺伝子は核ゲノムの遺伝子よりも速く進化する。多くの植物では逆である。ミトコンドリアの遺伝子は核の遺伝子よりもゆっくり進化する。進化速度が異なる理由はよくわからないが，集団や進化の研究において異なるゲノムの遺伝子を用いる際にはこの点を考慮に入れる必要がある。

まとめ：真核生物のゲノムはキメラである

おのおのが自身のゲノムをもつ細胞小器官を獲得したことにより，細菌由来の遺伝子が真核生物のゲノムに"住みつく"という結果がもたらされた。しかしながら，核を創設した現存の核ゲノムは，明らかに異なる進化史をもつ遺伝子のキメラである。二次共生によって生じた真核生物の場合，1つの細胞はおそらく，最初の宿主の核およびミトコンドリアゲノム，共生体の核，ミトコンドリア，および色素体ゲノムのそれぞれに由来する遺伝子を保持しうるのである。

さらに，真核生物では遺伝子水平伝達が真正細菌や古細菌の場合ほど頻繁で大規模に起こっているわけではないが，それが起こっているという事実は示されている。真核生物ではおそらく単細胞生物において最も頻繁に起こっているであろう。さらにまた，真正細菌や古細菌においてファージが遺伝子を動かすのとまったく同様に，ウイルスも真核生物の種間を通して遺伝子を動かせることを示唆する証拠もある。遺伝子の移動に関するこれらすべての機構を考慮すると，真核生物の核ゲノムの進化は1つの系統樹では正確に描写できない。枝がところどころ絡み合った複数の系統樹として描写するのがより正確であろう。

8.3 核ゲノムの構造と進化

真核生物の核ゲノムの構造と組成は(概して)真正細菌や古細菌のゲノムとは明確に異なる。この節では，こうした違いのいくつかの例を，進化的な意義を踏まえて示す。

真核生物の染色体は重要な進化的意義をもつ

真核生物の核DNAは通常線状の染色体の形をとる。p.188で議論したように，DNA複製酵素は，染色体の末端の線状DNAのラギング鎖を複製できない。末端の**岡崎フラグメント**(Okazaki fragment)を合成するために必要なプライマーを作る部位が存在しないからである。この問題に対処できなければ，複製のたびごとに染色体の末端が短くなるであろう(図8.17A)。この問題に対するさまざまな解決法が進化してきた。ある種の生物では，染色体の末端(テロメア[telomere])は高度に反復したDNAから成り立っている。これらの生物は**テロメラーゼ**(telomerase)と呼ばれる特殊な酵素を用い，特異的なテロメア配列をもつ染色体の末端をおおうことにより，末端の縮退を逆転させる。多くのテロメラーゼはRNAウイルスによって使われている逆転写酵素や自身のRNAゲノムをDNAにコピーするレトロトランスポゾンと類似している。このため，テロメラーゼは真核生物がトランスポゾンやウイルスから獲得したものだとの説がある。テロメラーゼをもつものを含む他の真核生物は，転位因子と不等組換えを用いる方法を含め別の方法で染色体末端にDNAを付加する。

セントロメア(centromere)は多くの真核生物染色体において顕著な特徴である(図8.18A)。

セントロメアは細胞分裂の際におのおのの染色体を微小管に結びつける接着点である。減数分裂や体細胞分裂の間この接着点は，染色体の動きを支配し染色体の分離を導き，各娘細胞に1セットの染色体をもたらす。

　セントロメアの存在は重要な進化的意義をもつ。例えば，真核生物の染色体には組換え率の勾配があり，テロメアでその率は高くセントロメアでは低いのである。セントロメア付近での低い組換え率は，ゲノムのその領域での自然選択の効率を悪くする（p.540参照）。その結果，機能的にあまり重要でないDNAや弱有害であるかもしれないDNAは，しばしば染色体のセントロメア領域に追いやられる。例えば，モデル植物のシロイヌナズナにおいては，

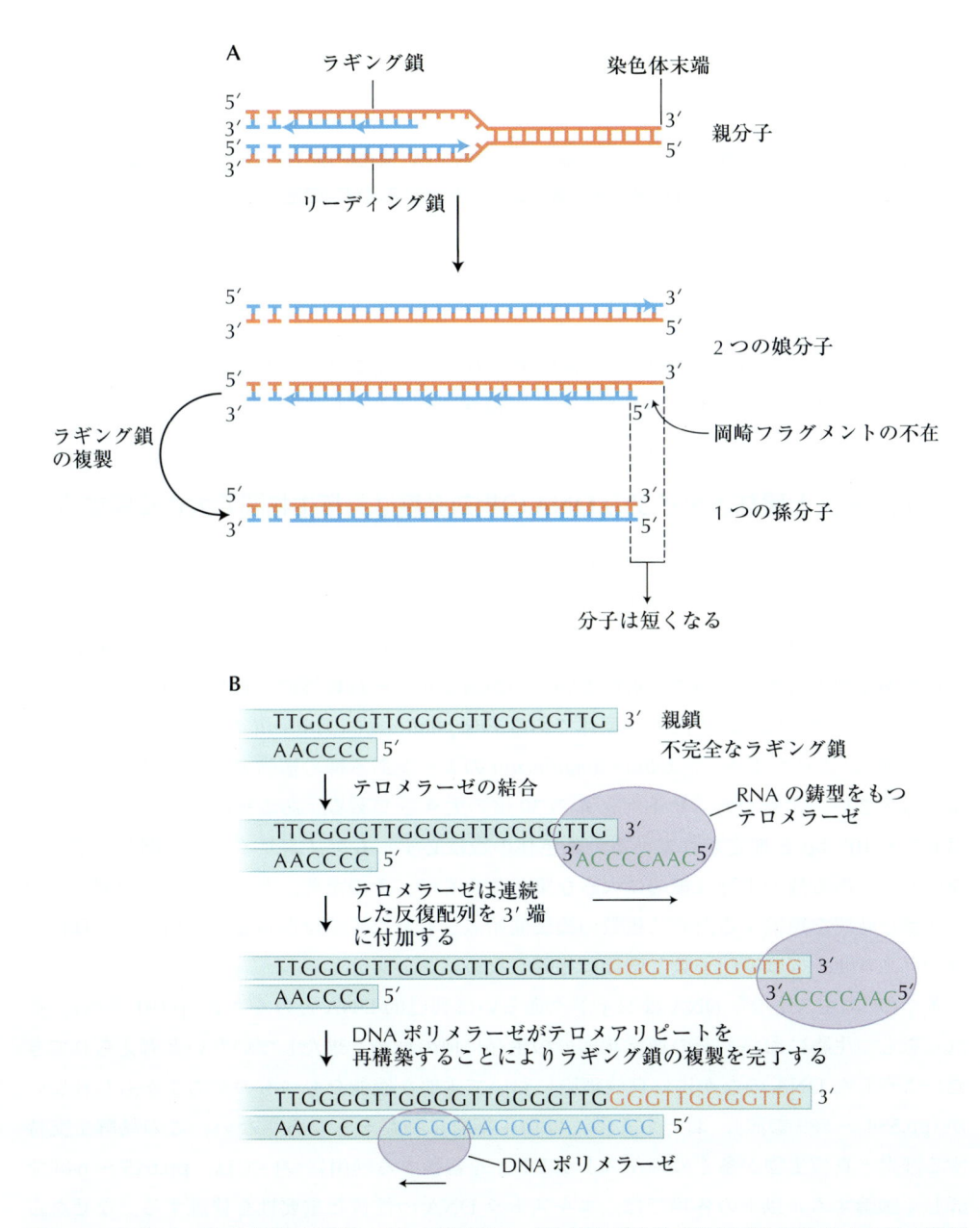

図8.17 ▪ (A)テロメアを複製する際に内在する問題点。(最上図)染色体末端(右側)の近くでDNAが複製している。リーディング鎖は複製を完成できる(中段の上の分子)が，ラギング鎖は不完全なままである(なぜなら末端の最後の部分に関してプライマーが作れないからである)。このまま複製が行われると，染色体が短くなってしまう。(B)テロメラーゼはラギング鎖末端の複製を可能にする。この例では，テロメラーゼ内部のRNA分子が染色体末端にDNAをつけ加える鋳型として働いている。

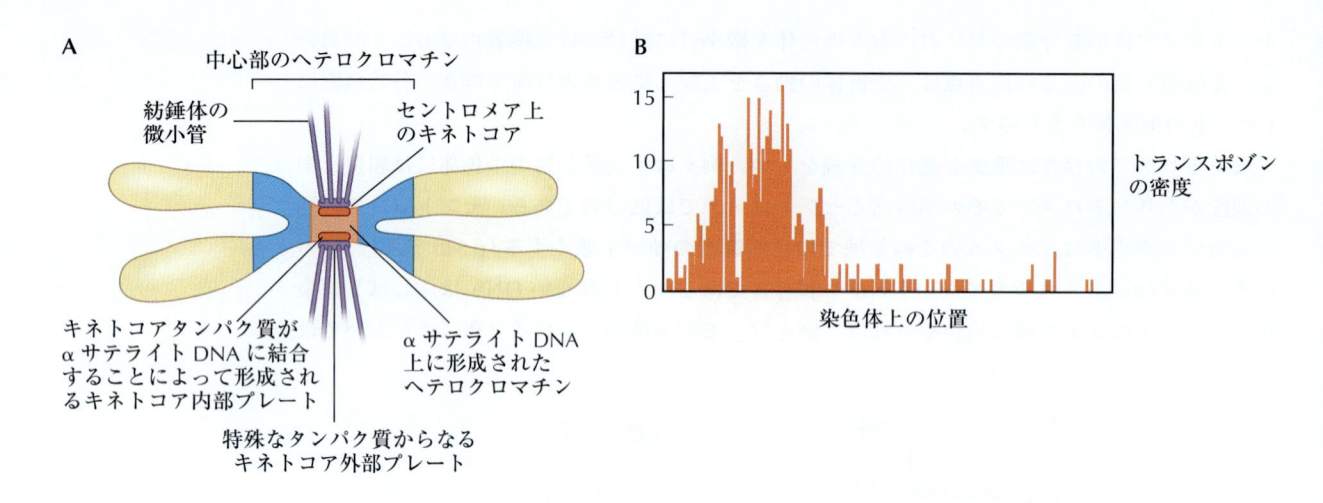

図8.18 ● トランスポゾンはセントロメアに集中している。(A) 真核生物のセントロメアの図解。(B) シロイヌナズナ *Arabidopsis thaliana* の第2染色体におけるトランスポゾンの密度。トランスポゾン密度のピークはセントロメア領域にある。

セントロメアではテロメアの20倍も転位因子の密度が高くなっており，多コピーのミトコンドリアゲノムが第2染色体のセントロメア領域に位置している。

ゲノムサイズと異なるタイプのDNAの相対頻度は真核生物間で大きく異なる

　古細菌や真正細菌と比べて真核生物のゲノムはきわめて大きい（図7.1参照）。真核生物内部でのゲノムサイズのバラツキは，古細菌および真正細菌それぞれ内部のバラツキに比べて。一倍体（半数体）のゲノムサイズを比べると，真核生物のゲノムのなかには真正細菌や古細菌のある種のものより小さいものがいくつかあるが，それ以外の真核生物のゲノムははるかに大きい。例えば，細胞内の病原体である *Encephalitozoon cuniculi* の核ゲノムは 2×10^6 bp（塩基対）よりも小さく，*Lilium longiflorum* のようなある種の植物のゲノムは 9×10^9 bp よりも大きい。すなわち，ヒトゲノムの30倍の大きさである。ある種のアメーバのゲノムは 6.7×10^{11} bp と推定されている。染色体の数は必ずしもゲノムサイズに比例して増加しないので，ある種の生物は極端に大きな染色体をもつ。そのため，ゲノム全体を複製するのに必要な時間を短縮するために複数の複製開始点をもたなくてはならない。同様に，真核生物のゲノムサイズは遺伝子数と密接に相関しない。

　多くの"エキストラ"DNAはジャンクあるいは利己的DNAとみなされ（p.191参照），それらをもつ生物においてその通常状態での生存に何の役割も果たしていないと考えられてきた。こうしたDNAのなかには真核細胞において重要な機能をもつものがあるかもしれないが（pp.584〜589参照），おそらく多くは宿主細胞に利益をもたらさない。この見解を支持する証拠と真核生物が多くのエキストラDNAを蓄積する理由については，pp.645〜648で詳しく議論する。以下の各項では，エキストラDNAの性質と重要性を検証する。なぜならエキストラDNAは真核生物のゲノム構造の変化の過程で重要な役割を演じるからである。特に，真核生物の中で大きさやコピー数が異なる3つのクラスのDNAについて議論する。それらは，**縦列反復DNA**，転位因子，**イントロン**（intron）である。

縦列反復DNAは真核生物に大量に存在しうる

　多くの真核生物ゲノムは，同じもしくは類似した配列が繰り返されている長い一続きのDNA領域を含んでいる。縦列反復DNAとして知られるそのような特徴は，大量に存在しうるものでありいくつかの特徴的な形式をもっている。そのなかの1つは，DNA精製の際の"サテライト"バンドとして同定されたことから名づけられた**サテライトDNA**（satellite DNA）である。繰り返されておりしかも異なる塩基組成をもつため，このDNAはゲノムの他のDNA部分とは異なる浮遊密度をもっている。したがって，全ゲノムDNAを密度勾配遠心によって精製する際，このDNAは別の"サテライト"バンドを形成する。現在ではこのサテライトDNAという術語は，浮遊密度がゲノムの他の部分と異なるか否かにかかわらず，約100〜1000 bpの長さのあらゆる非コード縦列反復に対して用いられている。実験的・ゲノム調査的研究により，サテライトDNAが真核生物のゲノム，特にセントロメア領域やヘテロクロマチンに大量に存在することが示されている。

　100 bp以下の縦列反復は，**ミニサテライト**（minisatellite）（繰り返し単位が約10〜100 bp）もしくは**マイクロサテライト**（microsatellite）（繰り返し単位が2〜10 bp）として知られる。突然変異率が高いため（図12.9，Box 13.3），これらは有用な遺伝子マーカー（遺伝標識）である。また，多くの真核生物は完全な遺伝子からなる大量の縦列反復をもっている（例えば，図12.3）。

転位因子とそれらの残骸が多くの真核生物のDNAを説明する

　真正細菌や古細菌の簡素化されたゲノムとは対照的に，真核生物のゲノムは，多種大量の転位DNA因子（トランスポゾンと命名されている）が存在するため，しばしば非常に巨大化している。ヒトゲノムの半分以上はある種のトランスポゾンからなっている。このような転位DNA因子は宿主ゲノムに対して有意な負の影響を与えうるため，それらは利己的DNAであると考えられている。利己的DNAが真核生物のゲノムの中で多様化する理由は第21章で説明されている。ここでは，真核生物のゲノムにみいだされる転位因子の多様性とそれらのゲノムへの影響について議論する。

　転位因子はその複製機構に応じて，レトロエレメント，複製型DNAトランスポゾン，保存型（あるいは非複製型）DNA因子の3つのカテゴリーに区分できる（表12.2を参照）。レトロエレメントは自身のコピーを逆転写酵素によるRNA中間体を通して作る。複製のために，それらはまずDNAをRNAに転写する。そのRNAを逆転写してもとのDNAのコピーを作り，それがゲノムの他の部位に挿入されるのである（図8.19）。レトロエレメントは，その外側領域に長い反復配列をもつかどうかによって2つのおもな形状を示す。長い末端の反復配列（LTR）は**レトロトランスポゾン**（retrotransposon）には存在し，**レトロポゾン**（retroposon）には存在しない（図8.19参照）。レトロトランスポゾンは，LTRをもちRNA中間体を経て複製しゲノムに挿入されるレトロウイルスに関連している。レトロウイルスの最もよく知られた例は，後天性免疫不全症候群（AIDS）を引き起こす，ヒト免疫不全ウイルス（HIV）である。

　ヒトゲノムは多くの真核生物ゲノムと同様に何百万もの異なるレトロエレメントを保持している（p.647参照）。レトロポゾンには2つの重要なグループがある。**LINE**（long interspersed nuclear element）と**SINE**（short interspersed nuclear element）である。LINEには複数の形式のものが存在し，数百あるいは数千コピー存在するものもある。SINEは細胞あたり100万コピー以上存在し，ALU因子も含まれる。SINEは逆転写酵素をコードしていないが，

			長さ	コピー数	ゲノムに占める割合
LINE	自律的	ORF1 ORF2 (pol) AAA	6–8 kb	850,000	21%
SINE	非自律的	AB AAA	100–300 kb	1,500,000	13%
レトロウイルス様因子	自律的	gag pol (env)	6–11 kb	450,000	8%
	非自律的	(gag)	1.5–3 kb		
DNAトランスポゾン	自律的	トランスポサーゼ	2–3 kb	300,000	3%
	非自律的		80–3000 bp		

図 8.19 ● ヒトゲノムにみいだされる，より豊富な反復配列の例（これらのすべてはある種のトランスポゾンである）。これらは，遺伝因子のタイプと自律的（転移のための手段をコードしている）か非自律的（転移は他の因子に依存している）かによって分類できる。4 つの遺伝因子のタイプについて，それらの一般的な構造，長さ，コピー数，ゲノム全体に占める割合が示されている。最初の 3 つ，LINE, SINE, レトロウイルス様因子は，RNA 中間体を介して転移するレトロエレメントである。LINE と SINE はレトロポゾンの形式に関連している。LINE は自律的であり（pol タンパク質をコードしている），SINE は非自律的である。レトロトランスポゾンを含むレトロウイルス様因子は，末端の長い反復配列をもち，各末端には（青で示すように）自律的因子があり pol タンパク質をコードしている。DNA トランスポゾンの両端には通常，逆方向の反復配列（小さい三角）が存在し，トランスポサーゼタンパク質をコードする自律的因子をもっている。

かわりに他のレトロエレメントの逆転写酵素を用いることによって自身のコピーを作っている。

　真核生物のゲノムはさらに**複製型 DNA トランスポゾン**（replicative DNA transposon）（自身のコピーを作りそれがゲノム上の新たな場所に挿入される）や**保存型 DNA トランスポゾン**（conservative DNA transposon）（1 つの場所から切り出されて別の場所に挿入されることによりゲノム内を動く）も含んでいる（図 8.20）。真核生物のゲノムには通常，DNA トランスポゾンはレトロエレメントほど大量には存在しない。

　真核生物にトランスポゾンが過剰に存在することは，多くの変異の原因となっている。それらはしばしば，遺伝子コード領域や調節領域に挿入されたり，相同組換えを介したゲノム再編に関与したりすることにより宿主のゲノム機能を妨害する（pp.371 〜 373 参照）。さらに，保守的 DNA トランスポゾンが複製する際の切り出しは通常正確に行われないため，切り出し部位には突然変異が生じうる。

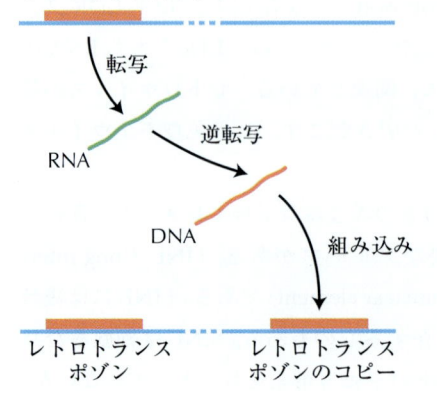

図 8.20 ● レトロトランスポジション。レトロトランスポゾンが転写され，生じた RNA が DNA に逆転写される。この DNA はさらに宿主ゲノムの別の場所に組み込まれる。

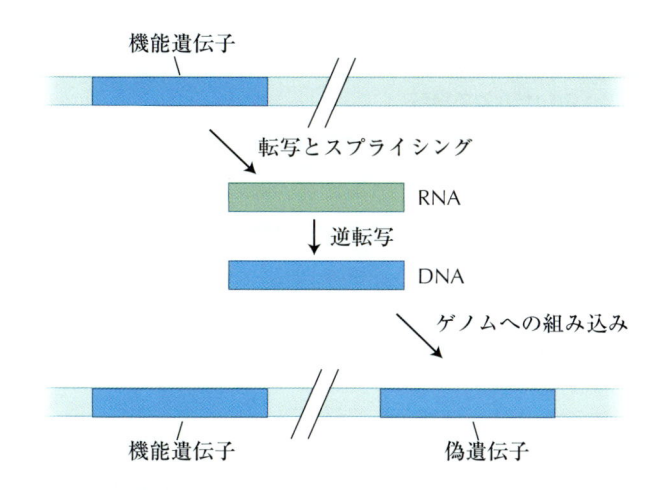

図 8.21 ● 逆転写酵素を介した偽遺伝子の創生。ある遺伝子（最上行）が転写されスプライシングを受け最終的な RNA となる。そしてそれが DNA へと逆転写される。このイントロンをもたない DNA はゲノムに組み込まれることがある。これが偽遺伝子になる可能性は非常に高い。図 8.20 におけるトランスポジションの過程との類似性に注目せよ。

　活発なレトロエレメントにコードされた逆転写酵素は，細胞質の RNA に作用することもある。細胞質の RNA が逆転写されると，生じた**相補 DNA**（complementary DNA，**cDNA**）がゲノムに挿入されることがある。cDNA はたいてい，コピーもとの RNA をコードしていた遺伝子とは異なっている。なぜなら逆転写された細胞質の RNA はすでに RNA プロセシングを経たものだからである。RNA プロセシングによりすべてのイントロンは取り除かれ，残ったエキソンがつなぎ合わされているため，cDNA はイントロンの配列をもっていない。強い選択圧から解放されるため，これらの遺伝子コピーは急速に変異を蓄積し機能を失った**偽遺伝子**（pseudogene）となる。偽遺伝子，すなわち，遺伝子に由来するゲノム領域だが変異の蓄積によって機能を失った部分は，別の過程によっても形成される（図 8.21）。機能をもたないのにもかかわらず偽遺伝子は，DNA 修復や減数分裂の過程でゲノム内部の組換えのための部位として働き，染色体の不整合を引き起こすにより，ゲノムに対して大きな影響を及ぼしうる（pp.370 〜 373 参照）。偽遺伝子の配列が対応する機能遺伝子の配列に類似しているのにもかかわらず機能をもたないことから，研究者は偽遺伝子が"中立的な"進化のマーカーとして有用であることをみいだした。偽遺伝子の解析はゲノムの変異率や変異パターンの特徴を明らかにするために用いられている。それらはまた，系統学的研究のための分子化石としても利用されている。種間で共有されている偽遺伝子は，系統復元の過程において有用な共有派生形質となりうる。

真核生物のゲノムはさまざまなタイプのイントロンをもつ

　真核生物におけるイントロンの存在量は大きく変動する。モデル酵母である *Saccharomyces cerevisiae* のような生物種では非常に少なく，存在するイントロンも短い。別の生物種では，遺伝子が数十ものイントロンで満たされており，細菌の全ゲノムより大きいような場合もある。イントロンはその位置と作用機構に応じて，おもに 4 つのタイプに分類されている。すなわち，tRNA イントロン，グループ I イントロン，グループ II イントロン，および mRNA 前駆体イントロンあるいはスプライソームイントロンの 4 つである（表 8.3）。

表 8.3・イントロンのおもなタイプ

イントロンタイプ	みいだされる場所
スプライソソーム	真核生物の核の mRNA 前駆体
グループ I	真核生物の核の rRNA 前駆体，細胞小器官の RNA，まれに細菌の RNA
グループ II	細胞小器官の RNA，いくつかの原核生物の RNA
tRNA 前駆体	真核生物の核 tRNA 前駆体

Brown T.A. 2002. *Genomes*, 2nd ed., Table 10-2. Wiley-Liss, New York より改変。
mRNA ＝メッセンジャー RNA，rRNA ＝リボソーム RNA，tRNA ＝トランスファー RNA

　いくつかの tRNA 遺伝子はイントロンを含んでおり，それらは転写された tRNA 前駆体から取り除かれなくてはならない。tRNA 前駆体のプロセシングには，イントロンを切り出すエンドヌクレアーゼとともに，残された RNA 断片を繋ぎ合わせて機能をもつ tRNA を作るための**キナーゼ**(リン酸化酵素，kinase)やリガーゼが必要である。

　グループ I イントロンは，触媒能をもつことが示された最初の RNA である (第 4 章)。試験管内で，このイントロンは RNA 分子から自身を切り出すことができる。生体内でもそれらはさまざまなタンパク質と共同して同様のことを行う。グループ I イントロンはいくつかの細胞小器官 tRNA や rRNA でみいだされており，さまざまな生物の mRNA にも存在する。それらの構造と機能はそれらがみつかったすべての生物種を通して高度に保存されている。核ゲノムに存在するグループ I イントロンは細胞小器官ゲノムから転移したのかもしれない (pp.223 〜 226 参照)。

　グループ II イントロンも触媒 RNA で，試験管内で自身を切り出すことができる。グループ I イントロンと同様に，それらの構造や機能はそれらが見つかったすべての生物を通して高度に保存されている。しかしながら，それらの作用機構はグループ I イントロンとは異なっており，スプライソソームイントロンに類似している。多くのグループ II イントロンは，そのイントロンをゲノムの他の領域に転移させるためのタンパク質をコードしている。グループ II イントロンは通例，細菌と真核生物の細胞小器官のゲノムにみいだされるので，細胞小器官の祖先となった細菌に存在していたものであると考えられる。

　スプライソソームイントロン (mRNA 前駆体イントロンあるいは核 mRNA イントロンとも呼ばれる) は，スプライシングの過程でスプライソソームとして知られるタンパク質複合体が必要であることからそのように名づけられた。酵母 *S. cerevisiae* のような真核生物では，スプライソソームイントロンは少なくそれらの多くはきわめて小さい。酵母では複数のスプライソソームイントロンをもつ遺伝子はほとんどない。一方，ヒトではスプライソソームイントロンは一般的でそれらは非常に大きい。

　イントロンはよく，ジャンク DNA であると考えられている。ところが，配列の比較解析からある種のイントロンの配列は高度に保存されていることが示されており，機能的制約がイントロンの進化になんらかの役割を果たしていることが示唆される (第 19 章参照。そこでは保存されている非コード DNA について議論されている)。保存されている配列のなかには，RNA スプライシングに必須の配列であると結論できるものもある。別の保存的配列はスプライシングのタイミングを制御している。これにより複数のタンパク質を単一のタンパク質コード遺伝子から**選択的スプライシング** (alternative splicing) の過程を経て産生することが可能となる (図 8.22)。もしすべての選択的スプライシングの可能性が考慮されれば，ヒトのよ

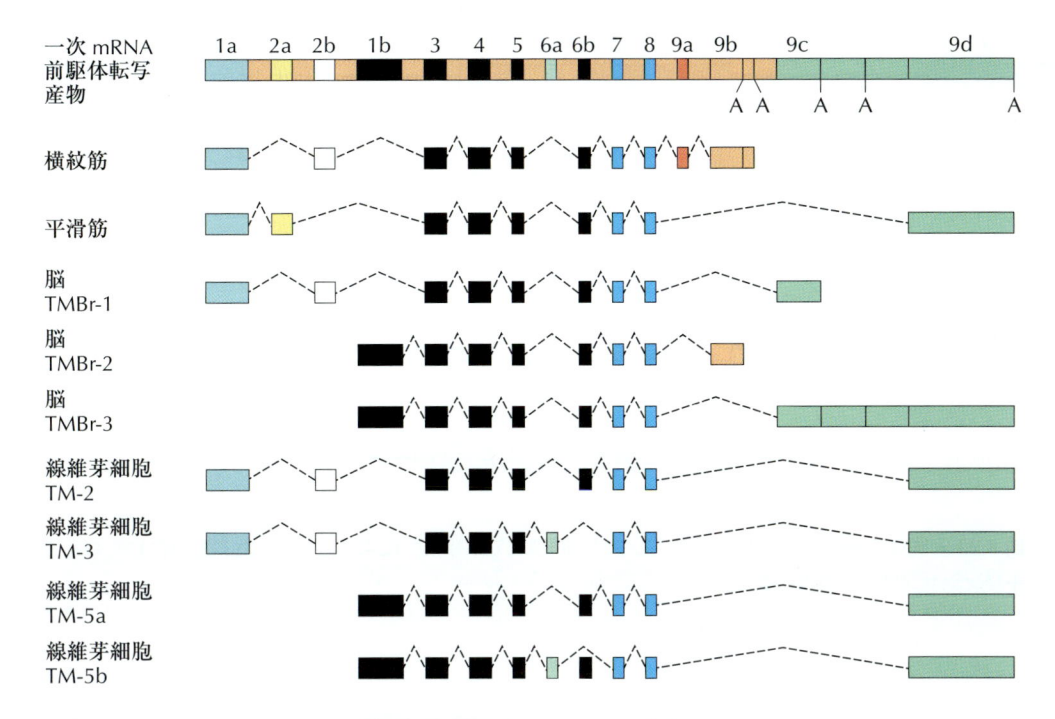

図 8.22 ・ 選択的スプライシング。異なる細胞のタイプにおける選択的スプライシングによって，複数のタンパク質が α トロポミオシン遺伝子から生成されることが知られている。一次転写産物内のオレンジの箱はイントロンを示す。他のすべての箱はエキソンである。各組織型におけるスプライシングの形式が，取り込まれるエキソンを結ぶ線で示されている。

うな生物種では，たった 25,000 個のタンパク質コード遺伝子しかもっていないのにもかかわらず，何百万種もの異なるタンパク質を作ることができるのである。選択的スプライシングは多様化のための新規遺伝子を生み出す源泉として重要である（pp.775 〜 778 参照）。

イントロンの存在は，遺伝子やゲノムの進化に対してさまざまな形で影響を与えている。例えば遺伝子のエキソン説は，イントロンは生物の歴史の非常に早い時期に存在しており，真正細菌と古細菌の系統では早い時期にそれらが失われたのだと主張する（おそらくコンパクトなゲノムを好むという選択のために）。この説はまた，イントロンが進化の初期に存在したことによりエキソンのシャフリングを通してタンパク質が多様化することを可能にしたとういうことも主張する（図 8.23）。多くの研究は，イントロンの起源が非常に早いという点について，遺伝子のエキソン説が誤りであり，大多数とはいえないまでも多くのイントロンが進化の過程で後から生じたものであることを示唆している。しかしながら，一度イントロンが存在すれば，それらは確かにタンパク質ファミリーの多様化に貢献するのである。

イントロンが安定な存在ではないという点を認識することは重要である。イントロンは比較的頻繁に遺伝子に付加されたり削除されたりしている。すでにスプライスされた mRNA の逆転写の結果，しばしばイントロンの欠失が生ずる。イントロンの付加が起こるのは，部分的にはある種のイントロンが転位因子として働く能力をもつことによるのかもしれない。

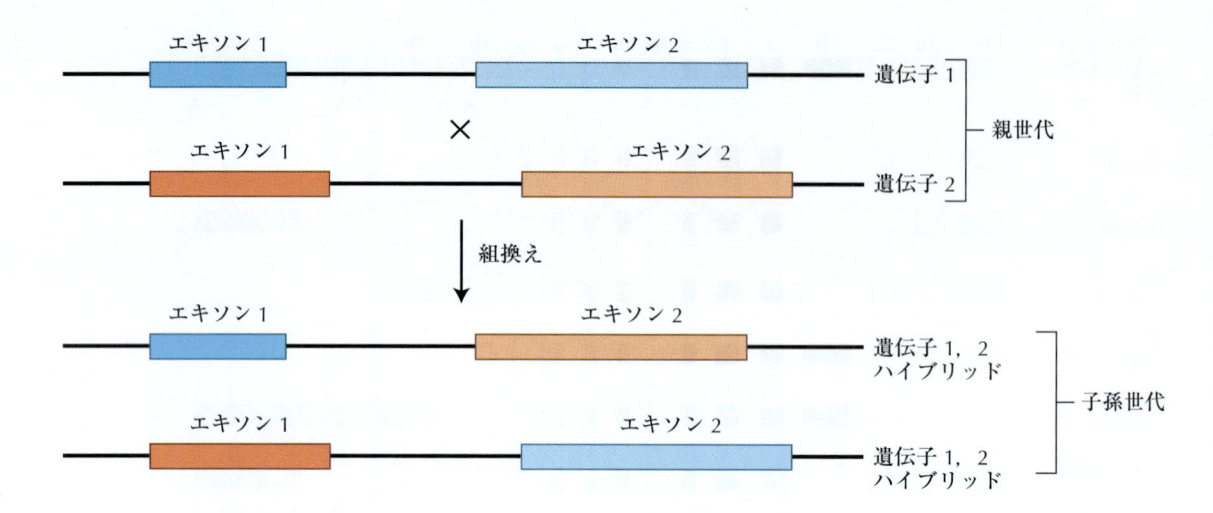

図 8.23 ▪ 異なる遺伝子のエキソンが，エキソン間領域での組換えにより混ぜ合わされ組み合わされてエキソンシャフリングが起こる。

8.4 真核生物の多様化

単細胞の真核生物の細胞体制は途方もない多様性を示す

　真核生物の系統的多様性の圧倒的大部分は単細胞の生物によって占められている。それらはまた生物学的に，とりわけ細胞の構造と体制において広大な多様性を示している（例えば，図 8.6 を参照）。体制の多様性は機能の多様性を伴っている。例えば，単細胞のアメーバは環境に適応するために形を変えることができ，獲物や食物粒子を包んで"飲み込み"，環境を探査するために地表を滑走する。ある種の藻類は単細胞からなる植物的な構造をとることができる。単細胞の真核生物によって示される細胞体制の多様性は，多細胞生物のさまざまな細胞型の中にもみいだせる（第 9 章参照）。

　こうした細胞の形態や機能の多様性の基礎をなしているのは真核細胞の 2 つの動的な特徴，すなわち，精巧な細胞骨格と内部輸送ネットワークである。真核細胞はその細胞骨格のおかげで，多様な形や構造を維持することができ，形を急速に変化させることができる。細胞骨格はまた細胞内部を微細で多様な環境に分割している。核，細胞小器官，他の膜で囲まれた分画，さらに他の構成要素は，分かれているが接近できる。大規模な細胞内輸送システムが細胞の外部から内部への，そして内部から外部への分子の動きを統制しており，それらの分子にねらいをつけて特定の細胞内分画に導くことができる。こうした活発な過程が存在するおかげで，真核細胞の大きさは真正細菌や古細菌の細胞において存在する拡散率の制約を大きく受けずにすんでいるのである。

複雑な制御ネットワークが真核生物多様化の主要因である

　真核生物の体制の多様化が増すと，真正細菌や古細菌におけるよりも精巧な遺伝子やタンパク質の制御ネットワークが必要となる（図 8.24）。多細胞生物同様単細胞の真核生物においても，これがいえることを理解することは重要である。こうしたシステムの複雑さは多くの

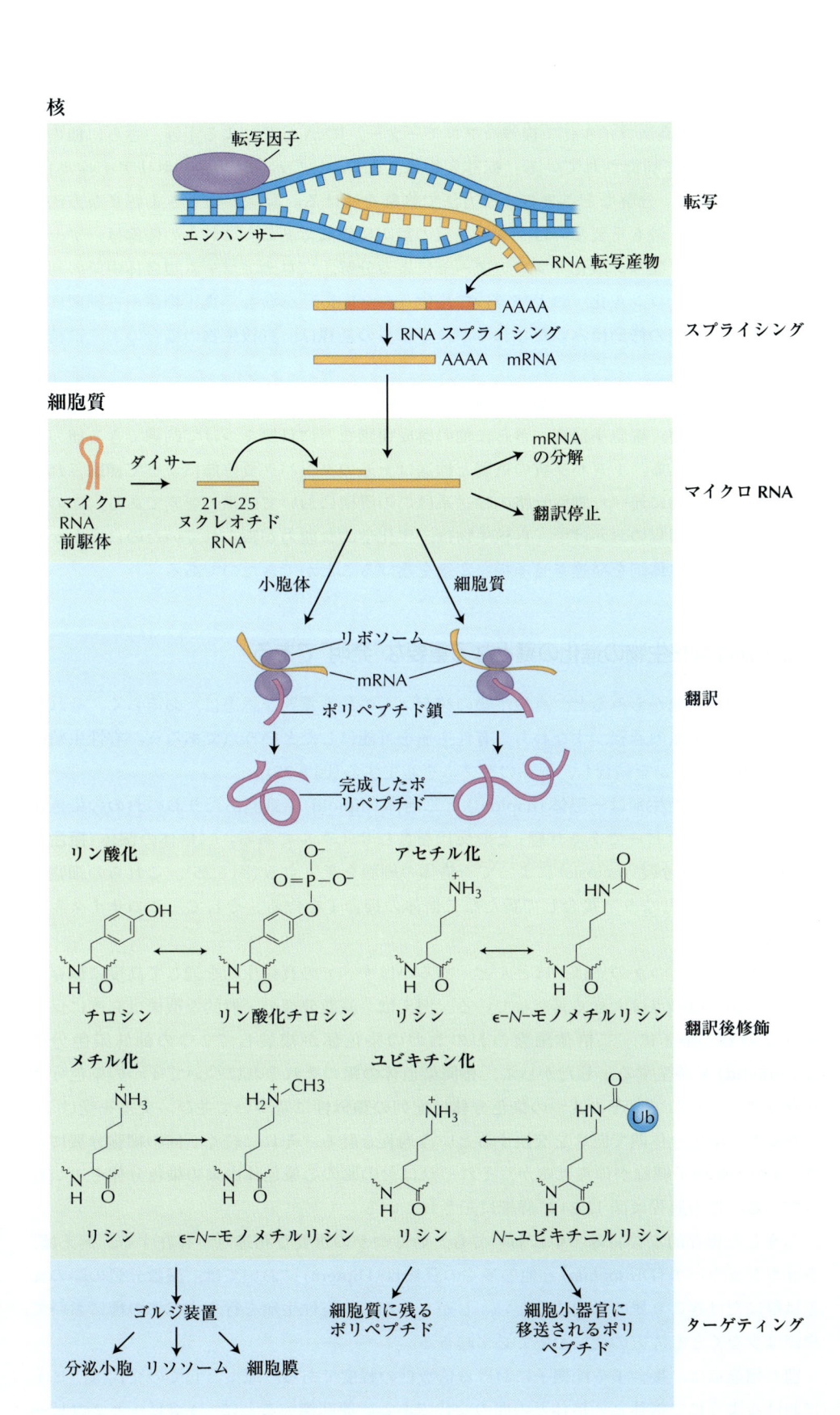

図 8.24 ・ 真核生物の遺伝子調節は，真正細菌や古細菌の遺伝子調節よりも一般にはるかに複雑である．制御段階としては，転写，RNA スプライシング，RNA 安定性（マイクロ RNA），翻訳，翻訳後修飾，タンパク質ターゲティングなどがある．各段階での制御はある種の真正細菌や古細菌でもみいだされるが，真核生物の場合にはその過程がより複雑で多様である．

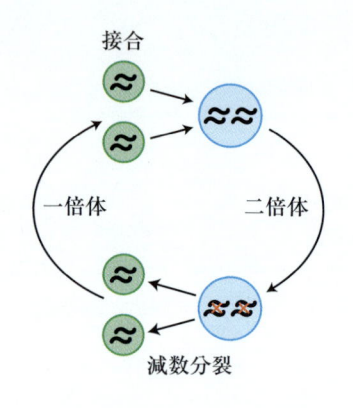

図 8.25 ▪ 真核生物の性。真核生物の基本的な生活史は，一倍体の細胞が出会って二倍体（**接合** [syngamy]）を形成する過程と，二倍体から減数分裂によって一倍体の細胞を作る過程とからなる。図に 2 本の染色体からなるゲノムの例を示す。染色体の分離や交差（赤の十字で示す）により減数分裂時に組換えが起こる。

真核生物においてほとんどすべてのレベルでみいだされる。転写は，クロマチン構造，DNA メチル化，DNA 高次コイル化，複雑なプロモーター，RNA 分子による干渉，さらに他の多くの要因によって制御されている。転写産物は，RNA スプライシング，ポリアデニル化，配列（RNA）編集，分解などさまざまな方法で修飾を受ける。翻訳産物もさまざまな方法で制御されている。最も重要なのはタンパク質の翻訳後修飾である。これらの修飾は，アセチル化，リン酸化 / 脱リン酸化，プロテアーゼによる分解，プロテアソーム複合体中での制御された分解，グリコシル化，および**プレニル化**（prenylation）を含む。真正細菌や古細菌においてもタンパク質の修飾はみいだされるが，それらの過程は，真核生物の場合のように精巧なものではない。

真核生物のもう 1 つの重要な制御機構は，さまざまに異なった細胞内構造において，タンパク質，代謝産物，細胞小器官，さらに他の構成要素などに目標をつけて制御できる能力をもつという点である。タンパク質の選別と輸送は上述のタンパク質修飾によって補助されている。同様に，前に述べた細胞骨格の輸送系はこの機構において必須の要素である。このような複雑な制御過程のおかげで，真核生物は，生化学的な能力が限られていたのにもかかわらず，多様な細胞体制を発達させ多様な変遷を遂げることができたのである。

有性生殖は真核生物の進化の鍵となる重要な"発明"である

進化学的な見地からみると，真核生物の核ゲノムの最も重要な恩恵は，おそらく，それが新たな特別な生殖の過程，すなわち，有性生殖を可能にしたという点であろう。有性生殖は 2 つの個体のゲノムを結合し，子孫のゲノムを産生する（図 8.25）。

本質的に，有性生殖は**一倍体**（haploid）と**二倍体**（diploid）（細胞あたりおのおのの染色体が 1 ないしは 2 コピーである状態）との交代を含むサイクルである。二倍体の個体（**接合子** [zygote]）は**減数分裂**（meiosis）によって一倍体の細胞を産生する（図 8.25）。これらの細胞は**配偶子**（gamete）となり，接合して新たな二倍体の接合子を作る。そして，このサイクルが繰り返される。

有性生殖のいくつかの点は，ほとんど，あるいはすべての真核生物を通して高度に保存されているが，他の点は大きく異なっている。例えば，減数分裂の一般的な機構は高度に保存されている。第 1 に，二倍体細胞のおのおのの染色体が複製して 2 つの姉妹**染色分体**（chromatid）を産生する。したがって，相同染色体の組のそれぞれについて 4 つの染色分体が存在する。そして，その 4 つの染色分体は配列の類似性に基づいて並び，交差を受ける。すなわち，染色分体間で断片を交換するという過程を経る。それに続く 2 回の細胞分裂により，4 つの配偶子細胞が作られるが，それぞれはおのおのの染色体由来の染色分体を 1 つもっている。この過程は図 12.24 に詳細に記されている。

こうした保存的な枠組みの中においても，いくつかの重要な相違点が存在する。例えば，ショウジョウバエ（*Drosophila*）と他の多くの双翅目（Diptera）においては，減数分裂の際の交差は雌にだけ起こり雄では起こらない。しかしながら，有性生殖を行うすべての種において，交差は少なくとも片方の性において必ず起きる。

別の相違点は，接合子や配偶子における倍数性の程度である。原型としての交代は，ヒトにおけるように二倍体と一倍体との間の交代である。興味深いことに，4 コピーと 2 コピーの間を交代する生物種も存在する（すなわち，四倍体と二倍体との間）。別の倍数性も用いられている。最も極端な例としては，各染色体 16 コピーと 32 コピーとの間で交代する場合もある。多くの生物種において，各染色体 2 コピー以上が存在する場合は，通常は倍数性の

レベルを上昇させる突然変異の結果である(pp.366～368参照)。倍数性の変動は進化上有意な意義をもちうる。多重倍数性をもつ個体は二倍体の同胞との間で子孫を残せない。そのため，多重倍数性は種分化に繋がりうる(pp.683～685)。

単相(一倍体の時期)と複相(二倍体の時期)の時期を過ごす時間の相対量は，その時間がどのように費やされるかと同様に真核生物間で異なっている。ヒトにおいては，減数分裂が配偶子を直接産生し，一倍体の卵は分裂しない。ところが，他の生物群(例えば菌類)では，生活史の基本的な部分は一倍体のステージとして費やされる。"半倍数性の"膜翅類のように，集団中に一倍体と二倍体の双方の個体をもつ生物種がある。その場合，雄は一倍体で雌は倍数体である。生活史の多様性を形作る要因については第23章で論ずる。

進化学的な観点から，有性生殖の最大の意義は，それによってもたらされる遺伝的組換えである。異なる系統由来の染色体がいっしょになって接合子を作る。この過程で，染色体は減数分裂時の分離や交差によって混ざる機会をもつのである。この種の組換えの非常に重要な進化学的意義については第23章で論じる。

■ 要約

この章では，真核生物の系統的多様性やゲノム構造などのいくつかの一般的な特徴について概観した。真核生物は真正細菌(bacteria)や古細菌(archaea)とは異なる多くの形質を共有し，多様な細胞小器官，細胞骨格，細胞内輸送装置など多くの精巧な細胞内構造をもっている。真核生物の転写と翻訳の機構は複雑であり，制御機構を発達させているため，その生化学的能力が限定されているにもかかわらず，さまざまな形態的多様性を発展させることができた。

近年の分子系統学の研究により真核生物の分類体系が大きく変遷した結果，現在では大まかに8つの大系統に分けられると考えられている。化石の記録は真核生物が約20億年前には存在していたとする強力な証拠を提供している。これは真正細菌や古細菌の出現時期よりはかなり後の時代である。真核生物の進化において鍵となる事象は，細菌や他の真核生物との細胞内共生である。

真核生物の顕著な特徴は，膜に囲まれた核をもつことである。真核生物の核ゲノムは(しばしば)大量のイントロン，非コードDNA領域，転位因子など多くの特徴をもち，それらは真核生物の進化と多様化に大きく影響を及ぼしている。真核生物の核ゲノムはおそらく，有性生殖とそれによってもたらされる遺伝的組換えにおいて最も重要な役割を発揮する。第9，11章では，真核生物の進化における他の2つの重要な特徴について論ずる。すなわち，(1)多細胞性の起源と進化，(2)発生の進化，である。

■ 文献

Archibald J.M. and Keeling P.J. 2002. Recycled plastids: A green movement in eukaryotic evolution. *Trends Genet.* **18:** 577–584.

Brown J.R. and Doolittle W.F. 1997. Archaea and the prokaryote-to-eukaryote transition. *Microbiol. Mol. Biol. Rev.* **61:** 456–502.

Patterson D.J. 1999. The diversity of eukaryotes. *Am. Nat.* **154:** S96–S124.

Simpson A.G. and Roger A.J. 2004. The real "kingdoms" of eukaryotes. *Curr. Biol.* **7:** R693–R696.

CHAPTER

9

多細胞性と発生

　前章まで，さまざまな単細胞生物の進化と，それらが獲得してきた驚くべき生化学的機能やゲノム構造の多様性について述べた。この章では，どのようにして多細胞性がもたらされたかを探究し，さまざまな細胞種を作り出す生物の能力に注目する。より複雑な多細胞生物の構築には，その元となる1つの細胞から，ある秩序の下，反復可能な形で多様な細胞種が生じる必要がある。

　発生の過程で，さまざまな細胞種を特定の場所に配置することにより，動物および植物は，独特の形態を作り上げることができる。これらの形態は，いわゆる**ボディプラン**（body plan）を構築し，すべての動物および植物を記載するための分類体系の基準となっている。これらのボディプランの相互関係についての理解に基づき，これらの生物がいかに進化したか，理解されてきた。

　最近になり，さまざまな手法を用いることによって，多細胞性の動物および植物の発生の仕組みを，遺伝学的に分子のレベルで理解することが可能となった。これらの研究により，多様な遺伝子発現や細胞間シグナル伝達などのプロセスがどのように発生を制御しているか，理解することができる。本章では，たった1つの卵から，我々ヒトのような複雑な生物を作るという，驚くべき仕組みを制御している基本的な機構を紹介する。後の2つの章では，動物および植物の進化の歴史を解き明かすことのできる古生物学的記録について記した後，発生プログラムがいかに進化し，このような変化をもたらしたか，その例をいくつか紹介する。

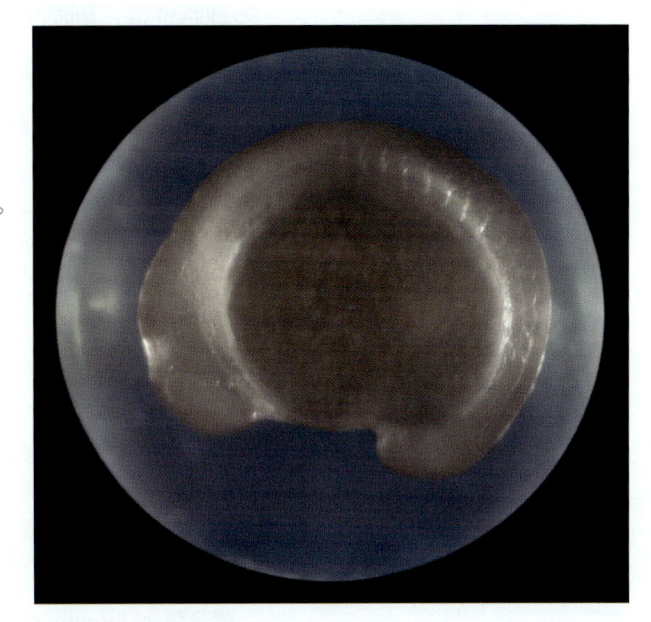

9.1 どのようにして多細胞化は起きたか

多細胞性のはじまりは，生命の進化において重要な一歩であった

　第6～8章でみたように，単細胞生物の生化学プロセスは，多細胞生物のそれと比べものにならないくらい多様であり，多くの単細胞生物は，驚くほどの形態学的多様性を示す。し

かし多細胞生物の出現は，まったく新しい段階の生物体構築を可能にした．多細胞化は，進化の過程で何度も起きたことが知られている．例えば，動物と植物の多細胞性は，それぞれ独立に獲得されたのである．多細胞化のおかげで，個体発生における細胞ごとの役割分担，すなわち，**細胞分化**(cell differentiation)の仕組みが進化した．

現実には，単細胞性と多細胞性の間には連続性があり，その境界は明確ではない．我々が単細胞とみなしている多くの生物が群体を形成し，その群体の内部ではそれぞれの細胞が自己とは異なる環境と接し，それに適切に応答する．例えば，寒天培地上のコロニーの中央に生息する細菌は，端に位置する細菌とは，栄養および老廃物の分布についていえば，異なる環境にいるといえる．したがって，コロニー内の異なる位置に存在する細胞間では，異なる遺伝子が**転写**(transcription)され，異なる代謝経路が活性化される．一見同一の細胞が常にきちんとした集団を形成しているので，群体をなすとみなされる単細胞生物も存在する．しかしこういう場合でも，環境の影響で集団内の個々の細胞の間になんらかの違いが生まれる．真の意味での多細胞生物においては，細胞間の違いは，より予測可能なかたちで制御されている．すなわち，多細胞生物内部には，異なる細胞種を反復して作り出す仕組みが備えられており，種の生存は，明らかに区別のある細胞種を保持することに依存している．

多細胞性は，細胞の集合，あるいは，細胞分裂後の非分離によって達成される

仮に群体レベルの細胞の集合を多細胞化と呼ぶならば，多細胞化は，大きく2つの経緯で生じうる．1つ目は，細胞分裂後，娘細胞が分離せずに密着するというやりかたである．細胞分裂の規則正しさと方向次第では，この多細胞化様式は，長い繊維状から，平たい板状や完全な球状まで，どんな微小な形も作ることができる．多細胞性を実現する2つ目の方法は，単細胞性の個体が集合するというものである．この場合，集合体は，特定の形やふるまいをとることができ，多くの場合，集合は環境条件によって引き起こされる．

個々の細胞がまったく同じ性質をもつという最も単純な状況であっても，多細胞化によって，天敵からの防御，基質へのより強固な接着，さらに，変動する環境条件の緩和などの利点がもたらされうる．いったん多細胞性が獲得されると，さらに次の一歩が待っている．すなわち，集合体の内部の細胞が分化し，特定の役割を担うように特化するのである．

ボルボックスでは，2つの異なる細胞種が維持されている

緑藻類(chlorophyte, 図 8.5 参照)に分類されるボルボックス目の緑色植物(chlorophyte)は，細胞分裂後の娘細胞の接着により実現される多細胞化のよい例である．この生物群に属する種は，多細胞状態において，さまざまなレベルの細胞種の分化を実現している．

ボルボックス目には，クラミドモナス(*Chlamydomonas*)のような繊毛をもった真核生物の例が含まれる．*Oltmannsiella* 属に含まれるある生物は，繊毛をもった4つの細胞が一列に並ぶという単純な多細胞状態を示す．ゴニウム属(*Gonium*)には，4〜16個の細胞からなる平らな板状の群体を形成する種があり，一方，パンドリナ属(*Pandorina*)には，16個の細胞からなる球状の群体を形成する種もある(図 9.1A,B)．これらの例の生物は，さまざまな構造に基づいた多細胞状態をとりうるが，個々の細胞が分化していないという意味で共通している．

プレオドリナ(*Pleodorina californica*)やボルボックス(オオヒゲマワリ，*Volvox carteri*)は，分化した細胞を多細胞状態の群体内部にもつという，さらに高度な仕組みを進化させた．プ

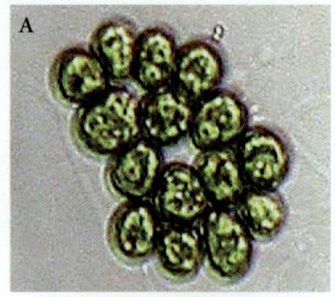

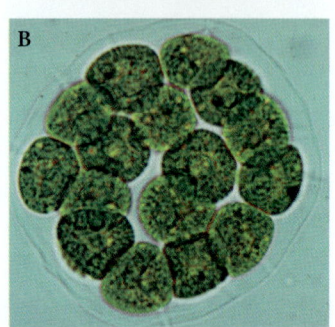

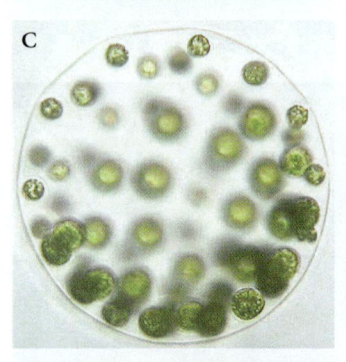

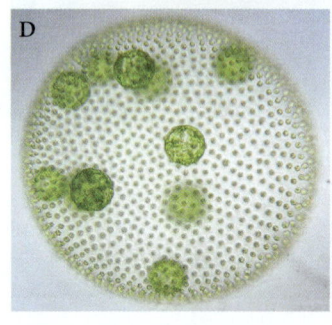

図 9.1 ● ボルボックス目のさまざまな属は，互いに異なるタイプの多細胞体制をもつ．(A) ゴニウム．(B) パンドリナ．(C) プレオドリナ．(D) ボルボックス．ゴニウムとパンドリナの細胞は，幾何学的構造に従って集合するが，すべての細胞は同一とみなすことができる．一方，プレオドリナとボルボックスは，明らかに異なる形態と機能に分化した細胞種，すなわち，外層の体細胞ならびに内部の生殖細胞という2種類の細胞をもつ．

レオドリナの場合，群体はたいてい 64 あるいは 128 個の細胞からなり，これらのうち 24 あるいは 48 個が，生殖に寄与しない体細胞である（図 9.1C）。それ以外の細胞は生殖細胞であり，群体の内側に位置している。ボルボックスの場合，生殖細胞と体細胞の区別はあるが，生殖細胞は鞭毛をもたず，そのため群体の移動には寄与しない。成体のボルボックスは，2本の鞭毛をもった 2000 個ほどの小さな非生殖細胞で構成される球体である。この球体内部の片側には，ゴニディウム（gonidium）と呼ばれる 16 個の生殖細胞を含む内部細胞集団がある（図。9.1D）。これらの生殖細胞は，コロニー形成初期には特別な役割を果たさないが，無性生殖中には内部に幼生個体を形成し，そのそれぞれが体細胞と生殖細胞をもつ。これらの幼生コロニー（juvenile colony）はやがて放出され，後に残された体細胞のみによって構成される球状の群体（これが"親"である）は，プログラム細胞死（アポトーシス）を受ける（図 9.2）。ボルボックス目に属する他のすべての生物がそうであるように，ボルボックスは有性生殖も行う。ある特定の環境下でボルボックスは生殖を誘導するタンパク質を産生し，それがその群体と周囲に位置する群体の有性生殖を引き起こす。雌性か雄性かによって，ゴニディウムは精子か卵を形成し，受精を経て接合子が形成され，成熟した成体に発生する（図 9.3）。

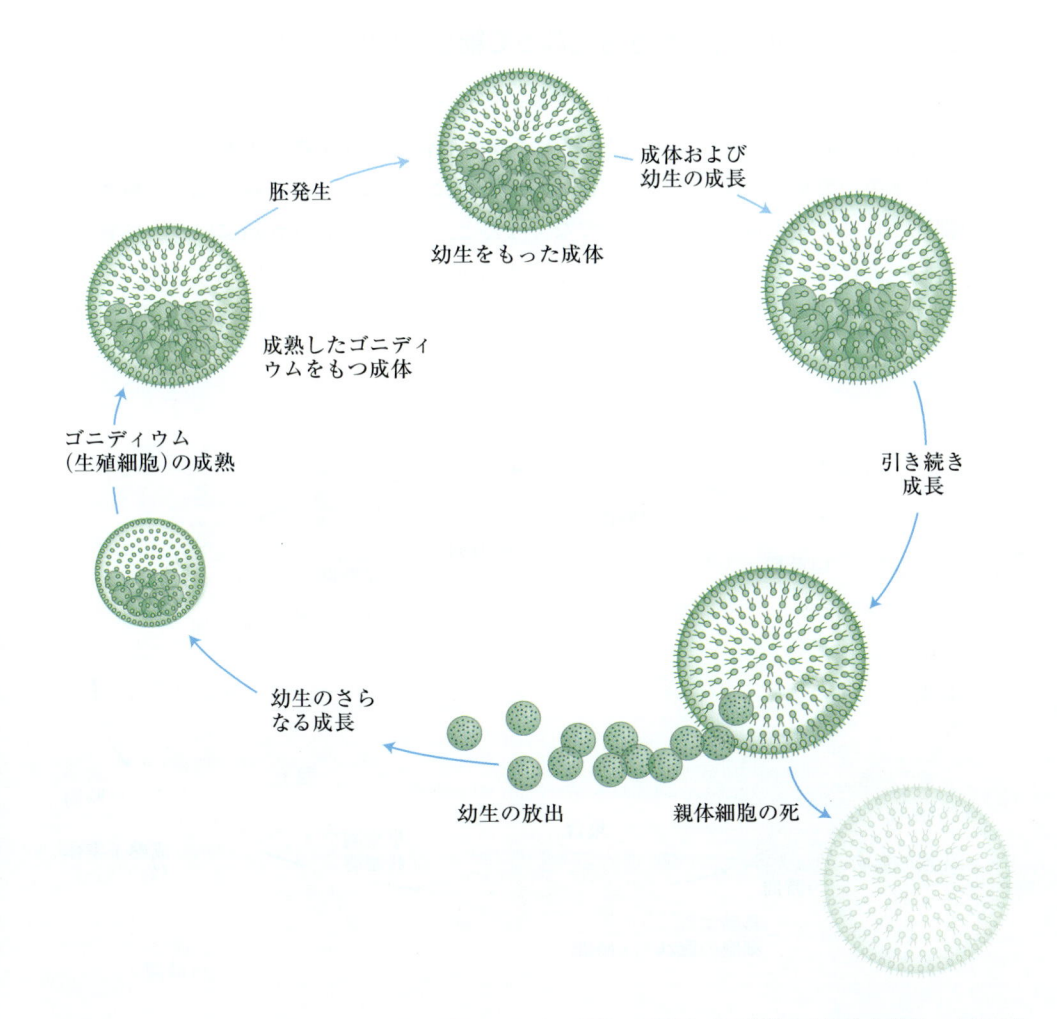

図 9.2 • ボルボックスの無性生殖。成体は鞭毛をもち，個体を移動させる外側の体細胞を備え，内部の生殖細胞は幼生個体を形成する。幼生は，自らの生殖細胞と体細胞を発生させる。幼生が放出されると，体細胞性の親細胞は死滅する。

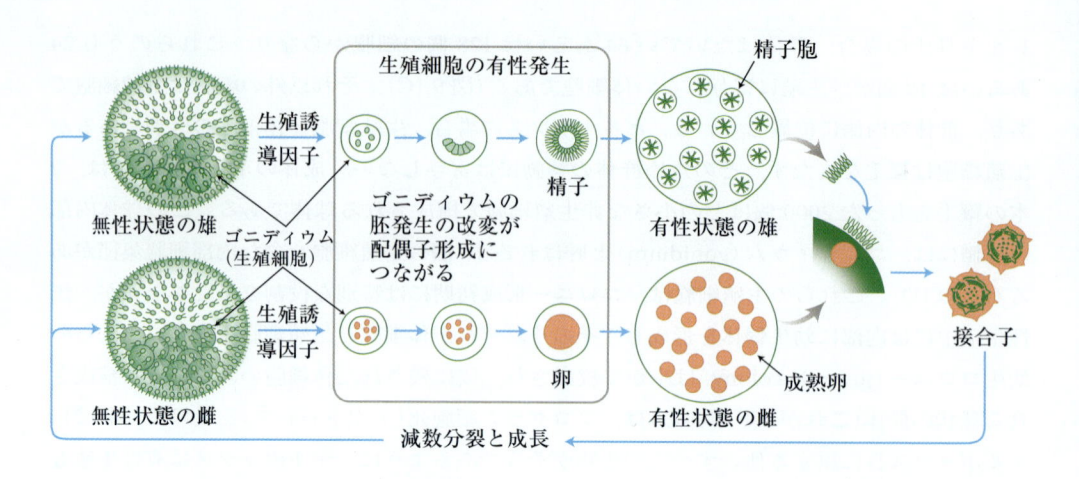

図 9.3 ▪ ボルボックスの有性生殖。生殖誘導タンパク質が，ゴニディウムの精子（雄の場合）あるいは卵細胞（雌の場合）への発生を引き起こす。精子と卵とのあいだで受精が起きると，接合子（胚）は，減数分裂を完了した後，さらに発生し，成体の無性状態の雄と雌を生産する。

細胞性粘菌では，環境因子が引き金となって細胞の凝集が起きる

アメーバ状の単細胞である粘菌，キイロタマホコリカビ（*Dictyostelium discoideum*，図 8.6 参照）は，個々の細胞の集合によって実現される多細胞性を示す生物の代表である（図 9.4）。食物となる細菌が豊富な状況下では，一倍体アメーバは分裂によって子孫を残し，解離した個々の細胞として存在する。食物が十分でなくなると，アメーバは 1 か所に向かって移動し，大きな細胞の集合になる。この細胞集合は，環状 AMP（アデノシン一リン酸）の産生に応答して引き起こされる。環状 AMP は細胞を引き寄せ，引き寄せられた細胞に対し環状 AMP

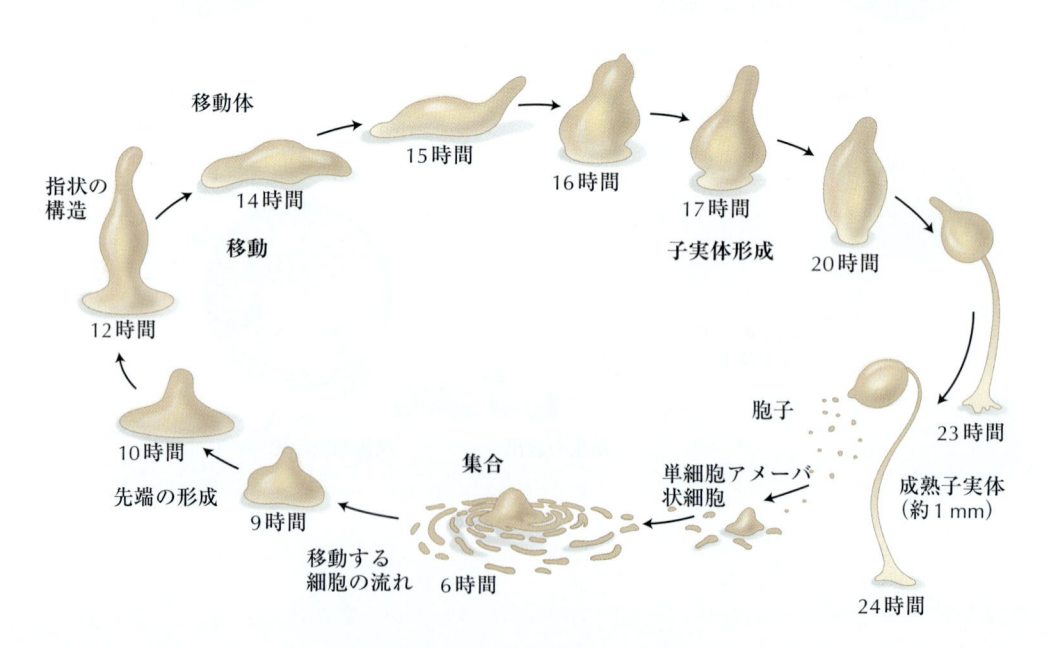

図 9.4 ▪ キイロタマホコリカビの有性生殖。食物の欠如という因子は，アメーバ体を集合させ，移動体を形成させる。そして，細胞の分化が移動体内部で起き，その一部は柄を形成する一方，残りの細胞は，後に散布される胞子を形成する。

を産生させる。引き寄せられる細胞が中心に向かって同心円状に動く波のように見えるのはそのためである。

いったん数千の細胞が集合すると移動体が形成され，それが基質の上を移動し始める。移動体の先端は最終的に柄となり，残りの細胞は胞子を形成する。柄によって持ち上がった胞子が空気中に放出されると，胞子は飛散し，新たなアメーバ体を形成する。一方，柄の細胞は死滅する。したがって，キイロタマホコリカビはその生活史のほんの一部において多細胞性をもつということができ，それは，環境条件によって引き起こされるものである。重要なことは，キイロタマホコリカビは，いったん集合すると，単なる均一な細胞としては存在しないということである。細胞は，異なる細胞種(柄あるいは胞子)に分化し，過酷な環境のもとでもより高い確率で生き残ることができるよう，形態学的に複雑な多細胞体制を作り出すことができる。

細胞どうしは，互いを認識し，情報伝達しなければならない

現在の動物および植物のもつ多細胞性が，ボルボックスにみられるタイプの多細胞性に由来した可能性は高いが，キイロタマホコリカビとボルボックスの両者とも，多細胞性と細胞分化の進化についての基本的な原理を示している。どちらの場合も，細胞間の情報伝達が群体の組織化を実現するのに必要である。細胞は互いに接着できる必要があるし，その状態が維持されなければならない。そして，群体は全体として極性をもつ必要がある。最後に，個々の細胞は異なる細胞運命をたどり，種の存続は，これら多数の細胞運命を反復して成立させる能力に依存している。成長，情報伝達，分化というこれらの基本的原理は，現存の動物および植物の発生において共通してみられる。

最近得られた，動物の多細胞性の進化への洞察のいくつかは，**立襟鞭毛虫**（choanoflagellate）の研究に由来する。立襟鞭毛虫は真核生物のなかで，現存のすべての多細胞動物に最も近縁と考えられている現存の単細胞生物である（図9.5A，Box 8.1も参照）。立襟鞭毛虫は，精緻な微繊毛によって構成される襟状の部分と，それに囲まれた一本の鞭毛をもつ卵形の細胞体

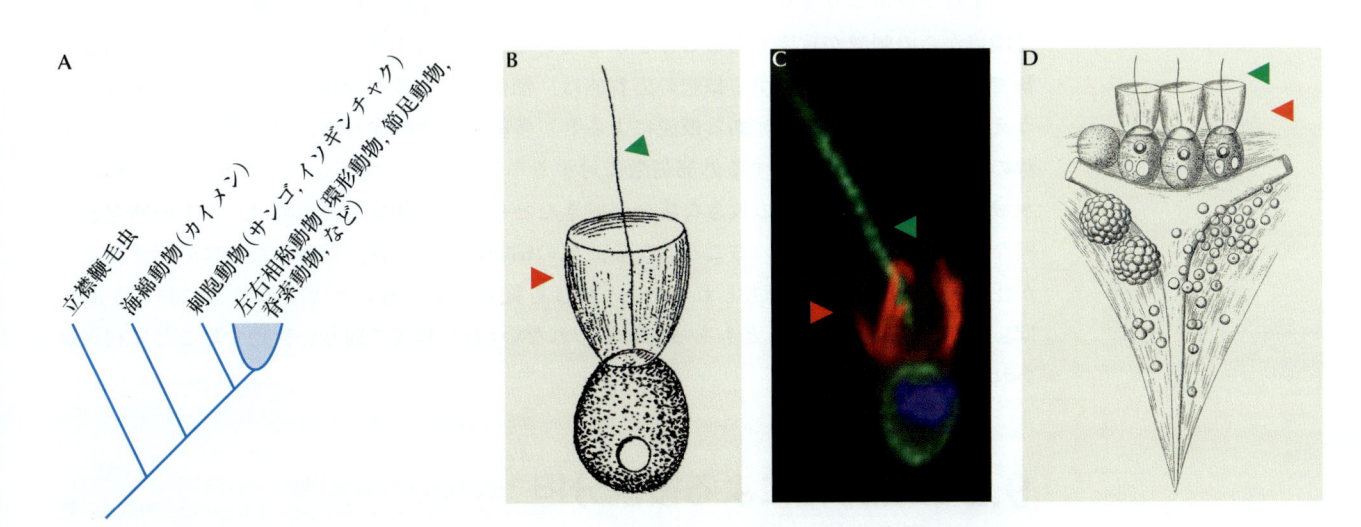

図9.5・(A)立襟鞭毛虫は，現存のすべての多細胞動物に最も近縁な単細胞生物である。その単細胞は襟(BとCにおける赤い矢頭)と鞭毛(BとCにおける緑の矢頭)をもつ。Bは，立襟鞭毛虫の外観のスケッチ。Cは，細胞体と鞭毛を緑，核を青，そして襟を赤で染めた写真。襟細胞と呼ばれる，これに非常によく似た形態の細胞がカイメンにもみられる(Dで，緑の矢頭は襟細胞の鞭毛を，赤い矢頭はその襟を示す)。

からなる。立襟鞭毛虫は，その鞭毛を使って水流を起こし，食物である細菌を襟の内部に招き入れる（図 9.5B,C）。常に単細胞として存在する種もあれば，周囲に存在する食物である細菌の濃度と種類など，特定の環境条件に応答して群体を作る種もいる。注目すべきことに，135 年以上も前に当時の生物学者は，これに非常に似た細胞の形態が，海綿動物（sponge）の特化した細胞種として存在することに気づいていた。その海綿動物の細胞は，襟細胞（choanocyte，図 9.5D）と呼ばれ，海綿動物において食物を集めるための細胞として機能する。その鞭毛と襟は，まさに食物を集める目的に使用される。これが，立襟鞭毛虫が多細胞動物に近縁であるという最初の仮説の由来であり，にそれが分子系統解析によって証明されたわけである（Box 8.1 参照）。

　興味深いことに立襟鞭毛虫は，多細胞動物におそらく特有であろうとみなされているタンパク質をコードする遺伝子を多くもっている。例えば，カドヘリンは非常に多様な動物において細胞どうしを接着する働きを担う膜貫通タンパク質のファミリーであり，カドヘリン分子は，カドヘリンドメインとして知られている細胞外の反復構造によって特徴づけられる。立襟鞭毛虫は，このカドヘリンドメインによく似た配列をもつタンパク質をもっているのである。同様に，動物の受容体型チロシンキナーゼと呼ばれるタンパク質は，細胞外リガンドに結合する細胞外ドメインと，リガンドの結合によって活性化される細胞内ドメインをもっている。この受容体型チロシンキナーゼは，細胞間シグナル伝達と，多細胞動物における細胞形態の制御において重要な役割を担っているが，立襟鞭毛虫は，この分子をも保持している。これらのタンパク質は，単細胞性の立襟鞭毛虫において，どういう役割を担っているのだろうか。答えはわからないが，それらのタンパク質は，食物である細菌や，群体を構成する他の個体の認識，およびそれらへの接着に関与しているに違いない。したがって，多細胞化の鍵を握るタイプのタンパク質は，現存の動物と立襟鞭毛虫の，共通の単細胞性の祖先においては，幾分異なる機能を担っていた。

最初の多細胞生物の進化は，環境からの入力を必要とした

　キイロタマホコリカビ，ボルボックス，そして立襟鞭毛虫の例は，多細胞性の進化において環境からの刺激が重要であることを示している。現存のすべての生物にとって基本的な性質である，環境条件に対する細胞の応答能は，個体内に多数の分化した細胞運命を実現するうえで，その前提となる。ある仮説によると，多細胞生物の非対称性の始まりは，均一な細胞の集合に不均一に作用する外部刺激に対する単なる応答にすぎなかったという。例えば，水域環境で基質上に細胞の大きな集合ができたとしよう。基質上の細胞は，頂上の細胞とは異なる環境下で生育していることになる。底の細胞にとっては，接着のために分化することが生存に有利であったかもしれないし（もし基質上の1か所にとどまることに利点があれば），鞭毛を発達させることもあったかもしれない（もし基質の周りを移動することに利点があれば）。

9.2 細胞分化による役割分担

特化した細胞種の存在が分業を可能にした：多細胞生物の成功の鍵

　多くの単細胞生物が驚くべきほどの形態学的複雑性を獲得したとはいえ，6億年以上前に

起きた多細胞生物の出現が，結果的に真に新たな段階の生物構築につながった。体細胞と生殖細胞という2つの細胞種が異なる機能と形態で判別できるというボルボックス（上記参照）のような生物は，多細胞性の最も単純な例に含まれる。多細胞性は，体制の複雑化と細胞分化の面で進化に大きな進展をもたらした。すなわち，胚から成体への発生の過程において，個体内のそれぞれの細胞に異なる役割を任せることが可能となったのである。その結果として，分化のプロセス，メカニズム，そして，パターンにおける進化的変遷が，いま我々が地球上で目にする動物および植物の驚くべき多様性につながった。

　動物および植物の胚は，発生の過程で，細胞の周囲の微小環境を制御することができる。おそらく単細胞生物において，群体内の細胞に互いに少し異なる性質をもたらしていた偶然の過程が，反復可能な細胞分化のパターンを達成するために環境を制御するシステムに進化した。動物および植物は，胚発生中の細胞が適切な場所とタイミングで正しい信号を確実に受けとることができ，それによって，最終的に驚くほどの細胞種間の分化と大規模な構造的複雑性が成立するようにしている。このような細胞分化のプロセスはさらに精密になり，それぞれが個体全体としての安定した生存に寄与する機能をもつ，数千にものぼる細胞種からなるヒトのような生物を作り出すに至った（図9.6）。分化した細胞種のそれぞれは，独自のタンパク質と生化学的活動の組み合わせによって機能している。それらのどの細胞も単独ではなく，高度に組織された個体の一部として機能し，単に均一な細胞の集合では実現できないような活動が行われる。この細胞の専門化は，その結果としての分業とともに多細胞生物の成功の鍵である。

生物個体内では，分化した細胞でも互いに同じ遺伝情報をもつ

　細胞はどのようにして分化するのであろうか。ここから説明していくように，動物や植物で，1つの卵を多くの異なる細胞種で構成される個体に発生させるために，多数の仕組みが使われている。しかし明らかになってきたのは，本質的にはいかなる場合でも，個体中の分化したすべての細胞はまったく同じ遺伝情報をもっているということである（注目すべき例外は，後で説明する抗体産生B細胞である）。我々の皮膚の細胞は，肝臓の細胞と同じ遺伝子セットをもっているのである。

　個体中の分化した細胞がもつ遺伝情報の不変性について，さまざまな例を挙げることができる。最も端的なのは，たった1つの分化した細胞から個体全体が再生する植物の例である。例えば，根の細胞を単離し培地で育てると，結果的にカルス細胞群となる。そして，基質上に定着し，やがて完全な成熟した個体となり，子孫を残す（図9.7）。

　植物ほど簡単ではないにせよ，動物細胞も分化した状態を元に戻すことができる。動物個体内の細胞間でゲノムが不変であるという考えは，再生研究において得られた。例えば，両生類の眼のレンズを除去しても，レンズは再び形成される。この再生過程は，成体中に保持された未分化細胞によって起きるわけではなく，近接した虹彩の細胞からレンズが再生される。ここで使われる虹彩の細胞はすでに明らかに分化しているが（例えば，この細胞は特化した色素をもっている），再生過程では脱分化し，その特化した性質の多くを失い，増殖し，そして，レンズを構成する細胞として必要なすべての特殊化を新たに遂げることにより，再分化する（図9.8）。しかし多くの場合，成体では欠損した細胞を補うのに，その場所の細胞を脱分化および再分化させることによってではなく，必要に応じて限られた数の細胞種に分化できるよう，比較的未分化なまま保持されている幹細胞を利用する。例えば，我々ヒトの皮膚が失われた際には，これに基づいて修復される。

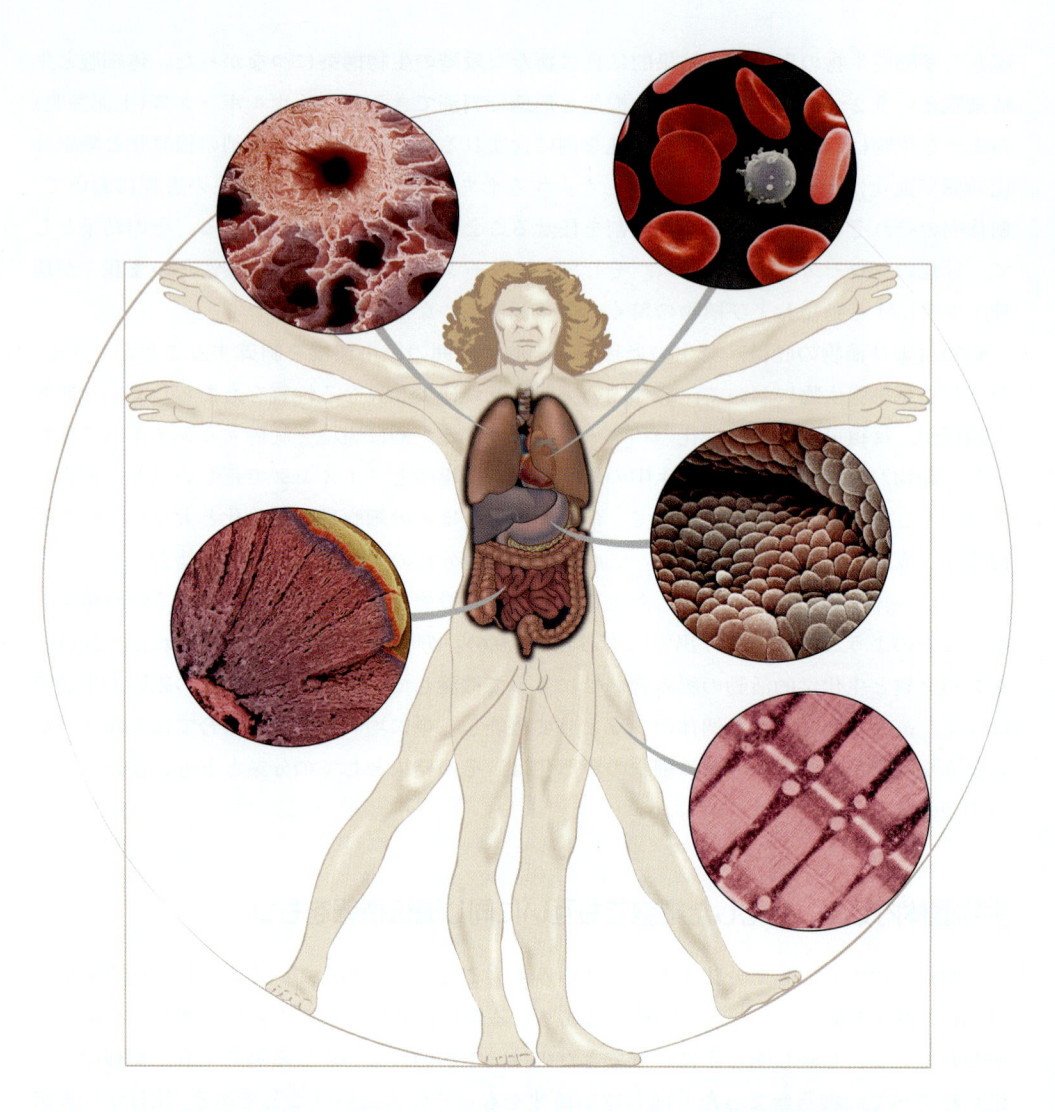

図 9.6 ▪ 我々ヒトのような多細胞動物は，数千種類にものぼる，分化した細胞からなる。それら多様な細胞種を空間的に整然と配置することにより，動物および植物は，特化した機能を備えた器官をもち，独特の形態をとることができる。例えばヒトは，（図中，上左から時計回りに）気体の交換に特化した細胞をもつ肺の肺胞や，防御機構だけでなく，酸素や二酸化炭素を運ぶ機能をもつ血液細胞や，消化酵素を分泌する細胞を含む胃や，高度に繊維化したタンパク質をもつ細胞で構成され力を効率的に生み出す筋肉や，栄養を吸収することのできる細胞で構成される小腸をもつ。

　分化した細胞の**多能性**（pluripotency）を示すもう1つの端的な例は，動物のクローン作成実験である。現在，多くの動物種において，成体の組織から分化した細胞を単離した後，その核を無核化され遺伝情報をもたない細胞に注入し，適切な条件でこの卵を培養することが可能である。宿主である母親に移植されると，その卵は新生個体として発生し，幼生を経て成体になり，子孫を残すことができる。このことは，分化した細胞が他のあらゆる細胞種に転換するのに必要な，すべての遺伝情報をもっていることを示している（図9.9）。当然のことながら，この手法は生物にとって通常の生殖様式とは明らかに異なり，脱分化を引き起こすための重要な操作が必要であることに注意しなければならない。

　分化した細胞であれもっている遺伝情報はまったく同じ，という一般的な法則には例外があることをつけ加えておかなければいけない。現在よく理解されている例外の1つは，脊椎

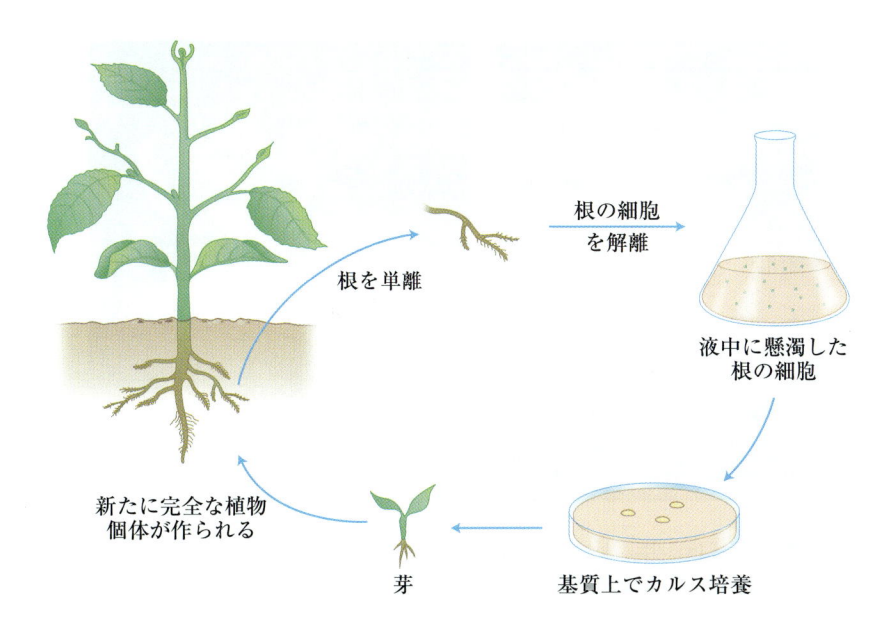

図9.7 ■ 適切な生育条件下では，すでに分化した細胞から完全な植物個体を再現することが可能である。この例では，根から単離された細胞がカルス細胞塊を作り，やがて，生殖能力をもつ，ごく普通の植物個体に生長している。

動物の免疫系の解析において得られた。一般に感染からの防御には，免疫系の成熟したB細胞によって産生される抗体分子が重要な役割を果たす。その効果は，ほとんどすべての外来タンパク質を認識できるという非常に多様な抗体分子の産生に依存している。この多様性は，いくつかの仕組みで生み出されるが，その1つが，ゲノムDNAの異なる領域を組み合わせるという仕組みである（図9.10）。特定のペプチド断片をコードするDNA領域を互いに結合することによってのみ，完全な免疫グロブリン遺伝子が作られる。多くの種類のDNA領域がこの過程で使用されるため，膨大な数の組み合わせが可能となる。おもにこのような仕組みによって，免疫系では結果的に膨大な数の異なる抗体分子が作られる（第23章，p.722参照）。しかし，この再編成が完了すると，1つのB細胞はたった1種類の抗体分子しか作

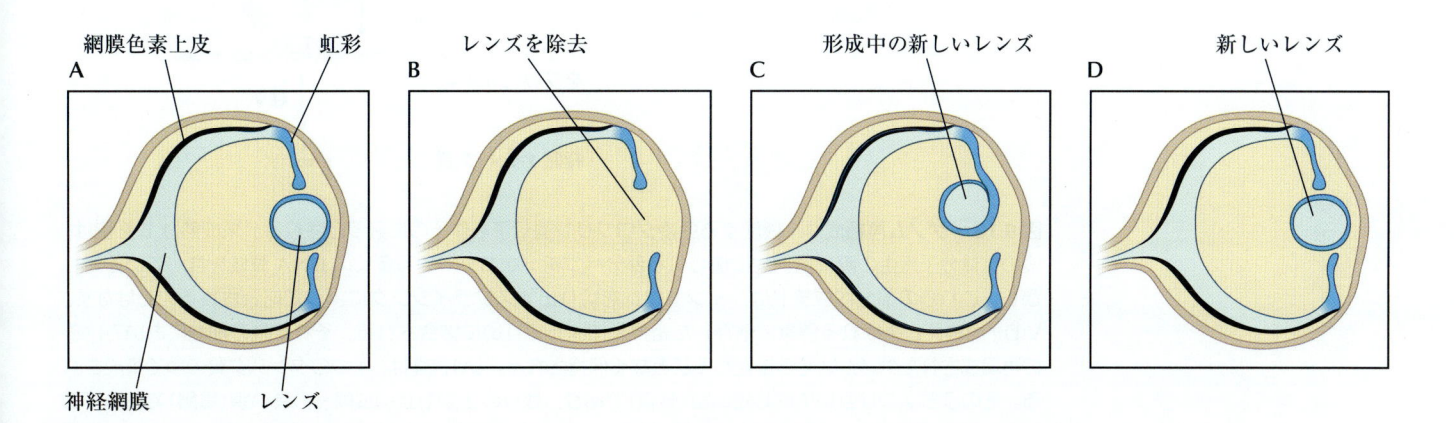

図9.8 ■ 両生類の眼の再生。(A)レンズおよび色素のある虹彩をもつ正常な眼。(B)レンズが除去された眼。しかし虹彩はまだ存在している。除去1週間後，虹彩の端の細胞が脱分化，増殖し，小さな新しいレンズを形成し始める(C)。除去約1か月後，最終的に，見かけ上正常なレンズとなる(D)。

図9.9 ▪ (左)初めてのクローン羊，ドリー。(右)クローンサル，テトラ。

ることができない。DNAの再編成（および介在配列の除去）は不可逆であるため，1つの成熟したB細胞の核に由来するどの動物の免疫系も（クローニング技術を介してこのような動物を作製するとしたら），たった1種類の抗体分子しか産生できないということになる。この

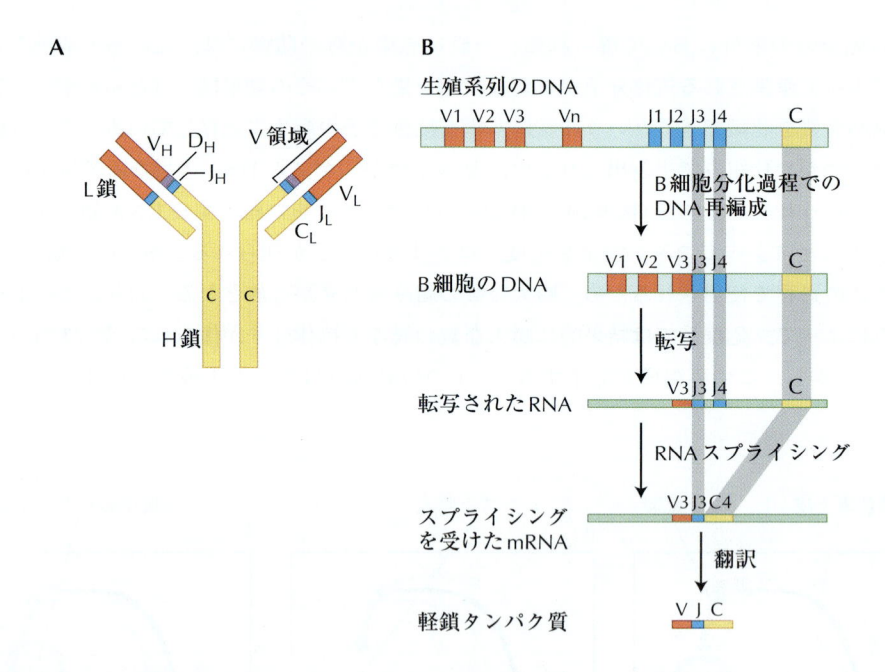

図9.10 ▪ **ゲノム再編成**は，機能する免疫グロブリン遺伝子を作るのに必要とされる。未成熟なB細胞は，後の抗体分子産生の際に選択的に使われる部分ペプチドをコードする多くのDNA領域を含んでいる。しかし，これらの部分ペプチドは，イントロンを切り出すスプライシングによって結合されるのではなく，V(D)J組換えと呼ばれる酵素に依存した組換えによって互いに結合される。それぞれの細胞において，この再編成されたゲノムはその後変わることなく保持される。(A)抗体は，4つのタンパク質の鎖で構成される。そのうち2つは互いに同じ短い鎖（軽鎖）であり，残りの2つも互いに同一の長い鎖（重鎖）である。これらの鎖の内部には，組換えで作られる，V（赤），D（紫，重鎖にのみ存在），およびJ（青）の各可変領域がある。(B) B細胞の分化過程では，ランダムな組み合わせのV_LとJ_L，さらに定常領域（C_L）とが合体し，軽鎖が作られる。図には示さないが，重鎖も同様に，V_H，D_H，およびJ_Hがランダムに組み合わさった産物によってコードされる。

ような個体が仮に成熟したとしても，この個体の免疫系はあらゆる感染を克服するために必要とされる多様な抗体を産生できないため，現実の世界では生存できないはずである。

細胞をさまざまに分化させる多様な仕組みがある

数少ない例外は除くとして，個体内のすべての分化した細胞が同じ遺伝情報をもつのならば，どのようにして異なる細胞種が作られるのであろうか。それぞれの分化した細胞種は独自の形態をとり，特定の組み合わせのタンパク質活性を必要とする一連の生化学的プロセスを実現しているのである。例えば，なぜヘモグロビンは血液細胞に存在するが，神経細胞には存在しないのか。また，なぜ胚の赤血球細胞は，成体の血液細胞と異なる種類のヘモグロビンを産生するのか。このような疑問に対し現在では，多数の制御機構が細胞分化に関与しており，これらがさまざまな段階の生化学的プロセスで働いていることが明らかになっている（図8.24参照）。

古くからLacオペロンの例でよく知られているように（pp.56～59参照），特定の細胞においてどのタンパク質が生産されるかという決定の大部分は，**転写**（transcription）調節による遺伝子制御の段階でなされている。1つの遺伝子は，転写される領域（タンパク質をコードする領域を含む）と，その遺伝子がいつどの細胞で転写されるかを決定する制御領域で構成される。これらの制御DNA領域は，転写される領域の 5′ 末端あるいは 3′ 末端，時には，その遺伝子の**イントロン**（intron）内に存在する。転写因子として知られる多様な核局在タンパク質がこれらの制御領域に結合し，関連する遺伝子の転写を促進，あるいは抑制する。ヘモグロビンタンパク質をコードする遺伝子は神経細胞では転写されないが，発生期の血液細胞では転写されるのである（多くの動物において，成体では血液細胞は核を失うため，転写は行われていないといえる）（図9.11）。発現するヘモグロビン分子が発生期と成体で違うのも，同じく転写のレベルで制御されている。発生過程では，転写の活性化に必要な適切な組み合わせの転写因子が特定の時期および部位でのみ存在するため，特定のヘモグロビン遺伝

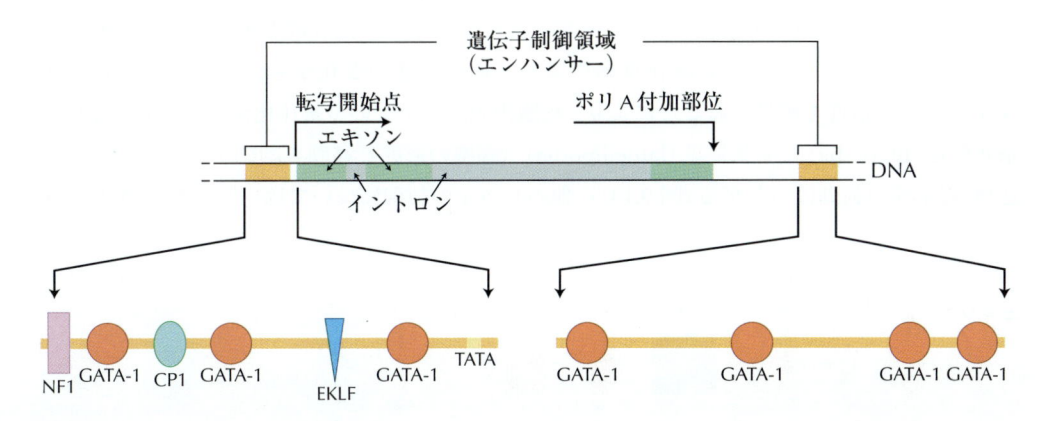

図9.11 ▪ ヘモグロビン遺伝子の発現制御。ヘモグロビン遺伝子の転写がいつどこで起きるかを指定する制御領域は，ヘモグロビンのmRNAをコードするDNA領域の 3′ 側と 5′ 側の両方に存在する。一般にエンハンサーとも呼ばれるこの制御領域の内部には，転写因子と呼ばれるDNA結合タンパク質が結合する部位が含まれる。転写因子がいったん結合すると，mRNAの転写が促進あるいは抑制される。ヘモグロビン遺伝子の場合には，転写促進をうながすGATA-1, EKLF, NF1, CP1などのいくつかの転写因子によって認識される部位が同定されている。これらの転写因子の存在が，成熟した赤血球においてヘモグロビン遺伝子の転写を引き起こす。体内の他の細胞では，これらの転写因子のうち少なくとも1つが欠けているために（あるいは，抑制性の転写因子が存在するために），ヘモグロビン遺伝子の転写は起きない。

子は特定の細胞種で，特定の時期に転写される。もちろん，これらの転写因子は，多くの異なる段階で制御されており，発生の全過程には非常に精密に組織化された一連の転写活性がかかわっている。

　細胞の分化はまた，メッセンジャー RNA（mRNA）プロセシング（messenger RNA processing）という転写後の調節によって制御されている。例えば，ウニの幼生において特定の型のアクチンをコードする *CyIIIa* という遺伝子は，**外胚葉**（ectoderm），**中胚葉**（mesoderm）および**内胚葉**（endoderm）で転写されるが，そのタンパク質は外胚葉でのみ生成される。機能性の mRNA を作るのに必要なスプライシングがこの組織でしか行われないからである。中胚葉および内胚葉の核に局在した *CyIIIa* の転写産物はそのイントロンが切り出されず，細胞質に移動することはない。スプライシングによる制御の他の例として，組織特異的な選択的スプライシング産物が挙げられる。例えば，カルシトニンと神経ペプチドのカルシトニン遺伝子関連ペプチド（CGRP）は同一の遺伝子にコードされるが，組織特異的な選択的スプライシングにより互いに異なる成熟 mRNA が形成され，そのそれぞれが互いに機能を異にするタンパク質に翻訳される（図 9.12，図 8.22 に前出）。選択的スプライシングは特に多細胞生物において頻繁に見受けられ，細胞接着タンパク質などいくつかの分子は，この仕組みのおかげで多様な分子種を形成することができる。これらの異なる分子種は，発生において時間・空間的にその発現を制御され，多様な分子種を制御して生産することによって多くの組織で複雑な形態形成にかかわる細胞移動を成し遂げている。

　mRNA 内部の配列も，その情報の安定性に影響する。すなわち，これらの配列はしばしば，異なる細胞種では異なる効果をもち，異なるタンパク質の発現につながる。また一方で，対象となる mRNA の分解を引き起こしたり，その翻訳を阻害したりすることにより機能する**マイクロ RNA**（microRNA あるいは miRNA ともいう）と呼ばれる遺伝子もある。細胞分化が，翻訳後に働く仕組みで制御される例も知られている。例えば，インテグリンと呼ばれる細胞膜タンパク質の集合は，細胞表面におけるリガンドの結合のような外部刺激によって引き起こされる。これは，一方で，接着斑キナーゼ（focal adhesion kinase, FAK）の活性化につながる（一般にキナーゼは，他の分子にリン酸を付加する。接着斑キナーゼは，細胞が他の細胞や基質と接着する部位の近辺で細胞の内部に蓄積するため，接着斑キナーゼと呼ばれる）。それに端を発した一連のリン酸化反応により，細胞形態の変化がもたらされる。単量体 GTP アーゼの活性を制御することにより，細胞内のアクチンの多量体化が制御され，それが，糸状仮足（filopodia）と葉状仮足（lamellipodia）（細胞の形態と移動を制御するのに重要な構造物）の形成の制御につながる（図 9.13）。他のレベルの制御については，図 8.24 を参照され

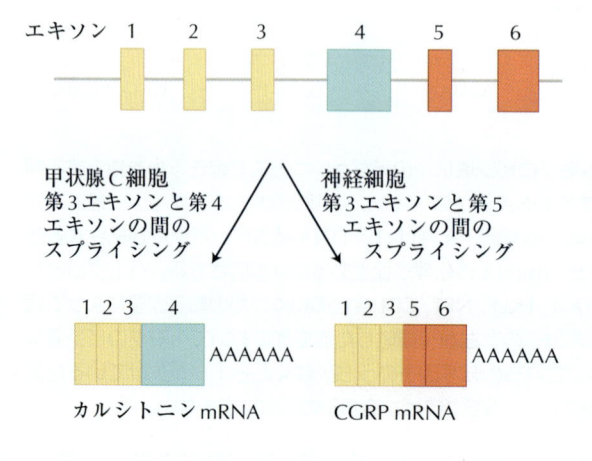

図 9.12 ● 選択的スプライシングによって，機能的に異なるタンパク質が作られる。カルシトニンタンパク質と，神経ペプチドであるカルシトニン遺伝子関連ペプチド（CGRP）は，同一の遺伝子から作られる。甲状腺の細胞では第 1, 2, 3, 4 エキソンが，一方，神経細胞では第 1, 2, 3, 5, 6 エキソンが使われる。図 8.22 も参照のこと。

多種の細胞分化のメカニズムはしばしば互いに連動しており，また互いにフィードバックが働いている。そして，細胞の特殊化のプロセスは，往々にして漸進的である。例えば，脊椎動物の脊髄には運動神経細胞と介在神経細胞の2種類の細胞が存在する。普段はこの両方の神経細胞は，発生中の神経管内部の神経細胞としてすでに運命づけられた細胞のみから分化する（図9.14）。一方，神経管の細胞は胚の背側の外胚葉からしか分化しない。同様に，免疫系に関与する細胞の発生も，機能的により限定した細胞種に細胞系譜に沿って段階的に分化する方向で進む。

分化状態の維持は，いくつかのメカニズムによって可能となる

発生の進行に伴って，細胞はすでに決定された運命に従い，比較的迅速に分化してもよいように思えるが，細胞が特殊化される過程のある時点で比較的安定な状態をとるのが普通で

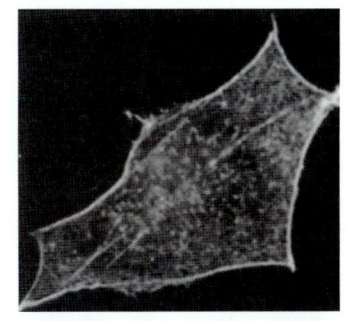

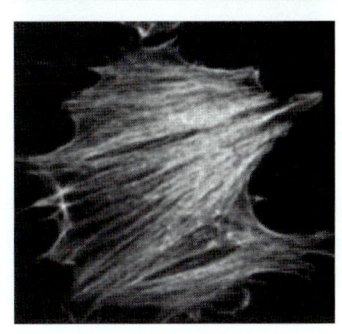

図9.13・基本的な細胞骨格タンパク質アクチンの細胞内での局在。上の細胞は休止状態にあり，比較的低レベルの細胞骨格しかみうけられないが，下の細胞では，Rho GTPアーゼが活性化され，アクチンの細胞骨格がケーブル状の構造をとっている。多くの外部刺激は，このような酵素反応を活性化することによって，細胞の形態を素早く変化させることができる。このような変化は，遺伝子の転写調節に依存せずに起きる。

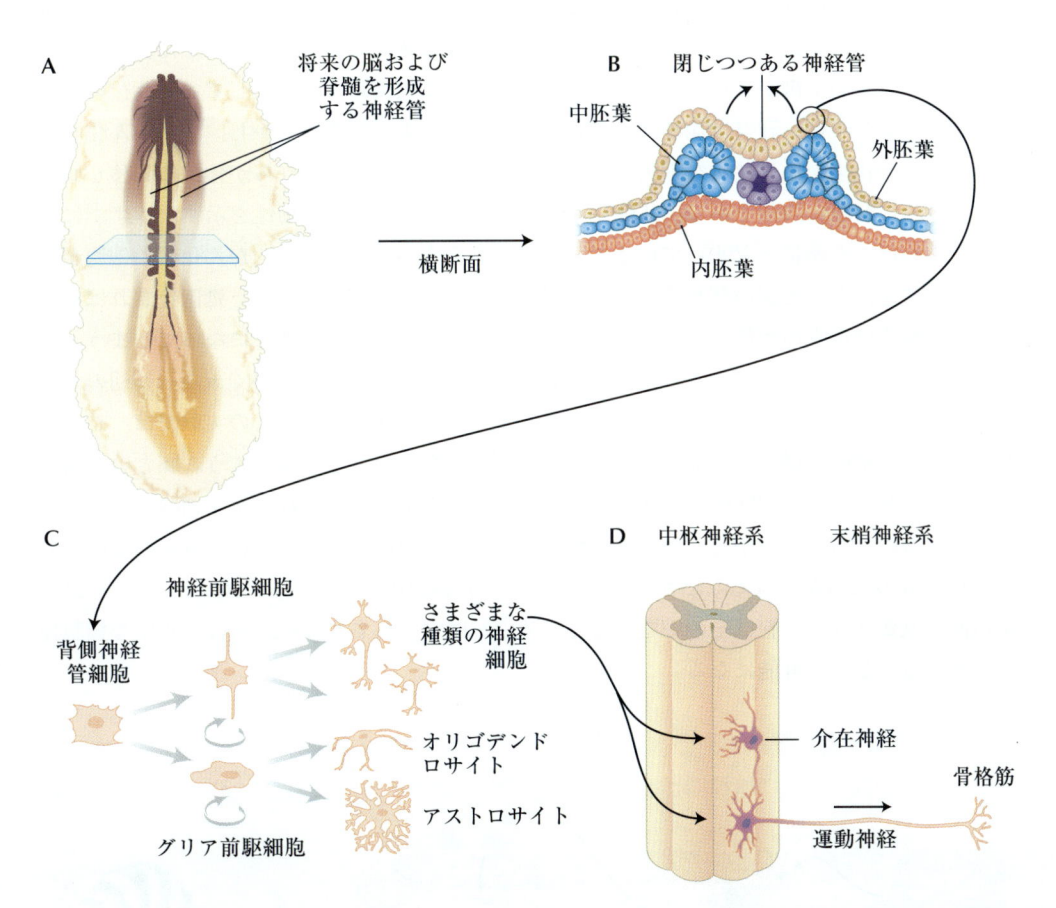

図9.14・ニワトリ胚において，神経細胞の異なる種類が作られるようすは，細胞分化の漸進的な性質を示すよい例である。最も背側の外胚葉細胞は，神経管の形成を開始するべく，左右両側からせり上がる（A。Bにはその横断面）。神経管内部の細胞は，脳や脊髄を形成し，他の外胚葉細胞は皮膚を形成する。神経管内部で受容される因子に従って，神経管内部の個々の細胞は（C），神経前駆細胞あるいはグリア前駆細胞となる（グリアは神経系における支持細胞であり，オリゴデンドロサイト［希突起膠細胞］とアストロサイト［星状膠細胞］を含む）。神経管内の空間的位置情報は神経前駆細胞に働きかけ，脊髄に信号を送る介在神経，あるいは，体内の筋肉に投射する運動神経のような，互いに異なる個性をもつ多くの神経細胞のうちどれかに分化させる。

ある。さまざまな生化学的なフィードバック回路がこの安定性に寄与している。例えば転写因子は，しばしば，自らをコードする遺伝子の転写を自己制御するし，シグナル伝達経路が，近接した小規模な細胞群の間で安定した回路を形成していることもよくある。さらに，転写の調節がより高度なクロマチン領域の構造変化によって実現されることもあり，この種の調節に必要な情報は，細胞分裂を経て娘細胞へも安定して伝達されるらしい。高度に特殊化された細胞は，最終的に細胞分裂を停止することが多い。安定して維持されてきた分化状態は，本質的には，伝達されるべき新たな種類の情報なのだが，それはDNA配列としてではなく，遺伝子発現の状態として伝達される。

がんは，細胞が分化状態を失った例といえる

　上で説明した再生や動物クローニングの実験の例は，細胞が脱分化できることを示している。ある秩序に従って細胞をいったん脱分化し再び分化させることができるなら，将来，損傷した組織や器官を人工的に修復できるという期待がもてる。

　とはいえ，秩序に従わない分化の退行はがん化につながる。成体において，ほとんどの細胞の増殖は精密に制御されており，これは分化の重要な側面である。がん化した腫瘍内では，このような成長の制御が存在しない。もし細胞が急速に成長および分裂しても分化後の性質を維持しているなら，腫瘍は比較的容易に治癒できるはずである。しかし，もしがん化した細胞がその分化後の他の性質をも失っているなら，問題となる。それらが体内に転移し始めれば，さらに問題は深刻である。胚発生中の細胞はふつう適度の移動性を示すが，すでに分化した細胞は1か所にとどまっていることが多い。そういう意味では，がん化した細胞が分化後の性質をほとんど失い移動性を高めた場合には，非常に危険である。処置を怠れば，がん化した細胞は正常な組織を蝕み，結果的に個体を死に至らしめることになってしまう。

　しかし注目すべきことに，がん細胞は，強制的に再分化させることができる。初期のマウス胚に腫瘍細胞を注入する実験が，これをよく示している（図9.15）。この実験では，がん化した細胞は宿主の組織中で，最終的に，分化して正常な細胞としてふるまう。胚という環境が，まるで胚の多能性細胞の分化を正常に制御するかのように，これらがん細胞の再分化を促進できるのである。しかし，がんの種類によっては，腫瘍の進行につれて特定の遺伝子や染色体領域の欠損が起きることがある。前述したB細胞の例のように（図9.10），いったん遺伝的に改変された細胞はその細胞としての能力を限定されてしまい，もはや正常な細胞種に分化することが不可能になる。

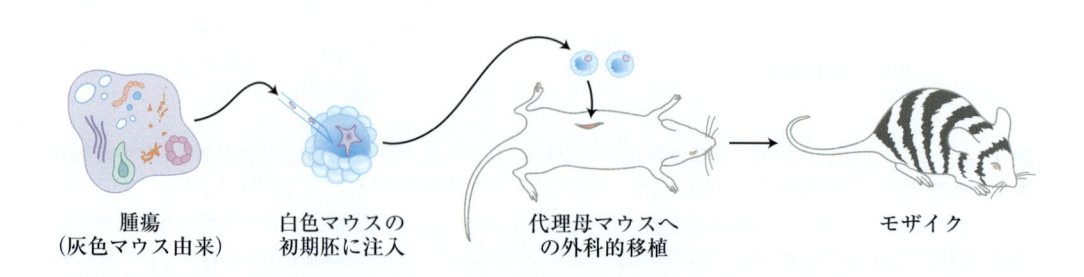

腫瘍
（灰色マウス由来）　　白色マウスの初期胚に注入　　代理母マウスへの外科的移植　　モザイク

図9.15・がん細胞は，再分化の能力をもつ。もし灰色のマウス由来の腫瘍細胞を白色マウスの初期胚に注入し，さらにこの胚を宿主の雌に移植すると，灰色と白色のモザイク状の毛色をもつマウスが生まれる。灰色の毛色の部分は，宿主の胚の中で正常な皮膚の細胞に分化することができたがん細胞に由来している。

9.3 ボディプランの多様性

　ここまでは，異なる細胞種の形成について話を進めてきた。ほとんどの多細胞生物は，多様に分化した細胞種をもつだけでなく，それらの分化した細胞を非常に精密に組織化している。この組織化の様式は，我々が個々の種を認識する際に決め手となる形態学的特徴と密接に関連している。実際のところ，分化の過程と形態の構築は，発生過程で互いに強く関係するものである。分化には，正確な空間的制御が不可欠だからである。例えば，発生期において，静脈系と動脈系に結合することのできない位置に心臓が形成されたり，植物の根の先端に花が作られたりしては，それらは機能しようがない。実際，多細胞生物の分類は，個々の生物が独自のボディプランを形成する際，分化した細胞種を空間的にどのように配置するかというその様式に基づいて行われている。時間をかけて発生プロセスそのものが進化し，動物および植物の多様な形を作るに至った。したがって，現存の生物のボディプランは，**変化を伴う由来**，すなわち**度重なる修正の結果得られた産物**（descent with modification）の明らかな例としてみることができる。

ボディプランが，個々の生物群の形態を定義する

　さまざまな動物および植物群のあいだの系統関係を理解するのに，形態学的特徴が以前から利用されてきた。例えば**節足動物**（arthropod）は，分節化した外骨格に結合した付属肢をもつという点で共通している。また，脊椎動物の場合，我々ヒトがそうであるように，その体は分節化していてかつ内骨格をもっている。この分類群を定義するおもな特徴は，脊柱（背骨）である。一方，植物では花を咲かせる植物と，そうでない植物の 2 つの大きなグループに分けられる。花を咲かせる植物は，子葉の発生パターンに基づいて，さらに単子葉類と双子葉類に分けられる（図 9.16）。これらの形態学的基準によって，**単系統群**（monophyletic group）に正確に分類できることが多い。しかし，共有された体制の特徴のなかには，互いに相同ではなく，収斂進化の産物であることが明らかになったものもある。コウモリ，鳥類，昆虫に共有される羽や翼がよい例である。ほかにも，ある形質が進化の過程で失われることもある。例えば，ノミは**完全変態**（holometabolous）を行う昆虫であるが（完全変態を行う昆虫は単系統群であり，ハエ，ハチ，チョウを含む），完全変態を行う大部分の昆虫と違いノミは羽をもたない。羽は，進化の過程で二次的に失われたのである（図 9.17）。同様に，ヘビとクジラの祖先は四足動物であったが，少なくとも現存のこれら両者の動物群には肢の痕跡しかみられない（図 3.16，3.18 参照）。

多細胞生物は，多様なボディプランを作り出すことができる

　多細胞生物のおもなグループは，どれも独特のボディプランをもっている。この章では動物の発生に注目し，第 10 章ではその古生物学的記録に焦点を当てる。まず，よく調べられている動物門に属するおもな分類群について，ここで紹介しておく（図 9.18）。
　動物界のなかで，海綿動物（カイメン。図 9.19A）のボディプランは，最も単純なものの 1 つといえる。この動物はさまざまな細胞種をもっているが，それらは明確な器官として組織化されてはいない。カイメンは比較的単純な管状の体制をもっており，体内に水流を作るために襟細胞と呼ばれる鞭毛の生えた細胞を用い，液体に溶けた食物の粒を捕食している。刺

双子葉植物
(ポプラ, サボテン, バラなど)

単子葉植物
(ユリ, イネ科植物など)

裸子植物
(針葉樹)

シダ植物
(シダ)

コケ植物
(コケ)

被子植物
(顕花植物)

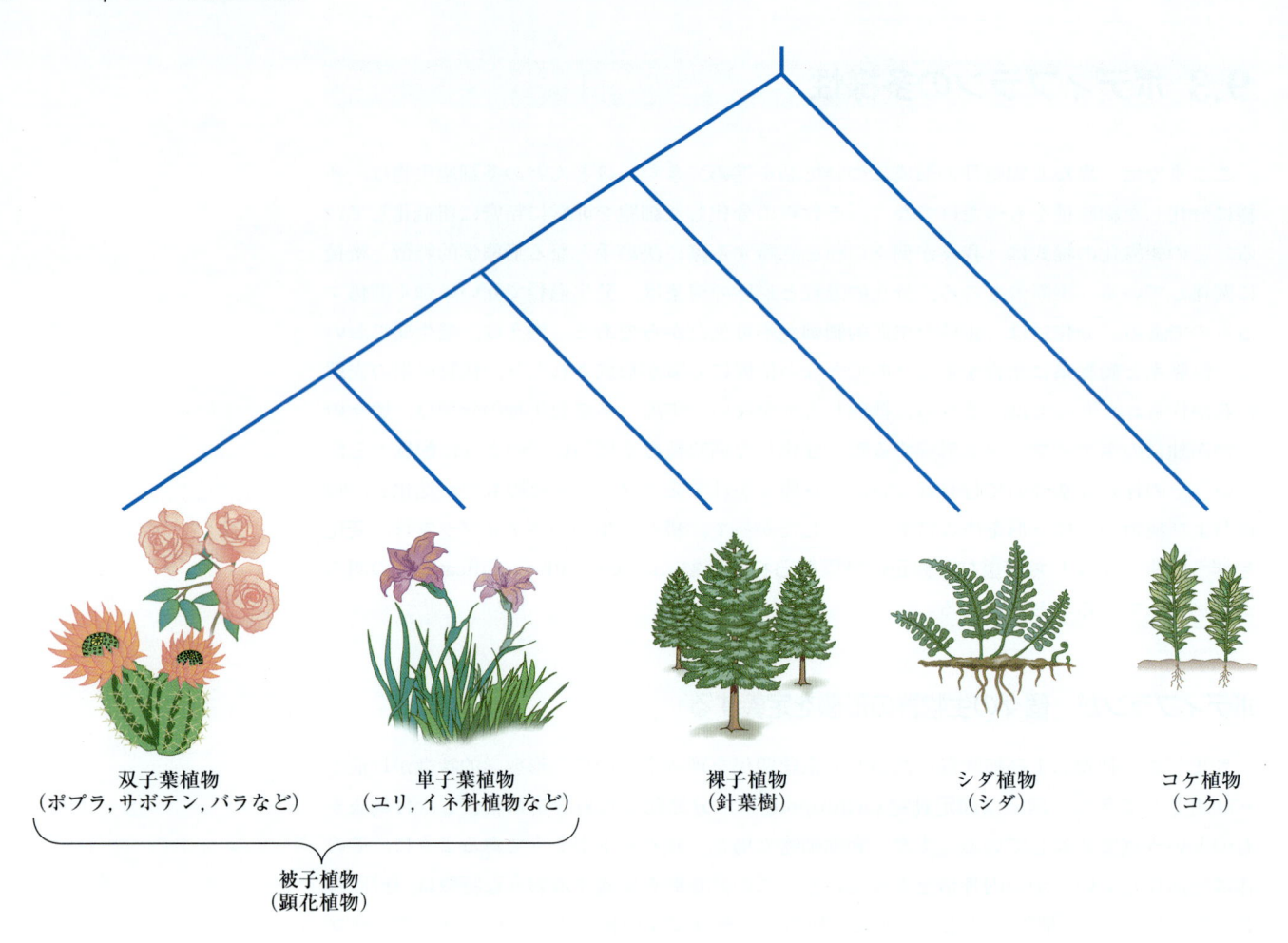

図 9.16 ・いくつかのおもな植物群の系統関係。被子植物(顕花植物)は，子葉の形態に基づいてさらに単子葉植物と双子葉植物の 2 つのグループに分けられる。この形態学的特徴に基づいた系統関係は，分子系統解析でも支持されている。

胞動物(例，サンゴ，クラゲ，イソギンチャク。図 9.19B)と有櫛動物(例，クシクラゲ。図 9.19C)は，非常に古くに分岐した動物系統と考えられるが，口と消化管のような明確な器官系が認められる。これらは一般に，放射相称性(厳密には必ずしもそうではないが)をもっているとみなされ，柔らかい体をもち，触手を用いて捕食する。

それ以外の動物門は，**新口動物(後口動物)** (deuterostome) と **旧口動物(前口動物)** (protostome) という 2 つの大きなグループに分けられる(この分類は，口と肛門の発生上の由来に基づく)。新口動物には，**棘皮動物**(echinoderm) と **脊索動物**(chordate) が含まれる。棘皮動物はヒトデやウニを含み(図 9.20A,B)，上皮外層の内部に位置する石灰質の板によって構成される中胚葉性の骨格をもつ。棘皮動物は，幼生期には左右相称性をもつが，成体は一般的に五角形を基本にした五放射相称の体制をもつ。この動物は，体内の水管系によって制御される微小な管足を用いて移動する。新口動物に含まれるもう 1 つの門は，魚類，両生類，鳥類，哺乳類を含む脊索動物である(図 9.20C–G)。この門に含まれる動物は内骨格をもち，この構造は，動物種によっては成体において脊椎骨に置き換えられる脊索(胚発生時にこのように呼ばれる)を含む。脊索動物は背側に中空の脊髄をもち，また場合によっては，成体では消失する尾も胚発生時にもっている。

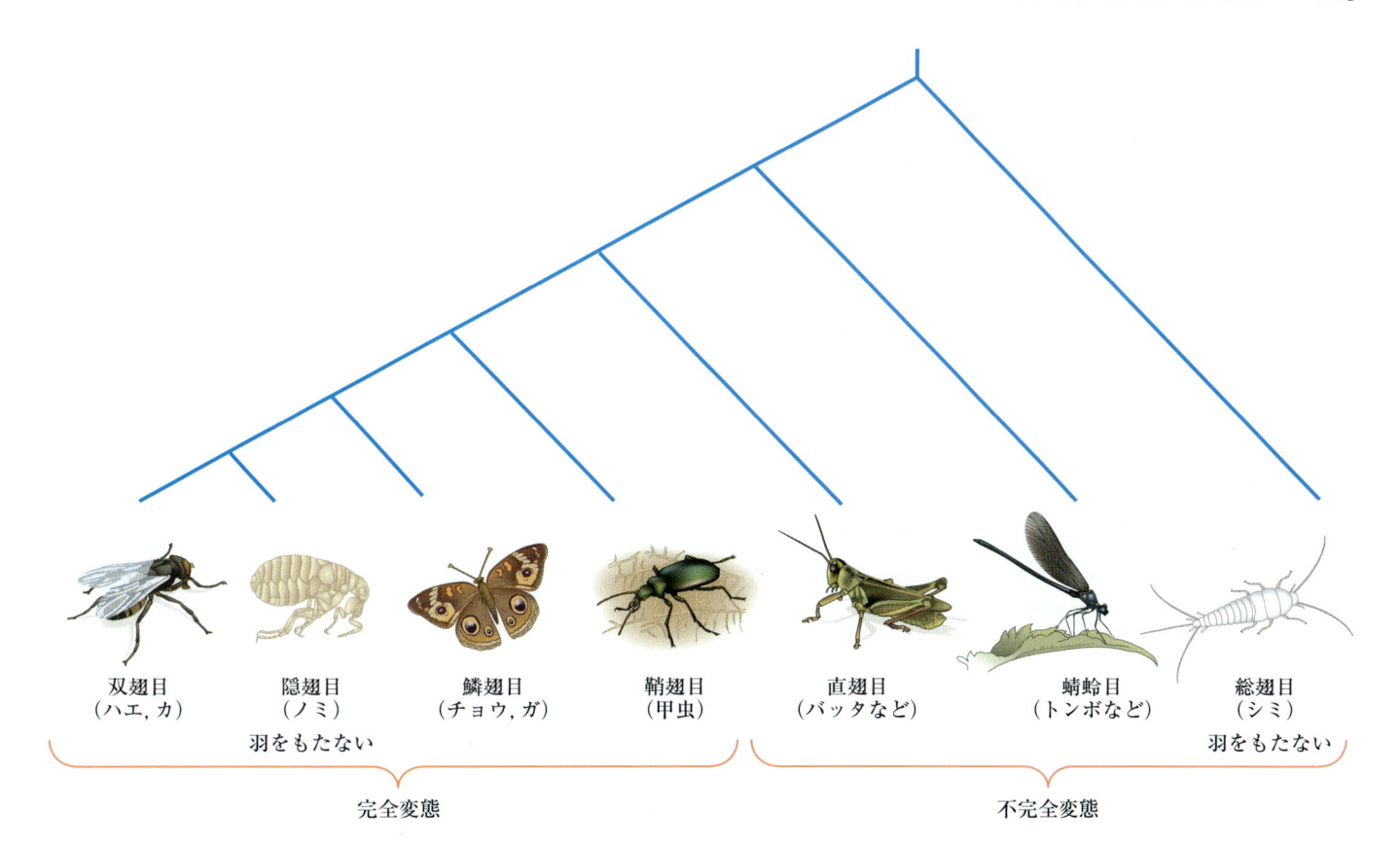

図 9.17 ・いくつかの昆虫の目の系統関係。ここに示したグループのうち，総翅目と隠翅目（ノミ）類のたった 2 つだけが，羽をもたない。化石記録および他の節足動物との関係に基づくと，総翅目は，ここに示したすべての昆虫に共通する羽をもたない祖先から進化したと考えられる。したがって総翅目は，その仮想的な祖先以来，羽をもたない状態を維持している。一方，隠翅目は，系統樹上で羽をもつ複数の目の間に位置するため，このグループは二次的に羽をもたない状態を獲得したと考えられる。つまり，ノミとハエの共通祖先は羽をもっていたが，ノミに至る系統で羽が失われたのである。

　旧口動物は，おもに分子系統学的研究によると，脱皮動物と冠輪動物という 2 つの大きなグループに分けられる（図 9.18 参照）。冠輪動物（図 9.20）は，**軟体動物**（mollusk），環形動物，扁形動物と，あまり研究されてはいないが非常に興味深いさらに多くの動物門を含む。軟体動物門（図 9.21A–C）は，腹足類（例，ナメクジ，カサガイ），二枚貝類（例，ホタテ，ムラサキイガイ）と頭足類（タコとイカ）からなる。環形動物（図 9.21D–F）は，貧毛類（例，ミミズ），多毛類（例，ゴカイ）とヒル類という 3 つの大きなグループで構成される。環形動物は外部から明確に確認できる分節性を示し，分節は前後軸に沿って生えた付属肢の位置に対応する。この分節化は体腔内にもみられ，この構造のおかげで，個々の分節を水圧機のように利用し，上手に地中に潜るという際立った特徴をもつのである。多毛類ではこの地中に潜る能力は幾分低下し，そのかわりに，いぼ足という単純な付属肢を発達させることによって，地表を這うことが可能になった。

　旧口動物のもう片方のグループ，すなわち脱皮動物も多くの動物門を含む。なかでも最もよく研究され，種の数も多いのは，節足動物門および線形動物門である。現存の節足動物（図 9.22）は，六脚類（昆虫とトビムシ。例，ハエ，アリ），多足類（ムカデ類とヤスデ類），鋏角類（例，クモ，カブトガニ），甲殻類（例，ロブスター，カイアシ類）の 4 つのおもなグループからなる。これらはすべて，いくつかの節からなる付属肢と，明確に分節した頑丈なキチン

節足動物
(クモ、カニ、昆虫など)

線形動物
(カイチュウなど)

軟体動物
(カタツムリ、タコなど)

扁形動物
(プラナリアなど)

環形動物
(ミミズ、ヒルなど)

脊索動物
(両生類、鳥類、哺乳類など)

棘皮動物
(ウニ、ヒトデなど)

有櫛動物
(クシクラゲなど)

刺胞動物
(サンゴ、クラゲなど)

海綿動物
(カイメン)

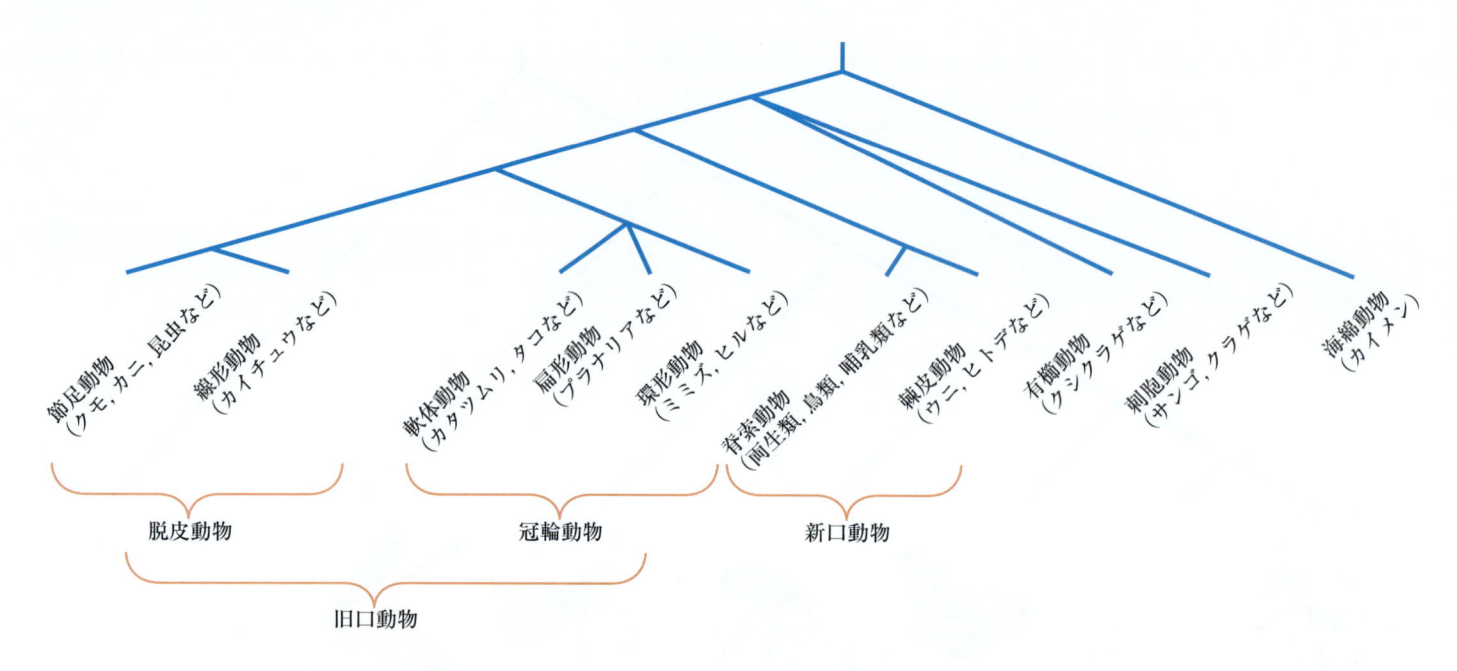

脱皮動物　　　冠輪動物　　　新口動物

旧口動物

図9.18 ・いくつかのおもな動物(後生動物)群の系統関係。新口動物と旧口動物は左右相称性をもつとされ(刺胞動物が明確な左右相称性をもつという議論もあることに注意)、いわゆる左右相称動物を構成する。分子系統学によると、旧口動物は、さらに脱皮動物と冠輪動物(担輪子動物)という2つの大きなグループに分けられる。

質の外骨格によって特徴づけられる。環形動物と違い、節足動物は体腔内部に明確な分節性をもたないうえ、外骨格が頑丈であるために、一般的には、移動のために静水圧系を備える必要もない。線形動物は形態学的には比較的単純で、一般的には非常に小さく細長い形をしている。独立性のものもいれば、寄生性のものもいる。線形動物は地球上のどの地表にもいるといっていいほど、際立って種数が多い。

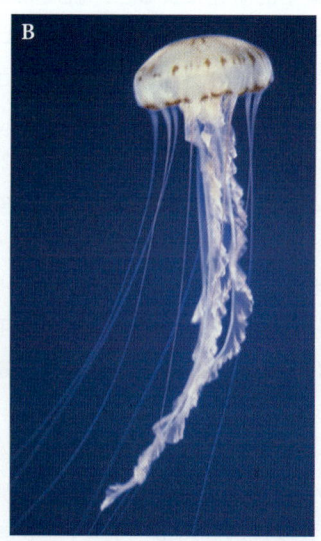

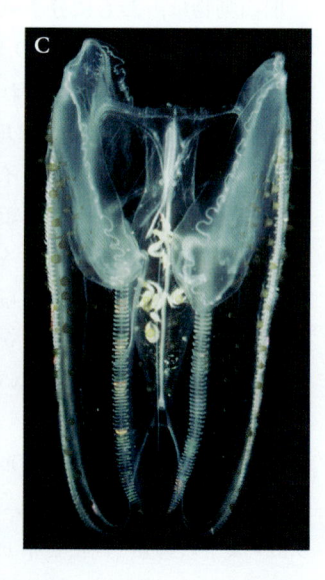

図9.19 ・左右相称動物に属さない動物門は、海綿動物(カイメン。A)、刺胞動物(クラゲ。B)、有櫛動物(クシクラゲ。C)などである。

図9.20 ■ 新口動物の代表として，ウミユリ(A)やヒトデ(B)を含む棘皮動物と，クマノミ(C)，カエル(D)，鳥(E)，ヘビ(F)やゾウ(G)を含む脊索動物に分けられる。

化石記録もまた，ボディプランの進化の歴史を明らかにした

　時に保存状態が悪いせいで十分な情報が得られないこともあるが，化石記録を精査することによって，多細胞動物および植物にみられるようなおもなボディプランの出現についての重要な情報がもたらされる。例えば，化石記録に基づいておもな動物のボディプランのほとんどが，約5億3000～5億1000万年前のカンブリア爆発として知られる時期に急速に出現したことが示された(pp.285～293参照)。この時期以前にも多細胞動物は存在したが，それらは比較的小さく単純な体制で，その多くが現存の動物群との近縁性を推測しえないような形態をもっていたと考えられる。おもな動物および植物についてのより詳しい化石記録については，次の章で紹介する。

図 9.21 ▪ 代表的な冠輪動物は，ウミウシ（軟体動物）（A），タカラガイ（軟体動物）（B），ミズダコ（軟体動物）（C），ゴカイ（環形動物）（D），イバラカンザシ（環形動物）（E），ヒル（環形動物）（F），プラナリア（扁形動物）（G），腕足動物（H）とコケムシ（I）を含む。

図 9.22 ▪ 代表的な脱皮動物は，チョウ（節足動物，昆虫）（A），ザリガニ（節足動物，甲殻類）（B），ヤスデ（節足動物，多足類）（C）クモ（節足動物，鋏角類）（D），毛顎動物（E），鰓曳（えらひき）動物（F）と，有爪動物（カギムシ）（G）を含む。

9.4 ボディプラン構築の遺伝学的背景

進化の過程における形態の変遷が，発生過程の変化に起因することは明らかである。そのため進化生物学者は，発生のある側面について深く理解しようとしてきた。実際，ダーウィンはその著書『種の起源（種の起原）』において，その中の1章を動物の胚発生についての議論のために割いた。同様に，発生生物学者は，異なる生物群の関係，すなわち，異なる生物間でどのように発生メカニズムが相関しているのかを理解するために，比較に基づいた研究手法を用いてきた。この数十年間で，発生メカニズムの進化を理解するための研究は非常に進歩した。この期間に刷新された興味は，発生の重要な側面についての遺伝学的および分子のレベルでの理解に由来するが，なかでも，進化的に非常に遠縁の生物間でさえ発生プロセスが往々にして保存されているという驚くべき発見はそのよい例である。このように共有された発生のメカニズムの基本要素は，遺伝学的レベルの進化的変遷がどのように形態の多様化を引き起こすのかを理解するのを可能にしている。

遺伝学的アプローチによって，発生に関与する遺伝子群が明らかとなった

発生を理解するうえで重要な進歩は，遺伝学的アプローチを用いることによりもたらされた。発生生物学は長く輝かしい歴史をもち，初期胚に細かな外科的手術を施すなどの実験的操作によって築きあげられてきた。しかし，残念ながらそのような手法は，発生に関与する遺伝子について，多くのことを明らかにしなかった。それに対し，発生に影響する突然変異体を単離することを目的とした遺伝学的スクリーニングによって，重要な発生関連遺伝子が同定されてきたのである。発生に関連した突然変異体を同定するための遺伝学的スクリーニングの多くは，まずキイロショウジョウバエ（*Drosophila melanogaster*）と線虫（*Caenorhabditis elegans*）で行われた。

最も一般的なアプローチは，雄を突然変異原（化学物質あるいはX線が一般的に用いられる）にさらすことによって，精子を形成する細胞の遺伝子に変異をランダムに起こさせ，これらの雄を正常な雌と交配させることである（ゼブラフィッシュの変異原スクリーニングの詳細は図9.23参照）。こうすることによって，第1世代（F_1）の個体は変異した遺伝子を1コピーもつことになる。まれにこれらの突然変異は優性を示し，この段階で検出できる。しかしたいていは，最終的にホモ接合の変異をもつ子孫（F_3）を得るためには，以後の交配を制御して行わなければいけない。F_3個体は，興味の対象となる表現型のスクリーニングによって選抜される。例えばゼブラフィッシュでは，このようなスクリーニングにより体節（後に分節化した脊椎骨や筋肉を形成する組織の初期細胞塊）の形成が阻害された変異体が単離された（図9.23B）。さらに，ゼブラフィッシュの体色に劇的な変化をもたらすような突然変異体も得られた（図9.23C）。

ショウジョウバエにおける初期の集中的な遺伝学的スクリーニングは，幼生において正確な分節パターン形成を可能にしている多くの遺伝子の同定につながった（図9.24）。これらの変異体の表現型をさらに解析し，その原因となる遺伝子を同定することにより，昆虫の分節化プロセスを制御する初期発生プログラムの非常に詳細な理解が得られた。現在までに，数十にも上る他の発生プログラムが遺伝学的スクリーニングによって解析され，シロイヌナズナの花形成から線虫の神経発生に至るまで，多様な現象に関与する遺伝子が同定されている。

これらの多様な発生メカニズムの全体像をつかむのは容易ではなく，ヒトの発生とはほと

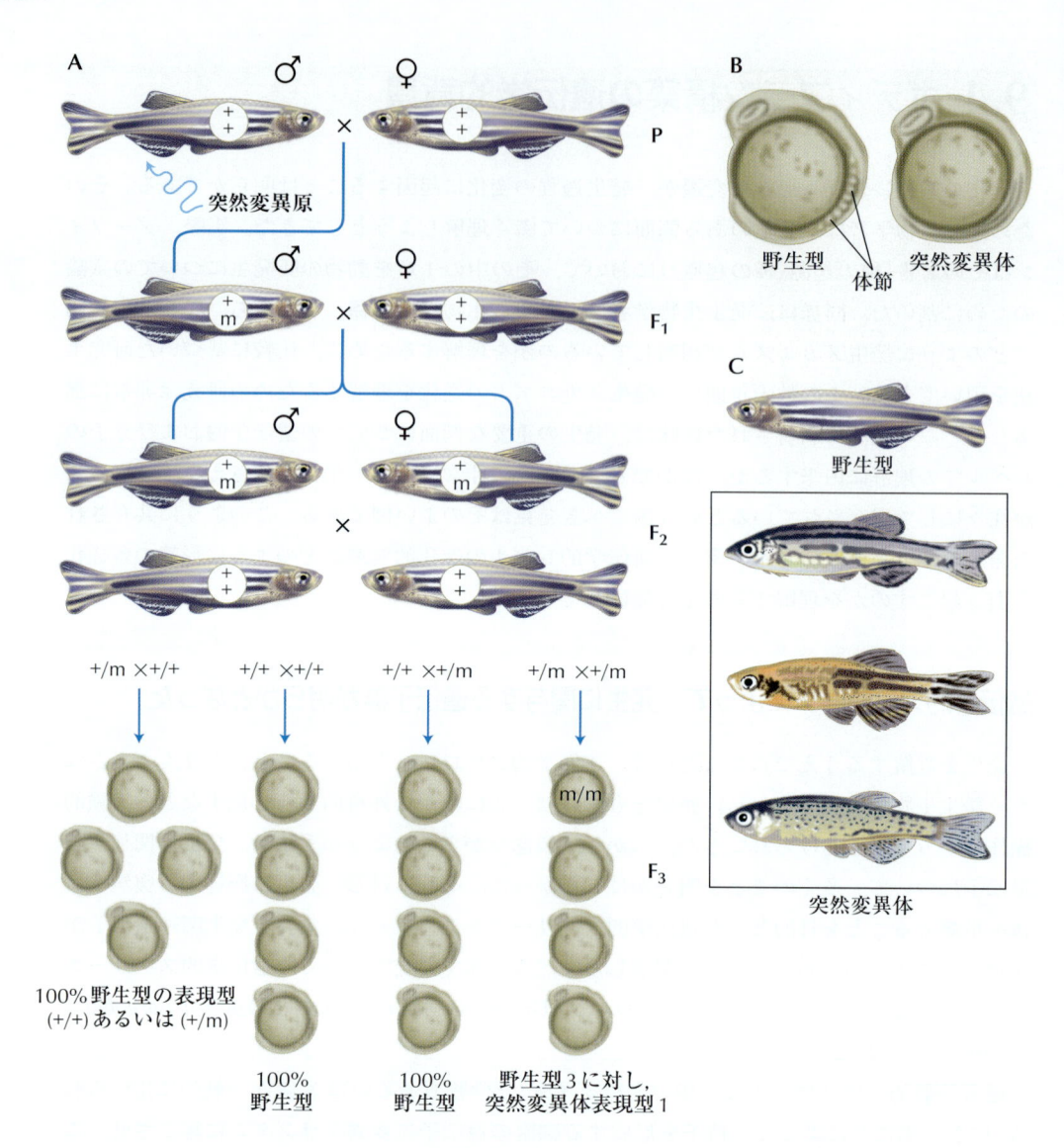

図9.23 ● ゼブラフィッシュにおける突然変異誘発スクリーニング。(A)雄を化学変異原で処理し、野生型の雌と交配する。いくつかのF₁個体は誘発された突然変異をもっているが、ホモ接合体ではないため、劣性突然変異の場合には、表現型は検出できない。その後の交配を制御することにより、F₃世代において、ホモ突然変異体が得られる(ショウジョウバエに対して用いられる、これに似た技術については、Box 13.2をみよ)。ホモ突然変異体は、興味の対象となっている表現型のスクリーニングに用いることができる。この例として、体節が形成されない胚になってしまう胚性致死突然変異(B。矢印で野生型胚の体節を示した)や、成体まで生きるが、体色のパターンを変えてしまう表現型(C)があげられる。

んど関係がないと思われたが、それが必ずしも正しくないことを現在我々は知っている。後に第11章で扱うように、遺伝子とそれが関与する分子経路はすべての生物の発生において広く共有されている。実際に、ノーベル賞の医学生理学部門は、ハエや線虫の発生を理解するのに尽力した科学者たちが獲得してきた。それは、彼らの発見がヒトの発生や疾患を理解するのに非常に役立ったからである。同様に、シロイヌナズナ(ごく一般的な植物)を用いた研究も、我々が食物として依存している作物の品種改良に欠くことができない。

上記のような遺伝学的スクリーニングは驚くほど強力ではあるが、一般的にこの手法は、比較的少数のモデル生物にしか有効に利用できない。このような"順遺伝学(forward genet-

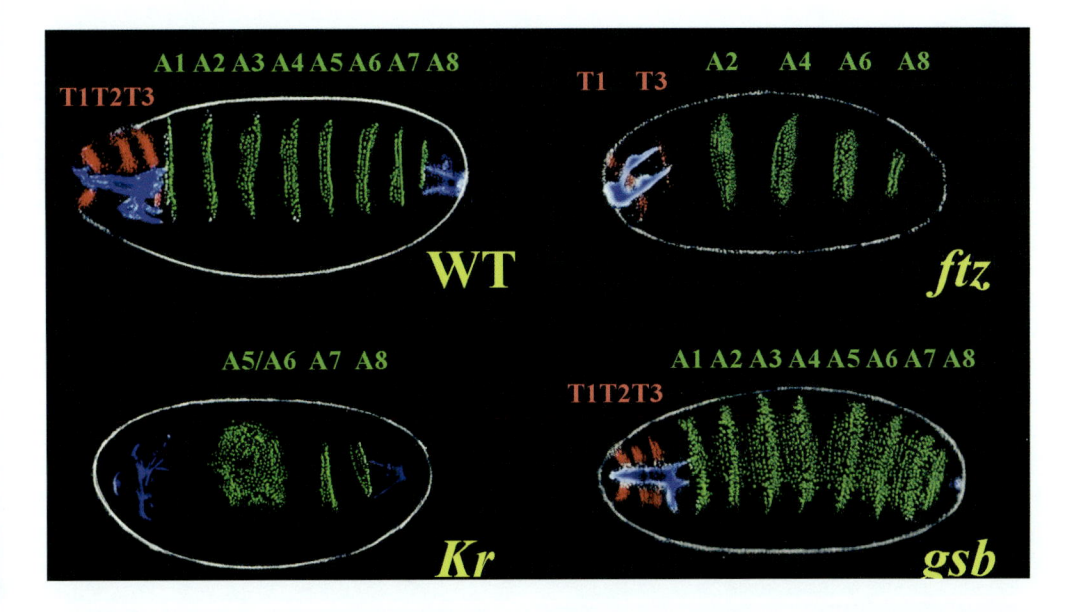

図 9.24 ショウジョウバエでの突然変異原スクリーニングにより，胚の分節化に関与する遺伝子が同定された。左上は，卵からまさに孵化し始める時期の野生型胚。頭部は左側で，腹側表面から見た図。それぞれの分節は denticle と呼ばれる，食物を目指す移動に役立つ硬い毛の帯によって，境目が明確に示される。3 つの胸部分節（T1–T3。赤）と 8 つの腹部分節（A1–A8。緑）がはっきりわかる。Krüppel（Kr）突然変異体（Kr 遺伝子について，ホモの欠失突然変異をもつ胚という意味）では，胸部および前方の腹部分節が形成されない。fushi tarazu（ftz）突然変異体では，分節が 1 つおきに欠損する。gooseberry（gsb）突然変異体では，分節の数は正しいが各分節内の形態形成が変化し，本来 denticle がないはずの領域に denticle band が広がってしまう。これらを含む変異体の解析に基づいて，発生生物学者は現在，ショウジョウバエの胚がどのようにして分節化していくのか非常に深く理解している。

ics）"的アプローチが効率的に機能するには，対象となる動物あるいは植物が容易かつ経済的に飼育できるうえ，世代時間がそれなりに短く，問題となる表現型が比較的容易に判別できなくてはいけない。

逆遺伝学的アプローチは発生への理解を深める

　従来の順遺伝学的スクリーニングでの解析が行えない動物および植物の発生は，"逆遺伝学（reverse genetics）"といわれるさまざまな手法で遺伝学的に調べることができる。例えば，マウスでは**相同組換え**（homologous recombination）を利用して，目的の遺伝子に選択的に突然変異を挿入することができる。さらに，動物および植物を含む多くの生物において，**RNA 干渉**（RNA interference，**RNAi**）と呼ばれる現象を利用して遺伝子の機能を"ノックダウン"することができる（図 9.25）。そのためのアプローチとして，注目する遺伝子に対応する二本鎖 RNA を人工的に生成し，発生中の胚に注入するという手法がある。この二本鎖 RNA は，対応する遺伝子由来の内因性 mRNA の分解を引き起こす。同様に，アフリカツメガエルのような動物では，**アンチセンスオリゴヌクレオチド**（antisense oligonucleotides）が mRNA の翻訳を邪魔することによって，遺伝子機能を阻害するために利用される。また，遺伝子の異所的発現により，遺伝子の機能を明らかにすることもできる。例えば，筋肉特異的に発現する転写因子を単離するのに，生化学的アプローチを利用できるかもしれない。すなわち，発生過程で，この転写因子をコードする遺伝子が筋肉細胞としての運命を決定するという可能

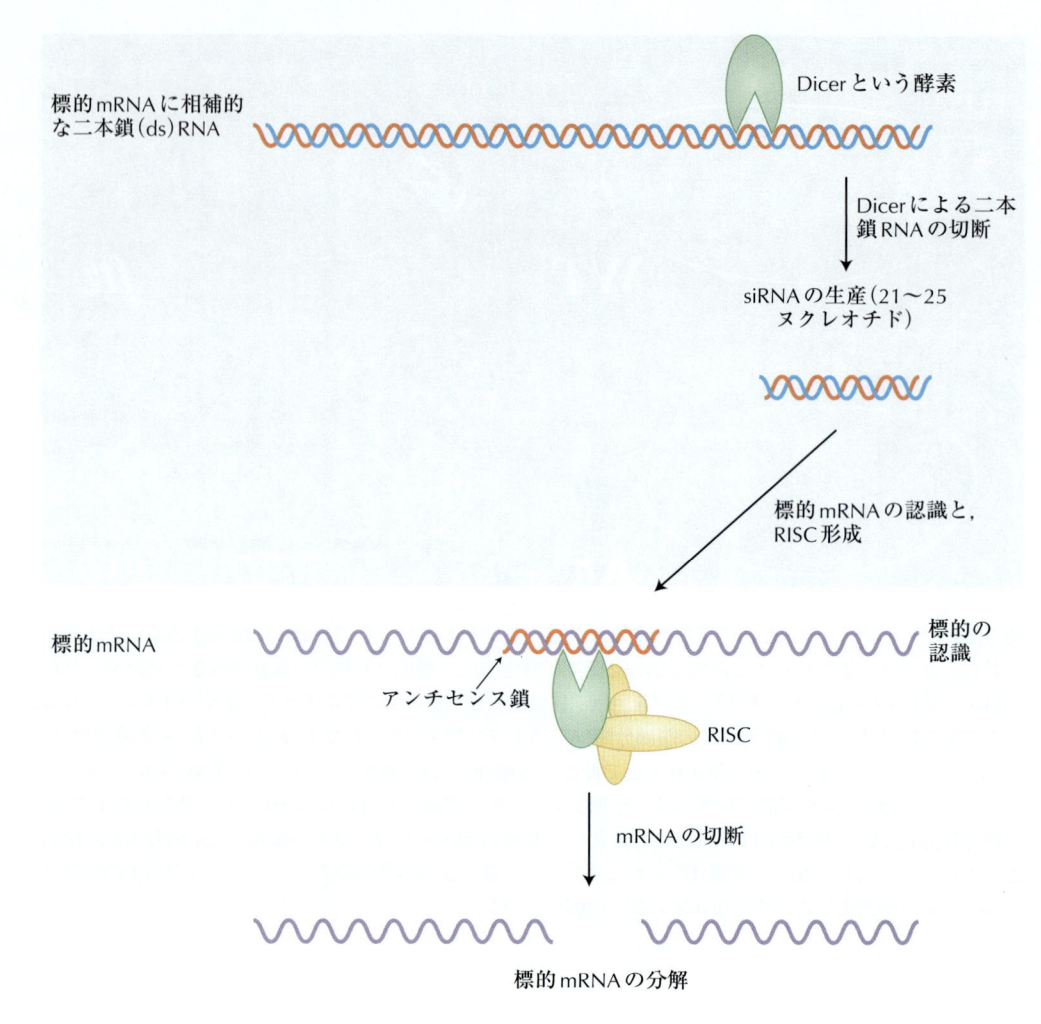

図 9.25 ● 多くの生物において，特定の mRNA に相補的な二本鎖 RNA を導入することにより，遺伝子の機能を効率的に調べることができる。二本鎖 RNA は，細胞に直接注入したり，個体をその溶液に浸したり，あるいは個体に食べさせたりすることによって，生物内部に導入することが可能である。いったん細胞内に入ると，二本鎖 RNA は Dicer という酵素の働きで siRNA と呼ばれる 21 〜 25 塩基の断片に切断される。siRNA のアンチセンス鎖は，RISC（RNA-induced silencing complex, RNA 誘導サイレンシング複合体）とともに標的 mRNA の配列と結合する。標的 mRNA は，切断され分解される。このようにして遺伝子の機能を"ノックダウン"し，個体への影響を観察することができる。この方法を用いて，数千にのぼる遺伝子について発生過程での表現型をスクリーニングし，通常の順遺伝学的アプローチが使えないような動物および植物において，遺伝学的解析を行うことができる。

性を利用して，この遺伝子に由来する mRNA を胚中の他の細胞種に注入することにより，細胞分化の方向を変化できるか調べることができるというわけである。

　このようなアプローチにより，順遺伝学的スクリーニングを用いることなく，詳細な遺伝学的解析を行うことが可能となった。原理的には，この"逆遺伝学"的アプローチは，ランダムに選ばれた遺伝子についても適用できる。しかし現実には，解析対象となる遺伝子は特定の理由で選ばれる。例えば，tinman と呼ばれる遺伝子は，ショウジョウバエの心臓形成における機能に注目した順遺伝学的スクリーニングによってまず単離された。マウスの心臓でこのハエの遺伝子のオーソログが発現するのが知られたのは，その後のことである。標的遺伝子破壊（gene targeting）によってこの遺伝子に突然変異をもつマウスが作出され，結果，心

臓の形成に障害を示したのである。このように，他の動物における順遺伝学的スクリーニングに由来する情報があったからこそ，マウスの心臓発生の遺伝学的解析が始まりえたのである。

胚のパターン形成において細胞系譜間および細胞間の相互作用は重要である

　胚発生学により，細胞系譜間および細胞間の両方の相互作用が初期発生の進行に重要であることが示されてきた。例えば，成体のショウジョウバエの体表にある剛毛の1本1本，さらにそれらの内部構造は，共通の前駆細胞に由来する4つの細胞によって構成されている。1つの前駆細胞からこれら4つの細胞が形成される細胞分裂および分化のパターンを，図9.26A,Bに示した。ここで非常に興味深い問題は，細胞分裂の際にすでに非対称性が生じているのか，すなわち，娘細胞が互いに異なる何かを親細胞から継承したためにそこから生じた2つの細胞が異なる運命をもったのか，ということである。ショウジョウバエの神経発生の遺伝学的解析によって，*numb*と呼ばれる突然変異体を含むいくつかの突然変異体が，この細胞系譜のパターン形成に影響するものとして単離された。*numb*突然変異体では，細胞

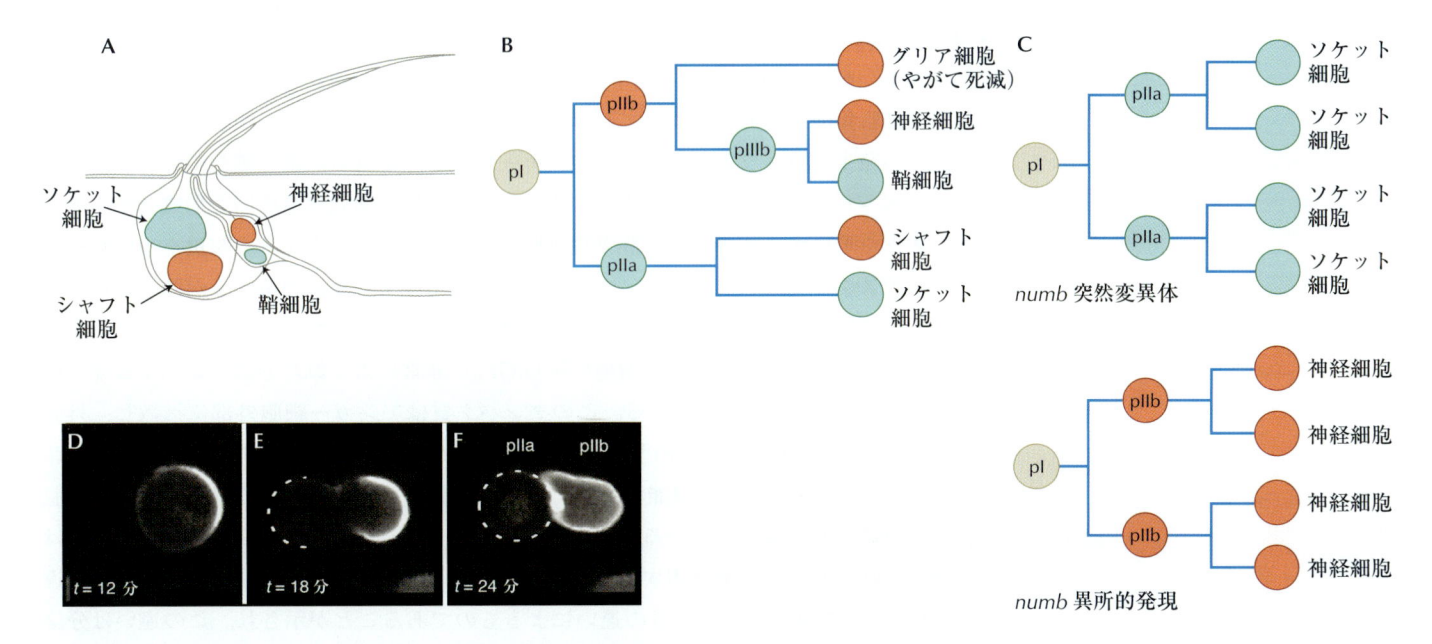

図9.26 ・ (A) ショウジョウバエの剛毛は，ソケット細胞，シャフト細胞，神経細胞，鞘細胞と呼ばれる4つの細胞によって構成される。(B) これらの細胞はすべて，pIと呼ばれるたった1つの前駆細胞から特別な細胞分裂を経て作られる。*numb*突然変異体 (Cの上半分) では細胞分化のプログラムが改変され，pIに由来する細胞がすべてソケット細胞となる。逆に，*numb*遺伝子を過剰発現させると (Cの下半分)，すべてが神経細胞となる。(D) numbタンパク質は，pI細胞の片側に局在することが明らかとなった。(E,F) 細胞が分裂を始めると，numbタンパク質の非対称な分布により，すべてのnumbタンパク質は，pIIbに取り込まれる (EとFにおける点線は，pIIa細胞の輪郭を示す)。numbタンパク質は，さらにその後の細胞分裂でも非対称に分布する。正常なnumbタンパク質の分布パターンは，Bの図において細胞の色分けに示したとおりである (numbタンパク質をもつ細胞は赤で，もたない細胞は青で示した)。この非対称な分布は，*numb*突然変異体，あるいは*numb*遺伝子を異所的発現させた個体の表現型を説明することができる。*numb*遺伝子が欠損すると，すべての細胞が，通常numbタンパク質をもたない細胞 (すなわち，pIIaとソケット細胞) のようにふるまう。*numb*遺伝子の異所的発現では，すべての細胞が，通常numbタンパク質をもつ細胞 (すなわち，pIIbと神経細胞) のようにふるまう。

系譜パターンが図9.26Cに示したように変化する。すなわち，ソケット細胞だけが形成され，他の細胞種は形成されない（剛毛と神経細胞が形成されないことから，*numb*と名づけられた）。図9.26D–Fに示したように，細胞分裂の際には，numbタンパク質が不均等に娘細胞に伝達されることが示されている。最初，前駆細胞は，均等にnumbタンパク質を発現するのだが，分裂が始まると，numbタンパク質は細胞の片側に偏って分布し始める（図9.26D,E）。最終的に，numbタンパク質は，pIIbと呼ばれる片方の娘細胞だけに伝達される（図9.26F）。さらに発生が進むと，*numb*遺伝子はpIIIbおよびpIIa細胞でも発現するが，再び娘細胞間で非対称に伝達され，将来ソケット細胞と鞘細胞と呼ばれる細胞にしか存在しないことになる。

この非対称な伝達様式が正常な細胞のパターン形成に重要であるということを示すさらなる証拠は，numbタンパク質を異所的に発現することによって得られた（図9.26G下部）。もし，すべての細胞が強制的にnumbタンパク質を均一に発現するようになれば，その結果として*numb*遺伝子の機能欠失突然変異体の表現型とは本質的にまったく反対の表現型，すなわち，過剰な神経細胞と他の細胞種の欠如がみられるはずである。さらに，その後の研究により，numbタンパク質が，細胞内のあるシグナル伝達経路を制御していることが示され，これが，多様に分化する娘細胞間での転写レベルの違いを引き起こしていることが明らかとなった。

線虫 *C. elegans* の産卵門（vulva）の形成についての研究も，細胞間相互作用の重要性を示すよい例である。産卵門の形成は，開口する部分と，それ以外の伸長した部分を作り出す特定の外胚葉性細胞集団の特異化によって起きる（図9.27）。細胞をレーザー照射で除去する実験により，この発生プログラムの開始にはアンカー細胞と呼ばれる内部の細胞の存在が必要であることが示された。アンカー細胞がない場合，外胚葉性の細胞は産卵門を形成せず，そのかわりに表皮を形成する隣接した外胚葉性細胞のようなふるまいをする。線虫を用いたその後の遺伝学的スクリーニングにより，このプロセスに関与する多数の遺伝子が同定され，このシグナル伝達経路の非常に詳細な部分までが理解されるに至った。

アンカー細胞は，脊椎動物の上皮増殖因子（EGF）と非常によく似た分泌タンパク質をコードする *lin-3* という遺伝子を発現する。このタンパク質はアンカー細胞外部に拡散し，外胚葉細胞上のEGF受容体様の膜貫通型チロシンキナーゼ（受容体は，線虫の *let-23* 遺伝子の産物）に結合するリガンドとして機能する。アンカー細胞から最も近くに位置する外胚葉細胞は，第1の運命として知られているものを採用し，少し遠くに位置する2つの外胚葉細胞は第2の運命と呼ばれるものを採用する（図9.27）。さまざまな実験により，この細胞運命の違いはlin-3タンパク質のわずかな量の違いによるものであることが示され，この違いは分泌源（すなわち，アンカー細胞）からの距離の違いに起因していた。この応答の違いは中央の細胞によって開始される別のシグナル伝達系によっても増幅されており，こちらはより側方の細胞が第1の運命を採用するのを阻害している。

この例を含む基本的にすべての発生プロセスにおいて，転写の制御がもちろん重要な役割を果たしている。先立つパターン形成プログラムに基づいて，他の近隣の細胞ではなく，アンカー細胞のみにおいて *lin-3* 遺伝子の転写を引き起こすことが知られている。この仕組みによって，アンカー細胞が近隣の細胞の運命を制御する唯一のシグナル源となる。lin-3タンパク質がlet-23の細胞外の受容体部分に結合すると，let-23タンパク質の細胞内チロシンキナーゼドメインの酵素活性が促進される。RAS経路と呼ばれるシグナル経路を通じて，最終的に，外胚葉細胞の成長，細胞分裂，および形態に影響する多くの標的遺伝子の転写が外胚葉において制御される。この結果として，産卵門が正しく形成されるわけである。

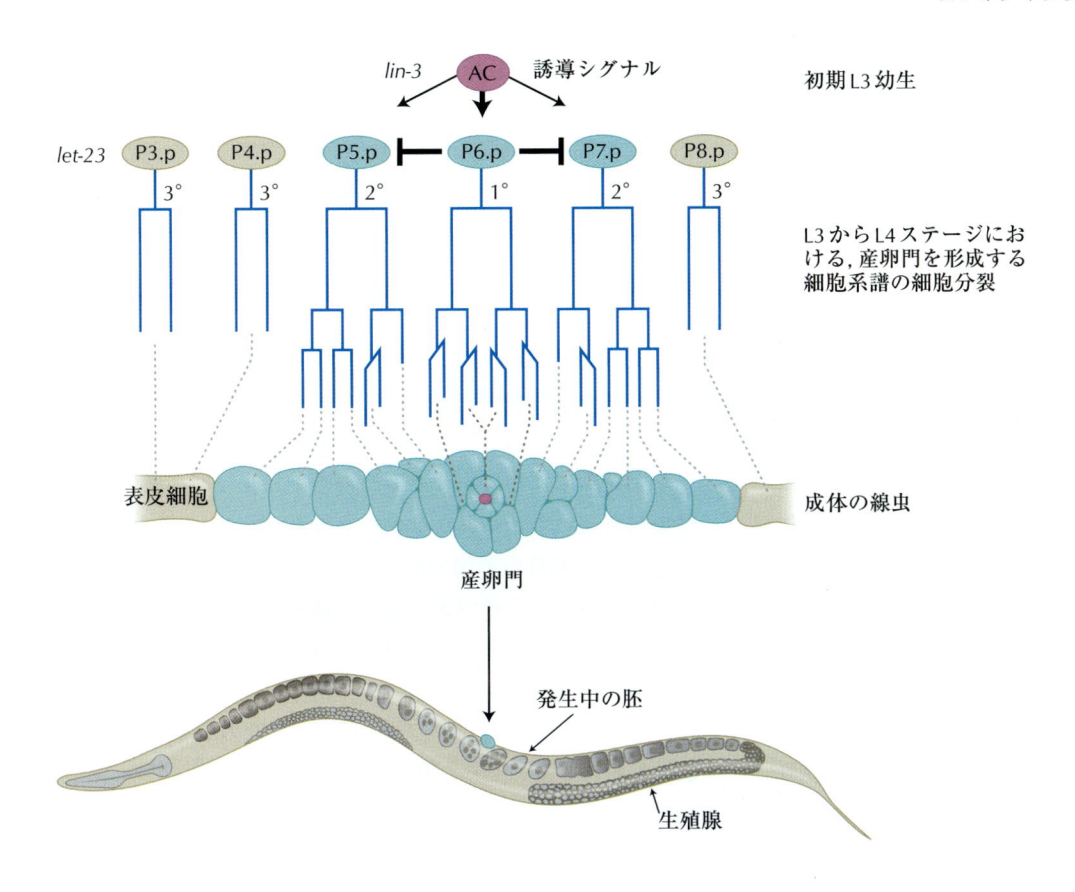

図 9.27 ・ 線虫における産卵門の形成は，一連のシグナル伝達を必要とする。L3 ステージの幼生では，アンカー細胞が lin-3 タンパク質を分泌し，このタンパク質が，P5.p, P6.p, P7.p という 3 つの最も近接した外胚葉細胞の発生を制御する。最も強いシグナルを受け取った細胞，すなわち，P6.p が第 1 の細胞運命を採用し，他の 2 つの細胞は第 2 の運命を採用する。このシグナル伝達経路は最終的にこれらの外胚葉細胞内の多くの遺伝子の転写に影響し，細胞運命を制御する。こうして，これらの細胞は特別な様式で分裂し，正しい位置に，正しい形態をもつ産卵門を最終的に形成するべく分化する。

さまざまな分子メカニズムがパターン形成機構を制御する

種々の植物や動物の発生プロセスについて，我々は非常に詳細に理解している。本書ではそれを逐次紹介はしないが，多くの一般化が可能である。そのほとんどは本章で扱ったものであり，形態学的および発生学的多様性の進化について議論するうえで非常に有用である。ここでそれらを整理してみる。

1. 多細胞性のおもな特徴の 1 つは，1 つの個体が多種類の細胞をもつための細胞分化という現象である。それは，まさに発生過程で達成されるものである。
2. もともと単細胞である胚が，複雑な多細胞性の動物あるいは植物個体を形成する。これは，個々の細胞が個体内でその細胞の機能を定義するような特定の遺伝子産物のセットを発現することによって起きる。さらに，発生の進行に従い，それぞれの細胞種が個体内の適切な場所に確実に配置される。
3. 特定の遺伝子産物セットが発現することにより，転写そのもの，そして，転写後および翻訳後の制御が行われる。これら 3 つの段階は密接に関係しており，しばしばそ

れらの間にフィードバックが働いている(図8.24参照)。

4. 形態形成のプロセスは,漸進的に起きる。すなわち,それぞれの段階がその前の段階と深く関連している。一般的に,胚が単細胞の受精卵から多能性細胞になり,やがて多様な細胞種によって構成される完全に成熟した個体に変化する過程で,細胞の運命は段階的に決定されていく。

要約

多細胞化はいくつかの独立した系統で起きた。そして,統制された細胞分化の仕組みによって,個体として生存するための多数の機能を個々の細胞が担うという生物体制が進化した。現存の動物と植物においては,異なる細胞種の分化は,精緻で再現性のある発生様式によって実現されている。このような発生プロセスは,遺伝学的アプローチによって明らかにされた多くのメカニズムで成り立っている。

選択的な遺伝子制御と細胞間シグナル伝達を繰り返すことにより,胚は異なる細胞種を形成し,それらを正しい位置に局在させることができる。この驚くべき発生の進行プロセスは設計図を読み込んでいくようなものではなく,複雑なパターンを精緻に作り出す一連の出来事を,互いに高度に関連させて解き開いていくようなものである。そうすることで,個々の生物は,独特の形態やボディプランを構築する。第10章では,化石記録に基づき,おもな動物と植物のグループについてその進化の歴史を記述する。第11章では,発生システムの進化が動物や植物の形態の変化につながった例を紹介する。第21章では,多細胞生物の細胞が他の細胞のために自己を犠牲にするに至った仕組みを紹介する。

文献

Gilbert S. 2003. *Developmental biology*, 7th ed. Sinauer Associates, Inc., Sunderland, Massachusetts.
 この教科書は,動物と植物の発生の詳細を網羅している。

King N. 2004. The unicellular ancestry of animal development. *Dev. Cell* **7:** 313–325.
 立襟鞭毛虫および,この動物と多細胞動物とのかかわりについて詳しく述べている総説。

Nusslein-Volhard C. 2006. *Coming to life. How genes drive development*, 1st ed. Kales Press, Carlsbad, California.

Watson J., Baker T., Bell S., Gann A., Levine M., and Losick R. 2004. *Molecular biology of the gene*, 5th ed. Benjamin Cummings, San Francisco.
 転写調節のさまざまな仕組みの詳細について,総合的な解説を提供している。

Wolpert L., Jessell T., Smith J., Lawrence P., Robertson E., and Meyerowitz E. 2006. *Principles of development*, 3rd ed. Oxford University Press, New York. In press.
 発生生物学の一般的な法則についての良書。

CHAPTER
10

植物と動物の多様性

生命の歴史は，生物体の高分子の中に書き込まれている。またそれは，古生物や現生生物の骨，発生様式，そして行動様式からも明らかにされる。この章で我々が学ぶように，生命の舞台は今から30億年以上昔に設けられた。生物が進化し，多様化し，滅びるたびに生命の樹は成長し，枝ぶりを変えてきた。この章では，我々は動物と植物の特徴的な進化を探究してゆこう。ここで紹介する事柄のいくつかは現生生物の系統解析や進化発生生物学に基づいたものであるが，それ以外の大部分の物語は化石記録を通して語られるものである。そういうわけで，化石と地質時代の考え方の紹介から話を始めよう。

10.1 化石化と地質時代

殻，骨，あるいは歯——化石のほとんどは，生きていたときから鉱物化していた硬い組織が残されたものである。植物もまた，木質部や葉のクチクラのように分解されにくい組織からなるため，膨大な化石記録が残っている。ある化石は，足跡，這い跡や巣穴の形から生物の行動についての証拠を与えてくれ，さらに化学組成の痕跡や生物の食性についてまで教えてくれることがある。

生物が化石化して残される機会は，ほとんどゼロといえるほど少ない。よく知られている階層的な食物連鎖ならびに生命を維持する生態系の基本は，死んだ生物の遺骸に含まれる養分が分解され，再利用されることである。化石になるためには，少なくとも動物や植物の体の一部が腐敗や物理的な破壊を免れなければならない。樹木からしみ出た樹脂に昆虫がトラップされて閉じ込められる（例えばコハク）などの例外を除き，遺骸は堆積物に埋もれる必要がある。砂や泥などの堆積作用の多くは海で起こるため，海の生物は陸上の動植物よりも埋没して化石になる機会が多い。同じように，湖や川に棲む生物，あるいは湖や川の近くに棲

む生物は，水から遠く離れて棲む動植物よりも化石になる可能性が高い。しかしながら，埋没は物語の始まりにすぎない。なぜなら，潜在的に化石となる可能性を秘めた遺骸を含む堆積岩であっても，さらにその上に地層が厚く積み重なったり（圧力や温度の上昇を伴う），隆起と侵食，そして大陸縁辺の海溝におけるプレートの沈み込みにより海洋底が破壊されるような地質学的な試練を生き延びなければならないからである。プレートの沈み込みという最後の試練があるため，現在の海洋底には1億8000万年以前の海洋地殻は残されていない。これよりも古い時代の海で堆積した地層で現存するものは，大陸地殻上にできた堆積盆で堆積したか，山脈形成時に断層で突き上げられて大陸の上に乗り被さってしまったものである。このような試練をくぐり抜けてきた化石が，最終的に発見され記載されるのである。

約25万種に及ぶ海生の化石動物が名前をつけられており，これは記載されている現生の海生動物の総数よりもわずかに多い。しかし，過去に生きていた生物の大多数は，化石としては残らない。その理由として，まず大多数の生物は軟体部しかもたず，死後に腐敗しやすいこと，あるいは，棲んでいた環境あるいは時代が，化石記録を残しにくかったことが挙げられる。そのためにこの25万種は，過去に生きていた海生動物種のうちのわずか2〜4%にすぎないであろう。仮にこの割合に現生の生物の総数の推定値（300万〜5000万種）を代入して計算すると，過去には7500万〜25億種の生物が存在し，絶滅したことが示される。これらの数字は，今日地球上に生きている生物の種数自体が概算にすぎないから，とても不正確である。いずれにせよ今日知られている化石は，過去に生きていた生物のうちのごくわずかを表しているにすぎないことは明らかである。しかしそれでもなお，数多くの生物進化の重要な現象は化石記録から明らかにされたのである。

1. 化石記録は，生命の歴史における数々の事柄についての証拠を与えてくれる。生きている生物の関係だけからでも系統樹の分岐の順序は解明されるが，化石記録なしでは，三葉虫や恐竜などの絶滅生物についての手がかりは得られないであろう。

2. 化石記録は，分類群の起点や絶滅のタイミングに基づき，地質時代を通した生物多様性の様相を明らかにすることができる。地質時代は，おもに生命の歴史における事変に基づいて細分されている（Box 10.1）。古生代の終わりは，ペルム紀の大量絶滅によって規定され，K–T（すなわち，白亜紀［Cretaceous］–第三紀［Tertiary］）境界として広く知られている中生代の最後には，白亜紀末における隕石（小惑星）の衝突に続く絶滅（事変）があったことが知られている（Kは Cambrian［カンブリア紀］やCarboniferous［石炭紀］と区別するための白亜紀の略号［訳注：独語 Kreide の頭文字］）。

3. **分子時計**（molecular clock）は，生物間の遺伝的な距離を用いて分岐したタイミングを推定し，進化速度を分析するための手段であるが，化石記録は時間の目盛り，すなわち分子時計を較正するために不可欠なものを与えてくれる。

4. 大スケールでの進化過程（**大進化**［macroevolution］）に関する我々の理解は，おもに化石記録の証拠に大きく依存している。これには種分化の速度決定や，大量絶滅の影響の見積もりも含まれている。

10.2 生物の進化の流れ

生物学者は生物を分類するために，通常は階層的な体系，門・綱・目・科・属・種を用いる（p.75，Box 5.2 参照）。このような分類の概念は生物間の類似性に基づいており，地球における生命の歴史を解析し理解することを目的として分類学者が作ったものである。ある1つ

Box 10.1　地質時代

地質時代（図10.1）は，おもに生命の歴史における事変に基づいて区分されている。本章で基本的に焦点を当てるのは，硬い殻を備えた最初の動物の出現で定義される約5億4200万年前（542 Mya）のカンブリア紀から始まる顕生代（Phanerozoic）である。顕生代は，地球の歴史のわずか15%の長さにすぎないが，主要な化石の出現と絶滅に基づいて古生代，中生代，新生代に細分されている。地球は誕生から45億年経っているものの，最初の8億年間に形成された岩石は残されていない（訳注：つい最近，約40億年前の岩石が報告された）。カンブリア紀以前の時代は先カンブリア時代と呼ばれ，25億年前を境に，それより前の始生代（Archean）と後の原生代（Proterozoic）に区分される。地質時代の各区分の時間的な長さは，一定の割合で崩壊する特定の鉱物中の放射性元素の分析に基づき，年の単位で較正されている（Box 4.1 参照）。

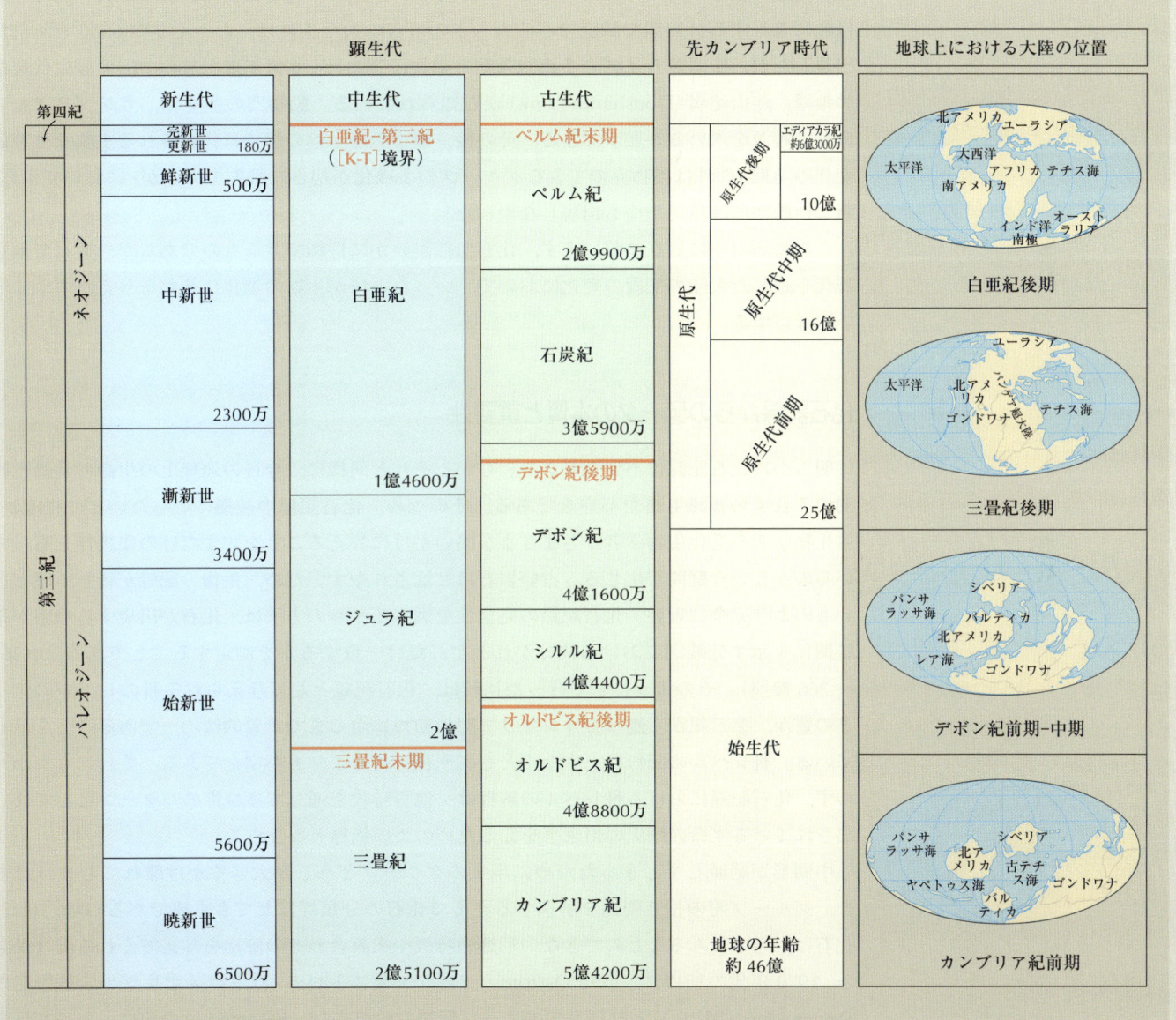

顕生代			先カンブリア時代	地球上における大陸の位置
新生代	中生代	古生代	原生代 / 始生代	

図10.1 ● 地質時代表。数字は年。赤は大量絶滅を示している。

新生代：第四紀（完新世／更新世 180万），鮮新世 500万，中新世 2300万，漸新世 3400万，始新世 5600万，暁新世 6500万（ネオジーン／パレオジーン／第三紀）

中生代：白亜紀-第三紀（[K-T]境界），白亜紀 1億4600万，ジュラ紀 2億，三畳紀末期，三畳紀 2億5100万

古生代：ペルム紀末期，ペルム紀 2億9900万，石炭紀 3億5900万，デボン紀後期，デボン紀 4億1600万，シルル紀 4億4400万，オルドビス紀後期，オルドビス紀 4億8800万，カンブリア紀 5億4200万

先カンブリア時代：原生代後期（エディアカラ紀 約6億3000万）10億，原生代中期 16億，原生代前期 25億，始生代，地球の年齢 約46億

大陸の位置：白亜紀後期，三畳紀後期，デボン紀前期-中期，カンブリア紀前期

の分類群に属するすべてのメンバーは，分類体系の階層にかかわらず共通の祖先を有するというのが分類の基本的な前提であり，このようなグループを**単系統群**（monophyletic group）と呼ぶ．分類体系における最も高次の階層である門は，ほかと明瞭に区別できる特有の**ボディプラン**（body plan）を備えている（pp.261～266）．一般的な推定によると，現生では30～35の動物門が存在すると指摘されている．分子の配列決定は，門どうしの関係を明らかにするための収斂の影響を受けにくい新しい手法であり，他方，生物の形態上の類似は，5億年にわたる進化の産物であり，収斂の影響を受けやすい．

　地球上における最古の化石の証拠については第4章で考察した．細胞核の形成と真核生物の進化という重要な新機軸については第8章で述べた．第9章では，多細胞生物の進化と体制の発達の仕方について考察した．この章では，多数の細胞を備えた動物と植物の起源と多様化に着目する．肉眼で識別できる大きさの最古の大型生物は，およそ5億6500万年前に出現したが，顕微鏡サイズの多細胞藻類と動物の証拠は，6億年以上前の中国の原生代後期の地層，陡山沱層（Doushantuo Fm.）から知られている．動物門の多くは，カンブリア紀の爆発に起源を求めることができる．その後，植物の陸上への移住に代表される主要な生態的変化の時期（これは植物界の主要なグループの多様化が起きた時期であるが）においてすら，新しい動物門は結局1つも出現しなかった．

　この物語の中に旅立つ前にまず，化石記録がいかに信頼できるものであるか，そして地質時代を通じた大陸の配置の変化において，いったい何が生物の進化に衝撃を与えたのかについて考察する．

化石記録からのデータの本質と重要性

　明らかに化石記録は不完全である．しかしそれと同様に，今日の地球上の生命の多様性に関する我々の知識もまた不完全である．そのため，化石記録の証拠のいったいどの程度が，古生物学者や進化生物学者がさまざまな問いかけに答えることを許すだけの妥当性をもっているのかという疑問が生じる．古い岩石ほど壊されやすいため，生物の記録が新しいほど古いものより完全に近い．化石記録の完全性を調べる1つの方法は，化石が出現する順序が系統関係を示す分岐図における枝分かれとどれだけ一致するかを測定することである（pp.261～266参照）．そのようにして行った比較は，化石記録として与えられる科のレベルのデータの質が，第三紀から遡ってカンブリア紀の初めに至るまで本質的に均一であることを示している．科レベルの記録は，少なくとも属や種レベルよりも不完全である．それにもかかわらず，化石記録における科レベルの解析は，地質時代を通して多様性のパターンとして映し出されている生命の歴史の出来事を知るためのよい指標となりうる．

　中間形が絶滅してしまったために現生のグループどうしが大きくかけ離れてしまったとき，グループ間の相互関係を解釈するうえで化石の分類群はとても重要である（Box 10.2）．化石は，今ではみることのできない形態の特徴や組み合わせの証拠を与えてくれる場合がある．1970年代の初めに，John Ostrom（ジョン・オストロム）はドロメオサウルス科恐竜の*Deinonychus*（図10.3）と初期鳥類のような形態の始祖鳥（*Archaeopteryx*）の間に，とても目を引く類似性がみられることを指摘した．少なくとも始祖鳥の2個体は，初めは恐竜に同定されていた．Ostromの観察は，その後の**分岐分類学**（cladistic）的な分析によって確かめられた．すなわち鳥類は，*Deinonychus*のような獣脚類の恐竜に近縁であることが明らかになったのである．もし化石記録がなかったら，鳥類に最も近縁な動物は，おそらく主竜類の唯一の現生グループであるワニ類とされていたであろう．

Box 10.2　化石の分類群は進化史や現生の生物間の関係を決めるために重要である

化石は単に古生物の進化史を明らかにするだけでなく，現生の分類群間の関係を決定するためにも重要である．古典的な例として4本の足をもつ四足動物が挙げられる．現生の分類群だけでの解析では間違った答えを導くが，それは化石を加えることによって補正される．現生の分類群のみの解析においては，哺乳類と主竜類（ワニと鳥類）を姉妹群の関係と結論づけ，さらにカメ類とトカゲ類の順で分岐図の下（左）に位置づける．これに化石を含めると，ワニ類と恐竜の下に姉妹群としてトカゲ類，その下にカメ類を位置づける．哺乳類は他のすべての四足動物の姉妹群である．図10.2Aにおいて哺乳類と主竜類の間に推定された関係は，運動のために同じように特殊化した見かけの類似であり，すなわち，共通の祖先をもっているというよりもむしろ収斂現象であることを示している（図10.2）．

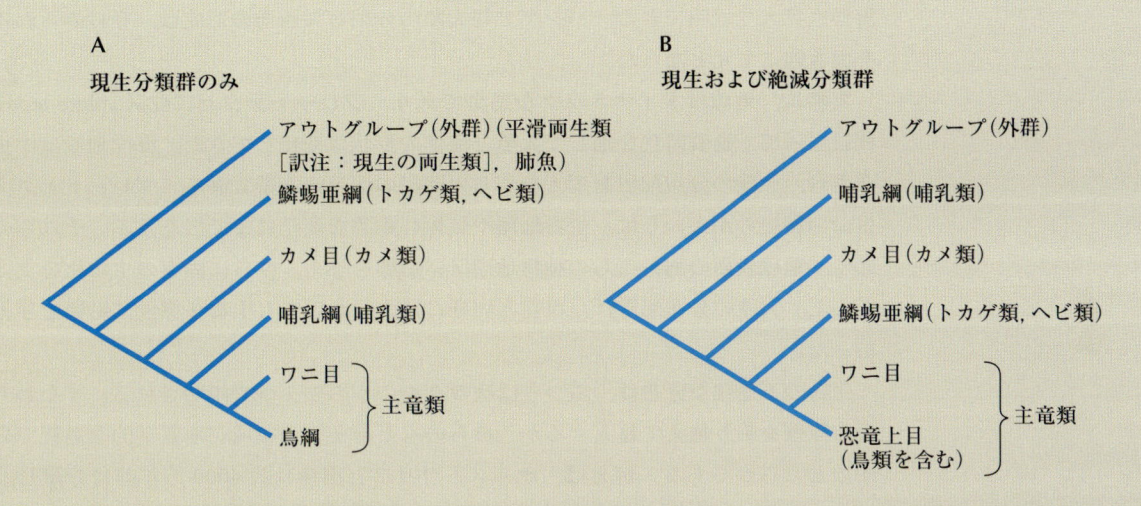

A　現生分類群のみ

- アウトグループ（外群）（平滑両生類[訳注：現生の両生類]，肺魚）
- 鱗蜥亜綱（トカゲ類, ヘビ類）
- カメ目（カメ類）
- 哺乳綱（哺乳類）
- ワニ目　｝主竜類
- 鳥綱

B　現生および絶滅分類群

- アウトグループ（外群）
- 哺乳綱（哺乳類）
- カメ目（カメ類）
- 鱗蜥亜綱（トカゲ類, ヘビ類）
- ワニ目
- 恐竜上目（鳥類を含む）　｝主竜類

図10.2 ● 現生生物のみ（A）と絶滅生物も含めた解析（B）による四足動物の系統関係の分岐図．それぞれが異なる結論を導いており，正しい関係はBで示される．この比較は，系統関係を考察する際に化石記録を用いることの重要性を説明している．2つの例において哺乳類の位置が大きく異なることに特に注意．

図10.3 ● 白亜紀ドロマエオサウルス科恐竜 *Deinonychus* （"恐ろしいカギ爪"の意）．体長3 mのベロキラプトルに似た俊敏な獣脚類．

プレートテクトニクスは動植物の分布に影響を及ぼし，その多様化を導く分布障壁となっている

　20世紀の初めに，Alfred Wegener（ヴェーゲナー）は南アメリカ大陸東岸とアフリカ大陸西岸の海岸線が互い違いに組み合わさる類似性を指摘し，さらにブラジルと西アフリカの化石動物相・植物相が似ている点についてもつけ加えた。彼は，巨大な超大陸パンゲアを復元した。それはペルム紀に現在のおもなプレートが衝突してできたもので，その後，分裂して今日のように離れ離れになったと考えた（図10.4）。ウェゲナーの着想は発表当時は受け入れられなかったが，時間とともに大陸地塊が移動することは現在では論争の余地がなく，それは海洋底拡大で説明できる。パンゲア超大陸の分裂と大西洋の形成は，今日みられる大陸配置を引き起こす元となった。

　実際に，地球はダイナミックな惑星であり，**プレートテクトニクス**（plate tectonics）の過程によって，地質時代を通して大陸と海洋の形状は変化してきた。海洋地殻は中央海嶺で形成され，大陸の分布配置を変えながら大陸縁の沈み込み帯で潜る。プレートテクトニクスと生命の歴史のかかわりは，生物地理や気候の劇的な変化にまで広く及ぶ。それらの変化は転じて，地球表面のあちこちの動物地理区に影響を与え，さらに固有の生物相を支えるまでになった。大陸の分布配置は，現在と同様に過去においても生物多様性に影響を与える要因であった。

　生物の不連続な分布は，ふつうは次の2つのうちの1つで説明される。すなわち，生物が分布障壁を乗り越えて移入するか，彼らのもともとの分布域が地質学的な過程で分断されるかのどちらかである。例えば，オーストラリアと南極は約4000万年前に分離し，現在は緯度にして約20°離れている。ナンキョクブナ（*Nothofagus*）は，現在はおもにニューギニア，ニューカレドニア，ニュージーランド，そしてオーストラリアに分布しているが，以前は南アメリカ，南極にまで及ぶより広範囲な地域に分布していたことが化石の証拠によって示されている（図10.5）。この分布の変遷は，南半球にあった大陸ゴンドワナが第三紀の初期（6500万〜4,000万年前）に分裂したことに部分的には起因する。しかし，例えば本属がニュージーランドへ広がっていることにみられるように，この植物の長距離分散する能力も時代に伴う分布変遷に一役買っている。

最初の多細胞動物は原生代後期に出現した

　最古の多細胞生物に関すいくつかの証拠は，南中国台地にある原生代後期にあたる6億3500万〜5億5100万年前の陡山沱層（Doushantuo Fm.）から見つかっている（図10.6）。陡山沱層は，以下の3種類の岩石からほかではみられないような保存のよい化石を産する。すなわち，**チャート**（chert，ケイ質ノジュール），炭質泥岩，そして**リン酸塩岩**（phosphorite，リン酸カルシウムの多い堆積岩）である。陡山沱層は，約25種類の多細胞の藻類を産する。リン酸塩岩中の化石はリン灰石（リン酸カルシウムよりなる鉱物の1つ）によって三次元的に保存されていて，アクリターク（図10.7A），細胞まで保存された藻類（図10.7B），卵割の初期段階という劇的な状態が保存されている動物の胚（図10.7C）などを含む。これらの胚化石は卵割の最も初期の段階にあるため，これらがどの分類群に属するかを決めることはむずかしい。他方，もう少し時代的に新しい南中国のカンブリア紀層中のリン酸塩岩には，同様の保存状態の胚化石が含まれ，その中には*Markuelia*（図10.8）が含まれている。この胚化石は同定できる程度にまで発生が進んでおり，鰓曳動物（蠕虫様の動物で，別名を吻虫門ともい

石炭紀後期　3億500万年前

始新世　4500万年前

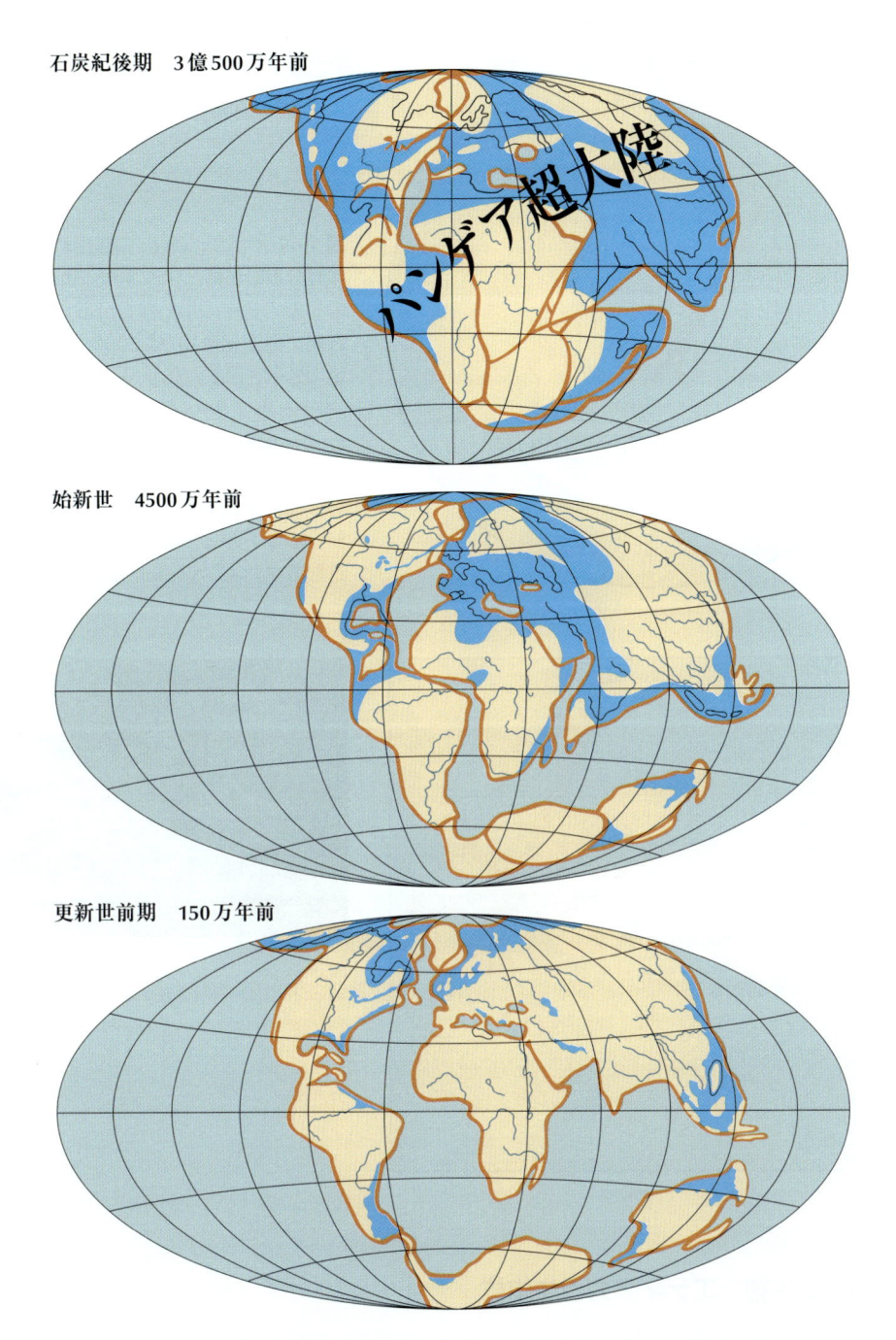

更新世前期　150万年前

図 10.4 ・ Alfred Wegener による地塊の分裂と移動の復元（濃青色域は浅海を示している）。もともと大陸移動説として知られていた論理は，多くの科学の分野でプレートテクトニクスとして帰結している。

うが，現在ではまれなグループである）を含む分岐群の主幹群の中に位置づけられる（図9.22F 参照）。これは，先カンブリア時代のリン酸塩岩には，後生動物の進化の初期段階を示す証拠が潜在的に含まれている可能性があることを示している。また，後生動物の初期の歴史を解明する過程でこのような材料を使えば，発生生物学の証拠を導入できるので，化石データと一本化できる。しかし胚の化石記録は，胚発達の初期に表面がクチクラで覆われる生物に偏っているようにみえる。というのも，そのような生物胚は，微生物活動が引き金となりリン酸カルシウムによる結晶化が起きるまでの十分長い間，腐敗に耐えるからである。

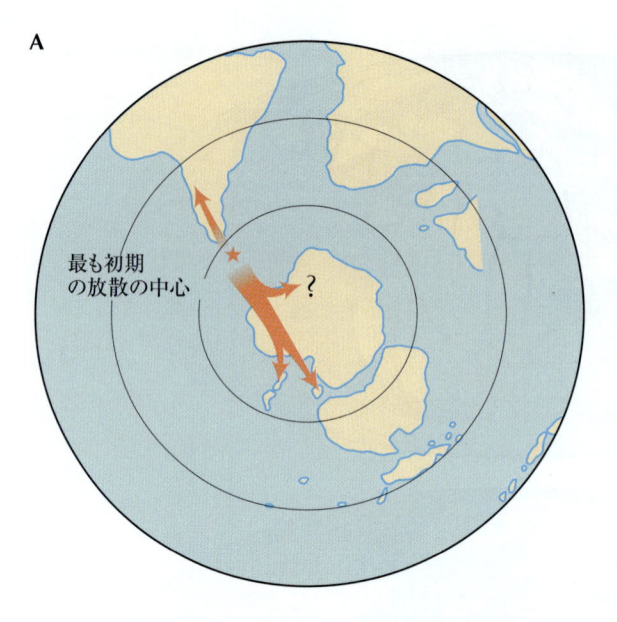

図 10.5 ▪ *Nothofagus* の長距離にわたる大陸分散の経路。(A) *Nothofagus* が，その初期の分布の中心から分散した当初の経路。白亜紀後期（約 7000 万年前）の陸地の分布を示す。(B) *Nothofagus* のニュージーランドへの分散と，その亜属 *Brassospora* の分散経路。中新世前期（約 2000 万年前）におけるオーストラリアからニューギニアへの北上経路と，ニュージーランドからニューカレドニアへの経路を示す。(C) *Nothofagus gunnii*。

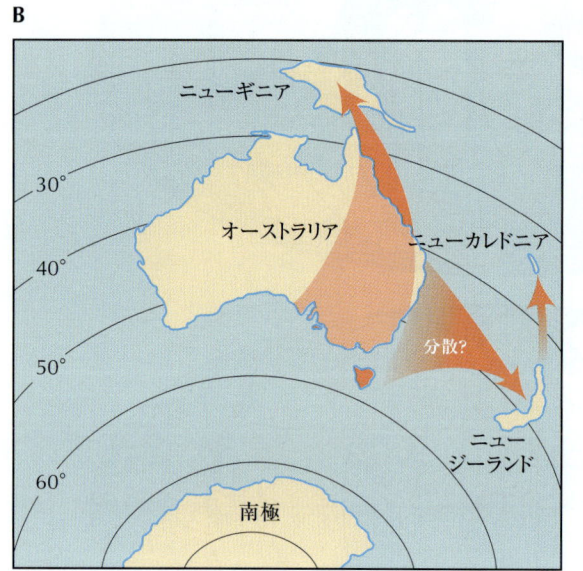

図 10.6 ▪ 陡山沱層の位置図。中国南部貴州省の瓮安 (Weng'an) から，リン酸塩で交代された胚化石が見つかった。

最初の大型生物，エディアカラ生物群

化石として世界各地から多産する最初の大型多細胞生物群は，1946 年に南オーストラリアのフランダースレンジのエディアカラ丘陵（図 10.9）から最初に発見されたのにちなみ，エディアカラ生物群という共通名称で呼ばれている。それらは，エディアカラ紀として知られる地質時代の後期にあたる 5 億 7500 万〜 5 億 4200 万年前の岩石中にみられる。エディアカラ生物群の化石の多くは，浅海底で堆積した砂岩中から見つかる。しかし，細粒の泥岩に比べて相当に粒度が粗く，そのため砂岩中に保存される化石の形態細部の解像度は制限される（これは，コンピュータ画面でピクセルをむやみに拡大すると，画像の細部がわからなくなる現象に似ている）。エディアカラ生物群のあるものは，今日生きている生物とは大きく異なっているように見える。したがって，彼らの正体や類縁関係がいまだに論争中だと聞いても驚くには及ばない。

エディアカラ化石群は，最大径がほんの数 mm から数 10 cm までという具合に，体の大

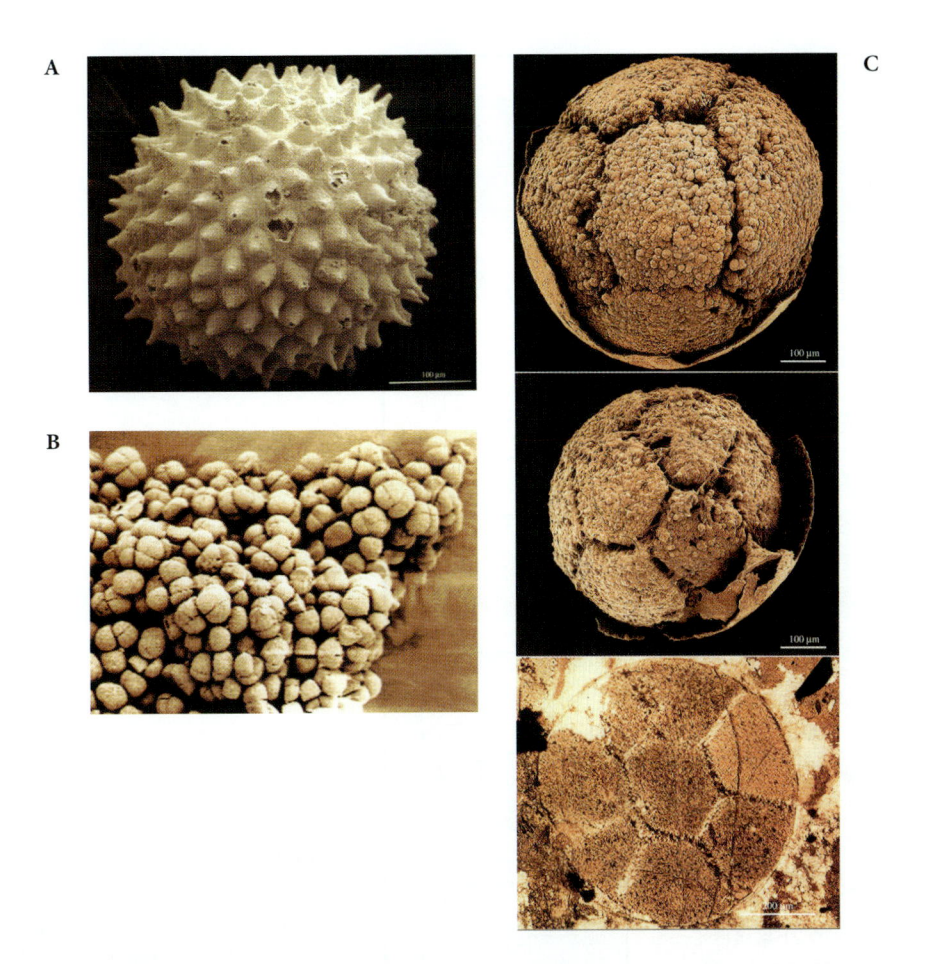

図 10.7 ■ (A) 棘の生えたアクリターク *Meghystrichosphaeridium reticulatum*。原生代後期，中国・陡山沱層産。走査型電子顕微鏡写真。(B) 化石化した紅藻 *Paratetraphycus* の四杯葉期 (tetrads)。陡山沱層産。(C) 卵割初期の動物胚化石。陡山沱層産。

きさに大きな変異がある。それらは南極大陸を除いたすべての大陸の計 30 地点以上からみつかっている (最も顕著なのは，ニューファンドランド，南オーストラリア，北ロシアの白海，ナミビア)。さらに，最初に産出してから最後にいなくなるまでの間，多様性が増加し続け，みかけの形態も複雑になってゆく。それでもなお，最後まで殻や硬組織を身につけていない。ふつう化石は，生物体の外表面の印象を型取りした砂岩の下面に保存されている。それらは硬組織を欠いているにもかかわらず，その化石は広い地域にわたって分布している。これは，当時は海底表面をこすったり，屍肉をあさったり，穴を掘ったりする生物がまれで，そのため堆積物の表面に繁茂する微生物の皮膜が消費されたり破壊されたりしなかったことを反映していると考えられる。この微生物層は，腐りかかった生物遺骸と接触すると堆積物層の結晶化を加速する条件を作り出し，デスマスクと呼ばれる堆積物上の印象を保存したものと思われる。

およそ 100 種のエディアカラ生物群が記載されており，なかでもニューファンドランドのアバロン半島産の標本は最も劇的に保存されている。その形態の性質は通常の生物と異なるため，類縁生物の解釈はとてもむずかしい。従来この生物は，現生する後生動物の祖先あるいは，後生動物の系統から初期に分岐した横枝と解釈されてきた。その多くは明瞭な内部器官を欠き，刺胞動物，とりわけクラゲやウミエラと類似性が指摘されてきた。ほかのもの，

図 10.8 ■ カンブリア紀のリン酸塩岩は，*Markuelia* のような胚化石を産出する。図示した例はシベリアの下部カンブリア系産，直径 555 μm。

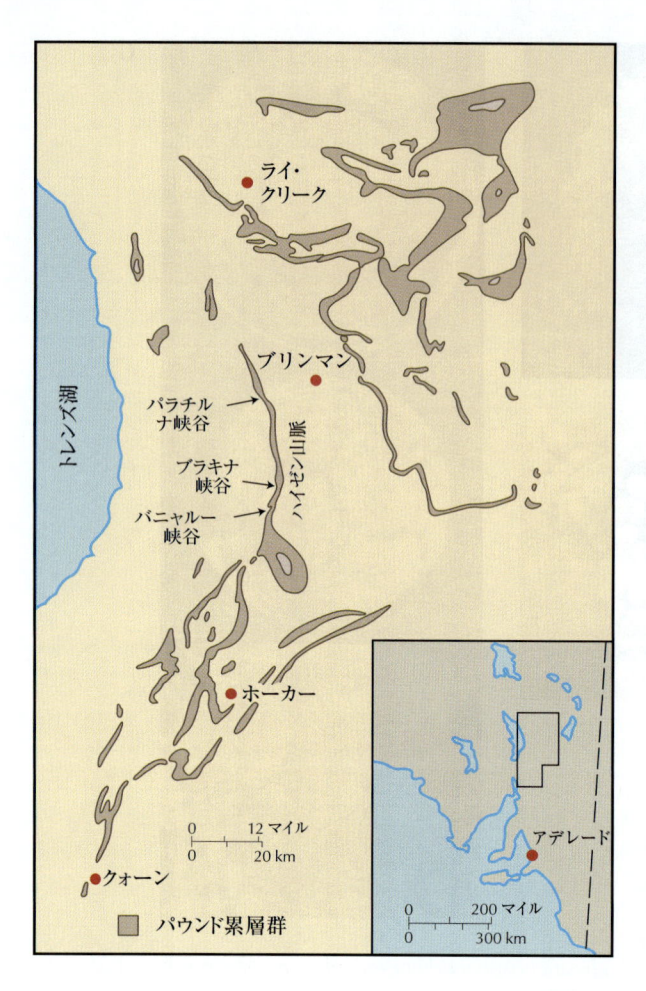

図10.9 • オーストラリア南部アデレード付近のエディアカラ化石群産地の位置図。化石は，堆積岩の厚さの大半を占めるパウンド累層群から産出する。

図10.10 • エディアカラ生物群の Kimberella（上）と Dickinsonia（下）。数人の研究者は，これらを複雑な体制をもつ後生動物であると考えている。倍率（上）× 0.5，（下）× 0.44。

例えば Yorgia, Kimberella, Dickinsonia はより複雑な形態をもつことから，もっと複雑な後生動物と対比されてきた（図10.10）。これとは異なる解釈が，おもに Adolf Seilacher（ザイラッハー）によって築かれた。その解釈とは，エディアカラ生物群の多くは内部器官を欠いたキルト状構造（訳注：ダウンジャケットのように，縫い目によって仕切られた多数の袋よりなる構造）を示し，酸素や栄養分を体表面から吸収するという，カンブリア紀以前にほとんど姿を消した別のタイプの生物体であるというものである。Seilacher は，これらあまり耳慣れない生物をベンド生物と呼び（図10.11），後生動物と平行して生存していた生物の一群であると主張した。その当時の後生動物は，おもに小さな生痕化石を残している。さらに近年，Seilacher はこの解釈を発展させ，疑問のあるエディアカラ生物群の多くは巨大な原生動物であり，一般的な後生動物（**海綿動物**［sponge］，刺胞動物，そして**軟体動物**［mollusk］と思われる確実な例がある）は，当時はより小型でまれであったと主張した。エディアカラ化石群の類縁性に関する論争は，保存様式が独自でなじみのない形態を解釈することがとても困難であることを示している。いくつかの後生動物について分岐群の初期を代表するものが眼前にあることは重要だが，一方でそれ以外のエディアカラ化石群の類縁関係は解決せずに残されたままである。

10.2 生物の進化の流れ ■ 285

図 10.11 ■ およそ 5 億 6500 万年前のエディアカラ化石（*Charniodiscus* と紡錘型の化石）。ニューファンドランド・アバロン半島・ミステイクン地点産。画面の左右は 70 cm。

殻の出現により化石記録は質的に変化した

　エディアカラ動物群の多くの化石の形態は，生物体の部位によって多少なりとも硬さが異なっていたことを示している。いくつかの生物は，管，背甲，あるいは歯のような構造を発達させていたことは明らかである。しかし，それらはまだ硬組織化（つまり，脊椎動物の骨におけるリン酸カルシウム［リン灰石］のように，鉱物によって組織が強化されること）を受けてはいなかった。硬組織化した骨格は，約 5 億 5000 万年前の原生代後期の末期に，わずかではあるが出現する。これには，外皮をもつ初期の刺胞動物または海綿動物の *Namapoikia* や，*Cloudina*（チューブ状の化石で，ところどころ穴が貫通しており，これは穿孔による捕食の最古の例である）（図 10.12），そしてケシ状の *Namacalathus* が含まれる。硬組織化は，カンブリア紀の始めに異なった系統の間でほとんど同時に現れ（図 10.13），リン酸塩，炭酸塩，シリカといったさまざまな鉱物による殻や他の硬い部位の構築がかかわった。硬組織化は，生物が化石として保存される可能性を格段に高めた。そのことと，カンブリア紀の地層の基底（約 5 億 4200 万年前）が"生命の啓示"の期間であり顕生代として知られる地質時代の始まりを定義していることとは，決して偶然の一致ではない。硬組織化の始まりの理由は知られておらず，海洋の化学組成が変化したという説を含む数多くの説明が提唱されている。硬組織化はもともとは，毒性のイオンを封鎖する必要性に生物が対応した結果であったかもしれない。しかし，それはすぐに別の機能のための対応策として用いられた。とりわけ大事なのは，捕食者に対する防御としての役割である。硬組織化された骨格の出現は，系統上の出来事というよりはむしろ生態的な事変に区分される。というのは，硬い骨格の出現と主要な分類群が出現するタイミングとは関係がないことがわかっているからである。

カンブリア紀の爆発

　まれにではあるが，環境条件が重なると，軟体部しかもたない動物を含む過去の生物群集の異常に詳しい微細構造が保存されることがある。カナダ，ブリティッシュ・コロンビアのカンブリア紀バージェス頁岩は，おそらく最も有名な例である（図 10.14）。バージェス頁岩（5 億 500 万年前）と，これより少し古い中国雲南省澄江（Chengjiang）動物群（5 億 2500 万年前）は，すべての主要なボディプランが出そろったカンブリア紀に起きた放散の結果を示す決定的な証拠を与えてくれる。この 2 つの化石産地では，硬い骨格を有する動物（三葉虫，棘皮動物，軟体動物，腕足動物）だけでなく，硬組織をもたずふつうなら腐敗して残らない軟体部のみからなる動物（有爪動物の仲間，多くの**節足動物**［arthropod］，環形動物，鰓曳動物，

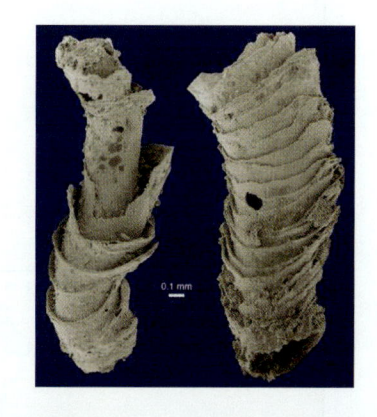

図 10.12 ■ リン酸塩化した *Cloudina* 標本。中国陝西省，原生代後期の登瀛層（Dengying Fm.）産。固い殻は，エディアカラ紀に後生動物において出現した。一方，右の化石には穿孔捕食の証拠が残されている。

図 10.13 ● カンブリア紀前期の有殻微小化石が示すさまざまな形態。これらの化石の大きさは最大で 2 〜 3 mm。

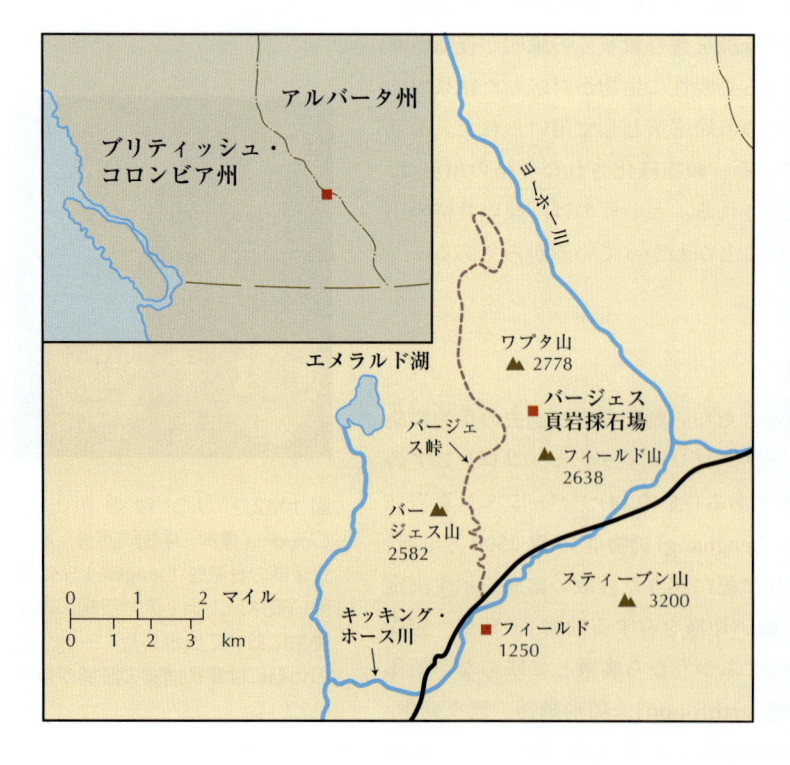

図 10.14 ● （左）バージェス頁岩の採石場の位置（標高は m）。ブリティッシュ・コロンビア州のワプタ山とフィールド山の間に位置するヨーホー国立公園内に位置する。Charles Walcott（ウォルコット）によって 1909 年に発見された。海底地すべりに巻き込まれたその化石群は，カンブリア紀の完璧な海洋生態系によって構成されている。（右）バージェス頁岩採石場における Walcott ら。

および脊索動物）の一群までも保存されている（図 10.15。これらのグループの現生の種類については，図 9.20 〜 9.22 を参照）。バージェス頁岩のような堆積物は，絶滅した生物の形態とその時間的な範囲についての豊富な情報を与えてくれる。しかしそれと同時に，それ以外の化石記録がいかに偏ったものであるかということも強調している。6 万 5000 個以上に及ぶスミソニアン研究所所蔵のバージェス動物群化石について行った実態調査によると，所蔵標本のうち属数ではその 86%，個体数では 98% が，硬い部分しか残らない通常の地層ではおそらく保存されなかったであろうことを示している。

　バージェス動物群の化石が，なぜ，どのように保存されたのかという点の詳細については，完全にはわかっていない点もある。しかし，その保存過程の概要は次のようなものである。生物が海水中に舞い上がった厚い乱泥流に巻き込まれ，押し流された。乱泥流にもてあそばれて運ばれた遺骸は，やがてさまざまな方向を向いて埋没した。堆積物は酸素に乏しく，遺骸をおおった泥は海底を掘り返す腐肉食者から遺骸を守った。やがて腐敗が進んで遺骸が扁平に潰れた。頁岩の層理面上に対してさまざまな姿勢で保存された標本は，ある意味では，その動物をさまざまな向きから撮影した写真に等しい。姿勢の異なる標本から得られるデータは，その動物のもともとの三次元的な外観を復元するのを助ける。死体が腐敗するのに伴い，鉱物が遺骸の表面に形成された。化石の分析の結果，異なった組織には異なった鉱物が形成されたことがわかる。より腐敗を受けにくい動物体の部位（例えば，節足動物の外骨格）は，もとの組成から安定した有機物にゆっくりと置換され，それは地質学的な時間を超えて生き残った。アノマロカリスのような多くのカンブリア紀の動物は，今日の生物とは異なった形態をしている（図 10.15）。これら初期の無脊椎動物の形態は，彼らの進化史や現生の生物との類縁関係について手がかりを与えてくれる。

　海綿動物は，多細胞生物のなかで体制の最も単純な生物である。海綿は，それぞれ異なった機能を果たすために分化した細胞の集合体だが，さらに進んだ無脊椎動物にみられるような内部器官を欠いている。最古の例は，エディアカラ化石群で知られている。**有櫛動物**（ctenophore）や**刺胞動物**（cnidarian）（図 9.18, 9.19 参照）は，2 枚の細胞層，すなわち**内胚葉**

図 10.15・バージェス頁岩動物群の復元図。各動物の図中番号は次のとおりである。海綿動物：*Pirania*（1），*Vauxia*（2），*Wapkia*（3）。有爪動物とそれに近縁なグループ：*Aysheaia*（4），*Hallucigenia*（5）。アノマロカリス類：*Anomalocaris*（6），*Laggania*（7）。節足動物：*Marrella*（8），*Odaraia*（9）。三葉虫：*Olenoides*（10），*Sanctacaris*（11），*Sarotrocercus*（12）。鰓曳動物：*Ottoia*（13）。環形動物多毛類：*Canadia*（14）。脊索動物：*Pikaia*（15）。所属について議論があるか，または不明な動物：*Amiskwia*（16），*Dinomischus*（17），*Eldonia*（18），*Odontogriphus*（19），*Opabinia*（20），*Wiwaxia*（21）。

(endoderm)と**外胚葉**(ectoderm)，それに加え1つの開口部を備えている。有櫛動物（クシクラゲ，テマリクラゲとして知られている）はゼラチン状で，おもに遊泳生で，繊毛列を動かして推進する生き物である。軟体部しかもたないため化石として残りにくいが，カンブリア紀の実例が知られている。刺胞動物はポリプ（イソギンチャクやサンゴ）やクラゲを含む。群体サンゴは，オーストラリア東海岸のグレートバリアリーフのように，今日の地球上で最も大きな生物起源の構造物を作り，過去においても重要な造礁性生物である。

　左右相称動物（bilaterian）は，より複雑な動物の形であり，**旧口動物**（前口動物，protostome）と**新口動物**（後口動物，deuterostome）の2つの系統に大きく分けられ（図10.16），いずれもカンブリア紀に多様化した。旧口動物，新口動物の区別は，おもにその胚発生の様式に基づいている。旧口動物は分子データの証拠に基づいて，さらに**脱皮動物**（ecdysozoan）と**冠輪動物**（担輪子動物，lophotrochozoan）に分けられる。脱皮動物は脱皮することで特徴づけられる（すなわち，成長するために周期的にクチクラを脱ぎ捨てる）。この分岐群はおもに節足動物からなり，また，**葉足動物**（lobopod），蠕虫様の**線形動物**（nematode），**動吻動物**（kinorhynch），**鰓曳動物**（priapulid），そしておそらく**毛顎動物**（chaetognath）も含まれる（図9.22参照）。海生のものに限定すれば，節足動物は，カンブリア紀以降の地上で最も多様化したグループであるといえる（カンブリア紀中期のバージェス頁岩中では属数の約40%が節足動物で代表される）。きわめて多様化した昆虫類がすべての現生の生物種の80%を占めることからわかるように，節足動物は今日ではさらに優勢である。節足動物の主要な4グループは，六脚類（昆虫），甲殻類，多足類，鋏角類（カブトガニ，クモ）である（図9.22参照）。これらのグループ間の相互関係は，長期間にわたって議論の的になってきた。それというのも，化石と現生生物から，さらに形態と分子データからの証拠に基づいたそれぞれの系統仮説が矛盾しているためである（図10.17）。昆虫と甲殻類は1つの分岐群をなす一方，多足類と鋏角類との関係はそれほど明らかではない。カンブリア紀に出現しペルム紀に絶滅した化石三葉虫は，重厚に石灰化した外骨格をもつために豊富な化石記録を残している。脱皮動物のほかのグループは基本的に軟体部しかもたないため，その化石記録は貧弱である。しかし，有爪動物とそれに近縁なグループ（現生の**有爪動物**［onychophoran］と同じ分岐群に属する），鰓曳動物，毛顎動物は，中国のカンブリア紀前期層の澄江層中に初めて出現する。

　冠輪動物は脱皮をしない旧口動物であり，触手冠（lophophore）を有する一群（**腕足動物**［brachiopod］や**苔虫動物**［bryozoan］）と環形動物や軟体動物などの**トロコフォア**（trochophore）幼生をもつ動物を含む（ただし，すべての冠輪動物が触手冠やトロコフォア幼生の段階をもつわけではない。図9.21を参照）。硬組織化した骨格を有する冠輪動物の分岐群（腕足動物，コケムシ動物，軟体動物）には，生物多様性の時代的な変動を議論するに足る十分な化石記録がある。例えば，腕足動物は古生代の海生生物群集における主要な構成要素であった。しかしペルム期の末までにひどく減少し，その後は二枚貝類が腕足動物より優勢になった。新口動物は，**棘皮動物**（echinoderm），**半索動物**（hemichordate），**脊索動物**（chordate）を含む。棘皮動物は方解石の骨格をもつことで特徴づけられ，それがカンブリア紀以降の重要な化石記録としての地位を保証した。棘皮動物は，ユニークな水管系と五放射相称の体をもつ。半索動物（ギボシムシ類，フサカツギ類）の化石記録は貧弱であるが，絶滅した浮遊性の群体生物である筆石は古生代から普遍的に産出し，頑丈な有機物の外骨格が頁岩中に大量に密集して産出する。脊索動物には，脊椎動物とそれに近縁なグループが含まれる。最古の脊椎動物は，中国の前期カンブリア紀の岩石に記録されている。すなわち澄江化石群の無顎類 *Haikouichthys* である（図10.18）。魚類から四足類が派生した。これには我々に最もなじみ深い動物が含まれる。例えば，初期に分岐し哺乳類を派生させた単弓類，さらにトカゲ，ワ

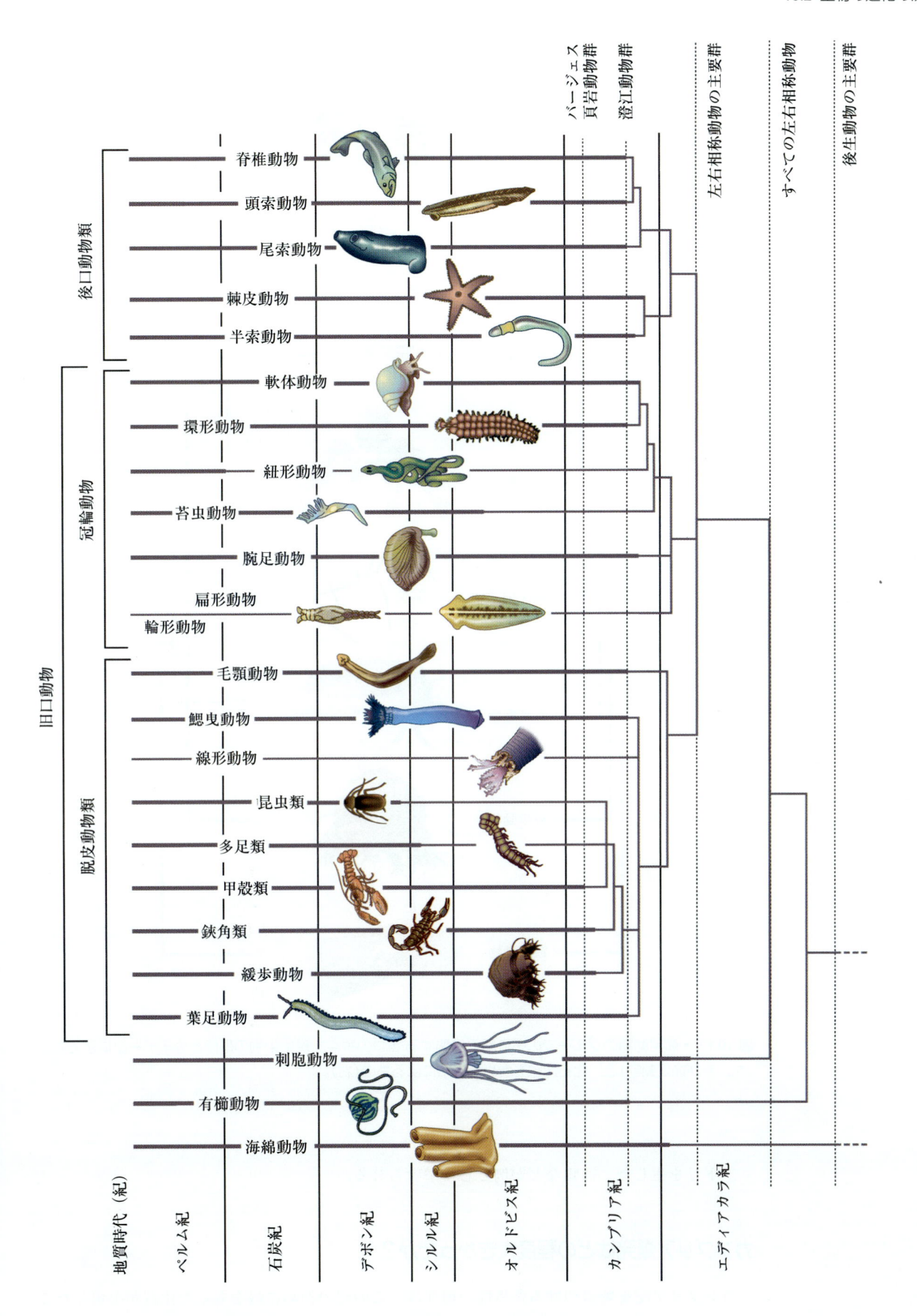

図10.16 ● 化石記録と後生動物の系統。太い縦線は現在から最初の化石記録までの時代範囲を示す。エディアカラ紀に遡る推定線は、分子時計のデータによる。いくつかの系統関係、特に節足動物各グループ間の関係は、いまだに議論の余地がある（図10.17参照）。

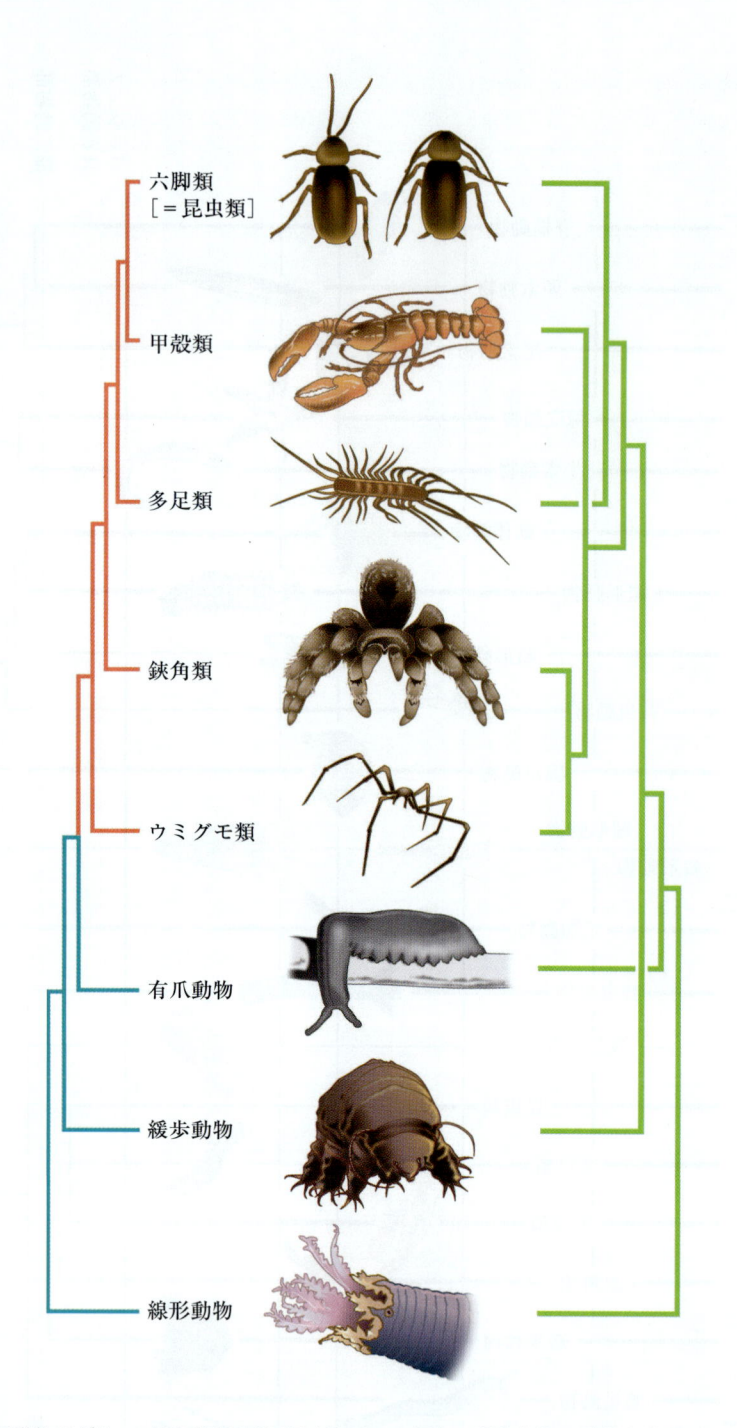

図 10.17 ▪ 節足動物のグループの系統関係に関する 2 つの視点。現生生物の形態と分子データによるもの（左，赤が節足動物）と，化石記録を含めた形態によるもの（右）。

ニ，トリを生じた二弓類などが例として挙げられる。

カンブリア爆発はどの程度大きかったか？

　カンブリア紀を特徴づける多様性の増加は，この紀の初めに殻をもった化石が出現したことと，地質時間の進行に比して生物分類群の数が急激に増加することにより，初めて認識さ

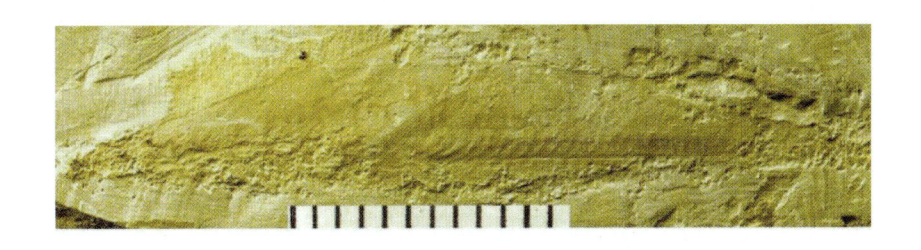

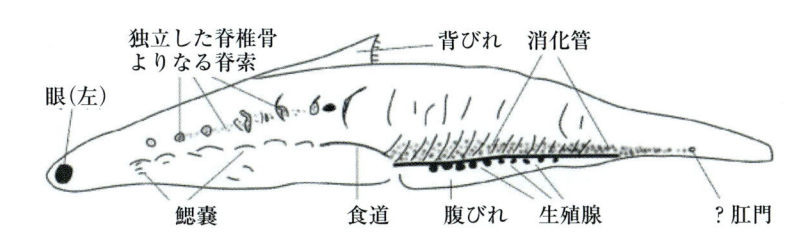

図 10.18 ▪ カンブリア紀前期の無顎類 *Haikouichthys ercaicunensis*. 南中国雲南省昆明市（Kunming City）近郊の海口（Haikou）産。前方は左。この生物は，眼，鼻嚢，および耳器のある頭部の先端が丸く突出しており，独立した脊椎骨よりなる脊索をもつ。目盛りは mm。

れた（図 10.19）。これが，ただ単に固い殻は化石として残りやすいので，急に増えたように見えるのにすぎないのではないかという指摘は，次のような点で論駁された。すなわち，軟体部しかもたない生物（澄江やバージェス頁岩の例外的に保存のよい化石の産出を証拠とする）や生痕化石（例えば，這い跡，摂食痕，巣穴）の多様性も，有殻生物のそれと平行して増加していることが示されているからである。

地質年代における生物の多様性の変動に関する詳細な見積りと解析は，Jack Sepkoski が初めて行った。彼は地質年代における海生無脊椎動物の科の出現を提示するために論文を用い（貝殻は最も優れた連続データを与えてくれるからである），分類学的なデータベースを構築した。彼はその後，データベースを属レベルにまで拡大した。連続した地質年代に対し科の

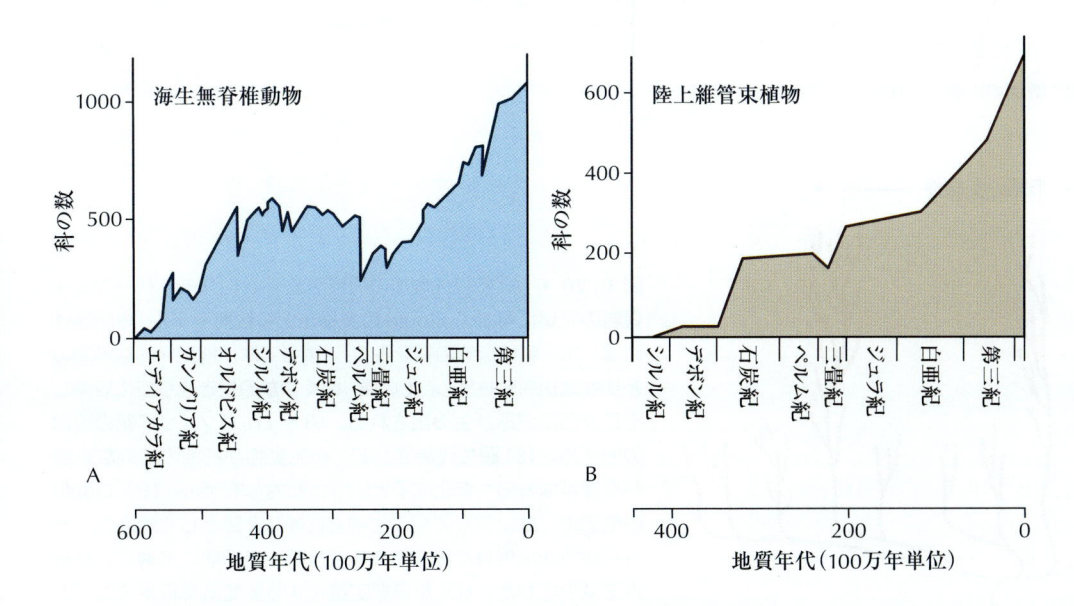

図 10.19 ▪ 地質時代を通しての多様性変動。海生無脊椎動物（A）と陸上維管束植物（B）。

数をプロットすると，主要な絶滅によって分断されながら，生物の多様性が全般的に増加しているのがわかる。このデータベースの特質は多くの問題を提起した。化石記録の1つの試料が果たして過去の生命を代表してるのか，化石記録の偏りが地質時代を通してどのように変化しているのか（海洋の生物は，陸域のものより保存されやすい。硬組織をもった生物は，もたない生物よりも保存されやすい），プロットに用いられた化石分類群はどの程度根拠があるのか（多くの分類群は，分岐分類の対象にされてこなかった），他の要素がどの程度多様性のパターンに影響を与えるのか，例えば時代によって地表に露出している岩石の量が異なっていたり，さらに古生物学者が調査している分類群や地質時代（"古生物学的に興味のある時代"）に偏りがあることの影響はどうか，といった問題はどれだけ多様性パターンに影響を与えているのだろうか。ふつうなら種数で数えるところ，科あるいは属レベルに基づく多様性のプロットが，どのくらい真実を表しているのだろうか。このような懸念があるにもかかわらず，Sepkoskiの研究によって明らかにされた多様性変動のパターンは，その後のデータベースの刷新やデータベース自体に対する論争によく耐え続けている。図10.19に示されたパターンは，真実だと思われる。

　分岐分類学的手法は，かつての手法と比較してより厳密に生物を分類できる。しかし，高次分類群（科や目）は，かならずしもグループ間で等価であるとはいえない（例えば化石アンモナイト類は，腹足類よりもより注目を集めてきたため細かく区分されているし，鳥類は線虫類よりも深く理解されている）。時代を通じての分類群のプロットは，時間を通しての進化のパターンを知る手段の1つとなる。これに対し，形態のとりうる範囲の変化は進化を計

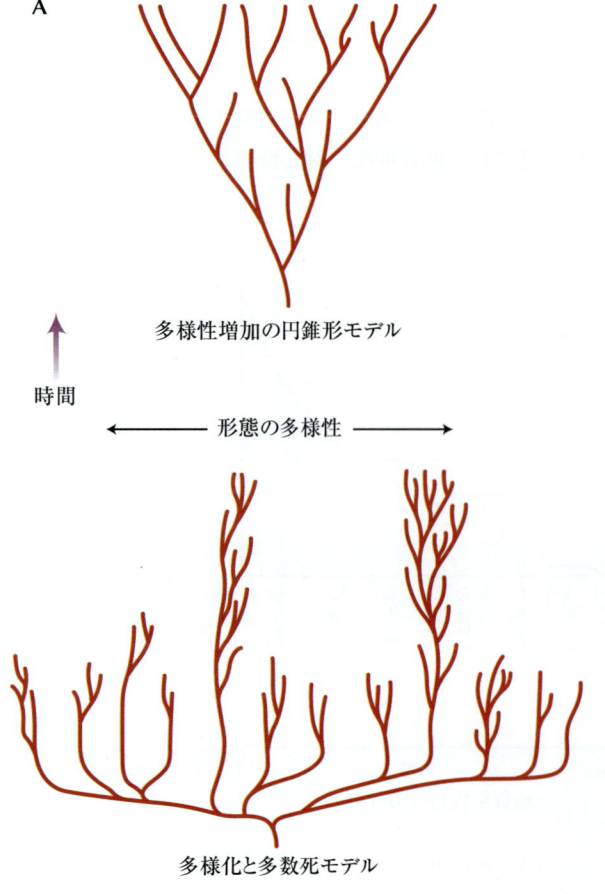

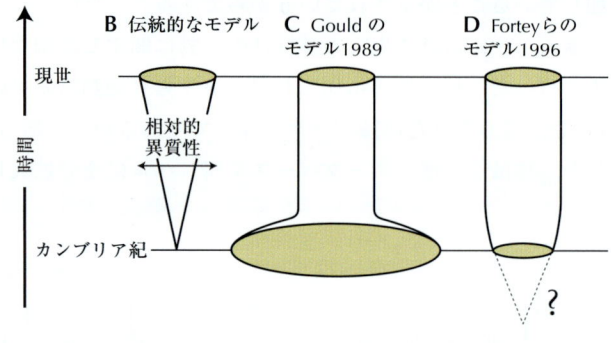

図10.20 ▪ (A) 多様性増加の円錐形モデル（上）と，バージェス頁岩の証拠に基づくGouldの多様化と多数死モデル（垂直軸は時間，水平軸は形態の幅を表す）。後者では，解剖学的な形態の多様性は初期に急増し，その後，いくつかの生き残り型に収束し，そこから変異形が生み出される。（B〜D）カンブリア紀の放散のモデル。(B) 顕生代を通して，後生動物が初期の単純な形態から複雑なものへ変化するという伝統的なモデル。(C) Gouldのモデル。カンブリア紀の生物を奇妙な奇跡として認識し，それらが急速に現れた後，その多くが顕生代初期に絶滅して異質性を減少させた。(D) 形質を定量化する多変量解析手法は，カンブリア紀と最近の生物の異質性は似ていることを示している。

るもう1つの秤となる．Stephen Jay Gould（グールド）は，形態のとりうる範囲（異質性）と分類群の数（多様性）の区別を強調し，カンブリア紀の放散を理解する考え方の1つとして，形態の定量化を試みた．Gould は，カンブリア紀の生物の異質性は，現生を含むその後のいかなる時代の生物のそれよりも大きいと主張した（図 10.20）．彼は，カンブリア紀から現在までの生物の形態的異質性の分布を，1つの逆円錐形，すなわち基底が広く，絶滅に伴うボディプランの損失のために上に向かって減衰してゆく形として描いた（図 10.20）．モデルを考案する過程で，Gould は，バージェス頁岩から見つかったいくつかの奇妙な動物（図 10.15）に影響を受け，それらを今日においては絶滅してみられないボディプランとみなして"奇妙な奇跡"と呼んだ．

　Gould の考え方は，類似点を考慮することよりも分類群間の"相異"を強調した．その後の節足動物と鰓曳動物の形態の解析は，バージェス頁岩の動物群が示す形態の幅は，現生の動物群のそれと同じかやや小さい（鰓曳動物の場合）ことを示している（図 10.20）．さまざまな生物群は，カンブリア紀という歴史の初期にもっていた進化の可能性を十分に実現して異なる形態を得たのであり，その後の進化はカンブリア紀に確立された主題の変奏曲のように思える．カンブリア紀からこのかたの形態の分布は，直径が一定なチューブとしてモデル化できる．

カンブリア爆発の時期

　我々は，後生動物のそれぞれのグループが派生した時期を決めるという点では，化石記録を額面どおりに鵜呑みにすることはできない．ある化石の最初の産出から，そのグループの起源についての最小の年代値がわかる．1つの系統の中で認識される最古の化石は，必ずしもそれが祖先の系統から分岐した時期を表してはいない．カンブリア紀前期に最初に出現したいくつかの動物が示す進歩的な形態は，この時代までに重要な進化が起こっていたことを示しているが，先カンブリア時代の化石記録は，この過程の時期や性質についてわずかしか情報を提供してくれない．あるグループがどの時期に派生したかを推定する1つの独立した方法は，分子時計である（図 10.21 および第 27 章［オンラインチャプター］参照）．分子時計は，幅広い生物群から得た遺伝子の配列，例えばリボソーム小サブユニットの RNA の比較に基づいている．分子の相異は，それら2つの系統が分かれた時期を推定するのに用いられる．塩基配列が時間的に変化する割合は，2つの現生分類群が分岐した時点を，化石記録に基づき年代測定することによって推定される．そして，より初期に起きた進化事象の時期を表すために，この変化の割合を時間軸に外挿する．さして驚くことではないが，グループが派生した時期の推定は，分析に用いた遺伝子の違いや，配列の変化を測定する方法や時間を決める方法の違いにより，大きな幅があると結論づけられている（いくつかのグループの起源は，最初の化石記録よりはるかに古い結果となる）．分岐年代の初期の推定の多くは，モデルとなる生物の塩基配列の違いに基づいており，多くの場合，モデル生物は脊椎動物であった．現在ではさらに，非常によい化石記録を有し，系統樹上で固有の分岐点がある，直接関連のある無脊椎動物の塩基配列が利用可能である．しかし第 19 章（p.572）で議論するように，生命の歴史の中で遺伝的変化の速度が変化する可能性がありそうなので問題は複雑になっている．

　後生動物の初期進化における分岐は，分子データと手法の改良によって，より新しい時代になってから起きたと推定されるようになった．しかし依然として，生命進化史における主要な分岐が起きた時期は，明確に先カンブリア時代に置かれている．分子データの証拠は，

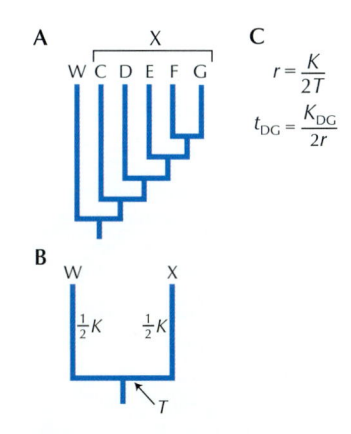

図 10.21 ・分子の差違から2つの系統が分岐した時期を探るという，分子時計の用い方．単純な例を挙げると，分子時計は，時間 T で起きた2つの分類群（W と X）の分岐点で目盛り合わせをした基準時間を求める（A）．W と X の間のヌクレオチドの違いの数は，与えられた分岐群のイングループ（内群）またはアウトグループ（外群）のヌクレオチドの置換の速度を計算するために用いられる（B）．その結果は，分類群 D と G が分岐してから経過した時間を計算するのに使われる．図 C の等式において，K は2つの分類群間におけるヌクレオチドの置換数，r は置換の割合，T は目盛り合わせをした基準時間，そして t は計算で求めた2つの分類群が分岐した時間である．

$$r = \frac{K}{2T}$$

$$t_{DG} = \frac{K_{DG}}{2r}$$

後生動物の起源が，多様な化石後生動物が現れたカンブリア系の最下部よりも1億年前の6億5000万年前より昔に遡ることを示している（図10.16）。このことは，なぜ初期の進化の歴史に化石記録が残っていないのかという疑問を投げかける。それに対するさまざまな説明の中心に据えられているのは，ほとんどの先カンブリア時代の後生動物は軟体部しかもたずに体も小さかったからだという主張である。主要なグループの分岐の時期についてはいまだに議論が残されている。いくつかの推定は，刺胞動物は他の分類群から6億年以上前に分岐したことを示す一方，旧口動物-新口動物の系統は，約5億8000万年前に分岐したと推定している。両者に差がないことは，進化が非常に急速に起こったことを暗示している。技術が改善され続け，さらなる発見がなされるにつれ，分子データと化石記録からのデータが収斂してゆくが，これは門の派生時期の推定がより正確になることを示している。主要なグループの多くは，原生代後期末期の比較的短い期間に由来すると考えられる。

　カンブリア紀の放散によって突きつけられた難問の1つは，あれほど広い範囲に及ぶ形態が，なぜそれほど迅速に発達したのかを説明することである。発生生物学はこの難題に対して，有望な回答を1つ提供してくれる。発生の遺伝学的研究は，際だった形態変化を起こす鍵となる調節遺伝子の多くで，突然変異が起きることを突き止めた。実験的に作られた突然変異の大多数は生物にとって有害であり，鍵となる発生遺伝子に生じた1つの突然変異が，1段階で新たなボディプランを創出するとは，にわかには信じられない。しかしながら，発生の仕組みは，カンブリア爆発という時間枠の中で，比較的速い形態変異を創造できたのであろう。これら発生のシステムの性質と，その進化における潜在的な役割についての個別の例は，第9章, 11章に，進化の結果については第24章に記している。

カンブリア紀の生命はおもに海洋に限られていたが，本紀末までに陸への進出の第1段階が起きたことを示す証拠がある

　今日，陸上における生命の多様性は海洋のそれよりも高いが，多細胞生物の起源は海であり，その後陸へ進出したにすぎない。初期の地上表面は，潜在的な入植者に対してまったく保護するものがない不毛の地であった。陸上に移住したすべての生物は同じ難題に直面した。彼らは呼吸，新たな感覚器官，生殖，水中ではなく空気中で体を支えるなどの課題に適応する必要があった。とりわけ，乾燥に耐える戦略を展開する必要があった。

　最古の陸上での活動の証拠は，カナダ・オンタリオの後期カンブリア紀から前期オルドビス紀の砂丘上に残された巨大な節足動物の這い跡である（図10.22）。這い跡は陸上で形成されている。しかし，その足取りの特徴はこの生物が水陸両用で，どちらかといえば水の中で暮らしたことを示している。節足動物は，陸上生活者の多様性を大きく進化させたたった4つの門のうちの1つである。その他は軟体動物，環形動物，および脊椎動物である。これら以外の門の中には，非常に小さい体で陸上に進出したり，他の生物の内部に寄生することによって上陸したものもあるが，これらの変遷を示す化石の証拠はごくわずかであるか，あるいはまったくない。陸域を起源とする動物門は知られていない。

　陸上生物の化石記録は海の生物のそれよりも不完全ではあるが，異なる生物群がそれぞれ異なった時代に陸域に侵入したことを示している。また，彼らはさまざまな侵入ルート（海岸経由，川あるいは塩性沼沢地）をたどってきた。節足動物は，少なくともオルドビス紀前期までには陸に侵入した。すなわち，1匹のササラダニ類が，スウェーデンのエーランド島に露出するオルドビス紀前期の海成堆積物から記載されている。そのダニは，おそらく潮間帯の環境に由来したものであろう。最古の極めつきの陸上動物（すなわち，明確な空気呼吸

図10.22・おそらく水陸両生であった節足動物の這い跡。カナダ・オンタリオのキングストン周辺のカンブリア紀後期からオルドビス紀前期の砂丘堆積物から見つかった。この発見は，最古の陸上の足跡が約5億年前の年代であることを示す。

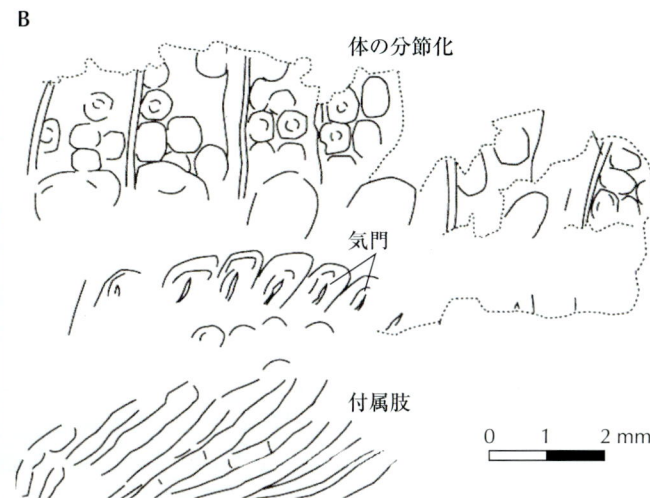

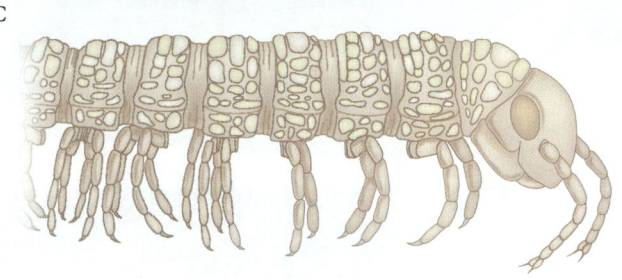

図 10.23 ・ 最も確実な最古の陸上動物であるヤスデ類の *Pneumodesmus newmani*。気門のような構造がみられることから，空気を呼吸できたと考えられる (A, B)。この化石は，スコットランド・ストンヘブンのシルル系コーウィー層から発見された。付属肢を伴った体の一部を右側面からみたもの。復元図 (C) は，スコットランド・エアシャーのデボン紀層から産出した時代の新しい *Palaeodesmus* が，*Pneumodesmus* とよく似ていたかもしれないことを示す。

の証拠を伴うもの) は，スコットランドのシルル紀層から産出したヤスデ類の1種 *Pneumodesmus newmani* であるが，その祖先はおそらく水の中に生息していた (図 10.23)。それよりわずかに新しいイングランド・シュロップシアのシルル紀層からは，絶滅したクモ類の1つ，パレオカリオノイデス類 (図 10.24) が産出するが，これは空気中の生活に適した感覚器官と呼吸器官を有していた。サソリ類は，デボン紀 (3億9000万年前) に海から陸上に進出した。これは，鰓ではなく肺を備えた実例の発見によって証拠づけられている。陸上生活者の多様性は，デボン紀までに進化を遂げていた (図 10.25)。

10.3 次の5億年間——カンブリア紀以降の生命

大地の緑化を目撃したオルドビス紀とシルル紀

　細菌はおそらく先カンブリア時代にはすでに陸上に進出しており，藻類がそれに続いた。これら初期の入植者は，湿気のある環境を頼みの綱としていたが，基盤岩を壊して最初の土壌を形成するために不可欠な存在であった。珪藻，褐藻，緑藻，紅藻を含む藻類の主要なグループは，原生代後期に出現した。緑藻類は他の植物，苔類，蘚類，シダ植物，**ヒカゲノカズラ類**(lycophyte)，**トクサ類**(sphenopsid，その他の無種子植物)，および種子植物と姉妹群の関係にある。コケ類 (コケ植物) は，発達した維管束などの輸送機構を欠き，生き残るために湿気のある環境に頼っている，背の低い匍匐植物の単系統群である (訳注：近年では単系統をなさない可能性が指摘されている)。最古の化石記録はデボン紀後期になってからである。しかしこれは，コケ植物およびその生息環境が化石として残りにくいことを反映してい

図 10.24 ● 下部デボン系のライニー・チャートにおける陸上生物群集。(a) *Rhynia major* と (b) *Asteroxylon* (両方ともシダ植物)，(c) *Lepidocaris* (甲殻類)，(d) *Rhyniella* (六脚類)，(e) *Protacarus* と (f) *Paleocharinus* (それぞれダニとパレオカリオノイデス類で，両者とも鋏角類に属する)。

ると思われるので，今日みられるコケ類が出現したのは，さらに早い時期であると考えられる。

　陸上高等植物の進化の鍵となる革新的な出来事は，維管束植物 (図 10.26) の特徴として定義される**仮道管** (仮導管，tracheid) の発達であった。仮道管は，水を根から植物体の他の部分へ輸送するために，植物の組織の中で流動体を運ぶ役割を担った長く伸びた細胞である。一般的に受け入れられている最古の陸上維管束植物は，ウェールズのシルル紀前期層産の *Cooksonia* である。それは，二分岐した裸の茎のような植物で，高さは数 cm に満たず，先端に胞子をつける構造 (胞子嚢) がある。陸上植物は，**リニア類** (rhyniophyte)，**ゾステロフィルム類** (zosterophyll)，**ヒカゲノカズラ類** (lycopod)，そして**トリメロフィトン類** (trimerophyte) の出現に伴い，デボン紀前期に放散を遂げた。スコットランドのライニー・チャートは，最古の陸上植物および動物のデータについての最も重要な情報源の 1 つである (図 10.27, 10.24)。そこでは，化石は温泉がもたらした多量の珪酸を含む堆積物に保存され

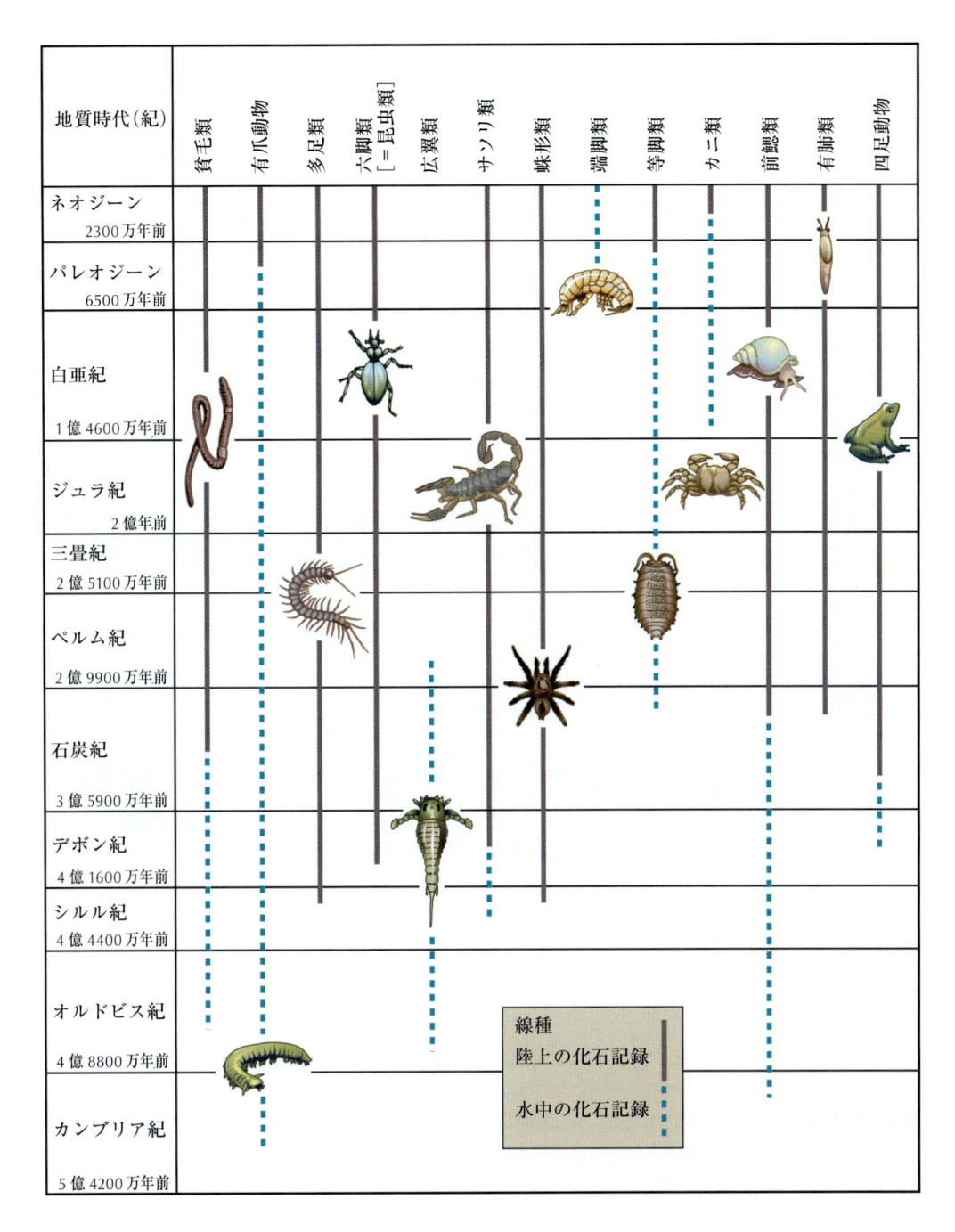

10.3 次の5億年間——カンブリア紀以降の生命 • **297**

図10.25 ▪ 陸上動物の多様性の発展。陸上の化石記録は実線で，水中の化石記録は点線で示している。

ており，それが植物組織内への鉱物の沈殿をもたらしたため，細胞内部の詳細まで保たれている。ライニー・チャート植物群のうちの5種類は，仮道管があったことを示す証拠を保持しており，それらが維管束植物であることを実証している。*Rhynia* に代表される多くの植物は，胞子を拡散させるために縦に裂ける**胞子嚢**（sporangia）をもっていた。ライニー・チャートには，藻類，菌類，地衣類，さらに菌類や細菌の活動によって腐敗した証拠を示す植物もいくつか保存されている。ダニ，昆虫，多足類などからなる節足動物群が腐植に集まる群集を構成していたことは，その消化管の内容物と食いちぎられて傷ついた植物組織の証拠から支持される。パレオカリオノイデス類を含むその他の節足動物とムカデの1種は，肉食で

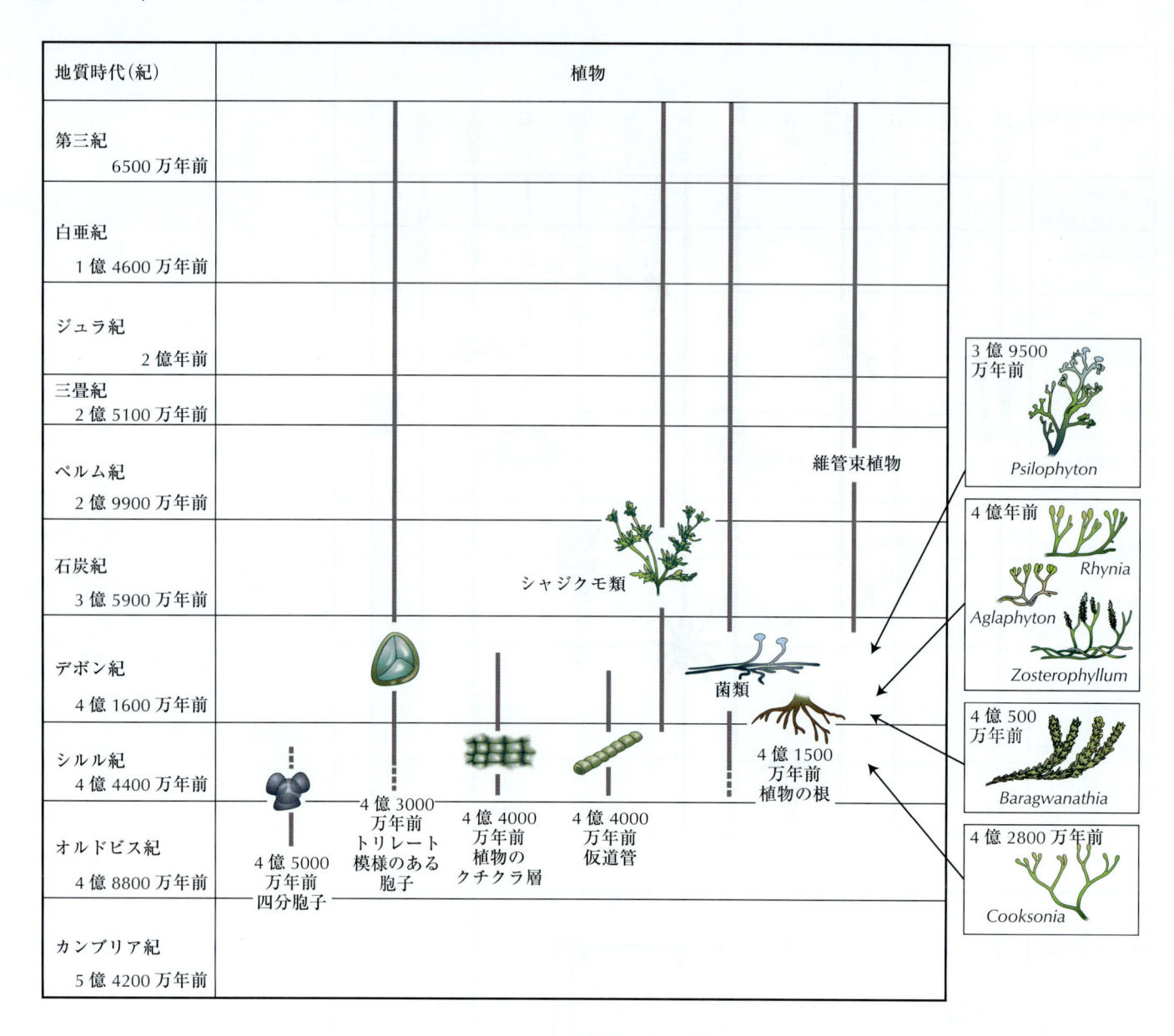

図 10.26 ▪ 植物の陸上への進出を可能にした革新的出来事。重要な新機軸の1つは，根から植物の他部位へ水を輸送するために仮道管のような構造を発達させたことである。

あった。

　独立した**配偶体**（gametophyte）と運動能力のある精子を備えたシダ類は**維管束植物**（vascular plant）で，デボン紀に出現した。最古の種子植物は種子シダ（ソテツシダ類）である。彼らはデボン紀後期に出現し，ペルム紀までに巨大な樹木を形成した。石炭紀を通じて優勢だった植物は**小葉植物類**（lycopsid，巨大なヒカゲノカズラ）で，高さ30 mに達する巨木となった。それ以外の湿地の植物としては，コルダイテス類，木生シダ類，ソテツシダ類，およびロボク類（トクサ類）があった（図10.28）。その遺骸である有機物が沼沢地で集積した結果，ヨーロッパやアメリカで分厚い石炭層が形成された。環境や時代の違いによって，植物相の異なった要素が優勢となった。石炭を堆積させた沼の植物相は，ペルム紀まで存続した中国を除いて，石炭紀後期にその大部分が消失した。石炭紀の石炭湿地の森林には，長さ2

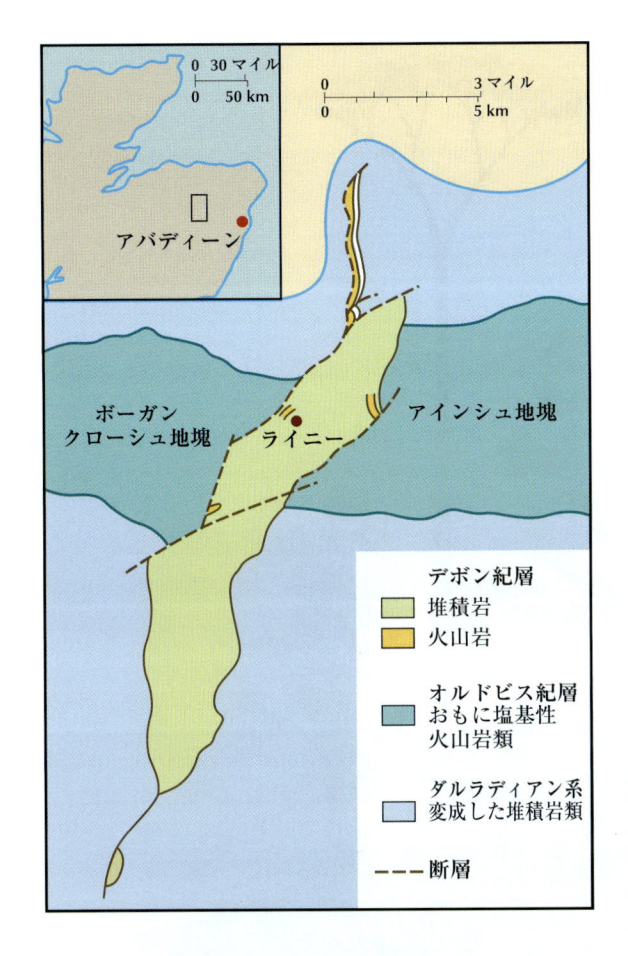

図 10.27 ● スコットランド・アバディーン近郊にあるライニー・チャートの産地位置図。維管束植物の証拠はこの地域から発見された。

m に達する巨大な草食性の多足類の一種，Arthropleura が適応していた。中生代が始まって以降は，種子植物が植物群集の中で優位を占めるようになった。中生代以降の植物群集には，石炭紀においても重要であったソテツ類，三畳紀に現れた球果植物類，イチョウ類，そして白亜紀に出現した花をつける植物である被子植物が含まれる。

脊椎動物の上陸

脊椎動物の水中から陸上への移行は，魚類から四足動物への進化と結びついている。その古典的な復元図は，空気呼吸する魚類（葉状の鰭をもった総鰭類）が，乾燥したデボン紀の風景の中で干物になるのを免れるために，干上がりかけた水たまりからより大きな水たまりに這って移動するというものである。ただし，それら四足動物の特徴は，陸上に上陸する以前に浅海域ですでに進化していた。デボン紀後期のイクチオステガはその後肢がアザラシの鰭に似ているが，ほかのすべての点において四足動物の形態と魚のような頭蓋と尾鰭が組み合わさっていた。近代的な四足動物につながる形態が出現したデボン紀後期の比較的短い期間に，多くの決定的な形態変化が起きた（図 10.29）。それに続く石炭紀最初期は，四足動物の化石記録が約 2500 万年間にわたって空白になっているため，両生類と有羊膜類（哺乳類，鳥類，爬虫類）が多様化した時期がいつなのかがはっきりしない。まったく予期していなかった発見の 1 つは，分類上で主幹となるいくつかの種群において，肢に多数の指が存在していたことである（Acanthostega［アカントステガ］は 8 本，Ichthyostega［イクチオステガ］は 7 本，

図 10.28 ● 石炭紀後期の石炭湿地の森林。植物は，左からカラミテスの木，匍匐生のコルダイテス類，木生シダ，ヒカゲノカズラ類，マングローブ生のコルダイテス類。

Tulerpeton［テュラーペトン］は6本）。5本指，もしくはそれより少ない指数の進化は，四足動物の進化の後期に生じた変化の1つであったと思われる。

節足動物と脊椎動物は飛翔能力を進化させた

　ライニー・チャートからは，知られているなかでは最も初期の六脚類，トビムシの一種*Rhyniella*が産出する。次に出てくる種類，*Rhyniognatha*はより進歩した昆虫であると思われる（図10.30）。顎の詳細はわずかに1個の標本に残されているだけだが，これらの顎は，翅のある昆虫で知られている顎とよく似ており，おそらくこの時期までには空飛ぶ昆虫が存在したであろうことを示唆している。デボン紀中期から石炭紀前期にかけての約5500万年間に残されている昆虫化石はないが，その後，翅をもつ昆虫が驚くほど多様化した。ペルム紀と石炭紀の化石の証拠は，翅が鰓から進化したこと，および初期の昆虫が体の軸線に沿って翅のような構造を身につけていたことを示唆する。水生の祖先において，もともと鰓は二肢型付属肢の外肢にあった。翅が鰓から進化したという仮説は，節足動物の鰓と，飛翔する

10.3 次の5億年間——カンブリア紀以降の生命 • **301**

図10.29 ▪ (A) 初期の四足動物の骨格の特徴比較。(1) *Eusthenopteron*, (2) *Panderichthys*, (3) *Acanthostega*, (4) *Ichthyostega* (1～4はデボン紀), (5) *Balanerpeton* (石炭紀)。骨格的な特徴のすべてを記してはいない。図では，これらの属に共通して保たれた骨格的な特徴を強調し，それらの比較を明確にしている。(B) 四足動物における胸鰭と肢のパターン。(1) *Acanthostega* の後肢，(2) *Ichthyostega* の後肢，(3, 4) *Tulerpeton* の前肢と後肢。青は相同部位を示している。こげ茶は復元された構造。

ための翅の間にみられる遺伝子の表現形のパターンが類似していることを示した発生学的データからも支持される。これに続く昆虫の放散は，3節かそれ以下の体節しかない胸部の上に翅が生えたタイプを生み出した。翅が特定の体節上に制限されたのは，飛翔能力をもった昆虫を生むために多分必要なことだったのだろう。

　脊椎動物のうち3つのグループ，翼竜，コウモリ，鳥類が飛翔能力を進化させた。三畳紀に出現した翼竜は，羽ばたいて飛ぶことのできる最初のグループであり，空を飛ぶ動物のな

かで最大の翼幅が 12 m にもになる *Quetzalcoatlus*（テキサスの白亜紀層産）を含む（図 10.31）。エネルギーを節約するために，翼竜でも特に大きな種類は羽ばたいて飛ぶだけでなく滑空もしていただろう。翼は，前肢の間に張られた膜からなる。これらの膜の配置は分類群によって異なり，いくつかの翼竜では膜は後肢にまで拡張して張られている。這い跡化石の証拠から，翼竜は 4 本の肢で歩いていたこと，ほとんどの種類は空中とは異なり地面では間違いなく敏捷さを欠いていたことがわかっている。

　鳥類の飛翔の進化は，徹底的に研究されてきた。最古の鳥類であるババリアのゾルンホーフェン石灰岩中から産出した始祖鳥が，長らくその論争の中心であった（図 10.32）。この動物については，ちょうど 10 個体の標本と，それに加えて分離した羽の化石が知られており，これらのどの標本についても，さらなる詳細な調査や解釈はこれ以上必要がないように思われる。しかし，飛翔が樹木からの滑空を経て進化したのか，地面を羽ばたきながら走るなかから直接進化したのかという問題については未解決である。近年，中国遼寧省の白亜紀前期層から，2 組の翼をもつ恐竜，ミクロラプトルが発見されたことによって，この議論が再燃した（図 10.33）。前肢，後肢，および尾に生えている羽毛の形は非対称で，飛行に向けて適応したものである一方，2 組の翼と尻尾は，滑空に適した空力的に優れた翼型を形成している。後肢に生えている長い羽毛は，この恐竜が走るのを邪魔したであろう。これは，この恐竜が，地上から直接離陸できなかったであろうことを示している。ミクロラプトルは，始祖鳥より新しい地層から産出するにもかかわらず，始祖鳥よりも祖先的なグループの獣脚類に属している。ミクロラプトルは滑空する動物なので，樹上での滑空生活が羽ばたく飛翔の起源であり，それに続く後肢の羽毛の喪失が起きたことを支持する。もちろん，それでもなお取り組むべき疑問は残されている。ミクロラプトルは明らかに滑空するのに適応していた

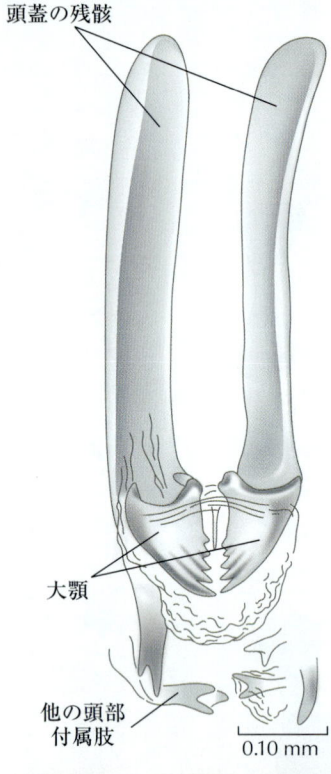

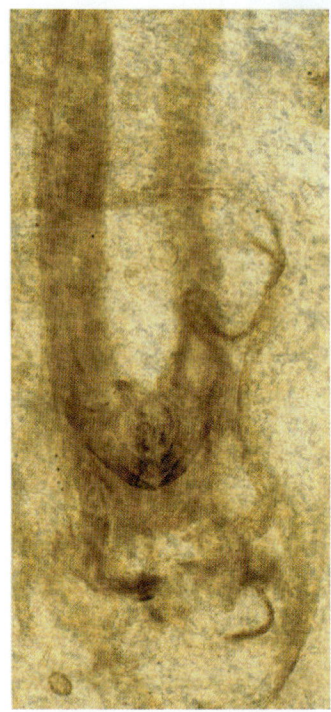

図 10.30・スコットランドのライニー・チャートから発見された最古の昆虫化石 *Rhyniognatha hirsti*。この化石は派生形質が翅のある昆虫と共通しており，それによって昆虫の翅の起源はデボン紀であることが示される。

図 10.31・翼幅が 10 〜 12 m に達するテキサス州の白亜紀層産の翼竜 *Quetzalcoatlus*。最も小さな翼竜はスズメの大きさである。翼の骨格において，長く伸びた 4 番目の指（訳注：薬指）が翼の主要な支えである。翼竜の飛翔の進化は鳥やコウモリのそれとは独立しており，収斂進化の一例である。

10.3 次の5億年間──カンブリア紀以降の生命 • **303**

図 10.32 • 始祖鳥（学名 *Archaeopteryx* は"古代の羽"を意味する）のサーモポリス標本。南ドイツ・バイエルン地方のゾルンホーフェン石灰岩産。1億5000万年前のこの化石は，現生の鳥類では失われた特徴（歯，平らな胸骨，骨のある長い尻尾，翼のかぎ爪）と現生の鳥類でも保持している特徴（羽毛，翼，叉骨，減少した指）をあわせもっている。この標本は約0.4 mの翼幅をもつ。

A

B

図 10.33 • 中国・遼寧省の白亜紀前期層から産出した恐竜ミクロラプトル．2対の翼と羽毛は，羽ばたく飛翔の起源についての手がかりを与えた。この標本は長さ77 cm。化石をA，復元図をBに示す。

が，羽ばたく力による飛翔もできたのではなかろうか。4翼をもつ形態は，それが祖先的な状態であることを支持するのに十分なほど広がっていたのだろうか，むしろ滑空生活をおくる恐竜の小グループだけで起きた進化なのではなかろうか。

　コウモリは羽ばたいて飛ぶために進化した最も後発のグループである。知られている最古の化石記録は，ワイオミングの始新世グリーンリバー層から産したものである（4800万年前）。これよりもやや新しいドイツのメッセル油母頁岩から産する始新世のコウモリは，そのX線写真から耳骨の詳細が明らかになった。その耳骨の構造は，このコウモリは反響定位ができたことを示している。

10.4 進化のパターン

化石記録は地質時代を通じた生命の多様性パターンの証拠となる

　今日の生命の多様性は，300万〜5000万種の範囲にあると推定されている。この数字は，これまでに記載された現生生物の数，およそ170〜180万種に部分的に基づいている。もし現生の種数を推定することが困難であるとしたら，どのようにして不完全な化石記録から過去の地質時代を通じた生物多様性のパターンを明らかにできるのだろうか。過去のいつの時代においても，生物多様性の正確な数値を得ることは不可能である。しかしながらこの推定は，ある地質時代と別の地質時代とを比較するのに十分な精度を備えている。だからこそ，地質時代を通した種の多様性の有意の変動を認識することが許される。いったん多様性の変動が認識されたら，その原因を追求することが可能になる。

　生命は海で多様化した長い歴史があるにもかかわらず，今日の多様性は，陸上動物の方が海生動物より大きい。記載されてきた現生生物のうちおよそ85%は陸上に生息している。その大部分は昆虫であり，陸上動物の多様性は4億5000万年間にわたって進化し続けてきた。それでもなお，化石の大多数（95%）は陸上ではなく，海成の堆積環境から記載されている。

　多くの生物学者は，種を**生殖的隔離**（生殖隔離，reproductive isolation）という用語で定義している（第22章参照）。しかし経験的には，現生種はふつう形態を基に同定され，同様の基準が化石種の同定にも用いられている。化石につきまとう問題は，それ自身が進化系統の一部であることで，このことがどこまでが1つの種で，どこからが別の種であるのかという疑問を生じさせる。1970年代にNiles Eldredge（エルドリッジ）とGouldは，断続平衡説という彼らのモデルを発表することによって，種分化が徐々に進行するという古典的な古生物学の見解を考察し直した（図10.34）。

　新しい種の起源は，既存種の主要な分布域の縁辺部で小さな個体群が隔離されることによって説明される（pp.695〜697）。それら縁辺部で隔離されたものが化石記録として残ることはまれである。化石記録の示す明らかなパターン，すなわち形態が変化しないで継続する長い期間があり，それが急激な変化によって区切られるというパターンも，前述の種分化の過程で説明できるであろう。EldredgeとGouldの説は，その種分化のモデルを検証できるような，堆積学的な記録が完璧に保存されている地層の調査を促した。断続平衡説は広く行きわたったようにみえるが，その一方で，特に安定した海洋環境に生息している浮遊性有孔虫にみられるように，漸進的な変化もまた起きている。

　種分化のモデルは，大昔の生物多様性の考察にはあてはまらない。なぜなら，種の化石記

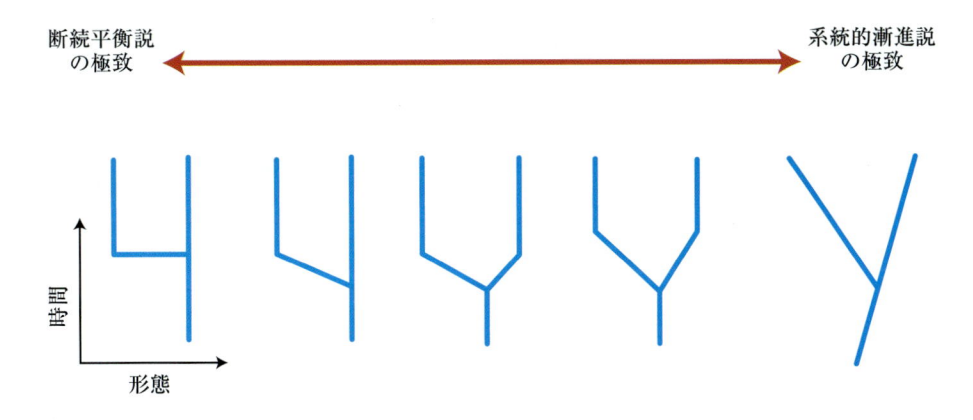

図 10.34 ▪ Eldredge と Gould のモデルを片方の端に，漸進進化のモデルをもう片方に置き，連続的に示した種分化モデル。連続的な変化のパターンを示している。

録は完全からはほど遠いからである。地質時代を通じた生物多様性は，ふつうは種の代用としての属や，さらにしばしば科の生存期間に基づいて推定される。保存されやすい硬組織（殻の化石記録）をもった海生動物の科を用いた Sepkoski のプロット（図 10.19A および 10.35）は，4000 万年間続いたカンブリア紀の多様性の高まりと，それよりも長く 2 億 5000 万年間続いたオルドビス紀からペルム紀における高まりを明らかにした。ペルム紀末の絶滅に引き続き，中生代および新生代における多様性の急激な増加がみてとれる。後者の増加は今日まで続いている。海生動物の科を基礎としたこの多様性変動のカーブは，生命の歴史のパターンとして偶像崇拝のような地位を獲得した。

分類群の交代の割合は，海の領域よりも陸上の方が大きい。陸域において，新たな生息地へ進化する可能性については，まだ完全には理解されていないだろう（図 10.19B および 10.36）。維管束植物はシルル紀まで現れておらず，その最初の重要な増加はデボン紀前期であったが，その多様性の歴史は，殻を有する海生無脊椎動物のそれと比肩される。ヒカゲノカズラ，シダ，トクサ類とコルダイテス類は石炭紀（この時代の石炭湿地植物群の主役となった）とペルム紀に多様化した。裸子植物は三畳紀からジュラ紀にかけて多様化し，被子植物はおもに白亜紀末期の絶滅以降に多様化した。陸上に定住する四足類はデボン紀に起源をもつが，中生代を通じてその多様性は比較的低いままであった。最も大きな拡大は，鳥類や哺乳類を含む現代型のグループの多様化が起きた白亜紀末の大量絶滅以後である。

絶滅

多様性の変化の割合とは，出現と絶滅の割合の差である。過去のある期間は，通常のバックグラウンドと比較して絶滅の割合が高いことで特徴づけられる。これらの大量絶滅，特に大きな 5 つの事変（オルドビス紀末期，デボン紀末期，ペルム紀末期，三畳紀末期，白亜紀末期）は，生命の歴史に甚大な衝撃を与えた。それらは，さまざまに異なる地球規模の変動に対する反応であり，ときには絶滅自体が変動につながった。当初の分析では，主要な大量絶滅は規則正しい周期で起きていたかもしれないと考えられ，それを説明するために地球外の要因，例えば地上を絨毯爆撃する流星雲の襲来などの仮説が立てられた。しかし，この推理は現在では受け入れられていない。

なかでも最も大きな絶滅は，ペルム紀末（古生代の最後として定義されている）に起きたも

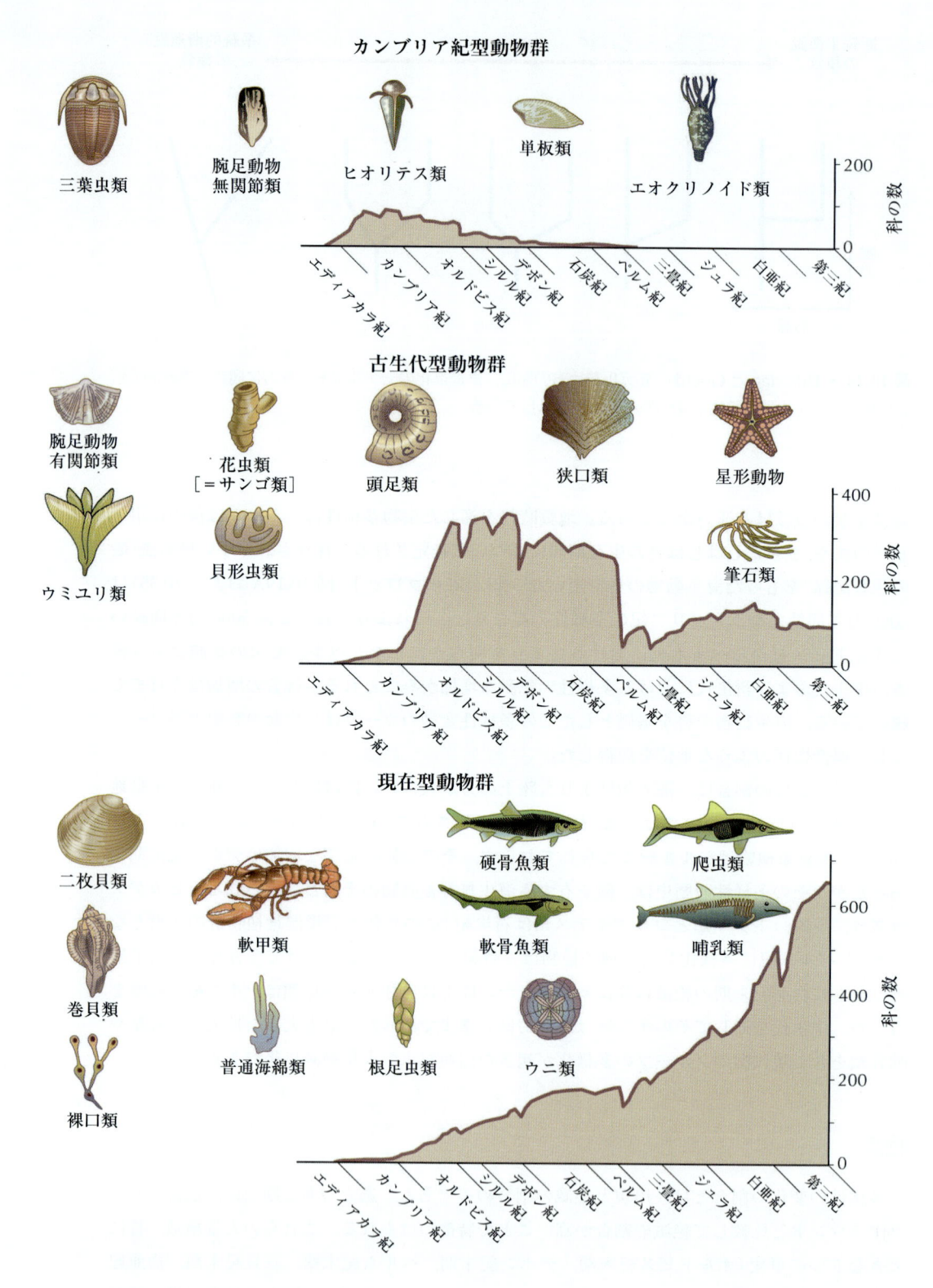

図 10.35 ・ Sepkoski の認識した進化上の 3 つの主要な海生動物群：カンブリア紀型，古生代型，現代型海洋動物群。ここにはこれら主要なグループを構成する動物を描いており，それらの多様性を地質時代を通して科の数で示している。

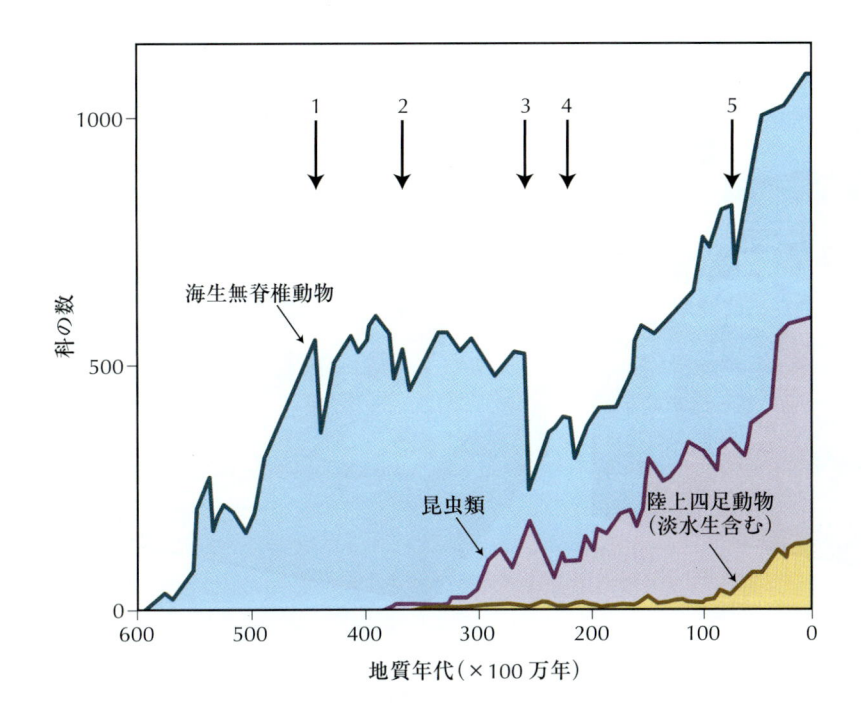

図 10.36 ● 地球上の生命の5大大量絶滅の影響を示した多様性の変遷。(1)オルドビス紀末期，(2)デボン紀後期，(3)ペルム紀末期，(4)三畳紀末期，(5)白亜紀末期。

のである。近年の野外調査によって，絶滅に巻き込まれた各生物の生存期間を明らかにする詳細なデータが手に入るようになった。ペルム紀中期の事変は，おもに低緯度の熱帯地域の生物に影響を与えたが，それはやがて回復した。それより短い期間内に起きたペルム紀末の事変は，衝撃の大きさという点ではるかに深刻かつ汎世界的であった。いくつかの主要な分類群（床板サンゴ，四放サンゴ，三葉虫）は絶滅し，他のグループ（おそらく1属のみが生き残ったとされるウミユリおよび腕足動物）は大幅に間引きされてしまった。海生動物群集の特徴種は，大型・固着生・表生の生物から，堆積物中に潜って棲む二枚貝や巻貝へ置き換わった（図10.37）。昆虫類，四足動物，植物を含む陸上のグループも同様に深刻な影響を受けた。科の60%，おそらく種の90%の海生生物と陸上の生物が死に絶えた。この生物多様性の最大の危機には，多くの要因が連座していた。

　ペルム紀-三畳紀境界は，約2億5100万年前という年代値が与えられている。海水準の大きな上昇とそれに伴う海洋循環の停滞によって，海洋に無酸素水塊が大きく広がった。無酸素水塊の存在は，硫酸還元によって生成する黄鉄鉱が，細粒堆積物中から産出することで証拠づけられる。中国におけるヘリウムとアルゴンの異常な値は隕石の衝突の可能性を示唆するが，別の解釈も可能である。シベリアで実証された火山噴火は，ペルム紀末の60万年間に約200万 km^3 の溶岩の流出と広域にわたる火山灰の降下を招いた。このような継続的な火山活動は，CO_2 レベルの上昇と地球温暖化を引き起こしたであろう。明確な炭素同位体比の変化の証拠から，凍結していた**ガスハイドレート**（gas hydrate）の溶解により多量のメタンが放出され，これが温室効果をもたらしたかもしれないと考えられている。メタン放出後の劇的な気候の温暖化は，ペルム紀-三畳紀境界における非常に高いレベルでの絶滅を説明できるであろう。ペルム紀末以後の回復の割合はさまざまである。陸上における多様性の回復は比較的早い，しかし海洋域では1億年経っても絶滅前のレベルまで回復しなかった。

　ペルム紀-三畳紀境界において，地球外物質が衝突したという証拠は疑わしい。しかし，

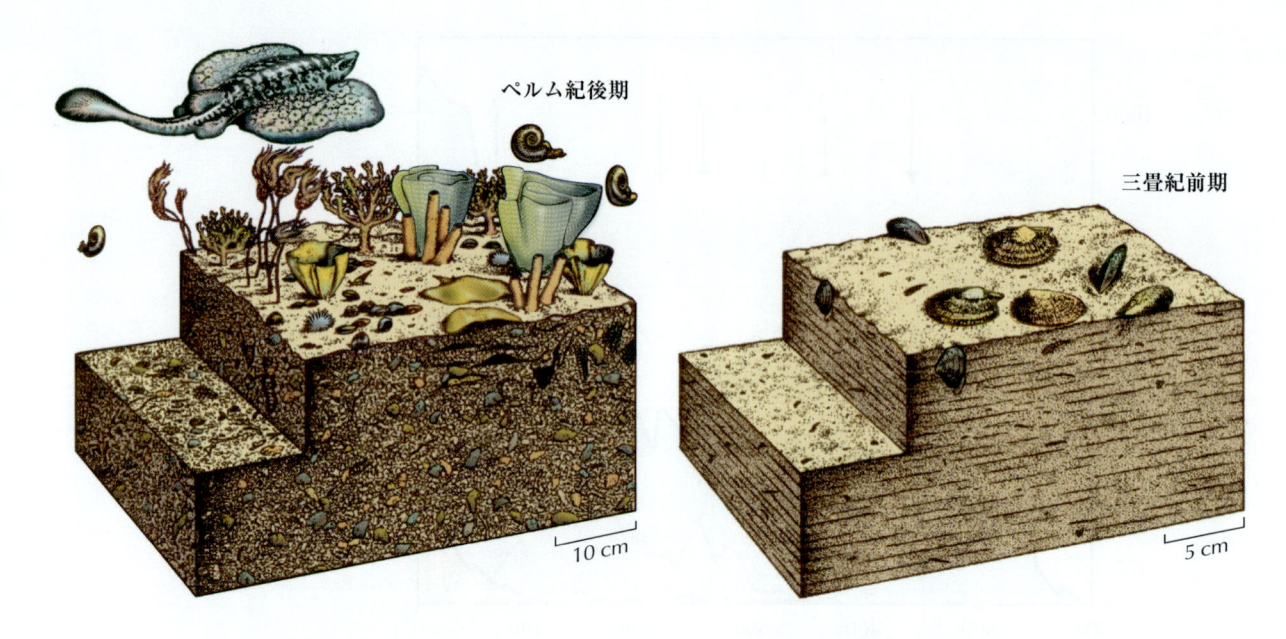

図 10.37 • ペルム紀の絶滅の結果。中国・浙江省の煤山セクション (Meishan section) を基に復元したペルム紀末期の熱帯域の海底と前期三畳紀の比較。生物礁に棲む生物の喪失を示している。

　それが中生代末期の絶滅を引き起こした主要な要因であることについては、明白な証拠が残っている。この白亜紀末 (K–T) の絶滅が大きな天体の衝突による産物であるという証拠は、1970 年代の初めにイタリアのグビオで明るみに出た。そこで Walter Alvarez (アルバレッツ) は、通常の 300 倍以上の濃度で元素イリジウムが濃集している 1 枚の粘土層を発見したのである。イリジウムは地球上では非常にまれな鉱物だが、地球外物質の中に顕著な濃集物として産する。それに続いて、まさにその時代の巨大なクレーター、チクシュルーブ・クレーターがメキシコのユカタン半島で発見された (図 10.38)。K-T 絶滅の主要な原因は、衝突によって生じた桁外れの塵の雲による寒冷化の効果である。それはまた、太陽から降りそそぐ光の多くを遮ったであろう。それに引き続き、今度は地球温暖化と地表の降水量の増加が起きた。長期間の気候変動も生物の絶滅に寄与する原因となりうるだろう。

　K–T 境界の絶滅は、ペルム紀末の絶滅よりも選択的であった。そこでは、種の 40 〜 76% が消滅したと推定されている。いくつかの主要な動物群、例えば恐竜やアンモナイトは死に絶えたのに対して、深海の底生有孔虫などは実質的に無傷であった。植物の絶滅は、花粉と胞子の記録、および葉をもつ分類群の記録から明白であり、食物連鎖の崩壊はいくつかの脊椎動物の絶滅を引き起こした。絶滅に続いて、海洋の栄養レベルが減少した証拠があり、多くの海生グループの代表者が体の大きさを減少させた。植物と哺乳類の双方は、絶滅の直後の時期である暁新世に主要な放散を経験した。しかし、いくつかのグループは白亜紀の多様性のレベルにまで戻るのに 1000 万年以上の年月を費やした。

　絶滅期以外の定常の時期において生存に寄与する要因は、大量絶滅の期間には応用できない。K–T 絶滅では、隕石の衝突そのものよりもその余波の結果、多くの生物が死に絶えた。どの生物も隕石による絶滅を避けるための戦略を進化させることはできないが、分類群ごとの絶滅の結果はランダムではない。例えば、広い地理的分布は K–T 事変の期間を生き残るチャンスを増加させたように見える。

図 10.38 ・ メキシコ，ユカタン半島のチクシュルーブ・クレーターの位置図。

現代の絶滅

　K–T事変の後には，絶滅前のレベルを優に上回る多様性レベルの回復が起こった。今日の生命は，かつてないほど多様化している。しかし人間活動は，生物多様性に対して重大な衝撃を与えている。特に熱帯の森林やサンゴ礁における生息域の破壊は，そこに棲む種を急速に消滅させている。大型の鳥や哺乳類の喪失はとても人目を引くが，他の無脊椎動物や植物の絶滅よりも重要というわけではない。結局，現在生きている動植物のおよそ半数は今世紀中に絶滅する危惧を背負っている。その規模はK–T事変に匹敵するものである。

　地球温暖化の影響は，大災害の可能性を秘めている。今日の二酸化炭素の濃度は，過去2000万年間のどの時代よりも高く，その結果として地表の温度は，この半世紀間で過去1300年間のどの時代より大きく上昇している（図 10.39）。もし二酸化炭素の放出が抑制されないまま続いたら，地球上の気温は今世紀中に2〜5℃上昇するだろう。気温が長期にわたって現在と同じレベルで高かった1つ前の時期，約12万5000年前には，今よりも海水準が4〜6m高かった。

　生物集団はこの変化に適応できるだろうし，絶滅した種類がいた場所に最終的には新種がとって代わるように進化するであろうが，人類の尺度からすればその過程はきわめて遅い。結果として，コアラ，パンダ，砂漠サボテンなど特定の環境にのみ適応した種は，ネズミやゴキブリなどの侵入者にとって代わられるようになる。以前に起きた大量絶滅では，絶滅後に汎世界的な生物多様性が回復するのに数百万年間かかった。我々は，固有の棲息地がそこに住む居住者とともに失われるより前に，絶滅の進行を止める措置をとる必要がある。

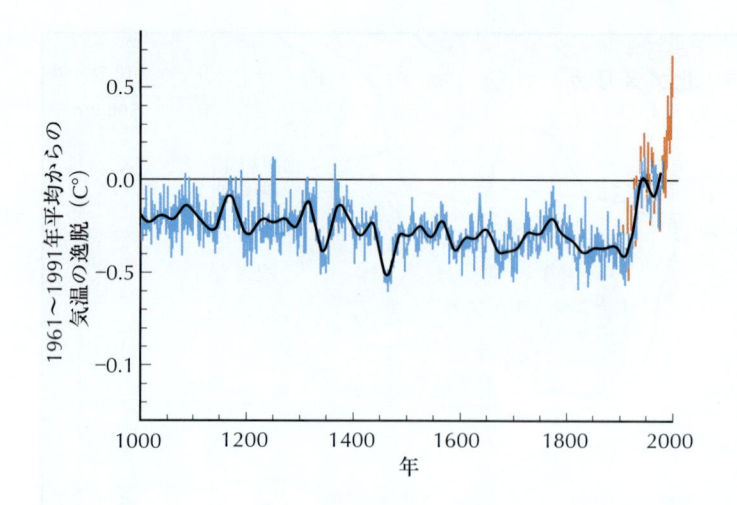

図 10.39 ▪ 過去 1000 年間における地球表層の気温の変化。過去 1000 年間における北半球の年変化(赤と青)と 50 年平均(黒)の地表気温の平均を示す。20 世紀における温度上昇の割合と継続期間は，それ以前の 9 世紀間のどの時期よりもはるかに大きい。おそらく過去 1000 年間のうちで 1990 年代が最も気温の高い 10 年間であり，その中で 1998 年が最も気温が高いと思われる。温度計によるデータ(赤)，樹の年輪，サンゴ，氷床コア，および歴史記録(青)に基づく。

▪ 要約

化石記録は，動植物の多様化についてのタイムスケールを提供する。最古の多細胞動物の証拠のいくつかは南中国からもたらされたもので，その 6 億年以上前の岩石からは，目を見張る保存状態の藻類や動物の胚といった微化石が産出する。最古の大型化石，エディアカラ化石群は，カンブリア紀の始まりである 5 億 4200 万年前より以前に出現した。彼らの普通とはかけ離れた形態は，その系統関係を決めるのを困難にしてきた。カンブリア紀前期における多様な殻の出現と放散は，地球における生命の多様性が最大に増加する現象，すなわちカンブリア紀の爆発を先導した。バージェス頁岩のような堆積物中での例外的によい化石保存は，当時，主要なボディプランのすべてが進化していた証拠を与えてくれる。しかし，分子的な相異と化石記録に基づくと，いくつかの主要な分類群の分岐はさらに早かったと考えられる(海綿動物は 6 億年以上前に分岐し，刺胞動物はおよそ 6 億年前に分岐した)。節足動物はカンブリア紀後期に最初に陸上への進出を果たしたが，最古の陸上維管束植物の時代はシルル紀であり，多様な陸上植物と節足動物はシルル紀後期からデボン紀になるまで知られていない。脊椎動物もまたデボン紀後期には陸上へ進出した。これが魚類から進化した四足動物である。石炭紀の岸辺の湿地は巨大な植物によって支配され，これがおびただしい量の石炭の集積につながった。大陸配置の変化は，多様性に重大な衝撃を与えてきた。生命の歴史は，主要な絶滅事変によって分断される。その中で最大の絶滅がペルム紀末，およそ 2 億 5000 万年に起き，このときおそらく種の 90% が死に絶えた。ペルム紀末ほど強烈ではないものの，決して劇的ではないとはいいきれない絶滅が白亜紀末(約 6500 万年前)に起き，そのとき，隕石の衝突はアンモナイトと恐竜の終焉を目撃した。今日，生命の多様性は最大であるが，生息地の破壊と地球温暖化はもう 1 つの大量絶滅を引き起こす恐れがある。

文献

Briggs D.E.G. and Crowther P.R., eds. 2001. *Palaeobiology II.* Blackwell Science, Oxford.

Briggs D.E.G., ed. 2005. *Evolving form and function: Fossils and development.* Yale Peabody Museum of Natural History, New Haven.

Clack J.A. 2002. *Gaining ground: The origin and evolution of tetrapods.* Indiana University Press, Bloomington, Indiana.

Erwin D.H. 2006. *Extinction: How life on earth nearly ended 250 million years ago.* Princeton University Press, Princeton.

Hou X.-G., Aldridge R.J., Bergström J., Siveter David J., Siveter Derek J., and Feng X.-H. 2004. *The Cambrian fossils of Chengjiang, China. The flowering of early animal life.* Blackwell Science, Oxford.

Narbonne G.M. 2005. The Ediacara biota: Neoproterozoic origin of animals and their ecosystems. *Ann. Rev. Earth Planet. Sci.* **33:** 421–442.

Peterson K.J., McPeek M.A., and Evans D.A.D. 2005. Tempo and mode of early animal evolution: Inferences from rocks, Hox, and molecular clocks. *Paleobiology* (suppl. Part 2) **31:** 36–55.

CHAPTER
11

発生プログラムの進化

　前の2つの章では，多細胞生物の多様性と化石記録から読み取ることのできる進化の過程を紹介してきた。また，多細胞生物の発生がどのように進んで最終的な**ボディプラン**（body plan）を形作るのかについて，その基本的な原理を考察した。この章では，発生と進化という2つのアプローチを結びつけて考えることにより，今日みられるような驚くべき多様性を生み出す発生過程それ自体の進化の理解へとつながるようすをみていくことにする。

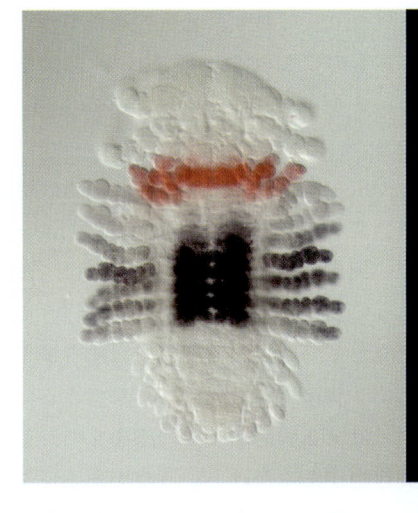

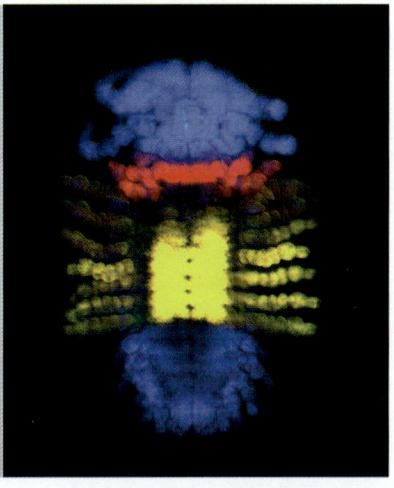

　『種の起源（種の起原）』のなかでDarwin（ダーウィン）は発生学について一章をあてている。これは，形態の変化は，発生の変化に由来するに違いないとの認識からである。初期の発生学者の多くが進化学上の問題に対して興味をもっていたが，それにもかかわらず，進化学と発生生物学は非常に長い間，完全に分離した学問分野だった。しかし，過去20年間においてこの2つの分野の統合が再び脚光を浴びている。この流れは進化発生生物学の復興ともいえるもので，しばしば，"エボデボ（EvoDevo）"と呼ばれている。エボデボに関心が寄せられるようになった背景として，発生の過程を分子・遺伝子レベルで理解できるようになり，その結果，分子・遺伝子レベルでの進化の過程の解明につなげることができるようになったことが挙げられる。進化は，時間とともに集団や種が変化することと捉えられ，一方で，発生は時間とともに個体が変化する過程とみなせる。したがって，進化と発生を結びつけて考えることによって，両者の過程をよりよく理解することができる。

　この章では，形態の進化を理解するためにどのような発生情報を用いることができるのかを，いくつかの例とともに示す。まず初めに，*Hox*遺伝子群をみていくことにする。この遺伝子群は，動物の発生時の前後軸のパターン形成において，進化的に古くからよく保存された役割を担っている。最近の研究によって，*Hox*遺伝子群の機能や発現が変化することで，大進化と小進化の両方のスケールにおいて，形態変化が引き起こされることが示されている。次に，近縁種間，あるいは同種内の，形態的に異なる集団の間で交配ができることを利

用したアプローチを紹介する。この方法により，トゲウオやトウモロコシでは小進化的変化の原因となる遺伝子を特定することができた。これらの例で特定された原因遺伝子は，通常の発生過程でも役割を果たすことがわかっていた遺伝子であった。この章の最後では，異なる動物門の間で発生データを比較することが，化石記録からはほとんど知見が得られない祖先の発生様式や形態を再構成する手がかりとなる例を紹介する。

11.1 前後軸のパターン形成：*Hox* 遺伝子による発生制御

ホメオティック変異は体の一部分を別のものへと転換する

　1894年，William Bateson（ウィリアム・ベートソン，p.23参照）は，体の一部分が別のものへと置き換わる現象を表すのにホメオシス(homeosis)という言葉を用いた。Bateson がみていたのは自然に起こる異常で，例えば，ヒトの頸椎（首の部分の背骨）の1つが胸椎（胸部の背骨）に変形してしまうとか，昆虫の触角が脚に置き換わるといった現象だった。多くの場合，Bateson が観察していたのは遺伝的な変化を起こした変異体ではなく，発生の途中で環境が乱されたために起こった異常だった。それでも，彼は，多くの動物は繰り返し構造から成り立っており，発生の過程では，なんらかの方法によってそれぞれの繰り返し単位が異なるものになっていく，という結論を導いた。

　いまから60年ほど前，Edward Lewis（エドワード・ルイス）は，体の一部分が隣接する別の領域のものへと置き換わってしまうようなキイロショウジョウバエ *Drosophila melanogaster* の変異群の存在を認め始めるようになった。これらの変異のなかに，分節の総数は変わらないが，分節の特性(identity)が別のものへと変わるようになる変異が見つかった。例えば，ある一群の変異では，後方の腹部の分節がより前方の腹部の分節の特徴をもつように変化していた。Lewis はまた，*Ultrabithorax*（*Ubx*）と名づけられた遺伝子の突然変異も研究していた。この変異では第3胸節が第2胸節に変化し，その結果，2つの第2胸節をもち第3胸節をもたないハエができる。この変異体の表現型を目立たせているのは，通常のハエでは第2胸節が1対の翅をもち，第3胸節には**平均棍**(haltere)と呼ばれる小さな風船状の突起物があるだけという点である。したがって，2つの第2胸節をもつハエは，通常1対しかない翅を2対もつことになる（図11.1）。さらに，Lewis はこれらのさまざまな突然変異がショウジョウバエの1つの染色体上に連続して隣り合って存在していることをみいだした。これらの遺伝子は，Bateson のホメオシスという言葉にちなんで，まとめて**ホメオティック遺伝子**(homeotic gene)と呼ばれている。

ホメオティック遺伝子は制御する体の領域に特異的に発現する

　最終的には，同じ染色体上に第2のホメオティック遺伝子群もあることがわかり，この遺伝子群はハエのさらに前方の分節を正しくパターン形成するのに関与していることがわかった。興味深いことに，この両方の遺伝子群において，染色体上の遺伝子の並びは，その遺伝子が変異を起こした際に影響を受ける分節の前後軸上における並びと対応していた。この2つの遺伝子群はそれぞれ Bithorax 複合体（Bithorax complex, BX-C），Antennapedia 複合体（*Antennapedia* complex, Antp-C）と呼ばれており，もともと成虫のホメオティック変異を引き起こす**対立遺伝子**(allele)として同定されたものであるが，**ヌル対立遺伝子**(null allele)（す

図11.1 ● 野生型のキイロショウジョウバエ（上）と，機能低下型 *Ubx* 変異をホモ接合でもつハエ（下）。野生型のハエでは，第2胸節が1対の翅を作るのに対し，第3胸節には1対の平均棍ができる（左上挿入図は拡大図，矢印の部分が平均棍）。*Ubx* 変異体では，第3胸節で *Ubx* が発現しないため，平均棍が翅に変形し，結果として2対の翅をもつハエになる。

なわち，完全に機能を失っている）をもつ場合には，1つの遺伝子を除いてすべての遺伝子で劣性胚性致死（recessive embryonic lethal，卵からかえる前に個体を殺してしまう）であることがすぐに明らかになった。

ショウジョウバエには全部で8つのホメオティック（*Hox*）遺伝子（訳注：ホメオティック遺伝子には*Hox*遺伝子ではないものも含まれる）があり，5つは*Antp-C*に，3つが*BX-C*に属している（図11.2）。ホメオティック遺伝子の一般的な機能を説明するために，3つの*BX-C*遺伝子，*Ultrabithorax*（*Ubx*），*abdominal-A*（*abd-A*），*abdominal-B*（*Abd-B*）の胚性致死変異での表現型に着目することにする。図11.3にみられるように，どの*BX-C*遺伝子が失われた場合でも，特定の分節群がそれより前に位置する分節の特性をもつように変化する（例えば，*Ubx*遺伝子のヌル変異をホモにもつ胚は，T3とA1分節がT2分節に変形している）。変異個体において変化する分節の前方の境界は，ちょうど野生型個体でその遺伝子が発現する領域の前方境界に対応している（図11.2と11.3）。したがって，*BX-C*遺伝子の染色体上の配置，前後軸に沿った前方発現境界の相対的な位置（*Ubx*は*abd-A*より前方で発現し，これらの後方で*Abd-B*が発現している），そして，機能喪失型変異によって変形する分節の相対的な順序の間には明らかな対応関係がある（図11.2，11.3）。同様の，染色体上の位置，遺伝子発現領域，影響を受ける分節の間の関係は*Antp-C*遺伝子でも成り立っている。このような，複合体の中での遺伝子の相対的位置，発現領域，対応する変異体で影響を受ける部分の3者の関係性は共直線性（colinearity）と呼ばれており，ホメオティック遺伝子の際立った特徴である。

通常発現する領域以外でホメオティック遺伝子が発現してしまう（異所的発現）と，機能喪失型の変異でみられたのとは逆の影響がみられるが，その結果は機能喪失型と同様に目を見張るものである。ホメオティック遺伝子が通常の発現領域よりも前方の部分でも異所的に発現すると，その部分はそれより後方の分節の特性を獲得する。この異所的発現の非常に鮮烈な例は，*Antennapedia*（*Antp*）遺伝子が発生途中のショウジョウバエ幼虫の頭で異所的に発現

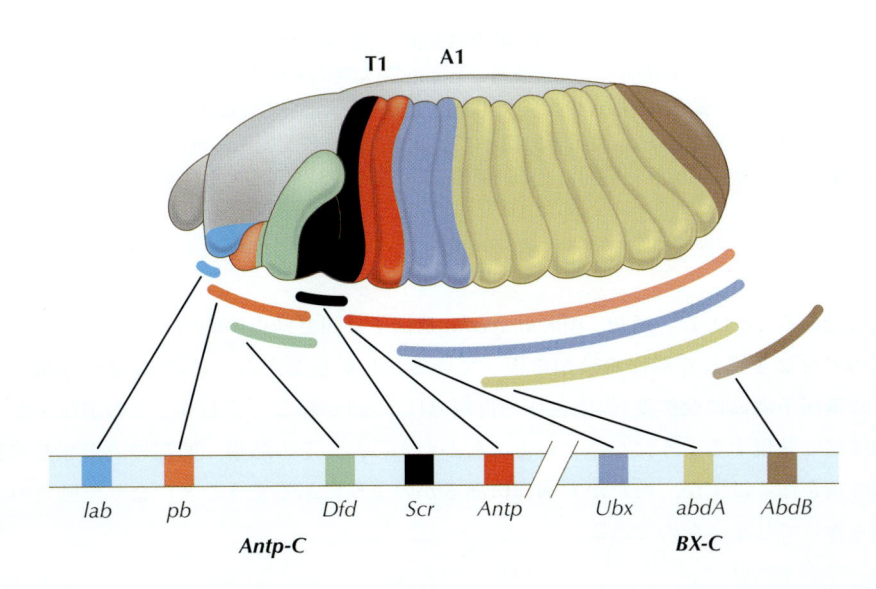

図11.2 • ショウジョウバエでのホメオティック遺伝子の編成。下にハエ*Hox*遺伝子群を構成する*Antp-C*，*BX-C*を模式的に示した。上はハエ胚の側面図を示している（前部が左側，腹側が下，T1：第1胸節，A1：第1腹節）。*Hox*遺伝子群は前後軸に沿って特定の領域で発現する。染色体上の相対的な位置関係が前後軸に沿った発現の順番に反映されており，この関係は共直線性（colinearity）と呼ばれる。胚の下に示した色つきの曲線は，それぞれの遺伝子の発現領域を，発現が重なり合う部分も含めてより正確に表したもの。

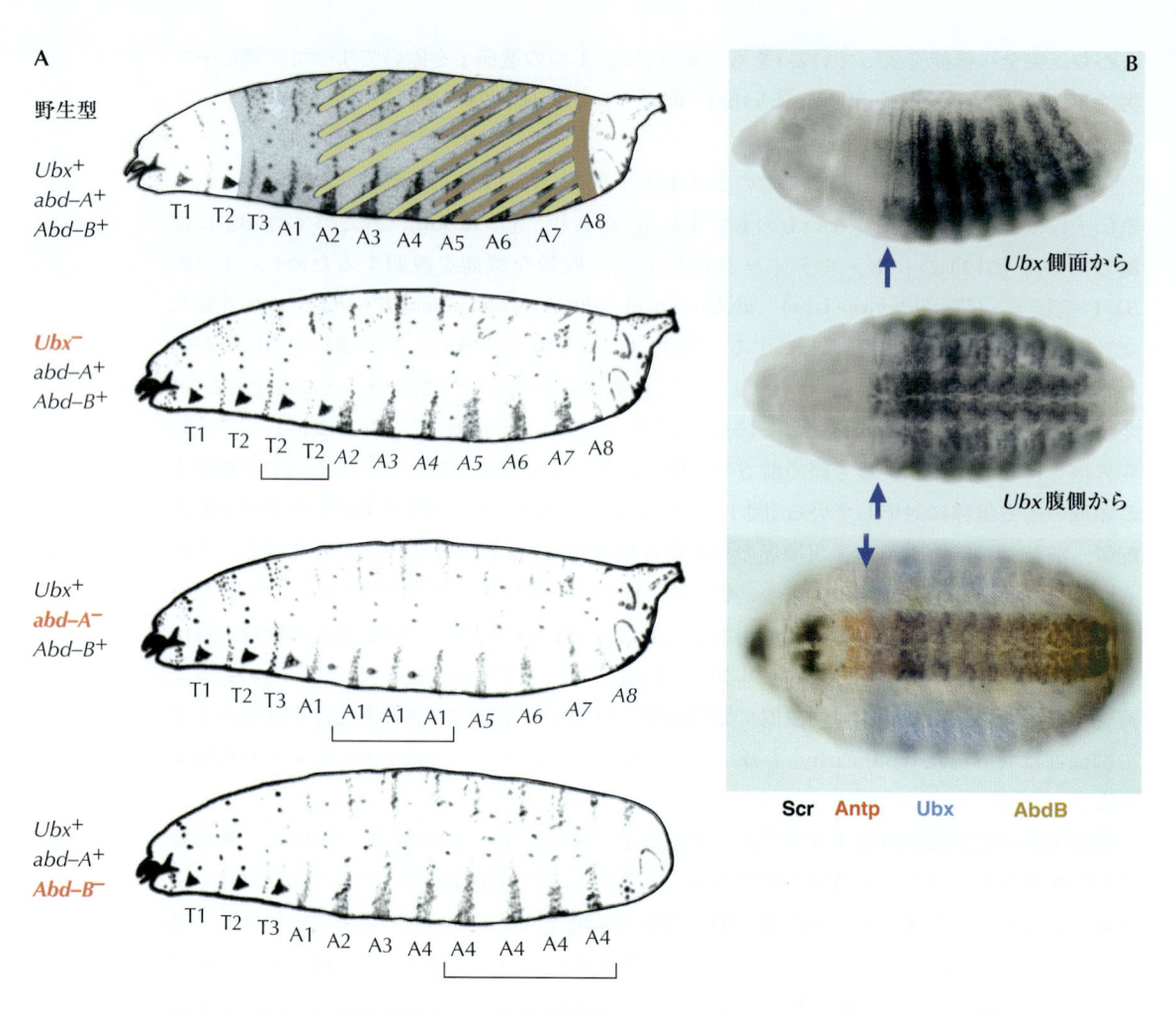

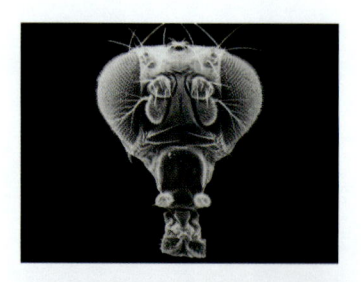

図11.3 ▪ (A)(上)野生型の幼虫での遺伝子発現パターンの模式図(Ubx：青色，abdA：黄色，AbdB：茶色)。下の幼虫の図は Ubx，abdA，AbdB のヌル変異体で，ホメオティックな変化により，分節の特性が変化しているようすを示す。どの変異体でも，分節の総数は変化していないが，分節の特性が変わっている。(B)野生型胚での Hox タンパク質の分布を免疫染色でみたもの(紫色の矢印は T2 と T3 の境界を示す)。胚発生の中ごろ(上2つの胚)までに，Ubx タンパク質は T3 と腹部の大部分で発現がみられる。下の胚(腹側からみたもの)は4つの異なる Hox 遺伝子のコードするタンパク質を同時に検出したもの(Scr：黒色，Antp：赤色，Ubx：青色，AbdB：茶色)。胚の前後軸に沿ってタンパク質の発現が連続的にみられる。

図11.4 ▪ (上)野生型のハエの頭部，(下)ハエ Antp 変異体の頭部。Antp が通常よりも前方で発現するという異常により，本来触角となる部分に脚が形成されている。

した場合である(図11.4)。通常，Antennapedia 遺伝子は胚と幼虫の胸の領域で発現しており，胸部前方の分節を正しく形作る役割を担っている。しかしながら，この Antennapedia 突然変異では遺伝子調節に突然変異(染色体の再編成による)が起こっており，この遺伝子がハエ幼虫の頭部で発現するようになっていることがわかった。その結果，頭部の成虫原基細胞は，通常は触角を作るはずが，あたかも胸部にあるかのようにふるまうことになり，触角のかわりに脚を作ってしまったのである。

Hox 遺伝子はホメオボックスと呼ばれる保存された DNA 結合領域をもつ

1980年代の初め，最初のホメオティック遺伝子がショウジョウバエからクローニングされ，解析された。発生において重要なパターン形成をする他の多くの遺伝子と同様に，こう

してみつかった遺伝子を，遺伝学的に見つかっているホメオティック遺伝子の中から類似の遺伝子を探すための分子プローブとして利用できることがわかった。このようなアプローチを利用できるのは，*Hox*遺伝子が**ホメオボックス**(homeobox)と呼ばれる高度に保存された配列を共通にもつからである。このホメオボックス配列は180塩基対からなり，60アミノ酸の長さをもつ**ホメオドメイン**(homeodomain)と呼ばれるドメインをコードしている。このホメオドメインは，この転写因子遺伝子族のDNA結合モチーフを形成している(図11.5)。

　ショウジョウバエの体軸パターン形成を行う8つのホメオティック遺伝子が発生において似た役割を担っていることを考えると，それらの遺伝子が似たようなタンパク質をコードしていても不思議はない。しかし，予想もされていなかったのは，類似のタンパク質が多くの動物門にわたる広範囲の種から見つかったことである。ホメオボックスを含むショウジョウバエのホメオティック遺伝子の配列断片は，他の動物でホメオボックスを含む遺伝子を探すのにも使うことができた。わずかな期間の間に，アフリカツメガエル(*Xenopus*)やヒトをはじめ，ショウジョウバエから非常に離れた生物からホメオボックスを含む遺伝子が多数単離された。ホメオボックスを含む多くのオーソロガス遺伝子が認識された結果，*Hox*遺伝子は系統的に離れた動物にわたって進化的に保存された遺伝子族を形成していることが次第に明らかとなっていった。

*Hox*遺伝子はすべての動物に存在する

　動物の進化過程において*Hox*遺伝子が保存されていることは何を意味するのだろうか。まず考えられるのは，異なる動物門の間にパターン形成においてなんらかの共通の仕組みがあるという解釈だ。また，別の解釈として，これらの保存されたホメオボックス配列が存在するのは，単に全動物がこの転写因子を多くの無関係な遺伝子調節に使っているだけと考えることもできる。今では，ホメオボックスを含む遺伝子は動物や植物など多くの生物に広がっており，発生や遺伝子の制御といった多様な役割を果たしていることが知られている。実際，ショウジョウバエはホメオボックスを含む遺伝子を約150個もっている。しかしながら，ある特定のホメオボックスを含む遺伝子は発生上のパターン形成において保存された機能をもっており，それは異なる動物門の間でも保存されていることを示す十分な証拠がある。実際，ホメオティック遺伝子は，動物進化の過程で発生に関与する遺伝子の一部がいかに保存されているかを示す端的な例であることがわかっている。

　先ほど述べたように，ハエのホメオティック遺伝子に非常によく似ている配列をもつ遺伝子が，さまざまな動物から数多く見つかっている。染色体上の並びがよく保存されているという事実(少なくともいくつかの動物種では詳細に調べられている)を手がかりにしてそれらの配列を注意深く解析すると，ほとんどの動物で**オーソロガスな**(orthologous)遺伝子群や，ときにはパラロガスな遺伝子セットを認識することができる。これらの遺伝子を(ホメオボックスをもつより広い遺伝子カテゴリーと対比して)*Hox*遺伝子と呼ぶことにする。新口(後口)動物(**脊索動物**[chordates]，棘皮動物など)と旧口(前口)動物(節足動物，環形動物など)の共通祖先はおよそ8つの*Hox*遺伝子をひと続きの遺伝子群としてもっていたと考えられる。図11.6はこれらの動物門の間での*Hox*遺伝子群の進化史についての最新の考えを示したものである。

　脊椎動物に至る系統では，*Hox*遺伝子群は2度にわたる遺伝子重複を経ており，結果としてできたそれぞれの遺伝子の重複コピーのうちいくつかは，その後の進化の過程で失われている。その他の系統では，遺伝子群の構成が壊れてしまったり(例えば，いくつかのホヤ類

A

*Scr*ファミリー

ショウジョウバエ	TKRQRTSYTRYQTLELEKEFHFNRYLTRRRRIEIAHALCLTERQIKIWFQNRRMKLKKEH
バッタ	TKRQRTSYTRYQTLELEKEFHFNRYLTRRRRIEIAHALCLTERQIKIWFQNRRMKWKKEH
ハマトビムシ	TKRQRTSYTRYQTLELEKEFHFNRYLTRRRRIEIAHALCLTERQIKIWFQNRRMKWKKEH
ムカデ	TKRQRTSYTRYQTLELEKEFHFNRYLTRRRRIEIAHSLCLSERQIKIWFQNRRMKWKKEH
ダニ	TKRQRTSYTRYQTLELEKEFHFNRYLTRRRRIEIAHSLCLSERQIKIWFQNRRMKWKKEH
ヒル	NKRTRTSYTRHQTLELEKEFHFNRYLSRRRRIEIAHVLNLSERQIKIWFQNRRMKWKKDH
ウニ	SKRSRTAYTRYQTLELEKEFHFNRYLTRRRRIEIAHALGLTERQIKIWFQNRRMKWKKEH
ゼブラフィッシュ	GKRARTAYTRYQTLELEKEFHFNRYLTRRRRIEIAHALCLSERQIKIWFQNRRMKWKKDN
マウス	GKRARTAYTRYQTLELEKEFHFNRYLTRRRRIEIAHALCLSERQIKIWFQNRRMKWKKDN
ヒト	GKRARTAYTRYQTLELEKEFHFNRYLTRRRRIEIAHALCLSERQIKIWFQNRRMKWKKDN

*Antp*ファミリー

ショウジョウバエ	RKRGRQTYTRYQTLELEKEFHFNRYLTRRRRIEIAHALCLTERQIKIWFQNRRMKWKKEN
バッタ	RKRGRQTYTRYQTLELEKEFHFNRYLTRRRRIEIAHALCLTERQIKIWFQNRRMKWKKEN
ハマトビムシ	RKRGRQTYTRYQTLELEKEFHFNRYLTRRRRIEIAHALCLTERQIKIWFQNRRMKWKKEN
ムカデ	RKRGRQTYTRYQTLELEKEFHFNRYLTRRRRIEIAHALCLTERQIKIWFQNRRMKWKKEN
ダニ	RKRGRQTYTRYQTLELEKEFHFNRYLTRRRRIEIAHALCLTERQIKIWFQNRRMKWKKEN
ヒル	QKRTRQTYTRYQTLELEKEFYSNRYLTRRRRIEIAHSLALSERQIKIWFQNRRMKWKKEN
ウニ	GKRGRQTYTRQQTLELEKEFHFSRYVTRRRRFEIAQSLGLSERQIKIWFQNRRMKWKREH
ゼブラフィッシュ	GRRGRQTYTRYQTLELEKEFHFNRYLTRRRRIEIAHALCLTERQIKIWFQNRRMKWKKEN
マウス	GRRGRQTYTRYQTLELEKEFHYNRYLTRRRRIEIAHALCLTERQIKIWFQNRRMKWKKES
ヒト	GRRGRQTYTRYQTLELEKEFHYNRYLTRRRRIEIAHALCLTERQIKIWFQNRRMKWKKES

B

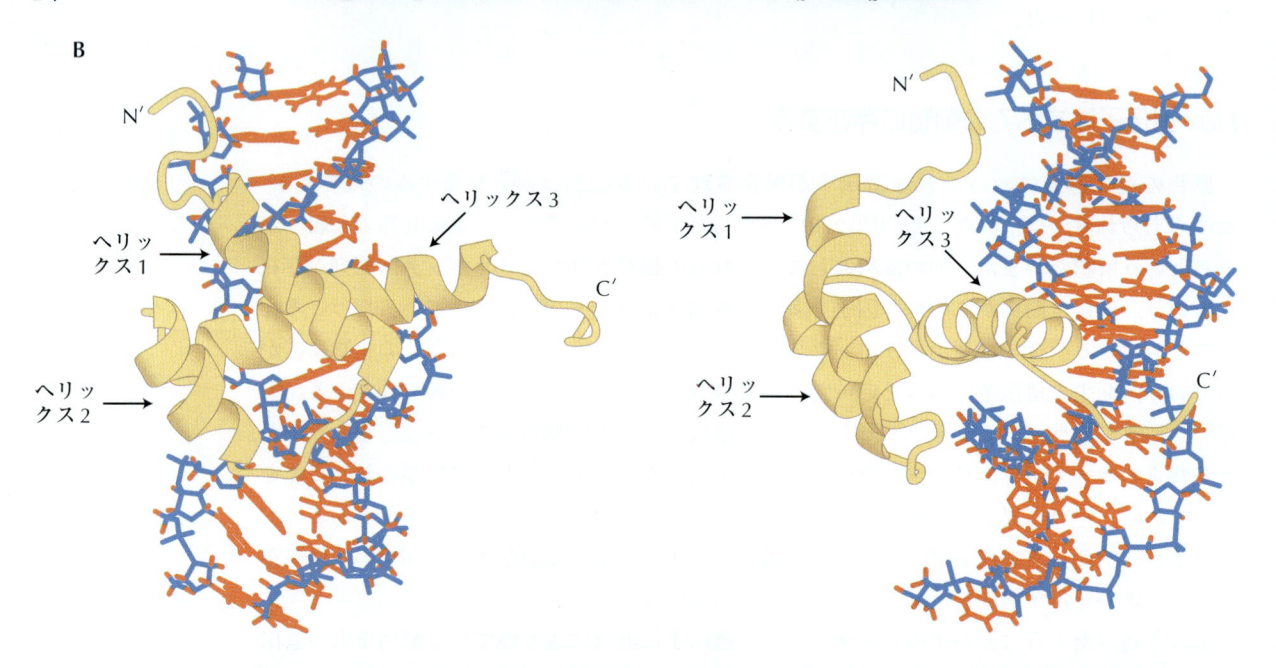

図 11.5 ▪ （A）*Scr* オーソログと *Antp* オーソログのアミノ酸配列アライメント。広範囲の動物門にわたって高い保存性がみられる。保存されたアミノ酸は水色で，*Scr* ファミリーのメンバーに特有のアミノ酸は黄色で，*Antp* ファミリーのメンバーに特有のアミノ酸は赤色で示した。（B）ホメオドメイン（黄色）とそれに結合する DNA（赤色と青色）の構造を 2 方向から見た図。ホメオドメインをもつタンパク質は特有のアミノ酸配列によって，特定の DNA 配列に結合することができる。すなわち，ホメオドメインをもつ個々のタンパク質が，ホメオドメイン結合配列をもつ標的遺伝子の転写を調節することができるようになる。

では *Hox* 遺伝子は存在するが，遺伝子群を形成していない），また，別の系統（線虫など）ではいくつかの *Hox* 遺伝子が完全に失われてしまっている。

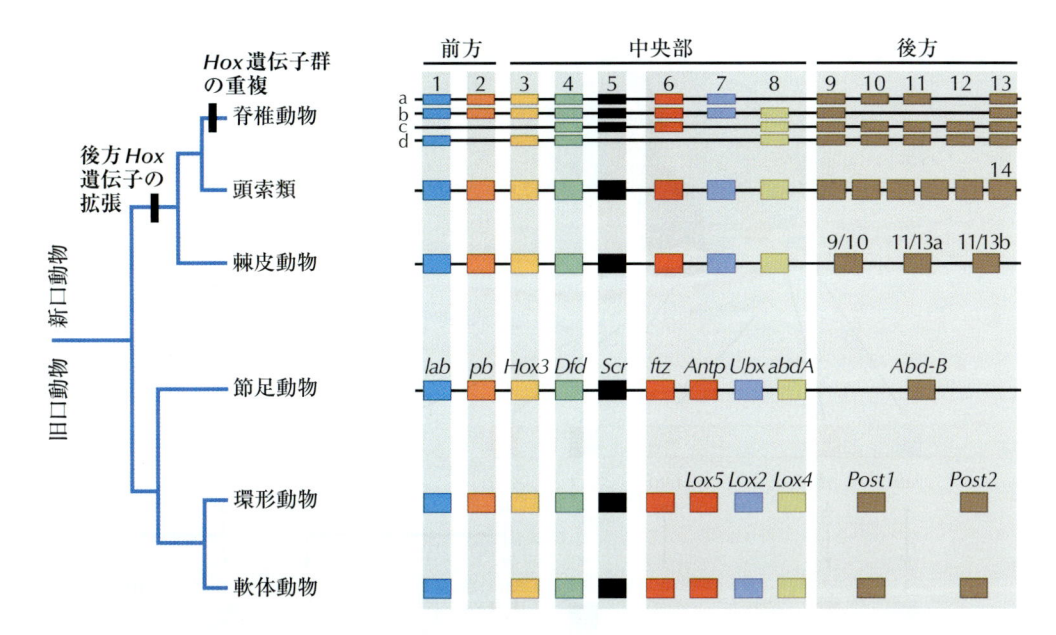

図11.6 ▪ 後生動物の動物門でのHox遺伝子群の進化過程。ここに示された動物門の共通祖先は，少なくとも8つのHox遺伝子からなる遺伝子群を1つもっていたと考えられる。複数の系統で遺伝子群のさまざまな拡張が起こっている。例えば，新口動物の進化の初期に後方グループの拡張が起こったようであり，また，脊椎動物の進化の過程において遺伝子群全体の重複が何度か起き，その結果，それぞれ異なる染色体に分布する4つの遺伝子群ができている（a, b, c, dの4つ。重複後の遺伝子喪失により，遺伝子群中のいくつかのHox遺伝子が欠けていることに注意）。後方グループとHox-6,7,8グループについては，各動物門のHox遺伝子の間の進化的関係が今のところはっきりとはわかっていない（例えば，Hox-7と8の重複が新口動物で，AntpとUbxの重複が旧口動物で，それぞれ独立に起こった可能性もある）。ここで示したHox遺伝子の色分けは非常に単純化したものである。

Hox遺伝子の構成と機能は動物門の間で保存されている

着目すべきこととして，Hox遺伝子は単に配列上で保存されているだけでなく，各種の遠縁な動物の間で発生上，似た役割を果たしていることが挙げられる。研究者は，Hox遺伝子の発現パターンは脊椎動物とショウジョウバエの間で驚くほど類似していることをみいだした。両方の系統で，Hox遺伝子は初期胚の特定の領域で発現しており，発現領域の前方境界は染色体上の位置と共直線性を示していた（図11.7）。個々のHox遺伝子を破壊された変異体マウスは，ショウジョウバエでみられたホメオティック変異の表現型ときわめて似た表現型を示した。例えば，Hoxb4遺伝子の機能喪失型変異をもつマウスは，第2・第3頸椎が第1頸椎のような形に変形するというホメオティック変異を示す（図11.8A）。脊椎動物のHox遺伝子は重複しているので，部分的に機能の冗長性がある。したがって，どのHox遺伝子も1つをヌル変異にしただけでは，表現型には比較的穏やかな影響しか出ない。しかし，複数のパラロガスなコピーを破壊すると，しばしばより激しいホメオティック変異が引き起こされる（図11.8B）。現在では，新口動物と旧口動物の両者で，Hox遺伝子はボディプランの中で領域の特異性を決める役割を担っていることがわかっている。このことは，新口動物と旧口動物の共通祖先の段階ですでに，Hox遺伝子がボディプランの領域特性を特定する仕組みとして組み込まれていたということを示唆している。

Hox遺伝子の構造と機能がここまで著しく保存されているということは，動物の発生の中に"ズータイプ（zootype）"とでも呼ぶべき原型があることを暗示している。ズータイプは，

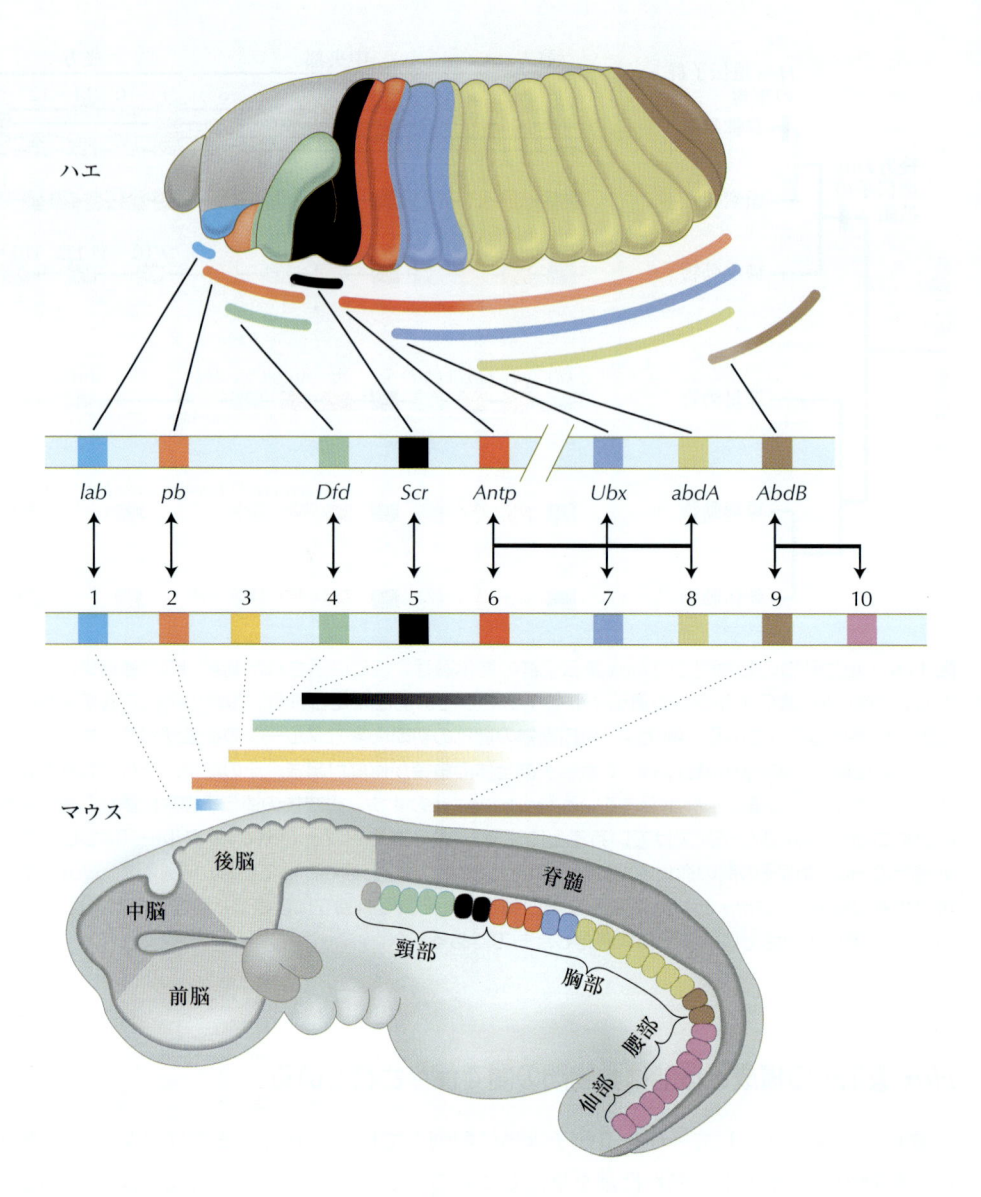

図 11.7 ● ショウジョウバエとマウスの *Hox* 遺伝子の構成と発現の比較。両方の種で，*Hox* 遺伝子はクラスターを形成している。先に述べたように，ショウジョウバエには 2 つのクラスター（遺伝子群）がある。マウスでは，他の哺乳類と同様に *Hox* 遺伝子群は 1 つのまとまったクラスターになっており，そのコピーがゲノム中に合計 4 つ存在する（図 11.6 を参照。それぞれの遺伝子群は別々の染色体上にある。ここでは 1 コピーだけを示している）。両方の種で，*Hox* 遺伝子は前後軸に沿って発現し，パターン形成をコントロールしている。マウスでは，神経系（色つきの直線が脳と脊髄における発現領域を示す）と体節（後に頸椎，胸椎，腰椎となる体節での *Hox* 遺伝子の発現領域が色分けされている）の両方で発現パターンがみられる。*Hox*11〜13 遺伝子はここに示していないが，腰椎と仙椎でそれぞれのパターンで発現している。

すべての動物の胚で，*Hox* 遺伝子群の領域特異的発現がみられるような発生段階と規定することができる。各動物門の胚はそれぞれ形態学的にかなり異なるようにみえるけれども，実は，*Hox* 遺伝子の発現パターンという観点でみればかなり似通っている（図 11.7）。これらの観察結果はすべて，全動物のボディプランを形作る *Hox* 遺伝子の機能が，非常に起源が古く，また，進化上高度に保存されていることをさし示している。

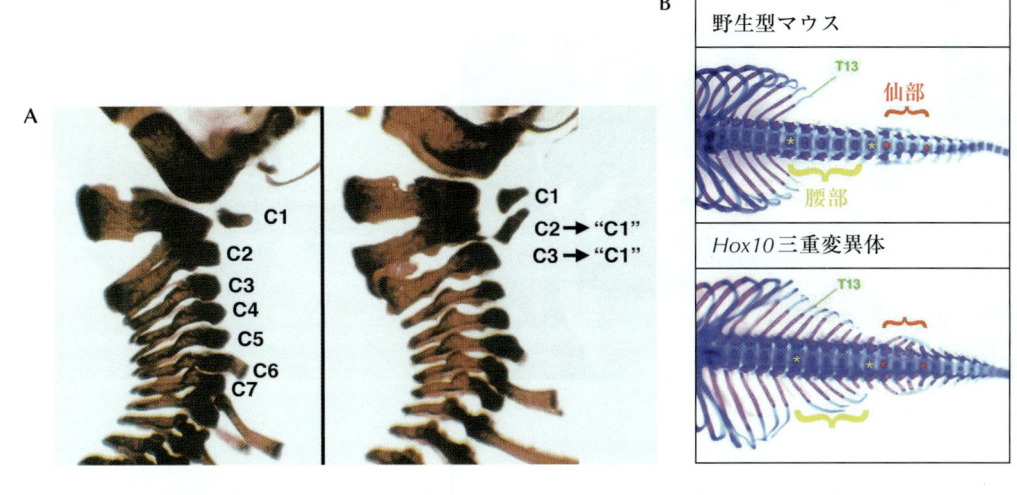

図11.8 • Hox遺伝子の突然変異によって局所的な転換が起こったマウス。(A)（左）野生型マウスの骨格。正常な第1，第2，第3頸椎をもつ(C1，C2，C3)。（右）Hoxb4遺伝子(bクラスターのHox4遺伝子，図11.6を参照）を欠くマウスの骨格。頸椎が転換を起こし，本来C2，C3になるべきものが正常C1頸椎のような形になっている。(B)マウスの腰椎および仙椎を腹側からみたところ（肋骨のある最後の脊椎が第13胸椎(T13)）。黄色の括弧：腰椎，赤色の括弧：仙椎）。（上）野生型マウス。（下）Hox10三重変異体マウス（クラスターa，c，dのHox遺伝子を欠失させたもの。クラスターbにはHox10がもともとない）。Hox10遺伝子を完全に取り除いたため，腰部，仙部の脊椎が肋骨をもつ胸部型の脊椎に変換されている。

11.2 Hox遺伝子の進化的変化への関与

4枚翅の祖先から2枚翅のハエへの進化

　構造的・機能的にみてHox遺伝子が進化の過程でそれほど保存されているならば，どうして遠く離れた動物どうしでは見た目がこれほど異なるのだろうか。さらにいえば，Hox遺伝子それ自体の変化や機能の仕方が変わるといった形で，Hox遺伝子が動物進化の過程での形態変化に寄与した可能性を考えなくてもよいのだろうか。先にみたように，Hox遺伝子のヌル変異体は胚の構造にホメオティック変異を引き起こし，結果として胚性致死になってしまう。しかしながら，いくつかのホメオティック遺伝子の変異は，少なくとも表面的には，動物の進化の過程で起こったものと似たようなタイプの変化を引き起こす。Ubx遺伝子が，胚形成の過程で胸の一部の分節に特異的な特性を与えるのに役立っていたことを思い出してほしい。これらの分節には成虫原基と呼ばれる一群の細胞があり，この細胞群は最終的に成虫の分節に対応する付属肢の形成へと進んでいく。ショウジョウバエの幼虫では，通常，Ubxは第3胸節の成虫原基では発現しているが，第2胸節の成虫原基では発現していない。図11.1は4枚翅をもつハエであるが，この表現型は，初期のUbxの発現は変えないが，幼虫の第3胸節(T3)の発現がなくなってしまうような変異によってできたものである。その結果として，第3胸節に平均棍が生じるかわりに通常は第2胸節に生える翅が作られるというホメオティック変異が起き，4枚翅のハエができる。

　しかし，当然のことだが，トンボ，チョウ，ハチのように通常4枚の翅をもつ昆虫はたくさんいる（図11.9）。さまざまな昆虫の系統関係の知見と化石証拠から，翅をもつ昆虫の共通

図11.9 ▪ 代表的な4枚翅の昆虫であるトンボ（A）とチョウ（B），2枚翅の昆虫であるハエ（C）。（D-F）4枚翅昆虫から2枚翅昆虫への進化を説明する3つの仮説。Dは，*Ubx*遺伝子が祖先では存在せず，ハエに至る系統で獲得されたという仮説。Eは，*Ubx*の前方の発現境界がA1からT3へと前に移動したという仮説。Fは，*Ubx*遺伝子の制御の対象が変わったとする仮説。本文中で説明されているように，これまでのデータからFで示した3番目の仮説が最も正しそうだと考えられている。

祖先は4枚の翅をもっていたと考えられる。そして，ハエに至る系統で第3胸節の翅が平均棍へと改変された。この系統発生の知識と，最初のショウジョウバエにおける*Ubx*の機能についての観察結果をあわせて考えると，4枚翅から2枚翅への進化的変化を説明する3つの仮説が導かれる（図11.9D-F）。第1の仮説は，*Hox*遺伝子群の*Bithorax*複合体を遺伝学的に発見したLewisにより提唱されたものである。彼は，ハエとトンボの共通祖先である4枚翅の昆虫が*Ubx*遺伝子をもっていなかったと考えた。現在のハエに至る系統のどこかで*Ubx*遺伝子が現れ，その結果として第3胸節の翅が平均棍へ変わるという変化が生じたというものである（Fig.11.9D）。当時，Lewisは*Ubx*の分子的な情報をほとんどもっていなかった。ショウジョウバエの*Ubx*遺伝子がクローニングされ同定されたのち，*Ubx*遺伝子は昆虫の仲

間全体がもっていることが判明した。したがって，この第1の仮説は棄却された。

　第2の仮説は，成虫のホメオティック変異を生じる*Ubx*の遺伝子変異は，おもに*Ubx*の遺伝子発現調節を変える変異であるという発見に基づいている。この仮説によれば，*Ubx*遺伝子はすべての昆虫がもっており，さまざまな異なる役割を果たしている。しかし，4枚翅の昆虫では*Ubx*の発現は，第2・第3胸節の両方の付属肢原基で発現しないように発現調節されている，というものである。現在のハエへと至る進化の途中で*Ubx*の発現調節が変えられ，*Ubx*遺伝子が第3胸節の付属肢原基でも発現するようになり，その結果として，ハエのような2枚翅の昆虫が進化的に誕生する。したがって，この仮説では，*Ubx*の発現調節の変化が昆虫の翅のパターン形成を進化的に変えたと考えている（図11.9E）。

　しかし，多数の昆虫で*Ubx*の発現パターンが調べられた結果，発現パターンは非常によく保存されていることがわかった（図11.10）。例えば，チョウやガといった鱗翅目と呼ばれるグループの昆虫は明らかに4枚の翅をもっているが，*Ubx*タンパク質は第3胸節の翅原基（成虫原基）で発現しており，第2胸節の翅原基では発現していない（図11.11）。実際，*Ubx*タンパク質の発現の境界は第2胸節と第3胸節の間にあり，この発現パターンは昆虫を通してよく保存されているようである（図11.10）。*Ubx*の発現の保存性については，マダラシミの*Ubx*の発現を調べることによって非常にはっきりとする。この昆虫は昆虫類のなかでも非常に初期の段階で分岐した系統に属しており（図9.17参照），翅をもたないという初期段階の昆虫がもっていた特徴をそのまま受け継いでいる。そのマダラシミでは，ショウジョウバエとまったく同じように，*Ubx*は第3胸節全体で発現しており，第2胸節では発現していなかった。このことから，*Ubx*遺伝子は第3胸節を第2胸節と区別するために常に働いており，翅の有無とは無関係のようにみえる。したがって，第2の仮説もまた棄却される。

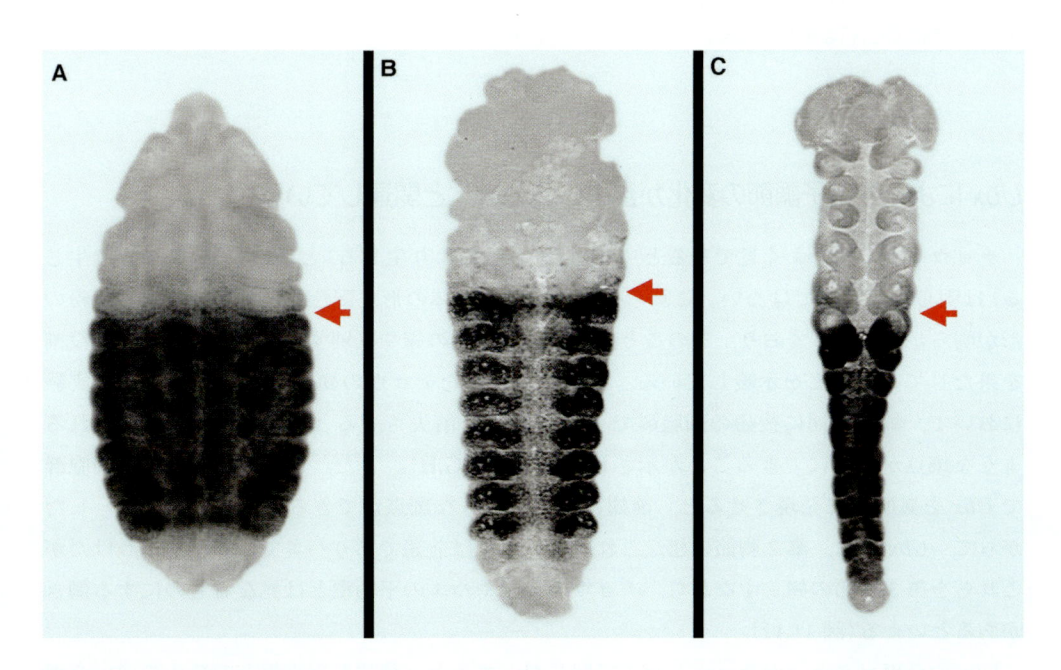

図11.10 ショウジョウバエ（A），甲虫（B），バッタ（C）の胚における*Ubx*タンパク質の発現。それぞれ，胚形成過程の約3分の1が過ぎたもの。この時点で，3種すべてにおいて*Ubx*の前方の発現境界がT3まで伸びている。赤い矢印はT2とT3の境界を示す。すべての胚で上が前方。

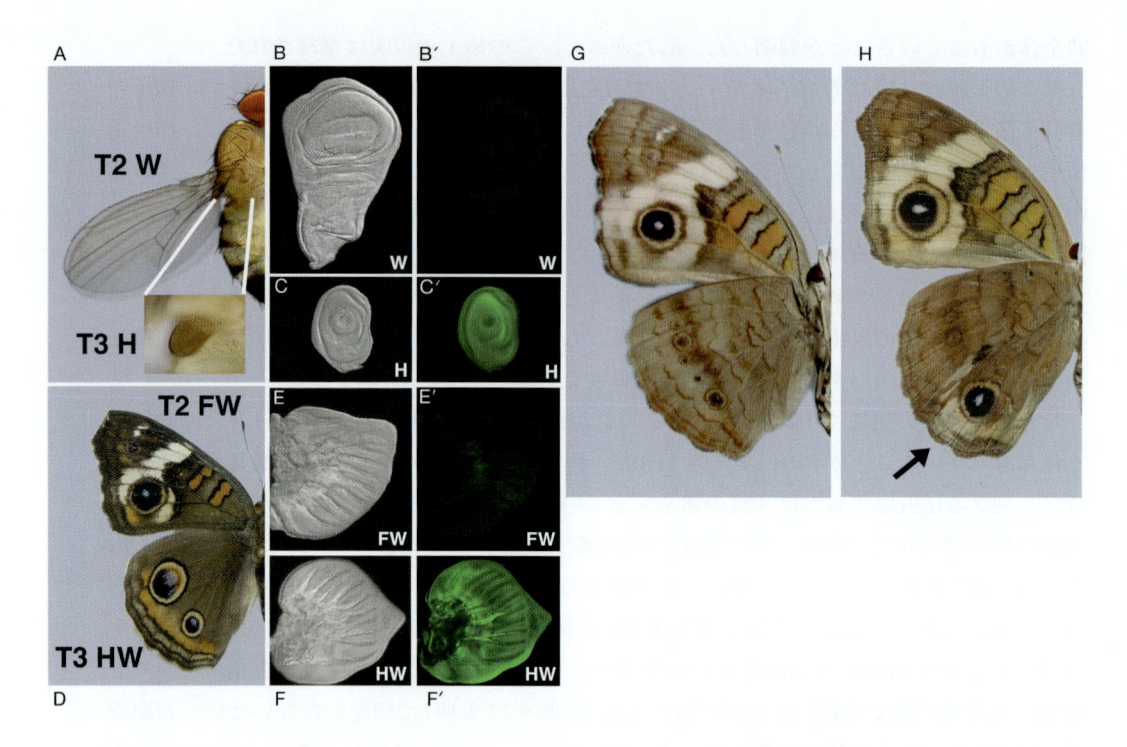

図11.11 ・（A-F）Ubxの発現の違いにより，第2胸節と第3胸節の付属肢の形がはっきりと変わる．ハエのT2では，翅（AのT2 W）が幼虫の翅原基（B）から作られる．ここではUbxは発現していない（B′において緑色に染色されていない）．ハエのT3では，平均棍（AのT3 H）が幼虫の平均棍原基（C）から作られる．ここではUbxが発現している（C′の緑色の染色）．チョウでは，T2の前翅（DのT2 FW）は幼虫の前翅原基（E）から作られる．ここでは，Ubx遺伝子は発現していない（E′で緑色に染まっていない）．チョウのT3にある後翅（DのT3 HW）は幼虫の後翅原基（F）から作られる．ここでは，Ubxが発現している（F′の緑色の染色）．（G）野生型のチョウ（*Precis coenia*の下面）では，前肢と後翅の配色のパターンが異なる．Ubxの発現を発生途中の後翅の小さい斑点になる部分から取り除くと，成虫の後翅には，通常は前翅でみられるような模様ができる（H）．後翅の色が明るくなり斑点が形成されている部分（矢印で示した）に注意．これは通常，前翅にみられる模様である．

*Ubx*による遺伝子調節の変化が昆虫の翅の進化と関連している

　チョウやガの翅をよく見てみると，前翅（第2胸節より生じる）と後翅（第3胸節より生じる）は明らかに同じではない．これら前後の翅は，全体の形，配色，ときには個々の鱗粉の形が明らかに異なっており，このことは，*Ubx*が前後の翅を区別するうえでなんらかの役割を果たしていることを示唆している．のちに行われたチョウの翅での*Ubx*発現の操作実験において，蛹の時期に後翅の細胞群で*Ubx*の発現を消失させると，通常は前翅にみられるような斑点が後翅にできることが示された（図11.11G,H）．また，逆に，蛹の前翅の細胞群で*Ubx*を異所的に発現させると，前翅に後翅のような斑点ができることもわかった．したがって，*Ubx*には，第2胸節の翅，これはチョウでは前翅でありハエでは翅であるわけだが，これらを第3胸節の翅，すなわち，チョウの後翅やハエの平均棍とは異なるものにする働きがあるといえる（図11.11）．

　*Ubx*の発現パターンがチョウとハエで同じだとすると，後翅と平均棍との発生の違いを理解するには*Ubx*の"下流の"遺伝子に目を向ける必要がある．*Ubx*は転写因子なので，この場合の"下流の"遺伝子とは，*Ubx*のDNA結合能によって転写調節を受ける遺伝子を意味する．

ハエの場合，翅と平均棍は形態学的にみて多くの点で異なる．例えば，翅には翅脈や感覚毛があるが，平均棍にはない．さらに，翅は平均棍と較べて大きく，含まれる細胞の数も多い．翅形成の遺伝学的研究によって，翅脈や感覚毛の形成，翅原基の成長を促す細胞増殖の制御といった過程に関与する遺伝子が明らかにされている．これらの過程の中で，Ubx は1つ，あるいはそれ以上の段階でその制御を行っていることがわかった．よって，ハエの平均棍と翅での Ubx の発現の有無は下流の特定の遺伝子経路の活性化や不活性化を引き起こし，結果として，成虫の翅と平均棍という形態の違いを生み出すことになる．

　これが，2枚翅の昆虫の出現を説明する第3の仮説であり，現在最も有力と考えられている（図11.9F, 11.12）．この仮説が主張しているのは，Ubx の発現が前翅と後翅の原基で違うことは進化の過程で保存されているが，Ubx の発現に対して反応するさまざまな遺伝子の反応の仕方が変わるということである．チョウの後翅の原基では Ubx が発現しているにもかかわらず，翅脈や感覚毛の形成へとつながる経路は前翅と後翅の両方の原基で活性化しているように見える．ハエとチョウの4枚翅をもつ共通祖先でもおそらくそうであったと考えられる．ハエのような2枚翅の昆虫が進化する過程で，翅脈の形成，感覚毛の成長，細胞増殖といった経路に関与するさまざまな遺伝子が Ubx の支配下に組み込まれた．これらの遺伝子は，チョウでは Ubx には制御されていない（少なくとも同じようには制御されていない）と考えられる．一方で，鱗翅目では前翅と後翅の間に着色や鱗粉の形の違いがあるが，これらを調節する遺伝子は Ubx に制御されていると考えられる．そして，おそらく，ある遺伝子経路に属する遺伝子が Ubx 結合部位を獲得したというのが，4枚翅の昆虫から2枚翅の昆虫への転換を促した原点なのだろうと推測される（図11.12）．この場合，Ubx 遺伝子それ自身の進化的変化が形態的な変化をもたらしたわけではないことになる．むしろ，Ubx の機能についての知見から，制御の標的となる遺伝子が進化的に Ubx 結合部位を獲得したり失っ

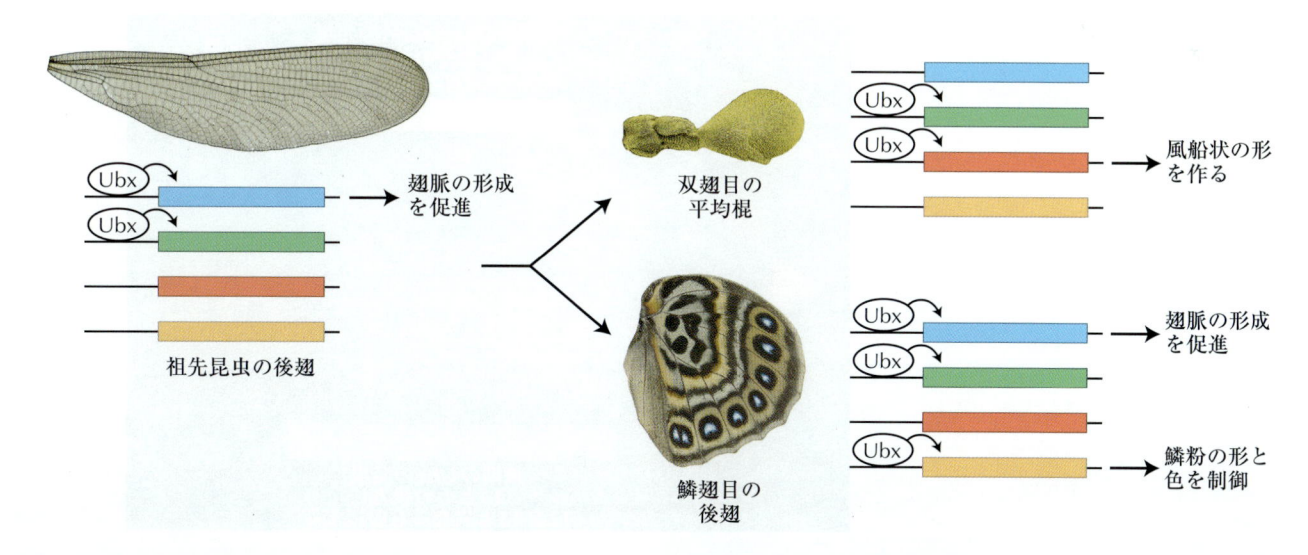

図11.12 • Ubx が制御する標的が進化的に変化したことにより，昆虫の後翅と平均棍（ともにT3の付属器）の多様化が起こった．Ubx がさまざまな後翅と平均棍で似たような発現領域をもっているとすると，これらの構造の多様化には Ubx によって制御されている遺伝子の変化（これらの遺伝子のエンハンサーへの Ubx タンパク質［図の楕円］の結合による）が関与しているように思われる．例えば，Ubx は祖先の後翅では翅脈の形成を促進していて，現在の鱗翅目でもそれが続いているが，翅脈のない双翅目の平均棍ではそうではなくなっているのかもしれない．他方で，鱗粉と配色パターンを制御するという Ubx の新しい機能は鱗翅目の系統で進化したと考えられる．同じように，平均棍の風船のような形を作るという機能も双翅目の進化の過程で生じたのだろう．

たりすることが，昆虫の翅の変化において重要な役割を果たしていたということが示唆されるのである。

*Ubx*による遺伝子調節の変化は幼虫の付属肢の進化と関連している

*Ubx*の機能的変化の別の例として，昆虫の胚形成時における付属肢形成の進化が挙げられる。発生過程において，昆虫のなかでも祖先の形質をそのまま保持している点が多い種では，胚形成時に脚を作り，移動のために使う脚をもった状態で孵化する（例：バッタ）。ショウジョウバエの胚は胚形成時に明らかな脚は作らないものの，さまざまな形態的マーカーあるいは分子マーカーから，胚形成過程で幼虫の脚の名残があることがわかっている。この場合，とりわけ使いやすい分子マーカーの1つが *Distal-less*（*Dll*）と呼ばれる遺伝子である。この遺伝子は，脚，触角，顎の大部分を含む，節足動物のすべての種類の付属肢で発現している。*Dll* は初め，成長不良の脚を生じる低形質変異（hypomorphic allele，遺伝子の機能を低下させるが完全になくなるわけではない変異）によって遺伝学的に見つけられた。その後，*Dll* は多くの発生過程にかかわると同時に付属肢の構築とパターン形成に関与する転写因子をコードしていることが明らかになった。ショウジョウバエの胚形成時には，頭部から胸部にかけて，はっきりとした点状に *Dll* が発現しているのが見える。この遺伝子発現がみられる位置が各分節の胚付属肢原基を表している。また，腹部には *Dll* の発現は見当たらない。この腹部で *Dll* の発現がないのは，*Ubx* と *abd-A* という2つのホメオティック遺伝子の転写産物によって直接，*Dll* の転写が抑制されているためであることが示されている（図11.13）。一見すると，この働きはこれまでみてきた第3胸節（T3）を第2胸節（T2）と区別するという *Ubx* の

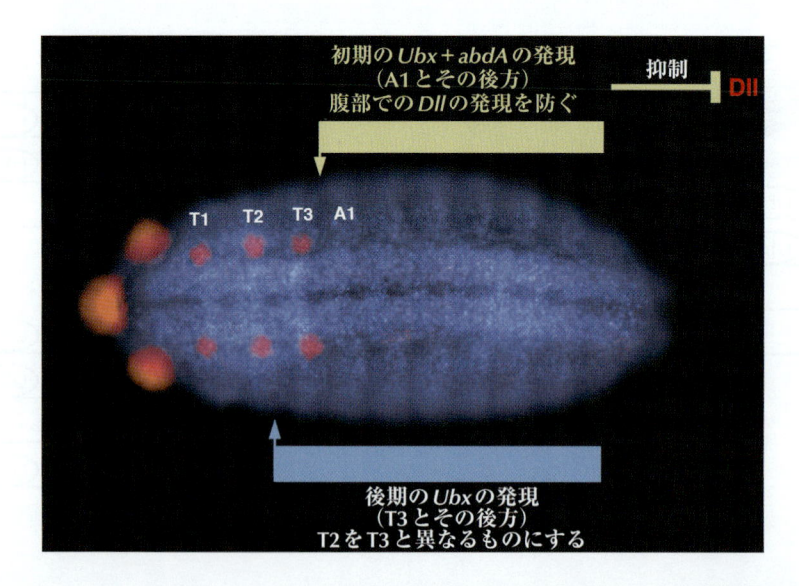

図11.13 ・ *Ubx* と *abd-A* はショウジョウバエの胚発生において，*Distal-less*（*Dll*）の発現を制御する。Dll タンパク質（赤色）は頭部，胸部の分節の付属肢を作る特定の細胞群で発現している。*Ubx* は最終的には T3 と腹部で発現する（青色の帯）が，初期の *Ubx* の発現は腹部に限定されており（黄色の帯），この最初の *Ubx* 領域が，*abd-A* とともに腹部での *Dll* 遺伝子の発現を止めておく役割を果たしている。*Ubx* 変異体では，*Dll* の発現は A1 を含む領域まで拡張し，さらに，*Ubx*/*abd-A* の二重変異体では，*Dll* の発現は A1−A8 を含む領域まで広がる。したがって，*Ubx* と *abd-A* の初期の発現が，腹部での *Dll* の発現と付属肢の発生を抑制するために必須であるといえる。発生の後期には *Dll* はもはや *Ubx* や *abd-A* による制御を受けず，*Ubx* は発現領域を T3 まで広げることによって，T2 と T3 の間の違いを確立するのに役立っている。

役割と矛盾するように見える。この矛盾に対する答えは，*Hox* 遺伝子の発現が時間的に複雑なパターンをもっている点にある。*Ubx* の最初の前方境界は実は第 1 腹節（A1）であり，その後，より前方の T3 へ移動するのである。つまり，最初 *Ubx* は T3 と A1 を区別するために働いており，*Ubx* が *Dll* を抑制するのはこのときである。その後，*Ubx* の発現は T3 へと移り，それ以降の発生においては *Ubx* は T3 と T2 を区別するために働く。*Ubx* の発現が T3 で始まるころには，*Dll* の発現はもはや *Ubx* による制御を受けなくなっている。

ほとんどの昆虫と同じように，ハエの成虫は腹部に脚をもたない。しかしながら，チョウ，ガ，甲虫，バッタ，コオロギなどを含む他の多くの昆虫について胚を詳しく調べてみると，これらの昆虫には第 1 腹節に側脚（pleuropod）と呼ばれる付属肢があることがわかる。側脚は初め胸にある脚が小さくなったような見た目をしていて，その後，はっきり違った形へと変化する。この付属肢は移動には使われず，卵から孵化するのを助けるために使われ，その後も残る。そうはいっても，側脚も明らかに付属肢の 1 種であり，胸部の脚と同様に *Dll* を発現している。ところが，驚くべきことに，この *Dll* の発現は，分節の細胞全体で Ubx タンパク質が発現しているにもかかわらず起こっている。この現象に対する 1 つの解釈は，これらの昆虫では *abd-A* は *Dll* の発現を抑制することができるが *Ubx* は抑制できない，というものである（図 11.14）。

この考えは，甲虫の一種 *Tribolium castaneum* の発生途中の胚において，*Ubx*，*abd-A*，あるいはその両方を取り去った実験結果によって支持されている。*Ubx* がない状態では，第 1 腹節の側脚は胸脚（胸部の脚）に変化する。また，*abd-A* がない状態では，すべての腹節に側脚が生じる。さらに，*Ubx* と *abd-A* の両方がない場合には腹部全体にわたって胸脚ができる（図 11.15）。この実験結果は，*Tribolium* では *Ubx* は *Dll* を抑制してしていないが，第 1 腹部に生じる付属肢の種類を変更していることを表している。他方，*abd-A* はショウジョウバエの場合と同様に *Dll* の発現を抑制しており，第 2 腹節より後方に脚が生じることを抑えている。1 つの可能性として，双翅目へ至る系統において，*Dll* のエンハンサーが Ubx 結合部位を獲得したことが考えられる。新しい結合部位の獲得によって，双翅目では *Ubx* が *Dll* を抑制できるようになり，このような獲得が起こらなかった甲虫のような昆虫では，側脚をもつという祖先形質を保持している，というわけである。

ところがいくつかの実験結果によれば，ここでは Ubx タンパク質それ自体に生じた変化が関与しているらしい。有爪動物という，丸い突起物のような脚をもつ動物がいるが，ショウジョウバエからみるとかなり遠縁の動物である。この動物の Ubx タンパク質をショウジョウバエで発現させると，第 3 胸節で翅を抑制するといったハエ Ubx のもつ機能のうちいくつかを行うことはできても，胚形成の際の *Dll* の発現を抑えることはできない。同様に，甲殻類の一種 *Artemia salina* の Ubx タンパク質もまた，ショウジョウバエでの *Dll* の発現を抑制することはできない。したがって，双翅目昆虫の *Ubx* が *Dll* の抑制能をもつのは，*Dll* のエンハンサーに生じた変化によるものではなく，*Ubx* に生じた進化的変化によるものであろう。

少なくとも昆虫の間では，前後軸方向の *Ubx* の発現パターンはかなりよく保存されている。そのかわり，下流にある遺伝子の *Ubx* に対する反応がそれぞれの種で異なっており，このことが形態の進化的変化を引き起こしているようだ。また，少なくともいくつかの変化は Ubx タンパク質の直接の標的となる遺伝子のエンハンサーが変わったことによるものであり，また，Ubx タンパク質自身の変化による進化的変化もあるようだ。

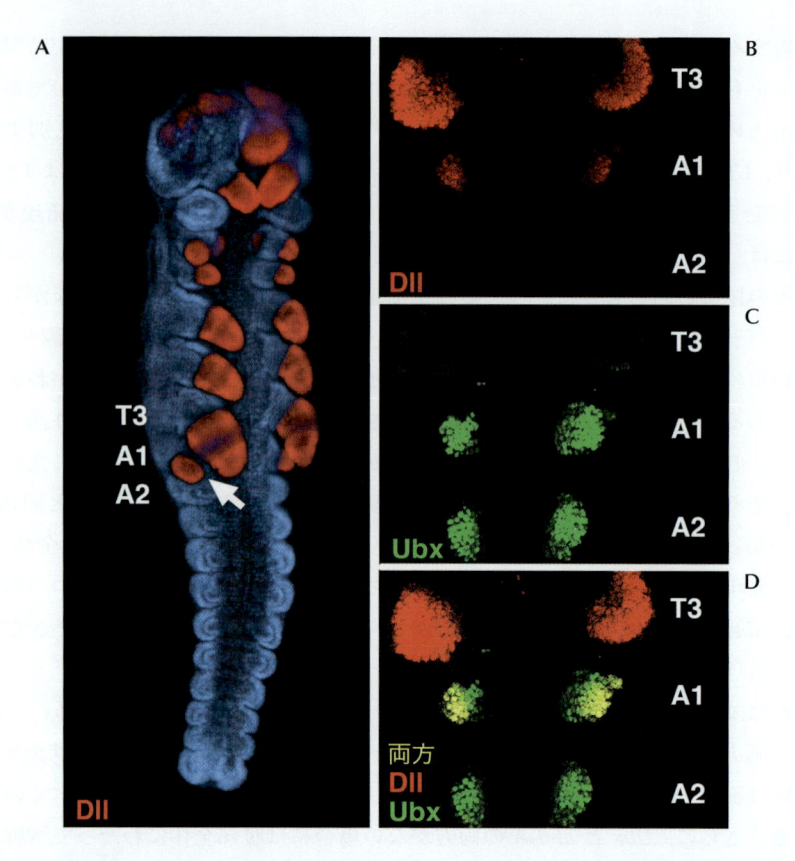

図 11.14 ▪ バッタの胚では，Distal-less タンパク質（すべての図で赤色に染色）は頭部，胸部および腹部第 1 節にある付属肢で発現している。白色の矢印は Dll を発現している側脚をさしている。これは A1 分節に含まれる。ショウジョウバエの場合と同じように，バッタの胚でも付属肢が最初に形成される時期において Ubx は腹部全体にわたって発現している。Dll タンパク質（B と D の赤色）と Ubx タンパク質（C と D の緑色）の蛍光二重染色では，同じ細胞で Ubx が発現しているにもかかわらず，A1 付属肢で Dll が発現しているのがわかる（D において，緑色と赤色の重なった部分が黄色になっている）。したがって，バッタでは，Ubx は Dll を抑制していないと考えられる。

Ubx の制御の変化が甲殻類の形態の大進化に関与している可能性

甲殻類（Crustaceans）は，エビ，カニ，ブラインシュリンプ，フジツボ，カイアシ類などを含む動物群で，昆虫とは近縁関係にある。しかし，これらの節足動物では昆虫とは違い，前後軸上の Ubx の発現境界は種間で顕著に異なっている。さらに重要なことは，これらの変化が進化上のボディプランの変更と密接に関連していることである。すべての甲殻類は頭部の分節と頭部の付属肢について同じ基本パターンをもっている。甲殻類は胸部の直前に 3 対の付属肢（1 分節につき 1 対）をもっており，これらが顎を形成している。これらの顎を作る分節は大顎分節（mandibular），第 1 小顎分節（maxillary 1），第 2 小顎分節（maxillary 2）と呼ばれている。これらの分節の付属肢は一般に小さくまとまって開口部の近くに位置しており，摂食のために特殊化している。ところが，甲殻類では胸部の分節の数が種によって異なり，わずか 6 分節しかないカイアシ類から，8 分節のエビ類，そしてブラインシュリンプには 11 分節もある。どの種でも，胸部の付属肢は顎とは形態的に区別のつくもので，通常，移動のために使われている。例えば，ブラインシュリンプ（Artemia salina）では，11 対すべての胸部付属肢が形態的に似た遊泳脚（swimming appendage）となっている。Artemia では，

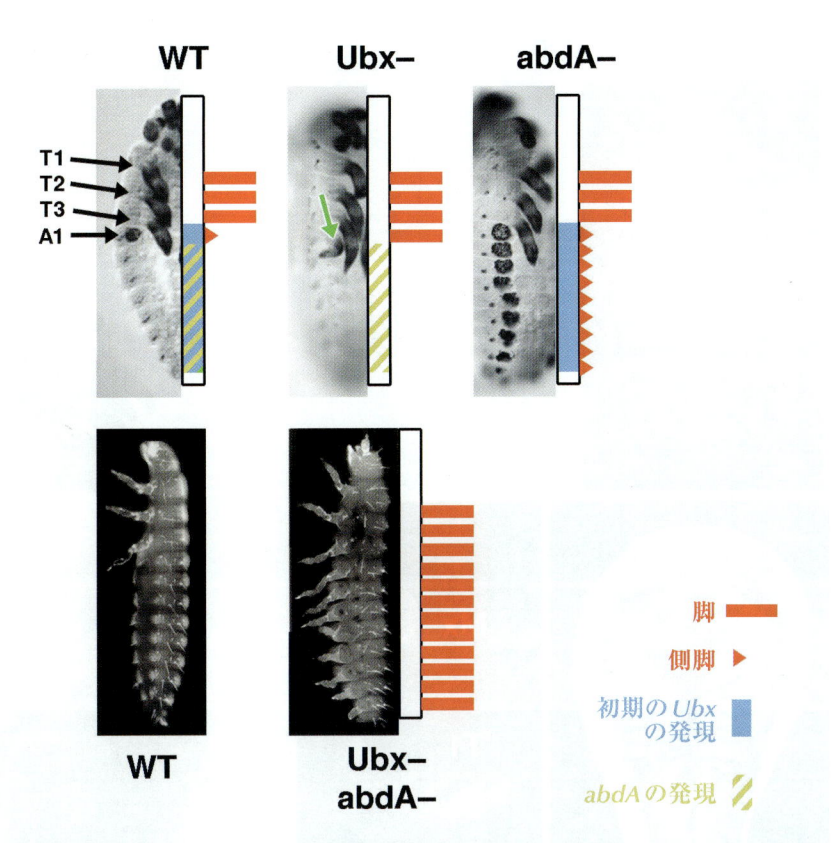

図 11.15 ● 野生型の甲虫（*Tribolium castaneum*）の胚（上）と幼虫（下）を，*Ubx*⁻，*abd-A*⁻胚，*Ubx*⁻ *abd-A*⁻二重変異体幼虫の表現型とともに示した。胚は付属肢を強調するためにDistal-lessタンパク質を標識している。隣接の模式図は脚と側脚の数を*Ubx*と*abd-A*の発現領域とともに示したもの。野生型の胚では，Distal-lessを発現している脚はT1～T3に存在し，また，Distal-lessの発現している側脚がA1にある。*Ubx*を除去すると側脚が脚に変わり，また，*abd-A*を除去すると腹部の分節に側脚が生じる。*Ubx*と*abd-A*の両方を取り除くと，腹部に沿って脚ができる。これらの結果から，*abd-A*は*Dll*と付属肢の発生を抑制する一方で，*Ubx*は*Dll*を抑制しないが，脚を生じるT3分節と側脚を生じるA1分節を最初に区別する役割をもつ。発生の後期には，*Ubx*の発現はT3を含む領域まで延長し，T2とT3を異なるものにする働きをもつ。

Ubxタンパク質の発現は第1胸部（T1）から後方にのびて胸部全体にわたっている。この前方の境界がT1であるということは，少なくとも，胸部全体で同一の付属肢をもつタイプの甲殻類では共通してみられる（図11.16）。

しかし，ある種の甲殻類では，最も前方の胸部の脚が頭部の（口分節の）口肢（jaw appendage）を思わせる形をしている。これらの変形した胸部付属肢は顎脚（maxilliped）と呼ばれている。この顎脚は形が他の胸部付属肢よりも口肢に似ているというだけでなく，一般に移動にではなく摂食に用いられている。顎脚の数は種によって異なり，例えば，アミ類（mysid shrimp）は1対の顎脚を（T1に）もつが，十脚類のエビの仲間であるcleaner shrimpは3対の顎脚を（T1～T3に）もっている。注目すべきこととして，前後軸上の*Ubx*の発現境界は，胸部の脚が形態的に見えるようになるよりもだいぶ前に現れ，胚形成を通じて維持される。したがって，*Ubx*の発現から前後軸上のどこで顎脚から移動用の胸部に変化するかを予想することができる。アミ類では，*Ubx*の前方の発現境界はT2であり，一方，cleaner shrimpではT4が前方の発現境界である（図11.17）。さまざまな証拠から，甲殻類の祖先のボディプランは*Artemia*に似たような，つまり，顎脚をもたないものであったと推測されて

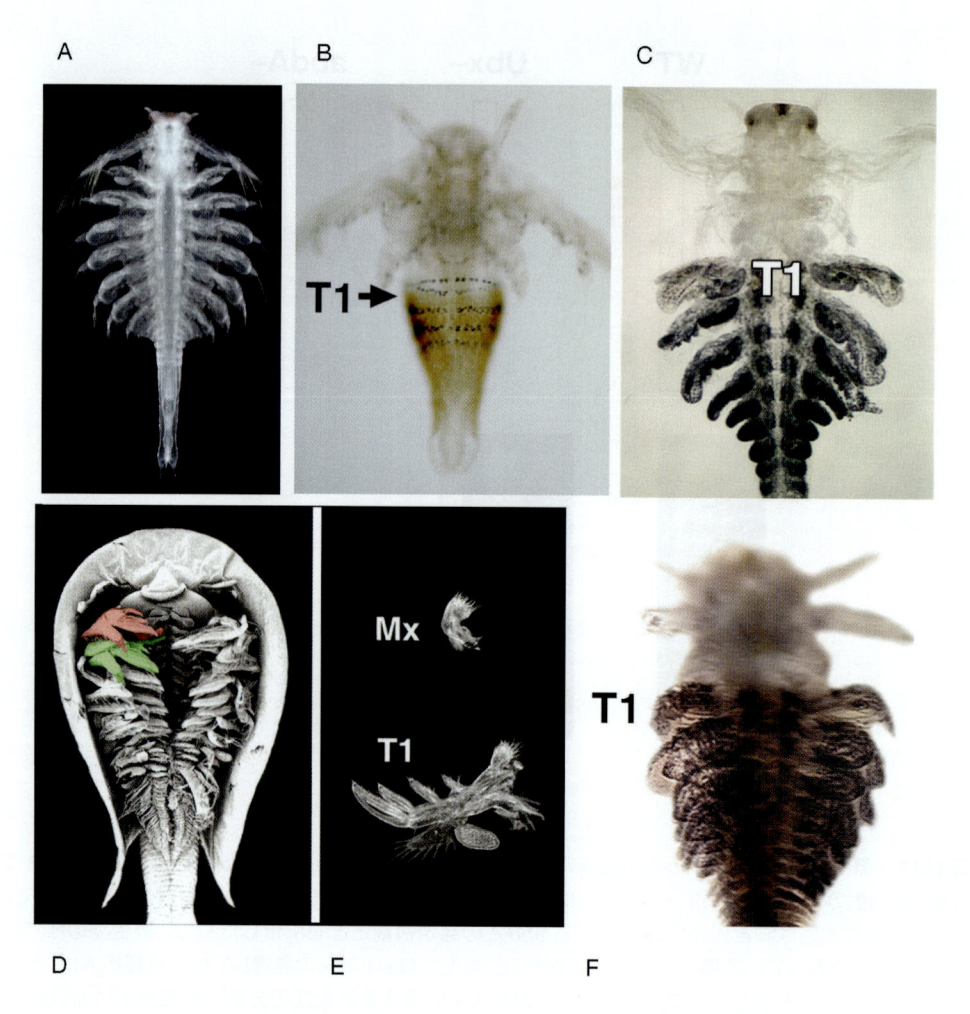

図 11.16 ・ *Artemia*（A）やカブトエビ *Triops*（D）といった甲殻類はすべての胸節に遊泳脚をもっており，*Ubx* の発現は T1 分節から始まっている。*Artemia*（A）は 11 対の羽のような胸部遊泳脚をもっており，発生時の *Ubx* の発現は T1 から始まる（B の茶色の染色。黒色の染色は分節間の境界を示す）。後期には脚が見えるようになるが，*Ubx* の発現はすべての胸部分節とその付属肢で続いている（C の黒色の染色）。*Triops*（D）は 60 対前後の胸部付属肢をもつ（T1 の付属肢を赤色で，T2 の付属肢を緑色でそれぞれ片側だけ着色している）。これらの胸部付属肢はすべてとてもよく似ており（分離した T1 付属肢を E に示す），口肢（jaw appendage）とは明らかに異なる（小顎分節[Mx]の口肢を E に示す）。*Ubx* の発現（F の黒色の染色）はすべての胸部分節とその付属肢でみられるが，頭部（T1 の直前）のどの分節でも発現していない。

いる。したがって，甲殻類のいくつかの系統ではその進化の過程で，*Ubx* の発現境界が後方へ移動したのだろう。このような発現領域の移動はカイアシ類とエビ亜綱（malacostracan）という 2 つの甲殻類で明らかに独立に起こった顎脚の出現と関係しており（図 11.18），その後，顎脚の追加がエビ亜綱で起こったと考えられる。さらにいえば，ショウジョウバエやマウスのようなモデル生物の遺伝学的なデータも，*Ubx* の発現の移動は進化の過程で起こった形態変化の原因であった可能性を示唆している。ショウジョウバエにおいて，*Bithorax* 複合体遺伝子の発現が失われると，野生型でその遺伝子が発現していた部分の前方境界に相当する分節が，より前方の分節へと変形していたことを思い出してほしい。したがって，ショウジョウバエの変異表現型でみられたような変化は，甲殻類の進化の過程でも起こったと考えられる。ただし，甲殻類の進化の過程では *Ubx* の発現領域の変化が起こったのであり，*Ubx* の機能がまったく失われてしまったわけではない。

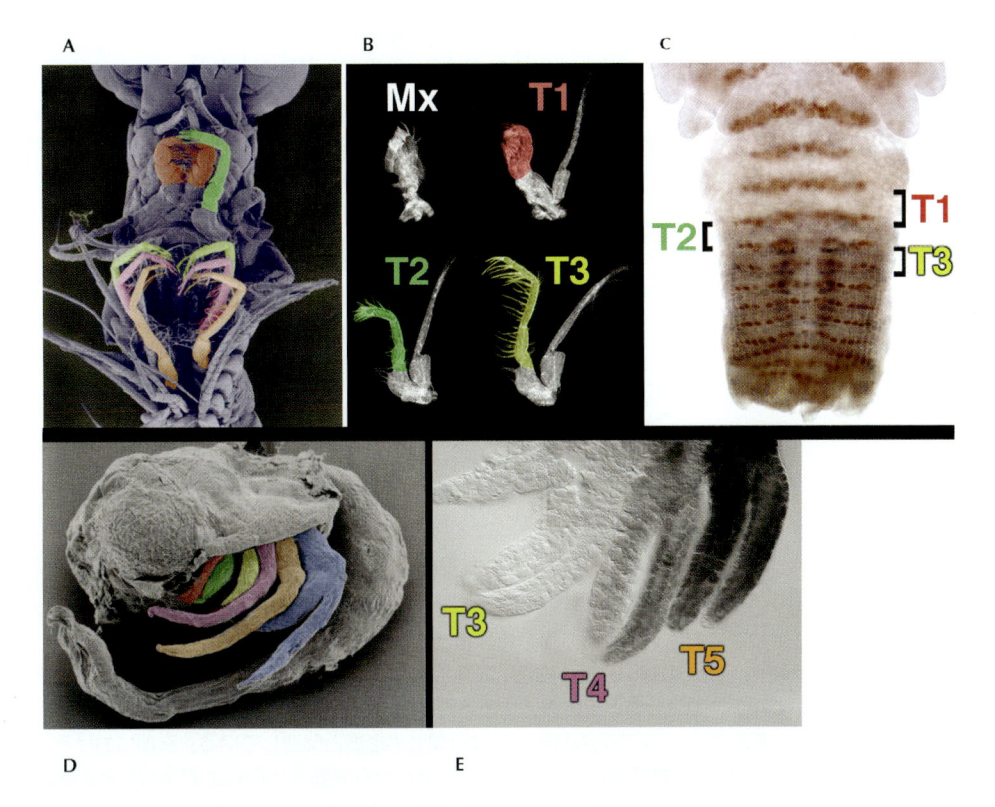

図 11.17 ▪ アミ類の成体（A は走査型電子顕微鏡像，B は切り離した付属肢）では，T1 の付属肢（赤色）は顎脚であり，形態的には小顎の付属肢（Mx）のような前方にある口肢に似ている．T3 とそれより後方の胸部付属肢（A の黄色，ピンク色，オレンジ色）はすべて形態的に似ていて遊泳に使われる．一方，T2 の付属肢（緑色）は T1 と T3 の中間のような形態をしている．アミ類の胚発生（C）では，Ubx は T1 とそれよりも前の領域では発現しておらず，T2 では低いレベルで発現していて，T3 より後方では高いレベルの発現がみられる．cleaner shrimp では，最初の 3 胸節の付属肢は顎脚である（D：T1，T2，T3 をそれぞれ赤色，緑色，黄色に着色）．胚発生期（E）には，Ubx の発現は T3 とそれより前方の分節ではみられず，T4 で弱く発現しており，T5 から後方で強く発現している．

　明らかに，Ubx の発生上の役割はショウジョウバエと甲殻類の間で同一ではない．例えば，すでにみてきたようにショウジョウバエ Ubx の役割の 1 つは付属肢を作る Dll の発現を抑えることであったが，これは甲殻類の Ubx にはない機能である．この違いはおそらく，Ubx タンパク質自身の構造の違いによるものであろう．とはいえ，ショウジョウバエ，マウス，その他の生物で，Hox 遺伝子の発現が変わったことによりある部分が別の部分へと変換する事例の一般的性質がわかったわけで，甲殻類で Ubx の発現パターンが変わったときにどうなるかを予測する手助けになる．$Artemia$ 型の祖先で第 1 胸節での Ubx の発現がなくなったことが，おそらく，移動用の T1 付属肢をすぐ前にある頭部の顎と似たような特徴をもつように変化させ，1 対の顎脚を構成するようになったのだろう．ここで注意したいのは，ショウジョウバエの Ubx の制御に関する研究から，このような発現領域の移動が Ubx の制御領域の突然変異で実際に起こることがわかっている点である．ショウジョウバエでの Ubx の制御領域は 100 kb 以上にわたっていて，特定の分節，さらにいえば，その中の特定の細胞で，発生過程のある時期に Ubx が発現するように調節するようなモジュール要素から構成されている．実際，有名な 4 枚翅のショウジョウバエは Ubx の制御領域に起こった 2 つの突然変異が組み合わさってできており，この制御領域の変異によって幼虫（胚発生の時期は含ま

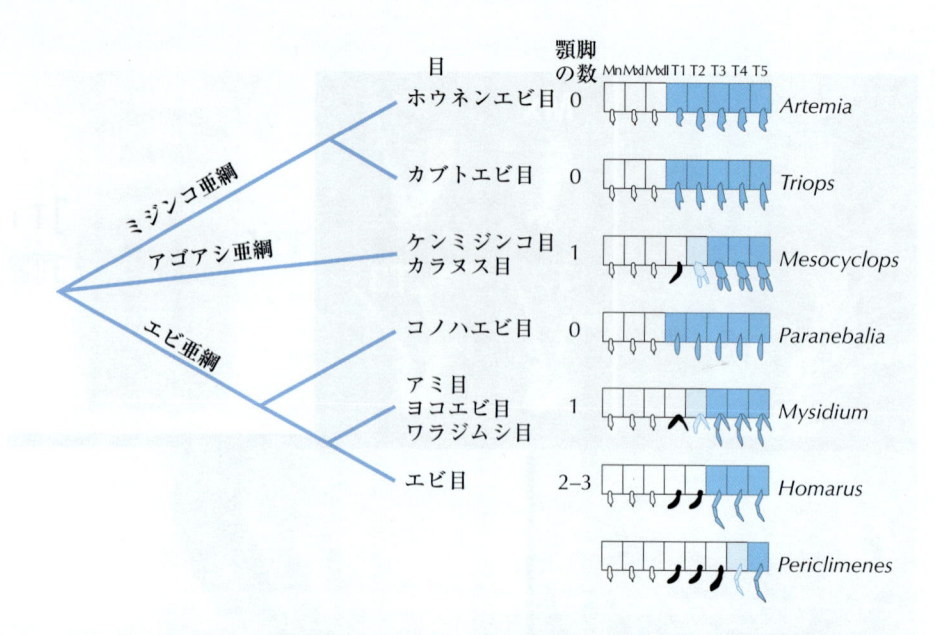

図 11.18 ・ さまざまな甲殻類における異なる分節の特殊化と *Ubx* の発現パターンの系統分布。濃い青色：*Ubx* の高い発現，薄い青色：*Ubx* の弱い発現，白色：胚発生初期には *Ubx* の発現がみられない，黒：顎脚。それぞれの生物について，3 つの口分節とその後方にある胸節の最初の 5 分節を示す。顎脚 (mxp) の数を目の名前の右に示す。初期胚での *Ubx* の発現パターンは付属肢の形態と関連している。胸部における分節内での *Ubx* の発現は顎脚ではなく移動用の脚を作る。系統分布から顎脚は 2 回以上進化したと示唆されるが，それぞれの顎脚の数の変化は *Ubx* 発現領域の前方境界が移動したことと関連している。Mn は大顎分節，MxI は第 1 小顎分節，MxII は第 2 小顎分節。

ない）と平均棍原基の特定の部分でだけ *Ubx* の発現がなくなっている。さらに，このような *Ubx* 発現の移動は即座に起こる必要はない。*Ubx* の発現制御は非常に精巧にできているので，甲殻類での *Ubx* の発現は制御領域に突然変異が徐々に蓄積し，それによって，微妙に異なるいろいろな脚が作られ，これらに対して自然選択が働き段階的に進化してきたと考えられる。これは，"有望な怪物 (hopeful monster)" がいきなり出現したと考えるよりも現実的だろう。実際に，アミ類の T2 にある脚は，ちょうどそのような中間形に見える（図 11.17）。アミ類の T2 の脚は顎脚には分類されていないが，明らかに T1 の顎脚と T3 の遊泳肢との中間のような形をしている（図 11.17）。発生の過程では，T2 では Ubx タンパク質は発現しているが，その発現レベルは T3 ～ T8 と比べると低い。さらに，T2 の脚が成長するにつれ，*Ubx* の発現はモザイク状になってくる。脚の近位部分（体から近い部分）では *Ubx* の発現がみられるが，遠位部分（体から遠い部分）では発現しなくなる（図 11.17）。このことは，T2 脚の近位部分は T3 脚によく似ているのに，遠方部分は T1 脚に似ているという事実と対応している。

甲殻類のデータは非常に説得力のあるものだが，これらの節足動物で *Ubx* の発現を乱した場合に予想されるようなホメオティック変異が実際に生じるかどうかを実験的に確かめることが重要になってくるだろう。また，これらの大進化を扱った研究では，*Ubx* の発現変化が *Ubx* の制御領域の変化 (*cis* changes) によって生じたのか，あるいは，上流の因子が変化した (*trans* changes) ために起こったのかを特定することができない。一方で，小進化を扱った研究（すなわち，交雑できるくらい近縁な種を用いた実験室での遺伝学的実験）ではこの限界を克服することができる。このような研究の 1 例を次項で示すことにする。

Ubx の変化がハエの剛毛の小進化に寄与している

　Ubx の機能はなくなってしまうと致死的であるが，非常に明らかな形態的変化を引き起こす *Ubx* 変異が多数みつかっている。一方で，ショウジョウバエの形態の細かい部分に詳しい人でなければ見逃してしまうような微妙な表現型の違いを生じさせる変異も見つかっている。*Ubx* は初期発生で体のパターン形成を行い，幼虫の時期には成虫原基の発生を行うという大きな役割を果たしている。実はそれだけでなく，*Ubx* はより細かいパターン形成過程でも働いている。例えば，成虫原基の発生の後期に，ある特定の細胞だけで *Ubx* が発現することによって，平均棍にある特定の神経構造の位置と運命を決定している。したがって，*Ubx* は"総支配人"であると同時に，"売り場主任"でもあるといえる。

　Ubx の比較的小さな役割のひとつとして，T2 の脚の腿節にできる剛毛（bristle，細かい毛）のパターンと密度をコントロールする役割がある（図 11.19）。幼虫の発生において，*Ubx* は T2 の翅原基では発現していないが，より後の蛹の段階では T2 の脚の腿節に発現していて，剛毛の形成を抑制するように働いている。*Ubx* の腿節での発現には濃度勾配があり，近位部で最も発現が高くなっているが，この発現パターンはキイロショウジョウバエ成虫の脚の剛毛のパターンとおおまかに一致している。剛毛がない無毛の領域は腿節の近位側にあり，こ

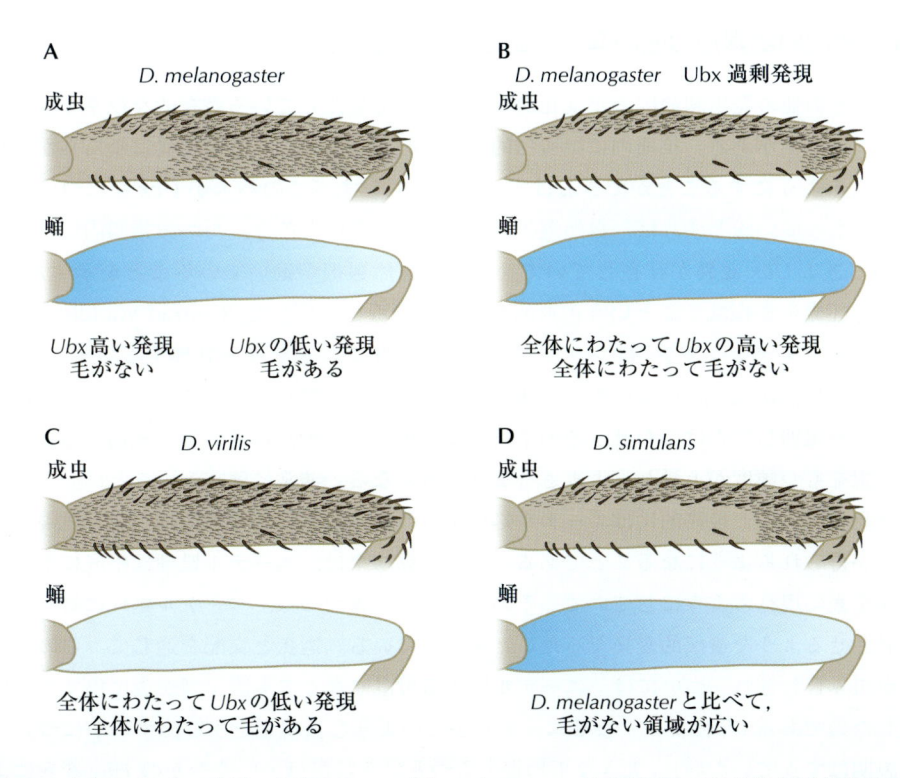

図 11.19・（A）キイロショウジョウバエ *Drosophila melanogaster* の成虫では，T2 腿節に毛（剛毛）のない小さな領域がある。この毛のない（むき出しの）領域は蛹の発生中に *Ubx* の高い発現がみられる腿節の領域に相当する。（B）蛹の時期におけるキイロショウジョウバエの T2 脚での *Ubx* の発現レベルを実験的に高めたもの。成虫の T2 脚での毛のない領域が広がる。（C）クロショウジョウバエ *Drosophila virilis* の成虫では，T2 の腿節にむき出しの領域がなく，蛹の時期における T2 腿節での *Ubx* の発現は低いレベルである。（D）オナジショウジョウバエ *Drosophila simulans* では，T2 腿節のむき出しの領域は *D. melanogaster* よりも広い。現在利用できる Ubx タンパク質の検出技術では，*D. simulans* と *D. melanogaster* の蛹の脚の間の発現の違いを測る精度が十分にない（したがって，A と D に似たような発現分布を示した）が，遺伝学的実験からこの 2 つの種の間にも機能的な違いが出るには十分な *Ubx* 発現レベルの違いがあると考えられる。

の部分は Ubx の発現が最も高く，Ubx の発現が少ない場所に剛毛が生えている（図 11.19A）。この発生段階において，実験的な操作によって Ubx の発現レベルを上昇させると無毛の領域が広がる。逆に，Ubx のレベルを低くすると，無毛の領域は縮小する（図 11.19B）。

　また，無毛の領域の広さはショウジョウバエの近縁種間の間でも異なることがわかった。クロショウジョウバエ Drosophila virilis では，無毛の領域がない。これは，蛹期 T2 の脚での Ubx の発現は D. melanogaster よりも低いレベルであることと対応している（図 11.19C）。逆に，オナジショウジョウバエ Drosophila simulans では，無毛の領域が拡大している（図 11.19D）。現在の技術では，この D. melanogaster, D. simulans の 2 種の間の Ubx タンパク質の発現量に定量的に有意な差があると示すことはできない。しかし，D. melanogaster と D. simulans の間では雑種の子供（この子供は不稔であるが）を作ることができるので，この形態の違いに対して Ubx が寄与しているかどうかを遺伝学的に分析することが可能である。この遺伝学的な方法を用いることにより，このハエ 2 種の間の進化的な違いには Ubx 遺伝子座が有意に寄与していることが示された。Ubx タンパク質をコードしている領域がこのハエ 2 種の間でまったく同じであることを考えると，Ubx の発現パターンと発現量をコントロールする調節領域が異なっているに違いない。以上のことから，Ubx の違いが近縁種間の形態上の違いを生み出していることがはっきりとわかった。

Ubx の集団内変異が形態の進化に寄与している

　Ubx やその他の発生調節因子が進化的変化において果たしている潜在的な役割を強調するもう 1 つの事例がある。集団内には遺伝的変異が必ずあり，これらの変異はなんらかの形で外に現れるようにすることができるはずである。もしすべてのハエが Ubx 座について同じコピーをもっているとすれば，自然選択が働くことはないだろう。ハエの集団内に機能的に区別のできる Ubx 変異が存在していて，そこに自然選択が働いていることを示すために，研究者は胚発生を撹乱するという古典的な方法に頼ることにした。Conrad Waddington（コンラッド・ウォディントン）はショウジョウバエの胚をエーテルで処理することによって，わずかに平均棍が大きい成虫になる個体が少数いることを発見した。このような平均棍の大きいハエを選別してかけ合わせ，その子供の胚を再びエーテルにさらして選別すると，大きい平均棍をもつ頻度が上昇し，大きさもより大きくなる。非常に興味深いことに，この選別を繰り返していくと最終的にはエーテル処理を行わなくても大きな平均棍という表現型を示すハエが得られるようになることである。この実験結果は，エーテル処理は根底にある遺伝的変異を表に現れるようにしていて，その結果表れてきたのは，エーテル処理に対する感度を上昇させるような遺伝的変異だったことを示している。選択と交配を通じて，このような変異が組み合わされ，ついには，エーテルによる撹乱がなくても表現型が表に出てくるにまで達したのである（今日まで，なぜエーテルがこのような表現型を生み出すのかについて明確な説明はできていない）。大きな平均棍をもつという特徴は，いくつかの Ubx 変異による表現型とよく似ている。上で選別された変異がこれまでにショウジョウバエで見つかっている Ubx の変異と一致するということがあるだろうか。さまざまなマッピング（位置決定）手法によって，まさにそのとおりであることが示されていて，表現型の違いのうちかなりの割合が，Ubx 座位にマッピングされた。したがって，Ubx 座位の変異は確かに存在し，少なくともいくつかの変異は特定の条件下で表現型の違いとして現れることがわかった。

　Hox 遺伝子は個々の遺伝子，あるいは特定の遺伝子経路が形態進化においていかに重要な役割を果たしているかを示す素晴らしい例を提供してくれるが，Hox 遺伝子だけですべての，

あるいは，ほとんどすべての形態的変化，ボディプランの進化を説明できるという印象をもってもらいたくはない。*Hox*遺伝子の機能の一部は形態進化において役割を果たしているだろうが，形態の多様性に貢献している遺伝子はまず間違いなく数千の単位で存在するのである。次に示すイトヨとトウモロコシの例ではさらに別の遺伝子が形態進化に貢献していることを示している。これらの例でもおもに転写因子に着目するが，発生過程のすべてのレベルの変化が進化に関与しうるし，また，実際，関与しているのである。

11.3 トゲウオの骨格の進化

トゲウオはさまざまな形状の腰帯骨格（pelvic skeleton）をもつ

　トゲウオは一般的な豊富に存在する魚の一群で，淡水域と海水域の両方に広く分布している。そして，漁業生物学的によく研究されている魚でもある。また，トゲウオはその行動，特に，興味深い求愛行動と繁殖行動を示すことで有名で，その求愛行動はノーベル賞を受賞した行動学者 Nikolaas Tinbergen（ニコラス・ティンバーゲン）の研究テーマだった。

　トゲウオは非常に目覚ましく急速な放散を成し遂げた魚である。今日みられるトゲウオの集団はおよそ1万5000年前に海にだけ住んでいた共通祖先集団から生じている。最後の氷河期の終わりに，この共通祖先集団はたくさんの孤立した集団に分断され，そのなかには，のちに淡水の湖となる内海にいた集団も数多くあった。今日では，トゲウオはさまざまな海洋だけでなく，深い淡水湖，浅い淡水湖の両方に生息している。

　1万5000年ほど前に分かれて異なる環境に適応していった結果，各トゲウオの集団は実にさまざまな形態や行動を進化させた。例えば，イトヨ *Gasterosteus aculeatus* は，よく知られたトゲウオだが，その英名（three-spined stickleback）はよく目立つ3つのトゲを背中にもっていることに由来する。この種の海に住む集団は，非常に目立つ1対の腹棘ももっている。この腹棘は，腰帯骨格（pelvic skeleton）がよく発達して突出することによってできたものである。それとは対照的に，淡水にすむイトヨの集団のいくつか，特に，浅い湖の底のほうに住む集団（底生魚と呼ばれる）は，腹棘および腰帯骨格が縮小するか，あるいはまったくなくなってしまっている（図11.20）。

　この腹棘の役割は何なのだろうか，また，どうしてある集団では生えていて，別の集団では生えていないのだろうか。海生のイトヨがもつ腹びれ構造は，どちらかというと外洋の環境である種の捕食者に出会ったときに身を守る手段として働くと考えられている。腰帯（pelvic girdle）と腹棘は魚体の容積を効率的に増やし，大きすぎて潜在的な捕食者の口に収まらないようにする。さらに，棘が捕獲しようとした魚のやわらかな口を刺すことも捕食への意欲を削ぐことにつながる。多くの淡水性イトヨが腹棘を欠く理由については，少なくとも2つの解釈が考えられる。第1の解釈は，これらの湖では骨格の材料となるカルシウムを得にくいというものである。第2の解釈は，腹棘をもたないイトヨが住む湖では少数の捕食魚がいるものの，湖底を泳ぐイトヨはトンボの幼生に捕食されており，腹棘があることによりトンボの幼生がイトヨを捕まえやすくなるためというものである。

　これらの変異の適応的な有利さが広く研究される一方で，研究者の間では長い間，これらの形態変異を生じさせる発生機構について関心が集まっていた。最近になって開発された技術によって，いくつかの形態の違いについて遺伝的・分子的基盤を調べることが可能となってきたので，次項でみていくことにする。

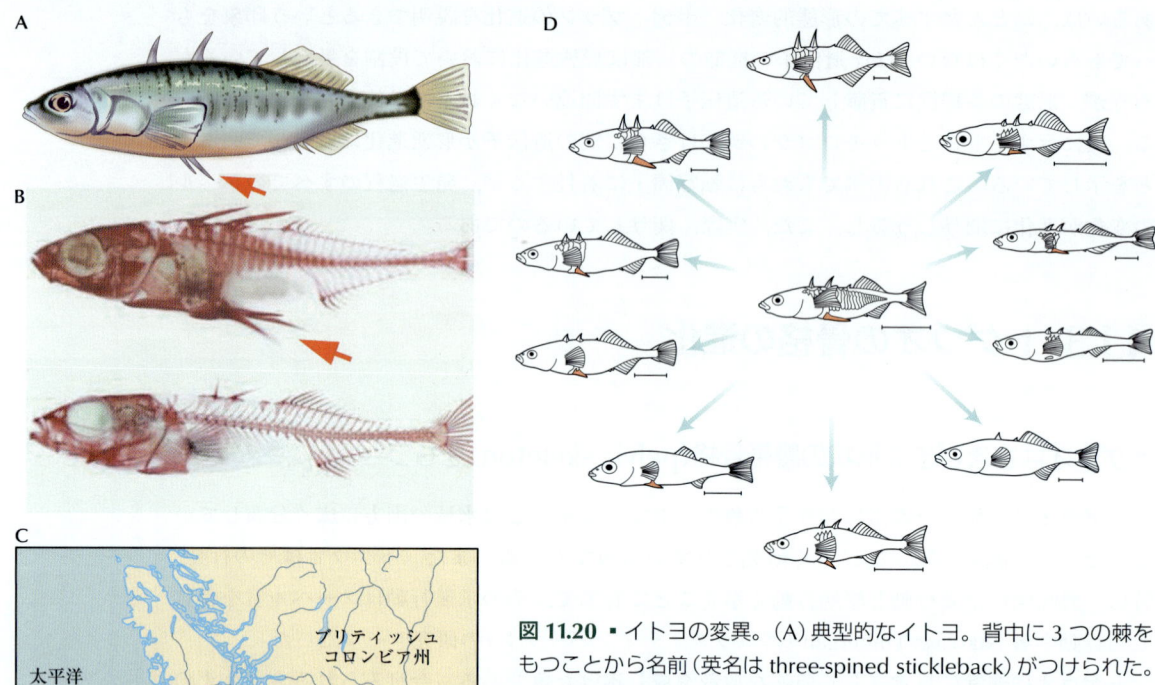

図 11.20 ・ イトヨの変異。(A) 典型的なイトヨ。背中に 3 つの棘をもつことから名前(英名は three-spined stickleback)がつけられた。この種は腹棘ももっている(赤色の矢印)。(B) 海生のトゲウオの骨格標本(上)では腰帯と腹棘がみられるが,Paxton 湖に住む底生淡水性のトゲウオ(下)にはこれらの構造がない。(C) Paxton 湖の位置(赤色の点)を示した地図。(D) 比較的短い期間で,腹棘をもつ海生トゲウオの祖先集団(中央の魚)は腹棘をもつ,あるいはもたない多数の形態的に明らかに異なる淡水性集団(周りの魚)に多様化した。

イトヨの骨格の進化は遺伝的多型が基になっている

1 万 5000 年というのは進化的な観点からみれば実に短い期間である。形態の異なる集団はそれぞれ孤立しているため,交雑を起こす機会がなかったが,実験室内で一緒に飼えば交雑させることができる。イトヨを掛け合わせてその子孫の形質を分析することにより,着目している形質に関連する染色体領域(そして,究極的には個々の遺伝子)を特定することができる。この方法は**量的形質遺伝子座**(quantitative trait locus,QTL) 解析と呼ばれており,精子や卵の形成時における対立遺伝子間の遺伝的組換えが遺伝子間の距離に依存して起こることを利用している。この手法についての詳しい説明は第 14 章に記載している。QTL 解析を行ううえで欠かせないのが,遺伝子地図(genetic map)を作ることである。イトヨの場合では,この遺伝子地図は最初に**マイクロサテライト**(microsatellite) マーカーを用いて作られた(マイクロサテライトについてのより詳しい情報は Box 13.3 を参照)。

ある実験では,海生の雌のイトヨ(典型的なよく発達した腰帯と腹棘をもつ)をカナダの Paxton 湖の底生集団に由来する雄(腹棘と腰帯が縮小している,図 11.20B)と掛け合わせた。掛け合わせの結果できた子供(つまり F_1 世代)は,海生である母親に似た腰帯と腹棘をもっていた(図 11.21)。次に F_1 世代の個体どうしを掛け合わせると,F_2 世代の 75% の個体は完全な腰帯をもっていたが,25% は少なくとも測定可能ななんらかの変化(縮小,消失,腹びれの形の非対称性)が腰帯に起こっていた(図 11.21)。3:1 のメンデル比が出てきたことは,この形質の変動については 1 つの遺伝子座がかなりの影響を及ぼしていることを示唆してい

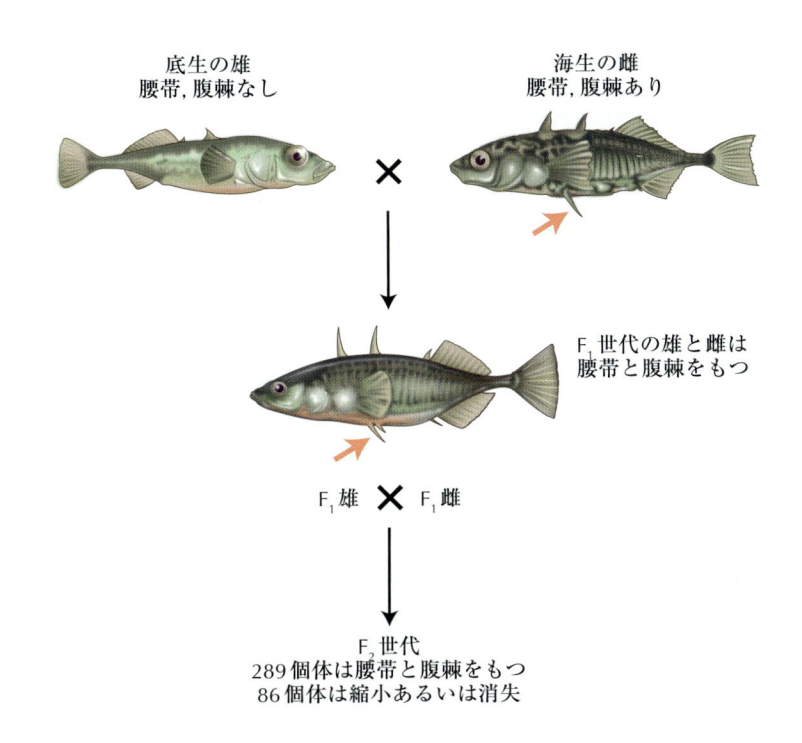

図 11.21 ● Paxton 湖の底生の雄（腰帯と腹棘をもたない）を海生の雌（腰帯と腹棘をもつ）と交配させると，子供の F_1 は腰帯と腹棘をもつ。これらの F_1 を掛け合わせて F_2 世代を作ると，その 4 分の 3 は完全な腰帯と腹棘をもつが，残りの 4 分の 1 は腰帯と腹棘に少なくともなんらかの測定可能な縮小がみられる。

る。実際，QTL マッピングの結果，すべての腹びれの計測要素（腹棘の長さやその基部にある腰帯の長さ）のうち 13.5 ～ 43.7% は 1 つの染色体領域に強く連鎖している（図 11.22）。さらにこの区間を 1 遺伝子のレベルまで細かくしていくには，非常に大規模に掛け合わせを行って，分子的解析をする必要がある。マウスの骨盤（訳注：魚類の腰帯に対応する）の発生に関する遺伝学での知識によって，より短期間で候補遺伝子が認識されることになった。

Pitx1 遺伝子はイトヨの腰帯の形態進化に関与している

発生生物学者はマウス胚において *Pitx1* と *Tbx4* という 2 つの遺伝子が後肢で特異的に発現していて，前肢では発現していないことを見つけた。*Pitx1* をもたないマウスは，右の大腿骨が左よりも短いという非対称性をもって生まれる（図 11.23）。注目すべきことは，イトヨでみられた腹びれの縮小もまた非対称性を示していて，多くの場合，左の腹びれよりも右のほうが小さい。*Pitx2* 遺伝子という *Pitx1* によく似た遺伝子も変異を起こすことで，マウスの表現型はさらに目立ったものになる。*Tbx4* もまたマウスの後肢発生に関与しており，後肢構造形成の制御では *Pitx1* 遺伝子の下流に位置するようである（図 11.23）。したがって，これらの 3 つの遺伝子は，イトヨでの腰帯形質を支配している遺伝子の候補とみなすことができた。

これらの遺伝子がほんとうにこの形質とかかわっているかどうかをみるために，上で述べた海生と Paxton 湖に住むイトヨ集団から *Pitx1*，*Pitx2*，*Tbx4* のオーソロガス遺伝子を単離した。多数のイトヨ個体から取得したこれらの遺伝子とその近傍のゲノム DNA 配列を配列決定することによって，最初の海生と Paxton 湖産の親を区別するような DNA 多型が見つ

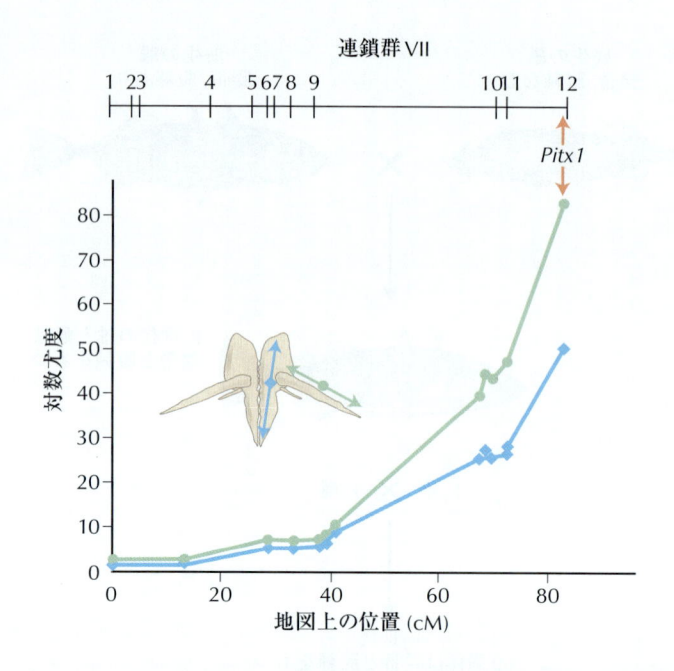

図 11.22 ・ QTL マッピングにより，トゲウオの腹棘について測定された数値と染色体の一領域との間に強い連鎖が認められる。挿絵は腰帯（青色の線）と腹棘（緑色の線）についての測定箇所を示す略図。これらの形質を遺伝子地図上にマッピングすると，両方の形質について染色体上の $Pitx1$ 遺伝子のある位置への強い連鎖がみられる。

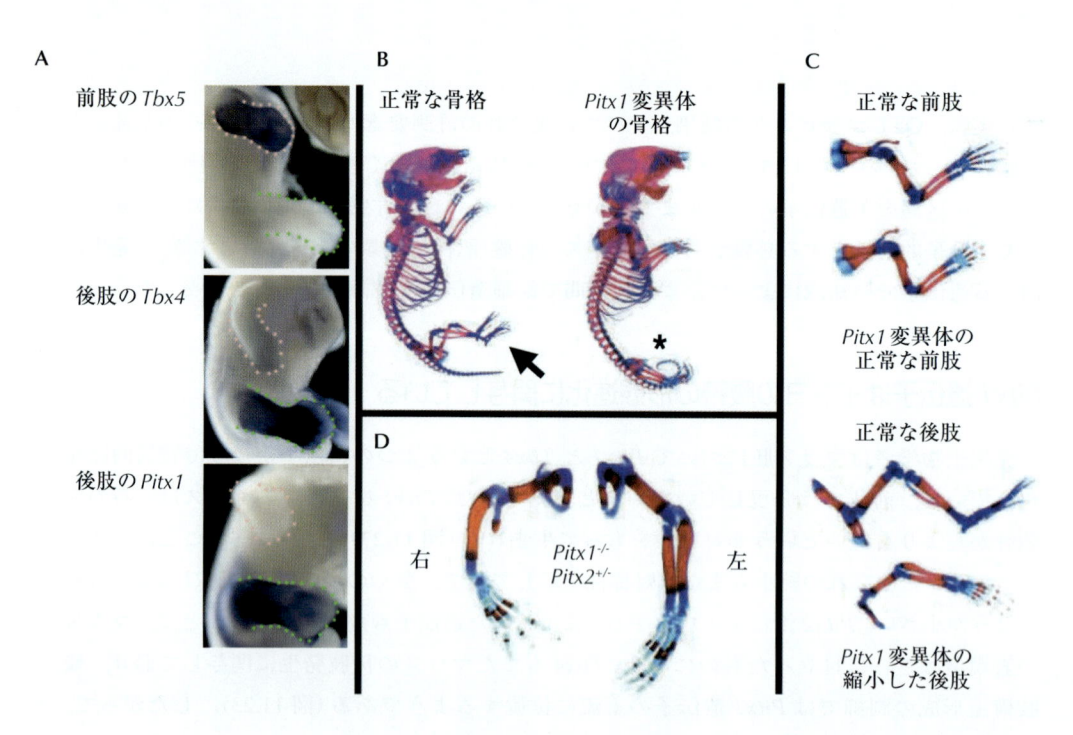

図 11.23 ・ 前肢と後肢で働く分子の違い。(A) $Tbx5$ はマウスの前肢（ピンク色の囲み部分）で発現している（青色の染色）が，後肢（緑色の囲み部分）では発現していない。$Tbx4$ や $Pitx1$ は逆のパターンの発現を示す。(B) 左は野生型マウスの骨格，右は $Pitx1$ 変異体マウスの骨格（後肢の位置を野生型は矢印で，変異体は星印で表している）。(C) 野生型と $Pitx1$ 変異体マウスの前肢，後肢の骨格を取り出したもの。$Pitx1$ の欠失は，前肢には何の影響も及ぼさないが，後肢が縮小する。(D) $Pitx1$ の欠失による影響は左右非対称で，この影響は非常に近縁の $Pitx2$ 遺伝子を 1 コピー取り除くことによって顕著になる。$Pitx1^{-/-}$ $Pitx2^{+/-}$ の胚では，左右両方の後肢が縮小するが，常に右側の後肢の方が深刻な影響を受ける。

かった。次に，これらの多型を用いて *Pitx1*，*Pitx2*，*Tbx4* が遺伝子地図上でどこに位置しているかを調べた結果，そのうちの 1 つ，*Pitx1* が QTL による F_2 世代の解析で認識されたのと同じ領域に位置していることがわかった（図 11.22）。これらのデータは実際に *Pitx1* の違いが腹棘と腰帯骨格の形態の違いを生み出す主要因となっていることを示唆している。しかしながら，これらの実験で使われた QTL 解析の分解能を考えると，形態の多型は *Pitx1* 遺伝子の非常に近くに位置する別の遺伝子の多型によるものであるという可能性も残っていることに注意する必要がある。

Pitx1 自体が形態の多型を生み出していることを支持するもう 1 つの証拠は，イトヨの *Pitx1* 遺伝子の発現比較解析の結果である。**in situ ハイブリッド形成**（in situ hybridization）法を用いて，発生途中の魚の組織内のメッセンジャー RNA（mRNA）の分布を調べたところ，*Pitx1* 遺伝子の発現は海生のイトヨの腰帯予定領域ではみられたが，Paxton 湖産のものではみられなかった（図 11.24B,D）。この発現の違いは腰帯領域に特異的なもので，その他の組織での *Pitx1* の発現レベルと発現パターンは，両者の間で似たものだった。例として，*Pitx1* は頭部構造の発生でも働いているが，発現量や発現パターンは両方の魚で類似している（図 11.24A,C）。したがって，2 つの *Pitx1* 対立遺伝子間の違いは，**シス制御**（*cis*-regulation）の違いにありそうである。底生の魚ではおそらく，海生のイトヨのと較べて腹びれ領域の発現だけが特異的に減少するようなシス制御の改変が起こったのだろう（図 11.24E）。2 つの *Pitx1*

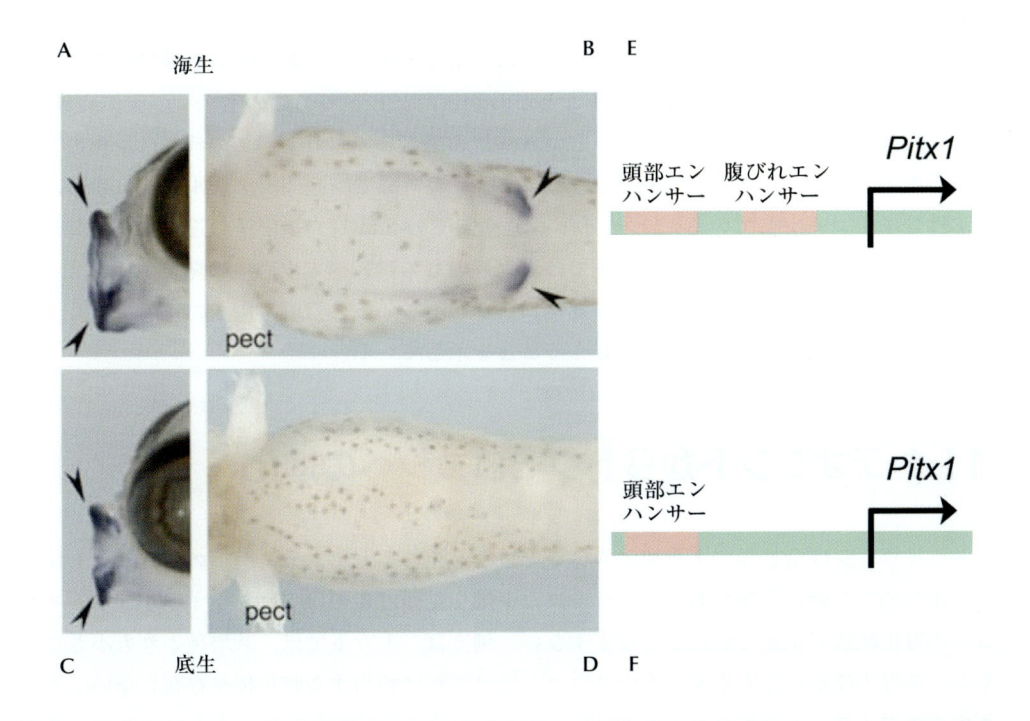

図 11.24 ▪ 海生イトヨと Paxton 湖の底生イトヨの *Pitx1* mRNA 発現の比較。*Pitx1* の発現（すべての写真で青色に染色）は両方の魚で口の周りにみられる（A と C の矢印部分）。ただし，腹びれの領域では，*Pitx1* の発現は海生の魚にはみられる（B の矢印）が，底生の魚にはみられない（D，"pect" の表示は前方の胸びれの位置を示す）。このことは，2 つの魚の腰帯と腹棘の形態的な違いの根底には *Pitx1* 遺伝子の発現調節の変化があることを示唆している。海生の魚は頭部（口）エンハンサーと腹びれエンハンサーの両方をもっているために，*Pitx1* がこの 2 つの領域で発現すると考えられる（E）。底生の魚では，腹びれエンハンサーがおそらく欠けていて，その結果，*Pitx1* の発現が口に限定されていると思われる（F）。

対立遺伝子によってコードされるアミノ酸配列が同一であることも，この解釈を支持している．したがって，2つの対立遺伝子はコードしているタンパク質においては違いがなく，むしろ，発現パターンの違いが異なる形態を作る元になっているといえる．

　これらの実験結果はすべて，*Pitx1*遺伝子の発現制御の進化的違いが祖先の海洋性のイトヨ集団とPaxton湖のイトヨ集団の腹びれ形態の違いを生み出していることを示唆している．では，他の淡水性イトヨ集団ではどうだろうか．他の淡水性集団は，Paxton湖の集団と同様の縮小した腰帯構造を収斂的に（つまり，独立に）獲得したように見える．これらの変化も，*Pitx1*遺伝子座の変化によって引き起こされたものなのだろうか．異なる湖に住むイトヨ集団間で遺伝的交雑を行った結果，これらの集団でも*Pitx1*遺伝子座の変異が腹びれの縮小の原因となっていることが示唆された．これらの*Pitx1*の変異は何回かの独立した突然変異によって生じたか，あるいは，もともと祖先の海洋性集団に変異対立遺伝子として存在していておのおのの湖集団の進化の過程で選択されたかのいずれかと考えられる．この2つの可能性を区別するためには，*Pitx1*対立遺伝子の分子の性質をより詳細に解析し，それぞれの集団内での分布を知る必要がある．これらのイトヨのデータは，最初は発生過程に関与するとして認識された1つの遺伝子（この場合は*Pitx1*）が，進化の過程で，集団内，集団間の形態の違いを生み出すうえで決定的な役割を果たすことがあるということを示す優れた実例であるといえる．

　海洋性集団と淡水底生集団の間で異なるもう1つの形質は，魚体の側面にある装甲（硬い板）の広さである．海洋性の集団が広い装甲をもつのに対し，淡水性集団では比較的小さい装甲しかもっていない．QTL解析により，この形質に主要な影響を及ぼすとみられる1つの遺伝子が見つかった．最終的にこの遺伝子はヒトで*Ectodysplasin*（*Eda*）と呼ばれる遺伝子の，魚類でのオーソログ遺伝子であることがわかった．ヒトでのこの遺伝子の突然変異は，外胚葉異形成症（ectodermal dysplasia）という病気の患者にみられる．この病気は，歯，毛髪，汗腺，眉毛の喪失や縮小を引き起こす．*Eda*は多くの組織で細胞間シグナル伝達にかかわる分泌性分子をコードしている．2つのイトヨ集団間での*Eda*対立遺伝子の違いもまた発現制御の違いとみられており，淡水性の魚では海水性のものに較べて皮膚での発現が低い．この例は，形態の違いを生じさせるような進化にかかわっているのは転写因子だけではなく，発生過程のすべての段階が進化に寄与しうることを示している．

11.4 テオシントからトウモロコシへの進化

　トウモロコシは全世界で1年間に6億トン以上も生産されており，経済の観点からも国際的にきわめて重要な作物である．トウモロコシ畑を見つけるのは実にたやすいが，トウモロコシが野生状態で生えていることはまずない．例えば，トマトでは，栽培種よりも小さな実をつける野生種が存在するが，トウモロコシにはこれに相当する野生種が存在しない．さまざまな証拠より，トウモロコシは6000〜10,000年前から栽培されているといわれているが，いったいどこから来たのだろうか．

トウモロコシはメキシコのテオシントに由来する

　100年以上前に植物学者によって初めて，トウモロコシはテオシント（teosinte，ブタモロコシ）と呼ばれる，北アメリカから中央アメリカにかけてみられる植物に由来するだろうと

示唆された。しかし，この指摘は激しい議論を巻き起こした。というのも，この2つの植物は形態的にかなり異なっており，一部の者はテオシントはトウモロコシよりもイネに近縁なのではないかと主張した（図11.28を参照）。1930年代に入り，George Beadle（ジョージ・ビードル）とRalph Emerson（ラルフ・エマーソン）はテオシントの祖先種がトウモロコシの前身であるという仮説に新たな証拠を示した。テオシントはZea属に属しており，この属にはいくつかの種が記載されている。Beadleは，トウモロコシとメキシコの一年生テオシントZea mays ssp. mexicana（mexicana亜種）が，顕微鏡の観察下ではまったく同じ染色体をもつことを報告した。さらに，トウモロコシとZea mays ssp. mexicanaは交配することが可能で，その結果できる雑種の次世代は完全に稔性をもつ。このことから，Beadleはトウモロコシとメキシコ一年生テオシントが同じ種であり，トウモロコシは単にテオシントの栽培型なのではないかと考えた。

トウモロコシとテオシントは実に多くの点で異なる

Beadleの成果は，テオシントがトウモロコシの祖先であると考えざるを得ない証拠となったが，栽培化によってどのようにしてこれほどまでに激しい変化が起こったのかという疑問が残る。この2つの植物の全体的な構造はかなり異なっている。テオシントは雄小穂（tassel，この植物の雄性生殖部）のついた多くの側枝をもつが，トウモロコシは1本の長い枝から脇に雌小穂（ear，訳注：実になる部分）が放射状につき，最上部に雄小穂が1つできる（図11.28を参照）。

より著しい違いは，雌小穂（この植物の雌性生殖部）の中にある。テオシントの穂には5～12粒の種しかなく，それぞれの種は硬い果皮に包まれて簡単には開かないようになっている。そして，熟すと穂が割れて，種がまき散らされるようになっている。種は食べられても鳥や哺乳類の消化管を通過する間に破壊されず，結果として，これらの動物によってより遠くまで拡散することができる。一方，トウモロコシの雌小穂は1つにつき500粒もの種をつける。種はほとんど外部に対する保護をもたず，（ヒトを含む）動物によって容易に消化される。また，種は穂にしっかりとくっついていて，穂が熟しても種が飛び散ることはない。実際，穂が収穫されないままだと地面に落ちて種どうしが非常に近接した状態で発芽するため，ほとんど生き残ることができない。トウモロコシは，人間の世話がなければ生きていくことができない植物なのである。

単純な交配の結果によれば，ごく少数の遺伝子がテオシントとトウモロコシの違いの原因となっているようだ

Beadleは雌小穂の形の違いに着目し，2つの植物にみられる穂の違いを生み出す遺伝子の数を推定するために非常に単純な交配を行った。まず，雑種の雌小穂はテオシントとトウモロコシの中間のような形になることがわかった（図11.25）。次に，雑種（F_1世代）どうしを掛け合わせ，植物体5万個体を得た（F_2世代）。F_2世代の解析から，およそ500個体に1つはトウモロコシのような見た目をしており，また，同じく500個体に1つの割合でテオシントのような個体があった。Beadleは，このような結果はトウモロコシとテオシントの雌小穂の形態の違いを支配している遺伝子が4個か5個程度であるときに得られるものであると推量した（図11.26）。

また，Beadleにとってこのような遺伝学的交配の結果は，トウモロコシが人の手でテオシ

図11.25 • （左から右へ）テオシント，トウモロコシとテオシントの雑種，トウモロコシの雌小穂。雑種の穂（中央）は多くの点で2つの親系統の中間形を示している。

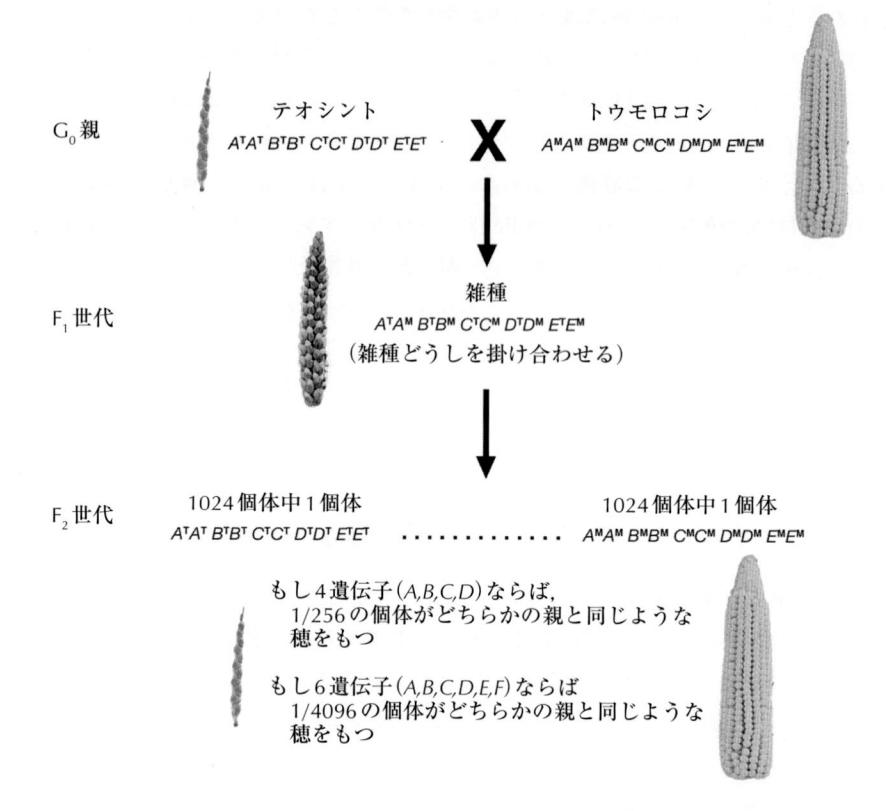

G_0 親　テオシント　$A^TA^T\ B^TB^T\ C^TC^T\ D^TD^T\ E^TE^T$　×　トウモロコシ　$A^MA^M\ B^MB^M\ C^MC^M\ D^MD^M\ E^ME^M$

F_1 世代　雑種　$A^TA^M\ B^TB^M\ C^TC^M\ D^TD^M\ E^TE^M$
（雑種どうしを掛け合わせる）

F_2 世代　1024個体中1個体　$A^TA^T\ B^TB^T\ C^TC^T\ D^TD^T\ E^TE^T$　…………　1024個体中1個体　$A^MA^M\ B^MB^M\ C^MC^M\ D^MD^M\ E^ME^M$

もし4遺伝子（A, B, C, D）ならば，1/256の個体がどちらかの親と同じような穂をもつ

もし6遺伝子（A, B, C, D, E, F）ならば1/4096の個体がどちらかの親と同じような穂をもつ

図 11.26 ・ Beadle は一連の単純交配を通じて，テオシントとトウモロコシの穂を変える遺伝子の数を大まかに推定した．まず，5 つの遺伝子（遺伝子 A, B, C, D, E）が 2 種の間の違いを制御していると考える．テオシントはこれらの遺伝子すべてでテオシント型の対立遺伝子（A^TA^T, B^TB^T…）をもち，トウモロコシもすべてトウモロコシ型の対立遺伝子（A^MA^M, B^MB^M…）をもつとする．F_1 世代の雑種はこれらすべての対立遺伝子がヘテロ接合の状態になっており，形態的には親の中間形を示す．F_1 雑種どうしを掛け合わせると，多くの異なる遺伝子型，表現型が作られるが，F_2 の 1024 分の 1（$4 \times 4 \times 4 \times 4 \times 4 = 1024$）は 5 つの遺伝子座すべてにおいてテオシントと同じになるはずであり，また別の 1024 分の 1 はトウモロコシと同じ遺伝子型になるはずである．ここで考えた 5 つの遺伝子が 2 種の穂の違いのすべてを作っているとすれば，この 1024 分の 1 の穂はそれぞれテオシントやトウモロコシとそっくりの見た目になることが期待される．これが 4 つの遺伝子であれば，この割合は 256 分の 1 になり，6 つの遺伝子であれば 4096 分の 1 になる．Beadle はおおよそ 500 分の 1 という値を得たので，5 つくらいの遺伝子がテオシントとトウモロコシの穂の違いを作るのに関与していると推定した．当然ながら，これはおおざっぱな推定である．というのは，対立遺伝子間に優性，劣性の関係がある可能性を考慮しておらず，また，異なる座位の遺伝子間相互作用も考えていないからである．しかし，最初の推定にしては非常に正確であったことがわかっている．

ントから栽培化されたという考えを支持するように思われた．初期の農民は，人間にとってよりよい植物にするための形質を選択したわけだが，もともとは野生のテオシントを栽培していたのだろう．Beadle の遺伝実験の結果は，初期の農民たちが，ごく一握りの遺伝子からさまざまな対立遺伝子を選択し，テオシントから現在のトウモロコシまで急速に変化させただろうことを示唆している．では，これらの遺伝子は何なのだろうか．

QTLマッピングにより，*teosinte branched 1* 遺伝子が側枝パターンの違いを支配していることが明らかになった

　テオシントとトウモロコシの間で異なる特定の形質を支配する遺伝子の染色体上の位置を決定するために，イトヨのときと同様に QTL 解析が用いられた（QTL 解析については，第14章でより詳しく説明されている）。トウモロコシとテオシントの間の多くの違いの原因となる部分として，6つの染色体領域が同定された（図 11.27）。染色体地図上にマッピングされた形質の1つは，植物体の主枝から分岐する側枝の数である。テオシントは多数の側枝をつけるのに対し，トウモロコシの側枝はほんのわずかであることを思い出してほしい。この形質を左右する遺伝子座は第1染色体左腕の一領域に有意にマッピングされ，"多数の側枝"をもつというテオシントの形質は"ほとんど側枝をもたない"というトウモロコシの形質に対して劣性であることがわかった。

　偶然にも，トウモロコシの発生を遺伝学的アプローチから調査していた研究者らによって，テオシントのような側枝分岐のパターンをもつトウモロコシの劣性変異体が分離されていた（図 11.28）。この突然変異は *teosinte branched 1*（*tb1*）と呼ばれており，興味深いことに側枝分岐パターンについての QTL 解析によって見つけられた第1染色体の同じ領域にマッピングされていた。

　そこで，QTL 解析が示す遺伝子と *tb1* 突然変異遺伝子が同じものであることを示すために相補性検定が行われた。何世代にもわたる交雑と選択によって，ゲノムのほとんどすべてがトウモロコシ由来だが，側枝分枝の QTL を含む第1染色体の一領域だけはテオシント由来であるような植物体が作られた。この植物体は大部分がトウモロコシ的であったが，側枝の分岐パターンだけはテオシント様であった。また，この植物をトウモロコシ *tb1* 突然変異体と掛け合わせると，子孫もやはり多くの側枝を作る性質を残していた。したがって，*tb1* 突然変異は側枝分岐の QTL を相補することができなかったことになり，*tb1* と QTL によってマッピングされた領域が同じ遺伝子の一部であったことが確かめられた（Box13.2 に相補性検定についてさらに詳細に示してあり，これはその変形にあたる）。

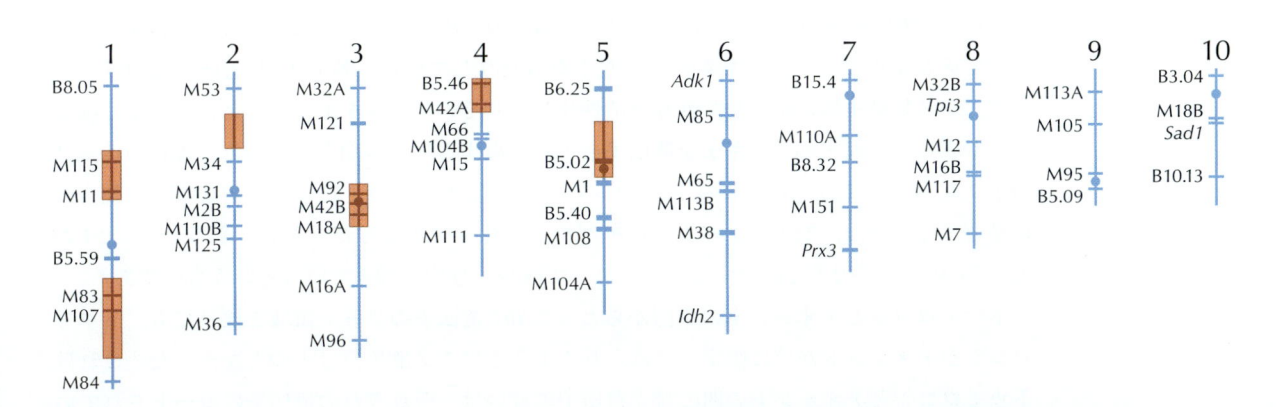

図 11.27・トウモロコシ遺伝子地図上に推定されたテオシントとトウモロコシの違いを作る量的形質遺伝子座（QTL）の位置（赤色）。この QTL の分布は，トウモロコシとテオシントの違いの大部分の原因となる領域が 10 染色体中 5 染色体にわたって 6 つの染色体領域に広がっていることを示している。マッピングデータの解像度は今のところそれぞれの領域に多数の遺伝子が含まれる程度にまでしか絞り込めていない。それぞれの QTL には異なる形質に関与するいくつかの遺伝子が含まれている可能性がある。追加の実験によって，ここに示した QTL のうちの一領域（第1染色体上の遺伝子マーカー M107 の近傍）が 1 つの遺伝子，*tb1* 遺伝子の違いによるものであることがわかっている。

図11.28 ▪ (A) テオシントの植物体，(B) トウモロコシの植物体，(C) トウモロコシ *tb1* 変異体の植物体。テオシント(A)とトウモロコシ(B)の植物体は非常に異なる見た目をしている（例えば，テオシントの植物体は多くの側枝をもつが，トウモロコシではごく少数かまったくない）。しかしながら，トウモロコシ *tb1* 変異体(C)の植物体は，側枝をもつというようなテオシントに似た形態的特徴を示す。

tb1 の通常の働きは器官の成長を抑えることである

tb1 遺伝子がクローニングされ，その性質が調べられると，TCP遺伝子族に属する転写因子をコードしていることが判明した（この遺伝子族は初期の遺伝子メンバーである *Teosinte branched*，*Cycloidea*，*PCF2* にちなんで名づけられたものである）。さらに，*tb1* は腋芽，枝，トウモロコシの鞘を作る葉などを含む多くの器官の原基で発現していることが示された（図11.29）。突然変異体のものと比較した場合，通常のトウモロコシではこれらの器官原基で共通して成長が止まったり，あるいは，遅くなったりしている。他のTCP遺伝子族のメンバーは，シス制御領域に結合して転写を活性化したりそのレベルを上げることによって，細胞分化や成長を促進するさまざまな遺伝子を正に制御することが知られている。現在の仮説は，Tb1タンパク質がおそらく他のTCPタンパク質が認識するのと同じシス制御領域に競合的に結合するのだが，Tb1タンパク質は転写を活性化させることができず，そのため，*tb1* が他のTCP族転写因子と競合することによって成長・分化を抑えているというものである。

トウモロコシとテオシントの集団からとった *tb1* 遺伝子のコード領域を比べても，トウモロコシやテオシントだけに限定してみられるようなアミノ酸置換は1つもなかった。これは，トウモロコシとテオシントの間の対立遺伝子の違いは，それぞれの遺伝子にコードされているタンパク質のアミノ酸配列の違いによるものではないことを示唆している。したがって，テオシントとトウモロコシの表現型の違いは，遺伝子発現レベルの調節によるといえる。このことに整合して，トウモロコシのもつ対立遺伝子はテオシントのものと比べて側枝において約2倍の発現レベルがある。

最後に，トウモロコシとテオシントの多数の集団から得られた *tb1* 遺伝子の配列から，トウモロコシの対立遺伝子とテオシントの対立遺伝子のコード領域内の変異は同程度であるこ

とがわかっている。それとは対照的に，*tb1* の転写開始点の 5′ 側付近の DNA 配列はトウモロコシの集団では非常に変異が少なかった一方で，テオシントの集団では大きな変異があった。*tb1* の転写開始点の 5′ 側付近は *tb1* の転写を制御している制御ドメインである可能性が高い。これらの結果は，この植物の栽培化の過程で *tb1* 遺伝子の制御の変化が選択されたと説明することができる（配列レベルの選択の検出についての詳細は第 19 章を参照）。したがって，初期の農民は，トウモロコシの栽培化の過程で，*tb1* 遺伝子の制御に関する突然変異を選択したと考えられる。

トウモロコシとテオシントの間で異なるその他の形質についても，それぞれの遺伝子にマッピングされた。そのなかには，テオシントの種は堅い果皮におおわれている一方でトウモロコシにはそのような皮がない，という形質に関連する遺伝子も含まれている。この形質には 1 つの QTL が結びつけられていて，*teosinte glume architecture 1*（*tga1*）という遺伝子であることがわかっている。この遺伝子は，シリカ（果皮の硬度に貢献する鉱物）の沈着や木質化（植物の複合高分子の形成）といった多方面で果皮の発生に関与しているようである。

ただし，他の形質はこのように単純な遺伝的様式に従っているわけではないことに注意する必要がある。例えば，脱離形質（disarticulation trait，穂が簡単に落ちること）は多くの QTL に分布していて，複雑な遺伝的相互作用のパターンを示している。したがって，*tb1* や *tga1* の例は 1 つの遺伝子がある形質に対して主要な影響を与えうることを示す好例ではあるが，そのほかの形質は明らかに多数の相互作用をする対立遺伝子の選択によって生じたものである。

テオシントは急速に栽培化されトウモロコシとなった

分子を使ったより詳細な解析によって，テオシントの 1 種である *Zea mays* ssp. *parviglumis*（通常，バルサステオシントと呼ばれている）が現生のトウモロコシに最も近い種であることがわかった（*Z. m.* ssp. *parviglumis* は *Z. m.* ssp. *mexicana* と同様にトウモロコシと異系交配可能な雑種を形成するが，他の遺伝的解析から，トウモロコシは *Z. m.* ssp. *mexicana* よりも *Z. m.* ssp. *parviglumis* により近縁であることが示されている）。マイクロサテライトのデータに基づく系統推定により，栽培化の過程は 1 度だけ起こっており，それは，メキシコの 1 地域で行われたと示唆されている（図 11.30）。さらに，分子による年代決定の結果，*Z. m.* ssp. *parviglumis* とトウモロコシの分岐は約 9000 年前に起こったと推定され，これは，考古学的データとほぼ一致する。

さらに，メキシコ全土および合衆国南西部の発掘現場に保存されていた 4400 年前のトウ

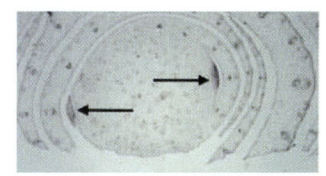

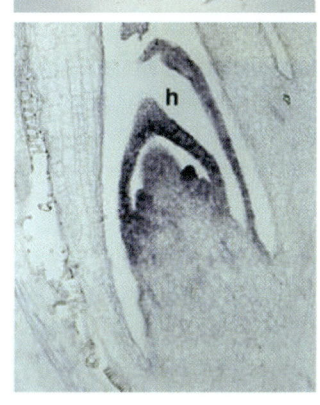

図 11.29・トウモロコシでの *tb1* の発現パターン。成長過程にある植物体の断面図では，*tb1* mRNA の発現が腋芽分裂組織（上の図の矢印）やトウモロコシの鞘を作る葉の原基（h, 下の図の紫色の染色）でみられる。この *tb1* が発現してる組織は両方ともテオシントに比べてトウモロコシで成長が抑えられている組織である。

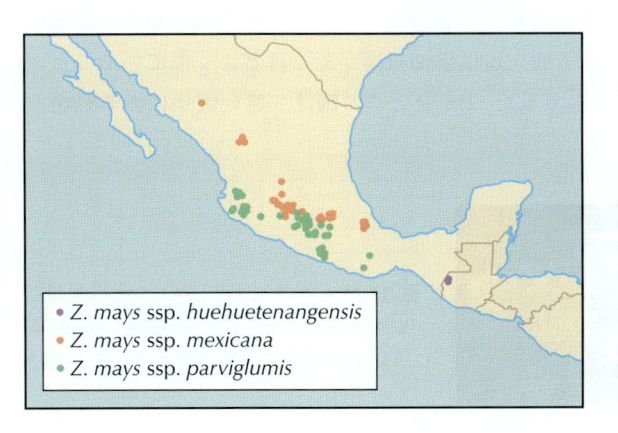

図 11.30・メキシコおよび中央アメリカでの *Zea mays* の栽培化。トウモロコシに近縁な *Z. mays* のさまざまな亜種が，メキシコ南西部とグアテマラの一部に分布している。ここに示した 3 つの亜種のうち，トウモロコシに最も近縁なのは *Z. mays* ssp. *parviglumis* と考えられている。

- *Z. mays* ssp. *huehuetenangensis*
- *Z. mays* ssp. *mexicana*
- *Z. mays* ssp. *parviglumis*

モロコシから抽出された"古代"DNA（ancient DNA）の解析から，興味深い結果が得られている（図 11.31）．予想どおり，分子解析から *tb1* のトウモロコシ型対立遺伝子は最も古い試料中にもすでに存在していた．その一方で，*su1* と呼ばれる別の遺伝子の解析では，現在の *su1* 対立遺伝子の選択が約 2000 年前に起こったことが示されている．*su1* 遺伝子は種子で発現するデンプン枝切り酵素（starch debranching enzyme）をコードしていて，現代型の対立遺伝子があるのは，トルティーヤを作るときに必要な生地の特性にかかわり合いをもっている．

　これらすべての証拠は，比較的少ない時間で，しかも，限られた地域の少数の農業集団によって，テオシントから現在のトウモロコシへと変化させることができたことを示唆している．栽培集団中に起こった新しい自然発生的な突然変異もなんらかの役割を果たしたかもしれないが，大部分は，すでにテオシント集団中に存在していた変異を初期の農民が選択したものだろう．今日でも，トウモロコシ型の対立遺伝子を野生のテオシント集団中に見つけることができる．選択を通じて，農民たちは *tb1* や *tga1* といった発生過程において重要な役割を果たす遺伝子の特定の対立遺伝子の頻度を上げていき，きわめて劇的な変化を生み出すことができた．と同時に，新しい対立遺伝子の組み合わせをもったまったく新しい変異体も探り出したに違いない．このような対立遺伝子の組み合わせは，今日では多座位にわたる複雑な量的形質遺伝子座としてはっきりと認識されるようになっている．

　イトヨとトウモロコシの例は，進化の過程で起こる形態的あるいは発生の変化が，1 つ，あるいは少数の遺伝子の比較的わずかな変化によって達成されるようすを示している．注目すべきことに，この過程は，人間による急速な栽培化の場合（トウモロコシ）にも，自然選択によるより段階的な場合（イトヨ）にもその両方にあてはまる．また，遺伝子調節の進化が果たす役割を中心にみてきたが，タンパク質をコードする領域の進化的変化も重要な役割を担っている．例として，*Hox* 遺伝子群の進化的多様化は制御の変化とコードするタンパク質の変化の両方を含んでいた．ある特定の進化的変化を研究すれば，発生過程全般での変化や，発現制御の変化，コードするタンパク質の変化がまず間違いなく見つかるだろう．とはいうものの，これまでに多数の例によって，転写因子の制御の変化が形態，発生の進化において主要な役割を果たしていることが示されてきたことは興味深い．このことは，これらの転写因子が進化の過程で特に重要な役割を果たしそうだと想像させる．転写因子は下流の多数の標的を調節することができ，また，自身の制御はモジュール性をもっているので，発生の特定の時期に個別の組織に変化を与えることが可能である（第 24 章を参照）．

11.5 発生機構における普遍性

　この数十年に発生生物学，遺伝学，ゲノム研究の分野からもたらされた最も重大な発見の 1 つは，すべての動物門の間で発生の分子的・遺伝学的機構が驚くほどよく似ていることがわかったことだ．この章の最初の方でみてきた *Hox* 遺伝子の例は，遠い関係にある動物門

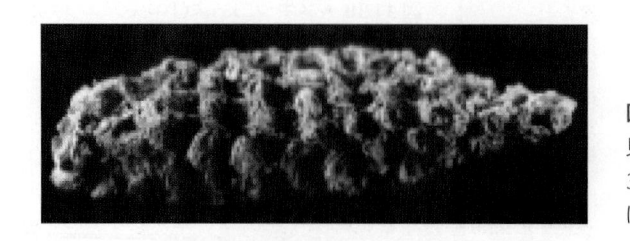

図 11.31 ● ベネズエラの Ocampo 洞窟で見つかったトウモロコシの穂軸．今から約 3890 年前のものと推定されている．長さは 47 mm．

どうしに存在する顕著な類似性の一例にすぎない。しかしながら，この類似性に対する進化的な解釈については激しい議論が巻き起こった。分子的，系統的データは発生機構にかかわる多くの遺伝子が進化的に非常に古くからあることを明らかに示していたが，この事実は必ずしも，これらの遺伝子をもつ共通祖先の発生や形態についての情報をもたらすわけではなかった。この章の最後として，複雑な器官の発生の根底にある分子機構の顕著な類似性と，この事実を踏まえた器官の進化についての可能な解釈をみていくことにする。

Pax6 と眼の進化

　眼は動物が外界を見るための器官であり，何度も進化したものであると長い間考えられてきた。実際，眼の構造はいくつかの根本的な点で異なっており，ある形態学者によれば，眼は独立に40〜65回も進化したらしい。基本的な眼の形には次のような3タイプがある。(1) カメラ眼：脊椎動物や頭足類(タコ，イカ，オウムガイなどを含む軟体動物の1綱)にみられる，(2) 複眼：節足動物にみられる，(3) ミラー眼：ホタテガイのような軟体動物にみられる (図 11.32)。その構造がかなり異なっていることを考えると，これらの眼は独立の進化的起源をもつと想像される。ところが，この見方は眼の発生に関与する *Pax6* と呼ばれる遺伝子の発見によって疑問を投げかけられている。

　Pax6 は PRD 型 DNA 結合ドメインをもつ転写因子の遺伝子族に属する。PRD ドメインの名前は，初期のメンバーであるショウジョウバエ paired (prd) タンパク質に由来している。このタンパク質は，ショウジョウバエの分節化に関与している。ショウジョウバエの paired は実はホメオドメインと PRD ドメインの2つの DNA 結合モチーフをもっている。ショウジョウバエの PRD ドメインを用いて，多くの動物からこの遺伝子族に属する類似の遺伝子をクローニングすることが可能である。見つかったタンパク質のうち，いくつかはホメオドメインと PRD ドメインの両方をもっていた。一方で，PRD ドメインしかもたないものもあった。

　Pax6 遺伝子に起こった突然変異が，マウスとヒトの両方で眼の発生の異常に関連していることがわかった(図 11.33)。ヒトでは，無虹彩症(aniridia)と呼ばれる優性遺伝を示す症候群があり，虹彩に異常が起こることが知られている。また，マウスでは Small-eye と呼ばれる表現型異常が知られており，眼の縮小がみられる。どちらの場合も，異常の原因は *Pax6* の変異までたどることができ，*Pax6* 遺伝子座のハプロ不全(haploinsufficiency, 片方の対立遺伝子の喪失)によってこれらの表現型が現れる。したがって，この突然変異は優性遺伝を示す。*Pax6* 遺伝子のホモ接合欠失体は眼と鼻を完全に欠き，脳も部分的に形成されず，胚性致死となる。*Pax6* が脊椎動物で認識された時点では，ショウジョウバエのオーソログは知られていなかった。

　ショウジョウバエの *Pax6* が最終的に単離・同定され，すでに知られていた *eyeless* と呼ばれる突然変異に相当するとわかったときには多少の驚きがあった(図 11.33)。名前のとおり，この突然変異をもつハエには眼がない。さらに注目すべきことは，*Pax6* は動物個体の別の場所で発現させることにより，異所的な(追加の)眼を作り出すことができること(図 11.34)で，このことは，*Pax6* 遺伝子が眼の発生における"マスターコントロール遺伝子"の役割を果たしていることを示唆している。その後の研究により，*Pax6* 遺伝子はすべての動物の眼の発生に関与していることが示された。進化的な視点から注目すべきことは，非常に異なる型の眼の発生に同じ遺伝子が関与していることである。なにしろ，脊椎動物の眼と節足動物の眼は独立に進化したと考えられてきたのだ。

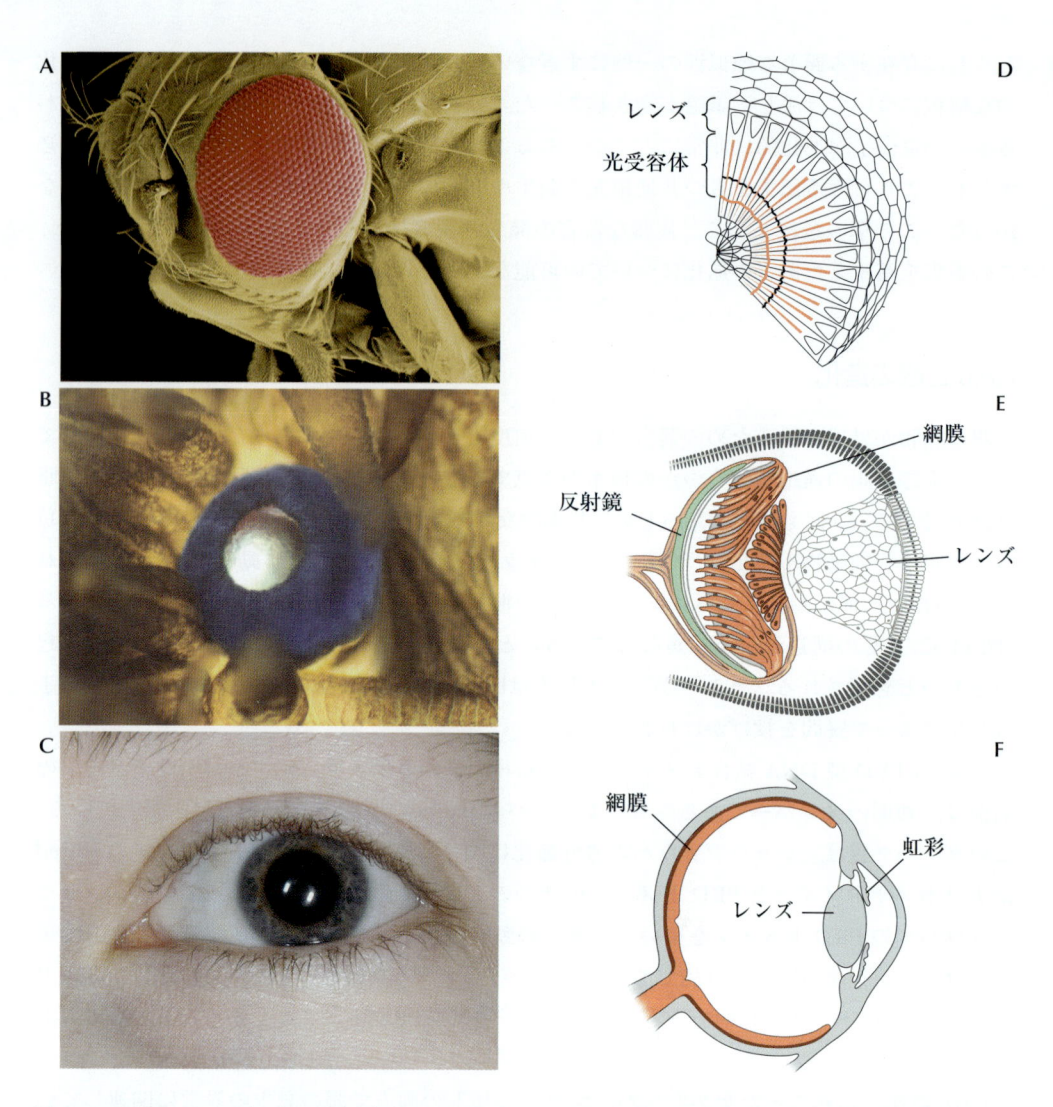

図11.32 • 眼の3つのタイプの例。(A) ハエや他の多くの節足動物は複眼をもつ。これは，個眼と呼ばれる六角形の単位(D)が連続して並んだ構造でできている。それぞれの個眼はレンズと光受容体群をもっている。(B) ホタテガイは最後部に反射鏡のある(E)ミラー眼をもっている。網膜の光受容体は眼に入ってきた光と反射鏡によって反射された光を検出する。(C) ヒトや他の多くの生物はカメラ型の眼をもつ。眼の最奥部の網膜に光受容体の層があり，この上にレンズで像を結ぶ(F)。

おそらく眼は独立に進化したのではなく，むしろ，すべての左右相称動物の共通祖先において存在し，*Pax6*の機能によってパターン形成されていたのだろう。進化の過程で眼の構造の改良が行われ，その結果として，現存する動物にみられるようなさまざまなタイプの眼を生み出したのだろう。したがって，この共通祖先は，カンブリア爆発の前に存在していたわけだが，この動物も眼をもっていたと期待される。別の解釈として，*Pax6*遺伝子が眼が進化するたびに何度も独立に動員（recruitment）されたと考えることもできる。進化的に古くからある*Pax6*の機能は，一般に，前方部の神経性構造を形作ることである。機能的な理由によって眼が動物の前方部に進化しやすいことを考えると，*Pax6*は眼の発生を導くための転写因子として何度も独立に動員されたのかもしれない。

また，第3の，中間的な解釈も可能である。共通祖先は，非常に単純な光受容の構造をもっていたのかもしれない。この単純な構造とは，光受容体（光を構成する光子をロドプシン

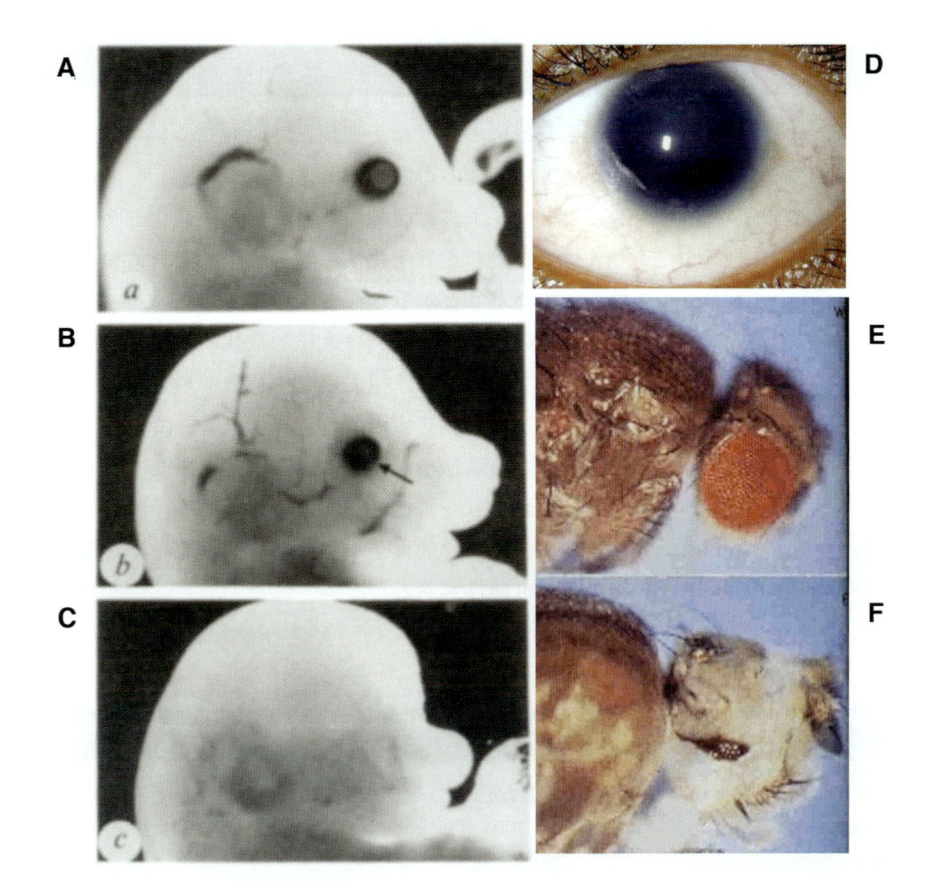

図 11.33 ● Pax6 遺伝子は多くの動物種で眼の発生を支配する（A）正常な眼をもつ野生型マウスの胚。（B）Pax6 遺伝子（マウスでは Small-eye［Sey］と呼ばれる）の変異対立遺伝子をヘテロ接合でもつ胚では，眼が縮小する。（C）Sey 変異をホモ接合でもつ胚では，眼は鼻や顔面のその他の部分とともに完全に消失する。（D）Pax6 遺伝子（ヒトでは Aniridia と呼ばれる）の変異をヘテロ接合でもつヒトでは，虹彩の消失といった眼の異常がみられる。非常にまれではあるが，Pax6 突然変異をホモ接合でもつヒトの胚では，マウスでみられたのと同様に眼，鼻，顔面の構造といった部分の欠損がみられる。（E）正常な眼をもつ野生型のショウジョウバエ。（F）Pax6 遺伝子（ハエでは eyeless と呼ばれる）の突然変異は深刻な眼の障害を引き起こす。eyeless 遺伝子を完全に除去すると頭部をもたないハエが生じる。

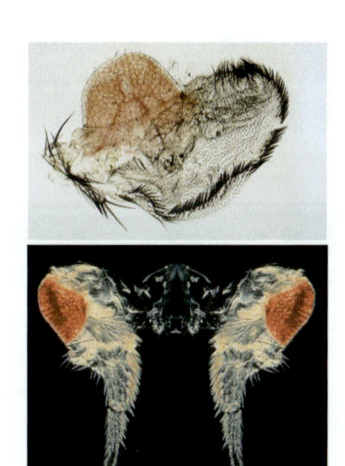

図 11.34 ● Pax6 を異所的に発現させることによって異所的な眼が作られる。（上）ショウジョウバエの eyeless を本来の発現場所ではない翅原基で発現させると，翅の上に眼（赤色の構造）ができる。ハエは第 2 の Pax6 遺伝子，twin-of-eyeless ももっており，この遺伝子も異所的な眼を形成することができる。（下）twin-of-eyeless を脚原基で異所的に発現させると，成虫の脚に眼（赤色の構造）ができる。マウスの Pax6（Sey）遺伝子を異所的に発現させても，ショウジョウバエに異所的な眼を誘導することができる。このとき誘導される眼は，当然のことであるが，ハエの眼でありマウスの眼ではない。同じように，ショウジョウバエの eyeless 遺伝子をカエルで異所的に発現させると，眼の構造を誘導することができる。

と呼ばれる分子によって実際に感受する細胞）と，少なくとも一方向からの光を遮る色素細胞からなるものである。この色素細胞により，光受容体は特定の方向からの光だけを受けることになる。このような，非常に簡単ではあるが眼と呼べるような構造が Pax6 によってパターン形成されていたのかもしれない。この考えを支持するものとして，Pax6 遺伝子が転写調節の標的とする遺伝子のなかにロドプシン遺伝子が含まれていることが挙げられる。この原始的な眼からさまざまな動物の系統で独立に，形態的に多様な眼のタイプが進化するなかで，Pax6 は眼の発生を制御する要として働きつづけ，さらに，現存する眼の発生に関与する追加の遺伝子を制御の対象として加えた。しかしながら，最終的な裁定は化石記録によって下されるはずだ。もしもっていたとすれば，すべての左右相称動物の共通祖先にはどういう種類の眼があったのだろうか。残念ながら，今のところ化石記録からは答えが得られていない。

■ 要約

　発生遺伝学によって多くの動物種の発生に関与する遺伝子や遺伝子経路が認識された。驚きだったのは，発生の分子基盤がよく保存されていて，発生に関与する多くの遺伝子が進化的に古い起源をもつことだった。ただし，これらの遺伝子の使われ方は発生におけるさまざまな違いを反映しており，現在の生物にみられる形態的な多様性につながっている。

　Hox遺伝子は前後軸に沿ったパターン形成に働く遺伝子だが，進化的に古くから存在する遺伝子セットが幅広い動物種で似たような役割を果たす好例である。非常に保存性が高いにもかかわらず，このグループの遺伝子の発現や特定の機能の進化的変化が，多くの形態変化を説明できる。このことは，ボディプラン全体のような大進化からハエの近縁種間での脚の剛毛の違いのような小進化まで成り立つ。発生上の役割がわかっている他の遺伝子，例えば，Pitx1，Eda，tb1のような遺伝子も，イトヨの腹棘の多様な形態の進化やテオシントからトウモロコシを栽培化する際の形態の変化において役割を果たしていることが示された。

　これらの比較発生研究は進化的変化の仕組みについての重要な知見を与えるが，祖先の発生過程や形態の再構成に用いる際は注意を払う必要がある。場合によっては，これらの発生に関与する遺伝子が似たような役割を果たすために複数回独立に利用された可能性があるためである。また，現在みられる動物の形態学的構造がより簡単な前駆体から派生してきたという可能性もある。

■ 文献

Hox 遺伝子の進化
Carroll S.B, Grenier J.K., and Wetherbee S.D. 2005. *From DNA to diversity. Molecular genetics and the evolution of animal design.* Blackwell Publishing, Oxford.

トゲウオの進化
Tickle C. and Cole N.J. 2004. Morphological diversity: Taking the spine out of three-spine stickleback. *Curr. Biol.* **14:** R422–R424.

テオシントからトウモロコシへの進化
Doebley J. 2004. The genetics of maize evolution. *Annu. Rev. Genet.* **38:** 37–59.

眼の進化
Gehring W. 2002. The genetic control of eye development and its implications for the evolution of the various eye-types. *Int. J. Dev. Biol.* **46:** 65–73.

Nilsson D.-E. 2004. Eye evolution: A question of genetic promiscuity. *Curr. Opin. Neurobiol.* **14:** 407–414.

進化の仕組み

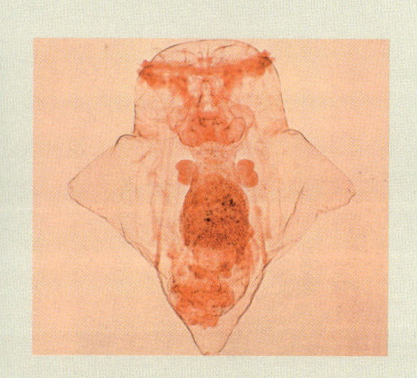

PART 3

　第1章でふれたように，進化生物学における驚くべき発見の1つは，ほぼすべての集団において遺伝的変異が豊富に存在し，この変異が自然選択による適応の土台となっていることである。第3部では，遺伝的変異とは何か，どんな仕組みが作用するのか，そうした仕組みはどう相互作用し進化をもたらすのかについて知る。第12章では，遺伝的変異は突き詰めていくと突然変異と組換えに由来することを詳述する。DNAとタンパク質の変異を理解するのはたやすいが（第13章），生物の体全体に変異はどう影響するのかを知るのは容易でない。第14章では量的遺伝学を使って，複雑な遺伝的形質を分析する方法について説明する。

　第15～17章では，進化の要となる過程，機会的遺伝的浮動と，ある場所から別の場所への遺伝子の流れ，そして最も重要な選択について扱う。これらの因子がどう相互作用するのかは第18章で扱う。第19章では，さまざまな方向からの証拠を集めて，選択を量的に測定してみる。遺伝的変異が豊富に存在するのは理解できても，それがどのように維持されているのか，それがもたらす結果は何なのかはどうしたらわかるのだろう。

　後半の5つの章では，進化の知識を具体的な問題に当てはめてみる。老化や生殖行動といった表現型の進化，遺伝子間や個体間の競争と協力，種の起源，遺伝システムそのものの進化（特に有性生殖の進化）である。最後に第24章では，まったく新しい形質——生化学的過程，形態，行動であれ何でも——はどのように現れてくるのかについて問う。

　本書で常に強調してきた点であるが，第3部においても，分子的な研究と生物個体の研究を結びつけ統合した。また，扱ったほとんどすべての現象は，いろいろなレベルで研究しうるものである。例えば，社会的相互作用は微生物から昆虫，鳥，哺乳類でも研究できる。有性生殖は，ウイルスからヒトまで，あらゆる生物にとって重要である。長年の疑問が，さまざまな新しい方法により解析可能になり，進化生物学は再び注目を集めている。

CHAPTER
12

突然変異と組換えによる多様性の創出

　森を歩けば生き物の驚くべき多様性を感じることができる。すぐに何十種類という木，鳥，つる植物，花，真菌類，両生類，そして小さな哺乳類を目にし，耳にするだろう。落ち葉の中にもさまざまな種類の蠕虫（ぜんちゅう），アリ，ダニが生きているし，スプーンたった1杯の土の中にも，ウイルス，真正細菌，古細菌そして単細胞真核生物の豊かなミクロの世界が存在している。あるいは都会の公園を歩くだけでも，種内に存在する多様性を感じることができる。人間，犬，りんごの木，バラが，みなそれぞれに無数の形，色，型をしていることに気づくだろう。この章では，このような種間および種内の多様性の源である**突然変異**(mutation)と**遺伝的組換え**(genetic recombination)について見ることにする。

　突然変異は，正式には生物の遺伝物質(DNAあるいはRNA)に生じる遺伝性の変化と定義され，すべての多様性の根本的な源である。突然変異がなければ進化は起きないだろう。多様性はまた，異なる系統からの遺伝物質の混合，すなわち遺伝的組換えとして知られる過程によっても作り出される。

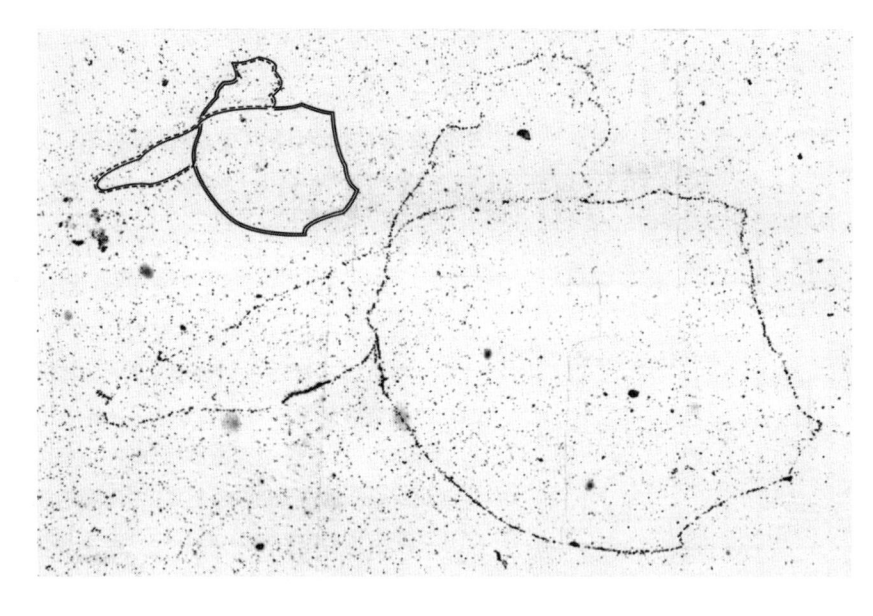

　この章では大半を突然変異の記述にあてる。すなわち，突然変異の種類，それらが作り出される仕組み，そして種間および種内の突然変異のパターンにみられる多様性に着目する。またこの章の最後では，遺伝的組換えが集団中に存在する多様性を増幅する仕組みについて議論する。まず，最もよく知られている様式，つまり我々のように有性生殖をする種において起きる遺伝的組換えについてみる。そして次に，有糸分裂時の組換えや遺伝子の水平伝達（水平移動）のような他の種類の組換えについても考える。

12.1 突然変異とその生成機構

突然変異についての議論を始めるにあたり，二分裂により無性生殖的に繁殖する一倍体の単細胞のような，単純な生物の生活環を考えるとわかりやすい。繁殖において，細胞はそのゲノムを複製し，次に分裂して，各娘細胞にゲノムのコピーを1つずつ与える必要がある。ここに3つの主要な突然変異の源がある。すなわち，複製の誤り，複製したゲノムの娘細胞への**分離**(segregation)の際の誤り，そして転位，DNA損傷，異常な相同組換えを含むその他の過程によるゲノムの変化である。

もちろん，このような単純な仕組みの生物はあまり存在しないだろうが，突然変異はこの3つに分類することができる。この分類は，ここでの議論を整理するのに役立つだろう。そこでこの章ではまず，突然変異の種類を同定する。次に，突然変異の原因として比較的簡単なものである，DNA複製の誤りと，DNAの物理的な損傷について議論する。そして，複製の誤りやDNA損傷が突然変異につながらないように制限している機構について議論する。すなわち，DNAの**校正**(proofreading)や修復過程が含まれる。次に，より複雑な突然変異の生成機構を示す。染色体分離の際の誤りや異常な相同組換えや転位など，通常の細胞の増殖中に起きる過程が含まれる。章の後半では，突然変異のパターンや突然変異率の違いはどのように，また，なぜ生じるのかについて議論する。

突然変異にはさまざまな型がある

表12.1 ▪ トランジションとトランスバージョン

トランジション	トランスバージョン	
A→G	A→T	T→A
G→A	A→C	T→G
T→C	G→T	C→A
C→T	G→C	C→G

突然変異は，DNA配列がどのように変化するか，その種類によって分類できる。わかりやすくするために，遺伝物質としてDNAを用いる生物に注目するが，ある種のウイルスや仮説上の初期の生命体のようにRNAを基にするゲノムをもつ生物にも同じ原理が適用できる。塩基置換あるいは**点突然変異**(点変異，point mutation)とは，DNA配列のある座位における，ある塩基対から別の塩基対への変化をいう。DNAの一方の鎖について考えると，12通りの点突然変異の可能性がある（各塩基はそれ以外の3つの塩基に変わることができるからである）。これらの置換は，DNA塩基の2つの型，すなわち**プリン**(purine，GとA)と**ピリミジン**(pyrimidine，CとT)の同型内の置換か異型間の置換かによって分類できる。あるプリンから別のプリン，あるいはあるピリミジンから別のピリミジンへの変化を**トランジション**(転位，transition)という。あるプリンからあるピリミジンあるいはその逆への変化は**トランスバージョン**(転換，transversion)という（表12.1）。

点突然変異はゲノム配列中のただ1つの塩基の変化でしかないが，重大な影響を及ぼすことがある。例えば，β-グロビンをコードしている鎖のトランスバージョン（AからT）は，β-グロビンのアミノ酸配列中のグルタミン酸をバリンに置換する。この変異型のヘテロ接合体（異型接合体）はマラリアへの耐性をもつという利益を得るが，ホモ接合体（同型接合体）は重篤な疾患である鎌状赤血球貧血症を患う（図12.1）。このようなタンパク質中の1アミノ酸の変化をもたらす置換は**ミスセンス突然変異**(missense mutation)と呼ばれる（例えば図12.1, 12.2）。一方，**遺伝暗号**(genetic code)には重複があるので，点突然変異がアミノ酸配列を変えない場合もある。これらは**同義突然変異**(synonymous mutation)と呼ばれる。

その他の突然変異には，娘DNAが特定の領域中に親DNAとは異なる数の塩基対をもつものがある。これらの挿入および欠失の長さは，1塩基から，遺伝子の一部，さらには数千遺伝子の範囲にわたるものまである。小さい挿入あるいは欠失はしばしば**インデル**(indel)

正常なヘモグロビンA
アミノ酸/コドン

#	アミノ酸	コドン
1	バリン	GTG
2	ヒスチジン	CAC
3	ロイシン	CTG
4	トレオニン	ACT
5	プロリン	CCT
6	グルタミン酸	GAG
7	グルタミン酸	GAG

HbA → β鎖のグルタミン酸がバリンに置き換わる → HbS

ヘモグロビンS
アミノ酸/コドン

#	アミノ酸	コドン
1	バリン	GTG
2	ヒスチジン	CAC
3	ロイシン	CTG
4	トレオニン	ACT
5	プロリン	CCT
6	バリン	GTG
7	グルタミン酸	GAG

正常な赤血球

酸素を結合した赤血球

低酸素レベル

酸素が離れると赤血球が鎌状になる

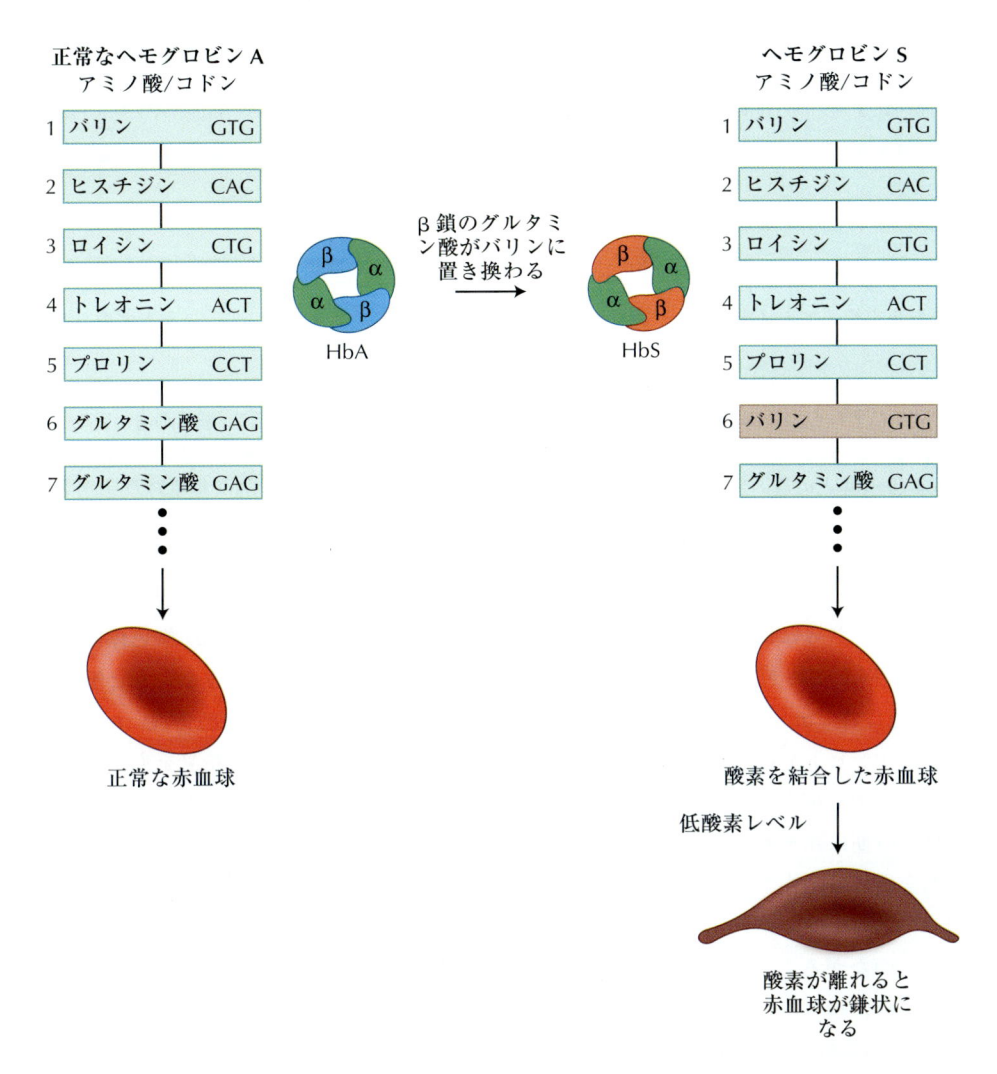

図 12.1 ● 鎌状赤血球貧血症は，ヘモグロビンを構成するタンパク質の1つ（ヘモグロビンA）をコードする遺伝子の翻訳配列中の1塩基の変化によって引き起こされる。この変化により，鎌状赤血球症の突然変異型ヘモグロビンS中では，6番目のアミノ酸がグルタミン酸からバリンへ置換されている。中央の模式図は，正常なヘモグロビン（HbA）中には正常なβサブユニット（青）が存在し，鎌状赤血球のヘモグロビン（HbS）中には異常なβサブユニット（赤）が存在していることを示す。変化したヘモグロビン分子が存在すると，特に酸素レベルが低いときに，赤血球が鎌状になることがある。これが細い血管の閉塞のような深刻な表現型として現れる。

と呼ばれる（図 12.2）。タンパク質をコードするDNA領域中のインデルは，対応する挿入あるいは欠失をもつメッセンジャーRNA（mRNA）を生じる。挿入あるいは欠失した塩基対の数が3で割り切れない場合，インデルはその下流の全領域に対して，mRNAの翻訳で用いられる読み枠を変える。したがって，このような特別なインデルは**フレームシフト突然変異**（frameshift mutation）として知られている（図 12.2）。

ほとんどの挿入は，大きいものであれ小さいものであれ，ランダムなDNA配列からはできていない。むしろ通常は，細胞内のどこか他の場所から複製されたり，移動してきたDNAに由来している。元のDNAの複製により生じたのであれば，その配列は元の位置と新しい位置の両方に存在することになり，重複をもたらす。新しいコピーが元の配列と隣接している場合には，**縦列重複**（直列重複，tandem duplication）と呼ばれる（図 12.3）。

分類	野生型	ミスセンス	挿入によるフレームシフト
DNA	5′ TTT-CGA-TGG-ATA-GCC-AAT 3′ 3′ AAA-GCT-ACC-TAT-CGG-TTA 5′	5′ TTA-CGA-TGG-ATA-GCC-AAT 3′ 3′ AAT-GCT-ACC-TAT-CGG-TTA 5′	5′ TTT-CGA-TGG-TAT-AGC-CAA 3′ 3′ AAA-GCT-ACC-ATA-TCG-GTT 5′
mRNA	5′ UUU-CGA-UGG-AUA-GCC-AAU 3′	5′ UUA-CGA-UGG-AUA-GCC-AAU 3′	5′ UUU-CGA-UGG-UAU-AGC-CAA 3′
タンパク質	N PHE-ARG-TRP-ILE-ALA-ASN C	N LEU-ARG-TRP-ILE-ALA-ASN C	N PHE-ARG-TRP-TYR-SER-GLY C
	アミノ末端　　　カルボキシル末端	アミノ末端　　　カルボキシル末端	アミノ末端　　　カルボキシル末端

図 12.2 ■ ミスセンス突然変異，およびインデルによるフレームシフト。上段は，ある DNA 領域，中段と下段はそれぞれその領域の mRNA とそこにコードされているタンパク質を示す（遺伝暗号とアミノ酸の略号は図 2.23，図 2.26 参照）。真ん中の欄には，ミスセンス突然変異とその結果生じるアミノ酸配列の変化を示す（野生型との違いを赤で示す）。右の欄には，フレームシフト突然変異（A-T 塩基対の追加）とその結果生じるアミノ酸配列の変化を示す。

　全染色体，さらには全ゲノムさえ重複することがある。二倍体生物では，染色体は対になっている（例えばヒトは 23 対の染色体をもつ）ので，ある染色体対の一方を失うと**モノソミー**（一染色体性，monosomy）を引き起こし，重複すると**トリソミー**（三染色体性，trisomy）を引き起こす。ヒトでは，このような個々の染色体レベルの変化は重大な結果をもたらし，ダウン症候群の原因となる 21 番染色体のトリソミーの例を除き，出生前あるいは出生後のとても早い時期に死をもたらす。このような重篤な結果をもたらすため，通常，染色体レベルの突然変異は集団中で維持されない。全ゲノムの重複は**倍数性**（ploidy）のレベルの変化を引き起こす。例えば，染色体のコピー数の倍化はしばしば大規模な影響をおよぼし，新しい種の形成につながることさえある（pp.683 〜 685 参照）にもかかわらず，多くの真核生物では比較的容易に起きる。

　DNA の再編成は，全 DNA 量や局所的な DNA 配列に変化のない突然変異となる。例えば，**逆位**（inversion）はゲノムのある部分領域（数塩基から染色体の大きな領域の範囲に及ぶ）が逆になった突然変異である（図 12.4）。**セントロメア**（centromere）を含む染色体（ほとんどの真核生物の染色体）では，逆位はセントロメアを含む**含動原体逆位**（挟動原体逆位，pericentric

A
親　ATTTAGCGCTAGGCTAGGC　　　　TCTCGATC
子　ATTTAGCGCTAGGCTAGGCTAGGCTAGGTCTCGATC

B　　　　　　ショウジョウバエのヒストン遺伝子

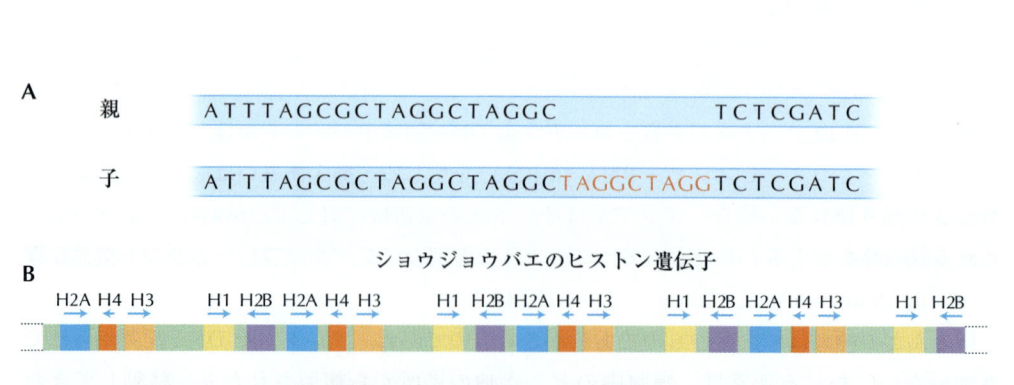

H2A H4 H3　H1 H2B H2A H4 H3　H1 H2B H2A H4 H3　H1 H2B H2A H4 H3　H1 H2B

図 12.3 ■ 縦列重複。重複により DNA の新しいコピー（"子"）が元の DNA（"親"）と隣り合う位置にある突然変異。縦列重複の大きさは 1 塩基から多くの遺伝子を含む範囲にまで及ぶ。(A) 9 bp の縦列重複（赤）の図。(B) キイロショウジョウバエのヒストン遺伝子の縦列配置。矢印は転写の方向を示す。このような縦列の配列は真核生物のゲノムではよくみられ，通常，複数回の縦列重複を通じて生成される。

12.1 突然変異とその生成機構 ・ *357*

A

親　ATTTAGCGCTAGGCTAGGCTCTCGATG

子　ATTTAAGCCTAGCGCAGGCTCTCGATG

B

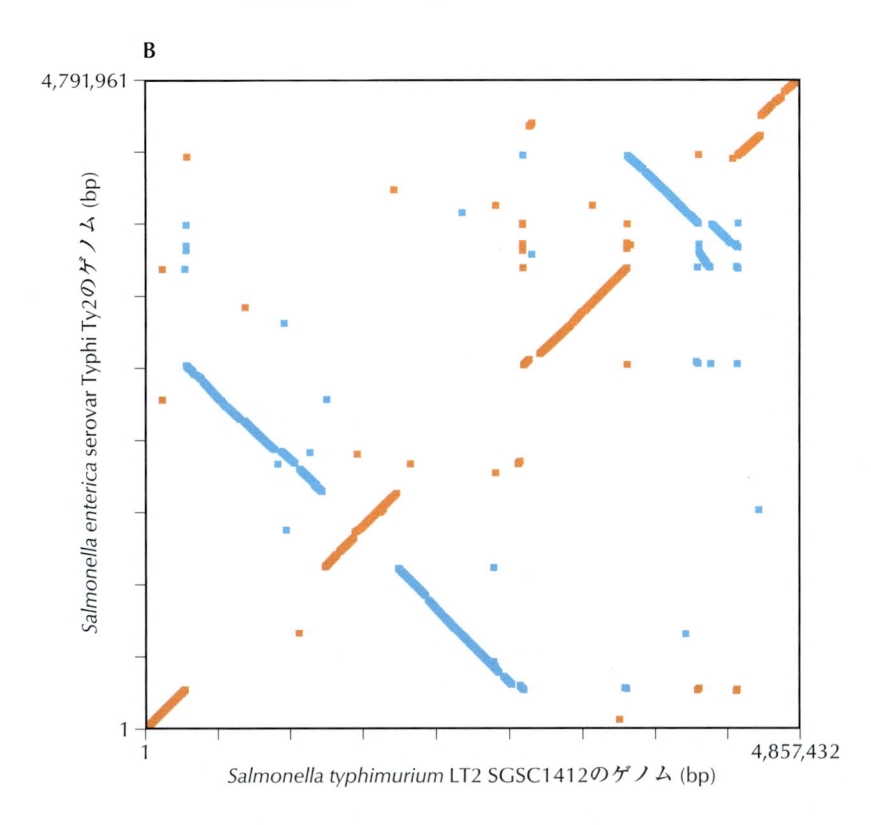

Salmonella enterica serovar Typhi Ty2のゲノム (bp)　縦軸：1〜4,791,961
Salmonella typhimurium LT2 SGSC1412のゲノム (bp)　横軸：1〜4,857,432

図12.4 ・ 逆位。(A) DNA の小領域の逆位の仮想的な例。親配列を上に，子配列を下に，逆位の領域を赤で示す。(B) 複数回の大きな逆位が起きたことを示す真正細菌 *Salmonella* 属の 2 系統のゲノムの比較。図はゲノムドットプロットを示す (Box 7.1 参照)。一方の系統のゲノムを x 軸に，他方の系統のゲノムを y 軸に示してある。複製起点は (x, y) = (1, 1)。1 つのドットは 2 ゲノム間で保存されている領域をさす。2 つのゲノムが全体的に同じ方向であれば，すべてのドットは y = x の対角線上に乗る。青い部分は 2 系統間の逆位である。

inversion) と，セントロメアを含まない**無動原体逆位**（偏動原体逆位，paracentric inversion）に分類される（図 12.5）。**転座**（translocation）は，2 つの染色体のある部分（あるいは 1 つの染色体の 2 つの端部）が交換されたときに起きる（図 12.6）。切断点が遺伝子を破壊しなければ，逆位や転座の影響は，しばしば表現型にはすぐには現れない。ただし，これらの再編成は遺伝的組換え（すなわち真核生物では有性生殖による組換え，真正細菌と古細菌では接合）の際に問題を起こすことがある。ある染色体が相同染色体には存在しない逆位や転座を含むときには，**対合**（synapsis）が正しく起きないために，減数分裂の際の**交差**（crossing over）が欠失を引き起こす可能性がある。このため，逆位や転座のヘテロ接合性の個体は通常，部分的あるいは完全に不妊である（Box 12.2 参照）。

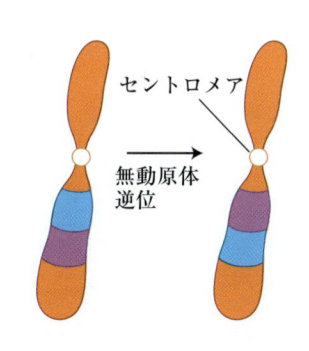

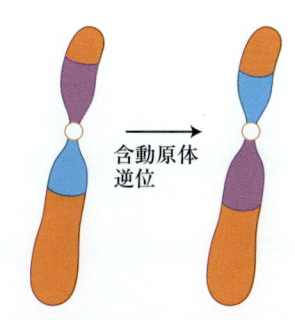

図12.5 ・ 無動原体逆位と含動原体逆位。無動原体逆位はセントロメア外の逆位で，含動原体逆位はセントロメアを含む逆位である。色づけしたバンドは逆位を示す。

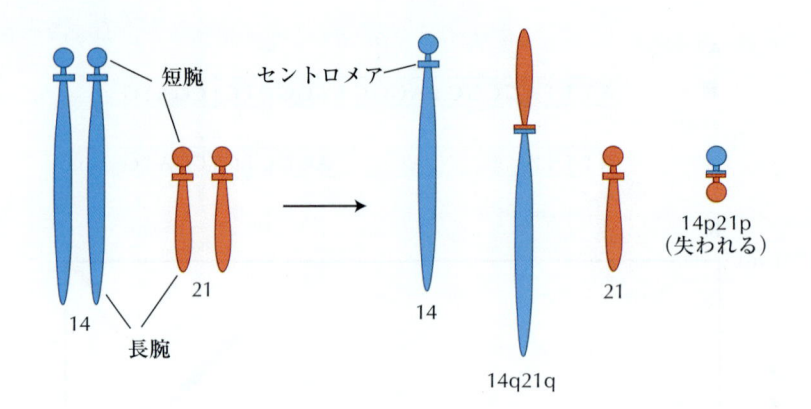

図12.6 ▪ 転座。ヒト14番染色体と21番染色体の間の転座を示す。14番染色体と21番染色体の短(p)腕が再結合して，2つの転座(14q21qと14p21p)を生じる。

多くの突然変異はDNA複製時の自然発生的な誤りに起因する

　DNAが"複製"されるときに，DNAポリメラーゼは常に完璧に元の配列を複写するとは限らない(DNA複製についてはBox 12.1参照)。最も一般的な誤りは塩基対形成の規則(AはTと，GはCと対になる)の違反にかかわるもので，塩基置換をもたらす。そのなかでも多いのは塩基のトランジションであり，主要な原因は塩基の**互変異性化**(tautomerization)である。DNAのおのおのの塩基には2つの互変異性体が存在する(図12.8)。99%以上の時間は，DNAで通常みられる型，すなわちGとTはケト型でCとAはアミノ型で存在する。しかしながら各塩基は，低い確率(1%以下)で別の互変異性体(それぞれエノール型，イミノ型)になる。塩基のとるこれらの別の状態がDNA複製中の決定的な瞬間に起きれば，塩基対を形成できてしまう。このとき，例えばGのエノール型互変異性体はCよりもTと(図12.8 A)，Aのイミノ型はTよりもAと塩基対を形成する。

　またDNA複製では，**すべりによるDNA鎖の不対合**(slip-strand mispairing, SSM)と呼ばれる機構を通じてインデルを生み出すという誤りも起きる。SSMにおいては，DNAの複製装置がDNAの鋳型鎖に沿って進むときに"すべり"，その結果，鋳型DNA鎖と新生DNA鎖が一時的に離れる。もし鎖が1塩基から数塩基，本来の領域からずれると，再会合したときにどちらか一方の鎖がループを形成する。複製が続けられると結果として，新生鎖への余分な塩基の付加(新生鎖がループを含む場合)，あるいは数塩基の欠失(鋳型鎖がループを含む場合)が起きる(図12.9)。この現象は，**マイクロサテライトDNA**(microsatellite DNA)のような短い反復配列を伴う領域で最もよく起きる(BOX 13.3参照)。

DNAの物理的損傷が直接的にも間接的にも突然変異を引き起こす

　生物のDNAは，複製と分離の周期の合間も不活発ではない。DNAはたえず巻かれ，ほどかれ，さまざまなタンパク質が結合し，化学的な変化さえ受ける。これらはすべて通常の細胞活動の一部である。これらの活動は生命に不可欠である一方，ゲノムの安定性を脅かすものでもある。DNAはまた，常に化学的，物理的な力にさらされており，これらの力はDNAを化学的に変化させたり，他の種類の損傷を引き起こしたりする。このような変化は，塩基配列を変化させて直接的に，あるいは複製や分離の誤りの頻度を増加させて間接的に，突然変異の原因となる。

Box 12.1　DNA 複製

どのようにして複製の誤りが突然変異を引き起こすのかを理解するためには，生物が DNA を複製するのに用いている機構を理解することが不可欠である。

DNA 分子はヌクレオチドの二本鎖からなる二重らせん構造をしている。各鎖の骨格は，2 分子の糖の間をホスホジエステル架橋するリン酸単位で作られる。すなわち各リン酸は，デオキシリボースの 3′-OH とその隣のデオキシリボースの 5′-OH をつないでいる（図 12.7，pp.47～50 も参照）。一本鎖 DNA の向きすなわち極性は，一方の端に遊離 5′-OH 基が，反対の端に遊離 3′-OH 基があることから定まる。二重らせんの各鎖は互いに逆の極性をもつ（逆平行と呼ばれる）。

二本鎖のもつ逆の極性は，DNA 複製の進み方とかかわりがある。DNA 複製を触媒する DNA ポリメラーゼ複合体は，ある点から複製を開始し，両方の鎖を同時に複製しながら DNA の二重らせんに沿って一方向に進む。しかし DNA ポリメラーゼは，伸長する DNA 鎖の 3′ 端へのみ新しいヌクレオチドを付加し，5′ 端へは付加しない。鎖の伸長する方向と DNA ポリメラーゼ複合体が移動する方向とが同じであれば，DNA 複製は円滑に進む。これは DNA 複製の**リーディング鎖**（leading strand）と呼ばれる鎖で起きる。**ラギング鎖**（lagging strand）と呼ばれるもう一方の鎖については，DNA ポリメラーゼ複合体は鎖の伸長方向とは反対の方向に動く。この埋め合わせをするために，DNA ポリメラーゼは少し先へ飛び移り，その間の部分領域を，伸長中の断片の 3′ 末端へ通常どおりヌクレオチドを付加することにより逆方向に複製する。そして DNA ポリメラーゼは再び先へ飛び移り，次の部分領域を複製し，ということを繰り返す。新しく合成された断片は岡崎フラグメントと呼ばれ，連続した鎖を作るようにつなぎあわされる。リーディング鎖の合成は，ラギング鎖合成の遅いペースに合うように調節されている。

DNA ポリメラーゼはそれ自身では複製を開始することができないので，さらに複雑な状況が起こる。すなわち複製の開始には，複製プライマーとなる短い相補配列（種によって RNA であったり DNA であったりする）を合成する**プライマーゼ**（primase）の助けが必要である。プライマーは複製が開始するたびに必要となる。したがってリーディング鎖の複製に必要なプライマーは 1 つだけであるが，ラギング鎖の複製には各部分領域について新しいプライマーが 1 つ必要であり，これがラギング鎖の合成をさらに遅くしている。またこのような 2 本の逆平行の鎖についての複製機構の違いは，突然変異パターンの非対称性の原因ともなる。

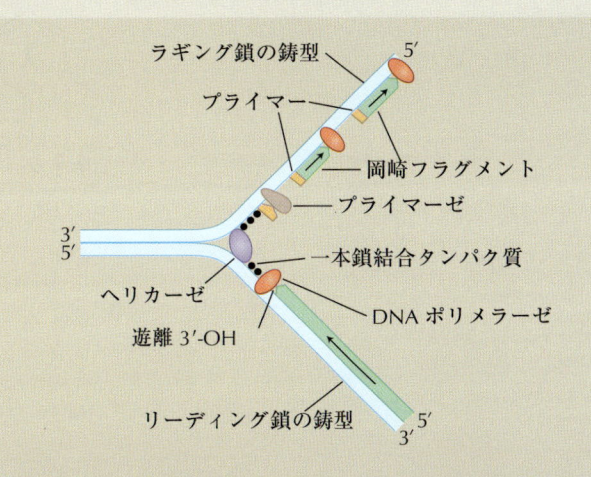

図 12.7 ▪ DNA の複製フォーク。親 DNA（青）が新しい 2 本の DNA 鎖（緑）の合成の鋳型となる。ヘリカーゼ（紫の楕円）が DNA をほどく。ヘリカーゼの右側の DNA はほどかれて複製されているのに対し，左側の DNA はまだ複製されていない。詳細は Box 中の本文参照。

DNA の塩基変化のよくある型はシトシンの脱アミノ化である（図 12.10）。これは高い率で自然発生的に起き，また変異原性の化学物質や熱によっても誘発される。シトシンはアミノ基を失うと，通常 RNA にはみられるが DNA にはないウラシルに変わる。DNA 中のウラシルは多くの場合チミンであるかのように機能し，アデニンと塩基対を形成できる。したがって，DNA 複製時に，鋳型鎖のウラシルは向かい側の鎖にアデニンを取り込み，その結果，元の C-G 塩基対は U-A 塩基対に変えられ，これは次の複製サイクルによって T-A 塩基対に変えられる。細胞は，ウラシルを DNA の正常な構成成分ではないと認識し，DNA 中にみつかるウラシルを除去する特別な修復過程をもっている。これによりシトシンの脱アミノ化による損傷を制限している（p.364 参照）。ところが多くの生物種において，シトシン塩基の一部はメチル基の付加によって修飾されている（図 12.10 参照）。メチルシトシンの脱アミノ化（これもまた高い率で自然発生的に起きる）は，チミンを生じる。もしこれが修正されなければ，その結果は C-G 塩基対の T-A 塩基対への変化となる。チミンは正常な DNA 塩基で

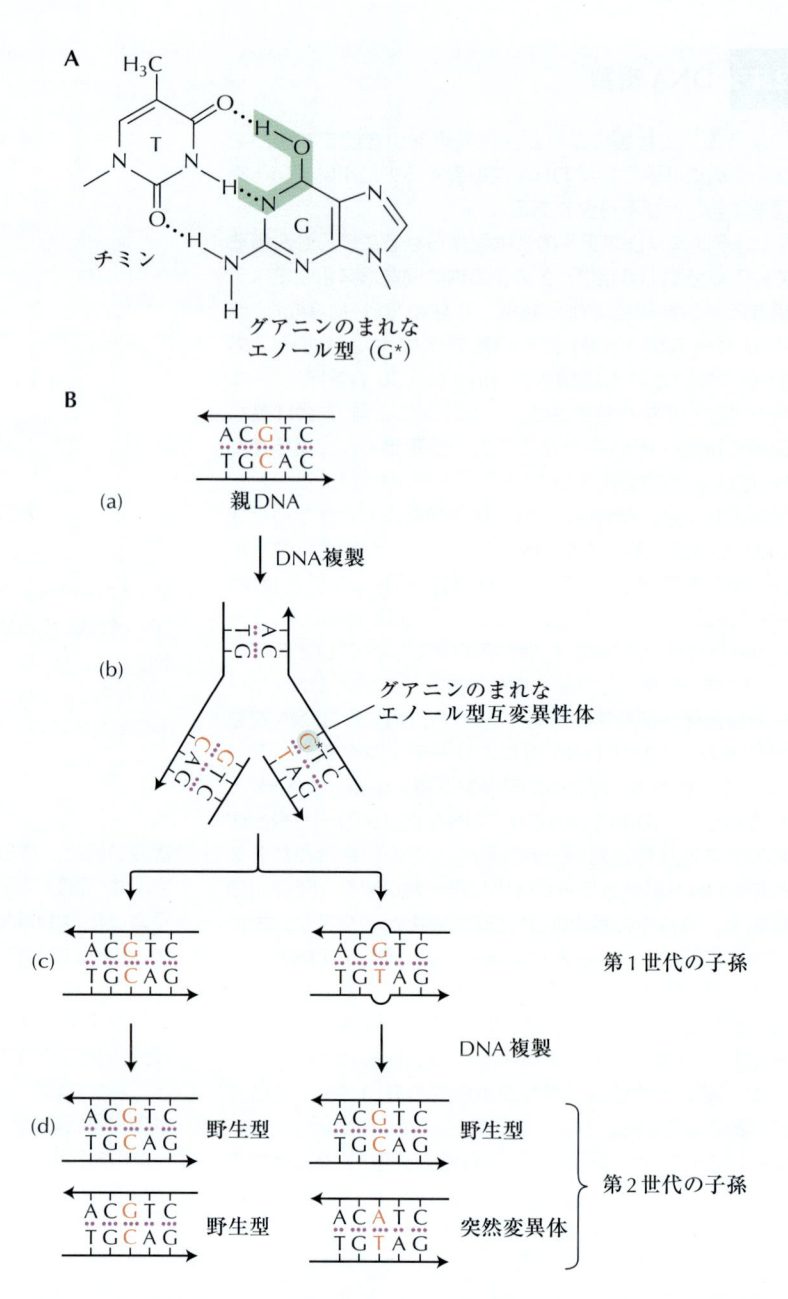

図 12.8 ● 互変異性体と突然変異．(A) グアニンのエノール型互変異性体のチミンとの塩基対形成．(B) DNA 塩基の互変異性化によって生成された突然変異．(a) に親 DNA を示す．(b) では両鎖で DNA 複製が進行している．一方の親鎖のグアニンがまれなエノール型（G*）へ互変異性化する．その結果，相手としてCよりもTが対形成するようになる．(c) に第1世代の子孫を示す．G* は通常のGに戻っているが，DNA には不適正な GT 塩基対が存在することになる．これはミスマッチ修復により修正されることが多いが（本文参照），修復されなかった場合は，DNA が再び複製される際にTの相手としてAが対形成するので，突然変異として固定される．(d) に，もう1回複製した後のこの領域の DNA 配列を示す．

あるので，細胞は正常なチミンとメチルシトシンの脱アミノ化によるチミンを区別することができず，したがって容易にはこの誤りを修正することができない（ただしいくつかの種は，この脱アミノ反応によって作り出されたG：Tの不適正対合を特異的に認識し修復する機構を備えている）．したがって，メチルシトシンの脱アミノ化は，ゲノムのメチル化領域に観

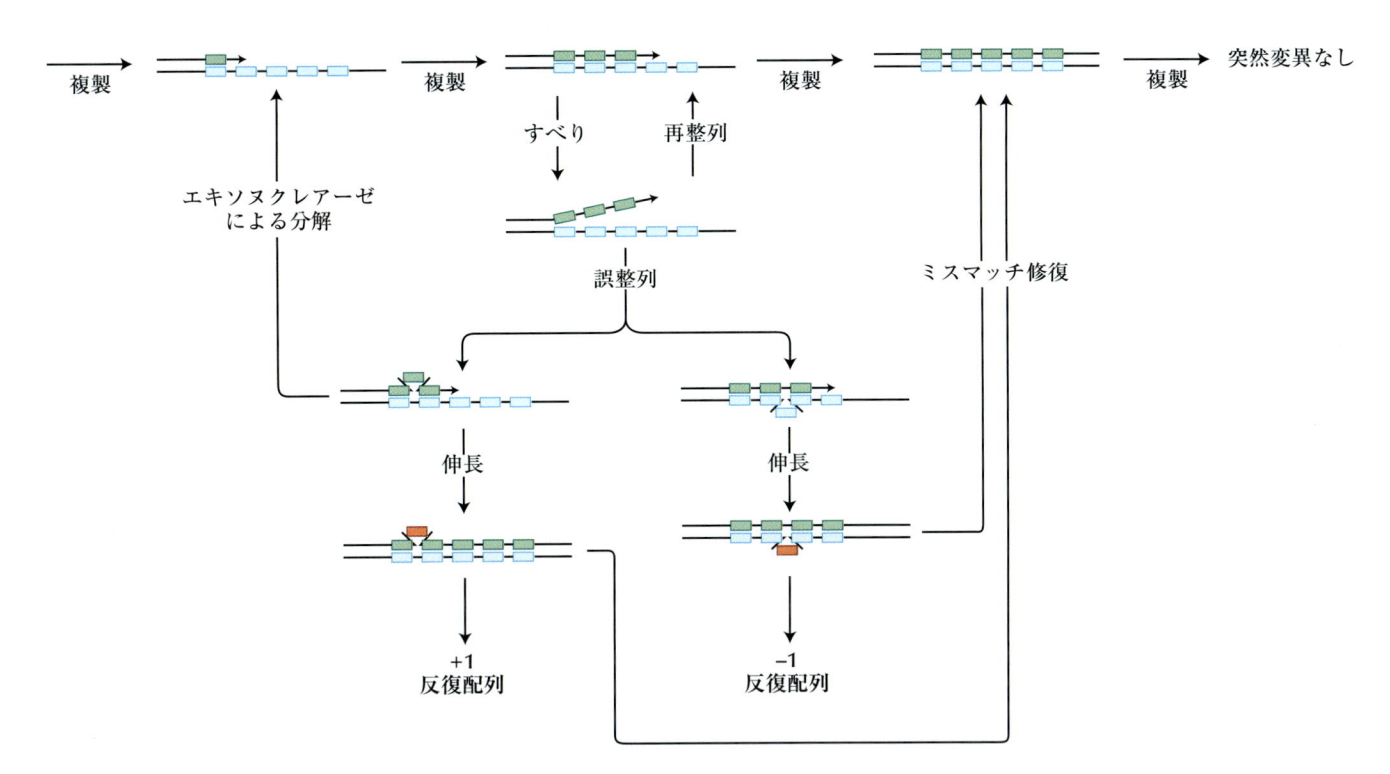

図12.9 ▪ すべりによるDNA鎖の不対合（SSM）。DNA複製中にたまに起きるSSM過程のモデル。SSMはDNAの縦列反復で最もよく知られている。図には縦列反復（例えばGAGAGAGAGAGA）を含む二本鎖DNAの複製および突然変異過程を段階を追って示した。DNA鎖は細い線で，個々の反復配列は小さい長方形で，進行中の複製は小さい矢印で示す。5つの反復配列を含む親DNA領域（青）が左から右へ複製されていく（新しいDNAは緑）。中央の中段にはすべりの起こるようすを示す。すべりの後，DNAは本来の領域に再整列し正しい形に戻ることもあれば，本来の領域からずれてループを形成して誤った再配列することもある（さらに下に示す）。ループは鋳型鎖にできる場合と（右側の図）合成中の鎖にできる場合がある（左側の図）。これらはミスマッチ修復（右への矢印），あるいはDNAポリメラーゼの校正（左への矢印）によって修復されることが多いが，修復されなかった場合にはインデル突然変異となる。

察されるシトシンの高い突然変異率に寄与している（後述）。

　UV照射は，同じDNA鎖の隣り合う2つのピリミジン塩基間に共有結合を作って，DNAに損傷を与える（図12.11）。UVで誘発されたピリミジン損傷を含む部位の複製は，正常なDNAの複製よりも誤りを起こしやすい。したがって，UV照射は突然変異を生じる。また複製の誤りを引き起こすDNAの損傷は，隣り合う2つの塩基対間の空間に入り込むDNA**インターカレート剤**（intercalating agent）によっても引き起こされる。しかしおそらくほとんどの生物では塩基損傷の最も重要な原因は，プリンやピリミジンに損傷を与える活性酸素の存在である。

　DNA骨格のホスホジエステル結合を破壊して，DNA鎖の切断を誘発する要因はたくさんある。これらの要因には，活性酸素，γ線照射，抗生物質マイトマイシンCのような化学薬品，そして不完全な転位がある。鎖の切断はさまざまな方式で突然変異を引き起こす。例えば二本鎖の切断は，切断末端が誤ってつながれた場合に，欠失を引き起こしたり，逆位や転座を生じる（図12.12）。加えて，染色体にセントロメアをもつ真核生物では，二本鎖切断が存在したまま染色体分離をすると，セントロメアのないほうの染色体断片が正しく分離されなくなる。その結果，娘細胞の1つはゲノムのその領域を受け取れない可能性が生じる。

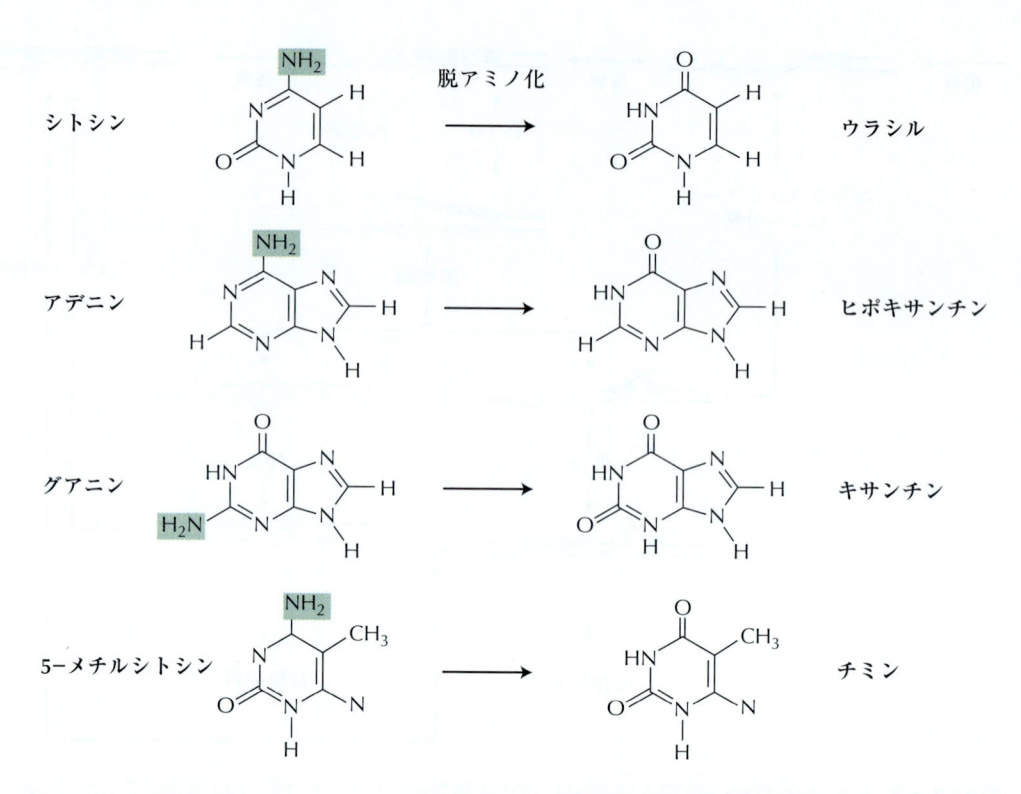

図 12.10 ・ DNA 塩基の脱アミノ化。DNA 塩基からの NH_2 基の除去は自然発生的に起き，熱やさまざまな化学薬品によっても誘発されるが，なかでもシトシンと 5-メチルシトシンで起きやすい。とりわけ 5-メチルシトシンのチミンへの脱アミノ化は多くの種において厄介である。なぜなら，自然に存在するヌクレオチドとしてのチミンは，異常な DNA 塩基としては認識できないからである（ただし異常な G-T 不適正塩基対を認識できる種もある）。

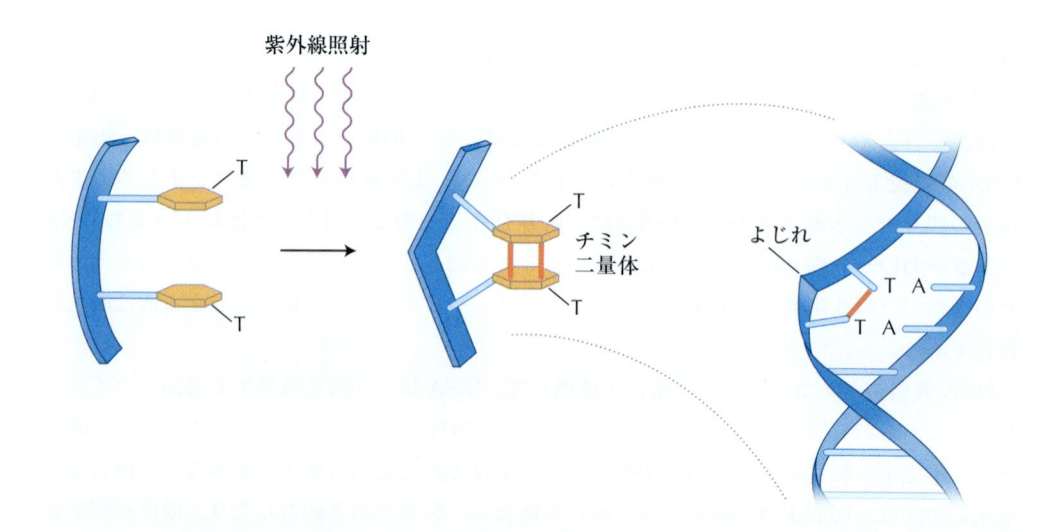

図 12.11 ・ UV 照射により誘発されたシクロブタンピリミジン二量体（CPD）。図は 2 つのチミンをもつ CPD（チミン二量体としても知られる）を示している。このような CPD は，図示したように DNA らせんのゆがみを生じ，これが複製や転写，その他の過程を妨害するので，変異原性があり毒性をもつ。

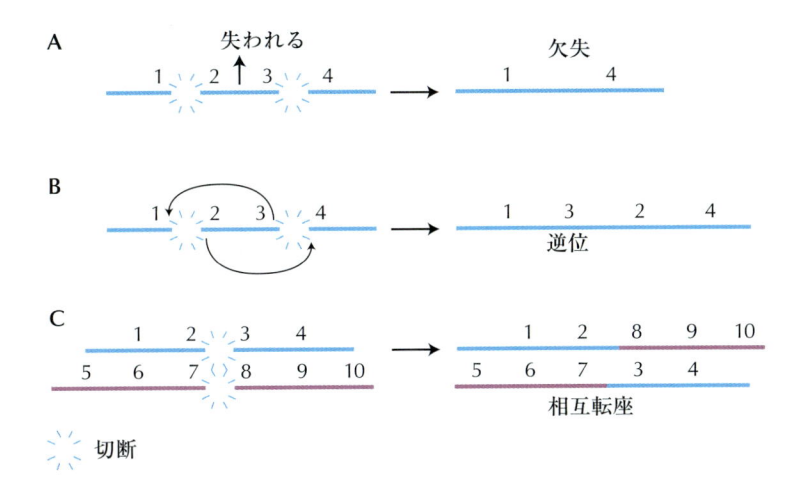

図 12.12 ・ DNA 二本鎖切断の誤った再結合により生じた染色体再編成。(A) 領域 2 と 3 の両脇の 2 か所で鎖切断が起きている（青い花火形で示した）。両脇の領域どうしが連結すると，2 と 3 を含む領域が欠失する。(B) (A) に示したのと同じ 2 か所の鎖切断の後，切断前とは異なる切断末端が連結することによって逆位が生じる。(C) 2 本の染色体がそれぞれ 1 か所ずつ切断され，誤って連結されると転座を引き起こす。

12.2　DNA 損傷と複製の誤りによって引き起こされる突然変異の数は，保護，防止，修正の機構によって制限されている

　DNA 複製の誤りや DNA 損傷のもつ変異原性の潜在能力は莫大である。例えば，DNA ポリメラーゼを in vitro で調べると，塩基の誤取り込みによる誤り率は 1000 塩基に 1 つに近い値である。塩基損傷のいくつか（例えば脱アミノ化や脱プリン化）は，理想的な条件下であっても 1 日あたり 1 万塩基に約 1 つ起きている。それにもかかわらずほとんどの生物では突然変異率は非常に低い。例えば，1 回の複製で 1 座位あたりの点突然変異率は，大腸菌では約 1×10^{-9} であり，ヒトでは約 1×10^{-10} である（図 12.23 参照）。すなわちヒトでは 1 回の複製でゲノム中の 10,000,000,000 座位ごとに 1 つの誤りしかない。第 19 章でみるように，1 回の複製でゲノムあたりにわずかな突然変異が起きても適応度が大幅に下がるので，突然変異率はきわめて低くなければならない。

　ポリメラーゼの誤り率や DNA 損傷率が高いにもかかわらずこのように突然変異率が低いのは，DNA を損傷から保護する過程，DNA 損傷を修復して子孫への誤りの伝達を防止する過程，そして DNA 複製の誤りを修正する過程に負っている。これらの保護，防止，修正の過程が一緒になって突然変異の荷重を何桁も下げている。以下の項ではこの過程について議論する。

保護の仕組みにより変異原の効果を制限されている

　環境中の変異原が細胞や細胞中の DNA に到達しなければ，その変異原が引き起こしうる損傷から生物は保護される。例えば，多くの生物は UV 照射を吸収する色素で自分自身を遮蔽している。生物はまた，細胞内の活性酸素を除去するために多様な機構を用いており，これら活性酸素の変異原性および毒性の効果を制限している。

DNA修復過程は損傷を受けたDNAを修復することによって突然変異を防止する

　DNA修復過程により，損傷を受けたDNAや，変化したDNA，あるいは異常なDNAが認識され，それらが元の状態に戻される。このような修復過程はそれらの一般的な作用機構に基づき3つに分類される。すなわち，直接的な修復，除去修復，そして組換え修復である。

　直接的な修復の機構は，単にDNAの構造の変化を逆戻りさせるものである。直接的な修復の1つの形であるDNAライゲーション（DNA ligation，図12.13A）では，壊れたDNA骨格のホスホジエステル結合が再結合される。DNAライゲーションは一本鎖DNA切断の修復にも，二本鎖DNA切断の修復にも使われる。また多くの生物では，非相同末端結合と呼ばれるDNAライゲーションの特別な形が，二本鎖切断を修復するのに使われている。直接的な修復の別の例には，隣接するピリミジンの間で不適切に形成された共有結合（UV照射により引き起こされる）を壊す光回復（図12.13B）や，異常なアルキル基をタンパク質へ転移させてDNAから除去するアルキル転移がある。

　除去修復機構には共通の戦略がある。第1に，異常を含むDNA鎖の部分領域が除かれる。第2に，除かれた部分領域の再合成に，反対側の鎖が鋳型として使われる。第3に，新しく合成されたDNA断片が正しい場所に連結される（図12.13C）。除去修復には，除去される異常の種類や，その認識と除去の機構によって区別される3つの主要な型がある。第1の型は塩基除去修復で，単一の異常な塩基（例えばp.359で議論したウラシル）を置き換える。第2の型はヌクレオチド除去修復で，損傷を含むDNAの広い領域を置き換え，損傷を受けたDNA領域を修復する。第3の型はミスマッチ除去修復で，複製の誤りによって生じた不適

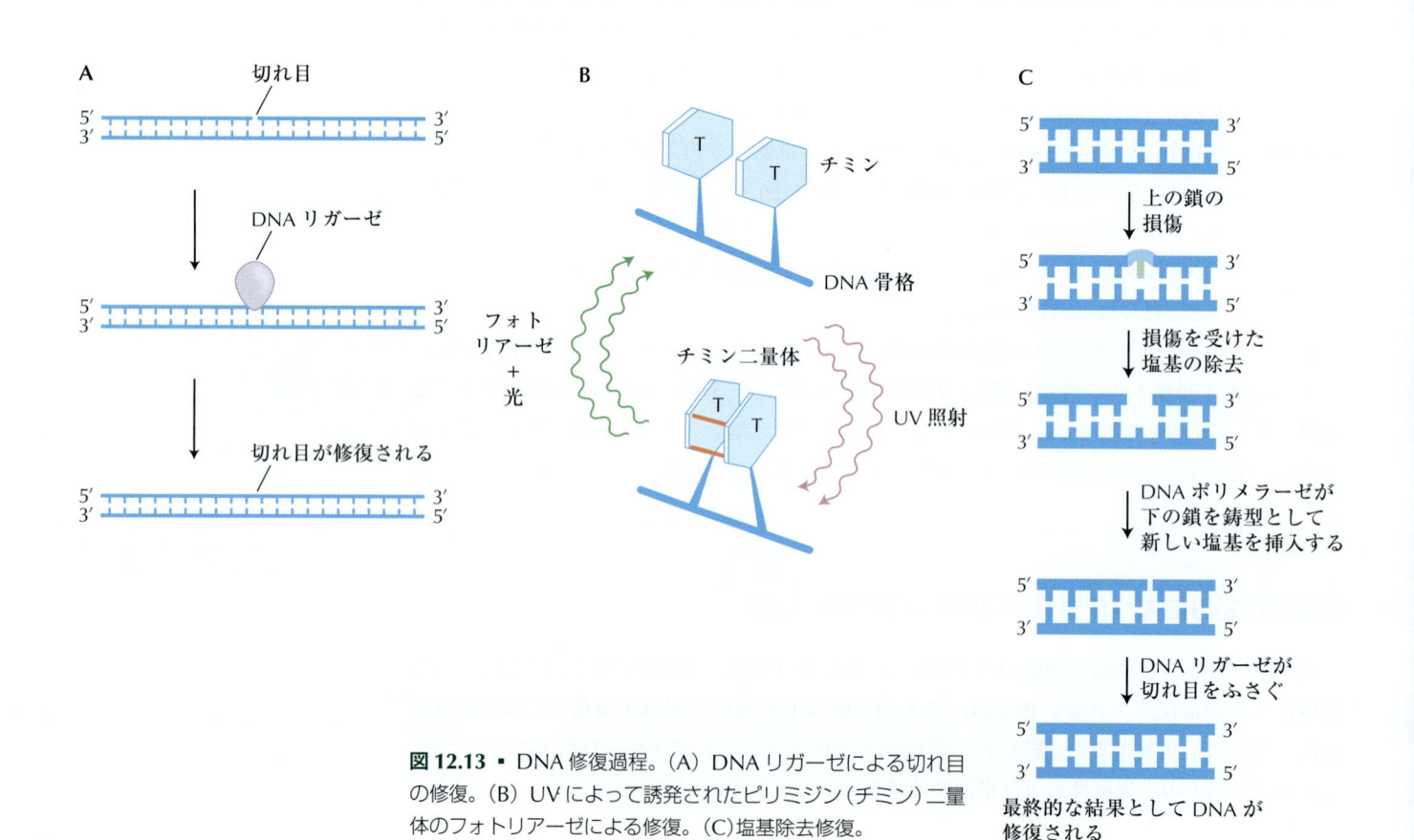

図12.13 ・ DNA修復過程。（A）DNAリガーゼによる切れ目の修復。（B）UVによって誘発されたピリミジン（チミン）二量体のフォトリアーゼによる修復。（C）塩基除去修復。

正塩基対やインデルの誤りを修復する。このミスマッチ除去修復（ミスマッチ修復としても知られる）については次の項で論ずる。

組換え修復は**相同組換え**(homologous recombination)の特別な形である。相同組換えでは，配列が同一あるいはほぼ同一な2つのDNA断片（例えば1つの染色体の2つのコピー）が整列し，両者の間でDNAの部分領域が交換される。組換えの機構の詳細についてはpp.370〜371で論ずる。DNA修復という目的のために重要な点は，損傷を受けたり変化したりした染色体の部分領域を交換するのに，同じ染色体の相同なコピーに存在している損傷を受けていない部分領域を利用した，相同組換えが使えるということである。これは，一本鎖および二本鎖切断の修復や，DNA損傷の場所を越えてDNA複製を進めさせる際に最もよく行われる。相同組換えはまた有性生殖でも使われており，性とDNA修復の間の関連については，第23章のウェブノートで論じる。

誤りを修正する機構は複製の誤りによる突然変異の数を減らす

最良の状況下（例えばすべてのDNA損傷が除かれ，細胞が健常であるとき）であっても，DNA複製の誤りは数千塩基対ごとに1つの頻度で起きる。この誤りを検出して修正する2つの機構，すなわち校正と**ミスマッチ修復**(不対合修復，mismatch repair)が，誤りを大きく減少させ，複製の驚くべき精度を達成している。これらの過程は両方とも，単純な前提すなわち，DNA複製中に誤った塩基が挿入されたりあるいは余分な数塩基が加わったり欠失したりすれば必ず正常な二重らせん構造が歪められる，という前提に基づいている。

校正の際は，DNA複製装置そのものが，新しく複製されたDNAにこの構造の歪みがないかをチェックする。異常な塩基対が検出されると，新しく複製された塩基が除かれ，塩基が除かれた位置からDNA複製が続けられる（図12.14）。誤りが一過性の互変異性化によるものであった場合には，同じ座位に再び起きることはありそうにないので，ポリメラーゼが二度過ちをおかす可能性は低い。DNA校正はときに，一方の鎖中の余分なDNAの取り込みによる二重らせんの歪みを認識することによって，すべりによるDNA鎖の不対合(SSM)も修正することができる。

校正は不完全であり，多くの不適正対合した塩基対やほとんどのSSMの誤りを放置する。しかしながら，DNAが再び複製されるときまで，これらの塩基対や不対合領域が認識される機会はあり，これらの誤りの多くはミスマッチ修復過程によって修正される（図12.15）。不適正対合した塩基対やSSMのループが認識され，新生DNA鎖の塩基が除去されるのである。そして，除去された塩基を含む領域は，（おそらく正しい）反対側の鎖を鋳型として，DNAポリメラーゼ（しばしばこの修復に特化したもの）によって再合成される。

ミスマッチ修復の2つの重要な特徴が，複製の誤りによって生じる突然変異を減らしている。第1に，ミスマッチ修復はゲノムの一般的な構造の変化を認識する。その際，DNAの不適正対合や小さな不対合領域のおのおのの種類を認識する必要はない。第2に，ミスマッチ修復系は，どちらの鎖が新しく合成されたかを正しく同定する。複製の誤りは新しい鎖にあるはずだから，このことは重要である。鎖を区別する機構は種によって異なる。大腸菌ではメチル化に基づいた過程によりなされる。すなわち，GATCという配列が存在するゲノム領域のアデニンにメチル基が付加され（図12.15），このメチル化はDNA複製が起きた後の短い時間に（すなわち数分以内に）起きる。したがって，鋳型鎖が完全にメチル化されているのに対して，新生鎖はほんのしばらくの間はメチル化されていない。この新生鎖のメチル化されていない状態こそが，ミスマッチ修復系によって認識されるのである。こうしてミスマ

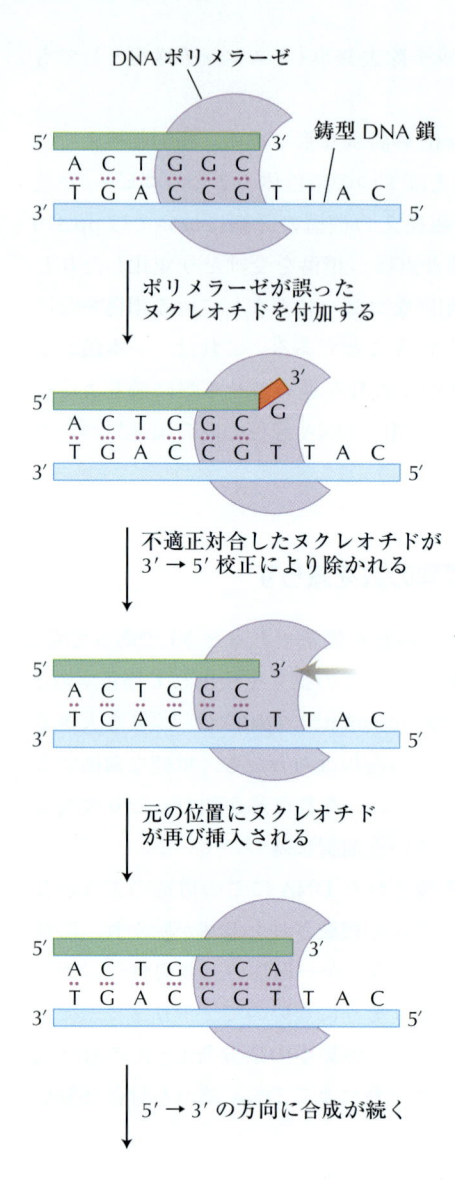

図12.14 ▪ DNA複製中の校正。DNAポリメラーゼは三日月形で示してある。下が鋳型鎖(青)、上が新生鎖(緑)。二番目の図では、ポリメラーゼがTの向かいに誤った塩基を付加し、その結果異常なDNA構造をもたらしている(赤いねじれで示した)。三番目の図では、ポリメラーゼの校正機能がこの異常を認識し、新しく付加された塩基を除いて後戻りしている。その後この位置から複製が再開される(四番目の図)。

ッチ修復過程は、複製の誤りを含む新しく合成された領域をすべて正しく除去することができる。この修復過程は、次の複製の前に完了していなければならない。誤りを含む鎖がDNA複製の鋳型として使われた後では、不適正対合が消失してしまうだろう。

ミスマッチ修復は少々誤った名称である。なぜならこの系は塩基対の不適正対合(ミスマッチ)と小さなループ(例えばSSMの誤りにより生じた不対合領域)の両方を修復するからである。SSMの誤りは校正によっては直ちに修正されないので、ミスマッチ修復がこれらを修正する主たる手段である。したがって、ミスマッチ修復系が存在しなかったり不完全であった場合には、インデル突然変異が大きく増える。

DNAの分離の誤りからも突然変異は生じる

子孫への形質の伝達過程には、単にゲノムを複製する以上のことが要求される。すなわち、いったんゲノムの複製が完了したならば、ゲノムの2つのコピーは、それぞれの娘細胞が正確に1つの完全なゲノムを得られるように、正しく分配される必要がある。この過程は染色

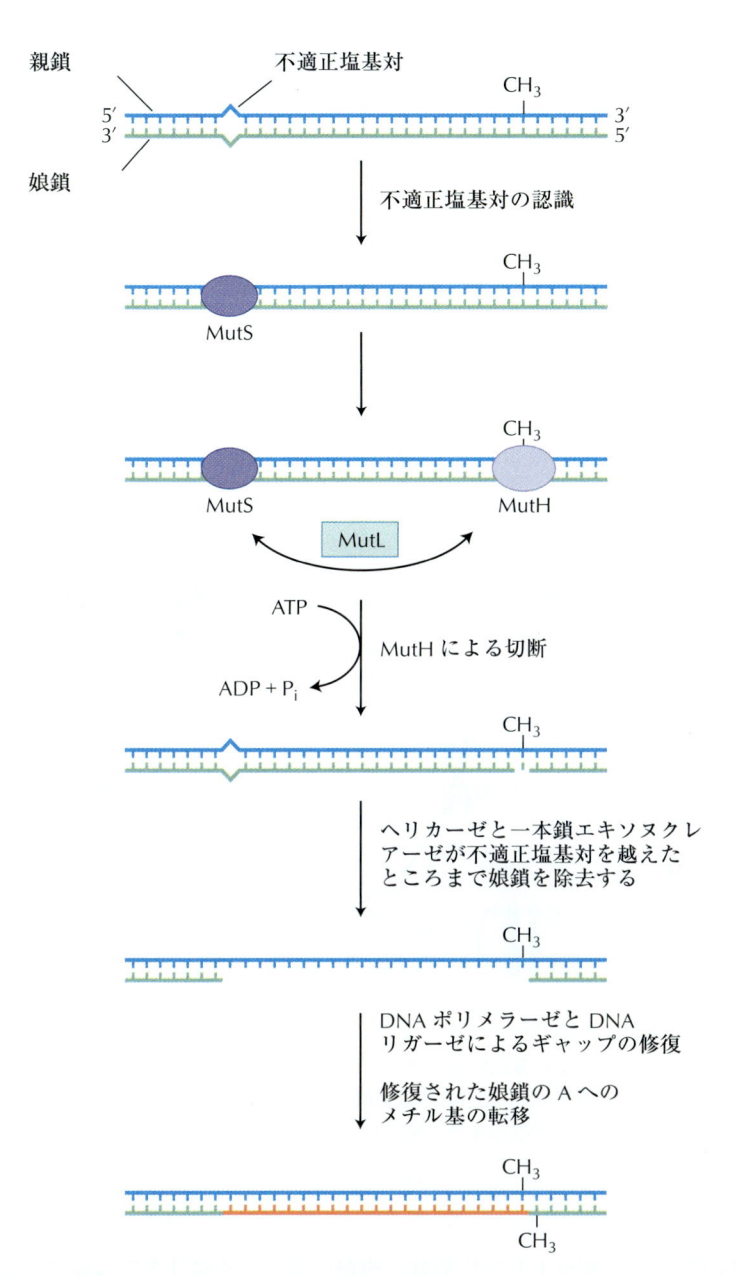

12.2 DNAの損傷と複製の誤りによって引き起こされる突然変異の数は，保護，防止，修正の機構によって制限されている • **367**

図12.15 ▪ 大腸菌のミスマッチ修復。新しく複製されたミスマッチ（DNA骨格の歪みで示す）を含むDNAの部分領域を示す。上が親（鋳型）鎖，下が娘（新生）鎖。親鎖はメチル化酵素の働きの結果としてメチル化アデニンを含む（配列GATC中のA。CH_3で示す）。複製が起きたばかりの娘鎖はまだメチル化されていない。酵素であるMutSが不適正塩基対に結合し，MutLタンパク質とともに，エンドヌクレアーゼであるMutHに新生鎖のDNA骨格を切断させる。MutHはメチル化されていないDNA鎖を，もう一方のDNA鎖がGATCのAのメチル基をもっている箇所で切断する。MutHによって生じた切断の周囲のDNAが除去され再合成される。他の種におけるミスマッチ修復も，鎖の認識系がときに異なる以外は似た方法で行われる。

体分離として知られる。

　二倍体あるいは倍数体の種における染色体分離の誤りは，ある染色体のコピー数が親のそれとは異なる娘細胞（異数性）を生み出したり，全染色体のコピー数が親とは異なる娘細胞（倍数性）を生み出したりする。このような分離の誤りは，減数分裂の際にある程度一般的にみ

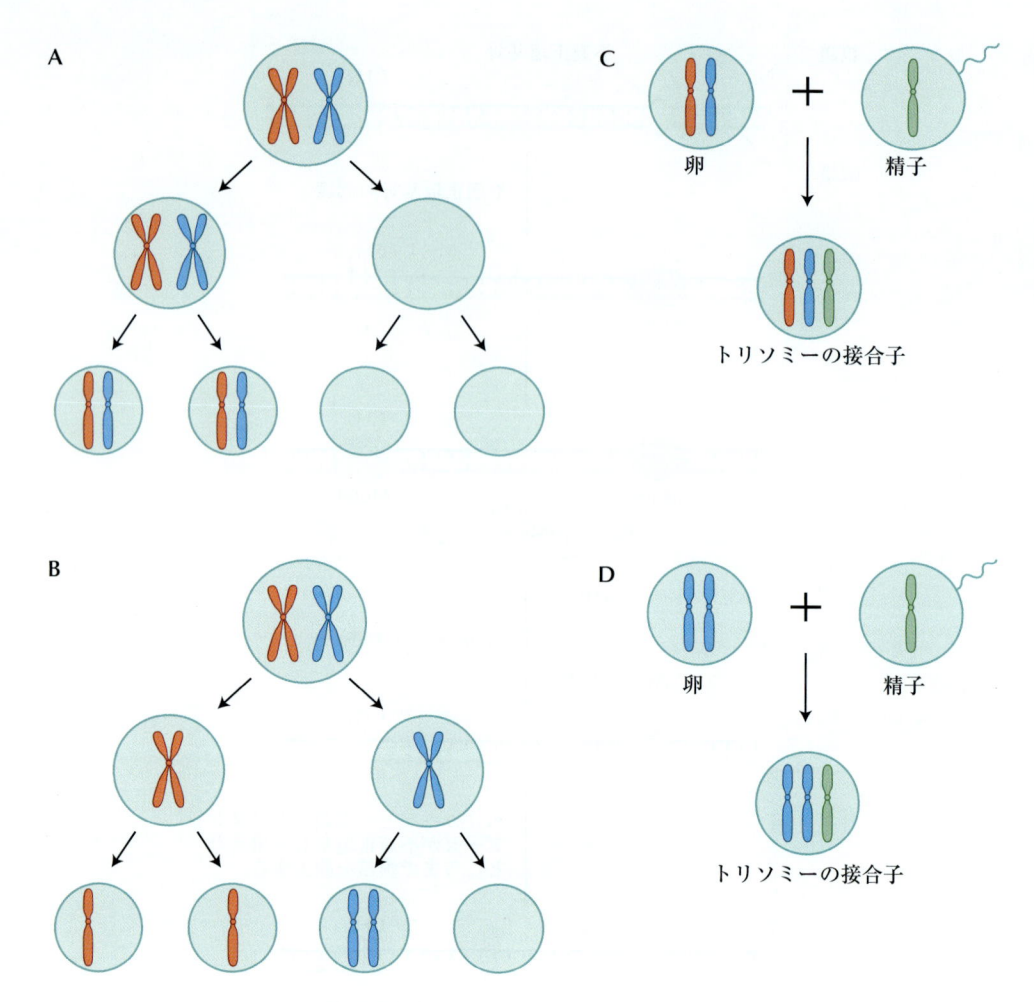

図 12.16 ● 減数分裂中の分離の誤り。染色体は娘細胞に等しく分配されなければならない。これがうまく起きない場合を不分離という。(A) 減数分裂の第 1 分裂 (減数分裂 I) 中に起きる不分離。(B) 減数分裂の第 2 分裂 (減数分裂 II) 中に起きる不分離。(C) A の左側のパターンをもつ卵が有性生殖に関与したときの結果。(D) B の右側のパターンをもつ卵が有性生殖に関与したときの結果。

られる(図 12.16)。したがって有性生殖は,組換えによる多様性を生じるだけでなく,突然変異の起源ともなる(Box 12.2 参照)。

Box 12.2　異なる種類の多型が減数分裂組換えに与える効果

　有性生殖をする真核生物では,ゲノム構造に多型(例えばインデルや逆位)があると,減数分裂の組換えや染色体分離に重大な影響を与えることがある(図 12.17)。ここではいくつかの多型の種類とその影響について述べる。

挿入／欠失　ヘテロ接合体では,挿入領域は対を形成できずループとなって飛び出る。この領域では組換えが起きようがないことは明らかである。

融合／分裂　セントロメアが末端にある染色体どうしは,融合して,セントロメアを中心にもつ 1 つの染色体を生じることがある。ヘテロ接合体では,この融合染色体は融合していない 2 つの染色体と対を形成できる。通常これらは減数分裂で適切に分離し,それぞれの配偶子は完全な一倍体ゲノムを受け取る。しかし,時に誤って,各ゲノム領域のうちの一方を欠いた**異数体**(aneuploid)の配偶子を生じる。

複数の融合 ヘテロ接合体に複数の融合がある場合，その染色体は1つの複雑な構造を作って対を形成する。これが減数分裂において適切に分離することはまれなので，そのようなヘテロ接合体のほとんどは生殖不能である。

相互転座 ある染色体の一部は，他の染色体の一部と交換される可能性がある。ヘテロ接合体では，減数分裂時に4つの染色体が関与する複雑な構造ができる。適切な分離はまれで通常は生殖不能をもたらす。

逆位 染色体の広い領域に及ぶ逆位があると，ヘテロ接合体では減数分裂時にループが生じる。染色体全体は対をなし，逆位の領域内で組換えがなければ，染色体は減数分裂で適切に分離するだろう。しかし，逆位のループ内で交差が起きれば，異常な配偶子が作られる。例えば，一方のコピーが2つのセントロメアとセントロメア近傍領域の重複をもつ一方で，もう一方のコピーはセントロメアをもたない染色体断片と染色体の他方の端の重複をもつ。逆位のループでは交差は比較的よくみられるので，逆位のヘテロ接合体は通常生殖不能か繁殖力が下がり，また大きな逆位は集団中の多型としては通常みられない。

双翅目における逆位の多型 双翅目（すなわちショウジョウバエを含むハエ）では，特別な機構が逆位のヘテロ接合体の生殖不能を制限している。雄では組換えは起きないので，逆位のヘテロ接合体は，雄の減数分裂では何の問題もない。雌の場合は，減数分裂の4つの産物のうち1つのみが卵の産生に進む。したがって，雌のヘテロ接合体での組換えは異常な染色体を生じるが，これらは先に進まない減数分裂の産物として除かれる。無傷の非組換え型の染色体のみが分離を経て将来の卵細胞となる。結果として，逆位のヘテロ接合体は雄としても雌としても完全に生殖可能であり，子孫は逆位の領域内で組換えを起こしていない。実は，これら2つの染色体は別々のプールを形成し，互いに遺伝子を交換することができない。ショウジョウバエの逆位は実験室においては価値ある道具であり，また自然界においても逆位の多型はよくみられる。

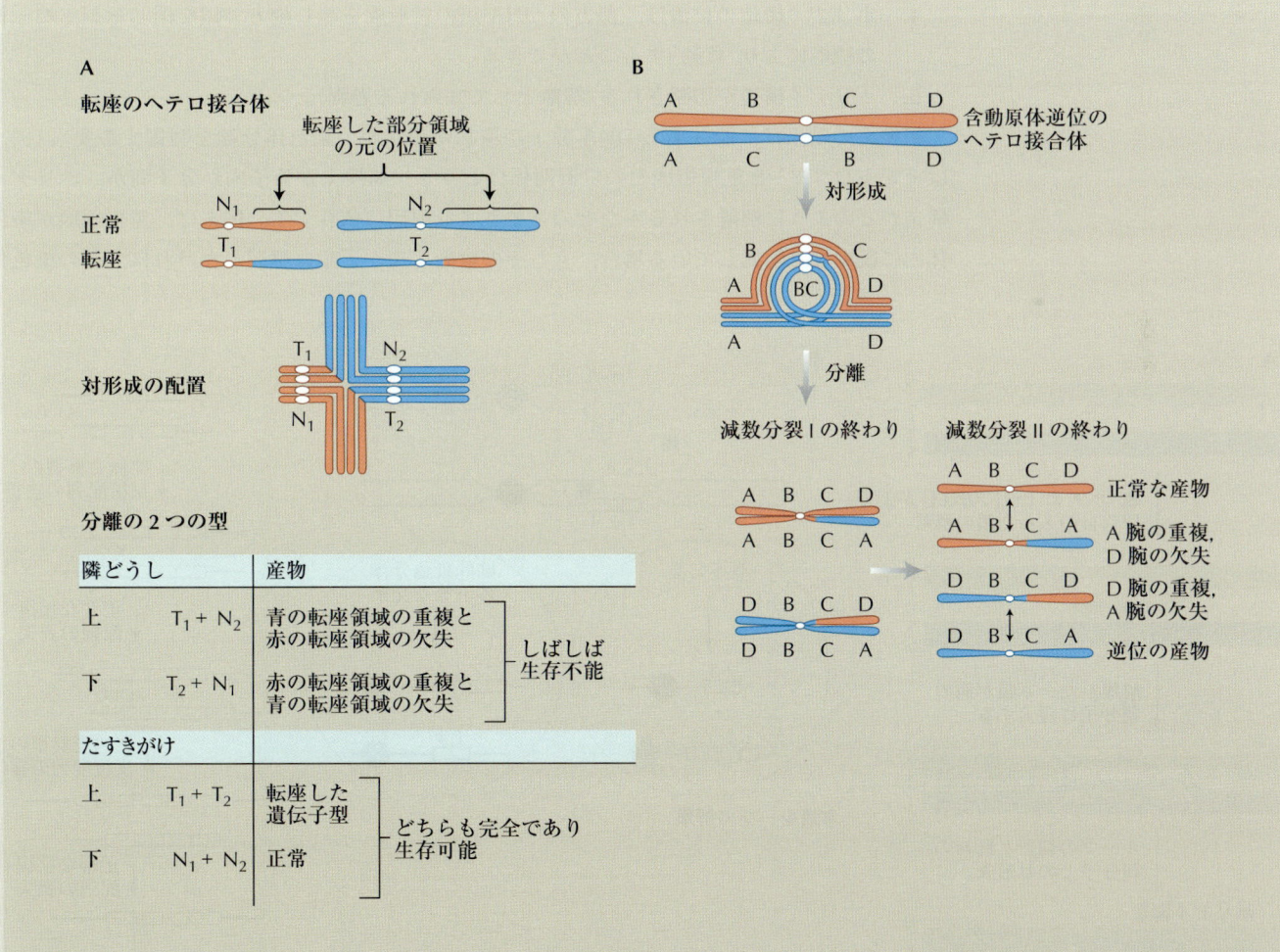

図12.17 • (A) 相互転座のヘテロ接合体において最もよくみられる染色体分離パターンから生じる減数分裂の産物。(B) 含動原体逆位のループ内に1回の交差が起きた減数分裂の産物（上はヘテロ接合体[多型のある染色体]，中央はそれらが対形成したもの，下は分離の結果）。

ゲノムの重複領域は再編成や他の突然変異を生じやすくする

我々にとって最もなじみのある相同組換えは，有性生殖をする真核生物の減数分裂の際に完全に整列した相同染色体間で起きる（以下で詳細を論ずる）。しかしながら組換えは，配列にある程度の類似性のあるゲノム中の2領域の間でも起きる。これは異所性の組換えとして知られ突然変異を生じる。**異所性の組換え**（ectopic recombination）がどのように起きるかを理解するためには，相同組換えの基本的な機構を理解する必要がある（図12.18A）（ここでは広く捉え，"相同"は，関係するDNA分子の配列が互いによく似ていることを意味する）。

1. 同一あるいはほぼ同一な2つの異なるDNA領域（異なるDNA分子中の2領域か，同じDNA分子中の異なる場所の2領域）が物理的に整列する。整列の頻度は類似領域の長さとともに増加し，50塩基対未満の領域はまれにしか整列しない。
2. DNAに切れ目が存在していない場合には，一本鎖あるいは二本鎖に切れ目が導入される。切れ目近傍のDNAはしばしば分解される。
3. 一方のDNA分子の1本の鎖が，他の分子の相補鎖と塩基対を形成する。この鎖の侵入の結果，**ホリデイ構造**（Holliday junction）として知られるDNA鎖の交差が形成される。
4. ホリデイ構造の位置は，前方のDNA鎖の対形成を壊し後方で鎖を閉じるジッパー様の機構により"移動"することができる。
5. ホリデイ構造が切断される（解離として知られる過程）。

組換えの結果は，関与するDNA分子が環状か線状か，染色体分離を制御する要素（例えばセントロメア）と重複領域との位置関係はどうか，組換えが分子内か分子間か，ホリデイ構造がどのように解離されるかなどのさまざまな要因に依存する。例えば，重複領域が染色体内に縦列して配置している場合，もしその縦列反復が正確に整列しなければ，その染色体

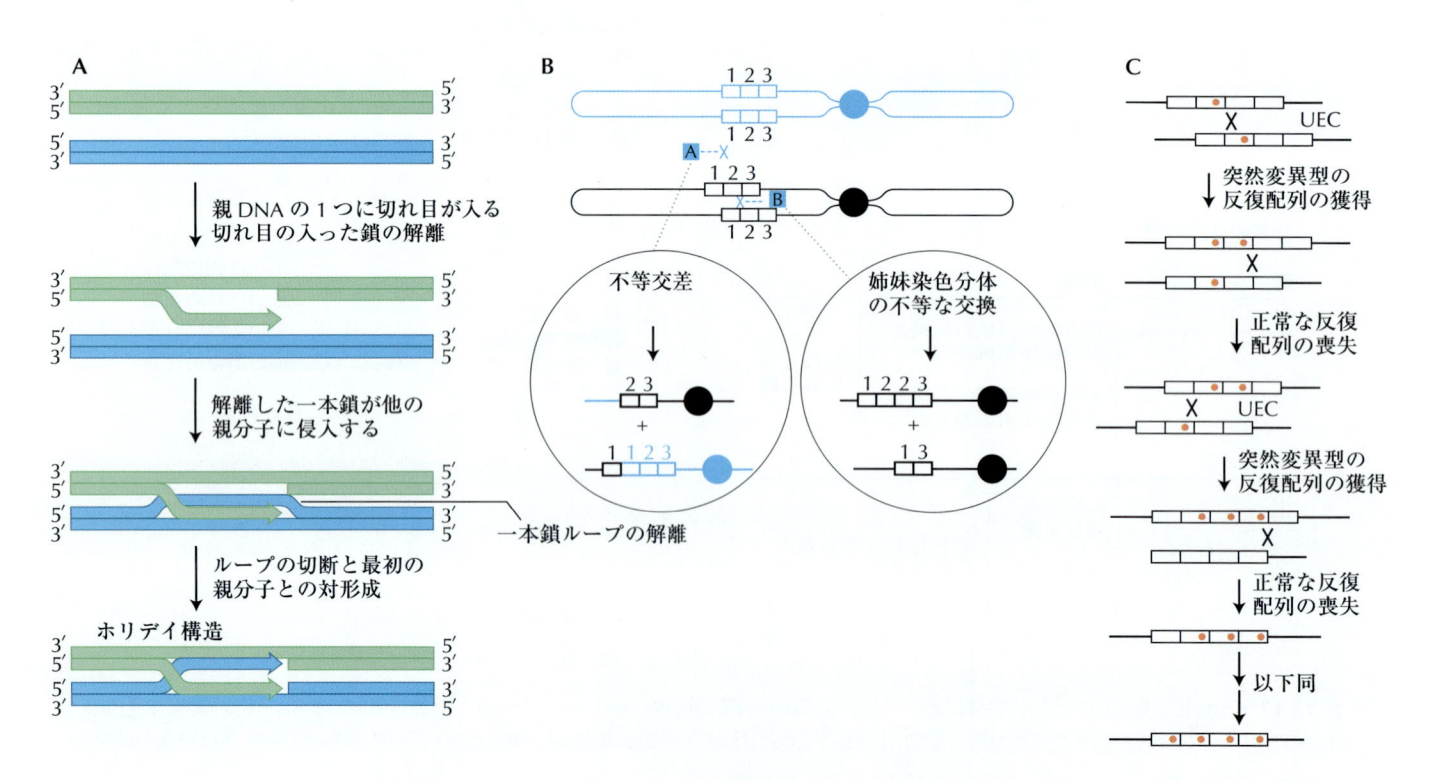

図12.18 ▪ 相同組換えの段階。(A)相同組換え。(B)不等交差（UEC）。(C)不等交差による反復配列の均一化。

の2つのコピーの間での組換えは突然変異を引き起こす(図12.18B)。この**不等交差**(unequal crossing over：UEC)の結果，一方の子孫は重複配列のコピーを多く受け取り，もう一方は少なく受け取ることになる。この結果は，以前論じたSSM複製の誤りにより生じるインデル突然変異と似ている。不等交差(とSSM)はゲノム内の反復配列の均一化を引き起こす。なぜなら，反復配列の1つの型が広まり，他の型が除かれることがあるからである(図12.18C)。結果として，ゲノム内のすべての重複配列は，他の種のホモログとは似ていなくとも，互いに似たものとなる。これは**協調進化**(concerted evolution)として知られる現象である。

反復配列の組換えによって生じる他の種類の突然変異には，転座，逆位，重複，欠失がある(図12.19)。

多くの突然変異は転位によっても生じる

突然変異の別の重要な原因は**転位**(transposition)，すなわち移動性のDNA因子(**転位因子** [transposable element] や**トランスポゾン** [transposon] としても知られている)のゲノム内での移動である。転位因子は，レトロトランスポゾン，複製型のDNA因子，非複製型のDNA因子に分類可能な多様なグループである(pp.237〜239，表12.2，図12.20)。

転位の変異原性の効果は，影響を受けるゲノム座位，トランスポゾンの種類，転位による挿入と切り出しの正確さやその他の要因によって変わる。多くの転位因子は転写終結シグナルとすべての読み枠に終止コドンを含んでいる。したがって，ゲノムの翻訳領域へのトランスポゾンの挿入は，完全な転写や翻訳をしばしば妨げる。トランスポゾンはまた，挿入位置

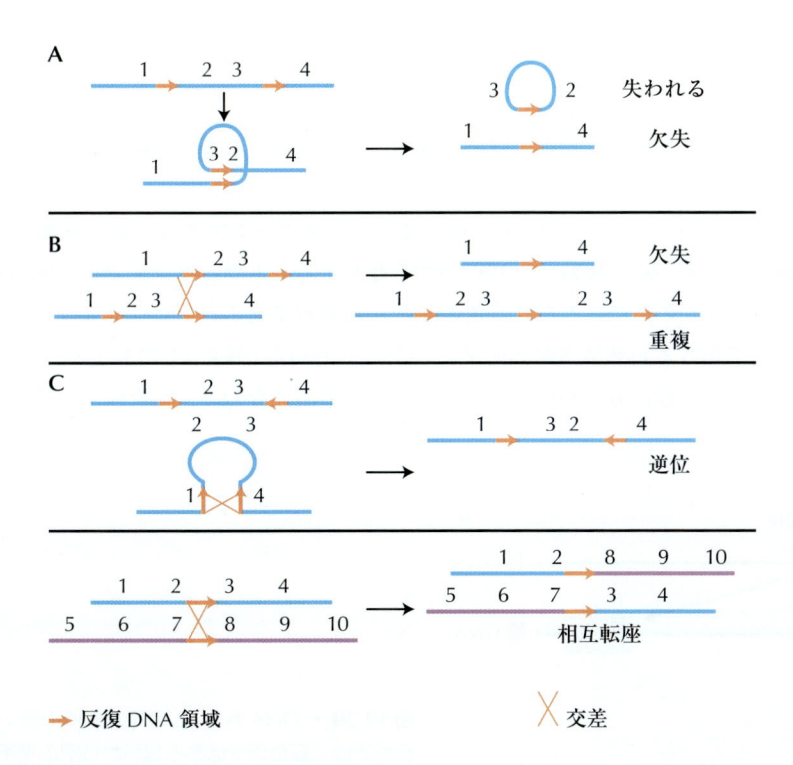

図12.19 ● 反復DNA間の交差による染色体再編成。(A)染色体内組換えは欠失を引き起こす。(B)重複領域において本来の領域からずれて相同染色体が組換えると，一方の分子に欠失を，もう一方に重複を引き起こす。(C)逆向きの反復配列間の染色体内組換えは逆位をもたらす。

表12.2 • 転位因子のおもな種類

種類	特徴
レトロエレメント（RNA因子）	元の遺伝因子はRNAに転写，DNAに逆転写されて，その後ゲノムに挿入される。
レトロトランスポゾン（LTR）	LTRをもつレトロエレメント
レトロポゾン（非LTR）	LTRをもたないレトロエレメント
DNA因子	DNAゲノムにみられる。RNA中間体を介さない。
複製型	元の遺伝因子がDNAレベルで複製されて，ゲノム中のどこかに挿入され，その結果重複を生じる。
非複製型（保存型）	遺伝因子は元の位置から切り出され，新しい位置へ挿入されることで移動する。

LTR：長い末端反復配列

　近傍の遺伝子の転写量を変えるというような間接的な効果ももたらすこともある。転位因子はしばしばプロモーターやスプライシングシグナルを含むので，新しい遺伝子の進化や，既存の遺伝子の新しい発現パターンや新しいスプライシングパターンの進化に重要な貢献をする。

　転位因子は転位以外の方法によっても突然変異を引き起こす。レトロトランスポゾンや複製型DNAトランスポゾンの頻繁な重複は，（前項で述べた）異所性の組換えによる突然変異の機会を作り出す。すべての種類のトランスポゾンの挿入は，しばしば挿入に隣接する座位の小さな重複を伴う。本質的には，トランスポゾンは移動可能な相同領域として機能し，その増幅はゲノム進化へ甚大な影響をもたらす。ゲノム内に特定の因子のコピーが多いほど，それらがゲノムの再編成，重複，欠失を促進する可能性は高い。転位の影響の証拠は，近縁種のゲノム配列をアラインメントすることにより見つけることができる。転位因子はしばしば逆位やその他のゲノム構造の保存が崩れる場所でみられ（図7.13），このことは転位因子が再編成の原因となったことを示唆している。

　トランスポゾンは現存の生物中にほぼ普遍的にみられる。しかし，転位の影響は種内あるいは種間において大きく異なり，その原因の一部はゲノム内の転位因子の総数や転位の量に起因する。トウモロコシのゲノムの約50%はトランスポゾンである。数十種類のトランスポゾンがあり，いくつかの種類はコピーが数千存在する。トウモロコシでよく知られた転位の影響は，いくつかの系統にみられる色のまだらの穀粒である。ショウジョウバエでは，転位はゲノム内で起きる自然突然変異の多くの割合を占める（例えば図13.11）。ヒトゲノムは多くの転位因子を含むにもかかわらず，その多くは不活性なので，転位因子の転位はめった

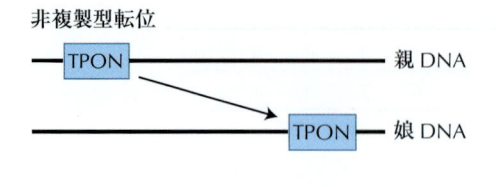

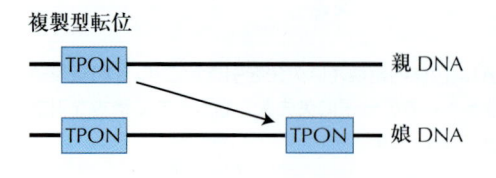

図12.20 • DNA転位。2種類の転位の図。非複製型転位では，転位因子はある場所から別の場所へ移動する（上）。複製型転位では，トランスポゾンは元のコピーを維持しつつ，新しい場所に自分自身のコピーを追加する（下）。

に突然変異を生じない(pp.647〜648参照)。それでも,多くの異所性の組換えが起きる場所となっている。細胞内細菌のようないくつかの種はトランスポゾンを欠き,したがってこの場合,転位による突然変異は起きない。

12.3 突然変異率と突然変異のパターン

　突然変異率と突然変異のパターンは多様である。突然変異の種類が異なれば突然変異率も異なるし,同じ種類の突然変異であっても,ゲノム領域が異なったり個体が異なったりすれば率が異なることもある。突然変異率も突然変異のパターンも,種が異なれば大きく異なる。放射線やストレスへの曝露などの環境条件は,突然変異率と突然変異の種類に影響する。いいかえれば,突然変異による多様性の創出は変動する。以下の項では,突然変異のパターンと突然変異率に影響することが知られているいくつかの重要な要因について議論する。第23章で,突然変異は単に不完全な複製の副作用なのか,あるいは多様性の創出のための適応として選択を受けることもあるのかについて考える。

突然変異の発生はその適応度への影響とは独立である

　現代の進化論は,突然変異と選択は別々の過程であると仮定している。突然変異(と組換え)はそれらの適応度(すなわち生存と繁殖)への影響とは無関係に多様性を創出し,選択やその他の力がその多様性に作用し,適応をもたらす。

　このことは必ずしも一般的な見解ではなかった。例えば1900年以前は,生物の一生の間に起きる表現型の変化はその子孫に伝えることができると広く信じられていた。この**獲得形質の遺伝**(inheritance of acquired characteristics)は,親が獲得した特徴が子孫に遺伝的な変化をもたらすことを意味している。この説は,**セントラルドグマ**(Central Dogma)を含む分子生物学の一般的な教義と相反しているにもかかわらず,"ラマルク"進化の可能性の反証を挙げること,あるいは突然変異と選択は関係していないことを証明することはかなりむずかしい。決定的な答えを得るには,突然変異は集団中にすでに存在しているのかどうか,あるいは突然変異は特定の選択圧に応答したときしか生じないのかどうかを知ることが必要である。具体的にいうと,集団がストレスの多い条件にさらされ,一部はストレスを受けても生き残ったとしたら,彼らを生き残らせたものは何だったのか。突然変異による変化を必要とせずにストレスに適応したのか。それともそのストレスが新しい突然変異を生じさせたのか。あるいはすでに存在していた適応突然変異をもつ個体がストレスによって選択され,その後彼らが繁殖できたということなのだろうか。

　突然変異の起きるのが選択の前なのか後なのかについての最初の説得力のある実験的検証は,細菌を用いたレプリカ平板(プレート)法の実験によって行われた(図12.21)。この方法では,寒天プレートに少数の細菌を植えつけて増殖させ,多数のコロニーを作らせたものをマスタープレートとした。少数の細菌を用いるので,各コロニーが1個体の細菌に由来する細菌細胞のクローンから構成されていることは確実である。マスタープレート上のそれぞれのコロニーの一部を一連の新しいプレートに移し,これらがマスタープレートのレプリカとなるようにした(すなわち,各コロニー由来の少数の細菌が,マスタープレート上と同じ空間的配置で存在している)。次に,これらのおのおののレプリカプレートに均一に選択圧をかけ,細菌をそれらの選択条件下で生育させた。目に見えるようになったコロニーは,突然

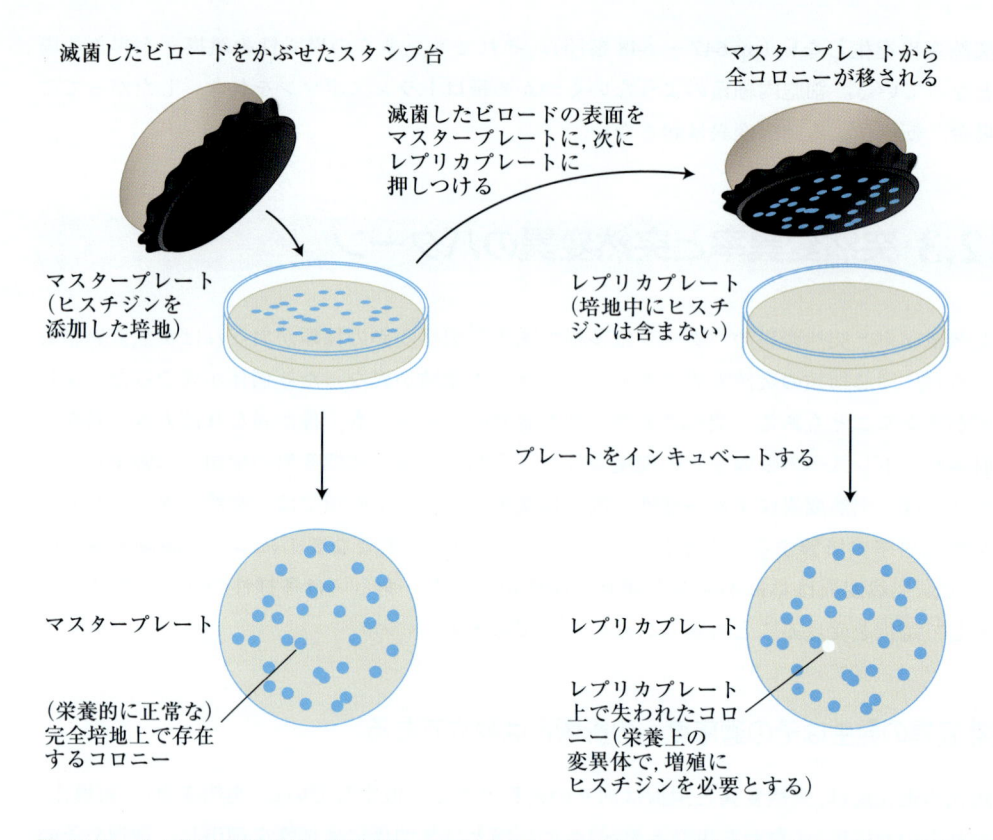

図12.21 ● レプリカ平板法は，あるプレートのコロニーのコピーをつくる方法である。ビロードをかぶせたスタンプ台を元のプレートに軽く押しつけて，それぞれのコロニーから少量ずつ菌を拾い上げ，それを別のプレートに押しつけると，元のプレートのコロニーの位置関係を保ったままのコピープレートができる。ここで示した例では，増殖にヒスチジンを必要とするコロニーを同定するのに使われている。

変異の存在により選択圧下で生育できた細菌のクローンである。

　この実験手順により，考えられる2つの過程を区別することができた。もし突然変異体の細菌が選択の前にすでに集団中に存在していたのであれば，目に見えるコロニーは，おのおのレプリカプレート上の同一の場所にできるだろう。かわりに，突然変異が選択条件に応答して選択中に生じたのであれば，各レプリカプレート上に似たような数の細菌のコロニーができるだろうが，それらのコロニーの配置はプレートによって異なるだろう。結果は，各レプリカプレート上で同一の場所に目に見えるコロニーが生じていた。このことは，選択の前に細菌の集団中に突然変異が存在し，したがって突然変異が選択によって誘発されたのではないことを示している。

　しかしながらレプリカ平板法の実験は，突然変異の起源についてのいくつかの問いに答えていない。1940年代に Salvador Luria と Max Delbrück によって別の実験方法が用いられた。彼らは**彷徨試験**（fluctuation test）として知られる単純だがエレガントな試験を考案した（図12.22）。彼らは**バクテリオファージ**（bacteriophage）に感受性の細菌株を液体培地で培養した。その培養液から等しい量を取り出し，別々に継代培養した。次に，おのおのの継代培養液から等しい量を，細菌に感染して殺すことができるファージを含む寒天培地に移した。そのプレートをインキュベートして，ファージ耐性の細菌を増殖させ目に見えるコロニーを作らせた。そして各プレート上のコロニーの数を数え上げて，各継代培養液中のファージ耐性細菌の数を決定した。もしファージ耐性を与える突然変異が選択に応答して生じたのであれば，

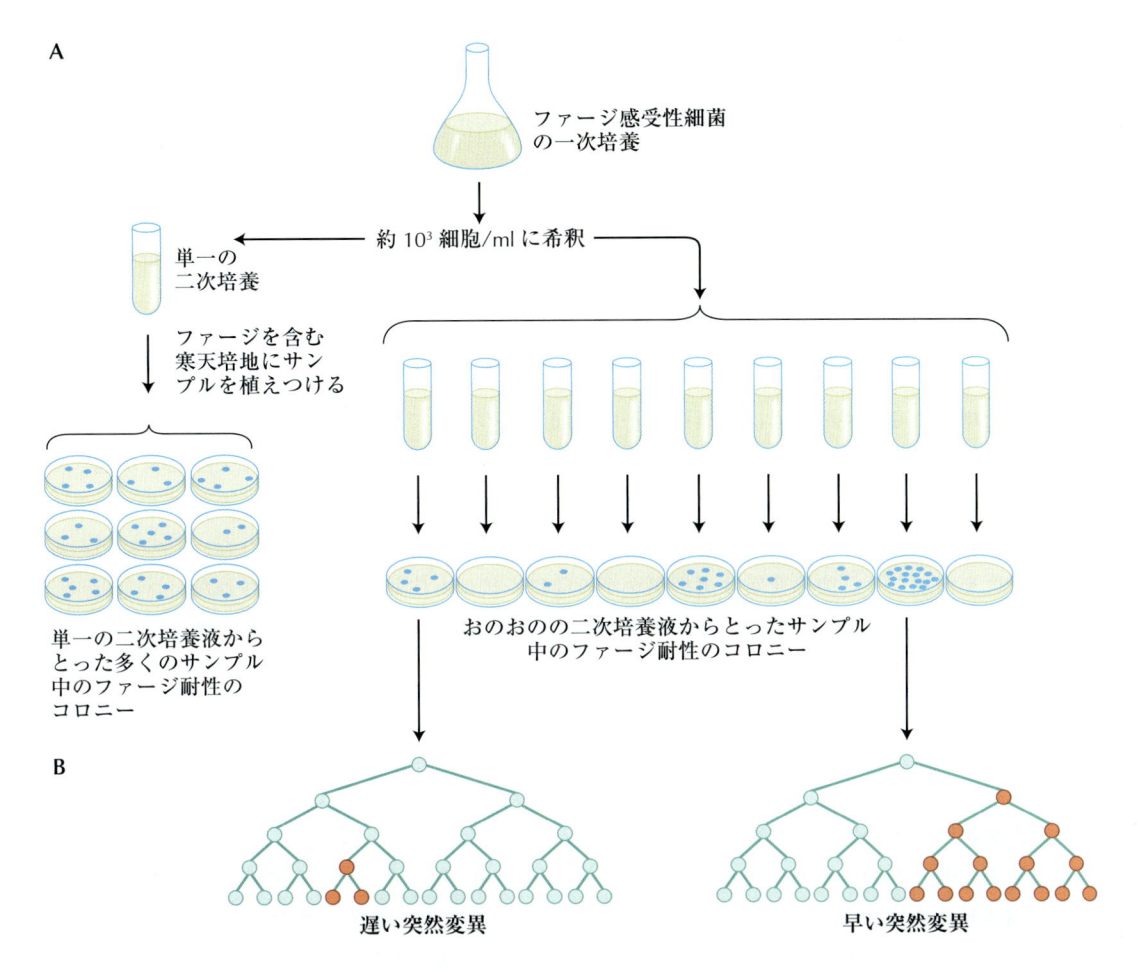

図 12.22 • 彷徨試験。(A) 突然変異の起源を研究するために Luria と Delbrück が用いた実験方法。彼らの試験は，ファージによる溶菌に対する耐性を与える真正細菌中の突然変異に注目し，そのような突然変異が，ファージにさらされる前に生じたのか，あるいはファージの攻撃に応答して特異的に生じたのかを判定するように設計してある。まずファージ感受性の株を一次培養し，このうちの少量を新しい増殖培地へ移して複数の二次培養液を作った。二次培養液は多数回複製させた。これらの各培養液から少量のサンプルを取り出してファージと混合し，増殖プレート上にまいた。数日後，各プレート上のコロニーを数えた。この数は，プレートにまいたサンプル中のファージ耐性の細胞数の尺度となる。この実験には 2 つの重要な結果があった。第 1 に，単一の二次培養液からの多数のサンプルは，似たような数のファージ耐性コロニーを生じた（図左側）。第 2 に，これはより重要であるが，同じ一次培養液からの複数の二次培養液は，それぞれ大きく異なる数のコロニーを生じた（右側）。彼らは，この"ジャックポット"パターンは真正細菌の突然変異がファージにさらされる前に起きたときにしか生じない，と結論づけた。(B) 二次培養中に突然変異が遅く起きた場合は，培養の終了時に突然変異細胞（赤で示した）をほとんど産していないので，コロニーもほとんど生じないだろう（左の樹）。突然変異が早く起きた場合は多くの突然変異細胞を産し，したがって多くのコロニーを生じるだろう（右の樹）。

おのおのプレートはおおよそ同じ数の耐性のコロニーを含むはずである。他方で，ファージ耐性が選択の前に生じたのであれば，異なる継代培養液に由来するサンプルは，コロニーの数が大きく異なるはずである。Luria と Delbrück はこれを"ジャックポット（賭）"パターンと呼んだ。継代培養の増殖の初期に生じた突然変異は多くの耐性をもつ子孫を生み出すが，遅く生じた突然変異は耐性の子孫を生み出すための時間が少ししかないために，このような変動が観察される。Luria と Delbrück の実験結果は"ジャックポット"パターンを示し，突然変異が選択の前に生じたことを示した。

これらの結果から，突然変異は選択がかかる前に起きているので，突然変異はその適応的な価値があるかどうかとは無関係にランダムに生じたという結論が導かれた。このことは，この章で先に議論した突然変異と修復の機構から期待されることである。例えば，新生鎖の校正時，DNAポリメラーゼは翻訳領域と非翻訳領域を区別することはできないし，細胞分裂を促進する遺伝子と抑制する遺伝子を見分けることもできない。同様に不適正塩基対を修復する酵素には，修正中の誤りが特定の細胞機能に有利であるか有害であるかはわからないのである（pp.365〜366参照）。

　多くの科学者にとって，LuriaとDelbrückの仕事は，突然変異の起源に関する主要な疑問のすべてに答えた。しかし少数の人々は，この実験の欠陥に気づいていた。すなわち，適応度を増加させる突然変異は，選択をかける前と後の両方で生じるのではないかという疑問には答えていないのだ。LuriaとDelbrückが課した選択方式は，選択の後に突然変異が起きることを許さない。なぜなら，耐性のない細菌はすべてファージに殺されるからである。この問いに答えるために，引き続いて非致死性の選択剤を用いた実験が行われた。その結果，適応度を増加させる突然変異は選択がかかる前にも後にも生じることが示された。

　これらの実験の1つでは，*lac*遺伝子に突然変異があるために炭素源としてラクトースを利用できない細菌を，炭素源をラクトースしか含まないプレートに移した。この条件下では，突然変異体の細菌は死なないが増殖することもできない。ラクトースで増殖するためには，突然変異（例えば，欠陥*lac*遺伝子の復帰）が必要とされる。この実験の結果観察された突然変異のパターンは，すでに存在していた突然変異に期待されるジャックポットモデルと，選択をかけた後に生じた突然変異に期待される均等な分布の混合であった。初期にはこれらの結果に関する論争があったが，現在では選択圧は*lac*遺伝子の突然変異率だけを選択的に増加させるのではなく，むしろ全ゲノムにわたる突然変異率を増加させることが示されている。これらの結果は，突然変異が選択圧がかけられた後にも起き続けているが，適応に対してはランダムに起きていることを示している。

　適応に関して突然変異がランダムであるからといって，生物が突然変異の過程を制御していないことにはならないことは理解しておく必要がある。実際に，生物は突然変異をいろいろな方法で能動的に制御し操作している。例えば突然変異はストレス下で誘発されることや，ゲノムの特定の領域で増加することもある。これらの過程については第23章でより深く論ずる。ここでは，突然変異率になんらかの制御が働くときでさえ，観察された特定の突然変異が直接には適応的な価値と関連しないことを心にとめておこう。

突然変異の種類によって突然変異率は異なる

　突然変異率は突然変異の種類によって大きく異なる。おそらく最もよい例は，トランジションとトランスバージョンの間の違いである。調べられたほぼすべての種において，トランジションはトランスバージョンに比べてずっと高い率で起きている。その理由の一部は，上で述べたDNA塩基の互変異性化である（pp.354〜357参照）。別の理由は，トランジションを引き起こす塩基取り込みの誤りが，プリン間，あるいはピリミジン間の置換であることによる。この場合，プリンとピリミジンの置換あるいはその逆が起きたときよりも，DNAの二重らせんの歪みは小さい。例えば，G-C塩基対におけるCのTへの置換は，トランジション型突然変異を引き起こす。この取り込みの誤りによって作られたG-T塩基対は依然としてプリン-ピリミジン対である。これに対して，トランスバージョンを引き起こす誤取り込みはすべて，プリン-プリン対あるいはピリミジン-ピリミジン対を生じる。プリン-プリ

ン対やピリミジン-ピリミジン対はそもそも起こりにくく，またDNA校正や修復機構によって認識されやすい。このことがまた，トランジションと比較してトランスバージョンの率を下げることになる。

突然変異率はゲノムの場所によっても異なる

局所的な配列の構成によって，ゲノム上の異なる場所の突然変異率は変わることがある。例えば，同じ塩基の長い連続を含む領域は，DNA複製中のSSMの誤りの起こりやすさが増大するため，その他の領域よりも高いインデル突然変異率をもつ。例えば鋳型DNAが10個のアデニンの連続（AAAAAAAAAA）を含むとき，短いインデルを伴った新しい相補鎖を生じるSSMの誤りが起きる機会は，鋳型がATCGCTGATTであった場合と比べてずっと大きいだろう。同様に，SSMによって誘発される突然変異は，（ATATATATATのような）2〜10塩基対の長さの反復した領域をもつ**マイクロサテライトDNA**（microsatellite DNA）や，11からおよそ100塩基対の反復をもつ**ミニサテライトDNA**（minisatellite DNA）（Box 13.3参照）でも頻度が高い。これらの領域でSSMによって誘発される突然変異は，反復モチーフ（例えば上述のAT）のコピー数の変動を伴う。したがってこれらの領域は，**長さが多様な縦列反復配列**(variable number tandem repeat, VNTR)として一般的に知られている。これらの短い反復配列の高い突然変異率のために，マイクロサテライトは集団遺伝学研究のための優れたマーカーとなっている。

配列の構成が原因で突然変異率が変わる別の例は，哺乳類ゲノムでみられる。哺乳類では，正常なDNAメチル化機構は，DNA配列5′-CG-3′（CpGとしても知られる）のシトシンを優先的にメチル化する。したがって，Aの隣のCはGの隣のCよりもメチル化されにくい。すでに論じたように，メチル化シトシンが脱アミノ化されるとチミンが生じ，これが複製されると突然変異をもたらす。シトシンがメチル化されていなければ，脱アミノ反応によりウラシルを生じ，これは簡単に認識され修復されやすい（pp.359〜361参照）。したがって，グアニンの隣のメチル化されやすいシトシンは，他の場所にあるシトシンよりも高い突然変異率をもつ。

突然変異率に影響を与える他の要因には，複製起点との近さ，反復配列，転位因子の挿入シグナルの存在，テロメアやセントロメアとの近さが挙げられる。突然変異率が場所によって異なることを知れば，ゲノムの一部でしか測定されていない突然変異率を普遍的に適用してはいけないことがわかる。それはまた，遺伝子の配列構成やゲノム構成が，進化の速度やパターンに大きな影響を与えうることを気づかせてもくれる。

突然変異率と突然変異パターンは種間で非常に異なる

種間での突然変異率の違いは，長年にわたって熱心に研究されてきており，いくつかの興味深いパターンが明らかとなってきた。さまざまな遺伝の仕組みをもつ生物の突然変異率の特徴を図12.23に示す。突然変異率は，複製1回ごとの1塩基対あたりの突然変異数で表されており，したがってこれはゲノムを複製，修復する酵素の忠実度を反映している。大きいゲノムに比べて小さいゲノムほど高い突然変異率をもつことがわかる。したがって，平均すると，ゲノムサイズと塩基対あたりの突然変異率との間には負の相関がある。突然変異率を世代あたりゲノムあたりの突然変異数で評価すると，種間の差は小さくなる。

最も高い突然変異率は，HIV（ヒト免疫不全ウイルス）のような，小さな一本鎖RNAゲノ

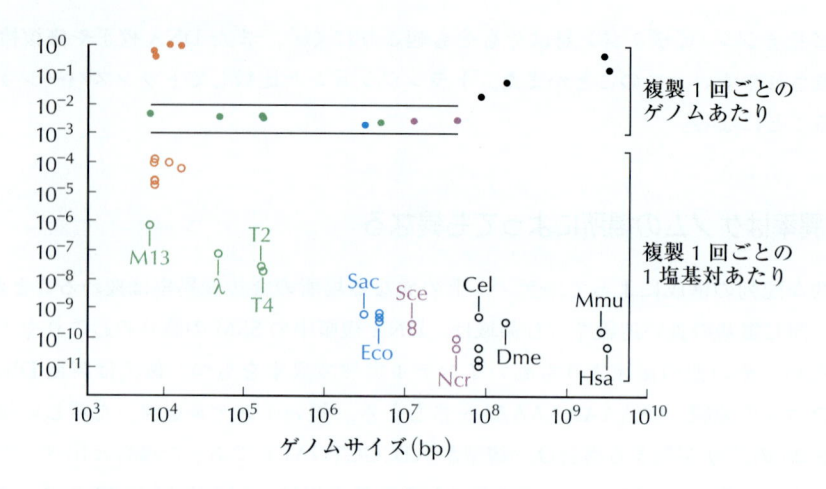

図12.23 ▪ 突然変異率とゲノムサイズ。 さまざまな生物の突然変異率をゲノムサイズに応じて示した。グラフの下部は，複製1回ごとの1塩基対あたりの突然変異をプロットしたもの。ゲノムサイズが大きくなるにつれて突然変異率が減少する下向きの傾向がある。グラフの上部は，複製1回ごとのゲノムあたりの突然変異率をプロットしたもの。多様な生物やゲノムサイズにわたって値が均一であることに注意。RNAウイルス（赤）：ライノウイルス，ポリオウイルス，水疱性口内炎ウイルス，麻疹ウイルス。DNAウイルス（緑）：M13, λ, T2, T4。古細菌（青）：Sac = *Sulfolobus acidocaldarius*。真正細菌（青）：Eco = *Escherichia coli*。真核微生物（紫）：Sce = *Saccharomyces cerevisiae*, Ncr = *Neurospora crassa*。後生動物（黒）：Cel = *Caenorhabditis elegans*, Dme = *Drosophila melanogaster*, Mmu =マウス，Hsa =ヒト。

ムをもつウイルスでみられる。この高い誤り率の原因の一部は，複製のためのRNAポリメラーゼや逆転写酵素による校正がないことと，一本鎖のポリヌクレオチドを修復することの本質的なむずかしさによると考えられている。RNAウイルスの特徴は，HIVで広く研究されてきた。感染の過程で1つの個体の異なる時期や場所からとられたHIVのサンプルを比較すると，個体がウイルスのただ1つの系統に感染したことが知られている場合でさえ，大きな遺伝的な差異がしばしばみられる（pp.483～484参照）。HIVの突然変異率はヒト細胞のDNA複製の突然変異率の約1,000,000倍も高いため，この際立った遺伝的多様性はたった一度の感染の過程で生じている。HIVの突然変異率は，逆転写酵素による塩基の取り込み率が高いと（2000ヌクレオチドあたり約1回），校正やミスマッチ修復の過程が存在しないことを反映している。

　細胞分裂あたりの突然変異率から進化のなりゆきを予測すると誤解を招く。なぜなら，異なる種，そして同じ種の異なる性でさえ，世代あたりに経る細胞分裂回数は異なるからである。例えば，ヒトではすべての卵は胎児の発生段階で作り出され，静止状態に入る前におよそ30回の細胞分裂を経ている。これとは対照的にヒトの精子は成人男性の一生の間を通じて作り出され，通常100回より多くの細胞分裂を経る。ヒトの精子の生殖系列が卵の生殖系列より速く新たな点突然変異を蓄積するのは，この細胞分裂回数の差異が理由なのだろう。

12.4 混合による多様性の創出：性と遺伝子の水平伝達

有性生殖による組換えは，交差と(相同染色体のランダムな)分離を通じて，種内の遺伝子の組み合わせを混合する

　有性生殖をする種の個体間の遺伝的差異のほとんどは，最近の突然変異よりはむしろ有性生殖による組換えに起因するものである。有性生殖による組換えがどのように多様性に貢献するのかを理解するためには，有性生殖の間に起きる組換えの過程を理解する必要がある(次に述べる)。有性生殖を可能にする選択については第23章で論じる。

　有性生殖は，典型的には異なる系統からの2つの一倍体の配偶子のDNAを混合して，二倍体の子孫を生み出す。一倍体細胞が各染色体を1本ずつ含み，$1n$として示されるDNA量をもつのに対し，二倍体細胞は各染色体を2本ずつ含み，$2n$のDNA量をもつ。したがって，ある生物のゲノムが4本の染色体からなるのであれば，二倍体細胞は一方の親の系統から4本，もう一方の親から4本，合計8本の染色体をもつことになる。それぞれの親からの対応する染色体は相同染色体と呼ばれる。

　有性生殖の過程は，減数分裂による一倍体配偶子の形成で始まる(図12.24A)。**減数分裂**(meiosis)の最初に，二倍体細胞がそのDNAを複製しDNA量は$4n$となる。**姉妹染色分体**(sister chromatid)と呼ばれる各染色体の複製の産物はくっついたままでいる。次に，各染色体の姉妹染色分体は相同染色体の姉妹染色分体と対を作り整列する。すると対応する染色体は交差の過程により遺伝情報を交換することができる。

　交差は分子レベルでみると，一連の相互相同組換えに関与しており，二親の系統からのDNA部分領域を含む組換え型の染色体を生じる(図12.24B)。減数分裂第一分裂の際，相同染色体の対はランダムに分離し，通常は各染色体が1つずつ各娘細胞に入る。次の減数分裂第二分裂の際，姉妹染色体分体が分かれ，ランダムな取り合わせの染色体の一倍体のセットをもつ4つの配偶子を生じる(図12.24C)。したがって減数分裂は，相同組換えと**ランダムな分離**(random segregation)の2つの機構を利用して，遺伝的多様性を生み出している。

　有性生殖による組換えの過程は，莫大な多様性を生み出す。仮に，ある生物が相同染色体の対をただ1つもち，相同染色体間に1000塩基の相違(一塩基多型[SNP]としても知られる)をもつと想像してみよう。この例では，有性生殖による組換えによって，2^{1000}(およそ10^{301})の異なる染色体の型が生じうる。交差はこれらすべての組み合わせを生じないかもしれないが(近くに連鎖した多型ではその間での交差はまれである)，多様性の"可能性"(potential)は莫大である。

組換えと分離は有性生殖とは独立に起きる

　組換えによる遺伝的な混合は，有性生殖の際に起きる減数分裂に限らない。二倍体生物では，有糸分裂中でも相同染色体間で組換えが低レベルで起きる。単細胞生物や多細胞生物の生殖系列で有糸分裂組換えが起きると，減数分裂組換えとほとんど同じように遺伝的な混合をもたらす。同様に，真正細菌や古細菌の接合や，遺伝子の水平伝達と関連した相同組換えもまた，異なる系統からのDNA配列の混合をもたらす。

　複数の染色体からなるウイルスゲノムは，組換えの別の機会を提供する。宿主の1つの細胞に複数のウイルスが感染すると，ウイルスの複製中に遺伝的な交換が起きることがある。

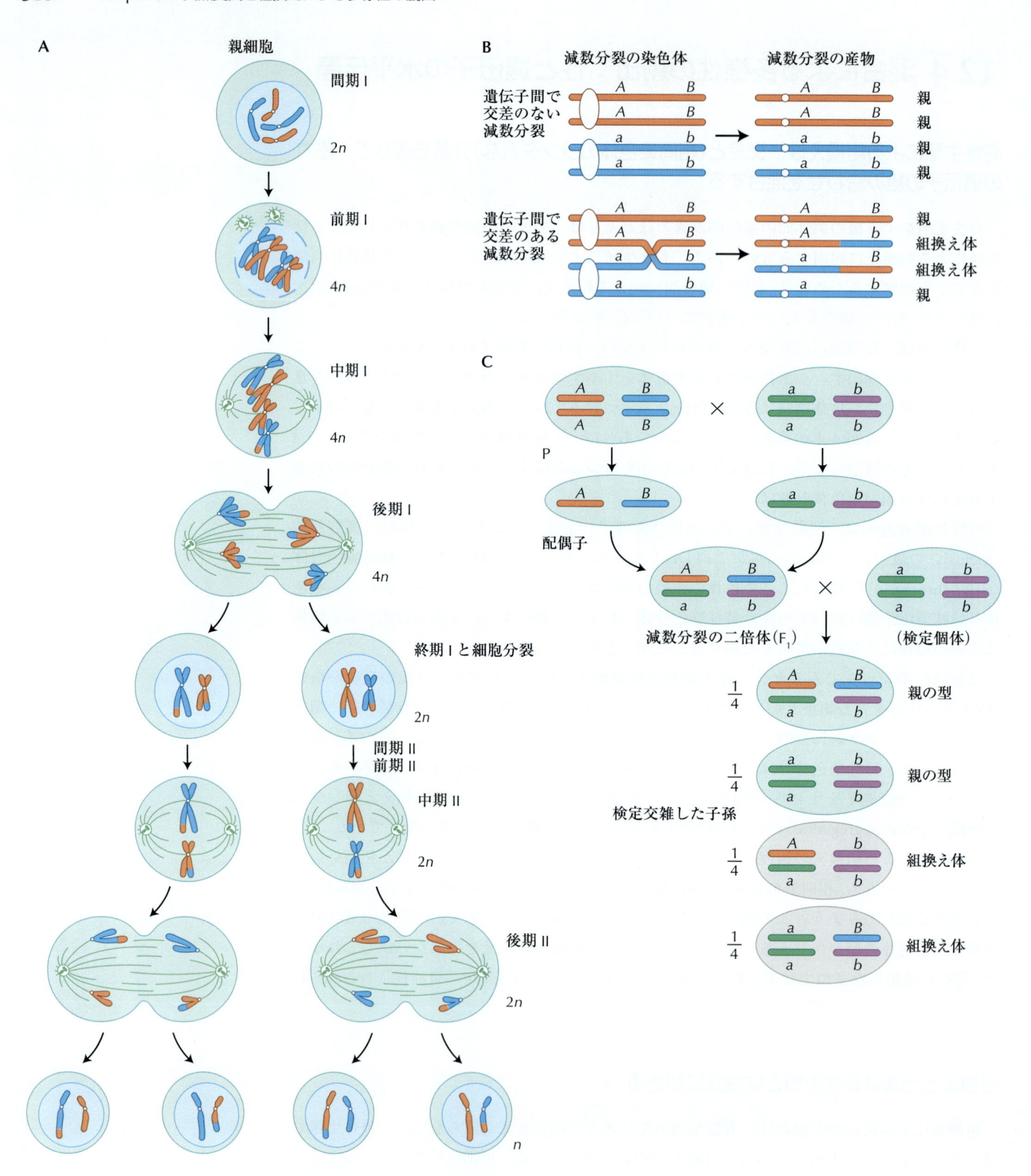

図 12.24 ・（A）二倍体生物の減数分裂。初めにゲノムが複製し $4n$ 細胞が生じる。次に交差が起き，細胞分裂により 2 つの $2n$ 細胞ができる。これらはもう一度分裂し，一倍体（n）の配偶子を生じる。（B）交差による組換え。ある $4n$ 細胞のゲノムの一領域を示す。（上）交差なし。（下）1 回の交差あり。（C）分離による組換え。両親からの配偶子間での交雑を示す。検定個体（組換え体でない）を交雑させれば，どのように染色体の取り合わせが起きたかを容易に検出できる。

関係するウイルスは同じウイルスの異なる系統の場合も，異なる種類のウイルスの場合もある。8本の染色体からなるインフルエンザウイルスは，ヒトにとって非常に重大な影響をもたらす例である。宿主細胞への感染中，8本すべての染色体は新しいウイルス粒子へ詰め込まれるために複製される。1つの宿主細胞が2系統のウイルスに感染すると，生じた新しいウイルス粒子は，元の2系統からの染色体の混合物を含む（図12.25）。加えて，有性生殖をする生物で起きるのと似た組換え反応が，2系統の各染色体間で起きることがある。

遺伝子の水平伝達は種間で遺伝子を運ぶ

第5章で論じたように**遺伝子の水平伝達**（遺伝子の水平移動，lateral gene transfer，**LGT**）とは，ある進化系統から別の系統への遺伝子の移動のことをいう（図5.23参照）。LGTは，有性生殖による組換えと突然変異に似た方法で集団に多様性を導入する。LGTの進化への影響や，LGTそのものがどのように進化するのかを理解するために，LGTと減数分裂を比較することは有益である。

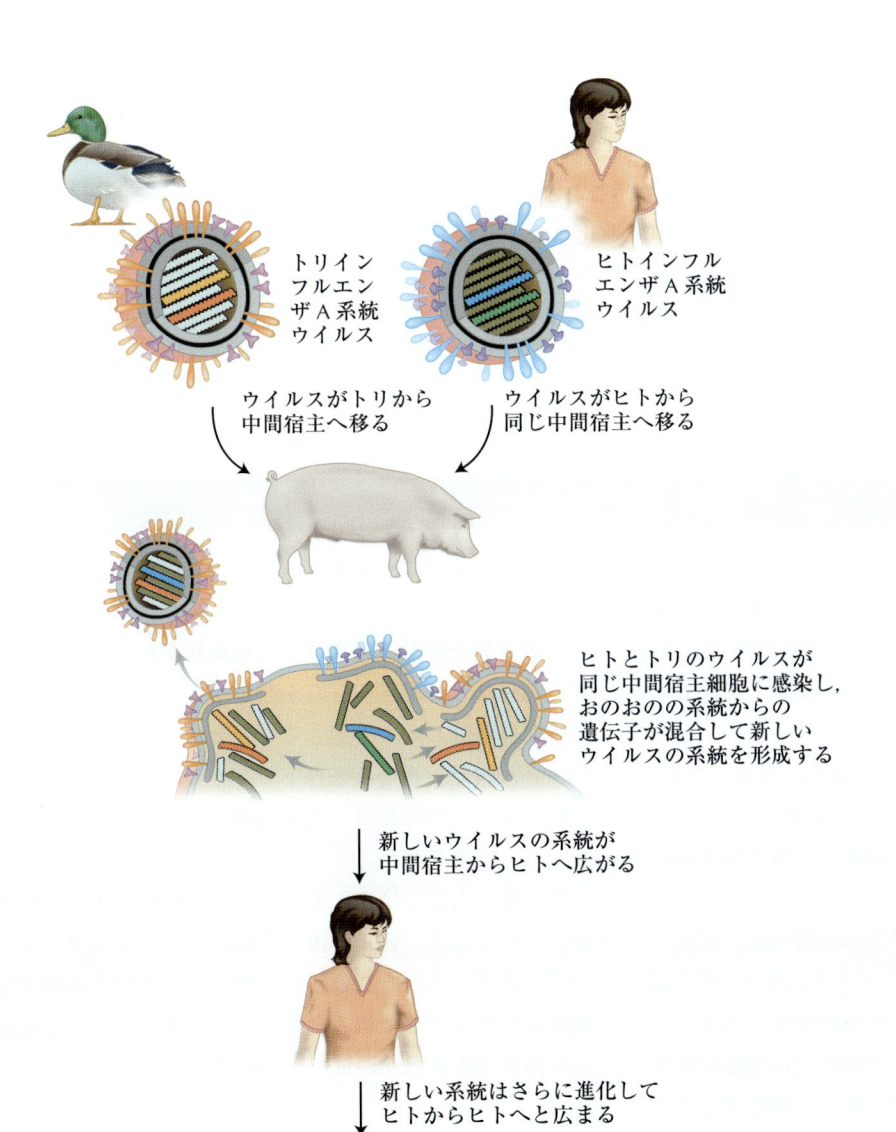

図 12.25 ・インフルエンザの抗原シフト。

減数分裂もLGTも2つの系統からの遺伝物質を混合することによって多様性を作り出す。ある種のLGTでは，有性生殖の組換えに使われる機構と同様の相同組換えが必要とされる。外来DNAの部分領域が受容細胞のゲノムのある領域によく似ていると，その部分領域は，相同組換えによって対応する受容細胞のDNA領域と置き換えられて，ゲノムに組み込まれることがある。供与細胞と受容細胞のDNA間の高い類似性が必要とされるので，近縁の細胞間でのみうまく組み込まれる。

　いくつかの真正細菌や古細菌では，接合は供与細胞から同じ種の受容細胞へ染色体の大きな部分領域を移動させる（pp.201～202参照）。それに続く相同組換えにより，減数分裂で起きるのとほとんど同じ方法で新しい変異体が作り出される。したがって，接合はしばしば真正細菌の生殖活動といわれる。

　しかしLGTはいくつかの重要な点で減数分裂とは異なる。

- LGTは供与細胞と受容細胞の間で一方向性である。
- 有性生殖では，減数分裂の際に一度で2つの完全なゲノムを切り混ぜるのに対し，1回のLGTは通常は1つのゲノムの小さな部分領域を運ぶ。
- LGTは生活環の正規の過程ではなく，減数分裂による有性生殖と比べて通常はずっと低い頻度でしか起きない。
- おそらく最も重要なのは，LGTは大きな進化距離を越えて起こりうることである。したがってLGTはある生物に，既存の遺伝子の新たな対立遺伝子を届けるにとどまらず，まったく新しい遺伝子を送り込むことができる。

LGTは真正細菌や古細菌の進化に大きな影響を与えてきた。これを理解することは重要である。真正細菌や古細菌で選択の対象となる多様性を創出してきたLGTの効果は，有性生殖をする生物で起きる減数分裂による組換えの効果と似ているかもしれない。この問題は第23章でもう一度取り上げる。

▪ 要約

　遺伝的多様性は進化にとって有益であり，突然変異と遺伝的組換えの組み合わせにより生じる。突然変異は親と子の間のゲノムの変化であり，すべての多様性の究極の源である。遺伝的組換えは，異なる系統からの多様性を混合し組み合わせることにより新しいパターンを作り出す。

　突然変異は1塩基の変化から，小さな挿入，重複，欠失，さらに転座や倍数体の形成などの染色体の変化にまで及ぶ。突然変異には多くの種類があるが，そのすべては3種類の出来事にさかのぼることができる。それらはすなわち，ゲノムの複製中に起きた誤り，子孫へのゲノムの分離の際に起きた誤り，そして複製と複製の間に起きたゲノムの変更（例えば転位）である。全体的にみて，そのような出来事の起きる率はかなり高いにもかかわらず，ほとんどの種では突然変異率は非常に低い。このことは，突然変異の発生を制限するために，修復および誤りをチェックする機構が働いていることによる。

　突然変異を生じる過程は，突然変異がもたらす結果とは直接の関係なしに起きる。しかしながらこのことは，すべての突然変異が等しい率で起きることを意味しない。突然変異率はゲノム内で，異なる条件下で，そして個体間や種間で大きく異なる。この変動は，進化過程やパターンに重大な影響をもつ（第23章参照）。

　多様性の大部分は遺伝的組換え，すなわち主として真核生物においては性，真正細菌と古細菌においては遺伝子の水平伝達の結果である。これらの過程では，異なる系統で起きる突然変異を混合して組み合わせ，自然選択のような進化的な力が働きうる多様性の量を大いに増大させる。

■ 文献

一般的な突然変異

Drake J.W. 2006. Chaos and order in spontaneous mutation. *Genetics* **173:** 1–8.

Miller J.H. 2005. Perspective on mutagenesis and repair: The standard model and alternate modes of mutagenesis. *Crit. Rev. Biochem. Mol. Biol.* **40:** 155–179.

Sniegowski P.D., Gerrish P.J., Johnson T., and Shaver A. 2000. The evolution of mutation rates: Separating causes from consequences. *BioEssays* **22:** 1057–1066.

ミスマッチ修復，校正，複製の誤り

Kunkel T.A. and Erie D.A. 2005. DNA mismatch repair. *Annu. Rev. Biochem.* **74:** 681–710.

Schofield M.J. and Hsieh P. 2003. DNA mismatch repair: Molecular mechanisms and biological function. *Annu. Rev. Microbiol.* **57:** 579–608.

DNA 修復

Cline S.D. and Hanawalt P.C. 2003. Who's on first in the cellular response to DNA damage? *Nat. Rev. Mol. Cell Biol.* **4:** 361–372.

Fuss J.O. and Cooper P.K. 2006. DNA repair: Dynamic defenders against cancer and aging. *PLoS Biol.* **4:** e203.

組換え修復と，組換えにより引き起こされる突然変異

Kanaar R., Hoeijmakers J.H., and van Gent D.C. 1998. Molecular mechanisms of DNA double strand break repair. *Trends Cell Biol.* **8:** 483–489.

適応的突然変異

Luria S. and Delbrück M. 1943. Mutations of bacteria from virus sensitivity to virus resistance. *Genetics* **28:** 491.

Roth J.R., Kugelberg E., Reams A.B., Kofoid E., and Andersson D.I. 2006. Origin of mutations under selection: The adaptive mutation controversy. *Annu. Rev. Microbiol.* **60:** 477–501.

突然変異率

Denamur E. and Matic I. 2006. Evolution of mutation rates in bacteria. *Mol. Microbiol.* **60:** 820–827.

CHAPTER
13

DNA とタンパク質の変異

　集団には変異が大量に存在する。これは進化生物学の最も重要な知見のひとつである。タンパク質の配列決定法と，異なるタンパク質を分離する電気泳動法の進歩により，分子レベルでの変異の量が明らかになった（p.65 参照）。ほとんどすべての集団が莫大な量の遺伝的変異を隠しもっている。例えば，ランダムに選んだヒト 2 人のゲノムの DNA 配列を比べると，約 230 万か所で塩基が異なっている。発現しているタンパク質のアミノ酸配列を比較すると，違いは約 11,000 個となる。種間で配列を比較すると，変異は時間に伴ってほぼ一定の速度で蓄積していることがわかる。この性質は**分子時計**（molecular clock）として知られている（p.65 参照）。そこで，進化過程とはどのようなものかを理解するために，遺伝的な変異の性質と変異度について説明することから始めたい。

　この章では，異なる種類の遺伝子や，異なる種類の生物種を比較したときの変異の度合いについて説明する。古典的な遺伝学では，まず集団中には大量の隠れた変異が存在することを示唆した。そのことについて概説した後，我々の現在の知識となっている，種内と種間での DNA やタンパク質の配列の変異について説明する。次章では，直接観察できる性質の変化が，その元々の原因である遺伝的な変異により，どのようにして起こるのかをみていく。さらに，変異にはいろいろな進化過程が作用することを説明した後，なぜこのように変異は広範囲に存在するのか，そしてその結果どうなるのかについて考えていく。しかしこの章ではまず，なぜ非常に多くの進化生物学の研究が，集団中の個体間での変異に関して行われてきたのか，その理由について説明することから始めたい。

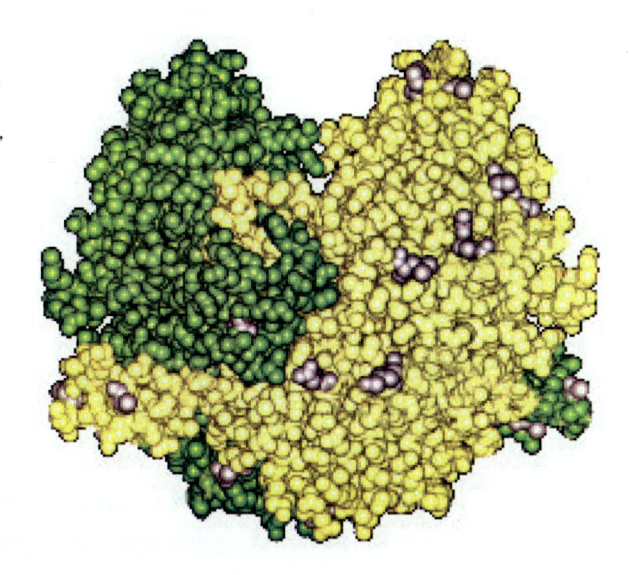

13.1 遺伝的な変異

進化には遺伝的な変異が必要である

　集団はさまざまな種類の個体で構成されている。それぞれの種類の全体に対する比率が変

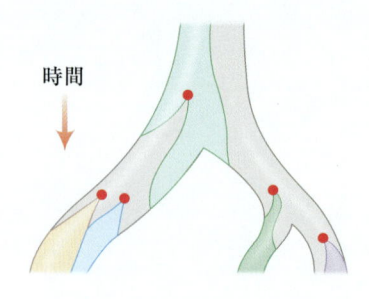

図13.1 ■ 変異は進化に必要である。この図は1つの祖先的な生物種が3つの現存する生物種に分かれていくようすを（3本の枝分かれで）示している。たまたま起きた突然変異（赤い点）によって新しい対立遺伝子ができ，その対立遺伝子の頻度が集団中で変化する（それぞれ違う色で示している）ことで，進化は起こる。

化することが，集団が進化するための第1の要因である。これを確かめるために，完全に均一な集団，つまりすべての個体のDNA配列がまったく同じである集団を考えてみよう。突然変異により変化がもたらされない限り，子は親とまったく同一であり，進化はどれだけ時間が経っても決して起こらない（図13.1）。

　Darwinは変異が進化にとって本質的であるのは明らかだと考えていた。時を経て，集団内の変異は，集団間の変異へ，最終的には生物種間の変異へと受け継がれていく。このように，『種の起源（種の起原）』の多くの部分は変異についての言及であり，Darwinの理論で説明が困難であったものの多くは，当時，遺伝する変異の本質がわからなかったためである（pp.21～22参照）。

　これから自然選択（自然淘汰）について特に注目していくことにする。自然選択こそが，生物らしさ，つまり，うまく環境に適応した複雑な構造物を作り出すものだからである。自然選択は，**適応度**（fitness）に影響を与える遺伝的な変異，すなわち生物の生存や生殖に影響を与える遺伝的な変異に対して働く。この章では，変異の最も基本的なもの，DNAやタンパク質にみられる変異についてみていく。次章では，こういった変異と，体の形や行動のようなもっと複雑な形質，最終的には適応度がどのように関連しているのかをみていく。さらに第3部の残りの部分で，自然選択の検証とその結果について述べる。特に第19章では，適応度それ自身に多様性があることを，証拠を示しながら考察する。

　遺伝的な変異を説明するのに，いくつかの専門用語を知っておく必要がある（これらについては，Box 13.1と巻末用語集参照）。特に，2組の重要な用語については，この先ずっとその違いを覚えていてほしい。1つ目は，**遺伝子**（gene）と**対立遺伝子**（allele）の区別である。遺伝子とはひとつながりのDNA配列のことで，タンパク質またはRNA分子をコードしている領域とそれに関連した調節因子のある領域を含む。同じ遺伝子でも配列は異なることがあって，その異なった1つ1つを対立遺伝子と呼ぶ（Box 13.1）。したがって，集団中の配列の異なった遺伝子の頻度については，遺伝子頻度というよりも**対立遺伝子頻度**（allele frequency）といったほうが，より正確なのである。

　2つ目に，遺伝子型と表現型の区別である。個体がもつ対立遺伝子の組み合わせのことを**遺伝子型**（genotype）と呼ぶ。究極的には，遺伝子型は完全なゲノムのDNA配列のことをさすことになるが，通常は，直面している問題にかかわるいくつかの遺伝子のセットだけに注目していればよい。遺伝子型と対照的なのが，個体の**表現型**（phenotype）である。表現型とは，実際に観察することのできる性質のすべてをさす。次章で，遺伝子型の変異がどのように表現型の変異と関連しているのかを考えていく。

古典的な遺伝学により，集団中には隠れた変異が存在することが明らかになった

　Darwinは，表現型，特に生存や生殖にかかわる形質には，遺伝により伝わる多様性が数多く存在することを述べている。しかし，その多様性の遺伝学的な基礎は明らかではなかった。対照的に，最初の遺伝学者は，単純なメンデルの法則に従う変異に注目していた。しかし，それらの突然変異は実験室や温室で自然に起こったものとして，あるいは，まれな異常として見つけられてきたものであった。自然界での遺伝的な変異の例は発見するのがむずかしく，全体として変異がどの程度存在するのかは定量できなかった。ただ，いくつかの例外的な変異の系は知られていて（例，図13.5），**多型**（polymorphism）と名づけられていた。とはいうものの，ほとんどの遺伝的変異の例は，まれな致死的な対立遺伝子によるものだった。ヒトにおいては，かなりの割合の人がなんらかの遺伝的条件に影響されているにもかかわ

Box 13.1　遺伝学の用語

遺伝子，遺伝子座，座位　遺伝子の基本的な概念は，古典的な遺伝学でもすでに明確であった。Mendel の法則に従って分離する，これ以上分割できない因子として，また他のそのような因子と組換えを起こす因子として，遺伝子は定義されていた。しかしながら，現在の我々の理解では，遺伝子とは，タンパク質や機能的な RNA 分子（例えば，リボソーム RNA など）と，周辺の関連する調節因子をコードする配列を含む，適当な範囲での 1 つながりの DNA をさす（図 13.2A）。オーバーラップした遺伝子（図 13.2B）や，遺伝子の中の遺伝子，そして選択的スプライシング（図 13.2C）のような複雑な例があるので，完璧に遺伝子を定義することはできない。とはいうものの，たいていの場合，遺伝子という用語は単純な意味合いで使われる。

遺伝子座（locus，複数形は loci）という用語は，一般にゲノム上の位置を参照するために使われる。遺伝子座は，複数の遺伝子を含んだ長い DNA 領域をさすこともあれば，1 つの遺伝子の中の数百残基をさすこともある。これは便利な用語である。なぜなら，実験室内の交配や，ヒトの家系分析や集団遺伝学的な解析からデータを得たとき，往々にして，遺伝子座が対応するのが，複数の遺伝子なのか，1 つの遺伝子なのか，あるいは遺伝子内の一部分なのかわからないからだ。次の章で，量的形質（例えば，作物収量や形態や病気への感受性）の原因となっている遺伝子座がどのように決められたのかをみていく。通常，どの遺伝子がその形質の原因なのかわからないし，ましてや，遺伝子中のどの部分配列が原因になっているかは，わからない場合がほとんどなので，これらは**量的形質遺伝子座**（quantitative trait locus, QTL）と呼ばれる。同様に集団遺伝学でも，遺伝子よりも遺伝子座をよく使う。ゲノム上のある小さな領域が 1 つの機能的なタンパク質あるいは RNA をコードしている配列に対応しているかが問題なのではなく，その領域が及ぼす適応度への影響が問題にされるからだ。

究極的には，基本的でこれ以上分割できない，遺伝学と進化学における単位，いわば生物学にとっての原子とは，1 個の塩基対または**ヌクレオチド**（nucleotide）である。塩基対とは DNA または RNA の二重らせんの中の A：T とか G：C といった塩基のペアのことである。一方，ヌクレオチドは DNA か RNA の鎖を構成している，（デオキシ）リボヌクレオチドと塩基からなる単位のことである。進化遺伝学では，この 2 つの用語は遺伝情報の単位を表すものとして使われていて，取り替えても意味は変わらないことが多い。しばしば，最小の単位として，遺伝子座よりも，座位（**サイト**[site]，**塩基座位**[nucleotide site]ということもある）が参照される。

まとめると，遺伝子は，1 個のタンパク質または RNA 分子をコードしているので，機能的な単位といえる。一方，遺伝子座は遺伝現象を説明する大よその単位として，ゲノム中のある領域をさしている。結局のところ，遺伝子も遺伝子座も塩基座位のつながりでできている。

対立遺伝子とハプロタイプ　遺伝子に変異が起きて変化したものを対立遺伝子という。古典的な遺伝学では，対立遺伝子は生物の目に見える変化を通して見つけられてきた。ある対立遺伝子のコピーがゲノム中に 2 個存在し，ホモ接合になることによって，しわの寄ったエンドウ豆や白い眼のハエが現れることがある。いくつかの異なる遺伝子の突然変異が同じ表現型の変化を起こすことがある。眼の色素を合成する経路のどこで不具合が起きても，白い眼の表現型が現れる。異なる突然変異が同じ 1 つの遺伝子座上に起こり，それぞれが違う対立遺伝子を形成していることを示す最も重要な方法が相補性検定である（図 13.3，pp.267 ～ 269 参照）。1 個体中に 2 つの劣性変異がもたらされ，それらが同一遺伝子座の異なる対立遺伝子になっていれば，2 つの対立遺伝子のどちらかがホモ接合になったのと同様に，その劣性の表現型が現れる。しかし，もし 2 つの対立遺伝子の変異が異なる**遺伝子**（gene）に起きているものなら，異なる 2 つの欠陥は，それぞれの遺伝子座の**野生型**（wild-type）の対立遺伝子に機能を補完されるため，野生型の表現型が現れる。ただし，この検定は常に確実なものではない。きわめて明らかなことに，これは**劣性**（recessive）の対立遺伝子にしか利用できないからだ。とはいうものの，こ

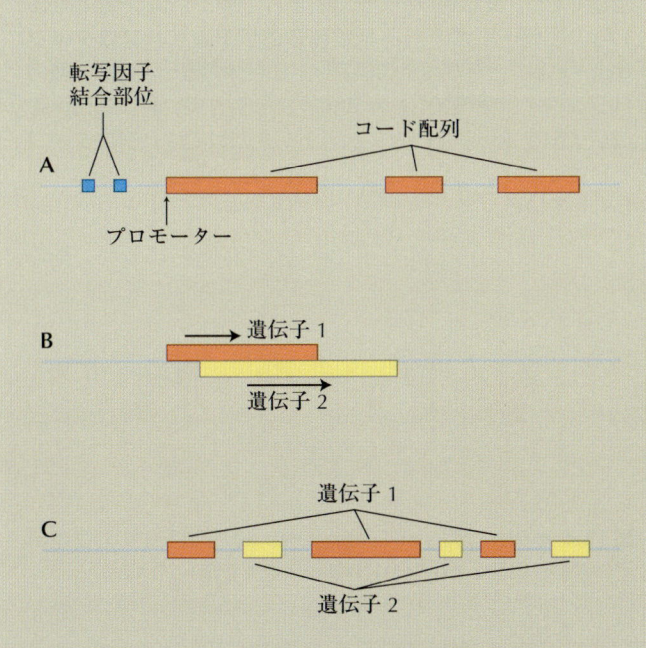

図 13.2・(A) 遺伝子はその発現調節に必要な配列（例えば，転写因子結合部位など）と，場合によっては複数の（この例では 3 個の）エキソンからなるコード配列を含む。この定義を複雑にしているのは，B や C で示しているような場合である。(B) オーバーラップしている遺伝子。1 個の配列が複数の翻訳フレームをもち，それぞれ別のタンパク質ができる。(C) 2 個のタンパク質をコードするエキソンが分散している。1 個のメッセンジャー RNA が異なるスプライシングを受けることにより，異なるタンパク質を生成する。

の検定は最も広く使われていて，明確に結果が得られるものなのである。

1つの遺伝子は複数の対立遺伝子をもつことがある。例えば，*Drosophila melanogaster* の *white* 遺伝子座は，少なくとも 1517 個の異なる対立遺伝子をもつ（図 13.4）。対立遺伝子の標準的な表現方法は，生物によって多少違っている。さらに相同な遺伝子は，生物によって，異なる名前を与えられていることが多い。集団遺伝学や，この本では，1つの遺伝子の異なる対立遺伝子を P, Q で表すようなコンパクトな表記法をとる。複数の遺伝子を対象にする場合には，遺伝子を A, B, C, …のように表し，A という遺伝子座の異なる対立遺伝子を A^P, A^Q，B 遺伝子座の対立遺伝子を，B^P, B^Q とし，以下，同様に表していくことにする。

遺伝子型とは，個体のもっているすべての対立遺伝子の組み合わせである。例えば，$A^PA^PB^PB^QC^PC^Q$ は，二倍体における，P または Q という対立遺伝子をそれぞれもつ，3つの遺伝子（A,B,C）の遺伝子型の1つを示し，遺伝子 A はホモ接合，遺伝子 B と C は，ヘテロ接合になっていることを示している。しかし，遺伝子が連鎖していたとしても，この遺伝子型では，対立遺伝子どうしが染色体上でどのように組み合わさっているのかがわからない。B^P は C^P と，B^Q は C^Q と，同じ染色体上で組になっているのか？　そうではなくて B^P と C^Q と，B^Q と C^P が組になっているのか？　完全な遺伝子型は $A^PB^PC^P/A^PB^QC^Q$ のように書く。そうすると，A^P と B^P と C^P は同じ染色体にあり，同じ親からの配偶子として遺伝することがわかる。1個の配偶子に含まれる半数体の遺伝子型を**ハプロタイプ**（haplotype）と呼ぶ。この例では，二倍体の遺伝子型は2個のハプロタイプ $A^PB^PC^P$ と $A^PB^QC^Q$ からできている。二倍体の遺伝子型を遺伝子座ごとにリストしただけではハプロタイプを特定できない。このことが二倍体の生物の遺伝学をむずかしくしている。

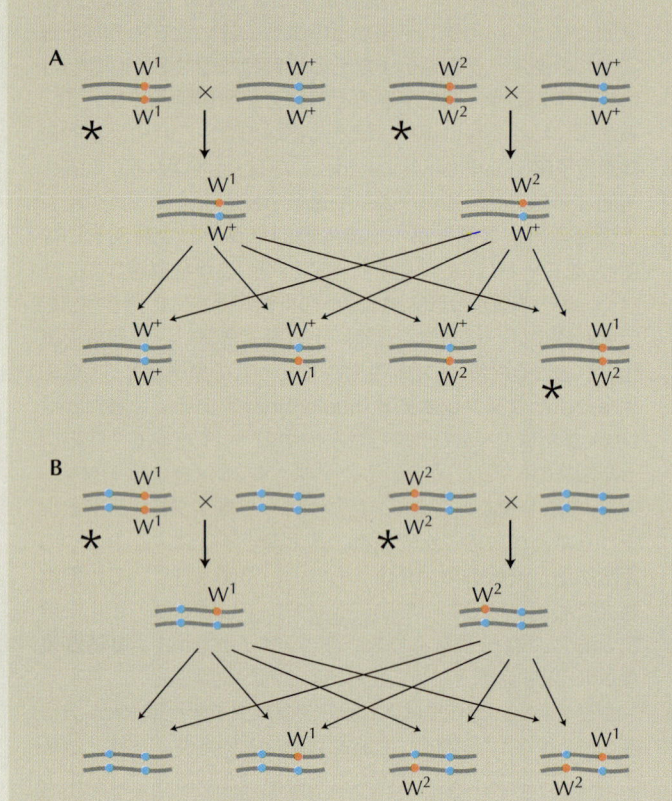

図 13.3 ● 相補性検定は，ホモ接合しているときに同じ表現型（＊）を示す2個の劣性対立遺伝子が，同一の遺伝子由来かどうかを知るために使う。それぞれの突然変異株の個体を野生型と掛け合わせ，ヘテロ接合体を得る（A と B それぞれの中段）。(A) 互いのヘテロ接合体を交配させたとき，もし，2個の劣性対立遺伝子が同じ遺伝子由来なら 25% の確率で劣性の表現型が現れる。(B) しかし，もし，この2つの対立遺伝子が異なる遺伝子由来であれば，子孫はすべて野生型の表現型を示す。2個の劣性遺伝子を（2個の遺伝子にそれぞれ1個ずつ）もつ個体は，両方の遺伝子の野生型の対立遺伝子もあわせもつからである（B の下段右）。

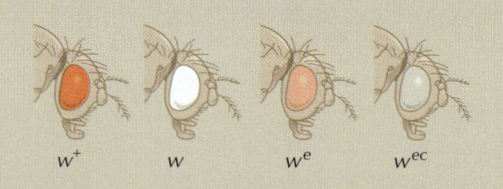

図 13.4 ● *Drosophila melanogaster* の *white* 遺伝子の対立遺伝子の眼の表現型。野生型の対立遺伝子を＋で示している。

らず，ある特定の遺伝的な欠陥をもつ人はきわめてまれである。例えば，最もありふれた遺伝病である嚢胞性線維症にしても，その罹患率は，ヨーロッパ人で 2000 分の1にすぎない（p.825 参照）。自然界におけるショウジョウバエの大規模な調査でも，実験室でみられる突然変異に似たものは見つかるものの，その出現頻度はきわめて低い。これらのことすべてから，遺伝子はたいていの場合共通の野生型であって，致死的な変異をもつ対立遺伝子の頻度はまれである，という単純な見方をすることもできる。

集団が実際に多くの遺伝的変異を含んでいることは，自然界で捕獲されたショウジョウバエと実験室で作られた特別な系統のショウジョウバエとの交配実験から，明らかにされた。

実験室の特別な系統では，染色体全体がホモ接合になっている（Box 13.2）。驚くべきことに，野生のショウジョウバエの染色体の 10～30% に，**劣性致死遺伝子**（recessive lethal gene）が含まれていることがわかった。これらをホモ接合としてもつショウジョウバエは死んでしまうし，また，残りの染色体にも，多かれ少なかれ生存に深刻な影響を与える劣性対立遺伝子が含まれている（表 13.1）。すなわち，ランダムに選んだショウジョウバエの染色体をすべてホモ接合にすると，そのハエはほとんど生存できないということになる。これは**近交弱勢**（inbreeding depression）として知られており，第 18 章（pp.555～558）で詳しく扱う。

　初期の研究で，劣性致死の変異は多くの遺伝子に散らばって存在していることもわかっていた。つまり，どの遺伝子でもそれ 1 つをとってみると，劣性致死の変異はまれなのである。相補性検定によって，異なるショウジョウバエから単離された 2 つの致死的な変異が同一遺伝子にある変異なのか（**同座**[allelic]であるか）そうでないのかを確かめることができる（Box 13.1, pp.267～269 参照）。2 つの変異が同じ 1 匹のハエに起きたとき，そのハエが生きているのなら，2 つの変異は異なる遺伝子に存在していることがわかる。しかし，もしハエが死んだら，その 2 つの変異は同じ遺伝子に存在していたことになる。2 つの変異を同時にもつことで，致死のホモ接合体となるからである（Box 13.2）。*Drosophila pseudoobscura* を使った研究では，異なる場所でとったハエの第 2 染色体上の任意の 2 個の劣性致死変異が，互いに同座である確率はおよそ 300 分の 1 であるということが知られている。これは，第 2 染色体中に劣性致死となる突然変異を起こしうる遺伝子が 300 個あるということを意味する。第 2 染色体全体での劣性致死の対立遺伝子の頻度は 15% とされているので，それを 300 で割ると，1 遺伝子座あたりの劣性致死の対立遺伝子の頻度を 0.0005 と見積もることができる。このように，劣性であるため隠されている大量の変異が存在することは明らかになったが，この結果と，1 つ 1 つの遺伝子について変異がみられることはあまりないということとは矛盾しなかった。

　隠れた変異は，異常な環境あるいは突然変異の存在によって，正常な発生が乱されることでも見つけることができる。例えば，ショウジョウバエの初期胚を短時間エーテルにさらすと，一部は異常な発生をし，**ホメオティック**（homeotic）突然変異の *Ultrabithorax* と似た表現型を示す（p.314 参照）。この異常では体節の本来もっている性質が変化し，極端な例では，ふつう**平均棍**（haltere）が生える体節に余分な一対の羽が生える（図 13.7）。第 11 章でみたように，Waddington の古典的な実験によって，この表現型の出現は，おもに遺伝的に決定されていることが示された。なぜなら，選択により，この表現型をもつ個体を急激に増やした

図 13.5・分子マーカーが開発されるまで，単純な遺伝的要因による自然の多型の例はほんのわずかしか知られていなかった。例の中には，（A）巻貝 *Cepaea nemoralis* の貝殻の模様や（B）テントウムシ *Adalia bipunctata* の体色暗化がある。

A
ピンク・縞なし　黄色・縞なし
ピンク・縞あり　黄色・縞あり

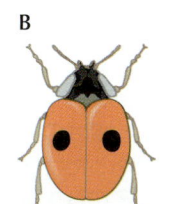

B
体色暗化していない　体色暗化

表 13.1・ブラジルの *Drosophila willistoni* 集団中の劣性変異の頻度		
影響	第 2 染色体	第 3 染色体
致死的	28.6	19.7
半致死的*	12.6	12.4
不妊	31.0	27.7
外見の変異	15.9	16.1

Dobzhansky T. 1937. *Genetics and the Origin of Species*, Table 4, p. 66.Columbia University Press, New York (© 1982 Columbia University Press, Reissue Edition October 15, 1982； ISBN 0231,054,750—ppbk)および引用文献より，許可を得て転載

* "半致死的"とは，その遺伝子をもつ個体の半数が死んでしまう染色体として定義される。

Box 13.2 バランサー染色体と同座性の検定

バランサー (balancer) は，特別に構築された *Drosophila* の染色体である。これを使って，実験室内で任意の1個の野生型の染色体をそのままの形で継代保存することができる。このように，ある特定の野生型の染色体を自然集団から"抽出"し，その影響を管理された条件下で調べることができる（図13.6A，B）。1つの**バランサー染色体** (balancer chromosome) には，何か所もの**染色体逆位** (chromosomal inversion)，劣性致死変異，それに優性のマーカーとなる対立遺伝子が含まれる。染色体逆位のところでヘテロ接合になっていると，*Drosophila* は組換えを起こさない (Box 12.2)。さらに，バランサーは劣性致死変異をもっているので，ホモ接合になることはない。また，優性のマーカーとなる対立遺伝子（例えば，ゲノム中に1個あるだけで目の色が変化するような突然変異）があるために，そのハエがバランサーをもっているかどうかはすぐにわかる。

1つのバランサーと，どれか1つの野生型染色体からなるヘテロ接合体の集団は，無制限に維持できる（図13.6A）。＋／＋のホモ接合体の適応度は B／＋のヘテロ接合体よりもずっと低いので，**ヘテロ接合体の優位性** (heterozygote advantage) が極端に現れた形で多型を保つことができる (Box 17.2)。1匹の野生の雄をバランサー株の雌と掛け合わせることで，1つの野生型染色体を自然集団から抽出することができる（図13.6B）。雄の *Drosophila* は組換えを起こさないので，染色体は減数分裂時に分断されることなく，そのままの形で次世代に渡される。バランサーをもった1匹の子を選び，"抽出された"染色体を含む新しいバランサー株を確立する。もしこの株に，＋／＋の個体がいなかったら，その野生株の染色体には1個かそれ以上の劣性致死変異を含んでいるはずである。図13.6C に示したように，2個の異なるバランサー株を交配したとき，野生型の子はどれも2個の異なる野生型の染色体（それぞれのバランサー株から野生型の染色体を1つずつ受け継ぐため）をもつ。もし野生型の子がまったく出てこなかったら，その2つの野生型の染色体には同じ遺伝子上に劣性致死変異をもっているはずである。もし，野生型の子が出てきたら，2つの野生型の染色体は異なる遺伝子上に劣性致死変異をもっているに違いない（これは Box 13.1 で説明した相補性検定と同じである）。

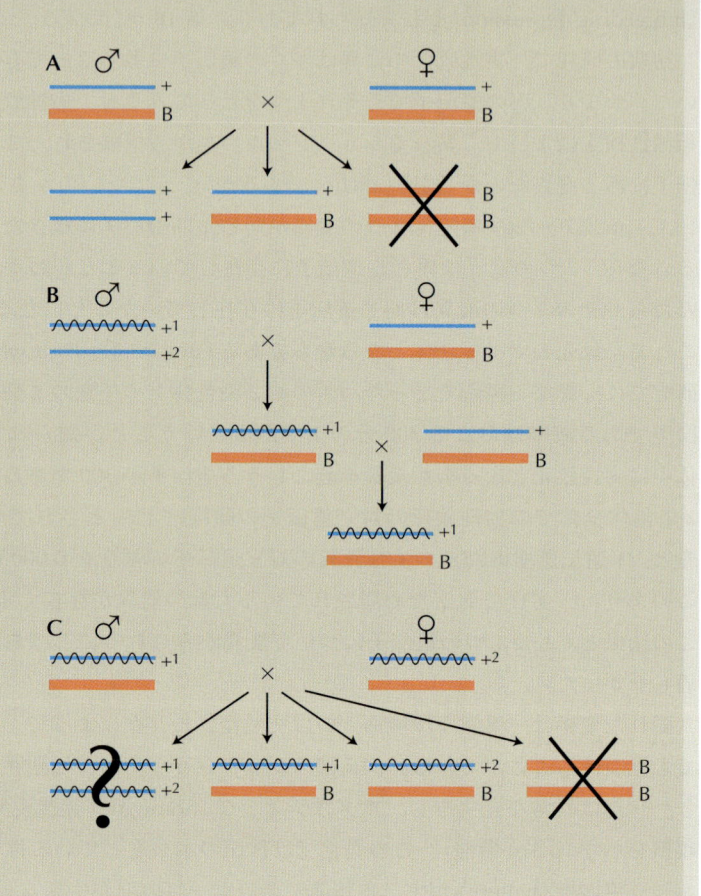

図 13.6 ▪ (A) バランサー株の維持。(B) ある野生型染色体の"抽出"。(C) 同座性の検定。

り減らしたりすることができるからである。最近になって，この変異は，*Ultrabithorax* 遺伝子そのものの隠れた多型によるものであることがわかった。この多型は，エーテルにさらされるという環境の変化が起きたときだけ，表現型に現れてくるものだった (p.334 参照)。この結果は，近親交配により表面化する劣性変異とともに，集団中に普段は隠れている変異が大量にあることを示唆している。

集団中の個体のタンパク質や DNA 配列の違いは，広範囲にわたって存在している

1960年代の半ばまでは，最もよく研究された生物ですら，遺伝的な多様性が集団中にど

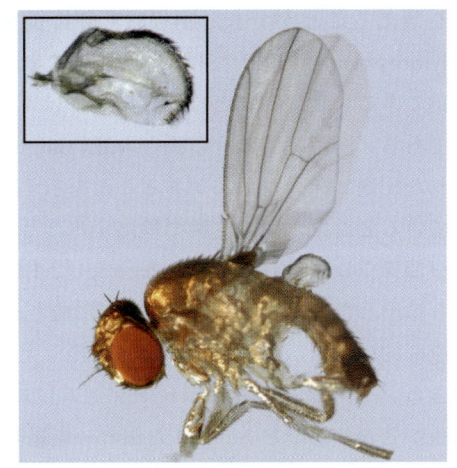

図 13.7 ■ 初期胚をエーテル処理したハエは *Ultrabithorax* ホメオティック突然変異と似た表現型を示す。(左)野生型のハエ。拡大図の矢印で示すように小さな平均棍をもつ。(右) Ubx の弱い突然変異により，平均棍が部分的に羽に形質転換(拡大図)されたハエ。この表現型はエーテル処理によっても現れる。

のくらいあるのかは明らかでなかった（pp.64〜65 参照）。古典的な遺伝学と生化学の手法では，特定の性質（血液型や目に見える多型など）について，あるいは特定の生物種（ヒトやショウジョウバエなど）について，たまたま変異を見つけることができただけだった。だから，遺伝子全体，生物種全体にわたって，変異のパターンがどの程度あるのかは，想像するしかなかった。

鍵となる革新的な技術は**タンパク質電気泳動法**（protein electrophoresis）だった。これにより，どの生物種でも，選んだタンパク質の（間接的には遺伝子の）変異を測定できるようになった。そのタンパク質に多型があることが知られていなくても，変異のあるタンパク質をゲル上で分離することができたためである。最も簡単に分離できたタンパク質は，基本的な代謝にかかわる酵素のような，ふんだんに存在している酵素群であった。対立遺伝子の変異により変化しているこのような酵素を，**アロザイム**（allozyme）と呼ぶ。この方法を最初に適用したとき，想像されていたよりもずっと多くの変異が存在することが明らかとなり，遺伝学者たちは大いに驚いた。ハエでもヒトでも，酵素の約 3 分の 1 は多型であった（すなわち，2 個以上の対立遺伝子が検出可能な頻度で存在していた）。そして，ランダムに選んだどの個体でも，任意の遺伝子座について，5〜10% の確率でヘテロ接合であると考えられた。タンパク質電気泳動は，集団遺伝学者に熱心に利用された。彼らは生物の世界全体で変異の度合いがどのくらいあるかを，しらみつぶしに調べ始めた。それ以来，変異を検出する多くの新しい方法が開発されてきたが，遺伝的変異は豊富に存在する，という基本的な観察結果は変わっていない。

電気泳動で，分子の電荷と形状の違いが区別できる。電荷や形状が異なると，タンパク質がゲル中を移動する速度が異なるのである。タンパク質の電荷や形状はアミノ酸配列が変化すると，すなわち DNA 配列が変化すると変わってくる。しかしながら，すべてのアミノ酸配列の変化が，これで検出できるわけではない。そのうえ，タンパク質は翻訳された後の化学的修飾によっても変化し，ゲル中での移動速度に影響を与える。これとは別の種類になるが，遺伝子マーカー（遺伝標識）を使うと，多少間接的だが簡単に DNA 配列そのものが調べられる。**マイクロサテライト**（microsatellite）というマーカーで，縦列反復配列の反復単位の

数を数えることができ，**制限酵素断片長多型**（制限断片長多型 restriction fragment length polymorphism，**RFLP**）では，ある DNA 断片が特定の制限酵素により切断されるかどうかが検出できる。制限酵素とは，典型的には 4 残基か 6 残基の決まった DNA 配列を切断する酵素である。制限酵素断片の長さの違いは，酵素による切断部位の変化や，切断部位の間に挟まれた配列に挿入や欠失があることを示す。近年開発された方法では，ゲノム全体に散らばっている変異を 1 回の実験で検出することができる。ゲノム中の異なる場所にある何千もの**オリゴヌクレオチド**（oligonucleotide）で 1 個のアレイ（チップともいう）を作っておき，個体から抽出した DNA とハイブリッド形成させるのである。

原則的に，遺伝的変異の量は，直接，完全な DNA 配列を比較することで測定することができる。その取り組みは，ヒトゲノムに対して行われた。2001 年にヒトゲノムの最初の草稿版が発表されたとき，140 万個の**一塩基多型**（single-nucleotide polymorphism，SNP，スニップと発音する）の測定も一緒に行われた。これらは，24 人のヒトゲノム配列の間の違いを検出した結果であった。その目的は，ヒトの種内変異を示すというよりも，病気と関連づけることのできる遺伝子マーカーを同定することであった。ヒトの種内変異を示すためには，もっとずっと多くの数の個人のサンプルが必要となる。たいていの目的に対して，直接 DNA 配列を比較することは，まったく非効率的だといえる。現在，DNA 配列の変異を検出

Box 13.3　遺伝子マーカー

理想的には，**遺伝子マーカー**（genetic marker）とは，簡単に測定できる遺伝的な変異であり，集団内や集団間で多様であり，表現型，特に適応度には無視できるような影響しか及ぼさないものをいう。原理的には，多くの個体の DNA 断片の配列決定は可能だが，サンプルが大量になると，きわめてコストが高くなるばかりか，通常はその必要がない。

マーカーそのものは興味の対象にならないが，マーカーを使って個体の遺伝子型を示すことが期待されている。以下に示すように，遺伝子マーカーには広い使い道がある。例えば，量的形質の変化や病気の原因となっている遺伝子の発見や（第 14 章，26 章），父親推定，地理的起源の推定（第 16 章），選択の効果の検出（第 19 章）などである。

一般に，ある遺伝子座を遺伝子マーカーとして利用するためには，遺伝子座を特異的に検出する方法と，遺伝子座間の変異を識別する方法が必要である。ここでは，最も重要な技術について概説する。

アロザイムの電気泳動　アロザイムとは 1 つの遺伝子座にコードされた酵素の同座の変異体群である。タンパク質の粗抽出物は電場により引き寄せられて，ゲル中（デンプン，ポリアクリルアミド，またはセルロースアセテート）を移動する。特異的な酵素活性を検出する染色剤によって，その酵素タンパク質を識別することができる。ゲル上のバンドの位置は酵素分子がゲル上を移動する速度を反映し，その速度はタンパク質の電荷とサイズの両方で決まる。図 13.15A（p.399）では，ホモ接合体が 1 本のバンド，ヘテロ接合体は 3 本のバンドを示す例を表している。この酵素は 2 個のサブユニットからな

るので，ヘテロ接合体からは 3 種類の**二量体**（dimer）ができるのである。アロザイム電気泳動は安価で簡単である。しかし，それですべてのアミノ酸の変異を検出できるわけではない。それに，この方法が利用できるのは，大量に存在し特異的な染色法が存在する酵素に限られる。ふつう，簡単に測定できる遺伝子は 50 個以下にすぎない。

制限酵素断片長多型（RFLP）　DNA は制限酵素で切断され，電場によりゲル中を移動する（図 13.8）。放射能で標識した，

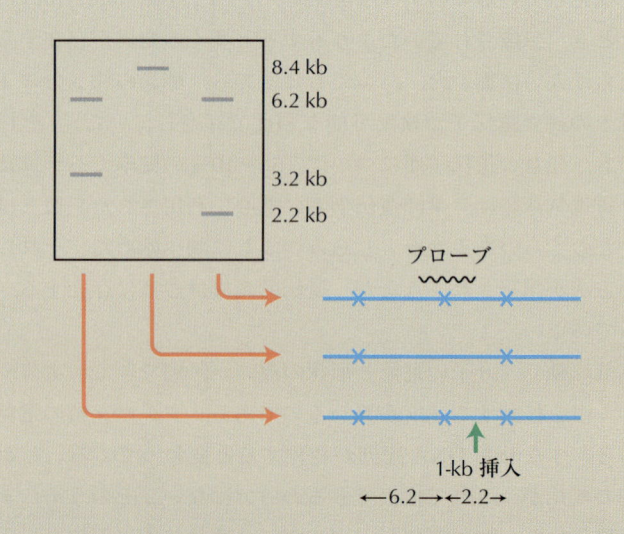

図 13.8・制限酵素断片長多型。

または蛍光染色した1本鎖のプローブDNAをゲルに注ぐ。プローブは相補的な配列に対合するので，プローブ配列と相同なDNA断片だけを検出することができる。ゲル中のバンドの位置はDNA断片の長さを示す。長さの変化は1塩基置換によっても（制限酵素の切断部位がなくなったり新たにできたりする），切断部位に挟まれた配列中の挿入や欠失によっても起こる。したがって，配列の変化はほんのわずかな場合にしか検出されることがないが，配列の長さの変化はほとんどすべての場合，検出することができる。

長さが多様な縦列反復配列　多くのマーカーは反復回数の異なる繰り返し配列を含んでいる。これらの**長さが多様な縦列反復配列**(variable number tandem repeat, **VNTR**)の遺伝子座はその繰り返し単位の長さと回数によって分類されている。

ミニサテライト(minisatellite)は，9塩基対から数百塩基対までの短い配列の多数回の繰り返しからなる。これらの配列はゲノム上の多くの位置に散らばっていて，通常，それぞれ10から100回程度の繰り返しからなる（対照的に，**サテライトDNA**(satellite DNA)というのは，極端に多くの繰り返しからなるサテライトDNAにも変異があるが，それを定量するのがむずかしく，遺伝子マーカーには適さない）。ある特定のミニサテライト配列をプローブにして電気泳動したDNAを観察すると，多くのバンドが現れる。そのほかに，繰り返し配列の両端のユニークな配列を認識できる2個のプライマーを選んで**ポリメラーゼ連鎖反応**(polymerase chain reaction, PCR)を行えば個々の遺伝子座が検出できる（例えば，図13.9）。それぞれのバンドは，**ミニサテライト**遺伝子座の1つ1つの対立遺伝子をさし，ゲル上の位置はその遺伝子座の繰り返し回数に対応している。長さを変える突然変異率が異常に高いために，繰り返しの回数は非常に多様である(pp.370～371参照)。ミニサテライトは，その極端に高い多様性のために，個人の同定や類縁関係を決定するのに有用である（図13.9）。

マイクロサテライト(microsatellite)は，数塩基対単位の短い縦列繰り返し配列である。例えば，ヒトゲノム中には，10 kbごとに，3または4塩基長の繰り返し配列がおよそ30万個ある。また，…CACACA…のような2塩基の繰り返しが5万個ある。個々のマイクロサテライトはミニサテライトの項で述べたようなユニークな配列をプライマーとして使うことで検出できる。マイクロサテライトの突然変異率は高いので，集団内での多様性も高い（図13.10）。

一塩基多型(**SNP**)　複数の個体のゲノムの一部の配列を決定したところ，一塩基座位での変異が明らかになった（例えば，図13.15D参照）。どの1つの座位でも，変異はめったにみられない。例えば，ヒトでは，ある塩基座位がヘテロ接合である確率πは約0.0008である。したがって，もし変異が見つかったとしても，多くの場合その座位にみられる塩基の種類は2種類である（ごくまれに，3種類か4種類見つかることがある）。ヒトの集団では，少ない方の対立遺伝子頻度が1%以上である変異の数は1000万個あると推定され，そのうち9万個はコード領域にあり，さらにその半分はアミノ酸を変える変化だと見積もられている。ヒトのSNPのかなりの部分は，大規模なゲノムプロジェクトにより発見されてきた。現在では**マイクロアレイ**(microarray)を使って非常に多くのSNPを効率的に見つけることができる。SNPの周りの10～20塩基対の短い配列を多数，チップに貼りつけておく。すると，各配列に対応するSNP対立遺伝子をもったDNAだけがチップとハイブリッドを形成するのである。

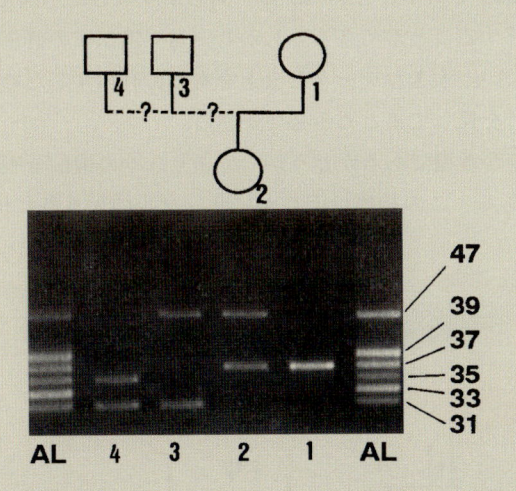

図13.9　ミニサテライトは類縁関係を正確に同定するのに利用されている。この図では，ある1つのミニサテライトの，(1)母親，(2)娘，(3,4)父親候補の2人の遺伝子型を示している。娘は37回と47回の繰り返し配列という，2種類の対立遺伝子をヘテロ接合でもっている。母親は37回の繰り返し配列をホモ接合でもっているので，短い方の対立遺伝子は母親由来である。個体4は，47回の繰り返し配列をもたないので，父親ではありえない。一方，個体3は47回の繰り返し配列をヘテロ接合でもつので，父親である可能性がある。両端のラダーは，集団中によく現れる対立遺伝子を混ぜ合せた参照用のDNAである。

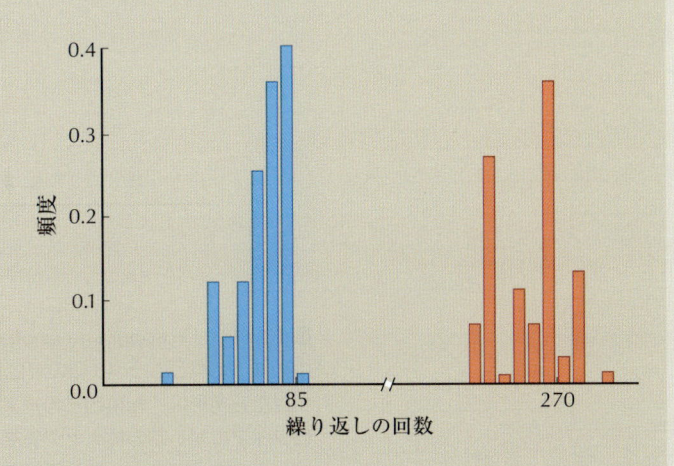

図13.10　2人のヒトのマイクロサテライトにおける，繰り返し回数の多様性。両方とも2塩基の繰り返し配列である。

できる，さまざまな種類の遺伝子マーカーがあるので，それらを目的に応じて使い分ければよいのだ。Box 13.3 で詳細を，また他の技術についても説明する。

DNA 配列には，多くの種類の変異がある。図 13.11 に示すように，*D. melanogaster* のアルコール脱水素酵素遺伝子（*Adh*）のまわりの 13kb の領域には，次のような変異が存在している。1 塩基の変異が 8 か所，数塩基の短い挿入か欠失が 9 か所，**転位因子**（transposable element, トランスポゾン）（pp.237 ～ 239 参照）による数百塩基の挿入が 7 か所である。これらの変異の多くは，アミノ酸配列に影響しない**イントロン**（intron）や遺伝子の外側の領域の配列で起こっている。ただ 1 か所，タンパク質の配列を変化させる変異がある。それは，A から C への変化で，アミノ酸をリシンからトレオニンに変化させる。このタンパク質の多型は電気泳動で検出された。トレオニンをもつタンパク質はゲル中でより速く移動するので，その対立遺伝子は *fast*（F）と名づけられ，もう一方の対立遺伝子は *slow*（S）と名づけられた。まさにこの電気泳動の移動度の違いを解明するために，*Adh* 遺伝子の詳細な配列解析が始まったのである。

変異は，対立遺伝子の頻度で示すことができる

異なる種類の遺伝子マーカーにより明らかにされた変異のパターンをまとめることで，異なる方法論間や遺伝子間や生物種間にわたった多様性を測定することができる。古典的な遺伝学の見方では，すべての方法は異なる種類の遺伝子（つまり，異なる対立遺伝子）を検出するものであり，観測結果は，対立遺伝子の頻度のリストにまとめることができる。例えば，図 13.11 から *Adh* の 16 個の配列は F 対立遺伝子を，32 個の配列は S 対立遺伝子をコードしていて，F 対立遺伝子の頻度は，0.333 であることがわかる。同じようにして，図 13.11 にあるすべての配列の変異の頻度を計算することができる。しかし，対立遺伝子の詳細な頻度のリストはそれ自体，特別有用ではない。大きなデータセットを有効に利用するためには，対立遺伝子の頻度リストを簡単な統計を使ってまとめる必要がある。

最も簡単な指標は，その遺伝子座が多型であるかどうか，つまり，その遺伝子座が 2 個以上の対立遺伝子をもつかどうかである。この指標は明らかにサンプルの大きさに依存する。

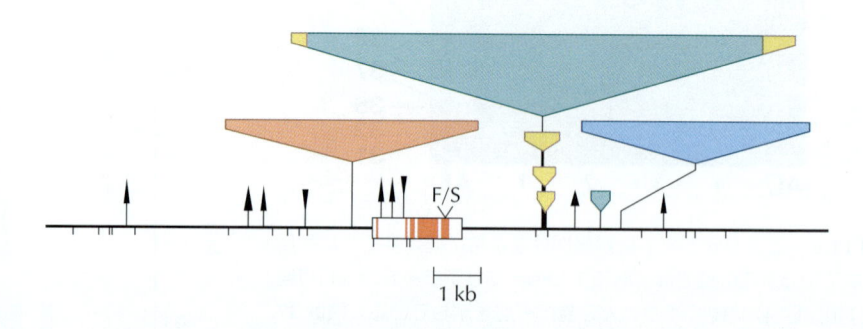

図 13.11 ・ *Drosophila melanogaster* の *Adh* 遺伝子とその周辺にみられる，いろいろな種類の変異。米国中の 4 つの集団から 48 個の染色体を集め，制限酵素断片長の違いから変異を検出した（Box 13.3）。色をつけた三角形は，転位因子の挿入による長い挿入を示し，小さい三角形はサンプル中で最も一般的なハプロタイプに対しての挿入と欠失を示す。短い縦の線は，制限酵素の切断部位を増減させる一塩基置換を示す。この方法では，一塩基置換のごくわずかな部分しか検出できない。そのことを考慮に入れると，このサンプルでは 2.7% の座位で多型で，塩基多様度 $\pi = 0.0064$ であると推定される。中央の四角形は *Adh* 遺伝子で，エキソンをピンクで，イントロンを白で示す。また，アミノ酸配列の F/S 多型の原因となっている座位も示す。

一般的には，最もよく現れる対立遺伝子の頻度が，（だいたい）95% 以下のとき，その遺伝子座は多型であると定義されている。これに関連する指標として，サンプル中に存在する対立遺伝子の数がある。これもサンプルが大きくなると大きくなる傾向にある。

別の指標として，サンプル中のヘテロ接合体の比率の測定も考えられる。しかし，これは交配の系にもよるし，対立遺伝子の頻度にも影響される。例えば，野生のカラスムギは，おもに自家受精で増える。このため，各遺伝子座に通常多くの異なる対立遺伝子が存在しているのにもかかわらず，どの個体でもほとんどすべての遺伝子がホモ接合になっている。さらに困ったことに，このような指標は細菌のような一倍体(半数体)の生物には使えない。そこで通常は，**ヘテロ接合度の期待値**(ヘテロ接合頻度，expected heterozygosity)を計算する。ヘテロ接合度とは，二倍体の生物集団から2つの個体がランダムに交配しているという理想的な集団において期待されるヘテロ接合体の頻度である。i 番目の対立遺伝子の頻度を p_i とすると($\Sigma_i p_i = 1$) **Hardy–Weinberg の式**(Hardy–Weinberg formula, Box 1.1)から，2 個の遺伝子が両方とも i 番目の対立遺伝子をもつ（つまりホモ接合となる）確率は p_i^2 となる。したがってヘテロ接合度は $H = 1 - \Sigma_i p_i^2$ となる。この多様性の指標は，しばしば一倍体や自家受精している生物にも用いられるので，遺伝的な多様性を示すものとして最もよく使われている。また異なる対立遺伝子をもつ集団からランダムに選び出した2個の遺伝子ペアが現れる確率を示す最もよい指標だと考えられている。

対立遺伝子の多様性をこのように測定する方法は，個々の塩基座位を単位とすれば，配列データにも適用できる。特定の座位が多型である確率はほとんどない(図 13.11 参照)。1つの塩基座位にみられる塩基の種類の数は通常 1 であり，たまに 2 になるが，DNA の構造上の最大値である 4 にはまずならない。遺伝子多様度を塩基単位で計算したときの値を，**塩基多様度**(nucleotide diversity)と呼び π と表す。同様に，配列中のどれか 1 つの塩基座位が多型である確率は，サンプル中にみられた変異の数(**多型座位**[segregating site]の数)を配列の長さで割ったものになる。

このように各塩基座位を別々に扱って変異を記述したとしても，サンプルの配列について，ごくわずかな情報しか得られない。たとえ多型である座位が少なくても，その組み合わせは膨大な数になる可能性があるのに，通常，限られた数の組み合わせの変異しか見つからない(特定の完全長の配列の中での，変異の特定の組み合わせをハプロタイプと呼ぶ)。例えば，図 13.11 でみたように，48 個の *Adh* 配列のサンプルは，13 kb 中，24 か所の変異部位を含んでいるが，29 個の異なるハプロタイプが見つかっているにすぎない。この数は，可能な組み合わせの数である $2^{24} = 1700$ 万に比べて，きわめて少ないのである。

しかしながら，ハプロタイプを単純に対立遺伝子として扱って，その頻度を計算しようとするのは愚かなことである。配列が十分長ければ，配列の 1 つ 1 つは，通常異なっていて，配列決定しただけの数の対立遺伝子があるはずだ。配列データを対立遺伝子の頻度という観点でまとめるにあたってのこの問題は，配列の間の違いという情報を無視しているところにある。もし配列どうしが多くの位置で異なっているのなら，そのサンプル中には，より多くの違いがあるだろう。この情報を取り込む最も簡単な方法は，1 組の配列ペアを区別する座位の数の平均を計算することである。これは，配列長に，先ほど定義した塩基の多様性の π をかけたものである。次の項でみるように，ある配列がどのような進化を遂げてきたのかは，その配列の中で変異が組み合わされてきた道筋をたどればわかる。こうしたことから，変異を記述するためには，より巧妙な方法が必要となる。

遺伝的変異は，遺伝子系図学によって，最も完全に近い形で記述される

　配列が十分な量の変異をもっていて，かつ，そのサンプルが過去に組換えを起こしていなかったとしたら，もっと多くのことができる。配列間の系図関係を，生物の種の系統を再構築するのと同じ方法で推定することができる（Box 5.1，第 27 章［オンラインチャプター］）。（**系図学**［genealogy］というのは，同じ生物種内の遺伝子間の関係を表すときに使う。一方，**系統学**［phylogeny］というのは，ふつう異なる生物種間の関係を示すときに使う。）配列中の各変異は，ただ 1 回だけ起こったもので，その変異が子孫の配列のセット（**クレード**［分岐群, clade］として知られる）に受け継がれると考えることに，たいていの場合問題はない。そこで，配列データから少なくとも部分的に遺伝子系図を描くことができる（図 13.12）。

　しかしながら実際には，遺伝子のデータからその関係を再構築するのは，簡単なことではない（第 27 章［オンラインチャプター］。2 つの大きな問題として，収斂と組換えがある。もしその座位が速く進化しているか，配列どうしの類縁関係がとても遠い場合，複数の配列で同じ変異が起きた可能性がある。そうすると，それぞれの変異を受け継いだ異なるクレードを区別することができない（例えば，図 13.12 では，突然変異を起こった系統ごとに色分けできているが，それができなければ遺伝子系図は再構築できない）。さらにもっと困ったことに，有性生殖をする生物の核 DNA では，数 kb 離れると，かなりの頻度で組換えが起こる。細菌の種内では，組換えは散発的にしか起こらないが，それでもサンプルがたどった進化の長い時間の間に組換えが十分な回数起こってしまい，遺伝子系図を 1 つに確定できなくなる可能性がある（図 5.23，第 27 章［オンラインチャプター］）。組換えが起こると，配列の範囲ごとに異なる遺伝子系図を示すことになる（図 13.13）。例えば，*D. melanogaster* の *Adh* の祖先の遺伝子に組換えが起こったことがはっきりしている（図 13.11）。この場合は，組換えがどこで起こったかについて遺伝子系図から推定できた（図 13.14）。しかしながら一般的には，組換えを考慮に入れて遺伝子系図解析を行うことはきわめてむずかしい。この問題については，後でまた述べることにする（pp.462 〜 469）。

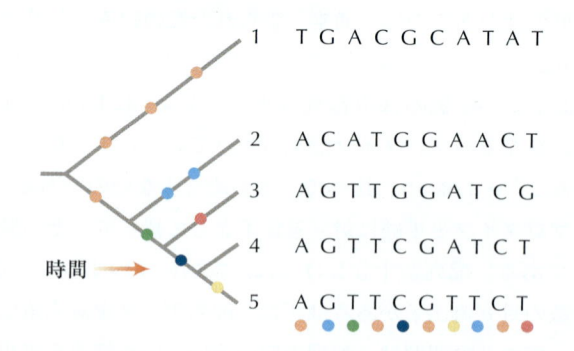

図 13.12 ● 組換えのない DNA 配列中で，ユニークな突然変異を利用して，遺伝子系図を再構築することができる。この例では，集団からサンプルを取った 4 個の配列（2 〜 5）と**アウトグループ**（外群，outgroup）と呼ばれる，それらより遠い関係にある配列（1）を示している。ユニークな突然変異とは，類縁関係にある配列のグループまたはクレードが，1 個の置換を共有することで定義される。この例では，3，4，5 の配列が 1 個の A → T 置換（緑）を共有していて，これらが 1 個のクレードを形成している。また配列 4 と 5 は，G → C 置換（紺）を共有していて，この 2 つの配列もまたクレードを形成している。この例では，十分な数の突然変異が起きているので，遺伝子系図を明確に再構築することができる。アウトグループと配列 2 〜 5 の間に起こった突然変異を茶色の点で示しているが，これらは，配列 2 〜 5 の関係を示す遺伝子系図の再構築には使われない。ここでは配列中の変異がある座位だけを示している。配列全体のうち，ほとんどの座位では変異がない。詳しくは，第 27 章（オンラインチャプター）で議論する。

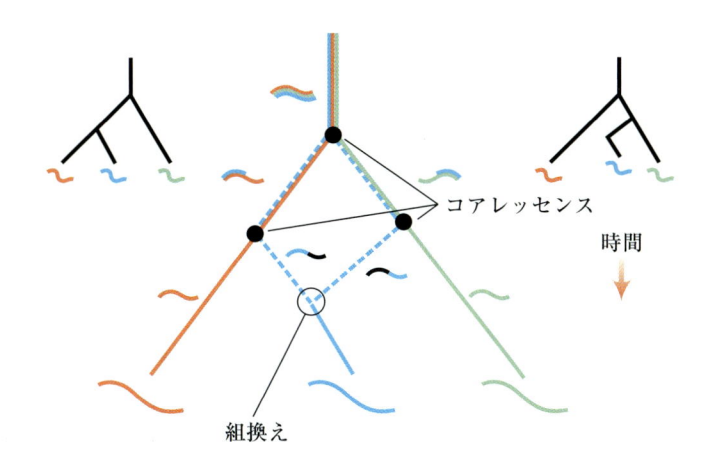

図13.13 ▪ 組換えを起こしたゲノムでは，領域によって異なる遺伝子系図を示す。この図は3個のゲノム（赤，青，緑）の簡単な例を示す。赤と緑の系統の間では組換えを起こしておらず，時間を遡ると一番上の黒丸で示したところで合流する（**コアレッセンスする**[coalesce]）。しかし，青のゲノムは白丸で示したところで組換えを起こしていて，左半分はある祖先ゲノムに，右半分は別の祖先ゲノムに由来している。左半分の系統は赤の系統とコアレッセンスし，右半分の系統は緑の系統とコアレッセンスする（青い点線）。結果として，ゲノムの右，左の2つの部分は，異なる遺伝子系図を示す（上部，左と右の図）。組換えがある場合のコアレッセンス過程については，pp.462〜469で，より詳しく考察する。

　個々の遺伝子座の多様度は（塩基を単位の下限として）遺伝子多様度のような簡単な測定値として表すことができる。ハプロタイプがもつ完全な情報をまとめることは，はるかに困難である。したがって推定された遺伝子系図は単純に樹形で表現される（例，図13.12，14）。組換えがあると疑われたときは，何通りかの遺伝子系図を描くことになる（例，図13.13）。これは1つの統計よりも多くの情報を伝えるが，得られた樹形の1つ1つは，サンプルとなった遺伝子の本来の関係を"推定"した結果にすぎないことを理解しておくべきである。さらに，実際の遺伝子系図は，それ自身，集団中からランダムに選んだ遺伝子サンプルやゲノム全体からランダムに選んだ遺伝子座に基づいている。例えば，48個の*Adh*遺伝子について，図13.14に示したような関係が実際に得られたとしても，それは集団中のすべての*Adh*遺伝子からランダムに取り出した一部の遺伝子の特定の座位における結果にしかすぎない。いいかえると，他のどれか別の遺伝子座でみると，遺伝子間の関係は，まったく違ったものになる可能性があるということだ。推定された遺伝子系図は，現実の遺伝子関係を予測したときの，集団中から少数の個体を選んだときの，またゲノム全体から一部の**遺伝子座**（genetic locus）を選んだときのランダム誤差の影響を免れられない。このように異なったレベルでランダムであることが要求されるので，進化過程を解明するためには，多くの個体かつ多くの遺伝子をサンプルとして抽出する必要がある。

　この章では，遺伝的変異の基本的なパターンをまとめるいくつかの方法を要約したにすぎない。もし進化過程について明確なモデルを考えているのであれば，対立遺伝子頻度や遺伝子系図がもつ完全な情報を，より多く利用することができる。別のモデルを試してみることもできるし，それらに付随するパラメータ（例えば，突然変異率や，組換え率や集団の大きさなど）を推定することもできる。この方法については，後で述べる（例えば，Box 25.2）。特に，進化の主要な原動力は突然変異と遺伝的浮動であるとしている分子進化の**中立説**（neutral theory）に従うと，洗練されたモデルを適用することができる（pp.577〜578参照）。もし，進化モデルが正しければ，これは遺伝子データを解釈する強力な方法となる。しかし，前提

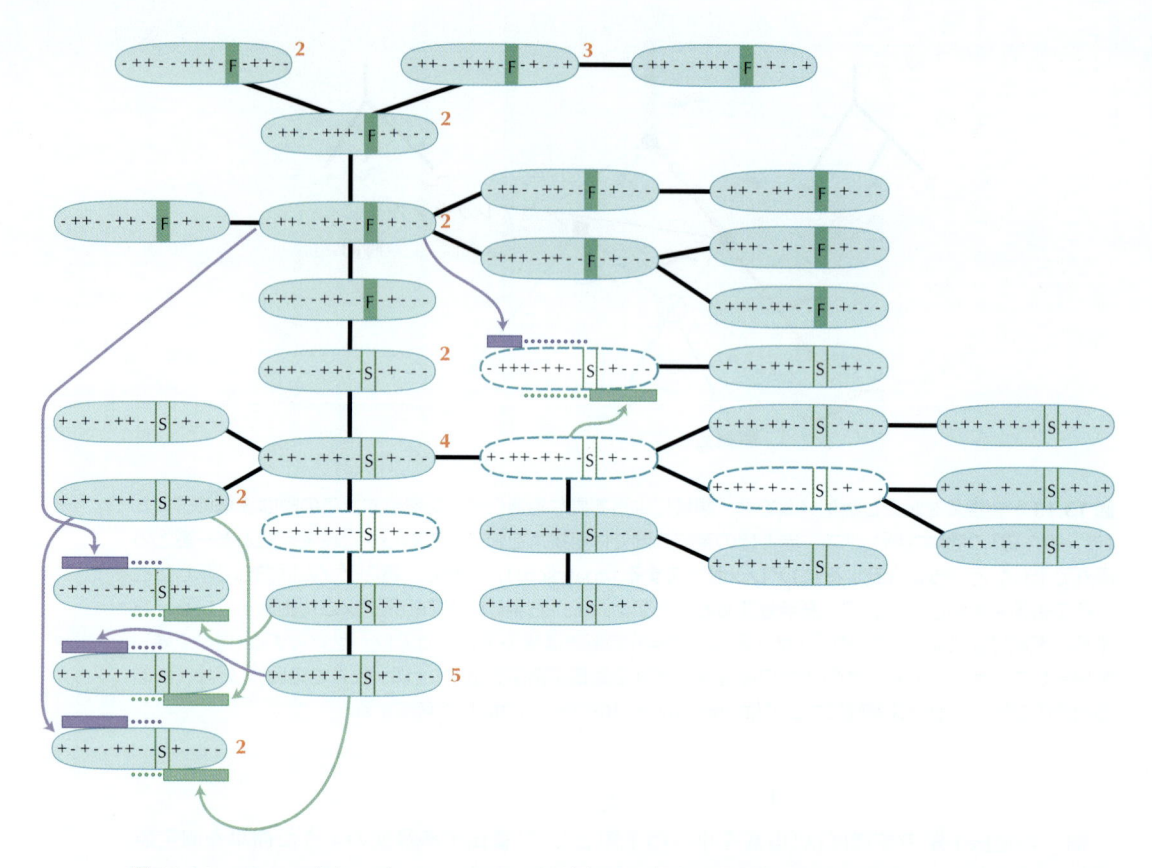

図 13.14 ● *Drosophila melanogaster* の *Adh* 遺伝子の祖先で組換えが起こったことが観測できる．図 13.11 の各変異の有無を＋，－で表し，その＋と－を並べて，個々のハプロタイプを表している．この図では，1 か所だけ変化して違っているハプロタイプどうしを隣に並べることで，異なるハプロタイプ間の正しいと思われる関係を示している．仮想的な中間ハプロタイプを破線の楕円で示し，各ハプロタイプの出現回数が 1 より大きい場合，その数を右に記している．fast と slow 対立遺伝子（F，S）は，2 つのクラスターに分かれて存在している．しかし，4 個のハプロタイプは明らかに組換えによって生じたものである．組換えを起こしたこれらのハプロタイプの左半分と右半分の由来を矢印で示す．**ルート**（根，root）の位置が明らかでないので，この図は通常の遺伝子系図として描くことができない（第 27 章［オンラインチャプター］参照）．

条件が正しくないと，結果はひどく誤解を与えるものになりうるので注意すべきである．したがって，この項でまとめた種類のデータのパターンについて簡単に調べていくことから始めることにする．

13.2 遺伝的な変異の種類

ほとんどの集団は遺伝的変異を大量にもつ

すべての生物種のほとんどすべての集団に遺伝的変異が大量に含まれるということは，進化遺伝学が得た最も注目すべき結果である（図 13.15，図 13.16）．生物のもつ性質のいくつか（例えば，集団の大きさや生息場所）は確かに遺伝的変異の程度と相関しているが，その相関は弱いものであり，変異を起こす原因を解明するのに，ほとんど手がかりを与えない．一

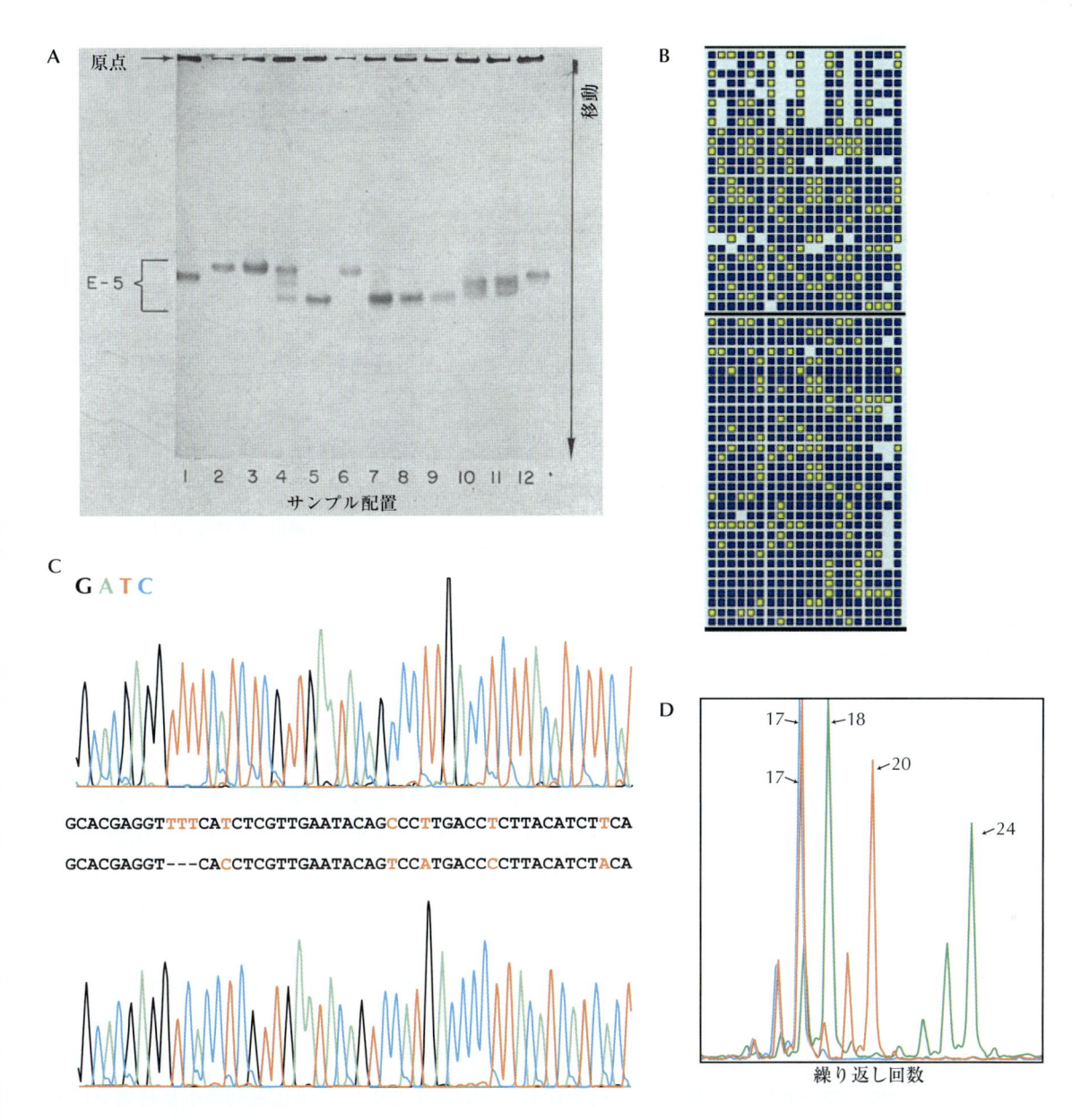

図 13.15 ▪ 数種類の分子の変異の例（Box 13.3 参照）。(A) アロザイムの電気泳動で検出した *Drosophila pseudoobscura* の集団のエステラーゼ 5 遺伝子座の変異。(B) 20 個のヒト染色体サンプルの一塩基置換（SNP）。変異のある塩基（黄色），データが取れないところ（水色）。第 21 染色体の 31 kb の領域で，変異のある 149 サイトのうち，59 サイトだけを示す。(C) 2 匹のミミズ *Lumbricus rubellus* のシトクロム酸化酵素 3 遺伝子から 51 塩基対を切り出してきたもの。2 つの波形は，自動シークエンサーからの出力である。1 か所の TTT トリプレットの挿入・欠失と 5 か所の一塩基置換がある。(D) アカシカ（*Cervus elaphus*）のマイクロサテライトの変異。3 匹の個体についての電気泳動の波形を示す。ピークはマイクロサテライト対立遺伝子の長さを示す。その長さは AC の繰り返しの回数によって変化する。これら 3 匹の個体は，17 回と 20 回の繰り返しのヘテロ接合(赤)，17 回繰り返しのホモ接合(青)そして，18 回と 24 回繰り返しのヘテロ接合(緑)となっている。

番重要なことは，ほとんどすべての生物集団に遺伝的変異がふんだんにみられるということである。

　ゲル電気泳動解析で明らかになったように，タンパク質のかなりの部分は多型である。哺乳類では 19%，ショウジョウバエでは 48%，そして細菌である大腸菌では 90%（図 13.16A）

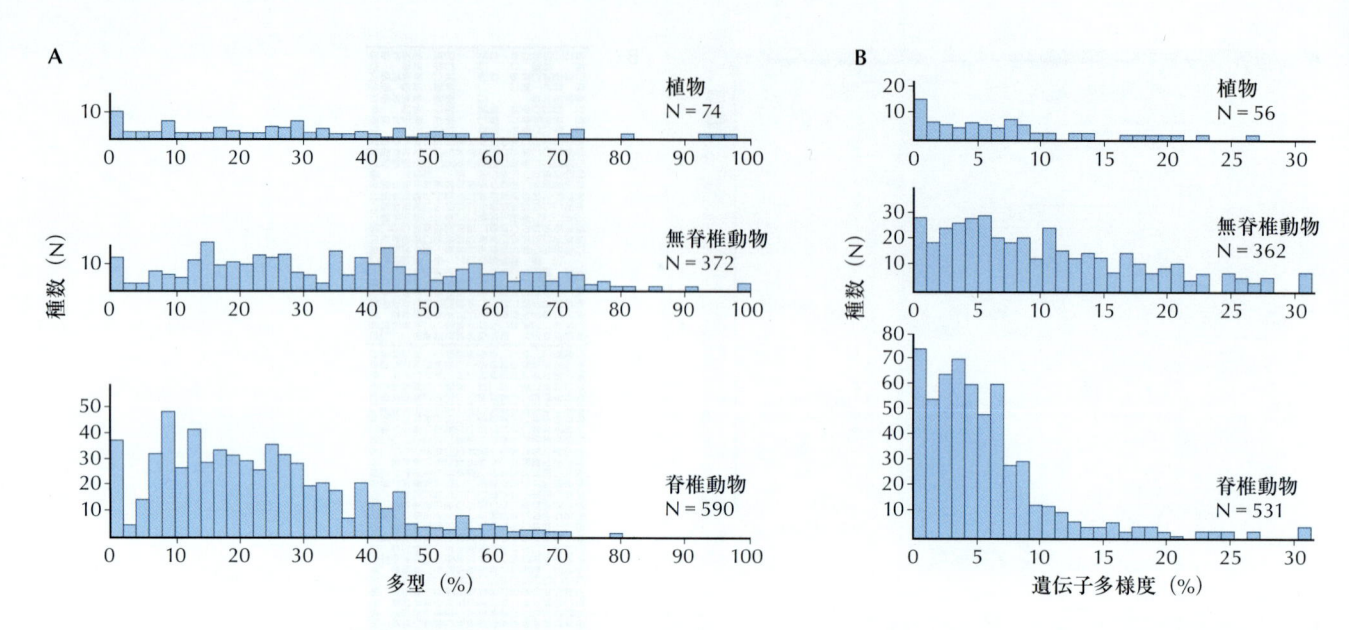

図 13.16 ▪ 約1000の生物種について調べた，アロザイム遺伝子座の(A)多型と (B)遺伝子多様度の分布。もっとも普遍的にみられる対立遺伝子の頻度が 0.99 未満であるとき，その遺伝子座を，多型であると定義する。

のタンパク質で多型が認められている。つまり，どの集団からでもランダムに取り出した2つのタンパク質は，電気泳動で検出できるレベルで，かなりの確率で異なった対立遺伝子に由来していることになる。すべてのアロザイムの遺伝子座を平均すると，哺乳類の遺伝子多様度 H は約 4.1%，ショウジョウバエの H は約 12%，そして大腸菌の H は約 47% となる（図 13.16B）。DNA 配列レベルでは，データはより少ない生物種に限られる。ヒトでは，ランダムに選んだ1つの塩基座位がヘテロ接合である確率 π は約 0.0008 だが，$D.\ melanogaster$ では，この塩基多様度の測定値は，1桁高く，π は約 0.01 である（1塩基座位あたりの遺伝子多様度はそれに対応するタンパク質の多様度に比べて小さくなることに注意。これは単にタンパク質が通常何百個もの塩基でコードされているためである。タンパク質の多様度は，異なるアミノ酸をコードしている DNA の部分配列の違いで生じる）。より広範囲な生物種間で比べると，塩基の多様度が最も高いのは原核生物であり，その次が単細胞真核生物であり，最も低くなっているのが多細胞真核生物である（図 13.17A）。大きなゲノムをもち，多くの遺伝子をもつ生物種ほど，多様度は低いのである（図 13.17B）。

ほとんどすべての生物で，大半の変異は局地的な集団の中にみられる。異なる場所から取ってきた2つのタンパク質または2つの遺伝子は，同じ場所から取ってきたものよりも，互いに異なっている可能性は幾分高い。そのため，多様度は生物種全体で測定したときの方が，一部の地域で測定したときよりも高くなる。しかし，第16章（p.484）でみるように，その違いは通常 10～20% とわずかなものである。

個体数の多い生物種ほど，多くの遺伝的変異をもつが，その相関は弱い

個体数が多いほど生物の遺伝的変異はより多くなるということは，最も明らかな傾向として観察される。極端に小さな集団では，変異はほんの少しあるいはまったくないであろうということは，想像に難くない。例えばゾウアザラシは，19世紀末に乱獲によりほとんど絶滅

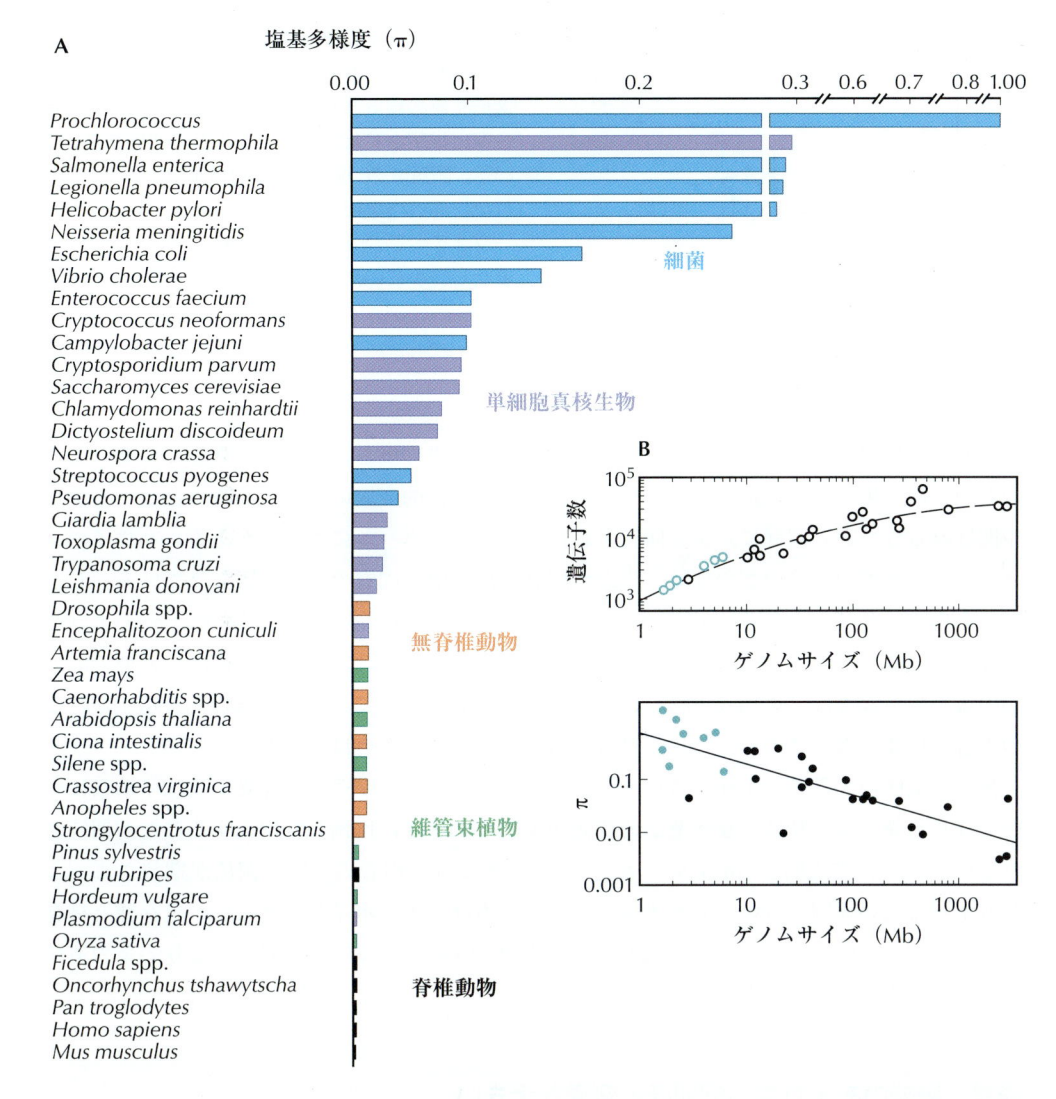

図 13.17 ・(A) 広範囲にわたる生物の塩基多様度 π。(B) 大きなゲノムをもつ生物はより多くの遺伝子をもつ傾向にあって（上），生物種内の多様度は低い傾向にある（下の曲線）。真正細菌と古細菌のデータを青で示している。

しかけたものだが，24 個のタンパク質についてまったく変異がみられない（図 13.18）。哺乳類から，ショウジョウバエ，大腸菌に至るまで，多様性が高くなっているのは集団が大きいためである。それにもかかわらず，小さな集団でも高い多様度がみられることがある。例えば，英国 Hirta の Hebridean という孤島のソーアヒツジは数百頭しかいないが，本島の野生のヒツジの集団と比べて，アロザイムやマイクロサテライトの変異は，それほど変わりがない（図 13.19）。

遺伝的変異と集団の大きさの関係を明確に理解することはむずかしい。1 つには，ほとんどの生物種について，個体数を推定すること，また，過去にさかのぼって平均的な個体数を推定することがむずかしいためである。図 13.20 に複数の酵素遺伝子座のヘテロ接合度と集団の大きさの大まかな関連を示す。ヘテロ接合度は集団の大きさに従って増加するが，集団の大きさには何桁もの違いがあるにもかかわらず，ヘテロ接合度との相関は弱い。両者の相関はおもに，集団の小さい肉食動物のグループの遺伝的変異の少なさと，もう一方の極端な

図 13.18 ・キタゾウアザラシ（*Mirounga angustirostris*）は，19 世紀に乱獲され，ほとんど絶滅しかけた。生存個体がわずか 20 頭にまで減り，その結果，遺伝子変異がひときわ少なくなっている。

図13.19 ● セント・キルダ群島中のHirtaのソーアヒツジ

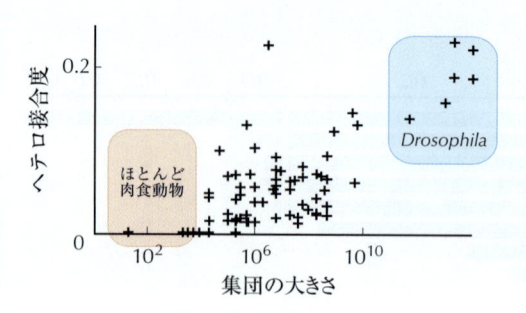

図13.20 ● ヘテロ接合度は，集団の大きさに伴い，ほんのわずかしか増加しない。この図は，酵素の遺伝子座の電気泳動解析により測定したヘテロ接合度と推定された集団の大きさとの関係を表している。調査は76種の多細胞真核生物について行われた。高いヘテロ接合度をもつ大きい集団のグループはすべて*Drosophila*であり，低いヘテロ接合度をもつ小さい集団の種はほとんど肉食動物である。

例である，集団の大きいショウジョウバエの遺伝的変異の多さによって成立している。この両者の中間の生物では，推定された集団の大きさと遺伝的変異の間に，実際のところ有意な相関はみられない。同様に，よく研究されたショウジョウバエにさえ謎がある。ハワイのショウジョウバエのいくつかの種は，生息が離れ小島の中の固有の場所に限られている。しかし，そのアロザイムの変異の程度は，もっとずっと個体数の多い*D. melanogaster*のような汎存種の変異の程度とほとんど同じくらいなのである。最後に，図13.17Bに，大型の哺乳類の塩基の多様性は，単細胞生物と比べると，約100分の1になっていることを示すが，この両者の集団の大きさの違いは，それよりもっとずっと大きいはずである。

後で，集団の大きさや生殖システム，そして環境の多様性が遺伝的変異に及ぼす効果について詳しく調べる。特に，なぜ遺伝的変異が集団の大きさに比例して増大することが期待されるのかについて説明し(pp.459〜461)，第15章では，両者の実際の関係が期待されるよりもずっと弱い原因について考察する。今のところは，キーポイントとして，汎存種と稀存種のどちらについても，タンパク質レベルまたはDNAレベルにおいて，かなりの量の遺伝的変異が含まれるということにとどめておく。

通常，機能のあまりない配列ほど変異が大きい

ゲノムの異なる部分の間での変異度の比較は，生物種間の比較よりも簡単に理解することができる。そのうえ，完全にゲノム配列が決定された生物については，ゲノム全体のデータを使うことができる。1つの座位についての変異度の測定が粗くても，非常に多くの座位が利用できるので，統計的なエラーは小さくなる。最も重要な観測結果として，生物にとってあまり影響のない変化は，多型である確率が最も高いということがわかった。この1つの原則で，ゲノム間でみられる変異のパターンのほとんどすべてを説明できる。

アミノ酸配列を変える変化とそうでない変化，すなわち，**非同義置換**(nonsynonymous change)と**同義置換**(synonymous change)の対比は，最も明白で重要なものある。ヒトのタンパク質をコードしている配列で，塩基多様度の平均をみると，タンパク質配列を変化させる座位は同義座位の3分の1以下と，ずっと少ない(図13.21)。もちろん，同義的な変化の中には，生物の機能に影響を与えるものもあるだろう。例えば，RNAポリメラーゼの結合部位を変化させたり，メッセンジャーRNAのプロセシングに影響を与えたり，翻訳の過程でtRNAの結合部位を変えたりすること，などが考えられる(遺伝子の外側の非コード領域での多様度は，同義置換座位の多様度よりもかなり低いことに注意すること。これは非コード領域がなんらかの遺伝子調節の役割を担っていることを示唆している。図13.21の一番下参照)。逆にアミノ酸配列にみられる多くの変化は，ほとんどタンパク質の機能に影響を与

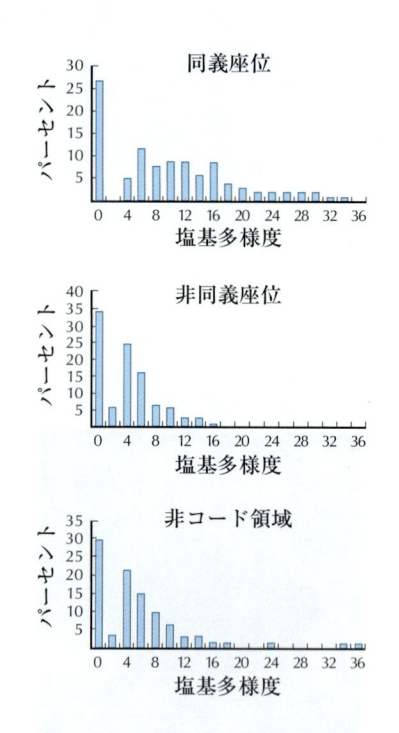

図13.21 ● ヒトの塩基多様度の分布。これらのデータは106個の遺伝子の調査の結果で，(アミノ酸配列を変えない)同義置換，非同義置換(つまり，アミノ酸配列を変化させる置換)と非コード配列の多様度を比較したものである。この3つのグループの1対の遺伝子の平均多様度 π は，それぞれ0.00107，0.00028，および0.00052となっている。

えていないように見える。しかし，全体として，タンパク質の配列を変える変化は，タンパク質の機能を変え，ひいては生物の適応度に影響を与えるということは明らかである。第19章でみるように，DNA配列の多様度の原因を推定する統計解析の多くは，同義置換と非同義置換の変異の比較を基にしている。

　機能の重要度と変異の量との緊密な関係は，他の多くの比較によっても得られる。アミノ酸の変化の中には，ほんのわずかな化学的変化でしかないものもあるが，一方で大きさや電荷に大きな違いをもたらす変化もある。このような大きな変化が多型として観察されることはあまりないだろう。シングルコピーの遺伝子の変異は，機能的に重なりのある，多くの似たタンパク質をコードしている遺伝子族のメンバーの遺伝子の変異に比べて，少ない傾向にある。同様に，すべての組織で働いている"ハウスキーピング遺伝子"は，より限られた機能をもつ遺伝子よりも変異が少ない傾向にある。コード領域の配列はイントロンや他の非コード領域の配列よりも変異が少ない傾向にある（図13.22）。最も印象的な例は，**偽遺伝子**（pseudogene）である。偽遺伝子とは機能を失い，退縮し始めたものである。偽遺伝子は，しばしば翻訳を途中で止めるストップコドンを中に含むので，それと見分けることができる。偽遺伝子は同義置換座位よりも，さらに多型である。

　違う種類の変異度（例えば，同義置換と非同義置換のような）の比較の他に，ゲノム配列に沿って直接多様度を比較することもできる。これまでのところ，ヒトで最も大規模なデータがあり，遺伝子多様度を100 kb程度の長さごとに測定すると，染色体上の領域により，かなりばらつきがあることがわかる（例えば，図13.23）。より大規模にみると，染色体ごとに多様度の平均には有意な差がある（図13.24）。性染色体とミトコンドリアDNAは，常染色体よりも変異が少ない。その理由の1つは，それらの集団あたりのコピー数が少ないためであると考えられる（ヒトの場合，X染色体は雌で2本，雄で1本，Y染色体は雄にだけ1本，そしてミトコンドリアゲノムは，母性遺伝によってだけ子孫に伝えられる）。しかしながら，常染色体の間にも有意な変異の差がみられる。これらについては，上と同じような説明はできない。このような遺伝的変異の違いの原因については，第15章と第19章でもっと掘り下げて考察する。

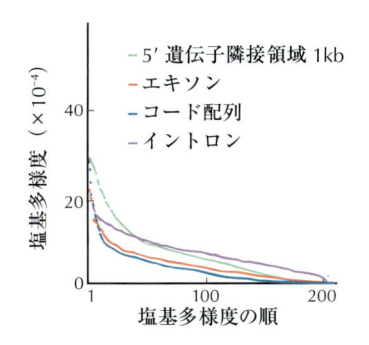

図13.22 ▪ 213個の遺伝子を調べたところ，高い機能的制約を受けている領域ほど，低い多様度を示している。遺伝子は塩基多様度の順に並べられている（左側が高く，右側が低い）。5′ 遺伝子隣接領域とイントロンはコード配列やエキソンよりも，多様度が高い。

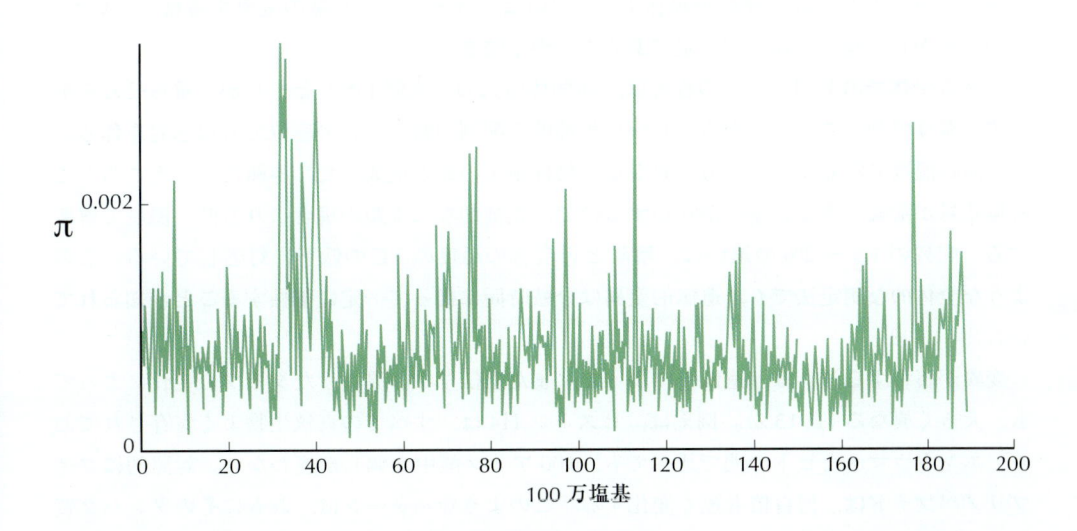

図13.23 ▪ ヒトゲノムに沿って塩基多様度が変化している。このグラフは6番染色体に沿って，200 kbのブロックごとのπの値を示している。34 Mb近傍の高い多様度を示す領域は，抗体に抗原を提示する主要組織適合遺伝子複合体の周辺の非常に多様性の高い領域である。

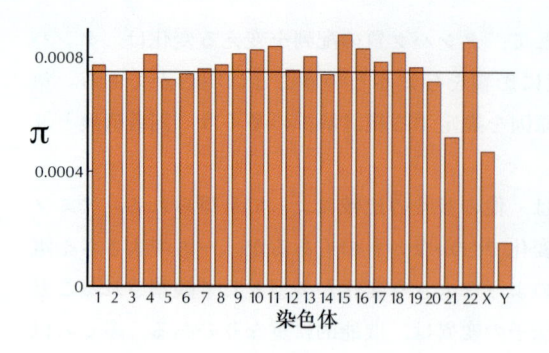

図 13.24 ■ 塩基多様度 π はヒト染色体の間でも変化している。横線はゲノム全体での平均である。これらはさまざまな民族由来の 24 人のサンプルから推定されたものである。

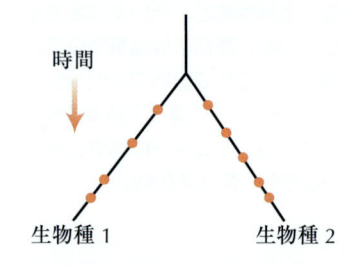

図 13.25 ■ 配列の変化の速度は，現在から時間 T だけ前に分岐したことがわかっている 2 種の生物の配列の違いを数えれば求められる。この例では，生物種 1 と 2 の間には 9 個の変化（赤丸）があるので，変化の速度は $9/2T$ と推定される。T を 2 倍しているのは，分岐してからそれぞれの系統で T の時間が経っているためである。第 27 章（オンラインチャプター）参照。

生物種間の差異は一定の割合で増えていく：分子時計

　進化生物学者は，遺伝的変異を記述するために多くの努力を傾けてきた。変異が時間を通して集団を進化させることができるからである。DNA もタンパク質も壊れやすく，化石として保存されることがないので，これらの時を経た変化を直接観察することはできない（復元された最も古い DNA 断片は，2～3 万年前に生きていたネアンデルタール人のものである）。そのかわり，分岐年代のわかっている生物種の間の遺伝的な違いを数えて，変化率を計算することができる（図 10.21，図 13.25，第 27 章[オンラインチャプター]参照）。

　初期のタンパク質の比較から得られた，最も注目すべき発見の 1 つは分子時計の存在である。どのタンパク質も，まったく違った生物の中で進化しているにもかかわらず，進化の速度は，それぞれ一定なのである（p.65 参照）。例えば，α-グロビンは年あたり約 1.2×10^{-9} アミノ酸が変化している。この速度は，すべての脊椎動物の範囲で一定である（図 13.26）。α と β-グロビン遺伝子は，脊椎動物の進化の初期に祖先的なグロビン遺伝子から分岐して進化してきた。したがってどの脊椎動物においても，α と β-グロビンは分岐してからの時間はまったく同じである。それらは同程度に変異していて，分子時計の一定性に従っている（図 13.27）。分子時計の一定性の別の検証は，複数の植物種対の比較から行われている。これらの姉妹種の組はそれぞれ，約 500 万年前の気候の変化により，ほぼ同時期に分岐したものである。ほとんどの姉妹種の葉緑体 DNA 配列は，ほとんど同じ量の変異を蓄積していた。このことから，変化の速さが一定であることが示唆される。

　ゲノム全体での配列の違いの程度は，別個体由来の一本鎖 DNA どうしが二重らせんを形成する温度で測ることができる。互いに相補的な配列の鎖は，どの座位でも塩基対を作るので，高い温度で解離する。一方，異なる生物種由来の鎖が混成した二本鎖だと，ところどころ塩基対が形成できない座位が存在するので，相補的な二本鎖の場合よりも低い温度で解離する。配列の 1.5～2% の違いは，解離と再会合の温度の 1℃ の低下に対応している。このような全体的な測定法でも，遺伝的変異は分岐時間に従って一定に蓄積することが知られている（図 13.28）。

　変異が蓄積する速さは，遺伝子によって，また遺伝子中の異なったタイプの変化によっても，大きく異なる（表 13.2）。例えば，ヒストン H4 は，すべての真核生物よく保存されており，エンドウマメとヒトの間で比べても，100 アミノ酸中 2 個しか違わない。対照的にフィブリノペプチドは，何百倍も速く変化する。このようなパターンは，おもにそのタンパク質に働く機能的制約の強さによると説明できる。ヒストンは真核生物の DNA のパッキングに必要で，進化上その本質的な機能を維持している。一方，フィブリノペプチドは血液凝固時にフィブリノーゲン分子から切り出されるが，その配列自体にはあまり意味がないと考えら

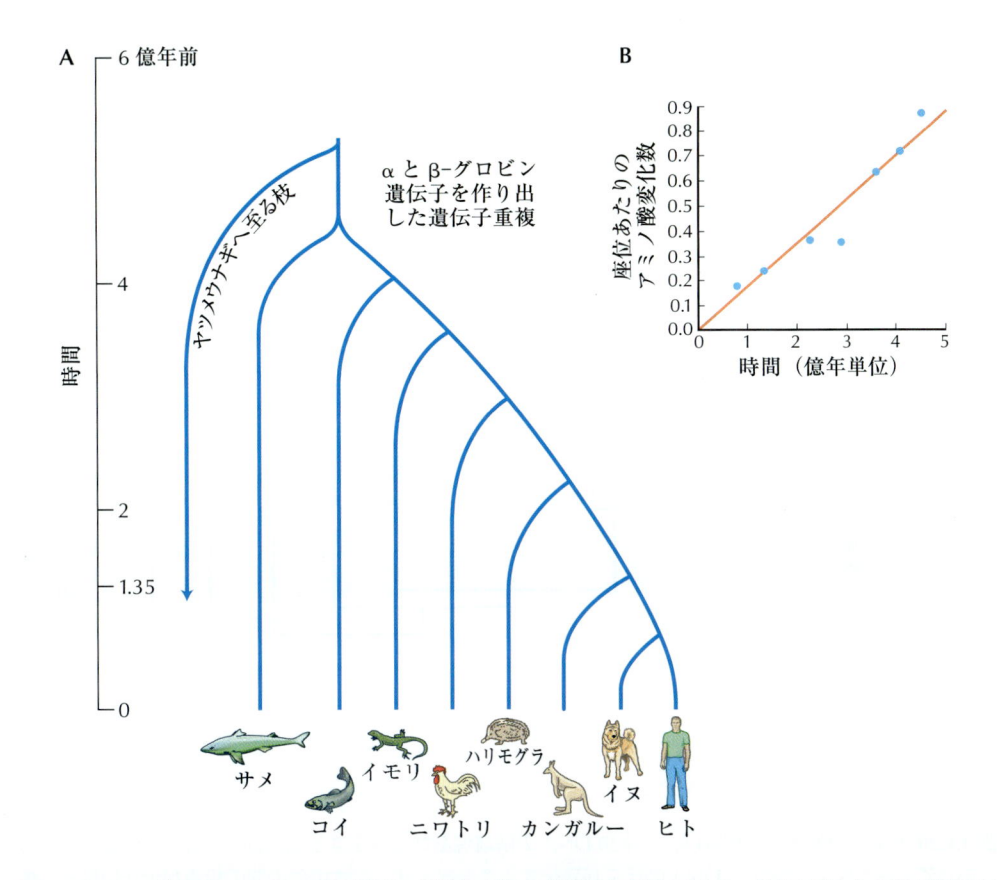

図 13.26 ・ α-グロビンのアミノ酸置換は，時間に対して規則的に増えていく。(A)で表した系統関係にある 8 種の脊椎動物の配列を基に，分岐時間に対する座位あたりのアミノ酸置換数(B)を示す。比較は，サメと他の 7 種（一番右上の青い丸），コイと他の 6 種，以下同様にヒトとイヌの比較（一番左下の青い丸）まで行われた。値は同一座位上の複数回の置換に対して補正されている（第 27 章[オンラインチャプター]参照）。時間は化石の記録から推定された。

れている。遺伝子中の異なったタイプの変化についても同じように説明できる。どの遺伝子でもコード領域の同義置換は非同義置換よりも平均して変化率が高く，遺伝子によるばらつきもはるかに少ない（図 13.29）。他の例として，機能をすべて失った偽遺伝子は，機能をもったコード領域の同義置換よりも，さらに速く変化する。前の項で考えた生物種内の変異とまったく同じように，生物種間の変異のパターンもまた，第 1 には機能的制約の強さで決定されている。

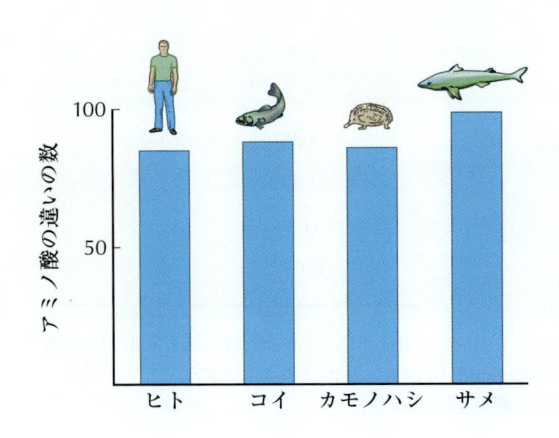

図 13.27 ・ α-グロビンと β-グロビン遺伝子の比較から，分子時計が安定して時を刻んでいることが示されている。すなわち，変化が異なる系統でほとんど同じ速さで起こっている。

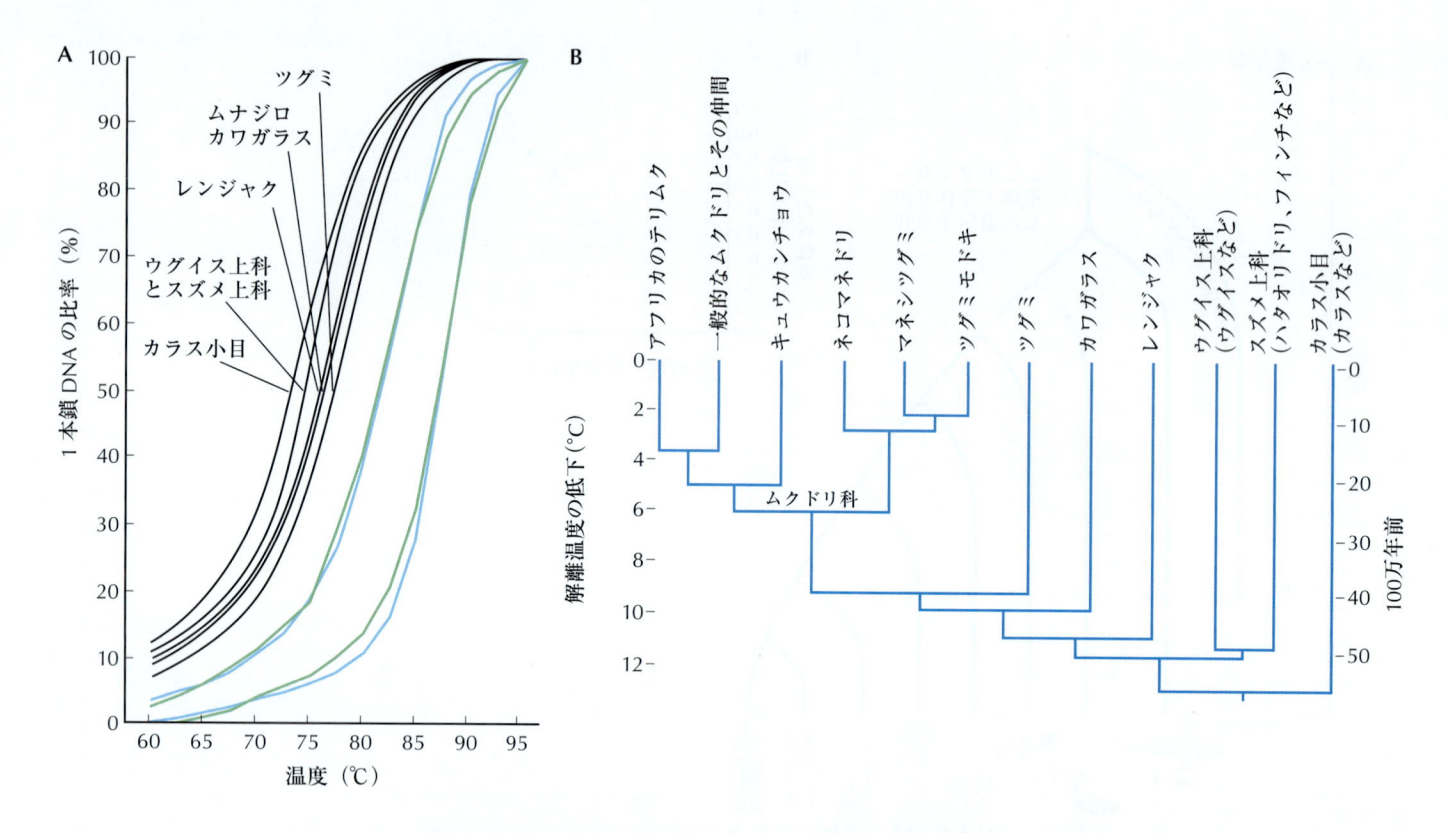

図 13.28 ■ 配列の全体的な相違は，二本鎖 DNA の解離温度から測定することができる。(A) 曲線は温度に応じて，一本鎖に解離する DNA の比率が変化することを示す。二本の鎖の間の相違が大きいほど，低い温度で解離し，曲線は左に移動する。右端の 2 本の曲線は，両方の鎖が，ムクドリまたはマネシツグミの DNA 由来のものである。その左の 2 本は，それぞれ，ムクドリとマネシツグミの種間での混成二重鎖である。さらに左にある曲線は，片方の鎖がマネシツグミまたはムクドリの DNA で，もう片方の鎖がより遠縁にあたるグループの DNA の混成分子である。(B) このデータから得られた系統樹。縦の目盛は，DNA の半分量が解離する温度，および，分子時計を仮定してその温度から推定された分岐時間を示している。

表 13.2 ■ さまざまなタンパク質の変化率

タンパク質	10 億年あたり座位あたりのアミノ酸置換数
フィブリノペプチド	8.3
膵臓リボヌクレアーゼ	2.1
リゾチーム	2.0
α-グロビン	1.2
ミオグロビン	0.89
インスリン	0.44
シトクロム C	0.3
ヒストン H4	0.01

データは Kimura M. 1983. *The neutral theory of molecular evolution*, Cambridge University Press, Cambridge の表 4.1 と，Li. W.-H. 1997. *Molecular evolution*. Sinauer, Sunderland, Massachusetts の表 7.1 による。
推定は広範囲にわたる多細胞真核生物のタンパク質の配列を基にしている。

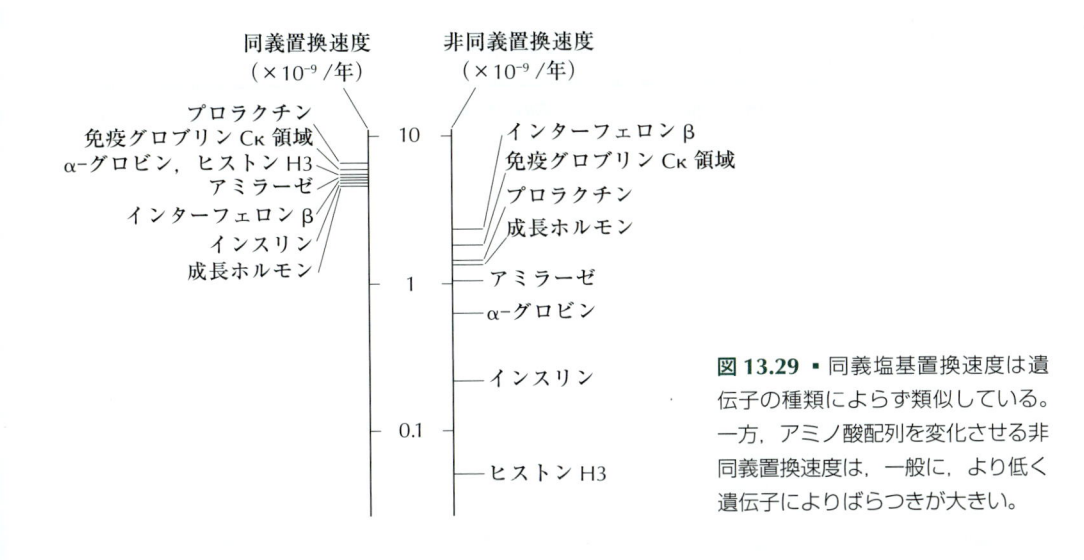

図13.29・同義塩基置換速度は遺伝子の種類によらず類似している。一方，アミノ酸配列を変化させる非同義置換速度は，一般に，より低く遺伝子によりばらつきが大きい。

後でみるように，ある遺伝子では，生物系統によって分子進化の速度が変化している(p.572参照)。とりわけ，分子が新しい環境に適応するときや，新しい機能を獲得したときには，爆発的に置換が起こる。しかしながら，進化速度が有意に変化することがあるにしても，分子時計はかなり正確に時を刻む。もし進化速度が完全に一定であれば，2つの生物種を分けている置換の数は**ポアソン分布**(Poisson distribution)に従うと考えられる。したがって，長いDNA配列中に平均200個の違いがあったとき，分散も200，標準偏差は$\sqrt{200}$ (すなわち14くらい)となる。つまり，同じ長さの時間に対して起こる置換の数の95%の信頼区間は，172から228となり，ばらつきは±14%にしかすぎない(図13.30の青い曲線)。たとえ進化速度の分散が，この基準の4倍であったとしても，分子時計の速さの変動は±28%以内に収まる(図13.30の緑の曲線)。この程度のばらつきは，進化的な推論がたいていの場合大まかなものであることを考えると，十分小さいといえる。

遺伝子の並び方の進化は一定していない

先に，突然変異は1つの塩基置換だけでなく染色体の再構成のような，より多くの複雑な変化も含むことをみてきた(pp.354〜357参照)。染色体の再構成は正味頻繁に起こっている。検出可能な染色体の突然変異率は，ふつう動物で一世代あたり数千分の1である。この項では，まず，染色体の**細胞学的**(cytological)な観測から直接検出できる十分に大きな変化について考える。次に，遺伝学または分子生物学的手法で検出できる，より小さな変化についての知見をまとめることにする。

近縁な生物種間でも，1か所またはそれ以上の場所で染色体が再構成されているのを観察することができる。だから染色体の変化は時間とともに少しずつ蓄積していると考えられる。そのため，生物種を明確に区別する細胞学的手法は系統学にとって重要であった。しかも染色体再構成の多くは独特なので，細胞学的に染色体を比較することは，生物種間の関係を再構築するのに有効だった。染色体の変化率は生物のグループによって大きく異なる。例えばげっ歯類では100万年あたり17.8回染色体の変化が起こっているが，クジラでは変化率が1桁低く，100万年あたり1.7回の変化がしかみられない(表13.3)。同じ生物種の中でも生息範囲が違えば染色体の変化も異なっていて，同じ生息地の集団に異なる染色体の変化が混ざっていることはめったにない。これは単純に，染色体レベルでのヘテロ接合体は，減

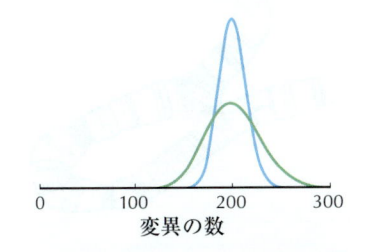

図13.30・青い曲線は，2個の配列間の変異の数の期待値が200で，実際の数はポアソン分布に従うと仮定したときの変異の数の分布を示す。緑の曲線は，分散がポアソン分布の分散の4倍と仮定したときの分布である。このように速度の分散が増えたとしても，分子時計は大まかには一定の速度で時を刻むといえる。

表 13.3 ▪ 染色体の進化速度は生物のグループによって，かなり異なる。

グループ	調べた属の数	属の平均寿命	100万年あたりの総染色体変化
有胎盤類			
げっ歯類	42	4.6	17.8
霊長類	12	4.4	14.2
ウサギ	3	9.0	12.8
有蹄動物	14	4.3	11.5
食虫動物と貧歯類	8	11.0	6.5
食肉類	11	11.6	4.5
コウモリ	17	10.7	3.3
クジラ	3	6.3	1.7
平均	–	7.7	9.1
他の脊椎動物			
有袋類	8	1.9	1.3
ヘビ	12	12.4	2.6
トカゲ	15	23.0	2.4
カメとワニ	13	51.0	0.21
カエル	12	16.7	1.8
サンショウウオ	9	21.5	0.6
硬骨魚類	23	18.8	2.6
平均	–	20.6	1.7
軟体動物			
前鰓類	16	64.7	0.3
そのほかの巻貝	15	49.0	0.4
二枚貝	3	77.0	0.1
平均	–	64.0	0.3

Wilson A.C. et al. 1975. *Proc. Natl. Acad. Sci.* **72**：5061–5065 (© 1975 Wilson et al.)より。

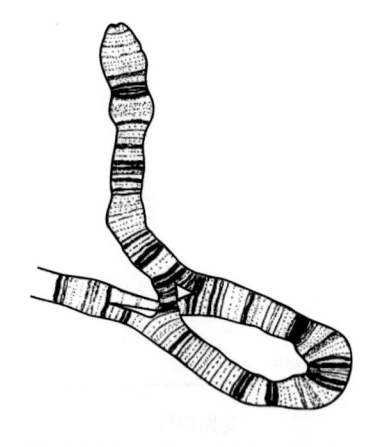

図 13.31 ▪ *Drosophila pseudo-obscura* の染色体。1か所逆位があり，ヘテロ接合になっている。図は，唾液腺にみられる巨大な多糸染色体である。染色体は非常に多くのコピーからなっており，明確に目で確認することができる。ホモ接合の染色体はきちんと対合するが，逆位のあるヘテロ接合染色体は Box 12.2 で説明したように，特徴的なループを形成する。

数分裂時にさまざまな問題を起こすため，部分的にまたは完全に不稔となるためだと考えられる（図 12.17，Box 12.1 参照）。ヘテロ接合体に対するこの種の自然選択については第 18 章と第 22 章 (pp.533，695～697，701～702) でさらに詳しく述べる。

一般に生物種内には染色体の多型はないが，これには例外がある。双翅目では，広範囲の**逆位** (inversion) が起きても完全に繁殖力を保っており，逆位の多型はよくみられる。便利なことにそれらは巨大な**多糸染色体** (polytene chromosome) として観察できる（図 13.31）。逆位が起こった領域では組換えが起こらないので (Box 12.2)，遺伝学的解析に利用でき，（バランサー染色体の利用；Box 13.2 参照），それらにより種分化と遺伝システムの進化について重要な結果が得られた。このことについては，第 22 章 (pp.702～703) と第 23 章 (pp.743～744) でそれぞれ探究する。

もっと小さな規模の変化としては，数残基またはもう少し多くの塩基の挿入，欠失，重複そして逆位があり，それらは近縁種の生物を比較したときによくみられる。再構成が起きる

と，遺伝子の機能が損なわれるし，最も深刻な場合にはフレームシフト変化を起こすので，このような再構成はコード領域内ではまれである。しかしながら，非コード領域中では，図13.11で示した例のように，1塩基置換と同程度の率で蓄積している。このために非コード領域の配列のアラインメントが非常にむずかしくなっている（第27章［オンラインチャプター］，p.588）。突然変異は特に縦列反復領域で頻繁にみられる。**不等交差**(unequal crossing over)とDNAの対合時のすべり（図12.9）により，コピー数が増減しているためである（p.370参照）。この高い突然変異率によって，多型性が高くなり，そのため，マイクロサテライトやミニサテライトは，集団中の変異に対する優れた遺伝子マーカーになっている（Box 3.3）。

最近の研究で，遺伝子の配置には驚くほどの高い多型性があることが明らかになった。例えば，ランダムに選んだ人2人のゲノムには，平均11個の違いがある（図13.32）。ほとんどの再配置は20人を比較して1回しか現れないまれなものである。しかし複数回現れるものも多くあり，いくつかは過去に報告されたものと同じだった。また中には突然変異率の高い，遺伝病の原因となる再構成を起こしている領域に近い例もあった（図13.32の領域A〜D）。このことから，ヒトゲノムの中には再構成を起こしやすい領域があり（そのうちのいくつかは致死的なものだが），そこでは，相当長い時間にわたって，高い頻度で再構成を起こし続けていることがわかった。

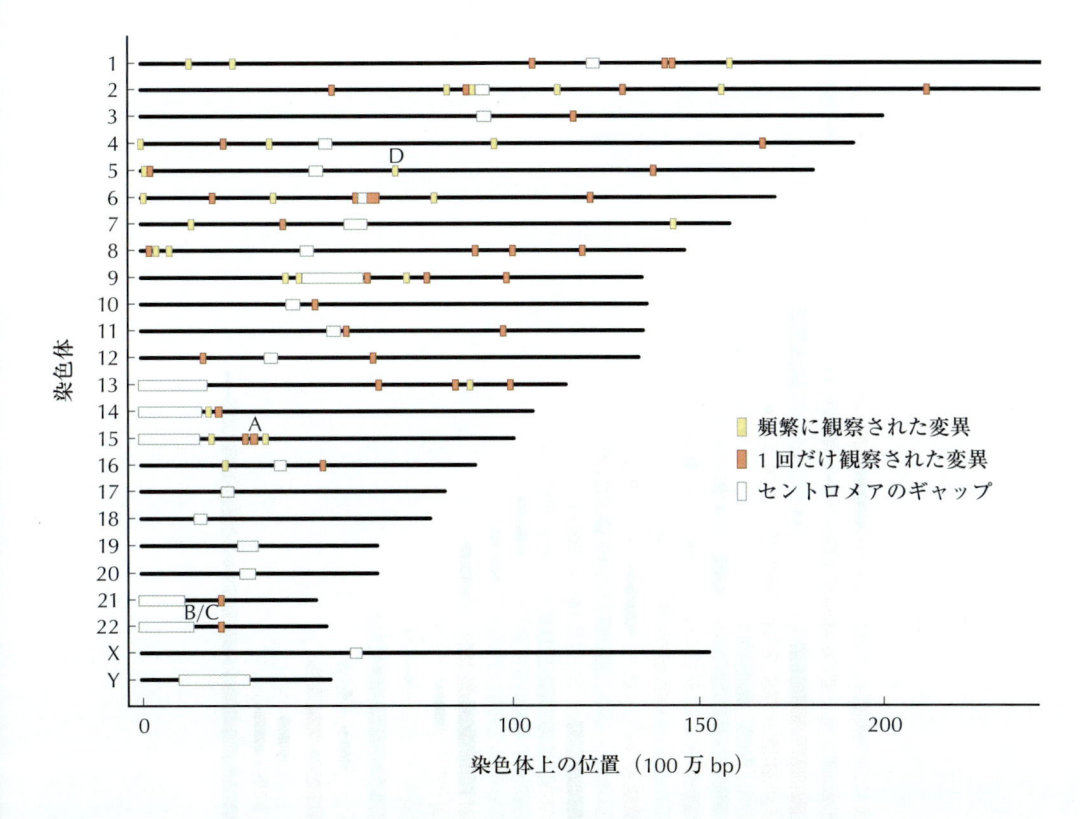

図13.32・ヒトの集団中，遺伝子の中身には広範囲に変異がある。20人のDNAを調べた結果，ゲノム全体にわたる76遺伝子座で，コピー数の変異があり，欠失や重複が起こったことを示している。これらの多型は，それぞれ長さにして平均465 kbであり，合計70個の既知遺伝子を含む。いくつかの多型は，遺伝病の原因となっている，染色体再構成率の高い遺伝子座と一致している（A：Prader–Willi, Angelman症候群；B：ネコ眼症候群；C：DiGeorge/velocardiofacial症候群；D：脊髄性筋萎縮症）。この調査では，大規模な欠失と挿入はほとんどすべてが検出されているはずだが，より小さな再構成については見逃しがあると思われる。

染色体は姉妹種の間では構成がかなり違っていて，同じ生物種内では小規模な再構成がしばしば多型として認められるものの，染色体の進化の正味の変化率は非常に低いままである。どこの領域でも再構成が起こる確率は小さく，連鎖は驚くほど長い間保たれる。マウスとヒトでも連鎖はかなり保たれているので，染色体上，相同だと認められる広い領域が存在する（図 13.33）。第 23 章で，自然選択は組換え率にも働くこと，すなわち，遺伝子の並び順にも影響を与えることを示す。また。すでに，pp.196〜200 で，真正細菌と古細菌において，遺伝子の並び順には制約が働いていることを示した。しかしながら，真核生物では遺伝子の並び順は，単に染色体のランダムな再構成による偶然の結果のようである。

これまで，ゲノム中をさまざまスケールで，つまり，配列中の一塩基対からアミノ酸配列，そしてさまざまなサイズでの染色体での再構成というように，規模の違う変異をみてきた。最も大きな規模の違いとして，ゲノムサイズが桁外れに変化しているということもすでに述べた。例えば，細菌に共生する Carsonella ゲノムの 0.16 Mb から，δプロテオバクテリア Sorangium cellulosum の 13 Mb，寄生生物の微胞子虫 Encephalitozoon cuniculi の 2.3 Mb，そして，133,000 Mb の肺魚ゲノムまで，変化の幅は大きい。この中でヒトは中間的であって，2,900 Mb のゲノムをもつ（Fig.7.1）。DNA 含量のこの違いは，異なる遺伝子の数またはタンパク質をコードする配列の量の違いではない（図 7.3）ゲノムサイズを変化させている原因として，**倍数性**（polyploidy，つまり，コード領域，非コード領域両方を含んで，ゲノム全体が

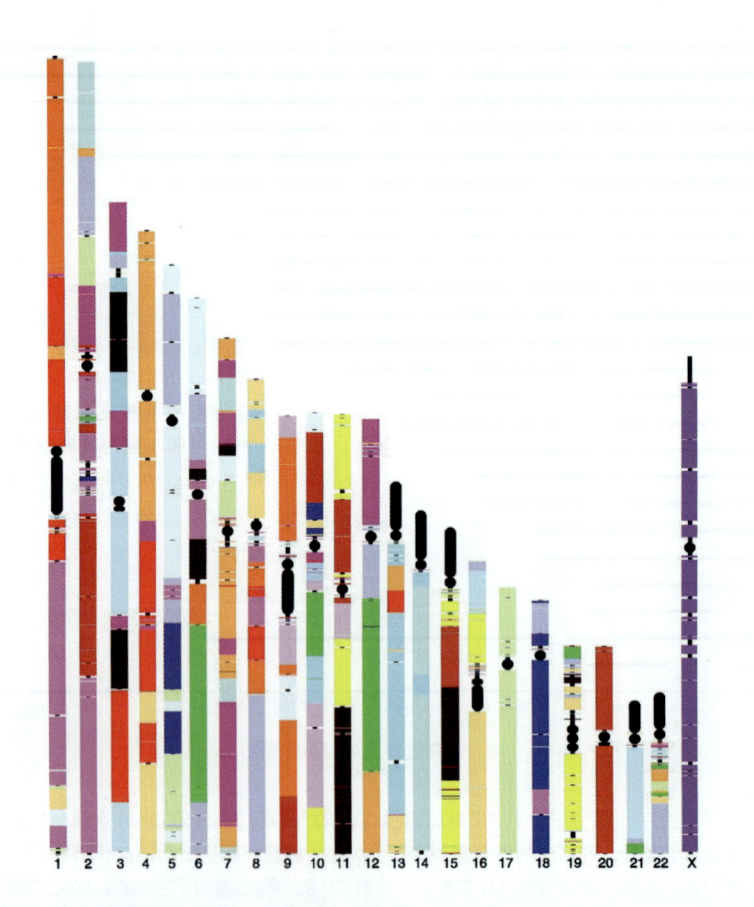

図 13.33 ■ 遺伝子の並び順は，進化的に遠く離れていても保存されている。色分けされた断片はマウスとヒトで同一の並び順が保たれているゲノム上の領域を示す。色はマウスの個々の染色体に対応しており，それをヒトの染色体上に重ねたものである。X 染色体の遺伝子の内容は，完全に保存されていることに注意（右端）。

倍数化すること。pp.356，683参照）とゲノムの広範囲な領域の重複も挙げられる。しかしながら，ゲノムサイズの違いの多くは倍数性によるものではなく，何もコードしていないDNAの量が極端に違うことによる。属の中にも，場合によっては種の中にもかなりの違いがみられる。例えば，DNA量はカンガルーネズミ *Dipodomys* 属内で1.6倍の違いがあり，トウモロコシ *Zea mays* 内のゲノムサイズも約40％異なる。第21章で，ゲノムサイズの増加は，"利己的"な"がらくた"DNAが適応とは関係なく増えたためであることを紹介する。

■ 要約

進化は遺伝的変異から始まる。集団は異なったDNAを含んでいなければならない。異なったDNAは異なるタンパク質をコードし，タンパク質の発現も変化させる。この章では，集団中のDNAとタンパク質には，通常，大量の変異が含まれていることを示した。これらの変異の量は，さまざまな方法で測定可能である。次章で，全体の表現型が配列の変異によってどのように変化するのかみていく。

分子生物学が発展するまで，遺伝的変異がどれくらいあるのかは，まったく明らかでなかった。隠れていた変異が同系交配および環境や実験条件の変化によって見つかっていたため，おおよそ均一に見える表現型の裏に，かなり多くの変異が隠れていることは示唆されていた。アロザイムの変異を電気泳動で検出することにより，また，近年では直接DNA配列を決定することにより，さまざまな範囲であらゆる種類の分子の変異が明らかになった。変異の種類には，塩基置換やいろいろな長さの挿入と欠失といった配列上の変化，染色体の再構成，そしてゲノム全体のサイズの変化などがある。

変異はさまざまな方法で表現される。最も簡単には対立遺伝子の頻度として表され，次に遺伝子と塩基の多様度（それぞれ H と π など）の測定値としてまとめられる。しかしながら，このような測定値では異なる座位における対立遺伝子の組み合わせとしての頻度を記述できない。最も基本的な遺伝的変異の表現法として，それぞれの座位の遺伝子系図を使う。

多細胞真核生物は，アロザイム多様度 H は最大約15％まで，塩基多様度 π は最大0.01までの値を示す。しかし，多様性は単細胞真核生物のほうが高く，細菌はさらに高い。個体数が大きい生物ほど多様性は高いが，期待されるほど，その相関は強くない。機能により制約を受けている座位の多様性は低い傾向にある。最も重要なこととして，アミノ酸を変化させる変異は，アミノ酸を変化させない同義変異よりも，まれにしかみられない。

同様な傾向は，生物種間の比較においてもみられる。変化率は異なる生物系統間で驚くほど一定している。時計として精密なものではないが，分子時計が存在する。しかしながら，ゲノムの異なる領域が非常に異なる速さで変化することは，機能的選択圧の強さの違いを反映している。

遺伝子の並び方の変化は，配列の変化とは異なるパターンを示す。広範囲な染色体の再構成は集団中にはまれにしか見つからない。また染色体の変化の速さは分類群によって，かなり異なる。しかし，小さな規模の染色体の再構成（例えば，小さな逆位など）は，機能を損なわない限り起こるので，ごくふつうに観察することができる。

■ 文献

Bentley D.R. 2003. DNA sequence variation of *Homo sapiens*. *Cold Spring Harbor Symp. Quant. Biol.* **68:** 55–63;

Hinds D.A., Stuve L.L., Nilsen G.B., Halperin E., Eskin E., Ballinger D.G., Frazer K.A., and Cox D.R. 2005. Whole-genome patterns of common DNA variation in three human populations. *Science* **307:** 1072–1079.
SNPsに注目したヒトゲノムの変異パターンについての最近の総括。

Eichler E.E. and Sankoff D. 2003. Structural dynamics of eukaryotic chromosome evolution. *Science* **301:** 793–797.
ゲノム配列比較に基にした染色体進化についての最近の発見の総括。

Gibson G. and Dworkin I. 2004. Uncovering cryptic genetic variation. *Nat. Rev. Genet.* **5:** 681–690.
隠れた変異に関する古い文献とその分子的基礎について最近理解されてきたことの総括。

Kimura M. 1983. *The neutral theory of molecular evolution.* Cambridge University Press, Cambridge.

種内および種間におけるタンパク質とDNA配列の変異度についての非常に明確な総括。DNA配列研究の最も初期に書かれたものだが，基本的なパターンは現在でも変わっていない。

Lewontin R.C. 1974. *The genetic basis of evolutionary change.* Columbia University Press, New York.

広範囲な遺伝的変異の発見直後に書かれた教科書の古典。

電気泳動法により検出された遺伝的変異の程度を記述し，その変異の程度が中立説の観点からでは説明がむずかしいことを解説している。

Nevo E. 1988. Genetic diversity in nature—Patterns and theory. *Evol. Biol.* **23:** 217–246.

電気泳動法により明らかにされた種内変異の程度についての包括的な総説。

CHAPTER 14

複雑な形質の変異

　Mendelは，エンドウの種子が丸いかしわがあるか，種子の色が黄色か緑色かといった，明瞭に識別でき，単純な様式で遺伝する形質に着目して，遺伝の基本法則を発見した。同様に分子生物学も，DNA配列を直接に反映する電気泳動バンドといった単純な表現型に的をしぼっている。このような単純な形質はそれ自体，必ずしも面白みがあるわけではない。実用的で科学的な理由から，例えば作物の収穫量，ヒトの寿命，生命の多様な形態といった生き物全体の性質を理解したいと思うのは当然である。この章の最初の節では，遺伝子型と表現型，すなわち塩基配列と我々が目にする複雑な形質との複雑な関係をもたらす個体レベルでの遺伝について考え，その手法を紹介する。

　量的遺伝学は多くの遺伝子が関与する形質の遺伝様式を扱うが，変異の遺伝的な作用機構の知識を必要とするものではない。実際，量的遺伝学はこうした機構が知られる以前に発展し（pp.22〜23, 28〜29），今では豊富な遺伝マーカー（遺伝標識）によって**変異**（variation）の責任遺伝子を同定するのに役立っている。現在，量的遺伝学は伝統的な植物，動物の育種への応用だけでなく，自然集団やヒトの遺伝病の研究で成果を上げている。

14.1 量的形質概論

遺伝子は複雑に絡み合う相互作用を通して表現型に影響する

　DNA配列それ自体には意味はなく，DNA二重らせんの情報は細胞内のその他の情報との相互作用を通じて初めて理解される。最も単純なその第1段階は，DNA配列のRNA配列への転写であり，タンパク質への翻訳である。DNAがRNAを作り，そのRNAがタンパク質を作るという**セントラルドグマ**（Central Dogma）の単純さと，**遺伝暗号**（genetic code）がすべ

ての種で同一，あるいはほぼ同一であるという事実は，分子生物学を劇的な成功へと導いた。しかし，この考えは生物をそれほど深くみていることにはならない。定形をとらないタンパク質はめったに機能しないからだ。タンパク質やRNAは正しい三次元構造へと折りたたまれる必要があり，タンパク質がさまざまな修飾を受けることも多いだろう。その結果，最終的な配列はDNAの配列をそのままに反映していないし，標準とは違った側鎖が加えられることもある。遺伝子は正しいときに発現しなければならず，その産物は細胞内の特定の区画へと移送されなければならない。多細胞生物の細胞は分化し，特化した器官をもった正しい構造を作りあげなければならない。ある種の生物，例えばアリでは，コロニー内で違った役割をもったカーストへの分化といった複雑さがさらに加わることになる。こうした複雑さのすべては撹乱に対し頑健で，しかも変化する周囲の状況に対応できる柔軟性も持ち合わせていなければならない。

　DNAが細胞とどのように相互作用して生命を形づくるのか，遺伝子発現はどのように調節されるのか，タンパク質が細胞小器官へとどのように組み立てられるのか，そして細やかに形づくられた器官がどのようにできるのかといったことは，おおむね理解できている。数は限られるが，例えばλファージの複製(pp.56～58)やキイロショウジョウバエ(*Drosophila melanogaster*)の初期胚の発生(図9.24)などのように，分子間の結合とその相互作用が全体の機能に果たす役割も定性的にはほぼ完全に理解できている。しかし，細胞が常に決まったやり方で行っているにもかかわらず，DNA配列から生物を作り上げるしくみについては，たとえ最も単純な生き物についてでさえ理解できていない。タンパク質はそのアミノ酸配列から決まった三次元構造へと折りたたまれるが，タンパク質の構造予測は小さな分子でしかできていない。同様に，迅速で正確，そして特異的な結合が遺伝子調節には欠かすことができないにもかかわらず，どの転写因子がどのようなDNA配列に結合するといったことも予測することができていない。

　細胞全体の量的なモデルを作ろうとしている科学者もいる。これは将来的な見通しがあるように思えるが，実際にはたとえ成功しても（数千種類の分子間の相互作用を時間的，空間的に細かく記述できたとしても），それ自体はそれほど我々の理解を深めてはくれないだろう。モデルは対象とする実態と同じように複雑になってしまうだろう(図14.1)。必要なのは生命とゲノムとの複雑な関係を包括的に理解するため，少数の変数へと要約する方法である。

量的遺伝学は個体間の変異を扱う

　生物を記述する完全なモデルを，幸運にも我々は必要としない。たいていの目的では，個体間，集団間や共通祖先に由来する種間の違いが問題となる。例えば，なぜ病気にかかる人とかからない人がいるのか，犬の品種にどうして本能的に番をするもの，狩りをするもの，あるいは跡をたどるものがいるのか，イチジクコバチは種によって決まったイチジク種のなかでのみ繁殖するのはなぜかといったことである。同じように，進化自体も変異と関係している。というのも，長い一連の段階を経て変化は蓄積し，著しく異なった生物へとつながっていくからである。各段階で問題となるのは生物の中の"変化"である。したがって，実際の変化が繁殖の成功率にどのように影響するのか，またDNA上の遺伝的変異によってどのように作られるのかを理解する必要がある。

　生物を作りあげる生化学的な機構とゲノムの"変化"が生物に与える影響を区別することは重要である。遺伝学では遺伝子を，形質を"決定する"ものと平易に説明することが多い。これが通常意味することは，遺伝子中の変化（すなわち，ある**対立遺伝子**[allele]を別のもので

14.1 量的形質概論 • **415**

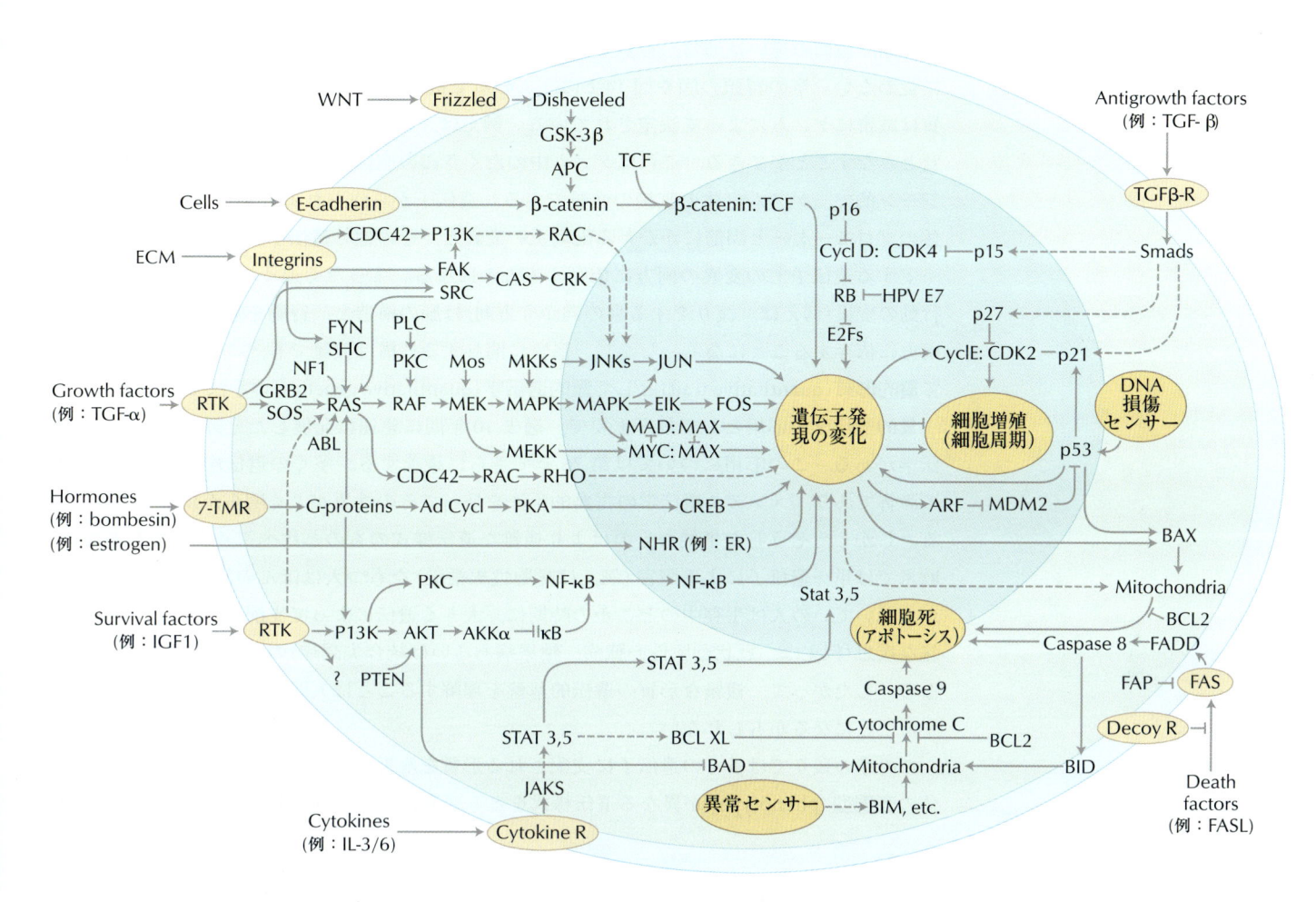

図 14.1 ● 細胞機能を支える複雑な相互作用の定性モデル例。細胞膜，細胞質と核をもったヒト細胞のモデルを示す。細胞内のタンパク質ネットワークは遺伝子発現，タンパク質への翻訳，そしてタンパク質機能を変えることで細胞の挙動を変化させる。外部シグナル（例えば成長因子，ホルモン，サイトカイン）は細胞膜結合型の受容体（例えば Frizzled や E-cadherin）を通して細胞に情報を伝え，受容体は相互に関連した複数のシグナル系を動かすことで細胞に変化をもたらす。線と矢印は相互作用を表す（例えばタンパク質間の正や負の制御やタンパク質の核酸への結合）。

置き換えること）が形質に影響するということであって，その対立遺伝子，その遺伝子だけが形質に影響するわけではないし，それが異なる集団や環境において同じ効果をもつわけでもない。また，形質に影響する遺伝子が形質を作りあげる直接の経路に必ずしもあるわけではない。遺伝子が機能自体にかかわるというより生命機能の全体的な障害にかかわっている場合も多い（例えばショウジョウバエの学習に影響する突然変異をスクリーニングすると，しばしば行動の突然変異が見つかってくる。なぜなら，ハエが学習課題を正しく実行するには行動を必要とするからである）。同様に，DNA 配列から単純に結果は決まらないため，形質を"コード"するものとして遺伝子を記述することは誤解を招くおそれがある。この問題はヒト遺伝学の分野で特に重要で，第 26 章でより深く議論することになる。

たいていの形質は多くの遺伝子の影響を受ける

これからみていくように，多くの形質の変異は**ポリジーン的**（polygenic）である。つまり，

個体間，種間の違いは通常，複数の遺伝的な違いによるもので，単純な Mendel の遺伝様式に従わない。章の冒頭の図や図 14.2 に，この章で扱うような形質変異の例を示す。ある形質は厳密にゲノムによって決定されている。例えば，全 DNA 量は連続して変わる 1 つの形質とみなすことができる。これはゲノム中のたくさんの座位に基づいていて，そのためポリジーン的で，ゲノム自体の直接の性質である。遺伝子から作られる mRNA の量は遺伝子自体のプロモーターと調節にかかわる配列上の変異と，その他の遺伝子，例えば転写因子をコードする遺伝子上の変異の両方に依存することになる。まったく違う場合を考えてみよう。行動の変異（例えば，渡りをする鳥の向かう方向）は脳の構造と，行動を形作る初期の経験の両方に依存することになる。しかし，形質に関与する機構は複雑でも，こうした形質はすべて**量的形質**（quantitative trait）として**量的遺伝学**（quantitative genetics）の手法で解析できる。

　量的遺伝学の応用として最も重要で，過去 10 年間に急速に発展した分野の 1 つに人類遺伝学がある。この応用については第 26 章でさらに議論する。多くの遺伝疾患は単一遺伝子の障害であり，メンデル遺伝学の古典的手法を使ってその性質がよく明らかにされてきている。しかし，そうした単純なものはより複雑な遺伝様式のものと比べごく少数でしかない。欧米では単一遺伝子による障害（例えば囊胞性線維症）をもつ人はほんの約 1.5% にすぎないが，たいていの人は生存中のどこかの時期に，大きく遺伝によって支配されている多くの複雑な疾患（例えば，冠状動脈性心臓病，糖尿病あるいは統合失調症）のどれかにかかることになる。したがって，複雑な形質の遺伝的基盤を理解することは人間の健康増進に大きく貢献することになるかもしれない。

　この章の残りでは多くの遺伝子に支配される形質を解析する統計学的手法を解説する。個体の**表現型**（phenotype）が異なる遺伝様式をとる要素にどのように分けることができるのか，

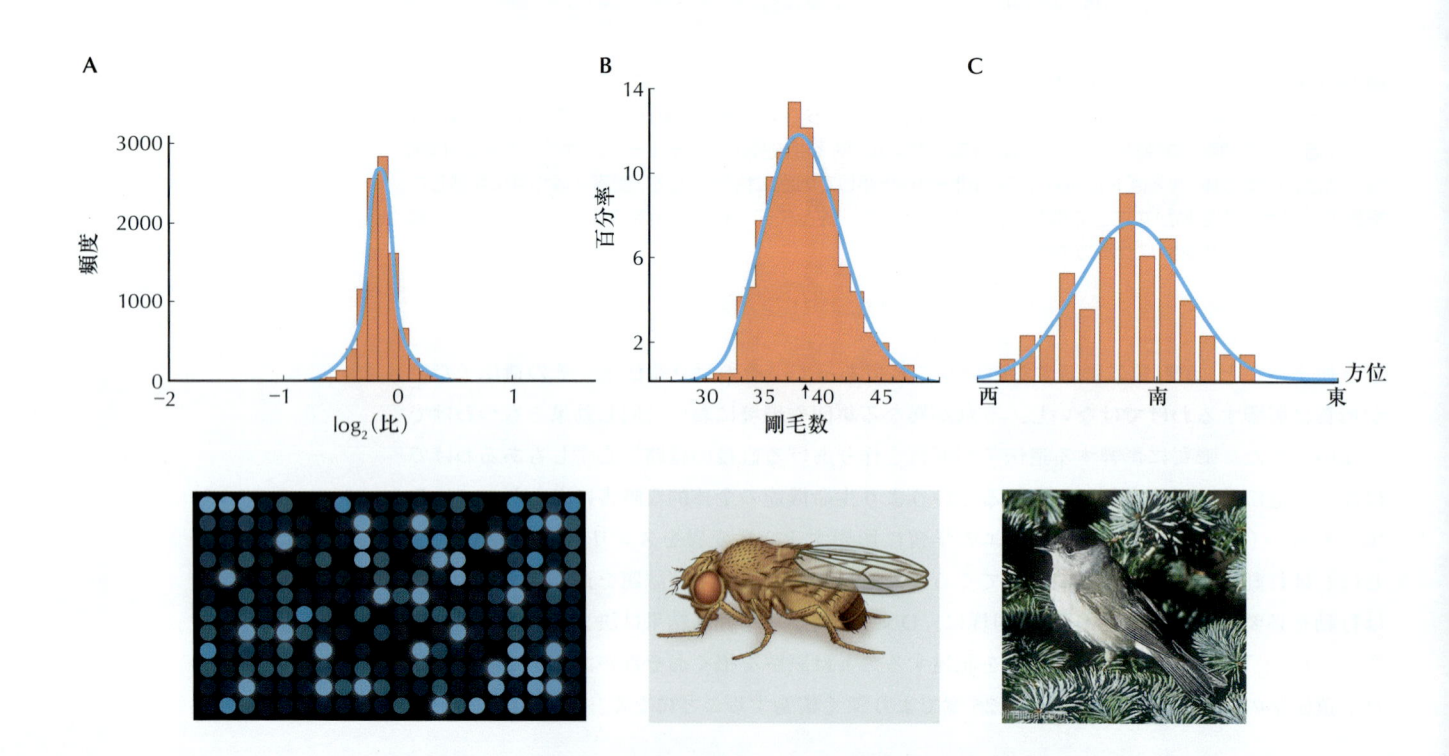

図 14.2 ● 多くの形質の分布は正規分布に従う。（A）蛍光標識された cDNA とマイクロアレイ上の合成ヌクレオチドとのハイブリッド形成によって測定される遺伝子発現量の変異。（B）キイロショウジョウバエの腹部剛毛数。（C）渡り行動実験でアメリカコガラ（*Sylvia atricapilla*）が選んだ移動方向。

そして集団全体の変異が同じやり方でどのように分離できるかを示す。こうした分散成分がどのように測定できるかを示し，量的な遺伝的変異の性質と程度を調べていく。最後に，量的形質の統計学的な記述がどのように遺伝子と関連し，遺伝子がどのように同定できるかを解説する。

14.2 量的変異の解析

形質はしばしば正規分布に従う

生物の形質の多くは特徴的な**正規分布**（normal distribution，図14.2でさまざまな例について描かれているようなベル型の曲線）に従う。正規分布については第28章（オンラインチャプター）でより詳細に解説する。正規分布が支配的であることは，2つの理由で重要である。第1は，正規分布は**平均**（mean）と**分散**（variance）というたった2つの変数で記述できることである。これらの2つの変数の組み合わせで"任意の"正規分布を表すことができ，変数が与えられれば分布の他の性質はこれに従うことになる。第2の理由は，観察結果が多くの独立で無作為な効果の総和となるとすれば，正規分布が期待されることである。形質がしばしば正規分布するという観察は，形質が多くの遺伝的効果と環境による撹乱の効果の総和であることを示唆している。この単純な**相加モデル**（additive model）が量的遺伝学の基礎となっている。しかし，たとえ遺伝子が複雑に影響し合っている場合でも正規分布は観察され，どんな分布であっても，変異は分散を使って記述することができるということをみていく。

正規分布は形質を適切な尺度で測定したときしか現れないこともある。例えば，図14.3は果実の重さが大きく違う2つの変種間の**戻し交雑**（backcross，戻し交配）から得られたトマトの重さの分布を示したものである。分布は非常に広範囲にわたっていて，低い方の端では元の野生変種の小さい実に近い。分布は正規から大きく外れている。実際，観察された分

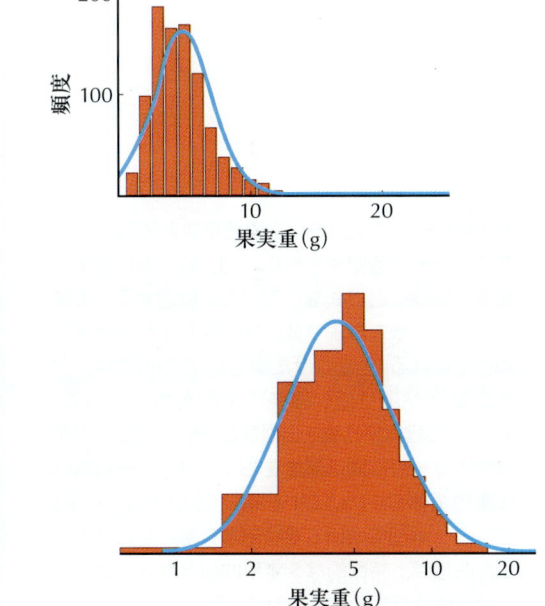

図14.3 ▪ 対数変換によって分布はしばしば正規分布となる。上はトマトの2変種（平均果実重0.45 g の Red Currant 種と平均10.4 g の Danmark 種）間の戻し交雑によって得られたトマトの重さの分布を示す。生データは右に長くのびた分布となっていて，正規分布（青のベル型の曲線）から有意にずれている。しかし，対数変換すると正規分布によく一致するようになる（下）。

散をもった正規分布では，雑種トマトの約 2% はその重さが 0 未満となってしまう（図 14.3 上）。しかし，重さを対数スケールで描くと（図 14.3 下），トマトの重さは必ず正となり，分布は正規分布に近くなる。これは，もし果実の重さが多くの独立した要因に影響を受け，それらの"積"によって表せると考えるとちょうどよい。ある要因は重さを 10% だけ増加させ，第 2 の要因は 5% だけ減少させるといったように考えると，最終的な重さは 1.1 × 0.95 × …となる。その結果，重さの対数は多くの独立な効果の"総和"，すなわち，log（重さ）= log(1.1 × 0.95 × …) = log(1.1) + log(0.95) + …となり，近似的に正規分布となることが期待される。

正規分布は連続分布に定義されるものだから，数のような離散値しかとれない形質は厳密には正規分布とはなりえない。しかし，観察値が適度に広がった範囲の値をとるようだと正規曲線に近似できるようになる。図 14.2B はキイロショウジョウバエの腹部の剛毛数（生きたハエでも数えるのが容易であることからよく研究されている形質）の分布を示したものである。たとえたった 2 つの値しかとらない形質（例えば生きているか死んでいるかといったもの）でも**閾値モデル**（threshold model）を使って正規分布で記述することが可能になる。ここでは，正規的に分布するあるもとになる量があり，その値がある閾値を超えると形質が変化すると仮定する。もし集団の 2.5% が生存できたとすれば生存のための閾値は集団の平均より標準偏差の 2 倍だけ大きくなければならない。例として，図 14.4 に殺虫剤の散布量に対して生き残る昆虫の割合がある閾値モデルに合うことを示す。

正規分布で複数形質の変異も記述できる

複数の形質もまた正規分布によって記述することができる（第 28 章［オンラインチャプター］参照）。例えば，図 14.5A にスズガエルの集団の脚の長さと体長の分布を示す。等高線で示されるように，散布図は多変量正規分布によく適合し，分布は 2 つの形質の平均，分散（体長については 16.0 mm^2，脚長については 3.4 mm^2）と**共分散**（covariance）によって定義されることになる。この例では，図 14.5A で対角線に沿って点が分布することでわかるように，

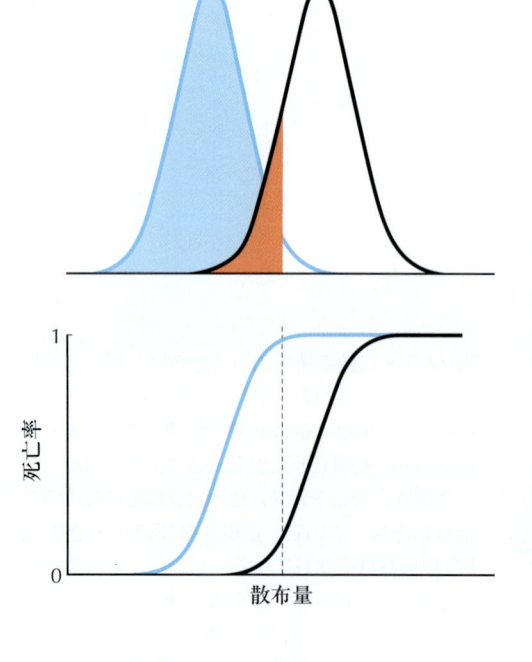

図 14.4 ・ 生存率はある正規分布する形質値に依存すると考える閾値モデル。（上）殺虫剤に対する閾値が個体ごとに異なっていると仮定する。実際に使われた散布量より低い閾値をもった個体は死ぬことになる（色をつけた領域）。この例では，左側の集団がより低い閾値の分布をもっていて，97.7% の個体が死ぬことになる（青い領域）。右側の集団は一般に高い閾値をもっていて，死ぬ個体は集団全体の 16% にすぎない（赤い領域）。（下）これら 2 集団について殺虫剤散布量に対して描く生存曲線は，特徴的な S 字形曲線となる。破線は上段で使われた濃度を示している。

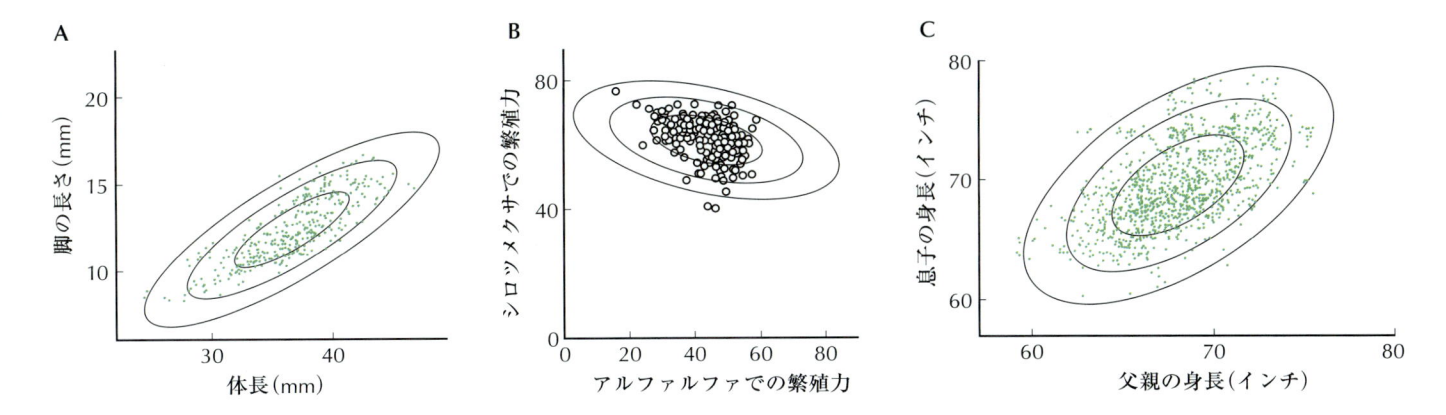

図 14.5 ▪ (A)スズガエル(*Bombina*)集団の体長と脚の長さの分布。(B)異なる植物を宿主に育てたアブラムシの相対繁栄力。アルファルファで育ったアブラムシはアルファルファでより多産であり，シロツメクサで育ったアブラムシはシロツメクサで多産となる。この散布図は，アルファルファとシロツメクサで育てた集団間の F_2 個体の生産力の分布を示す。(C)父親と息子の身長の分布。等高線は多変量正規分布から期待される 50%，90%，99% 領域を示している。

大きな体のカエルは脚も長い傾向がある。したがって，形質間の共分散は正となる（共分散の単位は 2 つの形質の単位の積と等しくなる。この例では 6.1 mm^2）。共分散はしばしば，次元をもたない**相関係数**(correlation coefficient)として表すのが便利である。相関係数は 1 から −1 までの値をとる。この例で体長と脚長との相関係数は 0.83 である。

正規分布を 2 つ以上の変数に拡張することはいくつかの理由で重要である。第 1 に，任意の形質の組み合わせに関して，結合分布を多変量正規分布によって簡潔に記述できる。図 14.5B はさまざまな**遺伝子型**(genotype)のアブラムシをエンドウかアルファルファで育てたときの成長速度を示したものである。この図で対角線からはずれた点は，いずれかの植物に特化した傾向を示している。このように同じ環境で異なる形質を測定することもできるし（図 14.5A），同じ形質を異なる環境で測ることもできる（図 14.5B）。第 2 に，そして遺伝的な観点からすると最も重要となるのは，近縁個体の形質を測る場合である。例として，図 14.5C に父親と息子の身長を図示する。

一般に，遺伝様式は近縁者間での形質の分布，ことに**共分散**によって記述することができる（この方法は Darwin のいとこの Francis Galton によって考案された。図 1.26）。正規分布によってすべての複雑な遺伝様式がたった数個の変数に凝縮されることになる。さらにこれからみていくように，共分散は単純に近縁者の間で共有される対立遺伝子の割合に依存し（Box 14.2 参照），背後にある遺伝の詳細によらない。

表現型は個々に独立な効果の総和として解析できる

たとえ遺伝的に同一の個体を標準的な条件で育てても，形質に違いが出るのは避けられない。どのようなものであれ，各遺伝子型はそれぞれの形質について固有の分布をもっているはずである。同じ遺伝子型の個体は同じ遺伝子セットをもっていても決してまったく同じ表現型とはならない。このような遺伝的に同一の個体間の変異を**環境変異**(environmental variation)と呼んでいる。環境変異に影響を与える要因には，認識できるもの（例えば温度や栄養など）とできないもの（初期発生でのランダムな変動）がある。

量的遺伝学は集団内の分散を，個体間の遺伝的な違いによる成分と遺伝によらない環境変

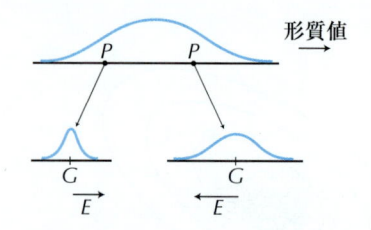

図14.6 ● 個体の表現型は $P = G + E$ として遺伝子型と環境の成分に分割できる。上段の曲線は集団全体での表現型の分布を示している。任意の1つの個体に注目し，それと同じ遺伝子型の個体を多数育てたときの分布（下段の曲線）。その平均が遺伝子型値 G であり，この値と実際の表現型値 P との違いが環境偏差 E である。

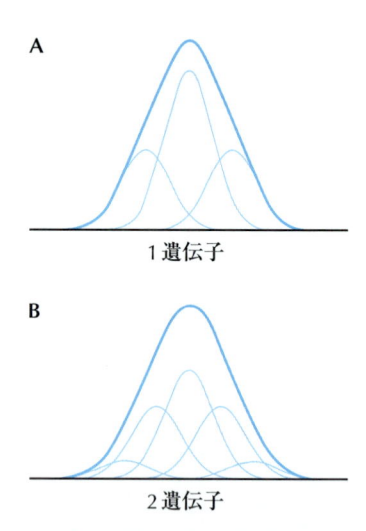

図14.7 ● たとえごく少数の遺伝子のみが関与する形質であっても，相加モデルは近似的には正規分布を生ずる。(A) 単一の遺伝子座で2つの対立遺伝子が同じ頻度である場合。細い曲線は3つの遺伝子型の形質値の分布を示し，太い曲線は全体の分布を表す。(B) 各遺伝子座で同じ頻度の2つの対立遺伝子がある2遺伝子座の場合。形質に与える効果は2つの遺伝子座で同じとする。(A) (B) いずれの場合でも全分散の62%が遺伝的な違いによる。

異による成分とに分割することを基礎としている。分散がこのように分割できることを理解するため，同じ遺伝子型の個体間の形質値の分布を考えてみよう（図14.6）。この分布の平均，**遺伝子型値**（genotypic value）は G で表される。したがって，任意の個体の表現型値 P は $P = G + E$ と書ける。ここで E はランダムな**環境偏差**（environmental deviation）を表している。G は P の平均として定義されるので E の平均は0である。トウモロコシなどの種では，同じ遺伝子型の多くの個体について標準的な条件の下で形質値を測定することで，実際に G の値と E の分布の両方を測ることができている。

環境偏差 E が正規分布に従っていて，すべての遺伝子型で同じ分布になると仮定することはたいていの場合，理にかなっている。こうしたことを仮定すれば，**環境分散**（environmental variance）V_E と遺伝子型値 G によって任意の遺伝子型を記述できる。しかし，遺伝子型値と環境偏差への分割自体には，環境偏差がある決まった正規分布に従うという仮定を必要としない。実際，環境の撹乱に対する感受性は遺伝子型によって大きく違う。例えば，近交個体はしばしば大きな環境分散を示し，ある種の突然変異は発生の安定性を破壊することが知られている。こうした感受性の遺伝的変異の意義については第23章（pp.689～692）で検討する。ここでは，最も単純な場合として，すべての遺伝子型がある決まった環境分散 V_E の正規分布に従うと仮定しよう。

無性生殖の生物であれば，完全な遺伝の統計モデルを構築できる。すなわち，突然変異を除いて母親から娘へ G は不変のまま伝わることになる。しかし，有性生殖の場合には遺伝子型は完全な形で伝わらず，子は両親の遺伝子が混じり合ったものとなる。そこで，子の遺伝子型値が両親の遺伝子にどのように依存するのかを理解する必要がある。各遺伝子の効果は足し算できるとする最も単純な場合から始めよう。例えば，遺伝子座 A はヘテロ接合で，B はホモ接合である二倍体の遺伝子型 $A_1A_2B_1B_1$ は $P = \alpha_{A_1} + \alpha_{A_2} + 2\alpha_{B_1} + E$ で表せる表現型値をもつことになる。ここで α は各対立遺伝子の相加的な効果である（この単純な体系は**相加モデル**として知られている）。ここでもし遺伝子型値を直接観察することができれば，遺伝子型ごとに異なった値を得ることになろう。しかし，たとえごく少数の遺伝子のみが関与する場合であっても，小さな環境分散が加わることで分布は滑らかで正規分布に近いものになる（図14.7）。

遺伝子が相互作用して優性とエピスタシスを生ずる

もちろん遺伝子の効果は単純に足し算だけではない。逆に，そのような単純なモデルが複雑な遺伝子作用を記述できるとすれば驚きであろう。相互作用には2種類あり，区別しなければならない。**優性**（dominance）は1つの遺伝子座の2つの相同な遺伝子，すなわち対立遺伝子間の相互作用を表している。**エピスタシス**（epistasis）は異なる遺伝子座の遺伝子間の相互作用である（図14.8）。エピスタシスは一倍体（半数体）を含めどのような生物でも起こりうるが，優性は各遺伝子を2コピーあるいはそれ以上もっている場合（すなわち二倍体や四倍体）に限られる。時として，ある遺伝子が別の遺伝子の突然変異の効果を完全に隠してしまうような相互作用を表すのに優性やエピスタシスという言葉が使われている（例えば，1つの生化学的な経路上のある段階の障害は同じ経路のより上流の変異の効果を消し去ることがある）。しかし，量的遺伝学では優性やエピスタシスを相加モデルからの任意のずれに対して用いている。したがって，B_1B_2 ヘテロ接合体が B_1B_1，B_2B_2 ホモ接合体の平均の値をもつことを，対立遺伝子間に優劣がないという。同様に，$A_1A_2B_1B_2$ が2つの遺伝子座の効果（すなわち A_1A_2 の効果と B_1B_2 の効果）の和で表されるときには，エピスタシスがないといえる。

こうした考えは表現型と遺伝子型の関係を図示するとよくわかる。図14.9にキイロショウジョウバエで，**転位因子**（transposable element，第8章，p.237）が代謝形質へ及ぼす効果を研究した一例を示す。2つの遺伝子座で転位因子の挿入の有無が異なっているハエを交配し，その子孫の9つの可能な遺伝子型すべての酵素活性を測定している。このようにして8組の転位因子の挿入突然変異と16の形質が調べられた。各組み合わせについて，9つの遺伝子型の表現型を図にしてみると，もしエピスタシスがなければ3つの平行線が現れるはずで，優劣がなければそれらは等間隔になるはずである（図14.9A）。実際には，非常にさまざまなパターンが現れた。これは，単純な相加の遺伝子作用からのずれが広範にわたっていることを示唆している。一部は測定誤差によるだろうが，統計検定によって広範囲のエピスタシスが確認されている。実際，検定したうち27%で，転位因子の挿入突然変異間で統計学的に有意な相互作用が検出されている。

図14.9の例のように，遺伝子間の相互作用がたとえあったとしても全体の分布は近似的に正規分布となりうる。エピスタシスはないが優性が存在する場合（すなわち同じ遺伝子座の遺伝子間でのみ相互作用がある場合）には，各遺伝子からの独立な効果の和として遺伝子型が表され，その結果，正規分布となることが期待できる。たとえエピスタシスがあったとしても，異なった方向に働く相互作用は互いに打ち消し合い，全体の分布には影響しないために，近似的には正規曲線となるかもしれない。分布の形にかかわらず，任意の相互作用に対し量的遺伝学で遺伝的変異が記述できることをこれからみていく。

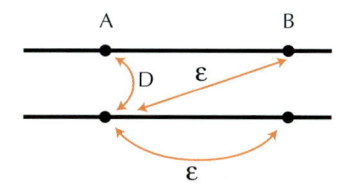

図14.8 ● 優性は同じ遺伝子座の相同遺伝子間の相互作用を表している（D）。一方，エピスタシスは異なる遺伝子座間の相互作用である（ε）。線分は二倍体個体のもつ2つのゲノムを，AとBは遺伝子を表している。

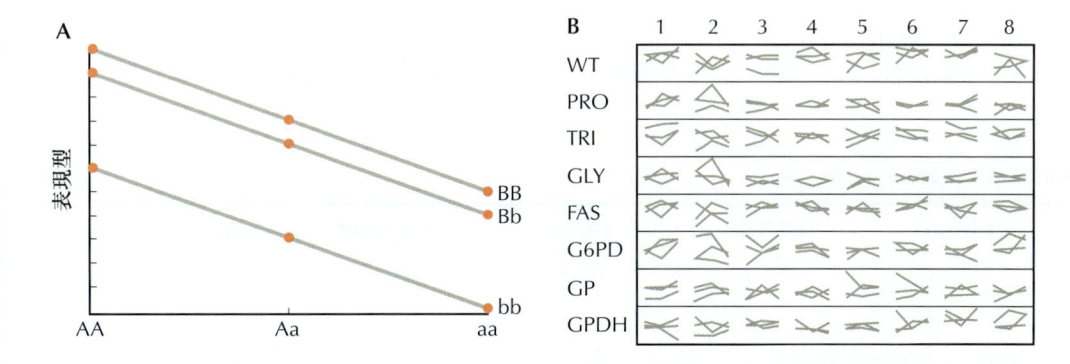

図14.9 ● ショウジョウバエの代謝形質に関与するエピスタシスと優性。転位因子の挿入突然変異の8つの組み合わせのそれぞれについて9つの遺伝子型の形質値が測定された。測定した形質は体重（WT），可溶性タンパク質（PRO），トリグリセリドとグリコーゲンの含有量（TRI, GLY），そして12の代謝酵素活性で，酵素活性についてはこのうち4つ（脂肪酸合成酵素［FAS］，グルコース-6-リン酸脱水素酵素［G6PD］，グリコーゲンリン酸転移酵素［GP］，α-グリセロール-3-リン酸脱水素酵素［GPDH］）について示す。各形質，転位因子の挿入突然変異の各組み合わせについて，9つの遺伝子型をAにあるように図示する。遺伝子の効果が独立であれば，3つの線分は平行になる。対立遺伝子Aとaの間の優劣は直線からのずれとして表れ，対立遺伝子Bとbの間の優劣は3つの線分の間隔の違いに表れる（Aの例ではエピスタシスも対立遺伝子Aとaの間の優劣もないが，対立遺伝子Bは対立遺伝子bに対しいくぶん優性である）。結果は，広範なパターンが現れた（B）。例えば，交配の2はいくつかの形質で，ヘテロ接合体Aaがホモ接合体の範囲を超えていて，**超優性**（overdominance）を示している。交配1のGPDHは，bb，Bb，BB間の違いが遺伝子型aaと組み合わさった場合だけにみられることからエピスタシスを示している（左下）。

優性あるいはエピスタシスがあると,遺伝子の効果はその遺伝的背景に依存することになる

遺伝子の効果が足し算とならないような複雑な形質の遺伝的変異はどのように解析できるだろうか。重要なことは,問題とする遺伝子と共存するその他のすべての遺伝子座の変異の効果と環境による無作為な効果を平均し,1つの遺伝子の効果のみに集中することである。こうして定義される遺伝子の効果は,任意の集団,任意の環境条件に対して決められるが,優性やエピスタシスがあると,集団の構成が変化するにつれこの効果も変わることになる。

第17章(p.498)では,自然選択の結果はおもに,その遺伝子が置かれているすべての状況にわたって平均した繁殖成功率によって決まることをみていく。この章の考えは任意の形質(例えば,体の形や行動)に応用できるが,遺伝子の増殖を決定する形質,つまり繁殖成功率や**適応度**(fitness)に使う場合に特に重要となる。

遺伝子の形質への効果はいくつものやり方で定義できる。こうした定義には微細な違いがあるが,ここでの目的にとっては同じと考えてよい。異なる対立遺伝子をもった個体間の平均の比較に基づく**平均過剰**(average excess)と,表現型値の遺伝子型への統計学的な**回帰**

Box 14.1　遺伝分散の成分を計算する:ヒトの鎌状赤血球ヘモグロビン

表14.1にタンザニア集団からのデータを示す。出生時の対立遺伝子 Hb^S, Hb^A の頻度はそれぞれ $p = 0.207$, $q = 0.793$ である。このときの3つの遺伝子型頻度は任意交配で期待される **Hardy–Weinberg** 平衡(すなわち,$q^2 : 2pq : p^2$)にある。相対生存率は幼児から大人に至るまでの Hb^AHb^S ヘテロ接合体の頻度の上昇から推定された(もちろん,実際の生存率は多くの死亡要因のため,ここに示す相対値より低くなるが,ここではマラリアと鎌状赤血球の効果のみが含められている)。

遺伝子型値と遺伝子型分散　図14.10にこのタンザニア集団の遺伝子型値の分布を示す。図の左側の低い頻度の Hb^SHb^S ホモ接合体は大人になるまでに死亡し($G = 0$),Hb^AHb^S ヘテロ接合体は Hb^AHb^A ホモ接合体より少しだけ高い生存率をもっている(1:0.837)。この分布の分散が全遺伝子型分散で,以下のように平均からの2乗偏差(偏差の2乗)の平均として計算できる(第28章[オンラインチャプター]参照)。

$$V_G = 0.629(0.837 - 0.855)^2 + 0.328(1 - 0.855)^2 + 0.043(0 - 0.855)^2 = 0.0384.$$

平均過剰　対立遺伝子 Hb^A は0.793の確率でホモ接合体と

表14.1 ▪ タンザニア集団の鎌状赤血球の各遺伝子型の統計量

遺伝子型	Hb^AHb^A	Hb^AHb^S	Hb^SHb^S	全体の平均	分散
出生時の頻度	0.629	0.328	0.043		
相対生存率, G	0.837	1	0	0.855	$V_G = 0.0384$
	Hb^A		Hb^S		
対立遺伝子頻度	0.793		0.207		
平均生存率	0.871		0.793	0.855	
平均過剰	0.016		−0.062	0	
育種値, A	0.032	−0.046	−0.124	0	$V_A = 0.0020$
優性偏差, D	−0.050	0.191	−0.731	0	$V_D = 0.0364$

Allison A.C. 1956. Ann. Hum. Genet. 21:67; and Allison A.C. 1965. Population genetics of abnormal haemoglobins and glucose-6-phosphate dehydrogenase deficiency. In Council for International Organizations for Medical Science Symposium on abnormal Haemoglobins in Africa (ed. J.H.P. Jonxis), pp. 365–391. Blackwell Scientific Publications, Oxfordのデータによる。

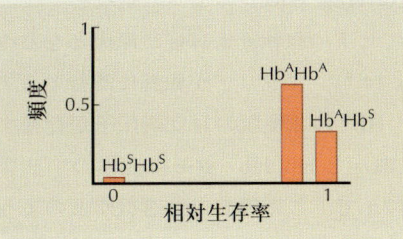

図 14.10 ■ 遺伝子型値

なり，0.207 の確率で対立遺伝子 Hb^S とヘテロ接合体を形成することになる。したがって，この対立遺伝子 Hb^A の平均の生存率は $(0.793 \times 0.837) + (0.207 \times 1) = 0.871$ となる。同様に，対立遺伝子 Hb^S の平均の生存率は $(0.793 \times 1) + (0.207 \times 0) = 0.793$ である。各対立遺伝子の平均生存率と全体の平均 0.855 との差が平均過剰である。

この例では，鎌状赤血球貧血症による死亡率がほぼ正確にマラリアによる死亡率とつり合うために平均過剰は相当小さくなっている（Hb^A で 0.016，Hb^S で -0.062）。多型が安定であるためには各対立遺伝子の適応度の平均過剰は 0 にならなければならない（第 17 章）。ここで，0 からのわずかなずれは推定の誤差による。

全体の遺伝子型値 G は集団全体の平均値と 2 つの成分の和として記述できる。1 つは各対立遺伝子の相加効果であり，育種値 A として知られている。例えば対立遺伝子 Hb^A は生存率を $+0.016$ だけ増加させると期待される。そこで，Hb^{A}Hb^A ホモ接合体の期待生存率は全体の平均に対立遺伝子 Hb^A からの寄与の 2 倍を加えたものとなる。すなわち，$0.855 + (2 \times 0.016) = 0.887$．この相加的な期待値と実際の生存率との違いは $0.837 - 0.887 = -0.050$ となる。これが優性偏差である。今回の例では，生存率がおもにホモ接合体とヘテロ接合体間で違うために優性偏差が大きくなっている。

平均効果 図 14.11 に相対生存率がどのように Hb^S 対立遺伝子数に依存するかを示す。赤い棒が実際の遺伝子型値を表していて，ヘテロ接合体が最も高い生存率をもっていることがわかる（中央の棒）。灰色の棒は育種値から期待される生存率を表していて，必ず遺伝子型に対して直線的に変化する。育種値は遺伝子型に対する形質値の回帰直線すなわち，実際の値からの 2 乗偏差を最小にする直線関係（破線）から計算できる。本文で説明しているように，この回帰直線の傾きが平均効果で，ここにあるように遺伝子が無作為に組み合わさるとすると平均過剰と等しくなる。

今回の例では対立遺伝子の平均効果が小さいために，育種値も互いに似た値になっている。いい方を変えれば，親はどの子も遺伝子型によらずほぼ同じ生存確率をもっていると期待できる。交配が無作為である限り，家族にはホモ接合体とヘテロ接合体がいることになる。図 14.12 には育種値からの期待生存率の分布を示す。育種値の分散は相加遺伝分散と必ず等しくなる。ここで相加遺伝分散は $V_A = 0.629(0.887 - 0.855)^2 + 0.328(0.809 - 0.855)^2 + 0.043(0.731 - 0.855)^2 = 0.0020$ となる。全遺伝分散とこの相加分散との差は優性偏差の分散，優性分散と等しくなる。すなわち，$V_D = V_G - V_A = 0.0364$．この例では生存率の遺伝分散のほとんどすべてが対立遺伝子の相加効果ではなく，優性偏差によっていることがわかる。

遺伝率 量的遺伝学ではほぼ正規分布している形質を扱う。しかし，その方法は生存率を含め任意の分布の形質へ応用できる。生存率を量的形質として扱うため，生き残った子には 1 の値を，マラリアや鎌状赤血球貧血症によって死亡した個体には 0 を与えることにする。単純化のためすべてのヘテロ接合体が生存するとしてみよう。集団全体をみると，平均生存率は 0.855 となる。これは 85.5% の個体が値 1 を，14.5% の個体が 0 をもっているといえる。この分布の分散 V_P は $V_P = 0.855(1 - 0.855)^2 + 0.145(0 - 0.855)^2 = 0.1242$ で与えられる。

遺伝率は 2 通りに定義され，それぞれ異なる目的に役立つ。広義の遺伝率は遺伝分散が全分散に占める割合として定義される。すなわち，$H^2 = V_G/V_P = 0.0384/0.1242 = 0.31$．狭義の遺伝率は相加効果の分散が全分散に占める割合として定義され，$h^2 = V_A/V_P = 0.0020/0.1242 = 0.016$．今回の例では単一の遺伝子の効果のみを考え，生存率の全分散のかなりの割合を説明できることをみた。おそらくは他の多くの遺伝子も生存率の違いに寄与していて，実際の広義の遺伝率は今回の計算値よりかなり大きいかもしれない。

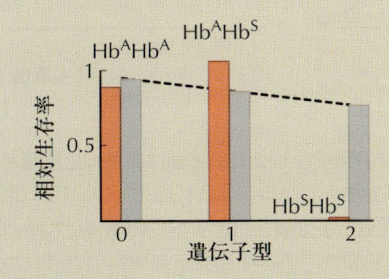

図 14.11 ■ 相対生存率

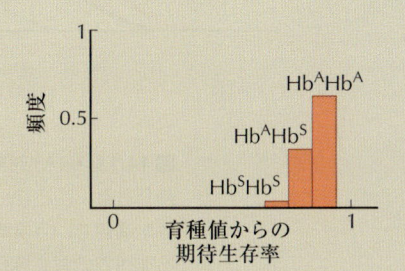

図 14.12 ■ 育種値からの期待生存率

(regression, p.22 参照)に基づく**平均効果**(average effect)の2つの定義を，ここでは解説する．

単一の遺伝子がかかわる単純な例としてヒトの鎌状赤血球症の原因となるヘモグロビン多型の死亡率への影響を考えてみよう(Box 14.1)．マラリアが頻繁に流行するアフリカ地域の集団では，β-グロビン遺伝子座にHb^SとHb^Aの2種類の対立遺伝子が存在する．この多型は$Hb^S Hb^S$ホモ接合体がかかる重度の貧血症と$Hb^A Hb^A$ホモ接合体のマラリア感受性とのバランスによって維持されている．Box 17.1で，この種の自然選択がどのようにして遺伝的変異を維持できるかをより詳細に解説するが，ここでは生存にかかわる大きな量的変異を示す多型の一例として用いる．この多型は強い優性の相互作用を含んでいる．いいかえると，1つの遺伝子の効果がその相方の相同遺伝子に強く依存している．

対立遺伝子の平均過剰とは，その対立遺伝子をもつすべての個体の平均の形質値が集団全体の平均からどれだけずれるかで定義される(図14.13A)．ある特定の遺伝子に着目しよう．例えば父親に由来したβ-グロビン遺伝子を考え，父親からHb^S対立遺伝子を受け継いだ個体の死亡率を集団の平均死亡率と比較する．これは，母親からもHb^S対立遺伝子を受け継いだ(したがって，鎌状赤血球貧血症にかかる)個体と，母親からはHb^A対立遺伝子を受け継いだ(そのため部分的にマラリア耐性となる)個体の平均となる．交配が無作為であれば，これら2つの遺伝子型はその対立遺伝子の頻度に等しい割合で生ずる．マラリアがない地域の集団では，Hb^S対立遺伝子の死亡率の平均過剰は高くなる．しかし，マラリアが流行する地域では，ヘテロ接合体のマラリア耐性の有利さが$Hb^S Hb^S$ホモ接合体の鎌状赤血球貧血症による損失を打ち消すために，その平均過剰は0に近くなる．多型を維持しているのはこのバランスである．対立遺伝子の平均過剰は遺伝子型頻度(これが平均すべき遺伝子型を決定する)と環境(これが各遺伝子型の形質値を決定する)に依存することは注意を要する．

遺伝子の平均効果は少し異なる定義をもつが，遺伝子が集団中で無作為に組み合わされるときには平均過剰と等しくなる．表現型をさまざまな対立遺伝子のコピー数の関数(ここでは対立遺伝子Hb^Sの個数の関数)として表すとしよう(図14.13B)．そこで遺伝子型の実測値

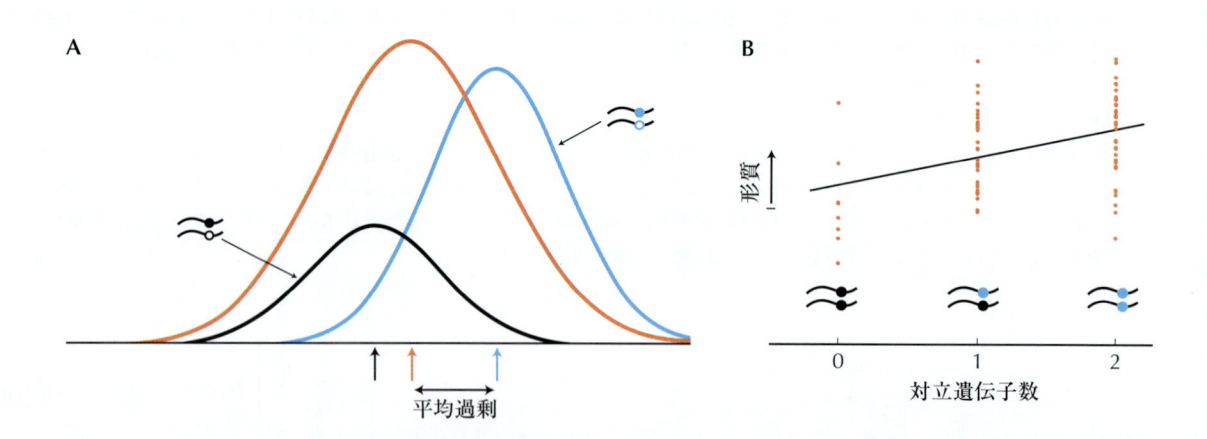

図14.13 ▪ (A)対立遺伝子の平均過剰はその対立遺伝子をもっている個体の平均形質値と全体の平均との差である．ここで，集団(赤)を特定の対立遺伝子をもっている個体(青)ともたない個体(黒)に分けてみる．平均過剰でいう平均の形質値とは，注目する対立遺伝子の置かれたすべての環境にわたって，組み合わさるすべての対立遺伝子についての平均値である(白抜きの円は集団から無作為に選ばれた対立遺伝子を表す)．(B)対立遺伝子の平均効果は，個体に含まれるその対立遺伝子の数に対する形質値の回帰直線の傾きで求められる．この例では二倍体生物の3つの遺伝子型，すなわち注目する対立遺伝子を1個ももたない，1個もつ，あるいは2個もつ遺伝子型の形質値の分布を示す．これらの値に最もよく適合する直線の傾きが平均効果となる．

と予測値の2乗偏差を最小にするという意味で実測値に最もよく適合する相加モデルを見つける（Box 14.1）。この回帰の傾きが1つの対立遺伝子の他の対立遺伝子に対する平均効果となる。任意交配集団ではこれは平均過剰と同じである。しかし，一般には平均効果と平均過剰とは多少，違っている可能性がある。おそらく平均過剰の方が直感的には理解しやすいだろう。平均過剰は単純に，特定の対立遺伝子をもっている個体集団の平均の形質値の，集団全体の平均に対する相対値である。しかし以下に議論するように，平均効果とその拡張はより扱いやすい統計学上の性質をもっていて，より複雑な量的遺伝学の解析の基礎となっている。

量的遺伝学は任意の数の遺伝子の相互作用を記述する

　これまでの項で述べた考えは，2個，3個，あるいは任意の数の遺伝子間の相互作用に拡張できる。対立遺伝子の平均過剰はこれまでと同じようにその対立遺伝子をもつすべての個体の平均の形質値によって定義される。遺伝子はゲノムに組み込まれているため，すべての遺伝子の組み合わせ，いいかえるとすべての可能な遺伝的背景について平均しなければならない。対立遺伝子の平均過剰は二重に遺伝的背景に依存することになる。注目する対立遺伝子が形質に影響する別の遺伝子と期待以上に頻繁に現れる傾向があるかもしれない。さらに，優性やエピスタシスがあれば形質は対立遺伝子の組み合わせに依存し，それぞれ個々の効果の単なる和とはならない。

　平均効果の考えもまた任意の数の遺伝子に拡張できる。表現型を各遺伝子の独立の効果，遺伝子ペアの効果，3つの遺伝子の効果などの和として単純に記述してみる。そうして実際の形質値からのずれの2乗を最小にするように各効果を選ぶのである（単一遺伝子の場合，遺伝子が無作為に組み合わさっていれば，個々の遺伝子の平均効果はその平均過剰と等しくなる）。しかし，システムが複雑であれば，個体の表現型値は次のような和として記述することもできる。

$$P = G + E = A + D + I + E \tag{14.1}$$

ここで遺伝子型値Gは，各遺伝子の平均効果Aと，相同遺伝子ペア間の優性による相互作用の効果Dと，異なる遺伝子間の複雑なエピスタティックな相互作用の効果Iの和である。もちろん，これらの項のそれぞれが個々の遺伝子と遺伝子の組み合わせの効果の和である。しかし，多くの目的で，ここで示したような効果へ分割することで十分である。

　最初の効果Aは育種値と呼ばれる。これは各遺伝子からの相加的な効果の和として定義されるものだが，個々の遺伝子についての理解をなんら必要とせず，生物学的な解釈も容易である（図14.14）。ここで注目する個体が集団中で無作為に交配するものとしよう。彼または彼女の子の形質の平均値は両親の遺伝子の効果のため集団全体の平均と異なっているであろう。育種値はこの違いの2倍として定義される。係数2は子の遺伝子の半分のみが注目する片親から由来することによる。この育種値は，もし片親が非常に多くの子を残せるなら直接，測定することができる。例えば，雄牛の乳生産量に関する育種値はそのすべての娘の乳生産量の平均値から測定可能である。酪農生産者が雄牛を購入する際の唯一の関心はこの育種値にある。

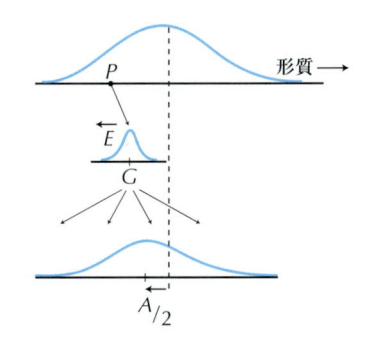

図14.14 ● 個体の育種値は，交配が無作為であるときにはその子の平均形質値から測定できる。上段の曲線は集団の形質値の分布を表す。表現型値Pをもった個体が選ばれ，この個体は遺伝子型値Gをもっているとしよう。遺伝子型値とは，まったく同じ遺伝子型の個体が同じ条件で育てられたときの形質値の平均値である（中段の曲線）。この個体が無作為に交配し，生まれた子の形質値の分布を下段に示す。これらの子の平均と集団の平均値（破線）との違いは育種値の半分にあたる（$A/2$）。係数$1/2$は子の遺伝子の半分だけが選ばれた個体に由来するためである。

変異の原因は分解できる

個体の表現型が相加的効果，優性の効果，エピスタシスそして環境の効果といった異なる成分の和として記述できることをみてきた。現実には，これらの成分を測定できることはめったにない。このためには，各個体について形質に影響するすべての遺伝子座の遺伝子型を知ること，そして遺伝子型それぞれの形質値の平均値を知る必要がある。逆に，もしこのすべてがわかれば，量的遺伝学の解析は不必要にさえ思えるかもしれない。表現型をその成分に分解することは，集団の分散を全体として解析しようとする際に意味をもつようになる。この分散は表現型の平均値で議論したのと同じ成分に分解できる。さらに，個々の遺伝子についてなんら知ることなく測定可能である。

独立な変数の和の分散はそれぞれ個別の分散の和に等しい（第 28 章［オンラインチャプター］参照）。表現型は遺伝子型値と環境偏差の和であるので，表現型の分散は遺伝子型値の分散と環境偏差の分散の和となり，$\mathrm{var}(P) = \mathrm{var}(G) + \mathrm{var}(E)$ あるいはより簡潔に $V_P = V_G + V_E$ と表せる。これらの分散はそれぞれ**表現型分散**(phenotypic variance)，遺伝子型分散そして環境分散と呼ばれている。同様に，遺伝子型値は相加，優性そして相互作用の成分に分けられるので ($G = A + D + I$)，遺伝子型分散も相加分散，**優性分散**(dominance variance) そして**相互作用分散**(interaction variance) に分解できる ($V_G = V_A + V_D + V_I$)。最後の項はさらに分解することができる。例えば，2 つの遺伝子の相加効果の間の相互作用による分散を V_{AA}，3 つの遺伝子の優性の効果の間の相互作用による分散を V_{DDD} と書けば，全体で $V_I = V_{AA} + V_{AD} + V_{DD} + V_{AAA} + \cdots$ と表せる（分散の各成分はそれぞれ決まった定義をもっていて，そのため互いに独立で，分解が可能となる）。関与する遺伝子が 1 つだけ（β-グロビン）の単純な場合の計算を Box 14.1 に記す。

全表現型分散のうち遺伝的な違いによるものの割合を**遺伝率**(heritability) と呼ぶ。遺伝率は分散の比であるために次元をもたない。そのため異なる単位で測られた形質間の比較が可能である。実際の遺伝率には 2 種類あり，広義の遺伝率とは全遺分散が全体の分散に占める割合で，$H^2 = V_G/V_P$ と表せる。対して狭義の遺伝率は厳密に相加効果による遺伝分散が占める割合で，$h^2 = V_A/V_P$ である。後者の方が特に進化的な観点から重要である。というのも第 17 章（pp.513 〜 516）でさらに解説するように，自然選択への応答はこの相加分散によっている。

分散成分は近親者の比較から推定される

最も単純なものとして，**近交系統**(inbred line) から分散の成分を推定する方法についてはすでに図 14.6 で解説した。この近交系統の全体を集団として捉えると，系統の平均値間の分散は V_G，系統内の分散は V_E と表せる。人類遺伝学では近交系統を確立すること，あるいは遺伝的に同一の個体を多数作出することは倫理に反すると考えられる。しかし，同型双生児の比較によって同様の推定が可能になる。**同型双生児**(identical twins) の研究の問題点は双生児の類似性が同一の遺伝子によるだけでなく共有する家庭環境にもよるかもしれないことである。これは遺伝的には兄弟姉妹と変わらない非同型の双生児と比較することで，部分的には解決できる（図 14.15）。あるいは早い段階から別々に育てられた双生児を比較すれば，共有する環境の効果を減ずることができる。

1 組の近親者間の類似性は共分散によって測ることができる。最も単純な，両親と子の関係を考えてみよう。相加モデルを仮定すれば，子の表現型は $P = A + E = A_1 + A_2 + E$ と

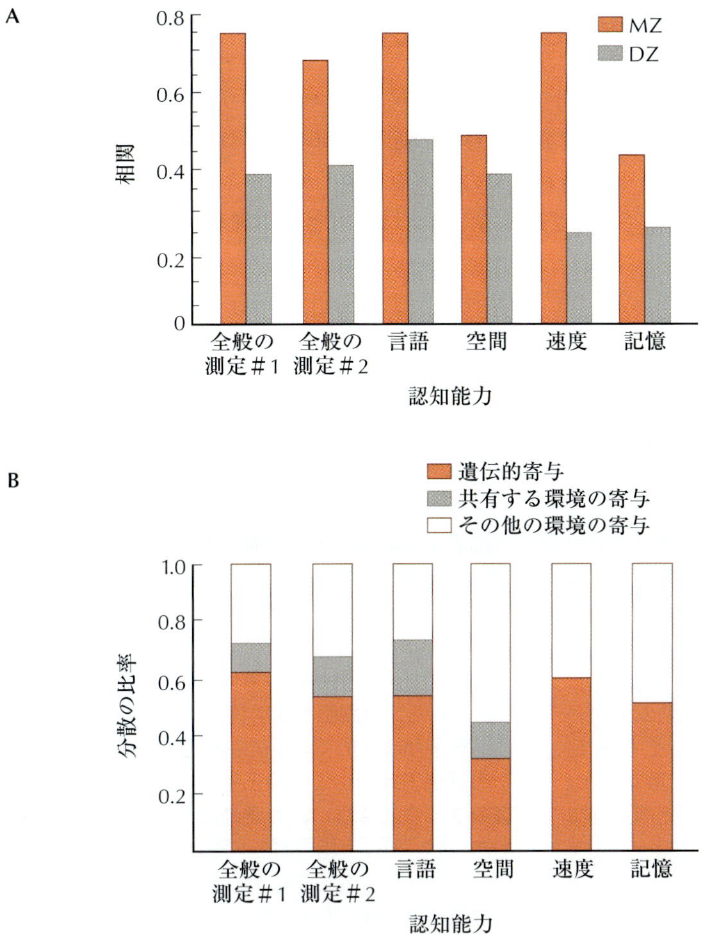
A
0.8
0.6
0.4
0.2
0
相関
MZ
DZ
全般の測定＃1
全般の測定＃2
言語
空間
速度
記憶
認知能力
B
遺伝的寄与
共有する環境の寄与
その他の環境の寄与
1.0
0.8
0.6
0.4
0.2
分散の比率
全般の測定＃1
全般の測定＃2
言語
空間
速度
記憶
認知能力

図 14.15 ▪ 分散成分は同型双生児，非同型双生児間の類似度を比較することで推定できる。スウェーデンの 80 歳以上の 110 組の同型双生児（**一卵性双生児**［monozygotic］，MZ）と 130 組の非同型双生児（**二卵性双生児**［dizygotic］，DZ）についていくつかの認知能力のテストを行った（左の 2 つは認知能力全般についての異なる測定値を表す）。(A) 相関係数は遺伝的に等しい双生児間で等しくない双生児より有意に高い。(B) 分散の約半分が遺伝的なものと推定された。ただし，このデータからは相加変異と非相加変異を区別することはできない。双生児が共有する環境の寄与は小さい（灰色）。これは別々に育てられた双生児と同じ家庭で育った双生児とを比較することで区別できる。

表せ，相加効果 A は父親からの成分 A_1 と母親からの成分 A_2 に分けられる。父親の表現型は $P^* = A_1 + A_3 + E^*$ と表せる。ここで，A_1 は子と共有する遺伝子の寄与を，A_3 は残りの遺伝子の寄与を表す（図 14.16）。これらの各成分が独立とすれば，親と子の共分散は，$\mathrm{cov}(P, P^*) = \mathrm{cov}(A_1 + A_2 + E, A_1 + A_3 + E^*)$ となる。これは各成分の共分散の和へと展開でき，$\mathrm{cov}(A_1, A_1) + \mathrm{cov}(A_1, A_3) + \ldots + \mathrm{cov}(E, E^*)$ となる。これらの成分はすべて独立なので，“共有する”遺伝子に関する共分散のみが残り，式は $\mathrm{cov}(A_1, A_1) = \mathrm{var}(A_1)$ となる。二倍体の全相加分散は 2 つのゲノムの寄与の和となる。すなわち，$V_A = \mathrm{var}(A) = \mathrm{var}(A_1 + A_2) = \mathrm{var}(A_1) + \mathrm{var}(A_2)$。したがって，両親の寄与が等しければ，共分散はちょうど全相加分散の半分となる（$\mathrm{var}(A_1) = \frac{1}{2} V_A$）。係数の $\frac{1}{2}$ は片親が子と共有する遺伝子の割合である（Box 14.2）。こうして，相加遺伝分散は図 14.5C のようなデータを使って単純に親と子の共分散の 2 倍として推定できる。

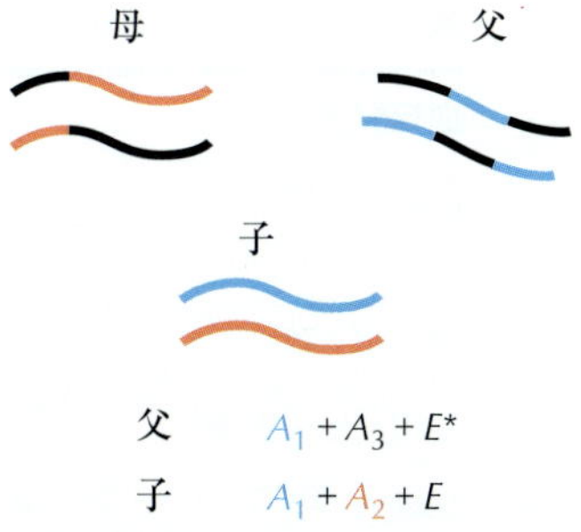
母
父
子
父 $A_1 + A_3 + E^*$
子 $A_1 + A_2 + E$

図 14.16 ▪ 相加遺伝分散は親と子の共分散から推定できる。子のゲノムのうち，半分は父親（青）に由来し，もう半分は母親（赤）に由来する。それぞれの子の育種値への寄与を A_1 と A_2 とする。父親と子の共分散は彼らが共有する遺伝子（青）にのみ依存し，それは $\mathrm{var}(A_1)$ に等しい。

分散成分の推定は実際にはむずかしい

近親者間の共分散は集団の分散成分の足し合わせであり(Box 14.2)，原理的には，**分散成分**(variance component)は異なる種類の近親者間の共分散を比較することで推定できる。この方法は，例えば一定の近縁関係の個体を多数，測定する育種において使われている。

しかしこの方法には欠点がある。例えば共有される環境の効果は考慮しなければならな

Box 14.2　近親者間の共分散への分散成分の寄与

近親者間の類似度は単純な様式で遺伝分散の成分に依存することになる。表14.2に，近親者間の共分散がどのように相加分散(V_A)，優性分散(V_D)，そしてさまざまな高次成分(V_{AA}, V_{AD}, V_{DD}, …)に依存するかを示す。例えば，半同胞の共分散は$\frac{1}{4}V_A + \frac{1}{16}V_{AA}$で与えられる。高次の分散成分(例，$V_{AAA}$)はほとんど寄与しないため，ここでは二次の相互作用だけを示している。また，任意交配であることと近親者が環境の影響を共有しないことも仮定している。

最も単純なのはまったく同じ遺伝子型をもつ同型双生児の場合である。各双生児の表現型は$P_1 = G + E_1$, $P_2 = G + E_2$と書ける。ランダムな環境偏差E_1, E_2が独立と仮定すると，$\mathrm{cov}(E_1, E_2) = 0$であるため，共分散は遺伝子型分散と等しくなる。すなわち，$\mathrm{cov}(P_1, P_2) = \mathrm{cov}(G, G) + \mathrm{cov}(E_1, E_2) = V_G = V_A + V_D + V_{AA} + \cdots$ (すでに述べたように，$\mathrm{cov}(x, x) = \mathrm{var}(x)$であるから，$\mathrm{cov}(G, G) = \mathrm{var}(G) = V_G$となる)。そのため，遺伝的に同一の双生児間の共分散は全遺伝分散と等しくなり，その全成分が均一に寄与することになる(表の第1行)。

一般に，各成分の寄与は対象となる近親者が共有する遺伝子の割合で決まる(Box 15.3参照)。表の2〜6行の関係は父方，母方のいずれか一方の祖先のみを共有していて，共有する遺伝子を1本の線でたどれる。このような場合では，同じ遺伝子座の1組の遺伝子を共有することは決してないため，優性分散はまったく寄与しない。図14.17の上段に片親のみが同じである半同胞の例を示す。半同胞のそれぞれから無作為に1つの遺伝子を選んだとすると，その2つの遺伝子が同じで，そのためこの近親者間の類似度に貢献できる確率は1/4である。しかし，半同胞では両親が揃って同じではないため，1組の遺伝子がまったく同じになることはありえない。そこで，1つの遺伝子座の2つの遺伝子間の相互作用を表す優性偏差が貢献することはない。対照的に，片親以上を共有する近親者であれば，同じ1組の遺伝子を共有することができ，その結果，優性分散が共分散に貢献することになる。例えば，全同胞の1組の遺伝子がまったく同じになる確率は1/4で，優性分散V_Dはこれに相当する分だけ共分散に寄与することになる(図14.17の下段)。

表14.2 ● 遺伝分散の成分が近縁者間の類似度を決める

血縁関係	V_A	V_D	V_{AA}	V_{AD}	V_{DD}
同型双生児	1	1	1	1	1
親 / 子	$\frac{1}{2}$		$\frac{1}{4}$		
祖父母 / 孫	$\frac{1}{4}$		$\frac{1}{16}$		
曾祖父母 / 曾孫	$\frac{1}{8}$		$\frac{1}{64}$		
半同胞	$\frac{1}{4}$		$\frac{1}{16}$		
いとこ	$\frac{1}{8}$		$\frac{1}{64}$		
全同胞	$\frac{1}{2}$	$\frac{1}{4}$	$\frac{1}{4}$	$\frac{1}{8}$	$\frac{1}{16}$
二重いとこ	$\frac{1}{4}$	$\frac{1}{16}$	$\frac{1}{16}$	$\frac{1}{64}$	$\frac{1}{256}$

Lynch M. and Walsh J.B. 1998. *Genetics and analysis of quantitative traits*. Sinauer Press, Sunderland, Massachusetts からの書換え

数字は各分散成分の共分散への寄与を表す。

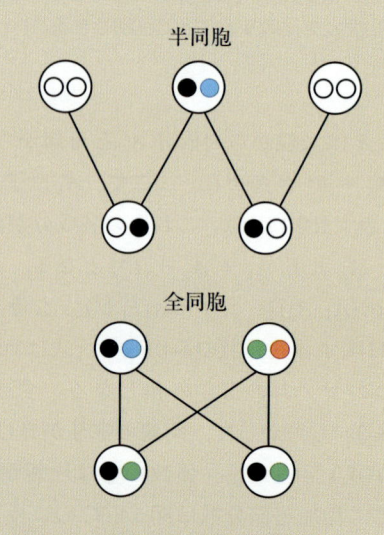

図14.17 ● 半同胞，全同胞間の遺伝子の共有

い。近縁固体は同じ農場で育ったものかもしれず，栄養摂取の違いといった要因について検討しなければならない。より大きな問題となるのは，複雑な相互作用が検出される場合には非常に多くのサンプルが要求されることである。各分散成分を区別するには異なる種類の近縁者間の類似度の"違い"を測る必要がある。例えば，優性分散(V_D)が存在すれば，同胞（兄弟姉妹）は親と子よりも互いによく似てくる。というのは，前者は両親から同じ遺伝子を受け継ぎ，同一の遺伝子型を共有することができるからである。対照的に，一方の親からは各遺伝子の1コピーのみを受け継ぐため，親と子は相互作用に必要な遺伝子の組み合わせを共有できない（Box 14.2）。こうして，優性分散は同胞間の共分散と親と子の共分散の差から推定できることになる。しかし，共分散の推定値自体が不正確であるために，こうした比較は統計学的に正確にならない。表14.2の要点は複雑な相互作用，ことに優性がかかわるものは近縁者間の類似度にめったに大きく貢献しないということである。類似度は集団の相加遺伝分散(V_A)に最も強く依存することになる。

　形質の詳細な遺伝的基盤を知らないときには（ほとんどの場合にそうであるのだが），形質に関する分散を各成分に分割することは遺伝的変異を解析するための強力な方法となる。しかし，成分の大きさとその元になる遺伝子間の相互作用の関係は決して単純なものではないことは認識する必要がある。我々が目にする生物は遺伝子の複雑な相互作用の結果として作り上げられているが，ほとんどの形質の多くの変異は遺伝子の相加的な効果に帰着することになる。この理由を1遺伝子座，2対立遺伝子の簡単な例によって説明する（図14.18）。遺伝子の効果が相加的であるとすると（すなわちヘテロ接合がホモ接合の中間の値をとる場合），遺伝分散はすべて相加遺伝分散となり，中間の頻度で最大となる（図14.18A）。一方の対立遺伝子が完全劣性（これをPとすると，PQとQQは区別ができない）であったとしても，劣性対立遺伝子の頻度が高ければ分散の大部分は相加遺伝分散となる（図14.18Bの右側の端部分）。なぜなら，対立遺伝子Pの頻度が高いと集団の大部分はPQとPPから成り立っていて，この2者は異なる表現型を示すからである。そして，この表現型の違いはPとQの相加効果に起因することになる。劣性の対立遺伝子の頻度が低いと，まれな遺伝子型PPが形成されるときにのみ異なる表現型が現れることになる。そこで優性分散のほうが相加分散よりも大きくなる（$V_D > V_A$。図14.18Bの左側の端部分）。しかし，この状況では，分散成分のいずれもが小さくなるので，多くの遺伝子によって決まる形質の全分散はやはりおもに相加的な要因によることになると考えられる。優性分散はヘテロ接合が2つのホモ接合の範囲を超えるような例外的な場合でのみ大きくなると思われる（Box 14.1参照）。同じ議論は複数遺伝子間の相互作用（エピスタシス）についても成り立つ。たとえ形質が遺伝子間の相互作用に強く依存するとしても，やはり分散はおもに個々の遺伝子の相加的効果に帰することができる。

　分散成分と遺伝率は一定のものではない。集団の遺伝的多様度と非遺伝的な"環境"要因から影響を受ける。それにもかかわらず，次項では，（自然界のものでも，栽培化されたものでも，あるいはヒトでも）集団内の量的な遺伝的変異に驚くほど一定のパターンが存在することをみていく。

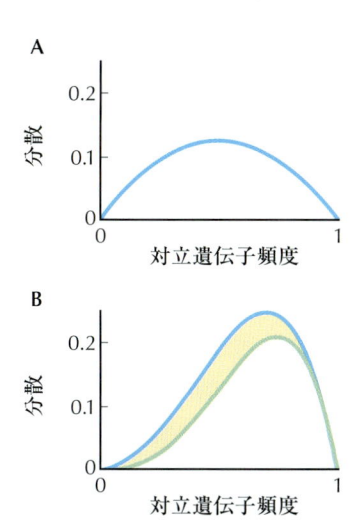

図14.18 ▪ 1遺伝子座，2対立遺伝子の場合の分散成分。(A) 遺伝子の作用が完全に相加的であるときの遺伝分散（$V_G = V_A$）。（遺伝子型QQ，PQ，PPの表現型値をそれぞれ0，0.5，1とする。したがって，P遺伝子1個あたり形質値が0.5だけ加わることになる。）(B) 完全優性の（すなわち表現型が0，0，1である）場合の分散成分。上側の曲線は全遺伝子型分散V_Gを，下側の曲線は相加遺伝分散V_Aを表す。このV_GとV_Aとの違い（黄色の部分）が優性分散V_Dにあたる。横軸は劣性の対立遺伝子の頻度。

たいていの形質に多量の遺伝的変異が存在する

　DNAやタンパク質の配列に大きな集団内変異が存在するように（第13章），量的形質に関しても多量の遺伝的変異が存在する。これは2つの方法で示すことができる。1つは直接的な方法で，たいていの形質にみられる近親者間の類似性によるもので，もう1つの間接的な方法は，間接的な人為選択への素早い応答によるものである。量的形質に働く選択につい

ては第 17 章で詳細に検討する。ここでは，ある形質（例えば，乳生産量）について高い形質値の個体を継続的に選別することでその形質値が上がるとすれば，親子の間で相関がなければならない（いい方を換えると相加的な遺伝的変異が存在しなければならない）ということを指摘しておく。

多量の遺伝的変異は長らく，質的なレベルで理解されていた。Darwin による遺伝的変異の最も強い証拠も，親と子の明らかな類似性と人為選択の目覚ましい成功にあった（pp.18〜21 参照）。しかし，この項で大要を説明する方法は，量的な調査を可能にするものである。図 14.19 に狭義の遺伝率 h^2 の推定値をまとめる。多毛類の光応答，等脚類の熱耐性，トゲウオの突起の形態，ニジマスの成長速度等々の広範な形質を含んでいる。推定された値は可能な値の全領域にわたっているが，一般に，遺伝率は高い。すなわち，全表現型分散の多くが相加的な遺伝的変異によっている。

形質によっては一致して高い遺伝率を示すものがある。ヒトでは指の隆線の数（指紋の測定形質の 1 つ）の広義の遺伝率は約 0.96 である。指の隆線の数は発生の早い時期に決められるため，外部環境で乱されることは少なく，さらに遺伝的変異を除くような選択が働かない。したがっておそらく，分散のほとんどすべてが遺伝的なものである。別の極端な例として，ショウジョウバエの左右の非対称性の人為選択がいくつもの実験でうまく働かなかったことが挙げられる。これは遺伝的変異が検出できないごく少数の形質の 1 つである。表現型のレベルでは不変にみえる形質でも，隠れた遺伝的変異が存在するかもしれない（p.386 参照）。通常の環境では野生型のハエすべては同じ翅脈パターンをもっている。しかし，蛹の特定の時期に短い熱ショックを与えると，約 40% の個体で横脈に切れ目が生ずるようになる（図 14.20A）。こうした切れ目をもった個体を各世代で選択すると熱ショックで翅脈の切れ目を生ずる個体の割合が増加する（図 14.20B）。そして通常の環境で飼育した個体にも横脈のない表現型が現れるようになる（同様の例は p.334 と pp.386〜390 でもふれた）。この現象は，最初は極端な環境によって誘発された形質が通常の環境でも遺伝的な制御のもとに現れることから**遺伝的同化**（genetic assimilation）と名づけられている。これは上述したような閾値モデルによって理解できる。たとえ横脈の表現型は通常の環境では不変でも，横脈を失わせる隠れた遺伝的変異が存在しているのである（図 14.20C,D）。第 24 章ではこの種の実験の新奇形質の進化との関連について論ずる。

自然集団中の遺伝的変異の成分と関与する遺伝子数を測定することはむずかしい

形質の種類によって体系的な違いが存在する。成体の形態は**生活史形質**（life-history trait），すなわち生存や繁殖にかかわる形質よりも高い遺伝率を示す傾向がある。生理形質や行動形

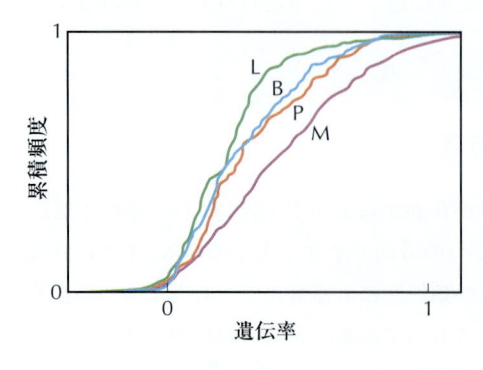

図 14.19・狭義の遺伝率（V_A/V_P）の分布。形質は生活史（L），行動（B），生理（P），形態（M）に関するものに分けている。曲線は累積頻度分布を表す（第 28 章 [オンラインチャプター] 参照）。データは 75 の動物種からの 1120 の推定値による（統計学的誤差のため，推定値が 0 未満になる場合や 1 を超える場合がある）。

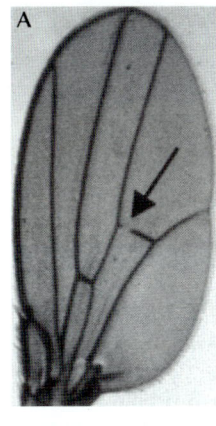

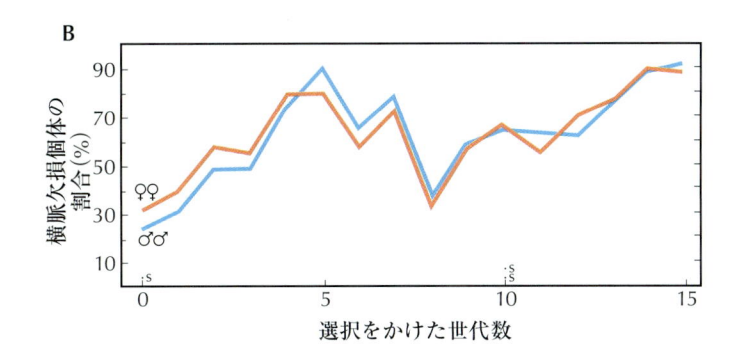

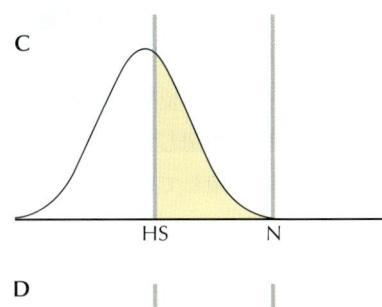

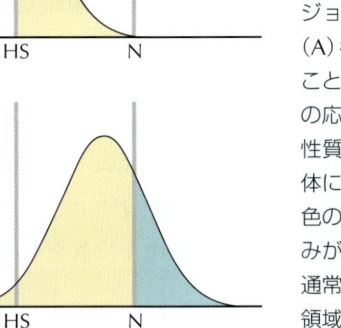

図 14.20 ・ 隠れた遺伝的変異の古典的な例。キイロショウジョウバエ（*Drosophila melanogaster*）の翅脈のパターン。(A) キイロショウジョウバエの蛹に短い熱ショックを与えることで生ずる横脈の切れ目。(B) この表現型を強める選択への応答。(C) 閾値モデルでは，個体は翅脈に切れ目を生ずる性質を隠しもっていて，その性質が閾値 HS より大きい個体に熱ショックを与えると，表現型が現れると説明する（黄色の領域）。一方で，通常の環境では閾値 N を超える個体のみが表現型を表す。(D) この性質を増強する選択を行えば，通常の環境でも横脈を欠く表現型が現れることになる（青の領域）。

質は中間的な遺伝率をもっている（図 14.19 のカーブを比較）。この結果の解釈は単純ではない。狭義の遺伝率は相加遺伝分散の全表現型分散に対する"比"として定義される（$h^2 = V_A/V_P$）。以前は生活史形質は相加遺伝分散が小さいために低い遺伝率となると考えられていたが，実際には，生活史形質が大きな環境分散，したがって大きな表現型分散をもつために遺伝率が低くなっている。異なる尺度の形質の遺伝分散を比較する別のやり方は，形質の平均値（$\bar{z}$）に対する相対値として分散を表現することである（すなわち $V_A/\bar{z}^2$ の比較）。この測定値を用いると，生活史形質は実際，形態形質よりも"大きな"相加遺伝分散をもつ傾向があることがわかる。

量的形質の変異に寄与する遺伝子の数を古典的な遺伝学的手法で決定するのは，非常に困難である。ごく少数の遺伝子でさえおよそ正規分布に従う分布が得られることをみてきた（図 14.7）。実際，量的遺伝学の強みは，遺伝子の数や個々の遺伝子の効果といった遺伝的な詳細にかかわらず予測ができることにある。それでも，2 つの異なった集団の交配の F_2 個体の分散から遺伝子の数についての情報を得ることができる。定性的には，両親の表現型が F_2 世代でほとんど現れないならば，多くの遺伝子が関与しているといえる（図 11.26 のトウモロコシの例を思い出してほしい）。形質の違いに関与する遺伝子数の量的な推定法は Wright と Castle によって創案されている（p.29 参照）。この方法は広く応用され，1 から 15 の範囲の遺伝子数が推定値として得られる傾向がある（図 14.21）。残念ながら多くの要因が重なり合って Wright–Castle の推定法は実際の遺伝子数のかなりの過少推定値となっている。次に，

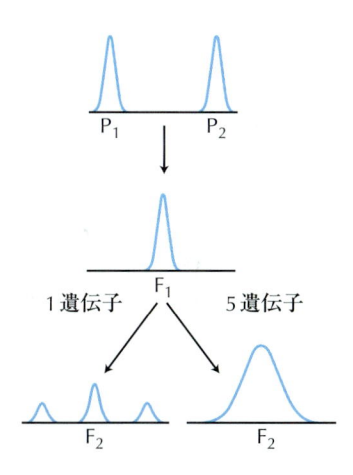

図 14.21 ・ F_2 個体の分散から遺伝子数を推定する。F_1 世代ではすべての個体が両親からそれぞれ半分の遺伝子を受け継ぐ。F_2 世代の形質の分布は形質に寄与する遺伝子数に依存することになる。もしヘテロ接合が中間値をもつような 1 つの遺伝子しか関与しないとすると，広がった分布になる（左下図）。もし 5 つの遺伝子が関与すると，分布は狭くなり，親の遺伝子型はめったに現れない（頻度はそれぞれ，$2^{-10} = 1/1024$，右下図）。親系統間の違いに対する F_2 個体の遺伝分散の比は遺伝子数に逆比例する。

ポリジーン的な変異について実際にかかわる遺伝子数を同定するためのより強力な方法に目を向けてみよう。

14.3 量的変異の遺伝基盤

古典遺伝学で量的形質遺伝子座を同定できる

　古典遺伝学では，交配による対立遺伝子の分離から遺伝子の染色体上の位置を決めることになる。異なる遺伝子の対立遺伝子が親から子に一緒に伝わるようなら，遺伝子は物理的に連鎖しているはずである。遺伝子間の距離は組換え率によって測ることができる。20世紀の初頭にT.H. Morganのグループが最初に染色体上に遺伝子を位置づけた（マッピング）のもこの方法を使っている（p.26参照）。同じ方法で量的形質の変異の責任遺伝子の位置も決めることができる。もし1つの親族内でメンデル遺伝するマーカーが形質値と相関しているようなら，形質に影響する1つあるいはそれ以上の遺伝子がそのマーカーに連鎖しているはずである。

　これがいわゆる**量的形質遺伝子座**（quantitative trait locus，QTL）を同定する手法である。QTLは現実の遺伝子をさすものではなく，形質に影響する染色体の領域について言及する単語である。これからみていくように，統計学的に決定したQTLから，実際に遺伝子を見つけ，最終的にどのような配列の変異が形質に影響するのかを理解することは容易ではない。QTLのおよその位置の推定法を論ずることから始め，さらに正確な位置を決めるための方法へと進むことにする。

　QTLをマッピングするには適切な集団について多くのメンデルマーカーと注目する形質について記録すればよい（Box 14.3）。原理的には，任意の近縁個体からなる集団を使えるが，近縁2種あるいは栽培植物や家畜動物とその野生近縁種とのF_2あるいは戻し交雑個体が最も頻繁に使用されている。こうした交配が最も好ましいとされる理由は，この種の集団は標準偏差の数倍以上の違いを含んでいて，高い遺伝率をもつためである（すなわち$V_G \gg V_E$）。さらにこの場合には，両親のマーカーの正確な遺伝子型がわかっていて，すべての個体が同じ遺伝子型をもっている。例えば，F_1個体は親系統で異なるすべてのマーカーについてヘテロ接合となる。2つの親集団からの対立遺伝子を1，2と標識し，遺伝子座をA，B，C，…と名づけると，F_1の遺伝子型はカップリング配置で$A^1B^1C^1\cdots/A^2B^2C^2\cdots$となる。

　同じ方法は単一の異系交配集団（例えば，ヒトの家族や酪農場の乳牛）についても使用できる。ただし，いくつかの理由で検定能力はとても低くなる。まず第1に，集団内の遺伝的変異は小さい。第2に，両親がQTLとマーカー遺伝子座の両方で必ずしもヘテロ接合になっていないために，多くの家系が情報をもたらさない。最後に，両親のマーカー遺伝子座とQTL遺伝子座の配置が不明で，家系ごとに異なっていることが考えられる。例えば，2つのマーカー遺伝子の両方が1:1分離を示す家系の両親の遺伝子型として次の6つが考えられる。

$$\frac{A^1B^1}{A^2B^2} * \frac{A^1B^1}{A^1B^2} \text{ または } \frac{A^1B^1}{A^2B^2} * \frac{A^1B^1}{A^2B^1} \text{ または } \frac{A^1B^2}{A^2B^1} * \frac{A^1B^1}{A^1B^1} \text{ または }$$

$$\frac{A^1B^1}{A^1B^1} * \frac{A^1B^1}{A^2B^2} \text{ または } \frac{A^1B^1}{A^2B^2} * \frac{A^1B^2}{A^2B^1} \text{ または } \frac{A^1B^1}{A^1B^2} * \frac{A^1B^1}{A^2B^2}$$

1個のA^2対立遺伝子と1個のB^2対立遺伝子が存在することになるが，それらは両親のそれぞれから1個ずつ由来するかもしれないし，両方が片親から，ただし異なる祖父母に由来

Box 14.3　量的形質遺伝子座の位置を定める

ある量的形質に違いがあり，マーカー遺伝子座に異なる対立遺伝子（P，Q）をもつ2つの近交系統を掛け合わせたとしよう（図14.22，上段）。F_1世代のすべての個体はマーカー（PQ）と形質に影響するすべての量的形質遺伝子座（QTL）遺伝子座に関しヘテロ接合となる。そのため形質は中間値をとり，分散は環境分散（V_E）のみとなる（図14.22，中段）。

F_2世代では形質の遺伝分散は増加し，マーカーはメンデル比で分離することになる（図14.22，下段）。この例では，マーカーと形質に関連があるとしていて，PP個体はPQ個体よりも，PQ個体はQQ個体よりも大きな形質値をもっている。P対立遺伝子1個あたり形質値が0.4単位増加したとする。これはマーカーの形質値への直接の効果によるのかもしれないが，マーカーに連鎖したQTL遺伝子座による可能性のほうが高い。

もしQTLとマーカーが完全に連鎖していれば，このP対立遺伝子と連鎖するQTL対立遺伝子の相加効果は+0.4と推定できる。この例ではPQヘテロ接合が両ホモ接合体のちょうど中間にあるので，このQTL遺伝子座に優性はないと推測できる。遺伝子型PPの親系統はQQ系統よりも形質値が"小さい"（図14.22，上段）のに，F_2世代ではP対立遺伝子をもった個体は"大きく"なっている。これは系統間で複数の遺伝子に違いがあり，低い系統は多くは"負"の効果の対立遺伝子をもっているが，たまたまマーカーPは"正"の効果の対立遺伝子と連鎖していたことを示している。

この例の親系統間の違いは2単位である。QQとPPのホモ接合体間の違いは0.8単位，あるいは全体の40％にあたる（反対方向ではあるが）。F_2世代の全遺伝分散は0.25で，P，Qマーカーの遺伝分散への寄与は次のように計算できる。集団の1/4の個体はQQホモ接合体で，その平均は−0.4，集団の半数はPQヘテロ接合体で，平均0，そして残りの1/4はPPホモ接合体で，+0.4の形質値をもっている。この分散は$\frac{1}{4}(0.4)^2 + \frac{1}{4}(0.4)^2 = 0.08$となり，$F_2$世代の全遺伝分散の32％にあたる。

もちろん，QTLとマーカーが完全に連鎖しているというのはありそうにない。QTL遺伝子座はマーカー遺伝子座とcの率で組換えを起こすと仮定しよう。対立遺伝子Pと関連して形質にどれだけの違いがみえると期待できるだろうか。F_2を構成する配偶子の4つの遺伝子型の頻度は次のようになる。

遺伝子型	頻度	形質への効果
Q −	$(1 − c)/2$	0
Q +	$c/2$	α
P −	$c/2$	0
P +	$(1 − c)/2$	α

対立遺伝子Qをもった配偶子の平均の効果はαcで，対立遺伝子Pをもった配偶子の平均の効果は$\alpha(1 − c)$である。したがって，マーカー間の形質値の違いは$\alpha(1 − 2c) = 0.4$となる。もしマーカーとQTLが連鎖していなければ，$c = 1/2$であり，形質との関連は認められない。完全連鎖していれば，$c = 0$で，違いはちょうどαになる。このように単一のマーカーの情報からQTLとの連鎖を示すことができるが，QTLの効果αと組換え率の効果とを区別することはできない。マーカー遺伝子が小さな効果のQTLと強く連鎖しているかもしれないし，大きな効果のQTLとゆるく連鎖しているかもしれない。2つのマーカーがあれば，QTLの位置とその効果の両方を推定することが可能になる。実際には，QTLはゲノム全体にわたった多くのマーカーを使って検出されている。しかし，基本的な方法はここで考えたような単一マーカーの場合と同じである（詳細はウェブノートを参照）。

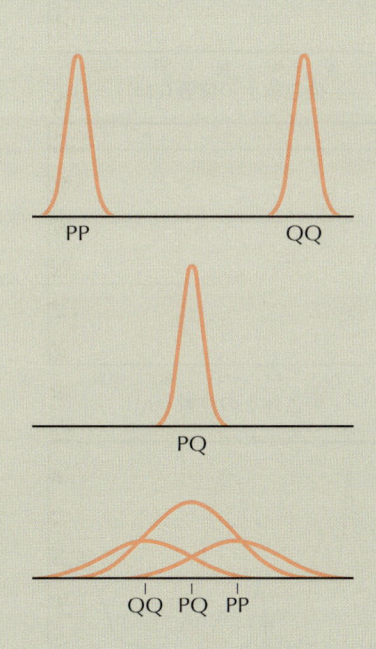

図14.22 ▪ 親世代，F_1世代，F_2世代の3つのマーカー遺伝子型（PP，PQ，QQ）個体の量的形質値の分布。

するかもしれないし，あるいは同じ片親で同じ1人の祖父母に由来するかもしれない。

最近のQTLマッピング研究の広がりはタイピングが容易な分子マーカーの利用が可能になったことによる（Box 13.3参照）。こうしたマーカーはどのような生物種でも見つけられ，大量にタイピングが可能で，研究している形質に直接，影響を及ぼさない。最後に要求され

ることは形質を正確に測定することである。この点で，遺伝的に均一な系統が作出でき，平均をとることで環境の効果を除いて遺伝子型値を正確に測定できる生物が非常に役立つ。例えば，酪農場で1頭の雄牛から数百頭の娘牛が作られると，その雄牛の乳生産量に関しての育種値は著しく正確に測定することができることになる。

ショウジョウバエの翅の形の研究にQTLマッピングの原理をみる

QTLマッピングの方法をショウジョウバエの例を使って解説する。翅脈上の指標点の相対的な位置関係について異なる方向へ選択を行った2系統がある（図14.23）。ショウジョウバエの自然集団内の個体間，集団間でその平均値を比較すると，翅は部位ごとにそろって特徴的な変動をすることがわかる。この現象はアロメトリー（allometry，相対成長）として知

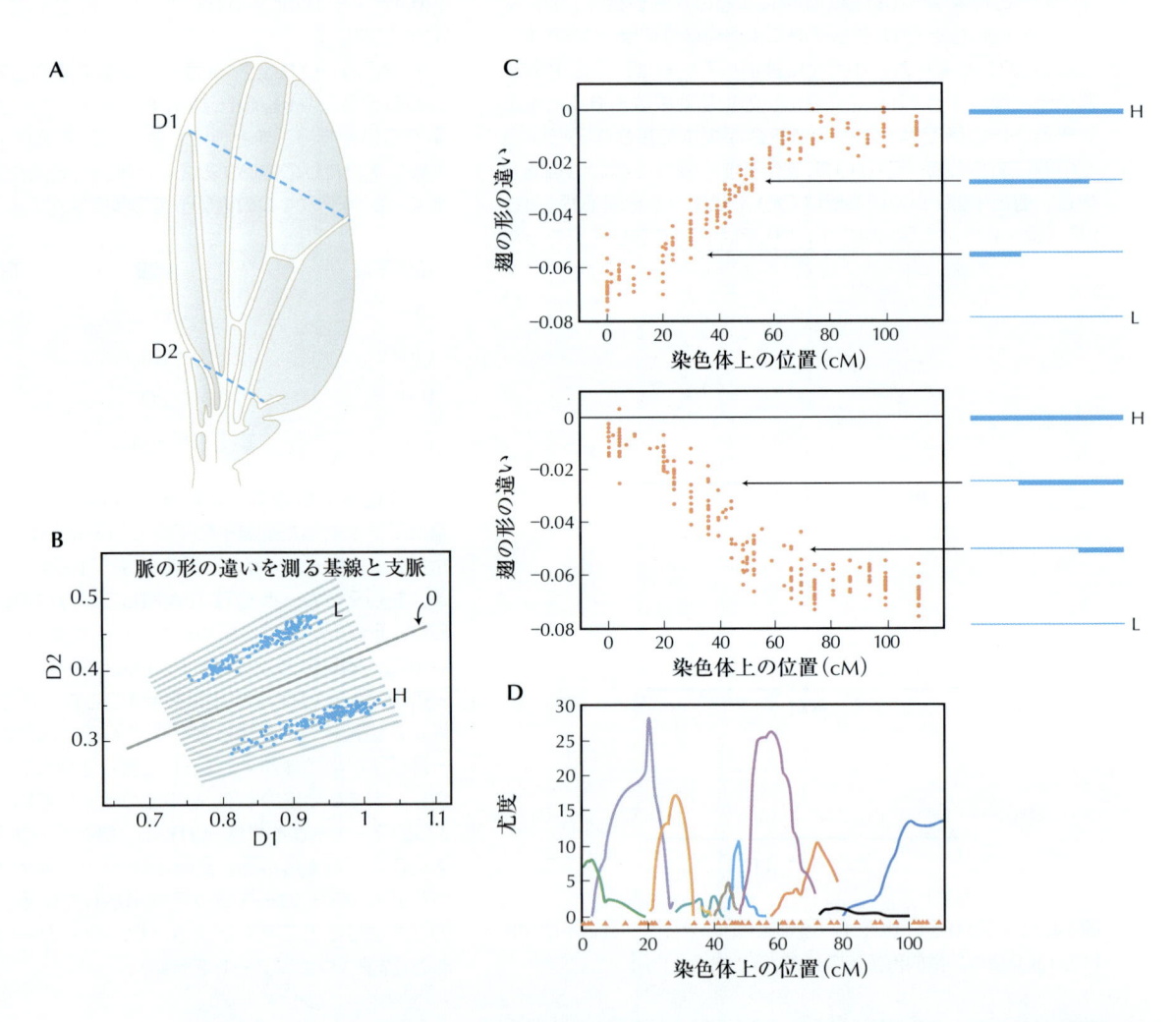

図14.23 ■ キイロショウジョウバエ（*Drosophila melanogaster*）の翅の形に違いをもたらすQTLを見つける。（A）翅の形について反対方向へ選択された2系統のD1とD2の距離を測定した。（B）元の集団の測定値は中心の直線（基線）上に乗る。2つの点の集まりは選択された2系統の測定値を示していて，L，Hと表記している。2系統の違いは一連の細線（支脈）によって表される基線からのずれによって測れる。（C）第3染色体についてH系統とL系統の組換え体のホモ接合体が作出された。この図ではH系統に由来する第3染色体の割合とともに翅の形がどのように変化するかを表している。（D）統計モデル解析によって，翅の形に影響する11個のQTLがみつかっている。11の曲線は各QTLのそれぞれの位置での尤度を示していて，頂点がその位置の最良の推定点となる。下に現れる三角形はマーカーの位置を示している。

られ，発生上の制約を表しているとも考えられている（詳細な議論については第24章，p.758参照）。このアロメトリーの関係を壊すような選択は，際立った成功を収めている。20世代後には"高い"系統と"低い"系統（H系統, L系統と呼ぶことにする）は標準偏差の20倍も違い，翅の形は自然集団中にみられるものとはまったく異なっていた（図14.23A, B）。

この違いの遺伝的基盤は，それぞれ特定の組換え染色体をもった500以上の系統を使って解析されている。ゲノムの40%を構成する第3染色体上の違いに注目しよう（第2染色体も同程度の効果をもつ）。翅の形はH系統に由来する染色体の割合とともに滑らかに増大し，染色体の左末端がH系統由来の系統と右末端がH系統由来で同じパターンが観察された（図14.23C）。これはそれぞれが小さな相加効果をもった非常に多くの遺伝子が関与していると考えると説明できる。統計学的には少なくとも8個の遺伝子は必要である。そうでなければ，"高い"系統と"低い"系統由来のゲノムの割合とともに翅の形は滑らかではなく，段階的に変化することになるはずである。

二重，三重の組換え体のデータを含めたより精密な解析も行われている。染色体の各領域ごとに単一のQTL遺伝子座があるとするモデルに基づき（Box 14.3参照），統計学的に有意な11個のQTL遺伝子が同定された。このモデルの尤度（likelihood）を染色体上の位置に対してプロットしたものを図14.23Dに示す。さらに，ある遺伝子の組み合わせにエピスタティックな相互作用を含めることで重要な改良がなされた。このように遺伝子間の相互作用の統計学的な証拠はあるのだが，相互作用は互いに打ち消し合う傾向にあり，その結果，全体のパターンは驚くほど相加モデルに適合することになる。この例にあるように多くの遺伝子が遺伝的変異に関与するような状況では，限られたデータからあまりに多くの推定すべき変数があるために，個々の遺伝子の効果や相互作用を同定できるとは限らないことは心しておくべきである。

QTLの位置を正確に決めるのはむずかしい

翅の形のような研究から，QTLの数とその効果について数多くの推定値が生み出されてきた。しかし，いくつかの理由で，こうした結果をそのまま鵜呑みにするのは注意が必要である。

1. 効果の小さなQTLはおそらく見過ごされている。数百個体の研究ではせいぜい $0.2\sqrt{V_E}$ より大きな効果をもったものしか検出できない。
2. 逆に，期待値よりも偶然に大きく推定された効果はおそらく検出しやすいという単純な理由から，検出されたQTLの効果は過大評価される傾向にある。この偏りは特に，有意水準に近いときに重大である（例えば，1%の有意水準で検出されたQTLの効果はおよそ2倍の過大評価となる）。
3. 通常，領域に単一のQTLが存在するかどうかを，QTLが存在しないことを帰無仮説として統計検定する。実際には非常に多くのQTLがゲノムに均一に存在しているときでも，通常の統計解析では図14.23Dに描かれているような散らばった頂点が偶然に見つかることもある。このような結果からは実際には多くのQTLがあるにもかかわらず，ごく少数のQTLが存在すると示唆することになる。
4. 環境や遺伝的背景で効果が変わるような（すなわち，エピスタシスを示す）対立遺伝子は見過ごされやすい。
5. 標準的なQTL実験では，QTLは20cM程度の範囲までしか位置を特定することができない。そうした領域には形質に影響する多くの遺伝子を含んでいるかもしれない。

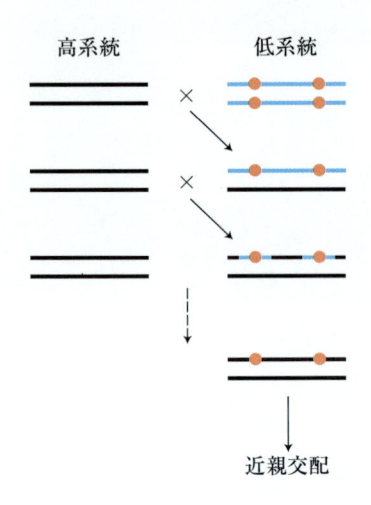

図14.24・準同質遺伝子系統（NIL）の作出。"低"系統を"高"系統へ数世代，戻し交雑することによって，"高"系統の遺伝的背景のなかに"低"系統のゲノムの短い断片が散在した状態となる。実験中に低い形質値を選択すれば，形質値を下げるQTL（赤丸）が選択的に残ることになる。遺伝的に均一なNIL系統は，その後，近親交配（例えば，兄弟姉妹間の交雑を繰り返すこと）をすると得ることができる。

実際，これからみていくように，より精密な研究によって複数の明らかなQTLが見つかる傾向がある。

最も重要なのは最後の制約である。数百個体を扱う典型的な研究では，せいぜい12個程度のQTLしか見つけることができず，遺伝子を見つけるのに必要な精度でQTLの位置を決めることができないことを暗示している。この制約はおもに各実験で起こる組換え数が制限されていることによる。あるゲノム領域に組換えが起こらなければ，いかに多くの遺伝マーカーが記録されようと，この領域内の異なる遺伝子の効果は決して識別されることはない。標準的な実験規模で遺伝子を同定するには，**候補遺伝子**（candidate gene）に関する手がかりをもっているか，あるいは多くの組換えの効果を測れることが必要である。

どうすればより正確にQTLの位置を特定できるのだろうか。1つの強力な方法は，一方の系統（例えば，低い形質値の系統）を"高"系統に繰り返し戻し交雑し，一揃いの**準同質遺伝子系統**（nearly isogenic line）すなわちNIL系統を作出することである（図14.24）。各NIL系統は固有の"低"系統の遺伝情報をもつことになる。その領域は多数の遺伝マーカーをタイピングすることで同定できる。こうしたNIL系統の形質値が"高"系統と有意に違っていれば，それは移入された断片内の遺伝子によるはずである。戻し交雑を繰り返すことで，ゲノムは非常に短い断片に分断されることになるため，この方法で遺伝子の位置をより正確に決めることができるようになる。

この方法で形質の違いに関与する遺伝子を同定することができた例が少数だが存在する。例えば，栽培化されたトマトはその近縁の野生種と比べ果実がとても大きくなるが，これは複数のQTLによっている。このうちの1つ *fw2.2* は30%までの果実重の違いをもたらす（図14.25A）。2つの準同質遺伝子系統間の交配によって，約4 cMの領域内までQTLの位置が狭められている。これは**遺伝子導入**（transgenic）トマトの作出によって解析することが可能な大きさである。最終的に，果実重への影響は果実の発生初期に発現する遺伝子の上流にある調節領域内の違いによることが明らかにされている。QTLの位置を統計学的に決めるこうした方法は必要条件が多いために，やっと遺伝子の同定へと結びつき始めたところである。

形質に大きな影響をもたらす突然変異はより穏やかな変異の候補遺伝子を示してくれる

古典的なメンデル遺伝学は明瞭で効果の大きな突然変異に基づいている。例えば，マウス

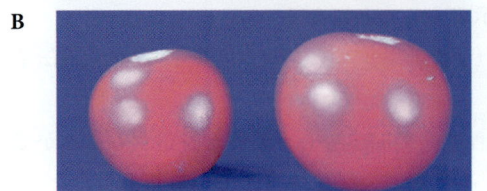

図14.25・トマトの果実重を変える *fw2.2* QTL。（A）トマトの野生近縁種と栽培種は果実重に1000倍の違いがある。（左）*Lycopersicon pimpinellifolium*。（右）*Lycopersicon esculentum*。（B）すべての栽培品種は *fw2.2* に大きな果実のタイプの対立遺伝子をもっており，これまで調べられたすべての野生種は小さな果実タイプの対立遺伝子をもっている。ここに示した2つのトマトは，栽培品種に小さな果実タイプの対立遺伝子を挿入したもの（左）と，挿入していないもの（右）である。

のアルビノ，ショウジョウバエの無翅突然変異やメンデル遺伝するいくつかのヒト疾患などがこれにあたる。遺伝学の初期にはこうした大きな影響をもたらす突然変異が進化の素材であると考えられていた。第1章で解説したように，この考えの遺伝学者と自然界の量的変異の研究者とは長らく論争を繰り広げた。実際には，大きな効果の突然変異は進化に貢献するとは思えない。実験室の条件でさえ，こうした突然変異をもった個体は通常，大きく競争に不利な立場にある。しかし，形質に大きな変化をもたらす遺伝子には，より穏やかな効果をもち，適応度にあまり影響しない突然変異も生ずるかもしれない。このように，大きな効果の突然変異は量的変異に寄与しそうな遺伝子，すなわち候補遺伝子を指し示してくれる。前項で，マーカーと形質値との単純な統計関連解析を行うマッピング実験ではQTLの位置を大雑把にしか決められないことをみてきた。責任遺伝子を同定するには数百の遺伝子から数個の候補遺伝子まで絞り込む必要がある。

マッピング研究ではしばしば，明らかな候補遺伝子が存在する領域にQTLが見つかることがある。第11章で，トゲウオの腹びれの形態に影響する $Pitx1$ 遺伝子と，トウモロコシとその近縁の野生種テオシント（ブタモロコシ）との違いをもたらす遺伝子の1つ $teosinte\ branched\ 1$ の2つの例をみてきた。第26章（pp.829〜833）では候補遺伝子が複雑な遺伝様式の疾患とどのように関連づけられてきたのかをみることにする。

集団全体での遺伝マーカーと量的形質との関連解析は，QTLのマッピングに役立つ

ある候補遺伝子が量的形質に影響することを示す最もよい方法は，特定の配列変異と形質値との結びつきを証明することである。こうした研究によって，ショウジョウバエの自然集団中の剛毛数変異のかなりの部分が明らかにされてきた。ハエの剛毛は動きを感知する器官である。したがって，こうした器官の発生を決める遺伝子の突然変異は剛毛の形成パターンを大きく変えることになる。上述のようなQTLマッピング実験によって剛毛数に影響する遺伝子が，しばしばもっともらしく思われる候補遺伝子の近傍にマッピングされている。一連の研究を通して，個々の遺伝子の染色体領域を単離し，多数の近交系統の形質値を測定することで，各領域のホモ接合での効果の正確な推定値が得られている。この結果を候補遺伝子を含む50〜100 kbの領域内の配列変異と比較すると，候補遺伝子の変異に応じて剛毛数が染色体系統間で有意に異なっていた。図14.26で挙げた例では，剛毛数の遺伝分散の約5%が $achaete$-$scute$ 遺伝子領域の挿入変異によって説明できる。この結果は別の研究によって確認されている。末梢神経系の形成にかかわることが知られている $Delta$ と $scabrous$ という2つの遺伝子でも同様の結果が得られている。決定的だったのは，両方の遺伝子座で剛毛数変異の多くが転位因子（pp.237, 371参照）の存在と関係していたことである。これらの因子が実際に剛毛数に違いをもたらしていることが示唆される。もし剛毛数の違いが解析した遺伝子にたまたま連鎖した別の変異によるとすれば，特定の"種類"の変異が関与しているということは期待できない。

こうした研究成果は，自然界で観察される形質に影響する遺伝子を同定できるほどに我々が遺伝学を理解していることを証明していて，元気づけられる。しかし，他の形質や別の生物，ことにヒトの疾患への応用にはいくつかの困難な問題がある。第1に，ショウジョウバエでは標準的な遺伝的背景をもった戻し交雑系統を使って，標準的な環境で多数の遺伝的に均一な個体の形質を測定することで，任意の遺伝子座の遺伝子型値の正確な測定値を得ることができる。これは数種のモデル生物においてのみ可能である。"個体レベル"の測定値を用

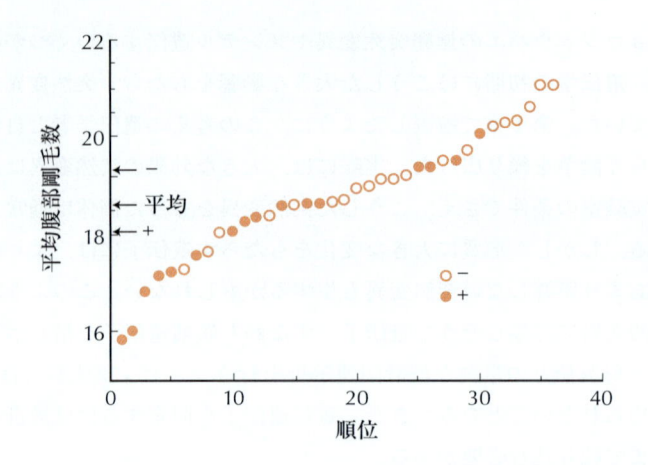

図14.26 ◦ キイロショウジョウバエ（*Drosophila melanogaster*）の *achaete-scute* 領域の挿入変異は剛毛数を減少させる。自然集団由来の36の独立なX染色体系統それぞれについて，106 kbの領域の挿入変異の位置と腹部の剛毛数を測定した。この図では，系統は剛毛数の少ないものから多いものへと並べてある。塗りつぶした赤丸で示したものは1つ以上の挿入変異をもつ系統で，これらは有意に剛毛数が少ない（図の左の＋と－を比較）。

いて形質値とマーカーとの相関を得るには，非常に多数のサンプルが必要となる。もし，対立遺伝子の効果が環境や他の遺伝子に依存するようだと，相関を得ることは不可能かもしれない。実際に，次項でみるように，こうした相互作用は普遍的に存在する。より根本的な問題は，第13章でみたように，ほとんどすべての集団で，多量の遺伝的変異がしばしばひと固まりになって，異なるハプロタイプ（偶然によって生じ，組換えによってゆっくりとしか崩壊しない配列変異の組み合わせ，pp.396〜398）に分かれて存在していることである。純粋に統計解析だけでは，実際に形質の違いに寄与するハプロタイプ中の座位を明らかにすることは不可能である。

遺伝子操作によって形質変異の遺伝的基盤を確認できる

　形質変異の"原因"を決定的に証明できる唯一の方法は，遺伝操作によって特定の箇所だけ違う個体を作出することである。多細胞生物での研究は少数で，そのうちの一例の結果は我々を慎重にさせるものであった。キイロショウジョウバエのアルコール脱水素反応の活性変異はアルコール脱水素酵素をコードする *Adh* 遺伝子座の多型に強く依存している。キイロショウジョウバエのほぼすべての自然集団においてこの遺伝子座は多型で，電気泳動によって識別が可能な2つの対立遺伝子が存在している。対立遺伝子 fast（F）と slow（S）は1か所だけアミノ酸が違っていて（図14.27A，図13.11も参照），この違いがアルコール脱水素酵素の性質の違いのすべての原因となっている。ことに，対立遺伝子Fでコードされる酵素は2.5倍の高い活性をもっている。しかし一方で，この対立遺伝子Fは発現量も50%高いので，FとSの対立遺伝子には発現量にかかわる遺伝的変異も存在していることになる。この変異は遺伝子発現に影響する非翻訳領域の配列の違いよると思われるが，多くの変異座位のうちから原因を特定するのは非常に困難である。

　この問題は *Adh* 遺伝子座を3つの領域に分け，対立遺伝子FとSとの可能な8つの配列の組み合わせをもったハエを作出することで部分的に解かれている。その結果，各領域が酵素の発現量に有意な効果をもっていて，領域間にエピスタティックな相互作用があることが

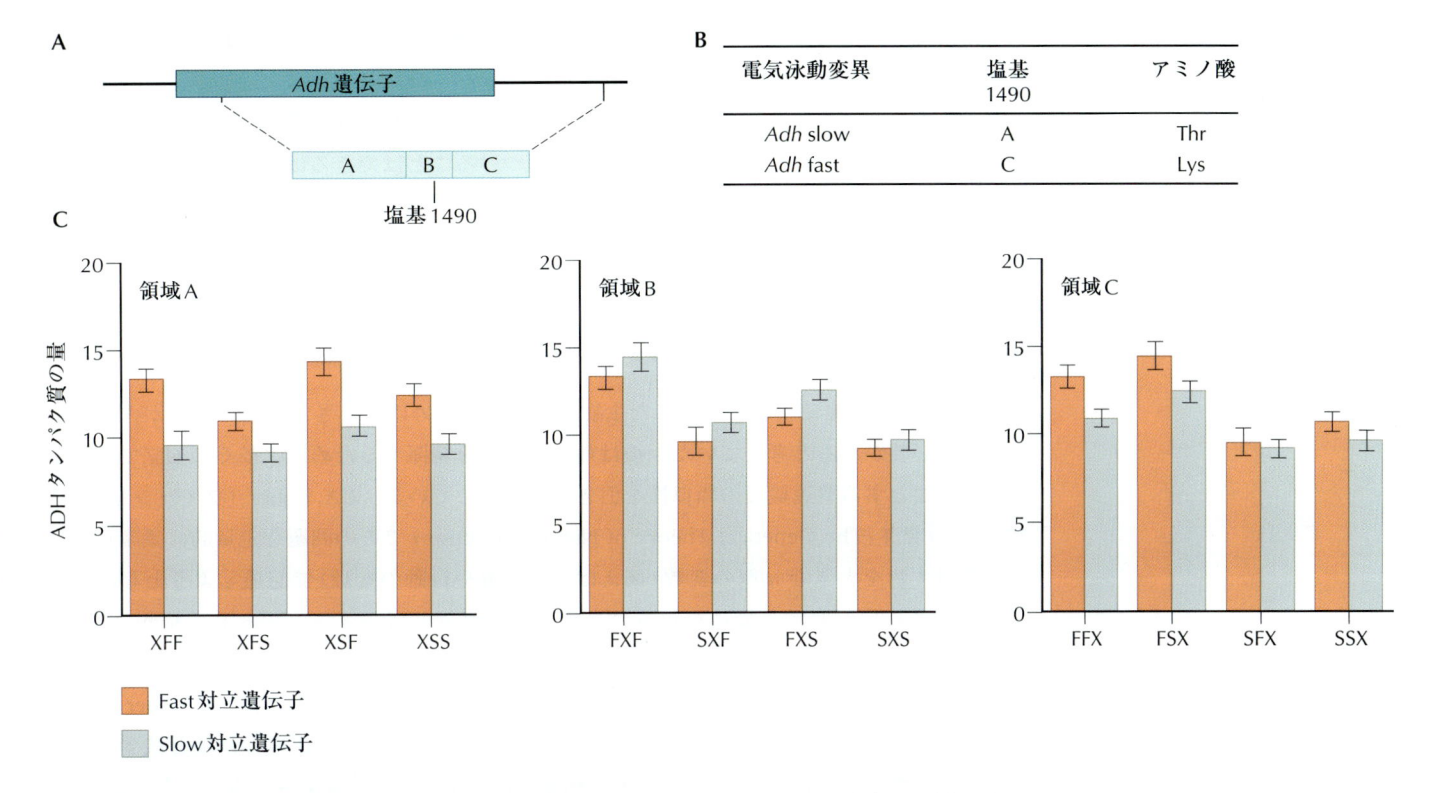

図14.27 ■ 複数の座位が相互作用してAdh遺伝子が作るタンパク質の量を決定する。(A) fast (F)とslow (S)対立遺伝子のA，B，Cの3つの領域を組み合わせることで，8種の組換え体を作出した。この2つの対立遺伝子は表(B)に示すアミノ酸変化を起こす1490番目の座位の塩基置換によって識別される。(訳注：ここには示さないが，それ以外に非翻訳領域にも2つの対立遺伝子間に違いがある) (C) 8種の組換え体のそれぞれについて成虫でのADHタンパク質の量の正確な測定を行った。領域AがF対立遺伝子由来であると一致してタンパク質の量が32%だけ上昇した。領域BがF由来だと逆に10%濃度が減少し（中央の柱状図），F由来の領域Cは，領域AもまたF由来であるときのみ量を増加させた（右の柱状図）。誤差線は標準誤差。

示された。このように，遺伝分散の大部分は2つの対立遺伝子の違いによると最初は非常に単純に考えられたAdh遺伝子の酵素活性の変異も，実は，非常に近接した少なくとも3つの座位（おそらくはもっと大きな数の変異）の間の相互作用によっていた。この種の複雑さはよくあるのかもしれない。例えば，ヒトのβ-グロビン遺伝子では複数の変異が酸素との結合とマラリアに対する抵耐性に複雑に影響するし（図18.4），同様に，コレステロール量は*apoE*遺伝子のような多くの遺伝子の相互作用によって決まっている（第26章，pp.829～833参照）。統計学的な議論だけでは，量的変異をもたらす座位を同定することはできないかもしれない。

候補遺伝子に基づいた手法は顕著な成功を収めてきたが，その応用には制約がある。次項で論ずるように，たいていの量的形質の変異は通常，小さな効果の対立遺伝子によっていて，たとえ関与する遺伝子を知っていて，しかも正確な測定が可能な生物種であっても，遺伝子と形質値との関連を証明することは不可能かもしれない。第2の問題は最もよく研究された生物種でも，多くの遺伝子についてその機能がわかっていないことである。実際，真核生物の約2/3の遺伝子は破壊しても明らかな表現型がみられず，古典的な遺伝学が使えない。もし，こうした遺伝子が量的形質の相当量の変異の原因だったとしても，候補遺伝子としてその存在に気づくことはないであろう。逆の問題は多くの形質ついて潜在的な候補遺伝子のリ

ストが長くなりがちなことである。例えば，心臓血管病に影響するかもしれない候補として100以上の遺伝子が示唆されている。

　量的形質に影響する遺伝子は原理的には，候補遺伝子を知らなくても，単純に形質値と全ゲノムにわたるマーカーとの関連を調査して見つけることはできるはずである。現在，この手法は大規模にヒト疾患の原因の調査に応用されている。ゲノム規模の関連解析については第26章で論ずる。

小さな効果の対立遺伝子を強調する Fisher の幾何学的考察

　Darwin は，複雑でうまく適応した生物が進化するためには小さな効果の変異が大量に供給される必要があると考えていた。彼は最高の機能を発揮するためには多くの独立で正確な調整を必要とする望遠鏡との類似性を引き合いに出している。R.A. Fisher（フィッシャー）は1930年の著書『The Genetical Theory of Natural Selection』でこの問題を定量的に議論している。彼は生物を大きな n 個の変数（例えば，骨の形や行動の変数）で記述しようとした。適応度は，これらの変数の最適な組み合わせから離れると減少するものとして描かれる（図14.28）。完全に適応した個体はおらず，最適値からある距離 d だけ離れているとしよう。突然変異によって，まったく任意の方向に距離 r だけ集団が動く可能性がある。Fisher は簡単な幾何学的考察によって，効果の小さい（$r \ll d$）突然変異による適応度の増加と減少の可能性は同程度だが，効果の大きい（$r > 2d$）突然変異は必ず適応度を減少させることを示した（最適値を取り囲む半径 d の球体を考えると，$2d$ より長く移動すると必ず集団は球体の外に出て，適応度が減少することになる）。Fisher はさらに大きさ r の突然変異が有利となる確率は $r\sqrt{n}/d$ で減少し，有利な突然変異の効果の大きさはおよそ $d/\sqrt{n}$ かそれより小さいことを明らかにした。これは複雑な生物（すなわち大きな n）では小さな効果の変化のみが適応的となるらしいという Darwin の直感を定量的に示したものである。

　その後，木村資生は有利な突然変異が実際に自然選択で選ばれる確率を考慮に入れ（図18.2参照），Allen Orr は一連の有利な突然変異が選択によって固定する中で最適値に近づく

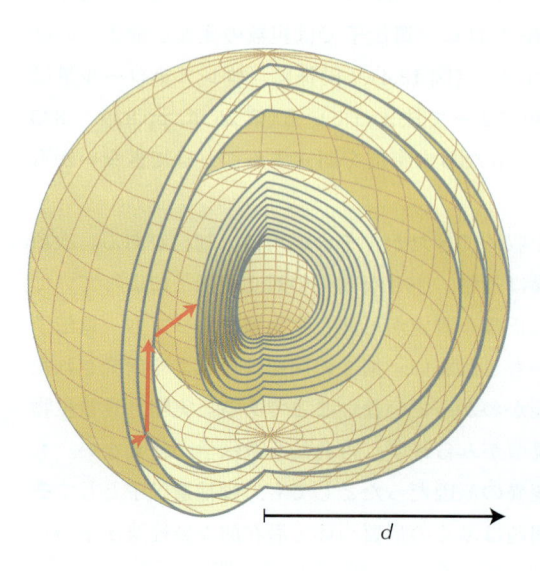

図14.28 ● 適応に貢献するのは小さな効果の変化であるとする Fisher の考察。図の中心が最適値であり，すべての個体が距離 d だけ中心から離れた外側の球上にある初期状態から始める。距離 $2d$ より大きなすべての変化は集団を最適値からさらに離すことになる。一方，小さな変化（$\ll d$）は適応度を減少させるのと同じくらいの確率で適応度を増加させる。赤い矢印は一連の進化段階を表している。無作為な突然変異のうち最適値に近づけるものが自然選択によって集団に固定されることになる。最初に固定した突然変異は大きさ $r = 0.137d$ の効果をもっていて，最適値へ 8.7% だけ集団を近づける（2番目の球へと続く最初の赤線）。3番目に固定した突然変異の効果が最も大きく，$0.271d$ である。その後はより小さな，平均すると等比級数に従うような変化が続く（内部の球）。このシミュレーションでは10次元を仮定しているが，ここでは三次元のみを表している。

進化の過程を考えることで（図14.28），それぞれFisherの考えを発展させてきた。Orrはこの過程で固定する突然変異の効果の分布は近似的に指数分布（第28章［オンラインチャプター］参照）に従うことを発見した。このように，固定する突然変異の効果はある幅をもっていて，あるものは他よりもずっと大きく貢献することになる（図14.28）。にもかかわらず，Fisherの議論の基本的な考えは正しいままである。つまり，多くの異なる特質がともにうまく機能しなければならない複雑な生物では，適応は小さな効果の対立遺伝子の働きによることが期待される。

　こうした幾何学的考察が実際の形質にどこまで応用できるかは不明である。ある種の形質はしばしば1個かあるいは数個の重要な遺伝子の変化によって進化している。例えば，殺虫剤への耐性は標的分子の毒素との結合を妨げる特定の変化が頻繁にかかわっている。同様に，ヒトのマラリア耐性は大部分，マラリア原虫が生息する赤血球内の主要なタンパク質をコードするグロビン遺伝子の変化によっている。こうした例では，新たな突然変異による既存の機能の破壊に勝る非常に強い選択が働いている。

量的変異は効果の違う複数の対立遺伝子とそれらの相互作用に基づいている

　Fisherの考えは**進化の総合説**（Evolutionary Synthesis）に著しく強い影響を与え，進化は小さな歩みで進むと広く信じられるようになった。適応的な突然変異はその効果が指数分布に従って蓄積するということを示したOrrの拡張は直感的にありそうで，いくつかの検証可能な予測をもたらした。こうした議論は人為的に選択された集団や自然界の近縁種間でみられる適応的な変異に応用できる。このような変異も効果の幅はいろいろで，小さいものが大部分だが，なかには大きいものもあると考えるのが妥当だろう。それでは，実際に観察される変異はどうなのだろうか。

　今のところまだ，QTL解析はこの問題に明確な答えを出せていない。図14.29はブタと乳牛の研究と古典的な可視突然変異を使ったショウジョウバエの剛毛数の研究の2つの例を示している。もちろん小さな効果のQTLは検出できていないが，この図で示された分布は少なくとも指数分布と一致している。また，上述のように，検出されるQTLの効果は過大評価される傾向にある。多くの例で，個々のQTLがかなり大きな効果（1標準偏差かそれ以上）をもっており，遺伝分散のかなりの部分が説明できている（例えば，図14.26）。第22章では，

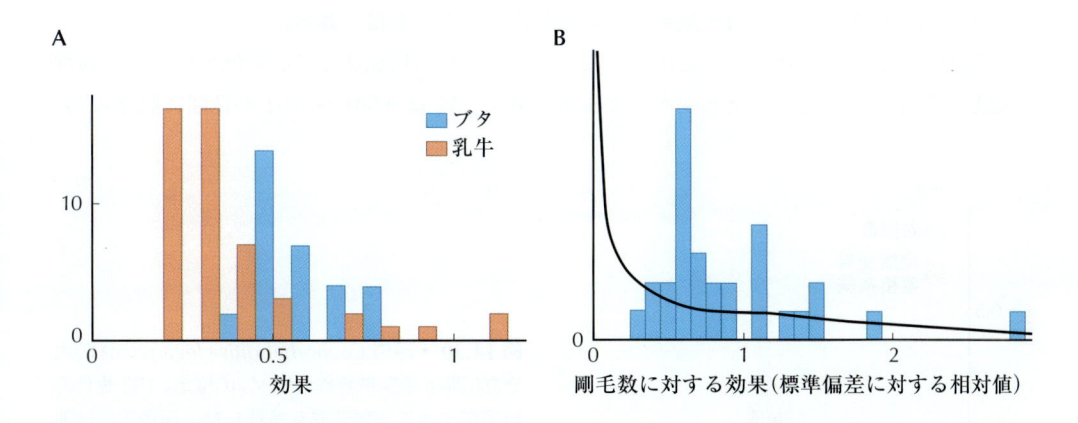

図14.29 ・表現型の標準偏差に対する相対値で表されたQTLの効果の分布。(A)乳牛の乳生産量とブタの成長と肉質に関する研究のまとめ。(B)ショウジョウバエの剛毛数についての第3染色体上の31のQTLの効果の分布。約0.5標準偏差未満の効果は検出不能。曲線は仮説上の指数分布。

種間の違いの遺伝的基盤について論じる。

　遺伝子間の相互作用のパターンについても議論することができる。これもまだ，証拠はいくらか矛盾したものになっている。多くの形質の分散成分の推定値から，遺伝分散の多くは相加的なものであることをみてきた。量的形質のより詳細な遺伝学的解析によっても驚くほど相加モデルに一致していることをみることができる（例えば，図 14.23）。一方で，大きな効果の QTL は互いに強く相互作用することが明らかになっている（例，図 14.9，14.27）。こうした相互作用は集団全体で必ずしも多量の非相加分散を維持するわけではなく，互いに打ち消し合うために，全体として形質は相加的に見えるのかもしれない（上述のショウジョウバエの翅の形の例を思い出してほしい。図 14.18 も参照）。

14.4 量的変異の生成

突然変異は多量の遺伝的変異を生成する

　基本的に，量的変異は突然変異によって作られる。遺伝的に同一の個体群から始めて，それらを長く維持することで，突然変異によって遺伝分散が増加する速度を測定することができる。世代あたりの系統間の分散の増加速度は**突然変異分散**（mutational variance）V_M と呼ばれている。この分散はしばしば，測定の単位に依存しない量に変換するため環境分散に対する相対値として記述される。これが遺伝的に均一な系統内で 1 世代の突然変異によって生ずる遺伝率，**突然変異による遺伝率**（mutational heritability）V_M/V_E である。

　この解析手順は原理としては単純だが，実行しようとすると骨が折れ，やっと最近になって大規模に行われるようになった。決定的に重要なことは，突然変異を自然選択にさらすことなく蓄積しなければならないことである。たいていの新生突然変異は有害で，集団から除かれる傾向にある（前節と pp.551 〜 553 参照）。無性生殖が可能な生物種であれば多くの世代にわたって系統を無性的に増殖することで単純に選択を回避できる。有性生殖の生物の場合には自殖か兄妹交配によって遺伝的変異を小さくして自然選択が有効に働かない状況で系統を増やすことになる（例，図 14.30）。ショウジョウバエでは**バランサー染色体**（balancer chromosome）を使うことで 1 本の染色体をまるまる完全な状態で維持できる（Box 13.2）。もちろんヘテロ接合で致死や不妊となる突然変異は維持することはできないが，この方法で効果の小さな突然変異はほぼ自然選択にさらされることなく蓄積される。

　突然変異は驚くほど速く変異を生成する。また，変異の増加速度は広範囲の形質と生物種を通して際立って一定で，突然変異による遺伝率 V_M/V_E は 0.001 〜 0.01 の範囲に収まる（表

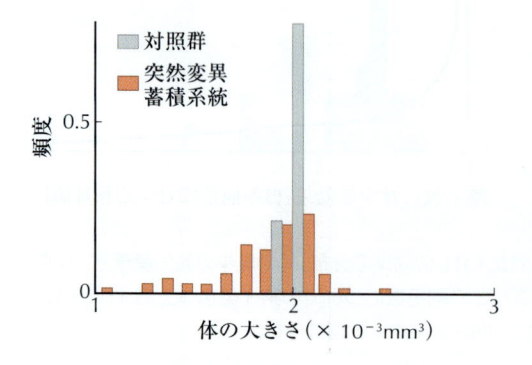

図 14.30・線虫 *Caenorhabditis elegans* の体の大きさに関する突然変異分散 V_M の推定。152 世代の自殖によって突然変異を蓄積した。灰色の棒は凍結されていた対照群の，赤の棒は突然変異蓄積系統の平均の体の大きさを表す。系統間の分散は増加し，V_M の推定値は世代あたり 0.004 となった。

14.3)。この値を単純に解釈すると，突然変異だけで100～1000世代もあれば高い遺伝率($h^2 \fallingdotseq 1/2$ あるいは $V_G \fallingdotseq V_E$）を回復できることになる。量的形質が自然選択の影響下にあるとすると，有利な突然変異によってはこれよりもずっと早く回復されるだろうし，逆に，突然変異の多くが有害だとすると，遺伝分散の増加は抑えられることになる。遺伝子座あたり（世代あたりおよそ 10^{-5}），あるいは塩基座位あたり（世代あたりおよそ 10^{-9}，第12章）のずっと低い突然変異率とは対照的に，量的形質の突然変異の時間尺度は短い。

世代あたりに生成される突然変異分散は $V_M = 2\Sigma_i \mu_i E[\alpha_i^2]$ と表せる。これは形質に影響するすべての遺伝子についての総和となっている。μ_i は遺伝子座 i の突然変異率で $E[\alpha_i^2]$ はその遺伝子座の突然変異の2乗効果の平均である。この式から，驚くほど大きな突然変異分散はおのおのの突然変異の効果（$E[\alpha_i^2]$）が大きいか，あるいは突然変異率（$2\Sigma_i \mu_i$）が全体として高いかのいずれかによることがわかる。突然変異率が高いとすれば，形質に影響する遺伝子数が多いのか，あるいは各遺伝子座の突然変異率が高いかのいずれかである。実際には，3つの要因のすべてが働いて，ポリジーン的変異の生成率が高くなっていることをみていく。

大きな突然変異分散は大きな効果の突然変異あるいは高い突然変異率による

この章の前の方でQTLが大きな効果をもちうることを示した。これ自体は新生突然変異の効果の大きさについて言及するものではない。というのも選択によって大きな効果をもった突然変異が選ばれていたり，1つの遺伝子座に複数の突然変異が蓄積し，結果として大きな効果をもたらしていることもありうるからである（キイロショウジョウバエの Adh 遺伝子座には少なくも3つの突然変異が酵素活性に影響を与えていたことを思い出してほしい。図

表14.3・突然変異による遺伝率 V_M/V_E の推定値

種名	形質	$h_M^2 = V_M/V_E$
キイロショウジョウバエ（*Drosophila melanogaster*）	腹部剛毛数	0.0035
	酵素活性	0.0022
	翅寸法	0.0020
	体重	0.0047
コクヌストモドキ（*Tribolium castaneum*）	蛹の重さ	0.0091
ミジンコ（*Daphnia pulex*）	生活史形質	0.0017
マウス	肢長	0.0234
	頭骨の計量形質	0.0052
	6週齢体重	0.0034
シロイヌナズナ（*Arabidopsis thaliana*）	生活史形質	0.0039
トウモロコシ	植物体の大きさ	0.0112
	繁殖形質	0.0073
イネ	植物体の大きさ	0.0030
オオムギ	生活史形質	0.0002

Lynch M. and Walsh J.B. 1998. Genetics and analysis of quantitative traits. Sinauer Press, Sunderland, Massachussetts, 表12.1, p.338 より

14.27)。より直接的な証拠が転位因子のランダムな挿入突然変異の実験によって得られている。これらの突然変異は転位因子によって標識されていて，単離して個々の突然変異の効果を計測することが可能である。ショウジョウバエの剛毛数に関して，この方法によって $E[\alpha^2]$ の推定値としておよそ $0.1 \sim 0.2 V_E$ の値が得られている。つまり，効果の標準偏差 $(\sqrt{E[\alpha^2]})$ は環境の効果の標準偏差，$\sqrt{V_E}$，のおよそ $0.3 \sim 0.45$ にあたっている。この値は自然界の剛毛数に影響する突然変異の代表値とはならないかもしれないが，転位因子がショウジョウバエの自然集団中の剛毛数変異のかなりの原因となっていること（例，図14.26）から，少なくともこの形質に関しては相当に大きな効果の突然変異が寄与していると考えられる。

　たとえ新たに遺伝分散に寄与する突然変異の多くがおよそ $E[\alpha^2] = 0.1 V_E$ の効果をもっていたとしても，V_M が約 $0.001 \sim 0.01 V_E$ となるには総突然変異率 $2\Sigma_i \mu_i$ は $0.01 \sim 0.1$ と高くなければならない。いくつかの実験で，新たに生じた変異の数を数えることで総突然変異率を直接，推定しようとしている。こうして $2\Sigma_i \mu_i$ の推定値として，マウスの2つの実験から頭骨の形質に関しておよそ0.02が，トウモロコシの繁殖形質について2つの実験から $0.05 \sim 0.1$ の値が得られている。効果の小さな突然変異が検出できていないために，これらの推定値は確かに低すぎる。それでも，大きな突然変異分散を説明できるほど総突然変異率が高いということは示唆している。

　ポリジーン的変異の総突然変異率が高いことの最も明白な説明は，非常に多くの遺伝子が関与しているとするものである。例えば，量的形質として生存力を考えてみよう。真核生物の遺伝子のうちおよそ 1/3 が劣性の致死突然変異を生ずる可能性があり，もっと多くの遺伝子が生存にもう少し弱い効果をもちうると考えられる。したがって，数千の遺伝子がこの形質に寄与することになる。しかし，剛毛数といった形質は特定の発生過程の少数の遺伝子に依存しているように思われる。そうした形質の遺伝的変異の大部分が数個の候補遺伝子によっているという発見は，総遺伝子数がそれほど大きくないことを示唆している。もっとも，もっとずっと多くの遺伝子が一般的な生理機能に影響を及ぼすことで小さな効果をもつということはありうる。

　最後に，量的な遺伝的変異に寄与する遺伝子の突然変異率が異常に高いという可能性について考えてみよう。突然変異率の古典的な推定値は，劣性致死突然変異か少なくとも大きな表現型効果をもった突然変異（例えば，ショウジョウバエの眼色の突然変異）に関するものである。しかし，量的形質はより小さな効果の変化によっても影響を受ける。アミノ酸配列の変化や完全な欠失でさえ，実験室の条件では明らかな効果をまったく示さないかもしれない。さらに，翻訳領域以外の変化も遺伝子の発現に影響するかもしれない（これまで同定された QTL の多くは非翻訳領域に存在する）。第19章（pp.584 〜 589）では，少なくとも翻訳領域と同じくらいに非翻訳領域が機能的に重要であることを示す証拠について検討する。したがって，翻訳領域，非翻訳領域の両方で起こる個々に小さな効果の変化を見逃していたために，古典的な突然変異率の推定値は低すぎたかもしれない。

　ある遺伝子座が例外的に著しく高い突然変異率をもつということもありうる。例えば，直列の反復配列はしばしば不正確に複製され，コピー数が変化する（p.370 と Box 13.3 参照）。リボソーム RNA 遺伝子のコピー数変異はショウジョウバエの剛毛数の変異に寄与するし，穀類の生産量とも関連している。この種の突然変異は量的変異の重要な原因となっているかもしれない。

■ 要約

たいていの量的形質は相互作用し合う多くの遺伝子の影響を受け，平均と分散で簡潔に記述できる正規分布に従うことが多い。

表現型は遺伝的な効果と環境による影響の和（$P = G + E$）として表せる。遺伝子型値（G）は育種値A（個々の遺伝子の正味の相加効果）と2種類の相互作用（1つの遺伝子座の対立遺伝子間の相互作用である優性と，異なる遺伝子座間の相互作用のエピスタシス）からなっている。したがって，エピスタテックな相互作用の表現型への貢献をIで表すと，$G = A + D + I$の関係が導ける。表現型分散V_Pも同様に，$V_P = V_G + V_E = V_A + V_D + V_I + V_E$と表せる。表現型分散に占めるすべて遺伝的要因の割合を広義の遺伝率と呼び（$H^2 = V_G/V_P$），相加的効果が占める割合を狭義の遺伝率と呼ぶ（$h^2 = V_A/V_P$）。近親間の共分散はこうした分散成分と共有する遺伝子の割合に依存する。そこで，分散成分は異なるタイプの近親者（例えば同型，非同型の双生児や親と子）を比較することで推定できる。

たいていの形質の遺伝率は多くの集団で高く，多くの変異の効果は相加的である。適応度と関連した形質の遺伝率は低い傾向にあるが，これは遺伝分散が小さいというより環境分散が大きいためである。

量的形質遺伝子座（QTL）の遺伝子地図（遺伝地図）上のおよそその位置は形質と遺伝マーカーの関連からみいだすことができる。しかし，形質変異の遺伝的要因を正確に同定することは非常に困難で，その際，候補遺伝子についての知識は役立つ。

Fisherは複雑形質の適応的変異は小さな効果の対立遺伝子によるという幾何学的考察によって，多くの影響を与えた。しかし，最近のQTL解析の結果からは，少数の大きな効果をもつものから多くの小さな効果をもつものまで広がりが明らかになっている。

突然変異は驚くほど高い率で生じていて，世代あたりの突然変異による分散の増加量V_Mは約$0.001 \sim 0.01 V_E$と驚くほど一定である。この突然変異分散が多数の遺伝子の効果によるのか，大きな効果をもった遺伝子によるのか，あるいは遺伝子あたりの高突然変異率のためか，これらの寄与の相対的な大きさは今も明らかではない。

■ 文献

Barton N.H. and Keightley P.D. 2002. Understanding quantitative genetic variation. *Nat. Rev. Genet.* **3:** 11–21.
　進化に関連したQTLマッピングの結果についての総説。

Falconer D.S. and Mackay T.F.C. 1995. *Introduction to quantitative genetics.* Longman, London.
　この章の題材のほとんどを扱った，量的遺伝学の古典的教科書。

Lynch M. and Walsh J.B. 1998. *Genetics and analysis of quantitative traits.* Sinauer Press, Sunderland, Massachussetts.
　量的遺伝学の現代手法を扱う上級教科書。

Mackay T.F.C. 2001. Quantitative trait loci in *Drosophila. Nat. Rev. Genet.* **2:** 11–20.
　量的変異の原因遺伝子をみつけるための方法を明快に説明した総説。

Roff D.A. 1997. *Evolutionary quantitative genetics.* Chapman and Hall, New York.
　FalconerとMackayのものよりいくらか上級で，自然集団への応用を強調した教科書。

CHAPTER
15

機会的遺伝的浮動

　進化に方向性はなく，決定論的なものでもない。そこにはこれまで以上に精巧な，あるいは"完全"な構造へ向かう必然性があるわけではなく，進化的な過程は一般に連続的なものでも，予測可能なものでもない。地球の長い歴史を通してみると，これまでに進化した奇妙な生き物のとてつもない変異や，それらを支えている構造に驚かされるのである。しかし，もしそれらのうちのいずれか1つでも系統をたどってみるなら，気まぐれで方向性の定まらない，多くは絶滅に至る変化のパターンがみられる。概して異なる種の間の分化と互いの間の競争は，いっそう複雑で精巧な作りの生物を生み出してきた（第6, 9, 10章）。ただし細かくみると，進化の過程は基本的に機会的（ランダム）である。これは霊長類の親類から出発した我々の最近の進化についても同様である。我々は我々が道具を使用すること，直立歩行すること，巨大な脳をもつこと，などについて目を見張るが，これらの形質はいくつかの**ヒト族**（hominin）の系統を横断して気まぐれに現れてきたものであり，その中のただ1つの系統がたまたま残ったのである（第25章）。

　機会的な事象はいろいろに生じる。突然変異は，遺伝物質をコピーする際に生じる避けられないエラーにより無作為に発生する（第12章）。環境は，海洋細菌が置かれている（有機体が海中に降ってくるという）散在的な栄養条件から，パッチ状で一過性に広がる病気，そしてすべての生物が影響を受けるような大規模な気候変動に至るまで，異なるスケールで機会的に変化する。最も劇的には，たまに起こる隕石の衝突が，恐竜などの群全体の絶滅という大異変を引き起こしたと思われる（p.308 参照）。

　この章では，ランダムさの最も基本的な原因についてみてゆく。すなわち，個体の複製が導く機会的な結果である。ここでは二倍体で有性生殖をし，毎世代10%ずつ増加しつつある集団を想定する（図15.1）。平均して，各個体は2.2個の子孫を残さなければならない。ただし，個体は0, 1, 2もしくはそれ以上の子孫を残すことがあり，"平均"が2.2となるような分布をなすのである。たとえ各個体が厳密に同じだけの数の子孫を残すとしても，ある特定の遺伝子が減数分裂において次世代に伝えられる機会は50%であり，さらなる機会的要因となる。この個体の複製の基本的なランダム性と，個体がもつ遺伝子のランダム性が，**機会的遺伝的浮動**（random genetic drift）と呼ばれる過程を必然的に導く。

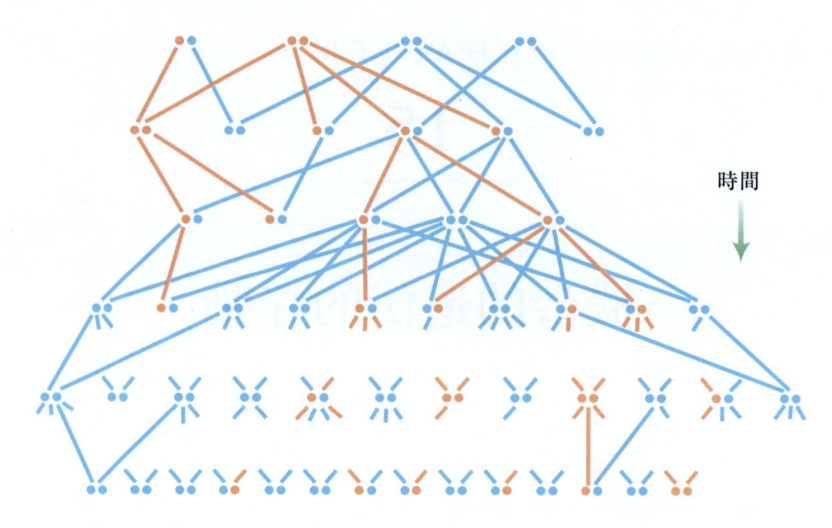

図15.1 ▪ 有性生殖集団のランダムな増殖。子の平均の数は2.2なので，集団は毎世代平均して10%増加する。子の実際の数は0，1，2，…，などとなり，集団の実際の増加は不規則である（ここでは，4，6，5，10，12，14，…）。対立遺伝子頻度（赤と青の比）もまた各個体からのランダムな子の数と，減数分裂のランダムさの両方から不規則に変動する（ここでは全体に占める赤の割合は $\frac{3}{8}$，$\frac{5}{12}$，$\frac{4}{10}$，$\frac{5}{20}$，$\frac{6}{24}$，$\frac{7}{28}$，…）。

15.1 進化は多くの場合機会的な過程である

　生物を適応に導くのは自然の過程が唯一のものなので，本書ではほとんどの注意を自然選択に払っている。しかしながら，進化の原因となるそのような過程を考察するにあたって，進化の機会的な面を強調することから始めたい。機会的過程の重要性は分子レベルで最も明快に理解される。真核生物DNAの大部分はタンパク質をコードしておらず，はっきりした機能をもつことはなさそうである。タンパク質をコードする配列でさえも，選択的には非常に弱い制約を受けているだけで，そのほとんどは機会的に進化していることが示唆されている。過去半世紀の分子進化に関する研究の進展は，**中立進化**（neutral evolution）に重きを置くようになってきており，そこでの変化の多くは突然変異と繁殖のランダムさによるものとされる（pp.65～66参照）。

　ここで"機会的"が何を意味するのかをはっきりさせる必要がある。辞書には"未知の原因によるもの"と書かれている。気候変動や，ある個体がある数の子孫を残すかどうかには確とした物理的な原因があるだろうから，十分な努力を払えば（原理的に）その結果を予測することは可能である。しかし実際には，そのような複雑な過程は我々の手に負えないので"機会的"として取り扱うのである。しかしながら生物学ではその用語には他の，より重要な意味がある。すなわち，変化は"適応に関して"機会的であると考える（pp.373～376参照）。突然変異はそれが機能に関してどのような効果を及ぼすかにかかわらず，複製の誤りとして生じる（脊椎動物の免疫系などのように突然変異の"発生率"が適応的な方法で調節されている例もいくつかある。しかし，それでもなお突然変異自身には方向がなく機会的に起こる。pp.255，257，722参照）。同様に，ある個体が繁殖にあずかるかどうかは，その個体がその機能を（平均して）向上させるような遺伝子をもっているかどうかに，多くは無関係である。遺伝子型とは関係しない繁殖上の差異は機会的遺伝的浮動を生じさせるが，一方である特定の対立遺伝子をもつ，もたないが一貫して繁殖に作用することがあるなら，それは方向性のある累積的**自然選択**（natural selection）の過程を導く。

物理学では，小さなスケールでは粒子は量子的ふるまいの不確実性の対象となり，大きなスケールではカオス的な力学が働くことにより，基礎過程は機会的であると理解されている。しかしながら多くの場合，物理学は決定論的であるようにみえる。例えば，小さなスケールでは気体は機会的に衝突し合っている分子からなっているにもかかわらず，温度，体積，および気体の圧力の間に厳密な関係が成り立つ。事実，機会過程の重要性は，19世紀の終わりになって原子論が出現して初めて明らかになったのである。進化では，偶然は2つの理由によって，ずっと明確な役割を果たしている。第1に，集団は多くの個体からなるかもしれないが，その数はほんの小さな体積に含まれる分子の数に比べればはるかに少ない。この地球上には約 6×10^9 の人間がいるのに対し，1グラムの水素ガスには 6×10^{23} 個の水素原子が存在する。よって，進化では物理学に比べ，少なくとも我々の認識できる範囲では個々の変動の重要度が大きい。第2に，さらに重要なこととして，繁殖は個々の出来事を増幅させる。1つの突然変異は，単一DNA分子の1個の変化であるが，集団全体に広がりうる。機会的な突然変異と機会的な複製の両方の結果によって，集団はまったく同じ物理的条件におかれたとしても別々の種に分化しうるのである。

　この章では，個々の繁殖における機会的変動が，異なる対立遺伝子頻度のとめどもない変動をどのように引き起こすことになるのかをみることにしよう。時間の流れに沿ってみていくと，集団は互いにより異なったものになっていき，最後には互いに異なる対立遺伝子に固定してしまう。次に，時間を逆方向にたどることによって，機会的遺伝的浮動の同じ過程が，遺伝子がどのように共通の祖先を共有することになるのかを説明できることを示す。さらに，突然変異と遺伝子の組換えを導入し，中立進化の過程が，分子データを理解するための単純な枠組みをどのように導くかを示す。続く章では，この枠組みに遺伝子流動と自然選択を取り込んで発展させ，第19章ではこれを使って分子レベルの変異を解析するための方法を示す。

15.2　対立遺伝子頻度の機会的な浮動

個体が異なる数の子孫を作ると常に対立遺伝子頻度は変動する

　遺伝的浮動はほとんど不可避的である。集団は，すべての遺伝子が次の世代で正確に同じ数だけコピーを作るときにのみ，同一のままである。大きな集団では，変動は平均化されるので変化の蓄積はゆるやかである。それにもかかわらず，機会的遺伝的浮動は，いかに集団が大きくても，有限集団である限り起こる。まず最初に，最も単純な無性生殖の場合の単一の遺伝子について調べるところから出発し，その後，有性的に繁殖している集団について同じ過程がどのように起こるのか，そしてメンデル遺伝を示す遺伝子座および，量的形質にそれがどのように影響するのかをみてみよう。

　無性的に繁殖し，一定数を維持している細菌の集団を想定しよう。そこでは，細胞分裂の平均速度は細胞死の平均速度と等しいはずである。ここで単一の細胞とその子孫，つまり，**クローン**（clone）についてみてみる。細胞はある特有の突然変異をもち，それをもとに子孫を追跡できるとする。しかし，そのような突然変異は**中立**（neutral）であって，生存や繁殖になんらの効果も及ぼさないと仮定する。

　さて，単一の細胞個体から出発したどの系統であれ，きわめてすみやかに失われる傾向がある。最初に起こることとして，細胞の分裂は死と同等に起こるので，これを乗り越えて生

き残る確率は 50% になる．もし細胞が死ぬ前に分裂したとしても，その両方の子孫が繁殖前に死んでしまう確率は依然として 25% ある．長い時間をみれば，どの中立系統も死に絶えてしまうのはほぼ確実である（図 15.2）．ある時期を経た後に残される子孫の数の期待値は 1 なので，この結論は逆説的に思われるかもしれない．この結果は集団が全体として安定であり，分裂と死は同等に起こると仮定するので，期待される子孫の数は未来永劫にわたって同じままに保たれるからそうなるのである．この説明は特定のクローンが生き残る機会は 0 に向かって減少するが，生き残る幸運なクローンの平均の数はどんどん大きくなることを意味している（図 15.2）．したがって，生き残る子孫の数の分布は平均値が 1 のままで変わらないが，分散はますます大きくなっていく（第 28 章［オンラインチャプター］参照）．

すべての集団は，それが無性的あるいは有性的に繁殖するか，それが**一倍体**(haploid) か **二倍体**(diploid) か，繁殖が不連続世代であるか連続的であるかにかかわらず，機会的遺伝的浮動を経験する．有性集団では，個々の交配が正確に同じ数の子孫を作ったとしても，減数分裂における遺伝子のランダムな分離は個体の 2 つの遺伝子のうちの 1 個だけを次の世代に伝えるので，個々の遺伝子の繁殖成功にばらつきをもたらす．

Wright–Fisher モデルは遺伝的浮動の標準的な表現方法である

最も簡単な機会的遺伝的浮動のモデルは，S. Wright（ライト）と R.A. Fisher（フィッシャー）

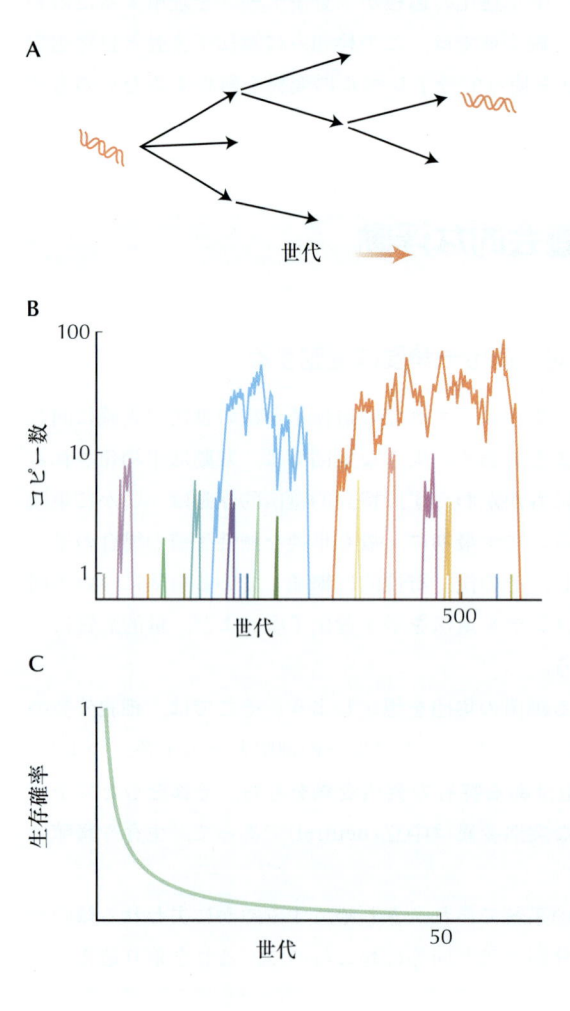

図 15.2 ▪ 一定数の集団では各遺伝子は，平均して，1 個のコピーを次世代に残す．しかし，実際の数はランダムに変動するので，系統はときにより絶えてしまう．(A) この例では，1 つの遺伝子が 3 つのコピーを残し，最初のコピーは 2 つの子孫を，二番目には子孫はなく，三番目は 1 つの子孫を残す．そして孫コピーのただ 1 つが殖え，その子はいずれも子孫を作らない．それでこの遺伝子系統は 3 世代後に絶えてしまった．(B) これは 1 個の遺伝子コピーから出発した 20 のランダムな系統を示している．ほとんどが数世代で絶えてしまい，しかも数コピー以上には殖えていない．しかし 1 つの系統（青）は 138 世代後に絶えてしまうまでに 53 個にも殖えた．また他の 1 つ（オレンジ）は 83 個に達し，255 世代の間もちこたえた（コピー数はその幅が広いので対数で目盛ってある．通常は数コピーだけ存在するが，ときには大きくなる）．(C) 単一遺伝子コピーの子孫が生き残る機会は時間とともに低下する．例えば，50 世代生き残る確率はたった 3.8% である（子孫遺伝子の数は平均 1 のポアソン分布に従うと仮定する）．

によって別々に開発されたので **Wright–Fisher** モデルと呼ばれることになった。それぞれが多数の**配偶子**(gamete)を生産する N 個の個体がある。これらの配偶子はランダムに対を作って，大きな**接合子**(zygote)のプールを形成する。これらのうちから N 個のものがランダムにサンプリングされて次の新しい世代を形成する（あるいは，$2N$ 個の配偶子を選んでランダムに対を作り，これを次世代としてもよい）。個体は雌雄同体（別々の性をもたない）で，ごくわずかの割合（$1/N$）で自殖する。さて，集団には 2 つの異なる対立遺伝子（例えば，P と Q）があるとし，その頻度がそれぞれ，p と q であるとする。次世代における対立遺伝子 P のコピー数（j_P とする）は平均 $2Np$ で，分散 $2Np(1 - p) = 2Npq$ をもつ**二項分布**(binomial distribution)に従う（第 28 章［オンラインチャプター］参照）。したがって，新たな対立遺伝子頻度は，$p^* = j_P/2N$ で，平均は p となり，平均からのずれに方向性はないが，分散として $\mathrm{var}(p^*) = \mathrm{var}(j_P)/4N^2 = pq/2N$ をもつ。対立遺伝子頻度の変動は，最初にみた細菌の例と同様にふるまう 2 つの競い合うクローン P と Q の数の変動によるものとして考えることができる。Box 15.1 に対立遺伝子頻度の分散が時間とともにどのように増えていくかを示した。

対立遺伝子頻度の変動はキイロショウジョウバエ *Drosophila melanogaster* について行われた実験によく示されている。約 100 本のバイアルのそれぞれに雄 8 匹と雌 8 匹のショウジョウバエを入れて増殖させた。最初に，すべてのバイアルは眼色をわずかに変える bw^{75} 対立遺伝子の頻度が 50% になるように設定された。19 世代の後，異なるバイアル中の頻度は浮動してばらつき，43 のバイアルではどちらかの対立遺伝子をまったく失っていた。このようにして，集団間の遺伝的差異は集団内の変異と引き換えに増加した（図 15.3A）。ただし全体では，対立遺伝子頻度はおおよそ一定に保たれ，bw^{75} 対立遺伝子が，生存や繁殖に大きな効果をもっていなかったことを示している。対立遺伝子頻度変化の分散は $pq/2N$ であるという単純な予想は，時間に沿って対立遺伝子頻度の分布を追跡することにより検討できる。N を実際のハエの数 16 ではなく，11.5 としたときにのみ，非常によい一致がみられた（図 15.3B,C）。すなわち，対立遺伝子頻度の分散はバイアル内のハエの数から予測されるものよりもより速く増加した。これは個々のハエの繁殖成功の変動は理想的な Wright–Fisher モデルの下で予想されるものより大きかったということである。

機会的遺伝的浮動は複数の遺伝子座によって決定される量的形質にも影響を与える。その元となる対立遺伝子頻度が変動すると，その形質の分布そのものも変動する（図 15.4）。驚くべきことは形質平均値の分散は**相加遺伝分散**(additive genetic variance, $\mathrm{var}(\bar{z}) = V_A/N$)に比例して増加するということで，その形質の細かな遺伝的基盤には依存しない。集団間の差異が大きくなるに伴い，集団内の変異は小さくなる。平均して，相加遺伝分散は毎世代 $1/2N$ ずつ減少する（すなわち，$E[\delta V_A] = -V_A/2N$）。その形質の分散もまたこの期待値の周辺でランダムに変動するが，この場合の簡単な予測はなされていない。遺伝的浮動に対する遺伝分散の敏感さは形質の遺伝基盤に依存しており，それは多くの場合よくわかっていない。

遺伝的浮動の速さは適応度の分散によって決まる

この時点で，**適応度**(fitness)という重要な概念を導入する。個体の適応度は単純には一世代の後にそれが残す子孫の数である（もし繁殖がいつでも可能ならば，適応度は子孫の個体数の正味の増加率として定義される）。同様に，特定の遺伝子の適応度は 1 世代の後にそれが残すコピーの数である。さらに，ある対立遺伝子の適応度とは，その"対立遺伝子"をになう遺伝子の平均の適応度を意味することになる。例えば，β-グロビンの 2 つの対立遺伝子，Hb^A と Hb^S について多型的なヒトの集団では，Hb^A の適応度とは，次世代に残される Hb^A

Box 15.1　遺伝的浮動は集団間の分散を増大させ集団内の変異を減少させる

集団が対立遺伝子頻度 p_0 をもつものとする。Wright–Fisherモデルによれば，次の世代は $2N$ の遺伝子をこの集団からランダムに取り出し，N 個の二倍体個体を作ることによって形成される。本文中に説明されているように，新しい対立遺伝子の頻度 p は二項分布に従う。平均値は同じで変わらない（$E[p] = p_0$）が機会的（遺伝的）浮動は最初の世代の対立遺伝子頻度に $V_1 = p_0 q_0 / 2N$ の分散を作り出す。この過程が何世代も続くとどうなるだろうか。

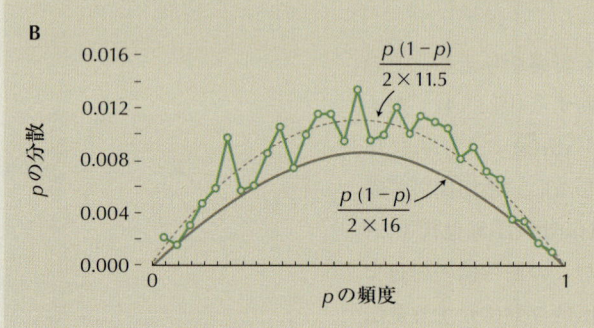

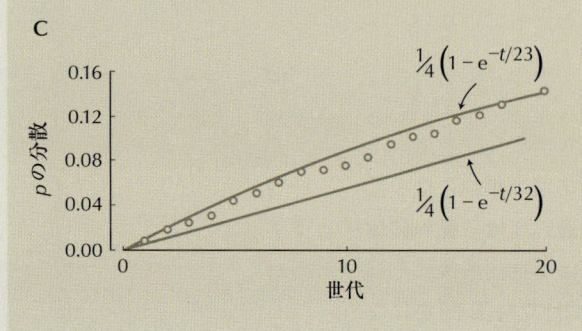

実際の実験で示された多数の複製集団について考えてみるのが最も簡単である（図15.3）。これらの複製集団間の遺伝子頻度の分散は最初は $p_0 q_0 / 2N$ の率で増加する。結局，集団の p_0 の部分が対立遺伝子 P に固定し残りが Q に固定したとき分散は最大値 $p_0 q_0$ になる（第28章［オンラインチャプター］参照）。

分散の増加する率，$pq/2N$ は時間とともに減少するに違いない（図15.3C）。これは平均の対立遺伝子頻度が $E[p] = p_0$ で一定であっても，対立遺伝子頻度が大きく広がるので pq の平均が減少するためである。最終的に，すべての集団が固定してしまうと，$p = 0$ もしくは $q = 0$ となるために，$E[pq] = 0$ となる。対立遺伝子頻度の積の平均値が時間とともにどのように減少するかをみるために $p = p_0 + \delta$ と書く。すると，$E[pq] = E[(p_0 + \delta)(q_0 - \delta)] = E[p_0 q_0 + \delta(q_0 - p_0) - \delta^2]$。$E[\delta] = 0$ であり，定義から $E[\delta^2] = \mathrm{var}(p) = V$ なので，$E[pq] = p_0 q_0 - V$。それで，集団間の分散 V と，集団内の分散との間に正確なトレードオフがあることがわかる。

世代 t から世代 $t+1$ の間の対立遺伝子頻度の分散の増加は，

$$V_{t+1} = V_t + \frac{E(pq)}{2N} = V_t + \frac{(p_0 q_0 - V_t)}{2N} = V_t\left(1 - \frac{1}{2N}\right) + \frac{p_0 q_0}{2N}$$

となる。これから t 世代後の分散を示すのは簡単で，

$$V_t = p_0 q_0 \left[1 - \left(1 - \frac{1}{2N}\right)^t\right] \fallingdotseq p_0 q_0 \left[1 - \exp\left(-\frac{t}{2N}\right)\right]$$

となる。この式は，N をハエの実数（$N = 16$）に取ると実験結果とうまく合わない。しかし，**集団の有効な大きさ**（effective population size）を $N_e = 11.5$ と仮定すればよく合う（図15.3C）。

図15.3 ■ 8匹の雄と8匹の雌を繁殖させたキイロショウジョウバエの実験集団における遺伝的浮動。（A）複製された集団の間の対立遺伝子頻度の分布。すべてが $p = 0.5$ から出発した。どちらか一方の対立遺伝子に固定した集団の数は左と右に示されている。（B）単一世代で浮動によって生じた対立遺伝子頻度の分散。実験データ（白丸で示す）は前世代の対立遺伝子頻度 $p = \frac{1}{32}, \frac{2}{32}, \cdots, \frac{13}{32}$ を横軸にとったときの集団間の対立遺伝子頻度の分散を示す。（C）19世代にわたる対立遺伝子頻度の分散の増加の蓄積（これはAに示した分布にみられる分散の増加である）。BとCでは，下方の曲線は実際のハエの数から推定した分散（$\mathrm{var}(p) = pq/2N$，$N = 16$）を，上方の線は集団の有効な大きさを $N_e = 11.5$ と仮定したときものを示している。

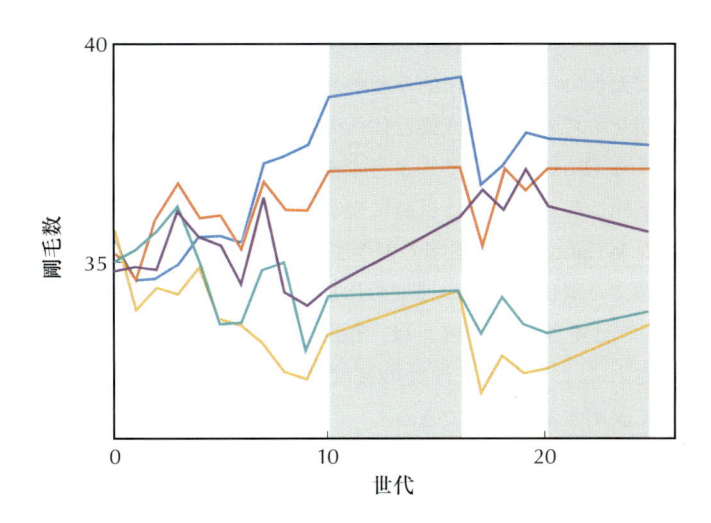

図 15.4 ● キイロショウジョウバエの 5 つの複製集団における剛毛数の平均値の遺伝的浮動。世代あたり $N = 20$ の繁殖個体がいる。もとの集団の相加遺伝分散は $V_A = 6.0$ で、世代あたり $\sim V_A/N = 0.3$ の遺伝分散が遺伝的浮動によって系統間に発生すると期待される。最初の 10 世代の間、系統平均間の分散の増加はこれより大きかった（世代あたり約 0.5）。これは集団の有効な大きさが実際の数より小さかったため（図 15.3C と比較）と考えられるが、集団の数があまりに小さいためにその違いは有意ではない。灰色の部分は記録をつけなかった世代である。

遺伝子の総数を当代世代の Hb^A 遺伝子の総数で単純に割ったものである。同様に、ある遺伝子型（すなわち、ある個体がもつ対立遺伝子の特定の組み合わせ）の適応度とは、そのような組み合わせをもつ個体集団の適応度である。例えば、$Hb^A Hb^S$ ヘテロ接合の適応度は単純にそのような遺伝子型をもつ個体が作る子孫の平均数である。明らかに、適応度は環境条件と、そして多分残りの集団の遺伝的構成にも依存する（例えば、Hb^S 対立遺伝子の適応度はマラリアの蔓延の程度に依存する。なぜなら、$Hb^A Hb^S$ ヘテロ接合はこの病気に対して部分的に抵抗性であり、また Hb^S 対立遺伝子がヘテロ接合になる機会を決める集団の Hb^A の頻度に依存するからである）。

ときとして**絶対適応度**（absolute fitness、生産された子孫の実数）と、**相対適応度**（relative fitness、他の遺伝子もしくは遺伝子型をもつ子孫と"比較した"数）を区別することがある。集団全体で平均した絶対適応度は集団の増加の速さを決めているが、その集団の組成、すなわち、異なる遺伝子型の相対的な割合は相対適応度にのみ依存する。進化生物学の文献においてさえも、適応度という用語は一般的な活力、もしくは"進化的ポテンシャル"のような幾分あいまいな意味で使われている。本書では、適応度の正確で直截的な定義を保持して、遺伝子型や対立遺伝子と同様、個々の遺伝子や個体にも適用する。集団の組成がどのように変化するかを決めるのは、突然変異、遺伝子流動、組換えとともに、適応度の違いなのである。

この章ではすべてが同じ平均適応度をもつ中立遺伝子（すなわち、遺伝子の複製はどの対立遺伝子をになうかによって影響されない）について集中したいと思う。しかし、"個々の"遺伝子は適応度が異なり、この適応度の個々のランダムな変動こそが機会的遺伝的浮動を引き起こすのである。理想的な Wright–Fisher モデルでは各遺伝子は（N が大きければよい近似で）**ポアソン分布**（Poisson distribution）に従って子孫を残す。すなわち、生産されるコピー数の平均が 1 とすると 0, 1, 2, 3, … のコピーを残す確率は 0.37, 0.37, 0.18, 0.06, … となる（第 28 章［オンラインチャプター］参照）。この分布の分散は 1 で、前にみたように、対立遺伝子頻度の分散の増加は $pq/2N$ となる。一般に、遺伝子の適応度は分散 v をもつ別の分布に従

って変化する．したがって，対立遺伝子頻度の分散は $vpq/2N$ だけ増加する．個体の適応度の分散が大きければ大きいほど，遺伝的浮動の速度は大きい．

　異なる性比，集団サイズの変動，性染色体への連鎖などのさまざまな要因が機会的遺伝的浮動の速度に影響する（Box 15.2）．そのような要素の効果は集団の有効な大きさ N_e を定義することによって要約される．これは単純に現実の，より複雑な集団と同程度の浮動の速度をもたらす理想的な Wright–Fisher 集団の大きさである．このようにして，Wright–Fisher モデルからの予想を超えた遺伝的浮動の速度の増加は，集団の**有効な大きさ**（effective size）が減少したという形で記述される．例えば，Box 15.1 に述べた実験で観察された Wright–Fisher 集団で期待されるより大きな浮動の速度は，これらの集団の有効な大きさを N_e = 11.5（図 15.3）として説明することができる．

　実際の個体数から期待される値と比較した浮動の速度は，場合によって大きく異なる．しかし，一般には，個体間の適応度のばらつきが十分に大きいならば，浮動の速度を大幅に加速することが期待される．大きな集団では，浮動の速度は個体の数から予想されるものよりずっと速いかもしれず，それは遺伝的変異のレベルはヒトや，ショウジョウバエ，または細菌のように大きな集団では極端には高くないということに反映されている（pp.400〜402 参

Box 15.2　集団の有効な大きさ

　集団の有効な大きさ N_e は，実際の集団と同じ割合の遺伝的浮動を与える理想的な Wright–Fisher 集団の大きさと定義される．多くの要因が遺伝的浮動の程度に影響し，したがって N_e に影響する．

変化する集団の大きさ　集団の大きさが k 世代の間に，N_1, N_2, ..., N_k と変化したときに蓄積される対立遺伝子頻度の分散は（近似的に），

$$pq\left(\frac{1}{2N_1} + \frac{1}{2N_2} + \cdots + \frac{1}{2N_k}\right)$$

となる．したがって，非常に小さな集団での 1 世代は大きな遺伝的浮動を発生させ，それに続く大きな N をもつ多くの世代より大きく貢献する．集団の有効な大きさは，

$$\frac{1}{N_e} = \frac{1}{k}\left(\frac{1}{N_1} + \frac{1}{N_2} + \cdots + \frac{1}{N_k}\right)$$

で与えられる．

異なる性比　雄と雌の数（N_m, N_f）が異なるとき，

$$\frac{1}{N_e} = \frac{1}{4}\left(\frac{1}{N_m} + \frac{1}{N_f}\right)$$

となる．これは任意交配，子孫の数がポアソン分布に従うこと，そして N_m, N_f がともに大きいことを仮定している．N_e は少ないほうの性の数に最も近い．

二倍体個体の適応度に分散があるとき　各二倍体個体が残す子孫の数は平均 2（したがって，集団は平均して一定に保たれる）であるが，分散 V があると仮定する．このときの集団の有効な大きさは，

$$\frac{1}{N_e} = \frac{2+V}{4N}$$

で与えられる．

　Wright–Fisher モデルでは子孫の数は近似的にポアソン分布に従う．したがって分散は平均値に等しくなり（$V = 2$），$N_e = N$ となる．この式では等しい性比と大きな N を仮定している．ふつうは，子孫の数はポアソン分布より大きく変動し，集団の有効な大きさは小さくなる．もしすべての個体が同じ数の子孫をもてば（$V = 0$），それでもなお減数分裂における遺伝子のランダムな分離があるので，遺伝的浮動は半分の速度（$N_e = 2N$）で進む（本文では，個々の遺伝子の適応度の分散の効果 v に対し，ずっと簡単な式を用いていることに注意）．

性染色体に連鎖した遺伝子　哺乳類のミトコンドリア DNA のような，母性遺伝をする遺伝子では雌の集団にのみ依存する集団の有効な大きさをもつ．子孫の数がポアソン分布するような N_f 個体の雌がいるとすると，おのおのの雌は各遺伝子について，2 個ではなく，ただ 1 個のコピーをもつので，$N_e = N_f/2$ となる．同様に，哺乳類の Y 染色体のように，父性遺伝をする遺伝子では $N_e = N_m/2$ となる．X 連鎖遺伝子はその時間の 3 分の 2 を雌の中で過ごし，3 分の 1 を雄の中で過ごす．再び子孫の数がポアソン分布に従い，N_f と N_m は大きいと仮定すると，X 連鎖遺伝子については，

$$\frac{1}{N_e} = \frac{4}{9N_f} + \frac{2}{9N_m}$$

となる．性比が等しい場合（$N_m = N_f = N/2$）は，これは単純に $N_e = (3/4)N$ となる．

照）。1つの説明は長い時間の間には遺伝的浮動の過程を支配する顕著な**集団のボトルネック**（population bottleneck）がしばしばあったということであろう。このことについては第19章でさらに詳しく論じる（pp.577〜583）。

15.3 コアレッセンス

時間を進行方向から逆にたどると近交系の集団の祖先の数はどんどん減っていく

これまで，機会的遺伝的浮動の過程をある特定の遺伝子に由来する子孫系統の数や，ある対立遺伝子の頻度の変動をたどることによって，時間に沿って進行するものとして考えてきた。これは時間を逆にたどって祖先の数が減少していく過程としてみることも可能である。祖先遺伝子の数は祖先集団の遺伝子の数全体より大きくはなれず，すべての過去の個体が子孫を残すわけではないという単純な理由から，通常はその数はずっと少ないであろう（図15.5）。

遺伝的浮動についてのこのような考え方は，集団全体ではなく，例えばある集団からとった試料について解析したいといった，遺伝子の特定の集まりの系統関係について理解しようと試みる場合には特に有用である。第13章（pp.396〜398）では，遺伝子のサンプルがその**系図**（genealogy）を用いてどのように記述できるかを示した。ここでは，この系図が遺伝的浮動によってどのように形作られるかを示す。

集団の系統関係が狭まってゆくことは，遺伝子が同祖的すなわち**祖先において同一**（identical by descent, **IBD**, Box 15.3）になるという考えによって定量化できる。もし十分に遠くまで祖先をたどっていったなら，すべての遺伝子は単一の祖先遺伝子に行き着いてIBDとなる。同祖性の考えはある集団の**近親交配**（inbreeding）の程度を測ることになるので重要である。ある個体は，もしその両親が互いに近縁であれば近交系といえ，近親交配の程度はその個体がもつ2つの相同な遺伝子がIBDである確率によって測られる。

近親交配を理解することは，近交系の個体がしばしば**近交弱勢**（inbreeding depression, p.555参照）を被るので重要である。植物や動物の育種家，そして保全生物学者はそのために近親交配を最小限に抑えようと努力する。また，同祖性の概念は，近縁者グループの社会行動（pp.650〜653参照）を選択がどのように形作っているのかを理解するためにも重要であることをみてゆく。

遺伝的系統関係はコアレッセンスと呼ばれる過程によって記述される

N個の二倍体個体からなる理想的なWright–Fisher集団において，祖先遺伝子は1世代前の集団の$2N$個の遺伝子の中からランダムに取り出される。したがってどの2つの遺伝子も，1世代前の集団では$1/2N$の確率で同一の祖先を共有することになる。祖先の共有とは，2つの系統が1つの共通の祖先に行きつくこと（**コアレッセンス**［coalescence］）することを意味している。どのような遺伝子試料についてもその系統をたどれば，一連のコアレッセンスの出来事からなる遺伝子系図をたどることになる。他の種類の集団では祖先を共有する確率は$1/2N$とは異なるかもしれないが，1つの共通祖先へ行きつくというパターンは本質的に同じ方法で記述される。

一般に，コアレッセンスの速度は集団の有効な大きさの2倍の逆数，$1/2N_e$で与えられる。

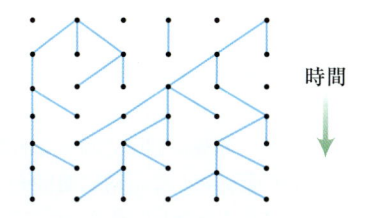

図 15.5 ▪ 時間を逆にたどると，祖先の数は不可避的に減少する。図は個々の遺伝子の増殖を示す。

Box 15.3　近親交配と同祖性

近親交配の程度は同祖的である確率によって定量化される。2つの遺伝子は，もしそれらがある祖先集団の同一の遺伝子から伝わったものであればIBDである。例えば，図15.6で遺伝子a, bは3世代戻った祖先集団と見比べると，ともに遺伝子xに由来するのでIBDとなる。しかし，遺伝子aとcは，異なる遺伝子（それぞれxとy）に由来するのでIBDではない（図15.6）。

同祖性の考えを理解するために3つのことを心にとどめておくことが必要である。

1.　同一性は特定の祖先集団に関して定義される。どのような相同な遺伝子についても十分に遠く祖先をたどってゆけば共通の祖先に行き着き，同祖的となる。

2.　祖先において同一であることは純粋に遺伝子の系統関係の記述として，対立遺伝子の状態，すなわちその塩基配列の状態とは独立に考えることが最も簡単である。文献では，これらの2つの概念はしばしば混同されている。しかし，本書ではIBDという用語を単に遺伝子間の関係を示すために用いようとしており，それは集団内で伝えられる途中で対立遺伝子の状態を変える（例えば）突然変異には左右されない。

3.　しばしば，我々は同一個体内の2つの遺伝子が同祖的である確率に興味をもつ。これは**近交係数**（inbreeding coefficient）と呼ばれている。同祖性の考えはまた，2つの個体間の関係を記述するためにも用いられる。2つの個体のそれぞれから1つずつ取り出した遺伝子が同祖的である確率を**共通祖先確率**（coancestry）もしくは**親縁係数**（coefficient of kinship）と呼んでいる。量的形質における類似性を決めるのはこれである（Box 14.2）。

有性生殖をする個体によって運ばれる遺伝子間の関係は，減数分裂を通じてどのようにこれらが受け渡されるかによる。図15.7（左）では兄と妹の間の交配を示し，各遺伝子が減数分裂を通じてどのように受け渡されるかを示している。子の2つの遺伝子（下）は，最初の世代（上）に関してそれぞれ異なる祖父母，すなわち1つの遺伝子は祖父から，他の1つは祖母から来るので同祖的ではない。

しかし，一般には，どの遺伝子が減数分裂で受け渡されるのかわからない（図15.7右）。いま，子孫の2つの遺伝子が同祖的である確率は $f = \frac{1}{4}$ である。最初の遺伝子が祖母のもつ遺伝子に由来する確率が1/2であり，そして二番目の遺伝子が祖母の同じ遺伝子に由来する確率は1/4である。したがって，祖母を通して同祖的となる確率は $\frac{1}{2} \times \frac{1}{4} = \frac{1}{8}$ となる。祖父を通して同祖的となる同様の確率1/8を足して，$f = \frac{1}{4}$ を得る。

複雑な系図に対して同祖的である確率（fで示される）を計算することを可能にする簡単な法則がある。二倍体の個体の2つの遺伝子は系図に"ループ"があるときにのみ，個体が同じ遺伝子を2つの異なる経路をたどって受け取るので同祖的になりうる。同祖的である確率はすべてのループについての合計で，

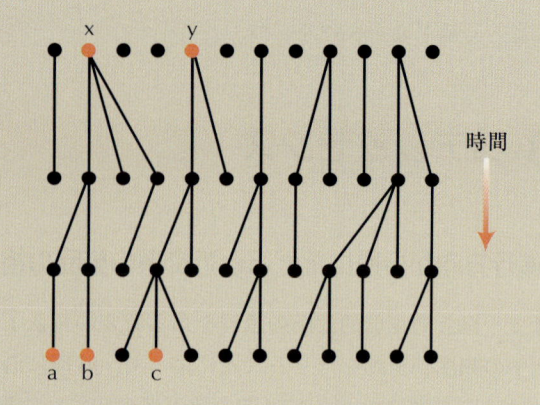

図15.6・同祖性

$$f = \sum_{\text{loops}} \left(\frac{1}{2}\right)^{n-1}(1 + f_A)$$

ここで，nは各ループに含まれる個体の数でf_Aは祖先個体の同祖確率である。図15.7（右）ではそれぞれ4個体からなる2つのループがある。同じ遺伝子がループの両側の経路をたどり，$n - 1 = 3$ の減数分裂の過程を通して受け取られる確率は $\left(\frac{1}{2}\right)^3 = \frac{1}{8}$ であり，2つのループについて足し合わせると，前と同様に $f = \frac{1}{4}$ を得る。ここで同祖性は，系図の最初の世代に関しておのおのの祖父母のもつ2つの遺伝子は関係がない（$f_A = 0$）と仮定して計算している。もしこの図が，もっと大きな系図の一部であれば，祖父母自身がそれより前の世代に関して，近交系であるかもしれない。これは式の中で $(1 + f_A)$ の項で取り扱われ，祖先個体からの異なる2つの遺伝子が（1つはループの一方から，他はもう一方から）受け継がれ同祖的（すなわち，$f_A > 0$）となる可能性も考慮に入れている。

これまで，系図上の関係がわかっており，ランダム性は減

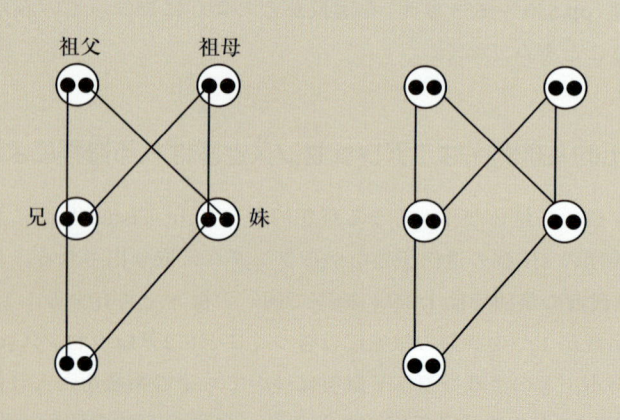

図15.7・近親交配の簡単な例

数分裂における分離を通してのみ生ずると仮定してきた。もし我々が交配の一般的な様式（すなわち，Wright–Fisher モデルにおける任意交配など）しか知らないのであれば，同祖性の確率は分離と同様，繁殖時の気まぐれにも依存する。同祖性の確率はある世代から次の世代にかけ増加するので，どのように近親交配が蓄積するのかを理解するのは簡単である。Wright–Fisher モデルでは，各遺伝子は前の世代の $2N$ の遺伝子の中からランダムに祖先を"選ぶ"ので，世代 t における 2 つの遺伝子が $t-1$ 世代で同じ祖先遺伝子に行きつく確率は $1/2N$ となる。そのときには同祖的となり，そうでなければ，f_{t-1} の確率で同祖的となる。すなわち，

$$f_t = \frac{1}{2N} + \left(1 - \frac{1}{2N}\right) f_{t-1}$$

この関係を t 世代全体に適用し，$f_0 = 0$ とすると，

$$f_t = \left[1 - \left(1 - \frac{1}{2N}\right)^t\right]$$

となる。これは対立遺伝子頻度の分散についてみた関係と同じものである（Box 15.1）。遺伝子頻度の変動をみること，あるいは同祖性の増加をみることは機会的（遺伝的）浮動の基礎をなす同じ過程を考察する 2 つの方法である。

これは上に定義した有効な大きさと同じで，対立遺伝子頻度の分散の蓄積を決めているものである。コアレッセンスの速度は対立遺伝子頻度の分散と同じで，遺伝子間の適応度の分散とともに増加する（Box 15.2）。このようにして，対立遺伝子頻度の浮動速度を加速させた同じ要因がまた，時間を後戻りしていくに伴い，系統のコアレッセンスを促進し，集団の系統数を減じてゆく。

その単純さにもかかわらず，コアレッセンス過程はいくつかの驚くべき性質をもっている。最も重要なのは，対象とする遺伝子の家系は急速に少数の系統に集約されていき，それが最終的に単一の祖先遺伝子に行きつくまでに長い時間共存するということである。これは第 1 には，たくさんのコアレッセンスする遺伝子のペアがあるということで，例えば，20 の遺伝子があればそれからは 190 のコアレッセンス可能な対ができる。したがって，コアレッセンス過程は初めは急であるが，系統の数が減るにつれゆっくりになる。総じて，大きな数の遺伝子が 2 つの祖先系統に集約されるまでに平均 $2N_e$ 世代を要し，それからこの 2 つの系統が共通の祖先に行きつくのにさらに $2N_e$ 世代を要する（図 15.8）。最初の遺伝子の数がいかに多くとも，典型的な系図ではその歴史の半分のところで 2 つの系統に集約される。

この構造には 2 つの重要な結果がある。第 1 に，集団からどれだけ多くの遺伝子を選んだとしてもそこから得られる追加情報量は驚くほど少ないということである。追加された遺伝子はごく最近に共有された祖先に行き着く傾向があるので，他の遺伝子サンプルによってみいだされた以外の新しい遺伝的変異を蓄積していることはありそうにない。一部はこの理由によって，ヒトの変異の調査はごく少数個体のゲノムに基づいている（例えば，ヒトにおける最初の大規模な**一塩基多型**［single-nucleotide polymorphisms, **SNPs**］調査では 24 人の配列の一覧に基づいて 140 万の SNPs が検出された）。第 2 に，系図の深い部分は 2 つの最も古い系統がいつコアレッセンスするのかに依存して非常に変化が大きい。これらの 2 つの系統は平均して $2N_e$ 世代間共存するが，コアレッセンスするまでにさらに $7.4N_e$ 世代かかる場合が 2.5% あり，$0.05N_e$ 世代以内にコアレッセンスする確率が同じく 2.5% ある（すなわち，95% の**信頼限界**（confidence interval）が $0.05N_e$ から $7.4N_e$ まで，2 桁以上の大きさに広がっている）。したがって，いかに多くの遺伝子を対象としようとも，その間の系図上の関係に変動が大きいことに変わりはない。

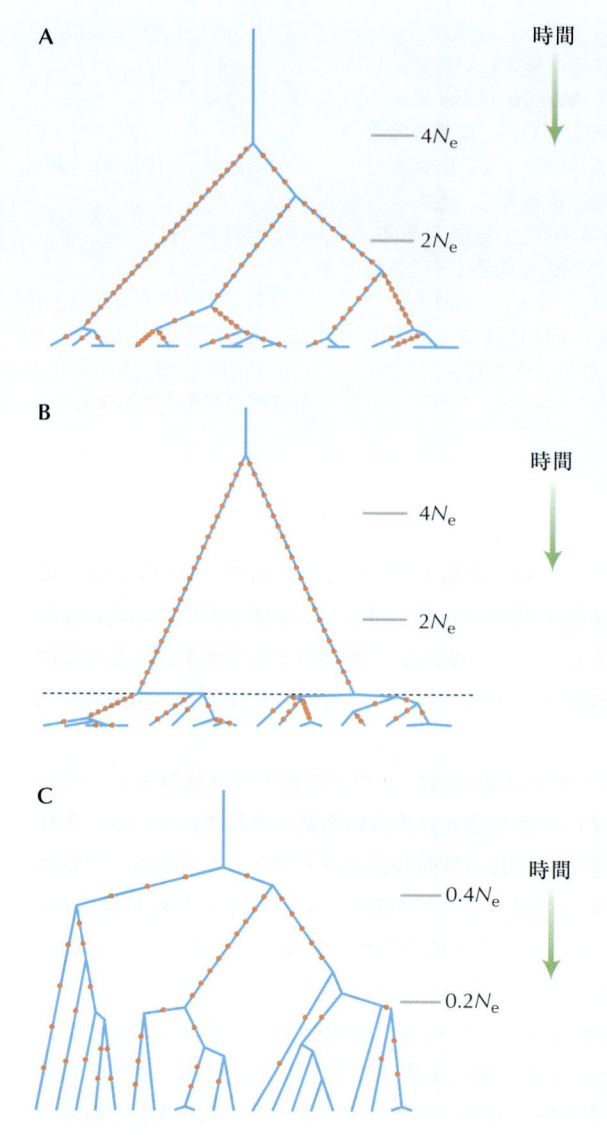

図15.8 ▪ (A) 一定の大きさ N_e の集団から選んだ20の遺伝子の関係を示した典型的な系図。ほとんどのコアレッセンスの過程が近い過去に起こるので，試料のたどった歴史のうちほとんどの時代は，非常にわずかの祖先系統しかないことに注意。この例では，新規突然変異（赤点で示した）は $\theta = 4N_e\mu = 20$ の割合で起こる。(B) $0.6N_e$ 世代前に突然のボトルネック（点線で示す）を経験した集団からの試料の系図。これは急速にコアレッセンスを起こさせる。ボトルネック後に生じた8つの系統はボトルネック直前ではたった2つの系統にたどり着く。(C) 指数関数的に成長する集団からの試料の系図。コアレッセンスはここでは比較的遠く，集団がまだずっと小さかったころまでさかのぼったところで起こる傾向がある。すべてのサンプルは $0.45N_e$ 世代戻ったところで祖先を共有し，これは集団の大きさが世代を通して N_e で一定であるときに期待されるものより一桁ほど最近である。そのときの集団の大きさは，試料がとられたときの大きさ N_e の10%ほどである。

系図は配列から推測できる

　系図は直接観察できないが，系図上に蓄積された突然変異のパターンから推測することができる（第27章［オンラインチャプター］参照）。集団内の塩基配列の比較では**塩基多様度**（nucleotide diversity）はふつう低い（p.400参照）ので，おのおのの異なった塩基は新しい突然変異によって生じたものと考えることができる。このような**無限座位モデル**（infinite-sites model）の下では，系図の推定は直接的である（図13.12参照）。図15.8Aの例では突然変異率は十分に高く，系図のほとんどの枝は少なくとも1個の新規突然変異をもつ。したがって，系図の形はサンプルの突然変異のパターンからほぼ完全に再構築することができる。さらに，各枝の突然変異の数はその枝で経過した時間の推定値を与える。

　系図の形は過去の集団の大きさを直接的に表している。理論的に，N_e は過去の各時間におけるコアレッセンスの速度から読み取ることができる。例えば，強いボトルネックではコアレッセンスが急激に起こり，いくつかの系統がボトルネックのときにコアレッセンスしたことを示す"星"が1つあるいは複数ある系図を生じる（図15.8B）。急速に大きく増大する集

団では，コアレッセンスは集団がずっと小さかった比較的遠い昔に起こる傾向がある（図15.8C）。このような形の上の違いは異なる歴史をもつウイルス集団の系図にみることができる（図15.9）。第25章では，我々ヒトの歴史について，このアプローチが何を語るのかをみる。

　我々は今，機会的遺伝的浮動の過程の単純なモデルを手にしており，これを用いて集団の未来の進化と過去の系統関係の両方を説明することができる。この章の残りの部分では，中立分子進化の完全な像を示すために，このモデルを突然変異や組換えの過程と組み合わせる。

15.4　中立説

中立進化の速度は突然変異率に等しい

　2つの対立遺伝子が最後に共通の祖先を共有した時点を直接的に観察することはできないが，その2つを区別する突然変異の数から推測できる。もし2つの系統が t 世代前に生きていた共通祖先にコアレッセンスするならば，突然変異が生じてきたのは $2t$ 世代の間ということになる。もし突然変異が遺伝子あたり世代あたり μ の率で起こるとすると，2つの遺伝

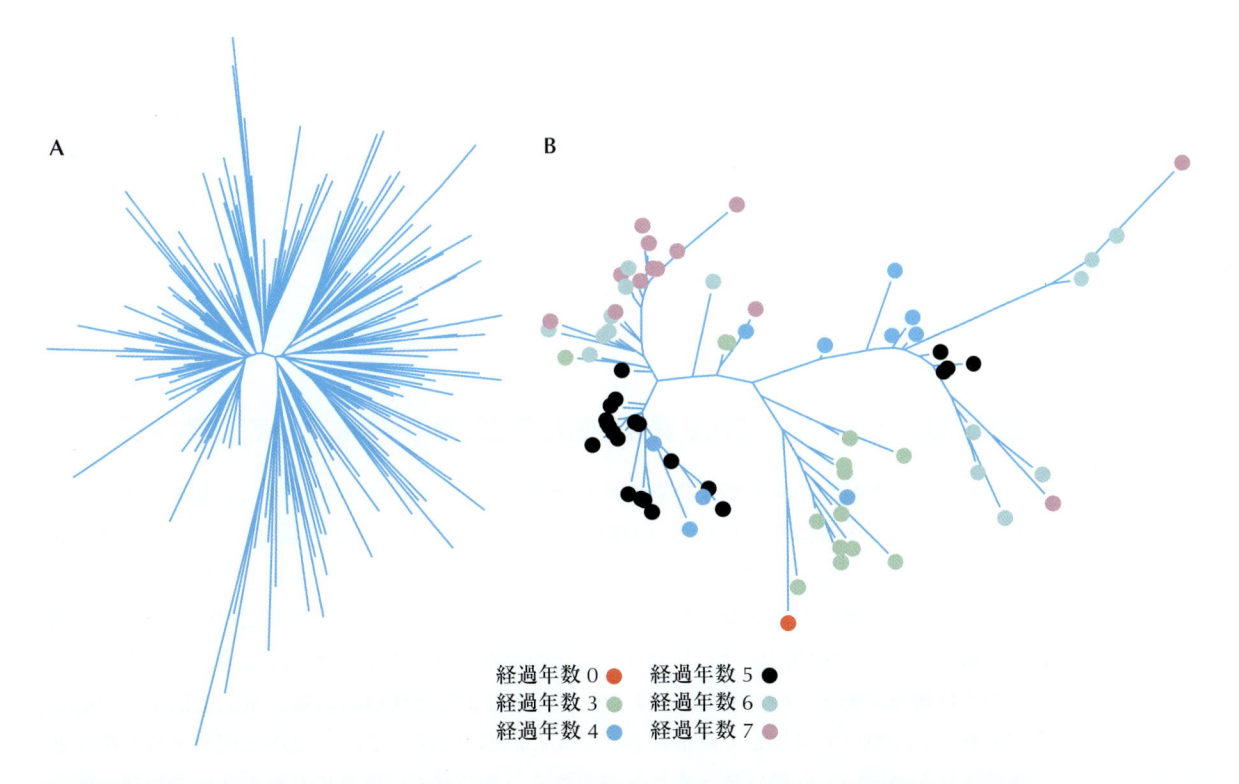

図15.9 ■ HIVの遺伝子の関係を示す系図は，異なる集団の歴史を反映する。(A) 1993年に北イギリスの200人から採取した *gag* 遺伝子の配列間の関係。コアレッセンスは過去に（図の中心に向けて）さかのぼったところで起こっており，急速に増大する集団の特徴を示している（図15.8C参照）。(B) 1人の患者から7年間にわたって採取した *env* 遺伝子間の関係。この例は遺伝子が時間をおいて採取された点でふつうと異なる。時間を経た遺伝子の分化が，発端配列（赤）から出発して7年経過して最も分化した集団（ピンク）までを通してたどることによりみてとれる。この例では，ほとんどのコアレッセンスが比較的最近に起こっており，安定した集団の特徴を示している（図15.8A参照）。これらの系図は両方とも**無根**（unrooted）で描かれているが，図15.8は**有根**（rooted）の系図を示している。

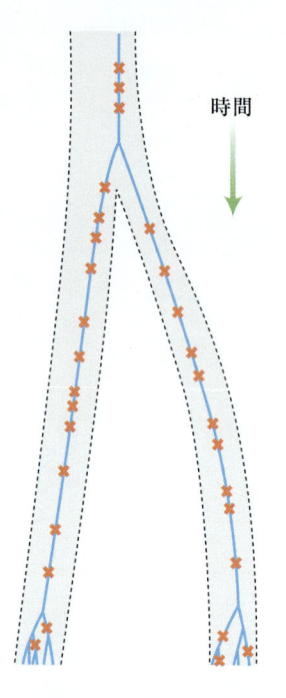

図15.10 ■ 種内のすべての遺伝子が遠い過去にさかのぼる単一の祖先系統に由来している。したがって，2つの種が時間とともに分化する速度はその2つの祖先系統が突然変異を蓄積する速度に等しい。影をつけた部分は単一の祖先種（上）から分かれた2つの種を示し，実線は2つの種に存在するすべての遺伝子の系統関係を示す。突然変異は赤い×印で示す。

子の間には $2\mu t$ 個分の突然変異の違いがあると期待される。これは分子進化を理解するための鍵となる結果である。これらの突然変異が中立であるとするならば，これら2つの遺伝子が分化する速度は全突然変異率に等しい。

同じ結果を時間を前方にたどることによって得ることができる。長い時間の間にはほとんどすべての系統は絶えてしまい，集団全体がただ1つの遺伝子から由来したものになる（図15.10）。そのために，$2N$ 個の遺伝子からなる二倍体集団の特定の遺伝子がたまたま生き残る確率は，$1/2N$ である。$2N$ 個の遺伝子のすべてが，中立であり互いに同等であれば，幸運な生存者となる機会を等しくもつ。毎世代，総計 $2N\mu$ 個の突然変異が集団に導入される。すなわち，$2N$ 個の遺伝子それぞれが毎世代 μ の率で突然変異するのである。これらの突然変異のうち $1/2N$ だけが長い時間を経ても生き残るので，集団の遺伝的分化の正味の速度は遺伝子あたり世代あたり μ となる。議論は実のところ前のものと同じである，すなわち，集団全体が単一の系統に帰着するので，集団の変化の速度は長い時間ではその単一系統の変化の速度に等しくなる（図15.10）。

1960年代にタンパク質のアミノ酸配列に基づく安定した**分子時計**（molecular clock）がみいだされ，木村資生による分子進化の**中立説**（neutral theory）の提唱を導くことになった（pp.65～66参照）。どの特定のタンパク質も，たとえそれが非常に異なる生物の中で進化していても，アミノ酸の変化を一定の割合で蓄積することがみいだされた。例えば，α-グロビンは，魚，鳥，あるいは哺乳類のいずれの中で進化しようと，600万年あたり1個のアミノ酸の変化を蓄積する（図2.38，13.26，13.27）。pp.404～407で異なるタンパク質は異なる程度の機能的制約のため，異なる速度で進化することをみた。例えば，ヒストンH4は植物と動物の間でたった2個のアミノ酸しか違わないのに対し，フィブリノペプチドでは3桁も大きい速度で進化している（表13.2）。重要なことだが，機能的制約の弱いタンパク質や**偽遺伝子**（pseudogene）のような機能をもたない配列の変化の割合は，直接に測ることのできる突然変異率に近づく。分子時計が，突然変異率に近い速度で，ほぼ安定して時を刻むということは，中立説の最も強力な支えとなっている。第19章（p.572）ではその精度に対する証拠をさらに詳しく調べる。

選択がないとき，中立突然変異は突然変異と浮動の平衡によって決定される

これまで，系統が中立突然変異を突然変異率に等しい割合で蓄積することをみてきた。したがって，時間 t 前に分岐した2つの種から取り出した遺伝子は，平均して，$2\mu t$ だけ変異している。ここで μ はその遺伝子の総合的な突然変異率である。では，同じ集団から取り出した遺伝子はどれだけ異なっているのだろうか。すなわち，突然変異と遺伝的浮動が共同して働いた結果，集団内にはどれだけの遺伝的変異をみいだすことになるのだろうか。

答えは簡単である。2つの遺伝子は平均して過去 $2N_e$ 世代前に共通の祖先遺伝子を共有しており，したがって平均して塩基対あたり $4N_e\mu$ だけ変異している。DNA配列を取り扱うときはこれらの違いを直接に数えることができる。ランダムに取り出された2つの配列の間の塩基の違いの割合は，**塩基多様度** π と呼ばれている（p.395参照）。中立説ではこれは $4N_e\mu$ に等しいことが期待される。この重要なパラメーターは θ と記される。

我々はこれまでに起こった突然変異を直接数えあげることはできないだろう。例えば，タンパク質が電気泳動で分離できて，突然変異が新しい対立遺伝子を生み出したことがわかったとしても，2つの対立遺伝子の違いが単一の突然変異によるのか，あるいは多くの突然変異によるのかを示すことはできない。ここで多様性の適当な尺度は**遺伝子多様度**（gene diversity) H であり，これはランダムに選ばれた2つの遺伝子が異なる対立遺伝子をもつ確率である（p.394 参照）。中立説では $H = 4N_e\mu/(1 + 4N_e\mu)$ となる。ほかにも多くの突然変異のモデルが研究されてきた。しかしその詳細がどうあれ，遺伝的変異の量は鍵となるパラメーター，すなわち集団の有効な大きさと突然変異率の積を4倍したもの（$\theta = 4N_e\mu$）に依存する（突然変異率は，配列データを扱うのであれば塩基あたりのものであり，遺伝子ごとの違いをみるのであれば遺伝子あたりになることに注意せよ）。θ は突然変異と遺伝的浮動がつり合ったときの両者の相対的速度を決める。

　中立説の最も明白な予測は，遺伝的変異は集団の大きさに比例して増加するということである。集団の大きさが大きければそれだけ，変異は浮動によってゆっくり除去される。この予測をテストする1つの方法は，異なる遺伝様式をもつ染色体の変異レベルを集団内で比較することである。XとY染色体の集団の有効な大きさは常染色体のものより小さく（Box15.2 参照），それに応じたより小さな塩基多様度を示すと期待される。上で述べたヒトの140万の一塩基多型の解析では，常染色体では $\pi = 0.000765$ という推定値が得られるのに対し，Xでは 0.000469，Yの非組換え領域では 0.000151 という推定値になる。したがって，Xは常染色体の 61%，Yは 20% の多様性をもつ。これらの値は集団の有効な大きさに基づいて単純に予想される値（それぞれ 75 と 25%）にきわめて近い。単純な中立からの予測と比べ性染色体で多様性が低いことは，他の要因の関与によって説明されるだろう。異なる性の間で子孫の数の分布が異なること，Y染色体での組換えの欠如が多様性の減少を引き起こしうること（pp.577～582，737 参照），そして突然変異率が雄で雌より高いこと（pp.378～379 参照）などである。それにもかかわらず，集団の有効な大きさの違いが異なる遺伝様式をもつ染色体間の多様性の違いの最も大きな要因であるように思われる（図 13.24）。

多数からなる種では中立説から期待されるより遺伝的多様性が少ない

　突然変異率は直接に，あるいは分岐年代の知られている種の間の配列の分化の程度から推定することができる。したがって，我々が目にする遺伝的変異を説明するのに必要な集団の有効な大きさの推定は簡単である。例えば，キイロショウジョウバエゲノムのほとんどの常染色体領域では，同義座位と非コード領域の多様性は平均して $\pi \simeq 0.01$ となる。塩基あたり世代あたり $\mu = 3 \times 10^{-9}$ とし，$4N_e\mu = \pi$ と仮定すると，集団の有効な大きさは $N_e \simeq 10^6$ となる。これは現在生息するショウジョウバエの実際の数よりはるかに小さく，過去において生息したと考えられる数に近い。

　同様な食い違いはより広範囲な調査にもみられる。第13章（pp.400～402）で，遺伝的多様性は生物個体数の増加に伴って増加することをみたが，これはごくわずかである。実際の集団の大きさが何桁ものオーダーで広がっている場合にも多様性の違いは1桁の違いの幅にも満たない（図 13.17）。DNA配列変異のデータは少ないが，同様な傾向がみられる。例えば，ヒトの塩基多様度はキイロショウジョウバエの10分の1ほどであるが，集団の個体数には明らかに何桁もの違いがある。

　大腸菌やキイロショウジョウバエのような極端に数の多い種が，なぜそれに応じた高い遺伝的多様性を示さないのかについて，2つの説明がこれまでなされてきた。1つはときおり起こるボトルネックが，実数から期待される値よりはるかに大きく変異を減少させるというものである。ほとんどの場合，集団はきわめて大きいが，100世代に1回 N^* 個体に減少するとしよう。その場合は，集団の有効な大きさはただの $100N^*$ になる（Box 15.2）。集団の遺伝的変異を説明するのに必要な，集団の有効な大きさと実際の大きさとの著しい食い違いは，

部分的には強いボトルネックで説明できる。例えば，我々の腸内に住み着いている大腸菌は無性的に繁殖するいくつかの優占的クローンからなるが，それらはときおり他のクローンによって置き換えられる。したがって，大腸菌集団の有効な大きさは個々の細菌の膨大な数よりも宿主哺乳類の数に近いのかもしれない。それでも，集団のボトルネックだけで集団の有効な大きさをその係数に見合うだけ下げられるのか，あるいはそのように集団の大きさが著しく異なっても多様性の間の比率はほどほどであることを説明できるのかは，大いに疑問である。

2つ目の説明は，選択が集団から変異を一掃してしまうというものである。ある新しい有利な突然変異が起こり自然選択で高頻度に広がるときには，突然変異はそれが最初に起こったゲノムの一部を引きつれてゆき，ゲノムのこの領域はそれで均一化し，変異は集団から失われる。この**選択一掃**(selective sweep)あるいは**ヒッチハイキング**(hitchhiking)という現象は遺伝的変異を著しく減少させるので，非常に大きな集団でも多数の変異を蓄積できなくなる。この章の後の方でこの現象についてより詳細に検討し，その重要性を第19章(pp.577～580)で検証する。だが，しばらくは集団のボトルネックと選択一掃の両者が個体の実際の数から期待されるよりずっと速く系統をコアレッセンスさせることに注意しよう。事実，この問題をコアレッセンス時間に帰して理解しようとすれば，中立説の単純な適用は不合理なものになる。10億にもなる有効な大きさをもつ集団では，遺伝子は20億世代前にコアレッセンスすることが期待され，多くの場合それは種あるいは種に似たものの存在を越えてはるかに昔のことになってしまう。重複で生じた多くの遺伝子にとって，遺伝子自身は $2N_e$ 世代より前には存在しなかったであろう。分子進化の非常に長い時間の経過をさかのぼって遺伝的浮動の単純な過程を外挿することはできない。

15.5 組換えと遺伝的浮動

組換えはゲノムを異なる祖先をもつ領域に分断する

　相同な(homologous)遺伝子はどんなものでも，単一の祖先遺伝子に帰着する。厳密に無性的な集団では単純にすべての遺伝子が一緒に親から子へ受け渡されるので，おのおのの遺伝子は同一の系図を共有する。しかし，そこになんらかの種類の有性生殖(すなわち，ときおり起こる細菌間の遺伝子の移入や，真核生物での規則的な減数分裂を介した繁殖)があれば，系図は遺伝子と遺伝子で異なってくる。このことはヒトのミトコンドリアやY染色体の系図を考えると，最も明確に理解することができる。哺乳類では，ミトコンドリアはいつも母親から伝えられるので，すべてが単一の祖先雌(いわゆる"ミトコンドリアイブ")に帰着するはずである。同様に，すべてのY染色体は単一雄，"Y染色体アダム"に由来する。さて，"ミトコンドリアイブ"と"Y染色体アダム"は異なる時間に異なる場所に住んでいた。さらに，これらの2つの個体には，彼らがたまたまそのゲノムのわずかな部分を未来のヒト集団に貢献したという以外に，特別なものは何もない。実際，彼らが未来世代にほかには何も貢献しなかったということもありうる。逆に，時間を振り返ってみると，現時点のヒトゲノムは多数の異なる祖先に行き着くたくさんのブロックに分けられることがわかる(図15.11)。

　有性生殖集団における遺伝については，単一遺伝子の系統関係ではなく，日常的意味での個体の系統関係すなわち，集団の**系図**(pedigree)について考えることによって，よく理解することができる。各個人は2人の親，4人の祖父母とさらに多くの曾祖父母をもつ。さらに

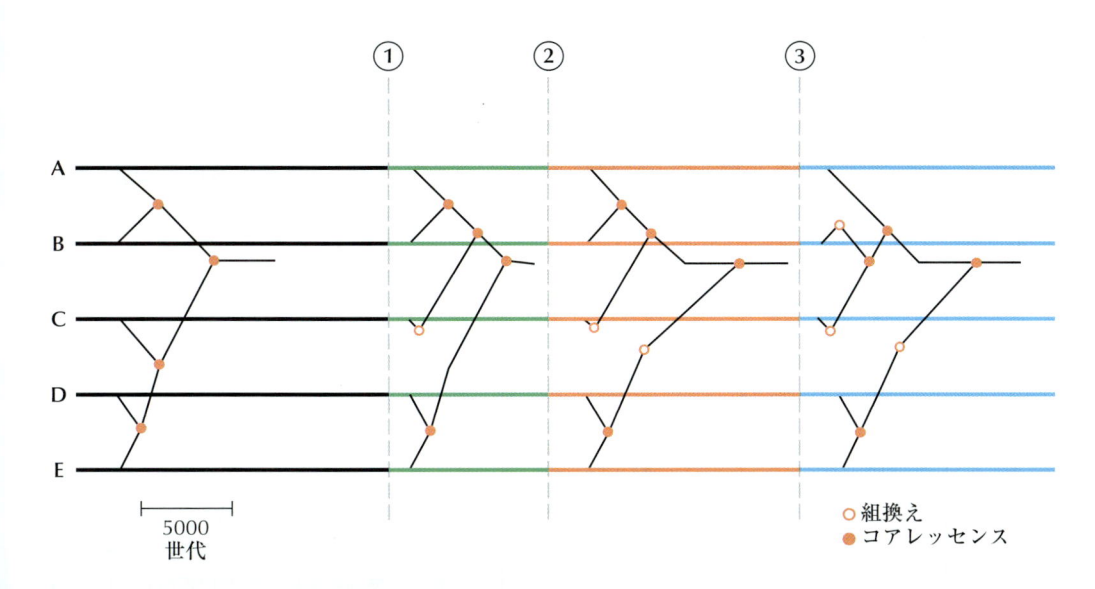

図 15.11 ● 有性生殖をする集団ではゲノムの異なる領域は異なる系統関係をもつ。この例は 5 つのゲノム（A，B，C，D，E）からの小さな領域を示す。左端の部分では，A と B が 2000 世代さかのぼったところで共通祖先を共有する。D と E は 1000 世代さかのぼったところで共通祖先を共有し，その系統 (D,E) は 2000 世代過去にさかのぼったところで C と祖先を共有する。すべてのサンプルは 5000 世代前のところで共通祖先を共有する。ゲノム C は 500 世代さかのぼったところで組換えを起こしたゲノムに由来するので，遺伝地図の①で示した位置より右の部分では，少し異なる系図を示す。つまり C は D や E より，A と B に類縁関係が近い。さらに右では，遺伝地図の②の位置での組換えが，D と E の系図を 3000 世代さかのぼったところで起こっている。この出来事は関係を質的に変えないが，5 つのゲノムは共通の祖先を 8000 世代過去に戻ったところで共有することになる。最後に，右端の部分では，1000 世代前の組換えが B の類縁関係を A よりも C に近づけている。

遠くまで後戻りするに伴い，祖先の数は指数関数的に増加するので（すなわち，10 世代戻ると $2^{10} = 1024$ 人，20 世代戻ると $2^{20} ≒ 10^6$ 人の祖先がいることになる），大きな集団中でさえ，祖先は子孫の出発点として重複している。つまり，ある祖先はいくつかの異なる系統を通して子孫を残す（図 15.2）。もちろん，近い親戚どうしの交配はこのような近親交配を生じるが，大きな集団で任意交配が行われていてもある程度の近親交配は時間をさかのぼるに従い，あまりに急速に祖先の数が増加してゆくため避けられないものになる。驚くべきことに，もし何十世代か系図をさかのぼるならば，そこには現在の集団の"全員の"祖先である個体がいて，この彼もしくは彼女はそのゲノムの 1 つかそれ以上の領域を現在生きている個体のすべてに渡し，それで DNA のある部分に関して"アダム"もしくは"イブ"となりうる。もしさらに 2 倍ほど遠くさかのぼるならば，集団の 20% が子孫を"残さない"一方で，80% が現存する"すべての"個体の祖先となっていることになる。あるものは系図上で 1 回限りしか現れないが，他のものは何回も現れて潜在的にずっと多く貢献する（図 15.12）。

ここで，日常的な意味での系統を系図上の関係とみなしていることに気づく必要がある。個体は親類として現れるがそれでもまったくなんらの遺伝物質を受け渡さないことがある。各個体は（性染色体とミトコンドリアは別として）1 セットの遺伝子を母親から，そして他のセットを父親から受け取る。このセットのおのおのは一方もしくは他方の祖父母から減数分裂のランダムな過程を通して伝えられた遺伝物質の混合物である。原理的には，祖父母の一人がときに減数分裂を通して遺伝物質をまったく伝えないということもあり得る。だが，

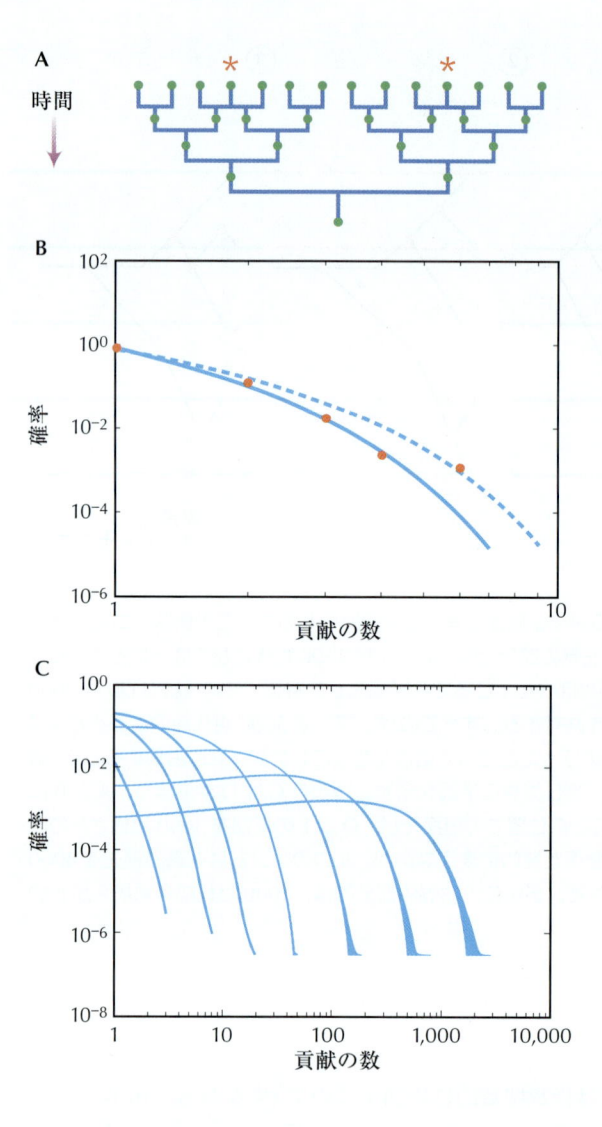

図 15.12 ▪ (A) 近親交配は大きな集団でも避けられない。時間を後戻りすると，系図上には 2, 4, 8, 16, … の祖先がいてよいはずである。結果的に，一部の個体は複数回貢献することになる。この例では，赤い星で示した 2 個体はそれぞれ 2 回系図に貢献しているのに対し，他の 12 個体のおのおのは 1 回だけ貢献する。したがって，16 ではなく 14 の祖先がいることになる。(B) 赤い点は，イギリスのエドワード III 世（1312～1377）から約 10 世代さかのぼって調べたときの，祖先の貢献回数の分布を示す。ある祖先は 1 回だけ貢献しているが，他の者はその 6 倍までの貢献がある。2 本の曲線は 2048（上の曲線）または 4096（下の曲線）のイギリス貴族からなる閉じた集団で，任意交配を仮定したときのシミュレーションを示したものである。(C) さらに時間をさかのぼってゆくと，祖先の貢献は多くの後代に及ぶようになる。曲線は 11, 13, 15…, 23 世代と（左から右に）さかのぼったときの，$2^{15} = 32,768$ 個体の集団でシュミレーションした貢献の数の分布を示したものである。23 世代前では，たいていの祖先が系図に対し数百までの貢献をしているが，1000 以上はまれである（右端の曲線のピーク参照）。

これは我々自身のようにたくさんの染色体をもち高い組換え率をもつような生物ではまず起こりえないことである。事実，もしある人物が子孫家系をもつということがあれば，彼もしくは彼女はある遺伝物質を少なくともいくつかの子孫に未来何千世代かの間受け渡すことはほぼ確実である。しかし，この貢献はゲノムのいくつかの小さなブロックからなるにすぎないだろう（図 15.13）。

有性生殖をする生物のゲノムはおのおの異なる系統関係と異なる運命をもったブロックのモザイクで成り立っていることがわかる（図 15.11 および 15.13）。これまでは，時間を前に向かって議論してきたが，今現在の集団から試料を取って分析するときには時間に後ろ向きに系統関係をたどる必要がある。これは**コアレッセンスの過程**（coalescent process）に組換えを取り入れて発展させることにより行うことができる（Box 15.4）。いよいよここから，突然変異，組換え，遺伝的浮動によって形作られる遺伝的変異のパターンを，この過程がどのように決定するのかをみていくことにする。

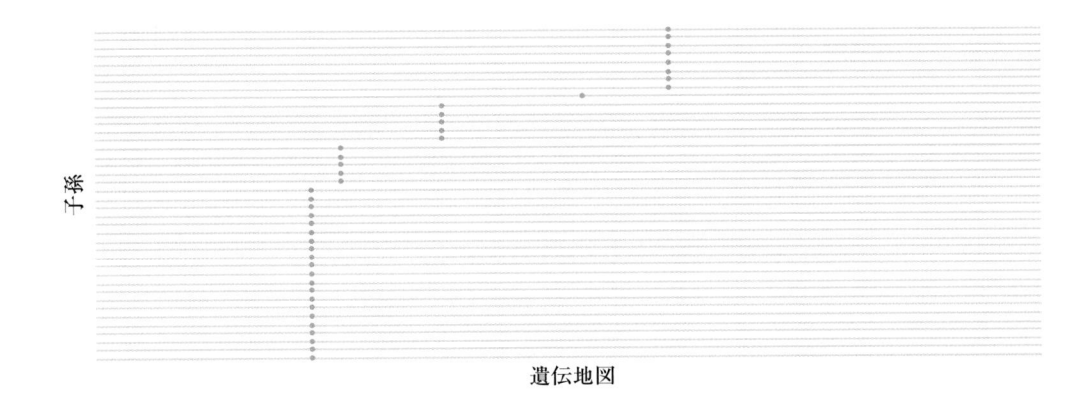

図 15.13 ・単一個体はそのゲノムのほんのわずかな部分のみを将来世代に受け渡す傾向がある。図は単一ゲノムを 50 世代シミュレーションした遺伝地図を示し、長さは 35.7 モルガン（ヒトの場合）に相当する。このとき、単一の祖先は 4.3×10^{14} の子孫をもつ（現実の集団では近縁のものどうしの交配により、この数ははるかに少なくなる。図 15.12 参照）。この膨大な子孫のうち 91 のみが、いくらかでも祖先の遺伝物質を受け継いでおり、そのうち 40 を 40 本の線で示した（祖先に由来する部分を赤で示した）。祖先の遺伝物質の平均ブロック長は 2.2 cM である。集団中のどこかにただの 5 ブロックだけが生き残っていて、これは祖先のゲノムの 0.3% を占めている。

系統関係のパターンは世代あたりの組換えの数、$N_e c$ に依存する

　遺伝子系図の構成は取り出した DNA 配列の変異パターンに反映される。ある特に網羅的な研究において、20 本のヒト 21 番染色体の配列が決定された。これらは我々の種の変異の全体を示す試みとして、異なる人種の一覧からサンプルされた。21 Mb の特定の配列中に 35,989 個の SNPs が同定された。これらは同一の塩基座位に 2 種類以上の塩基が見つかった部位である。これらの相異する塩基は非常に多種類の組み合わせをとれるはずである。しかし、ゲノムのどの領域をみても異なる SNPs は強く連鎖しており、少数の組み合わせすなわち**ハプロタイプ**（haplotype）となる。例えば、ある 19 kb の領域では、26 個の SNPs があり、$2^{26} = 6.7 \times 10^7$ の組み合わせが可能である。したがって、もし各塩基に独立の系統関係があれば、すべての染色体は異なるハプロタイプをもつことになるだろう。しかし実際には、たった 7 つのハプロタイプがみいだされた（図 15.15 の拡大図）。全体的に、配列変異は染色体をおのおのが少数のハプロタイプのみからなるいくつかのブロックに分けることによって記述できる。各ブロック内の SNPs の組み合わせが限られた数しか作り出されていないという、SNPs 間の強い関係は、ゲノムの密接に連鎖した領域の共通する系統関係を反映している（図 15.11）。実際的な見地からいえば、このブロック構造のおかげで、ほとんどの遺伝的変異が比較的わずかな SNPs を調べるだけで把握できる。例えば、ほんの 2793 個の SNPs を調べるだけで全変異の 81% を記述できるだろう。この解析の中で同定されたブロックは共通の系統関係をもつ領域に直接には対応していない（図 15.11 参照）。ほとんどの組換えが系図には検出できないくらいの小さな影響しか与えないので、通常それよりずっと大きいだろう。しかしながら、これ以外の研究も隣り合う配列の変異が主としてコアレッセンスの過程に伴う機会的遺伝的浮動の結果として、強く連鎖する傾向があることを示している。

　ヒトやショウジョウバエのような有性的な真核生物から得た配列では、それらが明確な遺伝子系図を見分けるにはあまりに似通っているので、正確にどこで組換えが起こったかをみることは通常不可能である。しかし、原核生物では組換えはずっと頻度が低く、非常に異な

Box 15.4　組換えのあるコアレッセンスの過程

ゲノムの隣り合った領域は，組換えによって異なる系統関係をもつようになっている。2つの遺伝子をもつ配偶子は，減数分裂の際の組換えを経ているため，それらの遺伝子のうちの1つは父親ゲノム由来，もう1つは母親ゲノム由来となっていることがある。時間に沿ってさらに遠くさかのぼると，それらの系統は，2つの遺伝子がたまたま同じゲノムの中で再び隣どうしになるまで，独立な経路をたどる。長い期間にわたって眺めると，2つの遺伝子はある時間を異なるゲノムの中で過ごし，ある時間を同じゲノムの中で過ごしている。

2つの遺伝子の系統関係は，標準的なコアレッセンスの過程への拡張として非常に簡単に定量化できる（図15.8参照）。どの2つの系統も前と同じように世代あたり $1/2N_e$ の確率で互いにコアレッセンスする。それに加え，両方の遺伝子をもつどの系統も世代あたり c の確率で組換えが起こり，時間をさらにさかのぼったときに，2つの遺伝子は別々の祖先にみられるようになる。2つの連鎖した遺伝子が同じ個体内で過ごす時間と，異なる個体内で過ごす時間の割合は，これらの過程の相対的な割合，$N_e c$ に依存する。もしこの値が大きければ，2つの遺伝子はその系図のほとんどを異なる個体の中で過ごす。

組換えのあるコアレッセンスの過程を図15.14に示した。おのおのが3つの遺伝子（ゲノムに沿って黒，青，赤の順序で示した）をもつ6つのゲノムを試料とした。最初の遺伝子の系図は黒で示され，標準的なコアレッセンスの過程をたどる。青の遺伝子の系図は，単一の組換え（右側の丸印）によって青と黒の遺伝子が異なる個体から来ている以外は，これとほぼ同様である。青の系統はもう一方の黒の系統（左側の丸印）とコアレッセンスし，系図は再び一致する。さらに遠くすべての試料の共通祖先（黒丸で示した）より以前までさかのぼると，系統は組換えられ，またコアレッセンスするので，青と黒の遺伝子はあるときは一緒に，あるときは離れて過ごす。これらの古い出来事は検出不可能である。もっと最近の組換えでさえ検出はむずかしい。例えば，青と黒の系図は同じ形をしており，共通祖先に行き着く時間が異なるのみである（青い遺伝子が黒よりも早い）。赤の遺伝子系図はもう少し遠くに離れている遺伝子のもので，3つの組換えによって違いが生じ，異なる形と異なる枝の長さをもつ。ゲノムに沿ってさらに遠く離れると，大きな $N_e c$ のため系図はますます異なったものになりほとんど相関がなくなる。

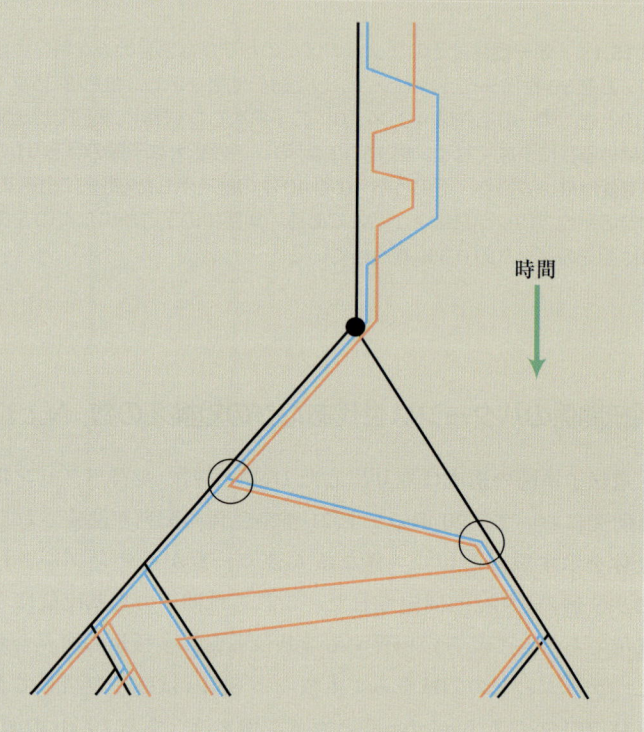

図15.14・組換えのあるコアレッセンス。

った種の間の遺伝子の移動が関与することがある（p.202参照）。したがって，異なる歴史をもつ領域の間の境界は，ときにはかなりはっきりした形でみることができる。例えば髄膜炎菌 *Neisseria meningitidis* のペニシリン耐性は，もともと耐性をもつ *Neisseria* の種（配列の20%以上が異なる種）から移動した短いDNA断片によるものである（図15.16）。この場合，抗生物質耐性を付与する配列ブロックの移動は，受け取る側が獲得する大きな利益によって推進されてきた。

Box 15.5に，2つの連鎖した遺伝子間の系図上の相関が，集団の有効な大きさと組換え率との積，$N_e c$ に依存することを示した。いいかえれば，遺伝子の間がマップ単位で $c \approx 1/N_e$ 程度の距離であれば相関が生じると予想される。例えば，塩基多様度の観察値から推定されるキイロショウジョウバエの集団の有効な大きさは $N_e \approx 10^6$ である（p.461参照）。したがって，$\sim 10^{-6}$ モルガンより短いブロックは同じ系図上にあることが予想される。組換え率はショウジョウバエのゲノムの場所によって大きな違いがあるが，平均して塩基あたり世代あ

15.5 組換えと遺伝的浮動 • 467

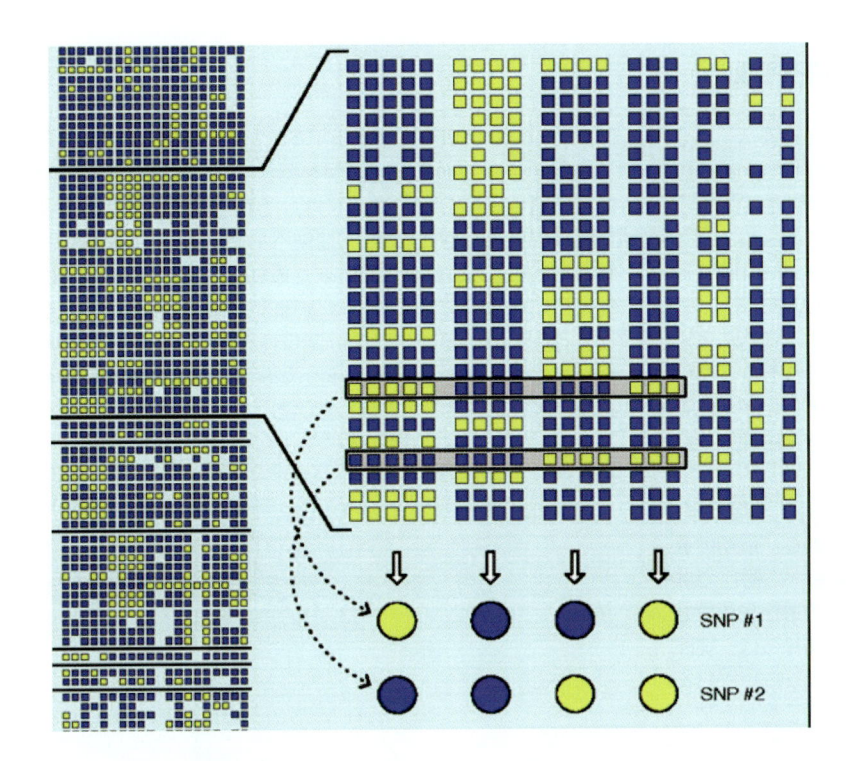

図15.15・ヒト21番染色体のハプロタイプ構造。左の20の列は20のヒト染色体の試料にみられる変異を示している。列は50 kbに広がる区間の69の一塩基多型（SNPs）に対応し，黄色が変異対立遺伝子を，明るい青が欠損データを示す。右の拡大図は26 SNPsのブロックで，7つのはっきりしたハプロタイプが区別される。最初の5つの列は最も数が多いハプロタイプで，次の4つは次に数の多いハプロタイプ，等々である。これらのハプロタイプのほとんどは右下の2つの行で示されるように，SNPsの内の2つを記録するだけで区別できる。すなわち，これらの2つのSNPsは，このブロックにある最も一般的な4つのハプロタイプ間の変異を代表し，4つの互いに異なる配列を明示する。

たり，約 2×10^{-8} である。したがって，$1/N_e$ の距離は 50 bp に相当するにすぎない。もちろん，実際のブロックの長さは，遺伝子系図の実際の長さが変化し，組換えはそういった系図の上でランダムに生じ，そして組換え率はゲノムに沿って異なるので，大きく変化しうる。それにもかかわらず，単一のタンパク質をコードしている遺伝子内（2〜3 kbほど）にさえも，

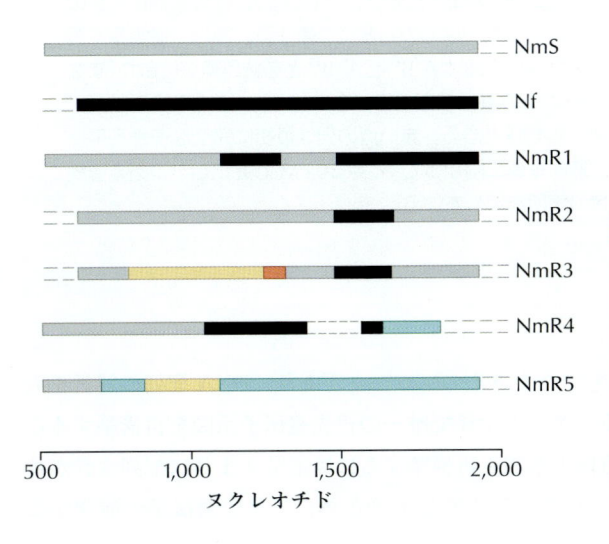

図15.16・髄膜炎菌 *Neisseria meningitidis* (Nm) のいくつかの系統は，ペニシリンに対して自然に耐性をもつ（が，病原性はない）*Neisseria flavescens* (Nf) の短いDNA断片（黒）を獲得することにより，耐性に進化した。これらの種間の配列は大きく異なっているので，ゲノムの領域ごとに異なる系統関係をもつことがはっきりとわかる。

Box 15.5　遺伝子間の関係の測定：連鎖不平衡

多くの集団遺伝学では，異なる遺伝子座の対立遺伝子はランダムに組み合わされると仮定している。すなわち，ある対立遺伝子をある1つの遺伝子座で見つける確率は他の遺伝子座にどの対立遺伝子が存在するかとは独立である。したがって，遺伝子型の頻度は単に対立遺伝子頻度の積になる（例えば，$A^P B^P C^Q D^P$ をもつ配偶子の出現頻度は $p_A p_B q_C p_D$ である）。この状態は**連鎖平衡**（linkage equilibrium）と呼ばれ，これにより大きく単純化できる。例えば10の遺伝子座にそれぞれ2つの対立遺伝子があれば，$2^{10} = 1024$ のハプロイド遺伝子型が存在し，連鎖平衡のときこれらは単に10の対立遺伝子頻度で記述できる。

異なる遺伝子座の対立遺伝子間の関係をどのように記述したらいいのだろうか。2つの遺伝子座（A, B）があり，最初の遺伝子座では2つの対立遺伝子 A^P, A^Q が分離し，二番目では B^P, B^Q が分離するとしよう。それぞれに対応する遺伝子頻度は，$p_A + q_A = 1$，$p_B + q_B = 1$ である。連鎖不平衡係数は，実際の遺伝子型頻度と，対立遺伝子がランダムに組み合わされるとしたときの期待値との差として定義される。したがって4つの遺伝子型は次のように書くことができる。

$$
\begin{aligned}
A^Q B^Q &= q_A q_B + D \\
A^Q B^P &= q_A p_B - D \\
A^P B^Q &= p_A q_B - D \\
A^P B^P &= p_A p_B + D
\end{aligned}
$$

連鎖不平衡の値は対立遺伝子頻度に依存した範囲で変わりうる。明らかに，D は $A^Q B^P$ や $A^P B^Q$ が負になるほど大きくはなれないし，また $A^Q B^Q$ や $A^P B^P$ が負になるほど大きく負になることもできない。D に関するこのような制約が，異なる遺伝子頻度をもつ集団の間での比較を困難にしている。ときどき，D は対立遺伝子頻度が与えられれば，可能な最大値に対する相対的な値として示される。この量は $D' = D/D_{max}$ として定義され，-1 から 1 の間にあるはずである。または，次のようなある種の相関係数が用いられることがある。

$$ r = \frac{D}{\sqrt{p_A p_B q_A q_B}} $$

これも範囲は -1 から $+1$ までであり，組換えと遺伝的浮動とが釣り合う場合には，r の平均値は 0 となり，その分散は $1/(1 + 4N_e c)$ となる有用な性質がある。

連鎖不平衡は集団内の異なる対立遺伝子間の関係の強さを表す。もしある遺伝子座の特定の対立遺伝子の存在が，他の遺伝子座のある対立遺伝子の見つかる機会を増大させるならば，その対立遺伝子は連鎖不平衡にあるといえる（図15.17）。この用語は2つのことで誤解を招きやすい。異なる染色体上にある遺伝子座の対立遺伝子は，それらが遺伝的には連鎖していないにもかかわらず，"連鎖不平衡"によって関係づけられることもある。さらに，さまざまな進化的力が"連鎖不平衡"を維持するように働くならば集団は安定した平衡状態に到達しうる。その用語は統計的な関係性を意味し，遺伝子の組み合わせの頻度が対立遺伝子頻度のみからの期待値からどれほどかけ離れているのかを示している。

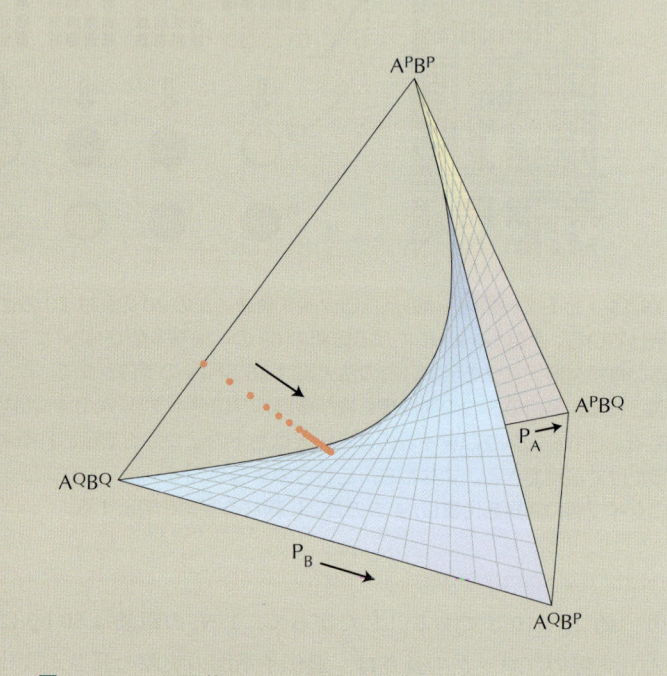

図15.17 ▪ 四面体の4つの頂点は4つのハプロタイプのそれぞれに固定した集団に対応し，四面体内の点は4つの遺伝子型について多型である集団を示す。連鎖平衡にある集団は4つの頂点を結んでできる面上に存在し，正の連鎖不平衡にある集団（すなわち，A^P が B^P と，A^Q が B^Q と結びついている）は面の左側に，負の連鎖不平衡にある集団は面の右側に位置する。もし，連鎖不平衡が完全であれば，集団は $A^P B^P$ と $A^Q B^Q$ とを結ぶ線上にあり（すなわち，この2つの遺伝子型のみが存在する），連鎖不平衡が負で完全の場合も同様である。赤い点の列は最初に完全な連鎖不平衡にあり，連鎖平衡に向かって，$c = 20$ cM で進化しつつある連続した世代の集団を示している。

異なる系統関係（例えば，図13.14）をもつたくさんのブロックがあり，DNA配列の解析を大いに複雑にしていることが予想される。ゲノム全体で唯一の祖先遺伝子系図を再構築することは不可能であり，各領域に個別の遺伝子系図を再構築するには通常あまりに配列変異が少ない。これが，組換えが起こらないミトコンドリアとY染色体に，集団遺伝学の研究がこ

れほど多く集中している1つの理由である。

対立遺伝子の対の間の関係は連鎖不平衡によって測られる

これまでに単一遺伝子座にかかる遺伝的浮動の効果は，時間に沿って前向きには，対立遺伝子頻度の変動の蓄積としてみることができ，逆向きには異なる系統のコアレッセンスとして理解できることをみてきた。同様にして，遺伝子間の関係に及ぼす遺伝的浮動と組換えの効果も，時間に沿って前向きにも逆向きにも理解することができる。前項では緊密に連鎖した部位 ($c ≒ 1/N_e$) が同じ系統関係をもつ傾向があることをみた。ある特定の対立遺伝子の組み合わせは (すなわち，ある特定のハプロタイプは) 互いに関係し合ってみいだされる傾向がある。この項では時間に前向きに進むことによってこのような関係がどのようにして進化したかをみる。

ある遺伝子座 A に新しい突然変異が起こったとしよう。新しい対立遺伝子を A^P として区別すると，その初期頻度は $p_A = 1/2N$ である。これはこの対立遺伝子が生じたときにたまたま一緒であった対立遺伝子群の特別な組み合わせと関係する。すなわち，特別な遺伝的背景と関係する。簡単のために，ある連鎖した遺伝子座 (B) で，ある対立遺伝子 B^P が頻度 p_B である場合について考える。A^P がたまたま B^P に連なって生じたとすると，最初のすべての A^P のコピーは B^P と連なり，A^PB^P の組み合わせの頻度は新しい対立遺伝子 A^P の頻度に等しくなる。いま，もし対立遺伝子が無作為に組み合わされるとすると A^PB^P は p_Ap_B の頻度で生じることが期待される。観察された頻度と期待される頻度との違いを**連鎖不平衡** (linkage disequilibrium) 係数と呼び，D で示す (Box 15.5)。この場合は，連鎖不平衡は $D = (p_A - p_Ap_B) = q_Aq_B$ となり，ここで $p_B + q_B = 1$ である。

組換えは係数 D に対して単純な効果をもつ。任意交配と組換えが起こった次の世代で，配偶子集団の連鎖不平衡は $1 - c$ だけ減少する。したがって，連鎖していない遺伝子座 ($c = \frac{1}{2}$) の間の不平衡は毎世代半分になり，急速に 0 に近づく。連鎖した遺伝子座では，組換えは連鎖不平衡をおよそ $1/c$ 世代の間に解消する。したがって，強い連鎖不平衡は，それが生じてから組換えに抗して維持される短い時間の間だけみられることになる (組換え率として c ではなく記号 r がしばしば用いられるが，r は連鎖不平衡の大きさを示すときにも用いられるのでここで c を用いることにする。Box 15.5)。

連鎖不平衡の崩壊する速度は新しい対立遺伝子の年齢を見積もるために用いられる。この方法のよい例を，ヒト CCR5 遺伝子に生じた 32 塩基の欠失 (CCR5-Δ32) にみることができる。この欠失はヒト免疫不全ウイルス (HIV) の感染に必要なケモカイン受容体の欠損となって現れる。その結果，この欠失のホモ接合は HIV 感染に対して抵抗性で，ヘテロ接合は野生型ホモ接合に対し，後天性免疫不全症候群 (AIDS) の発症まで数年長くかかる。CCR5-Δ32 対立遺伝子はアフリカ人やアジア人集団には見つからないが，白色人種では約 10% に達している。おもな疑問は，それが遺伝的浮動でゆっくりと高い頻度に達したのか，あるいは，過去の蔓延に対する抵抗性に有利に働く選択の結果，より急速に頻度が増加したのかである。その対立遺伝子の年齢は，1 つは 0.72 cM，もう 1 つは同じ方向に 0.93 cM 離れて緊密に連鎖するマイクロサテライト遺伝子座を調べることによって推定された。ある 2 つのマイクロサテライト対立遺伝子の組み合わせは，CCR5-Δ32 対立遺伝子の 86% に一緒にみられたが，野生型の CCR5 対立遺伝子とともにあるのは 36% だけであった。この強い関係は，欠失がこれらの 2 つのマイクロサテライト対立遺伝子をもつゲノム中で単一の突然変異として発生したとすれば最も簡単に説明できる。この関係は合計で世代あたり 0.0093 の率で起こる組

換えのために，現在では部分的に消滅している（図 15.18）。これらのデータは，突然変異が 30 世代前（およそ 700 年前）に起こり，強い選択の結果急速に頻度が増加し，連鎖したマイクロサテライトマーカーはヒッチハイクによって増加したことを示唆する。

機会的遺伝的浮動は対立遺伝子のランダムな変動をもたらすのと同様，連鎖不平衡においてもランダムな変動を引き起こす。特定の組み合わせは単にそれをもつ個体がたまたまより多く子孫を残すために頻度が増加する。単一の新規突然変異がランダムな遺伝的背景の中で生じ，最初はあるランダムな対立遺伝子の組み合わせと完全に結びついている極端な場合についてみてきたが，このような機会的な関係は前々節でコアレッセンスに関して述べたものとまったく同じである。すなわち対立遺伝子はそれらが同じ系統関係を共有するあるゲノムの領域でたまたま生じたために一緒にみいだされることになったのである。組換えと遺伝的浮動の平衡では，2 つの対立遺伝子間の平均の連鎖不平衡は 0 である。すなわち，ある種の組み合わせが他に対して組織的に好まれねばならい理由はない。しかしながら，D の値は変動して上がったり下がったりし，$1/(1 + 4N_e c)$ に比例した分散をもつ（Box 15.5 参照）。2 つの連鎖した遺伝子の系統関係を調べるとわかるように，鍵となるパラメーターは組換え率と集団の大きさの積，$N_e c$ であり，それは集団全体で毎世代起こる組換えの数に比例する。これは遺伝的浮動が作り出すランダムな組み合わせ（～ $1/N_e$）と組換えがこれを壊す割合（～ c）の間の比である。後で選択や遺伝子流動のような他の力を考慮したときに，異なる過程の相対的な速度への同様な依存があることをみる。

連鎖不平衡の量はゲノムに沿って大きく異なる

連鎖不平衡の分散と $1/(1 + 4N_e c)$ の間の単純な比例関係は誤解を招くことがある。実際の関係は，観察する試料数が限られていることと，ゲノムの各領域の進化的歴史上の偶然の両方によって，この期待値付近で大きく変動する（図 15.11, 15.14）。異なる系統関係をもつ

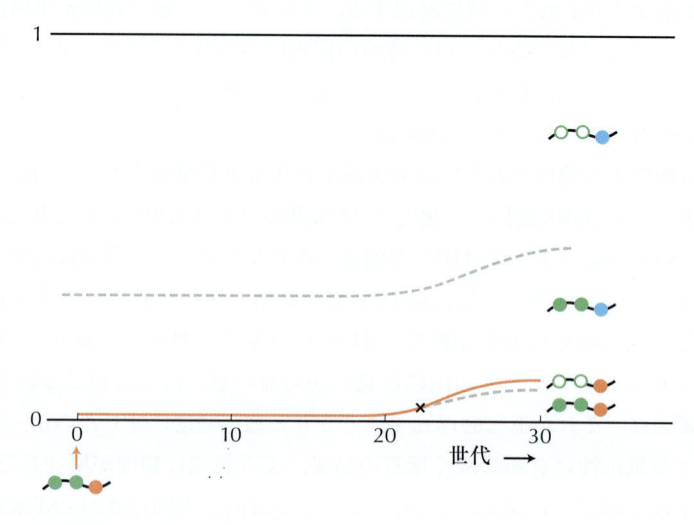

図 15.18 ・ CCR5-Δ32 対立遺伝子の年齢は，2 つのマイクロサテライトマーカーとの関係によって推定できる。この対立遺伝子（赤）は約 36％ の頻度で存在する 2 つのマイクロサテライトマーカー（緑で塗りつぶした円）をもつ遺伝的背景の中で生じた（左下の矢印）。現在のヨーロッパ人の集団で突然変異は約 10％ に増えており，まだ多くは最初の 2 つのマーカーと結びついている。しかし，1 つまたはそれ以上の組換え（黒の×印）が起こり，いくつかの CCR5-Δ32 対立遺伝子は現在は，他の異なるマイクロサテライトマーカーと結びついている。

ゲノムのブロックの図は，個別の遺伝子座間の関係を測ったものより満足できるものである。このようにみることにより，塩基多様度πのレベルはゲノムに沿って移動するに従い唐突に変化することがわかる。平均の多様度は$\theta = 4N_e\mu$に等しいが，実際のレベルは系図上の各点がどれだけ過去のものか，すなわち，各遺伝子座でサンプルされた遺伝子が最後に共通の祖先を共有した時点にもっぱら依存する。組換えが1回起きるだけで系図上の位置が変わることがあるので，観察される多様度も唐突に変化しうる。これは突然変異率の変化のようななんらかの真の生物学的違いを必ずしも反映しているわけではない。同じ理由で，連鎖不平衡の程度は大きく変動するが組換え率の変動を正確には反映していない（図15.19）。進化過程は極端にランダムなのでDNA配列データから単純な推論をしようとしてもうまくいかない。

　連鎖不平衡がゲノムの各部分の進化的歴史に依存していることは，ヒトゲノムの解析からわかる。塩基多様度の平均は$\pi = 0.0008$であったが，ゲノムの領域によって，10倍もの開きがあった。数kb離れて隣り合った領域にみられる変異の量には強い相関があった（図15.20A）。中立変異の多様度は，τを2つの遺伝子の共通祖先に至るまでの平均の時間として，$2\mu\tau$に等しいことをみてきた。単一集団の単純なコアレッセンスモデルのもとで，τは平均$2N_e$になるが，すべての種類の要因（選択，集団構造，など）がこの関係を歪ませうる。塩基多様度の部分的変化は突然変異率μよりもむしろ，コアレッセンスまでの時間τの変動を大きく反映している。

　ゲノムの隣り合った領域間のコアレッセンスまでの時間の相関（図15.20A）は，密接に連鎖した部位間の系図上の類似を反映している（Box15.4）。予想されるように，相関は組換え率の低いゲノム領域でより強く，より多くの塩基対に及んでいる。コアレッセンスまでの時間の相関の観察値から推定できる連鎖不平衡のパターンは，2745のSNPsについて行われた別の研究で得られた連鎖不平衡の実測値によく合致していた（図15.20B［赤と青］）。しかし，コアレッセンスまでの時間τの間の相関と，対にした連鎖不平衡r^2の程度の両方とも，一定の組換え率をもつよく混ぜ合わされた集団の単純なモデルから予想されるものよりも，ゲノムのずっと広範な領域に広がっている。両方とも単純な$r^2 \approx 1/(1 + 4N_ec)$の関係から推定される数kbという値（図15.20B黒線）を越えて，約20kbほどにも及んでいる。同様な食い違いはキイロショウジョウバエの研究にもみられる。そのことは，もし組換えが"ホット

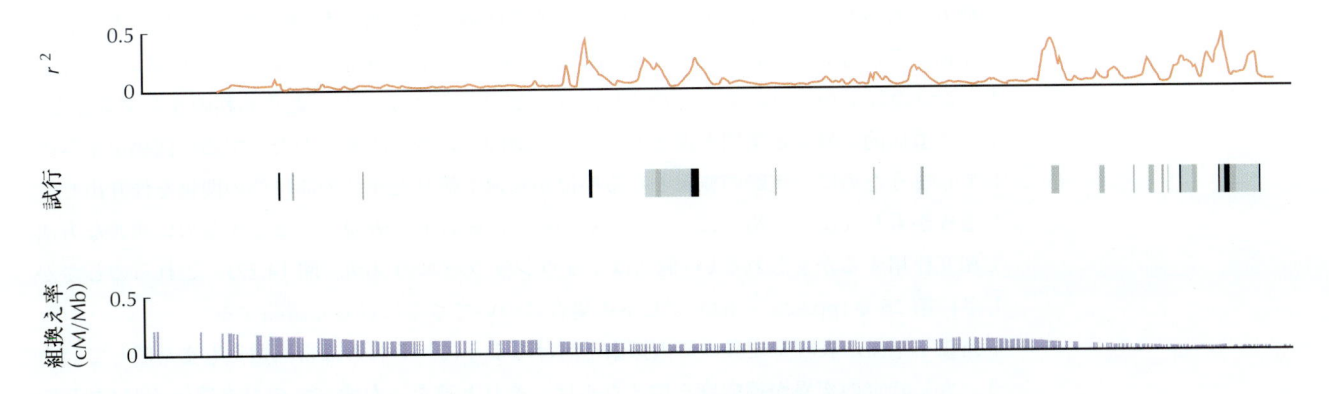

図15.19 ● ヒト第19染色体の短腕にある連鎖不平衡（LD）の変異。上段の図は測定の幅を500bpとし，これを連続的に動かしながら求めたr^2を示す（Box 15.5参照）。中段の図の影の濃さは，区画ごとの試行のLDの過大さに対する統計的有意性を示している（灰色：$p < 10^{-4}$）。下段の図はこれらのデータから推定された組換え率を示す。

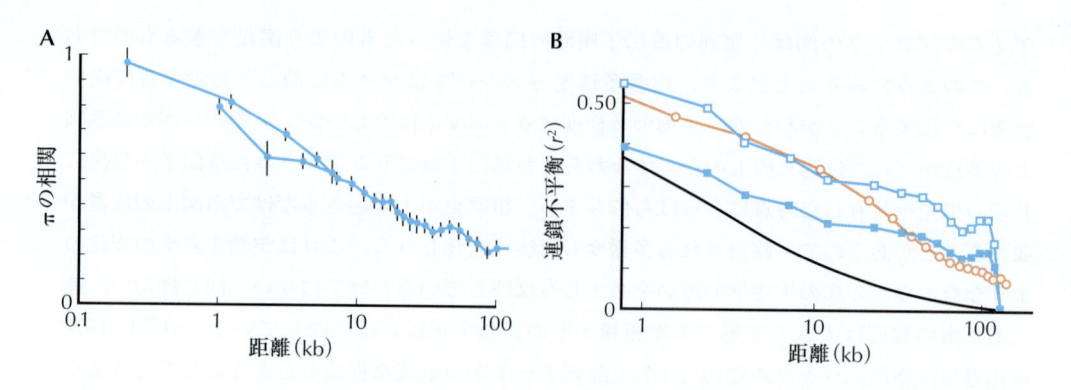

図15.20 ■ 進化的歴史の変異はゲノムに沿った連鎖不平衡のパターンを予測する。(A) 異なる距離によって隔てられた領域の間の塩基多様度の相関。2つの線は一塩基多型の2つのデータセットで，両者はよく一致している。(B) 赤い線は座位間の距離の関数として観察された連鎖不平衡 (r^2) を示す。これをAから導かれる進化的歴史を共有することに基づく予測(上限と下限，青)と比較した。理論的予測(黒い曲線)は，一定の集団の大きさと均一な組換え率を仮定した単純なモデルに基づいている。

スポット"に限られるなら，ゲノムの長い領域で強い連鎖不平衡を減数分裂で分断されることなく維持できるという説明が可能である。あるいは，ヒトの集団は最近まで小集団として互いに隔離されてきたために，遺伝的に遠く離れた集団の混合が強い連鎖不平衡を引き起こしたのだろうとも考えられる (p.489参照)。現在のところ，この2つの説明のうちどちらがより重要であるかは完全には明らかでない。

連鎖不平衡はQTLの探索を助けもし妨げもする

連鎖不平衡のパターンを理解することは，量的形質の遺伝的基礎を明らかにしようと試みるために重要であり，また特に，病気と遺伝子マーカーとの関係を探ることによってヒトの病気の遺伝的基礎を明らかにするために必須のことである (pp.437, 825～841参照)。異なる対立遺伝子間の関係は，量的形質に違いをもたらす遺伝的変異の探索を助けもし妨げもする。すなわち一方で，もし遺伝的変異がゲノムのブロックとして組み立てられ，少数の組み合わせのみが（すなわち，少数のハプロタイプのみが）みいだされるのであれば，これらのブロックのほんのいくつかの座位を調べるだけでよい（図15.15参照）。

他方，あるハプロタイプと，（例えば）ある遺伝病の間に関係が"あった"ときに，どの特定の座位がその違いをもたらしているのかを見つけるのは不可能である。ここには（少なくとも）2つのむずかしさがある。第1に，サンプリングエラーと，進化過程のランダムさと，そして遺伝的に異なる集団が混ざり合うと，地図上の長い距離にわたって強い関係を生み出してしまうために，実際の原因となる座位から遠く離れた座位の間に偽の関係を作り出してしまうかもしれない。第2に，いくつかの座位は総合的な表現型を決定するのに複雑な方法で相互作用するかもしれない（例えばショウジョウバエの *Adh*。図14.27）。これらのむずかしさは第26章 (pp.829～833) でヒトの場合についてさらに詳しく議論する。

連鎖不平衡が表現型変異の原因探索を妨げるように，それらは自然選択もまた隠してしまう。もし特定の変異が適応度を増すならば，それと連なったすべての対立遺伝子が（たとえそれらが多少有害であったとしても）頻度を増加させる。第23章では機会的遺伝的浮動によって作られた偶然の連鎖関係が選択をどのように妨げ，これが有性生殖と組換えが広く行きわたったことに対してどのような重要な説明を与えるかを調べる。

■ 要約

　機会的遺伝的浮動は適応度のランダムな変動によって起こる。適応度はある世代が残す子孫の数として定義される。個々の遺伝子の適応度は必然的にランダムであるので，対立遺伝子の頻度もランダムに変動する。Wright–Fisher モデルでは，$p + q = 1$ を対立遺伝子頻度とし，集団は N 個の二倍体個体からなるとすると，対立遺伝子頻度の分散は各世代 $pq/2N$ だけ増加する。他のモデルでは，対立遺伝子頻度の分散は $pq/2N_e$ の割合で増加する。ここで N_e は集団の有効な大きさである

　どの有限集団でも，近縁個体間の交配（すなわち近親交配）は避けられず，時間に逆方向にさかのぼるにつれ祖先の数は減少していく。このようにして，後戻りすればするほど祖先遺伝子の数が減っていき，遺伝子は祖先において同一（IBD）になる。祖先の系統は統合されてゆき，ついには単一の共通の祖先遺伝子に行きつく。これはコアレッセンスの過程によって記述することができ，対にした系統は毎世代 $1/2N_e$ の確率でコアレッセンスする。一般的には，遺伝子のサンプルは $2N_e$ 時間で急速に2つの祖先系統に統合され，これらの系統は平均して，さらに $2N_e$ 世代さかのぼることによって共通祖先に行き着く。しかし，この過程はきわめて変化が大きい。

　中立説のもとでは，分子進化は突然変異と遺伝的浮動によって形作られる。系統が突然変異によって分化する速度は突然変異率 μ に等しく，これは"分子時計"の簡単な説明を与える。集団内の変異の量は浮動と突然変異の相対的な率を示す $θ = 4N_eμ$ に依存する。事実上，多数を占める種の変異は単純な中立説から予想される変異よりずっと少ない。これは顕著な集団のボトルネックによるか，あるいは有利な突然変異の置換が連鎖した遺伝子の変異を減少させるため（ヒッチハイキング）であろう。

　有性生殖集団では，組換えがゲノムを異なる系統関係をもつブロックに分断する。それに対応して，配列の変異はブロック様パターンを示し，各ブロックが示すハプロタイプの種類はほんのわずかである。対立遺伝子間のこのような強い関係は，連鎖不平衡として知られており，それらはヒッチハイキングの原因であり，量的変異やヒトの遺伝病の原因となっている対立遺伝子を見つける試みの基礎となるので重要である。

■ 文献

Crow J.F. and Kimura M. 1970. *An introduction to population genetics theory.* Harper & Row, New York.
　遺伝的浮動を定式化した古典的な教科書。対立遺伝頻度の浮動と近親交配を理解するために最初に手にすべき文献であるが，コアレッセンスの過程の最近の発展についてはカバーしていない。

Felsenstein J. 1978–2007. *Lecture Notes in Population Genetics.* http://evolution.gs.washington.edu/pgbook/pgbook.html
　機会的遺伝的浮動の優れた概説。

Gould S.J. 2000. *Wonderful life: Burgess Shale and the nature of history.* Vintage, New York.
　進化の本質的なランダム性はスティーブン・ジェイ・グールドの著述では重要なテーマとなっており，本書はこれに関連して読むべきものの1つである（しかし，グールドのバージェス頁岩動物相の説明には議論の余地がある）。

Hudson R. 1990. Gene genealogies and the coalescent process. *Oxf. Surv. Evol. Biol.* **7:** 1–44.
　組換えを含めて拡張したコアレッセンスの過程の明快な説明。

Kimura M. 1983. *The neutral theory of molecular evolution.* Cambridge University Press, Cambridge.
　木村の中立説理論の要約であり，遺伝的浮動と突然変異の相互作用についての明快な説明が与えられている。

Reich D.E., Schaffner S.F., Daly M.J., McVean G.A.T., Mullikin J.C. et al. 2002. Human genome sequence variation and the influence of gene history, mutation and recombination. *Nat. Genet.* **32:** 135–142.
　ヒトゲノムの最初の報告に付随する膨大な SNPs データの簡潔な解析。

Rosenberg N.A. and Nordborg M. 2002. Genealogical trees, coalescent theory and the analysis of genetic polymorphisms. *Nat. Rev. Genet.* **3:** 380–390.
　コアレッセンスの過程による系図の記述方法と遺伝的変異を理解するための応用について述べた概説。

Wakeley J. 2006. *Coalescent theory: An introduction.* Roberts and Company, Englewood, Colorado.
　コアレッセンスの過程の優れた要約。

Wall J.D. and Pritchard J. 2003. Haplotype blocks and linkage disequilibrium in the human genome. *Nat. Rev. Genet.* **4:** 587–597.
　図 15.15 および図 15.19 に示されているような人類集団における連鎖不平衡を扱う最近の論文のレビュー。

CHAPTER
16

集団構造

これまでは，集団を単一の均質な遺伝子プールと考えてきた。そのため，異なる種類の遺伝子の割合，あるいは遺伝子の組み合わせの割合（つまり対立遺伝子頻度や遺伝子型頻度）を考えるだけでよかった。各個体は他のどの個体とも等しい確率で交配あるいは相互作用する，つまり，すべての個体が同じ状態を経験すると仮定してきた。このような集団は**任意交配**（panmictic）集団と呼ばれる。

現実の集団はこのようなものではない。それらは広い範囲に分布しており，移動に際しての障壁もあれば，個体密度や環境条件も場所によって異なっている。このような空間分布の問題に加えて，任意交配からの微妙なずれもある。多くの個体は，同じ地域に住み，同じ社会グループに属し，同じような年齢にある個体と出会って交配する傾向にある。理想的な任意交配からずれた集団は，"構造をもつ"といわれる。本章では**空間構造**（spatial structure）に焦点を当てるが，ここで述べることの多くは他の種類の構造についてもあてはまるものである。

進化に関する重要な疑問は，集団構造に依存するものが多い。種は地域の環境に適応しているのか。1つの集団は異なる種へと分岐していくことができるのか。有利な対立遺伝子はどのようにして広い範囲に拡散していくのか。これらの疑問は，次章で説明する自然選択の問題も含んでいる。本章では，遺伝子流動の概念を紹介して，それがどのように働き，突然変異や組換えや，とりわけ中立突然変異を形作る遺伝的浮動とどのような相互作用をするかを説明する。遺伝子の空間分布のありさまは，歴史，移住率，集団密度など，集団に関する多くの事柄を示唆する。ここで説明する原理は，第25章において我々自身，ヒトという種の構造を理解する際にも役立つであろう。

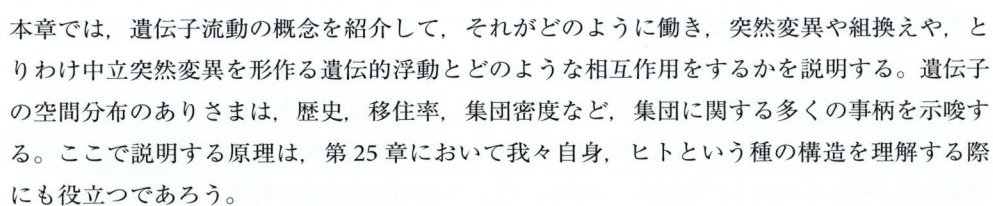

16.1 遺伝子流動

自然集団はよく混合した単一の遺伝子プールではない

すべての種類の生物は**構造をもつ集団**（structured population）の中で生活している。空間

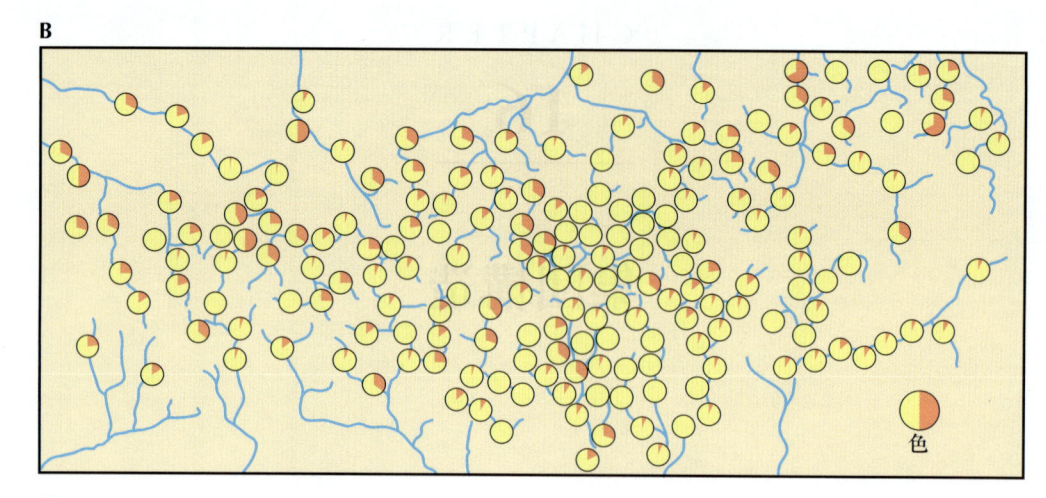

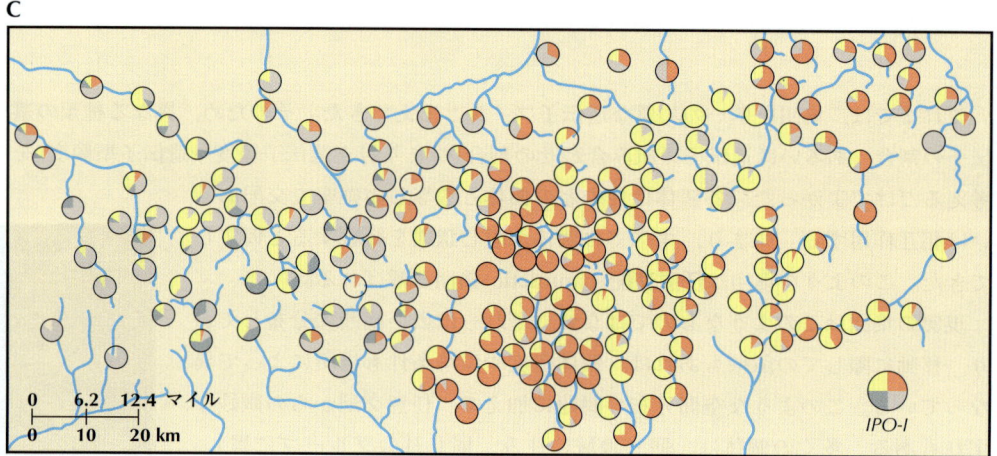

図 16.1 ▪ (A) *Cepaea nemoralis* という陸産貝類は，殻の色と縞模様に高い多型性がみられる。フランスとスペインの国境にあるピレネー山脈では，これらの形質が場所によって気まぐれに変化する（B）。暗色の殻はより寒冷な場所でみられる傾向があるが，それらは太陽光の下でよく暖まる。(C) 対照的に，アロザイム遺伝子座の対立遺伝子頻度は大きなスケールにわたって変動する。すなわち，東部，中部，西部の集団は対立遺伝子頻度が明瞭に異なる組み合わせをもっており，比較的急激なクラインによって分離されている。このことは，これらの集団の歴史的な起源を反映している。(B) は黄色い殻の対立遺伝子の頻度を，(C) はインドフェノールオキシダーゼ遺伝子座（*Ipo-1*）の4つの対立遺伝子の頻度を示す。

構造は，分布範囲に比較して短距離しか移動できないような限られた分散能力をもつ生物において最も明瞭である（例えば，陸産貝類，飛べない昆虫など）。ところが，定期的に長距離を移住する種でさえも，毎年同じ場所に戻って繁殖する（例えば，チョウのカバマダラ，サケ，ツバメなど）。ずっと小さなスケールでも，微生物がペトリ皿や岩の表面の薄い層の中という限られた場所で繁殖している。本章の後半では，ヒトの脾臓の中の数ミリメートルというスケールにおける HIV ウイルスの空間構造をみる。

遺伝的変異はさまざまな種類の空間的パターンを示す。しばしば，対立遺伝子頻度や量的形質は，場所によって気まぐれに変動する（図 16.1B）。一方で，遺伝子頻度や形質は**クライン**（cline）と呼ばれるパターンで傾斜的に変化する。これらは数千キロメートルの規模にもあるいは数百メートル程度にも広がる（図 16.1C，さらに図 18.13 〜 18.17）。外見上ランダムであれゆるやかなクラインであれ，空間的パターンは明瞭な環境の特徴とは何の相関も示さないことがある（図 16.1C）。一方で，ある環境変数と密接な関係がみられることもある。すでにヒトにおける鎌形赤血球の例をみてきたが，それはマラリアが頻発する地域にみられた。*Cepaea nemoralis* という陸産貝類では，殻の帯のパターンと植生タイプとの間に明確な相関があるが，それにより貝がよく隠蔽される傾向にある。加えて，涼しい場所に生育する貝は暗色の殻をもっており，それは日光により暖まりやすい（図 16.1B）。同様に，多くの哺乳類の毛皮の色は生育地に関連して変化し，明確なクラインのパターンを示す（図 18.12）。

このようなパターンを理解するためには，ここまででは議論していない進化的な力である

遺伝子流動 (gene flow) を考慮しなければならない。動物は食物や配偶者を求めて場所を移動する。花粉や種子は風によって吹き飛ばされたり，動物によって運ばれたりする。細菌は空気や水によって拡散されたり，動物宿主によって運ばれたりする。仕組みがどうであれ，遺伝子は世代から世代へと場所を移動する。遺伝子流動という用語はこのような移動をさしている。

遺伝子流動は集団を均質化する

　ある場所から別の場所への遺伝子の移動には，単純な効果がある。すなわち，集団中のさまざまな部分を互いに類似させるのである。遺伝子流動が働くだけで，いつかは集団が均質化されるようになる。ここで，遺伝子流動の比率がどのように測定され，その効果がどのように定量化されるかを示そう。

　最も単純な事例は**島モデル** (island model) である。すなわち，ある地域集団がその外部にある"大陸"集団から移住者を受け入れる場合である。そのような地域集団はしばしば**ディーム** (deme) と呼ばれる。各世代において，全体のうちの割合 m の遺伝子が大陸集団からやってきて，残りの割合 $1 - m$ の遺伝子をその地域のディームから受け継ぐ。このような混合により，大陸集団と地域集団との間の対立遺伝子頻度の差は，毎世代 $1 - m$ 倍に減少する。例えば，各世代において遺伝子の 10% が大陸に由来するとき（移住率 $m = 0.1$），遺伝子頻度の差は引き続く世代において 0.9, 0.81, 0.729…倍に減少し，10 世代後には約 0.35 倍になる。一般的に約 $1/m$ のタイムスケールで，すなわち，$m = 0.01$ ならば約 100 世代で，$m = 0.001$ ならば約 1000 世代で，差はかなり小さくなると期待される (Box 16.1)。

　この単純な島モデルは，どのような数のディームの間での移住についても拡張することができる。すべての潜在的な起源となるディームから毎世代移住してくる遺伝子の割合さえわかればよい。多数のディームとの間の遺伝子流動の効果は質的には 1 つの島の事例に似ており，あるディームと他のディームとの差は移住してくる遺伝子の割合に従って減衰するので

Box 16.1　島モデルにおける対立遺伝子頻度

　毎世代，ある島のうち割合 m の遺伝子が"大陸"集団からやってくる。残りの割合 $1 - m$ が島集団自身から受け継がれる。時間 t における島の対立遺伝子頻度は，単純に 2 つの起源の対立遺伝子頻度の混合である。

$$p_t = mp_m + (1 - m)p_{t-1}$$

ここで，p_m は大陸集団の対立遺伝子頻度，p_{t-1} は前世代における島集団の対立遺伝子頻度である（図 16.2）。島と大陸の対立遺伝子頻度の差は，毎世代 $1 - m$ 倍に減少する。

$$(p_t - p_m) = (1 - m)(p_{t-1} - p_m)$$

このように，対立遺伝子頻度の差は，毎世代 m の割合でほぼ指数関数的に減少する。

$$\begin{aligned}(p_t - p_m) &= (p_0 - p_m)(1 - m)^t \\ &\fallingdotseq (p_0 - p_m)\exp(-mt)\end{aligned}$$

（注：小さい m に対しては，$(1 - m)^t$ は近似的に $\exp(-mt)$ となる［第 28 章（オンラインチャプター）参照］）

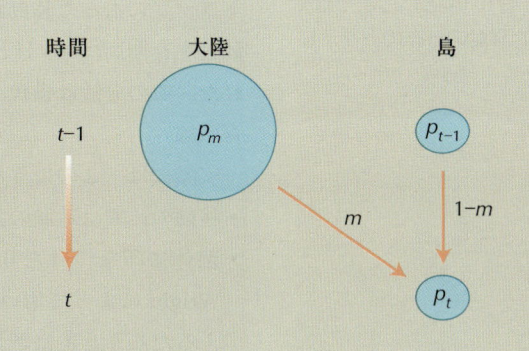

図 16.2・島モデル。

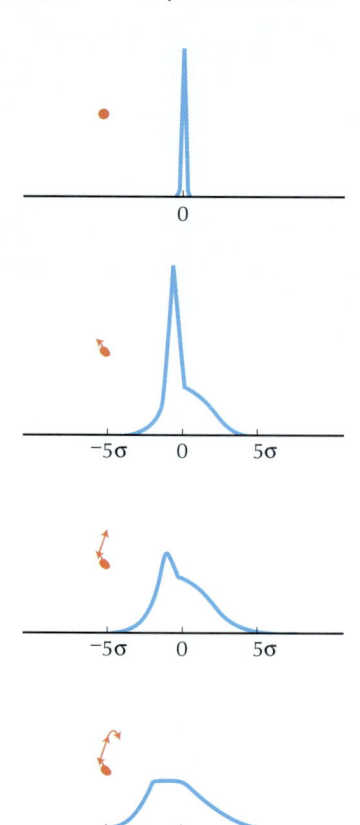

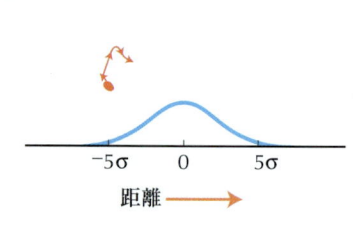

ある。このようなモデルは，例えば，ある村の住民の生死に関する代々の記録から移住率に関する詳細な情報が得られるような場合に利用することができる。しかし，多くの事例ではこのような詳細な情報を得ることはできない。

幸運なことに，広範囲の空間に広がる集団全体での遺伝子流動の割合を記述するための単純な近似法がある。同じ場所から出発する1セットの遺伝子を想定しよう。それぞれの遺伝子は新しい場所に運ばれるのだが，1世代後にはそれらはある分布に従った広がりを見せることになる。これは複雑な形となるが，多くの個体は元の場所の近くにとどまり，いくつかの個体は遠くへ移動する（図16.3）。1世代の間の移住に関して完璧に記述するには，分布全体の情報が必要である。ところが，多くの世代を経た後の遺伝子の進展をみると，その分布は**正規分布**（normal distribution）に近づいていく（第28章［オンラインチャプター］参照）。もしある特定の方向への移動という傾向がなければ，この分布は平均が0で，分散は時間に比例して増加する（図16.3）。

ある遺伝子群の分布について考えるかわりに，1個の遺伝子の移動を考えてみてもよい（図16.3，挿入図）。t世代後の位置は，各世代での機会的な移動の総和$x_1 + x_2 + \cdots + x_t$である。もしこれらの移動が互いに独立であるなら，その総和は分散$\sigma^2 t$の正規分布に近づいていく（第28章［オンラインチャプター］参照）。遺伝子の長期間にわたる移動に関するこのような近似は，**拡散近似**（diffusion approximation）と呼ばれている。これは化学物質の拡散を描くのに使われる近似と同じものである。大きなスケールの下では集積された分布は滑らかな拡散をみせるが，微細なスケールでは各分子の機会的な動きが多く目立つようになる。同じように，大きな集団内での遺伝子流動による対立遺伝子頻度の長期的変動は滑らかにみえるが，実際は多くの個別な移動の集積効果である。

遺伝子の拡散の比率はσ^2を用いて測定される

1つの集団を通しての遺伝子の拡散の比率は，1世代の間の親と子の距離の分散σ^2という単一のパラメータで測定される（二次元においては，この距離は注目する方向の座標に沿って測定される）。原理的には測定は容易であるが，各個体を追跡してその子孫が1世代後にどこにいるかを探し出さねばならない。遺伝子の拡散の比率に関する最初の測定値の1つは，Theodosius Dobzhansky（テオドシウス・ドブジャンスキー）とSewall Wright（セオール・ライト）が*Drosophila pseudoobscura*というショウジョウバエを用いて行ったものである。一連の実験において，彼らはオレンジ色の眼という突然変異をもつ14,026頭のハエを放ち，その後の数日間にそれらを追跡したのである（図16.4）。1つの実験結果では，直線上に並んだトラップに沿った移動距離の分散は，1日あたり4600 m^{2}の割合で増加した。成虫だけが拡散し生存期間は4.5日と仮定して，遺伝子流動の割合は世代あたり$\sigma^2 = 21{,}000$ m^{2}と推定された。この分散は世代あたり$\sigma = \sqrt{21{,}000} = 145$ mという標準偏差に相当する（図16.4Bの青い線）。

実際には，このような直接測定は以下のような多くの困難に直面する。
- 移動の比率は地域の条件に敏感である（図16.4Bにもあるように温度など）。
- 個体に印をつけたり観察したりすること自体がハエの動きを阻害する。DobzhanskyとWrightによって用いられた眼色の突然変異は，ハエの視覚を変えることにより行動も変えるだろうと推察される。
- 非常に多数の個体が広範囲にわたって追跡されたとしても，ときどき起こる長距離の移動は見逃されてしまい，移動距離の分散の中に含まれない。

図16.3 ■ 赤い矢印は，0, 1, 2, 3, 4世代にわたり，二次元の生息域の中で機会的に移動する1個の遺伝子を示している。最初の世代では位置の分布は複雑であるが（最上段，青），数回の機会的な移動の総和はやがて正規分布に近づく（最下段，青）。なお，ここではx軸に沿った移動の分布のみを示している。

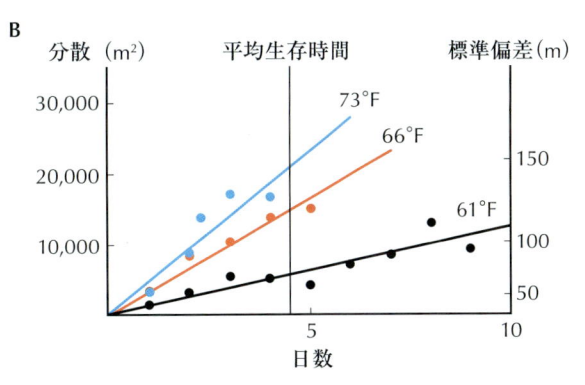

図 16.4 ・ Dobzhansky と Wright（1943）は，カリフォルニアのシエラネバダ山脈の現場で印をつけた個体を放つことにより *Drosophila pseudoobscura* というショウジョウバエの拡散率を測定した（A）。引き続く数日間，ハエは一連のトラップによって捕獲された。グラフ（B）は印をつけたハエの分布の分散が時間とともにどのように増加したかを示す。3 組の点と直線は，夏の間の異なる時期に行った実験の結果を示しており，移動率は気温の上昇につれて強く増加した。遺伝子の拡散の比率は平均生存期間を 4.5 日（垂直線）と仮定して推定された。

- 移住者の子孫が生き残って繁殖するかどうかを見つけることが重要であるが，1 世代の全体にわたって追跡することは不可能である。

このような理由から，遺伝子流動の直接測定はうまくいってもやはり不正確である。本章の残りでは，遺伝的変異のパターンから遺伝子流動の割合を推測することにより，間接的な測定がどのようになされるかをみていくことにしよう。

拡散はゆっくりした過程である

遺伝子は t 世代後には分散 $\sigma^2 t$ の正規分布に従って拡散することをみてきた。典型的な 1 つの遺伝子は，各方向へ標準偏差 $\sigma\sqrt{t}$ の距離だけ移動するのである。例えば，*Podisma pedestris* という飛べないバッタ（図 16.5）は 1 世代に約 20 m 移動する（より正確には，世代あたり $\sigma^2 = 400\ m^2$）。遺伝子は 100 世代を経ると約 $20\sqrt{100} = 200$ m，10,000 世代を経ると約 $20\sqrt{10,000} = 2$ km 移動する。遺伝子はランダムウォークで移動し，進んだり戻ったりするので，この過程はゆっくりしたものである（図 16.3，挿入図）。

拡散が遅いことは，ある場所からの遺伝子の拡散の考察以外にも，2 つの遺伝的に異なる集団の混合を考えても理解できる。滑らかなクラインが形成され，それが徐々に幅広いものとなる。時間 t の後にクラインの幅は $\sqrt{2\pi\sigma^2 t}$ となる。これは時間の平方根に比例して増加し，混合は長い時間をかけてゆっくりと進む（図 16.6）。1 つの例として，バッタ *P. pedestris* の 2 つの染色体変種が最終氷河期（10,000 世代以下の過去）の後に海岸アルプス山脈で出会った（この種は年 1 化性で，1 年に 1 世代である）。もしそれらが単純に混合されるならば，それらを隔てるクラインの幅はわずかに $\sqrt{(2\pi 400)(10,000)} = 5$ km のはずである。実際にみられる 800 m というクラインはこの値よりもずっと狭く，あるもっと速い過程が 2 つの型を隔てていることを示唆している。第 18 章において狭いクラインがどのようにして維持されているかをみて，第 19 章においてはこれらの考えを用いて中立的な混合を他の過程と区別しよう。

このような計算により，拡散が非常にゆっくりした過程であることが示される。アルプス

図 16.5 ・ *Podisma pedestris*（成虫雌）。

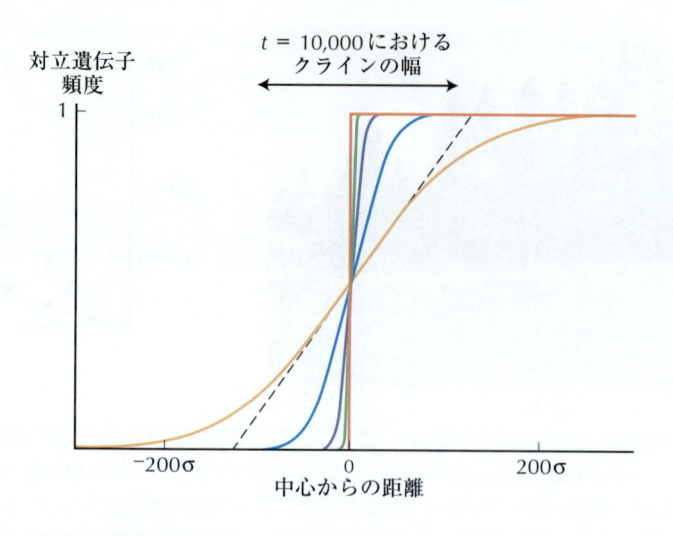

図 16.6・異なる対立遺伝子に固定している2つの集団が明確な境界で出会った後，遺伝子流動はそれらの間の推移範囲を徐々に広くする働きをする．図は 1, 10, 100, 1000, 10,000 世代後のクラインを示すが，そのときクラインはそれぞれ $\sqrt{2\pi\sigma^2 t} = 2.5\sigma, 7.9\sigma, 25\sigma, 79\sigma, 250\sigma$ の幅をもつ（赤，緑，紫，青，オレンジ色の線）．クラインの幅は，$t = 10,000$ 世代のときについて矢印で示すように，クラインの最も急な部分に対する接線（点線で示す）を描くことにより明示される．

山脈は 10,000 年前には氷におおわれていたことがわかっており，北方に向けた受動的な拡散だけでは非常に遅いことから，現在そこに生育している生物はかなり素早く入植したに違いないと考えられる．拡散近似は短い時間スケール（数百世代程度）にはうまく働くが，より長い期間にわたっては，遺伝子の拡散は集団の予期できない大きなスケールの拡大と収縮に左右され，機会的な地域的移動だけには必ずしもよらない．この章の後半で，このような祖先の歴史を推察するにあたって遺伝的パターンがいかに役立つかをみていくことにしよう．

16.2 遺伝子流動は他の進化的な力と相互作用する

地理的変異は遺伝的浮動によって作られる

　遺伝子流動だけが働くとやがては均質化が導かれる．もし何かほかの過程が遺伝的分化を生み出す場合にのみ，興味深いパターンがみられるだろう．この章の残りの部分では，ランダムな遺伝的浮動がどのようにして分化を引き起こすことができるかをみていこう．遺伝的浮動は対立遺伝子頻度を変動させるものとして考えることができるとともに，祖先系統へのコアレッセンスの過程でもある（第15章）．この節では，浮動と遺伝子流動が対立遺伝子頻度の分散を生み出すのに互いにどのようにつり合うのかを考え，この分散がこれらの2つの過程の相対的な割合を推定するためにどのように役立つかを考えよう．次の節では，遺伝的浮動を異なる視点，すなわち種の範囲内でさまよう祖先系統という視点でみてみよう．

　1セットの小集団またはディームを想定しよう．そこでは，すべてが同じ対立遺伝子頻度から始まるものとしよう．もしこれらが互いに隔離されているならば，さまざまなディームがさまざまな対立遺伝子に完全に固定するまで機会的に変動するだろう（Box 15.1 および図 15.3 を再度参照）．各ディームがその遺伝子のうち m の割合を他のディームから毎世代受け入れるものと仮定しよう（これは Box 16.1 にある単一の島モデルの拡張である．移住者は単

一の大きな"大陸"集団から来るのではなく，すべてのディームが均等に貢献する移住者プールから来る。このような1セットのディームは**メタ個体群**［metapopulation］という）。遺伝子の交換はディームをより似通ったものとし，遺伝的浮動がを起こそうとする効果とつり合う。集団全体としては，対立遺伝子頻度の平衡分布に落ち着いていくであろう（図16.7）。

　ディーム間の対立遺伝子頻度の分散は，各ディームにおける**集団の有効な大きさ**（effective population size）と移住率との積 $N_e m$ に依存する（Box 16.2）。これは遺伝的浮動に対する遺伝子流動の比を測定するものであるが，同じように，$N_e \mu$ は遺伝的浮動に対する突然変異の比を推定し（p.461参照），また，$N_e c$ は遺伝的浮動に対する組換えの比を推定する（p.465参照）。パラメータの組み合わせ $N_e m$ は単純な解釈ができる。これは，その集団に毎世代移住してくる有効な個体数である。このように，かなり大きな集団における浮動はゆっくりした過程であるから，非常に低い移住率であっても，遺伝的浮動に対抗して複数の集団を遺伝的に均質に保つことができる。もし，数個体以上が毎世代交換されるならば，ディーム間の対立遺伝子頻度の分散は低いだろう（例えば，もし $N_e = 10{,}000$ で m がほんの 0.001 であっても，$N_e m = 10$ となり，ディーム間で対立遺伝子頻度を類似に保つのに十分である）。

F_{ST} はディーム間の遺伝的変異の標準的な尺度である

　ディーム間の遺伝的分化の程度は，係数 F_{ST} によって測定される。遺伝的浮動と遺伝子流動のどんなモデルにおいても，全体の平均が $\bar{p}$ である対立遺伝子頻度の分散は $\bar{p}(1-\bar{p})$ に比例し，$\mathrm{var}(p) = \bar{p}(1-\bar{p})F_{ST}$ と書くことができる。平均 $\bar{p}$ をもつ対立遺伝子の分散の可能な最大値に対して，ディーム間の対立遺伝子頻度の分散の割合を F_{ST} として考えることができる。分散の最大値は $\bar{p}(1-\bar{p})$ であり，ディームのうちの割合 $\bar{p}$ が $p = 1$ に固定し，残りが $p = 0$ に固定する場合に，それが起こる（第28章［オンラインチャプター］参照）。F_{ST} は全分散（total）に対する分集団間（subpopulation）の遺伝分散の割合の尺度と考えることができ，そのため Wright が下付き文字 ST を用いたのである。

　標準化された係数 F_{ST} は，異なる頻度をもつ多くのさまざまな対立遺伝子の情報を統合することができる。中間的な頻度をもつ対立遺伝子は，ほぼ固定している対立遺伝子に比べて地域の間で高い分散を示すが，比率 F_{ST} はそれらのすべてについて同じになると予想される（Box 16.3参照）。確かに似たような尺度を量的形質について定義することができる。それはディーム内の相加遺伝分散の平均に対するディーム間の形質平均値の分散であり，$V_A : Q_{ST} = \mathrm{var}(\bar{z})/(\mathrm{var}(\bar{z}) + 2V_A)$。となる。遺伝子流動と遺伝的浮動とのバランスにおいて，これはすべての形質に対して同じ値になると予測され，F_{ST} となる。遺伝子座間の F_{ST} の違いと形質間の Q_{ST} の違いは，選択の働きを検出する力強い方法を与えてくれる（ウェブノート参照）。

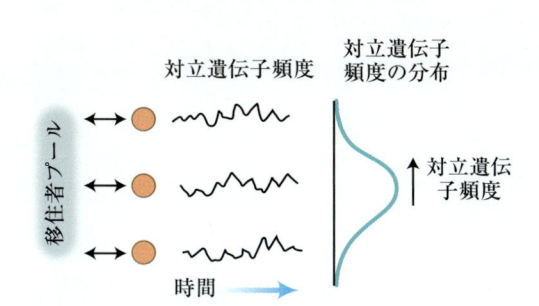

図16.7 ▪ 島モデルでは，ディームが移住者プール（左）と遺伝子を交換する。各ディームにおける対立遺伝子頻度は時間とともに機会的に変動する（中）が，集団全体としては確実な統計的分布（右）に近づいていく。

Box 16.2　島モデルにおける対立遺伝子頻度の分散

対立遺伝子頻度 p_0 からすべてが始まる非常に多数のディームを想定しよう。全体集団は非常に大きいので，対立遺伝子頻度の平均は一定値にとどまるか，あるいは少なくとも非常にゆっくりと変動する。しかし，ディーム全体にわたる対立遺伝子頻度の分布は時間 t において分散 V_t である（図16.8A）。Box 15.1 において，各世代で遺伝的浮動はこの分散を以下のように増加させるのをみた。

$$V_{t+1} = V_t + \frac{E[pq]}{2N_e} = V_t + \frac{(p_0q_0 - V_t)}{2N_e}$$

ここで，$q_0 = 1 - p_0$ である。平均して割合 m の遺伝子がどこか外から来て，それら移住者は対立遺伝子頻度 p_0 をもつ。どの1つのディームにおいても，対立遺伝子頻度の偏差は 1 − m 倍に減少する（Box 16.1）。分散は偏差の2乗の平均と定義されるので，遺伝子流動は分散を $(1 − m)^2$ の割合で減少させる。結局，以下のようになる。

$$V_{t+1} = (1-m)^2 \left(V_t + \frac{(p_0q_0 - V_t)}{2N_e} \right)$$

ディーム間の分散は，$V_{t+1} = V_t = V$ とおいて得ることのできる平衡値に向かって増加していく。小さな m と大きな N_e の場合のよい近似は以下のようになる。

$$V = \frac{p_0q_0}{1 + 4N_em}$$

これらの対立遺伝子頻度の分散の可能な最大値に対するディーム間の分散 V は，Wright の F_{ST} によって以下のように表される。

$$F_{ST} = \frac{V}{p_0q_0} = \frac{1}{1 + 4N_em}$$

もし変異が長い間維持されるならばいくらかの突然変異が存在するだろうが，ここでは突然変異は無視している。ただし，たいていの場合，突然変異は移住よりもずっと希少であり（$\mu \ll m$），ディーム間の分散に関する効果は無視しうる程度である。約 $1/m$ 世代にわたって，ディームは N_em で決定される分散をもつ安定した分布に落ち着く。全体集団における対立遺伝子頻度は，突然変異率と全体集団の有効な大きさによって決定される時間スケールにわたって，非常にゆっくりと変化する（図16.8C）。

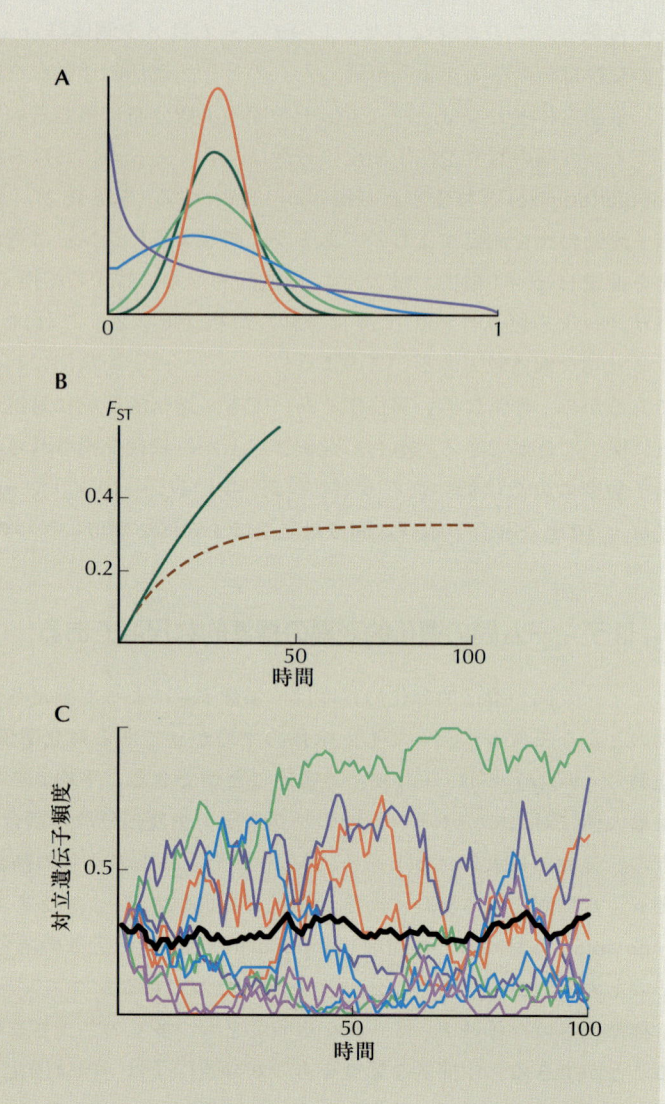

図16.8 ・（A）それぞれの大きさが $N_e = 25$ で移住者の交換率が $m = 0.02$ であるような，1セットのディームに関する対立遺伝子頻度の分布。ディームはすべて $p_0 = 0.3$ で始まり，1, 2, 4, 10, 100 世代後の分布が描かれている（それぞれ，赤，濃緑，緑，青，紫色の線）。（B）時間につれての対立遺伝子頻度の分散の増加は，$F_{ST} = \text{var}(p)/p_0q_0$ で測定される。実線は，移住がないときに F_{ST} がどのように1に近づくかを示している。点線は，遺伝的浮動と移住とのバランスがあるときに，F_{ST} が平衡値 $1/(1 + 4N_em) = 0.333$ にどのように近づくかを示している。（C）10個のディームのそれぞれにおける対立遺伝子頻度の例。10個のディームの全体にわたる平均はずっとゆっくりと浮動する（黒線）。

> **Box 16.3** F_{ST} の計算例
>
> ある対立遺伝子が平均頻度 0.5 をもち，4 つのディームにわたり 0.4, 0.5, 0.5, 0.6 という頻度であると仮定しよう。そのとき，var(p) = 0.005 であり，以下のようになる。
>
> $$F_{ST} = \frac{\text{var}(p)}{\bar{p}(1-\bar{p})} = \frac{0.005}{0.5 \times 0.5} = 0.02$$
>
> もし，別の対立遺伝子が平均頻度 0.1 をもち，4 つのディームにわたり 0.04, 0.1, 0.1, 0.16 という頻度であるならば，遺伝子頻度の分散はずっと小さく var(p) = 0.0018 である。しかし，F_{ST} = 0.0018/(0.1 × 0.9) = 0.02 で同じである。
>
> **狭義の遺伝率**(narrow-sense heritability) V_A/V_P = 50% と表現型分散 V_P = 400（すなわち標準偏差 $\sqrt{400}$ = 20）をもつ量的形質は，相加遺伝分散 V_A = 200 をもつ。メンデル遺伝子座について F_{ST} = 0.02 である集団では，類似した測度 Q_{ST} = var($\bar{z}$)/(var($\bar{z}$) + 2V_A) もまた 0.02 に等しくなる。ゆえに，そのような形質におけるディーム間の分散は var($\bar{z}$) ≃ 2$Q_{ST}V_A$ = 2 × 0.02 × 200 = 8，すなわち標準偏差は $\sqrt{8}$ ≃ 2.8 と期待される。

全体としての集団はゆっくりと浮動する

ここまでは，遺伝的浮動の結果として地域的な分集団がどのように遺伝的分化していくかを議論してきた。全体としての種の進化についても考えてみよう。これは，個別のディームにおける変化よりもずっとゆっくりであろう。有効な大きさ N_e をもつ 1 つのディームの対立遺伝子頻度は，約 N_e 世代の時間スケールで変動し，一方移住によって結合される n 個のディームからなる集団は，約 nN_e 世代というさらにずっと長い時間スケールにわたって浮動する（図 16.8C）。

全体の対立遺伝子頻度の平均 $\bar{p}$ はどのくらい速く浮動するのだろうか。島モデルにおいては，この疑問への回答は驚くほど単純である。全体集団の有効な大きさはちょうど $nN_e/(1 - F_{ST})$ である。したがって，離れたディームへの集団の分割は全体としての有効な大きさを増加させる（つまり，それは全体としての遺伝的浮動の比率を減少させる）。このことは，移住者の数（N_em）が非常に小さいという極端な場合を考えてみることにより理解できるだろう。そのとき，ディームは 1 つあるいはもう一方の対立遺伝子に固定し（F_{ST} ≃ 1），それ以上は変化しなくなる。遺伝的変異は多くの隔離された分集団で維持される（図 16.9A）。この考え方は類似のモデルへと拡張される。つまり，移住が対称的であるとすれば，遺伝子の交換が全体としての対立遺伝子頻度を変化させず，全体集団から遺伝的変異を失う比率は 1 − F_{ST} 倍に減少する。なぜなら，変異は地域ディームの間の違いとして固定されるからである。

実際に地域集団は大きさに依存して変動する。拡大するディームの中の対立遺伝子は頻度を増加し，一方で絶滅に遭遇するディームの中の対立遺伝子はよりまれになる。移住はいまや非対称となり，その結果，遺伝子流動は大きなディームから小さなディームへの移動が優勢となって，大きなディームからの対立遺伝子の拡張が頻繁になる。このような種類の変動は，全体としての遺伝的浮動の比率を大きく加速し，全体集団の遺伝的多様性を大きく減少させる。極端な場合には，ディームは異なる対立遺伝子にほとんど固定することになる（F_{ST} ≃ 1）。もしディームがときどき絶滅して他のディームからの再入植があるならば，全体集団の有効な大きさは個体数よりもむしろディーム数に近くなる（図 16.9B）。

HIV ウイルスにおける絶滅と再入植

HIV の感染に対抗するための重要な障害は，時間がたつにつれてウイルスが抗ウイルス薬への耐性を進化させることである。このような選択反応の速さは，ウイルス集団における

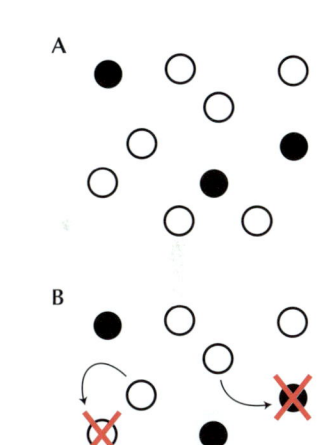

図 16.9 ▪ (A) もし，異なる対立遺伝子にディームが固定されるほどに強く集団が分割されるならば（例えば F_{ST} = 1），これらのディームが存続する限りそれ以上の変化は起こらない。遺伝的変異は無限に維持される。(B) もしディームがときどき絶滅して（赤で示す），生き残ったディームから再入植されるならば，対立遺伝子頻度は変化する。ディームは死亡したり再繁殖したりする個体と類似のものとなり，メタ集団全体の有効な大きさは個体数よりもむしろディーム数に近いものとなる。

遺伝的変異のレベルに依存する。これは，集団の大きさが変動することによる変異の損失が，どのように，集団の分割による変異の維持に勝るかを示すよい例である。HIVに感染した人は10^7以上のウイルス粒子を保有し，その突然変異率は高い（座位あたり世代あたり$\mu \fallingdotseq 3 \times 10^{-5}$）。塩基多様度は高い（0.01〜0.05，表16.1）が，それは推測される個体数Nと突然変異率μの積（$N\mu > 300$，したがって$4N\mu/(1+4N\mu) \fallingdotseq 1$. p.461）よりもずっと低い値である。HIVは脾臓中のリンパ細胞の小さなクラスター内で生存している。たった数ミリメートルの距離であってもこれらのクラスター間の遺伝的分化は明確である（表16.1）。これは，地域的なクラスターが絶滅し，一方で非感染の細胞がどこかからのウイルスによって入植されるという，感染クラスターの素早い入れ替わりによっているのである。このような絶滅と再入植の過程は，遺伝的浮動の比率を大いに加速させることとなり，なぜHIVのような非常に数の多い生物の塩基多様度が，それらの個体数から考えられる値よりもふつう非常に低いのかを説明している（pp.400〜402，461〜462参照）。

遺伝子流動の比率はF_{ST}から推定することができる

HIVの例（表16.1）にみられるような高い遺伝的分化を検出することは，ふつうあまりない。F_{ST}の推定値を概観すると，最も多いのは0.1〜0.2付近であるが，広い範囲にわたる値がみられる（図16.10）。総合的にみてそのパターンは，遺伝的浮動によって作り出され遺伝子流動によって地理的変異が消失させられるという考えと合致するものである。植物においては，花粉または種子のみによって運ばれる細胞小器官の遺伝子のほうが，両方によって移動される核の遺伝子よりもF_{ST}が大きい。ここに，集団の有効な大きさが核の遺伝子よりも細胞小器官の遺伝子で小さいという要因も加わる（表16.2A）。動物においても，似たようなパターンがみられる。つまり，ミトコンドリアの遺伝子が核の遺伝子よりも約2倍の地理的分化を示すが，これはその集団の有効な大きさが約半分ということによるのである。

このような研究はたいてい，$F_{ST} = 1/(1 + 4N_em)$の関係を用いて，遺伝子流動の率を推定する目的で行われる（Box 16.2）。ところが，そのような推定を直接に有効なものとするのは非常に困難である。注意が必要なのにはいくつかの理由がある。第1に，この数式は移住者

表16.1・HIVにおける空間的変異

患者	塩基多様度, π	F_{ST}
B	0.041	0.594
L	0.040	0.369
M	0.045	n.s.
N	0.013	0.078
P	0.039	0.215
S	0.029	0.090

Frost S.D.W. et al. 2001. *Proc. Natl. Acad. Sci.* **98**: 6975–6980（© National Academy of Sciences, U.S.A.）から改変。6人の患者の脾臓から組織標本がとられた。リンパ組織のいくつかの島が互いに細かく分けられて，HIV *env* 遺伝子の塩基配列が調べられた。2列目は各島内の対で比較した塩基多様度の平均πを示し，3列目は島間の遺伝的変異の割合F_{ST}を示している。患者Mでは，島間で有意な分化がなかったが（n.s.），その他の患者では非常に大きな分化がみられた。

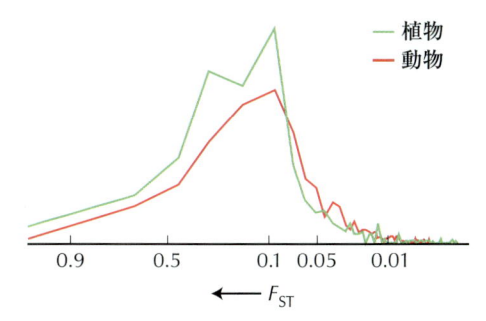

図 16.10 ・植物および動物の 1000 以上の研究にみられる，F_{ST} 値の全体分布。

が他の集団から機会的にやってくるという島モデルに適用されるものである．似たような関係は，二次元上に連続的に広がる集団の場合にも成り立つが，他の種類の集団構造(例えば，支流のある川での魚や海岸に沿った貝など)では成立しない．第 2 に，空間的分化のパターンは遺伝子流動と遺伝的浮動とのバランスによるものである．もしそれが選択あるいは過去の特異な歴史によって作り出された場合には，明らかに $N_e m$ をあてはめることはできない．F_{ST} は広い地理的スケールにわたって大きくなるのがふつうであるが，そのような分化は，浮動と遺伝子流動との間の短期間のバランスよりも，過去の歴史のためであることが多い(表 16.2B)．第 3 に，推定されているものは，遺伝的浮動に対する遺伝子流動の比率であり，それは移住者の有効な個体数に依存する．この章の最後に，遺伝子流動の速度，m または σ^2，がどのように測定されるかを示そう．

表 16.2 ・(A)伝達の方法別と(B)空間スケール別の F_{ST} の推定値

(A)伝達様式	研究報告の数	平均 F_{ST}
植物		
花粉	8	0.39
種子	29	0.46
両者	294	0.32
動物		
ミトコンドリア	150	0.45
核	781	0.20
(B)標本収集のスケール	**研究報告の数**	**平均 F_{ST}**
植物		
狭い局地	43	0.25
広い地域	52	0.39
種の範囲全体	36	0.33
動物		
狭い局地	65	0.10
広い地域	116	0.28
種の範囲全体	48	0.23

Morjan C.L. and Rieseberg L.H. 2004. Mol. Ecol. 15: 1341–1356, Table 1, p. 1346, Table 3, p. 1347, およびその参照 (© Blackwell Publishing)から改変．

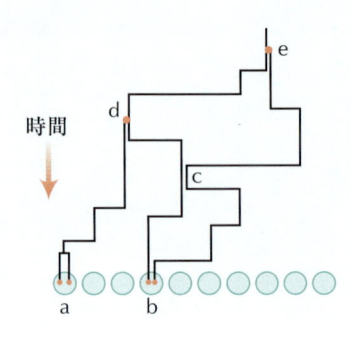

図 16.11 ● 島モデルにおけるコアレッセンス。同じディーム内にある 2 つの遺伝子 (a) は，近い過去に同じディームの中で共通祖先にたどり着くかもしれない。しかし，一方または両方の系統が逃げ出して (b)，長い期間にわたり集団全体の中をさまようかもしれない。最終的には，系統は 1 つのディームにまとまる。それらは再び離れ (c) あるいはコアレッセンスするかもしれない (d, e)。

16.3 構造をもつ集団における遺伝子系図

遺伝子系図は集団構造によってゆがめられる

時間に沿って系統をたどるとき，それはあちらこちらへと移動する。我々のそれぞれの遺伝子は 1 つの親，1 つの祖父母等々，多少とも離れた場所に生活した祖先のつながりに由来している。コアレッセンスは**構造をもつコアレッセンス**（structured coalescent）へと拡張できるが，そこでは，時間を遡っていくと系統は機会的に移動して，同じ場所に行き着くときがコアレッセンスとなる。

このようすは島モデルにおいてはとりわけ単純である（図 16.11）。集団の有効な大きさが N_e である同じディームから 2 つの遺伝子を採取した場合を考えよう。その前の世代においてそれらの遺伝子が共通祖先をもつ確率は $1/2 N_e$ であるが，同時に約 $2m$ の確率で 2 つのうち 1 つがディームの外に祖先をもつ。数世代を遡ると，系統はすぐに（約 $2N_e$ 世代程度で）コアレッセンスするか，あるいは離れてしまい非常に長い時間を n 個のディームからなる集団全体をさまよう。驚くことに，同じディーム内からとった 2 つの遺伝子の平均**コアレッセンス時間**（coalescence time）T_w は，全体集団の有効な遺伝子の数に等しくなり，移住率にはまったく依存しないのである。

$$T_w = 2nN_e$$

平均コアレッセンス時間は集団の n ディームへの分割に影響されないが，コアレッセンス時間の分布はもっとずっと変異性が高い（図 16.12）。**遺伝子系図**（genealogy）におけるこの変異性は，構造のある集団において特に顕著である。そのため，次項でみるように，1 つあるいは少数の遺伝子座からのデータを解釈するのはむずかしくなる。

もし異なるディームから 2 つの遺伝子をとった場合には，それらは同じディームで出会わない限りコアレッセンスすることはない。どちらかが位置を変える確率は世代あたり約 $2m$ であり，その際に同じディームに入ってくる確率は $1/n$ である。そこで，異なるディームからの 2 つの遺伝子のコアレッセンスの期待時間 T_d は，同じ場所に入ってくることに対して $n/2m$ 世代であり，さらに同じディームの中でコアレッセンスすることに対して $T_w = 2nN_e$ を加えることになる。

$$T_d = \frac{n}{2m} + 2nN_e$$

系統のコアレッセンスという用語を用いる記述は，Wright の係数 F_{ST} を通じて，対立遺伝子頻度という用語を用いる記述に関連づけることができる。

$$F_{ST} = \frac{\overline{T} - T_w}{\overline{T}}$$

ここで，$\overline{T}$ は，全体集団から任意に選んだ 2 つの遺伝子の間の平均コアレッセンス時間である。もし非常に多くのディームがあれば（$n \gg 1$），$\overline{T} \simeq T_d$ であり，以前にみたのと同じように $F_{ST} = 1/(1 + 4N_e m)$ となる（Box 16.2）。変動する対立遺伝子頻度という用語ではなく，コアレッセンス時間という用語で考えることは，DNA の塩基配列変異を取り扱うときには適切である。それは，1 対の塩基配列の間の相違数の平均がそれらのコアレッセンス時間に比例するからである。このように F_{ST} は，同じディームの中からの塩基配列の間の相違数を，異なるディームからの塩基配列の間のそれと比較することにより推定される（図 16.13）（HIV の F_{ST} はこの方法により推定された[表 16.1]）。

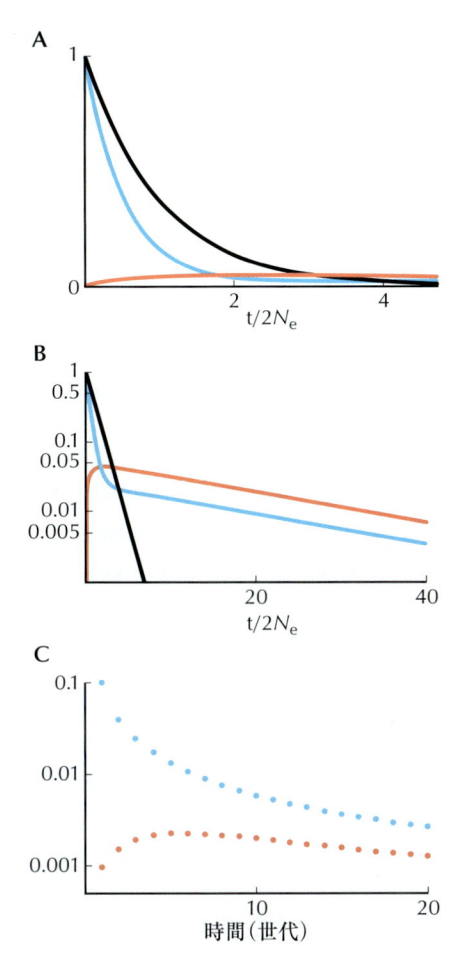

図 16.12 ・ 構造をもつ集団におけるコアレッセンス時間の分布。(A) 黒い曲線は，単一の任意交配集団において期待される指数分布を示している。青い曲線は，島モデルにおいて，同じディームから出発する 2 つの遺伝子の時間の分布を示している（全部で 10 個のディームがあり，$4N_e m = 1$ とする。時間は $2N_e$ 世代に対する相対値で表す）。2 つの遺伝子が最近の共通祖先をもつ確率は減少し，一方遠い関係にある確率が増加する。$4N_e m = 1$ のとき，2 つの遺伝子が同じディームの祖先を通じて最近の関係をもつ確率と，それらがもっとずっと遠い関係にある確率が同じとなる。(B) 分布の非常に長い裾野は，対数スケールではより明らかになる。A と B における赤い曲線は，異なるディームにおける 2 つの遺伝子のコアレッセンス時間の分布を示している。(C) 二次元空間において，互いに近い位置にある遺伝子（上方の青い点線）と互いに 5σ 離れている遺伝子（下方の赤い点線）のコアレッセンス時間の分布。近隣の大きさは $Nb = 5$ である。島モデルについては，この分布は高度に歪んでいる。近くにある遺伝子では，前の世代における共通祖先の確率は $1/2 Nb = 10\%$ であり，20 世代以内に共通祖先がある確率は 27% である。ただし，平均コアレッセンス時間は全体集団の有効な遺伝子の数の 2 倍であり，それは非常に大きな数となる（例えば，$1000\sigma \times 1000\sigma$ の範囲で広がる集団では 800,000 世代となる）。

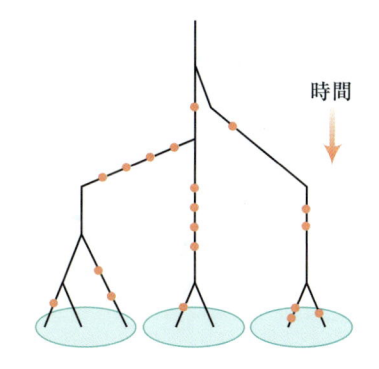

図 16.13 ・ Wright の F_{ST} は，ディーム内の遺伝子対の間の平均コアレッセンス時間と，任意に選ばれた遺伝子対の間の平均コアレッセンス時間との比較に関連づけられ，$F_{ST} = (\bar{T} - T_w)/\bar{T}$ である。これらのコアレッセンス時間，そしてひいては F_{ST} は，各遺伝子対の違いを形成する突然変異の数から推定される（無限座位モデルを仮定する。p.458 参照）。この例では，3 つのディームから 7 個の遺伝子がとられた。突然変異は赤い円で示されている。平均して，同じディームの中の遺伝子の間の違い 2.0 に対して，任意にとられた遺伝子対の間の違いは 8.1 である。このように，F_{ST} は $(8.1 - 2.0)/8.1 = 0.753$ と推定される。

遺伝子系図のパターンは，最もふつうなタイプの集団構造である大きな二次元集団に生活する遺伝子に類似している。互いに近い位置にある 2 つの遺伝子はごく最近の共通祖先にたどり着く（例えば，数世代以内で）。もしそうでなければ，それらの祖先系統は，最終的に遠い過去の共通祖先に到達する前に，種全体の範囲の中を長い間さまようのである（図 16.14）。島モデルでみたように，2 つの近隣の遺伝子が共通祖先に至る平均時間は，全体の有効な遺伝子の数（それぞれが N_e である n 個のディームに対しては $2nN_e$）に等しいが，分布は非常に歪んでいる（図 16.12C）。実際，対称的な移住の場合は，近隣の遺伝子の間の平均コアレッセンス時間はどのような集団における分割にも依存せず独立である。この結果は，常に同じ状態で，全体の有効な大きさが $1 - F_{ST}$ だけ増加することになる（p.481 参照）。ただし，もし集団構造が変動するならば（例えば局地的な絶滅や再入植），コアレッセンス時間はずっと短くなる（HIV における塩基配列変異の例を再度参照［表 16.1］）。

近隣サイズ

二次元集団においては，遺伝的浮動に対する遺伝子流動の相対的重要性は**近隣サイズ**（neighborhood size）に依存する。Sewall Wright はこれを $Nb = 4\pi\rho\sigma^2$ と明示した。ここで，ρ は有効な集団の密度，σ^2 は遺伝子の拡散の比率であり，p.478 に示されている。これは，近隣の半径 2σ の円の中に生活する個体の数として考えることができる。理想的な集団においては，2 つの近隣の遺伝子が前世代において共通祖先をもつ確率は $1/2 Nb$ であり，より一般

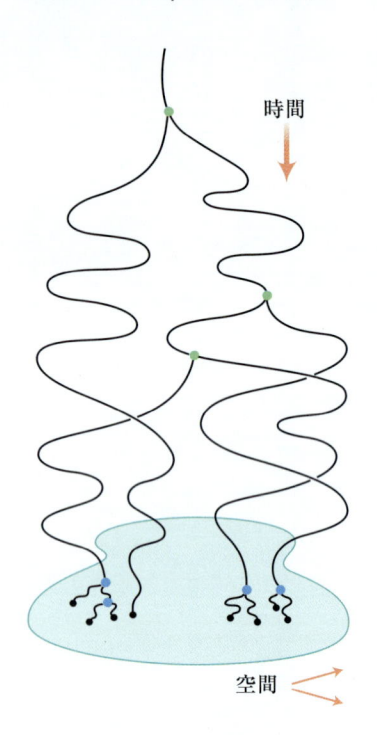

図 16.14 ● 二次元集団において，近隣の遺伝子は近い過去のコアレッセンスを通じて近い関係にあるかもしれない。もしそうでなければ，2 つの系統は遠い過去の共通祖先にたどり着くまで広い範囲の中をさまよう。

的にいうと，過去数世代の間に共通祖先をもつ確率がこのオーダーである（図 16.12C）。全変異のうちの集団間の遺伝分散の割合を測る Wright の F_{ST} もまた近隣サイズに依存しており，$F_{ST} \simeq 1/(1 + CNb)$ である。ここで C はモデルの詳細に依存する数値であるが，たいていの場合は 2～10 の範囲である。このように，近隣サイズは，島モデルにおける $N_e m$ に強い関連がある。両者ともに集団密度と移住率との積であり，両者とも類似の数式で F_{ST} を決定する（Box 15.2）。島モデルにおいて $N_e m$ を推論するのと同じ要領で，二次元において F_{ST} から近隣サイズを推論することができる。

異なる場所からの遺伝子の間の関係はそれらの歴史を反映する：系統地理学

遠距離については，我々が概観してきた単純な理論はうまく機能しない。数千という距離 σ にわたる生息域に住む種においては，理論による推定では，祖先系統が種全体の範囲にわたって約 100 万世代もの間さまようことになる。実際には，集団はもっと短い時間スケールで拡大したり縮小したりする。このことは，最近の氷河期の間に氷でおおわれた高緯度の地域に現在生育している生物については明らかである。しかし，熱帯においてさえ，気候変動は分布における急激な変化を引き起こした。もちろん，いまや人類の活動が直接にもまた気候破壊を通しても，大きな変化を引き起こしている。

DNA を利用した遺伝標識の出現，とりわけ**ミトコンドリア DNA**（mitochondrial DNA）の塩基配列解析が平易になったことが，遺伝子系図のパターンから種の歴史的移動を推論する多くの研究を刺激してきた（ミトコンドリア DNA は母親由来の遺伝で，組換えがなく，したがって単一の系図であることを思い出そう）。このような研究は**系統地理学**（phylogeography）と呼ばれている。単一の集団の拡大と縮小が遺伝子系図にどのように反映されるかはすでにみてきた（図 15.8）。複数の遺伝子が同じ場所ではなく異なる場所で採取されるとき，かなり多くの情報が得られる。大きな近隣サイズと安定した歴史をもつ 1 つの集団においては，祖先の系統は種全体の範囲をさまようことが期待され，その結果，遺伝子系図は強い地理的パターンを示さないだろう（図 16.14）。これとは対照的に，異なる場所における遺伝子が異なる祖先集団に由来する場合は，遺伝子間の関係はそれらの集団の拡大を反映するかもしれない（図 16.15）。例として，最終氷期後の南ヨーロッパの避難地からの集団の北方への拡大を考えよう（図 16.16）。

ミトコンドリア DNA の変異に関する多くの系統地理学的研究は，米国南東部でも行われた。例えば，海岸地方の生物の大多数が，2 つのタイプの塩基配列に深く分離し，一方はメキシコ湾で検出され，他方は大西洋岸に沿って検出された（図 16.17）。フロリダの東海岸に沿ってこれらのタイプの間での明確な変化がみられる。このことは，おそらく過去の氷河期における低い海面レベルによって 2 つの祖先集団が分離されていたことを示唆している。これに合致する東西の分離が，同じ地域の淡水魚にもみられている。

このような例は説得力のあるものである。というのは，いくつかの種についてパターンが合致しているし，遺伝的パターンについてもっともらしく説明できるからである。ただし，単一の種の単一の遺伝子からの情報は，気をつけて扱わなくてはならない。構造をもつ集団の遺伝子系図は非常に変化に富んだ歴史をもつことをみてきたし（図 16.12），遺伝子流動の障壁や歴史的分離のような外的な理由がなくてさえも，そのようなパターンは偶然によって生じやすいのである。例えば，ウグイスの 1 種から得られたミトコンドリア DNA は 2 つの古い遺伝子系図的な分離を示す。一方は 2 つの亜種の間の変遷と合致して起こり，多くの形態的形質の違いでも明示される。しかし，他方は見かけ上きまぐれな場所に出現し，他の形

質や遺伝子座における遺伝的分化の証拠がない（図16.18）。コンピュータシミュレーションによれば，安定した一様な分布を示す集団においてさえも，そのような古い分離がしばしば偶然に起こることがあるようである。もちろん，これらのウグイスの生育地が気候変動の結果として実際に移動したということがわかっている。ただし，単一遺伝子座からとった遺伝子系図から自信をもってそのような変化を推論することはできない。第25章で検討するように，多くの遺伝子座に基づく豊富な情報は，他の生物よりも詳細な人類の歴史を再現する助けとなっている。

集団の混合は連鎖不平衡を生じさせる

単一の遺伝子座における遺伝子流動の効果は，単純に地域間での遺伝的分化を減少させることをみてきた。複数の集団が多くの遺伝子座において異なるときは，遺伝子流動はまた別の効果をもつ。混合集団においては，起源集団に特徴的なさまざまな遺伝子の組み合わせが過剰になる現象，**連鎖不平衡**（linkage disequilibrium）がみられる（Box 15.5）。このような組み合わせは組換えによって分解されていき，集団はいずれ移住と組換えとの相対的割合によって決定される連鎖不平衡の平衡値へと移行する（$D \simeq m/c$）。移住率は高いので，遺伝子流動は連鎖不平衡の強力な起源となる。

遺伝子流動の効果は，大きく異なる起源から遺伝子がやってくるときに最も明らかにみられる。すでに *Neisseria* において1つの事例をみている。そこでは，ペニシリン耐性に関与するゲノム断片がいくつか確認されているが，これは別の種に由来する多数の塩基配列変異が連鎖不平衡という形で耐性との間に相関を示したからである（図15.16）。明らかに異なる集団または種との雑種による多数の遺伝子の流入は，**遺伝子移入（移入交雑）**（introgression）と呼ばれている。それは，単純な島モデル（Box 16.2）で記述されたような遺伝子流動を導くものと考えられる。

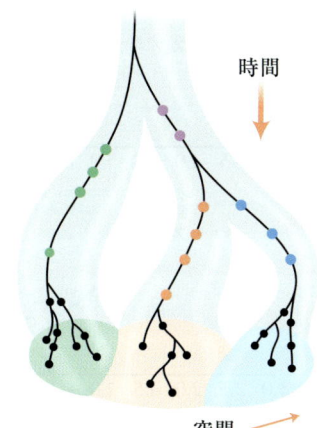

図 16.15 ▪ もし1つの集団が地理的隔離の長い歴史をもつならば，遺伝子系図はこの歴史を反映する傾向があるだろう。この例においては，現在の集団は，長い間互いに隔離されてきた3つの部分から合流して形成された。もし遺伝子を種全体からとったならば（黒点），それらを関係づける遺伝子系図は，この歴史を反映するように，3つに分かれるだろう。系統上の色の点は突然変異を示している。"赤"の集団からきた個体は，4つの突然変異（赤点）を共有しており，"緑"や"青"の集団についても同様である。

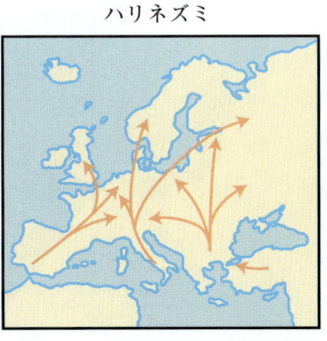

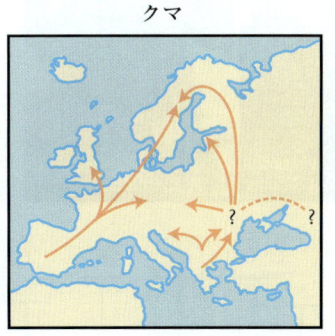

図 16.16 ▪ DNAの塩基配列変異に基づいて再構築された，最近の氷河期の後のヨーロッパの再入植のパターン。*Chorthippus parallelus* というバッタの仲間は北ヨーロッパではほとんど遺伝的変異を示さず，これはバルカンの避難地からの直接的な拡大を示唆している。ハリネズミは，2つの種 *Erinaceus europeus* と *Erinaceus concolor* に細分化されている。遺伝子系図は，3つの主要な避難地であるイベリア半島，イタリア，ギリシャからの拡大を示唆している。*Ursus arctos* というクマは，2つの主要な避難地であるイベリア半島とコーカサス/カルパチア地域からの拡大と考えられ，これら2つの拡大に特徴的な塩基配列がスウェーデンにおいては隣接している。これらの歴史は単一の遺伝子に基づいた推論である（*Chorthippus* については，核DNAのある非コード領域の塩基配列，その他についてはミトコンドリアDNA）。しかし，*Chorthippus* においてはピレネー山脈とアルプス山脈における明確な**交雑帯**（hybrid zone）により，ハリネズミにおいては2つの種への分割によって支持される。

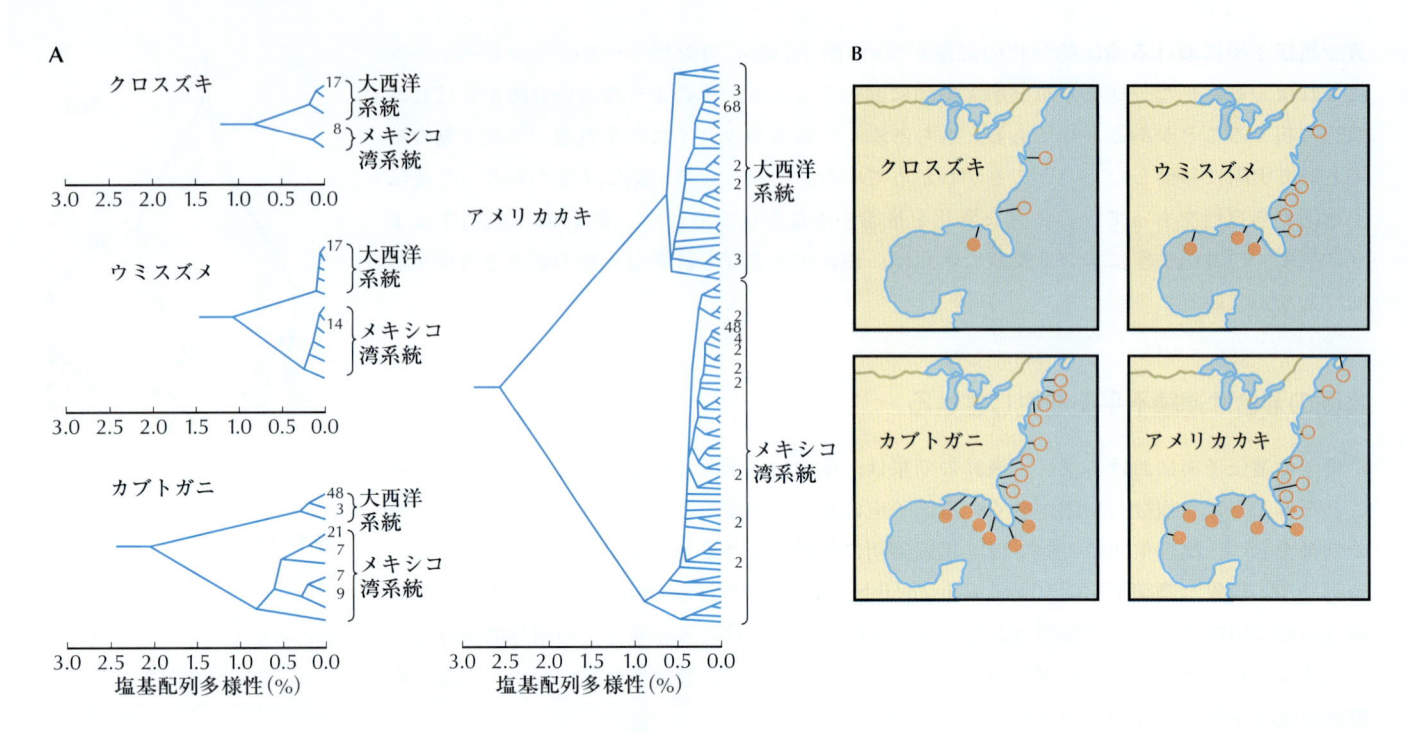

図 16.17 ・（A）アメリカ南東部の海岸に沿って生育する 4 つの生物種からのミトコンドリア DNA 塩基配列の間の関係．それぞれの種が 2 つの明らかなクレードに分けられる．各ハプロタイプの個体数は数値で示されている．数字のない系統は 1 個体である．（B）これらのクレードは明確な変化とともに，大きく大西洋系統とメキシコ湾系統とに固定されている．図は，メキシコ湾の沿岸に典型的なハプロタイプの分布をオレンジ色の塗りつぶしで示す．

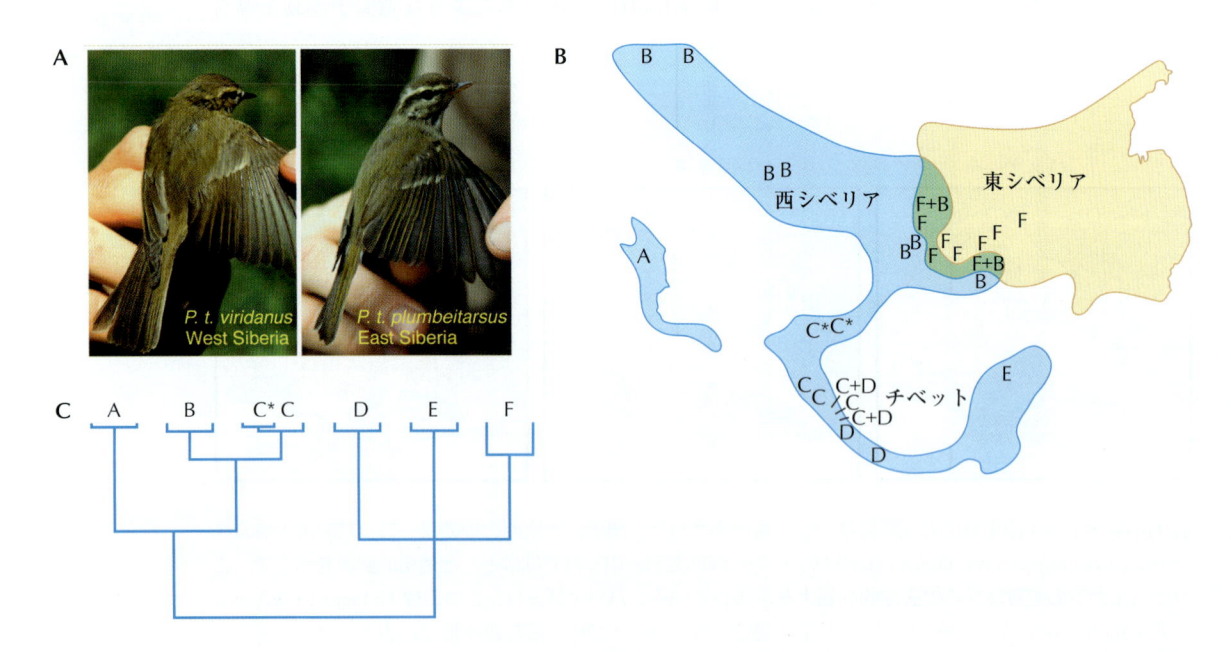

図 16.18 ・ *Phylloscopus trochiloides* というウグイスの一種は，シベリアとヒマラヤを横切る広い生育地を示す（A,B）．ミトコンドリアの遺伝子系図は 2 つのクレードに分けられ（C），それぞれが異なる地域に検出された．これらのクレードは 2 つの場所で出会っている．シベリアでは，ある地域で B 型が F 型と出会っているが，羽衣，さえずり，わたりの行動における違いと連動しており，それぞれ *P.t. viridanus* および *P.t. plumbeitarsus* と命名されている（A）．カシミールでは C 型と D 型が出会っているが，この場合は，他の形質との間に何の関係もない．

遺伝子移入の別の例は，スコットランドにおけるニホンジカとアカシカとの交雑である。約1世紀前にニホンジカがシカ公園から逃げ出し，それ以来個体数を増加させてきた。体の大きさや行動は明らかに異なるものの（図 16.19A），ニホンジカはときおり自生のアカシカと交配する。2つの種は11個のマイクロサテライト遺伝子座の対立遺伝子において異なる分布をもっている。スコットランドのニホンジカは，導入に際しての強い個体数のボトルネックにより，非常に遺伝的変異が少ない（図 16.19B）。2つの種が重なる Kintyre という地域においては，ほとんどすべてのシカがアカシカまたはニホンジカのどちらかに見える。ところが，40% ものシカが他方の種を特徴づける1つまたはそれ以上の対立遺伝子をもっている（図 16.19C）。これらの対立遺伝子は，過去の1世紀にもわたる雑種に由来するものか，あるいは祖先集団において存在していたものかもしれない。しかし，複数個の"外国産"対立遺伝子をもつシカは，最近の雑種であることが多い。F_1 とアカシカとの戻し交配では，F_1 に比べて半分の遺伝子座において"外国産"対立遺伝子とのヘテロ接合となり，さらに2世代目の戻し交配では F_1 に比べて4分の1の遺伝子座でヘテロ接合などとなり，雑種が生じるたびに引き続く世代において多くの戻し交配雑種を作り出すと思われる。246個体のうちの3個体がこのような戻し交配雑種と識別され，雑種率は世代あたり1000分の1と推定された。

ニホンジカに由来する対立遺伝子の間に連鎖不平衡があるという別の見方で集団をみることもできる。マーカーの遺伝子座は連鎖していないので（$c = 1/2$），連鎖不平衡は世代ごとに半減するため，それらは近年の雑種で生じたもののみのはずである。これらの例ほどきわだった違いではなくても，連鎖不平衡は移住率を測定するために利用することができる。人類集団は対立遺伝子頻度においてあまり大きな違いはないが（F_{ST} は世界中でみても約 0.15），それでもやはり個人を特定の集団に割り当てることが可能であるし，したがってもし十分な数の遺伝子座が分析されるならば混合率を推定することが可能である（pp.808〜812 参照）。

我々は多くの集団の歴史についてほとんど知らない。書かれた歴史と広範にわたる考古学がある人類集団においてさえ，数千年以上前の集団移動のパターンはほとんどわからないの

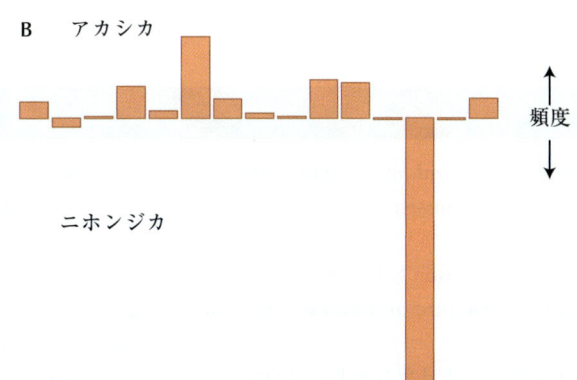

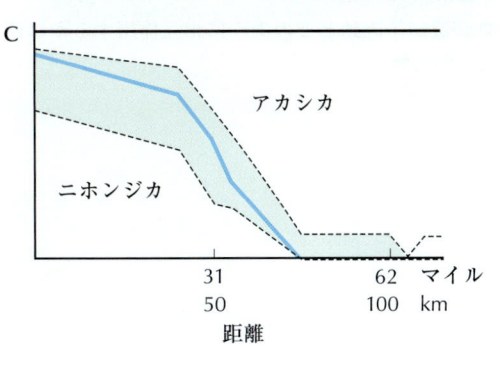

図 16.19 ▪ (A) アカシカとニホンジカはみた目に非常に異なっており，雑種ができるとは思えない。中央の大きな雄ジカはアカシカ（*Cervus elaphus*）であり，一方，前方の小さな雄ジカはニホンジカ（*Cervus nippon*）である。後方に，若い F_1 雑種がいる。(B) スコットランドの Kintyre にいるシカにおける 11 マイクロサテライト座のうちの 1 個の対立遺伝子頻度の分布。繰り返し数により x 軸に沿って分類された対立遺伝子（pp.391〜392 参照）。(C) Kintyre 半島における表現型でみたニホンジカとアカシカの割合。網かけの部分は 1 またはそれ以上の移入遺伝子をもつシカを示す（ニホンジカの表現型の個体は実線の下に，アカシカの表現型の個体は実線の上に示されている）。

である。ただし，現在の知識は，我々自身の種も他の生物種も，分岐，移動，混合という複雑なパターンをもっていたことを示している。集団構造の効果は，人類で観察される過剰な連鎖不平衡をもっともらしく説明している（pp.471～472参照）。もし集団構造を無視するならば，連鎖不平衡を利用して複雑な形質に関与する遺伝子群の位置を発見することは非常に困難となるであろう。

■ 要約

通例，集団は構造をもっている。それらははっきりと区別される複数のディームに分割されることもあれば，多少とも連続的な地域にわたって広がっていることもある。遺伝子流動は複数の集団を均質化させる傾向がある。不連続な複数のディームに対しては，遺伝子流動の程度は移住遺伝子の割合 m で測られ，ディームは $1/m$ 世代に近い時間スケールをかけてより類似したものとなっていく。連続的な1つの集団に対しては，遺伝子流動は，親と子の間の距離の分散 σ^2 を比率とする拡散の過程で近似することができる。拡散はゆっくりとしており，典型的な遺伝子は t 世代の間に距離 $\sqrt{\sigma^2 t}$ だけ移動する。

遺伝的浮動を増加させて遺伝子流動がそれを減少させる中で，集団の状態は統計的な平衡値に向かっていく。分化の程度は F_{ST} によって測ることができる。平衡状態における F_{ST} は，不連続なディームの場合は移住者の有効な数 $N_e m$ に依存し，連続的な二次元空間の場合は近隣サイズ $Nb = 4\pi\rho\sigma^2$ に依存する。遺伝的分化が遺伝的浮動と遺伝子流動とのバランスによって維持されていると仮定すれば，これらのパラメータは F_{ST} から推定することが可能である。全体集団は総個体数に対応する比率でゆっくりと浮動する。この全体の比率は，集団が分割されることによって（明確に $1 - F_{ST}$ 倍に）減少するが，地域集団の大きさに変動があると大きく増加することもある。

構造をもつ集団における遺伝子系図は，構造をもつコアレッセンス過程によって描くことができる。そこでは，祖先系統はあちらこちらに機会的にさまよい，それらが同じ場所で出会うときにのみコアレッセンスすることができる。もし集団が分離と再結合の歴史をもつならば，この歴史は遺伝子系図に反映されるだろう。ただし，遺伝子系図の構造は高度に機会的であり，それによって系統地理学的推論はむずかしくなる。

■ 文献

Avise J.C. 2004. *Molecular markers, natural history and evolution*. Sinauer Press, Sunderland, Massachussetts.
系統地理学に関する包括的な解説。

Charlesworth B., Charlesworth D., and Barton N.H. 2003. The effects of genetic and geographic structure on neutral variation. *Annu. Rev. Ecol. Syst.* **34:** 99–125.
構造のある集団における遺伝子系図のふるまいに関するレビュー。

Hey J. and Machado C.A. 2003. The study of structured populations —new hope for a difficult and divided science. *Nat. Rev. Genet.* **4:** 535–543.
集団の歴史が遺伝子系図からどのように推察できるか（できないか）に関する重要なレビュー。

ウェブサイト

http://evolution.gs.washington.edu/index.html Felsenstein J. *Lecture notes in population genetics*.
遺伝的浮動が遺伝子流動とどのように相互作用するかに関する優れた入門的解説。

CHAPTER 17

変異に対する選択

　生き物の世界の大きな特徴は，複雑に発達した適応のようすである。酵素は，特定の化学反応をゆるやかな条件の下で触媒する。しかし，化学の実験では極端な温度や圧力を使っても，それよりずっと精密さに欠ける結果しか得られない。また，細胞内の多くの化学反応は，細胞内の区画間で起こるよく制御された分子の輸送の下に行われる。生涯のほとんどを空中で過ごすアマツバメから深海の噴出孔で微生物をエサとするチューブワームに至るまで，生物はあらゆる生息環境を開拓して進化してきた。そして，生物間の精巧な相互作用を仲介する行動が進化してきた。粘菌の子実体を形成するために個々の細胞は集合し，社会性昆虫（アリ，シロアリ，ハチ）のコロニーは，エサを探し，住みかを築き，他のコロニーと戦うために，複雑な労働階級が発達した。ヒトでは幼児において，周囲の会話を聞くことによって，単語や慣用句とそれらの微妙な意味合いを関連づける能力が進化してきた。進化生物学の主要な課題は，このような複雑な適応形態がいかにして生じたかを理解することである。

　この章では，自然選択（自然淘汰）がどのように適応へと導くかを説明する。まず，自然選択は遺伝する適応度の違いに対する必然的な結果であることを示すところから始める。この考えはFisher（フィッシャー）の**基本定理**（Fundamental Theorem）に厳密に記されている。また，自然選択の定性的な特徴，特に，複雑な適応形態が小さな段階の積み重ねから生じうることを論じる。選択によって生じる対立遺伝子頻度や量的形質の変化をどのように予測できるかを示し，最終的に，多数の遺伝子間の相互作用や関連をどのように理解できるかを示す。この章は最も重要な進化要因，すなわち，選択に焦点をあてる。後の章では選択のより広範な結果を詳細に論ずる。

17.1 選択とは何か

自然選択は遺伝する適応度の違いに働く

自然選択(natural selection)は，適応につながる唯一の要因であり，このことが次節で述べる重要な点である．したがって，最も重要な進化要因が自然選択であり，最も大きな注意を払うべきである．自然選択は単純で理解するのはやさしいが，その単純さにもかかわらず，よく誤解されている．これほどの基本的原理だというのに，自然選択が発見されたのはそう古くはなく，1838年にDarwin(ダーウィン)による．しかも第1章でみたように，重要な進化要因として広く認識されるまでに，Darwinの発見以後100年以上を要した．

『種の起源(種の起原)』でDarwinは，自然選択について初めて次のような言葉で示した．

> 生存闘争は，……変異にいかに作用するのであろうか？……想像してみたまえ，無数の風変わりな家畜や，程度の差こそあれ自然界でもいかに多くの違いのあることか，そして，それがいかに強く受け継がれていくことか．想像してみたまえ，あらゆる生き物は互いに，そして，その物理的環境にいかに複雑に，かつ，見事に適応していることか．幾千もの世代にわたる過程において，生命の熾烈で複雑な闘争の中で，なんらかの……有利な変異が時折生じることなどありえないことであろうか．もしそのようなことがあるのなら，(生き残るよりもずっと多くの個体が生まれることを思い起こすと)他の個体よりも，それがたとえわずかであっても，なんらかの有利さをもつ個体が生き延び子孫を残す機会が多いことを疑えようか．……この有利な変異の保存と不利な変異の排除，私はこれを自然選択と称す．

つまり，もしなんらかの遺伝する形質をもつがゆえにその個体が他の個体よりも多くの子孫を残すならば，その形質は広まっていく．自然選択は，繁殖成功の変異がありそれが遺伝すれば必ず起こる．問題は自然選択が働いているかどうかではなく，むしろ，突然変異，遺伝的浮動，組換え，移住などの他の進化要因と組み合わさったときに，いかに効果的に適応を蓄積しうるかである(図17.1)．

複製する分子に選択が働く

自然選択がどのように働くのかについて，簡単な例から始めることにする．自然界の生物間ではなく，実験室におけるRNA分子の選択実験の例である．繊毛虫のテトラヒメナ *Tetrahymena* の自己スプライシングする**イントロン**(intron)に基づく実験である(図17.2A)．

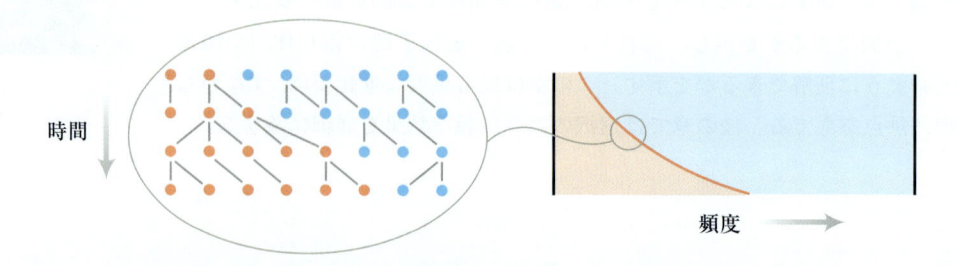

図17.1 ▪ なんらかの遺伝する形質をもつがゆえにその個体が他の個体よりも多くの子孫を残すならば，その形質は広まっていく．個々の繁殖成功度は無作為に変化する(左)が，大きな集団での平均を考えると適応度のわずかな違いが一定の進化的変化となる(右)．

このイントロンは，最終産物である機能的リボソーム RNA（ribosomal RNA）分子への成熟段階で，自身の切断を触媒する（そのようなリボザイム [ribozyme] は初期の RNA ワールド（RNA world）のなごりである。RNA ワールドでは RNA は酵素であり遺伝物質であった [p.110 参照]）。通常，リボザイムはマグネシウムイオン（Mg^{2+}）を必要とする。この実験では，か

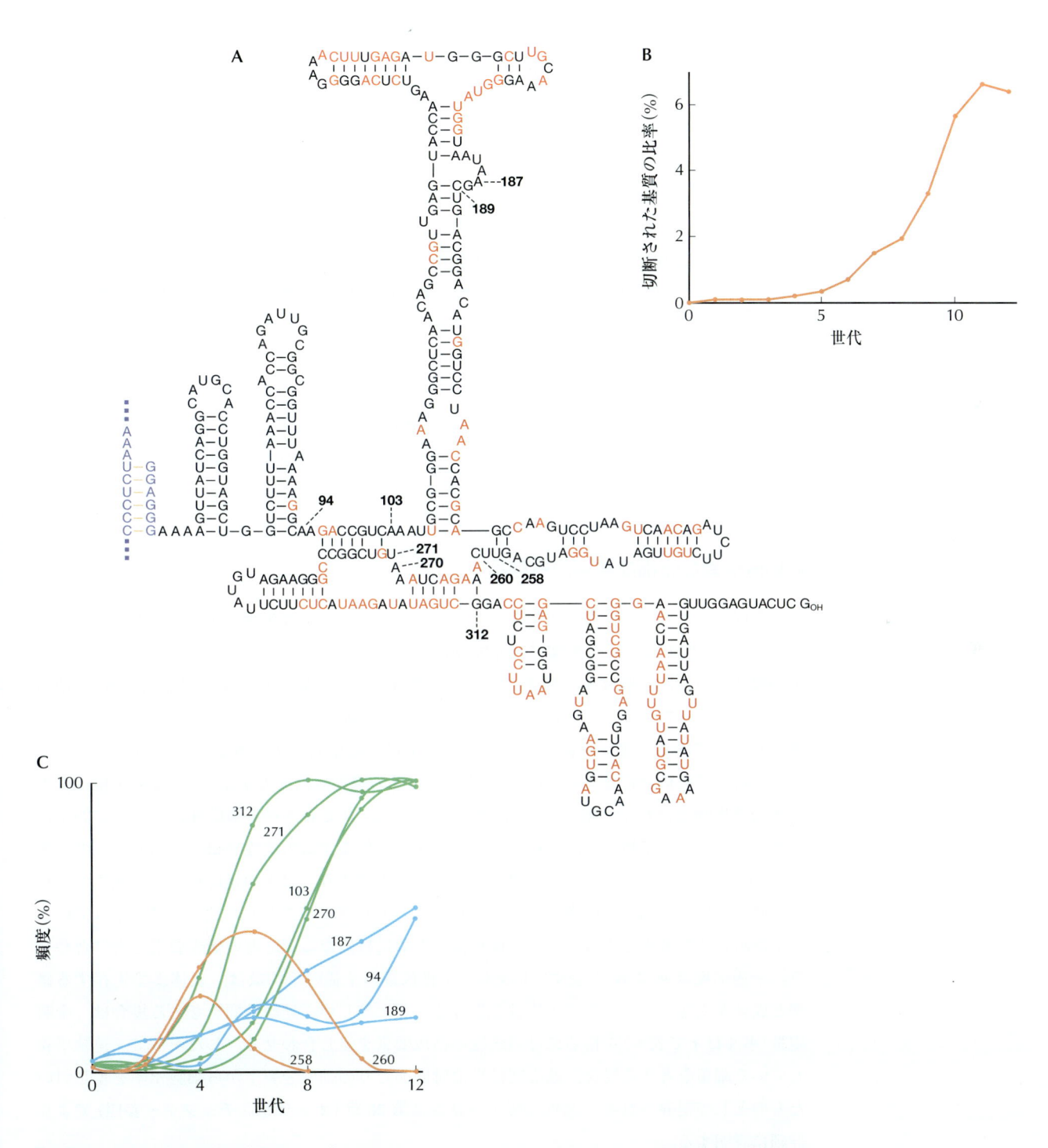

図 17.2 ・ RNA 分子集団の触媒活性に対する選択。(A) *Tetrahymena* のリボザイムの二次構造。赤文字の部位は実験期間中変化しなかった。RNA 基質は紫色で示されている（左）。(B) 12 世代にわたる活性の増大。(C) 9 つの一般的な変異体の頻度変化。数字は (A) で示されている RNA 配列中の位置を表す。これらの変異体のうち 2 つ (258, 260) は最初に増加したが，後により活性の高い他の変異体が取って代わった。

わりにカルシウムイオン(Ca^{2+})の存在下で機能する分子を選択するようにした。この実験では，酵素反応を起こしたリボザイムに，基質配列の一部分が結合することを利用している。この配列を使って反応がうまくいったリボザイムを選抜することができる。変異を初期集団に人為的に導入したが，さらなる変異が後に突然変異によって生じた。カルシウムイオンの存在下での活性は最初は極端に低かったが，12世代の選択を経ると，元のリボザイムとほぼ同等の活性をもち，新しい化学環境に適応した新規リボザイムが生じてきた(図17.2B)。この変化は7個の置換によるものであった(図17.2C)。

この in vitro 選択実験は，よく知られた通常の人為選択の例とは次の点で異なっている。それは，およそ 10^{13} 個の RNA 分子からなる非常に大きな集団を実験に用いている点である。また，形質の選抜は，代謝や発生を経る複雑な結果ではなく，核酸配列に対する直接的な結果である。しかしながら，原理は同じである。最もよく繁殖する変異体が(この場合，それらは必要な反応を触媒するので)，集団中に増えてくる。数世代のうちに高い触媒活性をもつ変異体の特定の組み合わせが生じ，多数を占めるようになる。

第15章では，**適応度**(fitness)，すなわち1世代後もしくは一定期間後に残す子孫の数という概念を紹介した。適応度にかかわる遺伝しないランダムな変異は，対立遺伝子頻度のランダムな揺らぎ，つまり**機会的遺伝的浮動**(random genetic drift)を導くことをみてきた。自然選択は，遺伝する適応度の違いが組織的に蓄積して生じる。もしある特性(例えば in vitro 選択実験で270番目のAがGに置換する)が適応度を増すならば，その特性は増えていく。なぜなら，大集団では適応度に影響を与えるランダムな変異の効果は相殺されるため，組織的に働く選択が効果を発揮するのである(図17.1)。

適応度は異なる構成要素からなる

適応度はさまざまな構成要素から成り立っている。それらは生物によって異なる。図17.2の in vitro 選択実験では，**複製子**(replicator)は個々の RNA 分子である。その適応度は，分子が望ましい反応を触媒する確率である。つまり，その複製に必要なタグ配列(訳注：前述の基質配列の一部分のこと)を獲得する確率に，タグ配列つき分子から作られるコピー数を掛けたものである。感染症拡大のモデリングでは，疫学者は適応度 R を初期感染によって生じる新規感染数と定義する。もし $R > 1$ なら，その感染症は拡大する。ここでの単位は個々の感染性生物ではなく，感染した宿主が用いられる。R で表される適応度は，発症期間中に生産される感染粒子数とこれら粒子のうちの1つが伝染する可能性を掛け合わせたものに等しい(例えば図17.3)。最後に最も身近な例を取り上げよう。ヒトの適応度は，成人まで生存する確率，伴侶に出会う確率，そしてそれぞれのカップルのこどもの数から構成されている。

不連続世代を考える場合，全適応度を得るためには異なる適応度の構成要素を掛け合わせる。全適応度は通常 W で表す。例えば，1世代後の子孫の平均数は，成体まで生存する確率と成体が生産しうる子孫の平均数を掛けることに等しい。連続時間を考える場合は，全測定量(多くは r で表す)を得るには適応度の構成要素を足し合わせる。したがって，連続培養している細菌を考える場合，適応度は単位時間あたりの細胞分裂率から細胞死率を差し引いたものとして定義される。選択に関する算術は第28章(オンラインチャプター参照)でより詳細に説明する。

これらのさまざまな例では，**適応度の構成要素**(fitness component)という語彙は，全適応度を与えるのに乗算もしくは和算で得られる量という厳密な意味で用いられている。しかし，時には適応度の構成要素は，寿命や繁殖開始年齢などの適応度と密接な関係にある量に

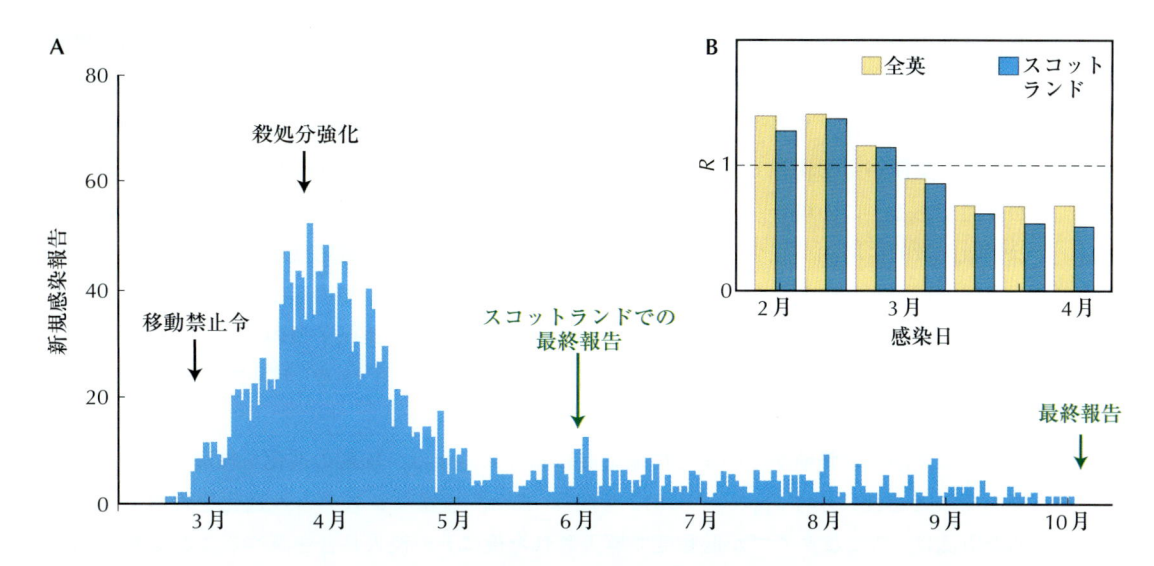

図 17.3 ▪ (A)英国 2001 年口蹄病ウイルスの適応度の変化。最低 600 万頭の家畜がウイルスの拡散を防ぐために殺処分された。(B)すでに感染している農場に対する新規感染農場の割合の推定数，R。家畜の移動禁止令にもかかわらず，3 月下旬に殺処分が強化されるまで R は 1 を超えたままであった。その後 R は 1 を下回り，流行は下火になった。スコットランドではずっと早く流行は収束した。スコットランドでは早期の選抜が R を効果的に減らした（B 参照）。流行の長い末尾は，地理的に局在化した場所での感染のためである。

対して，もっと曖昧に用いられることもある。

不連続世代では，適応度は子孫の絶対数として定義される。この**絶対適応度**（absolute fitness）は，集団の成長率や衰退率を決定し，生態学（生物の分布や豊富さの研究）では非常に重要な量である。長期的には，無性生殖集団の絶対適応度は 1 に近い。有性生殖では，それぞれの子孫には両親がいるので，集団の大きさが変わらなければ適応度は平均で 2 になる。この平衡適応度からのわずかなズレさえ，最終的には集団の絶滅もしくは爆発的増加となる。同様に，連続時間では集団の大きさの変化率は平均適応度に等しく，0 に近い。常に**密度依存**（density dependence）が存在し，集団は密度が高くなるほど絶対適応度は低下するため，長期的にはおおよそ一定数が維持される。

集団遺伝学では，集団全体の増大ではなく，集団内での異なるタイプ（型）の間での競争に注目する。したがって，**相対適応度**（relative fitness），すなわち不連続時間における絶対適応度間の比，もしくは連続時間における増加率の差を取り扱う。簡便化のため，ある遺伝子型を任意の適応度 1 とし，他の遺伝子型の適応度をそれと相対的に $1 + s$ で表す。あるいは，集団全体の平均適応度に対する相対的な量として適応度を表すこともある。

相対適応度における差を**選択係数**（selection coefficient）と呼び，通常 s で表す。これは有用な慣例である。というのも，集団内の違う型の割合は絶対適応度ではなく相対適応度のみに依存するからである。また，選択係数は非常に小さい可能性もある。後に示すように，適応度のわずかな違いは最終的には大きな効果となる。適応度 1.0001 と選択係数 10^{-4} は同じことであるが，前者より後者のほうが使い勝手がよい。ある遺伝子型の相対適応度を例えば 1 とすることは，絶対適応度について何の仮定も必要がないことを認識するのは重要である。集団全体は安定かもしれないし，縮小あるいは増大しているかもしれない。相対適応度と絶対適応度の分離は，進化と生態の分離に相当する。

ここまで，集団は均質，つまりすべてのメンバーは互いに同等だと考えてきた。実際には，

個体は性別や年齢が違うし，違う場所に生息しているだろう。このような場合，集団に**構造がある**(structured)という(第16章)。構造をもつ集団を詳細に記述するのはかなり複雑な作業となる。例えば，異なる年齢の個体の生存率や繁殖率の追跡を続ける必要があるだろう。ただし，集団が定常状態であるときには，各遺伝子型の適応度を1つの数字にまとめることが可能である。この場合，変異体の齢分布も定常状態になっていく。その後，遺伝子型の数は指数関数的に増加，減少する。この定常増加率が，ここでの適応度の尺度である。興味ある遺伝子型が非常に希なためにその存在が集団中の別の遺伝子型の頻度に影響を与えないときにはこの方法論は特に有効である。というのも，興味ある遺伝子型の頻度が高くなる前は，その遺伝子型の齢分布はすぐに定常状態になるからである(第28章[オンラインチャプター]参照)。

異なる年齢での繁殖がどのように適応度に寄与するかは，加齢の進化を理解するのに重要であることを後に示す(pp.606～612参照)。また，複雑なシステムの進化を理解する一般的な方法は，新たなタイプが低頻度で導入された後にその侵入具合を調べることである(Box 20.4)。この場合の記述される適応度の尺度は，侵入が成功するのかあるいは失敗するのかを決定するものである。

平均適応度の増加量は適応度における相加遺伝分散に等しい：フィッシャーの基本定理

自然選択は遺伝する適応度の違いに基づくことを強調してきた。R.A. Fisher(フィッシャー)はこの着想を正確に具現化した。彼はそれを自然選択の基本定理と呼んだ(図17.4)。ここで，Fisherの定理を次の2点について説明する。まず第1は，その定理は，選択が集団の適応度を増大させる仕組みをよく教えてくれる。第2は，その定理は，選択の程度について重要な尺度を与える。

Fisherの定理とは，$\Delta\overline{W} = \text{var}_A(W)/\overline{W}$である。つまり，自然選択による平均適応度の増加量($\Delta\overline{W}$)は，**適応度の相加遺伝分散**(additive genetic variance in fitness)，$\text{var}_A(W)$，を平均適応度($\overline{W}$)で割ったものに等しいということである。$\text{var}_A(W)$は適応度における全分散ではない。全分散は繁殖成功度における個体間の機会的非遺伝性の違いを含んでいる。相加遺伝分散は各対立遺伝子の**平均効果**(average effect)に起因する適応度における分散である(第14章, pp.419～426参照)。どの対立遺伝子も適応度をもち，その適応度は単純にその対立遺伝子をもつすべての個体の平均適応度である。適応度の相加遺伝分散とは，まさに集団中のすべての遺伝子座について総計した平均効果の分散である(図17.5)。適応度は次世代の子孫の数として定義されるので，各対立遺伝子頻度は平均適応度に直接比例して増大する。対立遺伝子頻度の変化は，さらに平均適応度の増大を引き起こす。Fisherが示したことは，平均適応度の増加量は適応度の相加遺伝分散に直接比例するということである。

基本定理は，絶対適応度が時間をおってどのように変化するかを予測する式ではない。長い時間経過を考えるとき平均絶対適応度，$\overline{W}$，は，(不連続世代の無性生殖集団では)ほぼ1であり，基本定理で示唆されるように増加し続けることはない。むしろこの定理は適応度の増大の一部が，自然選択に起因する対立遺伝子頻度の変化によって生じることを示している。この増大は，他の進化要因に起因する平均適応度の減少によって相殺される。通常，平均適応度は環境が変化すると減少する。現在の環境に適応した集団は，新しい環境では十分に繁栄しないであろう。さらに，他種は競争相手の適応度を減らすように進化し続けている。同様に，もし遺伝子の相加効果が変われば，平均適応度は減少する。第14章(p.420)でみた

図17.4 ▪ R.A. Fisher(フィッシャー)は，彼の基本定理は"生物科学のなかで最高の地位にある"と信じていた。

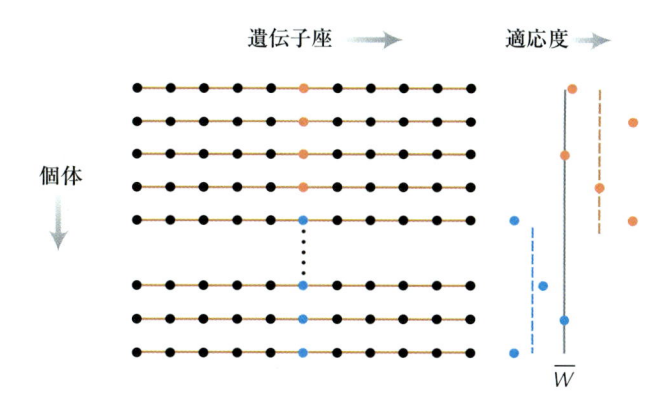

図 17.5 ▪ 対立遺伝子頻度に対する選択によって生じた平均適応度の増加量は，適応度の相加遺伝分散に等しい．図は多数のゲノムからなる集団を示す．おのおのは，（右に示されている）独自の個体適応度をもっている．各対立遺伝子は独自の平均適応度をもっている．例えば，赤で表されている対立遺伝子は，集団平均 $\overline{W}$ よりもわずかに高い適応度をもっている（赤点線）．各対立遺伝子の平均適応度は，頻度変化を決定し適応度の相加遺伝分散に寄与する（第 14 章でこれらの平均を 2 つの様式で定義した．**平均過剰**（average excess）と平均効果である．ここでの目的に関してはそれらは等価である）．

ように，どの遺伝子の適応度に対する効果も，環境条件と集団中の他の遺伝子頻度の両方に依存している．これらが変化するにつれて相加効果は変わり，平均適応度は減少していく．突然変異，移住，組換えは遺伝子型頻度を任意に変えるので，よく適応した集団の適応度を減少させる．Fisherの基本定理は，平均適応度を増大させる自然選択とそれを減少させる他の進化要因の間に継続的な闘争があることを示している（図 17.6）．第 19 章（pp.590 〜 592）では，適応度の相加遺伝分散によって測った場合の選択の包括的な強さについて証拠を概説する．では，自然選択によって，各世代での平均適応度は通常，どの程度増大するのだろうか．それは 0.1%，1%，あるいは 10% の増大なのだろうか．

自然選択は適応を生じる唯一の過程である

進化には多くの過程が関与するが，自然選択は別格である．というのも自然選択だけで，複雑で機能的な生物を創造しうるからである．他のすべての過程は，自然選択によって形成

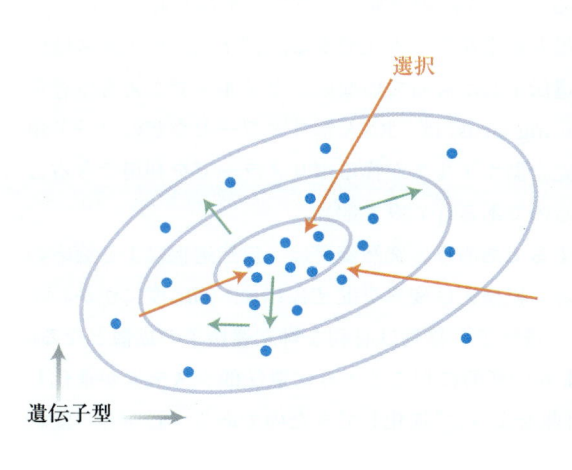

図 17.6 ▪ 自然選択は平均適応度を増大させる．それに対して，他の進化過程は平均適応度を減少させる．図は最も適した遺伝子型を中心にし，そのまわりに群生している遺伝子型の集団を表している．選択は適した遺伝子型頻度を増加させるので，集団は中心の最適点に向かう（赤矢印）．他の過程（突然変異，遺伝的浮動，組換えなど；緑矢印）は任意の方向へ働くため，最適な遺伝子型から集団を遠ざけていく（ここでの二次元は多次元を代表している．集団は多次元的に進化可能である．輪郭線は中心に向かって増大している適応度を表している）．

されたものを壊しがちである。なぜならそれらの過程は，機能に関してランダムに作用するからである。突然変異は，もしそれがなんらかの影響を及ぼす場合には，ランダムな変化をDNA配列に起こし，機能を損なうように働く。移住はその環境に適応していない遺伝子を他所から持ち込む。また，組換えと遺伝的浮動は平均的には，自然選択によって適応度が増大するように形成されてきた遺伝子型の頻度増加を妨げる。それらは時として適応度を増大させるかもしれないが，全体的には適応度を減少させる。自然選択だけが繁殖成功度を高めるのに必要な精巧な機能を組織的に形成するのである。

さまざまな物理的過程が複雑な構造を形成する際，それらの過程は往々にして単純な規則に基づいている。よく知られた例は，単純な分子の自然凝集によって形成される結晶である。結晶の幾何学構造は分子の結合構造を直接的に反映している。一般的な言い方をすれば，単純な過程がどの場所にも同じように作用した場合でも，秩序立った複雑なパターンが形成されうる。図17.7は比較的単純な過程によって形成されたパターンを示す。

この現象は自己組織化と呼ばれ，生物には必須である。均一な卵中で発現されるDNAの直鎖状配列は，空間的，時間的に正確な多くのパターンの積み重ねによって，なんとかして精巧な生物個体を作らねばならない。コンパクトなゲノムは，自己組織化の助けを借りて，精巧な生物を作り出すことができる。例えば，言語の複雑性を含め，我々の脳を介した行動の大半は神経系に特異的な遺伝子発現による。何千もの遺伝子が含まれているが，それらに含まれている情報はほんのわずかでしかない（おそらく数メガバイト）。複雑な行動は，限られた数の細胞のタイプと構造の繰り返しや環境から学んだ一般的規則性の活用を通して，限られた情報から生ずるのである（第11，24章参照）。

自己組織化の機構は最近注目されている。しばしば，生物の形態の大部分は自然選択よりも**発生的制約**（developmental constraints）によって形成されるといわれる（これらの説は18世紀や19世紀にさかのぼる。その当時は種間での形態の類似性から考えて，生物の形は固有の法則に従うことが広く支持されていた。p.23 参照）。遺伝や生化学の法則に加えて，物理法則は，明らかに生物に共通のものであり，進化を制限する。第20章では適応と制約がどのようにかかわるかを考察する。ここでの要点は，より適応した生物を作り出すために自然選択が自己組織化を活用しているということである。すなわち，自然結晶の形成とウイルスの頭部のカプセルの形成には同じ物理法則が働いているが，後者だけが目的，つまり，ウイルスの複製へと導くのである。自然選択によって形成された複雑な構造物のみが繁殖を促進する働きがあることを認識することは重要である。

複雑な構造物は自然選択がなくとも形成される。逆に自然選択は必ずしも複雑な生物を作り出すわけではない。これは，盲目の洞窟魚（図17.8），人類のビタミンやその他の栄養素（これらは我々の食べ物に豊富に含まれている）の合成能の欠如のように，もはや必要ではない機能は失われることでも明らかである。最も極端な例は寄生である。例えば，ウイルスはほとんどの機能を宿主に依存し，わずかな遺伝子しかもっていない。ウイルスでさえ寄生者をもつ。**欠損干渉ウイルス**（defective interfering virus）は，RNAポリメラーゼなどのコード領域を欠損しており，同じ細胞に感染した完全型ウイルスが作るポリメラーゼを利用できるときには，欠損のおかげでより速く複製するのである（p.639 参照）。

もちろん多くの過程が自然選択を促進するであろう。突然変異は，自然選択による適応の素材となるランダムな遺伝的変異を生ずる。組換えは変異を混ぜ合わせ，適応度にかかわる遺伝する変化を増加させ適応を促進する。遺伝子の移動は有利な対立遺伝子の拡散となる。第23章では，自然選択の下では適応がより効率的に起こるように遺伝的システムが進化しうることを示す。つまり，生物は"進化可能なように"進化してきたのである。しかし，優れ

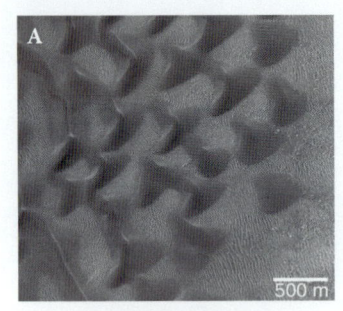

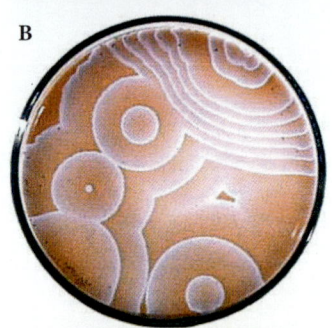

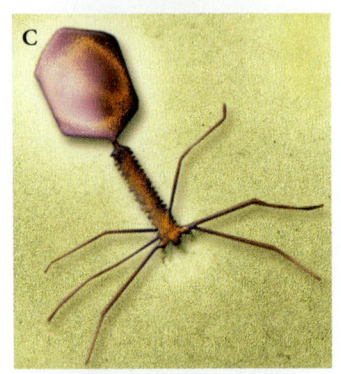

図17.7 • 自己組織化によって作られる複雑な構造。(A) 規則的な模様が火星の砂漠で吹く風によって作られる。(B) 螺旋模様は，無機化学物質の混合によって自然に生じた。(C) T4バクテリオファージは，タンパク質分子の自然凝集によって形成される。(D) 粘菌 *Dictyostelium discoideum* の集合体。

た進化可能性(evolvability)に関するいかなる適応も，適応度を増大させるという点では本質的にはより単純な適応と同じく自然選択の結果であるということを認識することは重要である。

自然選択は多くの有利な変異を段階的に蓄積していく

自然選択に対して繰り返される批判は，自然選択が新規には何も作らず，ただあらかじめ決まった範囲の可能性の中で取捨選択を行うという点である。原則的にはそれは真実である。十分大きな集団中にはあらゆる遺伝的組み合わせが存在する。例えば2種の交配におけるF_2世代では，十分多数の個体数があれば起こりうるすべての遺伝子の組み合わせが見つかるだろう。自然選択は新規のものを生ずることなく，単にそれらのなかから最適な遺伝子型を拾い出すだけである。この手の議論は遺伝学創成期に起こり，以来繰り返されてきた(図1.31)。しかし，これはたいへんな誤解である。というのも，多数の遺伝子を考えると非常に多くの遺伝子の組み合わせが存在するからである。例えば，二倍体集団が2つあって20遺伝子座で差異があり，各遺伝子座では一方の対立遺伝子が少しだけ適応度を上げる場合を考えてみよう。最適な遺伝子型は40の対立遺伝子(20遺伝子座で各2コピー)のある特定の組み合わせだだ1つであり，したがってF_2世代では最適な遺伝子型は2^{-40}の頻度，つまり10^{12}個体中1個体より少ない頻度でしか存在しないだろう。一般に選択は非常に希な1つの遺伝子の組み合わせを拾い出すのではなく，複数の有利な対立遺伝子の頻度を徐々に上げるように働く。最適な遺伝子型は集団中で頻度を増し，最終的には固定するのである(図17.9)。

この例では，変異が異なるゲノム間の組換えを通して起こるような有性生殖集団を考えた。しかし，上述したin vitro選択実験のように変異が突然変異によって生じるとき，同様のことが無性生殖集団や組換えがない集団にもあてはまる。先の例では，10^{13}個のRNA分子からなる初期集団は非常に大きく変化に富んでいたので，4つの変異体の非常に希な組み合わせは，実際に初期集団から拾い出されたのである。その結果，これらの変異体は同時に頻度が増えた(図17.2Cの緑曲線)。しかし，他の3つの適応した変異体はおそらく別の突然変異として後から生じた(図17.2Cの青曲線)。小さな集団では突然変異の適切な組み合わせが生じる可能性は小さいし，組み合わせ可能な変異体数が多ければ集団が非常に大きな場合でさえその可能性が非常に小さくなる。かわりに，ある突然変異系統の頻度が増えるにつれて他の突然変異との組み合わせが可能となり，徐々に適した組み合わせが形成されていくという具合に最適な遺伝子型が生じる。

Jorge Luis Borges（ホルヘ・ルイスボルヘス）の小説『バベルの図書館』は，あらゆる可能な

図17.8・*Astyanax mexicanus*（メキシカンテトラ，ブラインドケイブカラシン）は洞窟生活で眼の消失を進化させた。眼の消失は多起源である。有利ではなくなった形質が自然選択によって除かれた収斂進化の例である。

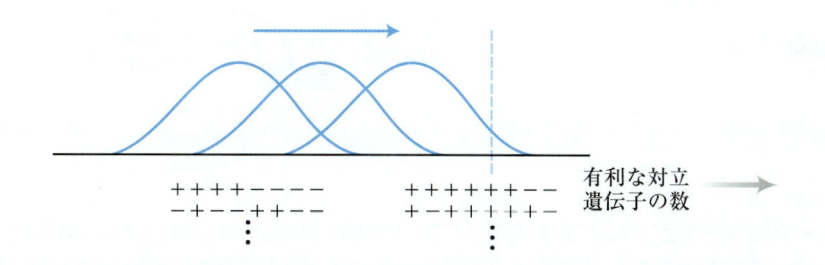

図17.9・適応的な対立遺伝子を多数あわせもつ遺伝子型になる可能性（＋＋＋＋…）は非常に低い（左側の曲線）。自然選択は有利な対立遺伝子のおのおのの頻度を増加させるように働く。それぞれが頻度を増すにつれて適応的な組み合わせができる可能性は高くなる（右側の曲線）。

遺伝子型のうち最適な遺伝子型を単純に選びとっていく選択の不合理さをうまくいい当てている（図 17.10）。それは巨大な図書館の物語であり，所蔵物はあらゆる文字列をもっており，そのためあらゆる書物が存在するのである。この図書館はあらゆる真実のみでなく，あらゆる虚偽をも含んでおり，ともに無意味の海に埋没している。無秩序なあらゆる可能性から特定の書物を選び出すのは根本的に不可能である。図 17.11 では単純な単語ゲームを使ってこの点を示す。

　もちろんだれも，著者があらゆる可能な文字列から単に単語を選んで本を書いているなどと考えもしない。むしろ，彼ないし彼女は何か新規のものを創造しているのである。この創造は，以前にだれかによって作られたアイデアやスタイルを用いて，文化的伝統に基づいて達成される。自然選択には同様の働きがあり，生物が効率よく繁殖できるように別個の変異を DNA の塩基配列に割り当てていく。自然選択の威力とは，とてもありそうにない結果へ最終的に導く一連の変化を蓄積していく能力である。これにはもちろん，一連の単純な変化があり，各変化が適応度を高めるということが前提であり，その結果，自然選択が累積的に作用できるのである。図 14.28 では，適応は多くの小さな段階によって進行するという Fisher の主張をみてきた。第 24 章でこの問題にふれることにする。

選択は多くの場合，合理的設計よりも有効である

　多くの場合，選択は人類にとっても複雑な構造物を作るのに最も有効な方法であることは明らかである。例えば，我々はタンパク質や RNA の折りたたみの一般原理を知っており，

図 17.10 ▪ バベルの塔。

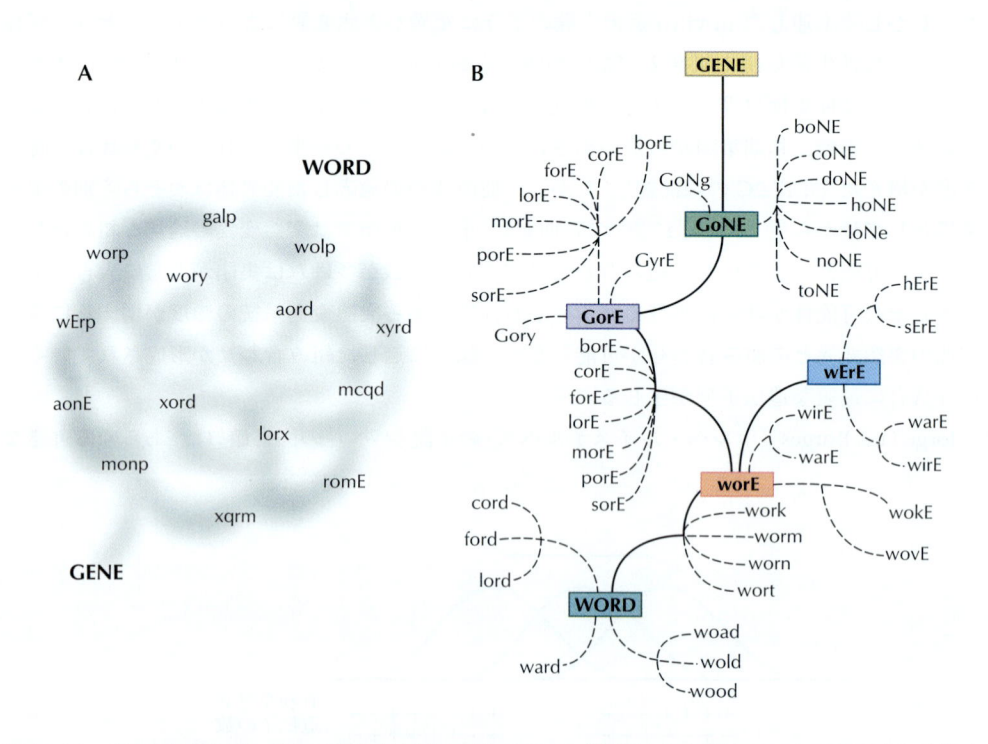

図 17.11 ▪ (A)各文字をランダムに変換するだけでは，WORD（単語）という語を GENE（遺伝子）に変換するのにたいへんな時間を要する。目的の 4 文字はおよそ 50 万通りの可能性から選び出されなければならない（$26^4 = 456{,}976$）。(B) 対照的に，単純な変化の累積によって新しい単語がすぐに作れる。英単語として適切なものだけを残し，かつ，各段階で GENE（遺伝子）と共通な文字をもつ単語を選抜すれば，4 段階の後に GENE という単語ができる。

それらの触媒活性を決めることができるが，第1原理から有用な触媒を設計できない（自然界の酵素を少し異なる機能に変更することはできるが，これは自然界に存在する類似物を使わずに新規に酵素を設計することとはまったく違う）．したがって，図17.2で述べたようなin vitro選択を特定の目的にあう分子を作り出すのに使うのは非常に興味深い（p.5の蛍光タンパク質の例参照）．

　選択は，例えばシリコンチップ上での部品の配置決めなどの難解な最適化問題を解くのにも用いられる．問題解決にランダム変化を使い，変異体が生き残る可能性を適切な適応度を測定して決める．もし受容される変化は適応度を上げるものだけだとすれば，解は局所的最適とはなっても，全体的な最適解とはならない可能性がある（図17.12に示されている起伏に富んだ適応度地形の上り坂を登る場合）．しかし，時折劣った変化を選ぶようにすると，アルゴリズムはもっと広い範囲でほかの可能性を探索できる．この方法はシミュレーティッドアニーリング（焼きなまし法，simulated annealing）といい，多数の局所的最適の中から最適解を見つける簡単な方法である．第18章（pp.533～535）で，生物学的枠組みにおける選択，突然変異，遺伝的浮動の相互作用をみることにする．

　工学者やコンピュータ学者は，難解な設計問題を解くのに同様の手法を用いる．いくつかの設計を互いに競合させて，変異を突然変異と組換えによって作る．時折，合理的思考からは到底できない独創的で予期せぬ解が得られる．図17.13に簡単な例を示す．低域フィルターは，コンデンサーとインダクタからなる．その機能は，ある明確な閾値を超える周波数の送信を止めることである．そのような回路を設計するのは容易なことではない．しかし，ランダムな変化に対する50世代に満たない選択により，特許設計を含むすばらしい回路が得られた．シミュレーティッドアニーリングとは異なり，この例では突然変異と組換えが用いられた．このような手法は，**遺伝的アルゴリズム**（genetic algorithm）もしくは**遺伝的プログラミング**（genetic programming）と呼ばれている．第23章では，選択への応答を組換えが改良する仕組みをみることにする．

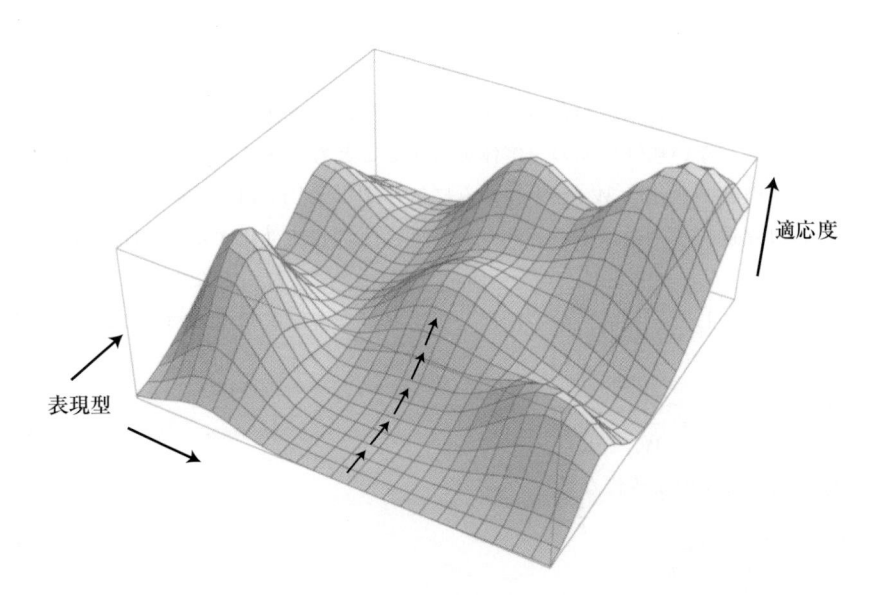

図17.12 ● 適応度地形は，適応度がどのように個体の表現型（水平軸）に依存するかを示す．図17.6とは異なり，適応度地形には複数の峰がある．したがって，一連の段階的改良（矢印）は，最も高い峰（右奥）ではなく局所的最適点（中央）に導くことがある．この図では表現型は二次元で表されている．現実的には多次元であり，適応度は連続的な表現型ではなく，不連続な遺伝子型に対して座標軸上に記される．

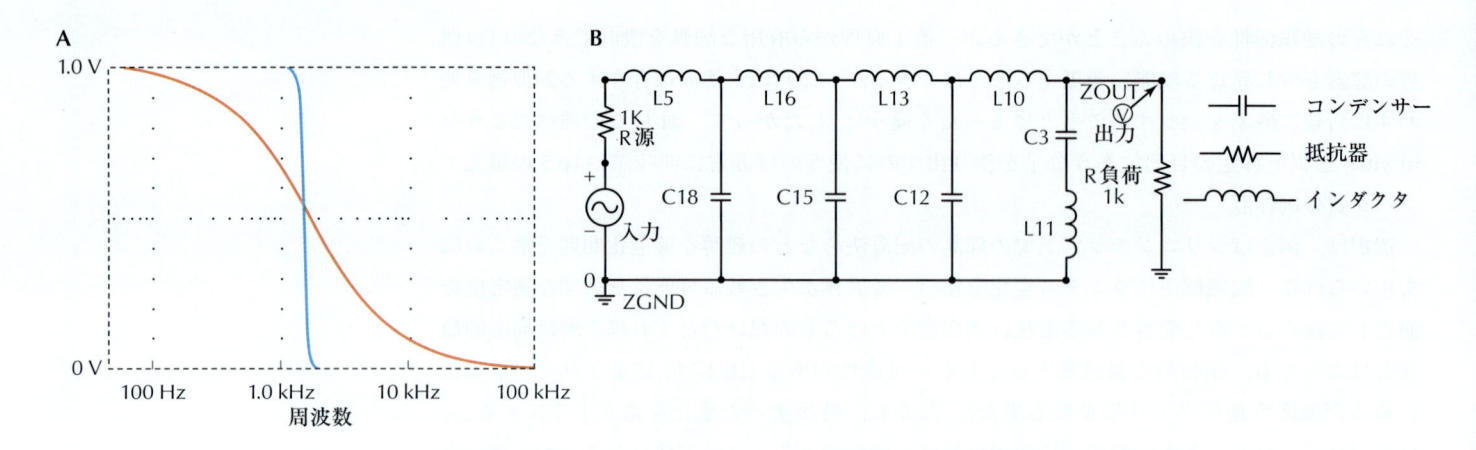

図17.13・いくつかの設計図からの選択によって得られた低域フィルター。選択条件は，1 kHz より低い周波数は全送信，2 kHz より高い周波数の場合は 0 送信である。(A) ランダムな初期集団のうちの最適なものの周波数応答(赤)と，選択開始から 49 世代後にできた迅速周波数応答(青)の比較。(B)迅速周波数応答を備えたフィルターは 1917 年に特許をとった。

適応度のわずかな違いでも重大な結果となる

　ここで，選択の最も単純な様式をみてみよう。2 つの対立遺伝子(それぞれ P，Q と呼ぶ)が集団中で競合している。配偶子プール中の 2 つの対立遺伝子頻度を考え，世代 0 における対立遺伝子頻度をそれぞれ p_0，q_0 とする。典型的な有性真核生物では，一倍体の配偶子は機会的に組み合わさり二倍体の接合体を形成する。接合体は成体まで成長して繁殖し，次世代の一倍体の配偶子を生み出す。個々の遺伝子の適応度は，生活環の定点(例えば一倍体配偶子から一倍体配偶子まで)で数えた次世代に生み出される子孫の数である。各対立遺伝子の適応度(W_P，W_Q)はそれぞれの対立遺伝子をもつ遺伝子の平均適応度である。これまでみてきたように，適応度は多数の構成要素から成り立っている(例えば，一倍体段階における生存率，他の配偶子と接合する可能性，二倍体段階における生存率など)。別の生活環を想定してもよい。ランダムに組み合わさる配偶子のかわりに二倍体個体がランダムに交配する状況や，二倍体段階がない無性生殖の一倍体を考えることもできる。こういった複雑さにもかかわらず，集団構成の変化は W_P と W_Q のみに依存する(図 17.14)。

　毎世代，各対立遺伝子の数はそれぞれの適応度に比例して変化する。時間 t における P 型と Q 型の数を $N_{P,t}$，$N_{Q,t}$ とすると，$N_{P,1} = W_P N_{P,0}$，$N_{Q,1} = W_Q N_{Q,0}$ となり，この関係が後の世代にも続いていく。したがって，数の割合，つまり対立遺伝子頻度の割合は適応度の比に比例して変化する。

$$\frac{N_{P,1}}{N_{Q,1}} = \frac{p_1}{q_1} = \frac{W_P}{W_Q}\frac{p_0}{q_0} \tag{17.1}$$

世代 t では，割合は次のようになる。

$$\frac{p_t}{q_t} = \left(\frac{W_P}{W_Q}\right)^t \frac{p_0}{q_0} \tag{17.2}$$

例えば，もし一方の対立遺伝子がもう一方の対立遺伝子より 2 倍の適応度があり，最初の対立遺伝子頻度の割合が $p:q = 1:1000$ とすると，割合は 1 世代後には 2:1000，10 世代後には $2^{10}:1000$，つまり 1024:1000 になる。10 世代にわたる頻度についていうと，p は 1/(1+1000)，2/1002，…，1024/2024，つまり 0.001，0.002，…，0.506 と上昇していく。この選

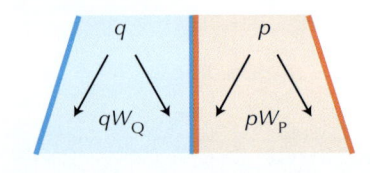

図17.14・対立遺伝子頻度 $q:p$ の割合は各対立遺伝子の適応度 W_Q，W_P に比例して変化する。

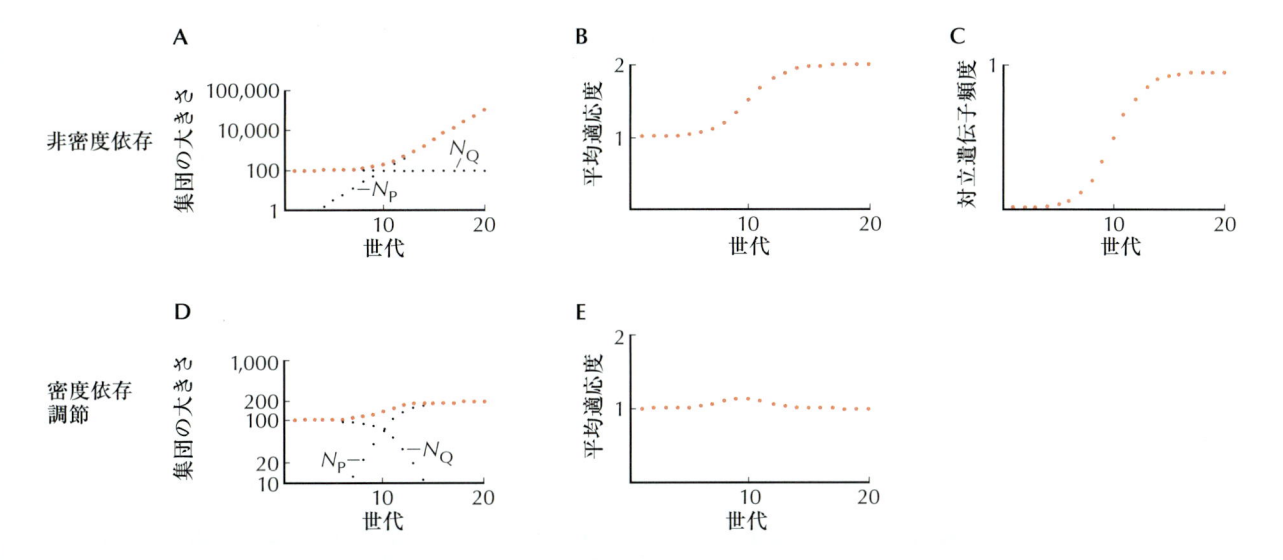

図 17.15 ・ 集団の大きさに密度依存調節がある場合とない場合の，最も単純な 2 対立遺伝子 (P, Q) における選択の時間経過．上段は集団の大きさにかかわらず適応度が一定の場合．(A) もし $W_Q = 1$ ならば，Q 型の数は $N_Q = 100$ で一定である．もし P 型の適応度が 2 倍 ($W_P = 2$) ならば，P 型の数は 2^t で幾何級数的に増加する．これは対数表示では直線となる．全集団の大きさ ($N_P + N_Q$；赤点) は 10 世代くらいまでは 100 に近いが，P 型が増えてくると全集団の大きさは幾何級数的に増加する．赤点の傾きは集団増加率である．(B) 集団の大きさの変化に伴う平均適応度の変化を図 B の赤点で示す．平均適応度は P が Q と置き換わると 1 から 2 になる．(C) 対立遺伝子頻度，$p = N_P/(N_Q + N_P)$．(D) もし P 型 Q 型とも適応度が集団の大きさに応じて幾何級数的に減少するならば (例えば，$W_Q = 2^{1 - N/100}$, $W_P = 2W_Q$)，集団の大きさはある範囲内におさまり，$\overline{W} = 1$ のとき平衡状態となる．$N_Q = 100$ で Q 型は平衡状態となる (左)．P 型は 2 倍有利なので，この例では $N_P = 200$ で平衡状態となる (右)．(E) P が Q と置き換わるにつれて，平均適応度は $\overline{W} = 1$ を上回るが，集団の大きさの増加に伴って平衡状態に戻っていく．しかし，P 型と Q 型の適応度の比は一定 ($W_P/W_Q = 2$) なので，対立遺伝子頻度変化の時間経過は図 (C) とまったく同じである．

択の最も単純な様式の時間経過は図 17.15 に示されている．

この計算は，より複雑なモデルに適用可能な重要な特性を示している．

1. 相対適応度が重要である．各対立遺伝子の絶対適応度 (実際の子孫数など) が一定ならば，有利な対立遺伝子が他の対立遺伝子と置き換わるにつれて集団増加率は時間とともに増加する (図 17.15B)．つまり，一般的には，選択が平均適応度を上げるように作用するにつれて次第に速い率で集団が大きくなるのである．しかし，仮に集団の大きさがある範囲内におさまるのであれば，適応度は集団の大きさに応じて減少するはずである．有利な対立遺伝子が不利な対立遺伝子と置き換わると集団の大きさはより大きな平衡に達するが，無限には大きくならない (図 17.15D,E)．混み具合が両方の対立遺伝子に同様の影響を与えるとすると，対立遺伝子頻度について同じ式が適用される．対立遺伝子頻度は絶対適応度ではなく相対適応度にのみ依存するのである (図 17.15C)．

2. 変化の時間尺度は選択係数に反比例する．相対適応度のみが重要であるので，W_Q を 1，W_P を $1 + s$ とおける．十分な時間を考えると，適応度におけるわずかな差が，ある対立遺伝子を別の対立遺伝子に置き換えるのである．対立遺伝子頻度の割合は，$(W_P/W_Q)^t = (1 + s)^t$ で変化する．この変化率は s が小さいときは $\exp(st)$ で近似できる (図 17.16)．例えば，相対適応度の違いが 1000 分の 1 (つまり $s = 0.001$) のとき，対立遺

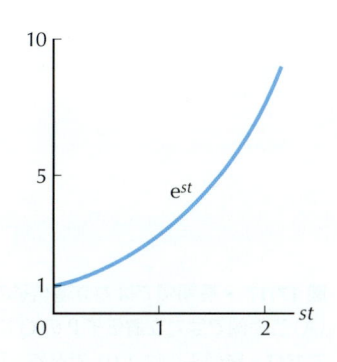

図 17.16 ・ 選択に s だけ有利な対立遺伝子は $\exp(st)$ つまり e^{st} ずつ増えていく．

伝子頻度の割合は 1000 世代で e（約 2.718），10,000 世代で e^{10}（約 22,000）に変化する。一般に選択が作用する時間尺度はおおよそ $1/s$ である。実際に自然界で見つかる選択係数がどのくらいの強さであるのかを第 19 章で概観する。

3. 有利な対立遺伝子の頻度は S 字状（シグモイド）曲線で増加する。最初は非常に希な対立遺伝子（例えば新規突然変異の場合の 1 コピー）は指数関数的に増加する（$p \simeq \exp(st)$）。つまり，$p = 10^{-6}$ から 10^{-5} まで $2.3/s$ 世代かかる。$p = 10^{-5}$ から 10^{-4} まで，$p = 10^{-4}$ から 10^{-3} までも同様である。集団中にある対立遺伝子が見つかるような頻度になるまでにはずいぶん時間がかかる（この時間差は約 $(1/s)\log(1/p_0)$。p_0 は初期頻度）。その後，新規対立遺伝子は比較的速く，およそ $1/s$ 世代で高頻度になっていく。その後，もとの対立遺伝子が完全に除かれるにはまたしばらく時間がかかる（図 17.15C）。

この簡単な例では，相対適応度は時間が経っても同じであると仮定した。しかし，一般的には相対適応度はさまざまな理由で変化する。それにもかかわらず，どの 1 世代 t をとってみても変化は当該世代での対立遺伝子の相対適応度（$W_{P,t}/W_{Q,t}$）に依存し，長期間では，ある対立遺伝子が増加するか減少するかは相対適応度の積が 1 より大きいか小さいかによるのである。したがって，

$$\left(\frac{W_{P,1}}{W_{Q,1}} \frac{W_{P,2}}{W_{Q,2}} \cdots \frac{W_{P,t}}{W_{Q,t}}\right)^{1/t}$$

で定義される幾何平均適応度は有用である。長期的には，高い幾何平均適応度をもつ対立遺伝子が集団中に広がっていく（図 17.17）。

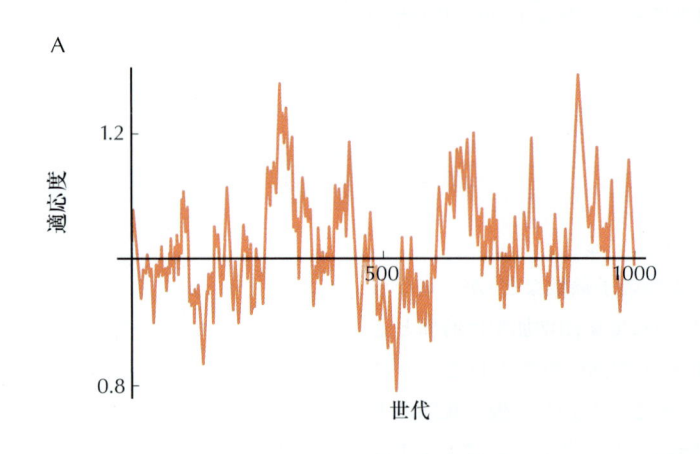

図 17.17 ・長期間では対立遺伝子の増加率は幾何平均適応度に依存する。(A) この例では対立遺伝子 P の Q に対する相対適応度はランダムに揺らいでおり，幾何平均は 1.01 である。(B) 対数表示した対立遺伝子頻度の割合。$s = 0.01$ の有利な対立遺伝子頻度は，直線で示されているように徐々に増加する。実際の対立遺伝子頻度はかなり揺らいでいるが，長期間では $s = 0.01$ の割合で増加していく。(C) 通常の目盛りで示した対立遺伝子頻度。

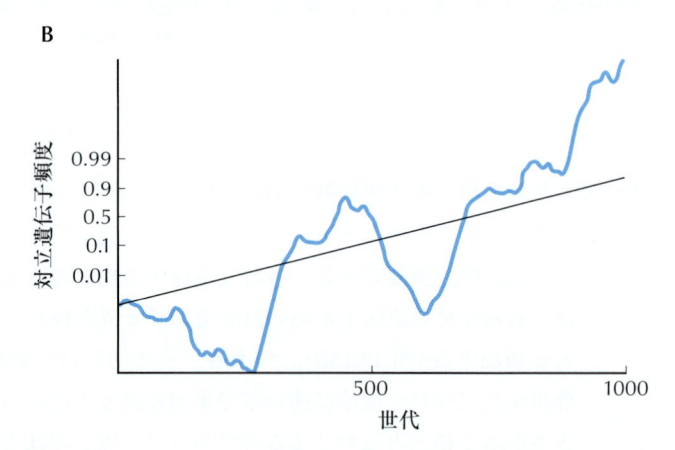

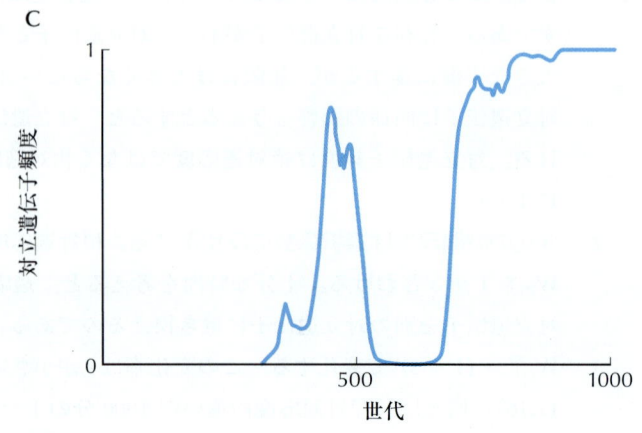

遺伝子の適応度は物理環境や生物環境，あるいは他の遺伝子との相互作用に依存する

適応度はさまざまな理由により変わる。最も明白なのは，外部環境の状態変化によることである。これまでにいくつかの例をみてきたし，後の章でさらに多くの例をみることにする。ヒトではβグロビン遺伝子座の頻度が高い対立遺伝子 Hb^A のホモ接合体（同型接合体）の小児はマラリアによる死亡率が非常に高いが，鎌形赤血球対立遺伝子とのヘテロ接合体（異型接合体）（$Hb^S Hb^A$）では生存率が高い。そのため，これらの遺伝子型の絶対適応度，相対適応度ともマラリアの発生に強く依存する（Box 14.1）。同様に，オオシモフリエダシャク *Biston betularia* の黒化型と白化型の捕食率は産業汚染の程度によって変わる。これは産業汚染の程度により擬態の効果が変わるためである（p.34 参照；図 17.18）。

最も重要なことは，状況は集団の直接的または間接的な変化の結果として変わるということである。進化と環境の間にはフィードバックが存在する。もし集団の大きさがある範囲内におさまるのであれば，絶対適応度は集団の大きさに応じて減少するはずであるということをみてきた。もしこれまで仮定してきたように，絶対適応度における減少がすべての遺伝子型で同じであれば，相対適応度はなんら影響を受けず，その結果，進化にもなんら影響を与えない。しかし，密度変化への感度は遺伝子型ごとに違っているかもしれない。このような場合，選択は**密度依存**（density dependent）であるという。一般的に，例えばもし異なる遺伝子型が異なる資源を利用する場合，適応度は集団中の他の対立遺伝子頻度に依存する可能性がある。第18章（pp.544〜547）でこの**頻度依存性選択**（frequency-dependent selection）がどのようにして集団中に遺伝的変異を維持するかをみることにしよう。

二倍体生物では，集団組成はより直接的に集団内の遺伝子の適応度に対して影響を与える。ある遺伝子の効果はその相方に依存する。例えば，Hb^S 対立遺伝子は Hb^A 対立遺伝子と対になったときにマラリアへの耐性をもつが，Hb^S 対立遺伝子どうしの対，つまり，$Hb^S Hb^S$ ホモ接合体では重篤な貧血を引き起こす。任意交配では，ある対立遺伝子の適応度とは，対象としている対立遺伝子と集団中に存在する対立遺伝子とが対になったときの適応度を集団中でのそれらの対立遺伝子頻度で重みづけした平均である。したがって，ホモ接合体でのみ適応度を増加させる劣性対立遺伝子は低頻度のときにはゆっくりと増加する。なぜなら劣性対立遺伝子が低頻度のときには，有利であるホモ接合の状態になることが希なためである。逆に優性の有利な対立遺伝子は，もとの劣性対立遺伝子と完全に取って代わるために最初はすぐに増加するが，その後は頻度上昇はゆっくりとなる（Box 17.1）。

鎌形赤血球の例のように，もしヘテロ接合体がどちらのホモ接合体よりも有利ならば，ヘテロ接合体は希な対立遺伝子ともう一方の対立遺伝子をもつため，希な対立遺伝子は平均的には有利となる。各対立遺伝子は希なときに増加するので，集団中に両方の対立遺伝子が維持されるところで安定平衡に達する。このような多型の典型的な例として，マラリアが風土病である地域における Hb^S 対立遺伝子の維持が挙げられる（Box 14.1 参照）。後の章で，ほかの例をみるとともに変異の維持機構としてのヘテロ接合体の優位性について一般的重要性を調べることにする。

これまで二倍体生物の同じ遺伝子座での2つの相同な遺伝子間の相互作用のようすをみてきた（**優性相互作用**［dominance interaction］と呼ばれる）。同様の効果は，異なる遺伝子座の遺伝子間の相互作用，つまり**エピスタシス**（遺伝子間の非相加的相互作用，epistasis）により一倍体でも生じる（図 14.8，17.19）。例えば，RNA分子の in vitro 選択実験では2つの変異体が最初に増加したが，後に減少した（図 17.2C の赤曲線）。これは，これら2つの変異体はも

図 17.18 ● オオシモフリエダシャク *Biston betularia* は白化型（上）と黒化型（下）の多型である。産業汚染により木の幹が黒い地域では黒化型が多く，白化型は非常に目立つ（p.33 参照）。

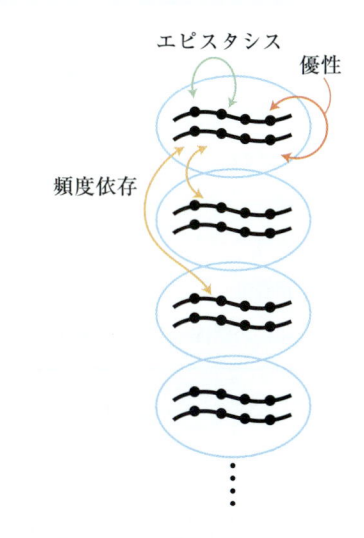

図 17.19 ● 適応度は数種の相互作用に依存する。優性は，二倍体個体における相同な対立遺伝子間の相互作用である。エピスタシスは，ある個体における異なる遺伝子座の対立遺伝子間の相互作用である。頻度依存は，同じ，もしくは異なる遺伝子座における異なる個体での遺伝子間の相互作用である。図は，各個体が4遺伝子座からなるゲノムをもつ二倍体生物集団を表す。

Box 17.1　二倍体に対する選択

2つの対立遺伝子(Q, P)をもつ二倍体集団では，3つの遺伝子型(QQ, PQ, PP)が存在可能である．しかし，これら3つの遺伝子型頻度を考慮せずとも，2つの対立遺伝子頻度(q, p)に着目して集団の進化を理解することができる．というのも，任意交配を考えたとき，新たに生じる接合体における3つの遺伝子型の比は **Hardy–Weinberg**（ハーディー・ワインベルグ）比($q^2 : 2pq : p^2$)になるからである．Hardy–Weinberg比は対立遺伝子頻度のみに依存する(Box 1.1)．同様に，2つの遺伝子の平均適応度 W_P と W_Q に着目して，選択の効果を理解することができる．ある P 対立遺伝子が他の P 対立遺伝子と対をなして PP ホモ接合体となる可能性は p であり，Q と対をなしてヘテロ接合体となる可能性は q である．したがって，その平均適応度は $W_P = pW_{PP} + qW_{PQ}$ である．同様に，$W_Q = pW_{PQ} + qW_{QQ}$ である．これらの適応度を式 17.1 と 17.2 に代入すると，経過時間に対する対立遺伝子頻度の変化を得ることができる．

選択の効果に対する詳細な式を表 17.1 にまとめている（第 28 章［オンラインチャプター］参照）．本文で説明したように対立遺伝子頻度の変化は各遺伝子の適応度(W_P, W_Q)に依存する．それら適応度は異なる遺伝子型の平均である．純選択係数は遺伝子適応度の差，$W_P - W_Q$ に比例する．

選択が弱いとき（例えば，$s < 20\%$）には対立遺伝子頻度の変化は近似的に時間に比例し，積 st にのみ依存する．したがって，$s = 1\%$ で 100 世代の選択によって生じる変化は，$s = 0.1\%$ で 1000 世代の選択によって生じる変化とほぼ同じである．対立遺伝子頻度の変化率に対する近似を表の右端の列に示す．

図 17.20A では，P が Q より有利である場合の方向性選択の3つの型を比較している．相加的選択では各 P は s ずつ適応度を増加させる．対立遺伝子頻度は急速に上昇し，$st = 9.2$（例えば，$s = 0.001$ のとき 9200 世代）の期間で初期頻度 $p = 1\%$ から $p = 99\%$ に変化する．もし P 対立遺伝子が優性であれば最初のうちは同様に増加する．というのも，PQ ヘテロ接合体ともともとあった QQ ホモ接合体の適応度の違いは，s に等しいからである．しかし，P 対立遺伝子が多くなるにつれて，集団の大半は同じ適応度をもつ PQ と PP 遺伝子型で構成されるようになる．Q 対立遺伝子は希な QQ ホモ接合体になった

表 17.1　単純な選択モデルにおける対立遺伝子頻度の変化

	二倍体遺伝子型の適応度			遺伝子適応度		選択係数	変化率
	W_{QQ}	W_{PQ}	W_{PP}	W_Q	W_P	$W_P - W_Q$	dp/dt
半数体				1	$1+s$	s	spq
相加的	$1-s$	1	$1+s$	$1-sq$	$1+sp$	s	spq
優性	1	$1+s$	$1+s$	$1+sp$	$1+s$	sq	spq^2
劣性	1	1	$1+s$	1	$1+sp$	sp	sp^2q
超優性	$1-s_1$	1	$1-s_2$	$1-\bar{s}p_eq$	$1-\bar{s}q_ep$	$\bar{s}(p_e-p)$	$\bar{s}pq(p_e-p)$
負の超優性	$1+s_1$	1	$1+s_2$	$1+\bar{s}p_eq$	$1+\bar{s}q_ep$	$\bar{s}(p-p_e)$	$\bar{s}pq(p-p_e)$

ここでは，$p_e = s_1/(s_1 + s_2)$, $\bar{s} = s_1 + s_2$ である．

とからあった型に比べると触媒活性を増加させるけれども，少し遅れて生じた4つの変異の組み合わせ（図 17.2C の緑曲線）ほどは触媒活性を増加しないためである．重要なことは，これらの変異が同時にあれば必ずうまくいくわけではないことである．例えば，260（赤）と 270（緑）の変異をもつ合成分子はうまく機能しない．エピスタティックな相互作用がこの2つの変異体が最終集団で確立するのを妨げているのである．

頻度依存性選択はある種のフィードバックであり，異なる個体の遺伝子間の相互作用により生じる．繰り返すが，重要な点は，対立遺伝子の運命はその適応度により非常に単純な様式で決まるが，適応度は対立遺伝子のあらゆる可能な状態の平均に依存することである．あらゆる可能な状態とは，二倍体個体の相同な遺伝子にどの対立遺伝子が存在するのか，ゲノ

きにだけ適応度を下げるので，それはゆっくりと排除されていく．もしP対立遺伝子が劣性であればパターンは逆になる．P対立遺伝子は希なPPホモ接合体になったときにだけ有利なので，P対立遺伝子は最初はゆっくり増加する．この例では99％になるのに $st = 108.2$ の時間がかかり，相加的選択の場合より遅い．

　図17.20Bはヘテロ接合体が有利な場合，つまり超優性の典型的なパターン示す（この例では $p_e = 0.7$ で平衡状態であり，適応度は，$1 - 0.7\bar{s} : 1 : 1 - 0.3\bar{s}$ である）．もし最初にP対立遺伝子が多ければ，多くはホモ接合体なので，頻度は減少していく（上曲線）．一方，P対立遺伝子が希なときには多くはヘテロ接合体なので，頻度は増加していく（下曲線）．時間 t がおよそ $1/\bar{s}$ 世代で平衡に達する．

　図17.20Cは超優性とは逆の負の超優性の場合を示す．つまり，ヘテロ接合体が不利な場合である．対立遺伝子頻度が高い方が増加していくので，平衡状態は不安定である．この例では適応度は，$1 + 0.7\bar{s} : 1 : 1 + 0.3\bar{s}$ で，不安定状態は $p_e = 0.7$ である．頻度 p がほんのわずかでもこの閾値を超えている集団では最終的にPが固定し，閾値を下回っていればP対立遺伝子は消失する．

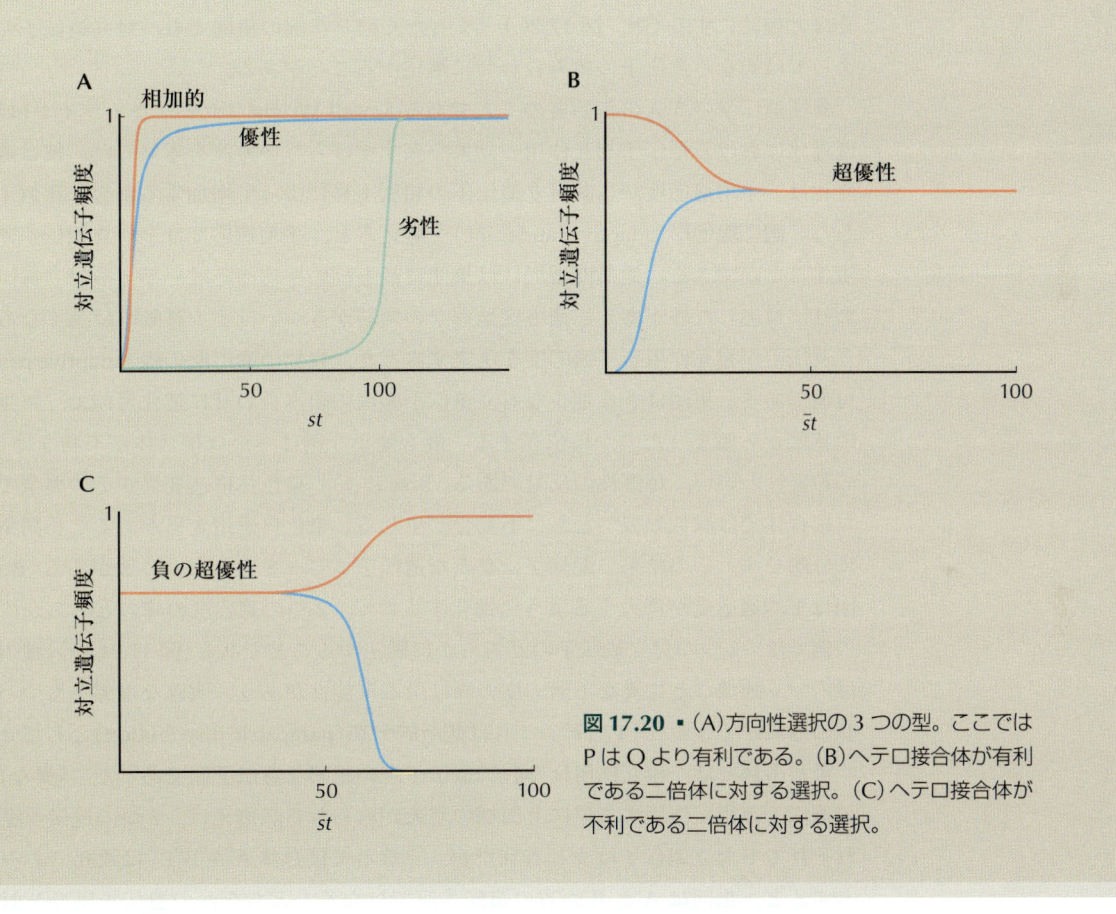

図17.20・(A)方向性選択の3つの型．ここではPはQより有利である．(B)ヘテロ接合体が有利である二倍体に対する選択．(C)ヘテロ接合体が不利である二倍体に対する選択．

ムの他の部分にどの遺伝子が存在するのか，そして環境条件である．環境そのものは全集団の大きさや遺伝的構成，他種との相互作用に依存するので，自然選択の過程は非常に複雑になる．

　適応度を決定する複雑な相互作用にもかかわらず，自然選択の根底にある基本的な集団遺伝学的原理は単純であり，式17.1と17.2により総括される．この節での最重要点は，選択の時間尺度は選択係数の逆数により決まることである（$t \sim 1/s$）．

　次章では，選択が突然変異，遺伝的浮動，移住，組換えなどの他の進化要因とどのように組み合わさるのかをみていくことにする．これらすべての要因に対して，結果は基本的にこれらの要因の選択に対する時間尺度で決まる．例えば，遺伝的浮動は N_e 世代の時間尺度で

作用するので，浮動に対しての選択の重要性は時間尺度の比，$N_e/(1/s) = N_e s$ に依存する。選択強度は選択係数に比例するという考えは，進化の複雑性を理解するための単純な定性的手段となる。

集団は適応度地形の峰に向かって進化する

遺伝子型と表現型の複雑な関係を考えると，遺伝子間相互作用の適応度への効果が広く期待される。つまり，適応度に対するある遺伝子の効果がどの遺伝子と組み合わさるかに依存するような，優性やエピスタシスが広く期待される（p.420 参照）。したがって，遺伝子の頻度が変わるにつれて，各遺伝子の相加的効果も変化する。このことが選択の長期的効果を驚くほど複雑にする（例，図17.2C）。まったく同じ状況の集団でも，対立遺伝子の初期頻度によっては異なる遺伝子の組み合わせに進化することがある。

集団遺伝学の3人の創始者の1人である Sewall Wright（セオール・ライト）は，遺伝子頻度進化における遺伝子相互作用の効果を表すすばらしい方法を考案した。彼は遺伝子頻度の変化は，平均適応度が当該対立遺伝子の頻度上昇によって増加する割合に比例することを示した。**適応度地形**（adaptive landscape）を考えると，平均適応度は全対立遺伝子の関数として表すことができる。適応度地形には集団に最も高い平均適応度を与える対立遺伝子の組み合わせに対応した峰がある。適応度地形での傾斜がきついほど，移動率は速くなる。

遺伝子が相互作用して適応度を決定するとき，複数の**適応度の峰**（adaptive peak）の存在が可能である。集団はさまざまな対立遺伝子頻度の組み合わせに進化可能で，結果は集団がどの状態から始まったのかに依存する。最も簡単な例はヘテロ接合体が不利な場合である（負の超優性といい，超優性の反対である。Box 17.1）。染色体構造変異がその典型であり，ヘテロ接合体では減数分裂のときに不具合が生じる。染色体構造変異があると相同染色体は正常に分離せず，その結果，配偶子は必要な遺伝子コピーをもたないことがある（Box 12.2）。集団は平均適応度が増大するように進化するので，2つの適応度の峰のどちらかに向かう。この例では，2つの対立遺伝子のどちらかに固定することである（図17.21A）。種の地理分布領域内で，地域ごとに異なる適応度の峰に至る可能性があり，明確な境界をもつパッチワーク状の地域ができる（図17.22）。これは**側所的分布**（parapatric distribution）として知られている。

最初の例では，相互作用は"同じ"遺伝子座の相同な遺伝子間であった。"異なる"遺伝子座の遺伝子が相互作用する際にも同様の現象がみられる。例えば，2つの遺伝子座（A と B）それぞれで P 対立遺伝子は少し有利だが，二重ホモ接合体 $A^P A^P B^P B^P$ は致死である（図17.21B）とすると，集団は A と B 両方の遺伝子座ではなく，どちらかの遺伝子座で P 対立遺伝子がほぼ固定するようになる。第22章（p.698）では，このようなエピスタシスがどのようにして種分化の進化を引き起こすかをみることにする。

適応度地形の隠喩は誤解を招くことがある

Wright の適応度地形の隠喩は，異なる進化要因の合体効果を描写するには有用な方法であるが，誤解を招きうる。第1に，それは各遺伝子の適応度が一定のときにのみ適用できる。もし適応度が環境の変化，もしくは対立遺伝子頻度の変化に伴って変わるなら，適応度地形そのものも時間とともに変化し，集団の進化を予測できない。Wright の式では対立遺伝子がランダムに組み合わさることを仮定している（つまり，**連鎖平衡**[linkage equilibrium]）。もし特定の対立遺伝子どうしが組み合わさるようなことがあれば，単純な対立遺伝子頻度の乗

17.1 選択とは何か • **511**

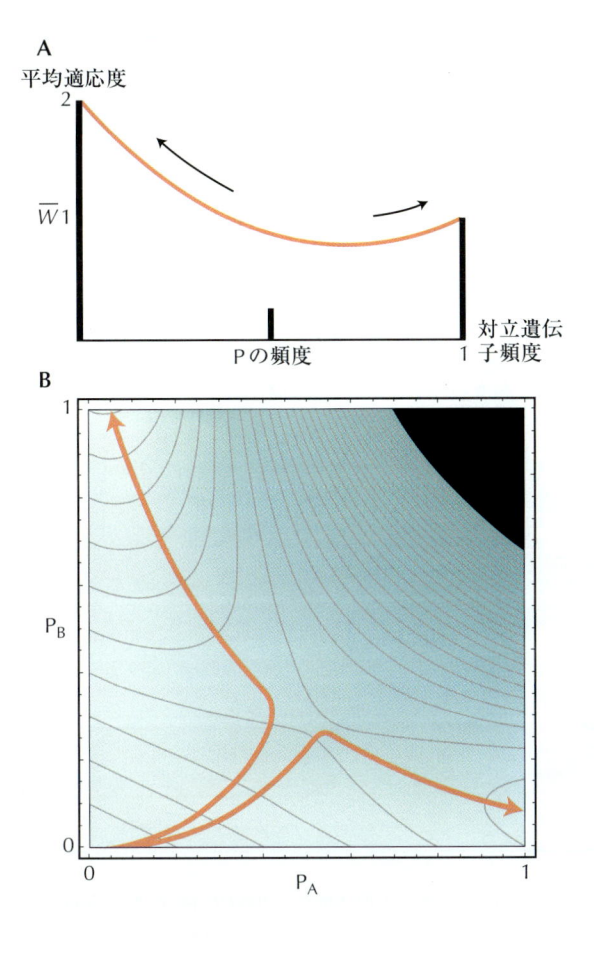

図17.21 ■ 選択の効果は，対立遺伝子頻度に対する適応度が描図された適応度地形によって理解できる。（A）もしヘテロ接合体がホモ接合体より不利なら，集団は高い方（矢印）に向かって進化し，いずれか一方の対立遺伝子が固定する。遺伝子型 QQ, PQ, PP の適応度は 2, 0.25, 1 である（縦の太線）。（B）2 遺伝子座でおのおのに 2 対立遺伝子がある例（A 遺伝子座で A^P, A^Q, B 遺伝子座で B^P, B^Q）。各 A^P, B^P 対立遺伝子コピーはそれぞれ適応度を 5%, 10% 増加させる。しかし，二重ホモ接合体 $A^P A^P B^P B^P$ は致死である。したがって，適応度の峰は 2 つあり，1 つは $A^Q B^P$ がほぼ固定したところで平均適応度は 1.2 であり（左上），もう 1 つは $A^P B^Q$ がほぼ固定したところで平均適応度は 1.1 である（右下）（訳注：P_A は A 遺伝子座での対立遺伝子 P の頻度，P_B は B 遺伝子座での対立遺伝子 P の頻度）。矢印は大多数が $A^Q B^Q$ から始めたときの集団の軌跡を示す。最初の対立遺伝子頻度に依存していずれか一方の適応度の峰に進化する。等高線は平均適応度 0.02 間隔で描かれている。（これらの適応度地形は集団の状態に対する平均適応度を座標軸上に記している。一方，図 17.12 の適応度地形は個々の表現型に対する個々の適応度を座標軸上に記している）

算では遺伝子型頻度を予測できない（Box 15.5）。集団は全遺伝子型頻度の追跡によってのみ記述可能で，その進化は，組換えがどのようにして**連鎖不平衡**（linkage disequilibrium）をなくしていくかに依存する。そのため，対立遺伝子頻度の進化のみを記述する Wright の単純な描写では結果は予想できない。

第 2 の難点は，集団の平均適応度は多数の遺伝子に依存するので，Wright の図は実際には二，三次元ではなく多次元で描かれるべきだという点である。通常の三次元図は誤解を招く。というのは，その図では集団が簡単に局所的適応度の峰に達しうることを示すからである。現実には，適応度地形は数千次元からなるので，集団が進化しうる方向は無数にある。多様な変化が多数の異なった遺伝子によって起こりうる。典型的なものとして，平均適応度を増大する変化や選択により生じる変化があるだろう。集団が局所的適応度の峰に達したかどうかは定かではないのである。

最後に，きわめて異なる 2 種類の適応度地形が使われる問題がある。これまで集団の状態を記述する対立遺伝子頻度に依存した集団の平均適応度を考えてきた。しかし，時折，個体の適応度は個体の遺伝子型に対して表示してきた（例，図 17.12）。事実，Wright 自身もそれらを明確に区別することなく両方を使っていた。集団ベース，個体ベースのどちらの適応度地形も有用であるが，この本ではおもに前者を使う。

これら注意点があるにせよ，Wright の適応度地形は，エピスタシスがあるときに選択が対立遺伝子頻度に対してどのように働くのかを理解するのに有用な方法である。次章では

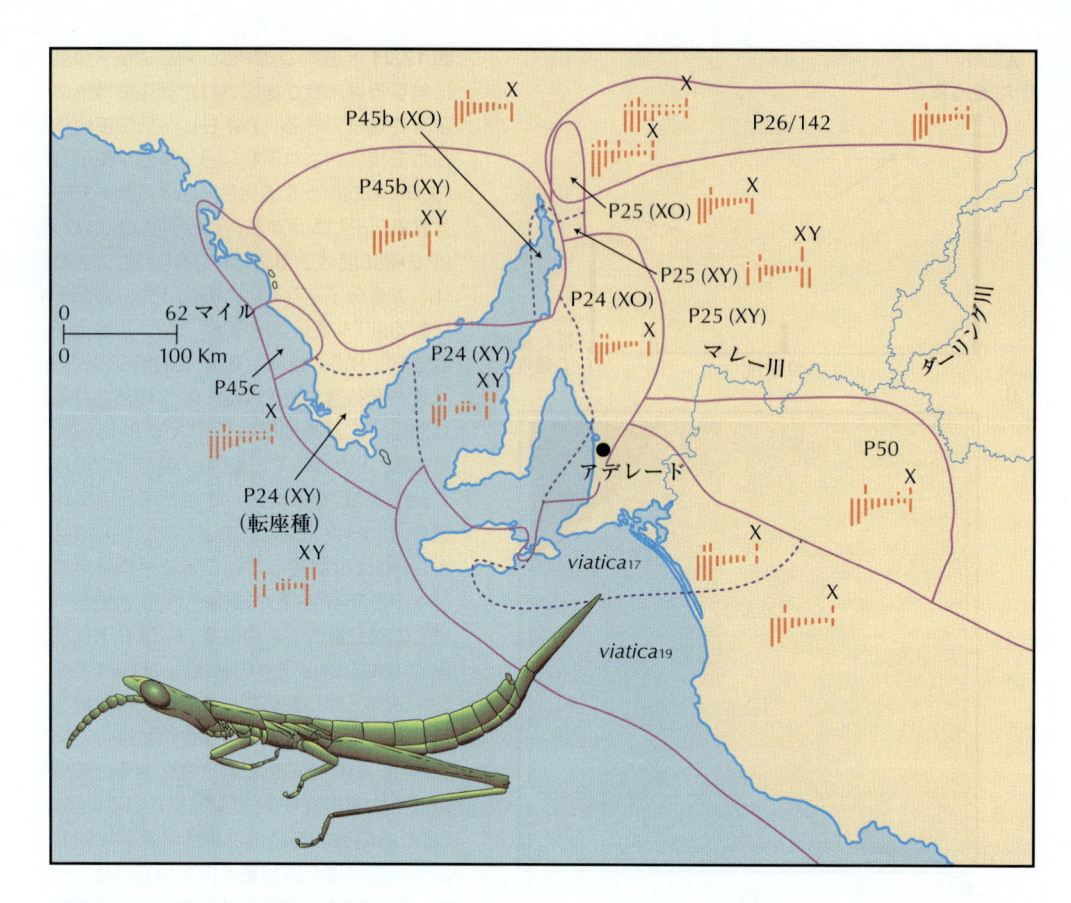

図 17.22 ▪：オーストラリア南部のバッタ類 *Vandiemenella* は，染色体構成（図中の小棒）が異なる地域亜種や地域種が側所的にモザイク分布している．種とされる分類群の境界は実線で，亜種の境界は点線で示してある．境界には数百メートルの幅の狭い雑種地帯がある．更新世には乾燥地帯であった南極海の地域まで示してある．このことは，カンガルー島（中央）でみつかる 3 つの分類群の分布を説明する．挿絵：*Vandiemenella pichirichi* の雄．

Wright がどのように突然変異，移住，遺伝的浮動の効果を適応度地形に取り入れ拡張していったかをみることにする．Wright の着想は進化的考察に対して多大な影響を与えた．それは数学的発展によるものではなく，彼の着想が進化におけるさまざまな要因をまとめて考察するための有用な隠喩であることに多くの生物学者が気づいたためである．

ミュラー型擬態では共通の色彩パターンが有利である

　遺伝子型が一定の相対適応度をもつ場合，Wright の適応度地形は対立遺伝子頻度に対する選択の効果を予測する．そのため，優性やエピスタシスを理解するのには有用な方法であるが，相対適応度が集団の構成に依存するときには適用できない．ただし，適応度の峰として視覚化することは数学的には適切ではないのだが，適応度が頻度依存ならば複数の安定平衡点が生じうる．もし頻度が高い対立遺伝子が希な対立遺伝子よりも有利なら，それがどんな対立遺伝子であっても集団は固定に向かう．

　ミュラー型擬態は頻度依存性選択の最たる例である．捕食者にとってまずかったり毒をもつような種は，その多くが味の悪さを知らしめる派手な警告パターンを進化させてきた．共通パターンが捕食者に認識されるため，同じパターンを共有しようと全個体に強い選択が働

いている。希な変異体はまずいと認識されずに食べられてしまうかもしれない。複数のまずい種が相互に擬態し，ある決まったパターンに収斂することにより，より強い保護効果を獲得することも多い。例えば，*Heliconius*（ドクチョウ）属の蝶は鮮やかな翅の斑紋パターン（模様）を進化させており，どの地域でも全種間で同じパターンを共有している（図 17.23）。実際，遠縁の蝶や蛾もこの特定のパターンに擬態して保護効果を得ている。しかし，どのパターンが警告色となるかは決まっておらず，違う場所では異なったパターンがみられる（図 17.23）。このような異なるパターンの側所的分布は希な表現型に対する選択によって維持されている。選択にはいくつかの様式がある。各遺伝子型の適応度は，その遺伝子型の頻度が高くなるに伴い増大する（頻度依存性選択）。ヘテロ接合体は頻度が高い両親のどちらとも異なっているため，より多く補食されるであろう（負の超優性）。いくつかの遺伝子が関与する場合，組換えにより生じた遺伝子型もまた違ったパターンを示すであろうし，生き残るのもむずかしいであろう（エピスタシス）。

17.2 量的形質に対する選択

量的形質に対する選択は単純な法則で働く

人為選択により農作物はどのようにして変わるのであろうか。選択はどのようにして生物の形態や行動を形成するのであろうか。ある形質に影響を与える全遺伝子の対立遺伝子頻度や各対立遺伝子の適応度への効果を考慮する必要があれば，そのような疑問に答えるのははなはだ困難である。さらに踏み込んで，対立遺伝子のあらゆる組み合わせの頻度や適応度への効果（つまり，連鎖不平衡やエピスタシス）を取り入れようとすれば，途方に暮れることだろう。幸いにも，第 14 章で紹介した方法を使えば，少なくとも量的形質の平均値の進化は

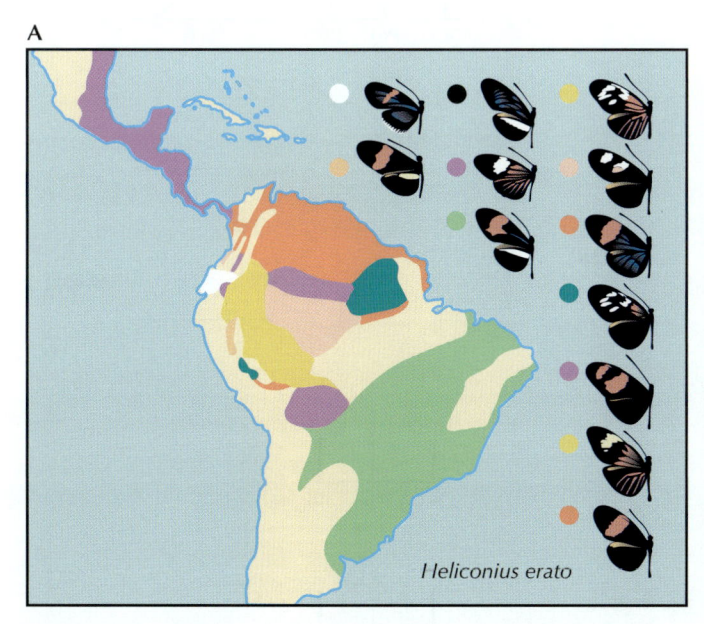

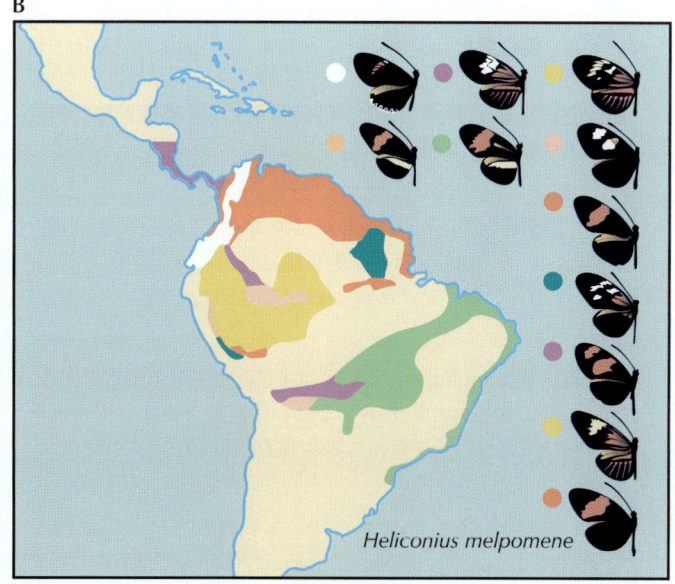

図 17.23 • *Heliconius*（ドクチョウ）属蝶類におけるミュラー型擬態。同一地域内では *Heliconius erato*（エラートドクチョウ）(A) と *H. melpomene*（メルポメネドクチョウ）(B) は同じ警告パターンを示す。しかし，南米から中米にわたってパターンは著しく異なっている。

その遺伝基盤がわからなくても理解可能である。ある量的形質の平均値に対する選択の効果は1遺伝子への効果に似ており，単純な法則で記述可能であることをみていくことにする。

形質に方向性選択が働いているとしよう。例えば，大きな形質値をもつ個体が有利であるとする(Box 17.2)。典型的な例は，Peter Grant（ペーター・グラント）と Rosemary Grant（ローズマリー・グラント）により30年以上研究されてきたガラパゴスフィンチである。ガラパゴスフィンチはひとつの祖先集団から14種に多様化し，ガラパゴス島の多様な生態的地位を占めている。ガラパゴスフィンチは種ごとに食べ物が異なり，それに応じて嘴の形が多様化している（図17.24）。同種でさえ嘴の形は変異に富んでおり（図17.24C,D），食べ物に関係して強い選択にさらされている。ガラパゴスフィンチは種内で自然選択が働いていることがわかっている例の1つで，選択が種間の適応的な違いを作り出している。

メディウムグラウンドフィンチ（ガラパゴスフィンチ）*Geospiza fortis* は，嘴で種子を砕いて食べる。1977年の大干ばつ後，食べやすい大きさの種子ほど多く食べられたので，種子の平均サイズは大きくなった（図17.25B）。より厚く強靭な嘴をもつ個体ほど大きな種子を砕くことができたため，より多く生き残った。小さな嘴をもった個体のほとんどは飢え死にした（図17.25C）。この結果，もとの集団と比べると生き残った集団の嘴の厚みの平均は大きくなった。この変化，つまり，直接的に選択によって生じた変化を**選択差**（selection differential）Sという。この例では，嘴の厚みは1977年前半には0.30標準偏差（S.D.），後半には0.23標準偏差だけ増加し，通年で0.53標準偏差の選択差であった。

Box 17.2　選択のモデル

方向性選択（directional selection）では，ある対立遺伝子が他の対立遺伝子より有利である，もしくは，ある量的形質値の増大が有利である。不連続形質の対立遺伝子の場合，有利な対立遺伝子コピーの増加は適応度を増大させる。量的形質の場合，形質が増加するにつれて適応度（グレー線）は着々と増大する。**純化選択**（purifying selection）は有害な対立遺伝子を除く方向性選択である。

切頭選択（truncation selection）では最大の形質値をもつ対立遺伝子だけが次世代を残す。

安定化選択（stabilizing selection）は中間の形質値が有利な選択である。これにより変異が減少する。

平衡選択（balancing selection）は多型を維持する選択である。図はヘテロ接合体が最も有利である超優性を示す。平衡選択には希な対立遺伝子が有利となる頻度依存性選択も含まれる。

分断選択（disruptive selection）は極端な値が有利な選択である。図(左)はホモ接合体が有利である負の超優性を示す。量的形質(右)に対しては，分断選択は変異を増加させる。

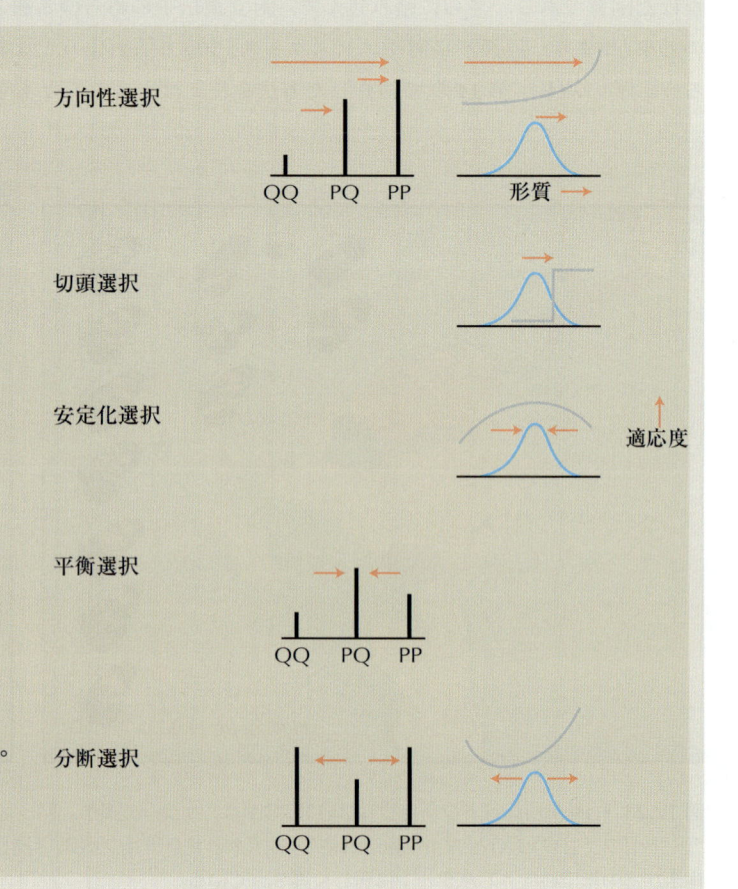

この選択の過程はわかりやすく，1世代の変化としてみてとれる。生き残った個体はそうでない個体より厚い嘴をもっていた。しかし，この選択は次世代にどんな効果を及ぼすのであろうか。第14章でみたように，親と子の間の共分散は相加遺伝分散の半分である。このことから，子における形質の平均と両親の平均との間に単純な関係を導くことができる（図17.26）。最適な回帰（regression）直線の傾きは**狭義の遺伝率**（narrow-sense heritability）（$h^2 = V_A/V_P$）に等しく，相加遺伝効果による分散の割合に等しい（p.426）。**選択応答**（selection response）と呼ばれる次世代における平均的変化は，両親における変化と遺伝率の積である：$R = h^2 S$。つまり，選択差の一部は次世代に伝わり，それは遺伝子の相加効果として受け継がれる分散の割合に等しい。

$G.\ fortis$（ガラパゴスフィンチ）の例では，嘴の厚みの遺伝率は0.80と推定されたため，変化はおよそ $R = 0.80 \times 0.53 = 0.42$ S.D.と予測される。1978年と1976年に生まれた子どもの嘴の厚みの違いの観測値はおよそ0.6 S.D.であり，予測とよく一致する。この単純な計算はいくつかの重要な要素を省略している。1つ目は，選択は生活環のいろいろな段階で働くということである。条件がよいときには，小さな種子を上手に食べることができる厚みのない嘴の若鳥は少し生存に有利かもしれない。一方，厚い嘴をもつ雄は交尾相手をうまく見つけるであろう。したがって，生活環の全段階を考えると，実際の選択差は干ばつを生き延びるときのそれとは違うであろう。2つ目は，嘴の厚みは環境条件（例えば栄養条件）に依存するので，その変化は非遺伝性であるということである（例えば，1976年に生まれた子どもは両親より小さかったが，2年後に生まれた子どもは平均的には両親と同じ大きさだった：図17.26の点線と実線）。最後に，ある形質はそれと関連する他の形質に働く選択の結果として変わるかもしれないということである（p.517参照）。

選択は相加遺伝分散に比例した速度で量的形質を変化させる

人為選択を行う際には選択差 S を考えると合理的である。例えば，作物栽培者は最高収穫高の植物から得た種子を作付け用に選抜し，選抜した集団の平均収穫高と選抜していない集団の収穫高との違いから S を計算する。しかし，自然集団では形質と適応度の関係について考えるほうが賢明である。この関係の傾きを**選択勾配**（selection gradient）といい，β で表す（実際の選択勾配を求めるには，その関係の傾きは平均適応度で割らなければならない。ここでの適応度とは相対適応度である）。β の計算を理解するために，図17.25Cをみてみよう。図17.25Cでは $G.\ fortis$ における生存率が嘴の厚みにどのように依存するかが示してある。図中の曲線に対する最適な近似直線は回帰直線と呼ばれ，その傾きを集団の平均生存率で割ったものが選択勾配である。

形質が正規分布しているとすると，選択による平均の変化は選択勾配と表現型分散の積に等しい（$S = V_P \beta$）。したがって，選択による平均の変化は，選択勾配と相加遺伝分散の積にも等しい。

$$R = h^2 S = \frac{V_A}{V_P} V_P \beta = V_A \beta \qquad (17.3)$$

式17.3は，選択が量的形質を遺伝率と選択差の積に等しい速度で変化させること，また，相加遺伝分散と選択勾配の積に等しい速度で変化させることを示している。

おそらく背後にはとても複雑な遺伝的性質があるのだろうに，このような単純な結果になるのはどうしてなのだろうか。式 $R = h^2 S$ は，単純な経験則とみなすこともできる。例えば，仮に大きな親は大きな子どもを回帰勾配 h^2 で生む場合，S だけ大きな親から産まれた子への

図17.24 ■：ガラパゴスフィンチにおける食べ物と嘴の形の多様性。（A）ラージグラウンドフィンチ（オオガラパゴスフィンチ）$Geospiza\ magnirostris$ は大きな種子を割って食べる。（B）ウッドペッカーフィンチ（キツツキフィンチ）$Cactospiza\ pallida$ は昆虫の幼虫を道具を使って取り出す。（C,D）大ダフネ島に生息する $Geospiza\ fortis$（ガラパゴスフィンチ）の異なった嘴の形。

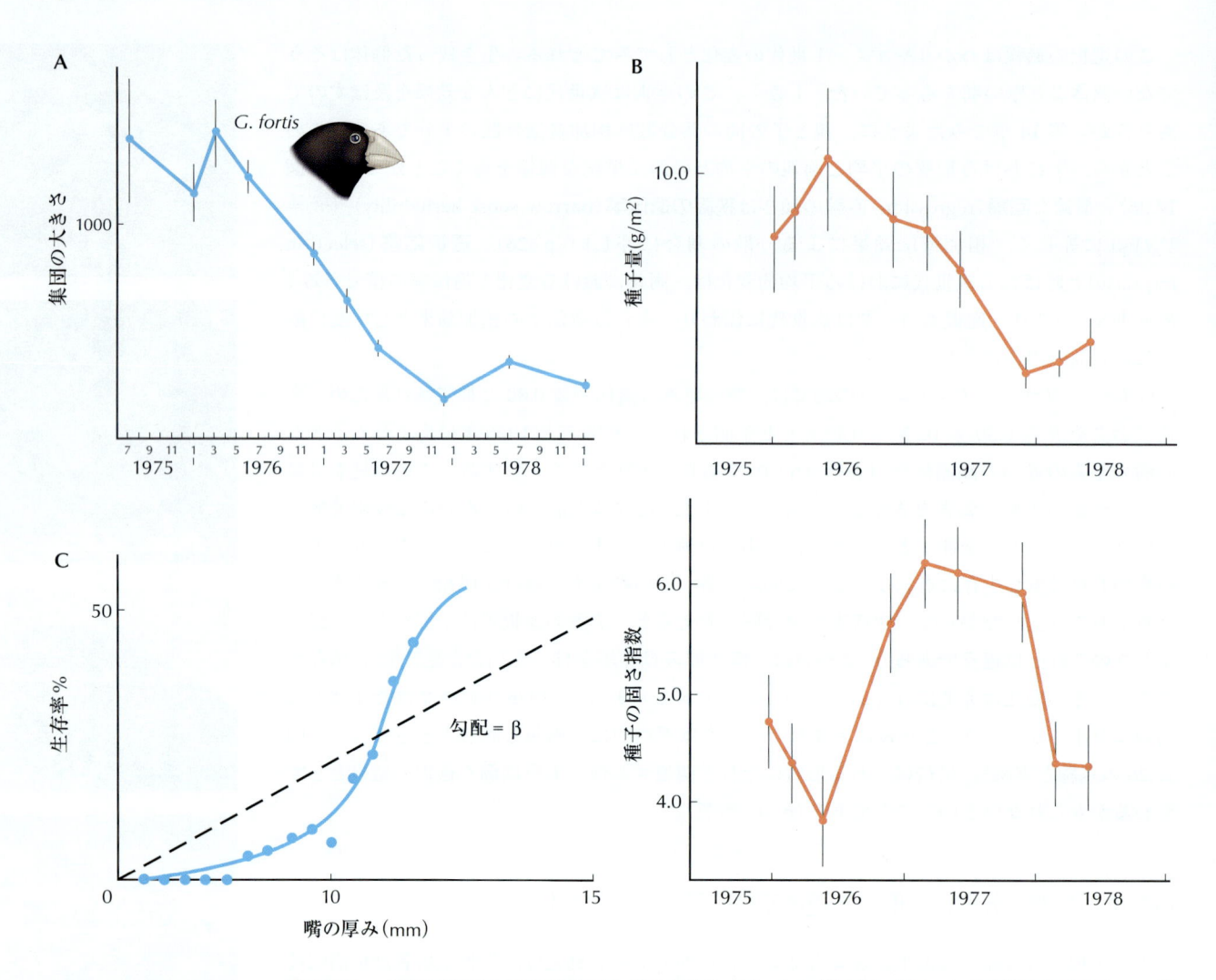

図 17.25 ▪ 1977年の干ばつの時期に大ダフネ島のメディウムグラウンドフィンチ（ガラパゴスフィンチ）*Geospiza fortis* に働いた選択。（A）集団の大きさ。（B）種子量（上）と固さ（下）。（C）干ばつ時には嘴が厚い個体が多く生き残った。点線は回帰を示す。回帰は選択勾配 β に等しい傾きを示す。図 A，B では 95% 信頼区間が示されている。

選択は，h^2S だけ大きい子どもを生じるはずである（図 17.26）。踏み込んでいうと，形質に働く選択とその形質に影響のある多数の遺伝子の頻度変化との関係を示している。明らかに，遺伝子数やそれらの多様な効果などの詳細な遺伝的性質は相殺されている。対立遺伝子頻度における全変化の累積効果が，$R = V_A\beta$ なのである。

　集団は適応度地形の高いところに進化することをみてきた。平均適応度の表面として定義したものは，対立遺伝子頻度の関数と考えてきた（図 17.21）。量的形質を取り扱うとき，全形質の平均の関数として平均適応度を考えることができる。この表面の勾配は選択勾配に等しい。したがって，式 17.3 は，集団が相加遺伝分散に比例した速度でこの表面上の高いところに進化することを示す。対立遺伝子頻度同様，選択は有利な異なる組み合わせの形質をもった別の適応度の峰に集団を向かわせるであろう（図 17.27）。

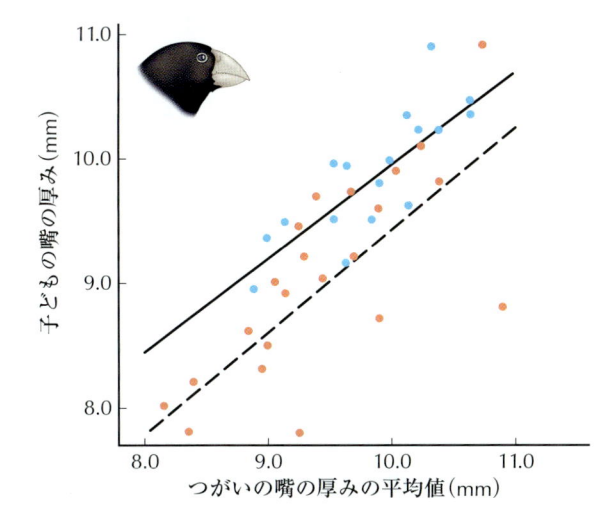

図17.26・大ダフネ島のメディウムグラウンドフィンチ（ガラパゴスフィンチ） *Geospiza fortis* の子どもと親の嘴サイズの関係。実線は1978年に最適であった大きさ（青点），点線は1976年に最適であった大きさ（赤点）を示す。回帰直線の傾きで示されるように，どちらの年も遺伝率はおよそ0.8であった。

ある形質に対する選択は，遺伝的に相関がある別の形質の変化も引き起こす

　形質平均に働く選択への応答は，形質の相加遺伝分散に比例することをみてきた。問題は，平均同様，遺伝分散も変わるので，将来世代においてどのくらいの速度で平均が選択に応答するか予測不能であるということである。もし遺伝分散が少数の大きな効果をもつ対立遺伝子によるなら，それらが固定するような方向性選択が期待できるので，遺伝分散はすぐに失われるだろう。仮にこれらの対立遺伝子が最初は希なものである場合，それらは中間頻度へ増加するにつれて変異の一時的な増加に寄与するだろう。しかしながら，それら対立遺伝子

図17.27・(A)性的シグナル（第20章）として働く茶色と白色の斑紋をもつトンボの雄。(B)雄の交尾成功度は，各色の斑紋の大きさの関数である。性選択では，両色とも大きい斑紋（右上），もしくは，斑紋がない個体（左下）が有利である。集団はどちらかの適応度の峰に進化する（矢印）。

の固定に伴い，最終的には，変異は消失する（図 17.33A 参照）。次節でみるように，遺伝分散は一定であると単純に仮定することは，数十世代に対しては驚くほどよい近似だと思われる。しかしながら，第 14 章（p.441）でみたように，より長期の進化を予測する形質変異の遺伝基盤についてはよくわかっていない。

　異なる形質は相互に相関があるかもしれない。その結果，ある形質に対する選択は別の形質を増大させるかもしれない。例えば，1977 年の大ダフネ島での干ばつを生き抜いたフィンチはより厚みのある嘴をもっていた（図 17.25C）が，体も大きかった。このことはおもに嘴の厚みが体の大きさと相関があることによる。

　形質間の相関が，完全に**環境要因**（environmental component）に起因するために次世代に引き継がれない場合は，長期的な効果はない（例えば，よく食べる個体はいくつかの測定値が大きいだろう。そのため，栄養環境のランダムな変異の結果として，これらの形質の測定値の間には見かけ上の相関ができる）。しかし，もし**遺伝相関**（genetic correlation）があるならば，同じ遺伝子がいくつかの形質に関与しているため，あるいは，異なる形質にかかわる遺伝子の間に連鎖不平衡があるために，ある形質に対する選択は次世代において他の形質の変化を引き起こす。そのような遺伝相関は進化における制約としてみなされる。別の形質を変えずにある形質だけを変化させるのはむずかしい。けれども，相関が絶対的なものでない場合，つまり，選択によって好まれる方向に遺伝的変異があり，かつ唯一の最適点がある場合（図 17.28），最終的には形質の最適な組み合わせが達成される。さらに，遺伝相関それ自体も選択により変化するであろう。

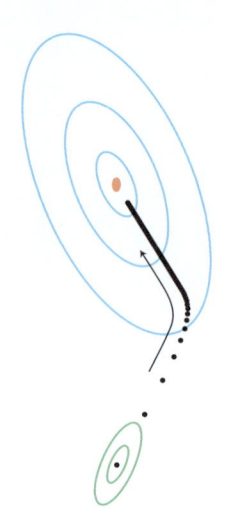

図 17.28 ▪ 形質間の相関は選択応答の方向を変化させるが，集団が最適点に到達するのを妨げない。青色の等高線は平均適応度を示す。平均適応度は最適点（赤）に向かって増大していく。緑色の等高線は 2 つの形質について遺伝的変異があることを示す。2 つの形質の間には正の相関がある。点々は，100 世代以上かけて集団が最適点に向かって進化していることを表す。

人為選択は通常，迅速で継続的な応答を生ずる

　選択による植物や動物の改良は農耕を確立するのに必要であった。それによって，人類集団の爆発的増加と高度な文明形成を可能にする余剰生産が生じた。これらの発展は，主要な農作物と家畜化が始まったおよそ 7000 年前に端を発し，18 世紀末のヨーロッパでの農業改革に至った。それ以降，収穫高は統計学的，遺伝学的手法の助けを借りて改善され続けている（図 17.29）。

　Darwin 時代における人為選択の劇的な成功は，彼の自然選択による進化説を強く支持した（pp.18 〜 19 参照）。人為選択は，化石記録で観察されるよりずっと速い速度で集団を変化させることが可能であり（図 17.30），形質のほぼ無限の変化は選択に応答する。そのため，

図 17.29 ▪ 主要な農作物や家畜とそれらの野生型種の例。(A) トウモロコシとテオシント（ブタモロコシ），(B) 家畜と野生の羊。

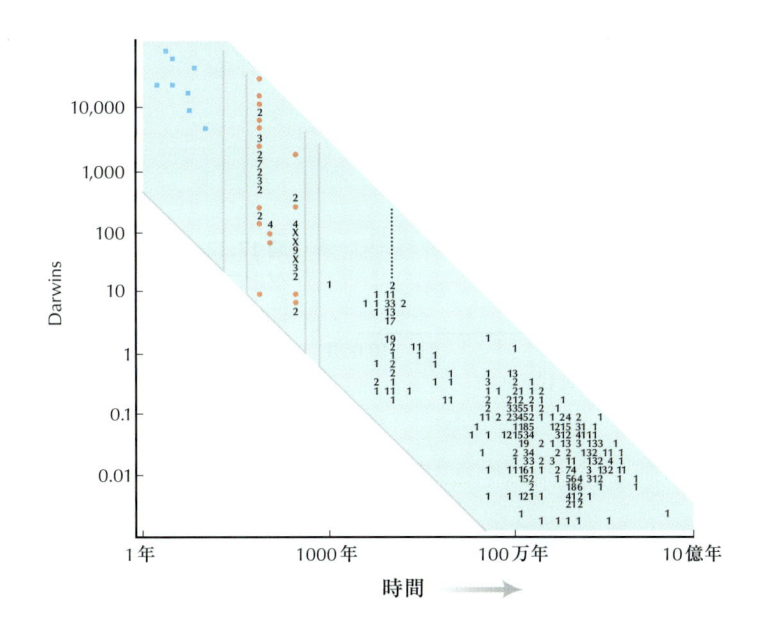

図 17.30 ・ 化石における変化率（右下）は選択実験で観察されるもの（左上）よりずっと遅い。散布図は，測定された時間尺度に対する形態変化率を表示している。変化率はダーウィン（darwins）で表してある。1 ダーウィン（darwin）は年あたり 100 万分の 1 の変化として定義される。

Darwin が自然界で直接選択が働いた証拠をもたなくとも，人為選択との相似として非常に長い期間のずっと大きな集団に拡張して考えると，同じ過程が農場と同様に自然界でも作用するであろうという強い裏付けとなった。

人為選択の力の典型的な例は，1895 年にイリノイ州で始まり今なお続いているトウモロコシの実験である。1 つの系統は油含有量の多い上位 24 個の雌穂を使い，もう 1 つの系統は油含有量の少ない下位 12 個の雌穂を使って始められた。これら 2 系統は毎年同様に選抜され，集団の上位（下位）20% が選抜，交配されている。明らかに油含有量は 100 世代以上にわたって変化し続けている（図 17.31A）。

多くの選択実験が 1 世紀以上の間，実験室内で行われてきた（例，フード・ラットにおける Castle［キャスル］の実験；図 1.33）が，これらは通常少数個体に限られており，世代数も限られている。しかしながら，最近は，Ken Weber（ケン・ウェバー）が多数のショウジョウバエを取り扱えるさまざまな独創的な装置を考案した。これにより継続的人為選択の力の驚くべき実例が示された。図 17.31B は，光に向かう飛翔力の選択への応答を示す。最初はハエは秒速 2 センチメートル（2 cm/s）の速度でしか飛ぶことができなかった。しかし，上位 4.5% のハエが選抜された 100 世代後には，平均飛翔速度は 85 倍の秒速 170 cm/s になった。選択への応答は 2 つのレプリケート（反復実験）系統において非常に似ていた（図 17.31B）。

長期間の選択実験の 1 つは Lenski（レンスキ）と共同研究者によって行われた。彼らは 20,000 世代以上にわたり，細菌（大腸菌 Escherichia coli）のレプリケート集団を繁殖させてきた。最初の大腸菌は栄養豊富な培地に適応していたが，実験期間中，炭素源としてグルコースだけを含む最少培地で繁殖させた。飼育条件は集団が指数関数的に増殖するものであり，その結果，新規環境での増殖率が選択された。ほとんどの増殖率の増加は最初の数千世代で生じたが，もとの系統に対する相対的な増殖率は実験期間中に実質上増加した（図 17.32）。興味深いことに，異なるレプリケートでは適応度が違っていた。おそらく，これは有利な突然変異の異なる組み合わせを偶然獲得したためである。細菌集団は非常に大きく細菌は無性

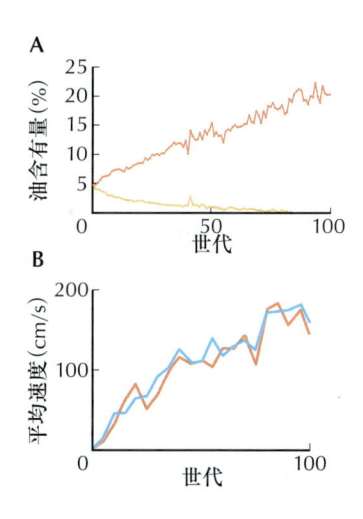

図 17.31 ・（A）トウモロコシの油含有量に対する長期間の選択。（B）ショウジョウバエの飛翔力における選択。2 つのレプリケート系統における選択への応答を示す。

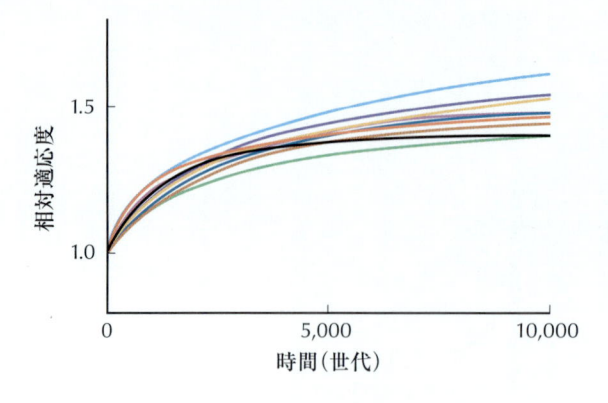

図 17.32 ・ 大腸菌 *Escherichia coli* 集団のグルコース制限培地における 10,000 世代にわたる適応実験。9 つのレプリケートにおける祖先系統に対する相対的な平均適応度。

生殖であるという点で，この例は Weber のショウジョウバエ実験とは異なっている。第 23 章でみるように，選択は無性生殖集団では有性生殖集団よりかなり効率が悪い。一方，非常に集団が大きい場合，有利な突然変異はずっと残りやすい。

選択が続いていても相加遺伝分散は高いままである

これらの例は，多様な生物や形質について行われてきた多数の選択実験の典型である。選択応答は小集団ではすぐに減衰するが，中程度の大きさの有性生殖集団（数百個体程度）に対する選択は，実験期間中は安定した応答を維持する（例，図 17.31）。さらに，この応答はレプリケート系統間でたいてい非常に似ている。高い相加遺伝分散 V_A がほとんどの集団のほとんどの形質にみられる（p.429 参照）ことを考えると，選択への初期応答は当然期待されることである。驚くべきことは，相加遺伝分散ひいては応答率は，選択が続いていても高いままであるということである。もし，変異が大きな効果をもつ少数の希な対立遺伝子によるものならば，希な頻度の有利な対立遺伝子が増えるにつれて，一時的に分散，ひいては選択への応答が大きくなることが期待される。しかし，すべての有利な対立遺伝子が固定するに従い，応答はすぐになくなってしまうはずである（図 17.33A）。この問題には 2 つの可能な解があり，どちらも観察結果にあてはまりそうである。

1 つ目の簡単な方の解は，相加遺伝分散は大部分が非常に効果の小さい多数の対立遺伝子によるとする。個々の対立遺伝子にかかる選択は非常に弱いため対立遺伝子頻度はほとんど変化せず，遺伝分散はほぼ一定のままである。対立遺伝子頻度の多数の小さな変化（これらすべては形質平均をわずかに増加させる）の累積効果によって平均は変遷する。しかし，異なる遺伝子座での対立遺伝子頻度の変化は遺伝分散にとっては揺らぎ効果となる。したがって，遺伝分散は，多数の遺伝子座が寄与しているときにはおおよそ一定のままである（図 17.33B）。

このいわゆる微小モデル（infinitesimal model）は魅力的な簡素化であるが，大きな効果をもつ対立遺伝子が選択応答に寄与しているという証拠と相容れない。例えば，トマトの野生種と栽培種やトウモロコシとブタモロコシ（テオシント）の例がある（pp.340 〜 346，436 〜 440 参照）。いくつかの実験室内実験では，選抜された形質はわずか数世代で劇的に増加していそうである。いくつかの研究では，そのような劇的増加は大きな効果をもつ 1 つの対立遺伝子のためであることが示されている（図 17.34）。この場合，対立遺伝子はヘテロ接合体でその形質に大きな効果があるが，ホモ接合体では致死か不妊であることが多いことが明ら

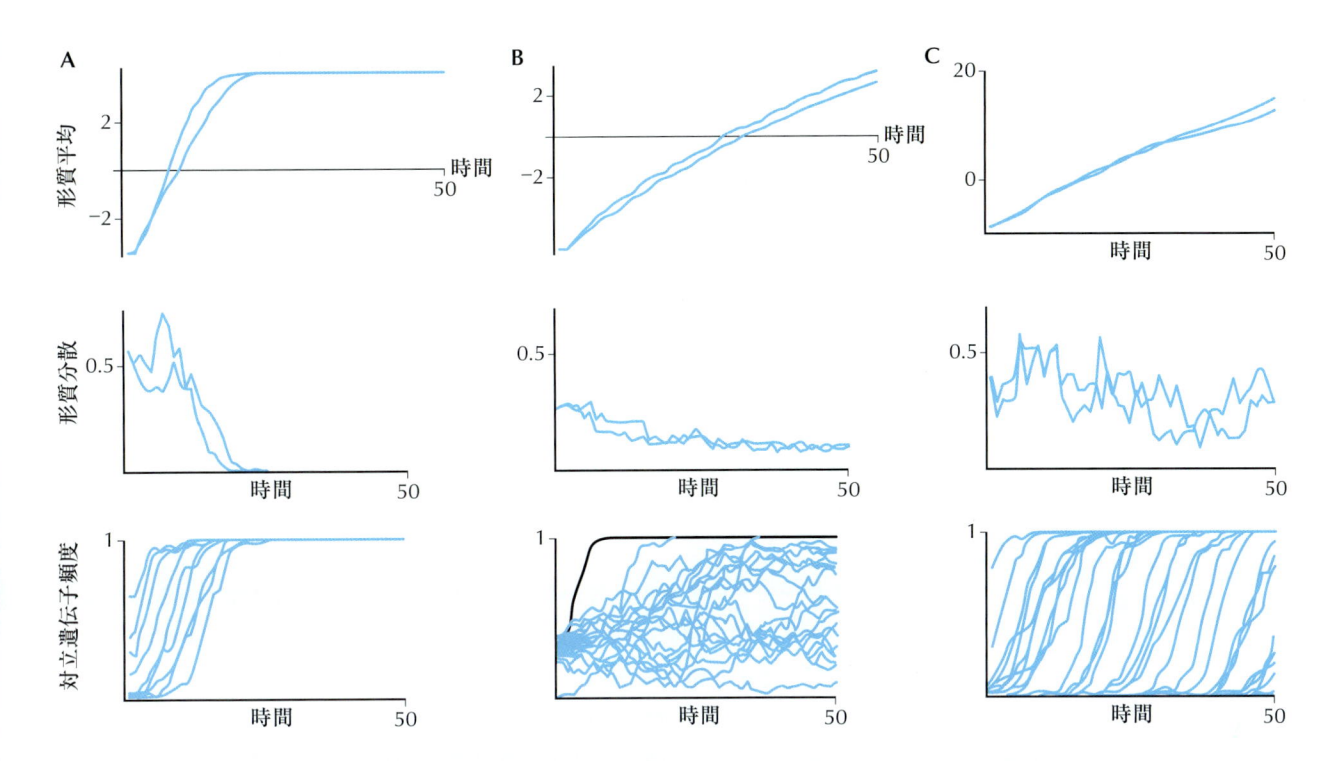

図 17.33 ▪ 3つのシナリオにおける人為選択集団のシミュレーション。環境分散は $V_E = 1$ にしている。各世代で250個体のうち上位50個体を選抜した。遺伝率は30%で始めた。主要対立遺伝子は0.5単位の効果をもつ。上列：形質平均(2回の繰り返し結果)。中列：遺伝分散(図では形質分散) V_G。下列：対立遺伝子頻度(1回の結果)。(A) 主要対立遺伝子をもつ連鎖していない10遺伝子座。(B) 2つの主要遺伝子座(最下図中で対立遺伝子頻度を黒線で示す)以外は，効果が小さい(0.03単位)連鎖していない400遺伝子座。(C) 連鎖していない100遺伝子座；突然変異率は突然変異分散 $V_M = 0.0023$ である。

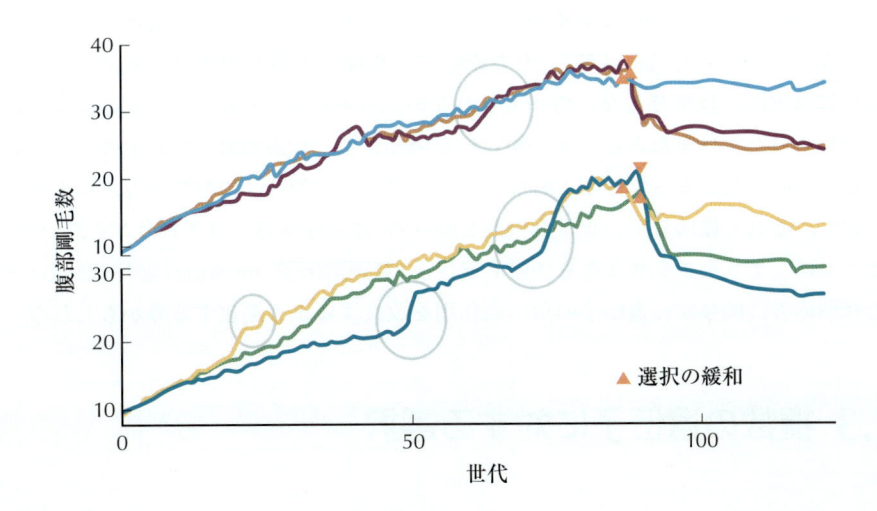

図 17.34 ▪ ショウジョウバエの剛毛数の増加に対する選択は，6つのレプリケート系統において連続した応答を示した。急激な増加(薄い色の円)は，劣性致死に対する選択による。劣性致死がヘテロ接合になったときは剛毛数は11本増えた。90世代で選択が緩んだときは，自然選択によって劣性致死が除かれたときと同程度まで剛毛数は減少した。

かになっている（そのような**劣性致死**［recessive lethal］は，ヘテロ接合体に対する人為選択とホモ接合体にかかる自然選択の間で均衡状態となる．Box 17.1 で述べたように，変異はヘテロ接合体の優位性によって維持される）．

もし，大きな効果をもつ対立遺伝子が寄与しているなら，なぜそれらはすぐに固定して変異は失われないのであろうか．その答えは，そのような対立遺伝子は選抜系統内の新規突然変異として生じるということである．個々の遺伝子は非常に希にしか変異しない（10^5 世代に約 1 回）けれども，多数の遺伝子が関与する量的形質においては突然変異はかなりの遺伝分散を生じる．典型的には，各世代で相加遺伝分散は環境分散の少なくとも 1/1000 倍増大する（$V_M \sim 10^{-3} V_E$；表 14.3）．もし，この**突然変異による分散**の投入が小さな効果をもつ対立遺伝子によるのならば，それらが選択によって高頻度となるには非常に長い時間がかかるので，実験室内実験で観察される応答にはあまり寄与しない．しかしながら，大きな効果をもつ突然変異はすぐに高頻度となり，図 17.31 や図 17.34 で観察されるような選択応答を説明できるのである．

それでもなお，大集団において選択応答が違うレプリケート間で非常に似ていることはなぞである（例，図 17.31A，図 17.34）．図 17.33C のシミュレーション同様，小規模実験でよく観察される偶然の揺らぎを平滑にするのに十分な数の突然変異が大集団で蓄積されるのかもしれない．長期にわたる応答は突然変異の投入のためであるとするもうひとつの難点は，単純に初めに遺伝的変異をもたない集団は既存の変異をもつ集団よりもずっとゆっくりと応答するということである．近交系統から始めた 6 つの選択実験の概観から，最初の 50 世代の平均応答は世代あたり 0.07 表現型標準偏差（$\sqrt{V_P}$）であることがわかった．対照的に，異系交配集団にかかる選択への応答は概してずっと高く，例えば，ショウジョウバエの剛毛数では世代当り約 $0.5 \sqrt{V_P}$ である．

今のところ，大きな効果をもつ新規突然変異とは対照的に，小さな効果をもつ対立遺伝子による既存の変異の相対的重要性はよくわかっていない．これら 2 つの可能性は相互に排他的なわけではない．大きな効果をもつ突然変異は有害な**多面発現的副作用**（pleiotropic side effect）がありそうなので，進化への長期的な寄与はほとんどないかもしれない（このことは 1 遺伝子についてはすでにみてきた：ショウジョウバエのアルコール脱水素酵素活性の変異の大部分は**転位因子**（transposable element）により生じる．転位因子は有害なため希にしか種に固定しない．図 13.11，図 14.27）．したがって，集団中の既存の変異の大部分は長期にわたる変化には実際には寄与しないのかもしれない．もちろん，1 遺伝子の大きな変化によって適応が起こった例は多数ある．よく知られた例として，殺虫剤耐性やヒトのヘモグロビンや他の遺伝子の変化によるマラリア耐性がある．だが，標的分子に耐性をもたらす劇的な変化は，通常，それら標的分子の正常な機能を妨げる（鎌形赤血球ヘモグロビンを思い出そう）．時間とともに，より小さな効果をもつ対立遺伝子（**変更遺伝子**［modifier］と呼ばれる）は，選択への初期応答に関与する遺伝子の負の副作用を改良するよう進化するのかもしれない．

17.3 複数の遺伝子に対する選択

複数の遺伝子が連鎖不平衡にあるとき，1 つの遺伝子に対する選択は他の遺伝子の変化を引き起こす

これまで，遺伝子は集団中でランダムに組み合わさると仮定してきた．その場合には，あ

る特定の遺伝子型をもつ可能性はすべての遺伝子座における個々の対立遺伝子頻度の積で与えられる。二倍体生物では各遺伝子座の遺伝子型について Hardy–Weinberg 比であり（Box 1.1），各一倍体ゲノムの対立遺伝子は連鎖平衡である（Box 15.5）。そのため，集団の進化は対立遺伝子頻度の進化に還元できる。こうすればずっと少数の変数を考えればすみ，大々的な簡素化になる。例えば，二倍体の 10 遺伝子座で，各遺伝子座に 2 つの対立遺伝子がある場合，2^{20} = 1,048,576 個の異なる遺伝子型のかわりに 10 個の対立遺伝子頻度だけ考えればよい。

この方法論は Ernst Mayr に嘲笑的に"ビーンバッグ（豆袋の：beanbag）遺伝学"と揶揄されている。彼は，その方法論は異なる遺伝子間の複雑な相互作用を無視していると考えていた。しかし，Haldane は強くこの方法論を擁護した。彼は適応度における遺伝子の相互作用の効果（例えば，エピスタシス）は織り込みずみであることを指摘していた。対立遺伝子頻度が変化するにつれて，各対立遺伝子の相加的効果も変化する。というのも，各対立遺伝子は他の遺伝子座の対立遺伝子の違うセットと相互作用するからである（p.421 参照）。

ビーンバッグ遺伝学の鍵となる仮定は，遺伝子は集団中で統計的に関連していないということである。つまり，Hardy–Weinberg 比からの偏りと遺伝子座間の関連（例えば，連鎖不平衡）は無視できるというのである。これは，遺伝子間の非ランダムな関連を生じるさまざまな要因が組換えや任意交配に比べて弱いときには，よい近似である。この節では，連鎖不平衡を考慮する必要がある場合に選択がどのように作用するのかをみていくことにする。この問題については，後の選択の測定（第 19 章），種の起源（第 22 章），遺伝的システムの進化（第 23 章）でより詳細に論ずることにする。

もし，異なる遺伝子座の 2 つの対立遺伝子が連鎖不平衡で相互に関連があるならば，それらのうちの一方に対する選択は両方の対立遺伝子を増やすことになる。これは単純な理由により生じる。もし，1 つの対立遺伝子の頻度が増加すれば，それは繁殖成功度が増加することになるので，たとえ同一のゲノム上にある別の対立遺伝子が直接適応度に影響がなくとも，その対立遺伝子も頻度が増加することになる。この見かけ上の選択は，**ヒッチハイキング**（hitchhiking）と呼ばれている（p.462 参照）。このことが，選択に付随して生じた多数の遺伝的相違のなかから，増加した適応度の原因を特定することを困難にしている。

ヒッチハイキング現象は，キイロショウジョウバエ *Drosophila melanogaster* の交配実験で例証されている。*Glued* 遺伝子の劣性致死対立遺伝子とそれと連鎖した近くのマーカー（図 17.35）間の関連性を明らかにするためにキイロショウジョウバエの 2 系統を交配した。劣性対立遺伝子は最初はそれと関連したマーカーとともに急速に減少した。しかし，組換えにより連鎖不平衡がくずれると，連鎖したマーカーは致死対立遺伝子とともに完全には除かれなくなった。予想どおり，*Glued* から最も遠い *Est-6* マーカーは影響が最も少なかった。意外にもマーカーは，ヒッチハイキング効果がなくなると元の頻度に戻っていった。これはおそらく，ヒッチハイキングの影響を受けた他の遺伝子に対する選択が，それらの頻度を元来の平衡状態に戻し，それとともに観察したマーカーが引きずられたためである。

連鎖不平衡を生じる過程がいくつかある

図 17.35 で示した実験では，連鎖不平衡は 2 つの遺伝的に異なる集団間の人為的な交配によって生じた。選択が働いている遺伝子が連鎖不平衡にあるときには，同様のヒッチハイキング効果は自然界でも生じる。最も端的な例は**選択一掃**（selective sweep）である。この場合，1 つの有利な突然変異が生じ，集団全体で固定に向け頻度が上がる。次いで有利な突然変異

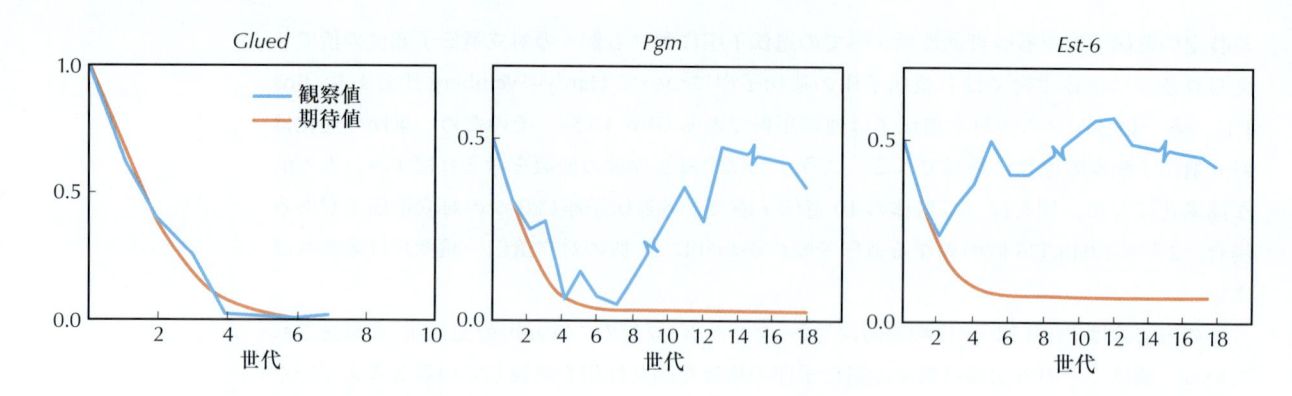

図 17.35 ▪ 1 遺伝子座に働く選択は，ヒッチハイキングによって連鎖した遺伝子座に影響を与える。Pgm と Glued の組換え率は 3.5%，Est-6 と Glued の組換え率は 8.6% である。選択が Glued のホモ接合体にのみ働くと仮定したときの期待値を赤線で示す。

の周辺領域が付随して固定し，遺伝的多様性を失う（p.462 参照）。

移住もまた，異なる集団が混合することにより強い関連を生じうる（p.489 参照）。自然集団に対する結果は，スコットランドの 2 つの島，エディー島からメイ島（図 17.36A）へのネズミの移入実験で観察できる。受容集団は非常に近親交配が進んでおり，69 の酵素座で変異がなかった。その集団はエディー島産ネズミとは異なる染色体構成をもち，骨格の形態も異なっていた。導入したネズミは受容集団に対してわずかな数であったが，それらがもっていた遺伝子の頻度は増大した。酵素マーカー，染色体構成，形態，それらすべてで実質的にエディー島産ネズミの特徴をもつようになった（図 17.36B）。最もありそうな説明は，メイ島産ネズミ集団は多数の有害劣性対立遺伝子に固定していたということである。選択がこれらの有害劣性対立遺伝子をエディー島由来のホモログに置換し，実験室内実験（図 17.35）で観察されたのと同様なヒッチハイキング現象によってエディー島由来の全対立遺伝子の頻度が増加したのである。この過程，つまり，移住によって導入された遺伝子セットに選択が働くということは，種分化しつつある集団間での遺伝子交換の障壁を理解する際に重要である（pp.702 ～ 704 参照）。

有利な対立遺伝子の組み合わせがあるときには，選択それ自体が連鎖不平衡を作りうる。

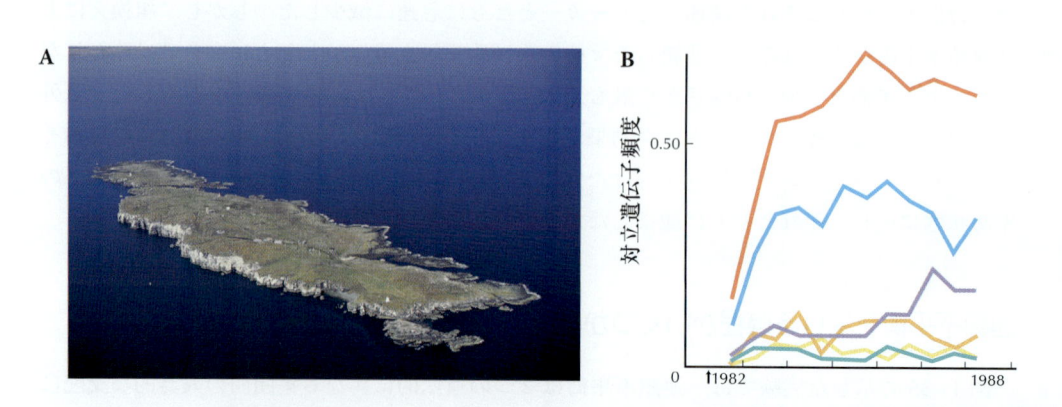

図 17.36 ▪ 島集団におけるヒッチハイキング。1982 年に，オークニー諸島のエディー島由来の 77 個体のネズミ（イエハツカネズミ Mus domesticus）がフォース湾のメイ島（A）に放された。6 つのアロザイム座で導入された対立遺伝子は頻度が増加した（B）。同様に，導入された染色体構成や形態も増加した。

つまり，エピスタシスがある場合である。一例は，多くの細菌がもつ**プラスミド**（plasmid）である。プラスミドは多くの場合，細菌を特定の条件に適応させる遺伝子セットをもつ。そのようなセットは，特定の遺伝子の組み合わせが有利となる選択の結果としてできあがり維持されている（pp.185～188参照）。次章では，別の顕著な例をみることにする。それは，蝶の翅模様の多型で，強く連鎖した遺伝子座，すなわち**スーパージーン**（supergene）（p.546参照）によってコントロールされている。これらすべての場合において，エピスタティクな選択によって生じた強い連鎖不平衡が組換えの減少に導き，そのことが有利な遺伝子の組み合わせの崩壊を減らすのである。第23章では選択によって生じた連鎖不平衡と遺伝的浮動が組換え率にどのように影響するのかを考察することにする。

■ 要約

もしある形質が生物の繁殖を増大し，それらの形質が遺伝するならば，その形質は頻度が増加する。この自然選択の過程はいかなる複製子，例えば，in vitroで複製するRNA分子にも作用する。自然選択は適応度の遺伝変異に働くという重要なアイデアは，Fisherの基本定理，$\Delta \overline{W} = \text{var}_A(W)/\overline{W}$ によって厳密に記述されている。選択は，適応度の相加遺伝分散 $\text{var}_A(W)$ に比例した速度で平均適応度 $\overline{W}$ を増大させる。ところが，他の過程は平均適応度を減ずるように作用するため，平均適応度は集団の大きさがある範囲内におさまるような値に落ちつく。

自然選択は適応に導く唯一の過程である。複雑なパターンは単純なシステムから出現しうるが，それらは選択によって形成されたときにのみ機能的なものへ向かう。選択は個別に有利な対立遺伝子を徐々に集めていき，とても起こりそうにないような構造を作り上げる。

対立遺伝子頻度や量的形質に対する選択の効果は，単純な式により予測される。対立遺伝子頻度の変化率は選択係数 s に比例し，量的形質の平均はその形質の選択勾配と相加遺伝分散の積の速度で変化する。いずれの場合も，弱い選択が進化の時間尺度では非常に速い変化を生じうる。対立遺伝子頻度の場合にはこの速度はおよそ $1/s$ である。

適応度は，遺伝子間の相互作用や与えられた環境に依存する。優性，エピスタシス，頻度依存，これらすべては，集団の構成が変わるにつれて各対立遺伝子に対する選択を変化させる原因となるので，選択の結果は複雑になる。優性とエピスタシスの効果は，集団が適応度地形をわたり歩いて，新たな適応度の峰に向かって進化していくことを想像することにより視覚化できる。

農作物，家畜，微生物に対する人為選択は，100世代以上継続可能な応答を生み出す。これらの継続的応答は一部，小さな効果をもつ多数の遺伝子を含む集団の変異に基づき，また一部は，新規突然変異が基盤となっている。

ある対立遺伝子は複数の形質に影響し（多面発現），対立遺伝子は連鎖不平衡により相互に関連するため，異なる形質は遺伝的に相関があるであろう。1つの形質に対する選択は遺伝相関のある形質の変化をひき起こす。遺伝的レベルでは，1つの対立遺伝子に対する選択は，連鎖不平衡にある他の対立遺伝子の頻度を変化させる。この現象はヒッチハイキングとして知られている。

文献

Barton N.H. and Keightley P.D. 2002. Understanding quantitative genetic variation. *Nat. Rev. Genet.* **3:** 11–21.
人為選択に対する継続的応答についての概説。

Bell G. 1997. *Selection: The mechanism of evolution*. Chapman and Hall, New York.
選択の鍵となる過程に焦点を当てた教科書。この章に出てきた材料の詳細も記載。

Dawkins R. 1986. *The blind watchmaker*. Longman, London; Dawkins R. 1997. *Climbing Mount Improbable*. Penguin Science, London.
複雑な適応を生じるダーウィン流自然選択のパワーについて説得力をもって紹介。

Grant P.R. 1999. *The ecology and evolution of Darwin's finches*. Princeton University Press, Princeton, New Jersey.
長年にわたるガラパゴスフィンチの野外調査の要約。野生で自然選択が働いた最たる証拠も記載。

Haldane J.B.S. 1932. *The causes of evolution*. Longman, New York.
進化生物学の古典的研究。1遺伝子座に働く選択の基礎について今日でも最も読みやすい文献の1つ。

Weiner J. 1995. *The beak of the finch*. Jonathan Cape, London.
グラントの研究の秀逸な紹介。進化生物学の背景を広く取り入れてある。

CHAPTER

18

自然選択とその他の因子の間の相互作用

　本書ではここまで，突然変異，組換え，遺伝的浮動，遺伝子流動，自然選択（自然淘汰）という基本的な過程について説明した。集団の構成を変化させる，つまり進化を引き起こすのはこれらの過程である。第15章と第16章では，分子進化に関する強力なヌルモデル（null model）である中立説において，最初の4つの過程がどのように相互作用するかをみた。第17章では自然選択によって生物がそれぞれの生息環境で生存して繁殖する能力を高める仕組みもみてきた。この章では自然選択についてより詳しく調べるとともに，他の進化的要因とどのように相互作用するかをみていくことにする。

　前章では，自然選択は適応をもたらす唯一の要因であることを強調した。これに対して，他の進化的要因は適応の程度を低下させる（図17.6）。突然変異は遺伝情報を，遺伝的浮動は遺伝子型頻度を，遺伝子流動は空間的な遺伝子の配置を，それぞれ無秩序化する。他の過程は適応を劣化させるが，自然選択はたえず適応を作り上げていくという見方は，この章で考察するいろいろな相互作用を結びつける基本的な考え方である。次の章ではさらにこの考えを推し進め，適切な例を使って基本的な原理を説明し，全体として自然選択がどの程度働いているかを評価する。

18.1 自然選択と遺伝的浮動

ほとんどの新生突然変異は，たとえそれが適応度を高めるものであっても偶然によって失われてしまう

　第15章では小さな集団での遺伝的浮動の役割を強調した。しかし非常に大きな集団でも，ある対立遺伝子が少数のコピーしか存在しないときには遺伝的浮動が重要な効果をもつ。極端な場合，新生突然変異は初めは1コピーしかないので，おそらくその適応度効果によらず

527

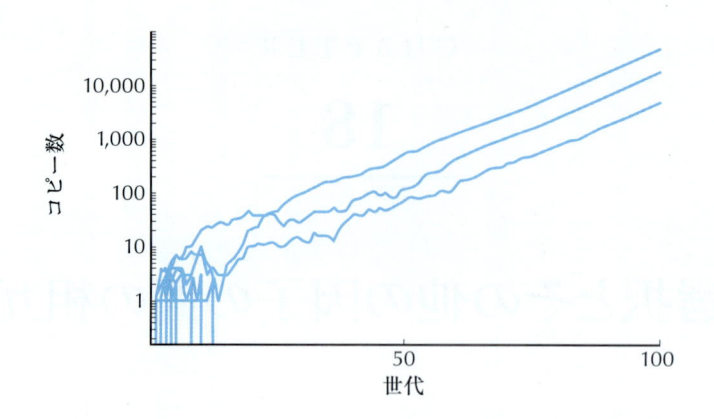

図18.1 ■ 有利な突然変異のほとんどは偶然によって集団から失われる。グラフは選択に対する有利さが $s = 0.1$ の対立遺伝子のコピー数変化を世代に対してプロットしている。適応度を増加させるにもかかわらず，30個起こった突然変異のうち3個しか集団中に存続できない。存続することができた3個のコピー数は指数的に増加するので，y軸を対数にとったグラフでは直線的増加となる（右上方）。一方残りの27個の突然変異は数世代で失われる（左下方）。存続する確率は近似的に $2s$ なのでこの場合は20%となり，30 × 0.2 = 6 個存続すると期待されるが，この例では確率的要因により3個が存続している。

偶然によって失われるであろう。例えば二倍体有性生殖生物では，突然変異は最初ヘテロ接合個体中に現れる。その個体は子孫を残さないかもしれないし，また残したとしても減数分裂によってその突然変異対立遺伝子は50%のチャンスでしかそれぞれの子孫に伝わらない。突然変異はたとえ第1世代でのさまざまな困難をくぐり抜けたとしても，後代で失われるかもしれない。簡単な計算から，選択において s だけ有利な対立遺伝子が集団中で固定する確率（固定確率）は，ほぼ $2s$ であることがわかる（第28章［オンラインチャプター］参照）。さらに，もし集団の有効サイズが実個体数より小さく（$N_e < N$），遺伝的浮動がより強くなると，固定確率は $2s\,(N_e/N)$ に減少する（図18.1）。

新しい対立遺伝子のコピー数が増加するにつれ，究極的にその対立遺伝子が集団中に固定する確率は増加する。ただしこの確率は，コピー数が $1/s$ を超えないと高くならない。例えば1%の有利さをもつ対立遺伝子の固定確率は，100コピーになったとき86.5%となる。0.1%の有利さをもつ場合は1000コピー，0.01%の有利さをもつときは10,000コピーになったとき，同じ固定確率をもつ（図18.2）。

異なる有利な突然変異が広がることにより集団は分化する

大きな集団でしかも選択が強くても，偶然の効果が大きいということは最初は不思議に思える。集団が十分に大きいと進化は決定論的に進む。もし集団が大きくて非常にたくさんの遺伝子がありそれぞれの突然変異のコピーが多く存在すると（$N_e\mu \gg 1$），偶然による変動は平均化されるので，適応度を増加させるような突然変異は確実に集団中に定着する。このことをみるために，図17.2で説明したリボザイムの実験を考えてみよう。この実験では最初の集団は非常に大きく（約 10^{13} 分子），また最初の遺伝子プールで突然変異は非常に高い頻度で起こった（リボザイム活性領域140塩基のそれぞれで5%）。このため，最初の集団にはこの領域で可能なすべての1塩基突然変異がそれぞれ非常に多くのコピーとして存在した。実際，複数個の突然変異の組み合わせについてもすべての組み合わせがそれぞれ複数コピー存在していた可能性が高い（例えば4個の突然変異すべての組み合わせのそれぞれが，約

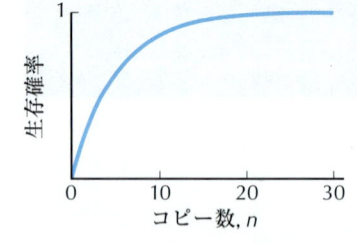

図18.2 ■ 適応度を10%上げる（選択係数 $s = 0.1$）対立遺伝子が存続する確率の，集団中の初期コピー数（n）に対する関係。1コピーから始まると存続する確率は約20%（$2s$）だが，約20コピー以上になるとその確率はほぼ1となる。存続する確率は ns に依存するので，選択が弱い（選択係数 s が小さい）ときもグラフは同じ形となる。例えば $s = 0.01$ のとき，コピー数が200以上になると対立遺伝子はほぼ確実に存続する。

1500コピー程度あったと考えられる）。最初の数世代で，ある4つの突然変異をもつ特に適応した1つのタイプが増加し，この変化はあまり確率的変動を伴わずに起こった（図17.2Cの緑の曲線）。ところが，最終的な勝者はもとの配列から7個の突然変異によって異なっており，この配列はおそらくもとの集団には存在していなかったと考えられる。つまりこの実験の間にランダムな突然変異を複数集めて作られたものであったと考えられる。このような過程は確率的要素を含んでいる。

ここで示したRNA分子間の自然選択の例は極端なものである。真核生物の通常の突然変異率が1世代，1塩基あたり$10^{-9} \sim 10^{-8}$であることを考えると（pp.363, 461参照），多くの種では集団の大きさは各世代にすべての1塩基突然変異が現れるほどは大きくない（$N_e \mu \ll 1$）。さらに，有利な対立遺伝子は複数の突然変異の組み合わせによって起こる，もしくは複雑な構造変化（大きな領域の重複など，第12章）を必要とするものかもしれない。このような突然変異は本質的に一回性のもので，それが出現したとき遺伝的浮動によってなくなってしまう可能性がある。

しばしば，同じ遺伝子座または異なる遺伝子座の多くの異なる突然変異が適応度を増加させる。例えば血液凝固阻害毒のワルファリン（warfarin）は，血液凝固に必要なビタミンK還元酵素（vitamin K oxide reductase）に結合することによって作用する。1953年にイギリスにワルファリンが導入されて5年後，スコットランドの低地に耐性を示すラットが現れ，2年後には別の耐性遺伝子がウェールズとの境に広がり始めた（図18.3）。それとは独立の耐性遺伝子の拡散がその後起こり，そのなかには少なくとも3個の異なる対立遺伝子が見つかった。同じように，ヒト集団では複数の遺伝子座のさまざまな突然変異によって部分的マラリア耐性が進化した。β-グロビンのS対立遺伝子はアフリカで広くみられるし（Box 14.1），E対立遺伝子は東南アジアでみられる（図18.4）。さらに赤血球貧血症はグロビン遺伝子族遺伝子のいろいろな構造変化によっても起こり，またグルコース-6-リン酸脱水素酵素やDuffy血液型遺伝子座を含む他の遺伝子座の対立遺伝子もマラリア耐性を示す。これらのさまざまな対立遺伝子の地理的分布は，偶然によるところが大きい考えられる。

有利な突然変異の集団での確立はランダムな過程なので，もしそれぞれの集団で異なる突然変異が異なる順序で起こると集団は分化していく。このことは図17.32でみた長期的選択の実験をみるとよくわかる。10,000世代経つと集団の平均適応度は祖先集団に比べて約70％上昇した。しかしグルコース培地での増殖能力が上昇すると，他の炭素源での増殖率は減少した（図18.5A）。他の基質を利用する能力の喪失は系統によって異なり，特に最初の2000世代はそれが顕著であった（図18.5B）。例えば，2000世代までに12集団中の7集団でブロモコハク酸培地での増殖率が減少しているが，1集団でのみD-アラニン培地での増殖が低下している。しかし20,000世代目までには，図18.5Bにリストされている16の異化機能のほとんどが失われている。

いくつかの機能は実験の初期に失われた。2000世代までにD-リボース培地で増殖する能力がすべての集団で失われた（図18.5D）。すべての集団でリボースオペロンは欠失したが，これらの欠失の大きさと場所は集団によって異なっていた。リボースオペロンが突然変異率を高める繰り返し**挿入配列**（insertion sequence）によって挟まれているために（pp.371〜373参照），リボース異化機能はどの集団でも急速に確実に失われた。より突然変異率の低い他の遺伝子座では変異の固定は集団によって異なり，集団による機能の喪失の違い（図18.5B）や適応度の違い（図18.5C）を引き起こした。

十分な時間が経つと，12集団のすべてが同じセットの適応的変異を蓄積し，1つの最適な遺伝子型に収斂するかもしれない。しかしもし塩基座位間の相互作用があると（図17.2の試

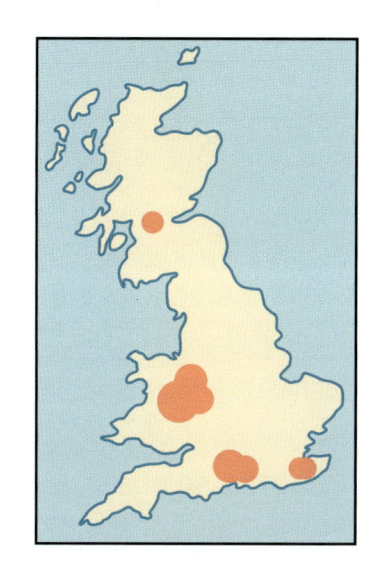

図18.3 ・ラット（*Rattus norvegicus*）でみられる血液凝固阻害毒ワルファリンに対する耐性は，複数の対立遺伝子による。ワルファリン耐性ラットがみつかった地域を赤で示してある。耐性遺伝子の多型は，ヘテロ接合体（異型接合体）が有利であること（超優性）によって維持されている。スコットランド，ウェールズ，イングランドでの耐性個体の出現は異なる対立遺伝子によるものである。

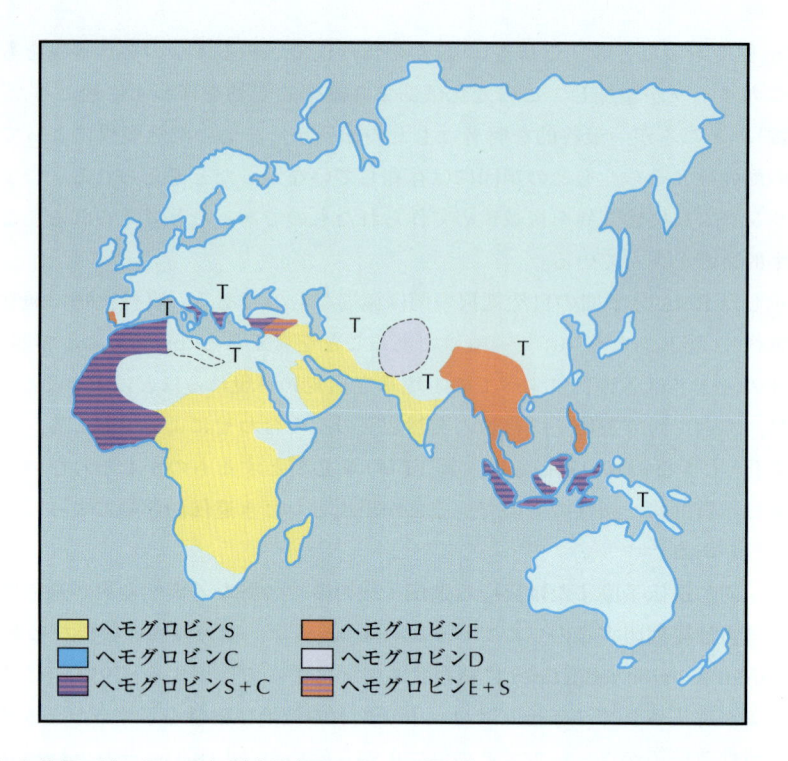

図18.4 ・ ヒト集団ではいろいろな対立遺伝子によって部分的マラリア耐性が進化した。この地図はよくみられるヘモグロビンの変異 S, C, D, E 対立遺伝子の分布を示している。S は鎌形赤血球対立遺伝子として知られている。これらの対立遺伝子はアミノ酸配列が異なっている。また α- または β- ヘモグロビンの発現を変化させ，溶血性貧血を起こす変異が数百存在する（T）。これらのほとんどは頻度が低く，限られた地域でのみみられる。

験管内の選択実験でみたように），適応度の峰は複数あるかもしれず，そのときは集団の分化は恒久的なものとなる（pp.503, 510～512 参照）。異なる適応的突然変異を偶然に獲得することは，集団分化を引き起こすいくつかあるうちの1つの機構であり，これについてはpp.697～699 で新しい種の起源を考察するときに説明する。

小さな集団では有害対立遺伝子も偶然によって固定されうる

　有害な対立遺伝子でも小集団では偶然によって固定されることがある。対立遺伝子が平均的に少し適応度を下げる場合でも，それをもつ個体が期待より少し多くの子供を産む場合があり，有害対立遺伝子が遺伝的浮動によって高頻度になったり，さらにはより優れた対立遺伝子をすべて置き換えてしまう可能性もある。

　1コピーの対立遺伝子が集団中に究極的に固定する確率 P は，浮動の強さ（約 $1/N_e$）と自然選択の強さ（約 s）の相対的強度によって決まる。この2つの強さの比は $N_e s$ なので，この複合パラメータが選択と浮動のどちらが優勢な過程となるかを決める。この量は各世代での"選択による死 (selective death)"の有効な数を表しているとみることもできる。$N_e s$ が負の大きな値をとらない限り，弱有害対立遺伝子が集団中に固定する確率は無視できない。例えばもし $s = -0.001$ で $N_e = N = 1000$ なら，$N_e s = -1$ で $P = 3.6 \times 10^{-5}$ となる（図 18.6）。

　弱有害突然変異の機会的固定は，究極的にはかなり大きな集団の崩壊すら引き起こすかもしれない。簡単な計算から，ヒト集団が30万世代つまり600万年間で崩壊してしまう可能

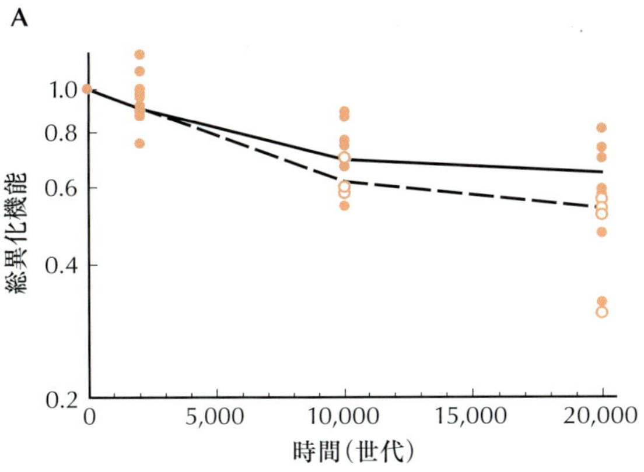

B

炭素源	時間(世代)		
	2,000	10,000	20,000
ブロモコハク酸	7	11	12
D-アラニン	1	3	6
D-リンゴ酸	5	12	12
D-リボース	12	12	12
D-グルカル酸	9	11	11
D-セリン	12	11	10
D-グルシトール	12	11	11
フルクトース6-リン酸	11	10	9
フマル酸	9	12	12
グルコース1-リン酸	12	11	10
グルコース6-リン酸	11	12	8
グルクロン酸アミド	0	4	8
L-アスパラギン	8	12	12
L-アスパラギン酸	9	12	12
L-グルタミン	12	12	12
L-乳酸	11	12	10
L-リンゴ酸	7	12	12
リンゴ酸	9	12	12
モノメチルコハク酸	2	12	12
粘液酸	12	8	9
p-ヒドロキシフェニル酢酸	5	12	11
コハク酸	9	12	12
ウリジン	12	12	10

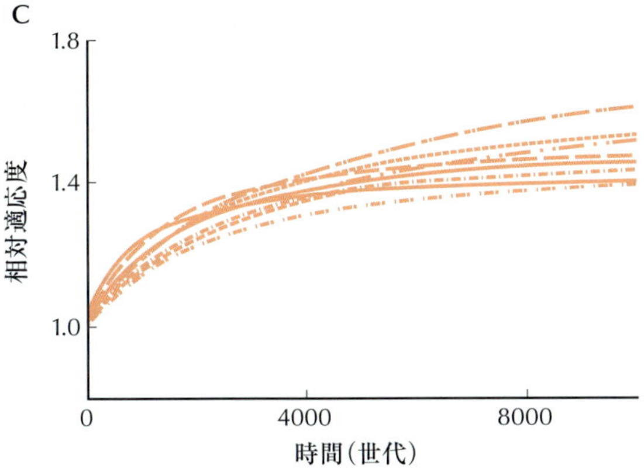

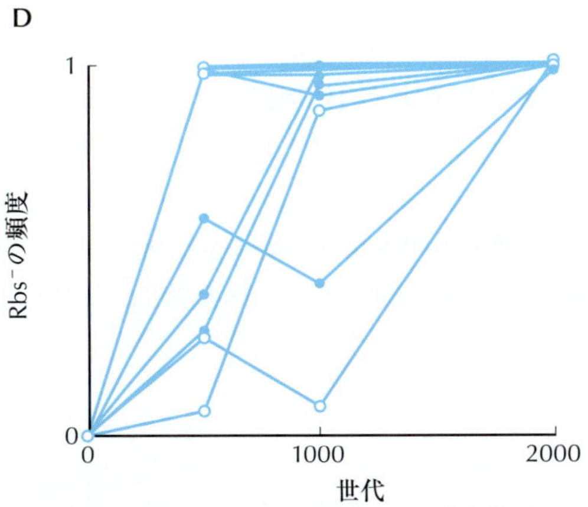

図 18.5 ▪ 大腸菌の 12 集団にみられた，グルコースのみを炭素源とする最少培地で生きるための適応。(A) 祖先集団を基準にし，64 種の異なる培地での平均増殖率として計算した総異化能力の低下。白抜きの丸は高い突然変異率を進化させた集団を表す。実線は突然変異率が低い系統の，破線は突然変異率が高い系統の平均値を表している。(B) 詳しくみると，新しい環境への適応は集団によって異なっていた。表中の数字はそれぞれの培地で祖先集団より増殖率が低かった集団の数を表している。機能がどの集団でも低下したところは赤で示してある。空色は機能が向上した 2 つの場合を表している。(C) 最初の 10,000 世代の間での適応度の集団間変異。500 世代ごとに測定された値に近似曲線をあてはめた。(D) 12 集団すべてにおいて究極的に固定したリボースオペロンの欠失変異の頻度変化。

性が示唆される (Box 18.1)。しかし明らかにヒト集団には，より緊急の憂慮すべき危険が多くある。例えば遺伝的な観点からみても，自然選択によって除かれなくなったことによる遺伝病の増加は，遺伝的浮動による非常にゆっくりした機能の減退よりもずっと急速に起こる (p.845 参照)。ただし，ここで行った計算は，例えば集団の有効な大きさが二,三千を下回るような種では，弱い選択では進化的時間スケールのような長い期間適応を維持することはできないことを示唆している。このような悲観的な見方が有効かどうかは，適応が弱い選択 ($s \fallingdotseq 1/N_e$) によるものかどうかにかかっている。アミノ酸配列の変化は通常大きな効果をタ

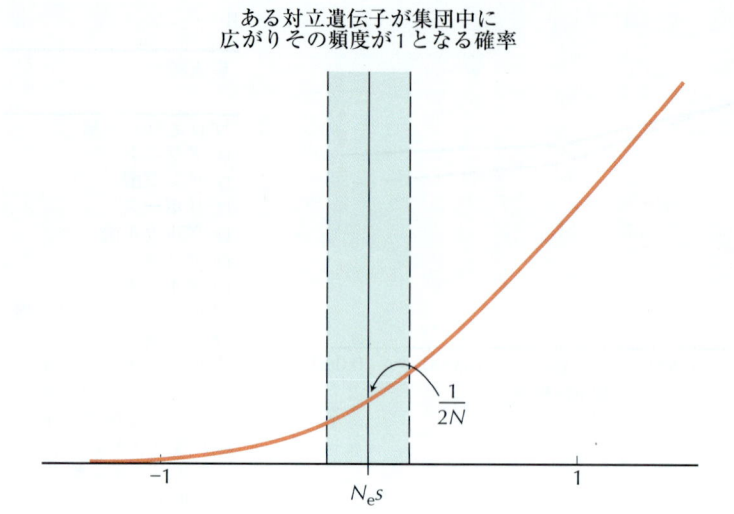

図18.6 ▪ 選択係数 s の対立遺伝子 1 コピーが有効な大きさが N_e の集団で固定する確率は，N を実個体数とすると $2s(N_e/N)/(1 - \exp(-4N_e s))$ である．グラフでは $N_e = N$ の場合のこの確率を $N_e s$ に対してプロットしてある．もし対立遺伝子が強い正の選択を受けていると（$N_e s \gg 1$），$P \simeq 2s(N_e/N)$ となる．もし $N_e s$ が小さいと遺伝的浮動は選択よりもずっと強く（$1/2N_e \gg s$），対立遺伝子は実質的に中立となる（青緑で示してある帯状の部分）．この場合，集団中の $2N$ 個の遺伝子のそれぞれが究極的に固定する確率は等しいので，$P \simeq 1/2N$ である（p.460 参照）．もし対立遺伝子が有害であれば（$N_e s \ll -1$），固定確率は非常に小さくなる．$|s|$ で選択の強さの絶対値を表すことにすると（つまりもし $s < 0$ なら $-s$），$P \simeq 2|s|(N_e/N)\exp(-4N_e|s|)$ となる．

ンパク質に及ぼすので，このような変化に対する選択は非常に強いかもしれない（例えば，$> 0.1\%$）．しかし非コード DNA 配列の発現制御機能（例えば転写因子の結合）は非常に弱い制約のもとにあり，突然変異と浮動による劣化作用を受ける危険性があるかもしれない．もし有害な対立遺伝子が集団中に固定すると，この損害に対する自然選択による対応は 2 つある．つまり，失われた対立遺伝子が突然変異によって再生し選択によって固定するか，または他の対立遺伝子が機能の喪失を補償する．

非常に弱い選択によって維持されているような適応の明確な例はほとんど知られていない．実際選択が強い場合ですら選択係数を測定することはむずかしい．次の章で，このよう

Box 18.1　弱有害突然変異の蓄積

ヒトゲノムでアミノ酸変化を引き起こす突然変異率の総和は，一世代あたり一倍体（半数体）ゲノムあたり約 0.9 なので，ゲノム全体では 90 個の突然変異が起こる（これらの推定値は突然変異率の直接推定［p.363 参照］，および中立配列［p.461 参照］の置換率から得られる）．もしこれらの突然変異のうちわずかの部分でも弱有害ならば，そのうちのかなりのものが集団中に蓄積する．$N_e s = -0.5$ の弱有害対立遺伝子の固定確率は中立な場合の 0.3 倍なので（図 18.6），これらの対立遺伝子は突然変異率の 0.3 倍の率で集団中に蓄積する．このため 1 つ 1 つの突然変異の効果は小さいが，長期的な適応度の低下は相当なものとなりうる．塩基多様度の観測値（$\pi \simeq 0.0008$，p.400 参照）を説明するヒト集団の有効な大きさは $N_e \simeq 8000$ なので，非常に弱い（弱有害）選択を受けた変異のみが，その有害効果にもかかわらず集団中に固定され得る（$|s| \simeq 0.5/N_e \simeq 6 \times 10^{-5}$）．しかし，もしアミノ酸を変化させる突然変異のうち 10% がこのような s の値をもち，非コード領域にも同じ数だけこのような s をもつ塩基座位があるとすると，適応度の低下率は 1 世代あたり $2 \times 0.10 \times 0.9 \times 0.3 \times 6 \times 10^{-5} = 3.3 \times 10^{-6}$，つまり 1/300,000 となる．

な弱い選択の証拠とそれが突然変異や浮動とどのように相互作用するかを検証する。特に，ヒト集団では弱有害突然変異が固定したという証拠がいくつか見つかっている（ウェブノート参照）。

集団は Wright の適応度地形上のピークに集まってくる

これまでは，突然変異が究極的に集団中に固定するか消失する場合について考えてきた。突然変異率が低く，集団がどれか1つの対立遺伝子でだいたい固定しているような場合を考えるときはこれでよいが，1つの遺伝子座に複数の対立遺伝子が存在していて，どのようにそれらの遺伝子頻度が変化するかを知りたい場合も多い。

第17章では（p.510），自然選択によって平均適応度 $\overline{W}$ は増加する傾向にあり，集団は**適応度地形**（adaptive landscape）上でピークに向かって坂を登ることをみてきた。Sewall Wright（セオール・ライト）はこの考えを発展させ，複数の進化的過程の間の相互作用を明らかにした。彼は遺伝的浮動と選択の平衡状態では，各集団が適応度の峰のまわりに $\overline{W}^{2N_e}$ に比例して集まることを示した。このため集団の有効な大きさが増加するほど，集団のピークへの集まり方はより明確になってくる（図18.7A，B）。この図から，自然選択が適応度地形上で集団を押し上げて平均適応度を高めるが，遺伝的浮動が遺伝子頻度をランダムに変化させることによってピークからずらして分布を広げることがよくみて取れる。

Wright はさらに突然変異，遺伝的浮動，自然選択の効果を表す式を導出した。今，2つの対立遺伝子（P, Q）があり，QからP，PからQへの突然変異率がそれぞれ μ, ν であるとしよう。Wright は二倍体集団で遺伝子頻度の確率密度が

$$p^{4N_e\mu - 1} q^{4N_e\nu - 1} \overline{W}^{2N} \tag{18.1}$$

に比例することを示した。突然変異と遺伝的浮動の相対的な強さは $4N_e\mu$ と $4N_e\nu$ に依存している。これらの量は一世代あたりの総突然変異数の二倍になっている（二倍体集団では突然変異が起こる遺伝子は $2N_e$ 個ある）。図18.8は総突然変異数が増加するとどのように確率密度が変化するかを示している。$4N_e\mu = 4N_e\nu = 1/2$ ならば，ほとんどの場合，集団でどちらかの対立遺伝子が固定に近い状態にあり，遺伝子頻度の確率密度は0と1の近くに鋭いピークをもつ（図18.8Aの紫色のカーブ）。1代あたりの総突然変異数が多いと（$4N_e\mu = 4N_e\nu = 8$）（図18.8Aの赤のカーブ），遺伝的浮動は突然変異に比べて弱く，対立遺伝子頻度は0.5の周りに集まる。無限大集団で両方向の突然変異率が等しいときは，遺伝子頻度は正確に $p_e = 0.5$ となる。

図18.8Bはヘテロ接合体が有利な場合の選択の効果を示している（Box 17.1）。この例では選択は対立遺伝子頻度を $p_e = 0.3$ に保とうとする。しかし自然選択が浮動に比べて弱いと（$N_e s = 2$），対立遺伝子頻度は0または1の近くの値をとる。$N_e s$ が増加すると自然選択が優勢となり，集団は適応度の峰である $p_e = 0.3$ の周りに集まる。

Wright の公式を使うと，**島モデル**（island model）における移住の効果を調べることもできる。このとき，共通の遺伝子プールからの遺伝子流動は突然変異と同等の効果をもつとする。ところが他の移住様式，例えば一次元または二次元に並んだディーム（分集団）間で隣どうしでしか移住がないような場合に，この公式をそのままの形で拡張することはできない。同様に，1遺伝子座に3個以上対立遺伝子がある場合は，ある特殊な突然変異のパターンの場合にしかこの公式は適用できないし，また組換えが連鎖不平衡に及ぼす影響を表すこともできない。ただしこのような一般的な場合でも，集団の挙動が $N_e\mu$, $N_e s$, $N_e m$ などの，遺伝的浮動に対する異なる進化的要因の相対強度を表す複合パラメータに依存するという事実は成立

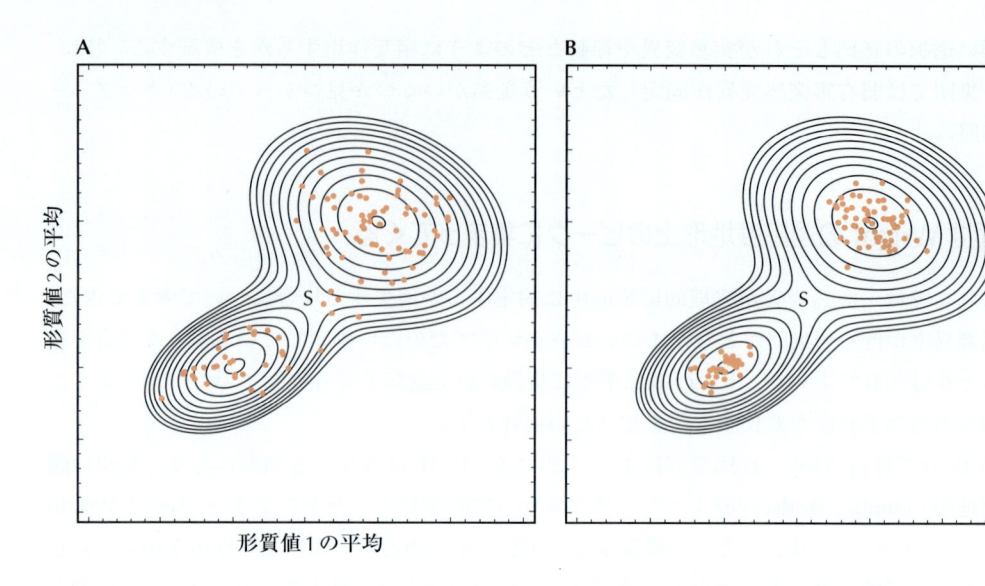

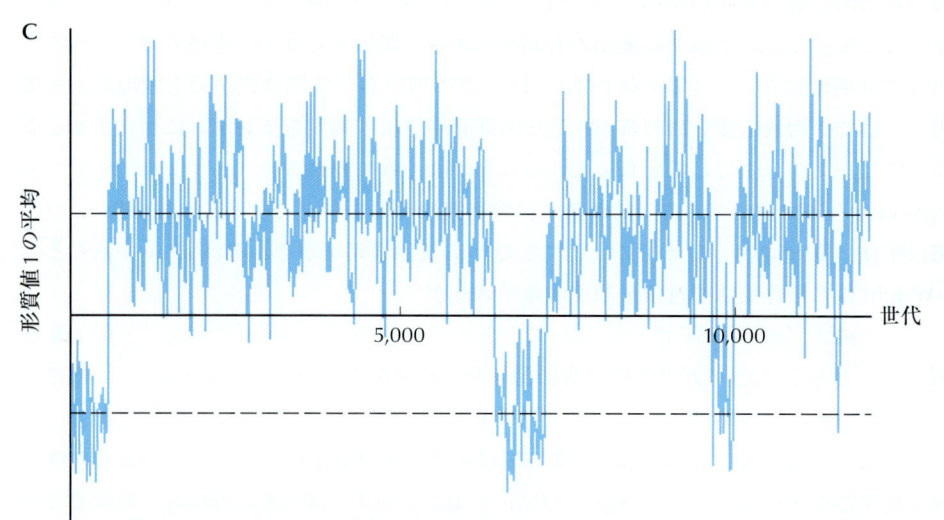

図 18.7 ・ 遺伝的浮動と自然選択のバランスの下では，集団は $\overline{W}^{2N_e}$ に比例して適応度地形上で分布する。等高線は 2 つの量的形質の平均値を縦横の軸として集団の平均適応度をプロットしたものである。これらの形質は**分断化選択**（disruptive selection）を受けており，峰は 2 つ存在する。遺伝分散は一定値であるとする。S は 2 つのピークの間の鞍点（saddle）を表している。等高線は $\overline{W} = 0.91, 0.92, \cdots, 0.99, 1$ となるところを表している。（A）$N_e = 25$ の場合，遺伝的浮動が強く集団が適応度地形の中に散らばっている。（B）$N_e = 100$ の大きな集団では自然選択は遺伝的浮動よりも強く，集団は 2 つの適応度の峰の周りに集まっている。（C）$N_e = 100$ の場合にシミュレーションを行い，一番目の形質（A，B の x 軸）の時間変化をプロットした。破線は 2 つの適応度の峰の位置を表している。

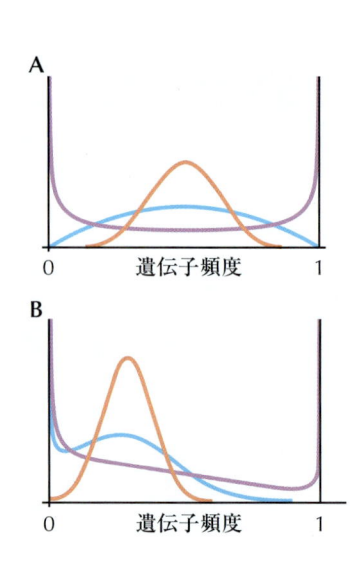

図 18.8 ・（A）Wright の公式から計算した突然変異と遺伝的浮動があるときの遺伝子頻度の平衡分布（$4N_e\mu = 4N_e\nu = 1/2, 2, 8$ をそれぞれ紫，青，赤で表している）。（B）ヘテロ接合体が有利となる選択（超優性）が働いたときの平衡分布。QQ：QP：PP の適応度がそれぞれ $1 - sp_e : 1 : 1 - sq_e$ とすると，自然選択により遺伝子頻度が $p_e = 0.3$ の周りに保たれる（Box 17.1 参照）。$4N_e\mu = 4N_e\nu = 1/2$ で $N_e s = 2, 8, 32$（紫，青，赤）の場合を示してある。

する。

　Wright の公式は，集団が異なる進化的過程の間で平衡にあるとき，対立遺伝子頻度がどのように適応度の峰の周りに分布するかを表している。さらに適応度の峰間の移動率を調べることもできる。一般的には集団は 1 つの適応度の峰の周りを長い間さまよい続けるが，まれに新しい峰にジャンプする（例えば図 18.7C）。低い峰から高い峰への移動はその逆の場合に比べて頻繁に起こるので，集団は平均的により高い峰の近傍にとどまる。集団が離れた峰の間を移動するとき，平均適応度の減少が一番少ない尾根伝いの道（鞍点群 [saddles]）を通

る可能性が高い（図 18.7AB の S）。峰の間の移動率はおもに，集団が適応度の峰に滞在する確率と，このような鞍点にさまよい出る確率の相対比に依存する。式 18.1 からこの比は $\overline{W}^{2N_e}{}_{\text{saddle}}/\overline{W}^{2N_e}{}_{\text{peak}}$ に比例することがわかる。ここで元のピークから鞍点への移動に必要な選択係数の閾値を，$1 - s^* = \overline{W}_{\text{saddle}}/\overline{W}_{\text{peak}}$ と定義しよう。そうすると峰の間の移動率は約 $(1 - s^*)^{2N_e} \simeq \exp(-2N_e s^*)$ となる。このことから，$N_e s^*$ があまり大きくない場合にのみ，集団は遺伝的浮動によって 1 つの峰から別の峰に移動できることがわかる。これに続く章では，Wright がどのようにこの過程を彼の**シフティングバランス理論**(shifting balance theory)の基礎として使ったか（pp.658 ～ 659），あるいは遺伝的浮動による異なる峰間の移動によってどのように染色体構造の進化を説明したかをみる（図 22.22）。

18.2 自然選択と遺伝子流動

集団が分割されていても，有利な対立遺伝子は急速に広がる

　有利な遺伝子は少数コピーしかないときは集団から失われる可能性が高いが，いったん高い頻度になると集団中に急速に広がる。s だけ有利な対立遺伝子の頻度が初期頻度 p_0 から 50% になるには $\log(1/p_0)/s$ 世代必要である（pp.505 ～ 506 参照）。この時間は初期頻度が非常に低くなるような大きな集団でもかなり短い。例えば，図 18.5 で示した大腸菌の実験では，リボースオペロンの欠失変異が集団中に固定することによって，リボース培地で増殖する能力が失われた（図 18.5D）。欠失による適応度上昇は $s = 0.014$ であると推定され，また初期集団での欠失頻度は 0.0005 であった。これらのことから，欠失変異の頻度が 50% になるのに，$(1/0.014)\log(1/0.0005) = 540$ 世代かかることがわかる。実際にかかった世代数は大きく変動しているが，平均値はだいたいこのくらいの値である（図 18.5D）。より有利な対立遺伝子は，$1/s$ に比例してもっと短い時間で集団中に広がるだろう。例えば対立遺伝子が 14% 有利な場合，先ほどと同じ初期頻度から出発すると約 54 世代で頻度は 50% となる。

　現実には集団は分集団 (local population，局所個体群) すなわちディーム (deme) に分割され，それぞれのディームは遺伝子流動によって遺伝的につながっている。分集団化により適応の拡散は遅くなる。それにもかかわらず，どのディームにおいても有利な対立遺伝子は，少なくとも進化的時間でみると急速に種全体に広がることができる。

　注目すべきことに，遺伝子流動が対称的ならば，固定確率は集団がディームに分割されていても任意交配集団と同じで $2s$ となる。このような集団の分割がなぜ固定確率を変化させないかを理解するために，その子供が他の場所に移住するような個体を考えてみよう。子供の数（つまり**適応度** [fitness]）の分布が子供がどこに住んだかによらない場合，子供がもっている対立遺伝子が成功するかどうかも住んでいる場所によらない。またディームへの分割自体は全体の遺伝子頻度を変化させない。例えば，同じ大きさの 2 つの集団間の遺伝子の交換は，集団間の遺伝子頻度の差を小さくするが，全体の遺伝子頻度は変えない。

　ただし集団の分割は，対立遺伝子がいったん確立されてから広がるのを遅らせる。もし（多くの場合そうであるように）種が二次元空間に広がって生息しているとき，有利な遺伝子は一領域でまず頻度を上昇させ，その後**進行する波**(wave of advance)の後方で広がっていく。Fisher（フィッシャー）はこの波の速度が近似的に $\sqrt{2s\sigma^2}$ に落ち着くことを示した。ここで σ^2 は集団中での遺伝子の拡散速度を表しており（p.478 参照），s は対立遺伝子の有利の程度を表している。例えば有利の程度が $s = 0.005$ のとき，対立遺伝子は $\sqrt{2 \times 0.005\sigma^2} = 0.1\sigma$

の速度で集団中に広がる。このためこの対立遺伝子が1拡散距離 σ を広がるのに10世代要する (図18.9)。

　近傍への拡散によって遺伝子や種が広がるとき, 一定の速度で進行する鋭い波のピークの後ろでこれらは広がっていく (例えば図18.10A, B)。しかし実際には多くの場合, 広がり方は近傍への拡散で説明されるよりもずっと速い。例えば, 氷河期が終わった後, 氷河の後退に従って多くの樹木が広がっていった。花粉化石は生息域がしばしば1年あたり100 m以上の速度で広がったことを示している。しかし大多数の種子は親木から30 m以内の場所に落ち, しかも成木となるのに何十年とかかる。このような場合, 拡散はときどき起こる長距離拡散によっていると考えられる。例えば少数の種子が動物や, 最近では人間によって遠方に運ばれたのかもしれない。この場合拡散のパターンは, 近傍への拡散によって起こると予測される定常波のような広がり方とはかなり異なる (図18.10Bを図18.10Dと比較せよ)。まれに移住者がもとの生息域から遠く離れたところに新しいコロニーを複数形成する。これらのコロニーは拡大し最終的には融合して, 予測しがたいパッチ状の形をしている進行波となり, 時間とともに加速度的に広がる傾向をもつ (図18.10C,D)。これらの例は生物種が地形の中をどのように広がるかを示しているが, 同じ原理が集団中に遺伝子が広がる場合にもあてはまる。

実験室で自己複製する RNA 分子の広がりを調べることができる

　バクテリオファージ Qβ の RNA ポリメラーゼがあると, 短い RNA 分子は自己複製する。もし少量の Qβ ポリメラーゼと必要な基質が入ったキャピラリー (毛細管) の一端に特定の RNA 配列を接種すると, その配列は最初は指数的に増加し, やがて一定の速度をもつ "進行する波" の後方で広がり始める (図18.11)。これらの波の最前線は平均 $2.3\ \mu ms^{-1}$ の速度で広がっているが, この速度を Fisher の公式 $\sqrt{2s\sigma^2}$ からの予測と比べてみよう。ポリメラーゼ-RNA 複合体の拡散速度は, $\sigma^2 \risingdotseq 7.6 \times 10^{-11}\ m^2s^{-1}$ である (この値は, 実際の生物の遺伝子の場合と同じように, 単位時間あたりの生息地に沿った移動距離の分散と定義される [p.478参照])。これらの RNA 分子の指数増加率は $s = 0.038\ s^{-1}$ であり, 20秒ごとにほぼ倍増するような値である。これらから予想される速度は

$$\sqrt{2\ (0.0380\ s^{-1})\ 7.6 \times 10^{-11}\ m^2s^{-1}} = 2.4\ \mu ms^{-1}$$

となり, 実測値と一致する (図18.11)。

　ここまで, 2つの異なるタイプ (つまり対立遺伝子) の競合ではなく, 1つのタイプの RNA 配列がどのように広がるかをみてきた。しかし数学的取り扱いはどちらの場合も同じである。Fisher の公式は空いている生息地へ種が広がる場合だけでなく, 新しい対立遺伝子が前に存在していた (より劣った) 対立遺伝子を置き換えながら広がっていく場合にも同様に適用できる。実際, 図18.11は1つの対立遺伝子が他の対立遺伝子で置き換えられていることを示している。矢印は波の急激な速度の増加を示しており, このとき早く自己複製できる別の配列が前からあった配列を置き換えている。この変化の前と後で塩基配列を比べると, 確かに元の配列が少しだけ適応性を増した別の配列で置き換えられていることがわかった。RNA 配列が加えられなくても, ヌクレオチドの単量体は自発的に集合しなんらかのランダムな配列を作り出す。この配列はその後より早く自己複製するように選択を受けるので, 使われている実験条件下で最も適応度の高い配列が時間が経つと現れる。

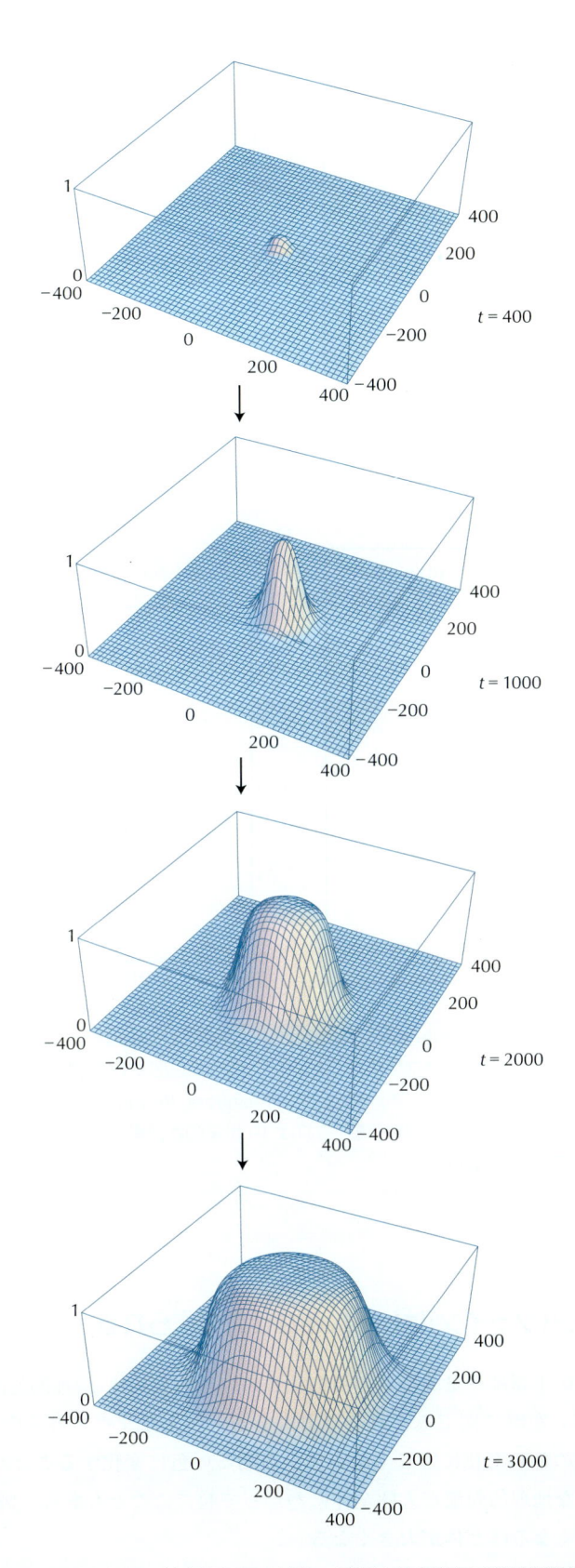

図 18.9 ▪ $s = 0.005$ の有利さをもつ対立遺伝子の拡散。最初は対立遺伝子数は指数的 ($\exp(st)$) に増加し，その後，分散が $\sigma^2 t$ の正規分布の形でそれぞれの方向に広がっていく。中心でこの対立遺伝子が固定に近づくと，その対立遺伝子は速度 $\sqrt{2s\sigma^2}$ (この例では 0.1σ) で進行する波の後方で広がり始める。グラフは $t = 400$, 1000, 2000, 3000 世代での遺伝子数を示している。

図 18.10 ● マスクラット（Ondatra zibethica）は北アメリカ原産だが，1905 年にプラハ近郊の毛皮農家から逃げ出した 5 匹がヨーロッパ中に急速に広がった。(A) 進行する波は 1 年あたり 14 km の速度で移動した (B)。これとは対照的に，イネ科のウマノチャヒキ (cheatgrass, Bromus tectorum) は北アメリカ西部の放牧地帯を，何回かの予測しがたい長距離移動（これは 19 世紀の鉄道網の発達にも助けられたと考えられるが）によって広がっていった (C,D)。

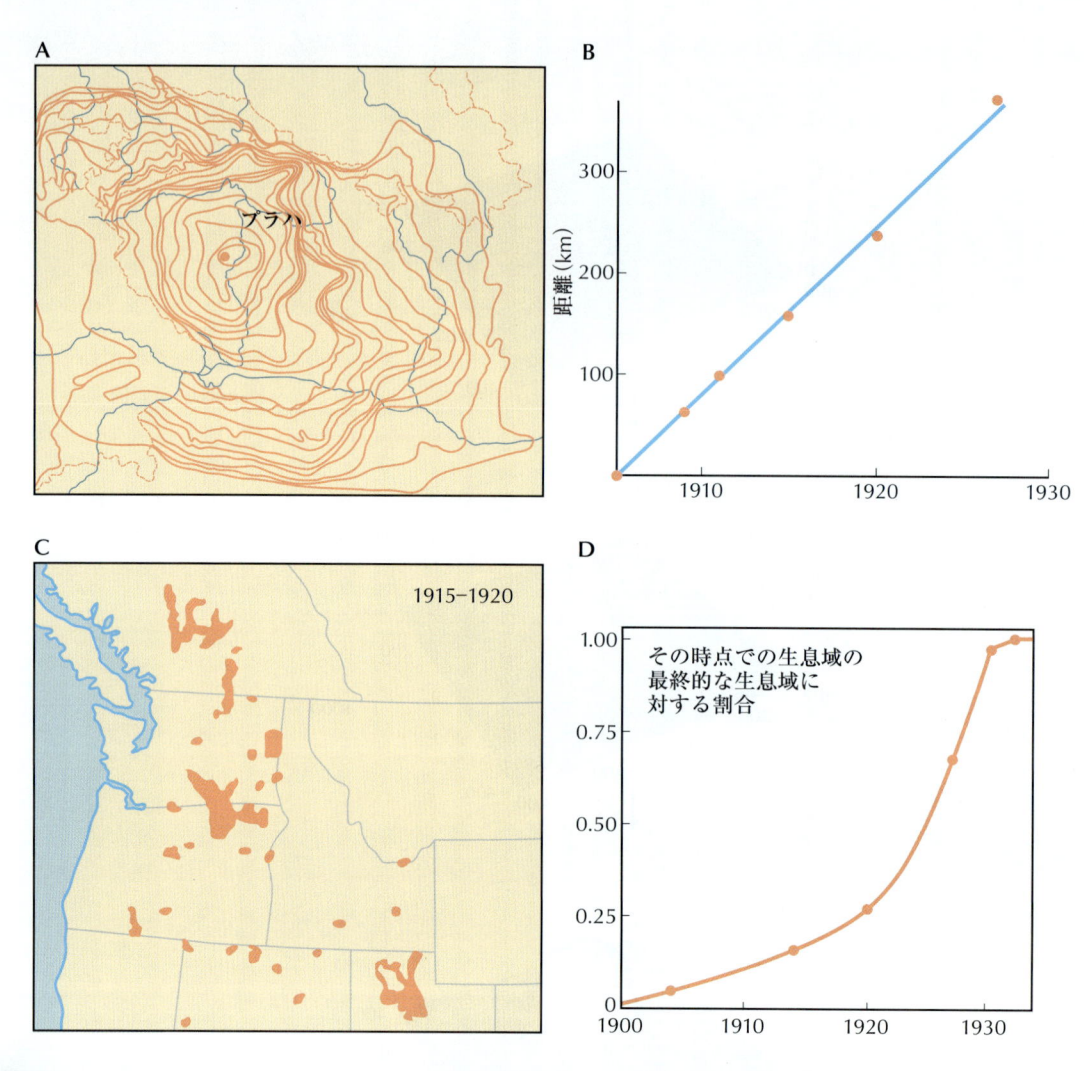

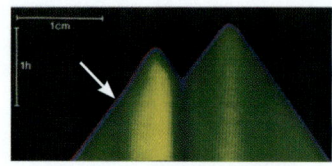

図 18.11 ● 自己複製する RNA 分子がキャピラリーチューブに沿って広がる速度。この実験は，ある特定の 133 塩基の配列を非常に低濃度で接種することによりスタートした。RNA 1 分子の子孫集団が確立した地点から出発して，波の先端が両側に一定の速度で広がっているのがわかる。矢印はより早く自己複製する変異が進化したことによって起こった増殖率の急速な増加を示している。(訳注：横軸はキャピラリーの中での位置を示し，時間とともに RNA（色で濃度を表示）が増殖して両側に広がって行くようすが示されている。)

地理的なパターン（クライン）はいろいろな仕方で作られる

しばしば対立遺伝子頻度や量的形質の規則正しい地理的な変化（地理的勾配）が観察される。これらは非常に短い距離の間でみられることもある。例えばマウスの毛皮の色は，数百 m より短い距離で岩の色の変化に応じて暗い色から明るい色に変化することがある（図 18.12）。対照的にこのような地理的勾配が大陸全体にわたって起こることもある。例えば，多くの陸上動物は緯度が高くなるほど体が大きくなる。

このような地理的勾配は**クライン**（cline）と呼ばれる。クラインはいくつかの理由により進化生物学にとって重要である。Darwin（ダーウィン）がビーグル号の航海で観察した地理的パターンは，彼が進化論を考えるうえで鍵となるような進化の証拠を与えた（pp.17 〜 19, 78 参照）。分類学的によく似た生物は同じ地域でみられる傾向があるので共通の祖先から生

図 **18.12** ▪ ロックポケットマウス，*Chaetodipus intermedius*，はふつう明るい色の岩場に住んでおり，それに合わせて明るい色をしている（左上）。しかし米国西部のいくつかの溶岩地帯では暗い色のネズミが進化し，火山性の岩により適合している（右上）。背景と色が異なるとマウスはよく目立ち（下図），そのためにフクロウの餌食になりやすい。

じたことが示唆されるし，また形態が空間的に連続的に変化することは，同様なことが時間的にも起こったことを示唆していた。また地理的なパターンは長期間の進化により蓄積されたものなので，進化の機構について語ってくれる。空間的パターンは，我々が直接観測することができない時間的変化の代わりの役割を果たしてくれる。

　クラインは，単に気候や地理的な変化によって長期間隔離されていて分化してしまった集団どうしが接触したことの名残りなのかもしれない（pp.489〜492 の混合集団についての議論を参照）。約 1 万年前に終わった最終氷河期の後，多くの種が複数の逃避地（refugia）から集団を拡大した北半球高緯度地方で，このようなパターンはよくみられる。例えばゲンゲの仲間の魚類 *Zoarces viviparus* はバルト海と北海でみられるが，これらの 2 集団はいくつかの酵素遺伝子座で異なっており（図 18.13），2 つの海をつなぐ複数の狭い海峡で滑らかで並行したクラインを示す。異なる遺伝子座でクラインが同じようにみられることは，この違いが自然選択の影響によるものではなく，歴史的な名残であることの強い証拠となる。

　自然選択が働いているときは，単に環境の変化を直接に反映してクラインができあがる。この場合，それぞれの場所で地域の状態を反映する平衡頻度の**平衡多型**（balanced polymorphism）（例えば超優性による）ができて，自然選択によって複数対立遺伝子が保持される。すでに我々自身の種（ヒト）でこのような例をみた。鎌形赤血球ヘモグロビン遺伝子は，マラリアに対する部分的耐性をもたらすことによって集団中に保持されており，その遺伝子頻度はマラリアの発生頻度の変化に応じて変化する（図 18.4）。

　これらの例では地理的パターンのスケールが大きすぎるので，場所から場所への遺伝子の移動による影響はない。しかしもっと急な変化は，個体やその個体がもつ遺伝子のランダムな移動によって拮抗される。次項で，遺伝子流動と自然選択の相互作用を調べることにより，両過程をより深くまた定量的に理解できることを示す。

図18.13 ● ゲンゲの仲間 *Zoarces viviparus*（A）において，さまざまな場所で同じようにみられるクライン。(B)北海からバルト海に至る採集地。(C) *EstIII* と *HbI* 遺伝子座の遺伝子頻度は，この採集地に沿って並行して変化している。

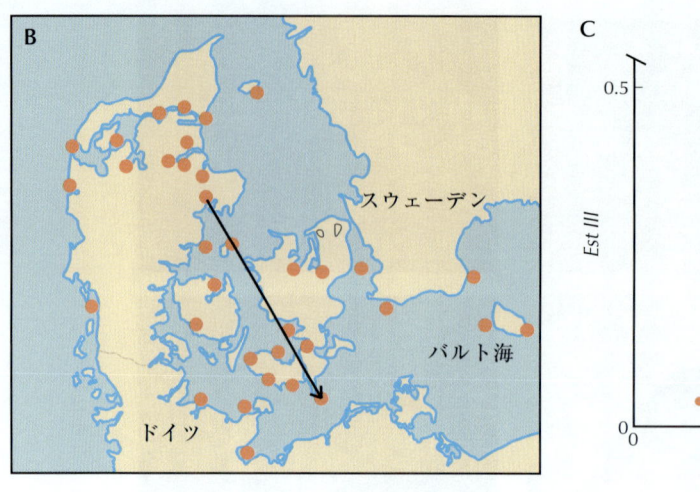

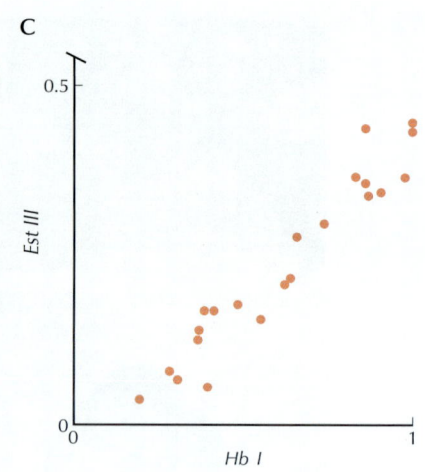

狭い地域でのクラインは自然選択と遺伝子流動の平衡により維持される

　クラインは環境の急な変化への適応を反映することもある．1つのよい例は，イネ科植物 *Agrostis tenuis* が鉛，銅，亜鉛などの重金属で汚染された鉱山廃棄物の上で生息するために示す適応である．このように強く汚染された場所ではほとんど他の種は生育できず，生育できるのはこれらの毒性をもつ金属への耐性を進化させたものだけである（図18.14A）．耐性はほんの2,3 m で急に変化するので，自然選択と遺伝子流動の競合が直接観察できる．毒性のある土壌から採取された種子から育てた植物は，毒性の土壌に生えていた成体に比べて耐性が低かった（図18.14B 右）．これはおそらく，種子が鉱山から離れたところの耐性個体の花粉を受粉していたためであろう．鉱山から離れたところでは反対のパターンがみられる（図18.14 左）．このため耐性に関するクラインは成体より実生の方で緩くなるが（図18.14B），各世代の中で成体になるまでに自然選択によって強められる．

　これと同じような変化する環境への適応の1つの例から，遺伝子型頻度の時間的空間的パターンから自然選択と遺伝子流動の強度を推定できることがわかる．夏が来るごとに南フランスの海岸から20 km 以内の地域では，カ（*Culex pipiens*）を殺すために有機リン系の殺虫剤が散布される．これらの地域では昆虫（カ）は2つの遺伝子の変化により耐性を進化させた．*Ace 1* 遺伝子座の耐性対立遺伝子は，殺虫剤の標的であるアセチルコリンエステラーゼを変化させる．また *Est 1* 遺伝子座の対立遺伝子は，殺虫剤を無毒化するエステラーゼを過剰に産生する．しかしこれらの耐性対立遺伝子は海岸領域に限られているので，殺虫剤のまかれない場所では不利になっていることがわかる．それぞれの遺伝子座でクラインが形成されており，このクラインは季節が変わるごとに規則的に移動する．観察された遺伝子型頻度にモデルをあてはめることにより，それぞれの地域での耐性に対する選択の強さと遺伝子流動率が推定された（図18.15）．

　クラインは一様な環境でも自然選択によって維持されることがある．最も単純な例は，狭い境界地域で異なる構造（逆位，転座など）をもつ染色体が出会った場合である（例えば図17.22）．境界のどちら側でも，自然選択はより頻度の低い染色体タイプに不利に働く．これは頻度の低い方の染色体タイプが，部分的に不妊となるヘテロ接合体中に存在する割合が多いからである（Box 12.2）．ヘテロ接合体に不利に働きどちらかの染色体タイプを固定させるような自然選択と，クラインを広げるように働く遺伝子流動のバランスにより，クラインが

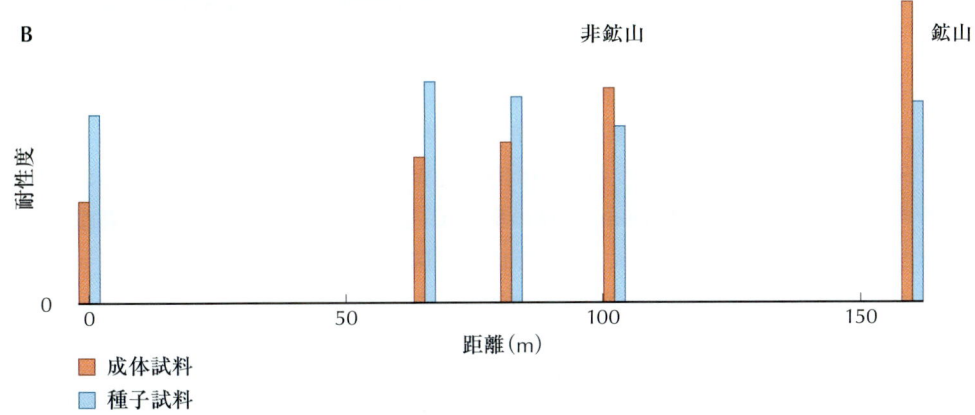

図 18.14 ● 北ウェールズ地方の鉱山の端部でみられるイネ科植物 Agrostis tenuis の銅耐性に関する鋭いクライン。(A) 汚染されていないところ (左側) に比べて, 重金属で汚染された鉱山廃棄物の上では (右側) 植生はまばらである。(B) 鉱山から採集された Agrostis の成体は, 同じ場所から採集された種子を育てた成体より耐性が強い (右の赤と青を比べよ)。これに対して, 鉱山から離れるとその場所で採集された成体は種子から育てたものより耐性が低い (左)。

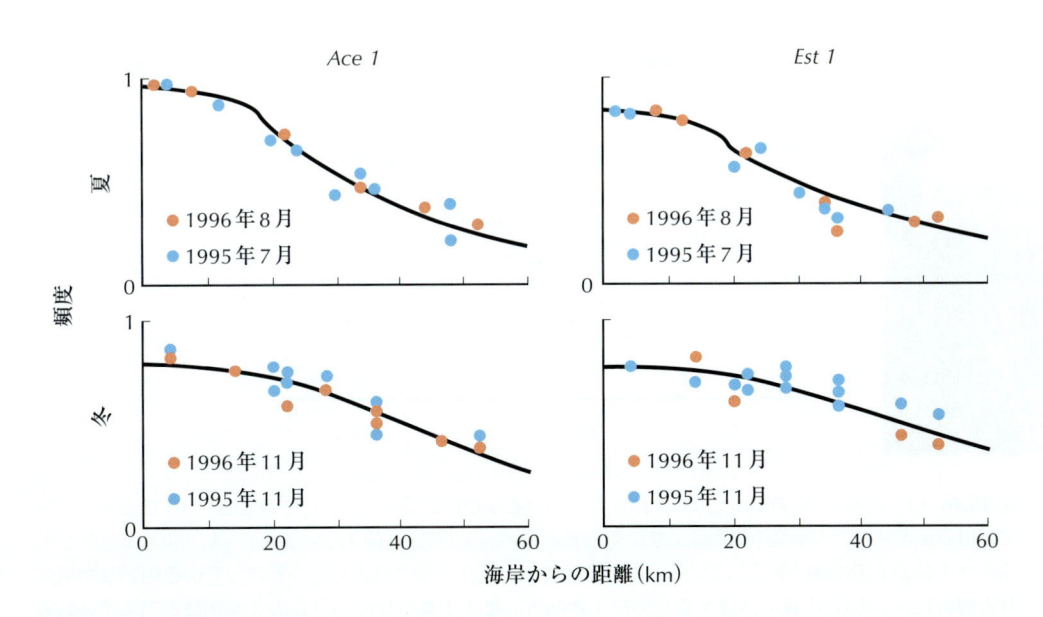

図 18.15 ● カの一種 Culex pipiens にみられる殺虫剤耐性遺伝子のクライン。殺虫剤が散布される夏に, 2つの遺伝子座の耐性対立遺伝子の頻度が増加する。しかし冬になるとクラインは広がる。夏の間の遺伝子流動率は 1 代あたり $\sigma^2 = 6.6\ km^2$ と推定された。秋にはより高い値で $14.6\ km^2$ であった。殺虫剤が散布されているときの耐性対立遺伝子の選択係数は, Ace 1 で 0.33, Est 1 で 0.19 と推定された。一方, 夏の間も散布されない地域では, 非耐性対立遺伝子の選択係数はそれぞれ 0.11 と 0.05 であった。

維持される。図 18.16 は高山性のバッタ Podisma pedestris でみられる，構造変化をもつ 2 つの染色体タイプの境界でのようすを示している。これらが出会うところでは約 800 m の幅のクラインが形成されている。このクラインは，さまざまな生息地やこの種が住みうる高度全体（約 1500～3000 m）を含んだ約 100 km 以上の領域にわたってみられる。このパターンは，このクラインが異なる環境で異なる染色体タイプが有利となるような自然選択ではなく，染色体タイプのヘテロ接合体に対して働く恒常的な選択によって維持されていることを示す強い証拠となっている。

　自然選択が 2 つの安定な平衡状態を維持することができるときにはいつでも（大まかにいうと，2 つの適応度の峰がある場合。pp.503，510～512 参照），同じようなクラインが保持される。例えばチョウの Heliconius erato と Heliconius melpomene はミュラー型擬態（Müllerian mimicry）生物である（両種は捕食者にとってまずく，またそのことを明るい色の警告パターンで知らせている。p.512 参照）。個々の場所では両種のすべてのチョウが 1 つのパターンをもつようになる。このパターンからずれた個体は捕食者からまずいと認識されないので，より補食されやすい。これら Heliconius 2 種の集団は，狭いクラインで隔てられた異なる地方変種としてモザイク状に分割されている（図 17.23，図 18.17）。

　これまでに述べてきた例は，1 つか少数の遺伝子または形質に関するものだった。いろい

図 18.16 ■ バッタの一種 Podisma pedestris でみられる染色体クライン。(A) 雄の成虫。(B) 雄の減数分裂における染色体対。十字型の構造は交差に対応するキアズマである（図 12.24 参照）。矢印は X 染色体と常染色体の間の染色体融合を示している。融合染色体は，現在 Y 染色体としてふるまっている相同な常染色体と対合している（この種の雄は X 染色体を 1 本もち，雌は 2 本もつ）。(C) この X 染色体と常染色体の融合染色体は，アルプスの南西山域（Maritime Alps）でのみ見つかる。2 つの染色体タイプが混合した集団とヘテロ接合体の雌は，約 800 m の幅の狭いクラインの中でのみみつかる（赤い線で表示）。この種は 1500 m より高い場所でよくみつかる（図の陰で示してある部分）。(E) 南東の端 (D) でのクラインの詳細。この地域での融合染色体頻度を距離に対してプロットした。それぞれの点は約 20 個体の雄の試料から得られた値を表している。融合染色体の頻度は左下での約 90% から右上での約 10% まで変化する。

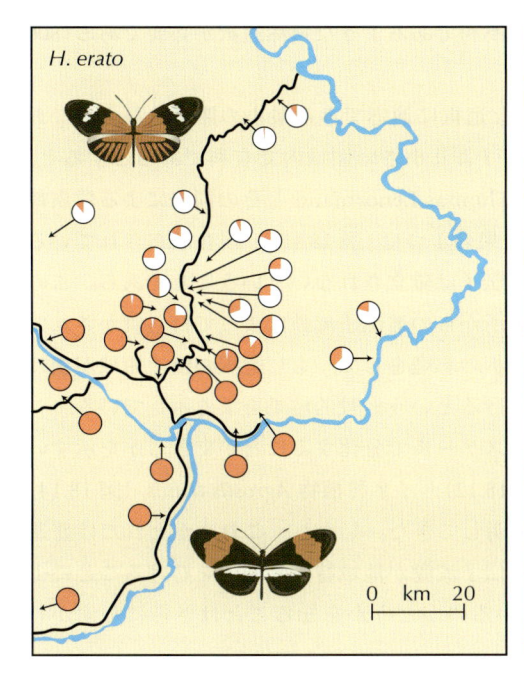

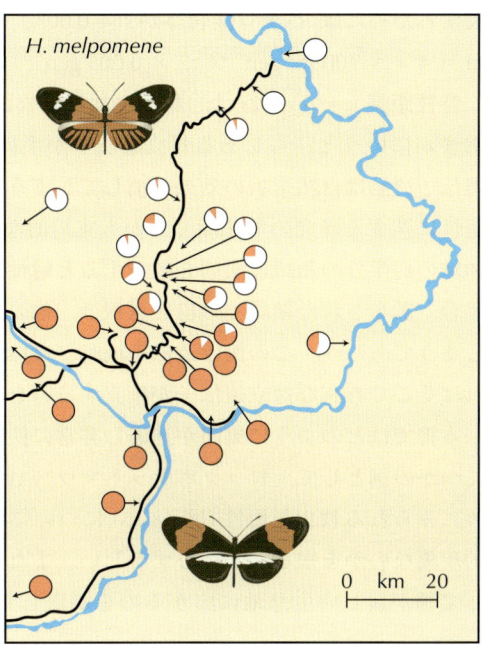

図 18.17 ・ペルーのタラポト近郊に生息する警告色をもったチョウ Heliconius erato（左）と Heliconius melpomene（右）にみられる並行したクライン。円グラフは異なった羽のパターン（H. erato では 3 パターン，H. melpomene では 4 パターン）を生み出す主要な遺伝子群における平均遺伝子頻度を表す。青は Hualaga 川，黒は道路を示す。

ろな点で異なる集団が出会って交雑すると，しばしば複数のクラインが同時にみられる，いわゆる**交雑帯**（hybrid zone）が形成される。これらは気候または地理的な違い，あるいは集団が新しい地域へ進出することによって分化した集団どうしが出会ったときにしばしばみられる。このような**二次的接触**（secondary contact）は，1 つの場所で複数の遺伝的変化が同時に起きる現象をよく説明する（図 18.13 で示された Zoarces の例を思い起こしてほしい）。ただし，地理的隔離を経ない**一次的接触**（primary contact）においても，原理的には複数の差異が進化することはある。

クラインの幅は，遺伝子流動と自然選択の強さの相対比によって決まる特性距離に比例している

簡単な拡散のモデル（p.478 参照）に自然選択を加えることで，クラインや交雑帯のようすを記述することができる。どのようなパターンが得られるかは，おもに自然選択の強さと遺伝子の拡散速度の相対比によって決まる。これがクラインの幅を決める特性距離，$l = \sqrt{\sigma^2/2s}$ を決定する。選択が強く（大きな s）拡散が弱いとき（小さな σ^2），クラインの幅は狭くなる（小さな l）。クラインの幅が実際にどれくらいになるかは自然選択がどのように働くかに依存するが，クラインの幅はおおむね $(2〜4)l$ となる。

例えば，ヘテロ接合体が不利になるような自然選択が働いていると，クラインの幅は $4l$ になると期待される。P. pedestris では（図 18.16），拡散速度は直接法により 1 世代あたり $\sigma^2 = 400\ m^2$ と推定されている（つまりバッタの 1 年あたり移動の標準偏差は 20 m である）。2 つの異なる染色体型の間のクラインは約 800 m の幅をもつので，このようなクラインを維

持するためには，ヘテロ接合体が $s = 0.005$ だけ不利であるような自然選択が必要である（800 m $= 4 \times \sqrt{400 \text{ m}^2 \text{ gen}^{-1}/(2 \times 0.005 \text{ gen}^{-1})}$）。

特性距離 $l = \sqrt{\sigma^2/2s}$ は，集団が地域特異的な選択に適応できる最小の距離を与える。おおまかにいうと，もしある対立遺伝子が半径が l より小さい領域内で有利であるとすると，遺伝子流動は自然選択の効果を消してしまう。Thomas Lenormand とその同僚による殺虫剤耐性に関する研究の興味深くしかも実用的な結果の1つは（図18.15），現在散布されている領域の約半分の領域に薬剤を散布すると耐性遺伝子は確立されないということである。この場合，散布された領域での自然選択は，他の場所からの遺伝子流動によって打ち負かされてしまうであろう。この例は遺伝子流動が自然選択の邪魔をして，もし選択の働く領域が狭ければそこで有利な対立遺伝子が確立するのを妨げるという一般的結果をよく示している。

本書ではどのように集団が適応し非常に狭いスケールで分化することができるかを示すいくつかの例として，ロックポケットマウス（図18.12），イネ科植物 *Agrostis tenuis*（図18.14），カにみられる殺虫剤耐性（図18.15）について説明してきた。しかし，これらがどれだけ普遍的現象なのかを知ることはむずかしい。また遺伝子流動が地域特異的適応を妨げることによって種が新しい生息地に広がるのを制限しているのかどうかを知ることはさらにむずかしい。

18.3 平衡選択

ヘテロ接合体が有利となるような選択は主要な平衡選択ではなさそうだ

何が集団内の遺伝的変異を維持しているのだろうか。これまで，ほとんどすべての種類の遺伝子や形質とほとんどすべての生物集団で，大量の遺伝的変異があることをみてきた（pp.398～402, 429～430参照）。まだ解かれていない1つの主要な問題は，この変異が何によって生じたかを理解することである。これからの各項で，この問題に対してのいくつかの対照的な説明を述べる。そして次の章で，どのように変異が維持されまた適応度に影響を与えるかを調べるいくつかの方法を概観する。

第1章でみたように，進化生物学ではこれまで変異に関して2種類の説明が支配的であった。極端にいうと，これら二者は非常に異なる世界観を反映している。**古典仮説**（classical view）では，一般に1つの最も適した野生遺伝子型があり，変異はおもに突然変異によって維持されると考える。**中立説**（neutral theory）（pp.65～66, 459～462参照）は，1960年代にみつかったタンパク質やDNA配列の多量の変異を説明するためにこの古典仮説を継承したものとみなすことができる。対照的に，**平衡仮説**（balance view）は種内のほとんどの変異は自然選択によって維持されており，また種間の相違はほとんど適応的だと考える。次の3つの項で，どのように**平衡選択**（balancing selection）が働くかを調べる。その後，それとは対照的な，集団内変異はおもに有害突然変異によるものであるという考え方を説明する。

頻度の低い対立遺伝子が有利となる場合は，変異は自然選択のみによって維持される。このとき消失の危機にある対立遺伝子は増加する傾向をもち，それによって集団内の変異が保たれる。このことから，どのようにして自然選択が変異を維持するかを理解するためには，頻度が低くなったときにどのようにして対立遺伝子の相対適応度が上がるかを理解すればよいことがわかる。

もしヘテロ接合体の適応度がホモ接合体より高いと，頻度の低い対立遺伝子はホモ接合体

よりヘテロ接合体中にあることの方が多くなるので有利となる。これまでにヘテロ接合体が有利になることによって多型が維持される2つの例、β-グロビンのHb^{S}対立遺伝子（Box 14.1）とイエネズミでの血液凝固阻害剤ワルファリン耐性（図18.3）をみてきた。しかしよく研究されたこれらの少数例から、この機構が平衡多型の維持において一般的重要性をもつかどうかを判断することはむずかしい。これに対する強力な反論として、カビのようにほとんど一倍体（半数体）として生活する生物や、ふつう自殖するのでほとんどがホモ接合体であるような生物も、メンデル遺伝する遺伝子座や量的形質で多量の遺伝的変異をもつという観測事実が挙げられる。ヘテロ接合体が有利となるような選択は、集団中にヘテロ接合体がいないか少ない場合は働くことができない。

図18.18 ▪ *Oenothera organensis* はニューメキシコのオーガン山脈のいくつかの渓谷でのみみられ、その数は1000個体以下である。それにもかかわらず、多数の異なる自家不和合性対立遺伝子をもっている。

自然選択により頻度の低い対立遺伝子が有利になると遺伝的変異が維持される

頻度の低い対立遺伝子はほかの理由でも有利になることがある。例えば多くの植物が、花の胚珠が自分自身の花粉によって授粉できなくなる不和合性のシステムを進化させている。これらのシステムは1遺伝子座に支配されており、2種類あることが知られている。**配偶体型**（gametophytic）システムでは、胚珠と同じ対立遺伝子をもっている花粉はその胚珠を授粉することができず、**胞子体型**（sporophytic）システムでは、胚珠と同じ対立遺伝子をもつ親からの花粉はその胚珠を授粉できない。どちらの場合も、頻度の低い方の対立遺伝子をもつ花粉は集団中のどの植物も授粉できるので、その対立遺伝子は有利になる。しかし頻度が高くなると、その対立遺伝子をもつ植物は同じ対立遺伝子をもつ植物を授粉することで花粉を無駄に浪費してしまう。このため不和合性遺伝子座は非常に高い多型を示す。例えば、月見草の仲間 *Oenothera organensis*（図18.18）では、調べられたたった135個体中に34個の異なる対立遺伝子が見つかった。図18.19は不和合性システムをもつ他の植物種で見つかった分子レベルでの多様性を示している。顕花植物 *Physalis longifolia* の不和合性遺伝子座では、122アミノ酸のうち114が多型で、しかもこのなかには5ないし6種類の異なるアミノ酸がみられる座位もある。ただし、この例では実際にどのアミノ酸が交配における和合性を決めているのかは知られていない。第19章では、実際に自然選択が働いている対立遺伝子と、観察される分子レベルの変異との関係について考察する。

このように、頻度が増加すると対立遺伝子の適応度が下がるような自然選択は、**負の頻度**

```
DNTNT--RLMDCSPPPNYTNFQ-DKMLDDLDKHWTQLKIFKNKSKIDQSTWSYQYKKHGSCCQNLYNNQNMYFSLALHLKDKV
EKDKV--LQINCPPTPNYTNFQ-DKMLDDLDTHWTQLLLTKKTGLEEQRIWNYQFRKHGSCCREL-YNQSMYFSLALGLKAKV
DKNNS--LLMDCTPRPNYTYFPRNKMFADLDKHWTQLKITEDDAETDQSTWSRQYIKHGSCCRNL-YNQNMYFSLALHLKNRV
EKKGVD-KLTFCSAQPNYTIFKDKKMLDDLDKHWIQLMYSKENGLQKDQSAYQYEKHGSCCLNR-YNQTAYFSLASHLKKKI
EKRGIK-MMVSCKPEVNYTLFQDRKMLDDLDKHWTQLKVSKDEGLEKQEAWKYQYEKHGACSQES-YNQNMYFSLALHLYERF
EKRGKN-IMVSCKPEVKYALFQDRKMLDDLDKHWIQLKVSKDEGLEKQEAWKHQYEKHGACSQES-YNQNMYFSLALHLYERF
DNFSA--KLNFCGPNTYDKTIILKDYKKNKLYIHWPDLVVDEAKCKKDQKFWSDEYGKHGTCCEKT-YSQEQYFDLAMVLKDKF
DNIST--TLNFCKGVTYKNVTG--EKKNNLYIHWPDLLVEEANCKTYQTFWKKEYDKHGSCCEGT--NQEQYFDLAVALKDKF
DNIST--TLNKCKSIPYDKNMT-DDKKNMLYIHWPDLLVGEASCKDDQKTWRYQYRRHGTCCEES-YNQEQYFDLAMGLKDKF
DRNNS--VLVECEPFRGYTNFK-DNMLDELDKHWTQFKYDKTSGLKDQKTWRYQYRRHGTCCQEL-YNQDMYFSLALRLKRKF
DKNNS--VLVECQPLRGYTNFK-DNMLDELDKHWTQFKYDKTSGLKDQKTWRYQYRRHGTCCQEL-YNQDMYFSLALHLKRKV
                                 HVa               HVb
```

図18.19 ▪ 顕花植物 *Physalis longifolia* の自家不和合性遺伝子座で、頻度依存性選択が高いレベルの多型を維持している。この図は米国東部で採取された33遺伝子のうちの11遺伝子のアミノ酸配列を示している（20種のアミノ酸のそれぞれは1文字コード[図2.23]を使って表示されている）。33遺伝子のアミノ酸配列はすべて異なっており、多様性は高変異領域HVaとHVbで特に高い。赤は保存されているアミノ酸を表す。

依存性選択（frequency-dependent selection）と呼ばれている。最もなじみのある例は集団中の雄と雌の比である。もし集団の**性比**（sex ratio）が雄に偏ると，雌は必然的により多くの子を産む。これは，どの子供も雄と雌の親をもつので，雄に偏った集団ではそれぞれの雌は平均的に雄より多くの子供を残すからである。このため自然選択は雌の割合を増加させ雌雄の割合が同じになるように働く。この説明は R.A. Fisher によるが，実際は最初に Darwin によって考えられていたようで，19 世紀後半に数学的に解析されていた。性比は進化生物学の中で最もよく理解された問題の 1 つで，これについては第 21 章でより詳しく述べる（p.653）。

もう 1 つのよい例は**ベイツ型擬態**（Batesian mimicry）で，この場合捕食される可能性がある（まずくない）種がまずいモデル種をまねる（擬態する）ことで捕食者から守られる（図 18.20）。このような種はしばしばいろいろなモデル種（手本となる種）を擬態する。例えば東アフリカでは，アゲハチョウの仲間 *Papilio dardanus* は複数のかなり外見が異なるモデル種に擬態する。どの模様をもつ個体も頻度が高くなると，捕食者がその模様と被食者を結びつけてみなくなるので捕食者から守られなくなる。この場合，その模様をもつチョウのほとんどがモデルではなく擬態者となるからである。このようにしてよりまれな模様を生み出す頻度の低い方の対立遺伝子が有利になり，多型が維持される。模様が色や羽の形に関して多くの点で異なっているにもかかわらず，このような多型が維持されるということは注目すべきことである。*Papilio* では，異なるモルフ（形，色）は強く連鎖する遺伝子群（**スーパージーン** [supergene]）によって支配されており，その遺伝子群にはいくつかの異なる対立遺伝子の組み合わせが存在する。これにより非常に異なる模様への転換がうまく起こる。

もう 1 つの頻度依存性選択のよく研究された例は，植物に寄生する細菌 *Pseudomonas fluorescens* にみることができる。この種をよく撹拌された培養液の中で培養すると，あるタイプのみがみられるようになる。このタイプは寒天で培養すると滑らかに広がるコロニーを作るので，SM と呼ばれる（図 18.21A 左）。しかし遺伝的に一様な SM のクローンを 2，3 日何も操作をしない小さな瓶で育てると，集団の分化が再現性をもって観察される。育てた細菌を 1 個体ずつ寒天培地に接種すると，コロニーはそれぞれ異なる形をとる。これらは大まかに祖先的な滑らか型（SM），しわ拡散（WS）型，けば立った拡散（FS）型に分類される（図 18.21A）。SM は培養液中で増殖するのに対し，WS は表面に密度の高いマット状構造を作り（図 18.21B）瓶の中で異なる**ニッチ**（niche）を占める。競合実験を行うと，ほとんどの場合それぞれのタイプは頻度が低いときに有利となるので，3 タイプすべてが安定な頻度で共存す

図 18.20 • アゲハチョウ *Papilio dardanus* にみられるベイツ型擬態。左側は捕食者にとってまずいマダラチョウ科（Danaidae）に属する 3 種のモデル種で，右側は捕食者が食べることができる *Papilio dardanus* の擬態型を示している。3 パターンとも *P. dardanus* の集団中に多型として存在する。

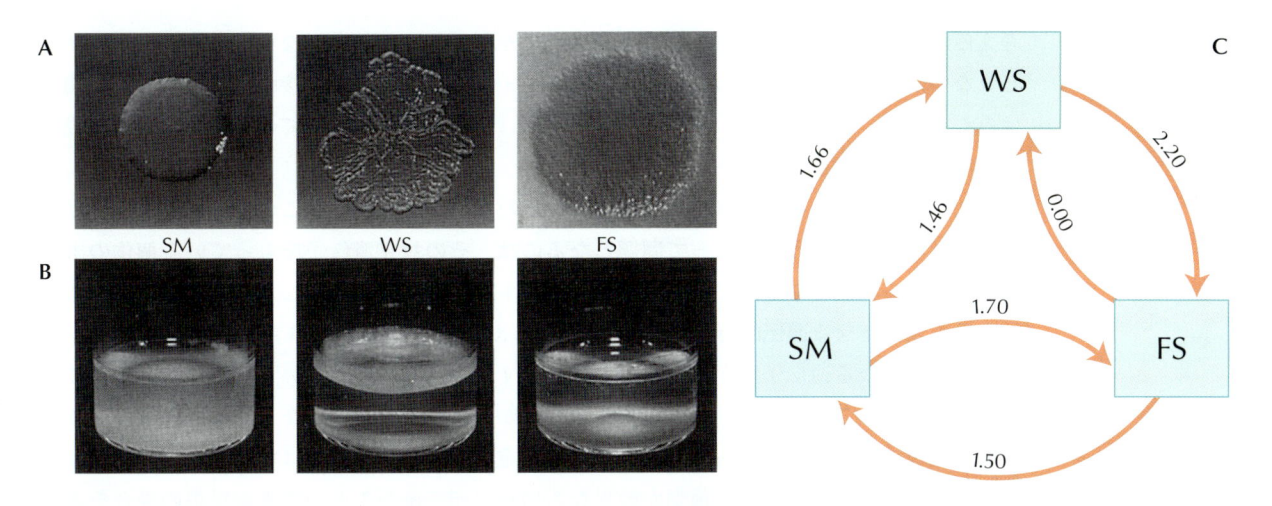

図 18.21 ▪ 細菌 *Pseudomonas fluorescens* は小さな瓶で培養されると分化する。この結果は再現性を示す。(A) おもにみられる 3 タイプのコロニー。SM（smooth）＝滑らかに拡散する型（祖先型），WS（wrinkly spreader）＝しわ拡散型，FS（fuzzy spreader）＝けば立った拡散型。(B) これら 3 タイプの異なる増殖パターン。(C) どれかのタイプを低い頻度で(1%)で別の 1 タイプのみからなる集団に導入するという侵入実験の結果の要約。1 つの場合（FS を WS に導入）を除くすべての場合で，まれな方のタイプが侵入できた。それぞれの矢印の上の数値は，多数タイプの値を基準にして測定されたまれなタイプの 7 日間の平均適応度を表している。1 以上の数値は侵入の成功を表している。

る（図 18.21C）（1 つだけ例外は，FS が WS 集団に侵入できないということである。しかし，おそらく FS は WS と SM の両者からなる集団に侵入することはできて，そのために三種の共存が可能になる）。

WS と SM の間の頻度依存性選択の仕組みは，少なくともその概略についてわかっている。WS 細胞は互いにくっつくので，空気と培養液の間で密度の高いマット状構造を形成する。WS タイプが少ないとき，これらのマットは表面にあるのでより多くの酸素を利用することができるが，マットが重くなっていくと沈んでしまう。遺伝的な解析からセルロース様の重合体の合成にかかわる**オペロン**（operon）が WS 表現型に関与していることがわかったが，他の変化も必要である。この細菌は無性生殖を行うので，有性生殖と組換えによって不利な中間体を出すことなく 3 つのタイプは共存することができる。

1 つの種が利用できるいくつかの資源に限りがあり，異なる遺伝子型は異なる資源を利用する傾向があると，しばしば負の頻度依存性が生じる。この場合，頻度の低い遺伝子型は自分の好む餌がまだ相対的に多く残っているので有利となる。前に述べた例もこのような見方でみることができる。不和合性遺伝子座では資源は異なるタイプの交配の相手であり，ベイツ型擬態では資源となるのは種々のまずいモデル種である。*P. fluorescens* では撹拌されていない瓶の中に空間的な不均一性が生じていた。この見方にたつと，種内の遺伝的変異の維持と異なる種の共存は基本的に同じ原因によることがわかる。つまり，利用の少ない資源をより有効に利用できる遺伝子や種が有利となるのである。後で種の起源について議論するときに，この問題に再び戻る（第 22 章[pp.706 〜 712]）。

特定の種類の変動する自然選択のみが変異を維持することができる

直感的には，場所ごとや時間ごとに変動する自然選択によって遺伝的変異が維持されると

考えるかもしれない。環境が生物に多様な要求を行うために，多様な集団が維持されるかもしれないからである。しかし環境の変動と遺伝子型の変異の間に直接的あるいは単純な関係はみられない。この項では，変動する自然選択は特定の状況においてのみ遺伝的変異を維持できることを示す。

集団中のそれぞれの個体は一生の間に異なった環境に遭遇する。この場合，特定の対立遺伝子が成功するかどうかにとって問題となるのは，その対立遺伝子をもっている個体の平均適応度である。大きな集団では個体間の変異は平均化されてしまうし，小さな集団では遺伝的変異を減少させる**遺伝的浮動**(random genetic drift)が起こる(第 15 章)。

前節で，異なる遺伝子型が異なる資源を利用する場合，頻度の低いタイプが有利になり変異が維持されることをみた。その場合，各個体がそれを利用するとなくなってしまうような異なる複数の限定的資源があることが決定的に重要である。"資源"はいろいろな形をとりうるが，具体的な例として，何種類かの異なる植物に卵を産むことのできる昆虫の場合を考えてみよう。これらの植物種は生息地の中に混ざって生えており，それぞれが限られた数の幼虫を養うことができるとする(図 18.22A)。さまざまな種類の資源があるだけでは十分ではない。仮に，異なる遺伝子型の生存確率は異なる植物の上では違っているが，植物の利用がランダムに行われるとすると，それらの遺伝子型は原理的に共存できるが，それは自然選択が非常に強いときにのみ可能である(図 18.22B)。しかし例えば異なる遺伝子型をもつ個体が異なる寄主植物に卵を産む場合(図 18.22C)のように，もしそれぞれの遺伝子型が異なる資源を利用するならば，広いパラメータ範囲でしかも選択が弱くても多型が維持される。

もし，個体が 1 代で移動する距離より大きなスケールで環境が変化したらどうなるだろうか。このスケールが自然選択と拡散によって決まる特性量 l よりずっと大きいと，地域的に

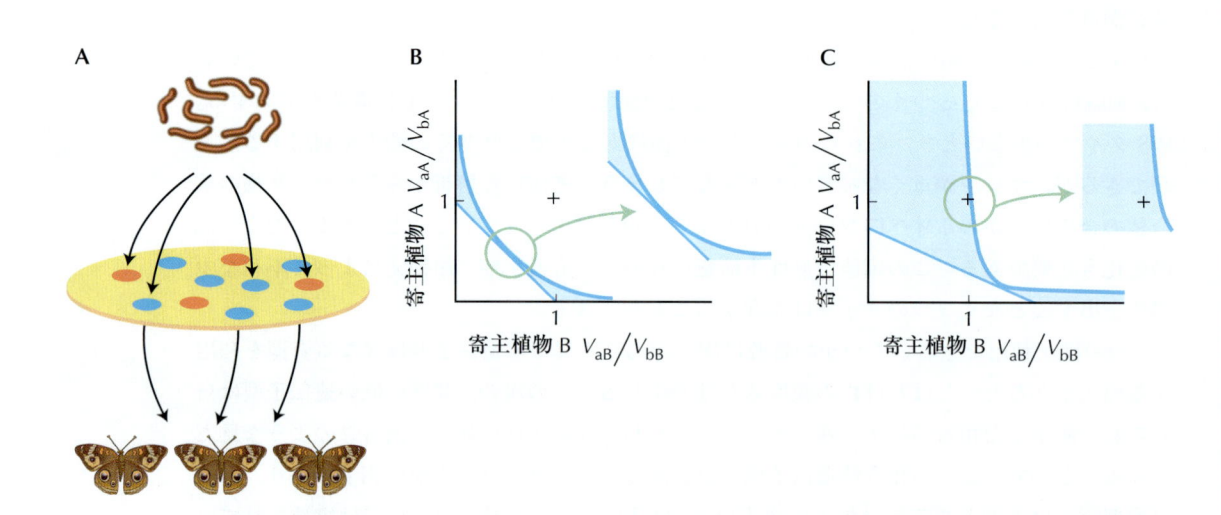

図 18.22 ● 特定の条件の下でだけ，不均一な環境で多型が維持される。(A)幼虫は異なるパッチに落ち着く。それぞれのパッチの中で競争があり，それぞれのパッチからは決まった数の成虫が育つ。2 つのタイプの生物(a, b)と，2 種類のパッチ(A, B)があるとする。寄主植物(パッチ) Y 上でのタイプ x の生存率を V_{xY} で表す。(B) 幼虫が 2 種類のパッチ(A, B)にランダムに落ち着く場合，1 つのパッチでは 1 つのタイプが生き残る確率の方が他のタイプよりずっと高く，別のパッチではこの逆が成り立つときにのみ，多型は可能になる(すなわち，$V_{aA}/V_{bA} \gg 1$, $V_{aB}/V_{bB} \ll 1$ [左上の青い領域]，または $V_{aA}/V_{bA} \ll 1$, $V_{aB}/V_{bB} \gg 1$ [右下の青い領域])。しかし自然選択が弱いと [$V_{aA}/V_{bA} \simeq 1$, $V_{aB}/V_{bB} \simeq 1$ の近傍を拡大した挿入図参照]，非常に限られたパラメータ範囲でのみ多型は可能になる。(C)もし異なるタイプが異なる生息地を選ぶならば，自然選択が弱い場合でも多型は容易に維持される。実際，各パッチで自然選択が働かなくても(+のまわりは同じ生存率を示す)，多型は可能になる。

適応した対立遺伝子が維持されることをすでに述べた（例えば，暗い色の岩の上に住む黒色マウス［図18.12］や，重金属汚染に耐性のあるイネ科植物［図18.14］）。このような地域特異的な自然選択は，種全体としては変異を保つことができるが，各地域集団の中で変異を維持することに関してはあまり有効ではない。多型は各生息地の間の狭い境界領域に限られてしまう。

共進化は変異を生み出す重要な源かもしれない

　最後に，自然選択が時間的に変化する場合を考えよう。それぞれの遺伝子型の適応度の長時間平均のみが重要なので（図17.17），時間的な変動それ自体では変異を維持できないことをすでに述べた。しかし低率の突然変異と変動する自然選択とを組み合わせると，遺伝的変異が保持できる。もし環境が変わり以前に有害であった対立遺伝子が有利になると，新しい突然変異が集団中に広がりその過程で集団中に変異がみられる。空間的変異の場合と同じように，多量の変異が集団中に存在するためには変動のスケールは中間的でなければならない。急速な変動は単に適応度の違いを平均化して変異を減らしてしまうし，変動が遅いと集団はほとんどの時期でどれか1つの対立遺伝子が固定している状態となる。

　適応度は，物理的条件（例えば気候）の変化や，他種の個体数が増減したり進化するといった生物学的環境の変化と一緒に変動する可能性が高い。他種の進化に対応して生物がたえず進化していく状況は，Lewis Carroll（ルイス・キャロル）の『鏡の国のアリス』に出てくる同じ場所にとどまるにはたえず走っていなくてはならない登場人物にちなんで，"赤の女王"と呼ばれる。W.D. Hamilton（ハミルトン）は，寄生体と寄主の間の闘争が特に重要であると主張した。現在の寄生体遺伝子型に対する寄主の耐性の進化は，新しい病原性をもつ寄生体遺伝子型の進化によって反撃されるかもしれないし，そのためさらに寄主が新たな耐性遺伝子型を進化させるかもしれない。この場合，寄主は寄生体の頻度の低い遺伝子型に対してはまだ耐性を進化させていないし，寄生体は頻度の低い寄主遺伝子型に感染する能力を進化させていないので，どちらでも頻度の低い遺伝子型が有利になる。

　第19章（p.573）では，共進化における相互作用に関与している自然選択の間接的証拠について説明する。しかしこのような寄主‒寄生体の**共進化**（coevolution）が実際に働いているところを観察するのはむずかしい。そのためには，感染や耐性に関与している遺伝子型を同定する必要があるし，それらの頻度を何世代も追っていく必要がある。農業においては，寄生体が栽培の多い穀物品種への感染能力を進化させることがしばしば観察されている。そのような場合，農夫は新しい耐性系統を植えるが，それも次には感受性となってしまう（図18.23）。LivelyとDybdahlは自然界でみられる淡水性巻貝（*Potamopyrgus antipodarum*）とその寄生吸虫（*Microphallus sp.*）の共進化系を研究した。図18.24に示された集団では，巻貝は無性生殖をしている。集団は異なるクローンに分かれており，それぞれのクローンは複数の酵素遺伝子座での対立遺伝子の組み合わせによって見分けることができる。寄生吸虫は地域適応をしており，同じ湖で見つかる巻貝に一番よく感染できる（図18.24B）。さらに寄生吸虫は数の多いクローンに最もよく感染することができ，まれな遺伝子型が頻度依存的に有利になっていることが示される（図18.24C）。最後に，数が増えたクローンは，1年の時間遅れでより多く感染されるようになる（図18.24D）。これらのことから，寄主と寄生吸虫での周期変動によってこれらの集団で複数の変異クローンが維持されていることが示唆される。

　このような持続的な共進化ではちょうどよい時間スケールで自然選択が変動するので，多量の適応度変異の維持が可能になる。そのため，このような共進化は，交配における好み

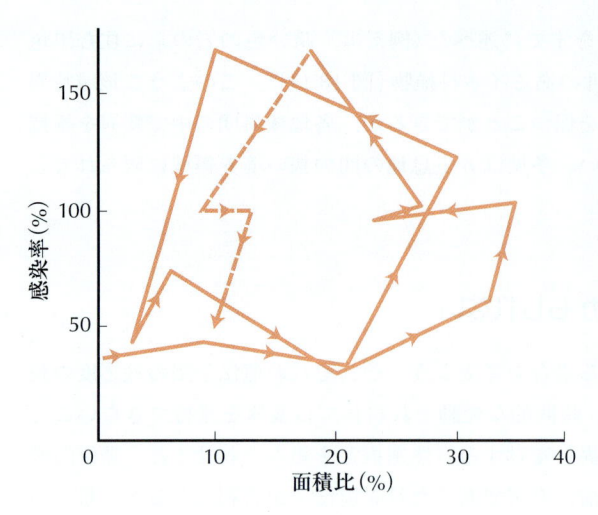

図18.23 ▪ 大麦に重篤な病気を引き起こす大麦うどん粉病菌（*Erysiphe graminis*）の病原性進化。1960年代の終わりごろ，耐性対立遺伝子Mla12をもつ大麦の新しい品種群が植えられた。60年代が終わるまでに，これに対応した感染対立遺伝子Va12をもつ菌が広がり始めた。それらの耐性品種は栽培されなくなり，70年代の半ばには感染率は減少した。Mla12や他の耐性因子をもつ新しい大麦の品種が広範に栽培され始めたが，また耐性を失っていった。1967〜1983年の間の菌による感染率を，Mla12をもつ品種が栽培された面積に対してプロットしてある。

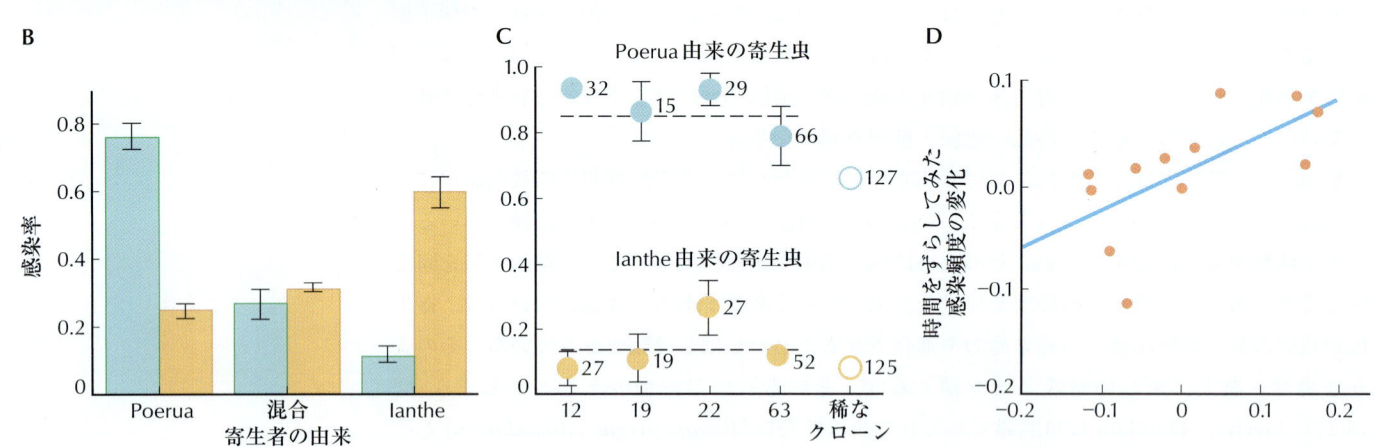

図18.24 ▪ 5年間にわたって研究された淡水性巻貝 *Potamopyrgus antipodarum*（A）とその寄生吸虫（*Microphallus* sp.）の共進化。(B) 同じまたは異なる湖由来の寄生吸虫による巻貝の感染率。寄生吸虫は同じ湖からの巻貝に対してより高い感染性を示す。巻貝と寄生吸虫はニュージーランドの2つの湖，Poerua（空色）とIanthe（オレンジ色）から採取された（"混合(Mixed)寄生虫"は2つの湖からの寄生吸虫を交配してできた子供である）。(C) Poeruaの巻貝はすべて無性生殖を行い，酵素遺伝子型によりクローン（12, 19, 22, 63）に分類される。4つの頻度の高いクローンがあり，同じ湖由来の寄生吸虫が高率で感染した（上の並び）。しかしまれなクローンを全部まとめ頻度の高いクローンと比較すると，有意に低い感染率を示した（右上）。これに対して違う湖からの寄生吸虫は，クローンの頻度が高いか低いかにかかわらずPoerua湖の巻貝にずっと少ししか感染できなかった（下方）。(D) 巻貝クローンの増殖率は1年後の寄生吸虫による感染率と相関している。x軸は寄主クローンのy年からy+1年までの頻度の変化を表し，縦軸は続くy+1年からy+2年の感染率の変化を表している。

(p.622 参照) や，有性生殖 (p.732 参照) の進化を引き起こす際に重要であるかもしれない。ここでは寄主と寄生体について議論したが，他の相互作用でも同じような過程が起こる。例えば p.640 で，異なった様式で伝わったり異なった状況で発現したりする遺伝子の間の対立が，急速な進化や高いレベルの遺伝的多様性をもたらす可能性について説明する。

18.4 突然変異と自然選択

多くの変異は有害突然変異によって説明できる

　平衡選択とは対照的に，遺伝的変異の維持のもう1つの説明は単純である。突然変異が変異を創出し，選択がそれを除いていく。このことは，変異が適応度を上げる（例えば適応する速度を高めたりいろいろな資源をよりよく利用できるようにすることによって）というより，むしろ下げることを意味する。これらの2つの異なる説明の意味することが非常に異なるので，激しい論争がなされてきた (p.35 参照)。

　突然変異によって作り出される変異は，例えば軟骨発育不全症 (achondroplasia, 低い身長) や網膜芽細胞腫 (retinoblastoma, 眼の悪性腫瘍) など，単純な遺伝様式の遺伝病に最もはっきりした形でみることができる。優性致死や優性不妊対立遺伝子のような極端な場合，発症者はすべて新しい直接の突然変異によるもので，発症者の集団中での頻度は突然変異率の2倍となる（それぞれの二倍体個体は2コピーの遺伝子をもっており，そのどちらかが突然変異を起こす）。選択がもっと弱くヘテロ接合体の適応度が $1-s$ であるとすると，対立遺伝子頻度は突然変異率と選択のバランスで決まる平衡値に収束する ($p = \mu/s$, Box 18.2)。Hardy–Weinberg の比からヘテロ接合体の頻度は $2pq$ で $q \fallingdotseq 1$ なので，影響を受けるヘテロ接合体の頻度は，平衡頻度の約2倍 (約 $2\mu/s$) になる。通常，突然変異は選択に比べるとずっと弱いので有害遺伝子の頻度は低く，ほとんどそのホモ接合体は集団中に現れないため，ここではホモ接合体の適応度を考慮する必要はない。発症者中の新生突然変異をもつ個体（病気でない両親をもつ）の割合が選択係数に等しいので，このような病気での選択の強さは簡単に推定できる（表 18.1）。

　多くの単一遺伝子による遺伝病は，ホモ接合体のみが病気となる常染色体劣性対立遺伝子によって引き起こされる（これらはヒトにおける単純な遺伝様式を示す遺伝病のうちの約3分の1を占めると推定されるが，おそらくこの値は過小推定である。劣性遺伝は優性や X 連鎖遺伝に比べると見つけることがむずかしいし，また他の生物種では可視自然突然変異の多くが劣性である）。しかし対立遺伝子が表現型について"劣性"と分類される場合でも，その頻度はおもにヘテロ接合体に対する選択によって決まるのかもしれない。この選択がたとえ弱くても（そのため1コピーだけこの対立遺伝子をもっている個体には目立った効果がなくても），任意交配集団ではホモ接合体よりヘテロ接合体の数の方がずっと多いので，ヘテロ接合体を通してより多くの突然変異遺伝子を集団から除くことができる。しかし，集団によってはおもに近親婚によって生まれるホモ接合体を通して劣性突然変異遺伝子は除かれる。近親婚については pp.556〜558 でより詳しく考察する。

　前に分子レベルでの突然変異と選択の平衡の例について述べた。グルコース培地で育った大腸菌の集団は，リボースを炭素源として利用する能力を失ったことを思い出してほしい（図 18.5D）。これはリボースオペロンの欠失によって起こったもので，その頻度はもとの集団では $p = 0.0005$ であった。このような欠失の突然変異率は，直接法により1世代あたり μ

Box 18.2　1遺伝子座における突然変異と選択の平衡

Box 17.2 で，1 つの遺伝子座において自然選択がどのように対立遺伝子頻度を変化させるかを説明した．ここでは突然変異の効果を加えて，選択が集団から有害遺伝子を除き，また突然変異がそれを導入することによって成立する平衡について調べる．

2 つの対立遺伝子 P，Q があってそれぞれの頻度が p, q であるとし，P が有害であるとする．遺伝子型が 2 タイプしかない一倍体集団で考えると簡単なので，この場合から考えることにしよう．P の適応度を $1 - s$，Q の適応度を 1 とする．選択が弱いとき ($s \ll 1$)，Box 17.2 でこのような選択は P の頻度を 1 代あたり $-spq$ の率で減少させることをすでに述べた．

突然変異の効果は簡単に計算できる．ここでは突然変異が一方向性であると仮定する．つまり，対立遺伝子 Q が対立遺伝子 P に μ の率で突然変異を起こし，反対方向の突然変異は無視できるとする．この仮定は，機能的な対立遺伝子が壊れる仕方は沢山あるが，すでに壊れた遺伝子がその機能を回復するのはずっとむずかしいということを考えるとよく理解できる（図 14.21 を思い出してほしい．"対立遺伝子" P はある 1 つの特定の対立遺伝子ではなく，適応度が下がった多くの対立遺伝子の集まりかもしれない）．

$1 - \mu$ の割合の Q 対立遺伝子がそのまま残るので，突然変異後の Q の頻度は，

$$q^* = q(1 - \mu)$$

となる．このため対立遺伝子頻度は $q^* - q = -\mu q$ いいかえると $\Delta p = p^* - p = +\mu q$ と変化する．自然選択が弱い場合はこの変化を選択による変化に加えればよいので（第 28 章［オンラインチャプター］参照），次の式を得ることができる．

$$\Delta p = \mu q - spq$$

この式から突然変異と選択の平衡では $p = \mu/s$ となることがわかる．

この公式は有害対立遺伝子の頻度が低く，ほとんどの有害対立遺伝子が（ホモ接合体ではなく）ヘテロ接合体の状態で除かれる場合は，二倍体集団でも成り立つ．この場合，対立遺伝子 Q はほとんどすべて QQ ホモ接合体の中にあり，対立遺伝子 P はほとんどすべて PQ ヘテロ接合体の中にある．問題となるのは，これらの 2 つの遺伝子型の間の相対適応度の違いである．しばしば QQ：PQ：PP の適応度はそれぞれ 1：1 $- hs$：1 $- s$ と表されるが，その場合平衡頻度は $p = \mu/hs$ となる．しかし簡単のためにヘテロ接合体の適応度を $1 - s$ で表すことにすると，平衡頻度は $p = \mu/s$ となる．

完全劣性対立遺伝子の場合（QQ：PQ：PP の適応度それぞれが 1：1：1 $- s$ のとき），P が選択によって除かれる率は $-sp^2q$ なので，

$$\Delta p = \mu q - sp^2 q$$

となり，平衡頻度は $p = \sqrt{\mu/s}$ となる．この対立遺伝子頻度は上述の選択がヘテロ接合体に対して働く場合と比べるとずっと高くなることがある．例えば，もし $\mu = 10^{-5}$ で $s = 0.1$ なら，平衡頻度は $\sqrt{10^{-5}/10^{-1}} = 0.01$ となる．しかし有害効果を発現する PP ホモ接合体の頻度は，この場合でも非常に低い（$p^2 = 10^{-4}$）．

表 18.1・新しく起こった突然変異による常染色体優性遺伝病の割合は，有害遺伝子に対する選択係数（有害度）に等しい

遺伝病	割合
Apert 症候群	> 0.95
軟骨発育不全症	0.80
結節性硬化症	0.80
神経線維腫症	0.40
マルファン症候群	0.30
筋強直性ジストロフィー	0.25
ハンチントン病	0.01
成人型嚢胞腎	0.01
家族性高コレステロール血症	< 0.01

Vogel F. and Motulsky A.G. 1997. *Human genetics: Problems and approaches.* Springer-Verlag, Berlin, Table 9.8, p. 397 より転載（Goldstein J.L. and Brown M.S. 1977. *Annu. Rev. Biochem.* **46**: 897–930 より改変［© Annual Reviews］）

= 5.4 × 10^{-5} と推定された．平衡状態では $p = \mu/s$ なので，もとの集団で観察されたような低い欠失変異頻度を保つためには，$s = 5.4 × 10^{-5}/0.0005 ≒ 0.11$ の有害度が必要である．この選択はかなり強く，リボースオペロンが必要でない環境で欠失変異に $s = 0.014$ の有利さを与える弱い選択と比較すると対照的である（p.529 参照）．

ほとんどすべての生物で，タンパク質や DNA に膨大な変異がみられる．通例，機能的部位ではいわゆる中立部位に比べて変異がずっと低い．例えばアミノ酸を変えない**同義変異**（synonymous variation）は，タンパク質を変える変異よりずっとよくみつかる（例えば図 13.21, 18.25）．多量にみつかる変異は中立かもしれないし，突然変異と選択の平衡，または平衡選択によって維持されているのかもしれない．第 19 章では，どのようにしてこれらの異なる仮説を区別できるかについて考察する．

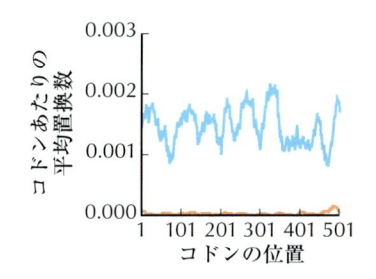

図 18.25 ▪ 牛に感染する RNA ウイルスの一種，水疱性口内炎ウイルスの糖タンパク質遺伝子における同義（青）と非同義（赤）の変異．変異は，各塩基座位ごとに隣接 20 塩基の平均値を求めて推定された．全体でみると同義変異は非同義変異の約 20 倍である．

突然変異によって量的形質の変異が維持される

生物学において最も印象的なことの 1 つは，ほとんどすべての生物，ほとんどすべての形質で広く遺伝的変異がみられることである（pp.429～430 参照）．これらの変異はほとんどの場合，適応度に影響し集団から除かれることが期待されるので，このことは特に驚くべきことといえる．成長率，果実の重量や飛翔能力が中立とは考えがたい．ショウジョウバエ（*Drosophila*）の腹部剛毛数はとるに足りないものに思えるかもしれないが，ハエにとって剛毛は重要な感覚器官である．次章では特定の形質の適応度への効果を測ることが驚くほどむずかしいことを述べるが，それでも一般に，これらの形質は最適値からずれると有害となるような**安定化選択**（stabilizing selection）を受けていると考えられている．ここで大事なことは，(1) 形態は一般に長い間あまり変化せず（p.304, 図 17.30 参照），(2) 生物の機能は多くの異なる形質の間のある程度正確な協同に依存している（p.440 参照），ということである．それでも連続的に働く安定化選択によって変異は除かれていくはずである．

量的形質の遺伝的変異についての最も簡単な説明は，一遺伝子座での突然変異と選択の平衡の場合のように，突然変異が安定化選択と平衡状態を作っているというものである．有害対立遺伝子の頻度が低いとき，集団中に保たれる遺伝的変異量は突然変異と選択の間の相対的強度の簡単な関数 $V_G = 2UV_S$ として表される．この式では，最適値からずれたときの適応度の減少は分散が V_S の**正規曲線**（normal curve）に従うことが仮定されている．ここで V_S が小さいときは，形質値の狭い範囲でのみ高い適応度となるので，強い安定化選択となる．U はその形質に影響を与えるすべての遺伝子座の突然変異率の和である．大きな効果をもつ突然変異は頻度が低くなり，逆に小さな効果をもつ突然変異は頻度が高くなるので，個々の対立遺伝子の効果は式中には現れない．このため，異なる効果の対立遺伝子による遺伝的分散への貢献は同じになる．

例えば安定化選択の強さが $V_S = 20$ であったとしよう（この場合，1 環境標準偏差 $\sqrt{V_E}$ だけ最適値からずれた値をもつ個体の適応度は約 $1/(2 × 20) = 0.025$ だけ低くなる）．このとき遺伝率を $h^2 = 0.5$（つまり $V_G = V_E$）に保つためには，$U = 0.025$ となることが必要である．量的形質に影響を与える遺伝子座の突然変異の率は正確には知られていないが，ここで得た値は多くの遺伝子座に支配されている形質の突然変異率としては理にかなった値であろう（p.444 参照）．

このおおざっぱな計算から，もし 1 つの形質のみに着目するならば，観測されるような変異を突然変異によって維持できることがわかる．しかし，もし非常に多くの形質が適応度に影響を与えるとすると，突然変異と選択の平衡による説明の妥当性はより低くなってしま

う。突然変異率が遺伝的変異を保つのに十分なほど高いためには（例えば $U = 0.025$），それぞれの形質は多くの遺伝子によって影響を受けている必要がある。しかしそうだとすると，それぞれの遺伝子はたくさんの形質を支配しなければならない。つまり，遺伝子群と形質群の間に複雑な関係がある場合に予想される，広範な**多面発現**（pleiotropy）があるはずである（図 18.26）。その場合，それぞれの遺伝子が関与するすべての形質に働く安定化選択によって変異は減少するので，遺伝分散 V_G は影響を受ける形質の数に比例して減少する。この多面発現の効果を考慮すると，観測される高い遺伝率を突然変異で説明することはむずかしくなってくる。

　もし量的形質に影響を与える対立遺伝子が広範な多面発現を示す可能性が高いとすると，問題を別の見方から考えた方が簡単であろう。そのために，それぞれの対立遺伝子が，注目している形質（例えばハエの剛毛数）に影響を与えかつ適応度を下げると考えることにする。大事なことは，その対立遺伝子が，必ずしも注目している形質の変化を通して適応度を下げると仮定する必要はないことである。というのは 2 つの効果（形質変化と適応度変化）は別物なのかもしれないからである。このとき関与している遺伝子座での突然変異と選択の平衡の多面発現による副次的な結果として，形質の遺伝分散は維持される。V_M を突然変異によって各世代に創出される形質の遺伝分散，$\bar{s}$ を関与する対立遺伝子に対する平均選択係数とすると，このような選択が $V_G = V_M/\bar{s}$ の遺伝分散を維持することが簡単に示せる。**突然変異による分散**（mutational variance，突然変異による 1 代あたりの分散の増加量）V_M は多くの生物で測定されており，だいたい $0.001 V_e$ から $0.01 V_e$ の間の値をとる（表 14.3）。これより，もし関与している対立遺伝子が $\bar{s} = 0.001 \sim 0.01$ だけ適応度を下げるなら，高い遺伝率（$V_e = V_G$ のとき $h^2 = 0.5$）を維持できることがわかる。突然変異によって創出される分散は大部分がこのような弱有害対立遺伝子によるものである可能性が高く，観察されているような高い遺伝率はこのような機構によって説明されるのかもしれない。しかしこれが成り立つためには，対立遺伝子が安定化選択を受ける形質に及ぼす効果が非常に弱くなければならない。そうでないとこれらの対立遺伝子は遺伝分散にあまり貢献することなく素早く集団から除かれてしまう。今のところ突然変異が形質値や適応度に及ぼす効果の分布に関してはほとんどわかっていないので，観測されるほとんどの変異が突然変異と選択の平衡によるものかどうかははっきりしていない。

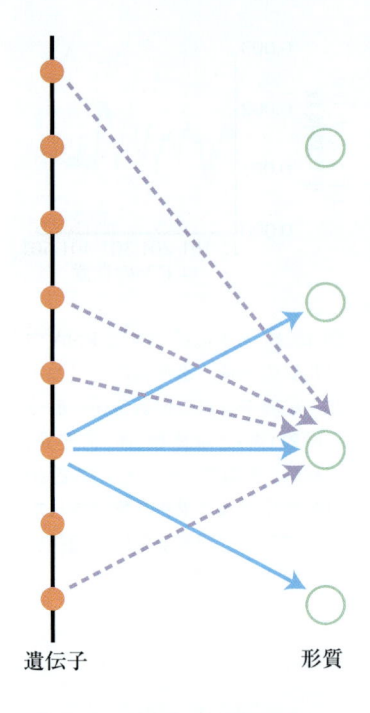

図 18.26・広範な多面発現の存在。それぞれの量的形質は多くの遺伝子の影響を受けており（紫），逆に個々の遺伝子は多数の形質に影響を与えている（青）。

量的形質変異はほかの理由によって維持されている多型の副次効果によるのかもしれない

　それではこれらの代わりとなりうる説明は何だろうか。その 1 つは平衡選択で，これによってまれな表現型が有利となり多様性を保持することができる。異なる形質値をもつ個体が違った資源を利用できることもある。例えば嘴の大きさが異なる鳥は，種子の大きさによって異なる利用効率を示すかもしれない（ガラパゴスフィンチの選択の例を思い出してほしい。図 17.25）。一遺伝子座の場合について前に説明したように，選択の時間的変動も突然変異と組み合わさって変異を維持することができる。しかしこのような種類の直接的な平衡選択の例は知られていない。

　突然変異と安定化選択の平衡のときと同じように，ここでたまたま注目している特定の形質の量的変異が，その形質とは無関係に維持されている変異の多面発現による副次効果によって維持されていると考えた方がよいかもしれない。確かに，平衡多型はあらゆる種類の形質に影響を及ぼすと思われる。例えば鎌形赤血球貧血症は子供の成長を遅らせる傾向があ

る。多型な Pseudomonas 集団では，異なるニッチへの適応の副次効果として，寒天培地でのコロニーの増加パターンが変化する（図 18.21）。もし平衡選択が広範にみられるなら，これによってかなりの遺伝率が説明できるかもしれない。

ではどうやってこれらの異なる説明を区別することができるのだろうか。1つの重要な違いは，突然変異と選択の平衡では対立遺伝子の頻度は低くなるが，ほとんどの種類の平衡選択では対立遺伝子の頻度は高く保たれることである。現在までに**量的形質遺伝子座**（quantitative trait locus，QTL）の研究から得られたいくつかの証拠は，互いに相反するものである。ショウジョウバエを使った複数の研究では，変異はおそらく弱有害効果をもち集団中に低頻度で存在している**転位因子**（transposable element）によるものであることが示された。一方，いくつかの候補遺伝子座では頻度の高い対立遺伝子と形質変異の間に相関がみられ，平衡選択が示唆されている（p.437 参照）。**関連解析**（association study）を使ったヒト集団での病気の遺伝的基礎を探る研究では，変異が頻度の高い対立遺伝子によるのか，それとも低い対立遺伝子によるのかという問題は重要である（pp.437 〜 440，829 〜 837 参照）。

近親交配個体は適応度が低い：近交弱勢

作物や家畜の異なる集団間で交配をすると，しばしば収量が大幅に増加する。この現象は**雑種強勢**（heterosis，ヘテロシス）と呼ばれ，それぞれは収量が低い2つの近交系を交配して F_1 雑種の種子を生産するときに商業的に利用されている（ほとんどのトウモロコシはこのようにして生産される）。この逆は，近親者どうしの交配によって生まれた子供はしばしば弱いという現象で，**近交弱勢**（inbreeding depression）と呼ばれている。雑種強勢も近交弱勢も，遺伝学の他の面での理解が進むよりずっと前から知られていた。例えば Darwin は植物での近交弱勢を調べる実験を広範囲に行った。

これらの現象は，最初は家畜や作物あるいは実験室の集団で観察されたが，自然界にも普遍的にみられる現象であることが現在明らかになっている。例えば，ブリティッシュコロンビアのマンダルテ島（Mandarte Island）に住むウタスズメ（*Melospiza melodia*）は長い間研究されており，個々の鳥の近縁関係が知られている。20 年にわたる 16 世代の家系図を使うと，各個体について**近交係数**（inbreeding coefficient）F を計算できる（Box 15.3）。その結果，各個体の近交係数は成体になるまでの生存確率と相関していることがわかった。近交弱勢は，生存率が $\exp(-BF)$ に比例するというモデルをデータに適用して推定された。全期間を通して推定すると，B の平均は 2.7 で，F が 1% 増えるに従って生存率は約 2.7% 減少した。近交弱勢の程度はかなり変化するが，この程度の値は多くの他の研究でも観察されている。例えばヒトでは近親婚のデータから，生存率に関する近交弱勢の程度（B）として，0.57 から 2.55 という推定値が得られている。

マンダルテ島のスズメの集団では雑種強勢もみられた。本土からの移住者と，もともと島にいた鳥の間の子供はより高い適応度をもっていた。F_1 の雌は島の鳥より早く卵を産み，F_1 の雄はより多く交配した。このような適応度の増加は他のいくつかの動植物の例でもみられた。

これまでのほとんどの研究では集団内の個体間の近縁関係は知られておらず，また実際に実験的に交配をして近交弱勢を推定することは困難である。しかし，近交弱勢はマーカー遺伝子座でのヘテロ接合頻度と適応度の間の相関を使っても検出することができる。アロザイムを使った初期の研究では，このような相関は酵素遺伝子座自身に直接働く**超優性**（overdominance）の効果によるものであると考えられた。これらの酵素はしばしば重要な代謝の

役割を担っており，次の章でみるように選択を受けている可能性がある。しかしヘテロ接合頻度と適応度の相関は，適応度への計測しうる効果をもちそうにない**マイクロサテライト**(microsatellite)のような遺伝子座でヘテロ接合頻度を調べたときもみられた。このことから，ヘテロ接合頻度は単に個体の近親交配の程度を表しており，適応度要素との相関は近交弱勢を介した間接的な関係を表している可能性が高いと考えられる。

近交弱勢に関与している仕組みが知られている例として，スコットランドの北西にあるセントキルダ(St. Kilda)群島の孤立したHirta島に住むヒツジについて述べよう。ソーア品種は記録にある限りの昔からこの群島に住んでおり，現在Hirta島に住むヒツジはソーア島から1932年に移植された107匹の子孫である。現在のHirta集団の個体数は500から2000匹の間を変動している。個体のマイクロサテライト遺伝子座のヘテロ接合頻度が上がると，子羊も成獣も冬を越えて生き残る確率がかなり増加し(図18.27B)，結果として高齢のヒツジでヘテロ接合頻度が高くなっている(図18.27C)。近親交配で生まれたヒツジは腸の寄生虫(線虫)に対する耐性がより低いが，このヘテロ接合頻度と適応度の関係は虫下しを使って寄生虫を除くと消えてしまった。この結果は，これらのヒツジの近交弱勢がおもに寄生虫耐性に関する変異によるものであることを示唆している。

近交弱勢はしばしば強力で集団の大きさに影響を及ぼしたり，場合によっては集団の絶滅を引き起こすこともあるだろう(図18.28)。このため，保全生物学者が捕獲した生物を飼うプログラムを計画したり，自然界の絶滅危惧種(endangered species)の管理を行うために，近交弱勢の程度を推定することが重要である。例えば地域集団間で個体を移動させることによって起こる雑種強勢を利用して，集団の適応度を上げることができる。

近交弱勢は劣性有害突然変異と超優性のどちらでも起こりうる

近交弱勢を起こす機構として，2つの可能性が考えられる。まず考えられることとして，超優性により複数の遺伝子座で多型が保たれており，近親交配で生まれた個体はこれらの遺

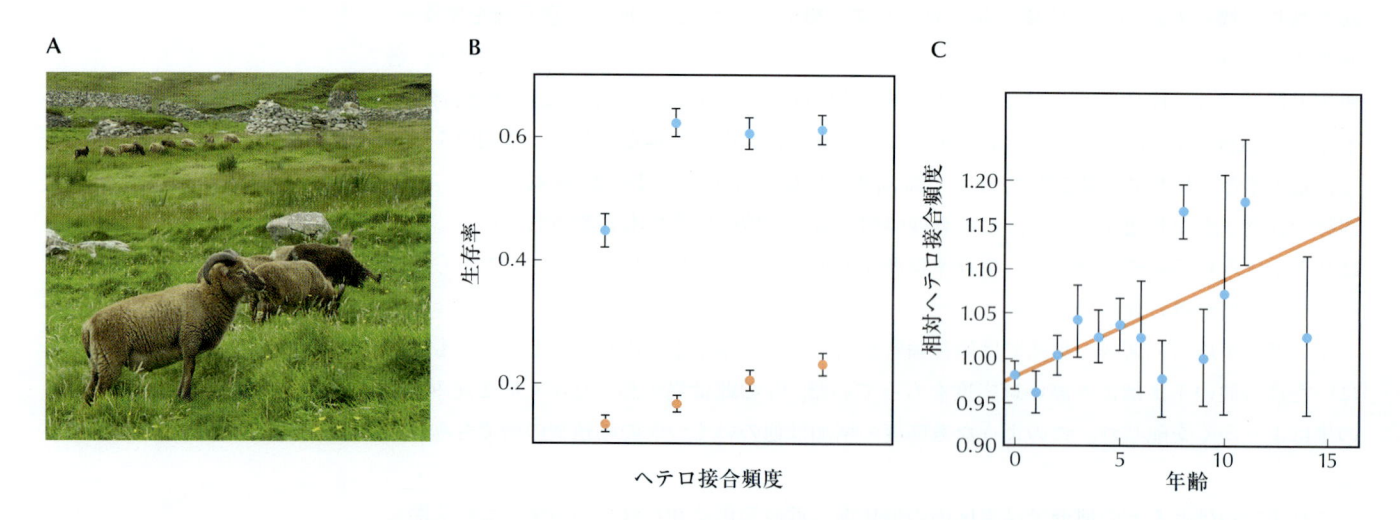

図18.27 • ソーア品種のヒツジ(*Ovis aries*)(A)の越冬生存率。越冬生存率は，14個のマイクロサテライト遺伝子座でのヘテロ接合頻度と相関している。(B)環境変数(例えば気候)による補正をした後，ヘテロ接合頻度の高低順に同じ割合になるように分けた4つのグループで生存率を比較した。赤○は子羊，青○は成獣の越冬生存率を表す。(C)ヘテロ接合頻度と生存率の間に相関があるので，相対ヘテロ接合頻度は年齢とともに増加する。

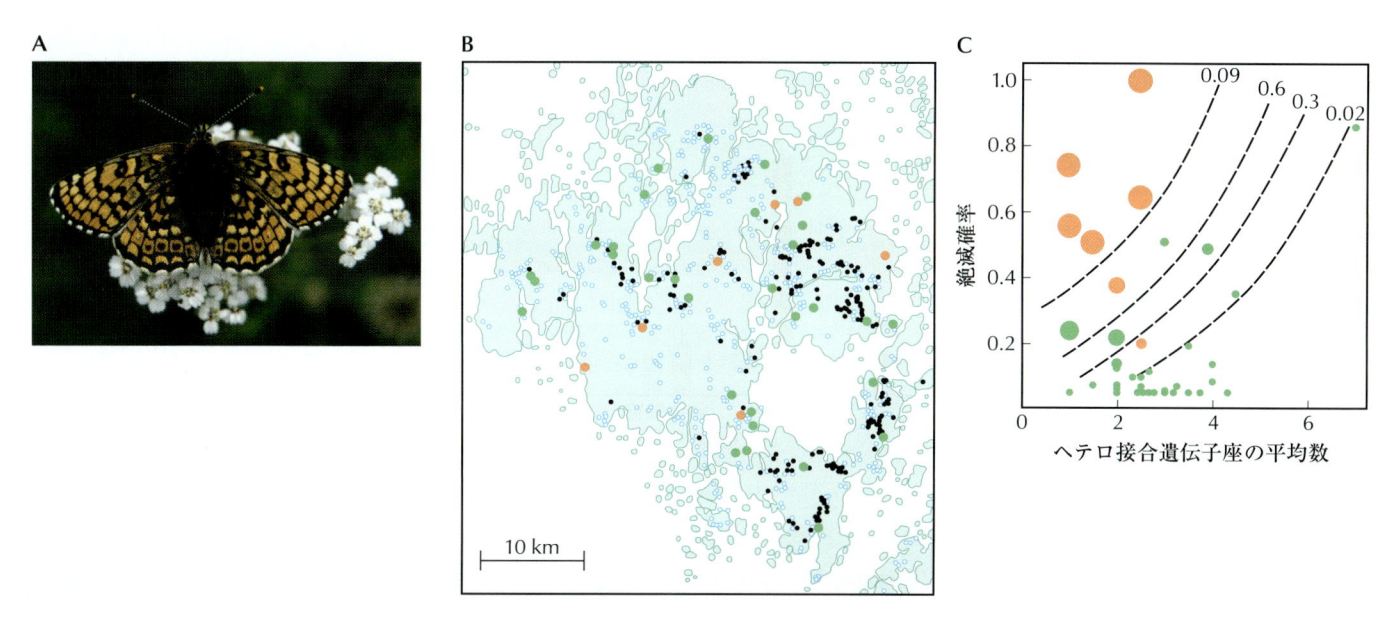

図 18.28 ・ フィンランド南西の Aland 地方に生息するアトグロヒョウモンモドキ（*Melitaea cinxia*）(A)の小集団は，ヘテロ接合の度合いが高いほど絶滅しにくい。(B) このチョウが生息する牧草地は小さな黒丸で示されている。チョウが住むことはできるが生息していない牧草地は白抜きの丸で示してある。調べられた集団のうち，1985 年から 1996 年の間に存続し続けた集団は緑色の丸で，絶滅した集団は赤色の丸で示してある。(C) y 軸は生態学的要因から予想された絶滅確率を示し，x 軸は 6 個のアロザイムと 1 個のマイクロサテライト遺伝子座でのヘテロ接合遺伝子座の平均数を表している。等高線は推定された存続確率を表している。生態的要因と遺伝的要因の両方が有意な効果をもっている。赤色の丸は絶滅した集団を，緑色の丸は存続した集団を表す。丸の大きさは予測された絶滅確率に比例している。

伝子座でホモ接合の度合いが増加するので適応度が下がるのかもしれない。あるいは集団中に劣性有害対立遺伝子があり，近親交配はこれらの劣性対立遺伝子を同じ個体に集めるので，適応度を下げるのかもしれない（図 18.29）。同じ 2 つの説明が雑種強勢についてもあてはまる。もし超優性遺伝子座で 2 つの集団において異なる対立遺伝子が固定していると，両集団の F_1 雑種はより高い適応度をもつであろう。一方，集団によって劣性有害遺伝子の頻度が異なれば，雑種がホモ接合になる確率は減る（**相補性検定**[complementation test]を思い出してほしい。Box 13.2）。

複数の劣性有害遺伝子が強く連鎖していると，それらは 1 つの超優性遺伝子座のようにふ

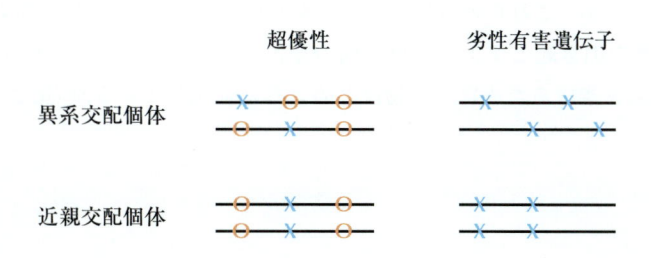

図 18.29 ・ 近交弱勢の 2 つの説明。超優性では，異系交配（outbred）個体は，超優性遺伝子座でヘテロ接合となり異なる対立遺伝子（左図で異なる対立遺伝子は○と×で表されている）をもつ確率が高くなるので，より高い適応度をもつ。もし劣性有害遺伝子が原因ならば，異系交配個体は，それがもつ 2 つのゲノムがそれぞれ異なる劣性有害遺伝子の組み合わせをもつので（右上），より高い適応度をもつ傾向がある。対照的に近親交配個体はホモ接合になりやすく，劣性遺伝子の有害効果を発現してしまう。

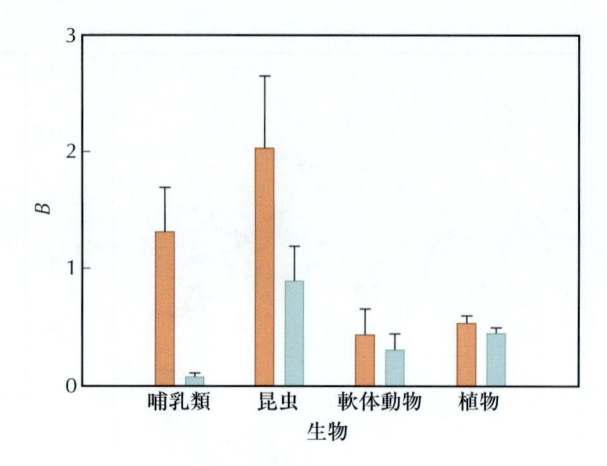

図 18.30 ・近交弱勢（B でその程度を表示）を引き起こす劣性有害対立遺伝子が除去されていくことを示す証拠。赤の棒は，実験的に近親交配を始める前の近交弱勢の程度，青の棒は，少なくとも 2 世代近親交配をした後の近交弱勢の程度。

るまい，実験的交配による組換えで分離することはむずかしい。このため，上に述べた異なる 2 つの説明を区別することはむずかしい（図 18.29 右）。ところが，この 2 つの説明からは異なる結果が予測される。もし近交弱勢や雑種強勢が劣性有害遺伝子によるのであれば，有害対立遺伝子をもたないような最適な遺伝子型ができるはずである。このようなことができれば，農家は種苗会社の F_1 雑種種子に頼ることなく，毎年この純系の種子を植えることができるので，彼らにとって実際的な利益になる。

　もし劣性有害遺伝子がおもな原因だとすると，いつも近親交配が行われているような集団では，それぞれの遺伝子座でより適応した野生型対立遺伝子が固定していると考えられる。近親交配集団では劣性有害対立遺伝子は選択にさらされ，集団から除去されるだろう。このような除去が実際に起こっていることを示す証拠がある。何世代も近親交配を繰り返してきた集団は，一般的に近交弱勢の程度が低くなる（図 18.30）。しかしこのような除去の効率はあまり高くない。実際，おもに**自家受精**（self-fertilization）によって繁殖する植物集団でもかなりの近交弱勢がみられる。この章の初めでみたとおり，有害対立遺伝子は適応度を下げるにもかかわらず，小集団では偶然によって頻度を増加させることができるので（Box 18.1），このようなことは予想できる。もし近交弱勢が弱い有害効果（$s \approx 1/N_e$）をもった対立遺伝子によるものなら，これらの対立遺伝子は失われずに集団中に存在して近交弱勢を引き起こし，さらには固定して他の集団と交配したときに雑種強勢を引き起こすかもしれない。

　近交弱勢が広くみられることは，後の章で議論する重要ないくつかの問題を我々に提示する。近交弱勢の原因となっている遺伝的変異は平衡多型によるものなのか，それとも劣性有害遺伝子によるものか。これらの遺伝子は大きな効果をもつのか，小さな効果をもつのか（第 19 章）。雑種強勢を引き起こすような集団間の分化は何によって起こるのか（第 22 章）。近親交配の有害効果を避けるために，生物はどのように進化しているか（第 23 章），といった問題である。

■ 要約

　大きな集団でも，遺伝的浮動は自然選択に対抗する要因となる場合がある。1コピーからスタートすると，相対適応度を s だけ増加させる突然変異が少数コピーで存在する最初の数世代を生き残る確率はだいたい $2s$ となる。集団は異なる組み合わせの有利な突然変異を取り込んで行くことによって分化していく。逆に集団の有効な大きさと有害さの程度がそれほど大きくなければ（$N_e s$ はたかだか1），弱有害突然変異が集団中に固定できる。この過程が長く続くと集団の適応度はかなり低下する。

　Wright は自然選択と遺伝的浮動が働いているときの対立遺伝子頻度分布が $\overline{W}^{2N_e}$ に比例することを示すことによって，適応度地形の暗喩を定量化した。この式によると，もし $N_e s$ が大きいと集団は局所的な適応度の峰の周りに集まり，$N_e s$ がたかだか1のときにのみ峰間のジャンプがある程度可能になる。

　有利な対立遺伝子は，$\sqrt{2s\sigma^2}$ の一定速度で進む波の後ろについていくか，あるいは散発的に起こる長距離のジャンプによって急速に広がる。もし選択が異なる場所で異なる対立遺伝子に有利に働いたり，あるいはどこの場所でも頻度の高い方の対立遺伝子に有利に働くと，安定なクラインができあがる。このようなクラインの幅は $l = \sqrt{\sigma^2/2s}$ に比例する。

　もし頻度の低い対立遺伝子が増加する傾向をもつと，集団中に多型が保たれる。超優性は，低頻度の対立遺伝子のほとんどがより適応度の高いヘテロ接合体の中にあることによって変異を保つ。しかし一倍体や自殖生物でもある程度遺伝的変異をもつので，超優性を遺伝的変異の一般的説明とすることはできない。頻度の低い対立遺伝子を有利とするような頻度依存性選択が，均等な性比や植物の不和合性システムとベイツ型擬態における多型を維持している。負の頻度依存性選択は，異なる遺伝子型が異なる限られた資源を利用するときに起こりうる。またそれぞれの種が別種の進化に対応して進化するような共進化的相互作用によっても，変異を維持することができる。

　1つの遺伝子座では，突然変異 μ とヘテロ接合体に対する負の選択 s の間の平衡によって，対立遺伝子頻度が μ/s に保たれる。量的形質の変異も安定化選択と突然変異の平衡によって保つことができ，変異量は次の式で表すことができる：$V_G = 2UV_S$，ここで U は形質に関与する遺伝子座の総突然変異率で，$\sqrt{V_S}$ は高い適応度をもつ形質値の範囲を計る尺度である。しかし多面発現が広くみられるので，その形質自体とは独立に維持されている多型の副次効果として量的形質の変異を考えた方がよいのかもしれない。そうすると，$V_G = V_M/s$ となる。

　通常，近親交配個体は適応度が低く，異系交配個体は適応度が高くなる傾向がある。近交弱勢や雑種強勢は超優性または劣性有害遺伝子が原因であると考えられるが，どちらが正しいかを見分けることは驚くほどむずかしい。

■ 文献

自然選択と遺伝的浮動

Kimura M. 1983. *The neutral theory of molecular evolution.* Cambridge University Press, Cambridge.
　第6章に自然選択，突然変異，遺伝的浮動がどのように相互作用するかについて詳しい説明が書かれている。

自然選択と遺伝子流動

Endler J.A. 1977. *Geographic variation, speciation, and clines.* Princeton University Press, Princeton, New Jersey.
　空間的変異についての幅広い総説。

Haldane J.B.S. 1932. *The causes of evolution.* Longman, New York.
　古い本だが今でも優れた集団遺伝学への入門書である。アペンディックス（補遺）には，突然変異や移住についての基礎的理論が要約されている。

Roughgarden J. 1979. *Theory of population genetics and evolutionary ecology: An introduction.* Macmillan, New York.
　変動環境（18.12 と 18.13）やクライン（18.8 〜 18.10）での自然選択の理論の明快な要約が述べられている。

突然変異と自然選択

Falconer D.S. and Mackay T.F.C. 1995. *Introduction to quantitative genetics.* Longman, London.
　自然界でどのようにして量的変異が維持されているかについてのさまざまな議論が要約されている。

Lynch M., Blanchard J., Houle D., Kibota T., Schultz S., et al. 1999. Spontaneous deleterious mutation. *Evolution* **53:** 645–663.
　有害突然変異が引き起こす進化的結果についての総説。

Vogel F. and Motulsky A.G. 1997. *Human genetics: Problems and approaches.* Springer-Verlag, Berlin.
　この章で使われたヒトでの変異に関する例を含む包括的な解説が有る。第9章には突然変異と自然選択の平衡，第12章にはマラリア耐性，第13章には近親交配の説明がある。

CHAPTER
19

選択の測定

　この章では，選択が働く程度や大きさについて例をあげてみよう。何が種間の違いや種内の変異を引き起こしているのか。さまざまな選択がどのくらい広くみられるのか。典型的な選択係数とはどのくらいか。このような疑問には簡単には答えられないだろうし，そのために進化生物学におけるおそらく最も根本的でなかなか解けない問題としてこれからも残り続けるであろう。1つの考え方では，タンパク質をコードしている配列と調節因子にみられる変異の多くが選択によって作られていると考える。相対するもう1つの考え方では，変異体のほとんどのものが有効中立であり，その運命は遺伝的浮動と突然変異によって決定されると考える。この2つの考え方は，変異が生物の機能に対しどのような意義をもつのかについての大きく異なる見解である。適応度に影響を与えるような配列変異の割合がどのくらいであり，生物に対するそのような影響の結果がどうなるのかは，今でも重要な難題として残されている。さらに，これらの疑問に対する答えは，ヒトの病気を遺伝的に理解したり，農学において人為選択をどのように利用するかということの中核をなすものである。

　選択はいろいろな方法で測定することができる。異なる遺伝子型を実験室で互いに競争させることができるし，繁殖がうまくいくかどうかを自然の状態で観察することもできる。いろいろな進化の過程の相互作用に基づいて選択を間接的に測定することもできる。そして，種内や種間のDNA塩基配列の変異から推測することもできる。この章の終わりには，すべての証拠を集めて，どのくらいの選択が自然集団に一般的に働いているのかをみてみることにしよう。

19.1 選択の直接測定

選択の直接測定は困難

対象が個々の遺伝子であれ量的形質であれ，選択を正確に測定するのは非常にむずかしい。基本的な問題点が2つある。1つ目は**適応度**（fitness）の違いを測定すること（つまり子孫の数や繁殖率）であり，2つ目は適応度の違いをもたらしているものは何か，すなわちどの形質，どの遺伝子，そして究極的には，DNA配列のどの変化によるのかを見つけることである。この困難さは，量的形質の変異をつかさどる遺伝子を見つけるときの困難さと，まさに同じである（第14章，p.435）。ここでは，それ自体は測定が困難でしかも多くの遺伝的違いによって影響を受ける特別の形質，すなわち適応度に焦点を当てよう。

ある生物の2つの系統が無性的に増殖するという最も単純な場合を考えよう。増殖率の違い（つまり**選択係数**[selection coefficient]）が s であれば，2つの系統の頻度の比は指数関数的に，e^{st} で変化する。例えば，増殖率が世代あたり $s = 1\%$ 違うとすると，10世代後には割合は $e^{(0.01 \times 10)} \simeq 1.1$ 倍変化するだろうし，100世代後には，$e^{(0.01 \times 100)} \simeq 2.72$ 倍になる（pp.504〜506参照）。原理的には，2つのタイプの個体数を実験の最初と最後に数える，それだけでいいのである。正確さは，数える数の総数，集団の大きさ（これは，遺伝的浮動の程度を決定する），どのくらい長く条件を一定にできるかによって決まる。例えば，低い密度での増殖率をはかる際には，密集さが増殖率を変えるくらい大きな集団になれば，実験を続けることはできない。

実際には，微生物のこの種の競争実験でおよそ世代あたり0.5%の適応度の減少まで解析することができる。例えば，図19.1Aは酵母の野生型系統と競争させることで突然変異系統

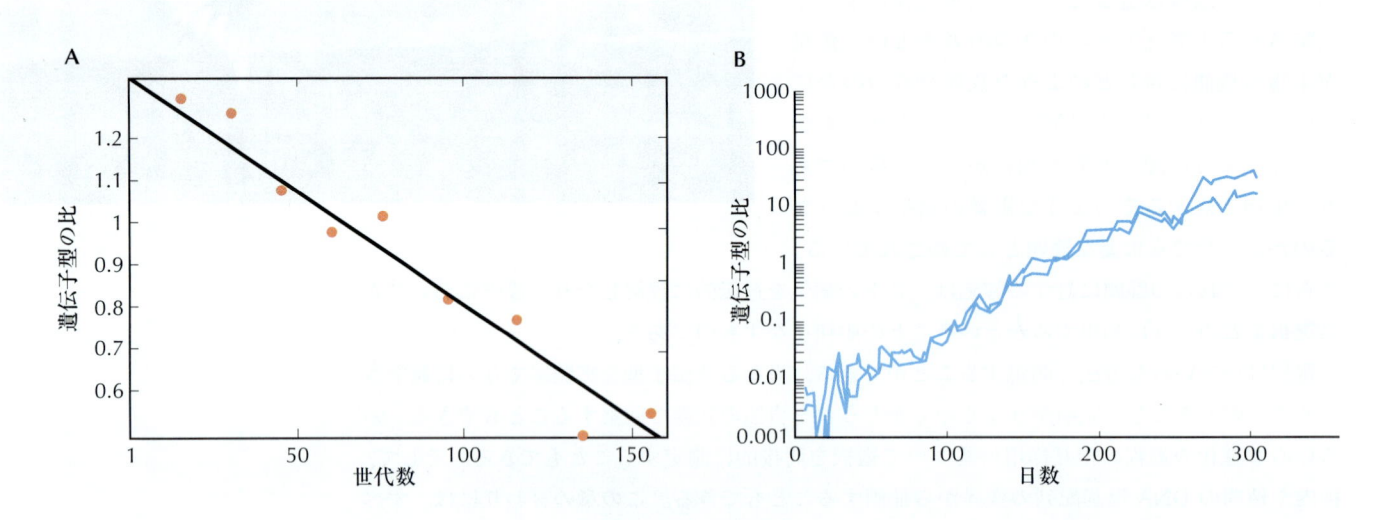

図19.1 ▪ 選択係数は，競争する2つの遺伝子型の割合の変化率として測定することができる。(A) 野生型系統との競争における酵母の突然変異系統の頻度。2系統の頻度の割合は対数スケールでプロットされ，そのため，もし適応度が一定であれば直線関係になると予測され，直線の傾きは選択係数を与える。この例では，150世代で割合が 1.27：1 から 0.69：1 に下がっている，そこで選択係数は $s = \ln(0.69/1.27)/150 = -0.004$（つまり -0.4%）／世代と推定される。(B) キイロショウジョウバエ *Drosophila melanogaster* の2つの反復実験集団における競争関係にある染色体遺伝子型頻度の比。図の傾きから1世代を15日と仮定した場合の相対適応度は1.75と推定される。

の頻度が減少するようすを示している。

　大きめの生物では，繁殖は遅いし数も少なめでしかも条件をコントロールしにくく，選択の直接測定はよりむずかしくなる。図19.1Bはキイロショウジョウバエ *Drosophila melanogaster* の2つの反復実験集団を使い，3つの染色体タイプ間に競争させることでどうやって適応度を推定するのかを示している。共通する環境に選択を変えるようなわずかな変化があると反復実験集団における頻度が平行してふれる傾向があることに注意しよう。これらの揺らぎがあるため，この実験においては適応度推定の正確性が約5％に抑えられている。一般的に，選択係数は最もよくても数パーセントの正確性でしか測定できず，これは重大な限界となってくる。第17章(p.504)にあったように，もっとずっと小さな選択係数が比較的短い期間にわたって重要な効果を及ぼしている。

特異的な遺伝的違いの影響をみつけるには遺伝的な操作が必要

　たとえ小さな適応度の違いを検出する統計的困難さが克服されたとしても，2つの競争する系統間の全体での違いを測定しているにすぎない。これらの系統のゲノムはいろいろな点で異なっており，複数の点突然変異を含んだり，挿入と欠失があったり，他の再配列があったりする。第14章でみてきたように，ある特定の遺伝的違いが適応度に及ぼす効果を見つけるのは極端にむずかしい。理想的には，問題にしている1つの違いを除いては遺伝的にまったく同一である生物を比較したいところである。実際には，そのような特異的な変化を遺伝的操作で作り出すのはずっと困難である。例えば，操作に使うマーカー（標識）はそれ自身が影響をもたらすだろう。このように，直接的な遺伝的操作はこれまでほんの一部の場合においてのみ（例えば，ショウジョウバエのアルコール脱水素酵素遺伝子［*Adh*］。図14.27），適応度の違いを生み出しているほんとうの原因を同定するのに使われてきた。

　単純な類の操作を用いて，選んだ遺伝子を完全にノックアウトすることができる。広い範囲の真核生物（酵母，線虫，ナズナ，ショウジョウバエ，マウス）にとって，およそ3分の2の場合は，遺伝子ノックアウトは表現型に何の明らかな影響も示さない。酵母では，異なる環境での適応度に遺伝子ノックアウトがどのように影響するのかを体系的に測定するのに，競争実験が使われてきた（図19.2）。このことは，遺伝子はある環境においてのみ必要であることを示しており，どんな実験条件の下でも適応度に検出できるような効果を示すのはほん

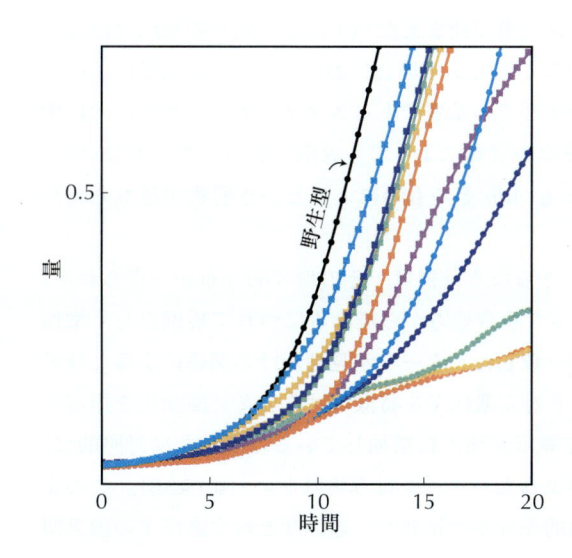

図19.2・酵母適応度のゲノム規模での測定。一連の系統が作成された。それぞれの系統においては，単一遺伝子をノックアウトしている。5916系統（酵母の全遺伝子の98％）のセットを単一の集団として維持し，豊富なグルコース培地の下で数世代育てる。図は，野生型と比較してこれらの系統のいくつかを表したものである。全体としては，豊富なグルコース培地での生育に必要なのは遺伝子のたった19％で，生育できるこれらの欠失系統のうち野生型よりも遅く生育するものはたった15％であった。いくつかの他の環境での生育速度も測定された。例えば，62の遺伝子は欠失したときに高塩濃度に対する感受性を引き起こし，128の遺伝子は高pHに感受性を引き起こした。

の少数の遺伝子のみのように思える。

　しかし，そのようなおそらく必要でない遺伝子でも何かの選択が維持している。少なくとも，これらのモデル生物が実験室に運ばれるまでに生きていたような自然の状態の下ではそうなのだろう。図 19.2 の定量的な調査は，非競争状態の下でたった数世代にわたってしか増殖率が測定されていないので，まだかなり不十分である。欠失をもった 34 の酵母系統を使ったより精度の高い測定では（図 19.1A にみられるように），これらのうちの 7 つを除くすべての系統で，栄養条件のよい培地では有意に異なる適応度を示していた。多くの遺伝子は穏和な条件では必要ではないが，それらの遺伝子の機能は数パーセントかそれ以上の選択によって維持されている可能性をこのことは示唆している。

適応度の違いと遺伝的変異とを関係づけると選択の測定ができる

　有性生殖している自然集団においては，関心のある遺伝子について異なる対立遺伝子をもつ個体に対する適応度を観測することによって選択を測定できる。ここでも，実験室での研究と同じ困難に直面する。小さな適応度の違いを検出するのに大量の試料が必要であり，そしてもっと重大なことには，違いの原因が連鎖している変異によるのか，観察している対立遺伝子によるのかがわからない。繰り返しになるが，量的形質の変異やヒトの病気を担っている遺伝子を見つけるときと，ちょうど同じ困難さに直面しているのである（第 14 章と第 26 章を参照）。実は，**自然選択**（自然淘汰，natural selection）そのものが，ほんとうに適応度の増加を引き起こす変異を偶然に相関する変異から区別する際にこの問題に直面しているのである。第 23 章では，自然選択がこの困難さに打ち勝てるように組換えと有性生殖が進化してきた可能性をみる。

　アロザイムの変異が広範にみられることがわかってくると，適応度に検出できるような効果をもたらすかどうかが多くの研究で調べられた。多くの場合で，遺伝子型の間に統計的に有意な違いがみられた。ただし，適応度の違いが対立遺伝子そのものによることを示すには至らなかった。確固たる証拠を得るには，適応度への効果が遺伝子の知られている機能と関係あることを示す必要があった。例えば，*Adh* の F 対立遺伝子をもったキイロショウジョウバエは，この酵素の活性が高い（F 対立遺伝子と関係する 1 つのアミノ酸の違いが理由の 1 つで，もう 1 つの理由は遺伝子の発現増加である。pp.438 〜 439 参照）。飼育箱で飼われているハエの集団を用いた実験において，エタノールが存在する場合は F 対立遺伝子は通常より頻度が高い（図 19.3A）。同様に，ワイン工場で捕まえたハエはその周りの地域で捕まえたハエよりもエタノールに耐性があり，少なくともある場合においては，F 対立遺伝子はワイン工場での頻度が高い。酵素の対立遺伝子とその基質であるエタノールの存在との間に関係があることは，非常に近くに連鎖した部位の変異によっても説明できるかもしれないが，適応度や生理的な面に及ぼす効果は両方とも *Adh* そのものによるという解釈が最も考えやすいと思われる。

　選択が F/S 対立遺伝子に直接働くというさらなる証拠は，その地理的分布から得られる。F 対立遺伝子の頻度は，5 つの大陸にわたって熱帯地方から離れるにつれて規則正しく増加している。そのように広い領域にわたって一致したパターンが見せかけの関係によるとは考えにくい。さらに，遺伝子内部において，F 対立遺伝子を特徴づけるアミノ酸変化を担っている塩基が米国の海岸の南から北に沿って頻度が徐々に増加している。それとは対照的に，近くに連鎖した DNA 配列の変異にはそのようなパターンはみられない（図 19.3B）。このように，対立遺伝子の生理的効果とその空間的な分布の情報が，適応度と対立遺伝子の因果関

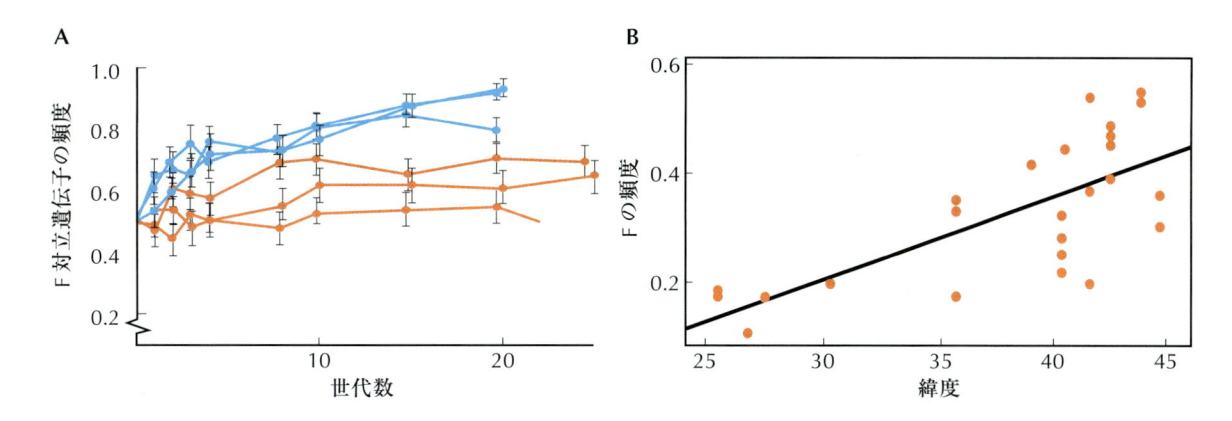

図19.3 ・（A）エタノールにさらされたキイロショウジョウバエ *Drosophila melanogaster* の反復実験集団3つにおいて，アルコール脱水素酵素のF対立遺伝子の頻度は増加する。赤の線は対照集団で青の線は餌に15%エタノールを加えた集団を表している。（B）リシンからトレオニンへの1つの置換で定義されるF対立遺伝子は，米国の東海岸にそって北方に行くにつれて頻度が増加する。

係を立証している。

この例は，選択が *Adh* 遺伝子に働いていることを示しているが，遺伝子内の正確にどの部位が関係しているのか（図14.27参照）や，遺伝子がまさにどうやって適応度の違いを引き起こしているのかについてはまだわかっていない。選択の機構がよくわかっている酵素多型の別の例もある。例えば，モンキチョウ（*Colias*）のホスホグルコースイソメラーゼ（PGI）や卵生メダカ（*Fundulus heteroclitus*）の乳酸脱水素酵素（LDH）における異なる対立遺伝子は，温度に対する反応が異なる酵素分子をコードしている。これらの違いは，生理学や生物行動における効果とそれらの地理的分布に矛盾なく一致している。

酵素の変異はしばしば選択を受ける

最も理解されている多型のうちの1つに，大腸菌（*Escherichia coli*）の実験室集団における自然に起こった進化があげられる。グルコースを炭素源として与え**ケモスタット**（chemostat）で増殖させると，単一の細胞（菌）に由来する遺伝的に均一な集団を作れる（図19.4）。773世代後，共存する3つの異なる型が見つかった。3つの型の頻度を変えて実験しても集団が同じ平衡点に至るという実験（図19.5）によって，この多型は安定であることが示された。このうちの1つの型はグルコースを取り込む効率が最もよく，もし栄養源としてグルコースだけが不足状態にある場合には他の2つの型に置き換わるであろう。他の2つの型は，1つ目の型によって排出される化学物質，つまり，酢酸とグリセロールを利用することに特殊化するので生き残ることができる。この違いはおもに，培地から酢酸を取り除くアセチルコエンザイムA合成酵素（ACS）の変化によるものとわかった。グルコースを利用することに特化したクローンは酢酸を使わなくていいようなヌル突然変異をもっていた。一方，酢酸に特化したクローンは構成的な突然変異をもち，ACSを高いレベルで発現していた。

この種の多型は，細菌の集団でよく生じる（例えば図18.21）。これらの多型は**頻度依存性選択**（frequency-dependent selection）によって維持され，この場合，まれな遺伝子型は競争相手が使いきれなかった栄養源を利用できるという有利さをもっている。これらの細菌の例は，有性集団における個々の遺伝子ではなく無性的に増殖するクローンを含んでいるという

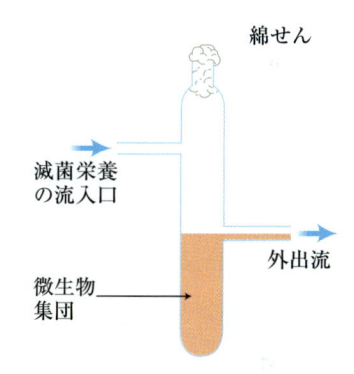

図19.4 ・ケモスタットは，滅菌された栄養を一定の速さで導入することで，一定の条件下に微生物の集団を維持する単純な器具である。

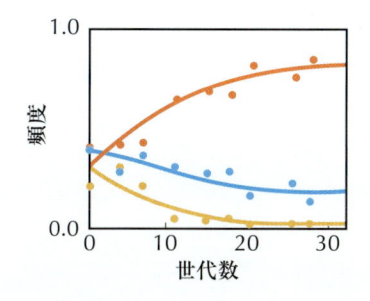

図19.5 ・大腸菌（*Escherichia coli*）集団における3遺伝子型の共存。2つの型が多くみられ，3つ目の型は低い頻度であるが存在はしているという安定平衡に，30世代かかって進化した。

理由で，前項で考察した酵素多型とはかなり違っている。大腸菌の多型は新しく進化してできるので，単純な遺伝的基礎からなっている。しかしながら，多様なクローンは時間が経つにつれてより多くの遺伝的違いを蓄積するだろうし，そのためにさらに特殊化できるだろう。第22章では（pp.706〜712），異なる栄養源を利用するためのこの種の特殊化が新しい種の進化にどのようにつながり，そして性と組換えがこの過程にどのように干渉するかを考えよう。

電気泳動によって明らかになったタンパク質変異のどのくらいが選択を受けているだろうか。選択を検出できれば注目されるができなければ注目されないので，ショウジョウバエの *Adh*，モンキチョウの *PGI* やヒトの鎌型赤血球ヘモグロビンのような2，3の例を基にこの疑問に答えることはできない。しかし，キイロショウジョウバエにおける最初に発表された変異の研究で10の多型をみると，生化学的に研究された6つのどれもが酵素間にかなりの反応速度の違いがみられ，多くの場合は生物全体に対し生理学的な影響を与えている。細菌のケモスタットの実験では，5つの酵素遺伝子座の自然変異体間に，グルコースに栄養源が限られる条件下では何の選択的違いもみられなかった。ただし，異なる糖によって増殖が制限されると約3分の1の場合に有意な違いがみつかっている。この強い環境依存性のために，自然の生息地である哺乳類の腸で大腸菌に働いている選択を知ることが困難になっている。

全体としてまとめると，このような研究によって，選択は特殊な環境においてのみ働いており，代謝酵素の変異の多くは選択によって維持されていることが示唆されている。しかし，コード領域や非コード領域のDNAが全体として適応度にどのように影響するかについては，まだ詳しくはわかっていない。個々の遺伝子について，1つのアミノ酸の違いが維持されているのか，あるいは複数のアミノ酸や調節の違いもかかわるのか。最も広く研究されている多くの代謝酵素は，別の種類の遺伝子の典型でもあるのだろうか。

量的形質と適応度を関係づけて選択を測定できる

量的形質に働く選択は，不連続的なメンデル遺伝と同じように研究することができる。単に試料個体をとり，形質と適応度，適応度のいくつかの構成要素をともに測定するだけである。そのような測定の最初のものは，1898年のHerman Bumpus（ハーマン・バンパス）によるものである。彼は，ニューイングランド地方の猛烈な嵐に耐えて生き残ったスズメを生き残れなかったスズメとともに集めていた。生き残った雄のスズメは，集団の他のスズメよりも有意に小さかった。この**方向性選択**(directional selection) における1つの事例では，平均の体長を1.8%分つまり1標準偏差分減らしていた。対照的に雌のスズメは，極端な個体を除くように働く**安定化選択**(stabilizing selection) を受けていた (Box17.3)。雌のスズメの平均の体長は変わらないが，生存した雌の分散は以前に比べて15%少なくなっていた。

第1章でみたように (p.20)，Bumpusの仕事は何年間も追試されなかった。しかし，1980年代初頭から，"野生における自然選択"の多くのそのような研究が広範な生物について行われてきた。同じプロトコルを使い，量的形質のセットといくつかの適応度の測定間の関係を調べたのである。この単純な手法で強い選択があることがしばしば推定された（例えば図19.6）。一般に形質と適応度とは複雑な関係にあるだろうし，この関係を**適応度地形** (fitness landscape) として可視化することができる（図17.21）。十分なデータがあれば表現型の関数として個体の平均適応度を推定することでこの地形を測定できる（図17.27, 19.7）。

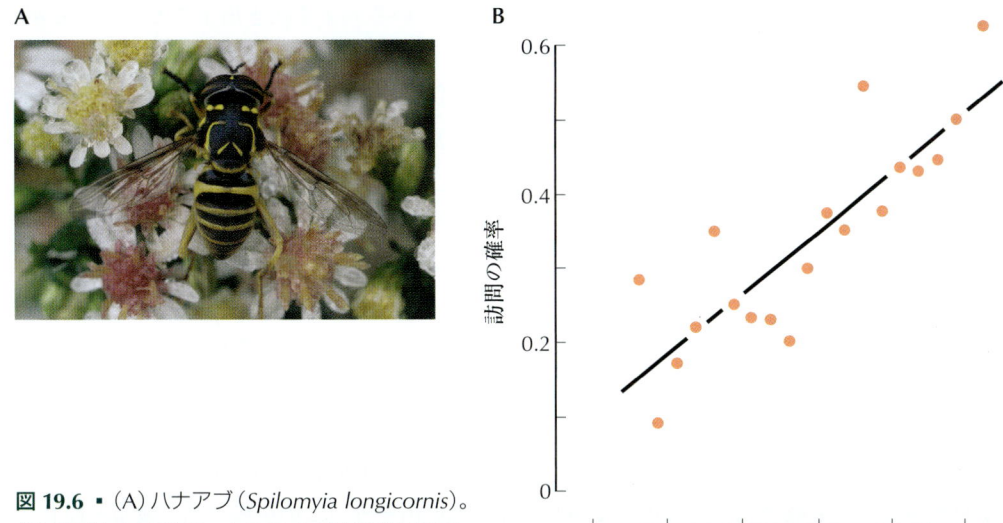

図 19.6 ▪ (A) ハナアブ(*Spilomyia longicornis*)。(B) 花が大きいほど，より多くの訪問者を引きつける。

相関する形質に働く選択は，測定している形質への見せかけの選択を引き起こすことがありうる

不連続な遺伝的変異の場合と同じように，この手法での鍵となる問題点は，適応度の違いが測定した形質によって引き起こされているのか，あるいはたまたま相関した別の何かによって引き起こされたのかどうかを簡単に区別することができないことである。この困難さは，多くの形質の測定とそれらの間の相関をみれば，ある程度は避けることができる。原理

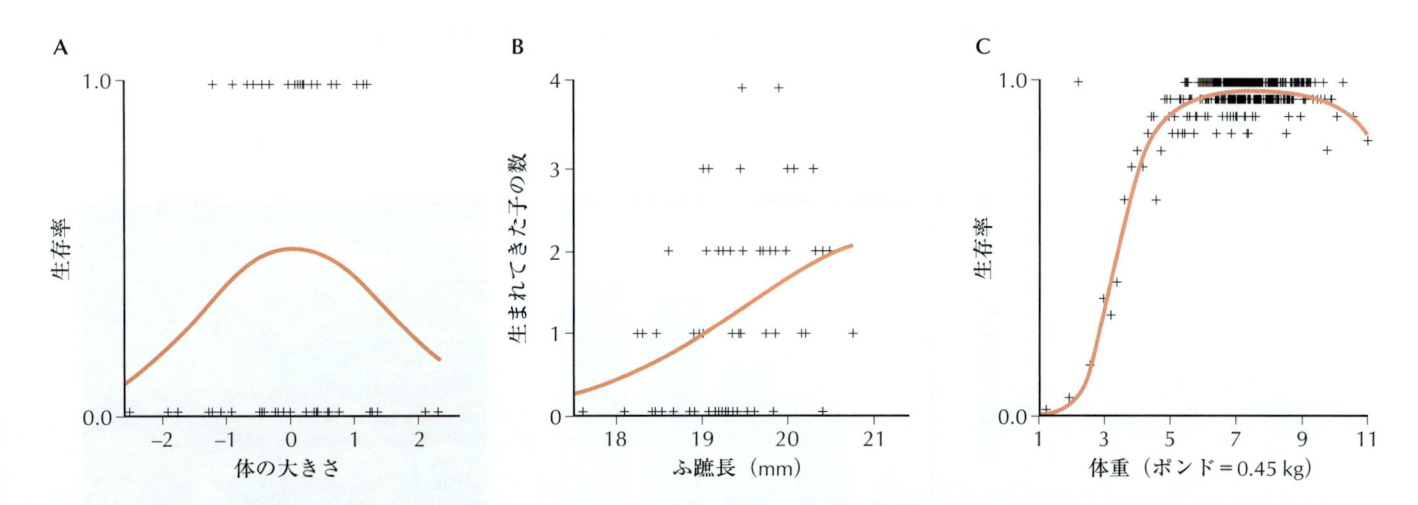

図 19.7 ▪ 適応度と量的形質の関係(適応度地形)を示す例。(A) 1898年のニューイングランドでの嵐後におけるイエスズメ雌の生存に関するBumpusのデータ。上方の十字は生存個体の相対的な体の大きさを表し，下方のそれは生存しなかった個体の相対的大きさを表している。安定化選択が極端な体の大きさに対して働いている。(B) ブリティッシュコロンビアにおけるウタスズメ雌の生殖の成功をふ蹠長(足の長さ)の関数として表した。ここではふ蹠長を増加させる方向性選択が働いている。(C) ヒトの男子乳児の生存を出生体重の関数で表したもの。小さな乳児は生存があまりよくなく，異常に大きな乳児はわずかに生存が劣っている

的にはこの統計的な手法を使えば実際の原因になっている効果を抜き出すことができるが，大量の試料が必要である．もっと根本的なこととして，純粋に統計的な方法では，測定されていない形質の効果は決して取り除くことはできない．

　この問題は，キイロショウジョウバエの腹部剛毛数における選択を測定しようとした実験において特に明らかである．腹部剛毛数が多い方と少ない方に人為的に選択された2つの実験系統を交配してF$_2$集団を作った．中間の剛毛数をもたらす染色体をもった幼虫の方が，少ないかあるいは多い剛毛数に対する染色体をもった幼虫よりも生存がよかった．すなわち，おそらく剛毛数に対する強い安定化選択が幼虫の生存を通して働いているのだろう．しかし，剛毛は成虫のみで発現しているので，この選択は剛毛数だけに働いているわけではない．これは幼虫の生存と成虫の剛毛数の両方に影響する遺伝子の**多面効果**（pleiotropic effect）によるものであろう．あるいはこれらの2つの形質に別々の効果をもつ遺伝子間の**連鎖不平衡**（linkage disequilibrium）によるものであろう（図14.26において遺伝子 *Achaete-scute* が自然集団の剛毛数の変異と関係していたことを思い出そう．この遺伝子は，成虫と同じく幼虫の発生に影響していることが知られている）．

　形質と適応度の強い関係がしばしば見つかるが，このことは強い方向性選択が働いて形質が変化していることを示唆している．量的形質はほとんどの場合遺伝性であり（p.429参照），そのために時間が経つにつれて**選択差**（selection differential）と**遺伝率**（heritability）の積に等しい速度で急速に変化すると期待される（p.515参照）．ところが，そのような変化は自然界でめったに観察されない．この矛盾に対する多くの理由が考えられる．例えば，選択による変化と移住や環境悪化のような別の作用がつり合っているのだろう．有力な説明が，スコットランドのラム（Rum）島におけるアカシカの長期にわたる研究例によって示されており，これは量的形質への選択を測定する困難さを表すものともなっている．雄の間の競争には角が使われるが，角の大きな雄鹿ほど，有意に多くの子孫を残している（図19.8A）．角の大きさの分散の多くは，相加的な遺伝効果によるものである（$h^2 = 0.36$）．このように，角の大きさは世代あたり0.165標準偏差分だけ増加することが期待される．にもかかわらず29年以上の研究にわたって（およそ4世代），角の大きさは実際には減少した．この明らかな逆説は，表現型の2つの成分を分けることで解決されている．それぞれの鹿の角の大きさは，その育

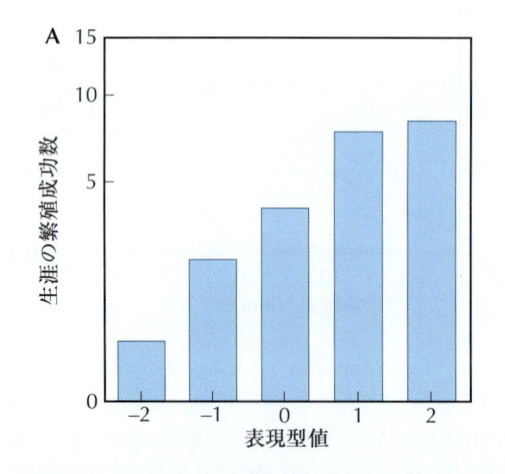

図19.8 ● アカシカでは角の大きさは強い選択を受けているようだが，29年の研究期間にわたって変化がみられていない．（A）生涯の繁殖成功数（つまり適応度）を平均からの標準偏差で測った角の大きさに対してプロットした．（B）この研究で測定された雄鹿のうちの1匹．

種値(breeding value)(雄鹿の雄の子における平均の角の大きさの尺度)と**環境偏差**(environmental deviation),つまりランダムで遺伝しない変異との総和になる(pp.420, 426参照)。適応度と育種値の間の関係は弱く,統計的に有意ではない。選択が環境偏差に働くためにみせかけの選択が観察されたが,環境偏差は定義どおり遺伝しないし,そのため選択に対する応答にも貢献することができない。

遺伝しない要因の結果として,大きな角をもった雄鹿がなぜより多くの子孫を残すのか。これについての理解しやすい説明は,良好な状態の雄鹿はより多くの子孫を残す傾向があり,そしてまたより大きな角をもつ傾向があるというものである。このように,共通の要因(状態)は角の大きさと適応度との両方に相関があるが,大きな角が適応度の増加を引き起こすわけではないのである。体の状態のように相関のある形質に働く選択の効果は,統計的に補正することができる。しかし,実際にはどの形質が関連しているのか,測るべき形質はどれなのかを見つけるのは通常不可能である。量的な遺伝的予測と集団にみられる実際の変化との間の矛盾に対しては,未知の形質から生じてくる非遺伝的な変異に対する選択という説明が一般に成り立つ。

酵素変異でみたように,形質の違いが適応度の違いを直接引き起こしているという説得力のある証拠は,直接的な実験操作からくるものである。選ばれた量的形質を感知できるやり方で調整することは通常は極端にむずかしい。しかし,いくつかの例外がある。例えば,ツバメのもつ尾飾りに加えた操作では,雌はより長い飾りをもった雄との交配を好むので,これらが飛翔能力に関して最適のものよりも大きくなっている(図 19.9)。次章でみるように,交配での好みによる最適からのずれは生物にとっては一般的にみられることである。

量的形質は自然選択をよく受ける

量的形質に働く典型的な選択の強さとはどのくらいだろうか。方向性選択の強さは,表現型の標準偏差に対して標準化される**選択勾配**(selection gradient) β によって測ることができる(p.515参照)。これを基に,問題にしている形質の 1 標準偏差分の増加に対応する相対的

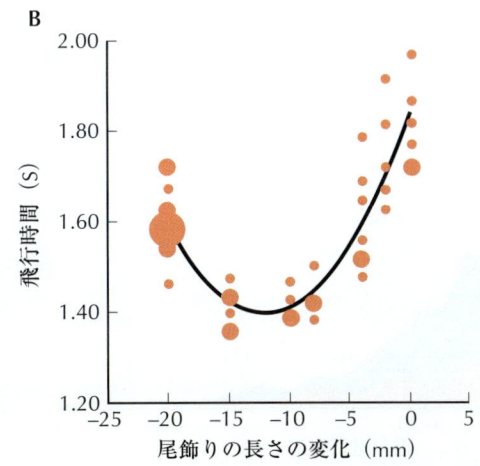

図 19.9 ● 実験操作によってツバメにおける尾飾りにかかる選択がわかった。(A)子に餌を与えているツバメ(*Hirundo rustica*)。2つの尾飾りに注目。(B)雄のツバメの飛行時間と実験的な尾飾りの長さの減少をプロットした(雌についても同じような結果であった)。自然界での平均よりも約 12 mm 短い尾飾りのときツバメは最も速く飛んだ。点の大きさは鳥の数に比例している。

適応度の増加を計算できる。$β = 0.1$ は，形質の 1 標準偏差分の増加が適応度の 10% の増加に対応することを意味している（上で議論したように，選択勾配は同じ研究で測定した相関のある形質の効果で補正することができるが，測定していない形質との相関によっても適応度の違いが引き起こされる可能性がある）。広範な選択勾配の調査のなかにはとても高い値（$β ≒ 1$）の推定値があったが，多くは中間的な値で，平均すれば $β = 0.22$ であった（図 19.10A）。さらに，多くの個々の推定値は統計的に有意ではなく，そのような推定値の大部分は試料抽出時のエラーによる（図 19.10A の青い領域）。実際，1000 かそれ以上の個体の測定に基づいているような大規模な研究からの推定値は，小規模試料の研究からの推定よりかなり低い傾向がある。このことは，小規模な試料数の研究からの否定的な結果は発表されにくいためであり，図 19.10A においては上方に偏って推定されている。

安定化選択あるいは分断選択の強さは，標準化された**二次の選択勾配**（quadratic selection gradient）$γ$ によって測定される（図 19.10B）。これは線形選択勾配 $β$ に類似していて，選択によって引き起こされる適応度の分散の変化を測ることができる。例えば，$γ = 0.1$ は分散を 10% 増加するような分断選択を意味する。負の値というのは分散を減少させる安定化選択を意味する。全体としては，分散への選択は平均への方向性選択よりも弱くなる傾向にあり，$γ$ の推定値には大きいものもあるが，絶対値は $γ = 0.1$ の近辺である。繰り返しになるが，個々の推定値の多くは統計的に有意ではない。注目すべきことに，推定値は $γ$ が 0 のあたりに相称的に分散している（つまり分断選択は安定化選択と同じくらい普遍的であると思われる）。多くの形質は最適に向かって進化すると思われるし（第 20 章，pp.601〜605），形態は化石の記録においては非常にゆっくりと変化していると思われるので（図 17.30），このことは逆説的と思われる。ただし，この調査が誤まった印象を与える理由はいくつかある。最も重要なのは，選択というのは変動することがあり，そのため長期にわたる効果は実験で示されるよりかなり弱いであろう。この主張は，長期の時間スケールにわたってみられるゆっくりした変化率や（図 17.30），ガラパゴスフィンチにおけるわずか数年間での選択の変化（図 17.25）によって支持される。

原理的には，形質のさまざまな値をもった個体の適応度を単純に測定することで，量的形質にかかる選択を測定するのがわかりやすい。適度に強いくらいの選択はしばしば観察され

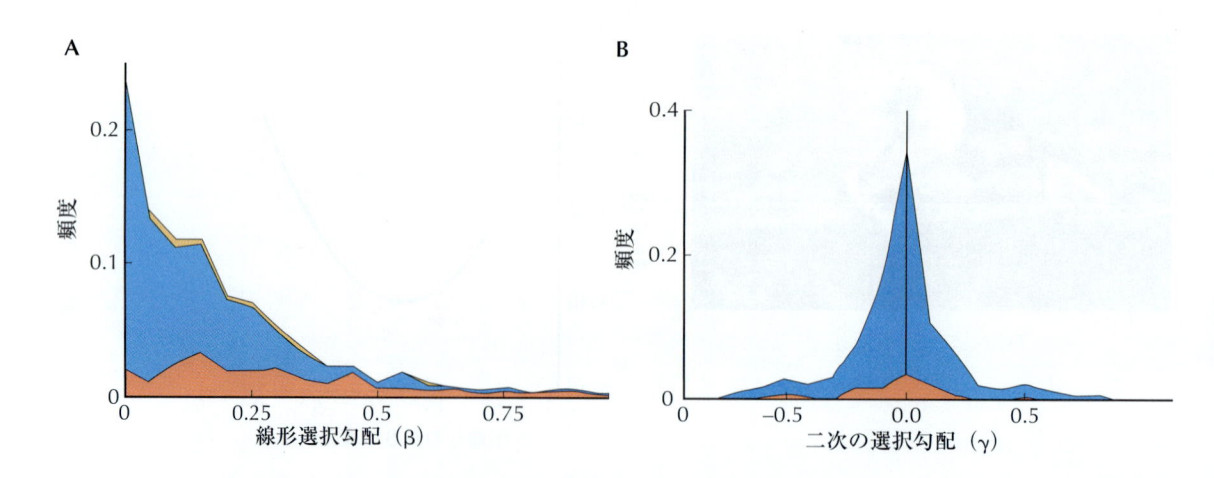

図 19.10・(A) 公表された 993 の推定値調査における線形選択勾配($β$)の分布。調査はおおよそ同数の植物，無脊椎動物，脊椎動物を含んでいる。(B) 公表された 465 の推定値に基づく二次の選択勾配($γ$)の分布。負の値は安定化選択を示し，正の値は分断選択を示す。赤の領域は統計的に有意（$p < 5\%$）な推定値を示している。A のオレンジ色の領域は有意性がわかっていない 2，3 の場合を示している。

（図19.10），化石の記録でみられる変化の速度を簡単に説明できる（図17.30）。適切な機能に必要とされる生物の多くの特徴は安定化選択を受けているに違いないというのは演繹的に明らかである。しかしながら，選択の実際の分布や適応度に影響を及ぼすような形質の数を知るまでには，かなり遠い状況である。

19.2 間接測定

選択は別の要因との相互作用を通して間接的に測定できる

中位あるいは弱い選択，つまり何十世代というよりは何百世代にもわたって引き起こされるような変化の選択はどうすれば測定できるか。唯一期待できるのは，異なる進化過程間の相互作用に関する理解に基づくいくつかの間接的な方法を使うことである。

突然変異と選択

前の章で，有害な突然変異に対する選択をどうやって推定するかをみてきた（p.553）。同じ方法が，酵素遺伝子座の**ヌル対立遺伝子**（null allele）に対する選択がとても弱いことを示すのに使われてきた。キイロショウジョウバエでは，20の常染色体遺伝子座でヌルは平均頻度 $p = 0.0025$ であることがわかった。突然変異と選択との平衡では $p = \mu/s$ となることが期待され（Box 18.2），突然変異がヌルを生み出す割合が $\mu = 3.9 \times 10^{-6}$ と直接に推定された。このようにヘテロ接合に対する平均の選択が $s = \mu/p = (3.9 \times 10^{-6})/0.0025 = 0.0015$ と推定された。同様の方法を用いて劣性致死のヘテロ接合に対する選択はおよそ2%と推定された（ウェブノート参照）。このことは，これらの酵素の2つあるコピーのうちの1つの機能がなくなれば適応度が減少するが，一般にその程度は必須遺伝子の場合よりずっと少ないことを示唆している。アミノ酸配列が変化しても機能が失われないような有害な酵素変異体は，概して受ける選択がいっそう弱いだろう。

拡散と選択

拡散と選択によるつり合いによって保たれているクラインの幅から選択を測定できる。第18章で（p.543），そのようなクラインの幅は拡散速度と選択係数の平方根の比によって与えられる特性距離に比例することをみてきた： $l = \sigma/\sqrt{2s}$ 。このように拡散速度 σ とクラインの幅がわかっていて，そしてクラインが平衡に達していれば，その平衡を維持している選択の強さ s を推定することができる（例えば図18.16）。実際には，この方法は拡散速度を直接推定する困難さのために制限がある。しかし，時間が経つにつれて起こる変化や連鎖不平衡に関する情報のような他の情報があれば，拡散と選択の両方の推定を純粋に遺伝的なデータから決定することが可能である（図18.15で行ったように）。

中立説との比較

選択を測定するのに最も広く使われている方法は，変異は突然変異とランダムな遺伝的浮動の相互作用によって決まるとする**中立説**（neutral theory，第15章）との比較に基づくものである。中立説はいわゆる**帰無（ヌル）仮説**（null hypothesis）として働き，そこからのずれはさまざまな種類の選択によってひき起こされる可能性がある。次項からは，中立説との比較によって選択を検出したり測定したりする方法を考察してみよう。

選択は中立突然変異との比較によって検出できる

　選択が働いているかどうかは，適応度に影響を及ぼすと思われる変異と，無視できるほどの影響しかない変異，すなわち中立突然変異とを比較することによって検出できる。種間の違いを使ったり，種内の多型を使ったりすることで検出できる。最も強力な方法は，種内と種間の両方の変異を比較することである。あるいは，純粋に中立な変異のパターンは，直接には観察できない連鎖した部位に働く選択によってゆがむかもしれない。これらの方法は，いくつかの種類の選択を検出するのに使うことができる。有害な突然変異を除く**純化選択**（purifying selection），変異を維持する**平衡選択**（balancing selection），そして有利な突然変異が固定する**方向性選択**（directional selection）（Box17.3）である。

　最初の手法，種間におけるさまざまな種類の配列変異の比較からはじめよう。この比較は，一般に**遺伝暗号**（genetic code）の余剰に基づくものである（図2.26）。暗号をなすヌクレオチド3つ組みの3番目の変化は通常，アミノ酸を変えない。そのような対応関係の変化は**同義**（synonymous）と呼ばれている。例えば，CCU，CCA，CCC，CCGはすべてプロリンをコード（暗号化）する。それに対して，3つ組みの最初の2つのヌクレオチドのどちらかの位置での変化は，通常コードされているアミノ酸を変化させる，すなわち**非同義変化**（nonsynonymous change）である。このように，同義変化は中立の基準（ベンチマーク）として使うことができる。後にみるように，これは近似にすぎない。なぜならタンパク質の配列を変えない変化は，それにもかかわらず，わずかに適応度を変化させるからである。しかし，アミノ酸配列の違いに働く選択はもっとずっと強いと仮定するのは当然である。他の非コード配列，例えば**イントロン**（intron）や**偽遺伝子**（pseudogene）も中立の基準（ベンチマーク）として同様に使うことができる。

分子時計からのずれは選択を示す

　分子進化の中立説の基本的な予測は，種間の違いを蓄積する速度が中立突然変異率 μ と等しくなるというものである（pp.459〜460）。適応度には無視できるような効果しかないゲノム部分にとっては，これは事実上突然変異率と等しくなる。ところが，機能的に重要な配列では突然変異のほんのわずかな割合のみが有効中立であり（図18.6），それで有効中立突然変異率（μ_N）は全突然変異率よりもかなり低いであろう。時間 t の間に，突然変異とランダムな浮動の結果として，ある1つの系統で平均して $\mu_N t$ 分の変化を蓄積するだろう。実際の数は，分散が平均に等しい**ポアソン分布**（Poisson distribution）に従うと期待される（図13.30）。このように，分子進化の速度における変異性を分散と平均変化数の比 R で測定することができる。中立説では $R = 1$ が予測される。

　分子時計（molecular clock）は，中立説で予想される割合で実際に変動しているのだろうか。木村資生は哺乳類のタンパク質の配列を使ってこの問題を最初に解析した（例えば図19.11）。木村は，この速度は予想よりもずっと大きく変化することを見つけ，しかももっと広範な哺乳類の解析でこの発見を確証した。ただし，これらの推定はいくつかの要因によって複雑になっている。特に同義変化については，違いがとても大きいため1つの塩基座位に数回の変化が起こっても1つの変化として表れるだけになる（ウェブノート参照）。哺乳類すべてがまったく同じ時期に分岐したわけではないし，さらに，異なる系統では期待される**置換**（substitution）の数が違っているだろう（例えば世代時間の違いのため）。これらの複雑さは統計的にすべて補正できるが，アミノ酸置換の速度は哺乳類の系統間で中立説から期待され

	ヒト	マウス	ウサギ	イヌ	ウマ	ウシ
ヒト		27	14	15	25	25
マウス			28	30	36	39
ウサギ				21	25	30
イヌ					30	28
ウマ						30

図 19.11 ● 哺乳類の生物種からとった β-グロビンにみられるアミノ酸の違いの数における多様性。ほとんど同時期にこれらの種が分かれたと仮定すると，中立説では，これらのどの2つの種間の違いの数も分散が平均と等しいポアソン分布に従うだろう。これらのデータから，分散と平均との比は $R = 3.1$ と推定される。（複数置換の補正が行われている。ウェブノート参照）

るよりも少なくとも5倍以上多く変化していることは明らかである。

　この差異は，分子進化の基本的な速度はかなり変化することを意味しているので驚くべきことである。置換はまとまって起こることがあり，いくつかの置換は同じ系統で一緒に起こる。このパターンに対する最もわかりやすい説明は，タンパク質はときおり，正の選択によって推進される急速な適応の爆発を受けるというものである。多くの例が知られている。例えば，リゾチームは細菌の細胞壁を攻撃し，抗生物質のように機能する酵素である（例えば涙，唾液，卵白の中で）。ところが，リゾチームは偶蹄類の哺乳類（例えばウシ，シカ）やラングールのような草食猿では，胃の中に残っている細菌を消化するようになっており，独立に新しい機能を獲得している。相応じて，これらの動物におけるリゾチームは酸性の環境下でも機能するように進化しているし，別の消化酵素による分解にも耐えるように進化している。実際，この酵素はアミ酸置換の爆発があって進化しており，驚くべきことに，これらの置換の多くはこの2つの別々の動物グループにおいて同じものである（図 19.12）。

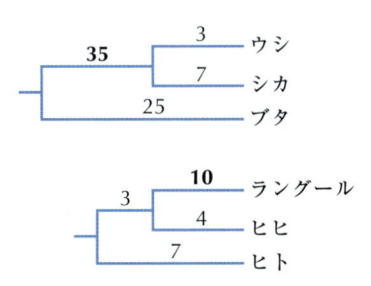

図 19.12 ● リゾチームにおける置換の爆発（太字で示している）。

同義変化に比べて速いアミノ酸進化速度は正の選択を示す：K_a/K_s

　正の選択に関するそのような事例を検出する単純でそして広く利用されている方法は，アミノ酸が変化する置換の速度と同義置換の速度の比を計算することである（この比は K_a/K_s とされているが，d_N/d_S と表されることもあり，d_N は非同義置換の速度を表している）。それぞれの速度はヌクレオチド部位あたりで計算され，そのため，何の選択的制約もない場合は1に等しくなると期待される。この検定は，遺伝子によって異なる突然変異率の変化には影響を受けない。なぜなら，同じ遺伝子内の同義と非同義の変化を比較しているからである。多くの遺伝子には少なくともなんらかの選択による制約があり，それで通常は K_a/K_s は1よりも小さい。しかし，もし選択が近縁種間にいくらかのアミノ酸変化を引き起こしたとすると，そのときは K_a/K_s は1よりも大きくなるだろう。このことは正の自然選択が働いている強い証拠であり，そして幾度も観察されてきた。この例としては寄生体と宿主間の相互作用や有性生殖にかかわる分子間の相互作用に多くみられる。この2つの場合においては，寄生体が宿主の防御に対抗して侵入する闘争をしている場合や（p.549 参照），花粉や精子が卵に

競争して受精する場合（p.622 参照）にみられ，軍備競争が連続して起こるのだろう。最近重複した遺伝子におけるアミノ酸進化の速度も同義速度を上回り，それで片方あるいは両方の遺伝子が新しい機能を獲得するのだろう（p.722 参照）。

　遺伝子全体にわたって $K_a > K_s$ である事例を単純にカウントしていることにより，正の選択の程度はかなり過少評価されている。大部分の遺伝子は特異的な領域に正の選択を集中して受け，強い選択的制約の下にあるだろう。いくつかの近縁な種からの配列が利用できるならば，アミノ酸進化の速度 K_a/K_s がコドンによって変わるようなモデルに適用することができる。25 のアワビ種についての，タンパク質である精子リシン（lysin）によい比較例がみられる。これらの大きな海産の軟体動物は精子を海に放出する。これらの種の独自性は，精子リシンが精子と卵の間の種特異的な結合を調節しているというそれだけの理由により保たれている。この膜結合タンパク質は卵を包んでいる表面に結合してその表面をほぐし，それにより受精が可能になっている。図 19.13 は，それぞれのコドンでアミノ酸が"速く""中間""遅く"（それぞれ赤，青，灰色）で進化している可能性を示している。速く進化している領域はアミノ酸が表面に出ているところに集中している。膜の中に埋まっている領域の進化は遅く，全体の構造を維持するために制約を受けているのだろう。

集団内の変異のパターンは中立説からずれていることがある

　中立説は集団内の変異のパターンを予測し，その予測からのずれは選択を意味する。しかし，この手法は，種間の違いに基づくアプローチよりも困難である。いくつかの種のそれぞれからたった1個体を試料採取するかわりに1つの集団内から多くの試料をとらなければな

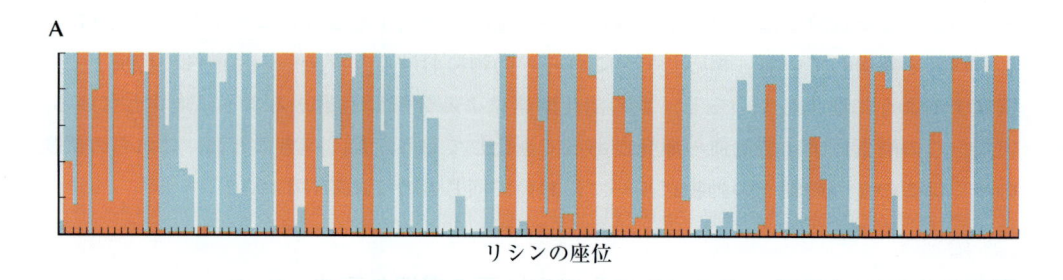

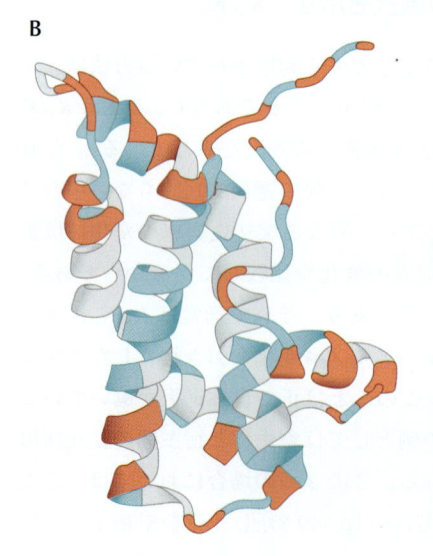

図 19.13 ■ アミノ酸置換速度はアワビの精子リシン遺伝子の全長にわたってかなり違いがみられる。(A) 赤の棒はコドンが速く進化するのを表している（$K_a/K_s ≒ 3.1$），青の棒はコドンが中間の速度で進化するのを示している（$K_a/K_s ≒ 0.91$），そして灰色の棒は遅い速度を表している（$K_a/K_s ≒ 0.09$）。(B) アカアワビのリシンの結晶構造。進化速度(A)に従って部位ごとに色がつけられている。早く進化すると思われる部位（赤）は，露出している上部や下部にクラスターを作る傾向にある。

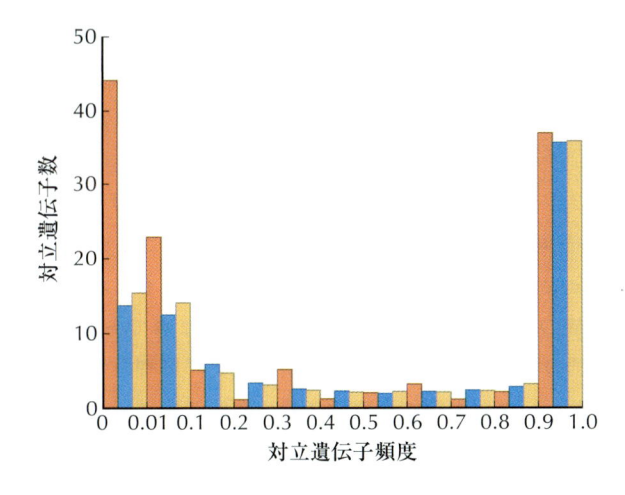

図 19.14 ● カレイ（*Pleuronectes platessa*）試料における 46 遺伝子の対立遺伝子頻度の分布。赤の柱は各頻度クラス（< 0.01，0.01 〜 0.1，…）にみられる対立遺伝子頻度を示している。これは，すべての遺伝子で突然変異率の等しい中立変異を仮定した場合（青）と，変異率に違いを許容した場合（オレンジ色）での中立説による予想と対比してある。

らない。さらに，中立モデルの単純版からのずれは，選択に加えて集団の歴史（例えばディーム［deme］への細分化や集団のボトルネック［population bottleneck］）によっても引き起こされる（pp.461 〜 462 参照）。

　この手法の単純な例は図 19.14 に示されている。そこには，電気泳動によって解析されたカレイの試料から得た 46 遺伝子についての対立遺伝子頻度の分布が示されている。その分布は中立説にかなりよく合っている。予想されるように，多くの対立遺伝子はまれで，少数のものが中間の頻度まで達している。しかし，まれな対立遺伝子が過剰にみられる（図 19.14 の一番左の頻度クラス）。

　中立説の最初の統計的な検定の 1 つは，このような対立遺伝子頻度の分布の観察値と期待値を比較するものに頼っていた。これは中立説の注目すべき性質に基づくものであり，Warren Ewens（ウオーレン・ユーエンス）によって発見された。第 15 章（p.461）でみたように，1 つのパラメータが浮動と突然変異の下で一定の大きさの集団の進化を決定する：$\theta = 4N_e\mu$。これは有効な集団の大きさと中立突然変異率の積になっている。1 つの試料内の対立遺伝子の期待数は，θ とともに増加する，しかし与えられた対立遺伝子の数に対して，対立遺伝子の頻度分布は θ に無関係である。このように，突然変異率や有効な集団の大きさに関しての仮定をしなくても，中立説の検定にこの分布を使うことができる。例えば，ショウジョウバエ（*Drosophila persimilis*）のキサンチン脱水素酵素をコードする遺伝子について 21 遺伝子から試料を集めた研究がある。10 の異なる対立遺伝子が見つかり，そのうちの 1 つは 12 個の遺伝子に共通してみられ，9 つはそれぞれ 1 つの遺伝子にしかみられなかった。これは可能な最も極端な構成であり，中立**無限対立遺伝子**（infinite-allele）モデルの下では極端に起こりにくい。これがみつかる確率はたった 0.00012 である。図 19.14 の試料のように，試料中にたった 1 コピーしか存在しないまれな対立遺伝子が有意に多くみられる。

　まれな対立遺伝子が過剰に存在するパターンは，電気泳動の違いによる別のいくつかの解析でも見つかってきた。1 つの解釈は，これらのまれな対立遺伝子はほんのわずかに有害で，そのためにそれらは集団内に低い頻度で保たれているというものである。ただし，同様のパターンは急激な集団ボトルネックを受けた後に集団が拡張することによっても作り出される。最も極端なケースでは，現存する試料の遺伝子をつなぐ系統関係が**放散**（スター，star）型に似ており，すべての系統がボトルネックの際の共通祖先に遡ることのできるタイプになる（図 19.15A）。そこではボトルネック以後に蓄積してきた突然変異は 1 つの系統に制限されてみつかるだろうし，そのため，共通祖先に由来する 1 つの対立遺伝子とそれぞれが 1 コ

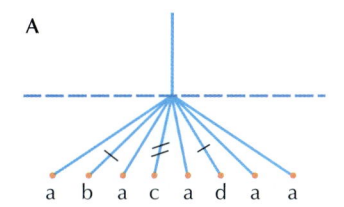

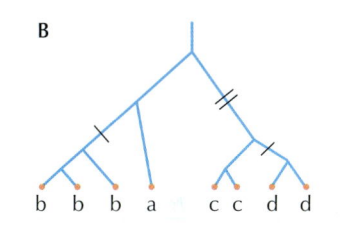

図 19.15 ● 集団のボトルネック（A）は，一定の大きさの集団にみられるパターン（B）に比べて，まれな対立遺伝子を過剰に作り出す傾向にある。各突然変異は新規な対立遺伝子を生み出すと仮定し（無限対立遺伝子モデル），試料中に観察される対立遺伝子はそれぞれの図の下に文字で表されている。A ではおのおのの新しい対立遺伝子は単一コピーでのみ存在する（b 〜 d で表示）。対して，一定の大きさの集団からの試料では（B），突然変異は複数コピー（b 〜 d）で存在する傾向にある。A 中の点線は集団が急激に小さくなったことを示している。このボトルネックを生き延びた共通の祖先にすべての系統がコアレッセンス（合祖）している。黒の斜線は突然変異を示す。

ピーだけ存在する最近の対立遺伝子の一式をみることになろう。対照的に大きさの一定な集団ではコアレッセンス過程（合祖過程）は長い時間をかけて起こる（図19.15B）。突然変異は系統樹の深いところにあるより長い枝のところで最もよく起こるし、そのため、より高い頻度の子孫対立遺伝子を生み出す。

　今ではDNA塩基配列が利用できるので、まれな対立遺伝子の過剰に対する2つのうちのどちらの説明が正しいかを、非同義変異と同義変異を比較することで区別することができる。ヒトの集団において、アミノ酸配列を変えるような変異は変えないものよりもまれであり、大きな化学的影響をもたらすアミノ酸の変化は影響の少ない変化よりもまれである（第13章, pp.402～403）。これらの異なる種類の多型はすべて同じく集団の歴史の影響を受ける。そして、それら多型の種類間の違いは、タンパク質の機能を変化させる突然変異に対する強い選択を反映しているに違いない。

　最も単純な予想からのこれらのずれは中立説にとって致命的なものではない。生物の種は、一定の大きさの任意交配を行っている単一の集団からなることはめったにないし、選択は、適応度に何の効果もない中立対立遺伝子と試料中に決してみられないくらいまれなたいへん有害な対立遺伝子をはっきり区別しているわけではない。集団構造の可能性と有害な対立遺伝子に対する弱い選択を取り入れた拡張版の中立説を、統計的な検定だけで否定することはむずかしい。しかも、この拡張によって選択に抗して働く遺伝的浮動と、突然変異によって種間の違いと種内変異の違いの両方が引き起こされるという重要な特徴を失うわけではない。

中立説の下では、種内の多型は種間の違いに比例する

　これまでに、我々は種間の違いと種内の変異を別々に扱ってきた。しかし、中立説の下では、この2つは突然変異と浮動によって決まるので、これらは互いに厳密な比例関係にあるはずである。この両方は有効中立突然変異の割合、つまり、純化選択による除外からのがれる突然変異の割合によって変化するであろう。我々はこのパターンの例を第13章 (pp.402～403) でみてきた。そこでは、強い選択的制約の下にある配列は、集団内と集団間の両方において変化が少ない傾向にあることを示した。広範なアロザイム変異の調査により、このパターンが確かめられている。種内で異なるタイプを多くもつ傾向のあるタンパク質は種間においてもより多くの違いを引き起こしている傾向がある（図19.16）。

　中立説では、ゲノム全体にわたって突然変異率に違いがあるとしても、純化選択の程度にかかわらず多型と違いの比がすべての種類の変化において等しいと期待される。このように、もしこの比が同義変化に対してよりも非同義変化のほうが高い場合は、方向性選択が働いて種間に適応的なアミノ酸の違いが起きたことを意味している。

　McDonald–Kreitman（マクドナルド–クライトマン）テストはさまざまな変化における多型と種間の違いの比を定量的に比較するものである (Box 19.1)。このテストは多くの遺伝子について体系的に適用することができ、選択によって引き起こされる違いの割合を全体的に推定できる。ショウジョウバエと霊長類の両方において、種内の共通な多型と比べて種間に非同義の違いが余剰にみられ、これは種間のアミノ酸の違いのかなりの割合が選択によって作られたことを意味する。例えば、*D. simulans* と *D. yakuba* 間のアミノ酸の違いの45%は選択によって固定されたと推定されている。ショウジョウバエのゲノムには約13,600の遺伝子があるので、遺伝子あたり平均44個の違いになり、選択がこれら2つの種が分岐して600万年の間に約27万個の変化をもたらしたことになる。霊長類については、アミノ酸の

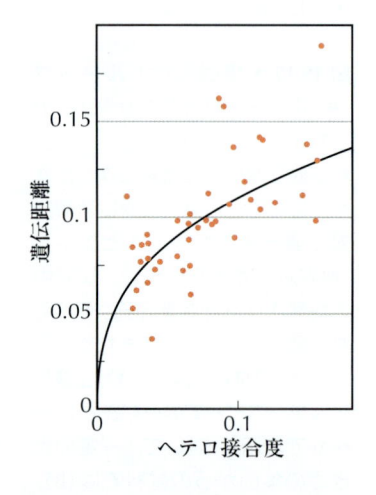

図 19.16 ■ 集団内で変異性の大きいタンパク質の方が、種間での違いも大きい。少なくとも50の動物種からの、電気泳動で調べられた42タンパク質について、ヘテロ接合度が遺伝距離に対してプロットされた。曲線は中立説からの期待値を示す。

> **Box 19.1 McDonald–Kreitman テスト**
>
> 中立説の下では，種間の違いと種内の変異の両方は中立突然変異率に比例するはずである。
>
> McDonald と Kreitman はこの考えに基づく単純なテストを導入し，キイロショウジョウバエ（*D. melanogaster*），オナジショウジョウバエ（*D. simulans*），*Drosophila yakuba* のアルコール脱水素酵素多型からのデータにそのテストを応用した。
>
> | | 固定 | 多型 |
> | ---- | ---- | ---- |
> | 同義 | $D_s = 17$ | $P_s = 42$ |
> | 非同義 | $D_n = 7$ | $P_n = 2$ |
>
> 部位は，種内に変異があれば"多型"と分類され，種間で異なっていて種内の違いはみられなければ"固定"として分類される。同義と非同義でそれぞれ固定とされた違いの数を D_s と D_n と書き表す（これらは，他所で使った K_s と K_a に対応するが，McDonald と Kreitman の使った異なる表記を使うこととする）。多型に対する固定した違いの比は，非同義変化についてはかなり高い（つまり，$D_n/P_n = 7/2 \gg D_s/P_s = 17/42$）。このことはこれらの種間のアミノ酸の違いの多くが選択によって引き起こされていることを示唆している。
>
> この手法は，正の選択による非同義変化の全体の割合を推定することに拡張できる。もし同義変化と非同義変化の両方が中立であれば，多型に対する分岐との比はこの両方にとって同じはずである：$D_n/P_n = D_s/P_s$。このように，$D_s P_n/P_s$ 個の非同義変化は，単にランダムな浮動の結果であると思われる。差 $D_n - D_s P_n/P_s$ は浮動ではなく選択に帰せられる非同義変化の余分な個数になる。多くの遺伝子についてこの量を平均することで，選択による違いの割合を推定できる。

違いの 35% が選択されていると推定され，このことは，ヒトが旧世界ザルとの共通の祖先から分岐して 3000 万年の間に約 15 万個の適応的な置換があったことを意味する。

19.3 連鎖した遺伝子座に働く選択

選択は連鎖した中立突然変異への効果を通して検出できる

これまでは，選択を受ける変異そのものをみることで種内と種間の変異に対する選択の直接の効果を調べてきた。しかし，たとえ純粋に中立の変異であっても連鎖している遺伝子座に働く選択から影響を受けることがあり，これは直接的には観察されない。なぜなら，適応度に直接影響する遺伝子座と中立突然変異が偶然に相関することが起こりうる。いいかえると，ランダムな浮動が，観察している中立突然変異と実際に選択を受けている変異との間に連鎖不平衡を生み出すということである（p.469 参照）。これは (**Hill–Robertson**（ヒル–ロバートソン）**効果**と呼ばれており，第 23 章でさらに考察する）。したがって，選択は連鎖している中立突然変異に影響するし，これらのパターンを調べることで検出することができる。

最も単純な場合は，単一の有利な突然変異が生じ頻度が増加する。そして究極的には集団全体に固定するという場合である。突然変異が頻度を増すにつれ，それが生じた染色体の一帯もすべて同じように増える。この過程は**ヒッチハイキング**（hitchhiking）あるいは**選択一掃**（selective sweep）と呼ばれている（pp.523 〜 524 参照）。組換えによって突然変異と連鎖しているブロックが少しずつ削られ，最終的に，集団全体が突然変異をそれが偶然生じた染色体の小さい領域とともにもつことになろう（図 19.17A）。全体としてみると，遺伝的変異は当該遺伝子座のみならず周りの領域からも失われることになる（図 19.17C）。

特異的な対立遺伝子が選択によって最近確立され，そのために近くの部位の変異に選択一掃の効果があったことを示すことができるのはたった数例のみである。最もよい例としては，これは比較的最近の病気であると考えられているのだが，マラリアに対する耐性の変異

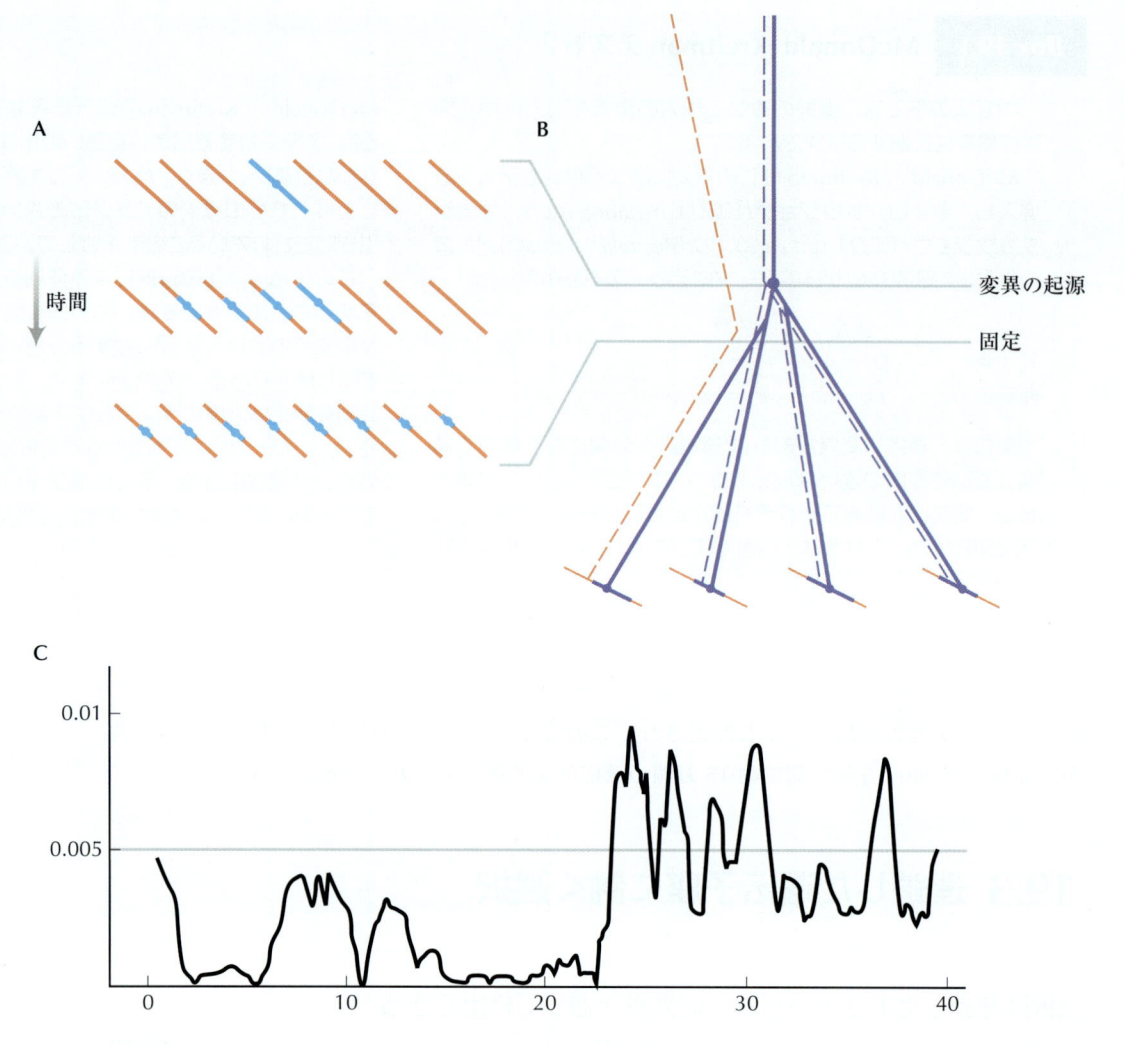

図 19.17 ▪ (A) ある 1 つの遺伝子座で有利な突然変異が固定することは，ゲノムのある領域から変異性を一掃することになる。まず，有利な突然変異（青い点）がある特定のゲノムに生じる（上列，青の線）。最終的に，このゲノムの一領域と一緒にこの突然変異が集団全体に固定する。こうして，突然変異の周囲の短い領域から変異が一掃される。(B) 実線は，注目している遺伝子座の 4 つの遺伝子の系統関係を示している。これらはすべて新しい突然変異をもつので，一掃される間にコアレッセンスしなければならない。点線は近くに連鎖した遺伝子の祖先を示している。これらのうち 3 つは選択される突然変異と一緒にとどまるが，一番左の系統は組換えを起こして離れていき，異なる祖先をもつことになる。(C) 有利な突然変異を中心 (20 kb) にした 40 kb 領域において，固定直後の遺伝的変異性をシミュレーションした結果，塩基多様度 π を示している。中立説のもとでは，$\pi = \theta = 4N_e\mu = 0.005$ が期待される。

体がある。アフリカのサハラ砂漠近くでは，ヨーロッパやアジアにおいてはまれであるのだが，FY*O というダフィー (Duffy) 対立遺伝子が固定している。この対立遺伝子は，祖先型 FY*B 対立遺伝子と比べて非コード領域に転写を妨げる一塩基変化が起こっている。寄生虫が赤血球に侵入するのに遺伝子産物であるケモカイン受容体を必要とするために，ホモ接合体は三日熱マラリア病原虫 (*Plasmodium vivax*) によって引き起こされるマラリアの 1 つの型に対して耐性がある。単一の突然変異が起きてできた対立遺伝子に予想されるように，西アフリカにおける変異は，およそ 20 kb の配列にわたってかなり減少している。

選択一掃によってコアレッセンスが突然爆発的に起こる

　選択一掃はコアレッセンス（coalescence）を突然爆発的に起こす効果がある．時間を遡ってゆくと，有利な突然変異が集団に広まった時点の共通の祖先に系統がまとまる．もし，選択された遺伝子座そのものの祖先をたどれば，現存するコピーのすべては新しい突然変異をもった単一の祖先染色体にたどりつく．選択を受ける部位と連鎖があまり強くない遺伝子座はそれほど極端なコアレッセンスパターンを示すわけではない．突然変異をもった祖先染色体にまでたどれる系統もあれば，組換えで離れてしまってもっとずっと以前にコアレッセンスするものもある（図19.17B）．

　抽出して調べた遺伝子には同一の祖先配列を共有している傾向がみられるので，選択一掃によって引き起こされるコアレッセンスが集中していて変異性が減少しているのだろう．変異のパターンから，まれな変異体が過剰にあることもわかる．これは，多くの系統が選択一掃の起こったところまで遡ってコアレッセンスするためであり，系統樹は星型になる（図19.17B）．したがって，一掃後に生じた変異体はクラスターではなく単独で現れるのみである（図19.15A参照）．図15.8Bでみたように，遺伝的変異は，ボトルネックと呼ばれている集団の大きさの急激な減少によっても少なくなる．そのような集団のボトルネックは系統樹に同様の効果を与え，集団が小さい時期の短い期間にコアレッセンスが集中する星型になる．ボトルネックによって，選択一掃と同様にまれな変異体が過剰に存在することになる．このために，1つの遺伝子座からのデータを使って集団のボトルネックと選択一掃を区別することがむずかしくなっている．例えば，ヒトのミトコンドリアDNAはまれな変異体の過剰を示し，これはヒトがアフリカから外部に移住した後，5万年から10万年前に集団が大きくなったためである．ところが，このパターンはもし有利なミトコンドリア変異体がその当時に広まったならば同様に説明できることでもある．その場合，ヒト種全体の歴史を1つのミトコンドリア系統樹から推測することはできない．核の遺伝子では，まれな変異体の過剰が対応しているわけではない．異なる遺伝子が異なるパターンを示す理由を説明するある種の選択がかかわっているに違いない．

　ある遺伝子座への選択に基づく説明と集団全体を含む説明を区別するためには，多くの遺伝子についてのパターンを比較しなければならない．有利な突然変異の固定では，遺伝的変異が局所的に減少している痕跡が残っているだろうし，ゲノムの特異的な領域に限定される．対照的に，集団のボトルネックではゲノムのすべての部分に同様に影響が及ぶ．異常に低い遺伝的変異をもった領域の数を数えることで適応進化の速度を推定することが試みられた（例えば図19.18）．

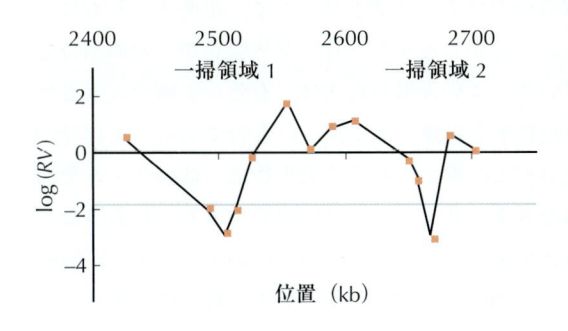

図19.18・選択一掃は遺伝的変異の調査から同定できる．この例ではキイロショウジョウバエのX染色体の2領域が，アフリカの集団よりもアフリカ以外の集団でマイクロサテライト遺伝子座の有意に低い変異性を示していた．これらの局所的な減少は，キイロショウジョウバエが最近アフリカから拡張したのに続く，おそらく適応的な突然変異の固定によるものであろう．$\log(RV)$はアフリカ集団と比べたアフリカ以外の集団の変異性の比の対数である．灰色の線は95%信頼限界の下限を示している．

この種の調査の1つの問題点は，局所的な減少は偶然によっても生じることである（図19.17C参照）。ただし，そのような見せかけの減少はより長い時間スケールにわたって作られるので，真の選択一掃によって引き起こされるものに比べてゲノムのより狭い領域に起こる傾向がある。つまり，選択的にsの優位さをもった突然変異の固定（これはおよそ$1/s$世代かかる）を通してというよりも，中立突然変異体がおよそ$2N_e$世代にわたって固定する浮動によるものである。この種の推定はまだ試験的なものであるが，適応進化の全般的な程度をゲノム規模の配列データから測定する可能性を与えてくれるものである。

有害突然変異は連鎖した部位の変異を減少させる：バックグラウンド選択

有利な突然変異が広まると近辺の領域の遺伝的変異は減少し，変異のパターンはゆがむことをみてきた。ほかの種類の選択もまた，連鎖した部位の中立突然変異をゆがませる。特に，有害突然変異は変異を減少させるが，平衡選択は増加させる。現在における進化生物学の最も重要な問題の1つは，どうやって選択を検出するかだけではなく，働いているいろいろな種類の選択をどうやって区別するかを見つけることである。

突然変異が適応度に多少なりとも影響を及ぼす場合，それらはほとんどいつも有害である。このことは，もし何がしかの効果があれば，自然選択によってすでに形成されてきた機能を壊すことになるだろうという単純な理由によるものである。第12章でみたように，少なくとも複雑な多細胞生物においては全体として有害突然変異の割合は高いであろう。もし集団が高い適応度を維持するならば，導入されるそれぞれの有害突然変異は選択によって究極的には除かれるに違いない（Box 18.2）。最後には，そのような**選択による死**（selective death）によっておのおのの有害な突然変異ばかりではなく，有害な突然変異と関係のある変異もまた除かれることになる。

この過程をもっと詳細に理解するために，最も単純な組換えが起こらない場合（例えばゲノムのかなり短い領域であるとかあるいは無性的に増殖する生物）を考えよう。もしこの領域の全突然変異率Uが高い場合で，しかも有害突然変異を除く選択sが弱ければ，大部分の染色体は数個の有害突然変異をもつことになる（毎世代にU個の突然変異が生じ，そのそれぞれは選択で除かれる前までに平均$1/s$世代存在するので，平均の数としてはU/s個になる。表18.1参照）。長い期間続くと，最も適した種類のメンバーだけ，つまり1つも有害突然変異をもっていないもののみが子孫を残す。そのほかのものは最終的には除かれるだろう。過去に遡ると集団全体が最適の種類に由来することになるはずである（図19.19）。変異のパターンは集団が有害な突然変異を1つももっていない少数からのみなっているのとほとんど同じであり，そのため中立突然変異はかなり減少している。有害な突然変異を除く選択の結果，集団の有効な大きさがこのように減少することを**バックグラウンド選択**（background selection）と呼んでいる。

有害突然変異と連鎖した変異の関係が減数分裂によって壊されるので，組換えとともにバックグラウンド選択の効果は大きく減少する。しかしながら，有害突然変異が一定の割合で導入されるので実際には変異性は減少している。よい近似を行えば，有効な集団の大きさは$e^{-U/R}$分減少しており，ここでU/Rは突然変異率を組換え率で割ったものである。大部分の生物ではこの効果は小さい。散発的な有性過程と組換えを起こす微生物は，低いゲノム突然変異率をもつ傾向にある。しかし，世代あたりより多くの有害突然変異を被るより大きなゲノムを維持している生物は，通常高い組換え率をもっている。しかしながら，組換えが制限される場合にはその効果が重要になってくる。例えば，個体の多くがホモ接合体であるよう

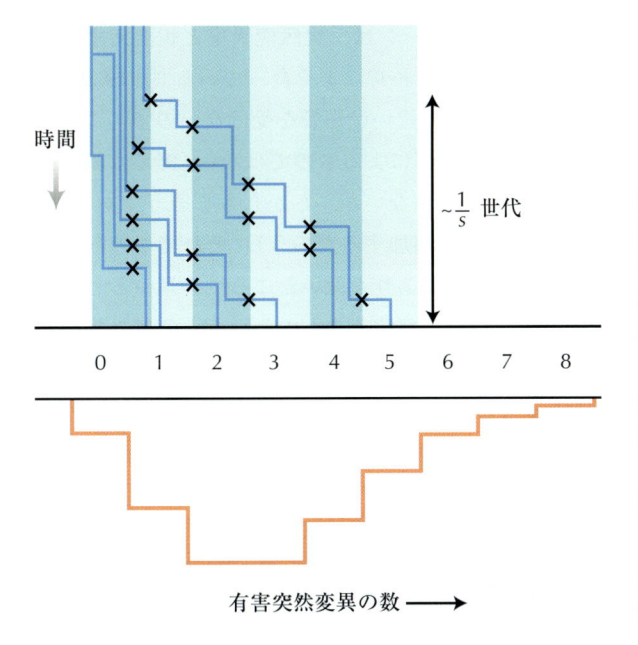

図19.19 ● 集団の祖先性は，有害突然変異のない少数のものに簡単に遡ることができる。ヒストグラム（下）は有害突然変異を0，1，2，…個もったゲノムの割合を示している。上の図は，有害突然変異（×印）が個々のゲノムをより適していないクラス（つまり，右）に移動する仕組みを示している。青の線は祖先の系統を示している。ほとんどの遺伝子はいくつかの突然変異をもっているが，それらはより適応しているゲノムをもった最近の祖先に遡る。最終的には，全集団の祖先は最も適応したクラス，左側に遡る。

な自殖の植物においては，組換えが起こったとしても集団の構成には何の影響もない。よって，組換えの有効な率はかなり減少する。多くのそのような種で遺伝的多様性のレベルが低いことがこのことにより説明される（例えば図19.20）。

選択が実際に中立突然変異をゆがめているという最もよい証拠は，キイロショウジョウバエのあるゲノム領域で組換えが抑えられているという観察にある。つまり，**セントロメア**（centromere）と**テロメア**（telomere）の近く，それと非常に小さい第4染色体において塩基多様度が低いのである。同義部位の塩基多様度と領域の組換え率との間には，よい相関関係が

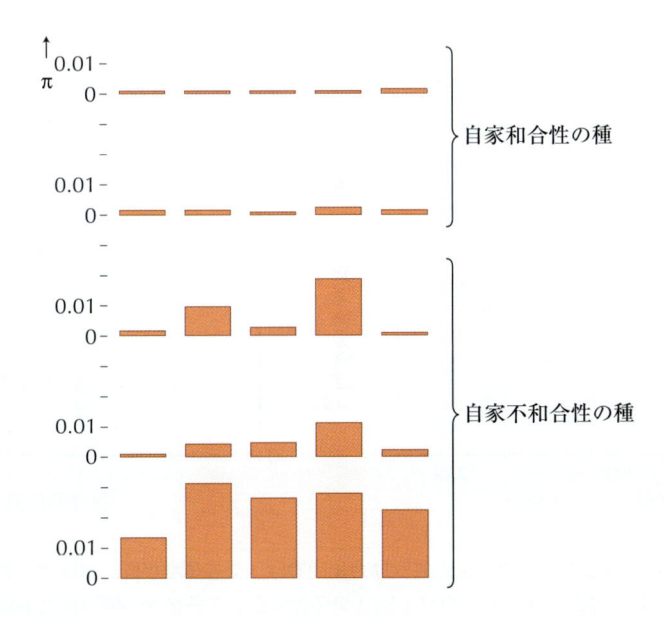

図19.20 ● 自家受精を行う種の多様性は，異系交配の近縁種に比べて低い傾向にある。この例は，野生トマトの5種から採取した5遺伝子の π（同義部位の塩基多様度）のレベルを示している。3つの自家不和合性の種は2つの自家和合種よりもずっと違いが大きい。

ある(図19.21A)。さらに，ゲノムに沿った変異のパターンは，突然変異率と組換え率の推定値を使ったバックグラウンド選択モデルからの予測と非常によく合っている(図19.21B)。キイロショウジョウバエとオナジショウジョウバエ間の違いは影響を受けないので，この変異の減少は組換え率が低い領域における低い突然変異率によるものではない(例えば組換えそのものが突然変異の源泉であると考えられるかもしれないが，しかしもしそうであれば，種間の分岐は組換えによって種内の変異と同程度まで増加するだろう)。それでこのパターンは，種間の違いと多型の比が中立説の下で期待されるよりも低いところへの減少として現れる。ただし，前節でみた例とは異なって，これは同義部位そのものというよりはむしろ連鎖した遺伝子座への選択によると思われる。現在，この選択が有害突然変異によるものか(つまりバックグラウンド選択)，選択一掃によるものなのか，あるいはこれらと別の種類の選択の組み合わせによるのか明らかではない。これらはすべて多様性を減少させるが，これらの影響を見分けるのはむずかしい。

平衡選択は中立突然変異を増やすことがある

2つかそれ以上の相対立する対立遺伝子を集団に維持する平衡選択は，ゲノムの近辺領域の中立突然変異も増加させる。理由は単純である。長い期間にわたって異なる対立遺伝子が維持されると，1つの対立遺伝子あるいは別の対立遺伝子と関連する配列からなる2つに別れた遺伝子プールが存続するようになる。時間がたつにつれて，これらの配列にいろいろな中立突然変異が蓄積し，そのために互い異なったものに分かれていく。この分岐に集団内の中立突然変異の増加が反映されている。最もはっきりしている例としては，第18章(p.545)でみたように，顕花植物のいくつかのグループで独立に進化が起きている不和合性の遺伝子座があげられる。多数の対立遺伝子が頻度依存選択によって維持され，そしてこれらはとても長い期間存続することができる。実際，平衡選択は同じ対立遺伝子を種の寿命よりも長い期間にわたって維持することができるし，そのため遺伝子間の関係が遺伝子を調べた種の系統関係とあまり似た関係を示さない(図19.22)。いいかえれば，ある遺伝子は同じ種内の別の遺伝子よりも別の種の遺伝子により似ていることがある。

長い期間続く平衡選択の効果は，カブ(*Brassica rapa*)とキャベツ(*Brassica oleracea*)の研究

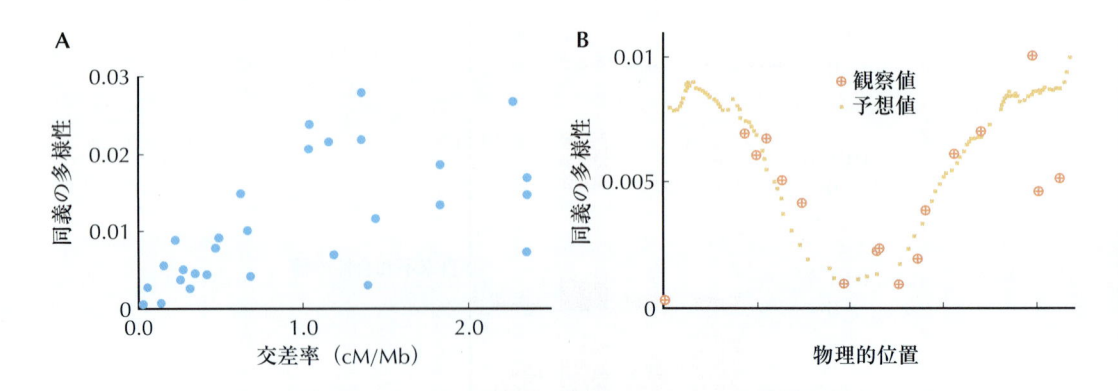

図 19.21・(A)キイロショウジョウバエのアフリカ集団では，交差頻度が低い領域で同義の多様性がかなり減少している。(B)キイロショウジョウバエ第3染色体に沿って多様性の期待値と予想値が物理的位置に対してプロットされている。予想値は既知の組換えパターンに基づいており，選択係数 $s = 0.02$ をもった有害突然変異に対する選択を仮定している。突然変異率は全染色体については0.4とされた。染色体の端近くを除いて，よい合致をしている。

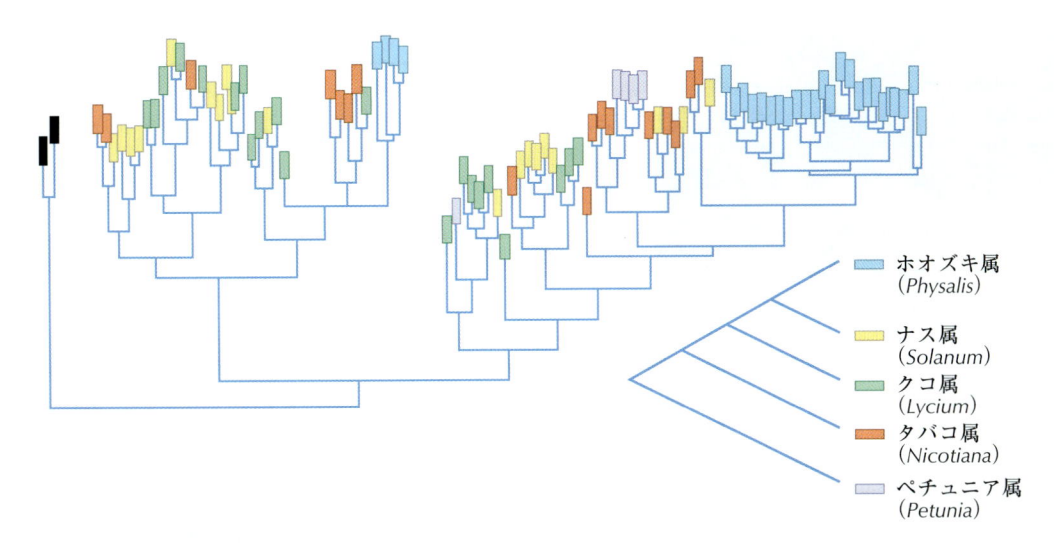

図 19.22 ・ ナス科（Solanaceae）における不和合性遺伝子間の関係を示す系統樹．近縁関係にある遺伝子がしばしば異なる種で見つかる．この例では，異なる属においてさえも見つかる．黒（左）は系統樹の根を探すのに使われたアウトグループ（外群）を示す．

でより詳しく知ることができる．それらの不和合性のシステムには強く連鎖した2つの遺伝子が関係している．柱頭表面の受容体キナーゼSRKと相互作用するSP11という花粉の表面タンパク質である．もし柱頭においても花粉で発現している対立遺伝子が発現していれば，花粉の発芽や花粉管の成長が阻害される．同じ種内の異なる対立遺伝子は，50%以下のアミノ酸の同一性を示しておりかなりの分岐を示している．しかも異なる種からの4対の対立遺伝子は，これらの種が分岐して200万〜300万年経っているにもかかわらず驚くほど似ている（図19.23の赤いカラム）．このような不和合性の対立遺伝子の話とは別に，長期にわたる平衡多型のわかっている唯一の例は，免疫系に対して抗原を提供する脊椎動物の**主要組織適合遺伝子複合体**（major histocompatibility complex，**MHC**）遺伝子である．ここでもまた，多型は種を越えて維持され，種内の対立遺伝子間のアミノ酸に違いが多くみられる．

いろいろな中立突然変異の緩慢な蓄積に依存しているため，ゲノムの近隣領域に対する平衡選択の効果はとても長い期間をかけて築かれていく．このように，たとえ突然変異率と同じ程度のとても低い組換え率であっても，もう一方の選択を受ける対立遺伝子との間の分岐を妨げるので効果は狭い領域にみられる．短い時間スケールに平衡多型の頻度がふらつくことは，有利な突然変異の選択一掃で起こるのとちょうど同じように変異を減少させる傾向にある．例えば，ショウジョウバエの染色体**逆位**（inversion）の多型は，ある種の平衡選択によって維持されている（図1.39参照）．ところが，これらの逆位の境界近傍で，塩基多様度は増加ではなくむしろ低い傾向にある．これは逆位多型が一時的なものであり，異なる染色体配列が十分分岐する時間がないためと考えられている．そのかわり，逆位が選択一掃で増加するにつれて変異は除かれていく．配列の違いの減少と多型が関係している別の例を，図19.24に示す．

もっと一般的にいうと，集団と選択の歴史が複雑なために配列変異を理解することが，当初の期待よりもずっと複雑になっている．安定な集団での中立進化の単純なヌルモデルからのずれは容易に検出できるが，何がこれらのずれを引き起こしているかを決めるのはきわめてむずかしい．選択の強さと特質については，配列のデータからは簡単に読み取ることはできない．

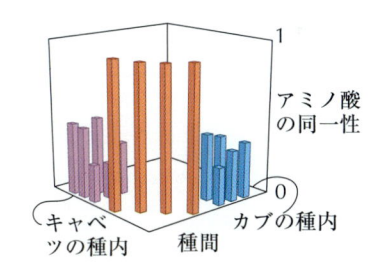

図 19.23 ・ 異なるアブラナ属（*Brassica*）の種における相同な不和合性対立遺伝子（赤の柱）は同じ種の異なる対立遺伝子（ピンクと青の柱）に比べてタンパク質の配列がより似ている．

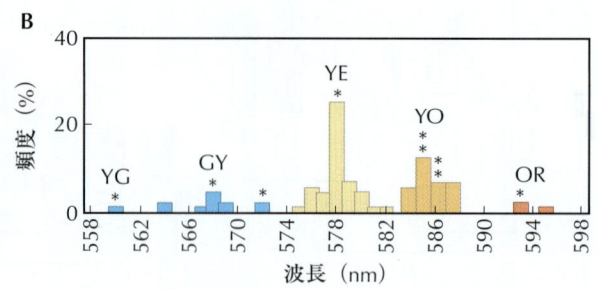

図 19.24 • ジャマイカコメツキムシ（*Pyrophorus plagiophthalamus*）における色多型への選択の証拠が配列の多様性にみられる。（A）2つの異なるルシフェラーゼ遺伝子が背側と腹側の発光器官（背側の器官だけが示してある）で発現され，これらの遺伝子の変異にはそれぞれ別々の多型がかかわっている。腹側のルシフェラーゼは3つの対立遺伝子，黄−緑（vYG），黄（vYE）とオレンジ（vOR）からなる。（B）3つの対立遺伝子は5つの表現型を生み出す。vYG のホモ接合（YG と標示），vYG/vYE ヘテロ接合（表現型 GY），などである。McDonald–Kreitman テストは色に影響を及ぼす領域でのアミノ酸の変化が有意に過剰であることを示している。vOR 対立遺伝子は vYE 対立遺伝子よりも有意に低い配列の違い（$\pi = 0.00046$ と $\pi = 0.00129$）を示しており，vOR 対立遺伝子が最近増えたことを示唆している。

19.4 非コード DNA への選択

非コード領域に選択が働いている

　DNA 配列データの解析は，遺伝暗号の利用によってかなり促進された。暗号は本質的には普遍的なので，同じ方法がすべての生物やすべての遺伝子に対して利用することができる。同義と非同義進化のパターンを，それぞれの3つ組のコドンにおける異なる種類の変化を対比することで比較することができる。大雑把にいえば，それぞれのコドンの1番目，2番目，3番目の位置の速度を比較するのである。これにより，（例えば）ゲノム内の塩基組成の変異によって影響されないようなしっかりした検定ができるのである。最も重要なのは，異なる種のコード領域の**アラインメント**（alignment）ができ，配列を比較できるようになるということである。非コード領域の解析は，そのような配列の機能がどのようなもので，したがってどのような制約を受けているかがあまりわかっていないのでずっと困難である。さらに，そのような配列にはコード領域に起こるよりもずっと頻繁に挿入と欠失が蓄積しており，そのために違いの大きい配列の整列が困難になるし，突然変異過程のモデルが複雑になっている。

　にもかかわらず，非コード領域の配列の解析はきわめて重要である。現存の生物は生化学的機能が主として RNA によって行われていた原始的な世界から進化してきた（第4章）。RNA 分子は，遺伝暗号の翻訳のような多くの重要な機能をまだ担っている。非コード領域は転写因子と結合したり，メッセンジャー RNA 分子からイントロンをスプライシングしたりなど，さまざまな機構を利用して遺伝子発現を調節している。

　ヒト，ハエ，顕花植物，線虫のような生物は似たような数の遺伝子をもちながら，しかもたいへん異なった形態をしている（図 13.17）。この複雑で多様な生物の多くは，タンパク質というよりは RNA 分子に基づく機能と遺伝子発現の異なるパターンによって作られているに違いない（第9章）。これらの違いのなかには調節タンパク質のアミノ酸配列によるものもあろうが，大多数の違いはゲノムの非コード領域における違いであろう。しかも現時点では，

非コード領域の配列がどれくらい機能しているのか，あるいはこれらの配列がまさにどうやって機能しているのかについてよくわかっていない。

コドン使用頻度の偏りは翻訳に対する効率と正確さへの弱い選択によって起きている

　同義変異（つまりアミノ酸配列を変えない変異）に対する選択の最も理解されている例は，異なる3つ組のコドンの利用における偏りである。各アミノ酸は，いくつかの代替コドンによってコードが可能であり，それらは同等でそのため同じ頻度で使われると期待される（図2.26）。ところが，特異的なコドンを使用する強い偏りがしばしばみられる。例えば，ショウジョウバエと線虫（Caenorhabditis elegans）の両方において，CやGで終わるコドンが好んで利用される傾向がある。そのような偏りは突然変異か選択のどちらかによって引き起こされる。突然変異によって，例えばCやGが生じ，これらの塩基を含むコドンが蓄積するようになったのかもしれない。タンパク質が機能するために必要な特異的なアミノ酸配列に対する選択は，最初の2つの位置にA-Tを多く維持する傾向があるが，偏った突然変異の結果として3番目の位置にCやGを蓄積することになるかもしれない。もしくは，あるコドンをほかのものに比べて好むように選択が働くこともあるだろう。すなわち同一のタンパク質配列をもっているにもかかわらず，異なるコドンを利用する生物は適応度に差をもつことになるだろう。

　多くの生物において**コドン使用頻度**（codon usage）は突然変異圧によって単純に決まるというより，弱い選択によって偏りができているということがいくつかの証拠で示唆されている。大腸菌，酵母，線虫，ショウジョウバエにおいて偏りの程度は遺伝子発現のレベルに関係している（例えば図19.25）。このことは翻訳効率に対して選択があることを示唆している。例えば，もし必要なトランスファーRNA（tRNA）が豊富にあるほど，遺伝子は素早く翻訳される。このことは大腸菌，酵母やほかの微生物で好まれて利用されているコドンが最も豊富に存在するtRNAに対応するという観察によって支持されている。転写産物がいろいろな方法でスプライシングを受けて成熟mRNAになるキイロショウジョウバエの遺伝子間の比較は最も説得力がある。常に翻訳される配列は，あまり頻繁に翻訳されない配列よりも高いコドンの偏りを示していた。

　翻訳の効率に対する選択に加えて別の種類の選択も働いている。大腸菌とショウジョウバエでは，遺伝子内の機能がより重要な部位（種間の小さな差異に反映されている）はより強い偏りを示す。翻訳全体の速度に対する選択は，すべてのコドンに対して同等に働くだろうから，同じ遺伝子内の部位間の変異を説明することはできない。選択はむしろ，翻訳の正確さに働くだろう。まれなtRNAを必要とするコドンは，より普遍的な，しかし誤ったtRNAが正しいものがみつかる前に結合してしまうので，間違ったアミノ酸を取り込む機会が大きい。もちろん，選択は翻訳率と正確さのみに働くわけではない。コード領域内であっても，多くの部位にはRNAレベルで重要な調節機能がある。次項では，そのような選択をもっと詳しく調べてみよう。

　選択で有利になっていると考えられているが，大腸菌や酵母で多量に発現している遺伝子においてさえ使用頻度の高いコドンの固定はめったに観察されない。現在，1つのコドンに対する選択はとても弱いに違いないと考えられている。実際，コドン使用頻度の偏りは，非常に弱い選択によって維持されている適応の最もよい例としてあげられる。それで，このおそらく不完全な適応というのは，選択を妨害し，その妨害によってコドンの偏りの強さを減

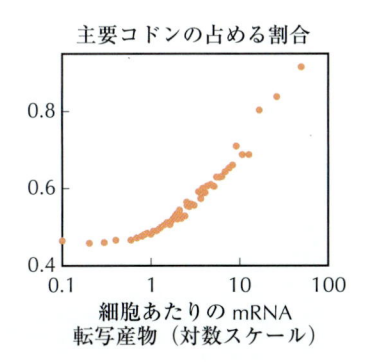

図19.25 ▪ コドン使用頻度の偏りは，酵母（Saccharomyces cerevisiae）では遺伝子発現のレベルとともに増加する。好まれて使われる（"主要"）コドンの占める割合が，細胞あたりのメッセンジャーRNA（mRNA）転写産物の数に対してプロットされた。

らしているランダムな遺伝的浮動によるものであろう。第18章で（pp.533 〜 535），もし $N_e s$ が小さければランダムな浮動が選択を有意なレベルで妨げることをみてきた（この鍵となるパラメータは選択率と浮動率の比，$s/(1/N_e)$ である）。大腸菌における偏りの程度は $N_e s$ がおよそ0.8と示され（図19.26），そして同様の推定値がほかのいろいろな細菌やショウジョウバエから得られている。おもしろいことに，有効な集団の大きさがより小さい（$N_e s \ll 1$）と思われる哺乳類においては，コドンの偏りに対する選択の証拠はあまりみつかっていない。

大腸菌について，翻訳効率に対するコドン使用頻度の影響と，増殖に対する翻訳効率の生化学的影響に基づく大雑把な計算によると，タンパク質生産に比例するような選択係数はリボソームタンパク質のような最も大量に発現している遺伝子に対して，世代あたり最大でおよそ 10^{-4} であることが示唆されている。この選択は非常に弱く，1万世代以上かけてゆっくり変化することを意味するが，世代あたり塩基あたりおよそ 10^{-9} の突然変異率に比べてもずっと強いし，大腸菌のかなり大きな集団サイズから予想される浮動率よりもかなり強いものである。中間程度の偏り（$N_e s$ がおよそ1近くの値）が多くのさまざまな生物や遺伝子にわたってみられることは驚きである。大きな $N_e s$，つまりコドンの完璧な偏りが，多くの生物の大量に発現している遺伝子にみられ，逆のケースではほとんど偏りがみられないと思われる。

ショウジョウバエでは組換えの少ない領域において偏りが少ないという観察から，もっともらしい説明が提案されている。有利な突然変異や有害な突然変異に対する選択は，連鎖している部位のヌクレオチドの変異性を減少させるということを前節でみた。この同じ過程は，ある種の遺伝的浮動を引き起こすことによって選択に対する応答を減少させている。第23章でもっと詳しくそのような効果を調べてみる。ここでは，遺伝的変異性のレベルと（p.400 〜 402参照）コドン使用頻度の偏りから推定された $N_e s$ の値の両方は，総個体数はたいへん異なるにもかかわらず大腸菌においてショウジョウバエよりもそれほど大きくないのはなぜかを説明できることを指摘しておく。遺伝的浮動の多くは，単純なサンプリングによるというよりも，連鎖した遺伝子座のランダムなヒッチハイキング効果によって引き起こされるのだろう（p.462参照）。

RNA分子の対合に対する選択は検出できる

すべての発現している遺伝子配列がタンパク質をコードしているわけではない。特異的な構造や機能をもったRNA分子も作られる。例えば，リボソームRNAは，リボソームタンパク質との相互作用や触媒活性による制約のために非常に保存的な構造をしている。メッセ

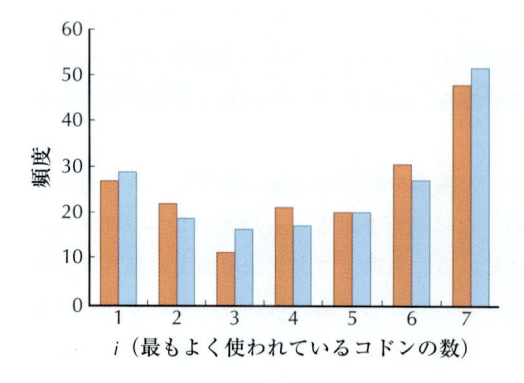

図19.26・大腸菌で選ぶことが可能なコドンの観察される頻度（赤の柱）は，$N_e s = 0.8$ で突然変異と選択と浮動の間に予想される平衡（青の柱）と一致している。データはそれぞれ8つの配列からとった11の遺伝子について合わせたものである。

ンジャー RNA（mRNA）は，イントロンをスプライシングで除くため，また細胞質の中に運搬するため，そして翻訳装置によって認識されるための部位として認識されるような構造を作る．対合したらせん幹（ステム）のようなこれらの RNA 構造は，相補的な塩基が適切に並んでいる必要のある塩基の対合によっておもに維持されている（図 19.27）．対合したらせん幹（ステム）は異なる部位で相関して起きている変化を調べると同定することができる．ある 1 つの部位での変化は，対合を維持している相応した変化と一緒に起こる傾向がある．「この本のねらい」のところで，この方法がどのようにリボソーム RNA の構造をみつけるのに応用されたのかを述べた．ここで，非コード配列における対合の制約を同定したり，その対合を維持するのに働く選択の強さを推定するためにこの方法がどのように体系的に使われるかを示すもう 1 つの例をあげよう．

bicoid（ビコイド）という遺伝子は，ショウジョウバエ胚の初期発生にとって必要である．母親によって作られる *bicoid* mRNA は頭部と胸部を作るために卵の前方に局在しなければならない．この遺伝子の 3′ 非翻訳領域における保存された二次構造がこの局在化を担っている．9 つのショウジョウバエ種からの *bicoid* 配列を比較することで，異なる位置での変化の相関から同定される 8 つの対合領域が認められた（図 19.28）．この構造は熱力学的な予想に合っており，その領域のうち 7 つは遺伝的な操作によって確かめられた．ここで進化的な方法の有利なところは，以前には知られていなかった構造を同定するのにかなり一般的に応用できることである．

RNA 対合を維持するための選択は，集団間に加えて集団内にもみることができる．ウスグロショウジョウバエ（*D. pseudoobscura*）ではアルコール脱水素酵素遺伝子（*Adh*）のイントロンに 2 つの共通ハプロタイプがみられる．これらは同じような二次構造をとるが，たいへん異なった配列である（図 19.29）．これらのハプロタイプは古く，そしてある種の平衡選択によって維持されているのだろう．対合に含まれる部位の間の連鎖不平衡は大きく，そしてこの 2 つのハプロタプ間の組換え体では適切な対合が起こらないから，おそらく選択によっ

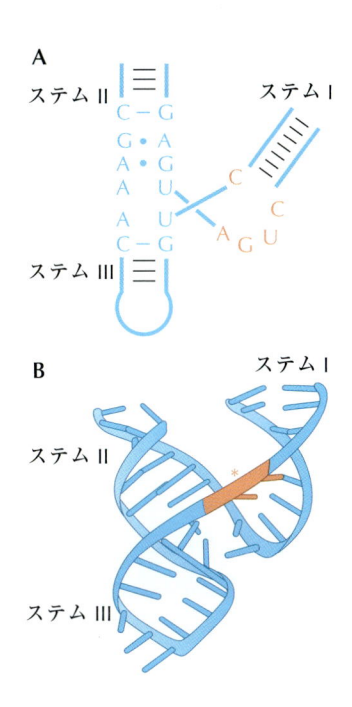

図 19.27 • RNA の構造．（A）相補的な塩基対（線で示す）がどのようにらせん状の幹（ステム）を維持しているかを示す図．（B）対応する三次元構造．

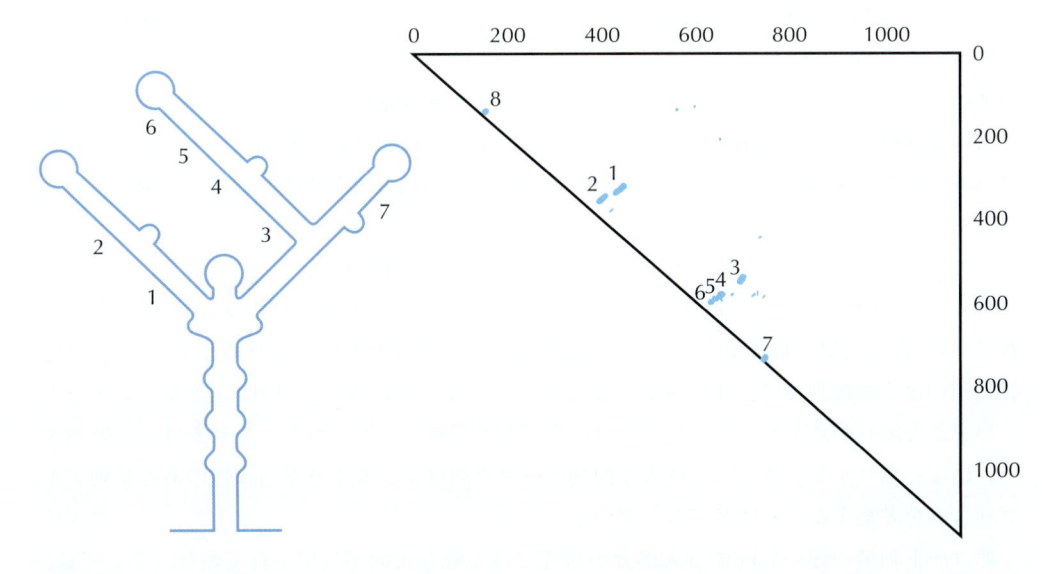

図 19.28 • ショウジョウバエの *bicoid* 遺伝子配列において，異なる位置での変化の相関は RNA の二次構造を推測するのに利用できる．三角形は系統樹の同じ部分で一緒に起こる変化をする対の位置を示している．統計的に有意な領域には 1 から 8 まで数字がふってある（例えば，領域 3 では 534 〜 542 の位置の変化が，対応する 687 〜 695 の位置の変化を伴う傾向がある）．左側の構造は独立に確認された 7 領域を示している．

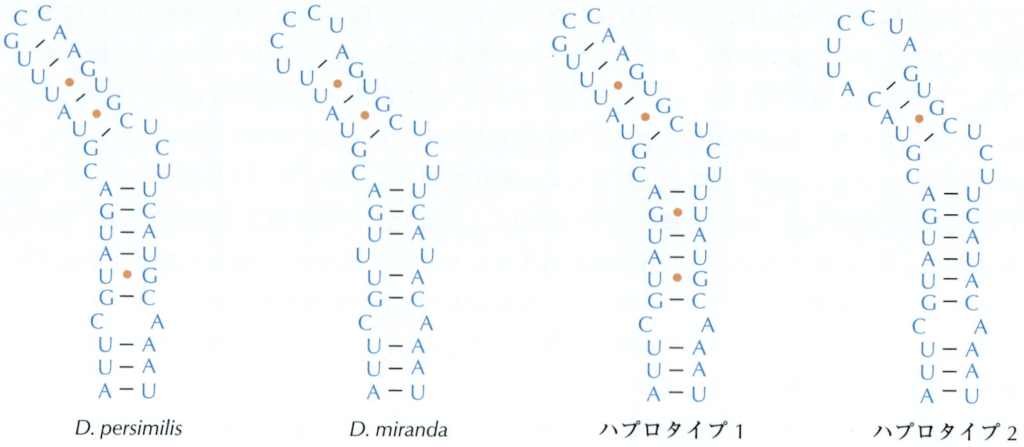

図 19.29 ● 2つの異なるハプロタイプ(1と2と表示)が，ウスグロショウジョウバエ(*Drosophila pseudoobscura*) の *Adh* の第1イントロン内で分離している。それらは mRNA 前駆体で同じような構造をしているが，配列はかなり違っている。この多型は古く，ハプロタイプ1は *Drosophila persimilis* の配列と似ているし，ハプロタイプ2は *Drosophila miranda* の配列と似ている。

て維持されている(この種の選択，この場合はよく対合する組み合わせの選択は，**エピスタシス**[遺伝子間の非相加的相互作用，epistasis]と呼ばれている。第14章，p.420参照)。

保存的な配列をさがすと機能をもつ配列を検出できる

コドン使用頻度の偏りや mRNA の対合の例では，変異の機能的意義がわかっていると信じられている。しかし一般的には，非コード配列がどのように機能しているのかや，どのくらいが選択によって維持されているかについてはほとんどわかっていない。DNA 配列を比較することで簡単に機能をもつ配列を同定できるという考え方は，したがって魅力的である。機能をもつ配列は種間においてゆっくりと分岐すると考えられ，そのため保存的な配列の領域として同定できる。弱い選択しか受けていないと仮定して，配列の違いとコード領域内の同義部位の違いとを比較することができる。あるいはゲノムの配列に沿って違いの程度における変異性を調べることもできるし，違いの少ない島領域が機能的に制約を受けていることを推定することもできる。

この方法は原理的には単純であるが，実際にはかなりの困難がある。遺伝暗号によって与えられる標準的な読み枠がなければ，非コード領域には挿入や欠失(**インデル**[indel]と呼ばれている)が無制限に蓄積するという大きな問題点がある。種がかなり分岐している場合に，特にそのような配列のアラインメントがむずかしくなっている(図 19.30)。アラインメントにわずかな誤りがあるだけで，見せかけの高い塩基置換率になったり，見せかけの分岐パターンになったりする。さらに，莫大な配列データを処理できるような信頼性のある整列アルゴリズムを考案することはとてもむずかしい。

非コード領域の違いに関する大部分の研究では広範な比較が利用されており，そこでは，機能のなくなった配列がたいへん多くの突然変異を蓄積しているので，突然変異はほとんど完全にランダムになっている。例えば，線虫の *C. elegans* と *Caenorhabditis briggsae* のゲノム間の比較から，何の類似性もない領域に分散している短い保存的領域の存在がわかった。全体では，エキソン内の72%と比較して，イントロンや遺伝子間の領域で約18%のヌクレオ

```
cctgtgtgcc----------------atacatgaagggagtaggggaGAGGGGCTGGGACCCAGGAGATCTCAAGCAACAGTTTCAGTCTAA
||||.||.||                ||||||.||||.|||..||.|||||.||||||||||||||||||||||.|||||||||.|||||
tccttggtgctgggcttaaatacagagcccatagggaggggaacttgGAGGGTCCATGACCCTCGGGACCTAACCCAGCAGTATCTGCCAAA

GCGCCCTTGGGAAGATGTGGCTTTTATGCACACACAGCTCCTCCTTATGCTGTTGAGGGAGTGCAATAGATGAC---AGAGGGGCTCCTAGGC
||.|||.|||||||||||||..||||.|||||.||||||||.  .|..|||||.|||||.||||||||||||.   || |||||.|||||||
GCACCC-AGGAAAGATGCAGTTTTTACGCACACCCAGCTCCTC--TCCGGAGCTG-CGGAGCGCAAAAGATCACATAGAGAGGAACCGAGGC

AGCCAGGtatctatctgtccctggcttggactgcatctctccaggcagggtgtccaacctgtgcgtctggctgaagtacagtgaaaataca
|||||||.||.||.||...|..|||.||.||.|.||.||...||.|||.||||||||||||||.||.|..|||||||.|||.||
AGCCAGGcgttcgccggggggtgtgcgcccttgcacctc-ctgccgcctgggcgctcagcctgtgcgcct-----------tgtggaggttaa
```

図 19.30 ▪ マウスとヒトゲノムの短い領域のアラインメント。ここでは，アラインメントを"固定"するのに十分な部位が保存されているので（垂直な青の実線），挿入や欠失（黒の実線）を同定することができる（小文字は有意な類似性がみられない領域，大文字は 50% より大きい類似性がみられる領域）。

チドが保存されていた。線虫（*Caenorhabditis*）ゲノムのわずか 28% がエキソンであるので，非コード領域はすべての機能的な制約を受けている部位の半分近くを占めている。マウスとヒトの配列の同様の比較から，たくさん分岐した配列の中に埋め込まれている，50% 以上も保存的な 100 bp 近くの長さの領域が見つかった（例えば，図 19.30）。遺伝子の端近くでは，おそらく調節に関する配列がより普遍的にみられるために制約の程度がより大きくなっている。それぞれの遺伝子について約 1000 塩基対がタンパク質をコードし，そしてさらに遺伝子あたり 2000 塩基対が選択によって制約を受けている。そのような研究から多細胞真核生物では，少なくともコード配列と同じくらいの非コード配列が選択で維持されていることが示唆されている。有害突然変異の総割合は，コード領域のみに基づいて期待されるものの少なくとも 2 倍はあるというのが 1 つの結論である。

　たとえ DNA 配列がかなり分岐していたとしても，機能の保持は可能である。このように，ここで述べた手法は，非コード配列における機能の程度をかなり過少評価している可能性がある。まったく異なった配列でも，対合が維持される限り同じ RNA の二次構造を維持できることをみてきた。同様に転写因子はさまざまな配列に結合するかもしれない。特に真核生物においては，調節配列は自身が相互作用するいくつかの転写因子によって弱く結合されるし，ある結合部位が弱くなったり，あるいは 1 つの結合部位がなくなってしまったものでさえも別の結合を強くしたり，別のものを獲得することで補うことができる。例えば，*even-skipped* 遺伝子は，今まで調べられたすべてのショウジョウバエにおいて 7 つの縞パターンを発現する。キイロショウジョウバエでは，詳しい解析によって第 2 の縞の発現を調節する特異的なエンハンサー配列が同定されている。このエンハンサーは 12 の結合部位を含んでいるが，それぞれは *giant, krüppel, hunchback, bicoid* の遺伝子でコードされるタンパク質の 1 つと結合している。ところが驚いたことには，これらの部位の 3 つのみがショウジョウバエ種にわたって完全に保存されていた。大部分の部位は，個々の塩基で異なっており，いくつかの挿入や欠失がみられ，ある系統では新しい結合部位も生じていた。それにもかかわらず，さまざまなショウジョウバエ種からの第 2 の縞調節因子をキイロショウジョウバエに導入すると，依然として正確に第 2 の縞の発現パターンを示す（図 19.31）このような例は，実際にどのように機能しているのかについてさらなる理解をせずに非コード領域への選択を同定することはむずかしいことを示唆している。分子機構の詳細を知ることなしに，配列の違いから遺伝子調節の変化を推論することはできない。

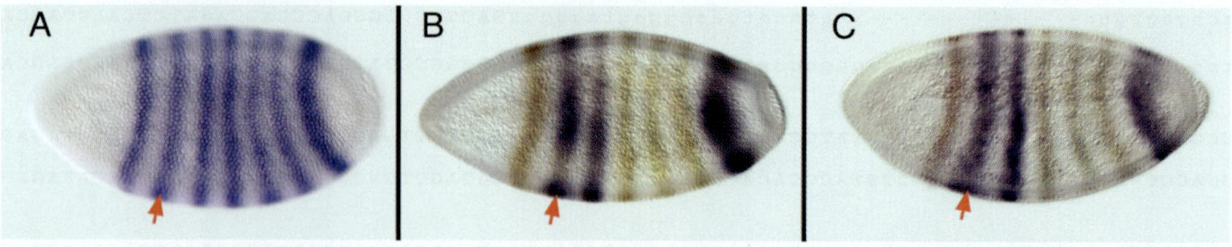

図 19.31 ・ 遺伝子制御因子の機能はショウジョウバエの種間で保存されているものがある。(A) キイロショウジョウバエ (D. melanogaster) での内在性 even-skipped mRNA の発現。(B) キイロショウジョウバエ胚における，キイロショウジョウバエの even-skipped エンハンサーによる lacZ mRNA の発現（紫の縞）調節。(C) キイロショウジョウバエ胚における，ウスグロショウジョウバエ (D. pseudoobscura) のエンハンサーによる lacZ mRNA の発現調節。キイロショウジョウバエ (D. melanogaster) の配列と同じような調節がみられる。B と C においては，茶の縞は内在性の even-skipped mRNA である。

19.5 選択の大きさ

適応度そのものがどの程度子孫に伝えられるのかを測定することはむずかしい

　個々の形質や遺伝子が適応度に与える影響を測定することはむずかしいことをみてきた。強い選択のみが直接に測定できるが，測定は労力を要するので測定した例はほんの少数しかない。DNA 配列を中立からの予想と比較する間接的な方法は，とても弱い選択を検出することができ，しかもゲノム全体の配列データに応用することもできる。しかし，そのような方法は選択の強さについては簡単には測定できない。ではどうやって選択の全般的な程度を見積もることとができるのか。

　方法の 1 つは，Fisher（フィッシャー）の**基本定理**（Fundamental Theorem）によって示唆される。すなわち，対立遺伝子頻度への選択によって引き起こされる平均適応度の増加率は，適応度の**相加遺伝分散**（additive genetic variance）に等しい（第 17 章，p.498）。もちろん，全般的な平均適応度は，集団の大きさを定常に維持するのに必要な値のところでおおよそ一定のままである。環境（自然のそして生物の）の変化に伴って適応度が減少することと選択による増加とが対抗している。したがって適応度の相加遺伝分散は自然選択の度合いのよい測定となっている。

　類縁の個体の適応度を比較することで，原理的には他の量的形質と同じ方法で適応度の相加遺伝分散を測定することができる（第 14 章，pp.426 〜 427）。これは研究室の実験では比較的単純である。例えば，図 18.5C では，時間が経って選択や浮動によって突然変異が蓄積するにつれ，異なる細菌系統間の適応度の分散がどのように増加するのかをみてきた。ただし，そのような研究室での研究は特に役に立つというわけではない。なぜなら細菌は無性生殖であるし，適応度は実験によって，あるいは，実験の人為的な条件によって少なくとも決定されるからである。自然状態で適応度の遺伝を測定するには，数世代にわたって集団内の個体の関係をつかんでおく必要がある。ヒトに対してはこのことが直接あてはまる。ヨーロッパの集団内では，例えば家族の人数は世代にわたって強く相関している。この相関は遺伝的要因に加えて文化的なものによるもので，これらは分離することが困難である。しかし，オーストラリアの女の双子の最近の研究で，二卵性の双子間よりも一卵性の双子の間に子孫の数についてより強い相関があることがわかった（41% 対 18%）。教育のレベルと宗教的な

背景を考慮して，これらのデータから適応度の分散の約 40% が相加遺伝分散によることが示唆されている。

　ヒトの例を除けば，適応度の遺伝については鳥や大型哺乳類についての一握りの研究でしか測定されていない。スコットランドのラム島にいるアカシカの人為操作されていない集団は，30 年以上もよく研究されてきた。この一群のデータから，角の大きさと適応度のような形質間の関係をどうやって推定するかはすでにみた（図 19.8）。個々のシカの適応度（つまり生涯に生む子孫の数）を測定することが可能なので，適応度そのものを含む多くの形質における相加遺伝分散が，天候や密集の程度のような環境要因を考慮して関係を示す全データセットから推定されてきた。典型的には，足の長さやアゴの大きさといった形態的形質の分散のかなりの部分は，相加的な遺伝の影響に起因される。すなわち，そのような形質は高い**狭義の遺伝率**（narrow-sense heritability）を示す。ところが，出生時の体重や寿命といったような適応度により密接に関係している形質は，より低い遺伝率を示しており（図 19.32A），これは広範な調査でみられるパターンである（図 14.19）。適応度そのものの遺伝率は，0 との違いが有意ではないということが最も重要なことである。このパターンは，適応度に正の効果を与えるような対立遺伝子を固定することによって選択が相加遺伝分散を使い果たしていることを示していると伝統的に考えられてきた。しかしながら，この解釈は間違っていることが最近認識されてきた。形質の平均に相対化してみると，適応度に関する形質の相加遺伝分散は他の形質のそれよりも"高い"傾向にある（例えば，図 19.32B，pp.430 ～ 431）。ただし，分岐の環境（非遺伝的）成分はまだ高く，より低い遺伝率になっている。

　適応度に関する形質の遺伝的なそして非遺伝的な成分の両方の変異（性）は，これらの種類の形質が生物の多くの特徴やその環境によって影響されるためにとても高いだろう。このように，遺伝的な変異と非遺伝的な変異の両方にさらに敏感である。説明がどうであれ，適応度そのものの相加遺伝分散は正確に推定することがむずかしいという結論である。ラム島における研究において，適応度の相加遺伝分散は，非遺伝的な分散の成分がとても高いため 0 との違いが有意ではない。しかし，各世代の選択により適応度がかなり増加することに一致

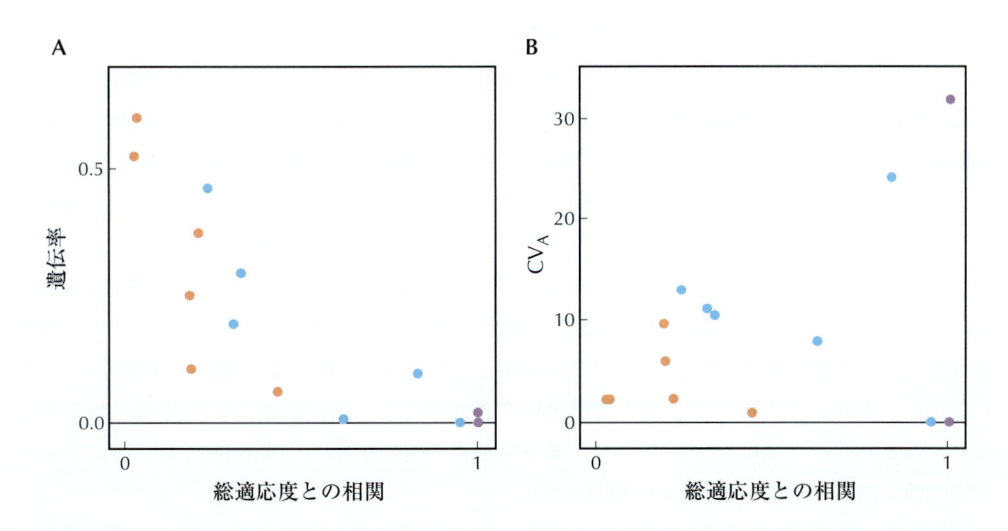

図 19.32 ● ラム島のアカシカの集団における適応度の量的遺伝学。(A) 形態や生活史にかかわるような形質の遺伝率（それぞれ赤と青の円）は，形質と適応度に相関があるために小さくなっていく。深赤色の点は適応度そのものの遺伝率を表し，これは両方の性において 0 に近いと推定されている。(B) 平均平方と比べることで標準化された相加遺伝分散（CV_A）に対する同様のプロット。総適応度では雌で 0 に近い CV_A であるが（下方の深赤色の点），雄では高い CV_A である（上方の深赤色の点）。

して，相加遺伝分散の実際の値は十分な大きさだろう。

　もし，適応度における相加遺伝分散が多ければ，自然選択が世代ごとに平均適応度をかなり増加させるだろうから，いくつかの別の過程（本質的には，突然変異か，移住か，あるいは悪化する環境のどれか）が増加と打ち消し合っているに違いない。そうでなければ，適応度とそして集団の大きさは制限なしに増えるだろう。人為的に選択を働かないようにすることによって，そのような過程による適応度の低下率を測定することができる。このようにすれば，低下に対抗するのに必要な適応度の遺伝的な分散を間接的に測定することができる。単にそれぞれの個体が同じ数の子孫を産むようにすることで，自然選択が起こらないようにできる。ショウジョウバエでは，生存力と生殖力は快適な条件で測定すれば世代あたり0.2%減少する，しかし競争条件のもとで測定すると1桁早く下がる（世代あたり約2%）。移住もなくそして（おそらく）一定の人為的環境なので，この減少は突然変異によるものである。このように，その速度は有害突然変異と関係している適応度の相加遺伝分散に等しく，これは突然変異の有害効果を通常は打ち消し合っているのだろう。

　適応度成分における同じような減少率は，高度に近交系（同系）の集団を使うか，ショウジョウバエの**バランサー**(balancer)染色体を使うことで選択が起こらないようになっているいくつかの実験でみられる（Box13.2）。顕花植物のシロイヌナズナ(*Arabidopsis thaliana*)とミジンコ(*Daphnia pulex*)の両方において，適応度成分は世代あたり1%近く減少した。対照的にいくつかの原生動物，大腸菌，線虫においてはもっとずっと低い減少率がみられた。第12章(p.378)で論議したように，これらのより低い減少率は有害な対立遺伝子に対するずっと低いゲノム突然変異率を反映しているのだろう。

全体にかかる選択の大きさは遺伝的荷重によって制限される

　自然選択の大きさを直接または間接的に測定することは困難であることをみてきた。本質上，選択力に上限があるのかどうかを問う別の手法がある。どのくらいの数の遺伝子，あるいは形質が選択を受けることが可能で，そしてどのくらいの速さで選択されるのかを問うのである。自然選択は，ランダムな変異を繰り返し選択することによって，複雑な生物をコードするのに必要な遺伝子のありえないような組み合わせを練り上げている。直感的にも，この過程が働く速度にはある限界があるに違いないと感じられるだろう。植物や動物の育種家の見通しという点から，これは実用的な問いである。家畜化した種を改善できる最も速い可能な速度はどのくらいか。そのような問いは単刀直入だと思われるが，定量することは極端にむずかしいことがわかってきたし，限界は推測よりも緩いものである。

　平均適応度における増加率への限界の1つは，子孫の数の分散，すなわち，適応度の全分散によって設定される。適応度の相加遺伝分散はこれよりは大きくなりえないし，ちょうど述べたばかりだが，おそらくずっと少ないであろう（つまり，適応度の遺伝率は低い）。しかしながら，大部分の生物には全適応度に高い変異性があり，そのためこれが制約の多くを定めているというわけではない。さらに，まさに多くの遺伝子座への中程度に強い選択でさえ，十分に低い適応度分散をもたらす（図19.33）。

　可能最大に比べての平均適応度は，ずっと厳しい制限を定めることができる。可能最大に比べての平均適応度におけるそのような減少は，しばしば**遺伝的荷重**(genetic load)と呼ばれている。もっと正確にいうと，荷重を $L = 1 - \overline{W}/W_{max}$ と定義することができ，ここで W_{max} は可能な最大の適応度で，$\overline{W}$ は平均適応度である。遺伝的荷重は，集団の平均適応度 $\overline{W}$ が可能最大の適応度から減少するその割合と考えることができる。なぜなら，最適の遺

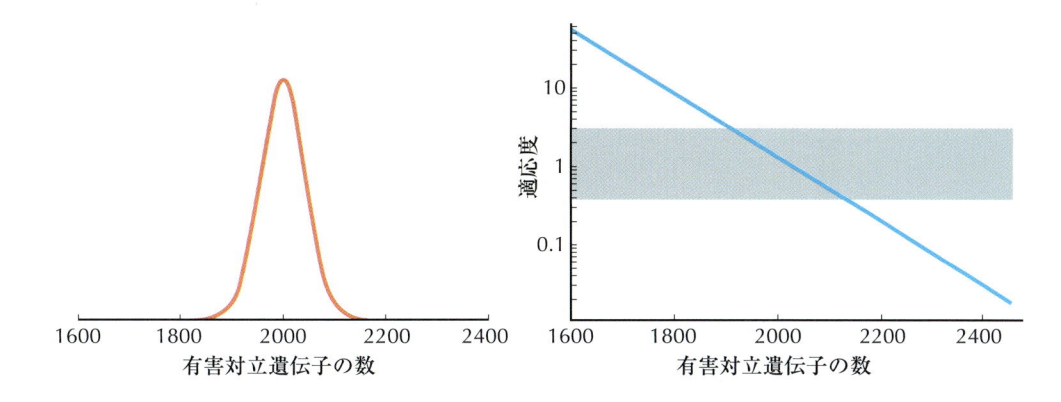

図 19.33 ■ 多数の遺伝子に対する選択は，穏やかな適応度の変異しか生み出さない。例えば $n = 10,000$ の二倍体のそれぞれの遺伝子座において $p = 10\%$ の頻度であり，対立遺伝子への選択 $s = 1\%$ だとすると，適応度における総分散は $2ns^2pq = 0.18$ となる。個体の98%以上が 1900 から 2100 の有害対立遺伝子をもち，そして適応度の範囲は集団平均（影の領域）に比べて 0.37 〜 2.7 となる。（左）個体あたりの有害対立遺伝子の数の分布。（右）相乗効果を仮定したときの有害対立遺伝子の数とともに適応度が減少するようす。平均的な個体の適応度を 1 とした。

伝子型を適応度 $W_{\max}$ で常に維持するような理想的な過程というよりは，自然選択によって進化しているといえるからである。

さまざまな選択の種類に応じて何種類かの荷重がある

有利な対立遺伝子の選択に関係するような荷重は，J.B.S. Haldane（ホールデン）によって定義され，彼はそれを**自然選択のコスト**（cost of natural selection）と呼んだ。**置換による荷重**（substitution load）とも呼ばれる。いま急激に環境の変化が起こり，それで集団の平均適応度が即座に下がった場合を想像してみよう。Haldane によって最初に使われた例で，休憩場所が工業汚染によって黒っぽくなった際にカモフラージュできなくなったオオシモフリエダシャク（*Biston betularia*）を取り上げよう（図 1.38，17.18）。理想的なのは集団全体が即座に最適の遺伝子型，この場合は黒いガに置き換わることであろう。実際，黒が高い頻度に達するのに数世代かかる。そして，これらの世代の間に黒でない多くのガは鳥によって捕食される。この例における置換の荷重は，集団がすぐには黒にならないために生じる平均適応度の減少をかかった時間について合計したものである（図 19.34 の陰の領域）。このことは集団に対する実際の荷重を表し，それは（おそらく）生存率とその数を減少させている。

Haldane は相加的な遺伝子作用を仮定して，対立遺伝子の頻度が p から固定するまで増加するのに必要な選択による死の総数は，おおよそ $2\log_e(1/p)$ になることを示した。注目すべきなのは，荷重が選択の強さやパターンに無関係なことである。このことは，強く選択を受ける対立遺伝子は各世代で高い死亡率を引き起こすが素早く固定する一方，弱く選択を受ける対立遺伝子は各世代であまり多くの荷重を起こさないが固定までに長い時間かかるということである。モデルの範囲での結論は，対立遺伝子が最初はまれであったと仮定して，総荷重は $L = 10 \sim 40$ の範囲であろうとしている。この数は1つの集団あたりの選択死の総数である。例えば，もし集団が 100 万個体であるとすると，置換の荷重 $L = 20$ というのは，自然選択が適応を完了させるのにかかる時間のために 2000 万の個体が生殖にあずかれないということを意味する。

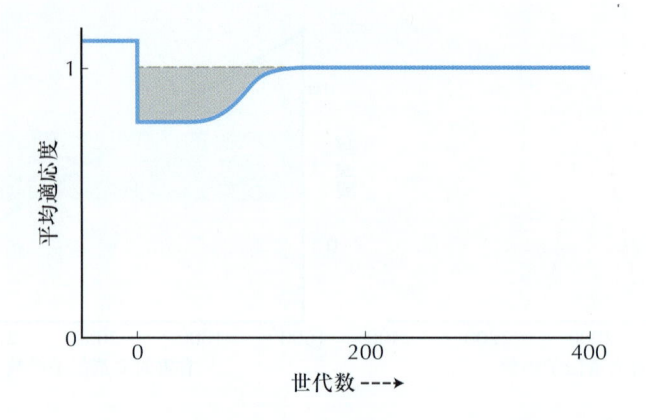

図 19.34 ▪ 1 つの対立遺伝子から別の対立遺伝子への置換には，置換の荷重がかかわる。最初は，集団は平均適応度 1.1 をもっていた。それから環境が急激に変化し，平均適応度が 0.8 に下がった。以前は有利ではなく，選択によって低い頻度($p_0 = 0.0001$)に保たれていた対立遺伝子 P は，今や有利なものになる。遺伝子型 QQ，PQ，PP の適応度はそれぞれ 0.8，0.9 と 1 とする。約 100 世代後，この対立遺伝子はありふれたものになり，一掃して固定に達する。しかしながら，集団は自然選択によって適応するのを待つ間に適応度が 20% 下がる損害を受ける。影のついた領域で示された全体の損失は，$2 \log_e(1/p_0) = 18.4$ である。

Haldane の議論は，世代あたり多くのアミノ酸置換はありえないということを示唆しており，中立説に対する動機づけの鍵となった。種間に観察される適応的なアミノ酸の違いが固定するのに必要な置換の荷重はどのくらい大きいのか。同義と非同義に関する分岐や変異の比較から，$D.\ simulans$ と $D.\ yakuba$ とが分かれた 600 万年の間に約 27 万の適応的な置換が推定された(pp.576 〜 577 参照)。1 年に 10 世代を仮定し，分岐は両方の系統に沿って起こることを考慮すると，これはおおよそ $2 \times (6 \times 10^6)/270{,}000 \approx 450$ 世代に 1 個の置換を意味する。このように，世代あたりの荷重は $(10 \sim 40)/450 = 2 \sim 10\%$ の範囲に収まる。同様の推定がヒトと旧世界ザル間の分岐に対して行うことができる。選択のこのレベルは，ショウジョウバエなどの急速に増殖する生物にとっては簡単に子孫を作ることができる数であるし，我々のようなゆっくりと増える生き物に対してさえも多すぎるとは思えない。ただし，もし適応が短期間の爆発期(種形成の間や環境の変化した時期)に集中するなら，あるいは非コードにおける違いのかなりの割合もまた適応的であるとしたら，置換の荷重はかなりのものになるだろう。

有害突然変異と平衡選択もまた遺伝的荷重を引き起こす

有害突然変異が一定して起きることもまた，集団の平均適応度を減少させている。Box 18.2 において突然変異 μ と選択 s の間のつり合いでは，有害対立遺伝子の平衡遺伝子頻度は μ/s であることを述べた(ここで s は単一有害対立遺伝子によって引き起こされる適応度の減少であり，二倍体においては，野生型ホモ接合に対するヘテロ接合体の適応度の減少である)。ここで，遺伝子の各コピーによる適応度の平均損失は $sp = \mu$ となる。一倍体(半数体)の集団においては，したがって有害突然遺伝子を取り除くために必要な適応度の損失は，集団あたりそして世代あたりで総突然変異率 μ に等しい。二倍体集団においては，それぞれの個体は各遺伝子を 2 コピーもっており，そのため**突然変異による荷重**(mutation load)は 2 倍大きく，2μ となる。

置換の荷重に対しても同じであったが，結論は選択の強さには依存しない。弱有害対立遺伝子はそれらをもつ個体に対して影響は少なく，集団中に高い頻度にまで蓄積するだろう。この結論は数式に頼ることなしに理解することができる。突然変異によって集団に入ってくるどの有害突然変異も究極的には選択死によって除かれなければならない。

適応度の効果は遺伝子に対して相乗的であると仮定すると，全体の平均適応度は $(1-\mu)^n$ でこれは，非常によい近似で e^{-U} となる。ここで，n は有害突然変異を受ける各個体における遺伝子コピーの数で，$U = n\mu$ はゲノム全体にかかる有害突然変異の合計の率である。遺伝子あたりの突然変異率は小さいが，総突然変異率 U は大きくなりうるし（図 12.23 参照），したがって，集団全体の平均適応度にかなり影響を与えることであろう（二倍体では，1 つの遺伝子座の両方のコピーは突然変異を受ける。このように，n は遺伝子座の数の 2 倍で，慣例により $U = n\mu$ は，二倍体ゲノムあたりの突然変異率である）。

同様に他の過程も遺伝的荷重に関連している。平衡選択もまた**分離による荷重**（segregation load）をもたらす。もし，ヘテロ接合体がどちらのホモ接合体よりも適応度が高いとすると，多型が維持される（Box17.1）。ところが，ホモ接合体は連続して作り出され，そして集団は，最も適応度の高い遺伝子型，ヘテロ接合体を 50% 以上は含むことはできない。集団への移住は，新しいすみかによく適応していない対立遺伝子を持ち込み（第 16 章），ランダムな浮動が対立遺伝子の頻度を最適なところからずらし，そして選択によって作り上げられてきた遺伝子の組み合わせを組換えが壊す（第 23 章参照）。これらの過程のすべてが適応度を下げるので，自然選択によって埋め合わされなければならない。これらは選択の大きさ，固定することのできる適応的変化の数，ゲノムの機能的に重要な領域への総突然変異率，そして平衡多型の数に，同時に強い制約を課すようである。

遺伝子間における相互作用が荷重を大きく軽減できる

ここで概説した類の荷重の単純な論議は，非常に厳しく批評されてきた，おもには，単一の遺伝子座の荷重を全ゲノムに外挿することができるという仮定をしていることに基づくものである。実際に遺伝子は，全体の荷重が遺伝子ごとの計算から期待されるよりもかなりずっと少なくなるような相互作用をしている可能性がある。現在はまれな存在であるが，多くの対立遺伝子が有利になるような環境の変化を想像してみよう。もしそれらのおのおのが適応度に独立に影響するとすれば（ある対立遺伝子は初期の生存が 10% 増加し，別のものは雄の交配成功率が 1% 増えるなど），それらがすべて固定するのに必要な選択死の数は Haldane の計算によって与えられ，含まれる遺伝子の数に比例するだろう。しかしながら，各世代で最も有利な対立遺伝子のセットをもつ個体が子孫を残すために選ばれるとしたら，選択はもっとずっと有効に働く。集団の中での"最適"のこの選択は**切頭選択**と呼ばれ，選択される個体の割合に対して最も早く選択への応答を示す。この理由により，人為的な育種プログラムにおいてはこれは通常実践していることである。もし有利な対立遺伝子がまれであれば，置換による荷重が最も厳しい状況では，どの有利な対立遺伝子もそれぞれの世代で選択されるし，荷重は含まれる遺伝子の数には依存しない。

同様の議論が突然変異と分離による荷重にも適応される。切頭選択はおのおのの遺伝子に独立に働く選択よりもよりずっと効率的であることを述べた。もし切頭選択が典型的なものであれば，荷重の議論は，よい遺伝子を固定させたり，悪い遺伝子を除いたり，あるいは集団に変異を維持したりする自然選択の力に強い制限を加えるものではない。しかしながら，選択は実際にこのやり方で働いているのかどうか，それで集団は最適に進化しうるのかとい

う疑問が生じてくる。この問題については第 23 章(pp.751 〜 755)で扱う。

　なんらかの理想的なものによるのではなく，自然選択によって生物は進化するので，集団の適応度がどのくらい減少するのかを理論的に推定することが，遺伝子相互作用があるためにむずかしくなっている。しかし，遺伝的荷重はかなりのものになることはわかっている。ヒト新生児の約 1.5% はなんらかの遺伝的病気を患うし，もっと多い割合が強い遺伝性の要因をもつ病気を患っている。新しい突然変異によって引き起こされる生存や生殖の損失ばかりではなく，分離による荷重(例えば，鎌型赤血球貧血症。Box 14.1)や置換による荷重(例えば，ラクトースアレルギーのような西欧の食事に関連した病気。第 26 章，pp.842 〜 845)に関するヒト集団からの例があげられる。

　おそらく"完全な"遺伝子型というのはないのだろう。遺伝病や自然老衰のある割合は，避けることのできないトレードオフのためであろう(p.605 参照)。例えば，免疫系の成分の欠失はある病気に対する耐性をもたらすが，他の病気に対して感受性が高まるかもしれない。マラリアに耐性をもたらすダフィー(Duffy)対立遺伝子(pp.577 〜 578 参照)や，HIV に耐性の CCR5-Δ32 対立遺伝子(p.469 参照)の例を思い起こそう。しかしながら，病気の多くは我々の繁栄が自然選択に依存していることによるものであろう。

■ 要約

　多くの種類の自然選択について考察を行ってきた。メンデル遺伝に従う可視形質の多型，個々の遺伝子，そして量的形質について選択がよく理解されている例をあげた。選択が働いていることは実験室や自然集団でみることができるし，あるいは DNA の配列変異の中に残されている痕跡から推測することもできる。我々自身の種の進化も含めて，選択は化石の記録の中にみられる最も速い変化をはっきりと説明することができる。Darwin（ダーウィン）にとってと同じように，このことに対する最も強い証拠は農場や実験室での人為選択の印象的な結果からくるものである。

　しかしながら，多くの解けていない問題が残っている。遺伝的変異の**平衡仮説**(balance view)と**古典仮説**(classical view)の論争は，これは 1970 年代の**選択論者**(selectionist)対**中立論者**(neutralist)に形を変えてはいるが，まだ解かれぬままである。種間と種内の DNA における多くの変異は，適応度に意味のあるような影響を与えないことと，機能的な配列は主として突然変異による悪化を純化選択によって除くことで維持されているということは広く受け入れられている。しかしながら，種間の機能的な配列における違いのどのくらいの部分が選択によって作られているのか，種内の多型のどのくらいの割合が突然変異ではなく平衡選択によって維持されているのかについての意見は一致していない。

　選択の性質や大きさについてのより詳細な多くの疑問は残されたままである。典型的には選択による適応は 10% なのか，0.1% なのか，あるいはいくらなのか。適応度の変異のどのくらいが子孫に伝わるのか。どこに平衡選択が実際に働いているのか，どうやってまれな対立遺伝子が有利さを得ているのか。非コード配列のどの程度が選択によって形づくられているのか。さまざまな生物にわたって遺伝的変異のレベルが比較的同じくらいなのはなぜなのか。

　DNA 配列の試料から選択を検出するための間接的方法を使うと，わずか数例ではなくゲノム全体や生物の分布範囲にわたっても適用できるようなそのような問いに答えられるかもしれないという期待がもてる。種間にみられる違いの割合の比較から，選択によって維持されている機能的な配列を同定することはすでに実現可能になっている。同様に適応進化速度のゲノム規模での推定が行われるようになったばかりである。ではあるが，現存の集団内の選択を検出したり，その強さを測定したり，そしてどのように働いているかを見つけることはずっと困難である。このために遺伝的な操作と注意深い統計解析という労力を要する組み合わせが必要なのである。

■ 文献

Barton N.H. and Partridge L. 2000. Limits to natural selection. *BioEssays* **22:** 1075–1084.
さまざまな遺伝的荷重と選択の有効性にかかる制約についての考察。

Bell G. 1997. *Selection: The mechanism of evolution*. Chapman and Hall, New York.
遺伝子や量的形質にかかる選択の直接測定についての詳しい総説。

Burt A. 1995. The evolution of fitness. *Evolution* **49:** 1–8.
適応度の相加遺伝分散に焦点をあてた選択の全般的な程度についての証拠の再検討。

Eyre-Walker A. 2006. The genomic rate of adaptive evolution. *Trends Ecol. Evol.* **21:** 569–575.

Kimura M. 1983. *The neutral theory of molecular evolution*. Cambridge University Press, Cambridge; Gillespie J.H. 1991. *The causes of molecular evolution*. Oxford University Press, Oxford; Hey J. 1999. The neutralist, the fly, and the selectionist. *Trends Ecol. Evol.* **14:** 35–37.
木村と Gillespie は分子進化を決定する選択の重要性について相反する見解を著した。Hey（1999）は中立論者対選択論者の論争についての最近の見解を著した。

Kingsolver J.G., Hoekstra H.E., Hoekstra J.M., Berrigan D., Vignieri S.N., et al. 2001. The strength of phenotypic selection in natural populations. *Am. Nat.* **157:** 245–261.
"自然界の自然選択"の調査。

Kreitman M. 2001 Methods to detect selection in populations with applications to the human. *Annu. Rev. Genom. Hum. Genet.* **1:** 539–559; Fay J.C. and Wu C.I. 2001. The neutral theory in the genomic era. *Curr. Opin. Genet. Dev.* **11:** 642–646.
配列の違いを利用して選択を検出する方法の総説。

Lynch M.J., Blanchard J., Houle D., Kibota T., Schultz S., et al. 1999. Perspective: Spontaneous deleterious mutation. *Evolution* **53:** 645–663.
有害突然変異による選択の全般的な大きさ（程度）に関する総説。

Nielsen R. 2005. Molecular signatures of natural selection. *Annu. Rev. Genet.* **39:** 197–218; Fay J.C. and Wu C.I. 2003. Sequence divergence, functional constraint, and selection in protein evolution. *Annu. Rev. Genom. Hum. Genet.* **4:** 213–235.
配列の違いを利用して適応進化の程度を推測した最近の研究の総説。

CHAPTER
20

表現型の進化

　生物の形態と行動はきわめて多様である。こうした多様な変異に関係する遺伝機構の詳細はいまだ明らかにはされていない。では，形態や行動といった形質の進化はどのように理解したらよいのだろうか。この章では，詳細な遺伝機構に依存しないアプローチに注目する。このアプローチでは遺伝子が表現型を決めるしくみや遺伝的変異の詳細を知る必要はない。むしろ，表現型の発現に関する詳細な遺伝学に頼らなかったからこそ，進化生物学は大きく発展してきたともいえる。実際に Darwin（ダーウィン）は，遺伝の知識をほとんど用いることなく自然選択による進化の概念を発展させている。また，**進化の総合説**（Evolutionary Synthesis）の基本枠組みは，遺伝という現象の分子的基盤が明らかになる以前に構築されているのである（第1章）。
　この章では，進化は最適化問題の1つとして理解できることから始める。古典的な例として，視覚機能に最適化された眼の構造が挙げられる。次に，生活史の最適化としての加齢（aging）の進化がある。さらに，**進化ゲーム**（evolutionary game）としての生物個体間の相互作用がある。個体間の相互作用として雄と雌の関係に注目する場合，**性選択**（sexual selection）が重要となる。これらの選択はゲーム理論の概念を用いることで理解可能である。しかし同時に，基盤となる遺伝様式も重要となる。

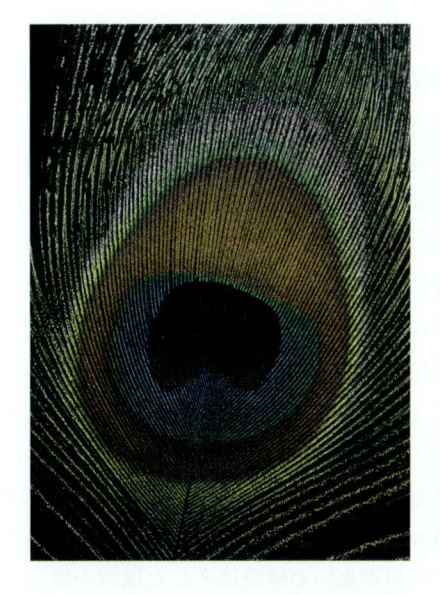

進化はどのような生物を作り出すのか？

　複数の遺伝子型が次世代に継承される際，各遺伝子型の間に適応度の違いが存在することにより選択が起こることをすでにみてきた（第17章）。そして，選択が，他の進化とどのように関連し（第18章），どのようにして検知かつ測定可能であるか（第19章）についてふれてきた。選択の原理は単純明快である。**適応度**（fitness）の増加をもたらす対立遺伝子の頻度は増加するという1点に尽きる。しかし，適応度の変化が集団の構成要因の変化に依存して

決まる場合，その帰結はそれほど単純ではない。例えば，**平衡選択**（balancing selection）により多型が維持されることがある。集団が小さい場合，突然変異と繁殖に関する偶然性により，多型維持の過程はきわめて確率的なふるまいを示す可能性がある。けれども，想定する遺伝子型の適応度とこれら遺伝子型の遺伝様式の知識があれば，集団がどのような進化をたどるのかをある程度予測することができる。

しかし，集団遺伝学的な方法そのものは，"何が"進化するのかを明らかにはしない。何が進化するかを理解するためには，何が適応し何が適応しないのかを知る必要がある。もちろん，適応・非適応の区別は，生物がもつ特性やそれが置かれた環境といったさまざまな要因に大きく左右される。そのため，詳細な予測を立てる期待はもてないと思われる。例えば，64通りの三つ組みコドン（triplet codon）を20種類のアミノ酸に対応づける標準遺伝暗号（standard genetic code）になんらかの規則性があるとは思われず，どのコドンがどのアミノ酸に対応するかに関する正確な予測は望むべくもない。きわめて多様な昆虫類は，その付属肢（appendage）が果たす機能の多様性によるのかもしれない（図20.1）。こうした多様性を昆虫一個体の発生成長の観点のみから予測することは絶望的だろう。けれども，どのような表現型が適応的であり，そのため，どのような生物が自然選択（自然淘汰）により進化しうるのかという問題を一般的な枠組みを用いて理解することはできる。これらの一般的アプローチが本章の主題である。

これから取り扱う一般的な方法は，以下の2つの方面で発展してきた方法である。**生活史**（life history）の進化と，**進化ゲーム**として行動を理解する方法である。生活史とは，生物の生き様（生存と繁殖）を意味する。具体的にいうと，生物はいつ繁殖を開始すべきか，繁殖は一度限りかもしくは複数回であるべきか，どれだけ長く生きるべきか，**雌雄同体**（hermaphrodite）の生物はどの程度の資源を雄または雌の機能として割り振るべきなのか，などの問題である。生活史に関するこれらの問題は，最適化問題の枠組みに沿って理解することができる。すなわち，制約条件の下で適応度を最大とする生活史はどのようなものか，という問題である。

集団内で生物個体が相互作用する場合，単純な最適化として進化をとらえることは通常はできない。"最適"な解は存在せず，たとえ存在したとしても，進化により集団がその解に到達する保証はない。こうした問題を取り扱う有効な方法として，進化を生物個体間のゲームとしてとらえるアプローチがある。他の戦略の侵入を許さない**進化的に安定な戦略**（evolutionarily stable strategy）という考え方である。すでに第17章と第18章で，個体間に働く相互作用が集団の構成に応じた選択の原因となる仕組みにふれた。**頻度依存性選択**（frequency-dependent selection）により遺伝的多様性が維持されうることを思い出してほしい。本章では**ゲーム理論**（game theory）を用いることで，遺伝機構の詳細に立ち入ることなく，頻度依存性をより深く理解できることにふれる。

本章の最後では，雄と雌の相互作用に注目する。**性選択**（sexual selection）である。性選択はDarwinによって最初に提案されて以来，特に過去20年あまり重点的な研究対象となった重要な進化過程の1つである。ゲーム理論と遺伝の双方の視点が重要となることにふれる。実際，数多くの論争がゲーム理論と遺伝という2つの異なるアプローチのせめぎ合いの中から繰り広げられてきたのである。

図 20.1 ● 昆虫の付属肢 appendage は多様な用途をもつ。

20.1 進化における最適化

進化の多くの事例は最適化として理解できる

　Darwin 以前，自然界が示す精緻な複雑性は，その機能を果たすべく神が創造したものであると考えられてきた。例えば，19世紀初頭に Richard Paley（リチャード・パレー）は，脊椎動物の眼は，当時の光学機器がそうであったように，視覚という物を見る目的に絶妙に適合する構造をもつことを述べている。眼の機能は網膜上に焦点を合わせるだけではない。虹彩は光量を調節し，水晶体は異なる色の光線が同地点で焦点を結ぶ構造をもち，周囲の筋肉はさまざまな距離の物体像に焦点が合うよう調節する。こうした**自然神学**（natural theology）の研究は，神という偉大な創造主(p.11 参照)により設計された完全な機能性をつまびらかにすることを目的としていた。現代の我々は，眼をはじめとする生物器官の構造は"創造主"ではなく自然選択によって形作られてきたという立場をとる。しかしながら，生物がもつ構造の多くは，それがどのようにして生成されたかにかかわらず，機能を果たすという意味で最適な存在に近い。現代では，これらの構造は繁殖成功度（reproductive success）そのもの，もしくは，繁殖を成功させるために必要な機能を最大化する存在であると解釈するのである。

　しかし，本章と次章で後ほどふれるように，自然選択はなんらかの意味で"最適"な構造をもたらすという単純な見方は必ずしも成立しない。"最適"をもたらさない例外的と思われる事例が実はとても重要なのである。個体間の相互作用もしくはさまざまな様式で次世代へ継承される遺伝子間の対立により，明らかに不適応な結末がもたらされる場合がある。こうした事例を通じて，進化の過程をより深く理解することができる。もし仮に，生物が実現可能な最適な存在として出現したのなら，生物がこれまでたどってきた進化の歴史や，過去の過程がもたらした産物の痕跡はたどれないだろう（具体例は第27章［オンラインチャプター］参照）。遠く離れた関係にある生物集団は，共通する機能に関して類似した独自の特徴をもつことがある。具体例を挙げると，コウモリ，昆虫，そして鳥はみな，翼や羽（翅）をもつ。しかし，これは起源を異にする各生物集団が互いに独立して飛翔という機能に適応した結果であり，共通の祖先をもつからではない。図20.2は，起源を異にする2つのタンパク質が，活性化部位に関して同じ構造をもつに至った例を示している。このような類似性からは，そのもととなる起源に関して何も情報は得られない。したがって，比較分析に基づいて進化の歴史をひもとく際に，我々は，注目する形質が収斂した結果なのか，もしくは，起源を同一とする相同的（homologous）なものなのかを明確に区別することに注意しなければならない（第28章［オンラインチャプター］参照）。

　そうはいうものの，特定のタンパク質や器官もしくは行動が，いったいなんのために存在するのかを問うことは重要である。ある機能を果たすうえでこうした存在は最適に近いという作業仮説を前提としたうえで，その存在がどの程度，機能の実現に適っているかを調べることができる。生物学に関する我々の理解は，生物はなんらかの機能をもち，機能を実現すべく最適化されているという認識に基づいている。こう考えるにあたり，進化過程そのものに注視しているのではない。むしろ，自然選択が進化の原動力であり，自然選択によって適応度の最大化もしくは機能の最適化が実現されていることを仮定しているにすぎない。

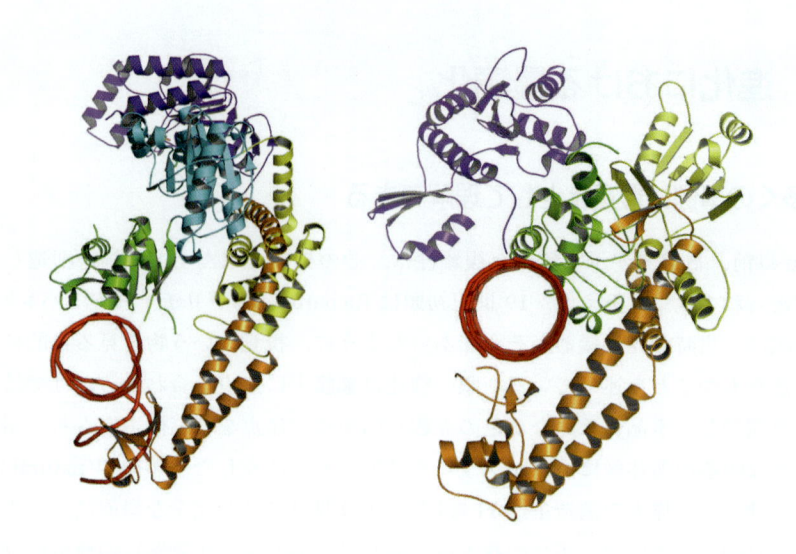

図 20.2 ・ MutS（左）とトポイソメラーゼ II（右）は非常に類似した折りたたみ構造で DNA と結合する。しかし両者のタンパク質アミノ酸配列は大きく異なっている。色はそれぞれのドメインを表す。

可能性の制約の下での最適解

理想的な生物が存在するとすれば，それは，生まれた瞬間から永遠に，可能な限りの繁殖を行い続ける生物である。もちろん，このような"ダーウィンの悪魔（Darwinian Demon）"はありえない。繁殖と生存にはさまざまな制約があり，具体的な制約の詳細は生物固有の事情によりさまざまである。通常は，生物がもつ固有の形質に注目し，限定された可能性の範囲における最適解を求めることになる。機能と適応度を厳密に関連づけることは通常は困難である。しかし多くの場合，限定された範囲内で注目する機能に関して適応度の目安となる簡単な指標を設定することができる。最適化の根底に流れる考え方を 2 つの異なる事例を取り上げて Box 20.1 で解説する。

どのような生物が進化可能かを理解するアプローチは，しばしば**適応万能論**（adaptationist program）と呼ばれる。1979 年，Stephen Jay Gould（スティーブン・ジェイ・グールド）と Richard Lewontin（リチャード・レヴォンティン）は，このアプローチに対して厳しい批判を浴びせている。彼らの批判はおもに次の 2 点に関するものである。第 1 に，自然選択により最適解が作り出される，もしくは，我々が観察する形質が実際に適応的であると仮定するのは大きな過ちであるという点。選択にはほかの進化過程が関与することがあるため，生物の進化はそれがたどってきた歴史的経緯に強く制約されるという主張である。Gould と Lewontin は，**スパンドレル**（spandrel）と呼ばれる教会建築物などで 2 つのアーチ部分に囲まれる三角形型空間をもち出して次の批判を展開している。スパンドレルにはしばしば手の込んだ装飾が施されるが，スパンドレル自体は装飾のために存在するのではない。むしろ，屋根を支えるアーチが互いに交差する結果生じる建築上の副産物であり，単にその部分に装飾を施したにすぎないのであると。彼らは続ける。生物がもつ形質の多くは，進化とは本来関係ない他の変化の副産物として出現したにすぎない。たとえその形質が現在なんらかの機能を獲得していたとしても，その起源は過去の歴史の気まぐれに大きく左右されるものであると。

Gould と Lewontin の第 2 の批判は，適応論的な思考は単に反証不可能な，**なぜなぜ物語**（検証不可能な仮説，お話）（just-so stories）にすぎないというものである。もっとも

Box 20.1 最適化の論理

　最適化の根底にある論理は単純である。可能性の制約の下で適応度を最大化するのはどのような形質もしくはどのような形質の組み合わなのかを問うに尽きる。最初の例として，フンバエが交尾に費やす時間という形質を考え，次に，細菌全体の新陳代謝を例に挙げる。

フンバエの配偶行動　フンバエ (*Scatophaga stercoraria*) の雄は，新鮮な牛糞を探索し，そこへやってくる雌と交尾を行う（図 20.3A）。そして雌が牛糞に卵を産みつけるまで雌を警護する。雄は限られた時間を雌の探索と交尾後ガードに費やさなければならない（図 20.3B の実線の曲線と直線）。この例では，平均 156.5 分の時間を費やしている。雌は通常，前に交尾した雄の精子を体内に保持しているが，新しい雄と交尾を行うことにより，古い精子は新しい雄の精子と置き換えられる。図 20.3B の実線は，交尾時間と卵の受精率の関係を示したものである。交尾時間が長くなると受精率は高くなるが，見返りは小さくなっていく。

　交尾を 1 回だけ行い，交尾後ガードを無期限に継続することで適応度を最大化しようとする雄がいてもおかしくない。しかし，雄の生涯成功度は，単位時間あたりの受精卵を最大化することにかかっている。適応度を単位時間あたりで測る場合，原点（左下）と曲線上の点とを結ぶ直線の傾きが適応度となる。なぜなら，この直線の傾きは受精させた卵の数を費やした時間で割ったものに等しいからである。すると，最適な戦略は傾きが最大となる直線で与えられることがわかる。図 20.3 が示すとおり，原点を通って曲線と接する直線である。

　小さな雄は精子を雌に送り込むのに時間がかかる。また，小さな雄は雌の探索にも時間がかかる。大きな雄が割り込んで雌を横取りし，最初から探索をやり直さなければならないからである。したがって，小さな雄にとって最適な交尾時間はより長くなる（図 20.3B の破線の曲線と直線）。雄の体の大きさの増加に伴って最適交尾時間が短くなるという予想は，雌への精子輸送率と雌探索ならびに雌ガードに費やした時間測定に基づく事実とよく一致する（図 20.3C）。非常に小さな雄の場合に予測と現実とに不一致がみられるが（図の左側），このような微小の雄はきわめてまれである。

　ここでは雄が交尾時間の決定権を握っていると仮定した。こ

れは現実的には説得力がある仮定である。次章では，雄と雌の戦略が対立する場合についてふれる。

大腸菌 *Escherichia coli* の代謝　細胞内代謝についての詳細なモデルを構築することは，きわめてむずかしい。個々の反応率をきわめて精確に測定し，さらに関係するすべての基質濃度，生産物濃度，制御分子がどのような関数型で反応率に関与しているかを調べなければならない。しかし，代謝ネットワークの構造（何が何に変化するのか）は比較的容易に知ることができる。そしてこれらの構造に原子やエネルギーの保存といった制約を設けることができる。このアプローチを用いて，酸素ならびに炭素源の摂取率の関数として大腸菌が示す最大増殖率を探る試みがなされている。この方法は絶対的な増殖率を決めるものではない。なぜなら，絶対的な増殖率は個々の反応率に依存し，それらの詳細は不明だからである。けれどもこの方法により，さまざまな反応率の相対的な最適解を求めることができる。例えば，図 20.4A の赤線は，最適

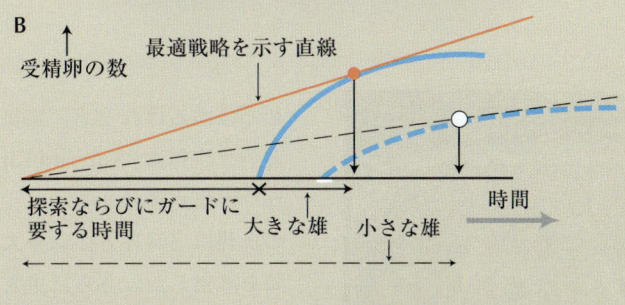

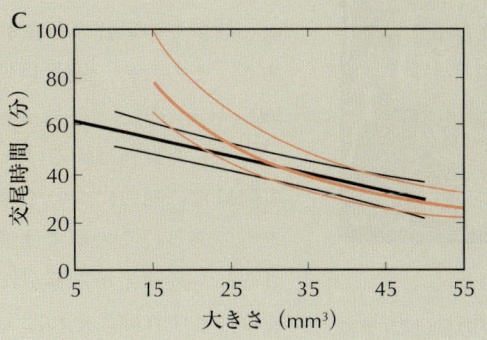

図 20.3 ■ (A) 交尾中のフンバエ *Scatophaga stercoraria*。(B) 青色太線は，雄一匹が受精させる卵数が交尾時間とともにどのように増加するかを示す。雄の適応度は単位時間あたり受精させた卵数に比例する（つまり，直線の傾きに比例）。適応度は曲線と接するとき最大となる。接点が最適交尾時間を与える。破線は小さな雄のもの。(C) 黒色太線は，雄の体の大きさの関数として交尾時間の観察値を示す（上と下の黒線は推定値の標準偏差を表す）。きわめて小さな雄（左側）を除き，観察値は予測された最適解とよく一致する（赤色線±標準誤差）。体の大きさは，後部脛節長の 3 乗根とした。

な酸素摂取率と最適なリンゴ酸の関係を示したものである。観測した摂取率はこの予測とよく一致している（点線）。温度とリンゴ酸濃度を上げるにつれて集団増殖率は大きくなるが，酸素摂取，リンゴ酸摂取，そして増殖率間の関係はいずれも最適条件を保ったままである。リンゴ酸培地で何世代も培養すると，増殖率はおよそ20%の増加を示す（図20.4Aの青点）。しかし相対的な増殖率はおよそ予測された最適条件に近いままである。

コハク酸，酢酸，グルコースを用いた実験でも同様の結果が得られる。しかし，グリセロールを用いた実験では，摂取率は予測される最適条件から大きく離れて広く分散し，予測よりも成長が遅くなることが明らかになった（図20.4B）。しかし，集団をグリセロール上で700世代培養すると，モデルが予測した最適摂取率を示すように進化したのである（図20.4C）。

フンバエの例では1つの形質（交尾時間）の最適解を求めた。交尾行動に関する他のすべての条件は固定されたものとして考えた。大腸菌の例は，436種類の代謝産物と720種類の反応を含む代謝ネットワーク全体に関する予測を立てたという点で，より大がかりで複雑な問題である。しかし2つの例は，幅広い条件範囲下で予測を吟味し，より厳密な検証を行っている点で同じである。フンバエの場合，雄の体の大きさ全般にわたる実験，代謝ネットワークの場合，温度条件と基質濃度をさまざまな範囲で変化させた実験である。

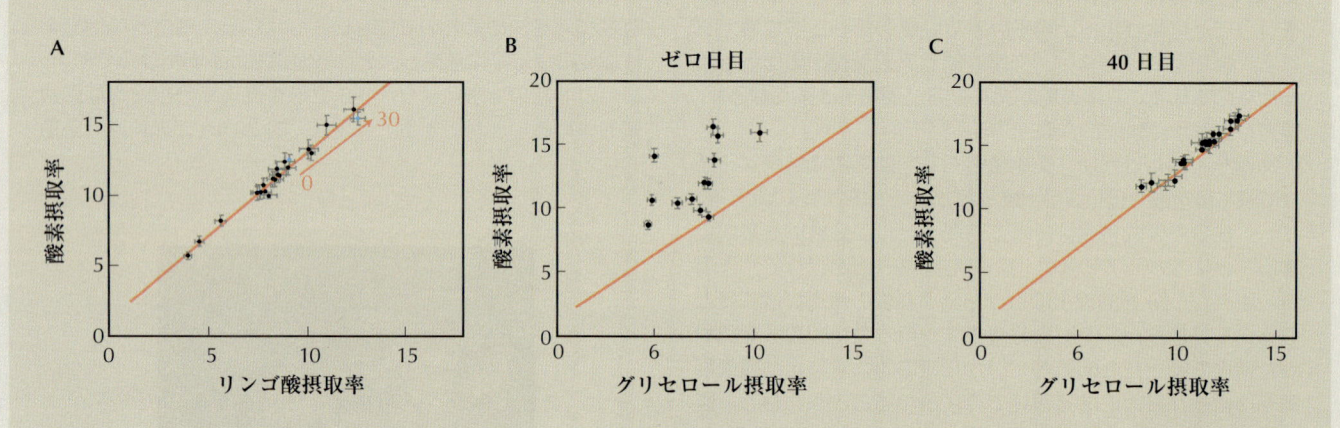

図 20.4 ■ (A)赤色線は，増殖率を最大化する酸素摂取率とリンゴ酸摂取率の予測された組み合わせ。点は，さまざまな温度ならびにリンゴ酸濃度条件下で測定された実測値。2つの青点は30日（約500世代）に及ぶ進化実験の開始条件と最終状態。単位は乾燥重量グラムあたり毎時ミリモル。(B)グリセロール上では，母集団は予測された最適条件（赤）とは一致しない。(C)しかし，グリセロール上で40日（約700世代）の選択を経ると，細菌は予測された最適条件に従うようになる。予測された最適条件への進化は，3つの反復選択実験でも同様に起こった。単位は(A)と同様。

しくはあるけれども，実証的な検証ができない説明であるというのである（"なぜなぜ物語"という語句は，Rudyard Kipling［ルディアード・キプリング］の子供向け物語に登場する，ヒョウが斑点模様をもつに至る説話などの自然現象に関する物語からきている。図20.5）。この批判は当時各方面に多大な影響を与え，進化の議論にきわめて慎重にならざるを得ない論調を確立した。さらに重要なことに，分子レベルの進化の研究が進むにつれて，適応的ではない数多くの形質の存在が明らかになった。こうした不適応は祖先がたどった歴史的遺物であり，そのため，選択以外の進化の仕組みに注目が集まるようになったのである（pp.65〜69）。

こうした批判はあるけれども，適応の議論は厳密に展開することができる。最適化を論じる際は常に制約について考える必要がある。制約は個々の生物と過去の歴史に依存してまちまちである。この章では後ほど，こうした最適化の考えに従ういくつかの具体例を挙げる。さらに，最適化から導かれた予測は実は間違いであると反証される場合がある。予測が正しくないとすれば，それは，適応度の指標の選び方が適切ではなかったのか，制約を適切に設定しなかったか，もしくは，考慮しなかった他の進化過程が自然選択に干渉したかのいずれ

図 20.5 ■ ヒョウが斑点をもつに至ったキプリングの『なぜなぜ物語』の一場面。

かである。最適化アプローチの利点は，我々自身が問題点をよく理解しているかどうかを再確認させる点にある。

適応度を構成する要因の間にはトレードオフがある

　制約の下での最適化を考える方法の1つは，適応度を構成するいくつかの構成要因の間の**トレードオフ**（trade-off）を考えることである。植物は限られた栄養資源やエネルギーを体成長もしくは繁殖開花のどちらかに割り振らなければならない。植物にとって，花粉媒介者を誘引するために大きく見栄えのする花を咲かせつつ，同時に十分な栄養を仕込んだ種を多数生産することは実際できない相談だろう。ほかの例でみると，**性比**（sex ratio）の進化（p.546）では，子孫の数は限られているため，息子をより多く生産すれば娘の数は減らさざるを得ない。要は，最大限に生存し，最大限に繁殖することはそもそもできないのである。こうしたトレードオフにはさまざまなものがある。トレードオフを具体的に検知測定する方法は後ほどふれる。ここでは，トレードオフは可能性の制約を考えるうえで有効な方法であることを強調しておく（図20.6）。

　トレードオフの考えが最適化の議論で有効であることを示す興味深い例を，遺伝物質の進化に見いだすことができる。遺伝物質としての塩基には4種類（A, T, G, C）があるが，なぜ2つや22ではなく，4なのだろうか。GC対のみ，もしくはAT対のみを用いるDNAやRNAをもつ生物は，理屈のうえでは進化してもおかしくない。逆に，ワトソン-クリックの二重らせんを構成でき，かつ，試験管内で複製可能な，これまでにない複数の塩基対が人工的に合成されている（図20.7）。したがって，化学的には，3種類もしくは4種類の塩基対を利用して6文字や8文字の"遺伝アルファベット"をもつ生物が存在してもおかしくはない。

　現行の遺伝的システム（遺伝機構）は，正確な複製と生化学的な自由度という2つの対立する要因の妥協点として実現したと考えられている。複製中に塩基が誤った対を作る可能性は，正しい対と正しくない対がそれぞれもつエネルギーの違い，ならびに，用いられる塩基の数に依存して決まる。1種類の塩基対のみを用いる複製が最も正確である。なぜなら，例えばGもしくはCのみが区別できればよいからである。したがって，GCだけの遺伝暗号をもつ遺伝機構は，複製の正確度という点で，GCとATの2つをもつ遺伝機構よりも有利である（塩基対1つだけでも情報をコードすることはできる。各DNAらせんがGCCGG GG...といった塩基配列をもち，3つではなく4つ，もしくは5つの塩基を用いてアミノ酸

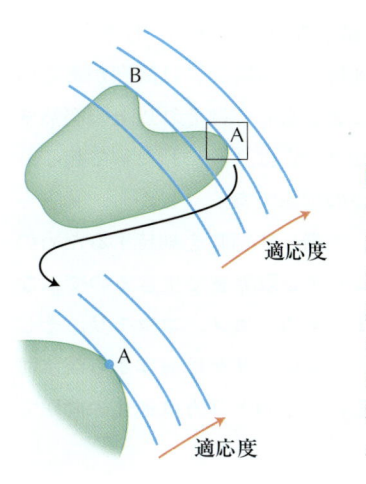

図20.6 ・制約条件下での最適化と適応度の構成要因に関するトレードオフ。図は表現型が取り得る可能な領域（緑色）と適応度の等高線（青色）を示す。横軸と縦軸はそれぞれ適応度を構成する2つの形質を表す。状態Aは，適応度を最大にする形質の組み合わせを表す。黒枠は最適解付近の拡大図。色つき部分の境界は右下がりであり，これは，ある適応要因の増加は他の要因の減少を伴わなければならないことを示している。すなわち，トレードオフの関係である。状態Bは別の局所最適解であり，第2の適応度の峰であるが，状態Aよりも適応度は小さい。Bでもトレードオフの関係が成り立つ。

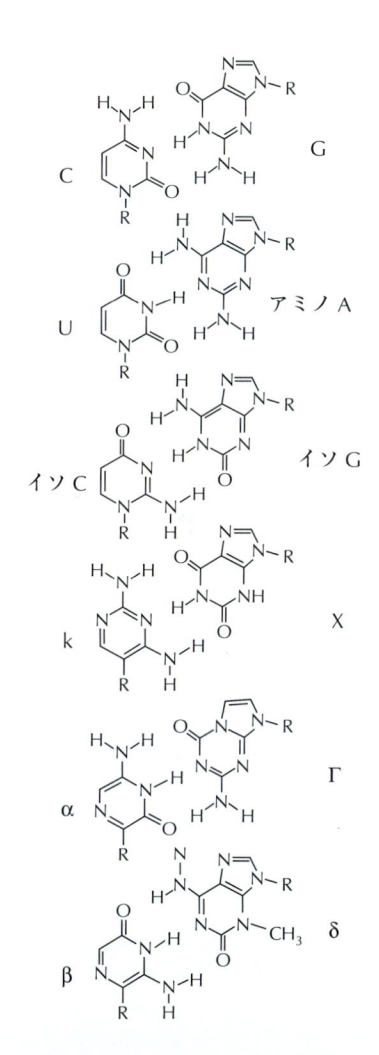

図20.7 ・6種類からなる人工塩基対系。遺伝アルファベット12文字に対応する。上の2つは実際の生物で用いられる塩基対（アデニンの構造が修正され，6つのすべての対は3つの水素結合で結びついている）。

を指定すればよい)。

　しかし，遺伝機構はRNAワールド(RNA world)において進化したことはほぼ確実であり，遺伝を担う分子は遺伝情報を記録するだけでなく，触媒としての機能も併せもっていたと考えられる(第4章, p.110)。もしそうなら，2種類より多く塩基対をもつことは，その化学的構造がより複雑になることでより多くの化学反応の触媒になりうることを意味する(20種類のアミノ酸から構成されるタンパク質が多様な反応の触媒となりうるのと同様)。こうした代謝効率と複製の正確度に関する化学的な議論により，2つの塩基対に基づく遺伝アルファベットが最も効率的であり，実際，我々の生物界がそうであるように，GCとATという2つの塩基対アルファベットは，これまで化学的に合成された塩基を含めて最も効率的であることが明らかにされている。最適化の議論に常につきまとう批判として，まだ我々が知らない他の可能性が残っているのではないか，もしくは，適応度の指標が適切ではないのではないか，がある(事実，代謝反応と触媒作用の理解が十分とはいい難い)。しかし上の議論は，現在の生物界がもつ遺伝アルファベットがいかに進化してきたかを理解する1つの論拠となることは確かである。

20.2 加齢

加齢は必然ではない

　人間を含む多くの生物では老齢になるにつれて生存率や繁殖率が下がる。なぜなのか。永久に繁殖できるよう体の機能を維持することが最適なのではないのだろうか。年をとると体機能が衰える**老化**(senescence)は，最適化の議論と一見矛盾するように思える。しかし，進化の観点から生活史に関して最も理解が進んでいる側面が老化なのである。

　ここで注意すべきことは，老化(もしくは加齢[aging]。以後，加齢と老化は同じ意味をもつとする)は死亡率とは異なる概念であることである。体の生理的状態を生涯にわたって維持できる生物がいたとしても，捕食者に出会う，もしくは死に至る病気に感染するといったなんらかの事故によりいずれは死が訪れる。老化はこうした偶然性ではなく，年をとるにつれて生存率や繁殖率が低下する現象をさす。老化は必ずしも必然ではない。ある魚は生涯にわたって成長し続ける。偶然による死を迎えるまで生存率も繁殖率も増加し続けるが，こうした事例は例外的である。自然界の鳥や哺乳類は通常，年をとるにつれて死亡率が高まっていくし(例えば図20.8)，それは微生物とて同じである(図20.9)。

　加齢は単に，可能性に関する物理的な制約の帰結として起こるのではない。おそらくは，さまざまな障害が累積するため，生物個体が自らの状態を維持できる時間には限度があるのだろう。例えば，がんは通常，細胞増殖を制御する遺伝子に2つもしくはそれ以上の突然変異が起こることによって発生する。体細胞変異(somatic mutation)は生涯にわたって起こり続ける。老齢になるにつれてがんによる死亡率が高まる1つの理由である。しかし，障害も種類によっては修復もしくは回避が可能であると思われる。実際，体細胞を維持するための数多くの細胞内機構が存在する(第12章)。生物は物理的に可能な限界まで生きるのではない。好適な条件であっても生物の寿命は種によってさまざまである。カメ，コウモリ，そして鳥は，同等の大きさの体をもつ他の動物よりも寿命が長い。逆に，サケは海洋から淡水河川へと遡上し，繁殖を1回行った後に死んでしまう。要するに，年のとり方は進化の問題であり，どのように年をとるのかはさまざまなのである。

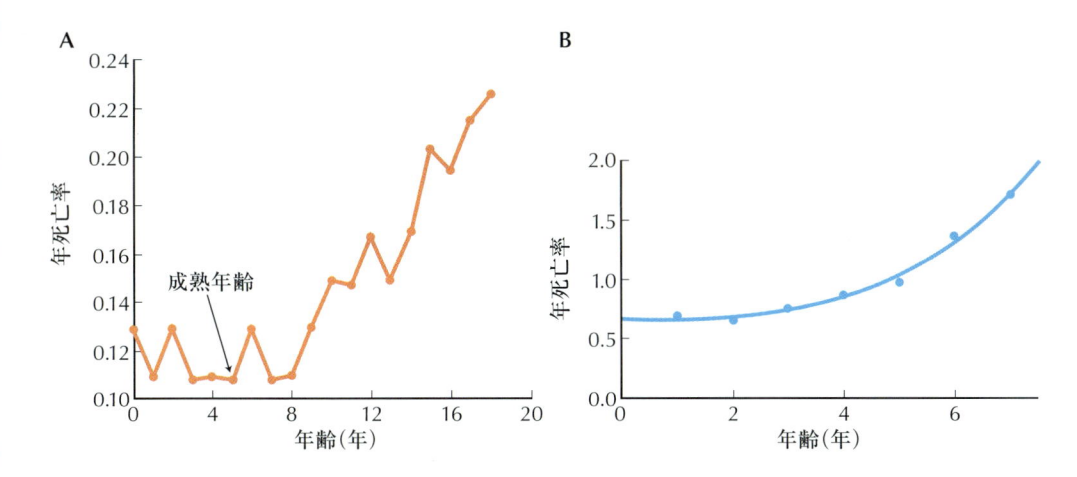

図 20.8 ● 自然条件では死亡率は年をとるにつれて増加する。(A) ワモンアザラシ *Phoca hispida* と (B) マダラヒタキ *Ficedula hypoleuca*。

加齢の進化は，老齢者が適応度にほとんど貢献しないことから起こる

　生存と繁殖が年をとるにつれて衰える基本的な理由は，老齢個体に働く選択の強さが小さいからである。仮に，まったく老化しない生き物が存在したとしよう。つまり，生存率と繁殖率を同一のまま無期限に維持しうる生物である。こうした生物にも偶然の事故による死亡の可能性が残されている。したがって，若い時期から繁殖する個体は年をとってから繁殖するものよりも平均してより多くの子孫を残すことになる。死んでしまっては子孫を残せないのである。そのため，自然選択は若い段階の変異のほうに強く働き，年をとってから現れる変異には弱くにしか働かない (Box 20.2)。老化が進化し始めると，その結果，年をとった個体に働く選択がますます弱くなる正のフィードバックが生じることになる。サケのように1回しか繁殖しない極端な例では，繁殖後の変異にはまったく選択は働かない。

　以上が加齢の進化的な説明である。この説明に基づき，偶然死の確率が低い生物ほど老化は軽微になるという予測を立てることができる。この予測は，鳥，コウモリ，そしてカメのように比較的寿命が長い生き物の存在をうまく説明する。これらの生物は飛翔能力や堅い甲羅により捕食による死亡が少ないと思われるからである。さまざまな鳥や哺乳類を調べてみると，老化率 (rate of senescence) は基準死亡率 (baseline mortality) と確かに相関していることが明らかになっている (図 20.12)。

　この予測をさらに明確に裏づける実例を，アリやシロアリ，ミツバチといった社会性昆虫に見いだすことができる。これらの生物では女王が平均して10年あまり生きるのに対し，ワーカーはせいぜい数週間の寿命しかもたない。単独性昆虫の寿命は平均しておよそ1か月でしかなく，コロニー女王の100分の1以下である。女王の寿命がこれほどに長い理由はさして驚くことではないのかもしれない。女王は十分に防御された巣内に居るし，コロニー全体の繁殖率はコロニーが成長するにつれて増加し続けるからである。同じ社会性昆虫でも，巣を転々と移動する種ではコロニー移動の危険があるため，女王の寿命はずっと短い。それにしても，コロニー成長のために卵を生産し続けるという膨大な代謝量を考えると，女王がこれほど長い寿命をもつことは驚きである (女王が毎日生産する卵の総量は自らの体重よりも大きい)。

　進化の観点から加齢を説明する枠組みは，より一般的な問題にも適用できる。弱い選択し

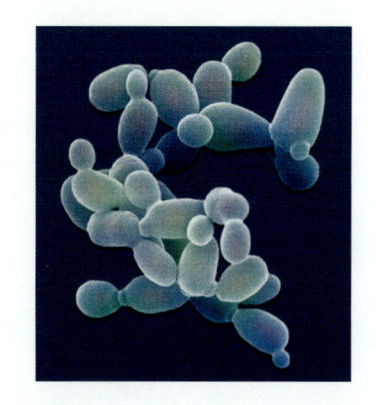

図 20.9 ● 酵母状真菌 *Candida albicans* の非対称分裂。*Candida albicans* は小さな娘細胞の出芽によって増殖するが，母細胞からの出芽が無制限に続くわけではない。

Box 20.2　年をとるにつれて選択は弱くなる

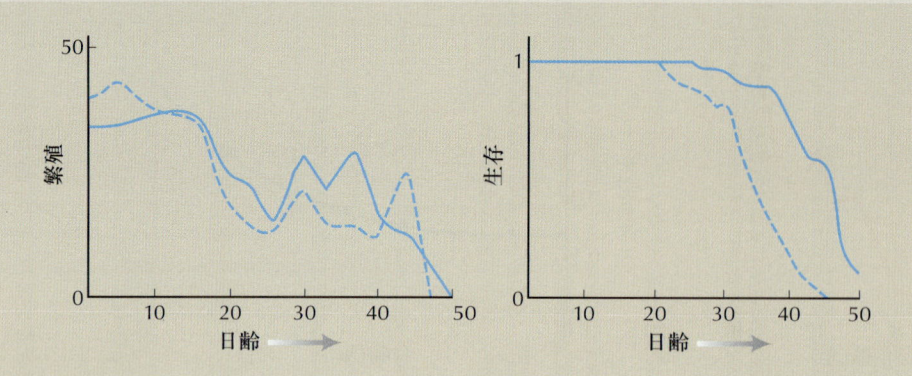

図 20.10 ● 雄の繁殖（左）と生存割合（右）の，蛹から羽化後の日数との関係。雄の繁殖は標準的な雄と比較したときの比率として測定。破線は"若齢"系列，実線は"老齢"系列。

年をとるにつれて雄雌ともに繁殖と生存にかかる選択の効果が弱くなるという実例を挙げる。キイロショウジョウバエ *Drosophila melanogaster* に，より若齢で繁殖する，もしくは，より老齢で繁殖するよう選択をかける。それぞれの選択をかけて得られた系列は，雄も雌もともに繁殖と生存が予想どおりに変化した（図 20.10）。

図 20.11 のグラフは，繁殖と生存の変化に関する雄の適応度の感受性を示す（同様の傾向は雌でもみることができる）。この感受性は，生活史に作用する選択の強さを表す指標である。

重要な点は，老齢期の選択がきわめて弱くなる点である。老化を引き起こす究極的な要因である。

2 つのグラフで，より若齢で繁殖するよう選択をかけた系列（破線）では選択は若齢期に強く働き，老齢で繁殖をするよう選択をかけた系列（実線）では選択は老齢期に強く働く。この違いは，繁殖に関する選択をかけた方（左）が生存にかけた選択（右）よりも大きい。つまり，選択は若齢での繁殖を可能にする生活史を促進するが，選択自体は若齢個体に関して強く作用する。

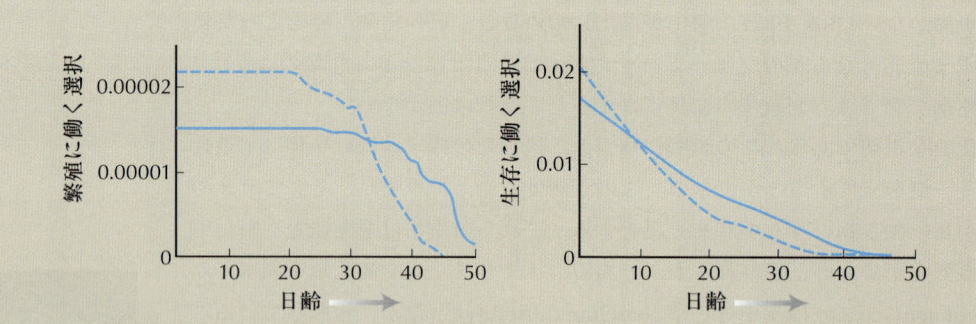

図 20.11 ● 生存と繁殖に対する雄適応度の感受性。繁殖（左）の単位は図 20.10 と同じ。生存（右）の単位は，日および死亡率減少率あたりの増加率。これらの図は図 20.10 で示した生活史をもつ集団のものである。

か働かない形質はやがて退化（degenerate）していき，形質の退化はフィードバックを通じてその形質が完全に失われる事態を導く。実際，選択が働かない機能の喪失は，洞窟に生息する眼のない魚（図 17.8），もはや発現することのなくなった**偽遺伝子**（pseudogene）（pp.239, 403 参照），細菌における遺伝子喪失（p.190），そして，不要となった代謝機能の喪失（例えば図 18.5）などに見いだせる。弱い選択しか働かない形質が部分的に退化している事例は少ない。酵母や大腸菌 *E. coli* の遺伝子における**コドン使用頻度の偏り**（codon usage bias）は数少ない例の 1 つである（図 19.26）。

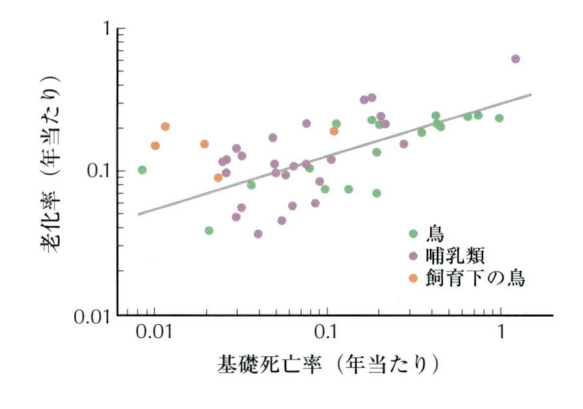

図20.12 ▪ 鳥類と哺乳類では老化率は偶発的な要因による基礎死亡率とともに増加する。基礎死亡率は，図20.8Bといった死亡率曲線の左側切片で与えられる。老化率は年とともに死亡率がいかに増加するかの指標で与えられる。

　選択が働かない形質が退化する理由，もしくは，加齢のように生存と繁殖が年をとるにつれて衰える理由は，おもに2つある。第1に，若い時点で発現する形質は適応度を大きく左右することから，生活史は若齢段階に偏った重みづけをされて最適化されるからである。第2に，老年になって有害効果をもたらす突然変異は，適応度にそれほど悪影響を与えないために蓄積していくからである。最適性と突然変異蓄積の2つの観点に基づく理論が加齢の謎を解く鍵であることに間違いはない。しかしこれまでに得られている知見からは，最適性に基づく理論の方がよりよく加齢を説明できると思われる。

加齢は最適生活史の一部として進化したのかもしれない

　最適な生活史は，若齢期と老齢期の間の生存と繁殖のトレードオフを必要とする（Box 20.3）。繁殖の遅れは適応度の低下につながるため，最善な妥協として，老齢期の繁殖を代償として若齢期の繁殖に重きを置く生活史が最適となる。遺伝学の用語を用いると，若齢期に適応的な利益をもたらす対立遺伝子は，たとえ老齢期で発現する有害な**多面発現効果**（pleiotropic effect）を差し引いても有利となるのかもしれない。実際に（通常の分子生物学的意味において）遺伝子が発現する時期は，生活史の議論とは直接は関係ない。重要なのは，遺伝子の発現時期が適応度にいつ影響するかである（例えば，胚の心臓を形作る遺伝子は，若齢期の心臓機能増強に貢献するかもしれないが，同時に老齢期における心機能不全リスクを高める可能性がある）。これは，特定の遺伝子が多面発現効果をもつ場合に起こりえる**拮抗的多面発現**（antagonistic pleiotropy）と呼ばれる現象である。しかし，最適化の理論（optimality theory）は本来，遺伝学とは無関係の理論である。最適化理論は単に，生活史に関する制約の下で適応度の最大化を取り扱うにすぎない。

　これはきわめて一般的にいえることだが，今現在の繁殖は後の生存率と後の繁殖率そのものを低下させる。この繁殖のコストにより，生活史における若齢期と老齢期の間のトレードオフがもたらされる。繁殖のコストはさまざまな生物でその存在が実証されている。例えば，ショウジョウバエ *Drosophila* の雌を遺伝的突然変異もしくはX線照射により不妊化すると寿命が延びる。逆に，アオガラ（*Parus caeruleus*）の巣に卵をいくつか追加すると，巣のもち主の母親が冬を越す確率は低くなる。たとえ冬越しに成功したとしても，翌年の雛の巣立率は低下してしまう。人工的な選択をかけることでも繁殖のコストを実証することができる。キイロショウジョウバエ（*D. melanogaster*）を，若齢の親から生まれた集団と老齢の親から生まれた集団に分離して人工的な選択をかけることができる。"若齢親"由来の集団は若齢期の繁殖能力が高く，一方，"老齢親"由来の集団は逆の傾向を示す（Box 20.2）。この選択がもた

Box 20.3　老化の進化

トレードオフと老化の進化の関係は，2つの齢クラスをもつ簡単なモデルでよく説明できる（図 20.13）。雌は1歳（若齢）もしくは2歳（成熟）に達すると1匹の娘を産むとする。この場合，生活史は2つの数値で表現できる。生まれてから1歳になるまでの生存率（J），1歳から2歳までの生存率（A）である。緑の曲線は実現可能な最大生存率を表し，若齢個体と成熟個体に関する生存率のトレードオフを表している。青線は適応度の等高線であり，右上へ移動するほど適応度は高くなる。最適な生活史は，適応度の等高線がトレードオフ曲線とちょうど接する接点で与えられる（〇印，$J = 0.935$, $A = 0.505$）。適応度は成熟個体の生存率よりも若齢個体の生存率に強く左右されることに注意。なぜなら，多くの個体は2歳に達する前に死んでしまう可能性があるからである。最適解から伸びる矢印は，ゲノムあたりの有害突然変異率 U が 0.1 のとき，有害突然変異により生存率が最適解からどの程度低下するのかを示す。水平の矢印は，成熟個体の生存のみを下げる突然変異の効果を示す。突然変異率がある閾値を超えると（$U > 0.067$）これらは無制限に蓄積し，2歳集団の繁殖が崩壊する。原点へ向かって伸びる矢印は，若齢個体と成熟個体の両方の生存率を同時に低下させる突然変異の効果を示す。この場合，閾値は存在せず，突然変異率が高くなっても生存率は単調に減少するだけである。

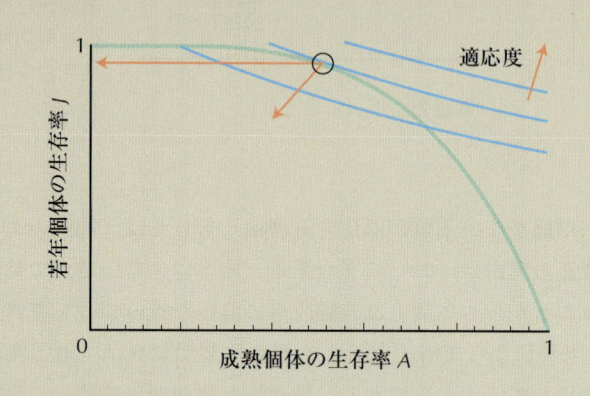

図 20.13 ■ 最適な生活史は適応度等高線と生存率に関するトレードオフ曲線から決定できる。

らす間接的な反応も見つかっている。すなわち，"若齢親"由来の集団は老齢期の生存率が低くなっているのである。このことは，若齢期の生存率を高めるような遺伝的変化が老齢期の生存率を低下させるという多面発現的な副産物をもたらしたことを示している。重要な点は，"若齢親"由来の集団で不妊化処理された雌の寿命は，人工的な選択をかけない集団で不妊化処理された雌の寿命とほぼ同等であるということである。このことは，"繁殖のコスト"そのものにより寿命が短くなったことを如実に示している。雄も雌同様に繁殖のコストを被る。北大西洋に浮かぶセント・キルダ島（St. Kilda）に生息する野生羊のソーア（Soay sheep）（図 18.27）は，ほとんどの雄が1歳に満たないで死んでしまうのに対し，雌は複数年生存する。しかし，去勢された雄は発情期に雌を巡って争わないため，雌同様複数年生存するのである。

突然変異荷重は年をとると蓄積するか

老化はまた，有害突然変異が蓄積し，老齢期にその影響が顕著になることによって進化するのかもしれない。これは，1941 年，J.B.S. Haldane（ホールデン）によって最初に提唱された説明である。ハンチントン病（Huntington's disease）は若年性認知症を引き起こす病気であり，死に至ることもある。この病気は1つの優性対立遺伝子によって引き起こされる。Haldane は，この対立遺伝子は患者がすでに子供を産み終えた後の中年期に発現するため，選択によって集団から除去されるに至らないことを指摘している。老齢期に発現するこの種の突然変異には弱い選択しか働かないため，集団中に高い頻度で保持されることは十分考えられる。老齢期に働く有害突然変異が蓄積することにより加齢が引き起こされるという考えである（図 20.13 の矢印を見よ）。

キイロショウジョウバエ集団を用いた実験から得られる知見によると，突然変異の蓄積の

重要性は比較的限定されることが示唆されている。第1の理由として，突然変異の蓄積を再現した実験では（例えば図14.30，p.592），老齢期のみに働く突然変異の証拠がほとんど見つかっていないことが挙げられる。染色体上に突然変異が起こると，若齢期と老齢期の双方において生存率と繁殖能力が低下する。このことは，突然変異は齢を問わず有害効果をもち，そのためにまれであることを示唆している。第2の理由として，より若齢の段階で繁殖するよう人工的に選択をかけると（Box 20.2）老齢個体の繁殖能力の低下が確かに起こるのだが，同時に若齢個体の繁殖能力が高まることが挙げられる。これがもし"若齢"選択から解放されて老齢期に働く突然変異の蓄積によるものだとすると，老齢個体の繁殖能力の低下が実際に顕著になるまでには相当の世代交代を待たなければならないだろう。一方で，老齢期に働く突然変異が蓄積する場合，適応度を構成する要因の**相加遺伝分散**（additive genetic variance）は年をとるにつれて増加しなければならないという予測が立てられている。実験観察はこの予測が正しいか明確な結論を出せないでいる。以上の議論はすべてショウジョウバエの実験に基づくものである。人間を含む他の生物では，変異率が高い突然変異の蓄積が老化に大きく関与しているのかもしれない。

生活史を最適化する保存された仕組みがあり，加齢はその影響を受ける

　進化理論自身は，加齢がいかに起こるかについてほとんど何も語らない。生物全体の機能に働く選択は個体が死へ近づくにつれて重要ではなくなることから，加齢にはさまざまな要因が関係していると思われる。大事な点は，加齢は，胚発生でみられるような厳密にプログラムされた機能ではなく，むしろ突然変異や他の形質に働く選択の結果，副次的に現れる現象であるということである。

　この点を考えると，寿命を大幅に延長する突然変異が特定されていることは大きな驚きである。寿命を延ばす突然変異は，酵母，線虫，ショウジョウバエ，そしてマウスで数多く発見されている（例えば図20.14）。このような突然変異が存在しても特におかしくはない。これらの突然変異はおそらくはコストを伴うため，自然条件下では集団中に固定するに至らないと思われるからである。例えば，寿命が非常に長いマウスの突然変異個体のほとんどは矮性であり，一度に産む子供の数，一腹数も少ない。近年明らかにされた驚くべきことは，これらの遺伝子のいくつかは，人間のインスリンのホモログを含む多細胞生物で保存されたシグナル経路に関連していることである。この経路は栄養状態を感知してそれに応じて代謝を調節していると考えられる。これらの発見は，従来研究者を悩ませてきた実験結果を非常に

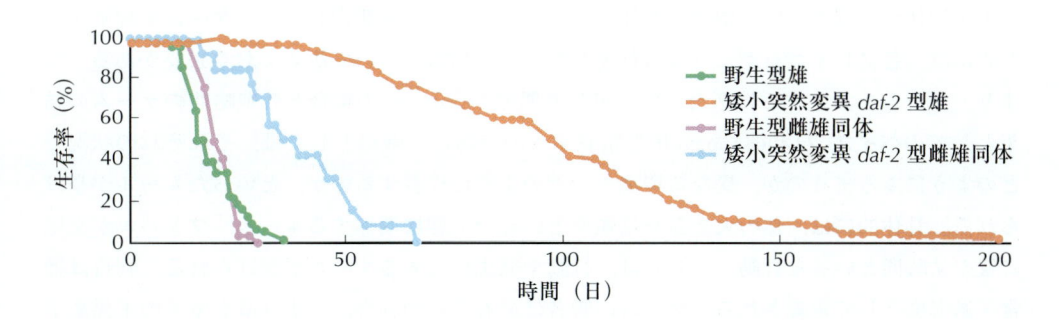

図20.14 ● 線虫 *Caenorhabditis elegans* の *daf-2* 遺伝子の突然変異は寿命を大幅に伸ばす。特に雄において顕著である。

うまく説明する。酵母，線虫，ハエ，そして哺乳類といった多岐にわたる生き物において，食糧供給を自然条件下の約3分の2に減らしてやると寿命が大幅に伸びるという実験結果である。生物は食糧が不足すると，食糧事情が好転した後に繁殖を再開することを見越して繁殖から生存へと生活史を切り換えるのかもしれない。生物は，現在直面する栄養条件に応じて生活史を調節する機能をもともと備えているという考えである（詳細はウェブノート参照）。

20.3 進化ゲーム

個体間の相互作用は進化ゲームとして理解できる

この章ではこれまで，特定の機能に関して生物がいかに最適化されうるのかという問題を取り扱ってきた。しかし，より一般的な状況では，適応度は自らの状態だけではなく周囲の環境にも左右される。他種がどの程度存在するのか，同種内において異なる遺伝子型がどの頻度で存在するのか，といった要因である。こうした状況では最適解が常に存在するとは限らない。自分が変われば相手も変わるという相互作用の下で，どのような進化が可能になるのかを理解しなければならない。フンバエを例にとると，雌の行動は雄の戦略に応じて変わるし，また逆もしかりという状況を考えなければならないのである（Box 20.1）。

適応度が個体間相互作用に依存して決まる系を理解するには，最適化の議論だけでは不足である。特に，自然選択は必ずしも適応度の増加をもたらすとは限らないという点は重要である。集団内でより高い適応度をもつ変異体が選択されたとしても，これにより他のすべての個体の適応度が下がることも十分起こりうる。これは一見，自然選択により平均適応度は相加遺伝分散に比例して増加するという，Fisher（フィッシャー）の**基本定理**（Fundamental Theorem）（p.498）と矛盾するかのように思える。しかし，Fisherの方程式で考慮されていない仕組みが働くことにより，自然選択による遺伝子頻度の変化が必ずしも集団の適応度の増加をもたらさない場合があるのである。単なる最適化の議論だけでは，たえず繰り返される進化的サイクルを説明することはできない（図20.16〜20.18 参照）。

すでに，少数派が得をする状況では頻度依存性選択（pp.513, 544〜547）により遺伝的多型が維持されうることをみてきた（例えば図18.19〜18.21, 19.5）。ここでは，複数の生物間の相互作用を通じて現れる頻度依存性の帰結を理解するための重要なアプローチに注目する。ゲーム理論である。ゲーム理論は，表現型のみに注目して背後の遺伝的詳細には依存しないという点で，すでにふれてきた最適化の議論の延長上にある概念である。

生物個体が同種あるいは他種の個体とゲームを行う状況を想定しよう。ゲームを理解するためには，各プレイヤーがとりうる行動とゲームの結末について決めておく必要がある。つまり，ゲームを設定するにあたって，可能な**戦略**（strategy）の集合と各戦略間のゲームの結果としての**ペイオフ（利得）** payoff を定義するのである。戦略としては，それぞれの状況でどのようにふるまうのか，異なる環境下でどのように成長するのか，といったルールが挙げられる。具体的には，体の大きさや増殖率といった形態に関係するルール，フンバエが交尾に費やす時間といった行動，もしくは，行動や発生に関するルールが挙げられる。利得は通常，適応度として定義される。ゲームの勝者は最も多くの利得，つまり最も多くの子孫を手にする戦略である。したがって，ゲームの勝者は集団内に最も急速に広がってゆくことになる。ゲームのアプローチは，その結末が（より一般的な意味で）表現型の可能な範囲に依存す

る点で，最適化の議論と同等である．しかし，プレイヤーが得る利得がプレイヤー間の相互作用に依存する点が最適化と大きく異なっている．プレイヤーの数が2の最も単純な場合，ある戦略を採用するプレイヤーが獲得する利得は，対戦相手の戦略に依存して決まる関数となる．すべての戦略の組み合わせを行列で表現したものが**利得行列（利得表）**（payoff matrix）である（Box 20.4）．

ゲーム理論は1950年代，経済学を解析するための手法として，John von Neumann（ジョン・フォン・ノイマン）が開発した．1967年，William Hamilton（ウィリアム・ハミルトン）は，進化は個体間のゲームとしてとらえられることを最初に提唱し，ゲームを進化に適応する考え方は以後，おもにJohn Maynard Smith（ジョン・メイナード・スミス）によって展開されてきた．多くの点でゲーム理論は，経済学よりも進化学においてその有効性を発揮している．なぜなら，進化学では，利得としての適応度は経済学で用いられる人間行動の"効用"よりも明確な意味をもち，プレイヤーは合理的にふるまうという経済学上の仮定を設ける必要がな

Box 20.4 タカ-ハトゲームにおける進化的に安定な戦略

タカ-ハトゲームでは，タカとハトという2人のプレイヤーが資源Vを巡って争う状況を考える．ゲームは**利得行列** payoff matrix（a）により定義される．第1行は，ゲームの相手がタカであるとき（左）とハトであるとき（右），それぞれタカが得る利得である．第2行は，タカと出会うときとハトと出会うとき，それぞれハトが得る利得である．タカどうしが出会うと，両者は等しい確率1/2で勝利を収め，敗者は闘争のコストCを支払う．そこで，タカどうしの対戦で両者が得る平均利得は$(V-C)/2$となる．タカがハトと出会うと，タカは資源Vを得る（行列(1,2)成分）．ハトがタカと出会うと，ハトは闘争を避けて得るものは何もない（行列(2,1)成分）．ハトどうしが出会うと，両者は資源を分け合う（すなわち，等しい確率で獲得する）．

(a)

利得	出会い	
	タカ	ハト
タカ	$(V-C)/2$	V
ハト	0	$V/2$

このゲームは資源VとコストCの相対的大小関係により2つの異なる結末をもたらす．資源がコストよりも大きな場合（$V > C$のとき，利得行列(b)では$V = 2, C = 1$），タカ戦略がESSとなる．タカはハトだけで占められる集団に侵入可能だが（右列），ハトはタカ集団には入っていけない（左列）（集団全体としてはハトだけの方が利益は高い）．

(b)

利得	出会い	
	タカ	ハト
タカ	1/2	2
ハト	0	1

逆に，資源がコストよりも小さな場合（$V < C$のとき，利得行列(c)では$V = 1, C = 2$），タカとハトのどちらの戦略もESSではない．タカはハト集団に侵入可能だが，ハトもタカ集団に侵入可能である（利得が負になることもあるが，利得とは適応度の相対的な有利さを示すものだと考えることで負の利得も意味をもつ）．

(c)

利得	出会い	
	タカ	ハト
タカ	$-1/2$	1
ハト	0	1/2

(c)のような利得行列の場合，各プレイヤーが確率V/C（この場合1/2）でタカを演じ，残りの確率$1 - V/C$でハトを演じる混合戦略がESSとなる．このことは次の議論から導かれる．他のすべての個体がESS（半分タカ，半分ハトとしてふるまう）を採用する集団中で，ある1個体が確率Pでタカを演じる状況を考えよう．この個体が常にタカを演じる場合（$P = 1$），この個体はタカと対戦すると利得$-1/2$を得て，ハトと対戦すると利得1を得る．したがって平均利得は1/4となる．逆に，常にハトを演じる場合（$P = 0$），タカと対戦すると利得ゼロ，ハトと対戦すると利得1/2，つまり平均利得は1/4となる．つまり，集団が混合ESS状態にあるとき，タカ・ハトどちらをふるまうかに利得上の違いはない．この集団中では任意の戦略Pはまったく同じ1/4という利得を得る．

このように，既存集団に任意の新たな戦略が侵入したとき，侵入者の適応度が既存者のものと同一になってしまう場合，ESSを決めるためにはもう1つ別の条件が必要となる．侵入者が十分集団中に広がってしまえば，侵入者と既存者はともに侵入者と出会うことになる．侵入者と既存者の適応度がそれぞれ既存者と出会ったときに得る利得がまったく同一になる場合，侵入者どうしの出会いの結末が重要になる．つまり，既存者が侵入者と出会ったときの利得に加え，侵入者どうしの出会いの結果，侵入者が得る利得がどのようなものなのかを決めなければならない．（詳細はウェブノート参照）

いからである。進化のゲームにおいて鍵となる仮定はただ1つ，より高い適応度をプレイヤーにもたらす戦略は自然選択により集団中に広がっていく，という単純な仮定である。

進化的に安定な戦略とは他のどの戦略にも打ち負かされない戦略である

1973年，Maynard SmithとGeorge Price（ジョージ・プライス）は，進化ゲーム理論において最も重要となる概念を導入している。**進化的に安定な戦略**（evolutionarily stable strategy），ESSである。ESSとは，ほぼすべての個体がESSを採用するとき，他のどの様な戦略をもつ個体の適応度もESSを採用する個体の適応度を超えない戦略である（Box 20.4）。ESSがただ1つしか存在しない場合，集団はその状態へ向かって進化するだろう。現在の状態がESSではない場合，より適応度の高い他の戦略が進入可能（頻度が増加する）であり，最終的にはESSにたどり着くと予想される。ESSが複数存在する場合もある。この場合，どのESSにたどり着くかは集団の初期条件に依存して決まることになる。後に示すように，ESSが1つも存在しない場合もある。この場合，集団は多型を示したり，あるいは際限なく振動を繰り返す。ESSは，どのような進化が可能になるのかを理解する手助けとなるのである。ただし絶対にそうなるかどうかは別問題である。遺伝的システムによっては，予想されるESSがただ1つの遺伝子型のみで実現されるとは限らない。例えば，ESSがヘテロ接合体（異型接合体）のみで実現される場合，性をもつ集団は多型を示すことになり，必然的に生じるホモ接合体（同型接合体）はESSを実現することはできなくなる。このような場合，結末の詳細は遺伝に大きく依存することになる。

雄と雌の相互作用といった進化ゲームの具体例は後ほど詳しく述べる。次章では，対立と協力について議論する。具体例に移る前に，ゲーム理論を用いることで多様な系がよりよく理解できることをいくつか例を挙げて説明しよう。

ウイルス間の競争は1つの進化ゲームである

複数のウイルスが同じ宿主細胞に感染する状況を考えよう。これらのウイルスは，自らのゲノムを複製して新たな感染粒子として放出されるために必要なタンパク質を互いに共有することで，相互作用をもつことになる。こうした複数感染では，自らの利益のために他のウイルスが提供した共通資源をかすめ取るといった，競争者を出し抜くウイルスの存在が可能になる。事実，これまでに知られているほとんどのウイルスに関して，ウイルス外膜（viral coat）やウイルスに特異的なポリメラーゼをコードするための必須遺伝子をもたない欠損ウイルスが付随して存在することが明らかになっている。こうした**欠損干渉ウイルス**（defective interfering virus, **DIV**）は，次のようなさまざまな利点をもつ。ゲノムが短いため複製がより短期間で完了する。タンパク質生成の転写段階を省略できる。そして，競争相手の正常型ウイルスよりもより迅速にウイルス粒子を形成できる，といったものである。

DIVと野生型のウイルスの間で繰り広げられる"ゲーム"は，野生型である"協力"（C）とDIVの"裏切り"（D）のゲームとして，同じ宿主細胞内にどの相手が存在するかを示した利得行列として記述することができる（図20.15）。利得行列からCもしくはDのいずれもESSではないことがわかる。なぜなら，もしほとんどのウイルスが野生型である場合，利己的なDIVウイルスは上に述べた点で有利となるが，逆にほとんどのウイルスがDIVである場合，野生型ウイルスのみが自己複製を行うことができるからである。したがって，複数感染が頻繁に起こる状況では，ウイルス集団はDとCが混在した典型的な多型を示すことになる。

	裏切り (DVI)	協力 (野生型)
裏切り (DVI)	0	$1+s_2$
協力 (野生型)	$1-s_1$	1

図20.15・欠損干渉ウイルス（DVI）と野生型ウイルスのゲームを記述する利得行列。より一般的には，協力者（複製と転写に必要なタンパク質を生産する）と裏切り者（他のウイルスが生産したタンパク質にただ乗りする）のゲームである。細胞に2つのDVIウイルスが感染すると，両者ともに複製ができない（第(1,1)成分）。DVIウイルスが野生型ウイルスと一緒に感染すると，DVIは野生型を打ち負かしてしまう（第(1,2)成分, $0 < s_2$）。逆に，野生型ウイルスは両型が混在する場合に不利になる（第(2,1)成分, $0 < s_1 < 1$）。

DIVの頻度が高いほど，ウイルス集団全体としての活動度は低下することになる。ウイルスがある確率で2つの戦略を実行するという混合戦略を採用する場合にESSが存在する。こうした混合戦略には，純粋にCのみもしくはDのみを採用する戦略は侵入できず，ESSにおける協力の確率は，複数感染の度合いに依存してさまざまである。混合戦略の詳細な考え方をBox 20.4に示す。ウイルス間のゲームの論理は，実際，タカ–ハトゲームとまったく同じである。

DIVと野生型ウイルスのゲームを少し変更すると，**囚人のジレンマ**（Prisoner's Dilemma）と呼ばれる非常に興味深いゲームが導かれる。このゲームの構成は以下のとおりである。2人の囚人が両方とも罪状を否認し通せば，両者ともに無罪放免となる。しかし，片方どちらかのみが罪を認めて白状すれば，白状した方が褒賞を受け取り，もう片方は非常に重い刑を科せられて監獄に送られる。もし両者ともども罪を認めた場合，両者ともに通常の刑を科せられる。こうしたゲームでは，利己的に考えれば，常に白状することが有利となる。相手が白状しなければ，こちらは白状することで非常に大きな利益（報償を得て相手は監獄に送られる）を得るし，たとえ相手が白状しても，こちらが白状すれば少なくとも監獄に送られることはない。しかし，2人の囚人が同時に否認を貫けば，2人とも無罪放免となるのである。

利得行列では，"裏切り"が多数派の状況でも裏切った方が有利となるのが囚人のジレンマゲームである。裏切り者が多数派を占める集団に協力者は侵入できないため，裏切ることがESSとなる。けれどもこのESS集団の適応度は，協力者のみで占められている集団の適応度よりも低い。この関係は，Box 20.4の(b)で示したタカ–ハトゲームにおける利得の大小関係と同じである。ゲーム理論を用いる大きな利点は，利得行列といった論理的に可能な戦略の組み合わせの帰結のみで幅広い対象を記述することができる点にある。

経済学では，こうした状況を**共有地の悲劇**（tragedy of the commons）と呼ぶ。共有する資源を各プレイヤーが利己的に使用する結果，全体にとっての事態の悪化を招いてしまうという状況である。今日，人類が共有する数多くの資源が乱獲という問題に直面しており，共有地の悲劇の理解は問題解決へ向けて非常に重要である（例えば，漁業において漁業者は自らの漁獲高を増やそうとするが，その結果，漁業資源の枯渇という問題を招いている）。経済学と社会学では，生物学と同様，ゲーム理論は，乱獲を防ぐために有効かつ利己的な業者の参入を許さない資源利用政策（例えば，相互作用を繰り返すことや，社会による非協力者への罰則など）の立案に貢献している。この問題は次章で詳細に取り扱い（pp.663〜664），自己複製するものどうしの協力という，進化上の大転換についてふれる（pp.661〜663）。

ESSが存在しなければ集団はサイクルを繰り返す：じゃんけんゲーム

子供の遊び，"じゃんけん"はもう少し複雑なゲームである。石はハサミに勝ち，ハサミは紙に勝ち，紙は石に勝つ（図20.16A）。三すくみの状況であり，"純粋"戦略のESSは存在しない。石のみの集団中には紙が侵入可能であり，紙集団にはハサミが，ハサミ集団には石がそれぞれ侵入できる。引き分けにごく小さなコストを課すと混合ESSが可能になる。石とハサミと紙を同じ確率で繰り出す混合戦略であり，これがESSとなる。しかし，引き分けにわずかな利得を割り振ると，混合ESSさえも存在しなくなる。この場合，集団は無限に反復を繰り返し続けることになる。

ゲーム理論それ自体は何が起こるかを予測することはできない。こうした集団の行く末を理解するためには，それぞれの戦略がどのようにして次世代へ継承されるかを考えなければならない。なんらかの遺伝モデルが必要となる。例えば，ある遺伝子座上の3つの対立遺伝

A

	石	ハサミ	紙
石	ε	1	−1
ハサミ	−1	ε	1
紙	1	−1	ε

B

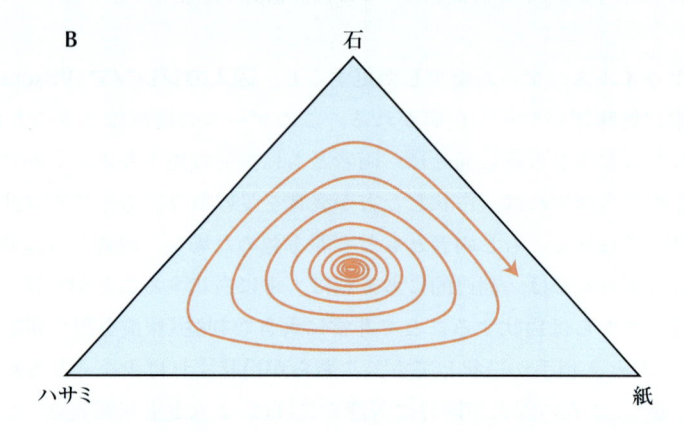

図 20.16 ▪ (A) "じゃんけん"の利得行列。第 1 行は，石を演じるプレイヤーが，それぞれ石，ハサミ，紙を相手としたときに獲得する利得を表す。石はハサミに勝つが（利得＝＋1），紙に負ける（利得＝−1）。引き分けのとき（例えば石と石）は，わずかなコスト（ε＜0）もしくは利益（ε＞0）を得る。(B) 3 つの対立遺伝子がそれぞれ各戦略を採用する一倍体集団の遺伝モデル。各個体の繁殖率は上の利得行列で与えられる。引き分けの際はわずかな利益を得る場合（ε＝0.1），3 つの戦略が等しい頻度で存在する多型平衡状態は不安定であり，集団は振幅が拡大する変動を示す。やがてはある対立遺伝子が失われる。3 角形は各戦略を決める遺伝子の頻度を表す。

子 R, S, P で 3 つの戦略が決まり，一倍体（半数体）の生物を考えるとすると，遺伝子型 R は石，S はハサミ，P は紙，を演じる個体となる。引き分けにコストを導入すると（図 20.16A の ε＜0），すべての対立遺伝子が等しい頻度で共存する安定な多型状態が実現される。逆に引き分けに利益を割り振ると（図 20.16A の ε＞0），集団は 3 つの戦略の頻度が振動して変化するようになる。振動の振幅が大きくなっていき，頻度が限りなくゼロに漸近することにより，ある対立遺伝子が確率的な効果により集団から失われるに至る（図 20.16B）。R が S を駆逐し，P は R を駆逐してゆくが，S が P に対する有利さを背景にして増加し始める以前に，S は集団から消え去っているかもしれない。

この類の状況では，遺伝と初期条件の両方が行く末を大きく左右する。この例では，遺伝モデルは ESS の議論と類似の結果を示した。引き分けにコストを導入することで，遺伝モデルは 3 つの戦略が等しい頻度で共存する安定な多型に収束することを示した。一方，ESS の議論は，プレイヤーが石，ハサミ，紙をランダムに演じる混合戦略を導いた。引き分けに利益を割り振ると，ESS は存在せず，遺伝モデルは多型が不安定であることを示した。一般的に，遺伝モデルが ESS の議論と同じ結果をもたらすとは限らない。

じゃんけんでみられた複雑なふるまいは，自然界一般にごくふつうにみられる現象である。想定する戦略間に，ある戦略は他の戦略よりも常に優れているといった競争能力に関する単純な順位関係が存在しないことが鍵である。こうした関係の一例を，大腸菌に見いだすことができる。大腸菌のある系列は，**バクテリオシン**（bacteriocin）というある種の毒性物質を生産し，この毒性物質に感受性をもつ大腸菌を殺傷する。バクテリオシンの生産には "col" と呼ばれるプラスミドが必要である。col プラスミドは，毒物に対する細胞性免疫機能を付

与するタンパク質と，バクテリオシンを生産する細胞を溶解して毒物を放出させて周囲の競争相手を殺す働きをもつタンパク質をコードしている。バクテリオシンに感受性を示す系列は，バクテリオシンと結合してそれを輸送する膜タンパク質に関係する遺伝子にしばしば突然変異を起こし，バクテリオシン耐性を獲得する。つまり，大腸菌には次の3つの種類があることになる：C（バクテリオシン生産かつ耐性），R（耐性），S（感受性）。バクテリオシンが存在しない状況では，SがRよりも，RはCよりも急速に増加する。毒物生産と毒物耐性にはコストがかかるからである。バクテリオシンを生産するためには余分の代謝資源をそのために割り振らなければならないし，耐性をもつために膜の構造を変化させると通常の機能が損なわれるからである。しかし，Cは感受性細胞Sを食い物としてSを追いやってゆく。

　3つの大腸菌をよく混合した培地で培養（例えばよく攪拌したフラスコ内）すると，Sはバクテリオシンの毒性により速やかに消滅する。そして，C細胞はR細胞によって駆逐され，最終的にはRのみの状態に収束する（図20.17A）（Sが再び盛り返すことは基本的には可能であるが，C細胞が十分減少してSが有利になる前にSは集団中から消滅してしまっているだろう）。これとは対照的に，もし大腸菌間の相互作用が局在化している場合，じゃんけんと同様の振動が起こりうる。ベルベットパッドを用いると，寒天培地で培養した大腸菌の分布を保ったまま，新しい培地へ導入することができる。一様に混ざった培地から実験を開始すると，やがて3つの型それぞれのみからなるパッチが現れて周期的な変動を示すようになる。RとSの境界はSが拡大する方向へ移動し，SとCの境界はCが拡大する方向へ移動し，

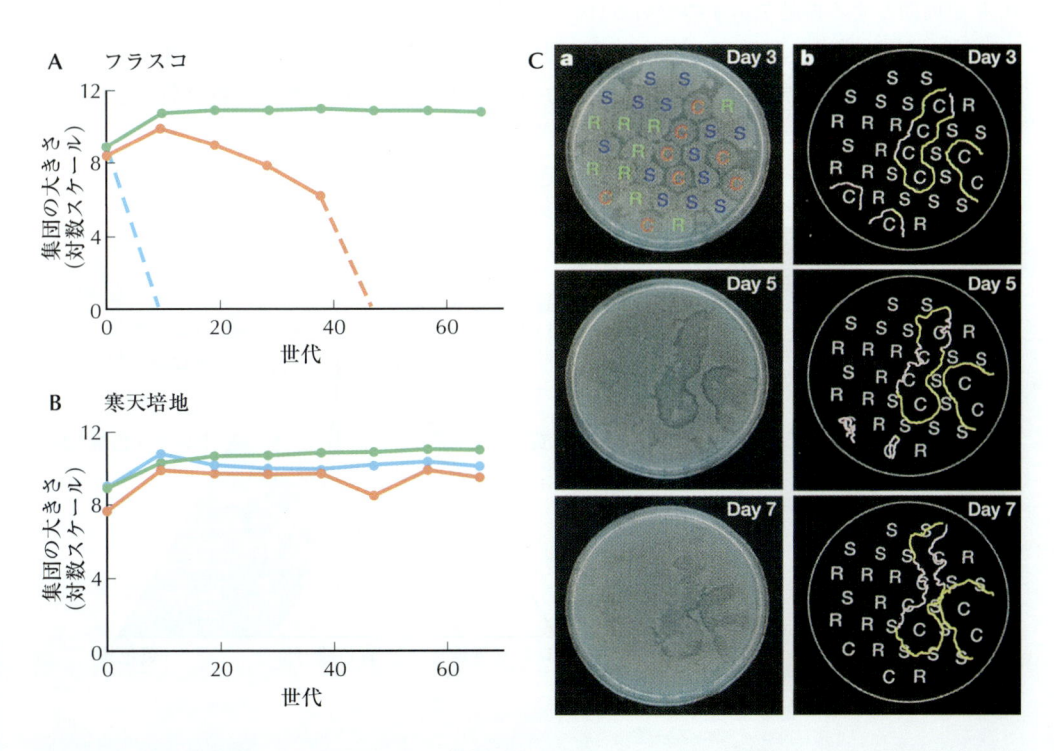

図20.17 ● 細菌集団のじゃんけんゲーム。(A) 攪拌したフラスコ内での大腸菌3つの型の集団の大きさ。緑色が耐性，赤色はバクテリオシン生産，青色は感受性。点線は，その型の細菌が実験で検知できなかったことを示す。(B) 寒天培地上で培養すると，それぞれ3つの型が占めるパッチが共存する。グラフは培地全体の平均頻度を示す。(C) パッチが時間とともにどのように移動するかを示す例。アルファベットは3つの型の初期分布を表す。左側の写真は実験開始後，3日，5日，7日後の分布。C型パッチは細菌密度が相対的に低いので，目視でもその存在が確認できる。右側の図は，3つの型が占めるパッチの境界が変化するようすを示す。CがS領域へ進行し（黄色線），RはC領域へ進行する（ピンク線）。

そしてCとRの境界はRが拡大する方向へ移動するのである（図20.17C）。この例は，異なる型の間の周期的変動により多様な系が維持されることを示している。培地上でそれぞれの型が空間的に局在化して分布することにより，少数派の型の消滅が回避されているのである（*Pseudomonas* の多様な型も空間構造によって維持されることを思い出そう。図18.21）

自然界におけるじゃんけんゲームの実例：トカゲの行動多型

　じゃんけんゲームに関係するまったく別の例として，ワキモンユタトカゲ *Uta stansburiana* の雄間の競争がある。合衆国西部の砂漠地帯に数多く生息するこのトカゲは，1年目から繁殖を開始する。このトカゲは個体識別ならびに再捕獲が容易である。特に，雄の体表の色模様に3つの特徴的な多型が存在することで知られている（図20.18A）。のど元がオレンジ色の雄は非常に攻撃的であり，多くの雌を警護する広い縄張りを保持する。のど元が黄色の雄は縄張りをもたないかわりに雌に擬態している。彼らは岩の割れ目などに潜み，オレンジ色の雄に見つからないように縄張り内に侵入して雌とこっそり交尾を行う。のど元が青い雄はそれほど攻撃的ではないが，小さな縄張りを保持して雌をガードする。この雄は雌を狙って侵入してくる黄色の雄を追い払う。オレンジ色，黄色，青色の3つの型の遺伝様式は，1遺伝子座上の3つの対立遺伝子でよく説明できる。雄の配偶成功は地域の3つの型の頻度に強く依存しており，適応度を測定した結果，このトカゲの雄の行動はじゃんけんと同じ構造をもっていることが示唆されている。実際に，このトカゲの3つの型の頻度は約10年を周期とする振動を示すのである（図20.18B）。

　以上示した実例は，個体間の相互作用が関係する進化を考えるうえでゲーム理論が非常に有効であることを如実に示している。考え方の基本は，他のどの戦略にも打ち負かされない

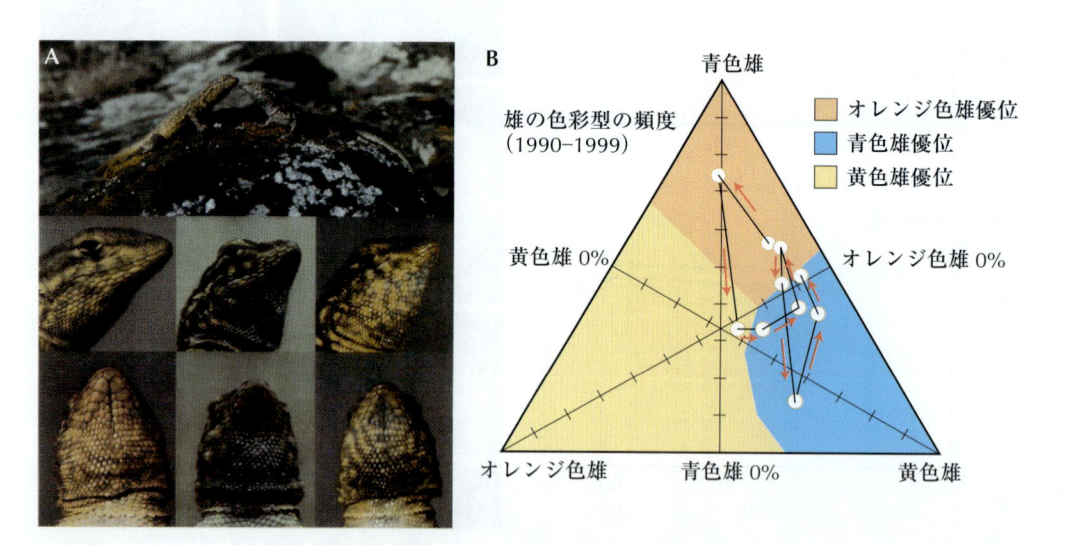

図20.18 ・（A）ワキモンユタトカゲ（*Uta stansburiana*）の雄の3つの色彩型。のど元がオレンジ色の雄（下段左写真ならびに上写真の左側）は青色雄（下段中央，上写真の右側）に対して"超優勢"である。黄色雄（下段右）は雌に似ていて，オレンジ雄の目を盗んで雌に近づく。（B）1990年から1999年における各型の頻度変化（赤線は変化の方向を示す）。色のついた領域はそれぞれ，オレンジ色，青色，黄色の雄頻度が増加すると予想される領域。雄の適応度が周囲の各型頻度に依存して決まることに基づき，頻度変化の方向を予測することができる（**マイクロサテライト** [microsatellite] 遺伝子座における高度の多型対立遺伝子を用いて，それぞれの子供の父親を調べることで適応度を測定した）。

ESSを求めることにある．ESSは1つもしくは複数存在するかもしれない．ゲーム理論の強みは，遺伝学的な詳細に立ち入ることなく，表現型の進化一般を議論できる点にある．しかし，ESSが存在しない場合，ことの詳細はどのような遺伝を考えるかに大きく左右される（じゃんけんがそうであった）．ESSを実現できる遺伝子型が存在しない場合も同様である．この章の残りでは，雄と雌の関係が遺伝とゲーム理論の両方のアプローチから理解可能であることを示すことにしよう．

20.4 性選択

配偶成功の変異により性選択が生じる

　有性生殖を行う生物では，配偶相手を獲得する能力の違いが個体間に存在することにより性選択が生じる．性選択は，外部環境とではなく同種に属する個体間の相互作用という意味で，特別な選択の1つである．外部要因に対する適応ではないため，性選択では明らかに不適応な任意の進化が起こりうる．先ほど示した欠損干渉ウイルス（図20.15）と同じ構図である．性選択は有性生殖を行う多くの集団一般でみられる現象であり，実際，適応度変異の相当な部分を担っている．性選択が多くの注目を集めてきた理由である．

　性をもつ生物では，配偶行動や繁殖に関係する体の構造，生理的仕組みに関して，雄と雌の間に大きな非対称性を示すものが多い．例えば，雄は他の雄と競争するための，また，雌を誘うための特別な構造をもつ．蛍光コメツキムシ（図19.24）や，異なる体色をもつワキモンユタトカゲ（図20.18）が示す行動様式など，いろいろな例をすでにみてきた．クジャクの雄がもつ派手な尾羽や，雌を囲うために用いられる大きな角をもったクワガタムシ，そして，多くの昆虫がそうであるように目立つ体色をもつ雄など，こうした例は枚挙にいとまがない（図20.19）．性選択によりどのような性質が進化するのかは自明ではない．受精効率を高めて競争相手の雄よりもより多くの子孫を確保すべく進化した雄の交尾器と精液の多様性には目を見張るものがある（図20.20）．次の2つの章でふれるように，こうした雄間の対立が種分化を引き起こすのかもしれない．

　個体が個別の性をもたなくても性選択は起こりうる（図20.21）．雄と雌の機能が区別されていればよい．例えば通常，花は花粉と胚珠を生産するが，両者が接合して種子ができる．虫媒植物は目を見張る目立った花を咲かせるが，これは花粉媒介者を誘因するよりも，むしろ花粉を媒介者に効率的に輸送してもらうという雄としての機能を高める結果，進化してきた．大きい花ほどより多くの昆虫を引きつけ，より多くの花粉プールに貢献する（例えば図19.6）が，逆に，小さくてコストがかからない花は，受精に必要な花粉を受け入れるだけで十分である．

性選択は不適応たりうる

　性選択の結果進化した雄の多くの形質は，雄自身の生存率を高める観点では適応的ではないと思われる．雄クジャクの羽やクワガタムシの角は，捕食回避の点で不利になるし，こうした構造を維持するためには他の機能を犠牲にして栄養エネルギーを振り分けなければならないからである．この考えを支持する直接的な証拠がある．例えば，トゲウオの雄は繁殖期になると体色が鮮明な赤色に変化するが，この目立つ体色はマスによる捕食を増加させるこ

図 20.19 ▪ 雄がもつ派手な形質の例。(A) クジャク (*Pavo cristatus*) の雄の尾羽。(B) アオアズマヤドリ (*Ptilonorhynchus violaceus*) の雄は鮮やかな色彩の小物で四阿を飾り立てる。(C) クワガタムシの一種 (*Lucanus cervus*) は鹿の角に似た顎をもつ。(D) オスジロアゲハ (*Papilio dardanus*) の雌は，不味いさまざまな種に擬態することで捕食を免れている。しかし，雄はここに示したように祖先型の羽模様を維持している。この羽模様ははおそらく雌を誘引するのに役立っている。(E) 花粉を運んでくれるハチを誘因するように進化した *Dasa nivea* 種の花。

とが知られている（図 20.22A）。さらに，捕食圧が高い生息場所では，雄の体色はそれほど鮮明にならない（図 20.22B）。雌にはこのような性選択による形質が存在しないこと（図 20.19 のすべての生物），そして，非繁殖期の雄はこうした形質をもたないこと（トゲウオとトカゲの例・図 20.18，20.22）を考えると，一般的には，性選択によってもたらされた形質は適応度の観点からは不利となっていることが示唆される。

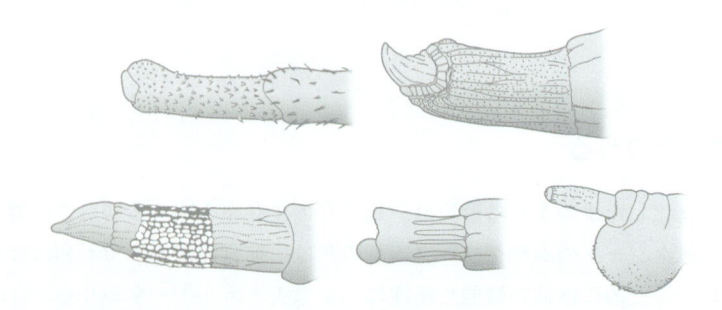

図 20.20 ▪ 雄の生殖器はしばしば複雑な形態をもつが，これは，より効率的に精子を送り出すため，そして，雌の精子受け入れを刺激するために進化したと考えられる。これらの例は霊長類のペニスである。

性選択が種全体の生存を脅かすものかどうかは明らかではない。雄が子育てをしない生物の場合，雌を受精させるに足る十分な数の雄が存在すれば，個々の雄の生存率が低下しても種全体の繁殖にはさほど影響を及ぼさないだろう。こうした議論は，なぜ雄が存在するのか，ひいては，なぜわざわざ有性生殖する生物が数多く存在するのか，という深遠な問題に発展する。この問題は第23章で取り扱う。ここでは，小さな配偶子を生産する雄と大きな配偶子を生産する雌の2つの性が存在することを前提として議論を進めることにする。次項では性選択の詳細に立ち入ってみる。

性選択は雌よりも雄により強く作用する

　『種の起源』において性選択を最初に提唱したDarwinは，性選択を"雌獲得のための雄間の闘争"と記述している。なぜ雄と雌とでそれほど顕著な非対称性が認められるのだろうか。基本的な理由はこうである。雌は大きな卵を生産し，多くの場合，胚に栄養を供給して子供の世話をするといった繁殖のための多大な投資をする。したがって，雌の適応度は自らが生産して保護できる卵の数に強く制約される。これとは対照的に，雄は小さな配偶子（精子や花粉）を生産し，多数の雌と何度も配偶して卵を受精させることで適応度を飛躍的に高めることができる。Darwinは，著書『人類の起源と性に関する選択』The Descent Of Man And Selection in Relation to Sexにおいて，こうした性の違いを浮き彫りにしている。

> 雌は卵子の生産に多大なエネルギーを投入しなければならない。一方，雄は他の雄ライバルとの競争に打ち勝つために多大な努力をする。雌を探し求める努力，音声を発したり独特の香りで雌を引きつける努力である。全体としてみれば，雌と雄が費やすエネルギーはだいたい釣り合いがとれるものなのかもしれない。しかし，それが向けられる方向・方法はまったく異なっている。

　突き詰めれば，性選択における非対称性は，雄と雌とを定義する配偶子の大きさの非対称性に起因する（pp.747〜749）。ときには，雄と雌の役割が逆転する場合もある（例としては図20.23）。この場合も，Darwinの説明がそのままあてはまる。雌がより目立つ配偶行動を示すのである。

　2つの性それぞれに対し，性選択の重要性を定量化することができる。一般的に，性選択により雄の繁殖成功度は雌よりも大きな分散を示す。第19章で紹介したように，ヘブリディーズ諸島のラム島のアカシカの集団は個体間の関係が長期にわたって記録されてきた。それによると雄の生涯繁殖成功度（lifetime reproductive success）の分散が22.0であったのに対し，雌のそれは6.4であった。この顕著な違いは，成熟後の繁殖成功が雌間よりも雄間では大きくばらついたことに起因する（雄間51.3，雌間8.8）（生涯繁殖成功度とは，新たに生ま

図 **20.21** ▪ 雌雄同体生物の例。ほとんどの花は通常，1つの花の中で花粉と種子を生産する（上）。カタツムリの交尾では，両者が相手に精子を送り込む（下）。

図 **20.22** ▪ （左）トゲウオ（*Gasterosteus aculeatus*）の雄が繁殖期に示す鮮やかな赤色。実験的に赤色をより鮮明に操作してやると捕食率が高まる。（右）捕食率が高い渓流で頻繁にみられる保護色的な銀色の雄。

れた1個体が生涯に残した子供の総計である。成熟後の繁殖成功度とは，繁殖可能な齢に達した[=成熟した]個体が残した子供の総計である）。

配偶相手をうまく見つけられるかどうかだけが適応度に影響するわけではない。雌はしばしば複数の雄と配偶するし，異なる雄に由来する花粉や精子の間の競争も適応度を大きく左右する。ショウジョウバエの例では，雄間に，精子を送り込む能力や後に交尾した雄の精子の侵入を阻む能力にさまざまな違いがあることが知られている。

性選択の影響は生物種ごとにさまざまである。強固な一夫一妻制をもつ生物種では性選択は弱くなると予想される。性比が1：1であれば，すべての個体は配偶相手を見つけることができるからである。霊長類のある種では，繁殖可能な条件の雌は複数の雄と交尾を行うが，この種の雄は体の大きさと比較して相対的に大きな精巣をもつことが知られている（図20.24）。おそらくは，他の雄との競争に打ち勝ち，より多くの精子を生産する方が有利となる強い選択が働いているからだと思われる。鳥類では，一夫一妻制の種は一般的に雌雄ともに同じような羽毛をもつ。しかし，より魅力的な雄が繁殖期の早期からつがいを形成してより多くの子孫を残すのであれば，一夫一妻制が厳密に成り立っていたとしても性選択は機能しうる（図20.25）。

図 20.23 ▪ アカエリヒレアシシギ（*Phalaropus lobatus*）は，雄と雌の役割が逆転している珍しい例の1つである。雄（上）が抱卵し雛の世話をみるのに対し，雌（下）は目立つ羽毛をもち，雄を巡って互いに競争する。

性選択には雄間の競争と雌による雄のえり好みがある

性選択には2種類ある。雄間の競争によるものと，雌による雄のえり好みである。雄間の競争の事例には事欠かない。多くの生物で雄は互いに争って雌を確保しようとする（例えば図20.19C）。交尾した雌を警護する雄の例は多い（Box 20.1 のフンバエの例）。花は花粉媒介者を誘引してより多くの花粉を柱頭（stigma）の周囲に運んでもらうべく互いに競争する。雄間の競争がそれほど顕著に表れない例もある。例えば，精子もしくは花粉自身が競争する場合である。イトトンボの雄は以前に交尾した雄の精子を掻き出すための特別な構造物をもつ（図20.26）。また，多くの昆虫は，雌にこれ以上交尾をさせないための"交尾栓（mating plug）"と呼ばれる物質を生産する。ショウジョウバエの雄の精子は雌の交尾行動を抑制して卵の生成を促す働きをもつが，こうした働きにより精子自身の寿命は短くなっている。

雄間の競争ではなく，どの雄を配偶相手として選ぶかの選択権を雌がもっていると思われる事例が多々ある。繁殖雄が集まって**レック**（lek）と呼ばれる集団を形成し，そこに集まった雄の中から雌が配偶相手を選ぶ生物では，雌の好みが顕著である。例えば，合衆国西部に生息するキジオライチョウの雄は，繁殖期になると岩場に集まって縄張りを形成する（図

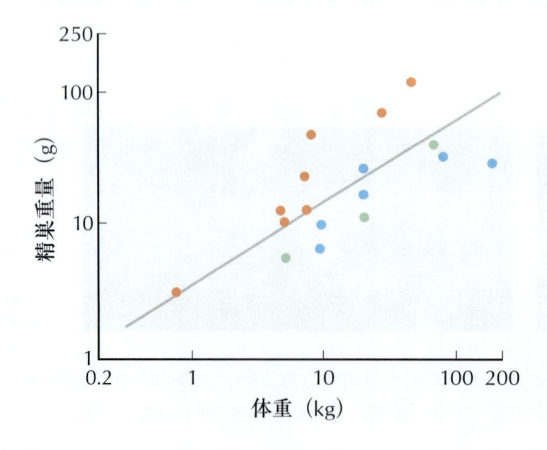

図 20.24 ▪ 雌の受精を巡って多くの雄が競争する霊長類では，体の大きさと比較して精巣がより大きくなる。赤色点：複数雄が雌と交尾する繁殖システム。緑色点：一夫一妻繁殖システム。青色点：一夫多妻繁殖システム。一番右に位置する緑色点が人間。

図 20.25 ● 一夫一妻制であるクロトウゾクカモメ（*Stercorarius parasiticus*）における性選択。暗色型，中間型，白色型の3つの型が存在し，1遺伝子座上の2つの対立遺伝子で型が決まる。暗色型（A，上段）は中間型よりも，中間型は白色型（B，下段）よりも早期に繁殖を行う。(B)繁殖開始が早いほど正味の適応度が高くなるため，暗色型は，たとえすべての型の個体がつがいを形成したとしても，選択上有利となる。その結果，暗色型が広がっていく。

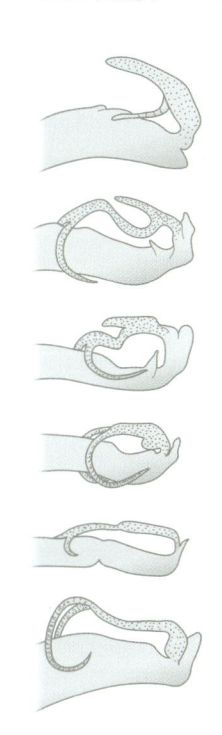

図 20.26 ● 雄の生殖器は他の雄との競争に打ち勝つため複雑な構造を進化させてきた。ここに示すのはイトトンボ *Argia* 属の6種の雄のペニスである。点描の部分は，先の交尾で雌が蓄えた精子を掻き出すために用いられる。

20.27)。このレックへ雌がやってきて雄を選ぶのだが，ほとんどの場合，雌は中心に位置するごく少数の雄とだけ交尾を行う。ニューギニアとオーストラリアに分布するニワシドリは，雄が手の込んだ四阿を造って色鮮やかな小物で飾り立てる。雌は四阿をいくつか巡回し，なかでも最も魅力的な四阿を造った雄をつがい相手として選ぶという（図20.19B）。こうした配偶システムをみると，なぜ雌は無作為ではなく，雄をえり好みをするのかという疑問が生じる。

実際問題として，雌の好みと雄間の競争を厳密に区別するのは容易ではない（例えば，クワガタムシの場合，長い角をもつ方が雄間の闘争に有利だから多くの雌を獲得できたのか，もしくは，長い角をもつ雄が雌にとってより魅力的なゆえに雌を獲得できたのか，図20.19C)。しかし，雌間に，どの雄を好むのかという嗜好性の違いがあるならば，こうした雌の性質は雌の配偶者選択に影響を及ぼしているはずである。特異な例としてショウジョウバエの精子競争がある。後で交尾を行う雄によって精子が置き換えられてしまう事態に対抗する雄の防御能力には，雄の遺伝子型に依存して大きな変異がある。そして，雄による精子置換の度合いは雌の遺伝子型に応じてさまざまである。図20.28は，ショウジョウバエの雄が雌を受精させる相対的成功度が交尾する雌の遺伝子型に強く依存することを示している。雄間に受精能力の大きな違いはあっても，"最適"な雄は存在しないのである。

図20.28に示したような雌の嗜好性は，雄の側に強い性選択をかけているはずである。すると次の2つの疑問が生じる。第1に，どのような雄が雌に好まれるのかという疑問，そして，なぜ雌はそのような嗜好性をもつに至ったのかという第2の疑問。この2つの疑問が同時に説明されなければならない。例えば，キジオライチョウの雌はなぜレックの中心に位置

図 20.27 ● キジオライチョウ。

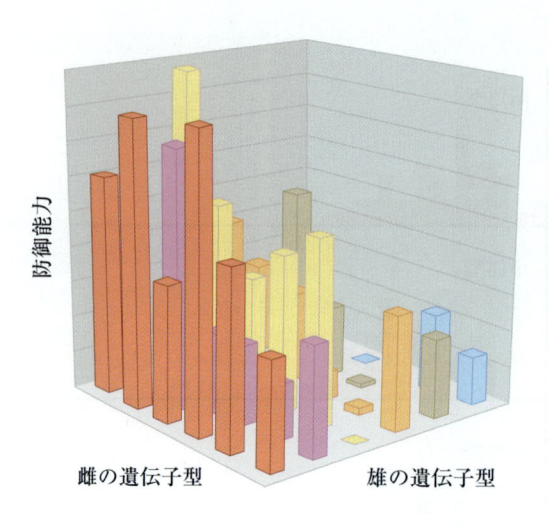

図 20.28 ● ショウジョウバエの精子競争に関する遺伝的変異。縦棒は，後の交尾で自分の精子が置き換えられることに対抗する精子の防御能力を表す。この対抗能力は雄と雌の遺伝子型に依存して決まる。雄と雌それぞれ 6 つの遺伝子型について合計 36 通りの組み合わせについての実験結果。

する雄を好むのか，そして，雌はなぜ雄を選ぶためにレックへ行くのか，という疑問である。次項では，雌の好みと嗜好性に関する理論とそれを支持する証拠を紹介しよう。

雌の嗜好性は雌への直接的選択もしくは他の形質への選択の副産物として進化する

　雌の好みによる Darwin の性選択理論が注目を集めるようになったのはそれほど昔のことではない。その理由の 1 つとして，雌の好みは客観的な測定が不可能な，ある意味美的感覚に基づくものだと広く考えられていたことが挙げられる。Darwin も Fisher も，動物は配偶者を選ぶためのある種の美的感覚をもっていて，人間も例外ではないという議論を展開している。しかし注意しなければならないのは，"雌の嗜好性"という言葉は単に，ある形質をもつ雄をより高い確率で配偶相手として選ぶという雌の性質一般をさしているにすぎないことである。雄間の繁殖成功の違いが雌の形質に起因する場合，雌の好みは常にありうるのである。これは，動物だけではなく有性生殖をするいかなる生物にもあてはまる。
　雄間の競争や雄の配偶子間の競争は容易に理解できる。雄間の競争により雄の生存が損なわれる行動や形態が進化する場合もある。これは単に，最適な生活史に関するトレードオフの問題である。しかし，他の雄との競争とは直接無関係と思われるディスプレイの存在を理解することは容易ではない。クジャクの雌はなぜ雄がもつ羽に魅力を感じるのか。ニワシドリの雌はなぜ手の込んだ四阿に惹かれるのか。ディスプレイのなかには，他の雄に対して戦うと手痛い目に合うということを示すシグナルとして機能するものもある。けれども多くの場合，雄は雌を引きつけるための派手なディスプレイを行い，雌は単にディスプレイのなかから自分が好むものだけを選んでいるかのようにふるまう。
　雌の嗜好性の進化は，次の 3 つの考えで説明される。**直接選択** (direct selection)，**感覚バイアス** (sensory bias)，**間接選択** (indirect selection) である。特定の雄を選ぶことで雌自らの適応度が上がる場合に直接選択が働く。雄が子育てに参加する場合は，明らかに直接選択が重要となる。例えば，シジュウカラでは，雌はより広い縄張りをもつ雄とつがいを形成する傾向があり，こうした雄とつがった雌は確かにより多くの雛を育て上げることができる。多くの昆虫では，雄は雌に精子と同時に栄養分を送り込む。そしてより多くの"婚姻ギフト"を受け取った雌はそうでない雌より多くの子孫を残すことができる。雌が受け取る利益はたいしたものではないのかもしれない。例えば，他の雄からの嫌がらせから自分を守ってくれる

雄を好む場合もある。また，性感染する病気を避けるために健康的な雄を好む場合もある。もしくは，すべての卵を受精させるのに十分な量の精子を生産できる雄を選んでいるのかもしれない。

　理解がむずかしいのは，雌の適応度に直接的な利益がないと思われるような雌の嗜好性である。例えば，キジオライチョウの雌はレックを短時間訪問して，ある雄とのみ交尾してレックを離れる。この種の行動に対する最も単純な説明は，雌は雄に対して本来性選択とは無関係な，生まれながらの感覚バイアスをもっているという説明である。雌には常に配偶相手の確保という強い選択が働いている。配偶相手はもちろん自分と同じ種に属していなければならない。となると，雌がより目立つ雄を選ぶというルールに従うことは十分ありうることである。バイアス自体は配偶システムに働く他の選択によって生じるのかもしれない（例えば図 20.29）。

　感覚バイアスを支持する証拠は，さまざまな種の系統比較により明らかにされている。トゥンガラガエル（*Physalaemus pustulosus*, 図 20.30A）の雄の鳴き声は，この種の近縁種すべてがもつ基本形，甲高い音色の"ホワイン"コールとは別にカチャンという音節からなる"チャック"コールを含む（図 20.30B）。"チャック"コールという複雑な鳴き声の発声にはコストがかかっている。なぜならより多くの発声エネルギーが必要になるし，さらに，捕食者を引き寄せる危険が高まるからだ。しかし，*P. pustulosus* の雌は，余計な"チャック"コールを含む鳴き声に強く引かれるのである。この嗜好性は，"チャック"コールの周波数が，カエルの内耳器官で音を感知する 2 つの器官の 1 つである基底乳頭をうまく刺激することによる（基本的ホワインコールはもう 1 つの音感知器官である両生類乳頭を刺激するだけである）。この"チャック"コールが雌の感覚バイアスをうまく利用して進化したことを示す決定的な証拠がある。この種の近縁種で雄が明確な"チャック"コールをもたない種の雌に"チャック"コールの録音を聞かせると，雌は非常に強く反応するのである。この近縁種でもいずれはチャックコールが進化するのかもしれない。さらに雄の鳴き声という形質と雌の嗜好性の系統的な関係を詳しく調べてみると，雄の形質よりも以前に雌の嗜好性の進化が起こっていたことが明らかになった（図 20.30B）。つまり，形質が進化する以前に嗜好性が存在したということは，嗜好性への選択は，その嗜好性が向けられる形質とは無関係でありうることを示している。

嗜好性の間接選択と Fisher のランナウェイ過程

　雌が好む雄の形質に自然選択または性選択が働くことにより，雌の嗜好性自体が間接的に進化することがありうるのかもしれない。この考えは，性選択を説明する 3 つの説明のなか

図 20.29 ■ 雌の嗜好性は感覚バイアスの副産物なのかもしれない。Pisauridae 科のキシダグモの一種（*Pisaura mirabilis*）の雄は，餌贈呈により雌を誘引する。雌に贈呈される餌ギフトは獲物を糸でおおったもので，雌の卵嚢によく似ている。この種の雌は卵を保護する性質があり，卵に似た物体をよく認識する。操作実験によると，卵嚢によく似ている餌ギフトほど雌に魅力的に映る。

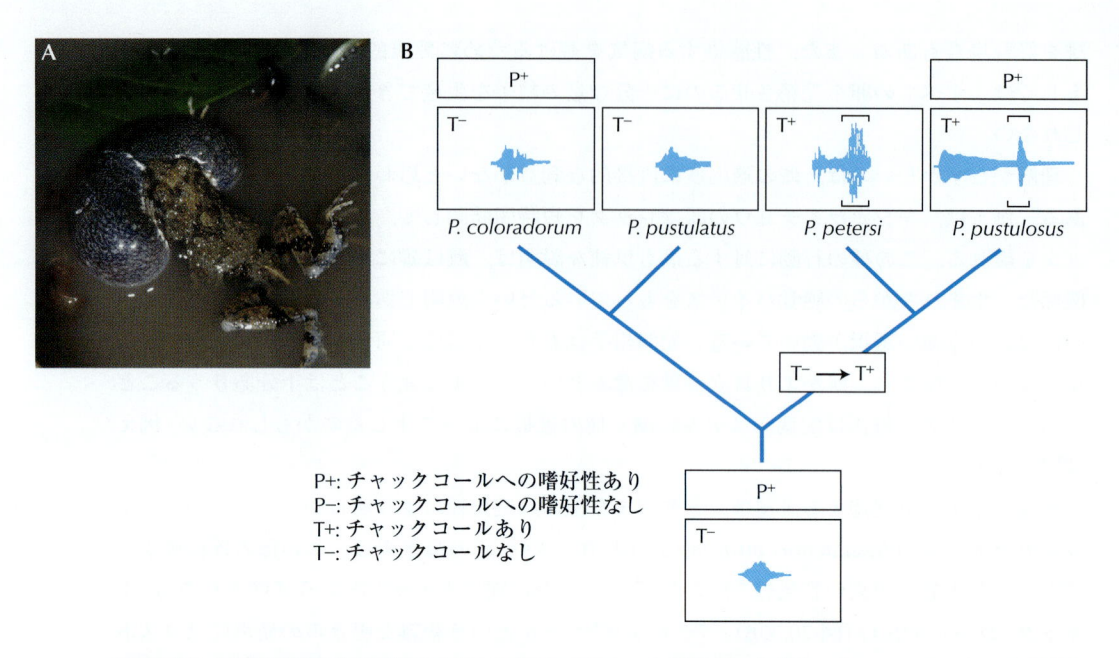

図 20.30 ● 系統分類が示す感覚バイアスの証拠。(A) トゥンガラガエル (*Physalaemus pustulosus*) の雄の鳴くようす。(B) *Physalaemus* 属 4 種の系統関係と鳴き声。系統樹の上の 4 つの枠は 4 種の鳴き声を，下の枠は祖先型と思われる種の鳴き声を示す。近縁種である *P. petersi* と *P. pustulosus* はチャックコール（黒線部分）をもつが，*P. pustulosus* と *P. coloradorum* の両種の雌は，*P. coloradorum* の雄がチャックコールをもたないにもかかわらずチャックコール (P^+) に誘引される。チャックコールを好むという雌の嗜好性が雄の形質が進化するよりも以前にすでに進化していたことになる（他の 2 種に関しては雌の嗜好性は検証されていない）。

でも過去 20 年あまり最も熱い論争を巻き起こし，理論と実証の両面の研究をいたく刺激してきた論点である。ここでは集団遺伝学とゲーム理論に基づく議論を展開しよう。これら 2 つのアプローチは重要ではあるが，しばしばまったく異なる結論が導かれることに注意しなければならない。

第 17 章 (p.517) で紹介したように，たとえそれ自身が適応度になんら影響を及ぼさない形質であっても，ほかに選択を受ける別の形質となんらかの相関をもつことにより，この形質の変化が可能になる場合がある。量的遺伝学の用語でいう**遺伝相関** (genetic correlation) である。メンデル遺伝する遺伝子の場合，**連鎖不平衡** (linkage disequilibrium) が相当する。連鎖不平衡は配偶嗜好性の当然の帰結として生じる。特定の雄を好んで配偶した雌が産んだ子供たちは，その雌の嗜好性を決める母方由来の遺伝子と，雌に好まれる形質を決める父方由来の遺伝子をもつからである。組換えが起これはこれらの遺伝子は同じ DNA 上に乗ることになる。その結果生じるのが，配偶嗜好性の強さに比例した連鎖不平衡であり，雄の遺伝子に選択が働くことを介して雌の嗜好性が影響を受けるのである（図 20.31）。

Fisher は 1915 年に，この間接選択の仕組みに他に先駆けて取り組んでいる。後の『自然選択の遺伝理論 (The Genetical Theory of Natural Selection)』(1930) において彼は，間接選択により雄の形質と雌の嗜好性の両方が際限なく複雑化するという**ランナウェイ過程** (runaway process) が起こりうることを述べている。なんらかの自然選択により雄の形質が増加したとしよう。すると，この形質への雌の嗜好性は，雄の形質の変化に**ヒッチハイキング** (hitchhiking, p.523 参照) する形で引きずられて増加する。嗜好性の増加は性選択を介し

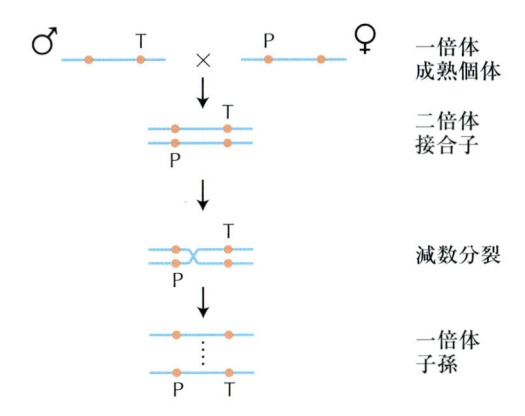

図 20.31 ▪ 配偶嗜好性により雄の形質と雌の嗜好性の間に連鎖不平衡が生じる。この図は，一倍体の成熟個体どうしが配偶して二倍体接合子を形成し，減数分裂を経て一倍体の子孫が生産される簡単な生活環を示す。対立遺伝子Tをもつ雄は魅力的な形質（明るい羽毛など）をもち，対立遺伝子Pをもつ雌はこの形質を好む嗜好性を示す。PとTは染色体上の異なる遺伝子座上にあるが，配偶嗜好性により同じ二倍体接合子内に存在する確率が高くなる。交差が起これば P と T は同じ染色体上に乗ることになる。そのため，次世代では PT の組み合わせ頻度が高くなり，連鎖不平衡が生じる。これにより，形質Tへの選択が間接的に嗜好性Pにも働くことになる。

てより大きな形質を有利ならしめ，形質は加速して増加することになる。これがさらに嗜好性を強固なものとする。この正のフィードバック効果により形質は肥大化の一途をたどり，自然選択で好ましいとされる限界を超えて誇張された形質が生み出され，やがては自然選択で淘汰されて止まるに至る，と Fisher は論じている。このランナウェイ過程により，任意の過剰もしくは不適応的と思われる形質ならびにこれに対する雌の嗜好性が説明できる。

　Fisher の議論は 1980 年代になって初めて数理的に解析された。Mark Kirkpatrick（マーク・カークパトリック）と Russell Lande（ラッセル・ランデ）がそれぞれ独自に，形質と嗜好性の両方を組み合わせたモデル解析に取り組んだ。その結果，ランナウェイ過程は確かに起こるが，そのためには形質と嗜好性の間に非常に強固な連携がなければならないことが明らかになった。自然選択と性選択の釣り合いがとれて形質と嗜好性がある平衡値に落ち着くという結果はきわめて現実的である。しかし，嗜好性に関する直接選択が働かない状況では，無数の平衡状態が可能になる。嗜好性がまったくなければ，形質は自然選択の下での最適値に収束する。一方，強い嗜好性があれば，強い自然選択に阻まれる。最終的な結末は，雌がどのような感覚バイアスをもつかに依存する。直接選択が雌に働く場合，雌の嗜好性は単に雌が直接得る適応度を最大化すべく進化するだけである。これらのモデルは，ランナウェイ過程による間接選択ではなく，先ほど議論を展開した 2 つの説明を支持している（任意の感覚バイアスもしくは直接選択）。

性的特徴は遺伝子の質を伝えるためのシグナルとして進化したのかもしれない

　性選択により任意の結果が可能になることを示した Kirkpatrick と Lande の結論は，当時の研究者たちの直感とは相容れないものだった。彼らは，雌は**優良遺伝子**（good gene）を選んでいるという仮説を提案していたのである。雄は自分の遺伝子の質をシグナルとして雌に伝えることができるのだろうか。そして，このシグナルに対する雌の嗜好性は優良遺伝子と連携して進化するのだろうか（"遺伝子の質" もしくは優良遺伝子とは，シグナルへの性選択ではなく，それ自体が適応度の増加をもたらす遺伝子をさす。こうした適応度の要因を生存能力［viability］と呼ぶと便利なことがある。雄の繁殖能力や配偶成功もこれに含まれる）。雌の嗜好性が，それを決める遺伝子とその嗜好性が向けられる形質を決める遺伝子とが連鎖不平衡にあるために進化するという意味で，優良遺伝子仮説は間接選択の 1 つの事例である。

　優良遺伝子モデルには 2 つの大きな問題点がある。第 1 に，シグナルが正直で正しいもの

でなければならない．遺伝子の質に劣る雄が配偶相手を獲得しようと魅力的なシグナルを偽装することはないのだろうか．第2に，雌の嗜好性に対して十分な間接選択が働くためには，雄の間に遺伝子の質に関する十分な変異が存在しなければならない．後ほどふれるように，これらの問題点は原理的には解決可能である．しかし，優良遺伝子に対する雌の嗜好性が性選択においてどの程度重要であるかについては，いまだ不明な点が多い．

雄の遺伝子の質を伝達する信頼できるシグナルはいかにして進化するのだろうか．この問題はゲーム理論を用いると取り組みやすい．よりすぐれた生存能力を子孫に与える遺伝子をもつ雄が特定のシグナルを発するというESSは存在するのか，という問題である．この問題の解は1975年にAmotz Zahavi（アモツ・ザハビ）によって最初に示された．Zahaviの仮説が明確な理論として確立するまでには時間がかかったのだが，彼の理論の基礎となる重要な仮定は，シグナルにはコストがかかり，さらに，遺伝子の質が劣る雄（シグナル形質とは無関係な理由により適応度を下げるような遺伝子をもつ雄）ほどコストが大きくなくてはならない，というものである．Zahaviはこの類の形質のことをハンディキャップ (handicap) と名づけた．ハンディキャップが雄形質の信頼できるシグナルであるためには，こうしたシグナル発現のためのコストが必要である．質に劣る雄はシグナルを発することでより多くの雌を獲得して利益を得るのかもしれない．しかし，同時に，適応度の他の要因で多くを失っているのである．そのため，雄個体としては，自らの遺伝子の質に応じたディスプレイを行うことが最善の戦略となる．シグナルと遺伝子の質との間になんらかの連携がいったん確立してしまえば，雌は単純にシグナルを好むように進化するだろう．こうした雄を父親とする息子たちは，より優れた遺伝子をもっているからである．

優良遺伝子をもつ雄を雌が好むことを示す確かな証拠は少ない

優良遺伝子仮説を検証する最も明快な方法は，魅力的な雄と交配した雌が"遺伝子の質"に勝る子供（例えば生存率が高いなど）を産んだかどうかを確かめることである．こうした雄の魅力度と子孫の質との相関はいくつかの系で実際に観測されている．具体例を挙げると，シジュウカラ (*Parus major*) の雄は胸元に黒い帯状の模様をもつ（図20.32）が，帯が太いほど配偶者の獲得に有利であり，こうした雄の子供たちは冬を越す可能性が高い．したがって，より魅力的な雄をつがい相手として選んだ雌は，息子たちがより高い生存能力をもつという間接的な利益を得ることになる．他の例としては，ゴキブリの一種 *Nauphoeta cinerea* がある．このゴキブリでは，魅力的な雄を父親にもつ子供はそうでない雄を父親にもつものよりも成長が速い（図20.33）．この昆虫は胎生であり，魅力的な雄と交尾した雌は，より多数回子供を産めるという直接的な利益とともに，子供の成長が速いという間接的な利益も得ることになる．

優良遺伝子仮説を検証する別の方法は，雌に雄を選ばせた場合と選ぶ自由を与えない場合とで，子供の生存能力に違いが出るかどうかを確かめることである．いくつかの例で，相手を選ばせた方がより有利になることが知られている．近年注目を集めているのは，従来一夫一妻制であると考えられてきた多くの鳥類で，雌がつがい以外の雄と頻繁に交尾を行っているという発見である．遺伝的手法を用いることにより，調査対象の90%の鳥で"つがい外婚"（ペア外配偶）が発見されている．社会的に一夫一妻制をとる種であっても，子供の11%はつがい外受精に由来するという発見もある．しばしば，つがい外婚による子供の方が，その巣の子供の世話をしている本来の雄を父親にもつ子供よりも高い生存率をもつことがある．このことは，雌はより優れた子育てができる雄を好んで選ぶと同時に，子孫の適応度を高め

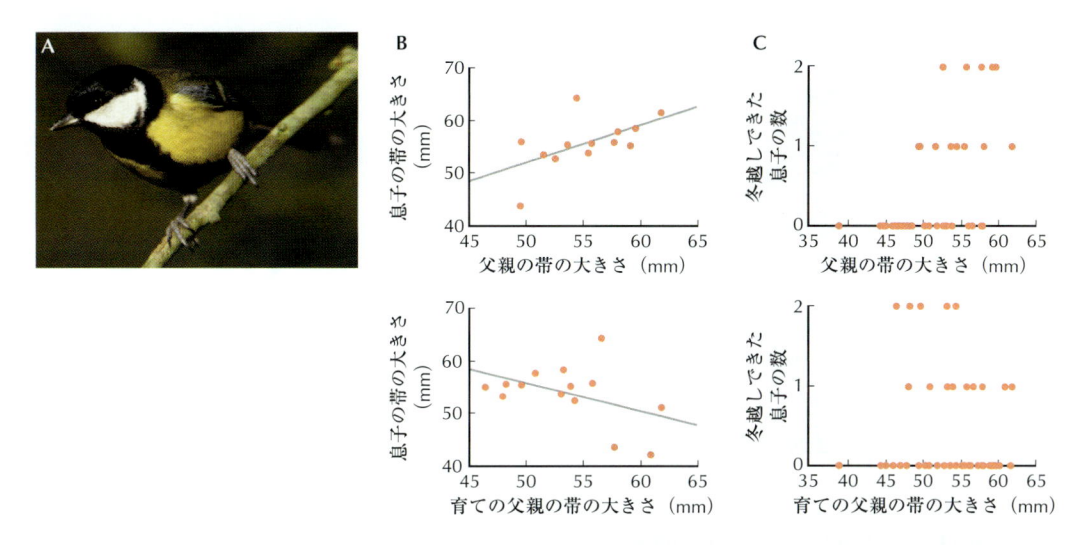

図 20.32 ■ (A) シジュウカラ (*Parus major*) の雄は胸部に暗色の帯をもち，これが雌には魅力的に映る。そして，帯が大きい雄ほど配偶相手を獲得する可能性が高い。巣内の卵をそっくり入れ替える親の交換実験 (cross-fostering experiment) により，生物学的親に育てられた場合の相関と，無作為に選んだ親に育てられた対照系の相関関係とを比較することができる。帯の大きさには顕著な遺伝的変異が認められる。すなわち，生物学的父親とその息子たちの帯の大きさは強い相関を示す (B 上)。しかし，育ての親とは相関を示さない (B 下)。生物学的な父親がより大きな帯をもつ子孫ほど，冬越しの生存率が高くなる (C 上)。しかし，育ての親の帯の大きさと生存率とは無相関である (C 下)。

るより優れた遺伝子をもつ雄を求めていることを示唆している（例えば図 20.34）。しかしほかの可能性も残されている。つがい相手の雄が無精子症であり無受精卵による繁殖失敗を避けるための保険として，雌は他の複数の雄と配偶している可能性である。

　この類の相関関係は解釈がむずかしい。優良遺伝子を求める嗜好性を雌が進化させるため

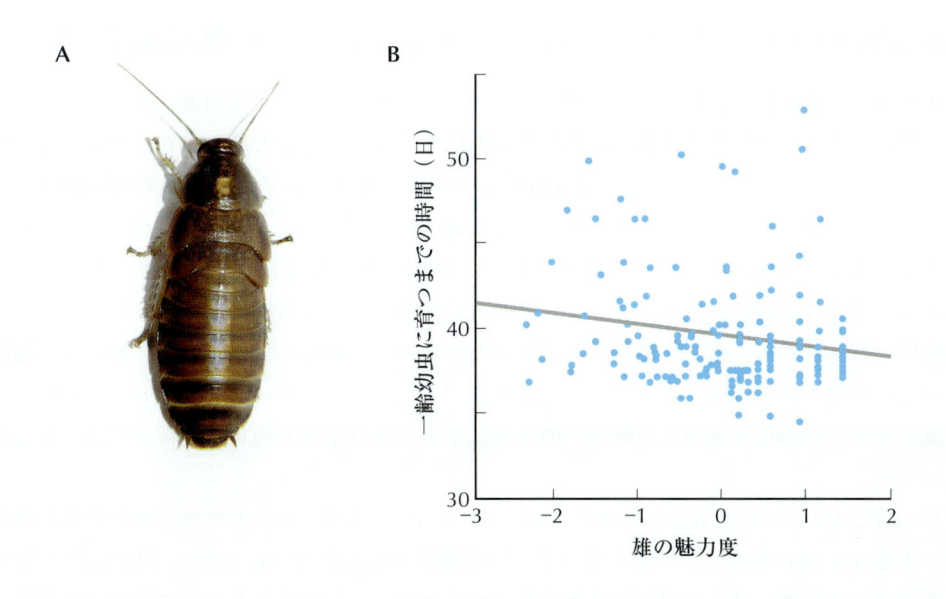

図 20.33 ■ ハイイロゴキブリ (*Nauphoeta cinerea*) の雌 (A) は，社会的に地位が高い雄に魅力を感じる。なんらかのフェロモンシグナルが関係していると思われる。配偶者選択実験により雄の魅力度を測定することができるが，より魅力的な雄を父親とする子供は成長が速い (B)。

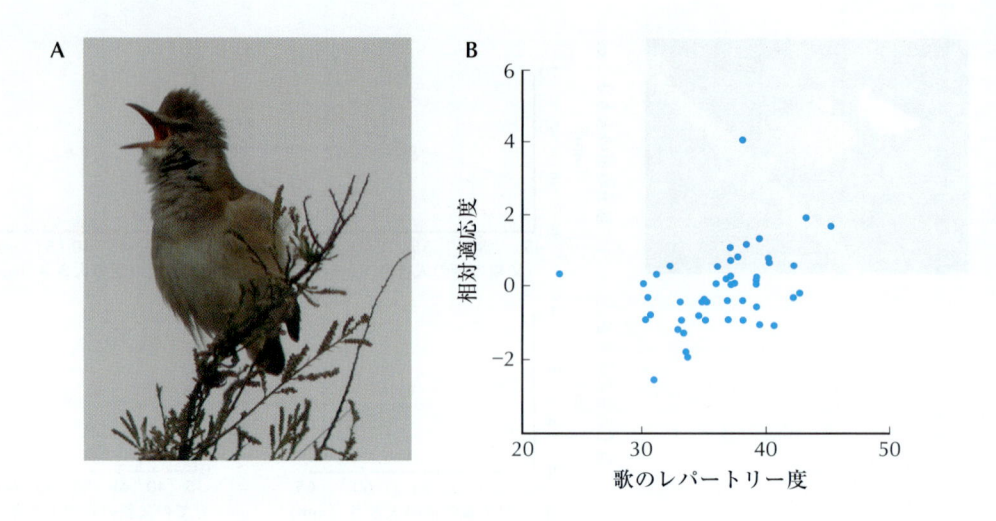

図 20.34 ● オオヨシキリ（*Acrocephalus arundinaceus*，A）では，雌は，つがい外受精（extra-pair fertilization，EPF）の相手として，歌のレパートリーがより豊富な近隣雄を選んでいる。観察されたつがい外受精 10 例のすべてにおいて，雌が選んだ相手は本来の夫よりもレパートリー度が高かった。雄のレパートリーは，翌年まで生き残る子孫の数と相関している（B）。つまり，つがい外受精を行う雌は子孫の生存率増加という間接的な利益を得ている。

には，魅力的な雄の形質と子孫の質の間になんらかの相関がなければならない。けれども，相関関係自体は，嗜好性が進化した理由にはならない。雄の配偶成功と子孫の生存率の間の相関関係はきわめて単純な理由によるものと考えられる。生存力に秀でた雄はより高い確率で配偶相手を獲得できて，もしこの生存力が遺伝的に子孫に継承されるのであれば，この雄の子孫もより高い生存力を示すだけなのかもしれない。しかし，生存力に関連する形質に対する雌の嗜好性が，その雄と配偶することで遺伝的な利益を得たことを理由に進化したことを実証することはきわめて困難である。

優良遺伝子のえり好みが機能するためには遺伝する適応度の違いが必要である

　雄がもつ優良遺伝子に対する雌の嗜好性が進化するためには，正味の適応度に関して次世代に遺伝する変異を生み出す源が存在しなければならない。しかしその存在については不明な点が多い。Kirkpatrick と Lande の当初のモデルは，優良遺伝子を好む雌の嗜好性は進化しないという結論を導いた。彼らのモデルでは適応度の相加遺伝分散がまったく考慮されていなかったからである。もし選択のみが作用するならば相加遺伝分散はやがてゼロとなる（p.498）。しかし第 18 章でみたように，相加遺伝分散を維持する機構が数多く存在する。突然変異や個体の移入，そして変動する選択などである。これらの機構により，遺伝する適応度の違いがどの程度維持されうるかの実証的な知見は少ない（第 19 章，p.589）。適応度の相加遺伝分散が相当量保証される場合，優良遺伝子モデルはかなり現実性を帯びたモデルとなるだろう。

　1982 年，Hamilton と Marlene Zuk（マレーヌ・ツーク）は，宿主と寄生者の共進化が適応度の大きな変異の維持にかかわっているという説を提唱した（p.549 参照）。性的に選択される形質は，寄生者に対する雄の耐性能力を示すシグナルとして進化したというのである。具体的にいうと，鳥の羽毛はその個体が寄生者に感染しているかどうかを示す指標になる可能性があるが，雌は羽の状態を見て雄が寄生感染に対する耐性遺伝子をもっているかを判定し

て配偶相手を選ぶ際の判断基準とするという考えである。HamiltonとZukはさまざまな調査から，寄生感染率が高い種ほどより明るい色の羽毛をもち，雄と雌とでその違いが大きくなる傾向を見いだし，自らの説を裏づけている。しかし，彼らが行った種間比較の研究結果は，その後の研究によりそれほど一般的にはあてはまらないことが明らかにされている。同種内で遺伝する対寄生者耐性と性的魅力度の間に相関が存在する例が見つかっている。しかし前項でふれたように，雌の嗜好性が，これらの相関による間接的な利益の結果進化したかどうかは，はっきりしないままである。

　ヘテロ接合体の優位性 (heterozygote advantage) などにより，適応度の非相加的変異が選択により維持されることがある。この場合，配偶嗜好性は雌の遺伝子型に依存する形で進化するのかもしれない。ショウジョウバエの先行精子優位性で紹介した嗜好性はその一例である（図20.28）。こうした遺伝的適合性に関する嗜好性は広く普遍的にみられる現象なのかもしれない。後の章では特に重要な2つの事例について詳しくふれる。同種に属する雄を巡る雌の好み (p.705) と，近親交配を防ぐために非血縁者を求める雌の嗜好性である (p.749)。

■ 要約

　進化生物学者はさまざまなアプローチにより，どのような生物が進化するのかを理解しようとしてきた。個体の適応度が自らの表現型のみで決まる場合，進化により最適な表現型（つまり，可能性に関する制約の下で適応度を最大にする表現型）が実現すると予想される。

　生存率と繁殖率は年をとるにつれて衰える。この現象を老化というが，老化は最適な生活史の1つとして進化しうる。年をとるほど適応度への貢献度が小さくなり，そのため老齢期に働く選択が弱くなるからである。生存と繁殖は有害突然変異によってさらに低下することがある。しかし，その効果は老齢になるほど弱くなる。これらの進化的議論から，適応度に関するさまざまな要因が加齢に関係していることがわかる。老齢期の生存率を大きく高める突然変異が見つかっていることは驚きである。こうした突然変異は，資源が希少な状況下で繁殖から生存へとエネルギーを再配分する保存回路に関係している。

　適応度が個体間の相互作用に依存して決まる場合，進化的に安定な戦略 (ESS) が進化によってもたらされる（他のどの戦略にも置き換えられない戦略）。しかしESSが複数存在する場合，初期条件に依存してどのESSが実現されるかが決まる。ESSが存在しない場合，集団は無限に反復を繰り返す可能性がある。複数の型が混在するESSも可能である。各個体が他個体を犠牲にして自らの適応度を最大化しようとした結果，集団全体としては最適ではない状態が起こりうる。

　多くの進化には性選択が関係している。性選択は配偶成功の変異が存在することにより起こる。性選択は雄に対して最も強く作用する。雄の適応度はどれだけ多くの雌と配偶したかで決まるのに対し，雌の適応度は限りある子育ての能力に制限されるからである。性選択には雄間の競争と雌の好みの2つがある。後者には一筋縄ではいかないむずかしい点がある。直接選択によって雌の嗜好性が進化する場合がある（例えば雄が子育てに参加するなど）。このとき，雌は子供の世話をしてくれる雄を選ぶべきである。しかし，雄が雌の適応度に直接貢献しない場合，雌の嗜好性が感覚バイアスの副産物，もしくはランナウェイ過程として進化する可能性がある。ランナウェイ過程では，雄の形質に対する雌の好みが逐次増幅されてゆく。雌はまた優良遺伝子をもつ雄を好むのかもしれない。こうした雄を父親とすることで子供もまた優良遺伝子をもつからである。このとき，雌の嗜好性は，維持にコストがかかりほんとうに優良遺伝子を保持する雄のみがもつ形質に対するものでなければならない。

文献

進化の最適化

Parker G.A. and Maynard Smith J. 1990. Optimality theory in evolutionary biology. *Nature* **348**: 27–33.
進化生物学における最適化原理の応用についての明確な記述。

Stearns S.C. 1992. *The evolution of life histories*. Oxford University Press, Oxford.
この章の内容の多くを網羅する総合的な教科書の1つ。

加齢

Guarente L. 2002. *Ageless quest: One scientist's search for genes that prolong youth*. Cold Spring Harbor Laboratory Press, Cold Spring Harbor, New York.

Partridge L. and Barton N.H. 1993. Optimality, mutation and the evolution of ageing. *Nature* **362**: 305–311.
ショウジョウバエに基づく加齢の理論と実験による証拠に関する総説。

進化ゲーム

Maynard Smith J. 1982. *Evolution and the theory of games*. Cambridge University Press, Cambridge.
進化ゲーム理論の古典的名著。

性選択

Andersson M. 1994. *Sexual selection*. Princeton University Press, Princeton, New Jersey.
さまざまな分野を網羅した総合的な教科書。

Cronin H. 1991. *The ant and the peacock*. Cambridge University Press, Cambridge.
性選択に関する議論の変遷をわかりやすく説明した書籍。

Maynard Smith J. and Harper D. 2003. *Animal signals*. Oxford University Press, Oxford.
性選択における雄雌間のシグナリングを含む動物のシグナリング一般に関する最近の研究。

CHAPTER
21

競争と協力

　生物界の最も大きな特徴の1つは，生物間にみられる協力である。最もわかりやすいのがヒトの社会である。我々は複雑に協力し合い，たった一人で生きていける人はいない。繁殖における協力は，生物界でよくみられる。例えば，社会性昆虫（アリ，ミツバチ，スズメバチ，シロアリ）では，コロニーのすべての子供がただ1匹の女王から生まれる。粘菌では多くの細胞が集まって子実体（担胞子体）を作るが，ほんの一部の細胞が散布される胞子に寄与するのみである（図8.6H，9.4を参照）。これほど極端でなくとも，一部の個体が他の個体の繁殖を助ける例は数多くある。さらに，生物の**相利共生**（mutualismあるいはsymbiosis）の関係では，異なる種間での協力もみられる。例えば，多くの顕花植物は送粉者と密接な関係を発達させ，マメ科の植物は根粒を作って，それにより窒素を固定する細菌に栄養を供給している。地衣類植物は，菌類と光合成する藻類またはシアノバクテリアとの共生体である。動物には特定の腸内菌を宿すものが多く，その腸内菌は宿主動物に必須の生化学的作用を提供している（pp.177〜179を参照）。

　以上にあげた例は，実は，大部分においては例外的な存在であり，実際には多くの昆虫が単独生活をしており，多くの顕花植物は多様な生物種に受粉され，また多くの微生物は子実体（担胞子体）による分散を行わない。しかし，この章の終わりで議論する進化過程における**主要な移行**（major transition）をみてもわかるように，協力は生物進化において根本的に重要なものである。その議論に進む前に，社会性昆虫と鳥の協同繁殖のような，より身近な例をいくつか紹介するが，基本原理は非常に一般的であるにもかかわらず，きわめて多様で明らかに異なる現象が含まれることに注意してほしい。

　驚く人もいるかもしれないが，協力は自然選択を通して進化することが可能であり，その自然選択はといえば，基本的に競争的な過程である——遺伝子は自己を複製するために競争する。確かに，協力は常に利己的行動に取ってかわられる危険にさらされている。例えば，ミツバチの働きバチ（ワーカー）が女王の卵を世話するかわりに，自分の卵を産むこともありうるし，ミトコンドリアが細胞にエネルギーを供給するよりも自己の複製をより速く行うこ

ともありうる。したがって，本章で重要なことの1つは，競争関係にあるかもしれない生物間において，協力がなぜ，またどのように進化しうるかを考えることである。初めに少し時間を割いて競争について議論するが，それは，協力関係の維持を理解するのに役立つからである。また，それらの競争の例は非常に魅力的な現象であるのも理由の一部である。

21.1 社会性の進化

選択が遺伝子間の競争と血縁者間の相互作用に関係する

第17章では，最も単純な方法で選択を考えることから始めた。個体の**適応度**（fitness，つまり，それらの個体が作る子供の数）に注目し，まず2つの重要な単純化を行った。1つは，ある個体がもつ遺伝子の拡散がその個体の適応度のみに依存することを仮定した。もう1つは，適応度がその個体の表現型のみに依存し，集団の他の個体には依存しないことを仮定した。本章ではこれら2つの仮定を緩和して考えてみる。

遺伝子は，遺伝子を伝達するための競争を行うが，そのときに何が起きるかを考えてみよう。集団の進化は，個々の遺伝子が同じ伝達機会を有する場合に限って，個体適応度のみにより決定される。しかし，メンデルの法則が成立しない場合には，その遺伝子をもつ個体の適応度を増すことなく，集団中における遺伝子頻度を増加させることが可能である。ここで強調しておきたいのは，このような利点は有性組換えが起きる場合のみ，生じうる。子供と親が遺伝的に同一である場合，個体と遺伝子の適応度は必ず同じである。第23章で性の進化を考えるとき，またこれらの問題の一部を議論したい。

次に，適応度が，関与する個体間の相互作用に依存する場合，何が起きるかを考えてみよう。すでに述べたが，ある個体が産む子供の数はたいてい集団全体の構成とその個体の表現型に依存する。集団が絶滅または無限に拡大する方向に向かわず，分布域の範囲内に維持されるのであれば，個体の数が増えるにつれて適応度は必ず下がる（p.507参照）。他の個体によるこうした効果は，しばしば遺伝子型に依存し，選択が**頻度依存**（frequency dependent）であるという。また，以下のこともすでに論じた。すなわち，負の頻度依存性がどうやって遺伝的変異を維持することができるか（pp.544～547を参照），そしてゲーム理論が，遺伝子型に依存する相互作用の（ときには複雑な）結果を理解するうえでどのように役に立つか（pp.612～619を参照）である。本章では，相互作用が血縁者の間で起きた場合（よくあることであるが），その結果がどう変化するかを考えてみたい。関与する個体どうしが遺伝子を共有する場合，競争と協力がどう調節されるかを理解するうえで役に立つだろう。

個体間の相互作用の進化的帰結に関する研究は，**社会性の進化**（social evolution）と呼ばれるが，これは，環境と絡めた種間の相互作用に焦点をおく**進化生態学**（evolutionary ecology）とも重なる。実験的研究の多くは，社会性昆虫のように，取り扱いやすく，かつ現象が明白である生物において行われているが，そうした研究を生物の広い範囲（細菌からヒトまで）に適用することができる。

集団遺伝学において，競争と協力という用語は，頻度依存性選択と非メンデル遺伝の結果として，異なる種類の遺伝子の数がどのように変化するかを追っていくことで理解できる。ただし，理論の多くは個性的な用語に彩られており，例えば，自身の伝達を増加させ，宿主の適応度を減らす遺伝子は**利己的**（selfish）といい，逆に，自身の宿主を犠牲にして他個体の適応度を増加させる遺伝子は**利他的**（altruistic）という。

個性的な用語は，理論を直感的に理解したり記憶したりする際には役に立つことがあるが，以下2つの点において，誤った理解をもたらすことがある。第1は，遺伝子は明らかに，"利己的"あるいは"利他的"動機をもつ意識のあるものではない。我々はしばしば遺伝子の視点から考え，"次世代に最大限に伝達するために遺伝子は何をすべきか"といった考え方をする。しかし，我々がほんとうに問題にしているのは，さまざまな表現型を生じさせる対立遺伝子が集団中で増えるか否かということである。ただし，ほとんどの場合（いつもではないが），これら2つの思考方法は同じ答えを与える。理想的にいえば，必要なのは，異なるすべての遺伝子の数を追跡できる完璧な集団遺伝モデルと考えられるが，多くの場合において，そのようなモデルはそれ自体があまりわかりやすくなく，直感的な解釈による補完を必要とすることが多い。

第2は，日常的な用語を使うことにより，進化の原理を人間の行動にすぐにあてはめて使えるからである。他の動物と同様に，人間行動の先天的な要素は部分的に自然選択を通して進化した。その上に，社会性進化の原理が適用される。しかし，種としてのヒトの形成において，言語と文化は生物学的進化と同等の重要さがある。生物学と文化との相互作用から生じた問題は，第26章で議論する。

21.2 遺伝子間の競争

宿主の染色体から独立的に複製する遺伝因子は遺伝的寄生者であるかもしれない

遺伝因子は複数の方法で利益を獲得することができる。減数分裂を通して過剰に伝達されるかもしれない。それが，**分離の歪み**(segregation distortion)をもたらす（図21.1）。**転位因子**(transposable element)がゲノムの新しい場所に拡散するかもしれない（表12.2）。片方の性を通して伝達される遺伝因子は，**性比**(sex ratio)をその性寄りに操作することによって有利になる可能性がある。次の節でいくつかの例を詳細に述べるが，ここでは，まず利点獲得が可能な仕組みの多様さを概観してみる。

分離の歪み

植物と動物では，雌性生殖細胞の減数分裂の4つの産物のうち，ただ1つだけが卵細胞になる。もしある対立遺伝子が優先的に卵細胞になる産物に分離するとなれば，その対立遺伝子が広がることになる（図21.1, i）。そのような偏りは**マイオティックドライブ**(meiotic drive, 減数分裂分離比ひずみ)と呼ばれている。似たようなバイアスは**遺伝子変換**(gene conversion)によっても生じる（図21.1, ii）。菌類のなかにはそれを直接観察できるものもある（図21.2）。分離の歪みは極端な例であり，それに比べると遺伝子変換による偏りはそれほど影響をもたない（座位あたり世代あたり最大10^{-3}まで）。しかし，その影響はゲノム全体にわたるもので，組換えを引き起こし，長期的に影響しうる。

ある対立遺伝子をもつ配偶子が減数分裂後，他の対立遺伝子の崩壊を引き起こす場合も，分離の歪みが生じる（図21.1, iii）。これはマイオティックドライブとは異なるが，結果は同じである。ヘテロ接合体から生じた配偶子のなかで，ある対立遺伝子が他の対立遺伝子よりも優勢になる（pp.621～625では，異なる個体由来の配偶子間の競争の例をみたが，ここでは同じ二倍体個体由来の配偶子間の競争を考えている）。

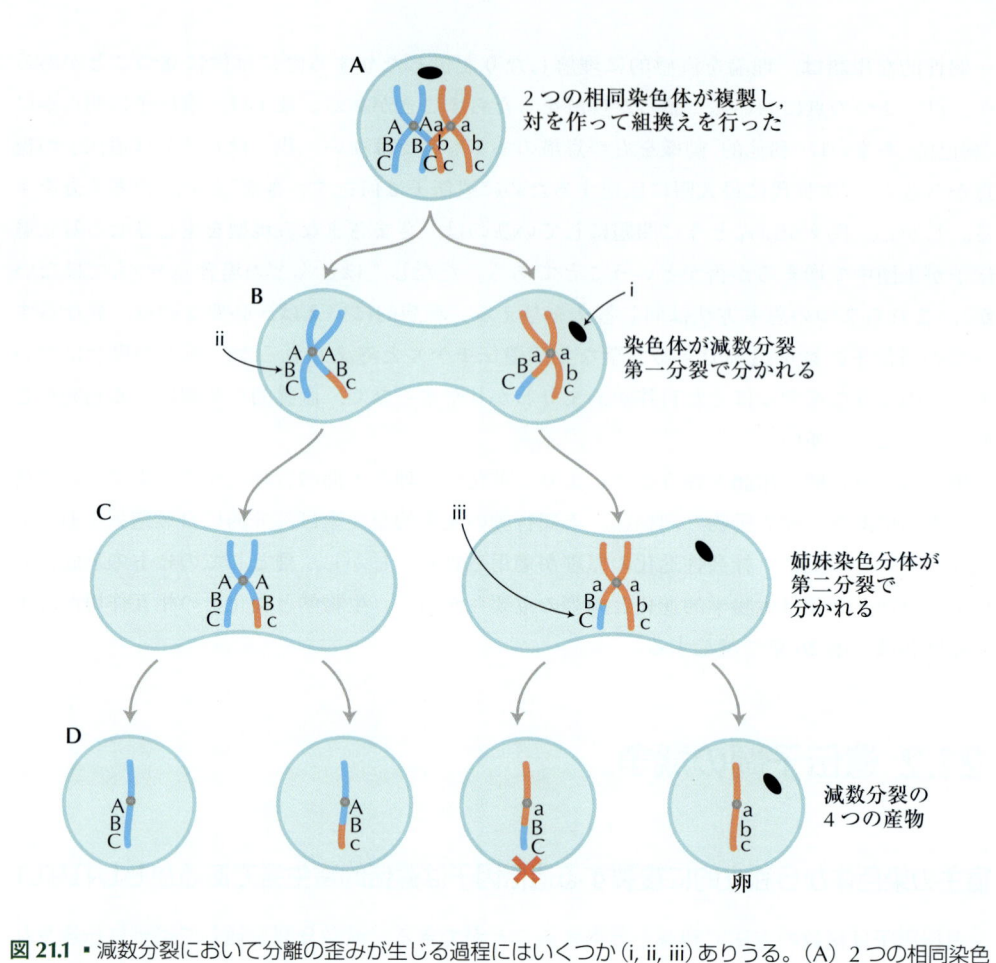

図21.1 ◦ 減数分裂において分離の歪みが生じる過程にはいくつか（i, ii, iii）ありうる。（A）2つの相同染色体が姉妹染色分体に複製し，対を作って組換えを行った（2つのゲノムは赤と青で示してある）。その後，相同染色体は減数分裂の第一分裂で分離し（B），続いて，第二分裂で姉妹染色分体が分かれ（C），減数分裂の4つの配偶子が作られる（D）。(i) B染色体（黒い楕円）は卵（右下）を形成する減数分裂の産物のほうに分離される。このような選択的分離はマイオティックドライブとして知られている。(ii) 組換え部位の周辺の短い配列がヘテロ二本鎖DNAを形成し，塩基対がミスマッチする。これらのミスマッチの修復で遺伝子変換が生じる。ここでは，B/bヘテロ二本鎖DNAはBBに修復され，Bが過剰となる。(iii) 分離の歪みは減数分裂産物の間の競争によっても生じる。1つの対立遺伝子（C）がヘテロ接合体に示されており，これをもつ一倍体の配偶子が崩壊する（赤い×印）。

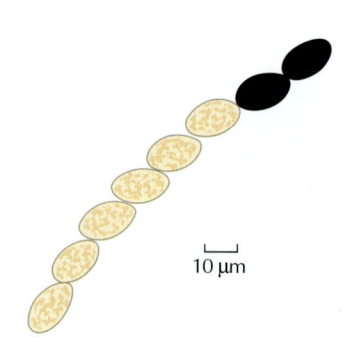

図21.2 ◦ 菌類にある遺伝子変換。一部の種では，減数分裂の産物が互いにくっつくため，胞子の色を制御する対立遺伝子の分離は直接に観察することができる。この図は黒い胞子を有する *Sordaria brevicollis* の野生型と黄色い胞子の系統との交雑の産物を表している。胞子の色の違いは単一の突然変異による。時には遺伝子変換が起き，対立遺伝子が相手のほうに変換され，この図のように，通常の4:4の分離ではなく，6:2の分離になる。

転位因子

Barbara McClintock（バーバラ・マクリントック）は転位因子によって生じるトウモロコシの斑入り粒をとおして，トウモロコシにある転位因子を発見した（図21.3；表12.2を参照）。転位因子はゲノムの中で移動するだけなら何の利点も獲得しない。複製してコピー数を増やさなければ利点にならない。その場合でも，完全無性生殖の系統で増幅する転位因子にとっては長期間の利点はない。それどころか，もし転位因子が宿主ゲノムに有害な影響を与える場合，そのような転位因子をもつ系統は最終的に絶滅してしまうのである（図21.4A）。転位因子が長生きするためには，少なくともいくらかの有性生殖が必要である。それによって，転位因子は，1つの系統で**垂直伝達**（vertical transmission）によってだけでなく，集団を通して**水平的**（horizontally）に広がることができるからである（図21.4B）。

偏性遺伝

　厳密に片方の性だけを通して伝達する遺伝子は，その遺伝子がその性の増殖を促進するならば利点を獲得することができる．例えば，顕花植物の大部分は**両性花**すなわち**雌雄同体**（hermaphrodites）であり，雄性配偶子と雌性配偶子の両方を作ることができる．しかし，5～10％の顕花植物種のなかには，混合集団が発見されており，一部の植物は雄性不稔で雌の子孫しか作れない．この雄性不稔は，雌系統を通して遺伝するミトコンドリアの変異によって生じることがわかっている．これらの変異体は，雄性不稔の植物が多くの資源を花粉ではなく種子生産に配分する場合に利点を獲得できる．その結果，より多くのミトコンドリアゲノムが伝達される（図 21.5）（この現象は**細胞質雄性不稔**（cytoplasmic male sterility, CMS）と名づけられている．雄性不稔植物は自己受粉が不可能で，交配を制御しやすいため，商業植物の繁殖にとって重要である）．類似しているがいっそう極端な例があり，それはキョウソヤドリコバチ（*Nasonia vitripennis*）にみられる（図 21.6）．

遺伝的寄生と通常寄生の間には明確な区別はない

　テントウムシでは，細胞質遺伝因子がそれをもつ雄を死なせる現象がある．同胞個体が資源をとりあって競争するため（図 21.7），この雄殺しは利点を獲得することができる．この利点の獲得は植物の CMS と基本的に同じことである．ただし，テントウムシの場合は，細胞内のリケッチア様の Wolbachia（ボルバキア）属（表 6.2）の細菌によって引き起こされ，抗生物質テトラサイクリンの処理によって除去できるものである．Wolbachia は節足動物において広く分布しており，母系による自身の伝達を助けることによって，多くの戦略を進化させた．例えば，Wolbachia は最近南カリフォルニアのオナジショウジョウバエ（*Drosophila simulans*）の集団に感染したが，この感染はおそらく別種からの水平伝達によると思われる．感染雄は細菌を伝達しないが，感染していない雌との間で作った子供が死んでしまうため，感染していない相手を不妊化する効果となる．したがって，その感染は速い速度で北部へ広

図 21.3 • 転位因子の発見者である Barbara McClintock が研究したトウモロコシ．斑入りは DNA 型トランスポゾン *Ds* の転位によって生じる．*Ds* は染色体の破損を引き起こす．

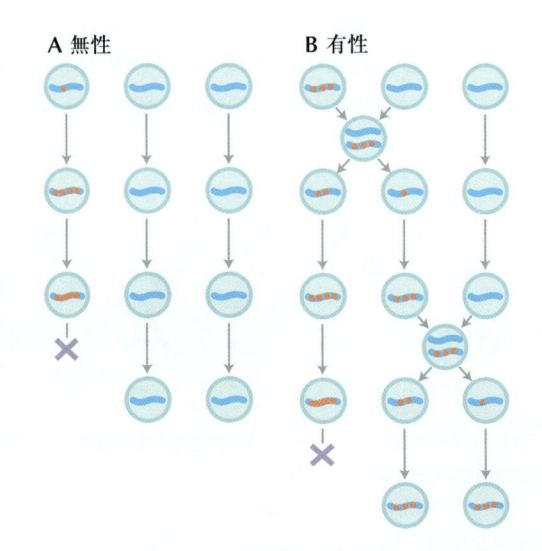

図 21.4 • （A）転位因子（赤点）は無性系統で増幅できるが，もしその転位因子が宿主ゲノムに対して有害であれば，その系統は最終的に絶滅する．（B）有性集団では，転位因子は水平的に集団全体まで広がることができる．この図は酵母のような生物を表している．通常は一倍体で，たまに有性生殖を行う．

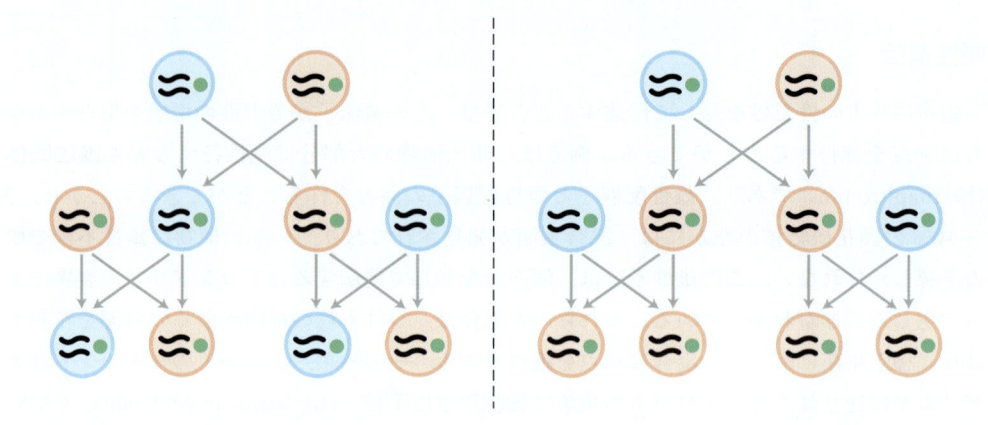

図 21.5 ▪ 片方の性を通して伝達する遺伝子は，その性の増殖を促進する場合，利益を獲得することができる。（左）動物と顕花植物のミトコンドリア DNA（mtDNA）は母系遺伝である。もし各母親が雄と雌の子を 1 個体ずつ作る場合，雌（将来に重要である）にある母親由来のミトコンドリアのコピー数は変化しない（左）。しかし，母親が雌しか作らせないミトコンドリア DNA をもつ場合（右），雌にあるミトコンドリア DNA のコピー数は世代ごとに倍増する。黒い 2 本の波線は二倍体の核ゲノムを示し，緑の丸点はミトコンドリアゲノムを表す。雄は青色；雌はオレンジ色。

がっている。この不妊性は細胞内細菌によって生じたものだが，その遺伝様式はミトコンドリアゲノムと同じである。結果として，最初の感染と関連して起きたミトコンドリア DNA 変異体も便乗して北部へ広がることができる。

　結果は基本的に同じで，異なるのはその結果を引き起こした原因である。つまり，植物の細胞質雄性不稔のようなミトコンドリアゲノム，過剰染色体または **B 染色体**（B chromosome）（ヤドリコバチの父系の性比と同様），あるいは Wolbachia のような細胞内寄生者である。寄生者と利己的 DNA とのつながりはウイルスと転位因子の密接な関係からもはっきりみられる（第 5 章，pp.144 ～ 148）。最も重要な酵素である **逆転写酵素**（reverse transcriptase）は RNA 中間体を介して複製する転位因子にコードされ，それは **レトロウイルス**（retroviruse）が自分の RNA ゲノムを DNA にコピーして，さらに宿主のゲノムに挿入するときに利用される酵素と相同である（pp.237 ～ 239 参照）。転位因子とウイルスとの密接な関係は酵母の *Ty* 因子によって詳しく説明されており，その RNA 中間体は細胞内でタンパク質コートに包まれている。これは基本的に宿主細胞から脱出できないウイルスである。

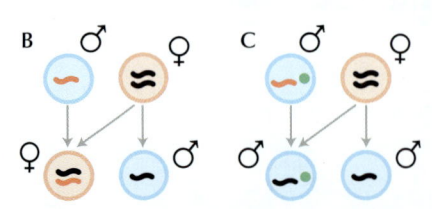

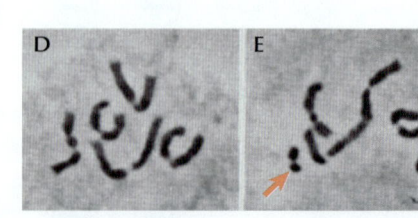

図 21.6 ▪ キョウソヤドリコバチ（*Nasonia vitripennis*）（A）が **性差のある遺伝**（sex-biased inheritance）の極端な例を提供している。他の膜翅目（ミツバチ，スズメバチ，アリ）のように，この種は半倍数性であり，受精した卵は二倍体の雌に成長するが，未受精卵は半数体の雄に成長する（B）。多くの集団では過剰 B 染色体が発見されており，父系性比（PSR：paternal sex ratio，C にある緑の丸点）という。この染色体をもつ受精卵は父親由来のゲノム（赤）を排除するため，二倍体の雌のかわりに半数体の雄として発育する（C）。したがって，PSR は，雄を通して伝達されるため，生殖を雄に変換することによって利益が得られる。（D）雄にある 5 つの染色体の通常半数体セット。（E）PSR をもつ雄にある過剰染色体（矢印）。

一方は単独の生物であり，他方は競争する遺伝因子である。両者間の明確な区別を説明するのはむずかしい。そのむずかしさはウイルスの奇妙な生活史からうかがえる。ウイルスは細胞外にいる場合，だいたい（いつもではないが）タンパク質コートに包まれているが，細胞内にいるときはゲノムが露出し，他のウイルスと複製装置を共有する。これは寄生関係の形成を容易にしているが，生物の境界を定義するむずかしさを増す。例えば，サテライトタバコネクローシスウイルス（STNV）はタバコネクローシスウイルス（TNV）の寄生者で，自分のコートタンパク質を作ることができるが，TNV にコードされる RNA 合成酵素を必要としている（図 21.8）。これら 2 種類のウイルスは関係が遠いため，別々の生物体としてみられている。ほとんどすべてのウイルスは**干渉欠損ウイルス**（defective interfering viruse, DIV）をもっており，それはゲノムの一部をなくしているため，伝達するには完全ウイルスに依存する（p.614 参照）。

"寄生者"と"利己的 DNA"という用語はこれまでの例においてよく使われている。しかし，重要なのは複製分子が共生関係と寄生関係を進化させることができるのを理解することである。例えば，多くの植物 RNA ウイルスは，感染するために相補的機能をもつ 2 種の異なるウイルスが必要であり，自分自身では生活環を完成することはできない。このような**共生ウイルス**（coviruse）の進化はすでに実験室でみられている。SV40 ウイルスをもつ霊長類の細胞株では，2 種の干渉欠損ウイルス（DIV）が進化し，互いに本来の SV40 ウイルスを完全に除去した。これら 2 種の DIV はそれぞれ必須の機能をなくしているが，互いに補って複製が可能である。この章の後半には分子，細胞と生物間の共生・寄生関係の例をさらに取り上げる。

図 21.7・テントウムシ（フタモンテントウ *Adalia bipunctata*）の雌幼虫が同巣から孵化するが，雄は細胞質伝達細菌，Wolbachia によって殺されている。幼虫は死んだ兄弟を食べている。このことは雌幼虫と Wolbachia に増殖するうえで利点となる。

利己的遺伝因子はしばしばいくつかの密に連鎖した構成要素を含む

遺伝因子はメンデルの法則を壊すことにより利点を獲得することができる。その仕組みは単純なこともある。例えば，遺伝子変換がヘテロ接合体の単一座位で塩基の 1 つにわずかなバイアスを与えることである。しかし，強い分離の歪みが生じている多くの場合では，緊密に連鎖した複数のコンポーネントとが関連している。一般的に，1 個または複数の歪みの遺伝子座（distorter locus）が存在しており，その歪みの遺伝子座は，応答遺伝子座（responder locus）に感受性対立遺伝子をもつ配偶子に害を与えることができる。

野生のマウス（*Mus musculus*）集団にある t-ハプロタイプがよくわかっている例である（図 21.9A）。ヘテロ接合体（t/+）の雄が過剰の t-ハプロタイプを伝達する。この歪みは減数分裂の不均一によるものではなく，ヘテロ接合体から作られた"+"をもつ精子の有害機能によるものである。これは，t/+ 雄と交配した雌の膣から回収された精子は 2 種類の DNA を同じ割合で含むことからわかる。t-複合体は第 17 染色体上にあるゲノムの 30 ～ 40 Mb にわたって存在し，複数の歪み遺伝子座と 1 個の応答遺伝子座を含んでいる。遺伝子の組換えは複数の**逆位**（inversion）により抑制されている。興味深いことに，自然の t-ハプロタイプはさまざまな劣性致死遺伝子座をもっている。これらは，t-ハプロタイプによる分離比ひずみが確立した後で生じた。親両方とも t/+ の家系だと，子のうち雄のほぼ半分が t/t となり，結果として不妊となる（図 21.9B）。もし劣性致死遺伝子座をもつこれらの t/t が発育の早いうちに死ねば，さらに子供が作られ，結果的にほとんど t/+ となる。これは致死をもつ t-ハプロタイプに強い選択的利点を与える（図 21.9C）。これは**血縁選択**（kin selection）の例で，後ほどまた議論したい。

マウスにある t-複合体は常染色体上で遺伝するが，知られている多くの例では，**異型性**

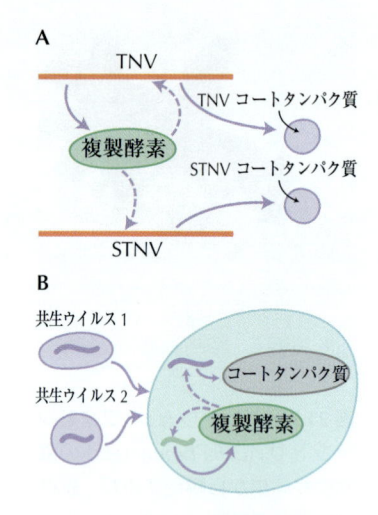

図 21.8・(A) タバコネクローシスウイルス (TNV) は RNA ウイルスで，RNA 複製酵素とコートタンパク質を作ることができる。サテライトタバコネクローシスウイルス (STNV) は TNV とは無関係のウイルスで，自身のコートタンパク質を作るが，RNA 複製酵素はもっていない。かわりに，TNV が作った RNA 複製酵素に依存する（実線矢印はウイルスがタンパク質をコードすることを示し，点線矢印は RNA 複製酵素によるウイルスの複製を表す）。(B) タバコ茎えそ共生ウイルスは 2 種類のパーティクルを含み，感染を成功するには両者とも必要である。1 つは RNA 複製酵素をコードし，もう 1 つはコートタンパク質をコードする。

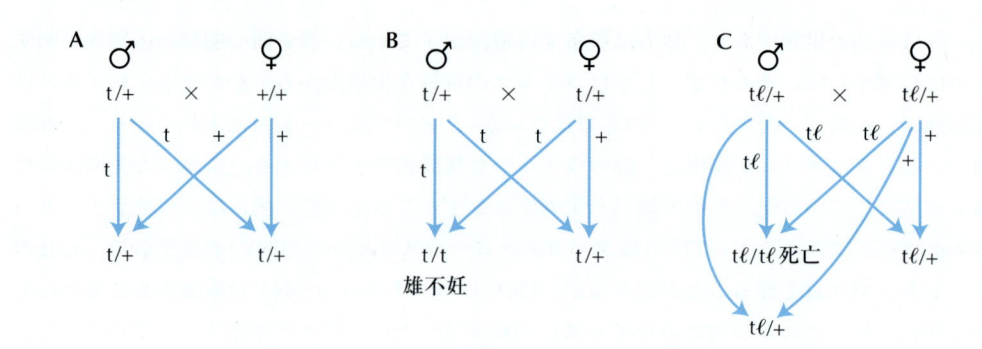

図 21.9・(A) 雄マウスの t-ハプロタイプヘテロ接合体（t/+）が主として t を有する精子を伝達し，強い伝達優勢をもたらす。(B) 近親交配の小さい地域集団では，t/+ × t/+ 交配がふつうに起きるほど t が十分にあるかもしれない。そのため，子のうち雄のほぼ半数が t/t となり，不妊となる。(C) 多くの t-ハプロタイプが緊密に連鎖した劣性致死遺伝子をもち（ここでは ℓ で表示），胚発生の初期に tℓ/tℓ ホモ接合体が死ぬ。そこで tℓ/+ ヘテロ接合体が取ってかわり，結果的に不妊の雄子供の生産を避け，全体として tℓ の伝達を増やすことになる。

(heterogametic) の性染色体の 1 つが過剰に伝達される（哺乳類とショウジョウバエの雄，鱗翅目の雌）。少なくとも X 染色体の 23 例，Y 染色体の 6 例が昆虫類，哺乳類，顕花植物から知られている。性染色体とかかわる例が数多く知られているのは，それによって生じた性比の強い偏りを通して検出されやすいためかもしれない。しかし，性染色体間の組換えがないため，分離の歪みの進化がより容易になる。X 染色体上の歪み遺伝子座 (distorter loci) は Y 染色体上のどの応答遺伝子座 (responder locus) でも標的にすることができる。一方，常染色体の場合，それらの要素が最初から緊密に連鎖していなければならない。性染色体進化の因果関係は第 23 章でさらに詳しく説明される (pp.743〜744)。

変更遺伝子は利己的遺伝子を抑制するために進化する

生物においてメンデルの法則から逃れる遺伝因子は他の遺伝子に害をなす。その害は，それらの遺伝因子の優先的な伝達による直接の結果である場合もあるし（例えば，t 因子をもつ配偶子はヘテロ接合体雄の野生型兄弟を死なせることによって広がる），側面的影響という間接的な結果である場合もある（例えば，転位因子が翻訳配列に挿入される）。したがって，宿主ゲノムには非メンデル遺伝を抑制する強い選択がかかっている。

植物の細胞質雄性不稔を引き起こすミトコンドリアは，雌配偶子を通して伝達の増加を引き起こせば，利点を獲得することができる。この利点はいろいろな面で現れる。自家受精ができないため，雌は近交退化を避けることができる，花粉生産や大きくて派手な花作りから種子の生産に資源を移譲するかもしれない（花の働きは基本的に花粉を"輸出"することである。p.619），などである。最もシンプルなケースでは，雌が，花粉が不足して受粉できないほど増え続ける。すると，今度は雌雄同株の両性花に逆の利点が生じてくる。というのは，両性花は少なくとも自家受精ができるため，まったく子孫ができないことはないからである。自然界では雄性不稔を防ぐ修復対立遺伝子が核ゲノムに生じているが，これに対して，新たなミトコンドリアの不稔因子がまた進化する可能性もあり，核と細胞質との間の戦いが続く。一般的に，異なる細胞質型不稔と，多少の特異性をもつ修復対立遺伝子が，集団から同時に発見されることが多い。ナデシコ科の植物 *Silene acaulis* では，大きな変異を有する

複数のミトコンドリア変異体が各集団から見つかり，長期にわたり多型が維持されていることが示唆される（p.583 参照）。

分離の歪みの抑制因子はよく研究されているすべてのシステムに発見されており，実験室でも観察されている。例えば，分離の歪み因子（SD）の複合体をY染色体に結合させた人工的染色体を作成し，キイロショウジョウバエの集団に導入した実験を行った（図 21.10）。その結果，Y染色体が過剰伝達し，雄の過剰産出を引き起こした。実際，いくつかの反復実験では雌不足のため絶滅した。しかし，およそ10世代以上になると，抑制因子の対立遺伝子が複数の遺伝子座に確立され，性比が同等に戻った（図 21.10）。

伝達の歪みは行動的変化を通して補完できる。例えば，雌 t/+ のマウスは t/+ 雄より +/+ 雄を好んで交配するため，生存不能の t/t 子孫を作ることが避けられる。有柄眼ハエでは，雄の眼が異常に離れている。このハエの2種では，分離比ひずみX染色体があり，ヘテロ接合体において野生型精子を破壊することによってかなりの雌過剰をもたらす。ま

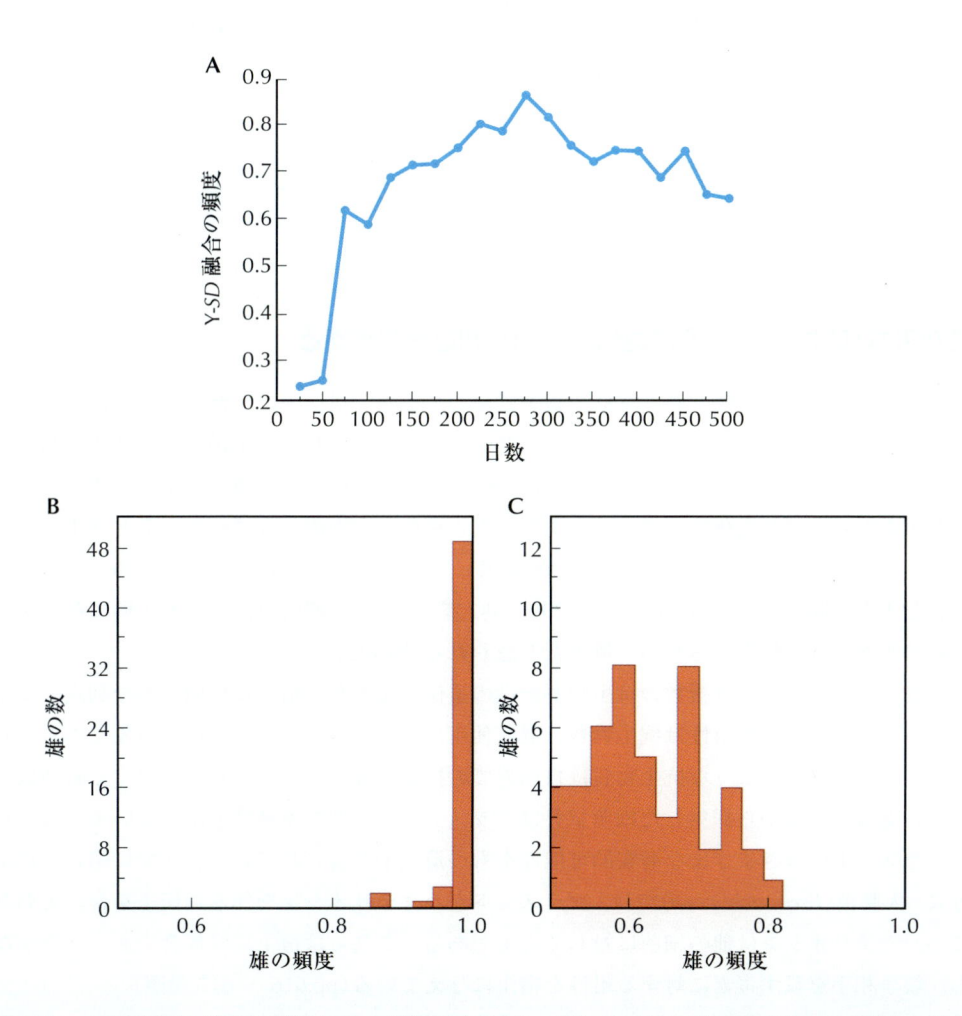

図 21.10 ■ 実験集団における分離の歪みの抑制因子の進化。（A）SD因子を含む染色体をY染色体に結合して作成した分離比ひずみ染色体の頻度（3つ以上の反復実験の平均値）。分離比ひずみ染色体の頻度は初めに速い速度で増加し，雄に強く偏った集団が生じる。その後，抑制因子の進化によって頻度の増加は減退する。最初はY-SDをもつ雄の子供はほとんどすべて雄である（B）。（C）しかし，157日目あたりには，雄への偏りはかなり弱くなり，雄の間で著しく変化が起きる。この柱状グラフは最初に遺伝的変異を含まない1個のケージの中の子供性比の分布を示している。ここでは，抑制が突然変異による新規の変異から進化した。

た，精子の破壊を防ぐY染色体に連鎖した抑制因子もある．眼が離れる方向に選択された集団では，雌が減少する方向にバイアスがかかるが，その逆のケースは，眼が近づく方向に選択された同型集団でみられた．このことは雄の眼間長と分離比ひずみの程度が**遺伝的に相関している**ことを示している(p.518を参照)．したがって，雌はより離れた眼間隔の雄と交配することによって利益が得られる．なぜなら，子孫には雄子供がもっと多く含まれ(雌偏りの集団にとって貴重)，また抑制因子対立遺伝子をもつ雄子供の精子は，分離比ひずみX染色体の崩壊効果に対して感受性が弱い(これは**優良遺伝子**(good gene)を選択する素晴らしい例である．p.627参照)．逆にいえば，雌の交配の好みは分離比ひずみ(drive)の抑制因子の頻度を増やして，利己的なX染色体の広がりを阻止する結果になっている．

　生物はウイルスと転位因子に対して精巧な防御機構を進化させている．最もよく理解されているのはおそらく菌類のアカパンカビ(*Neurospora*)にある重複により誘導される点突然変異(repeat-induced point mutation, RIP)であろう．この仕組みは，受精後から核融合と減数分裂の前までの間に，約1kb以上の重複配列をすべて検出することができる．いったん認定されると，重複された配列には高い頻度で突然変異がおき(おもにG：CからA：Tへの変異)，メチル化される．これは転位因子に対する防御であると考えられている．アカパンカビのゲノムには**トランスポゾン**(transposon)類似の配列があるが，これらはすでにRIPによって不活性化されており，活性をもつ転位因子は知られていない．二本鎖RNAを不活性化するという機構は広く行きわたっており，生活環の一部として二本鎖RNAをもつウイルスや転位因子に対する防御でもある．

性がまれな場合，すべての遺伝子が同じ利益を共有する

　これまで主として有性生殖の真核生物を議論してきた．遺伝子は，例えその遺伝子をもつ個体に有害であっても，水平的に広がることができる．しかし，真正細菌，古細菌とおもに無性生殖の真核生物の場合，状況はまったく違う．遺伝子は無性生殖の多くの世代を通して共存するため，同じ進化的利益を共有する．真正細菌と古細菌にはプラスミドとさまざまな転位因子が見つかっており(pp.185〜188参照)，これらは接合またはまれな組換えによって，ときどき系統間で移動する(pp.200〜205，382参照)が，長期的な伝達は基本的にその無性系統の生き残りに依存するため，無害だと思われる(図21.4)．

　プラスミドは，ふつう複数の抗生物質耐性の遺伝子をもち，宿主には明らかな利点となる．もちろん，複数の薬物耐性は抗生物質の過度使用により生じた非常に最近の現象である．しかし，ペニシリンのような抗生物質は自然界での抗菌防御なので，これらに対する耐性は古くからある．土壌から採集した細菌試料はプラスミドの高度な多様性を示している．これらのプラスミドにはさまざまな潜在的可能性をもつ遺伝子が含まれている．すでに紹介したように，大腸菌(*Escherichia coli*)では，プラスミドがバクテリオシンを作る遺伝子を含んでおり，このバクテリオシンは他の細菌に対して有毒である．これらは宿主に好都合である．なぜなら，競争相手を殺す毒素に対する耐性を宿主に与えている(pp.616〜617参照)．

　また，真正細菌と古細菌のトランスポゾンおよび挿入配列は穏和的で無害のようである．真核生物とは対照的に，これらに対する耐性を与える仕組みは不明である(制限酵素は転位因子ではなく，ウイルスDNAを壊すために進化したと考えられている)．ただし，これらの遺伝因子は多くの場合，自身のコピー数を制限する巧妙な仕組みを進化させており，その結果，ランダムな転位の有害影響を減らしている(図21.11)．

　真核生物では，有性生殖の割合と利己的遺伝因子の広がりの間に相関関係がみられる．極

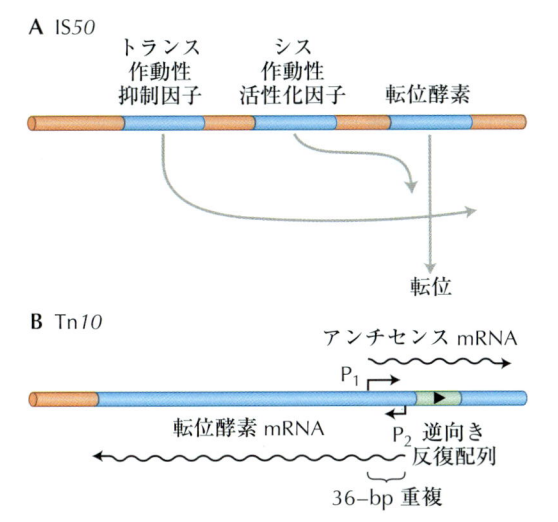

図 21.11 ▪ 真正細菌と古細菌はめったに有性過程をとらないので，そこにあるトランスポゾンは過度な転位を防ぐ機構を進化させている。(A) DNA 型トランスポゾン IS*50* は転位のシス作動性活性化因子とトランス作動性抑制因子を作る。コピー数が増えると抑制因子のレベルがあがり，転位が止まる。(B) もう 1 つの DNA 型トランスポゾン Tn*10* は転位酵素遺伝子の開始点近くに 2 つのプロモーターをもっている。1 つは転位酵素メッセンジャー RNA（mRNA）の転写を開始するが，もう 1 つは逆方向の転写を開始し，アンチセンス RNA を作る。コピー数が多くなったとき，このアンチセンス RNA は転位酵素 mRNA に結合してその翻訳を阻止する。

端な一例をあげると，非常に希少な分類群の 1 つであるヒルガタワムシ（bdelloid rotifers）という生物がいる。ヒルガタワムシは長期間（約 1 億年，図 23.10）にわたって明らかに無性生殖を行っている。これに相応じて，ヒルガタワムシは長い散在性反復配列（LINE）とジプシー様レトロトランスポゾンを欠いている。これらはこれまで研究された他のすべての真核生物で見つかっている。顕花植物では，予想どおり，異系交配は B 染色体の存在と関係している（表 21.1）。

利己的 DNA の量は複数の様式で決定される

集団内における個々の挿入頻度が低いことは，ショウジョウバエにおいて選択がトランスポゾンの蓄積を制限している証拠となる。すでに紹介したように，このような挿入は量的変異に関与している（p.437）。これらはまれなうえ，系統発生の末端に限られることから，集団内に長く存在していないことが示唆される。対抗選択の原因は，それらによる転位の有害効果，あるいは遺伝子機能の破壊のためであるかもしれない。さらなる可能性としては，トランスポゾンの数が**異所性の組換え**（ectopic recombination）により制限されることが考えられる。異所性の組換えというのは異なる遺伝因子間の組換えであり，染色体の再編成に大きな害をなす（p.370 参照）。これはショウジョウバエゲノムの低頻度組換え領域にトランスポゾンが蓄積しやすい知見と一致する（図 21.12）。しかし，連鎖が強い場合，選択の低効率もこのパターンをもたらす（**Hill–Robertson 効果**，p.737 参照）。

哺乳類，特にヒトゲノムにある転位因子の分布は非常に異なっている（表 21.2）。哺乳類には大量の転位因子が存在しており，ほとんどすべてが集団に固定されており，不活性である。一方，ショウジョウバエにある自然突然変異の多くが転位因子により引き起こされている。しかし，ヒトでは転位因子による突然変異はほとんどない。その違いの理由はわからない。ショウジョウバエと比較して，ヒトの有効集団が小さく，そのため，選択が転位因子の固定に対抗できないのかもしれない。また，トランスポゾン間の異所性の組換えがよりまれなためかもしれない（実際にそうに違いない。そうでなければ大量の反復配列が大きな害をなす）。また転位因子が，あまり有害影響を与えない非翻訳領域に転位される傾向があるかもしれない。これらの要因はすべて，上記の違いの説明に寄与するが，相対的重要性は不明である。

表 21.1 ▪ 顕花植物では異系交配は B 染色体の存在と関係している

交配システム	B 染色体	
	なし	あり
近親交配	52	3
混合	191	14
異系交配	66	27

表は各綱にある種の数を示している。相関関係は高い統計的有意性がある。

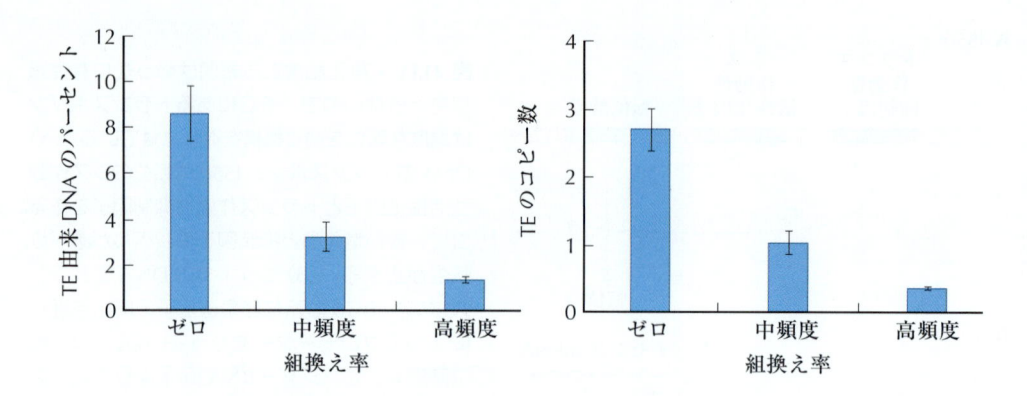

図21.12 ● 転位因子は低頻度組換え領域に蓄積する傾向がある。キイロショウジョウバエゲノムはゼロ，中頻度組換え領域と高頻度組換え領域に分類した。

　遺伝因子の広がりは，その遺伝因子自身の有害効果の増加，あるいは不完全コピーの蓄積によって制限される。また，前の節で紹介したように，さまざまな種類の抑制因子も進化しうる。安定なバランスを維持する間接的な頻度依存があるならば，抑制因子は利己的遺伝因子が増えるにつれて増加する傾向にあるだろう。非メンデル伝達により広がる遺伝因子は，その運命が低頻度組換えにより宿主の運命と結ばれているのでなければ，自身の増殖を制限するような進化はしない。しかし，これらの遺伝因子は，ヘテロクロマチン（異質染色質）領域または非翻訳領域に選択的に挿入することによって，あるいは生殖系列に限って転位すること（P因子のように）によって自身の有害効果をうまく制限しているかもしれない。

　利己的DNAの広がりを制限するさまざまな仕組みが存在しているにもかかわらず，メンデル遺伝を崩壊しようとすることに対する圧力がなぜ生物を制圧していないのか。その理由は不明のままである。実際に，我々の知る限りでは，これは生物絶滅の共通原因であるかもしれない。しかし，宿主ゲノムには利己的な遺伝因子より多くの遺伝子が存在している。この単純な事実から，抑制因子がこれからも進化していくと思われる。実際に，さまざまな抑制因子が自然界で一般的にみられ（例えば，細胞質雄性不稔），またSD因子に対する抑制因子が実験室の実験でも観察され（図21.10），さらに，突然変異によって数十世代のうちに各

表21.2 ● ショウジョウバエとヒトのレトロトランスポゾンが示す対照的なパターン

	ショウジョウバエ	ヒト
ユークロマチン（真性染色質）コピーの数（約）	1400	2,900,000
ユークロマチンDNAの%	2	42
ファミリーの数（概数）	60	100
非LTRレトロトランスポゾン（LINE）	20	3
短い散在性反復配列（SINE）	0	3
LTRレトロトランスポゾン	40	100
固定された挿入	少数	大部分
レトロトランスポゾンによる自然突然変異の%	> 50	< 0.2

LTR＝末端反復配列，LINE＝長い散在性反復配列，SINE＝短い散在性反復配列

種の抑制因子が新たに生じることもある。Egbert Leighの言葉を使えば，生殖に対する共通利益を有する"遺伝子の議会"が逸脱した少数者をうまく抑止しているかもしれない。この章の後半では再び，協力がどうやって安定化できるという広範な問題に戻ってくる。

真核生物ゲノムは大量の利己的DNAとジャンクDNAを含む

典型的な真核生物ゲノムは，ごく一部しかタンパク質をコードしていない（図7.1, 13.17, およびpp.236〜239）。しかし，一部の非翻訳領域は遺伝子調節に働いたり，リボソームRNA，転移RNAやそのほかの機能的RNAをコードしたり，あるいはセントロメアを維持したりもしている。また，ショウジョウバエと哺乳類における配列保存に基づいた推定によると，機能をもつ非コード配列の量はコード配列の量とほぼ同じである（pp.584〜589参照）。それ以外の膨大な配列は，明らかに選択により維持されていない。複数の証拠が，これらの余分のDNAは実際に個体の適応度を維持するうえで機能していないことを示唆している。それどころか，これらの配列には生物に対して有害でありながら複製する遺伝因子（**利己的DNA**[selfish DNA]）や，複製機構の副産物として蓄積された反復配列が含まれている（**ジャンクDNA**[がらくたDNA, junk DNA]）ことがわかる。

ゲノムのこの特徴を支持する最も強い主張は，似た生物種がDNA含量においてきわめて大きい多様性を示していることである。**ゲノムサイズ**（genome size）（**C値**[C value]ともいう）は一倍体（半数体）ゲノムの質量，ピコグラム（pg, $1 \text{ pg} = 10^{-12} \text{ g}$）として表示され，1 pgは約1000 MbのDNAに相当する。全体的に，真核生物のゲノムサイズは寄生性の微胞子虫 *Encephalitozoon intestinalis* の0.0023 pgから肺魚の133 pgまでの間で変化する。ヒトのゲノムサイズはその中間で，2.9 pgである（図7.1）。この範囲には，単細胞の微生物から複雑な多細胞生物まで，きわめて多様な生物が含まれる。しかし，ゲノムサイズと生物の複雑さとの間には，あまり相関はない。1つの生物群をみれば，ゲノムが最小の生物はおおむね単純だが，複数の生物群の間では，ゲノムサイズはきわめて大きな範囲にわたって変化している（図21.13A）。この違いの一部は**倍数性**（polyploidy）（つまり，翻訳領域と非翻訳領域を含むゲノム全体の増量。pp.354〜357参照）によるが，大部分は非翻訳DNAの量の違いである。この違いは属内にとどまらず，種内にもみられる。例えば，DNA量はカンガルーネズミ属 *Dipodomys* において1.6倍も変化しており，トウモロコシ（*Zea mays*）ではゲノムサイズが約40%までも変動している。マウスゲノムから2つ大きな非翻訳DNAフラグメント（長さ：1.5 Mbと0.85 Mb）を実験的に欠失させても，生存と繁殖に対して検出可能な影響はみられず，隣接遺伝子の発現にもほとんど変化を与えない。

大部分の配列はほぼ突然変異率に依存して進化していることから，選択圧をほとんど受けていないことが示唆される（pp.460, 588〜589参照）。また，個体の適応度に利益を与える明確な機能が認められていないだけでなく，大部分の配列は利己的複製のために選択されているわけでもないことも示唆される（実際に，次でみるように，多くのゲノムには活性をもつトランスポゾンは比較的に少ない）。

最後に，自然選択はどのようにして膨大な量のDNAを正確な配列として維持できるのだろうか。この問題を解くのは非常にむずかしい。**突然変異荷重**（mutation load）は過大だろうし，適応的置換を確立する適応度コストも高すぎるのだろう（pp.592〜596参照）。注目すべきは，配列の進化速度あるいは遺伝的荷重からの主張は，DNA全体量に対する選択があることを排除していない（例えば，大きなゲノムは，大きな核が選択されるために好まれる傾向が指摘されている）。しかし，すぐ前に述べたように，種間比較とショウジョウバエの

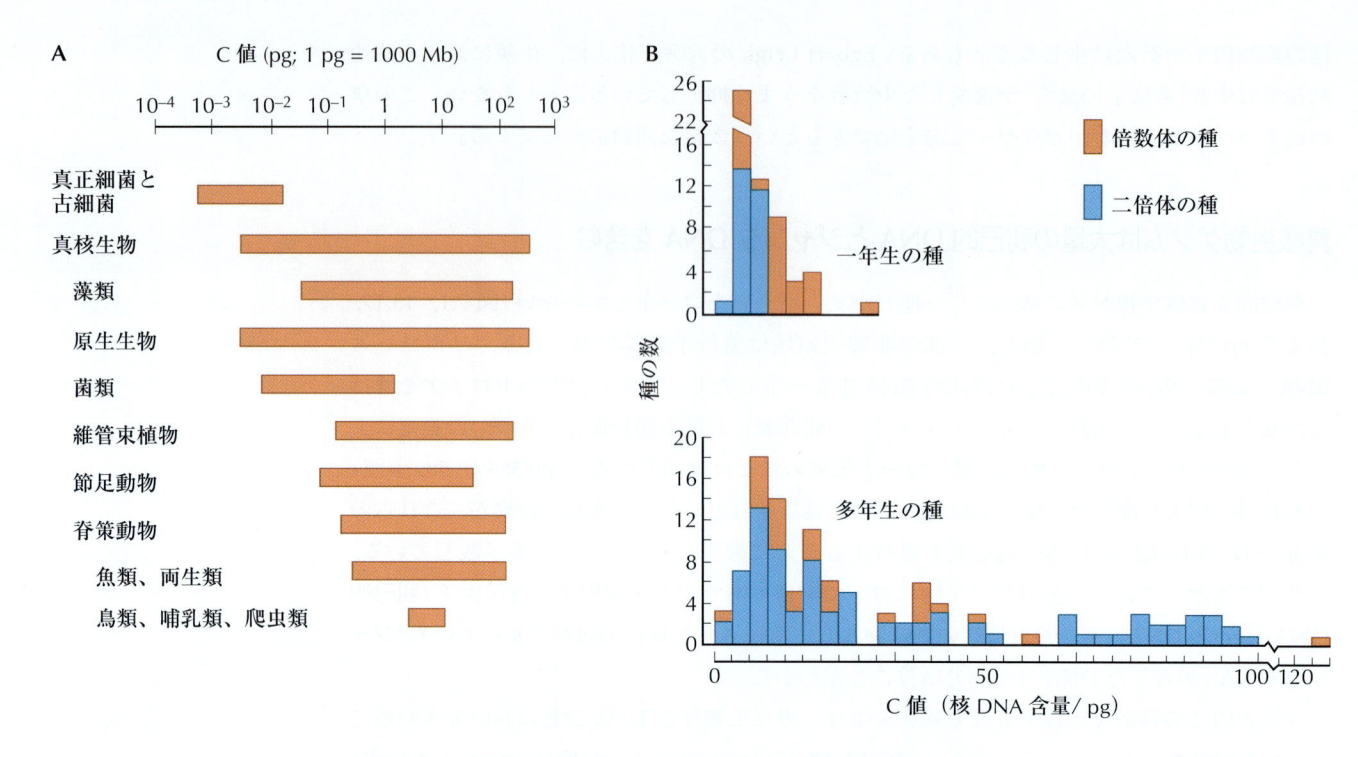

図 21.13 ● (A)主要な生物群の一倍体ゲノムサイズ(C 値)の変動範囲。(B)多年生の種と比べると，一年生の顕花植物のゲノムの方が小さい。赤色部分は倍数体の種を示している。全体として，早く生長する"雑草"のゲノムは一般的に 10 pg 以下で，30 pg 以上のゲノムを有する植物はほとんど多年生である。

実験的操作から，複雑な生物を構築するために大きなゲノムが必須ではないことが示されている。

我々は大きなゲノムが有害だと予想する。なぜなら，代謝コストと大量 DNA の複製には時間がかかるし，大きな細胞は発育と行動に制約を与えるかもしれない。種間比較はこれらの直観を支持している。一年生の植物は多年生と逆に，小さいゲノムをもつ傾向がある（図 21.13B）。トウモロコシでは，早く生長するための人為的選択がゲノムサイズの減少をもたらしている。類似的に，水性の幼生から成体に変態するサンショウウオは他のサンショウウオと比べると比較的に小さなゲノムをもっている(14 〜 17 pg)。一方，**ネオテニー**(幼形成熟，neoteny) の種は幼生のままで繁殖し変態が避けられるため，その一倍体のゲノムが 76 pg まで大きくなることもある。昆虫も似たようなパターンを示している。蛹のステージを通して変態する**完全変態**(holometabolous)の昆虫（例えば，ハエ，蝶，甲虫）は 2 pg よりも小さいゲノムをもつが，若虫ステージを通して直接発育する**不完全変態**(hemimetabolous)の昆虫（バッタと半翅類の昆虫のような）は 17 pg までの大きなゲノムに進化できる。おそらく変態は速やかな細胞分裂を必要とし，膨大量の DNA を複製する必要がある場合は，むずかしいと考えられる。

ゲノムサイズは細胞の大きさと強い相関関係がある。ネッタイキノボリサンショウウオは数少ない大きい神経細胞に非常に大きなゲノム（平均 48 pg）をもっている（図 21.14）。その結果，脳が簡単な構造になっている。これによって，大部分の成体サンショウウオのように活発に捕食することが不可能になったと指摘されている。そのかわりに，このサンショウウオは獲物を待ち伏せして，瞬発的に舌を伸ばして，捕食している。しかし，これらの例は示唆に富んでいるが，脳の複雑さと行動との間の有意な相関関係を確立するにはむずかしい。

図 21.14 ● ネッタイキノボリサンショウウオ(*Bolitoglossa subpalmata*)は非常に大きなゲノムをもっている。そのため，大きな神経細胞を有する。その結果，必然的に簡単な脳構造をしている。

また，大きいゲノムが簡単な脳をもたらし，そのゆえに行動に変化が起きるのか，あるいは行動変化がゲノムサイズに対する選択を変えるのか，その因果関係を解明することはさらにむずかしい。

ヒトゲノムの各所に不活性の転位因子が含まれる

機能しない DNA の量が少なくなる方向に選択がかかると考えると，どんな圧力が大きいゲノムをもたらしたのだろうか。転位因子の利己的複製を焦点に当ててきたが，不等交差による縦列重複の蓄積と他の突然変異のような過程も重要である。

全体的にみると，転位因子のコピー数とそれに由来するゲノムの割合がゲノムサイズとともに増加している（図 21.15）。ここではよく理解されている例の 1 つとして，我々自身がもっている遺伝物質の構成について考えてみる。ヒトゲノムの半分近くは転位因子に由来している（図 8.19，21.16）。もちろんそのほとんどはすでに機能をなくしている。過去 5000 万年の間に DNA 型トランスポゾンが転位した証拠はなく，末端反復配列（LTR）レトロトランスポゾンは実質的に全部不活性である。最も著しく増殖していたのは，転位因子の第 3 クラス，非 LTR 長い散在性反復配列（LINE）である。そのうち，唯一活性をもち続けているファミリーは LINE-1 で，それがヒトゲノムの 20% 近くを占めている。しかし，そのうちおよそ 100 だけが完全なもので，活性をもつ 6 kb 長の遺伝因子である。その理由は，大部分の転位反応において，逆転写が早く終わってしまい，約 1 kb のフラグメントしか残していないためである。

完全な LINE-1 因子にコードされる転位酵素は逆転写酵素の活性をもっており，それがさまざまな RNA 分子の挿入を引き起こす。これにより，長さ数百塩基対の短い散在性反復配列（SINE）の複数ファミリーが広がっている。なかで最も多いのは *Alu* 因子で，これはリボソームの一部を構成する構造 RNA 遺伝子に由来する 300 bp の配列である。現在，その *Alu* 因子はヒトゲノムに異常に多く，ゲノム全体の 10% も占めている。*Alu* 因子は約 4000 万年前の霊長類の放散初期に増殖を始め，最初は約 1 世代 1 挿入の速度で広がっていた。しかし，挿入後，転位酵素に認識されるポリ（A）テイルが突然変異を蓄積すると，その遺伝因子は動かなくなる。したがって，現在の転移速度は非常に遅く，およそ 200 世代の間に 1 ゲノム

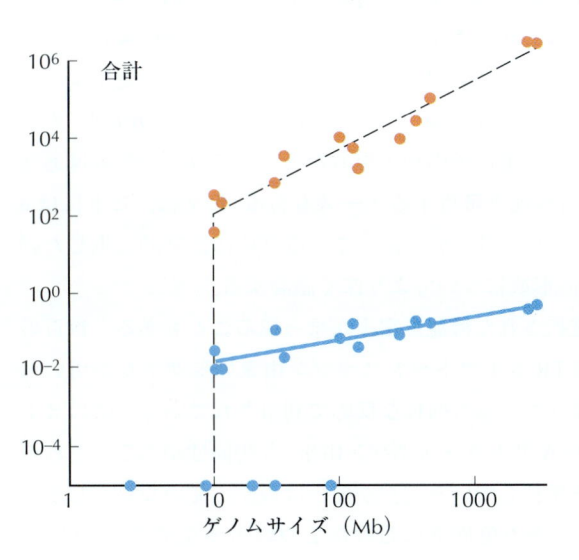

図 21.15 ● 大きいゲノムの相当な割合が転位因子に由来している。コピー数（赤丸）とゲノムに占める割合（青丸）がゲノムサイズとともに増加する。移動しない遺伝因子をもつ生物は X 軸にプロットしている。（これらのデータは真正細菌，古細菌と真核生物のうち，ゲノム配列が決定されたものから取ってきたので，大きいゲノムは含んでいない）。

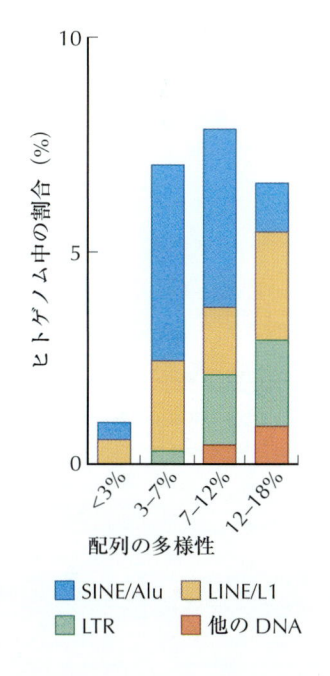

図 21.16 ● ヒトゲノム中の転位因子の年代の分布。これはヒト–マウスの共通配列の多様性から算定されたもので，約 2500 万年間の分岐ごとに区分けしてある。

に1遺伝因子が挿入される。また，実際に転移しているのは Alu 因子のほんのわずかで，これらは小数の完全 LINE-1 因子にコードされた転位酵素に依存している。したがって，利己的複製に対する選択により維持されているものは，現在のヒトゲノムにはわずかしかない。今もなお移動できるのは，活性のある LINE-1 因子の転位酵素と隣接配列，および SINE 因子のポリ（A）テイルだけである。ヒトゲノムの約半分がトランスポゾン由来であり，その大部分は数千万年前に挿入され，現在はすでに退化した残存物となっている（図21.16）。

　ゲノムサイズにおける異常に大きな差異，および多くの生物種にみられる大量の過剰 DNA は，最も顕著な生物の特徴の1つである。これらの DNA は何かの機能をもっているに違いないとよく指摘される。例えば，大きな細胞を維持すること，間接的に染色体の再編成を容易にすること，あるいは，新しい遺伝子を作ることである。また，突然変異を起こし，それが偶然にも適応する可能性もある（次の節を参照）。しかし，後ほど第23章（p.717）でみるように，有性生殖の生物種では，高い突然変異率が維持されることはない。なぜなら，よい影響はきわめてまれであり，突然変異の大部分は有害だからである。一般的に，近縁種間の差異が大きいということは適応解釈に対する反論といえる（図21.13）。いずれにせよ，真核生物ゲノムの大部分が自己複製因子の活動の残存物と気まぐれな複製と組換えの残存物であることははっきりいえる。

転位因子が宿主を助けるために利用されることもある

　多くの場合，転位因子は宿主適応度を助ける機能を獲得している。知られている例を2つのクラスに分けることができる。第1に，転位因子またはそれらの活性因子由来の配列は，新しい機能を獲得することができるが，その機能はトランスポゾン複製に対する選択にはまったく関係ない。ゲノムの大部分が転位因子またはそれらの残存物を含んでいることを考えると，それらの一部が偶然に宿主を助ける機能を獲得するのも驚きではない。第2に，本来利己的複製に対する選択を通して進化した転位機構が乗っ取られて，宿主のために似たような働きをすることも考えられる。

　第8章（pp.239～241）でも議論したように，イントロンは転位因子に由来すると考えられている。多くの遺伝子はイントロンがなくでも機能するが，正確な遺伝子調節は多くの場合，完全長の RNA 転写産物がどのようにメッセンジャー RNA（mRNA）にスプライスされるかに依存している。特に，**選択的スプライシング**（alternative splicing）を通して同じエキソンセットから多くの異なるタンパク質を作ることができる。そのため，タンパク質の多様性は遺伝子の数だけから考えるよりもより豊富である（図8.22）。新しい遺伝子は異なる遺伝子のエキソン間の組換えによって作られうる。レトロトランスポゾン活性はときどき mRNA の逆転写を起こし，それが新しいイントロンなし遺伝子の挿入をもたらす。これらの挿入は通常**偽遺伝子**（pseudogene）に退化するが，新機能を獲得するケースもある（例えば，ヒトには8個）。これらの例では，そうした新機能は転位因子が存在しているために偶発的に生じた副産物である。第24章では新しい遺伝子の形成についてより深く議論する。

　本来トランスポゾンの増殖のために選択された機能を宿主が乗っ取ることもある。数百のヒト遺伝子では転写を終了させるのに LTR レトロトランスポゾン由来のシグナルが用いられており，また，他の多くの種類の調節シグナルも同様な反応で利用されている。47 のヒト遺伝子はトランスポゾン（ほとんどが DNA 型トランスポゾン由来）と相同性がある。これらの例の大部分において，これらの機能を維持している選択が何かはわかっていない。しかし，よく理解されているものもある。脊椎動物の免疫系における2つの重要な酵素（RAG1 と

RAG2)がそうであり，種々の抗体を生成するために生じる体細胞DNA再編成に関与している（図9.10）。

21.3 血縁者の相互作用

選択は延長された表現型に作用する

　この章の前半では遺伝子の伝達競争において生じる競争について考えたが，これからの節は，血縁者間の相互作用について議論したい。これら2つの問題はまったく違うように見えるが，実は互いに深くかかわっている。どちらの問題においても，遺伝子の拡散をその遺伝子をもつ個体の適応度から予測することはできない。伝達の利点を有する遺伝子は，その遺伝子をもつ個体に対して有害であっても広がる仕組みをみてきた。これからは，以下のことを考えてみたい。遺伝子が血縁者の繁殖を助ける場合，たとえその遺伝子の持ち主にとってコストがかかるとしても，その遺伝子が広がることが可能である。

　本章全体にわたって，個体の適応度は，多くの場合においてその個体の遺伝子型だけではなく，集団中の他の個体の遺伝子型にも依存することを強調してきた。いいかえると，遺伝子はその遺伝子をもつ個体だけでなく，関係する他のものの生殖にも影響を与える（図21.17）。鳥や哺乳類の社会性行動を考えるときには，このような相互作用が予想されるが，実際にはもっと広い範囲の生物にわたって相互作用が存在している。例えば，土壌微生物は，土壌栄養の消費と有毒の排出物の生産において相互作用をしたり，また他のものに影響を与えるために進化した特異的な分子（例えば，バクテリオシンと**クオラムセンシング**[quorum sensing]。p.181，図20.17)を通して相互作用をしたりする。Richard Dawkins（リチャード・ドーキンス）は**延長された表現型**（extended phenotype）という言葉により，集団中のすべての個体における遺伝子の全体的効果を表現している。

　明らかな利他行動は頻繁にみられ，それらの個体は他のものの生殖を促進するために行動する。なかにはそれらの個体自身にコストがかかる場合もある。最も顕著な例は社会性昆虫（Box 21.2参照）で，極端な例では1つのコロニーの全個体がただ1匹の女王の生殖を助ける。その女王は1匹または数匹の雄と交配して受精が起こる（図21.18B）。また，これほど極端ではない例も多くある。例えば，ヘルパーが生殖するつがいを援助する協同繁殖の例である。このような例は約220種の鳥にみられる（例えば，図21.18C）。警告の鳴き声も利他的行動のようである。なぜなら，それが同類に注意を与えているからである（図21.18A）。これと

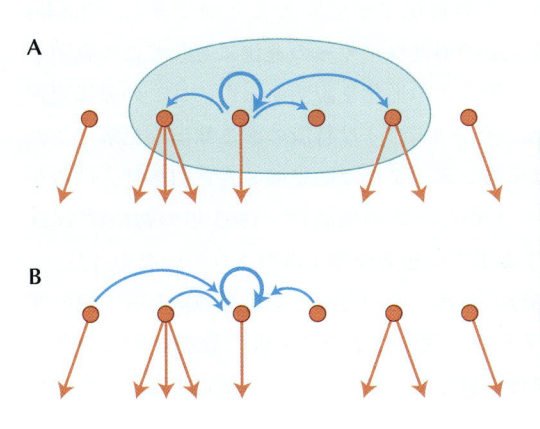

図21.17 ▪ (A)ある個体が自身の適応度に影響を与える（太い青矢印）が，隣接個体の適応度にも影響を与える（細い青矢印）。ある個体（あるいは遺伝子）が集団中の他の個体に与える全体的効果は，延長された表現型と呼ばれる。(B)逆に，ある個体が複数の隣接個体に影響される場合。その個体がそれら複数の隣接個体の延長された表現型の範囲に入る。

図 21.18 ■ 明らかな利他的な事例。(A) 見張りのミーアキャット (*Suricata suricatta*)。(B) ミツバチのコロニー (*Apis mellifera*)。(C) 協同的に繁殖する小鳥 (*Aegithalos caudatus*)。(D) とまり木にいる警告色のオオカバマダラ (*Danaus plexippus*)。(E) 大腸菌のバクテリオシン生産。E の真ん中にある空白域は，感受性の細菌がバクテリオシンを生成するコロニーにより殺された結果を示している。

似ているのは目立つ警告色である。しかし，味がまずい生物がもつ明るい警告色は最初にどのように進化したのか，それを理解するのはむずかしい。なぜかというと，最初，捕食者は味のまずさとその明るい警告色との関連づけはできなかったはずである。ここでの利他的現象というのは，将来，類似の模様をもつ動物を避けるよう捕食者に与えるトレーニングに関係があると思われる（図 21.18D）。最後に紹介する例は，競争株を殺す毒素を放出するために，バクテリオシンを生成する細菌の自己溶解である（図 20.17）。これはバクテリオシンに対する耐性があるために，溶解しない同じ株の細菌に利益を与える（図 21.18E）。

明らかな利他的形質は血縁選択により進化できる

利他的形質は**血縁選択**を通して進化できる。遺伝子は血縁者の生殖を増加させれば，たとえ自身の適応度が減少することになっても，その遺伝子が広がることができる。Charles Darwin（チャールズ・ダーウィン）は社会性昆虫の不妊ワーカーの進化に対してこの説明を示唆した。また，R.A. Fisher（フィッシャー）は警告色の進化を説明するためにこの血縁選択を訴えた（図 21.18D）。さらに，J.B.S. Haldane（ホールデン）は特徴のある簡潔な見解でこの考え方の本質を捉えた。その見解とは，彼は兄弟 2 人，または従兄弟 8 人と引き替えに命を捧げる覚悟ができているというものである。しかし，この仮説は，1963 年の初めに W.D. Hamilton（ハミルトン）が一連の論文を発表するまでは適切な答えは出されていなかった。

ある稀少対立遺伝子の最も単純な場合をあげてみる。その遺伝子が自身の保有者の適応度を C 減らす，いいかえれば，その対立遺伝子をもつ個体は平均で子供の数が C 少ないとする（図 21.19）。また，その対立遺伝子が隣接個体の適応度を増加させると仮定する。その結果，

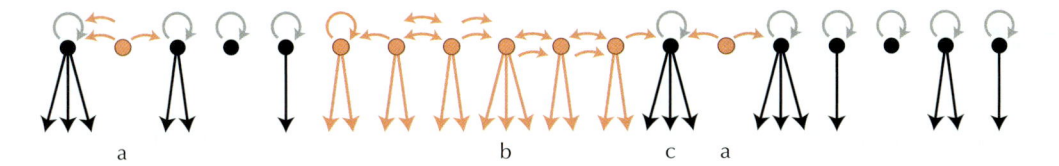

図 21.19 ・ 対立遺伝子は自身の個体に対して有害であるにもかかわらず，増加が可能である。このことは，同じ対立遺伝子をもつ他の個体に利益を与えていることを示している。図中の例では，野生型個体（黒）は自身の力で平均して子を1個体作る（灰色矢印）。"利他的"対立遺伝子（赤）をもつ個体は自身の力だけで子を作ることはできないが，隣接個体に影響を与え，結局，全体的に平均で子を3個体余分に作ることができる（赤矢印）。したがって，隔離された"赤"個体（a）は子供を作らないが，"利他的"対立遺伝子の集団にある個体は利益を得る（例えば，b）。新しい対立遺伝子を有する6個体の集団は，各個体が平均2.2個の子供を作っている。一部の野生型個体も利益を得ている（例えば，c）が，それは稀少"利他的"対立遺伝子の増加率に直接影響を与えない。ハミルトンの規則においては，$C = 1$（自身の利他的効果による子供数の減少），$B = 3$（隣接個体の適応度の全体的な増加）となり，そうすると，Rがその"利他的"対立遺伝子を有する隣接個体の少なくとも3分の1であれば，その対立遺伝子は増加する。

隣接個体の総体適応度の増加分がBである（つまり，隣接個体が残した子供の数は，平均でB多くなる）。もし隣接個体がその対立遺伝子をもつようになれば，その対立遺伝子の増加が可能になる。さらに，隣接個体がその対立遺伝子をもつようなことが高い頻度で起きれば，その対立遺伝子が隣接個体に与えた利益Bは自身のコストCよりも大きくなる可能性がある。もっと正確にいうと，その対立遺伝子が増加する条件は$rB > C$である。ここでは，rはその稀少対立遺伝子をもつ個体の隣接個体の中での割合で，その対立遺伝子頻度の2倍である。この定式は**ハミルトンの規則**（Hamilton's rule）として知られている。同様な基本的議論は普通の対立遺伝子または量的形質にも適用する。

いったいなぜ対立遺伝子が，自身の影響から利益を受ける個体集団の中で，過剰に生じることがありうるのか。このようなクラスター化の最も重要な原因は，相互作用する個体が近縁になるからである。つまり，それらの個体は共通祖先由来の**同祖性**（identical by descent, IBD）遺伝子をもつ。推定を容易にするために，ハミルトンの規則中のr値はBox 15.3で定義された親類係数のちょうど2倍に等しいとする。そうすると，ある個体由来の無作為に選ばれる遺伝子が他個体由来の無作為に選ばれる遺伝子と同祖的である確率は2倍となる（2という係数が生じるのは，ある個体の遺伝子が別の二倍体個体の2個の相同遺伝子のどちらかと共有できるからである）。例えば，二倍体の常染色体座にある2つの遺伝子が兄弟間で同祖性になる確率は1/4で，従兄弟間では1/16である。そのようなわけで，Haldaneは彼の親類の命に相対的重みをかけたのである。

系図関係により計算された同祖性確率からr係数の値を得るのは推定にすぎない。ここには関連する難問が2つある。第1，突然変異が起きたとき，その変異は最初に1個体のみに存在しており，血縁者の適応度を増加させることによって利点を獲得することはできない。なぜなら，それらの血縁関係者はまだその新しい対立遺伝子をもっていないからである（例えば，図21.19の個体a）。第2，血縁者がもっている対立遺伝子の割合は強い選択によって歪められる（このため，優性致死突然変異は，どんなに隣接個体の適応度を増やしても絶対に確立されない）。数世代の間，小さい効果をもつ新しい対立遺伝子が血縁者において予想頻度で発見されると，そのr係数の値は血縁度によって算定できる（Box 21.1）。rが血縁度を表している場合，つまり，ハミルトンの規則の最もシンプルな解釈は，弱い選択と遅い変異の場合にのみ妥当である。集団遺伝学における多くの研究結果に対してそれが真実である。

Box 21.1　血縁関係者で共有する遺伝子の割合の測定

血縁関係者の遺伝子の共有は，同祖性という概念で算出することができる．図 21.20 は 2 つの親（0 世代，G_0 で表示）から出発する系図を示している．親は 4 つの同胞個体（G_1）を作る．また，同胞個体はそれぞれ別の個体と交配して 4 つの家族を作り，子供たちは従兄弟関係になる（G_2）．親の一方がもつ対立遺伝子（赤丸）に注目してみよう．この遺伝子は 2 つの同胞個体に伝達され，また次の世代では 3 つの個体に伝達されている．最初の世代（G_1）では，その対立遺伝子を有する個体が同胞個体の 1/3 の割合で見つかるため，対立遺伝子の頻度が同胞個体の中で 1/6 となる．次の世代では，一番左の個体が赤い対立遺伝子を共有し，従兄弟全体の中で 2/10 の割合で見つかる．一方，同じ赤い対立遺伝子を有する右側にある 2 つの個体が従兄弟全体の中でそれぞれ 1/8 の割合で生じる．したがって，従兄弟全体の中，その対立遺伝子の平均頻度は (1/3)(2/20 + [2 × 1/16]) = 0.075 である．これはメンデル式分離がランダムに行われた場合の結果の 1 つである．平均で，1 個の個体にある稀少対立遺伝子は同胞個体の中で 1/4 の頻度で，従兄弟の中では 1/16 = 0.0625 である．これらの頻度は同祖性の確率から推定することができ，血縁選択の強度を測定するにも用いることができる．

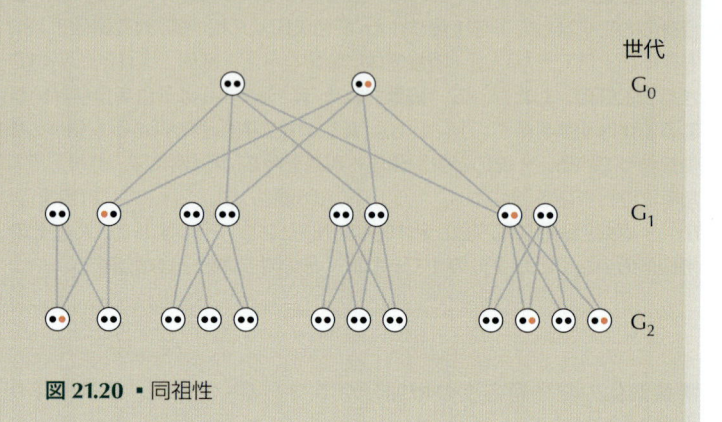

図 21.20　同祖性

包括適応度が血縁選択の効果を説明する

血縁選択の効果について 2 つの方法を用いて考えることができる．最もわかりやすいのは，ある世代から次世代にかけて，それぞれの遺伝子のコピー数を数えることである．これは典型的な集団遺伝学的アプローチで，これまで使用されてきた方法である．それから，ハミルトンの規則は，r 係数を用いて個体間の遺伝的類似性を測定する方法を提供した．これは非常に正確な方法である．すでに説明したように，これは家系図から予想される血縁度と大まかに等しい．

Hamilton は，役に立つ直観が得られる相補的アプローチを提唱した．彼は，対立遺伝子が自身の個体の適応度に対する効果を他の個体の適応度に与える効果に加えることによって，**包括適応度**（inclusive fitness）という概念を定義し，r 係数で重みをつけた．したがって，個体に対する選択は包括適応度を増やす傾向があるといってもよい．もっと正確にいうと，個体はそれらの包括適応度を最大化するように作用する．いいかえれば，彼らは隣接個体が遺伝子を共有するまでそれらの適応度の増加を助ける．したがって，焦点にある個体の助けはその包括適応度に含まれる．

基本的な概念は単純であるが，包括適応度の正確な定義はいくらかの手当を必要とする．適応度そのものの定義はシンプルで，つまり，ある個体が残した次世代の子の数である（p.451 参照）．しかし，ある個体の子の数とその個体の血縁関係者の子の数の重みづけした合計を用いて，個体の包括適応度を定義するのは不可能である．個々の個体の血縁関係者の数は幾何学的に増加することが予測され（1 兄弟または姉妹，2 従兄弟，…），遠い血縁関係者の寄与も含めると無限になる．包括適応度は，個体適応度の動因に注目し，その動因が他の個体の遺伝子の働きに起因すると考える．したがって，ある個体の包括適応度を計算する場合，その個体がもつ遺伝子に起因する適応度の部分のみをカウントする．明らかに，包括適応度は実際に測定される量的なものではなく，むしろ，延長された表現型に対する対立遺伝子の

効果，つまり，その影響を受ける全個体の繁殖に注意を引きつけるために役立つものである。対立遺伝子の運命を決定するのは，これである。

イチジクコバチの性比は競争と血縁度で決定される

イチジクコバチの性比は自然選択において最もよく理解された例の1つである。地球上に約1000種のイチジク属植物が分布しており，各種が特異的なイチジクコバチによって受粉されている。複数の雌コバチがほぼ同時に潜り込む。花嚢に潜入する雌コバチは，すでに交配を終え，精子をもっており，またイチジク花に受粉するために花粉も身につけている。イチジクコバチはスズメバチと同じように，受精した卵が二倍体の雌に発育し，未受精の卵が一倍体の雄に発育する。子供は花嚢の中で交配を行う。その後，雄が死に，雌が次世代を残すために花嚢から脱出して分散する。イチジクの花嚢を調べれば，親コバチの雌の数と性比が簡単にわかるので，素晴らしい実験系である（図21.21）。

性比は，雌が自分の卵を受精させるか否かによって決まる。花嚢に1匹の雌親コバチだけが入った場合，最良の選択は多くの雌を作り，その雌が受精するのに必要なだけの雄を作ればよい。これは熟した花嚢から脱出する受精雌の数を最大化するためである。しかし，複数の雌親コバチが花嚢にいる場合，多くの雄を作ることによって自分の適応度を上げることができる。なぜなら，その雄が競争して他の雌親由来の雌子供と交配することができるからである。p.546で説明したように，多くの雌親コバチが花嚢にいた場合，性比は50%になる傾向があり，各花嚢が大きな任意交配集団を含むことになる。したがって，**局所的配偶競争**（local mate competition, LMC），つまり，兄弟が交配のために競争しあう場合は雌偏りの性比が生じる。

性比は全体として集団中の血縁度にも依存する。これをみるために，次世代に対する雌の遺伝的寄与を考えてみる。子のうち雄は未受精卵から作られるため，母親由来のゲノムだけを有する。一方，雌は母親由来のゲノムと父親由来のゲノム両方をもっている。集団が近親交配である場合，父親由来の遺伝子が母親由来の遺伝子と同祖性（IBD）である確率がFであるとすると，母親の遺伝的寄与は，平均して雄を通して伝達するのが1に対して，雌の場合は$1+F$になる。近親交配は雌偏りの性比をもたらすことになる。別の意味でいえば，母親にある対立遺伝子は，受精卵の割合を増やすことによって雌の割合を増加させれば，父親由来の遺伝子の伝達を助ける効果も発揮できる。もし父親もこの対立遺伝子をもつような傾向があれば，この対立遺伝子は，血縁選択によって増えることになる。なぜなら，それらが母親に近縁なためである。

局所的配偶競争の効果と近親交配の効果を合わせて，平衡性比を簡単に予測することができる。この予測は実際の観察結果とよく一致する（図21.22）。種内において，母親コバチが少ない花嚢では，局所的配偶競争のためにより多くの雌が作られる。したがって，母親個体は，将来の世代に対する遺伝的寄与を最大限にするためという理論に基づいて性比を調節している。一部の種は他の種と比べ，平均的に母親コバチが少ないため，より近親交配となる。予測したように，近親交配する種ほど多くの雌を作る傾向がある。なぜなら，血縁選択は，卵を受精し関係する父親の遺伝子の広がりを助ける雌に好都合なのである。

一般的に，血縁関係の効果から競争の効果を選り分けるのはむずかしいと思われる。血縁者が集まった場合，血縁選択の結果としてより協力的な関係が期待されるだろうが，このような局所的環境においては競争がより強くなり，協力が減少する傾向もある。紹介したばかりだが，イチジクコバチの場合，血縁関係は集団全体の平均近親交配に依存しており，競争

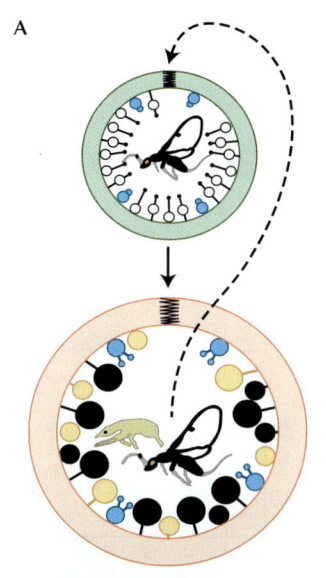

図21.21 ・イチジク属植物とイチジクコバチは密接な相互依存関係にある。イチジク属植物はイチジクコバチにより受粉され，イチジクコバチはイチジク属植物の花嚢中で成長と交配を行う。コバチの生活環は，交配した雌コバチ（B上）が狭いトンネルを通して花嚢に進入することから始まる。1匹あるいは数匹の雌コバチが花嚢に入ったあと，そのトンネルが閉じてしまう。花嚢に入った雌コバチは，雌花に受粉すると同時に，一部の雌花の子房（青）に産卵する。コバチの幼虫が特異な虫こぶ（黒）を誘導する。無翅の雄コバチ（B下）が先に羽化し，生殖器を延ばして雌と交配する。そのとき，雌はまだ虫こぶの中にいる。雄コバチはその後，花嚢の壁に穴を開け，羽をもつ雌の脱出を助ける。雌は雄コバチから渡された精子とイチジク雄花からの花粉（青）を抱えて，雄が開けてくれた穴から外に脱出し，分散する。花嚢はその後，鳥に食べられ，その結果，種子（黄色）も分散される。

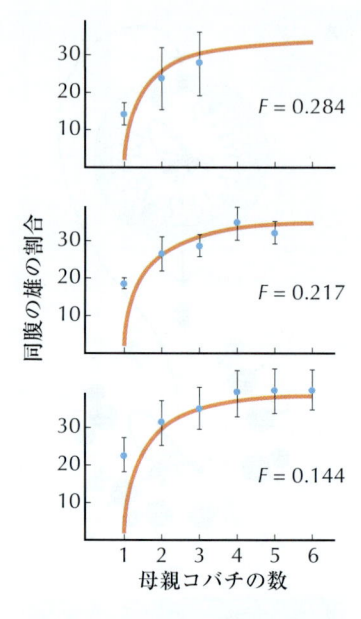

図 21.22 ・ 局所的配偶競争と**近親交配**(inbreeding)が雌偏りの性比に好都合である。これらのグラフは，イチジク花嚢中の雄子コバチの割合が母親コバチの数の増加につれて 50％ に近づくように増えていくことを示している。これは交配のための兄弟間の競争を減少させる。3 つのグラフはコバチ 3 種の結果を表し，それぞれの種の近親交配の全体レベルが異なる。近親交配の程度の高い種（上）は強い雌バイアスを示している。各種の近親交配の程度は母親コバチの平均数から計算されている。曲線は理論上の期待値を表し，上下の線分は性比の標準偏差を示す。

はイチジク花嚢中の母親コバチの数に依存している。したがって，血縁関係と競争は分けて考えることができる。

親と子供が異なる進化的利益を有する

多くの種において，親は子供の世話をする。最も身近な例は鳥と哺乳類だが，多くの昆虫にも親の世話がみられる。また，植物は種子に栄養を供給する。親が子供に食糧を与えると，子供はその食糧のために互いに競争することがある。

このような事例では，親子の間に食糧の供給というレベルを超える競争が生じることがある。それだけではなく，親の資源を得るために，同胞間にも競争が現れる。親の視点からすると，同胞の子供をより多く作るか，それとも将来の繁殖のために資源を保存しておくか，両者の間にトレードオフが生じる（p.605 を参照）。このトレードオフはすでに多くの実験で証明されている。例えば，鳥の巣に卵を加えると，多くの場合，雛の生存率が減少し，生きている雛鳥の成長力も弱くなり，また，母親の将来の繁殖成功率も減少する。子供は，同胞全体にとって最適のためでも，親の寿命適応度のためでもなく，より多くの栄養資源が取れるように選択される。

この競争は鳥において過剰な餌要求の意志表示をもたらしている。この行動は最初，おそらく雛の空腹の誠実なシグナルとして母親から適応返答を引き出すために進化したのだろう。しかし，どんな行動でも同じであるが，その行動がいったん親の努力を引き出すことが確立されると，その行動は子供のなかで選択されて広がっていく。このような利己的なシグナルを抑止するために親にも対抗選択が生じ，結末としておそらく 2 つの対抗的な選択圧の歩み寄りとなるだろう。

餌要求のパフォーマンスが機能している証拠は，カッコウとコウウチョウのような托卵の鳥の研究から得られている。これら 2 種の鳥は他種の巣に卵を産む（図 21.23A）。托卵鳥の卵は同じ巣の他種の仲間とはまったく関係がないため，餌要求の選択圧は，親または同胞個体と遺伝子の共有によって軽減されることはない。托卵鳥の雛またはその母親はしばしば仮親の子供を全部追い払うこともあるが，多くの場合，そうはしない（図 21.23B）。一見して，これは不解なことである。なぜコウウチョウが自分と食糧を競争する，血縁のない巣の仲間を許容するのか。仮親の雛による過剰の餌要求が親の努力を促し，寄生者の食糧供給にも利益をもたらすためであるという説がある（図 21.23C）。

もう 1 つの競争は，子供の遺伝子の進化的利益の間で生じる。つまり，父親に由来する遺伝子は母親に由来する遺伝子と進化的利益が対照的に異なるために，競争が生じるのである。これにより，**ゲノムインプリンティング**（ゲノム刷込み，genomic imprinting）という興味深い現象を説明することができる。大部分の遺伝子は，親のどちらに由来するかとは関係なく同じように発現される。しかし，ヒトとマウスにある約 50 の遺伝子はインプリンティングを受けている。つまり，両方のうち，どちらかのみが発現される（例えば，図 21.24）。似たような現象は植物にも発見されている。体細胞から個体クローンを作成するおもな障害となっているのは，このような個体の遺伝子が正確にインプリンティングを受けていないかもしれないことである。

インプリンティングの起源に関して，異なる起源の対立遺伝子間の血縁的非対称によるという一説がある。例えば，父親由来の対立遺伝子は母親と共存せず（おそらく近親交配なし），同胞個体間においても部分的にしか共存しない（図 21.25）（同胞個体の血縁度は寄与した父親の数の増加によって減少する）。したがって，父親由来の対立遺伝子は，子供の成長を促

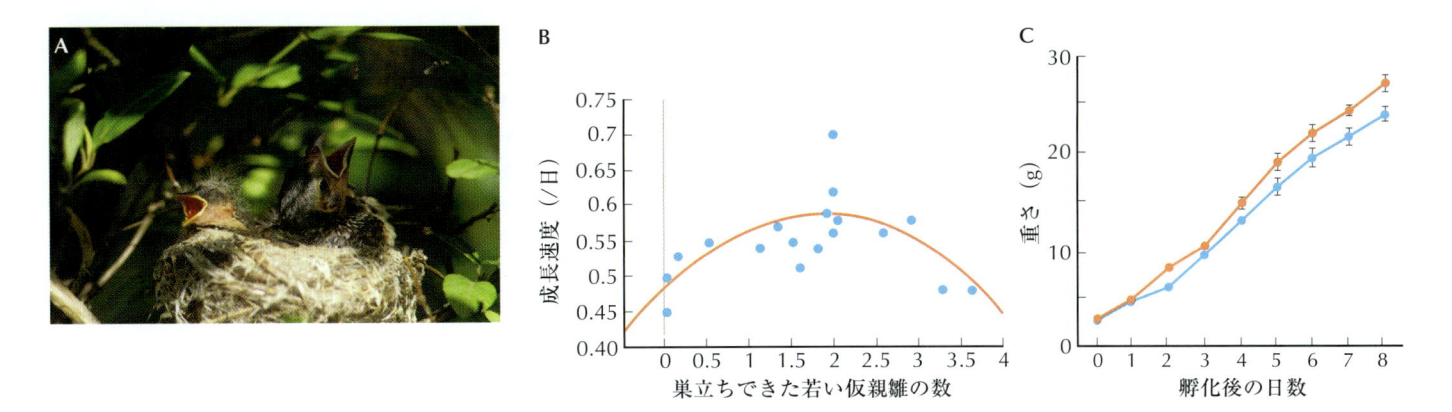

図 21.23 ■ 雛の餌要求が親を刺激し，より多い食料を提供する。(A) コウウチョウ (*Molothrus ater*) が巣の中で餌を求めている。その巣には仮親のキイロアメリカムシクイ (*Dendroica petechia*) の雛もいる。(B) コウウチョウは，すべての仮親の子供を追い払いはしない。18種の調査結果は数羽の仮親雛が常に巣立ちができることと，巣立ちできる仮親の雛の数が中程度のときに，コウウチョウの成長速度が比較的に速いことを示している。(C) コウウチョウは，自身のみで育てられる (青) より，2羽のフェーベ (タイランチョウ科) と一緒に育てられる方 (赤) は成長が速い。

進するために，より強く選択される。これに対して，血縁選択は，母親由来の対立遺伝子に作用して，母親および他の同胞個体における過剰競争の悪影響を軽減させる。この説明は以下の実験結果に支持されている。多くのインプリンティングを受けた遺伝子は，成長にかかわる機能をもっている。また，父系的に発現する遺伝子は，成長を促進する傾向があるのに対して，母系的に発現する遺伝子は逆に成長を低下させる傾向がある (例えば，図 21.24)。しかし，インプリンティングを受けた遺伝子は進化的対立にかかわっているから，当然早く進化すると予想されるかもしれないが，実際は特別に早く進化することはない (K_a/K_s によ

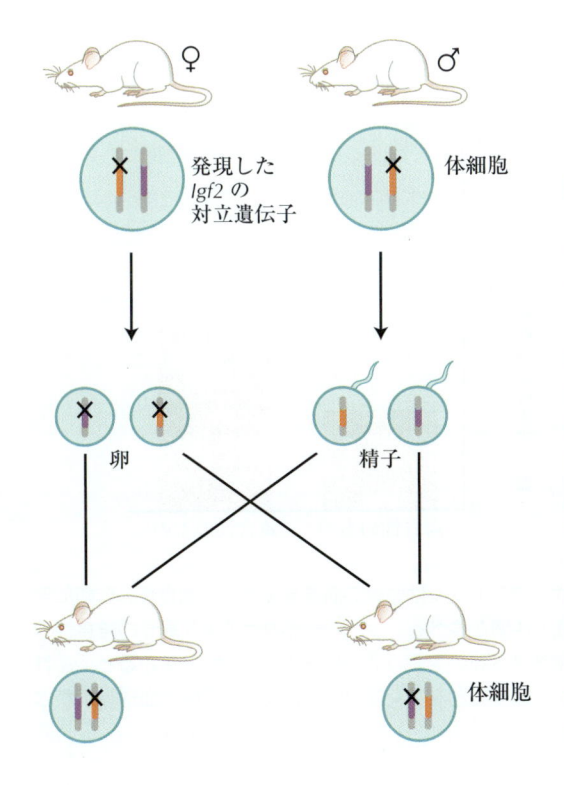

図 21.24 ■ 一部の哺乳類の遺伝子がインプリンティングを受け，片方の親に由来する対立遺伝子のみが発現される。例えば，*Igf2* 遺伝子はインスリン様増殖因子をコードしている。ヒトとマウスにおいて，父親由来のコピーだけが発育胚で発現される。逆に，マウスの *Igf2r* 遺伝子 (インスリン様成長因子の受容体) は母親由来の対立遺伝子のみが発現される。インプリンティングは減数分裂の過程で削除される。配偶子の形成過程で，異なるインプリンティングが卵と精子において確立される。×が遺伝子発現を抑制するインプリンティングを示す。注目すべきは，遺伝子が世代を通して伝達されるにつれて，異なる対立遺伝子 (紫色またはオレンジ色) が発現される可能性である。重要なのは，遺伝子が母親から遺伝されるか，父親から遺伝されるかだけである。

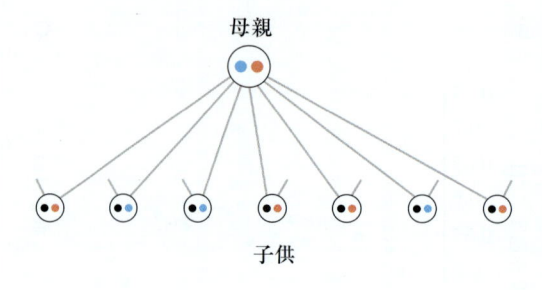

図 21.25 ▪ 母親由来の対立遺伝子（赤，青）と比べ，父親由来の対立遺伝子（黒）は，母親と他の同胞個体からより多くの資源を取るために，より強く選択されるようである。この図は最も極端なケースを示しており，個々の子供がそれぞれ父親が異なる。そこで，個々の父親由来の対立遺伝子は同胞個体または母親の遺伝子とは関係性はない。一方，個々の母親由来の対立遺伝子は母親の対立遺伝子の1つと同祖性があり，また半分の同胞個体の対立遺伝子の1つとも同祖性がある。

る測定。p.573 を参照）。

血縁者が識別できる場合がある

これまでみてきたように，対立遺伝子が血縁者の適応度を増やせば，自身も広まることができる。明らかに，この場合は特に血縁の利益に対する直接的な強い選択がある。このような血縁識別に関する例は多く知られている。例えば，エナガという小鳥はシーズン中に繁殖に失敗すると，別のつがいの子育てを手伝うことがある。このような手伝いは，通常非常に近縁なものに対して行うもので，自然界にも実験的にもみられる。肉食性のスキアシガエルのオタマジャクシはもう1つの例を提示している（図 21.26）。脊椎動物では血縁識別は広く行きわたっており，18 の研究結果に基づいて，血縁関係と手伝いの確率との平均相関は $r = 0.33$ であることが算出されている。さらに，図 21.27 で示したように，手伝いの利益が大きければ，識別の程度も大きくなる傾向がある。

クオラムセンシングと呼ばれる血縁識別の様式は，細菌において広く行きわたっている（p.181 を参照）。細菌の多くの種は，小さい分子（ホモセリンラクトン）を分泌し，これらの

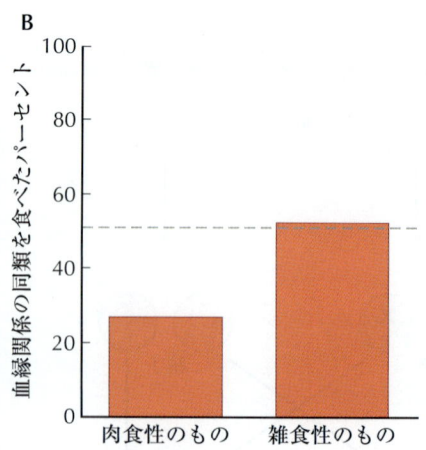

図 21.26 ▪ スキアシガエル *Spea multiplicata* のオタマジャクシは動物の餌を与えると，肉食性の形態に発育することができる。肉食性のカエルはよく同種の仲間を食べる。（A）肉食性のカエルが周りの雑食性のものを食べている。しかし，血縁関係のある同類を食べるのを避ける（B：左の柱）。餌が変わると，これらの肉食性のものは雑食性の形態に転換できるが，血縁識別をなくす（B：右の柱）。点線は血縁識別がない場合の予想値を示す。

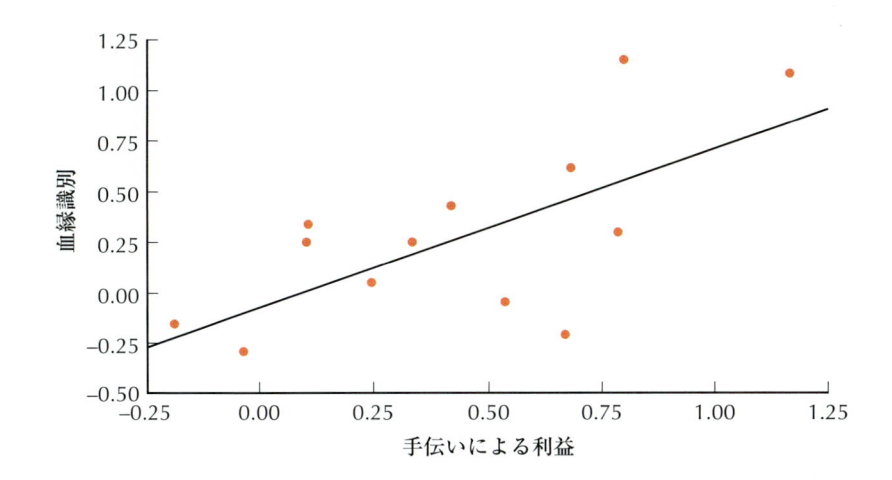

図 21.27 ▪ 鳥類と哺乳類の種にわたって，血縁識別は手伝いの利益とともに増加する。血縁識別は手伝いの量と血縁関係との相関から測定された。手伝いによる利益は，子供の生存／生産と手伝いの量との相関から測定された。

シグナル分子の濃度レベルを利用して血縁者の密度を感知する。例えば，ジャガイモ病原菌 *Erwinia carotovora* は抗生物質と細胞外酵素を分泌し，それが競争相手の細菌を殺し，食用植物を消化する。しかし，これらの分泌物はシグナル分子が十分高い濃度に達しないと生産されない。消化酵素の生産はその場所にいるすべての細菌に利益を与えるため，このようなシグナル伝達系は好都合である。明らかに，それらの分泌物を生産する菌株は，利益を得る細菌の間で十分に存在している場合のみ，広がることができる。

群間の選択は個体間の選択より弱い

ごく最近まで，群または種に対する利点についての論争が広く行われていた（p.9 を参照）。しかし，1960年代に，この論争にかかわる多くの難問が George Williams（ジョージ・ウィリアムズ），W.D. Hamilton と John Maynard Smith（メイナード・スミス）らの進化学者によって解明された。以下の項においては次のことを考えてみたい。**群選択**（group selection）の最も基本的な様式は，複合的適応（complex adaptation）を構築するのに大きく寄与していたとは思われないが，独立していた複製子が1つになって，大きなユニットを形成することは根本的に重要なことであったといえる。

最も単純な場合として，種が複数の小さな局所ディーム（deme）に細分化されることを考えてみよう。それらは消滅するかもしれないが，移住者を外に出して新たなディームを構築することもある。個体間の自然選択に似たような群選択の過程がある。選択の単位は個体生物ではなく，局所ディームである。この選択は群適応度（コロニーの寿命の間にできた新しいコロニーの数）を通して作用するため，群全体の性質に選択がかかる。これは個体間の協力に関係するかもしれない。

群選択のモデルは明らかに理想化されている一面がある。本来の生物集団は，消滅や再植民になるような，分離したディームにきちんと細分化されていない（**メタ個体群**［meta-population］，pp.480～483参照）。しかし，同じ過程は多少連続的に分布し，分散が限られている移動が少ない集団内で起きている。重要なのは，関係する個体が互いにクラスターを形成することである。そうすると，局所集団全体の適応度を上げる相互作用に対して，選択

が有利にかかる。

　この群選択という単純な様式に関する基本的な難点は，隣接個体間の関係があまり強くないことである。第16章では，集団全体において隣接個体間の関係を表す F_{ST} 値がふつう 10 ～ 20% であることを述べた（図 16.10）。2 F_{ST} がハミルトンの規則にある r 係数に対応するので，局所群における選択は個体間の選択と比べ，たいてい 2.5 ～ 5 倍弱いことになる。したがって，群選択は速度が遅く，また個体間の選択からの対抗に圧倒されているようである。もう1つの難点といえば，選択事例の数の少なさである。局所ディームの絶滅と出現の回数は個体の生死の数に遠く及ばない。したがって，機会的変動（無作為の遺伝的浮動に似ている）は群選択を強く防いでいる。

選択的な適応度の峰の間の選択にかかわる Wright の平衡推移理論

　1931年，Sewall Wright（ライト）は独創的な理論を提唱し，それが群選択に直面する一部の難点を解決することができた。一般的に，選択は生物集団を選択的安定な平衡に向けて押し上げると Wright ははっきりと理解している。彼はそれを**適応度地形**（adaptive landscape）上にある選択の峰として考えた（図 21.28）（第17章でみた選択的平衡の例を思い出してみよう。例えば，異なる染色体の編成と蝶の警告パターン）。彼は，これを適応進化に対して大きな問題を提示したとみなした。生物集団は全体的な最適を探すよりも，最も近い**適応度の峰**（adaptive peak）に向かって進化し，そこに到達すると動かなくなると思われる。実際に，

A 集団選抜　　　　　　　　　　　**B** Wrightの平衡推移

平均
適応度

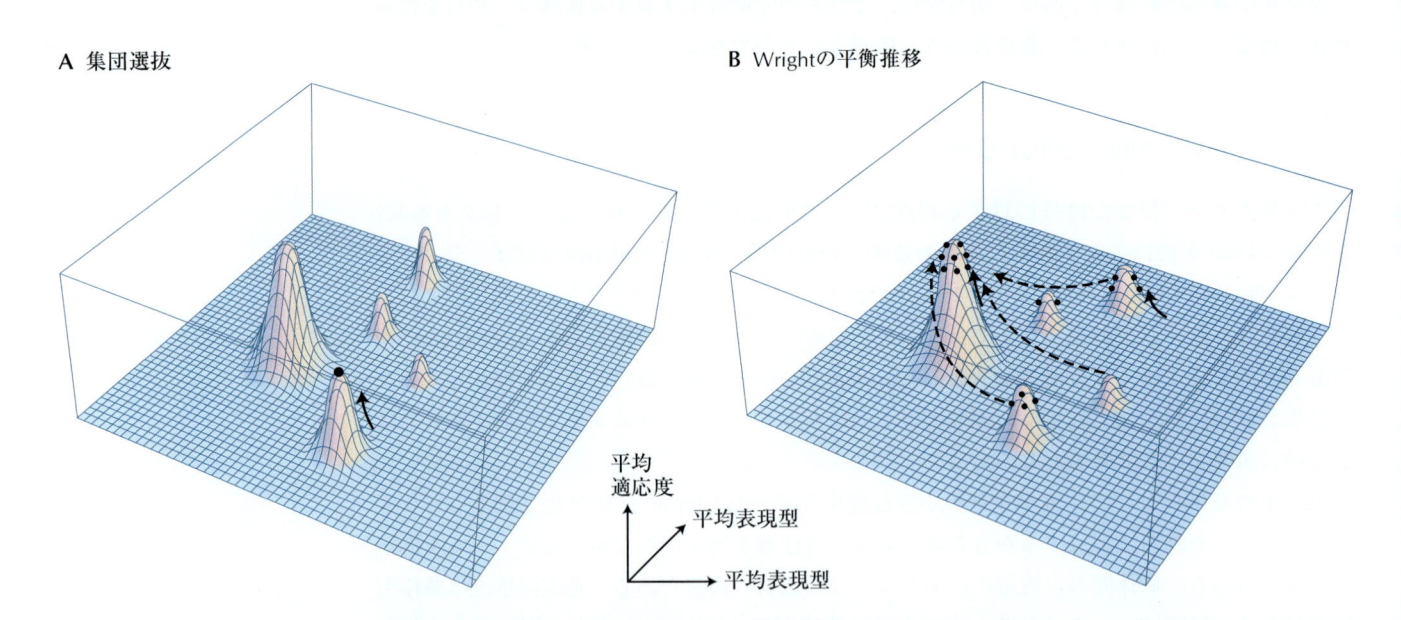

平均表現型

平均表現型

図 21.28 ・Sewall Wright（ライト）は，局所ディームが，遺伝的浮動，ディーム内の選択とディーム間の選択という三者間の平衡推移を通して，最良の適応度の峰に向かって進化することができると論じた。（A）選択は単一の大きい集団を最も近い適応峰に押し上げるが，その峰は最良の可能性であるようには見えない。（B）もし集団が多くの局所ディームに細分化されると，遺伝的浮動がディームを適応度地形全体にわたって分散させる。ディーム内での選択はそれらを適応度の峰周辺に集め（実線矢印），異なる適応度の峰の間での選択は集団全体を最も高い峰の周辺に集合させる（点線矢印）。これらの図は適応度地形，つまり集団の状態に対する平均適応度のグラフ（例えば，対立遺伝子の頻度，量的形質の平均値。pp.510, 533 ～ 544 参照）を表す。しかし，下記のことを心にとどめよう。集団は非常に多くの次元において進化できる。2つだけではない。これらの図は多次元的な真実を模したものである。

これは実用的な最適化問題に用いたコンピュータアルゴリズムの直面するおもな難点である（p.503 参照）。これは品物を届ける最適ルートやマイクロチップの最も効率的なレイアウトを設計する最適ルートを探索するようなことと同じである。問題はこうである。多くの局所的最適のなかでどうやって効率的に探索するか。

Wright の解決法は彼の**平衡推移理論**（shifting balance theory，SBT）であった。なぜこう呼ばれたかというと，それが異なる進化的過程の間の平衡推移にかかわっているためである。Wright は 3 つの段階を認定した。第 1 段階では，遺伝的浮動が小さな局所的集団を適応度地形全体にわたって分散させる（pp.533 〜 535 参照）（これは N_em と N_es が中間であることを必要とする。そうすると，浮動，移入と選択がすべて似た強さとなる）。第 2 段階では，選択は集団を最も近い適応度の峰に向かって押し上げ，そして，第 3 の段階では，異なる適応度の峰が互いに競争して集団全体にわたって広がっていく。実際に群選択の様式に関与するのは最後の段階である。一部の適応度の峰にある集団は他と比べ，より努力しているかもしれない。なぜかというと，それらはより多くの移入者を送り出し，たまに消滅することもあるが，大きな集団に到達することもありうる。平衡推移理論は，機会的（遺伝的）浮動と選択を結合させ，そのために，集団はさまざまな選択的適応度の峰を探索することができ，また原理的に，全体的な対立遺伝子の優性セットを確立することも可能である。

Wright の理論模式は集団が適応度地形を探索するための明快な方法を提示した。その方法によって，1 つ最も重要な難点が避けられた。つまり，ディーム内の選択はディーム間の選択に対抗しないこと，かわりに，選択は多くの集団を競争的選択肢のどちらかの近くに維持させる。コンピュータアルゴリズムも似たような方法を用いて選択的な局所最適の間で探索を行う（p.503 参照）。Wright の理論はすでに広い影響をもたらしており，**集団構造**（population structure）と**エピスタシス**（epistasis，遺伝子間の非相加的相互作用）に関する多くの実験的研究の動機になった。しかし，機会的（遺伝的）浮動と集団の細分化は，ディームを適応度の峰の間で移動させるだけ十分に強いのか。選択的平衡を維持する選択をするために，遺伝子は相互作用を正しくするのだろうか。SBT はより単純な群選択様式と同じ，多くの同様な難問に直面している。異なる適応度の峰にあるディーム間の選択は，本来速度が遅く，機会的事象に依存するが，局所ディームが実際に異なる峰にあるということは多少の証拠にはなる。これまで多くの例（例えば，ドクチョウの例；図 17.23，18.17）をみたが，これらがかかわる集団は広い地域にわたり，しばしば多くの形質変異をもっている。したがって，有性生殖の集団にいる個体間の選択が可能な状態において，Wright の平衡推移はどうやって複合的適応を構築することができるのか。これは相当むずかしい問題である。群選択は局所ディーム間の多くの違いを解明することはできない。しかし，有性集団内の遺伝子組換えはそれを解き明かすことができる。

選択は種間に作用することが可能だが，非常に遅い

より大きいスケールに目を向けると，種間の選択も考えられる。種分化の速度を早める形質と，絶滅の速度を遅らせる形質は，おそらく広がると思われる。明らかに，種形成の速度はさまざまである。祖先的な魚であるシーラカンス（"生きた化石" の 1 つ）は 1 億 2000 万年も生き延びてきたが，いまだに数種しか分化していない。これに対して，ビクトリア湖のカワスズメ科のシクリッド魚はたった 50 万年間に，300 種ほどに急激に種を増やしている（pp.706 〜 707 を参照）。また，甲虫類（鞘翅目）はきわめて大規模に多様化しており，現在 35 万種以上が確認されており，それらは形態においてもニッチ（生態的地位）においても非

常に多様である（Haldane は，その研究を通して創造者について何を学んだのかと問われ，こう答えた。創造者は"甲虫に極端な愛好心"をもっていた）。対照的に，直翅類（バッタとコオロギ）は約2万種しか含んでおらず，それらは一般的に似たような形態と生活様式を有している。しかも，直翅類は甲虫類よりも古い。最も古い甲虫の化石は約2億7000万年前だが，直翅類の最も古い化石はおよそ3億6000万年前である。

上記の例において，どの形質が急激な種分化に関与しているのかを同定するのは非常にむずかしい。実際に，2つのグループが本質的に異なる種分化と絶滅の速度を事実として有することを示すのもきわめて困難である。第15章で強調したように，個体の増殖は高度にランダムな過程である。しかし，厳密な比較的研究は，特別な特徴と種分化の全体速度との間に統計的に有意な関係があることを証明している。例えば，性選択の結果として強い性的二型をもつグループはより速い種分化の速度を有意に示している（図 21.29）。最も重要なのは，おそらく無性生殖をする分類群は絶滅の速度が速く，あまり多様化はしないことであろう。したがって，**種選択**（species selection）は，有性生殖の普及を説明するには重要なファクターである（pp.724 ～ 728 参照）。類似的に，化石記録にみられる長期間の傾向（例えば，始新世を通して馬の大きさの増加）について，その理由は種内の変化よりも，部分的には種の系列の変化によると思われる。

ところで，種選択は生物学的多様性を形成するうえでは大きな役割を果たしているが，複合的適応を確立するにはあまりにも遅すぎて，かつ偶発的である。平衡推移理論からいえば，種選択は種全体の特徴的セットに基づかなければならない。個体の対立遺伝子または形質の

図 21.29 ■ 性選択は種分化の早い速度と関係がある。例えば，種分化の速度について，交配システムが異なる昆虫の姉妹群間で比較されたことがある。25 以上の独立した比較から，種分化の速度は，雌が単一雄と交配する**一夫制**（monandrous）のグループと比較すると，雌が多数の雄と交配する**多夫制**（polyandrous）のグループの方が 4 倍も早いことが示された。例えば，ショウジョウバエ科（A）は多夫制だが，その姉妹群のカ科（B）は一夫制である。また，ドクチョウ属 *Heliconius* では，ヌマタドクチョウ（*numata*）（C）は多夫制で，サラドクチョウ（*sara*）/ サフォドクチョウ（*sapho*）クレード（D）は一夫制である。

抽出は，有性集団内の個体選択では可能だが，種選択では組換えがないためにできない。論理的に，選択はさまざまなレベルで起こり得るが，大きい数の個体をもつ有性集団における，最も低いレベルでの選択がはるかに効果的である。

　群選択あるいは種選択の力は懐疑的である。それはもともと速度が遅いし，有性生殖の利点を欠いている。また，種または群の小さい数の機会的な成功が生じやすく，より低いレベルでより急速に作用する選択に負けやすい。ただし，多少異なる視点から考えると，生物の群における選択は進化の基本であったと考えることもできる。John Maynard Smith と Eörs Szathmáry は，生物進化における**主要な移行**（major transition）は単独の複製個体が1つになってより複雑な実体を作ることと関係があると論じた（表21.3）。生命の起源について，複製分子が細胞への集合，分散した分子の染色体への集合，つまり，それらの分子が一緒に複製するようにさせる働きが関係していたと思われる（pp.108〜110を参照）。真核細胞は共生から生じ，その共生によってミトコンドリアと葉緑体ができ，おそらく他の細胞小器官も同様にできたと考えられる（第8章）。真核生物は絶対的有性生殖に進化した後，単一個体ではなく，つがいをなして生殖を行う（第8，23章）。その後，多細胞生物が誕生するが，ただ数個の細胞が生殖にかかわる（第9章）。これらすべての例において，独立していた複製子が一緒になって完全な生物を作ることを示しており，その後の選択はより高いレベルで作用したことになる。しかし，このような生物は，常に低レベルでの利己的選択（例えば，転位因子，雄性不稔を引き起こすミトコンドリア，悪性腫瘍，細胞性粘菌類あるいはミツバチの巣箱中における生殖競争）にさらされている。したがって，生物学的構成に関するおもな変化を理解するには，協力がどう進化できるのか，競争がどう抑えられるのかをみるのは重要な点である。

21.4 協力の進化

協力が関係者の相互メリットにあるかもしれない

　これまで血縁選択を強調してきた。そこでは，対立遺伝子は他の個体にあるその遺伝子のコピーの増殖を助ける。これは次世代に対して直接の貢献をしない社会性昆虫の不妊ワーカ

表21.3 ● 生物進化における主要な移行はすべて遺伝情報の伝達様式の基本的な変化と関係している

複製分子	→	区分される分子集団
連結していない複製子	→	染色体
遺伝子かつ酵素としてのRNA	→	DNAとタンパク質（遺伝暗号）
原核生物	→	真核生物
無性クローン	→	有性集団
単細胞生物	→	動物／植物／菌類（細胞分化）
単独個体	→	社会性コロニー（非繁殖階級）
霊長類社会	→	人間社会（言語）

遺伝暗号の進化以外，これらの変化はすべて，独立していた複製子の結集と関係している。この結集によって，単一ユニットとして増殖できる，より高レベルの集合体において協力することが可能になる。

図 21.30 ■ 若いミーアキャットが関係のない"ベビーシッター"に保護される。

図 21.31 ■ アシナガバチにおいては，ヘルパーに女王との類縁関係があまりない。

図 21.32 ■ アラビアチメドリ（*Turdoides squamiceps*）が捕食者を見張っている。

一のような極端な例を説明することができるが，遺伝子をまったく共有しない異種間の相利共生関係を説明することはできない。このような相利共生関係の例はすでにいくつかみてきた。イチジク属植物は受粉のためにイチジクコバチに依存し，かわりにそのコバチはイチジク属植物の花の一部を餌にしている。イカは発光細菌に，栄養豊富で，かつ守られた棲息環境を提供している。類似的に，アブラムシの腸内の細胞内共生菌ブフネラ *Buchnera*，あるいはマメ科植物の特殊化した根粒にある窒素固定細菌は，宿主に対して必須な生化学的活動を行っている（p.178 を参照）。真核生物はミトコンドリアや葉緑体との関係に古くから依存している。この節においては，種内の個体間の協力が直接の適応度利益を通してどう進化しうるかを探ってみる。多くの場合，種間の相利共生の例と同じである。

前節では，シジュウカラ科の小鳥エナガが親類を手伝うことを紹介した。このような血縁識別は脊椎動物の中で広く知られている（図 21.27）。しかし，多くの場合，血縁関係と手伝いのレベルの間には相関関係はみられない。例えば，アフリカ砂漠に棲息している小さなグループでは，ミーアキャットが協同的に繁殖する事例がある（図 21.30）。このグループでは，1 匹だけの優勢雄と雌が大部分の子供を作り，他のものは手伝うだけである。新しく生まれたミーアキャットは，最初の 1 か月，"ベビーシッター"に保護されるが，そのヘルパーは物理的な代償を支払っている。ベビーシッターはしばしば 6 〜 11% の体重を落としている。しかし，それにしても親類を選択的に手伝う傾向はまったくみられない。

そのかわりに，ヘルパーは年寄りであり大きな個体である傾向がある。このような個体はおそらく相対的に少なめの代償でその義務を果たすことができると思われる。この行動はなぜ維持されているのか。それはヘルパーが結果的に彼ら自身を増殖することになるためと考えられている。したがって，彼らの行動は最終的に彼ら自身の個体の適応度に利益をもたらしている。類似的に，アシナガバチでは，ヘルパーの約 3 分の 1 が女王と関係がないが，巣の中での手伝いによって結果的に彼らの繁殖の機会を増やしている（図 21.31）。

これらの例は，現在の手伝いによって，その後，適応度が増える，つまり後で返報されることを示している。ほかに直接な利益が生じるケースもある。例えば，大きなグループが利点になることがあるため，関係ない侵入者を受け入れることと互いの子供の飼育を手伝うことが，グループ全員に利益をもたらす。多くの場合，明らかな利他的行動は実際に直接の利益をもたらしている。例えば，アラビアチメドリ（図 21.32）は餌を食べ終わると，高い木の枝にとまって，捕食者を見張る行動をする。その見張りは彼らに直接な利益をもたらしている。その警告鳴き声は群れ全体を助けることもあるだろうが，これは単に直接選択により進化した行動の副効果である。

これらの例の多くにおいて，協力は関係するすべての個体を補助し，全体の適応度を増やしている（マメ科植物の窒素固定菌あるいはイカと発光細菌との間の相利共生関係を考えよう）。しかし，全体の利益をみるのがむずかしい場合もある。例えば，イチジク属植物の開花時期は，同種の他の木の熟した花嚢からコバチが出てくる時期と同じでなければならない。そのため，イチジク属植物は一年中を通して，開花の連続性を保つ必要がある。これによってイチジク属植物は季節を選ばず開花を強いられ，また，低密度での生き残りがむずかしくなっている。社会性昆虫においても，大きいコロニーをもつ利益は明らかでない。アリのコロニーでは，さまざまな行動役目が複数の階級（Box 21.2）で分けられているが，単独棲息のアリも基本的にコロニーアリにみられる行動のレパートリーと同じものをもっている。例えば，一部のコロニーアリは"庭園"を作り，そこで菌類を殖え，餌とする。しかし，同様の農業を行う単独棲息の種もある。全体的には，1 頭あたりの生産性はコロニーの大きさの増加とともに実際に減っている。社会性コロニーの巨大化における利点は，競争相手を圧倒

Box 21.2　社会性昆虫

　完全社会性（**真社会性**[eusocial]）昆虫はアリの全 10,000 種，シロアリの全 2200 種，社会性スズメバチの約 1000 種と社会性ミツバチの数千種を含んでいる（多くのミツバチとスズメバチの種が単独棲息である）。真社会性昆虫は，前世代が次世代を世話する協力的な子育て，1 匹または数匹の女王だけが卵を産み，不妊ワーカーが子供を世話する繁殖の分業によって特徴づけられている。人間以外で，昆虫は最も精巧かつ多様な社会組織を進化させた。これらは 100 個体より少ないシンプルな群れから 2000 万あるいはもっと多い個体の軍隊アリのコロニーまでさまざまである。昆虫の社会組織に関する研究は，一般的な社会性進化の理解に大きく寄与した。

　社会性昆虫は行動と構築においてきわめて優れた業績を達成している。シロアリの塚は温度調整のために空気を通すように作られ，葉切りアリは複数の小塔を作って巣の水氾濫を防ぎ，また，はた織りアリは巣の中で同翅類のために隠れ家を織り，その蜜を収穫する。防衛についても，巣の周りの枝や葉をパトロールしたり，攻撃を受けたときに兵隊アリが巣の入り口をふさいだり，防衛者が巣に入ってくるものの身分をチェックしたりして，きわめて精巧である。しかし，防衛はかえしのついた針のように，しばしば自殺行為である。一部のシロアリとアリは，自分の体壁を破り大量の粘着液を放出して，実際に自爆をすることもある。

　一般的に，個体は一連の特殊化した発生段階を経ている。例えば，ミツバチのワーカーはロイヤルゼリーを分泌し，それが 6 日から 14 日目までの間の女王幼虫の餌とされる。また，永久に分化した形態的階級（例えば，大きな兵隊アリ）があり，初期段階の飼育の違いによって誘導される。複雑なコロニーは 20 〜 40 の異なる役目があり，それは異なる個体によって実行され，複雑な作業を達成する。例えば，はた織りアリには，幼虫が分泌した繊維を使って葉っぱを繋ぎ合わせる作業がある。ある働きアリが葉っぱを繋ぎ合わせるとき，他のワーカーはちゃんと幼虫を葉と葉の継ぎ目の上にもっていく。もう 1 つは複雑な採餌行動で，足跡またはダンスを使って他のアリを食物源の場所に誘導するが，その足跡とダンスは食物源までの距離と方向を示している。

　なぜ 13 の真社会性昆虫グループのうち，12 グループも膜翅目昆虫なのか。それは主として血縁選択に基づいて説明されている。膜翅目昆虫は半数体（一倍体）であるため，雌が自分の子供よりも姉妹により近縁である（女王が異系交配し，しかも交配が 1 回のみの場合，$r = 3/4$ に対し $1/2$；図 21.6 を参照）。そのために，雌ワーカーは自分の子供を飼育するよりも姉妹を飼育する方がより適応度を獲得できる。これはなぜワーカーが雄でなく雌であることを説明することもできる。雄は巣の中でほとんど時間を過ごさず，交配飛行に飛び立っていく。このパターンにおいては，1 つの例外がある。それはシロアリで，通常の二倍体染色体をもっている。シロアリは腸内微生物に依存して木材の食物を分解し消化している。その腸内微生物は肛門摂餌によって世代間で伝達されるため，ある程度の社会性が必要とされる。

　社会性昆虫の複雑な巣の構造と行動が単一個体の集合的活動から現れることについて驚くべきではない。これは比較的単純な細胞が複雑な個体の発生をもたらす多細胞生物とよく似ている。驚くのは，社会性コロニー中に遺伝的不均一性があり，内部からの崩壊になりやすいにもかかわらず，このような社会性の複雑さが進化できることである。

するところにあるかもしれない。また，異なる活動（餌探し，防御など）が異なるスペシャリストによって同時に行うことができ，同じ個体がスイッチを切り換えて複数の活動を行う必要はなくなる。

　すべてのものに利益をもたらす協力は安定しないことがある。その要点は囚人のジレンマ（Prisoner's Dilemma）ゲーム（pp.614 〜 615 参照）に要約されている。つまり，両者が非協力だと，両者にとっても適応度でみた利益が悪くなるが，どちらかの個体が非協力の場合，利益がある（図 21.33）。もっと一般的にいえば，協力システムは常に騙すことにさらされている（例えば，一部のイチジクコバチが花粉を運ばない，ワーカースズメバチがときどきコロニーの中で自分の卵を産む）。次項では，低レベルでの選択による破壊から協力がどう保護されるかを紹介する。

競争は仕返し，処罰と警察行動により抑えられる

　同じペアの個体が繰り返し合うことによって，両者が協力し合うような戦略が進化できる。もしペアの個体が囚人のジレンマゲームを何回も行うことになると，**しっぺ返し**（tit-

	相手が協力	相手が非協力
協力	3	0
非協力	5	1

図 21.33 ■ 囚人のジレンマゲームでは，両者が協力を選択すれば両者にとって利益があるにもかかわらず，各個体にとって最適の戦略は非協力である。左の欄は相手が協力する場合に，自分がとった各戦略のときの利益を示す。右の欄は相手が非協力の場合，自分がとった各戦略のときの利益を表す。相手が協力か非協力か，どちらを選択したとしても，自分にとって最適なのは非協力である。また，両者とも非協力をとった場合は，両者とも協力を選択した場合と比べると，利益が低くなる(1対3)。

for-tat) 戦略が進化的に安定になる。最初の回に自分が協力の行動をとった場合，相手が非協力の行動をとると，次の回では自分も非協力の行動をとる。相手が協力すれば，自分もまた協力する。しかし，この仕返しは魅力的な理論上の可能性を示しているが，自然界ではそのような例はほとんどみられない。1つの理由として，相互作用は異なる役目を有する個体間で行っているのがほとんどで，互いに非対称的であると考えられるからである。

　もし利己的行動を抑止する個体がいるなら，協力が安定化する。例えば，ミツバチのワーカーがときどき非受精卵を産むが，他のワーカーが常にその卵を壊して排除する。興味深いことに，このような**警察行動**(policing)は女王が何回も交配する種にみられる傾向がある。このような種では，雌ワーカーにとって他のワーカーの雄の子よりも女王の雄の子の方に遺伝的近縁である。

　ユッカとその絶対的送粉者，蛾の一種との密接な関係は約4000万年前まで遡る。雌の蛾はユッカの花を突き刺し，そこに卵を産み，その後，花柱に登って花粉をまく。蛾の幼虫は果実の中で発育し，羽化した雌成虫は交配した後，花粉を身につけて分散する。送粉するのは蛾の利益にもなる。なぜなら，送粉することによって種子が作られ，蛾の子供に食物を提供することになる。しかし，蛾は植物に最適か否かよりももっと卵を産むように選択される。羽化した蛾は植物の花粉を散布するが，植物の種子を食べもする。これに対して，植物は余分の花を生産すると同時に，あまり花粉を受けていない花あるいはたくさんの蛾の卵を産まれた花の発育を中止させる。この**処罰**(punishment)は蛾に対して選択を引き起こし，より高い受粉率を有する蛾と，より少ない卵を産む蛾が有利になる(図21.34)。似たような宿主応答はマメ科植物とその窒素固定根粒菌との間の密接な関係を維持している(p.178を参照)。これは細菌からの協力を強制させる選択体制を構築し，協力者となりすましを区別する驚くべき能力を示している(図21.35)。

　多細胞生物にある異なる細胞どうしが，なぜ互いに協力し合って全体のためによく働くのか。動物では，生殖が生殖細胞系列に限定されるため，体細胞による利己的複製が世代を超えて結果を残すことはない。がん細胞は子孫が残せないのである。しかし，植物の場合，生殖細胞系列と体細胞が動物のように区分されておらず，細胞は花になるために競争できる。協力を維持する最も重要な要素は単純に細胞間の近縁関係(遺伝的相同)である。生物の個体は1個の受精卵から発育するため，個体の一生の中で生じた体細胞の突然変異のみが破壊的な影響を有する。なぜ発育は必ず1個の細胞から始まるのか，その理由はわからないが，単細胞段階は生物個体内部での競争に対する保護手段として進化したと考えられる。粘菌と社会性昆虫でこのような競争が起きることを紹介していたが，確かに粘菌と社会性昆虫の個体は遺伝的に相同ではない。コロニーのヒドロ虫類においては，不和合性システムを通して異

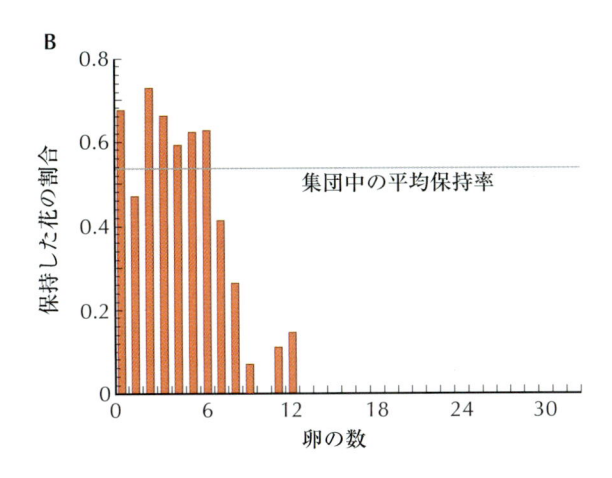

図 21.34 ● ユッカ（イトラン *Yucca filamentosa*）が唯一の送粉者，ユッカガ（*Tegeticula yuccasella*）によって受粉される（A）。ユッカガの幼虫はユッカ花の内部で生育し，一部の種子を食べる。宿主植物は産まれた卵が多すぎる花の発育を中止することによって種子の減少を阻止する（B）。これはユッカガに選択を課し，花への産卵を制限する。しかし，植物はユッカガから多くの花粉を受け取った花の発育を中止させないようである。

なる方法によって近縁関係が維持されている。その不和合性システムとは，融合可能な近縁関係者のコロニーのみを許容するシステムである。

競争と協力は初期進化において重要であった

ここまで，以下のことを強調してきた。進化の過程における主要な移行は，独立していた複製子が1つになって，より複雑な生物を進化させることとかかわっている（表21.3）。それでは，生物の構成要素の間の競争はどうやって抑えられるのだろうか。この問題は生命の起源のときにすでに解決されていたのに違いない。第4章で紹介したが，最初の複製分子はきっと正確に複製できないため，長くなかったと思われる（長くとも $1/\mu$ 塩基対程度，μ は塩基・世代あたりの突然変異率；p.595参照）。これは，突然変異率を減らせる複雑な複製機構が進化できなかったことを暗示している。Manfred Eigen は巧妙な解決法を考案した。つまり，異なる複製子が相利共生関係の中で互いに依存し合うと仮定すれば，系全体がより多くの情

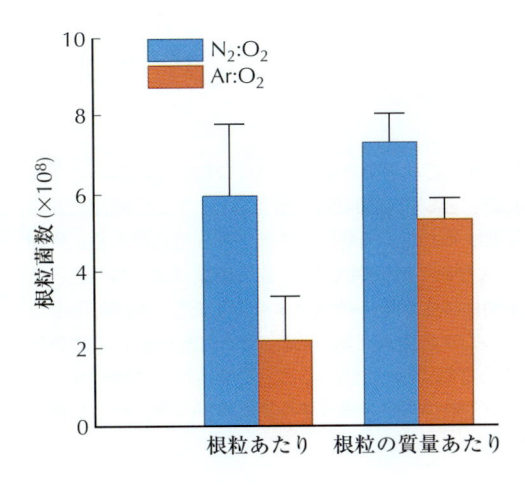

図 21.35 ● 大豆（*Glycine max*）は窒素固定細菌 *Bradyrhizobium japonicum* を宿っている根粒をもっている。その細菌の窒素固定をアルゴン・酸素空気中で生長させて妨げると，植物は酸素提供を減らして対応する。これは細菌の数と量を大きく減少させる。

報をコードすることができる。彼は，この相互依存の複製子のシステムを**ハイパーサイクル説**（hypercycle）と呼んだ（図 21.36）。各コンポーネントは突然変異荷重によって長さに限りがあるが，コンポーネントの数には上限がないので，系全体の複雑さにも上限はないと考えられる。

　Eigen の提案の難点は，この系が利己的作用に対して脆弱であるところにある。その原因として，系のすべての分子が個々の基本酵素分子の生化学産物を共有することが特に考えられる（図 21.36B,C）。すでに言及したように，これは干渉欠損ウイルスに寄生されるウイルスにとって非常に深刻な問題である。個々の分子が作り出した産物がその分子セットと付随したままの状態が保持できるように，おそらく分子どうしが細胞に（または多分，鉱物の表面に）集まっていたと思われる（p.109 を参照）。そして，群選択の様式によって協力体制を維持することが可能になる。なぜかというと，能率的なハイパーサイクルをもつ原始細胞は，利己的変異体に進入されたものを駆除するからである。確かに，いったん分子の小さなグループが互いに競争可能な別々の区画に分割されていると，ハイパーサイクルは，Eigen がいうようにもはや不可欠ではない。例えば，1 個の分子が複製酵素の活性をもてば，それが自分だけでなく，他のものも複製してしまう。一方，他の分子は代謝と合成反応を触媒するのに特化することが可能になる（図 21.37）。いったんこのような系が確立されると，選択は協力を確実にするために，他の方法に取り組むことができる。例えば，異なる遺伝子をつないで染色体を構築し，すべての遺伝子を統一的に複製させることである。これは個々の遺伝子の複製後の相対量をより確実に制御するが，同時に，他の遺伝子の犠牲のうえに 1 個の遺伝子を複製することをよりむずかしくしている。

　初期進化だけではなく，進化過程における他の主要な移行を理解するためには，競争と協力はきわめて重要なものである（表 21.3）。Maynard Smith と Szathmáry は，複雑な人間社会の進化が生物進化における最も最近の大きな変化であると指摘した。関係がない個体間の明らかな利他的協力は人類特有の特徴である。第 26 章では，言語が協力体制をどう促進したのかを考える。

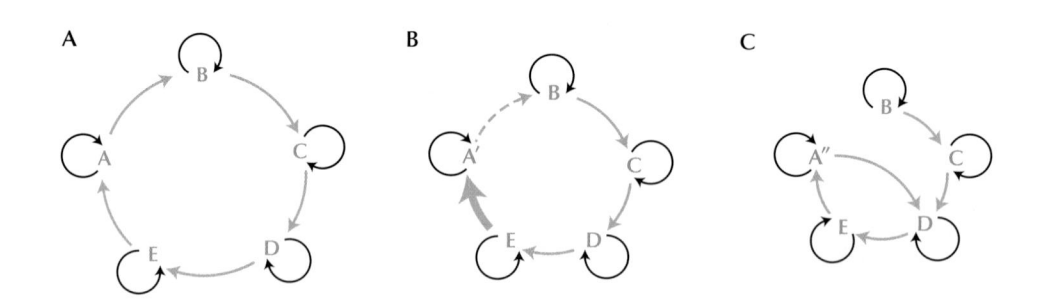

図 21.36 ・ハイパーサイクルはより多くの情報を複製させることができるが，いくつかの点において不安定さがある。(A)複数の異なる複製分子(A，B，…，E)が，互いに複製を助け合うなら，1 つの集団に共存できる。A が B を助け，B が C を，…そして E が A を助ける。この補助にはさまざまな様式がある。代謝産物の提供，複製の直接補助などである。重要な点は，A が集中的に増えると，B の複製が速くなることで，他のつながりも同様である。このような分散性の共生関係は生態系の特徴とよく似ており（木が落葉をミミズに提供し，それに対してミミズが土壌構造を向上して木の生長を助ける），分子生態系としてはもっともらしい。(B)ハイパーサイクルは変異体の進入にさらされる。A と比べると，変異体(A′)は種 E からの補助を多く獲得するが，種 B への補助の提供は少ない。(C)短い回路を構成する変異体(A″)が出現した場合，ハイパーサイクルはメンバー(B，C)をなくすことがある。

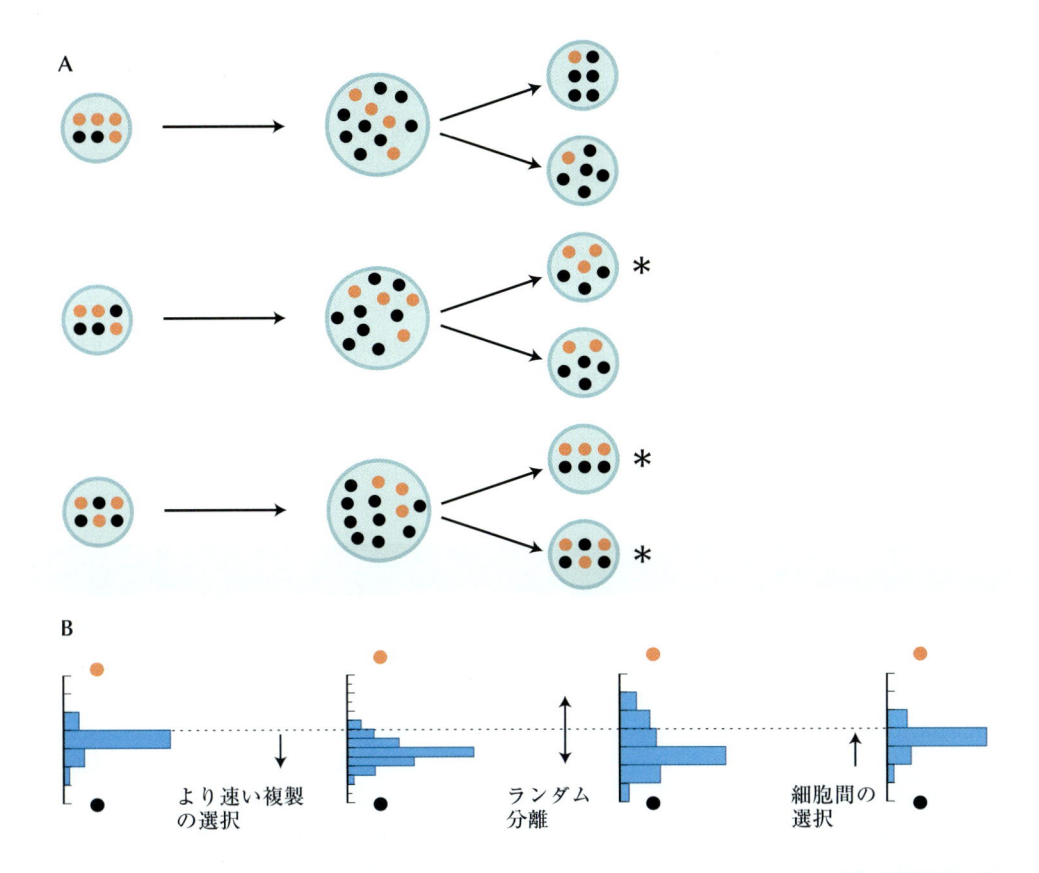

図 21.37 ● 複製分子の小さいグループにおける選択は協力を維持することができる。2 種の複製分子 (黒と赤) があり, 黒が赤より複製が速いと仮定する。ただし, 両タイプの割合が等しくなると, 両タイプともより速く複製する。よく混合した集団では, 集団全体として後で悪くなるにしても, 黒が占領することになる (この現象は基本的に囚人のジレンマゲームで述べたことであり [図 21.33], また, 共生ウイルスの増殖にも似ている [図 21.8])。しかし, もし分子が小さい原始細胞に含まれるなら, その原始細胞が大きくなって分裂すると, 分裂後の両タイプの割合がランダムに変化する。同じ割合 (＊) の原始細胞を選択することによって, 最適に近い割合が維持できる。このような群選択は, 利己的変異体の進入を防ぐことによってハイパーサイクルを維持することができる (図 21.36B,C)。しかし, より一般的に働くには, Eigen のモデルにあるように, 異なるタイプが必ずしも彼ら自身の複製を触媒しなければならないことはない。そのかわりに, 1 つが複製酵素として働くと, 他のものは代謝と合成作業に特化する。

■ 要約

この章では, 異なる方法で伝達される遺伝子間で生じうる競争の例と, 逆に別々の個体がどう協力できるかを紹介してきた。また, これらのことが起きる理由として, 各自の利益のためか, または遺伝子を共有しているためかのいずれかであることも紹介した。全体よりも自分だけの増殖を促進しようとする利己的な遺伝子が存在しているため, 協力は常にこのような遺伝子に阻害される可能性がある。そういう意味では競争と協力は常にもつれ合っているといえる。

遺伝的競争はきわめて重要な生物学現象を引き起こしている。父系由来のゲノムの排除または競争相手の精子の排除, 雄不稔をもたらすミトコンドリア, ゲノム全体にわたって広がる転位因子などである。ここでは数例しか上げていないが, 実際に生態の多くが競争によって駆動されている。例えば, 真核生物ゲノムの大部分は活性を失ったトランスポゾンを含んでいるし, 突然変異はしばしば転位活性と反復配列間の組換えにより生じる。自然選択に関しても, 大部分は宿主と寄生生物との戦いによる。無性生物においては, ゲノムのすべての部分が利益を共有しているため, 遺伝因子の水平伝達はまれにしか起こらず, 穏和的である。第 22, 23 章でもみるように, 遺伝的競争は種分化と遺伝システムの進化において

も重要な役割を果たしている。

　隣接個体の適応度を増加させる対立遺伝子は広がることができる。もちろん，それら隣接個体が同じ対立遺伝子をもつようになるのが条件である。ハミルトンの規則はこの血縁選択を数量化している。血縁選択は協力を促進する傾向があるが，近縁な血縁者の間でも競争が生じることがある。例えば，親子の間または父系由来と母系由来のゲノムの間である。遺伝子の共有が近縁な血縁者の間では最も重要ではあるが，選択は局所ディーム，または種間でも作用することができる。しかし，群選択は力が非常に弱く，有性生殖の個体間の選択と比較すると，あまり効果的ではない。協力関係は，血縁的関係がなく，遺伝子も共有しない個体間でも進化することができる。最も顕著な例は異なる種間の相利共生関係である。各個体は協力関係から利益を獲得するかもしれないが，欺く行動が他の個体に阻止され，または処罰されるかもしれない。最終的に，協力関係は互いにとって不可欠になるかもしれない。こうして，独立に複製していた遺伝因子が結果的に1つになって，より複雑な生物が出現する。長い期間，この過程が進化における主要な移行に大きな役割を果たしてきた。

■ 文献

遺伝子間の競争

Hurst G.D. and Werren J.H. 2001. The role of selfish genetic elements in eukaryotic evolution. *Nat. Rev. Genet.* **2:** 597–606.
　各種利己的遺伝因子とそれらの進化的結末に関する幅広い概説。

Kidwell M.G. and Lisch D.R. 2001. Transposable elements, parasitic DNA, and genome evolution. *Evolution* **55:** 1–24.
　転位因子の自然発達に関する総説。転位因子はどう制御されるのか，また，宿主の機能のために利用される可能性について議論している。

Nee S. and Maynard Smith J. 1990. The evolutionary biology of molecular parasites, pages 5–18 in *Parasitology (Supplement)*, edited by A.E. Keymer and A.F. Read.
　ウイルスとそれらの寄生者の魅力的な生態に関する読みやすい報告。

Partridge L. and Hurst L.D. 1998. Sex and conflict. *Science* **281:** 2003–2008.

血縁者の相互作用

Coyne J.A., Barton N.H., and Turelli M. 1997. A critique of Wright's shifting balance theory of evolution. *Evolution* **51:** 643–671.

Hamilton W.D. 1996. *Narrow roads of gene land. Vol. 1: Evolution of social behaviour.* W.H. Freeman, Oxford.
　社会進化論に関するハミルトンの論文集が含まれている。興味深い（独特の）自伝風の注釈がついている。

West S.A., Pen I., and Griffin A.S. 2002. Cooperation and competition between relatives. *Science* **296:** 72–75.
　協力の進化に関する競争と血縁選択の正反対効果を議論している。

Williams G.C. 1992. *Natural selection: Domains, levels and challenges.* Oxford University Press, Oxford.
　群選択の非効率に関する議論を含む。以下を参照。Williams G.C. 1966. *Adaptation and natural selection.* Princeton University Press, Princeton, New Jersey.

協力の進化

Anderson C. and McShea D.W. 2001. Individual versus social complexity, with particular reference to ant colonies. *Biol. Rev. Camb. Philos. Soc.* **76:** 211–238.
　アリコロニーの体制に関する魅力的な総説。

Clutton-Brock T. 2002. Breeding together: Kin selection and mutualism in cooperative vertebrates. *Science* **296:** 69–72; Cockburn A. 1998. Evolution of helping behaviour in cooperatively breeding birds. *Annu. Rev. Ecol. Syst.* **29:** 141–177.
　これら2つの総説は協力が進化できる異なるみちすじの相対的重要性に重点を置いてある。

Maynard Smith J. and Szathmáry E. 1995. *The major transitions in evolution.* W.H. Freeman, Oxford.
　共通の枠組みにおける進化上の主要な移行に関する書物で，以前に独立していた個体の間の協力を強調している。以下に要約がある。Szathmáry and Maynard Smith (1995, *Nature* **374:** 227–231).

CHAPTER 22

種と種分化

　種は，ゲノム，細胞，そして生物個体とならんで生物学における基本的な単位である。多くの生物学の研究は，特定の生物種，例えばキイロショウジョウバエ *Drosophila melanogaster*，酵母 *Saccharomyces cerevisiae*，大腸菌 *Escherichia coli* を材料として行われたものと記述される。生態学者はおもに種の分布と豊富さに関心をもっている。例えば，なぜより多くの種が高緯度地域よりも熱帯域に存在しているかなどである。分類学者の主たる仕事は，個々の生物個体を特定の種のメンバーとして名前をつけることである。我々はこのような基本的分類作業の1つ先の段階として，これらの種が互いにどのような系統関係にあるかを解明することもできるようになっている（第27章［オンラインチャプター］参照）。しかし，それでもなお多くの系統学的研究は，種を基本単位として行われている。

　種が自然界に実在することは一般的に広く受け入れられている。どのように属や科といった高次分類群を定義するかに関しては，しばしば意見の不一致が存在する。それと同様に，ある1つの種に含まれる異なる型を単に地方型とすべきか，それとも別の亜種として記載すべきか，はっきりしないことが多い。それとは対照的に，ある特定の場所に生育している生物をどのようにそれぞれの種に分類するべきかは，一般的にきわめて明白である。だれもがよく知っている鳥類や哺乳類を例に挙げて考えてみよう。種が客観的に実在することは，職業分類学者による種の分類体系とさまざまな文化の下での伝統的な種の分類体系が一致することによって示されている。例えば，Ernst Mayr（エルンスト・マイアー）はニューギニアにおいて，専門家である彼が認識した137種の鳥類のうち136種までは現地人によっても認識され，それぞれに名前がつけられていたことをみいだし，ほかのいくつもの民族分類の研究においても同様によく一致することをみいだしている。生物は，我々が"種"と呼んでいる明確に異なるそれぞれのタイプにまとまるものなのである。

　我々は生物が個々の種にまとまることを当然のように考えているが，世界がこのようである必然性はない。結局のところ，異なる種の個体であっても遠い過去には共通祖先を共有し

ている。そして遺伝の連続的な輪によって繋がっているのである。したがって原理的には，形態的にもDNAの塩基配列においても特に明確な不連続性がみられない，連続的にずらっとそろった生物群をみる可能性もあった。この章では，どのように種が定義されるか，そしてなぜそれらが存在するかを説明することから話を始めることにしよう。

22.1 種を定義する

進化の連続性が種を定義しにくくする

　特定の狭い地域内では，個々の種は一般的に非常に明確に異なっているが，種の地理的分布域全体をみると，種ははるかに不明瞭になる。しばしば，近接する島々に分布する集団は，まだ互いにきわめて近いものの，いくらかは違っている（例，図22.1）。連続的な生育環境を通じて明確に異なる生物群が連続的に変化することもある。第18章の**クライン**（cline）の例に挙がっているものの多くは，遺伝的にほんの少し違っているだけであるが，その違いが極端に大きくなっている場合もある。ときどき，この極端なものが分布域の重なるところで一緒に出現し，別種，あるいは別亜種として認識されることもある。このようないわゆる**輪状種**（ring species）の例についてはすでにみてきた。ウグイスの2つの異なる型は，シベリアでは出会っても交雑はしないが，チベット平原南部では交雑して完全に連続的になっている（図16.18）。

　種全体をみると，その関係が複雑な場合が確かに存在する。例えば，*Partula*属はポリネシアで見つかった陸生の巻き貝（カタツムリ）の1つの属である。モーレア島では複数の種が記載されていて，それは形態や好む生息地が大きく異なっている。ところが，**アロザイム**（allozyme）でみると，これらの種の間でほとんど分化がみられない。一方，ある狭い地域内では，それぞれの種は他の種とは明確に区別できる別の型として共存している。ところが，別の場所では，これらのほとんどの種が交雑して他の種と区別できなくなっている。例えば，*Partula aurantia*は，*P. suturalis*といくつかの場所では別の種として共存しているが，それとは異なる場所では交雑している。また，*P. tohiveana*は*P. suturalis*と交雑することなく共存しているが，この2つの種は*P. olympia*を介して連続的につながっている（図22.2）。悲しいことに，他のカタツムリを導入した結果，*Partula*属は自然界では現在，絶滅してしまっている。

　種について，このような困難さがあっても驚くことではない。輪状種でみられるように，明確に異なる型が連続的に変異して繋がってしまう現象は，これらが共通祖先を介して進化的に繋がっていることを反映していると考えることができるからである。本章では，まず種とは何かを問うことから始める。そして，我々はどのように種を定義しても，生物を異なる種に明確に分けることができないことを知るだろう。そこで，次にどのように種は互いに異なっているかを問うことにし，そして最後にそれらがどのようにして異なるようになったか，すなわちどのような進化過程が種の起源にかかわっているかを考えることにする。

種の定義の仕方にはさまざまある

　最も明白で実際にもこれまでよく使われてきたのは，種をそれらの外見によって定義する方法である。多くは，これでまったく問題は生じない。鳥類の分類の専門家であるMayrによるニューギニアに生息する鳥類の種の分類の仕方が原住民のそれとほぼ完全に一致してい

図22.1 ・ダーウィンの進化についての初期段階の思考は，ガラパゴス諸島のゾウガメが島ごとに明瞭に異なっていることを自分自身で観察したことによって刺激された。

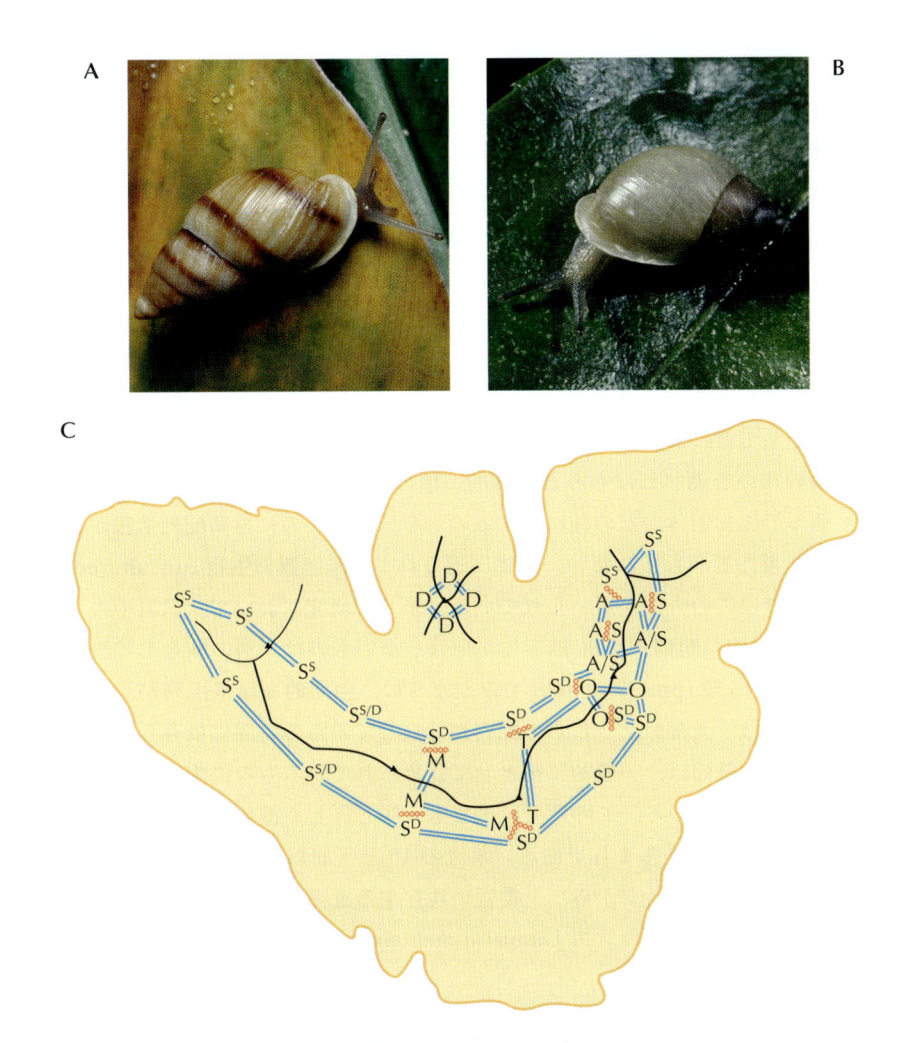

図 22.2 ▪ (A)カタツムリの一種，*Partula suturalis*。(B) *Partula mooreana*。(C) *Partula* 属カタツムリ類の間の複雑な関係。S は *P. suturalis*, A は *P. aurantia*, D は *P. dendroica*, M は *P. mooreana*, O は *P. olympia*, T は *P. tohiveana*。上つきの S は左巻きの *P. suturalis* を，上つきの D は右巻きの *P. suturalis* を表す。青の二重線は，それらの集団が連続的に変異することを示す。A/S は *P. aurantia* と *P. suturalis* が交雑している集団であることを表す。赤丸線は，野生状態では種間交雑することなく複数の種が共存していることを示す。実線は山の尾根の位置を示す。*P. dendroica* は，現在では *P. suturalis* と同種であることがわかっている。

たことを思い出してみよう。しかしながら，生物の外見は間違った分類に導くこともある。どのように種が認識されるかは，着目する特徴に強く依存するからである。

　雄と雌の外見が大きく異なっている種は多い (p.621 参照)。極端な例を1つ挙げてみよう。雌のフジツボにしがみついている非常に小さな生き物がこの種の雄であることを，ダーウィンが初めて認識した。ここでは難なく，これらの雄と雌をともに同じ種の異なる型として認識することができる。生活史の異なるステージ（例えば，チョウと芋虫）や多型種の異なる型についても同様の議論をすることができる。例えばオオルリアゲハの異なる擬態型（図18.20）は，非常に異なる羽の模様をしているが，それでもなお交尾器の形などを観察すれば，これらが同じ種の一員であることがわかる。この場合，変異が生じるべく選択された形質を区別し，それを分類の基準から除外できるだろう。なぜこれらの異なる型が同じ種に分類されるかというと，それぞれが異なる型と交雑をして世代を重ねていくからである。雌親は子を産み，芋虫は成長してチョウになり，ある擬態型のチョウは，異なる型の子孫を作ったり

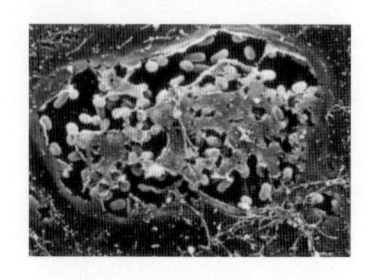

図 22.3 ■ 微胞子虫類は，真核生物の基本的特徴の多くを失ってしまった細胞内寄生生物である。そのゲノムは大半の細菌類のものよりも小さく，多くの基本代謝系も失っている（p.216 参照）。この生物群にはミトコンドリアはないが，その核ゲノムには多数のミトコンドリア由来の遺伝子が含まれている。もともと，他の真核生物とは系統的に遠く離れていると考えられていたが，微胞子虫類は実は非常に特殊化した菌類（酵母，カビ，キノコ類）であることがわかった（訳注：この系統学的位置に異議を唱えている菌類系統学者もいる）。この図は，ヒトの細胞内に寄生している *Encephalitozoon cuniculi* の写真である。

する。

　種の分類を実際に行ううえでは，逆の状況の方がむずかしい。姉妹種では，せいぜい 2, 3 の不明瞭な形質で異なるだけで，見かけがほとんど同じである。例えば，2 種のショウジョウバエ *Drosophila pseudoobscura* と *D. persimilis* は，もともとそれらの間の F_1 雑種の雄が不妊であることによって認識された。その後，雄のハエの足についている交尾櫛の歯の数が異なっていることも発見された。この種の問題は，識別に使える明確な形態形質が存在しない生物，例えば寄生生物などでは特に深刻である（図 22.3）。さらに極端な例は，実験室で培養できない微生物である。これらの生物群に至っては，DNA 断片を抽出することを通じてしか検出することができない（p.160 参照）。種を区別するためには，いったいどの程度の表現型の違いが，そしてどのような違いがあることが必要なのだろうか。

　分子レベルの違いを調べればもっと客観的に種の違いを測ることができるのではないか，すなわち，個々の生物個体がどの種に属するのかを分類するのに塩基配列情報が利用できるのではないかと考えるかもしれない。必要に迫られて，**未培養微生物**（uncultured microbe）については，すでにこの方法が用いられている。多くの研究において，試料中のリボソーム RNA の塩基配列が他の配列と 97% 以下しか一致しないものは，別の種として扱われている。しかしながら，第 15 章（pp.459〜460）でみたように，中立的な塩基配列が互いにどのくらい異なっているかは，大部分，それらの配列が分岐してからの時間に依存している。そしてこの分かれてからの時間は，一般的に種として認められているものに限ったとしても，種群によって大きく異なっている。この章では後でもう少し詳しく種分化の速度についても述べるが，種分化速度は実にまちまちである。最近の 10 万年間以内の期間にビクトリア湖で多様に種分化した魚，シクリッドから，一番近い現存する近縁種とも少なくとも 4 億年以上前にすでに分かれていたシーラカンス *Latimeria chalumnae* まで存在しているのである。

種を定義するのに遺伝子系統樹を用いるのは問題がある

　種を定義にするのに適当に選んだ形質を用いるかわりに，系統関係を使ってみる手があるのではないかと考えられる。結局のところ，複数の相同遺伝子の間には由来関係（系統関係）が存在し，その系統関係は，少なくとも原理的には DNA の塩基配列がどのように異なっているかを調べていけば明らかにできる。そして，このようにして得られた遺伝子の系統関係が現代分類学の基礎になっており，リンネ式階層分類が進化学的にも妥当なものであることを示すことにもなっている。しかしながら，系統関係だけでは種を定義することができない。例えば，無性生殖のみをする生物のすべての遺伝子は同一の系統関係を示すはずである。しかし，それらをどのように単系統群に分割するかについては，何通りもの分け方が存在する（図 22.4）。有性生殖をする生物では異なる遺伝子が異なる親から伝わってきており，その祖先も異なることが起こりうる。したがって，第 15 章でもみたように，遺伝子ごとに系統関係が異なるのである（図 15.11）。ごくまれにしか組換えを行わない大腸菌のゲノムでさえ，遺伝子ごとに祖先が異なり，モザイク状になっている（例，図 15.16）。まして，ほとんどの真核生物では，減数分裂時の組換えは生活環が回るごとに必ず起こるので，1 つのゲノム内にもその祖先が大いに異なる遺伝子が含まれていることになる。

　次節で，少なくとも有性生殖をする生物においては最も明確な種の定義が，ある 1 つの特別な形質，すなわち有性生殖（交雑）と組換えによる遺伝子流動を妨げるような構造上，生理学上，あるいは行動上の特徴に基づいていることがわかるだろう。

生物学的種は生殖的に隔離されていることによって定義される

最も広く受け入れられている種の定義は，**生物学的種概念**（biological species concept，BSC）に基づくものである。この種概念の考え方自体は何世紀も前まで遡ることができる。しかし，初めて現在のような形に定式化されたのは**進化の総合説**（Evolutionary Synthesis）（p.31 参照）が出された時期であり，それはおもに Theodosius Dobzhansky（テオドシウス・ドブジャンスキー），Mayr, Sewall Wright（セオール・ライト）の3人によるものである。Mayr は，1940年の著書の中で以下のように述べている。

> 種とは，互いに交配し合う生物の自然集団のグループのことであり，それは他の同様なグループから生殖的に隔離されている。

ある生物集団に自然条件下で他の生物学的種とうまく交雑することを妨げる遺伝的な違いがある場合，その集団は**生殖的に隔離されている**（reproductively isolated）と表現される。ここで2つの点を指摘しておかなければならない。まず1つ目は，この定義に地理的な隔離は含まれないことである。2つの集団が川や山脈といったなんらかの物理的障壁によって隔てられているという理由だけで互いに交雑できていない場合には，これらは別の種とは定義されない。地理的な隔離は一時的なものであるかもしれない（川はその流れのコースを変えることがあるし，山は削れて低くなることがある）のに対して，遺伝的な違いによって生殖的隔離（生殖隔離）が生じる過程は通常，不可逆的であるから，これは道理にかなったことである。2つ目は，異なる種の間の遺伝的な違いが自然条件下で正常な交雑を妨げる必要があるということである。例えばライオンとトラは，動物園では確かに交雑するが（図22.5），それらの分布がかつて重なっていたインドにおいては実際に交雑したことは一度も報告されていない。

BSC は，有性生殖をする生物にだけ適用することができる。BSC は，まれにしか遺伝子を交換しない細菌（真性細菌）や古細菌（pp.200〜210 参照）には適用することができないので，これらの生物群については別の方法で種を定義する必要がある。同様に BSC は，化石に適用することができない。それぞれの生物系統について時間を遡ってみていけば，その祖先は現在の生物とはどんどん異なった外見のものに変化していくことだろう。それが形態的にある程度異なった時点で，別種と呼ぶ方が便利である。

現在，生殖的に隔離された生物群の間でさえも，ときに BSC は困難に直面する。進化の連続性から期待されるように，たった1つの尺度によって生物を，種とはどのようなものかという我々の直感とも一致するようないくつかの明瞭な種に分けることはできないのである。さまざまな生物は，交雑を通じて高頻度に遺伝子を交換できるにもかかわらず，しばしば多くの性質において明瞭に異なった状態のままでいることができる。例えば北米産のブナ科の樹木グループは複数の別種として命名されており，それらは互いに別々の生育環境でみられ，それぞれの生育環境に適応した性質によって互いに異なっている（図22.6）。にもかかわらず，種間交雑が頻繁に起こっているようであり，葉緑体 DNA に基づく系統解析によって認識された単系統群は，特定の適応的性質を共有するまとまりとも，特定の核遺伝子マーカーを共有するまとまりとも一致しない。植物学者は，このように形態的に明瞭に区別できるにもかかわらず，その間で交雑している分類群を**シンガメオン**（syngameon）と呼んでいる。

多くの動物群おいても，互いに交雑しているにもかかわらず，形態で明確に区別できる集団がみられる（例えば，図 18.15〜18.17，22.2）。2種のショウジョウバエ *D. pseudoobscura* と *D. persimilis* の分布域が重なるところでは，ときどき種間交雑が起こり，その結果として，

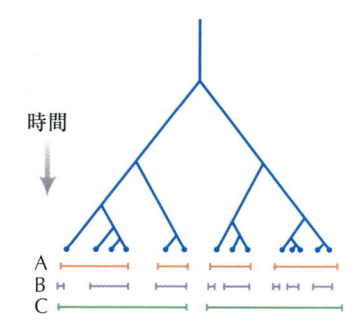

図 22.4 ▪ 無性生殖を行う生物群においては，完全に系統に基づいて種を規定するとしても，何通りもの規定の仕方が可能になる。A, B, C の線は，（系統学的）種として規定できる個体の集まりを示している。仮に共通祖先に由来するすべての個体が各グループに含まれていなければならないと決めたとしても，系統を分けるやり方は何通りも存在する。（同様の議論は，この図を個体の系統樹ではなくて種の系統樹だと考えても成り立つ。この系統関係をもとにして種群を属や科などに分類する作業は，ある程度恣意的なものである）

図 22.5 ▪ ライガー（雄ライオンと雌トラとの雑種）。

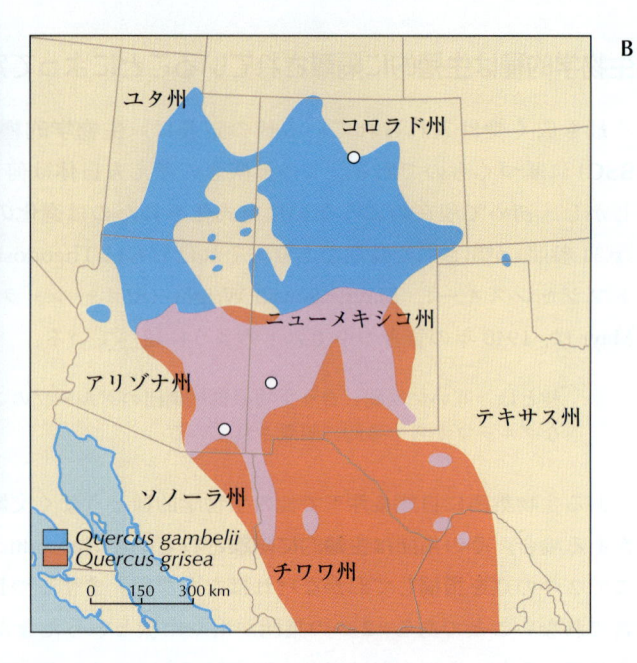

図 22.6 ▪ (A) ブナ科の樹木 *Quercus gambelii*。(B) 同じくブナ科の *Q. grisea*（分布域は赤色）と *Q. gambelii*（分布域は青色）は，ニューメキシコ州とアリゾナ州でその分布域が重なっている。いくつかの場所では，遺伝的あるいは形態的に中間型を示す個体がみられる。しかし，このように交雑が起こるにもかかわらず，ほとんどの遺伝的マーカーでこの 2 つの種は明確に分かれている。一方，葉緑体ゲノムをみると，表現型が似た個体間よりも，地理的に近くに生育する個体間で葉緑体ゲノムがよく一致する。このことは，この細胞小器官ゲノムが種の境界域を越えて浸透していることを示している。地図のピンク色の領域が，この 2 つの種の分布が重なる地域を示している。

　後でみるように交雑の痕跡がショウジョウバエのゲノムのほとんどの領域においてみられる（図 22.30 参照）。さらに，ブナ科の樹木の例でみられたように，外部形態や核遺伝子でみる限りはよい生物学的種にみえるのに，ミトコンドリアや葉緑体のゲノムをみると種間のゲノム流動がみられる例はより高い割合で存在する。

　異なる生物集団が自然界で出会った場合においても妊性のある子孫を生み出すことができないのであれば，それらは明確に別種だとすることができるだろう。仮にほんの少しくらいその種間で交雑が起こったとしても，それくらいならまだ別種と呼べるだろう。それでは，どの程度までの種間交雑なら別の生物学的種として許容されるのかは議論の余地があるところである。さらに地理的に隔離された生物集団が別の生物学的種と呼べるかどうかを判断することは，きわめて困難である。

　これらの問題があるにもかかわらず，BSC はなお，現在存在する種概念のなかで最も明瞭かつ実践的な種概念である。そこで，この章の残りの部分では，一貫してこの種概念を用いることにする。基本的な考え方として，1 つの生物学的種は単一の遺伝子プールを形成し，1 つの個体に生じた好ましい対立遺伝子は最終的には種全体に広がりうると考える。また，原則として 1 つの生物学的種内みられる複数の対立遺伝子については，あらゆる組み合わせのものが遺伝的組換えによって作られうると考える。それとは対照的に，異なる生物学的種は互いに独立に進化し，1 つの生物学的種が別の生物学的種の進化に関与することはないと考える。

種は異なる生態的資源を利用するときのみ共存することができる

　2つの生物学的種が競合する状況下では，単純にはどちらか一方だけが生き残ると予測される。たとえそれら2つの種の適応度が完全に同じだったとしても，最終的には偶然でどちらか一方がいなくなることだろう。長期的にみると，種は多少なりともバランスのとれた平衡下でのみ共存することができる。

　異なる**対立遺伝子**（allele）は，それらが**平衡選択**（balancing selection）によって維持される場合にだけ，1つの集団内に維持されうることを我々はすでに議論してきた（第18章, pp.544〜551）。この場合に働く自然選択は，ある対立遺伝子がまれになったときに増加する傾向を示せるように**頻度依存性**（frequency dependent）でなければならない。概して，これは個々の対立遺伝子の数が異なる要因によって制御されるように，各対立遺伝子が異なる資源を利用する必要があるということである。先に，例えば*Pseudomonas*菌がそれぞれの生育環境に適応した多様な遺伝子型に分化していることをみてきた（図18.21）。その際，これは1つの遺伝子座に複数の異なる対立遺伝子が存在する例としてみてきた。しかし，これら複数の遺伝子型をそれぞれ異なる種とみなしてもまったく問題がないのである。基本的に無性的に増殖する生物集団では，異なる遺伝子型と種を明確に区別することはできないからである。

　競争的排除（competitive exclusion）という生態学の基本原理は，複数の種が共存するためには異なる資源を利用しなければならないという点でも成り立つ。集団が大きくなったときに集団を構成する個体の適応度が低下する場合にのみ，1つの集団がある範囲内に維持されるということである。このような集団の大きさの制御は，利用すればするだけすぐに減少してしまういくつかの制限的資源の量によってなされているということでもある。牧草を食べているヒツジや獲物を捕らえて食べている肉食獣などを思い浮かべてみるとよいかもしれない。より一般的には，その資源とは空間かもしれないし（森林植物に必要とされる日当たりのよい開けた場所や雄の鳥に必要な縄張りなど），あるいは生物の繁殖に実際に必要な何かで，繁殖する際に消費されるものかもしれない。重要なことは，複数の異なる生物集団がまったく同じ資源を利用する場合には，それらを構成する個体数の相対比率はこの資源量では決まらないということである。それらが安定して共存するためには，各集団が別々の資源を利用して，それらを構成する個体の数が別々に制御されなければならない。そうすれば，どれか1つの集団が大きくなり始めれば，それ固有の資源が枯渇し，その集団を構成する個体数もそれ以上増えることができなくなって安定化する。

　生態学の主たる目標は，何が種の分布と豊富さを決定しているかを理解することである。典型的には，誕生率と死亡率がある地域集団内に存在するすべての種の量に依存していることによって，種の数が決まっているようにみえる。このことはいいかえると，個々の種が利用可能な資源をどのように利用し，その量にどのような反応をするかによるといってもよい。このように種の数は，利用可能な資源の分布を受動的に反映しているのである。種分化と種の絶滅の過程は関係ない。このような見方は，明らかに類似した一連の資源が存在する異なる地域で同じようなセットの種群が独立に進化するという生態学的収斂現象の数多くの例によって支持されている（自然界における古典的な例としては図22.7を参照のこと。*Pseudomonas*菌が繰り返し多様化した現象のことも思い出してほしい［図18.21］）。それとは対照的に進化生物学者は，種の数が，新しい種が誕生する速度とそれらが偶然に絶滅する速度との間のバランスによって決まるものと理解する傾向がある。現時点では，資源の分布と種分化と種絶滅の動的過程のうち，どちらがどのくらい重要なのかはまだよくわかっていない。

有袋類	有胎盤類（真獣類）
フクロヤマネコ（*Dasyurus* 属）	オセロット（*Felis* 属）
フクロアリクイ（*Myrmecobius* 属）	アリクイ（*Myrmecophaga* 属）
ネズミクイ（*Dasycercus* 属）	ハツカネズミ（*Mus* 属）
フクロモモンガ（*Petaurus* 属）	モモンガ（*Pteromys* 属）
タスマニアオオカミ（*Thylacinus* 属）	オオカミ（*Canis* 属）

図 22.7・オーストラリア大陸の有袋類と他の大陸の有胎盤類（真獣類）は，類似した生態学的地位を占めるように収斂進化している。

　この章の最後（p.706）で，これらの問題点が互いにどのように関連しているか，すなわち，多様な資源によって生じた自然選択がどのように1つの種を2つの種に分化させるかをみることになろう．しかしながら，まずは生殖的隔離と多様化選択の両方が，我々が直感的に種とみなすような生物の異なるまとまりを生み出すうえでどのような役割を果たしているかを議論していくことにする．

生殖的隔離はさまざまな様式で生じうる

　集団間のあらゆるタイプの遺伝的分化が正常な交雑を妨げることができ，それにより生物学的種を分化した状態に維持できる。これらを，異なる種のメンバーが初めて出会ったときの場合から，何世代も後に雑種子孫を生み出す場合まで，それがいつ働くかによって分類することは有用である。ときに，生殖的隔離を生じさせるそれぞれの原因は，"隔離機構"と呼ばれることがある。しかし，本書ではこの用語を使わないことにする。なぜならこの用語は，遺伝子の交換を妨げるために"隔離機構"が進化したことを暗示してしまうからである。後でみるように，実際にはこのようなことはめったには起こらない。（訳注：実際のところ本書では"隔離機構"という用語が後でも使われている）。

　最初の形の隔離は，2つの種が少なくともまだ交雑できるのに，決して出会わなくなったときに生じる。明らかにこの段階では，これらの生物は別種とみなすべきではない。それは，これらがたまたま別の場所に棲むようになっただけの段階であるから。しかし，その後に生じた遺伝的分化によって，これらの個体がそれぞれ異なる微環境に生育することを好むようになる。これらの種は，広い意味では同じ地域に存在しているものの，それぞれ異なる場所で交配するようになっていることだろう（図 22.8A）。同様に，成熟した個体が異なる季節に出現したり，一日の異なる時間帯に活動するようになっているかもしれない（図 22.8B）。このような時間的な隔離の最も注目すべき例の1つが北米産のセミでみられる。これらのセミは幼虫として何年も土の中で過ごし，規則的な間隔をあけて非常に多数の数の成虫として地上に姿を現す。生活環の長さはさまざまなものがあるが，13年ごとに現れる系統と17年ごとに現れる系統は，たとえ同じ地域に生息していても，13 × 17 = 221年に一度しか交雑する機会がないことになる。

　たとえ雄と雌があるときある場所で出会ったとしても，互いに交配を選択しないこともある。第20章ですでにみたように，雄のもっている特徴と雌がその特性を好むことはまさに気まぐれで，同時に進化しうるのである。そこで，ある種の雄は別の種の雄と十分には競合

図 22.8 ・生育環境による隔離と時間による隔離。(A) ヤマトアザミテントウとルイヨウマダラテントウは，それぞれ，アザミとルイヨウボタンを食草とし，その植物の上で交配する。これは，寄主植物であるアザミの上にいるヤマトアザミテントウの写真である。このような食草による隔離は，寄主特異性が高い昆虫類では一般的にみられる。(B) *Photinus* 属のホタルは種によって1日の異なる時間帯に光り，そのために生殖的に隔離されている。1年の異なる時期に交配する季節的な隔離も広くみられる。

できない，あるいは異なる種の雌からは交配相手として選ばれない。このような生殖的隔離は，例えばカエルの異なる鳴き声や，異なる昆虫を送粉者として引きつける多様な花のように，交配のための信号が多様化することによって起こるのかもしれない（例，図22.16 参照）。異なる種が交雑することは確かにある。しかし，そのような場合でも異なる種の精子や花粉では受精することができなかったり，同種の配偶子には競争で勝てなかったりして受精には至らないことが多い（例，図20.28）。

仮に受精に至っても，F_1雑種の遺伝子型ではうまくその後の接合子の発生が進まず，F_1の接合子は死んでしまうかもしれない。また時に母型の遺伝子型との不和合が存在し，そのために交雑は一方向ではうまくいかないが，別の方向ではうまくいく（一方の種が雌親のときだけ交雑が可能なる）場合もある（胚の初期発生では。母親のゲノムにコードされている遺伝子の産物が卵の細胞質に存在し，それが胚の初期発生に重要な役割を果たしていることを思い出してほしい）。また，しばしば，F_1雑種そのものは生存可能であるが，まったく妊性をもたない場合がある。ウマとロバの雑種第1代であるラバの例は有名である。これはF_1雑種の遺伝子型をもつ個体が機能のある生殖細胞を生産できなかったり，減数分裂の際に染色体がうまく対合できず，一揃いの遺伝子をもってはいない**異数体**(aneuploid)の配偶子を生み出してしまうからだろう（Box 12.2 および pp.407 ～ 408）。

さらに時にはF_2世代や，戻し交雑をした個体まで生まれる場合もあるが，それが生存できなかったり，妊性をもたないこともある。もし，自由に組換えが起きれば，原理的には親と同じ遺伝子型をもつものも現れるはずであり，そのように組換えを起こした雑種個体は生存可能かもしれない。しかし，多くの遺伝子座で異なっている両親種の交雑によって生じた雑種の場合は，生じる遺伝子型の数があまりにも大きくなるので，このようなことはほとんど起こりそうにない。

生殖的隔離は接合前に起こるかもしれないし，接合後に起こるかもしれない

隔離機構を，それが接合子形成の前に起こるか，後に起こるかによって2つに分類することは有効である。すなわち，我々は接合前と接合後の隔離機構を区別して考える（表22.1）。このような区別をした方がよい理由は2つある。1つ目の理由は，自然選択は**接合前隔離**

表 22.1 • 生殖的隔離の原因による分類

接合前の障壁
    潜在的な交配相手は同じ場所に生育しているが，出会わない
        生育環境による隔離
        時間による隔離（1日の中の時間帯の違いによる隔離，1年の中の時期の違いによる隔離）
    潜在的な交配相手とは出会っているが，交配を選択しない（配偶行動による隔離）
    交尾（送粉）はするが，雄性配偶子（精子，花粉[a]）が受け渡されない。
    雄性配偶子が受け渡されるが，卵は受精しない（配偶子間の不和合）

接合後の障壁
    接合子が胚発生の初期に死亡する。
    F_1雑種が生存不能
    F_1雑種は生存するが不妊
    戻し交雑した雑種あるいはF_2雑種が生存不能あるいは不妊

[a] 虫媒の植物においては，送粉者が訪花はするが花粉をうまく収集できない，あるいは受け手側の雌蕊に授粉できない。

(prezygotic isolation）を強化することにのみ作用し，**接合後隔離**（postzygotic isolation）には作用しないからである．自分と同種の個体と交配することを選択する個体は，無駄に他種の個体と交配してしまう個体よりも自然選択的に有利であることは明白である．それとは対照的に，自然選択によって雑種個体の生存力や生殖力がそれ以上に下がっていくことはない．ひとたび雑種の接合子が形成されれば，親の利益はその接合子の繁殖成功度をできる限り大きくすることによって最大となるからである．この章では後で，自然選択がどのようにして接合前隔離を強化できるかについて調べてみることにする．

2つ目の理由は，接合前隔離によって隔離されていない複数の種は簡単には共存できないからである．よりまれな方の種は，ほとんど常に別の種と交雑することになってしまい，そのため多少なりとも接合後の隔離がある場合には，残せる子孫はどんどん少なくなってしまう．したがって，正の頻度依存選択の結果として，2つの種のうちのよりまれな方の種が絶滅するのである．もちろん，2つの種が共存できるかどうかが，それらの間になにがしかの接合前隔離があるかだけに依存するわけではない．先に議論したように，2つの種が異なる生態学的地位を占めていることも必要になる．より正確には，それらが異なる資源を利用している必要がある．もし複数の生物学的良種が配偶行動あるいは利用資源を十分に分化させることなく進化するとしたら，それらが別々の地域に分かれた状態で，せいぜいごく狭い接触地域で出会うだけの状態下においてであろう（例，図17.22）（これは**側所的**［parapatric］な分布と呼ばれている）．それらが幅広い地域で共存できるようになるためには，配偶行動の分化や生態学的な分化が生じていなければならない．

分子レベルでどの程度分化しているかを調べることによって，生殖的隔離がどのくらいの速度で進化するかを測ることができる

最も近縁な2種でさえ，分子レベルではかなりの分化がみられるのがふつうである．それはすなわち，これらの種が長い時間，別々に進化してきたことを示している．例えば，*Drosophila simulans* には，それぞれインド洋に浮かぶセイシェルとモーリシャスの島々でみられる *D. sechellia* と *D. mauritiana* という2つの姉妹種が存在する．これらの種群の**分子時計**（molecular clock）は，510万年前に形成されたハワイのカウアイ島に固有に産する複数のショウジョウバエの間でみられる遺伝的分化に基づいて較正することができる．その結果，**同義置換**（synonymous）座位で年あたり 1.14×10^{-8} という分子進化速度が推定されている．この速度を用いると，*D. simulans* と *D. mauritiana* は約93万年前，*D. simulans* と *D. melanogaster* は約540万年前に分かれたと推定される（図22.9）．他の例をみてみると，多くの北米産の鳥類は，**更新世**（Pleistocene），すなわち最近25万年の間に繰り返し氷河によってその分布域が分断化されことによって多様化してきたと最近までは考えられてきた．ところが，ミトコンドリアDNA（mtDNA）の塩基配列を比較してみると，これらの種が分化したのはそれよりもずっと昔であり，多くは100万年以上前に分化していたことが示唆された．

ただし，分化した時期の推定はいくつかの理由で注意深く行う必要がある．第19章でみたように（p.572），分子時計は**中立説**（neutral theory）によって期待されるほど一定ではなく，かなりずれるものである．これは自然選択が影響しているからかもしれない．このようなばらつきによる分子時計の不正確さは，アミノ酸配列に影響を与えない非翻訳領域の塩基配列や同義置換座位を用い，しかも多くの遺伝子座で平均することによって軽減することができる（図22.9ではそのようにした）．

しかし，1つの種内に存在する多型によって，さらにもう1つの問題が生じる．たとえ2

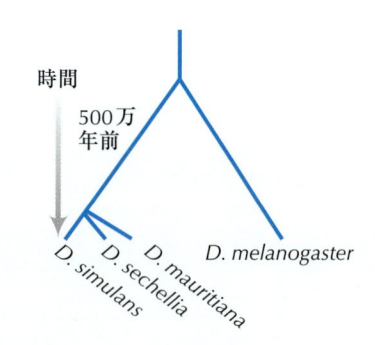

図22.9 ■ この系統樹は，本章を通じて議論するキイロショウジョウバエ類の種間の系統関係を示している．

つの種がたった今，分化したばかりであったとしても，それぞれの種から得た塩基配列には違いがみられることだろう。そして，それらの異なる塩基配列は平均して約 $2N_e$ 世代前まで戻ってやっと1つの祖先を共有するのである（図 22.10, p.457）。このような状況下では，種内の異なる塩基配列が祖先を共有する時間スケールに比べて比較的最近に分化した種においては，個々の遺伝子の間の系統関係は，その種の系統樹とは一致しないことになる（図 22.10A）。このような現象は，**系統選別**（系統ソーティング，lineage sorting）と呼ばれている。最後に，種が分かれた後に少しでも遺伝子の交換が種間で起こると，その種間の遺伝的分化は大幅に減少してしまう。仮に2つの種が非常に長い期間分かれていたとしても，それら2種の塩基配列の分化の程度は，それらが部分的に種分化してからの時間を反映したところではなくて，遺伝子流動の程度を反映した平衡状態のところで止まってしまい，それ以上遺伝的分化が進まないからである（図 22.10, p. 486）。

　このような複雑な問題があるとはいえ，最も近縁な種でも一般的にはかなり昔に分化し始めたことは明白である。最も身近な例としては，ヒトはチンパンジーとは 800 万〜 500 万年前に分かれた（p.794 参照）。ただし，これらの比較は現在も生き残っている種についてだけのものであることは留意しておかなければならない。現在生き残っているよりもはるかに多くの種が生まれており，現生種の間にみられる長い分化時間は，現在も生きているほんの一握りの種のことを部分的に反映しているにすぎないのである。いいかえると，ここで議論してきた姉妹種間の分化時間は，種分化と絶滅の速度に依存している。この点は，我々人類の進化の樹から分岐して，後に絶滅した多くの類人猿の化石が最近続々と見つかってきていることをみてもよくわかる（第 25 章）。

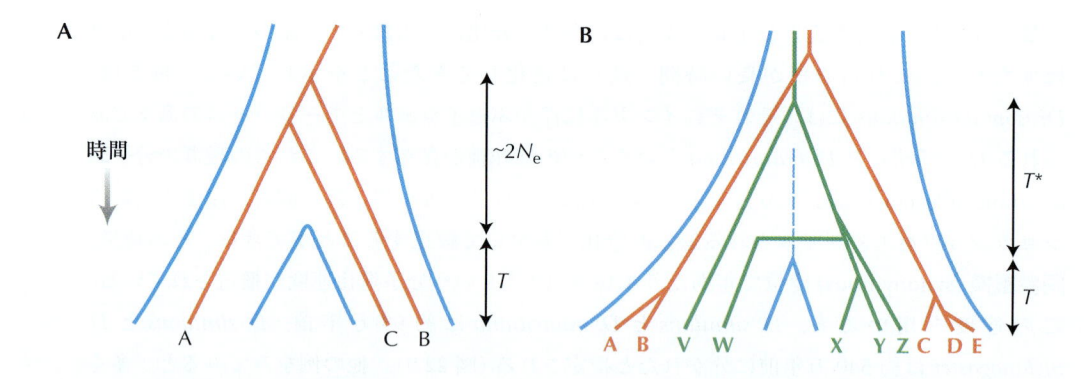

図 22.10 ■ 遺伝的分化の程度に基づいて集団がいつ分化したかを推定する。時間 T の時点で，集団の有効な大きさが Ne の1つの祖先集団から2つの種が分かれたとする。（A）異なる集団から採集した2つの系統から共通祖先に至るまでの平均時間は，$T + 2N_e$ である。なぜなら，時間を遡っていって，AとBの祖先が同じ集団に入ってから，さらにそれらがコアレッセンス（合一）するまでにまだ $2N_e$ 世代かかるからである。複数の種が互いに近縁なとき（T が $2N_e$ よりも小さいとき）には，Cの祖先系統は時間 T の間には同じ種の中ではコアレッセンスせず，したがってこれらの遺伝子系統樹が種の系統樹と一致しないことが起こりうる。この例では，Cは同じ種のBよりも別の種のAとより近縁である。（B）種分化が瞬時に起こるのでなければ，時間 T^* の間は，いくつかの遺伝子については種間で交流が起こりうることになる。その遺伝子の祖先において，たまたま遺伝子交流がまったくなければ，実際よりもより昔に分化したようにみえるとはいえ，その遺伝子系統樹は種間の系統関係と一致することが期待できる（すなわち，時間 $T + T^*$ 前にはA〜E［赤色］は同一の遺伝子だった）。ただし遺伝子流動があると，いくつかの遺伝子座においてその遺伝子系統樹は種の系統関係とは一致しないことになる（例えば，W〜Yのように）。V〜Zは別の遺伝子（緑色）間の系統関係を示している。

生殖的隔離はゆっくり進行する

　生殖的隔離がどのくらい早く進化するかをみれば，生物学的種が形成される速度を測ることができる。最もよいデータは，ショウジョウバエの2つの種について得られたものである。図 22.11 は，実験室内で測定した接合前ならびに接合後隔離の強度と，種分化してからの大まかな時間の代用として使える**遺伝距離**（genetic distance, D）の値を比較した結果を示している。これをみると，異所的に分布している種間（すなわち，異なる場所に生息している2つの種）では，接合前（配偶行動による）隔離も接合後（生じた雑種個体の生存力と妊性による）隔離も似たような速度で強化されていき，種分化してから後の時間が 100 万年以上経って初めてその値が 50% まで下がっている（図 22.11）。ショウジョウバエほど徹底的に調べられているわけではないが，魚類，鳥類，鱗翅目昆虫についての結果においても，同じくらいゆっくりした速度で生殖的隔離が進行していく（強められていく）ことが示されている（ただし，これらの大まかな測定の仕方では実験室内でみられた隔離の強さのことしかわからないので，自然条件下での重要な要因を見逃しているかもしれない）。

　しかし，このような研究の結果，異所的に分布している2つの種と**同所的**（sympatric）に分布している2つの種，すなわち異なる場所に生息している種群と同じ場所に一緒に生息している種群では，大きな違いがみられることもわかった。一緒に生息している近縁な種間の方が別々に生息している種間よりもはるかに強い接合前隔離を示したのである（$D < 0.5$ の種間では，0.83：0.29 であった。図 22.11A）。このような違いは，接合後隔離の強度ではみられなかった。複数の種は，異種間交雑を避けられる場合，すなわち強い接合前隔離を示す場合にのみ同所的に生息できるのである。本章の末尾で，このようにはっきりしたパターンの違いがみられた理由について考察する。

　外部の DNA を**形質転換**（transformation）によって取り込む細菌類では，生殖的隔離は単純にそれらの間にどのくらいの遺伝的差異があるかに依存している。相同組換えによって受け手側のゲノム内に取り込まれるためには，DNA 断片が培地から取り込まれなければならない。そのためには，DNA 断片は制限酵素系などの防御機構をかいくぐって分解を免れな

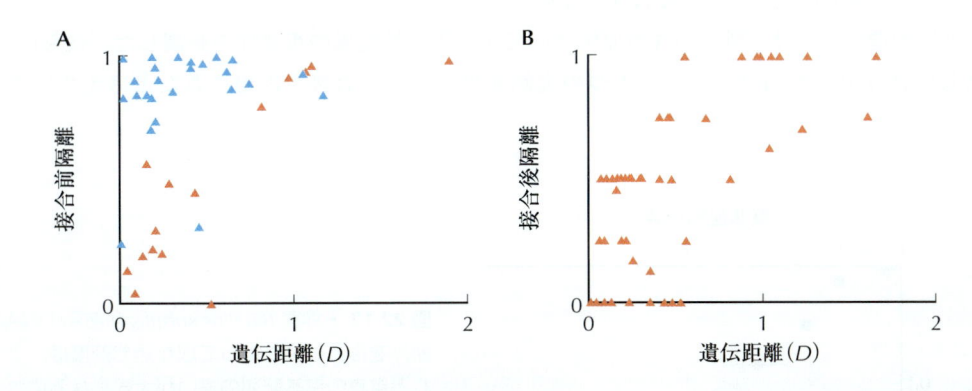

図 22.11 ・（A）ショウジョウバエの2種間の遺伝距離 D（横軸）に対して，それら2種間の接合前隔離の強度（縦軸）をプロットしたグラフ。接合前隔離の強度は，実験室内での交配相手の選択実験によって測定した。青の△は同所的に生育している種のペア，赤の△は異所的に生育している種のペアを示す。（B）根井の遺伝距離 D（横軸）に対して接合後隔離の強度（縦軸）をプロットしたグラフ。同所的な種のペアと異所的な種のペアの間で有意な違いはみられなかった。そこで，このグラフではその2つを区別して示してはいない。接合後隔離の強度は，生存力か妊性のみられた4種類の F_1 雑種（雄親と雌親を入れ替えて行った交雑の結果生じた雄の子と雌の子）の割合によって大まかに測定された。

ければならない。そして相同組換えがうまく進行するように宿主のゲノムとヘテロ二本鎖を形成できなければならない。この最後の段階は，主として異なるDNAの配列間で生じたヘテロ二本鎖の安定性に依存している。そして，形質転換率と塩基配列の違いの程度は単純な指数関数的関係にある（図22.12）。なお，真正細菌と古細菌は，真核生物間の交雑におけるよりも，はるかにより多様な提供者から遺伝子を受け入れることができる。

　この節の最も重要なポイントは，生殖的隔離がゆっくり進行していくことである。いいかえれば，何百万世代も遡らなければ祖先を共有しないような遠縁の生物間では，うまく交雑して生存力と妊性のある雑種個体ができることは絶対にありえない。このことは，部分的には生物の進化する速度が遅いことに反映されている。分子生物学の最も驚くべき発見は，おそらく遺伝子の機能と発生システムが意外なほど保守的だったということであろう（第2, 11章）。しかしながら，これは生物の遺伝的変化に対する頑健性にも反映されている。この話題については，第23章で再びふれることにする。

22.2 種分化の遺伝学

種は時にたった1つの遺伝的変化によって生殖的に隔離される

　異なる種は互いにどのように異なっているのだろうか。それらの間の遺伝的差異の大部分はおそらく中立的なものであり，したがってそれらの種が分かれてからの時間を反映しているにすぎないだろう。我々は，そのような大きな遺伝的差異のうち，実際にどの違いによってその種が他の種とは交雑できなくなり，それらが別の種として規定されているのかを特に知りたいと願っている。生殖的隔離にかかわっている遺伝的差異を同定することが，種分化の研究においておそらく最も直接的な仕事であろう。なぜなら，それは過去に種を生み出した過程についてではなく，現生の生物に対する具体的な遺伝学的問題を含んでいるからである。しかしながら，本節を読めばわかるように，生殖的隔離に直接かかわっている遺伝的差異を特定することはまだ非常にむずかしい。今までのところ，ほんの数個の"種分化遺伝子"が分子レベルで同定されているにすぎない。

　初期の遺伝学者は，新しい種の原因として1つの突然変異の重要性を強調した。彼らは，新しい種は大きな効果をもった1つの突然変異によって直接生み出されたと考えていた

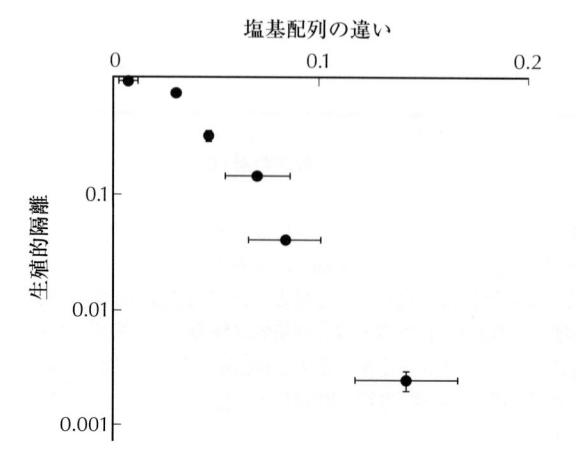

図22.12 ・桿菌 *Bacillus subtilis* がある DNA 断片を形質転換によって取り込む速度は，それと自身の塩基配列の違いが大きくなるにつれて指数関数的に減少する。同じ菌株由来の基準DNA断片が取り込まれる速度と比較して，あるDNA断片が受容する側の菌にどのくらい取り込まれやすいか（縦軸）を，基準DNAとのそのDNA断片との塩基配列の違い（横軸）に対してプロットしたグラフ。横線は標準誤差を示す。

(p.27 参照)。しかし，実際にはこのようなことが起こるのはきわめてまれである。その理由は2つある。1つ目としては，表現型に大きな効果をもたらすような変化を生じさせると生物は破壊されてしまい，そのような変化は有害であるからである(p.440参照)。2つ目としては，生殖的隔離を生じさせるような突然変異は，それがまれなときには自然選択的に不利だからである。例えば，ヘテロ接合体が不妊になるような大きな染色体の構造変異が起きたとしよう。そのような構造変異はヘテロ接合体として生じるはずなので，生じた最初の時点で不妊となってしまう。仮にホモ接合体になれるくらいまで長く集団内に残ったとしても，同じ集団の他の個体と交雑することによって生じた子孫は，やはりヘテロ接合体になって，不妊となってしまう。同様の議論は接合前隔離についても成り立つ。雄が新たに獲得した特性を雌はきっと好まないだろうし，その一方で雌がそれまでにない新しい雄を好むようになると，その好みの特性をもったまれな雄を探すのに余分のコストを払うはめになってしまう。後で，生殖的隔離が複数の遺伝的変化の蓄積によって生じるならば，このような問題は回避できることがわかるだろう(pp.697～699)。それでも，1段階で生殖的隔離を強めるような大きな変化がこれまでのどのようにして起こってきたのかを知るのは非常にむずかしい。

これらの議論があるにもかかわらず，生殖的隔離はときに1段階で進化しうる。この項と次項において，2つの最も重要な例について考察する。これらは有性生殖種から無性生殖をするクローンが生じる例と，急にゲノム全体のコピー数が増加して**倍数体**(polyploid)の種が生じる例である。

もし生物学的種概念を厳密に適用するなら，無性生殖をする生物集団を構成する個々のメンバーは，他のどの個体とも交雑しないゆえに別の"種"ということになる。したがって，有性生殖をする祖先から無性生殖をする集団が生じる過程は，突然起こった種分化の例とみなすことができる。栄養生殖と有性生殖の両方が可能な生物(例えば，ジャガイモとかバナナなど)では，無性性は単に性機能を失うだけで達成されるのである。しかし，最も興味深い事例は，未受精卵からの発生を伴うような無性生殖，すなわち**単為生殖**(parthenogenesis)によるものである。この場合は，そのような雌が生じるだけで，継続的な無性生殖が可能になる。しかも，うまく単為生殖ができる個体はしばしば，2つの異なる種が交雑することによって生じている。その場合には，生じた子孫はすべての遺伝子座においてヘテロ接合になり，劣性の有害対立遺伝子が覆い隠される(**雑種強勢**[heterosis]ヘテロシス，p.555)ので非常に大きな利益を得ることになるだろう。それに加えて，無性生殖種は，交配相手を探すためのコストも必要ないし，さらに他の個体から来た遺伝子をも育てるために自分の努力の半分を使うかわりに，自分と完全に同じ遺伝子型の娘だけを生み出すことによって2倍の繁殖利益を得ることにもなる(pp.727～728参照)。その結果として，単為生殖個体はその分布域を大いに広げることになろう。しかし，長い目でみると，ほとんどすべての無性生殖は絶滅してしまい，新たな娘種を生み出さない。次章では，なぜ無性生殖種がまれであるのかに対する可能な説明についても考えてみることにする。

種の起源の機構として最もよくわかっているのは倍数化を通じての機構である

1つの細胞に含まれるゲノムのコピー数はさまざまな様式で増加することがあり，時に倍数体の集団を形成することがある。このようにして生じた倍数体集団は，祖先集団とは生殖的に隔離されている。このようなゲノム全体に起こる突然変異はそれほど珍しいものではない。例えば，ヒトの胎児の2～4%は複数回の受精(**多精子受精**[多精，polyspermy])の結果生じた**三倍体**(triploid)である。ただし，これらの胎児はほとんどすぐに流産してしまう。

図 22.13 ▪ *Galeopsis tetrahit* は，2つの二倍体種，*G. pubescens* と *G. speciosa* の間の交雑によって生じた四倍体種のミントである。1930年に Arne Müntzing（アルネ・ミュンツィング）は，人工交雑によって作成した四倍体が野生の *G. tetrahit* にとても似ていて，これと交雑させることも可能であることを示した。

一方，被子植物では1つの種内に**四倍体**（tetraploid）の個体が生じる確率はおよそ 10^{-5} である。

いったん四倍体の個体が形成されても，それが新しい種となっていくためには持続可能な集団を形成しなければならない。新しく生じた四倍体が直面する最大の困難は，それが二倍体の配偶子を形成してしまうのに対して，その元になった祖先集団は一倍体（半数体）の配偶体を形成することにある。したがって，元の祖先集団と戻し交雑をしてしまうと，三倍体で不妊の子孫個体を生み出してしまう。上で述べたように，ときに倍数体は完全に性を捨てて，無性生殖をするクローン集団を形成する場合もある。また，このようにして生じた四倍体個体が自家受精をして，それらどうしでは交配が可能な多数の子孫を作り出して，新しい集団を形成することにより，有性生殖をする新しい種が生じうる。このような種分化過程は，母種が長寿命であれば，ますます起こりやすくなることだろう。実際，植物でよくみられる倍数化を通じた種分化は，自家受精と多年生の生活史の両方の特性をもったものでよくみられる。とはいえ，倍数化を通じた種分化は，明らかに自家受精はできない雄個体と雌個体がいる生物群（魚類や両生類など）でもみられる。このような場合には，2つの四倍体個体がたまたま同時に形成されて，それらの間で交配が起こったのだろう。

上述のように，倍数体は1つの種のゲノムが倍加することによって生じる場合（**同質倍数性**[autopolyploidy]）が確かにある。しかし，被子植物や動物でみられる大部分の倍数体は，2つの異なる種の交雑を通じて生じたもの（**異質倍数性**[allopolyploidy]）である。異質倍数性を通じての種分化は，最もよく実証された種分化の例である。なぜなら，実験室内での交雑実験によって自然界で生じたのと同じ種を作り出すことができるからである（例，図22.13）。異質倍数性のほうが同質倍数性より多くみられるのは，雑種では細胞分裂がうまくいかないことが多いので，そのため倍数化の突然変異がより高頻度で起こりやすくなることが1つの理由であろう。そして，雑種由来の倍数体が，雑種強勢によって高い適応度を得ることもその理由である。そして，倍数性はこの利点をずっと維持し続けることができる。なぜなら，この新しい種のすべてのメンバーが両方の母種のゲノムのコピーを分離させることなくもち続けるからである。したがって，野生型のコピーが有害な劣性対立遺伝子の発現をずっと抑え続け，このような雑種強勢はメンデルの遺伝様式に従った分離によって消滅することもないのである。

それでは，倍数性はどのくらい一般的なのであろうか。コーヒー，綿，タバコ，小麦，トウモロコシ，サトウキビなど多くの作物植物は倍数体である。これらのうちには，大昔に倍数体になったものもあるが（例えば，トウモロコシは1100万年以上も前に），小麦のようにヒトによる栽培化の過程で倍数体になったものもある。また，植物のなかには何度も繰り返し倍数化して異常に多い染色体数を進化させたものもある（図22.14）。また，シダ類では，最近起こった染色体数の変化のうち42%もが倍数性を伴ったものであったと推定されている（図22.15）。シダ類では，全部の種分化うち約16%が染色体数の変化を伴ったものとされているので，およそ7%（16% × 42%）の種分化が倍数性の関係したものということになる。同様の考え方によって，被子植物でも2～4%もの種分化がゲノムの倍加を伴ったものであることが示唆されている。動物では，倍数化を伴った種分化は，植物と比べてはるかにまれである。それは，おそらく動物では雄と雌に分かれているのが一般的であり，そのために新しい種を生み出していくには少なくとも2個体の倍数体個体が必要になるからであろう。それとは対照的に，植物では雄と雌の両方の性機能をそれぞれの個体がもっていることの方がむしろ一般的であり，たった1個体の倍数性突然変異体でも自家受精によって増殖しうるのである。

大昔に起こったゲノムの倍加であっても，重複して存在する遺伝子の数が非常に多いこと

図 22.14 ■ 高次倍数性の植物。被子植物のなかで染色体数が最も多いのはマンネングサ *Sedum suaveoleus* である。二倍体で $2n = 640$ 本の染色体がみられ，祖先ゲノムを約 80 コピーももっている。植物全体で，これまで知られているなかで最も染色体数が多かったのはハナヤスリ類の 1 種 *Ophioglossum pycnostichum*（真嚢シダ類）で，その染色体数は $2n = 1260$ 本，約 84 コピーである。

によって検出することができる。過去に倍数化が起こったことの強い証拠は，重複した複数の遺伝子のブロックが複数の染色体上でまったく同じ順序を維持したまま並んでいるのがみられるときに得られる。全ゲノム配列の解読により，酵母やシロイヌナズナ（*Arabidopsis thaliana*）など複数の生物群において，このような例が見つかってきている。脊椎動物でも 2 回連続した倍数化が起ったらしい痕跡が見つかってきている。ただし，その証拠はそれほど明瞭なものではない。これらのように全ゲノムが倍加した後で，それぞれの遺伝子のコピーが 1 つ，2 つと失われていくと，その種は元の遺伝子の数に戻る。しかし，重複した遺伝子は機能分化を起こすことによって，しばしば維持され続ける。第 24 章では遺伝子重複の新しい機能の進化における役割について調べてみることにする。

一般的に，異なる種は多くの遺伝的差異によって生殖的に隔離されている

種の差異の遺伝的基盤を調べることは基本的にむずかしい。なぜなら，遺伝学的研究に必

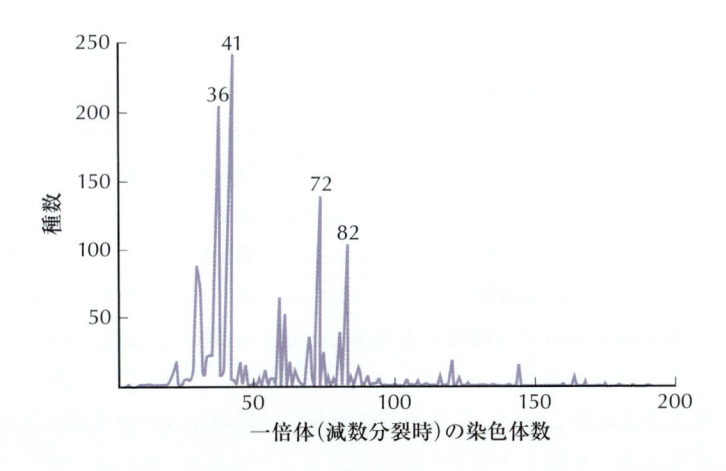

図 22.15 ■ 偶数と奇数の染色体数の割合によって，倍数体の発生頻度を推定することができる。ゲノムが倍加すれば，染色体数は必ず偶数になるはずであるが，それ以外の染色体の変化が起こった場合は，偶数と奇数のどちらにも同じ割合で変化するはずである。この図では，シダ類における一倍体の染色体数の分布が示してある（図 22.14 でみたような 200 本以上の染色体をもつ 14 種は除外してある）。全体では，1092 種が偶数の，そして 637 種が奇数の染色体数をもっていた。これらの数値を用いて本文に示されたような計算がなされた。

要な交雑実験を行うことが種間の生殖的隔離によって不可能だからである。しかしながら，分類学的に良種と考えられている多くの分類群が実際，ときどき交雑している。そして，生物学的良種であって自然界では決して交雑しない種群でも，少なくとも実験室内ではしばしばうまく交雑させることができる。第14章で記述した方法によって，種内の量的形質の変異を調べるのとまったく同じやりかたで種間の違いも研究できることがわかるだろう。次のような種間の違いに最も関心が集まっている。すなわち，それぞれの種がもつ特異的な適応現象にかかわる差異，そしてそれぞれの種を規定している生殖的隔離を生み出している差異である。このような差異が無性生殖や倍数化を通じて突然生じることはむしろ例外的な現象である。適応も生殖的隔離も通常は複数の遺伝的変化によって起こることが後でわかるだろう。しかしながら，現在，種間でみられる違いは長い時間を経て蓄積されてきたものであることに注意しなければならない。したがって，最初にどの違いによってその2つの種が生殖的に隔離されるようになったのか，あるいは適応において決定的な役割を果たす差異が生じたのかを知ることは非常にむずかしい。本章では種分化機構に関するさらにむずかしい問題についても後で考えてみることにする。

　さて，分子遺伝マーカーが使えるようになったおかげで，さまざまな生物について種差に関係した**量的形質遺伝子座**（quantitative trait locus，**QTL**）を遺伝地図上に位置づけできるようになった（第14章）。その非常によい例として，ミゾホオズキ属の2つの種 *Mimulus lewisii* と *M. cardinalis*（図22.16）を材料にした研究がある。これら2つの種は，それらの分布域が重なる場所でも雑種を形成することはまれである。しかし人工授粉をしてやると，稔性のある F_1 雑種が容易に形成される。このように，強い接合前隔離があるが，接合後隔離はほとんどない。種間の送粉を妨げるような多くの花形質の差異がみられるが，その多くについては F_2 集団においてその遺伝的変異の大部分を説明できる QTL，すなわち種差の大部分を説明できる効果の大きい QTL が存在している（図22.17）。そのなかでも特に印象的なのがカロテノイド色素を生産する形質であり，この形質はたった1つのメンデル遺伝する遺伝子座 *yup* によってほぼ完全に支配されている。

　この例において，いくつかの非常に大きな効果をもたらす対立遺伝子が見つかったことは，おもにハナバチ類による送粉からハチドリによる送粉に花の形質を変化させる少数の単純な突然変異が最初に生じたことで接合前の隔離が進化したことを示唆している。そして，いったん多くの花がハチドリ媒花になれば，効果が小さい対立遺伝子も自然選択によって頻度を増すようになり，ハチドリへの適応をより完全なものへと導いていくことだろう。もちろん，このシナリオに関して直接的な証拠があるわけではない。確かに，現在みられる大きな効果を示す対立遺伝子が，同じ遺伝子座でより小さい効果しか示さなかった対立遺伝子から置き換わっていくことで形成された可能性もある。一般的にいって，たくさんある違いのうち，最初にどの違いが生殖的隔離に導いたのかを知ることは非常にむずかしい。

　栽培植物や家畜動物を除いて，種間の表現型上の違いを調べた研究自体がほとんどなく，あるのはほとんどショウジョウバエか *Mimulus* を材料にしたものだけであった。最も驚くべきことは，種差を生み出している遺伝的基盤が非常に単純なものから複雑なものまでいろいろあったことである。単純なメンデル遺伝を示すようなもの（例えば，剛毛パターンの違いを生み出す *Ubx*．図11.19）から，非常に多くの遺伝子が関係しているものまであった。このような違いは単純に種が分化してからの時間の長短が関係しているのではない。同じ2つの種間でもその種差によってまったく異なる事例，すなわち少数の遺伝子座によって支配されている種差から，多くの遺伝子座によって支配されている種差までみいだされる場合があるからである。

図22.16 ・ *Mimulus lewisii*（上）と *M. cardinalis*（下）の花，ならびにそれらの代表的な送粉者。

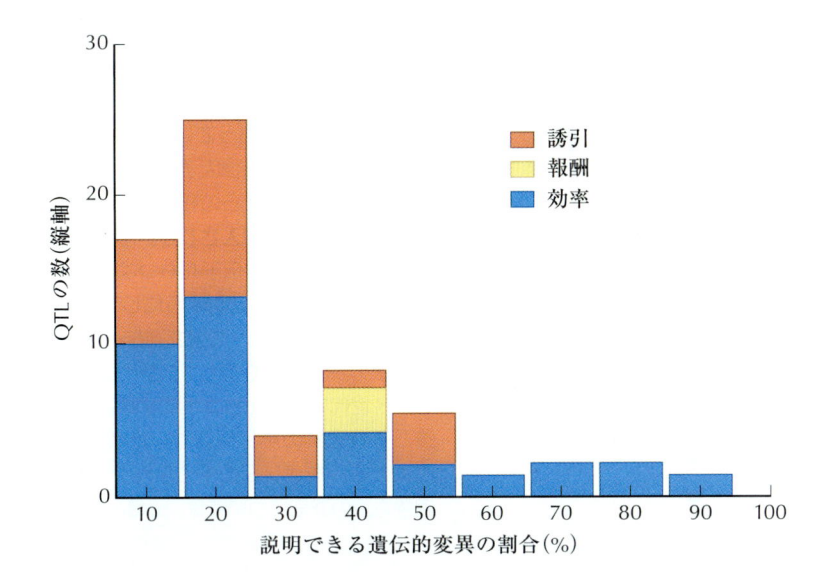

図 22.17 ・ Mimulus 属における量的形質遺伝子座（QTL）の送粉に関係した形質に対する効果の分布。これらの効果は，戻し交雑をして生じた集団においてみられる遺伝的変異のうち，それぞれの QTL によって説明可能な割合として測定されたものである。これらの分布は，M. lewisii と M. cardinalis に戻し交雑することによって推定されたものを合計して示してある。形質群は，"送粉者の誘引に関係する形質群（例えば花の色）" "送粉者に対する報酬に関係する形質群（例えば花蜜の量）" "送粉効率を高める形質群（例えば雄蘂と雌蘂の長さ）" に分類してある。

古典遺伝学の研究によってショウジョウバエにおける生殖的不和合性が詳しく解析されている

　種差の遺伝的解析研究の多くは，ショウジョウバエ（Drosophila）における雑種の不妊性と生存不能性に注目して行われてきている。それは，これら 2 つが生物学的種を規定している生殖的隔離の鍵になる要素であり，またショウジョウバエを材料にした遺伝学が非常に発達しているからである。Dobzhansky と Muller（マラー）による初期の研究によって，概してすべての染色体が雑種の適応度になんらかの効果を示すことがわかっていた。さらに分子遺伝マーカーの発達によって，はるかに詳細な解析が可能になっている。ここでは，さまざまな遺伝的相互作用を示すいくつかの例について述べる。

D. mauritiana と D. simulans の間にみられる雑種不和合性

　最も詳細な研究例の 1 つは，ショウジョウバエの 87 の人工系統を用いて行われたもので，それぞれはおもに D. simulans の遺伝子をもっているが，そのゲノムのランダムな位置に D. mauritiana 由来の短いゲノム断片が入っている（図 22.18）。これら D. mauritiana 由来の移入断片は，それがヘテロ接合であるときは生存力や妊性にほとんど影響を与えなかった。実際，もしそれらが非常に強い効果を示すのならば，これらの実験自体がうまくいかなかったことであろう。ところが，移入断片をホモ接合にしたショウジョウバエでは，5% の事例で生存不能であった。さらに 9% の系統で，それらの母親もまたホモ接合である場合には移入断片をホモ接合にすると死亡するという生存力に対する母系効果が認められた（おそらく，いくつかの必須な遺伝子産物を母親の細胞質あるいは胚から得ているのだろう）。ゲノム断片のおよそ 5% が，それがホモ接合になったときに雌を不妊にしたのに対して，50% が雄を

図 22.18 ・ Drosophila mauritiana と D. simulans との間の交雑不和合性の遺伝的解析。劣性の W^- の対立遺伝子をホモ接合でもっている D. mauritiana の白眼の系統を，その胚に転位因子を注射することによって形質転換させた。これらの転位因子は，そのゲノム上のランダムな位置に挿入される。形質転換されたハエは野生型の W^+ 対立遺伝子をもつように改変されているので，赤眼をもつ。このようにして得た D. mauritiana の系統を，やはり W^- の対立遺伝子をもつ D. simulans の白眼の系統に繰り返し 15 世代にわたって戻し交雑し，各世代で赤眼をもつ系統を選抜し続けた。15 世代後，それぞれの戻し交雑をした系統は D. mauritiana 由来の断片をゲノムの中に平均 7% 有している（この実験方法の詳細については，p.436 を参照）。

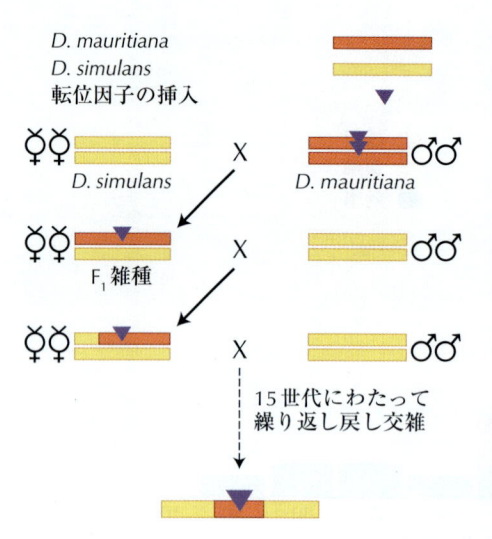

不妊にした。これらの数値はゲノム断片が常染色体上にある場合についてのものである。移入ゲノム断片が雄では 1 本しかもたない X 染色体上にある場合は，75% もの事例で不妊となった。我々は次節で再びこの例に戻って，なぜ雄の不妊がかくも一般的に起こるのかについて考察することにする。ここでは，非常に多くのゲノム上の領域がこれら 2 種間の雑種不和合性を生み出すことを注目すべき重要な点として指摘しておく。

D. pseudoobscura のボゴタ亜種

この例や他の例において生殖的隔離に多くの数の遺伝子がかかわっているのは，単にこれらの種が分化してからの長い時間を反映しているのだろう。これらは互いに最も近縁な姉妹種の関係にはあるが，分子時計によると D. simulans と D. mauritiana は 90 万年前に分化したことが示唆されている（図 22.9）。この 2 種の組み合わせよりも近縁な 2 つのショウジョウバエ集団を用いた研究によって，種分化のより初期の段階にあって，分化の程度が小さい場合の事例について明らかにされている。D. pseudoobscura は主として米国に広く分布している。しかし，隔離された 1 つの野外集団（亜種に分類されている）がコロンビアのボゴタ周辺でみられる。このボゴタ亜種は，**アロザイム**や DNA の塩基配列では米国の主要集団と似ていて，そのため比較的最近（15 万～23 万年前），分化したものと考えられている。ボゴタ亜種の雌と米国亜種の雄と交配させた場合，生じた雌の子供には妊性があるが，雄の子供は完全に不妊である。この組み合わせで雄，雌を逆にして交配させた場合には，生じるすべての子孫に妊性がみられる。これは，X 染色体上の 3 つの領域が常染色体上の複数の遺伝子と複雑に相互作用して雄の不妊を生じさせている。X 染色体の左腕部にあるボゴタ亜種の遺伝子群は，X 染色体の右腕部にある同じくボゴタ亜種の遺伝子群も一緒に存在していない限りは，まったく効果を示さない。逆に第 3 染色体上にある米国亜種の遺伝子群は，第 2 染色体上にある米国亜種の遺伝子群も一緒に存在していない限り，雄を不妊にする効果はまったく示さない。この相互作用についての研究結果は，33 個の遺伝子型を調べてたった 3 例についてのみ，はっきりした不妊性がみられたことによって得られた。

重大なことに，X 染色体と常染色体の複数の領域が検出可能な不妊性の効果を示さなかった。これは，15 ほどの遺伝子座だけしか F_1 雑種雄の不妊性に関与していないことを示唆している。この D. pseudoobscura の複数亜種間と，先にみたより幅の広いショウジョウバエの種間での結果が大いに異なっていることは，部分的にはそれらの集団が分化してからの時間

の違いによるのだろう．しかしながら，ほぼ同じ時期に分化した集団でも異なる性質にかかわる遺伝子群の数には大きな違いがみられている．例えば，D. sechellia と D. mauritiana の幼虫の毛の違いにはたった1つの遺伝子が関与しているだけなのに対して，D. simulans と D. mauritiana の雄交尾器の違いには多くの遺伝子が関与している（図22.19）．2種間のDNAの塩基配列の違いが蓄積していくようには，生殖的隔離の強度は着実には進行していかないのである．

雑種不和合性と先に議論した表現型との非常に大きな違いは，前者には遺伝子間の非相加的相互作用（**エピスタシス**［epistasis］）がかかわっているのに対して，後者においては多少なりとも複数の遺伝子が相加的な関係にあることにもよる．例えば，複雑な遺伝子間相互作用が D. pseudoobscura にみられた雑種不妊性にかかわっているのに対して，D. simulans と D. mauritiana の雄交尾器の違いにかかわる QTL は概して相加的な効果を示す（図22.19）．当然のことながら，雑種の不妊性や生存不能性にはほとんど必然的にエピスタシスが関係することになる．他種の遺伝的背景の下で問題を起こす対立遺伝子であっても，その種自身の遺伝的背景では正常に働かなければならないからである．しかし，いくつかの例では（D. pseudoobscura のボゴタ亜種と米国亜種の交雑を含む），雑種不和合性が発現するためには特定の組み合わせで対立遺伝子が存在しなければならないという，より複雑な相互作用がみられる．

雑種救済対立遺伝子は最も驚くべき遺伝子間相互作用を示す

D. melanogaster と D. simulans は540万年以上前に分化している（図22.9）．これら2種の交雑で生じた F_1 雑種雄は完全に生存不能であり，F_1 雑種雌も生存不能か不妊である．そのため，最近まで D. melanogaster で使える精巧な遺伝学的手法をこの2種間の交雑実験系に用いることができなかった．ところが，これらの雑種雄の生存力を救済する5つの対立遺伝子が同定された．さらに最近，F_1 雑種雌の妊性を救済する対立遺伝子も発見されたことによ

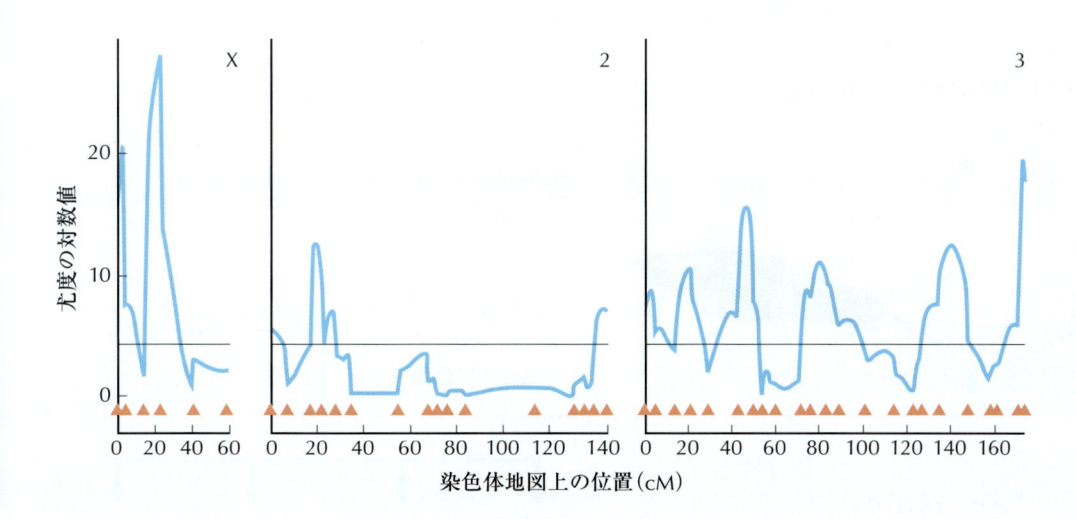

図22.19 ・ Drosophila simulans と D. mauritiana の間にみられる雄の生殖器の違いのポリジーンによる遺伝的基盤．これら2種は，雄の生殖器の後ろ側の突出の形が環境による標準偏差（$\sqrt{V_e}$）の約35倍分異なっている．そして，少なくとも19のQTLがこの違いに関与している．青い線は，3本の染色体（X染色体，第2染色体，第3染色体）上の位置に対して対数値（尤度）をプロットしたものである．これは，生殖器の形に影響を与えるQTLが存在していることの統計学的証拠となる．横線は統計学的有意性の閾値を表している．赤の▲は，この戻し交雑実験に使われた63個の遺伝的マーカーの位置を示している．

って，これら2種間の交雑を初めて遺伝的に解析できるようになった。上で議論したように雑種不和合性が複数の遺伝子によって支配されている証拠があるにもかかわらず，このような**雑種救済**(hybrid rescue)対立遺伝子が存在することは雄の生存力が単純な遺伝的基盤をもっていることを示唆する。我々は後でこのパラドックスに戻って考察する。

生殖的隔離にかかわるいくつかの遺伝子がすでに同定されている

どのような遺伝子が雑種の不妊性や生存不能性にかかわっているのか。今までのところ"種分化遺伝子"が分子レベルまで詳しく同定されているのは数個にすぎない。しかし，すぐにもっと多数発見されていくことであろう。ここでは，最初に見つかった2つの例を紹介しよう。

カダヤシ科魚類のプラティ *Xiphophorus maculatus* では色素細胞に関して多型がみられるのに対して，同じ属のソードテール *X. helleri* ではそのような多型はみられない(図22.20A)。それらの間の F_1 雑種には異常に大きな斑点がみられる。*X. helleri* と戻し交雑をさせると，生じた子孫の半分には斑点がないが，残り半分は F_1 雑種のようなものから悪性黒色腫を発現するものまで多様なタイプの斑点がみられる(図22.20B)。これは，この2つの種間の強い接合後隔離を生じさせてもいる。その基本的な説明は，初期の古典的遺伝学によってなされている。*X. maculatus* は伴性遺伝する *Tu* 対立遺伝子をもっており，これが色素細胞を決定している。そして，*X. maculatus* は常染色体上の遺伝子座においてサプレッサー対立遺伝子 *R* がホモ接合となっている(図22.20C)。これら2つの遺伝子座はともにすでに単離・同定されている。

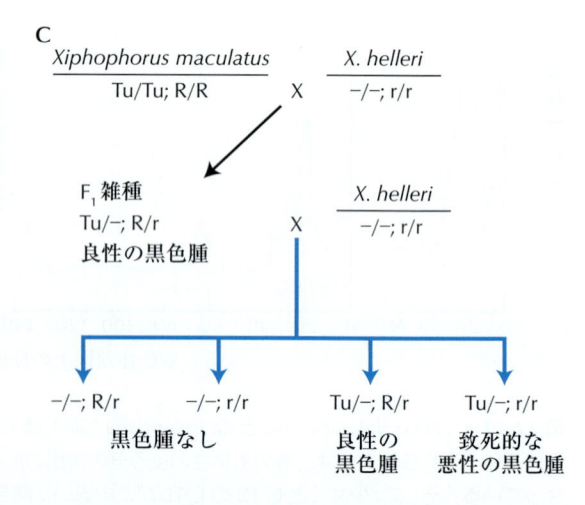

2つ目の例としては，ショウジョウバエの *D. simulans* と *D. melanogaster* の間の雑種不和合性に関係した遺伝子群を正確にマッピング(位置決定)することによって明らかにされたものである。まず，雑種致死救済対立遺伝子 *Lhr* をもっている *D. simulans* の雄を *D. melanogaster* の雌と交雑させた。通常，得られた F_1 雑種雄は胚発生の初期に死亡するはずであるが，この交雑実験では F_1 雑種雄は *Lhr* 対立遺伝子によって致死から救済される。し

図 22.20 ● プラティ *Xiphophorus maculatus* とソードテール *X. helleri* (A)の間の交雑によって生じた雑種の生存不能性の遺伝的背景。F_2 世代の魚と *X. helleri* への戻し交雑をして得られた魚(B)にみられる極端な黒色腫は，2つの遺伝子(C)の相互作用によって生じる。

かしながら，*D. melanogaster* の雌はその常染色体上のどこかに小さな欠失があるようである。したがってこの欠失によって発現するゲノムの領域では F_1 雑種雄は *D. simulans* の対立遺伝子だけをもっていることになる。そして，F_1 雑種が1本しかもっていない X 染色体の部分に関しては，*D. melanogaster* の対立遺伝子のみをもっていることにもなる。そこで，*D. melanogaster* の X 染色体と *D. simulans* の常染色体上の短い領域の間の劣性の不和合性を F_1 雑種雄が致死になることによって明らかにすることができる。ゲノム全体の約 7% に相当する領域を調べたところ，不和合性の対立遺伝子を含む 20 の短い領域の存在が明らかになった。そのうちの1つについては，**相補性検定**（complementation test）（Box 13.1）によって正確に遺伝子が同定されている。欠失のかわりに候補遺伝子内の点突然変異を用いて不和合性を生じさせている正確な場所を解明したのである。*D. melanogaster* のもつ対立遺伝子の機能の欠失を起こすどのような突然変異も，ホモ接合となった *D. simulans* の対立遺伝子によって引き起こされる雑種不和合性を発現させるだろう（図 22.21）。そして雑種不和合性は，メッセンジャー RNA（mRNA）を核から細胞質に輸送する役割を担っている核孔複合体の1つの構造要素を支配する *Nup96* 遺伝子のアミノ末端側に存在することが明らかになった。

D. melanogaster の近縁種群における *Nup96* 遺伝子の塩基配列を比較したところ，ちょうどこの雑種不和合を起こす領域において自然選択が働くことによってアミノ酸配列の急速な多様化を引き起こしていることが示された（図 22.21B）。このアミノ酸配列の多様化が爆発的起こった現象は，*D. melanogaster* につながる系統の枝上と，*D. simulans* と *D. mauritiana* の共通祖先につながる系統の枝上の両方で起こっている（図 22.21C）。このように基本的で重要な機能をもち，通常なら高度に保存的なはずのタンパク質において，自然選択によってアミノ酸配列の多様化が加速されたことは驚くべきことである。

特に *D. melanogaster* 近縁種群においては，非常に速い速度で起こっている（アミノ酸配列の）多様化を"種分化遺伝子"を同定するための指標として使うことができるかもしれない。さらに，第 19 章で紹介した方法を使えば，*Nup96* の例でも可能だったように，そのアミノ

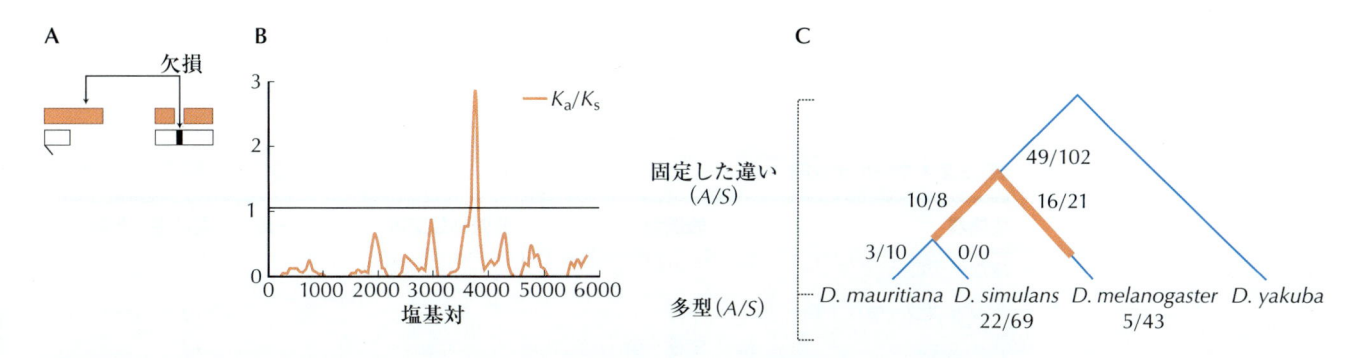

図 22.21 ・ *Drosophila simulans* と *D. melanogaster* との間の雑種不和合性の遺伝。（A）*D. melanogaster* 由来の X 染色体（赤色，左側）をもち，*D. melanogaster* 由来の常染色体の短い領域が欠損した（赤色，右側）雑種個体を作成する。その欠損した領域に対応する *D. simulans* ゲノム領域（黒色の線）に存在する *D. melanogaster* の X 染色体上の劣性対立遺伝子と相互作用をするすべての劣性の対立遺伝子がこの領域の欠損によって発現し，そのような雑種雄は死亡する。（B）鋭いピークは，雑種不和合性を生み出す *Nup96* 遺伝子領域の中で過度のアミノ酸置換がみられる領域を表している。赤色の曲線は，同義置換に対する非同義置換の割合（K_a/K_s）を示している。（C）種間の比較によって，アミノ酸の置換は，*D. melanogaster* が *D. simulans* と *D. mauritiana* につながる枝において，この2者が分かれる前に生じたこと（アミノ酸置換が起こったところが太線で示してある）を示している。図中の数字は，*Nup96* 遺伝子における系統樹上の各枝で起こった非同義置換／同義置換（A/S）のそれぞれの数を示している。

酸配列の多様化が自然選択によって加速されたものかどうかを明らかにすることができる。しかしながら，これまでに明らかになったことは，これらの"種分化遺伝子"が生殖的隔離にかかわる遺伝子ではないということである。それらの雑種個体における効果は，アミノ酸配列の多様化によって生じた予測不可能な副作用によるものである。そして，それらの正常な機能（色素の生産を調節する，mRNAを輸送するなど）は種分化とは直接関係ないのである。

ホールデン則は種差の遺伝的基盤について語ってくれる

1922年にJ.B.S. Haldane（ホールデン）はその著書の中で次のように述べている。

> 動物の2つの分類群が交雑して生じた子孫の一方の性が存在しない，まれである，あるいは不妊である場合，その性はヘテロ接合の性の方である。

Haldaneは"ヘテロ接合の"という言葉によって，ヘテロ接合の性染色体をもつ方の性を表した。哺乳類やショウジョウバエなど多くの昆虫類では，雄の方が性染色体に関してヘテロ接合（XY）であり，雌は2本のX染色体をもっている。鱗翅目昆虫（チョウやガ）と鳥類は逆のパターンを示す。すなわち，雌の遺伝子型がZW型であり，雄がZZ型である。したがって，**ホールデン則**(Haldane's rule)は，哺乳類やショウジョウバエでは，F_1雑種雄が生存不能や不妊である傾向がみられるのに対して，鳥類やチョウ類ではF_1雑種雌の方がF_1雑種雄よりもそのようになる傾向がみられると述べていることになる。

これは驚くほど明確で不変のパターンである。この法則は，雑種の一方の性が他方の性よりも生存力や妊性の点で劣る大多数の場合に成り立つ（表22.2）。さらに，このような性による非対称性は，種分化の初期過程でも一般的にみられる。すなわち，ヘテロ接合の性の方がホモ接合の性よりも先に生存力や妊性を失うのである。例えば，ショウジョウバエの種間交雑の結果（図22.11）をみてみると，雑種雄のみで不妊や生存不能になった種のペア間における根井の遺伝距離Dの平均値が0.26だったのに対して，雑種雌がそのようになったのはDの平均値が0.88であった。これらの遺伝距離の値が大きく異なることは，ショウジョウバエの種が分化する際に，F_1雑種雄の方がより早く不妊や生存不能になり，一方，F_1雑種雌ま

表22.2・ホールデン則

生物群	表現型	非対称な交雑	ホールデン則に従った数
雄がヘテロ			
ショウジョウバエ類	不妊	114	112
	生存不能	17	13
哺乳類	不妊	25	25
	生存不能	1	1
雌がヘテロ			
鱗翅目	不妊	11	11
	生存不能	34	29
鳥類	不妊	23	21
	生存不能	30	30

Orr H.A. 1997. *Annu. Rev. Ecol. Syst.* **28**: 195–218, Table 1 (© Annual Reviews)より。

で妊性，生存力を失うにははるかに長い時間がかかることを意味している。この効果が強いことは，図22.11Bのグラフの左下角に分布している種分化して間もない若い種のペアのほとんどすべてが F_1 雑種雄の死亡する事例だったことをみてもよくわかる。

　ホールデン則が成り立つ理由についての最も現実的な説明は，最初にMullerによってなされた。しかし，それが検証されてはっきりしたのは最近のことである。その説明は現在では**優性説**(dominance theory)と呼ばれている。その基本的な考え方は，もし種間交雑の不和合性がX染色体上にある**劣性**(recessive)の対立遺伝子によって起こるのであれば，ヘテロ接合の性では，その不和合性の発現が抑えられないだろうということである。もし，一方の種がX染色体に連鎖した劣性の対立遺伝子 a をもっていて，これが F_1 雑種の遺伝的背景下で問題を生じさせるとすると，この対立遺伝子を1コピーしかもっていない F_1 雑種雄では必ず発現することになる。ところが F_1 雑種雌は Aa の遺伝子型をもっているので，a 対立遺伝子の表現型の発現が抑えられて問題が生じないのである。より正確にいえば，雑種不和合性を生み出す対立遺伝子が一般的に劣性であれば，ホールデン則が成り立つだろうということである（ここでは，雄の方がヘテロ接合の性染色体をもっていると仮定したが，雌がヘテロ接合の場合にも明らかに同様の議論が成り立つ）。

　ここまで，雑種不和合性を生み出す対立遺伝子が一般的に劣性であるという説明に対する直接的な証拠があることをショウジョウバエの種間交雑の遺伝的解析を通じてみてきた。例えば，D. mauritiana のゲノムの短い断片を D. simulans に移入させても，それがヘテロ接合の間はほとんど効果を現さないが，それをホモ接合にすると，しばしば不妊性や生存不能性を引き起こす(p.687参照)。同様に，図22.20Aにおける"種分化遺伝子"の探索のところで，ちょうど雄のショウジョウバエでX染色体全体の発現が抑制されないのとまったく同じように，染色体の部分欠失によって発現が抑制されなくなったことによって生存不能性や不妊性を引き起こす常染色体上の対立遺伝子が検出されたことをみても，雑種不和合性の対立遺伝子が劣性であることがわかる。

ホールデン則はX染色体が大きな効果を示すことを予測する

　優性説は，種分化の遺伝学におけるもう1つの重要なパターンをうまく説明できる。X染色体は，その大きさだけから期待されるよりもはるかに高頻度で，ホールデン則の原因である雑種不和合性に関係している。この**X染色体の大きな効果**(large X effect)はDobzhanskyとMullerの初期の研究以来ずっと知られてきた。ほとんどの証拠はショウジョウバエで得られたものであるが，性染色体はその小ささに似合わずチョウ類や哺乳類でも接合後隔離に大いにかかわっているのである。きわめて重要なことに，性染色体が"通常の"種差や一般の量的な遺伝的変異に対して特別な役割を担っているという証拠はない。このようなパターンを示すのは，X染色体そのものの（分子）進化速度が早いからではなくて，性染色体と連鎖した劣性の不和合性がヘテロ接合の性において表現型として現れやすいことを反映しているからであると考えられている。

　雄がヘテロ接合の性染色体をもつ種では，ホールデン則にもう1つの別の要因も寄与している。すなわち，雄の不妊性が雌の不妊性よりも早く進化するのである。先に，性選択の結果として雄の生殖にかかわる遺伝子の方が早く進化することをみてきた（例えば，図19.13）。雄の方が早く進化すること，ならびにこの優性説の両方が重要であることは，2つのグループのカ類における差異をみることでよくわかる。Anopheles 属のカ類は，ショウジョウバエと性決定機構が同じであり，大きなX染色体と退化したY染色体をもっている。それとは

対照的に，*Aedes* 属のカ類では性はたった1つの遺伝子座で決定されている（雄の方がヘテロ接合で，雌がホモ接合）。これらの遺伝子座のある染色体は，それでもなおX染色体，Y染色体と呼ばれてはいるものの，それらは相同染色体であり，どちらも実際に機能している遺伝子群を全セットもっている。したがって，*Aedes* 属では優性説は成り立たないことになる。なぜなら，X染色体上にある劣性の雑種不和合性が雄のY染色体によって相補されてしまうからである。しかしながら性選択の方は，この2つのカ類でまったく同じように働くはずである。したがって，これらの2群を比較することによって，性選択と優性説がそれぞれどのくらい寄与しているかを区別することが可能になる。

表 22.3 をみると，ホールデン則が *Aedes* 属でみられる不妊性についても成り立っていることがわかる。雄のみが不妊であるのが 11 の種間交雑でみられているのに対して，雌だけが不妊になる例は1つもみられていない。それとは対照的に，予想されたとおり，*Aedes* 属においてどちらか一方の性でのみ雑種が生存不能になる例はほとんどみられなかった。したがって，性選択と優性説のどちらも，たった1つの遺伝子座によって性決定がなされている種における雑種の生存不能性に関しては成り立たないのである。一方，*Anopheles* 属では，どちらの要因も雑種の不妊性に寄与しており，そのため雄の不妊性が *Aedes* 属において両方の性で不妊がみられる場合よりもより高頻度でみられる（56：20 に対し 11：10）。最後に，*Anopheles* 属では，雑種の生存不能性に関してホールデン則が成り立つ。これは性選択ではなく，優性説でのみ説明しうるものである（表の最下行）。このような比較によって，カ類においては性選択と優性説の両方によって雄の不妊性がより早く進化し，ホールデン則が成り立っていることがわかる。しかしながら，鳥類やチョウ類など雌の方がヘテロ接合の性染色体をもっている生物群では，性選択は優性説とは"逆"の方向に働くことを認識しておくことが重要である。

ホールデン則とX染色体の大きな効果は，接合後隔離に関係している対立遺伝子群が主として劣性であることに対する強い証拠を提供している。今のところ，なぜこれらが劣性でなければならないのかについてはよくわからない。有害突然変異は一般的に劣性である。それは有害突然変異が機能を欠失するものだからである。しかし，同じ説明が雑種の遺伝的背景でのみ発現する不和合性の対立遺伝子についてもあてはまるかどうかは定かではない。優性の進化に関しては次章で議論する（p.752）。

表 22.3 ▪ 優性説，ならびに性選択によって雄がより速く進化するという説，それぞれの寄与は，2 つのグループのカ類を比較することによって識別することが可能である

	雌が影響を受ける	雄が影響を受ける	両性ともに影響を受ける	優性説？	雄のより速い進化？
Aedes（完全なY染色体をもつ）					
不妊	0	11	10	なし	あり
生存不能	1	1	11	なし	なし
Anopheles（退化したY染色体をもつ）					
不妊	0	56	20	あり	あり
生存不能	3	21	40	あり	なし

22.3 種分化の機構

自然選択が生殖的隔離の進化を抑制するかもしれない

どのような遺伝的差異によって種が識別できるようになっているか，そして特にどのような遺伝的差異によって正常に交雑することが妨げられているかを明らかにすることが，（種分化の機構を解明する）直接的な方法である。新しい分子の手法を古典遺伝学と組み合わせることによって，このような研究領域は長足の進歩を遂げている。ここではより難問である"どのように生殖的隔離が進化するのか"という問題に戻ることにしよう。

この問題は，現在みられている差異ではなく，過去に起こった出来事と過程に関する問いであるためだけでも，答えるのがむずかしい。ところが，過去に起こった他の進化的出来事と違って，生殖的隔離の進化を理解するには特別のむずかしさがある。上でも説明したように，雑種の適応度を下げるような，あるいは種間交雑をより困難にするようないかなる対立遺伝子も，自然選択によって排除されることが期待されるのである。

我々は，自然選択によってある程度の生殖的隔離を引き起こす変異体が取り除かれる事例をすでにいくつかみてきた。例えば，染色体の構造変化が起きると，それがヘテロ接合になった際に減数分裂が正常に進行しなくなる，あるいは，**ミュラー型の擬態**（Müllerian mimicry）においてチョウがまずいことを警告する紋様は，それが低頻度であるときには機能しないなどである。これらの形質は，広くて均一な分布域を分断している狭い**交雑帯**（hybrid zone）を維持しながら，ヘテロ接合体，組換え体，あるいはまれな対立遺伝子が自然選択によって排除されることによってモザイク状に分布している傾向がみられる（図17.22，18.16，18.17）。それではこのような事例において，新しく生じた染色体の構造変異や警告紋様はどのようにして定着するのであろうか。

生殖的隔離が進化することが明らかにむずかしいことは，Wright の**適応度地形**（adaptive landscape）の比喩を用いると理解することができる。生物集団は，どれも高い平均適応度をもった**適応度の峰**にいると考えられる。自然選択は，新しい峰へ移動しようとするいかなる動きに対しても，それを阻止するように働く。なぜなら，新しい峰へ移動するためには低い平均適応度をもつ適応度の谷を横切る必要があるからである。種は共適応した遺伝子群の集まりであるとみることができ，それらの遺伝子群は協調してうまく働くように選択されてきたので，変化することに対して抵抗するのである。これが Dobzhansky と Mayr によって強調されてきた考え方である。どのように生殖的隔離が進化しうるかを知ることのむずかしさは，多くの遺伝子群や性質が調和的に働くことが必要な複合的形質の進化を理解するむずかしさと本質的にまったく同じである（第24章）。ここでは最初に，生殖的隔離を生じさせるうえで**遺伝的浮動**（random drift）がどのように自然選択に対抗して働くかを説明する。そして次に，生殖的隔離が進化的変化の不可避な副産物としてみられるというこれまでの見方とは異なる，そして多くの点でそれより単純な見方の方に話を進めることにする。

遺伝的浮動は集団をある適応度の峰から別の峰へと移動させることができる

個体群は，生殖によってほとんどランダムに再生産されるがゆえに，どのような生物集団においても対立遺伝子頻度は変動する（第15章）。遺伝的浮動が自然選択にうち勝って，ある集団に適応度の谷を越えさせることができることを先にみてきた（pp.533〜535）。例えば

今，染色体の構造変化によってヘテロ接合体の繁殖力が $1-s$ に減少したとしよう。すると，50％がヘテロ接合体であるような進化の途中段階の集団においては，平均適応度が $\overline{W_\mathrm{V}}/\overline{W_\mathrm{P}} = 1-s/2$ となる。その集団が新しい適応度の峰に移動して染色体の突然変異が固定する可能性は $(\overline{W_\mathrm{V}}/\overline{W_\mathrm{P}})^{2N_e} = (1-s/2)^{2N_e} \fallingdotseq e^{-N_e s}$（18.1 式より）である。染色体突然変異は，それが低頻度であるときには自然選択的に不利であるにもかかわらず，$N_e s$ が 10 程度であれば，増加して固定できるチャンスがかなりあるのである（図 22.22）。例えば，もし $s = 1\%$ なら 1000 個体以下の集団であれば，染色体の進化が遺伝的浮動によって起こりうることになる。

　もちろん，種はそんな少ない個体数では，長期間，存在し続けることができない。したがって，小さな地域集団，あるいは種全体が厳しい**ボトルネック**（びん首，bottleneck）を通過しているとき（個体数が一時的に非常に少なくなったとき）にのみ，遺伝的浮動は中程度の自然選択（例えば，$s \geq 1\%$）に効果的に対抗して作用することができる。最初に種が複数の地域**ディーム**（deme）に分かれていたとしよう。新しい染色体の構造変異が突然変異によって生じ，もし $N_e s$ が十分小さければ，そして外部からそのディームへの移入個体数が大きすぎなければ，それらのディームの 1 つにおいてその変異が固定することは可能である（図 22.22）。そして，ディームがときどき消滅し，近くにいた個体によって再度ディームが形成されるとすれば，ある染色体突然変異が広がっていくことも可能である。**中立説**（neutral theory）から類推するに（p.459 参照），種全体が進化する速度は，どれか 1 つのディームが変化する速度と等しいことになる（もし，新たに生じた染色体の構造変異が，それをもっている個体あるいはディームに適応的な利益をもたらしたなら，それが広がる速度はこれよりもずっと速くなることであろう）。実際にみられる染色体の進化速度は，ディーム内で遺伝的浮動が起きた後に，（まわりの）ディームがランダムに消滅し，そこに広がるというこのモデルによく合致している。ここで生殖的隔離は，Wright による進化の**バランスシフト**（shifting balance）モデルの副産物として進化する（pp.658 ～ 659 参照）。

　このシナリオの基本的な問題点は，遺伝的浮動では集団に適応度の深い谷を越えさせることができないことである。しかし一方で，適応度の浅い谷では生殖的隔離を生じさせることにそれほど寄与することができない。これらの相反する要因を考えると，生殖的隔離はたい

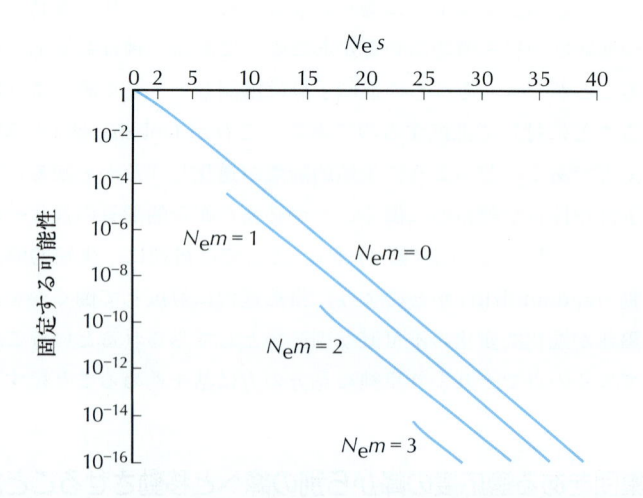

図 22.22 ● 適応度を $1-s$ に減じるような染色体の構造変異が固定する確率を $N_e s$（対数目盛り）に対してプロットしたグラフ。$N_e s$ が大きいときには，固定することはまず起こりそうにない。$N_e m = 1, 2, 3$ それぞれの線は，そのディームへの世代あたりの遺伝子流動の割合が m のときに新しい染色体構造変異が固定する機会がどのくらい減じられるかを示したものである。

てい適応度を $s \fallingdotseq 1/N_e$ ほどしか減少させない弱い雑種不和合性によって生じるということになろう。したがって，生殖的隔離は遺伝的浮動に基づく仮説では，非常にゆっくりとしか強められていかないことになる。

　それでは，染色体の進化が，あるいはより一般的には生殖的隔離が遺伝的浮動によって生じたという証拠は何だろうか。多くの動植物群をみると，種分化の速度は，染色体の進化速度とよく相関している（図 22.23）。例えば，霊長類やウマ類は染色体の変化速度が速く，多くの種に分かれているのに対して，クジラ類は染色体が互いによく似ており，また種数もはるかに少ない。しかし，染色体の変化が直接，種分化を引き起こすわけではない。染色体の違いは生殖的隔離に対して小さな効果しか示さないのである（倍数性による種分化は明らかにその例外ではあるが）。というよりも，共通の要因である"遺伝的浮動"によって染色体進化も種分化も両方とも引き起こされるので，図 22.23 のような相関がみられるのだと考えられてきた。しかしながら，この解釈は説得力が弱い。図 22.22 のモデルをみてもわかるように，実際のところ染色体の進化が遺伝的浮動によって引き起こされているかどうかは明確ではない。自然選択が働いている可能性は十分ありそうである。染色体の構造変化によって多少繁殖力が下がっても，それを上回るような自然選択的な利益が得られる可能性はある（例えば，**マイオティックドライブ**（meiotic drive）や遺伝的な連鎖が変化することによって［第 23 章］）。本章では後で，染色体の構造変化が種分化を起こす他の様式についてもみていく。

生殖的隔離は一時的に適応度を下げることなく進化することができる

　集団はそれぞれ離れた適応度の峰に捕捉されていて，遺伝的浮動によってのみ新しい峰に移動できると考えるのは誤解をまねく恐れがある。適応度は環境の変化や他の種の進化によっても変動するのである。適応度地形そのものが変動することを想像すれば，どのように集団が適応度の峰の間を移動できるかを理解することはたやすい。そもそも，集団はさまざまな様式で進化することができるので，通常の一次元や二次元で適応度地形を表すこと自体が適切ではないのである（例，図 17.12）。コード領域の塩基配列における 1 塩基の変異に話を限定しても，個々の塩基ごとに 3 つの異なる置換がありうる。ヒトのコード領域の塩基配列全体では全部で約 10^8 通りもの 1 段階の変化が存在しうることになる。適応度地形は，個々の集団がその遺伝子プールを変化させうる方法の数に対応した莫大な数の次元数をもってい

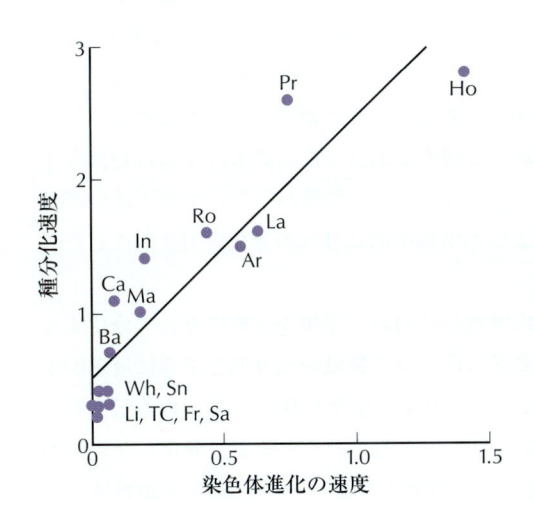

図 22.23 ● 脊椎動物における染色体進化の速度と種分化速度の相関関係。目盛りは百万年あたり。Ar は偶蹄目，Ba はコウモリ類，Ca は食肉目，Fr はカエル類，Ho はウマ類，In は食虫目，La はウサギ目，Li はトカゲ類，Ma は有袋類，Pr は霊長類，Ro は齧歯類，Sa はサンショウウオ類，Sn はヘビ類，TC はカメ類とワニ類，Wh はクジラ類。

る。このように複雑な多次元空間を集団がさまよっているようすを想像すると，それらが必然的に異なる道筋をたどり，次第に交雑不和合の状態になっていくことは明らかだろう。

　この直感的な議論を理解するためのもう1つの方法は，進化の過程においてほんの少しの遺伝子型の組み合わせしか，これまでに自然選択によって試されていないことを認識することである。約100万年前に分化した2つの種を考えてみよう。それぞれが1000塩基対の遺伝子を10,000個ずつもっているとし，さらに塩基置換速度が年あたり塩基ごとに10^{-9}だと仮定しよう。そうすると，この2種のコード領域の塩基配列間には20,000個の違いが存在していることが期待できる（2つの系統で別々に多様化していくので，2倍する必要がある）。今，塩基置換が次々に起こるとすれば，種が分化していく過程で約20,000個の異なる遺伝子型が高い頻度で作り出される（図22.24）。そして，まだこれら2種のF_1雑種の遺伝子型が一度も形成されていないとすれば，F_2や戻し交雑をした後の雑種個体では，莫大な数の新しい遺伝子型（約$3^{20,000}$通りの二倍体の遺伝子型）をもつ個体が形成されうる。これらの遺伝子型をもつ個体は，まだ自然選択によって試されたことがないので，平均して，これらはどちらの母種よりも適応的に劣っていることだろう。これはいいかえれば，幾分かの生殖的隔離が存在することが期待できることになる。

　以上のことを考え合わせると，分化したゲノムがこのように長期間にわたって交雑和合のままでいられることは驚くべきことである。個々の遺伝子は，長い進化の歴史を経ても機能上の和合性を保ち続けることができる。例えば，生存に不可欠な生活環を制御する遺伝子が欠失した酵母をヒトの相同遺伝子で救済することができる。他の例では，*sonic hedgehog*遺伝子は，ショウジョウバエでもマウスでも眼の発生を調節するというまったく同じ役割を果たしている（他の例については，第11章を参照）。生物の個体全体のレベルでは，何百年間も分化したままでいる複数の分類群は，仮にそれらのゲノムがF_1雑種において減数分裂をする際に激しく混ぜられたとしても，生存力と妊性のある雑種個体を産み出すことができるのである。

Dobzhansky–Muller モデルでは種分化が自然選択によって妨げられることはない

　種分化の機構に関する議論にあう最も単純な遺伝学的モデルは，**Dobzhansky–Muller モデル**として知られている。最初に，1つ目の遺伝子座には対立遺伝子a，2つ目の遺伝子座には対立遺伝子bがあるとする。ある系統では1つ目の遺伝子座において対立遺伝子aがAに置き換わり，別の系統では2つ目の遺伝子座において対立遺伝子bがBに置き換わった。これらの新しい対立遺伝子は個別には適応度の低下をまったく引き起こさず，逆にほんの少し適応的に有利なので，自然選択によって集団中に固定することができた。ところが，対立遺伝子AとBがこれらの系統間のF_1雑種において初めて出会ったところ，これらが共存すると雑種不和合を引き起こすことがわかった。もし，このF_1雑種が完全に生存不能か不妊であれば，これら2つの対立遺伝子の置換が2つの生物学的良種への分化を引き起こしたことになる（図22.25）。

　Dobzhansky–Muller モデルでは，集団が適応度地形において平坦な尾根にそって分化することが可能になる。雑種個体の示す適応度の非常に低くなる領域を取り囲むように適応度が平坦な尾根が分布しているからである（図22.25）。このような考え方は，（2つの遺伝子座だけではなく）多くの遺伝子座がかかわる場合にも拡張できる。そうすると，分化した集団が適応度が低い領域によって隔てられた適応度の高い道筋をたどっていくようすが想像でき

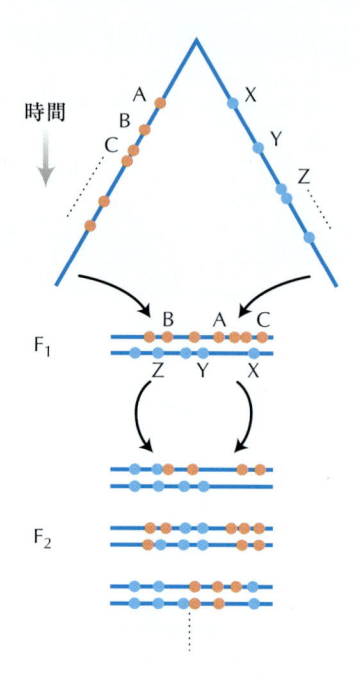

図22.24 ● 2つの系統がそれぞれ独立に多様化して，異なる遺伝子座位（一方は，A, B, C, …，もう一方はX, Y, Z, …）で塩基置換を蓄積していく。F_1雑種の遺伝子型は，これらすべての置換によってヘテロ接合体になっており，それまでに一度もみられたことがないものとなっている。さらにF_2世代では，無数の新しい組み合わせの遺伝子型が形成されることになる。ここではそのような例を3つだけ示した。

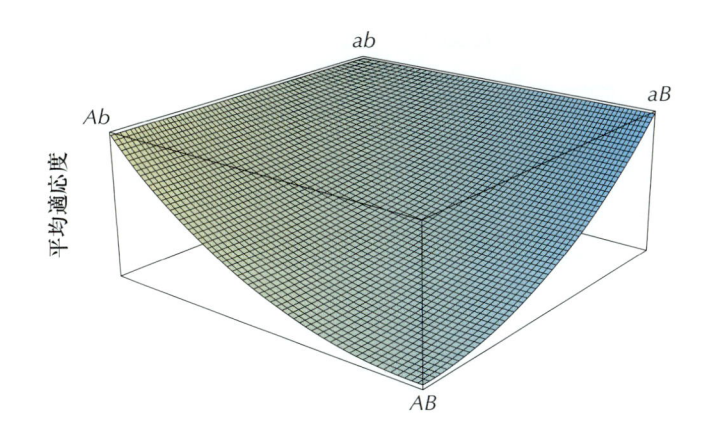

図 22.25 ▪ Dobzhansky–Muller モデルでは，祖先的な aabb の遺伝子型をもつ集団においては，適応度をまったく下げることなく一方の遺伝子座では対立遺伝子 A に，そして別の遺伝子座では対立遺伝子 B に置換されることが可能である．しかしながら，A と B の対立遺伝子を両方もつような遺伝子型は死亡する，あるいは不妊である（すなわち適応度がゼロである）とすると，これらの遺伝子型の間には完全な生殖的隔離が存在することになる．この図に示した適応度地形は，2 つの遺伝子座における対立遺伝子頻度に対する任意交配集団における平均適応度を示したものである．もともと a と b の対立遺伝子で固定していた祖先集団は，適応度の高い尾根に沿って進化することができる．しかし，そのようにして生じた集団（Ab，aB）が交雑すると，適応度がゼロになる．

る。

　ショウジョウバエの雑種個体における妊性と生存可能性を解析した結果は，2，3 個の種特異的な遺伝子が相互作用して適応度の大幅な低下を引き起こし，Dobzhansky–Muller モデルとよく合致している．さらに，これらの相互作用の仕方は非対称的であった．例えば，プラティ *Xiphophorus* において，*Tu* 対立遺伝子と *r* 対立遺伝子は，共存すると悪性の黒色腫を引き起こすので不和合である（図 22.20）．それとは対照的に，*tu/R* という相補的な組換え体は野生型を示す．もし，これが Dobzhansky–Muller モデルのいうところの祖先型だったとすれば，これが野生型を示すのは予想されるとおりのことである．

　染色体融合（chromosomal fusion）は，それが進化の途中段階で一度も発現することなく強い生殖的隔離を進化させることができる 1 つの実例である．例えば，トガリネズミ *Sorex araneus* はヨーロッパ中でいくつかの染色体系統に分かれている．それぞれの系統は，染色体腕部の間での融合が異なる組み合わせで起こったものである．これら異なる染色体系統間の F_1 雑種は大部分，不妊である．なぜなら，減数分裂時に多価染色体（3 本以上の染色体が対合したもの）が形成されてしまうからである（図 22.26）．しかしながら，染色体融合は融合を起こしていない祖先型からは容易に進化する．なぜなら，そのような融合を起こしていない祖先型染色体と融合を起こした染色体のヘテロ接合体では，減数分裂の際に問題なく染色体の対合が起こって，ほとんど適応度を下げないからである．実際に，このような推定祖先型の染色体型が交雑集団の中にみいだされる．それはこのような交雑集団では，染色体融合をしていない祖先型の存在によって雑種不和合性の強度が低下するので，それが自然選択的に有利になるからである（図 22.26B）．

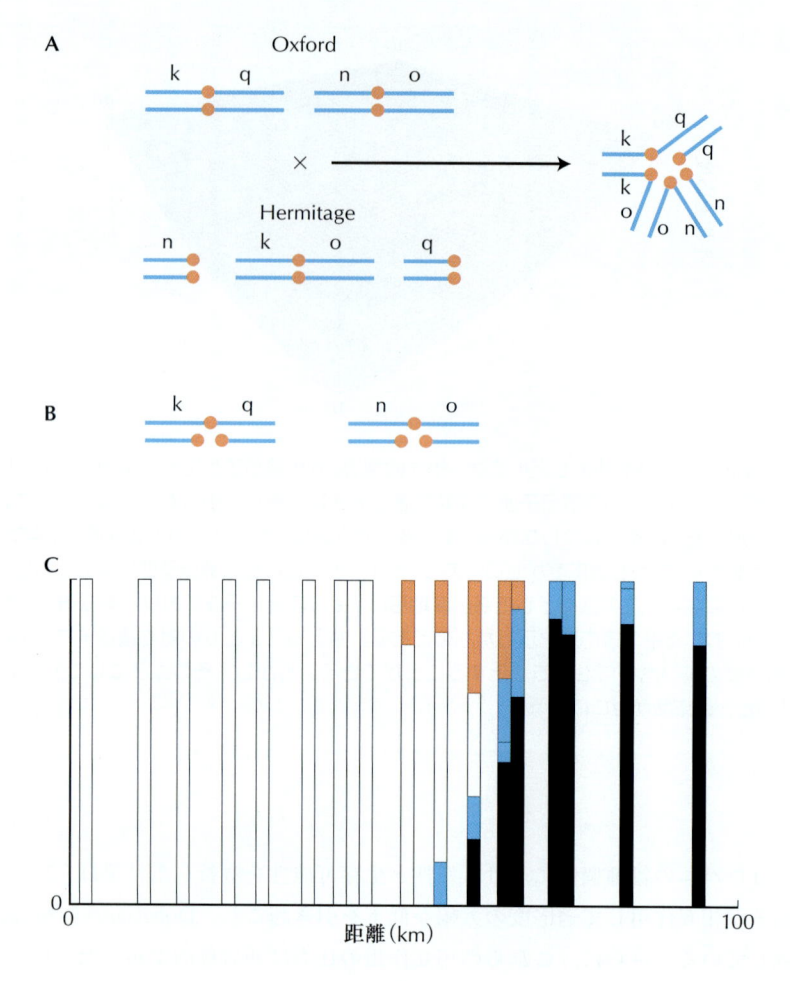

図 22.26 ▪ (A) トガリネズミ *Sorex araneus* の Oxford 系統と Hermitage 系統は，複数の染色体融合によって異なっている．すなわち，Oxford 系統では染色体の k 腕が q 腕と，そして n 腕が o 腕と融合しているのに対して，Hermitage 系統では k 腕が o 腕と融合している（点は**動原体** [centromere] を表している）．これらの系統間の F_1 雑種の減数分裂時には，5 本の染色体が絡み合った多価染色体が形成される．これらはうまく分離することができず，そのためにこの F_1 雑種は不妊となる．(B) それとは対照的に，末端動原体型の染色体とそれらの融合した染色体の間のヘテロ接合体対は，より単純な構造の多価染色体を形成し，減数分裂において正常に分離する．(C) 2 つの染色体系統が出会う場所でも，不妊になる個体はほとんど見いだされない．なぜなら，末端動原体型の k 腕と o 腕からなる染色体が高い頻度で生じたからである（赤色の棒グラフ）．したがって，単純な構造の多価染色体を形成するようなヘテロ接合体が生じやすくなり，その結果として B のようになり，高い妊性をもっていたというわけである．白＝ Oxford 型のホモ接合体，黒＝ Hermitage 型のホモ接合体，赤＝末端動原体型のホモ接合体，青＝それ以外の雑種型の遺伝子型．

種分化の地理学

種分化に地理的障壁は必須ではない

　種分化にまつわる大部分の議論は，歴史的にはその地理学的な分布様式に注目してなされてきた．我々は 3 つのモデルを対比することができる（図 22.27）．これまで，最も単純なモデル，すなわち 2 つの集団が地理的に完全に隔離された状態で独立に分化するという**異所的**

種分化 (allopatric speciation) について議論してきた。それに対して**側所的種分化** (parapatric speciation) は，広い範囲で連続的に分布したままの状態で，いくつかの**クライン** (勾配, cline) に従って集団が次第に分離していくことにより分化が進行する際に起こる。最後に**同所的種分化** (sympatric speciation) は，1つの任意交配集団がまったく地理的に隔離されることがないままに複数の生殖的に隔離されたグループへと分化するときに起こる。

当然のことながら，実際の種分化は，これら3つの理想化された種分化様式が混ざり合ったようなものだろう。主要な問題は，遺伝子流動がどの程度，種の分化を妨げるかということである。種が分化していくのに厳密な地理的隔離が必要なのか，それとも分化しつつある集団が遺伝子流動をしながらでも種は形成されうるのか。

Darwin (ダーウィン) はその初期のノートの中で，種が分化する原因として地理的隔離の重要性を強調している。異所的種分化の重要性は，19世紀中ごろに Moritz Wagner (モーリッツ・ワグナー) によって議論されてきたし，20世紀に入ってからは David Starr Jordan (ディビッド・スター・ジョルダン) によって，そして進化の総合説の時代から今日までは Mayr によって議論されてきた。この幅広く受け入れられている見方を支持してきた最も重要な観察結果は，姉妹種がしばしば地理的な障壁 (例えば，川とか，山脈とか，海洋など) によって隔てられた異なる場所に生息していることであった。このようなパターンは種が分化するには遺伝子流動に対するなんらかの外的障壁が必要である，あるいは少なくともそのような障壁によって分化が促進されることを示唆している。

地理的障壁と種の分化の程度の間の関連性は定量的に調べることができる。例えば，川の対岸に生息しているカキネハリトカゲは，生育場所が同じくらいの距離だけ離れて川の同じ側に生息しているものよりも形態的により大きく異なっている (図 22.28)。ただし，多くの生物群で最も近縁な種群でさえも異所的に分布している傾向がみられはするものの，全般的なパターンは初期のナチュラリスト達が信じていたほど明瞭なものではない。

しかしこれらの観察結果は，我々が第18章でみてきた遺伝子流動があるにもかかわらず

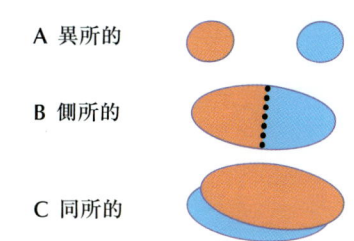

図 22.27 ・ (A) 異所的種分化においては，2つの集団がなにがしかの地理的障壁によって分断されている。そのため，それら2つの集団は完全に独立に分化していく。(B) 側所的種分化においては，生育地が幅広く連続的である状況下で分化が起こる。分化しつつある集団は，いくつかの生育環境のクライン (点線) によって分断されている。(C) 同所的種分化においては，空間的な分断はまったく存在しない。空間的な隔離ではなく，遺伝的な違いのみによって任意でない交配が起こることになる。これら3つのケースはいずれも極端な場合を表している。実際の種分化は，これらそれぞれの要素を合わせもったものである。地理的なパターンは時間が経過すれば変化しうるものであり，1つの生物種群でも遺伝子や性質によってパターンが異なっていることがありうるのである。

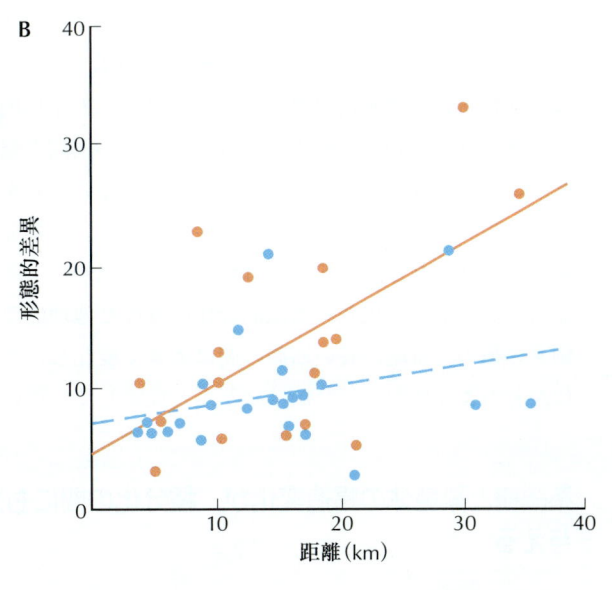

A 異所的
B 側所的
C 同所的

図 22.28 ・ (A) カキネハリトカゲ (*Sceloporus undulatus*)。(B) 米国南部では，川で分断された集団間 (赤色) は，それと同じ地理的距離だけ離れているが，その間で移動を妨げるような障害がない集団間 (青色) よりも形態がより大きく異なっている。

種の分化が起きている例と，明らかに矛盾している。種の分化にかかわる要因，すなわち自然選択や遺伝的浮動は，特にその集団が広い地域に分布する場合には，多少の遺伝子流動がある状況下でも必ず働いているはずである。我々は，ある自然選択が特定のスケール $l = \sigma/\sqrt{s}$ (σ は分散距離，s は選択強度[p.543 参照])よりも遠く離れた距離の範囲の中で維持されるのであれば，自然選択によって異なる対立遺伝子が異なる場所に維持されうることをみてきた。もっと直接的に自然選択によって種の分布域よりもはるかに狭い範囲内でクラインが維持されている例はたくさんある(例，図 18.14 ～ 18.17)。また，遺伝的浮動も，仮に遺伝子流動があったとしても対立遺伝子頻度を変動させることはできる(pp.480 ～ 483 参照)。また，この章では先に，新しい染色体の構造変異が地域ディームの中で遺伝的浮動によってどのように確立し，そして広がっていけるかをみてきた。

おそらく種分化の Dobzhansky–Muller モデルが遺伝子流動の影響を最も強く受ける。しかし，遺伝子流動があっても，その種の分布域が十分広ければ雑種不和合性は形成されうる。そうなれば，異なる場所では異なる好ましい対立遺伝子が固定するだろう(例えば，異なるヒト集団が異なる方法でマラリアに対する耐性を獲得してきたことを思い出してみよう[図18.4])。これらの対立遺伝子が互いに不和合になれば，それらの対立遺伝子は狭い範囲のクラインによって隔てられた状態で維持されるだろう。そして時間がたてば，さらに他の違いも形成されていくだろう(トガリネズミの染色体系統はこのような進化過程が起こった 1 つの例かもしれない)。このシナリオでは，遺伝子流動に対する障壁が種の分化を促進はするが，そのような障壁が種の分化に不可欠なわけではない。

集団が遺伝子流動のまったくない状態で異所的に分化したのか，それとも遺伝子流動によってつながったままの状態で側所的に分化したのかを区別することはむずかしい。また，現在みられるクラインが，地理的に隔離されることなくそのまま現在の場所で進化したものなのか，それとも一度分化した集団が**二次的接触** (secondary contact) をすることによって生じたものなのかに関しても，非常に多くの議論が交わされてきた。例えば，草本 *Agrostis tenuis* の重金属汚染に対する局地的な適応など，クラインが現在みられる場所で進化した明らかな例は確かに存在する(図 18.14)。しかしながら，多くの形質のクラインが 1 つの**交雑帯**で一致してみられる場合は，それらがすべて二次的接触によってもたらされたと考える方がありそうに思われる(シカとアカシカの例のように[図 16.19])。確かに北の高緯度地域では，交雑帯は最終氷期以降，すなわち最近 1 万年以内に形成されたはずである。しかし，種間でみられる違いはこれよりもはるかに長い期間を経て進化してきと考えられる。したがって，これらの違いが現在どのように分布しているかをみても，その違いがどのように起源したかについてはほとんどわからないのである。大部分の進化は，広大な地域に分布している多くの個体を含む種で起こるはずである。だから，多くの種分化は側所的に起こったと考えることができる。現在，遺伝的分化の程度と地理的な障壁の存在の間に相関がみられるのは，個々の種の分布域が長い期間の間に大きく変化したことを反映しているだけで，実際に種分化がどのように起こったかはほとんど反映していないのかもしれない(図 22.29)。

系統樹と染色体の構造変化が，種分化の間にも遺伝子流動があったことの証拠を与える

野生ヒマワリとショウジョウバエを材料にした最近の研究によって，遺伝子流動に対する障壁が種分化を確かに促進はするものの，生殖的隔離は遺伝子流動があったとしてもなお進化するという強い証拠が示されている。

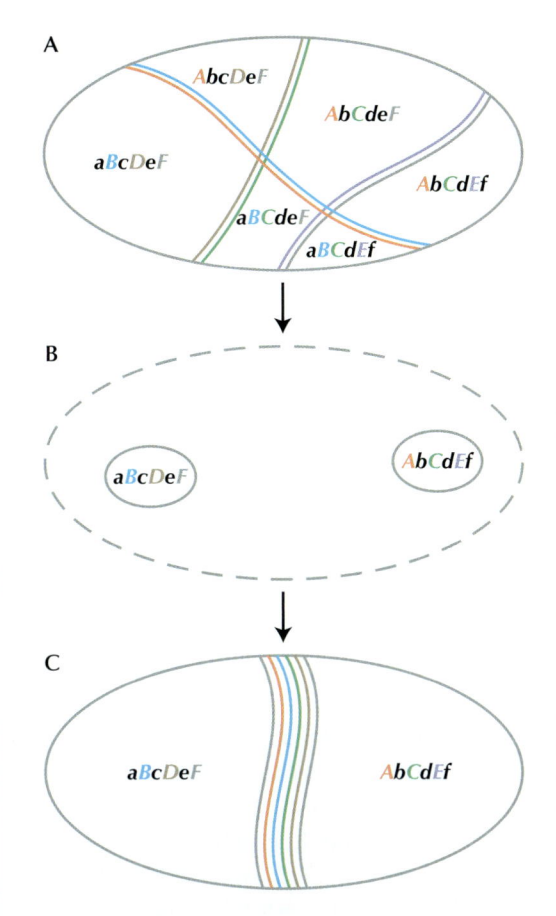

図 22.29・種の分布域が変化することによって，側所的にそれぞれ独立に生じた違いが共存するようになることがある。(A) 1つの種が広い範囲に分布していると，多様な型が形成される。この例では，対立遺伝子 A は対立遺伝子 B と不和合であり，C は D と，E は F と不和合である。しかし，これらの不和合性を示す対立遺伝子群は分断されており，相互作用することはない。そのため，これらはそれぞれ異なる場所でクラインを形成することができた。もし，この種の分布域が2つの小さな逃避地 (B) に縮小し，それらがたまたま $aBcDef$ と $AbCdEF$ の遺伝子の組み合わせをもっていたとする。すると，それぞれの分布域が再び拡大して (C)，これら独立に進化した差異が1つの交雑帯で一緒になる。

　D. pseudoobscura と *D. persimilis* は，米国の西海岸沿いにともにみられる。これらは別種ではあるけれども，ときどき交雑する。これら2種は染色体の逆位によって異なっている。これらの逆位はそれ自体ではほとんど，あるいはまったく妊性を下げないが，雑種において組換えを効果的に阻止するように働いている。*D. pseudoobscura* と *D. persimilis* の間の交雑実験によって，これらの種間の生殖的隔離のさまざまな側面に関係した要因が染色体地図上に位置づけられている。これらのなかには，求愛行動に関係するクチクラの炭化水素化合物と雄の羽の振動，雌の交配に関する好み，雑種の生存可能性，妊性などが含まれている。驚くことに，これらの違いはすべて染色体の構造変異がある領域，あるいはその近傍に位置づけられたのである (図 22.30A)。そして，これらの領域あるいはその近傍の領域にある遺伝子の系統関係は種の分類とよく一致したのに対して，それ以外のゲノム領域にある遺伝子の系統樹は種の分類体系と合わなかった (図 22.30B) (第 16 章 [p.480] でみたように，このように系統関係が整合しなくなるのには，ほんの少しの遺伝子流動，すなわち大まかにいって世代あたりが 1～数個体の子孫を残せる雑種が生じるだけで十分である)。

　この研究は，生殖的隔離にかかわっている遺伝子群が染色体の構造変異のある場所に集中して分布していること，そしてそのような構造変異が遺伝子流動を効果的に妨げていることを示している。この例では，染色体の逆位が複数の遺伝的な違いをまとめて保持していた。これによって，同所的に分布していてゲノムの多くの領域で遺伝子流動があったにもかかわらず，異なる配偶行動と生態的地位をもった別の種として維持され続けてきたのである (この章の最後で，別のハエの属である *Rhagoletis* 属においてもまったく同じパターンの例をみるだろう)。実際，染色体に違いのないショウジョウバエの2つの種が同所的にみられるこ

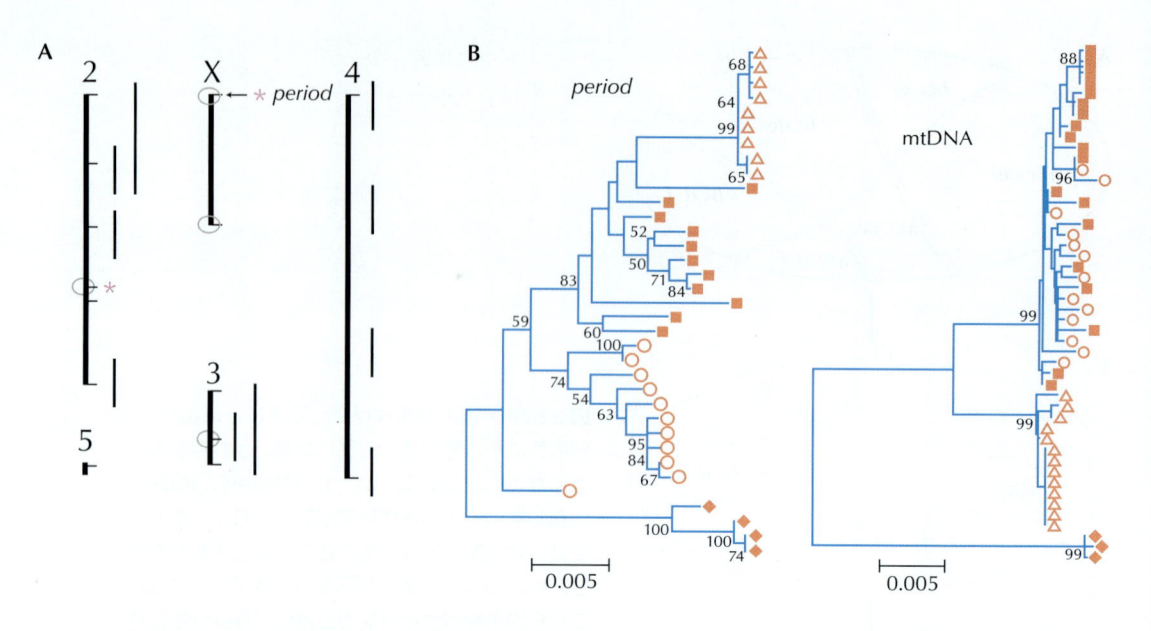

図22.30・（A）*Drosophila pseudoobscura* と *D. persimilis* の間の生殖的隔離を生じさせているすべてのQTLは，赤色の＊で示した2つのゲノム領域に位置している。丸印はこれら2種の間で固定している染色体逆位のみられる位置を示す。*period* 遺伝子の位置も示してある。染色体の右側の線は，これらの2種間で浸透したことがわかっているゲノム領域を示している。（B）X染色体（例えば*period* 遺伝子）の系図は種の分類とよく一致する。すなわち，*D. pseudoobscura* と *D. persimilis* の配列は，それぞれ別々の群を形成する。それに対して，組換えをしない遺伝子座（例えばミトコンドリアDNA）の系図をみると，最近，種間で遺伝子流動があった形跡がみられる。すなわち，これら2つの種に由来した配列が分子系統樹上で入り混じり，互いに近縁な関係になっている。常染色体上の逆位のみられる領域以外に位置する遺伝子座をみると，遺伝子流動に加えて組換えも起こした形跡がみられる。目盛りは，座位あたりの塩基配列の異なる割合を示す。*D. pseudoobscura* は■，*D. persimilis* は○，*D. pseudoobscura bogotana* 亜種は△，*D. miranda* は◆。

とはほとんどないのに対して，違いがみられる2つの種はしばしば同所的にみられる。

　減数分裂時における染色体の構造の違いは，直接的には生殖的隔離にそれほど影響を与えない（pp.696〜697参照）。ところが，染色体の構造変異は広い意味では，種分化の速度とよく相関する（図22.23）。そしてショウジョウバエの例では，生殖的隔離にかかわる遺伝子群がゲノムの染色体構造変異を起こした領域にみられた。これはおそらく，染色体の構造の違いが組換えを大幅に低減して種の分化を促進したからであろう。前節では，このようなことが起こるかもしれないことを一方向から議論した。染色体の構造変異を起こした領域に位置する好ましい対立遺伝子は，当該の構造変異によって非常に長い期間維持され，その間にもう1つの雑種不和合性対立遺伝子が別の領域に生じることもあるだろう。複数の雑種不和合性が染色体の構造変異と結びついて，その障壁としての効果が強められていき，ついには強い生殖的隔離が形成されていくのだろう。

　一般的に生物学的種の進化には，分化した集団の間の遺伝的組換えを低減する過程が含まれている。そして，それが次には種分化を加速させるのである。次章では，逆の働きをする要因，すなわち有性生殖種内における遺伝的組換えを高いレベルで維持するような要因についてみていくことにする。

種間交雑を抑制する自然選択は生殖的隔離を強化できる

　これまでのところでは生殖的隔離を，局所的適応，性選択，遺伝的浮動，あるいは後に雑種不和合性を引き起こすことになる適応的に有利な対立遺伝子の蓄積など，他の理由で起こった遺伝的分化によって生じた副産物とみなしてきた。しかしながら，原理的には自然選択によって直接的に生殖的隔離の強化が進むこともありうるはずである。自分と同種の集団の他個体とだけ交配することを選択する個体は，繁殖のための投資を適応度の低い雑種に回して無駄にすることが減るので，自分たちの遺伝子をより多く残すことができるからである。このように自然選択によって生殖的隔離が強められる進化的過程は，**強化**（reinforcement）と呼ばれている。ここで自然選択は接合後隔離ではなくて，接合前隔離にだけ働くことを再度認識しておくことが重要である。雑種個体の適応度をさらに下げるような遺伝子はただ単に有害なだけだからである（もちろん，この議論は子孫が同一の資源をめぐって競争しないことを前提にしている。もし競争するなら，将来性の低い雑種個体が早めに死亡することは**血縁選択**［kin selection］によって有利になりうる［pp.650 ～ 652 参照］。なぜなら，死亡した雑種個体の兄弟姉妹が得をするからである）。

　まだら模様ヒタキ（*Ficedula hypoleuca*）と白黒えりヒタキ（*Ficedula albicollis*）は，ヨーロッパの中央部から東部にかけて一緒に分布している。任意交配で期待されるより低い割合でではあるが，これら 2 つの種は交雑する（任意交配での期待値 13.8% に対して，2.6% の割合の異種間交配が実際に観察された）。この 2 種間には強い接合後隔離が存在し，通常なら約 5% の卵が孵化できないだけなのに，どちらか一方でも親が雑種の場合は，4 分の 3 近くの卵が孵化できない。派手な羽毛形質から期待されるように（第 20 章），白黒えりヒタキの雌は，白黒の羽模様の雄と交配することを好み，この 2 種の分布が重なっていない場所からとってきたまだら模様ヒタキの雌もそうであった（図 22.31A）。それと対応するように，両者の分布域が重ならない地域では，どちらの種の雄も白黒模様であった。ところが，両種の分布が重なる地域では，まだら模様ヒタキの雄は雌のような褐色の羽毛をもっており，この地域のまだら模様ヒタキの雌はこれらのくすんだ色の雄をより好んだ。このようなパターンがみられたことは，くすんだ色の雄の羽毛とそれを選ぶ雌の好みが種間交雑を減らす方向に働く自然選択によって進化したことを示唆している。同じような事例はほかにもいくつかある。例えば，同所的集団で採集された *D. pseudoobscura* と *D. persimilis* は，異所的集団からのものよりも実験条件下でより強い同種選択性の交配を行う。

　強化のより広範な証拠は，遺伝的に近いショウジョウバエの 2 種のペアについて，それらが同所的にみられる場合の方が，それらが自然界では出会わない場合に比べてより強い接合前隔離を示すという観察結果によって得られている。接合前隔離の強さは，遺伝的に類似した同所的種ペアと異所的種ペアの間でほとんど重ならないくらいに異なっている（図 22.11A の左）。したがって，これが強い生殖前隔離が存在するような 2 種のペアだけが結果的に一緒に生息することができたという "ふるい" 効果によるものであると議論するのは無理がある。

　これらの強化の事例はどれも，幅広い地域でその分布が重なり，そしてすでに強く生殖的に隔離されているものばかりである。このような場合には，幅広い地域で同所的に生息するようになってしまえば，強化の自然選択がやはり広い地域で働くことになり，そのために強い効果を示せるのかもしれない。しかし，接合前隔離と生態的分化の程度がともに弱い場合には，種分化の初期の種は狭い環境クラインの範囲内でのみ出会うことになり，強化がほんとうに働きうるのかがずっと不明確である。そのような狭い環境クラインの中で強化が起こったと思われる最もよい事例が，重金属汚染に対して適応している *A. tenuis* についてのも

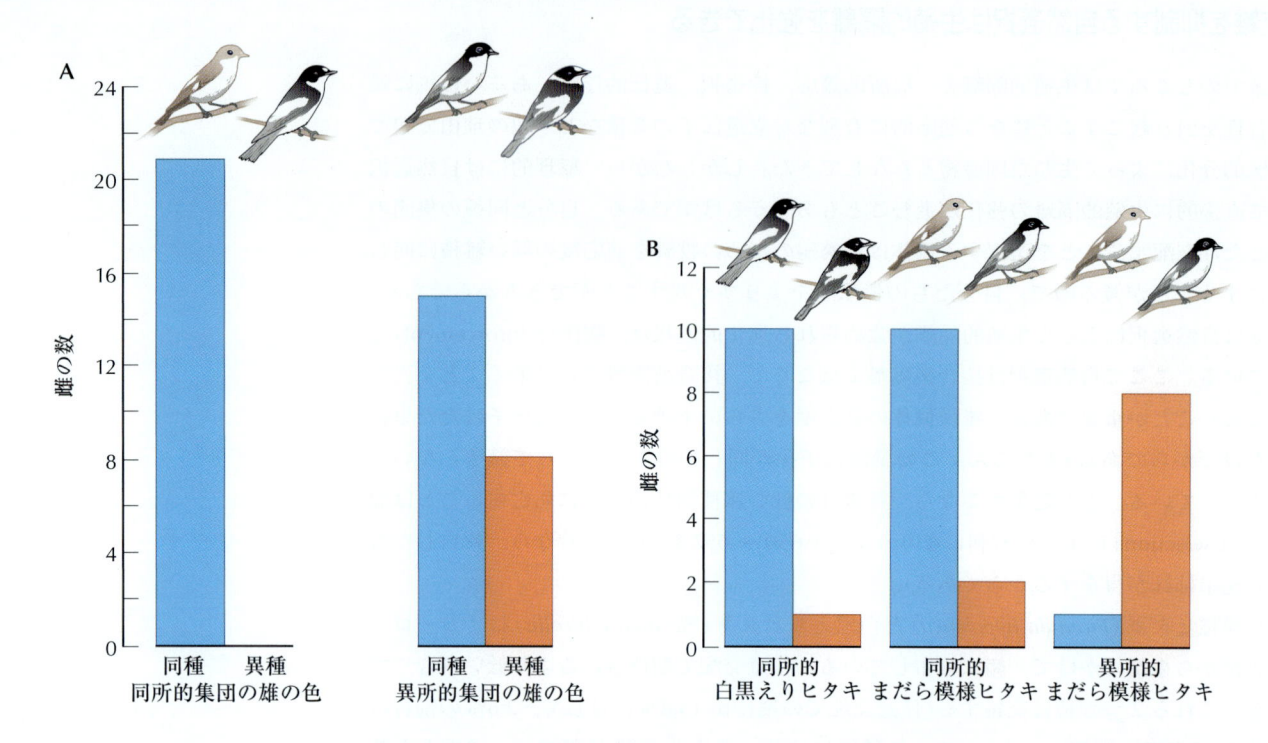

図 22.31 ・まだら模様ヒタキ(*Ficedula hypoleuca*)と白黒えりヒタキ(*F. albicollis*)の間の強化。(A)異所的な集団由来のまだら模様ヒタキと白黒えりヒタキの雄は類似した白黒の羽毛をもっている(上右)。しかし，これら2つの種の分布が重なるところでは，まだら模様ヒタキの雄はくすんだ茶色の羽毛をもつようになり，白黒えりヒタキの雄はより強調された白の斑点をもつようになる(上左)。このように同所的に分布している雄の間で羽毛がより大きく異なることによって種間交雑が減少している。すなわち，どちらの種の雌も同所的集団由来のものは，それと同所的に分布している雄を選ばせれば，常に同種の雄を選択する(左)。それに対して，異所的に分布している雄を選ばせると，しばしば同じ種の雄を選択し損なう(右)。(B)雌の雄に対する好みも，異所的集団と同所的集団で異なっている。これら2種が同所的に分布している地域由来の白黒えりヒタキの雌は，より大きな白の斑点をもつ雄を好み(左)，同所的集団由来のまだら模様ヒタキは，そのような地域の雄に典型的にみられるくすんだ色の羽毛を好む(中央)。それに対して，異所的集団由来のまだら模様ヒタキは正反対の好みをもち，同所的集団でみられるくすんだ色の雄よりも白黒の雄を選ぶ(右)。

のである(図 18.14)。この例では，非適応的な遺伝子流動を低下させるように汚染地域の内側と外側に生える植物間で開花時間が分化していた。そして，自家受精率もまたより高くなっていた。しかしながら，このような狭い環境クラインの中で強化が働いたことを示す事例は，これ以外にはほとんどない。

1つの集団が2つの種に分かれることがある：同所的種分化

　遺伝子流動に対する障壁がまったく何もない場合でも種は形成されるのだろうか。いいかえると，1つの任意交配をしていた集団が2つの生殖的に隔離された遺伝子プールに分かれることが可能であるかということである。このような同所的種分化の可能性は，多数の種が明らかに1つの祖先集団から，しかも地理的に非常に狭い範囲で放散的に種分化した複数の事例によって示唆されてきた。最も有名な事例が多くのアフリカの湖で起こった魚シクリッドの劇的な放散的種分化であろう。

大きな3つの湖（マラウィ湖，タンガニカ湖，ビクトリア湖。図22.32）のそれぞれで，配偶行動，外部形態，ならびに採餌行動が大きく異なる種群が進化している。ある種は他の魚の鱗を引きはがして食べ，別の種は大きな無脊椎動物を食べ，また別の種は藻類を櫛ですくようにして食べる。さらには他の魚を待ち伏せたり，追いかけたりして食べる種もいる。タンガニカ湖は1200万〜900万年前に形成され，その中に約200の固有のシクリッド種が棲んでいる。マラウィ湖は900万〜400万年前に形成されたが，シクリッドが移り棲んだのはたった約70万年前からであると考えられている。そして，現在は400を超える数の種が棲んでいる。ビクトリア湖は，他の2つの湖よりも形成されたのが新しく，しかもより浅い（形成されたのが約50万年前で，水深80 m未満である）。それにもかかわらず，300を超える固有種が棲んでいる。これら3つの湖の種群は，それぞれ川に棲む祖先種から別々に派生した。したがって，これらの多様な生態的地位への劇的な放散的種分化は並行的に，しかも比較的短時間のうちに起こったことになる。

それでは，この劇的な多様化は，異所的，側所的，それとも同所的に起こったのだろうか。より大きな湖では，湖水の水位の変動によって異なる複数の集団に分断され，そのために異所的種分化の機会が与えられたかもしれない。さらに，湖岸に生息する種は分散能力が小さく，短い距離離れただけでも大きな遺伝的分化がみられる。

同所的種分化の最もよい事例は，西アフリカの小さな湖で起こったものについてである。カメルーンにあるバロンビ・ムボ湖とベルミン湖は小さい（それぞれ，4.2 km^{2}と0.6 km^{2}である）。そして，これらは古い火山の円錐形爆裂火口内に同じように形成されたもので，現在は周囲の河川系から完全に隔離されている。したがって，湖の水位が変動しても，複数の集団に分かれたりすることはない。にもかかわらず，これらの湖には多くのシクリッドの種が生息している（それぞれ，11種と9種）。これらの種群は，それぞれ単系統群で，分子時計

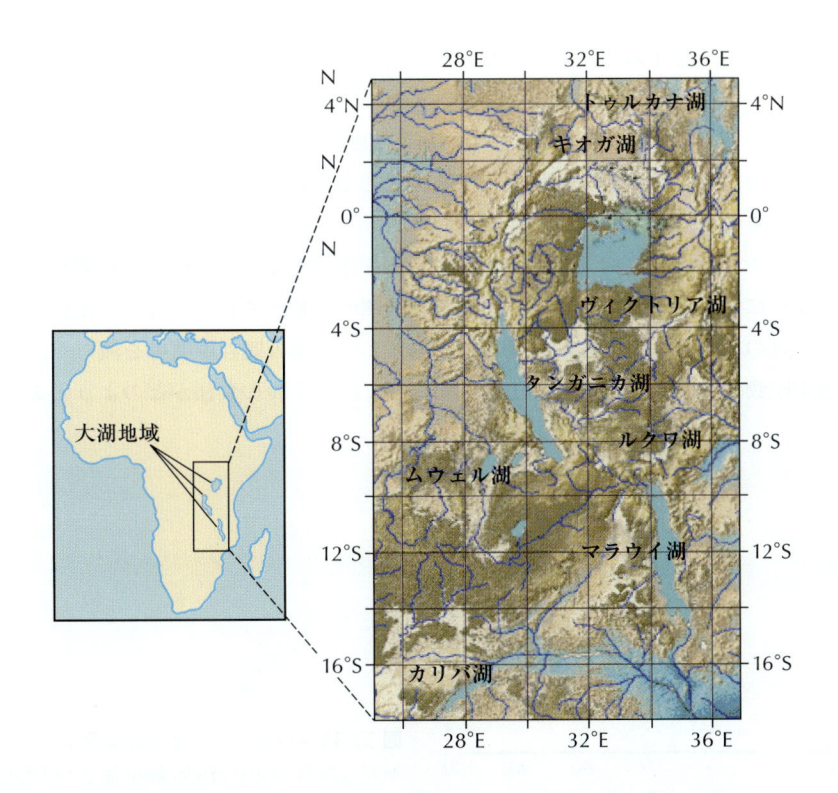

図22.32 ● アフリカ大湖の位置。主地図の薄い陰影部は，海抜高度が高い地域を示す。

図22.33 ▪ (A〜C) エジャガム湖 (カメルーン) のシクリッド Tilapia cf. deckerti には同所的に分布する2つの型, すなわち浅い水域と結びついた"小黒型"と深い水域と結びついた"大黒型"が含まれている。(A) 浅い水域でみられた"小黒型"のつがい。(B) 木の穴 (典型的な繁殖場所) の前にいる"大黒型"の繁殖雌。(C) この湖で T. cf. deckerti を他のシクリッドの種から区別できる背びれのつけ根の長い黒斑点が現れた幼魚の群れ。

によると約 10,000 年前に起源したことが示唆されている。興味深いことに, どちらの湖の場合も, 種間の最も深い分化は, プランクトンを食べる湖面近くに生息する種群と湖の底にたまった底質を食べる種類との間でみられた。最も印象的なのがエジャガム湖である。この湖も小さく (約 0.5 km^2), そして均一であるが, 5 つの型のシクリッドを識別することが可能である。そのうちの 2 つについては詳しく調べられていて, それらが異なる微環境と結びついて生息していることがわかっている (図 22.33)。これら 2 つの型の間の交雑は確かに起こりはするものの, 大きさが似たものどうしでの交配がみられ (図 22.34), これは同所的種分化の初期状態であることを示唆している。

2 つの型が異なる資源を利用する場合にのみ, それらは共存することができることを我々はみてきた。このような場合は, よりまれなタイプの方が有利になる。なぜなら, 自分の方の資源がより少なくしか使われないからである。これは負の**頻度依存性選択** (frequency-dependent selection) を生み出すことになり, それによって安定な平衡状態が維持されるのである (pp.544〜547, Box 22.1 参照)。もし, 2 つの型が交雑して中間的で環境に適応していない子孫を生み出すとすると, 自然選択は種間交雑を減らす方向に作用する。したがって, 同所的種分化は, 接合前隔離を強化しながら生態的多様化を増強するように働く自然選択と結びついているのである。

このようなシナリオは, 例えば, いくらか分化を遂げた 2 つの集団がそれぞれごとに別々に出会うようになるなどして, 一度, 異なる型の間の交雑がまれになってしまいさえすれば, まったく無理のないものとなる。しかしながら, 2 つの型の間の中間型を減らそうとする強い自然選択が働いている状況下で, 任意交配をしていた 1 つの集団がどのように 2 つの異な

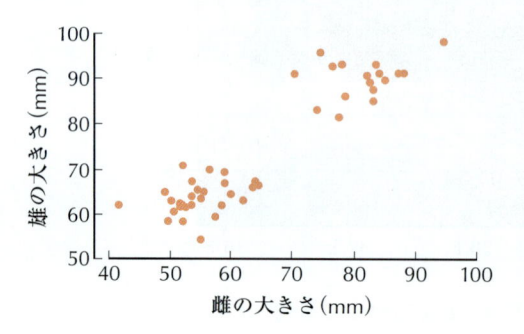

図22.34 ▪ 大きさによる同類交配によって, エジャガム湖の Tilapia cf. deckerti は 2 つの型に分かれている。

Box 22.1　分断選択による変異の維持

　類似した表現型間で競争があれば，量的形質に作用する分断選択によって有性生殖集団内に多型が維持されうる。今，資源が連続な軸に沿って分布していると仮定しよう。例えば，これは種子の大きさを表しているとする。資源は，2つのピークの周りに集中して分布していると仮定する（例えば，小さい種子と大きい種子のように）。各個体は，ある量的形質においてさまざまに異なっており，そのため，それに対応する資源が豊富な特定の形質値をもった個体の適応度が最大となる（その形質とは鳥のくちばしの大きさのことであり，例えば，中ぐらいの大きさの種子が豊富なときには，中ぐらいの大きさのくちばしをもった鳥が最もうまくやっていけるなど）。無性生殖集団では，すべての表現型がまったく同じ適応度をもつところで平衡に達するだろう。なぜなら，各表現型をもった個体の量は，それに対応する資源の量と完全に一致するはずだからである（図22.35A）。一方，有性生殖集団では，両方の資源を利用できるように大きな遺伝的変異を示す状態で平衡に達することだろう。しかしながら，有性生殖集団における量的形質は多かれ少なかれ正規分布することになり（p.417参照），そのために多くの個体が適応度の高くない中間的な表現型を示す結果となる。そして，同類交配することが自然選択的に有利となり，究極的には同所的種分化が起こりやすくなる（図22.35B）。また，その集団内の遺伝的変異が低い場合には，どちらか一方のピークの資源だけを利用する，あるいはもう一方のピークの資源を利用するようにシフトが起こるだろう。もう一方のピークの資源の方がより少ない程度にしか利用されていないために，そちらのピークの資源を利用するのに適合した個体のほうがより高い適応度をもつようになるのである。しかしながら，これらの個体は高頻度で存在するふつうの個体と交配して，適応度の低い中間的な子孫を残すこととなり，結局，排除されてしまう。このように，分断選択が働いている状況下では，有性生殖集団の方が遺伝的変異を維持し続けることがより困難である（図22.35B）。

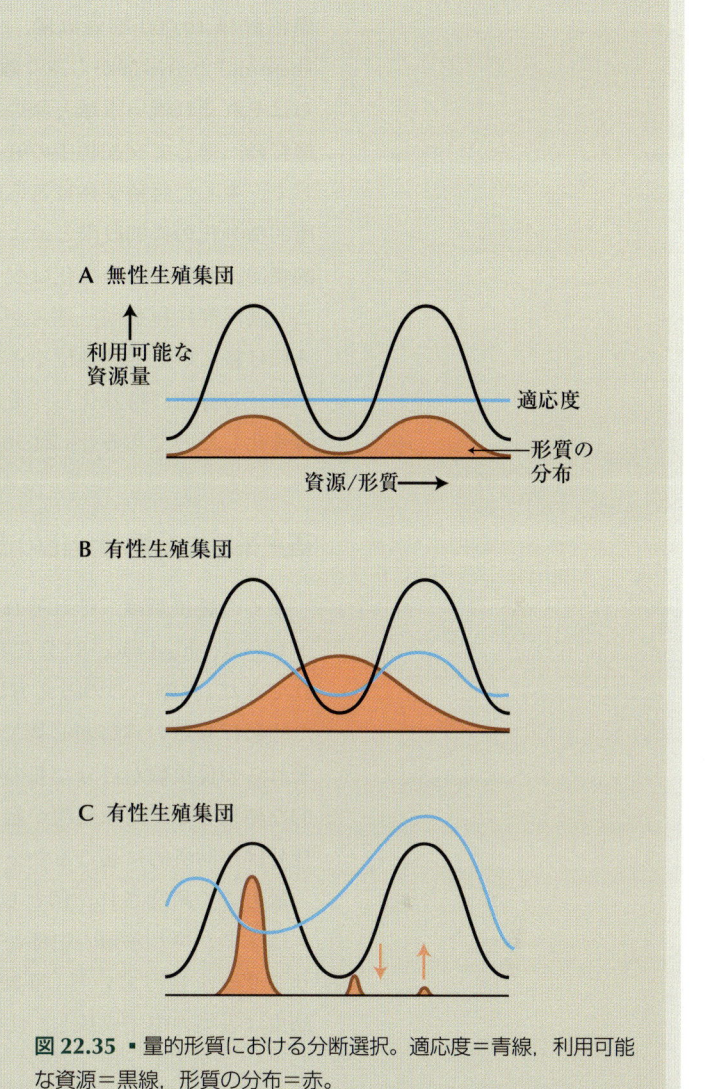

図22.35 ■ 量的形質における分断選択。適応度＝青線，利用可能な資源＝黒線，形質の分布＝赤。

る型を維持することができたのかを理解するのはむずかしい（Box 22.1）。これは，異なる資源を利用することによる負の頻度依存性選択が，中間型を減らす自然選択による正の頻度依存性選択によって妨げられるからである。交雑によって崩壊させられることにより，よりまれな方の型がさらに減少させられる。これに加えて，もし異なる資源に適応するため，ならびに交配相手を選択するためにそれぞれ異なるセットの遺伝子群が必要だとすると，不適合な雑種個体が生み出されるのを低減するのには，これらの遺伝子群はばらばらにならないよう互いに結びつけられていなければならない（すなわち，それらは**連鎖不平衡**[linkage disequilibrium]の状態になければならない）。これらの特性に関係する遺伝子群がたまたま強く連鎖していない限り（例えば，同一の染色体逆位の中にあるなどして），そのような結びつきは遺伝的組換えによって崩壊させられてしまうことだろう。

　適応的でない雑種個体を生み出すような異なる表現型間の交雑が起きているにもかかわら

ず，自然選択によって異なる表現型が維持され続けているよい例としては，ブリティッシュ・コロンビアの湖沼群でみいだされたトゲウオ（*Gasterosteus aculeatus*）の例がある。これらの湖沼群は 10,000 年前以降，氷河が後退した後に形成された。多くの湖で沿岸部の**底生**（benthic）と沿岸部から遠く離れた沖に生息する**沖帯生**（limnetic）の 2 つの型がみられ，それらはそれぞれ浅い水域と深い水域で採餌する傾向がみられる。これら 2 つの型は，形態，採餌行動，そして交配相手の好みの点で異なっているが，自然界でしばしば交雑している。そして，生じた雑種個体は適応度がより低いことが示されていた。しかしながら，この例は同所的種分化の後期段階とはよく合うものの，核遺伝子に基づいて構築された系統樹が，同所的集団において種の分化は生じていないことを示していた。かわりに海にいる祖先集団からこの湖沼群に複数回，進入があったことが示された。この湖沼群に棲みついた最初のトゲウオ類は幅広い生態的地位を占めていたことだろう。そして後から進入したトゲウオ類が沖帯における採餌に特殊化し，そして以前から棲んでいたものは中間型から変化して底生型へと特殊化したのである（図 22.36）。

宿主系統は初期種分化の古典的な事例を提供する

多くの昆虫類は，それぞれ異なる植物種を食べることに特殊化して複数の**宿主系統**（ホストレース，host race）に分化している。これらは同所的種分化の古典的な例であると考えられてきた（実際，この考え方は最初，1864 年に提唱されている）。異なる植物種を利用するためには複数の適応が必要であり，これは中間型を排除する自然選択につながる。さらに，それらの昆虫類が自分たちの好む寄主植物の上で交配すれば，同じ寄主植物を選択した直接的な結果として同類交配が起きることになる。このように考えると，どのように種の分化と仕分けが同所的に起こるかを容易に理解できる。

最もよく研究された例としては，リンゴミバエ *Rhagoletis pomonella* がある。この種のハエはメキシコと米国の中部から東部にかけての大部分の地域でみられ，そこではこのハエはサンザシを食べている（図 22.37A）。成虫は寄主植物の上で交配し，若い果実に卵を産む。幼虫は果実の中で成長し，土の中で蛹になり冬期の**休眠**（diapause）（すなわち冬眠）に入る。

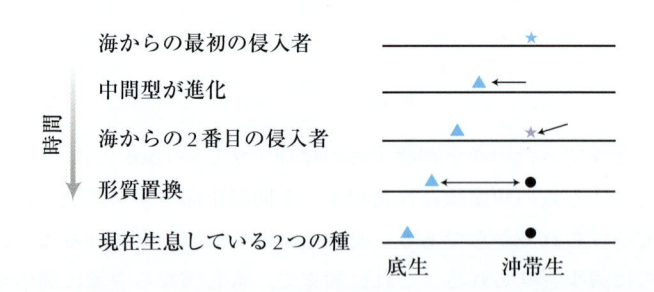

図 22.36 ▪ 底生型と沖帯生型のトゲウオ *Gasterosteus aculeatus* は，それぞれ自分自身の生育環境，すなわち沿岸近くの湖底と広水域の沖帯で最もよく成長できる。これらの雑種は，これら 2 つの型の平均値よりも遅い速度でしか成長できず，したがって平均して両親よりも成長が遅い。氷期後，ブリティッシュ・コロンビア州の湖に最初に侵入したのは海から入ったトゲウオであり，それは沖帯生型の餌を食べるものであった。これらの侵入者は，今日，これらの湖での単一の型にみられるような中間的な形態をもつように進化した。そして，その後に引き続いて海から侵入したものとはある程度生殖的に隔離されており，後者は沖帯生のスペシャリストとして進化した。それは，最初に侵入したものが底生のスペシャリストとしてすでに存在していたからである。

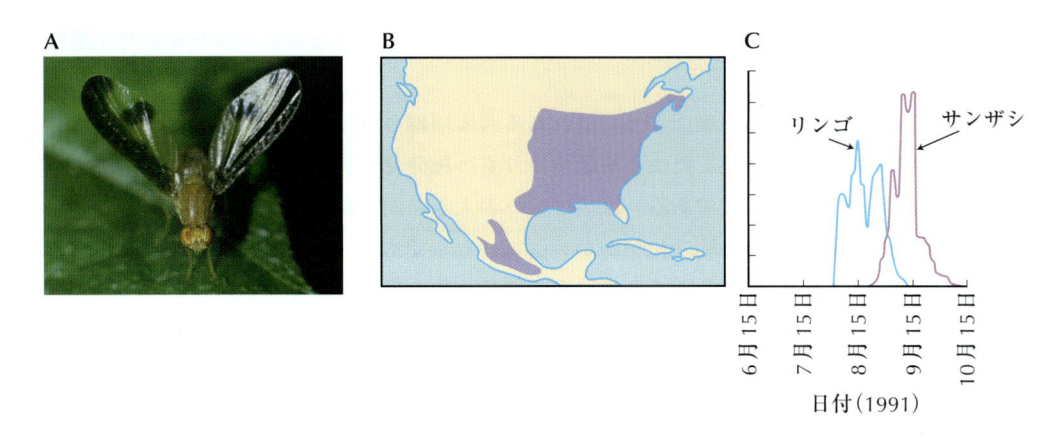

図 22.37 ▪ リンゴミバエ *Rhagoletis pomonella*（A）は，米国からメキシコにかけて分布している（B）。米国北部では，2つの宿主系統が見つかっており，これらはそれぞれリンゴとサンザシを寄主としている。その幼虫は，サンザシを寄主とするものよりもリンゴを寄主とするものの方が 2～3 週間早く出現する（C）。したがって，より暑い時期を過ごし，そしてより長い期間，蛹の状態で冬眠をする必要がある。

そして，翌春に成虫が出現する。リンゴはヨーロッパからの開拓者によって北米に移入された。そして約 150 年前に *R. pomonella* はこの新しい寄主植物種を利用し始めた。現在では，2つの宿主系統（リンゴとサンザシ）が米国の北東部で共存している。これら2つの宿主系統間には寄主の好みと成虫として出現する時期に違いがみられる（リンゴの花の方がサンザシよりも数週間早く開花する）（図 22.37C）。これにより異なる宿主系統は同時に交配ができる状況にはない傾向がみられ，いくらか時間による隔離が生じている。さらに，異なる宿主系統の配偶行動に対する好みの違いによって系統間の交雑が約 5% 下がっている。最後に，間違った寄主植物で育ったハエは適切に休眠期に入ることができず，そのため高い死亡率を示すことになる。

　この2つの系統間では，ゲノム上の3つの領域にマップされている6つのアロザイムの遺伝子座において，その対立遺伝子頻度が異なっている。これは驚くべきことである。なぜなら，アロザイムそれ自体に対して直接，自然選択が働かない限り，宿主系統間の遺伝子流動があれば，すぐにこのような違いは除去されてしまうだろうからである。この謎は最近，これらの系統は3つの染色体逆位によっても異なっており，これによってゲノムのおよそ半分の領域で遺伝的組換えが起こらないようになっていることが発見されたことで解決した。したがって，これらのアロザイム・マーカーは自然選択がかかっている遺伝子群のブロックと連鎖しており，強い自然選択がこれら3つの連鎖したブロックに働くことができたのである。リンゴにつく系統でみいだされた逆位は，メキシコ産のものに起源していた。そして，この系統はより南の地域に起源していることで，より早く実をつけるように前適応をしていたのかもしれない。おそらく，メキシコで見つかる3つのうち1つの逆位をもつ系統が，リンゴの栽培によって創出された新しい生態的地位を利用することによって北東部の集団に侵入したのだろう。そして，新しい寄主植物に適応するように染色体逆位の中の遺伝子群が進化した。さらにもう2つの逆位を獲得して現在みられるような多型になり，初期の多型が強化されたのだろう。このシナリオには，側所的種分化と同所的種分化の両方の要素が含まれている。

　生殖的隔離にかかわる遺伝子群と染色体逆位とが関連していることは，先に議論した *D. pseudoobscura/D. persimilis* の事例と非常によく似ている。どちらの場合も，染色体逆位によ

って遺伝的組換えが抑制されて，別々の生態的地位に適応した異なる組み合わせの対立遺伝子群の進化が促進されている。

　一般的にいって，ある地域集団が一時的にある程度隔離されて種分化したことや，幅広く連続的な分布域の中で種分化したことを示すよりも，種分化が真に同所的に起こったことを示すことの方がはるかに困難である。東アフリカの大きな湖で起こった魚シクリッドの著しい放散的種分化には，集団の細分化がかかわっていそうである。少なくとも，湖の沿岸部に生息している種群についてはそうである。同所的種分化の最もありそうな例としては，カメルーンの隔離された火口湖のシクリッドがある(図 22.33)。この例では，これらの湖が小さく，そして湖の形が円錐形で湖底がでこぼこしていないことから地理的隔離が起きそうにないからである。

▪ 要約

　進化の連続性によって，種の間に明瞭な境界線を引くことはむずかしい。それでもやはり生物は，その遺伝的な関係とそれが適応している不連続的な生態的地位が原因で確かにそれぞれ個別の型にまとまるものである。無性生殖をする生物では，その形態的なまとまりに従って"種"に整理するしかない。しかし，有性生殖をする生物では，最も明確な種の定義は生物学的種であり，それは個々の遺伝子プールに対応したものである。

　無性生殖をするクローンや倍数体の種は，たった1回の出来事によっても形成されうる。しかし多くの場合には，生殖的隔離はゆっくりと時間をかけて強められていく。生殖的隔離は遺伝的分化の副産物として，それが他の種の遺伝的背景の下に導入されたときに問題を生じさせる対立遺伝子によって引き起こされる。これらの雑種不和合性は通常劣性なので，性染色体上でたった1つのコピーだけしか存在しない状況のときに表現型として現れる傾向がみられる。

　一見すると，自然選択は生殖的隔離が進化するのを阻害する方に働くので，種分化には遺伝的浮動が必須であるように思われるだろう。しかしながら，種分化は Dobzhansky–Muller モデルによって説明されるように一時的にせよ適応度をまったく下げることなく起こりうるのである。もし，種分化が正の自然選択によって促進されるのであれば，側所的な状況で遺伝子流動があっても種分化は起こりうる。

　この章では，2種類の多様性の間の関係を調べてきた。それは，種内にみられる遺伝的多様性，ならびにある1つの場所で共存している種群の多様性である。いずれの変異も異なる生態的資源がどの範囲に存在しているかに依存している。もし複数の遺伝子型が異なる資源を利用して，それらの間の競争を低減することによって異なる種が共存できるようになっているのであれば，頻度依存性選択によって種の多型が維持され続けることが可能である。原理的にいうと，自然選択によって異なる資源を利用する複数の遺伝子型間の交雑が減少し，それは同所的種分化へとつながっていく。このような可能性は，大きな問題を進化生物学に投げかける。大部分の種分化は他の理由で生じた分化の気まぐれな副産物として起こるだけなのか。それともむしろ種分化は，よく適応した一セットの遺伝子群が遺伝的組換えによって崩壊することを減らすための適応として自然選択によって促進されるものなのか。次章では，これと逆の問題，すなわち，性と遺伝的組換えは種が多様な生態的地位に適応するのを阻害するにもかかわらず，なぜこれほど多くの種が高い割合で性と遺伝的組換えを保持しているのかについてみていくことにする。

■ 文献

Coyne J.A. and Orr H.A. 2004. *Speciation*. Sinauer Press, Sunderland, Massachussetts.

本章で取り上げたすべての話題についての優れた，しかも最新の総説。

Howard D.J. and Berlocher S.H. 1997. *Endless forms: Species and speciation*. Oxford University Press, Oxford.

種の起源に関する多様な見方を示した論文集。

Orr H.A. 1997. Haldane's rule. *Annu. Rev. Ecol. Syst.* **28:** 195–218.

ホールデン則が基本的に成り立つ理由が解明された直後に書かれた優れた総説。

Orr H.A. and Presgraves D.C. 2000. Speciation by postzygotic isolation: Forces, genes and molecules. *BioEssays* **22:** 1085–1094.

生殖的隔離の遺伝学的基盤に関する総説。下(*Trends Ecol. Evol.* **16(7)**)で引用したそれ以外の種差についての総説を補足するものである。より最新の情報がオンライン・ノートにある。

Schluter D. 1996. Ecological causes of adaptive radiation. *Am. Nat.* **148:** S40–S64; Schluter D. 2000. *The ecology of adaptive radiation*. Oxford University Press, Oxford.

多くの種が多様な生態的地位を占めるように形成される適応放散的種分化について，Schluterが考察している。

Trends Ecol. Evol. 2001. **16(7):** 325–413.

種分化に関する特集号。Heyによる種概念についての考察，Orrによる種差の遺伝学に関する総説，Turelliらによる理論的研究の総説，そしてSchluterによる生態的要因の重要性についての議論が収録されている。

シクリッドの適応放散的種分化について

Danley P.D. and Kocher T.D. 2001. Speciation in rapidly diverging systems: Lessons from Lake Malawi. *Mol. Ecol.* **10:** 1075–1086; Kornfield I. and Smith P.F. 2000. African cichlid fishes: Model systems for evolutionary biology. *Annu. Rev. Ecol. Syst.* **31:** 163–196.

シクリッドの適応放散的種分化について最新の優れた総説。

Goldschmidt T. 1998. *Darwin's dreampond: Drama in Lake Victoria*. MIT Press, Cambridge, Massachusetts.

シクリッドの著しい多様性についてのわかりやすい一般向け解説書。

CHAPTER 23

遺伝システムの進化

　本書の第II部では、生命の歴史をたどってきた。最初に出現した自己複製分子の染色体や細胞への集積に始まり、DNAとタンパク質の間での遺伝情報の保持と翻訳の分業の進化、細胞小器官どうしの協力と規則的な減数分裂で特徴づけられる共生による真核細胞の進化、多様な生命のあり方を可能とした多細胞生物による複雑な形態と行動の進化へと至る歴史である。このような進化の結果、ヒトを含めた生物は多くの際立った特徴を備えた洗練された遺伝システムを獲得したのである。驚くほど正確な複製、組換えで新しい遺伝子型を作り出す有性生殖による接合、減数分裂時の公平な対立遺伝子の分離、性の分離と**異系交配**（outcrossing）を促す多様な仕組みから構成される二倍体を主とした生活環、複雑な有機体を確実に生成する頑健な発生機構、これらはすべて現在の遺伝システムが有する特徴なのである。

　これまでの章では、これらの遺伝システムの特徴は、ほとんど所与のものとして扱い、この遺伝システムの下で起こる現象を追求してきた。例えば、集団遺伝学では集団の遺伝的構成がどう変わるかを知るために、メンデル遺伝の法則と遺伝子型の適応度を所与のものとして利用する。第18章では、自然選択（自然淘汰）が突然変異や組換えという過程とどのように相互作用して遺伝的変異に影響を与えるかをみてきた。また、第20章では、性選択がどのように複雑で非適応的にみえる行動を進化させうるかを調べてきた。第22章では、1つの生物集団がどのように種分化するかをみてきた。しかしながら進化生物学は、遺伝システムの下で起こる進化的現象の理解だけでなく、遺伝システムそのものについても、なぜ遺伝や発生の仕組みが現在のような特徴をもっているのかについても理解しようと試みるのである。

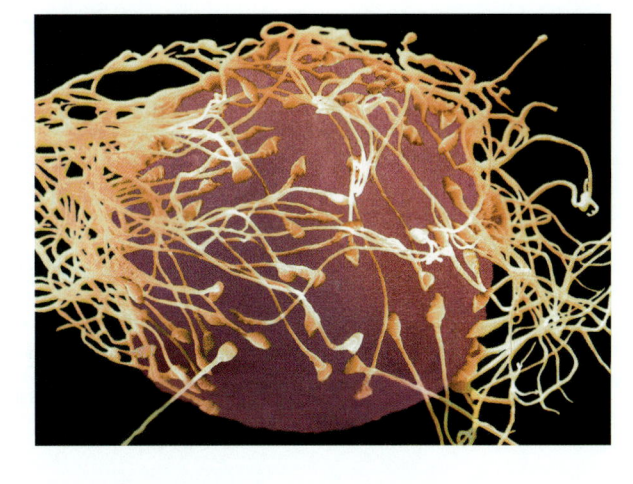

23.1 遺伝システムの進化を研究する

遺伝システムのどんな特徴も進化する

　遺伝システム（genetic system）のもつあらゆる点が進化的な問題となる。突然変異率はど

うやって決まるのだろうか。どうして有性生殖はこんなに広がっているのだろうか。どうして異なる2つの性があって，雄と呼ばれる性は小さな精子や花粉を作り，雌と呼ばれる性は大きな卵や胚珠を作るのだろうか。遺伝子の発現を制御するネットワークの構造はどうやって決まるのだろうか。今日の進化生物学の多くは，このような問いに取り組んでいるのである。

　しかし，このような遺伝システムの進化に関する問題は研究がむずかしい。減数分裂や遺伝暗号のような遺伝システムの主要な特徴の多くは，ユニークである。これらは遠い過去に一度だけ進化した形質なのである。そのため，これらの研究に，実験や比較の方法を使うことはほとんど不可能である。また遺伝システムの多くの特徴は，偶然によって固定されたものかもしれない。例えば，Francis Crick（フランシス・クリック）は，現在の遺伝暗号はいわば"偶然が凍結したもの"であり，特定の遺伝子がどのようにコードされているのかは，ほとんどが偶然によるものだと論じている。つまり，遺伝システムの研究にどれだけ一般的な説明を期待できるか，遺伝システムの特徴がどのくらい偶然による固定ではなく，自然選択による適応の結果だと理解できるかを，あらかじめ知ることは困難なのである。

　20世紀を通じて，遺伝システムは"種の利益のために"進化するのだと考えられてきた。確かに，このような考え方にも一理ある。例えば，異なる突然変異率をもった無性的なクローン間の競争や，有性生殖集団とそこから生じた無性生殖集団の競争を，競合するそれぞれの集団を単位とした平均適応度によって理解することができる。また，**種選択**（species selection, p.660）という考え方も，有性生殖が無性生殖に対して優勢であることの説明に一部使われる。しかし，種や集団を選択の単位とした議論では，現在の遺伝システムの特徴が，無性生殖集団の個体間の変異の違いからどのように生まれ，現在どのように維持されているかは，十分に理解できない。実際，突然変異率，組換え率，自殖率といった遺伝システムのほとんどには変異がある。したがって，変異があるにもかかわらず，遺伝システムが一般的には安定でありうることを説明する必要がある。1960年代から1970年代にかけて（p.37），Maynard Smith（メイナード・スミス）やGeorge Williams（ジョージ・ウィリアムス）らの努力によって，**群選択**（group selection）や種選択に基づいた遺伝システムの進化に関する説明が適切でないことが理解された。そのおかげで，現在，遺伝システムの研究が活発になったのである。

遺伝システムの進化を研究する4つの方法

　なぜある特徴がグループあるいは個体レベルで自然選択上有利となるのかを検討するとき，ことば（日常言語）による議論には注意する必要がある。日常言語による議論を正確に定義し，そこから結果を導き出すためには，数理モデルやコンピュータシミュレーションによる解析が必要になることが多い。遺伝システムの進化の理論的検討は，集団遺伝学の初期のころまでさかのぼる。今日，この分野における進展の多くは，表面上は異なってみえる多様なモデルが一般的な意味で互いに関係し合っていることがわかってきたことによる。この章でみるように，現在では，遺伝システムの進化を論じるための明快な理論的枠組みができている。

　理論の重要な役割の1つは，遺伝システムの進化に影響を与える鍵となる量を見つけだすことにある。例えば後でみるように，有性生殖は有害な突然変異を除去するうえで役立つ場合には進化しうるのだが，それは有害な突然変異全体の発生率が十分に高い場合に限られる。この理論的予測は，有害突然変異全体の発生率，適応度の相加遺伝分散，適応的な置換

率（19章）といった量を測定しようとする努力の原動力となったのである。

　すべての生物は基本的には同じ遺伝的装置を共有しているにもかかわらず，非常に大きな多様性も存在している。そのため，種間比較や例外的な生活環をもった生物の研究から重要な証拠が得られている。これらの種間比較は分子データ（27章［オンラインチャプター］参照）から推定されたすぐれた系統樹に基づいて，統計的に厳密な方法でなされてきた。さらに，近年利用が可能になってきた完全なゲノムの塩基配列データを使うことで，ゲノム上の異なる塩基配列部分（例えば，組換え率の高い領域と低い領域，図19.21）を互いに比較することもできるのである。

　ショウジョウバエや酵母，大腸菌といった増殖の速い生物，さらには実験室で複製するRNA分子（図17.2）を使うことで，実験的に遺伝システムの進化を研究することも可能である。遺伝システム上で特定の選択をかけることも可能であり（例えば，高い組換え率に対する選択をかけることができる），異なった突然変異率，組換え率，有性生殖率の選択の結果を調べることもできる。もちろん，このような実験は実験室で飼育可能な少数の分析可能な生物に限られるが，これらの実験によって少なくともいくつかの理論の妥当性が確認されたのである。

　この章では，理論，観察，比較，実験の4つの方法すべてについて説明する。これまでもこれらの方法については多くの事例をみてきたし，遺伝システムの進化に関しても，すでに，遺伝暗号の進化（第4章），配偶における選好の進化（第20章），利己的な遺伝的因子による搾取状況下での公平な減数分裂の維持（第21章）について検討してきた。この章の次節以降では，突然変異率の進化，有性生殖と組換えの進化，遺伝的調節と発生の進化の3つの問題について検討する。これら3つの遺伝システムの特徴は，すべて自然選択が働く素材である遺伝的変異の量に影響を与える。したがって，この章全体を通じて，遺伝的変異の生成のどれだけが自然選択の十分な働きを促進するための適応として理解することができるかを問うていることになるのである。

23.2　突然変異率の進化

有害な突然変異を抑制するためのコストの大きさが，突然変異率の進化を決める

　遺伝物質を完全な精度で複製することはできないため，突然変異は必然的に生じる。しかし，突然変異率自体は，遺伝的に制御されている。第12章では，複製中に起きた塩基配列の間違いを修正する精巧な校正機能と，DNA阻害剤で引き起こされる問題を修復する手の込んだ修復機構をみてきた。このようなエラー修正システムに突然変異が生じると，その遺伝子は，突然変異率を押し上げる**突然変異誘発遺伝子**（mutator，ミューテーター遺伝子）になる。しかし一方で，突然変異率が下げられる可能な限界値までに低くなっていないという証拠もある。実際，ショウジョウバエを使った実験によって，より低い突然変異率を人為選択で作り出すことができているし，大腸菌とバクテリオファージにおいて，突然変異率を低下させる**反突然変異誘発遺伝子**（antimutator）も見つかっている。また，種間比較を行うことによって，突然変異率が遺伝的に制御されているより広範な証拠もみつかっている。DNAをゲノムとする微生物は，ゲノムサイズのオーダーが4桁にわたって違っていても，ゲノム全体としては，かなりよく似た突然変異率をもっている（図12.23）。この事実は，1塩基対あたりの突然変異率は大きく異なることを意味し，小さなゲノムの微生物では，現実の突然

変異率よりもずっと小さな突然変異率に下げうることを示唆している(図 23.1)。

　したがって，突然変異率がなぜ現在の値であるのかを説明する必要がある。そこには，2つの主要な要因が含まれている。まず，突然変異率を下げるには，校正機能や修復機構に必要な代謝上のエネルギーと複製にかかる余分な時間の両方にコストがかかる。次に，突然変異は適応している生物体の遺伝的組み合わせを壊してしまうので，ほとんど常に有害となる(p.440 参照)。個々の突然変異がゲノム全体で蓄積されると，**突然変異荷重**(mutation load)として知られている大きな適応度の低下を引き起こすため，すべての有害突然変異は自然選択によって除去(selective death)されるに違いない(pp.594 〜 595)。しかし一方で，有害突然変異による集団の平均適応度の低下は，自然選択上の悪影響とは独立であった。例えば，無性生殖集団では，U をゲノム全体での突然変異率とした場合，その平均適応度は，e^{-U} 倍だけ低くなる(有性生殖集団では，突然変異荷重の大きさは，これに比べると多少改善される)。人間のように大きな機能的ゲノムを有する生物や，(例えば HIV などの RNA ウイルスのような)非常に変異しやすいゲノムをもつ生物は，限界ぎりぎりの突然変異荷重に近いところで生活しているのかもしれない。

　最も単純な見方をすれば，突然変異荷重を減らそうとする自然選択圧と突然変異率を低下させるのに必要な生理学的なコストのバランスで突然変異率が決まっていると期待できる。無性生殖だけしか行わない生物は，単純にこれら 2 つの要因の妥協によって決まる適応度を最大化するように突然変異率を進化させるべきなのである(図 23.2A)。しかし，突然変異率を低下させるための適応度のコストがどれだけかはわからないため，この理論的予測を検証することはむずかしい。

　一方，有性生殖集団においては，突然変異率は無性生殖集団における最適な突然変異率よりもずっと高い値に進化しうる。これは，突然変異率を上げる遺伝子は，校正と修復のコストを回避することによって，短期的で直接的な適応度上の利得を得ることができるからである。この遺伝子は，突然変異率が上がったことによって自分の近くに生じる有害な突然変異によって，余分な突然変異荷重を被るかもしれない。しかし，組換えを行うことによって，これら有害な突然変異のほとんどを振り切ってしまうことができるのである。したがって，突然変異誘発遺伝子によって生じる突然変異荷重は，その突然変異誘発遺伝子が自分だけで背負い込むのではなく，有性生殖集団全体にばらまかれる(図 23.2B)。ただし，多細胞の真核生物は多くの点で微生物と異なるため，有性生殖集団が実際にこのような理由によって高

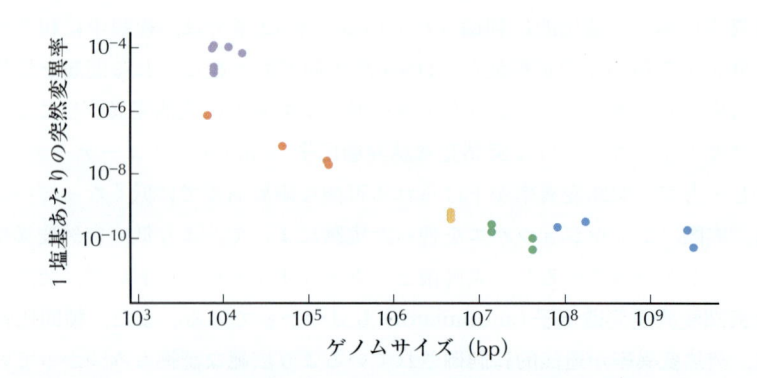

図 23.1・1 塩基配列あたりの突然変異率は，生物によって，約 6 桁の大きさの違いがある。(紫色) RNA ウイルス，(オレンジ色) DNA ウイルス，(黄色) 大腸菌，(黄緑色) 菌類，(青色，左から右に) 線虫，ショウジョウバエ，マウス，ヒト。

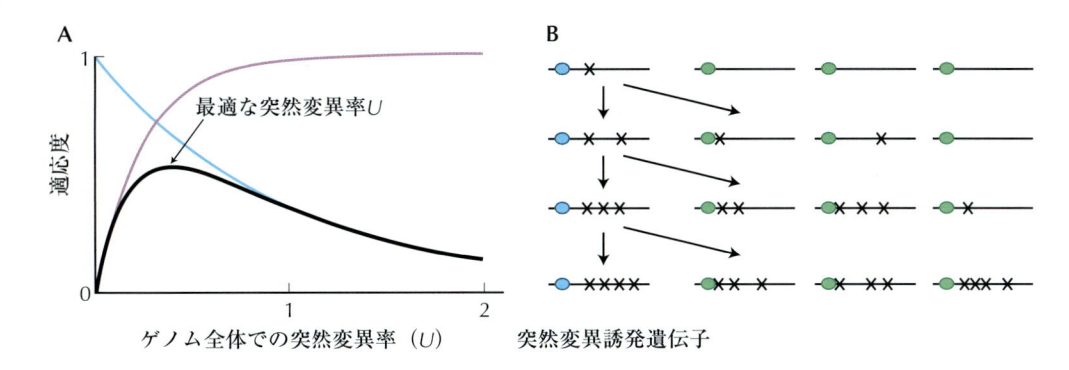

図 23.2 ■ 突然変異率は，突然変異荷重と突然変異率を下げるのに要するコストの妥協の結果として進化する。(A) 無性生殖集団においては，個体の適応度(黒色の曲線)は，その突然変異率の値のときに突然変異の影響によって低下する適応度の大きさ(突然変異率がゼロのときの適応度を1として，何倍に低下するかを比(相対値)で表す。青色の指数関数 $\exp(-U)$ 曲線)と，その突然変異率の値に下げて維持するのに要する生理学的コスト(突然変異率をまったく下げないときの適応度を1として，何倍に低下するかを比(相対値)で表す。紫色の曲線)の積となる。(B) 有性生殖集団においては，無性生殖集団における最適な突然変異率よりも大きな値に進化する。図は，突然変異率を増加させる突然変異誘発遺伝子(青色の円)の効果を表す。時間とともに，突然変異誘発遺伝子によって誘発された有害遺伝子は，このゲノム(染色体)上に蓄積していく(左端の列)。しかし，この有害突然変異は，組換えによって，低い突然変異率を誘発する突然変異誘発遺伝子(緑色の円)をもった別のゲノムに移されてしまう。その結果，高い突然変異率を誘発する突然変異誘発遺伝子は，有害遺伝子の蓄積速度がそれほど速くない平衡状態に落ち着く(最下段)。有性生殖集団の場合，高い突然変異率の進化に対抗する間接的な自然選択は，このようにして起こる。

い突然変異率をもっているのかどうかを知ることはむずかしい。

突然変異誘発遺伝子は，誘発された有益な遺伝子に便乗して広がる場合がある

　突然変異は，自然選択による適応に必要となる変異の究極的な供給源である。したがって，迅速な適応を促進するうえでは，自然選択によって突然変異率が上昇すると期待するのは当然かもしれない。このような自然選択による突然変異率の上昇は，実際，無性生殖集団において起こりうるが，有性生殖集団においては起こりにくいことをこれからみていこう。

　DNA 修復系の一部が傷ついて生じることが多い突然変異誘発遺伝子は，細菌の自然個体群においては驚くほどふつうに存在する。これらは，細菌を使った長期間の人為選択実験の過程において，高い頻度で見つけられてきた。例えば，グルコース制限培地で数千世代にわたって培養された 12 の細菌集団においては，3 つの集団がミスマッチ修復機構に損傷を生じ，その結果として望ましい突然変異をずっと速く集積できるようになった (図 17.32，図 18.5)。これらの突然変異誘発遺伝子が引き起こす突然変異のほとんどが有害であるにもかかわらず，どのようにして高頻度に広がることが可能なのだろうか。

　いま，無性生殖集団がまったく新しい環境に置かれ，その環境に適応するために新しい突然変異の獲得が必要な状況を考えてみよう。もし突然変異誘発遺伝子が，例えばある修復経路の 1 つを壊してしまうことで，突然変異率を大幅に引き上げるとしよう。その場合，その突然変異誘発遺伝子の集団中での頻度がたとえまれであったとしても，最初の有益な突然変異はその突然変異誘発遺伝子によって引き起こされる可能性が高い。その結果，その突然変異誘発遺伝子と誘発された有益な突然変異遺伝子を併せもつゲノムは集団中で頻度を増し，当初集団中の大部分を占めていた低い突然変異率の遺伝子型に置き換わるのである。しか

し，このゲノムが頻度を増していくにつれて，有害な突然変異の蓄積も始まる．その結果として，突然変異誘発遺伝子を含むゲノムの集団は，遠からず，e^{-U} の突然変異荷重にさらされることになるだろう（図 23.3A）．しかし，突然変異誘発遺伝子は，このような事態になる前に無性生殖集団中に固定するかもしれないし，新たに有益な突然変異を獲得することでさらに増殖が加速するかもしれない（図 23.3B,C）．

　図 23.4 は，いま説明したシナリオのいくつかを説明している．$mutS$ ミスマッチ修復遺伝子（ミスマッチ修復の説明に関しては pp.365 〜 366）の損傷によって生じた大腸菌の突然変異誘発遺伝子株の $mutS^-$ は，最初無菌であったマウスの消化管で培養した最初の段階では，常に野生型である $mutS^+$ よりも有利であった．その理由は，おそらく，$mutS^-$ の方が，マウスの消化管に適応するために必要な突然変異をより早く蓄積することができたからであろう（図 23.4B）．この解釈は，突然変異誘発遺伝子株が低頻度で培養されたときに，有利さを失ったことによって支持された．この実験の場合，野生型集団は単純に数が多いという理由で，突然変異誘発遺伝子株よりも早く有益な突然変異を蓄積することが可能だったのであろう．さらに，突然変異誘発遺伝子株が，マウスの消化管内で培養されている間に適応的な突然変異を獲得したことも直接示されている．しかし，突然変異誘発遺伝子株は，同時に，最少培地で成長することを妨げる有害突然変異も蓄積したのである．

　実際に突然変異誘発遺伝子は自然界にも見つかっており，誘発する有益な突然変異を獲得する結果，頻度を増すことも確認されている（例えば，図 23.4）が，それでもこれらは例外的である．ほとんどの集団がそのほとんどの時間で，非常に低い突然変異率なのである．したがって，突然変異誘発遺伝子をもった集団は，不可避的に蓄積する有害遺伝子の突然変異荷重によって絶滅するか，低い突然変異率に戻るかしなければならない．以上，ほとんど遺伝子を交換することがない細菌の集団について話を進めてきたが，自然界で優勢な有性生殖集

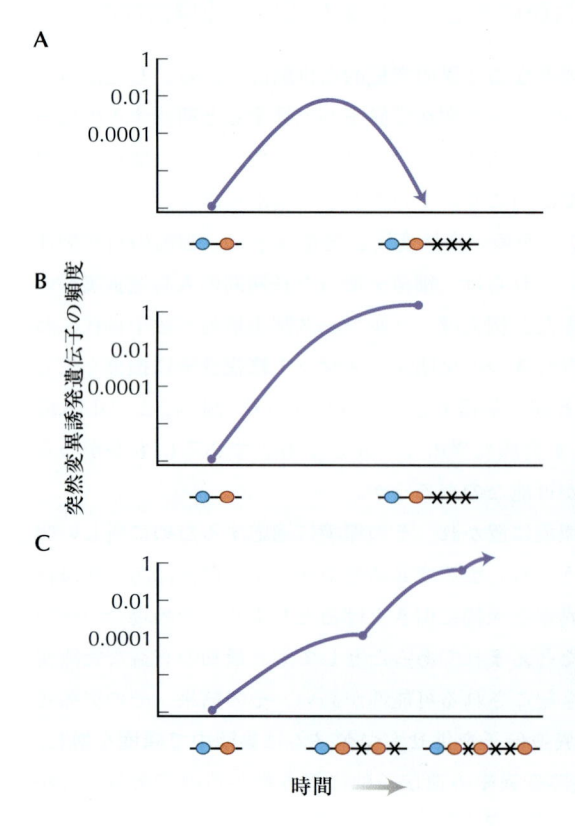

図 23.3 ■ 無性生殖集団においては，突然変異誘発遺伝子は，誘発される有益な遺伝子の効果によって遺伝子頻度を増加しうる．(A) 突然変異誘発遺伝子（青色の円）が大きな突然変異率の増加を引き起こす場合，この突然変異誘発遺伝子の頻度が最初低かったとしても，最も有益な突然変異（赤色の円）はこの突然変異誘発遺伝子によって引き起こされるだろう．突然変異誘発遺伝子は，有益な突然変異とともに頻度を増していくだろうが，その過程で有害突然変異（×で表す）の荷重も蓄積していき，その結果，集団から排除されるかもしれない (A, 右端)．しかし，他のシナリオも考えられる．突然変異誘発遺伝子は，突然変異荷重によって集団から消え去る前に固定するかもしれないし (B)，突然変異荷重を蓄積しながらも，次々と有益な遺伝子を獲得することで，頻度が増加し続けるかもしれない (C)．

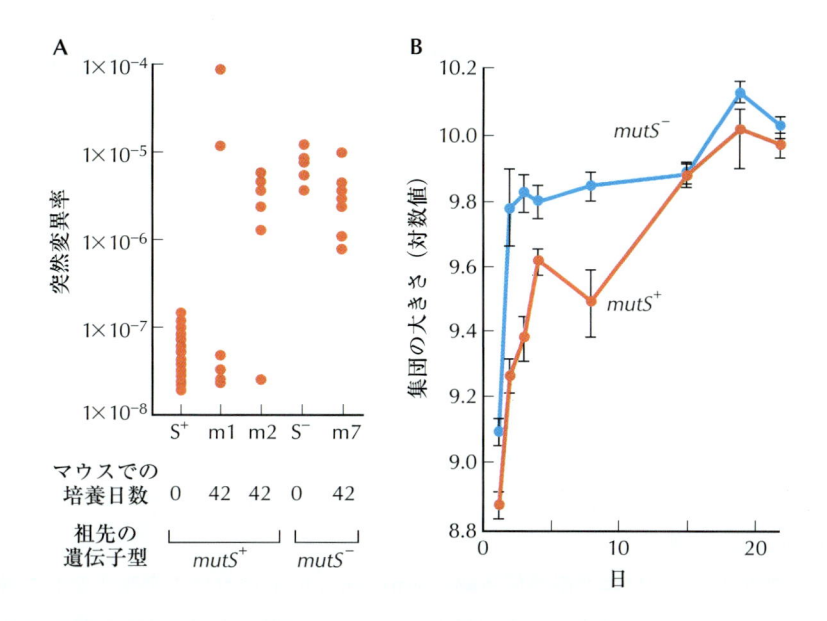

図23.4 ・ 大腸菌の突然変異誘発遺伝子株は，マウスの消化管の中で培養された場合，有利となる。(A)突然変異誘発遺伝子株($mutS^-$)と野生型($mutS^+$)を比べた場合，突然変異率は2桁異なる(図AのS$^-$とS$^+$)。消化管内で6週間の培養後，ほとんどの株は最初の突然変異率のままだった。しかし，2匹のマウス(m1，m2)から，高い突然変異率のクローンが分離された。これらの突然変異株は，$mutS^+$株の自然な突然変異から生じたのである。逆に，$mutS^-$細菌株を移植されたマウスの1匹には，低い突然変異率を進化させたクローンが見つかった(図Aのm7)。(B)突然変異誘発遺伝子株($mutS^-$)は，移植の初期段階においては，野生型に対して際立って有利となる。

団の場合には，突然変異誘発遺伝子は，自らが誘発する有益な突然変異によって有利となることはなさそうである。有益な突然変異は，組換えによってすぐに離れていってしまうからだ。

高い突然変異率は，ほんとうに早い適応へと結びつくのだろうか。植物や動物の育種では，人為選択への応答速度を高めるために突然変異原を用いることに意義があるとは考えられていない。特定の分子を改良することを目的とした試験管での実験でさえ，突然変異原は特定の部位に働くように調整されて使われる(例えば，図17.2)。次節で述べるように，有用な変異を作り出す方法としては，突然変異は組換えに比べて格段に効率の悪い方法なのである。

適応の速度が突然変異率によって制約を受けないであろういくつかの理由がある。第1に，大きな集団においては，すべての可能な1塩基の変化は，各世代に何回も起こりうる(1塩基あたりの突然変異率の逆数よりずっと大きな集団，例えば，10^9個体以上の集団の場合にあてはまる)。第2に，適応を律速する要因は，突然変異の回数よりは生物的・物理的な環境が変化する頻度だと考える方がよりもっともらしい。最後に，無性生殖集団においては，突然変異は，連続して固定しなければならない(図23.18)。もし多くの異なる有益な突然変異がほぼ同時に生じたとすると，それらは互いに競合するから，1つしか固定できないことになる(**クローン間干渉**[clonal interference]と呼ばれる)。しかし，有性生殖集団においては，組換えによって同時に異なる突然変異を取り込むことが可能なため，ずっと早く適応が進むのである。

いくつかの遺伝子は，自分自身の突然変異率を引き上げる仕組みを進化させた

　もし，生物が最適な表現型に到達したとすれば，安定な環境下では，ほとんど大部分の突然変異は有害となり，自然選択によって突然変異率は最小限に抑えられるだろう。しかし，環境は定常ではないため，遺伝子のなかには新しい適応的な変異を生み出すために，ランダムな変化が起こるように自然選択されたものもある。環境変動によって，特定の遺伝子座に高い突然変異が進化しうることを，細菌の病原体とその宿主の間の共進化から生まれる多様化選択の事例でみていくことにしよう。宿主と病原体の間には，絶え間ない軍拡競争が発生する。その結果，病原体には，宿主の防御をかいくぐるための新しい変異を生み出す自然選択が働き，宿主には，これに対抗する適応を促す自然選択が働く（pp.549 〜 551 参照）。このような**赤の女王**（Red Queen）タイプの共進化においては，この相互作用にかかわる遺伝子群に急速な変化を促すとともに，ゲノムの特定の部位に高い突然変異率をもたらす**間接選択**（indirect selection）が働く。

　病原性の細菌は特定の**危険準備遺伝子座**（contingency loci）における突然変異率を増大させる多様な仕組みを進化させてきた。そのほとんどが，複製時における DNA 鎖のずれの結果生じた，コピー数が異なる短い塩基配列の重複（**マイクロサテライト**［microsatellite］と呼ばれる）を含んでいる（pp.358 〜 376）。ほかにも，ゲノム内の非相同配列間の組換えや**遺伝子変換**（gene conversion）といった仕組みがある。これらの多様な仕組みの効果とは，ランダムに遺伝子の発現を引き起こしたり，RNA やタンパク質の配列にランダムな変異を起こすことにあるのだろう。

　多様性を生み出す特別な仕組みのなかでも最も注目に値する事例は，第 9 章で説明した脊椎動物の免疫系である。脊椎動物の免疫系は，B 細胞と T 細胞と呼ばれる 2 つの鍵となる構成要素をもっている。両者は，細胞の表面に**抗体**（antibody）をもち，それを分泌するとともに，T 細胞はさらにその表面に特別な受容体分子をもっている。これらの抗体と T 細胞の受容体はタンパク質の**免疫グロブリン**（immunoglobulin）スーパーファミリーの一員であり，その多様性は同じようなやり方で生み出される。

　この免疫システムの有効性は抗体の膨大な多様性の創出機構にあり，これによって特定の B 細胞がほとんどすべての外来**抗原**（antigen）を認識できるようになる。この多様性はいくつかの仕組みで生み出され，抗体の抗原を認識する部位に高い体細胞突然変異を引き起こす（図 9.10）。同時に，これらは少なくとも 10^{10} もの異なる抗体の配列を B 細胞に作り出す。B 細胞のクローンが免疫反応時に増殖する際に，体細胞突然変異によってさらに大きな多様性が生み出される。抗原に対して最も親和性の高い B 細胞が選択されることで，より高度な特異性が獲得される。この免疫応答は，体細胞突然変異で生み出された変異に選択がかかることによって完成するのである。

　これまで述べてきた細菌の事例では，変異は，異なる発生段階（例えば，インフルエンザ菌 H. influenzae の鞭毛形成と莢膜形成）の切り換えを引き起こすか，宿主の免疫応答をかいくぐるのに役立つ細胞表面の抗原の変異（例えば，H. influenzae のリポ多糖）を引き起こすことで有利となる（詳細については，ウェブノートを参照）。一方，脊椎動物の免疫系によって生み出される多様性は，免疫応答に必要となる並外れた特異性を獲得するうえで，異なる B 細胞あるいは T 細胞に選択をかけるための素材を提供することで有利となる。この章の残りでは，適応的な自然選択を促進するのに役立つ変異を，性や組換えがどのように生み出すかをみていこう。

23.3 性と組換えの進化

ほとんどすべての生物が，広い意味での組換えを行っている

この章の多くは，なぜほとんどすべての生物が，**性**（sex）と**組換え**（recombination）と呼ばれる遺伝システムをもっているのかという問題の説明にあてられる。性（有性生殖）とは，1つの個体に異なるタイプのゲノムを混ぜ合わせることである。ふつう性といえば，真核生物に典型的な，接合子を形成するための配偶子の**接合**（syngamy，シンガミーと呼ばれることもある。図 23.5A）を思い浮かべる。しかしここでは，性という用語を，真正細菌や古細菌のゲノムが他のゲノムの断片を取り込めるようなさまざまな仕組み（図 23.5B，また，pp.200〜210）を含めて，広い意味で使うことにする。

組換えとは，遺伝子どうしの新しい組み合わせを作り出すことである。**減数分裂**（meiosis）においては，組換えは，全染色体の**分離**（segregation）と相同な染色体どうしの**交差**（crossing over）という 2 つの方法によって実現されている。どちらも，両親から受け継いだ遺伝子を含んだ新しいゲノムを作り出すという同じ結果をもたらすので，両方とも組換えの異なる実現方法とみるのである。この節のほとんどでは，真核生物の減数分裂時の組換えを考える。しかし，繰り返しになるが，真正細菌や古細菌も組換えによって新しい遺伝子型を作りうる（図 23.5B，pp.200〜210）。

真核生物の鍵となる特徴の 1 つは，性と組換えを含んだ生活環をもつことである（第 8 章，

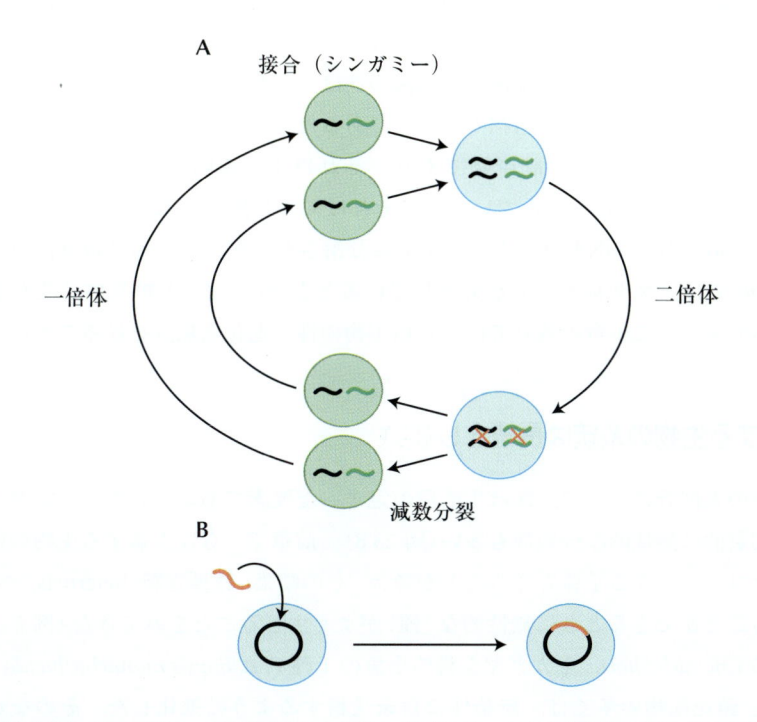

図 23.5 ▪ 真核生物における性と，真正細菌や古細菌における性。(A) 真核生物の基本的な生活環は，二倍体を作り出すための一倍体細胞の接合（シンガミー）と，減数分裂によって二倍体から一倍体細胞を作り出すことからできている。図は，2 本の染色体からなるゲノムを表す。組換えは，減数分裂時の全染色体の分離と交差（赤色の×）によって起こる。(B) 真正細菌と古細菌では，性は非対称であり，繁殖過程（例えば，細胞分裂）を含まない。形質転換，形質導入，接合によって DNA の 1 断片が染色体に挿入される。

pp.242〜243)。したがって，この生活環は必然的に，一倍体(半数体)の相(単相)と二倍体の相(複相)の交代(核相交代)を含むことになる。つまり，一倍体の配偶子の有性生殖による接合によって二倍体の接合子(zygote)が作られ，二倍体の細胞の減数分裂によって一倍体の子孫が作られるのである(図 23.5A)。性は，生活環の一時期に定期的に出現するものかもしれない。実際，ヒトのような動物においては，性と減数分裂は繁殖に不可欠だからである(図 23.6A)。しかし，生物には，性をもたずに繁殖できるものもいる(例えば，植物の栄養繁殖，**刺胞動物**[cnidarian]のヒドラの出芽による繁殖，単細胞の微生物の体細胞分裂などがある)。しかし，真核生物の大部分においては，性は特定の季節あるいは特定の環境下で定期的に出現するものなのである(図 23.6B 〜 D)。

　性と組換えが生活環の規則的な要素であったとしても，組換えの有効な頻度はかなり変動しうる。つまり，染色体の数によって分離によって起こる組換えの量が決まり，交差の位置によって2つの遺伝子が組換えによって分離される確率が決まる(図 23.7)。さらに，1塩基対あたりの組換え率には大きな違いがある(pp.470〜472)。また，同一の二倍体個体由来の配偶子が接合して自家受精することもよくある(例えば，宿主であるヒトがただ1つの接合子由来のマラリア原虫に感染している場合，次に蚊に吸血された際，それらの原虫が配偶することで自家受精が起こる [図 23.6C])。もし二倍体の親が少なくとも1つ以上の遺伝子座でヘテロ接合であれば，配偶子は新しい遺伝子型を作り出す。しかし，自家受精が続くと急速に1つのホモ接合の遺伝子型に固定してしまい，固定後の組換えは効果がなくなる。したがって，自家受精を続けると，有効な組換え率は低い値になってしまうのである。

　真正細菌や古細菌では減数分裂は起こらないが，それでも時折，**接合**(conjugation)や**形質導入**(transduction)，**形質転換**(transformation)によって遺伝子を転移することができる(pp.200〜210)。実際，これらの生物が長期的に生き残るうえでは，時折，性を出現させることは本質的に重要であり，抗生物質への耐性のような有利な形質を広げるうえでも明白な利益をもたらす。しかし，真正細菌や古細菌の性は，それ自身が自然選択によって進化した適応的産物というよりも，他の過程の副産物であるだろう。接合と形質転換は，プラスミドやウイルスが伝播する過程の副産物であり，それ以上の説明は不要だろう。形質転換はDNA断片の取り込み過程を含んでいるが，それは栄養分摂取が第1の目的だったのだろう。なぜなら，摂取されたDNAはヌクレオチドに分解され，例えば，通性嫌気性桿菌の1種の*Haemophilus*では，ヌクレオチドが欠乏しているときだけ，DNA摂取に必要な遺伝子が発現するからである。この章の残りでは，真核生物の性の進化に焦点を絞ることにする。

無性生殖する生物の系統は長続きしない

　真核生物の大部分にとって，性は生活環の定まった要素である。しかし，完全に無性的な分類群や実質的に無性的な分類群も多い(図 23.8)。前章で，有性生殖する生物の種間雑種が，遺伝的なクローンとなる子孫を作ることができ，その結果，**雑種強勢**(heterosis，ヘテロシス)を維持することができるときに無性的な"種"がよく生じることをみてきた(例えば，ハシリトカゲ属の*Cnemidophorus*やカダヤシ科の小魚の1種*Poeciliopsis monacha/lucida*がいる [図 23.8A,B])。顕花植物の多くは，無条件に自家受粉するように進化した。そのなかには，ずっと数が少なくなるが，遺伝的にクローンとなる種子を作れるものもある(例えば，図 23.8C)。これらの植物は，自家受粉の継続によるヘテロ接合体の消失と**近交弱勢**(inbreeding depression)を回避できる。また，植物の多くは，ヒドラのような動物が行うように，無性的に繁殖する。

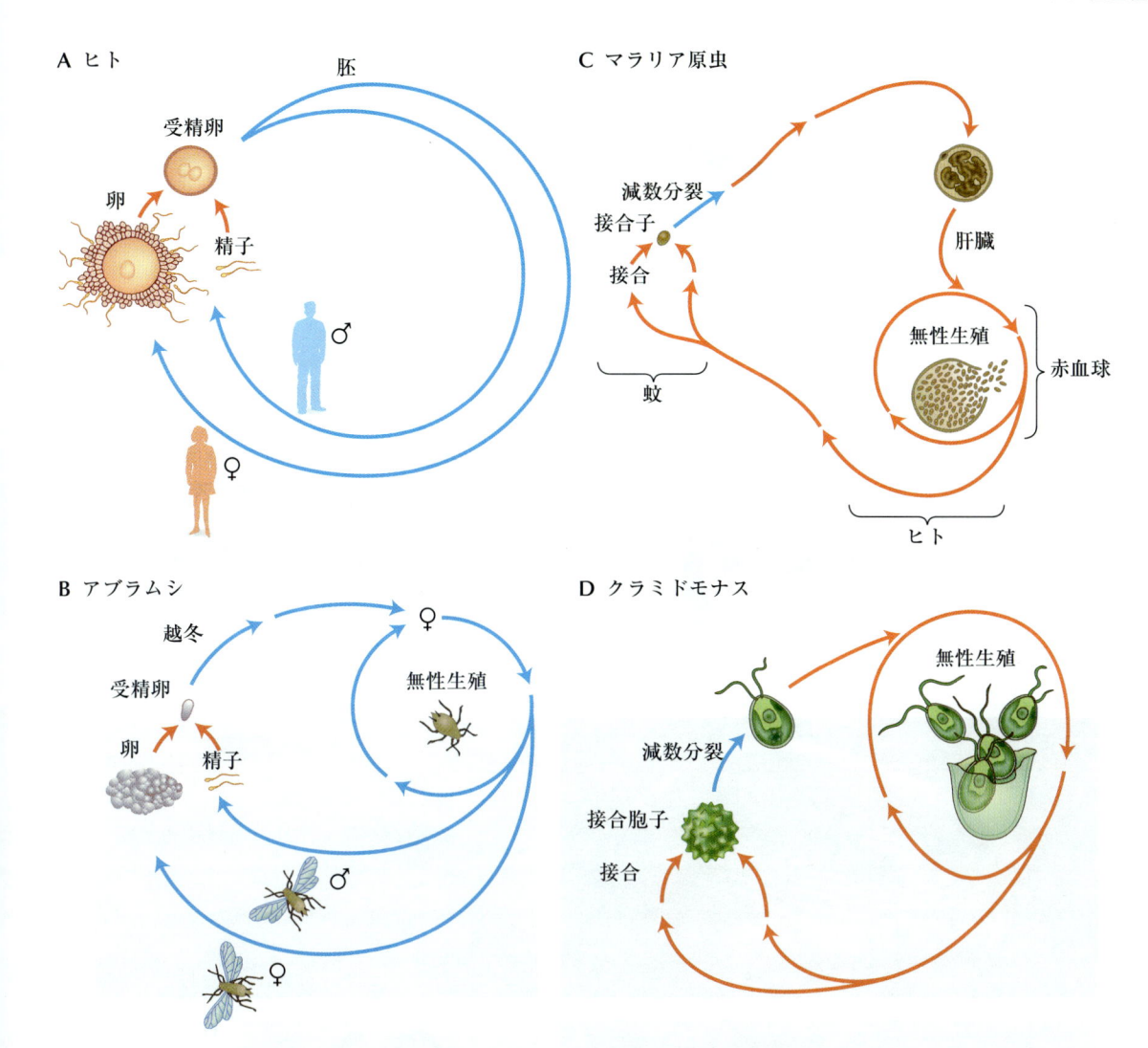

図 23.6 ● 真核生物の生活環の例。(A) ヒトの雄と雌は，減数分裂によって卵と精子を作り出すが，それらは受精して二倍体の接合子となり，新しい雄あるいは雌の成体となる。性は繁殖に必要であり，一倍体の相（赤色）では分裂しない。(B) アブラムシでも生活環は，性が条件的であることを除けば，ヒトとよく似ている。雌は，春と夏の間は単為生殖的に繁殖し，遺伝的に同じ娘を作る。夏の終わりに，二倍体の雄と雌が作られる。これらの雄と雌は，減数分裂によって，一倍体の精子と卵を作り出し，これらが接合して越冬するための受精卵が作られる。受精卵は，次の春に孵化して単為生殖する雌を作る。(C) マラリアの原因となるマラリア原虫 *Plasmodium* は，生活環のほとんどを一倍体として過ごす。原虫は，宿主の体内で何世代かを無性生殖体で過ごすが，最初に肝臓，次いで赤血球内で無性的に繁殖する。何匹かの一倍体の無性生殖体は，生殖母細胞に分化し，吸血時に蚊の体内に取り込まれる。これらの生殖母細胞は蚊の消化管内で接合して接合子となり，すぐに減数分裂を行って，新たな生活環を始める。(D) 緑藻の1種クラミドモナスはマラリア原虫とよく似た生活環をもち，生活環のほとんどを一倍体として過ごす。しかし，有性生殖は，今度は栄養条件の変化によって開始され，非常に耐性の強い接合胞子を作り出す。栄養条件がよくなると，この接合胞子は減数分裂を行って，孵化して新しい一倍体の細胞を作り出す。各生活環の一倍体の相は赤色で，二倍体の相は青色で示す。

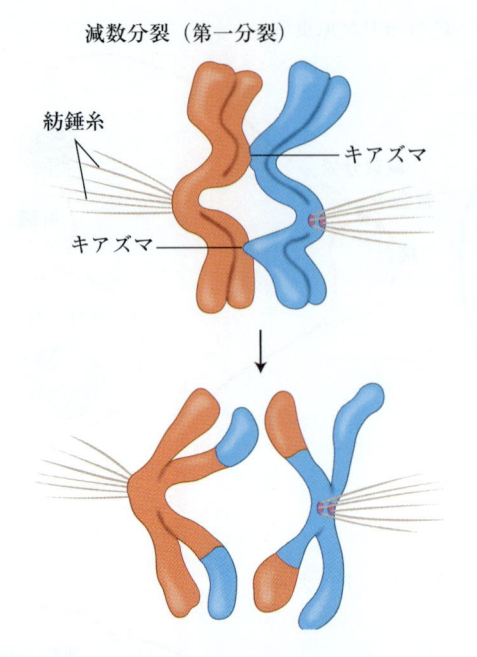

図 23.7 ● 相同染色体が減数分裂時に適切に分離するには，少なくとも1か所で交差が起こる必要がある。減数分裂の第一分裂時，相同染色体は紡錘糸に付着して，反対の方向に引かれる。**キアズマ**（chiasmata）によって，互いにしばらくの間くっついているが，この付着によって正確な分離が可能となる。しかし，もしこの交差が染色体の末端で起こった場合，効率的な組換えが起こる遺伝子はほとんどない。

図 23.8 ● 真核生物における無性生殖の例。（A）すべてが雌であるハシリトカゲの1種 Cnemidophorus uniparens と（B）カダヤシ科の小魚 Poeciliopsis monacha/lucida は2つの有性生殖種の雑種であり，どちらも二倍体の卵を産み，遺伝的に同じ子供を作ることができる。Bでは，発生が開始するためには，P. monacha の精子によって受精する必要があるが，精子のゲノムは捨てられる（大きいほうの魚が Poeciliopsis monacha-lucida で，2匹の小さな魚が P. monacha の雄である）。（C）キリ科エゾノチチコグサ属の1種 Antennaria parvifolia という植物は，有性生殖する雌と無性生殖する雌の両方をもっている。（D）単為生殖するカイミジンコ Darwinula stevensoni。右下の嚢内の卵に注意。この種のすべての化石にこのような卵がみつかっており，この種がおよそ1億年の間無性生殖だったことを示唆している（しかし，最近になって生きた雄がみつかり，これらが機会的に有性生殖する可能性が示唆されている）。

無性生殖種は，短期的には成功し，遺伝的に近い有性生殖種よりもずっと広い地域に広がることが多いかもしれない。しかし，進化的な時間スケールでみると，無性生殖種は，ほとんどの場合に長く存続しない。このことは，系統樹上の分布をみれば一番はっきりする。無性生殖種は，系統樹の末端にあり，子孫種を生み出すことはめったにない（図 23.9）。この傾向は，2 つのタイプの**単為生殖**（parthenogenesis）を比較したときに明白となる。未受精卵が一倍体の雄となり，受精卵が雌となるとき，必ず有性生殖が出現する**半倍数性決定**（haplodiploid）の生活環となる。このタイプの単為生殖は，これまで少なくとも進化的に 8 回出現し，そのほとんどの場合に，膜翅目（Hymenoptera：蟻類，ハチ類，スズメバチ類），アザミウマ目（Thysanoptera：アザミウマ類），単生殖巣類（Monogononta：ワムシの仲間）といった大きく多様な分類群を生み出してきた。対照的に，未受精卵から雌ができる単為生殖は無性生殖が可能となる。このタイプの単為生殖は何百回も進化したが，ほとんどすべての場合，2 性をもつ祖先種にきわめて近い 1 種を生み出すことで終わっている。このタイプの単為生殖が，主要な分類群の多様化につながることはまずなかったのである。

しかし，すぐにみるように，無性生殖種は長期的には衰亡してしまうとする性に関する理論に大きくたちはだかる少数の例外がある。それらは，カイミジンコ（貝虫類）（ostracod：図 23.8D）と世界中の淡水中と湿度の高い環境にいるヒルガタワムシ（bdelloid rotifer）である（図 23.10）（ウェブノート参照）。3500 万～ 4000 万年前の琥珀の中に化石のヒルガタワムシが複数見つかっており，分子時計による推定によれば，それらの共通の祖先はおよそ 1 億年前に出現している。減数分裂は欠落しており，雄も有性生殖の証拠もいままで見つかっていない。

無性生殖種が系統樹の末端にのみみられるというパターンは，種選択（第 21 章，p.659）が有性生殖を維持するうえでなんらかの役割を果たしていることを示している。無性生殖集団は有害突然変異を蓄積し，変化する環境に適応できないので，絶滅しやすいのである。この章の後半でなぜそうなるのかについて，詳しく議論する。

しかし一般には，性と組換えが優勢となっていることを説明するのに，種選択に頼ることはできない。なぜなら，個体の繁殖率に比べると，種分化率と絶滅率は相対的にとても小さく，種選択が働く種の数は個体の数に比べて非常に少ない。この単純な理由によって，進化

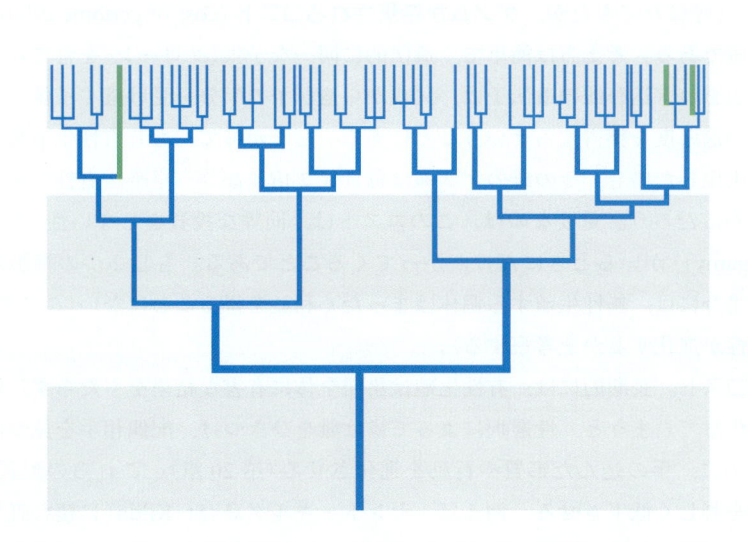

図 23.9 ・無性生殖する分類群（緑色）の位置は，ほとんどいつも系統樹の末端に限定されている。このことは，これらが進化的な時間スケールでは，短命であることを示している。

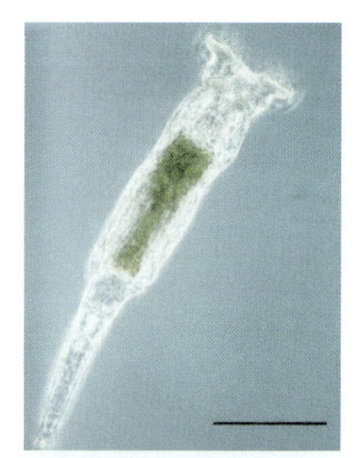

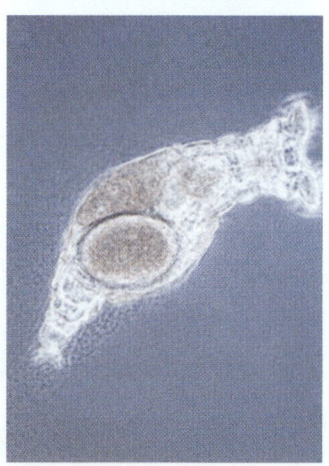

図 23.10 ・ヒルガタワムシ 2 種の成体。（上）*Philodina roseola*（藻類を食べている）。（下）*Macrotrachela quadricornifera*（大きな卵形は，成熟した卵である）。スケールバーは 100 μm。

を促す力としては，種選択は極端に弱いからである（第 21 章，p.659）。図 23.8A 〜 C にみられる例のように，なぜ有性生殖種が近縁の無性生殖種と競争して，短期的に存続できるのかを説明する必要がある。多くの種（例えば，マラリア原虫，アブラムシ，クラミドモナス，ミジンコ）で性は，休眠胞子形成期や新しい宿主への移行期などの生活環の特定の段階に出現する。このような事例では，なぜ完全な無性生殖の生活環が進化しないのかを理解するのはむずかしい。同様に，組換え率は，高くも低くも変わりうることがわかっている。例えば，ショウジョウバエや他の種において，組換え率に人為選択をかけるとすぐに応答する。したがって，この章の冒頭に行った突然変異率の進化の説明とほとんど同じやり方で，現在の性と組換えの頻度がどのような要因で決まるのかを説明しなければならない。

性と組換えには，生理的，遺伝的，進化的なコストが伴う

性と組換えにはさまざまなコストが伴い，そのため，なぜこれらがそんなに広がっているのかを理解するのを格段にむずかしくしている。これらが進化的に長期的に維持されることを理解したいのであるから，性と組換えの自然選択上の有利さを明らかにするだけでなく，これらの有利さが，ここで示すずっと明らかな不利さに打ち勝つだけ強いことを示す必要がある。

有性生殖には 2 個体が集まる必要がある。多くの場合，この集合過程で，他の活動からの資源をまわす必要があるだけでなく，捕食や病気への感染のリスクが増加する。繁殖に有性生殖が不可欠な場合，配偶者を見つけることができなければ，個体は子孫を作ることができない。もし 1 匹の雄あるいは雌が新しい個体群の設立に必要な場合には，有性生殖集団は低密度のときに絶滅しやすく，新しい生息地に移住するのに失敗するかもしれない。あきらかに，繁殖は 1 個体よりも 2 個体必要な場合に，ずっと非効率的となる。

減数分裂は，細胞分裂の手段としては，体細胞分裂に比べるとずっと非効率的である。減数分裂はふつう，終了するまでに 10 時間から 100 時間かかるが，体細胞分裂はたかだか 15 分から 4 時間しかかからない。減数分裂では，最高度に高い精度で，相同な染色体が対になるとともに，対になった染色体が分裂して再結合する必要がある。

ゲノムが希釈されるコスト。これまで最も注目されたコストは，"減数分裂のコスト（cost of meiosis）"と呼ばれてきたが，**ゲノムが希釈されるコスト**（cost of genome dilution）と呼ぶ方がより正確である。考え方は簡単で，遺伝的に同一な子供（クローン）を育てるのに自分のすべての資源をつぎ込む雌の遺伝子は，父親から遺伝子の半分を受け継ぐ子供を産む雌の遺伝子の 2 倍の適応度を獲得するということにある。したがって，もし有性生殖集団に単為生殖する雌が出現した場合，その雌のゲノムは毎世代 2 倍になり，早晩，有性生殖する祖先種にとってかわるだろう。重要なのは，このコストは，同等な投資をしない性（つまり，**異型配偶** [anisogamy]）がいるときにだけかかってくることである。もし 2 つの細胞が資源を均等に蓄える場合には，無性生殖する個体はまったく利益を得ることはない（この章の後半で，なぜ複数の性が進化するかを考察する）。

性選択のコスト。長期的には，有性生殖は集団全体に有害な結果をもたらす。いったん異なる性が進化してしまうと，性選択によって雄は雌をひきつけ，配偶相手を見つけるうえで競争するために，手の込んだ形質や行動を進化させる（第 20 章）。これらの形質や行動は，雄の生存率を著しく低下させる。例えば，セント・キルダ島（St. Kilda）に棲む野生のソーア羊（図 13.19 と図 18.27）の雄は，最初の冬にほとんどが死んでしまうが，雌の羊は何年も生きる。しかし，もし雄の子羊が去勢されると，雌の羊と同じだけ生きるのである。もし雄が

子供にまったく資源を投資しない場合は，雄の生存率が低下しても集団への影響はない。しかし，遺伝子が雄で発現するか雌で発現するかによって，繁殖に関する利害が異なることから生じる雄と雌の競争は，雌の適応度を引き下げることになる（p.623 のショウジョウバエの事例を思い出すこと）。

利己的な遺伝子の増殖。もう 1 つの有性生殖の長期的な結果は，利己的な遺伝子を広がらせてしまうことである（例えば，細胞小器官，B 染色体，転位因子など。図 21.4 参照）。これらの利己的な遺伝子は，有性生殖集団の適応度を大幅に低下させるが，無性生殖集団においては，すべての遺伝子は同じように遺伝するので，同じ利害を共有する（このことと一貫して，無性生殖するヒルガタワムシには，近縁の有性生殖する分類群には存在する潜在的に有害な転位因子が見つからない）。しかし，性選択と利己的な遺伝子の広がりは重要な結果をもたらすが，短期的には，これらの要因が有性生殖に不利になるとは考えられない。

組換えは自然選択で構築された遺伝子の組み合わせを壊してしまう。これまでは，性と減数分裂のコストに焦点を当ててきた。しかし，組換えも，自然選択によって作られた遺伝子の組み合わせを解体してしまうためにコストがかかるのである。さらに，遺伝子の致死的な欠失や重複をもたらす転位因子との**異所性の組換え**（ectopic recombination）に由来するコストもある（第 21 章，pp.370 〜 371，643）。この章の後ほど，この組換え荷重が組換え率の低下を引き起こす自然選択を生み出すことをみていく。ショウジョウバエを使った実験によって，組換えによってわずかに適応度が下がることが示唆されているが，**組換え荷重**（recombination load）の大きさについては，他の証拠はほとんどない（pp.594 〜 595 参照）。

性は，遺伝子間にランダムでない関係があるときだけ，集団の遺伝子型頻度を変える

性と組換えは遺伝子をかき混ぜて新しい組み合わせを作り出す。一番簡単な場合，1 遺伝子座がヘテロな接合体 Aa は，2 種類の遺伝子 A と a を作り出す。もしこれらの遺伝子がランダムに接合した場合，集団内には，3 つの遺伝子型が生み出される。つまり，減数分裂によって一倍体の多様な配偶子の集団が作り出され，これら配偶子のランダムな有性的接合によって，二倍体の多様な子供の集団が生み出されるのである。遺伝子座が 2 つ以上になると，組換えははるかに大きな多様性を作り出すことができる。2 つの遺伝子座がヘテロな接合体 AB/ab は，4 種類の配偶子（ab, aB, Ab, AB）を作り出し，そこから 10 種類の異なる二倍体の子供が作り出される（ただし，AB/ab と Ab/aB は異なるものと数える）。10 遺伝子座の場合（$n = 10$），$2^n = 1024$ の異なる配偶子が作り出され，$2^{n-1}(2^n + 1) = 524{,}800$ 種類の異なる二倍体の遺伝子型が作り出される。有性生殖集団の 1 個体内で，数千個の遺伝子座が通常ヘテロ接合体となっていることを考えれば（ヒトの場合には，$n ≒ 2.3 \times 10^6$ である。p.385），途方もない数の遺伝子型が作り出されるのは明らかであろう。

性と組換えは遺伝的多様性を生み出す強力な装置である。そのうえ，突然変異と比べた場合，すでにある遺伝子型のなかでよく機能している遺伝子の組み合わせを変えるだけで生まれる多様性なのである。1 つの遺伝子の立場にたてば，性と組換えはその遺伝子の機能する遺伝的背景をランダムに変えることを意味する。1 遺伝子座 2 対立遺伝子の場合，それぞれの遺伝子は A または a のどちらかの遺伝子とペアになるかもしれないのであり，多くの遺伝子座の場合には，他の遺伝子座のすべての可能な対立遺伝子のセットと一緒になる可能性がある。この遺伝子のランダムなシャッフルによって，自然選択は，ゲノム全体の組み合わせの効果として働くのではなく，1 個の遺伝子の**平均効果**（average effect）として働くことに

なる（第14章，p.422）。この状況を理解するうえで，実験計画法によく似た例がある。多様な条件下での新しい作物の品種の収穫量を評価するには，すべての可能な処理（肥料や土壌など）の組み合わせの下で育ててみるのが一番よいのである。

このような，変異の価値を自然選択の素材として評価するのに役立ちそうな直観的な議論は，19世紀末にAugust Weismann（アウグスト・ワイスマン）によって最初に提案され，1970年代まで疑われることなく受け入れられてきた。しかし，組換えが変異を維持することで自然選択上有利となる条件を正しく理解するためには，たいへんな努力が必要であり，理論的な枠組みが明確になったのはつい最近のことなのである。その鍵となる考え方は，集団の遺伝子型頻度が，**Hardy–Weinberg**平衡あるいは**連鎖平衡**（linkage equilibrium）からずれているときにだけ，性や組換えが集団の遺伝子型頻度を変えうるという点にある。いいかえると，1遺伝子座の異なる2つの対立遺伝子間に相関があるか，異なる遺伝子座にある対立遺伝子間に相関があることが必要なのだ（第15章，pp.469〜470）。1遺伝子座の場合には，Hardy–Weinberg平衡にある集団は，繁殖方法が完全な無性生殖（つまり，aaはaaを，AaはAaを生み出すといった場合）であっても，同じ遺伝子型頻度が維持される。集団が有性生殖になったとしても，遺伝子型頻度にはまったく影響がない。なぜなら，個々の個体がより多様な子供を作ったとしても，集団全体の遺伝子型頻度は変わらないからである（図23.11A）。

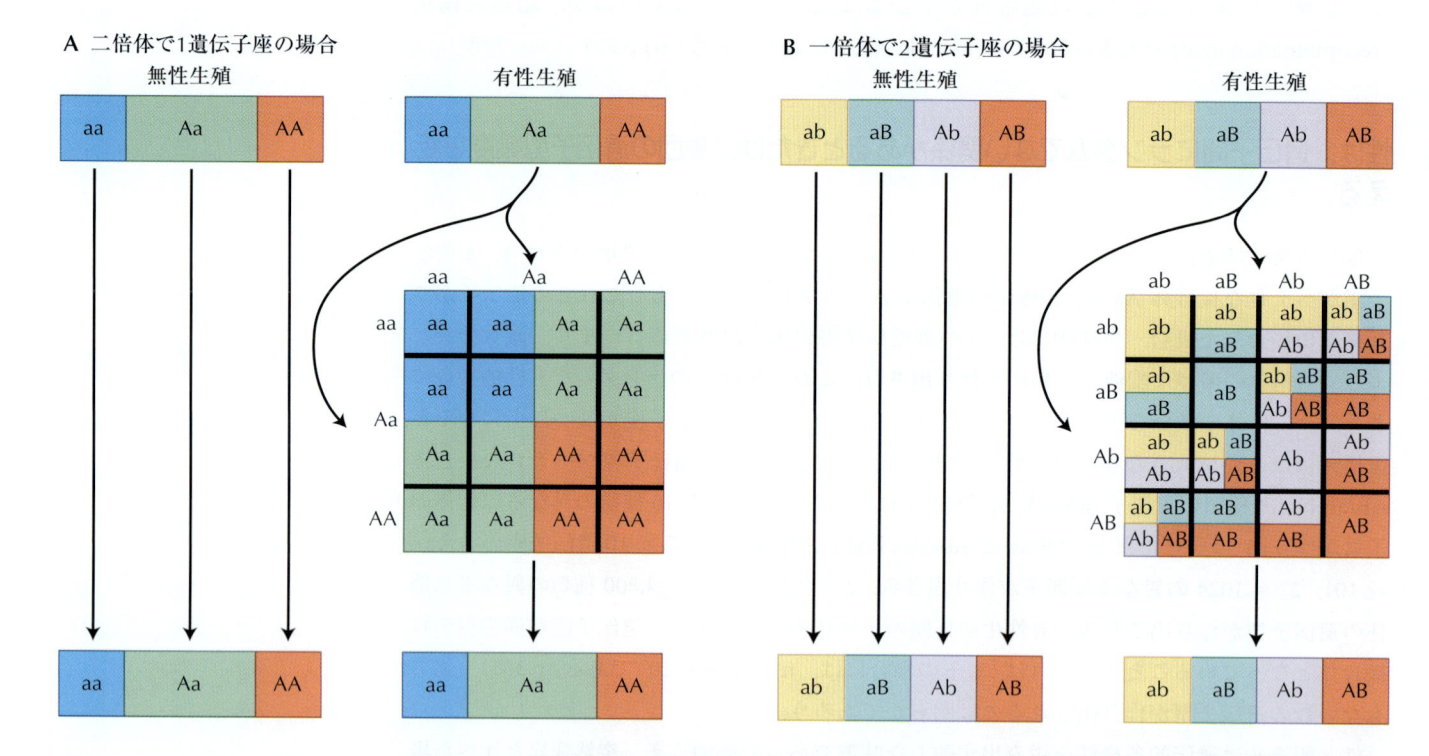

図23.11 ● 性と組換えは，遺伝子間にランダムでない関係がある場合に限り，集団の遺伝子型頻度を変える。（A）二倍体で1遺伝子座の場合，性は，Hardy–Weinberg平衡にある集団の遺伝子型頻度にまったく影響を与えない。左側の図は無性生殖の場合で，各遺伝子型の個体がクローンを作ることを表す。右側の図は有性生殖の場合である。4行4列の表は，16種類の遺伝子型間の交配の組み合わせとそのときできる子供の遺伝子型を表す。つまり，親がaa×aaの場合，子供の遺伝子型はすべてaaとなり（上段左端），Aa×Aaの場合，aa：Aa：AAは1：2：1の比率になる，などである。もし交配がランダム交配の場合，次世代の遺伝子型頻度は，Hardy–Weinberg比となる。（B）（A）と同様に，性と組換えは，連鎖平衡にある一倍体の遺伝子型頻度を変えることはない。（A）と同じ見方であるが，今度は2遺伝子座なので4種類の一倍体の遺伝子型（ab, aB, Ab, AB）ができることになる。

複数の遺伝子座の場合も，まったく同じ議論があてはまる（図23.11B）。組換えは，連鎖不平衡を低下させるように働くが（pp.469〜470参照），いったん連鎖平衡に到達すると，それ以上の遺伝子型頻度の変化は起こさないのである。

　従って，どのようにして遺伝子座間に相関（つまり連鎖不平衡）が作り出されるのか，また，組換えはこの相関を壊すことでどのようにして有利さを獲得するのかに焦点を当てることにする。表23.1は，これからの議論を整理するための簡単な分類表である。表の第2列と第3列に書かれているのは，組換えの働きに必要な連鎖不平衡を生み出す過程である。自然選択は遺伝子の特定の組み合わせを有利にする（**エピスタシス**［epistasis, 遺伝子間の非相加的相互作用］と呼ばれる。pp.420〜421）。移動（migration）はある集団に典型的な遺伝子の組み合わせを別の集団に持ち込む（訳注：表には記載なし。p.542参照）。遺伝的浮動（random drift）は遺伝子型頻度にランダムな変動を引き起こすことで，遺伝子間にランダムな相関を作り出す（pp.469〜470）。一方，表の第1列に書かれているのは，遺伝子に働く自然選択の種類である（適応度に中立な遺伝子は，ここでは関係ない）。これらは，有害突然変異の除去，空間的・時間的に変動する自然選択への応答，有益な遺伝子あるいは量的形質に働く方向性選択である。続く各節で，表23.1に分類されたモデルについて説明する。

近親個体間の競争で，遺伝的多様性が有利になることがある

　家族集団や大きな近親集団内の遺伝的多様性のメリットに注目する理論がある。それによれば遺伝的多様性が有利になる仕組みが2つある。1つ目は，家族集団が遺伝的に多様な場合，生息域内の多様な資源をより効率的に利用することできるので，多くの子供を育てることが可能になるというものである。第18，19章で，異なる遺伝子型が異なる資源を利用する場合には，**頻度依存性選択**（frequency-dependent selection）によって，かなりの遺伝的変異が維持されることをみてきた。この理論は，多品種を混作した場合の作物の収穫量が，各品種を単作した場合の収穫量の平均値より高くなることと，有性生殖集団と無性生殖集団の多様性の比較によって支持されている。2つ目の少し異なる仕組みは，遺伝的に多様な家族集団の中で勝ち抜いてきた個体は，より活力が高いために後半生をよりうまく生きることができる，というものである。この説明はくじびき（lottery）と関係づけられてきた。つまり，家族の視点に立った最適な戦略とは，すべて同じ番号のくじ（同じ遺伝子型）を選ぶのではなく，いくつかは当たるかもしれない異なる番号のくじ（異なる遺伝子型）を選ぶことなのである。

　これらの理論は，もっともらしいかもしれないが，性が生物界で優勢であることの一般的

表23.1 ・ 組換えの進化を説明するモデルの分類

自然選択のタイプ	連鎖不平衡を生み出す過程	
	エピスタシス	遺伝的浮動
有害突然変異	突然変異荷重の軽減	Mullerのラチェット バックグラウンド選択
変動する自然選択圧	変動するエピスタシス 例：宿主－寄生者の共進化	兄弟間の競争
有益な遺伝子	量的形質にかかる安定化選択	Fischer-Muller効果 ヒッチハイク（便乗）効果

な説明を与えるものではない。なぜなら，同じ家族の兄弟が，共通の資源をめぐって互いに競争しなければならない点に問題がある。遺伝的な多様性があれば大集団での適応度が増加するかもしれないが，連鎖不平衡がない場合には，性も組換えも遺伝的多様性を生み出せない。そうなると組換え率を増加させる変更遺伝子も間接選択によって増えることはないだろう。兄弟間の競争に基づく説明は，一部の種にしか適用できない。さらに，有性生殖種の分布を種間で比較しても，兄弟間競争の起こりやすさとまったく相関がないのである。

　これらの理論は，集団がランダムに小さな家族集団に分裂することで生み出される遺伝的浮動から生じる連鎖不平衡に依存している。各家族は，ちょうど4つのランダムに選ばれた（二倍体の）ゲノムをもった2個体の親から構成される。性と組換えは，2個体の親からなる"集団"に生じる極端な遺伝的浮動によって生み出される連鎖不平衡を壊すことにより，非常に多様な遺伝子型の子供を作り出す。したがって，この理論は，集団が小さな分集団に分割される場合には，いつでも適用できる。しかし，このようなモデルはもっともらしく見えるかもしれないが，性と組換えに強力な有利さが生じるためには，集団が小さな分集団へ分割されることと，強い頻度依存性選択の両方が必要となる。

変動する環境下であれば，いつでも性と組換えが有利になるわけではない

　自然選択が空間的・時間的に変動する場合には，組換えが有利になるのかもしれない。つまり，空間的に異質性が大きく，時間的に予測不可能な環境へ適応するには，異質な遺伝子を組み合わせることが有利なのかもしれない。しかし，第18章でみてきたように，自然選択が変動するだけで遺伝的多型が維持されるわけではない。同じように，自然選択が変動する場合に組換えが維持されるためにも，特別な条件が必要となるのである。

　Maynard Smithは，2つの異なる環境要因への適応に必要な2つの遺伝子（例えば，気温要因に関する"暑い-寒い"と，湿度要因に関する"湿った-乾燥した"）を仮定した簡単なモデルを使って，この条件をはっきりさせた。新しく生まれた個体は，異なる環境にあるパッチに分散する。各パッチでそれぞれ自然選択を受けた後，親となって再び集まって任意交配する（図23.12）。もし環境が，したがって適応度が時間とともに変動する場合，最も簡単な場合には，適応度の幾何平均（相乗平均）が最も大きくなる遺伝子が各遺伝子座で固定する。したがって遺伝的変異が維持されるには，自然選択によって少数頻度の遺伝子が有利とならなければならない。もし各パッチの個体数が独立に制御される場合には，このような条件が起こりうる。しかしその場合でも，環境要因がパッチに無関係に変動して，ある遺伝子座の遺伝子の自然選択上の有利さが，他の遺伝子座にどんな遺伝子があるかに無関係な場合には，異なる遺伝子座にある遺伝子間に相関はない（図23.13A）。いいかえると，遺伝子座間にエピスタシスがない場合には，組換えを進化させる連鎖不平衡はできないのである。しかし，環境要因間に定常的な相関がある場合（例えば，"寒いパッチは湿りやすく，暑いパッチは乾燥しやすい"など）には，確かに定常的なエピスタシスが形成されるのだが，組換えは不利になってしまうのである（図23.13B）。なぜなら自然選択が作った環境要因への有利な遺伝子の組み合わせ（例えば，"寒い"-"湿った"，"暑い"-"乾燥した"）を，組換えが壊してしまうからである。この組換えの荷重は，組換え率を引き下げる間接選択を生み出す。

　このモデルで組換えが広がるためには，複数の遺伝子座で遺伝的変異を維持する頻度依存性選択が必要となる。加えて重要なのは，数世代ごとに向きを変えるエピスタシスが存在することである（図23.13C）。つまり，ある世代では"寒い"-"湿った"と"暑い"-"乾燥した"

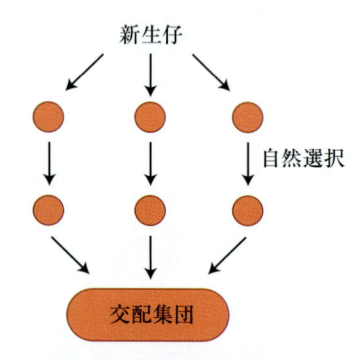

図23.12 ● 生活史の中に分集団を形成するため，個体が異質な環境条件を経験する生物集団の簡単なモデル。

23.3 性と組換えの進化 • *733*

A エピスタシスがない　B 固定的なエピスタシス　C 変動するエピスタシス

湿　乾

寒

暑

時間

D 変動するエピスタシスと連鎖不平衡の関係

E 組換えにかかる自然選択の強さ

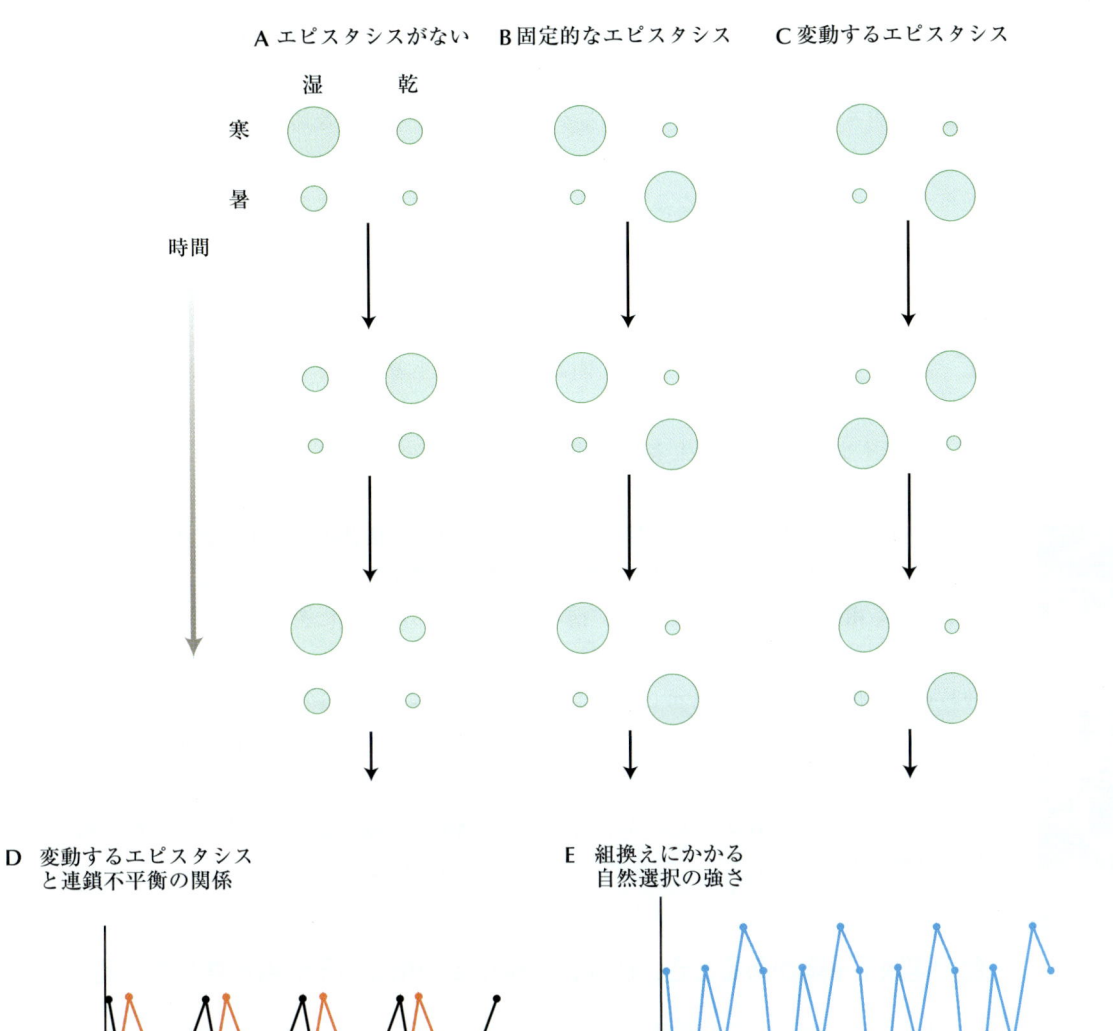

図 23.13 ▪ 自然選択の変動は，限定された条件下でのみ組換えに有利となる。少数頻度の遺伝子が有利になる頻度依存性選択によって遺伝的多型が維持される必要がある。この例は **Levene モデル**を表している。新しく生まれた子供は，環境条件の異なる各パッチ内で競争するが，各パッチで生き残る個体の個体数は固定されている（それぞれ，図 A 〜 C の各円の大きさで表される）。(A) 自然選択が，2 つの環境要因（例えば，温度と湿度）への適応を決める 2 つの遺伝子座に働く場合。もしこれらの環境要因の間に相関がない場合，遺伝子座間にエピスタシスはない。したがって連鎖不平衡もできないため，組換えは遺伝子型頻度に影響しない。(B) 環境要因の間に，固定的な相関がある場合，遺伝子座間に固定的なエピスタシスができる。この場合，組換えは有益な遺伝子の組み合わせを壊すため，自然選択によって不利となる。(C) 環境要因の間の相関が時間的に逆転する場合，エピスタシスは変動するので，組換えは自然選択で有利になりうる。(D) その場合，正のエピスタシス（黒）は正の連鎖不平衡（赤）を作り出すが，その値が大きくなる前にエピスタシスが符号を変えてしまうため，今度は負の連鎖不平衡が作り出される。(E) 組換えにかかる自然選択の強さ。図には相対値だけが表されている。連鎖がなく，すべての遺伝子の頻度が 1/2 で，エピスタシスが 0.1 と −0.1 の間を変動する場合，組換え率を 0.1 低下させる変更遺伝子への自然選択圧は，平均すると 0.0000084 にすぎない。

の組み合わせが自然選択上有利になるが，すぐ後には，その反対の組み合わせが有利になる必要がある．このような条件があるとき，少し前は有利であっても今は有利ではなくなった遺伝子の組み合わせを壊すことになるから，組換えが有利になる（図23.13D）．

性と組換えの進化を説明するこのモデルは奇妙である．なぜならば，組換えは自然選択に逆らうことによって有利となるからである．エピスタシスが変動する場合，自然選択に素直に応答することは不利になる．なぜなら，すぐに異なる遺伝子の組み合わせが有利になるからである．このひねくれた自然選択は，寄生者と宿主の共進化過程で生み出される可能性がある．この場合，寄生者はそのときに一番多い遺伝子型の宿主に適応する．したがって，いま一番適応しているこれらの遺伝子型は，将来，寄生者にひどくやられることになる．このような種間の絶え間ない闘争は，赤の女王タイプの進化と呼ばれている（p.549）．

このタイプの宿主と寄生者間の共進化の一例が図18.24であった．淡水巻貝の1種 *Potamopyrgus antipodarum* の無性生殖集団では，個体数の多いクローンほど寄生者に感染しやすいのである．おもしろいことに，この巻貝には，二倍体の有性生殖個体と三倍体の無性生殖クローンが共存している集団がある．有性生殖個体の集団での頻度は，寄生者による感染率と強く相関しており（図23.14），宿主–寄生者間の共進化において性が有利となることを示唆している．しかし，この性の有利さが，先に説明した，自然選択で有利な遺伝子の組み合わせの変化（向きを変えるエピスタシス）によるという証拠はない．もっと一般的にいえば，コンピュータシミュレーションで，有性生殖が宿主–寄生者間の共進化で無性生殖より有利となることを示せることは多いが，その有利さの原因が変動するエピスタシスであることを示した例はないのである．次節以降で，Weismannが最初に提案したように，なぜ組換えと性は自然選択を促進することで有利になるのかをみていく．

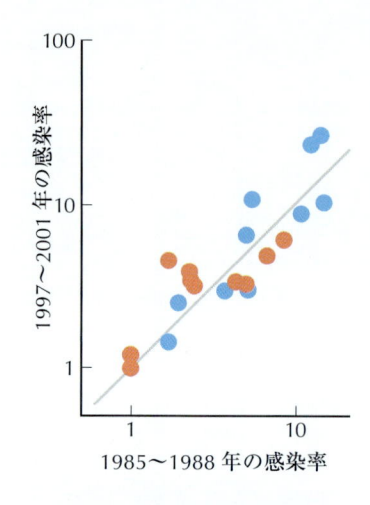

図23.14 ▪ （上）淡水巻貝の1種 *Potamopyrgus antipodarum*（下）では，吸虫への感染率が高い集団ほど，有性生殖個体を高い頻度で含んでいる．（赤丸）は完全な無性生殖集団，（青丸）は有性生殖集団と無性生殖集団の混じった集団を表す．感染率は10年以上同じレベルで推移している．

負の連鎖不平衡があるとき，組換えは適応度の相加遺伝分散を増加させる

Fisherの自然選択の**基本定理**（Fundamental Theorem）によれば，自然選択による平均適応度の増加分は，適応度の**相加遺伝分散**（additive genetic variance）を平均適応度で割ったものに等しくなる．つまり相加遺伝分散は，集団中の有用な変異を見積もるための鍵となる指標なのである（pp.590～592参照）．したがって，適応度の相加遺伝分散を増加させるときだけ，組換えは自然選択を促進することになる．これまで連鎖不平衡がないときには，組換えは集団の遺伝子型頻度に影響を与えないし，適応度の分散を変化させないことをみてきた．この節では，自然選択に有用な適応度の相加的分散を増加させることで，組換えが有利となるためには，特別なタイプの連鎖不平衡が必要であることを説明する．

ここで，ある遺伝子の主要な（つまり，**相加的な**）効果が適応度を増加させる場合には，その遺伝子を"＋"と表し，適応度を減少させる場合には，その遺伝子を"－"と表すことにする．もし遺伝子間に正の相関があるために，"＋＋"や"－－"が多い場合，これらの遺伝子型頻度は連鎖平衡時の期待値よりも高いため，適応度の分散は連鎖平衡時よりも大きくなる（図23.15A）．組換えはこの正の相関を壊すので，適応度の分散を連鎖平衡時の値に向けて引き下げる．反対に，遺伝子間に負の相関があるときには，"＋－"と"－＋"の組み合わせの頻度が連鎖平衡時の期待値よりも高くなり，適応度の分散はこの相関によって減少する．したがって，組換えはこの負の相関を壊すので，適応度の分散を増加させるだろう（図23.15B）．

この節では，遺伝子の相加的な効果が適応度にとって正か負かによって，連鎖不平衡をそれぞれ正または負と定義したことに注意してほしい．ある種の方向性選択があり，したがって適応度に相加遺伝分散がある場合に限って，遺伝子を"＋"または"－"と表すことに意味が

A 正の連鎖不平衡　　　**B** 負の連鎖不平衡

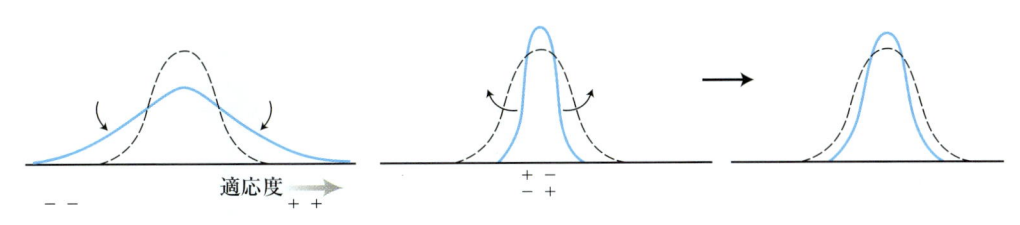

図 23.15 ▪ 組換えが適応度の分散に及ぼす効果は，連鎖不平衡が正か負かにより異なる。(A) ++と――の組み合わせが多い場合（正の連鎖不平衡），適応度の分散は，(遺伝子型頻度が遺伝子頻度のランダムな組み合わせとなる）連鎖平衡のとき（点線の曲線）より大きくなる。したがって，組換えはこの分散を減少させる（矢印）。(B) 反対に，+-と-+の組み合わせが多い場合（負の連鎖不平衡），適応度の分散は，連鎖平衡のとき（点線の曲線）より小さくなる。したがって，組換えはこの分散を増加させる（右図）。

ある。前節では，エピスタシスに焦点を当て，エピスタシスが適切な時間スケールで変動するときに限り，組換えがエピスタシスだけで有利になることを示した。しかし，この節で概要を説明している機構は，これとはまったく異なる。この節の機構は，方向性選択と負の連鎖不平衡の間の相互作用に基づいているのである。

　ここで，組換えが集団の適応度を増加させ，組換え自体は間接選択によって広がる一般的な仕組みを説明しよう（図23.16）。有利な遺伝子間に負の連鎖不平衡があるとき，組換えは適応度の相加遺伝分散を増加させることで，自然選択に対する集団の早い応答を引き起こす。この早い応答は集団にとって有利となるので，（例えば，図 23.14 の淡水巻貝 *Potomapyrgus* の例のように）なぜ有性生殖集団が無性クローン集団によって打ち負かされないのかを説明することができる。また，組換え率を増加させる変更遺伝子は，自らが作り出す有利な遺伝子の組み合わせと一緒になる機会が高くなるため，ヒッチハイク（便乗）的に増えやすいのである。この機構では，間接選択が変更遺伝子に個体レベルの有利さを生み出すが，その有利さは変更遺伝子が選択される遺伝子と強く連鎖しているほど大きくなる（同じタイプの間接選択が，突然変異率を増加させる突然変異誘発遺伝子に働くことを思い出すこと［図23.2B］）。

　そうなると重要となるのは，なぜ自然選択に逆らうような負の連鎖不平衡が起こりやすいのかを理解することである。なぜ好ましい遺伝子は，連鎖平衡で期待される頻度よりも，異なるゲノム上に見つかる確率が高いのだろうか。大きくいって2種類の仮説がある。1つは自然選択の決定論的な働きに基づく説明であり，もう1つは遺伝的浮動のランダムな効果による説明である（表23.1）。

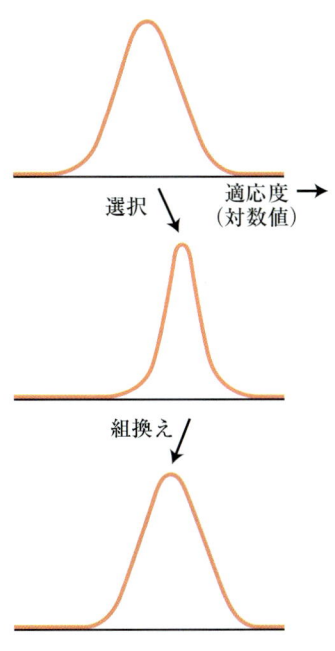

図 23.16 ▪ 自然選択と組換えの結果，適応度の分布は変化する。自然選択によって，適応度の相加遺伝分散に等しい量の平均対数適応度が増加する（p.498）。もし自然選択で負の相関が有利となる場合，負の連鎖不平衡が作られて対数適応度の分散は減少する（図23.15B）。その結果，方向性選択に対する応答も低下することになる。組換えは，有利な遺伝子の組み合わせを壊すため，平均対数適応度を一時的に引き下げるが，平均対数適応度の分散を増加させることで，将来の適応を促進させる効果を生み出す。組換え率を増加させる変更遺伝子は，適応的な変異と相関しているので，短期的には組換え率による荷重を伴ったとしても，自然選択によって広がることができる。

負の連鎖不平衡は，エピスタシスや遺伝的浮動によって作られる

　一番わかりやすい可能性は，負のエピスタシスが存在すると考えることである。つまり，自然選択が（図23.16のように），(+-)と(-+)の組み合わせを有利にする場合である。しかし，このエピスタシスは強すぎてはいけない。強すぎると，組換えによる短期的な荷重のコストが，適応度の相加遺伝分散の増加で生み出される長期的な有利さを上回るからである。実際，負のエピスタシスを期待できる一般的な理由がいくつかある。例えば，量的形質に典型的な**安定化選択**（stabilizing selection）がかかる場合（Box 17.3），自然選択は極端な++と――の組み合わせを排除するように働くため，負の相関が形成される。ただ，エピスタシ

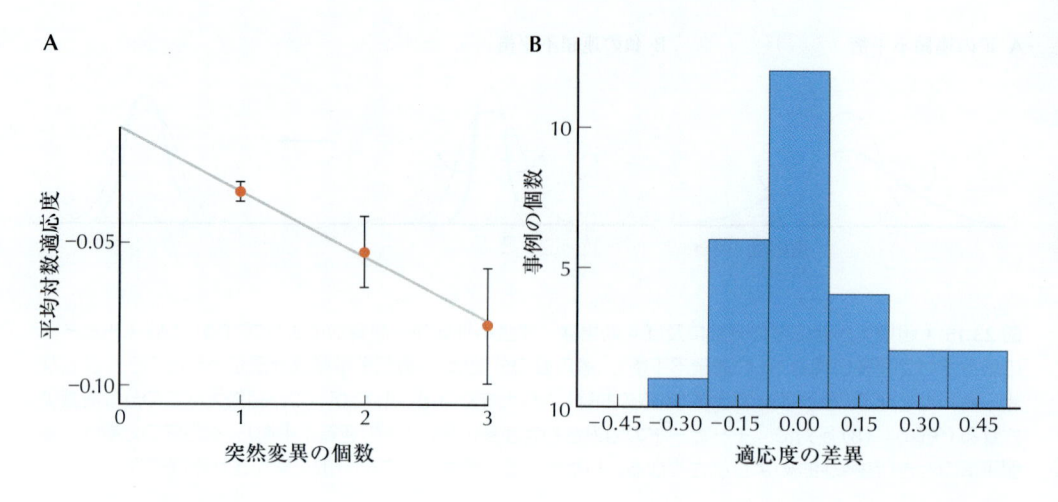

図 23.17 • 大腸菌を使った実験では，正または負に偏るエピスタシスは検出されなかった。(A) 元の集団は，グルコース制限の最少培地で，10,000 世代適応させたものである（図 17.32）。転位因子が，ゲノムの 1 か所，2 か所，あるいは 3 か所にランダムに挿入され，全部で 225 の突然変異株が作られた。平均対数適応度が，突然変異の個数とともに線形に減少したことから，個体に対する突然変異を増やす効果は，すでに挿入されている突然変異の個数と独立であることがわかる。(B) 別の実験では，いろいろな突然変異 2 個の組み合わせを 1 個体中に作り出して，その組み合わせをもった個体の適応度を，各突然変異 1 個の効果の積から期待される個体の適応度と比較した。(エピスタシスを示唆する) 有意な適応度の差異が検出されたが，正または負に偏る傾向はみられなかった。

スの量と符号についての直接的な証拠は，まだほとんどない（p.442 参照，例えば，図 23.17）。

一方，遺伝的浮動には，自然選択で有利な遺伝子を互いに離れさせる性質がある。そのため負の連鎖不平衡を作り出す。これは，無性生殖集団に新しい有益な突然変異が生じる極端な場合を考えるのが一番わかりやすい。R.A. Fisher と Hermann Muller（ハーマン・ミュラー）が示したように，このような突然変異は 1 個 1 個蓄積されなければならない。もし有益な遺伝子がほとんど同時に複数個生じたとしても，まず間違いなく異なるゲノム上に生じることになる。その場合，その中の 1 つの突然変異だけしか集団中に固定できないからである（図 23.18A）。その点，有性生殖集団は，異なるゲノム上に生じた突然変異を組換えによってか

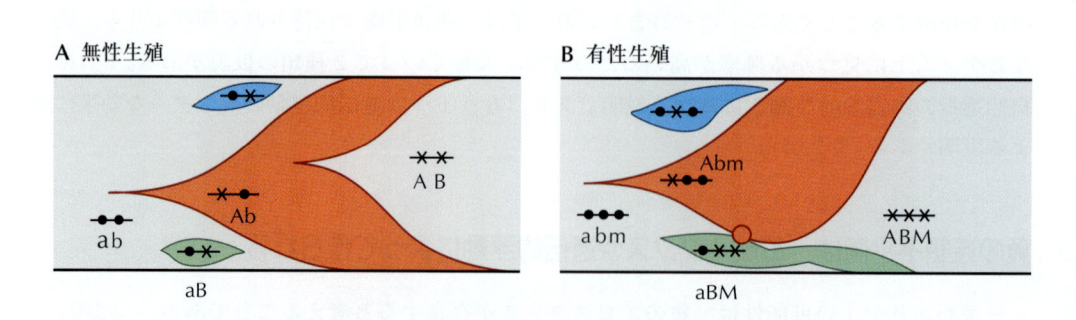

図 23.18 • Fisher-Muller による説明。(A) 無性生殖集団では，有益な突然変異は，1 つ 1 つ獲得される必要がある。例えば，もし対立遺伝子 a が対立遺伝子 A に置き換わる場合，別の遺伝子座（例えば B）に生じる有益な遺伝子は，遺伝子 A を含むゲノムに生じた場合にだけ固定できる。(B) 有性生殖集団では，異なる遺伝子座に生じた有益な突然変異は，組換えによって結びつけることができるので，性と組換えを引き起こす変更遺伝子が有利となる。有益でない遺伝子 a と相関した有益な遺伝子 B は，再組換えによって有益な遺伝子 A（赤線の丸）と結びつけば固定できる。この過程に変更遺伝子 M が必要な場合でも，変更遺伝子 M も便乗効果で増えることができる。

き集めることができるので，ずっと早く進化することができる（図 23.18B）。さらに，組換えを促進する変更遺伝子は，自分が生み出した有益な遺伝子の組み合わせの近くにいることができれば有利になるだろう（図 23.18B）。

このような性と組換えにとっての有利さは，遺伝的浮動によって生まれる。もし，集団が非常に大きい場合には，毎世代，二重突然変異（同じゲノム上の突然変異）が生じるため，突然変異を集めるために組換えは必要ない。遺伝的浮動だけが，遺伝子の組み合わせが平均して正にも負にもならないランダムな連鎖不平衡を作り出す。しかし，正の組み合わせである（＋＋，ーー）は自然選択によってすぐに集団から一掃されるが，負の組み合わせである（＋ー，ー＋）は，適応度上ほとんど違いがないので，ずっと長く集団にとどまる。したがって，時間の経過とともに負の相関が集積し，自然選択の速度を遅くしてしまうのである。

要約すると，性と組換えが自然選択の効率を上げることで有利となるには，負の連鎖不平衡が必要となる。エピスタシスによる自然選択は負の連鎖不平衡を作り出せるが，一般的にそうなるかは明らかではない。遺伝的浮動は，自然選択の働きを妨げる負の相関を作り出す。しかし，広範な生物群に対して十分なメリットをもたらすほどに，集団が十分に小さいか，選択一掃が十分速いかは明らかではない。続く各項では，負の相関が作り出される仕組みを別の視点からみていく。これらのモデルは，すべて表 23.1 に分類できる。

ランダムな連鎖不平衡は，遺伝的浮動の効果を増幅する

ランダムな連鎖不平衡が自然選択の働きを妨げるのは，連鎖不平衡がさらなる遺伝的浮動を作り出すからだと考えても理解できる。この考えは，W.G. Hill と Alan Robertson によって 1966 年に最初に提案され，**Hill–Robertson** 効果として知られている。

第 19 章でみたように（p.580），ある遺伝子座にかかる自然選択は，他の遺伝子座にはランダムな攪乱を引き起こし，平均的には遺伝的多様性を低下させる。無性生殖集団では，1 つの有益な突然変異が集団に広がって固定すると，その突然変異が生じた 1 つしかないゲノムと一緒にすべての変異は失われてしまう。一方，有性生殖集団では，**選択一掃**（selective sweep）はゲノムの限定された範囲の変異にとどまる（図 19.17）。反対に，有害突然変異の除去は，**バックグラウンド選択**（background selection）と呼ばれる仕組みで，連鎖した遺伝子座の変異を減少させる。個々の遺伝子の視点に立てば，その遺伝子がたまたまいる遺伝的背景の適応度にかかるランダムな効果は，その遺伝子自身による直接的な効果とは無関係に，遺伝子頻度を増加あるいは減少させるのである。

1 つの遺伝子座にかかる自然選択が，連鎖した遺伝子座に遺伝的浮動を引き起こすという考えは，遺伝的浮動が起こる根本的な機構は適応度のランダムな変動にあることを思い出せば理解できる（第 15 章，p.451）。この適応度のランダムな変動はふつう，個体が繁殖できるかどうか，個々の遺伝子が減数分裂時に次世代に伝えられるかどうかという偶然性から生まれると考えている。いいかえると，適応度を量的形質と考えて，遺伝しない環境分散だけを考えていることになる。しかし，適応度の遺伝する分散成分も遺伝的浮動に影響を与える。さらに，良いあるいは悪い遺伝的背景にいることから生じる影響は何世代も続くので，適応度の遺伝分散は非常に大きな遺伝的浮動を生み出すことになる（図 23.19A）。したがって，適応度の遺伝分散の割合（**遺伝率**[heritability]）が小さかったとしても，遺伝分散は依然としてかなりの遺伝的浮動を生み出しうるのである。実際，第 15 章（p.461）でみたように，少なくとも個体数の多い種では，ほとんどの遺伝的浮動は，連鎖した遺伝子座にかかる自然選択から起きる可能性が高い。

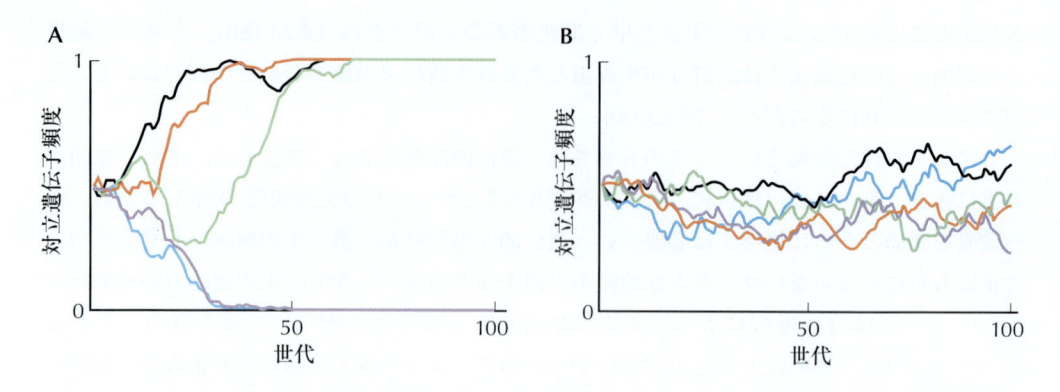

図 23.19 ▪ 適応度の遺伝分散は遺伝的浮動の効果を増幅させる。この過程は，Hill–Robertson 効果として知られている。(A) 中立な遺伝子の遺伝子頻度は，その遺伝子が好適な遺伝的背景にいるのか，好適でない遺伝的背景にいるのかに応じて，ランダムに増加あるいは減少する。例えば，1 つの集団（緑色）は，たまたま好適な遺伝的背景にいたため，30 世代から 50 世代の間，着実に増加している。5 つの集団全体では，中立な変異は，70 世代経過する前に消失する。このシミュレーションは，相対適応度の分散が 0.1，組換え率が 0.05 の，400 ゲノム（個体）の集団で行っている。(B) 自然選択がない場合，遺伝子頻度の変動は世代間で相関がないため，中立な変異は，自然選択がある場合と比べてずっと長く集団中に存続する。

ここまでは**中立な**(neutral)遺伝子座について論じてきた。しかし，Hill–Robertson 効果によって引き起こされる遺伝的浮動の増幅は，自然選択を受けている遺伝子座にも影響を与え，その自然選択と拮抗することが多い。自然選択とは平均して最も高い適応度をもつ遺伝子を釣り上げようとする試みだと考えれば，ランダムノイズを生み出す要因は，自然選択の働きを妨害するのである。遺伝的浮動の強さが増せば，有益な遺伝子が固定される確率が低下し，有害な遺伝子が固定される確率が増えるだろう（図 18.6）。実際，ショウジョウバエのゲノムの組換え率が低い領域では，自然選択は有効に働かない（p.586）。

ある遺伝子座に自然選択がかかると別の遺伝子座に遺伝的浮動が起こると考えることは，好ましい遺伝子間に負の連鎖不平衡があると考えることとまったく等価なのである。この項と前項で概要を説明した 2 つのアプローチの内容は，同じ過程をみる異なる見方なのである。次項では，自然選択を促進する組換えの重要性に関する具体的な事例と証拠に戻ることにしよう。

有益な遺伝子は，組換えによって集められる

自然選択や遺伝的浮動が負の連鎖不平衡を作り出す場合，ここに組換えが働けば，自然選択への応答はさらに速くなるはずである。この予測は，ショウジョウバエ（図 23.20）を使った実験と試験管内の実験（図 23.21）で検証されている。実際，競合するコンピュータプログラム間の選択によってソフトウェアを進化させる**遺伝的アルゴリズム**(genetic algorithm，例えば，図 17.13）の場合は，プログラム間の組換えによって適切な変異を作り出している。

しかし，これらの例では，組換えが適応度の相加遺伝分散を増加させ，その結果として自然選択への応答を高める過程そのものは示されていない。この問題は，緑藻の 1 種であるクラミドモナス（コナミドリムシ）*Chlamydomonas reinhardtii* の集団を，およそ 200 世代継続培養させた実験で扱われた。最初，これらの集団は遺伝的にクローンであったので，適応は新しい突然変異の出現に依存していた。クラミドモナスの集団は，1 セットは有性生殖で繁殖するように，もう 1 つのセットは無性生殖だけ行うようにコントロールされた。両方のセ

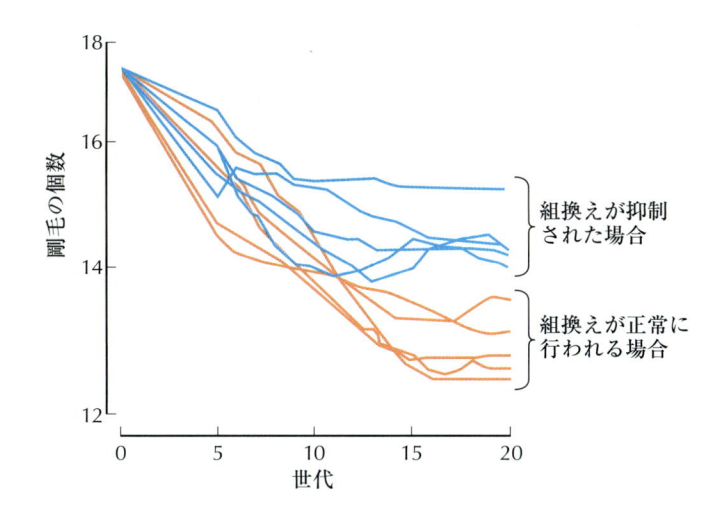

図 23.20 ■ ショウジョウバエの剛毛の個数を低下させる自然選択は，常染色体間の組換えを**バランサー染色体**（balancer chromosome）によって抑制すると働きにくくなった（Box 13.2）。

ットとも，異なる大きさのボトルネックを通過させた。無性生殖集団の場合，集団の有効な大きさが比較的大きくあまり厳しくないボトルネックを通過させたときの方が，適応が早かった。しかし，その適応度の増加速度は，集団の有効な大きさが増加すると減少した（図23.22A）。この結果は，小さな集団では有益な突然変異はめったに生じないため，突然変異どうしで互いに競合しないからだろう。しかし，集団の有効な大きさが大きくなり突然変異

図 23.21 ■ 組換えによって，ずっと効果的な抗生物質耐性遺伝子を選択することができる。生体外では，大腸菌の β-ラクタマーゼ遺伝子 *TEM-1* は，抗生物質であるセフォタクシム（cefotaxime）に対してほとんど耐性をもたない。この遺伝子をもつ大腸菌に対する抗生物質の最小抑制濃度（MIC）は，0.02 μg/ml にすぎない。この遺伝子は断片化され，**PCR**（polymerase chain reaction）によって増幅されたが，その過程で遺伝子断片間の組換えが起こり，突然変異も生じた。この組換えられた遺伝子は再び大腸菌に戻され，抗生物質濃度を高める自然選択にかけられた。この過程は3回繰り返され，その結果，*ST-1* という抗生物質耐性を 16,000 倍に高める遺伝子が生み出された。この遺伝子は，4つのアミノ酸置換と4つのサイレントな置換，そしてプロモーター領域の長さを増加させる突然変異を含んでいた。野生型の DNA が過剰にある条件下で，2世代の組換えを行う（1種の"戻し交雑（backcross）"である）と，抗生物質耐性に不必要な突然変異は除去されたが，同時に耐性をさらに倍化するアミノ酸置換が生じた。最終的にできた遺伝子は，これまで過去に公開されたいかなる β-ラクタマーゼ遺伝子 *TEM-1* の変異よりも，64 倍の耐性をもっていた。これに対して，突然変異だけを使った同様の実験では，耐性を 16 倍にしか高めることができなかった（図中の文字は，遺伝子の各座位で進化したアミノ酸を示す）。

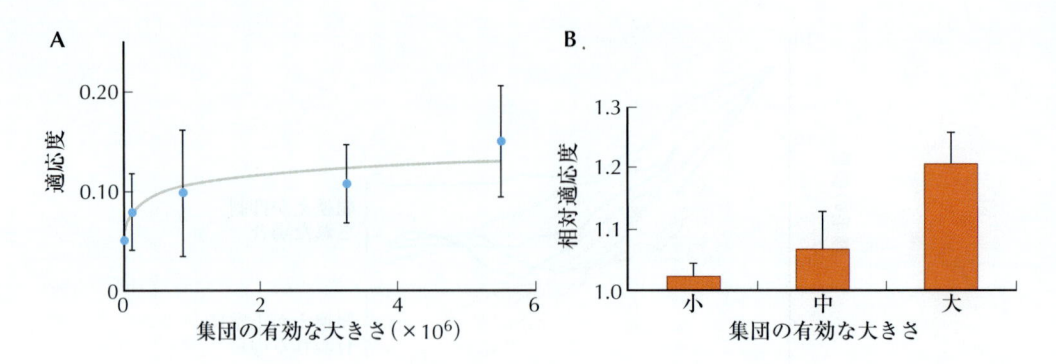

図 23.22 ・（A）新しい培地に適応した後の無性生殖集団の適応度の増加を，集団の有効な大きさに対してプロットしたもの。（B）集団の有効な大きさを等しくして，有性生殖集団の無性生殖集団に対する相対平均適応度を表したもの。

率が増加すると，突然変異間で競合が起こりはじめる。そのため，適応度にはFisherとMullerが予言した集団の有効な大きさに対する収穫逓減パターン（図23.18A）が表れる。対応する有性生殖集団では，小さな集団ではほとんどメリットがなかったが，大きな集団ではずっと速い適応が起きる（図23.22B）。これは，おそらく図23.18Bのように，組換えが異なる有益な遺伝子をかき集める効果によるものだろう。

もし組換えがほんとうに自然選択への応答を促進するのであれば，組換え率を高める遺伝子は，自らが作り出す有益な遺伝子の組み合わせに便乗することによって広がるので，高い組換え率が進化するだろう。この予測は，近縁の野生種に比べると，家畜は減数分裂時に高い交差頻度を示す傾向（図23.23）があることと，実験室で強い人為選択をかけた集団では，組換え率が増加する傾向（図23.24）があることによって支持されている。

これらのさまざまな証拠は，組換えと性が自然選択を促進することによって有利になるという理論的予測を支持している。しかし，この有利さがpp.728〜729で説明した性と組換えのさまざまなコストを克服できるほど十分に大きいかどうかは，適応度の相加分散で測定される方向性選択の大きさで決まる。現在，この点に関するよい証拠はほとんどない（pp.590〜592）。

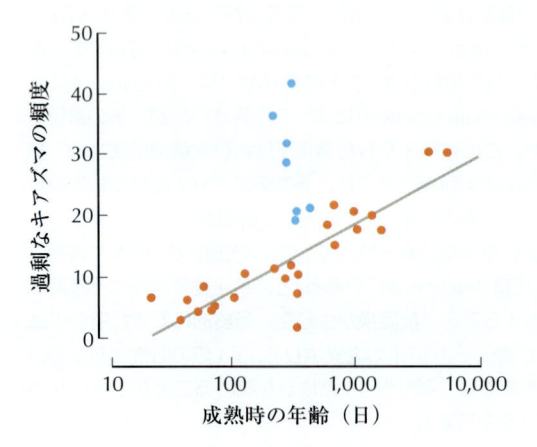

図 23.23 ・成熟時の同じ年齢で比較すると，哺乳類で家畜化された種（青丸）は，その野生種（赤丸と灰色の回帰直線）よりも多くのキアズマができる。染色体分離が正常に行われるには，各染色体に1個のキアズマが必要なので，このグラフでは，キアズマの個数から一倍体の染色体の個数を引いた数をプロットしている。

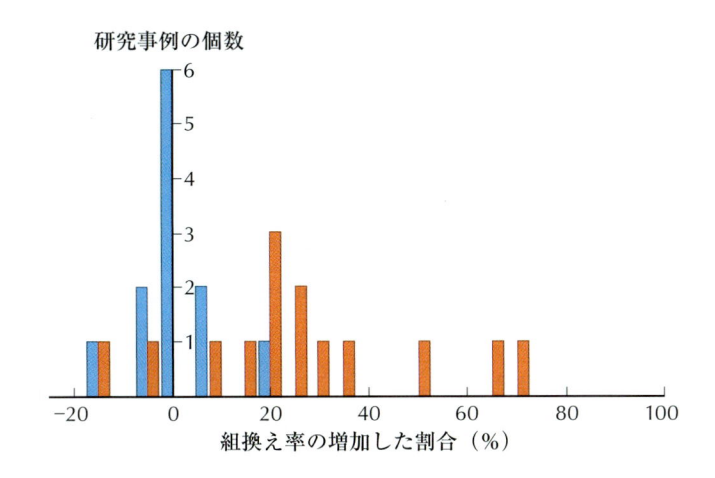

図 23.24 ■ 任意の形質（例えば，迷路を潜り抜けるショウジョウバエの能力）に人為選択をかけると，組換え率は増加する傾向がある。ここでまとめた研究事例を平均すると，およそ100個体の集団に，50世代にわたって人為選択がかけられた。（青）は有意でない結果，（赤）は有意な結果を表す。

性がないと，有害な遺伝子が蓄積する

　すべての集団は存続するために，常に有害な突然変異を除去することが必要である。この有害突然変異の除去は，組換えがあるとずっと効果的に行える。この項では，性と組換えの主要な機能は，致命的となる突然変異の蓄積を防ぐことにあるという仮説を検討する。すべての生物は突然変異荷重の影響を受けるので，性が優勢であることを一般的に説明するうえで魅力的な仮説であり，近年，大きな注目を集めてきた。

　有性生殖は，突然変異荷重を低下させることができる（ウェブノート参照）。もし突然変異が，常によい遺伝子をよくない遺伝子に変える方向に起こるならば（この仮定は妥当な近似である），無性生殖集団の適応度は，Uをゲノム全体での突然変異率としたとき，e^{-U}倍だけ低下する。有性生殖集団の場合でも，異なる突然変異の適応度への影響が独立に積の形で働き，遺伝子間に連鎖不平衡がない場合には同じ結果になる。しかし，負のエピスタシスがあり，突然変異の数が多いほど1つの突然変異の影響が大きくなる場合には，負の連鎖不平衡が作り出される。この場合，組換えは負の連鎖不平衡を壊すことによって，突然変異荷重を大きく低下させることができる（図23.16）。この仕組みによれば，有性生殖は無性生殖に対する集団レベルでの有利さが生まれ，突然変異率を上げる変更遺伝子に有利な間接選択も生み出されることになる。

　Alexey S. Kondrashovは，もしゲノム全体の突然変異率Uが大きいときには，この突然変異荷重による決定論的な効果は，性と組換えを維持するうえで重要に違いないと論じている。このような場合，負のエピスタシスと有性生殖の両方がないと集団は存続できない。大きな機能的ゲノムをもつ哺乳類のような生物では，ゲノム全体の突然変異率は，この議論が成り立つほど十分高い可能性がある。しかし，生物の大部分では突然変異荷重が小さすぎて，性と組換えを有利にする間接選択を生み出すことはできないだろう（第19章，pp.594〜595）。そのうえ，いろいろな生物を使った実験でも，突然変異間に負のエピスタシスがあることを示す証拠はほとんどない（例えば，図23.17）。

　Hill-Robertson効果によって，ランダムな連鎖不平衡も自然選択の働きを妨げる。どんな自然選択も，連鎖している遺伝子座にランダムな変動をひき起こすことをみてきたが，その

結果，偶然によって有害な突然変異が蓄積するかもしれない。この効果は，無性生殖集団で特に重大となる。このことをみるために，一方向突然変異と乗法的な適応度への効果を仮定した簡単なモデルを考えよう。このとき集団は，1ゲノム平均 U/s の突然変異をもった平衡分布に収束する（Box 18.2）。例えば，有害突然変異遺伝子に $s = 2\%$ の自然選択が働き，ゲノム全体の突然変異率が $U = 0.1$ の場合，集団の各個体がもつ突然変異遺伝子は平均 $U/s = 0.1/0.02 = 5$ 個となる（図23.25）。

非常に大きな無性生殖集団であっても，現在 **Muller のラチェット**（Muller's ratchet）として知られている過程で，有害突然変異がいやおうなしに蓄積することを Muller は指摘した。集団中，有害突然変異を1つももっていない個体の割合は e^{-U}/s であり，U/s が大きいととても小さい値になる（例えば，$U/s = 5$ の場合，$e^{-U}/s = 0.0067$ であり，$U/s = 10$ の場合，$e^{-U}/s = 0.000045$ となる。）したがって，最も適応した遺伝子型は偶然によって失われる可能性があり，一度失われると二度と再生されない。図19.19でみたように，たとえ現在の頻度がどんなに低かったとしても，一番適応したクラスが集団内のすべてのクラスの出発点になる。したがって，いったん一番適応したクラスが失われてしまうと，1つ多い突然変異をもったクラスから Muller のラチェットが繰り返されることになる（図23.25）。たとえ集団の大

A $U/s = 5$

有害な突然変異の個数

B いちばん適応したクラスの消失

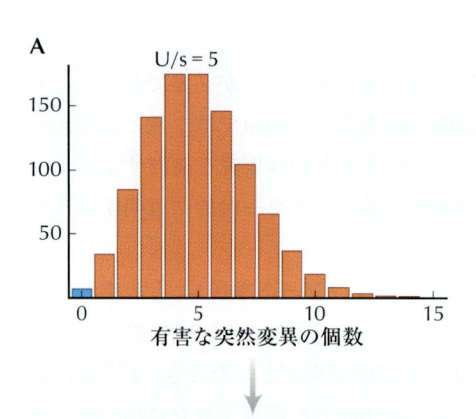

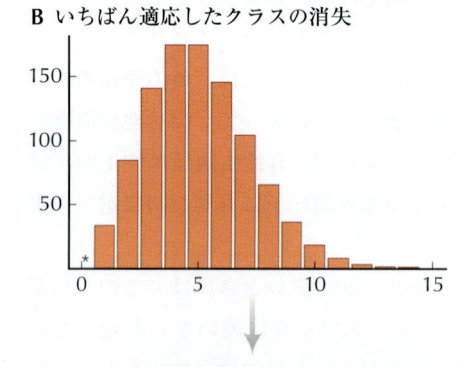

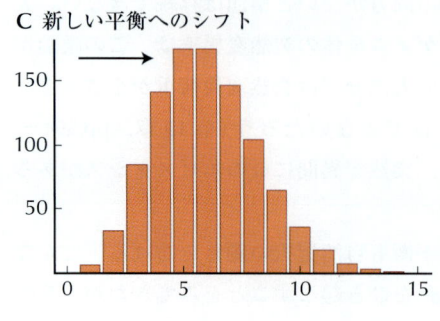

C 新しい平衡へのシフト

図23.25 ■ 有害突然変異は，Muller のラチェットによって無性生殖集団に蓄積する。(A) ゲノム全体の突然変異率 $U = 0.1$ と，自然選択係数 $s = 0.02$ のバランス下では，1ゲノム平均 $U/s = 5$ 個の有害突然変異をもつ平衡に落ち着く。しかし，1000 個体（ゲノム）からなる集団では，有害突然変異をもたない個体（青い棒グラフ）は，平均 $1000e^{-U}/s = 6.7$ 個体しかいない。(B) 集団中，一番適応したクラスは，偶然によって確実に失われていく。組換えも復帰突然変異も起こらない場合，有害突然変異をもたない個体は，二度と集団中に回復できない。(C) 1回 Muller のラチェットが回ると，集団の分布全体が右方向にシフトして，サイクルが繰り返される。

きさが数百万のオーダーであっても，弱有害な遺伝子は蓄積する．粗く見積もった場合，無性生殖集団では，適応度に対してだいたい $s = U/10$ より小さな自然選択がかかる有害な遺伝子の蓄積を防ぐことはできない．

Y染色体は，組換えができないために劣化する

　組換えのできない性染色体の事例は，無性生殖が長期的には有害な結果につながる最もよい証拠である．このことを理解するには，まず性染色体がどのように進化するのかを知る必要がある．植物と動物の祖先形は，個々の個体が雄性配偶子と雌性配偶子の両方を作り出す**雌雄同体**(hermaphroditism)あるいは**両性**(cosexuality)であった(例えば，ほとんどの被子植物は，同一個体が花粉と種子の両方を作り出す)．分離した性(つまり，雄個体と雌個体)の進化は，雌雄同体からは1回の進化的遷移で起こる．なぜなら，祖先形から雄機能か雌機能のどちらかの喪失が起これば良く，新しい複雑な進化経路を作り出す必要はないからである．分離した性は，広範な性決定機構によって独立に何度も進化している．多くの分類群においては，性は環境情報によって決定される．例えば，ワニのアリゲーターは，卵がある温度閾値より低いところで孵化すると雌に育ち，反対の場合には雄として育つ．また遺伝的性決定機構も何度も進化している．この場合，性決定の遺伝子座で一方の性がホモ接合，もう一方の性がヘテロ接合となるのが最も一般的である．(ほとんどの昆虫とすべての哺乳類の場合のように)雄がヘテロ接合の場合，雄と雌の遺伝子型は，それぞれXYとXXで表される．一方，(鳥類と爬虫類の場合のように)雌がヘテロ接合の場合は，それぞれZWとZZで表される．以下では，雄がヘテロ接合であると仮定して，染色体をそれぞれXとYで表すが，反対の場合にもまったく同じ議論が適用できる(p.692参照)．

　性が分離するための最初の段階は，おそらく雄の不妊化を引き起こす劣性の突然変異の固定だったのだろう．その結果，雌個体と雌雄同体からなる**雌性両性異株**(gynodioecious)集団が出現する．この雄の不妊化を引き起こす突然変異は，雌が自家受精を起こせなくなる結果，その子孫が近交弱勢から免れることができるので有利となる．また，雄の配偶子を作るのに使われていた資源を雌機能に配分できるので，子供の数も減らさなくてすむ．このように，いったん雌性両性異株集団ができあがると，性比は雌機能に偏り，その結果，雄はより少数派の性となるために有利となる(p.546参照)．したがって，雌の不妊化を引き起こす優性の突然変異遺伝子が，雄の不妊化遺伝子の遺伝子座と強く連鎖している場合，その遺伝子は固定しうる(図23.26)．今日の性決定機構の多くは，(例えば人間のSRY遺伝子のような)たった1つのスイッチ遺伝子しか含まないか，少数個の遺伝子から成り立っているが，どちらもこれまで説明した初期の2遺伝子システムが修正されてできたと考えられている．

　ここまでくれば，どのように性染色体が進化しうるのかは簡単に理解できる．雄不妊化遺伝子と雌不妊化遺伝子の連鎖に組換えが起こると不妊の子供ができるので，この組換えに抗する強い自然選択圧が生じる(図23.26)．この自然選択は，例えば染色体**逆位**(inversion)が雄と雌を決める遺伝子座と相関しているように，ゲノムの広い範囲での組換えを抑制するかもしれない．また，異なる性で最もよく機能を発揮できる遺伝子の多くは多型であるかもしれない．その場合には，これらの多型遺伝子が性決定遺伝子座と連鎖するような強い自然選択が働くだろう(例えば，図23.27)．これは，共通のエピスタシスが組換え率を低下させる**削減原理**(reduction principle)の例である．

　いったん，X染色体とY染色体の間の組換えが抑制されると，Y染色体は奇妙な立場におかれることになる．Y染色体は常にヘテロ接合体であり，一方の性だけに縛りつけられてお

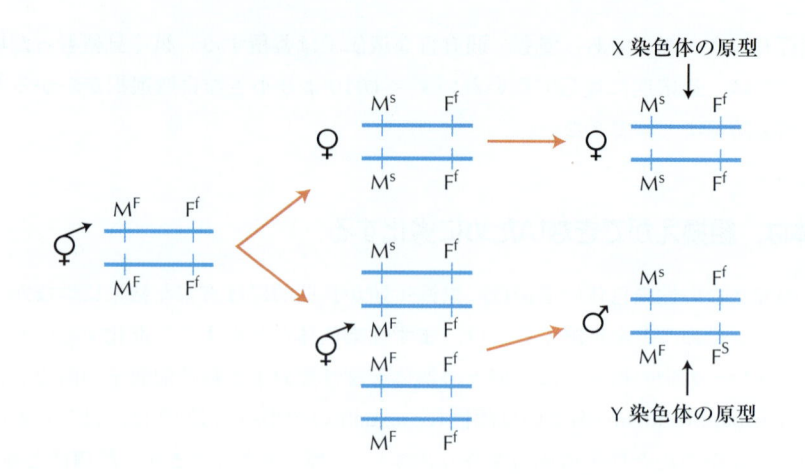

図 23.26 ▪ 分離した性は，最初は雌雄同体だった集団に 2 つの突然変異が固定することで進化しうる。まずホモ接合（M^sM^s）で雄を不妊化する劣性の M^s 遺伝子が生じ，雌個体を集団中に作り出す。他の遺伝子型（M^sM^F, M^FM^F）は雌雄同体のままなので，雌個体と雌雄同体の多型である雌性両性異株集団が形成される。次に，連鎖した遺伝子座に雌を不妊化する優性の突然変異 F^s が生じる。これで，M^sF^f（上右）のホモ接合となる個体は雌に，M^sF^f/M^FF^s がヘテロ接合の個体は雄になる。例えば，組換えでできる遺伝子型 M^sF^s/M^sF^f は完全に不妊となるので，2 つの遺伝子座に強い連鎖を作り出すよう強い自然選択がかかることになる。

り，事実上無性的に複製する。対照的に，X 染色体上の遺伝子は雌の中で自由に組換えを行うことができる。Y 染色体が劣化する一番大きな原因は，組換えがないことによって，自然選択が効果的でなくなり，有害な突然変異が蓄積することにある。Y 染色体上の遺伝子は機能停止するかもしれないし，消失するかもしれない，そして転位因子が固定するかもしれない。ついには，Y 染色体には反復配列が蓄積し，その機能が完全に失われてしまうかもしれない。その結果，（少なくとも性特異的でない遺伝子に対して）雄と雌で遺伝子の発現が同じレベルになるように，ふつうは**遺伝子量補償**（dosage compensation）が進化する。例えば，**真獣類（有胎盤類）**（eutherian mammal）では，X 染色体の 1 つがランダムに不活化されるが，ショウジョウバエでは，X 染色体上の遺伝子が，雄では雌に比べて 2 倍発現する。X 染色体がある常染色体と融合すると（フキバッタ *Podisma* の事例参照 [図 18.16]），もう 1 つの相同な常染色体は雄に限定されることになるので，新しい Y 染色体が生まれることになる。そしてまた Y 染色体の劣化サイクルが新しく始まるのである。

図 23.27 ▪ グッピーでは性選択上，雄では明るい色が有利になるが，雌では地味な色が有利になる。その結果，明るい色の対立遺伝子は性決定遺伝子座と強く連鎖する。

23.4 性の進化がもたらしたもの

この節では，性と組換えの進化から離れ，性の進化の結果もたらされた生物の特徴に目を向ける。有性生殖の進化の結果，生物は現在あたりまえだと思われている多くの驚くべき特徴をもつことになった。そのなかから最も基礎的な特徴として，一倍体と二倍体の2つの核相を含む生活環，2性の進化，そして近親交配の回避機構の3つについて検討する。

二倍体の生活環は，有害遺伝子の発現を遮蔽するために進化したのかもしれない

性の進化は，必然的に生活環の中での一倍体と二倍体の相の交代（核相交代）を進化させる。配偶子の接合はゲノムの数を倍化させ，減数分裂は半減させる。しかし，2つの相の相対的な長さは生物によって著しく異なる（図23.6および図23.28）。一倍体と二倍体のステージは，アオサ *Ulva* のように同じに見える場合（図23.28）もあれば，異なる役割に特殊化した場合もある。例えばシダ類では，大きな二倍体の胞子体は減数分裂で一倍体の胞子を作り，胞子は分散して多細胞の一倍体の配偶体を形成する。この配偶体が精子と卵を作り，これらが接合することによって，再び新しい生活環が始まる。

真核生物は，どのようにして体細胞分裂による無性生殖から，接合（syngamy）と減数分裂を含んだ生活環へと進化したのだろうか。おそらく原始的な減数分裂が最初に進化し，その後，**核内有糸分裂**（endomitosis）（つまり細胞分裂を行わない体細胞分裂：図23.29A）によるゲノムの倍化が生じたというシナリオが確からしい。実際，まさにこのような生活環をもつ生物がいる。例えば，鞭毛虫であるオキシモナス目の1種 *Pyrsonympha* は，核内有糸分裂

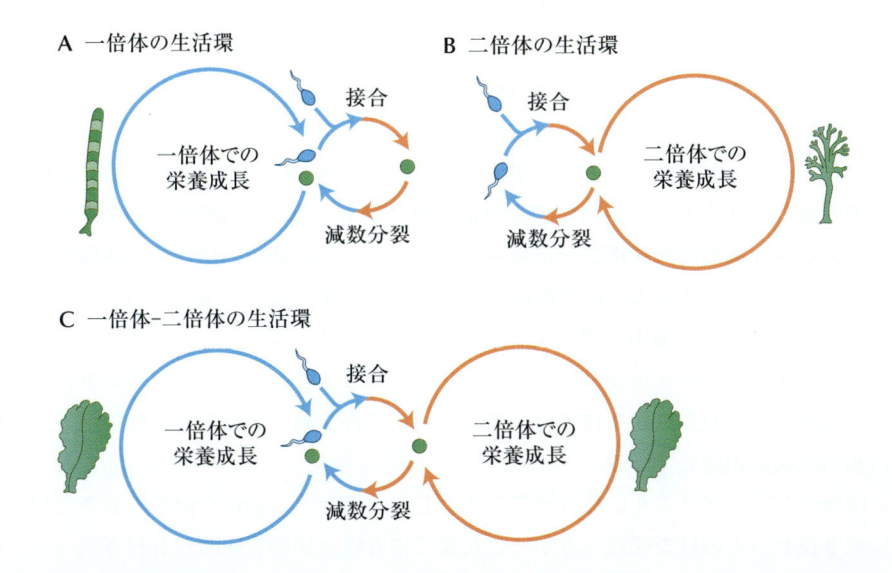

図 23.28 ■ 真核生物の生活環は，一倍体相と二倍体相の長さに違いがある。（A）多くの原生生物では，一倍体のときにだけ体細胞分裂と発生が起こる。配偶子の接合の直後に減数分裂が起こる。（B）ほとんどの動物が，ほとんど二倍体だけからなる生活環をもつ。一倍体のときには，体細胞分裂も発生も起こらない。（C）多くの生物が，長い一倍体相と長い二倍体相の両方をもつ。2つの相は，この図に示すように形態的に同じ場合もあれば，まったく異なる場合もある。図では，3つの場合を3種類の藻類，（A）ヒビミドロ *Ulothrix*，（B）ヒバマタ *Fucus*，（C）アオサ *Ulva* を例に描いている。大きな環は栄養成長を表し，小さな環は有性生殖を表す。

A 接合を含まない一倍体-二倍体の生活環

核内有糸分裂

1段階の減数分裂

B 接合と1段階の減数分裂を含む生活環

接合

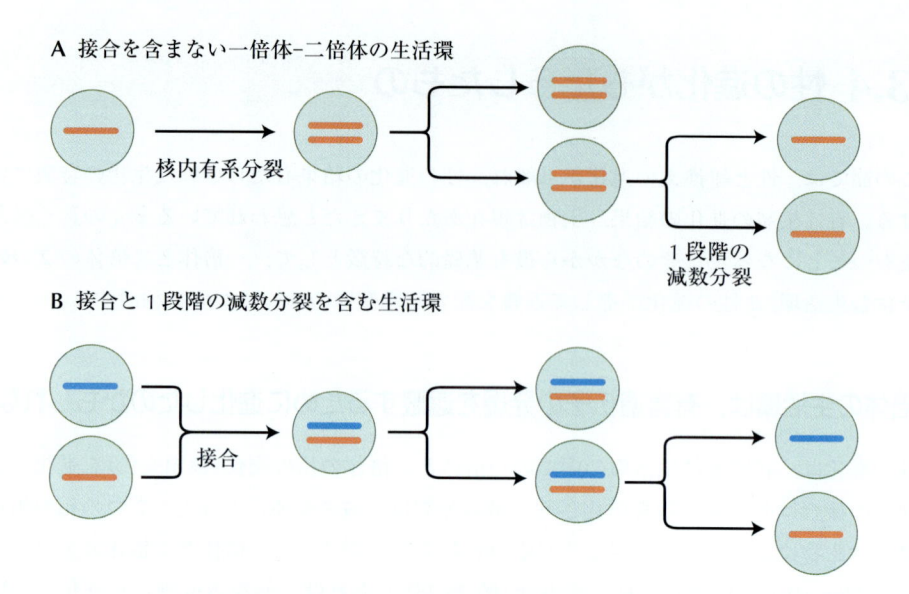

図 23.29 ▪ （A）現在の真核生物の生活環が進化する最初の段階には，核内有糸分裂によるゲノム数の倍化が含まれていただろう。一倍体は，原始的な1段階の減数分裂によって回復できただろう。（B）異なる個体からのゲノムの融合（接合）が核内有糸分裂に置き換わった。

によるゲノム数の増加の後で，何回かの減数的な分裂が起こる無性的生活環をもつ。そこで問題は，なぜ生物は一倍体と二倍体の相をわざわざ交代させるべきなのかということになる。

　ゲノムのコピーが2つあれば，相同的な組換えにより，DNAの二本鎖上の一方に起きた傷は修復される（第12章，pp.364〜365）。また二倍体になることによって，大きな多細胞の生物体の発生も可能となる。一方のゲノムに生じた体細胞突然変異の発現が，他方のゲノムの機能する遺伝子のコピーによって遮蔽されるからである（がんは調節遺伝子に2個以上の突然変異を含んでいる。これらの突然変異はふつう劣性なので，もし我々が二倍体でなく一倍体だったとしたら，がんの発生頻度は致命的なほど高かっただろう）。しかし，栄養分の摂取に制約がかかっている場合には，単細胞の二倍体は一倍体より成長が遅くなる。二倍体のほうが，細胞の体積に対して相対的により小さな表面積になるからだ。また二倍体は，突然変異が起こるかもしれない遺伝子を一倍体の2倍もつ（p.594参照）という当然の理由によって，長期的な突然変異荷重が一倍体の2倍になる。一倍体／二倍体の生活環の初期進化段階では，二倍体で二本鎖DNAの修復ができることが鍵となる重要な要因であり，そのことによって一倍体の早い成長速度に対抗できたのだ。DNAへの損傷が起こりやすいときに二倍体相が始まり，成長が可能なときに一倍体相が始まることで，核相交代が維持されたのだろう。実際，単細胞の真核生物では，過酷な環境条件を乗り切るための休眠胞子の形成と二倍体相の出現が相関している。

　次の段階として，ゲノムを倍化させる方法として，接合（syngamy）が核内有糸分裂のほとんどに置き換わったのはなぜだろうか。これまでに有性生殖の長期的な有利さについて検討してきた。しかし，接合は劣性の有害突然変異の発現を遮蔽することで短期的な有利さを獲得したのかもしれない。異なる個体から持ち込まれた2つのゲノムは，異なる突然変異をもっていることが多いからである（雑種強勢［heterosis］，p.555）。この劣性有害遺伝子の発現の遮蔽の結果，二倍体相では自然選択から遮蔽されるので，有害遺伝子の遺伝子頻度は増加する。その結果，二倍体では一倍体に比べて突然変異荷重が2倍に増える。この突然変異荷重の違いによって，長い一倍体相の集団が，おもに二倍体相で自然選択を受ける集団と競争す

るうえで有利になったのかもしれない。しかし，有性生殖集団では，突然変異荷重の蓄積は，長期的には一倍体相を長くする変更遺伝子に有利とならない。なぜなら，二倍体相が長いと雑種強勢による短期的な有利さが生まれるが，有害遺伝子の増加による有害な効果は，二倍体相が長い集団だけに限定されず，集団全体で負担されることになるからである（突然変異率の進化に関する同様の議論を思い出すこと［図23.2］）。

現時点では，なぜ多くの生物が長い一倍体相と長い二倍体相を含んだ生活環をもつのか，正確にはわかっていない（例えば，図23.28C）。一般的には，このような生活環は，（接合が進化する前の，一倍体／二倍体の交代が進化する初期段階の議論で示唆されたように）ある環境下で一倍体が自然選択上有利になり，別の環境下で二倍体が有利になるならば維持されうるだろう。とはいえ，いくつかの共通するパターンはある。例えば，多細胞の真核生物は，生活環のほとんどを二倍体として過ごすが，それは二倍体が体細胞突然変異の発現を遮蔽するためだろう。

2つの性は，異なる大きさの配偶子から分業によって進化した

まったく同じに見える配偶子であっても，異なる**交配型（接合型）** mating type をもっているのがふつうである。例えば，酵母の1種 *Saccharomyces cerevisiae* には，異なる交配型 α と **a** があり，緑藻の1種クラミドモナス（コナミドリムシ）*Chlamydamonas reinhardtii* には，＋と－で区別される交配型がある。そして異なる交配型の組み合わせだけが子孫を残せる。この2つの交配型の進化は，2つの性，雄と雌が進化するための最初の段階とみなすことができる。

交配型は，近親交配を避ける自然選択の結果として進化しうる。2つの単細胞の一倍体個体の接合には，（少なくとも）細胞表面の2種類の分子が関係していただろう（図23.30）。これらの分子をコードする遺伝子をそれぞれA，Bと呼ぶ。さて，これら2つの遺伝子の片方の機能を失った個体（例えば遺伝子型aB）は，まだ遺伝子型ABの個体と接合できるが，大

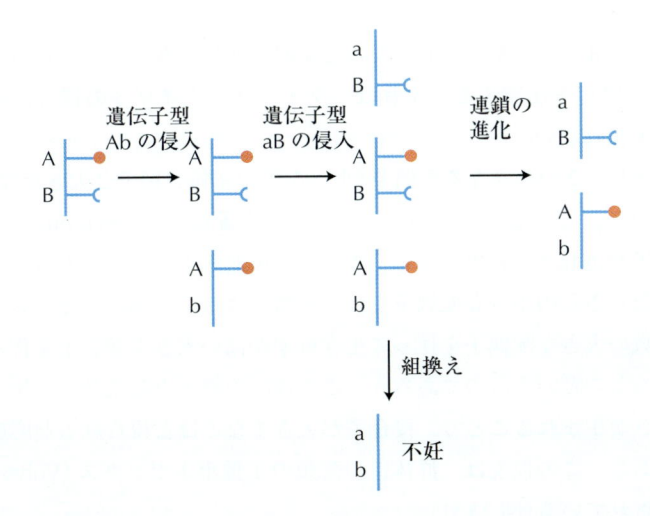

図23.30 ▪ 交配型は，2つの遺伝子座のそれぞれ一方の機能の喪失によって進化しうる。最初，(A, B)の融合には2つの分子が必要となる。これらの片方を失った個体（例えば，遺伝子型(Ab)）は，近親個体と交配できないために有利になる。同じ理由によって，相補的な遺伝子型(aB)が集団に広がる。遺伝子型 Ab と aB の組換えで遺伝子型 ab の細胞ができるが，これはまったく配偶できない。したがって，遺伝子間に強い連鎖が進化する。その結果，集団は Ab と aB という2つの交配型しか含まない集団へと遷移する。

きな有利さを獲得する可能性がある。なぜなら，もう同じ遺伝子型をもった近親個体とはもう接合できなくなるからである。同様に，もう1方の分子の活性を失った遺伝子型 Ab も，集団で広がることができるだろう。いったん Ab と aB が集団中で多数派になると，両者の組換え体 ab はまったく配偶できないので，これらの遺伝子間に強い連鎖を作る自然選択が働く。この連鎖が完全にできあがれば，祖先である遺伝子型 AB は集団から失われ，2つの交配型 (aB, Ab) が確立する（このシナリオは，雄と雌の機能が分離して2つの性に進化するモデルと似ていることに注意 [図 23.26]。そこでは，異なる雄性と雌性の配偶子を作る多細胞の二倍体個体を検討した。しかしここでは，一倍体の単細胞生物に起こる，ずっと初期段階の2つの配偶子タイプの進化を考えている）。

2つの性の分化に伴うもう1つの特徴は，細胞小器官の伝達にある。驚くべきことに，すべての知られている事例で，ミトコンドリアと葉緑体は片方の親からしか伝えられない。これは単にそれぞれの親から伝達される細胞質の量に違いがあるということではない。ヒトの場合，およそ 50 個のミトコンドリアゲノムが精子から卵に伝達されるが，その後，すべて特異的に解体される。またイガイの仲間 *Mytilus* は2種類のミトコンドリアをもち，一方は父親から伝達され，もう一方は母親から伝達される。両性がミトコンドリアを伝達できる場合でも，その伝達は厳密に片方の親だけに制限されている。さらに，配偶子が同じに見えても，細胞小器官は片方の交配型だけから伝達される。例えば，緑藻の1種クラミドモナスでは，ミトコンドリアは−の交配型から伝達され，葉緑体は＋の交配型から伝達される。

細胞小器官が片方の親からしか伝達されないことは，利己的な細胞小器官の広がりを抑止するための適応として説明できる（図 21.4 を思い出すこと）。異なる交配型から伝達される細胞小器官を抹殺する核内遺伝子は，配偶相手を介して侵入するどんな利己的因子からも被害を受けることはないだろう。反対に，いったん細胞小器官が片方の親から伝達されるようになれば，その細胞小器官の繁殖成功は伝達された個体の繁殖成功にかかってくるので，細胞小器官には宿主に無害となるような自然選択がかかる。おもしろいことに，（2つ以上の交配型と配偶する）複合的な交配型をもつ生物は，菌類のような生物にしか見つからない。菌類では，接合過程では核の伝達だけが起こり，細胞質の融合は起こらないので細胞小器官は伝達されない。これは期待どおりである。なぜなら，いったん細胞小器官の伝達様式が交配型と結びついてしまえば，3つ以上の数の交配型は進化できなくなるからである（例えば，タイプ1が細胞小器官を伝達するとすれば，タイプ2とタイプ3の接合は細胞小器官をもたない子孫しか生まれない）。

性別 (gender) とは，2つの異なる配偶子（小さな雄の花粉・精子と大きな雌の卵）を生産することと定義される。なぜこれほど多くの種が，**同型配偶子 (isogamous)** のままでいたり，何種類もの配偶子を進化させたりせずに，2つの性を進化させたのであろうか。最も確からしい説明とは，たくさんの小さな配偶子を作って数によって受精のチャンスを増やすやり方と，反対に，少数の大きな配偶子を作って生存確率が高い大きな接合子を作るやり方に，トレードオフがあるからというものであろう。この仮説の鍵となる条件は，接合子の大きさに加速度的な有利さが生まれることで，接合子が大きくなるほど得られる適応度の増加分が大きくなることである。この仮説は，群体性の藻類の1種ボルボックス (Volvocales) の種間比較によって支持されている（図 23.31）。

これまで，同型配偶子のシステム (isogamous system) が，2つの交配型，細胞小器官の片親からの伝達，異型配偶子といった特徴を進化させうることをみてきた。いったんこれらの特徴が進化的に確立すると，雄性配偶子だけの生産あるいは雌性配偶子だけの生産に特殊化する個体の進化が起こるだろう。そして，これらの多細胞からなる個体の性は，環境によっ

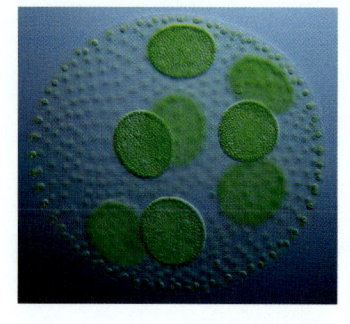

図 23.31・ボルボックスは藻類の目の1つであり，細胞間で分化した大きな群体を形成するものもある（図 9.1）。小さな群体を形成する種は同型配偶子になる傾向があるが，大きな高度に分化した群体を形成する種は，運動性の高い小さな配偶子と大きな卵を作る傾向がある。この傾向は，大きな接合子形成に加速度的な有利さがある場合は異型配偶子が有利になるという理論と矛盾しない。接合子が複雑な群体へと発生する必要があるならば，こういう条件は十分期待できるだろう。写真は，最大 50,000 個の細胞を含んだボルボックスの群体であり，娘群体が親の群体内で成長しているのがわかる。

てあるいは遺伝的に決定されるだろう（図 23.36）。雄性配偶子と雌性配偶子の生産が異なる性の個体に分離されるかどうかとは無関係に，性選択が雄性配偶子の繁殖成功度を増加させるように働く，コストのかかる複雑な形質を進化させるだろう（第 20 章）。このように，生物学において最も興味深い現象の多くが，2 つの性の進化に起源をもつのである。

近親交配を回避するために，さまざまな仕組みが進化した

ほとんどの有害遺伝子は劣性なので，近親交配でできる子供の適応度は低くなる（第 18 章，p.555）。この**近交弱勢**（inbreeding depression）という現象は，生物の進化にも深い影響を及ぼす。近交弱勢によって，短期的には接合が有利になるとともに，二倍体相の期間を一倍体相より相対的に長くすることが有利になる。また交配型の進化を促進したり，雄と雌の機能を異なる個体に分離する原動力にもなる。この項では，生物が近親交配を回避する他の方法をみてみよう。

被子植物（angiosperm，花をつける植物）は，特に多様な配偶システムをもっているが，その大半が近交弱勢を避けるための適応として発達してきた。これまでにも，いくつかの被子植物の分類群が不和合システムを進化させてきたことをみた。このシステムでは，不和合遺伝子座にある遺伝子を雌（雌花）と共有する花粉や，遺伝子を共有する植物個体からできた花粉は受精できない（pp.545，582）。不和合システムは，被子植物だけでなく菌類や繊毛虫においても独立に何度か進化している。

被子植物の大部分では，雄と雌の機能が同じ花の中にまとめられているので，自家受精のリスクがある。動物媒花の植物では，葯と柱頭は分離されていることがあり，自殖が起こりにくくなっている。しかし，同時に花粉の伝達効率が低下することになる。この自殖を避けることと花粉を効率的に伝達することが両立しないことは，**異型花柱性**（heterostyly）によって解決される。つまり集団は，2 タイプの異なる葯と柱頭の配置の多型となるのである。異型花柱性のシステムは独立に 28 回も進化しており，いくつかの分類群では 3 タイプの異なる葯と柱頭の配置をもつ**三型花柱**（tristylous）システムが進化している（例えば，図 23.33 参照）。**性比**（sex ratio）や**自家不和合性**（self-incompatibility）の事例と同様，少数のタイプは頻度依存性選択によって有利となるので，多型は同じ遺伝子頻度になる傾向がある。また，他の種類の多型システムも見つかっている。例えば左利きと右利きの花からなる多型は 3 回進化しており（図 23.32A），最近では，2 つのタイプが花の構造を 1 日の内に反対方向に変える驚くべき例も見つかっている（図 23.32 下）。

多くの被子植物では，花は雄だけ（雄花）あるいは雌だけ（雌花）として機能するよう特殊化しているが，まだ同じ個体についている。したがって，同じ個体の花の間でなく異なる個体の間で花粉を運ぶように昆虫の送粉者に働きかけることで，自殖率を低下させることができる。例えば，雄花と雌花が異なる時間に開くならば，すべての植物個体が雄か雌の一方だけになるので，自殖はもちろん不可能になる。

一方で，被子植物の多くは常に自殖するように進化した。このような進化的遷移は簡単に起こる。なぜなら，これまで説明した近親交配を回避する多様な仕組みの 1 つが失われるだけで，進化の最初の段階となるからだ。例えば，*Eichornia paniculata* の小集団は，遺伝的浮動によって**三型花柱性**（tristyly）を失っている（図 23.33）。加えて，自殖個体は自分の遺伝子だけを子孫に伝えることができ，しかも集団内の他個体を受粉させることができるので，短期的に有利となる（この**自殖選択**[automatic selection]と呼ぶ有利さは，ゲノムの希釈コストと関係している）。また，自殖個体には送粉が失敗するリスクがない（**繁殖保証**[reproductive

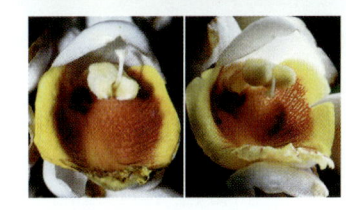

図 23.32 • *Cyanella alba*（上）と *Wachendorfia paniculata*（中）では，集団は左利きと右利きの花で多型となっている。昆虫は異なるタイプの花の間で最も効率的に花粉を運ぶ。熱帯ショウガの 1 種 *Alpinia*（下）では，1 つのタイプは，午前中に雄（雄花）として機能する（つまり，花粉を出す）が，午後には雌（雌花）として機能する。一方，もう 1 つのタイプは正反対のパターンを示す。最初のタイプ（左）では，午前中に花柱が上向きになるため，柱頭は送粉するハチにふれることができない。しかし，午後には下向きに伸びて，葯の花粉が使われる。2 番目のタイプ（右）は，1 番目のタイプと反対のパターンを示す。写真は，どちらも午前中の 2 つの花のタイプである。

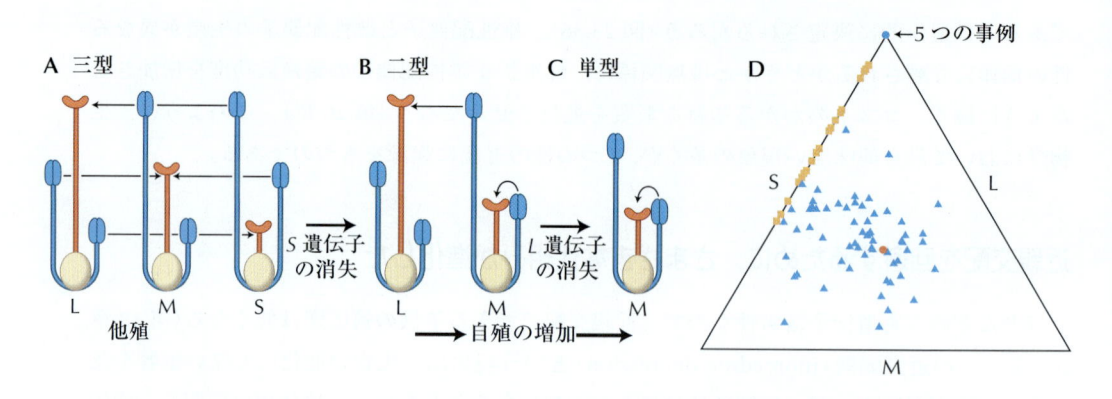

図 23.33 ▪ ホテイアオイ属の水草である *Eichhornia paniculata* は，三型花柱性（tristyly）である。(A) この植物は 3 タイプの花型を含み，花粉の伝達は異なるタイプ（L, M または S）間で最も効率がよい。ブラジル北東部の集団には，1 つあるいは 2 つの遺伝子座に関係する多型を失った集団が多い（D）。この現象は遺伝的浮動が働く小集団に起こりやすい。したがって，多くの集団は M タイプと L タイプの 2 型（だいだい色の四角），あるいは M タイプだけの単型（青丸）である。2 型あるいは単型の集団は，M タイプが変異した葯と花柱が隣り合う自殖する変異体を含む（図 B, C）。(D) では，各タイプの頻度は，それぞれ対応する線分（L, M, S で示す）からの距離で示される。青色の三角は三型（三型花柱性）の集団を示す。

assurance] と呼ぶ有利さである）。つまり，性の進化の議論に出てきたのと同じ問題が，自殖の進化でも出てくることが多い。

無性生殖の場合（図 23.9）と同様，自殖種は系統樹の末端に分布する傾向がある（図 23.34A）。このことは，自殖は通常，進化的に短命であり，相対的に早く絶滅することを示唆している。このことと一致して，自家受粉する植物は，もう送粉者を誘引する必要がないのに花の構造を保持しているものが多い（図 23.34B）。近交弱勢のコストが自殖選択や繁殖保障による自殖の短期的有利さを上回るため，自殖はまれにしか進化しないのだろう。

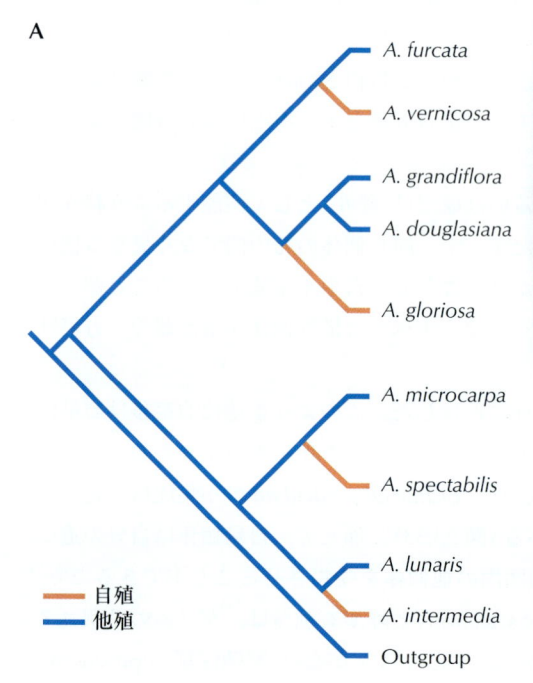

図 23.34 ▪ (A) 自殖はムラサキ科の *Amsinckia* 属で何度か進化している。しかし，自殖種は系統樹の末端に限定されており，最近分岐したことを示唆する。(B) 自殖種は花をつけるが，ずっと小さくなる傾向がある。（左）他殖種である *Amsinckia furcata*。（右）大部分が自殖の姉妹種である *Amsinckia vernicosa*。

この項では被子植物に焦点を当ててきた。それは、被子植物が多様な配偶システムをもち、実験的な操作もしやすいからである。だが、被子植物の場合と同じ原理が他の生物群にも当てはまる。例えば、鳥類や哺乳類においても近親交配を回避する多様な仕組みが進化した（例えば、図 23.35）。これらの動物群では、多くの場合一方の性だけが分散するが、この分散にみられる非対称性は異系交配（他殖）を保証するために進化したと信じられている。しかし、適応の研究（第 20 章）ではよくあることだが、特定の形質が近交弱勢を回避するために進化したと疑いなく示すことはむずかしい。例えばヒトには近親婚に関する強いタブーがあるが、近親交配を回避する原因としては、近親交配の経済的・社会的結果が、近親交配の遺伝的結果と少なくとも同程度に重要となる（第 26 章）。

近親交配を回避するおもしろい仕組みに、マウスが**主要組織適合遺伝子複合体**（major histocompatibility complex, MHC）上の遺伝子型が異なる個体を配偶相手に好むという現象がある。この好みは、MHC 領域にだけ違いのあるマウス間で観察される匂いに対する好みである。発情期のメスマウスは、MHC 領域が似ていない雄の匂いを好む。同じような MHC に基盤をもつ配偶者選択は、ヒトを含む他の種でも報告されている。しかし、MHC 上の異なる遺伝子型個体を配偶相手に好むのは、近交弱勢などを回避する手段という理由より、子孫により適した MHC の遺伝子型を伝えるという理由で進化したのかもしれない（MHC の多型は**平衡選択**（balancing selection）によって維持されることを思い出すこと。おそらく MHC のヘテロ接合と少数頻度の MHC 遺伝子によって、病気への強い抵抗性が生み出されるためである [p.583]）。近親交配を回避する要因を、配偶者選択にかかる他の自然選択要因と分離することはむずかしい（pp.628 ～ 629 参照）。

23.5 進化可能性の進化

進化は，遺伝子型と表現型の関係に影響される

近年、進化能（進化可能性）（evolvability）の進化に多くの関心が集まっている。この用語にはさまざまな定義があるが、この節では、自然選択の有用な素材となる表現型変異を生成する（集団の）能力を表すものとする。この用語は、形質の平均値に対して定義される相加遺伝分散（p.431 参照）という狭い意味で使われることもある。しかし、ここではもっと広く、定量的というより定性的な意味で使うことにする。したがって、進化可能性には、これまで議論してきた突然変異率の進化や、性と組換えの進化も含まれる。しかし、最近の進化可能性の議論のほとんどは、発生生物学者と分子生物学者によるものであり、その議論の焦点は、遺伝的変異が表現型変異に翻訳される様式にある。

これまでこの章では、遺伝システムが遺伝的変異にどのような影響を与えるかに焦点を当ててきた。しかし、生物学で一番関心があるのは、複雑な発生過程の結果であるとともに、多くの遺伝子の共同の働きの結果である、生物の全体としての特徴（からだの形や行動など）である。第 14 章では、遺伝子型から表現型を発現する過程が複雑であるにもかかわらず、量的形質の進化が非常に簡単に表現できることをみてきた。そこでは、遺伝子型と表現型の関係は与えられたものとして扱ったが、ここでは、なぜそのような関係なのかを考える。つまり、遺伝子型と表現型の関係は、どの程度まで自然選択によって作られたものなのか。このような関係は、適応的な変異を生み出すために進化したのだろうか。

変異が"自然選択の有用な素材"となるためには、生物の他の機能を損なうことなく、特定

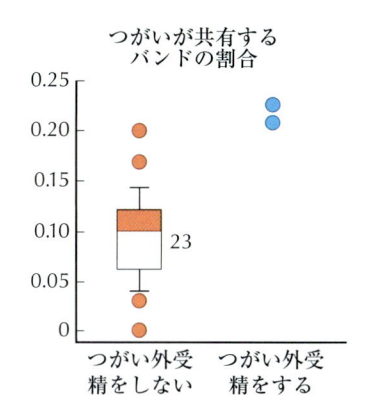

図 23.35 ■ つがい外受精（EPF，図 20.34）は、つがいが遺伝的に近いほど起こりやすくなる。この場合、遺伝的近さは、複数遺伝子座の DNA フィンガープリントに現れる共通バンド数で測る（Box 13.3）。近縁の雄とつがう雌は、つがい外受精によって近交弱勢の影響を受けた子供を生むことを回避できる。兄弟（full sibling）の場合 50% のバンドを共有する。つがい外受精を行わない若鳥の群れでは、データはメジアン（中央）値と、10 位と 90 位の値を示すバー、百分順位外のデータ値（赤丸）で示されている。群れの個体数は矩形の横に示す。つがい外受精をする群れでは、個体のデータが示されている（青丸）。このデータは、ヒメハマシギ *Calidris mauri* のものであるが、同様なパターンは、シロチドリ *Charadrius alexandrinus* と普通種であるシギ *Actitis hypoleucos* でもみられる。

の機能だけを改善するものでなければならない。したがって，進化可能性の進化には，2つの相補的な問題があることになる。つまり，(1) 生物はどのようにして有害な遺伝的変化から守られているのか，(2) 生物はどのようにして機能を改善する表現型の変化を生み出せるのか。この進化能の進化に関する2つの見方は，突然変異率の進化と組換えの進化に関する議論を再現している。そこでは，有害突然変異の荷重と，有利な突然変異の取り込みの両方を検討した（表23.1）。この章の残りでは，有害突然変異に対する生物の頑健性（robustness）に焦点を当て，次の章で，この頑健性をもちながら，生物はどのようにして変化できるのかという相補的な問題を考える。

自然選択によって野生型遺伝子の優性が進化することはほとんどない

1遺伝子座で野生型と突然変異の2つの対立遺伝子からなる，一番簡単な場合を考えよう。このとき，二倍体の3種類の表現型を決める要因は何だろうか。特に，ほとんどの場合に，突然変異が劣性となり，野生型が優性となるのはなぜなのか（第13章，p.388）。Fisher は，少数頻度である突然変異はおもにヘテロ接合体として出現するので，自然選択は，突然変異がヘテロ接合体に与える効果を量的に補正するのだと主張した。つまり，突然変異は出現したときに相加的な効果をもっていたとしても，自然選択の結果，劣性に進化すると主張したのである（劣性の進化は，突然変異荷重をあまり低下させない。なぜなら，突然変異がヘテロ接合体へ及ぼす影響が小さくなるように進化するほど，その突然変異は集団に広がりやすくなるからである。つまり，ヘテロ接合体の適応度がわずかしか下がらない場合，1個の突然変異を排除するには，1個体のヘテロ接合体の選択的な死が必要となる[p.594参照]）。

Sewall Wright（セオール・ライト）は，1遺伝子座上の優性に関する変更遺伝子にかかる自然選択は，突然変異率と同程度に極端に弱いということをおもな論拠に，Fisher の理論に反論した。Wright は，現実には，変更遺伝子は優性を変化させることによって生じる弱い自然選択圧よりも，はるかに強い**多面発現**（pleiotropic）の効果を適応度に与えるだろうと論じた。また Fisher の理論では，特定の遺伝子座や突然変異にまで影響を及ぼすだけの莫大な数の変更遺伝子が必要となる。そこで Wright は，現在広く受け入れられている次のような生理学的な説明を提案した。もし，代謝物質の生成速度が，酵素活性の増加とともに飽和的に減少（収穫逓減）する場合は，機能を失活させる遺伝子は劣性になる傾向がある（図23.36）。

それではなぜ酵素は，遺伝子の失活により酵素活性が半減しても，ほとんど表現型への影響がないほど過剰に作られるのだろうか。J.B.S. Haldane（ホールデン）は，この現象は，変動する環境条件に対抗するために自然選択が"安全性"を進化させた結果だと説明した。一般に，代謝経路中の生成物の流量は，経路中のどの酵素活性が多少変動しても影響されない傾向がある。この性質は，Wright の仮説で鍵となる仮定に定量的な根拠を与えることになる。この議論は，代謝に含まれる酵素に当てはまるが，調節的なネットワークにも拡張できそうである。Wright の生理学的な説明を支持する証拠に，ショウジョウバエでの観察結果がある。生理学的理論から期待されるとおりに（図23.36），生存力に小さな影響しか与えない遺伝子は，ほとんど優性にならない。最も説得力のある証拠は，藻類の1種クラミドモナスに自然に起こる突然変異は，大部分が劣性であることだ。なぜなら，この藻類は生活環の大部分を一倍体で生活するため，自然選択が優性の程度を変更できたはずがないからである。

最近，発生に不可欠な相互作用する遺伝子のネットワークのもつ広範な特徴について，活発な議論がされている。環境変動や遺伝的変動があるのに，どのようにして正確に調整された形態が発生できるのか（例えば，図23.37，第9，11章）。その反対に，新たな進化に必要

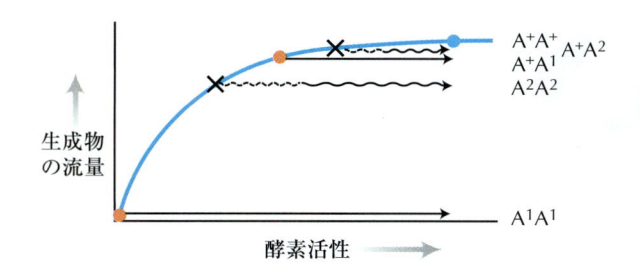

図 23.36 ■ 酵素活性が増加すると，代謝経路中の生成物の流量が飽和的に増加（収穫逓減）する場合，野生型遺伝子は自然に優性となる．図の青丸は，野生型のホモ接合体 A^+A^+ を表し，通常の条件下では制約とならないほどの十分大きな酵素活性を生み出す．一方，赤丸は，対立遺伝子 A^1 の効果を表すが，ホモ接合体 A^1A^1 で完全に酵素活性を失ってしまう．この遺伝子は，ヘテロ接合体 A^+A^1 では生成速度を少し低下させるだけなので，ほとんど劣性に見える．対照的に，酵素活性を少し発現する A^2 の効果は，だいたい相加的に見える．つまり，ヘテロ接合体 A^+A^2 による生成速度は，2つのホモ接合体 A^+A^+ の生成速度と A^2A^2 による生成速度の中間に近くなる．

な新しい変異は，現在の生物に致命的なダメージを与えることなく，どのように生み出せるのか．第13章（pp.388〜389）では，厳しく制御されている表現型の裏には，極端な環境条件下や新しい遺伝的背景の下で顕在化する，膨大な遺伝的変異が隠されていることをみてきた．例えば，C.H. Waddington（ウォディントン）の古典的な実験は，ショウジョウバエの縦翅脈（cross-vein）にギャップのある突然変異 *cv* が大きな変異をもっていることを示した．翅の変異は通常強い制約を受けている．しかし，ホモ接合体 *cv/cv* の遺伝的背景に隠れていた翅の大きなギャップに自然選択をかけることで，野生型の遺伝的背景でもギャップをもったショウジョウバエが生み出されたのである（図 14.20A）．次章で，新しい表現型がこのようなやり方で選択される過程を考察する．

ショウジョウバエの隠れた変異を表す驚くべき例の1つに，熱ショックタンパク質 Hsp90 の事例がある．このタンパク質は，変性したタンパク質がうまく折りたたむのを助ける**分子シャペロン**（chaperone）の1種である（図 23.38A）．これは，細胞内に最も豊富にあるタンパク質の1つで，ストレス状況下（例えば，高温下）で大量に作られる．Hsp90 の発現を低下させたショウジョウバエは，驚くほどの表現型の変異幅を示す．この変異は，通常は Hsp90

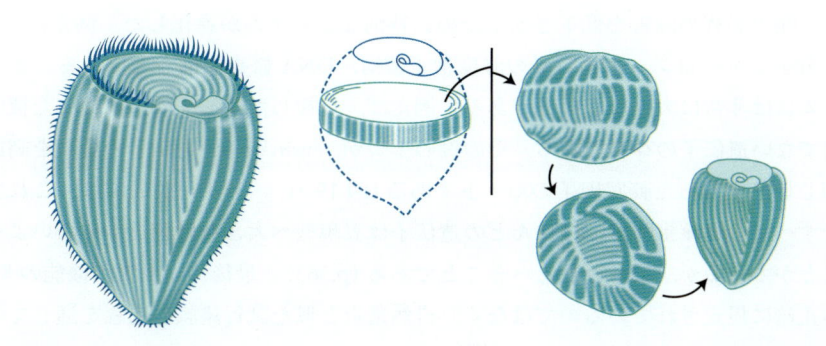

図 23.37 ■ 単細胞の珪藻類 *Stentor coerulus* は，からだ全体を分割しても再生する．通常の細胞（0.5〜1 mm の長さ）は，色のついた縦縞模様をもつ（左）．この縦縞は，細い縞が太い縞と融合する線の部分を除いて（細胞の正面右側），細胞の周りに沿って幅が少しずつ変化する．細胞を輪切りにして組織を切り出すと，再生された細胞は元の大きさよりずっと小さくなるが，2〜3日で通常の模様が修復される．

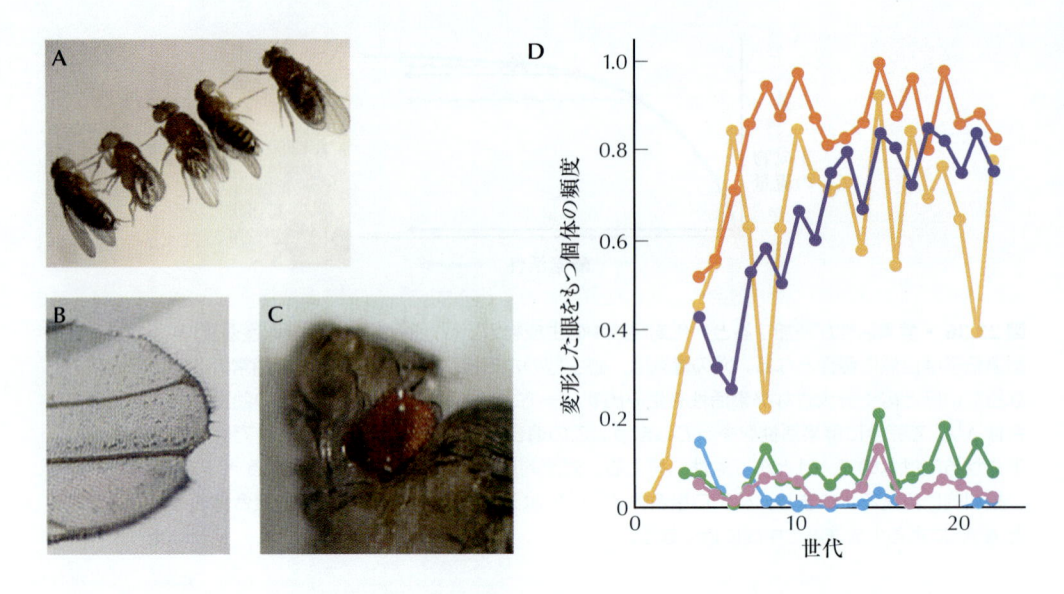

図 23.38 ■ 熱ショックタンパク質 Hsp90 の量が少なくなると，さまざまな異常形態が生み出される（例えば，(A) 小さい翅，(B) 切れ込みのある翅，(C) 変形した眼など）。特定の異常形態は，特定の野生型と交配させたときに発現する。このことは，Hsp90 が通常は発現していない遺伝的変異と相互作用していることを示している。(D) Hsp90 の発現を抑制した状態で，変形した眼を増やす自然選択をかけると（黄，紫，オレンジ色の線），早い応答が起きる。これは，Hsp90 によって隠されている遺伝的変異があることを示している。対照実験として，眼の突然変異が現れていないショウジョウバエに自然選択をかけた（青，緑，薄紫色の線）。

の緩衝効果によって隠されている，非常に多くの遺伝子の多型の効果による（図 23.38）。シロイヌナズナ *Arabidopsis* でも，Hsp90 の発現を低下させると同様の変異が現れる。大腸菌では，別の分子シャペロン GroEL が通常より多く発現することで，3000 世代以上にわたって蓄積された有害突然変異をもつ培養株の適応度を著しく増加させることがわかっている。つまり，分子シャペロンとは，環境変動と遺伝的変動の両方から生物を守る仕組みの一例なのである。

頑健性は，いろいろな方法で進化する

発生の驚くべき頑健性（robustness）を生み出す要因を，一般的なことばで表すことができる。まず，発生過程の障害を低下させるために特別なシステムが進化した。例えば，Hsp90 のような分子シャペロン，生物時計の温度補正機構，DNA 修復機構などである。また，発生システムには非常に大きな冗長性がある。例えば，重複した遺伝子や，重複した機能をもった相同でない遺伝子の存在である。その例の 1 つが，*evenskipped* 遺伝子の発現を調節するための同じ機能をもった転写因子のセットである（図 19.31）。より一般的には，これまで調べられたすべての真核生物で，ほとんどの遺伝子は表現型へ大きな影響を与えないように除去することができるが，これは驚くべきことである (p.563)。最後に，生物の機能の多くは，最初から正確に規定されているのではなく，自然選択と似た試行錯誤の過程を通じて発達する。このような**探査システム**（exploratory system）は，ゲノムに蓄えられた限られた量の情報だけで複雑な生物体を作り上げる場合に不可欠となる。また探査システムは，環境的撹乱や遺伝的撹乱に対しても，発生過程を頑健なものにする。次章で，このことをもっと詳しく検討する。

頑健性はどのようにして進化したのだろうか。頑健性とは，ある程度は，大きな機能的ネットワーク一般が備えている特徴なのかもしれない。しかし，ランダムなノイズに対して頑健であり，生涯に経験するあらゆる環境条件下で機能するシステムが，自然選択によって非常に有利になるのは間違いないだろう（これは，優性の進化で議論した，代謝酵素を生産するときの，Haldaneによる"安全性"の進化の説明に対応している）。同様に，遺伝的撹乱に対して頑健となるような自然選択も働くだろう。これは，Fisherが提案した1遺伝子座の変更遺伝子よりも，たくさんの遺伝子の働きに影響を与える遺伝的撹乱（例えば，Hsp90への影響）によくあてはまるだろう。理由は簡単で，その遺伝的撹乱によって影響を受ける遺伝子すべての突然変異率に比例する大きさで自然選択が働くからである。この議論によれば，環境変動と遺伝的変動のどちらに対する頑健性が相対的に重要となるかは，2つの変動の相対的な大きさで決まることになる。

■ 要約

遺伝システムの進化の研究は，遺伝情報の次世代への伝達様式に影響を与える形質を対象とする。つまり，突然変異率や組換え率，生活環における一倍体相に対する二倍体相の長さの割合，近親交配の程度，有性生殖の程度などである。遺伝システムを修飾する変更遺伝子は，たとえ自分の適応度に直接変化がなくても，将来有益な変異が生まれるのを促進し，自らはその変異に便乗することで遺伝子頻度を高めることができる。この仕組みは**間接選択**（indirect selection）と呼ばれる。モデルを使った変更遺伝子の研究から得られる理論的予測は，種間の広範な比較研究や自然集団の観察，あるいは実験室内での増殖の速い生物を使った実験などで検証される。

ほとんどの突然変異は有害なので，自然選択は基本的には，突然変異率を低下させるように働く。無性生殖集団では，突然変異率を増加する突然変異誘発遺伝子は，自らが生み出す有益な遺伝子の広がりに便乗することで遺伝子頻度を高める。しかし，突然変異率を高めるこのような間接選択は，有性生殖集団では効果がない。（特に寄生体と宿主の相互作用に現れるような）変動する自然選択を経験する遺伝子は，ランダムな変異を高頻度で作り出す特別な仕組みを進化させる。

有性生殖にはさまざまなコストがかかる。そのなかでも最も重要なコストは，雄の遺伝子を増やすのに資源を投資する雌のコストである（これは，**ゲノムを希釈するコスト**［cost of genome dilution］として知られている）。組換えも，自然選択で作られた適応的な遺伝子の組み合わせを壊すのでコストがかかる。にもかかわらず，性と組換えは生物界に広がっている。無性生殖の分類群はほとんどいつでも短命であるが，有性生殖種と無性生殖種の生存率の違い（**種選択**）では，性が普遍的であることを説明できない。そのうえ，条件的な有性生殖をする種も多く，組換え率も一定ではない。したがって，明らかなコストがあるにもかかわらず，どのように性と組換えを促進する個々の遺伝子が有利となるのかを説明する必要がある。

性と組換えは，遺伝子間にランダムでない関係があるときだけ，この相関を壊すことで集団の遺伝子型頻度に影響を与える。したがって，すべての集団遺伝学的な説明は，遺伝子型頻度のHardy–Weinberg平衡あるいは連鎖平衡からのずれの存在を前提としている。最も確からしい理論では，組換えは有益な遺伝子間の負の相関を壊すことで，自然選択を促進する適応度の相加遺伝分散を作り出すのである。この負の相関は，ある種のエピスタシス選択や遺伝的浮動によって作り出される。そのなかには，有害遺伝子の除去，変動する自然選択，多面的な自然選択などの仕組みが含まれる。第19章でもみたように，これら異なるタイプの自然選択の相対的重要性はまだわかっていない。

性はさまざまな進化的帰結をもたらす。性の進化の最も直接的な結果は，生活環での一倍体相と二倍体相の交代である。二倍体相は，DNA二本鎖上の傷の修復を高めたり，劣性の有害遺伝子の発現を遮蔽するので自然選択上有利になる。また，遺伝システムがもつ特徴の多くが，近親交配を回避する自然選択から生じる。なぜなら，近親交配は劣性の有害遺伝子の発現によって二倍体の有利さをなくしてしまうからである。近親交配を回避する自然選択によって，異なる交配型と分離した性が進化し，被子植物では自殖率を下げる驚くべき仕組みが生み出された。

進化は，自然選択に有用な変異を生み出す集団の能力，**進化可能性**の大きさによって決まる。したがって遺伝システム

の進化とは，本質的には進化可能性の進化であるが，この用語は，おもに遺伝子型と表現型の関係を表すのに使われている．突然変異と組換えによって作り出される遺伝的変異は，生物の既存の機能を阻害することなく，より適応的な表現型を作ることができるのだろうか．次章でこれらの新奇性（novelty）の進化に関する問題を扱う．

文献

突然変異率の進化
Sniegowski, P.D., Gerrish P.J., Johnson T., and Shaver A. 2000. The evolution of mutation rates: Separating causes from consequences. *BioEssays* **22:** 1057–1066.

突然変異率を決める進化的要因と各要因の重要性を示す証拠について説明している．

性と組換えの進化
Barton N.H. and Charlesworth B. 1998. Why sex and recombination? *Science* **281:** 1986–1990; Burt A. 2000. Sex, recombination and the efficacy of selection—Was Weissman right? *Evolution* **54:** 337–351; Otto S. and Lenormand T. 2002. Resolving the paradox of sex and recombination. *Nat. Rev. Genet.* **3:** 252–261; Rice W.R. 2002. Experimental tests of the adaptive significance of sexual recombination. *Nat. Rev. Genet.* **3:** 241–246.

"なぜ有性生殖は生物界でこんなに普遍的なのか？"という中心問題の最近の総説の一部である．

性の進化的帰結
Barrett S.C. 2003. Mating strategies in flowering plants: The outcrossing-selfing paradigm and beyond. *Philos. Trans. R. Soc. (Lond.) B Biol. Sci.* **358:** 991–1004.

被子植物が近親交配を避けるために進化させた巧妙な仕組みの広範な総説．

Charlesworth B. 1991. The evolution of sex chromosomes. *Science* **251:** 1030–1033. Charlesworth D., Charlesworth B., and Marais G. 2005. Steps in the evolution of heteromorphic sex chromosomes. *Heredity* **95:** 118–128.

これら2つの総説は性染色体の進化に関する理論と証拠を扱っている．

Felsenstein J. 1974. The evolutionary advantage of recombination. *Genetics* **78:** 737–756. Maynard Smith J. 1978 *The evolution of sex*. Cambridge University Press, Cambridge.

性と組換えの進化の現代的な理解の枠組みを確立した古典的著作．

進化可能性
Kirschner M. and Gerhart J. 1998. Evolvability. *Proc. Natl. Acad. Sci.* **95:** 8420–8427. Kirschner M. and Gerhart J. 2005. *The plausibility of life: Resolving Darwin's dilemma.* Yale University Press, New Haven, Connecticut.

著者は，遺伝子の制御と発生は進化をさらに促進するために進化したと議論しているが，論争中の問題である．

CHAPTER
24

新しい形質の進化

　生命の歴史の初期に，特筆すべき新たな仕組みが出現し，現在のすべての生物で共有されている。その仕組みとはすなわち，複製，遺伝情報の翻訳の基本装置，そしてこれらを動かすためのエネルギーと材料を供給する基本的な代謝機構である。この共通の基盤の上に，驚くほどさまざまな新奇性（novelty）が現れ，生命の多様化に決定的な役割を果たしている。新奇性の例として非常に多くのものが挙げられるが，例えば，セルロースを分解して代謝できるような特別な代謝経路，小胞体やミトコンドリアといった細胞小器官の発達，眼や心臓といった器官の形成，鳥が種子を貯蔵したりビーバーがダムを作るといった新しい行動の確立といったものである。これらの個々の例よりも基本的なものとしては，主要な系統の多様化を可能にしたような新奇性がある。例えば，真核生物のゲノムにあるイントロンが，選択的RNAスプライシングを介してタンパク質の多様性を生み出すようになったり（図8.22），異なるタンパク質のドメイン間の組換えを促進したりするようなことである（図8.23）。また，さまざまな動物群でみられるような分節とその付属肢の特殊化は，多種多様なニッチ（生態的地位）（ecological nich）に進出することを可能にした新奇性である（第11章, pp.314〜335）。

　この章では，新奇性がどのように進化するのかを考察していく。これまでに，遺伝が不完全であることによって新たな遺伝的変異が作られる仕組み（第12章）や，異なる遺伝的変異が相互作用することによって表現型を決定していく仕組み（第14章），そして，選択によってこの遺伝的変異，あるいは表現型の変異が方向づけされ，複雑な適応へと組み上げられていくようす（第17章）をみてきた。この章では，これまでに出てきた考えや例をまとめていくが，特に，一見したところその進化を説明することが非常に困難であると思われるような新奇性を理解することに焦点を合わせる。進化によって，驚くほどさまざまな新奇の適応が起こったが，そこにはいくつかの一般的な原理がある。この原理とは，小さな変化が段階的に蓄積する，すでに存在する機能が別の目的に利用される，新しい遺伝子の組み合わせが**水平伝達**（lateral transfer）や**共生**（symbiosis）によって作られる，適応は頑強で環境や遺伝的な変化があっても機能する，適応的な系というものは特定の複雑な機能のための明確な設計図

がなくても進化する，といったものである．これらの原理によって，最も複雑な特徴でさえもどのように進化したのかを理解することができる．

24.1 新奇性の基本的な特徴

量的な変化は質的に新しい特徴を生むことがある

　新奇性の進化には，その新奇性の鍵となるような特徴を1段階で確立するような重大な突然変異が伴っているものだという仮定は，魅力的だ．実際，初期の遺伝学者は種分化の基礎として，重大な突然変異の重要性を強調していた(p.27参照)．大きな影響を及ぼす**量的形質遺伝子座**(quantitative trait locus, QTL)は確かに，種内，あるいは，種間の表現型の違いを作り出すのに寄与していることがあり(pp.324〜346, 441〜442, 685〜692参照)，いくつかの例では，重大な突然変異が新たな特徴を確立するのに関与している可能性がある．とはいえ，現在みられる形は実際のところ，長い進化の過程の終点に当たる．姉妹種でさえも，一般には数百万年前に分岐しており，両者の間を埋める途中の世代についての痕跡は何も残っていないのがふつうである．したがって，現在ある違いは，たくさんの小さな変化が蓄積した結果であると考えるのが一般的である．現在，不連続な変遷に見えるものは，実際にはもっと段階的な，連続した過程であったのかもしれない(図24.1)．同様に，重大な影響を及ぼすQTLもまた，長い時間にわたる突然変異の連続によって生じたとも考えられる(例，図14.27)．

　質的な変化は次の2通りの方法によって引き起こされる可能性がある．第1は，十分に大きな連続的変化が質的な変化に見える可能性である(例えば，羽の色の赤から緑への変化は，反射する光の波長の変化による)．形の違いが，ごくわずかの鍵となる成長速度の変化による連続的な変形によることもあるかもしれない．成長速度の差(**アロメトリー**[allometry]という)や，発生上の出来事の起こる時期の変化(**異時性**[ヘテロクロニー，heterochrony])は，体の形に極端な変化を容易に引き起こす(図24.2)．同様の可能性は，他の種類の表現型についても考えられる．例えば，アリの餌の探索方法が大きく変化する原因が，フェロモンによる道の作り方やたどり方がほんの少し変化したことに由来するということも考えられる．

　第2の方法は，より根本的な変化がもたらされるもので，小さな連続的変化が体制をある状態から別の状態へと切り替えさせ，その結果，かなりの質的な変化を引き起こすというものである．遺伝子の発現レベルのような基礎をなす変数に連続的な変化が起これば，質的に新しい結果へと突然切り替わるような可能性がある．C.H. Waddington（ウォディントン）はこの考え方の基本を，生物の発生過程を複数の溝のうちの1つを転がり落ちるボールになぞらえたイラストで表した．ちょっとした揺らぎによってボールの経路は新しい溝へと移り，それによって明確に異なる結果が作り出される(図24.3)．第11章では *Hox* 遺伝子の関与する例を取り上げ，*Hox* 遺伝子の発現レベル，発現時期の変化が大きな形態的変化を生み出すことをみた(pp.321〜335)．Waddingtonの喩えは，発生がごく限られた数の経路に方向づけ(canalized)されており，それぞれの経路はちょっとした擾乱には耐える状況を想定している．なぜこのように考えられるかについては第23章の終わりで考察したが，これは重要な問題なので本章でも後で再びふれることにする．

　図24.3は，ある生物の発生における連続的な変化が，質的に異なる表現型への急な変化を引き起こしうることを示している．しかしながら，個体の表現型の変化が連続的だったと

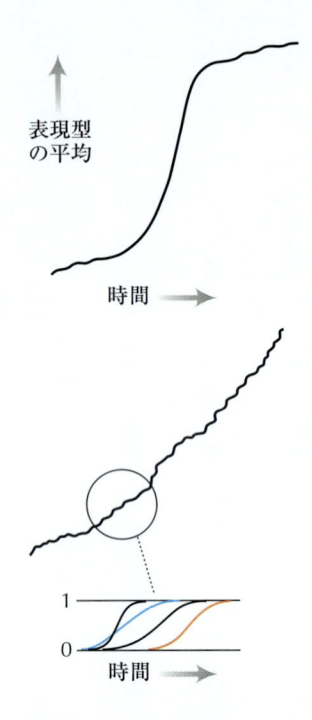

図24.1 ■ 表現型の変化は，大きな影響を与える突然変異の固定がおもな原因となっているだろう(上)．一方，小さな影響を与える置換が大量に蓄積したことに起因する可能性もある．どちらの図も縦軸は表現型の平均を表す．この変化は，表現型に影響を与える対立遺伝子の頻度が変化することによる連続的なものである(下，挿入図)．

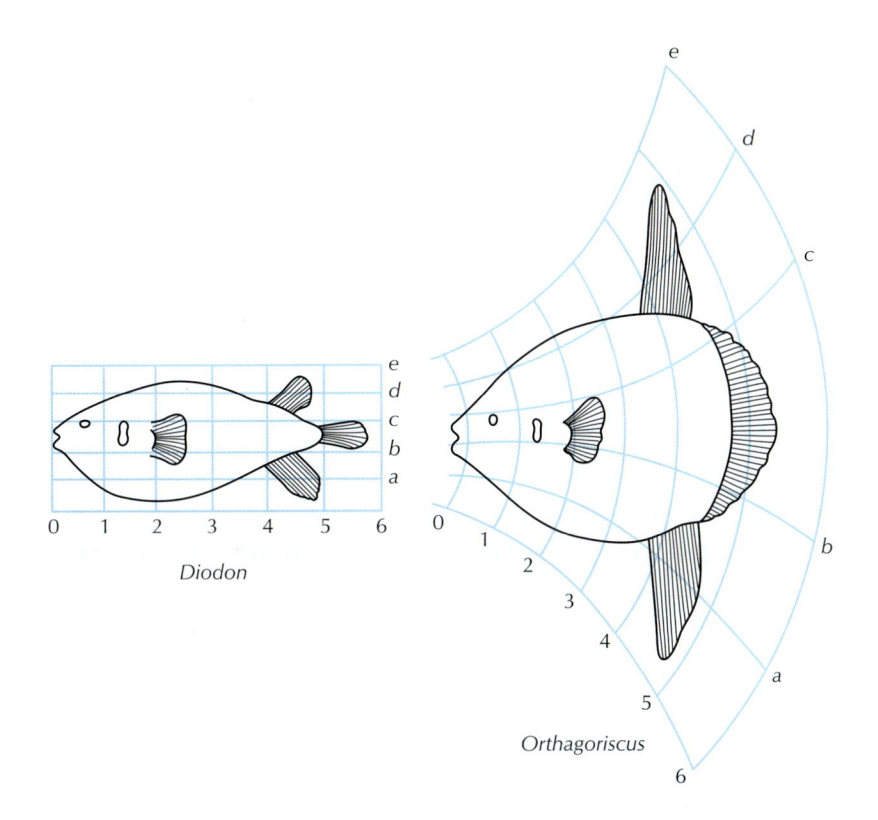

図 24.2 ● D'Arcy Thompson はその著書『On Growth and Form』(1917)の中で，大きく異なる形態も成長速度の違いによって引き起こされる単純な幾何学的変換によって作り出されることを示唆した．ここでは，ハリセンボン(*Diodon*)がマンボウ(*Orthagoriscus*)へと変形するようすを例として示す．

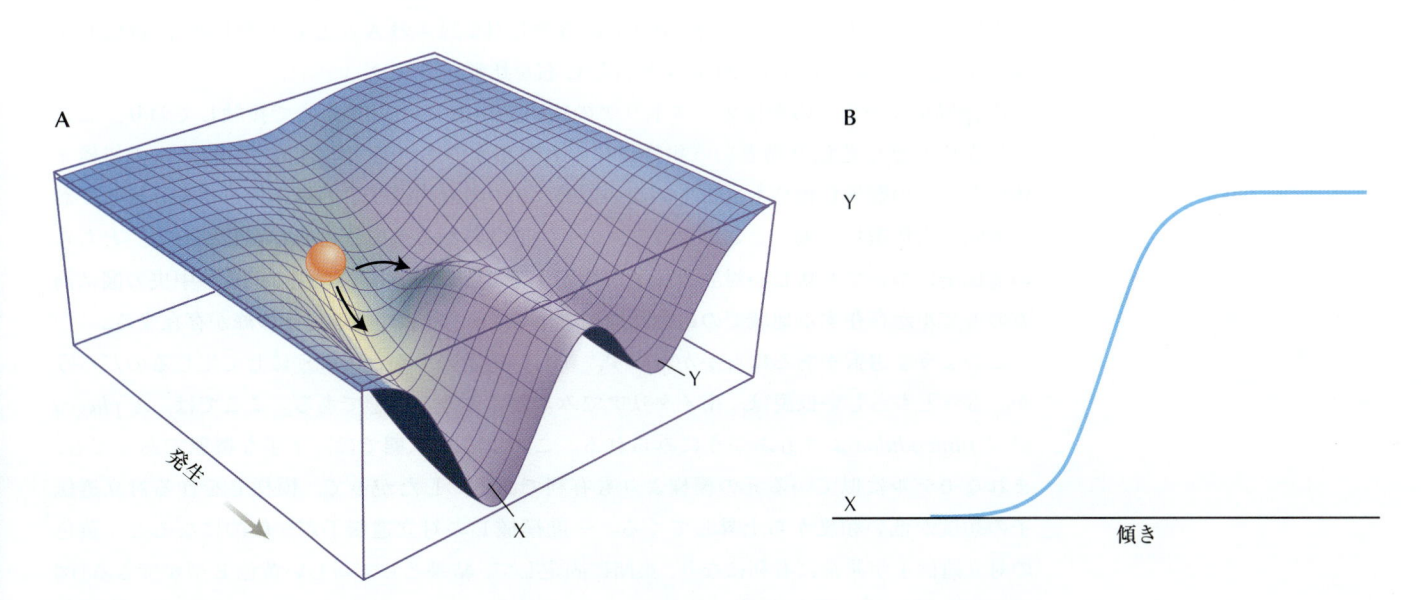

図 24.3 ● 生物の発生におけるわずかな変化が，新しい結果への急激な変化を引き起こすことがある．(A) 発生過程は斜面を転がり落ちるボールに類似したものとみなすことができる．表面が少しでも傾くと新たな別の溝へと移動する．(B) 表現型 Y ではなく表現型 X へと発生する可能性は，斜面の傾きがある限界点を超えると急に変わる．

しても，選択の方向の変化によって集団が突然新しい状態へと移ることもありうる。この現象は，**適応度地形**(adaptive landscape)によってうまく示されている。適応度地形は，集団の平均適応度が，複数の量的形質にどのように依存するかを示したものである（p.510 参照）。この地形が**適応度の峰**(adaptive peak)を2つもつならば，自然選択によって集団は最も近い峰へと登っていくだろう。低い方の峰にある集団は，環境のわずかな変化によって谷が取り除かれれば，高い方の峰へと進化することが可能である。図 24.4 はマダラガの擬態の例を示している。この例では，遺伝的な特徴と選択圧の両方についてよく解明されている。

第22章では，集団が新しい適応度の峰へとさまざまな方法で移動する可能性があることをみてきた。環境の変化と同様に遺伝的浮動が，自然選択に逆らって適応度の低い谷の部分をわたるのを後押しすることがある。これは，集団の有効な大きさ(effective population size)と平均適応度の谷の深さの両方が大きすぎない場合には，かなり起こりうることである（p.695 参照）。また，集団が適応度地形の"尾根"に沿って進化できることもみてきた。その結果として，強い選択に対して一度も逆らうことなく，集団間が深い谷で分離されることもある（pp.696〜699 参照）。図 24.4 に示した例では，新たな警告色の模様が比較的簡単に形成される。というのは，1つの遺伝子が新たな対立遺伝子へと変化した後に，第2の遺伝子が置き換わり，新たな類似模様が改良されていくことが可能だからである。この例をもう少し詳しくみてみることにする。

マダラガの *Zygaena ephialtes* には2つの型があり，それぞれが毒をもつ別々のモデル（擬態される種）*Zygaena filipendulae*（図 24.4A 左），*Amata phegea*（図 24.4A 右）に擬態している。これはミュラー型擬態の例で，不快な味のする複数の種が共通の警告色模様をもつことによって，潜在的な捕食者に対して味の悪さを強く宣伝することができ，その結果利益を得るというものである（p.512 参照）。*Z. ephialtes* の2つの擬態型は色と模様が異なっており，それぞれの表現型は1遺伝子座の対立遺伝子によって支配されている。一方の遺伝子座の優性対立遺伝子は赤色の斑点を作るが黄色は作らず，もう一方の連鎖していない遺伝子座の優性対立遺伝子は後翅に大きな斑点をもつ模様"P"を作るが，模様"E"は作らない（図 24.4C）。このようにして，赤色 P 型は *Z. filipendulae* に擬態し（図 24.4 の A 左と C 左を比較），黄色 E 型は *A. phegea* に擬態する（図 24.4 の A 右と C 右を比較）。

Z. ephialtes の2つの型はオーストリアの狭い**交雑帯**(hybrid zone)で接触しており，ここでは赤色 E 型や黄色 P 型という組換え体の表現型が作られる（図 24.4C 中央）。この組換え体はどちらの警告色模様ももっていないため，2つの親の遺伝子の組み合わせを分離しておく方向に自然選択が働く。このように，2つの型は異なる適応度の峰を表しており，どちらの遺伝子についても新しい対立遺伝子が侵入することはできない。図 24.4B の中央の図は両方のモデルが存在する地域での適応度地形を示していて，2つの適応度の峰が存在する。

このような選択があるにもかかわらず，新しい擬態の型がどのようにして生じるのだろうか。もっともらしい仮説は，南イタリアでみられるような状態である。ここでは，*A. phegea* が *Z. filipendulae* よりもふつうにみられる。このような状態では，下手な擬態であっても，まれなモデルに似ている元の模様よりも有利である。したがって，模様 E を作る対立遺伝子の頻度が低い頻度から上昇してくる。一度模様 E の対立遺伝子が一般的になると，黄色の対立遺伝子が非常に有利になり，集団に固定して，結果として新しい黄色 E 型ができる（図 24.4B 右，図中の矢印に注意）。

この例では，分岐した集団がそれぞれ適応度地形を登って進化することができ，同時に適応度の谷によって分離されるようになる。適応度の谷がどのようにして迂回されるのかという問題が核心となるのは，複数の，相互に依存関係のある変化がどのように確立されるかを

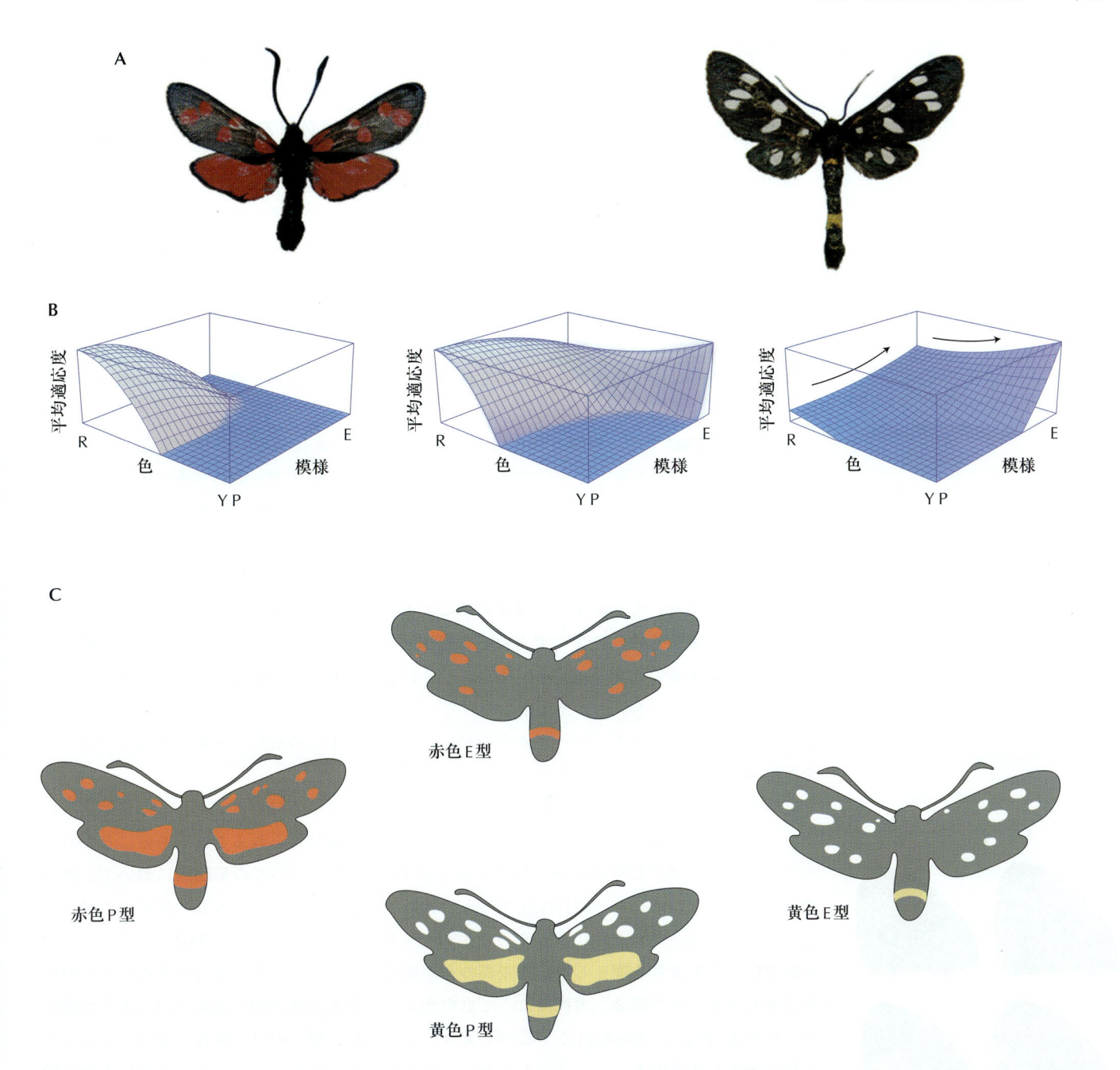

24.1 新奇性の基本的な特徴 • *761*

図 24.4 • マダラガ Zygaena ephialtes によるミュラー型擬態は，選択圧が変わることによって集団が別の適応度の峰へと移動できるようすを示している．(A) 不快な味のするモデルとなる 2 つの種 Zygaena filipendulae (左) と，Amata phegea (右)．(B) Z. ephialtes での色と模様を決める対立遺伝子の頻度と平均適応度をプロットした"適応度地形"．左図は Z. filipendulae が一般的な地域を，右図は A. phegea が一般的な地域をそれぞれ示している．中央の図は両方のモデルが存在する場所では 2 つの異なる適応度の峰が存在することを示している．(C) Z. ephialtes の 2 つの擬態の型 (左に赤色 P 型，右に黄色 E 型) と，その組換え型 (中央)．

考える際にである．次に，この問題をみていくことにする．

新奇性には多くの場合，複数の相互依存する変化が必要である

　説明が最もむずかしい新奇性は，多くの特徴の連携が必要なものである．脊椎動物の眼，いくつかの鳥にみられる種子を貯蔵する行動，リボソームの分子機構などのような複雑な適応はすべて多くの構成要素からなり，互いに入り組んで依存し合っているために注目に値するものといえる．相互依存する複数の構成要素が影響を及ぼし合っているために，どのような変化もシステム全体を混乱させてしまうように思われ，逆にいえば，新しい構成要素が結びつくのはむずかしいように見える．このような問題の例は，この章を通じて繰り返し出てくる．この項では，一般的な問題と，これまでの章で出てきたテーマに関連する考察をまとめる．

　第14章（p.440）では，複雑な機能は小さな効果をもつ変化の積み重ねで進化したとするFisherの幾何議論を取り上げた．具体的にいえば，もし，選択がn個の要素の組み合わせに働くならば，一般には，好ましい突然変異の数はnの平方根に従って減少する（約$1/\sqrt{n}$）．しかし，この議論は決定的なものではない．進化する生物での実際の有効な次元数nは当初の想定よりも小さく，必要以上の混乱を引き起こすことなしに十分な変化が可能であると考えられる理由がいくつかある．第1に，ごくわずかの因子に起こった変化（例：胚のさまざまな部分の成長速度，発生の要となる転写因子の巧妙な発現）でも，形に大きな影響を与えることができることである（例：図24.2，図11.28）．第2に，最適な形に大まかに類似したものであっても，有利さがあるかもしれないこと（例，図24.4）である．第3に，生物は多かれ少なかれ独立したモジュールから組織されていて，1つのモジュールは他のモジュールを攪乱することなく変わることができるというものである．

　経験的には，表現型のそれぞれの部分は密接に関連しているにもかかわらず，自然選択によってこれまでとはまったく異なった新しい表現型が急速に作られることがあることがわかっている．これまでにそのような例の1つを第14章でみた．ハエの集団内において，翅の形状を表す別々の寸法が一緒に変化するが，人為的な選択によってこれらの関係を急速に変えることができ，これまでにないような形の翅を作ることができる（図14.23）．これは，翅の形ではなく大きさを変える遺伝的変異の方が多く存在するものの，それでもなお形に関する変異もあり，その結果，選択によって形を変えることができたのである．同じような例がチョウの*Bicyclus*にもみられる．このチョウでは，通常，別々の目玉模様の相対的な大きさの間に密接な関連がある．ここでもまた，人為選択によってすぐにこのような制約を取り除くことができ，それによって新しい表現型を作ることができる（図24.5）．

　実際には，可能性の連続空間上を移動する正しい方向を向いた変異が作られるかどうかは大した問題ではない．むしろ，もし現在ある機能を乱してしまったり，新しい機能を果たすための要素が集まるまでは有利な点が何もなかったりした場合に，そのような変異が好んで選択されるかが問題なのである．さまざまな種がそれぞれ別の複雑な機能を進化させ，それらは適応度の谷によって分離されていることもあるかもしれない．しかし，谷があるからといって，それぞれの種が共通の祖先から進化してきたことを意味するわけではない．前項では，このような適応度の谷がさまざまな方法で迂回されうることをみてきた．この章の残りでは，いくつかの具体的な例を挙げ，新奇性を生み出す進化の仕組みと過程に焦点を置くことにする．

　この新奇性を生み出す進化の仕組みは，遺伝子，発生，形態，行動といったすべての生物

図24.5 ▪ 選択により制約を取り除き，新しい表現型を作ることが簡単にできる．チョウの1種*Bicyclus anynana*の集団内では，前方と後方の目玉模様の大きさの間に遺伝的な強い相関がある．それにもかかわらず，25世代にわたって人為的な選択を行うことで，前後の目玉模様について大小4種類のすべての組み合わせを作ることができる．

学的レベルで働くだろう。重要なのは，新奇性がどのように出てくるのかである。いいかえれば，どんな種類の遺伝的変化が関与しているのか，また，どのような進化過程(主として選択による)で生じてくるのかである。多くの場合，**発明**(invention)には複数の複雑な遺伝的変化が必要だが，必ずしもそうとは限らない。反対に，**革新**(innovation)はしばしば単純な，小さな遺伝的変化の結果として起こるが，場合によってはたくさんの進化段階を必要とする。

　この章の残りの部分は6つの項からなる。まず初めに，個々の遺伝子産物の活性を変化させることによって直接的にどのように新奇性が生じてくるかをみていく。次に，新奇性の起源は，制御様式，冗長性，モジュール性，共生といったさまざまな生物学的特徴によって促進されているようすを考察する。最後に，新奇性の起源について自然選択の果たす役割，特に，自然選択によって単純な段階どうしがつなぎ合わされて生体に大きな変化を及ぼすようすを考察して，この章を締めくくる。

24.2　遺伝子産物の活性の変化

　新奇性が生まれる最も単純な方法は，1つあるいは少数の突然変異によってある遺伝子産物の機能が変わり，この変化が直接，その生物の重要な表現型の性質を変更するというものである。例えば，色素生合成酵素が変わることが直接，羽の色を変化させる，あるいは，消化酵素の活性変化によってその生物の食性が変わるなどである。この項では，タンパク質やRNA配列に起こった単純な変化が，直接これらの巨大分子の活性を変える，あるいは，間接的に高次構造を変化させる，または，機能をまったく失わせてしまうといったようすをみていくことにする。これらの種類の変化はすべて，新奇の生物を生み出す可能性がある。

　適応には関係なく突然変異はランダムに起こることは記憶に値する(pp.373〜376参照)。だから，ほとんどの突然変異は取るに足らないか有害である。それでも，一部の突然変異は適応度を上げる新しい特徴を作り出すような効果をもっている。

活性部位の配列の小さな変化が酵素の触媒機能を大きく変える

　酵素の機能を変える最も直接的な方法は，**活性部位**(active site)で変化が起こることである。活性部位は触媒活性の中心であり，ふつうはごく少数のアミノ酸で構成されている。これらのアミノ酸が変わると，基質特異性が変わる可能性がある。このよい例が核酸ポリメラーゼでみられる。この分子は既存の核酸を鋳型として用い，RNAまたはDNAを作る触媒として働く。これらの酵素の働きはそれぞれ異なるが，あるタイプから別のタイプへの変換は比較的容易に，ときには1アミノ酸の変化によって起こる(図24.6)。

　活性部位の変化は酵素のキネティクス(kinetics)，すなわち反応速度にも影響を及ぼすことがあり，このような変化も大きな生物学的影響を与える。いくつかの優れた例が，代謝酵素に存在する構造上の多型の発見から始まった研究によってもたらされている(pp.400, 562〜565参照)。例として，*Colias* 属のチョウでは，グルコース-6-リン酸イソメラーゼ(ホスホグルコースイソメラーゼ[phosphoglucose isomerase, PGI])のアミノ酸配列のわずかな違いが解糖の速度を変えている。このような反応速度の変化は，いろいろな温度で飛ぶ能力であるとか，日中の活動パターンのような適応度にかかわるさまざまな形質に次々と影響を及ぼす(pp.565〜566参照)。PGIの違いは，タンパク質全体の構造からすれば比較的小さなアミノ酸配列の違いだが，それにもかかわらず，チョウに重大な結果を及ぼしている。PGIの

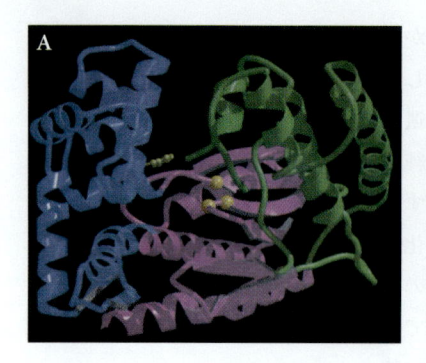

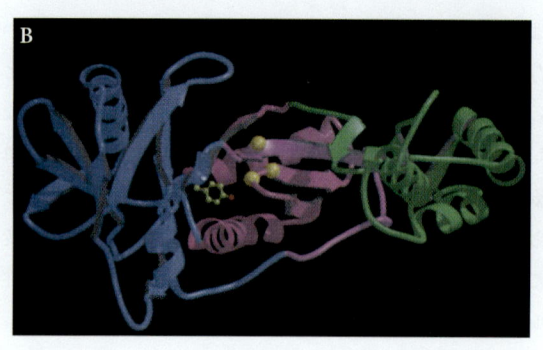

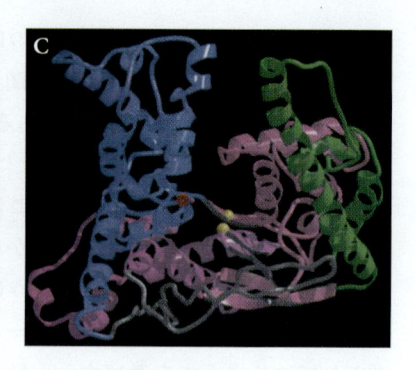

図 24.6 ● 核酸ポリメラーゼの特異性の変化．3 種類の核酸ポリメラーゼの結晶構造を示した．（A）クレノウ酵素（DNA 依存性 DNA ポリメラーゼ），（B）ヒト免疫不全ウイルス（HIV）RNA 依存性 DNA ポリメラーゼ（逆転写酵素ともいう），（C）T7 ファージ DNA 依存性 RNA ポリメラーゼ．これらのタンパク質の三次元構造はとてもよく似ており，共通の進化的起源をもつことを示している．それぞれの酵素は手の形に類似した 3 つの主要ドメイン，手のひら（palm，青色で示す）ドメイン，親指（thumb，緑色）ドメイン，指（finger，紫色）ドメインからなると考えられている．それぞれの酵素の糖選択性領域を黄色，赤色で強調して示した．酵素の特異性が変わるには，これらの領域の少数のアミノ酸が変化することが必要である．

違いによって行動パターンが変わり，繁殖が成功するかどうかという能力に影響を与えているのである（図 24.7）。

タンパク質の高次構造（したがって機能も）はアミノ酸配列の小さな違いで大きく変わりうる

　核酸ポリメラーゼの例（図 24.6）は，酵素の活性部位でのアミノ酸が変化した結果起こった表現型への影響を示している．わずかな変化で，タンパク質全体の形が変わることもある．タンパク質の形（高次構造とも呼ばれる）はタンパク質の機能全般に対して重大な影響を与える．アミノ酸 1 つの変化でさえも，すでにある構造の特徴（**α ヘリックス**［α helix］，**β シート**

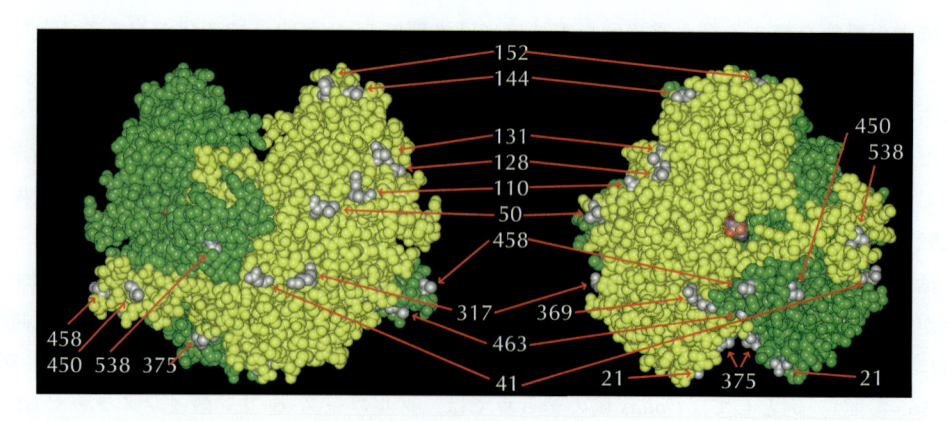

図 24.7 ● チョウの 1 種 *Colias eurytheme* のホスホグルコースイソメラーゼ（phosphoglucose isomerase，PGI）のアミノ酸の違いが反応速度の温度感受性の違いを引き起こし，行動や生理活性の大きな違いを生み出す（pp.565 〜 566 参照）．この酵素は二量体で働く．ここでは，それぞれの単量体を緑色と黄色で表した．いくつかの対立遺伝子が集団中に保持されていて，これらの間は平均して 4 アミノ酸が異なり，電荷が異なることが多い．数字は，タンパク質配列上で多型になっているアミノ酸の位置を表す．左と右の図はそれぞれ別の方向からみたもの．

[β sheet]，折りたたみ構造，**疎水性コア**[hydrophobic core]など）を乱したり，新しい特徴を作り出す（例えば，疎水性アミノ酸が多数を占めているタンパク質の一領域で，電荷をもつアミノ酸残基を疎水性のものに置き換えることによって新しい疎水性コアを生じさせる）ことによって，タンパク質の形を劇的に変えることができる。

　高次構造の変化はさまざまな方法でタンパク質の機能に影響を与える。例えば，タンパク質には1領域が別の領域の活性に作用するという**アロステリックな相互作用**（allosteric interaction）があるが，このような作用に影響を与えることができる（pp.60〜61参照）。また，高次構造の変化によって補因子（cofactor）との相互作用に影響を及ぼすこともできる。例えば，赤色オプシンのレチナール結合領域にあるたった3つのアミノ酸の変化によって，吸収する光が緑色へと変化し（図24.8），色覚に影響を与える。

　高次構造の変化は，酵素だけでなくすべてのタンパク質の機能に影響を及ぼす潜在的な力がある。その最もよい例はおそらく，**分子認識**（molecular recognition）にかかわるタンパク質だろう（図24.9）。分子認識では，反応の引き金となるような他の分子との相互作用（例えば，他の分子と結合する）を制御するのは，タンパク質の形である。変化による新奇性の獲得の例は，**バクテリオファージ**（bacteriophage）が，標的となる細菌の表面分子を認識し結合することによって宿主に入り込む過程で見つかっている。細菌は標的となっている表面分子の形状や電気化学的な性質を変えることによってファージに対する耐性を進化させることができ

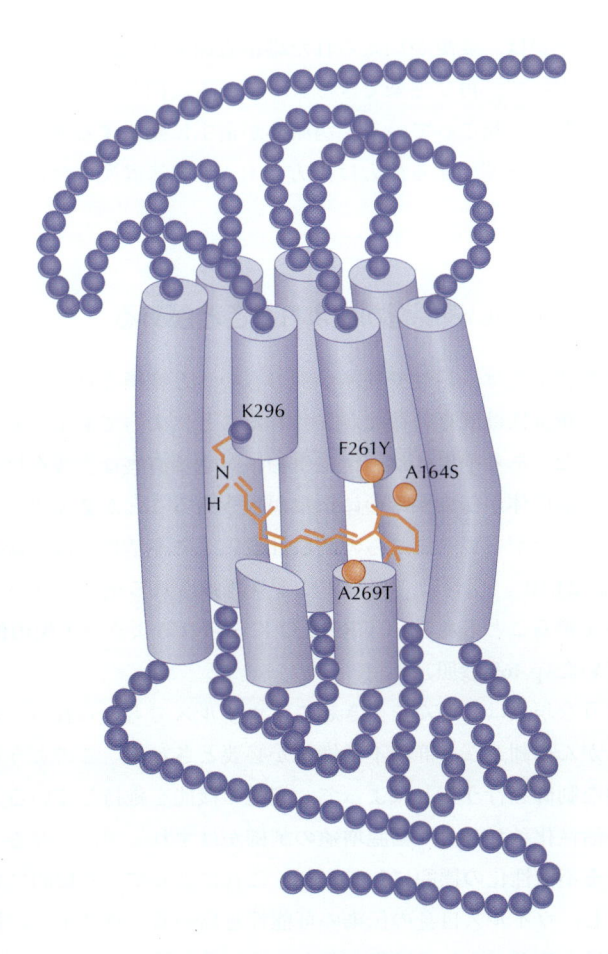

図24.8 ● ヒトでは赤色オプシンと緑色オプシンの間の色の変換は164番目，261番目，269番目のわずか3つのアミノ酸の違いによる。これらのアミノ酸はレチナール分子（オレンジ色）の結合に関与している。

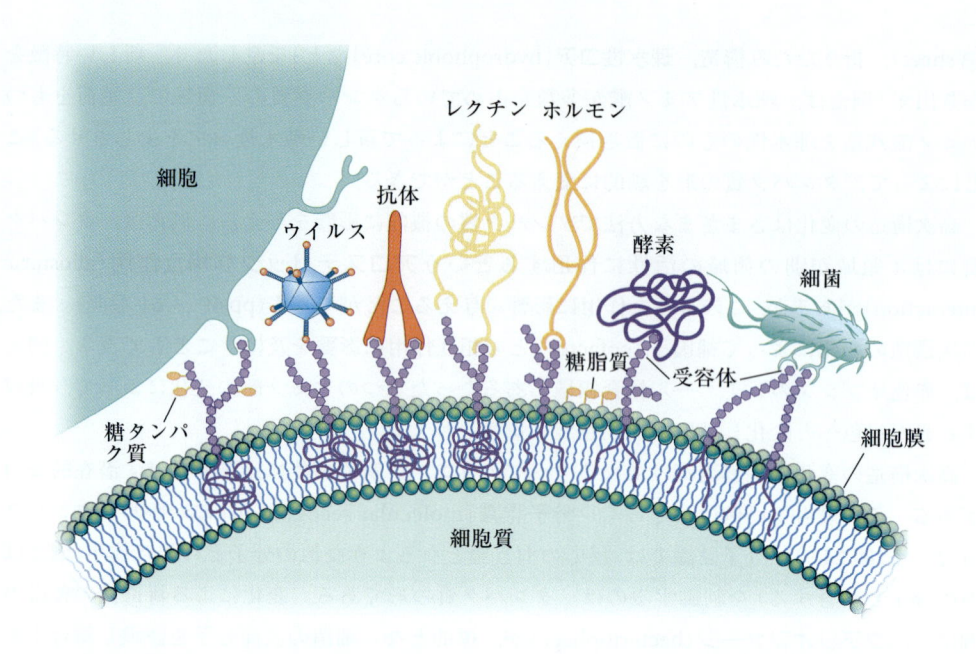

図24.9 ● 分子認識。例として、抗体-抗原の相互作用、ホルモンと結合する受容体、酵素と阻害剤の結合、などが挙げられる。

る。バクテリオファージは、変更が加えられた細菌表面分子に結合可能となるような遺伝的変化を起こすことによって、再び感染できるようになる。同じような"軍拡競争"は、ヒトの免疫系と病原体との間でも起こっている。病原体が宿主に感染する能力、あるいは、宿主が病原体に対する免疫応答を開始する能力は両方とも、1塩基置換を含む単純な遺伝的変化によって変更可能である。

機能の喪失によって新しい表現型が生まれることがある

これまでみてきた新奇性は、活性や機能が別のものへと変換されることによって作り出されていた。しかし、新奇性は既存の機能が失われることによっても生じる。病原性の進化はそのような例の1つだ。ある病原体は、宿主生物に対する有害な影響を抑制する性質を獲得している。これは、病原体が伝染するのに宿主が生き残ることが必要であれば、有利な形質になるからである。したがって、これらの病原性遺伝子の不活性化は、新奇の病原体の誕生につながりうる（図24.10）。反対に、病原体により認識される宿主タンパク質が宿主から失われ、宿主が耐性を得ることもある。CCR5-Δ32にみられるような欠失の例では、HIVへの耐性が獲得されていた（p.469 参照）。

概念的に似たような現象は、がんを引き起こすウイルスでもみられる。がんが発達する過程ではたいてい、がん抑制遺伝子群の不活性化が必要とされる。このようながん抑制遺伝子は細胞増殖の微妙な制御を行うことによって、細胞の機能を維持している。これらの遺伝子が十分な数だけ不活性化されると、細胞増殖の制御がはずれ、がんになる。多くのウイルスはがん抑制遺伝子を不活性化の標的にしており、これによって、直接的にあるいは間接的にがん化を引き起こし、ウイルス自身の伝染の可能性を高める。ウイルスの視点でみればがんの形成は新奇性ではあるが、これには宿主のがん抑制遺伝子の比較的単純な不活性化しか必要としない。

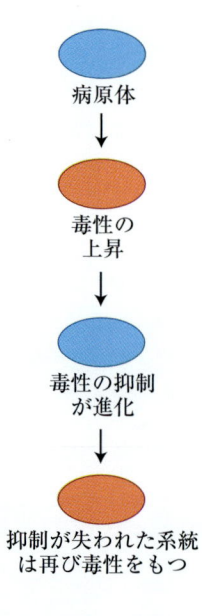

図24.10 ● 病原性の抑制。

では，機能の喪失はどのように起こるのだろうか。点突然変異（点変異）やフレームシフト変異によってタンパク質をコードする配列の最初の方に終止コドンができ，これによって遺伝子の不活性化が起こることが考えられる。また，遺伝子の欠失によって機能の喪失が引き起こされることもある。たくさんの遺伝子が一度になくなるような大きな欠失は，生物の特性に一連の変更を生じさせ，大きな新奇性を作り出す可能性がある（ヒト集団中には挿入や欠失の多型が驚くほどふつうに存在している［図 13.32］）。また，転位因子の挿入による遺伝子の不活性化もよくある方法の1つだ（p.371 参照）。転位因子が非常に活発な場合，遺伝子の発現を変えたり不活性化したりして繰り返し新奇性を生み出す。

24.3 遺伝子調節とネットワーク内での相互作用の変化：移行，分化，発生

　生体のシステムでは，分子がどんな機能を果たすことができるのか，また，さらに細かくみれば，いつ，どこで，どのくらい分子が存在しているのかによって全体の機能が決まる。このうち，後者についてはさまざまな制御を通じて決められている。この制御過程の変化は新奇性を作り出す大きな源になっている。この項ではまず，調節に影響を与る遺伝子内の変化を考察する。次に，一般的な新奇性の進化の源として，遺伝子産物の変化や環境条件の変化が制御ネットワークに変化の連鎖を引き起こすことができるようすを取り上げる。

機能は潜在的な生化学的活性だけでなく，いつ，どこに，どのくらい活性があるかにも依存する

　一般に，遺伝子産物が"いつ，どこに，どのくらい"あるかは3つの要素，すなわち，生産（例：転写と翻訳），分解（degradation），移行（targeting），の組み合わせによって答えることができる。この3つの過程は遺伝子の塩基配列によってある程度制御されており，よって，配列による制御が変化することにより新奇性を生み出すことができる。例えば，RNAとタンパク質の安定性は，分解過程，保護過程の標的となる特定のモチーフがあるかどうかに依存している。もし，突然変異によって分解モチーフがつけ加えられると，（RNAであれ，タンパク質であれ）遺伝子の最終産物は減少するだろう。同様に，プロモーターの変化は転写因子結合モチーフの変化を通じて転写を変えることができる（図 24.11）。

　RNAやタンパク質分子の最終的な目的地は，その分子内にある配列モチーフ（移行シグナル）によっても制御されている。この移行シグナル（targeting signal）に突然変異が生じると，タンパク質やRNAの行き着く先が変わり，このことによって，新しい機能や反応が生じるきっかけとなることもある。例えば，シロイヌナズナ *Arabidopsis thaliana* の脂肪酸不飽和化酵素（fatty acid desaturase, 脂肪酸から水素原子を取り除き，炭素二重結合を作る酵素）では，1つの突然変異により細胞質から葉緑体へと移動することが知られている。場所によって基質は異なることから，このような局在の変化によって酵素が別の反応を触媒するように仕向けられる。

　上で述べたようなシステムには2つの重要な特徴があり，これが新奇性の創出をより容易にしている。1つは，制御シグナルは通常，短く単純な配列パターンから構成されていることである。例えば，タンパク質移行シグナルはたいていの場合，長さが10アミノ酸未満である。もう1つは，実際の制御過程は"オン・オフ"のスイッチとして働いていることはめったになく，特定の配列が他の分子にどの程度強く結合されているかで決まるボリュームつま

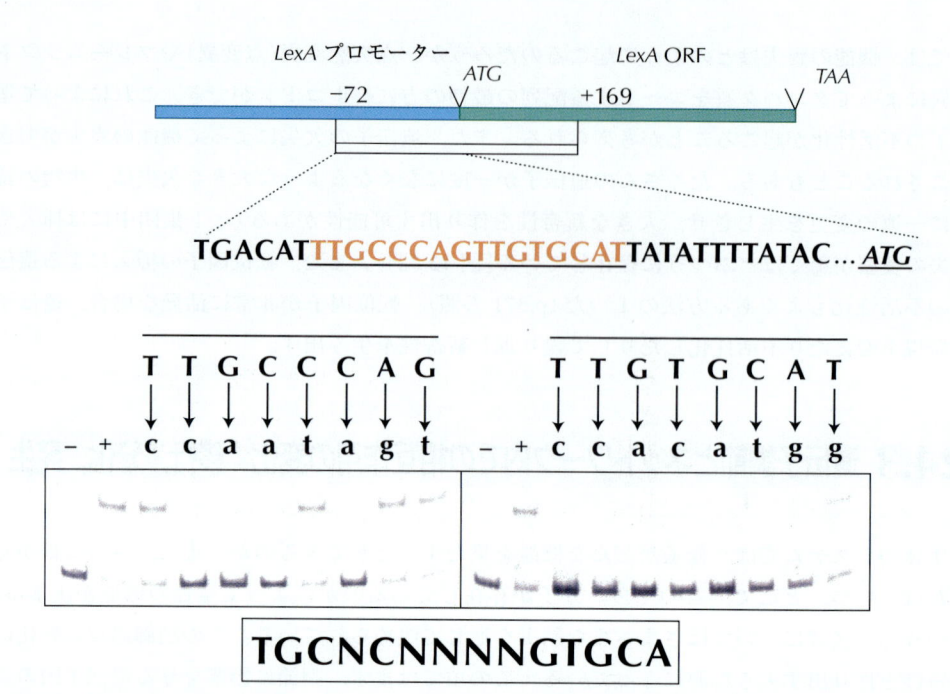

図 24.11 ・ LexA 転写抑制因子の DNA への結合は，単純な配列モチーフに依存している．細菌 *Fibrobacter succinogenes* 由来の LexA タンパク質を用いたゲル移動度シフト実験の結果を示す．タンパク質をさまざまな DNA 断片と混ぜ合わせ，電気泳動を行った．LexA と DNA が強く結合した場合には，各レーンのゲルの上部にくる DNA の割合が高くなる．対照として，この種の *LexA* 遺伝子の上流にある野生型 LexA ボックス配列を LexA タンパク質がない状態（−）とある状態（＋）で泳動したものを左側に示した（LexA タンパク質は他の多くの遺伝子を制御するだけでなく，自分自身の発現も制御している）．その他のレーンは，LexA ボックス配列に 1 塩基置換を導入し，LexA タンパク質と混ぜた場合の移動度を示す．多くの突然変異は結合を完全に阻害する（この場合，大部分の DNA がゲルの下部まで泳動されている）が，結合にほとんど，あるいはまったく影響を及ぼさない変異もあることに注意．

みのように働くことである．例えば，転写因子とその結合配列が完全一致すれば，強い転写活性化が引き起こされるだろう．ただし，タンパク質と結合モチーフの間に少数の不一致があったとしても弱い結合は起こり，結果として，低いレベルながらも転写の活性化が起こるだろう（*even-skipped* の関与する例を参照［図 19.31］）．この 2 つの特徴（小さいモチーフとボリュームつまみのようなふるまい）により，新しいモチーフが進化したり，他への特異性が変化したりすることが比較的容易になっている．

制御の過程があることで環境条件の変化に応答することができる

ほとんどすべての生物，あるいは，多細胞生物のすべての細胞がもつ共通の特徴として，周りの環境の変化に素早く応答できる能力が挙げられる．この応答にはしばしば，細胞や生体の数多くの部分との相互作用の機構が関与している．数例を挙げると，代謝経路の活性化や抑制，細胞の形の変化，心拍数の変化，（細胞や生体の）移動といったものがある．したがって，生物はただ 1 つの表現型で表されるわけではなく，生物が置かれるさまざまな条件に適した表現型の集合としても特徴づけることができる．このような，複雑かつ環境依存性の表現型は**反応規準**（reaction norm）と呼ばれている（例：図 14.5B）．

さまざまな条件へ適応する能力は，2 つの方法により新奇性が生まれることを促進する．

24.3 遺伝子調節とネットワーク内での相互作用の変化：移行，分化，発生

第 1 に，環境の攪乱に対する頑健性によって，生物は遺伝的な攪乱に対しても頑健になるため，表現型に大きな影響を与える突然変異も想像するほどには生物の機能を阻害しない（第 23 章 [pp.751 ～ 755] と以下の記述を参照）。第 2 に，1 つのゲノムが条件に応じて複数の表現型を作ることができるので，すでにある表現型の要素を組み合わせることによって，より容易に新しい表現型を生み出すことができる。この意味で生物は，制御ネットワークの変化によって引き出される潜在的な表現型を複数もっているといえる。

転写の制御はよく知られた制御方法の 1 つである。大腸菌 *Escherichia coli* の SOS 応答系では，約 20 の遺伝子がプロモーター領域に LexA タンパク質の結合モチーフをもっている（図 24.11）。LexA がプロモーターに結合することで，これらの遺伝子の転写は抑制される。大腸菌が UV 照射のようなある種の環境ストレスにさらされると，最終的に LexA リプレッサーを 2 つに切断する一連の反応段階が引き起こされる。切断されると，LexA は結合部位から離れ，LexA によって抑制されていたすべての "SOS" 遺伝子の転写を活性化させる。ここに含まれる遺伝子には DNA 修復遺伝子があり，これは UV 照射に対する細胞の応答に役立つ（図 24.12）。

さまざまな細菌で SOS 応答に類似した系を比較解析することによって，この系が進化してきたようすが明らかになってきた。1 つの方法は，LexA が抑制する標的の変更による。上で述べてきたような制御系がもつ 2 つの特徴によって，新奇性の進化が促進されている。LexA 結合モチーフは比較的小さく（20 塩基以下），抑制制御の度合いはオン・オフのスイッチのように切り替わるというよりは，むしろ連続的に変化する。したがって，LexA によってすでに抑制されている遺伝子は，塩基配列が少々変わっただけでも抑制の強さに影響を受けることが考えられ，また，その他の遺伝子ではほんのわずかの突然変異によって新たな LexA 結合モチーフを作ることも可能である。このことにより，誘導される遺伝子セット（と遺伝子の誘導レベル）が比較的すばやく変化する。

新奇性はまた，LexA 内の DNA 結合部位の変化によっても引き起こされる。LexA 結合モ

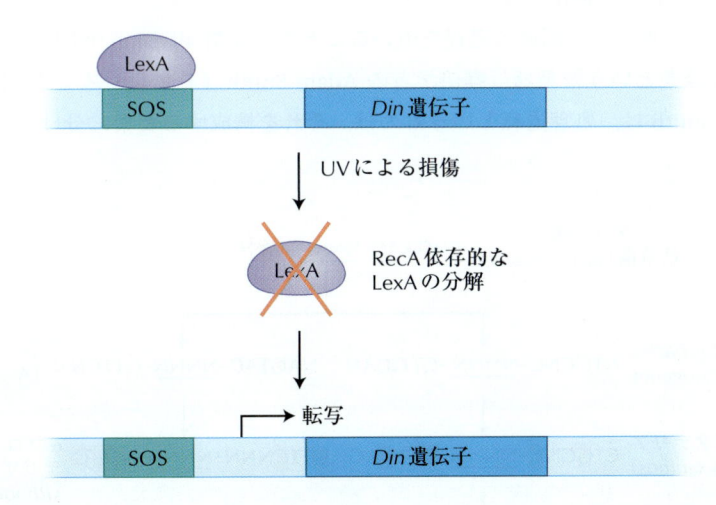

図 24.12 ・大腸菌 *Escherichia coli* での SOS 応答は，LexA タンパク質による遺伝子の負の制御によって働く。LexA は *Din* 遺伝子と呼ばれる（SOS 応答を活性化させる主要な経路の 1 つが DNA 損傷を通じてであるため，"DNA 損傷を誘導する [inducible]" から名づけられた）一群の遺伝子の上流配列の 1 領域（SOS ボックスとして知られる）に結合する。細胞が DNA 損傷（この場合は UV 照射による）のような活性化シグナルに出くわすと，LexA タンパク質は（RecA タンパク質の助けを借りて）自分自身を切断する。その結果，SOS ボックスをもつ遺伝子の抑制が解除される（すなわち，活性化される）。

チーフはLexAタンパク質の全体構造とDNAと相互作用する特定のアミノ酸によって決まる。したがって，1つかごく少数の突然変異が起こることによって，LexAによる遺伝子抑制のパターンが生物全体にわたって変化することもある（図24.13）。

SOS応答系は比較的単純である。しかし，制御配列の変化によって標的遺伝子の制御のされ方が変わる，また，制御する側の変化が系全体を一度に変えることができるといった，新しい遺伝子調節のパターンがどのように作られるかを理解するための優れたモデルとなっている。LexAの例は転写抑制の1つの例だが，もちろん，転写は抑制でなく活性化の制御を受けることもある。転写活性化因子やその結合部位の進化の例も数多く知られている。遺伝子発現にかかわる他の要素もまた，変わることがある。実際，階層をなす発現制御のすべての段階が，新奇性の進化を生み出すための標的となりうる。開始因子や低分子RNA（マイクロRNA［microRNA］）による翻訳制御，キナーゼによるリン酸化カスケード，シャペロニンによるタンパク質折りたたみの制御，代謝経路でのフィードバック抑制による代謝産物生成量の制御などがこれにあたる。第9章（pp.267〜274）では，メッセンジャーRNA（mRNA）のスプライシングやmRNAの安定性，転写制御，タンパク質リン酸化，タンパク質の局在化などの変化が多細胞生物の発生において重要な役割を果たしていることをみてきた。第11章では特に，形態進化における転写制御の役割に焦点をあてた（pp.321〜346）。これらすべてのレベルでの遺伝的な変化やその他多くの変化は，遺伝子調節の変更を通じて進化的変化を導く多様な仕組みをなしている。

発生分化の過程では，制御をプログラムに従って変え，分業を成し遂げいている

制御の変化は，必ずしも，変化する環境への単純な応答というわけではない。ほとんどの種では，遺伝子や遺伝子産物の制御パターンがあらかじめプログラムされている。これには，細胞周期を動かす機構や，単細胞生物が胞子形成したり接合型を変える分化の過程，多細胞生物内での細胞分化（第9章，pp.252〜259），アリのような社会性生物内でのカーストの形成（Box 21.2），といった例がある。

これらすべての例では，制御の過程を用いることで，分業（division of labor）が可能になっている。この分業という言葉は，経済学者のAdam Smith（アダム・スミス，図1.13参照）に由来する。Smithは，処理過程というものは，それを構成する要素に分けて，おのおのの

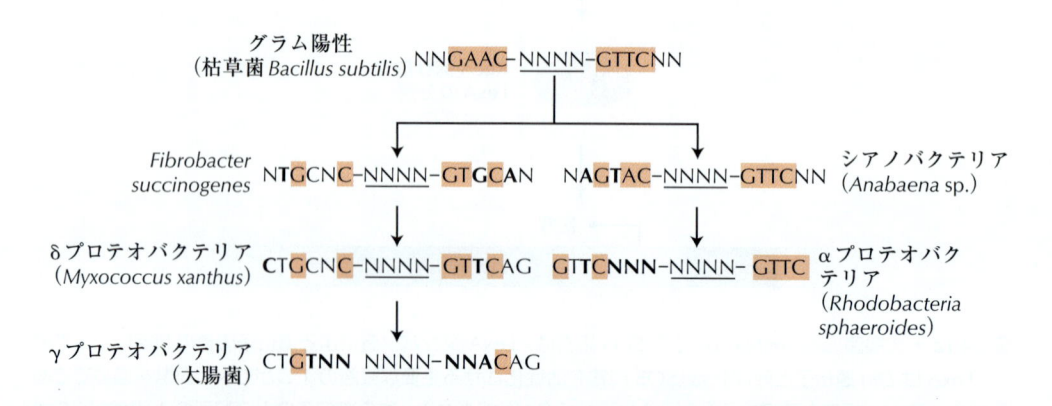

```
グラム陽性
(枯草菌 Bacillus subtilis)        NNGAAC-NNNN-GTTCNN
                                          │
                          ┌───────────────┴───────────────┐
                          ↓                               ↓
Fibrobacter                                                              シアノバクテリア
succinogenes     NTGCNC-NNNN-GTGCAN          NAGTAC-NNNN-GTTCNN         (Anabaena sp.)
                          ↓                               ↓
δプロテオバクテリア                                                      αプロテオバク
(Myxococcus xanthus)  CTGCNC-NNNN-GTTCAG    GTTCNNN-NNNN-GTTC           テリア
                          ↓                                             (Rhodobacteria
                                                                         sphaeroides)
γプロテオバクテリア
(大腸菌)              CTGTNN NNNN-NNACAG
```

図24.13・さまざまな細菌でのLexA認識部位。この模式図では，LexAタンパク質に認識される共通配列がそれぞれの種で異なることを示している。グラム陽性細菌の間で類似する塩基はオレンジ色で強調して示した。Nは4種類のいずれでもよいことを示す。

要素が専門化した個々によって行われたときに最も効率的であることを強調した。祖先遺伝子が2つの機能を果たしていて，この2つの機能が，別々の遺伝子の支配下に入ることでより効率的に実行できるものであれば，遺伝子重複が進化上有利に働く可能性がある。また，分業には，時間的な分割（多くの単細胞真核生物にみられる，生活環の中での有性相，無性相のようなもの［図23.28C］）や，仕事を別々の細胞や個体に割り振るようなことも含まれる。後者の例は，第9章，第11章でみたように，植物や動物の発生過程で起こっている。また，生活史の戦略でも明らかな分業の例がみられる。例えばセミでは，幼虫期には摂食する一方で，短い成虫期には交配と分布の拡散を行う。このような分化によって，専門化による即効性の利益が期待できるだけでなく，質的に新しい可能性が広がる。色覚の進化は，分化が新奇性の進化の上で果たす役割を示す例の1つである。

　動物では，ロドプシン分子が光子を吸収し，この吸収により，ロドプシンが存在する神経性の光受容細胞に電気的なシグナルを作り出すことができる。進化の過程で，ロドプシン遺伝子は遺伝子重複を起こし，その後，それぞれ異なる波長の光（つまり，色）を最大限に吸収するように進化していった。しかしながら，実用性のある色覚となるためには，それぞれの色に対応する光受容神経細胞もまた進化する必要がある。例えば，ショウジョウバエの個眼（eye facet）1つ1つの中には，UV感受性のロドプシンを発現した専用の光受容細胞があり，可視光に反応するロドプシンを発現する光受容細胞とは別の脳領域へと，軸索接触により投射されている。これにより，ハエはUV照射源と可視光源とを見分けている。一般に，同様の活用や転用は，あらゆる種類の発生現象，生理学的現象で起こりうるため，細胞周期の進行から器官の発生までの広い範囲で新奇性を作り出すことができる。

　発生機構とその進化の道筋（その一部は第9章と第11章で述べた）の研究により，制御過程を通じて複雑さ・新奇性を生み出すうえで鍵となるいくつかの特徴が明らかになっている。その特徴としては次のようなものが挙げられるが，これらのみに限定されるわけではない。(1)制御が異なる細胞や組織の分集団の存在。(2)異なる状況（例：タイミングの違い，組織の違い）で異なる使われ方をする多機能で特殊な制御遺伝子。(3)制御対象はたいてい，複数の相互作用制御因子によってコントロールされている。(4)多くの制御因子は機能的に重なり合う部分があり，このことが進化的に大きな柔軟性を生み出していること。実際，単純な制御ネットワークと複雑な制御ネットワークの両方の研究から，一般的な制御ネットワークの進化についての鍵となる知見が得られている。重要なことは，比較的単純な規則（例えば，タンパク質Aが結合すると転写量が増える，タンパク質Bが結合すると転写量が減る，といったもの）を組み合わせることで非常に多様なパターンを生み出すことができる点である。これは，任意の複雑な計算が単純な論理則（論理積［and］，論理和［or］，否定［not］，など）の組み合わせで実行することができるのに似ている。

24.4 冗長性

　上であげた例の大部分は，ある遺伝子の機能の変化（例えば，酵素の特異性が変化する，遺伝子発現の場所や時期が変わる）についてのものだった。新しい機能をもつことは生物にとって利益があるかもしれないが，既存の重要な機能を妨げるようであれば進化することはできない。古くからの機能をまったく失わせるわけではない場合でも，相反する選択圧によって，1つの遺伝子が複数の機能を果たすことが妨げられるかもしれない。例えば，乳酸脱水素酵素（lactate dehydrogenase, LDH）は，鳥の系統で，眼のレンズを形成するクリスタリ

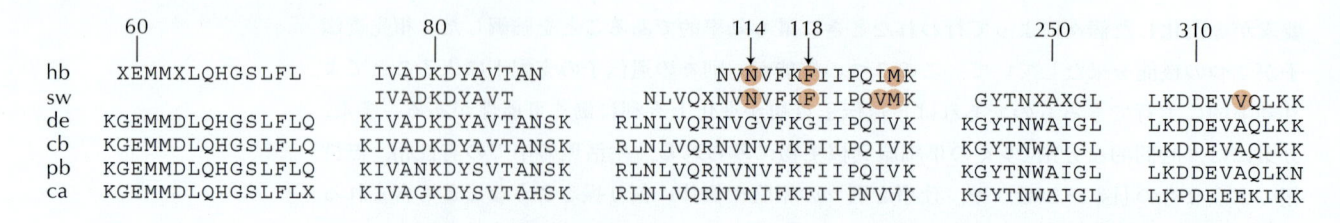

```
                   60                  80                114 118              250          310
                   |                   |                  |   |                |            |
         hb  XEMMXLQHGSLFL    IVADKDYAVTAN        NVNVFKFIIPQIMK
         sw                   IVADKDYAVT          NLVQXNVNVFKFIIPQVMK     GYTNXAXGL    LKDDEVVQLKK
         de  KGEMMDLQHGSLFLQ  KIVADKDYAVTANSK     RLNLVQRNVGVFKGIIPQIVK   KGYTNWAIGL   LKDDEVAQLKK
         cb  KGEMMDLQHGSLFLQ  KIVADKDYAVTANSK     RLNLVQRNVNVFKFIIPQIVK   KGYTNWAIGL   LKDDEVAQLKK
         pb  KGEMMDLQHGSLFLQ  KIVANKDYSVTANSK     RLNLVQRNVNVFKFIIPQIVK   KGYTNWAIGL   LKDDEVAQLKN
         ca  KGEMMDLQHGSLFLX  KIVAGKDYSVTAHSK     RLNLVQRNVNIFKFIIPNVVK   KGYTNWAIGL   LKPDEEEKIKK
```

図 24.14 ● 遺伝子内で対立する選択圧。さまざまな脊椎動物の乳酸脱水素酵素（cb ＝ニワトリ LDH-B，pb ＝ブタ LDH-B，ca ＝ニワトリ LDH-A）と，鳥 2 種のレンズクリスタリン（hb ＝ハチドリ ε-クリスタリン，sw ＝アマツバメ ε-クリスタリン）の配列アライメント。アヒルの LDH-B とクリスタリンの両方として働くタンパク質も同時に示した（de で示したもの）。LDH やクリスタリンでは保存されている（多くの残基が含まれるが明示していない）が，アヒルの二重機能性酵素では異なる残基（矢印で示した）があることに注意。これは，LDH の活性は失わせる一方でクリスタリンとしての機能は改善するといった，対立的な選択圧が働いていることを示す可能性がある。影をつけた残基はアマツバメやハチドリの ε-クリスタリンとアヒルの間で異なる残基を表す。

ンとして働くという追加の機能を獲得している。したがって，この場合，タンパク質は酵素と構造を作る分子という 2 つの機能をもつことになる。鳥の進化研究から，この機能を二重にもつタンパク質は代謝だけにかかわっている他の脊椎動物の LDH すべてで保存されている位置にアミノ酸の置換を起こしていることがわかった。このことは，視覚における新しい機能の獲得の結果として代謝活性が損なわれてしまったことを示唆している（図 24.14）。このような制約を回避する 1 つの方法は，ゲノム中の機能をもたない領域で 1 から新しい機能を進化させることである。この方法は確かに可能ではある（Box 24.1 で詳しく考察している）が，まれである。別の方法は，遺伝子重複によるもので，これは，進化上よくみられる。

遺伝子が重複し分化することによって元の機能を失わずに機能の多様化が可能になる

　遺伝子重複は冗長性を生み出す。オリジナルの遺伝子が元の機能を果たし続けていれば，コピーの遺伝子の方は自由に新しい機能を進化させることができる。重複は進化上，頻繁に起こる現象である。重複は遺伝子レベルで起こることがあり，最も一般的には，オリジナルの遺伝子の近傍にコピーが作られる。ゲノムのより大きな領域や染色体全体で重複が起こることもあり，極端な場合には，ゲノム全体の重複によってすべての遺伝子が複数のコピーをもつ**倍数体**（polyploid）の状態になることもある（p.356 と第 22 章参照）。

　pp.137 〜 139 で考察したように，ゲノム内の重複遺伝子は種内で並行して（parallel）進化することから，**パラログ**（paralog）と呼ばれている。遺伝子重複の例としては，ヘモグロビンを形成するそれぞれのグロビン遺伝子や全生物の系統樹（Tree of Life）のルート（根）の位置を決めるために用いられる伸長因子（EF-Tu と EF-G）などがある（pp.137 〜 138）。遺伝子重複が起こった後では，2 つの重複産物のうち一方が元々の機能を維持し，もう一方が新しい機能を進化させる可能性がある（図 24.15）。パラロガスな遺伝子がしばしば異なる機能をもつのに対し，オーソロガス遺伝子が同じ機能をもつことが多いのはこのためである（オーソロガス遺伝子は別々の種にある同じ種類の遺伝子のこと。例えば，ヒトとマウスの EF-Tu）。

　遺伝子重複は頻繁に起こっているが，遺伝子のコピーが変化していくことによって新しい機能を獲得することはまれである。遺伝子のコピーに有害な変異が蓄積して，**偽遺伝子**（pseudogene）になる可能性の方がはるかに高い。逆に，元の機能レベルが上がることが有

図 24.15 ● 重複と多様化。図には 3 つの種についての進化系統樹を示した（太い灰色の枝で示した）。3 つの種すべての祖先にあたる系統樹の根元の部分で遺伝子重複が起こり，パラロガスな遺伝子が作られた。パラログは赤色と青色で表した 2 つの別々の機能をもつものへと多様化した。種 1，2，3 が分岐し，それぞれの種は両方のパラログとその機能をそのまま保った。ここで示したような遺伝子重複は，機能の多様化の基礎となる冗長性を生み出す。

Box 24.1　ゼロからでも新しいものが進化できる

ここでは，機能をもたないものからどのようにして新しいものが進化してくるのかを示したいくつかの例をみていく。1 つは，非コード DNA がコード配列へと変わることによって起こる場合である。例えば，転写と翻訳のシグナルがゲノム中の非コード領域に組み込まれ，転写装置によってこの領域の DNA から mRNA が合成され，その mRNA が翻訳されて，場合によっては新奇のタンパク質が作られることもあるだろう。転写・翻訳シグナルの非コード領域への挿入はランダムに起こるが，新奇タンパク質の発生過程は完全にランダムとはいえない。グアニンとシトシンの割合が高いゲノム領域では新しいタンパク質が作られる可能性が高くなる。というのは，このような領域ではランダムな配列中でも終止コドンを含む可能性が低いからである（終止コドンである TAA，TAG，TGA はアデニンとチミンを多く含む）。また，同じ理由から，GC 含量の高い生物は新しい遺伝子が創出される可能性が高くなり，GC 含量の低い生物では可能性が低くなるというように，種によっても新しい遺伝子が作られる可能性が違ってくる。

ゲノム内の遺伝子が存在する領域では，非コード DNA はより容易にコード DNA へと変化する。点突然変異やフレームシフト（図 12.2）によって終止コドンが取り除かれると，新しいオープンリーディングフレーム（open reading frame）が作られ，新しいあるいは，変更された遺伝子産物ができることもあるだろう。終止コドンが除去されることによって，元のタンパク質配列のカルボキシル末端にアミノ酸がつけ加えられる。大部分のフレームシフト変異はタンパク質の機能を失わせるものだが，ときには，タンパク質三次元立体構造上の新しいドメインを作り出すことにより新しい機能を生み出すこともある（ドメインについての追加の考察は，pp.239 〜 241，776 〜 778，図 24.19，24.20 参照）。

フレームシフトや終止コドンの読み過ごしは，遺伝子内の DNA 配列の変更によってのみ生じるわけではない。ある種のフレームシフトはプログラムされたフレームシフト（programmed frameshift）と呼ばれ，数多くの種で見つかっている。プログラムされたフレームシフトは翻訳装置を新しい読み枠へと"跳躍"させるような翻訳因子によって調節されている。プログラムされたフレームシフトを制御の方法として使うことによって，1 つの遺伝子から 2 つの別々のタンパク質を作り出すことができる。プログラムされたフレームシフトがゲノムの複数の領域で起こると，フレームシフトを調節する翻訳因子の変化によっていくつかのタンパク質配列が同時

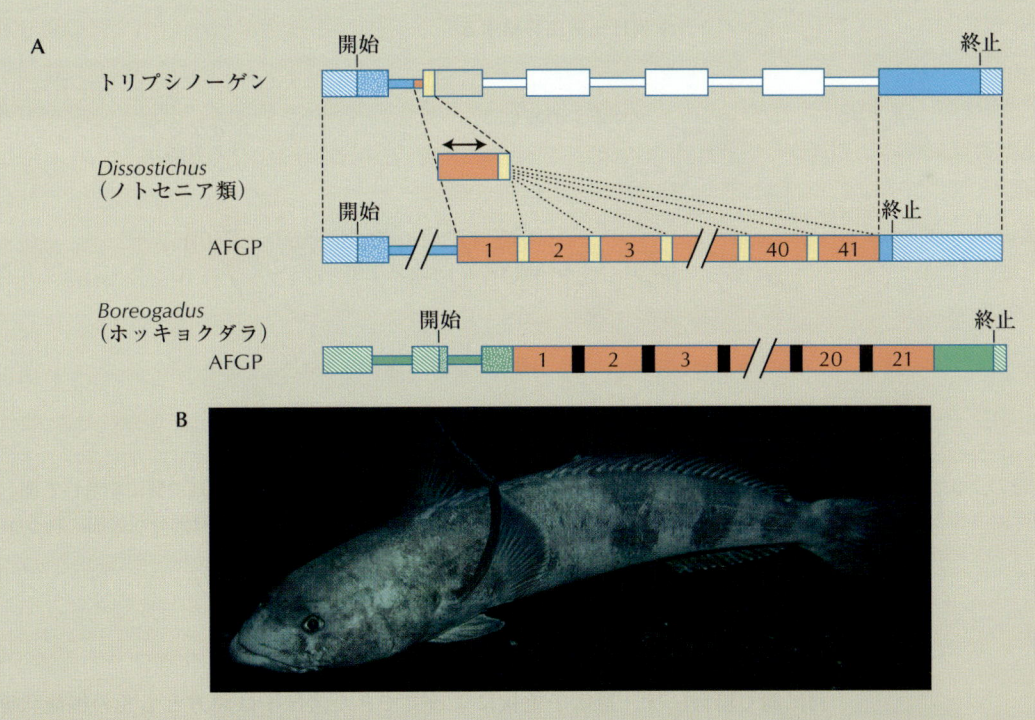

図 24.16 • 新しい遺伝子の起源。(A) 2 種類の抗凍結糖タンパク質（アンチフリーズグリコプロテイン，AFGP）とトリプシノーゲンの合計 3 タンパク質をコードする遺伝子の構造を模式的に表した。太い四角形はエキソンを，細い四角形はイントロンを表す。斜線部分は非翻訳領域を示す。シグナルペプチドは点状に塗りつぶした。遺伝子間で配列が似ている部分は同系の色で表した。トリプシノーゲンと南極に住む魚 *Dissostichus* の AGFP 遺伝子の間で相同性がある領域を点線で結んだ。*Dissostichus* の AFGP は，トリプシノーゲンの DNA 配列の 1 領域が拡張し，これが AFGP にみられるような繰り返しを形成することで進化したと考えられている。別の魚にある相同でない AFGP をその下に示した。(B) *Dissostichus mawsoni*。

に変わることができる。他の場合では、終止コドンを"通常の"61 コドンの 1 つとして認識するような代替のトランスファー RNA（tRNA）が存在することによって終止コドンの読み過ごしが起こることがある。この終止コドンを認識する代替 tRNA は（通常の tRNA と同様に）伸長中のポリペプチド鎖にアミノ酸をつけ加えることができる。最後の例は，遺伝暗号自体が変わってしまうような場合である（表 5.3）。遺伝暗号の変化はさまざまな方法（例：アミノアシル tRNA 合成酵素の変化，tRNA の変化）によって起こりうるが，どの場合も著しい新奇性を生み出す可能性がある。また，他の遺伝子の非コード領域が変更されてコード領域へと変更されることにより新しい遺伝子が作り出されることもある。このような例として魚の抗凍結糖タンパク質（アンチフリーズグリコプロテイン，antifreeze protein）を図 24.16 に示した。

酵母の**プリオン**（prion）*PSI*⁺ は翻訳の終結が正しく行われないことによる影響を示す興味深い例である。このプリオンタンパク質は，終止コドンの認識にかかわるタンパク質が異常な型になったものである。プリオン型は通常型のタンパク質を異常なプリオン型に変え，不活性な複合体に捉えてしまう（図 24.17）（プリオンは核酸によらない遺伝をする珍しい例である。プリオンによって引き起こされるクールー病やスクレイピーは異常な高次構造をとったタンパク質によって伝染する）。結果として，さまざまな配列が付加した形でタンパク質が発現するため，大きな表現型変異が生じる。

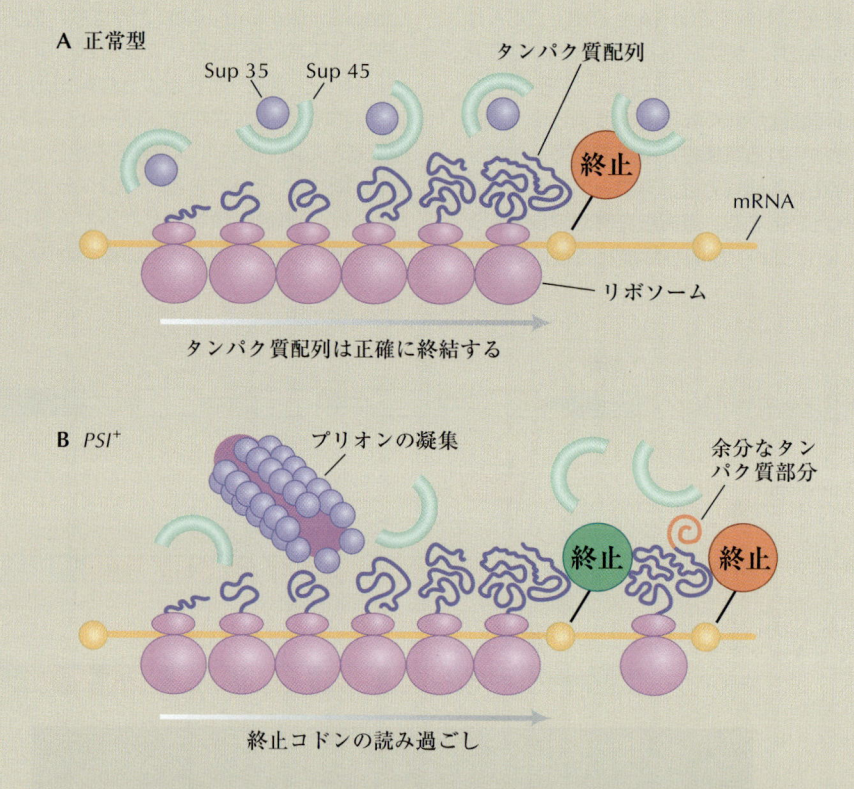

図 24.17 ▪ 酵母のプリオン *PSI*⁺ は Sup35 タンパク質の異常型である。正常型の Sup35 は Sup45 タンパク質に結合して複合体を形成し，翻訳の終結を手助けする（A）。プリオン型は凝集して正常な翻訳終結を阻害するため，余分なタンパク質部分が付加される（B）。

利に働く場合には，遺伝子重複によってできた遺伝子は両方とも元の機能状態を維持するだろう。さらに重複遺伝子は，重複のない遺伝子とは異なる進化の仕方もする。**遺伝子変換**（gene conversion）は重複遺伝子の間の分化を妨げる方向に働くし，組換えによる除去で片方が欠失することもある（第 12 章，p.370 参照）。

オリジナルの遺伝子が（レンズクリスタリンの例のように）2 つ以上の機能をもつ場合には，それぞれの重複遺伝子の産物が特化した機能を果たすように選択が働くだろう。これは機能分化への比較的迅速な道である。対照的に，重複コピーがまったく初めから新しい機

能を獲得するには，遺伝子欠失の可能性が高い中立的な進化の期間を経る必要がある。遺伝子が特殊化する際の直接的な最もよくみられる方法は，重複コピーの発現時期や場所をわずかに変えるような制御配列の変化によるものである。例えば，ヒトの胎児では，いくつかのヘモグロビン遺伝子が発現しているが，出生後にはこれら胎児用遺伝子の発現は止まり，別のヘモグロビン遺伝子の発現が開始される。このような遺伝子発現の時間的なパターンは，発現制御の進化を反映している。*Hox* 遺伝子の重複でも，それぞれのコピーが別々の発現領域，別々の標的配列をもつようになっている（第11章，pp.316〜320参照）。

重複遺伝子の存在によって，片方，あるいは両方の重複産物の機能が多様化することが可能になる。それぞれの遺伝子が特殊化する方向への正の選択によって，あるいは，中立かほとんど中立な変異の蓄積によって，片方か両方の遺伝子コピーは，1遺伝子では回避できないような適応度の谷を避け，遺伝子の適応度地形を横断することが可能になる。これにより，新奇機能の発達が加速される。

遺伝子重複とその後の多様化は，新奇性の獲得にあたり冗長性が役に立つ例として最もよく調べられているが，冗長性をもつすべての系で似たような手順がみられる。例えば，同じ代謝基質を相互に融通する複数の代謝経路をもつ生物では，生物の機能を損なうことなく一方の経路を変化させることができる。このような冗長性の大部分は重複遺伝子があることによるためではなく，生物が一般にもつ頑健性によるものである（複数の転写因子がさまざまな組み合わせで遺伝子発現を行うことができる例［p.589］）。

24.5 頑健性，モジュール性，区画化

新奇性の発生を助ける生体システムのもう1つの特徴は，個別の小区画の存在だ。システムの細分を表すのにさまざまな言葉が使われている。例えば，第4章でみた**区画化**（compartmentalization）という言葉（pp.108〜110）はふつう，システムを物理的に別々の小区画に分けることに対して使われる（第4章では，自立的に複製を行う生物の起源を問題にしていた。ここでは，ある生物内の分化した部分としての区画に限定して話を進める）。システムが機能的に個別の部分に分けられる場合は，しばしば**モジュール性**（modularity）と呼ぶ。単純化のために，ここではモジュール性という言葉を，高い独立性のもとで動作する個別の部分への細分化，という意味で用いることにする。モジュール性はタンパク質から細胞，多細胞生物といったあらゆるレベルの生体システムでみられる。上で説明したように，新奇性を考えるうえでモジュール性のもつ重要な特徴は，生物のそれぞれの部分（モジュール）がある程度独立して進化できるようになることである。つまり，ある一部の変化が他の部分の機能に直接及ぼす影響はきわめて限定されてくる。これは，変化が生物全体に影響を与えなくなるというわけではなく，むしろ，ある部分が別の部分の変化による大きな制約を受けずに変わることができる可能性を示している。次項では，いくつかのモジュール性について，新奇性の発生にどう役立っているかをみていくことにする。

タンパク質ドメインの混成と組み合わせによって多様な活性が生じうる

相同性のあるタンパク質の配列を調べると，高度に保存されている領域とそうでない領域があることがわかる（pp.573〜574参照）。そのおもな理由として，三次元構造上ではっきりと区別できるようなドメイン構造の存在が挙げられる。例えば，多くの酵素では活性部位

やその周辺のアミノ酸は種間で非常によく保存されているが，そのほかの領域はそれほど保存されていない傾向にある．複数の機能をもつ酵素の場合，あまり保存性の高くない領域に混ざって，複数の保存されたドメインが散在していることが多い（タンパク質によっては，三次元構造が高度に保存されていても一次配列には保存されたドメインが見つからないことがあることに注意する必要がある．これは，三次元空間上で相互作用するアミノ酸どうしが必ずしも一次配列上で近くにあるわけではないからである．しかし，たいていの場合，はっきりとドメインとわかる保存された領域が一次配列上に見つかる [図 24.18]）．

一次配列上ではっきりと区別できるようなドメインがあることにより，次の 2 通りの方法で新奇性の発生が容易になる．第 1 に，タンパク質の高次構造の変化を通して，あるドメインの変化が別のドメインの活性に影響を与えることができる点である．第 2 章でみたように，**アロステリックな相互作用**（allosteric interaction）によってどんな機能をもつドメインの間でも制御関係を結ぶことができる（pp.60〜61）．第 2 に，ドメインは比較的簡単に組み合わせを変えることができる．この混成と組み合わせにより，多くの構造をとることが可能になる．ある場合には，1 つの核となるドメインがタンパク質グループ内で共有されていて，そこにさまざまな由来のドメインが追加されている（例，図 24.19）．また，ドメインを混ぜ合わせた結果が生物間でかなり異なる場合もある（図 24.20）．

このようなドメインの混成と組み合わせは実際のところ，どうやって起こるのだろうか．1 つは**エキソンシャフリング（エキソン混成）**（exon shuffling，図 8.23 参照）と呼ばれる方法で，

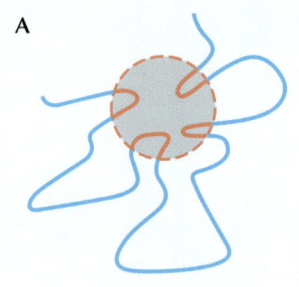

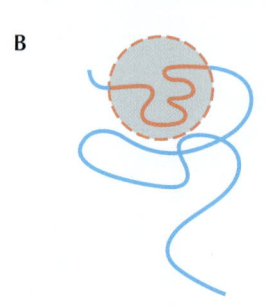

図 24.18 • (A) タンパク質の活性部位（赤色）は一次配列上でいくつかの別々の部分に分かれていることがある．ただし，通常はひと続きの配列で構成され (B)，保存される傾向にある．

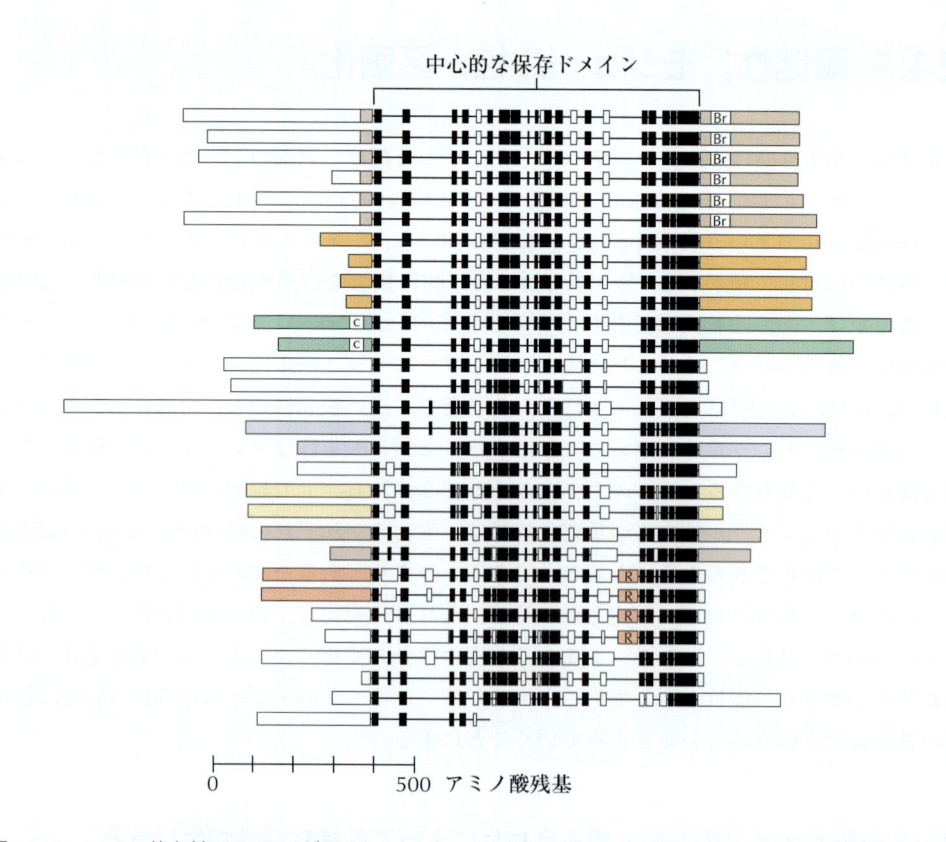

図 24.19 • DNA 依存性 ATP アーゼ SNF2 ファミリーに属するタンパク質のアライメントを模式的に示す．水平方向の線はそれぞれ異なるタンパク質を表し，異なるタンパク質ドメインは別々の色で示した．このファミリーのすべてのタンパク質はコア SNF2 ドメイン（黒色）をもっており，これらのすべてのタンパク質の間で活性が保存されている．多くのタンパク質は反応の特異性を生じさせるような追加のドメイン（他の色で示した）をもつ．

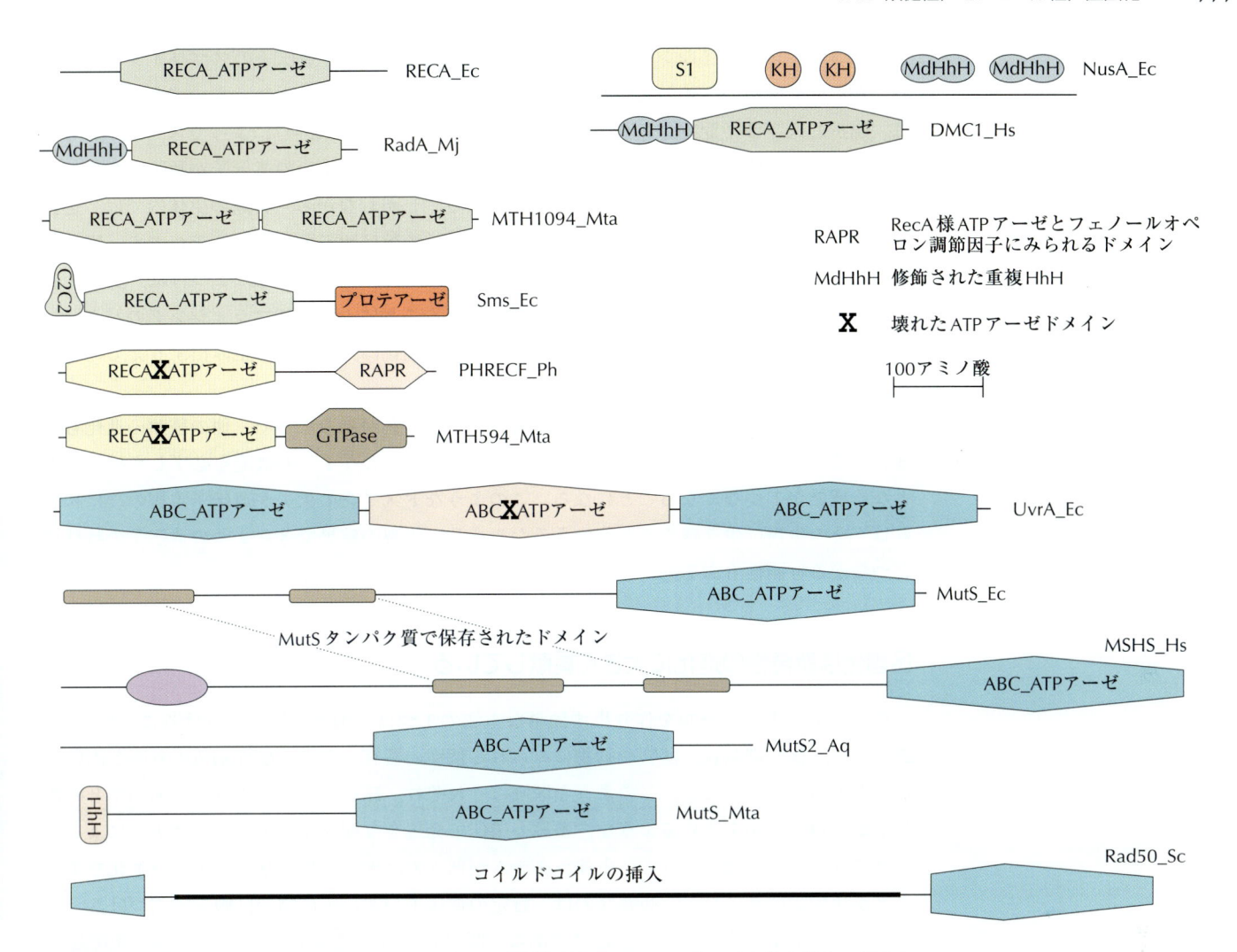

図24.20 • 既知のATPアーゼ中のドメインには大きな多様性がある。ここではごく少数の種の一部のタンパク質だけを示してある。したがって，全タンパク質でのドメイン構造の多様性全体はとてつもないものになる。タンパク質はおおよそ大きさに比例して描かれている。機能しないと思われるモチーフには×印を記した。タンパク質の名前は遺伝子名あるいはSwiss-Protデータベース由来の名前を参照した。種名の略記：Af = *Archaeoglobus fulgidus*, Aq = *Aquifex aeolicus*, Ce = *Caenorhabditis elegans*, Dm = *Drosophila melanogaster*, Ec = *Escherichia coli*, Hs = *Homo sapiens*, Mj = *Methanococcus jannaschii*, Mta = *Methanobacterium thermoautotrophicum*, Mtu = *Mycobacterium tuberculosis*, Ph = *Pyrococcus horikoshii*, Sc = *Saccharomyces cerevisiae*。

この場合，DNA配列上のエキソンはタンパク質のドメインをコードする領域として，イントロンは組換えを起こす領域として働く。イントロンが長いほど，エキソンにコードされるドメインを混ぜ合わせるようなランダムな組換えが起こりやすくなる。異なるタンパク質間でもしばしばイントロン配列に類似性があることが知られているので，異なる遺伝子のイントロン間で相同組換えが生じて新しいタンパク質が作られることもありうる。多くの場合，タンパク質のドメインはエキソンに1対1対応しているわけではない。このような場合でもエキソンシャフリングは起こりうるが，イントロン内で組換えが起こった結果，ドメインが破壊されることもある。したがって，ドメインの組み合わせ方の多様性を解釈するには別の説明が必要となる。

真核生物では，遺伝子スプライシングのパターンが変化することによって新奇性を作るこ

とができる。スプライシングの変化には2通りある。1つは、遺伝子のスプライシングパターンが温度や細胞の種類の違いといった異なる状況下で変化するというものである。理論上は、**選択的スプライシング**（alternative splicing, pp.240〜241参照）によってスプライスされた配列がさまざまな組み合わせでつなぎ合わされることで、1つの遺伝子が数千、数百万の異なるタンパク質をコードすることも可能である。しかしながら、実際の生体内では、選択的スプライシングによって作られるタンパク質の種類数は比較的少ない。それでも、膨大な数の新奇タンパク質が作られる可能性を広げていることは確かである。2つ目は、突然変異によってイントロン・エキソン境界の位置が変わることにより、スプライシングのパターンが変化することである。スプライシングパターンの変化は、多様性を生み出すうえでエキソンシャフリングよりも直接的な手段となっている。

別々の機能を果たす複数のドメインをもつタンパク質があることで、他の種類の進化も可能になる。例えば、1つのドメインが単に欠失すると、もう1つの機能を必ずしも損なうことなく機能が1つなくなることになる。このようなドメインの欠失が遺伝子重複の後に起これば、その生物は生き残ることができるだろうし、複製の結果できた2つの遺伝子の特殊化につながる可能性もある。

区画化は新奇性の進化に大きく貢献している

生物の中にモジュールを作り出す簡単な方法の1つは、別々の区画に分けることである。例として、核と細胞質、植物や動物にみられる個別の器官、グラム陰性細菌の外膜と内膜といったものが挙げられる。このような区画はそれぞれ、*Hox*遺伝子のように分節内でどの遺伝子が発現するかを決めるような、多種の遺伝子発現を支配するマスターシグナルによって区別される。区画化によって、生体システムが個々の区画に影響を与えるような進化をすることが比較的容易になる。必要なのは、特定の遺伝子や遺伝子産物が区画を定義づけるシグナルに反応するようになることだけである。眼のレンズで発現するクリスタリン（上で述べた）や、体の分節の特性の変化（第11章、pp.321〜346）がその例となる。ここではさらに、新奇性の出現に対して区画化が貢献する仕組みを明らかにする例を示す。

真核生物では細胞が細胞小器官という膜で囲まれた下部構造に仕切られており、独自の内部環境を維持することが可能になっている。細胞小器官が細胞のほかの部分とはかなり異なる内部環境を維持できることによって、確かに新奇性の発生が促進されている。例えば、リソソームには巨大分子を分解する消化酵素が豊富に存在する（図24.21）。巨大分子を消化するための別区画がなければ、リソソームでみられるような酸性領域のpHで働く分解経路はおそらく進化することができなかっただろう。

大部分の生物は、どのような場所で生息するかをある程度自ら決めることができる。細菌は鞭毛を使って化学勾配や物理勾配に沿って移動できるし、植物は花粉や種子を散布する場所を操ることができる。また、動物はさまざまな宿主から搾取する対象を選ぶことができる。このような生息環境の好みの違いは、単純な遺伝的差異に由来するのかもしれないが、ゲノム全体が変化を受けるような選択を生じさせる可能性がある。例えば、第22章では、*Rhagoletis*というハエに好まれる宿主植物がさまざまな適応をし、最終的に2つの特殊化した種に分かるようすをみた（p.710）。

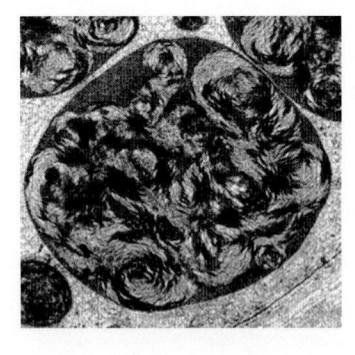

図24.21 ▪ リソソーム。リソソーム内のpHは4.8（細胞質のpH 7よりも酸性）で分解過程の大きな手助けとなる。リソソームタンパク質のアミノ酸組成と配列は低pHでよく働くように選択されてきた。

制御・発生ネットワークのモジュール性

これまでは，遺伝子構造のモジュール性，区画化をみてきたが，発生の仕組みについても同じことが考えられる。遺伝子相互作用や遺伝子調節経路のネットワークはモジュールを形成していて，発生過程において繰り返し用いることができる。例えば，特定の細胞間シグナル伝達系は分子間相互作用のカスケードとフィードバックループをもっている（第9章，pp.271～272参照）。どのシグナル伝達系でも通常，発生過程で繰り返し使うことができるが，シグナルが出る背景が異なるために，同じシグナル伝達系でも使われるたびに異なる結果を生み出す。このような再利用により，比較的少ない遺伝情報で，多くの異なる効果を生み出すことができる。このことはまた，これらのシグナルが新しい場所で出るような突然変異が生じると，シグナルが遺伝子相互作用カスケード全体を活性化することができることから，発生に著しい影響を与えることも意味している。たいていの場合，結果は有害だと考えられるが，ときには，発生上有利な変更を作り出すこともあるだろう。

発生において重要な遺伝子が制御される仕組みもまたモジュール性をもっている。第11章（pp.335～340）で述べたように，トゲウオの $Pitx-1$ が発現するそれぞれの領域，すなわち，それぞれの組織での発現は，別々のシス制御要素の支配下にあると考えられている。このような仕組みのおかげで，頭部での発現に影響を与えることなく，腰帯での $Pitx-1$ の発現を変えるような突然変異が生じることができる。また，潜在的な多面的影響が広い範囲に広がるのを抑えることで，頭部の発生を乱すことなく $Pitx-1$ によるトゲウオの腹棘の進化的変化を起こすことができたのだろう。この種の進化のもう1つの例は Hox 遺伝子である。進化の過程で Hox 遺伝子が重複したことによって，機能の分化と多様化が可能になった。同時に，個々の Hox 遺伝子の制御がわずかに変化することも形態進化に寄与している。例として，$Drosophila$ 属の間では脚の毛の生え方が進化的に変化しているが，これは，Ubx 遺伝子の比較的わずかな変化によって，脚発生時の Ubx タンパク質の発現レベルが種間で異なるようになったためと考えられている（図11.19参照）。生体のそれぞれの部分で制御ネットワークが独立して制御されているという制御のモジュール性は，多くの発生に関与する遺伝子にとって重要な要素であると思われる。同時に，モジュール性によって，シス制御の突然変異が進化的変化の主要な機構になり，体の別々の部分で独立した進化が起こることを助けている。

発生におけるモジュール性と区画化の両方の概念を明らかにするうえで，第11章に挙げた例が役立つ。昆虫の付属肢の発生のモジュールは，最終的に転写因子一式を活性化する特定のシグナルカスケードの集合で構成されている。図11.13に示した Dll の発現は，このモジュールの構成要素の1つである。付属肢の発生はすべての分節で起こる可能性があるが，腹部では Hox 遺伝子の働きにより抑えられている。付属肢の発生が開始される分節では，Hox 遺伝子はどの種類の付属肢ができるか（例：翅か平均棍か）を左右する。以下で詳しく述べるように，このような組織化体制をとることによって，発生が頑健性をもつようになるだけでなく，潜在的に有利な変化をもたらす突然変異を許容しやすくなる。

探査システムは新奇性を作る頑健な手段を提供する

複雑な生体がほんのわずかの情報で定義されていることは，驚くべきことだ。ヒトのゲノムは大部分の生物よりも大きいが，それでも100メガバイト程度の情報しかコードしていない。これは，パーソナルコンピュータのオペレーティングシステム（OS）と同程度である。

第14章に記したように，生体はゲノムで完全に決まるものではなく，DNA配列は細胞内の装置によって解釈される必要がある (p.413)。とはいえ，受精卵が複雑な形態や行動をもつ生体へと発生していく能力は驚異的である。発生は，受精卵の中の限られた情報をただ展開するだけでなく，環境が不規則に変化する中でも確実に実行していく必要がある。

限られた入力から複雑な出力を確実に行うさまざまな制御系があることで，発生過程の進行が可能になる。特に，初期の不規則な変動 (random variation) を抑制し適合させ，最終的に十分調整された結果を出力する**探査システム** (exploratory system) の重要性を強調する科学者もいる。この探査システムには，何世代もの複製によって起こったランダムな変異によって高い適応度をもった生物が作られる自然選択の仕組みに似たところがある。実際，このシステムは生体の発生の中で，複製系譜間の自然選択に依存している場面もある。さらに，この種のシステムでは，各発生段階はフィードバックループによって固く結びついていて，発生上の現象を個々に指示しなくても協調することが可能である。これによって変異が許容され，その結果，出力が反応中のランダムな変動によって切り捨てられることがなくなると同時に，協調によって鍵となる段階が変わるような大きな変更も可能になっている。

単純な例は脊椎動物の四肢の発生にみられる。四肢の発生では，骨が正しい位置に成長するだけでなく，筋肉が正確な位置に作られ，そこに血液の供給や神経支配がなされるという過程を含んでいる。もし，構成する組織がそれぞれ独立に，なんらかの詳細な設計図によって作られているならば，膨大な量の情報が必要になるだろう。実際このようなやり方では，卵の中にある種の**ホムンクルス** (homunculus，精子小人)，すなわち，生物が成長するために必要な情報すべてをそのまま持つことが必要になる。そして，ホムンクルスそれ自体も同じように定義されなければならなくなる。発生過程がこのような方法で進んでいるとすれば，卵の中に莫大な量の情報が詰まっている必要があるだけでなく，それぞれの要素が発生段階から抜けただけで広範囲の発生過程が失敗することになってしまうだろう。

実際には，単純な分子勾配によって肢原基の初期の分化が決められている。初期の肢の成長が完了すると，それに応じて筋肉がつけ加えられ，さらに，筋肉があることによって神経の伸長や血液の供給が促される。体肢骨格のそれぞれの部分が機能する肢を作るために必要なすべての構造を含むことを保証しているこのような過程は，体のすべての部分に適用可能な一般的な過程として捉えることができる。このような現象は，四肢ごとの違いや，四肢の部位による違いといった比較的小さな差異を生じさせるような局所的なシグナルによって調節することも可能である。

この例では，さまざまな組織間の協調によって，1つのシグナルが複雑な構造を指定することができることを示している。似たような例は第11章でもあった。転写因子であるPax6を，ショウジョウバエの幼虫がもつ成虫原基で異所的に発現させると，眼の構造を作るために必要な反応のカスケード全体を始動させることができるというものである (図11.33, 11.34)。その結果，Pax6を異所的に発現させると，まとまった眼の組織を触角や脚，翅に作り出すことができる。結果として作られるのは単に光受容細胞がランダムに並んだようなものではなく，正しく並んだ個眼 (複眼を構成する1つ1つの眼) であり，個眼の中には正常なタイプの光受容体が適切に配置されていて，レンズや色素細胞もきちんと付属している。作られた神経細胞は中枢神経に向かって伸び，脳内の標的に適切な連絡をとろうとする。

発生過程を詳細に調べると，協調をとるためにしばしばある特定の方法が使われていることがわかる。その方法とは，構造の概略を先に誘導し，その後，最終的な特定の形へと改善していく，というやり方である。例えば，成熟した筋肉細胞は1つの運動ニューロンからの信号を受け取る。しかしながら，未成熟の筋肉細胞は複数の神経細胞の支配を受けていて，

神経細胞どうしが競合関係にある。そのなかで発生中の筋肉に最も信号を多く伝えた神経細胞がフィードバックとして神経が生き残るための成長因子を受け取り，その結果，生き残る可能性が高くなる。このようにして，最終的に1つの筋肉細胞は1つの運動ニューロンによって支配されることになる。同様の競合の過程は，神経発生全般で起こっている。脳の発生では，最終的に残る数よりもかなり多くの神経細胞とその間のシナプス結合が作られ，生き残るかどうかは信号を伝えたかどうかによって決まる。したがって，脳全体の構造は厳密に決まっているものの，細かい構造は外の環境との相互作用によって作られることになる（図24.22）。

脊椎動物の免疫系も，外来抗原を認識するが自己は認識しない多様な抗体を作り出すために，発生中の細胞系統の中から自然選択するという仕組みを利用している。発生の初期の段階で，組換えと突然変異により遺伝的に異なる細胞が大量に作られ，それぞれが独自の抗体を作り出す（図9.10）。自己に対して反応する抗体を作る細胞はすべて除去されるが，それでも，外来抗原（侵入してきた細菌などの外部からのタンパク質やその他の巨大分子）に対応できる程度の大きな多様性をもった細胞群が残る。その後，細胞が特定の抗原を認識すると分裂が促進され，数日後にはその特定の抗体が大量に作られる。この反応を起こした細胞系統は残存して，将来同じ抗原が侵入してきた場合により素早く反応する。この現象は**免疫記憶**（immune memory）と呼ばれており，ワクチン接種が成り立つ基盤となっている。ここで重要なのは，もし，このようにシステムが柔軟なものでなければ，莫大な数の抗体を作るにはそれを前もって用意するための莫大な量の情報が必要になるという点である。また，柔軟性のないシステムでは，個体の一生の間に再び侵入があった際の反応を起こすことはできないだろう。個々の個体内での自然選択に基づいたこの種の探査システムによって，限られた遺伝情報で複雑かつ柔軟なシステムを作り出すことが可能になっている。

この項では，複雑な生体がコンパクトなゲノムにコードされ，予測できないような撹乱があっても確実に発生することを可能にする仕組みに重点を置いてきた。これらの特徴によって，新奇性が作られるのが容易になる。というのは，変化が起きても少なくともすでにある機能は維持されるだろうし，複数の変化がゲノムに同時に起こるという偶然によることなく，協調的な表現型変化の適応的な組み合わせを特定できるだろう。したがって，例えば，

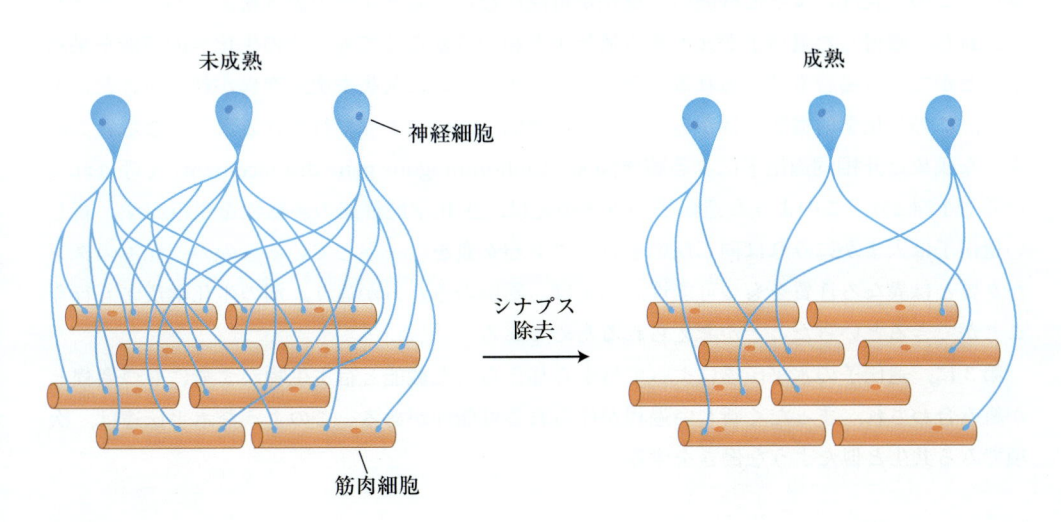

図 24.22 ・運動ニューロン間の競合によって，それぞれの筋肉細胞が最終的に1つのニューロンに支配されることが保証される。

*Hox*遺伝子の発現が変わることによって反応のカスケード全体が作動し，外胚葉，中胚葉，神経系といったすべての組織で協調的な変化を伴うような分節の転換が起こることが可能である。このことは，*Hox*遺伝子の発現が進化的に変わることによって，潜在的に有益な表現型ができる可能性を大きく高める。同様の原則は，発生過程においてさまざまな構造，器官，細胞型を連携させるような発生を司る多くの遺伝子でも成り立つ。

24.6 他種から新しい機能を得る：遺伝子の水平伝達と共生

すべてのモジュールは同じゲノム上で進化する遺伝子にコードされているので，完全に独立になることはできない。ただし，異なる系統で進化してきた過程が1つになる場合には，このような制約はなくなる。このような進化が起こるのは，遺伝子の水平伝達（遺伝子の水平移動）と共生という2種類の過程を通じてである。遺伝子の水平伝達は第7章と第12章で，共生については第8章と第21章で考察してきた。ここでは，この2つの過程が新奇性の発生にどう役立つのかを考える。

遺伝子の水平伝達によって他の系統の遺伝的多様性を試すことが可能になる

遺伝子の水平伝達は，次の3つの方法により進化的な新奇性の創造を促進する。第1に，水平伝達によって他の生物から新しい機能全体を獲得することが可能になる。したがって，他の生物のDNAを獲得して使うことのできる種にとっては，ある意味では，地球上の遺伝的多様性全体が機能を育む素地を提供しているといえる。例として，ヒトの腸内細菌に広がる抗生物質耐性遺伝子，病原体の間で共有されている病原性や毒性の因子，土壌中の微生物による分解経路の獲得，真核生物でのミトコンドリアや葉緑体の祖先からの遺伝子の獲得，といったものが挙げられる。

第2に，遺伝子の水平伝達は，同じ過程を行う他の遺伝子による置き換えを助長する。このような置き換えは，相同性のある遺伝子の間で起こることもあり，種内に同じ遺伝子の2つの型をもつという遺伝子重複の場合と似たような状況を作り出す。遺伝子重複の場合と同様に，この冗長性によって機能の多様化が可能になる。もう1つの置き換えのパターンとして，新しく獲得した遺伝子が元々ある遺伝子と相同性がなくても，その生化学的機能を果たすことができる場合も考えられる。その後，宿主ゲノムに欠失や突然変異が起こることによって，この生化学的機能が外からやってきた遺伝子だけによって行われるようになる。このような現象は**非相同遺伝子による置き換え**（nonhomologous gene displacement）と呼ばれている（図24.23）。このような遺伝子の置き換えは，生化学的経路の多様性を生み出す。新しい遺伝子は大まかにみれば同じ反応を行うタンパク質をコードしているものの，元々のタンパク質とは異なる性質をもつ可能性，例えば，制御のされ方が違う，別の生化学反応も行うことができるといったことが考えられるためである。

第3に，遺伝子の水平伝達によって外から与えられた機能と宿主生物がすでにもつ過程とが組み合わされ，まったく新しい過程が作られる可能性がある。このような水平伝達は，次項でみる共生と似たような働きをする。

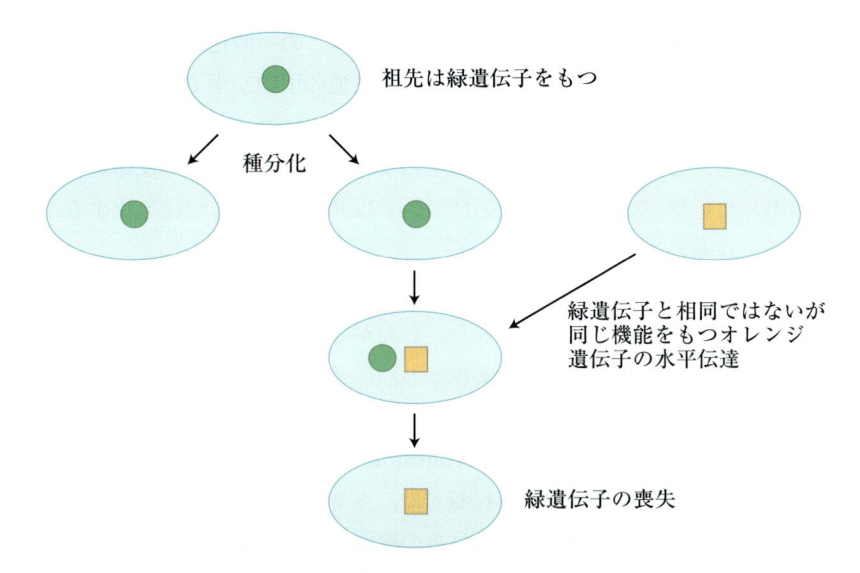

図 24.23 ・非相同遺伝子による置き換え。内部にある遺伝子と相同ではないが同じ機能をもった遺伝子を，水平伝達によって別の種から獲得する。続いて内部遺伝子の喪失が起こり，祖先や近縁種と同じ機能をもつが非相同の反応過程を使う生物ができる。

生物間の共生は新奇性の発生源である

　遺伝子の水平伝達は，他の生物がもつ機能を獲得するための複雑な手段である。さまざまな障害によって水平伝達が妨げられるし，水平伝達が起こったとしても，コドン使用頻度の違いやプロモータ配列の違いなどによって，移動先の生物で機能する遺伝子産物ができないこともある（pp.205〜207 参照）。しかし，宿主のゲノムに遺伝子を組み入れることなく別の生物がもつ機能を獲得する方法として，**共生**がある。

　ここでいう共生とは，2 つの異なる生物が互いに密接に結びついて生きることをさす。これは，必ずしも相互に有益な関係だけではなく，一方の種が他方に寄生したり，有益でも無益でもない場合もある。必要なことは，なんらかの密接な結びつきをもつことだけである。共生は区画化と遺伝子の水平伝達の両方の利点をもたらす。遺伝子の水平伝達の場合と同様，共生によって自分自身で進化させることなく機能を獲得することができる。共生は遺伝子の水平伝達よりもかなり容易に確立するし，また，どんな種類の生物間でも起こりうるという 2 つの理由から，より急速で多様な機能の獲得を可能にしている。また，共生関係では，それぞれの生物は互いに独立に進化することができるという区画化による利点もある。共生ではそれぞれの生物のゲノムが分かれているので，異なる区画が 1 生物中の同一ゲノムにコードされている場合のように，同じ制約にさらされることはない。

　共生には遺伝子の獲得と区画化の両方の意味でプラスの効果があることを考えると，新奇性を作り出すうえで共生が最も広くみられる効果的な手段だとしても，驚くにはあたらない。共生は，真核生物の起源，藻類と緑色植物の多様化，動物が深海で生存する能力，多くの真核生物の界の出現，ウイルスの生存，といった場面で役立ってきた。

　一部の非常に興味深い共生では，生物どうしが共同体を作ることによって単独では使えないような生化学経路が使えるようになっている。例として，一酸化炭素で育ち水素ガスを排出する一酸化炭素栄養性の細菌が，この細菌から水素を受け取り，メタンを合成するために使うメタン生成古細菌と一緒に生育しているようすはよくみられる。この関係は一酸化炭素

栄養性細菌にとっても大きな利点がある。というのは，この一酸化炭素から水素を作る反応は非常にコストのかかるもので，排出物である水素を他の生物がすぐに使ってしまうことによって反応が進むのが手助けされるからだ。メタン生成菌にとってもメタンを作るための水素がただで手に入ることから利益がある。共生によりそれぞれの種での反応過程は細かい部分まで微調整されていて，いくつかの反応については共生関係なしでは進化することができなかっただろうと思われる。

ミトコンドリアと葉緑体は共生による新奇性の創造の極端な例である。真核生物は葉緑体の獲得によって初めて光合成が可能になった。したがって，葉緑体との共生は今日みられるすべての植物，藻類の多様化，さらには藻類との二次共生，三次共生を起こした真核生物の系統にとって必要であったといえる。進化における**主要な移行**（major transition，表21.3）の大部分は，それまで独立していた**複製子**（replicator）が1つになり，新しい，より複雑な生物を作る過程を含んでいる。真核生物の起源では，ミトコンドリアや葉緑体の祖先である細菌との共生関係が究極的に緊密になり，これらの細胞小器官では遺伝子が核へと水平移動することによってほとんどすべての遺伝子を失ってしまっている。生命進化の初期にも，細胞内に併存していた複製分子が1つの染色体になったというような似たタイプの共生があった可能性がある。

24.7 長期間の自然選択によって新奇性が生まれる

この章の初めでは，複雑な新奇性が進化するうえでの大きな障害として，相互に依存した複数の変化が必要であることを強調した。困難はあるにせよ，一連の変化が選択上有利に働くならば，このような変化も進化することができる。これは，適応度地形の尾根を平均適応度を上昇させるように横切っていくような進化をする集団にみることができる。新奇性の発生には，第1にすでにある機能を損なわずに変異が新しい機能を作り，それによって変異が選択されることが必要であるが，この過程を遺伝的機構がどう手助けしているかを示すさまざまな例がある。

まず，選択を主とする進化過程がどのように新奇性の出現を助けているかを検討する。この章の初めで説明したように，新奇の特徴が進化するには，複数の遺伝的変化が同時に起こるというまれな現象によって飛躍的に作られるか，あるいは，一連の段階を経て作られる必要がある。この両方のタイプの現象は，時間の経過と自然選択が累積的に作用することの2つによって大きく促進されている。起こりにくい現象も長い時間をかければ結局は起こるだろうが，より重要なことは，選択によって複数の変化が段階的に集められることである。

有利な突然変異が複数同時に起こることはありそうにない

何世代にもわたり，多くの繁殖個体がいれば，まず起こりそうもない突然変異も起き，自然選択によって拾い上げられるだろうが，それでも，2〜3個以上の有利な突然変異が偶然に同時に起こるとは考えにくい。そうではなく，複数の有利な変化は自然選択によって集められているに違いない。この考えは，第17章でみたRNA分子を in vitro で選択にさらす実験によって計測することができる。この実験では，まず140 bpの領域に非常に高い頻度（1塩基あたり5%）の突然変異を起こす。最初の集団の大きさは十分に大きく（おおよそ10^{12}分子），突然変異率が高いので，元の配列からの4箇所での塩基変異はすべて，複数のコピー

に存在した。しかし，特定の7塩基の変異がある可能性は非常に低いだろう。したがって，急速に増加した4種類の変異体（図17.2の緑色の曲線）は元の集団中に存在し，残りの3つの変異（青色の曲線）はこの4つの変異配列に突然変異が生じることによって後からできたものと考えられる。この例は，非常に大きい数の分子集団を使い，突然変異率を人為的に高めているといった点で極端な例ではある。とはいえ，このような極端な条件でも，2〜3個以上の有利な突然変異が偶然同時に起こることはまずあり得ない。さらに，この実験では組換えが無視できる程度しかないので，最適な配列は1つ変異が起きた後に次の変異が起こるというように1段階ずつ積み上げていくことができる（図23.18）。有性生殖をする集団では，有利な変異の組み合わせが偶然生じてもバラバラにされてしまうこともある。

部分的な機能でも，ない場合と比較すれば非常に有利なこともある

　複雑な新奇性は多くの変化を必要とするため，1段階，あるいは，いくつかの突然変異が偶然連続するだけでは作り出すことができない。そのうえ，有性生殖集団では，複数の変化は分散させられてしまう。したがって，変化を1つずつ集めていくような手段が必要になる。例えば，すでにある遺伝子やタンパク質だけを使って新しい器官を作るとしても，これらの遺伝子やタンパク質を一緒に正しく働かせるためにはいくつかの段階を経る必要があり，事実上偶然に起こるとは考えられない。

　長い時間と大きな集団があれば莫大な数の突然変異を起こすことができるだろうが，進化の過程で生じた複雑な新奇性をすべて説明できるとは思えない。単純な構造以外は，偶然の突然変異で生じるとはあまりにも考えにくい。重要なことは，個々の変異がわずかながらも適応度を上げることである。これにより，集団は適応度地形の峰を徐々に登っていく（例：図24.4）。

　複雑な新しい機能を作るための1つ1つの段階それ自体が有益であることもある（第17章，p.501参照）。John Maynard Smith（ジョン・メイナード・スミス，図24.24）がいったように，貧弱な視覚でもまったく見えないよりはましである。だから，眼の前駆体はおそらく光を感知する単純な光受容体として始まったのだろう。光の検知に使われるロドプシンタンパク質は，現存する眼をもたない生物種でも多数見つかっており，これらの種では光の検出，光に対する応答，あるいはその両方に使われている。実際，これらのタンパク質の生化学的機能はすべての生物の間で高度に保存されており，眼が機能するうえでのロドプシンタンパク質の働きは，新しい生化学的機能を作り出すというよりもむしろ，働く環境の問題である。しばらくして，単純な光受容体は光を遮る色素細胞によって囲まれ，それによって光がどちらの方向から来ているかがわかるようになっただろう。また，ロドプシンが多様化することによって色の区別がつくようになり，多数の光受容体の物理的な配置，精巧なレンズや反射面，神経系の複雑化の3つが最終的に揃うことで，周囲の詳細かつ正確な像を得ることができるようになった。複雑な構造を作るための1つ1つの段階が視覚を少しずつ改善している。逆に，現在の（細かく調整された）眼を変えることは有害だろうけれども，現在の状態に至る適応度を上げるような道筋はまだある可能性がある。

図24.24 ▪ John Maynard Smith。

　このような新奇性が1段ずつ進化するようすを示すため，化石記録や現存の生物に基づく**形質状態復元**（character state reconstruction，第27章［オンラインチャプター］参照）によって形質進化の歴史を推定する方法がある。このような方法は，鳥の飛翔の起源を理解しようとする科学者が，多くの恐竜化石にある羽毛に類似した構造を研究するというアプローチにみられる。羽毛はもっているが飛べない恐竜の発見は，鳥の飛翔を助ける羽毛は，飛翔のた

786 ・ chapter 24 新しい形質の進化

めの選択として生まれてきたのではなく，何か別の目的で生じたことを示す強力な証拠となる。しかし，いったん羽毛ができると，現在の羽毛がそうであるように，飛ぶための必須の要素として組み込まれてしまったのだろう（図 3.17, 10.33）。

　同様に化石記録から，初期の脊椎動物が遊泳性の生物から陸上を歩行するように進化した仕組みが多少詳しくわかっている。鰭から四肢へ大部分の変化は，実は水中で起こっている。浅瀬に住む魚が，今日の陸上脊椎動物の四肢へとつながる大部分の骨格要素を次第に獲得していくことで，四肢のような構造を徐々に進化させた。これらの魚は浅瀬をはって歩くのに四肢を使っていて，少しずつ体重をうまく支えられるようになっていき，最終的に陸上へと踏み出した（図 24.25）。

図 24.25 ・ 四肢の進化。化石記録により，祖先の魚から現在の四足動物（我々のような 4 つの肢をもつ動物）に至る系統での肢の形態進化が示されている。ここに図示した化石はすべてデボン紀の中期から後期にかけて（3 億 9800 〜 3 億 5900 万年前）のものである（前肢を取り出して各動物の左側に示している。*Ichthyostega* だけは後肢を示す）。*Ichthyostega* と *Acanthostega* は現在の四足動物の手首，足首，指に似た，明らかな肢の骨をもつ初期の四足動物である。一方，*Eusthenopteron* は魚の鰭に似た構成をした肢をもつ総鰭類の 1 種である。*Panderichthys* と *Tiktaalik* はワニに似た頭蓋骨をもった水中捕食者で，川底を"歩いて"いた。これらの肢は鰭から肢への変換の中間段階を示していると考えられている。

昆虫の翅の進化も少しずつ起こったと考えられている（p.300 参照）。昆虫の付属肢は，水中生活をする甲殻類に似た祖先の鰓から進化したのではないかという指摘がある。昆虫の祖先が水中から出たときにはガス交換のための気管系を進化させていたが，鰓ももち続けていて風に乗ったり滑空するのに用いることもあった。この行動は今日のカゲロウにもみることができる。最終的に，これらの付属肢は飛翔昆虫の翅のように精巧なものになった。もう1つの説は，脚についた葉状構造から翅が作り上げられたとするもので，この葉状構造はもともと植物から滑空して降りる際に空中で動きをコントロールするのに使われていたといわれている。このような空中での行動は，今でも多くの無翅昆虫でみられる。

in vitro と in silico の選択実験は，新奇性が素早く作り出されるようすを明らかにした

　in vitro で複製する RNA や DNA を使った実験が近年（学術的にも，商業的にも）多くの注目を集めている。in vitro 選択実験は，ある特定の機能，例えば，創薬の標的となる分子に結合する分子であるとか，特別な反応を触媒する分子といった新しい性質をもつ分子を作る目的で行われる。核酸が従う化学原理は非常によくわかっているが，第1原理からこのような分子を設計することは今のところ無理である。in vitro での選択は，事前に設計できないような新奇分子を作り出すための一般的な方法として使うことができる。

　たった数世代を経るだけで新奇の生化学的機能が進化した例がすでにいくつか示されている。本書の初めの方で，新奇の蛍光タンパク質を作り出すために選択がどのように用いられたかをみてきた(p.5)。また，第4章では，生命の起源において重要な段階と考えられる，短い RNA 配列の複製を触媒するような**リボザイム**(ribozyme)を作り出すために，in vitro 選択が使われていた(p.112)。第17章では，12世代にわたる選択によって，本来必要とされるマグネシウムイオンよりもカルシウムイオンの存在下で効率的に働くリボザイムを作り出すことができるようすをみてきた。確かに，これらの実験では1つの短い核酸配列しか扱っていないため非常に複雑なものを作り出すことはできないが，選択によって複数塩基の連携した変化のかかわる新しい機能が急速に現れることを示している。

　選択という方法は，シリコンチップ上に何百万もの部品を置く際の最適な配置を見つけるという問題（図24.26）や，ネットワーク上で情報のパケットを運ぶ際の最適な経路を見つけるといった複雑な計算問題を解くためにも使われている。これらの問題は人手で解けるものでもないし，人間が設計した計算アルゴリズムでは非効率的なことも多い。一方，いくつかのアルゴリズムを選択していくことで直接的な改良が進み，しばしば，苦労して論理的に設計したアルゴリズムと同じかそれ以上に効率的なものが得られる。例えば，第17章では人工的な選択によって，以前であれば特許に値するほど新しいいくつかの巧妙な電子回路の設計ができたことをみてきた（図17.13）。

　このような**進化論的計算**(evolutionary computation)の目的は，希望する機能をできるだけ効率的に行うようにするための選択を行うことにある。通常は，利用できるコンピュータの処理能力から，競争するプログラムの数，すなわち，集団の大きさは数百個に制限される。毎世代，最適なプログラムが選ばれて，次世代を作る。ほかの選択と同様にこの場合も，集団を小さくする（小さくすると選択に対して即応性が上がる）か，選択への応答を維持するのに必要な変異を保てるくらい大きくするか，というトレードオフがある。変異は，突然変異（プログラムにランダムな変化を起こす）や有性生殖による組換え（2つかそれ以上のよいプログラムを混ぜ合わせる）で導入される。第23章で説明したような理由から，有性生殖を入

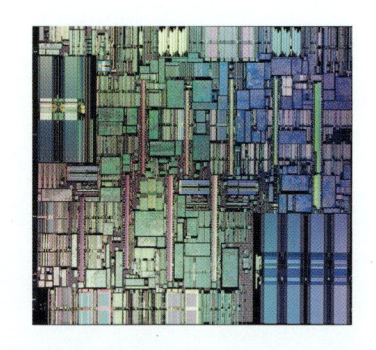

図24.26 • コンピュータチップ上の部品の配置はしばしば遺伝的アルゴリズムによって設計される。遺伝的アルゴリズムでは，最適解の探索のために自然選択を用いる。このマイクロプロセッサー（演算装置）は1500万個のトランジスターを含んでいる。

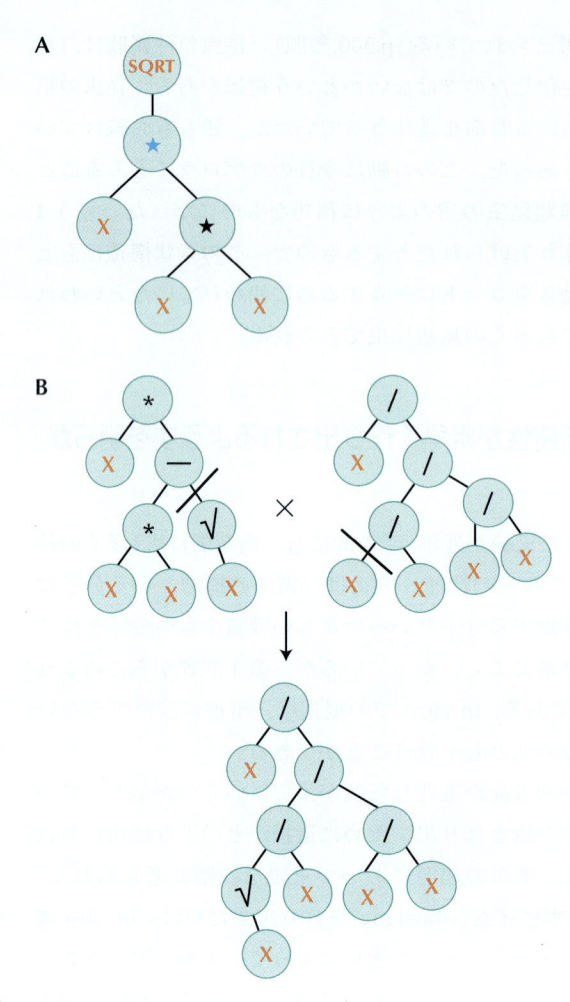

図 24.27 ▪ Kepler の第 3 法則は，惑星の軌道周期 P の 2 乗は太陽からの平均距離 X の 3 乗にある比例定数のもとで比例することを示している：$P = X^{3/2}$。Fortran のような従来のプログラミング言語ではこの関係は，P = SQRT(X*X*X) のように表す。それぞれの文字をランダムに変化させる（例：SQRT を SRT に変える，かっこを取り除く）と解釈不能なコードになってしまうだろう。しかし，この関係は樹状に表すこともでき，この場合，各ノードは 2 つの子供の枝を演算することを意味する。こうすることで，ノードの値が意味のある値の間でランダムに変化（例：* から+へ）したり，別々の木をつなぎ合わせるような組換えが起こっても意味を保ったままになる。(B)例として，$X*(X^2 − \sqrt{X})$ と $X/((X/X)/(X/X))$ の間で組換えが起き，"子孫" として $X/((\sqrt{X}/X)/(X/X))$ が生じるようすを示した。もし，適応度の上昇が正しい関数 (A) に近づくことで表されるならば，選択と突然変異，組換えによって最初はランダムな木の集団から A に示される解答の木へ近づいていくことができるだろう。

れることで成績が向上する。ここで最も重要なのは，別々の系統で生じた有利な変異を有性生殖による組換えによって一緒にすることができる点である。しかし，成功への鍵は遺伝子型と表現型の関係を選ぶことにある。つまり，変異や組換えによって改善ができる可能性がかなりあり，また，既存の機能を壊すことがないようにプログラムを組む必要がある。従来のプログラミング言語（例：Fortran，C 言語）は非常に壊れやすく，2 つの動作プログラムをつなぎ合わせたりランダムな変化を加えると，たいていは破壊されてしまう。したがって，突然変異や組換えに対して頑健な特別の言語が用いられる（図 24.27）。効率的な進化的アルゴリズムを設計するうえでの問題は，生体システムの進化可能性を理解する問題と近いものがある。

▪ 要約

この章では，単純な変異に対して働く自然選択によって新奇性がどのように生まれるのかを例を通してみてきた。量的な新しい特徴は，小さな変化が蓄積することによって進化することがある。重要な問題は，互いに依存する複数の構成要素からなる新しい特徴が既存の機能を損なうことなくどのように進化してくるかを理解することである。生体システムのもついくつかの特徴がこの過程を大きく手助けする。1 遺伝子レベルでは，配列上の小さな変化によって触媒活性や制御機能が変化することがある。ときには，単に機能が失われることによって新しい表現型が生じることもある。発生や制御

のネットワークは環境の変化に対して頑健であるように，また，モジュール性の構造をもつように進化してきた。この2つの性質は両方とも新奇性の創出を手助けする。遺伝子重複と冗長性は，すでにある機能を保ったまま，機能が多様化することを可能にする。区画化と分化によって，異なる時期・場所で発現したときの機能が多様になることができる。"探査システム"によって，遺伝的変化が機能的な表現型につながる可能性が高くなる。別々の生物で進化した機能は，水平伝達や共生によって1つの生物で一緒になることができる。

これらの遺伝的機構，発生機構はすべて，生物が新奇の機能を進化させるのを容易にしている。ある種の新しい特徴を作り出すためには非常に多くの段階の突然変異が必要なこともあるが，大きな集団，長い時間，自然選択の力が組み合わされることによりこのような特徴も進化することができる。したがって，新奇性が作られるようすは想像しがたいかもしれないが，これまで考えられていたほど困難な問題ではないのである。

文献

全般

Carroll S.B., Grenier J.K., and Wetherbee S.D. 2005. *From DNA to diversity: Molecular genetics and the evolution of animal design.* Blackwell Publishing, Oxford.

Coen E. 2000. *The art of genes: How organisms make themselves.* Oxford University Press, Oxford.
複雑な生物の発生を，"遺伝子による設計図"が単純に実行されたものとしてではなく，遺伝子と発生中の生物との間の相互作用を中心に論じている。このような見方によって，既存の機能を損なうことなく新奇の特徴を進化させる方法が理解しやすくなる。

Kirschner M.W. and Gerhart J. 2005. *The plausibility of life.* Yale University Press, New Haven, Connecticut. Kitano H. 2004. Biological robustness. *Nat. Rev. Genet.* **5:** 826–837.
生体システムを頑健なものにすることで新奇性の進化を促進する特徴について，一般的な考察を行っている。Kitanoの文献では細胞の制御ネットワークを例示しており，また，KirschnerとGerhartの文献では発生過程に焦点を合わせている。

Long, M., Betran E., Thornton K., and Wang W. 2003. The origin of new genes: Glimpses from the old and young. *Nat. Rev. Genet,* **4:** 865–875. Otto S.P. and Yong P. 2002. The evolution of gene duplicates. *Adv. Genet.* **46:** 451–483.
新奇性の起源における遺伝子重複の役割についての総説。

Maynard Smith J. and Száthmary E. 1995. *The major transitions in evolution.* W.H. Freeman, Oxford. Száthmary E. and Maynard Smith J. 1995. The major evolutionary transitions. *Nature* **374:** 227–231.
進化における主要な革新的出来事が，以前は独立して複製していた要素がより複雑な生物の一部として一緒になることによって起こったとする議論を幅広い生物について展開している。

共生

Moran N.A. 2006. Symbiosis. *Curr. Biol.* **16:** R866–R871.

Smith J.M. 1989. Evolution: Generating novelty by symbiosis. *Nature* **341:** 284–285.

遺伝子の起源と多様化

Long M., Betrán E., Thornton K., and Wang W. 2003. The origin of new genes: Glimpses from the young and old. *Nat. Rev. Genet.* **4:** 865–875.

Ohta T. 1989. Role of gene duplication in evolution. *Genome* **31:** 301–310.

Ohta T. 1991. Multigene families and the evolution of complexity. *J. Mol. Evol.* **33:** 34–41.

PART 4

人類の進化

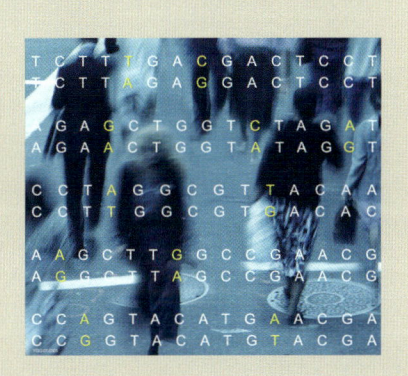

　これからの最後の2章では，生物種としてのヒトに注目する。第25章は人類の系統が大型類人猿の系統と分かれて以後の我々の祖先をたどることから始まる。この分野では，新しく発見された一連の化石を研究することによって，瞠目すべき進歩がなされてきた。我々ヒトは唯一現存している人類種だが，我々の歴史の大半を通じて多様な人類種が共存していたことは，明白となっている。遺伝学的証拠は，解剖学的現代人がアフリカを離れて以来，ヒトがどのように世界に広がったかを明らかにする助けとなっている。つい最近では，ヒトと大型類人猿のゲノム配列の比較が，ヒト独特な特徴を決定づけている可能性がある遺伝的差異を明らかにし始めた。しかし，言語のように直接の物質的証拠を残さない特徴の進化史を解明することは非常に困難である。

　最後の章では，進化生物学がこんにちある人間性の理解にとって，どのように役立つかを描いてみる。2つの問題に注目しよう。医学に対する遺伝学の応用と人間性を理解することへの進化学的立場の導入である。ゲノム配列を決定するためにつぎ込まれた膨大な労力は，一義的には期待される医学的応用に根ざしていた。ほとんどの病気は複数の遺伝子と環境との複雑な相互交渉に影響される。従って，第14章で取り上げた方法をここに直接用いることが可能である。我々がもつ人間性，とりわけ社会的行動は，我々の生物的基盤に依拠し（すくなくともある程度は）個体の生存と繁殖を促した一連の適応として進化したことに疑いはない。しかしながら，どのような選択圧がそれにかかわったのかを正確に理解すること，その生物学的要因を文化的要因から解きほぐすことは途方もなく困難である。

CHAPTER

25

ヒトの進化史

　どのように，どこで，そして，なぜ人類は進化したのだろうか。大型類人猿や化石によって知られている絶滅した人類の系統と我々とは，どのような関係にあるのだろうか。直立二足歩行や言語の進化を導いた選択圧は何だったのか。自分たちのために地球の資源の多くが果てるまで利用し尽くす一方で，こうした疑問に思いをはせる能力をもった生物種へと我々を導いたのは何だろうか。

　この章では，**ヒト族**（hominin），すなわち，ヒトの系統につながるが他の大型類人猿の系統にはつながらない霊長類の進化について概観する。我々の物語はヒト族とチンパンジーの系統が分岐した，およそ800〜500万年前に始まる。それから，アフリカ大陸，やがてはそれ以外の旧世界に広がる複数の人類種の誕生，そして約20万年前に始まる解剖学的現代人の登場について話を進める。ヒト族の進化の物語の多くは化石や考古遺物によってのみ知られている。人類の歴史の大部分において，遺伝情報は知られていないし，今後も見つからないだろう。しかしながら，遺伝的分析は解剖学的現代人の登場について決定的な貢献を行い，人類の起源について人類学者の間で交わされ解決不可能とも考えられていた問題をほとんど解決した。関連するところでは，ヒト族がいつどこで，人間的とみなされる特徴を獲得したかについても言及するつもりである。ヒト族がどうのように，そしてなぜヒト的特徴である著しく優れた認識能力を進化させたかについては，比較的僅少しかわかっていない。この章の終わりでは，おそらく人類進化における最大の疑問，すなわち何が我々を他の大型類人猿と異なった存在に変えたのかを解決するための新しい方向性を示す最近のいくつかの遺伝学的，言語学的研究をみる。

25.1 系統樹における人類の位置

　ヒトの抽象思考能力や社会の複雑さは，我々に最も近縁な種と比べてもはるかに傑出し，

そのため，"人間的"特性は独特で，かつ一体として獲得されたと考えられがちである。我々を人間たらしめた属性に関する限り，我々はヒトの近縁種がみな同じ程度に遠く隔たっているとみてしまう。つまり，例えばチンパンジーに，ゴリラよりもより多くの人間性があるとは認めない。おそらくこうした理由から，しばしば現生霊長類種の形態は，アフリカ類人猿は互いに近縁であり，ヒトはそれらからはもっと離れている証拠を示すと解釈されてきたのだろう。最近の分子生物学的証拠は，ヒトとアフリカ類人猿は密接な関係をもつことを示している。ここで霊長類の系統樹に少し目を向けてみよう。

　霊長目はニホンザルなどの真猿類，キツネザルなどの曲鼻類，メガネザルの仲間，そして類人猿のグループに属するすべての種を含む（図25.1）。霊長目の中のある系統には以下の3つの科がある。旧世界ザルの仲間（オナガザル科），テナガザルの仲間（テナガザル科），ヒトと大型類人猿の仲間（ヒト科）である。おおかたの科学者にとって，ヒト科と大型類人猿は同義である（訳注：化石人類学に関する限り，ヒト科を現生，化石人類に限定する意味で用いる研究者は無視できない程度に存在する）。ヒト科にはいくつかの系統が含まれる。オランウータン，チンパンジー，ゴリラ，そしてヒトである（図25.2）。ヒト科は族に細分される。ヒトと我々の絶滅した祖先を含む族はヒト族と呼ばれる（図25.3）。

チンパンジーはヒトに最も近縁な種である

　1960年代まで，何が我々に最も近縁な種で，どれくらい古い時代に祖先を共有していたかを明らかにするには，ごくわずかな，それも分子生物学以外の情報（例えば，形態の特徴や解剖学）しかなかった。それらの情報を用いても，大型類人猿のグループ内での系統関係について，一致した見解は得られなかった。

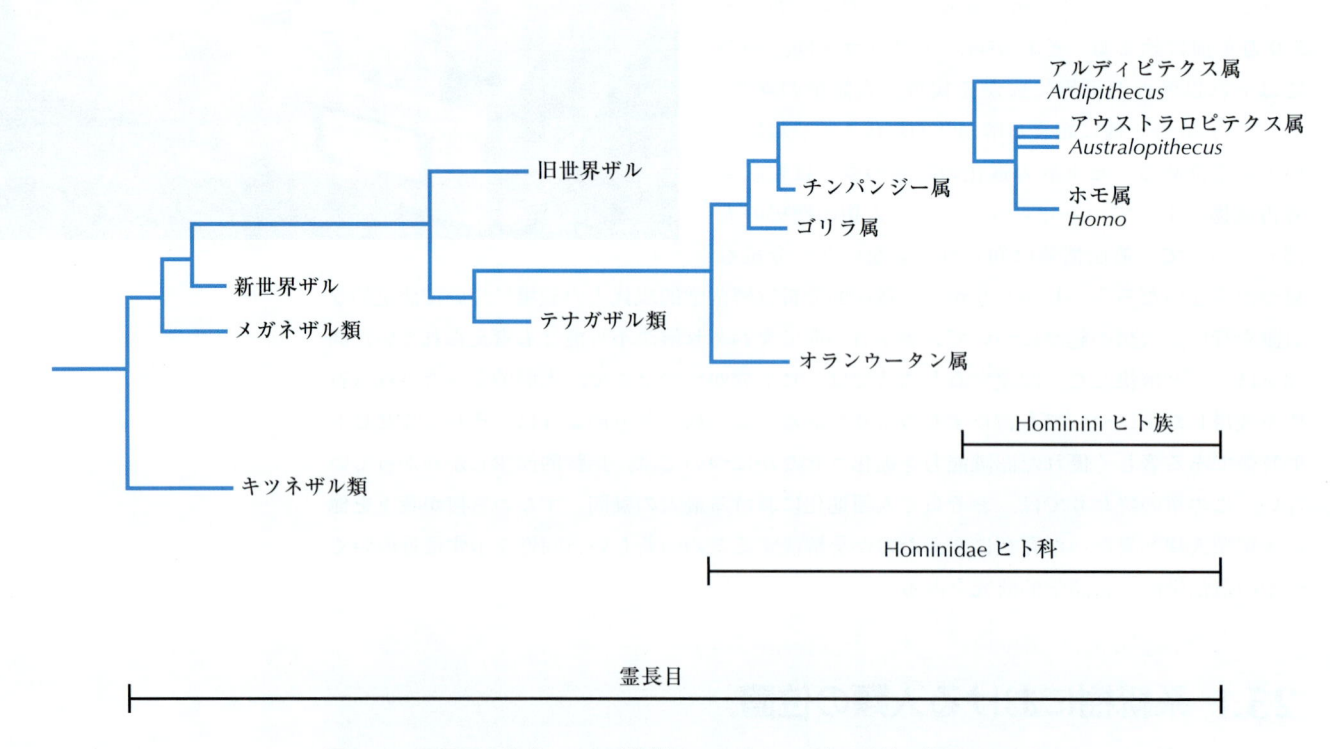

図25.1 ● 霊長目の構成。この系統樹はこのグループ内の分岐の順番のみを示している。枝の長さには意味はない。

25.1 系統樹における人類の位置

図25.2 ▪ （左より右へ）チンパンジー（*Pan*），ゴリラ（*Gorilla*），オランウータン（*Pongo*），ヒト（*Homo*；Charles Darwin [チャールズ・ダーウィン]）。

　系統関係を推定する分子生物学的手法の発達により（Box 5.1 と第 27 章[オンラインチャプター]参照），ヒトを含め大型類人猿内の系統関係は確立した。分子生物学的情報を応用した研究の嚆矢の 1 つでは，**免疫学的距離**（immunological distance）と呼ばれる指標を用いてヒト，類人猿，旧世界ザルが分岐してどれくらいたつかを推定している。この方法は前提として，タンパク質の構造が変化するにつれ，それに対する抗体の結合が減少することを用いている。種 A からの抗原が抗体を生産するのに用いられると，その抗体は種 A のタンパク質に対しては強く結合する。しかし，アミノ酸の置換が起こっているため，種 B のもつ相同

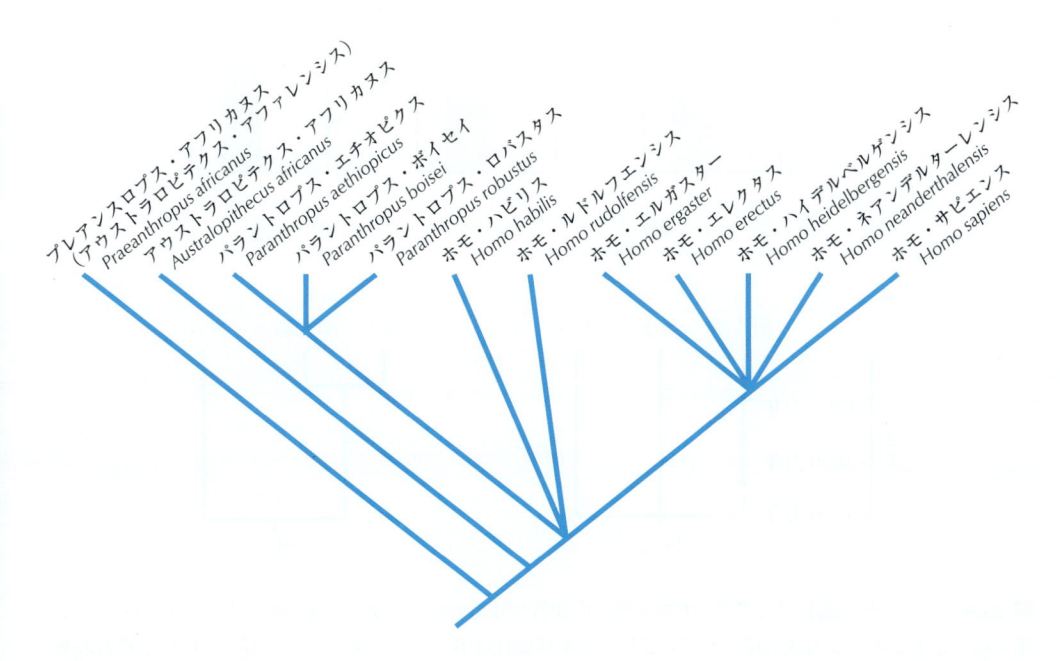

図25.3 ▪ ヒト族の中での系統関係。2 つを超える子孫種をもつ分岐の枝は，解決できていない関係を示している。すべての分類群が同じ位置にそろえられているが，これらは異なる時代に棲息していたことに注意。

タンパク質に対しては相対的に弱く結合する。結合性の違いの程度は，おおざっぱな進化時計として用いることができる。この方法を用いて，ヒトは他の類人猿から約500万年前に分岐したと推定された（図25.4）。この免疫学的距離による分析以前，現代人の直接の祖先であると考えられ1400万年前ころに棲息していたラマピテクス（*Ramapithecus*）の存在により，ほとんどの科学者は，この分岐は少なくとも2000万年前まで遡ると信じていた。分子情報を用いたこの劇的な結果は，人類の初期進化の見方に強く再考をせまった。

複数の遺伝子の系図についての多くの研究の積み重ねによって，ヒトとチンパンジーの分岐が500〜800万年前に起こったとする**分子時計**（molecular clock）に基づく議論は確かめられた。すなわち，ほとんどの遺伝子座において，ヒトの遺伝子は他のどの霊長類よりもチンパンジーの相同遺伝子に最も近い（図25.5）。しかし，ゴリラの系統の分岐はチンパンジー・ヒトの分岐よりもそれほど古い時代まで遡らないため，ヒトゲノムの少なからぬ部分は，チンパンジーよりもゴリラの相同遺伝子に近い遺伝子を含んでいることに注意しなければならない（**系統選別**［系統ソーティング，lineage sorting］，p.680 参照）。

化石に基づく分類は技術的にも理論的にも困難である

大型類人猿との共通祖先以来のヒトの進化パターンに関する理論には，我々ヒトに至る単一の直線的進化観から，ヒト以外にはすべて絶滅してしまった多くの多様な人類種を含むため多くの枝分かれをもつ系統樹まで，大きな幅がある（一般に，現生種だけを結ぶ系統関係

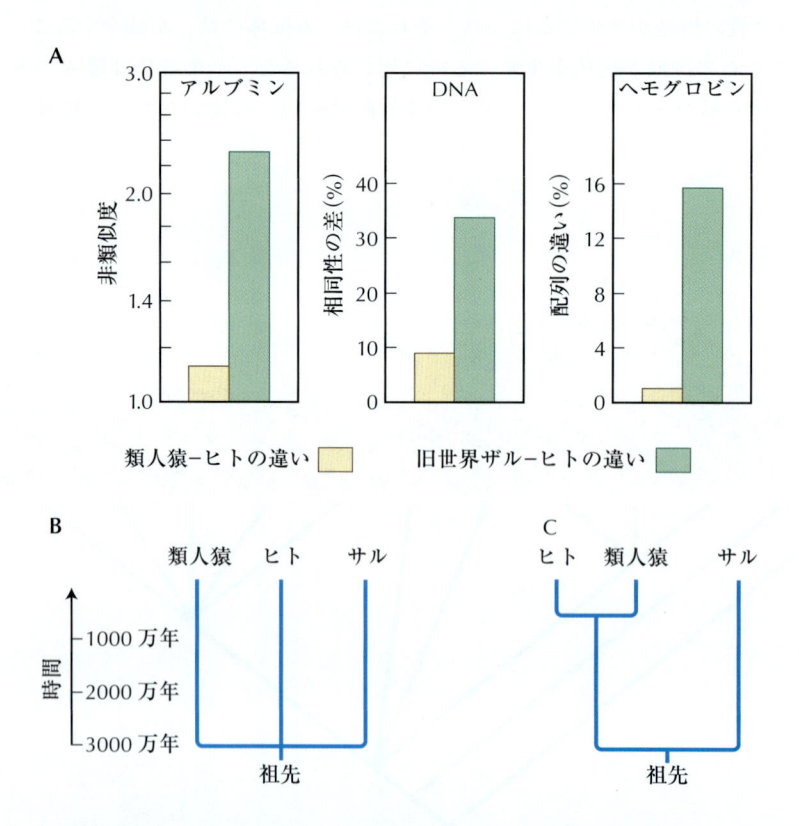

図25.4・(A)ヒトの高分子とアフリカ類人猿，旧世界ザルのものとの違いの量的な比較。これらの比較の結果は，ヒトとアフリカ類人猿・旧世界ザルとの系統関係はBに示されるものではなく，Cに示されるものであることを明らかにした。"非類似度"，"相同性の差"は，それぞれ，抗原の交差反応とDNAのアニーリング温度による分岐の指標である。

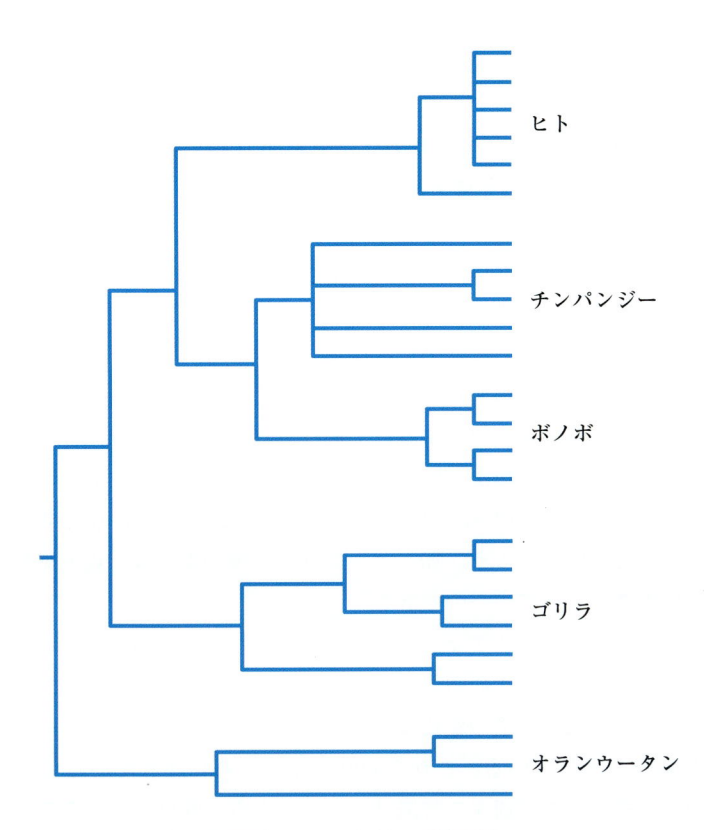

図 25.5 ▪ ミトコンドリア *COII* 遺伝子配列によるヒト科の系統関係。

はすべての絶滅種を含むものに比べてはるかに単純化されている［図 5.11］）。

　第 22 章でふれたように，現生生物を対象にしてさえ，種の定義と認識はむずかしい。生殖能力をもつ集団を扱っている場合，ほとんどの生物学者は**生物学的種概念**（biological species concept），すなわち，遺伝子の交流を妨げるバリアによって他の種から隔離されている遺伝子プールを共有するグループを種として定義する考えを用いる（p.673 参照）。しかし，人類の進化において，化石は繁殖行動についてほとんど何の手がかりも残さないし，そもそも形態学的情報すら乏しいのである。したがって，過去のある時点において種の境界を設定することは非常に困難である。さらに根本的な問題は，系統は時間とともに変化するにもかかわらず，生物学的種概念は連続的につながる子孫をどのように異種として定義するかについては，何も語っていないことである。実際，ヒト族の分類は，ある時点における生物学的種の内部に存在する違いと，同一の系統にみられる時代を異にする違いとの両方から構成されている。時間軸上の任意の点において，進化していく同一の系統を種として細分していくことは，分類上の都合として行われるが，生物学的な意味はもたない。分類学的曖昧性は認めたうえでも，我々を我々に最も近い仲間から区別する"人間的"特徴を時間を超えてたどることは興味を引かれる。次の節ではそれを追ってみる。

25.2 ヒト族の進化

　最近の 2 つの発見が，ヒト族の進化系統における枝分かれの多さについての議論を再燃させている。アフリカの外で発見された最も古いホモ属が最近，同じ地点で，もっと現代的な

特徴をもつ他の形態群と一緒に発見された。このことは，**ヒト族**の系統はその進化の一時期，多様性の高い種として構成されていたこと，この系統はおそらく広大な地理的分布構造をもっていたことを示唆する。その一方，アフリカ中央部チャドで発見された非常に初期（600〜700万年前）のヒト族サヘラントロプス（*Sahelanthropus*）は，驚くほど原始的な特徴と現代的なヒト族の特徴を混在してもっている。このことは，ヒト族の系統で，重度の**ホモプラシー**（homoplasy）が異なる時代に起こったことを示唆する。いいかえれば，同じような特徴が別種において，系統的な関係によってではなく，収斂と平行進化によって現れた可能性がある。

　この節では，ヒトをその近縁種から区別する"人間的"特徴が，時間とともにどのように変化したかを概観する。化石証拠に依拠する以上避けられない分類の曖昧性のため，種の名称や分布よりも，我々を他の霊長類から区別する諸特徴の進化に注目する。およそ2万年前までは，たぶんヒト族には複数種が存在し，おそらく過去200万年間の大半については，さらに多くの種が存在していただろう。加えて，これらの種の多くは，現生霊長類では，ヒトにしかみられない特徴をもっていたのである。

　人類の系統で知られている最古のヒト族は西アフリカで発見され，600万年前に生きていた。このサヘラントロプスは断片的頭蓋骨からしか知られていない（図25.6）。しかしながら，歯の特徴や頭蓋底にみられる構造の変化はサヘラントロプスがチンパンジーではなくヒトに近いことを紛れもなく示している。これを600万年前ころに生きていたであろう，ヒトとチンパンジーの共通祖先から区別する特徴は，こうした点を除けば，おそらくほとんどないと考えられるにしてもである。古生物学者は，サヘラントロプスが人類の系統に属すると考えているものの，それを支持する特徴は限定的なため，このグループはヒトとチンパンジーの共通祖先の仲間であって，ヒト族的とされている特徴は，チンパンジーに進化していった系統において消えた可能性があるかもしれない。サヘラントロプスの発見は，我々が人類進化について思い込みがちなように，人類の系統の基部に存在したグループは，ヒト族的特徴を一息に獲得したのではないことを明らかにしている。500万年間以上，我々は，すべての他の現生霊長類につながる系統と分かれて進化をしてきたのである。ヒト固有の特徴はこれだけ期間を費やして獲得され，誕生しては絶滅していったさまざまなヒト族のメンバーにもそれらが存在したと考えるべきである（図25.7）。

図 25.6 ▪ サヘラントロプスの頭蓋骨。（左）前面観。（右）側面観。中央アフリカのチャドで発見されたこの標本は600〜700万年前のものである。東アフリカ大地溝帯とチャドとの距離は，最初期の人類が広い分布域をもっていた可能性を示唆する。スケールの長さは5 cm。

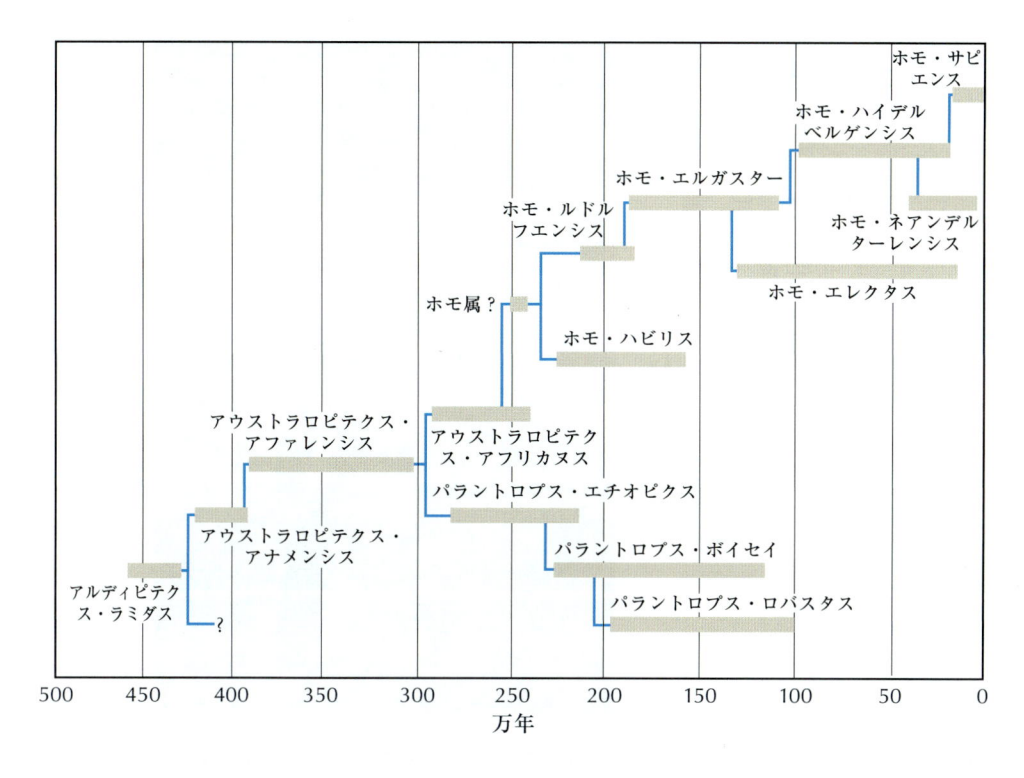

図 25.7 ■ ヒト族に含まれる種の仮定される棲息年代と系統関係。

アウストラロピテクスは最初期の二足性ヒト族の1つである

　これまで，化石人類の劇的な発見がいくつかあった，そのなかに有名な"ルーシー"，318万年前のアウストラロピテクス・アファレンシス（*Australopithecus afarensis*）の部分骨格がある（図 25.8）。ただし，通常の発見は，たいがい頭蓋骨や四肢骨の断片であり，人類学者はそうした断片から骨格全体の詳細を推測するのである。その結論はしばしば曖昧で，議論の残るところだが，このやり方は他種とのアナロジー（類推）か，あるいは，工学的な原理を基盤に行われる。

　アウストラロピテクス属の最も古いメンバーはアウストラロピテクス・アナメンシス（*A. anamensis*）である。これは，ケニアで発見され，420万年ほど前に棲息したと考えられている（図 25.9；図 25.7 も参照）。アナメンシスも，他の多くの化石人類同様，断片的な資料からしか知られていないが，この古い時代ですら，ヒト科の中に多様性が存在したことは明かである。若干古い時代から棲息して，おそらくアナメンシスと同時代にまで重なって棲息したアルディピテクス属（*Ardipithecus*）は，さらに類人猿的である。しかしながら，アルディピテクスには，後のヒト族の系統，あるいはそれにつながると推測される系統にはみられない**派生形質**（derived feature）がある。したがって，アルディピテクスはヒト族を含むグループの中に現れた最も初期の側鎖だったという可能性もある。

　2本の足で直立して歩行すること，すなわち直立二足歩行は人類の基本的な適応であるため，その起源については多くの理論がある。ダーウィンは，手で精密な操作を行うために前足を解放する必要があって進化したと考えた。こんにちでも，この考えはある程度の支持を得ている。ほかには，長距離を歩くのにエネルギー効率がよい，より効果的な狩猟，食物を運ぶのにより優れた能力を発揮するなどの説がある。しかしながら，二足歩行について，単

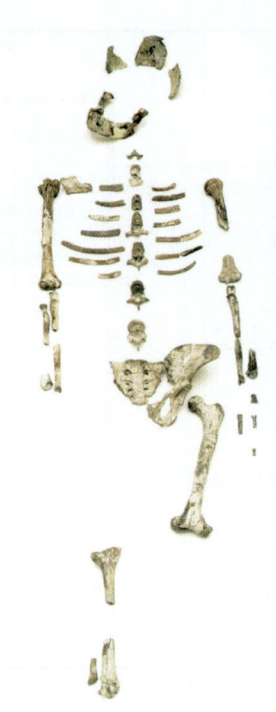

図 25.8 ▪ (左)"ルーシー"として有名なアウストラロピテクス・アファレンシスの骨格。これはエチオピアのアファールで発見され，330万年前と年代推定された。(右)火山灰の中に残ったヒト族の足跡化石。70 m 続くこの足跡は 1978 年，タンザニア，ラエトリで Mary Leakey（メアリー・リーキー）の調査隊によって発見された。この年代は 360 万年前とされ，この時代までに人類は現代人と同じような，下肢の関節を伸ばした直立二足歩行能を獲得していたことを示している。足跡には，よく発達した縦弓があり，母趾は外転していない。この足跡は，おそらくアウストラロピテクス・アファレンシスの 2 人の成人によって残され，たぶん，3 番目の足跡が 2 人の成人のうちの一人の足跡を踏んで残されている。

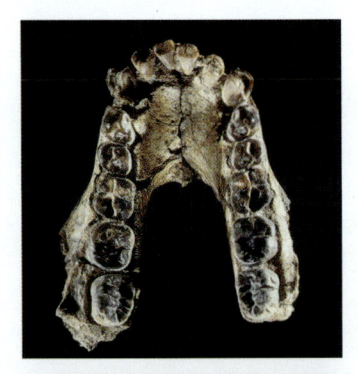

図 25.9 ▪ 410 万年前のアウストラロピテクス・アナメンシスの下顎骨。この下顎には原始的な特徴と派生的な特徴が混在し，この種がおそらくアウストラロピテクス・アファレンシスの祖先種であることを示唆する。

一の排他的な理由は存在しなかった可能性もある。異なった種類の有利な点や目的が混在していたかもしれない。多くの理論は二足歩行の有利な点をサバンナ生活という文脈でとらえる。例えば，遠くまで見通しがきく，などである。アナメンシスが発見された化石産地は，それが棲息した当時，比較的乾燥した疎林だったと考えられている。ところが，こうした図式は，アルディピテクスによってやや混乱してきた。それが二足性であったかどうかについて，しっかりした証拠があるわけではないのだが，その生息環境は樹木が多く存在していたことが知られている。アナメンシスについては化石証拠が非常に乏しいのだが，わかっている限りにおいて，化石証拠のしっかりしたアファレンシスとは大きな違いはない。アファレンシスの登場をもって，二足歩行をしたことが紛れもない事実として認められる最初のヒト族をみることになる。その証拠とは，火山灰の中に残された三人の足跡である（図 25.8 参照）。

化石証拠から明らかにされた限り，二足性への移行は，他の現代的な人類特徴の発達を伴ってはいなかった。体の大きさに比して，アナメンシスの脳の大きさは現生類人猿の範囲に収まる。現代的な発声器官の発達や道具使用などを示す証拠はなく，性差は極端に大きかったようである。

アファレンシスにみられる若干のヒト的特徴の発達は，類人猿的なものからややヒト的なものへの移行段階として容易にみなすことができる。実際，アファレンシスは 100 万年以上，ほんのわずかの変化しか示さず，安定した，かつ成功した種であった。しかしながら，アファレンシスが生きた時代はヒト族の多様性の増大がみられた。およそ 300 万年前，アファ

レンシスに由来する系統は骨の構造に顕著な違いを示す2つのタイプ，すなわち，華奢型と頑丈型猿人に分かれたのである（図25.10）。

ホモ・ハビリスは複雑なツール（道具）セットを使用した最初のヒト族である

人類による道具使用の最古の証拠は，およそ250万年間のエチオピア，ゴナまで遡る。古人類学者は異なる目的のために作られた道具の集合（ツール・インダストリー）を道具と区別している。知られている最初のツール・インダストリーは，1971年にオルドバイ峡谷で，頑丈型と華奢型の人類化石とともに発見された。その年代はおよそ180万年前である。道具はアウストラロピテクス類の化石の間に発見されたが，アウストラロピテクス類はおそらく道具製作者ではなかったであろう。なぜなら，アウストラロピテクス類は，それ以前の100万年以上にわたり，道具の発展を明確には示していないし，彼らの相対的な脳の大きさは現生類人猿と大差ないからである（訳注：現在では最古の石器制作者は一部のアウストラロピテクス類であったと考えられている）。最初の道具（訳注：石器）製作者は定義上，人類（訳注：ここではホモ属の意味）であって，アウストラロピテクス類よりもさらに現代的な形態をしていたはずである。アウストラロピテクス類にかわって，オルドバイで発見された華奢型の人類，後にホモ・ハビリス（*H. habilis*）と名づけられた種がその道具を制作したと考えられた。ホモ・ハビリスの脳の大きさは，アウストラロピテクス類をごくわずかしか上回らず，それ以前に恣意的にホモ属の境界とされていた閾値よりもずっと小さかった（図25.11）。

アウストラロピテクス類についての情報がかなり限られるのに比べ，ホモ属についてははるかに多くが知られている。狩猟，比較的複雑な道具の使用，火の使用，幼児期の長期化についての証拠がある（図25.12）。しかし，初期ホモ属の社会構造や遊動様式の詳細については，ほとんど知られていない。ホモ属がそれ以前の人類よりも認知能力において格段の発達をなしていた可能性はある。より進んだ認知能力，それに付随したであろう複雑な社会構造の発達は，おそらく人口密度の増大を可能にし，このことが，ホモ属がそれ以前の人類よりも多くの化石証拠を残していることを説明するのかもしれない。また，これらの発展によってホモ属による著しい地理的分布の拡大が180万年前という古い時代において可能であったという説明もありうるだろう（図25.13）。

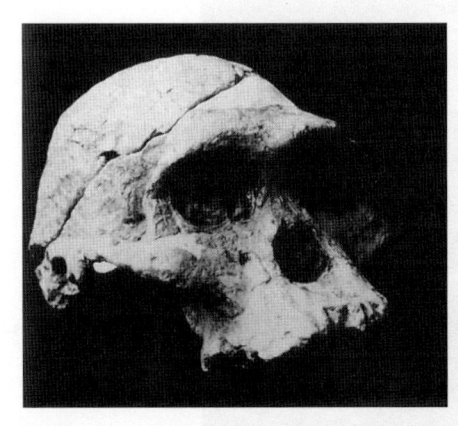

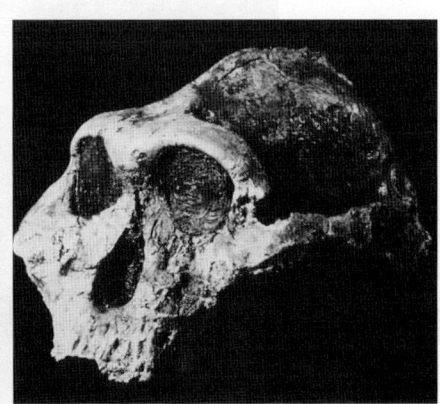

図25.10 ● アウストラロピテクス属の華奢型（左）と頑丈型（右）の種類。これらの種類の存在は，ヒト族進化過程の少なくとも一部においては，族内にかなりの形態的多様性が存在したことを明らかにしている。ヒト族の異なる種は，それが若干異なる時代であれ，同時代であれ，社会的，（かつ，あるいは）生態的に非常に異なった生活様式をもっていたと推測される。

チンパンジー
(400 cm³)

アウストラロピテクス・アフリカヌス
(457 cm³)

ホモ・ハビリス
(552 cm³)

ホモ・エレクタス
(1016 cm³)

ホモ・ネアンデルターレンシス
(1512 cm³)

ホモ・サピエンス
(1355 cm³)

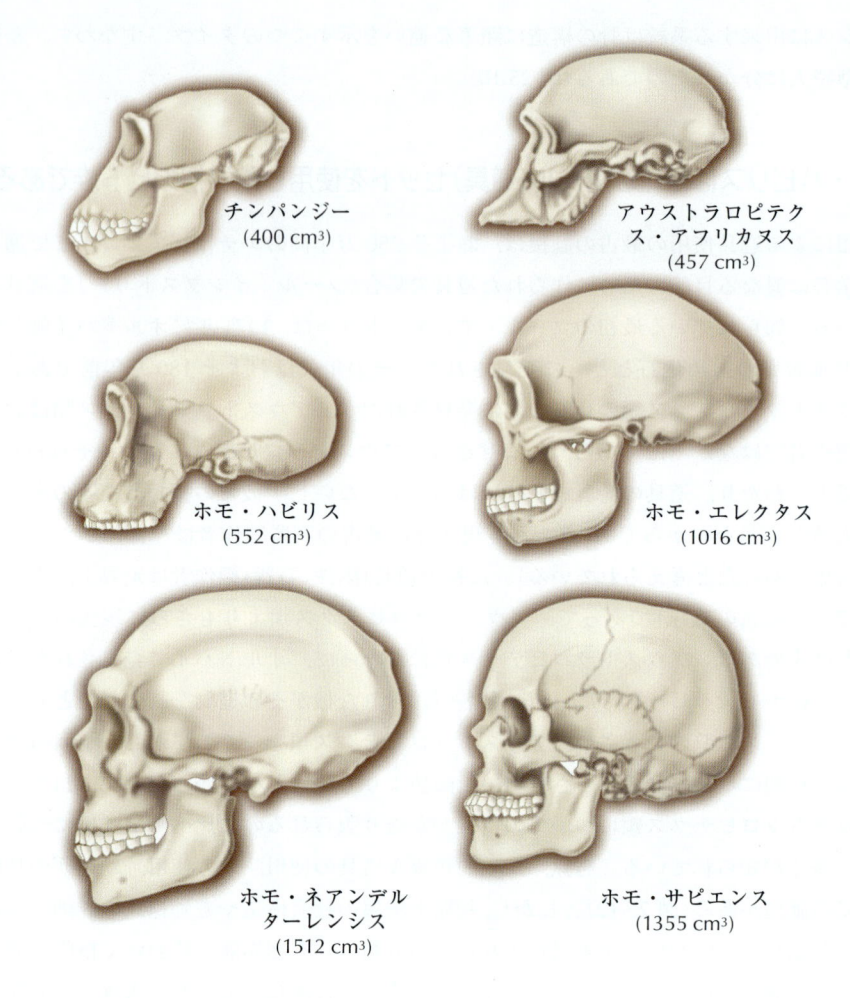

図 25.11 ▪ 脳の大きさの違いを示す一連のヒト科頭蓋骨。ホモ・ネアンデルターレンシスは現代人よりも大きな頭蓋容量をもっていたことに注意。

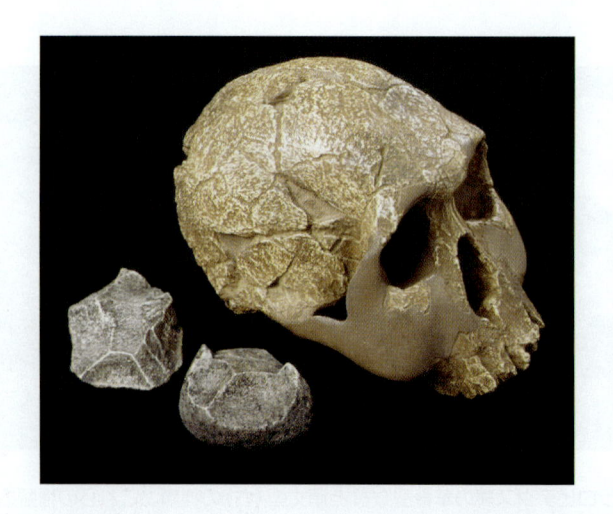

図 25.12 ▪ ホモ・ハビリスの頭蓋骨。これは約 180 万年前とされケニアで発見された。ホモ属が用いた道具の複雑性は，それ以前に存在したヒト族のものより，段違いにより複雑な分化と社会構造を示している。この化石とともに発見された加工石核が写真の左下に写っている。

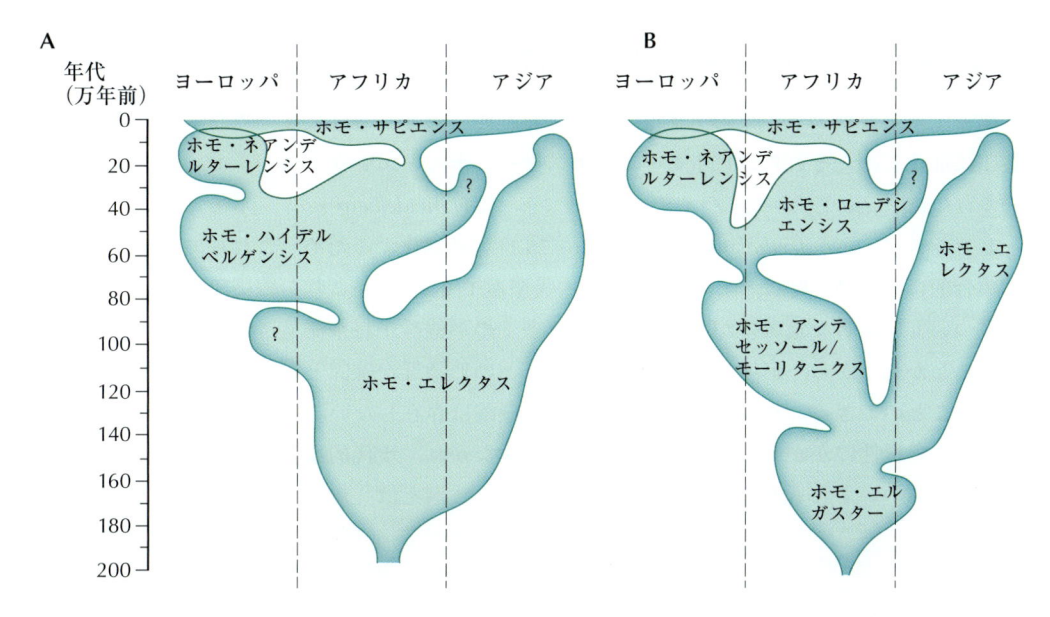

図25.13 ・ 化石の発見と異なった分類学的枠組みにより，ヒト族の主要なグループの地理的・時代的分布について2つの異なった見解を示した。（A）この分布では，ネアンデルタールと解剖学的現代人がともにホモ・ハイデルベルゲンシスから進化したとされている。（B）この分布は，ホモ・ローデシエンシスをホモ・サピエンスの祖先種とする別の見解を示し，現代人に至る系統において古い時代に多くの種を仮定している。

アフリカからのヒト族の拡散について詳細は未解決である

　180万年前，いったい何者がアフリカから外に出ていったのかについては，未解決のままである。最近までは，ホモ・ハビリスの登場以降のホモ属の系統進化，その旧世界への拡散は，比較的単純な図式で考えられていた。つまり，初期ホモ属の一種がアフリカでホモ・エレクタス（*Homo erectus*）に種分化し，それが，後に旧世界全体に拡散したというものである（図25.13A）。しかし，この図式は，初期のホモ属に2つの異なった系統（ホモ・ルドルフエンシス（*Homo rudolfensis*），ホモ・ハビリス）が存在した可能性を示す情報によって混乱している。また，これらのどちらが後の時代の人類（こんにちでは2種，すなわちホモ・エルガスター（*Homo ergaster*）とホモ・エレクタスとして認識されることもある）に繋がるのかは明かでない。さらに，ホモ・エルガスターがアフリカで進化したことには疑問の余地はないものの，西アジアと東南アジアでのホモ・エレクタス化石の年代は160万～180万年前とされている。これらの年代はアフリカにおける最古の記録である東アフリカとも区別できない。したがって，化石記録は2つの対立する見方を生み出す。

1. ホモ・ハビリスあるいはホモ・ルドルフエンシスの子孫がアフリカでホモ・エレクタスに進化し，その後直ちに旧世界全体に拡散した。
2. ホモ・ハビリスあるいはホモ・ルドルフエンシスの子孫はアフリカから拡散し，アフリカの外，おそらく東南アジアでホモ・エレクタスに進化し，それはその後に旧世界全体（アフリカも含む）に拡散した。

いずれにしても，旧世界への拡散の後，それがアフリカ起源であれ，東南アジア起源であれ，ホモ属の集団は，異なった地理的領域で異なった形態に分化したのである。

最古の解剖学的現代人は東アフリカに現れた

ホモ・ルドルフエンシスの子孫は，その分布範囲に含まれる各地域で異なった形態をもつ集団に進化した。それらは，ホモ・エルガスター，ホモ・エレクタス，ホモ・アンテセッソール（H. antecessor），ホモ・ハイデルベルゲンシス（H. heidelbergensis），ホモ・ネアンデルターレンシス（H. neanderthalensis）である（Box 25.1）。単純化するため，これらの人類はしばしば集合的に古代型と呼ばれる（すなわち，古代型ホモである）。これらの集団のうち，いくつかについては顕著な地域差が認められ，より多くの形態群が将来発見される可能性も考えられる。しかしながら，形態学的情報に基づき，どの形態群が確固とした生物種であるかを決定することのできる，整理された信頼性のある議論は存在しない。これらヒト族の形態群にみられる多様性にかかわらず，群ごとに多かれ少なかれ，現代的な特徴が認められる。ただし，それらのいずれもが真の意味で現代的ではない。例えば，ホモ・ネアンデルターレンシ

Box 25.1　ホモ属の種の区分については議論が収まっていない

おおかたの古人類学者は少なくとも4つの"ホモ・エレクタス的"ヒト族を認めている。ホモ・エレクタス，ホモ・ハイデルベルゲンシス，ホモ・ネアンデルターレンシス，そしてホモ・サピエンスである。しかし，より古い時代での区分を考える者もほかにいる。例えば，ホモ・エルガスターとホモ・エレクタスの区別である。最も古いホモ・ハイデルベルゲンシスはヨーロッパで知られており，それと類似した種類はアフリカのさまざまな化石産地から発見されている（図25.14）。ホモ・ハイデルベルゲンシスは祖先種であるホモ・エレクタス的特徴に加え，ホモ・サピエンス的派生特徴を若干もっている。このことは，ホモ・ハイデルベルゲンシス，あるいは，それに似た種類から現代人が進化したことを示唆する。しかし，古人類学者が解剖学的現代人の起源について議論を続けているように，ホモ・ハイデルベルゲンシス以降のグループについては，意見は完全に分かれる。この議論の核心は，ホモ・ハイデルベルゲンシスに続くどの種類が（仮にそれが存在したとして）他の種類から生殖的に隔離され，したがって，独立した**生物学的種**（biological species）を構成するか否かである。この論争を議論するにあたり，我々は，単純に解剖学的現代人という言葉を用い，それ以前の種類を一まとめにホモ・エレクタス，あるいは，古代型人類と一般的にとりまとめる。この後みていくように，さまざまなホモ・エレクタスのグループを正確になんと呼ぶのか，また，解剖学的現代人を除く，当時棲息していた人類集団は互いに生殖的に隔離されていたのかどうかに関心を払わずに，この論争の主要な特徴を議論することはできない。黒海の東海岸で180万年前の化石産地からごく最近発見されたホモ・エレクタス資料により，多くの異なったタイプは単一種に含まれるメンバーであると示唆する者もいる。

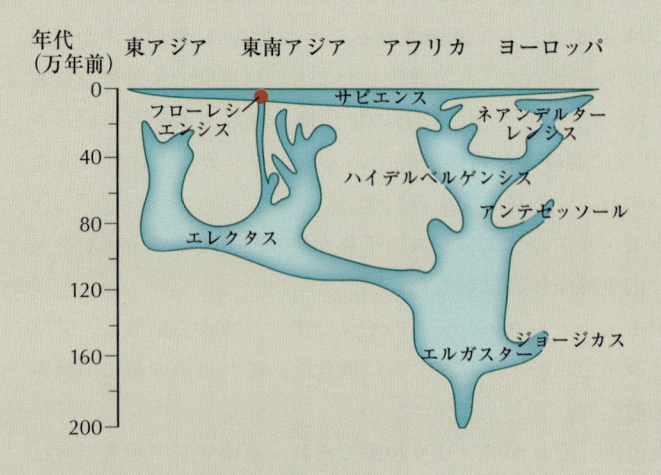

図25.14　アフリカ外のホモ・エレクタスとエレクタス的なグループの分布

スのある個体は，我々を越える頭蓋容量すらもっていた。

　人類学者によって完全に現代的であると認められる形態群は，集合的に**解剖学的現代人**（anatomically modern human）と呼ばれ，現在のエチオピア周辺から知られている。1960 年代にエチオピアのキビシュ近くで発見された 2 つの頭蓋，オモ 1 号，2 号の放射年代測定結果は，この 2 人の人物は，約 20 万年前に生きていたことを明らかにした（図 25.15）。エチオピアとエリトリアにおける他の古い化石産地にも近いこの場所から発見された化石資料の古さは，この地域が我々（＝解剖学的現代人）の誕生の地だった可能性を示唆する。化石記録からわかるすべての特徴において，これらの人々は現代人とほとんど区別できない。そのため，しばしば，初期の解剖学的現代人も完全に現代的な認知能力を（高度に発達した言語も含め）もっていたという暗黙の思い込みが存在する。しかし，これは，確実性という点では，おそらく永遠に答えられない問題だろう。

　ある場合，考古学は，我々の祖先が"どこに"住んでいたかを示す以上に，はるかに大きな役割を果たす。幸運な場合には，"どのように"彼らが生活していたかを我々に垣間見させる証拠が残るのである。こうした初期人類についての発見で，最も興味深いものの 1 つが現在のエリトリアから知られている。我々はこれらの人々自体についてほんのわずかしか知らないが，彼らが海から離れずに暮らしていたことがわかっている。これは現代的ヒト族にとって新しい行動特性であったようで，この発見は海岸部を利用してのアフリカからの拡散があったとする説を支持する。人類学者のなかには，アフリカからの最も初期の大規模な現代人の拡散は，アフリカの角からアジアの南海岸部を経て起こったと仮定する者もいる（図 25.16）。海岸路を支持する決定的な証拠は発見されていないが，遺伝的，考古学的証拠もアフリカからの拡散路を明らかにしていない状況で，これは確かに 1 つの可能性として考えてよいだろう。いずれにせよ，このことは解剖学的現代人の起源と拡散についての幅広い疑問をかき立てる。これは，人類進化において最も激しい議論が戦わされる事柄の 1 つである。

ホモ・サピエンスは常に単独だったのか？

　古いタイプのヒト族は現代型サピエンスが登場する端から消えていったわけではない。両者は長い共存の期間をもち，近接して暮らすことがあったかもしれない。つい最近まで，ホ

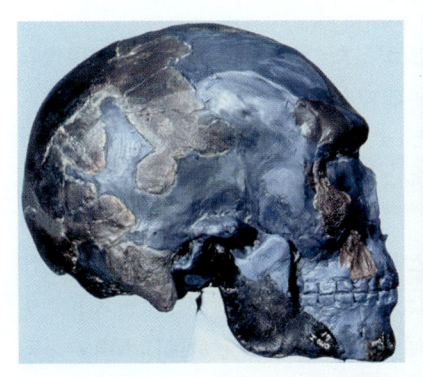

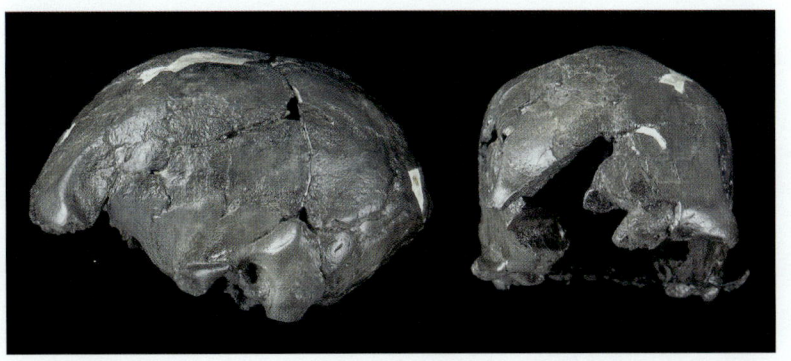

図 25.15 ▪ オモ 1 号（左）と 2 号（右）頭蓋。解剖学的にみて現代的といえるこれらの頭蓋骨はエチオピアのオモ盆地で発見され，当初は 13 万年前と年代推定された。しかし，ずっと最近の放射年代測定はその年代を 20 万年前まで下げ，知られている最も古い解剖学的現代人の例とした。オモ 1 号は復元で，オモ 2 号は頭蓋冠のみが残されている。

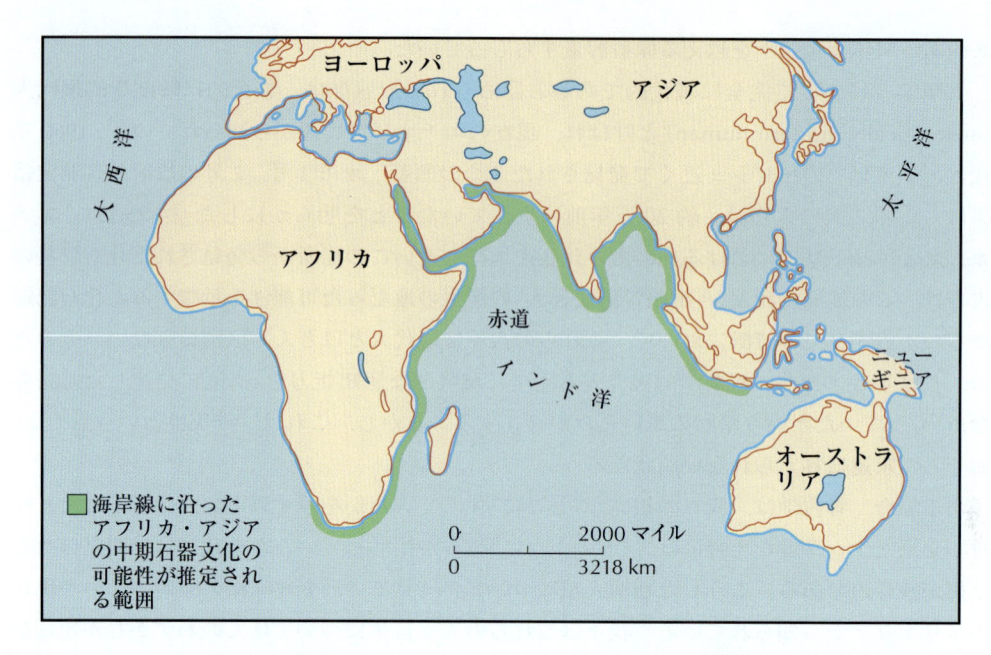

図 25.16 ▪ 65,000 年ほど前の海岸線とアフリカからの解剖学的現代人の海岸伝いの初期の移動路を示した。赤い線は現在の海岸線。

モ・サピエンスは，ネアンデルタールが約 2 万～3 万年前に消えて以降，唯一存在しているヒト族だと考えられてきた。しかし，2003 年にインドネシア，バリ島近くのフローレス島から驚くべき発見があり，新らたな近縁種かもしれないものが発見された。島嶼ではしばしば起こる体の大きさの急速な減少の結果，小型化したと明らかに考えられる**古代型人類**（archaic human）が，18,000 年前というつい最近までこの島に住んでいたことがわかった。ホモ・フローレシエンシス（*Homo floresiensis*）と名づけられたこの人類は，20 kg あまりの体重しかなかったのかもしれない（図 25.17）。しかし，この種の記載に用いられた頭蓋骨は小頭症，つまり頭蓋の著しい縮小とその他の関連特徴によって知られる遺伝病の症例である可能性もある。本章を執筆している段階では，議論は終わっていない。

現代人の遺伝的起源：アフリカ起源か多地域進化か

どのように，そしていつ，解剖学的現代人は世界に広がったのだろうか。解剖学的現代人の信頼できる最も古い年代は，東アフリカでの 20 万年前である。アフリカ外では，現代人の化石を含む最も古い化石産地は現在のイスラエルで，その年代は約 10 万年前である。このイスラエルの化石産地は，現代人がホモ・ネアンデルターレンシスと併存していたかもしれないという点で特に興味深い。彼らの方がそこにずっと早期から住んでいたのだった（図 25.18）。理由は不明だが，現代人がアフリカの外にたどり着くまでにはかなりの時間の遅れがある。興味深いことに，古い時代の化石産地の多くは東南アジアの島嶼部とオーストラリアであり，このことは東アフリカからアラビア半島を通り，南アジアから最後に東南アジアに至る海岸沿いの拡散の可能性とつながる（図 25.16 を参照）。ここで生まれる疑問は，"現代人の登場以降，その後の彼らの旧世界・新世界への拡散までの間に何が起きたのか"である。この疑問は一般にきわめてよく知られる論争の主題となってきた。そこには 2 つのモデル，いわゆる**アフリカ起源モデル**（out-of-Africa model）と**多地域進化モデル**（multiregional

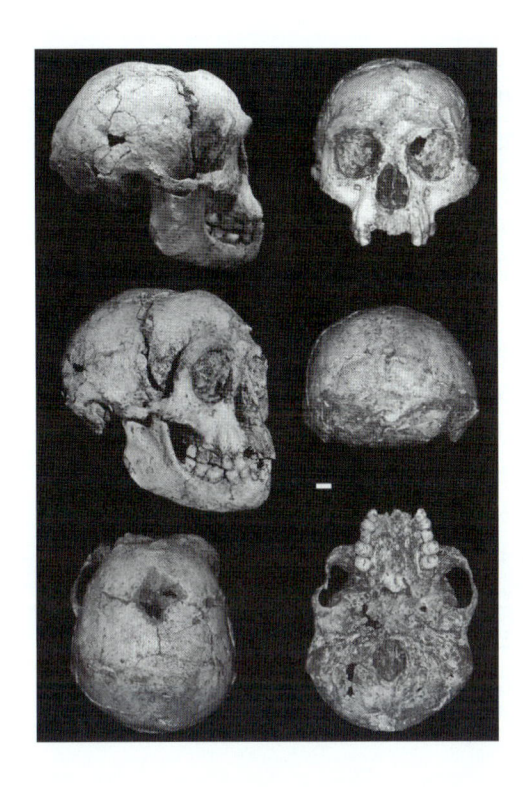

図 25.17 • ホモ・フローレシエンシスの頭蓋骨と下顎骨。約 38,000 〜 18,000 年前まで棲息し，インドネシアのフローレス島で発見されたこの種は，原始的特徴と派生的特徴の集まりをもっている。この種はこの地域でホモ・サピエンスと重複して暮らし，身長 1 m あまりと体が驚くほど小さかった。

evolution model）がある。ただし，この議論は現代人の登場に限定されている点に注意しなければならない。古代型ホモを含む，はるかに時代を遡るアフリカからの拡散（p.803 参照）については，議論の余地はない。

多地域進化モデルの最も極端なものでは，旧世界で進化したヒト族の種と集団，つまり，ヨーロッパではホモ・ネアンデルターレンシス，東アジアではホモ・エレクタスは，その場所で進化して，現在それぞれの地域に住んでいる人類になったと仮定する。明示的に議論されることは稀だが，このモデルは現代人の祖先となった種は生物学的種の定義によれば，真の意味での生物種ではないことを意味する（第 22 章, p.670）。多地域進化主義の最も強力な形態学的証拠は，特定の地理的領域，すなわち，ヨーロッパ，中国，ジャワの内部においては，古い時代から現代まで続く形態の連続性が認められる点である。

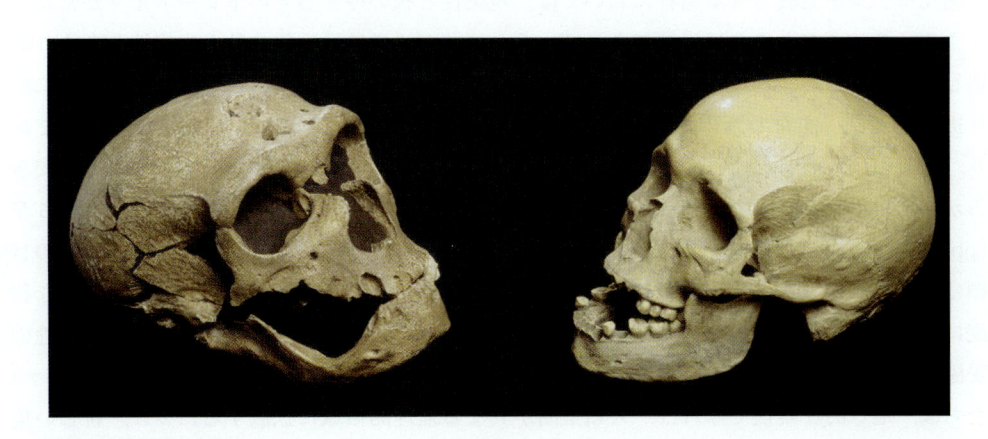

図 25.18 • ネアンデルタール（左）と現代人（右）の頭蓋。ネアンデルタールはヨーロッパでは，およそ 15 万年前から 3 万年前まで棲息した。

一方，アフリカ起源説は，現代人はアフリカで比較的新しい時代に誕生してアフリカ外の世界に広がり，そこに以前から居住していた古代型人類と入れ替わったと主張する。しかし，化石証拠の客観的，数量的なパターン分析は複雑な作業である。例えば，それぞれの地域ごとに化石資料は，すべて分析しつくされているわけでなく，その解釈が偏りを生み出すことは避けられない。地域連続性の主張は多くの人類学者に強く批判されている。研究者の多くは，それぞれの地理的領域において，現代人の登場と一致して集団の置換が一般的に起きている証拠を化石記録の中に認めている。

どちらのモデルも，ときには論文の中で，非常に特殊な類型で現れることがあるが，実際のところ，これらはいくつかのバージョンを含むモデルを比較していると考えるのが適切である。アフリカ起源・多地域連続の議論の根本は，アフリカ以外にいた古代型人類が，遺伝的な意味で現代人の遺伝子プールに貢献したかどうかである。伝統的に，現代人類の起源については非常に二極化して論争されてきた。しかし，古代型人類がもっていた遺伝的要素が現代人類の遺伝子プールへ寄与した程度に着目すれば一連の連続した仮説群を考えることができ，アフリカ起源モデルも多地域進化モデルも，その両極端のものと見なすことができる。この見方は後の節で考える遺伝的証拠の解釈にとっては，とりわけ重要である。これから見ていくように，既存の遺伝学的証拠と照らし合わせた場合，多地域進化説で想定されるような分化した古代型人類のそれぞれのグループから現代人類の遺伝子プールへと大規模な遺伝的寄与があったと考えるのはかなり困難である。

25.3 遺伝学と人類進化

人類進化についての最初期の遺伝学的研究は組換え DNA の時代をはるかに遡り，血液型，免疫グロブリン，抗原多様性を決定する HLA（ヒト白血球型抗原）複合体などを決定する遺伝子座でのタンパク質レベルの変異に注目していた（p.583 参照）。しかし，1966 年に開発されたタンパク質電気泳動法は，タンパク質の変異を体系的に多くの遺伝子座で探すことを可能にした（pp.65, 391 参照）。しかし，手に入る詳細な情報は，進化を研究するために必要なもののごく一部でしかなかった。そうした情報について，どのような種類の問題を設定すればよいのかを知ることが必要だった，また，初期の段階では，遺伝情報の解釈はしっかりとした進化理論に基づくものではなかった。

進化モデルを発展させる過程においては，現実性と扱いやすさとのトレードオフが常に存在する。モデルがあまりに単純であれば，それに基づく推論は生物学的な現実性とあまり関連しなくなる。しかし，モデルがあまりに複雑であれば，それは使えなくなる。数学的に取り扱い不能な，すなわち未知で推測すらできない変数を用いることが必要になるからであり，あるいは，それによって既知のすべてのことを説明するシナリオを紡ぎ出すことはできるが，それが絶望的に複雑なものであったりするからである（系統地理学に関する第 16 章 [pp.488 〜 492] での議論を振り返ってみればよい）。進化モデルを発展させるとき，その目標は，関心対象である出来事の発生過程を表すための十分な現実性を，それが検証可能な程度にまで特定しながらとらえることである（Box 25.2，図 25.19 を参照）。単純性と現実性の妥協として，イタリアの遺伝学者 Luca Cavalli-Sforza（ルーカ・カヴァーリ＝スフォルツァ）たちは，地球的な規模でみれば，人類集団が異なる地理的領域に拡散するにつれ，新しい集団はその祖先集団から効果的に隔離されていくと仮定した。各地域内では遺伝子流動は自然選択（自然淘汰）と遺伝的浮動と結びつき，第 16，18 章で議論したように，**クライン**（cline）

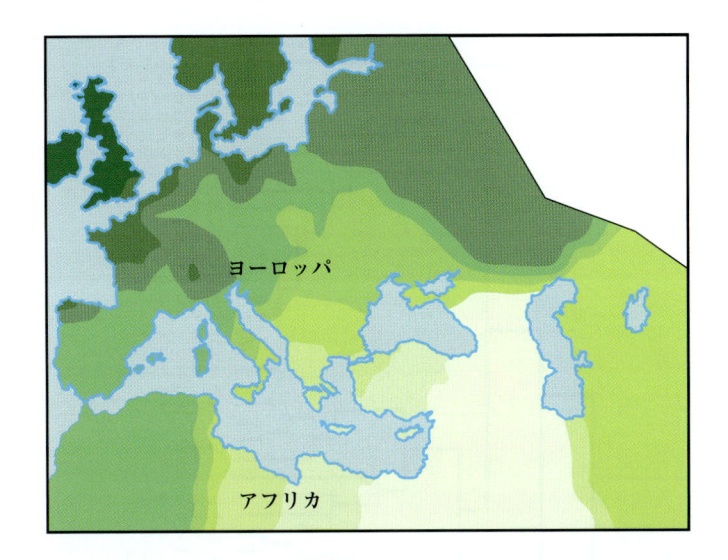

図25.19 ■ 初期農耕民がヨーロッパに広がったとき，彼らは特徴的な対立遺伝子のセットを持ち込んだ。彼らが在地の集団と交雑するにつれ，そうした対立遺伝子の頻度は低下し，東から西へと変化するクラインを残した。この地図は初期農耕民に特徴的な対立遺伝子の平均的な頻度を示している。色の薄い部分は農耕が8500年以前から存在したところ，色の最も濃い部分は5500年前以前には農耕が存在しなかった地域と相関している。

と**距離による隔離の効果**（isolation by distance）を生み出すかもしれない。しかし，巨視的にみれば，人類集団の歴史は効果的に隔離された集団の枝分かれに近似できる。これは合理的な仮定のように見えるが，1世代あたりほんの2，3人の移動が集団間の中立的な分岐を著しく弱めることも忘れてはならない。以下にみるように，集団間での人間の移動が限定的であったと仮定することは最も重要な要点になる。

ヒトの人口動態は階層構造にモデル化できる

新しい地理的領域への拡散が完全な遺伝的隔離をもたらすと仮定すれば，人類集団どうしの関係は，異種どうしにおける関係を表すのに似た系統樹の形になるだろう。このモデルによれば，異なる地域に分布する人類集団相互の関係は1本の樹木のように描ける。枝分かれする分岐点は，祖先集団が地理的に隔離された2つの集団に分かれていった点を表す。したがって，地球規模で人類集団の進化史を理解するためには，祖先集団が2つの集団に分岐した時代を推定することに重点がおかれる。

系統樹を推定する方法は第27章（オンラインチャプター）で詳しく説明されている。人類集団の研究では，しばしば**遺伝距離**（genetic distance）に頼ってきた。これは，適切な人口動態が仮定されれば（例えば，集団の完全な隔離後は人口成長がない，など），時間と線形に比例して増加すると予想される分岐の程度を示す尺度である。だが，遺伝距離を系統樹の推定に用いることは，実際に人類集団が遺伝的に相互隔離されているという決定的に重要な仮定に依拠する。

しかし，図25.20に示されるような系統樹が描けるからといっても，それ自体が，基本となる人口動態モデルを仮定することの妥当性を示さないことは理解されなければならない。仮に，人類集団間においては生殖的隔離（生殖隔離）が起こることは実際にはありえず，集団間の移住者が一定の割合で存在したならば，遺伝距離のパターンとそこから推定される系統

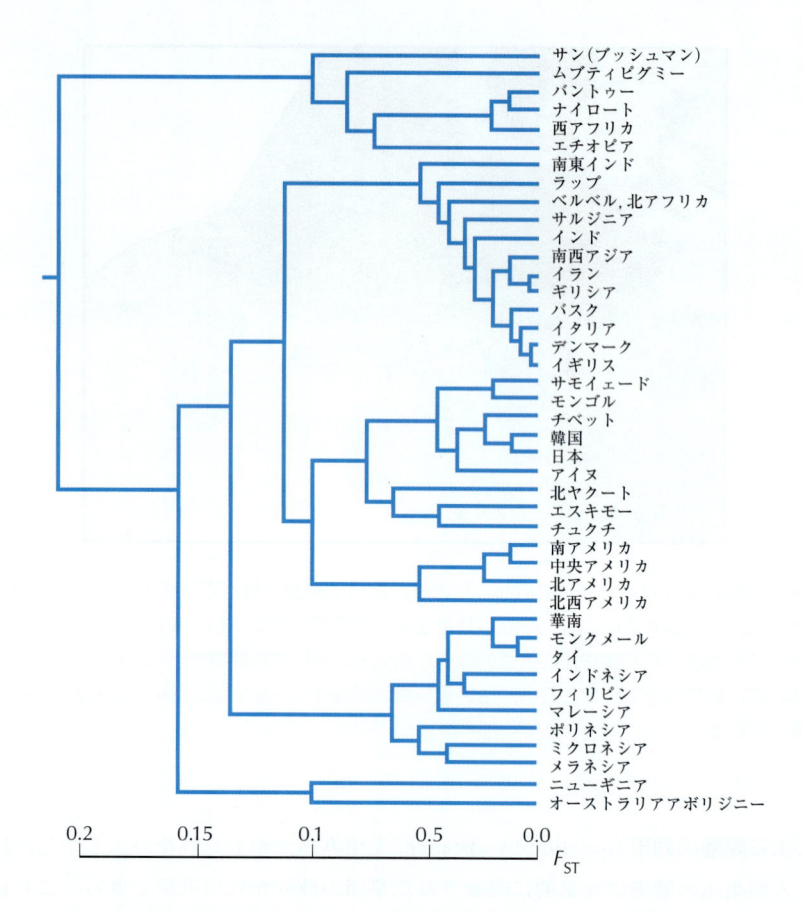

図 25.20 ▪ 120 の対立遺伝子頻度について異なる集団間の類似性を示した**表型図**(phenogram)。

　樹は，実際の集団史ではなく遺伝子流動のパターンを反映するだろう。ある人類集団が隔離された集団に分岐するという基本的な仮定は，遺伝的に推定される分岐の年代と考古学的に推定される年代を比較することで検証可能である。例えば，解剖学的現代人はアフリカの外ではレバント（東部地中海沿いの国々）で10万年ほど前に最初に知られ，7万年前にオーストラリア，新世界では15,000〜20,000年前から知られている。もし，それぞれの大陸の人類集団間の遺伝距離が，分岐からの時間ではなく，集団間の移住率でおもに決まっているとすれば，遺伝的に推定される分岐時間と人類が新しい大陸に移住したと推定される時間の間には相関がみられないはずである（図25.21）。情報は十分とはいえないが，こうした分析によれば，少なくとも異なった大陸に居住する人類集団に関する限り，集団の隔離は，その後の大陸間移住によって著しくは攪乱されていないと考えてよいことが示唆される。

　こんにち，ほとんどの遺伝学者は，たとえ大陸間の比較であれ，異なる人類集団がその歴史の大半を通じて相互隔離されてきたと先験的に仮定することを好まない。しかしながら，多くの点において，モデルの有効性は，モデルが存在することほどには重要でない。精密な人口動態モデルを特定し，そのモデルでの変数を推定するために信頼性のある集団遺伝学を用い，Cavalli-Sforza と彼の仲間は，ヒトの遺伝的変異研究での現代的な地平を切り開いた。幸運にも，推論上の理論構築における新しい発展は，現実的，つまりより複雑なモデルの評価を可能にしている（Box 25.2）。

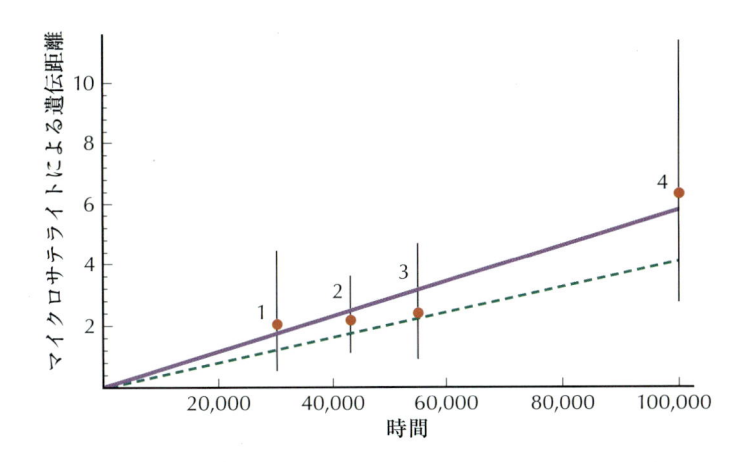

図 25.21 ■ 図の x 軸は（考古学的情報に基づく）主要な集団間の分岐の推定時間，y 軸はマイクロサテライト多型から推定される遺伝距離を示す。比較している集団は，1) アメリカ先住民と東アジア，2) ヨーロッパと東アジア，アメリカ先住民，3) メラネシアとサフルランド，4) アフリカとアフリカ以外で，解剖学的現代人がさまざまな大陸に到達した年代を考古学的情報によって推定している。（実線）これらの点と基点の回帰直線。（点線）家系から推定した突然変異率に基づき予想される遺伝距離の傾き。

遺伝的証拠は解剖学的現代人の起源の理解に役立つ

　最初に系統樹が大きなデータセットから構築されたとき，系統樹の基部ではサハラ以南のアフリカの人類集団がすべての非アフリカ集団から分かれた。これは，最近のすべての研究によっても認められたパターンである。集団が異なる系譜に分かれていくと仮定するなら，このことは最初の集団はアフリカにいたこと，そして，すべての非アフリカ集団は，アフリカ人集団から分かれてアフリカ以外の地域で異なった集団に分かれていった単一の集団に由来することを示唆する。しかし，集団が分裂し続けるという仮定が正しくないなら，これらの結果は，だれが，最初に，どこにいたかについては何も語らない。そうではなく，こうした結果はもっぱら移住のパターンを反映することになる。

　集団間移住がこうした分析に影響するかもしれないという疑問を無視したとしても，この結果だけでは，多地域進化説を棄却し，アフリカ起源モデルを支持するには不十分である。すべての人類学者はホモ属のアフリカ起源を認めている。多地域進化説でさえ，人類集団の系統樹において，アフリカとアフリカ以外の分岐が最も深いところに位置することを予見している。しかし，違いは，その分岐がいつ起こったかにある。ホモ・エレクタスはアフリカで 170 万年前以前に現れ，一方，解剖学的現代人はどんな推定をもってしても，はるかに新しい起源をもつ。さまざまな遺伝子マーカー（遺伝標識）や手法を用いた推定では，現代人集団の最も古い分岐はせいぜい 20 万年前を遡らないあたりに仮定される。このような新しい年代は多地域進化説の（すべてではないにしても）多くのバージョンとは相容れない。もし，人類集団が 170 万年前以前に世界各地で確立していて，もし，それらの間の遺伝子流動が限定的であったなら，最も古い分岐の年代は 20 万年前よりもはるかに古いはずである。実際，その年代は 170 万年前に近いであろう。推定分岐年代の不確かさを認めるとしても，複数の遺伝子マーカーを用いた研究では，古典的な血液型や酵素多型からマイクロサテライト多型や 1 塩基多型まで，明らかな一致が認められる。もし，系統樹のように集団が二分岐していくというモデルが正しいならば，我々は，ほんの最近アフリカから現れた人口学的にみて若い種ということになる。

Box 25.2　遺伝人類学における統計学的推論

豊富な遺伝情報と高速なコンピュータによって，遺伝情報による推論への新しいアプローチが可能になった。F_{st}のような統計量によって（p.481参照）遺伝情報を集約するかわりに，我々はある進化モデルを仮定したうえで，その情報が得られる確率を決定する。これはモデルの**尤度**（likelihood）と呼ばれる。ほとんどの場合，この確率は解析的には求められず，コンピュータシミュレーションによって推定される。**コアレッセンス**（coalescent）の考え方を導入することで，進化過程のシミュレーションを効率的かつ比較的簡便に行うことができるため，このような推定がより容易になった（第15章を参照）。

例えば，Lounès Chikhi（ルネ・チキー）とMark A. Beaumont（マーク・A・ボーモント）は，それぞれの祖先集団P_1，P_2に由来する集団の比率（p_1，p_2）を推定する方法を発展させた（図25.22）。このモデルでは，入力する情報としてそれぞれの祖先集団からの子孫，そしてそれらの交雑集団における遺伝子型を用いる。そして，P_1とP_2を推測するが，3集団それぞれに時間とともに発生した遺伝的浮動の程度はt/N_eで表される。tは遺伝的混合が起きてからの時間，N_eは有効集団サイズである。このような明示的なモデルを作ることによって，人類の歴史について知ることができ，それと同じくらい重要なこととして，何が信頼性をもって推測できないかがわかる。例えば，**系統地理学**（phylogeography）としてしばしば言及される分野において（pp.488〜492参照），異なる地理的領域に存在する集団で現在観察される遺伝子頻度から直接的に，集団の歴史的な移動についての詳細を推定しようとする試みがある。例えば，ヨーロッパには存在するが中近東には存在しない系統を取り上げ，それは中近東に由来するヨーロッパ農耕民の到着以前からヨーロッパに住んでいた系統であり（図25.19を参照），そのような系統の現在の頻度は，移住者と非移住者の元々の割合を推定するのに用いることが可能であるとする主張がある。しかし，ChikhiとBeaumontのモデルは，仮にそれらの系統が移住者と非移住者に正確に分けられたとしても，ヨーロッパへの移動以降に起こった遺伝的浮動のため，そうした系統の現在の頻度はもともとの割合について非常に当てにならない推定しか与えないことを明らかにしている（図25.22）。これらのより詳細な分析がなされるとき，**ミトコンドリアDNA**（mitochondrial DNA）やY染色体のような片親に由来する遺伝子系を用いた系統地理的研究による主張のかなり多くが疑わしいことが示される（pp.488〜492も参照）。

人類進化において，歴史的な外部情報によってどのモデルが適切かを正確に明らかにできる場合，この特定的個別モデルを発展させるアプローチは非常に効果的である。この事例でいえば，現在のヨーロッパの遺伝子プールにおいて，ユーラシアの異なる先史集団の割合を推定するために，このモデルが作られた。こうした高度に特定的なモデルが用いられる理由は，すべての事例について適切である一般的なモデルを現在のところもち合わせていないからである。例えば，我々は，どんな種類の交雑シナリオについても（そうしたシナリオ自体，かなり特殊化した状況といえるが），適切に適用できるモデルをもっていない。これは，集団遺伝学による推論は，キーボードをたたいただけでなされてはいけない理由の1つである。またこれは，より個別的な分析方法が人類の遺伝的歴史において必要とされ続けている理由でもある（pp.841〜842参照）。

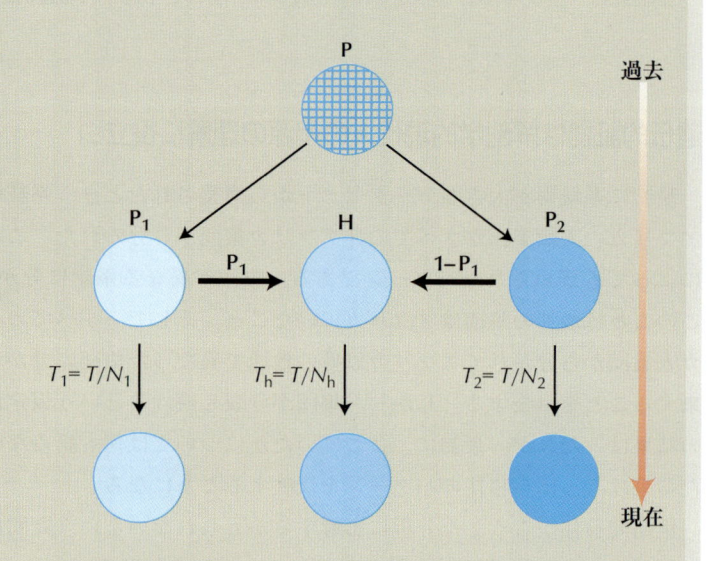

図25.22・集団間の交雑を推定するモデル。Pは祖先集団，HはP_1とP_2の祖先集団のメンバーによって形成された交雑集団である。すべての集団における対立遺伝子頻度における遺伝的浮動の影響は，経過した時間と有効集団サイズ（N_1，N_h，N_2）に依存する。これらのようなモデルは，交雑集団が形成されてからの時間，あるいは，おのおのの祖先集団に由来する遺伝的寄与率を推定するために用いることができる。

多地域進化モデルはこうした分析で棄却可能である。しかしながら，それは集団が2つに分岐していくというモデルが地球規模で正確であると信じるに足る外部情報がある場合である。もし，地域間でかなりの遺伝子流動があれば，こうした分析で推定される"分岐の年代"は何の意味ももたない。例えば，アフリカとアフリカ以外の集団の間で遺伝的交流が規則的に起こっていたとすれば，推定される分岐の年代は最初にアフリカから出た年代よりもずっと最近のものになってしまうだろう。

Y染色体とミトコンドリアDNAの系譜は推定可能である

　Y染色体は父系的(patrilineally)に(父親から息子に)遺伝し，したがって男性の過去の進化史的情報を伝える。これは，母系の**ミトコンドリアDNA**(mitochondrial DNA, mtDNA)分子によって運ばれる情報と相補的である。Y染色体の非組換え領域は約22 Mb(メガベース)，全体の長さの約43%ある。

　この非組換え領域の大きさのため，Y染色体には，ヒトY染色体の系譜的関係を推測するのに使用可能な膨大な量の多型部位が存在する。重要なことは，この長いDNA鎖の中には，異なった種類の突然変異に由来する多様なマーカーが存在することである。例えばY染色体では，1塩基多型や挿入，欠失は稀にしか起きないため，この種の多型は人類の進化史上で単一の突然変異までたどることができる。同じ部位で複数の突然変異が起こった可能性は考えにくいからである。このため，これらのマーカーは**固有変異の多型**(unique event polymorphism，UEP)と呼ばれている。ある試料中である突然変異を共有する染色体は，共通祖先をもつと考えられるため，それらは近縁なグループを作る。その結果，UEPはY染色体をはっきりとした系譜集団に分ける(図25.23，図13.12，また第27章[オンラインチャプター]も参照)。

　UEPに加え，速い速度で進化する多くのマイクロサテライトが存在する。親から子どもへの100回の伝達あたり，1つのY染色体マイクロサテライトで，平均約2回，1つあるいは複数，反復配列が増減する。これは，UEPによって分けられる主要な系譜グループ内における，Y染色体の違いを明らかにするのに十分な進化速度であり，きめ細かい系譜関係や分岐の深さを推定することを可能にする。このことは，マイクロサテライトがY染色体を用いた法医学的作業のマーカーとして選ばれる理由でもある(p.840)。

　Y染色体上の遺伝子マーカーは，人類集団の過去の歴史を教えてくれる。1つの方法に，**ミスマッチ分布**(mismatch distribution)によるものがある。成長する集団では，ほとんどのコアレッセンス(coalescence)は集団が小さかった遠い過去に起こっている。したがって，2つの染色体を比較すると，ほとんどの組み合わせで同程度に古い時代に分岐しており，その

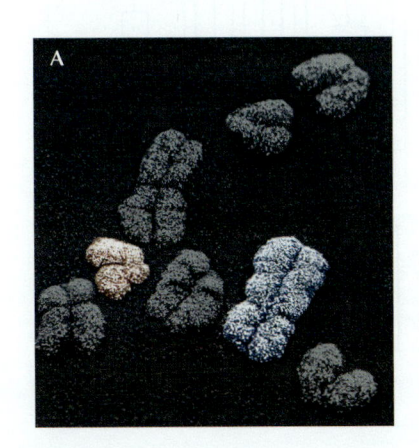

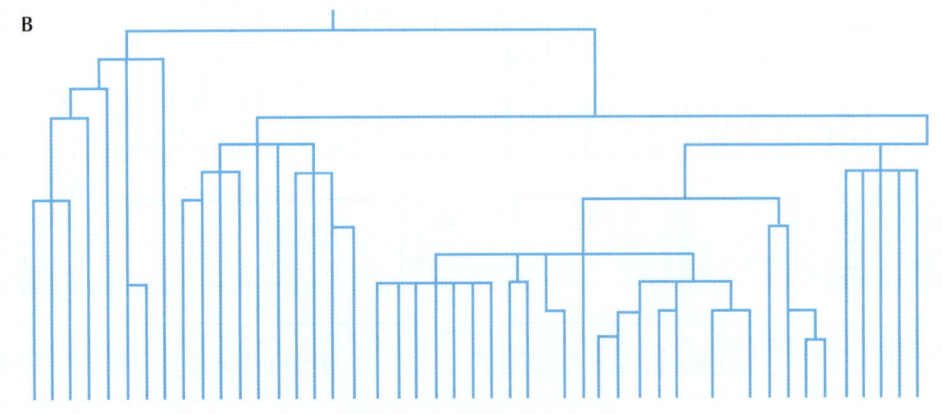

図25.23 ● Y染色体の一部分は組換えを起こさない。ヒト染色体の(A) X染色体(青)とY染色体(ピンク)。Y染色体DNA配列のある長い領域は単一の系図を共有する。そのため，配列上に起こった多くの突然変異は単系の系譜を明らかにする助けとなる。(B) Y染色体の系譜の一部。これは，人類の歴史においてまれにしか起きない数多くの突然変異に基づいている。そのため，そうした突然変異は十分に特異的とみなすことができる。

系図においては長い枝が現れる傾向がある（図15.8を参照）。この理由により，染色体の配列の違いをペアごとに比較すると，その分布は1つのピークをもち，それは分岐の度合いの分布の中央に位置する。この中央値は，遺伝子の系統の長さをすべて合わせたものに比例する（図25.24）。対照的に，大きさが一定であった集団では，コアレッセンスへの時間は指数関数的に分布し，その結果，ミスマッチ分布の幅が広がる。

しかしながら，一遺伝子座に基づく推論は極端に変わり得る点を理解することは重要である。第15章でみたように，単一遺伝子座の変異は進化過程での単一の出来事に起因する。つまり，得られる系譜はある進化状況に関連する多くの系譜の分布からランダムに選ばれた1つにすぎないのである。この理由から，単一の系譜は集団の人口動態的変数を推定する試みにおいては，統計的な力をもちようがない。しかし，より根本的な問題点は，分析している系譜に選択が働いているかもしれないことである。そうであれば，その系譜は他の典型的な系譜とは異なったものになり，集団の変数の推定を組織的に偏らせてしまう。つまり，ミスマッチ分布のような統計学は集団全体の成長率を推定するのに用いられるが，実際には，それらは問題としている単一の系譜についての計算をしているにすぎない。以前議論したように（pp.488～492，577～580），一般的な人口動態による効果とそれぞれの遺伝子座に関する選択や遺伝的浮動を区別する唯一の方法は，複数の遺伝子座を分析することなのである。

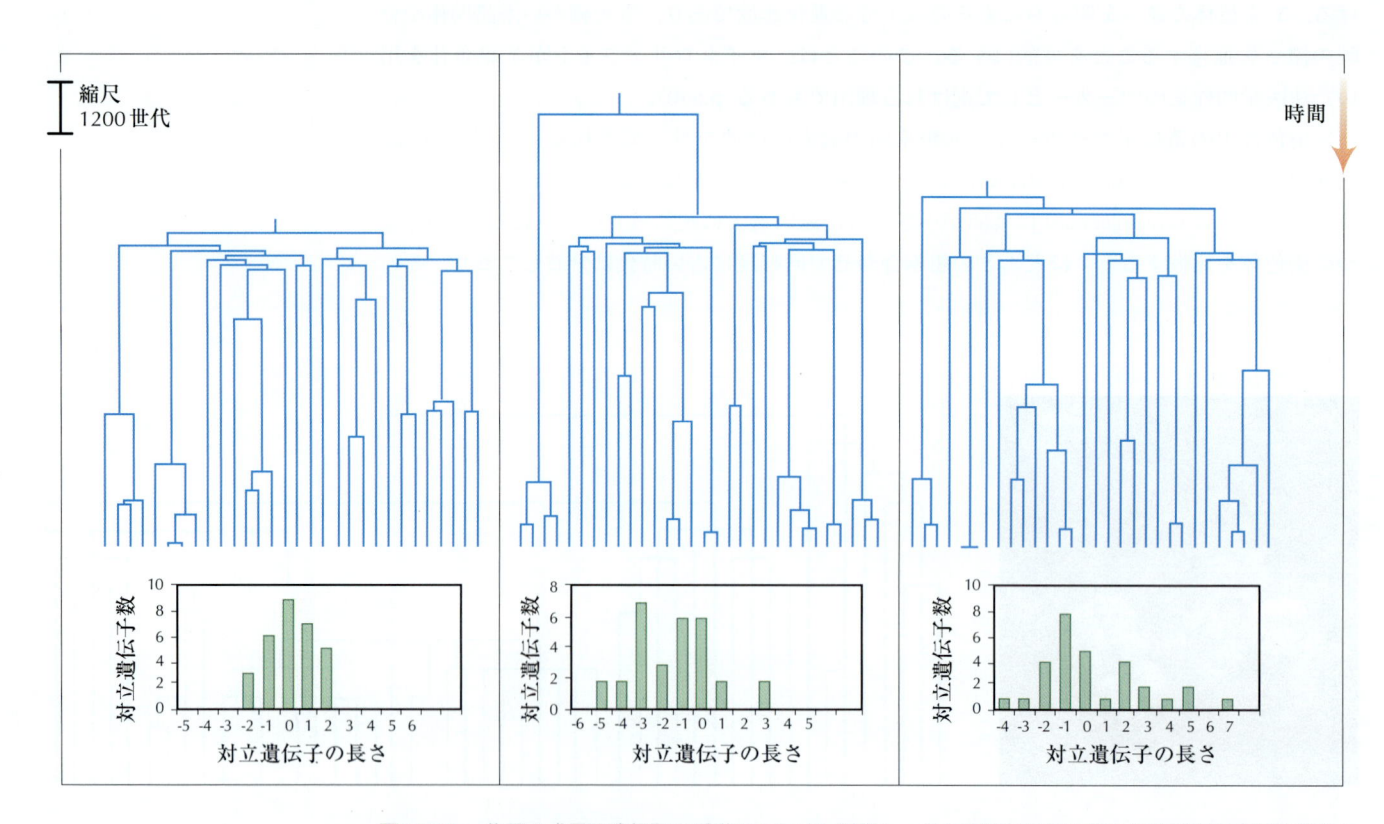

図25.24 ▪ 集団の成長は遺伝子の系譜のようすに影響し，その集団から得られた対立遺伝子多型の分布に影響する。人口動態による遺伝子系譜の形への影響は，異なる種類の遺伝子マーカーを用いることでみることができる。ここには，急速に成長する集団におけるシミュレーションで得られた3つの系譜の例が示されている。遺伝子の系譜は複数の深い（古い）分岐を示す傾向があり，その結果，マイクロサテライトのアレルの大きさの分布は比較的均一である。

密接に関連するY染色体とミトコンドリアDNAの系譜は多地域進化モデルと一致しない

　多地域進化説のほとんどのバージョンは，深い系譜を仮定している。つまり，異なった大陸から集められた遺伝子は，同地域に住んでいた古代集団まで遡る。例えば，古代型人類は，ヨーロッパと東アジアに過去およそ100万年生存したが，これらの地域間の大規模な遺伝子流動は想像しがたい。したがって，これらの地域の2集団から遡った系統は100万年前よりも古い共通祖先をもつことが予想される。しかし，Y染色体とミトコンドリアDNAの最も新しい共通祖先の推定年代は，これほど古くはなく，ミトコンドリアDNAでは10万から15万年前，Y染色体ではそれよりもやや新しい年代になる。系統の古さについての現在の推定値は不確実としても，これらの非常に新しい年代は100万年前近くのコアレッセンスとは統計的に相容れない。

　現在では，ミトコンドリアDNA，Y染色体の極端に大きく多様なセットが分析されているが，これらの比較的新しい年代は不変である。これらの遺伝的システムに関して，現代人集団中に古い系統は一切存在しないとは断言できないにしても，それが特に一般的であるとはいえない点については確信できる。したがって，多地域進化モデルに対する，現在ある最も強い否定的材料は，また最も単純でもある。すなわち，ミトコンドリアDNAやY染色体の古い系統はいまだ発見されていないということである。

　残念ながら，これら2つの遺伝的システムの情報は多地域進化モデルを完全には棄却しない。もしも，古代の人類集団の間において，ほどほどの比率で遺伝子流動が存在したならば，ほとんどの遺伝的系統が100万年かあるいはそれ以上，その地域集団の中を遡るとしても，時折の移住によって，ずっと新しい年代にコアレッセンスする遺伝子座も存在するだろう（図22.10）。Y染色体とミトコンドリアDNAの両方がこのパターンを示している可能性はある。この問題は，これらの片親だけに関係する遺伝的システムの両方が，もしたまたま世界的規模での**選択一掃**（selective sweep）を被っていたとしたら，深刻になる。そうした一掃は，最近発生した有利な対立遺伝子を非常に低い移住率の下でも拡散させることが可能だったはずだからである。

　Y染色体やミトコンドリアDNAにおける古い系統の欠如は，多地域進化モデルの多くのバージョンに対して否定的だが，ゲノムのどこかに古い系統が残っていたとしても，それによって直ちに多地域進化モデルが支持されるわけではない。平衡状態にある任意交配の倍数体集団では，集団中のすべての対立遺伝子の最も新しい共通祖先に到達する推定年代は$4N_e$である（第15章参照）。ほとんどの推定では，人類の有効な集団サイズは10万とされているが，これはすべての常染色体上の遺伝子座の最も新しい共通祖先からの時間が4万世代であること，世代を20年と仮定すれば，約80万年であることを意味する。しかしながら，これは進化過程における多くの出来事についての平均的な数字にすぎない（あるいは，1つの集団における多くの非連鎖遺伝子座についての平均値といってもよい）。ある遺伝子座はこれよりもずっと古い，あるいはもっと新しい系統の古さをもつかもしれない（p.457参照）。この理由で，遺伝子の一部が何十万年も前に分かれている（つまり，"古い"系統）常染色体上の遺伝子座は，それがあったとしても，多地域進化モデルを支持する強い証拠にはならないのである。さらに，我々がチンパンジーと共通してもっている主要組織適合性抗原の対立遺伝子における多型のように，**平衡選択**（balancing selection）は分かれた対立遺伝子を非常に長い期間維持するように働くことがある。こうした対立する仮説のいずれかを決定するためには，複数の常染色体上遺伝子座で信頼できる系譜を得なければならない。もし，異なる大陸

から得られた系統の多数が，（Y染色体やミトコンドリアDNAのように）比較的最近にコアレッセンスするのであれば，多地域進化的ないずれのモデルも蓋然性を失うだろう。

古代DNAの分析は多地域進化モデルを論駁する

　古ミトコンドリアDNAの分析も多地域進化モデルを批判するために用いられてきた。多地域進化モデルでは，現在のヨーロッパ人と，解剖学的現代人の出現以前からヨーロッパにすんでいた祖先集団の間には，現在のヨーロッパ人と他地域の現代人との間よりも，いっそう密接な遺伝的関係が期待される。したがって，単純な解決方法はヨーロッパの現代人のいずれかのミトコンドリアDNAが非ヨーロッパ地域の現代人の配列よりもネアンデルタールにより近い配列をもつかどうかを調べることである。ネアンデルタールから採取したミトコンドリアDNA配列は，ヨーロッパの現代人に類似していないばかりでなく（図25.25），すべての現代人の配列から非常に離れている。現代人の配列からの平均的な分岐年代は約60万年前である。最近行われたネアンデルタールの核DNAの配列も同じような年代を出している。

　しかし，この結果から，ヨーロッパの解剖学的現代人とネアンデルタールとがヨーロッパで彼らが共存した3万から4万年前，まったく交雑しなかったとは，直ちにはいえない。古代型人類と解剖学的現代人との間に無視できない遺伝的交流があった可能性はある。そして，古代型人類の遺伝子の系統はネアンデルタールと現代人の共存の後に続く長い期間のうちに単に遺伝的浮動によって消え去ってしまったのかもしれない。ミトコンドリアDNAの古い系統が残っていないということは，必ずしもゲノムのどこかに古い遺伝子の系統が残っている可能性を除外しない。

　しかしながら，これは多地域進化説の妥当性を測るには不適切な議論である。ある集団において，3万年前の解剖学的現代人の遺伝子プールの中にネアンデルタールの遺伝子の系統が交雑の結果として存在して，それはその後の遺伝的浮動によって失われたことは，十分可能性がある。ただし，多地域進化モデルにおいては，異なる地理的領域は少なくとも部分的には隔離されていることが仮定されている。したがって，もし今日の人類集団のいずれにも

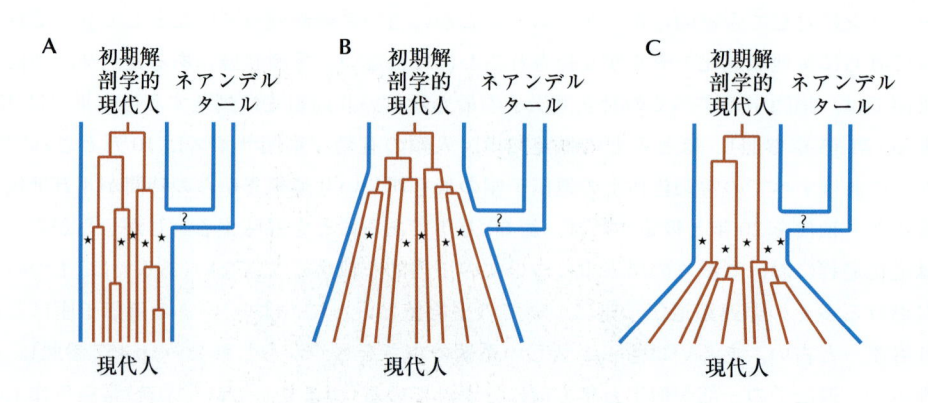

図25.25 ■ 過去の（解剖学的）現代人集団の試料の中にネアンデルタールの遺伝子配列を見つけられないことは，ネアンデルタールと現代人の交雑を否定するものではない。それは，交雑の程度の限界を定めるものであり，また，仮定される集団の人口動態に依存する。一定集団サイズモデル（左）では，ネアンデルタールからの遺伝的寄与が25％あったことと一致する。一方，集団が成長するモデル（中央）ではより少ない寄与しかなかったことになる。もし，集団がネアンデルタールとの交雑まで一定であり，その後に拡大したとすれば，ネアンデルタールの寄与がより大きかったこともありうる。

古代型のミトコンドリア DNA の系統をみなければ，それはおのおのの集団において独立して失われたことになるだろう。したがって，古ミトコンドリア DNA の証拠は，たった 1 つの任意交配集団を仮定する場合に比べて，多地域進化モデルに対してより強い否定的材料となる。古代型の遺伝子の系統が部分的に隔離された複数集団で繰り返し失われなければならないとするなら，偶然によって古い遺伝子の系統が失われたと主張するのがより困難になるからだ。最もありそうな説明は"古い"系統は最初からそこになかった，つまり，現代人は人口学的には若い種だというものである。

25.4 ゲノム科学と人間らしさ

この章の最初で議論したように，我々は人類進化に関係する大きな疑問の多くについてかなりの部分を理解していない。葬送習慣と芸術が何万年前かに存在したことはわかっている。しかし，いつ言葉が進化したのか，こんにち我々がもつ認知能力がいつ発達したか，あるいは我々以外のどのヒト族が自我の意識をもっていた可能性があるのか，これらについては多くのさまざまな仮説が提唱されてきたが，わかっていない。約 5 万年前に急速な生物学的変化が起こり，それらが文化的複雑さや化石証拠に反映される解剖学的現代人の分布に繋がったとする見方もある。

自分たちの祖先や自分たちの従兄弟である他の霊長類の行動について，ある程度の詳細を我々が知っていることは確かだが，化石証拠から知り，推論できていることは，実際に起こったことをほんのわずか覗き見た程度にすぎないことは明らかである。さらに，人類的特徴の発達においてどのような選択圧が最も重要であったかは，ほとんど知らないに等しい。この章の残りでは，現代人の特徴の進化に光を当てるうえで，有効と考えられる 2 つの方向を取り上げる。まず，現代の遺伝学やゲノム科学の発展がこうした疑問のいくつかに答えるのをどのように助けるか議論する。次に，言語が究極的にはいくつかの構成要素に分割され，それらの要素の進化はモデル化と検証が可能であることを議論して章を終える。

遺伝子の発現パターンはヒトの系統では他の霊長類の系統よりも速く進化をしてきたとみられる

明瞭な表現型の違いにもかかわらず，ヒトとチンパンジーはかなり類似した DNA 配列をもち，その違いは 100 塩基あたり 1 つにすぎない。第 22 章でみたように，このような類似性は，二，三百万年前程度に分岐し，そのため低い程度の分岐しか示さない姉妹種に典型的にみられる。この類似性は，進化はタンパク質の構造的な違いよりも遺伝子の発現パターンの違いによってより強く駆動されるという仮説に結びつく。この可能性は考えられる。タンパク質や DNA で，構造的変化と調節的変化が相対的にどれくらい重要であるかは，多くが未知だからである (pp.584 ～ 589)。さらに，選択は DNA の非コード領域を少なくともコード領域と同程度に保存する。これについて非コード部分が遺伝子の発現を支配しているからだという説明は非常にもっともらしい (p.589)。しかし，こうした議論はもっともらしいとしても，ヒトとチンパンジーのどの相同タンパク質をとってみても平均 2 つのアミノ酸の違いによって区別される (p.576) ことを忘れてはならない。この点は，タンパク質のアミノ酸配列の違いが一定の役目を果たしているという見方を支持する。

ヒト族の進化において調節領域の変異が果たした役割は，ヒト，チンパンジー，そのほか

の霊長類での遺伝子発現のパターンを比較する**マイクロアレイ**（microarray）を用いて定量化可能である．ある実験では，複数の霊長類種から集めた肝臓，白血球，脳の試料で 12,000 の異なる遺伝子で転写の発現レベルが調べられた（図 25.26）．3 種すべての組織で，ヒトの系統における遺伝子発現の速い割合の変化が認められた．しかしながら，ここには方法論的な偏向が存在する．マイクロアレイを作るのに使われたオリゴヌクレオチドはヒトのもので，その結果，ヒト以外の霊長類では雑種形成の割合は低く，低い発現レベルになることが考えられるからである．しかし，人類の脳組織では，チンパンジーの系統よりも 5 倍も速く進化がおきているようである．これは驚くべき差異である．

その後の研究では，霊長類を通じて，脳における遺伝子の発現パターンは，他のほとんどの組織よりもゆっくりと変化していることが示された．対照的に，精巣での遺伝子発現は他の組織よりも急速に変異を起こす．アミノ酸配列の違いも同じようなパターンを示す．脳で発現する遺伝子は比較的ゆっくりと変化し，精巣ではもっと速い速度で変化している．この点は，脳における遺伝子発現により強い制約が働くことと，精巣で発現する遺伝子では**正の選択**（positive selection）がよくみられることと一致する（ヒト以外の種でも雄の性機能に関しては速い速度での分岐が観察されることを思い出せばよい）．しかし重要なことに，チンパンジーの系統と比べて，ヒトの系統における遺伝子発現や配列の分岐の速度の違いをみると，例えば図 25.26 に示したように，脳で発現する遺伝子において他の組織におけるものよりも速いことが発見されている．こうした結果は，ヒトの認知能力をもたらした原因に繋がる変化を特定するにはほど遠いものである．しかし，これは，ヒトに至る系統は他の霊長類に比べ，転写レベルが変化する速度が脳において飛び抜けて高いことを示している．

言語をもたらした特別な遺伝子を特定することは困難である

すべてのヒトの特徴のなかでも，言語は最も独特なものの 1 つである．ヒトはコミュニケーションのための洗練された抽象的システムを構築する能力を生得的にもっている．これは，隔離された聴覚障害者が自発的に音声言語に匹敵する複雑さと柔軟さをもつ手話を作り上げた例からも支持される．残念ながら，言語は，化石証拠や考古学的証拠にほとんど何も残さない人類の属性の 1 つでもある．例えば，人類が，いつ初めて複雑な言語を作り上げたかについて，実質上証拠はまったくない．我々の進化の初期，何百万年前だと唱える者もあれば，もっと最近のことであり，完全に完成したのはたかだか 10 万年前で解剖学的現代人の登場と時を同じくすると考える者もいる．現存するすべての言語が，たった 1 つの祖先言語に由来するかどうかといった，もっと限定的な質問についてさえ，答えられないのである．

ヒトの言語の進化について別の視点が，まれな遺伝病から明らかになった．これは，発話

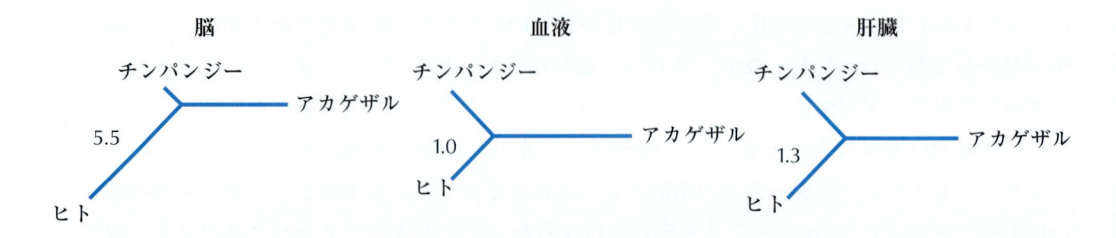

図 25.26 ▪ 3 種の霊長類の 3 種類の組織における遺伝子発現についての進化的変化の相対的な比較．図中の数字はチンパンジーに至る系統に対する人類系統における変化の程度．

言語障害 1（speech-language disorder 1）と呼ばれ，統語と文法に重篤な障害をもたらす疾患である。この障害をもつ個人を複数含む家系を調査するため，科学者は連鎖分析（第 14, 26 章を参照）を行い，その原因である突然変異が FOXP2 遺伝子にあることを突き止めた。この遺伝子が影響する遺伝子のセットはほとんど特定されていないが，遺伝子発現を抑制する**転写因子**（transcription factor）をコードすることはわかっている。この遺伝子は肺の上皮の発達に重要であり，また，神経の発生に関連している可能性もある。FOXP2 遺伝子の多様性のパターンはヒト，数種の霊長類，マウスで調べられている。こうした研究は，ヒトに至る系統でコードするアミノ酸を変化させる塩基置換（非同義置換）が過剰に起きていることを明らかにした。これは，この遺伝子がヒトとチンパンジーの系統の分岐後，いずれかの時点で自然選択を受けたことを示唆する（図 25.27）。ヒトにおける変異パターンもまた正の選択の歴史を示唆する。選択の対象になった突然変異が頻度を上昇させ固定されるとき，それに連鎖した中立の配列は固定されるか高い頻度にまで引き上げられる（pp.462, 579 参照）。その結果，変異の減少と固定された変異の近傍に現れる過剰に高頻度な派生的突然変異が正の選択の証拠となる。こうした分析方法によって，FOXP2 遺伝子について，過去約 12 万年のどこかで選択一掃が起きたという推定がなされた。解剖学的現代人はこの選択一掃の起こった年代の上限とおよそ同じ時期に現れているため，FOXP2 遺伝子におけるアミノ酸の変異が言語の発達に役割を果たした可能性が考えられるという示唆がなされている。

　FOXP2 遺伝子の突然変異が言語障害を招くとすれば，FOXP2 遺伝子についてのなんらかの選択が言語能力の登場と関連した可能性はある。しかしながら，これは所詮，状況証拠にすぎない。種内，種間の遺伝子配列の変異が自然選択の有無を示すのは事実だが，多くの遺伝子がそのようなパターンを示すことを忘れてはならない（p.577）。突然変異が発話に影響するからというだけでは，発話がその遺伝子の主要な役割であるということにはならないし，あるいはその遺伝子の進化が言語能力に対する自然選択によって動かされたということにもならない。

　では，どのように推測の域を超えることができるのだろうか。おそらく最も大切なことは，FOXP2 遺伝子の生物学的な機能を同定することであろう。例えば，どの遺伝子がどのように FOXP2 遺伝子によって発現パターンを調節されているのだろうか。FOXP2 遺伝子の生物学的意味についてさらに明らかにすることが，そこに働いた自然選択が特に言語と関係して

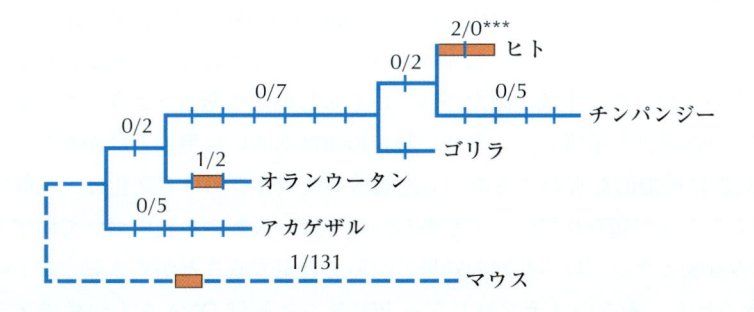

図 25.27 ● FOXP2 遺伝子は，ヒトにおいて特異的な言語障害をもたらす突然変異をもつことが明らかになった最初の遺伝子である。この遺伝子でのコードするアミノ酸を変える塩基置換（非同義置換），変えない塩基置換（同義置換）を，霊長類の系統樹の上にマッピングして示している。（赤太線）アミノ酸の変化；（青太線）コードするアミノ酸を変えない塩基置換。FOXP2 遺伝子は，ヒトの系統がチンパンジーとの共通祖先から別れて以降，最近の人類進化過程に起こった選択の対象であったことが示唆されている。図中の数字はどれだけの非同義／同義置換がそれぞれの枝で起こったかを示している。

いるという仮説の評価を可能にするかもしれない。FOXP2遺伝子における些細な変化が起こす効果を見いだす方法を考案することは困難だが（遺伝子導入マウスをつかう通常の方法はほとんど役に立たないだろう），究極的に，FOXP2遺伝子の機能解析がこの考えを補強するか，あるいは弱めるかもしれない。

プロジノルフィン遺伝子のシス制御配列の変異は"人間らしさ"を特定する別の方法を示唆する

　神経伝達物質プロジノルフィンをコードするPDYN遺伝子についての最近の研究は，ヒトでの脳関連表現型の研究にとって役立つモデルを提供する。プロジノルフィンはエンドルフィンの一種でオピオイド受容体と結合する。そして，これは我々の苦痛の感じ方，社交性，学習，記憶，嗜癖を制御する。転写開始部の1250塩基対上流にあるヒトPDYNプロモーターの68塩基対の**縦列反復**（tandem repeat）多型は，この遺伝子の誘導能に影響することが示されている。関連解析（第14，26章）はこの反復配列を統合失調症，コカイン中毒，てんかんなど，さまざまな疾患と関係づけている。

　こうした属性からすれば，PDYNは人間性のいくつかの要素を理解するための理想的な候補である。この遺伝子はそのシス制御領域に，簡単にいえば，遺伝子の発現にわずかな量的変化を発生させうる変異をもっている。したがって，遺伝子配列の変異がそこに自然選択が働いたことを示唆するかどうかを，FOXP2遺伝子の例でみたように確かめることが可能である。

　PDYNへの自然選択を確かめるために，3つの異なった種類の証拠が用いられた。集団遺伝学，系統分析，機能分析である。初めに，PDYNに連鎖した中立突然変異の**頻度スペクトル**が調べられた。オーストラリアの集団から得られた74のハプロタイプのなかで，過剰な高頻度を示す変異が認められた。対照的に，チンパンジーの資料ではそのような超過は認められなかった。それに加えて，旧世界の6つの集団において，F_{st}が上昇していることが示され（p.483を参照），この遺伝子の上流の変異に過度の地理的変異が認められた。これは，地理的に不均一な正の選択の痕跡である。遺伝的浮動と移住だけが作用した場合よりも，正の選択によってずっと急速に，異なる集団での対立遺伝子の頻度が変化させられたのである。連鎖したマイクロサテライトも，6つの集団のうち3つにおいて，変異の現象を示した。これも，選択一掃によって予想されるとおりである。

　種間比較も，長期間にわたってではあるが，選択がPDYN遺伝子座に作用した証拠を与える。系統樹のたった1か所，ヒトに至る系統で，5つもの過度の置換が存在する。注目されるのは，正の選択が調節領域に限定されているらしい点である。こうしたパターンは，すべて最近起こった選択を示唆し，一方で，特定の領域あるいは機能とはかかわりをもたない。

　3番目の証拠は機能的なものである。上流領域の変異体における変化は，一般に遺伝子の発現能を変えることが知られている。しかし，我々は，人類の系統において固定されている推定上選択の対象となった塩基配列の効果について特定することができる。ヒトの神経細胞系譜に3 kbのヒト，あるいはチンパンジーPDYNシス制御DNAをもつ構成体を遺伝子導入したとき，隣接配列がチンパンジー由来かヒト由来かにかかわらず，ヒトの68塩基対要素はチンパンジーのものに比べ，有意に高く標的遺伝子の発現を誘発させることが認められた。対照的に，同じ実験が，神経細胞以外の細胞系譜で行われると，チンパンジーとヒトの間に違いは認められなかった。このことは，この選択の対象となった配列の機能的影響は脳に特異的であることを示唆する。

選択があったかどうかは常に状況証拠に依拠する。しかしこの場合は，3種類の証拠が一致している。この遺伝子が，特に"人間的"とみなされている一連の特徴と強く関連しているという事実は，PDYNはさらなる調査に値することを示している。

言語の進化

第24章で議論したように，複雑な適応は多くの異なる段階（こうした段階のおのおのは比較的単純である）を踏んで進化するのが典型的である。これは，ヒトの言語についてもあてはまるようである。我々の言語能力は，多かれ少なかれ個別の能力に分解することが可能で，各要素は，各自の働きのために選択された可能性がある。言語進化についてのこの複雑な見方は，自然選択がどのように言語能力の上昇につながったかを想像することを可能にする。コミュニケーションのための特定の改良（それら1つ1つは，現代における言語能力にははるかに劣るものの）が選択されることによってこれは可能である。この見方は，例えば眼の起源のような他の複雑な構造とそれに関連する感覚能力，つまり視覚の進化についての考え方と同じである（第24章を参照）。

言語能力の進化におけるこれらのユニークな点のいくつかは，現代人がもつ言語の特徴にもみることができる。言語進化において仮定されるいくつかの段階を考えてみよう（図25.28）。最初の段階は非特定的な用い方ができるシンボルの限定的なセットを確立することである。これらのシンボルは他の動物にみられるような，おおむねある状況に特定的なシグナル（例えば，苦しみなど）とは異なる。この段階から現代の言語に至るにはおそらく独立に進化したと思われる2つの主要な改良が必要である。1つは，音声を結合させ，基本的には

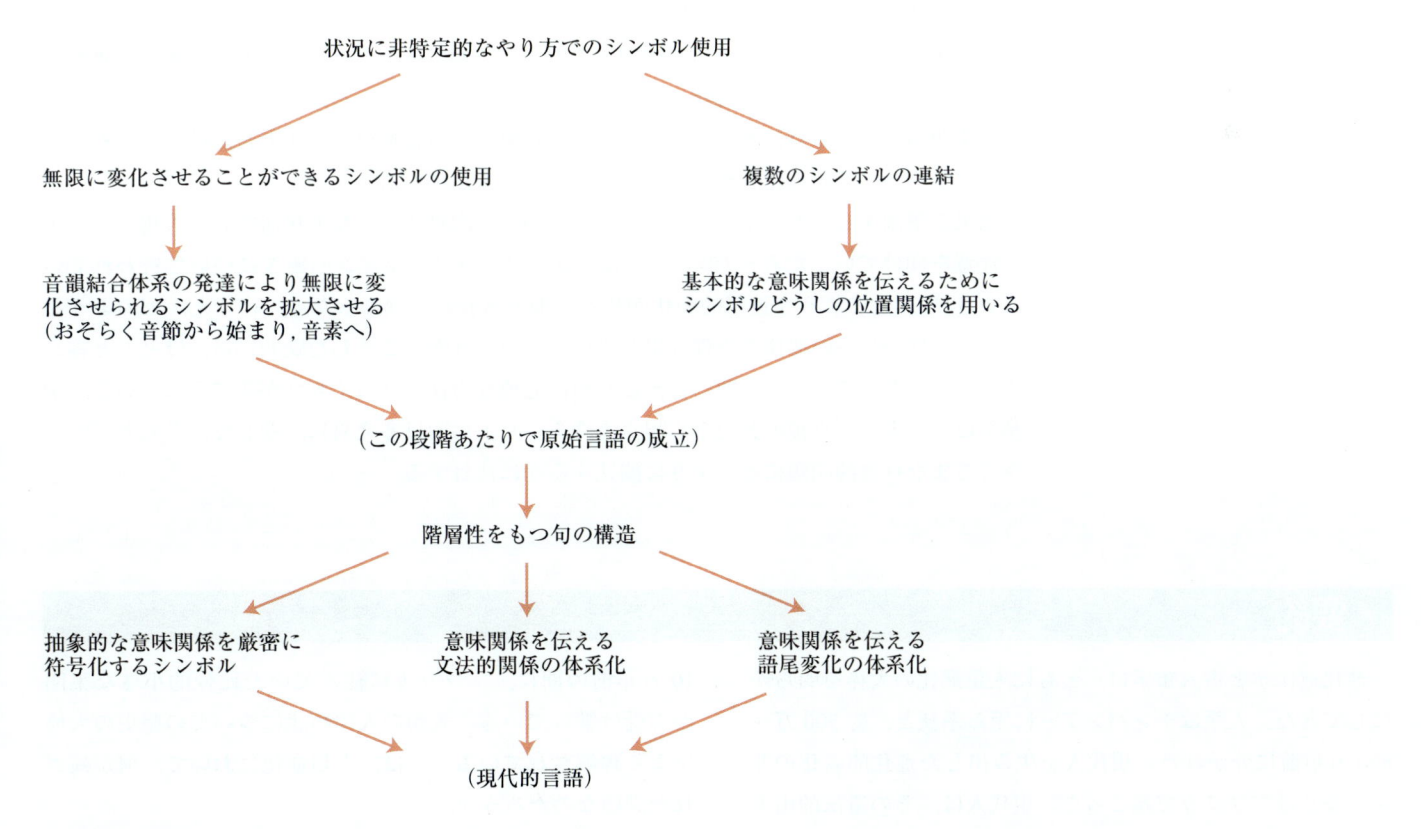

図 25.28 ▪ 言語の進化における段階。

無限の異なる記号，すなわち単語を作り出す能力である．現在用いられている単語1つの表現のなかに，ヒトの言語がかつてこうであった時代の名残を認める研究者もいる．つまり，"まあ"とか"おっと"などの単語は，状況とほとんど独立的に何かを表現するために単独で用いられる単語の例である．

　第2の段階は，一定の法則，すなわち**統語法**(syntax)を用いて，これらの単語を統合し，より複雑な考えを表現することである．統語法が発達する以前ですら，人類の言語能力における記号段階は実用的であり，訓練されていない他の霊長類のコミュニケーションよりも複雑であったと推測できる．訓練すれば，類人猿も数百程度までの異なる記号を用いることができる．対照的に，統語法がなくとも，ヒトは類人猿をはるかに超える言語能力をもっている．そして，その拡大した語彙は，それ自体の有利性のため自然選択によって改良が加えられてきたであろうことは容易に想像できる．この能力が少なくとも部分的には統語法と独立して進化したという考え方を支持するものとして，成長後に第2言語を獲得した者は，容易に語彙を習得することがあっても，統語法についてはしばしば能力が及ばない，ということがある．

　最後に，統語法の進化が訪れる．これについて，個々に分割できる要素を明瞭に指摘することはむずかしい．しかし，いくつかの段階は自明のように思われる．例えば初期段階は，言葉の解釈を制限しなければならない状況に応じて，単語を単純に結合することであったことはありうる．意味の曖昧さを排除する1つの単純な法則は，単語の順序であったろう．これは，現代の言語においても，むろんさまざまなやり方で用いられている．単語の順番に加わった改良は，単語を句によって，構造的に置き換えることであっただろう．これは，すべての今日的，あるいは歴史的に知られる言語において，ふつうに行われていることである．現代の言葉を作り上げている統語の最後の段階では，文章の中で離れている単語や句を支配する統語の法則，また，単語の語尾変化が含まれる．

　進化生物学の視点から，言語を解剖する努力は重要であるとともに有益でもある．重要性は，ヒトの言語のような複雑なものが，はるかに単純な要素から進化することが可能であることを明らかにする点にある．また，こうした努力の有益性は，現代の言語構造を分析することによって，言語進化を理解する方法を示唆する点にある．

　未来を予測することは常に危険を含む．しかし，次世代の人類進化研究者は表現型の進化に注意を向けていくだろう（例えば，ヒト脳のプロジノルフィンの働きについて行われているように）．どのような遺伝的変化が我々を他の霊長類と異なったものに変え，どのような遺伝的差異がヒトの個体差を作り出しているのだろうか．こうした疑問には，ほとんど答えようがないが，こうした疑問に答えるために必要な方法はゆっくりだが手に入っている．次章では，ヒトという種の歴史から視点を変え，ヒトにおける変異に，そして，それが医学やさまざまな社会的問題にどのように関連するかに注目する．

■ 要約

　進化遺伝学と古人類学は，ともに人類進化の大枠を明らかにしてきた．人類はチンパンジーに至る系統と，約500万〜800万年前に分かれた．現代人を生み出した進化的変化の非常に多くはアフリカで起こった．現代人は，その遺伝的由来について（すべてではないにしても）非常に多くを5万から10万年前の間に，アフリカに住んでいた比較的小さな集団から受け継いでいる．人類の人口動態についての歴史の大枠はよく理解されている．では，人類進化において，何が残された課題なのだろうか．

　ヒトについて独特と考えられる特徴は，それぞれが異なる

時代に現れ，その多くは，ヒトの直接の祖先から外れる人類種にも存在した。ヒト以外にヒト族の種は現存していないため，我々は，ヒト的な特徴をひとまとめにして考えるが，どの特徴について考えるかにより（例えば，道具の制作能力，脳の大きさ，あるいは二足性），絶滅種が生きていれば，より"サル的"な人類というものをみせてくれたであろう。言語学者のなかにさえ，ヒトの言語能力をいくつかの独立した段階に分割して分析する傾向が存在する。そうした段階の存在は，現代人の言語のさまざまな特徴，ヒト以外の動物のコミュニケーションの性質，言語障害を負った人に認められる特徴から，示唆されている。こうしたモザイク的進化パターンは，まさに我々が進化過程において予測するものである。異なる特徴は，ある系統における異なるグループにおいて，異なる環境に関連して，異なる時代に進化する。そうした特徴のいくつかは，その系統における単一の種に固有であり，いくつかは種の分岐以前に現れ複数種に存在する。こんにち，ホモ・サピエンスは唯一生き残ったヒト族であり，そのため，我々の特徴は，我々を他の霊長類から区別する独特な特徴群として見えているのである。

文献

化石記録

Lewin R. and Foley R. 1995. *Principles of human evolution*. Blackwell Science, London

Tattersall I. 1995. *The fossil trail: How we know what we think we know about human evolution*. Oxford University Press, Oxford.

人間らしさの遺伝学

Cavalli-Sforza L.L., Menozzi P., and Piazza A. 1994. *The history and geography of human genes*. Princeton University Press, Princeton, New Jersey.

人類集団における対立遺伝子頻度の変異が，進化過程を推測するうえでどのように用いられたかを示す包括的な総説。それぞれの大陸における人類集団の歴史について簡潔で理解しやすい概略も示されている。

Enard W. and Pääbo S. 2004. Comparative primate genomics. *Annu. Rev. Genomics Hum. Genet.* **5:** 351–378; Khaitovich P., Enard W., Lachmann M., and P滑bo S. 2006. Evolution of primate gene expression. *Nat. Rev. Genet.* **7:** 693–702.

これらの論文は，霊長類のゲノムとゲノム科学について，増加しつつある知見をレビューしている。ヒトの独特な属性の原因となった変化を特定するうえで役に立つかもしれないアプローチが強調されている。

Tishkoff S.A. and Verrelli B.C. 2003. Patterns of human genetic diversity: Implications for human evolutionary history and disease. *Annu. Rev. Genomics Hum. Genet.* **4:** 293–340.

ヒトの人口動態についての歴史の理解を遺伝学的分析がどのように助けたかについての最新のレビュー。第 26 章で取り上げる，医用遺伝学での遺伝的変異のパターンの意味を詳述している。

言語の進化

Pinker S. 1995. *The language instinct: The new science of language and mind*. Penguin, New York; Jackendoff R. 2003. *Foundations of language: Brain, meaning, grammar, evolution*. Oxford University Press, Oxford.

Pinker は，ヒトは生得的な"言語本能"もっているとする議論についてのわかりやすい根拠を述べている。Jackendoff はより詳細な説明を与えている。ともに，言語を用いるヒトの能力がどのように進化したかについて議論している。

CHAPTER
26

人類進化の現在の問題

　我々の現実問題への取り組み方でも我々自身に対する理解といった点でも，進化生物学には人間性に対して数々の，そしてさまざまな影響がある。この章では，人々の病気に対する感受性に影響する遺伝的多様性，そして病気の治療に向けた対応方法にまずは注目する。ここで，ヒト集団から得た大量の遺伝子データを理解し，それをどのように有効利用するか見つけるために，進化学的視点が必要となる。すると，より大きな問題が出てくる。ヒトの多様性の本質についても問われるし，この多様性が選択の働きによってこれまでどのようにヒト集団の中で広がり，またどのように今も広がっているのかが問われる。そこで他の生命現象に対してきたのと同じように，進化学的視点でヒトの病気や心理学を捉えることで，どの程度理解できたのか議論したい。

26.1 疾患の遺伝学的基礎

なぜ疾患遺伝学を学ぶのか？

　ここ何十年かは，病気の原因となる遺伝子の追究が遺伝学の中心であった。最初はメンデル遺伝病が集中して研究されていた。というのもメンデル遺伝病はほぼ，もしくは完全に単一遺伝子の突然変異によるものだからだ。嚢胞性線維症は *CFTR* 遺伝子の突然変異の2つのコピーが病気を引き起こすという，よく知られた例の1つである。この病気は，北西ヨーロッパ集団では最もありふれた常染色体性劣性疾患であるが，それでもかなりまれな病気で，だいたい2000人に1人の割合でみられる。最近では，もっと複雑な遺伝様式の一般的な疾患（common disease）の研究に注目が移ってきている。これら2つのタイプの病気の遺伝的要因を解明する動機はいくらか異なっている。メンデル遺伝病の場合は，突然変異が直接の疾患原因と考えて問題ないことが多い。そのため，突然変異に関する知識が直接治療に役立ったり，**遺伝子治療**（gene therapy）への道を開いたりする可能性さえある。遺伝子治療

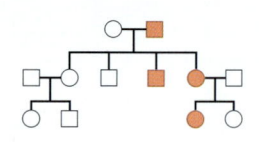

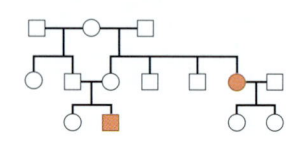

では，欠陥のある遺伝子に対して機能をもったコピーを供給すればよいのである。

一般的な疾患の遺伝的背景はそれほどはっきりしたものではない。しかしそのような病気はたいてい強く遺伝する。つまり患者の血縁者はその病気を発病する可能性が高い。しかし，病気の感受性を示す遺伝的変異は，めったに単一の遺伝子に起因するものではない（第14章）。そのかわり，複数の対立遺伝子が関与し，それぞれがいくらかずつ発病のリスクを高めている。リスクを高める対立遺伝子を見つけることが重要である理由は，おもに2つある。1つは，治療への道筋を示す可能性があるからである。もう1つは，特定の一般的な疾患について，個人ごとに発症のリスクを見積もることができる可能性があるからである。前者の例として，PPARgがある。PPARgは転写因子で，その遺伝子の翻訳領域には多型（対立遺伝子）がみられ，その対立遺伝子をもつタイプは，2型糖尿病の発症リスクと強い関連を示す。もし，その対立遺伝子が米国人集団に存在しなかったら，米国における2型糖尿病のリスクは現状よりも20％少なくなっていただろうと見積もられている。PPARg遺伝子から作られるタンパク質は実際，糖尿病治療に使われる薬剤の重要なターゲットの1つとなっている。もし現在，糖尿病の薬がまったく存在しなかったら，このPPARg多型から新薬が開発されたに違いないと思われる。

リスクの評価の臨床的な妥当性は，単純ではない。というのも，リスクの正確な予測のむずかしさと，そのリスクに関する知識をどう利用するかが曖昧だからである。最初に，メンデル遺伝病と複雑な一般的疾患について，その原因遺伝子がどのように同定されたかを説明し，次に，これらの問題についてより詳しく議論する。

メンデル遺伝病の原因遺伝子を位置決定できた

20世紀初頭にメンデルの業績が再発見されてからすぐ，いくつかの遺伝病が単一遺伝子の欠陥によって引き起こされていることがわかってきた。これらは疾患遺伝子が優性か劣性か，常染色体性かX染色体性かによって，家系図において特徴的な分離パターンを示す（図26.1）。当初，ヒトの病気は"先天的な代謝異常"によって引き起こされていると考えられていた（p.46参照）。すなわち必要な酵素をコードする遺伝子の欠陥の結果，命にかかわる生化学的経路に障害が起こるということである。生化学的な表現型から欠陥遺伝子が特定されることもある。例えば1934年にノルウェー人医師 Asbjørn Følling（アスビョーン・フェーリング）は精神遅滞の患者らのなかに，尿がカビあるいはネズミのような臭いのものがいることに気づいた。これはフェニルピルビン酸の増加によって起こることが示され，今日ではフェニルケトン尿症（PKU）として知られる生化学的異常の発見に繋がったのである。

古典遺伝学では，多型を示す分子マーカーと疾患遺伝子との連鎖を明らかにし，疾患の原因遺伝子を見つけるという方法がある。さまざまな分子マーカーを用いて，染色体に沿った遺伝子の物理的な配置に対応させて，直線状の遺伝子地図を作成する。血液型や色覚異常といった遺伝病と，マーカーとの相関を通して，ヒトで最初に連鎖の証拠が見つかったのは1930年代のことである。これらマーカーと病気を引き起こす対立遺伝子との間の組換え率を統計学的に推定する手法がその後何年かけて開発された（図26.2）。家系の中で発症した者は疾患遺伝子と連鎖したマーカーについて同じ対立遺伝子を共有していると期待してよいが，連鎖していない遺伝子座については発症した人々の間で特に対立遺伝子が共有されていないだろうと考えられる。そうした相関により，病気の原因となる遺伝子を特定の染色体領域に位置づけられる。しかし，利用可能なマーカーの数はきわめて少なく，そのうちの1つと疾患対立遺伝子が連鎖していることなどめったに起きないだろうから，最近までそうした

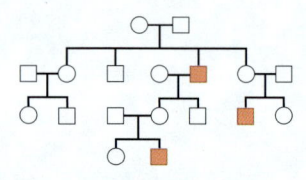

図26.1 ● 単一対立遺伝子が引き起こすまれな病気の典型的な遺伝パターン。○は女性，□は男性を示し，赤い記号は発症したことを表す。(A) 常染色体優性：発症者の親は少なくとも片方が発症していなくてはならない。片方の親が発症している場合，その子の半分が発症する可能性がある。(B) 常染色体劣性：通常，発症者の両親は2人ともヘテロ接合であり，それぞれふつうの表現型である。この組み合わせから生まれる子の4分の1は発症する。血縁者間の交配により生まれる子（例えば図の左側の発症者）は，両親がそれぞれの父母から疾患対立遺伝子を受け継いでいる可能性があるため，発症のリスクがずっと高くなる（Box 15.3参照）。(C) X染色体連鎖劣性：ヘテロ接合の母親（例えば最上段の左側の女性）には異常がないが，その息子たちの半分にはX染色体上に疾患対立遺伝子が受け継がれ，発症する。発症した男性の息子では発症しないが，娘は必ずヘテロ接合になるので孫の代では半分が発症する（例えば最下段）。

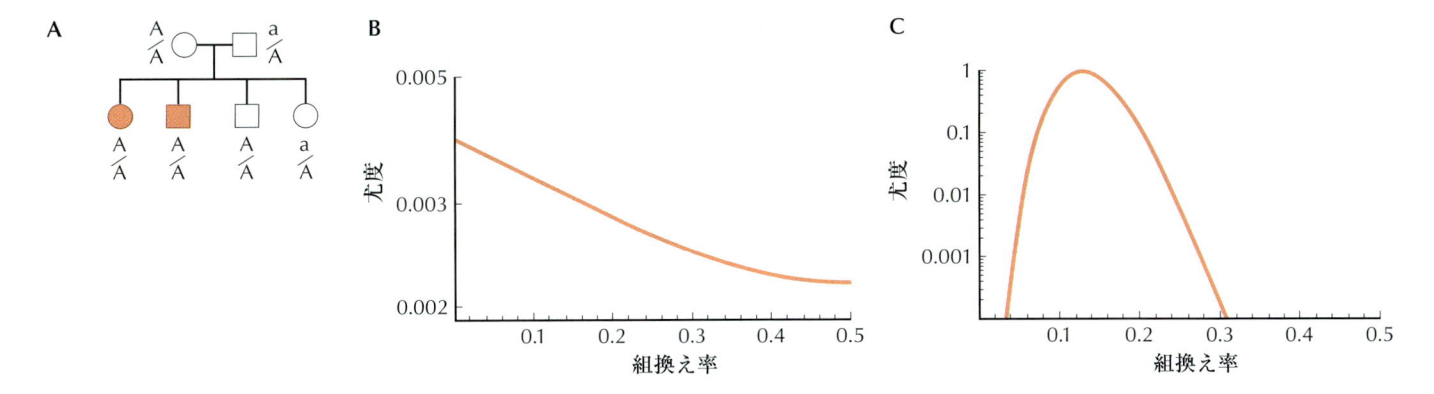

図 26.2 ■ マーカーと疾患遺伝子座の間の組換え率は家系図から推定できる．(A) 2 人の兄弟姉妹がまれな常染色体劣性対立遺伝子によって引き起こされた病気に罹っている（色つきの記号）．両親は 2 人とも疾患対立遺伝子についてヘテロ接合であるはずである．家族はマーカー A と a について遺伝子型がわかっている．父親と娘の 1 人はヘテロ接合である（○が女性で，□が男性）．(B) この遺伝様式がマーカーと疾患遺伝子座の間の組換え率の関数として観察される確率．これは組換え率の尤度として知られる．ここではデータセットがとても小さいために，マーカー A が疾患対立遺伝子に連鎖して完全連鎖が起こっているとき（左側で $r = 0$ のとき）が最も尤度が高くなる．しかし連鎖がまったくないこと（右側で $r = 0.5$ のとき）の尤度がそれほど小さくなるわけではない．(C) データ量がもっと増えたとき（ここではマーカー A について長さが同じ 200 組の家族），よりよい推定ができる．最も確率の高い推定値は $r = 0.13$ である（グラフのピーク）．データは $r = 0.1$ でシミュレーションされたため，ある程度正確である．尤度は最大が 1 になるように振られている．QTL マッピングの過程でのこの方法について，第 14 章（pp.432〜435）にさらなる詳細があるため参照されたい．

手法はほとんど実用性がなかったのである．しかも，疾患対立遺伝子の染色体上の場所が正確にわかったとしても，原因となっている遺伝子そのものを特定する方法がなかったのである．

1980 年代になると遺伝子操作技術（p.62 参照）の発達により，疾患遺伝子を探し特定するのに，古典遺伝学的な方法が利用できるようになった．基本的に無数に存在する多型遺伝子マーカーが利用できるようになり，まず，そのマーカーを高密度に配置した遺伝子地図が作成された（Box 13.3）．次に，位置が明らかになった遺伝子を直接操作することが可能になった．相当する位置のゲノム領域を微生物のクローン内に挿入して，配列を決定できるようになったのである（p.62 参照）．この新しい技術は**逆遺伝学**（reverse genetics）として知られるようになり，やがてもっと一般的に**ポジショナルクローニング**（positional cloning）と呼ばれるようになった．

ポジショナルクローニングで必要となる重要な情報に，ヒト染色体全体をカバーする遺伝子マーカーの地図がある．この地図は最初，**制限酵素断片長多型**（制限断片長多型，restriction fragment length polymorphisms）（Box 13.3）を用いて作成されていた．**物理地図**（physical map）と**遺伝地図**（genetic map）の両方を作成するという目的は，ヒトゲノム計画の大きな原動力となった．物理地図の作成には，研究者がゲノムのどの部分の配列を調べているのかを大まかに判断できるようにするため，ゲノム全体にわたる独特の配列に関する知識が必要だった．遺伝地図の作成には，より緻密な遺伝子マーカー群と，それらの間の組換え率を推定することが必要であった．

緻密な遺伝子マーカー群が利用できるまでは，**量的形質遺伝子座**（quantitative trait locus, QTL）でもそうであったように（第 14 章），メンデル遺伝病の原因遺伝子を探すのはきわめ

て労力のいる作業であった。家系図から得たデータの連鎖解析では，疾患遺伝子の局在は最良でも1 cM（センチモルガン）以内にしか絞り込むことしかできない（ゲノムの1 cMの領域は，数世代程度の家系では減数分裂によって分割されることはあり得ない。したがって，マーカーをこれ以上高密度にしても，得られる情報はほとんど増えない）。ヒトゲノムでは，1 cMの領域はだいたい1 Mb（メガ塩基）の配列に相当する。現在の標準技術をもってしても，これでは病気を引き起こす突然変異を探すにはあまりに膨大なDNA量になってしまう。通常，この大きさの領域にはおよそ10個の遺伝子がある。初期のころ，研究者は，例えばアミノ酸配列をコードしている領域の真ん中に終止コドンを出現させる突然変異のような，なんらかの明らかな病気の原因を求めて，予想される領域内を詳しく調べた。これで見つからない場合には，解析する家系の数を増やすか，あるいは関連解析という手法を使用して探索を続けなくてはならない。関連解析については以下で議論する。

　ヒトゲノム計画（Human Genome Project, HGP）で，ヒトゲノムの完全解読をめざした大きな動機の1つは，それにより，ゲノム領域上の遺伝子の位置がわかれば，疾患遺伝子の最終的な特定が容易にからであった。HGPにより，多くのヒト遺伝子を特定し，既知あるいは推定の機能を遺伝子に割り当てることができたのである。したがって，いったん疾患遺伝子の位置が，何百万塩基対の領域に決められれば，そこに何の遺伝子があるかを調べ，患者の遺伝子のエキソン配列だけを特定することができ，そして病気の原因である突然変異を見つけることに至ることが多くなるのである。かつてはそうした遺伝子の探索に大学院生が何年も年月を費やし，たまたまそれが見つかるか否かで就職も左右されるといった時代があったわけであるが，今では新しい家系を探し，病気の原因になる単一遺伝子がそこにあるはずだと示し，その原因遺伝子を見つけるといった過程が，わずか1か月ほどでなしとげられるようになった。HGPが提供してくれた道具のおかげで，かつては最先端の科学であったものの多くが，今では日常的なお決まりの作業になってしまった。こうして，今では1200以上のメンデル遺伝病に対応した遺伝子が特定されている（図26.3）。

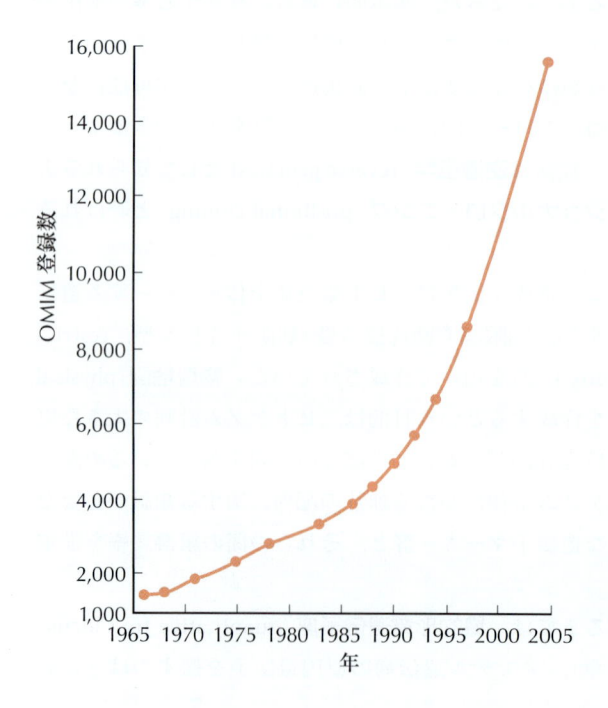

図 26.3 ・ OMIM（Online Mendelian Inheritance in Man）データベースに載せられているメンデル遺伝をする遺伝子の総数を1965年から示す。2007年1月までに17,238個の遺伝子が同定されている。そのうち，約1200個がメンデル遺伝病に対応した遺伝子として特定されている。

遺伝子マーカーと表現型の関連は，複雑な形質の遺伝的背景を教えてくれる

　疾患原因遺伝子の特定における人類遺伝学者らの成功は特筆すべきもので，HGP が直接もたらした成果のなかで最もわかりやすいものである。とはいえ，明らかなメンデル遺伝を示す病気はまれなので，それに罹患する人々が少ないという単純な理由から，このような成功は人類集団全体の健康問題をあまり大きく変えていないかもしれない。それに対して，喘息，糖尿病，肥満，心血管障害や精神障害といった一般的な疾患には大勢の人がかかる。これらの病気に対する感受性は遺伝するが，単純なメンデル遺伝には従わない。それどころか，多くの遺伝子の影響を受ける複雑な疾患であり，環境要因との相互作用はほとんどまだ解明されていない。人類遺伝学者らにとっての課題は，そのような複雑な形質の遺伝的な背景を決める方法を見つけることなのである。

　前節では，現在，メンデル遺伝病の原因遺伝子ならば基本的に，病気と遺伝子マーカーとの相関を家系内で調べることにより原因遺伝子のマッピング（位置決め）が簡単に行えることをみてきた。第14章では，このような手法（すなわち，交雑実験や家系における遺伝子マーカーと表現型との相関を調べること）が，複雑な形質の多様性を生む原因である量的形質遺伝子座（QTL）のマッピングにどのように使われるのかを説明してきた。しかし，次のような理由により，ヒトやあらゆる自然生物集団では，この手法を使うのがずっと困難になる。すなわち，管理された交雑実験で膨大な数の子孫を扱うわけではなく，小規模な家系で観察しなければならない。異なる対立遺伝子は，別々の系統に分離している。環境は制御できないまま変化する。こうした事情により，上述の方法を使って家系図の観察のみから複雑な遺伝学的背景をもった疾患の原因となる量的形質遺伝子座をマッピングすることは，実際は不可能である。しかも家系内で組換えが起こる回数はごく限られており，そうした方法で，約 1 cM 以上の正確さで遺伝子の位置を決めるのは原理的に不可能なのである。

　現在，**関連解析**（association studies）が，一般的な疾患の遺伝的背景を研究するのに最も有望な方法であると広く認められている。というのも，関連解析は原理的に，緩やかな効果の対立遺伝子を検出し，位置を決めるための統計的検出力に優れているからである（図 26.4）。この方法では，近縁な家系内でではなく，集団全体での関連を探すことになる。通常は**ケース・コントロール・デザイン**（case–control design）が使われるが，そこでは症例試料の遺伝子型を，できるだけ同じ集団から選んだ対照試料の遺伝子型と比較する。つまり，対照試料は社会階級や民族などを一致させるのである。

　関連解析には，直接法と間接法という 2 つの方法がある。直接法では，観察している遺伝子の変異が病気を引き起こすと仮定する。したがって，例えば，アミノ酸置換を起こすエキソン内の変異や，mRNA のスプライシングを変えてしまうイントロン・エキソンの境界の変化，もしくは遺伝子発現に影響することがわかっている調節配列の変化に注目する。しかしながら，この方法には深刻な問題がいくつかある。第 1 に，このような変異は多型を示して膨大な数が存在するため，量的形質遺伝子座の研究によれば，遺伝子内のどの変異が真に病因となるのか決めるのは非常に困難であることが示されていることである（pp.435〜436 参照）。ショウジョウバエの *Adh*（アルコール脱水素酵素遺伝子）を調べた例では，緊密に連鎖した複数の変異が形質に影響を与えるように相互作用をしている結果が得られた（図 14.27）。2 点目の問題は，非コードゲノムの（少なくともコード配列に匹敵するくらいの量の）かなりの部分が進化的に制約を受けていることである（p.589 参照）。このことは，疾患感受性に影響する変異のうち非コード領域に存在するものも多い可能性があり，遺伝子調節に関する我々の限られた知識ではそれらを同定できないということを示唆している。量的形質に

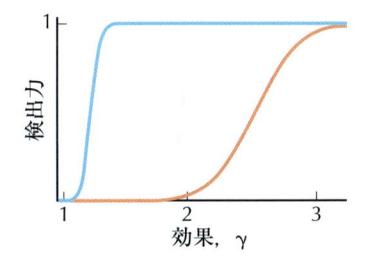

図 26.4 ● 集団全体での疾患とマーカーの相関に基づいた研究は，家系内での相関だけを用いた研究よりも連鎖の検出力が強い。グラフは発症した同胞対の 1000 組の家族を調査したとき，ガンマ（γ）因子によって発症リスクを増加させる対立遺伝子を検出する確率を表している（この確率が統計的検出力と呼ばれる）。赤い曲線は対立遺伝子を共有する同胞の発症者に基づいて得られた結果を示している。この検査は家系内の相関を含んでいるだけなので比較的検出力が弱い。対立遺伝子は発症リスクを約 2.5 倍程度まで高める場合に限って検出されるようである。青い曲線は**伝達不平衡検定**（transmission disequilibrium test，TDT）で得られた結果を示している。これは発症した子に過剰に伝達された対立遺伝子を探すものである。集団全体では相関（例えば連鎖不平衡）が一定であることが必要であり，原理的には発症リスクを約 25% 高める程度の対立遺伝子でも検出できる。

表 26.1 ■ 疾患の表現型に潜む突然変異のタイプ別相対頻度

変化	数	全体に対する割合
欠失	6,085	21.8
挿入/重複	1,911	6.8
複雑な再配列	512	1.8
反復数の変異	38	0.1
ミスセンス/ナンセンス突然変異	16,441	58.9
スプライシング	2,727	9.8
調節	213	0.8
合計	27,027	100.0

データは，Human Gene Mutation Database (June 2002)；http://www.hgmd.cf.ac.uk による。

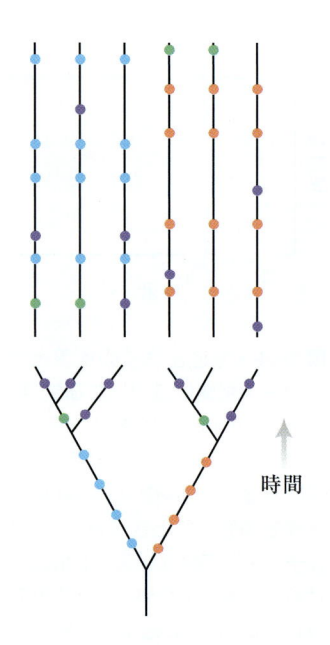

図 26.5 ■ どんな短い遺伝子の領域も共通の祖先への系統を共有している（下段）。抽出された 6 つの配列を上段に示している。これらは，ここに至るまでの系統の過程で生じたなんらかの突然変異をもっている（色つきの点）。各突然変異はゲノム中の固有の位置に生じたと推定される（すなわち**無限座位モデル**［infinite-sites model］）。配列は系統の 2 つの主要な枝によって 2 つの別々のハプロタイプに分けられる。ハプロタイプは赤色か水色の突然変異のいずれか 1 つを評価することで決定できるが，そのためにこれらの突然変異はタグつき一塩基多型（tSNPs）として働く。

影響する実際の配列変異が同定されているわずかな例では，しばしばタンパク質配列を変化させず，あらかじめ立てておいた候補と一致しないことが多いという事実もこれに矛盾しない（例として pp.339 〜 340，345，434 〜 440 参照）。

直接法はメンデル遺伝病の治療経験から考案されたものだが，メンデル遺伝病では原因となる突然変異のかなり多くがタンパク質配列を変化させることがわかっている（表 26.1）。しかし，メンデル遺伝病での経験は，複雑な一般的疾患にはあてはまらないかもしれない。メンデル遺伝する突然変異が表現型へ及ぼす影響は強く，患者に痛手を与え，しばしば早期に死に至る。一方，一般疾患に影響する対立遺伝子はおそらく特定の環境においてのみ，罹患する可能性をわずかに変動させる程度である。このように作用する変異はメンデル遺伝病の原因となる変異とは系統的に異なるものである。以下ではこの話題をより詳細に議論していく（pp.833 〜 837）。

関連解析は連鎖不平衡に基づいている

関連解析における間接法は，どの多型が最も病気を引き起こしそうかについての仮定に基づいていない。それよりも，緊密に連鎖した多型にはしばしば互いに統計的に相関がみられるという事実に頼っている。このような相関を，**連鎖不平衡**（linkage disequilibrium）の状態という。緊密に連鎖した部位は同じ祖先を共有している傾向があるために，多型パターンも同じパターンになることは第 15 章でみてきた（図 26.5）。連鎖不平衡の存在しない状態では膨大な数のマーカーの組み合わせが想定されるが，通常はそうではなく，ほんの少数の**ハプロタイプ**（haplotype）が分離するのである。

隣接する多型間に強い連鎖不平衡が存在することは，関連解析に 2 つの影響を及ぼす。1 つ目は上述してきたような直接法を不可能にするということである。通常，いくつかのマーカーがすべて病気に強く関連を示す結果が得られる（図 26.5）。第 14 章（pp.435 〜 438）でもみてきたように，純粋に統計学的な議論からこれらのうちのどれがほんとうに病気を引き起こしているのかを説明することは原理的にできない。やはり，実験的な証拠がいくらか必要となる。2 つ目に，ゲノムの各領域でほんの少数のハプロタイプが分離するだけなので，その中に含まれるマーカーすべてについて詳しく調べる必要がない。**タグつき一塩基多型**

(tagging single-nucleotide polymorphism, **tSNP**) と呼ばれるマーカーのセットを適切に選ぶことによって，効率よくハプロタイプを区別することができる（図 26.5，図 15.15 も思い出されたい）。この考え方が，HapMap プロジェクトの大きな動機となっているが，HapMap プロジェクトでは tSNP の選択が容易になるようにヒトゲノム全体の連鎖不平衡のパターンを見つけることが求められている。

最近は，関連研究がこの HapMap データを用いて行われるようになっており，タグつき多型のセットにより，ヒトゲノム全体にわたる遺伝的多様性が表されるので，そのセットを選択すればよいことになっている。北ヨーロッパで抽出されたサンプルによれば，30 万個の SNPs により，大方の多型が表されることが示された。例えば，多型の 80% 以上は，相関係数 0.8 以上で tSNPs の少なくともどれか 1 つに相当する。このことは，ヒトゲノム中の総数 1000 万個の SNPs のうち 800 万個が，検出力の低下がごくわずかであるが，tSNPs で表せることを意味している（ここでは SNPs を，小さい方の対立遺伝子頻度が 1% 以上であると定義している）。ところが，西アフリカからのサンプルで得た結果はもっと悪い。これは，アフリカ集団では他の非アフリカ集団よりも連鎖不平衡が少ないことがわかっているが，このことによる。したがって，同程度の統計的検出力でこれらアフリカ集団のマッピング研究を行うには，より多くの多型が必要となる。

間接法に基づく関連解析の効率は，連鎖不平衡が遺伝子地図上でどの程度分布しているかによる。この問題に関しては，ここ数年で熱心に研究がなされてきた。第 15 章でみてきたように，連鎖不平衡は集団の大きさが一定で，組換え率が一定の単一で均質な集団の**標準中立モデル**(standard neutral model) で期待されたよりも，はるかによく広がっていることが明らかになってきた（図 15.20）。この広範な連鎖不平衡は，数 kb のブロックといったゲノム内の長い範囲にわたって，祖先を共有していることを反映している。こうした食い違いはある程度，集団の分集団化や過去のボトルネック（びん首）効果，そして度重なる選択一掃が原因になっている可能性がある。しかし連鎖不平衡のパターンをとらえるのに欠かせない要素は，**組換えのホットスポット**(recombination hot spot) の存在であるのは明らかである。交差は特定のポイントに集中して起こっており，そのためにホットスポットとホットスポットの間の長い領域がそのまま維持され，連鎖不平衡が保たれてきたのだろう (p.472)。

広範な連鎖不平衡が存在することは，関連解析に好都合のこともあれば，不都合のこともある (p.472 参照)。一方では上述したように，他の方法よりもずっと少ないマーカーの使用で個人間の変異を記述することを可能にする。もう一方では，組換えが起こらない領域であるハプロタイプブロックの平均的な長さよりも近いところに位置する対立遺伝子の場所を特定することを不可能にしている。そのようなブロック内では，区別できない候補部位がいくつかあるのがふつうである。この章の後半では，そのような限界が関連解析の潜在的な有用性にどれほど影響するのかをみていきたい。

量的形質との相関をゲノム内で探すのはむずかしい

関連解析を行えば，任意の病気に影響を与える多型が存在するという仮説を容易に検証することができる。このやり方は，そのような検証対象となる仮説がほんのわずかならば単純でわかりやすいであろう。しかしヒトゲノム内には 1000 万ほどもの多型があると推定されている。地球上の 60 億人について，点突然変異が 1 世代あたり 1 座位につきおよそ 5×10^{-9} の割合で生じるとしたとき，その違いが致命的にならなければ，ゲノムのほとんどの部位が少なくとも一部の個人の間では異なっているということになる。このように多くの変

動部位のうちどれがほんとうに病気に影響しているのか，どうしたら見つけ出せるのだろうか。

　原理的には，ゲノム中に無作為に散ったマーカーとの相関をただ探すだけで，量的形質に影響する領域は見つけ出せる。上で議論してきたような家系研究では複雑な形質の原因となる遺伝子の位置を正確に定めることができないわけであるから，集団全体でのマーカーと病気との相関を利用するという関連解析の発想は魅力的である。しかし，厄介でおそらく対処不可能な障害が含まれている。

　最初の困難は，膨大な数のマーカーとの相関に対し統計検定を行うと，偶然に，明らかに有意な結果が非常に多く得られてしまうことである。定義によると，相関がないという**帰無仮説**(null hypothesis) の下であっても，$p < 5\%$ で20回の検定ごとに1回で"有意"となることが期待される。これは，何度も検定を行うと，どの1回の有意水準の閾値もずっと厳しくなることを意味する。その結果，統計の"ノイズ"の中でほんとうの相関が検出しにくくなるのである。この点は，アルツハイマー病と**候補遺伝子**(candidate gene) の相関を再現しようと試みた研究によく表れている。アルツハイマー病を121例扱った症例試料をスコットランド人集団の152例の対照試料と比較したところ，病気に影響しそうだと思われた54個の遺伝子についてマーカーが得られた。これらの遺伝子のうち13個については，別の研究でアルツハイマー病との相関を示すとの報告がすでにあった。全体としてみれば $p < 5\%$ の有意水準で2.8%の検定が有意になるが（単に偶然によると期待するよりはわずかに小さい程度），同じ人口集団から新しい試料を得て行った追跡研究では，最初は有意であった検定のうち1つを除いてすべてが有意でない結果になった（図26.6）。この研究で問題となったのは，*ApoE*4 対立遺伝子である。この遺伝子は家系調査でも集団調査であっても多くの研究でアルツハイマー病のリスクを高めることに強く関連していることが示されてきている。この研究においても実際に病気との強い関係を示したが，多重検定では，この相関はかろうじて有意であるという程度に弱まった。大事な点は，研究の対象が54個の候補遺伝子からゲノム全域にわたる何千個ものマーカーに広げられた場合，この統計学上の問題がいっそう深刻なものになるということである。

　関連解析で制限となる要素は遺伝子マーカーの数ではなく，むしろ試料中の個体数である。したがって，各個人のDNA塩基配列を完全に把握したとしても，問題を解決することはほとんどできない。遺伝的に均一な集団では，弱い相関関係は十分な数の試料を用いれば検出することができるようになるだろう。しかし実際の集団は不均一なので，これは現実的には不可能である。一方，複雑な疾患の原因となる実際の遺伝子の変異は，集団によって変動し，環境に依存している部分もある。このことは家系研究においては利用できる特徴で，ある形質について明らかに遺伝していることを示す家系があれば，その家系を用いて原因遺伝子の特定を行うことがある。しかし，含まれる遺伝子や対立遺伝子は家系ごとに変わり，各対立遺伝子あるいは遺伝子が集団内変異に対してどの程度寄与するかという点でみると，取るに足らないものとなる。一方で，集団が，実際に遺伝的に異なる集団の混合で成り立っていたとすると，偽の相関関係ができてしまうという問題が起こる（第16章，pp.489～492）。例えば米国では，ヘモグロビンS鎌状赤血球の対立遺伝子は，アフリカ系アメリカ人集団に一般的なマーカーならばどんなマーカーとも相関している。

　遺伝子変異を組織的に探し出すことができるようになったのは比較的最近のことであり，多くの人が，一般的な疾患の遺伝学的研究はまだ始まったばかりの段階であると考えている。この学問分野は方法論的な弱点をもっていることや，否定的な結果よりも肯定的な結果の方が公表されやすいという出版バイアスに相当苦しめられている。ちょうど話題にしてい

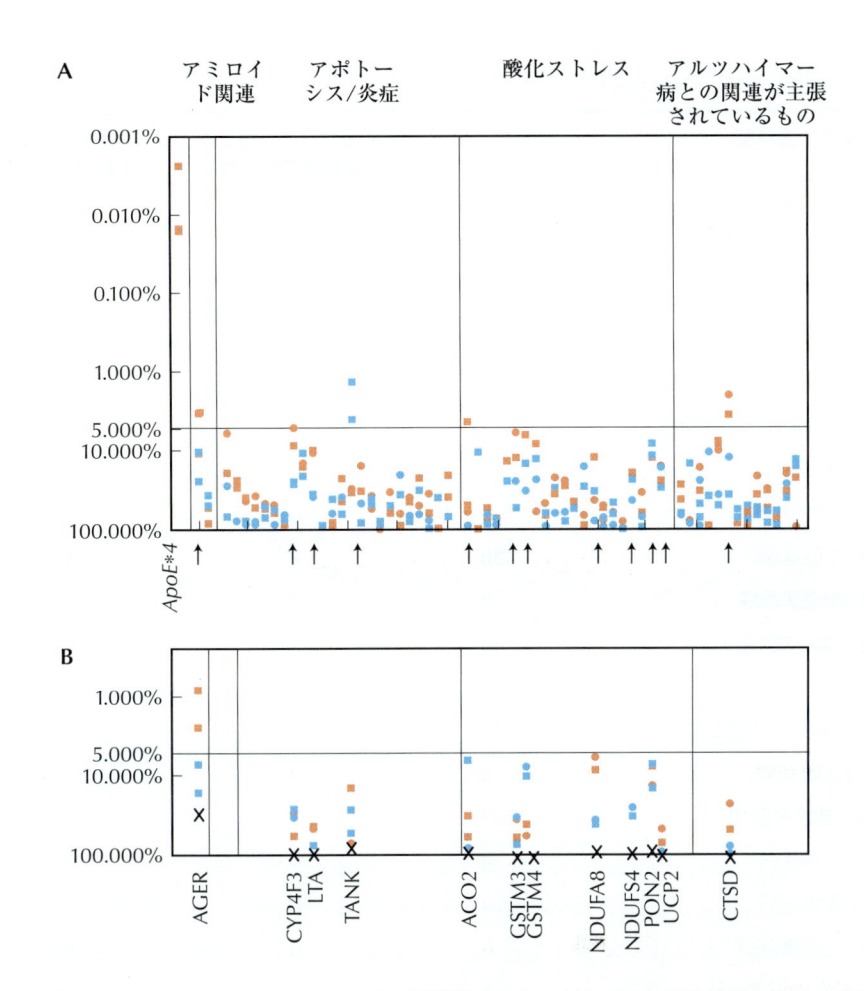

図 26.6 ▪ 遺伝子マーカーとアルツハイマー病の相関研究から，さまざまな統計検定を結びつけることのむずかしさが明らかになっている。（A）1対1で検討した相関の統計的有意性。研究された54個の遺伝子は機能の異なる4群に分けられた。一番下側には先行研究で有意な相関を示した13個の遺伝子を示している。Aでは初期の調査結果が，Bでは別の試料とマーカー群を用いた追加調査の結果が示されている（上図で↑で示されたところ）。最初に有意性を示した遺伝子については，$AGER$ が唯一，追加調査でも有意なままだった。Bにおいて×印は，多重検定に適当な補正を行った後の p 値を示している。有意なものはなかった。

るアルツハイマー病の研究でみたように，期待される相関は通常再現性がない。これは大規模な研究でも避けられない統計学上の誤差によるものであると同時に，研究対象の集団間にもともと異質性があるために予測されることである。それでも数々の研究の解析によれば，相関は偶然のみで起こると期待される以上に再現されており，これらのよく研究されている相関の約半数は特定の一般疾患に罹るリスクを上昇させることと相関しているマーカーを真に示すものである（表 26.2）。同様に，処方薬に対する反応に影響すると考えられている約70個の変異もある。ゲノム全体での変異を疾患のリスクに結びつける研究はまだあまりなされていないので，大規模な研究が今後実行されるにつれて，多くの変異が同定されるだろうと考えるのは妥当に思える。この章の後半ではそのような変異がどれほど有用かを議論する。

一般的な疾患に対応する一般的な変異はあるのか？

病気を引き起こす変異の性質について知らずに，これを探すための最適な戦略を考え出す

表 26.2 ▪ 関連解析はどれくらい再現可能か

相関遺伝子，表現型	研究数(合計)	($p < 0.05$)で原報と同じ結論の研究数	($p < 0.05$)で原報と逆の結論の研究数
ABCC8, 2型糖尿病[a]	9	1	1
ABCC8, 2型糖尿病[a]	4	2	0
ADD1, 高血圧	18	5	2
APOE, 統合失調症	12	0	1
BLMH, アルツハイマー病	5	0	0
COL1A1, 骨粗鬆症性骨折	12	5	0
COMT, 双極性障害	12	0	0
COMT, 統合失調症	9	0	1
CTLA4, 1型糖尿病	20	8	0
DRD2, 統合失調症	8	2	1
DRD3, 統合失調症	48	5	2
GSTM1, 乳がん	15	0	0
GSTM1, 頭部/頸部がん	25	3	1
GYS1, 2型糖尿病	3	0	1
HTR2A, 統合失調症	28	3	1
INSR, 2型糖尿病	4	1	0
INSR, 2型糖尿病	4	0	0
KCNJ11, 2型糖尿病	6	0	0
NTF3, 統合失調症	7	0	0
PON1, 冠状動脈疾患	14	5	0
PPARG, 2型糖尿病	14	4	1
SERPINE1, 心筋梗塞	13	1	0
SLCA1, 2型糖尿病	3	2	0
SLCA2, 2型糖尿病	3	0	0
TPH, 双極性障害	5	0	0
合計	301	47	12

Lohmueller K.E. et al. 2003. Nat.Genet. 33: 177-182 (© Macmillan Publishers) の Table 1 より。
[a] ABCC8 への2つの項目は，1行目・2行目がそれぞれイントロンとエキソンでの変異に対応している。
マーカーと複雑な疾患の間の相関25個の調査から合計301個の追跡調査が行われていたことがわかった。これらのうち59個が5%水準で有意であり，最初の調査が"偽陽性"であった場合に期待される数（$301 \times 0.05 ≒ 15$）よりもずっと多かったが，それでも少ないといえる。それよりも，その後の有意な結果の多くが逆の結論になっていた。有意な再現は11個の相関に集中しており（太字のもの），これらの相関の約2分の1がほんとうに存在していることを示唆している。

のはむずかしい。大事な問いの1つは，そのような変異がヒト集団内でまれなのか頻度が高いかである。我々は選択肢として2つのシナリオを描くことができる。1つは，一般的な疾患の負荷のほとんどに寄与する突然変異が，まれなメンデル遺伝病の原因となる突然変異と同様にふるまうだろうというものである。それらは有害であろうし，そのために選択によっ

て速やかに除去されるだろう．したがってそれぞれの突然変異はまれなままで，それが出現した地域集団に特異的になるだろう．もう1つのシナリオは，一般的な疾患に寄与する遺伝子変異は，まれなメンデル遺伝病の原因となる変異よりもはるかに集団内で一般的（高頻度）になるだろうというものである．こうした変異は事実上中立かもしれず，集団に広まっている途中か，または集団から排除されつつある段階かもしれない．もしくは**平衡選択**(balancing selection)のようなもので維持されているのかもしれない(pp.513, 582 参照)．

　もちろん，どんな種類の変異が遺伝的に複雑な形質の原因となっていて，それらにはどのような選択が働いているのかという問いかけは，進化生物学では一般的なものである．第多くの集団で，ほとんどの形質にみられるような，広く行きわたった遺伝性の変異を維持しているものが何か，第19章でみたように，一般的には我々はまだほとんど知らない．特に，変異に関する**古典仮説**(classical view)と**平衡仮説**(balance view)の対比は集団遺伝学の初期から存在し(p.36 参照)，いまだに解決されていない．しかし，いくつかの例では，平衡選択に関してよく明らかにされており，それは，病気（例えば鎌状赤血球貧血［Box 14.1］や**主要組織適合遺伝子複合体**［major histocompatibility complex, MHC；pp.583, 751］）に対する反応としての進化や，病原体とその宿主の間の連続的な共進化からさらなる自然選択が生じてくる例である(p.549 参照)．

　病気に対する感受性を増加させる変異は適応度を低下させるので，一般的には量的な変異と異なるといわれるかもしれない．それは，単一の優性の対立遺伝子が早期に発症を引き起こし，重篤な病気の原因となっているときには明らかに正しい．しかし，病気にかかりやすくさせるだけの対立遺伝子の場合，そうしたものの多数が適応度を低下させるかどうか，あるいは，過去において実際に適応度を低下させたかといったことはまったくわからない．もし対立遺伝子が，病気を発症するリスクを実質的に高める（例えば人口の5%に影響する）としても，適応度では穏やかな減少が起こるくらいであり，それも他の未知の効果の方が上回るかもしれない．繁殖年齢以降に発症したときの影響は，直接的にはまったく選択が働かない(pp.607～609 参照)．例えばハンチントン病は，中年期に早期の老衰を引き起こす優性の突然変異によるものである．しかし，単一の突然変異が何世代にもわたって起こり，多数の症例がみられるので，突然変異が著しく繁殖適応度を低下させていることはないということが明らかである．病気が劣性の対立遺伝子によって引き起こされる場合には，ホモ接合であることの有害な影響は，ヘテロ接合の有利さを上回ることがなく，通常はもっと多く存在する（**ハーディ・ワインベルグの式**［Hardy–Weinberg formula］から，対立遺伝子頻度 p が小さいとき $2p(1-p) \gg p^2$ が成り立つ）．わかりやすい例は，ヘモグロビンSの対立遺伝子の例で，ホモ接合体が鎌状赤血球貧血により死ぬことが，ヘテロ接合体がマラリアに対する耐性をもつことと釣り合っているのである(図14.13)．

　現代人はついこの前まで存在した祖先たちに比べて，きわめて異なった環境に暮らしている．したがって一般的な疾患は，対立遺伝子と環境との不一致の結果起こっているのかもしれない．いったんよく適応した対立遺伝子が，より適応的な対立遺伝子に取って代わられている途中かもしれないが，集団中でまだ高頻度なのかもしれない．"一般的疾患−一般的変異"仮説を支持するためによく引用される例として，*ApoE*4 対立遺伝子が挙げられるが，これはそのような不一致の例になっているようだ．*ApoE*4 対立遺伝子は冠状動脈疾患やアルツハイマー病のリスクの増加と関連しており，異なる人類集団間でその頻度がおよそ10%から40%と幅がある．特徴的なのは，この対立遺伝子が，長く農業を営んできた集団においてまれなことである．*ApoE*4 は我々の祖先の栄養が不足がちな環境では都合がよかったが，現在の発展した世界での高栄養の食事をとる環境では有害になるのである．しかし，一般的

な疾患の根底にある対立遺伝子については，ごくわずかな例以外ほとんどわかっていない。このように，どのような種類の変異が最も重要なのか知るのは現在のところはまだむずかしいのである。

　遺伝子機能を破壊する対立遺伝子はおそらく有害になりそうであるとの主張があるかもしれない。結局のところ，長期的にみれば，どんな機能的な遺伝子も正の選択によって維持されているに違いない。ただし，まれなメンデル遺伝病の原因となる対立遺伝子のほとんどが遺伝子機能を破壊しているのに対し（表26.1），量的形質に影響する対立遺伝子の場合のように，一般的な疾患の背景にある対立遺伝子はわずかな作用しか及ぼさないと考えられる（図14.29）。また，機能の喪失が，環境が変化した場合に有利に働くこともある。すでに述べたCCRΔ5の欠失がそのよい例で，これはウイルスが免疫系細胞に侵入するために利用しているのだが，受容体分子の除去により，**HIV**（**ヒト免疫不全ウイルス**[human immunodeficiency virus]）の感染が防がれているのであった。この対立遺伝子は過去の病気も同様の方法で防いだために，ヨーロッパ集団では頻度の高いものになっているのだろう（p.469参照）。

　これらの遺伝的な興味のほかに，ヒトの病気を引き起こす変異の特徴から，実際的な示唆も得られる。個別にはまれなさまざまな突然変異が無数にある（図26.7B）のではなく，少数の頻度の高い変異だけが関係している（図26.7A）のなら，集団解析に基づく遺伝子マッピングははるかに簡単になるだろう。我々は一般的な疾患の遺伝的制御についてはほとんど知らないが，単一遺伝子座により引き起こされる単純な疾患の遺伝的制御についてはかなりのことを知っている。メンデル遺伝病の原因となる多くの遺伝子座には，さまざまな対立遺伝子が存在し，同じ遺伝子座にあるさまざまな突然変異が病気の原因となる。典型的な例として，SCN1A遺伝子にある多くの異なる突然変異がメンデル遺伝病の癲癇を起こしていることが実証されている。重症の癲癇を発症した93人の幼児に関する研究では，33人にタンパク質配列を変化させる突然変異があることがわかり，そのほとんどすべてが異なっていた。このような不均一さは予想されることである。さまざまな影響を及ぼすあらゆる不規則な突然変異が生じ，選択によって確立されてきた既存の機能が低下する（pp.551〜554参照）。

　単純なメンデル遺伝をする病気の原因となる突然変異の多様性は，一般的な疾患が頻度の高い一般的な変異に影響されている可能性を排除するものではない。もし，医学的に重要な形質の変異が，有害な突然変異によるよりもむしろ平衡選択の副次的な影響だとすれば，各遺伝子座にほんの少しの対立遺伝子が見つかるように思われる。これらの対立遺伝子は集団内で共存することができるような特別の性質をもっているに違いなく，そのためにそれぞれの対立遺伝子には長期にわたってかなりの中立的な変動が蓄積していると思われるが，同時に，均質な生物学的特性も併せもっていると考えられる。特に，同じ遺伝子の対立遺伝子はみな，病気のリスクについて同じ効果をもっているであろう（図26.7A）（これは決して当然のことではない）。ある種の平衡選択は，例えばMHC遺伝子座や植物の**自家不和合性**[selfincompatibility]遺伝子座といった遺伝子座では，多くの別々の対立遺伝子を維持することができる[p.583参照]）。

　一般的な疾患が最初は有害な対立遺伝子に影響されたとしても，これらの対立遺伝子がまれなメンデル遺伝病の原因遺伝子よりもずっと頻度が高くなる可能性もある。深刻な病気を引き起こす突然変異は強い選択によって速やかに排除され，消滅する前に少数のコピーを残すだけであろう（sを突然変異に対する選択係数としておよそ$1/s$）。対照的に，死亡率に少ししか影響しない突然変異はあまり強い選択を受けず，したがって長く存続し，集団中で高頻度に達することになる。そのうえ，近年の人類人口の膨張がこの違いを目立たせている。弱有害な対立遺伝子（例えばsが1％未満）は通常，集団がずっと小さかったときまでに何百

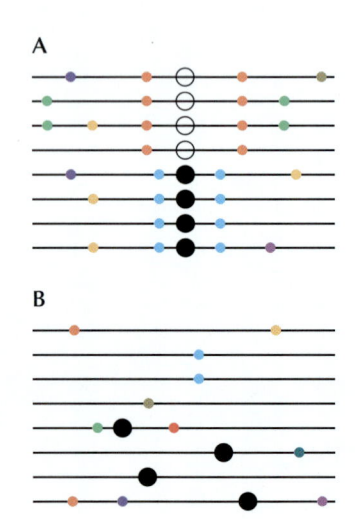

図26.7・(A)一般的な疾患は，平衡選択で維持されている一般的な変異に影響されているのかもしれない。その場合，病気の原因となる対立遺伝子は少数であろう。図では同じ部位に2つの対立遺伝子（○と●）が平衡選択で維持されており，それらが病気のリスクに影響していることが示されている。ほかに発症とは無関係な中立の変異もあるが（色つきの点），緊密に連鎖している部位で病気の原因である対立遺伝子（赤色と青色の点）が強い連鎖不平衡の状態にある。しかし長く平衡状態で維持されている多型では，このように影響されているのはゲノム中のほんのわずかな領域であろう（$r ≒ μ$ [p.582]）。(B)対照的に，一般的な疾患は各遺伝子にある多くの異なる有害な突然変異（●）に影響されているのかもしれない。遺伝子機能を破壊する方法は多数あるので，これが標準的だと考えられる。

世代かを遡る（平均年齢はおよそ $1/s$ 世代とする）。そのため，これら有害な対立遺伝子の数は，集団全体が大きくなるのに伴って大きくなってきているのである。最終的に，強い有害対立遺伝子は若くそして遺伝的に不均質なのに比べ，弱有害な対立遺伝子は，それが発生した集団が小規模であることを映して，遺伝的により均質であろう（図 26.8）。

遺伝情報で我々は何ができるのか？

この章の初めで，疾患遺伝子をマッピングする正当な理由を 2 つ紹介した。疾患の原因がわかれば対処するにあたって役立つこと，そして遺伝子マーカーとの相関が病気のリスクを推定するのに役立つことである。この節ではこれらの理由を評価し，この類の遺伝情報がほんとうはどれほど有用なのかを幅広く問う。

1 つ目の理由は単純である。ゲノムプロジェクトはヒトおよび他の種が伝えている遺伝子の完全なセットを特定するための枠組みを提供してきた。この知識は生物学一般を理解するのに非常に価値があり，多くの医学の発展につながるものであると思われる。もっとはっきりというと，遺伝子をノックアウトする研究が生物の正常な機能についてとても多く語ってくれたのと同様に，メンデル遺伝を示すまれな病気の原因を知ることにより，一般的な病気の原因についてもっと知ることができるのである。近年の発展により，特異的に遺伝学的な取り組み（最もはっきりしたものでは遺伝子治療があり，問題のある遺伝子は置き換えられる）だけでなく，異なる病原体や異なるがんの種類を区別することでもっと適切な治療を可能にする高感度の診断も可能になっている。これらの医療の進歩にどれだけの費用がかかるのか，すべての人に通用する技術なのか，限られた資源をそのような高度な技術に費やすのが最善なのかといったことが心配になるかもしれない。しかし，これらの心配は一般的なものであり，特別な進化的，あるいは集団遺伝学的な考慮は含まれていない。

2 つ目の正当性は，医学やその延長で，遺伝子マーカーをどのように利用すべきかを考慮することであり，より複雑で議論の分かれる問題が含まれる。集団の遺伝的変異の進化的な

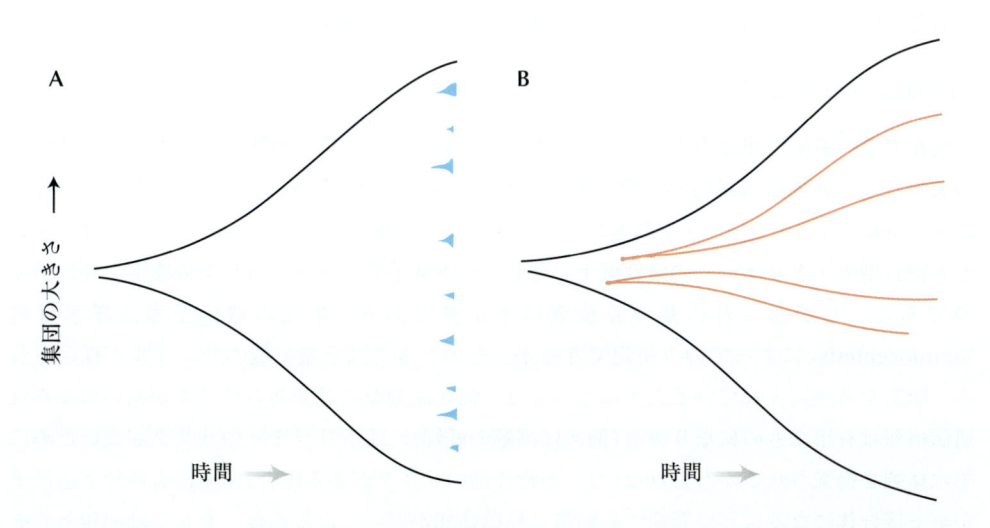

図 26.8 ● 集団の拡大は対立遺伝子の不均質性に影響する。(A) 強い有害対立遺伝子（青）は大規模な現在の集団の中で，最近になって生じてきたのに間違いない。したがって，多数の異なる突然変異が寄与しているようだ。(B) もっと弱い有害対立遺伝子（赤）はより古い傾向があるので，より小さな祖先集団にまで遡る。多くの突然変異は遺伝的浮動によって失われるだろうが，失われなかったものは全体的には集団とともに数を増やすだろう。ここでは寄与するものとして 2 つの突然変異が示されている。

原因を理解してもこれらの問題は解決されないが，正しい情報に基づいて議論を行うにはその理解が欠かせない。ここで，異なる分野において詳細な遺伝情報が利用されるようになってきたことで生じてきた問題について短く概説したい。

医療に対する影響

人類集団のさらなる遺伝学的研究のために資金を獲得し，速やかに個人の遺伝子型を決定するための技術を発展させることについて，しばしば言及さえる理由の1つが，**オーダーメイド医療**(personalized medicine)への期待である。つまり個人に合うように治療を調整するのである。例えば薬物をどの程度代謝するかは個人間でかなり違いがあり，個人差が薬物の有効性と毒性の両方に影響する。薬物代謝にかかわる遺伝子の型を決定することは，より安全で成功率の高い治療が行える費用対効果の高い選択である（これは，個人のがんに最も適した治療を探るために腫瘍の特性を解析することに例えることができる。違うのは，特性解析されるのが腫瘍ではなく，ここでは個人そのものであるということだ）。

多分，一般集団の遺伝子型を決定することで最も直接的に得られる恩恵は，がんなどの病気のスクリーニングをそのリスクの高い者に集中できるということだろう（例えば現在のところ，乳がんの家族歴がある女性は BRCA1 対立遺伝子の型決定が行われるだろう。対立遺伝子の存在は乳がん発症のリスクを大幅に高めるからである）。しかし，ほかには，健康な人々の病気のリスクを調べることで，どんな利益があるのかはよくわからない。例えば，ある人の心疾患または糖尿病に罹るリスクを正確に予告できたとしたらどうだろうか。そのような病気のリスクを減らす生活様式の改善のほとんど（例えばいっそう多い運動や食事療法）は，だれにとっても有益である。リスクが高いと予測された人々はよりいっそう健康的な生活を送る傾向をもつだろうが，リスクが低いと予測された人々がそれと反対のことをするだろうか。特別な治療法がない病気だという遺伝情報を与えられることに意義があるかないかという問題は，遅発性疾患の家族歴がある人々がよく遭遇する。ハンチントン病患者の子供たちと兄弟姉妹は彼ら自身，病気の原因となる優性対立遺伝子を 50% の確率で保有している。もし保有していたならば必ず中年期に早めの老衰に見舞われることになるだろう。治療法がないためにリスクのある人のほとんどは検査しないことを選択する。

出生前スクリーニング

現在では，遺伝情報は出生前スクリーニングを通じて最も広く利用されている。いくつかの欠失は，母親の血液試料から検出することができる。例えば第 21 染色体の余分なコピーはダウン症（21 トリソミー）を引き起こす。これにより母親の血流中の α-フェトプロテインと非抱合型エストリオールの濃度低下，そしてヒト絨毛膜ゴナドトロピンの濃度上昇に至るのである。しかしこれに基づく検査は不正確である。胎児の遺伝子型は**羊水穿刺**(amniocentesis)によってのみ決定できるが，そのときには胎盤組織のサンプルが採取される。堕胎を考慮に入れている人々にとっては，何か深刻な問題があるリスクが高いのならば遺伝情報は有用なものになり得る（例えば高齢の妊婦は 21 トリソミーのリスクが高いために羊水穿刺を提案されるかもしれない）。非常に高いリスクがある場合（例えば劣性対立遺伝子がホモ接合体になることで発症する病気に兄弟姉妹が罹っている場合，もしくは両親ともそのような対立遺伝子のヘテロ接合体をもっていることが知られている場合など），体外受精が考慮される。この技術の通常の過程では多めの胚が作成され，着床させる前にそこから健康的な遺伝子型のみ選択することができる。しかし一般的な人々には羊水穿刺のリスクはあまりにも高いので，胚の遺伝子スクリーニングを行うことの妥当性は認められない。母親の

血流中を流れるわずかな胎児細胞から遺伝子型を決定できるようになれば，これは変わるかもしれない。

ヒトの変異の遺伝的な原因について理解が進み，胎児の遺伝子型がわかれば，非常に多くの詳細な情報が引き出せるようになっている。いくつかの重篤な遺伝的障害をもつ現在の可能性を知るだけではなく，両親は，人生の初期あるいは後期に起こりうる数々の病気のリスクの評価を得ることができるようになるだろう。だれしもが，深刻さの多寡はあれ，なんらかのリスクを抱えていることから免れないだろう。両親はそのような大量の統計学的な情報をどのようにしたらうまく扱えるのか，また，どのくらいの情報が提供されればよいのかといったことに答えるのはむずかしい。

もっと一般的な変異については，もっと答えにくい。目や髪の色といった不連続な形質を決めることはすでに実行可能である。身長や知能のような量的形質については，有効な情報が得られることは，まったく想像できないわけではないがまだありそうにはない。というのは，非常に多くの遺伝子が環境との相互作用のなかでこれらの形質に影響を与えているからである。だがそれでも，体外受精を利用する両親らがそのような特徴に基づいて選択をすることが許されるべきか否かという原則の問題がある。人工授精が規制されている多くの国では，そのような選択は認められていない。しかし実際には，選択的に女の子を堕胎することで性に基づいた子供の選択がすでに大規模に行われている（図 26.9）。

保険

人は死んだり，事故や病気で障害を負ったりしても家族を養えるように生命保険に加入する。医療費が個人で賄われている国々では，不測の事態の治療費を補うためにも保険は必要である。被保険者に利用可能な情報はどんなものであれ，保険会社にとっても利用可能であることは基本的な原則である。重篤な病気になることがわかっている人々はそれ以外の人と同じ掛け金で保険に加入することはできないだろう。ところが，保険に入るには医学的検査が要求されるが，現時点では，遺伝学的検査は求められない。また，例えば体重や社会的地位といった死亡率に強く関係しうることがわかっている要素によって保険料を変えることも

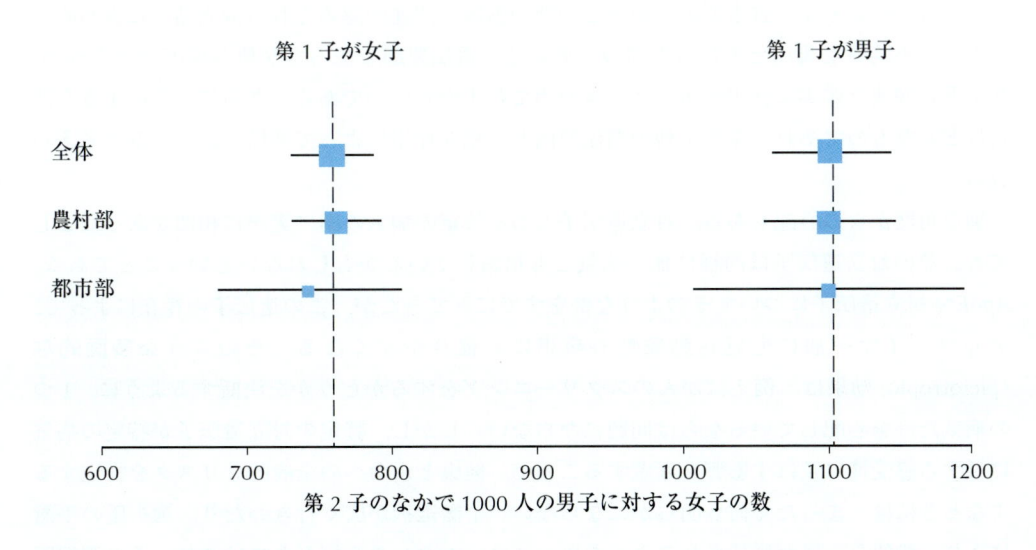

図 26.9 ● インドと中国では，第 1 子が女子であるときには性比が男子に偏っている。インドでの 110 万以上の家庭の調査によれば，第 1 子が女子であったときに第 2 子が女子である割合がずっと低くなっている。

概して行われていない。この点は，他の種類の保険と比べると対照的である。自動車保険の保険料は車のモデルや，運転者の年齢などによって細かく調整されているからである。

もし遺伝情報から将来の健康や余命についての正確な推定ができるようになれば，保険会社は顧客の遺伝子型を知りたいと要求してくるだろうという深刻な懸念がある。ある人は安い保険料で恩恵を受けるだろうし，どんな保険にも入れない人も出てくるだろう。しかし保険会社が消極的な現状を考えると，リスクを推定して保険料を変動させることを今後保険会社がどれだけ行うかはよくわからない。

個人特定

現在，微量のDNAから個人を特定する技術はきわめて高度に発達している。イギリスには，警察が容疑者と証人から採取した試料を蓄積したデータベース，the National DNA Databaseがあり，今では50万人以上の子供を含む約340万人の人々が含まれている。データベースに載っていなくても，近縁者の遺伝子型が含まれていれば，複数の遺伝子座で対立遺伝子の共有があるだろうから，個人の特定が可能となる。出身民族，目の色，その他の特徴を特定するために，遺伝子マーカーを使用することが今では可能になっている。このようなデータベースの発達により，警察の業務の転換が起こり，多くの誤った審判を防ぐことに貢献してきた。ほかには，自然災害や人災の犠牲者を特定することに利用できる。しかし，このような新しい力の出現は，個人のプライバシーの侵害や，国家に権力を与えすぎているのではないかといった懸念も引き起こしている。

これらのすべての利用状況において，遺伝情報に基づいてどの程度正確な推定が実際になされているのかという点に関しては，さまざまな心配がある。有力なメディアで，いろいろな形質にかかわる遺伝子が発見されたというような報道を我々はたびたび目にする。これがふつう意味することは，数百人を調査した結果，ある遺伝的変異と形質の間に統計的に有意な関連が見つかったということである。これまで議論してきたように，集団間や環境間でこのような結果は変動することが期待されるが，そのような相関が再現性をもたないこともしばしばある（例えば図26.6，表26.2）。近年の遺伝子マーカーへの研究者の熱中ぶりと疫学的に得られた長年の経験とを比べることは有益である。多くの大規模な調査を含むかなりの努力にもかかわらず，食事要因と病気との間の強固な関連が認められる調査結果はきわめて少ない。不均質な集団と不均質な環境において，遺伝要因であろうが他の要因であろうが，病気との関連を確実に検出することはきわめてむずかしいのである。さらに，そのような関連はどんなものであれ，環境や他の遺伝要因との相互作用によって調節されていると考えられる。

別な角度からの心配もある。対立遺伝子とある特定の病気の間に実際に相関があったとしても，その対立遺伝子は同様に他の病気とも相関しているかもしれないということである。*ApoE*4*対立遺伝子についてそのような例をすでにみてきたが，この遺伝子の存在によって，アルツハイマー病にも冠状動脈性心疾患にも罹りやすくなる。そのような**多面的な (pleiotropic)** 効果は，例えばがんのスクリーニングをするかどうかを決断するように，1つの病気だけを心配しているならば問題にならない。しかし，特定の対立遺伝子が特定の病気に対する感受性に及ぼす影響を考慮することで，健康と余命への全般的なリスクを推定するようなときには，まったく何も明らかにならない。平衡選択が広く行きわたり，選択圧の平衡により一般的な変異が維持されるような場合には，こうした心配があてはまり，その選択圧はそれぞれ異なる生物学的経路を経て働く。例えばヘモグロビンS対立遺伝子はホモ接合体になると重篤な貧血を引き起こすが，ヘテロ接合体のときはマラリアに対する不完全な耐性

を与える。そして主要な組織適合性遺伝子座の対立遺伝子は特定のまれな病気と関連していることがわかっているが、我々が何も知らない他の多くの条件に対する感受性にも影響する。従来の疫学からすでに明らかになっていた統計学上の問題に加え、潜在的に対立遺伝子の影響が複雑であることにより、遺伝情報を利用することには大いに慎重にならざるをえない。

26.2 人間の本質を理解する

　前章では、我々という種が最も近縁の存続種と分離したあと、どのように進化してきたのかについてわかっていることを示した。この章ではこれまでのところ、病気に影響する遺伝子はどのように見つけられるのかという限られた問題に焦点を絞ってヒトの集団遺伝学を議論している。ここでより広範な問いに戻る。ヒトという種の中で遺伝的変異の背景となるパターンをまとめることから始め、選択によって形成されてきた特徴と医学への影響をそれから考える。さらに、我々自身の種を理解するために進化生物学を利用しようとすることの限界について議論してこの章を終わりたい。

ヒトの変異は別々の民族に割り振れない

　人間を異なる特徴によって別々の民族に分類しようとする試みには長い歴史がある。現代の知識は人類集団間の遺伝的な差異の本質について何を教えてくれるのだろうか。

　人類集団間の対立遺伝子頻度の違いには有意差がある。これらは F_{ST} という統計量に集約されており、集団全体でのすべての分散に対して集団間の対立遺伝子頻度の分散を測っている（$F_{ST} = \text{var}(p)/p(1-p)$；p.481）。世界中では $F_{ST} \simeq 0.15$ というのが動物種では標準的である（図 16.10 参照）。大まかにいえば変異の 80% が集団内で見つかり、20% が集団間で見つかる。通常、集団間では小さめの対立遺伝子頻度の差になるだろう。形態的な変異（例えば頭蓋骨の形状）も F_{ST} に似たような統計量 Q_{ST} でみれば同様のパターンに従う（p.481、ウェブノート参照）。

　祖先遺伝子に関して考えることもできる。2 つの系統が局所的な集団内の共通祖先にまとまる可能性もあるが、解剖学的な現生人類が大陸を離れる以前のアフリカに住んでいた祖先集団へと何千世代も遡る可能性のほうが高いらしい（pp.811〜817 参照）（2 つのランダムに選ばれた配列は確率 $\pi \simeq 0.001$ で違っていることを思い出してほしい。突然変異率を 1 年に 1 座位あたり $\mu \simeq 5 \times 10^{-9}$ と仮定すれば、共通祖先に至るまでの時間がおよそ $2N_e = (\pi/2\mu) = 10^5$ 年となることを意味する [p.461]）。かわりに血統の明らかな我々の祖先（例えば我々の祖父母のそのまた祖父母の、さらにそのまた祖父母、…）を考え、またほんの 40 世代（約 1000 年）を遡れば、我々は全員本質的に同じ祖先を共有することになる（p.463 参照）。

　集団間のこの程度の変異は民族間にあるはっきりとした境界を反映していないが、完全に緩やかなクライン（cline）を示すわけでもない。樹状モデルはヒトの遺伝データに合っていること、そして個人の遺伝子型は確実に起源となる大陸に割り当てることができること（p.491 参照）をすでにみてきた。ヨーロッパでは地域ごとの遺伝的な差異が特にはっきりとしていて、それらは言語の境界に一致している（図 26.10）。しかし、これらのパターンには大きな対立遺伝子頻度の差がどこにも含まれていない。それらは多くの緩やかな差の統計的な集合である。もし個人の対立遺伝子の頻度をみれば、すべての空間スケールで変異が混合した地

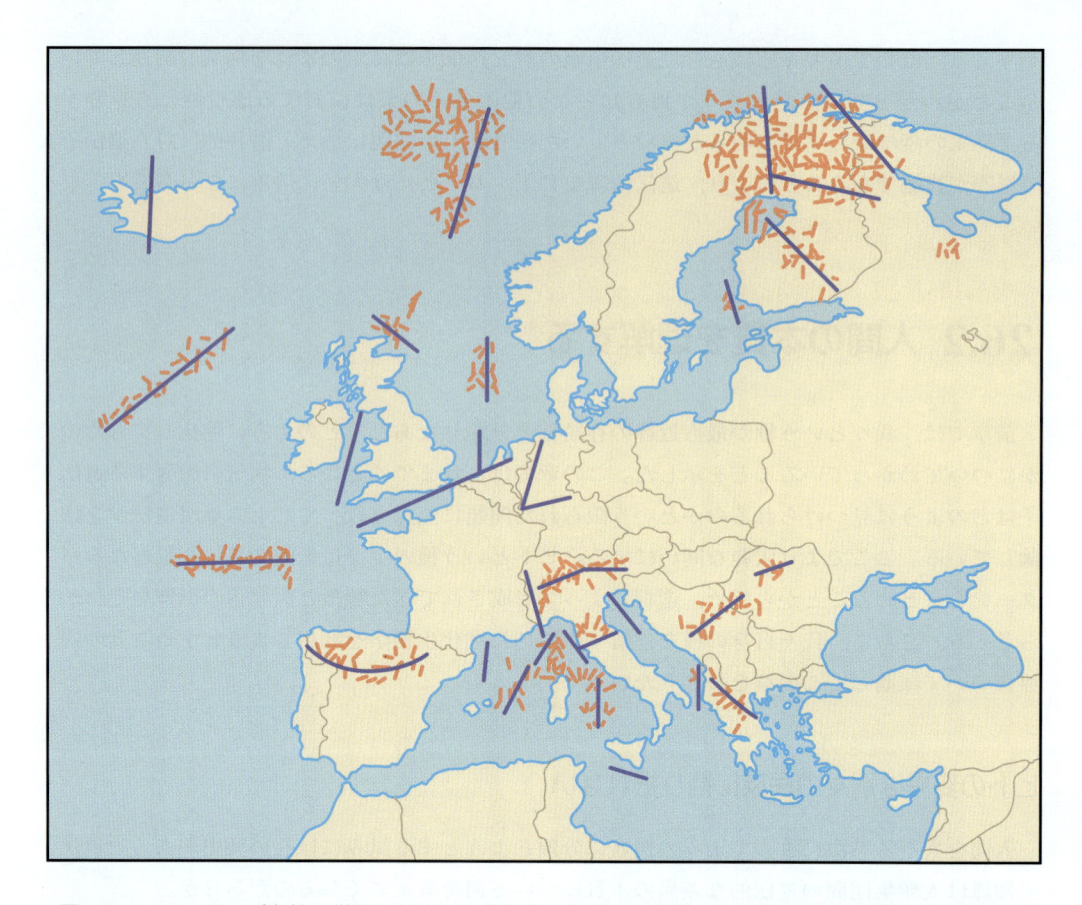

図 26.10 ● ヨーロッパ各地に詳細に対応した遺伝的，言語的な境界．赤い線は 3119 か所における 60 個の対立遺伝子の調査から得た対立遺伝子頻度の平均的なクラインを示している．これらは紫の線で示された，急激な遺伝的変化のみられる 33 個の地帯を予測するのに用いられた．これらのうち，2 つを除いてすべて言語学的境界に一致した．海中に示されている境界線は，隣り合った陸塊の間に引いてある（例えばアイルランドとアイスランド）．

理的パターンをみることになる．遺伝的証拠によれば**多地域進化説**（multiregional hypothesis）は疑わしいことも思い出してほしい．異なる大陸にいる現代の集団はすべて，各大陸のより古い祖先ではなく，アフリカで進化した解剖学的な現生人類に遡る（pp.816 〜 817 参照）．これらはすべて，人類の集団構造についての知識と一致する．我々の種は地理的・文化的な障壁である程度分けられているが，それでもなお，進化的な時間スケールでよく混合されるだけの十分な**遺伝子流動**（gene flow）がある．

自然選択は人類の変異を形成してきたし，現在も形成している

　我々はだいたい中立とみられる変異のパターンを記述してきた．定義によれば，そのような変異は適応度にはまったく重要な影響がなく，我々が実際に問題にしている特性にも影響しそうもないと思われる．中立な変異は我々の祖先を反映していて，祖先も大部分はそれらを共有していたであろうが，生存と繁殖に影響する差異については何も教えてくれない．

　第 16 章では，とても低い水準の遺伝子流動が，とても長いスケールで働く遺伝子浮動（これは遺伝子浮動．人間では大まかに $N_e \approx 10^4$ 世代）に打ち勝って，大幅に遺伝的多様性を減少させることができることをみてきた．およそ 0.15 という世界中の F_{ST} の値は，各世代で

だいたい1人が大陸間で入れ替わっているということに一致する（すなわち $Nm \fallingdotseq 1$ ［Box 16.2]）。そのような低い遺伝子流動の割合では，弱い選択（例えば $s \fallingdotseq 10^{-3}$）で引き起こされる交換に対する重要な障壁にはまったくならない。

　遺伝子のなかには，並外れて大きい地理的相違を見せるものがある。我々はすでにいくつかの例にも注目している。例えば *ApoE*4* 対立遺伝子は心臓疾患やアルツハイマー病のリスクを高めるが，長く農業に従事してきた集団では，この対立遺伝子の頻度はずっと小さい (p.835 参照)。*CCR∆5* 対立遺伝子はアフリカ集団よりもヨーロッパ集団ではるかに一般的なものであるが，HIV に対する不完全な耐性を付与してくれる (p.469 参照)。F_{ST} の変動は選択のない状態でも遺伝子座間で少なからずみられると予想されるが，単純な島モデル (island model) の下で考えられるよりも有意に高い F_{ST} をもつ遺伝子座が見つかる可能性がある（図 26.11）。すでに，ショウジョウバエにおいて，アフリカ集団に比べてヨーロッパ集団でより低い遺伝的多様性を示す領域が，新しい北方の環境で有利に働く対立遺伝子の固定が最近起こったことを示しているということをみた（図 19.18）。ヒトでは集団内そして集団間で，ゲノム全域にわたる変異の体系的調査が行われ，多様化選択のさらなる候補が同定されるようである（図 26.11）。

　最もよく理解されているヒトでの自然選択の例の1つに，ヨーロッパ集団における乳糖耐性がある。乳糖は乳に含まれる唯一栄養的に重要な糖質であるが，腸にある酵素ラクターゼによってグルコースとガラクトースに分解されてから使われる。ラクターゼは離乳までは活性があるが，ほとんどの哺乳類ではその後低い水準に下がっている。多くのヒトは乳糖を消化することができず，発酵していない大量の乳に耐えられない。しかし北部ヨーロッパ集団では，成人までラクターゼをもち続けることがふつうであり，それによって乳を消化することが可能になっている。ラクターゼをコードする *LCT* 遺伝子の上流にみられる2つの多型は互いに強い相関を示し，かつ乳糖耐性とも強く相関している。その頻度もスカンジナビアではおよそ 77% に達する酪農生産の分布に見合ったものである。この対立遺伝子はゲノム上の長い領域にわたって均一なハプロタイプで見つかっている（最大で 1 cM，または約 1 Mb ［図 26.12]）。これは対立遺伝子が単一突然変異として最近現れたために，組換えで祖先

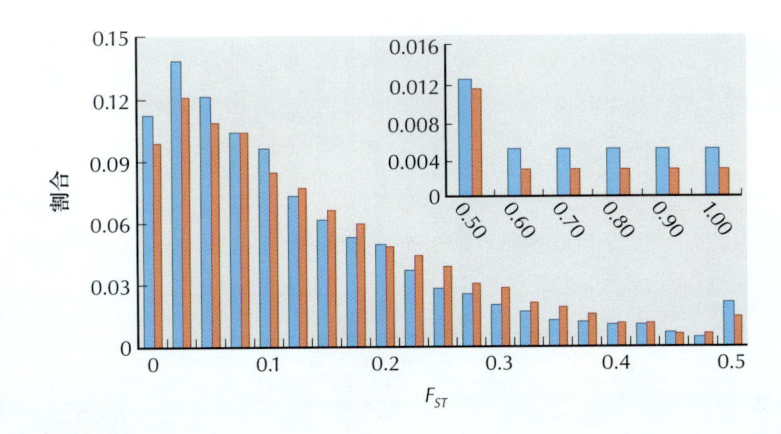

図 26.11・遺伝子座中の F_{ST} の分布。青い棒グラフは 26,530 個の SNPs（一塩基多型）をマーカーとして東アジア人，アフリカ系アメリカ人，ヨーロッパ系アメリカ人の3つの集団（それぞれ 42 人ずつ）の間で観察された F_{ST} の分布を表している。赤い棒グラフは3つの集団が一定の同じ大きさであるという条件で島モデルを仮定して予測されるパターンを表している。挿入図は F_{ST} が 0.5 以上の分布の端を示している。複雑な人口動態にも原因があるのかもしれないが，予想外に F_{ST} の高い遺伝子座は多様化する選択に従っている可能性がある。

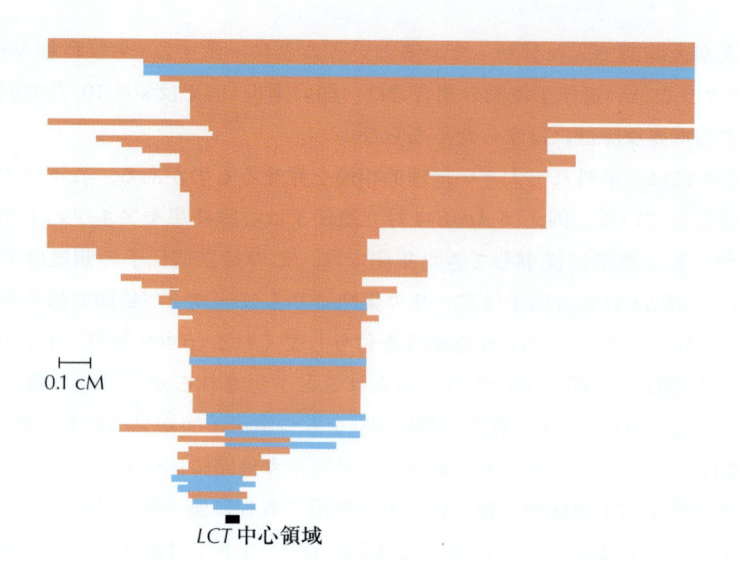

図 26.12 ● 乳糖耐性に対する選択の証拠。ホモ接合体の長い領域は，ヨーロッパ人集団に乳糖耐性をもたらした *LCT* 遺伝子の対立遺伝子に対して，最近選択が働いたことの有力な証拠になる。各列の長さは固有の配列をもつハプロタイプの長さを表している。耐性対立遺伝子が乗ったハプロタイプ（赤）は平均して，耐性遺伝子の乗っていないハプロタイプ（青）よりもずっと長く，その差は最大で約 1 cM になる。

の配列が壊れるだけの時間がなかったということを示している (p.469)。ハプロタイプの長さは，酪農が定着したおよその時期である約 10,000 年前という起源にも一致している。対立遺伝子頻度を現在の頻度にまで上げるには数 % の選択が必要である。

　選択された形質の候補としてもう 1 つもっともらしいのが，肌の色である。これは伝統的に民族を定義するために使われてきたが，世界全体では程度の差はあるが連続的に変化している（図 26.13）。近縁の霊長類は黒い肌をしていること，そして全人類の最近の祖先がアフリカ人に由来するという 2 つの理由から，黒い肌が祖先的であると考えられている (pp.811

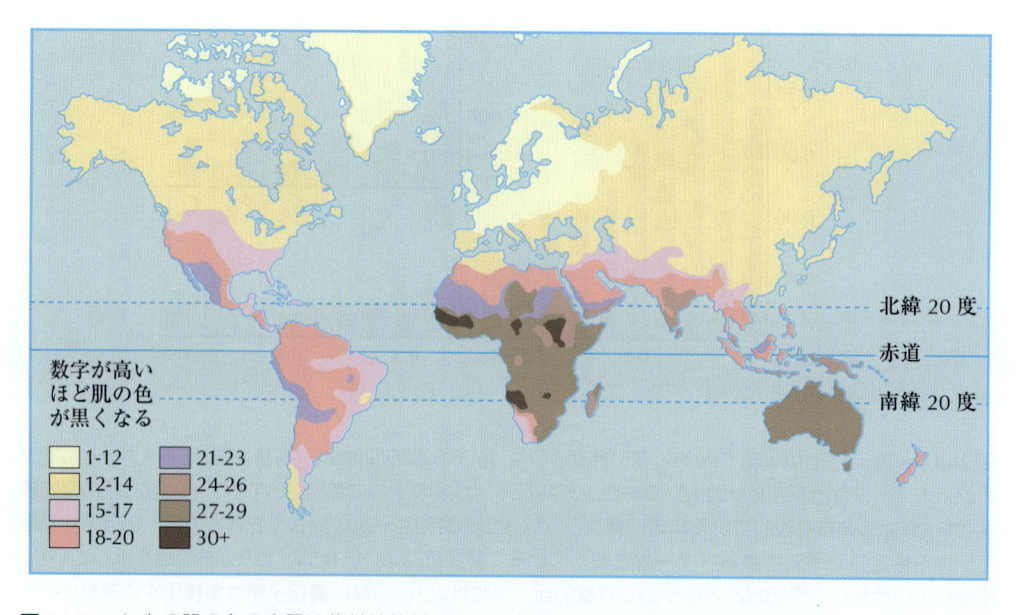

図 26.13 ● ヒトの肌の色の変異は紫外線放射の強さに相関がある。赤道近くでは紫外線は強くなる。

〜817 参照）。黒い肌は紫外線よる損傷の影響を防ぐ。しかし，紫外線はビタミン D の合成に必要であり，紫外線レベルが低い高緯度地域では黒い肌の人々はビタミン D 欠乏症に苦しんでいる。したがってこのような問題を回避するために高緯度地域では色の白い肌が進化してきたというのが考えられる説である。実際，肌の色は紫外線の強さと強く相関している（図 26.13）。ヒトの肌の色には，いくつもの遺伝子を含む複雑な遺伝的背景がある。最近，ゼブラフィッシュで色素形成に影響している遺伝子のヒトでのホモログが，ヨーロッパ人とアフリカ人の色素沈着の違いの約 4 分の 1 を説明できることがわかった。混血したアフリカ系アメリカ人集団では，トレオニンがアラニンに置き換わった対立遺伝子が白い皮膚色と強く関連している。この対立遺伝子は黒い肌の集団ではみられないが，白い皮膚色のヨーロッパ集団ではとても高い頻度でみられる。上述した乳糖の例のように，白い色の肌と相関している対立遺伝子は配列変異が低い領域に隣接しているが，このことは選択によって最近高頻度になったということを示唆する。

選択が緩いと最終的には遺伝病の発生を増加させる

繁栄している集団では，恵まれた環境に人々が暮らしているために，選択はもはや働かないと主張する人々がいる。選択は明らかにその性質を変化させた。多くの国では，今では伝染病と飢餓は死因の中でも少ない方である（AIDS やインフルエンザのような新しい疾患がその状況を変えるかもしれないが）。しかし明らかに，それは選択が起こっていないということではない。ある人々は他の人々よりもより多くの子孫をもち，この適応度の変異の大半は遺伝するようである。適応度と関連している量的形質には，遺伝的ばらつきが大きい（p.589 参照）。実際，強い選択に現在さらされている特定の対立遺伝子の例をみることができる（例えば図 26.14）。

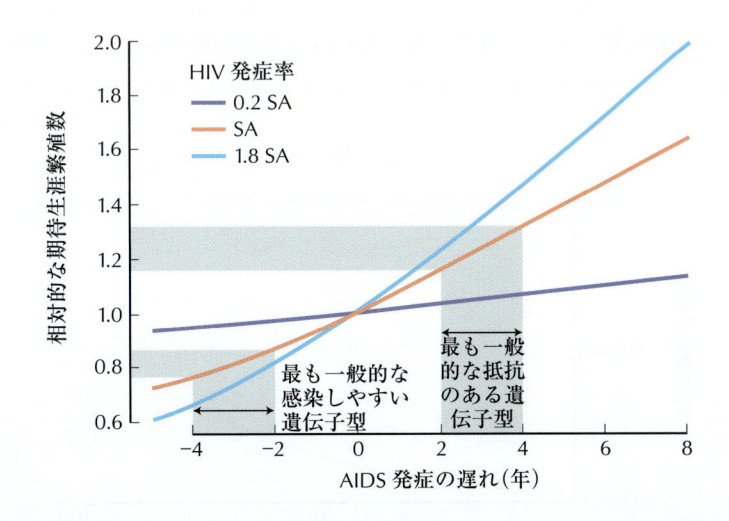

図 26.14 ・ $CCR\Delta 5$ 遺伝子は AIDS に対する感受性に強く影響し，そのために強い選択を受けている（p.469 参照）。グラフは，発症の遅れに対して AIDS 発症を変化させる遺伝子型の相対適応度をプロットしている。真ん中の線は，1999 年に HIV 感染率が約 20% であった南アフリカのデータに基づいている。上下の曲線はそれぞれ HIV に対して約 1.8 倍の高い感染率と約 0.2 倍の低い感染率のときの集団の適応度を表している。南アフリカのデータについていえば，最も一般的な抵抗のある遺伝子型には最も一般的な感染しやすい遺伝子型に比べて約 50% も強い適応度がある。3 つの曲線を比較して，選択の強さは AIDS の発症率が増加するとともに強くなっているようにみられる。

新たな選択的条件はどのくらい早く効果を発揮してくるのだろうか。特に，現代医学によってもたらされた多くの遺伝病に対する選択の緩和が，遺伝病の頻度をどのくらい早く増加させるのであろうか。これは，その遺伝様式にかなり依存する。劣性の有害な対立遺伝子は，ホモ接合体に対する選択が緩和されたときに，緩やかに増加する。これはたいていの場合，その対立遺伝子がずっと数の多いヘテロ接合体によって運ばれるからという単純な理由による。もしヘテロ接合体が野生型ホモ接合体と同じ適応度をもっていれば，対立遺伝子は突然変異率に等しい割合できわめてゆっくり増加するだろう（図 26.15 の赤線）。ヘテロ接合体がなんらかの選択を受けている可能性はあるが，その場合には，短期間での結果はほぼその選択に依存し，まれなホモ接合体に起こることにはほとんど依存しない。

しかし，劣性対立遺伝子は極端な例である。他の遺伝様式では変化はもっと速くなる（例えば図 26.15 の青線）。優性の致死性対立遺伝子は決して伝えられないので，その頻度はその世代の突然変異率に等しい。治療によってそうした対立遺伝子をもつ個人が生殖することができるようになれば，その対立遺伝子は再び突然変異率と同じ割合で増加する。しかし，劣性対立遺伝子の例とは違って，この増加は疾患の発生件数にすぐに反映され，最初の世代で 2 倍になって t 世代後には t 倍に増加する。具体的な例として，欠失が Y 染色体上にかなりの割合で生じ，それによってもたらされる不妊症がある。しかしそのような欠失をもった男性は人工授精によって子供の父親になることができる。彼らの精子は運動能が低いにもかかわらず，卵を受精させることができるからである。欠失はそこで息子たちに伝えられるので，この形態の不妊症の頻度は男性不妊症に対して行われる人工授精の割合に相当する割合で急速に増加していくだろう。

平衡状態では，有害な突然変異による適応度の減少は，世代あたりゲノムあたりの総突然変異率 U によって決まることをみてきた。最も単純なケースでは平均適応度は $\exp(-U)$ 倍で減少していく（これは異なる突然変異の効果は増えるということを仮定している。有性集団では遺伝子のなんらかの相互作用が**突然変異荷重**［mutation load］を減少させる［p.594 参照］）。ヒトでの総突然変異率は高く（おそらく $U > 1$），有効な突然変異荷重も高いと考えられるが，有害な突然変異に対する選択がなくなれば有害な突然変異が急速に蓄積していくことになるだろう。もし選択が完全に緩和されれば（正直なところ極端な仮定ではあるが），荷

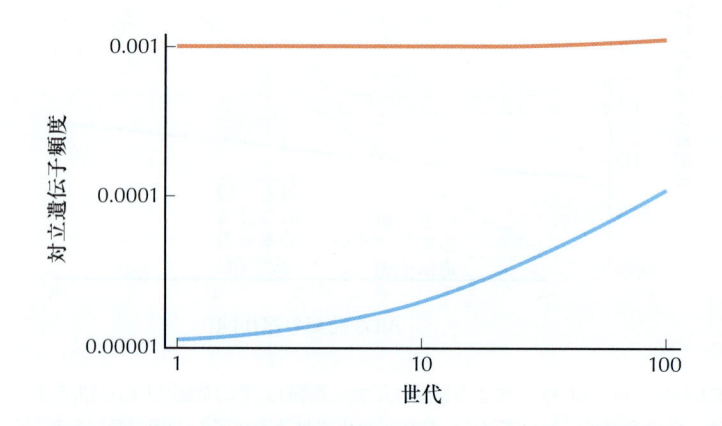

図 26.15 ● 選択が緩和した後の対立遺伝子頻度の変化。劣性の致死的な対立遺伝子（赤）の頻度は，ホモ接合体が残って繁殖できる 100 世代経てもほとんど変化しない。これは多くのコピーがヘテロ接合体の中で選択から逃れるからである。対照的に優性対立遺伝子（青）は，最初はヘテロ接合体の中で $s = 10\%$ と不利であるが，選択が緩和されると比較的早く増加する。10 世代後には頻度が 2 倍になり，100 世代後には 11 倍に増加する。

重は有害対立遺伝子の平均選択効果を s として世代当たりおよそ Us まで増加するだろう。多くの有害突然変異には小さい効果しかないので、この減少は何世代にもわたって（$t \approx 1/s$）起こるであろう。この計算が医学的介入のない場合の適応度の減少を与えていることに注意されたい。現代の条件下では適応度の実際の減少はないということを前提としている。しかしながら、数百世代の時間スケールでみた場合、これは我々からすれば長いが、進化の観点からみると非常に短いわけであるが、この結果について不安になる。

　我々の最近の歴史でどれほど効果的な自然選択があったのかははっきりとしていない。一方で我々の相対的に小さな有効集団サイズ（$N_e \approx 10^4$）は弱有害突然変異の蓄積を避けることを不可能とし（p.530 参照）、姉妹種であるチンパンジーよりもヒトの系統においてそのような突然変異がより蓄積してきたという証拠がそこにある（ウェブノート参照）。ところが、ヒトの小さい有効集団サイズが実は多くの**選択一掃**（selective sweep）の効果を反映しており、そのため自然選択の成功例になっているという可能性もある（N_e がほんとうは遺伝的浮動の割合の逆数の量であることを思い出されたい。これは小さい集団サイズによっても選択一掃によっても減少させられる [p.462]）。有利な突然変異が固定されたとき、偶然に強く連鎖するようになったもっと弱い有害対立遺伝子を一緒に伝えることになる。したがって、観察されたヒトの種内の低い遺伝的多様性について、我々は2つの根本的に異なる解釈をすることができる。1つは過去の小さい集団サイズを反映していて、選択に効果がなかったことを暗示しているという見方であり、もう1つは、急激な適応選択の副次的な効果の結果であるという見方である。

ゲノム医学の適用は人種差の程度による

　ゲノム医学の発達は、すべての民族的・人種的なグループが等しくゲノム医学の発達の恩恵を受けられるのかということから、人種的または民族的なグループの間の違いを特定していくことは新たな人種差別につながらないかということまで、人種についての数々の問題を提起し出す。人種と遺伝学の接点は近代科学においても最も議論をもたらす領域の1つである。20世紀の最悪な残虐行為のいくつかは、ときには学問的研究が直接的に支持する役割を負い、人種的な優位性の主張にある程度は煽られたものであった。

　しかしながら第2次世界大戦後の数十年間で、人種間の遺伝的な違いはわずかなものであるというはっきりとした合意が、ほぼすべての人類遺伝学者や集団遺伝学者のグループの間に現れた。このことは上述したように分子レベルでの変異パターンからはっきりと確かめられている。遺伝的な変異は広く共有されている。選択の結果として集団間でもっと違っている対立遺伝子もあるが、これらの地理的パターンは遺伝子ごとに異なっており、従来定義されてきた人種グループとは一致していない。

　しかし、地理学上の祖先がどのように遺伝学と関係するのかという疑問は、潜在的な医学的意義のためにグループ間の違いを認めないのは無責任であるという多くの主張を伴い、最近になって議論のある話題として再び現れてきた。例えば、米国の食品医薬品局（FDA）は鬱血性心臓疾患のための併用療法である BiDil を、特にアフリカ系アメリカ人社会における利用のために最近になって承認した。BiDil は、昔からある2つの一般薬を組み合わたもので、血圧を下げ、おそらくある心臓血管疾患に伴う損傷から心臓と血管を守るように働く。最初、この組み合わせは、心臓疾患をもった民族的に混血した患者らのなかで試験的に行われていた。しかし薬は、この病気を治療することを承認される程度までは十分に効かなかった。しかし、その後の分析でアフリカ系アメリカ人の間では薬がより効くことが示され、2001年

には彼らの地域のみで試験が行われるに至った。2005年にはFDAが薬をアフリカ系アメリカ人に使うことを承認し，民族が適応の一部になる最初の薬となった。

概してヨーロッパ系およびアフリカ系のアメリカ人の間で薬が異なって作用するのには，2つの理由がある。1つ目には，2つのグループの環境が異なっていることである。アフリカ系アメリカ人は概してより多くの鉛にさらされており，よく高脂肪の食事はするが新鮮な果実や野菜はあまり食べないようだ。医療を利用する機会もより少ない。もう1つの理由は，2つのグループには薬への応答性に影響する遺伝的な違いがあるだろうというものである。人種的グループや民族的グループの間の遺伝的な違いはわずかなものであるという伝統的な見解は，有効性に関するあらゆる差異についての遺伝的な説明を排除してしまう。しかし，多くの多型は実際には地理的構造化を示すと予想されている事実を無視しているのである。実際には，薬物応答性に関係することが示されている遺伝子の変異の分析が，アフリカ系アメリカ人とヨーロッパ系アメリカ人の間の平均的な違いは一般的であるということを明らかにしている。これは確かにBiDilが異なって作用する理由が遺伝的なものであるということを意味するものではないが，しかし遺伝的な説明が原理的には排除されないことは意味している。しかし遺伝学が要因であるとしても，人種的あるいは民族的な標識に基づいて治療することに意味があることにはならない。

臨床的には，患者に適切な医療を保証することが目標となる。もし裏に潜む遺伝的，もしくは環境的な原因を的確に我々が知ることができれば，だれはよく応答しそうで，だれが応答しなさそうかを特定することが上手に行えるようになるだろう。この点の説明には，広く使われている鎮痛剤，コデインを使うとよいだろう。コデイン自体は痛みの緩和に何もかかわらない。CYP2D6という酵素がコデインを似た化学物質であるモルヒネに変えることにより，初めて痛みが和らげられる。北部ヨーロッパ人のおよそ10人に1人がこの酵素を欠いているため，彼らにとってはコデインでは痛みが和らがない。しかしアラビア半島では，人々の少なくとも97％が酵素を作り出している。したがって平均的には，ヨーロッパ出身の人々よりもアラビア半島出身の人々においてコデインはより効果的であるということになる。しかしながら，CYP2D6がコデインに対する応答性を決定するという我々の知識は，該当者がスウェーデン出身かサウジアラビア出身かを調べる理由にはならない。CYP2D6を直接調べるほうがはるかに有益であるだろうからだ。BiDilについては，何をみればよいかわかっていないため，このようなことは現在のところ不可能である。この場合は，さまざまな応答性の背景にある遺伝的原因に関する知識は，使う薬を最適化するのに役立つだろう。

人種間，民族間の遺伝的な違いが受け入れられるようになって，現代遺伝学に裏づけられた人種差別の再来を導くのではないかと，多くの研究者が心配している。認知方法のような行動上の形質に関係した遺伝子の変異が人種的，民族的グループの間で異なる対立遺伝子頻度を示すという仮説的なシナリオについて，特別な懸念が挙がってきている。どの遺伝子の変異が認識やその他の活動に関する形質に関係しているのかわかるようになるにはまだ時期尚早だが，その証拠は今のところ，片方のグループよりももう片方のグループに有意に偏るといった地理的パターンをこれらの変異が示すという心配をほとんどもたらさない。選択と遺伝的浮動の両方によって，世界のさまざまな地域出身の人々の間に平均して違いがあるようだ（上述した乳糖耐性や肌の色の例を思い出されたい）。今後の数年間で遺伝学者らはグループ間の遺伝的な差異を，何か恐るべきものとしてではなく，歴史的興味と潜在的な医学的意義の両方の問題として徐々に捉えられるようになると予測することが，過度に楽観的なことではなくなることを期待したい。

ダーウィン医学は究極の説明を追究する

人類の病気の究極の原因を説明するうえでの進化生物学の役割は，George C. Williams（ジョージ・C・ウィリアムズ）が最も強く主張し，しばしば**ダーウィン医学**（Darwinian medicine）と呼ばれる。基本的な考え方として，病気は進化によって形作られ，病気の治療は影響してきた進化の原動力を理解することで改善される可能性があるというものである。多少とももっともらしい進化的な説明が，幅広いさまざまな条件についてなされた。例えば妊婦の間でみられる吐き気や変わった食べ物の好みは，胎児を通常の食事中に見つかる毒素から守っている適応的な機構である（図 26.16）。発熱は，病原体に住みにくい環境を作る進化的適応なのだろう。同様に，肥満の世界的な流行は我々が長期間にわたって狩猟採集民の食事に適応してきたことの結果であり，また，ヒトを含むすべての哺乳類が窒息しやすいことは，胃と肺に繋がる孔を分けることを発生上不可能にした太古の制約の直接の結果であるというものである。

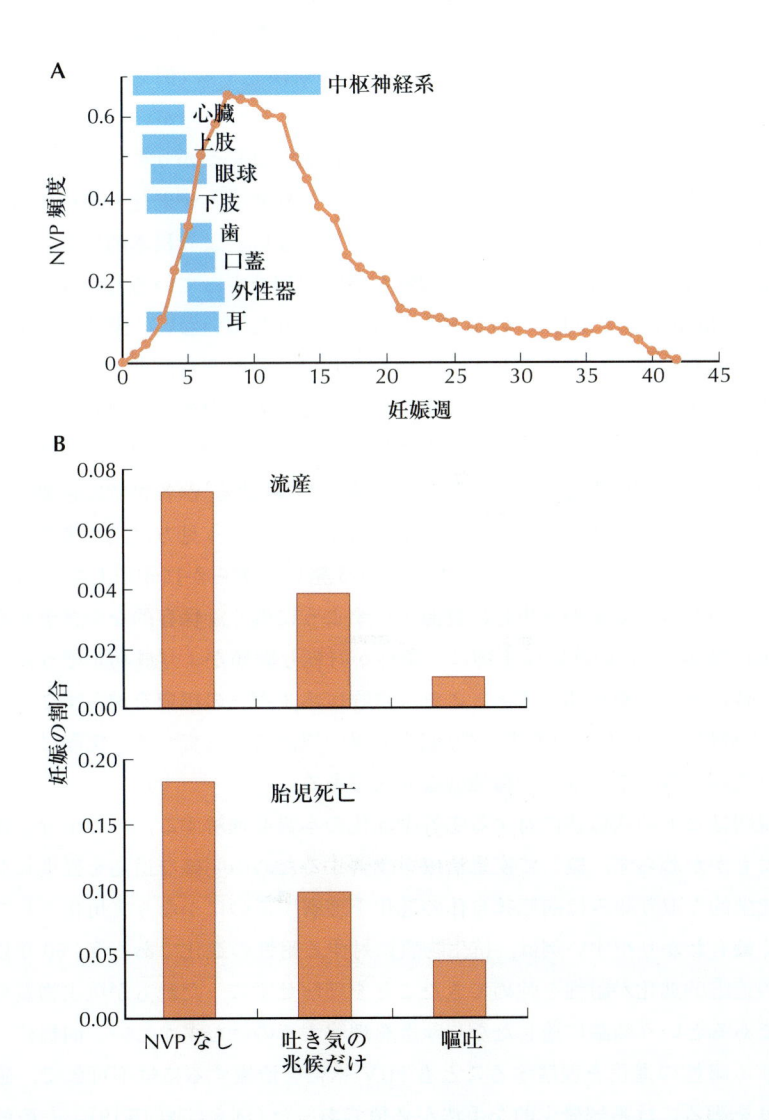

図 26.16 ▪ (A) 発達する構造が最も催奇形物質に対して感受性が高まっているときに（青い棒グラフ），妊娠中の吐き気や嘔吐（NVP）は多くみられる。(B) 吐き気を経験した女性では流産や胎児死亡は少なく，嘔吐まであった場合にはよりいっそう少ない。

ダーウィン医学は老化研究にも特に注意を払っている。第20章でみたように，老化に関する進化的説明としては，晩年の生存と繁殖は若年期に比べて受ける選択が弱いというものである。これは単純に，多くの個体は老化する前に死ぬために，晩年に影響する対立遺伝子はめったに発現せず，そのためめったに選択にさらされないからである。老いた個体に対して選択が減少することは，早期に繁殖することと将来の繁殖のために生体を維持することの間にトレードオフが存在しているところで，前者により重きが置かれたことを意味する (p.609参照)。加えて，選択によってそれほど効果的に除去されないために，有害な突然変異は晩年により大きな負担をかける (p.610参照)。

この進化的な説明は，ヒトの老化について何を教えてくれるだろうか。第1に，老化は不可避ではない。このことは種間の比較によりかなり直接的に示される。例えば鳥，コウモリ，カメは捕食動物からは比較的安全であり，同じような大きさの他の種よりも長生きする。それほど外因性の死をこうむらないからである (p.607参照)。しかし，このことはヒトの寿命を延ばすことが容易であるということを意味するわけではない。進化理論は老化を引き起こす多くの異なった経路があることを示唆している。というのは，原則としてどんな生理学的過程も，晩年の生殖生産や生存よりも早期の生殖生産や生存に有利に働く選択に従うからである。よって，もし薬理学的介入で老年の問題を1つ解決しても（例えば認知症を防ぐ神経保護薬），すぐに別の機能，例えば心臓血管機能のような他の機能がいくつか低下することに苦しむことになるだろう。つまり老化に対する"特効薬"は見つかりそうにない。

議論は正しいだろうが，老化は"解決がむずかしい"と知ることが老化を阻止するための新たな戦略を見つけるのに役立つのかどうかははっきりしない。より根本的には，老化がヒトを苦しめる他の一般的な条件に比べてより複雑な病態生理をもっているという点で，老化がほんとうに"より解決がむずかしい"のかどうかもはっきりしていない。上述したように，まれな病気も一般的な疾患も，それぞれ1つ1つがまれで，それぞれが別々の方法で機能を低下させるような有害な突然変異の不均一な集合によっておもに引き起こされていることはありうる。その観点では，すべての一般的な疾患は等しく"解決がむずかしく"，任意の疾患の裏に潜む原因は人によって異なっているだろう。違った"特効薬"が各患者に必要となる。

老化の仕組みは複雑で，多くの機能の障害を含んでいるという見方は，さまざまな生物において突然変異が大きく寿命を延ばしてきたという発見に明らかに矛盾している。これらは，食料が乏しいときに繁殖から生存に資源を移すように働く，保存的なシグナル経路を介して働く (p.611参照)。この経路は生物に，条件が好転し繁殖がより成功しそうになるまで自らを生かし続けることを可能にする。これは食物エネルギーの摂取を減らすことが寿命を延ばすという（酵母からヒトに至るまでの）観察結果の原因になっている。実際に，これが寿命を延ばす見込みが確実な，唯一の環境的な介入である。

進化的な説明はヒトの病原体に対する応答や老化の本質を理解するための十分な枠組みを与えているにもかかわらず，概して疾患治療を改善するための明確な道筋を提供しない。対照的に，進化学的な取り組みは病原体自体の進化を理解するのにかなり実用化されてきている。おそらく最もわかりやすい例は，抗生物質に対する耐性の進化であろう。50年以上にわたって細菌の適応的進化が耐性を強めてきたことを理解せずに，だれもが抗生物質の使用は控えるべきであるという結論に達したなりゆきを理解するのはむずかしい。同様に，抗ウイルス薬に対する耐性の進化を理解することもHIV感染を治療するには不可欠で，感染症の歴史と広がりを遡るには系統発生的な手法が必須であった（例えば図15.19）。一般的に医学は究極的な説明ではなく近因に関心があり，ここで進化学的な取り組みは一般的な疾患の遺伝的背景を決定するための努力において大事な要素として浮かび上がってくるのである。

進化心理学は人類の性質を理解しようとしている

　自然選択によってDarwinの進化論が与えた最も大きい衝撃は，我々自身の種に対する我々の理解に対してのものであった。つまり我々が霊長類と祖先を共有しており，さらにそれ以上に我々の独特な適応は自然選択によって進化したという認識である。Darwinは『種の起源（種の起原）』の中で人類について議論していないが，世界における人類の立場について理解するうえでの自身の理論の意味を鋭く評価しており，ヒトの心理学とその動物的行動との連続性を特化して扱った2冊の本を書いた。しかし第1章でみたように，他の人々は自然選択の概念を取り上げたり発展させたりはしなかった。進化の考え方は人間性に広く適用されたが，Darwinの業績とは最もつながらない。『種の起源』に続いてやってきた世紀において，最も強い影響をもったのが，人類への進歩・進化に対する考え方であった。生物学者の間でさえ，進化は，"種のためになるように"働くとしばしばみなされていた(p.37)。

　個体や遺伝子に働くときのDarwin的な自然選択の重要性は，Williams, Maynard Smith（メイナード・スミス），William Hamilton（ウィリアム・ハミルトン）らの仕事を通じて1970年ごろに再び現れた。ヒトの行動も含めた動物の行動への適用はEdward O. Wilson（エドワード・O・ウィルソン）の著作『社会生物学』(1975)や，Richard Dawkins（リチャード・ドーキンス）の『利己的な遺伝子』(1976)の中で強調されている。動物行動の研究は進化的原理の適用によって一変し，盛んな学問分野となった（例えば第20章を参照）。ヒトへの拡張は非常に議論を呼び，厳しい批判に繋がった。一部は社会科学者からのものであったが，彼らはヒトへ生物学的原理を適用することにはいかなることでも反論した。しかし進化生物学者のStephen Jay Gould（スティーブン・ジェイ・グールド）やRichard Lewontin（リチャード・レヴォンティン）による強い批判もある。彼らは，ヒトの行動特性が進化過程の偶然の副次的効果というよりも自然選択によって形成された適応の結果であるという前提に対して反論した(p.601参照)。

　より最近になって，ヒトの行動研究に進化的原理を用いるという研究プログラムも出現してきている。最も有名なのが**進化心理学**(evolutionary psychology)で，普遍的なヒトの特性，特に社会的協力や配偶者選択，両親の投資にみられる特性に焦点を当てている。進化心理学者は，現在の条件に人類は必ずしも適応する必要はなかったと主張する。つまり現在の環境においてヒトは，血縁者および自分自身の繁殖の成功を最大化するために行動する必要はないということである。むしろ人類は250万年前から10万年前，狩猟採集民として暮らしていた時期である**更新世**(Pleistocene)の条件に適応しているように思われるのである。これは**進化適応の環境**(environment of evolutionary adaptation, EEA)と呼ばれている。

　進化心理学者らの考えによると，裏切りを見つけたり配偶者を選んだりするような作業のための特別なモジュールが進化してきた。そのようなモジュールはコンピュータソフトのサブルーチンに似ていると思われ，適応度を高める特別なモジュール専用になっている。基本的な認知過程はモジュールにまとめられていることが知られているが（例えば視覚では輪郭，もしくは顔でさえも検出できる神経細胞のグループがある），進化心理学の"大規模モジュール"仮説をめぐってはかなりの議論がある。しかしこの心理学的機構をめぐる議論は，特殊化した行動は自然選択によって進化した適応なのかという進化学的問題の中心にはならない。第14章でみたように，選択された形質について遺伝的変異があるとすれば，選択が表現型を決定するだろう。遺伝的な機構と心理学的な機構は直接には関係していない。

ヒトの本質がどのように進化してきたのか理解するのはむずかしい

　ヒトの心理と行動の進化を研究することには特別な困難がある。人為的な選択もほとんど使えないうえ，興味の対象となる形質の多くがヒトに限られたものだから，種間の比較を利用することもむずかしい。同様の困難には，他の種を研究しているときにも直面するが，その際には，興味のある1つの種内で行動の詳細な研究を行うことにより研究が進むことがある（我々の性選択に関する知識の多くはこの類のものである［第20章参照］）。しかし，ヒトにおいてはまた別のむずかしさがあり，生物学的影響を文化的影響からどのように分離するかがむずかしく，本質的に議論の多い性質の問題だからである。これらのすべての理由により，同定可能な選択圧によって適応が進化したなんらかのはっきりした特殊な行動の例を見つけるのは，たいへんなことなのである。

　それでも研究を前進させるのは原則的に可能である。おもな方法は，その形質が特殊な機能のために選択されているのならば，そう期待できる特徴があるかどうかを問うてみることである。もっともらしい論証ができる例に，妊娠中の吐き気と嘔吐（NVP もしくは"つわり"［図 26.16］）がある。これは研究されたすべてのヒト集団で多くの女性にみられた。この現象は，発育している胎児に悪影響を与える可能性がある毒物に対する防御として進化したという提唱がなされた。仮説と一致するように，胎児が最も感受性が高い時期（6〜18週）に最もNVPはひどく，NVPがひどい女性ほど流産が少ない。しかし潜在的に有毒な野菜に対するよりも肉や卵に対しての嫌悪が最も広くみられる。これはNVPが感染のリスクを減らすように進化したという異なった仮説を示唆する（妊娠中は免疫が部分的に抑制されるが，おそらく胎児が攻撃されるリスクを減らすためであろう）。

　NVPは文化にはそれほど影響されないであろうから，この例はわかりやすい。実際，心理的なものというよりは生理的な現象である。進化心理学者らに研究される例のほとんどは，生物学的な影響だけで形成された単純に先天的な行動であるというよりも，**文化進化**（cultural evolution）の産物であると説明することができる。もちろん人類の文化はそれ自体生物学的な素因に基づいている。おもな問題は，なぜ特殊な形質が見つかるのかということである。例を挙げると，ヒトはなぜある種の配偶者を好むのか，ヒトはなぜ子供を愛するのか，そしてヒトはなぜ裏切られて気分を害するのか，など。繁殖の成功を高めさせる生物学的素因のためか，もしくは文化伝達の傾向により救われた人々の間で広がったために，そのような心理的特性が成立してきたのかもしれない。すなわち，それらは自然選択か"文化的選択"の類似過程により成立してきたのかもしれないのである。

　進化心理学者らから多くの注目を集めた領域は配偶者選択である。配偶者を求める男性は，ヒップに対しウエストのくびれた若い女性を好むということが議論になる。若さと細いウエストはともに繁殖力の高さと関連しているからだ。逆に女性は配偶者として地位の高い男性を好む。子を育てるために必要な資源をより多く供給してくれそうだからである。実際のところ，どちらの好みもヒトの性質の普遍的な部分なのかどうかについて，かなりの議論がある。多くの社会では男性は配偶者として肉づきのよい女性を好む。ウエスト－ヒップの比率が低いことは豊かな社会では繁殖力の高さに関係している一方で，肉づきのよさは，食料が不足しがちなときにはほぼ間違いなく繁殖力の高さの指標となる。配偶者に対する女性の好みの証拠も曖昧である。配偶者は同じ社会階級と教育的背景を共有するといった強い傾向もあり，男性の地位に対する全体的な好みを認識するのが困難である。これらの観察のどれもが生物学的進化に基づいた説明を排除していないが，決定的に検証することは困難である。

もちろん我々の心理学はたぶん生物学と文化の相互作用を通して進化してきたのだろう。おそらく最もはっきりした例は言語の進化の場合だが，これは前章で議論した。我々は限られた経験に基づいて複雑な統語法を習得することが可能になるようななんらかの先天的な能力をもっているに違いない。しかしそれは，細かい文法規則が生まれつき備わっているという意味ではない。どうすれば生まれつき備わるのか想像するのは困難だ。むしろある種の文法は他に比べて容易に習得でき，最も簡単に伝えられた文法が文化的選択の過程を通じて広がっていくのである。このことは複雑な規則のセットが我々の生物学によって明確に指定されることを要求することなしに，いかにすべてのヒトの言語に一般的になっているかを説明している（第24章において，"探査システム"の節の中で同様の例を挙げている[p.779]）。

一般的に，仮説の多くは進化心理学者らによって我々の直感に合うようにして提唱されている。実際，若かったり豊かだったりする配偶者の好み，もしくは裏切りを見つける能力は，驚くようなものではない。それらは進化心理学者らがいうように自然選択により進化してきたかもしれないが，合理的な計算の結果であるのかもしれない（意識的であれ無意識であれ）。後者の場合には，判断する能力と繁殖するための動機自体はそれぞれ自然選択で進化したが，社会的相互作用に関係した特有の行動はそのようには進化してこなかったということだろう。

我々はまだ石器時代に適応しているのか。そうとも限らない。我々は選択がわずか数十世代で実質的な変化を生むということを知っている。この章の始めに，乳糖に対する耐性のような例をみたが，これも過去数千年の間の食事の変化に対する適応であった。今では，周囲の配列の変異パターンの歪みを通して最近選択されてきた遺伝子を検出することが可能になっている（pp.577～584参照）。この取り組みにより，農業の結果，我々を適応させたほかの遺伝子が見つかってくるだろう。しかし，どんな複雑な形質もそうであったように（第14章，またこの章の前半），配列中で何が変わり，どの表現型が関係しているのか正確に割り出していくのは簡単ではない。

要約

単純なメンデル遺伝病の原因である1200個以上の遺伝子が同定された。しかしこれらの病気はまれなため，一般的な疾患の原因となる遺伝子を探すことが主要な課題となった。家系研究は家系内での病気と遺伝子マーカーとの相関に基づくものだが，大きい効果がある遺伝子だけしか位置決定できず，そのうえだいたい1 cMまでしか絞れない。原理的には，集団全体の連鎖不平衡に頼った関連解析はずっと検出力が強く，高精度に小さい効果の対立遺伝子を検出できる。この手法はゲノム全体にわたって適用できる。しかし非常に多くの検定結果を解釈することに統計学的なむずかしさがあり，肯定的な結果を再現するのはむずかしいことがわかっている。

関連解析が成功したのは，ゲノム中に連鎖不平衡が広がっていたことによる。連鎖不平衡が広範囲であれば，計測すべきマーカーは少なくて済む。ただし，重要な関連が見つかったときに，病気の原因となる実際の変異を見つけるのはむずかしくなる。その成功は，一般的な疾患の原因が多くのまれな対立遺伝子によるものでなく，少数の頻度の高い対立遺伝子による場合にもたらされやすい。

病気を引き起こす対立遺伝子を特定することは新たな治療にもつながる。"オーダーメード医療"で使われる情報として，あるいは出生前スクリーニングのため，そして保険者に提供するためといったように，遺伝子データが個人の病気の発症リスクを見積もるためにも利用されるかもしれない。しかし，これまでのところ遺伝情報の最も重要な応用は，法医学において個人を特定することである。

ヒトの遺伝的変異はある程度，他の種の変異と同様にある空間的構造を示す。しかしこの変異は，"人種"の区別には一致しない。いくつかの遺伝子は，異なる環境に対する近年の適応によって引き起こされた，より大きな地理的変異を示す。自然選択は現代社会を変化させてきたが，今でも作用してい

る。適応度には遺伝による変異がある。劣性対立遺伝子に対する選択の緩和には無視できるほどゆっくりとした効果しかないだろうが，優性もしくは伴性の対立遺伝子に対する選択の除去は，そのような対立遺伝子の頻度を数世代にわたって増加させることになるだろう。

　ヒトは他の種のように同じ原理の下，自然選択によって形成されてきた。例えば我々は晩年には選択が弱いために老化する。そのような進化的視点は健康や病気の本質に対する洞察力を与えてくれはしたが，その意味が治療にとってなんなのかははっきりとしない。進化心理学はヒトの本質を説明しようとしているが，遺伝的進化と文化的進化の相互作用が仮説を明白に検証するのを困難にしている。

■ 文献

疾患遺伝子マッピング

http://www.ncbi.nlm.nih.gov/entrez/query.fcgi?db=OMIM：Online Mendelian Inheritance in Man.
　ヒト疾患の主要な原因遺伝子のデータベース決定版。

Ott J. 1999. *Analysis of human genetic linkage*, 3rd ed. Johns Hopkins University Press, Baltimore.
　家系に基づいた連鎖検出法の包括的な総説。

Risch N. and Merikangas K. 1996. The future of genetic studies of complex human diseases. *Science* **273**：1516–1517；Carlson C.S., Eberle M.A., Kruglyak L., and Nickerson D.A. 2004. Mapping complex disease loci in whole-genome association studies. *Nature* **429**：446–452；Terwilliger J.D., Haghighi F., Hiekkalinna T.S., and Goring H.H. 2002. A bias-ed assessment of the use of SNPs in human complex traits. *Curr. Opin. Genet. Dev.* **12**：726–734；Terwilliger J.D. and Hiekkalinna T.S. 2006. An utter refutation of the 'Fundamental Theorem of the HapMap'. *Eur. J. Hum. Genet.* **14**：426–437.
　Risch and Merikangas（1996）では相関研究の統計的検出力を裏づける簡単な計算が与えられているが，Terwilliger らはこの方法を強く批判している。

ヒトの変異

Bamshad M., Wooding S.P., Salisbury B.A., and Stephens J.C. 2004. Deconstructing the relationship between genetics and race. *Nat. Rev. Genet.* **5**：598–609.

Kittles R.A. and Weiss K.M. 2003. Race, ancestry and genes：Implications for defining disease risk. *Annu. Rev. Genomics Hum. Genet.* **4**：33–67.

ヒトにおける自然選択

Bamshad M. and Wooding S.P. 2003. Signatures of natural selection in the human genome. *Nat. Rev. Genet.* **4**：99–111.

Barsh G.S. 2003. What controls variation in human skin color? *PLoS Biol.* **1**：e27.

Bersaglieri T., Sabeti P.C., Patterson N., Vanderploeg T., Schaffner S.F., Drake J.A., Rhodes M., Reich D.E., and Hirshhorn J.N. 2004. Genetic signatures of strong recent positive selection at the lactase gene. *Am. J. Hum. Genet.* **74**：1111–1120.

Müller J. and Kelsh R.N. 2006. A *golden* clue to human skin colour variation. *BioEssays* **28**：578–582.

遺伝情報の利用

http://www.wellcome.ac.uk/knowledgecentre/
　遺伝情報にかかわる倫理的問題に関する報告へのリンクがあるウェルカムトラストウェブのサイト。

http://www.ma.hw.ac.uk/ams/girc/
　The Genetics and Insurance Research Centre には有用なサイトへのリンクがいくつもある。

Jobling M.A. and Gill P. 2004. Encoded evidence：DNA in forensic analysis. *Nat. Rev. Genet.* **5**：739–751.

ダーウィン医学

Frank S.A. 2002. *Immunology and evolution of infectious disease*。Princeton University Press, Princeton, New Jersey.

Nesse R.M. and Williams G.C. 1994. *Why we get sick*：*The new science of Darwinian medicine*。Crown, New York.

Stearns S.C. 1999. *Evolution in health and disease*。Oxford University Press, Oxford.

進化心理学

Barkow J.H., Cosmides L., and Tooby J. 1992. *The adapted mind*：*Evolutionary psychology and the generation of culture*。Oxford University Press, Oxford；Buss D. 2003. *Evolutionary psychology*：*The new science of the mind*. Allyn & Bacon, London；Pinker S. 2002. *The blank slate*：*The modern denial of human nature*。Viking, New York；Barnett L., Dunbar R., and Lycett J. 2002. *Human evolutionary psychology*。Princeton University Press, Princeton, New Jersey.
　この新分野に関する多くの文献からの選定。

Buller D.J. 2005. *Adapting minds*。MIT Press, Cambridge, Massachusetts；Buller D.J. 2005. Evolutionary psychology：The emperor's new paradigm. *Trends Cogn. Sci.* **9**：277–283.
　ヒトの心理は大規模モジュール的であり，ヒトは更新世の環境に適応した。またヒトの特別な性質はヒトの本質の普遍的な部分であり，かつ自然選択によって進化してきた適応の結果であるといった進化心理学の原則に対する実験的証拠を Buller は批判した。

用語集

ADH，アルコール脱水素酵素 ■ ADH
アルコール脱水素酵素。

AMH
解剖学的現代人を見よ。

ATP
アデノシン三リン酸。

BSC
生物学的種概念を見よ。

B 染色体 ■ B chromosome
過剰染色体ともいう。どちらの性にとっても通常の機能に必要のない余分な染色体。一部の個体のみがもつ。

cDNA
相補 DNA を見よ。

cM
センチモルガンを見よ。

CMS
細胞質雄性不稔を見よ。

C 値 ■ C-value
ゲノムサイズを見よ。

D
いくつかの意味で用いられる記号。遺伝距離と連鎖不平衡を見よ。また，D_n と D_s は K_a と K_s の別表記でもある。

DIV
欠損干渉ウイルスを見よ。

DNA 受容コンピテンス ■ competence
環境からの DNA の直接的な取り込み。

DNA ライゲーション ■ DNA ligation
二本の DNA 鎖の化学的な連結。DNA 修復，複製，その他の分子過程において用いられる手法。

Dobzhansky–Muller モデル ■ Dobzhansky–Muller model
もともと 1 つの集団であった，2 つの生物集団において，独立に異なる対立遺伝子を蓄積することによって，生殖隔離の進化が起こると説明する，簡潔なモデル。おのおのの集団で生じた対立遺伝子は，それらが生じた遺伝的背景をもつ集団では適応度を下げることはないが，異なる集団に由来する対立遺伝子を両方もつ場合は互いに不和合性を示す。

EEA
進化適応の環境を見よ。

ESS
進化的に安定な戦略を見よ。

F_{ST}
全遺伝的変異に対する分集団間の遺伝的変異の相対的割合を表す尺度。

$$F_{ST} = \mathrm{var}(p)/\overline{p}\,\overline{q}$$

Sewall Wright により考案された。

H
遺伝子多様度を見よ。

h^2 ■ narrow-sense heritability
遺伝率の項を見よ。

Hardy–Weinberg の比 ■ Hardy–Weinberg proportions
ランダムな交配でできる二倍体の遺伝子型の頻度を示す。最も簡単な例では，2 個の対立遺伝子の頻度が $q + p = 1$ であるとき，3 種類の遺伝子型（QQ, PQ, PP）の頻度はそれぞれ，q^2, $2pq$, p^2 となる。

Hill–Robertson 効果 ■ Hill–Robertson effect
連鎖している遺伝子座に働く選択間の干渉効果。1966 年に Hill と Robertson によって最初に解析された。

HIV
ヒト免疫不全ウイルスの項を見よ。

IBD
同祖性を見よ。

in situ ハイブリッド形成 ■ in situ hybridization
in situ ハイブリダイゼーションともいう。標識した DNA あるいは RNA プローブを組織切片や胚全体に対し相補的な結合をさせ，顕微鏡下で観察することにより特定の mRNA がいつどこで発現しているかを決める方法。この方法により，プローブを染色体に相補結合させ顕微鏡下で観察することにより，特定のゲノム配列の位置を決めることもできる。

IS
挿入配列を見よ。

K_s
アミノ酸を変える置換，すなわち，非同義置換の進化速度。D_s とも表記される。

Levene のモデル ■ Levene model
構造をもった集団のモデル。同じ遺伝子プールから生まれた個体が，生活史の一部を小さなパッチ内（分集団）で競争する。

LGT
遺伝子の水平移動を見よ。

LINE
転位因子の一種。

LMC
局所的配偶競争を見よ。

LUCA
現存する全生物に最も近い共通祖先を見よ。

MHC
主要組織適合遺伝子複合体を見よ。

mRNA
メッセンジャー RNA を見よ。

855

mtDNA
ミトコンドリア DNA を見よ。

Muller のラチェット ■ Muller's ratchet
最適な遺伝子型がランダムで不可逆的に喪失するため，無性生殖集団が劣化すること。またその仕組み。

NADPH (還元型ニコチン[酸]アミドアデニンジヌクレオチドリン酸) ■ NADPH
ニコチンアデニンジヌクレオチドリン酸(還元型)。すべての生物のエネルギーおよび酸化還元の担体(運搬体)として用いられる。

N_e
集団の有効な大きさを見よ。

NIL
準同質遺伝子系統を見よ。

ORF
オープンリーディングフレームを見よ。

OUT
操作的分類単位を見よ。

PCR
ポリメラーゼ連鎖反応を見よ。

QTL
量的形質遺伝子座を見よ。

rDNA
リボゾーム DNA を見よ。

RFLP
制限酵素断片長多型を見よ。

RNA 干渉 ■ RNA-mediated interference (RNAi)
二本鎖 RNA の形成を利用して遺伝子発現を阻害することにより，遺伝子機能を制御する仕組み。

RNA ワールド ■ RNA world
RNA が遺伝と触媒の両方の機能を担う，遺伝暗号が進化する以前の段階。

S
選択差を見よ。

s
選択係数を見よ。

SBT
平衡推移理論を見よ。

SINE
転位因子の一種。

SNP
一塩基多型を見よ。

SSM
すべりによる DNA 鎖の不対合を見よ。

SSR
単純反復配列を見よ。

TDT
伝達不平衡検定を見よ。

tRNA
トランスファー RNA を見よ。

UEP
固有変異の多型を見よ。

V_A
相加遺伝分散を見よ。

var(x)
分散を見よ。

V_D
優性分散を見よ。

V_E
環境分散を見よ。

V_G
遺伝子型分散を見よ。

V_M
突然変異分散を見よ。

VNTR
長さが多様な縦列反復配列を見よ。

V_W
適応度の相加遺伝分散を見よ。

Wright-Castle の推定法 ■ Wright–Castle estimator
量的形質に影響を与える遺伝子数を推定する方法。F_2 集団の分散と親集団間の平均値の差との比較に基づく。

Wright-Fisher モデル ■ Wright-Fisher model
機会的遺伝的浮動を扱う標準モデル。各遺伝子は前世代の 2 N 個の遺伝子から任意に選ばれる。

X 染色体の大きな効果 ■ large X effect
X 染色体がその大きさから予想されるより高い頻度で，雑種不和合性に関与しているという観察事実。

α プロテオバクテリア ■ α-proteobacteria
細菌の主要な種類の 1 つ。多くの光合成する種，多くの原体(例：リケッチア類)，多くの相利共生する種などを含む。ミトコンドリアの祖先もこれに属す。

α ヘリックス ■ α-helix
タンパク質の基本構造モチーフの 1 つ。アミノ酸の線状配列(鎖)が，右巻きのらせん状に折りたたまれた構造で，同じ鎖内部の主鎖原子間の水素結合により安定化される。

β
選択勾配を見よ。

β シート ■ β-sheet
タンパク質の基本構造モチーフの 1 つ。ポリペプチド鎖の異なる領域に位置するアミノ酸の線状配列(鎖)が，互いに隣り合って整列している構造で，異なる鎖の主鎖原子間の水素結合により安定化される。

γ
選択勾配，二次のを見よ。

θ
集団の有効な大きさ(N_e)と突然変異率(μ)の積の 4 倍。遺伝的浮動の効果($1/2N_e$)と突然変異率(μ)の相対的大きさを測るもので，そのため両者のバランスで維持される変異量を与える。

μ
突然変異率を見よ。

π
塩基多様度を見よ。

アイソザイム ■ isozyme
同じ酵素反応をつかさどるが，アミノ酸配列が異なる酵素。異なる遺伝子座にコードされる変異体と，同じ遺伝子座の相同遺伝子にコードされるアロザイムの両方が含まれる。

アウトグループ(外群) ■ outgroup
解析の対象にしているすべての生物や遺伝子群よりも先に，共通の祖先から分岐した生物または遺伝子。

赤の女王 ■ Red Queen
2 種(例えば，宿主と寄生者)間の連続的な共進化。

アクリターク ■ acritarch
古代の岩石から見つかる有機物の外壁に囲まれた構造の微化石。真核生物の増殖シストと考えられている。

アピコプラスト ■ apicoplast
アピコンプレックス類にみられる，代謝過程に関与する細胞小器官。光合成能をもつ葉緑体に由来する。しかし，現在は光合成に関与しない。

アピコンプレクサ ■ apicomplexan
アピコンプレクサ類（真核生物のアルベオラータ門に含まれる）に属する生物。多くの種が寄生虫（例：マラリアを引き起こす *Plasmodium falciparum*）である。

アフリカ起源モデル ■ out-of-Africa model
現代人はアフリカで最近に進化して拡散し，古代型人類に置き換わったとする仮説。多地域進化モデルと対比される。

アメーバ ■ amoeba
体が決まった形をもたずに変形する単細胞真核生物。このような表現型は真核生物のいろいろな系統で見いだされる。

アメーボゾア ■ Amoebozoa
真核生物を構成する大きな系統。ほとんどの種が従属栄養。ミトコンドリアをもたない種もある。

アラインメント ■ align, aligned, alignment
DNA，RNA，タンパク質のいろいろな配列を並べること。ほとんどの場合アラインメントはギャップをもつ。ギャップの部分では，1 つの分子は他に対して挿入または欠失をもつ。系統解析においては，アラインメントの各サイト（つまり，列）は，異なる分子の相同な残基（塩基またはアミノ酸）からなっている。

アルベオラータ ■ alveolate
真核生物のアルベオラータ門に属する生物。アピコンプレクサ類，渦鞭毛藻類，繊毛虫類が含まれる。

アロザイム ■ allozyme
同一の遺伝子座の異なる対立遺伝子にコードされているために，配列に違いのある複数の酵素の中の 1 つ。

アロステリック効果 ■ allostery
タンパク質やリボザイムのある部位に分子が結合することによって，離れた部位の活性が変化すること。

アロステリックな相互作用 ■ allosteric interaction
アロステリック効果を見よ。

アロメトリー（相対成長） ■ allometry
体サイズに対する比率が変わること。例えば，雄ジカの枝角のからだに対する相対的な大きさは，からだが大きくなるに従って増大する。

アンチセンスオリゴヌクレオチド ■ antisense oligonucleotide
mRNA に相補的な，短い人工の核酸配列。さまざまなメカニズムにより，アンチセンスオリゴヌクレオチドは，mRNA がタンパク質産物を作るのを阻害するので，遺伝子機能を不活性化するのに用いられる。

安定化選択 ■ stabilizing selection
中間の形質値が最適となる選択。

維管束植物 ■ vascular plants
流動体輸送の役割を担う維管束組織をもつ植物。

閾値モデル ■ threshold model
基礎となる連続形質の値が閾値を越えたときに初めて，離散的な形質が現れるとするモデル。

育種値 ■ breeding value
各遺伝子の平均効果の総和。個体が集団中の他個体と無作為に交配するとすれば，その子はその育種値の半分だけ集団の平均値からずれることになる。

異型花柱性 ■ heterostyly
葯と柱頭の配置が異なる多型のこと。

異系交配 ■ outcrossing
近親者ではないものの間の交配。

異型性 ■ heterogametic（heterogametic sex で異型性に対応するようである）
異なる 2 つの性染色体をもつ性。例えば，哺乳類では雄が異型性である。

異型配偶 ■ anisogamy
配偶子が 2 種類以上の大きさのものに分化すること。

異時性（ヘテロクロニー） ■ heterochrony
ある特定の発生過程の相対的な開始時期，あるいは終了時期が変わることによって発生時のイベントの相対的なタイミングや持続時間が変化すること。

異質倍数性 ■ allopolyploidy
異なる集団あるいは異なる種に由来する複数のゲノムを含むこと。

異所性の組換え ■ ectopic recombination
ゲノムの異なる領域にみられる反復DNA（例：異なる場所にある転位因子）の間で起こる組換え。染色体再編成や欠失を引き起こしうる。

異所的種分化 ■ allopatric speciation
集団が地理的に隔離されることにより分岐し，生殖的に独立した種が形成されること。

異所的な ■ allopatric
地理的な障壁により集団が完全に隔離されている状態。

異数体 ■ aneuploid
染色体数が異常な細胞または生物。

一塩基多型 ■ single-nucleotide polymorphism（SNP）
集団中で個体によって異なる塩基となっているような 1 塩基座位（スニップと発音）。

一次的接触 ■ primary contact
集団の分岐過程での接触。二次的接触と対比される。

一倍体 ■ haploid
体細胞あたり，各相同染色体を 1 つもつ細胞，または個体のこと。半数体ともいう。

一卵性双生児 ■ monozygotic twins
同型双生児を見よ。

一夫制の ■ monandrous
雌が単一の雄と交配すること。

遺伝暗号 ■ genetic code
64 通りの 3 つ組み（トリプレット）コドンをアミノ酸および翻訳の終結シグナルに翻訳する暗号。

遺伝距離 ■ genetic distance
集団間の対立遺伝子頻度の差異を計る尺度。最も広く普及している遺伝距離は，根井の遺伝距離である。

遺伝子 ■ gene
タンパク質または RNA 分子をコードする DNA（ある種のウイルスでは RNA）領域。関連する調節領域も含む。

遺伝子移入（移入交雑） ■ introgression
ある遺伝的背景から別の遺伝的背景への遺伝子の移動のこと。別々の集団の間で雑種が形成されることにより起こる。

遺伝子移入 ■ transgenic
トランスジェニックともいう。他の個体もしくは種から遺伝子を移すために遺伝的操作をされること。

遺伝子型 ■ genotype
個体がもつ対立遺伝子のセット。

遺伝子型値 ■ genotypic value
遺伝子型の形質値の平均 G

遺伝子型分散 ■ genotypic variance (V_G)
遺伝子型値の分散：$\text{var}(G) = V_G$

遺伝子系図 ■ genealogy
1つの遺伝子座の相同な遺伝子の類縁関係を樹形図で表現すること。

遺伝子座 ■ locus（あるいは genetic locus）
ゲノム上の領域。一塩基座位をさすこともあれば，かなり長い DNA 塩基配列に相当することもある。

遺伝システム ■ genetic system
遺伝情報の伝達に直接かかわるシステムのこと。

遺伝子操作（遺伝子工学） ■ genetic engineering
特性を変えるために人工的に DNA 配列を導入して生物を操作すること。

遺伝子多様度 ■ gene diversity (H)
任意に選んだ2つの遺伝子が異なる対立遺伝子である確率。自然選択が働かない状況では任意交配する二倍体集団のヘテロ接合頻度と等しい。

遺伝子治療 ■ gene therapy
機能をもった遺伝子を患者に導入する治療。

遺伝子の水平伝達（遺伝子の水平移動） ■ lateral gene transfer (LGT)
1つの進化的系統から別の系統への DNA の伝達。

遺伝子変換 ■ gene conversion
減数分裂時に，姉妹染色分体ではないものがヘテロな対合を形成した結果，非相互的な遺伝情報の交換が起こること。その結果，ヘテロ接合の座位の一方が他方の対立遺伝子に置き換わり，ホモ接合になる。

遺伝子マーカー（遺伝標識） ■ genetic marker
遺伝的な変異の目印となる多型的な遺伝子座。目印そのものに特に関心はない。

遺伝子流動 ■ gene flow
遺伝子の空間的な移動。通常は空間的な移動をさすが，マイクロハビタット間の移動やはっきり区別される集団または種の間の遺伝子移入をさすこともある。

遺伝子量 ■ gene dosage
1個体中の遺伝子のコピー数。

遺伝子量補償 ■ dosage compensation
伴性遺伝子が雄と雌の両方で適切なレベルに発現することを保障する仕組み。

遺伝相関 ■ genetic correlation
異なる形質に対する育種値間の相関。この相関は，それらの形質に関与する遺伝子間の連鎖不平衡，あるいは，それらの形質に関与する対立遺伝子の多面発現によって生じることがある。

遺伝地図（遺伝子地図） ■ genetic map
遺伝子間の組換え率に基づいて，遺伝子を順番に直線上に並べた地図。

遺伝的アルゴリズム ■ genetic algorithm
計算問題を解くために，コンピュータプログラムの集団に選択，突然変異，組換えを適用したアルゴリズム。

遺伝的荷重 ■ genetic load
最適な適応度と比較したときの平均適応度の低下：
$$L = (1 - \overline{W}/W_{\max})$$
突然変異荷重，遺伝子置換に伴う荷重，組換えに伴う荷重，分離の荷重などがある。

遺伝的組換え ■ genetic recombination
組換えを見よ。

遺伝的同化 ■ genetic assimilation
通常，特殊な環境でのみ現れるような表現型が選択によってその環境での表現を強める変化。これによって，正常な条件でも同様の表現型が現れることがある。

遺伝的背景 ■ genetic background
興味の遺伝子と共存する遺伝子群の総称。組換えによって遺伝的背景は変えられる。

遺伝的浮動 ■ genetic drift
機会的遺伝的浮動を見よ。

遺伝的プログラミング ■ genetic programming
さまざまなプログラムの集団に対する選択によりコンピュータプログラムを作成すること。遺伝的アルゴリズムの利用と類似している。

遺伝率 ■ heritability
表現型分散のうち遺伝的な要因によるものの割合。広義の遺伝率は全遺伝分散を対象とし（$H^2 = V_G/V_P$），狭義の遺伝率は相加遺伝分散を対象とする（$h^2 = V_A/V_P$）。

遺伝率，広義の ■ broad-sense heritability (H^2)
遺伝率を見よ。

移動 ■ migration
ある地域から別の地域への動き。ここでは遺伝子流動と同義で用いられている。

インターカレート剤 ■ intercalating agent
DNA 塩基に似た化学物質で，複製の際に DNA 骨格に挿入されることがあり，挿入あるいは欠失の誤りを引き起こす。

インテリジェント・デザイン ■ intelligent design
生物はきわめて精妙であるので知的設計者（インテリジェント・デザイナー）により創造されたと主張する説。デザイン論証に属する。

インデル ■ indel
少数の塩基の挿入あるいは欠失による突然変異。

イントロン ■ intron
コード配列を分断する非コード配列。

インプリンティング，ゲノム ■ imprinting, genomic
ゲノム刷込みともいう。どちらの対立遺伝子が父親由来か母親由来かによって，ヘテロ接合体の表現型が変わる現象のこと。

ウォブル対合（ゆらぎ対合） ■ wobble pairing
最初の2つのヌクレオチドが GC あるいは AU といった通常の塩基対形成であれば，コドンとアンチコドンが対となる tRNA の能力。

渦鞭毛藻 ■ dinoflagellate
真核生物のアルベオラータ門に属する単細胞生物。光合成をするものが多い。

エキソン ■ exon
タンパク質をコードする遺伝子において，タンパク質をコードしている領域のこと。

エキソンシャフリング（エキソン混成） ■ exon shuffling
2つの異なる遺伝子のエキソンを混ぜ合わせるような組換え現象のこと。

エクスカベート ■ excavate
真核生物のエクスカベート門に属する生物群。すべて，単細胞体であり，ミトコンドリアをもつものは知られていない。

枝 ■ branch
進化系統樹の一部分。2つの節をつなぐ部分。

枝長 ■ branch length
進化系統樹における特定の枝の長さ。進化系統樹の種類によっては，枝の長さを使って進化的変化の量や時間を表す。縮尺を表す直線を使ってそれらの尺度の単位を表す。

エピスタシス（遺伝子間の非相加的相互作用）■ epistasis
形質への効果についての対立遺伝子間の相互作用。量的形質が異なる遺伝子からの効果の和で与えられるなら，エピスタシスはないといえる。

鰓曳動物 ■ priapulid
ミミズのような形態をしている鰓曳動物に属する動物群。

塩基座位 ■ nucleotide site
DNA または RNA の特定の塩基座位のこと。

塩基多様度 ■ nucleotide diversity (π)
一個体中でランダムに選んだ塩基座位がヘテロ接合である確率。遺伝子多様度と似た概念だが，1つの塩基座位に適用したもの。

延長された表現型 ■ extended phenotype
ある遺伝子によって影響を受ける全個体の表現型のこと。

エンドサイトーシス ■ endocytosis
細胞外にある物質を細胞膜で取り囲み，細胞内に取り込む仕組み。

エントロピー ■ entropy
無秩序さの程度を示す。熱力学の第2法則によれば，閉鎖系のエントロピーは決して減少しない。

オーソロガス ■ orthologous
オーソロガス遺伝子を見よ。

オーソロガス遺伝子 ■ orthologous gene
相同であり（共通祖先をもち），種分岐によっておのおのが多様化した遺伝子どうし（例，ヒトとマウスのα-グロビン）。パラロガス遺伝子と対照的である。

オーダーメード医療 ■ personalized medicine
健康増進のために個人の遺伝子型に関する情報を利用すること。

オートインダクション ■ autoinduction
クオラムセンシングの調節カスケードの誘導（誘発）。環境中のオートインデューサーの閾値濃度の超過（crossing）に応答して起きる。

オートインデューサー ■ autoinducer
クオラムセンシングにおいて，細胞から分泌された後に，細胞の密度の定量化に用いられる化学物質。

オープンリーディングフレーム ■ open reading frame (ORF)
タンパク質を作るために使われるコドンを含むゲノムの1区域のこと。真正細菌と古細菌では，オープンリーディングフレームは通常ゲノム上で連続的なひと続きになっている。真核生物では，イントロンで分断されることが多い。

岡崎フラグメント ■ Okazaki fragment
ラギング鎖の DNA 複製中に作られる DNA の短い断片。

オッカムのかみそり ■ Occam's razor
他の点が同じであれば最も簡単な説明が最良であるとする一般的な原理。系統樹推定においては，節約法を使うときに適用される。

オピストコント ■ opisthokont
後生動物，菌類，および立襟鞭毛虫を含む真核生物の界に相当する一分類群。

オペロン ■ operon
1つのユニットとして転写が調節される隣接遺伝子のセット。

オリゴヌクレオチド ■ oligonucleotide
DNA の短い（約20塩基対以下の）断片。

回帰 ■ regression
変数 y が別の変数 x に依存する様式は単純な回帰モデルで表すことができる。

$$y = \alpha + \beta x + \epsilon$$

ここで ϵ はランダム偏差，β は回帰係数である。

外群 ■ outgroup
アウトグループを見よ。

改善 ■ amelioration
遺伝子の水平伝達によって獲得された DNA が，その含量（例，GC含量，およびコドン使用頻度）について，それが存在するゲノムの（他の領域の）含量と類似なものに変化する過程。

階層分類 ■ hierarchical classification
入れ子状になった分類のこと。分類の階層には，ドメイン，界，門，綱，目，科，属，種がある。

外胚葉 ■ ectoderm
左右相称動物にみられる3つの細胞層のうちの1つ（他の2つは内胚葉と中胚葉）。外胚葉は，最終的に皮膚，口，神経系などの構造物を形成する。

外部節 ■ tip
葉を見よ。

解剖学的現代人 ■ anatomically modern human (AMH)
人類学的にみて，現代人（ホモ・サピエンス）と同じ解剖学的特徴をもつとみなされる人類の系統。

海綿動物 ■ sponge
動物のなかで，最も早くに分岐したと考えられている海綿動物門に属する生物。繊毛をもった，襟細胞と呼ばれる特殊化した細胞を用いて，体内に流入する水から食物を得ている。

ガウス分布 ■ Gaussian distribution
正規分布を見よ。

化学進化 ■ chemical evolution
生命の起源に先立ち起こったと考えられる過程であり，単純な化学物質から複雑な化学物質が生じる化学反応。

拡散 ■ diffusion
小さな機会的移動が蓄積する効果による放散。

拡散近似 ■ diffusion approximation
微分方程式を用いて拡散過程を記述する数学的な近似。物理的空間における薬品濃度や対立遺伝子頻度の広がりを記述し，さらに対立遺伝子頻度や遺伝子型頻度の空間における確率分布の広がりをも記述する。

核小体 ■ nucleolus
おもにリボソームの構築にかかわる核の一領域。

革新 ■ innovation
すでにある特徴を変化させること。

獲得形質の遺伝 ■ inheritance of acquired characteristics
生物の一生の間に獲得した形質がその子孫に伝わること。この考え方はラマルクと関連しているが，遺伝学が確立するまでは広く認められていた。

核内有糸分裂 ■ endomitosis
細胞の分裂を伴わない有糸分裂。結果としてゲノム数が倍化する。

核様体 ■ nucleomorph
核の痕跡。ある真核生物が他の真核生物の細胞内共生体となる二次共生を経た多くの真核生物において発見される。

荷重 ■ load
遺伝的加重，突然変異荷重，組換え荷重，分離の荷重，遺伝子置換の荷重を見よ．

荷重，組換えの ■ load, recombination
組換え荷重を見よ．

荷重，置換の ■ load, substitution
置換の荷重を見よ．

荷重，突然変異 ■ load, mutation
突然変異荷重を見よ．

荷重，分離の ■ load, segregation
分離の荷重を見よ．

ガスハイドレート ■ gas hydrate
深海底にある，炭化水素に富んだ凍った堆積物．

花柱 ■ style
花の柱頭と胚珠の間の長い構造．受精のために，花粉は花柱内に花粉管を伸ばして，胚珠に達する必要がある．

柱頭 ■ stigma
顕花植物の雌性生殖器官，花粉を受け取る部位．

仮道管（仮導管） ■ tracheid
植物体内で，流動体輸送にかかわる硬い細胞壁をもつ細胞．

加齢（老化） ■ aging
年齢に伴って生存率や生殖率が減少すること．加齢と老化は同義．

感覚バイアス ■ sensory bias
雄のある形質に対して，もともともっている嗜好性で，性選択によって進化したものではないもの．

環境ゲノミクス ■ environmental genomics
環境試料（例：土壌，空気，あるいは水）より直接単離したDNAの大規模配列決定．

環境分散 ■ environmental variance (V_E)
環境偏差の分散：$\mathrm{var}(E) = V_E$

環境変異 ■ environmental variation
遺伝的に同一な個体間の変異．

環境偏差 ■ environmental deviation
遺伝子型の形質値の期待値と実際の値との違い，E．

環形動物 ■ annelid
冠輪動物のなかの環形動物に分類される動物．ミミズ，ヒル，ゴカイなど分節性をもつ生物がこれに分類される．

還元不能な複雑性 ■ irreducibly complex
構成要素が1つでも欠けると機能しなくなってしまう仕組みのこと．

頑丈 ■ robust
初期の人類の化石を記述するのに使われる表現で，特に，アウストラロピテクス類の仲間の大きな頬歯をさす．華奢(gracile)と対比される．

間接選択 ■ indirect selection
ある形質が，適応度に直接影響を与える形質としてではなく他の形質との関連により選択されること．ある個体の遺伝子が別の個体の適応度に影響を与えるために起こる選択をさすこともある．

完全変態 ■ holometabolous
さなぎを経てて変態すること（例，ハエ，チョウ，甲虫）．これと対をなすのが不完全変態．

含動原体逆位（狭動原体逆位） ■ pericentric inversion
セントロメアを含む染色体逆位が関与する突然変異．

冠輪動物 ■ lophotrochozoan
環形動物，軟体動物，苔虫動物，腕足動物とそれ以外のいくつかのグループを含む旧口動物の一群．担輪子動物ともいう．

関連解析 ■ association study
遺伝的マーカーと量的形質（ヒトの病気など）との間の関連性を調査すること．形質の変異を引き起こすQTLの位置を見つけることを目的として行われる．

キアズマ ■ chiasma
減数分裂時の交差により生じるX字型の構造．

偽遺伝子 ■ pseudogene
機能を失った遺伝子．突然変異と浮動によって退化していく．

機会的遺伝的浮動 ■ random (genetic) drift
繁殖時の無作為な要因による遺伝子型頻度のランダムな変動．時間を遡ると，この過程は系統のコアレッセンスを引き起こす．

幾何平均（相乗平均） ■ geometric mean
n個の値の積のn乗根として定義される平均．
$$\bar{x}_G = \left(\prod_{i=1}^{n} x_i\right)^{1/n}$$

危険準備遺伝子座 ■ contingency locus
マイクロサテライト反復配列（例：ATATATAT）からなる遺伝子座で，繰り返される配列の個数が変わると細胞の表現型が劇的に変わる場合のこと．いくつかの病原性細菌ゲノムでよくみられる．

擬態 ■ mimicry
ある生物種が別の種に適応的に似ること．ベイツ型擬態とミュラー型擬態を見よ．

拮抗的多面発現 ■ antagonistic pleiotropy
あるときには適応度を増すが，別なときには減少させる対立遺伝子をさす．このような対立遺伝子が関連する老化の理論をさす言葉でもある．

キナーゼ ■ kinase
他の分子に対してリン酸基を付加する反応を触媒する酵素．

キネトプラスト ■ kinetoplast
キネトプラスト類の鞭毛の基部に局在する独立に複製を行っている細胞小器官．

キネトプラスト類 ■ kinetoplastid
キネトプラストという細胞小器官の存在が特徴的であり，エクスカベート門に属する真核生物の一群．

基本定理（自然選択の） ■ Fundamental Theorem (of Natural Selection)
対立遺伝子頻度変化をもたらす選択による平均適応度の増加率は，適応度の相加遺伝分散と平均適応度の比に等しい．
$$\Delta \bar{W} = \mathrm{var}_A(W)/\bar{W}$$

帰無仮説 ■ null hypothesis
正しいと仮定された仮説であり，これに対して対立仮説が統計的に検定される．

逆位，染色体 ■ inversion, chromosomal
子がもつ，あるDNAの領域の向きが，親のものと逆転している突然変異．DNAの切り出しと再挿入により引き起こされる．

逆遺伝学 ■ reverse genetics
野生型遺伝子に目標を絞り，人工的に操作した変異遺伝子で置き換えることを可能にした分子生物学の手法を総称した言葉．ポジショナルクローニングの項も参照せよ．

逆転写 ■ reverse transcription
ある種のウイルスは，RNAを相補的なDNA配列へとコピーすることで転写反応を逆行させることのできる酵素を産生する．この反応過程により，RNA分子と相補的なDNAコピーが作られ，レトロウイルスやレトロトランスポゾンにより利用される．

華奢 ■ gracile
繊細な，ほっそりした，つくりが小さいという意味。ある種類のアウストラロピテクス類にみられる（中程度に）大きな頬歯の特徴をさし示す。

キャナリゼーション（道づけ） ■ canalization
遺伝的，あるいは環境からの攪乱があっても同じ形が形成されるといったような，発生における緩衝効果のこと。

キャプシド ■ capsid
ウイルス粒子の外側を構成しているタンパク質外被。

旧口動物（前口動物） ■ protostome
左右相称動物の2つの大きなグループのうちの1つ（もう一方は新口動物）。脱皮動物と冠輪動物からなる。この動物群の生物では，発生期の原口が成体の口になる。

救済（雑種不稔の） ■ rescue, hybrid
雑種救済対立遺伝子を見よ。

休眠 ■ diapause
生物が過酷な条件下を生きるときにとる活動休止状態。

強化 ■ reinforcement
適応度の低い雑種の子孫を産出する異種間の交雑は，自然選択において不利であるため，接合前隔離が強まること。

狭義の遺伝率
h^2。遺伝率を見よ。

共進化 ■ coevolution
2つの種が影響を及ぼし合いながら進化すること。一方の種は他方の種により生じる選択を受ける。

共生 ■ symbiosis
2種の生物間の緊密な連携。

共生ウイルス ■ covirus
互いに相補的な機能をもつウイルスで，ウイルスとして伝播するためには両者が同じ細胞に同時に感染しなくてはならない。

競争的排除 ■ competitive exclusion
まったく同一の資源を使う種は安定した平衡状態で共存できないこと。

協調進化 ■ concerted evolution
反復配列の進化の例では，不等交差や遺伝子変換のような過程により，均一化が維持される傾向のこと。

共通祖先確率 ■ coancestry
2個体の間の近縁度を測る尺度。各個体から1個ずつ，任意に選んだ2個の遺伝子が同祖的となる確率。

共分散 ■ covariance
2変数 (x, y) の間の関連を示す量。平均からの偏差の積の期待値である。
$$\mathrm{cov}(x, y) = E[(x - \bar{x})(y - \bar{y})]$$
なお，$\mathrm{cov}(x, x) = \mathrm{var}(x)$ である。

共分散行列 ■ covariance matrix
n個の変数間の共分散を与える $n \times n$ の行列。各変数のそれ自身との共分散（すなわち分散）は対角線上に与えられる。

共有地の悲劇 ■ tragedy of the commons
共有の資源を各自が利己的に使用する結果，全体にとって悪い結果を導くこと。囚人のジレンマを参照。

局所的配偶競争 ■ local mate competition (LMC)
局所集団内で起こる交配のための競争のこと（例，1つのイチジク花嚢内で起こるイチジクコバチ間の競争）。

棘皮動物 ■ echinoderm
ウニ，ヒトデ，ウミユリ，ナマコを含む新口動物の一群。発生中は左右相称性をもっているにもかかわらず，成体は五放射相称を示す。

距離による隔離の効果 ■ isolation by distance
空間的に連続した集団内において，異なる地域間でみられる対立遺伝子の頻度の違い。この用語は通常，遺伝的浮動による分岐を示す。

近交系 ■ inbred
近親交配により作られる。

近交係数 ■ inbreeding coefficient
二倍体の2つの相同遺伝子が同祖的となる確率。

近交系統 ■ inbred line
自殖あるいは近親者間の交配を継続することによって作出された集団。数世代の近親交配によって近交系統は遺伝的に均一化する。

近交弱勢 ■ inbreeding depression
近親交配による生存力等の低下。

近親交配 ■ inbreeding
血縁関係にある個体間の交配。

近隣サイズ ■ neighborhood size
遺伝子流動の割合 σ^2 と単位面積あたりの有効な集団の大きさ（例えば有効な密度）ρ との積に比例するものであり，空間的に連続的な1つの集団における遺伝子流動と遺伝的浮動の相対的な割合を決定する。2次元では，$Nb = 4\pi\rho\sigma^2$，で定義される。

クオラムセンシング ■ quorum sensing
個々の真正細菌がその集団の密度を探知することを可能にする仕組み。

区画化 ■ compartmentalization
分子や細胞，遺伝的機能を空間的あるいは時間的に別々の単位へと分割すること。例として，タンパク質を細胞の別々の部分へと集める，遺伝的相互作用ネットワークを別々の機能単位へとグループ化する，といったことをさす。

組換え ■ recombination
遺伝子の新しい組み合わせが創出。

組換え荷重 ■ recombination load
エピスタシスによって有利な遺伝子の組み合わせを，組換えが壊すことによって生じる平均適応度の低下のこと。
$$L = (1 - \bar{W}/W_{\max})$$
で定義され，$\bar{W}$ は平均適応度，$W_{\max}$ は最適な遺伝子の組み合わせの適応度である。

組換えホットスポット ■ recombination hot spot
特に高い割合で組換えが起こる局所的な領域。

組換え率 ■ recombination rate
組換えを起こした配偶子の割合。

クライン ■ cline
連続した生育地における空間的にスムーズな形質変化。この用語は，例えば対立遺伝子頻度や量的形質の平均値など，測定可能な形質における空間的な勾配に使用される。

クラウングループ ■ crown group
現生種と化石種からなるクレードのなかで，それらの現生種すべての最終共通祖先とその子孫すべてを含む部分。ステムグループを参照。

グラム染色 ■ Gram stain
ある種の真正細菌にみられる細胞壁および膜構造のタイプを特異的に検出する染色。

クリステ，ミトコンドリアの ■ cristae
ミトコンドリアやプラスチドにみられる内膜が陥入した構造。

クレード(分岐群) ■ clade
ある特定の祖先的な生物または遺伝子の子孫のことであり，生物のグループの場合も，遺伝子のグループの場合もある。単系統を参照。

クローン ■ clone
遺伝的に等しい個体。遺伝子工学では，他種に由来する特定の配列を含んだ微生物の系統。

クローン間干渉 ■ clonal interference
無性生殖する集団では，異なるクローンが選択上有利であっても，互いに競合するので固定されるのは1つのみとなる。

クロマチン ■ chromatin
真核生物の核に含まれるDNAとタンパク質の凝縮した構造。

群選択 ■ group selection
個体群の生存と繁殖を高めるような形質が選択されること。

警察行動 ■ policing
利己的な行動が他個体によって抑えられること。

形質 ■ trait
量的形質を見よ。

形質転換 ■ transformation
DNAの断片をゲノムに導入すること。形質転換は，ある種の真正細菌や古細菌では自然に起こる。実験室では，遺伝子工学の基本操作として行われる。

形質状態復元 ■ character state reconstruction
祖先やそこから派生した状態，形質を推定するのに用いられる方法。

形質導入 ■ transduction
ウイルスをベクターとして起こる，提供者細胞から受容者細胞への遺伝子の移動。

系図 ■ pedigree
有性生殖集団の個体間の系統関係。

系統 ■ phylogeny
生物または遺伝子の進化の歴史。

系統解析アンカー配列 ■ phylogenetic anchor
DNAの小断片の生物的な出所(供給源)を推測するためにある遺伝子の系統樹を用いること。メタゲノム解析で用いられる。

系統樹 ■ phylogenetic tree
生物や遺伝子の進化的履歴を示す図。

系統図 ■ phylogram
枝の長さが節の間の進化距離に比例するような系統樹。相加的系統樹ともいう。

系統選別 ■ lineage sorting
種分岐の後，遺伝子の祖先集団の遺伝的多型が，その生物種の系統内で1つに収束すること。この収束にはおよそ$2N_e$世代の時間を要し，不完全系統選別は遺伝子系図の不一致を示す。

系統地理学 ■ phylogeography
異なる地理的な場所から収集された遺伝子を結びつける遺伝子系図から集団の歴史を推測する科学。しばしばミトコンドリアDNAから推測される遺伝子系図に基づいている。

系統分類学 ■ systematics
分類学を見よ。

ケース・コントロール研究(症例対照研究) ■ case-control study
例えば疾患などを発症したケース群と発症していないコントロール群とを比較するような相関研究の様式。

ゲーム ■ game
進化ゲームを見よ。

ゲーム理論 ■ game theory
進化ゲームを見よ。

血縁識別 ■ kin discrimination
他個体が血縁者かそうでないかを見分ける能力。

血縁選択 ■ kin selection
ある対立遺伝子の頻度が，その対立遺伝子をもつ他個体の適応度へ影響を与えることによって変化すること。

欠損干渉ウイルス ■ defective interfering virus (DIV)
感染に活性型ウイルスの同時感染が必要な機能欠損型ウイルス。

ゲノムインプリンティング ■ genomic imprinting
インプリンティングを見よ。

ゲノムが希釈されるコスト ■ cost of genome dilution
有性生殖をする雌の配偶子は，受精する相手の遺伝子を増殖させるために，自身の資源を使わなくてはいけないことに基づく不利益。

ゲノムサイズ(C値) ■ genome size (C-value)
単一の一倍体ゲノムのサイズ(総塩基数)。単一一倍体ゲノムをピコグラム数(1ピコグラム = 10^{-12} グラム)で表すときもある。1ピコグラムはおよそ10億塩基対のDNAに相当する。

ケモスタット ■ chemostat
微生物の集団を定常状態に維もできるようにした装置。

ケロジェン ■ kerogen
ある種の堆積岩に含まれる有機化合物の種類で，生物から生じた有機化合物に由来すると考えられているもの。

原核生物 ■ prokaryote
核をもたない生物。生物界の2つの異なる系統的ドメイン，真正細菌と古細菌の両方を含む。したがって，この用語は多系統的な生物分類を示している。

減数分裂 ■ meiosis
真核生物の有性生殖にかかわる細胞分裂の仕組み。減数分裂によって生じる配偶子では，各相同染色体のコピー数は親細胞の半分となる。

減数分裂のコスト ■ cost of meiosis
ゲノムが希釈されるコストを見よ。

原生代後期 ■ Neoproterozoic
地質時代の中で，10億年前からカンブリア紀の始まりである5億4200万年前までをさす。

原生代前期 ■ Paleoproterozoic
地質時代の中で，25〜16億年前までをさす。

原生代中期 ■ Mesoproterozoic
地質時代の中で，16〜10億年前までをさす。

現存する全生物に最も近い共通祖先 ■ last universal common ancestor (LUCA)
現存するすべての生命体の共通祖先。

コアレッセンス ■ coalescence
2つの系統が1つの共通祖先に合流すること。

コアレッセンス時間 ■ coalescence time
2つの遺伝子からその共通祖先に遡るまでの時間。

コアレッセンスの過程 ■ coalescent process
時間を遡ると，各系統ペアのコアレッセンスが$1/2N_e$の確率で起こるとするモデル。

好塩性 ■ halophilic
高塩濃度な環境での生育を好む生物を表す。

好乾性生物 ■ xerophile
非常に乾燥した状態での生育を好む生物。

広義の遺伝率
H^2。遺伝率を見よ。

好極限性生物 ■ extremophile
生命が通常みられる状態のなかの，最も極端な環境下で育つ生物。

抗原 ■ antigen
特異的な抗体に結合することで免疫応答を引き起こす化学物質。

交差（交叉） ■ crossover
減数分裂の際に1つの染色体内で起こる組換え。

交雑帯 ■ hybrid zone
遺伝的に区別できる集団が出会い，交配し，雑種を形成している狭い地理的範囲。

高次コイル ■ supercoiling
DNA鎖の高次のねじれ。

更新世 ■ Pleistocene
地質学的な時代区分の1つで，180万年前から1万1000年前まで。おもな氷河期はここに含まれている。

校正 ■ proofreading
DNAポリメラーゼ酵素によるDNA複製の誤りの修正。

後成説 ■ epigenesis
受精卵から細胞分化と形態形成によって生物が発生すること。また，このように生物が発生することを支持する説をさす場合もあり，前成説と対比して使われる。

構成的 ■ constitutive
常に発現している遺伝子をさす。

後生動物 ■ metazoa
海綿動物，有櫛動物，刺胞動物，左右相称動物といった，すべての動物グループを含む生物の一群。

構造 ■ structure
集団構造を見よ。

構造をもつコアレッセンス ■ structured coalescent
コアレッセンスするまでの時間を遡っていくときに家系が場所から場所へと移動するというコアレッセンス過程のひとつの発展型。

構造をもつ集団 ■ structured population
集団構造を見よ。

抗体 ■ antibody
特異的な抗原に結合するタンパク質。

超好熱性生物 ■ hyperthermophile
80℃以上の温度で育つ生物。

好熱性生物 ■ thermophile
50〜80℃を至適生育温度とする生物。

交配型（接合型） ■ mating type
交配に関する多型のこと。各個体は自分と異なる型に属する個体とだけ交配できる。自家不和合性を参照。

候補遺伝子 ■ candidate gene
興味の形質に効果を与えると考えられる遺伝子。通常，その遺伝子座の大きな効果の突然変異が形質に影響することから予想される。

好冷生物 ■ psychrophile
低温での生育を好む生物。

苔虫動物 ■ bryozoan
外肛動物ともいう。付着性で群体を作る。表面上はサンゴ虫に似ているが，サンゴ虫とは異なり，冠環動物に属する。

古細菌 ■ archaea
生命の3つのドメインのうちの1つ。核をもたない生物種であり，もともと真正細菌と一緒に原核生物に分類されていた。rRNA配列の解析によって，古細菌は，独立したドメインと同定された。

古代型人類（古代型ホモ・サピエンス） ■ archaic human
現代人（ホモ・サピエンス）とは解剖学的な特徴を異にするヒト族。解剖学的現代人の対照をなす語。

固定確率 ■ probability of fixation
1つの対立遺伝子が究極的に集団に固定する確率。

固定する（あるいは，固定） ■ fixed (also fix)
集団中の遺伝子のすべてのコピーが同じ対立遺伝子となること。

古典仮説 ■ classical view
遺伝的な変異の多くは，有害な突然変異によるものとする説。これは，多くの変異が平衡選択により維持されているとする平衡仮説と対の関係にある。

コドン ■ codon
1個のアミノ酸をコードする3つの塩基のこと。

コドン使用頻度 ■ codon usage
あるアミノ酸をコードするコドンが複数あるとき，それぞれが使用されている頻度のこと。

コドン使用頻度の偏り ■ codon usage bias
同じアミノ酸をコードするコドンがいくつかあるとき，その使用頻度に偏りがあること。

互変異性 ■ tautomerization
窒素基の正常なケト（あるいはアミノ）型から水素結合のエノール（あるいはイミノ）型への自然発生性の異性化。

固有変異の多型 ■ unique event polymorphism (UEP)
そのすべてのコピーが単一の突然変異に由来する対立遺伝子。

コロイド ■ colloid
相が異なる複数の構成要素からなる物質（例，液体中の微小固体粒子）。

混合戦略 ■ mixed strategy
1つの個体が2つかそれ以上の戦略をランダムに使うこと。

座位 ■ site
塩基座位を見よ。

細胞学 ■ cytology
細胞を研究する学問分野。

細胞骨格 ■ cytoskeleton
真核生物の細胞の細胞質に存在するタンパク質繊維で，これにより，細胞の形を維持したり一定方向に動くことができるようになる。また，細胞内における方向性をもった分子の輸送に携わる。

細胞質雄性不稔 ■ cytoplasmic male sterility (CMS)
顕花植物が細胞質遺伝で受け継いだ因子により雄の子孫を作れなくなること。

細胞性粘菌 ■ slime mold
多数の門に属する真核生物の総称。普段は単細胞性のアメーバ体として存在するが，ときに集合して移動体を形成し，それが集まって1つの生命活動の単位となる。

細胞内共生 ■ endosymbiosis
ある生物が，別の生物の細胞内に入り込んで生活している共生状態。

削減原理 ■ reduction principle
自然選択だけが働く場合に，組換え率が低下する傾向をもつこと。

雑種救済対立遺伝子 ■ hybrid rescue allele
雑種の不妊性や生存不能性を緩和する対立遺伝子。

雑種強勢 ■ heterosis
異なる集団間の個体が交配することによってみられる適応度の

増加。

サテライト DNA ■ satellite DNA
高次反復配列。もともとは他のゲノム領域とは密度が明らかに異なる DNA 領域として検出された。マイクロサテライト，ミニサテライトを参照。

サプレッサー突然変異 ■ suppressor mutation
最初の突然変異の影響を打ち消す 2 番目の突然変異のこと。その結果，野生型の表現型がもたらされる。

左右相称動物 ■ bilaterian
左右対称性な体をもつ動物のことであり，動物界の大多数を占める。

三型花柱性 ■ tristyly
葯と柱頭の配置が 3 タイプある多型のこと。異系交配を促進する。

三倍体 ■ triploid
体細胞あたり，各相同染色体を 3 個もつ細胞，または，個体。

シアノバクテリア(ラン藻) ■ cyanobacteria
真正細菌の主要な門の 1 つ。多くの種が光合成を行う。葉緑体はこの仲間に由来する。

自家受精 ■ self-fertilization
雌雄同体の生物が自分自身で交配すること。

自家不和合性 ■ self-incompatibility
自家受精ができないこと。

色素体 ■ plastid
植物や，藻類，あるいはさまざまな単細胞性真核生物にみられる特別な細胞小器官。葉緑体やアピコプラストを含む多彩な形状を示す。

自己触媒ネットワーク ■ autocatalytic network
生成した化学物質がもともとの反応の触媒となるような系，あるいは，生成した化学物質によって引きこされた反応が，もともとの反応の触媒となるような系。

自己複製 ■ self-replication
自身の複製を引き起こすことのできる分子あるいは構造を示すときに用いられる。

自殖 ■ selfing
自家受精を見よ。

自殖選択 ■ automatic selection
自殖率の増加により対立遺伝子頻度が増加すること。ゲノムの希釈により 2 倍のコストがかかることに関連している。

指数関数的 ■ exponential
生物集団が一定の速度 r で増加すると，時間 t においては，e^{rt} 倍になること。

シス制御 ■ cis-regulation
遺伝子の端(5′側あるいは 3′側)またはイントロン中にある DNA 配列によって，遺伝子がいつ，どこで発現するかを制御することをさす。

雌性両性異株 ■ gynodioecious
雌と雌雄同体の両者を含む集団のこと。

自然主義的誤謬 ■ naturalistic fallacy
"…である"が"…すべき"を規定すると誤って考えること。例えば進化あるいは進化の仕組みが特定の価値感を規定するという考え方。

自然神学 ■ natural theology
特別あるいは超自然学的ともいえる啓示に頼らず，理性や日常の経験に基づいた見方に頼る立場。

自然選択(自然淘汰) ■ natural selection
より高い適応度をもつ遺伝子型が集団中で頻度を増す過程のこと。

自然選択のコスト ■ cost of natural selection
置換の荷重を見よ。

しっぺ返し ■ tit-for-tat
囚人のジレンマゲームが繰り返し行われるときに勝つ戦略。

刺胞動物 ■ cnidarian
サンゴ，イソギンチャク，ヒドラ，クラゲを含む動物グループである刺胞動物のメンバー。この動物群は，刺胞と呼ばれる捕食のための棘のような細胞をもつのが特徴的である。

姉妹染色分体 ■ sister chromatid
染色体が複製された後の 2 つの染色体コピー。

島モデル ■ island model
集団構造の最も単純なモデル。あるディームの遺伝子のうちの m の割合が，外部から来るものとする。移住者は主要な大陸または他の島のディームから来るものとする。

社会性の進化 ■ social evolution
個体間の相互作用によってどのような進化が起こるかを研究する学問分野。

社会ダーウィニズム(社会進化論) ■ Social Darwinism
自然選択と対比させて，社会は，個人あるいはグループ間の競争により進化するという考え方。

ジャンク DNA (がらくた DNA) ■ junk DNA
中立または有害な突然変異を蓄積した配列。

じゃんけんゲーム ■ rock-paper-scissors game
戦略 A は戦略 B に勝ち，戦略 B は戦略 C に勝ち，戦略 C は戦略 A に勝つようなゲームのこと。

囚人のジレンマ ■ Prisoner's Dilemma
両方のプレイヤーが ESS をとると，両者が別の戦略をとる場合よりも少ない適応度しか得られないゲームのこと。

集団遺伝学 ■ population genetics
集団の遺伝的構造を変化させる過程を対象とした研究。

集団構造 ■ population structure
単一の任意交配集団という理想的な状態からのずれをさす。例えば，同所的な個体や同じマイクロハビタットの個体とより頻繁に交配する傾向など。

集団のボトルネック ■ population bottleneck
集団の大きさの一時的な減少のことで，機会的遺伝的浮動が極端に進むことになる。創始者効果によって起こるかもしれない。

集団の有効な大きさ ■ effective population size (N_e)
対象となる現実集団と同等の遺伝的浮動を示す理想的な Wright-Fisher 集団の大きさ。

雌雄同体 ■ hermaphrodite
雄性配偶子と雌性配偶子の両方を作る個体。

縦列重複(直列重複) ■ tandem duplication
重複 DNA が元の DNA の隣に見つかる重複による突然変異。

縦列反復(DNA の) ■ tandem (DNA) repeats
縦列に並んでいる，一連の反復配列。

収斂 ■ convergence (also convergent evolution)
収斂進化ともいう。共通祖先に由来しない特徴が，選択の結果，類似なものとなる過程。

宿主系統 ■ host race
異なる宿主に特化した，遺伝的に異なる生物集団。

樹状図(デンドログラム) ■ dendrogram
すべての葉について，根からの枝の長さの合計が等しいという制

約をもつ系統樹。超計量樹（ultrametric tree）ともいう。（訳注：この条件を満たさない場合にも樹状図［dendrogram］という語が用いられることがある）

種選択 ■ species selection
種分化や系統の絶滅の速度の違いに起因する種間に働く選択。

種の系統樹 ■ species tree
生物種間の関係を示している系統樹。それは通常，例えば遺伝子重複や遺伝子の水平伝達などの事象を含む可能性のある遺伝子の系統樹と対をなす。

種分化 ■ speciation
新しい種が形成される過程のこと。

シミュレーティッドアニーリング（焼きなまし法） ■ simulated annealing
望ましい形質を改良するランダムな変化を選択する最適化アルゴリズム。

主要組織適合遺伝子複合体 ■ major histocompatibility complex（MHC）
脊椎動物の免疫反応で鍵となる働きを担う密接に関連した一連の遺伝子。ヒトでは，HLA（ヒト白血球型抗原）複合体として知られている。

主要な移行 ■ major transition
Maynard Smith と Szathmary によって認識された，遺伝情報の伝達方法が大きく変わること。ほとんどすべての場合，それまでは独立に複製していた複製子（replicator）が集まり，より複雑なものを作る過程を含んでいる。

純化選択 ■ purifying selection
有害な対立遺伝子を除く選択。

純系品種 ■ true breeding
遺伝的に同一な子孫を作り出す集団あるいは個体。

準同質遺伝子系統 ■ nearly isogenic line（NIL）
選択と組み合わせて，ある系統 A を別の系統 B へ繰り返し戻し交雑することで作出された系統。準同質遺伝子系統のゲノムは大部分，B 系統由来となるが，一部，A 系統由来の領域が残る。その領域には選択された形質の QTL が富むことになる。

小核 ■ micronucleus
繊毛虫類の細胞内にみられる 2 種類の核のうち，小さい方。動物の生殖細胞と同様の機能をもつ。

常染色体 ■ autosome
典型的なメンデル遺伝を示す染色体。性染色体やミトコンドリア DNA と区別される。

情報系遺伝子 ■ informational gene
"情報"過程の核となる DNA 複製や，修復，転写，翻訳などに関連する遺伝子群。それらは，操作系遺伝子よりも遺伝子の水平伝達をこうむりにくい傾向があると考えられている。

小胞体 ■ endoplasmic reticulum
タンパク質の翻訳，折りたたみ，輸送にかかわる，真核細胞内の内膜に包まれた構造体。

小葉植物類 ■ lycopsid
ヒカゲノカズラ類を見よ。

触媒作用 ■ catalysis
分子による化学反応の促進。ただし，分子自身は，その反応によって変化しない。

ショットガンシークエンシング法（ショットガン配列決定法） ■ shotgun sequencing
ゲノムや環境試料の配列決定を行う方法。断片化した DNA 断片をランダムに配列決定し，その後，コンピュータを用い全体の配列を再構築する。

処罰 ■ punishment
他の適応度を下げるような行動をする個体が，その結果として自身の適応度を下げるような仕打ちを受けること。

親縁係数 ■ coefficient of kinship
共通祖先確率を見よ。

進化可能性 ■ evolvability
選択の対象となる遺伝性変異を生ずる能力。

真核生物 ■ eukaryote
生命の 3 つのドメインの 1 つ。核の存在で特徴づけられる。

進化ゲーム ■ evolutionary game
個体間の相互作用の 1 つで，それぞれの個体がとる戦略によってペイオフ（利得）が左右されるようなもののこと。

進化心理学 ■ evolutionary psychology
普遍的な人類の特徴を理解するために進化的原理を応用しようとする学問分野。通常，人類は過去の"進化適応の環境"に応じて適応していると仮定される。

進化生態学 ■ evolutionary ecology
種間，あるいは生物種と環境との間の相互作用が進化するようすを研究する学問分野。

進化適応の環境 ■ environment of evolutionary adaptation（EEA）
進化心理学では，適応的な人類の形質が進化してきた環境である更新世の環境をさす。

進化的形質状態復元 ■ evolutionary character state reconstruction
形質状態復元を見よ。

進化的に安定な戦略 ■ evolutionarily stable strategy（ESS）
他のどのような戦略も侵入できない戦略のこと。集団中の他の個体が ESS でふるまうとき，ESS を採用する個体は他のすべての可能な戦略よりも適応度が高くなければならない。

進化の総合説 ■ Evolutionary Synthesis
1930 〜 1940 年代に，集団遺伝学と他の生物学分野（古生物学，系統分類学，植物学など）とがむすびついて生じた。

シンガメオン ■ syngameon
植物学専門用語。形態的には明確に区別できるにもかかわらず，遺伝的な交流がある生物種の一群。

進化論的計算 ■ evolutionary computation
計算問題を解くために，進化過程，特に自然選択を使うこと。遺伝的プログラミング，遺伝的アルゴリズムを参照。

進行する波 ■ wave of advance
集団構造があるなかで，有利な対立遺伝子が，移動するクラインの背後で固定しながら空間的に広まっていくようす。

新口動物（後口動物） ■ deuterostome
左右相称動物の大きな 2 つのグループのひとつ。棘皮動物，半索動物，そして脊索動物を含む。この動物群では，胚の原口が成体の肛門となる。旧口動物も参照のこと。

真社会性 ■ eusocial
コロニー内の 1 個体あるいは少数の個体だけが生殖を行うような完全な社会性をもつ生物のこと。

真獣類 ■ eutherian mammal
胎盤をもつ哺乳類。単孔類と有袋類を除くすべての哺乳類を含む。

親水性 ■ hydrophilic
水素結合を形成し，水にすぐに溶解する分子あるいは分子の一部分。

真正細菌 ■ bacteria
生命の 3 つのドメインの 1 つ。核をもたない生物種であり，もと

もと古細菌と一緒に"原核生物"に分類されていた。

信頼区間 ■ confidence interval
帰無仮説から有意に逸脱しない値の範囲。

垂直継承 ■ vertical inheritance
親から子への形質の伝達。

垂直継承 ■ vertical descent
枝分かれによる種の進化。

垂直進化 ■ vertical evolution
垂直継承を見よ。

垂直伝達 ■ vertical transmission
垂直継承を見よ。

水平伝達（水平移動） ■ horizontal transmission
異なる個体間の遺伝情報の伝達のうち，親から子への伝達以外のもの。

スーパージーン ■ supergene
集団中に多型として維持される明瞭な形態タイプを決めるような，強く連鎖した一群の遺伝子の集まり。

ステムグループ ■ stem group
クラウングループの背後にある現生種と化石種からなるクレードに含まれる一連の絶滅種。クラウングループ参照。

ステム-ループ構造 ■ stem-loop structure
相補的塩基対により維持されるRNA分子内のヘアピン状の構造。

ステラン ■ sterane
化学化石として使用されるステロールの化学的誘導体。

ステロール ■ sterol
多くの生物，特に真核生物の細胞膜にみられる両親媒性の分子。

スパンドレル ■ spandrels
2つのアーチによって囲まれた三角形型の空間のこと。機能的にはまったく無関係な形質の進化の結果，どうしても副産物として生じる構造をさす言葉としてGouldとLewontinが使った。

すべりによるDNA鎖の不対合 ■ slip-strand mispairing (SSM)
DNAポリメラーゼが複製の際に，反復配列のコピーを過剰に，あるいは過少に追加する過程。

性 ■ sex
2つの異なる親の遺伝子型を混ぜ合わせることによって子供を作ること。

斉一説 ■ uniformitarianism
過去に働いた自然の過程が，現在も同様に起こり，観察されるという仮定。

生活史 ■ life history
生物の生存および繁殖様式のこと。

生活史形質 ■ life-history trait
死亡率，繁殖力や生殖年齢といった適応度と密接に関係する形質。

正規分布 ■ normal distribution
多数の独立な変数の和の分布を記述するベル型の曲線。

制限酵素 ■ restriction enzyme
DNAを特異的な部位（通常，4～6塩基の長さ）で切断する酵素。制限酵素の本来の機能は細胞内に入り込んだ外来DNAを壊すことである。

制限酵素断片長多型（制限断片長多型） ■ restriction fragment length polymorphism (RFLP)
制限酵素による切断パターンの変化により，DNA配列の違いを検出する方法。

性差のある遺伝 ■ sex-biased inheritance
一方の性からだけ遺伝子が伝わること（例：母性遺伝，伴性遺伝）。

生殖細胞系列（生殖系列） ■ germ line
多細胞生物において，減数分裂により生殖細胞を作り出す細胞の系列。体細胞系列とは対の関係にある。

生殖的隔離（生殖隔離） ■ reproductive isolation
妊性のある交雑を妨げる遺伝的差異が存在するため，遺伝子プールが明確に分離されること。

性染色体 ■ sex chromosome
2つの性で異なった仕方で伝達される染色体のこと。哺乳類では，雄が1つのX染色体と1つのY染色体をもち，雌は2つのX染色体をもつ。鳥類や蝶の仲間では，雄は2つのZ染色体をもち，雌は1つのZ染色体と1つのW染色体をもつ。

性選択 ■ sexual selection
交配する相手を見つける能力の差異に起因する選択。

生態型 ■ ecotype
特定の環境に適応している遺伝子型。

正の選択 ■ positive selection
方向性選択を見よ。

性比 ■ sex ratio
集団中の雄の数の雌の数に対する比。

生物学的種概念 ■ biological species concept (BSC)
種の定義の1つ。自然界で互いに交配し合う個体のグループで，他の同様なグループから生殖的に隔離されているものを種とみなす。

生物統計学 ■ biometry
生物学に用いられる統計学的手法。

脊索動物 ■ chordate
新口動物に分類される脊索動物グループの生物。脊椎動物とそれに近縁なホヤやナメクジウオなどの無脊椎動物を含む。すべての脊索動物は，胚発生のあいだ，体の前後軸に沿った脊索と呼ばれる硬い軸，ならびに背側の神経管，および咽頭嚢をもつ。

節 ■ node
ノードを見よ。

説（理論） ■ theory
仮説が1つに結びついたもので，それにより検証可能な予測を立てられるもの。

接合，細菌の ■ conjugation
1つの真正細菌または古細菌から他の真正細菌・古細菌への，繊毛を通したDNAの伝達。

接合，配偶子の ■ syngamy
2つのゲノムが融合すること。この融合によって倍数性が倍化される。

接合後隔離 ■ postzygotic isolation
雑種個体の生存不能性や不妊性により，F_1接合子の形成後に働く生殖的隔離。

接合子 ■ zygote
2つの一倍体（半数体）の配偶子が接合して，二倍体細胞が生じること。

接合前隔離 ■ prezygotic isolation
異種間での交雑を避けることによって，F_1接合子の形成を回避する生殖的隔離。

節足動物 ■ arthropod
脱皮動物になかの節足動物門に属する動物。関節のある肢をもつのが特徴。昆虫，ムカデ類，多足類，クモ類，甲殻類などが含まれる。

絶対適応度 ■ absolute fitness
　適応度を見よ。

切頭選択 ■ truncation selection
　最大の(最小の)形質値をもつ個体を除く選択。

節約原理 ■ parsimony
　進化的復元の一般的なアプローチで，最も少ない数の進化的イベントを必要とする(したがって最も単純と思われる)仮説(例えば，進化的分岐のパターン)を同定することを目指すもの。

線形動物 ■ nematode
　カイチュウやギョウチュウなど，多種多様な細長い動物で構成される動物グループ。

染色体逆位 ■ chromosomal inversion
　逆位を見よ。

染色体融合 ■ chromosomal fusion
　融合を見よ。

染色分体 ■ chromatid
　複製して2コピーになった染色体のうちの1つ。

前成説 ■ preformation
　あらかじめ存在していた形が大きくなることによって，胚発生が起こるとする説。後成説に対する説。

前生物的合成 ■ prebiotic synthesis
　地球上に生命が現れる前に，自然に生成された有機化合物。

全生物の系統樹 ■ Tree of Life
　すべての細胞性生物の関係を示す系統樹。

選択一掃 ■ selective sweep
　有利な突然変異とのヒッチハイキングによる中立遺伝子の頻度の増加。これにより有利な突然変異の周辺のゲノム領域で変異が一掃される。

選択応答 ■ selection response
　1世代での平均形質値の変化。

選択係数 ■ selection coefficient (s)
　相対適応度における違い。

選択勾配 ■ selection gradient (β)
　形質値における適応度の回帰の勾配。

選択勾配，二次の ■ selection gradient, quadratic (γ)
　適応度に対する形質値の偏差の2乗の回帰係数。負の値は安定化選択であり，形質の分散を減らす。

選択差 ■ selection differential (S)
　ある世代の集団とその次世代集団の間の平均形質値の違い。

選択，純化 ■ selection, purifying
　純化選択を見よ。

選択，切頭 ■ selection, truncation
　切頭選択を見よ。

選択，直接の ■ selection, direct
　対立遺伝子に直接働く適応度の影響により遺伝子型頻度の変化が引き起こされること。

選択的スプライシング ■ alternative splicing
　1つの遺伝子から生じた最初のRNAが，異なる成熟メッセンジャーRNAに切断し直されること。その結果，異なるタンパク質が生じる。

選択による死 ■ selective death
　生存や繁殖ができないこと，あるいは遺伝子型間の違いに起因する適応度の減少。

選択，バックグラウンドによる ■ selection, background
　バックグラウンド選択を見よ。

選択論者 ■ selectionist
　分子の変化や変異の多くは選択によって生じると主張する人たちのこと。中立論者と考え方が対立する。

センチモルガン ■ centiMorgan (cM)
　遺伝地図における距離を表す。組換え率1%に相当する。モルガンを参照。

セントラルドグマ ■ Central Dogma
　核酸からタンパク質へと伝わる情報。その逆へは伝わらない。

セントロメア ■ centromere
　体細胞分裂や減数分裂で紡錘体が付着する場所。

繊毛虫 ■ ciliate
　真核生物の繊毛虫類に属する生物。単細胞生物。移動や細胞機能に用いられる繊毛におおわれていることが多い。アルベオラータ門に属する。

戦略 ■ strategy
　ゲーム理論で用いられる一般的用語。表現型あるいは反応基準と同じ意味。ある範囲の環境内で個体が示す形態や行動をさす。

相加遺伝分散 ■ additive genetic variance
　各遺伝子の相加効果による分散の総和，V_A(いいかえると，育種値の分散)。量的形質に対する選択応答はV_Aに比例する。

相加的系統樹 ■ additive tree
　枝の長さが節の間の進化距離に比例するような系統樹。系統図(phylogram)ともいう。

相加モデル ■ additive model
　量的形質は寄与するすべての遺伝子の効果とランダムな環境の効果の和でなり成っているとするモデル。

相関，遺伝 ■ correlation, genetic
　遺伝相関を見よ。

相関係数 ■ correlation coefficient
　2つの変数(x, y)の相関を測る最も一般的に使われる統計量。Karl Pearsonによって考案され，下記のように共分散と分散の平方根との比で定義される。
$$\text{cov}(x, y)/\sqrt{\text{var}(x)\text{var}(y)}$$

相互交雑 ■ reciprocal cross
　Aの雄とBの雌の交雑に対し，Bの雄とAの雌の交雑がこの場合の相互交雑となる。

相互作用による分散 ■ interaction variance
　遺伝子座間のエピスタティックな相互作用による量的形質の分散，V_I。相加分散と優性分散の和と遺伝子型分散との差であり，
$$V_I = V_G - V_A - V_D$$

相互転座 ■ reciprocal translocation
　転座による突然変異。すなわち，異なる2つの染色体の間で部分が交換される。

操作系遺伝子 ■ operational gene
　代謝またはその他の末梢性器官での過程に関連する遺伝子群。それらは，情報系遺伝子と対照的な意味合いをもち，情報系遺伝子よりも遺伝子の水平伝達をこうむりやすい傾向があると考えられている。

操作的分類単位 ■ operational taxonomic unit (OTU)
　系統研究において使われる実体(例えば，生物，遺伝子，生物種，集団)。

相似 ■ analogy
　相同に基づかない類似(共通の祖先に由来しない)。

相対適応度 ■ relative fitness
　適応度，相対，を見よ。

相同 ■ homology
祖先のもつ同一の特徴に由来する類似性。遺伝学では，ゲノムの同じ遺伝子座に存在する遺伝子をさす。表現型を扱う場合には，共通祖先および一群の種が共有する形質あるいは状態をさす。

相同組換え ■ homologous recombination
同一，あるいはほとんど同一な配列であるDNAの2つの断片（例，ある染色体の2つのコピー）が並んで，DNAの一部分が交換される過程。

挿入配列 ■ insertion sequence (IS)
真正細菌や古細菌にみられる転位因子の1つ。

相補DNA ■ complementary DNA (cDNA)
メッセンジャーRNAに相補的なDNA。逆転写によりmRNAからcDNAを作り，発現している遺伝子を同定できる。

相補性検定 ■ complementation test
注目している2個の突然変異が同じ遺伝子にある（相補的でない）か，異なった遺伝子にある（相補的）かを決める検定。

相利共生 ■ mutualism
関与するすべての種が利益を得るような相互作用。

側系統の ■ paraphyletic
祖先を共有する生物や遺伝子のグループで，その祖先を共有しないものすべてを排除し，その祖先に由来するものの一部も排除するもの。

側所的 ■ parapatric
異なるタイプが違う場所に存在し，それらがある狭い地域でのみ分布が重なるような地理的分布。

側所的種分化 ■ parapatric speciation
遺伝子流動のある，広い範囲で分布する生物集団において，新しい生物種が進化すること。

疎水性 ■ hydrophobic
水に溶解しにくい分子あるいは分子の一部分。

疎水性コア ■ hydrophobic core
タンパク質の水に溶けにくい部分。疎水性のアミノ酸が集まって構成されている。

ゾステロフィルム類 ■ zosterophyll
軸の側部に沿って胞子をもつ，初期の維管束植物の一群。

祖先形質 ■ ancestral characteristic
問題にしている生物とその生物が属するグループの共通祖先の両方にみられる形質。

ダーウィン ■ Darwin (d)
形態の変化速度の単位。J.B.S. Haldaneが提案。

ダーウィン医学 ■ Darwinian medicine
疾患の治療に進化の原理を応用すること。

ダーウィンの悪魔 ■ Darwinian Demon
限りなく高い生存力と繁殖力をもつ想像上の生物。現実の生物には適応度に対する制約が働くことを強調しようとする際に用いられる。

大核 ■ macronucleus
繊毛虫類の細胞内にみられる2種類の核のうち，大きい方。動物の体細胞と同様の機能をもつ。

体細胞 ■ soma
直接，生殖細胞を作ることのない多細胞生物の部位。生殖細胞系列と対をなす。

大進化 ■ macroevolution
種レベルかそれ以上の大きな進化的変化。

対立遺伝子 ■ allele
遺伝子の特定の型。

対立遺伝子頻度 ■ allele frequency
集団中の特定の対立遺伝子の頻度。

タグつき一塩基多型 ■ tagging single-nucleotide polymorphism (tSNP)
ある人口集団において分離したそれぞれのハプロタイプを区別するための一塩基多型のセット。

多型 ■ polymorphism
複数の対立遺伝子または遺伝的な表現型が検出可能な頻度で存在すること。

多型座位 ■ segregating site
調べている配列の間で多型となっている座位。

多系統の ■ polyphyletic
祖先を共有しない生物や遺伝子のグループ。

多糸染色体 ■ polytene chromosome
多数のDNA鎖が並列に束ねられてできた染色体。その構造ははっきりと目でみることができる。

多重検定 ■ multiple testing
複数の有意性検定を行うと偶然に帰無仮説を棄却してしまうことがあるので，有意水準を下げて検定を行うこと。

多精子受精（多精） ■ polyspermy
2つ以上の精子が1つの卵子に受精すること。

多地域進化モデル ■ multiregional model
旧世界の各地において異なった種類のヒト族（ホモ・エレクタスやホモ・ネアンデルターレンシス）が，その地で現代人集団に進化したとする仮説。アフリカ起源モデルと対比される。

脱皮動物 ■ ecdysozoan
節足動物，線形動物に加え，いくつかの小規模な動物グループを含む旧口動物の一群。この動物群に含まれる種は，体の外側がクチクラ層におおわれており，成長に伴って脱皮を行う。

立襟鞭毛虫 ■ choanoflagellate
単細胞で鞭毛をもつ生物を含む真核生物の門。動物と姉妹群を形成する。

多能性 ■ pluripotency
多数の細胞種に分化できる能力のこと。

多夫制の ■ polyandrous
雌が複数の雄と交配すること。

多分岐 ■ polytomy
系統樹上，単一の節から3つ以上の枝が出現する部分。放散イベントや，分岐の順番に関する知識の曖昧さを表すのに使える。

多面発現 ■ pleiotropy
1つの対立遺伝子が2つ以上の形質に影響すること。

単為生殖 ■ parthenogenesis
未受精卵から子どもを作ること。

単系統の ■ monophyletic
含まれるすべての種が共通祖先から由来する分類群をさす。すなわち，共通祖先を共有した生物や遺伝子のみによって占められるグループのこと。

探査システム ■ exploratory system
初期の不規則な変動があっても，最終的に十分調節された結果を出力するシステム。

単純反復配列 ■ simple sequence repeat (SSR)
短い配列の縦列の繰り返し。

断続平衡説 ■ punctuated equilibrium
EldredgeとGouldが化石記録の観察から導き出した仮説(1972)。種の進化には長い静止期間があり，そこに，種分化を伴った急激な形態的変化が突如として起こるとする説。

タンパク質電気泳動 ■ protein electrophoresis
タンパク質の混合物を，その物性（大きさ，形状，等電点）により，分子ごとに分離する手法。

端部動原体の ■ telocentric
セントロメアが端にある染色体。

置換 ■ substitution
集団においてヌクレオチドやアミノ酸が別のものに置き換わること。

置換の荷重 ■ substitution load
選択（淘汰）によって有利な対立遺伝子が，即座にではなく徐々に置き換わることによってもたらされる平均適応度の損失を合計したもの：それは $1 - \overline{W}/W_{max}$ を時間について積分したものであり，ここで平均適応度 $\overline{W}$ は最大適応度 W_{max} に向かって増加していく。

致死的 ■ lethal
劣性致死の対立遺伝子を，ホモ接合でもったとき，個体は死ぬ。一方，優性致死の対立遺伝子を，1個（ヘテロ接合で）もつと，個体は死ぬ。

チャート ■ chert
極細粒のシリカ（SiO_2，二酸化ケイ素）が，堆積岩層序の中で層や塊（ノジュール）を形成したもの。

中温性生物 ■ mesophile
中程度の温度での生息を好む生物。

中胚葉 ■ mesoderm
左右相称動物にみられる3つの細胞層のうちの1つ（他の2つは内胚葉と外胚葉）。中胚葉は最終的に，筋肉，骨格筋と，腎臓や生殖系などの器官の部分を形成する。

中立 ■ neutral
適応度に影響しないこと。

中立進化 ■ neutral evolution
自然選択の影響がない状態での進化。

中立説 ■ neutral theory
遺伝的変異は中立で，主として突然変異と機会の遺伝的浮動によって支配されるとする理論。

中立突然変異 ■ neutral mutation
適応度に影響を及ぼさない突然変異。

中立論者 ■ neutralist
分子レベルで観察される種間および種内の変異の大部分は，少なくとも生じた時点では，適応度への影響は無視できるほど小さいと考える者。

超遠心機 ■ ultracentrifuge
高分子を分離するために用いる非常に高速な遠心機。

超計量樹 ■ ultrameric tree
すべての葉について，根からの枝の長さの合計が等しいという制約をもつ系統樹。樹状図（dendrogram）ともいう。

長枝誘引，長い枝どうしが引き合うこと ■ long-branch attraction
系統解析において，速く進化する系統が，真の進化的関係にかかわらず，近縁であると推定されてしまう現象。

跳躍進化 ■ saltation
大きな効果を及ぼす変異。主変異ともいう。

超優性 ■ overdominance
ヘテロ接合体がいずれのホモ接合体よりも高い形質値（通常は高い適応度）をもつ選択。

調和平均 ■ harmonic mean
次の式で定義される平均。

$$\overline{x}_H = 1/\left(\frac{1}{n}\sum_{i=1}^{n}\frac{1}{x_i}\right)$$

小さい値に大きい重みづけがなされた平均を与える。集団の有効な大きさは各世代の集団の大きさの調和平均になる。

直接選択 ■ direct selection
選択，直接のを見よ。

対合 ■ synapsis
減数分裂において相同染色体が整列すること。

ディーム ■ deme
他とはっきり区別される1つの地域集団。

定向進化 ■ orthogenesis
ある特定の方向に変化する，内在的要因に起因する傾向。

ディスキクリスタータ ■ discicristate
真核生物の一門。キネトプラスト（例：トリパノソーマ）やユーグレナが含まれる。

底生 ■ benthic
水底に生息すること。

適応 ■ adaptation
適応度の増加に寄与する性質，ないしはその機能に進化をもたらす性質。

適応度 ■ fitness
ある個体が一世代後に残せる子どもの数。ある対立遺伝子の適応度とは，その対立遺伝子をもつ個体の適応度の平均である。

適応度，相対 ■ fitness, relative
平均適応度，すなわち，参照の遺伝子型の適応度で割った相対的な適応度のこと。

適応度地形 ■ fitness landscape, adaptive landscape
個々の遺伝子型もしくは表現型の関数として表される適応度のグラフ，または対立遺伝子頻度もしくは形質の平均の関数として表される集団平均適応度のグラフ。

適応度の構成要素 ■ fitness component
生存力，交配成功率，生殖力などの性質で，それらの組み合わせで適応度が決まる。

適応度の相加遺伝分散 ■ additive genetic variance in fitness
適応度の相加遺伝分散（V_W）。フィッシャーの基本定理では平均適応度の増大は相加遺伝分散に比例する。

適応度の峰 ■ adaptive peak
適応度地形において，局所的に最大の地点のこと。

適応度，平均 ■ fitness, mean
集団の平均適応度。

適応万能論 ■ adaptationist program
すべての形質は適応によるものだと仮定して進化を理解しようとするアプローチのこと。

適応放散 ■ adaptive radiation
1つの系統が，さまざまなニッチ（生態学的地位）を利用する種へと分岐すること。

デザイン論証 ■ argument from design
生物の世界に存在する階層が，それを創造した神聖な力の証であると考える立場。

テロメア ■ telomere
染色体の両末端。

テロメラーゼ ■ telomerase
ほとんどの真核生物に見いだされる酵素複合体であり，連続的な分裂（複製）を通じてテロメアの長さを維持する。

転位因子 ■ transposable element
ゲノムのある部位から別の部位に移動可能な遺伝因子。

電気泳動 ■ electrophoresis
電界によって分子を引っぱり，多孔性の媒体を通過させることで，分子を電荷や移動性によって分離する手法。

転座 ■ translocation
ある染色体の部分が切断され別の染色体と連結する再編成による突然変異。

転写 ■ transcription
DNA 配列に相補的な RNA 鎖を複製すること。

転写因子 ■ transcription factor
遺伝子のプロモーターに結合し，その転写を調節するタンパク質のこと。

伝達不平衡検定 ■ transmission disequilibrium test (TDT)
病気に侵された子に過度に伝えられたマーカー対立遺伝子を調べることで，遺伝子マーカーと疾患対立遺伝子の相関を検出する統計検定。

点突然変異(点変異) ■ point mutation
ある塩基から別の塩基へと変化する突然変異。

同位体 ■ isotope
元素の原子質量が異なる種類。

同義置換率 ■ K_a
アミノ酸配列を変化させない，塩基の同義置換率。D_s と表されることもある。

同義突然変異 ■ synonymous mutation
タンパク質をコードしている遺伝子の点突然変異のうち，タンパク質のアミノ酸配列を変えないようなコドンの変化を起こす変異をさす。

同型双生児 ■ identical twins
1 つの接合体に由来し，そのため遺伝的にまったく同じである双生児。一卵性双生児も参照。

統計的検出力 ■ statistical power
データが異なるモデルから得られたときに帰無仮説が棄却される確率のこと。

同型配偶子 ■ isogamous
1 種類の配偶子だけを作ること。

統語法 ■ syntax
分節や文章を作るためにどのように単語を結合するかを決めている規則。

同座の ■ allelic
同じ遺伝子座にある 2 個の変異体が対立遺伝子の関係にあるとき，この 2 個を同座の変異という。

同質倍数性 ■ autopolyploidy
同じ集団に由来するゲノムを複数含む倍数体。

同所性 ■ sympatric
同じ場所に生息すること。

同所的種分化 ■ sympatric speciation
地理的に隔離されることなく，単一の種が，2 種以上の生殖的に隔離された独立の生物種へと種分化すること。

同祖性 ■ identity by descent (IBD)
祖先集団の同一の遺伝子に由来する遺伝子を同祖的であるという。

動吻動物 ■ kinorhynch
小さなとげをもった，動吻動物門に属する生物群。

特異性 ■ specificity
個々の分子が特定の生物学的機能を伴う固有の高次構造をとること。

トクサ類 ■ sphenopsid
石炭紀の石炭湿地の森林を形成した樹木や，現生のトクサ (Equisetum) を含む植物の一群。

毒性 ■ virulence
寄生生物の病原性の程度。

突然変異 ■ mutation
遺伝物質における継承可能な変化。遺伝物質によって継承される変化のこと。これには，組み合わせの変化は含まない。

突然変異荷重 ■ mutation load
有害変異によって平均適応度が低下すること。W_{max} を変異のない野生型遺伝子型の適応度とすると，荷重の大きさは
$$L = 1 - (\overline{W}/W_{max})$$
と表される。

突然変異の遺伝率 ■ mutational heritability
突然変異分散と環境分散の比，V_M/V_E。

突然変異分散 ■ mutational variance (V_M)
1 世代あたりの新生突然変異による量的形質の分散の増加量。

突然変異誘発遺伝子 ■ mutator
突然変異率を増加させる遺伝子。

突然変異率(μ) ■ mutation rate (μ)
突然変異の生起率。

トランジション ■ transition
塩基の転位。プリンが別のプリンに，あるいはピリミジンが別のピリミジンに置き換わる突然変異。

トランスバージョン ■ transversion
塩基の転換。ピリミジンがプリン，あるいはその逆に置き換わる突然変異。

トランスファー RNA ■ transfer RNA (tRNA)
3 つの塩基に対応した配列に対して，特異的なアミノ酸を結びつける働きをする RNA 分子。遺伝暗号の翻訳を担当する。

トランスポゾン ■ transposon
転位因子を見よ。

トリソミー(三染色体性) ■ trisomy
ある染色体を 3 コピーもつこと。ヒトは通常 2 コピーの染色体をもつため，これは異常である。

トリメロフィトン類 ■ trimerophyte
原始的な維管束植物の一群。

トレードオフ ■ trade-off
一方の形質を増やすには他方の形質を減らさざるを得ない状況のこと。最適化の議論において制約を表す言葉として使われる。

トロコフォア幼生 ■ trochophore
環形動物と多くの軟体動物を含むさまざまな旧口動物に特徴的にみられる幼生。

内胚葉 ■ endoderm
左右相称動物にみられる 3 つの細胞層のうちの 1 つ (他の 2 つは外胚葉と中胚葉)。外胚葉は最終的に，消化管，肝臓，肺，すい臓などの器官の部分を形成する。

内膜系 ■ endomembrane system
真核細胞内でみられる細胞内膜をもつ一連の構造体。

長さが多様な縦列反復配列 ■ variable number tandem repeat (VNTR)
縦列反復配列の総称。サテライト配列，マイクロサテライト配列，ミニサテライト配列を含む。

なぜなぜ物語 ■ just-so stories
適応についての検証不可能な説明のこと。

ナンセンス突然変異 ■ nonsense mutation
タンパク質をコードする領域に終止コドンを作るような点突然変異。その結果，タンパク質配列が途中までの短縮されたものになってしまう。

軟体動物 ■ mollusk
冠輪動物に含まれる動物グループの１つ。このグループには，ハマグリ，ムラサキイガイ，ヒザラガイ，タコ，イカ，ウミウシが含まれる。

二型花柱性 ■ distyly
葯と柱頭が２通りの異なる空間配置をとる多型。異系交配を促進する。

二項分布 ■ binomial distribution
対立遺伝子 P が頻度 p で存在する集団から任意に選んだ n 個の遺伝子の中に，P 対立遺伝子が j 個見つかる確率は，次式で与えられる。
$$\frac{n!}{j!(n-j)!}p^j(1-p)^{n-j}$$

二次的接触 ■ secondary contact
以前は地理的に隔離されていた（すなわち異所的であった）集団間の接触。一次的接触と対比される。

二次の選択勾配 ■ quadratic selection gradient
選択勾配，二次のを見よ。

ニッチ（生態的地位） ■ niche
生存，繁殖が可能な生態学的環境。

二倍体 ■ diploid
体細胞あたり，各染色体を２個ずつもつ細胞，または個体のこと。

二名法 ■ binomial nomenclature
生物種の命名法。属名と種名からなる。

二卵性双生児 ■ dizygotic twins
異なる接合子に由来する双子。同胞と同じ関係になる。

二量体 ■ dimer
互いに結合している２個の分子。同様に，三量体や四量体は，それぞれ３個と４個の分子が結合してひとかたまりとなっているもの。

任意交配の ■ panmictic
集団中のどの個体も他の個体と交配する確率が等しい状態，いいかえれば，集団の構造がない状態。

ヌクレオチド ■ nucleotide
窒素を含んだ塩基が，糖（リボースあるいはデオキシリボース）とリン酸に結合した分子。核酸を構成する単位分子。

ヌル対立遺伝子 ■ null allele
機能が完全になくなってしまった対立遺伝子。一般的には，遺伝子が完全になくなってしまうことと等しいと考えられる。

ヌルモデル ■ null model
ヌル対立遺伝子を見よ。

根（ルート） ■ root
１つの系統樹の中で最も古い枝。

ネオテニー（幼形成熟） ■ neoteny
幼体のままで繁殖を行うこと。例えば，アホロートルは変態をして成体になることなく繁殖する。

ノード（節） ■ node
系統樹において１つの枝が２つに分かれる場所。

葉（外部節） ■ tip
系統樹上末端に位置する節。

灰色藻 ■ glaucocystophyte
単細胞性の光合成を行う真核生物の生物グループ。

配偶体 ■ gametophyte
植物において，配偶子を作る単相（一倍体）世代。胞子体と対比される。

胚珠 ■ ovule
顕花植物の雌性配偶子。動物の卵に相当する。

倍数性 ■ ploidy
生物がもつ各相同染色体のコピー数。

倍数体 ■ polyploid
ゲノムを重複してもつ細胞あるいは染色体（例：三倍体，四倍体）。

ハイパーサイクル説 ■ hypercycle
複製分子(A, B, …, Z)の中で，AがBの複製を助け，BがCの複製を助け，……そしてZがAを助ける，といった協力関係があること。初期生命が，高い突然変異率の下で遺伝情報を複製する方法として提案された。

培養 ■ culturing
特定の微生物を他の生物から単離して実験室で生育すること。

バクテリオシン ■ bacteriocin
細菌が合成する毒物で，競争相手を殺傷する。

バクテリオファージ ■ bacteriophage
細菌に感染するウイルス。古細菌に感染するウイルスに言及するときにも共通して使われる。

派生形質 ■ derived characteristic
ある生物種にみられる形質のうち，問題にしている生物種グループの共通祖先にはないもの。

バックグラウンド選択 ■ background selection
連鎖した遺伝子座における有害な対立遺伝子に対する淘汰により，遺伝的多様性が減少すること。

発生的制約 ■ developmental constraint
どのような生物が発生しうるかに対する制限。

発明 ■ invention
生物の根本的に新しい特徴を作り出すこと。

ハプロタイプ ■ haplotype
一倍体がもつ対立遺伝子の組み合わせ。一倍体の遺伝子型。

ハミルトンの規則 ■ Hamilton's rule
ある対立遺伝子が隣接個体の適応度を B 増やすが，自身の適応度は C 減らす場合，もし $rB > C$ ならば（ここで r は隣接個体との遺伝的類似度を表す），この対立遺伝子の頻度は上昇する。

パラロガス遺伝子 ■ paralogous gene
相同で，つまり，共通の祖先をもち，遺伝子重複によってそれぞれ分かれた遺伝子のこと（例：α-グロブリンとβ-グロブリン）。オーソロガス遺伝子と対比される。

バランサー染色体 ■ balancer chromosome
ショウジョウバエの染色体で，なかに多くの転座，劣性致死遺伝子，優性遺伝子マーカーを含むもの。この染色体は組換えが起こらずホモ接合体になれないために，個々の野生型の染色体をそのままの形で（組換えを起こさせずに）継代維持することができる。

パレオカリオノイデス類 ■ trigonotarbid
絶滅した陸生のクモの一分類群。

半索動物 ■ hemichordate
ギボシムシ類やフサカツギ類といった海生生物を含む半索動物に属する生物群。

繁殖保証 ■ reproductive assurance
個体が自分の卵子または卵を自殖によって確実に受精できるという保証。

ハンディキャップ ■ handicap
雄がもつ遺伝子の質を表すシグナル形質。ハンディキャップと優良遺伝子との関連性が保たれるのは，遺伝子の質が高い雄ほどコストがかからないからである。

反突然変異誘発遺伝子 ■ antimutator
突然変異率を低下させる対立遺伝子や遺伝子型。

反応規準 ■ reaction norm
広い環境において，1つの遺伝子型から一連の表現型が発現すること。

半倍数性決定 ■ haplodiploid
受精卵の場合は二倍体の雌に，未受精卵の場合は一倍体の雄になる性決定システムのこと。

半保存的 ■ semiconservative
二本鎖DNAの複製様式のことで，親由来の1本の鎖と新しく合成されたもう1本の相補鎖からなる2つの新しい分子ができる。

ヒカゲノカズラ類 ■ lycopod
石炭紀の石炭湿地の森林を形成した巨大な樹木や，現生のヒカゲノカズラを含む植物の一群。

ヒカゲノカズラ植物 ■ lycophyte
ヒカゲノカズラとゾステロフィルムを含む初期の陸上植物の一群。

被子植物 ■ angiosperm
花を咲かせる植物。

微小管 ■ microtubule
チューブリンタンパク質からなり，細胞骨格の主要な構成要素の1つ。真核細胞の形の調節や運動の制御にかかわっている。

微小モデル ■ infinitesimal model
量的形質の変異は，微小な相加的効果をもつ非常に多くの遺伝子座によって起こることを仮定するモデル。選択によって平均は変わるが，その遺伝分散は変わらない。つまり，子どもの形質は両親の平均値を中心とした正規分布となり，分散は同じままである。

非相同遺伝子による置き換え ■ nonhomologous gene displacement
遺伝子の水平伝達によって，ある特定の役割を果たす遺伝子が，似たような役割を果たす相同でない遺伝子に置き換えられること。

ヒッチハイキング ■ hitchhiking
中立遺伝子が別の遺伝子座の有利な対立遺伝子と偶然に連鎖していたために，その頻度が増加すること。ときとしてより広範に，間接的に働く選択全般についても使われる。

非同義突然変異 ■ nonsynonymous mutation
タンパク質をコードしている遺伝子領域に起こる点突然変異のうち，アミノ酸配列を変える変化。

ヒト科 ■ hominid
大型類人猿（ヒト科）の仲間で，現生ではヒト，ゴリラ，オランウータン，チンパンジーを含む。

ヒト族 ■ hominin
チンパンジーよりもヒトに近いすべての分類群。我々ヒトを除いて，これらのすべては絶滅している。

ヒト白血球型抗原 ■ HLA
ヒト白血球型抗原。主要組織適合遺伝子複合体を見よ。

ヒト免疫不全ウイルス ■ human immunodeficiency virus (HIV)
AIDSを引き起こすウイルス。

ヒドロゲノソーム ■ hydrogenosome
水素気体とATPを合成する真核生物の細胞小器官。ミトコンドリアに由来する可能性がある。

微胞子虫 ■ microsporidia
かつては独立した門と考えられていた単細胞性の真核生物の一群。現在は菌類に属すると考えられている。

非メンデル遺伝 ■ non-Mendelian inheritance
メンデルの遺伝法則に従わない遺伝（メンデルは連鎖や伴性遺伝を知らなかったため，含まれていない）。

表現型 ■ phenotype
個体が示す観察可能な特徴。

表現型値 ■ phenotypic value
量的形質の実際の実現値P。遺伝子型と環境の両方の効果からなる（$P = G + E$）。

表現型分散 ■ phenotypic variance (V_p)
表現型値の分散。$\mathrm{Var}(P) = V_p$

表型図 ■ phenogram
総合的類似度の推定値によって対象間の関係を枝分かれで示した図。

病原性アイランド ■ pathogenicity island
（塩基対数に対して）不釣合いに多い数の病原性因子が含まれる病原体ゲノム中の連続した部位。

表現模写（表現型模写） ■ phenocopy
熱ショックなどの環境要因で誘発される表現型のうち，遺伝的な突然変異でできる表現型と似ているもののこと。

標準遺伝暗号 ■ standard (genetic) code, canonical code
ほぼ普遍的に用いられる遺伝暗号。

標準中立モデル ■ standard neutral model
中立説の最も単純なもので，集団サイズ一定の単一任意交配集団において突然変異と遺伝的浮動が作用しているとする。

ピリミジン ■ pyrimidines
チミン（T），シトシン（C），ウラシル（U）を含む核酸塩基の種類。

頻度依存性選択 ■ frequency-dependent selection
相対適応度が遺伝子型頻度に依存する選択。

頻度スペクトル ■ frequency spectrum
対立遺伝子頻度の分布。

ファージ ■ phage
バクテリオファージを見よ。

ファイロタイプ（系統型） ■ phylotype
リボソームRNA塩基配列の解析から推測されるような，未培養生物の系統学的な型。

ブートストラップ ■ bootstrap
復元抽出によって生成された疑似データの間の整合性を定量化する統計的手法。系統推定においては，ブートストラップ値は，異なる疑似データセットから生成された系統樹の中で特定のクレード（分岐群）がみられた回数の割合を表す。

不完全変態 ■ hemimetabolous
成体に似た形態の一連の幼生ステージを経て発生すること（例，バッタ，カメムシ）。これと対をなすのが，完全変態。

不完全優性 ■ incomplete dominance
ヘテロ接合体が，どちらのホモ接合体とも区別できる形質を示す状況。

複製型DNAトランスポゾン ■ replicative DNA transposon
ゲノム内の新しい場所へと自身を動かすとともに，もとの場所には自身のコピーをそのまま放置する，DNA性の転位因子。

複製酵素 ■ replicase
あらゆる形のゲノム（生命の起源におけるゲノムはDNAではなくRNAがもとになっていたかもしれない）を複製する酵素。

複製子 ■ replicator
複製するあらゆるもの。通常は DNA からなるゲノムをさすが，プリオン，あるいは，文化の伝達によって運ばれる言葉も含む。

父系 ■ patrilineal
父親から遺伝した（哺乳類の Y 染色体など）。

物理地図 ■ physical map
DNA 配列上の遺伝的変異の物理的位置を描いた地図。遺伝子地図が古典的遺伝学を用いて作成されていたのとは対照的である。

浮動 ■ drift
機会的遺伝的浮動を見よ。

不等交差 ■ unequal crossover
父方と母方の縦列反復配列が正しく対合せずに交差を起こすことをいう。その結果，反復配列の数の増減した子のゲノムができる。

負の超優性 ■ underdominance
ヘテロ接合体がどのホモ接合体よりも低い形質値（通常，適応度）をもつ状態のこと。

普遍遺伝暗号 ■ universal genetic code
標準遺伝暗号を見よ。

普遍的相同性 ■ universal homology
すべての細胞性生物にみられる相同な形質。

プライマーゼ ■ primase
DNA 複製の開始に使われる酵素。

プラスミド ■ plasmid
自立的に複製できるが通常染色体よりも小さい遺伝因子。しばしば特殊な条件下でのみ必要とされ，真正細菌と古細菌に一般的に見いだされるが，ときには真核生物にも存在する。

プリオン ■ prion
別の安定なコンホメーションを取ることができるタンパク質。スクレイピーやウシ海綿状脳症（BSE）といった病気の感染物質である。

プリン ■ purine
アデニン（A）とグアニン（G）を含む核酸塩基の種類。

プレートテクトニクス ■ plate tectonics
地球の表面を形成するプレートが互いに干渉しあう機構。海洋地殻の形成と沈み込みに関与している。

フレームシフト突然変異 ■ frameshift mutation
タンパク質をコードする遺伝子の読み枠の変化を引き起こす挿入あるいは欠失による突然変異。

プレニル化 ■ prenylation
タンパク質にイソプレノイドを付加すること。多くの真核生物で一般的である。

分化 ■ differentiation
遺伝子発現や生化学的活動を制御することによって，細胞の機能と形態がより特殊化する過程。

文化進化 ■ cultural evolution
文化における変化のこと。例えば，生物学的な遺伝で継承されるのではなく学習や模倣によって継承される情報など。

分岐 ■ divergence
進化的分離（例えば，種分岐）の後，違いが生じること。

分岐図 ■ cladogram
分類群の間の関係だけが情報として与えられている（つまり，枝の長さには意味がない）ような系統樹。

分岐分類学 ■ cladistics
表現型の類似性よりも，系統樹上での枝分かれの順序を重視して分類する方法。

分散 ■ variance
平均からの偏差の二乗平均。
$$\text{var}(x) = \text{E}[(x - \bar{x})^2]$$

分散成分 ■ variance component
特定の変異の表現型分散への寄与。環境分散，相加分散，優性分散と相互作用分散を含む。

分散分析 ■ analysis of variance
分散を要素の和に分割すること。量的遺伝学の基本的な統計学的手法として広く使われている。

分子組換え ■ molecular recombination
DNA 分子の物理的な切断と結合のこと。

分子シャペロン（シャペロン） ■ chaperone
他のタンパク質が正しく折りたたまれるように補助するタンパク質。

分子時計 ■ molecular clock
アミノ酸配列や DNA 塩基配列の置換が，一定の速度で蓄積すること。

分子認識（分子識別） ■ molecular recognition
非共有結合による 2 つの分子の結合で，分子の形が結合の強さを決めるうえで重要な役割を果たす。

分断選択 ■ disruptive selection
極端な形質値が有利となる選択。

分離 ■ segregation
減数分裂の際に 2 つの相同染色体が細胞のそれぞれの極に移動すること。このランダムな減数分裂の過程の結果として，ヘテロ接合体の子孫に異なる遺伝子型ができることでもある。

分離の荷重 ■ segregation load
多型が超優性によって維持されている場合に，ホモ接合体の分離によってもたらされる平均適応度の損失：
$$L = (1 - \overline{W}/W_{\text{max}})$$
ここで W_{max} は最も適応度が大きいヘテロ接合体遺伝子型の適応度。

分離の歪み ■ segregation distortion
減数分裂の際，ヘテロ接合体の 2 つの対立遺伝子の分離が，予想される 1：1 の分離比からずれること。マイオティックドライブや減数分裂によってできる一倍体の間の競争によって生じる。

分類学 ■ taxonomy
生物の分類に関する学問分野（系統学としても知られる）。

分類群 ■ taxon (pl. taxa)
生物の分類の単位（例，種，属）。

ペイオフ（利得） ■ payoff
進化学では，対戦によって得られる適応度の上昇を意味する。

平均 ■ mean
通常，算術平均をさす：$z_1, \cdots, z_n$ の n 個の値の平均は $\bar{z} = (\Sigma_i z_i)/n$ で与えられる。調和平均，幾何平均も参照のこと。

平均過剰 ■ average excess
特定の対立遺伝子をもった個体の形質値の平均と集団の平均との差。連鎖平衡にある任意交配集団では平均効果に等しい。

平均効果 ■ average effect
回帰によって推定される対立遺伝子の量的形質への効果。連鎖平衡にある任意交配集団では平均過剰に等しい。

平均棍 ■ haltere
双翅目の第 3 胸節上にみられる感覚器で，進化的には羽から派生してできたもの。飛行時にバランスをとるのに使われる。

平均適応度 ■ mean fitness
平均適応度を見よ。

平衡仮説 ■ balance view
遺伝的変異はおもに平衡選択により維持されるという説。ほとんどの変異は有害な突然変異によるという古典仮説に対する見方。

平行進化 ■ parallel evolution
異なる系統が同じ変化を経験したことによって，かつて違っていた特徴が似たものになる過程。

平衡推移理論 ■ shifting balance theory (SBT)
Sewall Wrightにより提唱された理論。この理論では多くの適応度の峰が存在する場合でも，生物種は最適なものに向かって進化できる。

平衡選択 ■ balancing selection
多型を維持する選択。

平衡多型 ■ balanced polymorphism
平衡選択により安定して維持される多型。

ベイツ型擬態 ■ Batesian mimicry
まずくない生物がまずい種（モデル）に似せて擬態することで，捕食されにくくなること。

平板培養計数値の大きなずれ ■ great plate count anomaly
培養液中で生育可能な自然環境由来の細胞数が，顕微鏡下で観察できる（自然環境中に含まれている）細胞数よりも大幅に少ないという現象。

ヘテロコント ■ heterokont
真核生物のヘテロコント門に属する生物。珪藻をはじめとする単細胞性のさまざまな生物種が含まれる。

ヘテロ接合体（異型接合体） ■ heterozygote
ある特定の遺伝子座において，2つの異なる対立遺伝子をもつ2倍体の個体。

ヘテロ接合体の優位性 ■ heterozygote advantage
超優性を見よ。

ヘテロ接合度の期待値 ■ expected heterozygosity
遺伝子多様度を見よ。

ヘテロ接合頻度 ■ heterozygosity
集団中のヘテロ接合体の頻度。

ペルオキシソーム ■ peroxisome
解毒にかかわる，真核生物の膜に包まれた細胞小器官。

変化を伴う由来 ■ descent with modification
ダーウィンが進化を意味するときに用いた用語。

変更遺伝子 ■ modifier
厳密にいえば，適応度には直接影響しないが，遺伝システムへの影響を介し間接的に選択にかかわりうる対立遺伝子。広義には，他の遺伝子座の対立遺伝子の発現を変更する対立遺伝子。

ポアソン分布 ■ Poisson distribution
期待数がλである事象がj回起こる確率は$(\lambda^j/j!)e^{-\lambda}$で与えられる。

包括適応度 ■ inclusive fitness
適応度の測り方の1つで，ある個体の適応度に，その個体が隣接個体の適応度に与える効果を加え，他の個体から受ける適応度への影響を除いたもの。

彷徨試験 ■ fluctuation test
突然変異率を測定し，突然変異が選択の前かあるいは選択に応じて生じたかを決定するための実験方法。

方向性選択 ■ directional selection
ある対立遺伝子が他の対立遺伝子より有利となる選択。あるいは，ある量的形質値の増大が有利となる選択。正の選択と同義である。

放散（スター）型系統 ■ star genealogy
すべての系統が共通祖先に同時に結合している系統関係。集団のボトルネックや選択一掃によってできる。

放散虫 ■ radiolarian
リザリア門に属する放射相称な真核生物の生物グループ。多数の化石記録が存在する。

胞子体 ■ sporophyte
植物の生活環のなかで減数分裂によって胞子を作る複相（二倍体）世代。配偶体と対比される。

胞子嚢 ■ sporangium (pl. sporangia)
胞子を内包する構造物。

放射年代測定 ■ radiometric dating, radioisotope dating
試料中の放射性同位体を分析し，その崩壊の程度から年代を割り出す方法。

ホールデン則 ■ Haldane's rule
2つの異なる動物分類群の交雑による子孫において，特定の性が，存在しない，まれである，あるいは不妊である場合，その性はヘテロ接合の性染色体をもつ性であるという経験則。1922年にホールデンが述べた。

ポジショナルクローニング ■ positional cloning
遺伝子組換えのデータを用いて，求める遺伝子配列を含むDNA断片の特定を行っていく方法。

保存的DNAトランスポゾン ■ conservative DNA transposons
ゲノム中の別の場所へ自身で移動することのできるDNAからなる転位因子のうち，元の場所にコピーを残さないタイプ。

ホットスポット，組換え ■ hot spots, recombination
組換えホットスポットを見よ。

ボディプラン ■ body plan
分化した細胞種を，秩序の下に空間的に配置することにより実現される生物の全体的な形態。

ボトルネック（びん首） ■ bottleneck
集団のボトルネックを見よ。

ホムンクルス（精子小人） ■ homunculus
精子によって卵に組み込まれ，発生を導くと想像されてきた"小びと"のこと。前成説を参照。

ホメオティック ■ homeotic
生物の体の一部分を他の部分へと変換してしまうような突然変異の一群をいう。例として，ショウジョウバエのあるホメオティック変異は触角を脚へと転換させる。

ホメオドメイン ■ homeodomain
約60アミノ酸残基からなる配列で，ホメオボックスDNA配列にコードされている。このタンパク質モチーフは，パターン形成や細胞分化に働く多くの転写因子にみられるDNA結合ドメインを形成している。

ホメオボックス ■ homeobox
約180塩基の長さをもつ配列で，翻訳されるとホメオドメインと呼ばれるDNA結合ドメインとなる。この配列は，パターン形成や細胞分化に働く多数の転写因子にみられる。

ホモ接合体（同型接合体） ■ homozygote
ある特定の遺伝子座において同一の対立遺伝子をもつ2倍体の個体。

ホモプラシー ■ homoplasy
相同性に起源があるのではなく，収斂あるいは平行進化によって類似した特徴が発生すること。

ポリジーン的 ■ polygenic
複数の遺伝子に影響されること。

ホリデイ構造 ■ Holliday junction
2本のDNA二重らせんの間の交差により形成される十字形の構造。

ポリメラーゼ連鎖反応 ■ polymerase chain reaction (PCR)
一対のプライマー配列の結合によって認識される特定の核酸分子を増幅する方法。1コピー程度のわずかな核酸分子も増幅できる。

翻訳 ■ translation
RNA配列にコードされたアミノ酸配列をもつタンパク質の合成。

マイオティックドライブ（減数分裂分離比ひずみ） ■ meiotic drive
減数分裂において、染色体が将来配偶子となる細胞の方へ選択的に移動すること。

マイクロRNA ■ microRNA
およそ22塩基の長さをもつRNA分子群で、真核生物の一部の遺伝子の発現調節を行う。

マイクロアレイ ■ microarray
何千種類もの短いオリゴヌクレオチドを並べたもの。基質とのハイブリッド形成反応により、莫大な種類のDNAやRNAの濃度を同時に測ることができる。

マイクロサテライト ■ microsatellite
反復配列が並んでできた短い配列。繰り返し単位の長さは数塩基対程度である。マイクロサテライトは多型に富み、遺伝子マーカーとして広く使用されている。

マイクロフィラメント（微小線維） ■ microfilament
真核細胞の構造の維持や運動に携わる、主としてアクチンからなる微小な繊維状の構造。微小管とともにこれらが細胞骨格を構成している。

末端動原体 ■ acrocentric
セントロメアが末端近くにある染色体。

ミスセンス突然変異 ■ missense mutation
遺伝子内のタンパク質コード領域内の塩基置換で、異なるアミノ酸への置換を引き起こすもの。

ミスマッチ修復（不対合修復） ■ mismatch repair
複製されたDNAに生じた障害を修復する過程。

ミスマッチ分布 ■ mismatch distribution
ある集団から一対の塩基配列を無作為に繰り返し選び、その違いの数の分布をみたもの。

密度依存選択 ■ density-dependent selection
相対適応度が集団中の（個体）密度依存である選択。

ミトコンドリア ■ mitochondria
好気性呼吸を担う真核生物の細胞小器官。ミトコンドリアはαプロテオバクテリアに由来する。

ミトコンドリアDNA ■ mitochondrial DNA (mtDNA)
ミトコンドリア内部に含まれるゲノム。組換えを起こさないので、動物のミトコンドリアDNAは遺伝マーカーとして広く使われる。

ミニサテライト ■ minisatellite
9塩基対から数百塩基対までの比較的短い繰り返し単位をもつ反復配列。10～100の反復数で、ゲノム領域に多数散在している。多様性に非常に富み、遺伝子マーカーとして有効である。

未培養微生物 ■ uncultured microbe
実験室で単離し生育させることに成功していない微生物。

ミュラー型擬態 ■ Müllerian mimicry
毒をもった生き物どうしが似た体色、形態をもつように進化すること。これにより、捕食者は共通するパターンを避けることをより速やかに学習するため両者が補食の危険を下げることができる。

無限座位モデル ■ infinite-sites model
それぞれが非常に低い突然変異率をもった無数の座位を考え、生じる突然変異は常に新しいものであると仮定するモデル。

無限対立遺伝子モデル ■ infinite-alleles model
突然変異が生じるとすべて新しい対立遺伝子になると仮定するモデル。

無根系統樹 ■ unrooted tree
根の位置が（多くの場合、わからないため）示されていない系統樹。

虫こぶ ■ galls
寄生者（例えば、細菌や昆虫）によって、それら寄生者の栄養となる植物体に形成される構造。

無動原体逆位（偏動原体逆位） ■ paracentric inversion
セントロメアを含まない染色体逆位が関与する突然変異。

メタゲノム解析 ■ metagenomics
環境試料（例：土壌、空気、あるいは水）より直接単離したDNAの大規模配列決定。

メタ個体群 ■ metapopulation
はっきり区別できるディームの集まり。初期のメタ個体群モデルは絶滅と再入植を重視していたが、現在ではより広い意味で使用されている。

メッセンジャーRNA ■ messenger RNA (mRNA)
DNAから転写され、リボソームにその配列情報を伝達するRNA分子。リボソーム上でその情報がタンパク質に翻訳される。

メッセンジャーRNAプロセシング ■ messenger RNA processing
真核生物のRNAが、翻訳のために細胞質に移動する前に必要となる修飾の総称。

免疫学的距離 ■ immunological distance
種間における抗原と抗体の結合親和性の違いに基づく系統関係の尺度。違いの大きさはおおよその進化の時計として用いられる。

免疫記憶 ■ immune memory
以前に出会ったことのある抗原に対して免疫系の反応が増大すること。ワクチン接種の基礎である。

免疫グロブリン ■ immunoglobulin
免疫系に含まれるタンパク質のファミリー。抗体を含む。

毛顎動物 ■ chaetognath
一般にはヤムシ類といわれる。透明の海洋性の虫で、体の側面と尾にひれがある。口の両側には、顎毛と呼ばれる突起物があり、動かすことができる。

モジュール性 ■ modularity
独立に機能することができる別々の部分、すなわち、モジュールに分けること。進化心理学では、独立した精神機能を意味する言葉として使われる。

戻し交雑（戻し交配） ■ backcross
雑種個体と、一方の親と同じ遺伝子型個体との交配。

モノソミー（一染色体性） ■ monosomy
細胞核において、対をなさず、1本しか存在しない染色体のこと。

モルガン ■ Morgan
遺伝地図上の距離の単位。モルガンで表された遺伝子座間の距離は、短距離の場合は組換え率に等しい。長距離の場合は複数回の交差が起こることにより、組換え率が地図上の距離よりも小さくなる。

葯 ■ anther
顕花植物において花粉を作り出す雄性生殖器官。

野生型 ■ wild type
ある遺伝子座における，最も出現頻度の高い対立遺伝子または最も出現頻度の高い遺伝子型。

ユーグレナ類 ■ euglenoid
鞭毛をもつ真核生物の綱に相当する一分類群。多くは，淡水で生活し，葉緑体をもつ。

ユークロマチン ■ euchromatin
大部分が活発に転写されている遺伝子からなる，脱凝縮している真核生物のゲノム領域。ヘテロクロマチンの対語。

融合，染色体の ■ fusion, chromosomal
2つの染色体あるいは染色体の一部が末端でつながる突然変異。

有効中立 ■ effectively neutral
適応度にせいぜい $1/N_e$ しか影響しない，小さな効果の対立遺伝子。厳密に中立な遺伝子とほぼ同じ固定確率になる。

有櫛動物 ■ ctenophore
クシクラゲ類ともいう。ゼリー状に見える海生動物で，群生はしない。小繊毛で形成された櫛のような構造があり，移動の際に用いられる。

有糸分裂（体細胞分裂） ■ mitosis
真核生物の無性生殖に含まれる細胞分裂で，各娘細胞は各親から染色体のコピーを受け取る。

有神論的進化論 ■ theistic evolution
宗教の教義が生物学的進化論と共存できるとする立場で，種は，共通祖先から自然選択により進化したが，その際，聖なる力の導きと介入があったと考える。

優性，対立形質における ■ dominant
ある対立遺伝子が細胞中に1個存在するときでも，2個存在するときでも，同じ表現型を形成する場合，この対立遺伝子はその表現型について，完全に優性であるという。

優性，量的遺伝学における ■ dominance
ヘテロ接合が正確に2つのホモ接合の中間にあれば，優劣関係がない。この相加モデルからのずれを優性として表す。

優生学 ■ eugenics
選択的交配により，ヒトの遺伝子プールが改良されるとする考え方。

優性説 ■ dominance theory
ホールデン則の理論的説明の1つ，劣性対立遺伝子が，F_1 雑種の不妊性や生存不能性の原因であると仮定する。

優性致死 ■ dominant lethal
致死的を見よ。

優性分散 ■ dominance variance (V_D)
優性による量的形質の分散。優性偏差の分散として定義される。

優性偏差 ■ dominance deviation
遺伝子型の形質値と優劣関係がないとしたときのその期待値との偏差。

有爪動物 ■ onychophoran
いも虫のような形をした動物からなる有爪動物に属する動物。陸生で，一般にはカギムシと呼ばれている。化石種は海生で，カンブリア紀に多様化した。

有胎盤類 ■ placental mammal
真獣類を見よ。

尤度 ■ likelihood
仮説が与えられたときに，あるデータを観察する確率。

誘導 ■ induction
調節刺激に応じて遺伝子発現が増加すること。

優良遺伝子 ■ good gene
シグナルによる性選択以外の要因で適応度を上げる遺伝子のこと。この要因とは，大部分が生存能力と考えてよいが，繁殖能力や配偶成功もこれに含まれる。

溶原性の ■ lysogenic
バクテリオファージをゲノムに組み込んだ状態でもつ真正細菌や古細菌。バクテリオファージが活性化すると細胞は溶解する。

羊水穿刺 ■ amniocentesis
胎児を包む羊水を採取すること。羊水には出生前診断に用いることができる胎児細胞が含まれている。

葉足動物 ■ lobopod
いも虫のような形態の動物グループの化石の一群。現生近縁種は陸生であり，カギムシが代表的である。化石は海生であり，カンブリア紀に多様化した（有爪動物門）。

葉緑体 ■ chloroplast
多くの植物，藻類，その他の微小な真核生物にみられる光合成能を有する細胞小器官。系統進化的にはシアノバクテリアに由来する。

四倍体 ■ tetraploid
体細胞あたり，各相同染色体を4個もつ細胞，または，個体。

ラギング鎖 ■ lagging strand
DNA複製において，5′から3′の方向に不連続的に合成された短いDNA鎖を連結することによって，3′から5′の方向に合成される鎖。

ラビリンチュラ類 ■ labyrinthulid
ヘテロコント門に属する真核生物の生物グループ。

ラマルキズム ■ Lamarckism
獲得形質の遺伝を見よ。

ランダムな分離 ■ random segregation
減数分裂中，対をなす2つの染色体が配偶子にランダムに分配されること。配偶子は等しい確率でどちらか一方の染色体を受け取る。

ランナウェイ過程 ■ runaway process
雄の形質とそれに対する雌の嗜好性の進化の間に正のフィードバックが生じるときに起こる。

リーディング鎖 ■ leading strand
DNA複製において，伸長する3′端における連続的な重合により，5′から3′の方向に合成される鎖。

陸水生 ■ limnetic
湖沼の中の深さのある開水域に生息すること。

利己的 ■ selfish
自身の伝達効率を上げる一方で，自身を保持する個体の適応度を下げる遺伝子。

利己的なDNA ■ selfish DNA
ゲノムの他の部分よりも早く複製する配列であり，それを保持する個体の適応度を低下させる。

リザリア ■ rhizaria
ケルコゾアとして知られる真核生物の門の別名。

理神論 ■ deism
神が自然法則を決めたとする説。したがって，超自然学的事象とは関連なく，自然現象は起こる。

利他的 ■ altruistic
自身の適応度を減らし，他者の適応度を増加させる遺伝子や形質，行動。

立体異性体 ■ stereoisomer
2種類の分子では，分子内の原子が同じように結合しているが，空間的配置は異なる場合。エナンチオマー（鏡像異性体）も含む。

利得行列（利得表） ■ payoff matrix
すべての戦略の組み合わせについて，対戦したときの利得を行列の形で表したもの。

リニア類 ■ rhyniophyte
維管束植物の中でも原始的な一群。

リボザイム ■ ribozyme
触媒活性をもつRNA。

リボソーム ■ ribosome
遺伝暗号の翻訳をつかさどるタンパク質・RNA複合体。

リポソーム ■ liposome
脂質二重膜に囲まれた小胞。

リボソームDNA ■ ribosomal DNA（rDNA）
リボソームのコアを形成するリボソームRNAをコードするDNA配列。

リボソームRNA ■ ribosomal RNA（rRNA）
リボソームの中に含まれる高度に保存されたRNA分子。rRNAは系統樹推定に広く用いられる。

両親媒性 ■ amphipathic
疎水性と親水性の両方の部分をもつ分子（例，膜を構成しているリン脂質）。

両性 ■ cosexual
雄性配偶子と雌性配偶子の両方を作り出すこと。雌雄同体と同義。

量的遺伝学 ■ quantitative genetics
量的形質の遺伝を扱う学問分野。

量的形質 ■ quantitative trait
複数の遺伝子に影響されるような形質。量的遺伝学の手法で研究される。

量的形質遺伝子座 ■ quantitative trait locus（QTL）
量的形質に影響を与えるゲノム上の領域。

緑藻類 ■ chlorophyte
真核生物の生物グループ。すべて単細胞の緑藻で構成され，緑色植物に近縁である。

リン酸塩岩 ■ phosphorite
リン酸塩に富んだ堆積岩。

輪状種 ■ ring species
輪状に分布を広げた交配可能な生物集団であるが，その両末端の生息域の重なる部分では異なる集団由来の個体間では交配できない生物種。

ルート ■ root
根を見よ。

レック（集団求愛場） ■ lek
雄どうしが集まる場所で，ここへ雌がやってきて繁殖の相手を選ぶ。

劣性 ■ recessive
劣性の対立遺伝子は，ゲノム中にその遺伝子が2個存在したとき（すなわち，ホモ接合であったとき）にのみ，その遺伝子が原因となる表現型を示す。

劣性致死 ■ recessive lethal
致死的を見よ。

レトロウイルス ■ retrovirus
RNAゲノムをもつウイルスであり，DNAを中間体としてRNAゲノムを複製する。DNAは宿主のゲノム中に入り込むことが可能である。

レトロトランスポゾン ■ retrotransposon
RNAを中間体として複製を行う，DNA性の転位因子。両端に長い繰り返し配列をもつものもある。

レトロポゾン ■ retroposon
RNAを中間体として複製を行う，DNA性の転位因子。両端に長い繰り返し配列をもたない。

連鎖 ■ linkage
同一の染色体に保持されている遺伝子は連鎖している。

連鎖不平衡 ■ linkage disequilibrium
2つ以上の遺伝子座の対立遺伝子間の組み合わせがランダムでないこと。

連鎖平衡 ■ linkage equilibrium
連鎖不平衡が存在しない状態。したがって，ハプロタイプ頻度は各対立遺伝子頻度の積と等しくなる。

老化 ■ senescence
加齢を見よ。

腕足動物 ■ brachiopod
腕足動物は冠輪動物に属する。二枚貝に似た海生動物だが，軟体動物とはきわめて遠縁である。

図版の出典

注意：本書に掲載した図版は著作権者の転載許諾を得るよう最善を尽くしたが，連絡のつかなかった，もしくは記載の誤りのために連絡をとることができなかった著作権者の方々は，Cold Spring Harbor Laboratory Press までご一報いただきたい。

略語：AAAS, American Association for the Advancement of Science; APS, American Philosophical Society; ASBMB, American Society for Biochemistry and Molecular Biology; ASM, American Society for Microbiology; CSHL, Cold Spring Harbor Laboratory; CSHLP, Cold Spring Harbor Laboratory Press; GSA, Genetics Society of America; NAS USA, National Academy of Sciences, U.S.A.; NLM, National Library of Medicine; PNAS, Proceedings of the National Academy of Sciences; PR, Photo Researchers, Inc.; VU, Visuals Unlimited.

表紙と扉
左から1枚目：細菌 *Deinococcus radiodurans* R1 のゲノムマップ。White O. et al., Genome sequence of the radioresistant bacterium *Deinococcus radiodurans* R1. *Science* **286**: 1571–1577, © 1999 AAAS. より Fig. 1（部分）。**2枚目**：放散虫（海産）の骨格の走査型電子顕微鏡像（145倍）。硬質の骨格はケイ酸でできている。© Dr. Dennis Kunkel/Visuals Unlimited. **3枚目**：バッタの胚（同じ画像を5回対称に配置してある）。Sabbi Lall and Nipam H. Patel, University of California, Berkeley の厚意による。**4枚目**：脳の強調MRI画像。© Scott Camazine.

序
アポロ8号が撮影した「地球の出」。NASA の厚意による。

Part（部）扉
Part 1左，*HMS Beagle*, Mt. Sarmiento. Darwin, Charles, *The Voyage of the Beagle* より転載；**Part 1 中央**，ハスの葉の化石。© Ken Lucas/VU; **Part 1右**，DNAの走査型電子顕微鏡像。© Science VU/LL/VU; **Part 2左**，三葉虫の化石。© Ken Lucas/VU; **Part 2 中央**，腸内細菌の走査型電子顕微鏡像。© Dr. David Phillips/VU; **Part 2右**，ザトウクジラ。© Masa Ushioda/VU; **Part 3左**，シクリッド科の魚。© Fredrik Hagblom; **Part 3 中央**，小型のガラパゴスフィンチ。© Gerald and Buff Corsi/VU; **Part 3右**，ワムシ。© Science VU/VU; **Part 4左**，石器。© Javier Trueba/Madrid Scientific Films/PR; **Part 4中央**，学校の集会。© David R. Frazier/ PR; **Part 4右**，人々。U.S. Department of Energy Human Genome Program.

この本のねらい
図1上段左，南極の乾燥した谷間。Laura Connor and Effie Jarret, © 1999; **図1上段右**，チューブワーム（ハオリムシ）。© Science VU/VU; **図1中段左**，ガの触角。Rippel Electron Microscope Facility, Dartmouth College; **図1中段右**，コノハズク。© Bowers Photo; **図1下段左**，ニューカレドニアカラス。Gavin Hunt, Department of Psychology, University of Auckland; **図1下段右**，ミツバチ。© Simon Fraser/SPL/PR; **図2**，アピコプラスト。Geoffrey McFadden, University of Melbourne の厚意による；**図3B,C**，RNAの構造。Wimberly B.T. et al., *Nature* **407**: 327–339, © 2000 Macmillan より；**図4**，蛍光タンパク質。Crameri A. et al., *Nat. Biotechnol.* **14**: 315–319, © 1996 Macmillan より転載。

第1章
1.0左，ダーウィン。Darwin C., 1859, *On the Origin of Species by Means of Natural Selection*, title page, John Murray, London のファクシミリ版。Harvard University Press, 1966 より転載 (CSHL Library and Archives の厚意による)；**1.0中央**, Mendel, Mendel G.J., *Versuche über Pflanzen-Hybriden. Vorgelegt in den Sitzungen vom 8. Februar und 8. März 1865*. Verhandlungen des naturforschenden Vereines in Brünn, Band IV, Heft 1 (1865): 3–47, title page, Brünn: Verlag des Vereines, 1866 より転載 (Special Collections, Falvey Memorial Library, Villanova University の厚意による)；**1.0右**, ワトソン-クリックのDNA二重らせんモデル。CSHL Library and Archives の厚意による; **1.1**, Crick F., *Nature* **227**: 561–563, © 1970 Macmillan より；**1.3**, http:// web.clas.ufl.edu/users/rhatch/images/greatChain.gif, credit: Robert A. Hatch より再描画; **1.5**, Robert Hooke's *Posthumous Works*, Museum of the History of Science, Oxford に掲載された化石の図; **1.6上段**, フランスのオーベルニュ火山自然公園。© Mark Boulton/PR; **1.6下段**, National Portrait Gallery, London; **1.7**, NLM; **1.8**, Buckland W., *Transactions of the Geological Society of London*, series 2, V.1 (1824), pp. 390–396 より転載 (Linda Hall Library of Science, Engineering and Technology の厚意による)；**1.9**, Syndics of Cambridge University Library の厚意による; **1.10**, *The Endeavour Journal of Joseph Banks 1768-1771*, Sydney, Public Library of New South Wales, 1962, edited by J.C. Beaglehole (Sir Joseph Banks Electronic Archive ウェブサイトで閲覧可能) より転載; **1.11**, National Portrait Gallery, London;

1.12A, NLM; **1.13,** Adam Smith Institute, http://www.adamsmith. orgの厚意による; **1.16,** Syndics of Cambridge University Libraryの厚意による; **1.18,** Wellcome Institute Library, London; **1.20,** 風刺画，（左）1869年7月24日，（中央）1871年1月28日，（右）1871年9月30日，*Vanity Fair*誌より転載; **1.21,** Bates H.W., 1863, *The Naturalist on the River Amazons*, Vol. Iの口絵に掲載された版画 "Adventure with curl-crested toucans" (James Mallet, University College London, http://www.ucl.ac.uk/taxome/の厚意による) ; **1.22,** Nipam H. Patelの厚意による; **1.23,** British Marine Life Study Society, © Chris Rowe; **1.24,** Desmond A. et al., 1992 (©1991), *Darwin*, Fig. 53, "Fancy pigeons" (facing p. 301), Warner Books, New York (first published in Great Britain), collection of CSHL Library and Archives より転載; **1.25,** Galton F., 1885, Regression towards mediocrity in hereditary stature. *J. Anthropol. Inst.* **15:** 246–267より改変; **1.26左,** CSHL Library and Archivesの厚意による; **1.26中央,** NLM; **1.26右,** Galton F., 1908, *Memories of My Life*, Methuen & Co., London, collection of CSHL Library and Archives; **1.27,** APSの厚意による; **1.28,** Mendelによる1866年の論文のデータより; **1.29,** Boveri T., 1910, *Die Potenzen der Ascaris-Blastomeri bei abgaederter Furchung, Zugleich ein Beitrag zur Frage qualitativungleicher Chromosomen-Teilung. Festschrift zum sechzigsten Geburtstag Richard Hertwigs*, Band III, Gustav Fisher, Jena より転載; **1.30,** APSの厚意による; **1.32,** Nilsson-Ehle H., 1914, Vilka erfarenheter hava hittills vunnits rörande möjligheten av växters acklimatisering? Kunglig Landtbruksakademiens Handlingar och Tidskrift, after Gould J. et al., *Biological Science, 6e*, Fig. 1.32, © 1996 W.W. Norton and Co.より再描画; **1.33,** Castle W.E. et al., 1914, *Piebald rats and selection/An experimental test of the effectiveness of selection and of the theory of gametic purity in Mendelian crosses*, Plate 1 (facing p. 56), The Carnegie Institute of Washington, Washington, D.C.より複製 (CSHL Library and Archivesの厚意による) ; **1.35上段,** APS, Bronson Price papersの厚意による; **1.35中央,** APS, Wright papersの厚意による; **1.35下段,** Clark R.W., *J.B.S.: The Life and Work of J.B.S. Haldane*, © 1969 Coward-McCannより転載; **1.36,** The Rockefeller University Archives, photo by Don C. Young; **1.38上段,** © Rob & Ann Simpson/VU; **1.38下段,** © Leroy Simon/VU; **1.39A,** Lewontin R.C. et al., Dobzhansky's "*Genetics of Natural Populations*," Fig. 34, © 1981 Columbia University Pressより転載; **1.39B–D,** Dobzhansky T., *Genetics* **28:** 162–186, © 1943 GSAより再描画; **1.40上段,** APSの厚意による; **1.40下段,** Ernst Mayr Library of the Museum of Comparative Zoology, Harvard Universityの厚意による。

第2章

2.0, ヘモグロビン分子，Barrick D. et al., *Methods Enzymol.* **379:** 28–54, © 2004 Elsevier より転載 (Chien Ho, Carnegie Mellon の厚意による) ; **2.1,** Annenberg Rare Book and Manuscript Library, University of Pennsylvania; **2.2上段,** NLM; **2.3,** Edgar Fahs Smith Collection, University of Pennsylvania Library; **2.4,** Science Museum Pictorial; **2.5,** Hunter G.K., *Vital Forces: The Discovery of the Molecular Basis of Life*, © 2000 Elsevier より; **2.6,** Svedberg T. et al., *Proc. R. Soc. Lond. A, Math. Phys. Sci.* **170:** 40–79, © 1939 Royal Society より再描画; **2.7,** Sumner J., 1964, *Nobel Lectures, Chemistry 1942–1962*, p.117, Elsevier, Amsterdam, © The Nobel Foundation 1946 より転載; **2.8,** © 1939 Cornell University Press; **2.9,** © 1953 Los Angeles Times, 許可を得て転載; **2.10,** © Dr. James W. Richardson/VU; **2.11,** © Dr. Dennis Kunkel/VU; **2.12,** © Department of Chemistry, University of Cambridge; **2.13,** APS の厚意による; **2.14,** The Rockefeller University Archive Center の厚意による; **2.16,** © A.C. Barrington Brown/PR; **2.17左,** James D. Watson Collection, CSHL Library and Archivesの厚意による; **2.17右,** © King's College Archives, King's College London; **2.18,** James D. Watson Collection, CSHL Library and Archives の厚意による; **2.19,** Watson J.D. et al., *Nature* **171:** 964–967, © 1953 Macmillan より; **2.20,** Meselson M. et al., *PNAS* **44:** 671–682 より転載; **2.21,** Ingram V., *Nature* **178:** 792–794, © 1956 Macmillan より転載; **2.22上段,** CSHL Library and Archives の厚意による; **2.22下段,** Gamow G., *Nature* **173:** 318, © 1954 Macmillan より再描画; **2.23,** http://www.biochem.ucl.ac.uk/bsm/dbbrowser/jj/aastruct.html より Nancy Watson の許可を得て再描画; **2.24,** Stryer L., 1981, *Biochemistry, 2e*, Fig. 12-12c, © 2004 John Wiley (Dr. Sung-Hou Kim 原図)より; **2.25上段,** Collection of NLM (Marshall W. Nirenberg の厚意による) ; **2.25下段,** Jones O.W. et al., *PNAS* **48:** 2115–2123 より転載; **2.26,** Crick F.H.C., *Cold Spring Harbor Symp. Quant. Biol.* **31:** 3–9, © 1966 CSHLP より; **2.28,** © Institut Pasteur; **2.29, 2.30A,** Judson H.F., *The Eighth Day of Creation: Makers of the Revolution in Biology*, expanded edition, pp. 372, 392, CSHLP, © 1996 by Horace Freeland Judson より; **2.30B,** Pardee A.B. et al., *J. Mol. Biol.* **1:** 165–178, © 1959 Academic Press より; **2.31,** Crick F., *Nature* **227:** 461–563, © 1970 Macmillan より; **2.32,** © BBC; **2.33上段,** Perutz M.E., 1962 *Nobel Lectures, Chemistry 1942–1962*, p. 665, Elsevier, Amsterdam, © The Nobel Foundation 1946 より転載; **2.33下段,** Judson H.F., *The Eighth Day of Creation: Makers of the Revolution in Biology*, expanded edition, p. 497, CSHLP, © 1996 by Horace Freeland Judson より; **2.34,** Voet D.D. et al., *Biochemistry, 3e*, Fig 10.16, © 2004 John Wiley より再描画; **2.35,** Wimberly B.T. et al., *Nature* **407:** 327–339, © 2000 Macmillan より転載; **2.36,** Michel F. et al., *J. Mol. Biol.* **216:** 585–610, © 1990 Academic Press Limited より改変; **2.38,** Kimura M., *The Neutral Theory of Molecular Evolution*, Fig. 4.4, © 1983 Cambridge University Press より; **2.39,** Kimura M., *Genetics* **140:** 1–5, © 1995 GSA より転載; **2.40,** © Dr. Gopal Murti/VU; **2.41,** © Joe McDonald/VU; **2.42,** Kipling R., *Just So Stories*, "The Elephant's Child," p. 53, 1926 Macmillan, London; **2.43,** Rousseau H., *Fight between a Tiger and a Buffalo*, 1908, gift of the Hanna Fund, © The Cleveland Museum of Art.

第3章

3.0, ラインホールド作「哲学するサル」, University of Edinburgh の厚意による; **3.1,** CSHL Archives の厚意による; **3.3A左,** © Arthur Morris/VU; **3.3A右,** © Bill Beatty/VU; **3.4 A–C,** Nipam H. Patel の厚意による; **3.6,** *Spice Island Voyage*, University of Limerick, Ireland Project より; **3.7A,** © Dr. John Cunningham/VU; **3.7B,** © David Sieren/VU; **3.7C,D,** © Inga Spence/VU; **3.7E,** © Wally Eberhart/VU; **3.8A,** Carroll S.P. et al., *Evolution* **46:** 1052–1069, © 1992 Society for the Study of Evolution より改変; **3.9,** Molla A. et al., *Nat. Med.* **2:** 760–766, © 1996 Macmillan より再描画; **3.10左, 中央,** ウェブ情報源

（現在はアクセス不能）; **3.10 右**, Nikola Repke, Institute of Systematic Botany and Botanic Garden, University of Zurich; **3.11 上段**, © Adam Jones/VU; **3.11 下段**, http://staff.science.nus.edu.sg/~scilooe/srp_2003/sci_paper/botanic/ research_paper/ lim_yifan.pdf より; **3.13**, Sheldon P.R., *Nature* **330**: 561–563, © 1987 Macmillan ならびに引用文献より改変; **3.14 上段**, © Natural History Museum, London; **3.14 下段**, © William J. Weber/VU; **3.15**, Woodburne M.O. et al., *Science* **218**: 284–286, © Robert A. Hicks, rahicksphoto.com; **3.16**, © Dr. John Cunningham/VU; **3.17**, Xu X. et al., *Nature* **431**: 680–684, © 2004 Macmillan より転載; **3.18**, de Muizon C., *Nature* **413**: 259–260, © 2001 Macmillan より再描画; **3.19**, Fisher Papers, Barr Smith Library, University of Adelaide の厚意による; **3.21**, Eldredge N., *Darwin: Discovering the Tree of Life*, © 2005 W.W. Norton, New York, London より。

第 4 章

4.0, イエローストーン国立公園の温泉, © Inga Spence/VU; **4.2**, © Kevin and Betty Collins/VU; **4.3**, Buick R., *Paleobiology, 2e*, Briggs D. et al., eds., p.14, © 2001 Blackwell Publishing より転載; **4.4**, Joyce G.F., *Nature* **418**: 214–221, © 2002 Macmillan より改変; **4.6A**, NASA の厚意による; **4.8**, Orgel L.E., *Trends Biochem. Sci.* **23**: 491–495, © 1998 Elsevier より再描画; **4.9**, Canadian Scientific Submersible Facility の厚意による; **4.10**, Hazen R.M., *Sci. Am.* **284**: 76–85, © 2001 Scientific American より再描画; **4.11**, Lee D.H. et al., *Curr. Opin. Chem. Biol.* **1**: 491–496, © 1997 Elsevier より再描画; **4.12**, Lewis R.J. et al., *Nature* **298**: 393–396, © 1982 Macmillan より再描画; **4.13A,B**, Maynard Smith J. et al., *The Major Transitions in Evolution*, Figs. 4.1, 4.2, © 1998 Oxford University Press より再描画; **4.14A**, ウェブ情報源（現在はアクセス不能）より再描画; **4.14B,C**, Berg J.M. et al., *Biochemistry, 5e*, Figs. 12.10, 12.12, © 2002 W.H. Freeman より; **4.16A,B**, Lodish H. et al., *Molecular Cell Biology*, Fig. 4.12, © W.H. Freeman より再描画; **4.17**, Alberts B. et al., *Molecular Biology of the Cell, 4e*, Figs. 6.92, 6.99, © 2002 Garland Science より; **4.18**, http://www.lpi.usra.edu/publications/MSR/ Bada/ Fig3.GIF より再描画; **4.19A,B**, Brown T.A., *Genomes, 2e*, Fig. 15.3, © 2002 Wiley-Liss より再描画。

第 5 章

5.0, 70S リボソーム, http://rna.ucsc.edu/rnacenter/ribosome_images.html; **5.1**, Darwin C., *On the Origin of Species* より転載; **5.10**, Morrison C.L. et al., *Proc. R. Soc. Lond. B* **269**: 345–350, © 2002 The Royal Society より再描画; **5.15**, Whitaker R.H., *Science* **163**: 150–160, © 1969 AAAS より再描画; **5.17**, Pace N.R., *Science* **276**: 734–740, © 1977 AAAS より再描画; **5.20A,B**, Eisen J.A., *Genome Res.* **8**: 163–167, © 1998 CSHLP より再描画; **5.21**, Brown J.R. et al., *Microbiol. Mol. Biol. Rev.* **61**: 456–502, © 1997 American Society for Microbiology より再描画; **5.22C,D**, Forterre P. et al., *Bioessays* **21**: 871–879, © 1999 Wiley-Liss より再描画; **5.23A**, Penny D. et al., *Curr. Opin. Genet. Dev.* **9**: 672–677, © 1999 Elsevier より; **5.23B**, Doolittle W.F., *Sci. Am.* (Feb) 2000: 90–95, © Scientific American, Inc. より再描画; **5.24A**, Eisen J.A., *Curr. Opin. Microbiol.* **3**: 475–480, © 2000 Elsevier より再描画; **5.24B**, Huynen et al., *Science* **286**: 1443, © 1999 AAAS より再描画; **5.25**, Rohwer F. et al., *J. Bacteriol.* **184**: 4529–4535, © 2002 ASM より改変。

第 6 章

6.0 左, 大腸菌 O157:H7, © Gary Gaugler/VU; **6.0 右**, *Methanococcus jannaschii*, © B. Boonyaratanakornkit, D.S. Clark, G. Vrodoljak/EM Lab, University of California, Berkeley/VU; **6.1A**, © Dr. David Phillips/VU; **6.1B,C**, © Dr. Dennis Kunkel/VU; **6.1D**, © Gary Gaugler/VU; **6.1E**, © Tina Carvalho/VU; **6.1F**, © Gary Gaugler/VU; **6.1G**, © Science VU/VU; **6.1H**, © Dr. David Phillips/VU; **6.2 上段**, © Arthur Siegelman/VU; **6.3A**, © Dr. Fred Hossler/VU; **6.4 上段中央**, © Dr. Gopal Murti/VU; **6.6A**, http://www. uoguelph.ca/~gbarron/MISCELLANEOUS/ nov00.htm; **6.6B**, Wang J. et al., *Appl. Environ. Microbiol.* **68**: 417–422, © 2002 ASM より転載; **6.6C**, Schulz H.N. et al., *Science* **284**: 493–495, © 1999 AAAS より転載; **6.7 上段**, http://uninews.unimelb.edu.au/mediaComms/Collage_C23_Jun14_fig3.jpg; **6.7 中央**, © B. Boonyaratanakornkit, D.S. Clark, G. Vrodoljak/EM Lab, University of California, Berkeley/VU; **6.7 下段**, http://www.wissenschaft-online.de/sixcms/media.php/591/nanoarch2.102460.jpg, © Karl Stetter; **6.8 上段**, Pereiera S.L., *PNAS* **94**: 12633–12637, © 1997 NAS USA より転載; **6.8 下段**, 出典不明; **6.9**, 著作権者不明; **6.10**, Embley T.M. et al., *Syst. Appl. Microbiol.* **16**: 25-29, © 1993 Elsevier より再描画; **6.11**, Hugenholtz P., *Genome Biol.* **3**: reviews0003.1–0003.8, © 2002 BioMed Central より再描画; **6.13, 6.14**, Amann R.I. et al., *Microbiol. Rev.* **59**: 143–169, © 1995 ASM より再描画; **6.16**, Madigan M.T. et al., *Brock Biology of Microorganisms, 9e*, Figs. 5.12, 5.13, © 2000 Prentice Hall より再描画; **6.17**, ウェブ情報源（現在はアクセス不能）より; **6.18**, Suhre K. et al., *J. Biol. Chem.* **278**: 17198–17202, © 2003 ASBMB より再描画; **6.19**, Madigan M.T. et al., *Brock Biology of Microorganisms, 9e*, Fig. 5.19, © 2000 Prentice Hall より再描画; **6.20**, Battista J.R. et al., *Trends Microbiol.* **7**: 362–365, © 1999 Elsevier より再描画; **6.21D**, ウェブ情報源（現在はアクセス不能）; **6.22**, Whitmarsh J. et al., *Concepts in Photobiology: Photosynthesis and Photomorphogenesis*, Singhal G.S. et al., eds., Fig. 1, © 1999 Narosa Publishers and Kluwer Academic より再描画; **6.23**, Whitmarsh J. and Govindjee, *The Photosynthetic Process*, Fig. 6, http://www.life.uiuc.edu/govindjee/paper/fig6.gif ならびに Madigan M.T. et al., *Brock Biology of Microorganisms, 9e*, Fig. 13.6, © 2000 Prentice Hall より; **6.24**, Madigan M.T. et al., *Brock Biology of Microorganisms, 9e*, Figs. 9.10, 9.11, © 2000 Prentice Hall より; **6.25 上段**, http://www.ascidians.com/families/didemnidae/Lissoclinum_ patella/lissoclinumpatella.htm より転載; **6.25 下段**, Jacques Ravel の厚意による; **6.27**, Taga M.E. et al., *PNAS* **100**: 14549–14554, © 2003 NAS USA より再描画。

第 7 章

7.0, *Deinococcus radiodurans* のゲノムマップ, White O. et al., *Science* **286**: 1571–1577, © 1999 AAAS; **7.1**, DOGS http://www.cbs.dtu.dk/databases/DOGS/ のデータにもとづく Bentley S.D. et al., *Annu. Rev. Genet.* **38**: 771–791, © 2004 Annual Reviews より; **7.2**, Brown

T.A., *Genomes*, *2e*, Fig 2.2, © 1999 Bios Scientific Publishers Ltd より Taylor & Francis Books U.K. の許可を得て転載；**7.4**, Ptashne M. et al., *Genes and Signals*, Fig. 1.2, © 2002 CSHLP ならびに Brown T.A., *Genomes*, *2e*, Fig. 2.20, © 1999 Bios Scientific Publishers Ltd より Taylor & Francis Books U.K. の許可を得て転載；**7.5**, Moran N.A. et al., *Genome Biol.* **2**: research0054.1–0054.12, © 2001 Nancy A. Moran より再描画；**7.7**, Welch R.A. et al., *PNAS* **99**: 17020–17024, © 2002 NAS USA より再描画；**7.8A–C, 7.9B–E,** Helfman J. 1996. *Dotplot Patterns: A Literal Look at Pattern Languages, Theory and Practice of Object Systems (TAPOS)*, special issue on Patterns, V2(1), pp. 31–41 ならびに Helfman J., *Similarity Patterns in Language, Proceedings of the 1994 IEEE Symposium on Visual Languages*, St. Louis, Missouri, pp. 173–175, October 1994 より改変；**7.11,** Casjens S., *Annu. Rev. Genet.* **32**: 339–377, © 1998 Annual Reviews より再描画；**7.12,** Barloy-Hubler F. et al., *Nucleic Acids Res.* **29**: 2747–2756, © 2001 Oxford University Press より再描画；**7.13,** Wu M. et al., *PLoS Biol.* **2**: 0327, © 2004 Public Library of Science より再描画；**7.14A,B,C,** Eisen J.A. et al., 2000. *Genome Biol.* **1**: research0011.1–0011.9, © 2000 BioMed Central Ltd より再描画；**7.15A,** ウェブ情報源（現在はアクセス不能）；**7.15B,** © Science VU/Visuals Unlimited；**7.16, 7.17,** Bushman F., *Lateral DNA Transfer*, Figs. 1.4, 1.3, © 2002 CSHLP より）；**7.18A,** © Science VU/VU；**7.19, 7.20,** Collignon P.J., *Med. J. Australia* **177**: 325–329, © 2002 Australasian Medical Publishing Co より；**7.21,** Schmidt H. et al., *Clin. Microbiol. Rev.* **17**: 14–56, © 2004 ASM より；**7.22,** Lawrence J.G. et al., *J. Mol. Evol.* **44**: 383–397, © 1997 Springer より再描画；**7.23,** Ochman H. et al. *Nature* **405**: 299–304, © 2000 Macmillan より再描画；**7.24, 7.25,** Lerat E. et al., *PLoS Biol.* **3**: E130, © 2005 Public Library of Science より再描画；**7.26,** Wu M. et al., *PLoS Genetics* **1**: e65, © 2005 Public Library of Science より転載。

第8章

8.0, 肝細胞．© Dr. Gopal Murti/VU；**8.1A,** © Dr. T.J. Beveridge/VU；**8.1B,** © Dr. Gopal Murti/VU；**8.1C,D,** Madigan M.T. et al., *Brock Biology of Microorganisms*, *9e*, © 2000 Prentice Hall より；**8.2A,** http://biology.kenyon.edu/courses/biol114/Chap01/chrom_struct.html より；**8.4A,** Keeling P.J. et al., *Annu. Rev. Microbiol.* **56**: 93–116, © 2002 Annual Reviews より；**8.4B,** Phillippe H. et al., *Mol. Biol. Evol.* **17**: 830–834, © 2000 Oxford University Press より再描画；**8.5,** Baldauf S.L. et al., *Science* **300**: 1703–1706, © 2003 AAAS より；**8.6A,** © Jerome Paulin/VU；**8.6B,C,** © Wim van Egmond/VU；**8.6D,** © CSIRO Marine Research/VU；**8.6E,** Joe Scott/VU；**8.6F,** © Dr. David M. Phillips/VU；**8.6G,** © Linda Sims/VU；**8.6H,** © Dr. Richard Kessel and Dr. Gene Shih/VU；**8.6I,** © Ken Lucas/VU；**8.7,** Javaux E.J. et al., *Nature* **412**: 66–69, © 2001 Macmillan より転載；**8.8,** Marechal E. et al., *Trends Plant Sci.* **6**: 200–205, © 2001 Elsevier より再描画；**8.9,** Dyall S.D. et al., *Science* **304**: 253, © 2004 AAAS より；**8.10,** Gray M.W., *Curr. Opin. Genet. Dev.* **9**: 678–687, © 1999 Elsevier より再描画；**8.11A(a),** © Michael Abbey/VU；**8.11A(b),** © Dr. James W. Richardson/VU；**8.11A(c),** © Dr. Philip Size/VU；**8.11A(d),** © Michael Abbey/VU；**8.11B,** Archibald J.M. et al., *Trends Genet.* **18**: 577–584, © 2002 Elsevier より再描画；**8.11C,** Gilson P.R., *Genome Biol.* **2**: 1022.1–1022.5, © 2001 BioMed Central Ltd. より再描画；**8.12,** Doolittle W.F., *Nature* **392**: 15–16, © 1998 Macmillan より再描画；**8.13,** Akhmanova A. et al., *Nature* **396**: 527–528, © 1998 Macmillan より再描画；**8.14,** Roger A.J. et al., *PNAS* **93**: 14618–14622, © 1996 NAS USA より再描画；**8.15A,** Wang J. et al., *Appl. Environ. Microbiol.* **68**: 417–422, © 2002 ASM より転載；**8.15B,** Fuerst J.A. et al., *PNAS* **88**: 8184–8188, © 1991 NAS USA より転載；**8.16,** Lake J.A. et al., *PNAS* **91**: 2880–2881, © 1994 NAS USA より改変；**8.17A,** Brown T.A., *Genomes*, *2e*, Fig 13.24, © 2002 Wiley-Liss より改変；**8.17B,** Alberts B. et al., *Molecular Biology of the Cell*, *4e*, Fig 5.34, © 2002 Garland Science にもとづく；**8.18A,** Alberts B. et al., *Molecular Biology of the Cell*, *4e*, Fig. 4.50, © 2002 Garland Science より；**8.18B,** Lin X. et al., *Nature* **402**: 761–768, © 1991 Macmillan より再描画；**8.19,** International Human Genome Sequencing Consortium, *Nature* **409**: 860–921, © 2001 Macmillan より再描画；**8.20,** Brown T.A., *Genomes*, *2e*, Fig 2.26, © 2002 Wiley-Liss より再描画；**8.22,** Lees-Miller J.P. et al., *Mol. Cell. Biol.* **10**: 1729–1742, © 1990 ASM より改変；**8.24,** 翻訳後修飾の部分．Seet B.T. et al., *Nat. Rev. Mol. Cell. Biol.* **7**: 473–483, © 2006 Macmillan より改変。

第9章

9.0, ゼブラフィッシュの胚．Nipam H. Patel の厚意による；**9.1A,C,D,** Aurora M. Nedelcu, University of New Brunswick の厚意による；**9.1B,** M.J. Wynne, University of Michigan；**9.2, 9.3,** 出典不明；**9.5A,** King N., *Dev. Cell.* **7**: 313–325, © 2004 Elsevier より再描画；**9.5B,D,** Kent W.S., *A Manual of the Infusoria*, Plates 1V-13, X-2, © 1880, David Brogue, London より転載；**9.5C,** Nicole King, University of California, Berkeley の厚意による；**9.6,** 人体図．da Vinci L., *Vitruvian Man* より再描画；肺胞．© Dr. Fred Hossler/VU；赤血球．© Dr. David M. Phillips/VU；胃．© Dr. Michael Webb/VU；小腸．© Dr. Dennis Kunkel/VU；骨格筋．© Science VU/VU；**9.8,** Reyer R.W., *Q. Rev. Biol.* **29**: 1–46, © 1954 University of Chicago Press より；**9.9 左,** © Naylah Feanny/CORBIS **9.9 右,** Chan A.W.S. et al., *Science* **287**: 317–319, © 2000 AAAS より転載；**9.10,** deVillartay J.-P. et al., *Nat. Rev. Immunol.* **3**: 962–972, © 2003 Macmillan より再描画；**9.11,** Alberts B. et al., *Molecular Biology of the Cell*, *4e*, Fig. 7.59, © 2002 Garland Science より改変；**9.12,** http://homepages.strath.ac.uk/~dfs99109/Brain/Calcitoningene.gif より再描画；**9.13,** Hall A., *Science* **279**: 509–514, © 1998 AAAS より転載；**9.14A,B,C,** ウェブ情報源（現在はアクセス不能）より；**9.14D,** http://www.northland.cc.mn.us/biology/AP2Online/Fall2001/Nervous/images/ motor_sensory_neuron.gif より改変；**9.15,** Stewart T.A. et al., *PNAS* **78**: 6314–6318, © 1981 NAS USA より；**9.19 左,** Nipam H. Patel の厚意による；**9.19 中央,** Nipan H. Patel の厚意による；**9.19 右,** © James R. McCullagh/VU；**9.20,** Nipam H. Patel の厚意による；**9.21A,B,D,E,F,** Nipam H. Patel の厚意による；**9.21C,** © Alex Kerstitch/VU；**9.21G,I,** © Tom Adams/VU；**9.21H,** © James McCullagh/VU；**9.22A–D,** Nipam H. Patel の厚意による；**9.22E,** © Steven Haddock, haddock@lifesci.ucsb.edu；**9.22F,** © Erling Svenson；**9.22G,** © Dr. James Castner/VU；**9.23A,** http://www.devbio.com/images/ch11/ 1101fig1.jpg より再描画；**9.23B,** http://www.ls.berkeley.edu/images/divisions/ bio/gallery_mcb/fish_embryo>lg.jpg, © Sharon Amacher より再描画；**9.23C 上段,** © Mike

Noren; **9.23C 下段**, Parichy D.M., *Heredity* **97**: 200–210 © Macmillan より再描画；**9.24**, Nipam H. Patel の厚意による；**9.25**, McManus M.T. et al., *Nat. Rev. Genet.* **3**: 737–747, © 2002 Macmillan より改変；**9.26A–C**, Lai E.C. et al., *Dev. Biol.* **269**: 1–17, © 2004 Elsevier より改変；**9.26D–F**, Roegiers F. et al., *Nat. Cell. Biol.* **3**: 58–67, © 2001 Macmillan より転載；**9.27 上段**, Hall D.H. et al., C. elegans *Atlas*, Fig. 8.27B, © CSHLP より再描画；**9.27 下段**, http://www.wormatlas.org/handbook/reproductivesystem/reproductivesystem1.htm より再描画。

第10章

10.0, de la Beche, *Duria Antiquor—A More Ancient Dorsetshire*, National Museum of Wales；**10.1**, Gradstein F. et al., *A Geologic Time Scale*, © 2004 Cambridge University Press のデータにもとづく；**10.2**, Smith A.B., *Systematics and the Fossil Record*, p. 62, © 1994 Blackwell Publishing より；**10.3**, Ostrom J.H., *Bulletin of the Peabody Museum of Natural History*, frontispiece, © 1969 Linda Hall Library より転載；**10.4**, Wegener A., *Die Entstehung der Kontinente und Ozeane*, © 1915 より；**10.5A,B**, Hill R.S. et al., *Palaeobiology II*, p. 457, © 2001 Blackwell Publishing より；**10.5C**, Joy and Bob Coghlan, Australian Plants Society Tasmania Inc の厚意による；**10.7A**, Dr. Shuhai Xiao, Virginia Polytechnic Institute の厚意による；**10.7B,C**, Yuan X. et al., *Doushantuo Fossils: Life on the Eve of Animal Radiation*, pp. 95, 88, © 2002 University of Science and Technology of China Press より転載；**10.8**, Bengtson S. et al., *Science* **277**: 1645–1648, © 1997 AAAS より転載；**10.9**, Selden P.A. et al., *Evolution of Fossil Ecosystems*, p. 10, © 2004 Manson, London より；**10.10 上段**, Fedonkin M.A. et al., *Nature* **388**: 868–871, © 1997 Macmillan より再描画；**10.10 下段**, Derek Briggs の厚意による；**10.11**, Yale Peabody Museum の厚意による；**10.12**, Bengston S. et al., *Science* **257**: 367–369, © 1992 Macmillan より転載；**10.13**, Fortey R.A., *Fossils: The Key to the Past*, 2e, p. 150, © 1991 Natural History Museum, London より；**10.14 左**, Selden P.A. et al., *Evolution of Fossil Ecosystems*, p. 20, © 2004 Manson, London より改変；**10.14 右**, Whittington H.B., *The Burgess Shale*, p.12, © 1985 Yale University Press より転載；**10.15**, Briggs D., *Am. Sci.* **19**: 130–141, © 1991 Sigma Xi, The Scientific Research Co. より改変；**10.16**, Matthew Wills のデザインにもとづく Susan Butts による原画より；**10.17**, Blaxter M., *Nature* **413**: 121–122, © 2001 Macmillan より；**10.18**, Shu D.G. et al., *Nature* **421**: 526–529, © 2003 Macmillan より転載；**10.19**, Benton M.J., *Palaeobiology II*, Briggs D. et al., eds., p. 215, © 2001 Blackwell Publishing より；**10.20A,C**, Gould S.J., *Wonderful Life*, p. 46, © 1989 Norton より；**10.20B,D**, Wills M.A. et al., *BioEssays* **22**: 1142–1152, © 2000 John Wiley & Sons より；**10.21**, Cracraft J. et al., eds., *Assembling the Tree of Life*, p. 505, © 2004 Oxford University Press より改変；**10.22**, MacNaughton R.B. et al., *Geology* **30**: 391–394, © 2001 Geological Society of America (Robert MacNaughton, Geological Survey of Canada の厚意による)；**10.23A,B**, Wilson H.M. et al., *J. Paleontol.* **78**: 169–184, © 2004 Paleontological Society より転載；**10.23C**, Gray J. et al., *Am. Sci.* **80**: 444–456, © 1992 Sigma Xi, The Scientific Research Co. より；**10.24**, McKerrow W.S., *An Illustrated Guide*, p. 132, © 1978 MIT Press より；**10.25**, Selden P.A., *Palaeobiology II*, Briggs D. et al., eds., p. 73, © 2001 Blackwell Publishing より；**10.26**, Willis K.J. et al., *The Evolution of Plants*, p. 58, © 2002 Oxford University Press より；**10.27**, Selden P.A., et al., *Evolution of Fossil Ecosystems*, p. 50, © 2004 Manson, London より；**10.28**, Dimichele W.A., *Palaeobiology II*, Briggs D. et al., eds., p. 79, © 2001 Blackwell Publishing より；**10.29**, Coates M., *Palaeobiology II*, Briggs D. et al., eds., p. 75, © 2001 Blackwell Publishing より；**10.30 上段**, Engel M.S. et al., *Nature* **427**: 627–630, © 2004 Macmillan より改変；**10.30 下段**, Engel M.S. et al., *Nature* **427**: 627–630, © 2004 Macmillan より転載；**10.31**, Benton M.J., *The Book of Life*, p. 23, © 1993 Hutchinson より転載；**10.32**, Mayr G. et al., *Science* **310**: 1483–1486, © 2005 AAAS より転載；**10.33A**, Xu X. et al., *Nature* **421**: 335–340, © 2003 Macmillan より転載；**10.33B**, Chang M.M., ed., *The Jehol Biota*, p. 124, © 2003 Shanghai Scientific より転載；**10.34**, Ridley M., *Evolution*, p. 562, © 1996 Blackwell Publishing より改変；**10.35**, Sepkoski J.J., *Paleobiology* **10**: 246–267, © 1984 Paleontological Society より；**10.36**, Taylor P.D., ed., *Extinctions in the History of Life*, p. 14, © 2004 Cambridge University Press より；**10.37**, © John Sibbick；**10.38**, Benton M.J., *When Life Nearly Died*, pp. 182, 118, © 2003 Thames and Hudson より；**10.39**, Intergovernmental Panel on Climate Change (IPCC) report, Climate Change 2001: The Scientific Basis, ウェブ情報源（現在はアクセス不能）より改変。

第11章

11.0, 甲殻類の胚における *Hox* 遺伝子 mRNA の発現. Danielle Liubicich and Nipam H. Patel；**11.1**, Nipam H. Patel；**11.2**, Gilbert S.E., *Developmental Biology, 6e*, p. 366, © 2000 Sinauer Associates より再描画；**11.3A**, Lawrence P.A., *The Making of a Fly. The Genetics of Animal Design*, p. 112, © 1992 Blackwell Science より改変；**11.3B**, Nipam H. Patel；**11.4**, Flybase http://flybase.org, credit Rudi Turner, Indiana University の厚意による；**11.5B**, http://www.biosci.ki.se/groups/tbu/homeo.html より再描画；**11.6**, Carroll S.B. et al., *From DNA to Diversity: Molecular Genetics and the Evolution of Animal Design, 2e*, p. 115, © 2005 Blackwell Publishing より改変；**11.7**, Gilbert S.E., *Developmental Biology, 6e*, p. 366, © 2000 Sinauer Associates より再描画；**11.8A**, Ramirez-Solis R. et al., *Cell* **73**: 279–294, © 1993 Elsevier より改変；**11.8B**, Wellik D.M. et al., *Science* **301**: 363–367, © 2003 AAAS より改変；**11.9A–C**, Nipam H. Patel；**11.9D–F**, Carroll S.B. et al., *From DNA to Diversity: Molecular Genetics and the Evolution of Animal Design, 2e*, p. 148, © 2005 Blackwell Publishing より改変；**11.10A–C**, Nipam H. Patel；**11.11A-H**, Nipam H. Patel；**11.12**, Carroll S.B. et al., *From DNA to Diversity: Molecular Genetics and the Evolution of Animal Design, 2e*, p. 155, © 2005 Blackwell Publishing より；**11.13**, Nipam H. Patel；**11.14**, Nipam H. Patel；**11.15**, Lewis D.L. et al., *PNAS* **97**: 4504–4509, © 2000 NAS USA より再描画；**11.16, 11.17, 11.18**, Averof M. et al., *Nature* **388**: 682–686, © 1997 Macmillan より改変；**11.19**, Stern D.L., *Nature* **396**: 463–466, © 1998 Macmillan にもとづく；**11.20A**, http://www.beesies.nl/stekelbaarsje.htm より再描画；**11.20B**, http://mednews.stanford.edu/mcr/archive/ 2004/04_21_04.html より再描画；**11.20C**, http://www.speciesatrisk.gc.ca/search/speciesDetails_e.cfm?SpeciesID=554 より再描画；**11.20D**, Bell M. et al., *The Evolutionary Biology of the Three Spine Stickleback*, pp. 1–27, © 1994

Oxford University Press より再描画；**11.22,** Peichel C.L. et al., *Nature* **414:** 901–905, © 2001 Macmillan ならびに Shapiro M.D. et al., *Nature* **428:** 717–723, © 2004 Macmillan より再描画；**11.23A,** Logan M. et al., *Development* **125:** 2825–2835, © 1998 Company of Biologists Ltd より転載；**11.23B,C,** Lanctot C. et al., *Development* **126:** 1805–1810, © 1998 Company of Biologists Ltd；**11.23D,** Marcil A. et al., *Development* **130:** 4555, © 1998 Company of Biologists Ltd；**11.24,** Shapiro M. et al., *Nature* **428:** 717–723, © 2004 Macmillan；**11.25,** John Doebley 撮影；**11.26,** Nipam H. Patel, 撮影は John Doebley による；**11.27,** Doebley J. et al., *PNAS* **87:** 9888–9892, © 1990 John Doebley より改変；**11.28,** Doebley J., *Annu. Rev. Genet.* **38:** 37–59, © 2004 Annual Reviews より転載；**11.29,** Hubbard L. et al., *Genetics* **162:** 1927–1935, © 2002 GSA より転載；**11.30,** http://teosinte.wisc.edu より改変；**11.31,** Jaenicke-Despre V. et al., *Science* **302:** 1206–1208, © 2003 AAAS より転載；**11.32A,** Julia Serrano；**11.32B,** Maria del Pilar Gomez and Enrico Nasi の厚意による；**11.32C,** Nipam H. Patel；**11.32D,** BIODIDAC, biodidac.bio.uottawa.ca；**11.32E,F,** Gehring W.J., *J. Hered.* **96:** 171–184, © 2005 Oxford University Press より改変；**11.33A,** Halder G. et al., *Science* **267:** 1788–1792, ©1995 AAAS；**11.33B,** Gehring W.J., *J. Hered.* **96:** 171–184, © 2005 Oxford University Press.

第 12 章

12.0, 大腸菌の染色体，Cairns J.P., *Cold Spring Harbor Symp. Quant. Biol.* **28:** 44, © 1963 CSHLP より転載；**12.2,** Lodish H., *Molecular Cell Biology,* Fig. 8.4, © W.H. Freeman にもとづく；**12.3B,** Griffiths A.J.F. et al., *Modern Genetic Analysis, 2e,* Fig. 12.4, © 1999 W.H. Freeman より改変；**12.4,** MUMMER program, Comprehensive Microbial Resource を使用して著者作成；**12.6,** http://www.uic.edu/classes/bms655/lesson9.html, Fig. 8 より改変；**12.7,** Madigan M.T. et al., *Brock Biology of Microorganisms, 8e,* Fig. 6.17, © 2006 Pearson Prentice Hall より；**12.8A,** Griffiths A.J.F. et al., *Modern Genetic Analysis, 2e,* Fig. 10.6, © 1999 W.H. Freeman より改変；**12.8B,** Gardner E.J. et al., *Principles of Genetics, 5e,* © 1984 John Wiley & Sons より再描画；**12.9,** Goldstein D.B. et al., *Microsatellites: Evolution and Applications,* © 1999 Oxford University Press より改変；**12.10,** Friedberg E.C., *DNA Repair,* © 1985 W.H. Freeman より；**12.11,** Nelson D.L. et al., *Lehninger Principles of Biochemistry, 3e,* Fig. 10.34, © 2000 Worth Publishers より改変；**12.12,** Griffiths A.J.F. et al., *Modern Genetic Analysis, 2e,* Fig. 8.16 © 1999 W.H. Freeman より再描画；**12.13A,** Brown T.A., *Genomes, 2e,* Fig. 14.19, © 1999 Wiley-Liss より；**12.13B,** Watson J.D. et al., *Molecular Biology of the Gene, 3e,* © 1976 W.A. Benjamin より再描画；**12.13C,** Alberts B. et al., *Essential Cell Biology,* Fig. 6.30, © 1998 Garland Publishing より；**12.14,** Alberts B. et al., *Essential Cell Biology,* Fig. 6.18, © 1998 Garland Publishing より；**12.15,** Lodish H., *Molecular Cell Biology,* Fig. 12.24, © W.H. Freeman；**12.16A–D,** http://www.medgen.ubc.ca/wrobinson/mosaic/tri_how.htm より；**12.17A,** Griffiths A.J.F. et al., *An Introduction to Genetic Analysis, 8e,* Fig. 15.24, © 2005 W.H. Freeman より再描画；**12.17B,** Griffiths A.J.F. et al., *Introduction to Genetic Analysis, 8e,* Fig. 15.23, © 2005 W.H. Freeman より再描画；**12.18A,** http://www.ncbi.nlm.nih.gov/books/bv.fcgi?rid=cooper.figgrp.823；**12.18B,** Strachan T. et al., *Human Molecular Genetics,* Figs. 9.7, 9.8, © 1999 Garland Science；**12.19,** Griffiths A.J.F. et al., *Modern Genetic Analysis, 2e,* Fig. 8.16, © 1999 W.H. Freeman より改変；**12.21,** ウェブ情報源（現在はアクセス不能）；**12.22,** Baron S., *Medical Microbiology, 4e,* Fig. 5.4, © 1996 University of Texas Medical Branch より転載；**12.23,** Sniegowski P. et al., *BioEssays* **22:** 1057–1066, © 2000 John Wiley & Sons より改変；**12.24B,** Griffiths A.J.F. et al., *An Introduction to Genetic Analysis, 8e,* Fig. 4.6, © 2005 W.H. Freeman より改変；**12.24C,** Griffiths A.J.F. et al., *An Introduction to Genetic Analysis, 8e,* Fig. 4.9, © 2005 W.H. Freeman より改変；**12.25,** http://www3.niaid.nih.gov/news/focuson/flu/illustrations/antigenic/antigenicshift.htm にもとづく.

第 13 章

13.0, モンキチョウのホスホグルコースイソメラーゼ，Wheat C.W. et al., *Mol. Biol. Evol.* **23:** 499–512, © 2005 Oxford University Press より再描画；**13.4,** Carlson E., *Mendel's Legacy: The Origin of Classical Genetics,* p. 188, © 2004 CSHLP より；**13.5A,** Peter Mordan, Natural History Museum, London の提供による；**13.5B,** Jong P.W. et al., *J. Exp. Biol.* **199:** 2655–2666, © 1996 Company of Biologists Ltd. ほかより再描画；**13.7,** Nipam H. Patel の厚意による；**13.9,** U. Barthe-Witte の厚意により Vogel F. et al., *Human Genetics: Problems and Approaches, 3e,* Fig. 12.4, © 1997 Springer-Verlag より改変；**13.10,** Valdes A.M. et al., *Genetics* **133:** 737–749, © 1993 GSA より再描画；**13.11, 13.14,** Aquadro C.F. et al., *Genetics* **114:** 1165–1190, © 1986 GSA より；**13.15A,** Hubby J.L. et al., *Genetics* **54:** 577–594, © 1966 GSA より転載；**13.15B,** Patil N. et al., *Science* **294:** 1719–1723, © 2001 AAAS より転載；**13.15C,** Mark Blaxter, IEB, University of Edinburgh の厚意による；**13.15D,** データは Silvia Perez-Espona の提供による；**13.16,** Nevo E. et al., in *Lecture Notes in Biomathematics,* Levin S., ed., *V 53: Evolutionary Dynamics of Genetic Diversity,* Mani G.S., ed., pp. 23, 25, © 1984 Springer-Verlag より；**13.17A,B,** Lynch M. et al., *Science* **302:** 1401–1404, © 2003 AAAS より改変；**13.18,** © Richard Herrmann/VU；**13.19,** Ian Stevenson の厚意による；**13.20,** Nei M. et al., *Evol. Biol.* **17:** 73–118, © 1984 Kluwer Academic Publishers のデータにもとづく Gillespie J.H., *The Causes of Molecular Evolution,* Fig. 1.17, © 1991 Oxford University Press より再描画；**13.21,** Cargill M. et al., *Nat. Genet.* **22:** 231–238, © 1999 Macmillan より改変；**13.22,** Livingston R.J. et al., *Genome Res.* **14:** 1821–1831, © 2004 CSHLP より改変；**13.23,** The International SNP Map Working Group, *Nature* **409:** 928–933, © 2001 Macmillan より再描画；**13.24,** The International SNP Map Working Group. *Nature* **409:** 928–933, © 2001 Macmillan, Table 2 のデータにもとづき描画；**13.26A,B,** Kimura M., *The Neutral Theory of Molecular Evolution,* Figs. 4.2, 4.4, © 1983 Cambridge University Press より改変；**13.28A,B,** Sibley C.G. et al., *Sci. Am.* **254:** 82–93, © 1986 Scientific American より改変；**13.29,** Kimura M., *Philos. Trans. R. Soc. Lond. B* **312:** 343–354, © 1986 The Royal Society より再描画；**13.31,** Dobzhansky T. et al., *Genetics* **23:** 28–64, © 1938 GSA より再描画；**13.32,** Sebat J. et al., *Science* **305:** 525–528, © 2004 AAAS より改変；**13.33,** Eichler E.E. et al., *Science* **301:** 793–797, © 2003 AAAS より転載．

第14章

14.0, さまざまな品種のイヌ，© Carolyn A. McKeone/PR; **14.1**, Rutherford S., *Nat. Rev. Genet.* **4**: 263–274, © 2003 Macmillan より再描画; **14.2A**, グラフは Quackenbush J., *Nat. Rev. Genet.* **2**: 418–427, © 2001 Macmillan より改変; **14.2A**, U.S. Dept. of Energy Genomics: GTL Program の厚意による; **14.2B**, グラフは Falconer D.S. et al., *Introduction to Quantitative Genetics*, Fig. 6.2C, © 1995 Longman, London より再描画; **14.2B**, 図は Patterson J.T., *Studies in the Genetics of Drosophilae of the Southwest*, Plate 1V, © 1943 University of Texas より再描画; **14.2C**, グラフは Berthold P., *Bird Migration: A General Study*, Fig. 7.3, © 2001 Oxford University Press より再描画; **14.2C**, 写真は © Johann Oli Hilmarsson; **14.3, 14.5A**, Powers L., *Biometrics* **6**: 145–163, © 1950 International Biometric Society のデータにもとづく; **14.5B**, データは Sara Via, University of Maryland の厚意による; **14.5C**, データは Pearson K. et al., *Biometrika* **2**: 357–462, © 1903 Biometrika Trust, University College London より; **14.9A,B**, Clark A.G. et al., *Genetics* **147**: 157–164, © 1997 GSA より再描画; **14.11, 14.12**, Allison A.C., *Ann. Hum. Genet.* **21**: 67, © 1956 Cambridge University Press ならびに Allison A.C., *Council for International Organisations for Medical Science Symposium on Abnormal Haemoglobins*, © 1964 Blackwell Publishing のデータにもとづく; **14.15**, McClearn G.E. et al., *Science* **276**: 1560–1563, © 1997 AAAS より再描画; **14.19**, Mousseau T.A. et al., *Heredity* **59**: 181–198, © 1987 Macmillan より再描画; **14.20A,B**, Gibson G. et al., *BioEssays* **22**: 372–380, © 2000 John Wiley & Sons より転載; **14.23A–D**, Weber K. et al., *Genetics* **153**: 773–786, © 1999 GSA より再描画; **14.25, 14.26**, Frary A. et al., *Science* **289**: 85–88, © 2000 AAAS より転載; **14.27A,B**, Stam L.F. et al., *Genetics* **144**: 1559–1564, © 1996 GSA より再描画; **14.28**, Barton N.H. et al., *Nat. Rev. Genet.* **3**: 11–21, © 2002 Macmillan より再描画; **14.29A**, Hayes B. et al., *Genet. Sel. Evol.* **33**: 209–230, © 2001 EDP Sciences より再描画; **14.29B**, Shrimpton A.E. et al., *Genetics* **118**: 445–459, © 1988 GSA より再描画; **14.30**, Azevedo R.B.R. et al., *Genetics* **162**: 755–765, © 2002 GSA より再描画。

第15章

15.0, 遺伝的浮動; **15.3A–C**, Buri P., *Evolution* **10**: 367–402, © 1956 Society for the Study of Evolution より再描画; **15.4**, Clayton G.A. et al., *J. Genet.* **55**: 131–151, © 1957 Indian Academy of Sciences より再描画; **15.9**, データは Leigh-Brown A.J., Centre for HIV Research, University of Edinburgh の厚意による; **15.12B,C**, Derrida B. et al., *Phys. Rev. Lett.* **82**: 1987–1990, © 1999 American Physical Society より再描画; **15.15**, Patel N. et al., *Science* **294**: 1719–1723, © 2001 AAAS より転載; **15.16**, Maynard Smith J., *Annu. Rev. Ecol. Syst.* **21**: 1–12, © 1990 Annual Reviews より改変; **15.18**, Stephens J.C. et al., *Am. J. Hum. Genet.* **62**: 1507–1515, © 1998 University of Chicago Press のデータより; **15.19**, Phillips M.S. et al., *Nat. Genet.* **33**: 382–387, © 2003 Macmillan より改変; **15.20A,B**, Reich D.E. et al., *Nat. Genet.* **32**: 135–142, © 2002 Macmillan より再描画。

第16章

16.0, グランビルヒョウモンモドキ，Tapio Gustafsson の厚意による; **16.1A**, Peter B. Mordan, Natural History Museum London の提供による; **16.1B,C**, Ochman H. et al., *PNAS* **80**: 4189–4193, © 1983 Ochman et al. より; **16.4A**, Dobzhansky T.G., *Dobzhansky's Genetics of Natural Populations*, Fig. 37, © 1981 Columbia University Press より転載; **16.4B**, Dobzhansky T.G. et al., *Genetics* **28**: 304–340, © 1943 GSA のデータより描画; **16.5**, Nicholas Barton の厚意による; **16.10**, Morjan C.L. et al., *Mol. Ecol.* **13**: 1341–1356, © 2003 Blackwell より再描画; **16.16**, Hewitt G., *Nature* **405**: 907–913, © 2000 Macmillan より再描画; **16.17A,B**, Avise J.C., *Molecular Markers, Natural History and Evolution*, pp. 243, 244, © 1994 Chapman & Hall より; **16.18A**, Darren E. Irwin, University of British Columbia の厚意による; **16.18B,C**, Irwin D.E., *Evolution* **56**: 2383–2394, © 2002 Society for the Study of Evolution より再描画; **16.19A**, Josephine Pemberton, University of Edinburgh の厚意による; **16.19B,C**, Goodman S.J. et al., *Genetics* **152**: 355–371, © 1999 GSA のデータより描画。

第17章

17.0, 深海に生息するチューブワーム（ハオリムシ），© Science VU/VU; **17.2A–C**, Lehman N. et al., *Curr. Biol.* **3**: 723–734, ©1993 Elsevier より再描画; **17.3A**, Louise Matthews, CTVM Edinburgh の厚意による; **17.3B**, Woolhouse M. et al., *Nature* **411**: 258–259, © 2001 Macmillan より改変; **17.4**, CSHL Archives の厚意による; **17.7A**, NASA/JPL/Malin Space Science Systems; **17.7B**, Journal of Chemical Education software より; **17.7C**, © Dr. Harold Fisher/VU; **17.7D**, Hofer T. et al., *Proc. R. Soc. Biol. Sci.* **259**: 249–257, © 1995 Royal Society より転載; **17.8**, © Ken Lucas/VU; **17.10**, Museum Boijmans-van Beuningen, Rotterdam; **17.11**, Bell G., *Selection: The Mechanism of Evolution*, © 1997 Chapman and Hall より Springer Science and Business Media の許可を得て転載; **17.13**, Koza J.R. et al., *Evolution as Computation*, Figs. 6, 9, 10, 13, © 2002 より Springer Science and Business Media の許可を得て再描画; **17.18**, © Rob and Ann Simpson/VU, © Leroy Simon/VU; **17.22**, White M.J.D., *Modes of Speciation*, Fig. 16, © 1978 W.H. Freeman より再描画; **17.23A,B**, Schappert P., *A World For Butterflies: Their Lives, Behavior and Future*, p. 98, © 2000 Key Porter Books より改変。John Lightfoot, Light Art & Design Inc. 撮影; **17.24A**, B. Rosemary Grant の厚意により Grant P.R. et al., *Science* **313**: 224 より転載; **17.24B**, © D. Parer and E. Parer-Cook; **17.24C,D**, B. Rosemary Grant の厚意により Grant P.R. et al., *Science* **313**: 224 より転載; **17.25, 17.26**, Grant P., *The Ecology and Evolution of Darwin's Finches*, Figs. 55, 56, 60, © 1986 Princeton University Press より再描画; **17.27B**, データは Moore A.J., *Evolution* **44**: 315–331, © Society for the Study of Evolution より; **17.29A**, John Doebley 撮影; **17.29B 右**, © Beth Davidow/VU; **17.29B 左**, © Inga Spence/VU; **17.30**, Gingerich P.D., *Science* **222**: 159–161, © 1983 AAAS より改変; **17.31A**, Dudley J. et al., *Plant Breeding Reviews*, V. 24, Part 1, © 2004 John Wiley & Sons より再描画; **17.31B**, Barton N.H. et al., *Nat. Rev. Genet.* **3**: 11–21, © 2002 Macmillan より再描画; **17.32**, Lenski R.E. et al., *PNAS* **91**: 6608–6618, © 1994 NAS USA より再描画; **17.33**, Barton N.H. et al., *Nat. Rev. Genet.* **3**: 11–21, ©

2002 Macmillan より再描画；**17.34,** Yoo B.H., *Genet. Res.* **35:** 1–17, © Cambridge Unversity Press より再描画；**17.35,** Clegg M.T. et al., *Genetics* **83:** 793–810, © 1976 GSA より再描画；**17.36A,** P&A Macdonald/SNH；**17.36B,** Berry R. et al., *J. Zool.* **225:** 615–632, © 1991 Zoological Society of London より再描画。

第18章

18.0, トレロガン鉱山でみられるクライン．Janis Antonovics, University of Virginia の厚意による；**18.3,** ウェブ情報源（現在はアクセス不能）；**18.4,** Vogel F. et al., *Human Genetics: Problems and Approaches*, Fig. 12.19, © 1997 Springer より改変；**18.5A,B,** Cooper V.S. et al., *Nature* **407:** 736–739. © 2000 Macmillan より再描画；**18.5C,** Lenski R.E. et al., *PNAS* **91:** 6608–6618, © 1994 NAS USA より再描画；**18.5D,** Cooper V.S. et al., *J. Bacteriol.* **183:** 2834–2841, © 2001 ASM より再描画；**18.10A–D,** Shigesada N. et al., *Biological Invasions*, Figs. 2.1, 2.11, © 1997 Oxford University Press より再描画；**18.11,** McCaskill J.S. et al., *PNAS* **90:** 4191–4195, © 1993 NAS USA より改変；**18.12,** Nachman M.W. et al., *PNAS* **100:** 5268–5273, © 2003 NAS USA より転載；**18.13A,** © Rudolf Svensen；**18.13B,C,** Christiansen F.B., *Lecture Notes in Biomathematics: Measuring Selection in Natural Populations*, Christiansen and Fenchel, eds., **19:** 21–49, © 1977 Springer Verlag；**18.14A,** Janis Antonovics, University of Virginia の厚意による；**18.14B,** McNeilly T., *Heredity* **23:** 99–108, © 1968 Macmillan より再描画；**18.15,** Lenormand T. et al., *Nature* **400:** 861–864, © 1999 Macmillan より再描画；**18.16A,B,** Nick Barton の厚意による；**18.16C,** Barton N.H. et al., *Nature* **341:** 497–503, © 1989 Macmillan より再描画；**18.16D,** Nick Barton の厚意による；**18.17,** Mallet J.L.B. et al., *Evolution* **43:** 421–431, © 1989 Society for the Study of Evolution より改変；**18.18,** Walt and Mimi Miller の厚意による；**18.19,** Lu Y., *J. Mol. Evol.* **57:** 784–793, © 2002 Springer-Verlag より再描画；**18.20,** Nipam H. Patel の厚意による；**18.21A–C,** Rainey R.B. et al., *Nature* **394:** 69–72, © 1998 Macmillan より転載；**18.23,** Bell G., *Selection: The Mechanism of Evolution*, p. 550, © 1997 Chapman and Hall より再描画；**18.24A,** http://www.esg.montana.edu/aim/taxa/mollusca/pag1044b.jpg；**18.24B,C,** Lively C.M. et al., *Nature* **405:** 679–691, © 2000 Macmillan より再描画；**18.24D,** Dybdahl M.F. et al., *Evolution* **52:** 1057–1066, © 1998 Society for the Study of Evolution より再描画；**18.25,** Jenkins G.M. et al., *Mol. Biol. Evol.* **18:** 987–994, © 2001 Oxford University Press より再描画；**18.27A,** Kathie Miller, www.soayfarms.com の厚意による；**18.27B,C,** Coltman D.W. et al., *Evolution* **53:** 1259–1267, © 1999 Society for the Study of Evolution より再描画；**18.28A,** Tari Haahtela の厚意による；**18.28B,C,** Saccheri I. et al., *Nature* **392:** 491–494, © 1998 Macmillan より再描画；**18.30,** Crnokrak P. et al., *Evolution* **56:** 2347–2358, © 1999 Society for the Study of Evolution より再描画。

第19章

19.0, ツバメ．Matthew Evans, University of Exeter in Cornwall の厚意による；**19.1A,** Thatcher J.W. et al., *PNAS* **95:** 253–257, © 1998 NAS USA より改変；**19.1B,** Fowler K. et al., *Proc. R. Soc. Lond. B* **264:** 191–199, © 1997 Royal Society より改変；**19.2,** Giaever G. et al., *Nature* **418:** 387–391, © 2002 Macmillan より改変；**19.3A,** van Delden W. et al., *Genetics* **90:** 161–191, © 1978 GSA より改変；**19.3B,** Berry A. et al., *Genetics* **134:** 869–893, © 1993 GSA より改変；**19.4,** Ridley M., *Evolution, 1e*, p. 77, © 1993 Blackwell より改変；**19.5,** Rozenzweig R.F., *Genetics* **137:** 903–917, © 1994 GSA より改変；**19.6A,** © Gary Meszaros/VU；**19.6B,** Bell G., *Proc. R. Soc. Lond. B* **224:** 223–265, © 1985 Royal Society より改変；**19.7,** Schluter D., *Evolution* **42:** 849–861, © 1988 Society for the Study of Evolution より改変；**19.8A,** Merila J. et al., *Genetica* **112–113:** 199–222, © 2001 Springer より改変；**19.8B,** Dr. Loeske Kruuk の厚意による；**19.9A,** Matthew Evans, University of Exeter in Cornwall の厚意による；**19.9B,** Rowe L.V. et al., *Behav. Ecol.* **12:** 157–163, © 2001 Oxford University Press より再描画；**19.10A,** Kingsolver J.G. et al., *Am. Naturalist* **157:** 245–261, © 2001 University of Chicago Press より再描画；**19.10B,** Butlin R.K. et al., *Philos. Trans. R. Soc. Lond. B* **334:** 297–308, © 1991 Royal Society より再描画；**19.11,** データは Kimura M., *The Neutral Theory of Molecular Evolution*, © 1983 Cambridge University Press より；**19.12,** Gillespie J.H., *The Causes of Molecular Evolution*, © 1991 Oxford University Press より改変；**19.13,** Yang Z. et al., *Mol. Biol. Evol.* **17:** 1446–1455, © 2000 Oxford University Press より再描画；**19.14,** Kimura M., *The Neutral Theory of Molecular Evolution*, Fig. 8.3, © 1983 Cambridge University Press より再描画；**19.16,** Skibinski D.O.F. et al., *Genetics* **135:** 233–248, © 1993 GSA より改変；**19.17C,** Kim Y. et al., *Genetics* **160:** 765–777, © 2002 GSA より改変；**19.18,** Harr B. et al., *PNAS* **99:** 12949–12954, © 2002 NAS USA より改変；**19.20,** データは Baudry E. et al., *Genetics* **158:** 1725–1735, © 2001 GSA より；**19.21A,** Andolfatto P. et al., *Genetics* **158:** 657–665, © 2001 GSA より改変；**19.21B,** Hudson R.R. et al., *Philos. Trans. R. Soc. Lond. B* **349:** 19–23, © 1995 Royal Society より改変；**19.22,** Richman A., *Mol. Ecol.* **9:** 1953–1964, © 2000 Blackwell ならびに引用文献より再描画；**19.23,** Charlesworth D., *Curr. Biol.* **12:** R424–R426, © 2002 Elsevier より再描画；**19.24A,** Jeffrey L. Feder, University of Notre Dame の厚意による；**19.24B,** Stolz U. et al., *PNAS* **100:** 14955–14959, © 2003 NAS USA より再描画；**19.25,** Akashi H., *Curr. Opin. Genet. Dev.* **11:** 660–666, © 2001 Elsevier より再描画；**19.26,** Smith N.G.C. et al., *J. Mol. Evol.* **53:** 225–236, © 2001 Springer より再描画；**19.27A,B,** Ke A. et al., *The RNA World, 3e*, p. 124, Gesteland R.F. et al., eds., © 2006 CSHLP より再描画；**19.28,** Parsch J. et al., *Genetics* **154:** 909–921, © 2000 GSA より再描画；**19.29,** Kirby D.A. et al., *PNAS* **92:** 9047–9051, © 1995 NAS USA より再描画；**19.30,** Shabalina S.A. et al., *Trends Genet.* **17:** 373–376, © 2001 Elsevier より再描画；**19.31,** Nipam H. Patel の厚意による；**19.32,** Kruuk L.E.B. et al., *PNAS* **97:** 698–703, © 2000 NAS USA より再描画。

第20章

20.0左, クジャクの羽毛．© John Gerlach/VU；**20.0右,** アメリカキンメフクロウ．© Joe McDonald/VU；**20.1 上段中央,** © Gary Meszaros/VU；**20.1 下段,** © Richard Walters/VU；**20.2,** Youri Timsit の厚意により Timsit Y. et al., *J. Mol. Biol.* **284:** 1289–1299, © 1998 Elsevier より転載；**20.3A,** © Stephen Cresswell；**20.3C,** Parker G.A. et al., *Nature*

370: 53–56, © 1994 Macmillan より転載；**20.4A–C,** Ibarra R.U. et al., *Nature* **420:** 186–189, © 2002 Macmillan より改変；**20.5,** Kipling R., *Just So Stories,* © 1926 Macmillan；**20.7,** Szathmary E., *Proc. R. Soc. Lond. B* **245:** 91–99, © 1991 The Royal Society より再描画；**20.8A,** Promislow D.E.L., *Evolution* **45:** 1869–1887, © 1991 Society for the Study of Evolution より再描画；**20.8B,** Ricklefs R.E., *Am. Nat.* **152:** 24–44, © 1998 University of Chicago Press より再描画；**20.9,** © Dr. David Phillips/VU；**20.10, 20.11,** Partridge L. et al., *Nature* **362:** 305–311, © 1993 Macmillan より再描画；**20.12,** Ricklefs R.E., *Am. Nat.* **152:** 24–44, © 1998 University of Chicago Press より再描画；**20.13,** Partridge L. et al., *Nature* **362:** 305–311, © 1993 Macmillan より再描画；**20.14,** Partridge L. et al., *Nat. Rev. Genet.* **3:** 165–175, © 2002 Macmillan より再描画；**20.17A–C,** Kerr B. et al., *Nature* **418:** 171–174, © 2002 Macmillan より改変；**20.18A,** Sinervo B., *Nature* **380:** 240, © 1996 Macmillan より転載；**20.18B,** Sinervo B., *Genetica* **112:** 417–434, © 2001 Kluwer Academic Publishers より再描画；**20.19A,** © Tom J. Ulrich/VU；**20.19B,** © Gerald and Buff Corsi/VU；**20.19C,** © Rob and Ann Simpson/VU；**20.19D,** © Rick and Nora Bowers/VU；**20.19E,** Anderson B., *Am. J. Botany* **92:** 1342–1349, © 2005 Botanical Society of America より転載；**20.20,** Eberhard W.G., *Sexual Selection and Animal Genitalia,* Fig 1.4, © 1985 Harvard University Press より再描画；**20.21 上段,** © Wally Eberhart/VU；**20.21 下段,** © Dr. Dennis Kunkel/VU；**20.22,** Hagen D.W. et al., *Evolution* **34:** 1050–1059, © 1980 Society for the Study of Evolution より転載；**20.23 上段・下段,** © Arthur Morris/VU；**20.24,** Harcourt A.H. et al., *Nature* **293:** 55–57, © 1981 Macmillan より再描画；**20.25A 上段,** © Gerard Fuehre/VU；**20.25A 下段,** © Arthur Morris/VU；**20.25B,** O'Donald P. et al., *Heredity* **33:** 1–16, © 1974 Macmillan より再描画；**20.26,** Eberhard W.G., *Sexual Selection and Animal Genitalia,* Fig. 2.3, © 1985 Harvard University Press より再描画；**20.27,** Dave Menke, U.S. Fish and Wildlife Service；**20.28,** Clark A.G., *Heredity* **88:** 148–153, © 2002 Macmillan より再描画；**20.29,** © Ray Coleman/VU；**20.30A,** © Gregory G. Dimijian/PR；**20.30B,** Kirkpatrick M. et al., *Nature* **350:** 33–38, © 1991 Macmillan より再描画；**20.32A,** © Arthur Morris/VU；**20.32B,** Moore A.J., *Behav. Ecol. Sociobiol.* **35:** 235–241, © 1994 Springer-Verlag GmbH & Co より再描画；**20.32C,** Norris K., *Nature* **362:** 537–539, © 1993 Macmillan より再描画；**20.33A,** http://gallery.insect.cz (Josef Dvorak の厚意による)；**20.33B,** Moore A.J., *Behav. Evol. Sociobiol.* **35:** 235–241, © 1994 Springer-Verlag GmbH & Co より再描画；**20.34A,** http://www.camacdonald.com/birding/GreatReedWarbler(PD).jpg (Pascal Dubois の厚意による)；**20.34B,** Hasselquist D. et al., *Nature* **381:** 229–232, © 1996 Macmillan より再描画。

第21章

21.0, アカフトオハチドリ, © Charles Melton/VU；**21.1,** Watson J.D. et al., *Molecular Biology of the Gene, 5e,* Fig. 10.14, © 2004 Pearson Education Inc より改変；**21.2,** Whitehouse H.L.K, *Towards an Understanding of the Mechanics of Heredity,* Plate 16.1B, © 1973 E. Arnold, London より再描画；**21.3,** APS Library (NLM の厚意による)；**21.6A,** Michael E. Clark の厚意による；**21.6D,E,** Nur U. et al., *Science* **240:** 512–514, © 1988 AAAS より転載；**21.7,** Partridge L. et al., *Science* **281:** 2003–2008, © 1998 AAAS より転載；**21.10A–C,** Lyttle T.W., *Genetics* **91:** 339–357, © 1979 GSA より改変；**21.12,** Bartolome C. et al., *Mol. Biol. Evol.* **19:** 926–937, © 2002 Oxford University Press より改変；**21.13A,** Cavalier-Smith T., *Annu. Rev. Biophys. Bioeng.* **11:** 273–302, © 1982 Annual Reviews より再描画；**21.13B,** Bennett M.D., *Proc. R. Soc. Lond. B* **181:** 109–135, © 1972 Royal Society of London より改変；**21.14,** Alessandro Catenazzi の厚意による；**21.15,** Lynch M. et al., *Science* **302:** 1401–1404, © 2003 AAAS より転載；**21.16,** International Human Genome Sequencing Consortium, *Nature* **409:** 860, © 2001 AAAS より再描画；**21.18A,** © Wendy Dennis/VU；**21.18B,** © E. S. Ross/VU；**21.18C,** Ben Hatchwell の厚意による；**21.18D,** © Fritz Polking/VU；**21.18E,** Chao L. et al., *PNAS* **78:** 6324–6328, © 1981 NAS USA より転載；**21.21A,B,** Cook J.M. et al., *Trends Ecol. Evol.* **18:** 243, © 2003 Elsevier より再描画；**21.22,** Herre E.A., *Science* **228:** 896–898, © 1985 AAAS より改変；**21.23A,** © Arthur Morris/VU；**21.23B,** Kilner R.M. et al., *Science* **305:** 877–879, © 2004 AAAS より再描画；**21.24,** Watson J.D. et al., *Molecular Biology of the Gene, 5e,* Fig. 21.27, © 2004 Pearson Education Inc にもとづく；**21.26A,** David Pfennig, University of North Carolina の厚意による；**21.26B,** Pfennig D.W., *Proc. R. Soc. Lond. B* **266:** 57–61, © 1999 Royal Society of London より改変；**21.27,** Griffin A.S. et al., *Science* **302:** 634–636, © 2003 AAAS より改変；**21.28,** Wright S., *Evolution: Selected Papers,* Fig. 4, © 1986 University of Chicago Press のデータにもとづく；**21.29A,** © Dr. David M. Phillips/VU；**21.29B,** © Dr Dennis Kunkel/VU；**21.29C,** Mathieu Joron, © 2006 の厚意による；**21.29D,** © Greg Vandeleest/VU；**21.30,** Ashleigh Griffin の厚意により Griffin A.S. et al., *Trends Ecol. Evol.* **17:** 15–21, © 2002 Elsevier より転載；**21.31,** © Charles Melton/VU；**21.32,** Clutton-Brock T., *Science* **296:** 69–72, © 2002 AAAS より転載；**21.34A,** © Ken Wagner/VU；**21.34B,** Pellmyr O. et al., *Nature* **372:** 257–260, © 1994 Macmillan より再描画；**21.35,** Kiers E.T. et al., *Nature* **425:** 78–81, © 2003 Macmillan より再描画；**21.37,** Maynard Smith J. et al., *The Major Transitions in Evolution,* Fig 4.11, © 1996 W.H. Freeman より。

第22章

22.0, アメリカ南西砂漠の生物種；**22.1 上段,** © Ken Lucas/VU；**22.1 下段,** © Gerald & Buff Corsi/VU；**22.2A,** © Rod Williams/www.naturepl.com；**22.2B,** © David Fox/www.osfimages.com；**22.2C,** Murray J. et al., *Proc. R. Soc. Lond. B* **211:** 83–117, © 1980 Royal Society of London より再描画；**22.3,** Keeling P.J., *Nature* **414:** 401–402, © 2001 Macmillan より転載；**22.5,** © Tom Brakefield/CORBIS；**22.6A,** © Doug Sokell/VU；**22.6B,** Howard D.J. et al., *Evolution* **51:** 747–755, © 1997 Society for the Study of Evolution より改変；**22.8A,** Takayuki Ohgushi, University of Kyoto の厚意による；**22.8B,** © Adam Jones/VU；**22.11,** Coyne J.A. et al., *Evolution* **51:** 295–303, © 1997 Society for the Study of Evolution より改変；**22.12,** Roberts M.S. et al., *Genetics* **134:** 401–408, © 1993 GSA より改変；**22.13,** Connecticut Botanical Society (Eleanor Saulys の厚意による)；**22.14,** http://www.sedumphotos.net (Wayne Fagerlund の厚意による)；**22.15,** Otto S.P. et al., *Annu. Rev. Genet.* **34:** 401–437, © 2000 Annual Reviews より再描画；**22.16,** Doug Schemske and Toby Bradshaw の厚意による；**22.17,**

Bradshaw H.D. et al., *Genetics* **149**: 367–382, © 1998 GSA より改変；**22.18**, True J.R. et al., *Genetics* **142**: 819–837, © 1996 GSA より再描画；**22.19A,B**, Zeng Z.B. et al., *Genetics* **154**: 299–310, © 2000 GSA より再描画；**22.20A–C**, Orr H.A. et al., *Bioessays* **22**: 1085–1094, © 2000 John Wiley & Sons より転載；**22.21A–C**, Presgraves D.C. et al., *Nature* **423**: 715–719, © 2003 Macmillan より再描画；**22.22**, Lande R., *Evolution* **33**: 234–251, © 1979 Society for the Study of Evolution より改変；**22.23**, Bush G.L. et al., *PNAS* **74**: 3942–3946, © 1977 NAS USA より再描画；**22.26B**, Searle J.B., *Proc. R. Soc. Lond. B* **229**: 277–298, © 1986 Royal Society of London より再描画；**22.28A**, © Rob and Ann Simpson/VU；**22.28B**, Pounds J.A. et al., *Evolution* **35**: 516–528, © 1981 Society for the Study of Evolution より改変；**22.30A**, Noor M.A.F. et al., *PNAS* **98**: 12084–12088, © 2001 NAS USA より再描画；**22.30B**, Machado C.A. et al., *Proc. R. Soc. Lond. B* **270**: 1193–1202, © 1986 Royal Society of London より再描画；**22.31A,B**, Stre G.-P. et al., *Nature* **387**: 589–592, © 1997 Macmillan より再描画；**22.32**, http://www.jason.oceanobs.com/html/actualites/image_du_mois/200303_uk.html より改変；**22.33, 22.34**, Schliewen U.K. et al., *Mol. Ecol.* **10**: 1471–1488, © 2001 Blackwell Publishing より転載；**22.36**, Pritchard J.R. et al., *Evol. Ecol. Res.* **3**: 209–220 より論文著者の許可を得て改変；**22.37A**, © Bill Beatty/VU；**22.37B**, Feder J.L. et al., *PNAS* **100**: 10314–10319, © 2003 NAS USA より再描画；**22.37C**, Filchak K.E. et al., *Nature* **407**: 739–742, © 2000 Macmillan より再描画。

第23章

23.0, ヒトの卵子と精子．© Dr. John Cunningham/VU；**23.1**, Sniegowski P. et al., *BioEssays* **22**: 1057–1066, © 2000 John Wiley & Sons より再描画；**23.4A,B**, Giraud A. et al., *Science* **291**: 2606–2608, © 2001 AAAS より改変；**23.8A**, Carl Lieb, Laboratory of Environmental Biology, University of Texas, El Paso の厚意による；**23.8B**, Robert C. Vrijenhoek, Monterey Bay Aquarium Research Institute の厚意による；**23.8C**, © Robert Bielesch；**23.8D**, Butlin R., *Nat. Rev. Genet.* **3**: 311–317, © 2002 Macmillan より転載；**23.9**, Rice W.R., *Nat. Rev. Genet.* **3**: 241–246, © 2002 Macmillan より再描画；**23.10A,B**, Butlin R., *Nat. Rev. Genet.* **3**: 311–317, © 2002 Macmillan より転載；**23.14A**, Lively C.M. et al., *Evol. Ecol. Res.* **4**: 219–226, © 2002 Evolutionary Ecology Ltd より再描画；**23.14B**, Dr. Daniel L. Gustafson, Montana State University の厚意による；**23.16**, Barton N. et al., *Science* **281**: 1986–1990, © 1998 AAAS より再描画；**23.17A,B**, Elena S.F. et al., *Nature* **390**: 395–398, © 1997 Macmillan より改変；**23.18**, Barton N. et al., *Science* **281**: 1986–1990, © 1998 AAAS より再描画；**23.20**, Burt A., *Evolution* **54**: 337–351, © 2000 Society for the Study of Evolution より改変；**23.21**, Smith G.P., *Nature* **370**: 324–325, © 1995 Macmillan より再描画；**23.22A,B**, Colegrave N., *Nature* **420**: 664–666, © 2002 Macmillan より再描画；**23.23**, Blirt A. et al., *Nature* **326**: 803–805, © 1987 Macmillan より再描画；**23.24**, Otto S.P. et al., *Nat. Rev. Genet.* **3**: 252–261, © 2002 Macmillan より再描画；**23.26**, Chadwick D. et al., *The Genetics and Biology of Sex Determination*, p. 211, © 2002 J. Wiley より改変；**23.27**, Lahn B.T. et al., *Nat. Rev. Genet.* **2**: 207–216, © 2001 Macmillan より転載；**23.28**, Mable B.K. et al., *BioEssays* **20**: 453–462, © 1998 John Wiley & Sons より再描画；**23.29**, Maynard-Smith J. et al., *The Major Transitions in Evolution*, Fig. 9.1a,b, © 1995 W.H. Freeman より再描画；**23.31**, © Wim van Egmond/VU；**23.32A,B**, Barrett S.C.H., *Nat. Rev. Genet.* **3**: 274–284, © 2002 Macmillan, photo credit L.D. Harder, University of Calgary より転載；**23.32C**, Barrett S.C.H., *Nat. Rev. Genet.* **3**: 274–284, © 2002 Macmillan, photo credit Q.-L. Li, Xishuangbanna Tropical Botanical Garden, Mengla, China より転載；**23.33A–C**, Otte D. et al., *Speciation and Its Consequences*, Barrett, Figs. 3 and 4, © 1989 Sinauer Associates より再描画；**23.34A**, Barrett S.C., *Nat. Rev. Genet.* **3**: 274–284, © 2002 Macmillan より再描画；**23.34B**, Barrett S.C., *Nat. Rev. Genet.* **3**: 274–284, © 2002 Macmillan より転載（Daniel J. Schoen, McGill University, Canada の厚意による）；**23.35**, Blomqvist D. et al., *Nature* **419**: 613–615, © 2002 Macmillan より再描画；**23.37**, Kirschner M. et al., *Cell* **100**: 79–88, © 2000 Elsevier より再描画；**23.38A–C**, Rutherford S.L. et al., *Nature* **396**: 336–346, © 1998 Macmillan より転載；**23.38D**, Rutherford S.L. et al., *Nature* **396**: 336–346, © 1998 Macmillan より再描画。

第24章

24.0, アメリカ西部のビーバーとビーバーダム．© Thomas & Pat Leeson/PR；**24.2**, Thompson D., *On Growth and Form*, Bonner J.T., ed., p. 301, © 1961 Cambridge University Press より再描画；**24.4A**, Nipam H. Patel の厚意による；**24.4C**, Turner J.R.G., *Ecological Genetics and Evolution*, E.R. Creed, ed., Fig.11.1, © 1971 Oxford, Blackwell Scientific より改変；**24.5**, Brakefield P.M., *Zoology* **106**: 283–290, © 2003 Elsevier より転載；**24.6**, Joyce C.M., *PNAS* **94**: 1619–1622, © 1997 NAS USA より転載；**24.7**, Christopher Wheat の厚意により Wheat C.W. et al., *Mol. Biol. Evol.* **23**: 499–512, © 2006 Oxford University Press より転載；**24.9**, http://www.slic2.wsu.edu:82/hurlbert/micro101/images/lock_key.gif より；**24.11**, Mazon G. et al., *Microbiology* **150**: 3783–3795, © 2004 MAIK Nauka/Interperiodic Publishing より再描画；**24.12**, Fry R.C. et al., *Annu. Rev. Microbiol.* **59**: 357–377, © 2005 Annual Reviews より；**24.13**, Mazon G. et al., *Microbiology* **150**: 3783–3795, © 2004 MAIK Nauka/Interperiodic Publishing より再描画；**24.14**, Wistow G. et al., *PNAS* **87**: 6277–6280, © 1990 NAS USA より再描画；**24.15**, Logsdon J.M. et al., *PNAS* **94**: 3485–3487, © 1997 NAS USA より再描画（Paul A. Cziko の厚意による）；**24.16**, Partridge L. et al., *Nature* **407**: 457–458, © 2000 Macmillan より改変；**24.17**, Eisen J.A., *Genome Res.* **8**: 163–167, © 1998 CSHLP より再描画；**24.19**, Eisen J.A., *Nucleic Acids Res.* **23**: 2715–2723, © 1995 Oxford University Press より改変；**24.20**, Aravind L. et al., *Nucleic Acids Res.* **27**: 1223–1242, © 1999 Oxford University Press より再描画；**24.21**, © Dr. Don W. Fawcett/VU；**24.22**, Kirschner M.W. et al., *The Plausibility of Life: Resolving Darwin's Dilemma*, Fig. 24, © 2005 Yale University Press より改変；**24.23**, Koonin E.V. et al., *Curr. Opin. Genet. Dev.* **6**: 757–762, © 1996 Elsevier より；**24.24**, University of Sussex の厚意による；**24.25**, イクチオステガの肢の骨格．http://www.geocities.com/gilson_medufpr/icthiostega.html；**24.25**, 肢の骨格．Shubin N.H. et al., *Nature* **440**: 764–771, © 2006 Macmillan より再描画；**24.25 上段の2枚**, Coates M., *Palaeobiology II*, p. 75, Briggs and Crowther, eds., © 2001 Blackwell Science より；**24.25 下段の3枚**, Ahlberg P.E. et al., *Nature* **440**: 747–749, © 2006 Macmillan より；**24.26,** Tom Way, International Business Machines Corp の厚意による；**24.27,** Mitchell M., *An Introduction to Genetic Algorithms*, pp. 36–39, © 1998 MIT Press より改変。

第 25 章

25.0, アウストラロピテクスの頭骨，© Daniel Herard/PR；**25.1,** http://www.tol.org のデータにもとづく；**25.2,** チンパンジー，© Fritz Polking/VU；ゴリラ，© Joe McDonald/VU；オランウータン，© Theo Allofs/VU；ダーウィン，© Library of Congress/PR；**25.3,** Wood B. et al., *Science* **284**: 65–71, © 1999 AAAS より；**25.4,** Wilson A.C. et al., *PNAS* **63**: 1088–1093, © 1969 NAS USA より；**25.5,** Ruvolo M. et al., *PNAS* **91**: 8900–8904, © 1994 NAS USA より；**25.6,** Brunet M. et al., *Nature* **418**: 145–151, © 2002 Macmillan より転載；**25.7,** Johanson D. et al., *From Lucy to Language*, p. 38 より Nèvraumont Publishing Co. の許可を得て転載；**25.8,** © John Reader/PR；**25.9,** Johanson D. et al., *From Lucy to Language*, p. 123 より Nèvraumont Publishing Co. の許可を得て転載（Robert I.M. Campbell 撮影，National Museums of Kenya の厚意による）；**25.10,** Lewin R., *Human Evolution, An Illustrated Introduction*, 3e, p. 107, © 1993 Blackwell Scientific；**25.11,** http://www.scientific-art.com/portfolio%20palaeontology%20pages/skulls.htm, © 1994 Deborah Maizels より；脳の容積のデータは Carroll S., *Nature* **422**: 849–857, © 2003 Macmillan より；**25.12,** © Pascal Goetgheluck/PR；**25.13,** Hublin J.-J., pp. 99–121 and Rightmire G.P., pp. 123–133, *Human Roots: Africa and Asia in the Middle Pleistocene*, L. Barham et al., eds., © 2001 Western Academic & Specialist Press より；**25.14,** Lahr M.M. et al., *Nature* **431**: 1043–1044, © 2004 Macmillan より；**25.15 左**，The Natural History Museum, London, © Michael Day；**25.15 右**，© The Natural History Museum, London；**25.16,** Ferris M. et al., *Nature* **396**: 226–228, © 1998 Macmillan より；**25.17,** Brown P. et al., *Nature* **431**: 1055–1061, © 2004 Macmillan より転載；**25.18,** © Pascal Goetgheluck/PR；**25.19,** Menozzi P. et al., *Science* **201**: 786–792, © 1978 AAAS より；**25.20,** Cavalli-Sforza L. et al., *The History and Geography of Human Genes*, © 1994 Princeton University Press より；**25.21,** Goldstein D.B. et al., *PNAS* **92**: 6723–6727, © 1995 NAS USA より；**25.22,** Barbujani G. et al., *Annu. Rev. Genomics Hum. Genet.* **5**: 119–150, © 2004 Annual Reviews より；**25.23,** 写真は © Dr. K.G. Murti/VU；**25.23,** 図は Underhill P.A. et al., *Nat. Genet.* **26**: 358–361, © 2000 Macmillan より；**25.24,** Reich D.E. et al., *PNAS* **95**: 8119–8123, © 1998 NAS USA より；**25.25,** Serre D. et al., *PLoS Biol.* **2**: E57, © 2004 Public Library of Science より；**25.26,** Enard W. et al., *Science* **296**: 340–343, © 2002 AAAS より；**25.27,** Enard W. et al., *Nature* **418**: 869–872, © 2002 Macmillan より；**25.28,** Jackendoff R., *Trends Cogn. Sci.* **3**: 272–279, © 1991 Elsevier より転載。

第 26 章

26.0, 群衆，© Mark Burnett/PR；**26.3,** Hamosh A. et al., *Nucleic Acids Res.* **33**: D514–D517, © 2005 Oxford University Press より改変；**26.6,** Emahazion T. et al., *Trends Genet.* **17**: 407–413, © 2001 Elsevier より再描画；**26.9,** Jha P. et al., *Lancet* **367**: 211–218, © 2006 Little, Brown & Co. より；**26.10,** Barbujani G. et al., *PNAS* **87**: 1816–1819, © 1990 NAS USA より改変；**26.11,** Akey J.M. et al., *Genome Res.* **12**: 1805–1814, © 2002 CSHLP より再描画；**26.12,** Bersaglieri T. et al., *Am. J. Hum. Genet.* **74**: 1111–1120, © 2004 University of Chicago Press より再描画；**26.13,** Barsh G.S., *PLoS Biol.* **1**: 019, © 2003 Public Library of Science より改変；**26.14,** Schliekelman P. et al., *Nature* **411**: 545, © 2001 Macmillan より再描画；**26.16,** Flaxman S.M. et al., *Q. Rev. Biol.* **75**: 113–148, © 2000 University of Chicago Press より。

後ろ見返し

Sandie Baldauf, University of York の厚意による。

索引

■ 数字
2 枚翅　321, 322
4 ヌクレオチド仮説　44
4 枚翅　321, 322
5-メチルシトシン　362
21 トリソミー　838

■ ギリシア文字
α helix　764
α-proteobacteria　229
α-グロビン　137, 406
α-フェトプロテイン　838
α プロテオバクテリア　229
α ヘリックス　60, 764
β sheet　765
β-ガラクトシダーゼ　56, 58
β-グロビン　137, 424, 451, 507
β シート　764
γ 線照射　361
γ プロテオバクテリアゲノム　209
λ システム　56

■ A
abdominal-A (*abd-A*)　315, 326, 329
abdominal-B (*Abd-B*)　315
absolute fitness　453, 497
Acanthostega　299, 301, 786
Acetabularia　219
achaete-scute 遺伝子　437, 438
achondroplasia　551
acritarch　221
Acrocephalus arundinaceus　630
active site　763
adaptation　56
adaptationist program　602
adaptive landscape　510, 533, 658, 695, 760
adaptive peak　510, 658, 760
adaptive radiation　78
additive genetic variance　451, 498, 590, 734
additive model　417
adenosine triphosphate (ATP)　174
Adh 遺伝子　394, 396, 438, 563, 577, 587
Aequorea victoria　5
aging　599, 606
AIDS　845
alignment　584
allele　26, 314, 386, 414, 675
allele frequency　386
allelic　389
allometry　434, 758

allopatric speciation　701
allopolyploidy　684
allosteric interaction　765, 776
allostery　61, 111
allozyme　391, 670
alternative splicing　191, 240, 648, 778
Altman (アルトマン), Sidney　63
altruistic　634
Alvarez (アルバレッツ), Walter　308
alveolates　220
amelioration　207
Amiskwia　287
amniocentesis　838
amoeba　213
Amoebozoa　220
amphipathic　109
analogous　76
analogy　76, 124
analysis of variance　31
anatomically modern human　805
ancestral character state　129
ancient DNA　346
aneuploid　678
angiosperm　749
aniridia　347
Aniridia 遺伝子　349
anisogamy　728
Anomalocaris　287
antagonistic pleiotropy　609
Antennapedia (*Antp*) 遺伝子　315
Antennapedia 複合体　314
antibody　722
antigen　722
antimutator　717
antisense oligonucleotides　269
Antp-C　315
Antp 変異体　316
apicomplexans　219
*ApoE*4*　832, 843
Arabidopsis thaliana　224, 592
archaea　119, 134, 149, 213
Archaeopteryx　278, 303
archaic human　806
Ardipithecus　799
argument from design　11, 85
Aristotelēs　11
Artemia salina　327, 328
arthropod　261, 285
association study　555
Astyanax mexicanus　501

Australopithecus afarensis　799
Australopithecus anamensis　799
autocatalytic network　105
autoinducer　181
autoinduction　181
automatic selection　749
autopolyploidy　684
autotrophic　172
average effect　424, 498, 729
average excess　422
Avery (アベリー), Oswald　47
Aysheaia　287

■ B
Bacillus anthracis　150, 151
Bacillus subtilis　149, 151, 682
backcross　417
background selection　580, 737
bacteria　119, 130, 149, 213
bacteriocin　616
bacteriophage　46, 374, 765
balanced polymorphism　539
balancer chromosome　390, 442, 592, 739
balance view　36, 66, 544, 596, 835
balancing selection　36, 514, 544, 572, 600, 675, 751, 815, 835
Balanerpeton　301
baseline mortality　607
Bates (ベイツ), Henry Walter　20
Batesian mimicry　546
Bateson (ベーツソン), William　23, 26, 314
B chromosome　638
bdelloid rotifer　727
Beadle (ビードル), George　46, 341
benthic　710
Benzer (ベンザー), Seymour　46
Berg (バーグ), Paul　62
Berzelius (ベルセーリウス), Jöns Jakob　42
bicoid (ビコイド) 遺伝子　587, 589
Bicyclus anynana　762
BiDil　847
bilaterian　288
bilayer　109
binomial distribution　451
binomial nomenclature　130
biological species concept (BSC)　673, 797
biometric　23
Biston betularia　507, 593
Bithorax 複合体　314
body plan　247, 278, 313

889

Bolitoglossa subpalmata	646
Bombina	419
bootstrap	123
Borrelia burgdorferi	151
bottleneck	696
Boveri（ボヴェリ），Theodor	25
bovine spongiform encephalopathy（BSE）	107
Brachet, Jean	54
brachiopod	288
Bradyrhizobium 属	178
Bragg（ブラッグ），William Lawrence	45
branch	121
Brassica oleracea	79
BRCA1 対立遺伝子	838
breeding value	569
Brenner（ブレンナー），Sydney	52
bryozoan	288
Buchner（ビュヒナー），Eduard	42
Buchnera aphidicola APS 株	185
Bumpus（バンパス），Herman	20, 566
BX-C	315
B 細胞	255, 256
B 染色体	638, 643

■ C

C4 経路	173
Caenorhabditis elegans	267, 272, 585
Canadia	287
candidate gene	436, 832
canonical code	114
capsid	202
Carsonella	410
case-control design	829
Caspersson, Torbjörn	54
Castle（キャスル）の実験	519
catalysis	42
Cavalli-Sforza, Luca	808
CCR5 遺伝子	469
cDNA	239
Cech（チェック），Thomas	63
cell differentiation	248
Central Dogma	59, 373, 413
centromere	234, 356, 581, 700
Cepaea nemoralis	476
Cervus elaphus	399
CFTR 遺伝子	825
chaetognath	288
Chambers（チェンバーズ），Robert	16
chaperone	753
character state reconstruction	785
Chargaff（シャルガフ），Erwin	47
Chatton, Edouard	130
chemical evolution	105
chemical fossil	99
chemostat	565
chemosynthesis	104
chemotrophic	172
chert	280
Chetverikov, Sergei	34
chiasmata	726
Chlamydia trachomatis	155
Chlamydomonas	248
Chlorophytes	219, 248

chloroplast	216
choanocyte	252
choanoflagellate	220, 251
Chondromyces crocatus	152, 153
chordate	262, 288, 317
chromatin	214
chromosomal fusion	699
chromosomal inversion	390
ciliates	219
cis change	332
cis-regulation	339
clade	121, 396
cladistic	278
cladogram	122
class	130
classical view	36, 66, 544, 596, 835
cline	476, 538, 670, 701, 808, 841
clonal interference	721
clone	449
cloning	62
cnidarian	287, 724
coalesce	397
coalescence	455, 579
coalescence time	486
coalescent	464, 812
coancestry	456
codon	114
codon usage	585
codon usage bias	206, 608
coefficient of kinship	456
coevolution	549
colinearity	315
colloid	43
col プラスミド	616
common disease	825
compartmentalization	108, 775
competence	201
competitive exclusion	675
complementary DNA	239
complementation test	557, 691
complex adaptation	657
concerted evolution	371
confidence interval	457
conjugation	201, 724
conservative DNA transposon	238
constitutive	58
contingency loci	722
convergence	124, 155
Cook（クック），James	14
Cooksonia	296
Copernicus（コペルニクス），Nicolaus	11
Corey, Robert	50
correlation coefficient	419
Correns（コレンス），Carl	25
cosexuality	743
cost of genome dilution	728, 755
cost of natural selection	593
covariance	418
coviruse	639
Crick（クリック），Francis	48, 110, 716
cristae	218
crossing over	357, 723
Cryptomonas	219

ctenophore	287
cultural evolution	852
culture	160
Cuvier（キュヴィエ），Georges	13
cyanobacteria	99, 222
CyIIIa 遺伝子	258
CYP2D6	848
cytological	407
cytology	25
cytoplasmic male sterility（CMS）	637
cytoskeleton	216

■ D

daf-2 遺伝子	611
Danaidae	546
Daphnia pulex	592
Darwin（ダーウィン），Charles	17, 73, 119, 494, 650, 795
Darwinian Demon	602
Darwinian medicine	849
Dawkins（ドーキンス），Richard	851
defective interfering virus（DIV）	500, 614, 639
degenerate	608
Deinococcus radiodurans	151, 155, 171
Deinonychus	278
deism	12
Delbrück（デルブリュック），Max	46, 374
Delta 遺伝子	437
deme	477, 535, 575, 657, 696
dendrogram	122
density dependence	497
density dependent	507
derived character state	129
derived feature	799
Descartes（デカルト），René	12
descent with modification	120, 261
deuterostome	262, 288
developmental constraints	500
de Vries（ド・フリース），Hugo	25
diapause	710
Dicer	270
Dickinsonia	284
Dictyostelium discoideum	250
diffusion approximation	478
dimer	392
dinoflagellates	219
Dinomischus	287
diploid	244, 450
Dipodomys	411
directional selection	514, 566, 572
direct selection	624
disarticulation trait	345
discicristates	220
disruptive selection	514, 534
Distal-less	326, 328, 329
divergence	119, 120
division of labor	770
dizygotic（DZ）	427
DNA	59
構造	215
"古代"——	346
修復	171, 364
受容	201

受容能	182
水平伝達	200, 202
損傷	358, 363
対合時のすべり	409
配列	62
複製	51, 359
複製時の誤り	358
複製フォーク	359
変異	385
メチル化	63, 377
DNA 因子	371, 372
DNA トランスポゾン	238, 637
DNA ポリメラーゼ	359, 365
DNA モデル	48
DNA ライゲーション	364
DNA リガーゼ	364
Dobzhansky（ドブジャンスキー）, Theodosius	34, 478, 673, 687
Dobzhansky-Muller モデル	698, 699
domain	130
dominance	420
dominance interaction	507
dominance theory	693
dominance variance	426
dominant	24
dosage compensation	744
Doushantuo Fm.	278, 280
Drosophila	244, 553, 609
Drosophila melanogaster	26, 267, 314, 333
Drosophila persimilis	575, 672
Drosophila pseudoobscura	389, 478, 672
Drosophila simulans	333, 637
Drosophila virilis	333
Duffy（ダフィー）対立遺伝子	578

■ E

ecdysozoan	288
echinoderm	262, 288
ectoderm	258, 288
ectodermal dysplasia	340
Ectodysplasin (*Eda*)	340
ectopic recombination	370, 643, 729
effective population size	452, 481
effective size	454
Eichhornia paniculata	750
Eldonia	287
Eldredge（エルドリッジ）, Niles	88, 304
electron transfer chain	174
element	25
elongation factor Tu (EF-Tu)	138
Emerson（エマーソン）, Ralph	341
Encephalitozoon cuniculi	410
endocytosis	222
endoderm	258, 288
endomembrane system	216
endomitosis	745
endoplasmic reticulum	216
endosymbiont	223
Entamoeba	228
entropy	87
environmental component	518
environmental deviation	420, 569
environmental genomics	162
environmental variation	419, 420
environment of evolutionary adaptation (EEA)	851
epigenesis	11
epistasis	420, 507, 588, 659, 689, 731
Escherichia coli	149, 519, 603, 642, 769
eukaryote	119, 130, 213
eusocial	663
Eusthenopteron	301, 786
eutherian mammal	744
EvoDevo	313
evolutionarily stable strategy (ESS)	600, 614
evolutionary character state reconstruction	127, 169
evolutionary computation	787
evolutionary ecology	634
evolutionary game	599
evolutionary psychology	851
Evolutionary Synthesis	33, 41, 73, 441, 599, 673
evolvability	501, 751
Ewens（ユーエンス）, Warren	575
excavates	220
exon shuffling	776
expected heterozygosity	395
exploratory system	754, 780
extended phenotype	649
extra-pair fertilization (EPF)	630
extremophile	164
eyeless 遺伝子	347, 349

■ F

F_1 雑種	689
F_2 集団	29
FAD	111
family	130
Ficedula albicollis	705, 706
Ficedula hypoleuca	705, 706
filopodia	258
firmicutes	200
Fischer（フィッシャー）, Emil	43
Fisher（フィッシャー）, R.A.	31, 87, 440, 450, 498, 650
幾何学的考察	440
基本定理	493, 590
ランナウェイ過程	625
理論	752
fitness	386, 422, 451, 496, 535, 562, 599, 634
fitness component	496
fitness landscape	566
fluctuation test	374
focal adhesion kinase (FAK)	258
Følling（フェーリング）, Asbjørn	826
Ford, E.B.	34
formose reaction	101
forward genetics	268
FOXP2 遺伝子	819
frameshift mutation	355
Franklin（フランクリン）, Rosalind	48
frequency dependent	634, 675
frequency-dependent selection	507, 546, 565, 600, 708, 731
frozen accident	115
Fundamental Theorem	493, 590, 612, 734
fushi tarazu 遺伝子	269
FY*O	578

■ G

Galeopsis tetrahit	684
Galilei（ガリレイ）, Galileo	11
Galton, Francis	22
gamete	244, 451
game theory	600
gametophyte	298
gametophytic	545
Gamow（ガモフ）, George	52
Garrod（ギャロッド）, Archibald	46
gas hydrate	307
Gasterosteus aculeatus	335, 710
GC 含量, 至適生育温度と——	168
Gemmata obscuriglobus	152, 153
gender	748
gene	25, 386, 387
genealogy	396, 486
gene conversion	635, 722, 774
gene diversity	460
gene dosage	200
gene flow	477, 842
gene targeting	270
gene therapy	825
genetic algorithm	503, 738
genetic assimilation	430
genetic code	354, 413, 572
genetic correlation	518, 626
genetic distance	681, 809
genetic drift	31
genetic load	83, 592
genetic locus	397
genetic map	827
genetic marker	37, 392
genetic programming	503
genetic recombination	200, 353
genetic system	715
genome size	645
genomic imprinting	654
genotype	27, 100, 386, 419
genotypic value	420
genus	130
Geospiza fortis	514
germ line	23
giant 遺伝子	589
Giardia	219, 228
Gilbert（ギルバート）, Walter	62
glaucocystophytes	222
Glued 遺伝子	523
gneiss	98
gonidium	249
Gonium	248
good gene	627, 642
gooseberry	269
Gorilla	795
Gould（グールド）, Stephen Jay	88, 293, 304, 851
モデル	292
Gram stain	150
Grant（グラント）, Peter	514
Grant（グラント）, Rosemary	514
great plate count anomaly	160
Great Slave Lake	98
Griffith（グリフィス）, Frederick	47
group selection	657, 716

guided polymerization	108	Homo erectus	803	intercalating agent	361
gynodioecious	743	Homo ergaster	803	introgression	489
		Homo floresiensis	806	intron	63, 189, 236, 257, 394, 494, 572
■ H		Homo habilis	801	invention	763
Haeckel (ヘッケル), Ernst	19, 23, 130	Homo heidelbergensis	804	inversion	34, 356, 408, 583, 639, 743
Haemophilus influenzae	185, 192	homologous	76, 120, 601	in vitro 選択実験	496, 787
Haikouichthys	288	homologous gene	462	irreducibly complex	87
Haldane (ホールデン), J.B.S.	31, 46, 82, 101, 593, 610, 650, 752	homologous recombination	206, 269, 365	island model	477, 533, 843
		homology	76, 119, 120	isogamous	748
Haldane's rule	692	Homo neanderthalensis	804	isolation by distance	809
Hallucigenia	287	homoplasy	798	isotope	96
halophile	170	Homo rudolfensis	803		
haltere	314, 389	homunculus	780	■ J	
Hamilton (ハミルトン), William	549, 613, 650, 657, 851	horizontally	636	Jacob (ヤコブ), François	54
		host race	710	jaw appendage	329
Hamilton's rule	651	Hox 遺伝子	76, 313, 319, 320	Johannsen, Wilhelm	27
handicap	628	Hoxb4 遺伝子	319, 321	junk DNA	191, 645
haplodiploid	727	Hsp90	753, 754	just-so stories	602
haploid	244, 450	Human Genome Project (HGP)	828		
haploinsufficiency	347	hunchback 遺伝子	589	■ K	
haplotype	388, 465, 830	Huntington's disease	610	Kendrew (ケンドリュー), John	60
HapMap プロジェクト	831	Hutton, James	12	kerogen	99
Hardy, G.H.	29	Huxley (ハックスリー), Thomas Henry	19	Kimberella	284
Hardy-Weinberg (ハーディー - ワインベルグ)		hybrid rescue	690	kinase	240
——の式	395, 835	hybrid zone	489, 543, 695, 760	kinetics	763
——の法則	29, 32	hydrogenosome	216	kinetoplast	218
——比	508, 551	hydrophilic	109	kingdom	130
——平衡	422, 730	hydrophobic	109	kinorhynch	288
$Hb^S Hb^A$	507	hydrophobic core	765	kin selection	639, 705
Heliconius (ドクチョウ)属	513	hydrothermal vent	104	Kintyre	491
hemichordate	288	hypercycle	666	Kipling (キプリング), Rudyard	604
hemimetabolous	646	hyperthermophile	165	Kirkpatrick (カークパトリック), Mark	627, 630
heritability	426, 568, 737	hypomorphic allele	326	Kornberg (コーンバーグ), Arthur	51
hermaphrodite	600, 637			krüppel 遺伝子	269, 589
hermaphroditism	743	■ I		K-T 境界	276
Herschel (ハーシェル), John	85	Ichthyostega	299, 301, 786		
heterochrony	758	identical by descent (IBD)	455, 651	■ L	
heterogametic	640	identical twins	426	labyrinthulids	218
heterokonts	220	Ignicoccus	153	lactate dehydrogenase (LDH)	771
heterosis	555, 683, 724	immune memory	781	Lactococcus lactis	150, 151
heterostyly	749	immunoglobulin	722	lac 遺伝子	376
heterotrophic	172	immunological distance	795	Lac (ラクトース)オペロン	190
heterozygote	26	inbred line	426	Laggania	287
heterozygote advantage	390	inbreeding	31, 455, 654	lagging strand	359
hierarchical classification	130	inbreeding coefficient	456, 555	Lamarck (ラマルク), Jean-Baptiste de	14
Hill-Robertson (ヒル-ロバートソン)効果	577, 643, 737	inbreeding depression	389, 455, 555, 724, 749	Lamarckism	23, 46
		inclusive fitness	652	lamellipodia	258
hitchhiking	462, 523, 577, 626	incomplete dominance	26	Lande (ランデ), Russell	627, 630
HIV (ヒト免疫不全ウイルス)	80, 377, 483, 836	indel	588	large X effect	693
空間的変異	484	indirect selection	624, 722, 755	last universal common ancestor (LUCA)	119, 126, 166
突然変異率	484	induction	56		
薬剤耐性	80	infer	123	lateral gene transfer (LGT)	127, 149, 187, 200, 381
Hofmeister (ホフマイスター), Franz	43	infinite-allele	575	lateral transfer	757
Holliday (ホリデイ) junction	370	infinitesimal model	520	Latimeria chalumnae	672
holometabolous	261, 646	infinite-sites model	458, 830	Law of Succession	82
homeobox	317	informational gene	208	LCT 遺伝子	843
homeodomain	317	Ingram, Vernon	51	leading strand	359
homeosis	314	inheritance of acquired characteristics	373	Le Bel (ル・ベル), Joseph-Achille	43
homeotic	389	innovation	763	Leeuwenhoek (レーウェンフック), Antoni van	130
homeotic gene	314	insertion sequence	529		
hominin	447, 793	in situ hybridization	339	lek	622
Homo	795	in situ ハイブリッド形成(法)	162, 339	Lenormand, Thomas	544
Homo antecessor	804	interaction variance	426	Lenski (レンスキ)	519

Leptospira interrogans	151	Mayr	673	multiregional evolution model	806
let-23 遺伝子	272	McCarty（マッカーティ），Maclyn	47	multiregional hypothesis	842
Levene モデル	733	McClintock（マクリントック），Barbara	636	*Mus musculus*	639
Lewis Carroll（ルイス・キャロル）	549	McDonald-Kreitman テスト	577	mutation	353
Lewontin（レヴォンティン），Richard	851	McLeod（マクラウド），Colin	47	mutational heritability	442
life history	600	mean	417	mutational variance	442, 554
life-history trait	430	meiosis	244, 379, 723	mutation load	594, 645, 718, 846
lifetime reproductive success	621	meiotic drive	635, 697	mutator	717
likelihood	435, 812	Mendel（メンデル），Gregor	9, 24	MutL	367
limnetic	710	——遺伝法則	23, 28	*mutS* ミスマッチ修復遺伝子	720
lin-3 遺伝子	272	Meselson（メセルソン），Matthew	51	mutualism	633
lin-3 タンパク質	273	mesoderm	258	*Mycobacterium tuberculosis*	150, 151
LINE（long interspersed nuclear element）	237, 238, 647	mesophile	165	*Mycoplasma genitalium*	192
LINE-1 因子	647	messenger RNA	10, 59	
lineage sorting	680, 796	messenger RNA processing	258	■ N	
link	26	metagenomics	162	NAD$^+$	111
linkage	26	metapopulation	481, 657	NADPH	174, 222
linkage disequilibrium	469, 489, 511, 568, 626, 709, 830	metazoa	220	*Nanoarchaeum equitans*	153
		meteorite	98	narrow-sense heritability	483, 515, 591
linkage equilibrium	468, 510, 730	*Methanococcus jannaschii*	153	*Nasonia vitripennis*	637
Linnaeus（リンネ），Carolus	12, 130	MHC 遺伝子	583	naturalistic fallacy	91
liposome	109	michrosatelite	237	natural selection	9, 73, 448, 494, 564
lithotrophic	172	microarray	393, 818	natural theology	11, 85, 601
lobopod	288	*Micrococcus radiodurans*	155	*Nauphoeta cinerea*	628, 629
local mate competition（LMC）	653	microfilament	216	nearly isogenic line（NIL）	436
local population	535	*Microphallus*	549	neighborhood size	487
locus	387	microRNA（miRNA）	258, 770	*Neisseria meningitidis*	466
long-branch attraction（LBA）	141, 142	microsatellite	190, 336, 358, 377, 391, 393, 556, 618, 722	nematode	288
lophophore	288			Neoproterozoic	221
lophotrochozoan	288	microsporidia	216	neoteny	646
LTR（長い末端反復配列）	372	microtubule	216	*Neurospora crassa*	46, 642
LTR レトロトランスポゾン	648	Miller（ミラー），Stanley L.	37, 101	neutral	449, 738
Luis Borges（ルイスボルヘス），Jorge	501	Miller-Urey（ミラー - ユーリー）の実験	102, 103	neutral evolution	448
Lumbricus rubellus	399	mimicry	20	neutralist	596
Luria（ルリア），Salvador	374	*Mimulus cardinalis*	686	neutral theory	66, 397, 460, 544, 571, 679, 696
Lwoff（ルヴォフ），André	46, 54	*Mimulus lewisii*	686	Newton（ニュートン），Isaac	12
Lycopersicon esculentum	436	minisatellite	190, 237, 393	niche	546
Lycopersicon pimpinellifolium	436	minisatellite DNA	377	Nilsson-Ehle, Herman	28
lycophyte	295	*Mirounga angustirostris*	401	Nirenberg（ニーレンバーグ），Marshall	54
lycopod	296	mismatch distribution	813	node	121
lycopsid	298	missense mutation	354	nonhomologous gene displacement	782
Lyell（ライエル），Charles	14	mitochondria	128, 216	nonsynonymous change	402, 572
『地質学原理』	14, 17	mitochondrial DNA（mtDNA）	488, 812, 813	normal curve	553
lysin	574	modularity	775	normal distribution	417, 478
lysogenic	57	molecular clock	65, 276, 460, 572, 679, 796	Northrop（ノースロップ），John	43
lysogeny	56	molecular fossil	111	*Nothofagus*	280
		molecular recognition	765	nucleation	107
■ M		mollusk	263, 284	nucleomorph	219
macroevolution	88, 276	monandrous	660	nucleotide	104, 387
major histocompatibility complex（MHC）	751, 835	Monera	130	nucleotide diversity	395, 458
major transition	633, 661, 784	Monod（モノー），Jacques	45, 54, 83	nucleotide site	387
mandibular	328	monophyletic	121, 261, 278	nucleus	213
Markuelia	280, 283	monosomy	356	null allele	314, 571
Marrella	287	monozygotic（MZ）	427	null hypothesis	571, 832
mating type	747	Morgan（モルガン），Thomas Hunt	26	null model	527
Matthaei（マッタイ），Johann	54	Kimura, Motoo（木村資生）	65	*numb* 突然変異体	271
Maxam（マクサム），Allan	62	mRNA（メッセンジャー RNA）	10, 59, 110, 587		
maxillary1	328	mRNA 前駆体イントロン	239	■ O	
maxillary2	328	Muller（ミュラー），Hermann	91, 687	O157：H7	192, 193
maxilliped	329	——のラチェット	742	Occam's razor	127
Maynard Smith（メイナード・スミス），John	87, 613, 614, 657, 785, 851	Müller（ミューラー），Fritz	20	*Odaraia*	287
		Müllerian mimicry	542, 695	*Odontogriphus*	287
		multiple allele	26	*Oenothera lamarckiana*	25

Oenothera organensis	545	payoff matrix	613	positive eugenics	90
Okazaki（岡崎）fragment	234	PCR (polymerase chain reaction)	62, 393, 739	positive selection	818
Olenoides	287	*PDYN* 遺伝子	820	postzygotic isolation	679
oligonucleotide	392	pedigree	462	*Potamopyrgus antipodarum*	549, 734
OMIM (Online Mendelian Inheritance in Man)	828	pelvic skeleton	335	PRD ドメイン	347
onychophoran	288	pericentric inversion	356	prebiotic synthesis	101
Opabinia	287	peroxisome	216	preformation	11
Oparin（オパーリン），Alexander	37, 101	personalized medicine	838	preiotropic	840
open reading frame	773	Perutz（ペルッツ），Max	60	prenylation	244
operational gene	208	phage	202	prezygotic isolation	679
operational taxonomic unit (OTU)	121	phenogram	810	priapulid	288
operon	60, 151, 190, 547	phenotype	10, 27, 100, 386, 416	Price（プライス），George	614
opisthokonts	220	phenotypic variance	426	primary contact	543
order	130	phosphoglucose isomerase（PGI）	763, 764	primase	359
organelle	216	phosphorite	280	prion	63, 107, 774
organotrophic	172	photosynthesis	174, 213	Prisoner's Dilemma	615, 663
orthogenesis	23	phototrophic	172	*Prochloron didemni*	178
ortholog	137	phylogenetic anchor	163	programmed frameshift	773
orthologous	317	phylogenetic tree	119, 120	prokaryote	130
orthologous gene	193	phylogeny	396	proofreading	354
ostracod	727	phylogeography	488, 812	protein electrophoresis	391
Ostrom（オストロム），John	278	phylogram	122	protein microsphere	110
Ottoia	287	phylotype	161	protostome	262, 288
outcrossing	715	phylum	130	pseudogene	83, 190, 239, 460, 572, 608, 648, 772
outgroup	136	*Physalaemus pustulosus*	625	*Pseudomonas fluorescens*	547
out-of-Africa model	806	*Physalis longifolia*	545	psychrophile	165
overdominance	421, 555	physical map	827	punctuated equilibrium	88
		Pikaia	287	punctuated equilibrium theory	12
■ P		*Pirania*	287	punishment	664
paired（prd）	347	*Pitx1* 遺伝子	337, 338, 339	purifying selection	514, 572
PaJaMo 実験	58	*Pitx2* 遺伝子	337	purine	354
Palaeodesmus	295	Plantae	220	pyrimidine	354
Paleoproterozoic	221	plasmid	147, 525	*Pyrophorus plagiophthalamus*	584
Paley（パレー），Richard	601	*Plasmodium vivax*	578	P 因子	644
Paley（ペイリー），William	17	plate tectonics	280		
Pan	795	Platōn（プラトン）	11	■ Q	
Panderichthys	301, 786	pleiotropic	752	QTL 遺伝子座	433
Pandorina	248	pleiotropic effect	568, 609	QTL マッピング	432, 434
panmictic	475	pleiotropic side effect	522	quadratic selection gradient	570
Papiliodardanus	546	pleiotropy	554	quantitative genetics	416
paracentric inversion	357	Pleistocene	679, 851	quantitative trait	416
parallel evolution	124	*Pleodorina californica*	248	quantitative trait locus (QTL)	37, 336, 387, 432, 472, 555, 686, 758, 827
paralog	137, 772	pleuropod	327	*Quercus gambelii*	674
parapatric	679	ploidy	356	*Quetzalcoatlus*	302
parapatric distribution	510	pluripotency	254	quorum sensing	181, 649
parapatric speciation	701	*Pneumodesmus newmani*	295		
paraphyletic	121	*Podisma pedestris*	479	■ R	
Paratetraphycus	283	point mutation	354	radioactive decay	98
parsimony	127	Poisson（ポアソン）distribution	407, 453, 572	radioisotope dating	98
parthenogenesis	683, 727	policing	664	radiolarians	219
Partula aurantia	670	polyandrous	660	*Ramapithecus*	796
Partula mooreana	671	polygenic	415	random genetic drift	66, 447, 496, 548, 695
Partula suturalis	670, 671	polymorphism	386	rate of senescence	607
Partula tohiveana	670	polyphyletic	122	Ray（レイ），John	12
Parus caeruleus	609	polyploid	80, 683, 772	reaction norm	768
Parus major	628, 629	polyploidy	410, 645	recessive	24, 387, 693
Pasteur（パスツール），Louis	42	polyspermy	683	recessive lethal	522
pathogenicity island	180, 205	polytene chromosome	408	recessive lethal gene	389
patrilineally	813	polytomy	122	recombination	5, 46, 191, 723
Pauling（ポーリング），Linus	44	*Pongo*	795	recombination hot spot	831
Pax6 遺伝子	347, 349	population bottleneck	575	recombination load	729
payoff	612	population structure	659	Red Queen	722
		positional cloning	827		

regression	424, 515	
reinforcement	705	
relative fitness	453, 497	
repeat-induced point mutation（RIP）	642	
replicase	108	
replicative DNA transposon	238	
replicator	85, 108, 496, 784	
reproductive assurance	749	
reproductive isolation	304	
reproductively isolated	673	
reproductive success	601	
restriction enzyme	205	
restriction fragment length polymorphism（RFLP）	154, 392, 827	
retinoblastoma	551	
retroposon	237	
retrotransposon	237	
retrovirus	638	
reverse genetics	269, 827	
reverse transcriptase	63, 638	
Rhagoletis pomonella	711	
rhizaria	220	
Rhizobium 属	178, 179, 180	
Rhynia	297	
Rhyniognathahirsti	302	
rhyniophyte	296	
ribosomal RNA	10, 59, 495	
ribosome	54	
ribozyme	495, 787	
Rickettsia prowazekii	155	
ring species	670	
RISC（RNA-induced silencing complex）	270	
RNA	59, 536	
触媒――	63	
トランスファー――（tRNA）	110	
メッセンジャー――（mRNA）	110	
――役割	111	
非コード――	167	
らせん幹（ステム）の RNA 構造	587	
リボソーム――（rRNA）	110	
RNA interference（RNAi）	269	
RNA 因子	372	
RNA ウイルス	378	
RNA 干渉	269	
RNA 触媒	111	
RNA ポリメラーゼ	112, 536	
RNA 誘導サイレンシング複合体	270	
RNA リガーゼ	112	
RNA ワールド	75, 110, 116, 495, 606	
――からの離脱	113	
robustness	754	
Rockefeller（ロックフェラー）, John D.	47	
rRNA（リボソーム RNA）	10, 110, 133	
――遺伝子	127	
――系統樹	134	
――ファイロタイプ	161	
rubisco	174	
runaway process	626	
R 型菌	47	

■ S

Saccharomyces cerevisiae	239	
Sahelanthropus	798	
saltation	23	
Sanctacaris	287	
Sanger（サンガー）, Frederick	47	
Sarotrocercus	287	
satellite DNA	237, 393	
scabrous 遺伝子	437	
Scatophaga stercoraria	603	
Sceloporus undulatus	701	
SCN1A 遺伝子	836	
Scott-Moncrieff（スコットモンクリーフ）, Rose	46	
secondary contact	543, 702	
Sedum suaveoleus	685	
segregating site	395	
segregation	354, 723	
segregation distortion	635	
segregation load	595	
Seilacher（ザイラッハー）, Adolf	284	
selection coefficient	497, 562	
selection differential	514, 568	
selection gradient	515, 569	
selectionist	596	
selection response	515	
selective death	530, 580	
selective sweep	462, 523, 577, 737, 815, 847	
self-fertilization	558	
self-incompatibility	749, 836	
selfish	634	
selfish DNA	191, 645	
self-replication	107	
semiconservative	51	
senescence	606	
sensory bias	624	
Sepkoski, Jack	291	
sex	723	
sex-biased inheritance	638	
sex ratio	546, 605, 635, 749	
sexual selection	84, 599, 600	
shifting balance	33, 696	
shifting balance theory（SBT）	535, 659	
shotgun sequencing	163	
Silene acaulis	640	
simulated annealing	503	
SINE（short interspersed nuclear element）	237, 238	
siRNA	270	
sister chromatid	379	
site	387	
slime mold	218	
slip-strand mispairing（SSM）	358	
Smith（スミス）, Adam	16	
SNF2 ファミリー	776	
SNP（single-nucleotide polymorphism）	392, 393, 457	
Social Darwinism	91	
social evolution	634	
soma	23	
somatic mutation	606	
Sorangium cellulosum	410	
Sorex araneus	700	
SOS 応答	769	
SP11	583	
spandrel	602	
spatial structure	475	
Spea multiplicata	656	
species	130	
species selection	660, 716	
species tree	208	
specificity	45	
Spencer（スペンサー）, Herbert	23	
sphenopsid	295	
splicing	111	
sponge	252, 284	
sporangia	297	
sporophytic	545	
stabilizing selection	514, 553, 566, 735	
Stahl（スタール）, Franklin	51	
standard code	114	
standard genetic code	128, 600	
standard neutral model	831	
Staphylococcus	170	
star	575	
starch debranching enzyme	346	
Staudinger（シュタウディンガー）, Hermann	43	
Stentor coerulus	753	
sterane	221	
stereochemistry theory	115	
stereoisomer	43	
sterol	221	
stigma	622	
strategy	612	
Streptococcus pneumoniae	47	
stromatolite	98	
structured	498	
structured coalescent	486	
structured population	475	
subpopulation	481	
substitution	572	
substitution load	593	
Sumner（サムナー）, James	43	
supercoiling	214	
supergene	525, 546	
Sutton（サットン）, Walter	26	
Svedberg（スベドベリ）, Theodor	43	
swimming appendage	328	
Sylvia atricapilla	416	
symbiosis	633, 757	
sympatric	681	
sympatric speciation	701	
synapsis	357	
syngameon	673	
syngamy	244, 723, 745	
synonymous	572, 679	
synonymous change	402	
synonymous mutation	354	
synonymous substitution	66	
synonymous variation	553	
syntax	822	
S 型菌	47	
S 字状（シグモイド）曲線	506	

■ T

tagging single-nucleotide polymorphism（tSNP）	831	
tandem duplication	355	
tandem repeat	820	
targeting signal	767	

Tatum（テータム），Edward	46	
tautomerization	358	
tb1（*teosinte branched1*）遺伝子	343, 344	
Tbx4 遺伝子	337, 338	
Tbx5 遺伝子	338	
TCP 遺伝子	344	
telomerase	188, 234	
telomere	188, 234, 581	
Tetrahymena	494, 495	
Tetrahymena thermophila	129	
tetraploid	684	
tga1（*teosinteglume architecture1*）遺伝子	345	
theistic evolution	74	
theory	89	
thermophile	165	
Thermus aquaticus	150	
Thiomargarita namibiensis	152, 153	
Thomson, William	21	
threshold model	418	
Tiktaalik	786	
Tilapia cf. deckerti	708	
Tinbergen（ティンバーゲン），Nikolaas	335	
tinman	270	
tip	121	
tit-for-tat	663	
tracheid	296	
trade-off	605	
tragedy of the commons	615	
trans changes	332	
transcription	1, 10, 59, 248, 257	
transcription factor	819	
transduction	202, 724	
transfer RNA（tRNA）	52, 223	
transformation	681, 724	
transgenic	436	
transition	354	
translation	1, 10	
translocation	357	
transmission disequilibrium test（TDT）	829	
transposable element	38, 147, 190, 371, 394, 421, 522, 555, 635	
transposition	371	
transposon	147, 371, 642	
transversion	354	
Tree of Life	126	
Tribolium castaneum	327, 329	
Trichomonas	228	
trimerophyte	296	
Triops	330	
triplet	114	
triplet codon	600	
triploid	683	
trisomy	356	
tristylous	749	
tristyly	749, 750	
tRNA（トランスファー RNA）	110, 223	
tRNA イントロン	239	
trochophore	288	
true-breeding	24	
truncation selection	514	
Tulerpeton	300, 301	

■ U		
Ubx（*Ultrabithorax*）遺伝子	314, 321, 324, 326, 328, 332, 389, 391	
Ubx 変異体	314	
ultracentrifuge	43	
ultrametric tree	122	
Ulva	745	
uncultured microbe	160, 672	
unequal crossing over（UEC）	371, 409	
uniformitarianism	12	
unique event polymorphism（UEP）	813	
universal gene	134	
universal genetic code	114	
universal homology	125	
Urey（ユーリー），Harold C.	101	
Uta stansburiana	618	
UV 照射	361	

■ V		
Vandiemenella	512	
van't Hoff（ファント・ホフ），Jacobus Hendricus	43	
variable number tandem repeat（VNTR）	377, 393	
variance	31, 417	
variance component	428	
variation	413	
vascularplant	298	
Vauxia	287	
vertical descent	119	
vertical inheritance	120	
vertical transmission	636	
viability	627	
Vibrio cholerae	149, 151	
viral coat	614	
virulence	180	
vitamin K oxide reductase	529	
Volvox carteri	248	
von Neumann（フォン・ノイマン），John	613	
von Seysenegg（ボン・セイゼネグ），Erich Tschermak	25	
vulva	272	

■ W		
Waddington（ウォディントン），Conrad	334, 389, 753, 758	
Walcott（ウォルコット），Charles	286	
Wallace（ウォーレス），Alfred Russel	18, 78	
Wapkia	287	
warfarin	529	
Watson（ワトソン），James	48	
wave of advance	535	
Weber（ウェバー），Ken	519	
Wegener（ヴェーゲナー），Alfred	280	
Weinberg（ワインベルグ），Wilhelm	29	
Weismann（ワイスマン），August	23, 25	
Weldon（ウェルドン），W.F.R.	20	
Whittaker, Robert	130	
五生物界の系統樹	131	
wild-type	36, 387	
Wilkins（ウィルキンス），Maurice	48	
Williams（ウィリアムス），George C.	657, 849, 851	
Wilson（ウィルソン），Edward O.	851	
Wiwaxia	287	
wobblepairing	223	

Woese（ウース），Carl	115, 133	
Wolbachia	637, 639	
Wollman, Elie	54	
Wright, Sewall	31, 450, 478, 487, 510, 533, 673, 752	
Wright-Castle の推定法	431	
Wright-Fisher モデル	450, 451, 452	
Wright の仮説	752	

■ X		
Xenopus	317	
xerophile	171	
Xiphophorus helleri	690	
Xiphophorus maculatus	690	
X 型のアラインメント	198	
X 線結晶解析	44, 45, 48	
X 染色体	641	
大きな効果	693	
X 染色体性	826	
X 染色体連鎖劣性	826	

■ Y		
Yersinia pestis	150	
Yorgia	284	
Y 染色体	642, 743, 813, 815	
系譜	813	
"Y 染色体アダム"	462	

■ Z		
Zahavi（ザハビ），Amotz	628	
Zea mays	411, 645	
Zea mays ssp. *parviglumis*	345	
Zea mays ssp. *mexicana*	345	
zircon	97, 98	
zootype	319	
zosterophyll	296	
Zuk（ツーク），Marlene	630	
Zygaena ephialtes	760, 761	
zygote	244, 451, 724	

■ あ		
アイランド（島）	193	
病原性——	180, 205	
アウストラロピテクス	799, 801	
アウトグループ（外群）	136, 137, 279, 396, 586	
アオガラ	609	
アオサ	745	
アカシカ	68, 399, 491, 568, 621	
赤の女王	722, 734	
アカパンカビ	46, 642	
アカントステガ	299	
アーキア	134, 古細菌も見よ	
アクチン	258	
アクリターク	221, 280, 283	
アゲハチョウ	546	
アシナガバチ	662	
アダプター仮説	52	
アデニン	50, 359	
アデノシン一リン酸（AMP）	54, 250	
アデノシン三リン酸（ATP）	174	
アノマロカリス類	287	
アピコプラスト	3, 223	
アピコンプレクサ類	219	
アブラムシ	178, 191, 419, 725	

アフリカ起源モデル	806, 811	
アフリカツメガエル	269, 317	
アフリカ類人猿	794	
アミノアシル化	114	
アミノ酸	43, 52, 168, 354, 385, 530, 572, 603, 739	
RNAとの相互作用	113	
化学進化	101	
進化速度	573	
立体異性体	113	
配列	460, 764	
アミ類	331	
アメーバ	213, 236, 250	
アメーボゾア	219, 220	
アメリカコガラ	416	
アラインメント(配列比較)	65, 70, 584, 588	
X型の――	198	
多重配列――	131	
アラビアチメドリ	662	
アリ	179, 607, 662, 758	
アリストテレス	11	
アルゴリズム	503	
アルコール脱水素酵素		
遺伝子(Adh)	394, 396, 438, 563, 577, 587	
多型	577	
アルツハイマー病	832, 840	
アルディピテクス属	799	
アルファルファ	419	
アルベオラータ	218, 219, 220	
アロザイム	391, 392, 399, 400, 476, 576, 670, 688	
アロステリック		
――効果	60, 61, 111	
――調節	63	
――相互作用	765, 776	
アロメトリー	434, 758	
アンカー細胞	272, 273	
アンチコドン	114	
アンチセンスオリゴヌクレオチド	269	
アンチフリーズグリコプロテイン(AFGP)	773	
安定化選択	514, 553, 566, 570, 735	

■い

異型花柱性	749	
異型性	639	
異型配偶	728	
異型配偶子	748	
維管束植物	296, 298, 305	
閾値モデル	418	
異形接合体	ヘテロ接合体を見よ	
育種値	422, 423, 425, 427, 568	
イクチオステガ	299	
異系交配	715	
移行シグナル	767	
移行，主要な――	633, 661, 784	
異時性(ヘテロクロニー)	758	
異質倍数性	684	
移住	489	
移住率	481	
異所性の組換え	370, 643, 729	
異所的種分化	700, 701	
異所的な(生息地)	681	
異所的発現	315, 347, 349	
異数体	678	
一塩基多型	392, 393, 457	

タグつき――	830	
一次共生	227	
イチジクコバチ, 性比	653	
一次色素体	226, 227	
一次的接触	543	
一染色体性	356	
一倍体	244, 450	
一卵性双生児	427	
一夫一妻制	622, 623	
一夫制	660	
一夫多妻	622	
遺伝		
獲得形質の――	15, 23, 373	
性差のある――	638	
遺伝暗号	46, 50, 75, 114, 354, 413, 572	
解読	53	
標準――	114, 128, 600	
標準以外の――	129	
普遍――	114	
ミトコンドリアの――	224	
遺伝学	9, 26, 46, 387, 682	
遺伝距離	681, 809	
遺伝子	25, 28, 386, 387, 415	
mutSミスマッチ修復――	720	
アルコール脱水素酵素――	394	
インプリンティングを受けた――	655	
オーバーラップした――	387	
拡散	478, 479	
欠失	208	
効果	422	
再配置	196	
重複	190	
シングルコピーの――	403	
水平移動	127, 149, 187, 200, 381	
水平伝達	127, 143, 149, 187, 200, 379, 381	
制御ネットワーク	242	
性差のある――	638	
相互作用	425	
操作	62	
相同な――	462	
多様度	400, 460	
地図	827	
調節	54, 58, 61, 767	
治療	825	
導入	436	
突然変異誘発――	717, 719, 720	
ノックアウト	387, 563	
配置	196	
"ハウスキーピング――"	403	
発現パターン	817	
反突然変異誘発――	717	
頻度	476	
複数の――	522	
普遍的――	134	
プール	475	
変換	635, 722, 774	
マーカー	37, 391, 392, 432, 832	
密度	188	
ミューテーター――	717	
野生型――	752	
有害――	552	
流動	475, 477, 484, 702, 842, 843	
劣性有害――	558	

遺伝子移入	489	
遺伝子型	27, 32, 100, 386, 388, 419, 510	
――頻度	32	
――値	420, 422, 423	
――分散	422, 426	
遺伝子間相互作用	510	
遺伝子間の非相加的相互作用(エピスタシス)	420, 421, 507, 511, 523, 588, 659, 689, 731, 736	
遺伝子系図	396, 465, 486	
遺伝子系図学	396	
遺伝子座	387, 397, 432	
アロザイム――	400	
歪みの――	639	
遺伝システム	715	
遺伝子量	200	
――補償	744	
遺伝地図(遺伝子地図)	336, 827	
遺伝的アルゴリズム	503, 738, 787	
遺伝的荷重	83, 592	
遺伝的組換え	46, 200, 353	
遺伝的相関	518, 642, 626	
遺伝的多型	34, 336	
遺伝的多様性	461	
遺伝的同化	430	
遺伝的浮動	31, 449, 452, 453, 527, 548, 695	
機会的――	66	
遺伝的変異	34, 36, 66, 476, 545, 564	
――の量	461	
遺伝標識	37	
遺伝分散, 成分	428	
遺伝様式, 複雑な――	825	
遺伝率	423, 426, 430, 431, 515, 568, 737	
狭義の――	426, 430, 483	
広義の――	426	
突然変異による――	442	
移動	478	
移動体	250, 251	
イトヨ	335, 336, 339	
移入交雑	489	
イバラカンザシ	266	
イミノ型	358	
イリジウム	308	
隕石	98, 103	
インターカレート剤	361	
インテグリン	258	
インテリジェント・デザイナー(知的設計者)	74	
インデル	356, 361, 366, 377, 588	
――突然変異率	377	
イントロン	63, 68, 189, 191, 236, 239, 257, 394, 494, 572, 587	
おもなタイプ	240	
インプリンティング	655	
インフルエンザ	845	
インフルエンザウイルス	67, 381	
ゲノムサイズ	185	

■う

ウィリアムズ, ジョージ・C	657, 849	
ウイルス	144	
ウイルス間の競争	614	
ウイルス外膜	614	
ウィルソン, エドワード・O	851	
ウェバー, ケン	519	

ウォディントン，コンラッド	334, 389, 753, 758	オタマジャクシ	656	化学――	99, 154
ウォブル対合	223	オーダーメイド医療	838	恐竜の――	85
ウォルコット	286	オッカムのかみそり	127	偶蹄類の――	86
ウォーレス，アルフレッド・ラッセル	18, 78	オートインダクション	181	南極の有袋類の――	83
ウォーレス線	79	オートインデューサー	181	分子――	111
ウグイス	670	オナジショウジョウバエ	333, 637	化石化	275
ウシ海綿状脳症	107	オパーリン，アレグサンダー	37, 101	化石記録	81, 275, 294, 803
ウース，カール	115	オピストコント	219, 220	顎脚	329, 331, 332
渦鞭毛藻類	219	オープンリーディングフレーム	773	活性酸素	361
宇宙	103	オペロン	60, 151, 190, 547	活性部位	763
ウマ	678	親と子	654	カドヘリン	252
ウミウシ	266	オランウータン	795	カバ	85
ウミユリ	265	オリゴヌクレオチド	392	カブトエビ	330
ウラシル	359	オリゴマー	108	鎌形赤血球	51, 424, 476, 507
ウラン 238	97	オルドビス紀	295	鎌状赤血球貧血症	354, 355, 835
ウレアーゼ	43	オワンクラゲ	5	鎌型赤血球ヘモグロビン	422, 566
運動ニューロン	781			カメラ眼	347
		■か		がらくた DNA	191, 645
■え		科	130	ガラパゴスフィンチ	514, 515, 516, 517
腋芽分裂組織	345	界	130	カラミテス	300
エキソン説	241	回帰	422, 515	仮導管	296
エキソンシャフリング（エキソン混成）	241, 776	外群（アウトグループ）	136, 137	ガリレイ，ガリレオ	11
エクスカベート	218, 219, 220	灰色藻	222, 227	カルシトニン	258
エステラーゼ 5 遺伝子	399	海水準，大きな上昇	307	カルシトニン遺伝子関連ペプチド（CGRP）	258
枝	121	海生無脊椎動物	291	カルス	255
エディアカラ化石	284, 285	回折像	49	カルビン回路	173
エディアカラ生物群	282	改善	207	加齢	599, 606
エーテル処理	391	階層構造，人口動態	809	カロテノイド	175
エネルギー代謝	172	階層分類	75, 130	がん	260
エノール型互変異性体	358, 360	外胚葉	258, 288	感覚バイアス	624, 625, 626
エピスタシス（遺伝子間の非加的相互作用）	420,	――異形成症	340	感覚毛	325
	421, 507, 511, 523, 588, 659, 689, 731, 736	解剖学的現代人	805	カンガルーネズミ	411
負の――	735	カイミジンコ（貝虫類）	727	環境	
エボデボ	313	海綿動物	252, 261, 264, 284	――ゲノミクス	162
エマーソン，ラルフ	341	海洋底	276	効果	444
鰓曳動物	280, 288	外来 DNA	205	――条件	36, 515
襟細胞	251, 252, 261	カヴァーリ＝スフォルツァ，ルーカ	808	――分散	420, 426, 431
エルドリッジ，ナイルズ	88	カエル	265	――変異	419
塩化アンモニウム	101	化学栄養	172	――偏差	420, 569
塩基座位	387	化学合成	104	――要因	518
塩基除去修復	364	化学独立栄養性共生	177	桿菌	682
塩基対合，相補的な――	50	カキネハリトカゲ	701	還元条件	103
塩基多様度	395, 402, 403, 404, 458, 461, 471	カギムシ	266	頑健性	754
エントアメーバ	228	核	213	還元的アセチル CoA 経路	173
エンドウ	24	外生説	229, 232, 233	還元的トリカルボン酸回路	173
エンドサイトーシス	222	起源	229, 231, 233	環状 AMP	250
エントロピー	87	内生説	229, 230, 233	干渉欠損ウイルス	639
エンハンサー	257	核ゲノム	224	冠状動脈性心疾患	840
		構造	234	岩石，最古の――	98
■お		核酸	44, 104	間接選択	624, 722, 755
応答遺伝子座	639	重合体	113	間接法，関連解析	831
大型多細胞生物群	282	拡散	571	感染症，――拡大のモデリング	496
"大きな変異"	22	拡散近似	478	完全変態	261, 263, 646
オオシモフリエダシャク	507, 593	革新	763	完全連鎖	433
オオマツヨイグサ	25	核内有糸分裂	745	含動原体逆位	356, 357, 369
オオヨシキリ	630	カークパトリック，マーク	627, 630	カンブリア紀	13
オオルリアゲハ，擬態型	671	核様体	150, 219	カンブリア爆発	285, 290, 293
岡崎フラグメント	234	家系	432	冠輪動物	263, 264, 288
尾飾り	569	家系図	826	関連解析	437, 555, 829, 834
雄間の競争	622	カサノリ	219	間接法	829
オストロム，ジョン	278	ガスハイドレート	307	直接法	829
オーソロガス	192, 193, 317	火成説	12		
オーソログ	137	化石	13		

■き

キアズマ	726, 740
偽遺伝子	83, 190, 239, 460, 572, 608, 648, 772
キイロショウジョウバエ	267, 314, 333, 414, 453, 568, 641
アルコール脱水素反応	438
――ゲノム	461
剛毛	418
キイロタマホコリカビ	250
気温, 変化	310
機会的	447
機会的遺伝的浮動	66, 447, 496
モデル	450
機会的過程	448
危険準備遺伝子座	722
キサンチン脱水素酵素	575
基準死亡率	607
寄生吸虫	549
擬態	20
キタゾウアザラシ	401
拮抗的多面発現	609
キナーゼ	240
キネトプラスト	218
機能喪失型変異	315
機能的制約	403
キプリング, ルディアード	604
基本定理	612, 734
帰無仮説	571, 832
木村資生	65, 440, 460
逆位	356, 357, 361, 363, 369, 371, 408, 540, 583, 639, 743
左右対称な――	196
染色体の――	34
逆遺伝学	269, 827
逆転写	237
逆転写酵素	63, 239, 638
キャプシド	202
旧口動物	262, 264, 288
休眠	710
強化	705, 706
共進化	549
共生	757, 783
一次――	227
細胞内共生	3, 221
消化器系の――	179
二次――	226, 227
共生ウイルス	639
共生細菌	162, 185, 209, 222
競争	633, 653
ウイルス間の競争	614
雄間の――	622
局所的配偶――	653, 654
競争的排除	675
キョウソヤドリコバチ	637
兄弟姉妹	429
協調進化	371
共直線性	315
共通祖先	1, 126
――確率	456
現存する全生物に最も近い――	119
全生物の――	119
最も近い――	126
共転写	190
共同型双生児	427
挟動原体逆位	356
共分散	418
近親者間の――	428
莢膜	46
共有地の悲劇	615
協力	633
極限環境	152
局所個体群	535
局所的配偶競争	653, 654
棘皮動物	262, 288
魚類	82, 299
近交係数	456, 555
近交系統	426
近交弱勢	389, 455, 555, 557, 558, 724, 749
均質化	477
近親交配	31, 455, 456, 654
近隣サイズ	487
菌類	
突然変異率	718

■く

グアニン	50
空間構造	475
空気呼吸	294
偶然仮説, 凍結された――	115
クエン酸回路	105
クオラムセンシング	181, 649, 656
区画化	108, 775, 778
クジラ	85
口肢	331
クック, ジェームズ	14
グッピー	744
クマノミ	265
組換え	5, 191, 379, 390, 396, 462, 465, 466, 489, 723, 728, 738, 743
異所性の――	370, 643, 729
遺伝的――	200, 353, 46
進化	731
染色体内――	371
相同――	206, 269, 365, 370
分離による――	380
有性生殖による――	379
組換え DNA 技術	62
組換え荷重	729
組換え修復	365
組換え率	397, 741
クモ	266
クライン（勾配）	476, 479, 480, 538, 540, 541, 543, 670, 701, 808, 841
幅	543, 571
"クラウン"グループ	220
クラゲ	219
クラミドモナス	248, 725
グラム染色	150
グラント, ピーター	514
グラント, ローズマリー	514
クリスタリン	771
クリステ	218
クリック, フランシス	110, 716
クリプト藻	219
グルコース	56
グルコース-6-リン酸イソメラーゼ（ホスホグルコースイソメラーゼ）	763
グールド, スティーブン・ジェイ	88, 304, 851
グループ I イントロン	239
グループ II イントロン	239
クレード	121, 396
グレートスレーブ湖	98
クレブス回路	105
クレンアーキオータ	156, 157
クロショウジョウバエ	333
クローニング	62
グロビン	405
――遺伝子	404, 405, 529
――タンパク質	137
クロマチン	214
クロロフィル	174, 175
クローン	449
サル	256
羊	256
クローン間干渉	721
クワガタムシ	623
群選択	657, 716
群体	248

■け

警告色	760
警察行動	664
形質	11, 476
獲得――	15
相似的な――	76
複雑な――	413
形質状態復元	785
形質転換	47, 201, 681, 682, 724
形質導入	202, 204, 724
系図	458
系図学	396
珪藻類	219, 753
形態, 定量化	293
系統解析アンカー配列	163
系統学	396
系統型	161
系統関係	74, 465, 672
系統樹	119, 120, 130
rRNA の――	134
Whittaker の五生物界の――	131
種の――	208
進化系――	120, 121
生命の3つのドメインの――	133
全生物の――	119, 126, 130, 143
全生物の有根――	136, 138
側系統	121
多系統	122
単系統	121
ファージのプロテオームの――	146
無根――	134
有根――	134, 136, 138
リボソーム RNA (rRNA) による――	156
系統図	122
系統選別（系統ソーティング）	680, 796
系統地理学	488, 812
系統プロフィール解析	211
系統分類	154
ケース・コントロール・デザイン	829

血液凝固阻害毒	529	交雑不和合性	688	後生動物	220
血縁識別	656, 657	後翅	324, 325	個人特定	840
血縁者	649, 826	口肢	329	枯草菌	149, 151
血縁選択	639, 650, 705	高次コイル	214	古代DNA	346, 816
血縁度	653	高次倍数性	685	古代型人類	806
結核菌	149, 151	更新世	679, 851	個体数	400, 832
欠失	368	校正	354, 361, 365, 366	コデイン	848
欠損干渉ウイルス（DVI）	500, 614	後成説	11	古典遺伝学	432
ゲノム	185, 470	構成的	58	古典仮説	544, 596, 835
γプロテオバクテリア	209	後生動物	281	古典的見解	36, 66
——が希釈されるコスト	728	分岐	293	コドン	114
細胞小器官の——	223	抗生物質耐性	201, 202, 203	コドン使用頻度，偏り	206, 585, 608
進化速度	234	酵素	43, 565, 763	ゴニウム属	248
真正細菌の——	150	キサンチン脱水素——	575	ゴニディウム	249, 250
比較	69	キネティクス	763	誤分類	155
密度	189	逆転写——	63, 239, 638	コペルニクス，ニコラス	11
ゲノム医学	847	——作用	42	互変異性化	358, 376
ゲノムインプリンティング（ゲノム刷込み）	654	シトクロム酸化——	399	互変異性体	360
ゲノム科学	817	制限	62, 205	五放射相称	262
ゲノムサイズ	108, 185, 189, 236, 378, 645, 646	デンプン枝切り——	346	固有変異，多型	813
ゲノム再編成	256	乳酸脱水素——	771, 772	ゴリラ	795
ゲーム理論	600, 613	ビタミンK還元——	529	コルアーキオータ	156, 157
ケモカイン受容体	578	複製——	108	コルダイテス類	298, 300
ケモスタット	565	補——	111	コレラ菌	149, 151
ケルコゾア	219	リン酸化——	240	コレンス，カール	25
ケロジェン	99	紅藻	227	コロイド	43
原因遺伝子	826	構造解析	62	コロニー形成単位（CFU）	160
原核生物	130, 134, 149	抗体	255, 722	痕跡的構造	83
顕花植物	545	口蹄病ウイルス	497	昆虫	
言語	88, 818	抗凍結糖タンパク質	773	社会性——	607
減数分裂	244, 368, 379, 380, 462, 635, 723	好熱菌	165	空を飛ぶ——	300
減数分裂分離比ひずみ	635	超——	165	放散	301
原生代	221	好熱性細菌	164	コンピテンス	182, 201
現代人	804	交配型（接合型）	747	根粒菌	179
頭蓋	807	酵母	42, 717		
顕微鏡	25	S.cerevisiae	240	■さ	
		グリセロール	170	細菌	119, 130, 149
■こ		——適応度	563	光合成——	99
コアレッセンス	397, 455, 458, 459, 579, 812	プリオンPSI⁺	774	好熱性——	164
過程	457, 464, 466	候補遺伝子	436	古——	119, 134, 149, 185, 213, 357, 642, 723
組換えのある——の過程	466	剛毛	271, 333, 568	真正——	
系統の——	486	数	416, 437, 438, 453, 521		119, 122, 134, 149, 185, 213, 357, 642, 723
構造をもつ——	486	変異	444	窒素固定——	150, 177, 662
——時間	486, 487	合理的設計	502	細菌学	46
綱	130	好冷菌	165	最終氷期後	488
好塩菌	164, 170	ゴカイ	266	最小遺伝子セット	192
好塩性古細菌	176	黒化型	507	再生	253
好塩性生物	170	コケ植物	295	最適化	601
高温菌	165	コケムシ	266	サイト	387
甲殻類	332	古細菌	119, 134, 149, 213	細胞	214
形態の大進化	328	遺伝子構成	191	——骨格	216
好乾性生物	171	大きさ	153	——小器官	130, 216, 222, 778
好極限性	170	ゲノム	153, 185	増殖	325
——生物	164	ゲノムサイズ	188	分化	248, 252
抗原	722	好塩性——	176	分裂	248, 271
光合成	175, 213	好気性	153	——壁	150, 151
——栄養	174	——でみられる生化学過程	171	陸上への進出	295
——細菌	99	——ドメイン	156	細胞学	25
——性	174	細胞膜	153	細胞学的	407
——独立栄養性共生	177	真正細菌との社会的相互作用	181	細胞系譜，パターン形成	271
後口動物	262, 288	相利共生	177	細胞骨格タンパク質アクチン	259
交差	357, 371, 379, 380, 723, 726	多様性	149, 185	細胞質雄性不稔	637
交雑帯	489, 543, 695, 702, 760	メタン生成——	179	細胞小器官ゲノム	224

細胞性粘菌	250
細胞体制	242
細胞内共生	3, 185, 221, 223
サクラソウ	81
雑種救済	690
雑種強勢（ヘテロシス）	555, 683, 724
雑種不和合性	687, 691
サットン，ウォルター	26
サテライトDNA	237, 393
ザハビ，アモツ	628
サヘラントロプス	798
サーマス属	156
左右相称	262, 288
ザリガニ	266
三型花柱	749
サンガー法	62
産業汚染	507
サンゴ礁，形成機構	17
三染色体性	356
三倍体	683
三葉虫	82
産卵門	272, 273

■し
シアノバクテリア	3, 99, 222, 226, 227
シアン酸アンモニウム	101
シアン酸銀	101
紫外線	845
自家受精	558
自家不和合性	545, 749, 836
時間による隔離	677
色素体	226, 227
シクリッド	78, 708
シクロブタンピリミジン二量体	362
自己触媒ネットワーク	105
自己組織化	108, 500
自己複製	106, 536
遺伝子型の——	107
自己複製子	85
四肢，進化	786
子実体	250
シジュウカラ	624, 628, 629, 662
糸状仮足	258
雌小穂	341
自殖種	750
自殖選択	749
シス制御	339, 820
雌性配偶子	748
雌性両性異株	743
自然集団	430
自然主義的誤謬	91
自然神学	11, 601, 85
自然選択	9, 18, 19, 34, 36, 73, 83, 386, 448, 493, 494, 527, 540, 564, 選択も見よ
コスト	593
間接測定	571
——への反論	85
変動	547, 732, 733
自然選択説	21
自然淘汰	73, 386, 493, 564, 自然選択，選択も見よ
四足動物	279, 299
始祖鳥	278, 303
子孫数	496, 505, 592

期待値	450
疾患遺伝学	825
しっぺ返し	663
至適生育温度	165, 166, 167
GC含量と——	168
シトクロム酸化酵素	399
シトシン	50
脱アミノ化	359
シフティングバランス理論	535
刺胞動物	261, 264, 284, 287, 724
分岐	294
シホファージ	146
姉妹染色分体	379
不等な交換	370
島	アイランドを見よ
島モデル	477, 481, 482, 486, 533, 843
翅脈	325, 430, 431, 434
パターン	430
シミュレーティッドアニーリング	503
指紋	430
社会	89
社会性昆虫	607, 634, 663
社会ダーウィニズム	91
社会的地位	88
弱有害突然変異	847
蓄積	532
"ジャックポット（賭）"パターン	375
シャボンノキカメムシ	80
ジャマイカゴメツキムシ	584
ジャンクDNA	191, 645
じゃんけんゲーム	615, 617, 618
種	130
——間の差	377
共存	675
系統樹	208
消滅	308
選択	660, 716, 755
定義	670
——内の多型	576
分化	304, 669
利益	37, 68
獣脚類	278
宗教的信念	90
重合核形成	107
囚人のジレンマ	615, 663, 664
従属栄養	172
集団	451
系図	462
構造をもつ——	475
混合	489
サイズ	397, 401, 402, 454, 505
——間の分散	452
有効な大きさ	452, 454
集団遺伝学	31, 33, 497
集団構造	475, 485, 659
雌雄同体	600, 637, 743
重複	356
縦列重複	355, 356
縦列反復配列	236, 361, 377, 393, 820
収斂（進化）	124, 155, 396, 676
宿主	635, 648
宿主系統（ホストレース）	710
樹状図	122

酒石酸	43, 44
出生前スクリーニング	838
『種の起源』	9, 18, 73, 78, 267, 313
種の起源，新しい——	80
主要組織適合遺伝子	403, 583, 751, 835
受容体型チロシンキナーゼ	252
受容体キナーゼSRK	583
腫瘍，特性	838
主竜類	278, 279
"順遺伝学"	268
純化選択	514, 572
純系説	27
純系品種	24
準同質遺伝子系統（NIL）	436
常温菌	165
生涯繁殖成功度	621
小顎分節	328, 332
ショウジョウバエ	26, 268, 314, 356, 451, 562, 608, 672, 717, 829
拡散率	479
例	622
常染色体性	826
常染色体優性	826
——遺伝病	552
常染色体劣性	826
冗長性	771
情報系遺伝子	208
小胞体	216
小葉植物類	298
初期感染	496
除去修復	364
触手冠	288
触媒	
——RNA	63, 240
活性	111
機能	763
作用	42
植物，多様性	275
『諸国民の富の本質と原因の研究（国富論）』	16
ショットガンシークエンシング法	163
所的種分化	701
処罰	664
シーラカンス	659, 672
ジルコン	97, 98
シルル紀	295, 296
シロアリ	663
シロイヌナズナ	224, 592
白黒えりヒタキ	705, 706
シロツメクサ	419
人為選択	21, 79, 513, 518
親縁係数	456
進化	
化学——	105
協調——	371
言語の——	821
四肢の——	786
社会性の——	634
証拠	73
推定	123
総合説	31, 33, 36, 41, 73, 441, 599, 673
大進化	88
——的に安定な戦略	600, 614
鳥類の飛翔の——	302

平行――	124, 125	
陸上高等植物の――	296	
老化の――	610	
深海	104	
進化可能性	501, 751, 755	
真核生物	119, 130, 134, 213, 462	
進化系統樹	120, 121	
進化ゲーム	599, 600, 612	
進化心理学	851	
進化生態学	634	
進化生物学，歴史	9	
進化適応，環境	851	
進化的形質状態復元	127, 169	
進化能(進化可能性)	751	
シンガミー(接合)	723	
シンガメオン	673	
進化論		
社会――	91	
――への反論	84	
有神論的――	74	
進化論的計算	787	
新規感染数	496	
新奇性	757, 758	
人口動態	809	
新口動物	262, 264, 288	
『人口論』	18	
真社会性	663	
真獣類(有胎盤類)	744	
人種差	847	
親水的	109	
真正細菌	119, 134, 149, 213	
遺伝子構成	191	
ゲノム	150, 185	
ゲノムサイズ	188	
古細菌との社会的相互作用	181	
染色体	150	
相利共生	177	
多様性	149, 185	
――でみられる生化学過程	171	
――ドメイン	156	
伸長因子	139	
浸透圧	170	
信頼限界	457	
新ラマルク理論	15	
人類遺伝学	416	
人類進化	825	

■す

水成説	12	
水素結合，――と温度	168	
垂直継承	119, 120	
垂直進化	207	
垂直伝達	636	
水平伝達	636, 757	
髄膜炎菌	466	
スキアシガエル	656	
スズガエル	418, 419	
スター	575	
"ズータイプ"	319	
スタフィロコッカス属	170	
ステラン	221	
ステロール	221	
ストロマトライト	98	

スーパージーン	525, 546	
スパンドレル	602	
スプライシング	111	
スプライソソームイントロン	239	
すべりによるDNA鎖の不対合(SSM)	358, 361	
スペンサー，ハーバート	23	
スミス，アダム	16	
スライディングウインドウ法	194	

■せ

性	379, 642, 723, 728, 741	
――と組換えのコスト	728	
進化	745	
生育温度		
アミノ酸組成と――	169	
――とrRNA遺伝子	168	
生育環境による隔離	677	
斉一説	12, 14	
生化学	46	
生活環	515, 725, 745	
生活史	600	
生活史形質	430, 431	
正規曲線	553	
正規分布	416, 417, 478	
制限酵素	62, 205	
制限酵素断片長多型(制限断片長多型)	154, 392, 827	
精子小人(ホムンクルス)	780	
生殖隔離	304, 673	
生殖器	620	
生殖細胞, 体細胞との区別	249	
生殖細胞系列(生殖系列)	23	
生殖の隔離	304, 677, 678, 704	
生殖の不和合性	687	
精子リシン	574	
精神遅滞	826	
性染色体	403, 454	
性選択	84, 599, 600, 619, 621, 744	
――における非対称性	621	
生存能力	627	
生存率	423	
生態の資源	675	
生態的地位	163	
性的特徴	627	
正の選択	573, 574, 818, 836	
性比	546, 605, 635, 653, 749	
イチジクコバチ	653	
生物学的種概念	673, 797	
生物多様性，最大の危機	307	
生物統計学	23, 28, 37	
性別	748	
生命，起源	95	
脊索動物	262, 288, 317	
最初の――	82	
石炭，堆積	298	
脊椎動物	299, 300, 319	
世代	452, 477	
節	121	
赤血球貧血症	529	
接合(シンガミー)	201, 202, 203, 244, 723, 724, 745	
接合後隔離	679, 681	
接合子	244, 451, 724	
接合前隔離	678, 681	

節足動物	261, 285, 288, 290, 300, 637, 646	
絶対適応度	453, 497, 505	
接着斑キナーゼ	258	
切頭選択	514, 595	
絶滅	305	
大量――	305, 307	
白亜紀末(K-T)の――	308	
ペルム紀の――	305, 307	
絶滅種	127	
節約原理	127, 135	
セプコスキ	306	
ゼブラフィッシュ	267, 268, 845	
セルロース分解反応	179	
セレノシステイン	129	
遷移，法則	82	
全遺伝子型分散	422	
線形動物	288	
前口動物	262, 288	
前後軸	314	
前翅	324	
染色体	26, 185, 214	
逆位	34, 390	
真正細菌の――	150	
進化速度	408	
バランサー――	390, 442	
変化率	407	
染色体クライン	542	
染色体説	27	
染色体分離	367	
染色体融合	699, 700	
前成説	11	
前生物的合成	101	
選択	29, 373, 460, 493, 自然選択も見よ	
RNA分子の対合に対する――	586	
効果	508	
正の――	573, 574, 818, 836	
測定	561	
直接測定	562	
二倍体に対する――	508	
非コードDNAへの――	584	
頻度依存性――	507, 513, 545, 565, 600, 634, 675, 708, 731, 733	
方向性――	508, 509, 514	
見せかけの――	567	
モデル	514	
量的形質に対する――	513	
連鎖した遺伝子座に働く――	577	
選択一掃	462, 523, 577, 579, 737, 815, 847	
選択応答	515	
選択係数	497, 505, 562, 836	
選択勾配	515, 569	
二次の――	570	
選択差	514, 515, 568	
選択実験	519	
選択的スプライシング	191, 240, 241, 258, 387, 648, 778	
"選択による死"	530, 580	
選択論者	596	
センチモルガン	828	
線虫		
daf-2遺伝子	611	
Hox遺伝子	318	
コドン使用頻度の偏り	585	

体のサイズ	442
突然変異率	718
発生	267, 272, 273
先天性代謝異常	46
全同胞	428
セントラルドグマ	10, 59, 373, 413
セントロメア	234, 236, 356, 581
繊毛虫類	129, 219
戦略	612

■そ

ゾウ	265
"相異"	293
相加遺伝分散	427, 431, 451, 481, 498, 499, 590, 734
相加分散	426, 428
ゾウガメ	670
相加モデル	417, 420
相関係数	419
総鰭類	299
相互作用分散	426
操作系遺伝子	208
操作的分類単位	121
相似	76, 124
双翅目	325, 369
双子葉植物	261, 262
増殖率	562
相対生存率	423
相対成長	434
相対適応度	453, 497, 505
相同	76, 120
相同遺伝子	192
相同組換え	206, 269, 365, 370
相同性	119, 120
普遍的――	125
相同染色体	379
相同的	601
挿入	368
挿入配列	529
送粉	687
相補 DNA	239
双方向複製	199
相補性検定	387, 388, 390, 557, 691
相利共生	177, 633
ソーエイヒツジ	401
属	130
側脚	327, 328, 329
側系統	121
側所的	679
――種分化	701
――分布	510
ソケット細胞	272
疎水性	109
――アミノ酸と好熱性	169
疎水性コア	765
ゾステロフィルム類	296
祖先遺伝子	455
祖先形質状態	129
祖先集団	809
ソテツシダ類	298
ソードテール	690

■た

第 3 頸椎	321
退化	608
大顎分節	328, 332
耐乾性菌	171
対合	357
体細胞，生殖細胞との区別	249
体細胞系列	23
体細胞変異	606
大進化	88, 276
甲殻類の形態の――	328
対数変換	417
堆積岩，グリーンランドの――	99
苔虫動物	288
大腸菌	56, 149, 519, 642, 717, 769
新陳代謝	603
大腸菌 K12	57, 192
太陽系	98
大陸ゴンドワナ	280
大陸集団	477
対立遺伝子	26, 32, 314, 386, 387, 414, 415, 432, 451, 491, 675
ダフィー(Duffy)――	578
突然変異――	528
ヌル――	314, 571
――頻度	386, 394, 449, 451, 452, 468, 477, 482, 508, 835
頻度の低い――	545
複――	26
不和合性――	583
ヘモグロビン S 鎌状赤血球の――	832
無限――	575
有害――	530
有利な――	506, 524, 535
大量絶滅	305, 307
ダーウィニズム	23
ダーウィン，チャールズ	17, 73, 119, 494, 650, 795
――医学	849
――の悪魔	602
ダウン症候群	356, 838
多型	368, 386, 394, 395, 400, 438
多型遺伝子マーカー	827
タカ-ハトゲーム	613
タカラガイ	266
多系統	122
多細胞化	247
多細胞性	247
多糸染色体	408
多重配列アラインメント	131
多精子受精(多精)	683
多地域進化説	842
多地域進化モデル	806, 807
脱アミノ化	362
脱皮動物	263, 264, 288
脱離形質	345
立襟鞭毛虫	220, 251
多能性	254
タバコモザイクウイルス	54
ダフィー(Duffy)対立遺伝子	578
多夫制	660
多分岐	122
多面効果	多面発現効果を見よ
多面発現	554, 752

多面発現効果	568, 609
多面発現的副作用	522
多様化	
――選択	676
――と多数死モデル	292
多様性	292, 461
単為生殖	683, 727
単系統	121, 261, 278
探査システム	754, 779, 780, 853
単子葉植物	261, 262
淡水(性)巻貝	549, 734
炭素 14	97
炭疽菌	150, 151
断続平衡説	12, 88
炭素固定	172, 173
炭素代謝	172
タンパク質	43, 59, 399, 414
機能	60
高次構造	764
合成	51
――と温度	167
熱ショック――	65
変異	385
翻訳	138, 140
タンパク質電気泳動法	391
担輪子動物	288

■ち

地域集団	477
澄江(Chengjiang)動物群	285
置換	572
――による荷重	593, 594
地球	
温暖化	309
年齢	21, 96
歴史	95
チクシュルーブ・クレーター	308, 309
地質学	12
『地質学原理』	14
地質時代	275, 277
地質年代	291
知性	88
地層	13
窒素固定	150, 177, 662
知的設計者(インテリジェント・デザイナー)	74, 90
チミン	50, 360
チミン二量体	362
"チャック"コール	625
チャート	280
中温菌	165
沖帯生	710
柱頭	622
中胚葉	258
中立	449
中立進化	448
速度	459
中立説	65, 66, 397, 459, 460, 544, 571, 679, 696
中立突然変異	572, 577, 582
中立論者	596
チョウ	266, 762
超遠心機	43, 44
超計量樹	122

超好熱菌	165	
長枝誘引	141, 142	
跳躍進化	19, 23	
超優性	421, 509, 555, 556	
負の――	510	
鳥類，飛翔の進化	302	
直接選択	624	
直立二足歩行	799	
直列重複	355	
地理的隔離	489, 701	
地理的相違	843	
地理的分布	78	
地理的変異	480	
チンパンジー	680, 794, 795	

■つ

つがい外受精（EPF）	628, 630, 751
月見草の仲間	545
ツール・インダストリー	801

■て

低温菌	165
低形質変異	326
定向進化	23
ディスキクリスタータ	218, 220
底生	710
デイノコッカス属	156
ディーム	477, 480, 481, 535, 575, 657, 696
ティンバーゲン，ニコラス	335
デオキシリボヌクレオチド	111
テオシント	340, 342, 343, 344, 437, 520
デカルト，ルネ	12
適応	34, 35, 56, 441, 448, 493
複雑な――	87
適応度	373, 386, 422, 451, 494, 496, 503, 527, 535, 562, 599, 605, 634
構成要素	496
酵母――	563
絶対	453, 497, 505
相加遺伝分散	498
相対	453, 497, 505
対立遺伝子頻度と――	504
違い	564
――地形	503, 510, 511, 533, 566, 658, 695, 760
平均――	498
包括――	652
峰	510, 658, 695, 760
適応万能論	602
適応放散	78
デザイン論証	85
デスキクリスタータ	219
テトラヒメナ	494
デボン紀	295
テュラーペトン	300
テロメア	188, 234, 581
テロメラーゼ	188, 234
転位	354, 371
転位因子	147, 190, 237, 371, 372, 394, 421, 522, 555, 635, 636, 637, 644, 647
転換	354
癲癇	836
電気泳動	44, 392
転座	357, 358, 361, 363, 369, 540

電子伝達鎖	174
転写	1, 10, 59, 248, 257
翻訳機構	215
転写因子	257, 819
伝染性病原体	180
伝達不平衡検定	829
テントウムシ	637
点突然変異	354, 642
デンプン枝切り酵素	346

■と

同位体	96
同義	572
突然変異	354, 553
同義置換	66, 402, 679
速度	407
同義変化	572
道具	801
統計学	830
統計学的手法	416
同型接合体	ホモ接合体を見よ
同型双生児	426, 427
同型配偶子	748
動原体	700
統語法	822
同座	389
同座性	390
同質倍数性	684
陡山沱（Doushantuo）層	278, 280, 282
同所的	681
――種分化	701, 706
同祖性	455, 456, 651
動物	
クローン作成	254
多様性	275
動物哲学	15
動吻動物	288
同胞	429
トウモロコシ	340, 342, 343, 344, 346, 411
トゥンガラガエル	625
トカゲ	618
トガリネズミ	700
ドーキンス，リチャード	851
特異性	45
トクサ類	295
特殊創造説	90
毒性	180
ドクチョウ（Heliconius）属	513, 659
独立栄養	172
トゲウオ	335, 336, 338, 710, 779
突然変異	46, 58, 66, 353, 436, 448, 449, 553, 571, 606
Fisher-Muller による説明	736
インデル――	366
機能喪失型――	315
効果	440
効果の大きい（r > 2d）――	440
効果の小さい（r<<d）――	440
弱有害――	847
新規――	458
新生――	527
体細胞――	606
中立――	572, 577, 582
点――	354, 642

同義――	354, 553
――と選択の変更	552
――による遺伝率	442
――による荷重	594, 610, 645, 718, 719, 741, 846
――による分散	522, 554
フレームシフト――	355
ミスセンス――	354
有害な――	850
有利な――	440
有効な――	846
『突然変異説』	25
突然変異対立遺伝子	528
突然変異分散	442
突然変異誘発遺伝子	717, 719, 720, 721
突然変異誘発スクリーニング	268
突然変異率	108, 373, 376, 377, 378, 397, 459, 461, 718, 719, 846
総――	444
ドットプロット	194, 195
ドブジャンスキー，テオドシウス	34, 478, 673
ド・フリース，ユーゴ	25
トマト	436
ドメイン	130, 134
混成	775
トラ	673
トラコーマ病原体，誤分類	155
トランジション	354, 376
トランスバージョン	354, 376
トランスファー RNA (tRNA)	52, 110, 223
トランスポゾン	147, 236, 237, 238, 371, 372, 394, 642
トリコモナス	228
トリソミー	356
トリプレッドコドン	75
トリメロフィトン類	296
トレードオフ	605, 609
トロコフォア	288

■な

内胚葉	258, 287
内膜系	216
なぜなぜ物語	602
ナデシコ科の植物	640
ナンキョクブナ	280
軟骨発育不全症	551
軟体動物	263, 284

■に

二項分布	451
ニシキヘビ	83
二次共生	226, 227
二次元集団	487
二次色素体	226, 227
二次的接触	543, 702
二重膜構造	109
二重らせん	50
二足性	799
ニッチ	163, 546
二倍体	244, 367, 420, 450, 745
生活環	745
二倍体個体	454
二倍体細胞	379

ニホンジカ	491	白化型	507	光エネルギー	172
二名法	130	バクテリオシン	616, 642	光回復	364
乳酸脱水素酵素	771, 772	バクテリオファージ	46, 57, 374, 765	"H.M.S. ビーグル号"	17
乳糖耐性	843, 844	溶原性	56	非コード領域	66
ニュートン, アイザック	12	バクテリオファージ Qβ	536	被子植物(花をつける植物)	749
尿素	101	バクテリオロドプシン	176	微小管	216
二卵性双生児	427	バージェス頁岩	285, 286	微小線維	216
二量体	392	ハーシェル, ジョン	85	微小モデル	520
ニワトリ胚の神経細胞	259	派生形質	799	ヒストン	215, 356
任意交配	475	派生形質状態	129	ヒストン H4	404, 406
妊娠中の吐き気や嘔吐(NVP)	849	パターン形成	314	非相同遺伝子による置き換え	782, 783
		ハチドリ	686	ビタミン K 還元酵素	529
■ぬ		バックグラウンド選択	580, 737	ヒッチハイキング	462, 523, 524, 577, 626
ヌクレオソーム	154, 215	ハックスリー, トーマス・ヘンリー	19	ヒト	347, 410, 430, 465, 507, 680, 795, 846
ヌクレオチド	49, 104, 387	発酵	42	寿命	850
——除去修復	364	発疹チフスリケッチア, 誤分類	155	進化史	793
ヌル仮説	571	発生	69	生活環	725
ヌル対立遺伝子	571	遺伝子群	267	精子の細胞分裂	378
ヌルモデル	527	——制御	314	変異	841
		発生段階, 胚のある——	76	本質	852
■ね		発生調節因子	334	ミトコンドリア DNA	579
ネアンデルタール	816	発生的制約	500	老化	850
頭蓋	807	発生ネットワーク	779	非同義置換	402
ネオテニー(幼形成熟)	646	発生プログラム	313	速度	407
熱ショック	430, 431	発明	763	非同義変化	572
熱ショックタンパク質	65	ハーディ・ワインベルグ(Hardy-Weinberg)		ヒトゲノム	88, 238, 410, 647
熱水噴出孔	104	式	835	ヒトゲノム計画	828
ネッタイキノボリサンショウウオ	646	比	508	ヒト集団	531
熱力学第 2 法則	87	花	749	ヒト絨毛膜ゴナドトロピン	838
粘菌	218, 219	翅		ヒト族	447, 793, 795, 798
年代測定	96	形	434	拡散	803
		斑紋パターン	513	進化	797
■の		ハプロタイプ	387, 388, 395, 398, 465, 467, 830	ヒトデ	265
脳, 大きさ	802	ハプロ不全	347	ヒト免疫不全ウイルス(HIV)	80, 377, 483, 836
農作物	513	ハミルトン, ウィリアム	613, 650, 851	ビードル, ジョージ	341
嚢胞性線維症	825	——の規則	651	ヒドロキシプロピオン酸経路	173
ノックアウト	837	パラログ	137, 772	ヒドロゲノソーム	216, 229
ノンコーディング RNA	167	バランサー染色体	390, 442, 592, 739	非複製型転位	372
		バランスシフト	696	非抱合型エストリオール	838
■は		バルサステオシント	345	微胞子虫	216, 217, 410, 672
葉	121	パレー, リチャード	601	病気, リスク	837
胚	77	半索動物	288	表型図	810
ハイイロゴキブリ	629	繁殖	450, 662	表現型	10, 27, 100, 386, 416, 503, 510, 599
肺炎連鎖球菌	46, 47	コスト	609	延長された——	649
バイオマーカー	154	成功度	601	表現型分散	426
肺魚ゲノム	410	保証	749	病原性アイランド(島)	180, 205
配偶子	244, 451	反芻動物	179	病原体	149
出現頻度	468	ハンチントン病	610	標準遺伝暗号	600
配偶子プール	504	ハンディキャップ	628	標準中立モデル	831
配偶者選択	88, 852	半同胞	428	標準偏差	444
配偶成功	619	反突然変異誘発遺伝子	717	標的遺伝子破壊	270
配偶体	298	パンドリナ属	248	ピリミジン	354
配偶体型	545	反応規準	768	プリンとの置換	376
倍数化	683	半倍数性決定	727	ピリミジン損傷	361
倍数性	356, 410, 645, 684	バンパス, ハーマン	20, 566	ピリミジン(チミン)二量体	364
倍数体	80, 683, 772	反復単位	391	ヒル	266
ハイパーサイクル	666	反復配列	238, 358	ヒルガタワムシ	643, 727
培養	160	半保存的	51	ヒル−ロバートソン(Hill-Robertson)効果	577
配列決定	62			頻度依存性選択	507, 513, 545, 565, 600, 634, 675, 708, 731, 733
配列比較	アラインメントを見よ	■ひ			
"ハウスキーピング遺伝子"	403	比較解析	167	頻度スペクトル	820
白亜紀	302	ヒカゲノカズラ類	295, 296, 300	ビーンバッグ遺伝学	523
白亜紀末(K-T), 絶滅	308	光栄養	172		

■ふ

項目	ページ
ファイロタイプ	161
ファージ	202
ファーミキューテス門	200
フィコエリトリン	175
フィコシアニン	174
フィコビリン	174
フィッシャー, R.A	31, 87, 440, 450, 498, 650
幾何学的考察	440
基本定理	493, 590
ランナウェイ過程	625
理論	752
フィブリノペプチド	404, 406
フィンチの嘴	34
フェニルケトン尿症(PKU)	826
フェーリング, アスビョーン	826
フォン・ノイマン, ジョン	613
不完全変態	263, 646
不完全優性	26
複眼	347, 348
複合的適応	657
複雑性, 還元不能な複雑性	87
複製	494
誤り	363, 365, 448
開始点	196
複製型DNAトランスポゾン	237, 238
複製型転位	372
複製酵素	108
複製子	108, 496, 657, 784
複製フォーク	199
複対立遺伝子	26
父系的	813
フジツボ	18
付属肢	326
腹棘	335, 338
物理化学	45
物理地図	827
不等交差	370, 371, 409
ブートストラップ	123
不妊, 部分的に――	540
不妊ワーカー	663
不分離	368
普遍遺伝暗号	114
普遍的遺伝子	134
普遍的相同性	125
プライス, ジョージ	614
プライマーゼ	359
ブラインシュリンプ	328
ブラインドケイブカラシン	501
プラスミド	147, 150, 185, 525, 642
機能	187
プラティ	690
プラトン	11
プラナリア	266
プランテ	219, 220
プリオン	107, 63
プリオン PSI⁺	774
プリン	354
ピリミジンとの置換	376
プレオドリナ	248
プレート	
沈み込み	276
――テクトニクス	280
プレート法	373
プレニル化	244
フレームシフト	356
――突然変異	355
プログラムされた――	773
プロクロロン	177
プロジノルフィン遺伝子	820
プロモーター	190, 769
不和合性遺伝子	583
文化進化	852
分化のパターン	271
分岐	119, 120
分岐群	293, 396, クレードも見よ
分岐図	122
分岐分類学	278
分業	770
分散	31, 417, 426, 442, 481, 482
集団間の――	452
突然変異――	442
分散成分	428, 429
分散分析	31
分子化石	111, 221
分枝過程	119
分子系統学	131
分子シャペロン	753
分子進化	66
分子生物学	37
起源	41
分子時計	65, 276, 293, 404, 460, 572, 679, 796
分子認識	765, 766
分集団	481, 535
分節化	269
――選択	534
分断選択	514, 570, 709
フンバエ, 配偶行動	603
分離	354, 379, 723
――した性	743, 744
――による荷重	595
誤り	366, 368
歪み	635, 636, 641
ランダムな――	379
分離パターン	826
分裂	368

■へ

項目	ページ
ペイオフ(利得)	612
平均	417
平均過剰	422, 424
平均効果	423, 424, 498, 729
平均棍	314, 324, 325, 389
平均選択効果	847
平均適応度	498
平衡, 推移する――	33
平衡仮説	36, 66, 544, 596, 835
平行進化	124, 125
平衡推移理論	659
平衡説	36, 66
平衡選択	36, 514, 544, 572, 582, 594, 600, 675, 751, 815, 835
平衡多型	539
米国食品医薬品局(FDA)	847
ベイツ, ヘンリー・ウォルター	20
――型擬態	546
平板培養計数値, 大きなずれ	160, 161
ペイリー, ウィリアム	17
ペスト菌	150
ヘッケル, エルンスト	19
ヘテロクロニー(異時性)	758
ヘテロクロマチン(異質染色質)	644
ヘテロコント	218, 219, 220
ヘテロシス	555
ヘテロ接合	390
確率	400
頻度	395
ヘテロ接合体	26, 835
優位性	390
ヘテロ接合度	401, 402
期待値	395
ベートソン, ウィリアム	23, 314
ペニシリン耐性	466
ヘビ	265
ペプシン	43
ペプチド結合	54
ヘム基	60
ヘモグロビン	60
ヘモグロビン遺伝子	257
ヘリカーゼ	359
ペルオキシソーム	216
ヘルパー	662
ペルム紀, 絶滅	305, 307
変異	413
DNA	385
遺伝的な――	385
個体間の――	414
集団内の――	452
タンパク質	385
地理的――	480
微小な――	82
ヒトの――	841
連続的な――	28
変異原性	363
変化を伴う由来	75, 120, 261
変更遺伝子	640
偏性遺伝	637
変動, 個々の――	449
偏動原体逆位	357
片麻岩	98
鞭毛	150

■ほ

項目	ページ
ポアソン分布	407, 453, 572
ボヴェリ, テオドール	25
包括適応度	652
彷徨試験	374, 375
方向性選択	508, 509, 514, 566, 572
放散	575
放散虫	219
胞子形成	171
胞子体型	545
胞子嚢	296, 297
放射性同位体	96
放射性崩壊	98
放射線耐性	171
――菌	151
――生物	164
放射相称性	262

放射年代測定	98
放電	101
保護	363
補酵素	111
ボゴタ亜種	688
ポジショナルクローニング	827
捕食圧	620
捕食者	512
捕食率	507
ホストレース(宿主系統)	710
ホスホグルコースイソメラーゼ(グルコース-6-リン酸イソメラーゼ)	763, 764
ホスホジエステル結合	361
保存型 DNA トランスポゾン	237, 238
ホットスポット	831
ボディプラン	247, 261, 278, 313
ボトルネック(びん首)	458, 462, 696
集団の——	575
哺乳類，最初の——	82
ホムンクルス(精子小人)	780
ホメオシス	314
ホメオティック	314, 315, 389, 391
ホメオドメイン	317, 318, 347
ホメオボックス	317
ホモ・アンテセッソール	804
ホモ・エルガスター	803, 804
ホモ・エレクタス	803, 804, 807
ホモ・サピエンス	805
ホモ・ハイデルベルゲンシス	804
ホモ接合体	29, 354, 422, 508, 544, 595, 835
ホモ属	801, 804
ホモ・ネアンデルターレンシス	802, 804, 806, 807
ホモ・ハビリス	801, 802, 803
ホモプラシー	798
ホモ・フローレシエンシス	806, 807
ホモ・ルドルフエンシス	803, 804
ポリジーン的	415
ホリデイ構造	370
ポリ(A)テイル	647
ポリメラーゼ連鎖反応	62, 393
ホールデン	650, 752
ホールデン則	692
ボルバキア	637
ボルボックス	248, 249, 250, 748
ホルモース反応	101
ボン・セイゼネグ，エリック・チェルマック	25
翻訳	1, 10
タンパク質——	138, 140
発明	141
翻訳機構	114
翻訳後修飾	243
翻訳システム	114

■ま
マイオティックドライブ	635, 636, 697
マイクロ RNA	243, 258, 770
マイクロアレイ	393, 818
マイクロサテライト	190, 237, 336, 391, 393, 399, 556, 618, 722
DNA	358, 377
マイクロスフェア	110
マイクロフィラメント	216
マイコプラズマ	128
マイトマイシン C	361
マウス	347, 639
消化管	720
突然変異率	718
マーカー遺伝子座	432, 433
巻き貝(カタツムリ)	670
マクドナルド-クライトマン(McDonald-Kreitman)テスト	576
マクリントック，バーバラ	636
"マスターコントロール遺伝子"	347
マダラガ	760, 761
マダラチョウ科	546
まだら模様ヒタキ	705, 706
マッピング	829
マネシツグミ	406
マメ科植物	177
マラリア	3, 424, 476, 507, 725, 835
マラリア耐性	424, 529, 530
マレーヌ・ツーク	630
マンネングサ	685

■み
ミーアキャット	662
ミオグロビン	61
ミクロコッカス	155
ミクロラプトル	302, 303
ミジンコ	592
ミスセンス突然変異	354, 356
ミズダコ	266
ミスマッチ除去修復	361, 364, 365, 367
ミスマッチ分布	813
三日熱マラリア病原虫	578
三つ組み暗号	114
三つ組みコドン	600
密度依存	497, 507
密度依存調節	505
ミツバチ，ワーカー	664
ミトコンドリア	128, 150, 216, 222, 228, 462, 661
DNA	403, 488, 812, 813, 815
ゲノム	638, 748
ミトコンドリア遺伝子，地理的分布	484
"ミトコンドリアイブ"	462
南ヨーロッパ	488
ミニサテライト	190, 237, 393, 393
DNA	377
未培養微生物	160, 672
ミミズ	399
ミューテーター遺伝子	717
ミュラー，ハーマン	91
ミューラー，フリッツ	20
ミューラー型擬態	512, 513, 542, 695, 760, 761
ミラー，スタンリー・L	37, 101
ミラー眼	347, 348
民族	841

■む
無顎類	288
無機栄養	172
ムクドリ	406
無限座位モデル	458, 830
無限対立遺伝子	575
無虹彩症	347
無根系統樹	134
無性生殖	249, 449, 724, 726
無動原体逆位	357

■め
眼	
異所的な——	347
カメラ——	347
再生	255
レンズ——	771
メイナード・スミス，ジョン	87, 613, 657, 785, 851
メキシカンテトラ	501
雌	
好み	623
嗜好性	625, 627
メタゲノム解析	162, 164
メタ個体群	481, 657
目玉模様	762
メタン生成古細菌	179
メチル化	365
アデニン	367
シトシン	377
メッセンジャー RNA (mRNA)	10, 59, 110, 586
プロセシング	258
免疫学的距離	795
免疫記憶	781
免疫グロブリン	256, 722
免疫系	255
メンデル，グレゴール	9, 24
——遺伝	26
——遺伝病	825, 826, 830
——遺伝法則	23, 28
——因子	28

■も
毛顎動物	288
網膜芽細胞腫	551
盲目の洞窟魚	500
目	130
木生シダ類	298, 300
目的論的証明	11
モザイク	260
モジュール性	775, 779
モデル生物	26
戻し交雑	417
戻し交配	417
モネラ	130
モノー，ジャック	83
モノソミー	356
モルガン，トーマス・ハント	26
門	130

■や
焼きなまし法	503
薬物代謝	838
ヤスデ	266
野生型	36, 387
野生型遺伝子	752
ヤセイカンラン	79
ヤドリコバチ	638
ヤマトアザミテントウ	677

■ゆ

項目	ページ
遊泳脚	328, 330
有害突然変異	551, 580, 594
有機栄養	172
有機分子	101
融合	368, 369
融合遺伝	35
有効集団サイズ	847
有根系統樹	138
全生物の――	139
有櫛動物	262, 264, 287
雄小穂	341
有神論的進化論	74
優性	24, 420, 421, 422, 826
優生学	90
有性生殖	244, 462, 497, 619, 741
――集団	462, 741
優性説	693, 694
優性相互作用	507
雄性配偶子	748
優性分散	426, 428
優性偏差	422, 423
有爪動物	288
尤度	435, 812
誘導	56
誘導型重合	108
優良遺伝子	627, 628, 630, 642
優良遺伝子仮説	627
ユーエンス,ウオーレン	575
ユカタン半島	308, 309
ユーグレナ	219
指の隆線の数	430
ゆらぎ対合	223
ユーリー,ハロルド・C	101
ユリアーキオータ	156, 157

■よ

項目	ページ
幼形成熟（ネオテニー）	646
溶原性	57
葉状仮足	258
羊水穿刺	838
要素	25
葉足動物	288
腰帯	335, 337
葉緑素	175
葉緑体	3, 150, 216, 222, 661
翼竜	301, 302
四倍体	684

■ら

項目	ページ
ライオン	673
ライガー	673
ライト,セオール	31, 450, 478, 487, 510, 533, 673, 752
ライニー・チャート	296, 302
ライム病菌	151
ラギング鎖	235, 359
ラクターゼ	843
ラクチス乳酸菌	150, 151
ラクトース	56, 376
酪農生産者	425
裸子植物	305
ラビリンチュラ類	218
ラマピテクス	796
ラマルキズム	23, 46
ラマルク,ジャン・バプティスト・ド	14
新――理論	15
ラン藻	99
ランダム	447
ランデ,ラッセル	627, 630
ランナウェイ過程	626
ランブル鞭毛虫	219, 228

■り

項目	ページ
利益	
個体の――	37
種の――	37, 68
陸上維管束植物	291
陸上植物	296
陸上動物	297
利己的	634
利己的DNA	191, 645
量	643
利己的遺伝因子	639
『利己的な遺伝子』	851
"利己的な"転移因子	38
リザリア	219, 220
理神論	12
リソソーム	778
リゾチーム	573
利他的	634, 650
立体異性体	43, 75, 113
立体化学説	115
リーディング鎖	235, 359
利得（ペイオフ）	612
利得行列（利得表）	613, 614
リニア類	296
リプレッサー遺伝子	59
リボザイム	64, 112, 495, 496, 528, 787
リボソーム	54, 109
RNA（rRNA）	3, 59, 110, 133, 495, 586
RNA遺伝子	127
小サブユニット	293
タンパク質遺伝子群	196
タンパク質オペロン	197
両親媒性	109
両性	743
両性花	637
両生類,最初の――	82
量的遺伝学	413, 416
量的形質	413, 416, 566, 831
――に対する選択	513
量的形質遺伝子座（QTL）	37, 336, 343, 387, 432, 433, 555, 686, 758, 827
解析	343
緑色植物	248
緑藻	131, 166, 219, 227, 248, 295, 738
理論	89
リンゴミバエ	711
リン酸塩岩	280, 281
リン酸化酵素	240
リン酸カルシウム	280
鱗翅目	323, 325
輪状種	670
リンネ,カルロス	12

■る

項目	ページ
類縁関係	393
類似性	194
パターン	74
類似度,近親者間の――	428
類人猿,大型	794
ルイヨウマダラテントウ	677
ルーシー	799, 800
ルビスコ	174

■れ

項目	ページ
レイ,ジョン	12
霊長類	794, 817
レヴォンティン,リチャード	851
レチナール発色団	176
レック	622, 623
劣性	24, 387, 693, 826, 846
劣性致死	389, 522
劣性有害突然変異	556
レトロウイルス	638
レトロウイルス様因子	238
レトロエレメント	237, 372
レトロトランスポジション	238
レトロトランスポゾン	237, 238, 372, 644
レトロポゾン	237, 372
レプトスピラ症病原体	151
レプリカ平板法	373, 374
レプリケート集団	519
連鎖	26, 433, 577
連鎖不平衡	468, 469, 471, 472, 489, 511, 568, 626, 627, 709, 830
正の――	735
負の――	734, 735
連鎖平衡	468, 510, 730
レンズ	253, 348
レンズクリスタリン	772

■ろ

項目	ページ
老化	606, 850
老化率	607, 609
ロックポケットマウス	544
ロドプシン	163, 348, 771
ロバ	678

■わ

項目	ページ
ワイスマン,アウグスト	23
ワーカーズズメバチ	663
ワキモンユタトカゲ	618
渡り行動実験	416
ワルファリン	529
腕足動物	266, 285, 288, 306

監訳者 / 訳者紹介

宮田 隆
Takashi Miyata
監訳

京都大学名誉教授。1969年，早稲田大学大学院理工学研究科博士課程修了（理学博士）。名古屋大学理学部物理学科助手，九州大学理学部生物学科助教授，京都大学理学部生物物理学教室教授，京都大学大学院理学研究科教授（2004年退官），早稲田大学客員教授（2006年退職），大阪大学招へい教授（2009年退職），JT生命誌研究館顧問（2010年3月退職予定）。受賞：日本遺伝学会木原賞（1996年），木村資生記念学術賞（2002年）。専門分野：分子進化学。主な研究：コンピュータによるホモロジーサーチ法の開発とB型肝炎ウイルス，カリフラワーモザイクウイルスに逆転写酵素を発見，偽遺伝子による中立説の検証，オス駆動進化説の提唱，複合系統樹法の開発と生物最古の系統関係の解明，生物進化と遺伝子進化の関連。著書：『分子進化学への招待』講談社（1994），『眼が語る生物の進化』岩波書店（1996），『DNAからみた生物の爆発的進化』岩波書店（1998）。趣味：能面制作。

星山大介
Daisuke Hoshiyama
監訳／訳（11, 24章）

東京大学総括プロジェクト機構 学術統合化プロジェクト（ヒト）特任助教。1996年京都大学理学部卒業。2001年京都大学大学院理学研究科生物科学専攻博士課程修了（理学博士）。同特別研究員を経て2005年8月より現職。専門は分子進化学。大学院では海綿動物などを材料として用い，動物進化の初期に起こった転写因子族の遺伝子重複を解析した。現在は，脊椎動物の形態の違いを把握できる進化総合データベースの作成に従事するかたわら，生殖細胞の大きさと遺伝子進化との関連性を明らかにするためにピペットマンを握る日々である。好きなものは乗り物と，小説を読む静かな時間。

訳者紹介内容：所属／最終学歴／研究分野／趣味

二河成男
Naruo Nikoh
訳（この本のねらい，1章）

放送大学教養学部 准教授／京都大学大学院理学研究科博士課程（生物物理学専攻）／分子進化学，遺伝学（特に，共生や遺伝子水平転移について）／さまざまな競技の観戦（球技からロボコンまで）

小柳光正
Mitsumasa Koyanagi
訳（2章）

大阪市立大学大学院理学研究科生物地球系専攻生体高分子機能学Ⅱ 講師／京都大学大学院理学研究科博士課程（生物科学専攻）／眼や光感覚の分子進化学的・分子生理学的研究／釣り，サッカー

疋田 努
Tsutomu Hikida
訳（3章）

京都大学大学院理学研究科生物科学専攻動物学教室 教授／京都大学大学院理学研究科博士課程／爬虫類の分類，系統，生物地理／最近は日本酒，武侠小説

藤 博幸
Hiroyuki Toh
訳（4章）

九州大学生体防御医学研究所 教授／九州大学大学院理学研究科博士課程（生物学専攻）／計算分子生物学／読書，寺社仏閣巡り

加藤和貴
Kazutaka Katoh
訳（5章）

九州大学デジタルメディシンイニシアティブ バイオインフォマティクス部門 准教授／京都大学大学院理学研究科博士課程（生物科学専攻）／バイオインフォマティクス，分子進化学

岩部直之
Naoyuki Iwabe
訳（6章）

京都大学大学院理学研究科生物科学専攻 生物物理学教室 助教／九州大学大学院理学研究科博士課程（生物学専攻）／形態・表現型レベルの進化と遺伝子レベルの進化の関連性に関する研究／美術鑑賞，野山散策

監訳者／訳者紹介

隈 啓一
Keiichi Kuma
訳（7章）

国立情報学研究所 戦略研究プロジェクト創成センター 教授／九州大学大学院理学研究科博士課程（生物学専攻）／分子進化学，形態の進化とゲノム進化の関連性についての研究／読書，将棋

橋本哲男
Tetsuo Hashimoto
訳（8章）

筑波大学大学院生命環境科学研究科生物科学系 教授／広島大学大学院生物圏科学研究科博士課程（環境計画科学専攻）／真核生物の系統進化・起源に関する分子系統進化学的解析

工樂 樹洋
Shigehiro Kuraku
訳（9章）

コンスタンツ大学生物学科ゲノム自然史研究グループリーダー（ドイツ）／京都大学大学院理学研究科博士課程認定退学（生物科学専攻）／脊椎動物ゲノムを対象とした遺伝子レパートリの進化／欧州を心から満喫すること

前田晴良[*1] Haruyoshi Maeda
西村智弘[*2] Tomohiro Nishimura
訳（10章）

*1 京都大学大学院理学研究科 地質学鉱物学教室 准教授／東京大学大学院理学系研究科博士課程／アンモナイト類の古生態と化石化過程の解明／野球・写真。*2 むかわ町立穂別博物館 普及員／京都大学大学院理学研究科博士課程／白亜紀アンモナイトの分類と系統進化／化石採集・水泳

小柳香奈子
Kanako Koyanagi
訳（12章）

北海道大学大学院情報科学研究科生命人間情報科学専攻ゲノム情報科学研究室 准教授／京都大学大学院理学研究科博士課程（生物科学専攻）／ヒトゲノムの進化過程

菊野玲子
Reiko Kikuno
訳（13章）

（財）かずさDNA研究所ヒトゲノム研究部 主任研究員／九州大学大学院理学研究科博士課程（生物学専攻）／遺伝子発現制御機構の進化という観点から，生物の進化を考えていきたい／温泉，森林浴，居酒屋めぐり，海外旅行

高野敏行
Toshiyuki Takano
訳（14章）

国立遺伝学研究所 集団遺伝研究系 准教授／九州大学大学院理学研究科博士課程（生物学専攻）／「Tomorlogy：歴史を再現し，今を知り，そして明日を視る」生命多様性と進化の基本原理を探る／自転車とメダカ採取

原田 光
Ko Harada
訳（15章）

愛媛大学農学部森林資源学専門教育コース 教授／ペンシルベニア州立大学大学院博士課程（遺伝学プログラム）（米国）／樹木集団遺伝学／四国の山登り，昔は油絵を描いていた

吉丸博志
Hiroshi Yoshimaru
訳（16章）

（独）森林総合研究所 森林遺伝研究領域長／九州大学大学院理学研究科博士課程（生物学専攻）／木本植物の遺伝的多様性の保全／昔は蝶の採集・観察，今は野鳥の標識調査。ゆっくり走ること。

猪股伸幸
Nobuyuki Inomata
訳（17章）

九州大学大学院理学研究院生物科学部門 助教／九州大学大学院医学研究科博士課程（分子生命科学専攻）／重複遺伝子の進化。適応進化の分子基盤

舘田英典
Hidenori Tachida
訳（18章）

九州大学大学院理学研究院生物科学部門 教授／九州大学大学院理学研究科博士課程（生物学専攻）／遺伝的変異の創出と維持の機構に関する集団遺伝学的研究／読書，音楽鑑賞（特に，古楽と歌劇）。

松尾義則
Yoshinori Matsuo
訳（19章）

徳島大学大学院ソシオ・アンド・アーツ・サイエンス研究部創生科学研究部門 教授／九州大学大学院理学研究科博士課程／ショウジョウバエの遺伝子ファミリーの進化と適応進化の研究／テニス

訳者紹介内容：所属／最終学歴／研究分野／趣味

高須夫悟
Fugo Takasu
訳（20章）

奈良女子大学理学部情報科学科 教授／京都大学大学院理学研究科博士課程（生物物理学専攻）／生物集団の構造と進化に関する数理的研究／旅行と庭いじり

蘇 智慧
Chikei So/Zhi-Hui Su
訳（21章）

JT生命誌研究館主任研究員，大阪大学理学研究科招へい教授／名古屋大学大学院農学研究科博士課程（農学専攻）／昆虫類の起源と系統進化および昆虫と植物との共進化／テニス

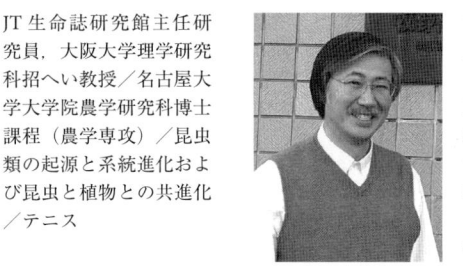

村上哲明
Noriaki Murakami
訳（22章）

首都大学東京 大学院理工学研究科生命科学専攻（牧野標本館）教授／東京大学大学院理学系研究科博士課程（植物学専門課程）／シダ植物の隠蔽種・無配生殖，日本列島の分子植物地理学／シダ採集，ボウリング（アベレージ210・ハイゲームは300）

谷内茂雄
Shigeo Yachi
訳（23章）

京都大学生態学研究センター 准教授／京都大学大学院理学研究科博士課程（生物物理学専攻）／理論生態学・地球環境学／読書（科学全般），映画，淀川水系散策

中務真人
Masato Nakatsukasa
訳（25章）

京都大学大学院理学研究科生物科学専攻動物学教室 教授／京都大学大学院理学研究科博士課程（動物学専攻）／類人猿の進化と人類の起源

植田信太郎[*1] Shintaro Ueda
金森雄輝[*2] Yuuki Kanamori
訳（26章）

*1 東京大学大学院理学系研究科生物科学専攻分子人類分子進化学研究室 教授。*2 東京大学理学系研究科生物科学専攻分子人類分子進化学研究室／東アジアを中心とした人類集団の起源をテーマに古代DNAからの解析

進化

分子・個体・生態系　　　　　　　　　　定価（本体15,000円＋税）

2009年12月10日発行　第1版第1刷 ©

著　者　ニコラス H. バートン
　　　　デレク E. G. ブリッグス
　　　　ジョナサン A. アイゼン
　　　　デイビッド B. ゴールドステイン
　　　　ニパム H. パテル

監訳者　宮田　隆
　　　　星山大介

発行者　株式会社　メディカル・サイエンス・インターナショナル
　　　　代表取締役　若松　博
　　　　東京都文京区本郷 1-28-36
　　　　郵便番号 113-0033　電話（03）5804-6050

印刷／株式会社 日本制作センター

ISBN 978-4-89592-621-8　C3047

JCOPY〈（社）出版者著作権管理機構 委託出版物〉
本書の無断複写は著作権法上での例外を除き禁じられています．複写される場合は，そのつど事前に，（社）出版者著作権管理機構（電話 03-3513-6969，FAX 03-3513-6979）の許諾を得てください．